Gesamtverzeichnis des deutschsprachigen Schrifttums (GV) 1700 – 1910

Bearbeitet unter der Leitung von
Hilmar Schmuck und Willi Gorzny

Bibliographische und redaktionelle Beratung:
Hans Popst und Rainer Schöller

146

Tie - Tref

K · G · Saur München · New York · London · Paris 1985

CIP-Kurztitelaufnahme der Deutschen Bibliothek

Gesamtverzeichnis des deutschsprachigen Schrifttums :
(GV). – München, New York, London, Paris : Saur.
Bd. 1 – 6 bearb. unter d. Leitung von Peter Geils
u. Willi Gorzny.
ISBN 3-598-30000-X

1700 – 1910 / bearb. unter d. Leitung von Hilmar
Schmuck u. Willi Gorzny. Bibliograph. u. red.
Beratung: Hans Popst u. Rainer Schöller

NE: Schmuck, Hilmar [Bearb.]

146. Tie – Tref. – 1985.

Techn. Realisierung und Druck: Norbert Gärtner, Mainz-Kastel
Binden: Karl Schaumann, Darmstadt
Printed in the Federal Republic of Germany
ISBN 3-598-30000-X (Gesamtwerk)

Tiebach, Frz., die Tonkunst in Kirche u. Haus. gr. 8. (IV, 180 S.) Stuttgart 898. Berlin-Gr. Lichterfelde, H. v. Treuenfeld. n. 3. –

Tiebe, Albrecht: Die Angriffe Trendelenburgs gegen Kants Lehre von der ausschliessenden Subjektivität des Raumes und der Zeit. Stettin, Druck v. Herrcke & Lebeling, 1890; 1 Bl., 14 S. 4°
Stettin, k. Marienstifts-G, Festschr. 1890 [1891 (139)]

Tiebe, Albr., s.: Emsmann's Vorschule der Physik.

[F.] Ergänzung zu jedem Kochbuch. Das Fleisch unserer Schlachttiere. 8 nach d. Natur aufgen. Farbendrucktaf. m. 18 Abb. d. wichtigsten Fleischteile nebst kurzer Erl.: 'Was muss jedermann v. d. Ernährg. wissen'. v. Oberl. A. Tiebe . . . *Stettin: P. Niekammer 1898.* (8 S., 1 Taf.) 1 Bd 8. [58. 3353

[Umschlagt.:] [F.] Das Fleisch unserer Schlachttiere. 8. nach d. Natur aufgen. Farbendrucktaf. mit 18 Abb. d. wichtigsten Fleischteile nebst kurzer Erläuterung: „Was muss jedermann von der Ernährung wissen?“ v. Oberl. A[lbrecht] Tiebe. *Stettin: P. Niekammer 1898.* (8 S., 8 Taf. verein. zu 1 Taf.) 1 Bd 8. [58. 431 Gr

Tiebe, A., was muß jedermann v. der Ernährg. wissen?, s. a. Fleisch, das, uns. Schlachttiere.

Tiebe, A., was muß jedermann v. der Ernährung wissen? m. 8 nach der Natur aufgenommenen Farbendr.-Taf. u. 18 Abbildgn. der wichtigsten Fleischteile unserer Schlachttiere. 2. Aufl. gr. 8. (8 S.) Stettin 900. P. Niekammer. n. 1. 50

Tiebe, B. G. u. R. F., Interessen-Tabellen für die deutschen Zollvereins-Staaten, zu 1/8 bis 6 Procent, auf 1 Tag bis 1 Jahr, und von 1 Groschen bis 100,000 Thlr. Capital nach Sgr à 12 ₰ und Ngr à 10 ₰ qu. 4. Nordhausen 844, Fürst. 1/2 Thlr

Tiebe, Herm. Fr., Lief- u. Ehstlands Ehrenrettung gegen Merkel u. Petri. gr. 8. Halle 804. Gebauer. 1 Thlr 9 gr Nachtrag hierzu, od. die Todten Lieflands stehen gegen Merkel auf. Mit 2 Karten. gr. 8. Ebd. 805. 18 gr

Tiebe, Herm. Fr., Samml. v. Confirmations- u. Communion-Liedern, zum Gebr. f. Eltern, Gemeinden u. Confirmanden. Ein Anh. zu jedem evangel. Gesangbuche. gr. 8. (1½ B.) Halle 831, [Grunert.]

— Samml. von Confirmations- u. Communionliedern. gr. 8. Halle 831. Fr. Ruff. 2 gr

— Winke zur Beherzigung für protestant. Prediger bei Kreissynoden. 8. Halle 817. (Reinicke u. C.) 8 gr

Tiebe, H. Fr., Winke zur Beherzigung für protestantische Prediger bey Kreissynoden. 8. Halle, Ruff. 817. –

Tiebe, Karl Jak., s. Euphron; e. Zeitschrift.

Tiebel, H. [pr. Arzt in London]: Praktische Beiträge zur Verhütung der Tuberkulose ... Mölln i. L., Buchdr. v. L. Alwart, 1892; 32 S. 8.
Würzburg, Med. Fak., Inaug.-Diss. v. 1892

Tiebel, K. Fr. F.

— Antrittspredigt, in der Kirche zu Nauen am 3. Nov. 1811. gr. 8. Stendal, Franzen u. Gr. 2 gr

Tiebel, K. Fr. F., daß es die Religion ist ꝛc. Eine Abschiedspredigt am 6. Oct. 1811. gr. 8. Stendal, Franzen u. Gr. 2 gr

— Predigt: Wozu muß uns die Betrachtung der Herrlichkeit Gottes ermuntern, welche sich uns in den Siegen der guten Sache offenbart? gr. 8. Berl. 814. Mittler. 3 gr

Tiebel, K. Fr. F., über Synodalverfassung und Kirchenzucht. gr. 8. Stendal, Franzen und Gr. 819. –

— üb. die Unsterblichkeit der Seele, d. Zustand unserer Verangegangenen in die Ewigkeit ꝛc. 3 Predigten. gr. 8. Stendal 808. Franzen u. Gr. 4 gr

— wie müssen wir der Befreiung gedenken, welche dem Vaterlande durch die Siege seiner Streiter zu Theil geworden ist. Eine Predigt, nebst e. Gebet. gr. 8. Berl. 813. Mittler. 3 gr

— wozu fordern uns die Erinnerungen auf, welche uns der Friede gebietet? Predigt. gr. 8. Stendal 816. Franzen u. Gr. 2 gr

Tiebel, Karl, s. F. H. W. Martini, der Frühling im Thal.

Tièche, A. Ueber gewerbliche und industrielle Berufsbildung. Vortrag gehalten in d. gemeinnützigen Gesellschaft d. Kantons Bern. In-8°, 56 S. Bern, Krebs 1885. — 80
*** Separatabdruck aus der Zeitschrift „Gewerbe“.

Tièche, Adolf. Alt Bern. 26 Handzeichnungen [wovon 1 auf der Mappe] in Rötelstift = Vieux Berne. 26 dessins à la Sanguine par Adolphe T. IV S. + 25 Tafeln. fol. Bern, A. Francke, (1909). [in Mappe fr. 30.—]

Tièche, Charl. Henry, s. Schönhuth, O. F. H., les frères de Geroldseck.

Tièche, Eduard. Spuren eines vororigenistischen Septuagintatextes in der Vulgärparaphrase des Konstantinos Manasses. Diss. Phil. Bern. (Sonderabdruck aus dem Band 19 der Byzantinischen Zeitschrift.) 47 S. 8. Leipzig, B. G. Teubner, 1910.

Tièche, M[ax]. Beitrag zur Kenntnis der fossilen gestielten Cirripedier in der Umgebung Berns. (Vorgetragen am 19. Dezember 1903.) [Mit 1 Tafel. Revidierter] Separat-Abdruck aus den «Mitteilungen der Naturforschenden Gesellschaft in Bern.» [aus dem Jahre] 1904. 5 S. 8. Bern, K. J. Wyss, 1904.

Tièche, Max. Über benigne Melanome ⟨«Chromatophorome»⟩ der Haut: «Blaue Naevi». Diss. Med. Bern. ⟨Hierzu eine Tafel.⟩ ([Sep.-Abdr. aus:] Virchow's Archiv [für pathologische Anatomie und Physiologie], Bd. 186.) 20 S. 8. Berlin, Georg Reimer, 1906.

Tiechl, Frz., Lehrbuch der Geschichte, s.: Rusch, Gust.

— Geschichtliches Lehr- u. Lesebuch, s.: Rusch, Gust.

— Elementare Staats- u. Gesellschaftskunde, s.: Rusch, Gust.

Tieck, Ludwig, s. a. Kaiser, Mich. Oskar.

Tieck, Ludwig. Ein Faustisches Festspiel zu Goethes 75. Geburtstag 1823: Eduard W. Sabell zu Goethes hundertdreissigstem Geburtstag. Heilbronn 1879. 8°. V: *Robert, Ludwig.* (Goethe-Jahrbuch I, 394) (GGr VI, 40)

Tieck, Friedrich. Verzeichnisse der antiken Bildhauerwerke. Berlin 1830, 1844, 1846. 8°.

Tieck, Friedr., Verzeichniß der antiken Bildhauerwerke d. Königl. Museums zu Berlin. gr. 8. Berlin 836. (Duncker u. Humblot.) n. 7 gl — dass. in franz. Sprache. 8. Ebd. 836. n. 1/2 ß

—— Verzeichniss von Werken der della Robbia, Majolica, Glasmalereien etc., welche in d. Neben-Sälen d. Sculpturen-Gallerie d. kgl. Museums zu Berlin aufgestellt sind. gr. 8. (9 1/8 B.) Berlin 835, (Duncker u. Humblot.) *

Tieck, Ludwig

– s. Abdallah.

— Vittoria Accorombona, s.a. Hesse's, Max, Volksbücherei.

Tieck, Ludw., Vittoria Accorombona. Ein Roman in fünf Büchern. 2 Thle. 1. Aufl. (41 3/4 B.) 840., 2. Aufl. Mit e. Anh. 8. (43 1/4 B.) Breslau 841, Max u. Komp. à

— s. Afzelius, A. A., Volkssagen.

– s. der Alte vom Berge, s.: Meyer's Volksbücher.

– s. Asbjörnsen, P., Norweg. Mährchen.

— s.a. Der Aufruhr in den Cevennen. s.a. Meyer's Volksbücher.

— der Aufruhr in den Sevennen; eine Novelle in 4 Abschnitten. 1r u. 2r Abschnitt. 8. Berl. 826. Reimer. 1 ß 20 g

– s. Frz. Berthold, König Sebastian.

– s. dess. Novellen u. Erzählungen.

Tieck, (L.,) dramaturgische Blätter. Nebst e. Anhange noch ungedruckter Aufsätze üb. d. deutsche Theater u. Berichten über die englische Bühne, geschrieben auf einer Reise im J. 1817. 2 Bde. gr. 16. Bresl. 825—26, Max u. C.

Tieck, Ludw., dramaturgische Blätter. 3. Bdchn. gr. 16. (VI und 309 S.) Leipzig 852, Brockhaus. *

Aus des Verf.: Kritische Schriften, besonders abgedruckt. — Bdchn. 1. und 2. erschien Breslau 1826, Max und Comp. [jetzt Leipzig, Brockhaus.] * 3 Thlr.

— Ritter Blaubart. 8. Leipz., (Nauck). 12 g

– s. Braga.

Tieck, Ludwig

Ein Brief von Ludwig Tieck. Mitgetheilt von J. Florus Retland. Stuttgart 1862.

In: Hausblätter. Bd 1.

Tieck, Ludwig

Ein zweiter Brief von Ludwig Tieck. Mitgetheilt von J. Florus Retland. Stuttgart 1862.

In: Hausblätter. Bd 2.

– s. Ed. v. Bülow, Novellenbuch.

– s. Cervantes, Don Quixote.

— romant. Dichtungen. 2 Thle. (2r Thl. enth.: 1) Leben u. Tod des kleinen Rothkäppchens. 2) Leben u. Tod der heil. Genovefa). 8. Jena 799, 800. (Reimer in Berl.) 3 ß — Daraus apart: Prinz Zerbino,

* Tiek, Ludw., romant. Dichtungen, ist jetzt Verlag d. Realschulbuchh. in Berlin.

— der blonde Eckbert. Wundersame Liebesgeschichte der schönen Magelone u. des Grafen Peter aus der Provence, s.: Hesse's, Max, Volksbücherei.

L[udwig] Tieck. La blonda Ekberto [Der blonde Eckbert, Esperanto]. Trad. Dr W. Fischer. Magdeburg: Wuttke 1909. 30 S. 8° [09. 12331]

Tieck, Ludw. *Die Elfen*, ein romantisches Märchen . . . [Zeichnung und Schrift von] Elsa Eisgruber. München, O. C. Recht Verlag, 1922. 84 S. mit vielen farb., teilw. ganzseitigen Bildern, alles in Lithographie. 8°. Farbig lithogr. Or.-Pappbd. (Rücken lädiert). Reizender Luxusdruck. 10.—

Tieck, Ludw., († d. 28. April 1853), Epilog zur hundertjähr. Geburtsfeier Göthe's gedichtet. gr. 8. (10 S.) Berlin 849. (Hertz.) baar 1/8 ß

—— humoristische Erzählungen, s. Hausschatz, humoristischer, für's deutsche Volk.

—— Evremont. Ein Roman, s. Evremont.

Füge a. a. O. hinzu: (Von Sophie v. Knorring, geb. Tieck.)

– s. G. Färber, die 7 Weiber x.

—— Fermer, the Genius, a novel. Translated into English, with philolog. notes, and an essay on the author by Ferd. Marckwort. 8. (6 3/4 B.) Brunsvic, 837. [Leipzig, Gebhardt and Reisland.] *

– s. Förster, Karl, Gedichte.

— Frauendienst, od. Geschichte u. Liebe des Ritters Ulr. v. Lichtenstein, von ihm selbst beschrieben, nach alten Handschreiben bearb. u. herausgg. gr. 8. Tüb. 812. v. Cotta. 1 ß 8 g

Tieck, Ludw., s. Friesen, Herm. Frhr. v.

— Gedichte. 3 Thle. 8. Dresden 821—23. (Grimmer). Postp. 5 ß 8 g Velinp. 6 ß 20 g geglätt. 9 ß

Tiek, L., Gedichte. 2 Thle. 8. Dresden, Hilscher. 821.
Postpap.
Velinpap.

—— Gedichte. 3 Thle. (od. 9 Lfgn.) Neue, unveränd. Ausg. 8. (55 B.) Dresden 834, Grimmer. Schrbp. 3 Thlr., Vlnp. 4 Thlr. 12 Gr., Pracht-Ausg.

Tieck's, Ludw., Gedichte. 3 Bde. Neue, unveränd. Ausg. 8. Dresden 834. (Berlin, Reimer.) 1 1/2 ß, fein Pap. 2 1/4 ß, Velinpap. 3 ß

—— Gedichte. Neue Ausgabe. gr. 12. (25 1/2 B. u. Portr. d. Verf.) Berlin 841, G. Reimer. 2 Thlr. 8 Gr., Vlnp.

Tieck, Ludw., die Geheimnisvolle, s.a. Meyer's Volksbücher.

— der Geheimnißvolle. 8. Dresd. 823. Hilscher. 1 ß 8 g

— der Gelehrte. Das Zauberschloß. Des Lebens Ueberfluß, s.: Hesse's, Max, Volksbücherei.

— die Gemälde, s.: Meyer's Volksbücher.

— die Gemälde, s. Tieck: Novellen.

— the Genius, a novel. Translated into English, with philological notes, and an essay on the author by Ferd. Marckwort. 8. Brunsvic 837. Lucius. n. 2/3 ₰

—— Genovefa — Umrisse dazu, s. Führich, J.
[Jetzt (1887) Verlag v. Reimer in Berlin.]

— Genoveva, s.: Schmid, Christoph v.

— s.: Geschichten, unheimliche.

—— die Gesellschaft auf dem Lande, s. Universal-Bibliothek

Tiek, Ludwig, Herzensergießungen ein. kunstliebenden Klosterbruders, s.a. Herzensergießungen.

(—) Herzensergießungen eines kunstliebenden Klosterbruders. 8. Berl. 797. 2e Aufl. unt. d. T.: Phantasien üb. Kunst, s. Phantasien.

— poetisches Journal. 1r Jahrg. 1s 2s Stck. 8. Jena, Frommann. 800. Rthlr..

* — poetisches Journal, ist jetzt Verlag d. Realschulbuchh. in Berlin.

— poet. Journal. 1r Jahrg. 1s u. 2s Stck. 8. Jena 800. (Reimer in Berl.) 1 ₰ 16 gl.

Tieck, Ludwig, s. Klassiker, moderne.

— s. v. Kleist, H., ausgewählte Schriften.

— s. Hnr. v. Kleist, hinterlass. Schriften.

Tiek, L., Leben u. Tod der heil. Genovefa, s.a. Stecher, Ch., deutsche Dichtung f. die christliche Familie u. Schule.

— Leben u. Tod der heiligen Genoveva. Trspl. (2r Thl. der romant. Dichtungen.) gr. 8. Berl. 820. N. A. 821. Reimer. 1 ₰ 4 gl.

Tieck, Ludw., Leben u. Tod d. heil. Genofeva. Ein Trauerspiel. 8. (251 S.) Graz, Verlagsbuchh. Styria. 60 kr. 1883.

— s.a. P. Lebrecht.

— Peter Lebrecht. 2 Bde. Mit Kupf. 8. Leipz. 795, 796. (W. Rauck). 1 ₰

LEBRECHT, Peter. Eine (zahme) Geschichte ohne Abentheuerlichkeiten (von *Ludwig Tieck*). Mit Titelkpfr. u. Titelvign. von Jury. Berlin und Leipzig, bey Carl August Nicolai, 1795—96. 8°. (36 Mk., hübscher Ldrbd. der Zeit, Max Perl, Berlin, 1906; 40 Mk., Ppbd., Edm. Meyer, Berlin, 1908.) Zahm.
Seltene Original-Ausgabe! — Neue Allg. Deutsche Bibl. 32, 155.
— — Dasselbe in den Werken IV und Schriften XIV, 161 ff.; XV, 1 ff.

— s. Jak. M. R. Lenz, gesammelte Schriften.

— the Life of Poets. A. Novel. Transladed from the German. 8. Leipz. 830. Er. Fleischer. 20 gl

—— the life of poets. A Novel. Transl. from the German. 8. (9 B.) Leipsic 831, E. Fleischer.

— William Lovell. 2 Bde. 8. Berl. 795, 96. 2e A. 814. Reimer; (a. Rauck in Leipz.) 3 ₰

— Märchen, s.: Meister des Märchens. 4. Bd.

Tieck, Ludw., romantische Märchen, s.: Brentano, Clem.

— Mährchen u. Zaubergeschichten. 8. Bresl. 824. Max u. C. 1 ₰

TIECK, L. Minnelieder aus dem Schwäbischen Zeitalter. Neu bearbeitet. Mit gestochenem Titel, 2 ganzseitigen Kupfern und mehreren Vignetten, Ph. O. Runge sc. Berlin, Realschulbuchhandlung, 1803.
Goedeke VI, 38, 61. Erste Ausgabe des reizend illustrierten Werkes.

— Minnelieder; aus d. schwäb. Zeitalter, neu bearb. gr. 8. Berl. 803. Reimer. 2 ₰ Velinp. 4 ₰

— s. Schloß Montford.

— s.: Mucedorus, e. englisches Drama aus Shaksperes Zeit.

— s. Musenalmanach f. das Jahr 1802.

— s.a. Netley, das Kloster.

NETLEY, Das Kloster —. Eine Geschichte aus dem Mittelalter. (Roman von *Ludwig Tieck.*) Berlin und Leipzig, 1796. 8°.
Anon.-Lex. III. p. 207 (nach Meusel u. Kayser).

— s. Novalis, Hnr. v. Ofterdingen.

— s. Novalis, Schriften.

— Novellen. I. Der Aufruhr in den Cevennen, s.a. Bibliothek d. Gesamtlitteratur d. In- u. Auslandes.

— Nouvellen. 2 Bde. Inhalt 1r Bd. Die Gemälde. 2r Bd. Die Verlobung. 8. Dresd., Arnold.

— dess. 3r u. 4r Bd. — A. u. d. Titeln: 3r Bd. Die Reisenden. — 4r Bd. Musikal. Leiden u. Freuden. 8. Dresd. 824, Arnold.

Tieck, Ludwig. Novellen. 1. Die Reisenden. 2. Musikalische Leiden und Freuden. Wien 1825.

Tieck, Ludw., Novellen. 5. Bd. — A. u. d. T.: Der Alte vom Berge, u. die Gesellschaft auf d. Lande. Zwei Novellen. 8. (27 B.) Breslau 828, Max u. Komp. Thlr.

—— dass. 6. u. 7. Bd. 8. Berlin 828, Reimer.
Bd. 6. Das Fest zu Kenilworth. Prolog z. Dichterleben. — Dichterleben. (14 B.) 1 Thlr. 8 Gr.
„ 7. Glück giebt Verstand. — Der funfzehnte November. (16 1/2 B.) 1 Thlr. 4 Gr.
1—4. Bd. Ebendas. 1828, 24. 8 Thlr. 12 Gr.

[F.] Novellen v. Ludwig Tieck. [Bd] 1. *Halle a. S.: O. Hendel [1895]*. 8. = Bibliothek d. Gesamtlitteratur d. In- u. Auslandes No 857—859.
197. 11.4

Novellen von Ludwig Tieck. Des Lebens Überfluß. Liebeswerben. Waldeinsamkeit. Mit e. Vorbemerkung u. d. Bilde d. Dichters. *Halle a. d. S.: O. Hendel [1904]*. (IV, 214 S.) 8° [F.]
(Bibliothek d. Gesamtlitteratur d. In- u. Auslandes. No 1800—1802.) [04. 14781

— gesammelte Novellen. Verm. u. verb. 1s — 4s Bdchn. (Inhalt: Der Wassermensch. — Der Mondsüchtige. — Weihnachts-Abend. — Das Zauberschloß. — Uebereilung. — Der Gelehrte. — Die Ahnenprobe. — Der wiederkehrende griechische Kaiser.) 8. Breslau 835, 2e Aufl. 838. Max u. Comp. 3 ℛ

— dies. 5s — 8s Bdchn. (Inh.: Eine Sommerreise. — Die Wundersüchtigen. — Pietro von Albano. — Das alte Buch und die Reise ins Blaue hinein. — Der Alte vom Berge. — Eigensinn u. Laune. — Die Gesellschaft auf d. Lande.) 8. Ebd. 838. 3 3/4 ℛ

— dies. 9s u. 10s Bdchn.: (Der Schutzgeist. — Die Klausenburg. — Abendgespräche. — Wunderlichkeiten. — Die Glocke v. Aragon.) 8. Ebd. 839. 2 1/2 ℛ

— gesammelte Novellen. Vermehrt u. verb. 11.—14. oder Neue Folge 1.—4. Bdchn. Inhalt: Des Lebens Ueberfluß. Der Dichter und sein Freund. — Liebeswerben. Waldeinsamkeit. — Die Vogelscheuche. 1. u. 2. Thl. kl. 8. Breslau 842, Max u. Comp. 3 1/3 ℛ (1—14: 12 7/12 ℛ)

Tieck's, Ludw., gesammelte Novellen. Vollständige auf's Neue durchgesehene Ausg. (In 12 Bdn.) 3—24. Liefg. Berlin 853, 54. G. Reimer. 8. (2. Bd.: 2 Bl., 339 S.; 3. Bd.: 2 Bl., 484 S.; 4. Bd.: 2 Bl., 434 S.; 5. Bd.: 3 Bl., 312 S.; 6. Bd.: 3 Bl., 388 S.; 7. Bd.: 3 Bl., 376 S.; 8. Bd.: 3 Bl., 513 S.; 9. Bd.: 3 Bl., 413 S.; 10. Bd.: 3 Bl., 567 S.; 11. Bd.: 2 Bl., 356 S.; 12. Bd.: 2 Bl., 468 S.) Jede Liefg. n. 10 ngr.

Tieck, Ludwig (Hrsg.), s. a. Novellenkranz.

—— **Novellenkranz. Ein Almanach auf d. J. 1831., 32., 34. u. 35. od. 1—4. Jahrg. 16. Berlin, Reimer.**
Jahrg. 1831. Dichterleben. 2. Thl. — Die Wundersüchtigen. (23 1/2 B. u. 7 Kpfr. zu dess. „Octavian.") 2 Thlr., hrbgs. Pr. 1 Thlr. 8 Gr.
„ 1832. Der Jahrmarkt. — Der Hexensabbath. (32 1/2 B. u. 7 Stahlst. zu dess. „Genoveva.") 2 Thlr. 16 Gr.
Beide Jahrg. zusamm. gen. hrbgs. Pr. 3 Thlr.
„ 1834. Tod des Dichters (Camoens). (22 1/2 B. u. 7 Kpfr. zu dess. „Phantasus.") 2 Thlr. 8 Gr.
„ 1835. Die Vogelscheuche. Mährchen-Novelle in 5 Aufz. (26 1/2 B. u. 7 Kpfr. zu dess. „Zerbino.") 2 Thlr. 12 Gr.

-- d. 15. November, s.: Verein f. Verbreitg. guter Schriften, Zürich.

—— Kaiser Octavianus, s. a. Stecher, Chr., deutsche Dichtung für die christliche Familie und Schule.

— Kaiser Octavianus; ein Lstspl. in 2 Thlen. gr. 8. Jena. (Berl. 804. Reimer. 2 ℛ 12 ℊ

— Phantasien üb. die Kunst, f. Freunde d. Kunst. gr. 8. Hamb. 799. (Perthes). 1 ℛ

— **Phantasien üb. die Kunst, neue verm. Aufl. 8. Berl. Realschulbuchh. 814.**
Velinp.

— **Phantasus; eine Samml. von Mährchen. 3 Bde. 8. Berl. 812—16. Reimer. 7 ℛ 12 ℊ**

—— Phantasus. Eine Sammlung von Mährchen, Erzählungen u. Schauspielen. 2. Ausg. 3 Bde. 8. (76 1/4 B.) Berlin 844, 45, G. Reimer. à 1 Thlr. 15 Ngr.

— **Pietro v. Albano, oder Petrus Apone; eine Zaubergeschichte. Bresl. 825. Max u. C. 1 ℛ**

— **die Reise ins Blaue hinein.** 6 romant. Novellen. (Eingeleitet u. hrsg. v. Wilh. Mießner. Buchschmuck v. Arth. Gratz.) (XX, 373 S.) 8. Berlin 906. Wiegandt & Grieben. n. 4.50; geb. n. 6.50

—— Rotkäppchen, s. Universal-Bibliothek Nr. 2044.

Tieck, Ludw., St. Evremont. Ein Roman, s. St. Evremont.

Tieck, Ludw., Schriften. 1—15. Bd. 8. (392 7/8 B.) Berlin 828, 29, Reimer. 19 Thlr., franz. Pap. 25 Thlr., Vlnp.
Bd. 1. Kaiser Octavianus. Ein Lustsp. in 2 Thln.
„ 2. Leben u. Tod d. heil. Genoveva. Ein Trauersp. — Der Abschied. Ein Trauersp. in 2 Aufz. — Leben u. Tod d. kleinen Rothkäppchens. Eine Tragödie.
„ 3. Fortunat. Ein Mährchen in 5 Aufz. 2 Thle.
„ 4. Phantasus. 1. Thl.
Einleit. — Der blonde Eckbert. — Der getreue Eckart u. d. Tannenhäuser. — Der Runenberg. — Liebeszauber. — Liebesgeschichte d. schönen Magelone u. d. Grafen Peter v. Provence. — Die Elfen. — Der Pokal.
„ 5. —— dass. 2. Thl.
Der Blaubart. Ein Mährchen in 5 Akt. — Der gestiefelte Kater. Ein Kindermährchen in 3 Akt. etc. — Die verkehrte Welt. Ein histor. Schausp. in 5 Aufz. — Leben u. Thaten d. kleinen Thomas, gen. Däumchen. Ein Mährchen in 3 Akt.
(Bd. 4 u. 5:) apart, 6
„ 6, 7. William Lovell. 2 Thle.
„ 8. Abdallah. Eine Erzählung. — Die Brüder. Eine Erzähl. — Almansur. Ein Idyll. — Das grüne Band. Eine Erzähl.
„ 9. Arabesken:
Denkwürdige Geschichtschronik d. Schildbürger, in 20 lesenswürdigen Kapiteln. — Die sieben Weiber d. Blaubart. Eine wahre Familiengesch. — Leben d. berühmt. Kaisers Abraham Tonelli; eine Autobiograph. in 3 Abschn. — Das jüngste Gericht. Eine Vision.
„ 10. Prinz Zerbino od. d. Reise nach d. guten Geschmack. Gewissermaßen e. Fortsetz. d. gestief. Katers. Ein deutsches Lustsp. in 6 Aufz.
„ 11. Schauspiele:
Karl v. Berneck. Trauersp. in 5 Aufz. — Das Ungeheuer u. d. verzauberte Wald. Ein musikal. Mährchen in 4 Aufz. — Alla-Moddin. Ein Schausp. in 3 Aufz.
„ 12. Herr v. Fuchs. Ein Lustsp. in 3 Aufz. nach dem Volpone des Ben Jonson. — Epicoene od. d. stille Frauenzimmer. Ein Lustsp. in 5 Akt. v. Ben Jonson. Uebers. — Die Theegesellschaft. Lustsp. in 1 Aufz.
„ 13. Mährchen. Die Gesch. v. d. Heymons Kindern in 20 altfränk. Bildern. — Sehr wunderbare Historie von d. Melusina. In 3 Abthln.
Dramatische Gedichte. Fragmente.
König Rother. Fragm. — Der erste Act d. Schausp.: Das Donauweibchen. — Prolog zur Magelone. — Ein Prolog. Der Autor. Fastnachts-Schwank.
„ 14. Erzählungen u. Novellen.
Schicksal. — Die männliche Mutter. — Die Rechtsgelehrten. — Die Versöhnung. — Der Fremde. — Die Freunde. — Peter Lebrecht; eine Gesch. ohne Abentheuerlichkeiten. 1. Thl. — Der Geheimnißvolle. Novelle.
„ 15. Erzählungen.
Peter Lebrecht. 2. Thl. (unvollendet.) — Die beiden merkwürdigsten Tage aus Siegmunds Leben. — Ulrich der Empfindsame. — Fermer der Geniale. — Der Naturfreund. — Die gelehrte Gesellschaft. — Der Psycholog. — Der Roman in Briefen. — Ein Tagebuch.

—— dass. — Kupfer- u. Stahlstiche dazu, s. Kupfer- u. Stahlstiche.

—— Schriften. 16—20. Bd. 8. Berlin, G. Reimer. à Bd. * 1 Thlr. Velinp. à *
A. u. d. Titln.:
Bd. 16. Franz Sternbald's Wanderungen. Eine altdeutsche Geschichte. (26 3/4 B.) 843.
17—20. Novellen. 1—4. Bd. (105 5/8 B.) 844—46.
Inhalt:
Bd. 1. Die Gemälde. Die Verlobung. Die Reisenden. Musikalische Leiden u. Freuden.
„ 2. Das Fest zu Kenilworth. Dichterleben. 1. u. 2. Thl.
„ 3. Glück giebt Verstand. Der 5. November. Tod des Dichters.
„ 4. Der Jahrmarkt. Der Hexen-Sabbath.

—— kritische Schriften, s. a. Schriften.

—— kritische Schriften. Zum erstenmale gesammelt und mit einer Vorrede hrsg. 2 Bde. gr. 12. (XXII und 812 S.) Leipzig 848, Brockhaus. *

—— dass. — 3. und 4. Bd. A. u. d. T.: Dramaturgische Blätter. Zum ersten Male vollständig gesammelt. 2 Thle. gr. 12. Ebds. 852. [3. (XXII und 298 S.) 4. (VIII und 389 S.)] *

— nachgelassene Schriften. Auswahl u. Nachlese. Herausg. von Rud. Köpke. 2 Bde. Leipzig 855. Brockhaus. 12. (XXVIII, 211; 3 Bl., 158 S.) n. 2 ₰. 15 ngr.

— s. Shakspeare, vier Schauspiele.

— s.a. dess. der Sturm.

Tieck, Ludwig [Übers.]
s. Shakespeare, William: Shakespeare's dramatische Werke. 1825-33.

— Shakespeare-Novellen (Das Fest zu Kenelworth. Dichterleben), s.a. Bücherei, deutsche.

Shakespeare-Novellen: Das Fest zu Kenelworth. Dichterleben. Von Ludwig Tieck. Berlin: Christl. Versandbuchh. [1904]. (115 S.) 8° [F.] = Bücherei, Deutsche. Bd 5.

—— Shakespeare-Novellen, s.a. Meyer's Volksbücher.

— s.a. K. W. H. Solger, nachgelass. Schriften 2c.

—— die Sommernacht. Eine Jugenddichtung. Mit einem Vorworte von J. D. Walter. 4. (XVI und 48 S. mit 1 Holzschn.) Frankfurt a. M. 853, Sauerländer's Verlag.
Vgl.: Klassiker, moderne.

— s. Thaten u. Feinheiten e. Kraft- u. Kniffgenies.

— altenglisches Theater, s. Shakespeare, Supplemente u Theater

Tieck, Ldw., deutsches Theater. 1r u. 2r Bd. gr. 8. Berl. 817. Reimer. 3 ₰ 16 gr.

— s. Theaterzeitung, Dresdner.

Tieck, Ludw., der junge Tischlermeister. Novelle in sieben Abschn. 2 Thle. 8. (47 B.) Berlin 836, G. Reimer. 3⅓ Thlr., Vlnp. * Thlr.

—— des Lebens Ueberfluss, s. Haus-Bibliothek für Stolze'sche Stenographen.

—— des Lebens Ueberfluß; musikalische Leiden und Freuden, s. Universal-Bibliothek Nr. 1881; 1925.

Ulrich von Lichtenstein. Frauendienst, oder: Geschichte und Liebe des Ritters und Sängers Ulrich von Lichtenstein, von ihm selbst beschrieben. Nach einer alten Handschrift bearbeitet und herausgegeben von Ludwig Tieck. Stuttgart und Tübingen, in der J. G. Cotta'schen Buchhandlung 1812.
VIII + 287 S. 8°.

— d. Ungeheuer u. d. bezauberte Wald; ausländ. Mährchen in 4 A. 8. Bremen 800. Fr. Wilmans in Frankf. (Cnobloch in Lpz.) 20 gr (Auch u. d. T.: Aldrovan Prinz, od. d. Ungeheuer.)

— die Verlobung. Musikalische Leiden u. Freuden, s.: Hesse's, Max, Volksbücherei.

— Shakespeares Vorschule, s. Shakespeare.

Tieck, Ldw., Franz Sternbalds Wanderungen. 4 Thle. 8. Berl. 798. Reimer. 2 ₰

— Was die Einsamkeit raunt, s.: Gerstäcker, Frdr.

FARBER, Gottlieb *(Ludw. Tieck)*, Die sieben Weiber des Blaubart. Eine wahre Familiengeschichte herausgegeben (verfasst) von —. Istambul, bey Heraklius Murusi, Hofbuchhändler der hohen Pforte; im Jahr der Hedschrah 1212. (Berlin, C. A. Nicolai, 1797.) 8°. Zahm. 268 SS. u. 2 Bll. Ankündigung der Berlinischen Blätter.
Erste Ausgabe. Goedeke VI, 36, 40.
— — Dasselbe. Schriften, Bd. IX, S. 83—242.

— —, Die sieben, des Blaubart. Eine wahre (zahme) Familiengeschichte, hrsg. von Gottlieb Färber (verfasst von *Ludw. Tieck*). Istambul bey Heraklius Murasi, Hofbuchhändler der Hohen Pforte; im Jahr der Hedschra 1212 (Berlin, Nicolai. 1797). 8°. (1 Mk. 50 Pfg. Scheible, vor 1885; jetzt viel theurer!)

— — Dasselbe in *Tieck's* Sämmtl. Schriften. Berlin, K. A. Nicolai, 1799. 8°, Bd. XII., u. Schriften. Berlin 1828—48. XX. 8°. Bd. IX.

— Weihnacht-Abend. Der Gelehrte, s. Verein für Verbreitung guter Schriften, Zürich.

Tieck's, Ludw., Werke, s.a. Collection Spemann.

Tieck's, Ludw., Werke, s.a. Klassiker-Bibliothek, goldene.

Tieck's, L., Werke, s.a. National-Litteratur, deutsche.

Tieck, Ldw., Werke. 12 Bde. Mit Kpf. 8. Leipz. 799. (W. Nauck). 9 ₰ 15 gr (Enthalten: 1r—3r Bd. William Lowell. — 4r Bd. Abdallah. — 5r Bd. Der Sturm. — 6r Bd. Kloster Netley. — 7r — 8r Bd. Der Demokrit. — 9r Bd. Die 7 Weiber d. Blaubart. — 10r Bd. Der gestiefelte Kater. — 11r Bd. Ritter Blaubart. — 12r Bd. Karl v. Bernek, u. Geschichtchronik der Schildbürger.)

Tieck's Werke. Hrsg. v. Ghold. Ludw. Klee. Kritisch durchgesch. u. erläut. Ausg. 3 Bde. 8. (VIII, 76, 426; 444 u. 473 S. m. 1 Bildnis.) Leipzig 892. Bibliograph. Institut. Geb. in Leinw. n. 6. —; in Halbsaffian n. 9. —

Tieck, Ludwig: Werke. Auswahl in 6 Tlen. Hrsg. mit Einl. u. Anm. versehen von Eduard Berend. T. 1–6 [in 2 Bden]. Berlin, Leipzig, Wien, Stuttgart: Bong [1908]. 8°
1. Gedichte. Märchenerzählungen. Phantasien über d. Kunst. Mit e. Lebensbild versehen. 2. Märchendramen. 3. Kaiser Oktavianus. 4. Novellen. 5. Vittoria Accorombona. 6. Kritische Schriften.
(Goldene Klassiker-Bibliothek.)

Tieck's, L., ausgewählte Werke, s.a. Bibliothek, Cotta'sche, der Weltlitteratur.

— ausgewählte Werke in 8 Bdn. Mit e. Einleitg. v. Heinr. Welti. 8. (247, 232, 267, 232, 270, 223, 288 u. 272 S. m. Bildnis.) Stuttgart 893. J. G. Cotta Nachf. In 4 Leinwbdn. n. 8. —

Tieck's, Ludw., ausgewählte Werke in 4 Bdn. Hrsg. v. Geo. Witkowski. Mit 2 Bildnissen Tiecks, e. Handschriftenprobe u. e. Einleitg.: Tiecks Leben u. Werke. (XCIII, 136; 397, 245 u. 144 S.) 8. Leipzig (903). M. Hesse. 1. 50; in 1 Bd. geb., Leinw. 2. —; feine Ausg. in Halbfrz. 3. —; Luxus-Ausg. 4. —

Ludwig Tiecks ausgewählte **Werke in 4 Bden.** Hrsg. von Georg Witkowski. Mit 2 Bildn. Tiecks, 1 Handschriftprobe u. e. Einl.: Tiecks Leben u. Werke. Bd 1–4. *Leipzig: M. Hesse [1904].* 4 Bde 8° [J.]
1. L. Tiecks Leben u. Werke. Die Sommernacht. Der Abschied. Die Teegesellschaft. Der blonde Eckbert. Wundersame Liebesgesch. d. schönen Magelone.
2. Der gestiefelte Kater. Der getreue Eckart. Das jüngste Gericht. Genoveva. Der Aufzug d. Romanze. Die Verlobung. Musikal. Leiden u. Freuden.
3. Dichterleben. Der Gelehrte. Das Zauberschloß. Des Lebens Überfluß.
4. Kritische Schriften. [04. 937]

— sämmtl. **Werke.** 12 Bde. m. K. 8. Leipz. Sommer. 799. I–III. William Lowell. IV. Peter Lebrecht. V. Abdallah. VI–VIII. Volksmährchen. 9r d. Sturm u. Kloster Nettley. 10r d. Democrat. 11r Schloß Montford. 12r d. 7 Weiber Blaubarts.)
(Abdallah, Ritter Blaubart, Blaubarts 7 Weiber, d. Democrat, d. gestiefelte Kater. Peter Lebrecht, William Lowell, Kloster Netley, Don Quixote, d. Sturm, u. Volksmährchen, s. in Romanen.)

—— **Wunderlichkeiten,** s. Universal-Bibliothek Nr. 2064.

Die Wundersüchtigen. Novelle von Ludw. **Tieck.** Berlin: G. Reimer 1831. 16°
(Novellenkranz auf d. J. 1831. S. 207—368.)
Abgedr. in: **Tieck, L.: Gesamm. Novellen** Breslau 6 (1838) S. 5—222; Schriften Bd 23 S. 157—294.
Kl. 4001, Tt. 2677, TB. 256. **Schilderung der Verirrung der deutschen Frmrei um 1770.** Abdr. in 358.

Tieck, Ludw., Die Wundersüchtigen. Enthalten in Tieck's gesammelten Novellen. 6 Bändchen. Breslau. Max & Co. 1838. kl. 8. S. 1—222.

—**Prinz Zerbino, ob. die Reise nach dem guten Geschmack.** 8. Berl. 799. (Reimer). 1 ℛ 8 gℊ

Tieck, Sophie, nachher v. Knorring, s. Evremont.

Tiecke, Johann Albert (Hamburg) A-S. 1419/2

Commentatio iuridica de socio finium regundorum agente.
Göttingen (Dieterich) 5. XI. 1779. 22 S.

Gew.: Stadt Hamburg. **34474**

Tiecke, W., Waldeck-Album, s. Waldeck-Album.

Tiedau, A[ugust]: **Bücherverzeichnis** der Lehrer-Bibliothek. *Flensburg (1902): Gebr. Funke.* (112 S.) 8°
Flensburg, OR u. Landwirtschafts-S, P 1902 (322)**

Tiedau, Erwin, Referendar: Das **Schuldanerkenntnis** im **Sinne der §§ 781 und 782 des bürgerlichen Gesetzbuches.** Flensburg 1910: Meyer. 46 S. 8°
Rostock, Jur. Diss. v. 15. Aug. 1910, Ref. Matthiaß
[Geb. 30. Dez. 86 Flensburg; Wohnort: Flensburg; Staatsangeh.: Preußen; Vorbildung: Gymn. Flensburg Reife O. 06; Studium: Göttingen 3, Berlin 1, Kiel 2 S.; Rig. 27. Mai 10.] [U 10. 3888

Tiede, Aug., zu Ehren Karl **Boetticher's,** weil. Prof. an der techn. Hochschule zu Charlottenburg-Berlin. Geschrieben zum 13. März 1890, dem Geburtstag Karl Frdr. Schinkel's. gr. 8. (11 S.) Berlin 890. Ernst & Korn. n. — 50

Tiede, A. Ueber die Einrichtung eines Oberlichtsaales in der Bilder-Galerie des alten Museums zu Berlin. Aus der „Zeitschrift für Bauwesen“. Jahrg. XXI. Berlin 1871. 4°.

Tiede, A., das Museum f. Naturkunde der Universität Berlin. Mitgetheilt v. F. **Kleinwächter.** [Aus: „Zeitschr. f. Bauwesen“.] gr. Fol. (6 S. m. Holzschn. u. 7 Kpfrtaf.) Berlin 891. W. Ernst & Sohn. Kart. n. 12. —

Tiede, A. Museumsbaukunde. (S.-A. von Abschn. 1. a. d. „Baukunde d. Archit.“ 2. Bd., 2. Thl.) Berlin 1898. 8.

— zur **Werthschätzung Karl Bötticher's Tektonik der Hellenen.** Dem Andenken an weil. Prof. Herm. Spielberg. Gesprochen in der Sitzg. d. Architekten-Vereins zu Berlin am 7. Febr. 1887. 4. (21 S.) Ebd. 887. n. 1. —

Tiede, David (Neumark) U. S. Halle 1751/3

Dissertatio inauguralis iuridica de femina procuratrice ad litem. Präs. Johann Tobias Carrach.
Halle (Grunert) 16. II. 1751. 51 S.

Gew.: Ludwig Wilhelm Gf. von Münchow.
W. v.: Präs., Johann Philipp Carrach, Wilhelm Samuel von Herford (Opp.). **34475**

Tiede, Erich, a. Berlin: Das Atomgewicht des Stickstoffs. (Berlin 1908: A. Lüdtke.) (39 S.) 8°
Berlin, Phil. Fak., Ref. Fischer, Diss. v. 4. Aug. 1908
[Geb. 3. Nov. 84 Berlin; Wohnort: Berlin; Staatsangeh.: Preußen; Vorbildung: Askanisches Gymn. Berlin Reife O. 03; Studium: Freiburg i. Br. 1, Berlin 9 S.; Rig. 23. Juli 08.]

Tiede, Ernst, der **Dämon** des deutschen Volkes. Ein Gespräch üb. die Ursachen des Leides in unseren Tagen. (30 S.) kl. 8. Lorch 907. K. Rohm. — 30; Volksausg. 8. — 15

— Die **Runen** der Hand u. ihre Bedeutung. Gemeinverständl. Lehrgang der Handlinienbeutg., m. Figurentaf. (53 S.) kl. 8. Marienwerder 908. W. Groll. 1. 20

Tiede, Ernst, die Stimme im Verborgenen. (88 S.) 8. Lorch 906. K. Rohm. n. — 40; geb. n. — 80

Tiede, Friedr., Rede bei der Gedächtnissfeier Friedrichs des Grossen in der ev. Kirche zu Schweidnitz . . . 1786 gehalten. Schweidnitz 4. (16 S.)

Tiede, G., Vergleichende Bemerkungen üb. latein. u. deutsche Umgangssprache. 1872. 18 S. 4°.

Tiede, Georg [aus Granzin]: Quellenmässige Darstellung der Beziehungen Carl's des Grossen zu Ost-Rom . . . Rostock, C. Boldt'sche Hof-Buchdr., 1892; 62 S. 8.
Rostock, Phil. Fak., Inaug.-Diss. v. [3. Mai] 1892

Tiede, Gustav [Oberl.]: Zu Matthaeus 5, 17—20. Ein Beitrag zur Exegese der Bergpredigt. Sprottau, Druck v. L. Wildner (1890); S. 3—8; 4°
Sprottau, RG, OP 1890

Tiede, Gustav, Prof.: Die **Wirkungen** der Glaubensgerechtigkeit nach dem Römerbriefe. *Sprottau (1901): L. Wildner.* (S. 3 - 7.) 4°
Sprottau, PG, OP 1901 (222)

Tiede, H., Schwemm-, Canalisation- u. Berieselungs-System od. pneumat. Canalisation u. Düngerfabriken. gr. 8. (47 S.) Berlin 874. Lorentz. n. 1. —

Tiede, H., über die Ursachen der gegenwärtigen Nothlage u. über die Hülfsmittel zur Erstarkung der Deutschen Landwirthschaft. Vortrag, geh. im landwirthschaftlichen Verein Zoppot bei Danzig am 8. Novbr. 1878. [Aus: „Allg. Zeitg. f. deutsche Land- u. Forstwirthe“.] gr. 8. (16 S.) Danzig 879. Bertling. n. — 30

Tiede, Jh. Fr., († d. 19. Oct. 1795.) Abschiedspredigt, 1774 gehalten. 4. Halle 774.

— Antrittspredigt in Schweidnitz. 4. Bresl. 774. (Gosohorsky). 4 gl

— Dankrede nach geschloss. Frieden, üb. 1. Mos. 28, 20—21. 4. Halle 763.

— Dankrede nach d. Frieden mit Rußland, üb. Jes. 27, 4—9. 4. Brieg u. Halle 762.

— Einweihungsrede bei d. Kirche zu Freiburg in Schlesien. gr. 8. Frankf. a. d. O. 778. Akad. Buchh. 1 gl

— Etwas

— — über uneheliche Geburten (von *Joh. Friedr. Tiede*). (Frankfurt a. O. 1783—85.)
Anon.-Lex. II. p. 71 (nach Meusel).

— Friedrich, das Muster der Könige; e. Ode. 4. Stettin 752.

Tiede, Jh. Fr., Gastpredigt vor der Bürger- u. Soldatengemeinde zu Pasewalk gehalten, am 5n Sonntage nach Trinit. 1785. gr. 8. Stettin 785. Kaffke. 2 gl

— das allgem. Gericht üb. den Erdboden. 4. Stettin 751.

Tiede, Johann Friedrich.
Casualreden ... Halle 1777—97. H (Th. 2 u. 3): *Lehmann, C. G.* (Ky)

— Casualreden, nebst e. Anhange v. Gedichten. 3 Thle. (2r u. 3r Thl. hrsgg. v. C. G. Lehmann). gr. 8. Halle 777, 796, 797. (Hahn in Hannov.) (à 18 gl) 2 ₰ 6 gl

Tiede, Joh. Fr., Casualreden, nebst e. Anhange von Gedichten. 3 Thle. gr. 8. Halle, Trampe. (Hahn in Hann.) 796—97. (à 18 gr.)

— s. Lieder f. die Garnison-Gemeinde in Halle.

— 4 Predigten, im Herbst 1775 gehalten. 4. Bresl. 775. (Gosohorsky). 4 gl

— 4 Predigten, im Herbst 1775 gehalten. 4. Breslau, Meyer.

Tiede, Joh. Fr., zwei Predigten, die Weihe d. Landwehr, u. die Siege bei Leipzig. 8. Heidelb. Mohr und W. 814.

— Rede bei Beerdigung A. F. Marcks. 8. Halle 765. Schwetschke u. S. 1 gl

— Rede bei Beerdigung Trzebiadowsky. 8. Halle 778. Schwetschke u. S. 1 gl

— Rede bei d. Gedächtnißfeier Friedrichs d. Großen. 4. Schweidnitz 786.

— Rede nach Grundlegung des Steins zu einer evangel. Kirche in Waldenburg. 4. Schweidnitz 785.

— Rede nach d. Siege bei Liegnitz, vor d. Anhalt-Bernburg. Regimente gehalten, üb. Ps. 20, 6—9. 4. Halle 760.

— Rede, gehalten bei der Trauung d. Hrn. Diak. Lehmann mit d. Jungfer Tiede. 4. Schweidnitz 782.

— moral. Reden, in der Garnisonkirche zu Halle gehalten. 4 Thle. gr. 8. Halle 765—69. 2e verb. Ausg. in 2 Thlen. 8. Ebd. 771. 3e A. 775. 4e A. 781. 5e A. 793. Schwetschke u. S. 2 ₰

— moralische Reden. 2 Thle. gr. 8. Halle, Hemmerde und Schw. 793.

Rede, welche nach erfochtenem Siege bey Liegnitz den 17ten August 1760 im Lager bey Neumarkt in höchster Gegenwart Sr. Königl. Hoheit des Markgraf Carls gehalten worden, von Joh. Fr. Tiede, Feld-Prediger. Bresslau u. Leipzig. 4. 11 S.

— Standrede bei d. Sarge d. Generals v. Mayr. 4. Plauen 759.

— Trauungsrede bei der Vermählung des Hrn. v. Bomsdorf mit Fräulein C. H. v. Zehmen. 8. Halle 773. Schwetschke u. S. 1 gl

— Unterhaltungen mit Gott in den Abendstunden, auf jeden Tag des Jahres. 2 Thle. gr. 8. Halle, Trampe. (Hahn in Hannov.) 806.

— Unterhaltungen mit Gott in den Abendstunden, auf jeden Tag des Jahres. 2 Thle. 9te verm. Aufl. von F. P. Wilmsen. gr. 8. Hannov. Gebr. Hahn. 813.

Tiede, J. F., Unterhaltungen mit Gott in den Abendstunden auf jed. Tag d. Jahrs. Nebst e. tabellar. Gesch. d. Reichs Gottes. Nach d. letzten, v. F. P. Wilmsen besorgten Ausg. aufs Neue umgearb. v. Herm. Wilh. Bödeker. 2 Thle. 11. Orig.-Aufl. gr. 8. (40¾ B.) Hannover 838, Hahn'sche Hofbuchh.

Tiede, Theodor, appr. Tierarzt aus Berlin: Aus d. hygien. Institut d. Universität Gießen. (Geh. Medizinalrat Prof. Dr. Gaffky.) Wann lassen sich die Erreger des Rotlaufs und der Geflügelcholera nach einer Hautimpfung in den inneren Organen von Mäusen nachweisen? Mit 5 Tab. *Jena: G. Fischer 1902.* (29 S.) 8°
Gießen, Veterinär-med. Diss. v. 1902

Tiede, Thom. Frz., († d. 22. Jan. 1824.) christl.-altdeutsches Bedenken des Landsturms, vor seiner Vereidung, d. 14. Jan. 1814. gr. 8. Berl. 814. Mittler. 2 gl

— Predigt: der Einzug in Paris, geh. d. 23. Juli 1815. gr. 8. Berl. 815. Mittler. 3 gl

Tiede, Th. Fr., Erhebe dich zum geistlichen Leben. gr. 8. Berl. Dieterici. 814.

— erhebe dich zum geistl. Leben. gr. 8. Berl. 814. Mittler. 3 gl

— Erinnerung an Luther, z. Feier des 3n Jubeljahres d. Reformation 1817. 8. Berl. 817. Mittler. 6 gl

— das Fest der drei Könige. gr. 8. Berl. 814. (Mittler). 3 gl

— die Freiheit d. Unterthanen, Predigt am Palmsonntage 1809 gehalten. 4. Berl. 809. Mittler. 3 gl

— die neuesten denkwürd. Jahrestage Preußens u. Schlesiens. Ein Tage- u. Gedächtnißbuch. 4 Bde. 8. Glatz 802—804. (I. 1. 2. 3. 5. u. 6. II. 1—6. III. 1. 3. 4. 5.) 8. Berl. 816. Mittler. (à Heft 4 gl) 2 ₰ 12 gl

— Kanzelgemälde u. Altarstücke aus d. Zeiten der Dienstbarkeit u. Morgenröthe d. Erlösung. 3 Hfte. gr. 8. Berl. 815, 16. Mittler. 1 Rthlr. 6 Gr. 2e Aufl. s. unten: Samml. ꝛc.

Tiede, T. F., d. Communicant. gr. 8. Bresl. Korn d. ältere. 801.

— Merkwürdigkk. Schlesiens. 6 Hfte. Mit Kpf. gr. 8. Reichenbach 806. (J. F. Korn in Bresl.) 1 Rthlr. 20 Gr.

— die Predigt des Worts, am 25. Oct. 1820 gehalten. 2e Aufl. gr. 8. Berl. 820 Mittler. 3 Gr.

— zwei Predigten, die Weihe der Landwehr, u. die Siege bei Leipzig. 8. Heidelberg 814. Mohr. 4 Gr.

— Samml. von Predigten u. Gelegenheitsreden, od. Kanzelgemälde u. Altarstücke aus d. Zeiten der Dienstbarkeit u. der Morgenröthe der Erlösung. 2e Aufl. gr. 8. Berl. 817. Mittler. 1 Rthlr. 12 Gr.

Tiede, Th. Fr., Sammlung von Predigten und Gelegenheitsreden, oder Kanzelgemählde und Altarstücke aus den Zeiten der Dienstbarkeit und der Morgenröthe der Erlösung. gr. 8, Berlin, Mittler. 819.

— die Siege bei Leipzig. gr. 8. Berl. 813. Mittler. 3 Gr.

— der Silberdank, Sr. Maj. d. König am 3. Oct. 1809. 4. Berl. 809. Mittler. 3 Gr.

— Sonntagsabende, e. Andachtsbuch, nebst einer Geschichte d. Sonntagsfeier, von Lehmann. 8. Bresl. 799. J. F. Korn. 1 Rthlr. 8 Gr.

— die letzten Stunden. 4 Fastenpredigten. gr. 8. Berl. 814. (Mittler). 9 Gr.

— s. F. P. Wilmsen, Herzenserhebungen.

— wohin weißt der Finger der Zeit? gr. 8. Berl. 814. (Mittler). 3 Gr.

Tiedeböhl, Arnold, s. Schneeglöckchen.

Tiedemann, Landinspektor, s. Petition d. Schleswig'schen Ständeversammlung an S. K. Majestät ꝛc.

Tiedemann. Der Todtentanz in der St. Marienkirche zu Lübeck. 4°.

Tiedemann, Ursprung der Ordalien. Abdr. aus Berlinische Blätter 1798. . . . (806.)

(Tiedemann.) Vorlesungen über die Taktik. Bearb. von einem Offizier des General-Stabes. Berlin 1820. 4°. (Lithogr.)

Einige Worte am Grabe Johann Heinrich Voss. gespr. v. Tiedemann am 1. April 1826. Heidelberg. 1826. 8°.

Tiedemann, Adf. v., aus Busch u. Steppe. Afrikanische Expeditionsgeschichten. Mit 57 Textillustr. v. R. Hellgrewe. (VII, 251 S.) 8. Berlin 905. Winckelmann & Söhne. n. 3. —; geb. in Leinw. n. 4. —

Tiedemann, Adf. v., meine Erlebnisse im Hauptquartier Lord Kitcheners u. die Schlacht bei Omdermân, s. a. Beiheft zum Militär-Wochenblatt. 1904. Hft. 1. 2.

Meine Erlebnisse im Hauptquartier Lord Kitcheners und die Schlacht bei Omdermân, Vortrag geh. in d. Militär. Gesellsch. zu Berlin 1903 von [Adolf] v. Tiedemann, Rittm. agg. d. Ulanenreg. No 8. ⟨Mit 1 Karte u. 1 Skizze.⟩ *Berlin: E. S. Mittler & Sohn [1904].* (34 S.) 8° [F.]
— Militär-Wochenblatt. 1904, Beih. 1/2. [n.] [04. 743

Tiedemann, die deutsche Feldartillerie, ihre Unteroffiziere u. Kanoniere im Feldzuge 1870/71, s.: Eisenschmidt's Büchersammlung, III, 8.

Tiedemann, der Krieg in Transvaal 1899—1900. 1. Thl. gr. 8. Berlin 900. Militär-Verlagsanstalt. n. 2. —
Der Krieg bis Ende 1899 u. seine Vorgeschichte. Mit 2 Karten. (128 S.)

— mit Lord Kitchener gegen den Mahdi. Erinnerungen e. preuß. Generalstabsoffiziers an den engl. Sudan-Feldzug. Mit 5 Kunstbeilagen u. 2 Kartenskizzen. 1.—4. Taus. (III, 206 S.) 8. Berlin 906. C. A. Schwetschke & Sohn. 4. —; geb. 5. —

(B) Tiedemann, Adf. v., mit Lord Kitchener gegen den Mahdi. 906. (KBL 34.) Jetzt: Berlin, Süd-West-Verlag.

— Salzwasser u. Brise. Briefe v. e. Segelreise um Cap Horn. Mit e. Routenkarte u. e. alphabet. Verzeichnis v. ca. 800 seemänn. Ausdrücken. (III, 119 S.) 8. Berlin (909). Winckelmann & Söhne. 1.50

Tiedemann, Adf. v., Tana-Baringo-Nil. Mit Karl Peters zu Emin Pascha. Nach Skizzen d. Verf. illustr. v. Hans Looschen. 1. u. 2. Aufl. gr. 8. (V, 332 S. m. 1 Bildnis.) Berlin 892. H. Walther. n. 6. —; geb. n. 7. 50

— Tana—Baringo—Nil. Mit Karl Peters zu Emin Pascha. Volksausg. (V, 240 S. m. Bildnis.) gr. 8. Berlin 907. [C. A. Schwetschke & Sohn.] Süd-West-Verlag. 3.—; geb. 4. —

Tiedemann, Alfred, bacc. jur., in Dresden: Das gesetzliche Konkurrenzverbot und die Konkurrenzklausel des Handlungsgehülfen nach dem neuen Handelsgesetzbuch. *Leipzig 1904: W. Wigand.* (138 S.) 8°
Leipzig, Jur. Diss. v. 1904

Tiedemann, B. v., der Festungskrieg im Feldzuge gegen Frankreich 1870—1871. Mit 19 lith. Plänen (in gr. 8., gr. 4. qu. Fol.) gr. 8. (VII, 271 S.) Berlin 872. Hempel. n. 12. —

—— Ursachen und Wirkungen im Festungskriege während des Feldzuges gegen Frankreich 1870—1871. Lex.-8. (80 S.) Ebendas. 873. *

Tiedemann, Chrph. v., persönl. Erinnergn. an d. Fürsten Bismarck. Vortrag, geh. in der histor. Gesellschaft f. d. Netze-Distrikt in Bromberg am 18. XI. 1897. Mit 1 Fcsm. gr. 8. (III, 52 S.) Leipzig 898. S. Hirzel. n. 1. —

Sechs Jahre Chef der Reichskanzlei unter dem Fürsten Bismarck. Erinnerungen von Christoph v. Tiedemann. (Vorr.: Adolf v. Tiedemann.) Leipzig: Hirzel 1909. x, 487 S. 8°
(Chr. v. Tiedemann. Aus sieben Jahrzehnten. Bd 2.) [09. 9097 9

Tiedemann, Christoph v., aus sieben Jahrzehnten. Erinnerungen. 1. Bd.: Schleswig-holstein. Erinnerungen. (XIV, 504 S.) gr. 8. Leipzig 905. S. Hirzel. n. 9. —; geb. n. 10. —

Aus sieben Jahrzehnten. Erinnerungen v. Christoph Tiedemann. Bd. 2. Sechs Jahre Chef der Reichskanzlei unter dem Fürsten Bismarck. Leipzig. 1909. 8°

Tiedemann, Christoph v., aus sieben Jahrzehnten. Erinnerungen. 2. Bd.: 6 Jahre Chef der Reichskanzlei unter dem Fürsten Bismarck. 2.. durch Zusätze verm. Aufl. (X, 504 S. m. Bildnis.) gr. 8. Leipzig 910. S. Hirzel. 9.—; geb. 10.—
1. Aufl. (X, 487 S. m. Bildnis.) 909. 9.—; geb. 10.—

Tiedemann, Dietrich

Tiedemann, Dtr., Anatomie u. Naturgeschichte des Drachen. Nürnberg 811. 8.

Tiedemanni, D., Argumenta dialogorum Platonis exposita. Bipont. 786. 8. 1 rthlr. 22 gr. (Ist auch Vol. 13 der Zweybrücker Ausgabe.)

Tiedemann's, Dietr., Beobachtgn. üb. die Entwickelg. d. Seelenfähigkeiten bei Kindern. Mit Einleitg., sow. m. e. Litteraturverzeichnis zur Kinderpsychologie hrsg. v. Chr. Ufer. gr. 8. (VII, 56 S.) Altenburg 897. O. Bonde. n. 1.—

— idealistische Briefe. 8. Marb. 798. Krieger. 12 gl

— Geist der speculativen Philosophie. 6 Th'e. mit Reg. gr. 8. Marburg, Krieger. 790–97. (I. 1 Rthlr. 8 gr. II. III. à 1 Rthlr. 12 gr. IV. V. à 2 Rthlr. VI. 2 Rthlr. 4 gr.)

Dt. **Tiedemann's** Geist d. speculativen Philosophie. (Von Thales bis Berkeley.) *Marb.*, n. akad. B. 791-97. 6 Bde. m. Reg. 8° 10 ꝑ 12 gl

Dt. **Tiedemann's** Handb. d. Psychol. z. Gebr. bey Vorless. u. z. Selbstbelehr. h. m. e. Biogr. d. Vf. v. L. Wachler. *Lpz.*, Barth. 804. gr 8° 1 ꝑ 16 gl

s. Hermes Trismegistus.

s. Magazin der Reisebeschreibb. 25r Bd.

— Griechenlands erste Philosophen, od. Leben u. System des Orpheus, Pherecydes, Thales u. Pythagoras. gr. 8. Leipz. 780. Weidmann. 1 ꝑ 8 gl

s. Plato, dialogorum.

Tiedemann, Dietrich, de variis philosophiae morum principiis. 4. Marb. 798. Krieger. 4 gl

— u. Dan. Jenisch 2 Preisschriften üb. d. beträchtlichen Vortheile, welche alle Nationen des jetzigen Zeitalters a. d. Kenntniß u. histor. Untersuch. d. Zustandes der Wissenschaften b. den Alten ziehen können. gr. 8. Berl. Maurer. 798.

Tiedemann, Dieter, Disputatio de quaestione, quae fuerit artium magicarum origo, quomodo illae ab Asiae populis ad Graecos, atque Romanos, et ab his ad ceteras gentes sint propagatae, quibusque rationibus adducti fuerint. II Qui ad nostra usque tempora easdem vel defenderent, vel oppugnarent? Quae praemium tulit a soc. sc. reg., quae Gottingae est. 158 pp. Marb. 1787. 4°.

Tiedemann, Dietrich, de questione quae fuerit artium magicarum origo. 4. maj. Marb. Krieger. 787.

Tiedemann, Dietrich. Reise in Ober-Pennsylvanien u im Staate NY, von einem adoptierten Mitglied d Oneida-Nation [Tiedemann]. Berlin. 1802.

— System der stoischen Philosophie. Mit e. Vorr. v. Chr. Glo. Heyne. 3 Thle. 8. Leipz. 776. Weidmann. 1 ꝑ 16 gl

Dt. **Tiedemann's** Theätet, od. üb. d. menschl. Wissen; e. Beytr. z. Vernunftkritik. *Frkf. a. M.*, Varrentrapp. 794. gr 8° 2 ꝑ 12 gl

Dt. **Tiedemann's** Untersuchungen üb. d. Menschen. *Lpz.*, Weidmann. B. 777-78. 3 Thle. 8° 2 ꝑ 16 gl

s.a. Versuch einer Erklär. des Ursprungs d. Spr.

Tiedemann's, D., Versuch einer Erklärung des Ursprungs der Sprache. Riga 772. 8. 16 gr.

Tiedemann, Erich v., das neue Branntweingesetz und die Selbsthülfe der Brenner. Zwei Aufsätze. gr. 8. (III, 78 S.) Berlin 888, Walther und Apolant. *

Tiedemann, Ernst, aus Erfurt, Unterarzt im 3. Thüring. Inf.-Reg. No 71: Über die Häufigkeit und das Wesen der Fußgeschwulst. *Berlin (1904): G. Schade.* (29 S.) 8°
Berlin, Med. Diss. v. 12. März 1904

Tiedemann, Ernst: Passional und Legenda aurea. Einl. u. Kap. 1—4. (Berlin: Mayer & Müller 1909.) 55 S. 8°
¶(Ersch. vollst. als: Palaestra. Bd 87.)
Berlin, Phil. Diss. v. 20. März 1909, Ref. Roethe
[Geb. 13. Jan. 86 Berlin; Wohnort: Berlin; Staatsangeh.: Preußen; Vorbildung: Humboldt-Gymn. Berlin Reife M. 04; Studium: Berlin 7 S.; Rig. 23. Juli 08.]
[U 09. 292

Tiedemann, Ernst, Passional u. Legenda aurea, s.a. Palaestra. 87.

Passional und Legenda aurea. Von Ernst **Tiedemann.** Berlin: Mayer & Müller 1909. VIII, 173 S. 8°
[Ein T. erschien als Inaug.-Diss. Berlin 1909.]
(Palaestra. 87.) [09. 1340] 10

Tiedemann, *Ernst Friedrich* [app. Arzt aus Stade]: Aus d. patholog. Institute zu Kiel. Zur Kasuistik des primaren Gallenblasenkrebses. ... Kiel, Druck v. Schmidt & Klaunig, 1891: 17 S. 1 Bl. 8°
Kiel, Med. Fak., Inaug.-Diss. v. [13. Apr.] 1891

Tiedemann, Friedrich: Abbildungen der Pulsadern des menschlichen Körpers. (Nebst) Erklärungen.

s.: Tiedemann, F.: Tabulae arteriarum corporis humani. - Abbildungen der Pulsadern des menschlichen Körpers. (Nebst) Explicationes. - Erklärungen. (Lat.u.Dt.)
Carlsruhae: 1822

JB 6.280

Tiedemann, Fr., Abhandl. üb. das vermeintliche bärenartige Faulthier. Mit e. Abbild. 4. Heidelb. 820. (Winter). 12 gl

Tiedemann, Friedrich: Anatomie und Bildungsgeschichte des Gehirns im Foetus des Menschen nebst einer vergleichenden Darstellung des Hirnbaues in den Thieren. 174 S., gbd., 7 Taf.

Nürnberg: Stein 1816

JB 793

— Anatomie des Fischherzens. Mit 4 Kpf. gr. 4. Landsh. 809. (Mohr in Heidelb.) 1 ,ß

Tiedemann, Friedrich: Anatomie der kopflosen Mißgeburten. 108 S., gbd., 4 Taf.

Landshut: Thomann 1813

JB 6.292

Tiedemann, Fr., Anatomie u. Naturgesch. d. Drachens, m. 3 K. gr. 4. Nürnb. Schrag. 811.

Tiedemann F.: Anatomie u. Naturgeschichte d. Vögel. 2 Bd. Heidelb. 1810-14.
(=: Zoologie. Bd. 2-3).

Tiedemann F.: Anatomie d. Röhren-Holothurie d. pomeranzfarbigen Seesterns und Stein-Seeigels. Gekr. Preisschr. Landshut 1816. 98 S. Fol.
- — Abbildungen. S. St. o. A. 10 Tvl. St. Fol.

— — Anatomie der Röhren-Holothurie des pomeranzenfarbigen Seesterns und Stein-Seeigels. Eine vom franz. Instit. gekr. Preisschrift. Mit 10 Kupfert. Imper. Fol. Heidelberg, Mohr und W. 820.

— Anatomie der Röhren-Holothurie des pomeranzenfarbigen Seesterns u. Stein-Seeigels. Eine vom französ. Institut gekrönte Preisschrift. Mit 10 Kpft. Imp.-Fol. Heidelb. 820. (Winter). 25 ,ß 8 gl

Tiedemann, Friedrich [Praes.], s. Bayer, Joh. Nepom.: De ramis ex arcu aortae prodeuntibus.

— Beobachtt. üb. die hohe Theilung der Armschlagader in die Speichen- u. Ellenbogen-Schlagader. gr. 4. Münch. 820. (G. Franz). 6 gl

—— und Leop. Gmelin, amtl. Bericht, s.a. Bericht.

— u. L. Gmelin, amtl. Bericht üb. die Versamml. deutscher Naturforscher u. Aerzte in Heidelberg im Sept. 1829. Nebst einer lithogr. Samml. eigenhändiger Namenszüge der Theilnehmer. gr. 4. Heidelb. 830. Winter. 1 ,ß

Tiedemann, Friedrich: Von den Duverneyschen, Bartholinschen oder Cowperschen Drüsen des Weibs und der schiefen Gestaltung und Lage der Gebärmutter. 42 S., gbd., Abb.

Heidelberg u.Leipzig: Groos 1840

JB 4.175

Tiedemann, Friedrich: Ergänzungen zu den Abbildungen der Pulsadern des menschlichen Körpers. (Nebst) Erklärungen.

s.a.: Tiedemann, F.: Supplementa ad tabulas arteriarum corporis humani. - Ergänzungen zu den Abbildungen der Pulsadern des menschlichen Körpers. (Nebst) Explicationes. - Erklärungen. (Lat.u.Dt.) Heidelbergae: 1846

JB 6.280/Suppl.

— Ergänzungen zu den Abbildungen der Pulsadern d. menschl. Körpers. gr. Fol. (Mit 15 lith. Taf.) Heidelberg 846, Karl Winter. n. 20 ,ß (Das Werk selbst: Karlsr. 822, Müller. n. 56 ,ß feine Ausg. n. 74 ,ß)

Friderici Tiedemann, Explicationes tabularum arteriarum corporis humani. Carlsruhae: C.F.Müller 1822. XV, 128 S. 8°

[Nebent.:] Tiedemann: Erklärungen seiner Abbildungen der Pulsadern des menschlichen Körpers.

Tiedemann, Frid., Explicationes Supplementorum ad tabulas arteriarum corporis humani. A. u. d. Ttl.: Erklärungen der Ergänzungen zu den Abbildungen d. Pulsadern des menschl. Körpers. (15 Stnt. Tab. XXXIX—LIII. u. lith. Ttl. in Imp.-Fol. u. 17¼ B. Text in latein. u. deutscher Sprache.) Heidelberg 846, Carl Winter. *
Das Hauptwerk erschien in neuer Ausg. 1842 in Carlsruhe in d. Müller'schen Hofbuchh. u. kostet 12 Thlr. Die frühere Ausg. Ebendas. 1822. * 56 Thlr., Bessere Ausg. * 74 Thlr.

— s. W. Fohmann, anatom. Untersuchungen.

De Ganglio ophthalmico et nervis ciliaribus animalium. [Resp.:] Ferdinandus Muck. Landishuti 1815: Thomann. 94 S. 4°

Landshut, Med. Diss. v. 16. März 1815

Tiedemann, Friedr., Geschichte des Tabaks und anderer ähnlicher Genußmittel. Mit Abbildgn. (auf 18 lith. Taf. in 8., 4. u. Fol.) Frankfurt a. M. 854. Brönner. gr. 8. (XXII, 440 S.) n. 2 ,ß.

—— das Hirn des Negers mit dem des Europäers u. Orang-Outangs verglichen. Imp.-4. (11¾ B. u. 6 Stnt.) Heidelberg 837, K. Winter. *

— Icones cerebri Simiarum et quorundam mammalium rariorum. c. X. tab. aer. inc. Fol. maj. Heidelb. 821. Winter. 9 ,ß

—— zu S. Th. v. Sömmerrings Jubelfeier. (Ueber das Ei u. den Fötus d. Schildkröten.) gr. 4. (4 B., 1 Kpfrt. u. v. S's. Bildn.) Heidelberg 828, Groos. 1 Thlr. 4 Gr., Schrbp.

Tiedemann, Fr., zur Kasuistik d. primären Gallenblasenkrebses. Diss. gr. 8. (17 S.) Kiel 891. (Gnevkow & v. Gellhorn.) n. — 80

Tiedemann, Fr., M. Oppel u. J. Liboschitz, Naturgeschichte der Amphibien. 1s Heft. Gattung Krokodil. Mit 15 illum. u. schwarz. Abbildd. Imper.-Fol. Heidelb. u. Münch. 817. (Groos). 25 ,ß 8 gl Bessere Ausg. 30 ,ß

Tiedemann, Friedr., Physiologie des Menschen. 1. Bd. Allgem. Betrachtungen d. organ. Körper. gr. 8. (46 B.) Darmstadt 830, Leske.

—— Physiologie d. Menschen. 3. Bd. — A. u. d. T.: Untersuchungen üb. d. Nahrungs-Bedürfniss, d. Nahrungs-Trieb u. d. Nahrungs-Mittel d. Menschen. Lex.-8. (26 B.) Darmstadt 836, Leske.
1. Bd. Ebendas. 1830. 3 Thlr. 12 Gr. Der 2. Bd. ist (1842) noch nicht erschienen.

— Diss. inaug. de cordis polypis. 4. Marb. 804.

—— Rede bei Eröffnung d. Versammlung deutscher Naturforscher u. Aerzte in Heidelberg am 18. Sept. 1829. 4. ... Heidelberg, Winter.

— üb. die Speicheldrüsen der Schlangen. Mit 2 Tab. gr. 4. Münch. 814. (G. Franz). 4 gl

Tiedemann, Friedrich: Tabulae arteriarum corporis humani. - Abbildungen der Pulsadern des menschlichen Körpers. (Nebst) Explicationes. - Erklärungen. Supplementa. - Ergänzungen. (Nebst) Explicationes. - Erklärungen. (Lat.u.Dt.), gbd., Abb.

Tabulae et explicationes tabularum: Carlsruhae: Müller 1822
Supplementa et explicationes supplementorum: Heidelbergae: Winter 1846

JB 6.280

— 18 Supplement-Tafeln zu seinen Tabulae arteriarum. Imp.-Form. Heidelberg... K. Winter. n. 24 ℳ

— Tabulae nervorum uteri. Cum IV tabb. aen. Fol. maj. Heidelb. 822. Oswald. 12 ℳ 12 gl Velinp. 16 ℳ

Tiedemann, Friedrich: Die Verdauung nach Versuchen von F. Tiedemann und Leopold Gmelin. Bd 1 - 2, gbd.

Heidelberg u. Leipzig: Groos 1826 - 1827

JB 1.269

— — die Verdauung nach Versuchen. 2 Bde. 2., wohlf. Ausg. gr. 4. (87¾ B.) Heidelberg 831, Groos.

—— von der Verengung u. Schliessung der Pulsadern in Krankheiten. Imp.-4. (41½ B. u. 3 Stat.) Heidelberg 843, Groos.

Tiedemann, F(riedrich): Versuche über die Wege, auf welchen Substanzen aus dem Magen und Darmkanal ins Blut gelangen, über die Verrichtung der Milz und die geheimen Harn-Wege von F. Tiedemann und L(eopold) Gmelin. 119 S., gbd.

Heidelberg: Mohr & Winter 1820

JB 1.049

— Verzeichniß derjen. Präparate, welche sich bis 1808 üb. die Säugethiere in d. Kabinetten zu Landshut f. Zoologie u. vergleichende Anatomie befanden. gr. 8. Landsh. 812. Weber in Münch. 3 gl

Tiedemann, Friedrich: Von lebenden Würmern und Insekten in den Geruchs-Organen des Menschen, den Zufällen, welche sie verursachen, und den Mitteln sie auszutreiben. 36 S., gbd.

Mannheim: Bassermann 1844

JB 4.739

— einige Worte am Grabe Jh. Hnr. Voß, am 1. April 1826. gr. 8. Heidelb. 826. Winter. 3 gl

Tiedemann, Friedrich (Hrsg.):

s.: Zeitschrift für Physiologie. Bd 1-5. Heidelberg: 1824-32.

JB 6.103

— Zoologie zu seinen Vorlesungen entworfen. 1r Thl. enthalt.: die allgem. Zoologie d. Menschen u. d. Säugethiere. gr. 8. Landsh. 808. Weber in Münch. 2 ℳ 2r u. 3r Thl. (A. u. d. T.: Anatomie u. Naturgeschichte der Vögel. 1r u. 2r Thl. gr. 8. Heidelb. 810, 14. Mohr. 6 ℳ

Tiedemann, Fritz, die neuere Entwicklg. d. Arbeitsverhältnisse u. d. gewerkschaftl. Organisation im Buchdruck-Gewerbe. [Aus: „Ztschr. f. d. ges. Staatswissensch."] gr. 8. (IX, 78 S.) Tübingen 897. H. Laupp. n. 1. —

Tiedemann, Fritz [aus Kröpelin]: Wesen und Wirksamkeit der Publiciana in rem actio .... Kröpelin, Druck v. Herm. Rehse, 1886; 95 S. + 2 Bl. 8°.
Rostock, Jur. Fak., Inaug.-Diss. v. 24. März 1887.

Tiedemann, Fritz, Wesen und Wirksamkeit der Publiciana in rem actio. Diss. Rostock 1886, G. B. Leopolds Univ.-Buchh. 8°. 95 S.

Tiedemann, H. C. W., Beiträge zur naturgemäßen Erziehung nebst vermischten Aufsätzen. Hamburg 864. Nolte. gr. 8. (127 S.) n. 18 ngr.

Tiedemann, H. C. W., die Geschichte Hamburg's für Schulen. Ein Lehr- und Lesebuch. 2. umgearb. Aufl. Hamburg 853. Nolte u. Köhler. 8. (IV, 179 S.) n. 12 ngr.

Tiedemann, H. C. W., kleine Schulgeographie. Heimatskunde von Hamburg. gr. 8. (16 S.) Schleswig 869, Schulbuchh. [Halle, Buchh. des Waisenhauses.]

Tiedemann, Heinr., Mensch u. Affe. Eine Vorlesung, welche am 3. Febr. 1876 in der Halle der Teutschen Gesellschaft zu Philadelphia gehalten wurde. gr. 8. (22 S.) Philadelphia 876. (Schäfer & Koradi.) n. 1. —

Tiedemann, Heinrich (Hrsg.), s. Petition der Schleswigschen Ständeversammlung ...

--Rede ü das Teutsche Hospital in Phila welche Dr. H. Tiedemann nicht gehalten hat ... Phila. 1866.

Tiedemann, Freifrl. Helene v., s. a. Vandersee, Leon.

Heimatlicht. Gedichte u. Novellen von Leon Vandersee [d. i. Helene Tiedemann]. 3. verm. Aufl. Berlin-Leipzig: W. Vobach & Co. [1905]. (200 S.) 8° [F.] [3 13265 11

Tiedemann, Herm., Erinnerungen aus dem Kriege gegen Frankreich 1870—71. (102 S. m. 1 eingedr. Bildnis, eingedr. Kartenskizzen, 12 Taf. u. 3 Karten.) Lex. 8. Bergedorf 909. (Köster & Wobbe.) Geb. 5. —

Erinnerungen aus dem Kriege gegen Frankreich 1870–71. Von Dr. med. Hermann Tiedemann. Als Ms. gedr. Bergedorf: (Selbstverl.); [Hamburg: Herold] 1909. 102 S. 4°(8°) [10. 8043

Tiedemann, Hugo, approb. Arzt aus Lüdingworth: Aus d. Kgl. psychiatr. u. Nervenklinik d. Universität Kiel. Ein Beitrag zur Lehre von Delirien bei Pyämie. *Kiel 1903: Schmidt & Klaunig.* (13 S.) 8°
Kiel, Med. Diss. v. [21. Dez.] 1903

⊙ Offenes Sendschreiben über die absolute Nothwendigkeit, den Altonaer Bahnhof im Centrum der Stadt anzulegen v. einem Bürger [d. i.: (J. C. Tiedemann)] an seine Mitbürger. Altona. 1843. 8°

Tiedemann, J. H. F., Vocabulaire d. französischen Unterrichtsstoffes f. die Postgehülfen-Prüfung. gr. 8. (75 S.) Kiel 891. (Lipsius & Tischer.) Kart. n. 3. 40

Tiedemann, J. R., Exempelbuch f. Anfänger in der Algebra. gr. 8. Hannov. 824. Hahn. 4 gl

Tiedemann, Jak., Entwürfe der heil. Reden, welche er über wichtige in den Sonn- u. Festevangelien enthalt. Wahrheiten gehalten. gr. 8. Hamb. 759—63. . . . 4 ∥ 12 gl

Tiedemann, Johann Heinrich

— Beschreib. der Fürstl. Denkmale u. Grabschriften in d. Stiftskirche u. der darin befindl. Gruft zu Stuttgart, wie auch derer zu Tübingen u. Ludwigsburg. gr. 8. Stuttg. 798.

Tiedemann, Jh. Hnr., († d. 30. April 1811.) Beschreib. der von ihm verfertigten achromat. Fernröhre, Vergrößerungsgläser ꝛc. Mit Kpf. gr. 8. Stuttg. 785. Metzler. 8 gl

Tiedemann, K., Rede über das teutsche Hospital in Philadelphia. Philadelphia 866. Schäfer & Koradi. gr. 8. (20 S.) n. 10 ngr.

Tiedemann, K., Vorlesung über die Natur und ihre Gesetze, gehalten am 23. März 1868. gr. 8. (40 S.) Philadelphia 868, Schäfer und Koradi.

Tiedemann, K. L. H. v. Tagebuch und Briefwechsel aus dem Jahre 1812. Hrsg. von M. Lehmann. (Berlin 1877.) 8°. (Aus: Jahrbücher f. d. Deutsche Armee und Marine.)

Tiedemann, L., Glaubensbekenntniß der Gräfin Karolina v. Bentheim-Steinfurt. 8. Bremen 775. Cramer. 8 gl

Tiedemann, Ludw. v., das landwirthschaftliche Bauwesen. Handbuch zum Entwerfen, Construiren, Veranschlagen u. Ausführen landwirthschaftlicher Gebäude für Bautechniker u. Landwirthe. Mit einem Vorwort von Jul. Kühn. Mit ca. 500 (eingedr.) Holzschn. gr. 8. (XI, 572 S.) Halle 882. Hofstetter. n. 12. 50

Tiedemann, Ludw. v., das landwirthschaftliche Bauwesen. Handbuch f. Bautechniker u. Landwirthe. Mit e. Vorwort v. Jul. Kühn. 2., verm. Aufl. gr. 8. (XVI, 654 S. m. 637 Holzschn.) Halle a/S. 891. Hofstetter. n. 12. 50; geb. n. 14. —

Tiedemann, Ludw. v., das landwirthschaftliche Bauwesen. Handbuch f. Bautechniker u. Landwirthe. Mit e. Vorwort v. Jul. Kühn. 3., verb. u. verm. Aufl. gr. 8. (XVI, 676 S. m. 704 Holzschn.) Halle 898. L. Hofstetter. n. 12. 50; geb. n. 14. —

Tiedemann, L. v., das evangelische Gemeindehaus, die Kleinkinderschule u. die Krippe des Oberlinhauses zu Nowawes bei Potsdam. [Aus: „Centralbl. d. Bauverwaltg."] gr. 8. (14 S. m. 14 Abbildgn.) Berlin 894. W. Ernst & Sohn. n. 1. —

Tiedemann, v., der Kirchenbau des Protestantismus, seine Entwickelung u. seine Ziele. Vortrag, geh. auf der kirchl. Konferenz der Kurmark. (26 S.) gr. 8. Potsdam (903). A. Stein. n. — 60

—— die medicinischen Lehrinstitute der Universität Halle a. d. S. gr. 8. (75 S. mit eingedr. Fig.) Berlin 882, Ernst und Korn. cart. *
Aus: Centralblatt der Bauverwaltung, besonders abgedruckt.

— die Lüftung d. Viehställe m. erwärmter Luft, s. a. Arbeiten d. deutschen Landwirtschafts-Gesellschaft, Hft. 10.

[F.] Die Lüftung der Viehställe mit erwärmter Luft. Versuche, ausgef. im Auftr. d. Deutschen Landw.-Ges. durch Ludwig v. Tiedemann, Geh. Regiergsr. *Berlin: Dr. c. Gebr. Unger 1895.* (14 S.) 1 Bd 8.
= Arbeiten d. Deutschen Landwirtschafts-Gesellschaft. H. 10. [96.3469

Tiedemann, Oswald

—— Herzblut, s. Album. Hrsg. von J. L. Kober.

— Herzblut, s. Album. Bibliothek deutscher Originalromane ꝛc.

—— ein Jesuit, s. Bibliothek deutscher Original-Romane.

—— dunkles Leben. Novellen. 2 Thle. 8. (VI und 495 S.) Zwickau 853, Gebr. Thost.

— dunkles Leben. Novellen. 2 Thle. Zwickau 854. Thost. 8. (2 Bl., 260; 2 Bl., 235 S.) 2 ₰.

Tiedemann, Osw., die Töchter der Sterne. Dramatisches Gedicht in 1 Act. 16. (VI u. 42 S.) Herzberg 851, Mohr. 6 ngr

Tiedemann, Osw., aus der Welt des Herzens. 2 Thle. Zwickau 854. Thost. 8. (2 Bl., 227; 2 Bl., 262 S.) 2 ₰. 15 ngr.

Tiedemann, Paul

[F.] Die deutsche Feldartillerie, ihre Unteroffiziere u. Kanoniere im Feldzuge 1870/71. Von [Paul] Tiedemann, Major . . . *Berlin: R. Eisenschmidt 1895.* (104 S.) 8.
= Büchersammlung, Eisenschmidt's, f. Unteroffiziere u. Mannschaften d. Armee u. Marine. Abth. III. [No] 3. [96.1533

Geschichte des Infanterie-Regiments Keith (1. Oberschlesischen) Nr. 22. 1813–1894. Bearb. f. die Unteroffiziere u. Mannschaften. (Verf.: [Rudolf] v. Tiedemann.) 2. Aufl. Mit 1 Bildn., 5 Skizzen u. 1 Uebersichtskarte. *Berlin: E. S. Mittler & Sohn 1894.* (54 S.) 8° [F.] [95.

Der Krieg in Transvaal 1899–1900. Von [Paul] Tiedemann, Oberstlt. z. D. Th. 1. *Berlin: Militär-Verlagsanst. 1900.* 8° [F.] [01.1896

Tiedemann, R. v., gothische Vorlagen f. Holzbrand u. Lederschnitt, s.: Holzbrand-Vorlagen, neue, VIII.

Tiedemann, Th., s. Gleim's, Betty, Kochbuch für gewöhnliche und feinere Küche.

Tiedemann, Wilh., üb. Darmwandbrüche. Diss. gr. 8. (71 S.) Jurjew (Dorpat) 894. (E. J. Karow.) n. 1. 50

Tiedemann, Wilh[elm], approb. Arzt, aus Altenbruch (Kreis Hadeln): Ueber einen Fall von akuter hämorrhagischer nicht eitriger Encephalitis. *Göttingen 1900: Dieterich.* (30 S.) 8°
Göttingen, Med. Diss. v. [8. März] 1900

Tiedemann, Wilh., über e. Fall v. akuter hämorrhagischer nicht eitriger Encephalitis. Diss. gr. 8. (30 S.) Göttingen 900. (Vandenhoeck & Ruprecht.) n. — 70

v. *Tieden*, Jh. Wilh. Hnr., Diss. inaug. med. de chinini sulphurici usu medico. 8. Dorpat 825. (72 S.)

Tieden, Tido (Eilts) (geb. Norden 17. 9. 1817): De pneumonia typhosa. Berolini (1841). (29 S.) 8°
Berlin, Med. Diss. v. 30. Juni 1841

Tiedesfreund, A., Napoleon III, Kaiser der Franzosen. Sein politisches und literarisches Leben mit Rücksicht auf seine Familie. Berlin 853. Hempel. 8. (VIII, 216 S.) n. 20 ngr.

Tiedge. Ueber den Einfluß der Familie auf den häuslichen Fleiß der Schüler.
Landsberg a. W., Progr. 1857

Tiedge, der Ostermorgen, s. a. Breitkopf und Härtels Textbibliothek Nr. 41.

Osterfestlieder: Der Ostermorgen von **Tiedge.** [Leipzig] o. J.: [Edelmann]. 2 Bl. 8° [Kopftit.]
Gedicht: „Heilig weht es in den Hainen!“

Tiedge, Adolf, aus Ashausen: Sebastian Brants Freidank-Bearbeitung in ihrem Verhältnis zum Original. (T. 1.) *Halle a. d. S. 1903: E. Karras.* (75 S.) 8° ¶(Die übrigen Teile erscheinen demnächst an anderem Orte.)
Halle, Phil. Diss. v. 1903

Tiedge, Adf., Handbuch der deutschen Sprache f. höhere Mädchenbildungsanstalten, s.: **Lyon,** Otto.

Tiedge, Christoph August

— Anna Charlotta Dorothea, letzte Herzogin von Curland. 8. Leipz. 823. Brockhaus. 2 ß

Tiedge, Chrph. Aug., Aennchen u. Robert od. d. singende Baum. 16. Halle, Renger. 815.

— Denkmale der Zeit. Mit 1 Titelvign. 8. Leipz. 814. Hartknoch. 8 Gr

— an die Deutschen. Worte der Warnung bei Gelegenheit der neuesten Ereignisse zu Konstantinopel. 8. Nürnb. 826. Riegel u. W. 3 Gr

Tiedge, Chrph. Aug., das Echo, od. Alexis u. Ida, ein Cyklus von Liedern. 12. Halle, Renger. 812. Rthlr. ·
Velinp. ·

— die Einsamkeit, e. Gedicht. 8. Halberst. 792. (Leip., W. Nauck). 5 Gr gr. 8. Velinp. 12 Gr

Tiedge, Chph. Aug., die Einsamkeit, ein Gedicht. 8. Leipzig, Sommer. 792. Rthlr.
gr. 8. Velinp.

— Elegien u. vermischte Gedichte. 2 Thle. 8. Halle 803. 1r Thl. 2e A. 806. 3e A. 815. 2r Thl. 2e A. 814. u. 3r Thl. 823. Renger. (à 1 ß) 3 ß Velinp. 5 ß

— Elegieen u. vermischte Gedichte. 2 Thle. 3te Aufl. 8. Ebend. 814. (à 1 Rthlr.)
Velinp.

— Elegien u. vermischte Gedichte. 3s Bdchn. 8. Halle 824, Renger. 1 Rthl. 1s u. 2s Bdchn. 3e Aufl.

— Frauenspiegel. 8. Halle, Renger. 807.
Velinp.

— die Griechen im Kampfe mit d. Barbaren. (Gedicht). 8. Leipz. 826. Brockhaus. (Wird zum Besten der Griechen baar verkauft). 4 Gr

— s. **K. Th. Körner, poet. Nachlaß. 2r Bd.**

—— **Leben u. poet. Nachlaß. Hrsg. v. Karl Falkenstein. 4 Bde. 8. (71¼ B., 2 Bildn. u. Facsim.) Leipzig 841, Teubner.**
Der 4. Bd. a. u. d. T.: Geistl. Lieder ꝛc. von Elisa von der Recke. — Vgl. Recke, v. d.

— s. **Frau C. E. C. v. der Recke, Gedichte.**

— s. **Frau C. E. C. von der Recke, üb. Neanders Leben.**

— s. v. d. Recke, Elisa, geistl. Lieder.

— Schriften. 1r Bd. (A. u. d. T.: Episteln. 1r Bd.) 8. Götting. 796. Dieterich. 1 ß

— s. **Titania**

Tiedge, C. A., Urania, s. a. **Bibliothek** der Gesamt-Litteratur d. In- u. Auslandes.

Tiedge, C. A., Urania, s. a. Universal-Bibliothek.

— Urania; üb. Gott, Unsterblichkeit u. Freiheit; e. lyr.-didakt. Gedicht in 6 Gesängen. Mit 1 Kpf. 8. Halle 800. 2e Aufl. 802. 3e A. 804. 4e A. 808. 5e A. 814. 6e A. 819. Renger. 1 ß 4 Gr Velinp. ohne Kpf. 1 ß 8 Gr Velinp. mit Kpf. 1 ß 16 Gr Mit 1 Kpf. u. 6 Vign. Velinp. 2 ß 12 Gr 7e Aufl. gr. 8. Ebd. 828. Velinp. mit 1 Kpf. u. 6 Vign. 2 ß 12 Gr N. Aufl. 16. Ebd. 826. 1 ß 12 Gr

— Urania, m. 1. K. 8. Halle, Renger. 808.
Velinp. m. 1 K. u. 6 Vignetten. gr. 8.
Velinp. m. 1 K. u. 6 Vignetten. 12.

—— dass. 9. Aufl. gr. 8. (..., Ttlkpfr. u. 6 Vign.) Ebds. 828.

—— Urania. Neue (10.) Aufl. 8. (13¾ B., Ttlkpfr. u. 6 Vign.) Halle 833, Renger. [Leipzig, Volckmar.]

—— dass. 8. Aufl. 16. (... u. Ttlkpfr.) Ebds. 835.

—— Urania. 11. Aufl. 8. (13½ B.) Leipzig 837, Renger'sche Buchh.
Mit 7 Kpfrn. eleg. geb.

—— dass. Neue wohlf. Orig.-Ausg. 16. (13¾ B.) Ebds. 838.

Tiedge, C. A., Urania. Miniat.-Ausg. 16. (17 B. u. 1 Stahlst.) Leipzig 846, Renger'sche Buchh. Leinwbd. m. Goldschn. *

—— Urania. Neue wohlf. Originalausg. 16. (11⅛ B.) Ebds. 846.

Tiedge, C. A., Urania. 5. Aufl. Leipzig (856.) Graul. (Essen, Seemann.) 16. (VIII, 255 S.) 1 ß. 15 ngr.

Tiedge, C. A., Urania. 5. Aufl. 16. (VIII und 255 S. mit 1 Stahlst.) Leipzig 856. [Köln, Seemann's Verlags-Expedition.]

Tiedge, C. A., Urania. Eine religiöse Dichtung. 17. Aufl. gr. 16. (VIII und 144 S.) Essen 859. [Leipzig,] Seemann. *

Tiedge, C. A., Urania. 18. Aufl. Min.-Ausg. 16. (VIII und 255 S. mit 1 Stahlst.) Leipzig 862, Seemann.
geb. mit Goldschn.

— **Uranie. Traduction en vers français par Felix Marande, sous les auspices et avec le Portrait et un Fac-simile de l'auteur original. 1e et 2e livr. 1e et 2e chant, suivi d'une hymne à l'espérance, extraite du 1e chant, mise en musique avec accomp. de Piano par Angelo Ciccarelli. (Mit Musikbeil.) gr. in-8. Dresde (et Leipzig) 838. Arnold.** ⅚ ß

—— Wanderungen durch d. Markt d. Lebens, s. a. dess. „Werke,“ 9. u. 10. Bdchn.

—— Wanderungen durch d. Markt d. Lebens. 2 Bdchn. 2., verm. u. verb. Aufl. 8. (25¾ B.) Leipzig 836, Renger'sche Buchh.

Tiedge, Cph. Aug., Werke, herausgg. v. A. G. Eberhardt. 3 Bdchen. 12. Halle 823. Renger. 7 ℛ Velinp. 10 ℛ — Dies. 8 Bdchen. 16. Ebd. 827 u. 29. 2 ℛ 8 gℊ (8s Bdchen. A. u. d. T.: Gedichte. 8 gℊ)

Tjedge, Chrstph. Aug., Werke. Hrsg. v. A. G. Eberhard. 10 Bdchn. 3. Aufl. 12. Mit dem Bildn. u. Facsimile d. Dichters. Halle, Renger. [Leipzig, Volckmar.] 4 Thlr. 12 Gr., Vlnp.

Bdchn. 1. Urania. Gedicht in sechs Gesängen.
" 2–5. Vermischte Gedichte.
" 6. Aennchen u. Robert, od. d. singende Baum.
" 7. Frauenspiegel. — Pantilius. — Die modernen Sybariten. — An meinen Stiefelknecht. — Apologie. — Lied an dem Festmahle d. Naturforscher in Dresden, d. 20. Sept. 1826.
" 8. Die Einsamkeit — u. vermischte Gedichte.
(66 B.) 832.
" 9., 10. Wanderungen durch den Markt d. Lebens. 2 Bdchn. (26¼ B.) 833. (apart, 18 Gr.)
8–10. Bdchn. f. die Besitzer der frühern Aufln., 1 Thlr.

Tiedge, C. A., sämmtl. Werke. 10 Bdchn. 4. Aufl. (Mit d. Verf. Bildn. u. Facsim.) 16. (113¼ B.) Leipzig 841. [Frankfurt a. M., J. Baer.] 3⅓ Thlr., hrbgs. Pr. *

Tiedge's, C. A., sämmtliche Werke. 10 Bdchn. 4. Aufl. (Mit Bildn. u. Facsimile.) 16. Leipz. 841, Renger'sche B. 3⅓ ℛ

Tiedge, Christop August

s. Willkomm, Benedict: Geistes-Blüthen ... 1812-16.

Tiedge, Hermann, aus Hannover: **Jörg Wickram und die Volksbücher.** *Hannover 1904: E. Homann.* (78 S.) 8°
Göttingen, Phil. Diss. v. [9. Juli] 1904

Tiedge, Herm., Jörge Wickram u. die Volksbücher. Diss. (IV, 77 S.) gr. 8. Hannover 904. (Göttingen, Vandenhoeck & Ruprecht.) n. 1. 80

Tiedje, Johannes

Glossen zur neuesten Nordmark-Literatur v. Johannes Tiedje. (Marburg i. H. 1910.) 4° Ausschnitt aus: Die Christliche Welt. Jg. 24. H. 3.

Die öffentliche Mission der Freimaurerei. Von Joh. Tiedje. Hrsg. vom Verein deutscher Freimaurer. o. O. u. J. 8 S. 8°. [Kopftit.]
aus: Lt.

Der Rantzau-Kurs in der Nordmark v. Johannes **Tiedje.** 1. 2. (Frankfurt a. M. 1910.) Fol., geb. in 4° Ausschnitt aus: Frankfurter Zeitung. Jg. 55, 1. Morgenblatt Nr. 223 u. 225.

Tiedje, Johs., die Zustände in Nord-Schleswig. (VIII, 135 S.) gr. 8. Marburg 909. Verlag der christl. Welt. 1. 30
Erweit. Sonderdr. aus der Christl. Welt.

Tiedke, Heinrich, Prof. Dr.: **Anklänge** an Horaz bei Geibel. *Berlin: Weidmann 1903.* (21 S.) 4°
Berlin, Berlinisches G z. grauen Kloster, OP 1903 (56)

Tiedke, H., Nonniana. gr. 4. (24 S.) Berlin 883. Gaertner. n. 1. —

Tiedke, Henr. **(geb. Berlin 29. 3. 1852):** Quaestionum Nonnianarum specimen. Berolini (1873). (58 S.) 8° ¶ **Fortsetzung erschien in: Hermes Bd 13 1878.**
Berlin, Phil. Diss. v. 26. März 1873

Tiedke, Henr., quaestionum Nonnianarum specimen. Dissertatio inauguralis philologica. gr. 8. (58 S.) Berlin 873. (Weber.) n. 1. —

Tiedt E, die Lampe. Historische und technische Entwicklung. Stuttgart 1889

Tiedt, Ernst, Inschriften-Lexikon f. Schau- u. Trinkgerät. (Darunter Sprüche f. Sänger, Turner, Schützen, Jäger u. Soldaten, f. Stand, Beruf, Gewerbe, Vereine u. Sport jeder Art.) Mit e. Anh.: Das Wirtshaus. gr. 8. (XII, 192 S.) Wien (902). A. Hartleben. n. 3. —

Tiedt, Ernst, Witziges u. Spitziges, Sinniges u. Inniges in Spruch u. Nam' auf Haus u. Kram. Gesammelt u. gesichtet. (VIII, 246 S.) 8. Stuttgart (908). E. H. Moritz. 4.—; geb. in Leinw. 4. 50

Witziges und Spitziges, Sinniges und Inniges. In Spruch und Nam' Auf Haus und Kram. Gesammelt u. gesichtet von Ernst **Tiedt.** Stuttgart: E. H. Moritz (1909). (VII, 246 S.) 8° [F.] [08. 16373

Tiedt, Georg: Messungen der Abhängigkeit für Elastizitätsgrenze und Elastizitätszahl von verschiedenen Einflüssen. Mit 1 Doppeltaf. Marburg 1910: Friedrich. 47 S. 8°
Marburg, Phil. Diss. v. 23. Juni 1910, Ref. Richarz
[Geb. 7. Juli 83 Johannesberg, Mecklenb.-Strel.; Wohnort: Marburg; Staatsangeh.: Mecklenburg-Strelitz; Vorbildung: Gymn. Neubrandenburg Reife M. 02; Studium: Berlin 2, München 3, Marburg 9 S.; Rig. 21. Juli 09.] [U 10. 3397

Tiedtke, Christoph Ernst. Das Opfer eines treuen Volks vor das Leben des besten Königes. (Predigt.) Berlin 1757. 8.

Tiedtke, Hans: Über tetrahydrierte Acridin- und Phenanthridinverbindungen. Hildesheim 1909: Lax. 62 S. 8°
Göttingen, Phil. Diss. v. 28. Jan. 1909, Ref. Wallach
[Geb. 29. Sept. 83 Hamburg; Wohnort: Hamburg; Staatsangeh.: Hamburg; Vorbildung: Realgymn. Hamburg Reife M. 01; Studium: Hannover Techn. Hochsch. 2, Göttingen 4, Jena 4 S.; Rig. 16. Dez. 08.] [U 09. 1412

Tiedtke, Wilh., Waldliesschen. Erzählung f. die reifere Jugend. gr. 8. (122 S.) Leipzig 884. Siegismund & Volkening. 1. 20; geb. 1. 60

Tief unten in der Mine; oder: Lebendig begraben. Aus dem Engl. Bremen 863. Verlag des Tractathauses. 16. (2 Bl., 115 S. u. 1 Holzschn.) n. 5 ngr.

Tief, Th., Fassaden in Ziegelrohbau f. Fabrikgebäude. (Mit deutschem u. russ. Titel.) 25 Taf. gr. 8. Riga 910. (N. Kymmel.) In Mappe 4. —

Tief, *Wilhelm* Beitrag zur Kenntnis der Dipterenfauna Kärntens. 8 (S. III—XXXII). (Fortsetzung und Schlufs.) 8 (S. III—XXXX). **Progr.** Staats-G. *Villach* 1887. 1888.

Tief W.: Die Spinnen. 17. Freudenthal 75.
Progr.

Der **Tiefbau.** Organ der Tiefbau-Berufsgenossenschaft. Wilmersdorf-Berlin: Berufsgenossenschaft 1888–? 8°
Red.: P. Walle.

Tiefbau. Organ der Tiefbau-Genossenschaft. 1897-1900. 4° Berlin 1897-1900

Tiefbau. Organ der Tiefbau-Berufsgenossenschaft. 1901-07. 4° Berlin 1901-07

Tiefbau. Organ der Tiefbau-Berufsgenossenschaft. 1908-13. 4° Berlin 1908-13

Tiefbau, der städtische. 2. Bd. Lex.-8. Darmstadt 890. Bergsträsser. n. 4. 80
Die Wasserversorgung der Städte v. Otto Lueger. 1. Hft. (140 S. m. 62 Illustr.)
Bd. I erscheint später.

Tiefbau, der städtische. 2. Bd. 2. u. 3. Hft. Lex.-8. Darmstadt, A. Bergsträsser Verl. n. 16. 80
(II, 1—3.: n. 21. 60)
2. Die Wasserversorgung der Städte v. Otto Lueger. 2. Hft. (S. 141—285 m. 33 Illustr. im Text.) 891. n. 4. 80
3. — dasselbe. 3. Hft. (X u. S. 281—558 m. 146 Illustr. im Text.) 892. n. 12. —

Tiefbau, der städtische. Im Verein m. Fachgenossen hrsg. I. Bd., 1. Hft.; II. Bd., 4 Lfgn.; III. Bd., 1. Hft.; IV. Bd., 1. Hft. u. 5. Bd., 1. Hft. Lex.-8. Stuttgart, A. Bergsträsser. n. 51. 40
(I, 1., II, 1.—4., III, 1., IV, 1. u. V, 1.: n. 73. —)
I. Die städtischen Strassen. Von Ewald Genzmer. 1. Hft. Mit o Einleitg.: Der städt. Tiefbau im allgemeinen v. Ed. Schmitt. (III, 110 S. m. 105 Illustr. u. 3 [1 farb.] Taf.) 897. n. 9. —
II. Die Wasserversorgg. d. Städte. Von Otto Lueger. 4. Hft. (1. Abtlg. XII u. S. 559–834 m. 222 Abb.) Darmstadt 895. n. 12. 40
III. Die Städtereinigung. Von F. W. Büsing. 1. Hft.: Grundlagen f. d. techn. Einrichtgn. d. Städtereinigg. (III, 342 S. m. 14 Illustr.) 897. n. 16. —
IV. Die Versorgg. d. Städte m. Leuchtgas. Von Mor. Niemann. 1. Hft.: Das Leuchtgas als Mittel zur Versorgg. der Städte mit Licht, Kraft u. Wärme. (V, 70 S. m. 5 Illustr.) 897. n. 4. —
V. Die Versorgung der Städte mit Elektricität. Von Osk. v. Miller, unter Mitwirkg. v. A. Hassold. 1. Hft. (VIII, 121 S. m. 90 Illustr. u. 12 farb. Taf.) Darmstadt 896. n. 10. —

Tiefbau, der städtische. Im Verein m. Fachgenossen hrsg. v. Ed. Schmitt. I. Bd. 2. Hft. Lex.-8. Stuttgart, A. Bergsträsser. n. 9. —
Die städtischen Strassen. Von Ewald Genzmer. 2. Hft. Mit 151 in den Text gedr. Illustr. u. 1 in den Text eingeh. Taf. (IV u. S. 141—311.) 890. n. 9. —

— dasselbe. III. Bd. 2. Hft. Lex.-8. Ebd. n. 24. —
Die Städtereinigung. 2. Hft. Technische Einrichtungen der Städtereinigg. Von F. W. Büsing. Mit 563 in den Text gedr. Illustr. (IV u. S. 343—865.) 901. n. 24. —

Tiefbau, der städtische. Hrsg. v. E. Schmitt. IV. Bd. 2. Heft u. V. Bd. 2. Heft. Lex.-8. Stuttgart. Leipzig, A. Kröner. n. 24. —
IV. 2. Die Versorgung der Städte mit Leuchtgas. Von Mor. Niemann. 2. Heft: Verteilung des Leuchtgases durch das Stadtrohrnetz. Mit 47 Textabbildgn. u. 3 Diagr. (III u. S. 71—162.) 904. n. 6. — (1 u 2: n. 10. —)
V. 2. Die Versorgung der Städte mit Elektricität. Von Osk. Miller. 2. Heft. Mit 352 Textabbildgn. u. 14 Plänen. (VI u. S. 123—432.) 903. n. 18. — (1 u. 2: n. 28. —)

Tiefbau, der städtische. Im Verein m. Fachgenossen hrsg. v. Eduard Schmitt. II. Bd. 2. Abtlg. Lex. 8. Leipzig, A. Kröner. 24.—; geb. in Halbfrz. n 28. —
II. Die Wasserversorgung der Städte. Von Otto Lueger. 2. Abtlg. Einzelbestandteile der Wasserleitgn. Unter Mitwirkg. v. Ernst Fischer. Mit 754 in den Text gedr. Illustr. (VIII, 545 S.) 908.

— der städtische. Zeitschrift f. neuzeitl. Ausbau, techn., gesundheitl. u. wirtschaftl. Entwicklg. der Städte. Hrsg. v. Eduard Schmitt u. Thdr. Heyd. Red.: Th. Heyd. Jahrg. 1910. 24 Hefte. (VII, 400 S. m. Fig.) Lex. 8. Heidelberg, Dr. J. F. Meissner. 16. —

Tiefbauberufsgenossenschaft (umfassend das Gebiet des Deutschen Reiches). Vorschläge und Bemerkungen zu dem Entwurf eines Gesetzes über die Abänderung der Unfallversicherungsgesetze (Nr. 570 der Drucksachen des Reichstages, 9. Legislaturperiode, 4. Session, 1895/97). 8⁰. Berlin, Druck v. W. Büxenstein, 1897.

Tiefbautechniker, Der. Gemeinverständliches Handbuch zur Ausbildung von Tiefbautechnikern . . . Potsdam, Leipz. u. Berlin [1896]. H: *Karnack, O. (= Müller)* & *Curt Merkel.* (Berl)

Der **Tiefbautechniker.** Gemeinverständl. Handb. z. Ausbildg v. Tiefbautechnikern. M. Beigaben, enth. e. Vorlagewerk v. Entwürfen zu ausgef. u. projekt. Anlagen a. d. Gebiete des Tunnel-, Wege- u. Strassenbaues ... M. vielen hundert Textill. u. einigen color. Abb. (Hrsg. v. O. Karnack, Lehrer d. Technik. & Curt Merkel, Ingenieur. Baumeister d. Baudeput. zu Hamburg.) H. 1—27. *Potsdam. Leipzig & Berlin: Bonness & Hachfeld [1896].* 8.
= **Baugewerbeschule.** Unterrichtsbriefe f. d. Selbststudium d. ges. Hoch- u. Tiefbauwesens. [Bd 3.] [96. 6705

Tiefbauwesen, das städtische, in Frankfurt a. M. (280 S 8 T) Frankfurt a. M. 1903

Tiefbau-Zeitung, deutsche. Zur Wahrg. u. Förderg. der Interessen des deutschen Tiefbaugewerbes. Organ des Verbandes der deutschen Tiefbauunternehmer (E. V.) u. seiner Bezirksvereine. Red.: Dietrich. 10. Jahrg. 1910. 24 Nrn. (VIII, 384 S.) 31×23,5 cm. Berlin, J. Sittenfeld. 12. —

Tiefbohrungen auf metaphysischem Gebiet. Für Metaphysiker u. solche, die es werden wollen. Von e. Lebensdeuter. (30 S.) 8. Berlin (S.O. 26) 906. Gust. Ferd. Müller. n. — 75

Tiefen, die, des menschl. Herzens, (von K. W. Brumbey). 8. Weimar 772. Hoffmann. 6 gr.

Tiefen, Die, des menschlichen Herzens; in Begebenheiten dargestellt. Weimar 1783. V: *Brumbey, Carl Wilhelm.* (Ky) (MGT)

Tiefen des Satans in vielen verknüpften . . . Irrthümern . . . Clausthal 1729. V: *Meyenberg, Joh. Matthias* oder *Meyerfeld* [?]. (Myl)

Tiefenbach u. Masswegg, s.: Teuffenbach v. Tiefenbach u. Massweg.

Tiefenbach, J., Entwurf zu einer Wasserstraße v. Wien nach Triest. 8. Grätz 817. Miller. 10 gr.

Tiefenbach, Ludw. E., Namenlos! Poesien. Graz 867. (Wießner.) 16. (188 S.) n. 27 ngr.; geb. mit Goldschn. n. 1 rthlr 10 ngr.

Tiefenbacher, Franz, In Freud und Leid. Gedichte. 8. (80 S.) Bonn: Adenauer 1896. —.90

Tiefenbacher, Frz., in Freud u. Leid. Gedichte. 8. (IV, 80 S.) Cilli 896. G. Adler. n. 1. 80

Tiefenbacher, Franz. Im Rauschen der Eichen. Villach, Weiler, (1890). 52 S.

Tiefenbacher, Ludw. E., die Ermittelung der Durchfluss-Profile mit besond. Berücksicht. der Gebirgs- und Wildbäche. gr. 8. (VIII, 146 S. mit 1 Stnt.) Wien 879, Lehmann und Wentzel. *

Tiefenbacher, Ludw. E., die Ermittelung der Durchfluss-Profile mit besonderer Berücksichtigung der Gebirgs- u. Wildbäche. gr. 8. (VIII, 146 S. m. 1 Steintaf.) Wien 879. Spielhagen & Schurich. n. 4. —

Tiefenbacher, L. E., die Ermittelung der Durchfluss-Profile m. besond. Berücksicht. der Gebirgs- u. Wildbäche. Mit 1 lith. Taf. 2., verm. Aufl. gr. 8. (VIII, 163 S.) Wien 888. Spielhagen & Schurich. n. 4. —

Tiefenbacher, Ludw. E., die Rutschungen, ihre Ursachen, Wirkungen und Behebungen. Nebst Atlas von 15 lithogr. Taf. gr. 8. (XV, 232 S.) Wien 880, [Lehmann und Wentzel.] Spielhagen und Schurich. *

Tiefenberg, M. v., das Weib. Mysterium in 5 Gesängen. gr. 8. (71 S.) Berlin (899). C. Duncker. n. 2.50

Tiefenbrunner, Anastasius, O. S. F., einsam m. Gott. Betrachtungs- u. Gebet-Buch f. 10täg. Exerzitien. Aus älteren Werken gesammelt, ergänzt u. m. pass. Gebeten versehen. (307 S.) 8. Graz 908. Styria. 1.70; geb. in Leinw. 2.30

Tiefenbrunner, Anastasius, O. Fr. M., Jesus der Gekreuzigte. Gebet- u. Erbauungsbuch f. alle Tage des Jahres, tägl. Andacht, um die Gnade zu erlangen, fromm zu leben u. heilig zu sterben. Mit e. Anh. v. Morgen-, Abend-, Meß-, Beicht-, Kommunion- u. Ablaß-Gebeten sowie Kreuzweg, Litaneien usw. (607 S. m. 1 Farbdr.) kl. 8. Wien 906. „Austria" F. Doll. n. 1.50; geb. n. 2.—

Tiefenkarte des Bodensees. Photographische Reduktion der Schweizerischen und Badischen Original-Aufnahmen nach den Beschlüssen der internationalen Kommission der 5 Bodensee-Uferstaaten bearb. durch das Eidg. Topographische Bureau 1893. M. 1 : 50000.
Beilage zu: E. Graf Zeppelin. Hydrogr. Verhältnisse des Bodensees. Lindau 1893. . . . . . (D.)

Tiefenkarte des Indischen Ozeans. 1 : 30 000 000. Gotha 1889. 1 Bl. c. I.

Tiefenthal, Franz Sales

Tiefenthal, Fr. Sales, die Apokalypse d. hl. Johannes, erklärt f. Theologiestudierende u. Theologen. gr. 8. (VIII, 826 S.) Paderborn 892. F. Schöningh. n. 16.—

Tiefenthal, Frz. Sales, O. S. B., Daniel explicatus a. T. gr. 8. (VI, 380 S.) Paderborn 895. F. Schöningh. n. 9.—

Das heilige Evangelium nach Markus in einer selbständigen Monographie erklärt f. Theologiestudierende u. Theologen v. P. Fr[anz] Sales Tiefenthal, O. S. B., ... Prof. ... zu Rom ... *Münster i. W.: A. Russell 1894.* (x, 530 S.) 1 Bd 8. [95. 4315

Tiefenthal, Franz Sales, Das Hohe Lied. Ausgelegt für Theologiestudierende und Theologen. Kempten, Kösel, 1889, gr. 8°, VIII u. 363 S., 4,50 Mk.
Recens. von B. Schäfer, Litt. Handw. 1889, S. 644—648; von Gietmann, Stimmen aus M.-Laach 1890, Heft 1; von Niedermaier, Litt. Rundsch. 1890, S. 229—230.

Tiefenthal, Georg, appr. Arzt a. Köln a. Rh.: Gastero-Enterostomie mittelst elastischer Ligatur. Tübingen 1904: H. Laupp, jr. (20 S.) 8° ¶ (Aus.: Beiträge z. klinisch. Chirurgie Bd 43 H. 3.)
Heidelberg, Med. Fak., Ref. Czerny, Diss. v. 3. Nov. 1904
[Geb. 29. Mai 80 Cöln; Wohnort: Cöln; Staatsangeh.: Preußen; Vorbildung: Apostel-Gymn. Cöln Reife 99; Studium: Bonn 1, Heidelberg 3, München 2, Berlin 2, Heidelberg 1 S.; Coll. 20. Juli 04; Approb.: 17. Mai 04.]

Tiefenthal, Max, Gerichtsref. a. Cöln a. Rh.: Besteht nach geltendem Reichsrechte ein selbständiger Schadensersatzanspruch der Lebensversicherungsgesellschaft gegen den Urheber der schuldhaften Tötung des Versicherten? Borna-Leipzig 1905: R. Noske. (X, 55 S.) 8°
Leipzig, Jur. Fak., Diss. v. 4. Dez. 1905
[Geb. 6. Okt. 83 Cöln a. Rh.; Wohnort: Cöln; Staatsangeh.: Preußen; Vorbildung: Gymn. i. d. Kreuzgasse Cöln Reife O. 02; Studium: Bonn 6 S; Rig. 19. Juni 05.]

Tiefenthaler, Jos., histor.-geograph. Beschreib. v Hindostan, Anquetil du Perron histor. u. chronolog. Abhandl. v. Indien; Jak. Rennell, Generalkarte von Indien u. dessen Karten v. d. Laufe des Stromes Burramputer ꝛc. aus d. latein., franzôs. u. engl. Urkunden in Ordnung gebracht, mit Anmerkk. u. Zusätzen herausgg. von Jh. Bernoulli. 3 Bde mit 67 Kpftaf. gr. 4. Gotha 788. Ettinger. 21 ℛ Ausz. in gr. 8. ohne Kpf. Mit 1 Karte. 2 Thle. 785 u. 786. Ebd. 2 ℛ 12 𝔤𝔤 Mit 4 Karten. (Berl., Matzdorf). 3 ℛ Schreibpap. 3 ℛ 12 𝔤𝔤 (3r Bd. A. u. d. T.: Jak. Rennells Abhandl. üb. seine Karte von Hindostan, mit Zusätzen u. 2 Karten. 1 ℛ 16 𝔤𝔤) Vergl. J. Rennell.

— déscription historiq. et géographiq. de l'Inde, rédigée et publiée par Jh. Bernoulli, av. 68 Cartes. III Vols. 4. Berl. 786—789. Bernoulli. (Matzdorf). (Reimer). 16 ℛ grand Pap. 24 ℛ (T. I. A. u. d. T.: la Géographie de l'Indostan, av. 39 planches. 4. les mêmes 8 ℛ petit papier, av. 1 Planche. 3 ℛ)

Tiefenthaler, Joseph. Erdbeschreibung, a. d. Lat. . . . Berlin 1785. Ü: *Bremer, Johann Gottfried.* (MGT) (Kordes, Schlesw.-holst. u. eutin. Schriftst. Schleswig 1797.)

— la Géographie de l'Indostan, avec 39 Planches. 4. ibidem.

— — la même, petit papier, avec 1 Planche.

Tieffenthaler, Joseph: La géographie de l'Indoustan, écrite en latin, dans le pays même. (Description géographique de l'Indoustan.) Berlin 1791. XXXVI. 516 S.
— Description historique et géographique de l'Inde. T. 1. 4°.

Tieferlegung, Die, des Lungern-Sees. Zürich 1836. V: *Keller, Ferd.* (Cat. d. Stadtbibl. Zürich. Zürich 1864—97.)

Tieferlegung, die, des Lungern-Sees im Kanton Unterwalden. 8. (4½ B. u. 3 Blätt. m. Plänen.) Zürich 836, Orell, Füßli u. Comp.

Tieffé, Eugène, k. franz. Archivs-Oberbeamter im Kriegs-Ministerium. Geschichte der Fremd-Truppen im Dienste Frankreichs, von ihrer Entstehung bis auf unsere Tage, sowie aller jener Regimenter, welche in den eroberten Ländern unter der ersten Republik und dem Kaiserreiche ausgehoben wurden. Deutsch von F. Symon de Carneville, Major im königl. Bayer. 1. Infanterie-Regiment. (In 2 Bdn. mit Kupfern.) (Donation Liechtenstein.)
8. München 1860.

Tieffenbach, Ed., Anti-Herwegh. Gedichte. 16. Elbing 843. (Neumann-Hartmann.) n. ½ ℛ

Tieffenbach, Ed., Halleluja! Lyrische Gesänge [1848]. 16. (113 S.) Danzig 849, Kabus in Comm. n. 12 𝔫𝔤𝔯

Tieffenbach, Johann Konrad (Brandenburg)
A. S. 841/29

Disputatio medica inauguralis de podagrae nova pathologia. Präs. Georg Ernst Stahl. Rec.
Halle (Henckel) 1704. 32 S.

Diss. 9. VI. (1698). 34481

Tieffenbach, Johann Reichard (Magdeburg)
A. S. 1157/15

Dissertatio inauguralis chirurgico medica. Vulnerum in intestinis lethalitas occasione casus rarissimi.
Präs. Abraham Vater.
Wittenberg (Gerdes) XII. 1720. 24 S.
34482

Tieffenbach, Konrad Friedrich (Rügenwalde) A. S. 1207/9

Dissertatio inauguralis medica de scorbuto.
Präs. Johann Adolph Wedel.
Jena (Ritter) X. 1734. 32 S. 34483

Tieffenbach, Richard: Dispositionen zu einigen ästhetischen Abhandlungen Schillers. Königsberg Pr. 1908: Hartung. 43 S. 8°
Königsberg Pr., k. Wilhelms-G P 1908 (7) [S 08. 484

Tieffenbach, Richard, Prof.: Gibt es eine sichere Norm für die wichtigsten ästhetischen Begriffe? Königsberg Pr. 1907: Hartung. (44 S.) 8°
Königsberg Pr., k. Wilhelms-G P 1907 (7)

Tieffenbach, Richard, Prof.: Sophokles' Ödipus Tyrannos. Königsberg i. Pr. 1905: Hartung. (32 S.) 8°
Königsberg, k. Wilhelms-G P 1905 (7)

Tieffenbach, Rich., üb. die Örtlichkeit der Varus-Schlacht. gr. 8. (31 S.) Berlin 891. R. Gaertner. n. —80

— Preußen in entscheidenden Epochen seiner Entwicklung unter dem Großen Kurfürsten Friedrich Wilhelm, unter König Friedrich dem Großen u. unter Kaiser Wilhelm dem Ersten. Drei Festreden. gr. 8. (102 S.) Ebd. 892. n. 2. —

Tieffenbach, Richard Die Streitfrage zwischen Heinrich IV. und den Sachsen. 4 (36 S.). Kön. Wilhelms-G. *Königsberg i. Pr.* 1886 (8)
Progr.

Tieffenbach, R., die Streitfrage zwischen König Heinrich IV. u. den Sachsen. gr. 4. (36 S.) Königsberg 887. (Koch.) n. 1. —

Tieffenbrunn, Johann Joachim (Perleberg) A. S. 569/59

Dissertatio juridica de potestate legislatoris civilis ob utilitatem et necessitatem reipublicae circa recessionem a jure gentium primaevo.
Präs. Gottfried Weighard Ring.
Frankfurt/O. (Alex) 14. IV. 1731. 44 S.

Gew.: Samuel Fhr. von Coccejus. 34485

Tieffensee, Christian Friedrich (Wollin) A. S. 1360/24

Dissertatio academica de lingua Romanorum rustica.
Präs. Johann Gerhard Pagendarm.
Jena (Müller) 3. IV. 1735. 22 S.

W. v.: Präs. 34486

Tieffensee, Samuel, Rede und Ode auf den zwischen den hohen Höfen Berlin und Petersburg Anno 1762 glücklich geschlossenen Frieden. Stargard. 4. (24 S.)

Tieffenthaler, Joseph, s. Tiefenthaler.

Tiefftrunck, Konrad Gottfried 4°Thl. XV, 179/8

Curatio morborum per oleum sanctum.
Präs. Johann Andreas Schmidt.
In: Schmidt: Pentas dissertationum academicarum. IV.
Jena (Oehrling) o. J. 52 S.

Diss. VI. 1695.
W. v.: Johann Wilhelm Baier, Georg Goez, Michael Schaeffenberg, Präs. 34488

Tiefftrunck, Konrad Leopold (Ödenburg) Altd. Thl. 23/15

Dissertatio theologica moralis de hospitalitate nondum obsoleta. Präs. Gustav Georg Zeltner.
Altdorf (Kohles) IV. 1727. 20 S.

Gew.: Jo. Sigismund Pilgram, Samuel Serpilius, Ludwig Friedrich Klees.
W. v.: Samuel Wilhelm Serpilius. 34489

Tiefquellen-Wasserleitungs-Project, Wiener-Neustädter. Kritik der Flugschrift: „Ende der Wassernoth". gr. 8. (16 S.) Wien 883. Spielhagen & Schurich. n. — 40

VII. Internat. Geographen-Kongr. Berlin 1899. Die deutsche **Tiefsee-Expedition** auf dem Schiff 'Valdivia' 1898/1899. Nach amtl. Berichten. Den Mitgliedern des Kongr. dargeboten von d. Gesellsch. f. Erdkunde zu Berlin. (Berlin 1899: W. Pormetter.) (120 S.) 4° (8°)

Tiefsinn oder der Geheimnissvolle. Lustspiel. [Wien 1764/5.] V: *Petrasch, Josef Freiherr von.* (Zeitschr. d. Dtschen Vereines f. Gesch. Maehrens u. Schlesiens ([XVIII], 110—111)

Tieftrunk, Carl, s. Tieftrunk, Karl

Tieftrunk, D. F., Elektricität und elektrische Beleuchtung. Vortrag, gehalten im Gustav Adolph-Verein zu Magdeburg. Magdeburg, E. Baensch, jun. 1883.

Tieftrunk, Eduard, od. d. Geheimnisse d. Lebens, v. Jhling. 8. Coburg, Sinner. 805.

Tieftrunk, Ferd., die Gasbeleuchtung. [Aus: „Stohmann-Engler's techn. Chemie nach Payen".] Mit 6 (lith.) Taf. (in qu. 4.) u. 52 (eingedr.) Holzschn. gr. 8. (VI, 112 S.) Stuttgart 874. Schweizerbart. n. 4. —

Tieftrunk, Ferdinand[us] **Henricus**: De dysenteria. Halae (1819): Ruff. 46 S. 8°
Halle-Wittenberg, Med. Diss. v. 9. Juli 1819
Geb. Halle a. d. S. 18. 7. 1794. V.
Verf. erlebte die Diplomerneuerung 1869 als Arzt in Halle a. d. S., vgl. Anh. Nr. 342.

Tieftrunk, Ferd. Heinr., über die Erhaltung des Gehörs und die Erkenntniß der Taubheit, eine diätetische Abhandlung für Gebildete. Mit Abbildgn. (auf 1 lith. Taf. in 4.). Halle 853. (Leipzig, Leiner.) 8. (IV, 48 S.) n. 12 *ngr.*

— die Heilung der Epilepsie durch die dynamische Kurmethode. Ein specifisches Heilmittel. Eine neue glückliche, durch langjährige Erfahrung und nach der Theorie bewährte Heilmethode. Für Aerzte und Andere. Nebst einer kurzen Benachrichtigung über die Tendenz und Wirksamkeit meines Kranken-Instituts für die dynamische Kurmethode. Halle 854. Anton in Comm. gr. 8. (20 S.) 6 *ngr.*

Tieftrunk, Jh. Geo., († 179..) Darstell. der vorzügl. Umstände, durch welche Luthers Reformation vorbereitet, bei ihrem Anfange u. Fortgange unterstützt, u. ihre Ausbreitung befördert worden ist. 8. Görlitz 794. Anton in Halle. 1 ß 4 gl.

— s. Versuch einer Geschichte der Religions- u. Kirchenverbesserung.

Tieftrunk, Johann Heinrich

s. **Beweis, daß Kleuker so wenig als Michaelis ꝛc.**

Tieftrunk, Jh. Hnr., die Denklehre in rein deutschem Gewande, auch z. Selbstunterricht f. gebildete Leser. gr. 8. Halle 825, Reinicke u. C. 1 ß 8 gl. Schrbp. 1 ß 12 gl.

— dilucidationes ad theoreticam religionis christianae etc. II Ptes. 8maj. Berl. 793. Vieweg in Braunschw. 2 ß Schrbp. 2 ß 16 gl.

(J. H. **Tieftrunk's**) Entwurf e. Kritik d. Religion u. aller relig. Dogmatik m. besonderer Rücks. auf d. Christenth. *Berl.*, akad. B. 790. 8° 1 ß

— erste Gründe d. latein. Sprache. 8. Berlin, Maurer. 784.

J. H. **Tieftrunk**'s Grundriss d. Logik. *Halle*, Curt's W. 801. gr 8° 21 gl

— Grundriß der Logik. gr. 8. Halle 801. (Laue in Berl.) 21 gl

J. H. **Tieftrunk**'s Grundr. d. Sittenlehre. 1r B., allgem. Grundleg. z. Sittenlehre überhaupt u. die Tugendlehre; 2r Bd., Wiss. d. äussern Gesetzgebung od. Rechtslehre d. Vernunft. *Halle*, Curt. B. 803. gr 8° 2 ß

— Grundriß der Sittenlehre. 2 Bde. gr. 8. Halle 803. (Laue in Berl.) 2 ß

(Tieftrunk, J. Heinr.): Ueber Kriegsschäden u. deren Vertheilung im Preuss. Staate. *Berlin*, Nauck. 807. gr. 8. (6 Gr.)

— de modo Deum cognoscendi. 8. Berlin. (Vieweg, Braunschweig.) 793.

— uber Recht und Staat. 1r Thl. 8. Zerbst, Füchsel. 796.

— über Recht u. Staat. 1r Thl. 8. Zerbst 796. (Kummer). 1 ß

— erste Regeln d. latein. Sprache. 8. Berl. 784. Maurers B. 8 gl

— Religion der Mündigen. 2 Thle., gr. 8. Berl. 799 u. 800. Akad. Buchh. 3 ß 4 gl

— der nordische Seher, Jahr 1810 u. 11. 8. Halle 812. Schimmelpfennig. (à 1 ß 12 gl) 3 ß

— üb. Staatskunst u. Gesetzgebung rc. gr. 8. Berl. 791. Voß. 16 gl Holländ. Pap. 1 ß 12 gl

Tieftrunk, Joh. Heinr.: Philos. Untersuchungen üb. d. Privat- u. öffentl. Recht. Zur Erläuter. u. Beurtheil. d. metaphys. Anfangsgründe d. Rechtslehre v. *J. Kant*. *Halle*, Renger. B. 797. 798. 2 Thle. gr. 8. (3 Thl. 12 Gr. — nach Ersch: 3 Thl.)

— philosoph. Untersuchung üb. d. Privat- u. öffentl. Recht, zur Erläuter. u. Beurtheil. der metaphys. Anfangsgründe der Rechtslehre v. Im. Kant. 2 Thle. gr. 8. Halle 797, 99. Renger. 3 ß 12 gl

J. H. **Tieftrunk's** philosoph. Untersuchh. üb. d. T. L. zur Erläut. u. Beurth. d. m. A. d. T. L. *Halle*, Renger. B. 798-805. 2 Bde. 8° 3 ß 4 gl

s.a. **Versuch e. Kritik der Religion.**

— Versuch e. Kritik d. Religion u. aller religiös. Dogmatik mit besond. Rücksicht auf das Christenthum. 8. Ebend. 790.

J. H. **Tieftrunk**: das Weltall nach menschl. Ansicht. Einleit. u. Grundlage zu e. Philos. d. Natur, verständlich f. jeden gebild. Leser. 1e Abth. *Halle*, Gebauer. 821. gr 8° 1 ß

– s.a. **Censur des christl. Lehrbegriffs.**

Tieftrunk, Joh. Heinr., Censur d. christl. protest. Lehrbegriffs mit besond. Hinsicht auf Döderleins u. Morus Lehrbücher. 3 Thle. gr. 8. Berlin, Academ. Buchhdl. 794–96. (I. 1 Rthlr. II. 1 Rthlr 2 gr. III. 1 Rthlr. 4 gr.)

— Censur d. christl. protestantischen Lehrbegriffs nach d. Prinzipien d. Religionskritik rc. 2e Aufl. 3 Thle. gr. 8. Berlin 796, (Nauck)

— einzig möglicher Zweck Jesu, aus d. Grundgesetze der Religion entwickelt. 8. Berl. 789. 2e A. 793. (Nauck). 16 gl

Tieftrunk, Karl

Tieftrunk, Carl, böhmisches Lesebuch für Deutsche, insbesondere für Schüler an deutschen Mittelschulen. 2 Thle. (Mit einem Wörterbuche.) Prag, Bellmann's Verlag. gr. 8. [1. Thl. 1. u. 2. Aufl. (VIII, 224 S.) 865,68. n. 15 ngr, 2. Thl. (VIII, 316 S.) 867. n. 20 ngr] n. 1 ß 5 ngr

Tieftrunk, Karl, böhmisches Lesebuch für Schüler an Mittelschulen. 1. Thl. [Mit einem Wörterverzeichnis.] 3. Aufl. (229 S.) 1874. *M 1,68.; 4. Aufl. gr. 8. (VIII, 222 S.) Prag 881, Kober. geb. *

—— böhmisches Lesebuch. 2. Thl. 2. Aufl. (314 S.) 1872. *M 1.; 3. verb. Aufl. Mit einem Wörterbüchlein. gr. 8. (VIII, 336 S.) Ebendas. 884. *

Tieftrunk, K., böhmisches Lesebuch f. Schüler an Mittelschulen. 1. Thl. [Mit e. Wörterbüchlein.] 6., unveränd. Aufl. 8. (VIII, 222 S.) Prag 889. Kober. geb. n. 2. 20

Tieftrunk, Karl, böhmisches Lesebuch f. Schüler an Mittelschulen. 2 Thle. Prag, J. L. Kober. Geb. in Leinw. n. 4. 88
1. 7. Aufl. (Mit e. Wörterbüchlein.) gr. 8. (IV, 120 u. 81 S.) 896. n. 2. 60
2. 4. Aufl. 8. (176 S., XVI u. S. 177—282.) 893. n. 2. 28

Tieftrunk, Böhmisches Lesebuch für Schüler an Bürger- und Mittelschulen. I. Teil. 8. Auflage. Herausgegeben von A. M. Fejta und J. Schulz. Prag 1903. I. L. Kober. Preis, geheftet 2 K 20 h, gebunden 2 K 70 b.

Tieftrunk, Paul Schweitzer. Ueber die dreibasische Phosphorsäure, ihre Trennungsmethoden von Sesquioxyden, namentlich Eisensesquioxyd, und ihre Bestimmung. Göttingen, 1869.

Tiegel, Konrad, Arzt: Aus d. Kgl. Univ.-Augenklinik zu Breslau ⟨Prof. Dr. Uhthoff⟩. Über das Hämatom der Sehnervenscheiden bei Schädelverletzungen. Breslau 1904. (20 S.) 8°
Breslau, Med. Fak., Ref. Uhthoff, Diss. v. 18. Okt. 1904
[Geb. 8. Jan. 79 Wansen, Kr. Ohlau; Heimatsort: Wansen; Staatsangeh.: Preußen; Vorbildung: Gymn. Strehlen (Schles.) Reife O. 96; Studium: Breslau 8, Kiel 2 S.; Coll. 13. Okt. 04; Approb. 18. Mai 01.]

Tiegel, Max, sollen die Operationen in der Brusthöhle unter Anwendung des Sauerbruch'schen Ueberdruck- od. Unterdruck-Verfahrens ausgeführt werden?, s.a. Klinik, Berliner. 209. Hft.

Sollen die Operationen in der Brusthöhle unter Anwendung des Sauerbruch'schen Überdruck- oder Unterdruckverfahrens ausgeführt werden? ⟨Aus d. chirurg. Univ.-Klinik zu Breslau.⟩ Von Dr. Max **Tiegel**. Berlin: Fischer 1905. (43 S.) 8°
= **Klinik**, Berliner. H. 209. 105. 14835

Tiegel, Max, Arzt: Aus d. gynäkol. Abt. d. Krankenhauses d. Elisabethinerinnen zu Breslau ⟨Prof. Dr. Pfannenstiel⟩. Über die Vorteile des suprasymphysären Fascienquerschnitts nach Pfannenstiel. *Breslau 1901: (O. Opitz, Namslau).* (22 S.) 8°
Breslau, Med. Diss. v. 21. Dez. 1901

Tiegenhof [Schlagwort]

Tiegenhof, s.: Preussen. Messtischblätter.

Tiegerström, s. Tigerström.

Tiegs, Curt, s. Tiegs, Kurt

Tiegs, Fritz, Biographien deutscher Dichter. Für die Schule ausgearb. u. zusammengestellt. gr. 8. (IX, 51 S.) Eisenach 876. Bacmeister. n. — 75

— zur Heimathskunde. Die Mark Brandenburg in geschichtl. u. geograph. Bildern. gr. 8. (66 S.) Halle 873. Buchh. d. Waisenh. n. — 30

Tiegs, Hugo: Deutschlands Steinkohlenhandel mit kurzen Rückblicken auf seine jüngste Vergangenheit. Berlin 1904: H. Spamer. (59 S.) 8° [F.]
Heidelberg, Phil. Fak., Ref. Gothein, Diss. v. 20. Okt. 1904
[Geb. 14. Okt. 75 Regenwalde (Pommern); Wohnort: Kolberg; Staatsangeh.: Preußen; Vorbildung: Realgymn. Kolberg Reife O. 97; Studium: Leipzig 4, Heidelberg 2 S.; Rig. 26. Juli 04.]

Deutschlands Steinkohlenhandel, s. Entwicklung u. Organisation, sowie Schilderung d. gegenwärtigen Lage mit besond. Berücks. des Fiskus, d. Kohlen-Kartelle u. Konsumenten von Dr. Hugo Tiegs. *Berlin: Deutsche Kohlen-Zeitung 1904.* (59 S.) 8° [F.]

Tiegs, Hugo, Deutschlands Steinkohlenhandel, seine Entwicklg. u. Organisation, sowie Schilderg. der gegenwärt. Lage m. besond. Berücksicht. des Fiskus, der Kohlenkartelle u. Konsumenten. (IV, 60 S.) gr. 8. Berlin 904. H. Spamer. n. 1. 50

Tiegs, Kurt

Tiegs, Curt [aus Pommern]: Zur Casuistik der Pseudoleukaemie ....
Greifswald, Druck v. Julius Abel, 1886; 21 S. 8°.
Greifswald, Med. Fak., Inaug.-Diss. v. 29. Okt. 1886.

Tiek, Karl, wecke Leiw is de grötst? Dan Jhren van uns' leiwes, düütsches Vaderland, van de richtigen Düütschen, vörut äver: de echten, dütschen Mudders schräben. Altona 870. Leipzig, Mentzel. 8. (180 S.) n. 15 *ngr*; in engl. Einb. n. 25 *ngr*

Tiek, Ludwig, s. Tieck.

Tiekenbrock, Chr., kurzer Abriß der deutschen Grammatik. Eine Grundlage beim Unterrichte in der deutschen Sprache an Lehrerseminarien u. höheren Lehranstalten. 8. (74 S.) Lippstadt 872. Rempel. geb. n. — 75

Tiekmann, Henricus ⟨geb. am 15 Febr. 1806 [nicht 1808] in Klarholz Westf.⟩: De physiologia et pathologia thalamorum opticorum ... Bonnae, typ. C. Georgii 1839. VI, 31 S. 8.
Bonn, Med. Fak., Diss. v. 13 Apr. 1839

Tiel, L., s. Demokrat, der.

Tielcke, Johann Gottlieb, s. Tielke.

Tielcke, W., geschichtl. Uebersicht d. Erdkunde ꝛc., s. Schütz (H.), Erdkunde, 1. u. 2. Bd.

Tiele, Bernhardvs ⟨geb. am 9 März 1838 in Oberneuland bei Bremen⟩: Nova elementa Fidei planetae dedvcta ex observationibvs qvinqve oppositionvm annorvm 1855—1861 ... Bonnae, form. C. Georgi (1861). 2 Bl., 26 S., 1 Bl. 4.
Bonn, Phil. Fak., Diss. v. 7 Aug. 1861

Tiele, Cornelis Pieter, s. Tiele, Kornelis Pieter

Tiele, Johann Nicolaus

Tiele, J. N., die Amtsentsetzung des Pastors extraordinarius zu St. Martini in Bremen Peter Friedrich Detry im Decbr. 1715 nebst vorangehenden u. nachfolgenden Streitigkeiten beschrieben. gr. 8. (67 S.) Bremen 852, Heyse. n. 1/3 ℛ

Tiele, Joh. Nicol., בר אשית *Γένεσις*. Das erste Buch Mose's, zum Nutz und Frommen Studirender u. prakt. Theologen übersetzt und commentirt. 1r Bd. Cap. I — XXV., 10. Von der Schöpfung bis Abrahams Tod. Mit 2 Tabellen. gr. 8. Erlangen 836. Heyder. 1 1/2 ℛ

—— Chronologie d. alt. Testam. v. Adam's Erschaff. bis z. Befreiung d. Juden aus Babel im ersten Jahre d. Koresch; den Theologen, gebild. Schriftlesern u. Geschichtsforschern vorgelegt. gr. 8. (5 3/8 B. u. 6 Tab.) Bremen 839, (Heyse.)

— die Liebe Gottes macht uns zu Gottes Kindern. Predigt gehalten am 7. Novbr. 1847 zu Bremen. gr. 8. (16 S.) Bremen 848, Strack. (Heyse.) 1/8 ℛ

—— des Evangeliums Segen. Eine durch die Streitschriften d. Anonymus u. d. Dr. Paniel veranlaßte Gegenschrift. gr. 8. (3 1/2 B.) Bremen 840, Heyse.

—— Sendschreiben an Hrn. Dr. Paniel, in Bezug auf dess. 3 Sonntags-Pred. 3. Aufl., verm. mit e. Anmerk. u. mit e. Nachtr. als Erwiederung auf d. offenen Brief d. Pastor Rothe. gr. 8. (3 1/8 B.) Bremen 840, Heyse.

Tiele, Kornelis Pieter

Tiele, Cornelius Pet., specimen theologicum continens annotationem in locos nonnullos evangelii Joannei, ad vindicandam hujus evangelii authentiam. (Inest excursus de capite XXI.) Amstelodami 853. (Leiden, Brill.) gr. 8. (VIII, 158 S.) nn. 27 1/2 *ngr*

Tiele, C. P., die Assyriologie u. ihre Ergebnisse f. die vergleichende Religionsgeschichte. Rede. Aus dem Holländ. von K. Friederici. 8. (24 S.) Leipzig 878. O. Schulze. n. 1. —

Tiele, C. P., Einleitung in die Religionswissenschaft. Gifford-Vorlesgn., geh. in der Universität zu Edinburgh. Autoris. deutsche Ausg. v. G. Gehrich. I. u. II. Tl. gr. 8. Gotha 899. F. A. Perthes. à n. 4. —
I. Morphologie. (XI, 259 S.) 899.
II. Ontologie. (IX, 236 S.) 901.

Tiele, C. P., babylonisch-assyrische Geschichte, s.: Handbücher der alten Geschichte.

Tiele, C. P., Geschichte d. Religion im Altertum bis auf Alexander d. Grossen. Deutsche autor. Ausg. v. C. Gehrich. 1. Bd. 2 Hälften u. 2. Bd. 1. Hälfte. gr. 8. Gotha, F. A. Perthes. n. 11. 60
I, 1. Geschichte d. ägypt. u. d. babylonisch-assyr. Religion. (XV, 216 S.) 895. n. 4. —
I, 2. Geschichte der Religion in Vorderasien. Bibliograph. Anmerkgn. (XX u. S. 217—445.) 896. n. 4. —
II, 1. Die Religion bei den iran. Völkern. 1. Hälfte. (VIII, 187 S.) 898. n. 3. 60

Tiele, C. P., Geschichte der Religion im Altertum bis auf Alexander den Grossen. Deutsche autoris. Ausg. von G. Gehrich. II. Bd. Die Religion bei den iran. Völkern. Bibliographische Anmerkgn. Nachlese. 2. Hälfte. (XXII u. S. 187—442.) gr. 8. Gotha 903. F. A. Perthes. n. 4. 40 (Vollst.: n. 16. —

Grundzüge der Religionswissenschaft [Hoofdtrekken der godsdienstwetenschap]. Eine kurzgef. Einführung in d. Studium d. Religion u. ihrer Gesch. von C[ornelis] P[ieter] **Tiele**, weil. Prof., Leiden. Autor. deutsche Bearb. von G. Gehrich, Pastor. *Tübingen & Leipzig: J. C. B. Mohr 1904.* (vII, 70 S.) 8° [04. 94:: 9

— Kompendium der Religionsgeschichte. Ein Handbuch zur Orientirung u. zum Selbststudium, übers. u. hrsg. von F. W. T. Weber. 12. (XI, 299 S.) Berlin 880. Schleiermacher. n. 3. 60; cart. n. 4. —

— Kompendium der Religionsgeschichte. Ein Handbuch zur Orientirg. u. zum Selbststudium, übers. u. hrsg. v. F. W. T. Weber. 2. Aufl. 12. (XI, 299 S.) Prenzlau 887. Biller. n. 3. 60

[Kornelis Pieter] Tiele's Kompendium der Religionsgeschichte, übers. von Lic. Dr. F[riedrich] W[ilhelm] T[heodor] Weber. 3. deutsche Aufl. durchges. u. umgearb. von D. Nathan Söderblom, Prof., Upsala. *Breslau: Th. Biller 1903.* (XII, 420 S.) 8° [03. ——

Tiele, C. P., Max Müller u. Fritz Schultze üb. e. Problem der Religionswissenschaft. Ins Deutsche übertragen aus der holländ. Zeitschrift „De Gids" u. vom Uebersetzer um einige Anmerkgn. verm. gr. 8. (47 S.) Leipzig 871. Wilfferodt. n. 1. —

Tiele-Winckler, s.a. **Heilsklänge.**

Heilsklänge (gesammelt v. Tiele-Winckler). Neumünster. (1909.) 8°

Tielemann, s.a. **Tilemann.**

Tielemann, die leibliche Auferstehung des Herrn, ihre Gewißheit u. ihre Bedeutung f. die Kirche. Vortrag. gr. 8. (28 S.) Hannover 900. H. Feesche. n. — 40
Sonderabdruck aus: „Hannov. Pastoral-Korrespondenz".

Tielemann, G., Livona's Blumenkranz. s.a. Livona.

Tielemann, G. Livona's Blumenkranz Riga u. Dorpat, bei Friedrich Meinshausen 1818 XXII — 273 S., 5 Taf. in Kupferst. 8°.

Tielemann, G., s. Monumenta Livoniae antiquae.

Tielemann, Gtthrd. Tobias, Geschichte der Schwarzen Häupter in Riga, nebst e. Beschreib. des Arthurhofes u. seiner Denkwürdigkk., nach handschriftl. Nachrr. dargestellt. Mit 1 Titelkpf. u. 5 Lithographien. Fol. Riga 831. (VI u. 30 S.)

Tielemann, Th., Christfreude. Ansprachen zu Christvespern, geh. in der St. Lambertikirche zu Bergen bei Celle. (46 S.) 8. Wismar 908. H. Bartholdi. 1. —

Tielen, Joh. Chrph., Protocollum wegen der Güstrowschen und Rostocker Districts gehaltenen General-Synodi vom 14. bis den 18. Junii Ao. 1659, mit Fleiße gehalten. Nach dem Orig. im großherzogl. Geheimen und Haupt-Archiv zu Schwerin. [Festschrift für Hrn. Oberkirchenr. D. Kliefoth vom großherzogl. Geheimen und Haupt-Archiv zu Schwerin.] Lex.-8. (50 S.) Schwerin 883, (Stiller'sche Hofbuchh.) *

Tiëling [Schlagwort]

Tiëlinx, s.: **Liauyang.**

v. **Tielke,** Gf. Wlh., s. der Geist der Zeit, ein Journal ꝛc. u. setze hinzu: (hrsgg. v. G. W. v. Tielke).

Tielcke, J. G.: Beyträge zur Kriegs-Kunst u. Geschichte des Krieges von 1756 bis 1763 mit Plans u. Charten. Freyberg. 5 Bde

Stück 1. Das Treffen bei Maxen, nebst e. Abh. von dem Angriff u. Vertheidigung unverschanzter Anhöhen u. Berge. 1775.
„ 2. Der Feldzug der Kayserl.-Rußischen u. Königl. Preuß. Völker im J. 1758. 1776.
Stück 3. Der Feldzug der Kayserl. Rußischen, Kayserl. Königl. u. Königl. Preuß. Völker, im J. 1761 nebst Untersuchung der Feldbefestigungs-Kunst. 1778.
„ 4. Die Drey Belagerungen u. Loudonsche Ersteigung der Festung Schweidnitz in den Feldzügen von 1757—62.
„ 5. Der Feldzug des Herzogs von Würtembergs u. Generalleutnants v. Platen in Pommern, im J. 1761. Nebst Forts. der Untersuchung der Feldbefestigungs-Kunst. 1784.
„ 6. Forts. der Untersuchung der Feldbefestigungs-Kunst. 1786.

Tielke, Jh. Gli., († d. 6. Nov. 1787.) Beitrr. z. Kriegskunst u. Geschichte des Krieges von 1756 bis 1763. 6 Stücke. Mit Plans u. Karten. gr. 4. Freiberg 781—87. Craz u. G. 7 ₰ Französisch: Mémoires pour servir à l'art et à l'Histoire de la Guerre de 1756—1763. gr. 4. Ebd. 777. (Walther in Dresd.) 13 ₰

— Eigenschaften u. Pflichten eines Soldaten. Zur Prüfung derer, die in diesen Stand treten wollen, nebst e. Auszuge aus Xenophons Rückzuge der 10,000 Griechen. 8. Dresd. 773. Walther. 6 gr

— Gebete und Psalmen für Kriegsleute, siehe Gebete.

— Leben u. Schriften, s. J. Gh. F. Gerlach.

— Mémoires p. servir à l'Art et l'histoire de la Guerre de 1756—63. avec planch. VI Vol. 4. Dresden, Walther. 777.

— Unterricht f. Officiers, die sich zu Feld-Ingenieurs bilden, od. doch den Feldzügen mit Nutzen beiwohnen wollen. Durch Beispiele aus d. letzten Krieg erläutert. Mit 32 Plans. gr. 8. Dresd. 769. 2e A. 774. 3e A. 780. 4e A. 787. 5e A. 795. 6e A. gr. 8. Leipz. 818. Weidmann. 2 ₰ 8 gr Schrbp. 3 ₰

— Unterricht f. Officiers, die sich zu Feld-Ingenieurs bilden wollen, oder doch den Feldzügen mit Nutzen beywohnen wollen ꝛc. m. 32 Plans. gr. 8. Dresd. Gerlach. (Weidmann in Leipz.) 795.

Tielke, W., s. Jos. B. Schütz, Erdkunde.

Tielker, Carl, Referendar in Detmold: Die **Gewährleistung** beim **Viehhandel** mit besonderer Berücksichtigung der **Abweichungen** der Bestimmungen über Viehgewährschaft von den allgemeinen Vorschriften über Gewährleistung wegen Mängel der Kaufsache. *Gütersloh [1903]: C. Bertelsmann.* (93 S.) 8° [F.]
Leipzig, Jur. Diss. v. 1903

v. **Tiell,** Mariane, s. **Feldblumen,** auf Ungarns Fluren gesammelt.

Tielle, C. H., die theoretische Chemie, nebst Hinweisungen ihrer Anwendung auf analytisch-chemische Untersuchungen. Zunächst für Studirende der Medicin bearb. — Anorganische Chemie. 1. Heft. (Mit 1 Taf. Figuren.) Lex.-4. Kiel 842, Bünsow. n. $1^1/_3$ ₰

Tielle, C. H., die theoretische Chemie, nebst Hinweisungen ihrer Anwendung auf analytisch-chemische Untersuchungen. Zunächst f. Studirende der Medicin bearb. — Anorganische Chemie. 1. Hft. Lex.-4. (13 B. u. 1 Figurentaf.) Kiel 842, (Naeck.) *

Tielmann, Job A. S. 71/37

Disputatio juridica inauguralis de edicto divi Marci. Präs. Gottfried Suevus.
Wittenberg (Gerdes) 20. X. 1701. 12 Bl.
34492

Tielmann, P., De sermonis proprietatibus quae leguntur apud Cornificium et in primis Ciceronis libris. Diss. 1879. 113 S.

Tielo, A. K. T., die Dichtung des Grafen Moritz v. Strachwitz, s. Forschungen zur neueren Litteraturgeschichte. XX.

Tielo, A. K. T.: Die Dichtung des Grafen Moritz von Strachwitz. Ein Beitrag z. deutschen Litteraturgesch. Von –. Berlin: A. Duncker 1902. (XIX, 254 S.) 8°
Forschungen z. neueren Litteraturgeschichte. H. 20.

Tielo, A. K. T. (Kurt Mickoleit), aus der Jugendzeit. (Gedichte.) (VIII, 247 S.) 8. Berlin 911. F. Fontane & Co. 3.—; geb. 4. —

Tielo, A. K. T. (Kurt Mickoleit), Thanatos. Erzählende Verse. (248 S.) gr. 8. Stuttgart 905. A. Juncker. n. 2.—

Tielsch, Richard, Referendar: Zur Lehre vom beneficium cedendarum actionum. *Greifswald 1899: J. Abel.* (34 S.) 8°
Greifswald, Jur. Diss. v. 1899

Tieman, C., s. Tiemann, Konrad

Tiemann: Gedächtniss des Schulraths u. s. w. Abeken. Osnabrück 1867.
Schul-/Univ.-Schrift

Tiemann, Generalregister zu d. schleswig-holsteinischen Anzeigen v. 1880—1899 einschl. (62 S.) Lex. 8. Glückstadt 908. J. J. Augustin. (Nur direkt.) 12.—; geb. in Leinw. 13. —

Tiemann u. Gärtner's Handbuch d. Untersuchung u. Beurteilg. d. Wässer. Zum Gebrauch f. Apotheker, Ärzte, Chemiker, Fabrikanten, Medicinalbeamte u. Techniker. Bearb. von G. Walter u. A. Gärtner. 4., vollständig umgearb. u. verm. Aufl. gr. 8. (XXXVI, 841 S. m. 40 Holzst. u. 10 farb. Taf.) Braunschweig 895. F. Vieweg & Sohn. n. 24. —; geb. in Halbfrz. n. 26. —

— Klänge aus Litauen. (VIII, 257 S.) 8. München 907. G. D. W. Callwey. 4.—; geb. 5. --

Das Milchviehkontrollvereinswesen in der Provinz Posen. Von Dr. Tiemann, Wreschen. Posen: Landwirtsch. Centralbl. 1910. 23 S. 4°(8°) [Umschlagt.]
(Arbeiten d. Landwirtschaftskammer f. d. Prov. Posen. H. 11.) [11. 3073]

Tiemann: Worte dankbarer Erinnerung an die im Kampfe für Deutschlands Freiheit gefallenen Brr. Bei der am 5. Nov. 1813 angestellten Todtenfeier in der L. zu den drei Degen in Halle gesprochen. o. O. [1813]. 16 S. 8°

Tiemann, Albert [app. Arzt aus Reizenberg in Rheinpreussen]: Ein Fall von myelogenem Osteosarkom des Condylus internus humeri. . . . München, Buchdr. v. M. Ernst, 1889; 26 S. 8°
München, Med. Fak., Inaug.-Diss. v. 1889

Tiemann, [Albrecht], Prof.: Welches sittliche Recht verleiht Friedrich Schiller seinem Wilhelm Tell zu der blutigen Tat an Geszler? Magdeburg 1906: C. Friese. (17 S.) 4° [F.]
Magdeburg, k. Dom-G OP 1906 (295)

Tiemann, Augustus (geb. Bielefeld 4. 9. 1795): De visu aphorismi. Berolini (1817). (44 S.) 8°
Berlin, Med. Diss. v. 19. Apr. 1817

Tiemann, Aug(ustus) Henr(icus) Guerner(us): De graviditate in substantia uteri, adiecta casus historia. Halis Saxonum (1859): Schmidt. 26 S. 8°
Halle-Wittenberg, Med. Diss. v. 24. Nov. 1859
Geb. Bielefeld [29. 10. 1833]. V.

Tiemann, Bernh (geb. Bielefeld 17. 12. 1821): De processu febrili. Berolini (1843). (68 S.) 8°
Berlin, Med. Diss. v. 13. Mai 1843

Tiemann, Carl, s. Tiemann, Karl

Tiemann, Conrad, s. Tiemann, Konrad

Tiemann, Frau Elisab., s.: Aue, Lucie v. der.

Tiemann, Ferdinand

Gedächtnissrede auf August Wilhelm v. Hofmann, geh. am 12. Nov. 1892, dem Tage d. 25jähr. Besteh. d. deutschen chem. Gesellschaft, v. Ferd. Tiemann. (*Berlin: A. W. Schade's Buchdr. [1892].*) (24 S.) 1 Bd 8. [illegible]

(Ferd.) Tiemann- (August) Gärtner's Handbuch der Untersuchung und Beurtheilung der Wässer. Z. Gebr. f. Apotheker, Ärzte, Chemiker . . . Bearb. v. Dr. G(eorg) Walter, Chem. in Freiburg i. B., u. Dr. A(ugust) Gärtner o. ö. Prof. . . . in Jena. 4. vollst. umgearb. u. verm. Aufl. M. 40 Holzst. u. 10 chromolith. Taf. *Braunschweig: F. Vieweg & Sohn 1895.* (XXXVI S., 1 Bl., 841 S., 1 Tab., 10 Taf., 1 Tab.) 1 Bd 8. [illegible]

Tiemann, Ferd., über die drei Lemongrasölaldehyde des Herrn W. Stiehl. gr. 8. (50 S.) Berlin 899. R. Friedländer & Sohn. n. 1. —

Tiemann, Fr., illustrirter Leitfaden f. die praktische mikroskopische Untersuchung d. Schweinefleisches auf Trichinen. 3., verm. Aufl. Mit e. Anh., enth. die gesetzl. Bestimmgn. f. Preußen, Bayern u. Sachsen ꝛc. 8. (VIII, 139 S.) Breslau 887. Korn. geb. n. 1. 20

Tiemann, Fr., illustrirter Leitfaden f. die praktische mikroskopische Untersuchung d. Schweinefleisches auf Trichinen. 4., wesentlich verb. u. verm. Aufl. Mit e. Anh., enth. die gesetzl. Bestimmgn. f. Preußen, Bayern u. Sachsen ꝛc. 12. (VIII, 139 S. m. Abbildgn.) Breslau 892. W. G. Korn. Geb. in Leinw. n. 1. 20

Tiemann, Fr., Leitfaden f. die praktische mikroskopische Untersuchung d. Schweinefleisches auf Trichinen. Mit 22 (eingedr.) Orig.-Holzschn.-Illustr. 8. (48 S.) Breslau 875. Korn. n. 1. —

Tiemann, F., Leitfaden für die praktische mikroskopische Untersuchung des Schweinefleisches auf Trichinen. Mit 25 (eingedr.) Holzschn. 2., wesentlich verb. u. verm. Aufl. Mit einem Anh., enth. die gesetzl. Bestimmungen über die obligator. Fleischschau, u. die betr. Polizei-Verordnungen des königl. Ober-Präsidenten der Prov. Schlesien u. der königl. Regierung zu Cöln. 8. (VIII, 88 S.) Breslau 879. Korn. cart. n. 1. 20

Tiemann, Fr., u. A. Gärtner. Die chemische u. mikroskopisch-bakteriologische Untersuchg. d. Wassers. Zum Gebrauche f. Chemiker, Aerzte, Medicinalbeamte, Pharmaceuten, Fabrikanten u. Techniker bearb. Zugleich als 3. vollständig umgearb. u. verm. Aufl. v. Kubel-Tiemann's Anleitg. zur Untersuchg. v. Wasser, welches zu gewerbl. u. häusl. Zwecken, sowie als Trinkwasser benutzt werden soll. Mit vielen Holzst. u. 10 chromolithogr. Taf. gr. 8. (XXXII, 705 S.) Braunschw. 889, Vieweg u. Sohn. * 22 50

Tiemann, Hermann [aus Osnabrück]: Über die Bildung der primitiven Choane bei Säugethieren ... (Aus: Verhandl. d. phys.-med. Ges. zu Würzburg, Bd. xxx.) Würzburg, Druck d. Stahel'schen k. Hofbuchdr., 1896; 1 Bl., 19 S., 1 Taf. 8.

Über die Bildung der primitiven Choane bei Säugetieren. Von Dr med. Hermann **Tiemann.** M. 1 lithogr. Taf. *Würzburg: Stahel 1896.* (19 S., 1 Taf.) 8.

— **Verhandlungen** d. physikal. medic. Gesellschaft zu Würzburg. N. F. Bd 30. No 5. [96. 5750

Tiemann, H., Leitfaden für den Unterricht in der Weltgeschichte. Ein Wiederholungsbüchlein für Volks- und Mittelschulen. 3 Hefte. gr. 8. Leipzig 881, Peter's Verlag. cart. à Heft * 25 Pf. *

Inhalt:
Heft 1. Alte Geschichte. (30 S.)
„ 2. Mittlere Geschichte, speciell deutsche Geschichte bis 1648. (33 S.)
„ 3. Brandenburgisch-preußisch-deutsche Geschichte. (34 S.)

Tiemann, H. F., Erzählungen aus der Weltgeschichte. (63 S.) Frankfurt a/M. 878. Jaeger. cart. n. — 60

Tiemann, H. F., Lernbuch f. den Unterricht in der deutschen Grammatik an Mittelschulen, höheren Töchterschulen ꝛc. 8. (VIII, 91 S.) Hannover 873. Hahn. — 75

Tiemann, Herm. Johann Amos Comenius. Ein Bild e. Schulmannes aus alter Zeit f. Freunde der Schule in neuer Zeit. Festgabe zur 300jähr. Geburtstagsfeier d. Comenius, am 28. März 1892. 1. u. 2. Aufl. 8. (V, 86 S.) Braunschw. 891,92, Appelhans u. Pfenningstorff. * — 50: cart. * — 60

— Elias. Eine biblisch-histor. Erzählg. aus der Zeit d. Alten Bundes. gr. 8. (169 S.) Hannover 891. Kniep'sche Buchh. n. 2. 50; geb. n.n. 3. 50

Tiemann, Herm., Elias. Eine biblisch-histor. Erzählung aus der Zeit des alten Bundes. 2. [Titel-]Aufl. gr. 8. (169 S.) Hannover [891]. (899.) Peine, E. Rother. n. 2. —; geb. in Leinw. n. 2. 80

—— Am Feierabend. Zwanzig Märchen f. Herz u. Gemüt. gr. 8. (III, 146 S. m. 20 Initialen u. 6 Vollbildern.) Braunschw. 890, Appelhans u. Pfenningstorff. geb. * 2 —

Tiemann, H., mein Feldzug. Erinnerungen aus dem denkwürdigen Kriege von 1870—1871. gr. 8. (94 S.) Hannover 874. Helwing's Verl. n. 1. 50

Tiemann, Herm., Geschichte der Festung Wilhelmstein im Steinhuder Meer. Nach den Quellen bearb. (58 S. m. 2 Taf.) 8. Stadthagen (908). H. Heine. — 50

Tiemann, Herm., aus Heimat u. Jugend. Bilder u. Skizzen aus d. eng. u. weit. Heimat. 8. (V, 167 S.) Bremen 896. Ebd. 1. 50; geb. in Leinw. 2. —

— vor 25 Jahren. Feldzugserinnerungen e. Kriegsfreiwill. Dem deutschen Volke erzählt. 8. (VIII, 113 S.) Braunschweig 895. E. Appelhans & Co. n. 1. 20; geb. n. 1. 50; in besserem Geschenkbd. n. 2. 50

Tiemann, Herm., vor 25 Jahren. Feldzugserinnerungen e. Kriegsfreiwilligen. Dem deutschen Volke erzählt. Neue durchgeseh. Ausg. (VIII, 113 S.) 8. Braunschweig 904. E. Appelhans & Co. n. 1. 50

— aus dem alten Sachsenlande. Vaterländische Erzählgn. I. II. 8. Ebd. 889. 890. à n. 1. —; geb. n. 1. 25
I. Der Erbe v. Stübeckshorn. Eine Geschichte aus Deutschlands Vergangenheit. Dem deutschen Volke u. insbesondere der deutschen Jugend erzählt. (VI, 153 S.)
II. Die Supplingenburger. Eine Geschichte aus Deutschlands Vergangenheit. Dem deutschen Volke u. insbesondere der deutschen Jugend erzählt. (V, 159 S.)

— **aus dem alten Sachsenlande.** Vaterländische Erzählgn. Geschichten aus Deutschlands Vergangenheit. Dem deutschen Volke u. insbesondere der deutschen Jugend erzählt. III—VII. 8. Braunschweig, Appelhans & Pfenningstorff. à n. 1. —; geb. in Leinw. à n. 1. 25
III. Der Freischöffe v. Berne. (VI, 146 S.) 891.
IV. Johann Vasmer v. Bremen. (VI, 151 S.) 891.
V. Die Wiedertäufer in Münster. (VII, 116 S.) 892.
VI. Die Burgfrau v. Ahlden. (V, 151 S.) 893.
VII. Der schwarze Herzog. (VI, 162 S. m. Bildnis.) 894.

Tiemann, Herm., aus dem alten Sachsenlande. (Neue Folge.) Vaterländische Erzählgn. I—III. 8. Braunschweig, E. Appelhans & Co. à n. 1. 15; geb. à n. 1. 50
I. Der Abt v. Amelunxborn. Eine Geschichte aus der Zeit der Reformation. Dem deutschen Volke u. insbesondere der deutschen Jugend erzählt. (VI, 179 S.) 900.
II. Wiben Peter. Eine Geschichte aus dem alten Dithmarschen. Dem deutschen Volke u. insbesondere der deutschen Jugend erzählt. (VI, 149 S.) 901.
III. Im Kaiserhause zu Goslar. 8 Geschichten zu den Wandgemälden im Kaisersaale. Dem deutschen Volke erzählt. (VIII, 140 S.) 902.

— aus dem alten Sachsenlande. (Neue Folge.) Vaterländische Erzählgn. IV. 8. Ebd. n. 1. 15; geb. n. 1. 50
Parricida. Geschichtliche Erzählg. aus dem Osnabrücker Lande. Dem deutschen Volke u. insbesondere der deutschen Jugend erzählt. (VII, 100 S. m. Titelbild.) 905.

(B) — Aus d. alten Sachsenlande. 7. Bde. u. N. F. 4 Bde. Jetzt: Braunschweig, A. Graff.

— **unter dem Sternenbanner. Tagebuchblätter aus dem Nachlaß eines Verschollenen, f. die Jugend bearb. u. hrsg. 8. (IV, 102 S.) Ebd. 901.** n. 1. —

— **im deutschen Urwald.** Wahrheit u. Dichtg. im altdeutschen Gewande. 8. (VI, 204 S.) Hildesheim 896. Gerstenberg. n. 1. 50

Tiemann, Hugo: Untersuchungen über die Zusammensetzung des Kolostrums mit besonderer Berücksichtigung der Eiweissstoffe desselben. *Strassburg: K. J. Trübner 1898.* (49 S.) 8°

— d. **Untersuchungsmethoden** d. Milch u. deren Produkte m. bes. Berücksicht. der Milch- u. Butterkontrolle. Zusammengest. u. bearb. gr. 8. (VI, 61 S. m. 13 Abb.) Leipzig 898. M. Heinsius Nachf. n. 1. 20

Tiemann, J. A., prakt. Erläuter. des v. J. H. Michel, (deutschen Schneidermeister in London,) erfundenen Grundsatzes z. arithmet. Zuschneiden nach Art der menschl. Körper berichtiget. Mit 4 Zeichnungen in Steindr. u. 1 Tabelle. 4. Osnabr. 822. (Leipz., Leich). 20 gr.

Tiemann, Jh. Chr., († d. 28. Dec. 1821.) Gedanken, Vorschläge u. Wünsche zur Verbesser. des Landschulwesens. gr. 8. Zerbst 805. (Centr.-Compt. in Leipz.) 12 gr.

— üb. Lucians v. Samosata Philosophie u. Sprache. 8. Zerbst, Füchsel. 803.

— üb. Lucians v. Samosata Philosophie u. Sprache. 8. Zerbst 804. Füchsel. (Kummer das.) 8 gr.

— Rückerinnerungen f. die Landschullehrer d. Gommerschen Inspektion. 8. Zerbst 807. Füchsel. 3 gr.

— kleine Samml. religiöser Vorträge bei verschied. außerordentl. Gelegenheiten. 8. Zerbst 804. Füchsel. (Kummer das.) 12 gr.

Tiemann, Jh. Chr., († d. 7. Jan. 1799.) Versuch, den Eingesessenen d. k. preuß. Amts Brackwede in d. Grafschaft Ravensberg eine einträglichere Landeskultur beliebt zu machen. 8. Berl. 784. u. 8. Lemgo 785. Meyer. 3 gr.

Tiemann, Johannes Kritische Analyse von Buch I und II der Platonischen Gesetze mit besonderer Berücksichtigung der Fragen, welche Bruns hinsichtlich der Abfassung derselben angeregt hat. 4 (33 S.). **Progr.** Ratsg. *Osnabrück* 1888 (301).

Tiemann, K. L. T., die Freude des Christen üb. die Erlösung unsers Vaterlandes. Predigt bei Wiedereröffnung d. St. Georgenkirche zu Glaucha vor Halle, am 3ten Adventssonntage 1813. gr. 8. Halle, Hemmerde u. Schw.

Tiemann, K. L. T., die Freude des Christen üb. die Erlösung unsers Vaterlandes. Predigt bei Wiederöffnung d. St. Georgenkirche zu Glauchau vor Halle, am 3n Adventsonntage 1813. gr. 8. Halle, (Schwetschke u. S.) 4 gl

Tiemann, Karl

Tiemann, Carl, approb. Arzt aus Eickel: Aus d. pathol. Institute zu Kiel. Beitrag zur Pathologie und Statistik des Krebses. *Kiel 1900: H. Fiencke.* (19 S.) 8°
Kiel, Med. Diss. v. [8. Sept.] 1900

v. Tiemann, Karl Fr., († d. 1. März 1802.) s. **Dimsdale**, Unterricht.

Tiemann, Konrad

Tiemann, C., der Blitzableiter. Kurze Beschreibung seiner Einrichtung, Nützlichkeit und Nothwendigkeit für Wohn- und Wirthschaftsgebäude 2c. 4. verm. und verb. Aufl. gr. 8. (40 S. mit 3 Holzschn.) Freiburg i. Br. 886, (Wagner'sche Universitäts-Buchh.) *

Tiemann, C., das Telegramm. Anleitung für das telegraphir. Publikum zur Behandlung der telegraph. Correspondenz. Sammlung aller darauf bezügl. Bestimmungen der Telegraphen-Ordnung für das deutsche Reich und des Petersburger internationalen Telegraphen-Vertrages, Gebühren-Tarif nach allen Ländern der Erde. Zusammengestellt und mit Beispielen erläutert. gr. 8. (IV, 42 S.) Erfurt 876, Neumann. *

Tiemann, Conr., der electrische Telegraph. Ein Buch für Jedermann. Leicht verständl. Abhandlung über das gesammte techn. Telegraphenwesen, Beschreibung des Baues und der Unterhaltung der Telegraphenlinien, nebst einer Zusammenstellung aller auf die telegraph. Correspondenz bezügl. Bestimmungen der Telegraphen-Ordnung etc., einem Gebührentarif und einer mit Beispielen erläuterten Anleitung zur Abfassung und Behandlung der Telegramme. gr. 8. (X, 264 S. mit 116 in den Text gedr. Holzschn.) Berlin 882, [Baensch.] L. R. Schwarz. *

Tiemann, Mart., Fremdwörterbuch, s.: **Förster, Rhold.**

Tiemann, Max (Hrsg.), s. Anzeigen, Schleswig-holsteinische. Generalreg. 1880 - 1909.

Tiemann, Paul [aus Zerbst]: Die kataphorischen Wirkungen des galvanischen Stromes in der Medicin. ... Berlin: Buchdr. v. Gustav Schade (Otto Francke) (1889). 29, 1 S., 1 Bl. 8°
Berlin, Med. Fak., Inaug.-Diss. v. 5. Febr. 1889

Tiemann, Ricardus: De iure principis, cum iis, qui delictum commiserint, mitius agendi, quam leges iubeant. Halis Saxonum 1846: Orphanotropheum. VI, 72 S. 8° (4°)
Halle-Wittenberg, Jur. Diss. v. 12. [Diplom: 14.] Okt. 1846
Geb. [Halle a. d. S. 23. 5. 1823]
In den Akten anderes Ex. nur mit Umschlagt.: De indulgentia principis in caussis capitalibus. (Specimen 1.) o. O. [1846]. 72 S. 4° ohne die der Diss. beigefügten: Capita iuris controversi [=Thesen]. Beide Drucke enthalten nur § 1—14 der Arbeit. Der auf S. 71 f angehängte Conspectus argumenti gibt auch die Übersicht über die weiteren §§ 15—45.

Tiemann, Rudolf, aus Dessau: Über die Bestandteile von Globularia Alypum. *Leipzig 1903: Thalacker & Schoffer.* (36 S.) 8°
Leipzig, Phil. Diss. v. [8. Jan.] 1903

[**Tiemann**, Rudolf:] Lehrgang des geometrischen Unterrichts an der Augustaschule zu Cottbus. Cottbus (1906): O. Enke. (42 S., 8 Taf.) 8°
Cottbus, st. HM Augusta-S OP 1906 [52]

Tiemann, Walt., Zuckerrohr. Kultur, Fabrikation und Statistik, zur Orientierg. f. Pflanzer, Ingenieure und Kaufleute. gr. 8. (58 S.) Berlin 899. Deutscher Kolonial-Verlag. n. 1.20

Tiemann, Wilh. Ad.

— Abhandl. üb. die Förmerei u. Gießerei auf Eisenhütten, als Anh. zur Eisenhüttenkunde. Mit 3 Kpf. gr. 8. Nürnb. 803. Bauer u. R. 16 gl

— Abhandl. üb. d. Förmerey u. Gießerey auf Eisenhütten, als Anhang z. Eisenhüttenkunde, m. K. gr. 8. Nürnb. Raspe. 803.

Tiemann, Wilh. Ad. od. Albr., Bemerkk. u. Versuch üb. das Eisen. 8. Braunschw. 799. Schulbuchh. 10 gl

— systemat. Eisenhüttenkunde, mit Anwend. der neuern chem. Theorie. Mit 7 Kpf. gr. 8. Nürnb. 801. Bauer u. R. 2 rf 16 gl

— systemat. Eisenhüttenkunde, m. Anwend. d. neuern chemischen Theorie, mit K. gr. 8. Nürnberg, Raspe. 801.

— neue artistisch-techn. Encyklopädie, od. gründl. auf Erfahr. beruhende Anweis. zur Verfertigung der vorzügl. Kunstsachen. 1r Bd. v. A.—K. Mit 7 Kpft. gr. 8. Berl. 806. (Duncker u. H.) 3 rf Hbg. Pr. 1 rf 12 gl

Tiemeroth, Johann Heinrich

Tiemroth, J. H., de candidatis. Erf. 1719. 4.

— neue artistisch-technische Encyclopädie, od. gründl. auf Erfahrung beruhende Anweis. z. Verfertig. d. vorzüg. Kunstsachen. 1r Bd. v. A—K. m. K. gr. 8. Berl. Frölich. (Dunker u. H.) 806.

Tiemeroth, Joh. Heinr., hist. Erzählungen u. Merkwürdigkeit. z. Nutzen d. Predigten u. Leichenreden. 8. Erfurt, Pelt. 753.

Tiemeroth, J. H., de Judaeorum in rebus Christianorum publicis tolerantia. Erf. 1703. 4.

Tiemroth, Johann Heinrich. s. Tiemeroth.

Tienes, Alfr., Lotze's Gedanken zu d. Principienfragen d. Ethik. gr. 8. (68 S.) Heidelberg 896. J. Hörning. n. 1.—

Tienes, Georg Alfred

Tienes, Geo. A., Nietzsche's Stellung zu den Grundfragen der Ethik, s.a. Studien, Berner, zur Philosophie. XVII.

Tienes, Georg A(lfred), aus Barmen: Nietzsche's Stellung zu den Grundfragen der Ethik genetisch dargestellt. *Bern 1899: C. Sturzenegger.* (50 S.) 8° ¶[= Berner Studien zur Philosophie u. ihrer Geschichte, Bd 17.]
Erlangen, Phil. Diss. v. 25. Okt. 1898

Tienes, Georg Alfred, Dr. phil., appr. Arzt aus Barmen: Das Verhalten der Milz bei Rhachitis. *Leipzig 1903: J. Klinkhardt.* (19 S.) 8°
Leipzig, Med. Diss. v. (31. Juli) 1903

Tienken, Adolf: Die Geest und Marsch des Amtes Hagen in ihren wirtschaftlichen Verhältnissen. *Merseburg 1900: F. Stollberg.* (55 S.) 8°
Heidelberg, Phil. Diss. v. 1900

Tienken, Chr., die unsittliche Litteratur u. der Buchhandel, s.: Tages- u. Lebensfragen.

Tienken, Chr. G., einige Bemerkungen zu Wilh. Martius' „Handbuch der Trinker- u. Trunksuchtsfrage", s.a. Flugschriften-Sammlung der internationalen Monatsschrift zur Bekämpfung der Trinksitten.

Tienken, Chr. G. Einige Bemerkungen zu Dr. Wilhelm Martius „Handbuch der Trinker- u. Trunksuchtspflege". (Flugschrift.) Bremerhaven 1891. Mk. —.10.

Tienken, Chr. G., habt ihr's je versucht? Eine Frage an alle Biertrinker. 4. Aufl. 8. (8 S.) Bremerhaven 897. Leipzig, Ch. G. Tienken. n. — 10

Tienken, Chr. G., s.: Tages- u. Lebensfragen.

Tiëntsin [Schlagwort]

Tientsin, s.a. Kriegsschauplatzkarten.

Tiëntsin, s.a. Tschili.

Tiëntsin. Karte von Tiëntsin u. Umgebung. Hrsg. v. der kartograph. Abteilg. der königl. preuss. Landes-Aufnahme. 1 : 25,000. 52,5×59 cm. Farbdr. Berlin 903. (R. Eisenschmidt.) n.n. 1. 50

Tiepke, H., prakt. Einleitung in Naumann's Wandfibel, u. in die von den Schullehrern Naumann, Tiepke, Cuno herausgeg. (Hand-) Fibel, oder Büchlein zum Lesen u. Denken f. Schule, Haus u. Spielplatz. 8. Magdeburg 845, Baensch. n. 1/12 ℛ
Vergl. Wandfibel.

— s. Fibel, oder Büchlein zum Lesen u. Denken.

Tiepke, Fibel, siehe: Naumann.

Tiepoldt, Predigt den 31. Octbr. 1854 beim ersten Missionsfeste in Rauffe gehalten. Neumarkt. (Breslau, Dülfer.) 8. (15 S.) 1½ ngr.

Tiepolo. Trauersp. 8. Hamb. Bachmann. 797.

Tiepolo; Trspl. 8. Hamb. 797. Gundermann. 12 K

Tiepolo's, Giov. Battista, Biographie u. Charakteristik, s.: Wessely, J. E.

Tiepolo

6 Blatt Photographien nach Deckengemälden in Verona und Venedig. Wien. Fol.

Tier und Mensch. Iggereth Baale Chajjim Abhandlung über die Thiere von Kalonymos ben Kalonymos oder Rechtsstreit zwischen Mensch und Thier vor dem Gerichtshofe des Königs der Genien ein arabisches Märchen nach Vergleichung des arabischen Originals aus dem Hebräischen ins Deutsche übertragen und mit Textescorrecturen wie mit sachlichen Erläuterungen versehen von Julius Landsberger. Darmstadt 1882.

Tier-ABC. 4. (14 S. m. z. Tl. farb. Abb.) Konstanz 895. C. Hirsch. — 75; Leinen-Ausg. 1. 50

Tier-ABC. gr. 4. (16 S. m. z. Tl. farb. Abbildgn.) Konstanz (902). C. Hirsch. — 60

Wiener Thier-ABC-Buch. Mit Illustrationen von G. Swoboda. 4. Wien 1860. 75 kr.

Thier-Album, Hohenheimer. Rindvieh. Orig.-Photogr. von C. F. Schmid in Reutlingen. Text von L. v. Rau. qu. Fol. (12 Bl. m. 8 S. Text.) Stuttgart 877. J. Weise. n. 30. —

Thier-Album, landwirthschaftliches, in Photographien. 1—4. Liefg. Die internationale landwirthschaftliche Ausstellung in Hamburg 1863. Herausg. unter Mitwirkung von Herm. v. Nathusius u. A. Krocker. 1—4. Liefg. Berlin 863, 64. Wiegandt & Hempel. qu. Fol. Jede Liefg. von 6 Bl. n. 3 ℛ 15 ngr.

Thier-Album, landwirthschaftliches, in Photographieen. 5—12. Liefg. Die internationale landwirthschaftl. Ausstellung in Hamburg. 1863. Hersg. unter Mitwirkung von Herm. v. Nathusius u. A. Krocker. Berlin 865—66. Wiegandt & Hempel. qu. Fol. [5—11. Liefg. (à 6 Blatt.) à n. 3 ℛ 15 ngr., 12. Liefg. (8 Blatt.) n. 4 ℛ 20 ngr.] 29 ℛ 5 ngr.

Thier-Album, landwirthschaftliches, in Photographien von H. Schnaebeli. Die landwirthschaftl. Ausstellung gelegentlich der XXVII. Versammlung deutscher Land- und Forstwirthe in Breslau, 1869. Hrsg. unter Mitwirkung von H. v. Nathusius und H. Settegast. 20 Lfgn. qu. Fol. (à Lfg. 5 Bl.) Berlin 872, Wiegandt, Hempel und Parey.
à Blatt * ℳ 2.; à Lfg. * ℳ 9.; in Mappe *
Auswahl der 25 schönsten Blätter in Mappe *

Tieralbum, landwirtschaftliches. 76 Farbendr.-Bilder d. wichtigsten Haustier-Rassen. Hrsg. durch die Deutsche landwirtschaftliche Presse. qu. Fol. (16 S. Text.) Berlin 899. P. Parey. Geb. in Leinw. n. 20. —

Thier-Alphabet, neues, (24 lith. u. ill. Abbildn. a. d. Naturgesch., in alphabet. Ordn.) 16. (Fulda 833, Müller'sche Buchh.)

Thierarzneibuch, allgem., nach d. besten Hülfsmitteln u. eignen Erfahrn. f. Oekonomen, Landleute u. Viehbesitzer überh. bearb. Als Anh.: Eine Anleit. z. Kenntniß d. Pferdes u. seiner Theile. 8. (8½ B. u. 1 Holzschn.) Nordhausen 836, Müller.

Thierarzneibüchlein, neuestes. Enthaltend: äußerst bewährte Heilmittel für Pferde, Rindvieh u. andere Hausthiere, so wie Schutzmittel gegen Ungeziefer. Herausg. von einem Litthauischen Gutsbesitzer. 3., verb. u. verm. Aufl. 8. (3½ B.) Gumbinnen 845, Bönig? *

Thierarzt, s.a. Rindvieharzt, neuer, od. deutl. Anw. wie der Landmann ꝛc.

—— der, eine Zeitschr. 1. Jahrg. 1834. 52 Nrn. (½ Bog.) gr. 4. Schaffhausen, Hurter.

Thierarzt, der, eine Zeitschr., hrsg. v. Ed. Im-Thurn. 2. Jahrg. 1835. 12 Stcke. (à 2 B.) Schaffhausen. (St. Gallen, Huber u. Comp.) Thlr.

Thierarzt, der, e. veterinär. Zeitschrift in Verbind. mit vielen Thierärzten hrsg. v. Ed. Im-Thurn. 2. Jahrg. 1835. 12 Stücke. gr. 8. Schaffhausen. (Bern, Huber u. Comp.) *

Thierarzt, der. Redact.: Wilh. Schumacher. 1.—3. Jahrg. 1862—64. à Jahrg. 12 Nrn. (à 1—2 Bog.) gr. 8. Wetzlar, G. Rathgeber. à Jahrg.

Thierarzt, der. Redact.: Herm. Anacker. 4—9. Jahrg. 1865—70. à Jahrg. 12 Nrn. (à 1—2 Bgn.) Wetzlar, Rathgeber. gr. 8. Jeder Jahrg. 1 ℛ

Thierarzt, der. Red.: Herm. Anaker. 10—15. Jahrg. 1871—1876 à 12 Nrn. (à 1—2 B.) gr. 8. Marburg, Rathgeber. à Jahrg. 3. —

Thierarzt, der. Red.: Anacker. 16—21. Jahrg. 1877—1882. à 12 Nrn. (à $1^{1}/_{2}$—2 B.) gr. 8. Wetzlar, Rathgeber. à Jahrg. 3. —

Thierarzt, der. Red.: Anacker. 22—25. Jahrg. 1883—1886. à 12 Nrn. (à $1^{1}/_{2}$—2 B.) gr. 8. Wetzlar, Rathgeber. à Jahrg. 3. —

Thierarzt, der. Red.: Anacker. 26.—29. Jahrg. 1887—1890. à 12 Nrn. (à $1^{1}/_{2}$—2 B.) gr. 8. Wetzlar, Rathgeber. à Jahrg. 3. —

Tierarzt, der. Red.: Anacker. 30.—33. Jahrg. 1891—1894. à 12 Nrn. (à ca. $1^{1}/_{2}$—2 Bog.) gr. 8. Wetzlar, Schnitzler. à Jahrg. 3. —

Tierarzt, der. Red.: Anacker. 34.—37. Jahrg. 1895—1898. à 12 Nrn. (à ca. 24 S.) gr. 8. Wetzlar, Schnitzler. à Jahrg. 3. —

Tierarzt, der. Red.: Anacker. 38.—41. Jahrg. 1899—1902. à 12 Nrn. gr. 8. (à ca. 24 S.) Wetzlar, Schnitzler. à Jahrg. 3. —

Tierarzt, der. Red.: Anacker. 42.—45. Jahrg. 1903—1906. à 12 Nrn. (VII, 288; VII, 288; VII, 287 u. VII, 287 S.) gr. 8. Wetzlar [Schnitzler]. Leipzig, J. A. Barth. à Jhrg. n. 3. —

Tierarzt, der. Eine Monatsschrift. Hrsg. v. J. Schwabe. 46.—49. Jahrg. 1907—1910. à 12 Nrn. (à ca. 24 S.) gr. 8. Leipzig, J. A. Barth. à Jahrg. 4. —

Thierarzt, der allgemeine &c. s. a. Tennecker, S. v.

Tierarzt. – Der Allgemeine Thierarzt oder Mittheilungen, Beobachtungen und Verhandlungen über Gegenstände der Viehzucht und Thierarzneikunst. Eine Zeitschrift. H. 1. Leipzig: Seeger 1820. 8°
Hrsgeg. v. Chr. Ehrenfr. Seyfert v. Tennecker.

Tierarzt, Der allgemeine sächsische, oder Mitteilungen, Beratungen und Verhandlungen über praktische Gegenstände der Viehzucht und Tierarzneikunst: eine Zeitschrift von S. v. Tennecker. 1. Heft. gr. 8. Leipzig 20. Seeger. M. 1.50
(Nicht mehr erschienen.)

• Thierarzt, der erfahrne u. berathene, bei Krankheiten des Rindviehes, der Pferde &c. 8. Chemnitz, Starke. 807.

Thierarzt, der erfahrene u. berathende, oder die bewährtesten Heilmittel in d. Krankheiten d. Rindviehes, der Pferde &c. 2e Ausg. 8. Chemnitz 827. Starke.

— der, bei d. Krankheiten der Schweine, nebst e. Anh. von d. Krankheiten der Bienen. 8. Leipz. 794. Schwickert. 6 gl.

Thierarzt, Der in allen Seuchen und Krankheiten . . . heilende; eine nützliche Schrift für den Bürger und Landmann. Zeitz u. Naumburg 1793—94. V: *Schreger, Bernhard Nathanael Gottlob.* (Ky) (MGT)

— der in allen Seuchen u. Krankheiten des Haus- u. Hofviehes unterrichtende u. selbstheilende. (Von B. N. G. Schreger). 1r Bd. (3 Lieferr.) 8. Zeitz u. Naumb. 793, 94.

Thierarzt, der vorsicht., od. 119 erprobte Mittel wider d. Krankheiten u. Gebrechen d. Thiere, besond. d. Pferde, d. Rindviehes, d. Schweine u. d. Schafe. Hrsg. v. e. prakt. Oekonomen. Durchges. v. K. F. W. F. 8. ($4^{1}/_{2}$ B.) Leipzig 834, Drobisch.

Thierarzt, der wohlerfahrne, als berathender u. warnender Freund bei allen Krankheiten der zum Nutzen od. z. Vergnügen gehalt. Hausthiere. Ein Volksbuch f. Landwirthe, Viehzüchter u. Thierfreunde in d. Stadt u. auf dem Lande. Hrsg. von e. alten erfahr. Thierarzte. (6 Abthln.) gr. 16. ($13^{3}/_{4}$ B.) Grimma 840, Verlags-Comptoir. Thlr.

Thierarzt, der wohlerfahrene, ein bewährtes Vieharzneibuch bei allerhand Krankheiten des Rindviehs, der Pferde, Schafe u. Schweine, v. e. prakt. Thierarzt. 8. (120 S.) Reutlingen 851, Fleischhauer & Spohn. 4 ngr

— der wohlerfahrene, e. bewährtes Vieharzneibuch bei allerhand Krankheiten d. Rindviehes, der Pferde, Schafe u. Schweine v. e. prakt. Thier-Arzt. 8. (120 S.) Reutlingen 874. Fleischhauer & Spohn. — 40

Exposición del ganado aleman. Deutsche **Tierausstellung.** Buenos Aires 1910. Bln ('10). 117 S. (Dt. Landwirtschaftl. Presse. Kunstbeil.)

Tierbändigerin, die. Roman aus dem modernen Leben. 100 Hfte. gr. 8. (2400 S. m. je 1 Vollbild.) Berlin 898. Verlagshaus f. Volkslitteratur u. Kunst. à Hft. — 10; auch in 20 Bdn. à — 50

Thierbilder. Ein Bilderbuch für artige Kinder, mit 30 bunten Bildern (auf 8 lith. Taf.). Neusalza (857.) Bornbrück. 8. $2^{1}/_{2}$ ngr.

Thierbilder. 8.—10. Aufl. gr. 8. (8 chromolithogr. Taf.) Wesel 877—79, Düms.

Tierbilder. 8. (8 Chromolith.) Reutlingen 887. Enßlin & Laiblin. — 15

— **dasselbe.** qu. gr. 8. (6 farb. Taf.) Stuttgart 889. G. Weise. n. — 25; auf Leinw., cart. — 75

— dasselbe. qu. 4. (6 farb. Taf.) Ebd. 889. n. — 50

Tierbilder. (8 Bl. m. farb. Abbildgn.) gr. 4. Reutlingen (903). Enßlin & Laiblin. — 50; auf Pappe. (8 S. m. farb. Abbildgn.) Geb. — 90

— **dasselbe.** (6 Farbdr.) qu. 4. Stuttgart (903). G. Weise. — 15

Tierbilder. (10 S. m. farb. Abbildgn. auf Pappe.) 22,5 × 28,5 cm. Mainz (910). J. Scholz. Geb. 1.50; in Leporelloform 1.50

Tierbilder, allerlei, aus Nah u. Fern. (10 farb. S. auf Pappe m. eingedr. Text.) Fol. Duisburg (902). J. A. Steinkamp. Kart. 1. —

— zum Ausmalen. 4 Nrn. qu. 8. (à 8 z. Th. farb. Blatt.) Wesel 890. Düms. à — 25

Tier- u. Blumen-Bilder. (16 [8 farb.] S.) Lex. 8. Eßlinger (908). J. F. Schreiber. Kart. 1. 20

Tierbilder, bunte. qu. 4. (12 Chromolith. auf Carton.) Stuttgart 886. Loewe. geb. 1. 20

Tierbilder, bunte. qu. 12. (8 farb. u. 2 schwarze S. m. Text auf Pappe.) Stuttgart 896. F. Loewe. Geb. — 80

Tierbilder in galvanoplastischer Darstellung zum Unterricht in Blindenanstalten. (6 T aus Kupfer) 4°

Thierbilder, drollige, und Reime aus der Fabelwelt. 4. (8 lith. und ill. Bl.) Stuttgart 850, Hoffmann'sche Vrlgsh.

—— und Geschichten für die ersten Kinderjahre. 8 Bilder gezeichnet von C. Offterdinger. qu. Fol. (16 S. mit 8 color. Stnt.) Stuttgart 873, Risch. [Eger und Distler.] geb. (*M* 1,80.)

Thierbilder aus Haus u. Hof. Ein Bilderbuch f. die Jugend. 6 Gruppen Hausthiere dargestellt in ihrer landschaftl. Umgebg. auf 6 (lith.) Farbendruckbildern u. mehreren (eingedr.) Holzschn. m. Gedichten u. erklär. Texte. gr. 4. (11 S.) Eßlingen 874. Schreiber. geb. 1. 50

— aus Haus u. Hof. Ein Bilderbuch für die Jugend. 6 Gruppen Hausthiere, dargestellt in ihrer landschaftlichen Umgebung auf 6 großen Farbendr.-Bildern u. mehreren (eingedr.) Holzschn., mit Gedichten u. erklär. Texte. 2. Aufl. gr. 4. (12 S.) Eßlingen 877. Schreiber. cart. n. 1. 50

— heitere. 4. (24 S. m. farb. Abbildgn.) München (901). Braun & Schneider. n. 1. —

— u. Jagd-Scenen. Images d'animaux. — Pictures of animals. — Ein Prachtbilderbuch f. die Jugend. qu. Fol. (10 Holzschntaf. in Buntdr.) Stuttgart 871. G. Weise. geb. 3. —

—— und Jagdscenen in Wort und Bild. Zur Belehrung und Unterhaltung für die Jugend. 8. (64 S.) Reutlingen 873, Enßlin und Laiblin.

—— —— dass. — 8. (112 S. mit 6 color. Stnt.) Reutlingen 873, Enßlin und Laiblin. [Stuttgart, Neugebauer.] cart.

—— dass. — 2. Aufl. gr. 16. (112 S. mit 6 color. Stnt.) [Stuttgart 876, Neugebauer und Votteler.] Nürnberg, Neugebauer's Verlag. cart.

—— und Jagdscenen in Wort und Bild. Zur Belehrung und Unterhaltung für die Jugend. 2. Aufl. gr. 16. (64 S.) Reutlingen 876, Enßlin und Laiblin's Verlagsh.

Tierbilder, kleine. Leporello-Album. qu. 12. (24 z. Tl. farb. Taf. m. eingedr. Text auf Pappe.) Stuttgart 893. F. Loewe. 1. 50

— kleine. Leporello-Album. (2. Aufl.) qu. 12. (12 farb. Taf. auf Pappe m. 10 Bl. illustr. Text.) Ebd. 894. 1. 50

— Kolorier-Übungen. 3 Hfte. qu. 4. (à 12 zur Hälfte color. Taf.) Leipzig 887. Leipziger Lehrmittelanstalt v. O. Schneider. à n. — 75

—— aus Nah' und Fern. qu. 4. (8 color. Stnt. mit Tondr.) Reutlingen 870, Enßlin und Laiblin. [Stuttgart, Neugebauer.] cart. 50 Pf.; geb.

—— aus Nah und Fern. 16 naturgeschichtl. unzerreißbare (lithogr. und color.) Bildertafeln (auf Pappe). qu. 4. [Stuttgart 877.] Nürnberg, Neugebauer's Verlag. cart.

— neue. Ein Bilderbuch auf Karton in Leporelloformat. qu. gr. 8. (12 farb. Taf. m. 1 S. illustr. Text.) Eßlingen 891. J. F. Schreiber. n. 2. —

— neue. Fol. (16 S. m. z. Tl. farb. Abbildgn.) Reutlingen (899). Enßlin & Laiblin. — 60; auf Pappe (8 S. m. farb. Abbildgn.), kart. 1. —

— neue, aus Heimath u. Fremde. Ein Bilderbuch für gute Kinder. Langensalza 870. Verl. Comptoir. hoch 4. (8 Chromolith.) geb. 7½ *ngr.*

— neue, aus Heimath u. Fremde. Ein Bilderbuch f. gute Kinder. gr. 8. (8 chromolith. Taf.) Langensalza 871. Beyer & Söhne. geb. — 75

—— neue, aus Heimath und Fremde. Ein Bilderbuch für gute Kinder. hoch 4. (16 S. mit 8 Chromolithogr.) Langensalza 873, Beyer und Söhne. geb.

— m. Reimen. 12. (8 farb. Taf.) Wesel 892. W. Düms. — 10; auf Pappe u. lackiert, geb. — 25

— mit Reimen. (Neue Ausg.) 12. (8 farb. Taf. auf Pappe.) Wesel 896. W. Düms. Geb. — 30

— m. Reimen. 12. (6 Bl. m. farb. Abbildgn.) Wesel (902). W. Düms. — 10; auf Pappe (7 S.) — 20

— aus Wald u. Flur. Ein Bilderbuch f. die Jugend. 6 Gruppen wilder Säugethiere, dargestellt in ihrer landschaftl. Umgebg. auf 6 großen (lith.) Farbendruckbildern u. mehreren (eingedr.) Holzschn. m. Gedichten u. erklär. Text. gr. 4. (11 S.) Eßlingen 874. Schreiber. 1. 50

—— aus Wald und Flur. Ein Bilderbuch für die Jugend. 6 Gruppen wilder Säugethiere, dargestellt in ihrer landschaftl. Umgebung auf 6 großen Farbendr.-Bildern und mehreren (eingedr.) Holzschn., mit Gedichten und erklär. Texte. 2. Aufl. gr. 4. (12 S.) Eßlingen 877, Schreiber. cart. *

Thierbilder-ABC in 24 alphabetisch-geordneten Darstellungen. Nürnberg (854.) Geißler. (31 S. u. 7 lith. u. color. Abbildgn.) 12 *ngr.*

Tierbilder-Album, neues. qu. 4. (24 Chromolith.) Stuttgart 888. G. Weise. Leporello-Album. n. 2. —

Tierbilder-Album, schönstes. qu. gr. 8. (19 farb. S. ohne Text auf Pappe.) Konstanz 898. C. Hirsch. In Leporelloform 1. 50

— unzerreißbares. Leporello-Album. qu. gr. 8. (22 farb. Taf. auf Pappe.) Ebd. 889. cart. n. 2. —

Thierbilderbuch. Mit heitern Reimen für die Jugend. Stuttgart 865. Nitzschke. qu. 8. (23 color. Holzschntaff. mit Text.) cart. 12 *ngr.*

Thierbilderbuch. qu. 16. (16 color. Steintaf.) Wesel 873. Düms. — 55

Thierbilderbuch. 16 feine (chromolith.) Thierbilder auf starkem Carton. 4. Eßlingen 879. Schreiber. geb. n. 2. —

Tier-Bilderbuch. 2 Sorten. gr. 8. (6 Chromolith. m. 4 S. Text.) Wesel 885. Düms. à — 30

Tierbilderbuch, großes. qu. 4. (24 farb. Taf. m. 48 S. Text.) Stuttgart 889. G. Weise. geb. n. 3. —; als Leporello-Album ohne Text 3. 50

— dasselbe. qu. 4. (12 farb. Taf. m. Text auf Pappe.) Ebd. 889. geb. n. 3. —

Tierbilderbuch, großes. (13 farb. S. auf Pappe.) qu. gr. 4. Eßlingen (904). J. F. Schreiber. Geb. 3. —

— für artige Kinder. Mit kleinen Geschichten u. Reimen. 4. (16 color. Steintaf. m. eingedr. Text u. 16 S. Text.) Stuttgart 878. Thienemann. geb. n. 2. —

—— kleines. 12. (6 Chromolithogr.) Stuttgart 888, G. Weise.
Mit Text (12 S.)

—— auf Leinwand. hoch 4. (13 ill. Stnt.) Dresden 867, Bock's Verlag. geb.

Tierbilderbuch, mein. hoch 4. (6 farb. Taf. m. 2 S. illustr. Text.) Eßlingen (901). J. F. Schreiber. Kart. n. 1. —

— neues. Unzerreißbares Leinwandbilderbuch. gr. 8. (12 S. m. z. Tl. farb. Abbildgn.) Ebd. (902). n. — 50

— neues großes. (12 S. m. farb. Abbildgn. ohne Text, auf Pappe, m. Text auf dem Einbd.) 4. Stuttgart (905). W. Nitzschke. Geb. 3. —

Thierbilder-Buch, neues, für kleine brave Kinder. Mit Zeichnungen von H. Leutemann. Text von Friedr. Hofmann. qu. 4. (24 S. mit 12 ill. Holzschnt.) Wien 860, Wenedikt.

Tierbilderbuch, neuestes. Zahme und wilde Tiere. Ein unzerreißbares Bilderbuch mit leicht erlernbaren Verschen von Herm. Pilz. qu. 4. (16 Chromolithogr.) [Leipzig 884, Cavael.] Görlitz, Foerster's Verlag. geb.

—— neuestes. Zahme und wilde Tiere mit Text. Kleine Ausg. mit Verschen von Herm. Pilz. 4. (10 Chromolithogr.) [Görlitz 886.] Leipzig, Foerster's Verlag. geb. *

—— neuestes. Zahme u. wilde Tiere. Ein unzerreißbares Bilderbuch m. leicht erlernbaren Verschen v. Herm. Pilz. qu. 4. (16 Farbendr. auf Pappe.) Lpz. 890, A. Foerster's Verlag. cart. * 2 25

Tierbilderbuch, neuestes. Zahme u. wilde Tiere m. Text. (Große Ausg.) qu. 4. (16 farb. Bildertaf. m. eingedr. Text auf Leinw.) Leipzig 896. J. P. Baum. Geb. n. 2. 50; als Leporello-Album, Taf. auf Pappe n. 2. —

— dasselbe. (Kleine Ausg.) Leporello-Album. qu. 4. (10 farb. Bildertaf. m. eingedr. Text auf Pappe.) Ebd. 896. n. 1. 50

—— neuestes unzerreißbares, für das kleine Volk. qu. 4. (14 color. Stnt. auf Carton.) Glauchau 878, Hobeda's Verlag. geb. *

—— dass. — qu. 4. (14 Chromolithogr. auf Carton.) Chemnitz 879, Friese. geb. *

— neuestes unzerreißbares, f. das kleine Volk. qu. 4. (14 Chromolith. auf Carton.) Chemnitz 884. Troitzsch. geb. n. 2. —

— schönstes. (16 S. m. z. Tl. farb. Abbildgn.) Lex.-8. Reutlingen (905). Enßlin & Laiblin. — 50; auf Pappe. (8 S. m. farb. Abbildgn.) Geb. 1. —

— schönstes, f. artige Kinder. hoch 4. (12 farb. S.) Stuttgart (899). G. Weise. Kart. 1. —

— dasselbe. gr. 4. (10 farb. Taf., auf Pappe.) Ebd. (902). Kart. 2. —

—— unzerreißbares. qu. 4. (20 Chromolithogr. auf Carton mit Text.) [Leipzig 876.] Stuttgart, Löwe. geb.
Auch mit russischem Text zu gleichem Preise erschienen.
—— dass. — (Kleine Ausg.) qu. 4. (8 Chromolithogr. auf Carton mit 8 S. Text.) Ebendas. 876. cart.
—— dass. — a. und b. (a. Zahme Thiere. — b. Wilde Thiere.] 8. (à 9 Chromolithogr. mit Text.) Eßlingen 876, Schreiber. cart. à * ℳ 1,50. *

— unzerreißbares. 8 (chromolith.) Bildertaf. m. 21 Abbildgn. u. Reimen f. artige Kinder. 4. (Mit eingedr. u. 1 Bl. Text.) Eßlingen 884. Schreiber. geb. n. 1. 60

Tierbilderbuch, unzerreißbares. qu. 4. (12 Chromolith. auf Pappe.) Stuttgart 888. G. Weise. cart. n. 1. 25; qu. gr. 4. 3. —

Tierbilderbuch, unzerreißbares. 12 Chromobilder. Leporello-Ausg. qu. 4. Stuttgart 891. G. Weise. 2. —

— dasselbe. 24 Chromobilder. Leporello-Ausg. qu. 4. Ebd. 891. 2. 50

Tierbilderbuch, unzerreißbares. Ein Leinw.-Bilderbuch m. 16 feinen, lackierten Farbdr.-Bild. u. 4 illustr. Textseiten. qu. 4. Eßlingen 896. J. F. Schreiber. Kart. n. 4. —

Tierbilderbuch, Unzerreissbares [ca. 1905]. 25 Tafeln in leuchtenden Farben, wilde u. zahme Tiere in ihrer Umgebung darstellend, auf Karton in Leporelloform. Quer-Gr.-8°. 9.—

Tierbilderbuch fürs kleine Volk. (12 farb. S. m. eingedr. Text, auf Pappe.) gr. 8. Nürnberg (909). Th. Stroefer. Kart. 1. 50

— wunderbares. qu. gr. 4. (6 farb. Taf. m. Klappbildern u. 5 Bl. illustr. Text.) Stuttgart 894. G. Weise. Geb. 3. —

Thier-Börse. Centralblatt zur Vermittelung des Kaufs-, Verkaufs- und Tausch-Verkehrs unter den Thierzüchtern, Thierbesitzern, Thierliebhabern und damit verwandten Geschäftszweigen des In- und Auslandes. Hrsgbr.: Langmann. Jahrg. 1888. 52 Nrn. (à Nr. 2 Bog.) Fol. Berlin. (Leipzig, Ehrlich.)

Thier-Börse. Zeitung f. Thierzucht u. Thierhandel. Centralverkehr der Thierbesitzer u. Thierliebhaber d. In- u. Auslandes. Hrsg.: Langmann. Jahrg. 1889. 52 Nrn. (2 B.) Fol. Berlin. (Leipzig, Ehrlich.) n. 2. 60

— dasselbe. Jahrg. 1890. 52 Nrn. (2 B.) Fol. Ebd. n. 3. 60

Tier-Börse. Zeitung f. Thierzucht u. Thierhandel. Centralverkehr der Thierbesitzer u. Thierliebhaber des In- u. Auslandes. Allgemeine deutsche Zeitschrift f. Land- u. Forstwirthschaft. — Deutsche Sport- u. Jagdzeitg. Organ der deutschen Thierschutz-Bestrebgn. Hrsg. u. Red.: Langmann. 5.—8. Jahrg. 1891—1894. à 52 Nrn. (à ca. 2 Bog.) Fol. Berlin. (Leipzig, P. Ehrlich.) à Jahrg. n.n. 3. 60

Tier-Börse. Zeitg. f. Thierzucht u. Thierhandel. Central-verkehr d. Thierbes. u. Thierliebh. d. In- u. Auslandes. Allgem. deutsche Zeitschrift f. Land- u. Forstwirthschaft. — Deutsche Sport- u. Jagdzeitg. Organ der deutschen Thierschutz-Bestrebungen. Hrsg. u. Red.: Langmann. 9.—11. Jahrg. 1895—1897. à 52 Nrn. (à 4 Bog.) Fol. Berlin (Leipzig, P. Ehrlich). à Jahrg. n.n. 3. 60

— dasselbe. M. d. Beiblättern: Landwirthschaftl. Central-Anzeiger, Kaninchen-Zeitg., Internat. Pflanzen-Börse, Naturalien- u. Lehrmittel-Börse, Allg. Mittheilgn. üb. Haus- u. Landwirthschaft, Illustr. Unterhaltungsblatt. Hrsg. u. Red.: Langmann. 12. Jahrg. 1898. 52 Nrn. (à ca. 4 Bog. u. 1 Bog. in gr. 4.) Fol. Ebd. n.n. 3. 60
Kann auch vierteljährlich bezogen werden.

Tier-Börse. Zeitung f. Thierzucht u. Thierhandel. Central-verkehr der Thierbesitzer u. Thierliebhaber des In- u. Auslandes. Vereins-Organ der hervorragendsten Thier- und landwirthschaftl. Vereine Deutschlands, Oesterreich-Ungarns u. der Schweiz. Organ der deutschen Thierschutz-Bestrebgn. Allgemeine deutsche Zeitschrift f. Land- u. Forstwirthschaft. — Deutsche Sport- u. Jagd-Zeitg. Mit den Gratis-Beiblättern: Landwirthschaftlicher Central-Anzeiger, Deutscher Kaninchenzüchter, Unser gefiedertes Volk, Unsere Hunde. Allg. Mittheilungen über Land- u. Hauswirthschaft. Illustr. Unterhaltungsblatt. Hrsg. u. Red.: Langmann. 13.—16. Jahrg. 1899—1902. à 52 Nrn. Fol. (à ca. 16 S. u. 4 u. 4 S. in gr. 4.) Berlin (Leipzig, P. Ehrlich). à Jahrg. n.n. 3. 60

Tier-Börse. Zeitung f. Thierzucht u. Thierhandel. Central-verkehr der Thierbesitzer u. Thierliebhaber des In- u. Auslandes. Vereins-Organ der hervorrag. Thier- u. landwirthschaftl. Vereine Deutschlands, Oesterreich-Ungarns u. der Schweiz. Archiv der deutschen Thierschutz-Bestrebgn. Allgem. deutsche Zeitschrift f. Land- u. Forstwirthschaft. — Deutsche Sport- u. Jagd-Zeitg. Mit den Gratis-Beiblättern: Landwirthsch. Central-Anzeiger, Deutscher Kaninchenzüchter, Unser gefiedertes Volk, Unsere Hunde. Allg. Mittheilgn. üb. Land- u. Hauswirthschaft. Illustr. Unterhaltungsblatt. Hrsg. u. Red.: Langmann. 17. bis 19. Jahrg. 1903—1905. à 52 Nrn. (à ca. 22 u. 4, 4 u. 4 S. in gr. 4.) gr. Fol. Berlin, Verlag der Tierbörse. à Jhrg. n.n. 3. 60

Tier-Börse. (Begründet v. Langmann.) Vereins-Organ der hervorragendsten Tier- u. landwirtschaftl. Vereine Deutschlands, Oesterreich-Ungarns u. der Schweiz. Mit den Gratis-Beiblättern: Landwirt. Zentral-Anzeiger; Deutscher Kaninchenzüchter; Unser gefied. Volk; Unsere Hunde; Der prakt. Landwirt. Unterhaltungsblatt. Verantwortlich: A. Ihring. 20.—24. Jahrg. 1907—1910. à 52 Nrn. (à ca. 16 u. 16 S. 30,5×23 cm. 46,5×31 cm.) Berlin, Verlag Tierbörse. à Jahrg. nn 3. 60

Tierbörse. – Schweizerische Tierbörse. Bern: Tagmann 1898–(1902). 8°
Red.: Adolf Tagmann.

Tierbörse. – Süddeutsche Tierbörse. Wochenblatt für Geflügel-, Vogel-, Bienen-, Hunde-, Kaninchen- und Fischzucht. Heilbronn: Weber 1891–(1902). 8°
Red.: H. Schuster.

— süddeutsche. Wochenschrift f. Geflügel-, Vogel-, Bienen-, Hunde-, Kaninchen- u. Fischzucht. Central-Blatt v. üb. 60 Vereinen u. Verbänden. 3. Jahrg. 1895. 52 Nrn. (à ca. 10 S.) gr. 4. Heilbronn, O. Weber. n. 3.—

— dasselbe. Offiz. Organ d. Landesverbandes d. Geflügelzucht- u. Vogelschutz-Vereine Württembergs, d. schwäb. Kaninchenzüchter-Bundes, des Verbandes bad. Geflügelzuchtvereine ꝛc. Jahrg. 1896—1898. à 52 Nrn. (à ca. 10 S.) gr. 4. Ebd. à Jahrg. n. 3.—

— süddeutsche. Wochenschrift f. Geflügel-, Vogel-, Bienen-, Hunde-, Kaninchen- u. Fischzucht. Offizielles Organ des Landesverbandes der Geflügelzucht- u. Vogelschutz-Vereine Württembergs ꝛc. Jahrg. 1899. 52 Nrn. gr. 4. (à ca. 8 S.) Heilbronn, O. Weber. n. 3. —

— süddeutsche. Illustr. Wochenschrift f. Geflügel-, Vogel-, Bienen-, Hunde-, Kaninchen- u. Fischzucht. Mit den Beilagen: „Das Kaninchen". Blätter zur Hebg. u. Pflege der Kaninchenzucht. „Unsere Vögel". Blätter f. Kanarienzüchter u. Vogelfreunde. „Der Hundefreund". Blätter f. Hundezucht u. -Pflege. Offizielles Organ des Landesverbandes der Geflügelzucht- u. Vogelschutz-Vereine Württembergs usw. Vereins-Organ v. üb. 250 Vereinen. Red.: G. Wichmann. 12.—15. Jahrgang. 1903—1906. à 52 Nrn. (686, 622, 700 u. 808 S.) gr. 4. Heilbronn, O. Weber. à Jhrg. n. 1. 80

Tier-Börse, süddeutsche. Illustr. Wochenschrift f. Geflügel-, Vogel-, Bienen-, Hunde-, Kaninchen- u. Fischzucht. Mit den Beilagen: „Das Kaninchen". Blätter zur Hebg. u. Pflege der Kaninchenzucht. „Unsere Vögel". Blätter f. Kanarienzüchter u. Vogelfreunde. „Der Hundefreund". Blätter f. Hunde-Zucht u. Pflege. Organ des Vereins f. Geflügelzucht in München usw. Red.: G. Wichmann. 16.—19. Jahrg. 1907—1910. à 52 Nrn. (à ca. 32 S. m. 1 Taf.) 32×24 cm. Heilbronn, O. Weber. à Jahrg. 1. 80

— westdeutsche. Wochenschrift f. Geflügel-, Nutztierzucht u. Hauswirtschaft m. der Beilage Der westdeutsche Bauer. Red.: Herm. Goebel. 2. Jahrg. 1905. 52 Nrn. (à ca. 8 u. 4 S.) gr. 4. Hagen i/W. Westdeutsche Volkszeitung.
Erscheint nicht mehr. n.n. 1. 80

Thierbuch, oder Beschr. von Thieren und Vögeln. 2 Thle. 4. Prag, Widtmann.

[F.] Herzblättchens **Tiorbuch**. Erzählgn aus d. Tierleben f. unsere Kleinen. M. Buntbildern. *Berlin: A. Weichert [1896].* (64 S., 3 Taf.) 1 Bd 8. [97. 1719]

Tierbuch, e., f. unsere Kleinen. (6 farb. Taf. m. untergedr. Text u. illustr. Text auf der 1. inneren Umschlagseite.) qu. gr. 4. Nürnberg (903). Th. Stroefer. Kart. 5. —

Tier-Büchlein. qu. 12. (12 farb. Taf. m. 12 S. illustr. Text.) Stuttgart 893. F. Loewe. — 75; auf Leinw., kart. 1. 50

Thier-Bude. Naturgeschichtliche Bilder-Tafeln für kleine Kinder. qu. 4. (9 color. Stnt. auf Carton.) Stuttgart 878, Nitzschke. geb.

—— dass. — 2. Aufl. qu. 4. (9 chromolithogr. Taf. auf Pappe.) Ebendas. 879. cart.

Thier-Bude. Unzerreißbares Bilderbuch für die lieben Kleinen. 3. Aufl. qu. 8. (9 color. Stnt. mit 160 Fig.) Stuttgart 880, Nitzschke. geb.

Tierbude, große. Unzerreißbares Bilderbuch f. die lieben Kleinen. Mit 24 Farbdr.-Bildern v. A. Greiner. qu. kl. 4. Stuttgart 887. Loewe. geb. 2. 50

Tier-Circus, s. Tierzirkus.

Thiere. Ein Bilderbuch für Kinder. qu. 4. (12 Chromolithogr.) Mörs 869, Spaarmann. cart.

Thiere. Ein Bilderbuch für Kinder. Quer-4. Wien, Perles. geb. 42 kr. 1870.

Tiere. qu. 4. (6 farb. Taf.) Leipzig 889. Fr. Pfau. cart. — 25

Thiere, abgerichtete. Ein Bilderbuch zur Unterhaltung für die Jugend. qu. 4. (11 S. m. 6 Chromolith.) Mülheim 880. Bagel. cart. 1. 20

Tiere, allerlei. 3 Sorten. 8. (à Sorte 6 Chromolithogr.) Wesel 888, Düms. à Sorte
Als Leinwandbilderbuch, geb. à Sorte

— allerlei. 12. (8 farb. Taf. m. Text.) Ebd. 889. cart. — 15

Tiere, allerlei. gr. 4. (8 farb. Taf. auf Pappe.) Düsseldorf 894. A. Bagel. Geb. 1. —

Tiere, allerlei. qu. gr. 4. (16 S. m. farb. Bild. u. eingedr. Text.) Reutlingen 898. Enßlin & Laiblin. 1. 30; auf Pappe (8 S.) Kart. 2. —; als Leporello-Album (8 S.) 2. —

Tiere, allerlei. gr. 8. (12 S. m. z. Tl. farb. Abbildgn.) Nürnberg 899. Th. Stroefer. — 40

— dasselbe. gr. 8. (8 Bl. m. farb. Abbildgn.) Reutlingen (901). Enßlin & Laiblin. n. — 25; auf Pappe (9 S.) n. — 40

— zum Ausmalen. qu. gr. 4. (8 farb. u. 8 schwarze Taf.) Eßlingen (899). J. F. Schreiber. n. 1. 20

Thiere in Bildern zum Anschauungsunterrichte. 2. Aufl. *Prag* 1857—58. Unter der Leitung des Dr. Karl Amerling, Steindruck u. Verl. von *E. Kutschera's Wtw.* I. u. II. Heft. 10 u. 10 Bilder in Qu.-Fol. 1 Heft 1 fl. 5 kr. Ö.-W.

— bunte. 4. (12 S. m. farb. Abbildgn. u. deutschen u. französ. Unterschriften.) Ebd. (893). Kart. n. — 40

Thiere, die gequälten. — Der regnichte Tag. — Die zanksücht. Kinder. Drei Erzähln. f. d. liebe Jugend. 1. u. 2. Aufl. 12. (à 3 B. u. 8 ill. Bild.) Wesel 837, 41, Bagel. à

— Groß u. Klein. gr. 4. (12 S. m. farb. Abbildgn.) München 892. Nürnberg, Th. Stroefer. n. 1. 30

Thiere, die, des Hauses. Den lieben Kleinen vorgeführt in 15 (lith.) bunten Bildern mit Versen. Neusalza (857.) Bornbrück. 16. (16 Bl.) 8 ngr.

Thiere aus Haus, Feld und Wald. Eine neue Bilderfibel mit 22 color. Bildern (in Holzschn.). Nürnberg 859. Zeh. (Koenecke.) 8. (8 S. u. 11 Taf.) 7½ ngr.; auf Leinw. gedr. 10 ngr.

— in Haus u. Hof. 4. (8 Bl. m. farb. Abb.) Ebd. 897. — 55; auf Pappe 1. 20

— aus Haus u. Hof. gr. 4. (13 S. m. farb. Abbildgn.) Nürnberg (901). Th. Stroefer. Auf Pappe geb. 3. —; in Leporelloform 3. —

Tiere aus Haus u. Hof. (12 farb. Bl. m. untergedr. Text.) qu. 8. Stuttgart (904). Loewe. Kart. 2. —

Thiere, der, Hort od. Warnung vor Thierquälerey. Mit 18 (lith. u. color.) Abbildgn. gr. 8. (48 S.) Nürnberg 849, Renner & Co. 16 ngr

— jagdbare. Düsseldorf 861. Elkan, Baumer & Co. (Breidenbach & Co.) qu. 4. (12 lith. u. color. Bl.) n. 12 ngr.

Die kriegende Thiere, eine Erzählung (in Versen). 1759. 8o.

— und Menschen. Ein Bilderbuch für große Leute, mit Zeichnungen von C. Reinhardt. 1. Heft.: Enten 1—12. 8. (12 Bl. mit eingedr. Holzschn.) Hamburg 853, Vogler.

Thiere, Die redenden. Bremen 1816—17. V: *Casti, Giov. Batt.* Ü: *Jken, Carl Jacob Ludwig.* (ROTERM)

Thiere, Die redenden, über menschliche Fehler und Laster bei ruhigen Stunden lustig und nützlich zu lesen, 44 Gespräche. Franckfurt u. Leipzig (Nürnberg) 1745—1761. V: *Richter, Christoph Gottlieb.* BGE VII³, 633/638)

Thiere, die redenden, üb. menschl. Fehler u. Laster. 43 Stcke. Mit Kpf. 8. Nürnb. 745—61. Pollmann. 3 ₰ 16 ß

— sprechende. Vom Verf. der lachenden Kinder. Mit 18 color. Bildern (Holzschn. im Text) von C. Reinhardt. Berlin (854.) Hofmann u. Co. gr. 4. (18 Bl.) n. 25 ngr.
Vgl.: Reinhardt, (C.)

— sprechende. Vom Verf. der lachenden Kinder. Mit 18 ill. Bildern (in Holzschn.) von C. Reinhardt. 2., unveränd. Aufl. gr. 4. (18 Bl.) Berlin 858, Hofmann und Comp. *

Thiere, sprechende. Vom Verf. der lachenden Kinder. Mit 18 color. Bildern (in Holzschn.) von C. Reinhardt. 2. unveränd. Aufl. Berlin 859. Hofmann & Co. gr. 4. n. 25 ngr.

Tiere, sprechende. Vom Verf. der „Lachenden Kinder". Mit 18 kolor. Bildern v. C. Reinhardt. 25. unveränd. Aufl. (18 Bl.) Lex. 8. Berlin (909). K. W. Mecklenburg. Kart. 2. —

SPRECHENDE TIERE. Vom Verfasser der „Lachenden Kinder". Mit 18 kolor. Bildern von C. REINHARDT. 30. unveränd. Aufl. Berlin (vorm. Hamburg), c. 1910. Gr.-4°. Benutzter, etwas loser Or.-Halbleinenbd. m. farb. Deckel. Berühmtes Bilderbuch. 10.—

— sprechende, in Wort u. Bild. I. u. II. Wesel 867. Düms. 4. Jedes Heft. (8 S. mit 6 Chromolith.) cart. 5 ngr.

— sprechende, in Wort und Bild. I. und II. 4. (à 8 S. mit 6 Chromolithogr.) Wesel 868, Düms. cart. à 50 Pf.

Thiere d. Waldes. qu. 8. (8 Chromolith.) Langensalza 873. Beyer & Söhne. n. 1. —

— des Waldes u. der Wüste. 8 (lith. u.) color. Bilder. Stuttgart 868. Gebr. Scheitlin. qu. 4. 9 ngr.

Thiere, Welche, hiessen ehemahls in Teutschland Elo und Schelo? [Braunschweig 1786.] V: *Ress, Johann Heinrich.* (MGT)

— aus allen Weltteilen. qu. gr. 8. (12 farb. Taf.) Stuttgart 889. G. Weise. n. — 50; auf Leinw., cart. 1. 50

Thiere, wilde. Unzerreißbares Leinwandbilderbuch. qu. 4. (12 color. Stnt.) Nürnberg 870, Koenecke. geb. *

—— wilde. qu. 8. (8 Chromolithogr.) Leipzig [Wesel] 873, Düms.

Thiere, wilde. 4. (9 Chromolithogr. mit Text auf der Rückseite.) Eßlingen 879, Schreiber. geb. *

—— wilde. Ein Bilderbuch für die lieben Kleinen. Mit lust. Versen und Fabeln und 6 feinen Farbdr.-Bildern. qu. 4. (6 S. Text.) Stuttgart 887, Loewe. cart.
Ausg. auf Leinw. geb. *

Tiere, wilde. qu. 4. (6 farb. Taf. m. 12 S. Text.) Stuttg. 889, G. Weise. cart. * 1 —; auf Pappe (m. 6 S. Text.) cart. 2 — auf Leinw. (ohne Text) 1 50

— dasselbe. qu. 4. (6 farb. Taf. m. 12 S. Text.) Ebd. 889. cart. n. 1. —; auf Pappe (m. 6 S. Text), cart. 2. —; auf Leinw. (ohne Text) 1. 50

— wilde. qu. gr. 4. (18 S. m. farb. Bildern.) Fürth 894. (Leipzig, W. Opetz.) 1. —

— wilde. (6 Farbdr.) qu. 4. Stuttgart (903). G. Weise. — 15

—— wilde, ihre Natur, Lebensweise, Triebe, Fähigkeiten ꝛc. mit gelegentl. Bemerkn. üb. ihre Heimath. A. d. Engl. (2 Abthln.) gr. 12. (à 9 B. u. viel. Abbildn.) Leipzig 836, Baumgärtners Buchh. à ½ Thlr.

Thiere, wilde und zahme. 8. (16 ill. Stnt.) Nürnberg 865, Koenecke. cart.
Auf Leinw.

— wilde u. zahme. Unzerreißbares Leinwandbilderbuch. gr. 16. (16 color. Steintaf.) Nürnberg 870. Koenecke. geb. n. 1. —

—— der Wildnis. qu. 4. (6 farb. Taf. m. 12 S. Text.) Ebd. 889. cart. * 1 —; auf Pappe (m. 6 S. Text.) cart. 2 — auf Leinw. (ohne Text) 1 50

Tiere in der Wildniß. gr. 4. (16 S. m. z. Tl. farb. Abbildgn.) Nürnberg (899). Th. Stroefer. — 60

— der Wildnis. (6 Farbdr.) qu. 4. Ebd. (903). — 15

—— aus allen Zonen. Mit Text v. Klara Reichner. qu. 4. (12 farb. Taf. m. 24 S. Text.) Ebd. 889. cart. 2 —

Thier-Fibel, erste, mit 24 vierfüßigen Thieren. Berlin (857.) Winckelmann. 8. (8 S. u. 12 lith. u. color. Bl.) 6 ngr.

— zweite, mit 24 Vögeln. Ebend. (857.) 8. (8 S. u. 12 lith. u. color. Bl.) 6 ngr.

Thierfolter, die wissenschaftliche, s.: Zeit- u. Streitfragen.

Thierfreund, Der —. Zeitblätter für Menschenveredlung und Thierschutz. (3. Jahrgang.) Redakteur Khuen. Herausgeber der Wiene Thierschutzverein. Druck von Leop. Grund. 8. Monatlich 1mal. Wien 1854.

Thierfreund, der —. Zeitblätter für Menschenveredlung und Thierschutz. IV. Jahrgang. Herausgeber: Der Wiener Thierschutz-Verein. Verantwortlicher Redakteur: Khuen. Druck von Leopold Grund. 8 Monatlich einmal. Wien 1855.

Thierfreund, Der —. Zeitblätter des Wiener Thierschutz-Central-Vereines für Menschenveredlung und Thierschutz. (V. Jahrg.) Verantw. Redakteur: der Generalsekretär Khuen. Herausgeber: der Wiener Thierschutz-Verein. Gedr. bei Leop. Grund. 8. Jährlich 12 Blätter. Wien 1856.

Thierfreund, Der —. Zeitblätter des Wiener Thierschutz-Central-Vereines für Menschenveredlung und Thierschutz. Verantw. Redakteur: Generalsekretär Khuen. Herausgeber des Wiener Thierschutz-Vereines. Gedr. bei Leopold Grund in Wien. 6. Jahrg. 1857. Erscheint monatlich ½ Bogen 8. Mit einer Beilage unter dem Titel: „Der Nothschrei.“ Nr. 1—3.

Thierfreund, der — Zeitblätter des Wiener-Thierschutz-Vereines für Menschenveredlung und Thierschutz. VII. Jahrg. Herausg. *Der Wiener Thierschutz-Verein.* Verantw. Red. Gen.-Secret. *Khuen.* Gedr. bei *Leop. Grund.*
Erscheint in Wien, monatl. ½ Bog. in 8°. mit ¼ Bog. „Beilage“. Preis für Nichtmitglieder 1 fl.

Thierfreund, der. Mittheilungen des württemberg. Thierschutzvereins. Redact.: Bleibel. 1.—4. Jahrg. 1875—1878. à Jahrg. 4 Nrn. (Bog.) gr. 8. Stuttgart, (Metzler'sche Sortimentsb.) à Jahrg. *

—— dass. — Redact.: Fr. Pfäfflin. 5. Jahrg. 1879. 4 Nrn. (Bog.) gr. 8. (Ebendas.) *

Thierfreund, der. Mittheilungen des württemberg. Thierschutzvereins. Redact.: Fr. Pfäfflin. 6.—10. Jahrg. 1880—1884. à Jahrg. 4 Nrn. (Bog.) gr. 8. Stuttgart, (Metzler'sche Sortimentsb.) à Jahrg. *

—— der. Mitteilungen des württembergischen Tierschutzvereins. Redact.: Fr. Pfäfflin. 11.—14. Jahrg. 1885—1888. à Jahrg. 4 Nrn. (Bog.) gr. 8. Stuttgart, (Metzler's Sortiment.) à Jahrg. *

—— der. Mitteilungen d. württemberg. Tierschutzvereins. 15.—18. Jahrg. 1889—1892. à Jahrg. 4 Nrn. (Bog.) gr. 8. Stuttg., (Metzler's Sort.). à Jahrg. * — 80

— der. Mitteilungen des württemberg. Tierschutzvereins. Red.: L. Hils. 17.—20. Jahrg. 1891—1894. à 4 Nrn. (Bog.) gr. 8. Stuttgart, (J. B. Metzler's Sort.). à Jahrg. n. — 80

— der. Mitteilungen d. württemberg. Tierschutzvereins. Red.: L. Hils. 21.—24. Jahrg. 1895—1898. à 4 Nrn. (Bog.) gr. 8. Stuttgart (J. B. Metzler's Sort.). à Jahrg. n. — 80

— der. Mitteilungen des württemberg. Tierschutzvereins. Red.: J. Kammerer. 25.—28. Jahrg. 1899—1902. à 6 Nrn. gr. 8. (à ca. 16 S.) Stuttgart (F. Stahl). à Jahrg. n. — 80

Tierfreund, der. Mitteilungen des württemberg. Tierschutzvereins. Red.: J. Kammerer. 29.—32. Jahrg. 1903 bis 1906. à 6 Nrn. (à ca. 16 S. m. Abbildgn.) gr. 8. Stuttgart (F. Stahl). à Jhrg. n. — 80

— der. Mitteilungen des württemberg. Tierschutzvereins. Red.: J. Kammerer. 33. u. 34. Jahrg. 1907 u. 1908. à 6 Nrn. (à Jahrg. 96 S. m. Abb.) gr. 8. Stuttgart, (F. Stahl). à Jahrg. — 80
Nicht mehr im Buchhandel.

—— der. Illustrirte Monatsschrift. Redig. von F. A. Zürn. 1. Jahrg. 1879. 12 Nrn. (à 1—1½ Bog. mit eingedr. Holzschn.) Imp.-4. [Leipzig, Dege.] Jena, Dege und Haenel. *

Thierfreund, der. Monatsschrift f. Thierschutz u. die Pflege der Hausthiere. Organ der schweizer. Thierschutzvereine Basel, Bern, Zürich ɔc. Hrsg. vom Centralvorstand. Red.: P. H. Wolff. Jahrg. 1887. 12 Nrn. (½ B.) gr. 4. Aarau, Sauerländer. n. 1. —

— Organ der schweizer. Thierschutzvereine Basel, Bern, Zürich ɔc. Hrsg. vom Centralvorstand. 2. Jahrg. 1888. 6 Nrn. (B.) hoch 4. Ebd. n.n. 1. —

— dasselbe. Red. v. E. Naef. 3. u. 4. Jahrg. 1889. 1890. à 6 Nrn. (B.) hoch 4. Aarau, Wirz-Christen. à Jahrg. n. 1. —

Tierfreund, der. Organ der deutsch-schweizer. Thierschutzvereine Basel, Bern, Zürich ɔc. Hrsg. vom Centralvorstand. Red. v. Emil Naef. Jahrg. 1891—1894. à 6 Nrn. (Bog.) hoch 4. Aarau, J. J. Christen's Verl. à Jahrg. n.n. 1. —

— der. Organ d. deutsch-schweizer. Thierschutzvereine Basel, Bern, Zürich ɔc. Hrsg. v. Centralvorstand. Red. v. Emil Naef. Jahrg. 1895—1898. à 6 Nrn. (Bog.) hoch 4. Aarau, E. Wirz. à Jahrg. n. 1. —

— der. Organ der deutschschweizer. Tierschutzvereine Aargau, Baselstadt, Baselland usw. Hrsg. vom Centralvorstand. Red. v. Emil Naef. 26.—29. Jahrg. 1899—1902. à 6 Nrn. hoch 4. (à ca. 8 S.) Aarau, E. Wirz. à Jahrg. n. 1. —

— der. Organ der deutschschweiz. Tierschutzvereine Aargau, Baselstadt, Baselland usw. Hrsg. vom Zentralvorstand. Red. v. Emil Näf. 30.—33. Jahrg. 1903—1906. à 12 Nrn. (à ca. 16 S.) hoch 4. Aarau, E. Wirz. à Jhrg. n. 1. —

— Organ der deutsch-schweizer. Tierschutzvereine m. den Sektionen Aargau, Baselstadt, Baselland usw. Hrsg. vom Zentralvorstand. Red.: H. Bay. 34.—37. Jahrg. 1907—1910. à 12 Nrn. (à ca. 16 S.) gr. 8. Aarau, E. Wirz. à Jahrg. 1. —

— der. Monatschrift d. Wiener Thierschutz-Vereines u. d. Verbandes österreich. Thierschutz-Vereine. Red. v. Frz. Landsteiner. 45.—48. Jahrg. 1891—1894. à 12 Nrn. (à 1—1½ Bog.) gr. 4. Wien. (Leipzig, Literar. Anstalt A. Schulze.) à Jahrg. n. 2. —

— der. Monatsschrift d. Wiener Thierschutz-Vereines u. d. Verbandes österreich. Thierschutz-Vereine. Red. v. Frz. Landsteiner. 49.—52. Jahrg. 1895—1898. à 12 Nrn. (Bog.) hoch 4. Wien. (Leipzig, Literar. Anstalt, A. Schulze.) à Jahrg. n. 2. —

— der. Monatsschrift des Wiener Thierschutz-Vereines u. des Verbandes österreich. Thierschutz-Vereine. Red.: Frz. Landsteiner. 53. Jahrg. 1899. 12 Nrn. hoch 4. (à ca. 12 S.) Wien. (Leipzig, Literar. Anstalt, A. Schulze.) n. 2.—

Tierfreund, der. Tierkalender f. d. J. 1911. Hrsg. v. Ernst Koschmieder. (Heitere u. ernste Geschichten aus dem Tierleben v. Herm. Löns, Mart. Braß, Grimm, Mörike, Bechstein. Mit Umschlagzeichng. v. Arpad Schmidhammer.) (32 S.) 8. Berlin-Friedenau, Astra. — 10

Tierfreund, allgem. bayerischer. Illustr. Wochenschrift f. sämmtl. bayer. Geflügel-, Vogelzucht-Vereine u. -Verbände. Centralorgan f. Geflügel-, Vogel-, Brieftauben-, Bienen-, Fisch- u. Kaninchenzucht, Hunde- u. Jagdsport, sow. d. gesammten Thierwelt. Red.: Fel. Ott. 1. Jahrg. Apr.—Dezbr. 1895. 39 Nrn. (à 2 Bog.) Fol. Würzburg, Steib'sche Verlagsdruckerei. n. 3. —

— dasselbe. 2. Jahrg. 1896. 52 Nrn. (à ca. 2 Bog.) Fol. Ebd. n. 4. —

— dasselbe, vorm. „Süddeutsche Blätter f. Geflügelzucht" München. Illustr. Wochenschrift f. Geflügel-, Vogel-, Brieftauben-, Bienen-, Fisch-, Kaninchen- u. Hundezucht-Vereine. Offiz. Organ d. Verbandes bayer. Vereine f. Geflügel- u. Brieftaubenzucht (Sitz in München), des unterfränk. Thierschutz-Vereins (Sitz in Würzburg) ɔc. Red.: Fel. Ott. 22. u. 23. Jahrg. 1897—1898. à 52 Nrn. (à ca. 2 Bog.) Fol. Ebd. à Jahrg. n. 4. —
Kann auch vierteljährlich bezogen werden.

Tierfreund, allgem. bayerischer, u. Süddeutsche Schlachtvieh-Börse. Centralblatt d. gesammten Fleischereigewerbes u. Schlachtviehhandels in Süddeutschland. Illustrierte Wochenschrift f. Geflügel-, Vogel-, Brieftauben-, Bienen-, Fisch-, Kaninchen- u. Hundezucht-Vereine. Offizielles Organ des Verbandes bayer. Vereine f. Geflügel- u. Brieftaubenzucht (Sitz in München). Red.: Fel. Ott. 24. Jahrg. 1899. 52 Nrn. Fol. (à ca. 8 S.) Würzburg, Veitshöchheim, Administration. Postfrei n. 4. —

— dasselbe, vorm. „Südd. Blätter f. Geflügelzucht" München. Illustr. Wochenschrift f. Geflügel-, Brieftauben-, Vogel-, Hunde- u. Kaninchenzüchter, sowie Thierschützer. Offizielles Organ der Verbände bayer. Vereine f. Geflügel- u. Brieftaubenzucht u. sämtl. bayer. Kreis- u. Bezirksgeflügelzucht-Vereine u. sonst. Geflügel-, Vogel- u. Tierschutz-Vereine. Red.: Fel. Ott. 25.—27. Jahrg. 1900—1902. à 52 Nrn. Fol. (à ca. 8 S.) Ebd. à Jahrg. n. 4. —

Tierfreund, allgemeiner bayerischer, vormals „Südd. Blätter f. Geflügelzucht", München. Illustr. Wochenschrift f. alle Geflügel-, Brieftauben-, Vogel-, Bienen-, Hunde- u. Kaninchen-Züchter, sowie Tierschützer. Offizielles Organ sämtl. Kreis- u. Bezirks-Vereine des Verbandes bayer. Vereine f. Geflügelzucht u. sonst. Geflügel-, Vogel-, Bienen-, Hunde-, Kaninchen- u. Tierschutz-Vereine. Red.: Seb. Weiß. 28.—31. Jahrg. 1903—1906. à 52 Nrn. (à ca. 8 S.) Fol. Deggendorf, Administration. à Jhrg. n. 2. —
Jahrg. 28—30 erschienen noch in Veitshöchheim.

— deutscher. Monatsschrift f. Tierschutz u. Tierpflege. Organ des Leipziger Tierschutz-Vereins. Hrsg.: Rob. Klee. 1. u. 2. Jahrg. Oktbr. 1896 — Septbr. 1898. à 12 Nrn. (à ca. 20 S.) gr. 8. Leipzig, C. Meyer's graph. Institut. à Jahrg. 3. —

— dasselbe. Hrsg. v. Rob. Klee u. William Marshall. 3. Jahrg. Oktbr. 1898—Septbr. 1899. 12 Hfte. (à ca. 4 Bog. m. Abb.) gr. 4. Ebd. n. 5. —; einz. Hfte. n. — 50
Kann auch halbjährlich bezogen werden.

— deutscher. Illustrierte Monatsschrift f. Tierschutz u. Tierkunde. Hrsg. v. Rob. Klee u. William Marshall. 4. Jahrg. 1900. 12 Hfte. gr. 4. (à ca. 40 S.) Leipzig. [C. Meyer's graph. Institut.] Berlin, H. Seemann Nachf. n. 4. —

— dasselbe. Organ des Verbandes der Tierschutzvereine des Deutschen Reichs usw. Hrsg. v. Rob. Klee u. William Marshall. Red.: Rob. Klee. 5. u. 6. Jahrg. 1901 u. 1902. à 12 Hfte. gr. 4. (à ca. 40 S.) Leipzig. Berlin (H. Seemann Nachf.). à Jahrg. 3. —

— deutscher. Illustr. Monatsschrift f. Tierschutz, Tierkunde, Tierzucht u. Tierpflege. Red.: Ramdohr u. Max Rabe. 7.—10. Jahrg. 1903—1906. à 12 Hefte. (336, 320, 892 u. 524 S.) gr. 4. Leipzig (F. Wagner).
Erscheint nicht mehr. à Jhrg. 3.—

Thier-Freund, Hamburger. Ein unterhaltendes und belehrendes Blatt zur Förderung des allgemeinen Thier-Schutzes. Herausg. von W. L. Anthes. 1. Jahrg. Juli—Decbr. 1857. 26 Nrn. (à 1 Bgn.) Altona, Mentzel. gr. 8. n. 24 ngr.

— — 2. Jahrg. 1858. 52 Nrn. (à ½ Bgn.) Hamburg. (Altona, Mentzel.) gr. 8. n. 1 ₰. 18 ngr.

Thier-Freund, Hamburger. Ein unterhaltendes und belehrendes Blatt zur Förderung des allgemeinen Thier-Schutzes. Herausg. von W. L. Anthes. Jahrg. 1859 u. 60. à 52 Nrn. (à ½ Bgn.) Hamburg. (Altona, Mentzel.) gr. 8. Jeder Jahrg. n. 1 ₰ 18 ngr.

— der illustrierte. Monatsschrift f. die Gesamtinteressen der Tierzucht. Hrsg. u. red. v. Johs. Lehmann. 1. u. Jahrg. 1900 u. 1901. à 12 Hfte. gr. 8. (192 S.) Wildpark-Potsdam, Expedition des „Illustr. Tierfreundes".
Erscheint nicht mehr. à Jahrg. n. 3.—

Tierfreund. – Illustrierte schweizerische Tier- und Pflanzenfreund. Bern: Tagmann 1895–(1902). 8°
Red.: A. Tagmann.

Tier- u. Pflanzen-Freund, illustr. schweizerischer. Handels- u. Verkehrs-Anzeiger f. Freunde d. Tier- u. Pflanzenwelt m. bes. Berücks. d. Vogelliebhaber, Bienenfreunde, Hunde- u. Kaninchenzüchter u. d. Tierschutzes, d. Blumen-, Gemüse-, Obst- u. Ziergärtnerei, d. Jagd u. Fischerei, sow. einschläg. Wissenschaften u. Gewerbe; zugl. off. Sprechsaal aller Interessenten. Organ des Vereins d. Tier- u. Naturfreunde Basel u. d. Geflügelzüchtervereins Ebnat-Kappel. Hrsg. unt. gef. Mitwirkg. anerkannter Fachmänner. 4. u. 5. Jahrg. Oktbr. 1897—Septbr. 1899. à 24 Nrn. (Bog.) gr. 4. Zürich, Th. Schröter. à Jahrg. n. 4.—

Tier- u. Kinderfreund, der. Red.: A. Engel. 1.—3. Jahrg. 1888—1890. à 12 Nrn. (B.) gr. 8. Guben. (Berlin, Breitkreuz.) à Jahrg. n. 2. 40

Tier- und Kinderfreund, der. Redact.: A. Engel. 1. Jahrg. 1888. 12 Hefte. (Bog.) gr. 8. Guben 888, (Koenig.) *

Thierfreund, der kleine. Zur Belehrung und Ermunterung der Jugend hrsg. von dem Verein gegen Thierquälerei in Berlin. Mit Holzschnitten, gez. von Th. Hosemann, gest. von John Allanson. 8. (96 S.) Berlin 848, [Voigt und Günther.] *

Thierfreund, der kleine. Zur Belehrung u. Ermunterung der Jugend hrsg. v. d. Verein gegen Thierquälerei in Berlin. Mit Holzschn., gez. von Th. Hosemann, gest. von John Allanson. 8. (96 S.) Berlin 849, Simion (jetzt: Leipzig, Voigt & Günther). n. 6 ngr

— der kleine. Zur Belehrung und Ermunterung der Jugend herausg. von dem Verein gegen Thierquälerei zu Berlin. Mit (eingedr.) Holzschn., gez. von Th. Hosemann. Berlin 859. Hahn. 8. (104 S.) n. 5 ngr.

Tierfreund, der kleine. 12 Hfte. 12. (à 8 S. m. 8 farb. Illustr.) Leipzig 883. Abel. à n. — 20

— der kleine. (Leporello-Album auf Pappe.) (12 farb. S.) 9×15,5 cm. Eßlingen (908). J. F. Schreiber. Kart. — 35

Thierfreund, Der Linzer. Herausgegeben vom Linzer Thierschutz-Verein. VI. Vereinsjahr. Redig. von A. v. Warnus. I. Jahrg. 1890. Nr. I. 8. (S. 1—8) Linz: Mareis 1890. —.20

Tierfreund. – Der Thier- und Menschenfreund. Organ des Internationalen Vereins zur Bekämpfung der Thierfolter. Guben, Dresden: Verein 1881–(1902). 4°
Red.: G. Wenzel; sp. Paul Förster.

Thier- u. Menschenfreund, der. Organ d. Internationalen Vereins [zur Bekämpfg. der wissenschaftl. Thierfolter] u. der neuen Thierschutzvereine zu Berlin, Dresden, Hamburg u. Leipzig. Red.: A. Kopplow. 8. 9. Jahrg. 1888. 1889. à 12 Nrn. (B.) gr. 4. Guben, Koenig. à Jahrg. n. 2.—

Tier- u. Menschenfreund, der. Allgemeine Zeitschrift f. Thierschutz u. Organ d. Internationalen Vereins zur Bekämpfg. der wissenschaftl. Thierfolter. Red.: Paul Förster. 11.—14. Jahrg. 1891—1894. à 12 Nrn. (à 1—1½ Bog.) gr. 4. Dresden. (Guben, A. Koenig.) à Jahrg. n. 2.

Tier- u. Menschenfreund, der. Allgem. Zeitschrift f. Thierschutz u. Organ d. Internat. Vereins zur Bekämpfg. d. wissenschaftl. Thierfolter. Red.: Paul Förster. 15.—18. Jahrg. 1895—1898. à 12 Nrn. (Bog.) gr. 4. Dresden, Internat. Verein zur Bekämpfg. d. wissenschaftl. Thierfolter. à Jahrg. n. 2.—

Tier- u. Menschenfreund, der. Allgemeine Zeitschrift f. Tierschutz. Vereinsblatt des Internationalen Vereines zur Bekämpfung der wissenschaftl. Tierfolter (zugleich deutsche Hauptstelle des Weltbundes zum Schutze der Tiere u. gegen die Vivisektion). Leiter: Paul Förster. 19.—22. Jahrg. 1899—1902. à 12 Nrn. gr. 4. (à ca. 12 S.) Dresden, Internationaler Verein zur Bekämpfg. der wissenschaftl. Tierfolter. à Jahrg. n. 2.—

Tier- u. Menschenfreund, der. Allgemeine Zeitschrift für Tierschutz. Hrsg. vom „Internationalen Verein zur Bekämpfg. der wissenschaftl. Tierfolter". (Deutsche Hauptstelle des „Weltbundes zum Schutze der Tiere u. gegen die Vivisektion".) Vereinsblatt der deutschen, österreich. u. schweiz. Abteilgn. des „Weltbundes zum Schutze der Tiere u. gegen die Vivisektion", sowie zahlreicher Vereine, welche dem internationalen Verein körperschaftlich angehören. Leiter: Paul Förster. 23.—26. Jahrg. 1903—1906. à 12 Nrn. (132, 180, 152 u. 192 S.) gr. 4. Dresden, Internationaler Verein zur Bekämpfg. der wissenschaftl. Tierfolter. à Jhrg. 2.—

Tier- u. Menschenfreund, der. Allgemeine Zeitschrift f. Tierschutz. Hrsg. vom „Internationalen Verein zur Bekämpfg. der wissenschaftl. Tierfolter". (Deutsche Hauptstelle des „Weltbundes zum Schutze der Tiere u. gegen die Vivisektion".) Vereinsblatt d. deutschen, österreich. u. schweizer. Abteilgn. des „Weltbundes zum Schutze der Tiere u. gegen die Vivisektion", sowie zahlreicher Vereine, welche dem internationalen Verein körperschaftlich angehören. Leiter: Paul Förster. 27.—30. Jahrg. 1907—1910. Nebst: Ärztliche Mitteilgn. gegen die Vivisektion u. f. vivisektionsfreie Heilkunst. Wissenschaftliches Beiblatt zum Tier- u. Menschenfreund. à 12 Nrn. (IV, 156; IV, 152; IV, 108 u. IV, 104 S.) 31×23,5 cm. Dresden, Internationaler Verein zur Bekämpfg. der wissenschaftl. Tierfolter. à Jahrg. 2.—

Thierfreunde, die, oder: „Der Gerechte erbarmet sich auch seines Viehes." 8. (4 B.) Zwickau 842. (Leipzig, Klinkhardt.)

Für kleine Tierfreunde. [1.2.] W[esel]: W. D[üns 1904]. 2 Bde 8° [F.] 04.1008

Thiergarten, der, ein naturhistor. Bilder- u. Lesebuch der merkwürdigsten vierfüß. Thiere zur nützl. Unterhaltung f. die Jugend. Mit ill. Kpf. 8. Frankf. a. M. 817. Döring. (Guilhaumann). 16 gr

— der, oder zweckmäßigste Vorlegeblätter zum Thierzeichnen. Ein Geschenk für angehende Zeichner, um die richtigste u. natürlichste Schatten-Construction praktisch zu erlernen. (12 sauber gepreßte Blätter.) 12. Carlsruhe 836. Cabinet für Literatur, Kunst u. Musik. In elegant verziert. Schachtel 7/12 Thlr

—— der. Bilderbuch für kleine artige Kinder. Mit 12 (lithogr. und) ill. Bildern. qu. 4. Cassel 851, Vollmann.

Thiergarten, der. Eine Aufforderung an die Jugend zu heiterer Betrachtung der lebendigen Natur. In 16 (color.) Bildern entworfen u. auf Stein gez. v. Gust. Canton. Text nach den neuesten u. besten Hilfsquellen der Naturwissenschaft. gr. 4. (100 S.) St. Gallen 851, Scheitlin & Zollikofer. In Engl. Einb. 3 Thlr

Thiergarten, der. Bilderbuch für kleine artige Kinder. Mit 12 (lithogr. und) ill. Bildern. 2. Aufl. qu. 4. Cassel 852, Vollmann.

Thiergarten, der. Allgemeine deutsche Monatschrift für Kunde, Beobachtung, Zucht und Pflege der Thiere, mit besonderer Rücksicht auf die Verbesserung unserer bisherigen Hausthiere und die Heranbildung neuer. Unter Mitwirkung der Herren Bodinus, K. Bolle, Brehm 2c. herausg. von D. F. Weinland. 1. Jahrg. 1864. 12 Nrn. (à 1¼—1½ Bgn. mit Holzschn.) Stuttgart, Ebner & Seubert. Lex.-8. n. 1 Thlr 18 ngr.

Tiergarten, der. Ein zoolog. Modellierbuch. (16 z. Tl. farb. S. m. Text.) gr. 8. Nürnberg (905). Th. Stroefer. 1. 20

Thiergarten, alphabetischer. Ein naturhistorisches Bilderbuch für die Jugend jeden Alters. 25 Abbildungen von Thieren. Mit den Thiernamen in 11 Sprachen. Nebst einer Einleitung von A. B. Reichenbach. Leipzig (853.) Spamer. gr. 4. (5 Bl. Text u. 25 Holzschnitttaf.) n. 12½ ngr.; color. n. 25 ngr.

Thiergarten, Der, bei Berlin, seine Entstehung und seine Schicksale ... Berlin 1840. V: *Raumer, Georg Wilhelm von.* (EngG) (Ky)

Thiergarten, der, bei Berlin, seine Entsteh. u. seine Schicksale nach bewährten Nachrichten. (Von G. v. Raumer.) gr. 8. (5¼ B. u. 2 Pläne.) Berlin 840, [C. G. Lüderitz'sche Vrlsbh.]

— der geöffnete, z. Nutzen u. Vergnügen f. die Jugend. Mit 12 illum. Kpf. 16. Nürnb. 819. N. Aufl. 823. F. Campe. 1 Thlr 12 gr

—— der geöffnete, z. Nutzen u. Vergnügen f. d. wißbegier. Jugend. Neue verb. Aufl. qu. 16. (14 B. u. 120 f. gem. Abbild.), Nürnberg 836, Fr. Campe.

Thiergarten, d., im Jahr 1840. Nach d. Originalplänen d. k. Gartendirektors Lenné gez. u. lith. v. G. Koeber. Imp.-Fol. Berlin, 1840. Schropp. 2. —

Der kaiserliche Thiergarten bei Wien. Eine gedrängte Übersicht des jagd- und forstwirthschaftlichen Betriebes darin. Zum Gedächtniss an die denkwürdige Thiergarten-Excursion der 26. Versammlung deutscher Land- und Forstwirthe im Mai 1866. - Wien 1866. 25 S.

Thiergarten, der kleine, zur Unterhaltung f. Kinder, mit ill. Bildern. gr. 8. (1 B. u. 9 Bildertaf.) Reutlingen 842, Fleischhauer u. Spohn.

— der kleine, zur Unterhaltung für Kinder mit (8 lith. u.) color. Bildern. Reutlingen (857.) Fleischhauer u. Spohn. 8. (16 S.) 10 ngr.

— — der, zum Nutzen und Vergnügen f. d. Jugend. Mit 120 illum. Kupf. 16. Nürnberg, Campe. 819.

Thiergarten, der, im Verein mit mehr. Schriftstellern hrsg. v. † Brennglas. 16. (4½ B.) Berlin 833, (Bechtold u. Hartje.)

Thiergarten-Ode. (Königsberg i. Pr.: Literar. Bur. [um 1895].) (1 Bl.) 4° [Kopft. F.] 05.7340 10

Königsberger **Tiergarten-Zeitung**. [Jg. 1], No 1. (Königsberg: Königsberger Tiergarten [1908].) 4° 08.6600

Thiergärtlein, neues, für Kinder. Mit 7 (lith. u. in Kpfr. gest.) Bildern von Jul. Schnorr. Basel 855. Schweighauser'sche Verlhdlg. 16. (63 S.) 12 ngr.

Tiergedichte f. die Kleinen, s.: Quellen 16. Bd.

Thier-Geschichtchen in Bildern, mit Reimen von Karl Thienemann. 6. Aufl. 4. (16 ill. Stnt. und 1 Blatt Text.) Eßlingen a. N. 865, Schreiber. cart.

Thiergeschichten. Tiergeschichten. Für die Jugend ausgewählt vom Hamburger Jugend-Schriften-Ausschuss. 112 S. 8. Leipzig, Ernst Wunderlich, 1902. [geb. M. —.60]

Darin S. 33—41: Herbsttage in den Berner Alpen. (Auch eine Hundegeschichte.) Von J[oseph] V[ictor] Widmann. (Aus: Spaziergänge in den Alpen. Frauenfeld, Hubers Verlag.)

Tiergeschichten. Für die Jugend ausgewählt vom Hamburger Jugend-Schriften-Ausschuss. 11.—30. Taus. (112 S.) 8. Leipzig 903. 905. E. Wunderlich. Geb. n. — 60

— Für die Jugend ausgewählt vom Hamburger Jugend-Schriften-Ausschuss. 4. Zehntausend. (112 S.) 8. Leipzig 908. E. Wunderlich. Kart. — 60

Tier-Geschichten. Hrsg. vom Verein zum Schutze der Tiere zu Frankfurt a. M. (52 S. m. Abbild.) 8. Frankfurt a/M. (910). (Kesselring.) — 20

Thiergeschichten in Bildern, s. a. Bilderbücher, Münchener.

Thier-Geschichtchen in Bildern. br. 8. (16 lith. u. color. Taf. m. Text.) Stuttgart 849, Thienemann. ½ Thlr

Thier-Geschichten in Bildern, mit Reimen von Karl Thienemann. 8. Aufl. 1870, und 9. Aufl. 4. (2 S. und 16 color. Stnt. auf Carton mit eingedr. Reimen.) Eßlingen 874, Schreiber. cart.

Tiergeschichten f. unsere Kinder. 4. (124 S. m. Bild.) Berlin 898. Schriftenvertriebsanstalt. Kart. 1. —

— f. unsere Kinder. (124 S. m. Abbildgn.) 8. Berlin (906). Schriftenvertriebsanstalt. Kart. n. 1. —

— kleine, Fabeln u. anderes. Für die liebe Jugend. (44 S. m. z. Tl. farb. Abbildgn.) 8. Stuttgart (904). Loewe. Geb. 1. —

Thiergeschichten, 2 humoristische. gr. 8. (12 Holzschntaf. in Buntdr.) Stuttgart 872. G. Weise. — 50

Tiergespräche für zwei und drei Kinder im Alter von 5 bis 9 Jahren. Ein Fabelbuch f. Kinderhand z. Lesen u. Aufführen. *Berlin: E. Bloch [1902].* (48 S.) 8° [F.]

— **Kinder**, Frau Garimènes deklamierende. H. 16. 03.11833

Thiergruppen, als Vorbilder f. Zeichner u. Landschaftsmaler ꝛc., gestoch. v. Bartsch. 1ʒ, 2ʒ Heft. qu.-Fol. Berlin 825, Müller.

Thierheilkunde, landwirthschaftliche, s. a. Haubner, G. C.

Thierheilkunde, Landwirthschaftliche, in gemeinfasslicher Darstellung. 2. Aufl. Anclam 1848. V: *Haubner, Gottlieb Carl.* (FB)

THIER-KLUB, Der, oder die französische Moral, ein lustiges Gedicht in Versen von *H. K.* Köln, 1814. 8⁰.
Goedeke VI, 861, 185.

Thier-Komödien mit lustigen Bildern. Nürnberg (855.) Geißler. 8. (24 S. u. 8 color. Lithogr.) 9 ngr.

Thierkreis. Born's Neuentdeckter Th'. Naturhistorische Schilderung von zwölf Mönchsraçen nach Linnäischem System. Gedruckt... zum erstenmal lateinisch in Baiern ⟨Augsburg⟩ 1783.... [Mit 3 Tafeln.] 8. Zürich 1837.

Thierkreis, Der politische. Braunschweig 1796. Zürich 1796. 2. Aufl. 1798. V: *Albrecht, Johann Friedrich Ernst.* (MGT) (LS) (Ky)

Thierkreis, der polit., in seinem ganzen Umfange, od. die Zeugen der Zeit. 2 Bde. A. u. d. T.: Neuestes graues Ungeheuer. 8. Straßb. 796. 2e Aufl. von Huergelmer (A. G. F. Rebmann) 798. 3e Aufl. ... 4e Aufl. 8. Hamb. 800. (Herold jun.) 3 ₰

Thierkreis, Der politische, oder die Zeichen unserer Zeit. 2. verbesserte u. vermehrte Auflage. Strassb. 1800. 2. Theil Mainz im 6. Jahre der Republik (1798). V (nicht): *Albrecht, Johann Friedrich Ernst.* V: *Rebmann, Andreas Georg Friedrich.* (BGE VIII[8], 31)

THIERKRIEG, Der lezte (!), eine Fabel zur Erläuterung der Geschichte des achtzehenden Jahrhunderts. 2 Thle. Erster, Anderer Theil (in 1 Bde.). (Motto zu 1: Du lachst, o Leser; lache nicht / Du liesest, was bey dir geschicht.) (Typ. Ornam. u. Zierleiste.) Frankfurt und Leipzig, 1759. Kl. 8⁰. (4 Mk. 50 Pfg. Max Jaeckel, Potsdam. 1910.) Schwaches allegor.-satyrisches Opus, ohne erkennbare Beziehungen zur Geschichte d. 18. Jh. 1: Tit. u. 88 S. II: Tit. u. S. 89—172.

(F) **Tierkunde** unter grundsätzlicher Betonung der Beziehungen zwischen Lebensverrichtungen, Körperbau und Aufenthaltsort der Tiere bearbeitet von Dr. C. Fickert und O. Kohlmeyer. 3, verbesserte und vermehrte Auflage. Mit 570 Abbildungen und 1 farbigen Tafel „Tierregionen und Subregionen" nach Wallace. Leipzig. 1900. Freytag. Gr.-8°. 436 S. Geb. K 5.80

Thierleben. Ein Bilderbuch für Kinder. Mörs 869. Spaarmann. qu. 4. (12 Chromolith.) cart. 6 ngr.

Thierleben. Ein Bilderbuch für kleine Kinder. 6 große Thierscenen in feinstem Farbendruck mit sinnigen Versen von Frz. Bonn. gr. 4. (6 S.) Eßlingen 878. Schreiber. cart. n. 1. 50

Tierleben. qu. 4. (6 farb. Taf.) Leipzig 889. Fr. Pfau. cart. — 25

—— das, in Bildern und Erzählungen. 12 Prachtbilder (Holzschntaf.) von Leutemann, Landseer, Specht, Deiker, Maffei ꝛc. mit erläut. Text von Lina Morgenstern. gr. 4. (12 Bl. Text.) Leipzig 877, Schmidt und Günther. cart. *

Thierleben in Bildern und Reimen. Acht Blatt heitere Thierscenen mit Versen nach Zeichnungen von J. Kocher. gr. 8. Stuttgart 886, Süddeutsches Verlags-Institut. geb. *

Tier- u. Pflanzenleben, das heimische, im Kreislauf des Jahres. (In 48 Lfgn.) I. Bd. 1. Lfg. gr. 8. Dresden 903. H. Schultze. n. — 50
Das heimische Vogelleben. Von Mart. Braess. 1. Lfg. (32 S. m. Abbildgn.)

Tier- u. Pflanzenleben, das heimische, im Kreislauf des Jahres. I. Bd. 2.—6. Lfg. gr. 8. Dresden 903. H. Schultze. à n. — 50
Das heimische Vogelleben. Von Mart. Braess. 2.—6. Lfg. (VII u. S. 33—224 m. Abbildgn. u. 2 [1 farb.] Taf.) (Vollständig, erh. Pr. n. 3. 60; geb. n. 4. 50.)

Tier- u. Pflanzenleben, d. heimische. Bd. I. Jetzt: Leipzig, Antiquariat C. Köhler.

Tierleben in Schönbrunn. Naturaufnahmen v. K Schuster. (61 T) (Quelle 4) qu 4°
Wien (1906)

Tiermaler, der kleine. Kolorier-Bilderbuch. 2 Sorten. gr. 8. (à 8 Steintaf., wovon 4 color., m. 1 S. Text.) Wesel 885. Düms. cart. à — 30

Tiermaler, der kleine. 16. (12 z. Tl. farb. Taf.) Stuttgart 889. G. Weise. n. — 15

Tiermaler, d. kleine. 4. (8 farb. u. 8 schwarze Bl.) Stuttgart 898. G. Weise. — 60

Tiermaler, der kleine. Malbuch. (20 S. m. z. Tl. farb. Abbildgn. ohne Text.) qu. 16. Hannover (901). A. Molling & Co. — 15

Tiermaler, der kleine. Ein Malbuch. schmal gr. 8. (12 S. m. z. Tl. farb. Abb.) Nürnberg (901). Th. Stroefer. — 30

Thiermärchen. Tiermärchen. Für die Jugend ausgewählt vom Hamburger Jugend-Schriften-Ausschuss. IV + 132 S. 8. Leipzig, Ernst Wunderlich, 1903. [geb. M. —. 60]
Darin S. 63—69: Der Drachentöter. Von [Otto] Sutermeister. (Aus: Kinder- u. Hausmärchen a. d. Schweiz, ges. d. Sutermeister. Sauerländer-Aarau.)

Tiermärchen. Für die Jugend ausgewählt vom Hamburger Jugend-Schriften-Ausschuss. 2. u. 3. Zehntaus. (III, 131 S.) 8. Leipzig 904. 906. E. Wunderlich. Geb. n. — 60

Tiermärchen. Für die Jugend ausgewählt vom Hamburger Jugend-Schriften-Ausschuss. 4. Zehntaus. (III, 131 S.) 8. Ebd. 908. Kart. — 60

— f. die liebe Jugend. (44 S. m. z. Tl. farb. Abb.) 8. Stuttgart (904). Loewe. Geb. 1. —

Tier-Markt. Zeitschrift für Tierhandel und Tierzucht. Jg. 1—3. Berlin: Expedition 1894—1896. 8⁰
Hrsg.: O. Droescher.
Fortges. u. d. T.: Berliner Tier-Zeitung. Jg. 4. 1897 f.

Tier-Markt, deutscher. Internationale Tier-Zeitg. f. Tierzucht u. Handel u. verwandte Gewerbe. Chefred.: Rich. Gründler. 2. Jahrg. 1904. 26 Nrn. (à ca. 8 S.) Fol. Halle. Erfurt, H. Wechsung. n. 1. 20

— internationaler. Illustr. Wochenschrift f. Tier- u. Naturalienhandel, f. Tierzucht, Tierpflege u. zoologische Sammlgn. Hrsg. v. E. Bade. 1. Jahrg. Oktbr. 1897—Septbr. 1898. 52 Nrn. (Bog.) gr. 4. Berlin, F. Pfenningstorff. 2. 80

Tiermarkt, internationaler. Illustr. Wochenschrift f. Tier- u. Naturalienhandel, f. Tierzucht, Tierpflege u. zoolog. Sammlgn. Hrsg. v. Fritz Pfenningstorff. Mit der Beilage: Deutsche landwirtschaftl. Geflügel-Zeitg. Hrsg. v. B. Blancke. 2. u. 3. Jahrg. Oktbr. 1898—Septbr. 1900. à 52 Nrn. gr. 4. (à ca. 8 S.) Berlin, F. Pfenningstorff. à Jahrg. 2. 80
Der 2. Jahrg. ist von E. Bade herausgegeben.

— dasselbe. 4. Jahrg. Oktbr. 1900—Septbr. 1901. 52 Nrn. gr. 4. (à ca. 12 S.) Ebd. n. 2. 95

Tiermarkt, internationaler. Illustr. Wochenschrift f. Tier- u. Naturalienhandel, f. Tierzucht, Tierpflege u. zoolog. Sammlgn. Hrsg. v. Fritz Pfenningstorff. Mit der Beilage: Deutsche landwirtschaftl. Geflügel-Zeitg. Hrsg. v. B. Blancke. 5. Jahrg. Oktbr. 1901—Septbr. 1902. 52 Nrn. gr. 4. (à ca. 12 S.) Berlin, F. Pfenningstorff. n. 3. 40

— dasselbe 6. Jahrg. Oktbr. 1902—Septbr. 1903. 52 Nrn. gr. 4. (à ca. 16 u. 8 S.) Ebd. n. 4. —
Vergl.: Geflügel-Zeitung, deutsche landwirtschaftliche.

— internationaler. Illustrierte Wochenschrift f. Tier- u. Naturalienhandel, f. Tierzucht, Tierpflege u. zoolog. Sammlgn. Hrsg. v. Fritz Pfenningstorff. Mit der Beilage: Deutsche landwirtschaftl. Geflügelzeitg. Hrsg. v. B. Blancke. 7.—10. Jahrg. Oktbr. 1903—Septbr. 1907. à 52 Nrn. (à ca. 16 S. m. Abbildgn.) gr. 4. Berlin, F. Pfenningstorff. à Jhrg. n. 4. —
Vergl.: Geflügel-Zeitung, deutsche landwirtschaftliche.

Tiermarkt, internationaler. Illustrierte Wochenschrift f. Kleintier-Zucht unter Berücksicht. v. u. in Verbindg. mit Obst- u. Gartenbau. Hrsg. u. red. v. Fritz Pfenningstorff. Mit der Beilage: Deutsche landwirtschaftl. Geflügelzeitg. Hrsg. v. Fritz Pfenningstorff. 11.—14. Jahrg. Oktbr. 1907—Septbr. 1911. à 52 Nrn. (à ca. 16 S.) 33×24,5 cm. Berlin, F. Pfenningstorff. à Jahrg. 4. —
Vergl.: Geflügel-Zeitung, deutsche landwirtschaftliche.

Tier-Markt m. d. Unterhaltungsblatt „Frohe Stunden". Zeitschrift f. Thierhandel u. Thierzucht. Hrsg.: Otto Droescher. 2. Jahrg. 1895. 52 Nrn. (à 2 Bog. m. Abb.) Berlin (sw., Plan-Ufer 31), Expedition. n. 2. 40

— dasselbe, Fortsetzg., s.: Tierzeitung, Berliner.

Tier-Modellierbuch. (6 farb. Taf. m. 4 S. illustr. Text.) gr. 4. Nürnberg (903). Th. Stroefer. 1. 20

Tiernovellen v. Bölsche, Musset, Pfeffel u. a., s. a. Bücher, die, des deutschen Hauses.

Tiernovellen. Von (Wilhelm) Bölsche [u. a.]. Ill. von Stutz. Berlin-Leipzig-Wien: Buchverlag fürs Deutsche Haus 1908. 296 S. 8°
(Die Bücher d. Deutschen Hauses. Bd 62.)

Thierquälen

— üb. das, I. Zwei katechet. Reden üb. das Thierquälen von A. Fischer. II. Versuch e. Katechese üb. die Pflichten gegen die Thiere, von S. Egger. 2e verb. Aufl. gr. 12. Augsb. 831. Kollmann. 3 gr

Thierquälen, d., d. Baumbeschädigung u. d. Schutzpocken, catechetisch bearbeitet. 8. Altenburg, 1802. (Schnupshase.) — 10

Thierquälen, d., d. Baumbeschädigung u. die Schutzpocken, katechet. bearb. f. Land- u. Bürgerschulen, von S. und W. gr. 8. Altenb. Rink. (Hinrichs in Lpz.) 809

Thierquäler, der, eine Erzähl. f. Kinder. 8. Münch. 829. (Krüll in Landsh.) 1½ gr

Thierquäler, der, e. Erzählung f. Kinder. 8. (3 B.) München 829. (Regensburg, Manz.)

Tierquälerei, experimentelle, an medizinischen Instituten Bayerns (1900—1909). Mit e. Anh.: Versuche an Menschen in Krankenhäusern. Hrsg. vom Verein gegen Vivisektion u. sonst. Tierquälerei in München. (88 S.) gr. 8. München 910. A. Buchholz. 1. —

Thierquälerei und Menschenvergiftung. Zusammenstellung der schädlichsten Mißhandlungen der zur menschlichen Nahrung benützten Thiere. Nebst Anhang über Parasiten zunächst Bandwurm und Trichine zur Beruhigung und Vorsicht. Stuttgart 864. Oetinger. gr. 8. (94 S.) 6 ngr

Thier-Rassen, prämiirte, auf der landwirthschaftlichen Landes-Ausstellung zu Bautzen 7.—13. Septbr. 1887. Nach Moment-Aufnahmen auf der Ausstellg. v. R. Süss. qu. gr. 4. (19 Lichtdr. m. 2 Bl. Text.) Dresden 887. Friese & v. Puttkamer. In Leinw.-Mappe. n. 10. —

Tierreich, das, s. a. Sammlung Göschen.

Thierreich, das. Ein belehrendes Bilderbuch für die Jugend. Fürth (857.) Löwensohn. 8. (8 lith. u. color. Bl.) n. 1 ngr

Tierreich, das. E. Zusammenstellg. u. Kennzeichng. d. rezenten Tierformen. Hrsg. v. d. deutschen zoolog. Gesellschaft. Gen.-Red.: Frz. Eilh. Schulze. Probe-Lfg. Red. [f. Protozoa]: O. Bütschli. gr. 8. Berlin 896. R. Friedländer & Sohn. n. 1. 50
Heliozoa, bearb. v. Fritz Schaudinn. (24 S. m. Fig.)

— dasselbe. 1. Lfg. m. Beiblatt u. 2.—4. Lfg. gr. 8. Ebd. Subskr.-Pr. n. 16. 10; Einzelpr. n. 22. 90
1. Aves. Red.: A. Reichenow. Podargidae, Caprimulgidae u. Macropterygidae. Von Ernst Hartert. (VIII, 98 S.) m. 16 Abb.) 897. Subskr.-Pr. n. 4. 50; Einzelpr. n. 7. — Beiblatt. Terminologie d. Vogelkörpers. Von A. Reichenow. (4 S. m. 1 Abb.) 897. n. — 50
2. Aves. 2. Lfg. Paradiseidae. Von Walter Rothschild. Mit 15 Abb. im Texte.) (VI, 52 S.) 898. Subskr.-Pr. n. 2. 80; Einzelpr. n. 3. 60
3. Acarina. Red.: H. Lohmann. Michael, A. D., Oribatidae. With 15 figures. (XII, 93 S.) 898. Subskr.-Pr. n. 4. 50; Einzelpr. n. 6. 80
4. Dasselbe. Nalepa, Eriophyidae (Phytoptidae). M. 3 Abb. im Texte. (IX, 74 S.) 898. Subskr.-Pr. n. 3. 80; Einzelpr. n. 5. —

Tierreich, das. Eine Zusammenstellg. u. Kennzeichng. der rezenten Tierformen. Hrsg. v. d. deutschen zoolog. Gesellschaft. Generalred.: Frz. Eilh. Schulze. 5.—9. Lfg. gr. 8. Berlin, R. Friedländer & Sohn. Subskr.-Pr. n. 51. —; Einzelpr. n. 68. —
5. Protozoa. Red.: O. Bütschli. Sporozoa par Alphonse Labbé. Avec 196 fig. (XX, 180 S.) 899. Subskr.-Pr. n. 8. 80; Einzelpr. n. 12. —
6. Crustacea. Red.: W. Giesbrecht. Copepoda. I. Gymnoplea, bearb. v. W. Giesbrecht u. O. Schmeil. Mit 31 Abbildgn. im Texte. (XVI, 169 S.) 898. Subskr.-Pr. n. 8. 40; Einzelpr. n. 11. —
7. Acarina. Red.: H. Lohmann. Demodicidae u. Sarcoptidae. Von G. Canestrini u. P. Kramer. Mit 31 Abbildgn. im Texte. (XVI, 193 S.) (899.) Subskr.-Pr. n. 9. 20; Einzelpr. n. 12. —
8. Arachnoidea. Red.: F. Dahl. Scorpiones u. Pedipalpi. Von Karl Kraepelin. Mit 94 Abbildgn. im Texte. (XVIII, 265 S.) (899.) Subskr.-Pr. n. 12. 60; Einzelpr. n. 17. —
9. Aves. Red.: A. Reichenow. Trochilidae, bearb. v. Ernst Hartert. Mit 34 Abbildgn. im Texte. (IX, 254 S.) 900. Subskr.-Pr. n. 12. —; Einzelpr. n. 16. —

— dasselbe. In Verbindg. m. der deutschen zoolog. Gesellschaft hrsg. v. der königl. preuss. Akademie der Wissenschaften zu Berlin. Generalred.: Frz. Eilh. Schulze. 10.—17. Lfg. Lex.-8. Ebd.
Subskr.-Pr. n. 96. 70; Einzelpr. n. 126. 80
10. Vermes. Red.: J. W. Spengel. Oligochaeta, bearb. v. Wilh. Michaelsen. Mit 13 Abbildgn. (XXIX, 575 S.) 900. Subskr.-Pr. n. 26. 60; Einzelpr. n. 35. —
11. Orthoptera. Red.: H. Krauss. Forficulidae u. Hemimeridae, bearb. v. A. de Bormans u. H. Krauss. Mit 47 Abbildgn. (XV, 142 S.) 900. Subskr. n. 7. —; Einzelpr. n. 9. —
12. Arachnoiden. Red.: F. Dahl. Palpigradi u. Solifugae, bearb. v. Karl Kraepelin. Mit 118 Abbildgn. (XI, 159 S.) 901. Subskr.-Pr. n. 8. —; Einzelpr. n. 10. —
13. Acarina. Red.: H. Lohmann. Hydrachnidae u. Halacaridae, bearb. v. R. Piersig u. H. Lohmann. Mit 87 Abbildgn. (XVIII, 336 S.) 901. Subskr.-Pr. n. 16. —; Einzelpr. n. 21. —
14. Lepidoptera. Red.: A. Seitz. Libytheidae, bearb. v. A. Pagenstecher. Mit 4 Abbildgn. (IX, 18 S.) 901. Subskr.-Pr. n. 1. 50; Einzelpr. n. 2. —
15. Aves. Red.: A. Reichenow. Zosteropidae, bearb. v. Otto Finsch. Mit 32 Abbildgn. (XIV, 55 S.) 901. Subskr.-Pr. n. 3. 60; Einzelpr. n. 4. 80
16. Mollusca. Red.: W. Kobelt. Cyclophoridae, bearb. von Wilh. Kobelt. Mit 110 Abbildgn. u. 1 Landkarte. (XXXIX, 662 S.) 902. Subskr.-Pr. n. 32. —; Einzelpr. n. 42. —
17. Lepidoptera. Red.: A. Seitz. Calliduliidae, bearb. v. Arnold Pagenstecher. Mit 19 Abbildgn. (IX, 25 S.) 902. Subskr.-Pr. n. 2. —; Einzelpr. n. 3. —

Tierreich, das. Eine Zusammenstellg. u. Kennzeichng. der rezenten Tierformen. Begründet v. der deutschen zoolog. Gesellschaft. Im Auftrage der königl. preuss. Akademie der Wissenschaften zu Berlin hrsg. v. Frz. Eilhard Schulze. 18.—23. Lfg. Lex.-8. Berlin, R. Friedländer & Sohn. Subskr.-Pr. n. 80. 80; Einzelpr. n. 106. 60
18. Aves. Beirat: A. Reichenow. Paridae, Sittidae u. Certhiidae, bearb. v. C. E. Hellmayr. Mit 76 Abbildgn. (XXXI, 255 S.) 903. Subskr.-Pr. n. 12. 60; Einzelpr. n. 17. —
19. Porifera. Tetraxonia, bearb. von Rob. v. Lendenfeld. Mit 44 Abbildgn. (XV, 168 S.) 903. Subskr.-Pr. n. 8. 40; Einzelpr. n. 11. —
20. Platyhelminthes. Beirat: M. Braun. Nemertini, bearb. v. Otto Bürger. Mit 15 Abbildgn. (XVII, 151 S.) 904. Subskr.-Pr. n. 7. 40; Einzelpr. n. 9. 60
21. Crustacea. Beirat: W. Giesebrecht. Stebbing, T. R. R., Amphipoda I. Gammaridea. With 127 fig. (XXXIX, 806 S.) 906. Subskr.-Pr. n. 36. —; Einzelpr. n. 48. —
22. Lepidoptera. Red.: A. Seitz. Heliconiidae, bearb. v. H. Stichel u. H. Riffarth. Mit 50 Abbildgn. (XV, 290 S.) 905. Subskr.-Pr. n. 14. —; Einzelpr. n. 18. —
23. Platyhelminthes. Beirat: M. Braun. Turbellaria. I. Acoela, bearb. von Ludw. v. Graff. Mit 8 Abbildgn. (VIII, 35 S.) 905. Subskr.-Pr. n. 2. 40; Einzelpr. n. 3. —

Tierreich, das. Eine Zusammenstellg. u. Kennzeichng. der rezenten Tierformen. Begründet v. der deutschen zoolog. Gesellschaft. Im Auftrage der königl. preuss. Akademie der Wissenschaften zu Berlin hrsg. v. Frz. Eilhard Schulze. 24. u. 25. Lfg. Lex. 8. Berlin, R. Friedländer & Sohn. Subskr.-Pr. 53.20; Einzelpr. 71. —
24. Cynipidae. Von K. W. v. Dalla Torre, u. J. J. Kieffer. (XXXV, 891 S.) 910. Subskr.-Pr. 42. —; Einzelpr. 56. —
25. Lepidoptera. Beirat: A. Seitz. Brassolidae. Von H. Stichel. Mit 46 Abbildgn. (XIV, 244 S.) 909. Subskr.-Pr. 11.20; Einzelpr. 15. —

Thierreich, das, in Bildern. Zur Lust u. Belehrung f. artige Kinder. 8. (12 S. m. 12 lith. u. color. Taf.) Stuttgart 851, Schulz. 12 ngr

Thierreich, das, in farbigen Bildern f. fleißige Kinder. 6 Hfte. gr. 16. (à 16 Chromolith.) Basel 876. Spittler. à n. — 40

Thierreich, das illustrirte. Naturgeschichtliche Unterhaltungen f. die Jugend u. ihre Freunde. 2. Aufl. 4. (52 B. u. 430 eingedruckte Abbild.) Leipzig 846, Weber. *
Die 1. Aufl. erschien u. d. Ttl.: Naturgeschichte des Thierreichs.

Tiersch, Adolf

Geschichte des Schlesischen Pionierbataillons Nr. 6. In dienstl. Auftr. f. d. Bataillon bearb. von (Adolf) **Tiersch**, Hauptm. Leipzig: C. Jacobson (1904). (247 S.) 8° [F.] [08. 6601 2

Tiersch, Otto

Tiersch, O., Elementarbuch der musikalischen Harmonie- u. Modulationslehre. Zum unterrichtl. Gebrauche in Musikinstituten, Seminarien u. s. f. u. zur Aufklärg. f. jeden Gebildeten. Gegründet auf d. Verf. Harmoniesystem. Eine allgemein verständl. Darstellung der wichtigsten musikal. Fragen nach dem Standpunkte der heut. Theorie u. Praxis in der Tonkunst. 2., verb. Aufl. gr. 8. (IX, 185 S.) Berlin 888. [Oppenheim.] Leipzig, List & Francke. n. 4. —

Tiersch, Otto, kurze praktische Generalbass-, Harmonie- u. Modulationslehre od. vollständ. Lehrgang f. den homophonen Vocalsatz [streng u. frei] in 24 Uebgn. [gegründet auf d. Verf. Harmoniesystem.] gr. 8. (VIII, 80 S.) Leipzig 876. Breitkopf & Härtel. n. 1. 50

Tiersch, Otto, kurze praktische Generalbass-, Harmonie- u. Modulationslehre od.: Vollständiger Lehrgang f. den homophonen Vocalsatz (streng u. frei) in 24 Übgn. (Gegründet auf des Verf. Harmoniesystem.) 2. Aufl. gr. 8. (VIII, 82 S.) Leipzig 902. Breitkopf & Härtel. n. 1. 50; geb. in Leinw. n. 2. 50

Tiersch, Otto, kurzes praktisches Lehrbuch für Contrapunkt u. Nachahmung oder vollständ. Lehrgang für den polyphonen Vocal- u. Instrumentalsatz [streng u. frei] in 40 Uebungen. [Gegründet auf d. Verf. Harmoniesystem.] gr. 8. (IV, 232 S.) Leipzig 879. Breitkopf & Härtel. n. 4. 50

Tiersch, Otto, kurzes praktisches Lehrbuch für Klaviersatz und Accompagnement [gegründet auf des Verf. Harmoniesystem] oder vollständ. Lehrgang des Generalbassspiels und des homophonen Tonsatzes für Klavierinstrumente in 24 Übungen, nebst geschichtl. Mittheilungen über Klavierbau, Klavierspiel, Klaviersatz und Klavierlitteratur. gr. 8. (XII, 279 S.) Leipzig 881, Breitkopf und Härtel. *
geb. *

Tiersch, O., allgemeine Musiklehre, s. a. Erk, L.

Tiersch, Otto. Allgemeine Musiklehre. Auf Anregung und unter Mitwirkung von Ludwig Erk bearbeitet und herausgegeben. Berlin 1885.

Tiersch, Otto, Notenfibel für den Unterricht im Schreiben und Lesen unserer Tonschrift und in der Lehre von den Accorden und Tonleitern. gr. 8. Berlin 882. Leipzig, List und Francke. *

Tiersch, Otto, Notenfibel für den Unterricht im Schreiben und Lesen unserer Tonschrift und in der Lehre von den Accorden und Tonleitern. Ein Handbuch der Elementarlehre für Anfängerklassen in Musikinstituten, für Gesangklassen an Schulen, für Singechöre und Gesangvereine, sowie für jeden Klavier-, Violin- und Gesangschüler. gr. 8. (V, 82 S.) Berlin 882, Oppenheim. *

—— Notenschreibschule. Uebungshefte zur Notenfibel. 5 Hefte. 4. Ebendas. 882. à Heft *

— das Notensingen nach der Schreiblesemethode f. Knaben- u. Mädchenschulen in Dorf u. Stadt [kleine Notenschreibschule] in 3 Hftn. qu. 4. (à 20 S.) Berlin 883. Oppenheim. à — 15

—— Rhythmik, Dynamik und Phrasierungslehre der homophonen Musik. Ein Lehrgang theoretisch-prakt. Vorstudien für Komposition und Vortrag homophoner Tonsätze. gr. 8. (VIII, 158 S.) Berlin 886, Oppenheim. *

Tiersch, Otto, Schule des Harmonisierens, Modulierens u. Präludierens im Kirchenstil. Praktische Anleitg. zur Herstellg. v. freien Choralharmonisiergn., Vor-, Zwischen- u. Nachspielen. gr. 8. (V, 50 S.) Berlin 889. P. Thelen. n. 1. 50

Tiersch, Otto, System u. Methode der Harmonielehre. Gegründet auf fremde u. eigene Beobachtungen mit besonderer Berücksichtigung der neuesten physikalisch-physiolog. Untersuchungen über Tonempfindungen. Für Musikinstitute u. zum Selbstunterricht. Leipzig 868. Breitkopf & Härtel. gr. 8. (XX, 304 S.) 2 ℳ

— die Unzulänglichkeit d. heutigen Musikstudiums an Conservatorien u. Hochschulen, nebst Reformvorschlägen. Ein Mahnruf an Lehrer, Studierende u. Freunde der Tonkunst. Auf Anregg. durch Rich. Wagners Schilderg. seines eigenen künstler. Entwickelungsganges dargestellt. gr. 8. (VIII, 53 S.) Ebend. 883. n. 1. —

Tierschau. Ein Leporello-Album m. Tierbildern auf Pappe. qu. 8. (8 farb. Taf.) Wesel 890. Düms. cart. 1. —

Tierschau. Ein Leporello-Album m. Tierbildern. (16 farb. S. ohne Text.) qu. 8. Wesel (904). W. Düms.
Auf Pappe — 80

Tier-Scherze. (24 S. m. farb. Abbildgn.) 18×23,5 cm. München (908). Braun & Schneider. 1. —

Auf Menschen übertragbare **Tier-Schmarotzer**. Bandwurm- u. Trichinen-Merkblatt. Bearb. im Kais. Gesundheitsamte. (Berlin: J. Springer [1904].) (2 Bl.) 4° [Kopft. F.] [illegible]

Thierschutz im Winter. Cassel [1902?]. V: *Peter, Carl Wilhelm*. (Berl)

Thierschutz-Bildermappe, hrsg. vom Berliner Thierschutz-Verein (zur Bekämpfg. der Massenthierquälereien im Deutschen Reich). Thier-, Landschafts-, Genre- u. Architekturbilder nach Gemälden u. Zeichngn. v. Douzetti, Gude, Wern. Schuch u. a. gr. 4. (63 Bl.) Berl. 892, (Luckhardt's Sort.). In Mappe * 10 —

Thierschutzblätter, schweizerische. Redact.: Wolff. 17.—21. Jahrg. 1880—1884. à Jahrg. 4 Nrn. (à Nr. ½ Bog.) gr. 8. Zürich, Herzog's Verlagsh. à Jahrg. **

Thierschutzblätter, schweizerische. Redact.: Wolff. 22. Jahrg. 1885. 4 Nrn. (à Nr. ½ Bog.) gr. 8. Zürich, Herzog. **

—— dass. — 23. Jahrg. 1886. 6 Nrn. (à Nr. ½—1 Bog.) gr. 8. Ebendas. *
Erscheint nicht mehr.

Tierschutz-Jugendschriften. Zur Erweckg. u. Verbreitg. e. edel-menschl. Gesinng. auch gegen die Tiere. Hrsg. vom Berliner Tierschutz-Verein u. deutschen Lehrer-Tierschutz-Verein. 1. u. 2. Bdchn. (96 u. 94 S. m. Abbildgn.) 12. Berlin (903). (Berolina-Versand- u. Colportagebuchh.) à n. — 20

Tierschutz-Kalender 1903. Hrsg. vom Berliner Tierschutz-Verein u. v. deutschen Lehrer-Tierschutzverein. 12. (48 S. m. Abbildgn.) Berlin (Berolina-Versandbuchh.) n. — 10
Vergl.: Kalender d. deutschen Lehrer-Tierschutz-Vereins usw.

Tierschutz-Kalender 1905. Hrsg. vom Berliner Tierschutz-Verein u. deutschen Lehrer-Tierschutzverein zu Berlin. (48 S. m. Abbildgn.) kl. 8. Ebd. n. — 10

Tierschutz-Kalender 1911. (Hrsg. vom Berliner Tierschutz-Verein u. deutschen Lehrer-Tierschutz-Verein.) (48 S. m. Abbildgn.) kl. 8. Berlin (Königgrätzerstr. 41), Berliner Tierschutz-Verein. — 10

Thierschutz-Kalender, deutscher, für die J. 1883—1885, empfohlen durch das Präsidium des Verbandes der Thierschutz-Vereine des Deutschen Reiches. (1.—3. Jahrg.) 16. (à Jahrg. 32 S. mit eingedr. Holzschn.) Donauwörth, [Buchh. des kathol. Erziehungsvereins.] Auer. à Jahrg. *

Tierschutz-Kalender, deutscher, für die J. 1886—1888. 4.—6. Jahrg. 16. (à Jahrg. 32 S. mit Illustr.) Donauwörth, Auer. à Jahrg. *
—— dass. — für das J. 1889. Illustr. von Jos. Kiener. 16. (32 S.) Ebendas. *
—— dass. — für die J. 1886 und 1887. 4. und 5. Jahrg. 16. (à Jahrg. 32 S. mit Illustr.) Würzburg, Etlinger'sche Buchh. à Jahrg. *

Tierschutz-Kalender, deutscher, f. d. J. 1890—1893. 8.—11. Jahrg. 16. (à Jahrg. 32 S. m. Bildern.) Donauwörth. Auer. à Jahrg. * — 10

Tierschutz-Kalender, deutscher, f. d. J. 1895. 16. (32 S. m. Abbildgn.) Donauwörth, L. Auer. n. — 10

Tierschutz-Kalender, deutscher, f. d. J. 1899. 16. (32 S. m. Abb.) Donauwörth, L. Auer. n. — 10

— **deutscher**, f. d. J. 1903. 16. (32 S. m. Abbildgn.) Donauwörth, L. Auer. n. — 10

— **deutscher**, f. d. J. 1905. (32 S. m. Abbildgn.) 16. Donauwörth, L. Auer. — 10

— **deutscher**. 25. Jahrg. 1907. Hrsg. vom Verbande der Tierschutz-Vereine des deutschen Reiches. (40 S. m. Abbildgn.) kl. 8. Würzburg, H. Stürtz. — 10

— **deutscher**. 29. Jahrg. 1911. Hrsg. vom Verbande der Tierschutz-Vereine des deutschen Reiches. (40 S. m. Abb.) kl. 8. Würzburg, H. Stürtz. — 10

Thierschutzkalender. Schlesischer Tier-Schutz-Kalender. 1901. (Hrg. vom Graubündnerischen Tierschutzverein in Chur.) [Illustriert.] IV + 36 S. 8. (Nimptsch, Wilh. Wolff.) (Gratis an alle Mitglieder....)

Thierschutzkalender. Schweizerischer Tierschutz-Kalender auf das Jahr.... 8. Zürich, Polygraphisches Institut A. G.
... 1903. [Illustriert.] IV + 56 S. [fr. —. 15]
... 1904. Illustriert von E[rnst] Oberhänsli und Jac[ob] Billetter. Herausgeber: Zentralkomité d. deutschschweiz. Tierschutzvereine. IV + 64 S. fr. —. 15

Thierschutzkalender. Schweizerischer Tierschutz-K' 1905. [Illustriert.] Herausgeber: Zentralkomité d. deutschschweizerischen Tierschutzvereine. IV + 48 S. 8. Zürich, Polygraphisches Institut A.-G. fr. —. 15

Thierschutzkalender. Schweizerischer Tierschutz-K'.... [Illustriert.] Herausgeber: Zentralkomitee der Deutschschweizerischen Tierschutzvereine. IV + 46 S. 8. Zürich, Polygraphisches Institut A.-G. fr. —. 15
... 1906. IV + 48 S. — ... 1907. IV + 46 S.

Thierschutzkalender. Schweizerischer Tierschutz-K' 1908. [Illustriert.] Herausgeber: Zentralkomitee der deutschschweizerischen Tierschutzvereine. IV + 48 S. 8. Zürich, Polygraphisches Institut. fr. —. 15

Thierschutzkalender. Schweizerischer Tierschutz-K' 1909. [Illustriert.] Herausgeber: Zentralkomitee der deutsch-schweizer. Tierschutzvereine. IV + 48 S. 8. Zürich, Polygraphisches Institut. fr. —. 15

Thierschutzkalender. Schweizerischer Tierschutz-K' 1910. [Illustriert.] Herausgeber: Zentralkomitee der deutsch-schweizerischen Tierschutzvereine. IV + 52 S. 8. Zürich, Polygraphisches Institut. fr. —. 15

Thierschutzkalender. Schweizerischer Tierschutz-K' 1911. [Illustriert.] Herausgeber: Zentralkomitee der deutsch-schweizerischen Tierschutzvereine. IV + 52 S. 8. Zürich, Polygraphisches Institut. fr. —. 15

Thierschutz-Kalender, Wiener, für das J. 1886. Hrsg. vom Wiener Thierschutz-Vereine. 16. (78 S.) Wien, (Hölder.) *
Nicht weiter erschienen.

— Wiener, f. d. J. 1900. Hrsg. v. Wiener Thierschutz-Verein. Red. von Gust. Ritter v. Henriquez. 12. (76 u. 72 S.) Wien, G. Szelinski. n. — 60
Erscheint nicht mehr.

Thierschutz-Verband, rheinisch-westphaelischer. Redact.: Steph. Ning. 6.—8. Jahrg. 1882—1884. à Jahrg. 6 Nrn. (Bog.) gr. 4. Köln. (Elberfeld, Lucas.) à Jahrg. **
Die früheren Jahrg. waren nicht im Handel.

Thierschutz-Verein in München. 1. Jahresbericht für 1868. München 869. (J. A. Finsterlin.) gr. 8. (71 S.) n. 5 ngr.

Thierschutz-Zeitschrift, allgemeine. Organ des Thierschutz-Vereins für das Großherzogthum Hessen, des Thierschutz-Vereins in München u. seiner Filialvereine ꝛc. Im Auftrage der Vereine hrsg. von G. Schaefer. 2. u. 3. Jahrg. [8. u. 9. Jahrg. der Zeitschrift des Thierschutz-Vereins für das Großherzogth. Hessen.] 1881 u. 1882. à 12 Nrn. gr. 4. (à Nr. 1 B.) Darmstadt, Würtz in Comm. à Jahrg. n. 2. —

Thierschutz-Zeitschrift, allgemeine. Organ d. Thierschutz-Vereins f. das Großherzogth. Hessen, d. Thierschutz-Vereins in München u. seiner Filialvereine ꝛc. Im Auftrage der Vereine hrsg. v. G. Schaefer. 4—7. Jahrg. [10—13. Jahrg. der Zeitschrift d. Thierschutz-Vereins f. d. Großh. Hessen.] 1883—1886. à 12 Nrn. gr. 4. (Nr. 1, 1½ B.) Darmstadt, (Waitz). à Jahrg. n. 2. —

Tierschutz-Zeitschrift, allgemeine. Organ d. Tierschutz-Vereines f. das Großherzogt. Hessen, d. Tierschutz-Vereines in München u. seiner Filialvereine ꝛc. Im Auftrage der Vereine hrsg. von L. Boßler. 8.—11. Jahrg. [14.—17. Jahrg. d. Zeitschrift d. Tierschutz-Vereins f. d. Großh. Hessen.] 1887—1890. à 12 Nrn. gr. 4. (à ca. 1 B.) Darmstadt, (Waitz). à Jahrg. n. 2. —

Tierschutz-Zeitschrift, allgemeine. Organ des Tierschutz-Vereins f. das Großherzogt. Hessen ꝛc. Im Auftrage der Vereine hrsg. v. L. Boßler. 12.—15. Jahrg. [18.—21. Jahrg. der Zeitschrift d. Tierschutz-Vereins f. das Großh. Hessen.] 1891—1894. à 12 Nrn. (Bog.) gr. 4. Darmstadt, (J. Waitz). à Jahrg. n. 2. —

Tierschutz-Zeitschrift, allgem. Organ d. Thierschutz-Vereins f. d. Großherzogth. Hessen ꝛc. Im Auftr. der Vereine hrsg. v. L. Boßler. 16.—19. Jahrg. [22.—25. Jahrg. d. Zeitschrift d. Thierschutz-Vereins f. d. Großh. Hessen.] 1895—1898. à 12 Nrn. (Bog.) gr. 4. Darmstadt. (J. Waitz.) à Jahrg. n. 2. —

Tierschutz-Zeitschrift, allgemeine. Organ des Tierschutz-Vereins f. das Großherzogth. Hessen ꝛc. Im Auftrage der Vereine hrsg. von E. Heußlein. 20.—22. Jahrg. 26.—28. Jahrg. der Zeitschrift des Thierschutz-Vereins f. das Großh. Hessen. 1899—1901. à 12 Nrn. gr. 4. (à ca. 8 S.) Darmstadt (J. Waitz). à Jahrg. n. 2. —
Nicht mehr im Handel.

Thierschutz-Zeitung, deutsche. „Ibis." Hauptorgan des deutschen Thierschutz-Vereins zu Berlin. Redact.: H. Kürten. 1.—3. Jahrg. 1872—1874. à Jahrg. 11 Nrn. (à 2 Bog.) gr. 4. Berlin, (Grieben.) à Jahrg. **

Thierschutz-Zeitung, deutsche, „Ibis". Hauptorgan des deutschen Thierschutz-Vereins zu Berlin. Redact.: H. Kürten. 9.—13. Jahrg. 1880—1884. à Jahrg. 12 Nrn. (Bog.) gr. 4. Berlin, Expedition. à Jahrg. *

Thierschutz-Zeitung, deutsche, „Ibis". Hauptorgan des deutschen Thierschutz-Vereins zu Berlin. Red.: H. Kürten. 10. u. 11. Jahrg. 1881 u. 1882. à 12 Nrn. (B.) gr. 4. Berlin, (H. R. Mecklenburg). à Jahrg. n. 2. —

Thierschutz-Zeitung, deutsche, „Ibis". Hauptorgan d. deutschen Thierschutz-Vereins zu Berlin. Red.: H. Kürten. 12. Jahrg. 1883. 12 Nrn. (B.) gr. 4. Berlin, (H. R. Mecklenburg). n. 2. —

— dasselbe. 13—15. Jahrg. 1884—1886. à 12 Nrn. (B.) gr. 4. Ebend. à Jahrg. n. 1. 50

Tierschutz-Zeitung, deutsche, „Ibis". Hauptorgan d. deutschen Tierschutz-Vereins zu Berlin. Red.: H. Kürten. 16.—19. Jahrg. 1887—1890. à 12 Nrn. (à ½—1 B.) gr. 4. Berlin, (H. R. Mecklenburg). à Jahrg. n. 1. 50

Tierschutz-Zeitung, deutsche, „Ibis". Vereins-Zeitschrift d. deutschen Tierschutz-Vereins zu Berlin. Red.: G. Bormann. 20. u. 21. Jahrg. 1891. 1892. à 12 Nrn. (à ca. 1 Bog.) gr. 4. Berlin, (H. R. Mecklenburg). à Jahrg. n. 1. —

— dasselbe. 22. u. 23. Jahrg. 1893. 1894. à 12 Nrn. (à ca. 1 Bog.) gr. 4. Ebd. à Jahrg. n. 2. —

— deutsche, Ibis. Vereins-Zeitschrift d. deutschen Thierschutz-Vereins zu Berlin. Red.: G. Bormann. 24.—27. Jahrg. 1895—1898. à 12 Nrn. (à ca. 12 S.) gr. 4. Berlin (H. R. Mecklenburg). à Jahrg. n. 2. —

— deutsche, Ibis. Vereins-Zeitschrift des deutschen Thierschutz-Vereins zu Berlin. Red.: Wagener. 28. Jahrg. 1899. 12 Nrn. gr. 4. (à ca. 12 S.) Berlin (H. R. Mecklenburg). n. 2. —

Tierschutz-Zeitung, deutsche, „Ibis" m. der Beilage: „Deutscher Tiermarkt". Illustrierte Zeitschrift f. Tierkunde u. Tierschutz. Organ des deutschen (nicht des Berliner) Tierschutz-Vereins zu Berlin. Hrsg. vom deutschen Tierschutz-Verein zu Berlin, gegründet 1841. Red. Frhr. v. Hünefeld. 36.—38. Jahrg. 1907—1909. à 12 Nrn. (à ca. 8 S. m. Abbildgn.) 30,5×23,5 cm. Berlin-Tempelhof, P. Ilisch. à Jahrg. 3. —

Thierseelenkunde, Allgemeinfassliche. Ein Lesebuch für Jedermann. Leipz. 1852. V: *Hebenstreit, Jul.* (Ky)

Thierseelenkunde, allgemeinfaßliche. Ein Lesebuch für Jedermann. 1. Aufl. 1852. und 2. (Titel-)Ausg. 8. (VI und 321 S.) Leipzig 854, Hebenstreit.

Thierseelenkunde, auf Thatsachen begründet, od. merkwürd. Anekdoten von Thieren. 2 Bde. 8. Berl. 804—5. Matzdorf. (Dümmler). 2 ₰ 12 gr

Thierseelenkunde, auf Thatsachen begründet, od. merkwürd. Anekdoten von Thieren, 2 Bde. 8. Berlin, Matzdorf. (Hitzig.) 804—5. (1r 1 Rthlr. 8 gr. 2r 1 Rthlr. 4 gr.)

Tierseuchenbericht. 1905-11. 4° Stuttgart 1905-11

Tierseuchengesetz. Einige Änderungen desselben zufolge des Gesetzes vom 14. VIII. 1886, sowie die Min.-Verordnung vom 8. XII. 1886. 16°. (6 S.) Wien 87. Perles. M. .20

Tierseuchengesetze, die neuen, enth. das: Gesetz vom. 6. VIII. 1909, R.-G.-Bl. Nr. 177, betr. die Abwehr u. Tilgg. v. Tierseuchen (das allgemeine Tierseuchengesetz) samt Durchführungsverordng., Gesetz vom 29. II. 1880, R.-G.-Bl. Nr. 37, betr. die Abwehr u. Tilgg. der Rinderpest, abgeändert durch das Gesetz vom 6. VIII. 1909, R.-G.-Bl. Nr. 180, samt Durchführungsverordng., Gesetz vom 17. VIII. 1892, R.-G.-Bl. Nr. 142, betr. die Abwehr u. Tilgg. der Lungenseuche der Rinder, abgeändert durch das Gesetz vom 6. VIII. 1909, R.-G.-Bl. Nr. 182, samt Durchführungsverordng., Gesetz vom 19. VII. 1879, R.-G.-Bl. Nr. 108, betr. die Verpflichtg. der Desinfektion bei Viehtransporten auf Eisenbahnen u. Schiffen, abgeändert durch das Gesetz vom 6. VIII. 1909, R.-G.-Bl. Nr. 184, samt Durchführungsverordng. u. Ministerialverordng. vom 17. XI. 1909, R.-G.-Bl. Nr. 179, m. welcher e. neue Dienstesinstruktion f. die Amtstierärzte der polit. Behörden erlassen wird. (Friedr. Irrgangsche Gesetzesausg.) (XIII, 400 S.) kl. 8. Brünn 910. F. Irrgang. 3. —

Julien Tiersot. Ronsard et la musique de son temps. Œuvres musicales de Certon, Goudimel, Janequin, Muret, Mauduit etc. *Leipzig: Breitkopf & Härtel [1903].* (78 S.) 8°
Aus: Volumes triemestriels de la Soc. Internat. de Musique. Année 4.

Thierstudien

— od. Samml. von Vorlegeblättern z. Thierzeichnen f. Geübtere. 1s Heft. 12 Blatt mit 22 Gegenständen lithogr. 4. Bresl. 832. (Hentze). In Umschlag. 12 gr

Thier-Studien. 6 Blatt. 1/2 qu. 4. Braunschweig 846, Wehrt. n. 1/4 rthl

Thierstudien. Nach anerkannt guten Meistern in Stahl gest. von J. L. Appold. Darmstadt (854.) Lange. (10 Bl. in qu. 4.) 15 ngr

Tierstudien. Als Zeichen-Vorlagen u. Zimmerschmuck. 2. Serie v. G. Sturm, J. Schmitzberger, J. Kerschensteiner u. W. Hoffmann. gr. Fol. (10 Taf.) Stuttgart (900). J. Hoffmann. In Mappe 12. —; einzelne Taf. 1. —

Thier Studien nach Nicol. Berghem. 1s Heft. Schaafe. (6 Bl. in Kpfrstich.) qu. 1/2 gr. 4. Berlin 836. Kuhr. n. 1/2 rthl — 2s Heft. Ziegen. (6 Bl. in Kpfrstich.) qu. 1/2 gr. 4. Ebd. 836. n. 1/2 rthl

— in Italien gezeichnet im J. 1830 u. in Kpf. rad. v. R. Winter. 12 Bl. Karlsr. 830. Velten. 1 rthl 3 gr

Thierstudien nach den besten Originalen, in 12 (lithogr.) Bl. gr. 4. Crefeld 831. Schüller. 12 gr

— als Staffage für Landschafts- u. Thierzeichner, Holzschneider, plastische Künstler, Porcellanmaler, Jagd- u. Pferdeliebhaber u. m. A. in Thiergruppen nach R. Roos, Rüdinger, Adam rc. 1. Heft. 10 (lith.) Blätter. gr. 4. Erfurt 846, Bartholomäus. 3/8 rthl

— als Vorlegeblätter zum Nachzeichnen, insbesondere für Jagdfreunde. Fol. (12 Steintafeln.) Karlsbad 843, Gebr. Franieck. 1 5/6 rthl

Tierszenen

Thierscenen, humoristische. qu. 8. (8 Holzschntaf. in Buntdr.) Stuttgart 872. G. Weise. — 25

Tierverbreitung [Schlagwort]

Tierverbreitung. Marshall, W., Atlas der Tierverbreitung, s.: Atlanten. Borghaus' physikalischer Atlas.

Thierverloosung, die, neues Gesellschaftsspiel. Nürnb. (Leipz. Fr. B. G. Fleischer.) 813. Rthlr.

Thierwelt, die, v. Will. Kirby, s.a. Natur, die, 7. Bd.

Thier-Welt, die, od. Bilder u. Geschichten, Lieder u. Weisen zur Ergötzung u. Belehr. f. wißbegier. Kinder. M. 12 (ill.) Kpfr. (auf 6 Blatt.) qu. 8. (3 1/4 B. u. 1 Musikbeil.) München 833, Jaquet.

— die, geordnet nach d. natürl. System d. Prof. Oken u. dargest. in ihrer Bezieh. z. Menschen u. d. übrigen Geschöpfen. Ein Lehr- u. Leseb. z. Beförderung e. relig. Naturanschauung, z. Verbreit. naturhistor. Kenntnisse u. z. Verminderung d. Mißhandlung d. Geschöpfe. — A. u. d. T.: Kleine Naturgeschichte rc. 1. Thl. Das Thierreich. gr. 8. (22 1/8 B.) Hall 841, Haspel'sche Buchh. *
Mit 10 Steintafeln * 1 1/2 Thlr., col. *

Thierwelt. 4. (15 color. Steintaf.) Wesel 875. Düms. — 60

Tierwelt. Ein Pappdeckel-Bilderbuch. 2 Nrn. qu. 8. (à 8 farb. S. m. 1 S. Text.) Wesel 890. Düms. cart. à n. — 50

Tierwelt, die. Zeitung f. Ornithologie, Geflügel- u. Kaninchenzucht, Fischerei, Acclimatisation, Thierhandel, zoolog. Anlagen u. allgemeine Zoologie. Redact.: G. Lüscher u. G. Heinemann. 1. Jahrg. 15. Juni—31. Decbr. 1891. 18 Nrn. u. 2. Jahrg. 1892. 36 Nrn. (Bog. m. Abbildgn.) gr. 4. Aarau, (Sauerländer u. Comp.).
1. Jahrg. * 2 10; 2. Jahrg. * 4 —

— **dasselbe.** Zeitung f. Ornithologie, Geflügel- u. Kaninchenzucht, Tiermarkt. Red.: Ant. Dürler. 3. u. 4. Jahrg. 1893. 1894. à 52 Nrn. (Bog.) gr. 4. Ebd. à Jahrg. n. 4. —

Tierwelt, die. Zeitung für Ornithologie, Geflügel- u. Kaninchenzucht. Offiz. Organ d. schweizer. Geflügelzucht-Vereins rc. Red.: Ed. Brodmann u. J. J. Spühler. 5.—8. Jahrg. 1895—1898. à 52 Nrn. (Bog.) gr. 4. Aarau, H. R. Sauerländer & Co. à Jahrg. n.n. 4. —

Tierwelt, die. Zeitg. f. Ornithologie, Geflügel- u. Kaninchenzucht. Organ der ornitholog. Vereine Aarau, Bremgarten, Chur u. f. w. Red.: Ed. Brodmann. 9.—12. Jahrg. 1899—1902. à 52 Nrn. gr. 4. (à ca. 8 S. m. Taf.) Aarau, H. R. Sauerländer & Co. à Jahrg. n. 4. —

Tierwelt, die. Zentralorgan der schweiz. ornith. Gesellschaft u. deren Sektionen: Aadorf (Thurg.), Aarau, Aarberg & Umg. usw. Ferner Organ der ornith. Vereine: Hallau, Konolfingen, Tramelan usw. Eigentum der schweiz. ornith. Gesellschaft. Red.: Eduard Brodmann. 13.—16. Jahrg. 1903—1906. à 52 Nrn. (à ca. 12 S.) gr. 4. Aarau, H. R. Sauerländer & Co. à Jhrg. n. 4. —

Tierwelt, die. Zentralorgan der schweiz. ornith. Gesellschaft u. deren Sektionen: Aarau, Aadorf (Thurg.), Altdorf & Umg. usw. Ferner Organ der ornith. Vereine: Aegintha Zürich, Luzern, Gefl.- u. Taub. Z., Kaninchenzucht-Verein; Bümpliz-Holligen, usw. Eigentum der schweizer. ornitholog. Gesellschaft. Red.: Fritz Ischle-Koller. 17.—20. Jahrg. 1907—1910. à 52 Nrn. (à ca. 12 S. m. farb. Taf.) 33,5×25 cm. Aarau, H. R. Sauerländer & Co.
17. u. 18. Jahrg. à 4,—; 19. u. 20. Jahrg. à 4.50

Thierwelt, die, in Bildern. Weihnachtsgeschenk f. kleine artige Kinder. qu. 4. (9 lith. u. color. Bl.) Stuttgart 849, Hoffmann. 1/2 rthl

Thierwelt, die, in Bildern. Zur Belehrung für kleine artige Kinder. qu. gr. 4. (10 color. Stnt.) Leipzig 877, Berndt's Verlag. cart.

— dasselbe. Unzerreißbares Bilderbuch. qu. 4. (9 color. Holzschntaf. auf Pappe.) Ebend. 879. geb. 2. 70

—— die, in ihrer wunderbaren Erscheinung. 32 kleine Erzähln. f. d. Jugend. 8. (4¼ B. u. 32 Bild.) Barmen 837. [Castrop,] Falkenberg'sche Brlsh. 12 Gr., col.

— illustrirte. Organ f. alle Thierzüchter u. Thierfreunde in Deutschland u. Oesterreich. Offizielles Organ d. Landesvereins der Züchter edler Hunderassen in Prag. Red.: Eduard A. Trapp. 1. Jahrg. April—Dezbr. 1902. 18 Nrn. gr. 4. (à ca. 16 S.) München, G. Birk & Co. n. 4. —
Erscheint nicht weiter.

Tier- u. Gartenwelt, illustrierte. Zentralblatt f. Tierzüchter, Tier- u. Pflanzenfreunde. Hrsg. u. red. v. Siegfr. Koner unter Mitwirkg. v. Rud. Mandée. 1. Jahrg. Aug. 1910—Juli 1911. 24 Nrn. (à ca. 24 S.) 31×24 cm. Prag, C. Bellmann. 6. —

Die Thierwelt O s t - A f r i k a s und der Nachbargebiete. Hrsg. unter Red. von Prof. Dr. K[arl] Möbius. Lfg. 1. Berlin: D. Reimer 1895. 4⁰ (8⁰)
= Deutsch-Ost-Afrika. Bd 3. Lfg 1.

—— unsere. gr. 8. (8 Chromolithogr.) Reutlingen 872, Enßlin und Laiblin. [Stuttgart, Neugebauer.] cart. (60 Pf.)

Tierwelt, unsere. Unzerreißbares Bilderbuch für die lieben Kleinen. Mit 12 feinen Farbdr.-Bildern. qu. kl. 4. Stuttgart 887, Loewe. geb.

— unsere. Unzerreißbares Bilderbuch f. die lieben Kleinen. qu. 4. (12 Farbdr. u. 4 Texttaf., auf Pappe.) Stuttgart 891. F. Loewe. Kart. 1. 00

—— die verständige, e. Samml. v. Anekdoten z. Belehr. u. Unterhalt. d. Jugend. 8. (10¼ B. u. 4 Kpfrt.) Zürich 836, Ziegler u. Söhne.

Thierzeichner, f. Anfänger d. Zeichnenkunst. 8. Halle ... Dreyßig. 8 gr

Thier- u. Blumenzeichner, der, nach Ridinger u. a. Meistern. Mit 9 ill. Kpf. Fol. Nürnb. 825. Bauer u. R. 20 gr

— u. Landschaftszeichner, der, nach Kolbe. 1s u. 2s Heft. 12 Blätter. 4. Leipz. (808. a.) 817. Mag. f. Ind. (à 1 rthlr) 2 rthlr pbg. Pr. (à 18 gr) 1 rthlr 12 gr

Thierzeichnungen nach berühmten Meistern. 12 Bl. lithogr. v. R. Winter. Karlsr. ... Velten. 1 rthlr 3 gr

Tier-Zeitung. Ill. Wochenschrift f. Liebhaber u. Züchter von Geflügel, Hunden ... Jg. [1]–3. No 1–6. [Mehr nicht erschienen.] Berlin: A. Timm 1906–08. 3 Bde 4° [F.] [08. 11713]

Tier-Zeitung, Berliner. Wochenschrift f. Geflügel-, Vogel-, Hunde- u. Kaninchenzucht. 4. Jahrg. April—Decbr. 1897. 39 Nrn. (Bog. m. Abb.) 4. Berlin (sw. 48, Friedrichstr. 244), O. Droescher. n. 3. —

— dasselbe. 5. Jahrg. 1898. 52 Nrn. (à ca. 6 S. m. Abb.) Fol. Ebd. n. 4. —
Kann auch vierteljährlich bezogen werden.

Tierzeitung. – D e u t s c h e Thierzeitung verbunden mit dem Generalanzeiger für die gesamte Land- und Forstwirthschaft. Düsseldorf: Expedition 1900–? 8⁰

Tierzirkus

Tier-Circus. (Aufstell-Bilderbuch.) Lex.-8. (2 farb. Taf. m. Text in qu. Fol.) Leipzig 891. Meißner & Buch. n. 1. 50

Tierzucht. Unter Mitw. von ... hrsg. von Dr. Karl Steinbrück. Hannover: Jänecke 1908. Getr. Pag. 8°
(Handbuch d. gesamten Landwirtschaft. Bd 4.) [10. 9308 7

Tierzucht, deutsche landwirtschaftliche (früher: Allgemeine Centralzeitung f. Tierzucht). Offizielles Organ d. Zuchtgenossenschaften u. der Genossenschaft f. Viehverwertung. Mit der 14tüg. Beilage: „Die Hausfrau auf dem Lande". Hrsg. u. red. unter Mitwirkg. hervorrag. Fachmänner v. C. Nörner. 5. u. 6. Jahrg. 1901 u. 1902. à 52 Nrn. hoch 4. (à ca. 16 S. m. Abb.) Leipzig, R. C. Schmidt & Co. à Jahrg. n.n. 7. —
Vergl.: Centralzeitung, allgemeine. f. Tierzucht.

Tierzucht, deutsche landwirtschaftliche. Offizielles Organ d. Zuchtgenossenschaften u. der Genossenschaft f. Viehverwertg. in Deutschland. Hrsg. v. Brödermann u. Vogel. Verantwortlich: Momsen; f. den Handels- u. geschäftl. Tl.: J. Bader. 7.—10. Jahrg. 1903—1906. à 52 Nrn. (à ca. 12 S. m. Abbildgn.) gr. 4. Leipzig [R. C. Schmidt & Co.]. Hannover, M. & H. Schaper, Verl. à Jhrg. n.n. 7. —

Tierzucht, deutsche landwirtschaftliche. Offizielles Organ der deutschen Gesellschaft f. Züchtungskunde, der Züchter des Herzogt. Anhalt, des Rindvieh-Milchkontrollvereins Bislich i. d. Stammzuchtgenossenschaft Rees-Niederrhein usw. Hrsg. v. Vogel u. Hoesch. Verantwortlich: Walt. Hartmann. 11.—14. Jahrg. 1907—1910. à 52 Nn. (VII, 624; VI, 624; XII, 636 u. X, 632 S. m. Abbildgn.) 35×24,5 cm. Hannover, M. & H. Schaper. à Jahrg. 8. —

Thierzucht, landwirthschaftliche. Fachblatt für rationelle Viehhaltung und Viehhandel. Hrsgbr. und Redact.: Telge. 1.—4. Jahrg. 1881—1884. à Jahrg. 52 Nrn. (à Nr. 2½ Bog. mit Illustr.) Bunzlau, (A. Appun's Buchh.) à Jahrg. **

Thierzucht, landwirthschaftliche. Illustrirtes Fachblatt für rationelle Viehhaltung. Hrsgbr. und Redact.: Telge. 5.—8. Jahrg. 1885—1888. à Jahrg. 52 Nrn. (à Nr. 2½ Bog. mit Illustr.) Fol. Bunzlau, (A. Appun's Buchh.) à Jahrg. **

Tierzucht, landwirthschaftliche. Illustriertes Fachblatt f. rationelle Viehhaltg., Milchwirthschaft, Futterbau. Hrsgbr.: F. Telge. 9.—12. Jahrg. 1889—1892. à Jahrg. 52 Nrn. (2½ Bog. m. Illustr.) Fol. Bunzlau, Verlag d. Tierzucht. à Jahrg. * 10 —

— dasselbe. Illustrirte landwirthschaftl. Fachzeitg. Amtliches Organ des Bundes der Landwirthe. Hrsg. u. Red.: F. Telge. Red.: M. Jablonski. 13. Jahrg. 1898. 104 Nrn. (à ca. 2 Bog. m. Abbildgn.) Fol. Ebd. n. 10. —
Von Nr. 37 an u. d. T.: Zeitung, illustrirte landwirtschaftliche.

— süddeutsche landwirtschaftliche. Organ süddeutscher Züchtervereinign. Hrsg. v. Vogel. Verantwortlich: Momsen, f. den Handels- u. geschäftl. Tl.: M. v. Criegern. 1. Jahrg. 1906. 52 Nrn. (à ca. 12 S. m. Abbildgn.) gr. 4. München [Leipzig, R. C. Schmidt & Co.] M. & H. Schaper. n.n. 8. —

— süddeutsche landwirtschaftliche. Offizielles Organ der Zuchtverbände f. oberbayer. Alpenfleckvieh (Miesbach), Reinzucht des Pinzgauer Rindes in Oberbayern (Traunstein), einfarb. Gebirgsvieh in Oberbayern (Weilheim) usw. Unter Mitwirkg. v. Fecht, Feist, Hafner u. Leithiger hrsg. v. Vogel. Verantwortlich: Hartmann. 2.–5. Jahrg. 1907—1910. à 52 Nrn. (V, 420; V, 424; VIII, 424 u. VIII, 420 S. m. Abbildgn.) 35×24,5 cm. Ebd. à Jahrg. 8. —

Tierzüchter, der. Oesterreichisch-ungar. Zentral-Organ f. Kleinthierzucht, f. Geflügel- u. Kaninchenzucht, Hundezucht u. Jagd, Bienen- u. Fischzucht, ländl. Nutzthierzucht. Schriftleiter: Alois Aegid. Spitzner u. Emil Polatzek. Jahrg. 1895 u. 1896. à 52 Nrn. (à ca. 2 Bog. m. Abb.) 4. Wien (VII, Kaiserstr. 10), Administration. à Jahrg. postfrei n. 4. —

Tierzüchter, der. 1. österreich. Fachzeitg. f. Geflügel u. Kaninchenzucht, m. der Beilage: Der illustr. Bienenfreund. Hrsg.: Alois Aegid. Spitzner. Schriftleiter: Emil Zöttl. Jahrg. 1897 u. 1898. à 36 Nrn. (à ca. 12 S.) 4. Wien (VII, Kaiserstr. 10), Administration.
à Jahrg. postfrei n. 4. —
Kann auch vierteljährlich bezogen werden.

Tierzüchter. – Der Badische Thierzüchter. Messkirch: Expedition 1892–(1902). 8°
Hrsg.: Karl Willi.

Thierzüchter, Der. Oesterr.-ungar. Central-Organ für Kleinthierzucht, für Geflügel- und Kaninchenzucht, Hundezucht und Jagd, Bienen- und Fischzucht, ländliche Nutzthierzucht. Herausgeber: August Kirsch. Schriftleiter: Emil Polatzek. Jahrg.: 1895. 52 Nrn. 4. 2. –, pro IV. Quartal .50
Administration des „Thierzüchter" Wien VII., Kaiserstr. 10.

Der Tierzüchter. Oesterreich-ungarisches Zentral-Organ für Kleinthierzucht, für Geflügel- und Kaninchenzucht, Hundezucht und Jagd, Bienen- und Fischzucht, ländliche Nutzthierzucht.
Wien: A. Kirsch 1897–1898. 8°
Schriftleiter: A. A. Spitzner.

Tierzüchter, der, Fortsetzg., s.: Blätter, österreichische, f. Geflügel-, Vogel- u. Kaninchenzucht.

Tiesenhausen, Heinrich von. Ausgewählte Schriften und Aufzeichnungen. Leipzig 1890. H: *Hasselblatt, R.* (Dn)

Tiesenhausen, d. Bannerherrn Heinr. v., d. Aelteren v. Berson, ausgewählte Schriften u. Aufzeichnungen. Hrsg. im Auftrage der Gräfin Marie v. Przeździecka, geb. Gräfin Tyzenhaus. gr. 4. (XXXVI, XXVII, 100; XXVII, XIX u. 185 S.) Leipzig 890. (Hobbing). In Mappe. n. 30. —

Tiesenhausen, Hildebert Baron, Beitrag zum Nachweise d. Chloralhydrats im Thierkörper. gr. 8. (30 S.) Dorpat 885. (Karow.) n. 1. —

Tiesenhausen, W., die Geschichte der 'Oqailiden-Dynastie. (Aus den Mémoires des Savants Étrangers abgedr.) St. Petersburg 859. (Leipzig, Voss.) gr. 4. (62 S.) nn. 17 ngr.

Tiesenhausen zu Weißensee, Ed. Baron, übersichtliche Darstellung der historischen Entwicklung der Hauptpunkte aus der livländ. Landes-Verfassung. Zur Erinnerung an die vor 150 Jahren am 4. Juli 1710 stattgehabte Vereinigung Livland's mit dem russ. Kaiserreich. gr. 8. (28 S.) Riga 860, Kymmel. (Leipzig, C. F. Fleischer.) *

Tiesenhausen, E. v., Zur Erinnerung an den 100jährigen Besitz der Güter Weissensee und Hohenheyde in der Familie von Tiesenhausen im Jahre 1852. Beitrag zur Tiesenhausen'schen Familiengeschichte. Mit 4 Abbildgn. Riga 1852. 4. Nicht im Handel.

Tiesenhausen, Ed. Baron, die deutschen Ostsee-Provinzen Rußlands und die russische Journalistik. Erwiederung auf die Beurtheilung der Broschüre „Vereinigung der balt. Provinzen mit Rußland" in Nr. 141 der Moskau'schen Zeitung vom 28. Juni 1869. gr. 8. (15 S.) Leipzig 870, Steinacker.

— Plettenberg. Histor. Trauerspiel in 5 Acten. Riga 867. (Kymmel.) 8. (119 S.) n. 15 ngr.

— Regelung des Stammgutssystems und Darlegung der Gesetzesvorschriften für Stiftung von Fideicommissen und Majoraten. gr. 8. (24 S.) Riga 860, Kymmel. (Leipzig, C. F. Fleischer.) *

Tiesing, Berthold [aus New Haven, U. S. A.]: Ein Beitrag zur Kenntnis der Augen-, Kiefer- und Kiemenmuskeln der Haie und Rochen ... Jena, G. Fischer, 1895; 50 S. 8.
Jena, Med. Fak., Inaug.-Diss. v. [18. Sept.] 1895

Tiesler, Carl, s. Tiesler, Karl

Tiesler, Gerhart, Assistensarzt der äußeren Abteilung der städtischen Krankenanstalt zu Königsberg i. Pr.: Tuberkulose und Schwangerschaft. Königsberg i. Pr. 1905: O. Kümmel. (78 S.) 8°
Königsberg, Med. Fak., Ref. Winter, Diss. v. 14. Aug. 1905
[Geb. 20. Okt. 79 Nikolaiken, Kr. Sensburg; Wohnort: Königsberg i. Pr.; Staatsangeh.: Preußen; Vorbildung: Gymn. Rastenburg Reife O. 98; Studium: Königsberg, Erlangen, Berlin u. Königsberg 10 S.; Coll. 10. Aug. 05; Approb. 10. Juli 03.]

Tiesler, Karl

Tiesler, Car., de Bellonae cultu et sacris. 8maj. (2⅓ B.) Berolini 842, Trautwein'sche Buchh.

Tiesler, C., u. J. Wolinski, Materialien zum Uebersetzen aus dem Deutschen in's Polnische für die oberen Classen der Gymnasien u. Realschulen nach polnischen Quellen zusammengestellt u. bearb. — Książka do tłomaczenia z języka niemieckiego na polski. — 1. Thl. Beschreibung des alten Polens. Posen 863. Türk. gr. 8. (VII, 171 S.) n. 20 ngr.

Tiesler, Carl. Ueber die Reden des Thukydides. 44 S.
Posen, F. W., Progr. 1854

Tiesler, C., Vocabularium der polnischen Sprache, etymologisch geordnet u. mit den wichtigsten Phrasen versehen. Posen 868. Türk. 8. (IV, 198 S.) geb. n. 15 ngr.

Tiesler, Rud., Handbuch der Bekleidungskunst f. Herren, s.: Klemm, H.

Tiesler, Rud., Handbuch d. Geschäftskunst f. Schneider. Zeitgem. Rathschläge u. Winke f. e. prakt. Einrichtg. u. ration. Führg. e. Schneidergeschäftes. [Aus den Modezeitgn. der Verlagsh.] gr. 8. (78 S.) Dresden 896. Exped. d. Europ. Modenzeitg. n. — 80; geb. n. 1. —

— ges. Kindergarderobe; Knaben-Bekleidg.; Mädchen-Bekleidg., s.: Klemm, H.

— leichtfaßliches Lehrbuch im Zuschnitt sämmtl. Leibwäsche, s.: Klemm, H.

— Lehrbuch f. Uniformschneider, s.: Klemm, H.

— Normal-Modelle d. Taillenschnittes, s.: Klemm, H.

Tiesmeyer, B., s.: Festreden, allerlei.

— gebt unserm Gott die Ehre. Dankespredigt, geh. am 2. Septbr. 1873 zur Erinnerg. an den Tag v. Sedan. 8. (15 S.) Bremen 873. (Barmen, Klein.) n. — 40

— die Praxis der Sonntagsschule. Ein Wegweiser f. Vorsteher, Lehrer u. Lehrerinnen u. Solche, die es werden wollen. 8. (VIII, 240 S.) Ebend. 873. n. 1. 50

Tiesmeyer, d. Praxis d. Sonntagsschulen. Wegweiser f. Lehrer. 2. Aufl. Bremen 877.

Tiesmeyer, Josef

Tiesmeyer, J., Liedersammlung für Schule u. Haus. Ausg. ohne Noten. 10. Aufl. 8. (48 S.) Osnabrück 881. Beith. n. — 20

Tiesmeyer, J., Liedersammlung für Schule und Haus. Ausg. ohne Noten. 12. Aufl. 8. (48 S.) [Osnabrück 885, Beith.] Lingen, van Acken. *

Tiesmeyer, J., Liedersammlung f. Schule u. Haus. 17. Aufl. 16. (152 S.) Lingen 890. van Acken. geb. n. — 30

Tiesmeyer, J., Liedersammlung f. Schule u. Haus. Neue, verm. u. verb. Ausg. m. Noten [übereinstimmend m. der 17. Aufl. der Textausg.] 12. (VIII, 163 S.) Lingen 892. R. van Acken. n. — 50

— Liedersammlung f. Schule u. Haus. 18. Aufl. 16. (152 S.) Ebd. 894. Geb. n. — 30

Tiesmeyer, Jos., Liedersammlung f. Schule u. Haus. (Mit Noten.) 3., verm. u. verb. Aufl. 8. (VIII, 164 S.) Lingen 897. R. van Acken. n. — 50; Ausg. ohne Noten. 19. Aufl. 16. (152 S.) Geb. n. — 30

[J.] Liedersammlung für Schule u. Haus v. J. Tiesmeyer. (Ausg. m. Noten.) 3. (verm. u. verb.) Aufl. *Lingen a. d. Ems: R. van Acken 1898.* (VIII, 160 S.) 1 Bd 8.

Tiesmeyer, J., Liedersammlung f. Schule u. Haus. 4. Aufl. (VIII, 164 S.) 8. Lingen 905. R. van Acken. n. — 50

Tiesmeyer, Jos., Liedersammlg. f. Schule u. Haus. 23. Aufl. (152 S.) 16. Lingen 907. R. van Acken. Kart. — 30

Tiesmeyer, Jos., kurze deutsche Sprachlehre f. Volksschulen, s.: Meune, H.

Tiesmeyer, J., das deutsche Volkslied. 8. Osnabrück 881. Lingen, v. Acken. *

Tiesmeyer, L.

— u. H. Werner, tägliche Andachten üb. bildliche Aussprüche der Bibel. 2. (Titel-)Ausg. von: Aus dem Bilderschatz der Bibel. gr. 8. (VI, 678 S.) Ebd. 890. n. 5. —

— — aus dem Bilderschatz der Bibel. Tägliche Andachten üb. bibl. Bilder. gr. 8. (VI, 678 S.) Ebd. 888. n. 6. 50; geb. n. 7. 50

—— und P. Zauleck, das Buch der Weihnachtslieder. Deutsche Weihnachtslieder, gesammelt und gesichtet. Musikalisch bearb. von H. Putsch. gr. 8. (VIII, 145 S.) Bremen 884, Müller's Verlagsh. * ℳ 1,50.; cart. * Text-Ausg. 16. (IV, 76 S.)

— u. P. Zauleck, das Buch d. Weihnachtslieder. Deutsche Weihnachtslieder, ges. u. gesichtet v. T. u. Z. Musikalisch bearb. v. H. Putsch. 2., völlig neu bearb. Aufl. gr. 8. (VII, 136 S.) Ebd. 896. n. 2. 50; kart. n. 3. —

— — unterm Christbaum. E. Weihnachtsbüchlein. 8. (32 S. m. Abb. u. 1 Farbdr.) Bremen 897. J. Morgenbesser. n. — 14

—— u. P. Zauleck. Christblümchen. Ein Weihnachtsbüchlein. 16. (48 S. m. Bildern.) Brem. 891, Morgenbesser. * — 20

— — Christblumen. E. Weihnachtsbüchlein f. die christl. Kinderwelt. 12. (16 S. m. Abb.) Ebd. 898. n. — 08

— — Christfreude. E. Weihnachtsbüchlein. 12. (32 S. m. Abb. u. 1 Farbendr.) Ebd. 896. n. — 12

Tiesmeyer, L., die Erweckungsbewegung in Deutschland während des XIX. Jahrh. 1. u. 2. Hft. gr. 8. Kassel, E. Röttger. à n. 1. —

1. Minden-Ravensberg u. Lippe. (83 S.) 901.
2. Das Siegerland, das Dillthal u. das Homburger Land. (III u. S. 85—178.) (902).

Tiesmeyer, L., Erweckungsbewegung in Deutschland während des XIX. Jahrh. 3.—7. Heft. gr. 8. Kassel, E. Röttger. à n. 1. —

3. Das Wuppertal, das Ober- u. Niederbergische Land. (III u. S. 179—253.) (903.)
4. Baden. (IV u. S. 255—386.) (904.) (1. Bd. vollst. geb. in Leinw. n.n. 5. —.)
5. (II. Bd. 1. Heft.) Ehemal. Kurfürstent. Hessen. (80 S.) (905.)
6. Das Großherzogt. Hessen. (77 S.) (905.)
7. (II. Bd. 3. Heft.) Württemberg. (104 S.) (906.)

Tiesmeyer, L., die Erweckungsbewegung in Deutschland während des XIX. Jahrh. 8.—14. Heft. (II. Bd. 4. Heft; III. Bd. 4 Hefte u. IV. Bd. 1. u. 2. Heft.) gr. 8. Kassel, E. Röttger. à Heft 1.—; (III. Bd. kplt. geb. in Leinw. 5. —)

8. Das Königr. Bayern. (84 S.) (907).
9. Das ehemal. Königr. Hannover u. die Grafsch. Tecklenburg. (94 S.) (908.)
10. Die drei Hansestädte Bremen, Hamburg u. Lübeck. (S. 97—191.) (908.)
11. Die Provv. Pommern u. Schleswig-Holstein. (S. 193—298.) (909.)
12. Berlin u. die Prov. Brandenburg. (S. 299—360.) (909.)
13. Die Provv. Schlesien u. Ostpreußen. (100 S.) 910.
14. Die Provv. Posen u. Westpreußen. (III u. S. 105—192.) (910.)

· und P. Zauleck

—— —— die Festgottesdienste der Kinder. Zwölf liturg. Andachten für die Oster-, Pfingst- und Trinitatiszeit. 2 Hefte. [I. Liturgischer Teil. — II. Musikalischer Teil, bearb. von H. Putsch.] gr. 8. (72; 32 S.) Bielefeld 884, Velhagen und Klasing. *

Tiesmeyer, L., s. Festreden, allerlei.

—— das Feuer des Herrn. Missionspredigt über Luc. 12, 49 und 50, gehalten auf dem Missionsfest zu Ferndorf den 22. Mai 1870. 1. Aufl. 1870. * 25 Pf., und 2. Aufl. gr. 8. (14 S.) Barmen 872, Klein. *

– und P. Zauleck

—— —— Friede auf Erden. Ein Weihnachtsbüchlein. gr. 16. (24 S. m. Abbildgn.) Ebd. 892. * — 10

— — zu Jesu Füßen. Kinderpredigten über Leben, Werk u. Lehre Jesu auf alle Sonn- u. Festtage des Kirchenjahres. Hrsg. v. T. u. Z. gr. 8. (VIII, 427 S.) Bielefeld 898. Velhagen & Klasing. n. 4. 20; geb. in Leinw. n. 4. 80

—— Gebt unserm Gott die Ehre. Dankespredigt, gehalten am 2. Septbr. 1873 zur Erinnerung an den Tag von Sedan. 8. (15 S.) Bremen 873. (Barmen, Klein.) *

Tiesmeyer, Ludwig: Die christliche Gemeinschaftssache von P. prim. a. D. –. Kassel: Röttger [1908]. 16 S. 8° [Umschlagt.]
Aus: Tiesmeyer: Die Erweckungsbewegung in Deutschland während d. 19. Jhs. H. 2.

Tiesmeyer, L. Gieb mir, mein Sohn, dein Herz! Eine Mitgabe f. konfirmirte Söhne. 12. (99 S.) Brem. 892, J. Morgenbesser. * — 30

— aus des Heilands Heimat. Der deutschen Jugend erzählt. Mit 166 Abbildgn. u. e. Plane v. Jerusalem. 4. (VI, 168 S.) Bielefeld (899). Velhagen & Klasing. Geb. in Leinw. n. 3. —

– und P. Zauleck

— — Hosianna. Ein Weihnachtsbüchlein. 8. (26 S. m. Abbildgn.) Ebd. 894. n. — 10

—— —— Ihr Kinderlein, kommet! Ein Weihnachtsbüchlein. 16. (32 S. m. Bildern.) Ebd. 891. * — 12

— s.: Kalender f. unsre Kinder.

Tiesmeyer, L., der Heidelberger Katechismus im Auszuge, s.: Müller, D.

— u. P. Zauleck, deutsches Kindergesangbuch f. Kirche, Schule u. Haus. 12. (192 S.) Bremen 889. Morgenbesser. n. — 50; geb. — 75

—— —— dass. — Große Ausg., m. vollständ. Begleitg. aller Lieder, bearb. v. H. Putsch. 8. (XV, 344 S.) Ebd. 890. geb. * 2 80

und P. Zauleck

— — deutsches Kindergesangbuch f. Kirche, Schule u. Haus. 3. Aufl. 21.—30. Taus. 12. (196 S.) Ebd. 893. Geb. — 75

— — dasselbe. Große Ausg. m. vollst. Begleitg. aller Lieder, bearb. v. H. Putsch. 2., veränd. Aufl. 12. (IV, 342 S.) Ebd. 895. Geb. in Leinw. n. 2. 80

— — deutsches Kindergesangbuch f. Kirche, Schule u. Haus. 6. Aufl. 51.—60. Taus. 12. (192 S.) Bremen 897. J. Morgenbesser. Geb. — 75

— u. P. Zauleck, deutsches Kindergesangbuch f. Kirche, Schule u. Haus. 8. Aufl. 71.—80. Taus. 12. (192 S.) Bremen 901. J. Morgenbesser. Geb. — 75

— u. P. Zauleck, deutsches Kindergesangbuch f. Kirche, Schule u. Haus. 12. Aufl. 111.—120. Taus. (208 S.) kl. 8. Bremen 906. J. Morgenbesser. Geb. — 75

— u. P. Zauleck, deutsches Kindergesangbuch für Kirche, Schule u. Haus. 14. Aufl. 136.—150. Taus. (208 S.) kl. 8. Bremen 909. J. Morgenbesser. Geb. — 75

Tiesmeyer, L., s.: Kindergottesdienst, der.

Tiesmeyer, L., Liederbuch für Sonntagsschulen, s. Meyer, H.

—— Liedersammlung für Schule und Haus. Ausg. ohne Noten. 10. und 11. Aufl. 8. (48 S.) Osnabrück 881,84, Veith. *

—— eine deutsche Missionsarbeit auf Neu-Seeland. Lebensgeschichte des Missionars J. Fr. Riemenschneider. gr. 16. (VI, 142 S. mit 1 Photogr.) Bremen 875, (Valett und Comp.) *

– und P. Zauleck

— — stille Nacht. Ein Weihnachtsbüchlein. 16. (32 S. m. Bildern.) Ebd. 893. n. — 10

Tiesmeyer, Ludw., die Praxis des Jünglingsvereins. Ein Hilfsbuch für Leiter und Mitglieder evangel. Jünglingsvereine. gr. 8. (VII, 272 S.) Bremen 885, Heinsius Nachf. *

Tiesmeyer, L., die Praxis d. Jünglingsvereins. Ein Hilfsbuch f. Leiter u. Mitglieder evangel. Jünglingsvereine. 2., bill. (Titel-)Ausg. gr. 8. (VII, 272 S.) Bremen 890. Heinsius Nachf. n. 2. —

— d. Praxis d. Jünglingsvereins. E. Hilfsbuch f. Leiter u. Mitglieder evang. Jünglingsvereine. 2., verm. u. verb. Aufl. gr. 8. (VII, 315 S.) Bremen 895. Leipzig, M. Heinsius Nachf. n. 2. 25; geb. n. 3. —

—— die Praxis der Sonntagsschule. Ein Wegweiser für Vorsteher, Lehrer und Lehrerinnen und Solche, die es werden wollen. 8. (VIII, 240 S.) Barmen 873, Klein. *

— die Praxis der Sonntagsschule. Ein Wegweiser f. Vorsteher, Lehrer, Lehrerinnen u. Solche, die es werden wollen. 2. verb. u. verm. Aufl. 8. (XII, 321 S.) Bremen 877. Müller's Verl. n. 2. 40

— Reiseerinnerungen an den deutsch-französischen Krieg 1870. Ebend. 870. 8. (36 S.) n. 4 ngr.

- und P. Zauleck

— — unter dem Tannenbaum. Ein Weihnachtsbüchlein. 12. (24 S. m. Illustr.) Bremen 889. Morgenbesser. n. — 10

— — uns ist e. Kind geboren! Ein Weihnachtsbüchlein. 12. (32 S. m. Abb.) Bremen 895. J. Morgenbesser. n. — 15

— s.: Taschenbuch f. Leiter u. Helfer d. Kindergottesdienste.

Tiesmeyer, L., Georg Gottfried Treviranus, weil. Pastor prim. an St. Martini in Bremen, in seinem Leben und Wirken dargestellt. 8. (IV, 179 S.) Bremen 879, Sauernheimer. * geb. *

— das deutsche Volks-Lied. Eine Mahnung an Deutschlands Lehrer zu dessen Pflege u. Wiederbelebung in Schule u. Haus. 8. (16 S.) Ebend. 881. n. — 10

— Weckstimmen u. Ideale. Vorträge f. Jünglingsvereine u. Vereine verw. Art, ges. u. hrsg. v. T. gr. 8. (VI, 358 S.) Bremen 896. Leipzig, M. Heinsius Nachf. n. 4. —; geb. n. 5. —

und P. Zauleck

— — frohe Weihnacht. Ein Festbüchlein f. die christl. Kinderwelt. (16 S. m. Abb.) 12. Ebd. (902). n. — 07

— — frohe u. ernste Weihnacht. Ein Weihnachtsbüchlein. 8. (44 S. m. Bildern.) Ebd. 893. n. — 20

— — die Weihnachtsfeier der Kinder. Sechs Weihnachtsandachten mit vollständ. Begleitung sämtl. vorkomm. Weihnachtslieder. gr. 8. (64 S.) Ebend. 882. 83. cart. n. 1. —; 6 Formulare hierzu: „Gesänge f. die Weihnachtsfeier der Kinder" f. je 50 Stück n. — 40

— — die Weihnachtsfeier der Kinder. 6 Weihnachtsandachten m. vollständ. Begleitg. sämtl. vorkomm. Weihnachtslieder. 2. Aufl. 2 Tle. gr. 8. (47 u. 31 S.) Ebend. 886. n. 1. 20

— — die Weihnachtsfeier der Kinder. 6 Weihnachtsandachten m. vollständ. Begleitg. sämtl. vorkomm. Weihnachtslieder. 3., völlig umgearb. Aufl. 2 Tle. gr. 8. Bielefeld 893. Velhagen & Klasing. Kart. n. 1. 60
1. Liturgischer Tl. (48 S.) — 2. Musikalischer Tl. (38 S.)

— — Weihnachtsfreude. Ein Weihnachtsbüchlein. 12. (24 S. m. Abb.) Ebd. 895. n. — 12

—— —— Weihnachtsglöcklein. 12. (32 S. m. Holzschn.) Ebd. 890. * — 12

— — Weihnachtsgrüße f. unsere Kinder. 12. (48 S. m. Illustr.) Ebd. 889. n. — 20

—— —— Weihnachtsklänge f. unsere Kinder. gr. 16. (32 S. m. Abbildgn.) Ebd. 892. * — 12

— — Weihnachtslicht! Ein Weihnachtsbüchlein. 12. (16 S. m. Abb.) Ebd. 896. n. — 07

—— —— Zur Weihnachtszeit. Ein Weihnachtsbüchlein. 16. (28 S. m. Bildern.) Ebd. 891. * — 10

— — zur Weihnachtszeit. E. Weihnachtsbüchlein. 8. (16 S. m. Abb.) Ebd. 897. n. — 08

— u. P. Zauleck, wie man Kindern den Heiland zeigt. Eine Sammlung von Predigten u. Ansprachen, vor Kindern geh. 8. (VIII, 274 S.) Bielefeld 883. Velhagen & Klasing. n. 2. 50; geb. n. 3. —

—— und P. Zauleck, wie man Kindern den Heiland zeigt. Eine Sammlung von Predigten und Ansprachen, vor Kindern gehalten. 2. verm. und verb. Aufl. gr. 8. (VIII, 324 S.) Bielefeld 889, Velhagen und Klasing. *ℳ 3.—.; geb. *

— — wie man Kindern d. Heiland zeigt. E. Sammlg. v. Predigten u. Ansprachen, vor Kindern geh. 3., verb. Aufl. gr. 8. (VIII, 307 S.) Bielefeld 896. Velhagen & Klasing. n. 3. —; geb. n.n. 3. 50

— — allerlei Wünsche. Für uns. Kinder hrsg. 12. (64 S.) Ebd. 897. — 75

— — die schönste Zeit. Ein Weihnachtsbüchlein. 8. (32 S. m. Abbildgn.) Ebd. 894. n. — 12

Tießen, Chr., (F. C. Touchy,) prakt. Unterricht von Erziehung, Pflege u. Wartung junger Bäume, deren Veredlung, gehör. Verpflegung u. Anlegung eines Obstgartens. 8. Koln 788. (Leipz., Cnobloch). 3 ℊ

Tiessen, E., s.: Richthofen's, Ferd. v., Tagebücher aus China.

Tiessen, E., die Schriften Ferdinand Freiherr v. Richthofens, s.: Männer der Wissenschaft, 4. Hft.

Tiessen, Ed., d. Börsengesetzentwurf, s.a. Zeitfragen, volkswirthschaftl.

Tiessen, E. Der Börsengesetzentwurf. Mit Bemerkungen Berlin 1895.

Handbuch der deutschen Getreidestatistik seit 1880. 2. Aufl., d. Statistik f. 1895/96 einschliessend. Bearb. v. Ed. Tiessen, Stettin. *Berlin: L. Simion 1896.* (2 Bl., 31 S.) 8.
= Zeitfragen, Volkswirthschaftliche. H. 138. '(Jg. 18. H. 2.)' [97. 183]

— dasselbe, s.a. Zeitfragen, volkswirthschaftl.

Tiessen, Eduard: Wozu haben sie die Augen?, s. Vega, Felix Lope de

Tiessen, Ernst, China, das Reich der 18 Provinzen, s.a. Bibliothek der Länderkunde. 10. u. 11. Bd.

China, das Reich der achtzehn Provinzen, von Dr. Ernst Tiessen. T. 1. *Berlin: A. Schall 1902.* 8°
= Bibliothek d. Länderkunde. Bd 10. 11. [02. 1138]

Tiessen, Ernst *Georg* [aus Braunsberg]: Die subhercyne Tourtia und ihre Brachiopoden- und Mollusken-Fauna ... (Erscheint vollst. in: Zeitschr. d. Deutsch. Geol. Ges., Jg. 1895.) Berlin, Buchdr. v. G. Schade, *1895*; 30 S., 1 Bl. 8.
Berlin, Phil. Fak., Inaug.-Diss. v. 8. Aug. 1895

Tiessen, Heinr., Untersuchungen über die Amyloid-Leber. Inaugural-Dissertation. gr. 8. (29 S.) Königsberg 877. (Hartung.) n. 1. —

Tiessen, Frau Hilbeg., s.: Hippel, Hilbeg. v.

Tießen, J. A., s. 1) Corneille, Lügner. 2) Entzauberung, die unverhoffte. 3) Euphemie.

CHAOS, Das; eine vermischte Wochenschrift (verfasst von *Joh. Alexander Tiessen*). Steinfurt 1757. Rar!
Anon.-Lex. I. p. 316 (nach Meusel).

TIESSEN, MATTH., Volkommene teutsch-englische Grammatica ... nach dessen Tode revidiret und ans Licht gegeben von GOTTFR. DEWERDECK. Berlin. 1705. — Frankf. a/M. 1712.

Tiete, Georg [aus Königszelt]: Zu John Gower's Confessio Amantis. I. Lexikalisches. ... Breslau: Buchdr. z. Gutenberg, Anton Schreiber (1889). 2 Bl., 50 S., 1 Bl. 8°
Breslau, Phil. Fak., Inaug.-Diss. v. 15. Jun. 1889

Tietjen, Friedrich

Tietjen, s. Foerster, W., Sammlung von Hülfstafeln der Berliner Sternwarte.

Tietjen, F., logarithmisch-trigonometrisches Handbuch, s.: Vega, Geo. Frhr. v.

Tietjen, F., s.: Jahrbuch, Berliner astronom.

—— s. Jahrbuch, nautisches.

Tietjen, Frid. (geb. Westerstede in Oldenb. 13. 11. 1834): De methodis ad orbitas cometarum determinandas adhibitis. Introductio. Berolini (1864). (16 S.) 4°
Berlin, Phil. Diss. v. 14. Mai 1864

—— und P. Lehmann, Tafel vierstelliger Logarithmen. gr. 4. (15 S.) Berlin 877, Dümmler's Verlag. *

Tietjen, Fr., geograph. Ortsbestimmungen, s.: Anleitung zu wissenschaftl. Beobachtungen auf Reisen.

Tafel zur Berechnung der wahren Anomalie für Excentricitätswinkel von 0° bis 20° 20′ nebst e. Taf. z. genäherten Auflösg d. Kepler'schen Gleichg. (Vf.: F[riedr.] Tietjen.) *Berlin: A. W. Schade 1892.* (1 Bl., IV, 124 S.) 1 Bd 8.(4.).
= Veröffentlichungen d. Rechen-Instituts d. Kgl. Sternwarte zu Berlin. No 1. [98. 903]

Tietjen, H. F., die wichtigsten Sprachstörungen u. ihre wirksame Bekämpfung durch die Schule, s.: Lehrer-Prüfungs- u. Informations-Arbeiten.

Tietjen, Johann, a. Borgfeld bei Bremen: Beitrag zur Casuistik des mechanischen Ileus nach Appendicitis. Kiel 1906: H. Fiencke. (31 S.) 8°
Kiel, Med. Fak., Ref. Helferich, Diss. v. 2. Juli 1906
[Geb. 14. April 80 Borgfeld b. Bremen; Wohnort: Borgfeld; Staatsangeh.: Bremen; Vorbildung: Gymn. Bremen Reife O. 01; Studium: Tübingen 2, Halle 1, Kiel 1, München 1, Berlin 1, Kiel 4 S.; Coll. 21. April 06; Approb. 31. März 06.]

Tietjens, J., die **Bauformenlehre** (Säulenordngn. u. Fassaden), s.: Lehrhefte, techn., Hft. 13/14.

— die Bauführung. Eine prakt. Anleitg. f. angeh. Architekten u. Bauführer, sow. e. Hilfsmittel f. techn. Lehranstalten. M. 25 Textfig. in Holzschn. Nebst e. Anh.: D. wichtigsten Bestimmgn. d. Kranken- u. Unfallversicherungsgesetze. Lex.-8. (VI, 83 S.) Leipzig 898. J. M. Gebhardt. n. 2. 40; geb. n.n. 2. 75

— ausgew. **Entwürfe zu freisteh. u. eingebauten Wohnhäusern,** s.: Ebeling.

Tietjens, J., der Kostenanschlag f. Hochbauten. Ein Handbuch f. die Praxis sowie f. techn. Lehranstalten u. zum Selbstunterricht. Mit Preisangaben über Arbeiten u. Lieferungen im Gebiete des ges. Hochbauwesens, sowie Normen zur Herstellung u. Lieferg. der Baumaterialien, nebst e. vollständig durchgeführt. Kostenanschlag. Mit 66 Textfig. in Holzschn. u. 1 in Farbendr. ausgeführt. Bauzeichng. gr. 8. (VI, 162 S.) Leipzig 899. J. M. Gebhardt. n. 4. —; geb. n. 4. 50

Tietjens, Ludwig

Tietjens, L., u. H. **Roemer,** Laboratoriumsbuch f. die Kaliindustrie, s. q. Laboratoriumsbücher f. die chem. u. verwandte Industrien. 12. Bd.

Laboratoriumsbuch für die Kaliindustrie. Von Dr. L[udwig] **Tietjens** u. Dr. H[einrich] Roemer. Mit 8 Abb. Halle a. S.: Knapp 1910. VIII, 76 S. 8°
(Laboratoriumsbücher f. d. chem. u. verwandte Industrien. Bd 12.) (11. 143

Tietjens, Ludw., I. Nitrosuccinanile u. Wasserstoff. II. Bernsteinsäurechlorid u. Benzanilid. III. Kresolabkömmlinge. Inaugural-Dissertation. gr. 8. (32 S.) Hannover 880. (Göttingen, Vandenhoeck & Ruprecht.) n. — 80

[F.] **Tietke,** Friedrich [app. Arzt]: Ueber Eklampsie auf Grund v. 25 Fällen aus d. Rostocker geburtshülfl. Klinik ... Teterow, H. Decker's Buchdr., 1894; 40 S. 8.
Rostock, Med. Fak., Inaug.-Diss. v. [9. Okt.] 1894

Tietmeyer, Julius, approb. Arzt aus Erfurt: Zur **Kasuistik der** Adenomyome. *Greifswald 1903: J. Abel.* (25 S.) 8°
Greifswald, Med. Diss. v. 14. Mai 1903

Tietsch, Rechenbuch f. Stadtschulen, s.: Braune, A.

Tietsch, Gust., Schulreden. (X, 207 S.) gr. 8. Leipzig 907. Dürr'sche Buchh. 2. 80

Tietschert, Karl

Tietschert, Carl, Keimungsversuche m. Roggen u. Raps bei verschieden tiefer Unterbringung. Mit 2 Taf. in Steindr. gr. 8. (VI, 100 S.) Halle 872. Buchh. d. Waisenh. n. 3. —

Tietterling, C. Fr., Dissertazione intorno alla febbre gialla Vien. Rhem. 805. Rthlr. ·

Tietz, Erinnerungs-Skizzen aus Rußland, der Türkei u. Griechenland. Entworfen währ. d. Aufenthalts in jenen Ländern in d. J. 1833 u. 1834. 2 Thle. 8. (28¾ B.) Coburg 836. [Leipzig, Brauns.] 1¾ Thlr., hrbgs. Pr.

Tietz, Legationsrath, Erinnerungs-Skizzen aus Rußland, der Türkei u. Griechenland. Entworfen während des Aufenthalts in jenen Ländern in den Jahren 1833 u. 1834. 2 Thle. 8. Coburg 836. Sinner. 1¾ ℔

Tietz, A. O. Q., über die Keimung einiger Coniferen und Laubhölzer bei verschiedenen aber constanten Temperaturen. Inaugural-Dissertation. gr. 8. (44 S. mit 8 Stnt. in gr. 4.) Reudnitz-Leipzig 876. (Jena, Deistung's Buchh.) *

Tietz, Adolf: Deklamatorische Übungen auf dem Gymnasium. 1. *Cöthen (1898): P. Schettlers Erben.* (3—24 S.) 4°
Cöthen, herz. Ludwigs-G, OP 1898 (719)

Tietz, Adolf, Prof.: Deklamatorische Übungen auf dem Gymnasium. 2. *Cöthen (1900): P. Schettlers Erben.* (S. 3—24.) 4° (Forts. d. P-Beil. 1898.)
Cöthen, herz. Ludwigs-G, OP 1900 (732)

Tietz, Adolf Über Verbindung des geschichtlichen mit dem geographischen Unterrichte in der Quinta des Gymnasiums. 39 S. *Cöthen* 1877. **Progr.**

Wo liegt beim Fall Settegast das praktische Interesse der Tochterlogen von Royal York? Von [Adolf] **Tietz.** Als **Ms. gedr. f. Meister. Cöthen 1890: Elvers. 15 S. 8°** [Umschlagtit.]

Tietz, Alfred, appr. Arzt: Aus d. 1. inn. Abt. ⟨Dir. Stadelmann⟩ u. d. pathol. Inst. ⟨Prosektor Pick⟩ d. städt. Krankenh. Friedrichshain zu Berlin. Ueber Polyglobulie insbesondere bei congenitalen Herzfehlern. Berlin 1909: Pilz. 30 S. 8°
Leipzig, Med. Diss. v. 6. Nov. 1909, Ref. Hoffmann
[Geb. 8. Mai 84 Booßen; Wohnort: Berlin; Staatsangeh.: Preußen; Vorbildung: Humboldt-Gymn. Berlin O. 03; Studium: Berlin 10 S.; Coll. 20. Nov. 09; Approb. 9. Sept. 09.] [U 10. 3071

Tietz, August, prakt. Arzt: Ueber die **Operationen** bei Struma **suprarenalis accessoria** maligna Grawitz. *Königsberg i. Pr. 1901: O. Kümmel.* (32 S.) 8°
Königsberg, Med. Diss. v. 15. Juni 1901

Tietz, Carl, s. Tietz, Karl

Tietz, Christian Friedrich, s. Tietz, Friedrich

Tietz, Friedr., drei Arrestanten, s. Both's Bühnen-Repertoir.

— im Asyl, s. Both's, L. W., Bühnen-Repertoir.

Tietz, (Chrstn.) Friedr., Blicke auf Preußens Königssitz u. dess. Umgebungen. (Gedichte.) 8. (5 B.) Berlin 828, Nortmann. (?)

—— eine Braut auf Lieferung, s. Kühlings, A., Volks-Schaubühne.

— die Braut unter Quarantaine.. siehe: Bühnen-Repertoir, No. 147.

— ein Duell unter Cardinal Richelieu, siehe: Bühnen-Repertoir, No. 148.

Tietz, Fr., heitere Eisenbahn- u. Reise-Lectüre. Bunte Erinnerungen an frühere Persönlichkeiten, Begebenheiten u. Theaterzustände aus Berlin u. anderswoher. Berlin 859. Lassar. 8. (135 S.) n. 10 ngr

Tietz, Fr., bunte Erinnerungen an frühere Persönlichkeiten, Begebenheiten und Theaterzustände aus Berlin und anderswoher. Berlin 854. Lassar. 8. (VIII, 135 S.) n. 1 Thlr.

Tietz, F., Ernstes u. Heiteres zu Lebensfesten f. Große u. Kleine. Eine Samml. neuer dramat. Scenen u. Gratulationen zu Geburtstagen, silbernen u. gold. Hochzeiten, Weihnachten, Sylvesterabenden u. Neujahrsnächten. gr. 12. (6 B.) Berlin 839, Morin.

— s. Erzählungen, Begebenheiten und Skizzen, historisch-romant.

Tietz, Fr., Erzählungen und Phantasiestücke. Mit einem Vorworte von Friedrich, Baron de la Motte Fouqué. 8. Leipzig 834. Böhme. 1 Thlr.

— nur Feinde, s. Both's, L. W., Bühnen-Repertoir.

— ein Engl. Gesetz, siehe: Bühnen-Repertoir. No. 151.

—— Haidekraut und Riedgras. Märkisch-preußische Historietten aus alten Tagen. gr. 8. (V, 384 S.) Breslau 868, Trewendt.

Tietz, Chrstn. Friedr., der Herr mein Hort. Christl. Lieder f. häusl. Andacht. Eine Festgabe. 8. (10 B.) Berlin 836, Herbig. 12 Gr., Ldnp.

— Hochzeitsfreuden, s. Both's, L. W., Bühnen-Repertoir.

Tietz, F., Je toller je besser! Eine Samml. heiterer, leicht ausführbarer Polterabendscherze. gr. 12. (6¼ B.) Berlin 839, Morin. Thlr.

—— der Herr Inspektor, s. Jahrbuch deutscher Bühnenspiele.

— närrische Leute, s. Both's, L. W., Bühnen-Repertoir.

—— Nur nicht ängstlich, s. Jahrbuch deutscher Bühnenspiele.

Tietz, Fr., Sammlung heiterer, leicht ausführbarer Polterabendscherze, od.: Je toller, desto besser. 2. verb. Aufl. gr. 18. (IV u. 102 S.) Quedlinburg 847, Ernst. 5/12 Thlr.

—— bunte Skizzen aus Ost u. Süd. Entworfen u. gesammelt in Preußen, Rußland, der Türkei, Griechenland, auf d. ionischen Inseln u. in Italien. 2 Thle. 8. (40¼ B. u. 1 Musikbeil.) Leipzig 838, Brockhaus.

—— 36 dramatische Scenen zur Erhöhung der Feier bei Geburtstagen, silbernen Hochzeiten rc. 2. Ausg. 12. (IV und 139 S.) Quedlinburg 847, Ernst'sche Buchh. –

—— dramat. Taschenbüchlein für die Figurentheater d. Kinder. Ein Weihnachtsgeschenk f. d. Jugend. I. Jahrg. 16. (5¼ B.) Berlin 839, Crantz. (Leipzig, Brockhaus.)

Tietz, F., Tollpatsch, s. Kühling's, A., Volks-Schaubühne.

—— ein Verschwörer, s. Both's, L. W., Bühnen-Repertoir.

—— Wien. Diabolische und menschliche Photographien. 8. (190 S.) Berlin 868, Hausfreund-Expedition. [Posen, Merzbach.] *

—— Wien 1873 bei Tag und Nacht. Culturbilder. gr. 8. (251 S.) Berlin 873, Wedekind und Schwieger. *

—— dunkle Wolken, s. Both's, L. W., Bühnen-Repertoir des Auslandes.

—— brasilianische Zustände. Nach gesandtschaftl. Berichten bis z. J. 1837. gr. 12. (6½ B.) Berlin 839, Voßische Buchh.

—— Zwischen zwei Liedern, s. Both's, L. W., Bühnen-Repertoir des Auslandes.

Tietz, Ge., geistliche Wasserquelle. 3 Thle. 8. (208 S.) Wernigerode 858. (Nordhausen, Förstemann's Verlag.)

Tietz, Gustav August, Arzt a. Neudims (Ostpr.): Aus d. Univ.-Frauenklinik Rostock. Ein Beitrag zur Feststellung des günstigsten Zeitpunktes für die Einleitung der künstlichen Frühgeburt. Berlin: R. Trenkel 1907. (59 S.) 8°
Rostock, Med. Fak., Ref. Büttner-Sarwey, Diss. v. 24. Dez. 1907
[Geb. 6. Aug. 73 Neudims; Wohnort: Neudims; Staatsangeh.: Preußen; Vorbildung: Gymn. Rössel Reife O. 96; Studium: Königsberg 8, Halle 5, Greifswald 1, Leipzig 1, Rostock 1 S.; Coll. 8. Nov. 06; Approb. 9. Dez. 05.]

Tietz, Heinrich, aus Kapstadt: Ueber eine neue Reaktion der α-β-ungesättigten Ketoxime. *Berlin 1902: A. W. Schade.* (45 S.) 8°
Berlin, Phil. Diss. v. 15. Nov. 1902

Tietz, Herm., das Buch der Elegieen, metrisch übers. u. mit einem hebräischen Commentar, Sichron Jehuda genannt, versehen. gr. 8. (XIV, 94 S.) Schrimm 881. (Schreiber.) n. 1. 20

Tietz, Herm., Joseph Jacob Flatau, genannt Flatau v. Hopfenfeld. Eine biograph. Skizze. gr. 8. (15 S.) Berlin 869, (Poppelauer.)

(Tietz, Hermannus [vorher Hirsch]): *Variarum lectionum in primis quinque tractatus [talmud.:] Pirqêj 'Lôt libris propositarum explanatio. 79 S. 8° (4°)
Halle-Wittenberg, Phil. Diss. v. 26. Mai 1871
Geb. Birnbaum (Posen) [3. 9. 1834]. V.

Tietz, Hugo. Vorlagen zum Tuschen von Façaden m. umgebender Landschaft. Fol. Karlsr. 885. Fulda u. Lpz., Arnd. * 6 —

Tietz, Hugo, Vorlagen zum Tuschen v. Façaden m. umgebender Landschaft. Fol. (5 Taf. in Lichtdr. u. Chromolith.) Karlsruhe 885. Bielefeld's Verl. In Mappe n. 6. —

Tietz, Hugo, Vorlagen zum Tuschen v. Façaden m. umgeb. Landschaft. 3. Aufl. Fol. (5 [1 farb.] Taf.) Leipzig 895. J. J. Arnd. In Mappe n. 6. —

Tietz, Johann Daniel, s.a. Titius. – Titze.

Lehrbegriff der Naturgeschichte zum ersten Unterrichte entworfen von Johann Daniel Titius [Tietz]. Leipzig: Hertel 1777. 413 S. 8°

Tietz, Joseph

Tietz, J.: Eine mathematische Abhandlung. Braunsberg. 1867.
Schul-/Univ.-Schrift

Tietz, Jos. Algebraische Aufgaben zu Klassenarbeiten in der Prima des Gymnasiums. 15 S. Progr. *Braunsberg* 1883.

Tietz, J. Die Erfindung und erste Verbreitung des Blitzableiters. 19 S.
Braunsberg, Progr. 1859

Tietz, J., Grundriss der deutschen Stenographie nach Gabelsbergers System. Für Schulen bearb. 8. (31 S. mit 33 autogr. stenogr. Taf.) Braunsberg 867, Peter's Verlag. *

Tietz, J., Grundriss der deutschen Stenographie nach Gabelsbergers System. Für Schulen bearb. Mit 33 autograph. stenograph. Taf. 2. Aufl. gr. 8. (68 S., wovon 32 lithogr.) Leipzig 872, E. Peter's Verlag. *ℳ 1.; geb. *

—— dass. — Mit Uebertragung der stenograph. Taf. gr. 8. (96 S., wovon 32 lithogr.) Ebendas. 872. geb. *

—— deutsches Lesebuch in stenographischer Schrift nach Gabelsbergers System. Für Schulen bearb. Autographirt von Heinr. Krieg. gr. 8. (VIII, 64 S.) Ebendas. 872. * geb. *

Tietz, J. Die Linien und Punkte der gleichen Potenzen bei Kreisen, angewandt auf das vollständige Vierseit. 14 S. und 4 Figurt.
Konitz, Progr. 1854

Tietz: Ein Rotationsproblem. 23 S. Braunsberg, Progr. 1867.

Tietz: Ueber Transversalen. 24 S. und Figtf. - Braunsberg, Progr. 1862

—— Uebertragung der stenographischen Tafeln zum Grundriss der deutschen Stenographie nach Gabelsbergers System. 8. (29 S.) Braunsberg 867, Peter's Verlag. *

—— Uebertragung der stenographischen Tafeln zur 2. Aufl. des Grundriss der deutschen Stenographie nach Gabelsbergers System. gr. 8. (28 S.) Ebendas. 872. *

Tietz, Julius, prakt. Arzt aus Beeskow (Brandenburg): Beitrag zur Therapie des Galen. *Berlin (1899): G. Schade.* (31 S.) 8° ¶(Enthält die Übers. von Galen, θεραπευτική μέθοδος, XIV, 1—7.)
Berlin, Med. Diss. v. 2. Mai 1899

Tietz, Jul., s.: Beiträge zur Typhusforschung.

Tietz, Jul., die geschichtliche Entwickelung des deutschen Nationalbewußtseins. gr. 8. (199 S.) Hannover 880. Hahn. n. 2. —

Tietz, Jul., Die geschichtliche Entwickelung des Deutschen Nationalbewusstseins. Hannover 1880. 8. — Schrimm 1881. gr. 8. . . . . .нес.)

Tietz, Karl

Tietz, Karl: Ueber den Bau und die Einrichtung von Bierbrauereien. Nach einem vom Herrn Architekten Karl Tietz im österreichischen Ingenieur- und Architekten-Verein gehaltenen Vortrage. Mit Zeichnungen. Wien: Waldheim. 1868. (12 S.) 4°

Tietz, Carl, über den Bau und die Einrichtung von Bierbrauereien. Nach einem im östereich. Ingenieur- und Architekten-Verein gehaltenen Vortrage. 2. Aufl. 8. Mit 7 Zeichnungsblättern. Wien 872, v. Waldheim. *
Aus: Zeitschrift des österreich. Ingenieur- und Architekten-Vereins, besonders abgedruckt.

Tietz, L.: Die Hindernisse, welche der gedeihlichen Entwicklung der Töchterschulen entgegentreten. Marienburg 1867. 9 S. 4°
Schul-/Univ.-Schrift

Letzter Neujahrsgruss unseres allseitig hochverehrten und vielgeliebten Br. Leop. Tietz geb. 16. Dez. 1825 — gest. 4. Febr. 1891 an seine Loge „Zum Flammenden Stern" [in Berlin] und derer Sonnabend-Vereinigung Jan. 1891. Berlin [1891]: Hönig. 2 Bl. 8° [Umschlagtit.]
Mahnung zur Selbstverleugnung.

Tietz, Martin [aus Berlin]: Beitrag zur Kenntniss des Spektrums des Kohlenstoffs und seiner Verbindungen ... Berlin, Druck: W. Büxenstein, 1894; 58 S., 1 Bl., 3 Taf. 8.
Leipzig, Phil. Fak., Inaug.-Diss. v. [28. Sept.] 1894

Tietz, Osk., Entwürfe zu ausgeführten Gebäuden. Enth. städt. u. ländl. Wohngebäude, Hôtels, Villen, Zirken, Theater, öffentliche Vergnügungslokale u. s. w. in Ansichten, Grundrissen, Profilen u. Details. Für Architecten, Maurer- u. Zimmermeister, Bauunternehmer u. s. w. In 6 Hftn. Fol. (à 1 Bl. m. 6 Steintaf.) Leipzig 875. Scholtze. à n. 3. —

Tietz, Osk., Geschichte u. Entwickelg. der Warenhäuser, s.: Wussow.

Tietz, Otto, evang. Gesangbuch f. höh. Lehranst., s.: Henke, O.

Tietz, O., Gesangbuch f. evangelische Gymnasien, s.: Henke, O.

— Turn- u. Wanderlieder f. Schüler höherer Lehranstalten, s.: Henke, O.

Tietz, Paul: Ueber die Einwirkung von α-Naphtylaldehyd und m-Toluyaldehyd auf α-Pikolin und von Formaldehyd auf α, γ, α'-Trimethylpyridin. Breslau: Fleischmann 1909. 38 S. 8°
Breslau, Phil. Diss. v. 27. Mai 1909, Ref. Gadamer
[Geb. 29. Jan. 82 Peterswaldau, Kr. Reichenbach; Wohnort: Peterswaldau; Staatsangeh.: Preußen; Vorbildung: Realgymn. Reichenbach Reife O. 04; Studium: Breslau 10 S.; Rig. 22. Mai 09.] [U 09. 635

Tietz, Paul: Zur Qualitätsermittelung von Weizen, Gerste und Hafer. Königsberg i. Pr. 1905: R. Leupold. (60 S.) 8°
Königsberg, Phil. Fak., Ref. Albert, Diss. v. 11. Mai 1905
[Geb. 6. Nov. 72 Beeskow; Wohnort: Königsberg i. Pr.; Staatsangeh.: Preußen; Vorbildung: Joachimsthalsches Gymn. Berlin Reife M. 90; Studium: Halle 12, Königsberg 2 S.; Rig. 8. Mai 05.]

Tietz, Paulus [Dt.-Kronensis]: De Nicolai Damasceni fontibus quaestiones selectae ... Marpurgi Chatt., *Frommannsche Buchdr. in Jena,* 1896; 2 Bl., 40 S., 1 Bl. 8.
Marburg, Phil. Fak., Inaug.-Diss. v. [11. Apr.] 1896

Tietz, Philipp

Musikalische Bausteine aus der Loge Pforte zum Tempel des Lichts im Or. Hildesheim. Dichtungen von Aug. Grebe, comp. von Ph[il.] Tietz. H. 1. Hildesheim: Gude 1877. 27 S. 2° [Umschlagtit.]
Recens: Bh. 20 (1877) S. 205—206; FZ. 31 (1877) S. 286 (W. Tschirsch).
Mit Noten.

Tietz, Phil., 165 Choral-Melodien zur 2. u. 3. Aufl. des Christlichen Gesangbuchs für Schulen sowie zum neuen Hildesheim'schen Kirchen-Gesangbuch. Hildesheim 857. Gerstenberg. 8. (41 S.) nn. 2½ ngr.

Tietz, Phpp., Choral-Melodien zur 2. bis 4. Aufl. d. christlichen Gesangbuchs f. Schulen sowie zum neuen Hildesheim'schen Kirchen-Gesangbuch. 2. verm. Aufl. 8. (42 S.) Hildesheim 871. Gerstenberg. n.n. — 25

Tietz, Phil., maurerisches Gesangbuch, s. a. Gesangbuch.

Maurerisches Gosangbuch mit eingedruckten mehrstimmig bearb. Melodien. Hrsg. von Georg Friedr. Menge, im musikalischen Theile bearb. von Phil. **Tietz.** Hildesheim: Gerstenberg [1863]. XVI, 240 S. 8⁰

[Dasselbe.] 2. mit einem Anh. verm. Ausg. Ebendas. [1863]. VIII, 248 S. 8⁰

[Dasselbe.] Partitur und Clavierbegleitung. Ebendas. [ca 1864]. 112 S. 4⁰

[Dasselbe.] Ebendas. [ca 1864]. 116 S. 4⁰
Recens: FZ. 17 (1863) S. 343; 18 (1864) S. 143 (K. Pilz); Bh. 7 (1864) S. 125—126 (J. G. Findel), 262 (W. Tschirch).
Tt. 2300 a.

Tietz, Phil., Gesang-Unterricht f. Schulen. Ein method. Leitfaden in 3 Abthlgn. 1 u. 2. Kursus. 8. 1. Kursus. Nebst 25 einstimm. Liedern. (IV u. 51 S.) 2. Kursus. Nebst 25 zwei- u. dreistimm. Liedern. (48 S.) Hildesheim 852, Gerstenberg. (à n. 1/6 ℛ) n. 1/3 ℛ

—— dass. — 2. Kursus. Nebst 25 zwei- und dreistimm. Liedern. 1. Aufl. 1852. und 2. Aufl. 8. (48 S.) Ebds. 855. *

—— dass. — 3. Kursus. Nebst 25 zwei- und dreistimm. Liedern. 8. (63 S.) Ebds. 852. *

— — 3. Kursus. Nebst 25 zwei- u. dreistimm. Liedern. Ebend. 854. (63 S.) n. 5 ngr

—— Gesang-Unterricht für Schulen. Ein methodischer Leitfaden in 3 Abthlgn. 2. Kursus. Nebst 25 zwei- und dreistimm. Liedern. 2. Aufl. 8. (48 S.) Hildesheim 858, Gerstenberg'sche Buchh. *

—— dass. — Ein methodischer Leitfaden. 4. Thl.: Liedersammlung. 8. (91 S.) Ebendas. 858. *

Tietz, Phil., Gesang-Unterricht für Schulen. Ein methodischer Leitfaden. 4. Thl. Liedersammlung. 2., verm. Aufl. Hildesheim 865. Gerstenberg'sche Buchh. 8. (85 S.) n. 5 ngr.

Tietz, Phpp., Gesang-Unterricht für Schulen. Ein method. Leitfaden. 1.—6. Thl. 8. Hildesheim 871, Gerstenberg'sche Buchh. à Thl. *
Inhalt:
Thl. 1. Nebst 25 einstimmigen Liedern. 4. Aufl. (VI, 58 S.)
" 2. Nebst 25 zwei- und dreistimmigen Liedern. 3. Aufl. (48 S.)
" 3. Nebst 25 zwei- und dreistimmigen Liedern und Uebungen mit Imitationen. 3. verm. Aufl. (62 S.)
" 4. Ein-, zwei- und dreistimmige Lieder. 3. Aufl. (85 S.)
" 5. 6. Vierstimmige Lieder. (IV, 119 S.)

Schneidler, B. G.: Jubelgesang ihrem geliebten Br. B. G. Schneidler zu seinem fünfzigjährigen Freimaurer-Jubiläum am 9. Oct. 1855 dargebracht von den Brüdern der St.˙. Johannis Freimaurer-Loge Pforte zum Tempel des Lichts im Or. von Hildesheim. [Unterz.:] Aug. Grebe. [Musik von Phil. **Tietz.**] [Hildesheim 1855]: Gerstenberg. 2 Bl. 8⁰ [Umschlagtit.]
Ohne Noten: „Du hast's erreicht, das Ziel, d'ran Jubelkränze . . .“

Cantate zur Feier des St. Johannis-Festes der g.˙. u.˙. v.˙. ▭ zum stillen Tempel am 24sten Junius 5840. Dichtung vom Br.˙. [Aug.] Grebe jun. Comp. vom Br.˙. Ph[il.] **Tietz.** [Hildesheim 1840.] 2 Bl. 8⁰ [Kopftit.]
[Dasselbe] Ebendas. [1846]. 2 Bl. 8⁰
Ohne Noten: „Würd'ge Brüder, treu verbunden. . . .“

Cantate zur Feier der Stiftung der sehr ehrw. g. u. v. St. Joh. Loge Hercynia zur Brudertreue im Or. v. Clausthal gedichtet vom Br. Aug. Grebe, in Musik gesetzt vom Br. Phil. **Tietz,** und von diesen in Liebe und Veehrung dargebracht am Tage der Weihe, den 25. Sept. 1851.
Ohne Noten: „Hoch von den Bergen ziehet . . .“

Tietz, Phpp., deutsche Lieder u. Gesänge f. den Männerchor. 8. (IV, 116 S.) Hildesheim 875. Gude. n. 1. —

—— fünfundzwanzig geistliche Lieder aus Fr. Oser's „Kreuz- und Trostliedern“ für 3 Singstimmen componirt und nebst 37 Chorälen in dreistimm. Bearbeitung nach Enkhausen's Choralmelodienbuch für Schule und Haus hrsg. qu. 4. (IV, 64 S.) Ebendas. 869. *

Tietz, Salo: Ueber Rückenmarksanästhesie. Leipzig 1909: Georgi. 35 S. 8⁰
Leipzig, Med. Diss. v. 12. Jan. 1909, Ref. Trendelenburg
[Geb. 17. Febr. 74 Prenzlau; Wohnort: Charlottenburg; Staatsangeh.: Preußen; Vorbildung: Gymn. Prenzlau Reife O. 94; Studium: Berlin 7, Greifswald 1, Berlin 2 S.; Coll. 18. Jan. 09; Approb. 6. Aug. 01.] [U 09. 2892

[J.] Neue Wege der Gährkunde und die Maltonweine. Von Schiller-**Tietz,** Kl.-Flottbek b. Hamburg. *Hamburg: Verlagsanst. u. Dr. A.-G. 1898.* (88 S.) 8.
= Sammlung gemeinverständl. wiss. Vorträge. N. F. Ser. 12. H. 287, 88.
[98. 3036

Tietz, B., s. Wohnungs-Anzeiger für die Stadt Anklam.

Tietz, William [Apotheker aus Valparaiso]: Weitere Beiträge zur Kenntnis der Alkaloide aus der Wurzel von Sanguinaria Canadensis ... Berlin, Buchdr. v. G. Schade ([übergekl.:] Marburg, 1891); 49 S. 8.
Marburg, Phil. Fak., Inaug.-Diss. v. [10. Nov.] 1891

[Tietze]: Ueber die Laudemien-Verfassung in Schlesien. Berlin 1826.
(S.-A. a.: Jahrbücher der Preuß. Gesetzgebung. H. 53.)

Tietze, s.: **Neisser, A.**, stereoscop. medicin. Atlas Lfg. 4.

... **Tietze**: Sollen u. Wollen; drei Vorlesungen. *Lpz.*, Gleditsch (j. Brockhaus). 821. gr8° 16 gl

Tietze, Alexander [Dr.]: Klinische und experimentelle Beiträge zur Lehre von der Darmincarceration ... Breslau, Bresl. Gen.-Buchdr., 1894; 2 Bl., 68 S., 1 Bl. 8.
Breslau, Med. Fak., Hab.-Schr. v. 18. Juli 1894

Tietze, Alex., Beobachtungen an e. Falle v. multiplem Melanosarcom m. Melanurie, s.: Bibliotheca medica.

Tietze, Alexander [pract. Arzt]: Untersuchungen über das Blut des Fötus ... Breslau, Druck d. Bresl. Genossenschafts-Buchdr., E. G., 1887; 2 Bl. + 45 + 1 S. + 1 Bl. 8°
Breslau, Med. Fak., Inaug. Diss. v. 30. Nov. 1887

Tietze, Alex., Untersuchungen über das Blut des Fötus. Inaugural-Dissertation. gr. 8. (45 S.) Breslau 887, (Köhler.) *

Tietze, E. G.

Tietzen, G., Gedanken u. Betrachtungen zum Nachdenken f. Confirmanden. 16. (32 S.) Neusalz 874. Lange. — 90; m. Goldschn. 1. 20; geb. m. Goldschn. n. 1. 50

Tietze, E. G. M., geistl. Wasserquelle, woraus tägl. Morgen- u. Abendsegen etc. zu schöpfen sind. 8. Leipz. 788. Sommer. 5 gl 8. Magdeb. 793. (Creutz). 9 gl 8. Cöslin ... Hendeß. 6 gl

Tietzens, G., geistliche Wasserquelle, woraus zu schöpfen: Tägliche Morgen- u. Abend-Segen, m. Reim-Gebeten, Trost-Sprüchen, Vor- u. Nach-Seufzern etc. 8. (X u. 213 S.) Celle 849, Schulze. baar 1/4 Thlr

Tietzen's, E. G., geistliche Wasserquelle, woraus zu schöpfen tägliche Morgen- u. Abend-Segen mit Reim-Gebetlein, Trostsprüchen, Vor- u. Nach-Seufzerlein, heilige Kirchen- u. Festgedanken, bußfertige Beicht- u. Communion-Andachten etc. nebst Morgen-, Abend-, Buß-, Communion-, Dank- u. andern Liedern. Neu-Ruppin 859. Bergemann. 8. (256 S. u. lith. Portr.) 6 ngr.

Tietze's, G. E., geistliche Wasserquellen, woraus zu schöpfen; tägliche Morgen- u. Abend-Segen, Kirchen- u. Fest-Gebete, Beicht- u. Communion-Andachten, kräftige Seufzer aller Nothleidenden u. herzliche Gebete in Wettersnoth. Mit einer neuen Auswahl von Morgen-, Abend- u. andern Liedern ausgestattet von Fr. W. Bodemann. 2. Aufl. Hannover 870. Evangel. Bücherverein. gr. 16. (101 S.) n. 3½ ngr.; geb. n.n. 5½ ngr.

Tietze'ns, E. G., geistliche Wasserquelle, woraus zu schöpfen tägliche Morgen- u. Abend-Segen m. Reim-Gebetlein, Trost-Sprüchen, Vor- u. Nach-Seufzerlein, h. Kirchen- u. Festgedanken, bußfert. Beicht- u. Communion-Andachten, wie auch kräftige Seufzer aller Nothleidenden u. herzl. Gebete in Wettersnoth, nebst Morgen-, Abend-, Buß-, Communion-, Dank- u. anderen Liedern. (Mit großem Druck.) 8. (366 S. m. 1 Abbildg.) Berlin 890. Trowitzsch & Sohn. — 70; geb. 1. —

Tietze'ns, E. G., geistliche Wasserquelle, woraus zu schöpfen tägl. Morgen- u. Abend-Segen m. Reim-Gebetlein, Trost-Sprüchen, Vor- u. Nach-Seufzerlein, H. Kirchen- u. Festgedanken, bußfert. Beicht- u. Communion-Andachten, wie auch kräft. Seufzer aller Nothleidenden u. herzl. Gebete in Wettersnoth, nebst Morgen-, Abend-, Buß-, Communion-, Dank- u. and. Liedern. (Neudr.) 8. (366 S.) Berlin (893). Trowitzsch & Sohn. n. — 60; geb. 1. —

Tietz'ens, E. G., geistliche Wasserquelle, woraus zu schöpfen tägliche Morgen- u. Abend-Segen m. Reim-Gebetlein, Trostsprüchen, Vor- u. Nach-Seufzerlein, h. Kirchen- u. Festgedanken, bußfertige Beicht- u. Communion-Andachten, wie auch kräftige Seufzer aller Nothleidenden u. herzl. Gebete in Wettersnoth, nebst Morgen-, Abend-, Buß-, Communion-, Dank- u. andern Liedern. (256 S.) 8. Neu-Ruppin, F. W. Bergemann. Geb. — 60

Tietze, E. G. M., s. Tietze, E. G.

Tietze, Emil: Beiträge zur Geologie von Lykien. Hierzu eine Karte im Farbendruck. (Jahrbuch der k. k. Geologischen Reichsanstalt. 1885. Bd. 35. Heft 2. S. 283—384.) Wien 1885. (II), 102 S. 8°.

Tietze, Emil: Kais.-Königl. Geol. Reichsanstalt. Bericht über die Feier des 50jährigen Jubiläums der K. K. Geologischen Reichsanstalt. Zsgest. von Oberbergrath Dr. Emil Tietze u. Dr. Anton Matosch. Wien: Reichsanstalt; Lechner in Komm. 1900. 47 S. 4°

Tietze, Emil: Zur Geschichte der Ansichten über die Durchbruchthäler. ([S.-A.] Jahrbuch der k. k. Geologischen Reichsanstalt. 1888. Bd. 38. Heft 4. S. 633—656.) Wien 1888. 24 S. 8°.

Tietze, Emil, Grundlinien der Geologie von Bosnien-Hercegovina, s.a. Mojsisovics, Edm. v.

Tietze (E.) und **Bittner** (A.), Grundlinien der Geologie von Bosnien-Hercegovina. Mit geol. Karte. 8°. Wien 1880.

Franz v. Hauer. Sein Lebensgang u. s. wissenschaftl. Thätigkeit. Ein Beitrag z. Geschichte d. österr. Geologie. Von Dr. E(mil) **Tietze**. Wien: K. k. geol. Reichsanst. 1900. (S. 679–827.) 4°
Aus: Jahrbuch d. k. k. geol. Reichsanst. Bd 49, H. 4 (07. 198) 9

Tietze, E.: Geologische Karte von Bosnien-Hercegowina, s. Mojsisovics, Edm. von

Tietze, E., geologische Karte der Umgebung von Lemberg, aufgenommen 1880. 1 : 75,000. Chromolithogr. gr. Fol. Wien 882, Hölder. * 4 —

Tietze, Emil (Ernst August) *(geb. Breslau 15.6.1845)*: Ueber die devonischen Schichten von Ebersdorf unweit Neurode in der Grafschaft Glatz. Breslau 1869. (43 S.) 8° *[Vollst. mit 2 Taf. in: Palaeontographica. Bd 19. 1871.]*
Breslau, Phil. Diss. v. 20. Juli 1869

Tietze, Emil, über die devonischen Schichten von Ebersdorf unweit Neurode in der Grafschaft Glatz. Eine geognostisch-palaeontolog. Monographie. gr. 4. (56 S. mit 2 lithogr. Taf. Abbild. und 2 Bl. Erklärungen.) Cassel 870, Fischer. *
Aus: Palaeontographica, Beiträge zur Naturgeschichte der Vorwelt, besonders abgedruckt.

—— geologische Uebersicht von Montenegro. Mit 1 geolog. Karte von Montenegro in Farbendr. Lex.-8. (110 S.) Wien 884, Hölder. *

Tietze, Emil, geologische Uebersichtskarte von Bosnien-Hercegovina, s.: Mojsisovics.

Tietze, Emil, geologische Übersichtskarte von Lykien. 1 : 300,000. Chromolithogr. qu. Fol. Wien 885, Hölder. In Carton *

Tietze, Emil, die geognostischen Verhältnisse der Gegend von Krakau. Lex.-8. (416 S. mit Atlas, enth. eine geolog. Karte in 4 Bl.) Wien 888, Hölder. *

—— die geognostischen Verhältnisse der Gegend von Lemberg. Mit 1 geolog. (chromolithogr.) Karte der Umgegend von Lemberg. Lex.-8. (146 S.) Ebendas. 882. Karte allein *
Aus: Jahrbuch der k. k. geologischen Reichsanstalt, besonders abgedruckt.

Tietze, Emil Ernst August, s. T i e t z e , Emil

Tietze, Aemil. Ern. Car. Jul(ius) (geb. Schönlanke in Posen 1. 7. 1831): De tumoribus colli et thoracis quibusdam sanguinolentis. Berolini (1853). (31 S.) 8°
Berlin, Med. Diss. v. 13. Okt. 1853

Tietze, Ernst [aus Frankfurt a./O.]: Über den Haemoglobingehalt des Blutes unter verschiedenen Einflüssen (nach Untersuchungen am Menschen mit Fleischl's Haemometer). . . . Erlangen, Druck v. Aug. Vollrath's k. b. Hofbuchdr., 1890; 2 Bl. + 27 S. 8°
Erlangen, Med. Fak., Inaug.-Diss. v. 20. Febr. 1890

Tietze, F., Die Euripideischen Reden und ihre Bedeutung. Diss. 1933.
100 S. 3.50

Tietze, F. N., Bibliotheca latina classica. 2 Tomi. 8. Prag, Widtmann. 813. kosten

Tietze, G. E., s. T i e t z e , E. G.

Tietze, Georg, approb. Arzt: Aus d. pharmakol. Institut d. Universität Greifswald. Ein Beitrag zur Kenntnis der Wirkung der Lobelia inflata. *Greifswald 1903: J. Abel.* (32 S.) 8°
Greifswald, Med. Diss. v. 26. Febr. 1903

Tietze, H. G., die Erwerbsfähigkeit des weiblichen Geschlechts in Deutschland, m. besond. Berücksicht der Posener Verhältnisse, u. die Wohnungsfrage. gr. 8. (48 S.) Posen 902. (E. Rehfeld.) n. 1. —

Tietze, Hans, die Denkmale des politischen Bez. Krems, m. Beiträgen v. Mor. Hoernes u. Max Nistler, s.a. K u n s t - T o p o g r a p h i e , österreichische. I.

Die Denkmale des politischen Bezirkes Krems. Bearb. von Dr. Hans **Tietze** mit Beiträgen von Prof. Dr. Moritz Hoernes u. Dr. Max Nistler. [Nebst] Beih. Wien: A. Schroll & Co. in Komm. 1907–08. 2 Bde 4°
[Beih. u. d. T.:] Die Sammlungen d. Schlosses Grafenegg. Bearb. von Dr. H. Tietze.
— Kunst-Topographie, Österreichische. Bd 1. [08. 6640

— Die Denkmale des politischen Bez. Melk, m. Beiträgen v. Eduard Katschthaler, Hugo Obermaier u. Heinr. Sitte, s.a. K u n s t t o p o g r a p h i e , österreichische. III.

Die Denkmale des politischen Bezirkes Melk. Bearb. von Dr. Hans **Tietze**, mit Beiträgen von P. Dr. Eduard K a t s c h t h a l e r , Dr. Hugo O b e r m a i e r u. Dr. Heinrich S i t t e . 1 Kt., 28 Taf., 481 Abb. Wien: Schroll in Komm. 1909. XXXIX, 486 S. 4°
(Österreichische Kunst-Topographie. Bd 3.) [09. 18065

— Die Denkmale des politischen Bez. Pöggstall. s.: K u n s t - T o p o g r a p h i e , österreichische. (Plesser, Alois.) IV.

— u. Heinr. **Sitte,** die Denkmale der Stadt Wien. (XI–XXI. Bezirk), s.a. K u n s t t o p o g r a p h i e , österreichische. II.

Tietze, Hans: Die D e n k m a l e der Stadt Wien. [1.] (11.-21. Bez.) Bearb. von Dr. –. Wien: Schroll in Komm. 1908. 4°
(Österreichische Kunsttopographie. Bd 2.)

Tietze Hans: Die Entwicklung der typologischen Bilderkreise des Mittelalters. Diss. Wien, Univ.
D: Erschien unter dem Titel „Die typologischen Bilderkreise des Mittelalters in Oesterreich". (Jahrbuch d. Zentralkomm. II, 1904).
1903 PN 1574 1882

Tietze, Hans, Annibale Carraccis Galerie im Palazzo Farnese u. seine römische Werkstätte, s.a. J a h r b u c h der kunsthistor. Sammlungen des allerhöchsten Kaiserhauses.

Annibale Carraccis Galerie im Palazzo Farnese und seine röm. Werkstätte. Von Hans **Tietze**. Mit 8 Taf. u. 83 Textabb. Wien: F. Tempsky; Leipzig: G. Freytag 1906. (S. 49–182.) 2°
— Jahrbuch d. kunsthist. Sammlungen d. Allerh. Kaiserhauses. Bd 26, H. 2. [07. 1115

— die illumin. Handschriften in Salzburg, s.a. V e r z e i c h n i s , beschreibendes, der illumin. Handschriften in Oesterreich. II.

Die illuminierten Handschriften in Salzburg. Von Hans **Tietze**. Leipzig: K. W. Hiersemann 1905. (108 S.) 2°(4°)
— Verzeichnis, Beschreibendes, d. illuminierten Handschriften in Österreich. Bd 2. [05. 7059

Die Sammlungen des Schlosses Grafenegg. Bearb. von Dr. Hans **Tietze**. 11 Taf., 114 Abb. Wien: A. Schroll & Co. in Komm. 1908. (102 S.) 4°
— Tietze: Die Denkmale d. polit. Bezirkes Krems. Beih.
— Kunst-Topographie, Österreichische. Bd 1. Beih. [08. 6641

— Das Wiener Stadtbild, s.a. F l u g s c h r i f t e n des Vereines zum Schutze u. zur Erhaltg. der Kunstdenkmäler Wiens u. Niederösterreichs. IV.

Tietze, H., Das Wiener Stadtbild. [Flugschriften des Vereines zum Schutze und zur Erhaltung der Kunstdenkmäler Wiens und Niederösterreichs. 8°. (46 S.) K —.40
Wien: Fromme 1910.

Tietze Heinrich: Zur Analysis situs mehrdimensionaler Mannigfaltigkeiten. S. 115. H a. 811 . . . . —.25
Sonderabdruck

Tietze, Heinr., zur Analysis situs mehrdimensionaler Mannigfaltigkeiten. (5 S.) gr. 8. Wien 906. (A. Hölder.)
Sonderabdr. a.: „Sitzungsber. d. k. Akad. d. Wiss." n. — 25

— Über einfach zusammenhängende Flächen und ihre Deformationen in sich. S. 122. H a. 1031 . . . . —.30
Sonderabdruck

Tietze, Heinr., über die topologischen Invarianten mehrdimensionaler Mannigfaltigkeiten. (118 S.) gr 8. Teschen 908. (Wien, J. Eisenstein & Co.) 3. —
Sonderabdruck aus: „Monatshefte f. Mathematik u. Physik".

— Über die Konstruierbarkeit mit Lineal und Zirkel. S. 118. H a. 735 . . . . —.70
Sonderabdruck

— Uber d. Konstruierbarkeit m. Lineal u. Zirkel. (23 S.) gr. 8. Wien 909. A. Hölder. 70
Sonderabdruck aus: „Sitzungsber. d. k. Akad. d. Wiss."

Tietze, Hermann [aus Grüttenberg]: Über einige Derivate des Nitrobromphenanthrens ... München, Druck v. V. Höfling, 1894; 26 S. 8.
München, Phil. Fak., Inaug.-Diss. v. 1894

Tietze, Jh. Dn., s.a. T i e t z . – T i t i u s . – T i t z e

Tietze, Kurt, approb. Arzt: Uber die totale Darmausschaltung. *Leipzig: G. Fock 1899.* (42 S.) 8°
Leipzig, Med. Diss. v. [10.] Dez. 1899

Tietze, Max, a. Cottbus ⟨Brandenburg⟩: Die Entwickelung der wasseraufnehmenden Bromeliaceen-Trichome. Mit 22 Figuren im Text. Halle a. d. S. 1906: E. Karras. (49 S.) 8°
Halle, Phil. Fak., Ref. Klebs, Diss. v. 23. Juni 1906
[Geb. 1. Dez. 80 Cottbus; Wohnort: Halle a. S.; Staatsangeh.: Preußen; Vorbildung: Gymn. Schleusingen Reife M. 01; Studium: Halle 8 S.; Rig. 7. Juli 05.]

Tietze, O., Abschätzungen v. Grundstücken u. Hochbauten, s.: T o l k m i t t , G., Bauaufsicht u. Bauführung.

Tietze (O.), Über das Alter der diluvialen Vergletscherung in den Provinzen Posen und Schlesien.
Aus: Jahrb. d. Kgl. Preuss. Geol. Landesanst. f. 1910, Bd 31, T. 2, H. 1.

Tietze (O.), Die Endmoränen zwischen Oder und Neisse und der Os von Kalke. M. 1 Taf.
Aus: Jahrbuch d. Kgl. Preuss. Geol. Landesanst. f. 1911, Bd 32, T. 2, H. 1.

Tietze (O.), Das Steinkohlengebirge von Ibbenbüren. M. 2 Taf.
Aus: Jahrbuch d. Kgl. Geol. Landesanstalt f. 1908, Bd 29, T. 2, H. 2.

Tietze, Oscar: Krystallographische Untersuchung einiger organischen Verbindungen. *Stuttgart: E. Schweizerbart 1898.* (51 S. mit Taf.) 8° ¶ (Aus: Neues Jahrbuch für Mineralogie etc., Beilagebd 12.)
Berlin, Phil. Diss. v. 30. Juli 1898

Tietze, R. Dr. Max Hirsch u. die Gewerkvereine. Kritische Betrachtungen eines Gewerkvereinlers. 8. (16 S.) Berl. 892, Alb. Lehmann. * — 15

Tietze, Sigfr., das Gleichgewichtsgesetz in Natur u. Staat. (XXXVIII, 466 S.) gr. 8. Wien 905. W. Braumüller. n. 8. —

Tietze, Sigfr., das Rätsel der Evolution. Ein Versuch seiner Lösg. u. zugleich e. Widerlegg. d. Lamarckismus u. der Zweckmässigkeitslehre. (XV, 335 S.) gr. 8. München 911. E. Reinhardt. 6.—; geb. in Lw. 7.50

Tietze, Walter, a. Breslau: Die Oderschiffahrt. Studien zu ihrer Geschichte und zu ihrer wirtschaftlichen Bedeutung. Breslau 1906: H. Fleischmann. (43 S.) 8° ¶ (Erscheint später vollst.)
Breslau, Phil. Fak., Ref. Wolf, Diss. v. 29. Dez. 1906
[Geb. 13. Juli 82 Brieg; Wohnort: Brieg; Staatsangeh.: Preußen; Vorbildung: Gymn. Brieg Reife M. 02; Studium: Breslau 8 S.; Rig. 28. Nov. 06.]

Die Oderschiffahrt. Studien zu ihrer Geschichte u. zu ihrer wirtschaftl. Bedeutung von Walter **Tietze**. Leipzig: A. Deichert Nf. 1907. (IV, 131 S.) 8°
[Ein Teil erschien als Inaug.-Diss. Breslau 1906.] [08. 4403 2

Tietze-Conrad, E., s. a. Ertinger, des Bildhauergesellen, Frz. Ferd., Reisebeschreibg. durch Österreich u. Deutschland.

Tietze-Conrad, E., Des Bildhauergesellen Franz Ferdinand Ertinger Reisebeschreibung durch Österreich und Deutschland. [Quellenschriften für Kunstgeschichte und Kunsttechnik des Mittelalters und der Neuzeit. Neue Folge. XIV. Bd.] Gr.-8°. (XXV, 90 S.) Wien: Graeser 1907. K 4.—

Bernhard Friedrich August Tietzel
Bern(ardus) Fred(ericus) Aug(ustus) Tietzel: De Transfusione sanguinis. Berolini (1824:) Starck. 75 S. 8°
Berlin, Med. Diss. v. 7. Sept. 1824

Tietzel, Heinrich [Dr.]: Die Idee des Guten in Platos Staat und der Gottesbegriff. Wetzlar, Druck v. F. Schnitzler, 1894; 1—16 S. 4.
Wetzlar, k. G, OP 1894 (467)

Tietzel, Henricvs (geb. am 4 Juli 1859 auf Denkmal bei Minden Westf.): De conivnctionvm temporalivm vsv Evripideo ... Bonnae, ex C. Georgi typogr. (1885). 72 S., 2 Bl. 8. ¶ In Komm. bei Behrendt in Bonn.
Bonn, Phil. Fak., Diss. v. 28 März 1885

Tietzel, Heinr., de conjunctionum temporalium usu Euripideo. Dissertatio philologica. gr. 8. (73 S.) Bonn 885, (Behrendt.) *

Tietzen, Chr. Gttfr., praes. Ge. Rud. **Roehmer**, De tussi convulsiva. 27 pp. Viteb. 4°. 1795

Tietzen, G., s. Tietze, E. G.

Tietzen, H., illustrirte Soldaten-Bibliothek, s. a. Soldaten-Bibliothek.

Tietzen, H. Ill. Soldaten-Bibliothek für Krieg u. Frieden. Leipzig 1855. 285 S.

Tietzen, Henr. (Guil.) (geb. Thorn 10. 12. 1822): De spasmo. Berolini (1847). (31 S.) 8°
Berlin, Med. Diss. v. 23. Aug. 1847

Tietzen, Heinrich Wilhelm Carl [app. Arzt aus Berlinchen]: Zwei Fälle von Venenresektion bei drohender Pyaemie ... Marburg, Buchdr. F. Sömmering, 1892; 24 S. 8.
Marburg, Med. Fak., Inaug.-Diss. v. [3. Febr.] 1892

Tietzen, Herm., Zinzendorf. gr. 8. (VIII, 371 S.) Gütersloh 888, Bertelsmann. * M 5.—; geb. *

Tietzen, J. Zum 24. Jan. 1893, dem Tage der 100jähr. Wiederkehr der Besitzergreifung der Stadt Thorn durch die Krone Preussen. Darstellung der damal. allgemeinen Zustände, der Sinnesart der städt. Behörden u. der Bürgerschaft, nach Materialien d. Stadtarchivs. gr. 8. (VI, 40 S. m. Abbildgn. u. Bildnis.) Thorn 892, Lambeck. * 1 20

Tietzen, Johannes [aus Berlinchen i. Neumark]: Die acute Erweichung des Rückenmarks (sog. spontane Myelitis acuta transversalis) .... Marburg, Univ.-Buchdr. (R. Friedrich), 1886; 36 S. u. 1 Taf. 8°.
Marburg, Med. Fak., Inaug.-Diss. v. 22. Apr. 1886.

Tietzen, Johs., die acute Erweichung d. Rückenmarks [sog. spontane Myelitis acuta transversalis]. Mit 1 Taf. gr. 8. (37 S.) Marburg 886. Elwert's Verl. n. 1. 20

Tietzen, M., s.: Zur Erinnerg. an H. Steffens.

Gross-Lichterfelde nach den Neumessungsplänen und den Katasterkarten. Angefert. im Mai 1905 durch d. Gemeinde-Bauamt. [Richard] **Tietzen**, Gemeinde-Baurat, W. Wolf, Gemeinde-Landmesser. (Massst. 1:7,500.) (Berlin 1905: Gisaldr. v. B. Gisevius.) (1 Kartenbl. Blattgröße 67×96 cm.) [kol.] [06. 4984

von **Tietzen-Hennig**, Bernhard [aus Freiburg i. B.]: Über scheinbar feste Elektrolyte .... Freiburg i. B., Univ.-Buchdr. v. Chr. Lehmann, 1888; 38 S. 8°
Freiburg i. B., Phil. Fak., Inaug.-Diss. v. 1888

Tietzen-Hennig, Hugo v. [app. Arzt Arensdorf bei Frankfurt a. O.]: Über Hysterie bei Kindern. ... Freiburg i. B.: Univ.-Buchdr. v. H. M. Popper & Sohn 1890. 38 S. 8°
Freiburg i. B., Med. Fak., Inaug.-Diss. v. 1890

Tietzens, E. G., s. Tietze.

Tietzens, G., s. Tietze, E. G.

Tietzer, Geo., Gentlelumpen. Fackeltanz. Skizzen. (184 S.) 8. Leipzig 908. Modern. Verlagsbureau. 3.—

Tietzmann, Heinr., erläuterter Prediger Salomo. 4. Coburg. 705.

Tievenow, Car. Frid. Herm. (geb. Anklam 8. 2. 1836): De varicocele. Berolini (1858). (32 S.) 8°
Berlin, Med. Diss. v. 22. Mai 1858

Tieze, Frz., unse liebe Hejmt. Humoristische Vorträge, Gedichte u. Erzählgn. in allen nordböhm. Mundarten, m. e. Anh. ernster Dialekt-Dichtgn. verf. u. gesammelt unter Mitwirkg. zahlreicher Freunde gesunden Volkshumors. I. u. II. Thl. 12. (VIII, 104 u. VIII, 116 S.) Warnsdorf 892. 893. E. Strache (durch A. Hartleben in Wien). à n. — 85

Tieze, Frz., unse liebe Hejmt. Humorist. Vorträge, Gedichte u. Erzählgn. in allen nordböhm. Mundarten. Verf. u. ges. unt. Mitwirkg. zahlr. Freunde gesunden Volkshumors. 3 Tle. 12. Warnsdorf, E. Strache. à n. — 85
1. M. e. Anh. ernster Dialekt-Dichtgn. (VIII, 104 S.) 892.
2. M. e. Anh. ernster Dialekt-Dichtgn. (VIII, 116 S.) 893.
3. M. e. Anh.: Mundartl. Lieder aus unserer lieben Heimat. (VIII, 120 S.) 895.

Tieze, Frz., humoristische Vorträge f. Stenographen aller Systeme, zu halten im gemüthl. Theile stenograph. Festlichkeiten, sowie bei gesell. Zusammenkünften v. Kunstgenossen. 8. (51 S.) Leipzig 890. Geißler. n. 1. —

Tiezmann, Johann Philipp (Blankenheim/Thür.)
A. S. 297[a]/11

De Theodoro Mopsuesteno.
Präs. Johann Christian Meisner.
Wittenberg (Kreusig) 10. II. 1714. 16 S.

34496

Tiffe, J. A., Handbuch f. den Unterr. in d. demonstrativen Arithmetik in den drei unt. Klassen. 8. (14 B.) Neisse 830, Hennings.

Tifferau, C. Thdr., die Golderzeugung auf künstlichem Wege ist thatsächlich erwiesen. Die Metalle sind keine einfachen, sondern zusammengesetzte Korper. Aus dem Französ. Berlin 855. Abelsdorff. gr. 8. (29 S.) n. 10 ngr.

Die Tiffin Presse: 1872–1913?
Democratic weekly; supported Tilden. Title varies: Tiffin Deutsche Presse. Circulation: 1875, 893; 1880, 950; 1890, 900; 1900, 1752; 1910, 1250. Edited & published by Georg Homann, 1872–90; edited by E. C. Herlug, & published by Presse Publishing Co., 1891–1901; edited & published by M. E. Weixelbaum, 1902–13.
Tiffin, OH

Tiflis [Schlagwort]

Tiflis, Kaukasische Ephemeriden für die Jahre 1868, 69 und 1870. Tiflis 1868, 69. [In russischer Sprache.]

Tiflis, Physikalisches Observatorium, Magnetische Inklination in Tiflis. 1870–1876. Bestimmt von H. Kiefer. Tiflis 1877.

[Umschlagt.:] [Ant. u. 3.] Dale Pritammasih Tiga oder: Wie aus d. Sohne e. Zauberers e. christlicher Katechist geworden ist.. Von ihm selbst erzählt. Übs. v. Missionar Ferd. Hahn ... *Friedenau-Berlin: Buchh. d. Gossn. Mission [1896].* (11 S.) 1 Bd 8.

Tigergeschichte, eine, f. lustige Leser. Dem Engl. **nacherzählt** v. H. Bode. 8. ($1\frac{7}{8}$ B. u. 7 Holzschn.) Leipzig 846, Brockhaus u. Avenarius.

Tigergeschichte, Eine, für lustige Leser. Leipzig 1848. 2. Aufl. 1858.
Ü: *Bode, Hnr.* (Br VV)

Tigergeschichte, eine, für lustige Leser. Mit 7 Holzschn. 2. Aufl. (Nach dem Engl. des John Cotton.) Leipzig 858. Brockhaus. 8. (18 S.) n. 6 ngr.

Tigerin, die, s.: Volks-Erzählungen, kleine.

Tigerstedt, Arthur. Ueber die Einwirkung von alkoholischem Kali auf die Anilide, Toluide und Naphtalide der α-bromsubstituirten Fettsäuren. (Basel) Berlin, 1893.

Tigerstedt, Karl

TIGERSTEDT, Carl
Till kännedomen om den af venstra hjärtat utdrifna blodmängden i dess beroende af olika variabla. [Zur Kenntnis der aus dem linken Herzen ausgetriebenen Blutmenge in ihrer Abhängigkeit von verschiedenen Variabeln.] Helsingfors 1898. IV + 90 pg. 8:o nebst einer Tafel.
Diss. Hels.

Tigerstedt, Rob., s.: Archiv, skandinav. f. Physiologie.

— s.: Gadolin, Johan, in memoriam.

— s.: Handbuch der physiologischen Methodik.

Tigerstedt, Rob., Lehrbuch der Physiologie des Kreislaufes. 18 Vorlesungen f. Studirende u. Ärzte. gr. 8. (XVI, 568 S. m. 129 Abbildgn.) Leipzig 893. Veit & Co. n. 16. —

Tigerstedt, Rob., Lehrbuch d. Physiologie d. Menschen. 2 Bde. gr. 8. Leipzig, S. Hirzel. à n. 12. —; geb. à n. 14. —
1. (XI, 400 S. m. 182 z. Tl. farb. Abb.) 897.
2. (VIII, 440 S. m. 196 z. Tl. farb. Abb.) 898.

— Lehrbuch der Physiologie des Menschen. 2 Bde. 2. umgearb. Aufl. Mit 341 teilweise farb. Abbildgn. im Text. gr. 8. (XI, 461 u. VIII, 481 S.) Leipzig 902. S. Hirzel. n. 24. —; geb. n. 28. —

— Lehrbuch der Physiologie des Menschen. 2 Bde. 3. umgearb. Aufl. Mit 146 bzw. 194 teilweise farb. Abbildgn. im Text. (XII, 493 u. VIII, 488 S.) Lex.-8 Leipzig 905. S. Hirzel. à n. 12. —; geb. à n. 14. —

Lehrbuch der Physiologie des Menschen von Dr. Robert **Tigerstedt**, Prof. 4. umgearb. Aufl. Bd 1. 2. Leipzig: S. Hirzel 1907–08. 2 Bde 4°(8°)
[08. 7043 11

— Lehrbuch der Physiologie des Menschen. 2 Bde. 5. umgearb. Aufl. (XII, 540 S. m. 153 z. Tl. farb. Abb. u. VIII, 519 S. m. 201 z. Tl. farb. Abbildgn.) Lex. 8. Leipzig 909. 10. S. Hirzel. à 12.—; geb. à 14. —
4. Aufl. (XII, 531 u. VIII, 508 S. m. 149, bzw. 196 z. Tl. farb. Abb.) 907. 08. 24.– ; geb. 28. —

Tigerstedt, Rob., Studien über mechanische Nervenreizung. 1. Abth. gr. 4. (92 S. m. 6 Steintaf.) Helsingfors 880. Berlin, Hirschwald in Comm. n. 6. —

Tigerstedt, Rob., Untersuchungen über die Latenzdauer der Muskelzuckung in ihrer Abhängigkeit von verschiedenen Variabeln, s. Archiv für Anatomie und Physiologie, Suppl.-Bd. zur physiolog. Abthl.

Tigerström, Friedrich Wilhelm von

—— das röm. Dotal-Recht. Eine civilist. Abhandl. 2 Bde. gr. 8. Berlin, Natorff u. Comp. [1. ($26\frac{1}{4}$ B.) 831., 2. ($30\frac{1}{2}$ B.) 832. à 2 Thlr.]

—— die äußere Geschichte d. röm. Rechtes. Mit e. Anh. üb. d. Fortbild. u. Bearbeit. d. röm. Rechtes seit Justinian. gr. 8. (24 B.) Berlin 841, G. Reimer.

—— die innere Geschichte d. röm. Rechtes. Nach d. Quellen bearb. gr. 8. ($45\frac{1}{2}$ B.) Berlin 838, G. Reimer.

de Tigerström, (Fr. Wilh.,) de judicibus apud Romanos. Tractatio historico-juridica. 8 maj. Berol. 826, Reimer.

Tigerström, Frider. Guil. de, de ordine et histor. Digestorum libri II. 8 maj. ($35\frac{1}{2}$ B.) Berolini 829, Reimer.

Tigerström, Friedr. Wilh. v., die bonae fidei possessio od. das Recht d. Besitzes. gr. 8. (22 B.) Berlin 836, G. Reimer.

—— über d. frühere Verhältniß d. Rechts am ager vectigalis. gr. 8. ($3\frac{1}{2}$ B.) Greifswald 828, Koch.

Tiggemann, E., Turnlehrplan f. Knaben- u. Mädchenturnen in Volksschulen ohne Turnhalle. (35 S.) gr. 8. Bielefeld 910. Velhagen & Klasing. — 50

Tigges, Eduard [Gerichtsref.]: Ueber den concursus duarum causarum lucrativarum ... Göttingen, Druck d. Univ.-Buchdr. v. W. F. Kästner, 1895; 70 S. 8.
Göttingen, Jur. Fak., Inaug.-Diss. v. [31. Aug.] 1895

Einige Grundregeln über das Anfertigen von Relationen. Zsgest. von Dr. Eduard **Tigges**. Berlin: F. Vahlen 1903. (22 S.) 8° [J.] [07. 16533

Tigges, Eduard, einige Grundregeln üb. das Anfertigen v. Relationen. (22 S.) 8. Berlin 903. F. Vahlen. —60

Tigges, Hermann [aus Hagen]: Ueber Reduktion von acetylierten p-Oxyazokörpern ... Heidelberg, Univ.-Buchdr. v. J. Hörning, 1896; 35 S. 8.
Heidelberg, Naturw.-math. Fak., Inaug.-Diss. v. [10. Nov.] 1896

Tigges, Jos., die Entwickelung d. Landeshoheit der Grafen v. Arnsberg, s.a. **Beiträge**, Münstersche, zur Geschichtsforschung. N. F. XXII.

Tigges, Joseph: Die Entwicklung der Landeshoheit der Grafen von Arnsberg. Münster i. W.: Coppenrath 1909. VIII, 43 S. 8° ¶(Ersch. vollst. als: Münstersche Beiträge z. Geschichtsforschung. N. F. H. 22.)
Münster, Phil. Diss. v. 10. März 1909, Ref. Meister
[Geb. 17. März 85 Herhagen, Kr. Meschede; Wohnort: Münster i. W.; Staatsangeh.: Preußen; Vorbildung: Gymn. Brilon Reife O. 05; Studium: München 1, Münster 5 S.; Rig. 10. Dez. 08.] [U 09. 3621

Tigges, Schulte-
s. **Schulte**.

Tigges, Guil. (geb. Gelsenkirchen 23. 1. 1830): De caloris in numerum contractionum cordis efficacitate. Berolini (1853). (31 S.) 8°
Berlin, Med. Diss. v. 15. Aug. 1853

Tigges, Wilhelm [Arzt aus Düsseldorf]: Aus d. gynaekolog. Klinik zu Marburg. Die Zwillingsgeburten der Marburger Klinik von 1885—1896 ... Marburg, Universitätsbuchdr. (R. Friedrich)', 1896; 35 S., 1 Bl. 8.
Marburg, Med. Fak., Inaug.-Diss. v. 22. Mai 1896

Tigri, G., **Selvaggia de' Vergiolesi**, s.: **Biblioteca d'autori italiani.**

Tigris [Schlagwort]

Tigris, s.: Hand- u. Reisekarten. 52.

TIGWER, Josephus: De sancti Basilii Magni vita et ecclesia aevi ejus. — (1842) 92 S. 8° (Handschr.) Diss. 58
Diss. Wien, Univ.

Tihamér, Almási, nach zwei Jahren, s.a. Bloch's, Ed., Theater-Korrespondenz.

[S.] Nach zwei Jahren. Lustsp. in 1 Akt v. Almási Tihamér. Deutsch v. Josef Jarno. *Berlin: E. Bloch [1893].* (38 S.) 1 Bd 8.
= Theater-Korrespondenz, Eduard Blochs. No 260. [96. 116]

Tihanyi-Sturza, Marie, s. a.: Sturza-Tihanyi, Gräfin.

— **das Gelübde e. 30jähr. Frau. Roman.** (283 S.) 8. Leipzig 905. A. Cavael. 3. —; geb. 4. —

— **ich. Erzählg. Geschrieben in meiner Untersuchungshaft.** (85 S.) 8. Sopron (Oedenburg) 903. J. Thiering. 2. —

Tihanyi-Sturza, M., Verfehltes Leben! Verfehltes Lieben! Roman. 8°. (152 S.) † Pressburg: Stampfel 1903. * K 4.—

— **verfehltes Leben! Verfehltes Lieben! Roman.** (152 S. m. Bildnis.) 8. Wien 903. Dresden, E. Pierson. n. 4. —; ctm. Pr. n. 2. —; geb. n. 3. —

Tikel

* **BRIEFTASCHE**, Die grüne, des Herrn von Sartine; so wie sie bey der Mademoiselle du Thé gefunden worden. Ipse dolos recti ambagesque resoluit, Virgil. Nach der fünften französischen Auflage in das Deutsche übersetzt. (Aus d. Französ. des *Tikel.*) Haag 1779. 8°. (In Berlin: an Rg 3574.) (13 Mk. Max Perl's Berliner Octob.-Auct. 1907, no. 59.)
80 S. (incl. pikanter Vorrede). Den wirklichen Druckort nennt auch das M.-M.-V. 1779, S. 743, nicht.

Tikkanen, Johann Jakob

Tikkanen, J. J., die Genesismosaiken v. S. Marco in Venedig u. ihr Verhältniss zu den Miniaturen der Cottonbibel, nebst e. Untersuchg. üb. den Ursprung der mittelalterl. Genesisdarstellg., besonders in der byzantin. u. italien. Kunst. [Aus: „Acta societatis scientiarum Fennicae".] gr. 4. (III, 153 S. m. 16 Taf.) Helsingfors 889. (Berlin, Wasmuth.) n. 6. —

Eine illustrierte Klimax-Handschrift der vatikanischen Bibliothek von J[ohan] J[akob] **Tikkanen**. *(Helsingforsiæ: Soc. litter. fennica 1893.)* (16 S.) 4°
= **Acta** Societatis scientiarum Fennicae. T. 19, No 2. [09. 13540

Tikkanen, J. J., die Kunst in Finnland. (15 S. m. Abbildgn. u. 2 Taf.) Fol. Wien 906. Gesellschaft f. vervielfältig. Kunst. n. 6. —
Sonderabdruck aus: „Graph. Künste".

Tikkanen, J. J., d. Psalterillustration im Mittelalter. (In 2 Bdn.) 1. Bd. D. Psalterillustration in d. Kunstgeschichte. 1. Hft. gr. 4. Helsingfors 895. (Leipzig, K. W. Hiersemann.) n. 4. —
Byzantin. Psalterillustration. Mönchisch-theolog. Redaction. (90 S. m. 87 Illustr. u. 6 Taf.)

Tikkanen, J. J., d. Psalterillustration im Mittelalter. 1. Bd. Die Psalterillustration in d. Kunstgeschichte. 2. u. 3. Hft. gr. 4. Helsingfors. (Leipzig, K. W. Hiersemann.) n. 9. 40
2. Byzantinische Psalterillustration. Der mönchisch-theolog. Redaction verwandte Handschriften. Die aristokrat. Psaltergruppe. Einzelne Psalterhandschriften. Mit 3 Taf. u. 50 Textillustr. (S. 91 - 152.) 897. n. 2. 40
3. Abendländische Psalterillustration. Der Utrecht-Psalter. Mit 77 Textillustr. (S. 153—320.) (900.) n. 7. —
Hft. 1. Ebd. 895. n. 4. —.

Tikkanen, J[ohan] J[acob]. Finnische Textilornamentik ... Leipzig 19[0]1 Duncker & Humblot
2 Teile 8°
(I) 10 S. 5 Taf.
II 12 S. m. 5 Abb.
Aus Finnländische Rundschau I. 3 4

Tiktin, Gust. (geb. Breslau 15. 8. 1844): De natura bilateralium obligationum. Berolini (1867). (VIII, 167 S.) 8°
Berlin, Jur. Diss. v. 1. Juni 1867

Tiktin, H., rumänisches Elementarbuch, s.a. **Sammlung** roman. Elementarbücher. I. 6.

Rumänisches Elementarbuch von H. Tiktin. Heidelberg: C. Winter 1905. (VIII, 228 S.) 8°
= Sammlung romanischer Elementarbücher. Reihe 1, Bd 6. [05. 13160

— **Grammatik der rumänischen Sprache.** 2. verb. u. verm. Aufl. (III u. S. 564—607.) Lex.-8. Strassburg 905. K. J. Trübner. n. 1. —
Sonderabdr. a.: „Gröber's Grundriss der roman. Philologie".

Tiktin, H., Studien zur rumänischen Philologie. 1. Thl. gr. 8. (V, 119 S.) Leipzig 884. Breitkopf & Härtel. n. 3. —

Tiktin, H., Rumänisch-deutsches Wörterbuch. Auf Staatskosten gedruckt. 1.—4. Lfg. Lex.-8. (S. 1—256.) Bukarest 895—898. (Leipzig, O. Harrassowitz.) à Lfg. n.n. 1. 60

Tiktin, H., rumänisch-deutsches Wörterbuch. Auf Staatskosten gedruckt. 5.—7. Lfg. Lex.-8. (S. 257—448.) Bukarest 899—902. (Leipzig, O. Harrassowitz.) à n.n. 1.60

— rumänisch-deutsches Wörterbuch. Auf Staatskosten gedruckt. 8. Lfg. (1. Bd. XXX u. 449—498.) Lex.-8. Bukarest 903. (Leipzig, O. Harrassowitz.) n.n. 1. 60

Tiktin, H., rumän.-dtsches. Wörterbuch. Auf Staatskosten gedruckt. 9.—15. Lfg. (1. Bd. S. 499—946.) Lex.8. Bukarest 906—09. (Leipzig, O. Harrassowitz.) à Lfg. nn 1.60

Tiktin, S. A., Rede, gehalten bei Gelegenheit d. Versamml. d. Gesellschaft f. Armenbekleidung, gen. Henschelsche Stiftung, am ersten Tage Chanukka 5600. Nach d. Hebr. frei bearb. gr. 8. (1 B.) Breslau 840, (Kern.) •

Tiktin, S. A. Worte der Ermahnung gesprochen in der neuen Synagoge . . . am Neuj.-Tage 5590. A. d. Hebr. übers. Breslau [1830]. Ü: *Günsburg, Carl Friedrich.* (Nowack, Schles. Schriftst.-Lex. Bresl. 1836—43. II, 55.)

Tiktin, Salomon, d. Lehre v. d. Tugenden u. Pflichten bei Philo v. Alexandien. gr. 8. (59 S.) Breslau 898. (Frankfurt a/M., J. Kauffmann.) n. 1. 50

Tikwath Enosch i. e. liber Jjobi duobus tomis comprehensus. Edidit et condidit Isr. Schwarz. Berlin 868. (Gerschel.) gr. 8. (XX, 394 S.) n. 2 ℛ 10 ngr.

Til, Salomon von

Til, S. v., de anno, mense et die nati J. Chr. Lugd. B. 1700; rec. Jen. 1740. 8.

— de anno, mense et die nati Christi, c. praef. I. G. Walch. 8. Ienae. 740. -

— compendium Theologiae naturalis. 8. Francofurti, Andreä. -

— — — revelatae una cum origine controversiarum nostri temporis. 8. ibid. 726. -

Til, Salomo von, Dicht= Sing= // Und // Spiel=Kunst /// So wohl der // ALTEN /// Als ins besonder der // HEBREER. // Durch Neugierige Untersuchung der Antiqui- //tät aus ihrer vorigen Dunckelheit wieder // auffgeklaret: // Als VORLAUFFER d'göttliche PSALMEN /// Zu dero bessern Verstand dem Leser dienend und zum // deutlichern Begriff ihres Gebrauches unter bey= //den Testamenten Anleitung zu geben // Durch // SALOMON von TIL, // Professor und Diener des göttlichen Worts zu Leyden. // Leipzig /// Bey Matthias Groot / M. D. C. C. VI. - Mit Abbildungen. 5 Blatt (nicht paginiert, Titelblatt, Vorrede und ein lateinisches Ehrengedicht. - 478 S. und 8 Blatt (nicht paginiert) Indices.

B. S. T. 4°.139.

Til, Salomon von. Dicht-Sing- und Spiel-Kunst, So wohl der Alten Als ins besonder der Hebreer. Durch Neugierige Untersuchung der Antiquität aus ihrer vorigen Dunckelheit wieder auffgeklaret: Als Vorläuffer d[er] göttliche[n] Psalmen, zu dero besseren Verstand dem Leser dienend ... Leipzig, Matth. Groot, 1706. 4°. 5 Bl. 478 S. 8 Bl. *Mit Holzschnittvignette (Blasinstrument) auf dem in Rot und Schwarz gedruckten Titel und vielen Holzschnitten im Text.*

— Dicht= Sing= u. Spielkunst d. Hebräer. 4. Frankf. (Cramer in Cassel.) 719. •

— Erklärung der Psalmen Davids. 5 Thle. 4. Ebendas. 732.

— Evangel. Matthäi erklärt. 4. Frankf. 708.

Till, Sal. van, methodus concionandi. 8. Frcf. Sande. 716. Rthlr. -

— Opus analyticum, seu comment. in S. Scripturam. 2 Vol. 4. Basel, Brandmüller. (Flick.) 722.

Tilanus, J. W., Abhandl. üb. d. Frage: warum hat die christl. Religion nur bey wenigen einen guten Erfolg? 8. Düsseld. Dänzer. 789.

Tilanus, J. W., s. Abhandl. üb. die Fr.: Warum hat die christl. Religion rc.

v. **Tilas**, Dn., Entwurf einer schwed. Mineralhistorie; aus d. Schwed. von Jh. Beckmann. Mit 1 Kpf. 8. Leipz. 767. Weidmann. 6 gl.

— Geschichte des Steinreichs; aus d. Schwed. von K. G. Gröning. 8. Leipz. 795. Wienbrack. 2 gl.

Tilbe, H. H., Dhamma od. die Moral-Philosophie des Buddha Gotama. Deutsche Ausg. v. K. B. Seidenstücker. (VIII, 77 S. m. 1 Taf.) 8. Leipzig (904). Buddhist. Verlag. n. 1.—

— Sangha od. d. buddhistische Mönchs-Orden. Deutsche Ausg. v. K. B. Seidenstücker. (44 S.) 8. Ebd. (904). n. — 50

Tilde, Wilh., falsch verbunden, s.: Bibliothek, interessante.

— Im Schatten des Verdachts, s.: Bibliothek, interessante.

— Edwin Widbourg od. Erkämpfter Ruhm, s.: Viktoria-Bibliothek. 18. Bd.

Tildsley, John Lee

Tildsley, John L., d. Entstehg. u. d. ökonom. Grundsätze d. Chartistenbewegg., s. a. Sammlung national-ökonom. u. statist. Abhandlgn., Bd. 19.

Tildsley, John L(ee): Die Entstehung und die ökonomischen Grundsätze der Chartistenbewegung. *Halle a. S. 1898: (Lippert & Co., Naumburg a. S.).* (52 S.) 8° • [Erschien vollst. als Bd 19 d. Sammlung nationalökonom. u. statist. Abhandlungen d. staatswiss. Seminars zu Halle a. d. S.]
Halle, Phil. Diss. v. 1898

Die Entstehung und die ökonomischen Grundsätze der Chartistenbewegung. Von Dr. John L. Tildsley. *Jena: G. Fischer 1898.* (IX, 139 S.) = Bd 8.
= Sammlung nationalökon. u. statist. Abhandlungen d. staatswiss. Seminars zu Halle. Bd 19. 159 1956

Tilemann, Burkhard Heinrich (Frauenpriessnitz)
A.S. 843/2

Disceptatio inauguralis iuridica, de pactis renunciativis, ex c. quamvis 2. de pactis in VI. et l. fin. c. eodem. Oder Von Lossagungs=Vergleichen in Erbschaffts= und anderen Fällen, wie sie einzurichten, und wie weit solche in denen Rechten gültig.
Präs. Georg Adam Struve. Rec.
Jena (Heller) 1733. 35 S.

Diss. II. 1666. 34497

Tilemann Elhen von Wolfshagen
s. **Johannes** Limpurgensis. (10. 8645) 5

Tilemann, Elisab., Gedichte. (VIII, 84 S.) 8. Dresden 903. E. Pierson. n. 2. —; geb. n. 3. —

Tilemann, Friedrich Kasimir, gen. Schenck (Bremen) A. S. 1216/9

Dissertatio inauguralis medico-practica de colica spasmodica. Präs. Andreas Ottomar Goelicke.
Halle (Schwartz) 3. VIII. 1719. 22 S.

34499

Der römische Kaiserpalast in Trier und seine Rekonstruktion. Von Architekt Dr.-Ing. Georg **Tilemann**. Mit 7 Taf. u. 1 Aussenansicht d. Kaiserpalastes von Südost her. 2. Aufl. Göttingen 1909: Hubert. 16 S. 4° [10. 7612

Tilemann, Geo., der römische Kaiserpalast in Trier u. seine Rekonstruktion. Mit 7 (richtig 8) Taf. u. 1 Außenansicht des Kaiserpalastes v. Südost her. 2. Aufl. (III, 16 S.) Lex. 8. Göttingen 909. (Hannover, Schmorl & v. Seefeld Nachf.) 3.—

Tilemann, Georg: Der römische Kaiserpalast in Trier. Mit 7 Taf. 1908. 16 S., 3 Taf. 4⁰ ¶ Auch u. d. T.: Der römische Kaiserpalast in Trier u. seine Rekonstruktion. 2. [Titel-] Aufl. Hannover: Schmorl & v. Seefeld 1909.
Hannover, Dr.-Ing.-Diss. v. 27. 8. 1908

Tilemann, Heinrich, cand. theol. aus Norden: **Speculum perfectionis und Legenda trium sociorum.** Ein Beitrag zur Quellenkritik d. Geschichte d. heil. Franz von Assisi. *(Leipzig-R. [1902]: Schmidt & Baumann.)* (151 S.) 8°
Leipzig, Phil. Diss. v. [22. Mai] 1902

Tilemann, Heinr., speculum perfectionis u. legenda trium sociorum. Ein Beitrag zur Quellenkritik der Geschichte des hl. Franz v. Assisi. gr. 8. (152 S.) Leipzig 902. P. Eger. n. 3.—

Tilemann, Hero, Tagebuchblätter e. deutschen Arztes aus dem Burenkriege. Mit 2 Bildnissen u. 1 Karte. (XII, 534 S.) 8. München 908. C. H. Beck. Geb. in Lw. 5.—

Tilemann, H. Tagebuchblätter eines deutschen Arztes aus dem Burenkriege. Mit 1 Karte. 2. Aufl. München 1910.

T i l e m a n n , J., de altellis sacris et profanis. Ulad. 1743. 4.

Johann Tilemann [gen.] Schenck
Joh[annes] Tilemann dictus Schenck: De Electricitate. (1.)2. Marburgi (1745–46): Müller. 1 Bd 8°
(1:) [Resp.:] Joan[nes] Rudolphus Antonius Piderit. (1745.)
Marburg, Phil. Diss. v. Nov. 1745
2: [Praes.:] Piderit. [Resp.:] Jo(annes) Fridericus Lucius [1746]. (1746.)
Marburg, Phil. Disp. v. Mai 1746

Tilemann gen. Schenk, Johann [Praes.], s. V i l m a r , Christian Wilhelm: De differentia inter theologiam naturalem et theologiam gentilium, in specie Graecorum.

T i l e m a n n, Joh., dictus Schenk, vitae professorum theolog. Marpurgensium. 4. Marb. 727.

Tilemann gen. Schenck, Johann [Praes.], s. W a g n e r , Justus Lorenz: De synedrio magno ejusque jure gladii temporibus Messiae.

Tilemann gen. Schenck, Johann Anton [Praes.], s. B u s c h , Heinrich von dem: De retentione pignoris ob aliud debitum chirographarium.

Tilemann, Jh. Nik., dän. Lesebuch für Deutsche, nebst einer vorausgeschickten kurzen Sprachlehre. 8. Kopenh. 800. Schubothe. 12 gr

T i l e m a n n, Joh. Phil., tägl. O p f e r d. Christen, besteh. in geistr. Gebeten. 12. Frankf. u. Leipz. 740. –

Tilemann, Jh. Phil., 16 Stufen des Gnadenthrones Jesu Christi 8. Frankf. a. M. 767. Brönner. 8 gr

Tilemann, Nikolaus Heinrich von A. S. 817/12

Dissertatio juris publici inprimisque feudalis, de foro competente vassalorum simultaneeque investitorum, et subjectione nobilium immediatorum Saxoniae landsassiorum, extra hoc territorium habitantium, in cancellariis Saxonisis et curiis provincialibus. Präs. Lueder Mencken.
Leipzig 12. XI. 1716. 88 S.

W. v.: Präs. an Paul Heinrich Fhr. von Tilemann (Vater).
Dr. abgeschnitten. 34500

Tilemann, Paul Heinrich: Commentatio historico-moralis et iuridica de eo quod iustum est circa nuditatem, in qua de nuditate capitis, pectoris, ventris, pudendorum et pedum erudite agitur. Vom Rechte der nackigten Häupter, Brüste, Bäuche, Schaam und Füsse etc. 86 S., gbd.

Francofurthi et Lipsiae: 1753

JB 5.293

Tilemann, Pt. Grh., († 1790.) Kritik der Unsterblichkeitslehre in Ansehung der Sittengesetze. 8. Bremen 790. Förster. 8 gr

v. **Tilesius**, Dr. A., naturhistor. Abhandll. u. Erläuterr., besonders die Petrefaktenkunde betreffend. Mit 1 Heft von 8 ill. Steintaf. Fol. Cassel 827. Krieger. 8 $ ill. 10 $

Tilesius, Balth.: Tractatio iur. de homicidio ob alapam, oder: Von dem Todtschlag wegen einer gegebenen Maulschelle. Jenae 1744.

Tilesius, Balthasar [Praes.], s. F r i e d r i c h , Heinrich: De sigillo confessionis, vulgo Von Geheimhaltung der Beicht.

Tilesius, Balthasar [Praes.], s. S a h m , Daniel Kornelius: De absolutione a juramento.

Tilesius, Balthasar [Praes.], s. S c h i m m e l p f e n n i g , Christoph Ludwig: De homicidio ob alapam. Von dem Todtschlag wegen einer gegebenen Maulschelle.

Tilesius, Balthasar (Goldbach/Pr.) A. S. 1422/21

Disputatio inauguralis de sorte.
Königsberg (Reusner) 10. V. 1701. 18 S.

34505

Tilesius, Balthasar [Praes.], s. T i l e s i u s , Christian Gottfried: De spontanea delicti confessione, vulgo Von freywilliger Bekäntniss der That.

Tilesius, Balthasar [Praes.], s. T i l e s i u s , Christian Gottfried: De jure necessitatis circa ablationem rei alienae.

Tilesius, Balthasar [Praes.], s. Z i e l i n s k y , Johann Helvig: De cautela, Bey Verpfändung aller meiner Haab und Gütter.

Tilesius, Balthasar Heinrich [Praes.], s. G o t t s c h e d , Christoph Bernhard: De ratiocinatione philosophica et mathematica.

Tilesius, Christian Gottfried (Tilsit) A. S. 13/19

Disputatio juridica de spontanea delicti confessione. vulgo Von freywilliger Bekäntniss der That. Präs. Balthasar Tilesius. Königsberg/Pr. (Zäncker) XII. 1719. 25 S.

Gew.: Martin Silvester Grabius. 34506

Tilesius, Christian Gottfried (Tilsit) A. S. 1421/37

Disputatio de jure necessitatis circa ablationem rei alienae. Präs. Balthasar Tilesius. Königsberg (Zaencker) (29.) VI. 1720. 8 S.

34507

Tilesius, H.: De s i g i l l o confessionis. – Regiom. 1707.

Tilesius von Tilenau: Die hölzerne K a p e l l e des heil. Jodocus zu Mühlhausen in Thüringen. Beitrag zur Geschichte der deutschen Kunst im 13. Jahrhundert. Leipzig 1850.

Tilesius v. Tilenau, Notice génél. sur une branche cadette de la maison de Nesselrode. Leipzig 1852. fol.

Tilesius von Tilenau, Wilhelm Gottlieb

v. Tilesius, Ritter Wilh. Gli., Abbildd. u. Beschreib. einiger Fische aus Japan ꝛc. u. einiger Molucken aus Brasilien. 2 Abhandll. mit 5 Kpftaf. gr. 4. Münch. 813 u. 814. (G. Franz). 16 ℊ

— s. A l t e n b u r g, Beschreib.

T i l e s i u s, v. T., Wilh. Gtli., neueste ableitende Behandlungsart d. krampfartigen Cholera asiatica. Mit Abbild. d. Instrumenta discussoria d. Oriental. Nationen. Nebst e. Abhandl. v. J. Mouat, über d. Cholera morbus, welche 1828 zu Berhampore in Indien beim 14. engl. Regimente geherrscht hat. A. d. Calcutta Transact. Vol. IV. 1829, übers. u. mit Anmerkn. begleit. gr. 8. (16 B.) Leipzig 831, Dyk. Thlr.

Ausführliche Beschreibung und Abbildung der beiden sogenannten Stachelschweinmenschen aus der bekannten engelischen Familie Lambert oder the porcupine-man. Von W[ilhelm] G[ottlieb] Tilesius [von Tilenau]. Altenburg: Literar. Comtoir 1802. 42 S. 2°

— ausführl. Beschreib. u. Abbild. der beiden sogen. Stachelschweinmenschen; aus der bekannt. engl. Familie Lambert, od. the porcupine-man. Mit 2 ill. Kpf. gr. Fol. Altenb. 803. Literar. Compt. 2 ℛ 16 ℊ N. A. 816. Leipz., Brockhaus. 2 ℛ

s. B e s c h r e i b. merkwürd. Hölen.

Tilesius, Wilhelm Gottlieb (Hrsg.), s. B e s c h r e i b u n g , Topographisch-historische, der Stadt Mühlhausen in Thüringen aus verschiedenen alten Hs.

Ueber die Cholera und die kräftigsten Mittel dagegen, nebst Vorschlag e. großen Ableitungsmittels, um die Krankheit in der Geburt zu ersticken. Verf. von [Wilhelm Gottlieb] Tilesius v[on] T[ilenau]. Abth. [1.] 2. Nürnberg: Schrag 1830-31. 8°

T i l e s i u s, v. T., Wilh. Gtli., über d. Cholera u. d. kräftigsten Mittel dagegen, nebst Vorschlag e. großen Ableitungsmittels, um d. Krankheit in d. Geburt zu ersticken. (1. Abthl.) 8. (13 B.) Nürnberg 831, Schrag.

—— dass. 2. Abthl.: enth. Nachträge z. 1. Thle., Literatur u. Kritik d. neuesten Schriften üb. d. Cholera, so wie e. Abhandl. üb. die Arten d. Ansteckung u. d. ansteck. Krankheitsgifte. 8. (24 B.) Ebds. 831.

Tilesius, Wilhelm Gottlieb: D i s q u i s i t i o ampullularum Lieberkühnii phys.-microscopica. Sect. I., s. H e d w i g , Roman Adolf

T i l e s i u s, naturhistorische Früchte, d. ersten kaiserl. russischen, unt. dem Commando des Hrn. von Krusenstern glücklich vollbrachten Erdumsegelung. 4. Petersb. (Leipz. Hinrichs.) 813.

- s. H i s t o r i a pathologica.

— Jahrbuch neuer Entdeckungen, wichtiger Beobachtt. u. nützl. Beitrr. zur Erweiterung der gesammten Naturgeschichte. 1r Jahrg. Mit 10 Kpft. 8. Leipz. 802. Küchler. (Cnobloch). 3 ℛ

— J a h r b u c h neuer Entdeckungen, wicht. Beobacht. u. nützl. Beyträge z. Erweit. d. gesammt. Naturgesch. m. K. 8. Lpz. Küchler. (Meysel.) 802.

T i l e s i u s, W. G., Jahrbuch d. Naturgeschichte ꝛc. 1r Jahrg. 8. Leipzig. 802. Ist Verlag v. Cnobloch.

— musae paradisiacae, quae nuper Lipsiae floruit, icon. IV. 8maj. Leipz. 792. Hertel. 6 ℊ

— de p a t h o l o g i a artis pictoriae plasticesque auxilio illustr. 4. maj. Lips. Breitkopf et H. — 6

Guilielmus Theophilus Tilesius [Wilhelm Gottlieb Tilesius von Tilenau]: De Respiratione sepiae officinalis L. Lipsiae (1801:) Breitkopf. 58 S. 8°

Leipzig, Med. Disp. v. 14. Nov. 1801

— üb. d. sogenannten S e e m ä u s e , od. hornart. Fischeyer, nebst anatom. = physiolog. Bemerk. üb. d. Fortpflanzungsweise der Rochen und Hayfische, mit 5 illum. K. 4. Ebend. 802.

T i l e s i u s, Wilh. Gll., Theorien d. flechtenartigen A u s s c h l ä g e, e. Versuch z. nähern Bestimmung d. Hautkrankheiten, m. 1 K. gr. 8. Leipz. Hinrichs. 802.

Tilgen, Henricus Guilelmus ⟨geb. 1815 in Heide Kr. Neuwied⟩: De similitudine et dissimilitudine scarlatinae, rubeolarum, morbillorum, typhi ... Bonnae, typ. F. P. Lechneri 1844. 2 Bl., 41 S., 1 Bl. 8.

Bonn, Med. Fak., Diss. v. 3 Apr. 1844

T i l g e n, M. J., d. gerichtlich = medizin. Fundbericht bei Verletzungen f. den richterl. Zweck. gr. 8. (2½ B.) Neuwied 846, Lichtfers.

Tilgen, Marcus Iosephus ⟨geb. am 4 Juni 1805 in Heide Kr. Neuwied⟩: Dissertatio . . . sistens observationem fungi medullaris nervi vagi et partium adiacentium cum epicrisi . . . Bonnae, typ. F. C. Baaden (1830). 2 Bl., 14 S., 3 Bl., 2 Taf. 4.

Bonn, Med. Fak., Diss. v. 30 Aug. 1830

Tilgenkamp, Friedrich Wilhelm

— s. Andr. B e l l, Schulmethodus.

— Einleit. in die Schriften des A. u. N. Testaments; e. Lesebuch f. Schulen u. denkende Bibelfreunde. Nach d. Holländ. bearb. 8. Hamm 821. Wundermann. 8 gl

Tilgenkamp, Fr. Wlh., Versuch e. Einleit. in die bibl. Schriften, als Vorbereitung zum Verstehen derselben, f. Schulen u. forschende Bibelfreunde. gr. 8. Dortm. 808. Mallinkrodt. 12 gl, 2e sehr berichtigte u. verm. Aufl. A. u. d. T.: Bibl. Propädeutik, ein Beitr. zur Beförder. richtiger Bibelkenntniß in geschichtl. u. moral.-religiöser Hinsicht z. Gebrauche in höhern u. niedern Erziehungsanstalten u. zum Selbstunterricht. gr. 8. Hamm 828. Wundermann. 18 gl

Tilgenkamp, F. W., d. hohe Werth einer frühen religiösen Erziehung, dargestellt als Mittel, dem irreligiösen Zeitgeist mit glückl. Erfolge entgegen zu wirken. 8. Hamm, Schultz u. W. 820. Rthlr. -

Tilger, Alfred [app. Arzt aus Aachen]: Zur Pathologie der chronischen Schleimbeutelerkrankungen. . . . Würzburg, Paul Scheiner's Buchdr., 1890; 30 S. 8°
Würzburg, Med. Fak., Inaug.-Diss. v. 1890

Tilger, F.

— u. O. Pfundt, Rechenbuch f. Fortbildungsschulen. Im Anschlusse an die Rechenbücher v. Sulzbacher, Pfundt u. Reinemann bearb. (V, 106 S.) 8. Neuwied (906). Heuser's Verl. Kart. n. — 80

Tilger, F., u. O. Pfundt, Rechenbuch f. Fortbildungsschulen. Antwortenheft. (IV, 85 S.) 8. Neuwied (907). Heuser's Verl. Kart. — 80

Tilger, F., Sprach- u. Rechtschreibelehre in Beispielen, Regeln u. Übungen f. Volksschulen. Nach neueren Grundsätzen bearb. 2 Hfte. gr. 8. Langensalza 901. H. Beyer & Söhne. Kart. n. — 90
I. 1.—4. Schulj. (IV, 46 S.) n. — 40
II. 5.—7. Schulj. (68 S.) n. — 50

Tilger, F., Sprach- u. Rechtschreibelehre in Beispielen, Regeln u. Uebungen f. Volksschulen. Nach neueren Grundsätzen bearb. 2 Hefte. 2., erweiterte u. neu durchgearb. Aufl. gr. 8. Langensalza, H. Beyer & Söhne. Kart. n. — 90
I. 1.—5. Schulj. (48 S.) 903. n. — 40
II. 6.—7. Schulj. (64 S.) 904. n. — 50

— der grammatische Unterricht in der Volksschule. (34 S.) 8. Ebd. 904. n. — 40

Tilger, Gf. Paul

— Samml. geistl. Lieder zur Beförder. der Privatandacht, in 3 Abtheill. 8. Geislingen 789. (628 S.) Dann unter folg. Tit.: Samml. geistl. Lieder f. die häusl. Andacht. 8. Ulm (ohne Jahrz.) Ulr. Wagner.

— s.a. Staats- u. Addreßhandbuch des schwäb. Kreises.

Tilger, Gf. Paul, († d. 25. März 1790.) europ. Staats- u. Addreßbuch. 4 Thle. 8. Geislingen 788.

Tilgner's Mozart Denkmal in Wien. (Separat-Aufnahme für die architektonische Zeitschrift „Neubauten und Concurrenzen" von Oscar Marmorek".) 4. Wien: Perles 1896. —.30

Tilgner A.: Quaenam Vergilio fuerit occasio eclogam tertiam scribendi, ac de partitione strophica huius eclogae quid statuendum. 32 Zara 85. Progr.

Tilgner, Gottfried, Ed. E. Neumeisters Fünffache Kirchen-Andachten, Leipzig (1717)
siehe Erdmann Neumeister.

Tilgner, Martin, aus Kreuzburg O/S.: Beitrag zur Kenntnis der Metallrhodanide. Zürich 1909. 48 S. 8°. [4. X. 09.]
Zürich, Univ. Phil. Diss. II. S. 1909 10.

Tilgner, Martin. Beitrag zur Kenntnis der Metallrhodanide. Diss. Phil. [II.] Univ. Zürich. 48 S. 8. Zürich, A. Markwalder, 1909.

Tilgner, Samuel. Schul-Status bey der Evangelischen Kirche von Jauer. Jauer 1880. H: *Volkmann, Rich. Emil.* (Hauptkat. d. Univ.-Bibl. Tübingen. A, Erg.heft 1.)

Tilgner, Vict. Figuraler Schmuck im Kuppelraume u. den Sälen d. k. k. naturhistorischen Hof-Museums in Wien, s. Benk, Joh.

Tilgner's, Vict., ausgewählte Werke. Erläut. Text v. Ludw. Hevesi. 6 Lfgn. Imp.-4. (à 12 Lichtdr.-Taf. m. 16 S. illustr. Text u. 1 Bildn.) Wien 896. 97. J. Löwy. à Lfg. n. 10. —

Tilgung der Staatsschuld. Sicherster Weg zur Herstellung der Valuta. Wien 861. Rospini. 8. (12 S.) 1⅓ ngr

— die, der österreichischen Staatsschuld durch Hebung des allgemeinen Wohlstandes. Von ***. Leipzig 861. Hübner. gr. 8. (IV, 18 S.) n. 5 ngr

Tilgungs-Fond der Gotthardbahn-Schuld, nebst Besprechg. einiger socialen Fragen. Von Glieb. Erdstern. 8. (40 S.) Zürich 876. Verlags-Magazin in Comm. — 75

Tilgungsplan für 5 percentige Annuitäten zur Abzahlung von 100 Gulden Capital und 4½% Zinsen in 102 Halbjahres-Raten. Folio. (53 S. 2.—
Wien: Hof- u. Staatsdruckerei 1896.

Tilgungspläne für 5percentige Annuitäten. (102 Raten.) Fol. (53 S.) Wien: Hof- u. Staatsdruckerei 1902. K 4.—

Tilgungspläne für 4½percentige Annuitäten. (109 Raten.) Fol. (54 S.) Wien: Hof- u. Staatsdruckerei 1902. K 4.—

Tillke, Thdr., Choral-Melodien zum Eichsfeldischen Gesangbuche, Magnificat [kathol. Kirchenliederschatz], Pange Lingua [Kern kathol. Kirchenlieder] u. zu Vone's Cantate, aus J. J. A. Homeyer's Choralbuche u. Altargesange f. Schulen ausgezogen u. m. untergelegten Texten in alphabet. Folge hrsg. gr. 8. (232 S.) Langensalza 871. Beyer & Söhne. n. 1. 50

Tilike, Thdr., Magnificat. Katholischer Kirchenlieder-Schatz. Uebersetzungen lateinischer Kirchenhymnen u. Originallieder. Nach dem römischen Breviere, bewährten Hymnen-Sammlungen, alten Psalterien u. Diöcesan-Gesangbüchern unter Benutzung der besten neuen Liederwerke. Heiligenstadt 862. Dunkelberg. gr. 8 (XVIII, 396 S.) 1 ℛ 15 ngr

Tilike, Thdr., Pange lingua. Kern kathol. Kirchenlieder nebst Gebeten und Andachten besond. für die Bruderschafts-Mitglieder des Rosenkranzes, der Todesangst Jesu, des allerh. Altars-Sakramentes rc. br. 8. (XVI und 421 S. mit 1 Holzschntaf.) Heiligenstadt 864, Dunkelberg.

Tiling, Eb., Disquisitio de ratione inscript. XV Psalmorum. 8. maj. Brem. Förster. 765.

Tiling, F., Begründung und Rechtfertigung der Theologie des Fortschritts. gr. 8. (27 S.) Riga 864, Kymmel. *

Tiling, G., Bericht über 124 im serbisch-türkischen Kriege im Baracken-Lazareth des Dorpater Sanitäts-Trains zu Swilainatz behandelte Schussverletzungen. Diss. Dorpat. 8°. 107 pp. mit einer lithographirten Tafel. 1877.

Tiling, G. Ber. üb. 124 i. serb.-türk. Kriege i. Barackenlazarett d. Dorpat. Sanit.-Trains z. Swilainatz behandelte Schußverletzgn. Dorpat 1887.

Tiling, Hnr. Fr. Ad., kurzgefaßte Anweis., wie die Handlungsbücher nach festgesetzten Regeln am besten u. leichtesten abzuschließen sind, u. wie die Schluß-Bilanz auszuziehen ist, mit einigen Bemerkk. üb. die Buchhalterei. 8. Riga 807. (4 unpag. u. 52 S.)

— neuer deutscher Briefsteller. 8. Riga 814. (124 S.)

— der erfahrne Buchhalter, oder: vollständ., theoret. u. prakt. Anweis., wie Handlungsbücher am besten u. regelmäßigsten, nach der doppelten Art zu führen u. abzuschließen sind. Nebst Anmerkk. üb. einfache Buchhalterei rc. 4. Riga 827. (80 S.)

— Elemente des Geschäftsstyls in der französ. u. holländ. Sprache. 8. Riga. 816. (45 S.)

— Gespräche u. Unterhaltt. üb. allerlei Gegenstände in deutscher, engl., französ. u. holländ. Sprache. 8. Riga 826. (75 S.)

— die Handels-Schifffahrt, dargestellt nach ihren mannigfaltigen Gegenständen u. Geschäften, insonderheit der Schifffahrt von Riga, mit Nachrr. der berühmt. Seefahrer u. Weltumsegler u. ihrer merkwürd. Entdeckungen. 3 Thle. 8. Riga 820, 21.

— der Handlungscorrespondent in französ., engl. u. deutscher Sprache. 8. Riga 804. Meinshausen. 2 ℛ

— zur Kenntniß von Wechselgeschäften u. Wechselrechten, mit e. Verzeichniß aller dabei gebräuchl. Ausdrücke u. Redensarten, in deutscher, engl., französ. u. holländ. Sprache. 8. Riga 803. Meinshausen. 1 ℛ 8 gr

— Rechenbuch zum Selbstunterricht junger Leute, die sich der Handlung widmen, u. anderer Geschäftsmänner. 8. Riga 822. (108 S.)

(—) ein Versuch, leichte u. deutliche Regeln zur richtigen Anwendung der Casus aufzustellen. 8. Riga 815. (50 S.)

Tiling, Jh. Nik., († d. 6. Sept. 1798.) Anweis. z. frohen u. glückl. Leben. 1r Thl. 8. Mitau 781.

— die Beschaffenheit u. Pflicht eines rechtschaffenen Lehrers nach d. Vorschrift Pauli in e. Eintritts-Rede am 13. Mai 1764 vorgestellet. 4. Mitau (764.) (22 S.)

— mehrere kleine Gelegenheitsreden u. Predigten. . . .
NB. Das ihm von Meusel beigelegte allgemeine Religions- u. Erbauungsbuch hat niemals existirt.

— Klage üb. eine infamirende, Vernunft, Ehre u. Tugend beleidig. Anschuldigung vor d. engern Ausschuß der von der französ. Seuche nicht angesteckten Klugen u. Redlichen. 8. Riga 793. (24 S.)

Tiling, J. N., Predigten d. d. Bedürfn. u. d. Geist d. Zeitalters veranlaßt. 8. Mietau. (Hartknoch in Leipzig.) 796.

— üb. die sogenannte bürgerl. Union in Kurland. 3 Thle. 8. Riga 792, 93. (Meinshausen). 1 ℛ 16 gr

— was ist Religion? a. ein Wort zu seiner Zeit. Zwei Predigten. 8. Berl. 787. Vieweg in Braunschw. 5 gr

— was ist Religion? Eine Predigt in Gegenwart der Herzogin Dorothea d. 22. April 1787 gehalten. 8. Mitau (787.)

— Würdigung etlich. Unwahrheiten gegen Wahrheiten des vorher. Buchs. gr. 8. Riga 793. Meinshausen. gr

Tiling, Johannes von, Assistenzarzt am St. Johannes-Hosp. zu Bonn: Ueber die mit Hilfe der Marchifärbung nachweisbaren Veränderungen im Rückenmark von Säuglingen. *Leipzig 1901: A. Pries.* (27 S.) 8°
Bonn, Med. Diss. v. [17. Okt.] 1901

Tiling, Karl

Tiling, Carl, zu Charakteristik der Kampfesweise der russischen Staatskirche. Erlebnisse e. deutschen evangel. Geistlichen aus den russ. Ostseeprovinzen. gr. 8. (IV, 32 S.) Erlangen 893. F. Junge. n. — 60

Tiling, K(urt): Aus d. chir. Universitätsklinik zu Königsberg i. P. Zur Kasuistik der Thymus-Stenose und der Thymus-Operation. Königsberg i. P. 1908: Kümmel. 41 S. 8°
Königsberg, Med. Diss. v. 27. Aug. 1909, Ref. Lexer
[Geb. 13. Okt. 83 Petersburg; Wohnort: Königsberg i. P.; Staatsangeh.: Sachsen-Weimar; Vorbildung: Wilhelms-Gymn. Königsberg Reife O. 02; Studium: München 2, Straßburg 1, Königsberg 8 S.; Coll. 25. Juni 08; Approb. 1. Aug. 09.] [U 10. 2588

Tiling, Matthias

[De admiranda renum Structura.] Nephrologia nova et curiosa: quae docet admirandam renum Structuram eorumque usum nobilem in sanguificatione, seminis praeparatione, ac humoris serosi à sanguine segregatione, consistentem. Ex principiis de circulari sanguinis motu illustr. à M[atthias] T[iling]. Nunc publici juris facta curâ Johannis Helffrici Junckii [Jüngken]. Francofurti a.M.: Stock 1709. 312 S. 8°

Tiling, R., die Medicin auf naturwissenschaftlicher Grundlage in physiologisch-therapeut. Fragmenten aus der Praxis. gr. 8. (VI u. 139 S.) Mitau 851, Reyher. 1 ℛ 9 ngr

—— über Milch-, Molken- und Mineralwassercuren im Inlande. gr. 8. (20 S.) Mitau 851, Reyher'sche Vrlgsh. *

Tiling, R., über Syphilis u. Syphiloid. gr. 8. (4 B.) Mitau 833. (Riga, Frantzen.)

Tiling, Rob., Diss. inaug. de haemorrhoidibus, melaena et fluxu hepatico ex eodem fonte profluentibus 8. Dorpat 827. (47 S.)

Tiling, Theodor, Rigenser, Beitrag zur Lehre von der allgemeinen progressiven Paralyse der Irren vom klinischen und anatomischen Standpunkte aus. Diss. Dorpat. 8°. 69 pp. 1869.

Tiling, Th., üb. d. Charakter. Vortrag. Geh. am 26. XI. 1897. gr. 8. (19 S.) Riga 898. L. Hoerschelmann. n.n. — 50

Tiling, Th.: Ueber d. Entwickelung d. Wahnideen u. d. Hallucinationen aus d. normalen Geistesleben. *Riga 1897.*
in: Festschrift z. 75-j. Jubiläum d. Gesellsch. pr. Aerzte zu Riga. [98. 2085

Tiling, Th., individuelle Geistesartung u. Geistesstörung, s. a. Grenzfragen des Nerven- u. Seelenlebens. 27. Hft.

Individuelle Geistesartung und Geistesstörung. Von Dir. Dr. Th[eodor] Tiling. *Wiesbaden: J. F. Bergmann 1904.* (58 S.) 8°
= Grenzfragen d. Nerven- u. Seelenlebens. H. 27. [04. 7329

— über alkoholische Paralyse u. infektiöse Neuritis multiplex, s.a. Sammlung zwangloser Abhandlgn. aus d. Gebiete d. Nerven- u. Geisteskrankheiten, II, 2.

Über alkoholische Paralyse und infektiöse Neuritis multiplex v. Th[eodor] Tiling. *Halle a. S.: Marhold 1897.* (21 S.) 8.
= Sammlung zwangloser Abhandlungen a. d. Gebiete d. Nerven- u. Geisteskrankheiten. Bd II. H. 2. [98. 1423 Ha

Tiling, Th., das Verbrecherthum vom anthropologischen Standpunkte. gr. 8. (23 S.) Riga 899. [L. Hoerschelmann.] Jonck & Poliewsky. — 50
Auch dessel. Verfassers Schrift „Ueber den Charakter" ist in obigen Verlag übergegangen.

Tiling, Wilh., Antikritik od. Zurechtweisung? Anfrage an den Herausgeber u. Redacteur der Mittheilungen u. Nachrichten. gr. 8. (13 S.) Riga 885. Stieda. n. — 60

Aus der Chronik von Leopoldshall. (Als Ms. gedr.) Amtsperiode d. Pastors W(ilhelm) v. Tiling, Pfarrer von Leopoldshall vom 15. Okt. 1888 bis 31. Okt. 1892. Ordnungsgemäss von demselben eingetragen ... *(Goslar 1892: E. Angerstein.)* (34 S.) 8° [F.] [01. 7456

Tiling, W., zur Erinnerung an Dr. Rob. Tiling. 8. (52 S.) Riga 873, Brutzer und Comp. *
Aus: Mittheilungen und Nachrichten für die evangelische Kirche in Russland, besonders abgedruckt.

Tiling, W., Kreuzigung und Kreuz. Zum feiernden Gedächtniß Jesu Christi des Gekreuzigten christl. Lesern gewidmet. gr. 8. (30 S.) Riga 882, Stieda. *

Tiling, Wilh., das Leben der Christen ein Gottesdienst. Essay zu Nutz und Frommen der christl. Gesellschaft verfaßt. gr. 8. (XX, 170 S.) Riga 885, Stieda. *

Tiling, Wilh. v., das Leben u. Leiden der Deutschen im Russischen Reiche, besonders in den Ostseeprovinzen, verf. u. vorgetragen am 8. II. 1906 im Auftrage des Hilfsausschusses u. am 13. II. 1906 im konservativen Vereine in Cassel. 1. u. 2. (vervollst.) Aufl. (34 bezw. 37 S.) gr. 8. Cassel 906. G. Dufayel. n. — 50

Tiling, Wilh. v., die Liebe ist der Wert d. Lebens. Predigt, geh. am Sonntage Estomihi, den 16. Febr. 1890 in der St. Matthaei-Kirche der Stadt Leipzig. 8. (28 S.) Leipzig 891. E. Ungleich. n. — 40

— von dem Rechte u. dem Werthe der Gymnasialbildung. Eine pädagogische Studie. 8. (XII, 88 S.) Ebend. 881. n. 1. 40

Tiling, Wilh. v. Von dem Rechte u. dem Werte der Gymnasialbildung. Eine pädagog. Studie. Neue Ausg. gr. 8. (XVI, 81 S.) Lpz. 891, Ungleich. * 1 20

—— der gymnasiale Religionsunterricht. gr. 8. (19 S.) Ebendas. 881. *
Aus: Mittheilungen und Nachrichten für die evangelische Kirche in Rußland, besonders abgedruckt.

Tiling, W. v., Taufe u. Abendmahl, die Sakramente der apostolisch-reformatorischen Christenheit, insbesondere derselben Ursprung u. Bedeutung. gr. 8. (VI, 93 S.) Leipzig 889. Hinrichs' Verl. n. 1. 50

Tiling, Wilh., wie ist der erste Geschichtsbericht der heiligen Schrift entstanden? Ein Vortrag. gr. 8. (16 S. Riga 882. Stieda. n. — 75

—— s. Wie kann das deutsche Volksbildungswesen lebenskräftig werden?

—— das Wort Gottes, betrachtet und beschrieben zu Nutz und Frommen unserer christl. Gesellschaft. Essay. gr. 8. (IX, 35 S.) Ebendas. 885. *
—— dass. — 2. erweit. Aufl. gr. 8. (XI, 40 S.) Ebendas. 885. *

Russisches Zarentum und Deutsches Kaisertum. Eine vergleichende Betrachtung von Wilhelm v. Tiling. Cassel: G. Dufayel (1905). (36 S.) 8° [F.] [05. 7908 A

Tilisch, Johann Karl (Breslau) A. S. 745/14

Annotationes juris feudalis ad lucubrationes j. R. exercitatio XIV. de debitis feudalibus.
Präs. Bartholomaeus Leonhard Schwendendoerffer.
Leipzig (Scholvin) 9. IX. 1700. 8 Bl.
34512

Tilkowsky, Adb., die Anstalten f. Kranke etc. in Oesterreich, s.: Illing, Ferd.

Tilkowsky, A., der Einfluss d. Alkoholmissbrauchs auf psychische Störungen, s.a. Klinik, Wiener.

Tilkowsky, Dir., Dr. A. Der Einfluss des Alkoholmissbrauchs auf physische Störungen. Wien 1884. fl. —.75.

— das öffentl. Irrenwesen in Oesterreich. — Obersteiner, Heinr.: Die Privatirrenanstalten. gr. 8. (27 S.) Wien 900. M. Perles. n. — 70
Sonderabdruck aus: „Oesterreichs Wohlfahrts-Einrichtgn."

Tilkowsky, Adb., die Trinkerheilanstalten der Schweiz u. Deutschlands. Ihre Stellg. zur projectirten Trinkerheilanstalt in Nieder-Oesterreich. [Aus: „Jahrbb. f. Psychiatrie".] gr. 8. (33 S.) Wien 893. F. Deuticke. n. 1. —

Till; Geistergesch. 8. Dresden, Richter. 793.

TILL Casimir de Nurba war, ein Urbild seltener Gaben, er lebte zwey u. achtzig Jahr, er starb u. ist begraben. Cum notis variorum selectis. Mit Titelvign. O. u. J. 8°. (3 Mk. 50 Pfg. Julius Neumann, Magdeb., c. 1908.)
Seltene Eulenspiegeliade.

Till Eulenspiegel, s.a. Eulenspiegel.

Till Eulenspiegel, s.a. Volksbücher, deutsche.

Till Eulenspiegel. Ein kurzweilig Lesen v. seinem Leben u. Treiben. Ein Volksbuch m. Bilderschmuck v. Walt. Tiemann. 4. (73 S.) Leipzig 902. Berlin, H. Seemann Nachf. Kart. n. 2. 50

Till Eulenspiegel, der auferstandene. Komischer Volks-Kalender auf das J. 1851. Hrsg. von den Freunden des Auferstandenen. 1. Jahrg. gr. 16. (88 S. mit 1 Holzschntaf. und eingedr. Holzschn.) Berlin 850, Lindow.

— posthumus, s.: Gedanken, alte, neu gedacht.

Till Eulenspiegels auserlesene Schwänke, s. Eulenspiegel.

Till Eulenspiegel's lustige Streiche in Wort u. Bild. Eine komische Kinderschrift. Mit 16 color. Bildern von C. Reinhardt. Berlin 861. Hofmann & Co. gr. 4. (15 Holzschntaf. mit Text.) n. 25 ngr.
Vgl.: Tyll Eulenspiegel.

Till Eulenspiegel's tolle Streiche und Fahrten, s. Eulenspiegel.

— der wiedererstandene. Eine polit. Hundekomödie in 1 Akt. gr. 16. (54 S.) Altona 849. (Lehmkuhl.) n. 1/3 ₰

Till Balistarius, (Jh. Edw. Casper), die Karfunkel-Weihe. Romant. Schspl. 8. Leipz. 818. Voß. 16 gr

Till Alfred: Das große Naturereignis von 1348 und die Bergstürze des Dobratsch.
1904 PN 1690 Diss.Wien, Univ. 2380

Till, Ant., Handbüchlein üb. Gemeinde-Verwaltung, Vermögensgebahrung u. Verrechnungswesen sammt e. Sammlg. der die Gemeinden betreff. direkten u. indirekten Gefälls- u. Gebühren-, Steuergesetze u. Vorschriften, m. Rücksicht auf die Gemeinde-Notars-Prüfg. gr. 8. (LVI, 360 S.) Budapest 873. (Kókai.) n. 6. 40

Till, Ernst, der Entwurf e. österreich. Zivilgesetznovelle vom J. 1907. Vortrag, geh. in der jurist. Gesellschaft zu Wien am 19. II. 1908. (34 S.) gr. 8. Wien 908. Manz. — 75

Till, Hermann, aus Homburg v. d. H.: Metrische Untersuchungen zu den Blankversdichtungen P. B. Shelley's. *Frankfurt a. M. 1902: Voigt & Gleiber.* (62 S.) 8°
Rostock, Phil. Diss. v. [17. Mai] 1902

Till, Herm., metrische Untersuchungen zu den Blankversdichtungen P. B. Shelley's. Diss. gr. 8. (62 S.) Frankfurt a/M. 902. (Rostock, H. Warkentien.) n. 1.50

Till, Ludwig

— tentamen aetiol. febr. nervos. acutar. 8. Hannov. 797. Ritscher. (Hahn). 8 gr

Till, Edw., ein paar Worte üb. die Blatternausrottung. 8. Hildesheim 799. (Gerstenberg). 2 gr

Till, Salomon von, s. T i l

Till, Vinc., die Lösung der Brodfrage. Ein Beitrag zur Behebung des Nothstandes. 1. u. 2. Aufl. gr. 8. (44 S.) Graz 878. Leykam. n. — 80

Till Walther: Qua ratione in corpore epistularum Frontonianarum figurae parallelismi et chiasmi adhibitae sint.
H. 1909 PN 2610 Diss.Wien, Univ. 1647

Tillberg, Gust. Salom. [Praes.], s. B e r g m a n , Hampus Gustav: De Norvegiae cum Suecia conjunctione, commentat. acad. conamen.

Tillberg, Gust. Salom. [Praes.], s. B e r g m a n , Hampus Gustav: De territorio Aspeland, schediasma histor.-topograph.

Gustav Salomon Tillberg
Gust[av] Salom[on] Tillberg: De solis parallaxi mediaque a tellure Distantia determinanda. P.1.
Gryphiswaldiae (1811:) Eckhardt. 8°
P.1: Tillberg et Elias Rhodin. 1811.
Greifswald, Phil.Disp.v. Jan.1811.

Gustavus Salomon Tillberg et Christ. Herr[mann] Rewoldt: De generali aequationum cubicarum Solutione. Gryphiswaldiae (1808): Eckhardt. 23 S. 8°
Greifswald, Phil.Disp.v. Okt. 1808

Tille, Alex., die politische Arbeitgeberbewegung, s. a. Flugschriften, südwestdeutsche. 8. Heft.

Tille, Alexander: Die politische A r b e i t g e b e r b e w e g u n g. Von Dr. . Saarbrücken: Schmidtke in Komm. 1909. 24 S. 4°
(Südwestdeutsche Flugschriften. H. 8.)

— Die Arbeitgeberpartei u. die politische Vertretung der deutschen Industrie, s. a. Flugschriften, südwestdeutsche. 5. Heft.

Die Arbeitgeberpartei und die politische Vertretung der deutschen Industrie. Vortrag, geh. 1908 zu Saarbrücken von Dr. Alexander **Tille**. 1. bis 30. Taus. Saarbrücken: Schmidtke in Komm. 1908. 32 S. 8°
(Südwestdeutsche Flugschriften. 5.) [09. 6928]

— Die Ausgleichung der Roheisenselbstkosten in Südwestdeutschland-Luxemburg u. Niederrheinland-Westfalen, s. a. Wirtschaftsfragen, südwestdeutsche. 16. Heft.

Die Ausgleichung der Roheisenselbstkosten in Südwestdeutschland-Luxemburg und Niederrheinland-Westfalen 1902 1907. Denkschrift d. Handelskammer Saarbrücken ... Im Auftr. d. Körperschaften verf. von Dr. Alexander **Tille**. Saarbrücken: Schmidtke in Komm. 1908. 66 S. 8°
(Südwestdeutsche Wirtschaftsfragen. H. 16.) [10. 7177]

— **Die Berufsstandspolitik des Gewerbe- und Handelsstandes. 1.—8. Taus. 4 Bde. gr. 8. Berlin 910. Rosenbaum & Hart. à 4.—; geb. à 5. 50**
1. Die gewerbliche Ertragswirtschaft. (VIII, 278 S.)
2. Der Geisteskampf gegen die gewerbliche Ertragswirtschaft. (VII, 258 S.)
3. Die deutsche Gesetzgebung gegen die gewerbliche Ertragswirtschaft. (VII, 550 S.)
4. Die politische Notwehr des Gewerbe- u. Handelsstandes. (VII, 433 S.)

Tille, Alex., Bilderverzeichnis der Bode-Tilleschen Faust-Galerie zur Ausstellung im Ausstellungssaale des Archiv- u. Bibliothekgebäudes der Stadt Köln v. 5.—30. XI. 1899. gr. 8. (XLIII, 96 S. m. 7 Taf.) Köln 899. (J. G. Schmitz.) n. 2. —

— Der Bundesratsentwurf e. Reichsversicherungsordnung, s. a. Flugschriften, südwestdeutsche. 9. Heft.

Tille, Alexander: Der B u n d e s r a t s e n t w u r f einer Reichsversicherungsordnung. Vortrag, geh. ... zu Saarbrücken 1909. Von Dr. . Saarbrücken: Schmidtke in Komm. 1909. 39 S. 4°
(Südwestdeutsche Flugschriften. H. 9.)

Tille, Alex., aus den Ehrentagen der Universität Bologna im J. 1888. 8. (58 S.) Leipzig 888, Roßberg'sche Buchh. *

Die gewerbliche Ertragswirtschaft. Von Dr. Alexander **Tille**. Berlin: Rosenbaum & Hart 1910. VIII, 278 S. 8°
(Tille: Die Berufsstandspolitik d. Gewerbe- u. Handelsstandes. 1.) [10. 3371]

Tille, Alex. Doktor Johann Faust, s. Puppenkomödien, deutsche.

— **die Faustsplitter in der Literatur des 16.—18. Jahrh., s. a. Faustbücherei. I. 2—6.**

Die Faustsplitter in der Literatur des 16. 18. Jahrhunderts nach d. ältesten Quellen hrsg. von **A l e x a n d e r Tille**. (In 6 H.) *(Weimar,) Berlin: E. Felber (1898)1900.* (XXXXVIII, 1152 S.) 8°
— **Faustbücherei.** 1. [01. 2/0 10]

— Die Finanzierung der Mosel- u. Saar-Kanalisierung, s. a. Wirtschaftsfragen, südwestdeutsche, 12. Heft.

Die Finanzierung der Mosel- und Saar-Kanalisierung. Denkschrift d. Handelskammer Saarbrücken. Im Auftr. d. Kammer verf. von Dr. Alexander **Tille**. Saarbrücken: E. Schmidtke in Komm. 1907. (33 S.) 4°(8°) [5.]
— **Wirtschaftsfragen**, Südwestdeutsche. H. 12. [08. 1888]

— aus Englands Flegeljahren. gr. 8. (XI, 408 S.) Dresden 901. C. Reißner. n. 5. —; geb. n. 6.—

Tille, A., Die Förder- und Preispolitik des staatlichen Saarkohlenbergbaues: 1902—10. Denkschrift der Handelskammer Saarbrücken. Saarbrücken, 1910. 53 S.

Der Geisteskampf gegen die gewerbliche Ertragswirtschaft. Von Dr. Alexander **Tille**. Berlin: Rosenbaum & Hart 1910. VII, 258 S. 8°
(Tille: Die Berufsstandspolitik d. Gewerbe- u. Handelsstandes. 2.) [10. 6372

— Zur Geschichte d. Saarflößerei u. Saarschiffahrt, s.a. Wirtschaftsfragen, südwestdeutsche. 7. Heft.

Zur Geschichte der Saarflößerei und Saarschiffahrt von Dr. Alexander **Tille**. Saarbrücken: C. Schmidtke in Komm. 1907. (45 S.) 4°(8°) [F.]
= **Wirtschaftsfragen**, Südwestdeutsche. H. 7. [07. 16151

Tille, Alex., die Geschichte der deutschen Weihnacht. 8. (XI. 365 S.) Leipzig 893. E. Keil's Nachf. n. 4. —; geb. in Leinw. n. 5. —

Tille, Alxdr, Die Geschichte der deutschen Weihnacht. Leipzig o. J. [1894.] 8. . (D.)

Die deutsche Gesetzgebung gegen die gewerbliche Ertragswirtschaft. Von Dr. Alexander **Tille**. Berlin: Rosenbaum & Hart 1910. VII, 550 S. 8°
(Tille: Die Berufsstandspolitik d. Gewerbe- u. Handelsstandes. 3.) [10. 6373

Tille, Alex., die Großkanalisierung der Mosel, e. Lebensfrage f. das Saargebiet, s.a. Flugschriften, südwestdeutsche. 1.

Die Großkanalisierung der Saar, e. Lebensfrage f. d. Saargebiet. Rede geh. zu Saarbrücken 1904 von Dr. Alexander **Tille**, Syndikus. Saarbrücken: Hecker 1904. (23 S.) 8° [F.]
= [**Flugschriften**, Südwestdeutsche. 1.] [07. 13818

— s.: Gründungsreden, die, der Ortsgruppe Saarbrücken des Hansabundes.

Tille, Alex., Die Grund- und Hausunternehmung und das Wohnungsgewerbe. Vortrag. 8°. Saarbrücken, C. Schmiedtke, 1911. (Südwestdeutsche Flugschriften, Heft 16.)

— s.: Handelshafen, der, der Saarstädte.

Tille, Alexander, Aus dem brittischen Hausiergewerbe. Schriften d. Vereins f. Sozialpol., Bd. 83. gr. 8°. Leipzig 1899.

— die Kanalisierung der Saar von Brebach bis Konz, s.a. Wirtschaftsfragen, südwestdeutsche. 3. Hft.

Die Kanalisierung der Saar von Brebach bis Konz. Denkschrift d. Handelskammer Saarbrücken ... verf. von Dr. Alexander **Tille**. Saarbrücken: Hecker 1904. (66 S.) 4°(8°) [F.]
= **Wirtschaftsfragen**, Südwestdeutsche. H. 3. [[illegible] 4

— Lohntarifabkommen u. nationale Arbeit, s.a. Flugschriften, südwestdeutsche. 3.

Lohntarifabkommen und nationale Arbeit. Vortrag, geh. ... 1906 zu Saarbrücken von Dr. Alexander **Tille**. Saarbrücken: Hecker 1906. (24 S.) 8° [F.]
= **Flugschriften**, Südwestdeutsche. 3. [07. 13520

— **deutsche Lyrik v. Heute u. Morgen. M. e. geschichtl. Einleitg. hrsg. 8. (LXXIX, 183 S. m. F. Nietzsches Bildn.) Leipzig 896. C. G. Naumann. n. 2. 50; geb. n.n. 3. 50**

— Die Mosel- u. Saarkanalisierung als Ausgleichsforderung d. südwestdeutsch-luxemburgischen Eisenindustrie für die nordwestpreuß. Wasserstraßen, s.a. Wirtschaftsfragen, südwestdeutsche. 13. Heft.

Die Mosel- und Saarkanalisierung als Ausgleichsforderung der südwestdeutsch-luxemburgischen Eisenindustrie für die nordwestpreußischen Wasserstraßen. Eine Erwiderung d. Handelskammer Saarbrücken ... auf d. Denkschr. d. Handelskammer Duisburg gegen d. Kanalisierung d. Mosel u. Saar v. 17. Sept. 1907. Im Auftr. d. 3 Körperschaften verf. von Dr. Alexander **Tille**. Saarbrücken: E. Schmidtke in Komm. 1907. (79 S.) 4°(8°) [F.]
= **Wirtschaftsfragen**, Südwestdeutsche. H. 13. [08. 1889

— Die Mosel- u. Saarkanalisierung u. die niederrheinisch-westfälische Eisenindustrie, s.a. Wirtschaftsfragen, südwestdeutsche. 8. Heft.

Die Mosel- und Saarkanalisierung und die niederrheinisch-westfälische Eisenindustrie. Eine Erwiderung d. Handelskammer Saarbrücken ... auf d. Denkschrift d. Handelskammer Duisburg gegen d. Kanalisierung d. Mosel u. Saar v. 9. Jan. 1907. Im Auftr. d. 3 Körperschaften verf. von Dr. Alexander **Tille**. Saarbrücken: C. Schmidtke in Komm. 1907. (112 S.) 8° [F.]
= **Wirtschaftsfragen**, Südwestdeutsche. H. 8. [07. 16152

Die politische Notwehr des Gewerbe- und Handelsstandes. Von Dr. Alexander **Tille**. Berlin: Rosenbaum & Hart 1910. VII, 433 S. 8°
(Tille: Die Berufsstandspolitik d. Gewerbe- u. Handelsstandes. 4.) [10. 6374

— die Preispolitik der staatlichen Saarkohlengruben 1892 bis 1903, s.a. Wirtschaftsfragen, südwestdeutsche. 4. Heft.

Die Preispolitik der staatlichen Saarkohlengruben 1892 bis 1903 von Alexander **Tille**. Saarbrücken: Hecker 1904. 59 S. 8°
(Südwestdeutsche Wirtschaftsfragen. H. 4.) [10. 8627 5

— Der Rückgang der südwestlichen Eisenwerke in der Eisenindustrie des dtschn. Zollgebietes, s.a. Wirtschaftsfragen, südwestdeutsche. 15. Heft.

Tille, Alexander: Der Rückgang der südwestlichen Eisenwerke in der Eisenindustrie des deutschen Zollgebietes 1902–1907. Denkschrift d. Handelskammer Saarbrücken ... verf. von –. Saarbrücken: Schmidtke in Komm. 1908. 134 S. 8°
(Südwestdeutsche Wirtschaftsfragen. H. 15.)

Tille, A., Die Spekulation im Wirtschaftsleben. [Aus: „Deut. Frühling".] (14 S.) gr. 8. Leipzig '08, Verlag Deutsche Zukunft. —. 40.

— Die südwestl. Stahlindustrie des deutschen Zollgebietes, s.a. Flugschriften, südwestdeutsche. 6. Heft.

— **Die südwestliche Stahlindustrie des deutschen Zollgebietes**, s.a. **Flugschriften, südwestdeutsche, 6. H.**

Tille, Alexander: Die südwestliche Stahlindustrie des deutschen Zollgebietes. Vortrag, geh. in d. Kölner Vereinigung f. rechts- u. staatswiss. Fortbildung 1908 von –. Saarbrücken: Schmidtke in Komm. 1909. 27 S. 8°
(Südwestdeutsche Flugschriften. 6.)

— **der soziale Ultramontanismus u. seine „kathol. Arbeitervereine", s.a. Zeitfragen, sozialwirtschaftliche. 4. Hft.**

Der Soziale Ultramontanismus und seine 'Katholischen Arbeitervereine'. Von Dr. Alexander **Tille**. Berlin: O. Elsner 1905. (80 S.) 8°
= **Zeitfragen**, Sozialwirtschaftliche. H. 4. [05. 11683

— Die wirtschaftlichen Vereine der Saarindustrie bis zum Tode des Frhrn. v. Stumm-Halberg 1882—1901, s.a. Flugschriften, südwestdeutsche. 4. Heft.

Die wirtschaftlichen Vereine der Saarindustrie bis zum Tode des Freiherrn von Stumm-Halberg, 1882–1901. Vortrag, geh. 1907 zu Saarbrücken von Dr. Alexander **Tille**. Saarbrücken: C. Schmidtke in Komm. 1907. (22 S.) 8° [F.]
= **Flugschriften**, Südwestdeutsche. 4. [07. 19801

Tille, Alexander [aus Lauenstein]: Die deutschen Volkslieder vom Doktor Faust. . . . Halle a. S., Druck v. Ehrhardt Karras, 1890; 1 Bl. + 63 + 1 S. 8°
Leipzig, Phil. Fak., Inaug.-Diss. v. 2. Jul. 1890

— die deutschen Volkslieder vom Doktor Faust. gr. 8. (VIII, 207 S.) Halle a/S. 890. Niemeyer. n. 5. —

Tille, Alex., von Darwin bis Nietzsche. Ein Buch Entwicklungsethik. gr. 8. (X, 241 S.) Leipzig 895. C. G. Naumann. n. 4. 50; geb. n. 6. —

— die wasserwirtschaftliche Vorlage u. die Kanalisierung der Mosel u. der Saar, s.a. Flugschriften, südwestdeutsche. 2.

Die wasserwirtschaftliche Vorlage und die Kanalisierung der Mosel und der Saar. Vortrag, geh. zu Metz 1904 von Dr. Alexander Tille. (Malstatt-Burbach 1904: A. Spieß.) (16 S.) 4° [Kopft. F.]
— Flugschriften, Südwestdeutsche. 2. [07. 13819]

— der Wettbewerb weisser u. gelber Arbeit in der industriellen Produktion, s.a. Zeitfragen, sozialwirtschaftliche. 3. Hft.

Der Wettbewerb weißer und gelber Arbeit in der industriellen Produktion. Von Dr. Alexander Tille. *Berlin: O. Elsner 1904.* (69 S.) 8°
— Zeitfragen, Sozialwirtschaftliche. II. 2. [04. 4979]

Tille, Armin

Tille, Armin, s.: Geschichtsblätter, deutsche.

— s.: Landesgeschichten, deutsche.

Die Benediktinerabtei St. Martin bei Trier. Ein Beitrag z. Trierer Klostergesch. von Dr. Armin Tille. *(Trier: F. Lintz 1900.)* (94, 48 S.) 8°
— Archiv, Trierisches. H. 4. [01. 8333]

— s.: Staatengeschichte, allgemeine. 8. Abt. Landesgeschichten. deutsche.

— s.: Studien, geschichtliche.

Tille, Armin, Übersicht über den Inhalt der kleineren Archive der Rheinprovinz. Bd 1—3. Köln 1899—1909. 8°.
1. 1899.
2. bearb. v. Armin *Tille* u. Joh. *Krudewig*. 1904.
3. bearb. von Joh. *Krudewig*. 1909.
(Annalen d. hist. Ver. f. d. Niederrhein. Erg. Bd 1—3.)

Tille, Armin: Übersicht über den Inhalt der kleineren Archive der Rheinprovinz. Bearb. von Dr. . Bd 1. Bonn: N. Behrendt 1899. 8°
(Publikationen d. Gesellschaft f. rhein. Geschichtskunde. 19.)

— dasselbe, s.a. Publikationen der Gesellschaft für rhein. Geschichtskunde. XIX.

Tille, Armin, Uebersicht über d. Inhalt d. kleineren Archive d. Rheinprovinz, s.a. Annalen d. histor. Vereins f. d. Niederrhein, Beiheft I—III.

— Übersicht üb. den Inhalt der kleineren Archive der Rheinprovinz, s.a. Annalen des historischen Vereins f. den Niederrhein. 4.—6. Beiheft.

— u. Joh. Krudewig, Uebersicht über den Inhalt der kleineren Archive der Rheinprovinz, s.a. Annalen d. historischen Vereins f. den Niederrhein. VII. Beiheft.

Tille, Armin: Übersicht über den Inhalt der kleineren Archive der Rheinprovinz. Bearb. von Dr. . Bd 1. Köln: J. & W. Boisserée 1899. 8°
(Annalen d. histor. Vereins f. d. Niederrhein. Erg.-Bd 1.)

— s.: Weltgeschichte.

— Wirtschaftsarchive, s.a. Zeitfragen, sozialwirtschaftl. Hft. 5/6.

Wirtschaftsarchive von Dr. Armin Tille. Berlin: O. Elsner 1905. (XIII, 110 S.) 8°
— Zeitfragen, Sozialwirtschaftliche. II. 5/6. [05. 15638]

Tille, *Franz* Armin: Die bäuerliche Wirtschafts-Verfassung des Vintschgaues vornehmlich in der zweiten Hälfte des Mittelalters ... [Erschien vollst. 1895 im gl. Verl.] Innsbruck, Wagner, 1894; 1 Bl., 63 S., 2 Bl. 8.
Leipzig, Phil. Fak., Inaug.-Diss. v. [26. Nov.] 1894

— d. bäuerliche Wirtschaftsverfassung d. Vintschgaues vornehml. in d. 2. Hälfte d. Mittelalters. gr. 8. (VII, 280 S.) Innsbruck 895. Wagner. n. 4. 80

Tille, Franz Armin, s. Tille, Armin

Tille, Hermann [aus Wittenberge, West-Priegnitz]: Ueber Ruptur einer Tubargravidität ... Berlin, C. Vogt's Buchdr., *1893*; 29 S., 1 Bl. 8.
Berlin, Med. Fak., Inaug.-Diss. v. 8. Aug. 1893

Tille, Jos., Geschichte der Stadt Niemes u. ihrer nächsten Umgebung. Mit 72 Abbildgn., 1 Stadtplan u. 1 Bezirkskarte. Gesammelt u. hrsg. (VIII, 540 S.) gr. 8. Niemes (905). A. Bienert. n. 6. 80; geb. n. 7. 50

TILLE, Julius: S. Augustinus de ecclesia Christi tamquam institutio salutis generis humani universali. — (1909) 232 Bl. 4° (Handschr.) Diss. 867
Diss. Wien, Univ.

Höckchen-Döckchens Abenteuer. Von Lotte Tille. *Berlin: W. Tille 1902.* (8 Bl.) 8° [F.] [03. 6707]

Tille, Lotte, Höckchen-Döckchen. Bilder v. Paul Brockmüller. (12 farb. Bl.) 4. Frankfurt a/M. 904. Literar. Anstalt Rütten & Loening. Kart. n. 2. —; auf Pappe n. 3. —

Tiller, Franz Ad., s. Tiller, Franz Alois

Tiller, Frz. Aloys, Betrachtt. üb. besond. Thaten u. Maximen der Regenten zu Hertakollis. gr. 8. Leipz. 796. (Jenko in Cilli). 1 ℔ 3 gr.

TILLER Fr(anz) Alois. Sistem der burgerlichen Rechtslehre aus dem sammentlichen romischen Rechte ... von –. ... Das 1. (einz.) Buch ... Miller, Graz 1787. 1 vol. XII + 551 S. + 11 Bl. Anh.

— System d. bürgerlichen Rechtslehre, aus den sämmtlichen römisch. Rechte in 3 Buch. 2 Bde. gr. 8. Grätz, Miller. 788.

Tiller, Karl, Hopfenbau mit Berücksichtigung der Brauerei. 4. (102 autogr. S.) Prag 876, (Calve'sche Universitäts-Buchh.) *

Tiller Viktor: Beiträge zur Vorgeschichte der österreichischen Staatspost.
1904 PN 1806 Diss. Wien, Univ. 897

Tiller v. Tscherlow, (D. Sager,) philosoph. Abhandl. von den bekanntesten Sprüchwörtern der alten Deutschen. 8. Augsb. 777. Rieger. 9 gr.

Tilles, Sally Simon (Paul Heichen), s.: Israeliten, die, als „Träger der Kultur".

— s.: Jude, der, im Citat u. im Sprichwort.

— s.: Mischpoke, die, im Berliner Buchhandel.

Tillessen, Rud., die Eremitage zu Waghäusel. Ein Beitrag zur Geschichte der Eremitage. (47 S. m. Abb.) 8. Mannheim (909). Dr. H. Haas. 2. 50

Tillessen R, das grossh. Schloss zu Mannheim. Innendekorationen (11 S 48 T) fol
Mannheim 1897

Tillessen, Rud., das grossherzogl. Schloss zu Mannheim. Ausgew. Innendekorationen. Gesammelt u. m. Begleitschrift vers. v. T. Photograph. Aufnahmen v. Hub. Lill. gr. Fol. (48 Lichtdr.-Taf. m. XI S. illustr. u. 1 Bl. Text.) Berlin 898. Kanter & Mohr.
In Mappe n. 45. —

Tillet, s. a *Dutillet.*

-- Abhandlung v. der Ursache, woher die Körner d. Getreides in den Aehren verderben u. schwarz werden, u. v. denen Mitteln, wodurch man diesen Zufällen zuvor kommen kann. (Preisschr.). Hamb. u. Leipz. 1757. (14) 312 S. 7 Tab.

Tillet. Beobachtung einer Krankheit des türkischen Weitzens a. d. Franz. [Hannover 1768.] Ü: *Beckmann*, *Joh.* (Rotermund, Gel. Hannover. Bremen 1823.)

Tillet, Preisschr. v. d. Ursachen, warum d. Körner d. Getreides in d. Aehren verderben? a. d. Franz. 8. Hamb. u. Leipz. Holle. 757.

Tillet, Joans. du, Historiae belli contra Albigenses initi compendium. Ex Bibliothecae Vaticanae codice 5422 nunc primum ed. Alb. Dressel. 8maj. (5 1/8 B.) Berlin 845, Dümmler's Vrlgsh.

Tilley, Morris Palmer, aus Norfolk, Virginia, U. S. A.: Zur **Syntax** Waerferths. *Leipzig: G. Fock 1903.* (87 S.) 8°
Leipzig, Phil. Diss. v. [16. Juli] 1903

Tilley, Thomas Georg (London)
Ueber die angebliche Verwandlung von Kohlenstoff in Kiesel und von Eisen in Rhodium.
[In: Annalen der Chemie u. Pharmacie, Bd 39 (1841) 321.]
Dr. phil. Giessen 11.7.1841.

Tilli, J. L. — Neuestes Lesespiel für die Jugend, wodurch nicht nur die kleinsten Kinder, sondern selbst Erwachsene auf die leichteste und angenehmste Art und in der erstaunlich kurzen Zeit von drei Wochen die Buchstaben kennen und lesen lernen. Auch ein unterhaltendes Spiel für Jedermann, der bereits lesen kann Verfaßt und nach damit erzielten glänzenden Resultaten herausgegeben von — —. Mit 2 lithograf. Blättern, auf Leinwand gespannt, dazu eine gedruckte Erklärung, 2 Würfel und 5 gefärbte Gläser. 8. (14 S.) Gratz. Druck von A. Leykam's Erben. Bei Josef Franz Kaiser. 1854.

Tillian, Hans, evangelische Glaubenslehre zum Gebrauche beim Unterricht. Neu bearb. von Rud. Walbaum. (III, 132 S.) 8. Heidelberg (903). Ev. Verlag.
Geb. in Leinw. n. 1. 50

Tillich, Alexander (Otto Ferd.) (geb. Dessau 20. 2. 1813): Diagnosis morborum mammae muliebris. Berolini (1838). (31 S.) 8°
Berlin, Med. Diss. v. 15. Okt. 1838

Tillich, Ernst, erste Anfangsgründe d. französ. Sprache, zunächst als Lehrkursus f. Quinta d. höh. Bürgerschule zu Frankfurt a/O. bearb. 2. Aufl. gr. 8. (6 B.) Frankfurt a/O. 836, Hoffmann'sche Vrlsbuchh.

Tillich, Ernst, erste Anfangsgründe der französischen Sprache, zunächst als Lehrkursus f. höhere Bürgerschulen bearb. 3., verm. u. verb. Aufl. gr. 8. (7 3/4 B.) Görlitz 842, Heyn'sche Buchh. *

Tillich, Ernst, erste Anfangsgründe der französischen Sprache, zunächst als Lehrkursus für höhere Bürgerschulen bearb. 4. Aufl. (VIII und 165 S.) 1848. * 10 Ngr. und 5., verb. Aufl. gr. 8. (VIII und 167 S.) Görlitz 851, Heyn'sche Buchh. *

Tillich, E. Aphorismes de lexicographie française. 2 Teile. Görlitz, H. B., 1848 u. 1849. 4. Progr.

— u. Chr. Weiß, Beitr. z. Erziehungskunst. 3 Bde. à 2 Hefte. 8. Leipz. 803—5. (Wienbrack). 2 ℛ

— s. Berichte, fünf gutachtl. u. pädagog.

Tillich: Ueber Grundlagen und Ausbau unserer Algebra als Unterrichtsgegenstand. 43 S. – Berlin, Elis., Progr. 1869.

— Grundregeln d. Schön- u. Rechtschreibekunst, mit 2 Tab. f. d. latein. u. deutsche Alphabet, gezeichnet v. Irmisch, mit 5 Tab. in gr. Fol. 8. Leipzig, Industr. Compt. 805.

— Grundregeln der Schön- u. Rechtschreibekunst, mit 2 Tabell. f. das latein. u. deutsche Alphabet, gezeichnet v. Irmisch. Mit 8 Kpf. u. 3 Tabell. in gr. Fol. 8. Leipz. 805. Magazin f. Ind. 1 ℛ

Tillich, Er., (Gtthlf. Albr.,) († d. 30. Oct. 1807.) allgem. Lehrbuch der Arithmetik, od. Anleit. zur Rechenkunst f. Jedermann. 1r Thl. 8. Leipz. 806. Gräff. 18 gr 2e Aufl. hrsgg. v. Fr. W. Lindner. 8. Ebd. 821. Wienbrack. 1 ℛ

—— Lehrbuch d. Arithmetik, od. Anleit. z. Rechenkunst f. Jedermann. 3., völlig verb. u. mit e. prakt. Theile verm. Aufl. v. Friedr. Wilh. Lindner. 8. (38 1/3 B.) Leipzig 836, Wienbrack.

— Lehrbuch der Geometrie; zum mathemat. Lehrcyklus gehörig. Mit 15 Kpf. 8. Leipz. 807. (Wienbrack). 1 ℛ

— Lehrbuch der geometr. Verhältnisse, od. die Mathematik elementarisch behandelt u. in bestimmten Reihenfolgen von Uebungen prakt. dargestellt. gr. 8. Leipz. 806.

— Lehrbuch d. geometrischen Verhältnisse, m. K. 8. Ebd. 807.

— Lesebuch. 1r Bd. 8. Leipz. Rein. 809.

Tillich, E., Lesebuch. 2r Thl. gr. 8. Leipz. Rein und Comp. 811.

— erstes Lesebuch f. Kinder. 2 Thle. 2e umgearb. u. sehr verb. Aufl. des ersten Unterrichts. 8. Leipz. 809 u. 811. 3e unveränd. Ausg. 818. Neue unveränd. Ausg. gr. 8. Ebd. 825. Rein. (1r Thl. 6 gr 2r Thl. 10 gr) 16 gr. (Vergl. Er. Glo, Freudenreich).

—— erstes Lesebuch f. Kinder. 1. Thl. 4. verb. u. verm. Aufl., v. Carl Wilh. Wiecke. 8. (8 B.) Leipzig 843, Rein'sche Bh.

—— dass. 2. Thl. 3., verb. u. verm. Aufl., v. Carl Wilh. Wiecke. 8. (14 1/2 B.) Ebds. 843.

Tillich, Ernst, erstes Lesebuch für Kinder. 1. Thl. 5., verb. und verm. Aufl. von Carl Wilh. Wiecke. 8. (IV und 124 S.) Leipzig 852, Rein'sche Buchh.

— der Sprachunterricht, als intensives Bildungsmittel, eine Nachschrift an Lehrer des ersten Unterrichts. gr. 8. Leipz. 803. 2e Aufl. 813. Rein. 6 gr

— erster Unterricht. gr. 8. 809.

— wie ist der Unterricht in der Sprache einzurichten, um ohne Grammatik Sprachfertigkeit u. Sprachrichtigkeit mit d. Richtigkeit im Denken auf das innigste zu verbinden u. beides in einer Stufenfolge fortzuführen? 8 Leipz. 803.

Tillich, Ernestus Alexander Adalbertus *(geb. Frankfurt a. O. 24. I. 1836)*: De Superficiebus Explicabilibus IV. Gradus rejectis Conicis et Cylindricis. Vratislaviae (1855). (28 S.) 8°
(Teil einer Breslauer Preisarbeit.)

Breslau, Phil. Diss. v. 1. Dez. 1855

Tillich, E(rnst) F(ranz), Referendar: Zur Eigentumsübertragung durch Abtretung des Anspruches auf Herausgabe nach § 931 des Bürgerlichen Gesetzbuches. Stettin 1904: Herrcke & Lebeling. (29 S.) 8° [F.]

Marburg, Jur. Fak., Ref. Heymann, Diss. v. 19. Mai 1905

[Geb. 31. Aug. 75 Berlin; Wohnort: Stettin; Staatsangeh.: Preußen; Vorbildung: Marienstiftsgymn. Stettin Reife O. 95; Studium: Marburg 2, Leipzig 1, Berlin 1, Greifswald 2 S.; Rig. 18. Mai 05.]

Tillich, Paul, Dr., Lic. d. Theol.: Der Begriff des Übernatürlichen, sein dialektischer Charakter und das Princip der Identität dargestellt an der supranaturalistischen Theologie vor Schleiermacher. [Teildr.] Königsberg Nm. 1915: Madrasch. VII, 58 S. 8°

Halle, Theol. Hab.-Schr. v. 1916 [illegible]

Tillier, Ant. v., die Auslieferung d. Constant. Meuron u. der Theil, den ich an derselben gehabt; zur Widerlegung der gegen mich ausgesproch. Verläumdungen. 8. (1 B.) Bern 833, [Jenni, Sohn.]

Tillier, A[nton von]. L'extradition de Constant Meuron, et la part que j'y ai eu, en réfutation des calomnies que l'on a essayé de débiter contre moi. 8. Berne 1833.

Tillier, Ant. v., Geschichte d. eidgenöss. Freistaates Bern, von sein. Ursprunge bis zu sein. Untergange im J. 1798. Aus d. Urquellen, vorzügl. aus d. Staatsarchiven dargest. 6 Bde. mit Sachregister. gr. 8. (198 B.) Bern 838—40, Fischer. *

Tillier, Ant. v., Geschichte der Eidgenossenschaft während d. Herrschaft der Vermittlungsakte. Von ihrer Einführung im Frühjahr 1803 bis zu ihrer Auflösung in den letzten Tagen d. J. 1813. Aus d. Urquellen, vorzügl. d. eidgenöss. u. berner Archiven. 2 Bde. gr. 8. Zürich, Schultheß. [1. (32⅓ B.) 845., 2. (30⅝ B.) 46. à * 2 Thlr.] *

Tillier, Ant. v., Geschichte der Eidgenossenschaft während der sogenannten Restaurationsepoche. Vom Anfange des J. 1814 bis zur Auflösung der ordentl. Tagsatzung von 1830. Aus den Urquellen dargestellt. 3 Bde. gr. 8. Bern. Zürich, Schultheß. [1. (XVI und 499 S.) 848., 2. und 3. (IX und 890 S.) 849,50. à Bd. * 2 Thlr.] *

Tillier, Ant. v., Geschichte der Eidgenossenschaft während der Zeit des sogeheißenen Fortschrittes, von dem J. 1830 bis zur Einführung der neuen Bundesverfassung im Herbste 1848. Aus authent. Quellen dargestellt. 3 Bde. gr. 8. Bern, Huber und Comp. [1. und 2. (XXII und 785 S.) 854., 3. (VII und 369 S.) 855. à Bd. 1 Thlr. 24 Ngr.]

Tillier, A., Geschichte der europ. Menschheit im Mittelalter. 4 Thle. gr. 8. Frankf. 829. Brönner. (Schmerber). 6 ₰ Velinp. 8 ₰

—— Geschichte d. Europ. Menschheit im Mittelalter. 1. Aufl. 829, 30. 6 Thlr., f. Pap. 8 Thlr., u. neue Ausg. (à 95½ B.) gr. 8. Frankfurt a. M. 833, Schmerber. 2 Thlr. 12 Gr., f. Pap.

—— Geschichte der helvetischen Republik, von ihrer Gründung im Frühjahr 1798 bis zu ihrer Auflösung im Frühjahr 1803, vorzügl. aus dem helvet. Archiv u. andern noch unbekannten handschriftl. Quellen dargestellt. 3 Bde. 8. Bern 843, Fischer. *
Bd. 1. Von der Gründung der Republik bis zur Staatsumwälzung v. 7. Jänner 1800. (32¼ B.) * 1 Thlr. 25 Ngr.
* 2., 3. Von der Staatsveränderung vom 7. Jänner 1800 bis z. Auflösung der helvet. Republik im März 1803. (62¼ B.) * 3 Thlr. 20 Ngr.

Tillier, Anton von. Rede, gehalten von Herrn A' von T', im Nationalrath, am 13. Dezember 1850, in den Freiburgerangelegenheiten. 8. *o. O.*

Tillier, Anton von. Rede, gehalten im Schoosse des schweizerischen Nationalrathes am 3. Mai 1850 in den Freiburger-Angelegenheiten. 8. Bern.

Tillier, Claude, Belle-Plante et Cornélius, s.a. Bibliotheca romanica.

Tillier, Claude, Belle-Plante u. Cornelius, s.a. Universal-Bibliothek.

Tillier, Claude, Belle-Plante et Cornélius. 2 vols. Nouvelle éd. 12. (148 u. 143 S.) Berlin 890. Neufeld & Henius. n. 2. 40

— mon oncle Benjamin, s.a. Bibliotheca romanica.

Claude **Tillier**. Mon oncle Benjamin. Strasbourg: J. H. E. Heitz [1906]. (239 S.) 8°
= **Bibliotheca** romanica. 18–20. [06. 14854 2

Tillier, C., mon oncle Benjamin, s.a. Bibliothèque classique intéressante.

Tillier, C., mein Onkel Benjamin, s.a. Collection Spemann.

Tillier, Claude, mein Onkel Benjamin, s.a. Meyer's Volksbücher.

Tillier, C., mein Onkel Benjamin, s.a. Universal-Bibliothek Nr. 1952 und 1953.

Tillier, Claude, mein Onkel Benjamin. Ins Deutsche übertragen u. mit einem biograph. Vorwort versehen von Ludw. Pfau. Stuttgart 866. C. Ebner. 16. (LIV, 334 S. mit Portr. in Holzschn.) cart. 1 ₰ 10 ngr.

· dasselbe, s.a. Bibliothek der Gesamt-Litteratur d. In- u. Auslandes.

Tillier, Claude, mein Onkel Benjamin. Deutsch bearb. v. Ludw. Pfau. 2. durchgeseh. Aufl. 8. (VII, 398 S.) Stuttgart 876. Rieger. n. 4. —; geb. n.n. 5. —

Tillier. Claude, mein Onkel Benjamin. Deutsch v. Paul Heichen. 8. (334 S.) Berlin 891. Neufeld & Henius. n. 3. —; geb. n. 4. —

—— dass. — Deutsch bearb. v. Ludw. Pfau. 3. durchgeseh. Aufl. 8. (IV, 323 S.) [Stuttg. 891.] Frankf. a. M., Rieger. geb. * 3 60

— mein Onkel Benjamin. Deutsch v. Paul Heichen. (Umschlag 4.—6. Tauf.) (334 S.) 8. Leipzig 903. [Bibliograph. Anstalt A. Schumann.] G. Fock Verl. 3. —; geb. 4. —

— dasselbe. Deutsch bearb. v. Ludw. Pfau. 5. u. 6., durchgeseh. Aufl. (Bibliothek des 17. u. 18. Jahrh.) (246 S.) 8. Stuttgart (904. 905). Franckh n. 2. —; geb. n. 3. 50

Claude Tillier. Mein Onkel Benjamin (Mon oncle Benjamin). Deutsch bearb. von Ludwig Pfau. 7., durchges. Aufl. Stuttgart: Franckh [nach 1905]. IV, 246 S. 8°
(Bibliothek d. 17. u. 18. Jahrhunderts.) [10. 15739 10

— Mein Onkel Benjamin. (Die Ubersetzg. ist v. Otto Wolfskehl; die Schattenrisse, Porträts u. den Umschlag zeichnete Emil Praetorius. 2. Aufl.) (330 S. m. Bildnis u. Taf.) 8. München (909). Hyperion-Verl. 4.50; kart. 6.—; Luxusausg. 15. —

Tillier, Claude, zwei Brüder. Novelle. Deutsch von Ed. Prätorius. 8. (XVI, 266 S.) Leipzig 879. Wartig's Verl. n. 4. —; geb. n. 5. —

— comment le chanoine eut peur. — Comment le capitaine eut peur. — Monsieur Nolens et monsieur Volens. — Un quart d'heure de conversation. — Un évêque de village. Nouvelle éd. 12. (151 S.) Berlin 890. Neufeld & Henius. n. 1. 20

Tillier, Joh. Anton v., s. Tillier, Anton v.

Tilling, Chr. Gf.

— s. Cicero, üb. das höchste Gut.

Tilling, Chr. Gf., (+ d. 15. Jan. 1814.) Gedanken zur Prüfung d. Kants Grundlegung z. Metaphysik der Sitten. gr. 8. Leipz. 789. Büschel. 1 ₰

— de posthumis heredibus instituendis vel exheredandis etc. II Ptes. 4. Leipz. 790. (W. Nauck). 8 gl

— de Posthumis heredibus instituendis vel exheredandis etc. II Ptes. 4. Lips, Sommer. 794.

— Diss. de religionis natura atque indole ejusque cum moribus nexu. P. I. 4. Leipz. 791.

— s. G. Schubart, de fatis jurisprudentiae.

Tilling, J., resp. W. **Jursky**, De glandula pineali. Brem. 1765. 4°.

Tilling, Jh. Chr., Badeordnung u. Verhalten bei einem vernünft. Gebrauch d. Gesundbrunnen in d. Kurfürstl. Sächs. Landen. 8. Leipz. 770.

Tilling, Jh. Chr., (+ im April 1774.) Nachr. von Karlsbad; nebst Abriß der Stadt- u. Landkarte. gr. 8. Leipz. 756. Gleditsch. 6 gl

Johann Christian Tillings [Tilling] Nachricht vom Carlsbade. Leipzig 1756: Walther. 139 S. 8°

— observationes medicae singulares circa verum usum thermarum Carolinarum in diversis morbis institutae. 8. Leipz. 751. Gleditsch. 3 gl

Tilling, Theodor, approb. Arzt aus Lütkenbek bei Münster: Aus d. patholog. Institute zu Kiel. Ein Fall von Magenkrebs mit enorm vielen Metastasen. *Kiel 1899: H. Fiencke.* (19 S.) 8°
Kiel, Med. Diss. v. [28. März] 1899

Tilling, W., Das Leben und Leiden der Deutschen im Russischen Reiche, besonders in den Ostseeprovinzen. 37 S. Cassel 1906

Tillinger, Joh., Ueber die Atomwärme des Stickstoffes in seinen festen Verbindungen. Mit 1 Holzschnitt. (Sonder-Abdr. a. d. Sitzungsber. d. k. Akad. d. Wiss.) gr. 8. (15 S.) Ebds. in Comm. 1870 15 kr.

Tillinger, Stanislaus: Die flüchtige Hagar. Eine textkritische, philologische Studie. S. 7—40a. 8. K. k. Staats-Gymn. *Marburg a/D.* 1910. Progr.

Tilliß, Karl

Moderne Behandlung der Herzkrankheiten. Von Dr. med. [Karl] Tilliß. Berlin: Brenzinger 1910. 31 S. 8° A 12. 10157

Tilliß, Carl, approb. Arzt, Hauptmann a. D.: Ein Fall von Noma nach Typhus. *Leipzig 1903: B. Georgi.* (29 S.) 8°
Leipzig, Med. Diss. v. (22. Mai) 1903

Tillman, William [pr. Arzt aus La Crosse, Wisconsin, U. S. A.]: Die Abschnürung des Penis. . . . Würzburg. Köhl & Hecker'sche Buchdr., 1889; 30 S. 8°
Würzburg, Med. Fak., Inaug.-Diss. v. 1889

Tillmann, Rechenschule, s.: Lieb.

Tillmann, A., Forststatistik, s.: Beschreibung, statistische, des Reg.-Bez. Wiesbaden.

Tillmann, Bruno: Leibniz Verhältnis zu Nizolius. Bonn: Hanstein 1910. 31 S. 8° ¶ (Ersch. vollst. u. d. T.: Das Verhältnis Leibniz' z. Renaiss. im allg. u. zu Nizolius im bes., als: Renaissance u. Philos. H. 5.)
Bonn, Phil. Diss. v. 10. Aug. 1910, Ref. Dyroff
[Geb. 7. Juli 86 Vallendar; Wohnort: Wanne; Staatsangeh.: Preußen; Vorbildung: Gymn. Recklinghausen Reife O. 06; Studium: Bonn, München, Bonn zus. 9 S.; Rig. 22. Dez. 09.] [U 10. 435

Tillmann, Fritz

— Jesus, der Menschensohn, s. a. Zeitfragen, biblische.

Tillmann, Fritz: Jesus, der Menschensohn. Von Dr. —. 1. u. 2. Aufl. Münster i. W.: Aschendorff 1908. 29 S. 8°
(Biblische Zeitfragen. Folge 1, H. 11.)

Jesus und das Papsttum. Eine Antwort auf d. Frage: Hat Jesus d. Papsttum gestiftet? Von Fritz **Tillmann**, Privatd. Köln: Bachem 1910. 78 S. 8°
Erw. aus: Köln. Volkszeitung. 1910, Nr 596. 606. 609. 626. 647. [10. 14913 B

— Der Menschensohn, s. a. Studien, biblische. XII. 1. 2.

Tillmann, Fritz, Repetent am Erzbischöfl. Konvikt: Der Menschensohn. Jesu Selbstzeugnis für seine messianische Würde. Bonn 1905: P. Hauptmann. (56 S.) 8° ¶ („Die ganze Arbeit wird in Bälde erscheinen".) *)
Bonn, Kath.-theol. Fak., Ref. Felten, Diss. v. [11. Mai] 1905
[Geb. 1. Nov. 74 Honnef a. Rh.; Heimatsort: Bonn; Staatsangeh.: Preußen; Vorbildung: Gymn. Cöln Reife O. 94; Studium: Bonn 6, Cöln (Priesterseminar) 1, Bonn 6 S.; Rig. 4. März 04.]

Der Menschensohn. Jesu Selbstzeugnis f. s. messianische Würde. Eine biblisch-theol. Untersuchung von Dr. theol. Fritz **Tillmann**, Bonn. Freiburg im Br.: Herder 1907. (181 S.) 8°
Ein T. erschien als Inaug.-Diss. Bonn 1905.
= **Studien**, Biblische. Bd 12, H. 1. 2. [07. 4676

Tillmann, F., Streckenförderung unter Tage. Vortrag. Düsseldorf, 1910. 21 S. mit 22 Abb. u. 1 Taf.

— Die Wiederkunft Christi nach den paulinischen Briefen, s. a. Studien, biblische. XIV, 1. 2.

Tillmann, Fritz: Die Wiederkunft Christi nach den Paulinischen Briefen. Von Dr. theol. Fritz Tillmann, Bonn. Freiburg im Br.: Herder 1909. VIII, 205 S. 8°
(Biblische Studien. Bd 14, H. 1 u. 2.)

Tillmann, Gerhard, approb. Arzt aus Emden: Aus d. Königl. Frauenklinik zu Marburg. Beiträge zur Diagnose von Zwillingen während der Schwangerschaft. *Marburg 1898: J. A. Koch.* (30 S.) 8°
Marburg, Med. Diss. v. 24. Aug. 1898

Tillmann, Gerh., das Gebet nach der Lehre der Heiligen dargestellt. 1. Bd. Vom Gebet im Allgemeinen. gr. 8. (XIX, 753 S.) Freiburg i/B. 874. Herder. n. 5. 60

Tillmann, Gerh., das Gebet nach der Lehre der Heiligen dargestellt. 2. (Schluß-)Bd.: Vom Gebet im Besonderen. gr. 8. (VI, 640 S.) Freiburg i. Br. 877, Herder'sche Verlagsh. *

Tillmann, H., s.: Ausflüge, 160, v. München.

Tillmann, H., s.: Ausflüge, 160, v. München.

Tillmann, H., s.: Ausflüge, 110, v. München.

Tillmann, H., s.: Ausflüge, 200, v. München.

Tillmann, H, De dativo verbis passivis linguae Latinae subjecto qui vocatur Graecus. I. Diss. 1880. 47 S. 1.20

— die Isarthalbahn bis Beuerberg. Führer f. Einheimische u. Fremde. 3. Aufl. M. 1 (farb.) Specialkarte im Massstab 1:150,000. 8. (32 S.) München 897. J. Lindauer. n. — 60

— dasselbe, s. a.: Trautwein, Th.

Tillmann, H., s. Porträtwerk, allgemeines historisches.

Tillmann, H. A., Heimatskunde des Stadt- u. Landbezirks Hof. Eine Vorschule des geographischen Unterrichts in der Volksschule. gr. 8. (24 S. m. lith. Stadt-Plan aus der Vogelschau u. lith u. color. Karte des Stadt- u. Landbez. Hof.) Hof 877. Büching. n. 1. —; für Schüler n. — 50

Tillmann, H. A., die Stadt Hof u. ihre näheren u. weiteren Umgebungen Fichtelgebirge, Vogtland, Frankenwald. Ein Führer f. Fremde u. Einheimische. Mit 1 Plan der Stadt Hof. 8. (XVI, 132 S.) Hof 886. Lion. geb. n. 1. 50

Tillmann, H. A., die Stadt Hof u. ihre nächste Umgebung. Mit e. Plan der Stadt u. e. Übersichtskarte des Amtsgerichtsbez. Hof. 2. Aufl. 12. (V, 35 S.) Hof 899. R. Lion. n. 1. —

Tillmann, H. A., die Stadt Hof, ihre nähere u. weitere Umgebung, Fichtelgebirge, Steinwald, oberes Saaletal, Frankenwald u. Vogtland. Ein Führer f. Einheimische u. Fremde. Durchgesehen, zum Tl. neu bearb., erweitert u. ergänzt v. Hans Hössl. Mit 27 Ansichten, 1 (farb.) Plan der Stadt Hof u. 1 Übersichtskarte. 3. Aufl. (XVI, 216 S.) 8. Hof 910. R. Lion. 1. 80

Tillmann, H. A., Rechenschule, s.: Lieb, A.

Tillmann, H. A., d. Rechenunterricht in d. Elementarklasse. D. Zahlenbereich v. 1 bis 20. Im Anschluß an Lieb-Seyfferth-Tillmanns Rechenschule f. d. Hand des Lehrers bearb. 2. Aufl. gr. 8. (V, 67 S.) Nürnberg 895. F. Korn. n. — 80

Tillmann, H. P., leichtfaßl. Unterr. im Choral-Gesange, nebst 22 neuen Melodien f. d. Psalmen. gr. 8. (1 B.) Bonn 828. (Cöln, J. G. Schmitz.)

Tillmann, Heinrich: Aus dem pathologisch-anatomischen Institute zu Kiel. Casuistischer Beitrag zur Lehre von der Salzsäureintoxikation. *Kiel 1897: P. Peters.* (21 S.) 8°
Kiel, Med. Diss. v. [27. Sept.] 1897

Tillmann, Heinrich: Aus der königl. chirurgischen Universitäts-Klinik zu Bonn. Ueber Stichverletzungen grosser Gefässe. *Bonn 1898: Hauptmann.* (47 S.) 8°
Bonn, Med. Diss. v. [20. Mai] 1898

Tillmann, Hermann. Beiträge zur Kenntnis des Rauschbrandes. Diss. Vet.-Med. Bern. 28 S. 8. Arnsberg, F. W. Becker, 1909.

Tillmann, Hugo [aus Essen a. d. Ruhr]: Aus d. chirurg. Klinik zu Bonn. Ueber die Radicalbehandlung der Prostatahypertrophie mittelst Castration oder Resection der ductus deferentes ... Bonn, Druck v. K. Drobnig, 1897; 51 S., 1 Bl. 8.
Bonn, Med. Fak., Inaug.-Diss. v. [4. März] 1897

Tillmann, Joseph, aus Menden, Regbez. Arnsberg: Die Bedeutung des Bindegewebes für die Zähigkeit des Schlachtfleisches. *Würzburg 1896 [vielm. 1901/02]: H. Stürtz.* (22 S.) 8°
Würzburg, Med. Diss. v. 1896

Tillmann, J., kathol. Gesangbuch, mit e. Gebetbuche. 8. Paderborn 846, Junfermann. ¼ ₰

— dass. mit Gebeten. 8. Ebend. 846. ½ ₰ Schreibp. ¾ ₰

Tillmann, Jos., (Pfarrer,) kathol. Gesangbuch nach den alten u. neuen Melodien, mit e. Gebetbuche. Zum Gebrauche bei d. öffentl. Gottesdienste u. d. Hausandacht. 8. Paderborn 796. 2e A. 799. 3e A. 802.

Tillmann, Max: Aus d. psychiatr. u. Nervenklinik zu Kiel. Zur Symptomatologie der Hysteria virilis. (Respiratorische Anfälle.) Cöln 1908: Pick. 20 S. 8°
Kiel, Med. Diss. v. 26. Aug. 1909, Ref. Siemerling
[Geb. 17. Okt. 82 Cöln; Wohnort: Cöln; Staatsangeh.: Preußen; Vorbildung: Friedrich-Wilhelm-Gymn. Cöln Reife O. 03; Studium: Bonn 3, Würzburg 3, Münster 1, Kiel 3 S.; Coll. 27. Juni 08; Approb. 19. Aug. 09.] [U 10. 2483

Tillmann, W., Milchwirtschaft. (Landwirtschaftliche Unterrichtsbücher.) (VI, 89 S. m. 64 Abbild.) 8. Berlin 908. P. Parey. Geb. in Leinw. nn 1. 30

Tillmann, W., pflanzliche u. tierische Schädlinge unserer landwirtschaftl. Kulturpflanzen. Für den Unterricht an landwirtschaftl. Schulen bearb. (Landwirtschaftl. Unterrichtsbücher.) (VIII, 83 S. m. 47 Abbildgn.) 8. Berlin 905. P. Parey. Geb. in Leinw. n. 1. 20

Tillmann, Wilhelm [app. Arzt aus Hannover]: Drei Fälle von primärem Lungencarcinom histologisch und histogenetisch erörtert.... Halle a. S., Hofbuchdr. v. C. A. Kaemmerer & Co., 188[illegible]: 38 S. + 1 Bl. 8°
Halle, Med. Fak., Inaug.-Diss. v. 22. Jun. 188[illegible]

Tillmanns: Miscellanea critica e Xenophonte. 15 S. –Cleve, Progr. 1862

Tillmanns, Augustus (geb. im Aug. 1808 in Eschweiler bei Aachen): De lethalitate sectionis caesareae ... Bonnae, typ. C. Georgii (1833). 3 Bl., 95 S. 8.
Bonn, Med. Fak., Diss. v. 16 Sept. 1833

Tillmanns, Heinrich [aus Crefeld]: Über die Anhydride der Diphenylbernsteinsäuren.... Crefeld, Druck v. Kramer & Baum. 1889: 21 S. 8°
Leipzig, Phil. Fak., Inaug.-Diss. v. 21. Sept. 1889

Tillmanns, Herm., 100 Jahre Chirurgie. [Aus: „Verhandlgn. d. Gesellsch. deutsch. Naturforscher u. Aerzte, 1898, allgem. Thl."] gr. 8. (27 S.) Leipzig 898. F. C. W. Vogel. n. 1. —

Tillmanns, Herm., die moderne Chirurgie, s. a. Sammlung klinischer Vorträge.

Tillmanns, Herm., die moderne Chirurgie f. gebildete Laien, s. a. Wissenschaft u. Bildung.

Die moderne Chirurgie für gebildete Laien. Von Dr. H[ermann] Tillmanns. Mit 78 Abb. u. 1 Taf. Leipzig: Quelle & Meyer 1908. (IV, 156 S.) 8° [F.]
— Wissenschaft u. Bildung. 31. [07. 15704

Tillmanns, H., Erysipelas, s. a. Chirurgie, deutsche.

Tillmanns, H[ermann]: Erysipelas. Mit 18 Holzschn. u. 1 lithogr. Taf. Stuttgart 1880. XXIII, 247 S.
(Deutsche Chirurgie. Lfg 5.)

Tillmanns, Herm., zur Geschichte u. Technik der v. Esmarchschen künstlichen Blutleere. (7 S.) gr. 8. Berlin 903. J. Goldschmidt. n. 1. —
Sonderabdruck aus: „Deut. medicin. Presse".

Tillmanns, H., Lehrbuch der allgemeinen u. speciellen Chirurgie einschliesslich der modernen Operations- u. Verbandlehre. 2 Bde. gr. 8. Leipzig, Veit & Co. n. 40. —; geb. n. 45. 50
1. Lehrbuch der allgemeinen Chirurgie. Allgemeine Operations- u. Verband-Technik. Allgemeine Pathologie u. Therapie. Mit 837 Abbildgn. im Text. gr. 8. (X, 536 S.) 888. n. 12. —; geb. n. 14. 50
2. Lehrbuch der speciellen Chirurgie. (XVI, 1304 S. m. 791 Abbildgn.) 891. n. 28. —; geb. n. 31. —

— Lehrbuch der allgemeinen u. speciellen Chirurgie einschliesslich der modernen Operations- u. Verbandlehre. 2 Bde. 2., neu bearb. Aufl. Lex.-8. Leipzig, Veit & Co. n. 44. —; geb. in Halbfrz. n. 50. —
1. Bd. Lehrbuch der allgemeinen Chirurgie. Allgemeine Operations- u. Verband-Technik. Allgemeine Pathologie u. Therapie. (X, 632 S. m. 421 [z. Thl. farb.] Abbildgn. im Text.) 892. n. 14. —; geb. n. 16. —
2. Bd. Lehrbuch der speciellen Chirurgie. 2 Thle. (XII, 661 S. m. 858 Abbildgn.) 892. n. 30. —; geb. n. 34. —

— dasselbe. 2 Bde. 3., verb. u. verm. Aufl. Lex.-8. Ebd. n. 47. —; geb. in Halbfrz. n. 53. —
1. Bd. Lehrbuch der allgemeinen Chirurgie. Allgemeine Operations- u. Verband-Technik. Allgemeine Pathologie u. Therapie. (XII, 678 S. m. 44? Abbildgn.) 893. n. 15. —; geb. n. 17. —
2. Bd. Lehrbuch der speciellen Chirurgie. 2 Thle. (XII, 700 u. X, 830 S. m. 909 Abbildgn.) 894. n. 32. —; in 2 Halbfrzbdn. n. 36. —

Lehrbuch der allgemeinen und speciellen Chirurgie einschliesslich der modernen Operations- und Verbandlehre. Von Dr. Hermann **Tillmanns**, Prof. 4. verb. u. verm. Aufl. Mit Abb. Bd 1. 2, Th. 1. 2. Leipzig: Veit 1895–96. 8°
1. Lehrbuch d. allg. Chirurgie. Allg. Operations- u. Verband-Technik. Allg. Pathologie u. Therapie. 1895. 2. Lehrbuch d. spec. Chirurgie. Th. 1. 2. 1896. [11. 1779 11

— Lehrbuch d. allgem. u. spec. Chirurgie einschliessl. d. modernen Operations- u. Verbandlehre. 2 Bde. in 3 Thln. gr. 8. Leipzig 897. Veit & Co. n. 51. —; geb. in Halbfrz. n. 57. —
1. A. u. d. T.: Lehrbuch d. allgem. Chirurgie. Allgemeine Operations- u. Verband-Technik. Allgem. Pathologie u. Therapie. 6., verb. u. verm. Aufl. M. 488 Abb. im Text. (X, 713 S.) n. 16. —; geb. in Halbfrz. n. 18. —
2. Lehrbuch der spec. Chirurgie. 5., verb. u. verm. Aufl. 2 Thle. (X, 729 u. X, 844 S. m. 973 Abb.) n. 35. —; geb. in Halbfrz. n. 39. —

Tillmanns, Herm., Lehrbuch der allgem. u. speciellen Chirurgie einschliesslich der modernen Operations- u. Verbandslehre. 2 Bde. gr. 8. Leipzig, Veit & Co. n. 55. 60; geb. in Halbfrz. n. 61. 80
1. Lehrbuch der allgemeinen Chirurgie. Allgemeine Operations- u. Verbands-Technik. Allgemeine Pathologie u. Therapie. 8., verb. u. verm. Aufl. Mit 561, z. Thl. farb. Abb. im Text. (X, 773 S.) 901. n. 17. 60; geb. n. 19. 80
7. Aufl. (X, 740 S.) 899. n. 17.—; geb. n. 19.—.
2. Lehrbuch der speciellen Chirurgie. 7., verb. u. verm. Aufl. 2 Thle. (XII, 767 u. X, 876 S. m. 1113 z. Tl. farb. Abb.) 901. n. 38. —; geb. in Halbfrz. n. 42. —
6. Aufl. (XII, 759 u. X, 818 S. m. Abb.) 899. n. 37. —; geb. n. 41. —.

— Lehrbuch der allgemeinen u. speziellen Chirurgie einschliesslich der modernen Operations- u. Verbandslehre. 2 Bde. gr. 8. Leipzig, Veit & Co. n. 56. 50; geb. in Halbfrz. n. 64. —
1. Lehrbuch der allgemeinen Chirurgie. Allgemeine Operations- u. Verbands-Technik. Allgemeine Pathologie u. Therapie. 9., verb. u. verm. Aufl. (X, 814 S. m. 628 z. Tl. farb. Abb.) 904. n. 18. 50; geb. n. 21. —
2. Lehrbuch der speziellen Chirurgie. 8., verb. u. verm. Aufl. 2 Tle. (XII, 802 u. X, 682 S. m. 1207 z. Tl. farb. Abbildgn.) 904. n. 38. —; geb. n. 43. —

Lehrbuch der allgemeinen und speziellen Chirurgie einschliessl. d. modernen Operations- u. Verbandlehre. Von Dr. Hermann **Tillmanns**, Prof. Mit Abb. Bd 1. 2. Leipzig: Veit 1907–11. 8°
1. Lehrbuch d. allgem. Chirurgie. Allgem. Operations- u. Verband-Technik. Allgem. Pathologie u. Therapie. 10. verb. u. verm. Aufl. 1907. 2. Lehrbuch d. speziellen Chirurgie. 9. verb. u. verm. Aufl. 1911. T. 1. Chirurgie d. Kopfes, d. Halses, d. Brust, d. Wirbelsäule, d. Rückenmarks u. Beckens. T. 2. Chirurgie d. Unterleibs u. d. Extremitäten. [. . 6191

Lehrbuch der speciellen Chirurgie. Von Dr. Hermann **Tillmanns**, Prof., Leipzig. Mit Abb. im Text. 7., verb. u. verm. Aufl. Th. 1. 2. *Leipzig: Veit & Co. 1901.* 2 Bde 4°(8°)
1. Chirurgie d. Kopfes, d. Halses, d. Brust, d. Wirbelsäule, d. Rückenmarks u. Beckens.
2. Chirurgie d. Unterleibs u. d. Extremitäten.
= **Tillmanns**: Lehrbuch d. allg. u. spec. Chirurgie. Bd 2. [. . 1698

— ein zusammenlegbarer, leicht transportabler Operationstisch f. d. Kriegschirurgie u. chirurgische Privatpraxis. [Aus: „Festschrift f. Fr. v. Esmarch".] gr. 8. (5 S. m. 3 Fig.) Kiel 893. Lipsius & Tischer. n. — 20

— die Verletzungen u. chirurgischen Krankheiten des Beckens, s. Chirurgie, deutsche. 62a.

Die Verletzungen und chirurgischen Krankheiten des Beckens. Von Prof. Dr. H[ermann] **Tillmanns** in Leipzig. Mit 277 Abb. Stuttgart: F. Enke 1905. (CXXXII, 838 S.) 8°
= **Chirurgie**, Deutsche. Lfg 62a. [05. 7929

Tillmanns, Hugo [aus Valparaiso]: Aus d. med. Klinik zu Bonn. Zur Casuistik der Mediastinaltumoren ... Bonn, Druck v. J. F. Carthaus, 1892; 38 S., 1 Bl. 8.
Bonn, Med. Fak., Inaug.-Diss. v. [1. Aug.] 1892

Tillmanns, Jos., die wahre Lösung der sozialen Frage u. warum wir trotz unserer sozialen Gesetzgebung „dem Untergange in reißendem Tempo" (1. Enz. Pius X.) entgegen gehen. Unter Mitarbeit v. Theod. Oehmen f. den prakt. Tl. (190 S.) 8. Maria-Martental bei Kaisersesch 905. (Coblenz a/Rh., Carl Th. Oehmen.) (Nur direkt.) n. 2. 40

Tillmanns, Kurt, bacc. iur. a. Opladen: Das Eröffnen fremder Briefe nach heutigem Strafrecht. ⟨Beiträge zur Verletzung des Briefgeheimnisses.⟩ Berlin 1905: W. Pilz. (VIII, 75 S.) 8°
Leipzig, Jur. Fak., Diss. v. 28. Juli 1905
[Geb. 8. Apr. 80 Opladen; Wohnort: Bergisch Neukirchen, Kr. Solingen; Staatsangeh.: Preußen; Vorbildung: Gymn. Cöln Reife O. 99; Studium: Berlin 6 S.; Rig. 30. Juli 04.]

Tillmanns, Kurt, das Eröffnen fremder Briefe nach heutigem Strafrecht. Beiträge zur Verletzung des Briefgeheimnisses. (Diss.) (VIII, 75 S.) 8. Berlin 905. Struppe & Winckler. n. 2. —

Tillmanns, Lvdovicvs ⟨geb. am 22 Febr. 1838 in Frankfurt a. M.⟩: Dispvtationis qva ratione Livivs Polybi historiis vsvs sit Part. I [*un.*] ... Bonnae, form. Carthavsianis (1860). 2 Bl., 62 S., 1 Bl. 8.
Bonn, Phil. Fak., Diss. v. 30 Mai 1860

Tillmanns, L., Ueber *εἰ* mit Indicativ der Haupttempora u. *ἐάν* mit Coniunctiv. S.-A. 187 . 15 S. — 60

Tillmanns, Ludw., Commentar zu Thucidides' Reden, zum Gebrauch der Schüler. 1. Hft.: Reden in Buch 1 u. 2. 8. (VI, 116 S.) Leipzig 876. Teubner. 1. 20

Tillmanns, Ludw., kurze Regeln der griechischen Syntax zum Gebrauch in oberen Gymnasialklassen zusammengestellt. gr. 8. (56 S.) Leipzig 874, Teubner.

Tillmanns, Rob(ert) Herm(ann): Ueber Facialislähmung bei Ohrkrankheiten Halle (1869): Plötz. 39 S. 8°
Halle-Wittenberg, Med. Diss. v. 7. Aug. 1869
Geb. [Wolfsbahn bei] Elberfeld 3. 10. 1844. V.

Tillmans, Josef, aus Münster i. W.: Über das Fadenziehend- und=Schleimigwerden von Brot und Milch. *(Berlin: J. Springer) 1902.* (64 S.) 8°
Münster, Phil. Diss. v. (12. Aug.) 1902

Tillmetz, Oscar, approb. Arzt aus München: Ueber die **Wirkung fluoreszierender Stoffe auf den Invertierungsprozeß.** *München 1903: C. Wolf & Sohn.* (20 S.) 8°
München, Med. Diss. v. 1903

Tillo; Geistergeschichte. 8. Dresd. 793. Kühn in Leipz. 12 gr.

TILLO. Geistergeschichte des zwölften Jahrhunderts. Mit Titelkpfr. (Schubert inv., G. Schule sc. 1793). Dresden und Leipzig, in der Richterschen Buchhandlung. 1793. 8⁰.
Stellenweise derb. 174 S. (incl. Titelkpf. u. Titel).

Tillo, Alexis v.

— Ueber Erdmagnetismus in der Gegend von Orenburg (1830 – 1870). gr. 4⁰. *65 S.* m. e. Chromolith. Petersburg 1872. M. 4.—
(In russ. Sprache.)

Tillo, Aloxis v., Generalregister, s.: Vierteljahrsschrift d. astronom. Gesellschaft.

von Tillo, Alexis: Ueber die absolute Höhe des Ladoga-Sees und das Gefälle der Newa. ([S.-A.] Mélanges physiques et chimiques, tirés du Bulletin de l'Académie Impériale des Sciences de St.-Pétersbourg. T. 12. p. 281—289.) Petersburg 1885. 9 S. 8⁰.

von Tillo, Alexis: Magnetische Horizontal-Intensität in Nord-Sibirien. (Repertorium für Meteorologie. Herausgegeben von der Kaiserlichen Akademie der Wissenschaften. Bd. 10 No. 7.) St. Petersburg 1886. 8 S., 1 Krt. 4⁰.

Tillo, Alexis v., Karte mit Linien gleicher magnetischer Declination für die Epoche 1880, O. Mit dem Zwecke, den Unterschied zwischen den Isogonen-Karten für das J. 1880, O der deutschen Seewarte und der englischen Admiralität zu veranschaulichen. Lithogr. qu. Fol. Leipzig 881, (Voss' Sortiment.) * 2 —

Tillo, Al., terrestrial magnetism of the country of Orenburg (1830—1870.) (In russ. Sprache.) gr. 4. (65 S. m. 1 Chromolith.) Petersburg 872. (Leipzig, Voss.) n. 4. —

Tillo, Alexis de, notice sur le congrès des géographes allemands à Halle [12—14 Avril 1882]. gr. 8. (14 S.) Leipzig 882. Voss' Sort. in Comm. n. — 80

—— über die geographische Vertheilung und säculare Aenderung der Declination und Inclination im europäischen Russland. Imp.-4. (82 S. mit 4 lithogr. Karten.) (Ebendas.) 881. *

Tillotson, John

— Glaubensregeln, Streitschr. wider d. Pabstthum, n. Vorstell v. alten römischen Gebräuchen. 2 Thle, 8. Ebend. 731.

Tillotson, Joh., Grundlegung d. vornehmsten Wahrheiten z. Ausübung e. thät. Christenthums, m. Marpergers Vorrede. 8. Dresd. Gerlach. 730. -

— Leben, aus dessen eigenen Schriften u. Leben, von Th. Birch; aus d. Engl. (v. Cr. Ldw. Pauli). gr. 8. Leipz. 754. Weidmann. 18 gr.

— aufrichtiger Nathanael, übers. v. B. M. Marperger. 8, Nürnb. 716.

Tillotson, John, Johann Tillotsons // Ertz-Bischoffs von Canterbury und Königl. Groß-Brittann. // geheimden Raths // Auserlesene // Predigten // Über wichtige Stücke // Der Lehre JEsu Christi // mit besondern Fleiße aus dem Englischen übersetzet, // Nebst einer neuen Vorrede // Herrn Johann Lorentz Mosheims // Abts von Marienthal und Michaelstein etc. etc. // Zweyte und verbesserte Auflage. //Mit Königl. Pohlnisch. und Churfürstl. Sächs. Privilegio. // Helmstädt, 1730. // Verlegts Christian Friedrich Weygand. - 8 Blatt (nicht paginiert) Titelblatt, Vorrede und Vorwort J. L. Mosheims. und Inhalt. - 460 S.

Angebunden:
Johann Tillotsons // Ertz-Bischoffs von Canterbury und Königl. Groß-Britann. // geheimden Raths // Auserlesene // Predigten // Über wichtige Stücke // Der Lehre JEsu Christi // mit besondern Fleisse aus dem Englischen // Übersetzet, // und mit nützlichen Anmerckungen // versehen. // Erste Fortsetzung. // Mit Königl. Pohln. und Churfürstl. Sächs. Privilegio. // Helmstädt, // Verlegts Christian Friedrich Weygand, 1731. - 8 Blatt (nicht paginiert) Titelblatt, und Vorrede des Übersetzers Johann Martin Darnmann. 480 S.

B. S. T. 8⁰.712.

Tillotson, Jh., auserles. Predigten; aus d. Engl. mit Mosheims Vorrede u. des Autors Leben. 8 Thle. gr. 8. Helmst. 764. (Weygand in Leipz.) 4 ₰ 8 gr — Dass. 8 Thle. 8 Ebd. 764. 3 ₰ 12 gr

— — dasselbe. 8 Thle. 8. Ebend. 764.

— Predigten von der Buße. (Aus d. Vorhergehenden besonders abgedr.) gr. 8. Zürich 772. Orell. 16 gr

Tillotson, Joh., Predigten üb. wicht. Wahrheiten, a. s. Werken gesammelt u. abgekürzt v. Henry. 2 Thle. 8. Lemgo, Meyer. 772. (I. 6 gr. II. 8 gr.) Rthlr. -

Tillotson, John. Neue Sammlung auserlesener . . . Predigten; a. d. Engl. Zürich 1760—76. Ü: *Escher, Heinrich.* (Ky) (MGT) (Cat. d. Stadtbibl. Zürich. Zürich 1864—97.)

— neue Samml. auserles. Predigten; aus d. Engl. (von H. Escher). 8 Bde. gr. 8. Zürich 760—76. Orell. 5 ₰ 8 gr

Tilly, General, oder denkt an den 10. Mai. Schspl. 8. Thorn 793. (Hamb., Herold). 6 gr

Tilly, General, oder denkt an den 10. May. Schausp. 8. Thorn. (Vollmer in Hamburg.) 793.

Tilly. Trauerspiel aus dem 30jährigen Kriege. Vom Verf. der „Sieben vertraulichen Briefe an Napoleon III." München 864. Lentner in Comm. 16. (XXXII, 198 S.) n. 20 ngr.

Die **Festung** Tilly—Ingolstadt unter Ludwig I. König v. Bayern. Nebst einer kurzen Einleitung u. Übersicht der Geschichte von Ingolstadt. Ingolstadt 1829. 116 S.

— der neue Gutsherr. Lstspl. 8. Berl. 799. Maurers B. 14 gr

— die Klausel. Lstspl. 8. Berl. 798. Felisch. 4 gr

— Kühnheit u. Liebe. Schspl. in 5 A. 8. Berl., (Mittler). 12 gr

— Malberg. Schspl. d. Vorzeit. 8. Berl. 798. Maurers B. 14 gr

— That u. Reue. Schspl. 8. Schwerin 792. Bodner. 5 gr

Tilly u. Wrede. Zur Feier des 8. Octobers 1844. Lex.-8. (3 B.) München 844, (Franz.) *

Tilly, Alexandre Cte de
s. Tilly, Jacques Pierre Alexandre Cte de. (10. 14026

Tilly, Hans, über die Rentabilität v. Zentralheizungen. Unter besond. Berücksicht. der Abdampfausnützg. u. der Wirtschaftlichkeit der in diesem Zusammenhange arbeit. Elektrizitätswerke von Heilanstalten. (32 S. m. 6 Diagr. u. 4 Taf.) gr. 8. München 910. R. Oldenbourg. 1.50

— Die Zentralheizungsanlagen. Ein prakt. Handbuch f. angeh. Heizungsingenieure. Mit 42 Textfig., 9 Tab., 4 Grundrissen u. 1 Kurvenplan. (VI, 152 S.) gr. 8. Stuttgart 909. F. Grub. 6.—; geb. in Leinw. 7.—

Tilly, Jacques Pierre Alexandre Comte de

Tilly, des Grafen v., Memoiren, s. a. Bibliothek, sexualpsychologische.

v. **Tilly.** Memoiren des Grafen Alexander v. Tilly, aus der französ. Handschrift übersetzt, mit einer biographischen Notiz über den Grafen v. Tilly. 3 Bde. 8. Berlin 1825–27.

Die Memoiren des Grafen (Alexander) v. Tilly. [Mémoires du Comte Jacques Pierre Alexandre de **Tilly.**] Mit e. Vorw. von Fedor v. Zobeltitz. 1.–5. Aufl. Bd 1. 2. Berlin: L. Markus (1909). 8°
(Sexualpsychologische Bibliothek. Serie 1, Bd 1. 2.) [10. 14025

TILLY, Alex. Graf v. (geb. zu Le Mans 1764 od. 1765, † angebl. durch Selbstmord, d. 23. Dezbr. 1816 in Brüssel). — Memoiren des Grafen Alexander von T**. Aus d. französ. Handschrift übers. (v. Friedr. Wilh. Bruckbräu). 3 Bde. Berlin, Duncker u. Humblot, 1825, 26, 27. 8°. (12 Mk. Scheible, 1888; 15 Kr. A. H. Huber, Salzburg, 1908.)
— — Dasselbe. Mit einem Vorwort von Fedor von Zobeltitz. 2 Bde. Berlin, Louis Marcus, 1910. 8°. XII.—467 + XII —417 S. (Mk. 8—.) (5 Mk. 50 Pfg., Origbd., Lipsius & Tischer, Kiel, 1911.)
Sexualwissenschaftl. Bibliothek. Hrsg. von Dr. med. Iwan Bloch, I—II.

Tilly, Alex. de, Oeuvres mêlées. 8. Berl. (Levrault, Strasb. 803.

— — les mêmes. 8. Leipz. Sommer. 803.

— — les mêmes. 8. Cassel, Tourneysen. 803.

de Tilly, Alex., oeuvres mêlées. 8. Berl. 803. (Nauck). 1 ∤ 8 gGr

Tilly, Alex. de, Oeuvres mêlés. gr. 8. Leipz. Sommer. 813.

Tilly, Jh. Bpt., Einsicht u. Heldensinn; patriot. Schspl. in 2 A. 8. Berl. 814. Schmidt. (Curths). 6 gGr

— Eintracht u. Heldensinn. Ein patriot. Schspl. in 2 A. 8. Berl. 815. (Curths). 6 gGr

s. Franz und Minna.

s. Karoline, oder d. unbelohnte Gelübde.

Tilly, Jh. Bapt., († 1816.) das Lindenthal; ein Gedicht in 4 Gesängen. 8. Berl. 795. Franke; (a. Barth in Leipz.) 6 gGr Holländ. Pap. 7 gGr

— sämmtl. Schauspiele. 1r Bd. 8. Berl. 798.

— de viis, quibus ei, qui aetatis nostr. juvent. instituit, gradi liceat. 8. Berl. 806. Haude u. Sp. 4 gGr

— das Wiedersehen, ein erzähl. Gedicht. 8. Berl. 806. Haude u. Sp. 6 gGr

TILLY, Josephus: De recitatione breviarii.. — (1863) 94 S. 8° (Handschr.)
Diss. Wien, Univ. Diss. 217

TILLY, LEENDERT JONCKHOUT, s. Umständlicher Bericht von dem Ursprung des Nieren-Steins. 1744.

Tilly, Otto v., Anleitg. zur selbständ. Erlerng. d. landwirthschaftlichen Buchführung f. kleine Besitzgn. sow. f. mittelgroße u. große Landgüter. gr. 8. (VIII, 204 S.) Leipzig 898. M. Heinsius Nachf. n. 5.—; geb. n. 6.—

Tilly's, Graf v., Biographie, s.: Kehm, F.

Tillyschanze. Führer durch die Anlagen und Sammlungen sowie Beschreibung des G. Eberlein'schen Reliefbildwerks „Vertheidigung Mündens im 30jähr. Kriege". 3. Ausg. *(Münden 1898: W. Klugkist.)* (25 S.) 8° [Umschlagt. u. Anz.] [99. 3553 7

Tilmann, Adf., Jagd und Fischerei, s. Beschreibung, statistische, des Reg.-Bez. Wiesbaden.

Tilmann, E., Das Bergwerkseigentum der Gewerkschaft Königsborn bei Unna in kurzer übersichtlicher Darstellung. Arnsberg, 1875. 17 S. mit 2 Karten.

Tilmann, E., das Grundbuchwesen u. dessen anzustrebende Verbesserungen bei parzellirtem Grundbesitz. Nach den Resultaten der Einführg. d. Grundbuchs im Kreise Neuwied beleuchtet. Vortrag, geh. in der 10. General-Versammlg. d. rhein. Bauernvereins zu Neuß. gr. 8. (31 S.) Kempen a/Rh. 891. Klöckner & Mausberg. n. —50

Tilmann, Norbert, a. Dortmund: Tektonische Studien im Triasgebirge des Val Trompia. Bonn 1907: C. Georgi. (58 S.) 8° ¶ (Erscheint vollst. u. d. T.: 'Geologische Untersuchungen im Triasgebirge des Val Trompia'.)
Bonn, Phil. Fak., Ref. Steinmann, Diss. v. 26. Juli 1907
[Geb. 20. Okt. 83 Dortmund; Wohnort: Dortmund; Staatsangeh.: Preußen; Vorbildung: Stadt. Gymn. Dortmund Reife O. 02; Studium: Bonn 1, München 1, Bonn 1, Berlin 1, Heidelberg 1, Freiburg i. B. 1, Bonn 1 S.; Rig. 27. Febr. 07.]

Tilmann, Otto (geb. Neuwied a. Rh. 17. 8. 1862): Antipyrin, das neueste Antipyreticum. Berlin (1884). (36 S.) 8°
Berlin, Med. Diss. v. 14. Aug. 1884

Tilmont, A., der kleine deutsche prakt. Handlungsbriefsteller, od. bündige u. vollständ. Anweis. zum schnellen Aufsetzen u. Abfassen aller Arten v. Briefen, die in dem kaufmänn. Geschäftsleben vorkommen. 8. (10 B.) Nordhausen 830, Fürst.

Tilmont, A., der kleine deutsche prakt. Handlungsbriefsteller. 8. (VIII und 149 S.) Nordhausen 847, [Büchting.] —

Tilmont, A., der kleine deutsche prakt. Handlungsbriefsteller. Neue Ausg. 8. (VIII u. 149 S.) Nordhausen 847, Fürst. 5/8 ∤

Tilo's v. Kulm Gedicht Von siben Ingesigeln, hrsg. v. Karl Kochendörffer, s. a. Texte, deutsche, des Mittelalters.

Tilos von Kulm Gedicht Von siben Ingesigeln aus d. Königsberger Hs. hrsg. von Karl Kochendörffer. Mit 1 Taf. Berlin: Weidmann 1907. (XII, 109 S.) 8°
= Dichtungen d. Deutschen Ordens. 2.
= **Texte,** Deutsche, d. Mittelalters. Bd 9. [07. 11437

Tilp, Emil, Handbuch der allgemeinen u. besonderen Bedingnisse f. Leistungen u. Lieferungen im Eisenbahnwesen. 6 Lfgn. Lex.-8. (VIII, 439 S.) Wien 875. Lehmann & Wentzel. à n. 2.—

Tilp, Emil, der praktische Maschinendienst im Eisenbahnwesen. Ein Handbuch für Directions-, Maschinen-, Heizhaus- u. Werkstätten-Bureaux, polytechn. u. Gewerbe-Schulen, Ingenieure u. Hörer des Maschinenbaues. Lex.-8. (VIII, 468 S.) Wien 877. Hartleben. 12. 50

— **Transportmittel u. anderes Betriebsmaterial f. Eisenbahnen, s.: Ausstellungs-Bericht, officieller.**

Tils, Caspar Tilmann, s. T i l s , Kaspar Tilmann

Tils, Ernst [appr. Arzt aus Gemünd]: Das Scharlachfieber und seine Complicationen an der Strassburger Kinderklinik. Strassburg, bei Karl J. Trübner, 1879. 8 36 S.

Tils, Joseph [aus Honnef a. Rh.]: Bacteriologische Untersuchung der Freiburger Leitungswässer. . . . (Aus: Zeitschr. f. Hygiene. Bd. IX. 1890.) Leipzig, Veit & Co., 1890; 44 S., 1 Bl., 1 Taf. 8°
Freiburg i. B., Phil. Fak., Inaug.-Diss. v. 1890

Tils, Kaspar Tilmann

Tils, Caspar Tilmann (Hildesheim)
Positiones ex universo jure.
Giessae 23. Nov. 1780: Joh. Jac. Braun. 8 S. 4°
pro dignitate doctorali rite obtinenda.

Tilsch, Eman., der Einfluss der Civilprocessgesetze auf das materielle Recht, u. die in vorwiegend materiellrechtlichen Gesetzen enth. processualen Bestimmgn. 2., umgearb. u. verm. Aufl. gr. 8. (XV, 360 S.) Wien 901. Manz. n. 7. —; geb. n. 8. —

Tilscher, Frz., Grundlagen der Ikonognosie. 1. Abth. [Aus: „Abhandlgn. d. k. böhm. Gesellsch. d. Wiss."] Mit 5 lith. Taf. gr. 4. (88 S.) Prag 878. (Grégr & Valečka.) n. 6. —

Tilscher, Frz., die Lehre der geometrischen Beleuchtungs-Constructionen u. deren Anwendung auf das technische Zeichnen. Für technische Lehranstalten u. zum Selbstunterrichte. Mit 1 Atlas von 13 lith. Taf. u. 1 Farbendr. (in Fol.) Wien 862. Gerold. gr. 8. (XV, 255 S.) n. 3 ℛ 20 ngr.

Tilscher, Frz., System der technisch-malerischen Perspective. Für techn. Lehranstalten, Kunstakademien u. zum Selbstunterrichte. 3 Abthlgn. Prag 865,67. Tempsky. gr. 8. (XXIX, 341 S. mit einem Atlas von 16 lithogr. u. 2 Farbendr.-Taff. in qu. Fol.) [1. Abthl. n. 1 ℛ 6 ngr., 2. u. 3. Abthl. n. 3 ℛ 10 ngr.] n. 4 ℛ 16 ngr.

T i l s c h e r, Frz., System der technisch-malerischen Perspective. Für techn. Lehranstalten, Kunstakademien und zum Selbstunterrichte. Mit einem Atlas von 16 lithogr. und 2 Farbendr.-Taf. (qu. Fol. in Mappe). 2. unveränd. (Titel-) Ausg. gr. 8. (XXVI, 344 S.) Prag 883, Tempsky. (Leipzig, Freytag.) *

Tilschkert, Victor

Tilschkert, V. Gemauerte Baracken m. Erdeinhüllungen, Kasernen minderer Kategorie. (S.-A.) Wien 1893.

Tilschkert, Vict., neue Formen der Panzer-Fortification. Montalemberts u. Erzherzog Maximilians Constructions-Ideen bei Anwendg. des Eisens. Sauers sturmfreie Panzerthürme. Übertragbare Forts u. Noyau-Stützen. gr. 8. (42 S. m. 15 Fig.) Wien 902. L. W. Seidel & Sohn. n. 3. —

Tilschkert, V. D. techn. Mittel z. Förderg d. Brotverpflegung i. Kriege. Wien 1888.

T i l s c h k e r t, Vict., der Verpflegsnachschub im Kriege auf der transportablen Feldeisenbahn und Bericht über die Feldeisenbahn-Ausstellung in Lundenburg im Aug. 1886. gr. 8. (104 S. mit 6 Taf.) Wien 887, (v. Waldheim.) *
Aus: Mittheilungen über Gegenstände des Artillerie- und Genie-Wesens, besonders abgedruckt.

Tilse, Karl: Zur Frage der Bastardnatur von Psamma baltica. Kiel 1910: Lüdtke & Martens. 54 S. 8°
Kiel, Phil. Diss. v. 11. Aug. 1910, Ref. Reinke
[Geb. 17. Nov. 86 Grabow M.-S.; Wohnort: Wernigerode; Staatsangeh.: Mecklenburg-Schwerin; Vorbildung: Realgymn. Ludwigslust Reife M. 06; Studium: München 2, Kiel 5 S.; Rig. 11. Juni 10.] [U 10. 2541

Tilšer, Frz., kritische Bemerkungen zur Einführung in die Anfangsgründe der Géométrie descriptive. 1. Hft. Mit 1 lith. Taf. gr. 8. (XLIV, 96 S.) Wien 883. Hölder. n. 3. 60

Tilšer, Fr., Grundlagen der Ikonognosie. 1. Abthl. gr. 4. (88 S. mit 5 lithogr. Taf.) Prag 878, (Grégr und Dattel.) *
Aus: Abhandlungen der k. böhmischen Gesellschaft der Wissenschaften, besonders abgedruckt.

Tilsit [Sachliches OW]

Til s i t. Entworfen von Guillaume . . . . . Mit 2 Kupfern. (Portraits des Prinzen F r i e d r i c h Christian Ludwig von Preussen und des k. preuss. General-Lieut. Ant. Wilh. v. L e s t o c q.)
8. Magdeburg 1808.

Stadt- und Landkreis **Tilsit.** (Massst. 1 : 200,000. Tilsit: M. Bergens [1907]; Lith. O. v. Mauderode.) (1 Kartenbl. 20×24 cm.) [kol.] [07. 6794

Tilsit [Schlagwort]

— s. a.: Europa. Liebenow.

Tilsit, s. a. **Europa. Uebersichtskarte.**

— s. a.: G u m b i n n e n, Reg.-Bez.

Tilsit. Karte des Stadt- u. Landkreises Tilsit. 25×21 cm. Farbdr. Tilsit (907). M. Bergens. —20

Tilsit. Schütz, H., Uebersichts-Plan von der Kreis-Stadt Tilsit. Zusammengestellt nach den auf die Gegenwart vervollständigten Flurkarten, Fluchtlinien u. Bebauungsplänen i. J. 1899. 1 : 4000. 65×99 cm. Lith. Tilsit (900). A. Richter. n. 13. 50

Tilsley, M. J., an der Mutter Hand. Kleine Geschichtchen und kleine Gedichtchen, wie Mutter sie lehrt und Kindchen sie hört. 4. (32 Chromolithogr. mit eingedr. Text.) Leipzig 883, Abel. geb. *

Tilsner, Johann Gotthelf [Praes.], s. B r u n n e r , Albert: De perduellione majestatis.

Tilt, Charles, das Boot u. die Karavane. Eine Familien-Reise durch Aegypten, Palästina u. Syrien. Nach der 5. Aufl. aus dem Engl. übers. u. mit Anmerkungen versehen von E. A. W. Himly. 2. (Titel-)Aufl. mit 5 (lith.) Abbildungen Leipzig 868. Schlicke. gr. 8. (XVIII, 419 S.) n. 2 ℛ

T i l t, Edw. John, Handbuch der Gebärmutter-Therapie. Autorisirte deutsche Ausg. gr. 8. (X und 245 S.) Erlangen 864, Enke's Verlag. *

Tilt, E. J., Hygiene des weiblichen Geschlechts oder Grundzüge einer allgemeinen Gesundheitspflege nach den verschiedenen Altersclassen und mit besond. Berücksicht. der Gesundheit des weibl. Geschlechts. Bearb. von Rob. Froriep. 1. Ausg. 1854. 2 Thlr. und neue (Titel-)Ausg. gr. 8. (XVIII und 508 S.) Weimar 856(57,) Landes-Industrie-Comptoir.

Tilton, Benjamin [aus Newport Ver. St.]: Über Pancreascysten ... Freiburg i. B., Universitätsbuchdr. v. Ch. Lehmann, 1893; 27 S. 8.
Freiburg i. B. Med. Fak., Inaug.-Diss. v. 1893

Tilton, William Frederic [aus Newport, R. I. Ver. Staaten]: Die Katastrophe der spanischen Armada 31. Juli—8. August 1588 ... Freiburg i. B., Buchdr. v. C. A. Wagner, 1894; VIII, 150 S., 1 Kt. 8.
Freiburg i. B., Phil. Fak., Inaug.-Diss. v. 1894

Tilzak, Anton van

VORTHEILE, Andere fünfzehn beträchtliche, für die kathclische Geistlichen, um ewige Keuschheit zu halten (von *Anton van Tilzak*). Amsterdam (nicht fing.) 1782. Sehr selten!
Bei Weller, fing. Druckorte zu streichen. — Anon.-Lex. IV. p. 361 (nach Privatmittheilg.).

VORTHEILE, Funfzehen beträchtliche, die den kathol. Geistlichen beyderley Geschlechts, um ewige Keuschheit zu halten, wohl zu statten kommen; aus bewärten (sic!) kathol. Scribenten zusammengetragen (von *Anton van Tilzak*). (Kl. Vign. u. Druckerst.) O. O. (Amsterdam) 1776. 8°. (In Marburg, Univ.-Bibl.: XIX c. C. 1250 c.) (6 Mk. 50 Pfg. Max Harrwitz, Berlin, 1891.)
Seltene satyrisch-pikante Schrift. Tit., 6 Bll. Vorr., 225 S., 1 Bl. Err. Laut Vorr. eine verkürzte Umarbeit. des vor mehr als 120 Jahren im Druck erschienenen Tractats (s. den vorigen Titel), worinn d. Vf. 100 Vortheile etc. ewige Keuschheit zu bewahren, anführt. (5 Mk. Max Weg, Lpz., 1897): „Zahllose ergötzliche Beispiele angefochtener u. bewahrter Keuschheit. Es ist nicht recht ersichtlich, ob das Werkchen ernst oder satirisch gemeint ist."

Tim, s.a. Collection of British authors.

Tim, s.a. Engelhorn's Romanbibliothek, 11. Jahrg.

Tim, eine Mecklenburgische Geschichte ... O. O. 1779. V: *Neumann, Carl Gust. Friedrich.* (ML)

Tim. Erzählung von *.*. Übersetzt von Natalie Rümelin. Stuttgart 1895. V: *Sturgis, Howard Overing.* (Berl 1918, S. 832)

[F.] **Tim.** Erählg von *.*. Autoris. Uebs. a. d. Engl. v. Natalie Rümelin. *Stuttgart: J. Engelhorn 1895.* (160 S.) 1 Bd 8.
= **Romanbibliothek**, Engelhorns Allgemeine. Jg. 11. Bd 19.

Tim. – Der Vater Tim o.: die Hugenotten u. ihre Kämpfe, s.a. Brockhaus, Wilhelm

Tim, der Vaer, od.: Die Hugenotten u. ihre Kämpfe, s.a. Saat u. Ernte. 2. Bd.

Tim, Der Vater, oder: die Hugenotten und ihre Kämpfe. Ein historisches Gemälde ... [4. Aufl.] Elberfeld [1898]. V: *Brockhaus, Wilh.* (Berl)

Timalechs Pflichtbefolgung, das Seinige beizutragen, daß die Schriften von Pestalozzi gehörig durchgedacht u. beherzigt werden. gr. 8. Dessau 818. Ackermann. 8 gr

Timann, Fr[it]z (geb. Neustadt a. d. Dosse 23. 1. 1847): Die thrombophlebitische Form des Puerperalfiebers. Berlin (1872). (32 [vielmehr 30] S.) 8°
Berlin, Med. Diss. v. 24. Aug. 1872

Der Sanitätsdienst auf dem Schlachtfelde mit e. hist. Darst. d. Sanitätsdienstes beim Gardekorps in d. Schlacht bei St. Privat. Eine Studie von Generalarzt Dr. [Fritz] **Timann**. Mit 1 Karte. *Berlin: R. Eisenschmidt 1901.* (83 S.) 8° [F.]

Timann, der Sanitätsdienst auf dem Schlachtfelde, m. e. histor. Darstellg. des Sanitätsdienstes beim Gardekorps in der Schlacht bei St. Privat. Eine Studie. Mit 1 Karte. gr. 8. (83 S.) Berlin 901. R. Eisenschmidt. n. 2. —

Timann, Carl, approb. Arzt aus Rheinsberg: Die operative Behandlung der Spina ventosa mittelst freier Autoplastik. (Zugleich ein Beitrag zur Frage d. funktionellen Anpassung.) *Tübingen 1902: H. Laupp Jr.* (23 S.) 8° ¶ (Aus: Beiträge zur klinischen Chirurgie. Bd 36. H. 1.)
Rostock, Med. Diss. v. [13. Nov.] 1902

Timann, Pauline, Katharina v. Bora. Ein Schauspiel. (16 S.) kl. 8. Flöha (907). A. Peitz & Sohn. 1. —

Timann, Pauline, aus Herz u. Leben. Gedichte. 8. (XII, 90 S.) Dresden 908. E. Pierson. n. 1. 50; geb. n. 2.50

Timann, Rich., die Judenfrage u. die evangelische Kirche. Ein Wort des Bekenntnisses u. der Mahnung. 8. (39 S.) Halle 881. Strien. n. — 50

Timar's Rundschau üb. Industrie u. Technik. Mitteilungen üb. Patente u. Erfindgn. Red: Eug. Hülsmann u. Ant. Ludwig. 3. Jahrg. 1899. 24 Nrn. gr. 4. (à ca. 16 S. m. Abbildgn.) Berlin (S.W., Planufer 17), J. Timar. n. 10. —

— dasselbe. 4. Jahrg. Neue Folge. 2. Bd. 1. Quartal Jan.—März 1900. 6 Nrn. gr. 4. (à ca. 20 S. m. Abbildgn.) Ebd. n. 2. 50
Fortsetzung s.: „Energie".

Timar, Dagob., das Patentwesen. Einige Aufklärgn. üb. d. Patentgesetze d. wichtigsten Staaten. Statistik nebst. e. Anh. enth.: Das deutsche Patentgesetz. D. Gesetz betr. d. Schutz v. Gebrauchsmustern. D. Warenzeichengesetz. D. Geschmacksmustergesetz. D. Gesetz zur Bekämpfg. d. unlaut. Wettbewerbes. 3. Aufl. gr. 8. (VII, 161 S.) Berlin (N.W., Luisenstr. 27—28) 897. D. Timar, Patentbureau. n. 1. —

Timár, Stanisl., s.: Huldigungs-Banderium, das, v. 8. Juni 1896.

Timarete, od. von der Freundschaft. 8. Hamburg, Bohn. 802.

Timarete, od. von der Freundschaft. 8. Hamb. 802. (Schnuphase in Altenb.) 16 gr

Timarion's u. **Mazaris'** Fahrten in den Hades, s. Analekten der mittel- u. neugriechischen Literatur.

Timaeus

Timaios' Geographie d. Westens, s. Untersuchungen, philolog.

Timaeus Locrus, de anima mundi et natura. Scholia et variet. lect. e msptis. Parisiensibus L. C. Valckenarii conjecturas ineditas, suamque annotat. adjecit J. J. de Gelder. 8maj. (9 B.) Lugduni Bat. 836, Hazenberg. (Lipsiae, libr. Weidmann.)

—— von der Seele der Welt u. d. Natur, a. d. Griech. v. E. G. G. Schmidt, s. Schmidt, E. G. G., das Weltall rc.

Timée de Locres, en grec et en français, avec des dissertations sur les principales questions de la métaphysique, par le Marq. d'Argens. 8. Berl. 762. Haude u. Sp. 1 Thlr 16 gr

Timäus Locrus, v. d. Weltseele; aus dem Griech. v. J. G. Schultheß. gr. 8. Zürich, Orell, F. u. Comp. 779.

Timaeus Sophista, lexicon vocum platonicarum. 8. Lps. 754.

Timaei, Soph., Lexicon vocum Platonicarum, ex cod. Mss. Sangermanensi, nunc primum edidit, atque animadvers. illustr. Dav. Ruhnken. 8. Leyd. 755. Ed. II. 789. Luchtmans. 1 ℛ 10 𝔤𝔩

Timaei Soph., Lexicon Platonicum.
— — et Moeris *Atticista*. Graece edid. J. F. Fischer. Lips. 756. 8. 12 gr.

Timaei Sophistae Lexicon vocum Platonicarum. Ex cod. ms. Sangermanensi prim. edid. animadvers. illustr. Dav. Ruhnkenius. Edit. nova. Cur. G. A. Koch. 8 maj. (19 B.) Lipsiae 828. Lauffer. 1 Thlr. 12 Gr., Schrbp.

—— id. — Edit. in Germ. II. cur. et observationum appendice auxit G. A. Koch. — M. s. t.: Kochii Observationes in Timaei Soph. Lexicon vocum Platon. et Moeridis Attic. Lexicon Atticum a se nuper edita. Acced. comparatio prioris edit. Timaei a Ruhnkenio emissae cum altera accurate instituta. 8 maj. (5 B.) Lipsiae 833, Lauffer.

Timaeus, s.a. Laue & Timaeus.

Der gelehrige Rechen-Schüler und getreue Rechenmeister, worinnen die vornehmsten sowohl theoretischen als practischen Gründe der Rechenkunst gespächsweise abgehandelt werden, von *Timäus*. Leipz. und Ebersdorf. 8. (8 gr.) 1753.

Timaeus, Alb., Träume. Fünf einfache Geschichtchen, meinen Kindern erzählt. 8. (63 S.) Dresden 886. Warnatz & Lehmann. n. 1. 20

Timäus, G. F. L., s. Callistus, oder der Weltmann.

Timäus, Ghrd. Eph., s. Arrians Feldzüge Alexanders.

Timäus, Gbh. Erich Leop., s. 1) Schiffbruch des Halsewell. 2) Versuch üb. Gewehrfabrik.

Timäus, Jh. Jak. Karl, († d. 21. Sept. 1809.)

s. Anekdoten d. Herzog. v. Kingston.

s. Anweis., Mistbeete ꝛc.

Timäus, J. J. Karl, Leben Thomas Day ꝛc., siehe Leben ꝛc.

s. Hume, Geschichte v. England.

s. Th. Pennant's Leben.

s. D. Robertsons Reise.

Timäus, J. J. K., s. F. v. Schiller, Cabal and Love.

— Staatskalender, s.a. Staatskalender.

TIMAEUS, Johann Jakob Karl 1763 - 1809
Nordamerikanischer Staats-Kalender, oder Statistisches Hand- und Addressbuch der Vereinigten Staaten von Nordamerika. Von J. J. C. Timaeus ...
Hamburg: Hencke; Leipzig: Reinicke. 1796. XXXVIII, 544 S. 8°.
Staats- und Universitätsbibliothek Göttingen
Veränderte u. erw. Übers. v. The United States Register for the Year 1795.
Angezeigte Ausg. identisch mit Library of Congress-Exemplar; für dort angegebene Ausg. Hamburg: C. Müller, 1796 beruht auf Verwechslung des ebenfalls angegebenen Druckers [Müller] mit dem obengenannten Verleger.
Sabin 95835. Baginsky 1324. Palmer.

– s. *Thomson*'s the Seasons.

Timaeus von Güldenklee, Balthasar: Opera medico-practica denuo impressa. 1026 S., gbd.

Lipsiae: Klos 1715

JB 1.737

Timbs, John, Wellingtoniana. Anecdoten, Meinungen und Charakterzüge von dem Herzog v. Wellington. Aus d. Engl. übersetzt. Nebst e. kurzen Lebensbeschreibung des Herzogs v. Wellington. Nordhausen 853. Büchting. 12. (191 S.) 20 ngr.

Time is money! Prag 1862. V: *Helfert, Jos. Alex. Freih. von.* (Öst. ung. Revue 35, 303) (Zeitschr. f. Büch. N. F. 15, 1923, S. 124)

Time is money! I—III. gr. 8. Prag 862, Tempsky.
Inhalt:
I. October oder Februar? Einigen wir uns! (44 S.) * 8 Ngr.
II. Unsere Parteien! Verständigen wir uns! (131 S.) * 16 Ngr.
III. Weiterbildung unserer Verfassung. Sammeln wir uns! (90 S.) * 12 Ngr.

Time, F. Plan von Moskau. 1 Bl. c. Reliefdruck

Timée de Locres, s. Timaeus.

Timerding, Emil, s. Timerding, Heinrich Emil

Timerding, Heinrich Emil

Timerding, H. E., die Geometrie der linearen Funktionen. gr. 8. (S. 189—206.) Strassburg 901 K. J. Trübner. n. — 80
Sonderabdruck aus: „Strassb. Festschrift z. 46. Versammlg. deutscher Philologen u. Schulmänner".

Timerding, Heinr. E., Geometrie der Kräfte, s.a. Teubner's, B. G., Sammlung v. Lehrbüchern auf dem Gebiete der mathematischen Wissenschaften. I.

Geometrie der Kräfte von H[einrich] E[mil] **Timerding**, Prof. Mit 27 Textabb. Leipzig: B. G. Teubner 1908. (XI, 381 S.) 8°
= **Sammlung**, B. G. Teubners, von Lehrbüchern auf d. Geb. d. math. Wiss. Bd 1. [08. 13825

Timerding, *Heinrich* Emil [aus Strassburg i/Els.]: Über die Kugeln, welche eine cubische Raumcurve mehrfach oder mehrpunktig berühren ... Strassburg, Strassb. Druckerei u. Verlagsanst., 1894; 43 S. 8.
Strassburg, Math.-naturw. Fak., Inaug.-Diss. v. 1894

— Die Mathematik in den physikalischen Lehrbüchern, s.a. Abhandlungen üb. den mathematischen Unterricht in Deutschland. III. 2.

Die Mathematik in den physikalischen Lehrbüchern von Dr. H[einrich] E. **Timerding**, Prof. Mit 22 Fig. Leipzig & Berlin: Teubner 1910. VI, 112 S. 4°(3°)
(Abhandlungen über d. math. Unterricht in Deutschland. Bd 3, H. 2.) [10. 13268

— Repertorium der höheren Mathematik, s.: Pascal, E.

— Die Theorie der Kräftepläne, s.a. Schriften, mathemat.-physikalische, f. Ingenieure u. Studierende. 7.

Timerding, Heinrich E.: Die Theorie der Kräftepläne. Eine Einführung in d. graph. Statik von Heinrich E. Timerding, Prof. Mit 46 Textfig. Leipzig & Berlin: Teubner 1910. VI, 99 S. 8°
(Math.-physikal. Schriften f. Ingenieure u. Studierende. 7.)

Herzogliche Technische Hochschule Carolo-Wilhelmina zu Braunschweig. Über Ursprung und Bedeutung der darstellenden Geometrie von Prof. Dr. H[einrich] E[mil] Timerding. Festrede bei der öffentl. Preisverteilung am 26. Nov. 1909. 1910. 16 S. 8°

Times, the continental. Responsible ed.: Edward M. Sopher. Vol. XVI. Juli 1910—Juni 1911. 52 Nrn. (à ca. 4 S.) 58,5×47,5 cm. Berlin (N.W. 7, Dorotheenstr. 52), The Continental Times. nnn 5. —
Nicht mehr im Buchhandel.

The Jewish Times: vol. 1--11, no. 33, 1869—Oct. 17, 1879.
Weekly Jewish paper, printed in English and German. Amount of German material varies: in June 1876, 6 pages out of 14, titled "Deutscher Theil." Contains chiefly literature, biographical sketches, and occasional news, and sermons. Sub-title: 1) A Journal of Reform and Progress, 1869—77; 2) A Journal of Progress in Religion, Literature, Science and Art, 1878—79. Title varies: The Reformer and Jewish Times, vol. 9—11, 1878—79. Editors: Moritz Ellinger; Henry H. Marks. Published by Moritz Ellinger, 1869—79.
New York, NY

Times, the Rhenish. Editor: G. Cathrey. (1. Year.) April—Decbr. 1852. 39 Nrs. Fol. (B.) Neuwied, van der Beeck. n. 4½ ℳ

Times: The Swiss Times
① Journal circulating throughout Switzerland, Italy, Germany and France (à partir du 20. 12. 1871) ② The Continental Harald and Swiss Times (2. 4. 1874—28. 11. 1874) ⑤ 1. 11. 1871—28. 11. 1874 ⑥ in-2° ⑦ 6× par semaine ⑧ Genève et Berne. K. J. Wyß (1. 11. 1871—4. 6. 1872); Genève: Printing Office Swiss Times (4. 6. 1872—31. 12. 1873). Printing office of the Swiss Times Company (1. 3. 1874—28. 11. 1874) ⑪ Samuel Bigland ⑫ conservateur ⑬ Rud. Wyß: 100 Jahre Buchdruckerei K. J. Wyß ⑭ Ge: P ⑮ Wyß (voir sous 13) écrit: «1870 richtete eine englische Gesellschaft an K. J. Wyß das Ersuchen, in Genf den Druck und Verlag der dort bestehenden Tageszeitung «The Swiss Times» zu übernehmen . . .».

Timeus, Francesco

— — Letture per le scuole popolari. Ausgabe in 5 Theilen. Wien 1881. K. k. Schulbücherverlag. 2. Theil. Preis, steif gebunden 28 kr., 3. Theil. Preis, steif gebunden 40 kr.

Timeus Francesco, Letture per le scuole popolari e civiche. Ausgabe in 8 Theilen. Wien 1881. K. k. Schulbücherverlag. 1. Theil (Sillabario). Preis eines Exemplars, steif gebunden 30 kr., 2. Theil. Preis, steif gebunden 28 kr., 3. Theil. Preis, steif gebunden 40 kr.

Timéus, Francesco, Letture per le scuole popolari e civiche (Ausgabe in 8 Theilen). Fünfter Theil. Wien 1882. K. k. Schulbücher-Verlag. Preis eines Exemplars, gebunden, 48 kr.

Timiriaseff, allgem. Zolltarif des russ. Kaiserreichs. 4. Aufl. St. Petersburg 1882

Timkó, Emerich, über die agrogeologischen Verhältnisse des Ecsedi láp, s.: Mitteilungen aus d. Jahrbuche d. kgl. ungar. geolog. Anstalt. XIV, 5. (Güll, Wilh.)

v. Timkowski, G., Reise nach China durch die Mongoley in den Jahren 1820 u. 1821. Aus d. Russ. von M. J. A. E. Schmidt. 3 Thle Mit Kpf. gr. 8. Leipz. 825, 26. Gr. Fleischer. 6 ℛ 16 𝔤𝔤

Timler, Carl, s. Timler, Karl

Timler, Franz Xaver
Franciscus Xaverius Timler. Theses physicae de principiis corporis naturalis, unione, composito, natura, arte, magia. Propugnabit ornatus et eruditus Henricus Grizer, Bilchensis, physices et ethices auditor. Oppugnabunt Franciscus Xaverius Timler aa. ll. et philosophiae magister, professor rhetoricae et poeticae, Georgius Uffer, Duttenhoffensis, Franciscus Schillinger, Burbaconsis, physices et ethices auditores.
Badenae in aula principalis Athenaei die 12. Februarij MDCCLIII. 1 S. Fol.
Rastatt, P 1753

Timler, Karl

Timler, C., gothische Ornamente. Nach Holzschnitzereien des 15. und 16. Jahrhunderts gezeichnet und hrsg. (In 2 Heften.) 1. Heft. qu. Fol. (11 lithogr. Bl. mit lithogr. Titel.) Jena 858, (Deistung.) *
Das 2. Heft ist nicht erschienen.

Timler, Carl, die Renaissance in Italien. Architektonisches Skizzenbuch. Nebst erläut. Text. 6 Lfgn. Fol. (IV und 32 S. mit 37 Kpfr.- und Stnt.) Leipzig 863—67, T. O. Weigel. à Lfg. * 2 Thlr. * 12 Thlr.; cart. *

Timlich, Carl, s. Timlich, Karl

Timlich, Ch. Carl, s. Timlich, Karl

Timlich, Karl

Timlich, Ch. Carl. Abhandlung der Fechtkunst auf den Stos mit corographischen Kupfertabellen ... Wien, bei dem Autor, und in Comission, bei Peter Rehm's selig. Wittwe 1807.
Tit., 55 S.; 33 Taf. in Kupferst. 8°
Nicht bei Gelli.

Timlich, Ch. L., Abhandlung d. Fechtkunst a. d. Stoß, m. K. Taschenform. Wien, Rhein. 807.

— Abhandl. der Fechtkunst auf den Stoß. Mit Kpf. 12. Wien 807. (Tendler). 2 ℛ 16 𝔤𝔤, Hbg. Pr. 1 ℛ 6 𝔤𝔤

• Timlich, Carl, Gründliche Abhandlung der Fechtkunst auf den Hieb, zu Fuß und zu Pferde, z. Gebrauch d. Kavallerie, m. Abb. m. Kupfern, Wien 1796, 55 S., 17 Taf., Gr.-8°.

Timlich, Karl, Gilbert u. Zadine, e. Gedicht. 8. Wien 785. Gräffer. 16 𝔤𝔤

— s. L. Hoffmann, der vollkomm. Jäger.

§ **PRIAP'S** Normal-Schule, die Folge guter Kinderzucht. Ein kleiner Roman in gefühlvollen und zärtlichen Briefen. (Vf.: *Karl Timlich*, Fechtmeister u. Kupferstecher in Wien.) Berlin 1789. 8°. (In Wien, Stadtbibl.: Secr. A 32.)
168 SS. Höchst seltene Original-Ausgabe. (10 Mk. Scheible, vor 1885.)

— — Dasselbe. (Neudruck) Berlin u. Leipzig 1789. (ca. 1873.) Kl. 8°. 151 S. (1⅓ Rthlr. Fischhaber; 4½ Mk. Scheible; jetzt theurer!)
Verboten vom K.-G. Wels, 25. Aug. 1876. § 516.

— — Dasselbe. Faksimile Neudruck der Orig.-Ausgabe. 400 num. Expll. auf Büttenpapier. (20 Mk.) (191*.)
Aus d. Prospekt: „Der Roman fand natürlich reissenden Absatz und der glückliche Autor verdiente endlich auch Geld, aber er mußte dann allerdings für einige Monate ins Gefängnis wandern und sein Buch wurde, soweit man seiner habhaft werden konnte, eingezogen und öffentlich verbrannt. So ist es auch erklärlich, daß diese Originalausgabe heute zu den größten Raritäten gehört und nur fünf Exemplare bekannt sind."

ROBINSON, Der österreichische, oder Leben, und merkwürdige Reisen Andreas Geißlers, eines gebohrnen Wieners, von ihm selbst beschrieben (von *Karl Temlich* oder *Timlich*). Mit 1 Kupfer. Frankfurth und Leipzig (Salzburg, Mayrsche Buchhandlung) 1791. 8°. (Besitzt der Vorige.)
Vorrede 7 Bl. unbeziffert, unterzeichnet: „Wien den 24. März 1790 H. B**." — Text S. 1—343; das Kupfer enthält einen Plan der Insel. — Anon.-Lex. III. p. 389 (nach Ullrich, Wurzbach, Meusel, Karajan u. Kayser).
Ueber den Verfasser s. Constantin Wurzbach, Biographisches Lexikon des Kaiserthums Oesterreich. Wien 1856. Bd. 43 u. 45.

— Roland, e. Gedicht in 4 Gesängen nach Ariost. Mit 1 Kpf. 8. Wien 818. Tendler. 1 ₰

Timlich, Carl, Sammlung merkw. National-Costüme des Königr. Ungarn und Kroatien, nach d. Natur gezeichnet in 60 Blättern. 4. (Wien, Schaumburg in Comm.) 816.

Timm, der Untergang d. Häuser Casanelli u. Ferrato. Trauersp. in 4 Acten, bearb. nach e. Erzähl. Napoleons. 8. (10½ B.) Berlin 836, Crantz. (Leipzig, Brockhaus.) *

Timm, A., Führer durch Plau u. Umgegend, m. e. farb. Karte. 12. (32 S.) Plau (901). L. Hancke. — 50

Timm, A., Projekt für die antarktische Expedition. 1898, VI. Blatt.

Timm, Bruno, Prof.: Kritische Betrachtungen über Uhlands Trauerspiel „Ernst, Herzog von Schwaben". Stettin 1906: Herrcke & Lebeling. (S. 3—17.) 4°
Stettin, Stadt-G OP 1906 (184)

Die Polen in den Liedern deutscher Dichter von Bruno Timm, Prof. zu Stettin. Lissa i. P.: F. Ebbecke 1907. (35 S.) 8° [F.] [08. 1164]

Timm, Bruno, die Polen in den Liedern deutscher Dichter. (35 S.) 8. Lissa 907. O. Eulitz. — 75

Timm, C. A., Vorgesehen! Oder die Lebensverhältnisse und staatlichen Zustände in den nordamerikanischen Freistaaten, für deutsche Einwanderer sowohl als für Alle, welche sich genaue Kenntniß darüber verschaffen wollen, schlicht, aber wahrheitsgetreu mitgetheilt. Weimar 856. (Kühn.) 24. (24 S.) n. 2½ ngr.

Timm, C. T., u. Th. Wahnschaff, Beiträge zur Laubmoosflora der Umgegend v. Hamburg. [Aus: „Abhandlgn. aus d. Gebiete d. Naturwiss."] gr. 4. (50 S.) Hamburg 891. (L. Friederichsen & Co.) n. 3. —

Kritische und ergänzende Bemerkungen, die hamburger Flora betreffend. Von C. T. Timm. Siehe in: Verhandlungen des Naturw. Vereins von Hamburg-Altona. N. F. 2—5. Hamburg. 1878—81. 8°.

Timm, Detlof, die Biene u. die Bienenwohnung mit dem deutsch-österreichischen Normalrähmchen. Ein kurzer Leitfaden zur ertragreichen Behandlung der Bienen in Kasten u. Körben in Gegenden mit kurzer Sommertracht. Mit 22 in den Text eingedr. Abbildungen. 8. (VIII, 96 S.) Güstrow 882. Opitz & Co. n. 1. 20

Timm, D., die Biene u. die Bienenwohnung m. dem deutsch-österreichischen Normalrähmchen. Ein kurzer Leitfaden zur ertragreichen Behandlung der Bienen in Kasten u. Körben in Gegenden m. kurzer Sommertracht. Mit 22 in den Text eingedr. Abbildgn. 2., verb. Aufl. 8. (VIII, 107 S.) Güstrow 887. Opitz & Co. n. 1. 20

Timm, Ferd., ABC-Buch. Aufs Neue verb. u. verm. Stettin 854. (Nagel.) 8. (32 S. u. 2 Holzschn. im Text.) 1½ ngr.

— Pommersches Schul- u. Hausbuch. Herausg. von Goltzsch. Stettin 855. (Nagel.) gr. 8. (VIII, 370 S.) n. 8 ngr.

Timm, Frdr. C. W., wärmetechnische Grundlagen von Drehöfen u. Kohlenstaubfeuerung. Vortrag zu der Frage: Welche neueren Erfahrgn. liegen üb. Drehöfen vor? geh. auf der 29. Hauptversammlung des Vereins deutscher Portland-Zement-Fabrikanten am 17. II. 1906. (91 S. m. Abbildgn.) 8. Berlin 906. Tonindustrie-Zeitg. 4. —

Timm, Gust., die Gründung der Großen Stadtschule zu Rostock u. ihr erster Rector M. Nathan Chyträus. Festrede, gehalten zur Feier ihres 300jährigen Jubiläums am 1. Febr. 1880. gr. 8. (28 S.) Rostock 880. Leopold. n. — 60

Timm, Gust. Ludi literarii ab amplissimo senatu rostochiensi in civium suorum utilitatem nuper aperti Sciographia Nathanis Chytraei primi rectoris. Rostochii 1580. VIII, 38 SS. *Rostock* 1882. Progr.

Timm, Gust., Promethei Aeschylei versus 526—608 recensuit, commentario critico et exegetico instruxit. gr. 4. (24 S.) Rostock 874. (Stiller.) n. 1. —

Timm, H., kurzer Abriß der deutschen Geschichte, als Grundlage f. den Vortrag in Bürgerschulen u. untern Gymnasialklassen. 4. (4 B.) Parchim 840, Hinstorff'sche Hofbuchh.

Timm, (H.), Hermann und Dorothea von Göthe mit Einleitung und fortlaufender Erklärung. Stuttgart 856. Cotta. 8. (8 Bl., 286 S.) n. 22 ngr.

— Kinderbuch. Eine Sammlung von Liedern, Fabeln, Balladen, alten Scherzreimen, Räthseln, Spielen u. Sprichwörtern für Haus und Schule. Schwerin 857. Stiller. 8. (VII, 304 S.) n. 22½ ngr.

Timm, H., Kinderbuch. Eine Sammlung von Liedern, Fabeln, Balladen, alten Scherzreimen, Räthseln, Spielen u. Sprichwörtern für Haus u. Schule. 2. Ausg. [Für Schulen.] Schwerin 860. Stiller. 8. (XII, 304 S.) n. 15 ngr.

Timm, (H.), die Lehre von den Arten und Formen der Dichtung. Ein Leitfaden für höhere Schulen und zugleich ein Handbuch zum Selbstunterricht. 8. (XV und 160 S.) Halle 853, [Schrödel und Simon.] *
Partiepr. bei 12 Expl. *

Timm, H., die Lehre v. den Arten u. Formen der Dichtung. Ein Leitfaden f. höhere Schulen u. zugleich e. Handbuch zum Selbstunterricht. 2. Aufl. 8. (XIV, 160 S.) Leipzig 876. Siegismund & Volkening. n. 1. —

Timm, Lehre u. Lust für die Jugend. Eine Sammlung von Liedern, Fabeln, Balladen ꝛc. Neue (Titel-)Ausg. Halle (1857)868. Schwabe. 8. (VI, 303 S.) n. 15 ngr; geb. n. 17½ ngr.

— Liederbuch für Turner, s. a. Liederbuch.

— Liederbuch f. Turner. 1. u. 2. Ausg. (à 6 B.) 843. u. 3., verb. u. verm. Aufl. 16. (8½ B.) Parchim 847, Hinstorff'sche Hofbh. à

Timm, H., Liederbuch für Turner. 3., verb. und verm. Aufl. 16. (136 S.) Parchim 847, Hinstorff'sche Hofbuchh.

— Liederbuch für Turner. Mit Singweisen in 1- u. 2-stimmiger Bearbeitung von C. Stechert. 5. Aufl. 859. — 6. verm. u. verb. Aufl. Wismar 863. Hinstorff. 16. (XII, 208 S.) n. 10 ngr.

Timm, H., Liederbuch für Turner. Mit Singweisen in ein- und zweistimm. Bearbeitung von C. Stechert. 7. verm. und verb. Aufl. 16. (X, 208 S.) Wismar 869, Hinstorff'sche Hofbuchh. cart. *

— Liederbuch für Turner. Mit Singweisen in ein- und zweistimmiger Bearbeitung von C. Stechert. 8. verb. und mit einem Nachtrag verseh. Aufl. 16. (VIII, 228 S.) Wismar 875, Hinstorff'sche Hofbuchh. cart. *

Timm, H., Liederbuch für Turner. Mit Singweisen in ein- u. zweistimmiger Bearbeitung von C. Stechert. 9., verb. u. mit einem Nachtrag verseh. Aufl. 16. (IV, 228 S.) Wismar 880. Hinstorff's Verl. cart. 1. —

Timm, H., Liederbuch f. Turner. Mit Singweisen in ein- u. zweistimm. Bearbeitg. v. C. Stechert. 10. Aufl. 16. (VIII, 228 S.) Wismar 887. Hinstorff's Verl. cart. 1. —

Timm, H., das Nibelungenlied nach Darstellung u. Sprache e. Urbild deutscher Poesie. gr. 8. (VI u. 218 S.) Halle 852, Knapp's Sort.-Buchhdlg. (Schrödel & Simon). n. 1/6 ₰

— das Nibelungenlied nach Darstellung u. Sprache e. Urbild deutscher Poesie. 2. Aufl. gr. 8. (VI, 217 S.) Leipzig 876. Siegismund & Volkening. n. 2. —

Timm, H., das Turnen mit besonderer Beziehung auf Meklenburg. gr. 8. (165 S.) Neu-Strelitz 848, Barnewitz. n. 1/12 ₰

—— Turnrede, gehalten bei der Wiedereröffnung des Turnplatzes zu Parchim am 1. Mai 1844. 8. (1 B.) Parchim 844, Hinstorff'sche Hofbuchh.

— ein Votum über die deutsche Frage. gr. 8. (23 S.) Parchim 848, Wehdemann. 1/6 ₰

— wie gestaltet sich das Wetter? Eine prakt. Anleitg. zur Vorherbestimmg. der Witterg. 8. (VIII, 175 S. m. 74 Abbildgn.) Wien 892. A. Hartleben. n. 2. —; geb. n. 3. —

Timm, Heinrich

Timm, H., praktische Beiträge zum speziellen Pflanzenbau. Allerlei teils mehr, teils weniger beachtete Pflanzen, ihr Nutzen, ihre Kultur u. prakt. Verwendg. Winke zum Kapitel der Ertragsteigerg. der Landwirtschaft f. Landwirte, Gärtner u. Gartenfreunde, nach Studien u. eigenen Erfahrgn. geschrieben. gr. 8. (IV, 284 S. m. Abbildgn.) Aarau 891. J. J. Christen's Verl. n. 3. 60

— die Fruchtliköre. Eine prakt. Anleitg. zur leichten u. einfachen Anfertigg. der sämtl. Fruchtliköre, des Maitranks, sowie der Fruchtbowlen. 8. (VI, 78 S.) Stuttgart 893. E. Ulmer. n. 1. 20

Timm, H., der Johannisbeerwein. Eine prakt. Anleitg. zur Darstellg. e. guten Johannisbeerweines, nebst Angaben üb. die Kultur u. Pflege d. Johannisbeerstrauches u. e. Anh.: Die Bereitg. der übrigen Beeren-, sowie d. Steinobstweine. Mit 57 in den Text gedr. Abbildgn. u. 4 lith. Taf. gr. 8. (IV, 173 S.) Stuttgart 888. Ulmer. cart. n. 3. —

Timm, H. Der Johannisbeerwein u. die übrigen Obst- u. Beerenweine. Eine prakt. Anleitg. zur Darstellg. dieser Weine, nebst Angaben üb. die Kultur u. Pflege d. Johannisbeerstrauches. 2. verm. u. verb. Aufl. Mit 73 in den Text gedr. Abbildgn. gr. 8. (VI, 191 S.) Stuttg. 892, Ulmer. cart. * 3 —

Timm, H., d. Johannisbeerwein u. d. übrigen Obst- u. Beerenweine. E. prakt. Anleitg. zur Darstellg. dieser Weine, nebst Angaben üb. d. Kultur u. Pflege d. Johannisbeerstrauches. 3., verm. u. verb. Aufl. gr. 8. (VI, 195 S. m. 71 Abb.) Stuttgart 896. E. Ulmer. Geb. n. 3. —

Timm, H., der Johannisbeerwein u. die übrigen Obst- u. Beerenweine. Eine prakt. Anleitg. zur Darstellg. dieser Weine, nebst Angaben üb. die Kultur u. Pflege des Johannisbeerstrauches. 4., verm. u. verb. Aufl. (VI, 173 S. m. 53 Abbildgn.) 8. Stuttgart 906. E. Ulmer. Geb. n. 3. —

— u. G. Frahm, die Kultur der Blumenzwiebeln. Eine prakt. Anleitg. zur Anzucht, Topf- u. Freilandkultur der beliebtesten u. schönsten Zwiebelgewächse, nebst e. kurzen Anweisg. f. die Kultur der bekanntesten Knollengewächse. 8. (IV, 157 S. m. 81 in den Text gedruckten Abbildgn.) Ebd. 890. n. 2. 75; geb. n. 3. —

Timm, H., Limonaden u. alkoholfreie Getränke. Eine prakt. Anleitg. zur Anfertigg. aller dieser Getränke. (XV, 180 S. m. 29 Abb.) 8. Wien 909. A. Hartleben. 3.—; geb. 3. 80.

— die Obst- u. Gemüseverwertung f. Haushaltungs- u. Handelszwecke. Mit kurzen, jeder Obst- u. Gemüseart vorangeh. Anweisgn. zur Kultur der betreff. Nutzpflanzen u. Aufzählg. der besten Sorten. gr. 8. (XII, 219 S. m. 45 Holzschn.) Ebd. 892. Kart. n. 3. 60

— d. gesamte Obst-Verwertg. nach d. Erfahrgn. durch d. nordamerikan. Konkurrenz, s.: Semler, Heinr.

— Die Obst- u. Beerenweine, s.: Graeger, N.

— die Obstweinkunde, s.: Graeger, N.

Timm, *Hermann Rudolf* Der Wert des naturgeschichtlichen Unterrichts für die formale Bildung an Beispielen dargestellt. 4 (24 S.). **Progr.** Rsch. vor d. Lübeckerthore *Hamburg* 1893 (733).

Timm, Joach. Chr., (†d. 3. Febr. 1805.) Florae megapolitanae prodromus exhibens plantas ducatus megapolitano-suerinensis spontaneas maxime secundum systema Linneano-Thunbergianum digestas. 8maj. Leipz. 788. (Joachim). 20 gr

Timm, I. Ch., florae megapolitanae prodromus exhibens plantas ducatus megapolitano-suerinensis spontaneas maxime secundum systema Linneano-Thunbergianum digestas. 8. maj. Lips. Müller. (Joachim.) 788.

Timm, Johann

— einige v. Eröffnungen verstorb. menschl. Körper hergenom. Anmerk. 8. Ebend. 755.

— Anmerk. üb. Dionis Traktat v. Erzeug. und Geburt des Menschen, m. K. 8. Ebend. 745.

— — v. d. unempfindl. Ausdünstung. 8. Ebend. 756.

— aphorismi Hippocratis, m. Anmerk. 8. Ebend. 744.

Timme, Jo., Deutlicher Beweis, daß ein Gott sey, aus der anatomischen Betrachtung des Rückgrades. Brem. 8°.

1728

Johannis Timmii [Timm] Collectanea ad praxin anatomes spectantia. Das ist: Sammlung einiger zur anatomischen Vorbereitung der menschlichen Cörper gehöriger Schrifften, worin des [Michael] Lyseri [Lyser] Culter anatomicus [Deutsch] ... enthalten, mit ... einigen Anm. u.e. Vorr. verm. ... Bremen: Saurmann 1735. 254,70 S. 8°

[Zwischent.:] [Bartholin, Caspar, 1655-1738]: Bartholinus: [Administrationum anatomicarum specimen. Deutsch:] Verhandlung einiger zur Anatomie gehörigen, wiewohl ungemeinen Handgriffe und Instrumenten, nebst e. Ausz. aus Regneri de Graaf Tractat [Traktat] vom Gebrauch der Sprütze in der Anatomie [Tractatulus de usu siphonis in anatomia. Ausz. Deutsch]

Timme, Johann: Existentiae Dei per rachiologiam luculenta demonstratio. Das ist: Deutlicher Beweis, daß ein GOtt sey, aus der anatomischen Betrachtung des Rückgrads. 32 S.(S.97 - 128), gbd., Abb.

Bremen: Saurmann 1735
in: Timme, Johann: Observationes aliquot anatomico-practicae rariores... 1735

JB 1.128

— Erört. verschied. groben in d. Medicin einfließender Irrthümer. 4. Ebend. 732.

Johannis Timmii [Timm] Observationes aliquot anatomico-practicae rariores. Oder Einige von Eröffnungen verstorbner menschlicher Cörper hergenommene, nur selten vorfallende Anmerckungen... Nebst e. Tractat [Traktat], in welchem die Existentz Gottes durch die anatomische Betrachtung des Rückgrads im Menschen gründlich erwiesen wird (Existentiae Dei per rachiologiam luculenta Demonstratio). Bremen: Saurmann 1735. 128 S. 8°

— Sammlung einiger zur Anatomie gehör. Schriften. 8. Ebend. 735.

Timm, Joh., Traktat v. Augenkrankheiten. 8. Bremen, Sauermann. 731.

— Ulysses germanicus, od. Abhandl. d. v. d. Deutschen anzustellenden Reisen. 8. Ebend. 734.

Timm, Johs., aus dem Entwicklungsgang der deutschen Gewerkschaftsbewegung. Erweiterter Vortrag, geh. im sozialwissenschaftl. Studentenverein in München. Mit e. Nachwort v. L. Sinzheimer üb.: Die Stellg. der oberen Klassen u. der Wissenschaft zu den Gewerkschaften. gr. 8. (49 S.) München 902. E. Reinhardt. n. 1. —

Timm, Johs., einfache Geschichte e. einfachen Mannes aus unserer Mission, der Heide war u. Christ wurde, s.a. Morgenrot in Indien.

Einfache Geschichte eines einfachen Mannes aus unserer Mission, der Heide war und Christ wurde. Von † Missionar Johs. **Timm** in Kotapad, 2. Aufl. Breklum: Missionshaus 1902. (24 S.) 8° [F.]
— **Morgenrot** in Indien. No 1.
(Kleine Missionsschriften hrsg. v. Missionshause in Breklum.) [06. 1306]

— Gonga u. Bortima od. Das Evangelium e. Kraft Gottes, s.: Morgenrot in Indien.

Timm, Johs., die Konfektions-Industrie u. ihre Arbeiter. Darlegg. u. Kritik d. Erhebgn. d. Reichskommission f. Arbeiterstatistik u. d. Gesetzgebg. gr. 8. (78 S.) Flensburg 897. (Berlin, Buchh. Vorwärts.) n. — 50

Das Sweating-System in der Deutschen Konfektions-Industrie. Im Auftr. d. Vorstandes d. Verbandes deutscher Schneider u. Schneiderinnen u. verwandter Berufsgenossen verf. von Johannes **Timm**. Flensburg: F. Holzhäußer 1895. (31 S.) 8° [F.] [07. 13276 II

Timm, Jul., u. Rud. **Franck**, Kinderleben. Ein Lesebuch f. deutsche Schulen. 1. Tl. 1. u. 2. Schulj. 8. (VIII, 136 S.) Valparaiso 885. (Rostock, Meyer.) cart. n. 1. —

Timm, Richard, aus Hamburg: Lord **Byron** und die englische Gesellschaft in ihrer wechselseitigen Beurteilung. *Rostock 1901: H. Winterberg.* (56 S.) 8°
Rostock, Phil. Diss. v. [9. Juni] 1902

Timm, Rudolf

TIMM, T. u. Th. WAHNSCHAFF: Beiträge zur Laubmoosflora der Umgegend von Hamburg. - Hamburg 1872. 50 S. - (Abh. naturwiss. Ver. Hamburg 11, 1892)

Beiträge zur Kenntnis unserer Moosflora. Von R[udolf] **Timm**. Mit 63 Abb. Hamburg: L. Friedrichsen & Co. 1907. (48 S.) 4°
— **Abhandlungen** aus d. Geb. d. Naturwissenschaften hrsg. v. Naturw. Verein in Hamburg. Bd 19, H. 2. [07. 12791

Timm, R., Cladoceren, s.: Elb-Untersuchung, hamburgische.

Ueber die Flora der Hamburger Wasserkasten vor Betriebs-Eröffnung der Filtrations-Anlagen. Von **R. Timm**. Separatabdruck aus: Verhandlungen des Naturw. Vereins in Hamburg. 3. Folge, 1. Hamburg. 1894. 8°.

Timm, R., niedere Pflanzen, s.a. Bibliothek, naturwissenschaftliche, f. Jugend u. Volk.

(Naturwissenschaftliche Bibliothek für Jugend und Volk, hrgg. v. Konrad Höller und Georg Ulmer.)
Niedere Pflanzen v. **R. Timm**. Mit zahlreichen Abb. u. 1 farb. Taf. Leipzig. [1909.] 8°

Timm, R*udolf* [Dr.]: Der Wert des naturgeschichtlichen Unterrichts für die formale Bildung an Beispielen dargest. Hamburg, gedr. bei Lütcke & Wulff, 1893; 1 Bl., 24 S. 4.
Hamburg, R vor d. Lübeckerthore, P 1893 (733)

Timm, T., s. Timm, Rudolf

Timme, C., Patent-Tafelparkett- und Holzdielenfußboden auf Massiv-Zwischendecken. Berlin-Schöneberg 1908

Timme, Chr. Fr., s.a. Ehefrau, die gute.

—Faramond, Familiengeschichte. 4 Thle. 8. Erfurt 779—81. 2e Aufl. 782—84. Keyser. 3 ß

KURT, Der Empfindsame Maurus Pankrazius Ziprianus —, auch Selmar genannt. Ein (ziemlich zahmer) Moderoman (von *Christian Friedr. Timme*, 1752—88). 4 Thle. Mit 4 Titelvign. Erfurt, b. Georg Adam Keysern. 1781—83. 8°. (3 Mk., etwas fleckig, Paul Neubner, Cöln, 1892; jetzt theurer!)

* — — Dasselbe. Neue Auflage. Ebd. 1785—86. 8°. (4 Mk., papierfleckig, Friedr. Klüber, 1904.) (Th. 4 fehlt in Berlin: Vw 473.) 344, 408, 336, 475 S.
Anon.-Lex. II. p. 381 citirt beide Ausgaben, aber für die 2te: „1785—87" (nach Kayser). — Th. 4 auch mit der Jahrzahl „1792" vorhanden?

– s.a. Lieutenant, der schöne, rc.

§ **LEUTNANT** (!), Der schöne, oder die Verwandlung. Ein Lustspiel in 5 Akten (von *Chr. Fr. Timme*). Erfurt, Keyser, 1781. 8°. 96 S. Zahm.

Timme, Chr. Fr. († d. 7. Juni 1788.) der Luftbaumeister; e. Wochenschrift satyrisch-moral. Inhalts. 2 Bde. 8. Erf. 785, 786. Keyser. 2 ₰ 12 gr

– s.a. Officier, der abgedankte.

RANIERI und Pialma. Eine italienische Novelle vom Verf. des „Wilhelm v. Raschwitz" (von *Chrn. Frdr. Timme*). Cöln, Imhoff-Schwarz. O. J. (c. 1795). 8°. Selten!
Fehlt Kayser unter Romanen.

– s.a. Wilhelm v. Raschwitz.

RASCHWIZ (sic!), Wilhelm v., oder Stufenleiter von Unbesonnenheit zur Ausschweifung und von dieser zum Verbrechen und Elend. 3 Bde. (1—2 von *Chrn. Frdr. Timme*, 1752—88). Mit Titelvignetten. Gotha, Ettinger, 1787—89. 8°. (2½ Rthl.) (4 Mk., Leihbibl.-Expl., W. H. Kühl, Berlin, c. 1882; jetzt theurer!)
Einer der seltensten Romane Timme's, theilw. derb u. anstössig. XIV—400, II—478 u. II—454 SS.
Anon.-Lex. IV. p. 401 (nach Kayser u. Hayn) nennt Timme nur als Vf. von Th. 1 u. 2.

-- s. Tausch, der, der Brüder.

— Wenzel v. Erfurt. 4 Thle. 8. Erfurt 784—786. Keyser. 4 ∮ 4 𝔊𝔯

Timme, Friedr., die Samariterinn und Christus am Jakobsbrunnen. Nach Evangel. Johannis 4, 1—43. Zweite Schriftstudie, allen gebildeten Nichtgeistlichen dargeboten. gr. 8. (VII und 103 S.) Magdeburg 847, Falckenberg und Comp. *

Timme, Fr., die Wiedergeburt des Menschen u. die Person Christi. Eine Schriftstudie allen gebildeten Nichtgeistlichen dargeboten. gr. 8. (9⅛ B.) Magdeburg 846, Falckenberg u. Co. *

Timme, Friedrich Ferdinand: Schräg verengtes Becken in Folge einseitiger Coxarthrocace. Leipzig, Druck von A. Th. Engelhardt, 1876. 8. 24 S. u. 1 Taf.

Die religionsphilosophischen Prämissen der Schleiermacherschen Glaubenslehre. Von Dr. Gottfried Timme. *Hannover & Leipzig: Hahn 1901.* (88 S.) 8° [01. 11491

Timme, Johann, s. Timm.

Timme, Frau Maria, s. a. Villamaria.

Timme, Maria
Die Sirena. Roman. Von Villamaria [d.i. Maria Timme]. Berlin 1878.
In: Roman-Zeitung, Deutsche. Bd 4.

[F.] Tittellos. Novellen v. Villamaria [d. i. Marie Timme]. *Berlin: Gebr. Paetel 1895.* (2 Bl., 272 S.) 1 Bd 8. [96. 3481

Timme, Otto

Timme, O. Ueber die Auswahl von französischer Lektüre für die oberen Realklassen. Hildesheim, Andreanum, 1882. 20 S. 4. Progr.

Timme, O. Commentar über die erste Scene des zweiten Actes von Shakespeare's Macbeth. Diss. Jena 1873. 46 S.

Timmel J.: Zum Genus der Substantiva im N. h. d. 44. Linz R. 80. Progr.

Timmel, J.: Über die von Tacitus charakterisierten Principes der Germanen mit Berücksichtigung auch der übrigen Verfassungsverhältnisse, insb. der staatlichen Gliederung. 68. Komotau 75. Progr.

Timmel, Julian, der Ortsschulrath u. sein Wirken. Ein Handbuch f. den Gebrauch der Ortsschulräthe. Ausg. f. das Erzherzogth. Ober-Österreich. gr. 8. (VI, 236 S.) Wien 892. A. Pichler's Wwe. & Sohn. n. 3. —; geb. in Leinw. n. 3. 40

Timmel, Julian, Sammlung der Volksschulgesetze f. das Erzherzogt. Oesterreich ob der Enns. I.—VI. Bd. kl. 8. Linz a/D., J. Feichtinger's Erben. (Nur direkt.) n. 16. 90
I. 6. Aufl. (316 u. LXVII S.) 894. n. 2. 50
II. 2. Aufl. (218 u. LXVII S.) 894. n. 2. 30
III. 4., veränd. Aufl. Ergänzt von Wilh. Henz. (178 S.) 901. n. 3. 40
IV. 3., veränd. Aufl. Ergänzt von Wilh. Henz. (272 S.) 900. n. 3. —
V. (343 u. LXVII S.) 894. n. 2. 50
VI. Ergänzt v. Wilh. Henz. (255 u. LXXXXIV S.) 900. n. 3. 20

— dasselbe. Nachtrag zum VI. Bd. (85 S.) kl. 8. Ebd. 902. n. 1. —

Timmer, C., die Metaphysik d. Religionslehre, nach ihren wesentl. Principien u. Problemen möglichst faßl. u. deutl. entwickelt. gr. 8. (8 B.) Jena 828, Cröker.

Timmerhans, C., Essai d'un traité d'artillerie. Principes de construction des bouches à feu. gr. in-8. (25¾ B., 7 Tab. u. 5 Stat.) Liége 842. (Bonn, Marcus.) *

Timmermann, Diss. de bile atra, praecipua morborum in literatis causa. Duisb. 4°.
1713

Timmermann, Diss. de phrenitide idiopathica. Rint. 4°. 1778

Timmermann: Die Spectralanalyse und ihre Bedeutung für die Erforschung der Himmelskörper. 16 S. 4° – Osnabrück, Carol., Progr. 1871.

Timmermann, Georg Bartram (Hamburg)
U. S. Giessen 1777/1

De emphysemate artificiali dissertatio inauguralis medica.
Giessen (Braun) (15.) V. 1777. 20 S.

Gew.: Stadt Hamburg. 34527

Timmermann, H., ein Stück Geschichte aus dem kirchlichen Leben der Eldenaer Gemeinde. Zur Erinnerung für die Gemeinde. Ein Beitrag zur Lösung der Gemeindeverfassungsfrage. 8. (IV und 140 S.) Ludwigslust 863, (Hinstorff'sche Hofbuchh.) *-

Timmermann, H., die Ortsarmenpflege. Ein Wort an meine Gemeinde. 1. u. 2. Aufl. Ludwigslust 862. Hinstorff. 8. (64 S.) n. 6 ngr.

Timmermann, Harald [aus Hannover]: Untersuchungen über Verbindungen der Limonen und Carvongruppe ... Göttingen, Druck d. Univ.-Buchdr. v. E. A. Huth, 1895; 45 S. 8.
Göttingen, Phil. Fak., Inaug.-Diss. v. [2. Nov.] 1895

Timmermann, Heinrich Vincenz, aus Dorsten: Studien über stomatare Transpiration. *Sobernheim 1901: G. Höhnen.* (43 S.) 8° [F.]
Erlangen, Phil. Diss. v. 19. Juni 1900

Timmermann, Hermann Über den Gebrauch des Hülfswinkels bei der Auflösung der Gleichungen 3. Grades. (Umschlagtitel: Die Auflösung der Gleichungen III. Grades mittels des Hülfswinkels.) 4 (S. 3–16). Progr. G. Carolinum *Osnabrück* 1887 (298).

Timmermann, Johann Christof Ph. Gotth. (geb. Bunde in Hann. 2. 2. 1845): Ueber die Kopfblutgeschwulst der Neugeborenen. Berlin (1869). (36 S.) 8°
Berlin, Med. Diss. v. 27. Apr. 1869

Timmermann, Richard: Ueber Ton- und Doppeltonbildung in der Regio inguinalis, speciell in der Vena cruralis. Halle a. S. 1882: Plötz. 35 S. 8°
Halle-Wittenberg, Med. Diss. v. 24. Juni 1882
Geb. Stade (Hannover) 7. 11. 1857. V.

Timmermann, Thdr. Ghrd., († d. 4. Sept. 1792.) diatribe antiquario-medica, de daemoniacis evangeliorum. 4. (Ling.) 786. Jülicher. 9 𝔊𝔯

— Periculum medicum Belladonnae. 4. Rinteln 765.

Timmermann, Walt., die Entlöhnungsmethoden in der Hannoverschen Eisenindustrie, s. a. Untersuchungen über die Entlöhnungsmethoden in der deutschen Eisen- u. Maschinenindustrie.

Timmermann, Walter, a. Hannover: Entlöhnungsmethoden in der Hannoverschen Eisenindustrie. Kap. 1–4. (Berlin: L. Simion Nf. 1906.) (44 S.) 8° ¶(Erschien vollst. 1906 als: Untersuchungen üb. die Entlöhnungsmethoden in der deutschen Eisen- u. Maschinenindustrie H. 3.)
Berlin, Phil. Fak., Ref. Schmoller, Diss. v. 17. März 1906
[Geb. 26. Sept. 81 Hannover; Wohnort: Hannover; Staatsangeh.: Preußen; Vorbildung: Lyzeum II Hannover Reife O. 02; Studium: München 1, Berlin 5 S.; Rig. 31. Juli 05.]

Entlöhnungsmethoden in der Hannoverschen Eisenindustrie. Von Dr. Walter **Timmermann**. Berlin: L. Simion Nf. 1906. (133 S.) 8°
— **Untersuchungen** über d. Entlöhnungsmethoden in d. deutschen Eisen- u. Maschinenindustrie. H. 3. [06. 13010

Timmermann, W., was will die Bodenreform? Wodurch erstrebt sie e. Besserung der Wohnungsverhältnisse?, s.a. Fortschritt, sozialer. Nr. 3.

Timmermann, W., Was will die Bodenreform? Wodurch erstrebt sie eine Besserung der Wohnungsverhältnisse? Mit Vorwort von A. Damaschke. gr. 8°. Leipzig, F. Dietrich, 1904. (Sozialer Fortschritt, Heft 3.)

Festschrift zum 25jähr. Jubiläum der Niederlassung der barmherzigen Schwestern in Cassel (18. April 1882 bis 18. April 1907). Verf. von Wilhelm **Timmermann**, Ger.Ass. Cassel: F. W. Schmidt 1907. (20 S.) 8° [07. 12310 4

Timmermann, Wilh., zur Casuistik der Pharyngotomia subhyoidea. Diss. gr. 8. (56 S.) Tübingen 899. F. Pietzcker. n.n. 1.20

Timmius, Christian Friedrich (Stargard) A. S. 813/34

Disputatio juridica de jure absentium.
Präs. Johann Peter Thielen.
Frankfurt/O. (Schwartz) VIII. 1701. 46 S.

Gew.: Stadt Stargard. 34528

TIMMIUS, Joh. Anmerkungen über des Parisischen Chirurgi Peter Dionis curieusen Tractat von Erzeugung und Geburth der Menschen, sonderlich aber der Geburths-Hülfe. Hinbey gefüget sind: Franc. Mauriceau, Kurtze Lehr-Sätze von der Schwangerschaft und dem Gebähren wie auch den Kranckheiten der Frauen. Mit 7 Kupfern. Neue verbesserte Auflage. Bremen 1745. 8°.

Timmius, Jh. Andr., s. *Tomas*, ...

Timmler, Jul. Ed., die Heilkraft d. Lebensmagnetismus u. dessen Beweiskraft f. die Unsterblichkeit der Seele. 2. verm. Aufl. 8. (VIII, 205 S.) Altenburg 873. (Bonde.) n. 4. —

Timmler, Jul. Ed., d. Heilkraft d. Lebensmagnetismus u. dessen Beweiskraft f. d. Unsterblichkeit d. Seele. 4., verm. Aufl. 8. (VIII, 268 S.) Altenburg 883. (Schnuphase.) n. 8. —

Timmlich, (Carl,) der vollkommene Jäger rc., s. Hoffmann.

Timmling, Kurt [aus Burgstaedt '(Kgr. Sachsen)']: Über Massage insbesondere Dehnung und Lösung der abnormen Fixationen des Uterus und seiner Adnexe ... Berlin, Buchdr. v. G. Schade, *1893;* 33 S., 1 Bl. 8.
Berlin, Med. Fak., Inaug.-Diss. v. 10. März 1893

Timmlitz [Schlagwort]

Timmlitz, s.: Forstkarten.

Timms & Webb, die 35 Möbelstyle. (Mit deutschem u. engl. Titel.) 78 Taf. m. ca. 1300 Möbel-Details u. Einzelmöbeln. (XII S. Text.) Fol. London (904). (Darmstadt, Verlagsanst. A. Koch.) Geb. in Leinw. n. 48. —

Timochina, M[arie]. Klinische Beiträge zur Lehre von der Syringomyelie. Diss. Med. Univ. Zürich. [Mit Figuren.] *Kopftitel:* Aus der medizinischen Klinik der Universität Zürich. Direktor Herr Prof. Dr. H[ermann] Eichhorst. 72 S. 8. Zürich, A. Markwalder, 1904.

Timoclea u. Charitides; e. Gesch. v. A. R. 8. Leipz. Hilscher. 773.

Timofeew, Alexis, Elisabeth Kulmann, Phantasie. Aus d. Russ. übersetzt von K. F. v. D. Lex.-8. (14½ B.) Leipzig 842, (Friese.) *

TIMOFEWITZ, Wasili (ps.). — Belauschte Reverien des —, Popen zu Kiew. Rom 1790. 8°. (50 xr. Wallishausser, Wien, 1872; jetzt theurer!)
Der Pseud. nicht bei Weller.

Timoklea u. Charitides, (von Andr. Riem). 8. Leipz. 773. Hilscher. 4 gl

Timokreon v. Rhodos, s. Lyriker, die griechischen.

Timoléon; ... Frankfurt 1750.
Ü: *Behrmann, Georg.* (Ky)

Timoleon. Ein Trauerspiel mit Chören. ... Copenhagen 1784. V: *Stolberg, Friedrich Leopold Graf zu.* (GGr)

Timoleon, eine Tragoedie. Plesse 1810 [1809]. V: *Schäffer, Carl Albrecht Eugen.* (MGT) (Ky) (GGr)

***Timoléon*; Tragoedie, (par Karl Albr. Eugen Schäffer). 6. Pless. (Brsl.) 810. J. F. Korn. 16 gl**

Timoleon, der Befreier, ein dramat. Gedicht, von E. Raupach. gr. 8. St. Petersburg. (Halle, Hemmerde und Schw.) 814.

Timoleon, der Bürgerfreund. Trauersp. von Behrmann. 8. Frankf. 750.

Timoleon u. Immanuel. Dokumente e. Freundschaft. Briefwechsel zwischen Friedrich Christian zu Schleswig-Holstein u. Jens Baggesen, hrsg. v. Hans Schulz. (XIV, 464 S.) gr. 8. Leipzig 910. S. Hirzel. 10.—; geb. 11. —

Timoleon, Die neueste politische Mode. Nach d. 3 Aufl. d. ungar. Orig. übersetzt. 8. (9 B.) Budapest, S. Zilahy. 80 kr. 1884.

Timon, e. prächtige Satyre auf eine Menge von Schurken, s. a. Lucian.

TIMON. Eine prächtige Satyre, auf eine mächtige Menge von Schurken, Narren, und Bösewichter, Als da sind — Nun, als da sind, der Herr Th—, ferner der Herr Gn—, noch ferner, die beiden Herrn Phil— und Dem— nebst allen den übrigen Herren. Herausg. v. J. Altona, 1781 bey Eckhardten, u. bey Hoffmannen in Hamburg in Commiss. 8°. 94 S. (2 Mk. Jos. Jolowicz, Posen, 1889; 3 Mk. E. Frensdorff, 1904.)
Magaz. d. Buch- und Kunst-Handels. Jahrg. 1781. Lpz. Gr. 8°. S. 767. — Selten!

Timon, v. Shakespeare, Schausp., übers. von M. Regis. 16. Zwickau, Schumann. 821.

Timon: 1881 -, Baltimore, MD
Literary weekly. Circulation: 1881, 750.

Timon, Shakespeare's Drama, in seiner natürlichen Entwickelg. dargestellt. Studien üb. d. Dichters Sprache, Zeit, Kunst u. Poesie als Einleitg. zu seinen Werken f. den gebildeten Leser. Lex.-8. (XX, 618 S.) Leiden 889. Brill. n.n. 10. —

Timon von Athen, ein Schauspiel in drei Aufzügen. O. O. u. o. J. (Prag 1778). B: *Fischer, F. J.* (BIBLPORT)

Timon v. Athen. Ein Festspiel m. Gesang in 5 Aufzügen. Aufgeführt den 27. März 1883 bei der Zusammenkunft ehemal. Schüler d. Stadtgymnasiums zu Halle a. d. S. Als Hdschr. gedr. 8. (109 S.) Halle 883. (Hendel.) n. 2. —

Timon, der bekehrte. 8. (10 B.) Bielefeld 829, (Helmich.)

Timon, Feuer! Feuer! Nach der 6. Ausg. übersetzt . . . Münster 1845. V: *Perger, Alois Clemens.* (RASS)

Timon, Feuer! Feuer! Nach der 6. Ausg. übersetzt durch G. R. Nebst einer erläuternden Einleitung u. einigen Anmerkungen f. deutsche Leser. 8. (4½ B.) Münster 845, Theissingsche Bh.

Timon der Zweyte. Leben und Meynungen eines wohlwollenden Menschenfeindes. Leipzig 1792. V: *Kellner, Georg Christoff.* (KY »1798«) (streisand 24) Leipzig 1793. V: *Hammersdörfer, Carl.* (Ersch. Handbuch II [1840], Nr. 2534c) (BGE VII², 655) (DARP)

Timon der Zweyte, Leben und Meynungen eines wohlwollenden Menschenfeindes vom Verf. der Liebe, mit 1 Kupf. 8. Daselbst, 792. Hamann. 1 Rthl. 15 sgl.

Timon der Zweite, Leben u. Meinungen e. wohlwollenden Menschenfeindes, vom Verf. der Liebe. 8. Leipz. 798. Hamann. 1 ₰ 8 𝔤𝔯

Timon der Zweite, Leben u. Meinungen rc. Leipzig 798, setze hinzu: (Von Karl Hammerdörfer.) (Leipzig, Central-Comptoir.) 2 ₰

Timon,..., der Assisenhof, s. Franzosen, die, der neuesten Zeit.

Timon, das Buch der Redner, siehe: Cormenin, W. A.

Timon, Akos, das städtische Patronat in Ungarn. Rechtshistorische Studie. [Aus: „Archiv f. kathol. Kirchenrecht".] gr. 8. (III, 95 S.) Raab 889. (Hennicke. — Leipzig, K. F. Koehler.) n. 2. —

Timon, Akos v., ungarische Verfassungs- u. Rechtsgeschichte m. Bezug auf die Rechtsentwicklung der westlichen Staaten. Nach der 2., verm. Aufl. übers. v. Fel. Schiller. (XII, 789 S.) gr. 8. Berlin 904. Puttkammer & Mühlbrecht. n. 17. —

Timon, Akos v., ungarische Verfassungs- u. Rechtsgeschichte m. Bezug auf die Rechtsentwicklung der westlichen Staaten. 2., verm. Aufl. Nach der 8., verm. Aufl. übers. v. Fel. Schiller. (XVI, 835 S.) gr. 8. Berlin 909. Puttkammer & Mühlbrecht. 19. —

Timon, Sam., Epitome Chronologica rerum Hungaricarum et Transilvanicarum. fol. Claudiopoli. (Eggenberger, Pest.) 764.

— imago antiquae Hungariae repraesentans, terras adventus et res gestas gentis Hunicae. 2 Ptes. 4. maj. Vien. Trattner. (Tendler.) 762.

Timon-David, Abbé, das Werk der Jugend. Ein Handbuch über Vereine und Anstalten für die Jugend, besonders des Arbeiterstandes. Autorisirte Uebersetzung. 8. (VIII, 344 S. mit 4 Stnt.) Mainz 869, Kirchheim.

Timonde, de la Richesse commerciale, ou principes d'économie politique. II Vol. 8. Strasb. König. 803.

TIMONOMUS, Fr.: Gespräche üb. die Verf.-Urk. d. Kön. Baiern. *Bamberg.* 818. 8.

Timoon, Hiskias, über die Wirkungen der geheimen Triebfedern in den kirchlichen Wirren Badens. Ein Beitrag zur Sittengeschichte. Nach zuverlässigen Quellen bearb. Basel 861. Krüsi in Comm. gr. 8. (81 S.) n. 10 ngr.

Timophanes von Corinth. Trauersp. 8. Bremen, Förster. 785.

Timorus das ist, Vertheidigung zweier Israeliten, die durch die Kräftigkeit der Lavaterischen Beweisgründe . . . bewogen den wahren Glauben angenommen haben . . . Berlin 1773. V: *Lichtenberg, Georg Christoph.* (Lauchert, Lichtenbergs schriftsteller. Thätigkeit. Göttingen 1893.) (KY) (ML) (Grisebach, Weltlitteraturkat. Berl. 1898—1900. I, 237.)

Timorus, d. i., Vertheidigung zweier Israeliten, (v. G. C. Lichtenberg). 8. Leipz. 773. Hartknoch. 4 𝔤𝔯

Timotheeff, Leonidas [aus Kasan '(Russl.)']: Ueber die Complication des Morbus Basedowii mit der Tabes dorsalis . . . Berlin, Buchdr. v. G. Schade, *1893;* 28 S., 1 Bl. 8.
Berlin, Med. Fak., Inaug.-Diss. v. 19. Mai 1893

TIMOTHEO, P. Instruktions-Tabelle für die Candidaten des Ehestandes. Allen Bedrängten zur Spiegelung, Nutzen und Frommen entworfen. Göttingen, Joh. Chrn. Dieterich, 1783. 8°. 28 S., 2 Bl., 1 Tabelle.

Timotheus, oder Kraft und Wunder des Glaubens, s. Weg zur Frömmigkeit, 46 Hft.

Timotheus, s. A. H. Niemeyer.

Timotheus. Zur Erweckung und Beförderung der Andacht nachdenkender Christen . . . Leipzig 1783. V: *Niemeyer, August Hermann.* (MGT) (KY) (GGr)

Timotheus oder die Wirkungen der Musik. Eine Cantate aus dem Italienischen übersetzt. Pest 1805. V: *Girzik, F. Xaver.* (GGr VI/438, Nr. 5/3) (Hdschr. Mitth. von Gustav Gugitz, Wien) (BIBLPORT)

Timotheus. Dem gebildeten Landmann vorzüglich gewidmet. Altona 1812—15. V: *Petersen, Daniel.* (MGT) (Bruun, Bibl. Danica I, 994.) »1812—13« (LS)

Timotheus, dem gebildetern Landmann vorzüglich gewidmet. 3 Bde. 8. Altona, Hammerich. 812—15. (à 6 gr.)-
3s Bdchen auch unt. d. Titel:
Gottwerth, der fromme Jugendfreund, od. Anleitung z. Verehrung Gottes, ein Buch f. Bürger- und Landschulen.

Timotheus. Eine Zeitschrift zur Beförderung der Religion und Humanität. Bd. 1–3. Straßburg: Heitz 1822. 8°

Timotheus, eine Zeitschrift z. Beförderung d. Religion u. Humanität. 1r — 3r Bd. gr. 8. Straßb. 822. (Leipz., Kayser.) à 1 Rthl. 20 gr.

Timotheus. Eine theolog.-prakt. Monatsschrift, zunächst f. d. kathol. Seelsorgsklerus. Im Vereine mit mehr. Mitarbeitern hrsg. v. Frz. Seraph Häglsperger. 1. Jahrg. 1839. 12 Hfte. (à 7 Bog.) gr. 8. Regensburg, Manz.

Timotheus. Ein Geschenk für die confirmirte Jugend. Bearb. nach Hiller, und hrsg. von der evangelisch-lutherischen Synode von Missouri, Ohio und anderen Staaten. 2. Aufl. 8. (IV und 138 S.) St. Louis, Mo. 1855(58). (Philadelphia, Schäfer und Koradi.) geb. *

Timotheus. Ein Geschenk für die confirmirte Jugend. Bearb. nach Hiller, und hrsg. von der evangel.-luther. Synode von Missouri, Ohio und andern Staaten. 10. Aufl. gr. 16. (174 S.) St. Louis, Mo. 878. (Dresden, H. J. Naumann.) geb. mit Goldschn. *

Timotheus. Ein Geschenk für die confirmirte Jugend. Bearb. nach Hiller, und hrsg. von der evangel.-luther. Synode von Missouri, Ohio und andern Staaten. 14. und 15. Aufl. 12. (174 S.) St. Louis, Mo. 885,86. (Dresden, H. J. Naumann.) geb. *

Timotheus von Corinth. Trauersp. 8. Bremen, Müller.

Timotheus und Philemon. Die Geschichte christlicher Zwillingsbrüder ... Rottenburg a. N. 1841. V: *Schmid, Christoph.* (Ky)

—— und Philemon. Die Gesch. christl. Zwillingsbrüder, erzählt von d. Verf. d. „Ostereier". 8. (10 B. u. 1 Stahlst.) Rottenburg a/N. 841, Bäuerlesche Buchh.

Thimotheus und Philemon. Die Geschichte christl. Zwillingsbrüder, erzählt vom Verf. der Ostereier. Neue, illustr. Originalaufl. gr. 8. (192 S. mit 1 Stahlst. und feinen Holzschnittbildern.) Regensburg 871, Manz.

—— und Philemon. Die Geschichte christl. Zwillingsbrüder, erzählt von dem Verf. der Ostereier [Chr. v. Schmid]. 2. Aufl. 8. (VIII, 152 S. mit 1 Stahlst.) Regensburg 873, Manz.
—— dass. — Neue illustr. Orig.-Aufl. 8. (192 S. mit 1 Stahlst. und eingedr. Holzschn.) Ebendas. 877.
geb. * *M* 1,95.; geb. in Prachtbd. *

Timotheus, zwei Jahre in Abyssinien, s. a. **Bibliothek**, armenische.

Timotheus: Zwei Jahre in Abyssinien oder Schilderung der Sitten und des staatlichen und religiösen Lebens der Abyssinier. Zwei Teile in einem Bande.
[= Armenische Bibliothek. VIII. IX.] Leipzig o. J.

Timotheus Älurus', des Patriarchen v. Alexandrien, Widerlegung der auf der Synode zu Chalcedon festgesetzten Lehre. Armenischer Text, m. deutschem u. armen. Vorwort, 2 Taf. u. 3fachem Register, hrsg. v. Karapet Ter-Mekerttschian u. Erward Ter-Minassiantz. (IX, V—XXXV u. 396 S.) gr. 8. Leipzig 908. J. C. Hinrichs' Verl. 10. —

Timotheus v. heil. Ignaz, kurze Predigten f. christl. Gemeinden, auf alle Sonntage d. Jahres. 8. Augsb. Rieger. 780. Rthlr. -

— Predigten f. alle Festtage d. Jahres. 8. Ebendaselbst. 780. -

Timotheos [Milesius]. Die Perser. Aus e. Papyrus von Abusir im Auftr. d. Deutschen Orientgesellsch. hrsg. von Ulrich v. Wilamowitz-Möllendorff. Mit 1 Lichtdrucktaf. *Leipzig: J. C. Hinrichs 1903.* (126 S.) 8°

Timotheos-Papyrus, der. Mit Text von Ulr. v. Wilamowitz-Möllendorff, s. a. Veröffentlichungen, wissenschaftliche, der deutschen Orient-Gesellschaft, 3. Hft.

Der Timotheos-Papyrus. [**Timotheus** Milesius: Persae.] Gefunden bei Abusir am 1. Febr. 1902. Lichtdr.-Ausg. (Hrsg.: Ulrich v. Wilamowitz-Möllendorff.) *Leipzig: J. C. Hinrichs 1903.* (15 S., 7 Taf.) 2°
= **Veröffentlichungen**, Wissenschaftliche, d. deutschen Orient-Gesellschaft. II. 3.

Timotheus, Weckstimmen und Mahnungen an unsere Söhne und Töchter, s. Weckstimmen.

Timotheus, Chr., (F. D. E. Schleiermacher,) Katechismus der wahren Religion, f. die Verächter der positiven Religion; aus d. Reden üb. die Religion entworfen u. mit kurzen Erläuterr. versehen. 8. Leipz. 818. (Taubert). 4 gr.

Timotheus, Ed., Licht im Dunkel. Skizzen aus dem Leben e. süddeutschen Theologen in Novellenform. 8. (IV, 200 S.) Cottbus 897. Gotthold-Expedition. — 80; geb. in Leinw. 1. 50

Timpe, Aloys, a. Bergedorf ⟨Hamburg⟩: Probleme der Spannungsverteilung in ebenen Systemen einfach gelöst mit Hilfe der Airyschen Funktion. Leipzig 1905: B. G. Teubner. (38 S.) 8° ¶(Aus: Zeitschrift f. Mathematik u. Physik.)
Göttingen, Phil. Fak., Ref. Klein, Diss. v. 24. Juli 1905
[Geb. 14. März 82 Bergedorf-Hamburg; Wohnort: Bergedorf; Staatsangeh.: Hamburg; Vorbildung: Realgymn. Hamburg Reife O. 00; Studium: Göttingen 2, München 2, Göttingen 6 S.; Rig. 14. Dez. 04.]

Timpe, Ernst, Religions- u. Oberlehrer a. Königl. Gymn. Carolinum in Osnabrück: Die kirchenpolitischen Ansichten und Bestrebungen des Kardinals Bellarmin. Breslau 1904: R. Nischkowsky. (133 S.) 8°
Breslau, Kath.-theol. Fak., Ref. König, Diss. v. 29. Nov. 1904
[Geb. 23. Apr. 73 Lübeck; Heimatsort: Osnabrück; Staatsangeh.: Preußen; Vorbildung: Gymn. Cathar. Lübeck Reife O. 91; Studium: Freiburg i. B. 1, Breslau 2, Münster 5, Würzburg 2 S.; Rig. 29. Nov. 04.]

Timpe, Frid. Guil. (geb. Berlin 12. 8. 1814): De haemorrhoidibus. Berolini (1839). (30 S.) 8°
Berlin, Med. Diss. v. 8. Apr. 1839

Timpe, Geo., S. M., die deutsche St. Bonifatius-Mission in London 1809—1909. Ein Beitrag zu ihrer Jubelfeier. (79 S. m. Abbildgn.) 8. London 909. Köln, J. P. Bachem. Geb. 2. —

Timpe, Heinrich, aus Hamburg: **Beiträge** zur Kenntnis der Panachierung. *Göttingen 1900: W. F. Kaestner.* (126 S.) 8°
Göttingen, Phil. Diss. v. [26. Apr.] 1900

Timpe, Heinr., Beiträge z. Kenntnis der Panachierung. Diss. gr. 8. (126 S.) Göttingen 900. Vandenhoeck & Ruprecht. n. 3. —

Timpe, Henri, Etude sur la vie et les mémoires de Philipp de Commines, Seigneur d'Argenton, ministre de Louis XI. 8. (IV, 37 S.) Liegnitz 870, Cohn. *

Timpe, Heinr., Panaschierung u. Transplantation. (S. 55—104.) Lex. 8. Hamburg 907. (L. Gräfe & Sillem.) 1. 20
Sonderabdruck aus: „Jahrb. der hamb. wiss. Anstalten. 3. Beiheft."

Timpe, Hermann Otto Wilhelm Theodor
Ueber die Beziehungen der Phosphate und des Caseïns zur Milchsäuregärung ... München, Druck v. R. Oldenbourg, 1893; 37 S. 8.
Leipzig, Phil. Fak., Inaug.-Diss. v. [22. März] 1893

Timpe, Hubert, Referendar: Echtheit und Gültigkeit der Urkunde und Urkundenvollziehung durch Stellvertreter. Berlin 1908: Pilz. 56 S. 8°
Münster, Rechts- u. staatsw. Diss. v. 8. Jan. 1909, Ref. Rosenfeld, Erman
[Geb. 14. Febr. 87 Lübeck; Wohnort: Berlin; Staatsangeh.: Lübeck; Vorbildung: Gymn. Lübeck Reife O. 05; Studium: Freiburg i. B., Berlin, Münster zus. 6 S.; Rig. 30. Juli 08.] [U 09. 3567

Timpe, Joh. Heinr. Philippe de Commines, sa vie et ses mémoires. 38 S. **Progr.** G. *Lübeck* 1879.

Timpe, Ludov. Benj. (geb. Berlin Febr. 1810): De auri muriatici in morbis syphiliticis usu. Berolini (1834). (32 S.) 8°
Berlin, Med. Diss. v. 18. Sept. 1834

Timpe, Thdr., ein Beitrag zur künstlichen Ernährung der Kinder. gr. 8. (16 S. mit 6 Chromolithogr.) Magdeburg 887, (Wennhacke und Zincke.) *

— graphische Darstellung des **Nährwerthes** der künstlichen Kinderpräparate mit und ohne Milchzusatz. qu. 8. (18 S. mit eingedr. color. Lithogr.) (Ebendas.) 885. *

Timpe, Thdr., graphische Darstellung d. Nährwerthes der künstlichen Kinderpraeparate mit u. ohne Milchzusatz. qu. 8. (18 S. m. eingedr. color. Lith.) Magdeburg 886. (Wennhacke & Zincke.) n. — 50

Timpe, Thdr. Die Ersatz-Mittel d. Cacao. Eichel-Cacao als Nahrg. bei Durchfall, schlaffer Funktion der Verdauungs-Organe etc. gr. 8. (8 S.) Magdeb. 889, Niemann. — 40

Timpe, Thdr., **Pankreas-Pastillen und Milchzusätze** in der künstlichen Kinderernährung. gr. 8. (20 S. mit 8 Taf.) Magdeburg 888. Wennhacke und Zincke. *

— Pankreatin als Milchzusatz, s.: Klemmer, R., Fortschritte in der künstlichen Kinderernährung.

Timpe, Thdr., üb. die Sterilisierung der Kuhmilch f. den Bedarf des Hauses u. der Molkereien, sowie üb. Sterilisierapparate f. den prakt. Arzt u. die Apotheke. Technische Skizze. gr. 8. (16 S. m. Fig.) Magdeburg 894. Creutz. — 75

Timpe, T: Wie ist Kuhmilch rein und gesund zu machen und höher zu verwerten? Magdeburg (1901?)

— Zusätze zur sterilisirten u. gewöhnlichen Milch u. Sterilisirapparate, s.: Klemmer, R., Fortschritte in der künstlichen Kinderernährung.

Timpe, Willy, Dr.: Mathematische **Aufgaben.** [T. 1.] *Berlin: R. Gaertner 1899.* (39 S.) 4°
Berlin, Sechste st. R ⟨HB⟩, OP 1899 (123)

Timpe, Willy, Dr.: Mathematische **Aufgaben.** [T. 1.] *Berlin: R. Gaertner 1899.* (39 S.) 4°
Berlin, Sechste st. R ⟨HB⟩, OP 1899 (123)

Timpe, Willy, mathematische Aufgaben. Progr. 4. (39 S.) Berlin 899. [R. Gaertner.] Weidmann. n. 1. —

Timpe, Willy [aus Berlin]: Ueber die Bewegung eines schweren Punktes auf einer schiefen Ebene mit Berücksichtigung der Drehung der Erde. . . . Halle, *Buchdr. v. Max Bading. Berlin.* 1889: 53 + 1 S. + 1 Bl. u. 1 Taf. 8°
Halle, Phil. Fak., Inaug.-Diss. v. [11. Mai] 1889

Timpel, Dav., christl. Buß-, Beicht- u. Communionandachten, nebst Morgen- u. Abendgebeten, Fragstücken u. Liedern. 8. Jena. 753. -

Timpel, Max, der Steigerwald bei Erfurt. 2., verb. Aufl. (112 S. m. Abbildgn., 8 Taf., 2 Skizzen u. 1 farb. Karte.) 8. Erfurt 910. H. Güther. 1. —

Timpenfeld, P., Tabellen der Quadrate v. 1—10000, Cuben v. 1—2150, Quadrat- u. Kubikwurzeln v. 1—1000, Kreisumfänge u. Inhalte v. 1—1000. 8. (135 S.) Dortmund 888. Meyer. n. 3. —

Timpenfeld, P., Tabellen der Quadrate von 1 bis 10000, Kuben von 1 bis 2500, Quadrat- u. Kubikwurzeln von 1 bis 1000, Kreisumfänge u. -inhalte v. 1 bis 1000. 3. Aufl. (109 S.) 8. Dortmund 903. C. L. Krüger. Geb. n. 3. 50

Timpenfeld, P., Tabellen der Quadrate von 1 bis 10000, Kuben von 1 bis 2500, Quadrat- u. Kubikwurzeln von 1 bis 1000, Kreisumfänge u. -inhalte von 1 bis 1000. 4. Aufl. (109 S.) 8. Dortmund 907. C. L. Krüger. Geb. 3. 50

— **Weichen- u. Gleis-Berechnungen.** Formeln, Tabellen u. Beispiele zum Gebrauche in der Praxis. (VIII, 63 S. m. 60 Fig.) gr. 8. Leipzig 904. C. Scholtze. n. 3. —; geb. n. 3. 50

Timper, Rud., Geschichte v. Schwarzenbach an der Saale, s.: Schönburg-Waldenburg, Friedrich Prinz v.

Timper-Anderson, L., Manöverkind. Roman. (154 S.) 8. Münster (908). G. W. Bisarius. 2. 50

Timpf, Albertus (Fridericus Gustavus) (*geb. Haynau in Schles. 5. 7. 1809*): De feminarum eclampsia. Vratislaviae (1832). (64 S.) 8°
Breslau, Med. Diss. v. 14. Nov. 1832

Timpf, Karl

Timpf, Carl, ein Graf, s.: Büchersammlung für Gabelsberger'sche Stenographen. 50.

Tinant, F. A., Flore Luxenbourgeoise, ou description des plantes phanérogames, recueillies et observées dans le Grand-Duché de Luxenbourg, classées d'après le système sexuel de Linné. 2 Tomes. gr. in-8. Luxenbourg 836. (Bonn, Marcus.) n. $3^1/_2$ Rthlr.

Tinant, F. A., flore Luxembourgeoise, ou description des plantes phanérogames, recueillies et observées dans le grand-duché de Luxembourg, classées d'aprés le systéme sexuel de Linné. 2. édit. Luxembourg 855. Bück. gr. 8. (512 S.) n. 1 Rthlr. 10 *ngr.*

Tinayre, Marcelle, das Haus der Sünde, s. a. Eckstein's illustr. Romanbibliothek. IV. 1.

TINAYRE, M., Das Haus der Sünde. Autorisierte Uebersetzung von A. Achard. Illustr. von H. Stubenrauch. Berlin 1903. 8°. (Kr. 1,20.) (80 Heller Vict. Eytelhuber, Wien, 1905.)

Das Haus der Sünde [La maison du péché]. Von Marcelle **Tinayre.** Autor. Uebers. von Adele Achard. Ill. von Hans Stubenrauch. 1.–10. Taus. Berlin: R. Ecksteins Nachf. [1904]. (192 S.) 8°
= **Romanbibliothek,** Ecksteins illustrierte. Jg. 4, Bd 1. [05. 4820

TINAYRE, Marcelle, Das Haus der Sünde. Uebersetzt von Adele Achard. Mit vielen Illustr. (190*.) (Mk. 1—, franco, Alfons Grünfeld, Berlin, 1908.)

— das Liebesleben des François Barbazanges, s. a. Eckstein's illustr. Romanbibliothek. IV. 4.

— — Das Liebesleben des François Barbazanges. (190*.) (Mk. 1—, ebd.)

Tinayre, Marcelle, die Rebellin. Roman. Deutsch v. Henriette Josephson. (330 S.) 8. Leipzig 909. Schulze & Co. 3.50: geb. 4.50

Tinchen, od. d. Männerprobe, v. Aug. Lafontaine, s. a. Schilderungen d. menschl. Lebens 3r. 4r Bd.

TINCHEN oder die Männerprobe. Roman. 2 Bde. 1811. 8°. 600 S. (3 Rthl.) (⅔ Rthl. Rob. Apitzsch, Lpz, vor 1870, ohne Ortsang., mit der Notiz: „Erotisch".)

Tincu, Aurél v., absolv. Mediziner a. Szászváros i. Siebenbürgen: Ueber Syphilis und Prostitution in Rumänien. München 1909: Kastner & Callwey. 63 S. 8°
München, Med. Diss. v. 17. Aug. 1909, Ref. v. Bauer
[Geb. 13. Okt. 65 Mühlbach, Siebenbürgen; Wohnort: München; Staatsangeh.: Ungarn; Vorbildung: Gymn. Kronstadt Reife Juli 85; Studium: Graz 10, München 1 S.; Rig. 17. Aug. 09.] [U 10. 3597

Tindal, Mth., Beweis, d. d. Christenthum so alt als die Welt sey. 8. Frkf. Varrentrapp. 741.

Tinel, Edg., Sainte Catherine d'Alexandrie. Légende dramatique en 8 tableaux de Leo van Heemstede. Adaptation française de Florimond van Duyse. Musique de T. (Op. 44.) (Textbuch.) (42 S.) 8. Leipzig (909). Breitkopf & Härtel. — 80

Tinel, Edgar: Francis. Oratorio by Edgar Tinel. Text by Lodewyk de Koninck. Engl. poetry by John Fenton. Leipzig: Breitkopf & Härtel [1897]. (24 S.) 8°
= Textbibliothek, Breitkopf & Härtel's. No 113.

Tinel, Franciscus, s.: Breitkopf & Härtel's Textbibliothek. Nr. 108.

Tinel, Edgar: Saint François. Oratorio en trois Parties. Poème de Louis De Koninck. (Trad. de Mme. Edgar Tinel). Mus. de Edgar Tinel. Leipzig: Breitkopf & Härtel [1893]. (19 S.) 8°
= Textbibliothek, Breitkopf & Härtel's. No 111.

Godoleva. Musikdrama. Deutsche Uebers. von Elisabeth Alberdingk Thym. Godelieve. Muziekdrama. Oorspronkel. Vlaamsche Tekst van Hilda Ram. Sainte Godelive. Drame musical. Trad. franç. de G. Th. Antheunis. [Komp.:] Edgar Tinel. Op. 43. Klavierausz. *Leipzig: Breitkopf & Härtel 1897.* (345 S.) 4° [oo. 8043

Tinel, Edgar: Godoleva. Musikdrama in 3 Aufz. oder 6 Bildern. Vläm. Dichtung v. Hilda Ram. Deutsche Übers. von Elisabeth Alberdingk Thym. Französ. Übers. v. G. A. Antheunis. Mus. von Edgar Tinel. Leipzig: Breitkopf & Härtel [1897]. (IV, 47 S.) 8°
Textbibliothek, Breitkopf & Härtel's. No 371.

Tinel, Edgar: Sainte Godelive. Drame musical. Texte orig. flamand de Hilda Ram. Trad. allemande d'Elisabeth Alberdingk Thym. Trad. franc. de G. Th. Antheunis. Mus. de Edgar Tinel. Leipzig: Breitkopf & Härtel (1897). (50 S.) 8°
= Textbibliothek, Breitkopf & Härtel's. No 374.

— Sainte Godelive. Drame musical. Texte original flamand de Hilda Ram. Traduction allemande d'Elisab. Alberdingk Thym. Traduction française de G. Th. Antheunis. Musique de T. (50 S.) 8. Ebd. 907. —80; erm. Pr. — 40

Tinga, Eelco, Specimen jurid. inaug., de testamento mystico sive clauso secund. cod. civil. gallicum. 8maj. ($5\frac{1}{4}$ B.) Groningae 837, Smit. (Lipsiae, libr. Weidmann.) *

Im Tingel-Tangel. Berlin: Kleines Witzblatt [um 1904]. (63 S.) 8°
= Bilderbuch d. Kleinen Witzblatt. Bd 2. [o4. 9379

Tingel-Tangel, der neue, oder Ränke und Schwänke, Couplets und Lieder. gr. 16. (72 S.) Mügeln 873. (Leipzig, Senf.)

TINGELTANGELEIEN. Deutsche Reichs-Couplets und Chantant-Piquanterien. Berlin, o. J. 8°.

TINGELTANGELEIEN. Chantant-Piquanterien und Deutsche Reichs-Couplets für Komiker, Soubretten und lustige Leute. Heft 1 u. Folge. Berlin, Max Marcus (Kaisergallerie 7). (c. 1873.) (à Heft ¼ Rthl.) Cplt selten!

Tingl, Franc. Ant., Acta judiciaria archiepiscopatus Pragensis sub honorabili domino Joanne Pomuk vicario in spiritualibus generali conscripta et nunc prima vice typis edita. Prag 866. (Hunger.) gr. 8. (130 S.) n. 20 ngr.

Tingl, Franc. Ant., Acta judiciaria archiepiscopatus Pragensis sub honorabili domino Joanne Pomuk vicario in spiritualibus generali conscripta et nunc prima vice typis edita. gr. 8. (130 S.) Prag 865, (Satow.) *

—— Libri quinti confirmationum ad beneficia ecclesiastica per archidioecesin Pragenam nunc prima vice in vulgus prolati anni 1390—1392. gr. 8. Prag 865, (Satow.) [Lfg. 1. annus 1390. (VII und S. 1—52.) * 12 Ngr., Lfg. 2. annus 1391 et 1392. (S. 53—150.) * 24 Ngr.] *

Tingl, Frz. Ant., Libri quinti confirmationes ad beneficia ecclesiastica Pragensem per archidioecesim nunc prima vice divulgatae incipiendo ab a. 1393 usque 1399. (Finis.) gr. 8. (S. 151—328.) Prag 866, (Rziwnatz.) **
1. und 2. Lfg. (Ebendas.) 1865. *ℳ 3,60.

Tingle, J. Bishop [F. C. S. aus Sheffield]: Ueber die Einwirkung von Oxaläther auf aliphatische Ketone. . . . München, akad. Buchdr. v. F. Straub, 1889: 38 S. 8°
München, Phil. Fak., Inaug.-Diss. v. 1889

Tingley, Katherine, s.: Bruderschaft, universale.

— Das Leben zu Point Loma, s. a. Für Wahrheit u. Bruderschaft. Nr. 2.

Tingley, Katherine, das Leben zu Point Loma. (24 S. m. Abbildgn.) 8. Nürnberg (ob. Turnstr. 3) 905. J. Th. Heller. n. — 40

Tingry, analyse des eaux minérales d'Amphion etc. 4. Laus. Pott et Comp. 787.

Tingry, P. F., neues Handbuch f. Lackirer u. Maler, welches die Bereit. u. prakt. Anwend. aller Arten v. Firnissen u. Farben enthält, herausgg. mit Anmerkk. v. C. G. Eschenbach. 2 Bde. Mit Kpf. gr. 8. Leipz. 804. Hinrichs. (I. Handbuch f. Lackirer. 1 ℛ 18 gℛ II. Handbuch für Maler. 1 ℛ 8 gℛ) 2 ℛ 16 gℛ

Tingstadii Supplementa ad Lexica hebraica. 4. Upsalae, Ulrich. (F. C. W. Vogel, Lips.) 806.

Tinguely, Paul, Zinstabellen zur Berechng. d. Zinse v. 1 bis 100,000 Franken Kapital zu $2\frac{3}{4}$, 3, $3\frac{1}{4}$, $3\frac{1}{2}$, $3\frac{3}{4}$, 4, $4\frac{1}{4}$, $4\frac{1}{2}$, $4\frac{3}{4}$ u. 5 %, das Jahr zu 360 Tagen gerechnet. M. e. Zeitberechnungs-Tabelle, e. Tages-Tabelle u. e. Münztabelle. gr. 8. (VII, 360 S.) Bern 898. F. Semminger. Geb. n. 6. —

Tinius, Fritz: Studium über das Mystère de Saint Clement. Greifswald 1909: Abel. 88 S. 8°
Greifswald, Phil. Diss. v. 23. Febr. 1910, Ref. Stengel
[Geb. 7. Mai 86 Tasdorf; Wohnort: Eberswalde; Staatsangeh.: Preußen; Vorbildung: Gymn. Eberswalde Reife M. 05; Studium: Berlin 1, Marburg 1, Berlin 1, Paris 1, Toulouse 1, Greifswald 2 S.; Rig. 17. Juli 09.] [U 10. 1646

Tinius, Johann Georg

Tinius, J. G., die Offenbarung Johannis, durch Einleit., Uebersetz. u. Erklär. Allen verständl. gemacht. gr. 8. (19 B.) Leipzig 839. (Zeitz, Webel.) *

Tinius, (Pfarrer) Jh. Geo., bibl. Prüfung v. Brennecke's Beweis: daß Jesus nach seiner Auferstehung noch 27 Jahre auf Erden gelebt. gr. 8. Zeitz 820. Webel. 16 gl

— der jüngste Tag, ob, wie u. wann er kommen wird? in phys., polit. u. theolog. Hinsicht aus d. Natur u. Bibel erklärt. gr. 16. (6 B.) Zeitz 836, (Webel.) *

Tinius, J. G., der jüngste Tag, ob, wie u. wann er kommen wird? in physischer, polit. u. theologischer Hinsicht aus der Natur u. der Bibel erklärt. (1836.) 2. Ausg. 8. (6 B.) Bautzen 845, Reichel. *

— sechs bedenkl. Vorboten e. großen Weltveränderung, an Sonne u. Erde sichtbar. Beschrieben u. beurtheilt. gr. 8. (6¾ B.) Weimar 837, Voigt.

Tinker, Martin Buel, aus Philadelphia: Die perforierenden Magengeschwüre und ihre chirurgische Behandlung. *Berlin (1899): G. Schade.* (31 S.) 8°
Berlin, Med. Diss. v. 21. Juli 1899

Tinkhauser, G., Beschreibung der Diöcese Brixen. 1. Bd. 3 Hfte. gr. 8. (IV u. 240 S. m. 1 lith. Taf. in Fol.) Brixen 851. 52, Weger. (à ¼ ℛ) ¾ ℛ

Tinkhauser G. —, Topographisch-historisch-statistische Beschreibung der Diözese Brixen, mit besonderer Berücksichtigung der Kulturgeschichte und der noch vorhandenen Kunst- und Baudenkmale aus der Vorzeit. Von — —. II. Band, 1. 2. Heft. Brixen, 1836. Druck und Verlag von A. Weger. (II Band. S. 1—160. 8.)

Tinkhauser, G., topographisch-historisch-statistische Beschreibung der Diöcese Brixen. 1. Bd. 4—9. Heft. gr. 8. (XV und S. 241—698.) Brixen 854—55, Weger. (Innsbruck, Wagner'sche Buchh.) à Heft * 9 Ngr. *

— dass. — 2. Bd. 1. und 2. Heft. gr. 8. (S. 1—160.) Ebds. 856. à Heft * 9 Ngr.

Tinkhauser, G., *Regens d. f. b. Domschule zum h. Cassian in Brixen etc.* Topographisch-historisch-statistische Beschreibung der Diöcese Brixen mit besonderer Berücksichtigung der Culturgeschichte und der noch vorhandenen Kunst- u. Baudenkmale aus der Vorzeit. *Brixen* 1858. *A. Weger's* Verl. II. Bd. 5 u. 6. Heft. S. 321—480, 8°. 36 kr.

Tinkhauser's, G., topographisch-historisch-statistische Beschreibung der Diöcese Brixen mit besonderer Berücksichtigung der Culturgeschichte u. der noch vorhandenen Kunst- u. Baudenkmale der Vorzeit. Fortgesetzt von einem Priester der Diöcese Brixen. 2. Bd. 3—10. Lfg. gr. 8. (S. 161—826.) Brixen 879. Theolog. Verl. Anstalt. n. 6. 60
(I—II, 10: n. 16. 50)

Tinkhauser's, G., topographisch-historisch-statistische Beschreibung der Diöcese Brixen mit besond. Berücksicht. der Kulturgeschichte und der noch vorhandenen Kunst- und Baudenkmale aus der Vorzeit. Fortgesetzt von Ludw. Rapp. 3. Bd. 1.—6. Heft. gr. 8. (S. 1—572.) Brixen 880—84, Weger's Buchh. à Heft * ℳ 1. *

Tinkhauser's, G., topographisch-historisch-statistische Beschreibung der Diöcese Brixen mit besond. Berücksicht. der Kulturgeschichte und der noch vorhandenen Kunst- und Baudenkmale aus der Vorzeit. Fortgesetzt von Ludw. Rapp. 3. Bd. 7. und 8. Heft. gr. 8. (1. Abthl. IV, S. 573—738.) Brixen 885,86, Weger's Buchh. à Heft * ℳ 1.—. *

— dass. — 4. Bd. 1.—7. Heft. gr. 8. (S. 1—672.) Ebendas. 887—89. à Heft * ℳ 1.—. *

Tinkhauser's, G., topographisch-historisch-statistische Beschreibung der Diöcese Brixen m. besond. Berücksicht. der Kulturgeschichte u. der noch vorhandenen Kunst- u. Baudenkmale aus der Vorzeit. Fortgesetzt v. Ludw. Rapp. 4. Bd. 8.—10. Heft u. 5. Bd. 9 Hefte. gr. 8. (III, S. 673—980; 885 S.) Brixen 889—91, Weger. à Heft * 1 —; * 12 —
Fortsetzung, s. Rapp, Ludw. Topographisch-histor. Beschreibung d. Generalvikariates Vorarlberg.

Tinkhauser, Geo., Blätter der Erinnerung an Bernard Galura, Fürst-Bischof von Brixen ꝛc. Innsbruck 856. Wagner. gr. 8. (IV, 47 S.) 7½ ngr.

Tinne, Alex. P. F. u Joh. A. **Tinne,** Plantae Tinneanae, s. **Plantae**.

Tinnefeld, Hermann [app. Arzt aus Kroechting (Westfalen)]: Die Behandlung der Extrauterinschwangerschaft. . . . Wesel, Fincke & Mallinckrodt, 1888; 19 S. 8°
Würzburg, Med. Fak., Inaug.-Diss. v. 1888

Tinnefeld, Wilhelm, appr. Arzt a. Rheinberg: Aus der Universitäts-Augenklinik zu Gießen. Bericht über 22 in der Gießener Augenklinik an Cataracta congenita behandelte Kranke. Gießen 1906: v. Münchow. (30 S.) 8°
Gießen, Med. Fak., Ref. Vossius, Diss. v. 30. Aug. 1906
[Geb. 28. Apr. 79 Rheinberg, Kr. Moers; Wohnort: Gießen; Staatsangeh.: Preußen; Vorbildung: Gymn. Coesfeld Reife O. 00; Studium: Marburg 4, Kiel 1, Berlin 2, Gießen 2 S.; Coll. 11. Juli 06; Approb. 20. Jan. 05.]

Tins Josef: Drydens kleinere, lyrische Gedichte.
II. 1897 PN 1054 Diss. Wien, Univ. 1933

Tinsch, H., die Pfandbriefsfrage in Deutschland nach ihrem dermaligen Stande u. nach dem Entwurfe e. bürgerlichen Gesetzbuches. 8. (50 S.) Leipzig 890. Deichert Nachf. n. — 80

— die **Postanweisung,** civilrechtlich betrachtet. 8. (III, 51 S.) Ebd. 890. n. — 80

Tinsch, Heinr., das Recht der deutschen Einzelstaaten bezüglich des Abschlusses völkerrechtlicher Verträge mit besonderer Berücksichtigung ihrer Stellung im Reiche. gr. 8. (56 S.) Erlangen 882. Deichert. n. 1. —

Tinsch, Heinr., das Stadtrecht v. München. Systematische Darstellg. der noch gelt. Rechtsinstitute. gr. 8. (VIII, 81 S.) Bamberg 891. C. C. Buchner Verl. n. 2. —

Tinsch, Heinr., die **Staatsanwaltschaft** im deutschen **Reichsprozessrecht.** gr. 8. (VI, 206 S.) Erlangen 883. Deichert. n. 3. —

Tinschert, Franz, pr. Tierarzt u. Schlachthofverwalter: Aus d. bakteriol. Labor. d. städt. Schlachthofes zu Berlin. Leiter: J. Bongert. Untersuchungen über den Tuberkelbazillengehalt der Milch tuberkulöser Kühe. Gießen 1908: Leisther & Drewsa, Magdeburg. 46 S. 8° ¶ (Aus: Internat. Archiv f. Veterinärmed. Bd 1, H. 2.)
Gießen, Veterinär-Med. Diss. v. 2. Juni 1909, Ref. Olt
[Geb. 27. Juli 74 Dittmannsdorf O.-S.; Wohnort: St. Wendel; Staatsangeh.: Preußen; Vorbildung: Gymn. Jülich Reife O. 08; Studium: Berlin Tierärztl. Hochsch. 7 S.; Rig. 15. Dez. 08.] [U 09. 1184

Tinseau, Léon de, Cousine Aschenbrödel. Roman. Autoris. Uebersetzg. v. Adf. Schulze. 8. (156 S.) Berlin 892. Bibliograph. Bureau. n. 3. —

Tinseau, Léon de, Cousine Aschenbrödel. Roman. Autor. Uebersetzg. v. Adph. Schulze. Neue wohlf. [Titel-] Ausg. 8. (156 S.) Berlin (892) 896. A. Deubner. 1. —

— versiegelte Lippen, s.: Engelhorn's allgemeine Romanbibliothek.

Tinseau, Léon de, der Mitgiftjäger, s.a. Bücher, die. des deutschen Hauses.

Tinseau, Léon de, der Mitgiftjäger. Roman. Einzig autoris. Ausg. 8. (290 S.) Leipzig (902). Berlin, H. Seemann Nachf. n. 3. —; geb. n. 4. —

Der Mitgiftjäger. Roman von Léon de **Tinseau**. Ill. von Knut Hansen. Berlin-Leipzig: Buchverl. fürs Deutsche Haus 1908. (304 S.) 8° [F.]
— **Bücher**, Die, d. Deutschen Hauses. Reihe 2, Bd 45. [08. 13538

— auf steinigen Pfaden (Madame Villeféron jeune), } s.: Engelhorn's allgemeine Romanbibliothek.

— vergessene Pflicht, s.: Engelhorn's allgem. Romanbibliothek. 14. Jahrg.

— durch fremde Schuld, s.: Engelhorn's allgem. Romanbibliothek. XVII. 8.

Tinseau, L. de, e. Sirene, } s.: Engelhorn's allgemeine Roman-Bibliothek.

Tinseau, L. de, das beste Teil, s. Engelhorn's allgemeine Romanbibliothek.

Tintemann, Wilhelm, approb. Arzt aus Braunschweig: Ueber die **Behandlung** der Rhachitis mit Phosphorleberthran. *Göttingen 1903: Dieterich.* (43 S.) 8°
Göttingen, Med. Diss. v. [16. Jan. 1904]

Tinten, die neuesten. Oder: Vorschriften zur leichten und wohlfeilen Bereitung der im Handel unter den verschiedensten, zum Theil lächerlichen und unwahren Benennungen befindlichen vorzüglicheren Tinten. Dem bisher arg besteuert gewesenen schreibenden Publikum gewidmet, zugleich noch zur Würdigung der bestehenden hohen Verkaufspreise dieser Tinten und deren bombastischen Anpreisungen, mit einigen Bemerkungen versehen von X. Quedlinburg 858. Basse. 8. (19 S.) 7½ ngr.

Tinten, Sympathetische. [Dresden 1805.] V: *Herklotz, Johann Gottlob.* (MGT)

Tintenfässl, Volleingeschancktes, eines allezeit parat seyenden **Brieff-Secretary gefüllt mit kohlrussrabenpechschwarzer Tinten wider unsern Feind mit rother gegen unsern Freind** ... Kufstein [Halle] 1745. V: *Schwabe, Joh. Joach.* (BZ) (MN) (ML) (GGr) **Dagegen:** (ADB 33, 168) V: *Denso* oder *J. M. Dreyer* [?]. MV: *Gottsched, Joh. Chph* [?]. (Waniek, Pyra. Leipz. 1882. S. 129.) V: *Schwarz, Chph.* (Rosenmüller, König. 1896. S. 59.) (Krause, Gottsched. Leipz. 1893.) Haupt-V: *Grimm, Frdr. Melch.* (Anz. f. d. Alt. 27, 112.) (Waniek, Gottsched. 1897. S. 479.) V (S. 81—100): *Gottsched, Luise Adelg. Vict. geb. Kulmus.* (Arch. f. Litt. XII, 153.) (Krause, Gottsched. Leipz. 1893.) (Anz. f. d. Alt. 27, 109.) V (Th. 3): *Dreyer, Joh. Matth.* [?]. (GGr)

Tintenfisch, Aaron, der **Zeitungsberichterstatter vom russisch-japanischen Kriegsschauplatze. Wien** [1905]. V: *Lorens, Carl* oder *Rötzer, Carl.* (EB)

Tintenfleck, der, auf der Wartburg. Nach Aufzeichngn. d. Pater Floribundus, weil. Prior d. Karthäuserklosters zu Eisenach. 16. (16 S.) Erfurt 891. Leipzig, B. Bacmeister. n. — 20

Tintenrecepte, erprobte, zu allen Farben, wie auch zu Tintenpulvern rc. 8. Berlin 823. (H. Schulze.) 1/6 ℛ

Tinten-Recepte, erprobte, zu allen Farben, wie auch zu Tintenpulvern, sympathet. Tinten, Tinten z. Zeichnen d. Wäsche rc. 8. Leipz. 824. Leich; (a. Flick in Radenov). 4 gr.

— f. Leute, die ihre Tinte selbst verfertigen wollen. ... Leipz. ...(W. Nauck). 11 gr.

Tinter, Wilhelm (Hrsg.), s.a. Arbeiten, Astronomische

Tinter, Wilh., Dr., Astronomische Arbeiten der Oesterreichischen Gradmessungs-Kommission. Bestimmungen der Polhöhe und des Azimuts auf den Stationen Krakau, Jauerling und St. Peter bei Klagenfurt. Wien 1891.

Tinter, Wilh. Astronom: Arbeiten der österreich. Gradmessungs-Commission. Bestimmung der Polhöhe u. des Azimutes auf den Stationen Spieglitzer Schneeberg. Hoher Schneeberg und Wetrnik. Ausgeführt von J. Herr. Wien 1895. 4°

Tinter, Wilh., ein **Beitrag** zur Kenntniss d. Leistungsfähigkeit der in der Praxis hauptsächlich verwendeten Planimeter. [Aus: „Zeitschr. des österr. Ingen.- u. Archit.-Ver."] gr. 8. (71 S. mit eingedr. Holzschn. u. Tab.) Wien 877. (v. Waldheim.) n. 2. —

— Bestimmung des Azimutes der Richtung: Observatorium der k. k. technischen Hochschule Wien (Punkt 4) — Leopoldsberg und Bestimmung der Meereshöhe einzelner Punkte des Observatoriums. D 68. 449 . . . . 1.10
Separatabdruck

Tinter, Wilh., Bestimmung des Azimutes der Richtung: Observatorium der k. k. technischen Hochschule Wien (Punkt 4) — Leopoldsberg u. Bestimmung der Meereshöhe einzelner Punkte des Observatoriums. gr. 4. (13 S.) Wien 899. (C. Gerold's Sohn.) n. 1.10
Sonderabdruck aus: „Denkschr. d. k. Akad. d. Wiss."

— Bestimmung der Polhöhe und des Azimutes auf der Sternwarte Kremsmünster (mit 3 Textfiguren). D 48. II. 151 . . . . 3.—
Separatabdruck

—— **Bestimmung der Polhöhe und des Azimuthes auf der Sternwarte Kremsmünster.** gr. 4. (56 S. mit 3 Holzschn.) (Ebendas.) 884. *
Aus: Denkschriften der k. Akademie der Wissenschaften, besonders abgedruckt.

— Zur Bestimmung der Polhöhe auf dem Observatorium der k. k. technischen Hochschule in Wien. S. 83. II. 907 . . . . —.24
Separatabdruck

Tinter, Wilh., Bestimmung der Polhöhe auf dem Observatorium der k. k. Technischen Hochschule in Wien. Imp.-4. (60 S. mit 3 eingedr. Holzschn.) Wien 880, (Gerold's Sohn.) *
Aus: Denkschriften der k. Akademie der Wissenschaften, besonders abgedruckt.

—— zur Bestimmung der Polhöhe auf dem Observatorium der k. k. technischen Hochschule in Wien. Lex.-8. (10 S.) (Ebendas.) 881. **
Aus: Sitzungsberichte der k. Akademie der Wissenschaften, besonders abgedruckt.

Tinter Wilh. Der Fadenkreuzanzeiger. 1884. 4.

— Über den Fehler beim Einstellen des Fadenkreuzes in die Bildebene. S. 81. II 135 [illegible]
Separatabdruck

— über den Fehler beim Einstellen des Fadenkreuzes in die Bildebene. [Aus: „Sitzungsber. d. k. Akad. d. Wiss."] Lex.-8. (7 S.) Ebend. 882. n. — 20

Tinter, W., mathematische u. physikalische Instrumente, s.: Ausstellungs-Bericht, officieller.

Tinter, Wilh. Hohmann-Precisions-Polar-Planimeter. Wien 1882.

Die Schlußfehler der Dreiecke der Triangulierung erster Ordnung in der k. u. k. österreichisch-ungarischen Monarchie u. ihre Beziehung zu d. Gesetze von Gauß ... Von Dr. Wilhelm **Tinter**. [1.] Wien: Komm. d. internat. Erdmessung 1904. 8°
(Veröffentlichung d. k. k. österr. Kommission d. internat. Erdmessung.) [illegible]

Tinter, Wilh., die Schlussfehler der Dreiecke der Triangulierung I. Ordnung in der k. u. k. österreich.-ungar. Monarchie u. ihre Beziehung zu dem Gesetze v. Gauss üb. die Wahrscheinlichkeit der Fehler, nebst e. Anh. üb. den mittl. Winkelfehler u. üb. die Anzahl der Dreiecke m. bestimmten Schlussfehlern. (Veröffentlichung der k. k. österreich. Kommission der internation. Erdmessg.) (24 S.) gr. 8. Wien 904. (O. Möbius.) n. 1. —

Tinter, Wilh. Wagners Tachygraphometer. Wien 1876.

Tinter, Dr. W., Vorträge über sphär. Astronomie. Wien 1872/73. 2 Theile in 1 Bd. Fol. (Autogr.)

Tinter, Wilhelm, s. Zeitschrift des österreichischen Ingenieur- und Architekten-Vereins.

Tinthoff, Carl (geb. Schermbeck bei Wesel 9. 2. 1814): De phthisi pulmonum tuberculosa. Berolini (1843). (29 S.) 8°
Berlin, Med. Diss. v. 25. Juli 1843

Tinti, Baron Herm., Hoffähigkeit. Eine Studie. 2. Aufl. (37 S.) 8. Wien 904. W. Braumüller. n. 1. —

— in letzter Stunde! Ansichten u. Vorschläge zur polit. Lage Oesterreichs. (29 S.) 8. Ebd. 904. n. 1. —

Tintner, M., Gebete u. Lieder f. den israelitischen Gottesdienst. Nebst der Cultus-Ordng. im Gotteshause. gr. 8. 32 S.) Bunzlau 876 Fernbach. n. — 60

Tintner Otto: Der Einfluß von Laurence Sternes Stil auf Edward Bulwers Roman „The Caxtons". II. 1908 PN 2435 Diss. Wien Univ. 1977

Tintoretto's Biographie, s.: Hübner, J.

Tintoretto's Biographie u. Charakteristik, s.: Janitschek, H.

Tintoretto, Meisterbilder, s.: Weicher's Kunstbücher.

10 Blatt Photographien nach Wand- und Decken-Gemälden in Italien. Wien. Fol.

Tinus, Karl, die Organisation des öffentl. Sanitätsdienstes in Oesterreich, s.: Kusý v. Dúbrav, E.

Tins, Josef, prakt. Arzt u. Assistenzarzt am Barmherzigen Brüderkloster: Aus d. Kgl. Universitäts-Frauen-Klinik zu Breslau. Über Castration bei Osteomalacie. *Breslau 1903: Bresl. Genoss.-Buchdr.* (43 S.) 8°
Breslau, Med. Diss. v. 14. März 1903

Tinzl, Ant., die Curpfuscher u. die Curpfuscherei im Volksmunde. Eine naturphilosophische Studie od. Quintessenz alles Pfuscherthums und der gesammten Curpfuscherei. gr. 8. (XII, 190 S.) St. Pancraz, Ulten 901. (Bozen, A. Auer & Co.) n. 3. —

Tinzl, Ant., bei Wasser u. Brod, e. hygienisch-poet. Studie u. Sammlung v. Ernährungsregeln, in guten, weisen Sprüchen u. alten gold'nen Lehren aus d. Volke u. f. d. Volk. 8. (196 S.) Innsbruck 896. Wagner. n. 2. —

Tinzl, Jos., die Vinstgauer-Bahn. Eine verkehrspolit. Studie. gr. 8. (IV, 71 S.) Meran 894. F. W. Ellmenreich. n. 1. —

Tinzmann, Rud. Erhard, bunte Blüten. Gedichte. Mit e. Geleitwort v. Osw. Plawina. (72 S.) 8. Trautenau (907). Braunau i/B., Lehrer Tinzmann. 2.—; geb. 3. —

Tip Cat, bearb. v. K. Horst, s.: Authors, English.

Tip Top. Red.: Carl Messer. Jahrg. 1903. (Aug. 1902 bis Juli 1903.) 26 Nrn. gr. 8. (à ca. 32 S.) Berlin [C. Messer & Co.], G. E. Nagel. à Nr. — 10

Tip Top. Blätter f. fröhl. Laune. Red.: Max Nadon. 3—5. Jahrg. 1904—1906. 52 Nrn. (à ca. 24 S. m. Abbildgn.) gr. 8. Berlin-Schöneberg, G. E. Nagel. à Jahrg. 5. 20

Tip Top. Blätter f. fröhl. Laune. Red.: Schaumburg. 6.—9. Jahrg. 1907—1910. à 52 Nrn. (à ca. 24 S. m. Abbildgn.) 8. Berlin-Schöneberg, G. E. Nagel. à Jahrg. 5. 20

Die Brotwucherer. Verslein von Tip. Bildlein von Top. *Berlin: Socialist. Monatshefte 1901.* (27 S.) 8° [illegible]

Tipka, Louise, Gedichte. Prag 859. Bellmann. 16. (VIII, 96 S.) n. 1 [illegible]

Tipp, Mathilde, junge Leute untereinander. Skizzen aus allen Kreisen. (III, 115 S.) 8. Leipzig (909). E. Maerter. 1. —

Tippel, Max

Die Heilanstalt Johannisberg bei Kaiserswerth während der ersten 50 Jahre ihres Bestehens (1852 bis 1902) von Dr. [Max] Tippel, dirig. Arzt. *Kaiserswerth: Diakonissen-Anst. 1902.* (86 S.) 8° [illegible] [illegible]

Tippel, Max, Leitfaden zum Unterricht in d. Behandlg. u. Pflege d. Geisteskranken f. d. Pflegepersonal. 8. (V, 60 S.) Berlin 897. G. Reimer. n. 1. —

Tippel, M., experimentelle Untersuchungen üb. die Willensthätigkeit, s.: Rieger, K.

Tippel, Otto, Festschrift zur Hundertjahrfeier des Grenadier-Regiments König Friedrich Wilhelm II. (1. Schles.) Nr. 10. 1808—1908. (67 S. m. 18 Taf.) 8. Schweidnitz (908). L. Heege. nn 1. —

Tippel, Otto, Guhrau an der Jahrhundertwende. Bearb. u. hrsg. als Beitrag zur schles. Ortsgeschichte. Anh.: Bericht üb. die Feier des 600jähr. Stadt-Jubiläums in Guhrau am 19. u. 20. VIII. 1900. gr. 8. (VII, 65 u. 27 S. m. Bildnissen.) Schweidnitz 901. (L. Heege.) n. 2.—

— Hundertjahrfeier des Grenadier-Regiments König Friedrich Wilhelm II. (1. schlesisches) Nr. 10. 20. XI. 1908. (39 S. m. 2 Bildnissen.) 8. Ebd. (909). 1. —
Sonderabdruck aus: „Tägl. Rundschau f. Schlesien u. Posen".

Unser Kaiserpaar in Schlesien. 8. Sept. 1906. Enthüllungsfeier d. Denksteines z. Erinnerung an d. Bunzelwitzer Lager Friedrichs d. Großen. Der Besuch d. Kaisers in d. Stadt Schweidnitz. Das Kaiserpaar in Rogau. Denkschrift, bearb. u. hrsg. von Chefred. O[tto] **Tippel** in Schweidnitz. Schweidnitz: L. Heege [1906]. (22 S.) 8° [F.] [08. 4110

Tippelskirch, Friedrich v. Ein Lebensabriß. Von Freunden des Verstorbenen. [Aus: Pastoralblatt für evangelische Kirche.] Wiesbaden 867. Niedner. 16. (55 S.) n. 5 ngr.

Tippelskirch, Aug. Wilh. Ferd. v., über die Entstehung und den Charakter des Geschwornen-Gerichtes in England. Ein Vortrag, gehalten am 9. Januar 1858 in der Sitzung des wissenschaftl. Vereins zu Stettin. gr. 8. (39 S.) Stettin 858, Graßmann's Verlag. *

Tippelskirch, Aug. Wilh. Ferd. v., über die alten Parlamente Frankreichs u. deren Einfluß auf die Staatsformen der Gegenwart. Berlin 859. F. Schneider. (Stilke & v. Muyden.) Lex.-8. (55 S.) n. 10 ngr.

Tippelskirch, Friedr. v., das Gebet im Namen Jesu. Gastpred. gr. 8. (1½ B.) Königsberg 837. (Halle, Anton.)

v. Tippelskirch, Frdr., Predigt am Geburtstage des Königs v. Preußen am 15. Octbr. 1848. gr. 8. (20 S.) Halle 849, Mühlmann. n. 2 ngr

Tippelskirch, F. v., Versuch zur Beantwortung einiger Fragen über das Verhältniß der Unbeschränktheit Gottes, zur Selbstbestimmung seiner Geschöpfe. Vortrag gehalten im evangel. Verein am 9. Jan. 1856. gr. 8. (22 S.) Berlin 856, W. Schultze.

v. Tippelskirch, Fr., s. Volksblatt f. Stadt u. Land.

Tippelskirch, Friedr. v., Wahrheit zur Gottseligkeit in zwanzig Predigten. gr. 8. (21¼ B.) Berlin 834, Oehmigke.

Tippenhauer, F. Gentil, die Insel Haiti. Mit 30 Holzschn., 29 Abbildgn. in Lichtdr. u. 6 geolog. Taf. in Farbendr. hoch 4. (XVIII, 693 S.) Leipzig 893. F. A. Brockhaus. Kart. n. 34. —; geb. n. 36. —

Dynamische Effekte der doppelten Erdbewegung auf die Atmosphäre von L. Gentil **Tippenhauer**, Port au Prince. (Mit 2 Taf. u. mehreren Fig.) *Hamburg 1900: Hammerich & Lesser in Altona.* (14 S.) 4°
— **Archiv**, Aus dem, der Deutschen Seewarte. Jg. 23, No 4. [01. 13074

Tippmann, A., Die erwerbsmässige Kinderbeschäftigung und ihr Einfluss auf Erziehung und Unterricht. 8⁰. Leipzig, Buchdr. Jul. Klinkhardt, 1901.

Tippmann, Frz., s.: Kämmerer-Almanach.

Tippmann, Franz, *Lehrer des Gesanges a. d. Com.-Oberrealschule auf d. Wieden.* Liederbuch für mittlere und höhere Schulen. Eine Sammlung ein-, zwei-, drei-, vier- und fünfstimmiger Lieder und Chöre in drei Abtheilungen. *Wien* 1858. *K. k. Hof- u. Staatsdr.* X u. 52, 60, 84 S. qu. 8⁰.
INHALT. **I. Abth.** Ein- und zweistimmige Gesänge für Sopran, Sopran und Alt, oder Tenor, Tenor und Bass, namentlich für die Volksschulen und für die 1. Classe der Gymnasien und Realschulen. — **II. Abth.** Drei- u. vierstimmige Gesänge für Sopran- und Altstimmen, besonders für die unteren Classen der Mittelschulen und für höhere Töchterbildungsanstalten. — **III. Abth.** Vier- und fünfstimmige Gesänge für Sopran, Alt, Tenor und Bass, und Chöre für Männerstimmen, zunächst für die oberen Classen der Mittelschulen, Lehrerbildungsanstalten und Singvereine.

Tippmann Franz: Die Redefigur des Parallelismus in Goethes dramatischem Prosastil.
H. 1902 PN 1531 **Diss.** Wien, Univ. 117

Tippner's Touren-Tarif v. der Leipziger Pferde-Bahn. schmal 16. (5 S.) Leipzig 889. Tippner. n. — 10

Tippner, Antonie, die Erdbeeren, } s.: Schul- u. Vereins-
— Marie, das Waisenkind, } bühne, christliche.

Tippner's, Br. O., instruction-letters [quick-method] for the easiest and swiftest acquirement of cleverness in English-German and German-English trade-correspondency. English-German edition. gr. 8. (III, 68 S.) Leipzig 888. Siegismund & Volkening. In Leinw.-Mappe. 2. —

— Unterrichts-Briefe [Schnell-Methode] zu leichter u. schneller Aneignung praktischer Formgewandtheit in deutsch-engl. u. englisch-deutscher Handels-Korrespondenz. Deutsch-engl. Ausg. gr. 8. (68 S.) Ebd. 888. In Leinw.-Mappe. 2. —

Tippo Saib und Laura, oder Strafe und Rettung in den Folgen des jugendlichen Leichtsinns . . . Berlin 1791. V: *Bremer, Johann Gottfried.* (Kordes, Schlesw.-holst. u. eutin. Schriftst. Schleswig 1797.) (Ky) (BGF)

Tippo-Saib u. Laura, od. Strafe u. Rettung, (v. Jh. Gf. Brenner). 8. Berl. 791. (Dümmler). 14 gl.

Tippo-Saib, u. Laura, od. Strafe u. Rettung in d. Folgen des jugendlich. Leichtsinns zweyer Militairpersonen. 8. Berl. Matzdorf. (Hitzig.) 791.

Tippoldt, Christian Sigismund (Döbeln) U. S. Erfurt 1744, 4

Dissertatio inauguralis medica de vera dysenteriae indole et curatione. Präs. Hermann Paul Juch. Erfurt (Hering) 20. VIII. 1744. 36 S.

Gew.: Stadt Oschatz.
W. v.: C. G. Grübler. 34530

Tipray, Joh., Taschen-Wörterbuch der deutschen u. ungarischen Sprache. 2 Thle. in 1 Bd. 2. Ausg. gr. 16. (195 u. 258 S.) Budapest 890. (Leipzig, Haessel's Commissions-Geschäft.) n. 1. 20; geb. n. 1. 60

Tipray, Johann, Taschen-Wörterbuch der ungarischen und deutschen Sprache. 2. Ausgabe. 16. (258 S.) —.60, geb. —.80
Wien: Szelinski 1890.

Tips, Edw(ard) H(einrich): Über Braunkohlenheizöl. Giessen 1898: E. Ottmann. (22 S.) 8°
Giessen, Phil. Diss. v. 1898

Tir, Lasar. Zur Kenntnis des Catechins. Diss. Phil. Bern. 40 S. 8. Zürich, Gebr. Leemann & Co., 1909.

Tiraboschi, G., vite dei grandi poeti italiani, s.: Bibliothek gediegener klassischer Werke der italienischen Litteratur.

Tiraboschi, P., Trenta diversi Affari di Banco e di Mercanzie, s. Langerhanß, dreißig verschied. Waaren- u. Wechsel-Geschäfte ꝛc.

Tirader, Anton (Dr. Ferdinand Goetz, Ungar.), 7 S., 8°.

Tirailleur-Reglement f. d. Inf. Wiesbaden 1844.

Tirailliren, Das. Vollständige Anleitung zur Ausbildung und Verwendung der Infanterie in geöffneter Schlachtordnung. Von einem k. k. österreichischen Officier nach den neuesten für die k. k. Linien- und Gränz-Infanterie ergangenen Vorschriften bearbeitet. Mit 14 Plänen. kl. 8. Troppau 1851.

Tirailliren, Das. Vollständige Anleitung zur Ausbildung ... der Infanterie in geöffneter Schlachtordnung ... 2. Aufl. Troppau 1852. V: *Gavenda, Ant. Freih. v.* (Ky)

Tirailliren, das. Vollständige Anleitung zur Ausbildung u. Verwendung der Infanterie in geöffneter Schlachtordnung. Von e. k. k. österreich. Offizier (A. Baron v. Gavenda) nach den neuesten f. die k. k. Linien- u. Grenz-Infanterie ergangenen Vorschriften bearb. Mit 14 (lith.) Plänen u. e. Notenblatt, die Hornsignale enthaltend. (in 4. u. Fol.) 2. Aufl. 16. (VIII u. 181 S.) Troppau 852, Traßler. n. 1 ℛ 4 ngℓ color. n. 1 ℛ 8 ngℓ

Tirailliren, Vollständiges — oder die Ausbildung des einzelnen Soldaten, eines Zuges, einer Kompagnie, einer Division und eines Bataillons für das Gefecht in geöffneter Ordnung. In allen Theilen vollkommen erschöpft, für Mannschaft- und Chargen-Schulen bearbeitet von G. M. k. k. Oberlieutenant. Prag, 1857. Druck und Verlag der K. Wetterl'schen Buchdr. (A. Renn.) (177 S. 8.)

Tiraquellus, D. Andr.: Opp. omnia, quae hactenus exstant. T. I — VII. *Franc.* (574—597.) 764—74. Fol. (5 Thl. 12 Gr.)

Tiras. Lebenserinnerungen e. Hundes, s. u. Erlebnisse zweier Hausfreunde.

Tiras. Lebenserinnerungen e. Hundes, v. ihm selbst berichtet. (132 S. m. 25 Abbildgn.) 8. Stuttgart (906). Darmstadt, B. Hobbing. Kart. n. 1. —

Tireer, die Amurprovinz, s.a. Berichte, kommerzielle.

Die Amurprovinz. Aus d. 'Wojennüj Ssbornjik' (Militärarchiv) von Tireer, übers. von Oskar Muszynski v. Arenhort, Oberstlt. Wien: Manz in Komm. 1907. (42 S.) 4°(8°)
Aus: Österr. Monatsschrift f. d. Orient.
— **Berichte**, Kommerzielle, hrsg. v. K. K. Österr. Handelsmuseum. No 4.
[07. 11586]

v. *Tiregale*, Ricaud, (+1776.) Medailles sur les principaux événemens de l'Empire de Russie depuis le regne de Pierre le Grand jusqu'à celui de Catharine II. avec des explications historiques. Fol. Potsd. 772.

Tirenberger, Karl, Auszug d. Witterungsbeobachtt., welche in d. Sternwarte zu Grätz v. 1765—1769 gemacht worden sind. 8. Grätz 770.

Tiresias, G., Fragmente aus dem Leben, s. Fragmente.

Tiring, Gust., die soziale Frage u. das Prinzip der Solidarität. 1. Bd. Grundlegung. gr. 8. (XV, 200 S.) Dresden 901. E. Pierson. n. 3.50

Tirinus, Iac., comment. in Vet. et Nov. Test. fol. Leyden. 703.

Tirini, J., commentarius in totam s. scripturam. II Tmi. Fol. Augsb. 771. F. A. Veith. 5 ℛ 16 ℊ

Tirneg, Gust. v., seelenfreundliche Briefe. Darmstadt 853. Jonghaus. 8. (366 S.) 1 ℛ 15 ngℓ

Tirner, R., kleine Behelfe zur Belebg. d. französischen Unterrichtes an österr. Bürgerschulen u. verw. Lehranst. 12. (VIII, 132 S.) Wien 898. J. L. Pollak. n. 1.45

Tirocinium

— s. auch Tyrocinium.

Tirocinium botanicum Hortulanorum, od. botan. Hand- u. Wörterbuch f. d. Gärtner, z. Nutzen u. z. Erleichter. f. Anfänger u. Lehrlinge in d. Gartenkunst. 8. Wittenb. 774. Zimmermann. 6 ℊ

Tirocinium Caesarianum. Begründet v. Berth. Otto. Fortgesetzt v. Herm. Hillner. Liber II et III. (II, 87 S.) gr. 8. Leipzig 906. K. G. Th. Scheffer. Kart. n. 1.50
Vergl.: Otto, Berth.

— deutsch-polnisches, od. Lehrbuch f. Anfänger in d. poln. Sprache. 8. Bresl. 794. 6e A. 814. W. G. Korn. 8 ℊ

Tirocinium, Deutsch-Polnisches, oder Lehrbuch für Anfänger in der polnischen Sprache ... 5. Aufl. Bresl. 1797. V: *Kaulfuss, Joh. Chr.* (BrMm)

Tirocinium, deutsch-pohlnisches, od. Lehrbuch f. Anfänger in d. pohln. Sprache. 8. Breslau, W. G. Korn. 797.

— Medicum, od. Anleit. zu den medicin. Terminis. 8. Bresl. 759. Seidel. 4 ℊ

Tirocinium eines deutschen Offiziers in Spanien. Herausgeg. von Gust Höfken. 4 Bde. 11. 8. Stuttgart 841, Göpel. ist jetzt d. Pr. nur 2⅔ ℛ

Tirocinium paradigmaticum in usum declinationum et coniugationum. Wisbad. 1784. V: *Ritzhaub, Johann Andreas.* (ML) (MGT) (Ky)

Tirocinium philologum sodalium regii seminarii Bonnensis. gr. 8. (IV, 135 S.) Berlin 883. Weidmann. n. 3. —

Tirocinium poeticum sive nova, clarissima et facillima manuductio ad artem poeticam . . . Coloniae Agripp. 1729. V: *Eschenbrender, Pantaleon.* (SO) (JES)

Tirol [Sachliches OW]

Tirol, s. a. Tyrol.

Tirol. *Herausgeg. v. k.k. General-Stab im J. 1827. 1 Bl., 21'' H., 25'' Br. Massstab: 1 Wr. Zoll = 6,000 Klftr. Verhältn. 1:432,000.* Aus den vorhandenen Militär-Aufnahmen mit besonderer Rücksicht auf die Strassen zusammengestellt. Auf Stein gravirt.

Tirol. Natur, Geschichte, Sage im Spiegel deutscher Dichtung. Hrsg. v. Ign. Vinz. Zingerle. Mit 1 (lith.) Titelbilde. gr 12. (XIV u. 456 S.) Innsbruck 852, Wagner. 1 Thlr 24 ngr; in Engl. Einbd. n. 2 Thlr 16 ngr

Tirol. SA. aus d. 21. Aufl. v. 'Salzkammergut, Tirol u. Oberbayern'. M. Kt.-Beil. u. Ill. *Berlin: A. Goldschmidt 1898.* (IV, 185 S., 5 Kt.) 1 Bd 8. — Reisebücher, Griebens. Bd 67. (98 9887)

Tirol. 46 photograph. Ansichten m. e. Vorwort v. Pet. Rosegger. qu. Lex.-8. (30 Bl. m. V S. Text.) Berlin (900). Graph. Kunst-Verlag. 3. —

Tirol. Handbuch f. Reisende. Neu bearb. 23. Aufl. Mit 7 Karten. Berlin: A. Goldschmidt 1902–03. (VIII, 183 S.) 8°
= Reisebücher, Griebens. Bd 67.

Tirol. Handbuch für Reisende. Neu bearbeitete 24. Aufl. Mit neun Karten. IV + 200 + *Anzeigen* 24 S. 8. Berlin, Albert Goldschmidt, 1904-1905. ([geb.] M. 3. 50)
Griebens Reiseführer. Band 67.
Darin S. 16–31 und 146–160: Bregenz—Arlberg—Landeck *und* Landeck—Meran *u.* Stilfserjochstrasse.

Tirol. (24 Bl. Abbildgn.) qu. 8. Zürich (906). (Leipzig, C. Güttich.) 1. 60

Tirol. Prakt. Reisehandbuch. 25., neubearb. Aufl. Mit 9 Karten. Berlin: A. Goldschmidt 1907–08. (IV, 210 S.) 8°
= Reiseführer, Griebens. Bd 67.

Tirol. Prakt. Reiseführer. 26., neu bearb. Aufl. Mit 9 Kt. Berlin: Goldschmidt 1909–10. IV, 214, 24 S. 8°
(Griebens Reiseführer. Bd 67.)

Tirol und die Aufklärung. Von einem Tiroler. Graz 1869. V: *Wieser, Johann.* (MARGR)

Tirol u. die Aufklärung. Von einem Tiroler. Graz 869. Moser. gr. 8. (44 S.) n. 4 ngr

Tirol, Das bey den dermalig bedenklichsten Kriegsumständen zu seinen Religions- und Bürgerpflichten ermunterte . . . Innsbruck 1793. V: *Specker, Alois.* (BIBLPORT)

Tirol fertig! Die Wahlen sind vor der Thüre! Ein Mahnwort eines patriotischen Tirolers an seine Landsleute. Innsbruck 1870. V: *Greuter, Josef* (MARGR)

Tirol — Die Fr. Grafschaft — Mathias Burgklehner zu Thierburg vnd Volantsegg D. O. Oe. Regiments-Vice Canzler vnd Pfleger zu Freundtsperg vnd Schwatz. Andr. Spoengler sc. 1 : 160,000. 12 Bl.

Grafschaft, die gefürstete — Tirol nebst Vorarlberg und dem Fürstenthume Lichtenstein. Prag, bei Marco Berra. 1854. 1 Bl. lith. 12'' hoch, 14'' breit; mit Kreiseintheilung und statistischen Notizen.

Gefürstete Grafschaft Tirol mit dem Lande Vorarlberg. Masst. 1 : 800.000. Innsbruck. [1900.] Wagner. 40 × 35 *cm.* K —.24

Tirol, Das gerettete. Innsbruck 1797. V: *Weissenbach, Alois.* (J. Feder, Ueber die tirolischen Kriegslieder in den Jahren 1796 und 1797. Teschen 1882, S. 44) (GGR VI/661, Nr. 10/2) (WBL 54/168) (BIBLPORT)

Tirol im J. 1809. Bilder aus dem Befreiungskampfe. Meraner Volks-Schauspiel. gr. 8. (55 S.) Meran 892. (Bozen, F. X. Promperger.) n. — 40

Tirol im Jahre 1809. Bilder aus dem Befreiungskampfe. Meran [1893]. V: *Wolf, Karl & Johann Georg Husterer.* (MARGR)

Das Kronland Tirol und Vorarlberg nach seiner neuesten politischen und gerichtlichen Eintheilung. Querf. (1 Bl.) Wien, Bermann, Innsbruck, Franz Unterberger, Lith. Grundig 1850.

Tirol, Das Land. Mit einem Anhange: Vorarlberg. . . . Innsbruck 1837—38. V: *Weber, Beda.* (Haydinger) (BRMM)

Tirol, das Land, mit ein. Anh.: Vorarlberg. Ein Handb. f. Reisende. 3 Bde. gr. 12. (89⅓ B.) Innsbruck 837, 38, Wagner'sche Buchh. Thlr.
Bd. 1. Einleitung. Nordtirol. (Inn-, Lech-, Grossachenregion.)
- 2. Sudtirol. (Etsch-, Drau-, Brenta-, Sarkaregion.)
- 3. Nebenthäler. Vorarlberg.

Tirol, Das Land, und der Tyrolerkrieg von 1809. 2. Aufl. Leipz. 1845. V: *Hormayr zu Hortenburg, Joseph Freih. von.* (DD) (PR) (BRVV)

Tirol u. seiner Braven Liebe zum Kaiserhaus, s. a. Lebensschatirungen.

Tirol, und seiner Braven Liebe zum Kaiserhaus in den Tagen der Gefahr . . . Augsburg 1844. V: *Ambach, Eduard von.* (KY)

Tirol vor und nach dem 13. März. Geschrieben im Juli 1848. (Von Jos. Friedr. Lentner.) gr. 8. (63 S.) München 848, Kaiser.

Tirol und Oberammergau. Überreicht vom Landesverband für Fremdenverkehr in Tirol. [Innsbruck 1910.] V: *Lechner, Narziss.* (margr)

Tirol und der Protestantismus. Freiburg i. B. 1860. V: *Buss, Franz Josef.* (margr)

Tirol und der Protestantismus. Freiburg i. Br. 1860. V: *'Häusle, Johann Michael.* (EB)

Tirol unter der bairischen Regierung. Mit Aktenstücken. Aarau 1816—17, Passau 1816. V: *Hörmann, Joseph von.* (margr) Vgl. IV, 5467.

— Salzburg u. Oberbayern. 325 Photos nach neuesten Orig.-Aufnahmen v. Würthle & Sohn, Fritz Gratl, Ferd. Finsterlin u. a. Nebst Text. (126 S. u. XVI S. illustr. Text.) qu. gr. 4. Berlin (904). Preuss' Institut Graphik. Geb. in Leinw. 20. —

Tirol, Salzburg und Oberbayern. 325 Photo' nach neuesten Original-Aufnahmen von Würthle & Sohn, Salzburg, Fritz Gratl, Innsbruck, Ferdinand Finsterlin, München, u. A., nebst Text. XVI + 126 S. quer-fol. Zürich, Caesar Schmidt, [1904]. [geb. fr. 25. —]

Tirol und die Tyroler im Jahre 1809, ein Beitrag zur Charakterschilderung unserer Tage . . . Nürnberg 1810. V: *Bergk, Johann Adam.* (margr)

Tirol und die Tiroler, wie sie waren und wie sie sind. An ihre Freunde und Feinde. Dargelegt am Tage der Constitutions-Verleihung 1848. Wien [1848]. V: *Trimmel, Franz Emil.* (margr)

Tirol und Vorarlberg. [Wien 1892.] V: *Dalla Torre, Karl Wilhelm von.* (margr)

Tirol und Vorarlberg mit dem souverainen Fürstenthume Liechtenstein. *Herausgegeben vom k. k. Gen.-Stab im J. 1823. 24 Bl. 10" H. 14½" Br. Massstab: 1 Wr. Zoll = 2,000 Wr. Klftr. Verh. 1:144,000.* Basirt auf die Militär-Aufnahme vom Jahre 1816—1820 im Masse von 1 Wr. Zoll gleich 400 Wr. Klftr., welcher kein Kataster zu Grunde lag. Blatt Nr 10 enthält die statistische Uebersicht beider Kronländer. Bl. Nr. 18 und 21 die Höhen über dem Meere in Wr. Klftr. der vorzüglichsten trigonometrischen Puncte. Blatt Nr. 23 weiset die politische Eintheilung der Kronländer. Blatt Nr. 24 enthält das Skelett.

Tirol u. Vorarlberg mit dem Fürstenth. Liechtenstein. *Herausgeg. v. k. k. General-Stab im J. 1831. 2 Bl, 30" H., 18" Br. Massstab: 1 Wr. Zoll = 4,000 Wr. Klftr. Verhältn. 1:288,000.* Reduzirt aus der Special-Karte dieses Landes. Blatt Nr. 1 enthält die politische Eintheilung. Blatt Nr. 2 die Zeichenerklärung.

Tirol u. Vorarlberg in 18 Spezialkarten und einer Uebersichtskarte für Touristen, im Massstab 1 : 400,000. [Mit illustriertem Text.] II + 36 S. 8. Leipzig, A. H. Payne, [1904]. (M. 2. —)

König Tirol, Winsbeke und Winsbekin. Hrsg. von Alb. Leitzmann. Halle 1888. (Altdeutsche Textbibliothek. Hrsg. von Herm. Paul. Nr. 9.) (60 Heller, R. Reger, Wien, 1902.)

Tirol [Schlagwort]

– s.a. Algäu.

– s.a. Alpen.

– s.a. Atlanten. Gaebler, Ed.

– s.a. Automobilkarten. Mittelbach.

– s.a. Bayern.

– s.a. Bayern. Bernhard, C. – Leuzinger, R. – Waltenberger, A.

– s.a. Bayern, Brunn.

– s.a. Bayern. Mayr, E.

– s.a. Generalkarten.

– s.a. Geologische Karten. Blaas.

– s.a. Hand- u. Reisekarten. 30.

– s.a. Oesterreich-Ungarn. Artaria.

– s.a. Radfahrerkarten.

– s.a. Radfahrerkarten. Freytag. Strassenprofilkarte.

– s.a. Reichsratswahlkarte.

– s.a. Salzkammergut.

Tirol. Beiträge zur Naturgeschichte von Tirol. Innsbruck. 1860. 8.

— Berichte über die Generalversammlungen des Vereins zur geogn.-montanistischen Durchforschung von Tirol und Vorarlberg. Bericht der dritten bis neunten Generalversammlung. 7 Vol. Innsbruck. 1842—1847. 8.

Tirol. Brunn's Uebersichtskarte v. Südtirol m. den oberitalienischen Seen südlich bis Mailand-Verona-Venedig. 1:600,000. 33,5×45 cm. Farbdr. München 904. O. Brunn. n. 1. —

Tirolensis — Comitatus — 1 : 520,000. 1 Bl.

Tirol. Diemer, M. Zeno, plastische Reliefkarte von Tirol. Hrsg. v. Landesverband f. Fremdenverkehr in Tirol. Entworfen unter Benützg. des Reliefs der Sektion Innsbruck des D. u. Ö. Alpenvereins. 45×75 cm. Farbdr. Mit Automob.-Strassen- u. Eisenbahn-Routenkarte (auf der Rückseite). Innsbruck (909). Wagner. In Tasche 1. —

— Erläuterungen zur geogn. Karte und Schlussbericht der administrativen Direction des geognostisch-montanistischen Vereins für Tirol und Vorarlberg. Redigirt von dem Vereins-Secretär Dr. H. von Widmann. Innsbruck, 1853. 4,

Tirol. Freytag, G., Reise- u. Wandkarte v. Tirol, Vorarlberg u. den angrenzenden Theilen v. Bayern, der Schweiz u. Italien. Mit den Anstiegrichtgn. häufiger bestiegener Bergspitzen. 1 : 350,000. Farbendr. Imp.-Fol. Wien 890. G. Freytag & Berndt. n. 3. —; auf Leinw.-Pap. n. 3. 45; auf Leinw. n. 4. —

Tirol. Freytag, Gust., Reise- u. Wanderkarte von Tirol, Vorarlberg u. den angrenzenden Theilen von Bayern, Schweiz u. Italien. 1 : 350,000. 64,5×77 cm. Farbdr. Wien 901. G. Freytag & Berndt. n. 2. 50; auf Leinw. n. 3. 75

Tirol. Generalkarte der gefürsteten Grafschaft Tirol nebst Vorarlberg und dem souv. Fürstenthume Liechtenstein, von dem k. k. General-Quartiermeisterstabe. Wien. 1831.

Tirol nebst Vorarlberg, Generalk. von, v. Steinhauser. 1 : 432 000. Neue Ausg. 1884. Ebds. a) Mit Terrain; b) nach Bezirkshauptmannsch. u. Bezirksgerichten. à 2 fl. S. 269

— Handtke, F., Special-Karte v. Tirol u. Salzburg. 1 : 600,000. 7. Aufl. Farbendr. qu. gr. Fol. Glogau 890. Flemming. 1. 50

Tirol. Handtke, F., Specialkarte von Tirol u. Salzburg. 1 : 600,000. 7. Aufl. 57×68 cm. Farbendr. Glogau 893. C. Flemming. 1. 50

— Handtke, F., Special-Karte von Tirol u. Salzburg. 1 : 600,000. 9. Aufl. 57×68 cm. Farbdr. Glogau (902). C. Flemming. 1. 50

Geognostische Karte Tirols mit 3 Blättern Gebirgs-Durchschnitte. Aufgenommen u. herausg. auf Kosten d. geogn.-mont. Vereins v. Tirol u. Vorarlberg. 1849. Fol.

Geognostische Karte Tirols u. Vorarlbergs, reduzirt auf Kosten des Tiroler geogn. Vereins herausgegebenen grossen Karte. Innsbruck. 1855. Fol.

Tirol und Vorarlberg — Charte von — Nach den besten Hilfsquellen etc. entworfen von F. W. Streit. Nach den neuesten äusseren Grenzen berichtiget 1817. Weimar, im Verlage des geogr. Instituts. 1817. 1 : 500,000. 1 Bl.

— Karte von Tirol u. Vorarlberg. 1 : 400,000. Mit Karte v. Innsbruck u. Umgebg. 1 : 88,000. Farbendr. 60,5×69,5 cm. Leipzig 893. A. H. Payne. n. 2. —; auf Leinw. in Futteral n. 3. —

— Kolp, Aug., Schülerkarte d. gefürsteten Grafsch. Tirol m. dem Lande Vorarlberg. 1 : 800,000. 31×36 cm Farbdr. Innsbruck (901). Wagner. n. — 21

— — Wandkarte v. Tirol u. Vorarlberg. 1 : 200,000. 122×143 cm. 6 Blatt. Farbdr. Ebd. (900). Auf Leinw. in Mappe n. 16. —

— Leuzinger, R., Relief-Karte v. Tirol, Südbayern u. Salzburg, nebst den angrenz. Gebieten. 1 : 500,000. Physikalisch-geograph. Ausg. Chromolith. Imp.-Fol. Augsburg 889. Lampart's Alpiner Verl. n. 6. —

Tirol. Leuzinger, R., Relief-Reisekarte v. Tirol, Südbayern u. Salzburg, nebst den angrenzenden Gebieten. 1 : 500,000. Farbendr. qu. gr. Fol. Augsburg 890. Lampart's Alpiner Verl. n. 3. —

— Leuzinger, R., Reise-Relief-Karte v. Tyrol, Südbayern u. Salzburg nebst den angrenzenden Gebieten. 1 : 500,000. Ausg. 1891. Farbendr. 56×73 cm. Augsburg, Lampart's alpiner Verl. n. 3. —

— Leuzinger's, R., Reise-Relief-Karte v. Tirol nebst den angrenzenden Gebieten. Neue Ausg. 1900, durchgesehen v. Waltenberger. Ausg. als allgemeine Reisekarte. 1 : 500,000. 56×73,5 cm. Farbdr. Innsbruck, A. Edlinger. n. 2. —

— Leuzinger, R., Reise-Relief-Karte v. Tirol, Süd-Bayern u. Salzburg u. den angrenzenden Gebieten. 1 : 500,000. Neue Ausg. 62×73 cm. Farbdr. Bern (906). Geograph. Kartenverlag. n. 2. 80; auf Leinw. n. 4. —

— Leuzinger, R., Reise-Relief-Karte (Carte relief pour touristes — Travelling map in relief) v. Tirol, Vorarlberg, Salzburg u. Oberbayern u. den angrenzenden Gebieten. 1 : 500,000. Neue Ausg. 62×73 cm. Farbdr. Bern 909. Geograph. Kartenverlag. 2.80; auf Leinw. 4. -

Tirol. Leuzinger, R., Touristenkarte v. Tirol — Tourist map of Tirol. Rev. v. L. Aegerter. 1 : 500,000. 62×75,5 cm. Bern (908). Geograph. Kartenverlag. 2.—; auf Leinw. 3.50

— Meurer, Jul., Distanz- u. Reise-Karte v. Tirol, Vorarlberg, Pinzgau u. den Dolomiten, m. Zugrundelegung v. A. Steinhauser's Karte bearb. 1 : 360,000. 2. Aufl. Chromolith. Imp.-Fol. Wien 888. Artaria & Co. In Carton. n. 4. 90

— Petters, H., Karte v. Tirol u. angrenzenden Ländern. 1 : 850,000. Kpfrst. u. Farbendr. Fol. München 890. (Lindauer.) n. 1. 50

— Petters, Hugo, Karte von Tirol. (Neue Ausgabe.) 1 : 850,000. 42×41,5 cm. Kpfrst. u. Farbdr. München (901). (J. Lindauer.) n. 1. 50

— Ravenstein, Ludw., Touristen- u. Schutzhütten-Karte v. Tirol u. Vorarlberg u. angrenzenden Teilen der Schweiz u. Oberitalien. Bernina, Adamellogruppe u. Dolomiten. (Karte der Ostalpen 1 : 500,000 in 2 Blatt.) Westliches Blatt. Hrsg. vom deutschen u. österreich. Alpenverein. Ausg. 1900. 53×64,5 cm. Farbdr. Frankfurt a/M. L. Ravenstein. n. 2. —; auf Leinw. n. 3. —

— Reise- u. Touristenkarte v. Tirol, Vorarlberg, Algäu u. angrenzenden Gebieten. Beilage zu Kinzel's „Wie reist man in Oberbayern u. Tirol". 1 : 500,000. 50×59,5 cm. Farbdr. Schwerin (907). F. Bahn. In Tasche 1. —

— dasselbe s.: Bruckmann's Reiseführer (im Alphabet d. Bücher.)

Tirolis — Rhetiae alpestris descriptio, in qua hodie — Comitatvs. Ex tabula Wolfgangi Lazij quam Joann. Maier Viennensis edidit. Ohne Maasstab. 1 Bl.

— **Schober**, Karl, **Handkarte** der gefürsteten Grafsch. Tirol mit dem Lande Vorarlberg. 1 : 750,000. Verkleinerung der Schulwandkarte 1 : 150,000. Ausgeführt u. hrsg v. k. u. k. milit.-geograph. Institute in Wien. 82×40,5 cm. Farbdr. Wien (899). (R. Lechner's Sort.) n.n. — 20

— — **Schulwandkarte** der gefürsteten Grafsch. Tirol m. dem Lande Vorarlberg. Ausgeführt u. hrsg. v. k. u. k. militär-geograph. Institute. 1 : 150,000. 6 Blatt à 79×65,5 cm. Farbdr. Ebd. 899. n n. 13. 40; auf Leinw. n.n. 17 40; m. Stäben n.n. 19 40

— Specialkarte der gefürst. Grafsch. Tirol nebst Vorarlberg u. dem angrenzenden souv. Fürstenthume Liechtenstein. Herausg. v. k. k. Gen.-Quart.-Stabe. Wien. 1823. 24 Blätter in Halbfolio.

— **Thöni**, J. Geo., Routenkarte v. Tirol u. Vorarlberg m. Entfernungsangaben. 1 : 350,000. Autogr. 60×74 cm. Imst (910). J. Grissemann. — 50

— — Wege- u. Distanzkarten von Tirol in 14 Blättern. Lith. Ebd. à — 30; auf Leinw. à — 85

1. Allgäuer- u. Lechtaler-Alpen. (Sonthofen-Reutte. Langen-Imst.) 1 : 100,000. 46,5×63,5 cm. (909.)
2. Wetterstein- u. Karwendelgebiet. Füssen-Lenggries. (Imst-Jenbach.) 1 : 100,000. 50×88,5 cm. (909).
3. Nordost-Ecke Tirols. (Kaisergebirge u. Kitzbühler Alpen.)Tegernsee-Kössen-Lofer-Zell a/See-Zell a/Ziller. 1 : 100,000. 60×88,5 cm. (909.)
4. Ferwall-Silvretta- u. Samnaungruppe. Bludenz-Landeck-Davos-Nauders. 1 : 100,000. 48×64 cm. (908.)
5. Ötztaler Gruppe. Landeck-Innsbruck, Trafoi-Meran. 48,5×36 cm. (908).
6. Stubaier-Gruppe. Ötztal-Innsbruck. Vent-Sterzing. 1 : 100,000. 62×48 cm. (908.)
7. Zillertaler Alpen. Innsbruck-Zillertal-Krimml. Sterzing-Antholz. 1 : 100,000. 60,5×66 cm. (909.)
8. Die Hohen Tauern. Venediger- u. Glocknergebiet. (Krimml-Zell am See-Heiligenblatt-Lienz-Bruneck.) 1 : 100,000. 62,5×75,5 cm. (909.)
9. Ortler-Gruppe. Meran-Mals, Stilfserjoch-Tirano, St. Michele-Bozen. 1 : 100,000. 51×81 cm. (909.)
10. Dolomiten (I). 1 : 100,000. 72×63 cm. (909.)
11. Dolomiten (II) (östl. Tl.). 49×91 cm. (909.)
12. Südl. Dolomiten (III) u. Valsuganagebiet. 1 : 100.000. 58×85,5 cm. (909).
13. Adamellogebiet (bis zum Gardasee). Ponte di Legno-Cles-Lago d'Idro-Rovereto. 1 : 100,000. 72×64,5 cm. (909.)
14. Vorarlberg. 1 : 100,000. 87,5×64,5 cm. (909.)

— **Tirol u. Vorarlberg** in 18 (farb.) Spezialkarten u. e. farb. Uebersichtskarte f. Touristen. 1 : 400,000. 8. Mit illustr. Text (auf der Rückseite der Karten). (36 S.) schmal 8. Leipzig (904). A. H. Payne. Gebrochen in schmal 8. 2. —

Tirolensis Comit. et Brixiensis Episc. novissimus atque accuratissimus Typus complectens etiam Confinia Bavariae etc. etc. Studio et arte Petri Schenk. 1 : 600,000. 1 Bl.

Tirol, Hans. Hans Tirols Holzschnitt darstellend die Belehnung König Ferdinands I. mit den österreichischen Erbländern durch Kaiser Karl V. auf dem Reichstage zu Augsburg am 5. September 1530. Nach dem Originale im Besitze der Stadtgemeinde Nürnberg herausgegeben von A. Essenwein ... Frankfurt am Main. Verlag von Heinrich Keller 1887.
Tit., 1 Bl., 4 S. Einleitung, 8 S. m. 5 Abb.; 18 Taf. gr 2°.
Originaldruck 1536 von Heinrich Steiner in Augsburg.

Tirolensien. I—IV. [Aus: „Tiroler Volksblatt".] gr. 8. Bozen, A. Auer & Co. à n. — 70
I. (IV, 199 S.) 889. — II. (III, 192 S.) 891. — III. (VIII, 237 S.) 892. — IV. Kirchlich-profane Mittheilungen v. Mart. Klem. (VIII, 221 S.) 893.

Tirolensien V. [Aus: „Tiroler Volksblatt".] gr. 8. Bozen 894. A. Auer & Co. n. — 70
D. Celtenthum in Obervinschgau resp. im Gerichte Glurns. Von Seb. Heinz. (179 S.)

Tiroler, Der. (M. A. P.) [Innsbruck 1781.] V: *Pontifeser, Maximilian Anton.* (margr) (biblport)

Tiroler auf! Es ruft der Kaiser! ... Bozen 1871. V: *Stock, Norbert.* (margr)

Tiroler, Die, an ihren Kaiser bey Allerhöchst dessen Durchreise im October 1822. Botzen [1822]. V: *Knoflach, Johann Kapistran.* (margr)

Tiroler, Der, an seine Landesmutter. Innsbruck im October 1815. [Innsbruck 1815.] V: *Mayr, Joseph Philipp Benitius* (*Benizzi*). *Maria.* (marg Nr. 1537) (biblport)

Tiroler-Bauernspiel, Das. Charaktergemälde aus den Jahren 1806—1816. Magdeburg 1841. V: *Lentner, Josef Friedrich.* (margr)

Tiroler-Ehrenglanz, Heiliger, oder Lebensgeschichten heiliger, seliger, gottseliger, frommer und ausgezeichneter Tyroler ... Innsbruck 1843—45. V: *Falger, Josef Anton.* (margr)

Tirolerführer, s. Amthor, Ed.

Tirolerin, Die witzige, eine Wochenschrift. Nürnb. 1765. H: *Jungendres, Johann Wilhelm.* (will) (ML) (Ky)

Tiroler-Kalender f. d. gem. J. 1885. Mit Illustr. VII. Jahrg. gr. 8. (90 S.) Innsbruck, Fel. Rauch. 28 kr. 1884.

Tironis, M. Tullii, et C. Cilnii Maecenatis, Tironiana et Maecenatiana operum fragmenta quae supersunt collegit ac de vita et moribus utriusque scripsit Alb. Lion. Edit. II. auctior et emendatior. 8maj. (4 B.) Goettingae 846, (Vandenhoeck et Ruprecht.) *

Tirpitz, Karl, s.: Album der Schlosskirche zu Wechselburg.

Tirpitz, Karl, s. Muldenthal-Album.

Tirreno e Filli, Componimento pastorale. Leipzig 1766. V: *Schiebeler, David.* (schr)

Tirrot, S. A., Abhandlung v. d. Epilepsie oder fallenden Sucht. A. d. Franz. 367 S. Brl. 1771. 1773. 1778. 8°.

Tirsch, J. W., das St. Wenzels-Bad zu Tschachwitz im saazer Kreise Böhmens. In topograph., geognost., geschichtl., chem. u. medizin. Hinsicht beschrieben u. mit Beobachtn. üb. dess. Heilkräfte belegt. gr. 8. (4¼ B.) Prag 830, (Kronberger u. Weber.)

Tirsch, Leopold

— fundamenta linguae sacrae. 8. Prag 766.

— Handlexicon der jüdisch-deutschen Sprache, in welchem alle, den Juden entweder eigene, od. aus d. Hebräischen od. Rabbinischen entlehnte Wörter mit ihrer wahren Bedeutung ꝛc. enthalten sind. 8. Prag 773.

Tirsch, Leop., († d. 30. Nov. 1788.) Diss. de characterum antiquorum apud Hebraeos ante Esdram usu. 4. Prag 759.

Tirsch, O., grammatica hebraica. 8. Prag 784. Schönfeld. 16 gr.

Tirsch, Otto. Elementarbuch der musikalischen Harmonie u. Modulationslehre. Zum unterrichtl. Gebrauche in Musikinstituten. Seminarien u. s. f. u. zur Aufklärg. f. jeden Gebildeten. Eine allgemein verständl. Darstellg. der wichtigsten musikal. Fragen nach dem Standpunkte der heut. Theorie u. Praxis in der Tonkunst. gr. 8. (VI, 172 S.) Berlin 873, Oppenheim. n. 3. ..

Tirschtigel, Kurt

Tirschtigel, Curt, a. Breslau: Das Verhältnis von Glauben und Wissen bei den bedeutendsten jüdischen Religionsphilosophen bis Maimonides. Breslau 1905: A. Favorke. (95 S.) 8°
Erlangen, Phil. Fak., Ref. Falckenberg, Diss. v. 8. Dez. 1905
[Geb. 31. Jan. 78 Breslau; Staatsangeh.: Preußen; Vorbildung: Elisabeth-Gymn. Breslau Reife M. 98; Studium: Breslau 12, Erlangen 1 S.; Rig. 2. März 05.]

Das Verhältnis von Glauben und Wissen bei den bedeutendsten jüdischen Religionsphilosophen bis Maimonides von Dr. Curt **Tirschtigel**. Breslau: Koebner 1905. (95 S.) 8°
[Erschien auch als Inaug.-Diss. Erlangen 1905.] [04. 1,003 2

Tirso de Milano [Pseud.], s.a. Vulpius, Christian August

Tirso de Milano, (Psdn.), Don Jouan der Wüstling. 8. Penig 805. (Leich in Leipz.) 12 gr.

Tirso de Molina [Pseud.], s. Tellez, Gabriel

Tirtsch, Gregor, Samuel Böhm, der erste evangel. Missionar Ungarns, s.: **Missions-Schriften**, Bremer. Nr. 10.

Tiruvalluver, der Kural; ein gnomisches Gedicht, s. Bibliotheca tamulica.

Tiruwalluwer, Gedichte u. Denksprüche; aus d. Tamulischen Sprache übers. von A. F. Cämmerer. 8. Nürnb. 803. Raw. 12 gr. Hbg. Pr. 6 gr.

Tiryns, Mykenai u. Troja, die ältesten Denkmäler der Festungs-Baukunst a. d. Heroenzeitalter. Ergebnisse d. Schliemann'schen Ausgrabungen. S.-A. 1888. 65 S. u. 1 Taf. 1.20

Tišastvustik. Ein in türk. Sprache bearb. buddhist. Sūtra. I. Transscription u. Übersetzg. v. W. Radloff. II. Bemerkungen zu den Brāhmīglossen des Tišastvustik-Manuscripts (Mus. As. Kr. VII) von Baron A. v. Staël-Holstein, s.: Bibliotheca buddhica. XII.

Tisch, der, des Herrn. Andachtsbüchlein für Abendmahlsgenossen. Schwäb. Hall 853. Haspel. (Stuttgart, Fischhaber.) 8. (2 Bl., 78 S.) 3/4 ngr.

Tisch, Mein, und mein Haus. Wien 1907. V: *Hoditz und Wolframitz, Mathilde Gräfin von.* (EH)

Tisch, mein, u. mein Haus. Praktische Anleitg. zur Führg. e. Haushaltes v. Gräfin M. W. (VIII, 167 S.) 8. Wien 907. W. Braumüller. n. 2.50; geb. in Leinw. n. 3.80

Tisch, Fritz, Fibel, s.a. Lehrtexte f. die österreichischen Fortbildungsschulen.

Tisch, Fritz, Fibel für die erste untere Abteilung der gewerblichen Vorbereitungsschulen. Wien 1902. Verlag von Karl Graeser & Komp. Preis, gebunden 40 h.

Tisch, Fritz, Ausgeführte Lehrpläne für das Turnen in der 3., 4. und 5. Classe der fünfclassigen Mädchen-Volksschulen. 8. (64 S.) —.50
Wien: Pichler 1893.

Tisch, Fritz, Lese- u. Sprachbuch f. österreichische gewerbliche Vorbereitungs- u. Fortbildungsschulen. I. Erstes Lesebuch f. die erste untere Abteilg. 2. verb. Aufl. (94 S.) 8. Wien 907. F. Deuticke. Kart. — 60

Tisch, Fritz, Leseübungen u. Lesestücke f. die Schüler der ersten unteren Abtheilung der gewerblichen Vorbereitungsschulen in Wien. gr. 8. (62 S.) Wien 901. C. Graeser & Co. Kart. n. — 60

— allerlei Wissenswertes aus verschiedenen Gebieten. Ein Nachschlagebuch f. die gewerblichen Stände. (Dr. Ludw. Huberti's prakt. gewerbl. Bibliothek.) gr. 8. (IV, 124 S.) Leipzig 902. H. Klasing. Geb. in Leinw. n. 2.80

Tisch, Hugo, Behelf zum applikatorischen Unterricht u. Studium des Dienst-Reglements II. Tl. m. 3 Skizzen. (II, 59 S.) kl. 8. Klagenfurt 909. (Wien, L. W. Seidel & Sohn.) 2. 50

Tischbein, J. H., als Mensch u. Künstler dargestellt, siehe J. F. Engelschall.

Tischbein, Wilhelm, seine Bilder, seine Träume, seine Erinnerungen aus dem Herzogl. Schlosse zu Oldenburg. Bremen 1822. V: *Rennenkampff, Alexander von.* (GGr X, 209) (Zeitschr. f. Büch. N. F. 15, 1923, 124)

Tischbein, (H.) Wlh., seine Bilder, seine Träume, seine Erinnerungen in d. herzogl. Schlosse zu Oldenburg. Mit 2 Vign. 8. Bremen 822. Kaiser. 16 gr.

Tischbein (Hrsg.), s. Blanchini, Fr.: Originalkupfer zu diesen Gemälden ...

Tischbein, Anton, s. Tischbein, Johann Anton

Tischbein, Friedrich, Referendar in Rostock: Die gesetzlichen Konkurrenzverbote des Handelsrechts. *Rostock 1902: H. Winterberg.* (88 S.) 8°
Rostock, Jur. Diss. v. [12. Sept.] 1902

Tischbein, Johann Anton

Tischbein, Ant., Unterricht z. Erlernung d. Malerey. 8. Hamb. Bock. 771.

Tischbein, Jh. Ant., († d. 26. Juli 1786.) Unterricht zur gründl. Erlernung der Malerei. 8. Hamb. 772. Bock. 6 gr.

Tischbein, Jh. Hnr., († d. 22. Dec. 1808.) Abhandl. üb. die Aetzkunst ꝛc. Fol. Cassel 790. 2e Aufl. unt. d. T.: die Radir- u. Aetzkunst in ihrem ganzen Umfange, od. gründl. Anleit., alle Arten Zeichnungen mit leichter Mühe auf Kupfer, Zink- u. Zinnplatten sehr täuschend nachzuahmen. Mit 20 Probeblätt. gr. 4. Zwickau ... (Weber in Ronneburg). 4 ß

Tischbein, (J. H.,) die Jagdbaren Thiere, in 56 Blättern. (Mit 1 Bogen Text.) gr.-Fol. Zwickau 827, Litt. u. Kunst-Comptoir.

—Umrisse griech. Gemälde auf antiken ꝛc. Vasen, s. K. A. Böttiger, griech. Vasengemälde.

— Viehstudien, od. Vorlegeblätter z. Uebung im Thierzeichnen, in 30 Bl. gr. Fol. Zwickau 827. Literat.-Compt. 2 ₰

Tischbein, Johann Heinrich Wilhelm

— s. Denkmale altdeutscher Baukunst.

– s.a. Homer nach Antiken gezeichnet.

Homer nach Antiken gezeichnet von H. W. Tischbein. Mit Erläuterungen von Chr. G. Heyne. Gőtting. 801–5. 6 Hefte. f. 39 rthlr. Neue Ausgabe. Heft I. 9 rthlr.

Homer nach Antiken gezeichnet von Heinr. Wilh. Tischbein. Mit Erläuterungen von Dr. **Ludwig Schorn.** 2 Bde. Stuttgart und Tübingen 1821. Fol.

Tischbein, J. H. Wilh., aus meinem Leben. Herausg. von Carl G. W. Schiller. 2 Bde. Mit (lith.) Portr. u. 1 Stammtaf. (in Fol.) Braunschweig 861. Schwetschke & Sohn. gr. 8. (XL, 501 S.) 2 ₰ 12 ngr.

Einige Worte über das rechte Größen-Verhältniß der Forst- und Ackerfläche auf Privatgütern des östlichen Holsteins v. P. F. L. **Tischbein.** Hamburg. 1842. 8°

Tischbein, Robert, aus Hamburg: Ueber **Phtalylphenylisocrotonsäure.** *München 1899: Kastner & Lossen.* (41 S.) 8°
München, Phil. Diss. v. 1899

Tischbein, W., Recueil, voyez **Recueil.**

[Ant. u. F.] Im Wasser eins! Von Ed. **Tischberger.** M. üb. 100 Abb. u. Vorschr. f. Jedermann. *Berlin: G. Schuhr [1896].* (1 Bl., 288 S.) 1 Bd 8. [97. 5955

Tischberger, Ed., Kneipen u. Kneippen, m. üb. 100 Abb. u. Vorschriften f. Jedermann. gr. 8. (II, 245 S., XIII Bl. u. 3 S. Speisezettel, 2 S. u. 16 Bl. Anwendungs-Scheine f. Passanten u. Gäste, bei denen d. Kurformen nicht bereits in d. Gesammt-Pensionspreis eingeschlossen, u. 7 S. Inhalts-Verzeichnis.) Berlin 896. G. Schuhr. n. 2. —; geb. n. 3. —

Kneipen & Kneippen m. üb. 100 Abb. u. Vorschr. f. Jedermann v. Ed. **Tischberger.** *Berlin: G. Schuhr [1897].* (1 Bl., 244 S., 16 Bl., 16 Bl. Formul., 4 Bl.) 1 Bd 8. [97. 5956

Tischberger, Ed., Mixtur für Gesunde u. Kranke od. das **große Geheimniß, gesund zu bleiben u. zu werden. gr. 8. (XVI, 271 S. m. Abbildgn.) Bergzabern 900. (Berlin, Berolina-Versand-Buchh.)** 2. 80

Tisch-Buch für die Africanische Loge. o. O. u. J. 8 Bl. 8° [Umschlagtit.]
Auszug in: D. entdeckten Trümmer d. Bauherren Loge. 1790 S. 43—49; 2. Aufl. 1794 S. 43—49; D. entdeckte Orden d. afrikanischen Bauherren-Loge. 1806 S. 43—49; Goué, A. S. v.: D. Ganze aller geheimen Ordens-Verbindungen. 1805 S. 247—251.
Kl. 1906. In Kupfer gestochen. Tafelsprüche u. Gebete.

Tischbuch, neues medicin., od. Heilung u. Vorbeugung der Krankheiten ꝛc. 8. Frankf. a. M. 804. Jäger. 18 gl

Tischchen deck dich, Goldesel u. Knüppel aus dem Sack. 8. (8 S. mit 6 Chromolith.) Wesel 880. Düms. n. — 20

Tische, die wandernden magnetisirten, und die Klopfgeister. 1. Heft. (April, Mai, Juni) 1853. Bremen, Kühtmann u. Co. gr. 8. (13 Nrn. à ½—1 Bgn.). n. 20 ngr.; einzelne Nrn. à 2 ngr.

— — Neue Folge. 1. u. 2. Heft. Ebend. 853. 16. Jedes Heft n. 20 ngr.
1. Heft: Die Wunder-Erscheinungen des Vitalismus (Tischdrehen, Tischklopfen, Tischsprechen ꝛc.) nebst ihrer rationellen Erklärung in Briefen an eine Dame von Adalb. Cohnfeld. — Angehängt ferner: Die physikalische Diplomatik gegen die Vitalität. Von einem Medium. — Der Psychograph des Herrn Wagner in Berlin. Mitgetheilt von A. v. Forstner. (125 S.)
2. Heft: Beobachtungen und Betrachtungen auf dem Gebiete des Lebens-Magnetismus oder Vitalismus gesammelt von C. G. Nees v. Esenbeck. — Indische Weisheit auf der Reise über Californien nach Europa. — Der Psychograph in seiner Entstehung und Wirksamkeit dargestellt von A. W. T. Wagner. — Der Spiritualismus. An die Red. d. ostdeutschen Athenäums von Nees v. Esenbeck. (136 S.)

Tische, die wandernden magnetisirten, und die Klopfgeister. Neue Folge. 3. Heft: Der Vitalismus. Eine Studie von K.*n. — Die Lösung des schwierigsten Räthsels. Ein philosoph. Versuch. 16. (39 S.) Bremen 861, Kühtmann und Comp. *

Tischendorf, Rechenschaft über meine handschriftlichen Studien auf meiner wissenschaftlichen Reise von 1840 bis 1844. [Anzeige-Blatt für Wissenschaft und Kunst No. CX.] 1845

Tischendorf, Constantin v., s. Tischendorf, Konstantin v.

Tischendorf, Friedrich C. Constantin v., s. Tischendorf, Konstantin v.

Tischendorf, J. V., Additamenta quaedam ad Varioloidis vaccinicae notitiam. 8 maj. (6½ B.) Lipsiae 829, Reclam.

Koalitionszwang und Erpressung im gewerblichen Lohnkampfe. Vom Wirkl. Geh. Ober-Reg.R. Dr. [Johannes] v. **Tischendorf.** Berlin: R. v. Decker 1908. (18 S.) 8° [Umschlagt.] [08. 3037

Tischendorf, Jul., die Elternabende im Dienste der Jugenderziehung. 2. Aufl. gr. 8. (20 S.) Dohna 899. (W. Kunis.) n. — 60

Tischendorf, Jul. Die Elternabende u. ihre Stellung zum Volksschulziel. 8. (18 S.) Dohna 891, O. Naumann. — 40

— Geographie. Präparationen f. den geograph. Unterricht an Volksschulen. Ein method. Beitrag zum erzieh. Unterricht. I.—IV. Tl. gr. 8. Leipzig, E. Wunderlich. n. 6. 80; geb. n. 8. 40
I. Das Königreich Sachsen. (VIII, 120 S.) 891. n. 1. 60; geb. n. 2. —
II. Das deutsche Vaterland. 1. Abtlg. (VIII, 134 S.) 892. n. 1. 60; geb. n. 2. —
III. — dasselbe. 2. Abtlg. (VIII, 160 S.) 893. n. 1. 60; geb. n. 2. —
IV. Europa. (VIII, 215 S.) 895. n. 2. —; geb. n. 2. 40

Tischendorf, Jul., Geographie I—V. Präparationen f. d. geograph. Unterr. an Volksschulen. E. method. Beitrag zum erzieh. Unterricht. In 5 Tln. gr. 8. Leipzig. E. Wunderlich. n. 10. 60; Einbde. à n. — 40
I. Königr. Sachsen. 3. Aufl. (VIII, 166 S.) 897. n. 1. 60
II. Das deutsche Vaterland. (1. Abtlg.) 5., verm. Aufl. (VIII, 221 S.) 898. n. 2. —
III. Das deutsche Vaterland. (2. Abtlg.) 5. Aufl. (VI, 191 S.) 898. n. 1. 80
IV. Europa. 4., verm. u. verb. Aufl. (VIII, 254 S.) 898. n. 2. 40
V. Außereurop. Erdteile. 2. Aufl. (VI, 267 S.) 897. n. 2. 80

— Geographie I—V. Präparationen f. den geograph. Unterricht an Volksschulen. Ein method. Beitrag zum erzieh. Unterricht. 5 Tle. gr. 8. Leipzig, E. Wunderlich. n. 10. 60; Einbde. à n. — 40
I. Königr. Sachsen. 4. verb. Aufl. (VIII, 168 S.) 899. n. 1. 60
II. Das deutsche Vaterland. (1. Abtlg.) 12. u. 13. verm. Aufl. (IX, 240 S.) 903. n. 2. —
III. Dasselbe. (2. Abtlg.) 12. u. 13. verb. Aufl. (VI, 202 S.) 903. n. 1. 80
IV. Europa. 9. u. 10. verm. Aufl. (VI, 270 S.) 902. n. 2. 40
V. Außereuropäische Erdteile. 8. u. 9. Aufl. (VI, 279 S.) 902. n. 2. 80

Tischendorf, Jul., Geographie I—V. Präparationen für den geographischen Unterricht an Volksschulen. Ein method. Beitrag zum erzieh. Unterricht. (In 5 Tln.) gr. 8. Leipzig, E. Wunderlich. n. 10. 80; geb. n. 12. 80
I. Das Königr. Sachsen. (Hilfsbuch f. den ersten Unterricht in der Vaterlandskunde.) 6. verm. Aufl. (VII, 194 S.) 906. n. 1. 60; geb. n. 2. —
II. Das deutsche Vaterland. (Hilfsbuch f. den ersten Unterricht in der Geographie v. Deutschland.) 18. verm. Aufl. (X, 259 S.) 906. n. 2. —; geb. n. 2. 40
III. Das Deutsche Reich. (Hilfsbuch f. den weitergeh. Unterricht in der Geographie v. Deutschland.) 17. verb. Aufl. (VII, 207 S.) 906. n. 2. —; geb. n. 2. 40
IV. Europa. 18. verb. Aufl. (VIII, 297 S.) 907. n. 2. 40; geb. n. 2. 80
V. Außereuropäische Erdteile. 14. verb. Aufl. (VII, 299 S.) 906. n. 2. 80; geb. n. 3. 20

— u. A. Marquard, Hilfsbuch f. den Unterricht an allgemeinen Fortbildungsschulen. I. Tl. Das 1. Fortbildungsschulj. 3., verm. u. verb. Aufl. (Theorie u. Praxis des Fortbildungsschulunterrichts.) (VIII, 314 S.) gr. 8. Leipzig 910. E. Wunderlich. 2.80; geb. 3. 20

Tischendorf, Julius. Die Karte als Grundlage des geographischen Unterrichts. Eine Anleitung zum Gebrauche des Kartenwerkes: R Noordhoff, Die Länder Europa's. 12 kolorierte Wandkarten für die Volksschule. Bearb. und hrg. von Julius Tischendorf. . . Mit 12 Karten [Tafeln]. VIII + 88 S. 8. Leipzig, K. F. Koehler, 1902. [M. 2. —]

Darin S. 11—14, mit 1 Karte: Die Schweiz; *s. auch S. 44 f. 57 f. 71 ff. etc.*

Tischendorf, Julius. Präparationen für den geographischen Unterricht an Volksschulen. Fünf Teile. . . . Ein methodischer Beitrag zum erziehenden Unterricht. Teil 4: Europa. 11. und 12. vermehrte Aufl. *Kopftitel:* Geographie IV. VI + 269 S. 8. Leipzig, Ernst Wunderlich, 1903. br. M. 2. 40, geb. M. 2. 80

Tischendorf, Julius. Präparationen für den geographischen Unterricht an Volksschulen. Fünf Teile. . . . Ein methodischer Beitrag zum erziehenden Unterricht. Teil 4: Europa. *Kopftitel:* Geographie IV. 8. Leipzig, Ernst Wunderlich, 1907. M. 2. 40, geb. 2. 80
13. und 14. vermehrte Aufl. VI + 294 S. 1904.
15. und 16. vermehrte Aufl. VIII + 295 S. 1905.
17. vermehrte Aufl. VIII + 296 S. 1906.
18. verbesserte Aufl. VIII + 308 S. 1907.

Tischendorf, Julius. Präparationen für den geographischen Unterricht an Volksschulen. Fünf Teile. [Teil] 4: Die Länder Europas. Ein methodischer Beitrag zum erziehenden Unterricht. 19. verbesserte Aufl. VIII + 312 S. 8. Leipzig, Ernst Wunderlich, 1908. M. 2. 40, geb. 2. 80

Tischendorf, Jul., Präparationen f. den geographischen Unterricht an Volksschulen. 5 Tle. gr. 8. Leipzig, E. Wunderlich. 11.20; geb. 13. 20
I. Das Königr. Sachsen. Ein Hilfsbuch f. den ersten Unterricht in der Vaterlandskunde. 7. verm. Aufl. (VIII, 223 S.) 911. 2.—; geb. 2. 40
II. Das Deutsche Vaterland. Ein Beitrag zur nationalen Erdkunde. 21., erweit. u. verb. Aufl. (VIII, 300 S.) 911. 2.—; geb. 2. 40
III. Das Deutsche Reich. Ein Beitrag zur nationalen Erdkunde. 19. verb. Aufl. (VII, 227 S.) 910. 2.—; geb. 2. 40
IV. Die Länder Europas. 20. verb. Aufl. (VII, 314 S.) 909. 2.40; geb. 2. 80
V. Die außereuropäischen Erdteile. 17. verb. Aufl. (VII, 313 S.) 909. 2.80; geb. 3. 20

— aus der Schule f. das Leben. Ein Arbeits- u. Formularheft im Anschluss an das Präparationswerk f. Fortbildungsschulen v. Tischendorf u. Marquard. 1. Tl. (Jahrg. 1 u. 2.) gr. 4. (65 S.) Meissen (901). Sächs. Schulbuchh. Geb. n.n. — 80

Tischendorf, Jul., aus der Schule f. das Leben. Ein dreiteil. Arbeits- u. Formularheft im Anschluss an das Präparationswerk für Fortbildungsschulen von Tischendorf u. Marquard. I. u. II. Tl. 5. Aufl. Lex.-8. Meissen (906). Sächs. Schulbuchh. Geb. à n. — 60
I. (1. Fortbildungsschulj.) (31 S. u. Schreibpap.)
II. (2. Fortbildungsschulj.) (36 S. u. Schreibpap.)

— Aus der Schule f. das Leben. Ein dreiteil. Arbeits- u. Formularheft im Anschluss an das Hilfsbuch für den Unterricht an Fortbildungsschulen v. Tischendorf u. Marquard. III. Tl. 3. Fortbildungsschulj. 4. Aufl. (71 S.) 33×21,5 cm. Meissen (910). Sächs. Schulbuchh. Kart. nn 1. —

— Schulinventar u. Lehrapparat der einf. Volksschule. E. Hilfsmittel bei Neueinrichtgn. u. Neuanschaffgn. Auf Grund d. Beratgn. d. Schuldirektoren d. Schul-Inspektions-Bez. Pirna zusammengest. u. Lehrern u. Schulvorständen dargeboten. gr. 8. (32 S.) Dresden 898. A. Müller, Fröbelhaus. n.n. — 50

— u. A. Marquard, Theorie u. Praxis d. Fortbildungsschulunterrichts. Präparationen f. d. Unterricht an einf. Fortbildungsschulen. 1. Tl. Das 1. Fortbildungsschuljahr. gr. 8. (VIII, 226 S.) Leipzig 898. E. Wunderlich. n. 2. 40; geb. n. 2. 80

— u. A. Marquard, Theorie u. Praxis des Fortbildungsschulunterrichts. Präparationen f. den Unterricht an einfachen Fortbildungsschulen. 1.—3. Tl. gr. 8. Leipzig, E. Wunderlich. n. 7. 60; geb. n. 8. 80
1. Das 1. Fortbildungsschuljahr. 2. verm. u. verb. Aufl. (XIV, 215 S.) 903. n. 2. 40; geb. n. 2. 80
2. Das 2. Fortbildungsschuljahr. (VIII, 200 S.) 899. n. 2. 40; geb. n. 2. 80
3. Das 3. Fortbildungsschuljahr. (XI, 264 S. m. Fig.) 900. n. 2. 80; geb. n. 3. 20

— u. Aug. Marquard, Theorie u. Praxis des Fortbildungsschulunterrichts. Hilfsbuch f. den Unterricht an einfachen Fortbildungsschulen. 2. Tl. Das 2. Fortbildungsschulj. 2. Aufl. (VII, 206 S.) gr. 8. Leipzig 904. E. Wunderlich. n. 2. 40; geb. n. 2. 80

— — Theorie u. Praxis des Fortbildungsschulunterrichts. Hilfsbuch f. den Unterricht an einfachen Fortbildungsschulen. 3. Tl. Das 3. Fortbildungsschulj. 2. umgearb. Aufl. (VII, 272 S.) gr. 8. Ebd. 907. 2.80; geb. n 3. 20

— warum sind Elternabende abzuhalten, u. wie sind sie zweckmässig zu gestalten? Darlegungen üb. Notwendigkeit, Segen u. Einrichtg. der Elternabende, nebst Berichten üb. die in Altenburg, Dohna, Halle, Mügeln, Penig u. Pillnitz gemachten Versuche. gr. 8. (62 S.) Dresden 894. W. Reuter. n. 1. —

Tischendorf, Konstantin v.

— siehe: Acta Apostolorum.

Tischendorf, Lobegott Friedr. Const. v., die evangelische Alliance-Deputation an Kaiser Alexander zu Friedrichshafen. Zur Abwehr der groben Entstellungen und Verleumdungen des Herrn v. Wurstemberger [zu Bach bei Bern]. gr. 8. (X, 40 S.) Leipzig 872, Brockhaus. *

Tischendorf, Aenoth. Frid. Const., Anecdota sacra et profana ex Oriente et Occidente allata, s. a. Anecdota.

Tischendorf, Aenoth. Frid. Const., Anecdota sacra et profana ex Oriente et Occidente allata sive notitia codicum graecorum, arabicorum, syriacorum etc. cum excerptis multis maximam partem graecis et 35 scripturarum antiquissimarum exemplis. Editio repetita emendata, aucta. Leipzig 861. Fries. gr. 4. (XVI, 242 S. u. 4 lith. Taf.) n. 6 ℳ

Tischendorf, Aenoth. Frid. Const., die Anfechtungen der Sinai-Bibel. 8. (24 S.) Leipzig 863, C. F. Fleischer. *

Tischendorf, Const. (Hrsg.), s. Apocalypses, Apocryphae, Mosis, Esdrae, Pauli, Johannis . . .

—— Appendix codicum celeberrimorum Sinaitici, Vaticani, Alexandrini, s. Appendix.

—— s. Appendix Novi Testamenti Vaticani.

—— s. Biblia sacra latina.

Tischendorf, Lobeg. Frid. Const., Disputatio de Christo, pane vitae, sive de loco Evang. Ioann. c. VI. vv. 51—59. coenae sacrae potissimum ratione habita. 8maj. (5¼ B.) Lipsiae 839, [Koehler'sche Vrlsh.]

—— s. Clementis Romani epistulae.

Tischendorf, Aenoth. Frid. Const., Bibliorum codex Sinaiticus Petropolitanus, s. Bibliorum codex.

— s. Codex Claromontanus.

— s. Codex Ephraemi Syri Rescriptus.

— s. Codex Frid.

— codex Laudianus, s.: Monumenta sacra inedita.

—— Conlatio critica codicis Sinaitici cum textu Elzeviriano Vaticani quoque codicis ratione habita. 16. (XXII, 109 S.) Leipzig 869, Mendelssohn. *

—— Doctrina Pauli Apostoli de vi mortis Christi satisfactoria. Comment. 8maj. (4½ B.) Lipsiae 837, libr. Hinrichs.

—— de Evangel. Matth. c. XIX. v. 16. et seq. Dissert. crit. et exeget. 8maj. (1¼ B.) Lipsiae 840, (Köhler'sche Vrlsh.)

— die Geißler, s. L. Schneegans.

—— der Geist der Wahrheit. Zeitpredigt am Sonnt. Cantate den 6. Mai 1849 zu Leipzig gehalten. gr. 8. (16 S.) Leipzig 849, Winter.

—— Haben wir den ächten Schrifttext der Evangelien und Apostel? 1. und 2. Aufl. Lex.-8. (29 S. mit 1 lithogr. Taf. in qu. 4.) Leipzig 873, Giesecke und Devrient. *

—— Aus dem heiligen Lande. gr. 8. (XI und 375 S. mit 5 Abbild. in Holzschn. und 1 Stnt.) Leipzig 862, Brockhaus. *

—— s. Liber psalmorum hebraicus atque latinus.

—— Maiknospen. (Gedichte.) gr. 12. (8¼ B.) Leipzig 838, Kollmann.

—— s. Monumenta sacra inedita.

— notitia editionis codicis bibliorum Sinaitici auspiciis imperatoris Alexandri II. susceptae. Accedit catalogus codicum nuper ex Oriente Petropolin perlatorum. Item Origenis scholia in proverbia Salomonis partim nunc primum partim secundum atque emendatius edita. Leipzig 860. Brockhaus. gr. 4. (124 S. u. 2 lith. Taf. in Fol.) n. 3 ₰ 10 ngr.

Tischendorf, F. C. Const., de evangeliorum apocryphorum origine et usu. Disquisitio historica critica, quam praemio aureo dignam censuit societas Hagana pro defendenda religione Christiana. [Verhandelingen, uitg. door het Haagsche genootschap tot verdediging van de christelijke godsdienst. 12. Deel.] gr. 8. (XII u. 227 S.) Hagae Comitum 851. (Lugduni-Batav., Brill.) n. n. 1⅓ ₰

—— s. Philonea inedita altera.

Tischendorf, Aenoth. Frid. Const., Pilati circa Christum judicio quid lucis afferatur ex actis Pilati. Ad memoriam B. Theilii recolendam nomine societatis Lipsiensis suscepto praesidis officio scripsit. Lipsiae 855. A. Winter. gr. 8. (31 S.) n. 10 ngr.

—— Reise in den Orient. 2 Bde. 8. (40 B.) Leipzig 846, Bernh. Tauchnitz jun. Thlr.

—— Responsa ad calumnias Romanas. Item supplementum Novi Testamenti ex Sinaitico codice anno 1865 editi. gr. 8. (54 S.) Leipzig 870, Brockhaus. *

— die Sinaibibel. Ihre Entdeckg., Herausgabe u. Erwerbg. Nebst 2 (lith.) Taf. (in 8. u. 4.) Lex.-8. (93 S.) Leipzig 871. Giesecke & Devrient. n. 2. 40

— Synopsis evangelica. Ex quatuor evangeliis ordine chronologico concinnavit praetexto brevi commentario illustravit ad antiquos testes apposito apparatu critico recensuit. gr. 8. (LXVI u. 202 S.) Lipsiae 851, Avenarius & Mendelssohn. n. 1⅔ ₰

—— Synopsis evangelica ex quatuor evangeliis ordine chronologico concinnavit praetexto brevi commentario illustravit apposito apparatu critico recensuit. Editio in commodum academicum repetita. 8maj. (LXIV und 204 S.) Lipsiae 854, [Mendelssohn.] *

—— Synopsis evangelica. Ex IV evangeliis ordine chronologico concinnavit, brevi commentario illustravit, ad antiquos textes denuo recensuit autor. Editio II. emendata. gr. 8. (LX und 184 S.) Leipzig 864, Mendelssohn. *

—— Synopsis evangelica. Ex quattuor evangeliis ordine chronologico concinnavit, brevi commentario illustravit, ad antiquos testes denuo recensuit. Editio III emendata. gr. 8. (LX, 184 S.) Leipzig 871, Mendelssohn. *

Tischendorf, Const. de, synopsis evangelica. Ex IV evangeliis ordine chronologico concinnavit, brevi commentario illustravit, ad antiquos testes denuo recensuit. Ed. IV. emendata. gr. 8. (LX, 184 S.) Leipzig 878. Mendelssohn. n. 4. —

Tischendorf, Const. de, synopsis evangelica. Ex IV evangeliis ordine chronologico concinnavit, brevi commentario illustravit, ad antiquos testes denuo rec. C. de T. Ed. V. emendata. gr. 8. (LX, 184 S.) Leipzig 884. Mendelssohn. n. 4. —

Tischendorf, Const. de. Synopsis evangelica. Ex quattuor evangeliis ordine chronologico concinnavit, brevi commentario illustravit, ad antiquos testes denuo recensuit C. de T. Ed. VI. emendata. gr. 8. (LXI, 184 S.) Lpz. 891, Mendelssohn. * 4 —; geb. * 5 —

Tischendorf, Const. de, Synopsis evangelica. Ex IV evangeliis ordine chronologico concinnavit, brevi commentario illustravit, ad antiquos testes denuo recensuit C. de T. Ed. VII. novis curis auctior et emendatior. gr. 8. (LXIV, 184 S.) Leipzig 898. H. Mendelssohn. n. 4. —; geb. in Halbfrz. n. 5. —

— s. Testamentum novum graece et latine.

— Novum Testamentum Sinaiticum, s. Testamentum.

Tischendorf, C. de, s. Testamentum vetus, graece.

Tischendorf, (Lobeg. Frid.) C(onst.), de Israelitarum per mare rubrum transitu. Cum tabula. 8maj. (32 S.) Lipsiae 847, Brockhaus. *

—— Vortrag, s. Vorträge, neun apologetische.

—— Waffen der Finsterniß wider die Sinaibibel. Zunächst an die Leser des sächs. Kirchen- und Schulblattes. gr. 8. (30 S.) Leipzig 863, A. Winter. *

—— Wann wurden unsere Evangelien verfasst? 1.—3. Aufl. 8. (70 S.) Leipzig 865, Hinrichs'sche Verlagsb.

—— dass. — 4., wesentlich erweit. Aufl. gr. 8. (XVI und 130 S.) Ebendas. 866.

– wann wurden unsere Evangelien verfaßt? 4., wesentlich erweiterte Aufl. 2., unveränd. Abdr. gr. 8. (XVI, 133 S.) Leipzig 880. Hinrichs' Verl. n. 1. 60

—— Weihnachtspredigt. Bei seiner Heimkehr aus dem Morgenlande in seiner Vaterstadt Lengenfeld gehalten. gr. 8. (1 B.) Leipzig 845, (Köhler.)

Tischendorf, Lobegott Friedrich Constantin v., s. Tischendorf, Konstantin v.

Tischendorf, Paul Andr. v., das Lehnswesen in den moslemischen Staaten insbesondere im osmanischen Reiche. Mit dem Gesetzbuche der Lehen unter Sultan Ahmed I. (III, 129 S.) Leipzig 872. Giesecke & Devrient. n. 3. 60

Tischendorf, Paul Andreas von: Über das System der Lehen in den moslemischen Staaten besonders im Osmanischen Staate. [Diss.] Leipzig 1871.

Tischendorf, Rudolf, Gerichtsassessor in Düsseldorf: Die Haftung für Tierschäden nach dem neuen Bürgerlichen Recht unter besonderer Berücksichtigung der Kausalfrage. Düsseldorf [1906]: F. Jumpertz. (43 S.) 8° [F.]
Rostock, Jur. Fak., Ref. Bernhöft, Diss. v. 24. März 1906
[Geb. 12. Jan. 76 Düsseldorf; Wohnort: Düsseldorf; Staatsangeh.: Preußen; Vorbildung: Gymn. Düsseldorf Reife O. 96; Studium: Berlin 4, Bonn 4, München 1 S.; Rig. 6. Febr. 06.]

Gesichtspunkte für Einrichtung und Betrieb elektrischer Licht- u. Kraftanlagen. Von F[riedrich] **Tischendörfer**, Ingen. *Berlin: A. Seydel 1903.* (78 S.) 8° [illegible]

Tischer, Johann Friedrich Wilhelm, sein Amtsjubelfest u. seine Begräbnißfeier. (Mit Bildniß u. Facsimile.) gr. 4. Leipzig 842. (F. Fleischer.) n. 2/3 ß

Tischer, A., Trauer- u. Leichenrede am Grabe d. hochwürdigsten Dignitariers, Domdecans Herrn Dr. Carl Egger rc. Gehalten am 3. Januar. gr. 8. (8 S.) Augsburg 850, Kollmann. n. 1 ngr

Tischer, A., Kaiser Wilhelm, e. Bild seines Lebens. Zum 22. März 1887 dem deutschen Volke dargeboten. Mit 2 Illustr. 12. (40 S.) Sorau 887. Zeidler. n. — 10

Tischer, Adf., Luther-Büchlein. Fest-Gruß zum 400jähr. Geburtstage d. großen Reformators. Mit 3 Illustr. 16. (32 S.) Sorau 883. Zeidler. n. — 10

Tischer, Christian Gottlieb (Torgau) A. S. 385/18

Theses iuris controversi ex doctrina Pandectarum de rei vindicatione tam civili quam praetoria ad lib. VI. tit. I. et II. Präs. Georg Friedrich Kraus. Wittenberg (Schlomach) VIII. 1758. 8 S.

34532

Tischer, David Georg (Beichlingen) A. S. 565/27

Pro legato consequendo executive contra heredem ex testamento agi non posse.
Präs. Christian Gottlob Einert.
Leipzig (Langenheim) 6. IV. 1772. 12 S.

W. v.: Präs. 34533

Tischer, David Gottwald (Kolditz) A. S. 123/17

Quando curator absentis heredes aeque propinquos a successione excludat. Präs. Christoph Ludwig Crell. Wittenberg (Scheffler) 6. IV. 1737. 30 S.

34534

E. Tischer, Ueber Nithart von Riuwental. (Dissert.) Leipzig 1872. 8°. 53 S.

Tischer, C. W., kleiner Katechismus des Christenthums, als Leitfaden beim Religions- u. sonderlich Confirmanden-Unterrichte entworfen. 8. Wolfenbüttel 835. Albrecht. 1/8 ß

Tischer, Emil, Rechtspraktikant aus Augsburg: Die Organisation des deutschen Börsenwesens. Auf Grund d. Reichsbörsengesetzes vom 22. Juni 1896 nach verwaltungsrechtlichen Gesichtspunkten systematisch dargestellt. Abschnitt 2: Der Begriff und die Errichtung einer Börse nach dem Reichsbörsengesetze. *München 1898: Knorr & Hirth.* (57 S.) 8° [F.] ¶ Aus: Annalen d. Deutschen Reichs, 1899.
Erlangen, Jur. Diss. v. [11. Mai] 1898
(Nicht für den Austausch)

Tischer, Ernst [Dr.]: Über die Begründung der Infinitesimalrechnung durch Newton und Leibniz. Leipzig, Druck v. C. Grumbach, 1896; 1 Bl., 46 S. 4.
Leipzig, Nicolai-G, OP 1896 (551)

Tischer, Ernst, üb. d. Begründg. d. Infinitesimalrechng. durch Newton u. Leibniz. Progr. 4. (46 S. m. Fig.) Leipzig 896. Dürr'sche Buchh. n. 1. —

Mislik v. Hirschov. — **Tischer,** Franz, Archivsbeamter. Oberst Freiherr Sigmund ..... Historisches Zeitbild aus der zweiten Hälfte des 30jährigen Krieges. Gesammelt aus den Urkunden des hochgräfl. Černin'schen Archivs zu Neuhaus. 8. Neuhaus (1875).

Tischer, Friedrich Gottlob (Kolditz) A. S. 143/10

Observationes de animo novandi factis expresso ad legem VIII C. de novat. Präs. Christoph Ludwig Crell. Wittenberg (Scheffler) 24. IV. 1737. 26 S.

Gew.: Adam Friedrich von Schoenberg.

34535

Tischer, G. A., Fürst Bismarck, e. Bild s. Lebens. D. Volk, d. ihn liebt, dargeboten. 11. Aufl. gr. 8. (47 S. m. Abb.) Sorau 895. E. Zeidler. n. — 20

Tischer, G. A., Fürst Bismarck, e. Bild seines Lebens. Dem Volke, das ihn liebt, dargeboten. 11. Aufl. gr. 8. (48 S. m. Abbildgn.) Sorau (898). E. Zeidler. — 15

Tischer, G. A., Erinnerungen e. Diaspora-Geistlichen, s.: Festschriften f. Gustav Adolf-Vereine. 34. Hft.

Tischer, G. A., zur Geschichte d. Evangeliums in Westpreußen u. Ermland, s.: Bruderliebe, evangelische.

Tischer, G. A., der veltliner Mord, s. Glaube, der evangelische, nach dem Zeugnis der Geschichte.

— Thorns Schreckenstage, s: Für die Feste u. Freunde d. Gustav=Adolf=Vereins.

— die Waldenser, s: Für die Feste u. Freunde d. Gustav=Adolf=Vereins.

— Zeugen d. Evangeliums aus d. katholischen Kirche, s.: Für die Feste u. Freunde d. Gustav = Adolf= Vereins.

Tischert, Georg [aus Calbach]: **Die moderne staatliche Ertrags- und Einkommenbesteuerung in Preussen, Oestreich und Baden ... Berlin, Buchdr. v. G. Schade,** *1892;* 30 S., 1 Bl. 8.
Berlin, Phil. Fak., Inaug.-Diss. v. 18. Juli 1892

Tischer, Georg Friedrich (Zeitz) A. S. 565/55

Exercitatio iuridica quaestionem continens an stuprata in concursu creditorum dotem et alimenta infantis petere possit. Präs. Friedrich Gottlieb Zoller.
Leipzig (Breitkopf) 18. VII. 1756. 12 S.
34536

Tischer, Gerhard

Tischer, G.: Musikalienkatalog der Hauptkirche zu Sorau N./L. Hergest. von G. Tischer u. K. Burchard. (Langensalza 1901: H. Beyer & Söhne.) (24 S.) 8°
(Monatshefte f. Musikgeschichte. 1902, Beil.)

Tischer, G. und K. Burchard. Musikalienkatalog der Hauptkirche zu Sorau N./L. (Beilage zu den Monatsheften für Musikgeschichte 1902) [o. O.]

Tischer, Gerh., die aristotelischen Musikprobleme, s.a. Studien, musikwissenschaftliche. 3. Hft.

Tischer, Gerhard, aus Löbnitz: Die aristotelischen **Musikprobleme.** *Berlin (1902): E. Ebering.* (34 S.) 8° ¶ [Erschien vollst. 1903 als: Musikwiss. Studien, H. 3.]
Berlin, Phil. Diss. v. 15. Aug. 1902

Tischer, Gerhard: Die aristotelischen Musikprobleme. Von Gerhard Tischer, Dr. phil. Berlin: E. Ebering 1903. (100 S.) 8°
[Ein Teil erschien als Inaug.-Diss. Berlin 1902.]
(Studien, Musikwissenschaftliche. H. 3.)

Tischer, Gustav

Tischer, G. Probe einer beabsichtigten neuen Ausgabe von Cicero de senectute. 30 S.
Brandenburg, G., Progr. 1846

Tischer, Gust., Ubungsbuch zum Ubersetzen aus dem Deutschen ins Lateinische für mittlere Gymnasialklassen. Braunschweig 858. Vieweg. gr. 8. (4 Bl., 205 S.) n. 15 ngr.

Tischer, Gust., Uebungsbuch zum Uebersetzen aus dem Deutschen ins Lateinische für mittlere Gymnasialklassen. 2. Aufl. besorgt von Otto Müller. gr. 8. (XVI, 233 S.) Braunschweig 872, Vieweg und Sohn. *

Tischer's, Gust., Uebungsbuch zum Uebersetzen aus dem Deutschen in's Lateinische. Für die Einübung der gesammten Syntax bearb. u. erweitert von Otto Müller. 3., verb. u. verm. Aufl. gr. 8. (XVIII, 274 S.) Braunschweig 879. Vieweg & Sohn. n. 2. —

Tischer's, Gust., Übungsbuch zum Übersetzen aus dem Deutschen ins Lateinische. Für die Einübung der gesamten Syntax bearb. und erweitert von Otto Müller. 4. verb. und verm. Aufl. gr. 8. (XX, 288 S.) Braunschweig 887, Vieweg und Sohn. *

Tischer's, Gust., Übungsbuch zum Übersetzen aus dem Deutschen ins Lateinische. Für die Einübung der gesamten Syntax m. fortlauf. Bezugnahme auf die Grammatiken v. Ellendt-Seyffert, Harre (Hauptregeln), Stegmann u. a. bearb. u. erweitert, sowie durch e. „Übersicht über die Satzlehre" ergänzt v. Otto Müller. 5. umgearb. u. verm., den Lehrplänen v. 1901 entsprech. Aufl. 2 Tle. in 1 Bd. gr. 8. (XXIV, 288 u. 168 S.) Braunschweig 901 F. Vieweg & Sohn. n. 3. —; in 2 Tle. geb. n. 3. 80

Tischer, Heinrich August (Zeitz) A. S. 580/57

Exercitatio iuridica quaestionem continens an pater vi patriae potestatis bona immobilia liberorum sine decreto magistratus alienare possit.
Präs. Friedrich Gottlieb Zoller.
Leipzig (Breitkopf) 19. VII. 1756. 12 S.
34537

Tischer, Herm. Quaestionum Empedoclearum specimen. 28 S.
Luckau, Progr. 1843

Tischer, Joh. Friedr. Wilh., Beobachtungen d. menschl. Herzens, in Gnomen gesammelt. 1. Thl. 8. (14½ B.) Dresden 829, [Grimmer.] 18 Gr., hrbgl. Pr.

— s. Calvins Leben.

—— das Christenthum in d. Hauptstücken uns. Kirche. Ein Handb. zur Selbsterbauung u. zum Gebr. f. Lehrer bei Erklärung d. kleineren Schulbuches: Die Hauptstücke d. christl. Religion. gr. 8. (38¼ B.) Leipzig 831, E. Fleischer.

Tischer, Joh. Friedr. Wilh., das Christenthum in den Hauptstücken uns. Kirche. Ein Handb. z. Selbsterbauung u. z. Gebr. f. Lehrer bei Erklärung d. kleineren Schulbuches: Die Hauptstücke d. christl. Religion. 2., verbess., mit e. Sach- u. Spruchregister vers., Aufl. gr. 8. (30½ B.) Leipzig 837, Er. Fleischer.

— üb. d. rechten Eifer f. christl. Wahrheit u. üb. das Wort: Schule. Zwei Vorträge am Jubelfeste d. Augsburg. Confession 1830. gr. 8. Leipz. 830. Er. Fleischer. 2 gGr.

—— über d. rechten Eifer f. christl. Wahrheit u. üb. d. Wort: Schule. Zwei Vorträge am Jubelfeste d. Augsburg. Confession 1830. gr. 8. (1¾ B.) Leipzig 831, E. Fleischer.

— über den Fleiß im Guten. Eine Predigt am 5n Trinit.-Sonntage 1834 gehalten. gr. 8. Leipzig ... E. Fleischer. 1 gGr.

—— bibl. Geschichten zum Gebr. f. Volksschulen, mit den Worten d. Bibel ausgezogen. 8. (14 B.) Pirna 833. (Leipzig, E. Fleischer.)

Tischer, Joh. Frdr. Wilh., biblische Geschichten zum Gebrauch für Volksschulen m. den Worten der Bibel ausgezogen. 6. Aufl. 8. (II u. 205 S.) Pirna 851. Leipzig, E. Fleischer in Comm. 1/6 Thlr.

Tischer, Johann Friedrich Wilhelm. Gnomen. Aus seinem Nachlasse. Leipzig 1844. H: *Ploss, Carl Chn.* (GGr)

Tischer, Joh. Friedr. Wilh., Gnomen. Aus seinem Nachlasse hrsg. v. Carl Chr. Ploß. 8. (7¾ B.) Leipzig 844, Ernst Fleischer.

— die Hauptstücke der christl. Religion mit bibl. Denksprüchen verbunden. 8. Plauen 806. 17e Aufl. Leipz. 831. Er. Fleischer. 3 gGr.

Tischer, J. F. W., die Hauptstücke der christl. Religion mit bibl. Denksprüchen verbunden. 6te Aufl. 8. Plauen. (Leipzig, G. Fleischer in Comm.) 821. –

Tischer, (J. Fr. W.,) die Hauptstücken d. christl. Religion, mit bibl. Denksprüchen verbunden. 12e Aufl. 8. Pirna 824, (Leipz., G. Fleischer.)

—— die Hauptstücke d. christl. Religion. 16—18., verb. u. einzig rechtmäß. Ausg. 8. (5 B.) Leipzig 829, 31, 34, E. Fleischer. à

— die Hauptstücke der christl. Religion. 18e, verb. u. einzig rechtmäß. Ausg. 8. Ebd. 834. 1/8 ₰ — 2e Aufl. 839. 1/8 ₰

—— die Hauptstücke d. christl. Religion. 21—23., unveränd. Ausg. 8. (à 5 B.) Leipzig 839, 41, Er. Fleischer. à

—— die Hauptstücke d. christl. Religion. 25—28., verb. rechtmäß. Aufl. 8. (à 5¼ B.) Leipzig 843—46, Ernst Fleischer. à

—— die Hauptstücke der christlichen Religion. 29 – 32. Aufl. 1848—51. und 33., verb. und einzig rechtmäß. Aufl. 8. (83 S.) Leipzig 851, E. Fleischer.

— üb. das menschl. Herz u. seine Eigenheiten. Ein Jahrg. von Predigten üb. alle Sonn- u. Festtage. 2 Bde. gr. 8. Leipz. 825. 2e A. 829. Er. Fleischer. 2 ₰ 12 Gr

—— üb. d. menschl. Herz u. seine Eigenheiten. Ein Jahrg. v. Predigten üb. alle Sonn- u. Festtage. 3. u. 4. Bd. gr. 8. Leipzig, Er. Fleischer. [3. (20½ B.) 842., 4. (21 B.) 843. à 1¼ Thlr.]

— — Calvins Leben, s.a. Lebensbeschreibungen der Reformatoren 3r 4r Bd.

(T[ischer], J[ohann] F[riedrich] W[ilhelm].) (Jean) Calvins Leben, Meinungen und Thaten. Ein Lesebuch für seine Glaubensgenossen. 8. Leipzig 1798.

– s. Leben Desid. Erasmus.

– s. Leben Jh. Hausscheins.

– s. Leben Hieronimus v Prag.

– s. Leben Huß.

– s. Leben Ulrich v. Hutten.

– s. Leben Luthers.

– s. Leben Melanchthons.

– s. Leben Zwingli's.

– s. Leben Jh. Wiklefs.

– s. Luthers Sittenspruch.

—— ob das Zuvielwissen ungehorsame Unterthanen macht? Eine Rede. 8. (1 B.) Dresden u. Leipzig 831, Arnold.

—— die Pflicht d. Kirchlichkeit aus d. Gesetzen d. Seelenlehre bewiesen. gr. 8. (12 B.) Leipzig 830, Er. Fleischer.

— Predigt am Dankfeste bei der glückl. Wiederkehr des Königs v. Sachsen, d. 25. Juni 1815 gehalten. 8. Plauen (815.)

— Predigt bei d. Einweihung der Gottesackerkirche in Plauen d. 16. April 1815. 8. Plauen (815.)

Tischer, Joh. Friedr. Wilh., Predigt am Gedächtnißtage der Verstorbenen, d. 8. Dec. 1833. 8. (½ B.) Pirna. (Leipzig, E. Fleischer.) Thlr.

—— Predigt am Neujahrstage 1834. 8. (½ B.) Pirna. (Leipzig, E. Fleischer.)

— psychologische Predigtentwürfe, s.a. Predigtentwürfe.

— psycholog. Predigtentwürfe; e. Versuch. 4 Hfte. gr. 8. Leipz. 795—98. (W. Vogel). 1 ₰ 16 Gr

– s.a. Rechsit, Sinngedichte.

RECHSIT (d. i. *Joh. Friedr. Wilh. Tischer*, geb. 5. Aug. 1767 zu Tautschen bei Torgau, † als Superint. zu Pirna am 28. April 1842), Sinngedichte. Leipzig, Gerhard Fleischer, d. Jüngere, 1806. 8°.
Enth. 350 kurze Gedichte moralischen und satirischen (zahmen) Inhalts. — Max Perl's Berliner Febr.-Auct. 1908, no. 1232.

— Rede bei d. Einweihung des neuen voigtländ. Kreisschulhauses zu Plauen d. 17. April 1815. 8. Plauen (815.)

— Rede bei der frohen Geburtstagsfeier des Königs v. Sachsen, d. 23. Dec. 1815 gehalten. 8. Plauen (815.)

— Luthers Sittenspruch, s. Luther.

— der Tod ist Schlaf, u. Religion sei unsre Freude u. Ruhm. Zwei Predigten. gr. 8. Pirna 825. (Leipz., Er. Fleischer). 3 Gr

Tischer, Johann Gottfried (Kolditz) A. S. 85/5

Dissertatio juridica de arbitrio judicis in commutandis poenis. Präs. Justus Georg Chladenius.
Wittenberg (Gerdes) V. 1728. 24 S.

34538

Tischer, Johann Karl (Zeitz) A. S. 187/16

Dissertatio iuridica de iudicio peritorum in arte optimo litium dirimendarum iuris remedio.
Präs. Andreas Florens Rivinus.
Wittenberg (Eichsfeld) 6. X. 1755. 30 S.

Gew.: Georg Theophil Tischer (Vater).

34539

Tischer, Irma, Makaria. Tragisches Gedicht in 1 Akt. (23 S.) 8. Leipzig 909. Modernes Verlagsbureau. 1. —

Tischer, Julius

Tischer, J., methodisches Lehrbuch zum Religionsunterricht nach Luthers Katechismus. Ein Handbuch f. Geistliche beim Konfirmandenunterricht u. f. Lehrer beim Schulunterricht. 2. vollständig umgearb. u. verm. Aufl. 1—4. Lfg. gr. 8. (VIII u. S. 1—293.) Saalfeld 871. Niese. à n. — 75

Tischer, Jul., methodisches Lehrbuch zum Religionsunterricht nach Luthers Katechismus. Ein Handbuch f. Geistliche beim Konfirmandenunterricht u. für Lehrer beim Schulunterricht. 3. Aufl., nach der neuen Rechtschreibung eingerichtet. gr. 8. (VIII, 302 S.) Saalfeld 883. Niese. n. 3. —; geb. n. 4. —

v. Tischer, Karl, (Fr. Aug.) die kleinen Schmetterlingsfreunde, ein Weihnachtsgeschenk. Mit 4 illum. Kpft. 8. Leipz. 806. (Wienbrack). 1 ₰ 12 ℊ Hbg. Pr. 1 ₰

— encyklopäd. Taschenbuch f. deutsche angehende Schmetterlingssammler. Mit illum. Kpf. u. Tabellen. 8. Leipz. 804. Wienbrack. 16 ℊ 2e Aufl. mit 5 Kpf. 8. Ebd. 825. 1 ₰

Tischer, Paul Illustratio loci Euripidis Helenae inde a versu 1301 usque ad vers. 1369 ed. Kirchhoff. S. 87—102.
Progr. Kath. G. **Glogau* 1876.

Tischer, S., wunderbare Führungen, s.: Vergißmeinnicht-Erzählungen. 76.

— ein rechter Helfer, s.: Geschichten vom Gustav Adolf-Verein f. Kinder. 2. Hft.

— der Mensch denkt, Gott lenkt, s.: O du fröhliche, o du selige, gnadenbringende Weihnachtszeit. 33.

Tischer, W., über Kakao-Ernährg., s.: **Beddies, Alfr.**

Tischert, Georg

[F.] Elsass-Lothringen und die Handelsverträge. Von Dr. Georg **Tischert**, Redakt. d. Strassburger Neuesten Nachr. *Leipzig: F. W. Grunow 1898.* (80 S.) 1 Bd 8. [98. 1696

Tischert, Geo., das Geld-, Wechsel-, Kredit- u. Bankwesen, s.: Jores, Carl.

[F.] Fünf Jahre deutscher Handelspolitik '(1890—1894)'. Von Dr. Georg **Tischert**, Red. d. Strassburger Neuesten Nachrichten. *Leipzig: F. W. Grunow 1898.* (371 S.) 1 Bd 8. [95. 4608

Tischert, Geo., zollpolitische Interessenkämpfe, s.a. **Schriften d. Centralstelle f. Vorbereitung v. Handelsverträgen. 13.**

Zollpolitische Interessenkämpfe von Dr. Georg **Tischert** ⟨Berlin⟩. *Berlin: J. Guttentag 1900.* (163 S.) 8°
= **Schriften** d. Centralstelle f. Vorbereitung v. Handelsverträgen. H. 13. [01. 706

— s.: **Saling's Börsen-Papiere.**

Unterwegs zu den neuen Handelsverträgen. Eine krit. Darst. d. Vorbereitung d. neuen Handelsverträge 1897—1900 von Dr. Georg **Tischert** ⟨Berlin⟩. *Berlin: Siemenroth & Troschel 1901.* (XVI, 101 S.) 8° [01. 8050

Tischert, R., wie lege ich mein Geld an? (95 S.) 8. Essen (907). Fredebeul & Koenen. 1. —

Tischgebete. Klgft.. St. Josefs-Druck., 1895. Sedez. 31 S.

Tischgebete, die, nach dem römischen Brevier, lateinisch u. deutsch. Zum Gebrauche f. Schwestern v. der Hl. Ursula. (31 S.) 16. Osnabrück 908. G. Pillmeyer. Geb. — 50

TISCH-GEBETHE, wie man sie das ganze Jahr hindurch bei den englischen Fräulein des Instituts Mariae zu beten pflegt. Erlau 1856. Gedr. bei der erzbischöflichen Buchdruckerei. 19 S. - 32°

Tischgenosse, Der beschaeftigte, bey der Gnadentafel des Herrn . . . Zürich 1748. V: *Stäheli, Heinrich.* (ML)

Tisch-Gesänge bey der Feier des Johanni-Festes der Loge Carl zum Felsen. [Altona 1822.] 2 Bl. 8° [Kopftit.]
5 Gesänge ohne Noten.

Tischgesänge zum hundertjährigen Stiftungsfeste der Loge Constantia Concordia in Elbing am 7. Nov. 1873. Danzig [1873]: Kafemann. 4 Bl. 8° [Umschlagtit.]
4 Lieder ohne Noten.

TISCHGESELLSCHAFT, Die lustige. Scherzfeld (Kritzinger in Leipzig). 1764.

Tischgespräch, das, auf dem Rheindampfer. Der hochwürd. Fakultät der evangel. Theologie zu Bonn u. allen unbefangenen Herzen gewidmet v. J. M. **Arouet.** 4. Aufl. gr. 8. (XIV, 50 S.) Bonn 884. Strauß. n. 1. 20

Tischhausen, E., Der Kampf um eine neue Weltanschauung. 8°. Zürich, Buchh. d. Schweiz. Grütlivereins, 1908.

Tischhauser, Chrn., Geschichte der evang. Kirche Deutschlands in der ersten Hälfte des 19. Jahrh. gr. 8. (VI, 711 S.) Basel 900. (Helbing & Lichtenhahn.) n. 6. 40

Tischhauser, Chrn., Grundzüge der Religionswissenschaft zur Einleitung in die Religionsgeschichte. gr. 8. (IV, 184 S.) Basel 891. (R. Reich.) n. 2. —

Tischhauser, Chr., Handbuch der Kirchengeschichte. gr. 8. (XII, 688 S.) Basel 887. [Detloff.] Reich. n. 8. 80

Tischhauser, Chrn., Luthers Leben. Für das Volk geschrieben zum 400jähr. Geburtstage Luthers. 2. und 3. Aufl. 8. (224 S.) Basel 883, Detloff's Verlag. *

Tischhauser, Chrn., das Reich Christi, das einz. wahre Ideal f. d. Menschheit. Vortrag, geh. in d. Fraumünsterkirche in Zürich am 17. Jan. 1896. 8. (89 S.) Zürich 896. Depot d. Evang. Gesellschaft. n. — 50

— 3 Tabellen zur Kirchengeschichte. qu. gr. Fol. Ebend. 885. In Mappe. n. 1. 20

— drei Tabellen zur Kirchengeschichte. 2. Aufl. gr. Fol. (1 Bl. Text.) Ebd. 892. In Mappe. n. 1. 80

Tischhauser, Chr., das Uebel nach biblischer Lehre. Ein Vortrag. gr. 8. (32 S.) Zürich 881. Höhr. n. — 75

Das Wesen der Religion. Von Christian **Tischhauser.** *Basel: R. Reich 1894.* (34 S.) 1 Bd 8. [97. 7346 ...

—— pädagogische Winke für Haus und Schule. 2. Aufl. (IV, 116 S.) 1872. *M 1.; 3. bedeutend verm. Aufl. 8. (IX, 230 S.) Basel 884, Schneider. *M 1,60.; geb. *

Tischhauser, Emanuel

Tischhauser, E., der Kampf um e. neue Weltanschauung. (20 S.) 8. Zürich 908. Buchh. des schweiz. Grütlivereins. — 25

Tischhauser, E[manuel]. Die Los-von-Rom-Bewegung in Böhmen und Steiermark. Ihre politische und religiöse Entwicklung. 52 S. 8. Basel, Kober, 1902. [fr. —.50]

Tischhauser, J., praktischer Ratgeber f. den Keller der Landwirte. Hrsg. v. e. praktisch erfahrenen Kellermeister. (39 S.) kl. 8. Zürich (907). (Aarau, E. Wirz.) Kart. 1. 50

Tischinger, Fr. Pet., singularia Ezechielis. 8. Schwabach, Enderes. 743.

Tischleder, Fr., Theorie der Summation der Reihen. gr. 8. Neustadt an d. Haardt 834. Gottschick. 1 ₰

Tischleder, Fr, Theorie der Summation d. Reihen. gr. 8. (8½ B.) Neustadt a. d. Haardt 834. (Leipzig, Michelsen.)

Tischlein deck' dich, Es'lein streck' dich, Knüppel aus dem Sack! Volks- u. Kinder-Mährchen, wiedererzählt von Onkel Wilhelm. Frankfurt a. M. 864. Küchler. 32. (16 S.) 2 ngr.

Tischlein deck' dich, Esel streck' dich, Knüppel aus dem Sack. Ein Märchen f. art. Kinder. Mit 6 bunten Bildern. 4. (4 S.) Leipzig 872. Loewe. geb. — 75

Tischler

— der; e. kom. Singspl. 8. Braunschw. 784. Schulbuchh. 4 gr

Tischler, der. Unentbehrliches Unterhaltungs- und Geselligkeits-Taschenbuch für den Tischler. Burg 856. Hopfer. 16. (VIII, 240 S.) 12 ngr.

Tischler, der frohe. Ein Liedercyclus nach bekannten Volksmelodien. Barmen 864. Bornefeld. 16. (16 S.) 1½ ngr.

Tischler, der Liefländische. Lstspl. in 3 Aufz. Seitenstück z. Mädchen v. Marienburg. 8. Wien ... 2e A. 817. Wallishausser. 8 gr

Tischler, Der praktische. Wegweiser zur Selbstständigkeit. Nordhausen 1891. V: *Ludwig, Carl Wilhelm.* (Berl) (Kat. d. Bibl. d. Kais. Patentamtes. Berlin 1896.)

Über die Gliederung der Urgeschichte Ostpreussens. Nach einem Vortrage des Herrn Dr. TISCHLER aus Königsberg, gehalten in der Alterthumsgesellschaft zu Insterburg am 14. März 1887. Insterburg 1887. Druck von Carl Wilhelmi. 8°.

Tischler, Alois, österreichisches Gewerberecht, s.: Heilinger, Alois.

Tischler, Ernst, Referendar: Können nach dem BGB. Minderjährige unter und über 7 Jahren Besitz erwerben und verlieren? Borna-Leipzig 1909: Noske. VI, 48 S. 8°
Rostock, Jur. Diss. v. 20. Juni 1909, Ref. Bernhöft
[Geb. 24. März 83 Danzig; Wohnort: Charlottenburg; Staatsangeh.: Preußen; Vorbildung: Gymn. Königsberg i. P. Reife O. 01; Studium: Königsberg 5, München 1 S.; Rig. 15. Mai 09.] [U 09. 3701

Tischler's, F., Zuschneide-System u. Lehrmethode. Wien 862. (Draudt.) 4. (64 lith. S. u. 7 lith. Taf. in gr. Fol.) 1 ₰ 10 ngr.

Tischler's, F., Zuschneide-System u. Lehrmethode. Mit 4 Tafeln. gr. 8. (64 S.) Wien, Draudt. 1864. in Couvert 2 fl..

TISCHLER, Franz Joseph (Grafenau): De arthritide.- Monachii: Wolf 1836. 16 S.
9.6.1834 - Urk; F 62
Diss. Ingolst.-Landsh.-Mchn.

Tischler, Frz. Ser., O. Cap., neuester Ablaß-Kalender für die Terziaren des hl. Franziskus. [Aus: „Lehr- u. Gebetb. f. die Terziaren."] 5. u. 6. Aufl. (36.—40. Taus.) (28 S.) 12,8×8 cm. Bregenz 910. J. N. Teutsch. — 15

Tischler, Frz., O. Cap., Handbuch f. die christl. Familie. Für Kanzel u. Haus nach bewährten Quellen bearb. gr. 8. (XVI, 668 S. m. Titelbild.) Bregenz 901. J. N. Teutsch. n. 4. 20; geb. in Leinw. n. 5 20; in Halbldr. n.n. 6. —

Tischler, Franziskus Ser., Handweiser für den hochwürdigen Klerus in Sachen des III. Ordens des heil. Vaters Franziskus. gr. 16. (332 S.) Salzburg 886, Mittermüller. geb.

Tischler, F. S., Handweiser f. den hochwürdigen Klerus in Sachen d. III. Ordens d. hl. Vaters Franziskus. 2. Aufl. 12. (424 S. m. 1 Bild.) Salzburg 888. Mittermüller. n. 2. 80; geb. n.n. 3. 80

Tischler, Franzisk. Ser., Handweiser f. den hochwürdigen Klerus in Sachen d. III. Ordens d. hl. Vaters Franziskus. 3., verb. Aufl. gr. 16. (423 S. m. 1 Bild.) Salzburg 891. M. Mittermüller. n. 2. 80

(F) Hausbuch für die christliche Familie. Für Kanzel und Haus nach bewährten Quellen bearbeitet von P. Franz Tischler. Mit einem Titelbilde. Mit Genehmigung des hochwürdigsten fb. Ordinariates Brixen und Erlaubnis des Rmus P. Ordensgenerals. Bregenz. 1901. Teutsch. Gr.-8°. XVI, 668 S. K 5.—, geb. K. 6.20

Tischler, Frz. Seraph, O. Cap., Hausbuch f. d. Mitglieder d. III. Ordens des hl. Vaters Franziskus, s.: Stock, Norb.

— Lehr- u. Gebetbuch f. die Tertiaren des hl. Franziskus, s.: Thaler, Kassian.

Tischler G.: Kurzer Bericht üb. die v. Eriksson u. mir ausgeführten Untersuchungen üb. das vegetative Leben d. Gelbrostes (*Puccinia glumarum Erikss. et Henn.*). 1904. [Rostr. Saml.].

Tischler, G., Ernst Pfitzer. Gedächtnisrede, geh. am 21. XII. 1906 im grossen Hörsaal des botan. Instituts zu Heidelberg. (29 S. m. 1 Bildnis.) gr. 8. Heidelberg 907. C. Winter, Verl. 1. —
Sonderabdruck aus: „Verhandlgn. d. naturhist.-med. Ver. zu Heidelberg".

Tischler, Georg, Dr., aus Losgehnen, Kr. Friedland (Ostpr.): Die Berberidaceen und Podophyllaceen. (Mit 30 Fig. im Text.) Versuch einer morphologisch-biol. Monographie. *Leipzig: W. Engelmann 1902.* (136 S.) 8° ¶(Aus: Engler's Botan. Jahrbücher, Bd 31, H. 4/5.)
Heidelberg, Naturw.-math. Hab.-Schr. v. 1902

Tischler, Geo., über das vegetative Leben der Getreiderostpilze, s: Eriksson, Jak.

Tischler, Georg, aus Losgehnen bei Königsberg i. Pr.: Über die Verwandlung der Plasmastränge in Cellulose im Embryosack bei Pedicularis. *Bonn 1899: K. Drobnig.* (18 S.) 4° ¶(Aus: Schriften d. Physikalisch-Oekonom. Gesellschaft zu Königsberg, Jg. 40.)
Bonn, Phil. Diss. v. 24. Juni 1899

Tischler, Hermann: Die Doppelbearbeitungen der „Räuber", des „Fiesco" und des „Don Carlos" von Schiller. Eine litterarhistorische Studie. . . . Leipzig, Druck v. Emil Herrmann senior, 1888: 2 Bl. + 64 S. + 1 Bl. 8°
Leipzig, Phil. Fak., Inaug.-Diss. v 28. Aug. 1888

Tischler, Herm., die Doppelbearbeitungen der „Räuber", des „Fiesco" und des „Don Carlos" von Schiller. Eine litterar.-histor. Studie. Inaugural-Dissertation. 8. (65 S.) Leipzig 888, (Fock.) *

Tischler, Hugo, appr. Arzt a. Dobrzyca (Prov. Posen): Ueber die Technik der kochsalzarmen Ernährung. Leipzig 1906: B. Georgi. (32 S.) 8°
Leipzig, Med. Fak., Ref. Boehm, Diss. v. 9. Febr. 1906
[Geb. 13. Sept 79 Dobrzyca; Wohnort: Berlin; Staatsangeh.: Preußen; Vorbildung: Gymn. Ostrowo Reife O. 99; Studium: Berlin 9 S.; Coll. 9. Febr. 06; Approb. 29. Juli 04.]

Tischler, Ignaz, Rechtskandidat: Die strafrechtliche Bedeutung der Beihilfe. *München 1902: F. P. Datterer & Co.* (122 S.) 8°
Würzburg, Jur. Diss. v. 1902

Tischler, Ign., Lesestäbe, s. Lesestäbe.

Tischler, Ign., Sprach- u. Rechtschreiblehre mit beigefügten Denk- u. Stylübungen f. deutsche Schulen in fünf auf einander folgenden Stufen. 3 Bdchn. 12. 1. Bdchn. [1. 2. 3. Stufe.] (96 S.) 2. Bdchn. [4. Stufe.] (94 S.) 3. Bdchn. [5. Stufe.] (120 S.) Landshut 850. 51, Thomann. (1 u. 2: à 3 ngl 3: 4 ngl) 1/3 ₰

Tischler, Ign., Sprach- und Rechtschreiblehre mit beigefügten Denk- und Stylübungen für deutsche Schulen in 5 auf einander folgenden Stufen. 1. Bdchn. (1. 2. 3. Stufe.) 2., umgearb. Aufl., zugleich Gesammtauszug für Landschulen. Landshut 855. Thomann. 8. (47 S. und: Wörterbüchlein dazu 68 S.) 3 ngr

TISCHLER, Ignaz Ferdinand (Landshut): Beiträge zur Lehre von der Geburt bei engem Becken.- Landshut: Thomann 1874. 36 S.
13.3.1874 - Urk (Titel: De partu mulierum pelvi arcta insignium.); Chr 1873/74,14
Diss. Ingolst.-Landsh.-Mchn.

Tischler, Ign. F., das ländliche Volksschulhaus, vom Standpunkte der öffentl. Gesundheitspflege erörtert f. Aerzte, Techniker u. Schulaufsichtsorgane. gr. 8. (64 S.) München 887. Expedition d. k. Zentral-Schulbücher-Verlages. n. 1. 20

Tischler, Ign. Ferd., das ländliche Volksschulhaus, vom Standpunkte der öffentl. Gesundheitspflege erörtert für Aerzte, Techniker und Schulaufsichtsorgane. gr. 8. (64 S.) München 887, Oldenbourg, Abteilung für Schulbücher. *

TISCHLER, Joseph (Landshut): Ueber den Werth und die Gefahren des Chloroform in der Chirurgie.- München: Wolf 1883. 36 S.,1 Bl.
30.5.1883 - Urk (Titel: De commodis deque periculis chloroformii in chirurgia adhibiti.); Chr 1882/83,18
Diss.Ingolst.-Landsh.-Mchn.

Tischler, L., die allgemeinen Mängel der Rübenzuckerfabrikation u. deren Abhülfe, nebst Anführung des patentirten Verfahrens. 8. (2½ B. Magdeburg 844, Baensch. *

Tischler, Ludw., s.: Architecture mod. de Vienne.

Tischler, Ludw., s.: Neubauten, Wiener.

Tischler, Max, appr. Arzt a. Wongrowitz (Prov. Posen): Ueber die Aetiologie der multiplen symmetrischen Lipome. Leipzig 1906: B. Georgi. (25 S.) 8°
Leipzig, Med. Fak., Ref. Hoffmann, Diss. v. 12. April 1906
[Geb. 1. Febr. 76 Dobrzyca, Prov. Posen; Wohnort: Wongrowitz; Staatsangeh.: Preußen; Vorbildung: Gymn. Ostrowo Reife O. 96; Studium: Berlin 9 S.; Coll. 12. April 06; Approb. 14. Aug. 01.]

Tischler, Otto, über Aggry-Perlen und über die Herstellung farbiger Gläser im Alterthume. Vortrag, gehalten in der Sitzung der physikalisch-ökonom. Gesellschaft zu Königsberg i. Pr. am 7. Jan. 1886. gr. 4. (12 S.) Königsberg 886, (Koch.) *
Aus: Schriften der Gesellschaft, besonders abgedruckt.

Tischler, Otto, ostpreussische Altertümer aus der Zeit der grossen Gräberfelder nach Christi Geburt. Im Auftrage des Vorstandes der physikalisch-ökonom. Gesellschaft zu Königsberg i. Pr. hrsg. v. Heinr. Kemke. gr. 4. (46 S. m. 30 Taf. u. 30 Bl. Erklärgn.) Königsberg 902. (W. Koch.) n. 20.—

Tischler, Otto, Über die Bedeutung der La Tène-Periode für Mittel-Europa. (Königsberg 1882.) 4.
Sep.-Abdr. aus: Schriften d. phys.-oek. Ges. zu Königsberg. Bd. 23.

Tischler, Otto, Beiträge zur Kenntniss der Steinzeit in Ostpreussen u. den angrenzenden Gebieten. [Aus: „Schriften d. phys.-ökonom. Gesellschaft zu Königsberg".] gr. 4. (24 S.) Königsberg 882. Koch in Comm. n. 1. 50

—— **dass. — (II.) gr. 4. (32 S. mit 11 eingedr. Zinkogr.) (Ebendas.) 883.** *
Vorstehende zwei Schriften sind aus: Schriften der physikalisch-ökonomischen Gesellschaft zu Königsberg, besonders abgedruckt.

Tischler, Otto. Bericht üb. die archäologisch-anthropologische Abteilung d. Provinzial-Museums der physikalisch-ökonomischen Gesellschaft, bei Gelegenheit der Feier d. 100jähr. Bestehens der Gesellschaft 1890 erstattet. gr. 4. (20 S.) Königsb. i. Pr. 890, (Koch). * — 80

— Bericht über die praehistorisch-anthropologischen Arbeiten der physikalisch-oekonomischen Gesellschaft. [Aus: „Schriften d. physik.-ökonom. Gesellsch."] gr. 4. (21 S.) Königsberg 877. (Koch.) n. 1. —

—— **Bericht über die anthropologisch-prähistorische Sammlung der physikalisch-ökonomischen Gesellschaft zu Königsberg i. Pr., s. Sammlungen, die anthropologischen, Deutschlands.**

Tischler, Otto, eine Emailscheibe von Oberhof und kurzer Abriss der Geschichte des Emails. Vortrag, gehalten in der Sitzung der physikalisch-ökonom. Gesellschaft zu Königsberg i. Pr. am 2. Dezbr. 1886. gr. 4. (24 S.) Königsberg 887. (Berlin, Friedländer und Sohn.) **
Aus: Sitzungsberichte der Gesellschaft, besonders abgedruckt.

— Gedächtnissrede auf J. J. A. Worsaae, geh. in der Sitzg. der physikalisch-ökonom. Gesellschaft zu Königsberg i. Pr. am 4. März 1886. [Aus: „Schriften d. Gesellsch."] gr. 4. (11 S.) Königsberg 886. (Koch.) n. — 45

— das Gräberfeld bei Oberhof, Kreis Memel. Vortrag. [Aus: „Schriften der phys.-ökonom. Gesellsch. zu Königsberg".] gr. 4. (10 S.) Ebd. 888. n. — 30

—— ostpreussische Gräberfelder. III. gr. 4. (III, 110 S. mit 5 zum Theil chromolithogr. Taf. und 5 Bl. Tafelerklärungen.) Königsberg 879, (Koch und Reimer.) *
Aus: Schriften der physikalisch-ökonom. Gesellschaft zu Königsberg, besonders abgedruckt.
Die I. und II. Abthl. bilden: Berendt, zwei Gräberfelder in Natangen, und Klebs, Bericht über die neuen Ausgrabungen in Tengen (Schriften der physikalisch-ökonom. Gesellschaft 1873 und 1876.)

— ostpreussische Grabhügel. I. II [Aus: „Schriften d. phys.-ökonom. Gesellsch. zu Königsberg".] gr. 4. Königsberg 887. (Berlin, Friedländer & Sohn.) n. 5. 50
I. (66 S. m. 4 Taf. u. 6 Zinkogr.) 887. n. 4. —. — II. (32 S. m. 2 Taf.) 888. n. 1. 50.

— dasselbe. III. Festschrift der physikalisch-ökonom. Gesellschaft in Königsberg i/Pr. zur Feier ihres 100jähr. Bestehens am 22. Febr. 1890. [Aus: „Schriften d. phys.-ökonom. Gesellsch."] gr. 4. (37 S. m. 2 Taf.) Königsberg i/Pr. 890. (Koch.) n. 1. 80

—— Ueber den Zuwachs der archaeologischen Abteilung d. Provinzial-Museums im J. 1889. Sitzungsbericht vom 3. April 1890 der physikal.-ökonom. Gesellschaft zu Königsberg i. Pr. gr. 4. (6 S. m. 2 Abbildgn.) (Ebd.) 890. * — 20
Vorstehende 2 Schriften sind aus: Schriften d. physikal.-ökonom. Gesellsch. in Königsberg i. Pr., besonders abgedruckt.
Vgl.: Lindemann, F. Rede am Sarge O. T.'s.

Tischlerfamilie, die musikalische, od. die unruhige Nachbarschaft, s.: Dilettantenbühne, katholische. 184. Hit.

Tischlergewerk, das. 1909-13. 4° Essen R. 1909-13

Tischler-Kalender, allgemeiner, für Bau- und Möbeltischler für das J. 1889. Unter Mitwirkung bewährter Fachmänner hrsg. von der Redact. der „Allgemeinen Tischler-Zeitung". 4. Jahrg. gr. 16. (VIII, 132, 60 S. mit 1 Stnt.) Berlin, Harrwitz Nachf. geb.

Tischler-Kalender, allgemeiner, f. Bau- u. Möbeltischler f. d. J. 1890—1893. 5.—8. Jahrg. gr. 16. (à Jahrg. ca. 75 S. m. Illustr. u. Schreibkalender.) Berl., Harrwitz' Nachf. geb. à Jahrg. 1 50

Tischler-Kalender, allgemeiner, f. Bau- u. Möbeltischler f. das J. 1895. Unter Mitwirkg. bewährter Fachmänner hrsg. v. der Red. der „Allg. Tischlerzeitg." 10. Jahrg. gr. 16. (VI S., Schreibkalender u. 64 S. m. 1 Tab.) Berlin, J. Harrwitz Nachf. Geb. in Leinw. 1. 50

Tischler-Kalender, allgemeiner, f. Bau- u. Möbeltischler, sow. Möbelhändler f. d. J. 1898. 13. Jahrg. gr. 16. (VI S., Schreibkal. u. 93 S. m. 1 Taf.) Berlin, J. Harrwitz Nachf. Geb. in Leinw. 1. 50

Tischler-Kalender, allgemeiner, für Bau- und Möbeltischler sowie Möbelhändler f. d. J. 1903. 18. Jahrg. (V S., Schreibkalender u. 133 S. m. Fig.) Nebst: Praktische Anleitg. zur Buchführg. f. Gewerbetreibende v. H. Gruner. gr. 16. (39 S.) Berlin, J. Harrwitz Nachf. Geb. in Leinw. u. geh. 1.50

Tischler-Kalender, allgemeiner, f. Bau- u. Möbeltischler sowie Möbelhändler 1907. Hrsg. v. Conr. Wachholz. 22. Jahrg. (VI S., Schreibkalender u. 120 S. m. Fig.) kl. 8. Berlin, J. Harrwitz Nachf. Geb. in Leinw. 1. 50

Tischler-Kalender, allgemeiner, f. Bau- u. Möbeltischler sowie f. Möbelhändler. 1910. Hrsg. v. Conr. Wachholz. 25. Jahrg. (IX S., Schreibkalender u. 167 S. m. Fig.) kl. 8. Berlin, J. Harrwitz Nachf. Geb. in Leinw. 1.50

Tischler-Kalender, deutscher, f. d. J. 1884. Praktisches Hilfs- u. Nachschlagebuch f. Bau-, Möbel- u. Modelltischler, sowie f. Fabrikanten u. Werkführer der Holzindustriebranche. Bearb. v. Geo. Albert. 1. Jahrg. gr. 16. (XII, 112 u. 93 S. m. eingedr. Fig.) Berlin, Polytechn. Buchh. geb. n. 2. —

Tischler- u. Tapezierer-Kalender, Oesterreich., pro 1885. Ein Taschen- u. Notizbuch f. Mobel- u. Kunsttischler, Tapezierer u. alle verwandten Branchen. Redig. v. Robert Kulka. VII. Jahrg. Taschenformat. (94 S. mit 48 Bl. Abbild.) Wien, *R. Löwit. Geb. 1 fl. 30 kr.

Tischler- und Tapezierer-Kalender, österr., pro 1886. Ein Taschen- und Notizbuch für Möbel- u. Kunsttischler, Tapezierer u. alle verwandten Branchen. Herausg. und red. von Robert Kulka, Chef-Red. der Fachschrift „Wiener Möbelhalle". VIII. Jahrg. Taschenformat. (100 S. mit 48 Blatt Abbildungen.) Wien, Löwit. In Comm. geb. 1.30. 1886.

Tischler- und Tapezierer-Kalender, österr., pro 1887. Ein Taschen- und Notizbuch für Möbel- u. Kunsttischler, Tapezierer und alle verwandten Branchen. Herausgegeben und redigirt von Robert Kulka, Chefredacteur d. Fachschr. „Wiener Möbelhalle". IX. Jahrg. Taschenformat. (92 S. mit 48 Blatt Abbildungen.) Wien, Löwit. In Comm. geb. Baar fl. 1.30. 1887.

Tischlerkunst, die, in ihrem ganzen Umfange, n. d. Franz. d. Roubo, mit Zuziehung J. Jac. Petutschnick, m. Zusätz. v. Ch. L. Seebaß, m. K. 4. Leipz. Ind. Comt. 805.

Tischler-Lehrling, der, sein Verhalten u. seine Fortbildung während der Lehrzeit sowie Vorbereitung zur Gesellen-Prüfung. Hrsg. v. der Handwerkskammer f. das Herzogt. Braunschweig. (55 S. m. Abbildgn.) gr. 8. Braunschweig 904. (H. Sievers & Co. Nachf.) 1. 35

Tischlermeister, der deutsche. Fachblatt f. alle Gebiete d. Tischlerei u. dieser verw. Gewerbe: Bildnerei, Drechslerei, Tapeziererei u. alle Kunsthandwerke. Red.: A. Flemming. 1. Jahrg. 1895. 26 Nrn. (à ca. 24 S. m. Abb.) gr. 4. Neudamm. Berlin, Stephan Schmitz. n. 4. —

— dasselbe. Offiz. Organ f. d. Publikationen d. Innungs-Verbandes: „Bund deutscher Tischler-Inngn." Red.: A. Flemming. 2. u. 3. Jahrg. 1896—1897. à 52 Nrn. (à ca. 12 S. m. Abb. u. Taf.) gr. 4. Berlin, Stephan Schmitz. à Jahrg. n. 6. —

— dasselbe. Organ f. d. gewerkschaftl. u. polit. Interessen d. deutschen Tischler-Inngn. u. d. gesamt. Holzindustrie. Red.: A. Flemming. 4. Jahrg. 1898. 52 Nrn. (à ca. 12 S. m. Abb. u. Taf.) gr. 4. Ebd. 7. —
Kann auch vierteljährlich bezogen werden.

Tischlermeister, der deutsche. Illustr. Fachblatt für alle Gebiete der Tischlerei u. dieser verwandten Gewerbe, f. das Kunsthandwerk im allgemeinen. Organ f. die wirtschaftl. u. sozialen Interessen der deutschen Tischler-Inngn. und sonst. Korporationen d. Holz-Industrie. 5.—7. Jahrg. 1899—1901. à 52 Nrn. gr. 4. (à ca. 16 u. 8 S. m. Taf.) Berlin, St. Schmitz. à Jahrg. 7. —

— dasselbe. 8. Jahrg. 1902. 52 Nrn. gr. 4. (à ca. 16 u. 8 S. m. Taf.) Ebd. 6. —

Tischlermeister, der deutsche. Illustriertes Fachblatt. Red.: Hans Klimke. Nebst Beilage: Für's Haus. Red.: Rud. Elcho. 9—12. Jahrg. 1903—1906. 52 Nrn. (à ca. 30 u. 8 S. m. Taf.) gr. 4. Berlin, Stephan Schmitz. 1903 n. 6. —; 1904 n. 7.50; 1905 u. 06 à n. 8. —

Tischlermeister, der deutsche. Illustriertes Fachblatt f. die gesamte Inneneinrichtg. Illustriertes Fachblatt f. die gesamte Tischlerei u. den Möbel-Handel, f. Innen-Dekoration, Polsterei, Holzschnitz-Kunst u. Drechslerei, f. alle verwandten Gewerbe u. den Holz-Handel. Red.: Hans Klimke. Nebst Beilage: Für's Haus. Red.: Rud. Elcho. 13.—16. Jahrg. 1907—1910. à 52 Nrn. (2952, 3052, 3052 u. 3180 S. m. Schnittbog.) 37×26,5 cm. Berlin, St. Schmitz. à Jahrg. 8.—; geb. 10. —

Tischlermeister, der „liberale", oder Widerlegung der landläufigen Einwendungen gegen die Religion. Eine Dorfgeschichte. Frei nach dem Französ. von Heinr. Rütjes. gr. 16. (IV, 176 S.) Paderborn 877, Bonifaciusdruckerei.

Tischlerzeitung. Wien: Administration 1891. 8°

Tischler-Zeitung, allgemeine. Zeitschrift für alle Zweige der Tischlerei u. feineren Holzbearbeitung. Organ des Verbandes der Tischler-Arbeitgeber u. Fachgenossen Deutschlands. Red. u. Hrsg.: Carl Koeppen. 1. Jahrg. 1878. 52 Nrn. (à 1—1½ B. mit Steintaf.) Fol. Pankow b. Berlin, Exped. 12 —
cf.: Tischler- u. Kunstgewerbe-Zeitung.

Tischler-Zeitung, allgemeine. Verbands-Blatt der deutschen Tischler-Innungen. Organ für die Interessen der gesammten Tischlerei ꝛc. Chef-Redakt.: Ad. Schulz. 3.—5. Jahrg. 1886—1888. à Jahrg. 24 Nrn. (à Nr. 2 Bog. mit Fig. und Taf.) hoch 4. Berlin, Harrwitz' Nachf. à Jahrg. *

— dasselbe. Red.: G. H. Wolff. 6. Jahrg. 1889. 52 Nrn. (2 B. m. Fig. u. Taf.) hoch 4. Ebd. n. 8. —

— dasselbe. Chef-Red.: C. Spitzbarth; f. den techn. Thl. C. Krause. 7. Jahrg. 1890. 52 Nrn. (2 B. m. Fig. u. Taf.) hoch 4. Ebd. n. 8. —

Tischler-Zeitung, allgemeine. Central-Blatt f. Holz-Interessenten: Bau- u. Nutzholzhandlgn., Zimmermeister, Sägemühlen, Holzbearbeitungsfabriken rc. Offertenblatt f. die gesammte Möbelbranche. Anzeiger f. Tischler, Drechsler, Bildhauer, Glaser rc. Chef-Red.: Alfr. Gaspary; f. den techn. Thl.: C. Krause. 8. u. 9. Jahrg. 1891. 1892. à 52 Nrn. (2 Bog. m. Fig. u. Taf.) hoch 4. Berlin, J. Harrwitz Nachf. à Jahrg. n. 8. —

— dasselbe. Hrsg.: Alfr. Gaspary. 10. Jahrg. 1893. 52 Nrn. (à ca. 2 Bog. m. Taf.) hoch 4. Ebd. n. 8. —

Tischler-Zeitung, allgemeine. Hrsg. u. Red.: Alfr. Gaspary. 12.—15. Jahrg. 1895—1898. à 52 Nrn. (à ca. 12. S. m. Abb.) hoch 4. Berlin, Dr. Gaspary. à Jahrg. n. 8. —

Tischler-Zeitung, allgemeine. Fachblatt f. die Interessen der gesammten Tischlerei. Red.: R. Gocht. Jahrg. 1899—1902. à 52 Nrn. hoch 4. (à ca. 8 S. m. Abbildgn. u. Taf.) Berlin, Dr. Gaspary. à Jahrg. n. 8. —
Die Jahrgge. 1899 u. 1900 sind v. A. Gaspary hrsg.

Tischler-Zeitung, allgemeine. Fachblatt f. die Interessen der gesamten Tischlerei. Red.: R. Gocht. 20—23. Jahrg. 1903—1906. à 52 Nrn. (522, 836, 872 u. 1048 S. m. Abbildgn. u. je 52 Taf.) hoch 4. Berlin, Dr. Gaspary. à Jahrg. n. 8. —

Tischler-Zeitung, allgemeine. Illustriertes Fachblatt f. Bau- u. Möbeltischler, Möbelfabriken, Drechsler, Holzbearbeitungs-Fabriken, Tapezierer u. Innen-Dekoration, sowie auch f. die techn. u. künstler. Interessen der gesamten Holzindustrie. Red.: R. Gocht. 24.—27. Jahrg. 1907—1910. à 52 Nrn. (1248, 1140, 1120 u. 1120 S. m. Taf.) 34,5×26 cm. Berlin, Dr. Gaspary. à Jahrg. 8.—

— allgemeine deutsche. Organ f. Bau-, Möbel- u. Kunst-Tischlerei, Pianoforte-Fabrikation, Holzbildnerei u. verwandte Zweige. Hrsg.: C. Hettwig. Red.: Otto Voigt. 1. u. 2. Jahrg. 1875 u. 1876 à 52 Nrn. (à 1—1½ B. m. lith. Beilagen.) Fol. Berlin, Stahl & Aßmann. à Jahrg. n. 12 —

Tischler-Zeitung, allgemeine deutsche. Organ für Bau-, Möbel- und Kunst-Tischlerei, Pianofortefabrikation, Holzbildnerei und verwandte Zweige. Hrsgbr.: C. Hettwig. Redact.: Otto Voigt. 2. und 3. Jahrg. 1876 und 1877. à Jahrg. 52 Nrn. (à 1—1½ Bog. mit lithogr. Beilagen.) Fol. Berlin, Stahl und Aßmann. à Jahrg. *
Nicht weiter erschienen.

Tischler- u. Kunstgewerbe-Zeitung, allgemeine. Journal aller Zweige feinerer Holzbearbeitung f. Tischler, Ebenisten, Bildhauer, Drechsler, Pianoforte- u. Billard-Fabrikanten. Red.: C. Koeppen. Jahrg. 1879. 12 Hfte. (à 3—4 B m. eingedr. Holzschn. u. Steintaf.) Fol. Pankow b. Berlin, Exped. n. 12. —
cf.: Tischler-Zeitung, allgemeine.

Tischler-Zeitung, deutsche. Organ für Bau-, Möbel- und Kunst-Tischlerei, Pianofortefabrikation, Holzbildnerei und verwandte Holzarbeiten. Hrsgbr.: C. Hettwig. Redact.: Otto Voigt. 1. Jahrg. October 1874 bis Septbr. 1875. 52 Nrn. (Bog.) Fol. Berlin, Günther. [Stahl und Aßmann.] *

Tischler-Zeitung, deutsche, Organ für Bau-, Möbel- und Kunst-Tischlerei, Pianoforte-Fabrikation, Holzbildnerei rc., sowie für Händler und Fabrikanten von Tischlerei-Bedarf aller Art. Hrsg. unter Mitwirkung prakt. wie theoret. Tischler von F. A. Günther. 3. und 4. Jahrg. 1876 und 1877. à Jahrg. 52 Nrn. (Bog.) Fol. Berlin, Günther. à Jahrg. *

—— dass. — Organ für die gesammte Tischlerei. Hrsgbr.: F. A. Günther. 5. und 6. Jahrg. 1878 und 1879. à Jahrg. 24 Nrn. (à 1½ Bog.) Imp.-4. Nebst Gratis-Beilage: Sorgenfrei. Wochenschrift für Unterhaltung und Belehrung. 4. und 5. Jahrg. 1878 und 1879. à Jahrg. 52 Nrn. (Bog.) gr. 4. Berlin, Günther. à Jahrg. *

Tischler-Zeitung, deutsche. Organ für die gesammte Tischlerei. Hrsgbr.: F. A. Günther. 7.—11. Jahrg. 1880—1884. à Jahrg. 24 Nrn. (à Nr. 1½ Bog.) Imp.-4. Nebst Gratis-Beilage: Sorgenfrei. Wochenschrift für Unterhaltung und Belehrung. 6.—10. Jahrg. à Jahrg. 52 Nrn. (Bog.) gr. 4. Berlin, Günther's Zeitungsverlag. à Jahrg. *

—— deutsche. Organ für die gesammte Tischlerei. Hrsgbr.: F. A. Günther. 12. und 13. Jahrg. 1885 und 1886. à Jahrg. 24 Nrn. (à Nr. 1½ Bog.) Imp.-4. Nebst Gratis-Beilage: Sorgenfrei. Wochenschrift für Unterhaltung und Belehrung. 52 Nrn. (Bog.) gr. 4. Berlin, F. A. Günther. à Jahrg. *

—— dass. — Organ für alle Gebiete der Tischlerei und verwandten Kunstgewerbe. Redakt.: W. Dust und A. Flemming. 14. und 15. Jahrg. 1887 und 1888. à Jahrg. 52 Nrn. (à Nr. 1½ Bog.) Fol. Nebst Gratis-Beilage: Sorgenfrei. Wochenschrift für Unterhaltung und Belehrung. 13. und 14. Jahrg. à Jahrg. 52 Nrn. (Bog.) gr. 4. Ebendas. à Jahrg. *

—— F. A. Günther's deutsche. Organ f. alle Gebiete der Tischlerei u. verwandten Kunstgewerbe. Offizielles Publikationsorgan d. Innungs-Verbandes „Bund deutscher Tischler-Innungen". Redact.: W. Dust u. A. Flemming. 16.—19. Jahrg. 1889—92. à Jahrg. 52 Nrn. (à Nr. 1½ Bog.) Fol. Nebst Gratis-Beilage: Sorgenfrei. Wochenschrift f. Unterhaltung u. Belehrung. 15.—18. Jahrg. à 52 Nrn. (Bog.) gr. 4. Berl., F. A. Günther. à Jahrg. * 12 —

— F. A. Günther's deutsche. Organ f. alle Gebiete der Tischlerei u. verwandten Kunstgewerbe. Offizielles Publikationsorgan d. Innungs-Verbandes „Bund deutscher Tischler-Inngn." Red.: W. Dust u. A. Flemming. 18.—20. Jahrg. 1891—1893. à 52 Nrn. (à ca. 1 Bog.) Fol. Nebst Gratis-Beilage: Sorgenfrei. Wochenschrift f. Unterhaltg. u. Belehrg. 17.—19. Jahrg. à 52 Nrn. (Bog.) gr. 4. Berlin, F. A. Günther. à Jahrg. n. 12. —

— F. A. Günther's deutsche. Organ f. alle Gebiete d. Tischlerei u. verw. Kunstgewerbe. Offiz. Publikations-Organ d. Innungs-Verbandes „Bund deutscher Tischler-Inngn." Red.: Eug. Engelbrecht, unterstützt v. bewährten Fachleuten. 22.—25. Jahrg. 1895—1898. à 52 Nrn. (à ca. 16 S. m. Taf.) Fol. Mit Beiblatt: Sorgenfrei. Wochenschrift für Unterhaltg. u. Belehrg. Red.: Eug. Engelbrecht. 21.—24. Jahrg. à 52 Nrn. (Bog.) gr. 4. Berlin, F. A. Günther's Zeitungsverl. à Jahrg. n. 6. —
Kann auch vierteljährlich bezogen werden.

— F. A. Günther's deutsche. Organ f. alle Gebiete der Tischlerei u. verwandten Kunstgewerbe. Offizielles Publikations-Organ des Innungs-Verbandes „Bund deutscher Tischler-Inngn." Red.: Hans Klimke. 26.—29. Jahrg. 1899—1902. à 52 Nrn. Fol. (à ca. 16 S. m. Abbildgn. u. Taf.) Mit Beiblatt: Sorgenfrei. Wochenschrift für Unterhaltg. u. Belehrg. Red.: Hans Klimke. 25.—28. Jahrg. à 52 Nrn. gr. 4. (à ca. 8 S. m. Abbildgn.) Berlin, F. A. Günther's Zeitungsverl. à Jahrg. n. 6. —
F. A. Günther's deutsche, Fortsetzg., s.: Günther, F. A.

— deutsche. F. A. Günther. Illustriertes Fachblatt f. sämtl. Zweige der Tischlerei, Holzindustrie, Klavierfabrikation, Holzbildhauerei, Drechslerei, Polsterei, Innendekoration, sowie des Möbel- u. Holzhandels. Alleiniges offizielles Publikations-Organ des Innungs-Verbandes „Bund deutscher Tischler-Inngn." Red.: Karl Wilkens. 35.—37. Jahrg. 1908—1910. à 52 Nrn. (à ca. 12 S.) 33×24,5 cm. Mit Unterhaltungsbeilage: Sorgenfrei. Wochenschrift zur Unterhaltg. u. Belehrg. Red.: Karl Wilkens. 37. Jahrg. 52 Nrn. (à ca. 8 S.) 31,5×22,5 cm. Berlin, F. A. Günther & Sohn. à Jahrg. 7. —

Tischler- u. Drechslerzeitung, od. der neueste Modegeschmack in d. Bau- u. Möbeltischlerei, d. Lackir- u. Holzbeizkunst, des Treppenbaues rc. 1—3. Bd. (à 6 Hfte.) gr. 4. (46⅓ B. u. 144 zum Theil ill. Stnt.) Weimar 844—47, Voigt. à Bd. 3 Thlr.

Tischler- und Drechslerzeitung. Hrsg. von Carl Hartmann. 4. und 5. Bd. à 6 Hefte. gr. 4. Weimar, Voigt. [4. (84 S. mit 27 schw. und 14 bunten Stnt. in gr. 4. und Fol.) 848—49., 5. (88 S. mit 32 schw. und 10 bunten Stnt. in gr. 4. und Fol.) 850—51. à Bd. 3 Thlr.]

Tischler- und Drechslerzeitung. Hrsg. von Carl Hartmann. 6. Bd. (6 Hefte.) gr. 4. (IV und 112 S. mit 10 ill. und 23 schw. Stnt. in 4.) Weimar 852—55, Voigt.

Tischler-Zeitung, F. A. Günther's deutsche, s. Tischler-Zeitung, Deutsche.

— neue. Zeitschrift f. die Interessen d. Tischlergewerbes. Organ sämmtl. freien Vereine der Tischler [Schreiner] u. verwandten Berufsgenossen, sowie der Central-Kranken- u. Sterbe-Casse der Tischler rc. [E. H.] Hrsg.: W. Gramm. Red.: Louis Jacobs. 9. u. 10. Jahrg. 1887. 1888. à 52 Nrn. (B. m. Musterbeilagen.) Fol. Hamburg, (Jensen & Co.). à Jahrg. n. 4. —

— dasselbe. Hrsg.: W. Gramm. Red.: Rich. Müller. 11. Jahrg. 1889. 52 Nrn. (B. m. Musterbeilagen.) Fol. Ebd. n. 4. —

Tischler-, Drechsler- u. Zimmerer-Zeitung, österreichische. Fachblatt f. Holzbearbeitg. Officielles Organ des „Bund der Zimmermeister Nieder-Oesterreichs" u. des „Meisterverein der Holz-Drechsler" in Wien. Mit Gratisbeilagen: Vorlagen f. moderne Holzarbeiten. Hrsg. unter Mitwirkg. bewährter Fachmänner v. Jacques Sachs. Red.: Carl Fritscher. 4. Jahrg. 1903. 24 Nrn. (à ca. 8 S. m. Abb. u. Taf.) Fol. Wien, Sachs' Verl. n. 12. —
Erscheint vorläufig nicht weiter.

Collischonn, Adolf: **Tischlied** dem Br.·. Ad. Collischonn gewidmet z. s. fünfundzwanzigjährigen Maurer-Jubiläum. [Frankfurt a. M. 1889.] 1 Bl. 8⁰ [Kopftit.]
Ohne Noten: „Bruder Collischonn der Meister, . . ."

Correggio, Heinr.: Loge zur Einigkeit [in Frankfurt a. M.]. **Tischlied** für den 30. Dez. 1903. An den gel.·. Br.·. Heinr. Correggio zu seinem 25jährigen Maurer-Jubiläum. [Unterz.:] H. Sch. [Frankfurt a. M. 1903: Mahlau.] 2 Bl. 8⁰ [Kopftit.]
Ohne Noten: „Wenn jemand fünfundzwanzig Jahr . . ."

Tischlied, gesungen am 11ten Febr. 1844. [Unterz.:] M. o. O. [1844]. 2 Bl. 8⁰ [Kopftit.]
Ohne Noten: „Auf, Brüder, hört!"

Tischlied bei der Feier der Grundsteinlegung des Speyerer Hofes bei Heidelberg. Gesungen daselbst am 11. Juli 1853. Heidelberg 1853. V: *Thiele.* (ZP)

Tischlied für die Feier des 25 jährigen Maurer-Jubiläums der Bbr. Carl Trauner und Wilh. Koelle. Mittwoch, den 25. März 1903. [Frankfurt a. M. 1903: Mahlau.] 2 Bl. 8⁰ [Umschlagtit.]
Ohne Noten: „Trauner und Koelle, die machen uns Freud, . . ."

Tischlied zur Feier der Schlussstein-legung des neuen Logen-Gebäudes der Loge zur Einigkeit am 26. Sept. 1896. Frankfurt a. M. [1896]: Knauer. 2 Bl. 8⁰ [Umschlagtit.]
Ohne Noten: „Es thronet ein Tempel am grünen Main, . . ."

Tischlied zum Fest der Meisterwahl in der ▭ „Zur Einigkeit" am 5. März 1890. [Frankfurt a. M. 1890.] 1 Bl. 8⁰ [Kopftit.]
Ohne Noten: „Trinkt, trinkt, trinkt!"

Gölzenleuchter, Aug. Jak.: I. **Tischlied** zum 29. Dec. 1888. Dem Br.·. Gölzenleuchter gewidmet. [Frankfurt a. M] 1888. Mahlau.] 1 Bl. 8⁰ [Kopftit..
Ohne Noten: „Wir sitzen so fröhlich beisammen . . ."

Tischlied, gesungen am 3. Oct. 1891 dem Br.·. Aug. Gölzenleuchter zur Feier seines 70 jährigen Geburtstags gewidmet. [Unterz.:] H[einr.] S[chneider?]. [Frankfurt a. M. 1891.] 2 Bl. 8⁰ [Kopftit.]
Ohne Noten: „Wo die Freude ohne Zügel, . . ."

Tischlied zur 70jährigen Geburtstagsfeier des Br.·. Aug. Jac. Gölzenleuchter. 3. Oct. 1891. [Unterz.:] K. K. [Frankfurt a. M. 1891.] 2 Bl. 8⁰ [Kopftit.]
Ohne Noten: „Vom Jubilar soll erzählen dies Lied, . . ."

Tischlied am Johannistage den 24. Junius 1786. [Berlin 1786.] 4 Bl. 8⁰
in: [Gedicht.] Am Johannistage. In d. Mutterloge z. d. drey Weltkugeln. 1786.
Ohne Noten: „O Brüder! dieses grosse Fest . . ."

Knoblauch, Alex.: **Tischlied** zur 70 jährigen Geburtstagsfeier des Br.·. Alex. Knoblauch. 3 Sept. 1890. [Unterz.:] K. K. [Frankfurt a. M. 1890.] 2 Bl. 8⁰ [Kopftit.]
Ohne Noten: „Meine vielgeliebten Brüder . . ."

Tischlied zum 17. März 1893. Berlin 1893. V: *Wichert, Ernst.* (Berl)

Tisch- u. Siegeslieder der alten Honneur-Garde im Feldlager des Carnevals 1841 zu Mannheim. 32. Mannheim 841, Bensheimer. 1/6 ₰

Tisch- u. Trinklieder d. Deutschen, ges. von L. L. Pfest. 2 Thle. 8. Wien, Degen. 811. Druckp. Velinp.

Tischmann, August (geb. Berlin 27. 8. 1845): Ueber die Amputation des Oberschenkels. Berlin (1869). (39 S.) 8°
Berlin, Med. Diss. v. 5. Nov. 1869

Tischmeyer, Wilhelm, approb. Arzt aus Alsleben a. S.: Ein Fall von Haematometra mit Haematosalpinx bei Atresia vaginalis. *Halle a. S. 1900: C. A. Kaemmerer & Co.* (29 S.) 8°
Halle, Med. Diss. v. 3. Aug. 1900

Tischner, Aug., les astronomes. 8. (31 S.) Leipzig 893. G. Fock. n. — 60

— l'astronomie et les astronomes. gr. 8. (44 S. m. Bildnis.) Ebd. 893. n. 1. —

Tischner, Aug., la configuration du système solaire et les figures décrites par les corps célestes. Le mouvement apparent de la sphère céleste. Le mouvement apparent du soleil. gr. 8. (58 S. m. 7 Fig.) Leipzig 895. Buchh. G. Fock. **n. 1. 50**

Tischner, Aug., Größe, Entfernung u. Masse der Sonne. gr. 8. (57 S.) Leipzig 882. Fock in Comm. n. 1. —

Tischner, Aug., the fixed idea of astronomical theory. gr. 8. (83 S. m. 3 Holzschn.-Porträts.) Leipzig 885. Fock. n. 1. 20

Tischner, Aug. Le mouvement de la lumière. gr. 8. (11 S. m. 2 Fig.) Lpz. 892, Fock. * — 40

— le mouvement universel. gr. 8. (18 S. m. Fig.) Ebd. 893. n. — 40

Tischner, Aug. Ein nicht erklärtes Phänomen bei totalen Sonnenfinsternissen. Leipzig 1887.

— le phénomène fondamental du système solaire. gr. 8. (48 S. m. 18 Fig.) Ebd. 895. n. 1. 50

— le pouvoir grossissant de l'atmosphère. 8. (10 S.) Ebd. 892. n. — 40

—— sta, sol, ne moveare. 5 Thle. gr. 8. (Ebendas.) 881,82. [1.—4. Thl. (36; 43; 40; 68 S.) à 80 Pf.; 5. Thl. (76 S.) *ℳ 1,20.] *

— the sun changes its position in space, therefore it cannot be regarded as being „in a condition of rest". 12. (37 S.) Ebend. 883. n. — 50

Tischner, Aug., le système solaire se mouvant. 8. (19 S.) Leipzig 894. G. Fock. n. — 80

Tischner, Emil: Ueber Echinococcus der Leber. Halle (1868): Plötz. 28 S. 8°
Halle-Wittenberg, Med. Diss. v. 8. Aug. 1868
Geb. St. Petersburg 23. 2. 1844. V.

Tischner, Friedrich, a. Limburg ⟨Lahn⟩: Die Verfasserschaft der Webster-Rowley-Dramen. Marburg 1907: R. Friedrich. (75 S.) 8°
Marburg, Phil. Fak., Ref. Viëtor, Diss. v. 15. Mai 1907
[Geb. 20. Dez. 81 Ingolstadt; Wohnort: Limburg a. L.; Staatsangeh.: Preußen; Vorbildung: Realprogymn. Limburg, Realgymn. (Mustersch.) Frankfurt a. M. Reife O. 03; Studium: Freiburg i. B. 1, Caen 1, Berlin 2, Marburg 3 S.; Rig. 19. Dez. 06.]

Tischner, Rudolf, approb. Arzt: Aus d. Institut f. allgem. Pathologie u. pathol. Anatomie in Rostock. Versuch einer Theorie der Phosphor-Intoxikation. *Rostock 1904: Adlers Erben.* (36 S.) 8°
Rostock, Med. Diss. v. [20. Apr.] 1904

Tischner, Walter: Zur Partialreduktion orthosubstituierter Nitroverbindungen. Weida i. Th. 1910: Thomas & Hubert. 65 S. 8°
Leipzig, Phil. Diss. v. 14. Jan. 1910, Ref. Beckmann, Hantzsch
[Geb. 13. Juli 85 Leipzig; Wohnort: Leipzig; Staatsangeh.: Sachsen; Vorbildung: Realgymn. Leipzig Reife O. 05; Studium: Leipzig 9 S.; Rig. 7. Dez. 09.] [U 10. 3254

Tisch- und Speisordnung im Königl. Julius-Hospitale. (Würzburg 1816.) 18 S. 4°

Tischpredigt über die Frage: Kann und soll der Landgeistliche zugleich auch Landbauer sein? München 1802. V: *Furthner, Anton.* (MGT) (Ky)

* **TISCH-RATH**, Der Kurtzweilige, Oder Angenehme Zeit-Vertreiber, d. i.: Curieuse alte und neue, Schertz- und Ernsthaffte Geschichte, ... Erste (zweite) hundert Vorstellungen. Gedruckt im Jahr 1726. 8°. 192 S. (Th. 2, S. 97 sq.) In Berlin: Yt 10,671, wo das 2. Hundert fehlt.) (Cplt. 10 Mk. Gust. Klötzsch, Lpz., 1885; 6 Mk. Th. Ackermann, München, Cat. 159, no. 685.)

Tischrede in der Freimaurerloge zu den drei Pfeilen in Nürnberg am 18. März 1860. V: *Meissner, Joh. Carl.* (Tt)

Medic. Tischreden v. d. Hypochondrie 2c., von Speisen u. Getränken. Mühlh. 8°.
1793

Tischreden u. Trinksprüche bei Festmahlen u. in Kreisen der Freunde. Nebst passenden Beantwortungen ausgebrachter Gesundheiten f. alle Fälle des Lebens. (A. u. d. Ttl.: Conversations- u. Gesellschaftsbibliothek.) 16. (6 B.) Quedlinburg 843. (Leipzig, Schmaltz.) *

Tischreden u. Trinksprüche bei Festmahlen u. in Kreisen der Freunde. Nebst passenden Beantwortungen ausgebrachter Gesundheiten für alle Fälle des Lebens. 2. Aufl. 16. (80 S.) Leipzig 850, Schmaltz. 1/4 ₰

Tischreden u. Trinksprüche bei Festmahlen u. in Kreisen der Freunde. Nebst passenden Beantwortungen ausgebrachter Gesundheiten für alle Fälle des Lebens. 3. Aufl. Hildburghausen 865. Kesselring'sche Hofbuchh. 16. (80 S.) 5 *ngr.*

Tischreden u. Trinksprüche zu allen festl. u. feierl. Gelegenheiten. s.: Miniatur-Bibliothek.

Tischreden d. Weltweisen zu Sanssouci. 8. Frankf. a. M. 762. Eßlinger. 3 *K*

Tischrücken, das. Eine Reihe auffallender Erscheinungen, welche aus der Einwirkung einer bisher noch unbekannten Naturkraft hervorgehen sollen, nebst besondern Wahrnehmungen bei mehreren darüber angestellten Versuchen. 1—6. Aufl. Nürnberg 853. Bauer u. Raspe. 16. (31 S.) 2 *ngr.*
Vgl.: Beobachtungen, neueste, 2c.

Tischrücken, Das —, oder: Der bestrafte Zweifler. Drammatische Seifenblase aus der Gegenwart von F. J. K. 2. verbesserter Abdruck. Manuskript für die Bühne. 8. (20 S.) Prag. Gottlieb Haase Söhne. 1853.

—— und Klopfgeisterei. (Aus den düsseldorfer Monatheften. Bd. 6.) gr. 4. (2 Stnt. in Tondr. und 12 S. mit eingedr. Lithogr.) Düsseldorf 853, Arnz und Comp. *

Tischtuch nebst 24 Servietten im Auftrage des Comite's Schleswig-Holsteinischer Frauen und Jungfrauen als Hochzeits-Geschenk für I. K. H. den Prinzen Wilhelm von Preußen und die Prinzessin Victoria Augusta von Schleswig-Holstein-Sonderburg-Augustenburg. Ausgeführt in dem Kunststick-Atelier der Frau Dr. Marie Meyer in Hamburg. 12 Blatt Lichtdruck mit erläuterndem Text. Hamburg. 1881. Fol.

Tisch-Zeitung u. Speisen-Karte, Jahrg. 1871. 24 Nrn. (B.) Fol. Berlin, Prager. n. n. 1 —

— **dasselbe.** Närrisches Extra-Blatt zur Feier d. Carnevals. Fol. (4 S.) Ebend. 871. n. — 10

— **dasselbe.** Jahrg. 1871. Extrablatt. Hurrah! Sieges-Jubel-Blatt. Feier der Einholg. am 16., 17. u. 18. Juni 1871. Fol. (4 S.) Ebend. 871. — 25

— **dasselbe.** Jahrg. 1872. 52 Nrn. (B.) Fol. Ebend. n. 4. —

Tisdel, W. P., Kongo. Berichte an das Staats-Sekretariat in Washington. Deutsche autoris. Ausg. Uebers. von A. Helms. 2. Aufl. gr. 8. (VIII, 58 S.) Leipzig 886, [Frohberg] Baldamus. *

—— dass. — Offenes Schreiben an den Staats-Sekretär in Washington. Deutsche autoris. Ausg. von A. Helms. Im Anh.: Auszüge aus den Berichten von O. Lenz, Taunt, Leddihn etc. [Schluss von „Kongo". Berichte an das Staatssekretariat in Washington.] gr. 8. (VI, 40 S.) Ebendas. 886. *
Vorstehende zwei Schriften (Theile) sind in einer neuen Ausg. vereinigt u. d. T.:

Tisdel, W. P., Kongo. Berichte an d. Staats-Sekretariat in Washington. Deutsche autoris. Ausg. Uebers. v. A. Helms. 2. Aufl. 2 Thle. gr. 8. (VIII, 58; VI, 40 S.) Leipzig 888. Baldamus. n. 1. —

Tiselius, H. Über Zuschlagsprämien und einige damit zusammenhängende Fragen. S. A. Stockholm 1895.

Tisken, Thdr., methodisch geordnete Stoffe zu Sprechübungen an den Hölzelschen Wandbildern, Winter, Sommer u. Frühling. Für die Hand der Schüler in den 3 ersten Jahren des französ. Unterrichtes an Mittel- u. Bürgerschulen. (VII, 72 S. m. 3 Abbildgn.) 8. Bielefeld 910. Velhagen & Klasing. Geb. in Leinw. — 80

Tismar, Frz., die Insel Bornholm u. die Inselgruppe Christiansö, s.: Grieben's Reiseführer.

— die Nordsee-Bäder, s.: Grieben's Reisebücher.

— die Ostsee-Bäder, s.: Grieben's Reisebücher.

— die Reise nach den oberitalien. Seen, s.a. Grieben's Reiseführer.

Tismar, Franz. Die Reise nach den oberitalienischen Seen: Lago Maggiore, Lugano-See, Como-See, Garda-See und Mailand. Praktisches Reisehandbuch neu bearb. von Franz Tismar. 4. Aufl. Mit vier Karten. IV + 168 + *Anzeigen* 12 S. 8. Berlin, Albert Goldschmidt, 1903-1904. ([cart.] M. 1. 50)
Griebens Reiseführer. Band 15.

Tismar, Georg

Das schwere und undankbare Loos der Monarchen betrachtet in einer zur Feier des fünf und vierzigsten Geburtsfestes Sr. Königl. Majestät Friedrich Wilhelm II. bei höchster Gegenwart Sr. Hochfürstl. Durchlaucht des Herrn Herzogs Ferdinand von Braunschweig und Lüneburg in der Loge F[erdinand] z. G[lückseligkeit] zu M[agdeburg] gehaltenen Rede von G[eorg] T[ismar]. Magdeburg: Creutz 1788. 27 S. 8°
Selten.

Rede über die nothwendige Harmonie der Vernunft und des Glaubens, vorgelesen am St. Johannistage 5787 in der Loge Ferdinand zur Glückseligkeit zu Magdeburg von [Georg] T[ismar?]. Als Ms. f. Brr. [Magdeburg 1787.] 14 S. 8° [Umschlagtit.]

Rede über die angebohrne [!] Würde des Menschen, gehalten am St. Johannis-Tage in der Loge Ferdinand zur Glückseligkeit zu Magdeburg von G[eorg] T[ismar]. Magdeburg 1784: Günther. 16 S. 8° [Umschlagtit.]
Selten.

Tismer, Gustav [aus Kietz bei Küstrin (Brandenburg)]: Die Würdigung des Kaiserschnitts nach der Methode von Porro. . . . Würzburg, Becker's Univ.-Buchdr., 1888; 29 S. 8°
Würzburg, Med. Fak., Inaug.-Diss. v. 1888

Tison, d'Hercule, ou fragments pour servir de supplement et de suite aux lettres confidentielles sur les relations intérieurs de la Cour de Prusse de la mort de Fréderic II. Cah. I—XII. avec. fig. gr. 8. Leipz. 808. (Wienbrack). 8 ₰ (Vergl. auch Briefe, vertraute, üb. die innern Verhältnisse 2c.)

Tissandier, G., s. Luftreisen.

TISSANDIER, GASTON. *Les Récréations Scientifiques* ou l'Enseignement par les Jeux. La Physique sans Appareils, La Chimie sans Laboratoire . . . 4e éd. entièrement refondue. Paris, G. Masson, 1884. M. 4 farb. Taf. u. 218 Textillustr. Gr.-8°. Hldr. d. Z. Schönes Werk. — Vereinzelte Fleckchen. 9.—

Tissèdre, Jean, deutsche Unterrichtssprache f. ausländische Schulen, s.: Schmidt, H.

— Französische Unterrichtssprache, s.: Schmidt, H.

Die soziale Lage des technischen Berufes und ihre Hebung. Vortrag geh. vor d. Bezirksverwaltung Sachsen-Anhalt d. Deutschen Techniker-Verbandes v. Verbandsdir. Dr. **Tissen.** ⟨Als Ms. gedr.⟩ Berlin: Selbst-Verl. d. Bezirksverwaltung 1906. (29 S.) 8° [08. 2201

Tissen, Hermann Josef, a. Mülheim ⟨Ruhr⟩-Styrum: Die öffentlich-rechtlichen Voraussetzungen der Erlangung des Bergbaurechts nach preußischem Bergrechte unter vergleichender Berücksichtigung anderer deutscher Berggesetze und des Reichspatentrechts. Ludwigshafen am Rhein 1905: Weiß & Hameier. (IX, 109 S.) 8°
Würzburg, Jur. Fak., Ref. Piloty, Diss. v. 4. Dez. 1905
[Geb. 31. Okt. 79 Styrum; Wohnort: Mülheim a. R.; Staatsangeh.: Preußen; Vorbildung: Gymn. Münstereifel Reife O. 00; Studium: Marburg 1, Leipzig 4, Münster 4 S.; Rig. 7. Dez. 04.]

Tisserand, Das landwirtschaftliche Unterrichtswesen in Frankreich. Internat. landw. Kongress in Haag 1891. 8⁰. Wien 1891.

Tisserant, Eug., Anleitung für Landwirthe u. Viehbesitzer zur zweckmäßigen Auswahl, Haltung u. Züchtung der Milchkuh. Aus dem Französ. übers., mit Anmerkungen versehen u. herausg. von A. Körte. Mit (eingedr.) Illustr. in Holzschn. Breslau 863. Kern. gr. 8. (VIII, 274 S.) 1 ℛ 15 ngr.

Tissière, P[ierre]-G[ermain]. Notice sur le chanoine L(aurent)-J(oseph) Murith (1742–1816), par M. P.-G. Tessier.... (Publiée par la Société Murithienne du Vallais.) 8. St-Maurice 1862.

Tisson, Charles, der Teufel in Paris. Bilder aus dem Pariser Gesellschaftsleben. Nach dem Französ. 2 Bde. Berlin 859. Nelte, Böltje & Co. gr. 8. (638 S.) 2 ℛ

Tissons d'Hercule etc. Cah. I—XII. av. fig. gr. 8. Leipz. Gräff. 808.

Tissot, de, Manuel du général et de l'officier, avec planch. gr. 8. Lausanne, Pott. (Coppenrath, Münst.) 790.

Tissot, A., die Netzentwürfe geographischer Karten, nebst Aufgaben über Abbildung beliebiger Flächen aufeinander. Autoris. deutsche Bearbeitung mit einigen Zusätzen, besorgt von E. Hammer. gr. 8. (VII, 212, 55 S. Zahlentaf. mit 30 Holzschn.) Stuttgart 887, Metzler'sche Buchh., Verlag. *

Tissot, Clément Joseph

Tissot, Cl. J.: Medicinische und chirurgische Gymnastik, oder Versuch über den Nutzen der Bewegung u. d. Ruhe bey Heilung d. Krankheiten. Aus d. Französ. Leipzig 1782. 325 S.

Tissot, C. J., de l'influence des passions de l'ame dans les maladies, et des moyens d'en corriger les mauvais effets. gr. 8. Strassb. 798. König. 1 ℛ 6 gr

C[lément] J[oseph] Tissot [De l'Influence des passions de l'âme dans les maladies... Deutsch:] Über den Einfluß der Leidenschaften auf Krankheiten und von den Mitteln ihre schädlichen Wirkungen zu verbessern. Aus d. Franz. übers. von J. G. Breiting. Leipzig & Gera: Heinsius 1799. VIII, 431 S. 8⁰

Tissot, D., les conférences de Genève 1861, s. Conférences, les.

Tissot, D. Encyclopédie théologique de Schleiermacher. In-8⁰. 42 p. Genève et Bâle, Georg & Co. 1898. 1 —
*** Tirage à part de Revue de „Théologie et Philosophie", Lausanne.

Tissot, E. Les évolutions de la critique française: La critique littéraire: Ferd. Brunetière, Jules Lemaître: La critique moraliste: J. Barbey d'Aurevilly, Edm. Scherer; La critique analytique: Paul Bourquet, Emile Hennequin. In-8⁰. III, 373 p. Genève, Bâle, Lyon, H. Georg. 3 50 1890.

Tissot, E[douard]. L'administration de la Commune de La Chaux-de-Fonds. (Extrait de la «Schweiz. Zentralblatt für Staats- und Gemeinde-Verwaltung». 3e année ⟨1902/03⟩, Nos 12, ... et 26.) II + 92 p. 8. Zurich, Art. Institut Orell Fussli, [1903].

(Tissot, E[douard].) Rapport présenté à l'assemblée générale de l'Union des villes suisses, réunie à Lugano le 7 octobre 1905, par la Commission chargée d'étudier la question du ravitaillement des villes suisses en bétail de boucherie et de la police sanitaire fédérale (rapporteur: E. T.'. Extrait de la «Schweiz. Zentralblatt für Staats- und Gemeinde-Verwaltung», 6e année, 1905/06, no 14.) II + 16 p. 8. Brougg, «Effingerhof», 1905.

Tissot, Ernest. Alphonse Vuy (1851–1890). Esquisse biographique. Avec un portrait [hors texte] de M. David Estoppey. E. 8. Zurich 1893.

Tissot, F[rédéric]. En souvenir de Madame A Dufour-Huber. Allocution prononcée ... le 10 juin 1895 à ... Bâle. 8. (Basel.)

Tissot, Jos., d. Kunst aus uns. Fehlern Nutzen zu ziehen. Nach d. hl. Franz v. Sales. Nach d. 6., verb. u. verm. Aufl. übers. v. A. M. J. Waltner. 3., verb. Aufl. 12. (XV, 187 S.) Mainz 897. F. Kirchheim. n. 1.—; geb. n. 1.50

Tissot, Jos., die Kunst aus unsern Fehlern Nutzen zu ziehen. Nach dem hl. Franz v. Sales. Nach der 6. verb. u. verm. Aufl. übers. v. A. M. J. Waltner. 4. Aufl. (XV, 187 S.) 12. Mainz 903. Kirchheim & Co. n. 1.—; geb. in Leinw. n. 1.50

Tissot, Jos., die Kunst, aus unseren Fehlern Nutzen zu ziehen. Nach dem hl. Franz v. Sales. Nach der 6., verb. u. verm. Aufl. übers. v. A. M. J. Waltner. 5. Aufl. (XX, 216 S.) 16. Mainz 909. Kirchheim & Co. 1.—; geb. in Leinw. 1.80

— das innerliche Leben muß vereinfacht u. wieder auf s. Grundlage zurückgeführt werden. Aus d. Franz. übers. v. Frz. X. Kerer. 8. (XLVII, 330 S.) Regensburg 899. Verlagsanstalt vorm. G. J. Manz. n. 3.80

— das innerliche Leben muß vereinfacht u. wieder auf seine Grundlage zurückgeführt werden. Aus dem Franz. übers. v. Frz. X. Kerer. 2., verb. Aufl. (XLVIII, 328 S.) 8. Regensburg 904. Verlagsanstalt vorm. G. J. Manz. n. 3.—; geb. in Leinw. n. 3.80

— Das innerliche Leben muß vereinfacht u. wieder auf seine Grundlage zurückgeführt werden. Aus dem Franz. übers. v. Frz. X. Kerer. 3., verb. Aufl. (4.—6. Taus.) (LII, 363 S.) 8. Regensburg 910. Verlagsanstalt vorm. G. J. Manz. 3.60; geb. in Halbfrz. 5.20

Tissot, P. F. Carnots historisch-militärische Denkwürdigkeiten. Hrsg. nach seinen hinterlassenen Manuscripten, seinem noch ungedruckten Briefwechsel und mit Bemerkungen über Carnots Leben. A. d. Französ. 8. Leipzig 1824.

Tissot, P[au]l. Edouard, Maschineningenieur von Locle [Kt. Neuenburg]: Ueber die Form der elektromotorischen Kraft in den Inductoren der Wechselstrommaschinen. Zür. Hofer u. Burger Dr. 1890. 68 S., 6 [Doppel-]Tafeln. 8⁰.
Zürich. Phil. Diss. [v. 23. Juli 1890].

Tissot, Pierre François (Hrsg.), s. Arnault, Antoine Vincent: Quintus Cincinnatus.

Tissot, Samuel Auguste André David

s.: Tissot, Simon André

Tissot, Simon André

— Abhandl. üb. die Einpfropfung der Blattern. 8. Langensalza 768. N. Aufl. mit E. G. Baldingers Vorrede. 8. Leipz. 778. Schneider. 4 gr

— Abhdl. üb. d. Einpfropfung d. Blattern, m. E. G. Baldingers Vorrede. 8. Leipz. Schneider. (Linke.) 773.

<u>Tissot</u>, S(imon) A(ndré): <u>Abhandlung</u> von der Epilepsie oder fallenden Sucht. (Traité de l'épilepsie. Dt.) 367 S., gbd.

Berlin: Haude & Spener 1771

JB 4.437

— Abhandl. von einigen Krankheiten der Gelehrten. 8. Augsb. 803. Bürglen. 3 ß

— Abhandl. von d. Krankheiten des weibl. Geschlechts; aus d. Französ. vers. von Jo. Gf. Essig l. 8. Augsb. 789. Wolf. NB. das unter Essig aufgeführte ist zu streichen.

Tissot, S. Abhandl. v. d. Marktschreiern u. Dorfärzten. 2. Aufl. Langensalza 1783.

— u. Rosenstein, Abhandl. von der Natur u. Cur der Kinderblattern, mit E. G. Baldingers Vorrede. 8. Leipz. 778. Schneider. (Linke). 4 ß

<u>Tissot</u>, (Simon André): <u>Abhandlung</u> über die Nerven und deren Krankheiten. (Traité des nerfs et de leurs maladies. Dt.) Übers. von Joh(ann) Christ(ian) Gottlieb <u>A</u>ckermann. Bd 1 - 3, gbd.

Leipzig: Jacobäer 1781 - 1782

JB 4.438

<u>Tissot</u>, S(imon) A(ndré): <u>Abhandlung</u> von den Nerven und ihren Krankheiten. (Traité des nerfs et de leurs maladies. Dt.) Übers. von F(riedrich) A(ugust) <u>W</u>eber. Bd 1 - 4, gbd., Abb.

Bd 1 - 3: Winterthur u. Leipzig: Steiner 1781 - 1782
Bd 4: Königsberg u. Leipzig: Dengel 1783

JB 4.473

— Abhandl. üb. die Nerven u. ihre Krankheiten. 3 Thle. od. 6 Bde, übers. von J. C. G. Ackermann. 8. Leipz. 781 — 783. 2e A. 790. (Aue in Altona). 4 ≠

— <u>Abhandl</u>. üb. d. Nerven u. deren Krankheiten. 3 Thle od. 6 Bde, übersezt von Ackermann. 8. Leipzig, Jacobäer. 790.

<u>Tissot</u>, (Simon André): <u>Abhandlungen</u> über verschiedene Gegenstände der Arzeneywissenschaft. (Traités sur différents objets de médecine. Dt.) 388 S., gbd.

Leipzig: Müller 1770

JB 2.041

Tissot, Simon André. Abhandlungen von der fallenden Sucht. Leipz. 1771. Ü: *Franz, Johann Georg Friedrich.* (Ky) (ML)

— Abhandl. von der hinfallenden Sucht. (Aus d. Französ. v. Jh. Geo. Fr. Franz). 8. Leipz. 771. Muller. 8 ß

— — dasselbe. 8. Berlin, Haude. 771.

<u>Tissot</u>, S(imon) A(ndré): <u>Anleitung</u> für das Landvolk in Absicht auf seine Gesundheit. (Avis au peuple sur sa santé. Dt.) Übers. von (Johann) K(aspar) <u>H</u>irzel. Neueste Aufl. 658 S., gbd., Abb.

Augsburg u. Innsbruck: Wolff 1766

JB 2.924

S.A.D. Tissot [Simon André Tissot: Avis au peuple sur la santé. Deutsch:] <u>Anleitung</u> für das Landvolk in Absicht auf seine Gesundheit. 2., verm. u. verb. Aufl. Aus d. Franz. übers. durch H[ans] C[aspar] Hirzel [1725-1803]. Frankfurth & Leipzig 1766. LXIV, 671 S. 8°

Tissot, S. A.: Anleitung für das Landvolk in Absicht auf seine Gesundheit. A. d. Franz. übers. Hamburg 1767. 742 S.

S.A.D. <u>Tissot</u> [Simon André Tissot: Avis au peuple sur la santé. Deutsch:] <u>Anleitung</u> für das Landvolk im Absicht auf seine Gesundheit. Nach der 3., von d. Verf. selbst verm. ... Aufl. aus d. Franz. übers. durch H[ans] C[aspar] Hirzel [1725-1803]. Zürich: Fueßlin 1768. LXXXIV, 736 S. 8°

<u>Tissot</u>, S(imon) A(ndré): <u>Anleitung</u> für das Landvolk in Absicht auf seine Gesundheit, oder: Gemeinnützliches und sehr bewährtes Haus-Arzneybuch, besonders für das Volk auf dem Lande. (Avis au peuple sur sa santé. Dt.) Übers. von (Johann) K(aspar) <u>H</u>irzel. Neueste, mit... Zusätzen und dem Register verm. Aufl. 652 S., gbd.

Wien: v. Trattnern 1770

JB 2.925

<u>Tissot</u>, S(imon) A(ndré): <u>Anleitung</u> für das Landvolk in Absicht auf seine Gesundheit. (Avis au peuple sur sa santé. Dernière édition...augmentée...par l'auteur. Dt.) Übers. von (Johann) K(aspar) <u>H</u>irzel. 628 S., gbd.

Zürich: Orell, Geßner & Füeßlin 1775

JB 2.927

<u>Tissot</u>, S(imon) A(ndré): <u>Anleitung</u> für das Landvolk in Absicht auf seine Gesundheit. (Avis au peuple sur sa santé. Dernière édition...augmentée...par l'auteur. Dt.) Übers. von (Johann) K(aspar) <u>H</u>irzel. 578 S., gbd.

Zürich: Orell, Geßner & Füeßlin 1778

JB 2.928

Tissot S. A. D.: Anleitung f. das Landvolk in Absicht auf seine Gesundheit. Nach d. neuesten ... Aufl. aus d. Franz. übers. durch H. C. Hirzel. Zürich 1785. (62) 482 S.

— Anleit. f. das Landvolk in Absicht auf seine Gesundheit; aus d. Französ. v. H. C. Hirzel. 8. Zürich 786. Orell. 16 ß

— Dass. aus d. Französ. 8. (Münster) 789. Coppenrath. 18 ß

— — dasselbe, übersezt v. H. C. Hirzel. 8. Brünn, Gastl.

— Dass. aus d. Französ. 8. Augsb. 795. (Kranzfelder). 10 ß

Tissot, S. Anleitung f. d. gemeinen Mann i. Absicht auf s. Gesundht. 4. Aufl. A. d. Franz. Mannheim 1775.

Tissot, S. A. Anleitung für den geringen Mann in Städten und auf dem Lande . . . a. d. Franz. Hamburg 1767. Ü: *Feddersen*, *Peter.* (MGT) (Kordes, Schlesw.-holst. u. eutin. Schriftst. Schleswig 1797.)

[Avis au peuple sur la santé. Deutsch:] Anleitung für den geringen Mann in Städten und auf dem Lande, in Absicht auf seine Gesundheit von [Simon André] Tissot. Nach der 3. ...vom Verf. selber verm. Orig.-Ausg. aus d. Franz. übers. [Übers.: Johann Pauli, 1767] u. mit 2 fremden Abhandlungen begleitet. Die eine: Von der Unvollkommenheit der meisten deutschen praktischen Handbücher und den Vorzügen des Tissotischen. Die 2.: Von den (wahren) Mitteln, ein hohes Alter zu erreichen. [Om den Rätta ålderdomens ernående. Deutsch], aus d. Schwed. des [David] Schulz [von Schulzenheim] übers. ([Übers.:] Joh[annes] Christ[oph] Erich [von] Springer.) Hamburg: Verl. d. typogr. Ges. 1767. 724 S. 8°

Tissot, (Simon André): Anweisung, wie man sich bey graßirenden und ansteckenden Krankheiten, als Pocken, Masern, hitzigen, faulen, bösartigen und Wechsel-Fiebern etc. zu verhalten. 100 S., gbd.

O.O.: 1772

JB 2.041

— Anweis. wie man sich bei ansteckenden Krankheiten zu verhalten habe; aus dem Französ. 8. Frankf. 772. Felssecker. 3 gr.

— avis au peuple sur sa santé. II Vols. 12. Bern ... Typ. Soc. 1 thlr. 8. (Leipz., Centr.-Compt.) 1 thlr. 12 gr.

— — le même. II Tom. gr. 12. Augsb. Wolf.

S.A.D. Tissot [Simon André Tissot: Avis au peuple sur sa santé. Deutsch, nur Nachtr.] Zürich: Füeßlin 1767. 8°

[Nachtr.:] Tissot: Vermehrungen, Zusätze und Verbesserungen zu seiner Anleitung für das Landvolk in Absicht auf seine Gesundheit 1767.

Angeb. an: Tissot: [Traité des nerfs. Deutsch:] Abhandlung von den Nerven... Winterthur & Leipzig 1782.

S.A.D. Tissot [Simon André Tissot: Avis au peuple sur la santé. Deutsch:] Belehrung an das gemeine Volk über seine Gesundheit. Nach der 7. Orig.-Ausg. aus d. Franz. übers. u. mit Anm. u. e. Vorr. begleitet. ([Hrsg.: Hans Kaspar] Hirzel [1725-1803]; [Johann] Pauli [1767]) [u.a.] Leipzig: Jacobäer 1784. XXVI [vielm. XXIV], 722 S. 8°

— Belehr. an das gemeine Volk üb. seine Gesundheit. 8. Leipz. ... N. A. 807. N. Ausg. (herggg. v. J. C. Kersten.) 818. (Aue in Altona). 1 thlr.

Tissot, S. A. Belehrung an das gemeine Volk über seine Gesundheit. Neue Ausg. O. O. 1818. II: *Kersten*, *Joh. Chn.* (Ky)

— déscription du corps humain et de ses maladies. 12. Bern 792. Typ. Soc. 1 thlr.

— effets du sommeil et de la veille dans le traitement des maladies externes. gr. 8. Strassb. 795. König. 14 gr.

— üb. den Einfluß der Leidenschaften auf Krankheiten, u. von d. Mitteln, ihre schädl. Wirkungen zu verbessern; aus d. Französ. v. J. G. Breiting. 8. Gera 799. Heinsius. 1 thlr.

— vertheidigte Einpfropfung der Blattern, wider Roucolli. 8. Leipz. 771. Müller. 6 gr.

— Entdeckungen u. Heimlichkeiten der Mannspersonen. 8. Altona 786. Bechtold. 4 gr.

— Entwürfe e. Verbesser. der Lehrart d. Arzneiwissenschaft; aus d. Französ mit Anmerkk. v. J. Eyerel. 8. Wien 786. Gräffer. 6 gr.

— von der Epidemie in Lausanne 1766; aus d. Französ. von J. G. Zimmermann. gr. 8. Zürich 767. Orell. 4 gr.

— epistolae medico-practicae. II Tom. 8. Jena 770. Gollner. 10 gr. 12maj. Lausanne 770. Pott. 16 gr. 8. Bern 781. Typ. Toc. 1 thlr.

S.T. Tissot [Simon André Tissot] Epistolae medico-practicae auctae et em. denuo ed. Ern[estus] Godofr[edus] Baldinger. Ienae & Lipsiae: Gollner 1771. 264 S. 8°

— essai sur les maladies des gens du monde. 12. Bern 783. Haller. 12 gr.

— — le même. 12. Berne, Soc. Typ.

— essai sur les moyens de perfectionner les études de Médecine. 8. Bern 784. Haller. 12 gr. 8. Basel 785. Flick. (Neukirch). 10 gr.

Tissot, S. A. D., Diss. de febr. biliosis s. Historia epidemiae biliosae Lausannensis a. 1755. Accedit tentamen de morbis ex manustupratione. Ed. Ern. Ge. *Baldinger.* 207 pp. Lps. et Cellis. 8°.

1769

— dissertatio de febribus biliosis, seu histor. epidemiae biliosae Lausannae 1755 etc. 8maj. Lausanne 790. Pott. 16 gr.

— de febribus biliosis et de morbis ex manustupratione. 8. Lausanne 758. Pott. 16 gr. 12. Basel 780. Flick. (Neukirch). 10 gr.

Tissot, S. A.: Von der Gesundheit der Gelehrten. A. d. Franz. übers. v. J. R. Füeßlin. Zürich 1768. 263 S.

Tissot, S. A.: Von der Gesundheit der Gelehrten, und anderer Leute, die bey ihren Geschäften wenige Bewegung machen. Aus d. Franz. Augsburg & Innsbruck 1769. 190 S.

Tissot, S(imon) A(ndré): Von der Gesundheit der Gelehrten und anderer Leute, die bey ihren Geschäften wenig Bewegung machen. (De valetudine litteratorum... Dt.) Aus dem Franz. übers. 190 S., gbd.

Wien: Trattner 1770
in: Tissot, (S.A.): Von den Krankheiten vornehmer und reicher Personen an Höfen und in großen Städten. (Essai sur les maladies des gens du monde. Dt.) 1770

JB 2.978

S.A.D.Tissot [Simon André Tissot: De la Santé des gens de lettres. Deutsch:] Von der Gesundheit der Gelehrten. Verb.u.verm.Ausg. Zürich: Orell [usw.] 1770. VI,176 S. 8°

Tissot, Sim. Andr. D., von der Gesundheit der Gelehrten; aus d. Französ. 8. Leipz. 775. Müller. 8 gr

— von der Gesundheit der Gelehrten u. and. Leute, die bei ihren Geschäften wenig Bewegung machen. 8. Augsb. 777. Wolf. 5 gr

— üb. d. Getreide aus Brod, s. H. Linguet.

— medicin. u. chirurg. Gymnastik rc. 8. Leipz. 782. (Aue in Altona). 16 gr

— medicin. u. chirurg. Gymnastik rc. 8. Leipz. Jacobäer. 782.

Tissot, S(imon) A(ndré): Medicinisches praktisches Handbuch. (Oeuvres. Auszüge. Dt.) Aus dessen sämtlichen Schriften herausgezogen von Christian Friedrich Held. Th.1 - 3, gbd.

Leipzig: Jacobäer 1785 - 1786

JB 2.043

— l'Inoculation justifiée. 12. Berne, Haller. (a. Flick, Basle.) 781.

— instruction sur les maladies chroniques pour servir de suite à l'avis au peuble. II Vols. 12. Bern 791. Typogr. Soc. 1 ₰

Tissot, (Simon André): Von den Krankheiten vornehmer und reicher Personen an Höfen und in großen Städten. (Essai sur les maladies des gens du monde. Dt.) 191 S., gbd.

Frankfurt u.Leipzig: Felßecker 1770

JB 2.979

— von den Krankheiten vornehmer u. reicher Personen; aus d. Französ. 8. Nürnb. 770. Felßecker. Trattner in Wien. 5 gr

Tissot, (Simon André): Von den Krankheiten vornehmer und reicher Personen an Höfen und in großen Städten.) (Essai sur les maladies des gens du monde. Dt.) 191 S., gbd.

Wien: Trattner 1770
beigedr.: Tissot, S.A.: Von der Gesundheit der Gelehrten... (De valetudine litteratorum... Dt.) 1770

JB 2.978

— üb. die Krankheiten der Selbstbefleckung; aus d. Latein. mit Anmerkk. u. e. Anh. v. G. F. C. Wendelstadt. gr. 8. Wetzlar 797. (Krieger in Cassel). 10 gr

Tissot, (Simon André): Über die Krankheiten der Selbstbefleckung. (Tentamen de morbis ex manustupratione. Dt.) Übers.; mit Anmerkungen und einem Anhang begleitet (hrsg.) von G(eorg) F(riedrich) C(hristian) Wendelstadt. 2.Aufl. 117 S., gbd.

Marburg: Neue akademische Buchhandlung 1800

JB 4.573

Tissot, S. A. D., die Krankheiten, welche durch die Selbstbefleckung entstehen, s.a. Krankheiten, die.

Tissot, S. A. D., die Krankheiten, welche durch Selbstbefleckung entstehen u. deren radikale Heilung, aus dem latein. Werke mit Zusätzen und Anmerkungen versehen von einem Arzte der Neuzeit. 854. — 2. Aufl. Heilbronn 857. Landherr. 8. (VIII, 75 S.) 15 ngr

Zimmermann, Joh. Georg v.: Leben des Ritters v. Zimmermann. Von S. A. D. **Tissot.** Mit dem Bildn. des Herrn v. Zimmermann und mit Anmerk. des Uebers. Hannover: Hahn 1797. VIII, 280 S. 1 Taf. 8°
Kl. 3484. S. 223 ff. handelt von den Illuminaten u. Zimmermanns Verhältnis zu diesen. — Üb. Zimmermann s. Allgem. Deutsche Biographie Bd 45 1900 S. 273—277 (Ischer).

— Lebensgeschichte v. J. G. v. Zimmermann; aus d. Französ. 8. Zürich 797. Orell. 12 gr

— Dass. aus d. Französ. mit Anmerkk. 8. Hannov. 797. Hahn. 16 gr Schrbp. 20 gr

— Lettres à Mr. de Haen en Reponse à ses questions sur inoculation. gr. 8. Wien 759. Trattner. 4 gr

— malattie a cui sonno soggette le personne dedite ai piacere del mondo, trad. dell Francese. 12. Lausanne 770. Pott. 8 gr

— de morbo nigro, de variolis, apoplexia et hydrope. 8. Lausanne 783. Pott. 16 gr

— Nachr. v. d. Kriebelkrankheit, nebst and. Abhdl. 8. Leipz. Müller. 770.

Tissot, S. A. Nachricht von der Kriebelkrankheit. Leipzig 1771. Ü: *Franz, Johann Georg Friedrich.* (ML) ›1775‹ (Ky) (EngM)

Tissot, S(imon) A(ndré): Nachricht von der Kriebelkrankheit und ihren wahrscheinlichen Ursachen, aus dem Genusse des Mutterkorns, mit Anmerkungen erläutert, nebst einem Sendschreiben vom Honigthau und zwo Abhandlungen von den verfälschten Weinen, ingleichen vom Brode, das man an statt des gewöhnlichen im Nothfall zubereiten kann, und von der innern Rinde der Linde. 140 S., gbd.

Leipzig: Müller 1771

JB 4.912

— Nachr. von der Kriebelkrankheit, nebst andern Abhandll. (Aus d. Französ. von Jh. Geo. Fr. Franz). 8. Leipz. 775. Müller. 5 gr

Tissot, S. A. Über die Nerven und deren Krankheiten; a. d. Franz. Leipzig 1781—83. Ü: *Ackermann, Johann Christian Gottlieb.* (MGT) (BB)

Tissot, (Simon André): Medizinisches Not- und Hülfsbüchlein für alle Menschen. Besonders für den Bürger in kleinen Städten und den Landmann aufs neue hrsg.von G(ottfried) W(ilhelm) Becker. 274 S., gbd.

Leipzig: Wienbrack 1832

JB 3.005

— observations et Dissertations de médecine practique publiées en forme de lettres, et traduites avec l'approbation de l'Auteur par P. R. Vicat. 12. Yverdon 780. Bern 784. Haller. 20 gr

Tissot, Sim. Andr., von der Onanie, s.a. Crusius, S. G.

Tissot, (Simon André): Von der Onanie, oder Abhandlung über die Krankheiten, die von der Selbstbefleckung herrühren. (L'Onanisme, ou dissertation sur les maladies produites par la masturbation. Troisième edition, considérablement augmentée. Dt.) 261 S., gbd.

Eisenach: Grießbach 1770

JB 4.571

Tissot, (Simon André): Von der Onanie oder Abhandlung über die Krankheiten, die von der Selbstbefleckung herrühren. (L'Onanisme, ou dissertation sur les maladies produites par la masturbation. Troisième édition. Dt.) 261 S., gbd.

Eisenach: Grießbach 1771

JB 2.041

— Von der Onanie oder Abhandlung über die Krankheiten, die von der Selbstbefleckung herrühren. Aus dem Französischen. Wien 1782. 240 S.

— Onanie, od. Abhandl. üb. die Krankheiten, so von d. Selbstbefleckung herrühren. 8. Eisenach 785. (Bäreke). 8 gr

Tissot, (Simon André): Von der Onanie, oder Abhandlung über die Krankheiten, die von der Selbstbefleckung herrühren. (L'Onanisme, ou dissertation sur les maladies produites par la masturbation. Cinquième édition, considérablement augmentée. Dt.) 240 S., gbd.

Wien: typ.v.Trattnern 1791

JB 4.572

— Onanie, od. Abhandl. üb. die Krankheiten, so von d. Selbstbefleckung herrühren; aus d. Französ. 8. Leipz. 792. (Aue in Altona). 8 gr

— Onanie, od. Abhdl. üb. d. Krankheiten, so v. d. Selbstbefleckung herrühren, a. d. Franz. 8. Leipz. Jacobäer. 792.

— — dasselbe. 8. Lpz. Hinrichs. 798.

— — dass. nach d. deutsch. Originalausg. frey bearb. mit Anmerk. v. Crusius. 8. Lpz. Benj. Fleischer. 802.

Tissot, S. A. Von der Onanie, nach der neuesten Original-Ausgabe frey bearbeitet . . . 2. Aufl. Leipz. 1825. Ü: *Crusius, Sam. Ghelf.* (MGT)

TISSOT. Der Onanie- und Nymphomaniedoctor der Mannspersonen und Frauenzimmer. 2. vermehrte Auflage. Lausanne 1776. 8°. 128 S.

— l'Onanisme. 12. Bern 781. Haller. 10 gr

— Dass. nach der deutschen Originalausg. frei bearb. mit Anmerkk. von S. G. Crusius, s.a. S. G. Crusius, wie kann man &c.

— Dass. aus d. Französ. nach der 5n Aufl. übers. 8. Wien 787. Trattner. 6 gr

— Dass. aus d. Französ. 8. Leipz. 798. Hinrichs. 8 gr

— Dass. aus d. Französ. 8. Karlsr. 803. Braun. 6 gr

— opuscula de febribus biliosis. 8. Celle 769. Gsellius. 10 gr Schrbp. 18 gr

[Teils.] S.A.D. Tissot [Simon André Tissot] Opuscula medica t.1. Coll. et ed. Ernestus Godofr[edus] Baldinger. Lipsiae & Cellis: Gsellius 1769. 8

T.1: Dissertatio de febribus biliosis sive Historia epidemiae biliosae Lausannensis anni 1755. Acc. Tentamen de morbis ex manustupratione. 1769.

— Oeuvres complètes. 14 Vol. 12. Lausanne, Société Typogr.

— Oeuvres, avec le traité des nerfs. XIV Vol. 12. Lausanne, (Kupferberg à Mayence.) 784.

— allgem. Regeln, seine Gesundheit lang zu erhalten. 8. Augsb. 786. Rieger. 6 gr

Tissot, (Simon André): Allgemeine Regeln, seine Gesundheit lang zu erhalten. (Übers. aus dem Französischen). 3.verbess.Aufl. 212 S., gbd.

Grätz: Trötscher 1798

JB 2.929

— du régime diététique dans la cure des maladies. gr. 8. Strassb. 798. König. 1 rthl 4 gr

— de la santé des gens de lettres. 12. Bern 782. Haller. 12 gr

[Werke.Deutsch]S.A.D.Tissot [Simon André Tissot] Sämtliche zur Arztneikunst gehörige Schriften nach den neuesten von dem Herrn Verfasser selbst verb.u. verm. Originalausgaben aus d.Franz. u. Lat. übers. u. mit einigen Anm. begleitet von Johann Christian Kerstens. (3 ff. [Übers.: Johann Christian Gottlob Ackermann]) Th.1-7. Hamburg: Ritter (3 ff.: Leipzig: Jacobäer) 1774-84. 8

Th.1: 1774.
Th.2: 1776.
Th.3.4:1781.
Th.5: 1782.
Th.6.7:1784.

Tissot, Sim. Andr. D., sämmtliche zur Arzneikunst gehörige Schriften; aus d. Französ. u. Latein. übers. u. mit einigen Anmerkk. begleit. von J. C. Kerstens I. u. J. C. G. Ackermann. 7 Thle. 8. Hamb. 774 ff. N. (4e) Aufl. Leipz. 807. (Aue in Altona). 7 rthl

Tissot, S(imon) A(ndré): Sämmtliche zur Artzneykunst gehörige Schriften..., aus dem Französischen und Lateinischen übersetzt. Hrsg.von Johann Christian Kerstens. Th.1 - 2: 2.Aufl. Th.1 - 5, gbd.

Leipzig: Jacobäer 1779 - 1782

JB 2.042

Tissot, S[imon] A[ndré] D.: Sämmtliche zur Arztneykunst gehörige Schriften nach d. neuesten verb. u. verm. Orig.-Ausg. aus d. Franz. u. Lat. übers. Thl 5—7. Leipzig 1782—84.
5. 1782. 6. 7. 1784.
— 3. verb. u. verm. Aufl. Mit einigen Anm. begl. von Johann Christian Kerstens. Thl 1—4. 1784—93.

1. 1784. 2. 1791. 3. 1790. 4. 1793.

— über d. Selbstbefleckung, übers. m. Anmerk. v. Wendelstädt. 8. Marburg, Krieger. 800.

S.A.D.Tissot [Simon André Tissot]Sermo inauguralis de valetudine litteratorum. Habitus publ. die 9. Apr. 1766 cum novam medicinae cathedram auspicaretur Ed.2. Lausannae, Francofurti & Lipsiae: Dodslei 1769. VI,74 S. 8°

[spätere völlig umgearb. Ausg. s. u.d.T.: De la Santé des gens de lettres.]

— **traité de la catalepsie, de l'extase, de l'anoesthesie, de la migraine etc. 12. Bern 783. Haller, (Landsh.; Storno). 12 gr.**

— Traité de l'Epilepsie. II Vol. 12. Berne, Haller. 778.

— **traité de l'Epilepsie. II Vols. 12. Bern 788. Haller. 1 rthlr. 8 gr. (Landsh., Storno). 14 gr.**

Tissot, S. A., Traité des nerfs et de leurs maladies. 2 Vol. Par. 1778—80. 12°. De la catalepsie, de l'ecstase, de l'anaesthesie, de la migraine et des maladies du cerveau. 272 pp. Par. 1782. 12°. 272 pp. Genève. 12°. Lausanne 1784. Avignon 1800. Deutsch v. A. *Weber*, 4 Vol. 8°. Winterth. et Leipz. 1781—3, v. *Ackermann*, 1782—3.

— **traité de nerfs et de leurs maladies. II Vols. en IV Parts. 12. Lausanne 780. Pott. 2 rthlr. 8 gr.**

Tissot, S. A., Traité des nerves et leur maladies. Laus. 12°. Deutsch, 2 Bdn. Winterth. 1780. Lpz. 1781—2. 8°. A. D. B. LIII, 98. LXVII, 108. Comm. Lps. Suppl. Dec. III, 530. Tüb. Anz. 1784, p. 546. J. de med. LVII, 3.

— **Unterricht f. das Landvolk, Krankheiten in ihrem Anfange zu heben; aus sm. größern Werke v. Jh. Gf. Essig. 8. Augsb. 780. N. A. 787. N. A. 790. Bolling. 4 gr.**

— **de valetudine literatorum. 8maj. Frankf. a. M. 769. (Schwickert in Leipz.) 4 gr.**

— Versuch von d. Krankheiten, welche aus der Selbstbefleckung entstehen; aus d. Latein. 8. Frankf. 775. Fleischer. 4 gr.

— Versuch üb. die Mittel, den Unterricht in d. Arzneiwissenschaft zu verbessern; aus d. Französ. v. W. Huber. 8. Basel 785. Thurneisen. 6 gr.

— **Versuch üb. die Nerven u. ihre Krankheiten, mit Anmerkk. übers. v. F. A. Weber u. A. 4 Bde. gr. 8. Winterth. 781, 782. Steiner. 6 rthlr.**

— prakt. Vertheidigung des Einpfropfens der Pocken, nebst e. Versuch üb. die Veränderung der Stimme; aus d. Französ. v. Fr. S. Morgenstern. 8. Halle 756. Kümmel. 5 gr.

Tissot, S. A. D., Vie de Zimmermann. Lausanne 1797. Deutsche Ausg. Hannover 1797. 8°. (Ebd.)

— **vie de J. G. de Zimmermann. gr. 8. Zürich 797. Orell. 9 gr. gr. 8. Strassb. 798. König. 12 gr.**

Tissot, Vict., u. Sam. Cornut, der Kurort Bex, s.: Europe, illustrated, 170 u. 181.

Tissot, V., le Gruyère, s.: l'Europe illustrée.

Tissot, Victor *s.* Bonnet, François, et Tissot, Victor — (Perrier, [Ferdinand].) La Gruyère. Zurich ([18]88).

Tissot, Vict., Reise in das Milliardenreich. 2 Thle. gr. 8. Bern 874. Leipzig, Licht und Meyer. geb.

Tissot, Vict., Reise in das Milliardenreich. Autoris. deutsche Ausg. 2 Thle. in 1 Bd. gr. 8. (156 u. 234 S.) Bern 875. Körber in Comm. n. 3. —

Tissot, Vict., die Reise in's Zigeuner-Land. Von Friedr. Wilh. Dietz. gr. 8. (VIII, 444 S.) Leipzig 881. Greßner & Schramm. 3. —

Tissot, Victor, und Cornut, Samuel. Das schweizerische Rhonethal: Der Kurort Bex. Umgebungen und Ausflüge. Mit 12 Illustrationen von J[ohann] Weber [wovon 1 Tafel] und einer Karte. (Europäische Wanderbilder. № 242.) 8. Zürich ([18]95).

Tissot, Victor, und Samuel **Cornut**: Das schweizerische Rhonethal. Der Kurort Bex. Umgebung und Ausflüge. Mit 12 Illustrationen von J. Weber und einer Karte. (Europäische Wanderbilder. No. 242.) Zürich [1896]. 39 S. 8°.

— **dasselbe, s.a. Wanderbilder, europäische.**

Tissot, Vict., das rote Rußland. Zeit-Roman. Deutsch von Paul Heichen. 8. (448 S.) Großenhain 887, Baumert und Ronge. *

Tissot, Victor, et Cornut, Samuel. The Valley of the Swiss Rhone: The Baths of Bex, their Saline Springs and Mother-Lye, Walks, and Excursions. With 12 Illustrations by J[ohann] Weber [1 Plate] and one Map. (Illustrated Europe. № 170.) 8. Zurich ([18]95).

Tissot, Victor, et Cornut, Samuel. Vallée du Rhône ⟨Suisse⟩: Bex-les-Bains, ses eaux salées – ses eaux mères – paysages et promenades. Avec 12 Illustrations par J[ohann] Weber [dont 1 planche] et une carte. (L'Europe illustrée. № 181.) 8. Zurich ([18]95).

Tissot, Wilhelm

TISSOT [ ]. Das curiose Buch f. Menschen, die Kenntnis v. ihrem Korper u. v. d. Erzeugung der Menschen Hartl, Wien 1781/82

Tissot, Wilhelm, curiöses Buch f. Menschen, welche Kenntnisse v. ihrem Körper, v. Erzeug. d. Menschen, v. d. Heimlichk. it des schönen Geschlechts und d. Mannspersonen suchen, auch lange leben wollen. 8. Frankf. (Sommer in Lpz. auch Vollmer in Hamburg.) 802.

— curiöses Ehestandsbuch f. Eheleute u. Ehestandslustige. 3 Thle. 8. Mühlhausen, Danner. (P. F. Vogel in Leipz.) 794.

— **besond. Entdeck. v. d. Schönheit d. Frauenzimmer, nebst Schönheitsmitteln dieselbe zu erhalten. 8. Cöln, Imhof. (Sommer, auch Gräff in Lpz.) 783.**

TISSOT, W. Besondere Entdeckungen von der Schönheit der Frauenzimmer, nebst Schönheitsmittel, dieselbe zu erhalten. O. O. 1788. 8°.

— besond. Entdeckt. von d. Schönheit der Frauenzimmer, nebst Schönheitsmitteln, dieselbe zu erhalten. 8. Cöln 788. Imhof. (Wienbrack in Leipz.) 4 gr

Tissot, W. Entdeckgn u. bes. Heimlichktn d. Mannspersonen u. Frauenzimmer. Frankfurt 1786.

— Entdeckungen von der Schönheit der Frauenzimmer, u. Mittel, selbige zu erhalten. 8. Freiberg 778. N. A. 788. (Wienbrack in Leipz.) 4 gr

Tissot, Wilhelm, d. Erzeugung d. Menschen. 8. Leipz. Sommer. (auch P. F. Vogel.) Rthlr.

— die Erzeugung des Menschen. 8. Leipz. 786. (Sommer); (a. Bechtold in Altona). 4 gr

Tissot, Wlh., (Fr. Ad. Kritzinger,) die Erzeugung der Menschen u. die Heimlichkeiten der Frauenzimmer. 4 Thle. 8. Lpz. 17.. 2e A. 774 u. bis 790. 5 Auflagen. ... 6e A. 8. Ebd. 791. Sommer. 16 gr (a. 803.) (Braun in Karlsr.) 20 gr N. Aufl. u. d. T.: Curioses Ehestandsbuch f. Ehestandslustige u. Eheleute worin die Erzeugung d. Menschen, die Heimlichkeiten d. Frauenzimmer ꝛc. 2 Thle. 8. Mühlhaus. 794. Danner. 12 gr — Dann unt. d. T.: Curioses Buch f. Menschen, welche Kenntnisse v. ihrem Körper, v. Erzeugung des Menschen, v. d. Heimlichkeiten des schönen Geschlechts ꝛc. suchen, auch lange leben wollen. 2 Thle. 8. Altona 799. Vollmer. 2 Thlr — Dass. 2 Thle. 8. Leipz. 802. (W. Nauck). 2 Thlr Dann unt. d. T.: Heimlichkeiten d. weibl. Geschlechts, umgearb. u. f. unser Zeitalter brauchbar gemacht v. G. W. Becker. 8. Leipz. 809. Gräff. 1 Thlr 2e A. auch u. d. T.: G. W. Becker, die Geheimnisse des weibl. Geschlechts. 8. Ebd. 3e A. 817. 4e A. 820. Wienbrack. 12 gr

Tissot, (Wilhelm) (Pseud.): Die Erzeugung der Menschen und Heimlichkeiten der Frauenzimmer. (Th.1), 100 S., gbd.

Frankfurt: 1774

JB 945

Tissot, (Wilhelm) (Pseud.): Die Erzeugung der Menschen und Heimlichkeiten der Frauenzimmer. (Th.1-4), gbd.

Biel: Heyermann 1780

JB 946

— d. Erzeugung d. Menschen u. Heimlichkeiten d. Frauenzimmer. 4 Thle. 8. Lpz. Sommer. 791.

Tissot, W., die Erzeugung des Menschen und Heimlichkeiten der Frauenzimmer. 4 Theile. Neue wohlfeile Ausgabe. 8. Nürnberg, Zeh. 817.

— curiöses Gespräch vom Kaffee, Wein, Chokolake, Thee, Taback ꝛc. 8. Jena 781. Reinhold. 6 gr

— neue medicin. Hausapotheke. 3 Thle, s.a. Tissot: Noth- u. Hülfsbüchlein.

— n. med. Hausapotheke. 3 Thle. 8. Mühlh. Danner. 794.

— — Heimlichkeiten ꝛc. s.a. Becker, G. W., Geheimnisse.

— Heimlichkeiten .. weibl. Geschlechts, umgearb. u. für unser Zeitalter brauchbar gemacht, v. G. W. Becker. 8. Lpz. Gräff. 809.

Tissot, W., Heimlichkeiten des weibl. Geschlechts, von G. W. Becker. 2te Ausg. 8. Leipz. Gräff. 816.
s. a. Becker, Geheimnisse des weiblichen Geschlechts.

Tissot, (W.,) Heimlichkeiten des weibl. Geschlechts; f. unser Zeitalter gänzlich umgearbeitet u. brauchbar gemacht v. G. W. Becker. 5e Ausg. — A. u. d. T.: die Geheimnisse des weibl. Geschlechts. 4e Aufl. 8. Leipz. 822, Wienbrack.

— Kunst, Jungen u. Mädchen zu bilden, s.a. Tissot: Schriften.

— Kunst, Jungen u. Mädchen z. bild. 8. Cöln, Imhof. 788.

— Naturgeschichte der Hunde, od. Unterricht, wie man Hunde erziehen, ihre Krankheiten heilen u. sie nach belieben klein erhalten kann ꝛc. 8. o. O. 794.

— neues medicin. Noth- u. Hülfsbüchlein. 6 Thle. 8. Frankf. 791, 92. (... Dass. 8. Mühlhaus. 791. — Dann unt. folg. Titeln: 1) Medicin. Tischreden von d. Hypochondrie ꝛc. n. d. Speisen u. Getränken ꝛc. 3 Thle. 8. Mühlhaus. 793. ... 2) Neue medicin. Hausapotheke, alle innerliche u. äußerl. Krankheiten mit leichten Mitteln ꝛc. zu heilen. 3 Thle. 8. Ebd. 794. Danner. 12 gr 3) Neues medicin. Noth- u. Hülfsbuch f. alle Menschen. 8 Thle. 8. Altona 794. (Coppenrath in Münst.) 1 Thlr 4) Neues curioses Noth- u. Hülfsbuch für Menschen u. Vieh. 16 Bdchn. 8. Neuburg 803.) Neue Ausg. unt. d. T.: Medicin. Noth- u. Hülfsbüchlein f. alle Menschen, besonders f. den Bürger u. Landmann, herausgg. v. G. W. Becker. 8. Leipz. 823. 1 Thlr N. Ausg. 8. Ebd. 832. Wienbrack. 18 gr

— neues medicin. Noth- u. Hulfsbüchlein f. alle Menschen. 8, Thle. 8 Frkf. (Gräff in Lpz.) 794.

— — dasselbe. 8. Salzburg, Duyle. 794.

— medizin. Noth- u. Hülfsbüchlein für alle Menschen, besond. f. d. Bürger u. Landmann. Aufs neue herausgeg. v. G. W. Becker. 8. Leipz. 823, Wienbrack.

†Tissot, Wilh. (Fr. Ad. Kritzinger,) medizin. Noth- u. Hülfsbüchlein f. alle Menschen. Besond. f. den Bürger in kleinen Städten u. den Landmann aufs neue hrsg. v. G. W. Becker. Wohlf. Ausg. 8. (19 B.) Leipzig 832, Wienbrack.

Tissot, Wilhelm (Pseud.): Sammlung von verschiedenen raren sympathetischen, magnetischen und andern Curen, wie auch von andern wunderbaren und in der Haushaltung nützlichen Kunststücken und Experimenten. 304 S., gbd., Abb.

Neuschadell: 1785

JB 2.674

— Samml. v. verschied. sympathet. magnet. u. and. Kuren u. in d. Haushalt. nützl. Kunststücken u. Experimenten. 8. Altona, Kaven. (Gräff in Lpz.) 790.

— Samml. v. verschiedenen sympathet., magnet. u. andern Kuren u. in der Haushaltung nützl. Kunststücken u. Experimenten. 8. Neuschatel 784. 2e A. Frankf. 790. (Wienbrack in Leipz.) 12 gr

— v. d. Schönheit d. Frauenzimmer, u. Mittel selbige zu erhalten. 8. Frkf. (Gräff in Lpz.) 788.

— Schriften. 1r Bd. 8. Köln 786. (Enth. 1) das physiolog. Taschenbuch. 2 Thle. 786. ... 2) Kunst, Mädchen u. Junger. zu bilden, od. von d. Erzeugung d. Menschen beiderlei Geschlechts. 786. 6 gr 3) die phys. Venus. 789. (Wienbrack in Leipz.) 4 gr)

— d. physische Venus. 8. Lpz. Gräff.

Tissot, Wilhelm: Die Weinflasche, Chokolaten und Theekanne, ein curiöses Gespräch eines Herrn mit einer Dame vom Wein, Chokolate, Thee, Brantewein, Bier, Wasser, Schnupf- und Rauchtabak. o.O. 1782. 48 S. -- 12°

Tissot dit Sanfin, Charles [aus Berlin]: Ueber Nebenplacenten ... Berlin, C. Vogt's Buchdr., *1893*; 34 S., 1 Bl. 8.
Berlin, Med. Fak., Inaug.-Diss. v. 3. März 1893

Tisza, Koloman v., u. der magyarische Chauvinismus. Eine wahrheitsgetreue Schilderung der ungar. Zustände. Von ***. 12. (78 S.) Marburg 889. Verlag d. „Reichs-Herold". 1.50

Tisza, Edmund. Ueber die Bestandteile der Soranjee ⟨Morinda citrifolia L.⟩. Diss. Phil. Bern. [Mit 1 Figur und 3 Tafeln.] 71 S. 8. (Budapest, Brüder Tisza, 1908.)

Tisza, Gábor, Magyar és német Beszélgetések. — Ungarische und deutsche Gespräche. Verbunden mit Sprichwörtern und einer Wortsammlung. 16. (112 S.) Wien (861)62, Wenedikt.

Tisza, Stef. v., ungarische Agrarpolitik. D. Ursachen d. Preisfalles d. landwirtschaftl. Produkte u. d. Mittel d. Abhilfe. Autor. deutsche Ausg. gr. 8. (XI, 80 S.) Leipzig 897. Duncker & Humblot. n. 1.60

Titan, v. Jean P. Fr. Richter. 4 Bde. 8. Berlin, Matzdorf. 800—03. (1r 1s Bdchen. 2 Rthlr 8 gr. 2r 2s 1 Rthlr. 16 gr. 3r 1 Rthlr. 16 gr. 4r 2 Rthlr.)
Auf fein Papier. (I. 2 Rthlr. 20 gr. II. III. à 1 Rthlr. 22 gr. IV. 2 Rthlr. 12 gr.)

Titan. Ein Journal. O. O. 1832. H: *Christern, Johann Wilhelm.* (Schr) (A)

Titanello. Jonathan Schlendrians Höllenreise. Nacherzählt von *T.* In-8°. 78 S. Zürich, Verlags-Magazin (J. Schabelitz), 1891. 1 --

Titanello, s. v. Schlendrian's, Jonathan, Höllenreise.

Titanen, Die. Ein heroisch-komisches Gedicht. Frankfurt 1790. V: *Stiehl, Maximilian Christian Friedrich.* (Ky) (EE) (MGT)

Titanen, die, ein heroisch-kom. Gedicht (v. M. C. F. Stiehl). 8. Frankf. a. M. 790. Hermann. 9 gr

Titanen, moderne, kleine Leute in großer Zeit (von Rob. Giseke). 3 Thle. 8. (X u. 660 S.) Leipzig 850, Brockhaus. 4 ℛ

Titanen, Moderne, kleine Leute in grosser Zeit. Leipzig 1850—53. V: *Giseke, Heinrich Ludwig Robert.* (Ky) (BrVV)

Titania oder das Reich der Mährchen ... Regensb. 1807. V: *Benzel-Sternau, Carl Chn Ernst Graf von.* (MGT) (HS) »1801« (Ky)

Titania, oder das Reich der Mährchen, (v. K. C. E. Graf v. Benzel-Sternau). 8. Regensb. 801. Montag u. W. 1 ℛ 12 gr

Titania, od. das Reich d. Mährchen, aus d. Klarenbachschen Archiv. 8. Regensburg, Montag u. W. 807.

Titania. Taschenbuch. Von Carl Lang. Leipzig: Tauchnitz
1807.

Titania, Taschenbuch, s. K. Lang.

Titania, od. Dichter- u. Blüthenleben zu Elfenaue. Feiergesänge, poet. Fest- u. Scherzspiele v. A. G. Eberhard, J. F. Schink u. Tiedge. 8. Berl. 820. Schlesinger. 1 ℛ

Titania. Zeitschrift für die gebildete Welt. 1. Jahrg. Juli—Decbr. 1853. 26 Nrn. (à 1 Bgn. mit Lithogr. u. Musikbeilage). Bern, Rothlin. gr. 4. n. 2 ℛ. 10 ngr

Titania
① Zeitschrift für die gebildete Welt ⑤ 1853—1854 ⑥ 4° ⑦ Wochenblatt ⑧ Bern: K. J. Wyß ⑪ J. J. Romang ⑫ politisch neutrales Blatt für Unterhaltung und Belehrung ⑬ BGSZ: 973 ⑭ Be: L.

Titchener, Edward Bradford, Lehrbuch der Psychologie. Übers. v. O. Klemm. 1. Tl. (XVI, 315 S. m. 44 Fig.) 8. Leipzig 910. J. A. Barth. 6.—; geb. in Leinw. 6.80

Titchener, *Edward* Bradford [aus Chichester]: Ueber binoculare Wirkungen monocularer Reize ... (Aus: Wundt, Philos. Stud., Bd. VIII Heft 2.) Leipzig, W. Engelmann, 1892; 1 Bl., 231—310 S., 1 Bl. 8.
Leipzig, Phil. Fak., Inaug.-Diss. v. [11. Nov.] 1892

Titel, üb. die, d. Kaisers von Oesterreich u. den Abänderungen derselben. 8. Heilbr. 810. Claß. 9 gr

Titel. Neue von der französischen Republik anerkannte öffentliche Gesezliche T., welche dem Schweizer-Militär sowohl, als auch denen von Wallis und Graubündten, so den vormaligen Königen von Frankreich und Sardinien gedienet haben, ihre Pensionen ... zusichern. [Mit 1 Tabelle.] 4. Bern 1802.

Titel, Die, der ehemaligen liefländischen Ordensmeister. [Riga 1789.] V: *Brotze, Johann Christoph.* (R-N)

Titel, der 7., des allgem. Berggesetzes für die preußischen Staaten (betr. die Knappschaftsvereine) vom 19. VI. 1906. Mit Gegenüberstellung der Fassung vom 24. VI. 1865. (30 S.) Lex.-8. Grunewald-Berlin 906. Gr.-Lichterfelde, Verlag der Arbeiterversorgung A. Troschel. n. — 60

Titel, Die, und die Staaten, ein Blick nach Aussen und hinein für schwache Geister und schlechte Denker. Wien 1872. V: *Donin, Ludwig.* (EB)

Titel, Johann Friedrich (Eisenberg) A. S. 809/6

De legibus naturae secundariis ad leges matrimoniales de incestu Lev. XVIII. propositas commentatio moralis. Präs. Christian Loeber.
Jena (Nies) VIII. 1702. 40 S. 34540

Titelbilder zu Cooper's amerikan. Romanen, s. Cooper, J. F.

Titelbilder zu J. F. Cooper's amerikanischen Romanen. In Stahl gestochen. 1.—6. Liefg. 16. (à 3 Blätter.) Stuttgart 843—46, S. G. Liesching. à 1/4 ℛ

Titelbilder zu J. F. Cooper's Amerikanischen Romanen. 7—9. Lfg. gr.16. (9 Stahlst.) Stuttgart 847—50, S. G. Liesching. à 1/4 ℛ (1—9: 2 1/4 ℛ)

Titelbilder, sechs, zur Taschenausgabe von v. Rotteck's Weltgeschichte. (Autographie.) 16. Berlin 839. Heymann. 3/8 ℛ

Titelblätter, als vorzügl. Kalligraphien. 8 große Blätter von Mettenleiter. Karlsr. ... Velten. à Bl. 14 ℛ

Titelbuch, Teutsch-Latein- und Französisches, nach dem neuesten Gebrauche. Göttingen 1757. V: *Wedekind, Rudolph.* (ML) (Ky)

Titel- u. Formularbuch, neues, in deutscher u. franz. Sprache. Enthaltend die Titulaturen des franz. Hofes. kl. 4. Cöln, Rommerskirchen. (Leipz. Gräff.) 812.

Titeldrucke, Berliner. Verzeichnis der v. der königl. Bibliothek zu Berlin u. den preuss. Universitätsbibliotheken erworbenen neueren Druckschriften. Hrsg.: Königl. Bibliothek. Jahrg. 1909 u. 1910. (IV, 1762 u. IV, 1797 S.) Lex. 8. Berlin, (Behrend & Co.). à Jahrg. 24.—; einseitig bedruckt. 8. à Jahrg. 24.—

— dasselbe. Orientalische Titel. Jahrg. 1910. (II, 125 S.) Lex. 8. Ebd. 8.—; einseitig bedruckt. 8. 3.—

Zur Titelfrage der Techniker. Von *,* Hrsg. vom Zentral-Ver. der aus hoh. Gewerbeschulen hervorgegangenen Techniker. *Wien: Spielhagen & Schurich 1902.* (23 S.) 8° [illegible]

Die Titelfrage der Techniker. Rodaun-Wien 1907. 8°. (Ostara. H. 17.)

Titelfrage, die, der Techniker, s. Ostara. 17.

Titelgedichte, Schärrmausers, 1884—86; Zeit- und Streitlieder ... Herz.-Buchsen 1886. V: *Dürrenmatt, Ulrich.* (Cat. d. Stadtbibl. Zürich. Zürich 1864—97.)

Titelius, M., der Burgbauer von Mühlen u. andere Geschichten aus dem Frankenland, s.: Volks- u. Jugendschriften, deutsche.

Titelius, M., der Deserteur, s.: Blüten u. Früchte. 20.

Titelius, M., doppelt gerettet, s.: Blüten u. Früchte.

— in der Fremde, s.: Blüten u. Früchte. 12.

Titelius. M., die kleinen Fremdlinge, s. Immergrün.

[F.] Der Geigenheimer vom Karwendel. E. Gesch. a. d. grossen Kriegsjahr 1870. Von M. Titelius. M. 9 Ill. *Berlin: Christl. Zeitschriftenver. 1895.* (120 S.) 1 Bd 8.
= Volksbücher, Neue. Bdch. 30. [97. 7643]

Der Geigenheiner vom Karwendel. Eine Erzählung von M. Titelius. Mit 3 Bild. Barmen: Wuppertaler Traktat-Gesellsch. [1903]. (39 S.) 8° [F.]
= Tannenzweige. H. 25. [06. 6674]

Der Geigenheiner von Karwendel. Eine liebe Last. 2 Erzählungen von M. Titelius. Mit 6 Bild. Barmen: Wuppertaler Traktat-Gesellsch. [1905]. (66 S.) 8° [F.]
= Bücherschatz, Barmer. Bd 3. [06. 6460]

Titelius, M.,
— gerettet, s.: Immergrün.

— die Geschwister, s.: Jugend- u. Volksbibliothek, deutsche.

Titelius, M., ohne Heimat. 1. Die neue Mutter. 2. Der Markt zu Ravensburg. 3. Die Waisenkinder, s.: Jugend- u. Volksbibliothek, deutsche.

— treue Herzen, s. Jugend- u. Volksbibliothek, deutsche.

— die goldene Kette,
— krumm u. doch gerade, } s.: Immergrün.

[F.] Eine liebe Last. E. wahrhafte Gesch. v. M. Titelius. M. 11 Ill. *Berlin: Christl. Zeitschriftenver. 1895.* (120 S.) 1 Bd 8.
= Volksbücher, Neue. Bdch. 31. [97. 7643]

Eine liebe Last. Eine Erzählung von M. Titelius. Mit 3 Bild. Barmen: Wuppertaler Traktat-Gesellsch. [1903]. (32 S.) 8° [F.]
= Tannenzweige. H. 26. [06. 6675]

Das Lotterieloos. Eine Erzählung von M. Titelius. Mit Bildern. Barmen: Wuppertaler Traktat-Gesellsch. [1903]. (44 S.) 8° [F.]
= Tannenzweige. H. 21. [06. 6670]

—— Ritter und Köhler, s. Immergrün.

— Sylphide u. Helene, od. die beiden Freundinnen, s.: Immergrün. Nr. 115.

Titelius, M., treu bis in d. Tod, s.: Immergrün, Nr. 94.

— treu bis in den Tod, s.: Jugend- u. Volksbibliothek, deutsche.

— versorgt, s.: Immergrün.

— eigene Wege, s.: Jugend- u. Volksbibliothek, deutsche.

— wo ist mein Vaterland. Mutter Rosette in dem Aufstand der Vendée, s.: Jugend- u. Volksbibliothek, deutsche.

— Aus wilder Zeit, s. Immergrün.

Titelkupfer, Das, ein Roman. Freiberg 1802. V: *Silber, Benjamin.* (GGr)

Titelkupfer, das, v. Carl Sebald. 2 Thle. 8. Freyberg, Craz. 802.

Titelkupfer zu den deutschen Classikern: Göthe, Schiller, Klopstock, Lessing, Wieland, Platen, Thymmel, Pyrker und Lenau. In neuen Stahlstichen. 1—6. Liefg. (Schiller. 1—6. Liefg.) Stuttgart 853, 54. Rieger. gr. 16. Jede Liefg. von 3 Bl. 5 1/2 ngr.

Titelkupfer zu Shakspeare's dramat. Werken, s. Shakspeare, dramat. Werke (Bildwerke).

Titelkupfer (Stahlstiche) zu Shakspeare's dramat. Werken. 1e—4e Lfrg. (14 Blätter.) 16. Stuttgart 839, 40. Rieger u. Comp. n. 1 1/6 ℛ

Titeln, von den eigenen u. vorzüglichen, einiger europ. Könige, (v. Jr. Fr. Joachim). 4. (Halle) 759. Renger. 4 ℛ

Titelstahlstiche, 10, zur allgem. Realencyclopädie für das kathol. Deutschland. Zugleich eine selbständ. Sammlung von Bildnissen ausgezeichneter Katholiken. 2—5. Lfg. gr. 8. (8 Stahlst.) Regensburg 848, Manz. à Lfg. * 5 Ngr. *
1. Lfg. Ebendas. 1847. * 5 Ngr.

Titherley, Arthur *Walsh* [aus Liverpool]: I. Ueber die Amide des Natriums, des Kaliums und des Lithiums. II. Ueber die α-Alkylglutarsäuren und ihre Derivate ... Heidelberg, Univ.-Buchdr. v. J. Hörning, 1896; 74 S., 1 Bl. 8.
Heidelberg, Naturw.-math. Fak., Inaug.-Diss. v. [8. Febr.] 1896

Titi, des Prinzen, Geschichte. 3 Thle. 8. Leipz. 765. Hilscher. 12 ℊ

Titians Madonna und andere Novellen. Von H. Aus dem Schwed. übers. von J. Lorenzen. 2. (Titel-)Aufl. 8. (240 S.) Norden 886, Fischer Nachf. *

Titius, A.: Über Scott's „Lady of the Lake". 17 S. 4°. (Inhaltsübersicht und Charakteristik der Personen des Gedichtes.).– Iserlohn R., Progr. 1870.

Die johanneische Anschauung unter dem Gesichtspunkt der Seligkeit dargest. von Lic. Arthur **Titius**, Prof. in Kiel. *Tübingen, Freiburg i. B. & Leipzig: J. C. B. Mohr 1900.* (VIII, 143 S.) 8°
— **Titius**: Die neutestamentl. Lehre von d. Seligkeit. Gesch. Darst., Abth. 3. [00. 7487]

Die vulgäre Anschauung von der Seligkeit im Urchristenthum. Ihre Entwicklung bis z. Übergang in kathol. Formen dargest. von D. Arthur **Titius**. Prof. in Kiel. *Tübingen, Freiburg i. B. & Leipzig: J. C. B. Mohr 1900.* (XI, 250 S.) 8°
— **Titius**: Die neutestam. Lehre v. d. Seligkeit. Gesch. Darst. Abt. 4. [00. 1959]

[Umschlagt.:] [T.] Ueber den Begriff des Sittlichen. Vortr., geh. auf d. Allg. Konferenz d. deutschen Sittlichkeitsvereine zu Hamburg ... 1897, v. Prof. Lic. theol. [Arthur] **Titius** in Kiel ... *Berlin: Selbstverl. d. d. Sittlichkeitsver.; Leipzig: H. G. Wallmann (1897).* (16 S.) 1 Bl. 8. [97. 6...]

Titius, Arthur, Anstaltsarzt an der Provinzial-Irren-, Heil- und Pflegeanstalt Allenberg: Aus der Königl. Universitäts-Irrenklinik und der Provinzial-Irren-, Heil- und Pflegeanstalt Allenberg. Ueber eine eigenartige Form der jugendlichen Paralyse. Königsberg i. Pr. 1905: O. Kümmel. (23 S.) 8°
Königsberg, Med. Fak., Ref. Meyer, Diss. v. 31. Juli 1905
[Geb. 3. Nov. 76 Neumark i. W.-Pr.; Wohnort: Allenberg; Staatsangeh.: Preußen; Vorbildung: Gymn. Strasburg i. W.-Pr. Reife O. 96; Studium: Königsberg 12 S.; Coll. 27. Juli 05; Approb. 24. Nov. 02.]

— Luthers Grundanschauung vom Sittlichen, verglichen m. der Kantischen, s.: Vorträge der theolog. Conferenz zu Kiel. 1. Hft.

— die neutestamentl. Lehre v. der Seligkeit u. ihre Bedeutg. f. d. Gegenwart. 1. Thl. Jesu Lehre v. Reiche Gottes. gr. 8. (XII, 199 S.) Freiburg i/B. 895. Tübingen, J. C. B. Mohr. n. 3. 60

Titius, Arth., die neutestamentliche Lehre v. der Seligkeit u. ihre Bedeutung f. die Gegenwart. Der geschichtl. Darstellung. 2.—4. (Schluss-)Abth. gr. 8. Tübingen 900. J. C. B. Mohr. n. 15. 40; (kplt. n. 19. —)
2. Der Paulinismus unter dem Gesichtspunkt der Seligkeit dargestellt. (IX, 290 S.) n. 6. 40
3. Die johanneische Anschauung unter dem Gesichtspunkt der Seligkeit dargestellt. (VIII, 143 S.) n. 3. 20
4. Die vulgäre Anschaug. v. der Seligkeit im Urchristenthum. Ihre Entwicklung bis zum Übergang in kathol. Formen. (XI, 250 S.) n. 5. 80

Der Bremer Radikalismus. Vortrag zu Marburg 1907 geh. von Arthur **Titius**, Prof. Tübingen: J. C. B. Mohr 1908. (III, 132 S.) 8°
— Sammlung gemeinverständl. Vorträge u. Schriften aus d. Geb. d. Theologie u. Religionsgeschichte. 54. [08. 14439]

Recht und Schranken des Evolutionismus in der Ethik. Vortrag von D. Arthur **Titius**, Prof. Berlin-Schöneberg: Protestant. Schriftenvertrieb 1910. 26 S. 8°
Aus: Protokoll d. 5. Weltkongr. f. Freies Christentum u. Religiösen Fortschritt Berlin 1910. [10. 17296]

Titius, Arth., Religion u. Naturwissenschaft. Eine Antwort an Professor Ladenburg. (III, 114 S.) gr. 8. Tübingen 904. J. C. B. Mohr. n. 1. 80

— Schleiermacher u. Kant, s.: Schleiermacher, der Philosoph des Glaubens.

— s.: Studien, theologische.

Titius, Arthurus [Borussus-Orientalis]: Theses theologicae ... Berolini, typ. expr. Gustavus Schade (Otto Francke) (1880); 2 Bl. 4°
Berlin, Theol. Fak., Thes. v. 21. Apr. 1880

— d. Verhältnis d. Herrnworte im Markusevangelium zu den Logia d. Matthäus. [Aus: „Theolog. Studien. Festschr. f. B. Weiss".] gr. 8. (50 S.) Göttingen 897. Vandenhoeck & Ruprecht. n. 1. 60

Titius, C. G. (Resp.): Diss. de insomniorum influxu..., s. A l b e r t i, M. (Praes.)

Titius, Christian Immanuel (Zerbst) A. S. 314/42

Problema iurisprudentiae criminalis an et quatenus mortis reus termentis denuo subiiciendus sit ?
Präs. Johann Florens Rivinus.
Leipzig (Langenheim) 4. VII. 1737. 24 S.
34542

Titius, Emil, in Frieden u. Krieg. Gedichte. gr. 8. (31 S.) Rastenburg 872. Schlemm. — 30

TITIUS, G. C., D e p o l y g a m i a, incestu et divortio. Lipsiae 1712. 4°. (⅙ Rthl. Schmidt's in Halle 349. Cat. p. 14.)

Titius, Georg Christian (Jena) A. S. 1192/13

Dissertatio medica inauguralis de cinnamono.
Präs. Georg Wolffgang Wedel.
Jena (Krebs) XII. 1707. 36 S.
34543

Titius, Gottlieb (Gottlob?) Gerhard

Titius, Gottl. Gerh., Ars cogitandi s. scientia cogitationum. 12. Lips. Junius (Cnobloch) 712.

Titius, Gottlieb Gerhard [Praes.], s. C r u s i u s, Heinrich: De fictionum Romanarum natura et inconcinnitate.

Titius, Gottlieb Gerhard [Praes.], s. D i c e l, Benedict Hieronymus: De servitute faciendi.

Titius, Gottl. Gerh.: Disputationes iuridicae varii argumenti publice sub praesidio eius in academia Lipsiensi habita nunc coniunctim ed. c. praef. vitam b. autoris complexa. Lipsiae 1729.

— disposit. Juridicae varii argumenti in academia Lipsiensi habitae. 4. Lips. Heinsius. 729.

Dess.: Erklärungen einiger in d. Probe d. deutschen geistl. Rechts vorkomm. zweifelh. Stellen. *Lpz.* 711. 8.

Titius, Gottlieb Gerhard [Praes.], s. E r n s t, Johann Karl: De contractibus patris et liberorum in potestate ejus existentium.

Titius, Gottlieb Gerhard [Praes.], s. Hansen, Simon Friedrich: De jure nobilitatis Lutheranae ad immediata Germaniae capitula et canonicatus.

Titius, Glo. Gerh.: Jur. priv. Rom. - Germ. libb. XII. *Lips.* 709. 4.

Titius, Gottl. Gerh.: Juris privati Romano-Germanici ex omnibus suis partibus, libri 12, quibus jurisprudentia privata Germanica usui scholarum et vitae civilis propius aptatur. Ed. 2. Lipsiae 1724.

— Jus privatum romano-germanicum. 4. Lips. Junius. 724.

— Jus publicum romano-germanicum. 8. ibid. 717.

Titius, Gottlieb Gerhard [Praes.], s. Kellner, Johann Otto: De successione in Germaniae territoria.

Titius, Gottl. Gerh.: Das Teutsche Lehn-Recht ... Nebst e. Anh. einiger in Lehns-Sachen gebräuchlichen Formulen vorgestellet. Andere Aufl. Leipzig 1707.

Titius, G. G.: „Das teutsche Lehn-Recht", Leipzig 1730. — Vorhanden: Bibl. des German. Museums Nürnberg.

— deutsches Lehnrecht. 8. Lpz. 730. Heinsius.

— observat. in Pufendorf de officio hom. et civ. 8. Lips. Heinsius. 750.

Titius, Gttl. Gbrd., († ...) s. a. v. *Pufendorf*, de officio hominis.

— observat. rat. in Compend. Juris Lauterbach. 8. Lips. Junius. (Cnobloch) 717.

Titius, Gottl. Gerh.: Observationum ratiocinantium in Compendium juris Lauterbachianum centuriae quindecim, quibus loca obscuriora ac dubia explanantur. Ed. 2. Lipsiae 1717.

Titius, Gottl. Gerh.: Eine Probe des Deutschen geistlichen Rechts, wie selbiges ohne päbstische u. papenzende Verfälschung ... könte fürgestellet werden. 2. Aufl. Leipzig 1709.

Titius, Gli. Gerh.: Eine Probe des deutschen geistlichen Rechts, zum Gebrauch protestirender Staaten. 2. Aufl. *Lpz.* 709. 8.

— Probe d. deutschen geistl. Rechts. 8. Lpz. Junius. (Gleditsch) 741.

Titius, Gottlieb Gerhard [Praes.], s. Remer, Christoph Andreas: De dominio, in rebus occupatis, ultra possessionem, durante.

Titius, Gottlieb Gerhard [Praes.], s. Remer, Christoph Andreas: De habitu territoriorum Germanicorum et inde veniente totius reipublicae forma.

Titius, Gli. Gerh.: Specimen jur. publ. Rom.-Germ. *Lips.* 705. 8.

Titius, Heinrich Gottlieb (Breslau) Altd. Jur. 46/11
(Vgl. Titz)
Collegii disputatorii juris publici dissert. I.
Präs. Eucharius Gottlieb Rinke.
Altdorf (Meyer) 20. IX. 1714. 4 Bl.
34547

Titius, Joh.: Erörterte Succession- u. Erb-Fälle, nach denen Kayserlich-Sächsisch- u. Nordhausischen Rechten abgefasset, u. sammt dem Baume der Verwand- u. Schwägerschaft vorgestellet. Nunmehro mit vielen Anm. u. bey des H. R. Reichs freyen Stadt Regenspurg vorkommenden Successions-Fällen verm. Regenspurg 1719.

— Neue Aufl. nach denen Leipziger Statuten u. Rechten verm. Von J. C. R. Leipzig 1719.

Titius, Joh., erörterte Successions- u. Erbfälle. 4. Nordhausen, Groß (a. Montag u. W. in Regensburg) 755.

— Mit neuen Zusätzen, u. bes. mit denen Löbl. Nürnberg. Statutis, auch daraus fliessenden Spezial-Fällen verm. u. hrsg. von Chrph. Dan. Mayer. Nürnberg 1763.

Titius, Johann Daniel, s.a. Tietz.

JOHANN DANIEL TITIUS, Abhandlung über die von der naturforschenden Gesellschaft in Danzig aufgegebene Frage: Welches die dienlichsten und am wenigsten kostbaren Mittel sind, der überhandnehmenden Versandung in der Danziger Nährung vorzubeugen und dem weitern Anwachs der Sanddünen abzuhelfen, welcher der aus dem Vermächtniss des seligen Herrn Johann Samuel Verchs, ... herkommende Preis am 10. May 1768 zuerkannt worden, nebst der auf wohlgedachten Herrn Stifter an demselben Tage gehaltenen Lobrede. Leipzig 1768. Bey Adam Heinrich Hollens Wittwe. 4°. Darin mit bes. Titel: CHRISTIAN SENDEL, Lobrede auf den S. T. Herrn Johann Samuel Verch, Hochfürstl. Sachsen-Weimar-Eisenachischen Hofrath, bey der ersten Austheilung der von ihm gestifteten Preise im Jahr 1768 den 10. May in öffentlicher Versammlung der naturforschenden Gesellschaft zu Danzig gehalten. s. l. 1768.

— Abhandl. üb. die Preisfrage: Von den vorzügl. Mitteln der Versandung der Danziger Nährung vorzubeugen. 4. Leipz. 769. (Brockhaus). 2 gr.

Titius, (Tietze,) Jh. Dn., († d. 16. Dec. 1796.) gemeinnütz. Abhandl. zur Beförder. der Erkenntniß u. d. Gebrauch natürl. Dinge, in Absicht auf die Wohlfahrt des Staats rc. 8. Leipz. 768. (Brockhaus). 20 gr.

Titius, Joh. Dan., gemeinnützige Abhandlungen zur Beförder. d. Erkenntn. u. d. Gebr. natürl. Dinge, m. K. 8. Lpz. Heinsius. (Gleditsch) 768.

Jo. Dan. Titii, mathem. inter. p. p. o. in acad. Viteberg. Animadversiones quaedam mathematicae. 1761.

Titius, Johann Daniel, s. Bonnet, K.: Betrachtungen über die Natur.

— s. Craig, J.: Theolog. christianae.

— thermometri metallici Comitis ab Loeseri descriptio, c. fig. 4maj. Leipz. 765. (Brockhaus). 4 gr.

— thermometri metallici Comitis Loeseri descr. c. fig. 4. maj. Lips. Heinsius. (Gleditsch) 765.

— s. Duhamel: Von der Erhaltung des Getreides.

— Physicae dogmaticae elementa praelectionum causa evulgata. 8. Wittenb. 773. Dürr. 6 ℊℊ

— elementa Physicae experimentalis. 8. Leipz. 782. (Brockhaus). 12 ℊℊ

Titius, Joannes Dan., Elogia creatorum doctorum philosophiae et sermo de thermometro aereo. Wittebergae 1765.

— s. Erweiterungen und Erkenntniß des Vergnügens.

— s. Erzählungen, Gesellschaftl., f. Liebhaber der Naturlehre.

— Attributorum Dei, apto digestorum ordine, brevis expositio. 4. Leyden 763.

Titius, Johann Daniel [Praes.], s. Fischer, Heinrich: Grotii de j. b. et p. II. 21. 17. locus vexatus interpretatus.

Titius, Johann Daniel [Praes.], s. Franke, Johann Christian: De pecuniae deterioris atque melioris exaequatione praesertim in mutuo.

(—) philosoph. Gedanken von dem wahren Begriffe der Ewigkeit. 4. Leipz. 754.

Titius, Johann Daniel [Praes.], s. Grohmann, Johann Christian August: De generationibus atque temperamentorum legibus, eorumque a parentibus ad liberos transitu I/II.

Titius, Johann Daniel: „Allgemeine Grundsätze der theoretischen Haushaltungskunst zum Unterricht für Anfänger", Leipzig 1771 (Brockhaus).

Titius, Johann Daniel: „Grundsätze der theoretischen Haushaltungskunde", Leipzig 1780. — Vorh.: Stadtbibliothek Koblenz.

— Grundsätze d. theoret. Haushaltungskunde. 8. Leipz. Junius. (Gleditsch) 781.

— s. Hanov, M. C.: Opuscula.

Titius, Johann Daniel [Praes.], s. Herzog, Christian August: Vim elementorum repraesentativam.

Titius, J. D., De electrici experimenti Lugdunensis inventore primo solennibus magistrorum liberalium artium et doctorum philosophiae creandorum atque inaugurandorum indicandis praefatur. 12 pp. Vitemb. 4°.
1771

— Investigatio finium divinorum in rebus naturalibus necessaria, adversus Cartesium Princip. philos. I, 28. III, 2. defensa. 4. Leipz. 753.

— s. Klein, Jak. Th.: Stemmata avium.

— s. Kramer, M.: Neues holländ.-deutsches u. deutsch-holländ. Wörterbuch.

Titius, Johann Daniel [Praes.], s. Krause, August Siegismund: De damnis ex nimia aedificiorum altitudine metuendis commentatio I.

— Lehrbegriff d. Naturgeschichte zum ersten Unterricht. Mit Kpf. 8. Leipz. 777. Hertel. 20 ℊℊ N. Ausg. mit 12 ill. Kpf. 8. Ebd. 791. 1 ℛ 4 ℊℊ

— Memoria Phil. Melanchthonis finito post ejus obitum saeculo secundo, in solemni Doctorum Philosophiae promotione. 4. Leipz. 759.

— Nachr. von der vormaligen u. der neuerbauten Elbbrücke bei Wittenberg, nebst e. Beilagen. Mit 3 Kpft. gr. 4. Leipz. 788. Beer. 18 ℊℊ

— Nachr. v. d. vormal. u. d. neuerbaut. Elbbrücke b. Wittenberg ꝛc. m. 3 K. gr. 4. Lpz. Beer. (Graffé) 788.

— Nachr. von d. Gelehrten, welche aus der Stadt Conitz, des poln. Preußens, herstammen, nach Goedtken's Grundlage abgefaßt. 4. Leipz. 763. Junius. 4 ℊℊ

— Nachricht. v. d. Gelehrten, welche aus Conitz stammen. 4. Lpz. Junius. (Gleditsch) 763.

Titius, Johann Daniel [Praes.], s. Noth, Johann Traugott: Specimen physicum de pluvia et tonitru quo simul locus Job. XXXIIX, 25. 26. 27 explicatur.

Titius, Johann Daniel [Praes.], s. Oertel, Gottlob Friedrich: Siccitas anni superioris 1766 et aquarum diminutio insolita.

— Ortus mundi necessarius a priori assertus. 4. Wittenb. 763.

— Parus minimus Polonorum Remitz Bononiensium Pendulinus descriptus. 4. Lips. Junius. (Gleditsch) 755.

— Parus minimus, Polonorum Remiz Bononiensium Pendulinus descriptus. Acced. tabular. aenearum. biga. 4. Leipz. 755. Junius. 6 ℊℊ

— Diss. de rebus petrefactis earumque divisione observationes variae. 4. Wittenb. 766.

Titius, J. D., resp. E. G. W. de Gersdorff, De physico mentis in corpus regimine, 32 pp. Witteb. 4°. 1780

— nützl. Samml. v. Aufsätzen u. Wahrnehmungen üb. die Witterungen, die Haushaltungskunde, das Gewerbe, die Naturkenntniß ꝛc. 10 Bde. 4. Leipz. 783—92. Junius. 15 ℛ

Titius, J. D. und Hanov, Mich. Chr. (Herausgeber): „Seltenheiten der Natur und Oekonomie", Teil 1—3, Leipzig 1753 (Gleditsch).
Vgl. Hanov, M. C.

— s. Steele, R.: D. Schwätzer.

Titius, Johann Daniel: Luminis lunaris Theoria nova Argumentis Cl. Euleri superstructa, Resp. J. Traugott Schulze. Leipzig 1752. 4½ Bog.

— Diss. inaug. Luminis lunaris theoria nova, principiis summi Euleri superstructa. 4. Leipz. 752.

— neue Untersuch. des Satzes v. d. Gottesleugnung. 8. Lpz. 752.
Vgl. Untersuchung, ...

— Diss. de physicae in colendo intellectu usu et praestantia. 4. Wittenb. 765.

— Diss. vestigia fluxus et refluxus in mari Baltico, praesertim ad Vistulae ostium. 4. Leipz. 760.

— vis materialis. Dissert. phys. 4. Wittenb. 765.

— s. Wochenblatt, Wittenbergisches.

Titius, Johann Gottlob (Winzig) A. S. 849/7

Dissertatio inauguralis medica, de febre lethifera Hippocratis. Präs. Georg Ernst Stahl.
Halle (Henckel) V. 1711. 44 S. 34552

Titius, Johann Gottlob (Winzig) A. S. 1251/14

Disputatio medica theoretico-practica, de haemorrhagiis criticis. Präs. Michael Alberti.
Halle (Henckel) IV. 1710. 54 S.
34551

Titius, Karl Heinrich

Titius, Karl Hnr., Diss. inaug. (praes. Geo. Rud. Böhmer) de exanthemam, quae cum febre sunt, differentia. 4. Wittenb. 766.

— (Resp.): De exanthematum differentia et origine, s. B o e h m e r, Fr. (Praes.)

Titius, Karl Hnr., († d. 28. Sept. 1813.) Classification der mineralogisch: einfachen Fossilien nach ihren Bestandtheilen, nebst Karstens Eintheilung der Gebirgsarten. gr. 8. Leipz. 805. Hartknoch. 1 ℛ 12 gr.

Titius, Salomon Konstantin

Titius, Sal. Konst., († d. 9. Febr. 1801.) Comment. de analysi calculorum et humanorum et animalium chemica. Spec. I. 4. Leipz. 789. Hertel. 5 gr.

Titius, Salomon Konstantin [Praes.], s. A r n o l d, Carl Heinrich: Recentiores praeparatorum antimonialium emendationes.

Titius, Salomon Konstantin [Praes.], s. B a u e r, Gottlob Benjamin: De scarlatina observationes et meletemata quaedam.

Titius, Salomon Konstantin [Praes.], s. B o e h m e, Karl Friedrich: Diversarum pneumoniae specierum.

Titius, Salomon Konstantin [Praes.], s. B r a n d t, Johann Friedrich: Pathologia haemorrhagiarum in universum spectata.

Titius, Salomon Konstantin: Physiologorum atque pathologorum de systemate absorbente recentissima quaedam d e c r e t a, s. L u d w i g, Christian Friedrich

Titius, Salomon Konstantin [Praes.], s. E r l e r, Johann Samuel Karl: De aeris marini salubritate.

Salomo Konstantin Titius

Experimentorum Ticinensium, in quibus diabeticorum urina sub examen vocatur, enarratio cum epicrisi. Prolusio 1. 3-6. ([Wittenberg] 1795.) 8°

Prolusio 1: [Einladungsschrift zur Dr. med.- Promotion von Karl Gottlob Stoehrer. Wittenberg, 4. Sept. 1795.]
Prolusio 3: [Einladungsschrift zur Dr. med.- Promotion von Karl David Amandus Kriegel, Wittenberg, 18. Sept. 1795.]
Prolusio 4: [Einladungsschrift zur Dr. med.-Promotion von Karl Friedrich Seeburg, Wittenberg, 25. Sept. 1795.]
Prolusio 5: [Einladungsschrift zur Dr. med.-Promotion von Johann Emanuel Wilhelm Grossmann, Wittenberg, 2. Okt. 1795.]
Prolusio 6: [Einladungsschrift zur Dr. med.-Promotion von I. G. Hofrichter, Wittenberg, 9. Okt. 1795.]

Salomo Konstantin Titius

Exstirpatio ossis humeri exemplo felici probata. [Resp.:] Carolus Fridericus Seeburg. Vitebergae 1795: Charisius. 26 S. 8°

Wittenberg, Med. Diss. v. 25. Sept. 1795

Titius, Salomon Konstantin [Praes.], s. F i e b i g e r, Christian Voldemar Salomo: De cespite ustili, vulgo Turfa, sectio II, physica.

Titius, Salomon Konstantin [Praes.], s. F l e m m i n g, Karl August: De inoculatione variolarum epidemico contagio varioloso longe praeferenda.

Titius, Salomon Konstantin, s. F r a n k, Joh. Peter: 3 Abhandlungen ...

Titius, Salomon Konstantin [Praes.], s. G l a e s e r, Christian Gottlob: Experimenta chemica cum tribus mineris stanniferis in Variscia obviis, stannisque ex iisdem elicitis, instituta.

Titius, Salomon Konstantin [Praes.], s. H e i l m a n n, Johann Gottlieb: De haemorrhoidum divisione atque cura.

Titius, Salomon Konstantin [Praes.], s. H o f r i c h t e r, Johann Georg: De arte clinica in nosocomiis opportune addiscenda.

Titius, Salomon Konstantin [Praes.], s. H u n d, Friedrich August: Morbi epizootici felibus anno 1797. fatalis historia.

Titius, Salomon Konstantin [Praes.], s. K n e b e l, Immanuel Gottlieb: Hydrothoracem inprimis ejus diagnosin.

Titius, Salomon Konstantin [Praes.], s. K n o e f e l, Johann Jacob Wilhelm: De signis icteri pathognomonicis.

Titius, Salomon Konstantin [Praes.], s. L a c u m, Jo. El.: De ferro salito.

Titius, Salomon Konstantin [Praes.], s. L e h m a n n, Konst. Ambr.: De hydrope ascite.

Titius, Salomon Konstantin [Praes.], s. L i c h t e n b e r g, Karl Im.: De diagnosi sputorum in phthisi.

Titius, Salomon Konstantin [Praes.], s. L o c k e, Karl Salom.: De complicationibus dysenteriae febrilibus.

Titius, Salomon Konstantin, s. M a l a s p i n a, M.: Bemerkungen üb. Hospitäler ... u. Untersuchung.

– s. M a r a b e l l i, F.: Phys.-chem. Aufsätze etc.

Titius, Salomon Konstantin [Praes.], s. M a y e r, Friedrich Georg Viktor: Uteri structura ex eiusdem functionibus.

Titius, Salomon Konstantin [Praes.], s. N e u m a n n, Karl Georg: De balneis frigidis observationes.

— Pellagrae, morbi inter Insubriae austriacae agricolas grass. patholog. comment. 4. Leipz. 792. Hertel. 4 gr.

Titius, Sal. Const., De pellagrae morbi inter Insubriae austriacae agricolas grassantis pathologia. 30 pp. Vitemb. 4°. *Frank*, Del. opusc. 1793, XII, 121—176.

1792

Titius, Salomon Konstantin [Praes.], s. P f e n n i g, Johann Georg: De emeticorum in febribus nervosis usu.

Titius, Salomon Konstantin [Praes.], s. P i e n i t z , Christian Gotthelf: De haemoptysi.

Titius, Salomon Konstantin: Programma de s e d i m e n t o tartareo, ex vinis francogallicis per frigus intensius, extrieato, Vitebergae. 1799.

Salomo Konstantin Titius

Uteri Structura ex eiusdem functionibus. [Resp.:] Fridericus Georgius Victor Mayer. Wittebergae (1795:) Tzschiedrich. 31 S. 8°

Wittenberg, Med. Diss. v. 3. Nov. 1795

Titius, Sal. Const., resp. Lud. **Helbing,** De clysterum tabacinorum in asphycticis usu. P. I. 8 pp. Vitomb. 4°. 1797

—, resp. Fr. **Fischer,** De clysterum tabacinorum in asphycticis usu. P. II. 8 pp. Vitomb. 4°. 1797

Titius, Simon Daniel (Breslau) A. S. 841/39

Dissertatio medica inauguralis de fine mensium initiis morborum variorum opportuno.
Präs. Georg Ernst Stahl.
Halle (Henckel) II. 1710. 40 S.

34556

Titius, Zacharias (Henfenfeld) Altd. Thl. 13/21

Commentatiuncula de stoechariis.
Präs. Christoph Sonntag.
Altdorf (Kohles) 9. II. 1704. 16 S.

W. v.: Präs., C. Wegleiter. 34557

Titius, Zacharias (Henfenfeld) Altd. Thl. 19/4

... h. e. de imagine dei, ad quam homo creandus fuit, exercitatio theologica : ex Genes. cap. I. v. 26. ad praxin Christianismi accommodata.
Präs. Johann Michael Lange.
Altdorf (Meyer) 28. IV. 1706. 24 S.

34558

Titlestad, Nicolay: Photo-Volta-Ketten mit Urano-Uranylsulfat. Leipzig: W. Engelmann 1910. 55 S. 8⁰ ¶ Aus: Zeitschrift f. physik. Chemie. Bd 72.
Braunschweig, Dr.-Ing.-Diss. v. 20. 12. 1909

Titmarsh, M. A., the Kickleburys on the Rhine. — Autumnal excursions through the Odenwald, the Neckarthal and the Haardt; with tales for the road by W i l l i a m H o w i t t. [Jügel's pocket-editions. Nr. 29.] 18. (VIII u. 277 S. m. 4 color. Lith.) Frankfort o. M. 851, Jügel. In Engl. Einb. n. 1 Thlr

Titmarsh (T h a c k e r a y), M. A., Rose und Ring. Puppenspiel am häuslichen Herd für große und kleine Kinder. Aus dem Engl. von Ed. W e s s e l. Wien 855. Ludwig u. Zang. gr. 8. (128 S. mit Holzschn. im Text.) n. 12 ngr

Titmarsch, M. A., Irländische Zustände, s. W e l t p a n o r a m a, 51.—56. Bd.

Titoff, Alexander, aus Rostow in Rußland: **Beiträge zur Kenntnis** der negativen Katalyse im homogenen System. Mit 4 Fig. im Text. *Leipzig: W. Engelmann 1903.* (47 S.) 8° ¶ (Aus: Zeitschr. f. physikal. Chemie Bd 45, H. 6.)
Leipzig, Phil. Diss. v. 1903

Titot, Heinrich

Titot, Hnr., Beiträge zur Geschichte d. Reichsstadt Heilbronn, von Anfang der französischen Revolution (1789) an, bis zur Mediatisirung der Stadt (1803), aus Archivalurkunden und aus den Berichten mehrerer Zeitgenossen gesammelt u. herausgeg. gr. 8. Heilbronn 841. (Classische B.) n. 1/2 Thlr

T i t o t, Heinr., Beiträge z. Geschichte d. Reichsstadt Heilbronn, von Anfang d. franz. Revolution (1789) an, bis z. Mediatisirung d. Stadt (1803), aus Archivalurkunden u. aus d. Berichten mehr. Zeitgenossen gesammelt u. hrsg. gr. 8. (6¾ B.) Heilbronn 841, (Landherr.) *

Titot, H., kirchengeschichtliche Beiträge über Stadt u. Oberamt Heilbronn a. N. für Geschichtsforscher u. Kirchenfreunde. Mit einem Vorwort von Vogel. Heilbronn 862. Scheurlen. gr. 8. (IV, 36 S.) n. 6 ngr

T i t o t, Heinr., ausführl. Beschreibung u. Geschichte d. evangel. Hauptkirche zu Heilbronn am Neckar. gr. 8. (2¼ B., 4 Abbild. [incl. 1 Fol.] u. 1 Grundr. d. Kirche.) Heilbronn 833, Drechsler.

— Beschreibung des Wartberges bei Heilbronn am Neckar. gr. 8. Heilbronn 838. (Classische Buchh.) 5 gr

T i t o t, Heinr., 100jähr. Uebersicht der Lebensmittel-Preise zu Heilbronn von 1744 bis 1843, nebst Notizen derselben von 1456 bis 1735. 8. (1 B.) Heilbronn 844, (Drechsler'sche Buchh.) *

Titot, Pierre Abraham: Naturae et usus thermarum Plumbariarum Lotharingiae brevis d e s c r i p t i o.
Basel, Med. Diss. 1706.

T i t r e s et conduite de Berne en Juillet et Aoust 1814. 8. s. l.

Tits, A., Schöpfungslehre od. Theorie der christl. Philosophie, über Gott u. dessen Verhältniß zur Welt, verglichen mit den Grundsätzen des Rationalismus neuerer Zeit. Aus d. Französ. übers. v. P. Braff. gr. 8. Aachen 844, Mayer. 1/3 Thlr

Titsch Wenzel: Sprache und Aufbau des altböhmischen Evangelistars „Čtenie zimnicho času".
1909 PN 2723 Diss. Wien, Univ.

Titschack, Fritz, approb. Arzt aus Kassel: **Aus d. Kgl.** chirurg. **Klinik zu Kiel.** Zur **Casuistik** des Mal perforant du pied mit **besonderer** Berücksichtigung der hereditären Anlage. *Kiel 1903: Schmidt & Klaunig.* (24 S.) 8°
Kiel. Med. Diss. v. [14. Juli] 1902

Titschendorf [Schlagwort]

Titschendorf, s.: Preussen. Messtischblätter.

Titscher, Franz

— u. Osk. **Schwalb,** die Baukunde m. besond. Berücks. des Hochbaues u. der einschlägigen Baugewerbe. Im Auftrage des k. u. k. Reichskriegsministeriums als Lehrbuch f. den k. u. k. Militär-Bauwerkmeisterkurs verf. (Auch als Hifsbuch f. die Detaillierg. v. Baukonstruktionen, f. die Verwaltg. v. Gebäuden, sowie zum Selbststudium geeignet.) 2 Bde. Ebd. 907. nn 20. — 1. Die Baumaterialien- u. Werkzeugkunde. — 2. Die Baukonstruktionslehre. (XVI, 752 S.) gr. 8. — 3. Figurentaf. zum 1. u. 2. Bde. (103 Taf. m. IV S. Text.) 30,5 × 23 cm. In Mappe.

Titscher, Frz., die Baukunde m. besond. Berücksicht. des Hochbaues u. der einschlägigen Bauwerke. Vermehrte Neuaufl. der 1. Aufl. vom J. 1907. Lehr-, Hilfs-, Nachschlageb. u. Konstruktionsbehelf f. Baukundige, Studierende, Gebäudeverwalter usw. 2 Tle. in 1 Bde. u. Tafelbd. Wien 910. (Leipzig, Schulze & Co.) nn 21. —; geb. in Halbleinw. nn 22.50; in Leinw. nn 24. —
1. Die Baustoff- u. Werkzeugkunde. — 2. Die Baukonstruktionslehre. (XV, 605 S.) Lex. 8. Tafelbd. 125 Plantafeln. (Mit IV S. Text.) 26,5×33 cm.

Titsingh, Jan Camper, a. Wageningen in Holland: I. Über das Verhalten der Brenztraubensäureketone bei den Döbnerschen α-Alkylcinchoninsäuresynthesen. II. Über die Synthese heterocyclischer Verbindungen aus den Nitroanilinen. Göttingen 1908: E. A. Huth. (61 S.) 8°
Göttingen, Phil. Fak., Ref. Wallach, Diss. v. 28. Febr. 1908
[Geb. 1. Aug. 83 Maassluis; Wohnort: Maassluis; Staatsangeh.: Holland; Vorbildung: Rykslandbouwsch. Wageningen Reife Juli 01; Studium: Göttingen 7 S.; Rig. 29. Jan. 08.]

Titta, Josef W.: Der nationale K a m p f an der Trebnitzer Sprachgrenze. Jahres-Ber. d. Deutschen Vereins Germania f. Trebnitz u. Umgebg. Der VIII. Hauptvers. am 28. März 1897 vorgetr. Trebnitz: Verl. d. deutschen Ver. 'Germania' 1897. (32 S.) 8°

Titta, J[osef] W.: Der nationale Kampf an der Trebnitzer Sprachgrenze i. J. 1901. Hrsg. (unter Benützung d. Jahresberichts d. dt. Vereines Germania, Hauptvers. vom 25. März 1902, d. Dt. Schulerhaltungsvereines usw.) — Trebnitz: Selbstverl. 1902. 53 S., 1 eingedr. Kt.

— — im J. 1902. '03. 89 S.

Tittel, das Oschatzer Hügel- u. Tieflandsgebiet, s.: M a y, K.

Tittel, A. Th. (Red.), s. B e r g w e r k s - Zeitung, Sächsische.

Tittel, Alban, Johanngeorgenstadt, s.: G r o h m a n n, Max, das Obererzgebirge.

Tittel, Alfred

Geschichte des gemeinsamen Certificates der Logen „Zu den drei Reissbretern" in Altenburg, „Balduin [zur Linde]" in Leipzig und „Zum Rautenkranz" in Gotha von Alfred **Tittel**. Altenburg 1900: Fuchs. 16 S. 1 Taf. 8° (Aus d. Archive d. Loge Archimedes, Altenburg. 1.)
Abgedr. in: Bericht d. L. Archimedes, Altenburg. 1900 S. 9—24.

Goethe als Freimaurer. Ein kleiner Beitrag zum 28. Aug. 1899, dem 150-jährigen Geburtstage des Dichters, nach einem Vortrag in der Loge Archimedes zu den 3 Reissbretern [in Altenburg] von Alfred **Tittel**. Als Ms. gedr. Altenburg, S.-A. [1899]: Fuchs. 14 S. 8° [Umschlagtit.]
Abgedr. in: Bericht d. L. Archimedes, Altenburg. 1899 S. 8—19. 25.

Tittel, Alfr., Lauchstädt. Ein Theaterbild aus vergangenen Tagen. Vortrag, geh. in der literar. Vereinigg. zu Altenburg. (11 S.) 8. Altenburg (904). O. Bonde. n. — 20

Verzeichnis der Altenburger Logenbücherei. Von Alfr. **Tittel**. Altenburg 1910: Bonde. XVI, 615 S. 8°
cf. Al. 36 (1910) S. 98 (A. Corecco); Lt. 1 (1910) S. 57 (F. R a c k h o r s t). 430.

Tittel, Aug.

— d. G n a d e Gottes. 4. Lpz. 721.

— auferweckter L a z a r u s, als ein Bild d. Gottheit des Heilandes. 4. Erfurt, Mumme. 740.

— 2 P r e d i g t e n v. d. väterl. Fürsorge Gottes u. v. reichen Schlemmer am Bettelstabe. 8. Lpz. 723.

Tittel, Aug., geistl. Seelenwacht, in 30 B e t r a c h t u n g e n. 8. Hannov. Helwing. 719.

— Wohl u. Wehe in 2 P r e d i g t e n. 8. Lpz. Born. 723.

Tittel, C., d. Musculus ventricularis d. Menschen, s.: S t e i n l e c h n e r, M.

Tittel, Erich, Bruchrechnung u. bürgerliche Rechnungsarten. Ein Lehrbuch des Rechenunterrichts m. vielen Uebungsbeispielen. (72 S.) 8. Dresden 906. A. Huhle. n. 1. 20

Tittel, Ernst *Hermann*: Die natürlichen Veränderungen Helgolands und die Quellen über dieselben ... Leipzig, Druck v. Pöschel & Trepte, 1894; IV, 155 S., 1 Bl. 8.
Leipzig, Phil. Fak., Inaug.-Diss. v. [29. Juni] 1894

Tittel, Ernst, die natürlichen Veränderungen Helgolands u. die Quellen üb. dieselben. gr. 8. (IV, 155 S.) Leipzig 894. G. Fock. n. 2. 50

Tittel, Fr. Aug., u. Karl Mattis, Wanderung im Riesengebirge, malerisch erläutert u. durch 27 in Contur radirte Kupfer abgebildet dargestellt. Nebst einer Hauptansicht des Riesengebirges mit Erklärung. 4. Landsh. 821.

Tittel, Gottlob August

— Abhandl. über einzelne wichtige Materien. gr. 8. Frkf. a. M. 786. Garbe. (Gebhardt u. K.)

Tittel, Gottlob August, s. A c t a Societatis lat. Marchio-Badensis ...

— 30 Aufsätze a. d. L i t e r a t u r, Philosophie u. Geschichte. gr. 8. Mannheim, Schwan u. G. 790.

— Ausführungen der deutschen Reichsgeschichte. 2 Bde. gr. 8. Nürnb. 787—89. Felssecker. 3 ℛ 16 ℊℊ

— Kantische Denkformen od. Kategorien. gr. 8. Frankf. a. M. 787. (Gebhardt u. K.) 8 ℊℊ

Glo. A. **Tittel**: Kantische Denkformen od. Kategorieen. *Frankf. a. M.*, Gebhardt. 788. gr 8° 8 ℊℊ

Tittel, Glo. Aug., D e u t s c h l a n d u. d. besond. deutschen Staaten in Tabellen. gr. 4. Frkf. Garbe. (Gebhardt u. K. auch Hermann u. Brönner.) 773.

Gottlob August Tittel. Dissertatio philosophica Deum unum esse ex uno mundo demonstrans. Divina gratia favente in Auditorio publico die XXXI. Julii MDCCLXV. horis consuetis ad eruditorum disquisitionem proposita a praeside Gottlob August Tittel, philosophiae Doctore, eiusdem in illustri Gymnasio Carolsruh. professore etc. respondente Ernesto Friderico List Basileensi Med. cultore. 4°. 24 S.
Karlsruhe, P 1765

Glo. A. **Tittel's** Erläuterr. d. theoret. u. prakt. Philos. nach *Feder's* Ordn. *Frankf. a.M.*, Garbe. 783 u. ff. gr8°, enthalt.: *a.* Logik. (783-87.) 3^e vb. m. Zuss., Skiagraphie u. Reg. verseh. A. *Eb.*, Hermann. 793. 2 rß 8 gl *b.* Metaphysik. (784.) N. vb. u. vm. A. *Eb.*, Garbe.

— Erläuter. der theoretisch. u. prakt. Philosophie, nach Feders Ordnung, Logik, mit Zusätzen, Skiagraphie u. Register. gr. 8. Frkf. a. M. 783. 2e A. 787. 3e A. 794. Hermann; (a. Brönner). 2 rß 8 gl

— Erläuter. der theoret. u. prakt. Philosophie nach Feders Ordnung, Moral. gr. 8. Frkf. a. M. 783. 2e Aufl. 787. 3e A. 790. Gebhard u. K. 1 rß 20 gl

— Etwas z. Kenntniß der großen Männer Roms nach Plutarch. 8. Karlsr. 783.

Tittel, Gottlob August: G e i s t des Grotius, od. leichte u. zusammenhängende Darstell. d. natürl. Kriegs- u. Friedensrechte einz. Menschen, Gesellschaften u. Völker. Zürich: Orell, Füssli u. Comp. 1789. 8°

— Kato v. Utika, nach Plutarch. 8. Kehl 785.

– s. L o c k e , John: Vom menschl. Verstand.

— über Moral u. Tugend. 8. Frankf. a. M. 777. Gebhardt u. K.; (a. Macklot in Karlsr.) 4 gl

— über K a n t s Moral-Reform. gr. 8. Heidelb. Pfähler. (Braun.) 786.

— Natur- u. Völkerrecht. gr. 8. Frankf. a. M. 786. 2e Aufl. 794. Brönner.

— oratio de principe litterarum amatore. 4. Karlsr. 776. Macklot.

— allgem. prakt. Philosophie, nach Feders Ordnung. 8. Frkf. a. M. 785. 2e A. 789. (Brönner). 1 rß 8 gl

Gottlob August Tittel. Elegantiae et historiae studium in tradendis morum praeceptis utilissimum. Orationem ob diei natalis auspicatissimi Serenissimi Principis Heredis ac Domini Caroli Ludovici Marchionis Badensis et Hochb. rel. gaudia universis civibus reddita die XVIII. Februar. MDCCLXVIII. hora II. (pomerid.) in auditorio publico habendam indicit Gottlob August Tittel, Societ. lat. Marchicae Director.
Karlsruhe, P 1768

Tittel, Gottlob August [Praes.], s. S t u r m , Christoph Christian: Dissertatio philologico historica quae principium iuris naturae Hobbesianum ex historia Germaniae illustratum exhibet.

– s. T a c i t u s : Probe einer Übersetzung.

Gottl. August Tittel. Zu einigen neuen Theorien berühmter Philosophen. Durlach, gedruckt bei J. G. Müller, älterem Hochfürstlich. Markgräflich-Badischem Hof- und Canzlei-Buchdrucker. 1787. 111 S. Karlsruhe, P 1787

Tittel, Gottlob Aug.: Ueber Todesstrafen gegen Mörder ein Gutachten bey Gelegenheit einer neuen schwedischen Verordnung. Frankfurt a. M. 1780.

— üb. T o d e s s t r a f e n gegen Mörder. 4. Frankf. Varrentrapp u. W. 780.

Tittel, Glob Aug., Über politische und religiöse Verfassungen der Teutschen nach Tacitus. Kehl 1785. 8.

Tittel, Glob Aug., Moralische Züge aus dem Charakter der Teutschen aus Tacitus. Carlsruhe 1781. 8.

— moral. Z ü g e, a. d. Charakter d. Deutschen nach Tacitus. 8. Frankf. Gebhardt u. K. (a. Maklot in Carlsruhe.) 782.

Tittel, Herm., B u c h h a n d e l s k u n d e u. allgem. Handelsbetriebslehre. Für den Unterricht an buchhändler. Fachschulen, Handelslehranstalten, Fortbildungsschulen u. zum Selbststudium hrsg. (176 S.) gr. 8. Leipzig 910. F. Hirt & Sohn. Geb. in Leinw. 2. —

— Die K o n t o r a r b e i t e n des Buchhändlers. Für den Unterricht an buchhändler. Fachschulen u. z. Selbststudium bearb. (Ausg. A [ohne Formulare].) (VII, 87 S.) 31×23,5 cm. Leipzig 908. K. W. Hiersemann. Kart. 3.—; Ausg. B (m. Formularen) 3. 60

Tittel, Jakob (Dresden) A. S. 176/26

Dissertatio iuridica de conditionibus potestativis et mixtis, casu deficientibus, in ultimis voluntatibus pro adimpletis habendis.
Präs. Johann Tobias Richter.
Leipzig (Langenheim) 21. V. 1750. 31 S.

W. v.: Präs. 34560

TITTEL, Ignaz
S c h e m a t i s m u s des G r o s s g r u n d b e s i t z e s und grösserer Rustikalgüter mit einer agronomischen und Eisenbahnkarte des landtäflichen Besitzes im Königreiche Böhmen von Ig. T i t t e l. P r a g. 1900. Springer. Gr.-8°. 892 S. Geb. K 11.—

Tittel, Ig., s. a. S c h e m a t i s m u s des Grossgrundbesitzes etc. im Königr. Böhmen.

Tittel, Ign., Schematismus landtäflicher Güter, gröss. Rustikalwirtschaften, Beamten u. Pächter. Als Nachtrag zu dem im J. 1906 erschienenen Schematismus u. Statistik des Grossgrundbesitzes im Königreich Böhmen. (IV, 608 S.) gr. 8. Prag 910. J. Springer. Geb. in Halbleinw. 8. 50

Tittel, Ign., Schematismus u. Statistik des Grossgrundbesitzes, der landwirth. Industrien u. landwirth. Lehranstalten in der Markgrafsch. Mähren u. im Herzogt. Schlesien. Mit e. agronom. Karte. (III, 501 S.) gr. 8. Prag 905. J. Springer. Kart. n. 12. —

— dasselbe im Kgr. Böhmen, s.: S c h e m a t i s m u s u. S t a t i s t i k des Grossgrundbesitzes usw. im Kgr. Böhmen.

Schematismus und Statistik des Großgrundbesitzes in den Erzherzogtümern Nieder- und Oberösterreich und im Herzogtume Steiermark. Mit 1 agronom. u. Eisenbahnkarte. Von Ig. **Tittel**. Prag: J. Springer 1908. (603 S.) 8° fol. 16574

Tittel, Ign., Statistik u. Beamten-Schematismus des Grossgrundbesitzes im Königr. Böhmen. 4. (VIII, 452 S.) Prag 881. Calvo. cart. n. 16. —

Tittel, Ign., Statistik u. Beamten-Schematismus d. Gross-Grundbesitzes in der Markgrafsch. Mähren u. im Herzogth. Schlesien. Lex.-8. (VIII, 234 S.) Wien 885. Hölzel. n.n. 10. —

Tittel, Johannes Alexander: Ueber Elephantiasis, insbesondere in ihrer aetiologischen Beziehung zum Trauma. Leipzig 1903: B. Georgi. (24 S.) 8°
Leipzig, Med. Diss. v. (2. Okt.) 1903

Tittel, Johann August A. S. 187/21

Dissertatio iuridica de valore testamenti a testatore obliti. Präs. Achaz Ludwig Karl Schmid.
Jena (Fickelscherr) 8. IV. 1750. 30 S.

W. v.: Präs., Paul Wilhelm Schmid, Karl August Tittel (Bruder). 34561

Tittel, Karl

Tittel, Carolus *Ricardus* [Dresdensis]: De Gemini stoici studiis mathematicis quaestiones philologae ... Lipsiae, typ. M. Hoffmanni, 1895; 84 S., 2 Bl. 8.
Leipzig, Phil. Fak., Inaug.-Diss. v. [2. Jan.] 1896

Tittel, Carol., de Gemini stoici studiis mathematicis quaestiones philologae. Diss. gr. 8. (84 S.) Leipzig 895. (E. Gräfe.) n. 1.20

Tittel, Karl August

Tittel, Karl Aug.. († d. 11. Jan. 1784.) de clausula codicillari. 4. Jena 759. (Cnobloch in Leipz.) 8 gl.

Tittel, K. Aug., de clausula codicillari. 4. Ien. Melchior. (Gabler.) 759.

Tittel, Carl August: De Dominio insularum, s. Brokes, Heinrich [Praes.]

Tittel, Karl August [Praes.], s. Lembke, Joh. Dav.: De substituto vulgari per institutum adeuntem non excluso, et non adeuntem excluso.

Tittel, L. R. Über den Christus patiens des Hugo Grotius, ein Beitrag zur Geschichte des geistlichen Schauspiels. 25 S. Progr. Rg. *Zwickau* 1883.

Christliche Heimatsklänge. Eine Sammlung von Predigten d. hervorragendsten kirchl. Würdenträger u. Kanzelredner f. alle Sonn- u. Festtage e. Kirchenjahres. Hrsg. von Pfarrer O. Tittel in Rödlitz. Leipzig-R.: Jacobi & Zacher 1903. 699 S. 4° [10. 10611 7

Tittel, O., I.sHeimatsklänge, christliche.

Tittel, P., methodus technica brevis, perfacilis ac perpetua construendi calendarium ecclesiasticum pro omnibus christianis Europae populis dataque chronologica omnis aevi examinandi atque determinandi. 4. Götting. 817. Dieterich. 18 gl.

Tittel, R., Gedichte und Lieder zur Schulfeier des Geburtsfestes Sr. Maj. des Königs Friedrich Wilhelm IV. In Sammlung gebracht und für Stadt- und Landschulen hrsg. 12. (72 S.) Halle 855, [Schrödel und Simon.] *

Tittler: Bemerkungen und Zusätze zu den Schriften von Grimm und Steinthal „über den Ursprung der Sprache." 17 S.– Brieg, Progr. 1853.

Tittler: Bemerkungen und Zusätze zu den Schriften von Grimm und Steinthal über den Ursprung der Sprache'
17 S.–Brieg, Progr. 1855

Tittler, Alexander

Tittler, A., Kritische Beiträge zu Livius u. Cicero. Pr. 1873. 21 S. 4°.

Tittler,(R. A)A. Conjectanea in Aeschyli supplices. 16 S. . . . .
Brieg, Progr. 1840.

Tittler, Alexander (*geb. Posen 7. 2. 1812*): De mente quae subesse videtur deorum certamini trilogiae Aeschyleae, cui nomen Orestiae. Vratislaviae (1836). (24 S.) 8°
Breslau, Phil. Diss v. 14. Jan. 1836

Tittler: Ueber die Zeit der Veröffentlichung der Georgica Virgils. 21 S.–Brieg, Progr. 1857

Tittler, Reinhold, aus Winzig i. Schl.: **Charakteristik und Theorie der Eisen-Nickellegierungen.** Hierzu 13 Blatt graphische Darstellungen. *Roßwein i. S. 1903: A. Haubold.* (70 S.) 8°
Leipzig, Phil. Diss. v. [31. Juli] 1903

Tittmann, Frau Anna, geb. Sulzberger, s. Annesley, Charles The standard-operaglass.

Tittmann, C., s.: Dresden vor hundert Jahren.

Tittmann, C., weibliche Unabhängigkeit. Roman. 8. (822 S.) Breslau 883, Schottländer. *M 3.; geb. *

Tittmann, C. E., das Ideal. Roman. 8. (231 S.) Stuttgart 887. Deutsche Verlags-Anstalt. n. 4.—

Tittmann, C. E., das Ideal. Roman. (Billige Ausg.) 8. (236 S.) Stuttgart 890. Deutsche Verlags-Anstalt. n. 1.—; geb. n.n. 1.25

Tittmann, Carl ..., s. Tittmann, Karl ...

Tittmann, Clara, s. Tittmann, Klara.

Tittmann, Daniel Gottwalt (Gersdorf) A. S. 847/1

Dissertatio inauguralis medica, de medicina emetica et purgante post iram veneno. Präs. Friedrich Hoffmann.
Halle (Henckel) II. 1721. 24 S. 34562

Tittmann, Ernst, Handbuch für Notarien im Königreich Westphalen, nach d. Franz. des Garnier des Chêne bearbeitet. 1r Bd. gr. 8. Götting. Vandenhök u. R. 810.

Tittmann, C., Handbuch f. westphäl. Notarien. 2r u. 3r Thl. gr. 8 Götting. Vandenhöck u. R. 811 u. 12. (2r 1 Rthlr. 8 gr. 3r 1 Rthlr. 12 gr.)

Tittmann, Franz Friedrich (Dresden) A. S. 1157/7

Mechanismus venae azygae pleuritidos causa.
Präs. Martin Gotthelf Loescher.
Wittenberg (Gerdes) 11. VII. 1724. 35 S.

W. v.: Präs. 34563

Tittmann, Friedrich Chr.

— Diss. de auctoritate aureae bullae in re vicaria. 4. Wittenb. 804.

Tittmann, Fr. Chr., über die Verbindung der Criminal- u. Civilgerichtsbarkeit. gr. 8. Dresd. 817. Walther. 8 gl.

Tittmann, Friedrich Wilhelm

Tittmann, Frdr. Wilh., Aphorismen zur Philosophie. Dresden 859. Höckner. gr. 8. (VI, 182 S.) n. 1 M

F. W. Tittmann üb. d. Bestimm. des Gelehrten u. se. Bild. durch Schule u. Universität. *Berl.*, Reimer. 833. 8° 1 ß

Tittmann, Friedr. Wilh., Blicke auf d. Bildung uns. Zeit u. auf Wissenschaft u. Kunst d. Bildung. gr. 8. (15½ B.) Berlin 835, G. Reimer.

Tittmann, F. W., Ueber den Bund der Amphiktyonen. Gekr. Pr. 1812. 240 S. 2.—

Tittmann, Fr. Wlh., über den Bund d. Amphiktyonen. Eine gekrönte Preisschrift. gr. 8. Berl. 813. Dümmler. 1 ß 6 gr

Tittmann, Friedericus Wilhelmus, Phil. Dr.: De competentia legum externarum et domesticarum in definiendis potissimum juribus conjugum. Halae 1822: Gebauer. 72 S. 8°

Halle-Wittenberg, Jur. Diss. v. [April?] 1822

Geb. Wittenberg [29. 4.] 1784. V.

Im Buchhandel ebd. — Verf. hatte das Examen rigorosum 31. 3. 1803 in Wittenberg bestanden. — Das Datum der Promotion geht auch aus den im Landeshauptarchiv Dresden vorhandenen Akten nicht hervor.

— Darstell. der griech. Staatsverfassungen. gr. 8. Leipz. 822. Weidmann. 3 ß 8 gr. Schrbp. 4 ß

TITTMANN, F. W.: Darstell. der Verfass. des deutschen Bundes. *Leipz.*, Fleischer. 818. gr. 8. (20 Gr.)

Tittmann, F. W., üb. Erkenntniß u. Kunst in der Geschichte. gr. 8. Dresden, Walther. 817.

Tittmann, Friedr. Wilh., Geist und Materialismus. Zur Verwahrung gegen die Antrittsrede des Herrn Prof. Moleschott: Licht und Leben. 1. u. 2. Abdr. Dresden 856. Höckner. gr. 8. (31 S.) 7½ ngr.

Tittmann, Friedr. Wilh., Geschichte Heinrichs des Erlauchten, Markgrafen zu Meißen u. im Osterlande, u. Darstellung der Zustände in seinen Landen. 2 Bde. gr. 8. (25¼ B.) Dresden u. Leipzig, Arnoldische Buchh. [1. (25¼ B.) 845. 2 Thlr., 2. (19 B.) 46. 1 Thlr. 21 Ngr.]

Tittmann, F. W. Geschichte Heinrichs des Erlauchten, Markgrafen zu Meissen und im Osterlande. 2 Bde. (44¼ B.) 8. Dresden 1845. 46. — 2. Aufl. Leipzig 1850. 11,10.

Tittmann, Fr. Wlh., Ideen zur Politik u. Geschichte der europäischen Staatengesellschaft. 8. Dresd. 816. Walther. 16 gr

—— über Leben und Stoff. gr. 8. (VIII und 168 S.) Dresden 855, Höckner.

—— Nationalität und Staat. gr. 8. (53 S.) Dresden 861. Höckner.

—— üb. d. Schönheit u. d. Kunst. gr. 8. (39 B.) Berlin 841, G. Reimer.

Tittmann, H. [aus Claussnitz]: Versuche zur Darstellung der Bisulfite, des Calciums, Bariums und Strontiums ... Erlangen, Druck v. A. Vollrath's k. b. Hofbuchdr., 1891; 18 S. 8.

Erlangen, Phil. Fak., Inaug.-Diss. v. 1891

Tittmann, *Friedrich* Hermann [aus Leipnitz]: Beobachtungen über Bildung und Regeneration des Periderms, der Epidermis, des Wachsüberzuges und der Cuticula einiger Gewächse ... [Aus: Jahrb. f. wiss. Bot., Bd 30.] Berlin, Gebr. Borntraeger, 1896; 2 Bl., 39 S. 8.

Leipzig, Phil. Fak., Inaug.-Diss. v. [16. Jan.] 1897

Tittmann, Herm., Betrachtungen üb. die Leipziger Flora im Anschluss an die Vegetationsformationen. Vortrag, geh. in der Hauptkonferenz des Schulinspektions-Bez. Leipzig-Stadt am 11. XI. 1902. gr. 8. (24 S.) Leipzig 902. Dürr'sche Buchh. n. — 60

Tittmann, Johann August

(—) über Apotheker. 8. Leipz. 799.

Iohann August Tittmann, Von den topischen Arzneymitteln [Arzneimitteln] gegen Augenkrankheiten. Dresden: Arnold 1804. XVI, 150 S. 8°

Tittmann, Joh. Aug., v. d. topischen Arzneymitteln bey Augenkrankheiten. 8. Dresden, Arnold. 806.

Tittmann, Joh. Aug., üb. d. vermengten Bau d. Garten- u. Feldfrüchte, e. Mittel, d. Ertrag d. Bodens z. erhöhen. 8. Dresden, 1818. (Kuntze.) — 10

— über den vermengten Bau der Garten- u. Feldfrüchte, ein Mittel, den Ertrag des Bodens zu erhöhen. 8. Dresd. 818. Walther. 8 gr

— Darstell. der in Sachsen wildwachsenden Medicinalpflanzen, nach dem Linnéischen System. 1s Heft. Mit 12 illum. Kpf. gr. 8. Dresd. 810. (Walther). 1 ß 12 gr

— üb. d. Embryo d. Samenkorns u. seine Entwickelung z. Pflanze. gr. 8. Ebend. 1817. — 17½

— Diss. inaug. de experientia medica. 4. Leipz. 801.

Tittmann, Jo. Aug., De somno ejusque causis brevis exquisitio. 24 pp. Lps. 4°.
1799

— die Keimung der Pflanzen, durch Beschreib. u. Abbild. einzelner Samen- u. Keimpflanzen. Mit 27 illum. Kpf. gr. 8. Dresd. 822. Verf. (Walther). 12 ß

— Lehrbuch der Chirurgie zu Vorless. für die Dresdner Colleg. Medic. Chirurg. 1e u. 2e Abtheil. gr. 8. Leipz. 800, 801. 2e verb. Aufl. in 3 Thlen. (A. u. d. T.: System der Wundarzneikunst 2c.) 811. Hinrichs. 2 ß 8 gr

— Hufelands guter Rath an Mütter, im Auszuge, s. C. W. Hufeland.

Tittmann, Jo. Aug., et Chr. Sam. **Weiss,** De somniis diss. phychol. 59 pp. Lps. 4°.
1799

Tittmann, Johann August, s. Studium, Über das, der Botanik.

— System d. Wundarzneykunst 1e 2e Abth. (hat a. d. Titel: Lehrbuch der Chirurgie zu Vorles. für d. Dresdner Colleg. Med. Chirurg. 1e 2e Abtheil.) gr. 8. Leipz. Hinrichs. 810.

— — dessen 3e Th. (od. des Lehrbuchs 3e Abth. 2c.) gr. 8. Ebend. 811.

— chirurg. Verbandlehre. Mit 5 Kpf. gr. 8. Dresd. 812. (Walther). 1 ß 4 gr

— üb. die Vervollkommnung der Arzneimittellehre. gr. 8. Dresd. 806. Arnold. 6 gr

— einige Vorschriften, wie man sich bei Unglücksfällen verhalten soll, nebst e. Vorsichtsmaaßregeln. 8. Leipz. 796.

Tittmann, Johann August Heinrich, s. B ö h m e l, Karl Aug.: Die Freude.

Tittmann, Johann August Heinrich [Praes.], s. B o n i t z, Karl Friedr.: Num ratio humana sua vi et indole morali ad deum credendum cogi recte dicatur.

T i t t m a n n, J. A. H., de consensu philosophorum veterum in summo bono definiendo. Lips. 793. 4.

[Tittmann, Johann August Heinrich:] De scriptorum N. T. d i l i g e n t i a grammatica recte aestimanda. (Lipsiae) 1813: [o. Dr.] XXII S.

T i t t m a n n, J. A. H., de discrimine disciplinae Christi et apostolorum. I—III. Lips 1803. 4.

— Encyklopädie der theolog. Wissenschaften. gr. 8. Leipz. 798. Weidmann. 1 ß 12 gl

— de rebus academicis epistola. 8maj. Leipz. 808. Hinrichs. 8 gl

T i t t m a n n i, J. A. H., Epistola de Virgilio Homerum imitante. Witteb. 787. 8.

— de Virgilio Homerum imitante. 4. Leipz. 787.

— Dav. Ruhnkenii, L. C. Valckenarii et aliorum ad J. A. Ernesti epistolae, s. Dav. *Ruhnken*.

—— über d. F i x i r u n g d. Stolgebühren u. d. Schulgeldes. Lex.-8. (4½ B.) Leipzig 831, Barth.

— pragmat. Geschichte der Theologie u. Religion in der protestant. Kirche während der 2ten Hälfte des 18ten Jahrhund. 1r Thl. gr. 8. Bresl. 806. (Heymann in Glogau). 1 ß 8 gl Mit n. Titel. Leipz. 824. Hinrichs. Hbd. Pr. 1 ß

— Grundriß der Elementarlogik, nebst e. Einleit. in die Philosophie. gr. 8. Leipz. 795. (W. Rauck). 10 gl

T i t t m a n n, Joh. Aug. Heinr., Grundriß der E l e m e n t a r l o g i k, nebst einer Einleit. in die Philosophie. gr. 8. Leipz. Sommer. 795.

T i t t m a n n, Joh. Aug. Heinr., I d e e n zu e. Apologie des Glaubens. gr. 8. Leipz. Crusius. (F. C. W. Vogel.) 799. Rthlr.

T i t t m a n n, J. A. H., de Jesu Chr. rerum e consilio Patris peragendarum vere sibi conscio. Lips. 1816. 4.

— I n s t i t u t i o n e s symbolicae ad sententiam ecclesiae evangel. 8. maj. Lips. Hinrichs. 810.

T i t t m a n n, J. A. H., I n s t i t u t i o s y m b o l i c a ad sententiam ecclesiae evangeliae. 8maj. Lips. Hinrichs. 811.

Velinp.

T i t t m a n n, J. A. H., de jure episcopali in ecclesia evangelica. Lips. 1827. 4.

—— die evangel. K i r c h e im J. 1530 u. im J. 1830, pragmat. dargest. gr. 8. (10 B.) Leipzig 831, Barth.

T i t t m a n n, Joh. Aug. Heinr., die Augsburg. C o n f e s s i o n, deutsch u. latein., nach den Orig.-Ausg. Melanchthons. (2 Abthln.) gr. 8. (19 B. u. 1 Stndr.) Dresden 830. (Leipzig, Enobloch.)

— Lehrbuch der Homiletik. gr. 8. Bresl. 804. (Heymann in Glogau). 1 ß Mit n. Titel. Leipz. 824. Hinrichs. Hbd. Pr. 16 gl

T i t t m a n n, F. A., Lexici Synonymorum in N. T. Spec. I et II. Lips. 820. 4. (I. 16 Seiten).

— libri Symbolici, s. L i b r i.

—— M e m o r i a Henr. Theoph. Tzschirneri. 4. (3 B.) Lipsiae 828, (Barth.)

T i t t m a n n, J. A. H., de metu mortis inter Christianos. Lips. 1811. 4.

[Tittmann, Johann August Heinrich:] De m i s e r i a peccati ... rector ... natalem Domini Jesu Christi dicit. (Lipsiae) 1813: [o. Dr.] XXI S.

— die christl. Moral in wissenschaftl. Hinsicht dargestellt. gr. 8. Leipz. 802. Meißen 802. Erbstein. 18 gl

— d. christl. M o r a l in wissenschaftl. Hinsicht dargest. gr. 8. Meißen, Erbstein. (Gödsche.) 802.

Tittmann, J. A. H., De mutationibus. literarum. Gel. 1829. 39 S. 4°.

Tittmann, Johann August Heinrich: De o b e d i e n t i a [!] Christi ex Apostoli Pauli sententia ... (Lipsiae) 1810: Klaubhardt. XXXII S.

—— O p u s c u l a varii argumenti, maximam partem dogmat., apologet. et histor. Praef. est Aug. Hahn. 8maj. (24¼ B.) Lipsiae 833, Barth.

— Predigt bei d. ersten Jubelfeier der Universitätskirche zu Leipzig, am 11n Sonnt. nach Trinit. 1810. .. Leipz. 810. Schönemann. 2 gl

T i t t m a n n, Ritter Jh. Aug. Hnr., Predigt am 1n Jubiläum der Universitätskirche Leipzig. gr. 8. Leipz. 810. Barth. 4 gl

— Predigt am 3ten Reformationsjubiläum. gr. 8. Leipz. 817. Enobloch. 4 gl

— 2 Predigten üb. den sittl. Zustand unsers Zeitalters. 8. Leipz. 800. Fr. Fleischer. 4 gl

—— de s u m m i s principiis Augustanae Confessionis. 4. (14½ B.) Lipsiae 830, (Göthe.)

—— die P r o t e s t a t i o n d. evangel. Stände auf d. Reichstage zu Speyer im J. 1529. Mit histor. Erläutern. gr. 8. (10 B.) Leipzig 829, Barth.

— Reformations-Predigt 1826. Ueber die Einigkeit der evangel. Kirche. gr. 8. Leipz. 826. Grieshammer. 4 gl

— s. R e s u l t a t e der krit. Philosophie.

—— E i n l a d u n g s - P r o g r a m m zur Feier d. Reformationsfestes 1830 in d hies. Paulinerkirche. A. d. Latein. übers. v. E. Ortlepp. Ueber den Sinn d. 16. Artikels d. deutschen Bundesacte. gr. 8. (2½ B.) Leipzig 830, Reclam.

J. A. H. **Tittmann** über Supranaturalismus, Rationalismus u. Atheismus. *Lpz.*, Fleischer. 816. gr 8° 1 ℔ 8 gl

—— de synonymis in Novo Testamento lib. I. et II. Adjecta sunt alia ejusdem opuscula exegetici argumenti. 8 maj. Lipsiae, Lehnhold. [I. (22 B.) 829. 2 Thlr., II. Post mortem auctor. edid. Guil. Becher. (5½ B.) 832. 12 Gr.]

(J. A. H. **Tittmann**'s) Theokles, ein Gespr. üb. d. Glauben an Gott, z. Kenntn. d. neuesten Vorstellungsarten dess. *Lpz.*, Tauchnitz. 799. kl 8° 18 gl

Vgl. T h e o k l e s .

— theologia recens controversa. 8. Leipz. 800.

– s. T h e o n : Ein Gespräch ...

Tittmann, Johann August Heinrich (Hrsg.), s. T i t t m a n n , Karl Christian: Zwei Predigten.

— üb. die Vereinigung der evangel. Kirchen. Ein Sendschreiben an Schleiermacher. gr. 8. Leipz. 818. Cnobloch. 12 gl

— üb. das Verhältniß des Christenthums zur Entwickelung des Menschengeschlechts. gr. 8. Leipz. 817. Gr. Fleischer. 16 gl

— über das Verhältniß des Christenthums zur Entwickelung des Menschengeschlechts. gr. 8. Leipzig, Gerh. Fleischer. 817.

– s. Z o n a r a s : Lexicon. ...

Tittmann, Jul., s. Dichter, deutsche, des 16. u. 17. Jahrhunderts.

—— s. Grimmelshausen, Hans Jac. Chrph. v., der abenteuerliche Simplicissimus.

Tittmann, Jul., kleine Schriften zur deutschen Litteratur- u. Kulturgeschichte. 1. Thl. A. u. d. T.: Die Nürnberger Dichterschule. Harsdörfer, Klaj, Birken. Beitrag zur deutschen Litteratur- u. Kulturgeschichte des 17. Jahrh. gr. 8. (VIII u. 252 S.) Göttingen 847, Dieterich. n. 1⅓ ℔

Tittmann, Karl August

— de ambitu et limitibus juris supremae inspectionis et natura rei et principiis juris publici tam universalis quam Germanici rite ponendis. 4maj. Götting. 796. Dieterich. 4 gl

Tittmann, Ritter Karl Aug., († d. 14. Juni 1834.) über die Behauptung, daß die Untersuchung in Strafsachen d. Reichsunmittelbaren dem Reichs-Hofrathe, nicht d. Reichs-Kammergerichte zustehe. 8. Leipz. 801. Kummer. 12 gl

Tittmann, K. A.: Beytrr. z. Lehre v. d. Verbrechen gegen d. Freyheit; insbes. v. Menschenraube u. d. Entführung. *Meiss.*, Erbstein. (Rostosky u. Jakowitz in *Leipzig.*) 806. gr. 8. (8 Gr.)

— Beitrr. zur Lehre vom Verbrechen gegen die Menschenfreiheit. gr. 8. Meißen 806. (Goedsche). 8 gl

Tittmann, K. A.: Rechtl. Bemerkgn. üb. die Gränzen d. Buchhändlerrechts in Beziehung auf d. Vertrieb der Bücher durch Commissionäre, Antiquare etc. *Dresden*, (Goethe in *Leipz.*) 804. 8. (3 Gr.)

(T i t t m a n n): „Rechtliche Bemerkungen über das Recht der Eroberung und Erwerbung im Kriege, mit Rücksicht auf die neuesten Zeitereignisse", o. O. 1814.

Vgl. B e m e r k u n g e n , ...

— u. Chr. Gbf. Hübner, Bibliothek kl. jurist. Schriften. 5 Bde. gr. 8. Leipzig, Cramer. (Tauchnitz.) 799—802. (d. Band zu 4 Stück. 1r Bd. 1s bis 3r Bd. 3s à 12 gr. 3r Bd. 4s 16 gr.)

Tittmann, K. A.: Diss. 1—2. de causis autoritatis jur. canon. in jure crim. German. *Lips.* 793. 4.

— Diss. I. et II. de causis auctoritatis juris canonici in jure criminali. 4. Leipz. 798.

— Entwurf zu e. Strafgesetzbuche f. d. Königr. Sachsen. 2 Bde. (1r Bd. Enthalt. Gesetzbuch üb. Verbrechen. 2r Bd. Gesetzbuch üb. schwere Polizeivergehen.) gr. 8. Meißen 813. Goedsche. 3 ℔ 18 gl Schreibp. in 4. 5 ℔ 12 gl

Tittmann, Carl Aug., Geschichte d. deutschen Strafgesetze. gr. 8. (21 B.) Leipzig 832, Cnobloch.

Tittmann, K. A.: Ueb. Geständn. u. Widerruf in Strafsachen u. d. dabey zu beobacht. Verfahren. *Halle*, Hemmerde u. Schwetschke. (Schwetschke u. Sohn.) 810. 8. (12 Gr.)

Tittmann, K. A.: Ueb. d. Gränzen d. Philosophirens in e. System d. Strafrechtswissenschaft u. Strafgesetzgeb. gegen — *Feuerbach. Leipz.*, Tauchnitz. 802. 8. (7 Gr.)

T i t t m a n n , Carl August: „Grundlinien der Strafrechts-Wissenschaft und der teutschen Strafgesetzkunde", Leipzig 1800.

Tittmann, C. A.: Grundlinien d. Strafrechtswiss. u. d. deutschen Strafgesetzkunde z. Gebrauch bei Vorlesungen. *Leipz.*, Fleischer. 810. 8. (1 Thl. 8 Gr.)

Tittmann, C. A.: Handb. f. angehende Juristen z. Gebr. während d. Universität u. bei d. Eintritt in d. Geschäftsleben. *Halle*, Hemmerde u. Schwetschke. 828. gr. 8. (3 Thl.)

Tittmann's, Carl Aug., Handbuch f. angehende Juristen z. Gebrauch während d. Universitätszeit u. bei dem Eintritt in das Geschäftsleben. 2., berichtigte u. m. Zusätzen vers. Aufl., hrsg. v. C. Ed. Pfotenhauer. gr. 8. (42¾ B.) Halle 846, Schwetschke u. Sohn.

Tittmann, C. A.: Handb. d. Strafrechtswiss. u. d. deutsch. Strafgesetzkunde; auch unt. d. Tit.: Handb. d. gemein. deutschen peinl. Rechts. *Halle*, Hemmerde u. Schwetschke. 806—10. 4 Thle. 8.

— Handbuch d. Strafrechtswissenschaft u. der deutschen Strafgesetzkunde. 3 Bde. 2e Aufl. gr. 8. Halle 822 — 24, Hemmerde u. S.

Die Homöopathie in staatspolizeirechtlicher Hinsicht. Von Carl August Tittmann. Meissen: Goedsche 1829. XVI, 120 S. 8°

—— die Homöopathie in staatspolizeirechtl. Hinsicht. gr. 8. (8½ B.) Meissen 829. [Leipzig, Rostosky u. Jackowitz.]

Tittmann, Ritter Karl Aug., über die Natur der Strafrechtswissenschaft. 8. Leipz. 802. Tauchnitz. 6 gl

Tittmann, (C. A.,) Pyrmont. Ein Taschenbuch f. Curgäste. Aus Dankbarkeit gegen Pyrmonts Quellen geschrieben. Mit 1 Plan. 12. Meißen 825, Gödsche.

— Pyrmont. Ein Taschenbuch f. Curgäste. Aus Dankbarkeit gegen Pyrmonts Quellen geschrieben. Mit 1 Plan. 12. Meißen 826. Goedsche. 14 gr.

—— Regeln üb. d. Verhalten der Studenten bei Erlernung d. Wissenschaften auf d. Universität. 8. (1½ B.) Halle 831, Schwetschke u. Sohn.

— von der Statthaftigkeit der Institorischen Klage bei Uebertretungen der Gewerbevorschrift. 8. Dresd. 805. Hilscher. 4 gr.

TITTMANN, K. A.: D. Strafrechtspflege in völkerrechtl. Hins. m. Bez. auf d. deutschen Bundesstaaten. *Dresd.*, Hilscher. 817. gr. 8. (10 Gr.)

— Unterricht üb. die Rechte u. Verbindlichkeiten der Einwohner Kursachsens; e. Lesebuch f. gebild. Stände. 8. Leipz. 799.

— Unterricht über Rechte u. Verbindlichkeiten der Unterthanen in wohleingerichteten Staaten, zum Gebrauch f. Schulen in Städten u. auf dem Lande. 8. Leipz. 800. Fr. Fleischer. 6 gr.

TITTMANN, Karl Aug.: Ueb. den Unterricht des Volks in den Strafgesetzen auf Schulen. *Leipz.*, Cnobloch. 793. 8. (18 Gr.)

— üb. den Unterricht des Volks in den Strafgesetzen auf Schulen. 8. Leipz. 799. (Cnobloch). 18 gr.

— über d. Unterricht des Volks in den Strafgesetzen auf Schulen. 8. Lpz. Cramer (Schiegg) 799.

TITTMANN, K. A.: Das gerichtliche Verfahren bei Vollziehung der Todesstrafen. *Halle*, Hemmerde u. Schwetschke. 824. 8. (6 Gr.)

— das gerichtl. Verfahren bei Vollziehung d. Todesstrafen. (Aus d. Archiv f. Criminalrecht abgedr.) gr. 8. Halle 824, Hemmerde u. S.

— Versuch üb. d. wissenschaftl. Behandlung d. peinlichen Rechts. 8. Leipz. Cramer. (Schiegg) 798.

TITTMANN, K. A.: Versuch üb. d. wissenschaftl. Behandl. d. peinl. Rechts. *Leipz.*, Kummer. 798. 8. (12 Gr.)

(TITTMANN, K. A.): Ueb. d. Vertheil. d. Last d. Einquartierung u. Verpflegung fremder Truppen, zur Beherzigung insbes. zur Verhütung d. Processe zwischen Hausbesitzern u. Miethleuten. *Dresd.*, Beger. 813. 8. (4 Gr.)
Vgl. Verteilung, ...

TITTMANN, K. A.: Vorträge und Urtheile über merkwürd. Straffälle aus Acten. *Leipzig*, Cnobloch. 813. gr. 8. (1 Thl.)

— Vorträge u. Urtheile über merkwürd. Straffälle aus Akten. gr. 8. Leipz. 815. Cnobloch. 1 Rthlr.

Tittmann, Karl Christian

Tittmann, Karl Chr., († d. 6. Dec. 1820.) Abschiedspredigt in der Pfarrkirche zu Wittenberg. gr. 8. Wittenb. 789. Zimmermann. 2 gr.

Tittmann, Karl Christian [Praes.], s. Am Ende, Johann Gottfried: Epistolae Pauli ad Philippenses ex recensione Griesbachii summe venerabilis, nova versione latina . . .

Tittmann, C. C., Amtsjubelfeyer. 8. Dresden. (Leipzig, Dürr in Comm.) 817.

Tittmann, Karl Christian [Praes.], s. Drasdo, Johann Gottlieb: Comparatio Mosis et Homeri.

— Gebete u. Andachtsübungen. 8. Wittenb. 788. 2e A. 792. Zimmermann. 4 gr.

— Gebete zum Gebr. bei dem öffentl. u. häusl. Gottesdienste. gr. 8. Leipz. 811. 2e A. 815. Weidmann. 1 Rthlr. 8 gr. Schrbp. 1 Rthlr. 18 gr.

Tittmann, Karl Christian, s. Gesangbuch, Dresdner.

— Wittenbergisches Gesangbuch nebst Gebeten u. Andachtsübungen. 8. Ebend. 797.
Vgl. Gesangbuch, ...

– s. Kirchenbuch f. d. k. sächs. Lande.

Tittmanni, C. C., Meletemata sacra sive Commentarius exegetico critico dogmaticus in Evang. Joannis. Lips, 815. 8.

— Meletemata sacra, sive Commentarius crit.-exeg.-dogmaticus in Evangelium Joannis. 8maj. Leipz. 816. Weidmann. 3 Rthlr. Schrbp. 3 Rthlr. 12 gr. Velinp. 4 Rthlr. 8 gr.

— christl. Moral. gr. 8. Leipz. 783. 2e A. 785. 3e Aufl. 794. Weidmann. 1 Rthlr. 4 gr.

Tittmann, Karl Christian A. S. 658b/15

De noxis et inscitia linguarum doctrinae Christianae illatis dissertatio.
Leipzig (Langenheim) 1. VI. 1775. 68 S.
34564

— opuscula theologica. 8maj. Leipz. 803. Weidmann. 3 Rthlr. Schrbp. 4 Rthlr.

— 3 Predigten bei Einweihung der Kreuzkirche in Dresden. gr. 8. Dresd. 792. Hilscher. 4 gr.

— Predigten über das Verdienst Jesu. gr. 8. Leipz. 787. 2e A. 792. Weidmann. 1 Rthlr.

— zwei (letzte) Predigten; nach seinem Tode hrsgg. (v. J. A. H. Tittmann). gr. 8. Dresd. 821. Walther. 4 gr.

– s. Thalemann: Versio lat.

Tittmann, C. C., de theologis veterum. Viteb. 1775. 4; rep. in ejsd. opusc. p. 571—90.

— tractatus de vestigiis Gnosticorum in Nov. Test. frustra quaesitis. 8. Leipz. 773. Breitkopf u. H. 12 gr.

Tittmann, Karl Theodor

Tittmann, Carl Thdr., üb. Gerichtsverfassung, Strafrecht u. Strafproceß in den verein. Staaten v. Nordamerika mit vergleichenden Blicken auf das engl. u. französ. Untersuchungsverfahren. gr. 8. (X u. 171 S.) Leipzig 848, Arnold. 1 Rthlr.

—— die Stellung der Geschwornen zu den rechtsgelehrten Richtern, nach Anleitung des engl. Rechts geprüft. gr. 8. (34 S.) Leipzig 849, Arnoldische Buchh.

Tittmann, Clara, Bilder vom Genfer See. 16. (64 S.) Stuttgart 871. Grüninger. n. 1 —

— **erneutes Leben.** Roman. 8. (324 S.) Berlin 874. Janke. 3. 75.

Tittmann, Louise, Alfhilde. Ein Gedicht. gr. 12. (9¼ B. u. Ttlbld.) Hannover, 842, Hahn'sche Hofbuchh.

Tittmoning im Jahre 1819. Vom k. Steuerkataster. 1: 2500. 1 Bl.

Titularbuch, allgemeines, deutsches, französisches, italienisches u. lateinisches. 8. Flensb. Korte. 771.

—— Teutsch und frantzösisches. Hamburg [ca. 1720.] 8. . . . . (b.)

Titularbuch, Teutsch und Französisches, nebst zwei Wörterbüchern und Regeln. 4. Ausg. Nordhausen 1747. . . . H: *Colom du Clos, Isaac.* (Ky) (Ml.)

— deutsch-französ., nebst 2 Wörterbüchern u. Regeln, (v. J. v. Colom). 4e Aufl. 8. Nordhaus. 747. 5e A. 752. ... 10 gr 6e Aufl. f. Colom.

— deutsch-französisches, nebst 2 Wörterbüch. u. Reg. 8. Nordhausen. 767.

-- neu eingerichtetes deutsch französ. 8. Langensalza 765. Schneider. 3 gr

— kleines deutsch-französ., zum Gebr. für Beamte, Geschäftsmänner u. Schulen rc. 8. Wien 816. v. Mösle. 3 gr

Titularbuch, neues deutsches, mit durchgängiger Rücksicht auf die durch d. polit. Veränderungen hervorgebracht. Verhältnisse entworfen. Mit e. Vorrede von G. K. Claudius. 2te Aufl. 8. Leipz. Hinrichs. 811. Schreibp.

Titularbuch, neues vollständ. deutsch-französisches. 8. Lpz. Müller. 786. Rthlr.

— neues vollständiges, z. allgem. Gebrauch rc. 8. Leipz Hinrichs. 811. Velinp.

Titular- u. Adreßbuch, neuestes deutsches allgem., nach allen Standes-, Rang- u. Amts-Verhältnissen. Besond. an sämmtl. Regenten in Europa, Fürsten in Deutschland, deren Familien, oberste Staatsbehörden, Staatsbeamten u. die an Hoflagern befindl. Gesandten, nebst e. Anh. der im Preuß. Staate übl. Titulatur. Von e. Kanzleivorsteher. 8. (8¼ B.) Berlin 830, Hayn.

— schlesisches, nach den Zeitbedürfnissen umgearb. 8. Bresl. 797. W. G. Korn. 20 gr

Titular- u. Adreßbuch, vollständ. Preuß., nebst d. Ressort- u. Rangverhältnissen d. Preuß. Behörden u. Staatsbeamten; mit e. dreifachen Register. Von e. Preuß. Kanzleivorsteher. gr. 8. (8 B.) Berlin 834, Hayn.

Neuer Prager Titular-und Logiaments-Calender. [Titularkalender]. Beschrieben durch Christian Joachim von Chotieschau auf das Jahr... 1738. Carolin: Labaun [1737]. 8°

1738: [1737.]

Titulatur und Wappen Seiner Oesterreichisch-Kaiserlichen und Königlich-Apostolischen Majestät . . . Wien 1806. V: *Hormayr zu Hortenburg, Joseph Freih. von.* (Haydinger)

Titulatur- u. Addreßbuch, neues Berlinisches, mit Rücksicht auf die neue Organisation der Preuß. Staatsbehörden. gr. 8. Berl. 810. W. Oehmigke. (Sander). 14 gr Engl. P. 18 gr

Titulatur- und Adreßbuch, Preußisches. 2te Ausg. gr. 8. Berlin, Hayn. 817.

Titulaturen, s.: Zehn-Pfennig-Miniatur-Bibliothek.

Titulaturen u. Addressen an königl. Preuß. Staatsbehörden, Staatsbeamte u. andere Personen, nebst den Stempel- u. Kanzleigebühren-Sätzen, u. e. Verzeichnisse von kön. Preuß. Ordensrittern u. Inhaberinnen des Louisenordens. gr. 8. Berl. ... 2e A. 817. 3e A. 819. 4e A. 823. 5e A. 827. Hayn. 16 gr

Titulaturen und Adressen an Königl. Preußische Staatsbehörden, Staatsbeamte und andere Personen, nebst den Stempel- und Kanzleygebühren-Sätzen, und einem Verzeichnisse von K. Preuß. Ordensrittern und Inhaberinnen des Louisenordens. 3te verb. Ausg. gr. 8. Berlin, Hayn. 819.

Titulaturen und Addressen an Königlich-Preußische Staatsbehörden, Staatsbeamten und andere Personen, nebst den Ressort-Verhältnissen, Vorschriften für Bittsteller, dem neuen Stempelgesetze. 4. Ausg. Berlin 1823.

Titulaturen, Addressen, Ressort- u. Rangverhältnisse kön. Preuß. Staatsbehörden rc., nebst dem vollständ. Stempelgesetze, u. Procent-, Stempel- u. Münztabellen. 6e Ausg. gr. 8. Berl. 827, Hayn.

Tituli Asiae minoris conlecti et editi auspicis Caesareae academiae litterarum Vindobonensis. Vol. I. Tituli Lyciae lingua lycia conscripti enarravit Ernestus Kalinka. Tabulam ad Henrici Kiepert exemplum redactom adiceit Rudolfus Heberdey. Vindobonae. 1901. Hölder. Fol. VI, 136 S. Geb. K 46.50

Tituli Asiae minoris conlecti . . . Vol. 1. Vindobonae 1901. H: *Benndorf, Otto.* (Berl)

Titulos Digestorum Lib. XII. vide Schrader, Ed.

Titulus Pandectarum de origine iuris et omnium magistratuum et successione prudentium nec non leges XII Tabularum. Lipsiae 1747. V: *Hommel, Carl Ferdinand.* (KGBerlin I, 314)

Titurel, der jüngere, hrsg. v. Karl Aug. Hahn, s.a. Bibliothek d. gesammt. National-Literatur, I. Abthl. 24. Bd.

Titurel, Der jüngere. Hsg. von K. A. Hahn. Quedlinburg 1842. V: *Albrecht von Scharfenberg*[?]. (GGr) (ADB)

Titus [Sachliches OW]

Titus. Ein Beyspiel wahrer Beständigkeit . . . O. O. 1726. V: *Koch, Ernst.* (Jes)

Titus. Ein Vorspiel zur Feyer des höchsten Geburtsfestes . . . des Prinzen von Preussen. Berlin den 25. Sept. 1779. V: *Engel, Johann Jacob.* (Mn)

Titus. Vorsp. v. Engel. 8. Berl. Mylius. 779.

— Ernsth. Oper, nach d. Ital. 8. Cassel, Griesbach. 797.

— Ernsth. Oper in 2 Aufz. Nach d. Italien. d. Clemenza di Tito des Metastasio. 8. Kassel 797. (Luckhardt). 5 K

Titus, der standhafte Khrist . . . Salzburg 1774. V: *Reichssiegel, Florian.* (Hr)

Titus der Gütige. Ernsthafte Oper in 2 A. Nach d. Italien. 8. Wien 811. Wallishausser. 8 K

Titus Imperator, amor ac diliciae generis humani tragoedia . . . [Aug. Vind. et Ingolst. 1760.] V: *Neumayr, Franz.* (Jes)

Titus Manlius Torquatus, Tragoedie v. F. Passy. 8. Wien, Schaumburg. 816.

— d. Wonne d. menschl. Geschlechts; od. der beste Fürst, der beste Burger. Schausp. gr. 8. Bresl. Korn d. ält. 794.

— die Wonne des menschl. Geschlechts. Schspl. in 6 A. gr. 8. Bresl. 794. J. F. Korn. 12 K

Titus [Verfasser]

(Titus.) — Titi Bostreni contra Manichaeos libri IV syriace. Paul. Anton. de Lagarde edidit. Berlin 859. (Leipzig, Teubner.) Lex.-8. (IV, 186 S.) n. 6 ℛ

— quae ex opere contra Manichaeos edito in codice Hamburgensi servata sunt graece e recognitione Pauli Ant. de Lagarde. Accedunt Julii Romani epistolae et Gregorii Thaumaturgi *κατὰ μέρος πίστις*. Berlin 859. Hertz. gr. 8. (VIII, 128 S.) n. 1 ℛ

Titus A, Eisenbahngütertarif für die Station Heilbronn. Heilbronn 1885

Titus, A., der König von Corsika. Eine romantische Dichtung. 8. (91 S.) Hamburg 881. Kriebel. n. 1. 50

Titus, Frz., s. a.: Streißler, Frdr.

Die Bluthochzeit der Königin von England. Ein Kampfruf von **Titus**. *Berlin: H. Walther 1900.* (11 S.) 8° [F.]

— s. a. Bluthochzeit, die, der Königin v. England.

— Erntefestreden u. Gedichte. gr. 16. (32 S.) Hainichen (900). G. C. Hoffmann. — 15

Titus, Frz., c. Pereat der Militärvorlage! gr. 8. (15 S.) Leipzig 893. S. Schnurpfeil. n. — 50

— Postkartengrüße. gr. 16. (62 S.) Ebd. (900). — 30

Titus, Frz. (Frdr. Streißler), und der Kaiser sprach . . . Zur deutschen Krisis. (30 S.) 8. Leipzig (908). O. Wigand. — 50

— neues Zauberbuch. Eine Sammlg. leicht ausführb. physikal. Kunststücke u. Experimente, Kartenkunststücke, Rechenkünste rc. rc. zur Unterhaltg. im häusl. Kreise. 16. (95 S. m. 25 Abbildgn.) Reutlingen (900). R. Bardtenschlager. — 25; bess. Ausg. — 60

Titus, Franz Joseph (Wallenfels) A. S. 149/38

Num remedium restitutionis in integrum cum remedio revisionis in camerae imperialis iudicio coniungi possit. Präs. Joseph Ullheimer.
Bamberg (Klietsch) 17. VII. 1778. 25 S.
34565

Titus, Johann(es)

Titus, Johs., dürftiger Unterricht. Ein Beitrag zur Reform der Lehrerbildg. gr. 8. (30 S.) Regensburg 894. W. Wunderling. n. — 50

Titus, Joh., Wahltag. Gespräche in Form e. Lustspiels. 8. (78 S.) Regensburg 895. W. Wunderling. n. 1. 80

Titus, Johanna, allerlei Getränke. 310 erprobte Rezepte zur Bereitung von Bowlen, Limonaden, Punschen, Kaltschalen, Likören etc. (X, 115 S.) 8. Leipzig 903. E. Twietmeyer. n. 1. 50

— häusliche Selbsthilfe, s.: Berg, Gabriele.

Titus, Johanna, allerlei pikante Speisen. 285 erprobte Rezepte nebst Küchenzetteln f. das 2. Frühstück und für Abendgesellschaften. 12. (III, 128 S.) Leipzig 901. E. Twietmeyer. n. 1. 50

Titus, Johanna, allerlei Suppen u. Klöße. 222 erprobte Rezepte f. Suppen, 82 erprobte Rezepte f. Klöße. (IV, 128 S.) kl. 8. Leipzig (909). E. Twietmeyer. 1. 50

Titus, Johanna, allerlei Süßigkeiten. 220 bewährte Rezepte f. die Zubereitg. v. Puddings u. süßen Speisen, Kaffee-, Thee- u. Obstkuchen, Torten, kleinem Backwerk rc. 12. (VIII, 88 S.) Leipzig 893. Verlag der Arbeitsstube. Kart. n. 1. 20

Titus, Johanna, allerlei Süßigkeiten. 300 bewährte Rezepte für die Zubereitg. v. Puddings u. süßen Speisen, Kaffee-, Thee- u. Obstkuchen, Torten, kleinem Backwerk rc. 2., verm. Aufl. 12. (IV, 113 S.) Leipzig 901. E. Twietmeyer. n. 1. 50

Titus, Carl, das Sternenzelt. Mit 70 Abbildgn. im Text u. 3 Karten. 8. (IX, 379 S.) Berlin 893. Verein der Bücherfreunde. n. 5. —; geb. in Leinw. n. 5. 75

Titus, O., Erinnerungen. Gedichte. gr. 8. (96 S.) Kiel 897. R. Cordes. n. 2. —; geb. m. Goldschn. n. 2. 50

Titz, Anton

Titz, Ant., Leitfaden für Vorturner an der Volksschule. Löwenberg i. Schl. 867. Köhler. 16. (46 S.) 2½ ngr.

Titz, Ant., Leitfaden für Vorturner an der Volksschule. 2. verb. Aufl. 16. (48 S.) Löwenberg 871, Köhler. *

Titz, Ant., Leitfaden f. das Geräthturnen an der Volksschule. 3. verb. u. verm. Aufl. 16. (47 S.) Löwenberg 875. Köhler. n. — 30

Titz, B. J. Anton

Titz, (A.,) allgemein faßl. Elementar-Rechnungsbuch f. Volksschulen u. Volksschullehrer nach den besten neuern Methoden in einer eigenthüml. Bearbeitung. gr. 8. Breslau 823, Grüson u. C.

Titz, B. J. Ant., allgemein faßl. Elementar-Rechnungsbuch f. Volksschulen nach den besten neuern Methoden in einer eigenthüml. Bearbeitung. gr. 8. Bresl. 823. (Schöne). 1 ℳ

Titz, B. J. Ant., Elementar-Rechenbuch f. Seminarien u. Volksschulen. 2e verb. u. verm. Aufl. 8. Brieg 840. Schwartz. 5/8 ℳ

— algebraisches Kopfrechnen f. Elementar-Lehrer. gr. 8. Bresl. 827, Max u. C.

— kleines Lehrbuch der deutschen Sprache durch Sprech- u. Rechtschreibelehre, nebst e. orthograph. Wörterbuch f. Schulen ꝛc. 8. Glogau (817.) Neue Ausg. Ebd. 821. Heymann. 1 ℳ Das Wörterbuch besonders. 8. Ebd. 821. 12 Gr.

Titz, Eduard

Titz, Ed., architektonische Ausführungen. Eine Sammlung von Façaden, Details und inneren Dekorationen, zusammengestellt für Maurer, Zimmerleute und Bauhandwerker. 1—5. Heft. Imp. Fol. (30 Stnt. und 17 S. Text.) Berlin 849—52, [Ernst und Korn.] à Heft * 1 Thlr. 15 Ngr. *

Titz, Ed., architektonische Ausführungen. Eine Sammlung von Façaden, Details und inneren Decorationen für Maurer, Zimmerleute und Bauhandwerker. 6. Heft. (Schluss.) Imp.-Fol. (6 Stn.- und Kpfrt. und 2 S. Text.) Berlin 856, Ernst und Korn. *
1—5. Heft. Ebendas. 1849—52. * 7 Thlr. 15 Ngr.

Titz, Ed., Decorationen zu Treppen u. Treppen-Häusern. Fol. (10 Steintaf.) Glogau 873. Flemming. 3. —

Titz's, E., Entwürfe zu ausgeführten öffentlichen und Privat-Gebäuden. Enthaltend städtische und ländliche Wohngebäude, Hôtels, Villen, Theater u. s. w. in Grundrissen, Profilen, Façaden und Details für Architecten, Maurer- und Zimmermeister, Bauunternehmer u. s. w. Gezeichnet und hrsg. von H. Kaemmerling. 1—7. Heft. gr. Fol. Berlin 859—61, Nicolai'sche Verlagsbuchh. *

Inhalt:

Heft 1. Das Hôtel d'Angleterre zu Berlin. (6 lithogr. Bl. mit 1 Bl. Text.) * 2 Thlr.

» 2., 4., 6., 7. Das neue Victoria-Theater in Berlin. 24 Blätter. (5 Stnt., 10 chromolithogr. Bl., 10 Kpfrt. und 4 Bl. Text.) [2., 4. und 7. Heft à * 2 Thlr., 6. Heft * 3 Thlr.] * 9 Thlr.

» 3., 5. Das Kroll'sche Etablissement zu Berlin. 2 Lfgn. 12 Blätter. (7 Kpfrt., 1 Stnt., 4 Chromolithogr. und 2 Bl. Text.) [3. Heft * 2 Thlr., 5. Heft * 3 Thlr.] * 5 Thlr.

Titz's, E., Entwürfe zu ausgeführten öffentlichen u. Privat-Gebäuden. Enthltd. städt. u. ländl. Wohngebäude, Hôtels, Villen, Theater etc. in Grundrissen, Profilen, Façaden u. Details für Architecten, Maurer- u. Zimmermeister, Bahnunternehmer etc. Gez. u. hersg. von H. Kaemmerling. 8—11. Heft. Berlin 866—68. Nicolai'sche Verlagsh. gr. Fol. (19 Kpfertaff. u. 4 Chromolithogr. mit 4 Blatt Text.) [8. u. 9. Heft à n. 2 ℳ 20 ngr., 10. u. 11. Heft à n. 2 ℳ 15 ngr.] n. 10 ℳ 10 ngr.

— — 2. Aufl. 1. Heft. Ebend. 864. gr. Fol. (1 Chromolithogr., 5 Steintaff. u. 1 Blatt Text.) n. 2 ℳ

—— Entwürfe zu ausgeführten öffentlichen und Privatgebäuden. Enth. städt. und ländl. Wohngebäude, Hôtels, Villen, Theater etc. in Grundrissen, Profilen, Façaden und Details für Architekten, Maurer und Zimmermeister, Bauunternehmer etc. 12. Heft. gr. Fol. (6 chromolithogr. und lithogr. Taf. und 1 Bl. Text.) Berlin 873, Nicolai's Verlag. *
1.—11. Heft. Ebendas. 1859—68. * ℳ 79.

—— und H. Kaemmerling, der Landbau, s. Kaemmerling.

Titz's, Ed., architecton. Mittheilungen aus der Neuzeit Berlins. 1. Heft. Taf. 1—6. Roy.-Fol. Berlin 846, Stuhr'sche Buchh. n. 1 ℳ 12 ngl

—— architectonische Mittheilungen aus der Neuzeit Berlins. 1. und 2. Heft. gr. Fol. (12 Stnt. und 3 Bl. Text.) Berlin 847, Stuhr'sche Buchh. à Heft * 1 Thlr. 12 Ngr. *

— architecton. Ornamente entworfen bezüglich ihrer Anwendung f. alle Bauhandwerke. 1. Hft. Roy.-Fol. Ebd. 846. n. 1 ℳ

—— architectonische Ornamente entworfen bezügl. ihrer Anwendung für alle Bauhandwerker. 1 Heft. Roy.-Fol. (6 lithogr. Blätter.) Berlin 847, Stuhr'sche Buchh. *
Die Fortsetzung s. Stuckornamente.

—— Sammlung bürgerl. Wohnhäuser. In modernem Styl entworfen und in jüngster Zeit in Berlin ausgeführt. Façaden und Grundrisse nebst erklär. Text. 3 Lfgn. gr. Fol. (15 Stnt. und 4 S. Text.) Berlin 849, C. Heymann. à Lfg. * 1 Thlr. 10 Ngr. *

Gewinnung, Verarbeitung und Güteprüfung metallischer Baustoffe. Bearb. von Felix Titz, Reg.-Baumeister, Stettin. T. 1. [Stettin: Selbstverl. 1905.] 8° [autogr.] [06. 5757 a]

Titz, Friedrich: Cassiodors Stellung zu Theoderich. H. 1898.
Diss. Wien, Univ.

Titz Dr. Friedrich: Casiodors Stellung zu Theoderich. 54. Gablonz 01. Prag.

Titz, Heinrich Gottlieb (Breslau) A. S. 226/25
(Vgl. Titius)
Disquisitio de inclyto libro poetico Theuerdanck.
Präs. Johann David Koeler.
Altdorf (Meyer) III. 1714. 44 S.

Gew.: Heinrich Wilhelm von Freyenfels.
W. v.: Präs., Johann Kaspar Gottschalck, Georg Christian Gebauer. 34567

Titz, Johann Gottlieb

Der sterbende Messias, ein vollkommener Sittenlehrer. Eine Betrachtung am Charfreytage auf Verlangen einer freyen Gesellschaft von JOHANN GOTTLIEB TITZ. Den 20sten März, 1761. ib. — 4°.

Titz, Johann Peter

Titz, J. P., deutsche Gedichte, gesammelt u. hrsg. v. L. H. Fischer. 8. (LXXVIII, 804 S.) Halle 887. Buchhdlg. d. Waisenhauses. n. 6. —

— Deutsche Gedichte, gesammelt u. hrsg. von L. H. Fischer. Halle 1888. 8°. (Mk. 7—.) (2 Mk. 50 Pfg., eleg. Orig.-Lwdbd., M. Edelmann, Nürnb., 1906.)
Biographisches S. XVI—XVIII.

Titz, K., die Lösung der landwirthschaftlichen Kreditfrage zunächst in Norddeutschland auf Grund einer allgemeinen Wirthschaftsmelioration. gr. 8. (XII, 67 S.) Berlin 870, Wiegandt, Hempel und Parey. *

Tith, K. W., Frauenhaar. Plauderei in 1 Aufzuge. 8. (32 S.) Prag 884. (Dominicus.) n. — 60

Tith, Leo, s.: Berichte des Forst-Vereines f. Oesterreich ob. d. Enns.

Titz, Osk., Entwürfe zu ausgeführten Gebäuden. Enth. städt. und ländl. Wohngebäude, Hôtels, Villen, Zirken, Theater, öffentl. Vergnügungslokale u. s. w. in Ansichten, Grundrissen, Profilen und Details. Für Architecten, Maurer- und Zimmermeister, Bauunternehmer u. s. w. 6 Hefte. Fol. (à Heft 1 Bl. mit 6 Stnt.) Leipzig 875, Scholtze. à Heft * M 3. *

Titz, Osk., Entwürfe zu ausgeführten Gebäuden. Enth. städt. u. ländl. Wohngebäude, Hôtels, Villen etc. in Ansichten, Grundrissen, Profilen u. Details. Für Architekten, Maurer- u. Zimmermeister etc. (In 6 Hftn.) 1—3. Hft. Fol. (à 6 Steintaf. u. 1 Bl. Text.) Leipzig 876. Scholtze. à n. 3. —

Titze, s.a. Tietze. – Titius.

Titze, Betty

Spaziergänge durch Freiwaldau, Gräfenberg und Umgebung in Wort und Bild. Herausgegeben von Betty Titze. Freiwaldau. 1901. Titze. 8°. 44 S. mit 35 Tafeln. Geb. K 1.80

Titze, Frau Betty, Spaziergänge durch Freiwaldau, Gräfenberg u. Umgebung. (2. Aufl.) 8. (35 S. m. 34 Taf.) Freiwaldau (901). B. Titze. Geb. in Leinw. n. 1. 50

Titze, C., Hilfsarbeiter am Hygien. Institute d. Tierärztl. Hochsch. zu Berlin: Arbeiten aus d. Hygien. Institut d. Kgl. Tierärztl. Hochsch. zu Berlin. Leiter: Prof. Dr. med. Ostertag. No 8. Beitrag zur Immunisierung gegen Geflügelcholera, Schweineseuche und Schweinepest mit „Agressinen" nach Bail und mit Bakterienextrakten nach Conradi und Brieger. Berlin: R. Schoetz 1906. (33 S.) 8°
Gießen, Med. Fak., Ref. Olt, Diss. v. 12. März 1906

Titze, C., Beitrag zur Immunisierung gegen Geflügelcholera, Schweineseuche und Schweinepest m. „Aggressinen" nach Bail u. m. Bakterienextrakten nach Conradi u. Brieger, s.a. Arbeiten aus dem hygien. Institut der kgl. tierärztl. Hochschule zu Berlin, Nr. 8.

Titze, Franz Nikolaus

Titze, Fr.N. (Bearb.), s. Aristoteles: Über die wissenschaftliche Behandlung der Naturkunde...

— de epitomes rerum romanarum, quae sub nomine Lucii Annaei Flori, sive Senecae fertur, aetate probatissima, vero auctore, operis antiqua forma, quaest. novar. libr. III. 8. Linz 804. Acad. Buchh. 14 gr

Titze, F. N., Bibliotheca T. octo, compl auctores romanos veteres, prosaicos et poeticos etc. Tom. I. 8. Linz Acad. Buchhdl. (Liebeskind in Lpz. in Commiss.) 804.

— — idem liber. Tom. II. 8. Linz. Eurich. 806.

— bibliotheca latina classica. Tom. VIII. complect. auctores romanos veteres, prosaicos et poëticos etc In commodum studiosae juventutis adornavit, text. auctor. recognovit etc. Tom. I. 8. Linz 804. Acad. Buchhandl. 22 gr Tom. II. 8. Prag 813. Widtmann. 1 rh 8 gr (A. u. d. T.: Cornelii Nepotis etc.)

— ältere Geschichte der Deutschen. 16 Bdchen, anschließend an dessen Vorgeschichte der Deutschen. gr. 8. Prag 823. Krauß; (Hause, Söhne); (a. Gnobloch in Leipz.) 14 gr

Titze, Franz Nikolaus, s. Mela, Pomp: De situ orbis lib. III.

– s. Moschopulus: Opuscula.

– s. Plinius, C. C.: Epistolae.

Titze, Frz. Nik., de Aristotelis Operum serie et distinctione liber singularis. 8maj. Leipz. 826. Cnobloch. 5 gr

— Vorgeschichte der Deutschen. Zur Ergänzung der meisten bisher erschienenen Bearbeitungen u. Lehrbücher der deutschen Geschichte. gr. 8. Prag 820. Krauß; (a. Haase, Söhne); (a. Cnobloch in Leipz.) 7 gr

Titze, Heinr., die Lehre vom Mißverständnis. Eine zivilrechtliche Untersuchg. (XI, 516 S.) gr. 8. Berlin 910. J. Guttentag.

Titze, (Friedrich Emil) Heinrich: Die Notstandsrechte im deutschen bürgerlichen Gesetzbuche und ihre geschichtliche Entwickelung ... Leipzig: Velt & C., 1897. 3 Bl., 130 S., 1 Bl. 8°
Berlin, Jur. Fak., Inaug.-Diss. v. 24. Juli 1897

Titze, Heinr., Recht des bürgerl. Gesetzbuches, s.a. Sammlung Göschen.

Titze, H., Recht des bürgerlichen Gesetzbuches. IV. Buch. Familienrecht (169 S.) kl. 8. Leipzig, G. J. Göschen. 1906. geb. in Lwd. —. 80.

Titze, Heinr., die Unmöglichkeit der Leistung nach deutschem bürgerlichen Recht. gr. 8. (XI, 337 S.) Leipzig 900. A. Titze. n. 8. 50

Titze, Joh., 800 Aufsatzthemen zu freien Aufsätzen in der Volksschule. Im Anschlusse an den 3. Tl. des Lesebuches f. österreich. allgemeine Volksschulen v. Jos. Bielig u. Frz. Czerny bearb. (24 S.) 8. Sternberg 910. A. R. Hitschfeld. — 40

Titze, Joh., Jugend- u. Turnspiele. Für d. Gebrauch d. Turnunterr., sow. bei Schulfesten, Ausflügen u. dgl. bearb. 2. Aufl. 12. (59 u. III S. m. Fig.) Batzdorf 893. (Iglau, Emil Netoliczka.) Kart. n. — 84

Titze, Joh., das militärische Turnen. Nach dem neuen Exercier-Reglement f. die kais. u. königl. Fußtruppen methodisch bearb. 2. Aufl. [3.—4. Taus.] 12. (64 S. m. Fig.) Batzdorf 892. (Iglau, A. Bayer.) n. — 72

Titze, Johann, Das militärische Turnen, Nach d. neuen Exerzier-Reglement f. d. k. u. k. Fußtruppen methodisch bearb., m. Abb., 3. Aufl., Batzdorf 1892, 64 S., 8°.

Titze, Johann: Das militärische Turnen in der Volksschule. 4. Aufl. Sternberg: Hitschfeld 1910. (63 S.) Gr.-8°

Über die Pflege des Kindes im ersten Lebensjahre. Von Dr. Karl Titze. Langensalza: Beyer 1910. 18 S. 8°
(Pädagogisches Magazin. H. 421.)

Titze, Karl, über die Pflege des Kindes im ersten Lebensjahre, s.a. Magazin, pädagogisches.

Titzenhofen, Fr. von geb. v. Wunsch, vermischte Schriften in Poesie u. Prosa. 8. Berl. Braunes. (in Comm.) 811.

Titzenhofer, Sophie Eleonore, s.a. Korzfleisch.

v. Titzenhofer, Sophie Eleonore, (vorher verehl. v. Korzfleisch), das Landwehrkreuz in der Schlacht an der Katzbach. Drama. 8. Halle 816. Schwetschke u. S. 4 gr

Titzenthaler, Frz., kurzgefasste Anweisungen über Fundgeräthschaften. Erscheinungs- u. Fangzeiten, Fangstollen u. Ködermittel v. Schmetterlingen, Käfern, Wanzen u. anderen Insecten, deren Behandlg. beim Einfangen, Tödten, Verpacken u. Transportiren aus entfernten Gegenden. Für Sammler u. Naturfreunde. gr. 8. (16 S.) Dresden 884. (Huhle.) n. — 50
In engl. od. französ. Sprache zu gleichem Preise.

Titzer, Karl, Hilfsbuch f. Uhrmacher bei Durchführung v. Reparaturen an Gold- u. Silbergegenständen. 8. (25 S.) Teschen 894. (Berlin, W. H. Kühl.) n.n. 1. —

Titzk, Reinhard Ludwig

Festlogen der Gr. Loge zu Hamburg zur Feier des 50jährigen Bestehens derselben als selbstständige grosse Loge. Sonnabend, den 2ten Febr. und Sonntag, den 3ten Febr. 1861 nebst nachfolgender Festtafel-Loge, unter dem Vorsitze des Br. [Karl Edu.] Buek sen., im Beistande sämmtlicher Gross-Beamten. [Unterz.:] R[einhard] L[udw.] **Titzk.** [Hamburg 1861.] 15 S. 2° [Kopftit.]

Titz-Kunst-Harmonium. (Doppel-Expression.) (11 S. m. 7 photogr. Taf.) 8. Berlin (905). C. Simon. — 80

Titzner, A., die Wasserkur nach Sebastian Kneipp. Der Weg zur Heilg. v. Nerven- u. anderen chron. Krankheiten durch Wasser nach Kneipp. (73 S.) 8. Wörishofen 909. Buchdr. u. Verlags-Anstalt Wörishofen. 1. —

Titzschkau. Johann Christian Augustus (geb. Rathenow 30.5.1796): Delirium tremens. [illegible]
Berlin, Med. Diss. v. 3. Febr. 1823

[Russ.] Nenastojaščaja tjur'ma. Berlin: G. Stejnic (1903). (48 S.) 8°
[Auf d. Umschl.:] Das ['nicht wirkliche'] Gefängnis ...
(Sobranie lučšich russkich proizvedenij. Č. 63.)

Tjutschew, Fedor Iwanow., Gedichte, s.: Universal-Bibliothek.

Tjutschew's, Feodor Iwanowitsch, lyrische Gedichte. In den Versmaaßen des Originals dem Russischen nachgebildet von Heinr. Noë. München 861. Fleischmann. 16. (XV, 87 S.) n. 16 ngr.

Tivier, H., Histoire de la littérature française, s.: Gerhard's französische Schulausgaben. Nr. 17.

Tivoli, ein interessantes Würfelspiel, heiteren Gesellschaften gewidmet. Mit 12 illum. Karten, 2 Würfeln u. Erklärung. 16. Berlin 838. (Recht.) n. 1¼ ₰

Tivoli. Neues Museum des Witzes u. der Laune. Eine humoristische Anthologie, herausgeg. von Er. Ortlepp. 8 Bdchn. (— A. u. d. T.: Bibliothek des Frohsinns. Neue Folge. V. Section. 1.—12. Bdchn.) 16. Stuttg. 842, Köhler. 2 ₰

Tivoli. Neues Museum d. Witzes etc., hrsg. v. E. Ortlepp, s.a. Bibliothek des Frohsinns. Neue Folge. V. Serie.

Tivoli. Humoristische Monatsblätter mit Illustr. (Holzschn. im Text). Red.: H. Köhler. 1. Jahrg. April—Decbr. 1855. 39 Nrn. (à ½ Bgn.). Stuttgart, H. Köhler. gr. 4. n. 1 ₰ 15 ngr.

Tizian, Biographie u. Charakteristik desselben, s.: Jordan, M.

Tizian. Des Meisters Gemälde in 230 Abb. Mit e. biogr. Einl. von Dr. Oskar Fischel. *Stuttgart & Leipzig: Deutsche Verl.-Anst. 1904.* (XXX, 212 S.) 4°
= **Klassiker** d. Kunst in Gesamtausgaben. Bd 3. [04. 8-75 11

Tizian [**Tiziano**]. Des Meisters Gemälde in 274 Abb. Hrsg. von Oskar Fischel. 3. Aufl. Stuttgart & Leipzig: Deutsche Verl.-Anst. 1907. (XXXVII, 263 S.) 4°
= **Klassiker** d. Kunst in Gesamtausgaben. Bd 3. [08. 8693 5

Tizian, Himmelfahrt der Maria, s.: Meisterbilder fürs deutsche Haus.

Die Meisterbilder von **Tizian**. Eine Auswahl von 60 Reprod. grösstenteils nach Hanfstänglschen Orig.-Aufnahmen. Berlin & Leipzig: Weicher 1908. 67 S. 8°
(Weichers Kunstbücher. Nr 8.) [10. 17651

— Meisterbilder, s.a. Weicher's Kunstbücher.

Tizian, s.: Meisterbilder fürs deutsche Haus.

— Il trionfo della fede, s.: Veröffentlichungen der graphischen Gesellschaft.

— Der Zinsgroschen, s.: Bildkunst.

— dasselbe, s.: Blätter, bunte, aus aller Welt.

Tizian-Album mit einer Lebensskizze des Meisters u. den Erklärungen der Bilder von Wilh. Lübke. Berlin 862. Schauer. gr. 4. (10 Photogr. u. 40 S. Text.) 7 ₰

Tizzoni, G., Arbeiten aus dem pathologischen Institute zu Bologna, s. Beiträge zur pathologischen Anatomie und zur allgemeinen Pathologie.

Tkač, J., liber informationum et sententiarum, čili Naučeni Brněnská Hradišt'ské městské etc., s.: Monumenta rerum bohemico-moravicarum et silesiacarum.

Tkac Jaroslav: De poeticae Aristoteleae codicibus antiquissimis et Arabica versione antiquissima.
1896 PN 1015 **Diss.** Wien, Univ.

Tkač, Jaroslav: Über einen mutmaßlichen Dual in der Verbalflexion des umbrischen Latein (Zur Lehre über die italische Perfektbildung). S. 3—26. 8. **Progr.** K. k. Sophiengymn. *Wien* 1904.

Tkáč Ignaz: Herodotea. (16). Wien VIII. (Langer) 01.
Progr.

Tkač, Jg.: Platons Parmenides. 19 S. – Ung.-Hradisch, Progr. 1879

Tkač, Ign. Platons Theaetet. Eine Studie. 56 S. 8. *U.-Hradisch* 1878.
Progr.

Tkáč, Ign. Wörterbuch, s.a. Herodot's Perserkriege.

Tkáč, Ign., Wörterbuch zu Herodots Perserkriegen v. Val. Hintner. 2., verb. Aufl. gr. 8. (III, 99 S.) Wien 893. A. Hölder. n. 1. —

Tkáč, Ign., Wörterbuch zu Herodots Perserkriegen v. Val. Hintner m. Einschluß des VII. Buches nach A. Holder. 3. erweit. Aufl. gr. 8. (104 S.) Wien 900. A. Hölder. n. 1.12

Tkac, Ign., Wörterbuch zu Herodots Perserkriegen nach den Schulausgaben v. Hintner, Holder, Scheindler, Sitzler. (V.—IX. Buch) nahezu vollständig). 4., verb. u. erweit. Aufl. (III, 160 S.) gr. 8. Wien 910. A. Hölder. 1.80

Tkacz, D., was ist von dem Satze zu halten, dass „Grammatik natürliche Logik sei?" Salzburg. 27 p. 1867.
Schul-/Univ.-Schrift

Tkacz, I. Was ist von dem Satze zu halten, dass „Grammatik natürliche Logik sei?" Salzburg, O. G., 1867. 27 S.
Progr.

Tkalac, E. I. v., Jugenderinnerungen aus Kroatien. (1749—1823. 1824—1843.) gr. 8. (XV, 390 S.) Leipzig 894. O. Wigand. 4. 50

Tkalac, E. J. v., das Staatsrecht des Fürstenthums Serbien. Leipzig 858. Breitkopf u. Hartel. gr. 8. (XII, 286 S.) 1 ₰. 15 ngr.

Tkalčić, Jos. Bapt., s. a. Monumenta historica liberae regiae civitas Zagrabiae.

Tkalčić, J. B., Monumenta historica liberae regiae civitatis Zagrabiae, metropolis regni Dalmatiae, Croatiae et Slavoniae. Vol. I. [Diplomata: 1093—1399.] gr. 8. (VI, CCXIX, 519 S. m. 1 Plan.) Agram 889. (Buchhandlg. der Action-Buchdruckerei.) n.n. 12. —

Tkalčić, Jos. Bapt., Monumenta historica liberae regiae civitatis Zagrabiae metropolis regni Dalmatiae, Croatiae et Slavoniae. Collegit et sumptibus ejusdem civitatis edidit T. Vol. II. (Diplomata: 1400—1499.) Einleitung in kroat. Sprache.) gr. 8. (VI, CCXLIII, 587 S.) Agram 895. (Buchh. d. Actien-Buchdruckerei.) 10. —

— dasselbe. Vol. III. (Diplomata: 1500—1526.) (Einleitung in kroat. Sprache.) gr. 8. (VI, CXIX, 368 S.) Ebd. 896. n.n. 6. — (I—III: n.n. 26. —)

Tkalec, C. J. Ignatijević de, de religione christiana in Slavis introducta-propagata-reformata. Dissertatio histor.-philosophica. 8maj. (38 S.) Heidelbergae 848, (Groos'sche Universitäts-Buchh.) *

Tkány, Anton

Tkány, A., Mythologie der alten Deutschen u. Slaven, in Verbindung mit dem Wissenswürdigsten aus d. Gebiete der Sage u. des Aberglaubens; nach alphabet. Folge. gr. 8. Znaim 827. (Beck in Wien). 1 ₰ 8 gr.

Tkany, Frz. Die Vegetationsverhältnisse der Stadt Olmütz und ihrer Umgebung. 36, 15 SS. 8. Progr. D. G. Olmütz 1879. 1880.

Tkatsch, A., dictionnaire portatif russe-français et français-russe, s.: Schmidt, I. A. E.

— s: National-Bibliothek, russische.

Tkatsch (Taikatsch), Ch[aim] A[kim]: (I.) Ueber ein Tetrabenzylderivat eines Tetraamidotriphenylmethans. (II.) Ueber einen Darstellungsversuch des Tetrabenzyldiamidotriphenylmethans. (III.) Ueber eine eigenthümliche Reaktion zwischen Dibenzyl-m-phenylendiamin und Acetylchlorid. Leipzig-R. 1898: O. Schmidt. (35 S.) 8°
Leipzig, Phil. Diss. v. [23. Mai] 1898

Tkatschew, A., Taschenwörterbuch der russischen u. deutschen Sprache. (X, 432 S.) 16. Paris, Garnier frères. In Leinw. kart. 1. 60
Den deutsch-russischen Tl. s.: Wassilieff, A.

Tkatschewsky, J[ohann]. Über Thrombophlebitis bei gynaekologischen Erkrankungen in der Basler Universitätsfrauenklinik während der Jahre 1901—1905, unter Berücksichtigung des sog. Mahler'schen Symptoms. Diss. Med. Basel. 67 S. 8. Basel, Friedrich Reinhardt, 1906.

Tlantlaquatlapatli, Julie Caroline [Pseud.], s. a. Seyfried, Heinrich Wilhelm

Tlantlaquatlapatli, Jul. Karol., (Heinr. Wlh. Seyfried,) Blumengärtchen. 4 Stcke. 8. Berl. 789—91. Schöne. 8 gr.
56 u. 66 Stck. v. ... 8. Ebd. ...

Tlantlaquatlapatli, Julie Karoline, s. Chronik von Berlin.

Tlapek, Ludwig: Technisches Handbuch für militärische Verpflegsorgane. Wien: A. Hölder 1908. (ill. XII, 400 S.) Gr.-8°

Tlapek, Ludw., technisches Handbuch f. militärische Verpflegsorgane. 2. verm. Aufl. (VIII, 423 S. m. 111 Abb. u. 3 farb. Taf.) Lex. 8. Wien 910. A. Hölder. 8. 60

— Die neue Kriegsverrechnung des Proviantoffiziers. Dargestellt an e. konkreten Beispiele. (III, 80 S.) Lex. 8. Ebd. 909. 2. 40

Tlaskal, Ludw., übersichtliche Zusammenstellung der Grundsätze u. der wesentlichen Details aus dem Strassen- u. Eisenbahn-Baue, mit Berücksichtigung der Zerstörung u. der feldmässigen Wiederherstellung von Eisenbahnen. Mit 12 (lith.) Taf. 16. (III, 90 S.) Wien 877. Seidel & Sohn in Comm. n. 2. —

Tlok, Andreas, a. Radzewo, Prov. Posen: Über einen Fall von Lungennekrose bei einem Kinde. (Analogie zu dem anatomischen Befunde bei der Lungenseuche.) Greifswald 1904: H. Adler. (34 S.) 8°
Greifswald, Med. Fak., Ref. Grawitz, Diss. v. 22. Dez. 1904
[Geb. 8. Nov. 72 Radzewo, Prov. Posen; Wohnort: Radzewo, Prov. Posen; Staatsangeh.: Preußen; Vorbildung: Gymn. Schrimm Reife O. 90; Studium: Greifswald 10 S.; Coll. 17. Dez. 04; Approb. 12. Dez. 04.]

Tlučhoř, Alois (E.)

— Der Bäckerfranzel. Für Kinder u. Eltern. Buchschmuck v. F. Delavilla. (70 S. m. Titelbild.) 15×14,5 cm. Ebd. (907). Geb. in Leinw. 1. —

Tlučhoř Alois, Elternkonferenzen und Elternabende. V. Heft: Erziehung unter schwierigen Verhältnissen. Wien 1910. Schulbücherverlag. K —.30.

— Die Grille u. ihre Schwester Lotti. Erzählung einer Lehrerin. Sexuelle Belehrgn. f. heranwachs. Mädchen. (Vom ärztl. Standpunkt aus gutgeheißen v. Ernst Finger.) (55 S. m. Abbildgn.) kl. 8. Ebd. (908). — 50

Tlučhoř, Alois E., z. Jugendhort-Frage. 12. (23 S.) Wien 897. C. Graeser & Co. n. — 20

Tluchoř, A., sexuelle Aufklärung f. heranwachsende Männer. Der Universalerbe. Eine Erzählg. (VI, 108 S. m. Fig.) kl. 8. Wien (908). K. Graeser & Co. 1. —

Tlusteck, Gtfr., kleine Rechtschreibeschule, od. 62 kurze, stufenweis geord. Uebungen in d. deutschen Rechtschreibung, nebst sprachlehrl. Materialien zum Dictiren. Ein Hülfs- u. Uebungsbuch f. Eltern, Erzieher u. Lehrer, besond. aber f. Schüler in Sonntags- u. a. Volksschulen. 8. (4 B.) Lissa 834, Günter.

Tlustek, Gfried., pädagogischer Wegweiser. Ein Führer durch die verschiedenen Gebiete des Unterrichts in Volksschulen für angehende Lehrer, Lehrerinnen, Seminaristen u. Schulpräparanden, bevorwortet von Chr. G. Scholz. Breslau 863. Leuckart. gr. 8. (V, 196 S.) 25 ngr.

Toaldo, Giuseppe

Toaldo, Joseph, Witterungslehre für den Feldbau. Eine von der Königl. Societät der Wissenschaften zu Montpellier gekrönte Preisschrift über die für das Jahr 1774 aufgelegte Frage: Was hat die Witterung für Einfluss auf den Wachsthum der Pflanzen, und was für praktische Folgerungen lassen sich, in Rücksicht auf den Wachsthum, aus den verschiedenen bisher gemachten Wetterbeobachtungen ziehen? Aus dem Italienischen übersetzt von Johann Gottlieb Steudel. Berlin 1777.

Toaldo J.: Witterungslehre für den Feldbau. Gekr. Preisschr. . . . Aus d. Ital. übers. v. J. G. Steudel. Berl. 1777. 128 (29) S.

Toaldo, Jos., Witterungslehre, f. den Feldbau; aus d. Italien. (v. Jh. Gli. Steudel). gr. 8. Berl. 777. 2e Aufl. 784. 3e A. 786. (Recht); (a. Reimer). 8 gl

Toaldi, (J.,) Witterungslehre f. d. Feldbau. Ist Verl. von Boike in Berlin.

Toaldo, Jos., Witterungslehre, f. d. Feldbau, a. d. Ital. gr. 8. Berlin, Himburg. 786.

Toaldo, J., Witterungslehre, a. d. Ital. 3te Aufl. gr. 8. Berlin. 786. Jetzt Verlag von Reimer, auch Liebeskind in Leipzig.

— — dieselbe. 8. Passau, Ambrosi. 778.

Toast. An die Gefeierten. [Altenburg] o. J. 1 Bl. 4° [Kopftit.]

„Euch, die des Tempels Thor heut vor fünf Lustern . . .“ 3.

Toast. [Altenburg] o. J. 1 Bl. 8° [Kopftit.]

1. An die Gefeierten: „Euch, die des Tempels Thor heut' vor fünf Lustern . . .“ 2. An die Affiliirten: „Ihr, die wir heute an heiliger Stätte . . .“ 3.

[G.] **Toast** zur Feier des 27. Januar 1897, an welchem S. M. Kaiser Wilhelm II. Sein Achtunddreissigstes Lebensjahr vollendet ... *Berlin: M. Böhm [1897].* 2 Bl. 8. [98. 893]

Toast zum Festmahle ... Breslau 1859. V: *Pulvermacher, Christian Leopold Julius.* (Kat. d. Druckschr. üb. Breslau. Breslau 1903. S. 64.)

Toast zum Johannisfest 1901 den Schwestern gewidmet. »Fernab, vom lauten Weltgetriebe . . .« Stuttg. 1901. V: *Petzendorfer, Ludwig.* (wolfstieg II, 773)

[**Toast** auf die Jubilare, am 19. Oct. 1884. [Merseburg: 1884.] 2 Bl. 8° [Autogr.] [Kopftit.]

Gedicht: „Heut' gilt's der Freude ihr Brüder . . .“ 3.

Toast dem Landes-Vater als Schirmherrn der ▭ gesungen bei der Säcularfeier der ▭ Karl zur gekrönten Säule. Braunschweig am 11ten Febr. 1844. 2 Bl. 4°

[Dasselbe.] Ebendas. 1844. 2 Bl. 8° [Umschlagtit.]

In Versen: „Heil Dir im Friedensglanz . . .“

[**Toast.**] Unserm verehrten und geliebten Br. Christian Joh. v. Möller zum 50 jährigen Maurer-Jubiläum von einigen Brüdern der Grossen Loge Royal York. Berlin, den 6ten April 1821. [Berlin 1821]: Dieterici. 1 Bl. 2° [Kopftit.]

In Versen: „Ein seltnes Fest, das uns heut hier vereint . . .“

Toast, dem Br. G. Schadow bei seiner fünfzigjährigen maurerischen Jubelfeier ausgebracht von dem Redner der St. Johannis-Loge Friedrich Wilhelm zur gekrönten Gerechtigkeit [in Berlin] im Namen aller anwesenden Freimaurer. Berlin 1840: Hachtmann. 2 Bl. 8° [Umschlagtit.]

In Versen: „Die Kunst durchströmt des Maurers weite Hallen . . .“

Toast, Scherzhafter, über 100 Namen von M— B.Br. zur Festtafel am St. Johannistage 1869, gehalten von Br. B. M. Rostock 1869. V: *Müller, Bernhard.* (wolfstieg I, 630)

Toast, Ein, dem Br. *** Clemens Schumacher W. H. »Der Tag Sanct Johannes, so wonnig umflossen . . .« Köln o. J. V: *Hall, Wilhelm.* (wolfstieg I, 928)

Toast auf die Schwestern am Johannis-Feste 1841. [Unterz.:] W. H. [Weimar 1841.] 1 Bl. 8° [Kopftit.]

In Versen: „Den Schwestern Lob, das tausend schon gesungen, . . .“ 446.

Toast auf die Schwestern den 24. Juni 1843. [Unterz.:] W. H. o. O. [1843.] 1 Bl. 8° [Kopftit.] 446.

Toast auf die Soldaten. Breslau o. J. [1849]. V: *Pyat, Felix.* (Kat. d. Druckschr. üb. Breslau. Bresl. 1903. S. 60.)

Toast am Stiftungsfeste der Loge Ernst zum Compass [in Gotha] ausgebracht am 30. Januar 1824. [Gotha 1824.] 2 Bl. 8°.

„Auf Brüder, in fröhlicher Runde“ . . . 358a.

[G.] **Toast** auf S. M. den Deutschen Kaiser Wilhelm II. zur Feier der 37. Wiederkehr Seines Allerhöchsten Geburtstages. *Berlin: M. Böhm [1896].* 2 Bl. 8. [98. 893]

Toast auf das Wohl der Schwestern zum Johannisfeste 1872 von B. M. Rostock 1872. V: *Müller, Bernhard.* (wolfstieg II, 771)

Toast-Buch, neues, oder der unterhaltende Gesellschafter. Nebst einer Sammlung von komischen Declamationen, Trinksprüchen, Räthseln ꝛc. Mügeln 867. (Leipzig, Senf.) 16. (72 S.) 5 ngr

Toast-Buch, neues, oder: der unterhaltende Gesellschafter. Nebst einer Sammlung von kom. Declamationen, Trinksprüchen, Räthseln ꝛc. 16. (72 S.) Mügeln 872, (Leipzig, Senf.)

Toast-Buch, neues. Eine sorgfält. Auswahl allgemeiner gediegener Toaste, Tischreden, Tafellieder ꝛc. ernsten u. kom. Inhalts. 5. verb. u. verm. Aufl. 8. (144 S.) Harburg 876. Elkan. 1. 20

Toastbüchlein, Trinksprüche, zum Ausbringen bei festl. u. geselligen Mahlen ꝛc. 12. Leipz. 824. Centr.-Compt. 4 gr

Trinkspruch auf die Schwestern, gehalten während der Tafel-Loge des Johannisfestes am 4. Juli 1886 in der □ zu den 3 Verbündeten im Or. Düsseldorf. [Toaste zum] 80. Stiftungsfest 7. Febr. 1886. Düsseldorf [1886]: Dietz. 4 Bl. 8° [Umschlagtit.]
4 Toaste in Versen.

Toaste, ausgebracht am Stiftungsfeste der Loge Ernst zum Compass in dem Or. von Gotha, am 30. Jan. 1819. Gotha [1819]: Reyher. 20 S. 8° [Umschlagtit.] 193.

Toaste u. Trinksprüche. Vivat! Vivat! Neueste Sammlg. geschmack- u. effektvoller Trinksprüche u. Toaste f. alle Vorkommnisse des gesellschaftl. u. Familienlebens. (96 S.) 8. Neuweißensee, E. Bartels. — 75

Toaste u. Trinksprüche f. alle Gelegenheiten, s.: Bibliothek f. Scherz u. Ernst.

Toasts bei der Vereins-Tafel □ Braunschweig, am 30. Sept. 1846. [Braunschweig 1846.] 2 Bl. 8° [Kopftit.]
1. Den Protektoren. 2. Den Vereinslogen. 3. Den besuchenden Brüdern. 65.

Toback, s. Tabak.

Toback, Der. [Halberstadt 1798.] V: *Fischer, Gottlob Nathanael.* (ML)

H., J. G., Das beliebte // und gelobte Kräutlein // Toback // oder // Allerhand auserlesene Historische // Merckwürdigkeiten // Vom Ursprung / Beschaffenheit /// Würckung, sonderbaren Nutzen, Gebrauch // und Mißbrauch des Toback // aus // Berühmter Männer Schrifften // gesammlet, // und allen seinen Liebhabern zur ergötzenden // Vergnügung und Zeitvertreib mitgetheilet // von // J. G. H. //CHEMNIT // Bey Conrad Stöbeln / 1719. - 168 S.-

Tobackbau, der, in Baiern, od. prakt. Anleit. zum Tobackbaue; in Fragen u. Antworten zum Unterrichte der Landwirthe. Amtlich bekannt gemacht. 8. Münch. 832. (Landsh., Krüll). 1½ gr

Tobackbau, der, in Bayern, od. prakt. Anleit. zum Tobackbaue; in Fragen u. Antworten zum Unterr. d. Landwirthe. Amtlich bekannt gemacht. 8. (3 B.) München 832. (Regensburg, Manz.)

Toball, Heinrich

Toball, Heinr., e. Abenteuer in Konstantinopel, s.: Liebhaber-Theater.

Toball, Heinr. Im grauen Altertum. Turnerischer Schwank m. Gesang u. Tanz in 4 Aufzügen. gr. 8. (22 S.) Hof 892, Lion. * 1 —

— **Aeneas bei Dido,** s.: Liebhaber-Theater.

Toball, H., Angra Pequena. Posse m. Gesang in 2 Aufzügen. gr. 8. (23 S.) Hof 890. Lion. n. — 60

Toball, Heinrich: Die Badereise, s. Liebhaber-Theater.

Toball, Heinr., einst u. jetzt. Darstellg. v. Leibesübgn. m. verbind. Text. gr. 8. (9 S.) Hof 895. R. Lion. n. — 60

— er muß heiraten. Die Spielkameraden. Der lahme Schimmel. Lustspiele. 8. (25, 16 u. 24 S.) Leipzig 898. W. Friedrich. n. 1. —

—— Zur Fröhlichkeit. Eine Anweisg. zur Abhaltg. geregelter Kneipen, sowie e. Sammlg. v. Liedern u. zum Vortrage geeigneter Gedichte. 16. (III, 44 S.) Ebd. 890. cart. * — 50

Glückwünsche der Kinder. Gedichte von Heinrich Toball. Mülheim a. d. Ruhr: J. Bagel [1905]. (47 S.) 8° [F.]

Toball, Heinr., die Gründung des Turnvereins in Dickheim. Lustspiel mit Gesang, Freibier und Tanz in 3 Aufzügen. gr. 8. (23 S.) Hof 888, Lion. *

— d. Gründung d. Turnvereins in Dickheim. Lustsp. m. Gesang, Freibier u. Tanz in 3 Aufzgn. 2. Aufl. gr. 8. (24 S.) Hof 894. R. Lion. n. — 60

— **im eigenen Heim.** Eine Gabe f. die junge Wirtschaft. 8. (56 S. m. farb. Umrandgn.) Hof 894. R. Lion. Geb. in Leinw. n. 2. 25

— **aus dem Leben des Turnvereins.** Lebende Bilder m. Text. gr. 8. (14 S.) Hof (899). R. Lion. n. 1. —

—— Ostpreußische Sagen u. Schwänke. Gedichte. 12. (74 S.) Königsb. i. Pr. 892, Hartung. * 1 —

— ostpreußische Sagen u. Schwänke. Gedichte. 2. Bd. 12. (94 S.) Königsberg 895. Hartung. n. 1. —

Toball, Heinr., ostpreußische Sagen u. Schwänke. Gedichte. 3. Bd. (96 S.) 8. Königsberg 904. Bon's Buchh. n. 1. —

—— Am Stammtisch. Liederspiel in 1 Aufzuge. gr. 8. (16 S.) Hof 890, Lion. * — 60; Liedertext dazu (8 S.) * — 05

Toball, Heinr., zum Stiftungsfest des Turnvereins, s.: Festspiele, turnerische.

— **zum Stiftungsfest des Turnvereins.** 2 Festspiele. (16 S.) kl. 8. Leipzig (903). Rauh & Pohle. 1. —

— **die junge Tante,** s.: Liebhaber-Theater.

— die Turnerei in Lied u. Bild, s.: Bilder, lebende, f. Turnvereine.

— der Turnverein in Tsching-tu. Schwank m. Gesang in 8 Aufzgn. 8. (81 S.) Hof 898. R. Lion. n. 1. —

— am Vorabend d. Stiftungsfestes. Ein Festspiel. gr. 8. (7 S.) Hof 892. R. Lion. n. 1. —

— wie mache ich e. Hochzeitszeitung? E. Hilfsbüchlein f. d. Fertigg. v. Festzeitgn. 12. (56 S.) Mülheim a/R. 897. J. Bagel. — 50

Toball, Heinr, wie mache ich e. Hochzeitszeitung? Ein Hilfsbüchlein f. die Fertigg. v. Festzeitgn. (2. [Umschlag-]Aufl.) 12. (56 S.) Mülheim a/R. (900). J. Bagel. n. — 50

Neues Wörterbuch der deutschen Redensarten. Von S[hinichiro] Tobari u. N[obukichi] Fudjii. Neue Aufl. Tokio: Okura 1905. 1378 S. 8°
[Nebent.:] Doitsu jukugo shinjiten ... von S. Tobari. (10. 8331

Többe, Wilhelm

Herr, erhöre uns! Kath. Gebetbuch in vereinf. deutscher Stenogr. ⟨Einigungssystem Stolze-Schrey⟩ von W[ilhelm] Többe, Kaplan. Berlin: F. Schrey; F. Schulze 1905. (151 S.) 8° (05. 14837

Többe, W., Herr, erhöre uns. Katholisches Gebetbuch in vereinfachter deutscher Stenographie (Einigungssystem Stolze-Schrey). 3. Aufl. (151 S. m. Titelbild.) 16. Berlin 910. F. Schrey.
Geb. in Ldr. m. Goldschn. 2. 10

Deutsche Kurzschrift. Unter Durchführung d. Anforderungen Scheithauers aufgest. von W. Többe, Domkaplan. *Osnabrück: Selbstverl. 1899.* (6 S.) 8° [Kopft. Ant. u. J. Lith.] (00. 3968

Többe, Wilh. Die Stellung d. heil. Thomas v. Aquin zu der unbefleckten Empfängnis der Gottesmutter. Dogmengeschichtliche Abhandlg. gr. 8. (104 S.) Münster i. W. 892, Theissing. * 1 —
Vgl.: Schneider, Ceslaus Maria. Die unbefleckte Empfängnis u. die Erbsünde.

—— Stenographia latina secundum systema Caroli Scheithauer. gr. 8. (8 S.) Leipzig 898. Naunhof, K. Scheithauer. n. — 50

— Systemkampf u. Fortschritt auf d. Gebiete d. Stenographie. Vortrag. — Welches System d. Kurzschrift ist d. beste f. d. Schule? — Lehrbuch d. Gabelsbergerschen Kurzschrift. Als Versuch e. durchgreif. Vereinfachg. d. Systems hrsg. (1896.) gr. 8. (8, 19, 8 u. 15 S.) Leipzig 897. Naunhof, K. Scheithauer. — 80

TÖBBEN, August (Ibbenbüren): Ein Fall von Concrementbildung in einem Blasendivertikel.- München: Kastner & Lossen 1901. 38 S. Diss. Ingolst.-Landsh.-Mchn.
24.7.1900 - Chr 1900/01,18; U 12.3787

Többen, *August* [aus Ibbenbüren]: Die Theorien über die Auffassung der juristischen Personen ... Göttingen, Druck d. Univ.-Buchdr. v. W. F. Kästner, 1893; 47 S. 8.
Göttingen, Jur. Fak., Inaug.-Diss. v. [30. Okt.] 1893

Többen, A., die Theorien üb. die Auffassung der juristischen Personen. Diss. gr. 8. (47 S.) Göttingen 893. (Vandenhoeck & Ruprecht.) n. 1. —

Többen, Bernhard [aus Ibbenbüren]: Diebstahl an Erbschaftsachen ... Göttingen, Druck d. Univ.-Buchdr. v. W. F. Kästner, 1893; 31 S. 8.
Göttingen, Jur. Fak., Inaug.-Diss. v. [26. Mai] 1893

Többen, Bernh., Diebstahl an Erbschaftsachen. Diss. gr. 8. (31 S.) Göttingen 893. (Vandenhoeck & Ruprecht.) n. — 80

Többen, Heinrich, approb. Arzt aus Haselünne: Die Schrift des Dr. R. Forsten über die Canthariden. Ein Beitrag zur Geschichte d. Toxikologie im 18. Jh. *Halle a. S. 1903: Wischan & Wettengel.* (32 S.) 8°
Halle, Med. Diss. v. 26. Mai 1903

Többen, Max, a. Haselünne in Hannover: Ueber die Schädeltrepanation als palliative Operation bei inoperabelen Hirntumoren. Leipzig 1907: B. Georgi. (21 S.) 8°
Leipzig, Med. Fak., Ref. Trendelenburg, Diss. v. 21. Juli 1907
[Geb. 30. Juni 83 Haselünne; Wohnort: Recklinghausen; Staatsangeh.: Preußen; Vorbildung: Gymn. Meppen Reife O. 02; Studium: Tübingen 1, Würzburg 4, Bonn 1, Göttingen 1, Leipzig 3 S.; Coll. 26. Juli 07; Approb. Sommersem. 07.]

Többen, Wilhelm, aus Herzlake ⟨Hann.⟩: Ueber den Nachweis der Bindung der Praecipitine im Tierkörper. *Würzburg 1904: P. Scheiner.* (32 S.) 8°
Würzburg, Med. Diss. v. 1904

Tobeitz, A., Differential-Diagnose d. Anfangsstadien der akuten Exantheme f. Ärzte, besonders Amtsärzte. (104 S.) Lex. 8. Stuttgart 908. F. Enke. 2. 80

Tobel, dargestellt nach seinem gegenwärtigen Zustand und seinen bisherigen Schicksalen. Njbl. 1832 *s.* [Mörikofer, Johann Caspar].

Tobel, Edwin v., Geographie f. schweizer. Sekundar-, Real- u. Bezirksschulen. Schematische Zusammenfassg. (VII, 159 S.) gr. 8. Zürich 907. Fäsi & Beer. n. 2. —

Tobel, Edw. v., Geometrie für Sekundarschulen. 8. (126 S.) Zürich 897. Art. Institut Orell Füssli. Kart. n.n. 1. 80

— dasselbe. Weitere Ausführgn. f. d. Hand d. Lehrers. 8. (VII, 100 S. m. Fig.) Ebd. 898. Kart. n. 1. 80

Tobel, Edw. v., Geometrie f. Sekundarschulen. 2. Aufl. 8. (126 S.) Zürich 900. Art. Institut Orell Füssli. Kart. n.n. 1. 80

Tobel, Edw[in] v[on]. Geometrie für Sekundarschulen. Auflösungen zu den Aufgaben. [Mit 22 Figuren.] VIII + 80 S. 8. Zürich, Art. Institut Orell Füssli, 1901. [geb. fr. 2. —]

Karte zur Veranschaulichung der Entstehung des Kantons Zürich. Von Edw. v. Tobel. [Massst. ca. 1:145,000.] *Zürich: Fäsi & Beer in Komm. (1901); Art. Inst. Orell Füssli.* (1 Kartenbl. 42 × 50 cm.) 8° [Umschlagt.] [kol.] (01. 12865

Tobel, Edw[in] v[on]. Stadt & Landschaft Zürich. Die politischen Beziehungen bis zum Tage von Uster. [Mit 1 Karte.] 96 S. 8. Meilen, H. Ebner, 1898. [fr. 2. 40]
Ueberdruck: Zürich, Komm. Fäsi & Beer, 1901.

TOBEL, JEAN VON. Ueber Azo- und Nitrosoderivate des Orcins. Ueber die Färbeeigenschaften der Oxycumarine. (Bern) Zürich, 1891.

Többelmann, F., Bremer Schwank u. Sage, s.: Eichwald, K.

Többelmann, Johann: Die Bürgschaft nach dem Bürgerlichen Gesetzbuch für das Deutsche Reich. Bremen 1904: C. Silber. (54 S.) 8°
Heidelberg, Jur. Fak., Ref. Bekker, Diss. v. 3. Sept. 1904
[Geb. 3. Juni 75 Kirchweyhe, Kr. Syke; Wohnort: Kirchweyhe; Staatsangeh.: Preußen; Vorbildung: Domgymn. Verden Reife M. 96; Studium: Göttingen 2, Leipzig 2, Göttingen 8, Kiel 1 S.; Rig. 20. Mai 04.]

Toben, C., de enuresi. 4. Götting. 805. Brose. 4 gr.

(TOBENZ:) Systemat. Abhandl. der in d. k. k. Erblanden im J. 1763 entstand. Wechselordn. *Wien.* 779. gr. 8. (8 Gr.)

Tobenz, Daniel

— commentarius in Novum Testamentum. II Voll. 8. ... 804—806.

Tobenz, Daniel, Commentarii in s. Scripturam Novi Testamenti. (Bd. 7 und 8 aus „opera omnia", Wien, Volke, 1814—1820. 15 Bände.)
1818 erschien der Kommentar in 2. Aufl.

Tobenz, Daniel, Patrologiae et historiae litterariae theologiae conspectus. Wien, 1776, 8°.

v. *Tobenz*, Dn., († d. 20. Aug. 1819.) examen tractatus J. Barbeyracii de doctrina morali patrum ecclesiae. 8maj. Wien 785. Hörling. 10 gr

— institutiones, usus et doctrinae patrum. Pars I. et II. 8maj. Wien 779. 83. (Beck). 12 gr Ed. III. 8maj. Wien 819. Volke.

— institutiones, usus et doctrina patrum, praelectionibus academ. adcommod. 8. maj. Pest, Strohmeyer. 787.

— Opera omnia. XV Tomi. 8maj. Wien 814—20. (Volke).

Tobenz, (Dan.,) Opera omnia. XV Tomi. gr. 8. Wien, Volke.) 822.

Tobenz, Daniel: Paraphrasis psalmorum ex Hebraico adornata cum notis, clericorum usui accommodata. Wien: Degen 1809. XX u. 318 S. 4°

Tober, Joseph Anton: Beschreibung und Erklärung der Aufstellung, der Bauart und der Anwendung der Tober'schen Einrichtungs-Maschine für verrenkte Oberarme und Ellenbogengelenke. 8 S., gbd., 1 Taf.

Kommotau: 1824

JB 3.486

Toberer, L., Exercices phraséologiques, s. J. M. A. Gérard.

Toberg, F[ranz]: Entwicklung, Umfang und wirtschaftliche Bedeutung der Porto- und Gebührenfreiheiten, Portovergünstigungen und des Portoablösungsverfahrens im deutschen Post- und Telegraphenverkehr. Halle a. S. 1910: Kaemmerer. 125 S. 8°
Halle, Phil. Diss. v. 4. Aug. 1910, Ref. Conrad
[Geb. 14. Aug. 76 Witten a. R.; Wohnort: Halle a. S.; Staatsangeh.: Preußen; Vorbildung: Gymn. Krefeld Reife O. 95; Studium: Rechts- u. Staatsw. Bonn 1, Berlin 1, Halle 5 S.; Rig. 24. Juni 10.] [U 10. 1806

Tobia ben Eliesor, Lekach Tob. [Pesikta Sutrata.] Ein agadischer Kommentar zu Megillath Ruth. Zum ersten Male hrsg. nach einer Handschrift der Münchener Hof- und Staatsbibliothek, mit Vergleichungen der betr. Handschriften aus den Bibliotheken in Oxford, London [Cod. Harlien], Cambridge, Wien [Cod. Jellineck], Petersburg, Parma und Rom [Cod. Cosanata und Cod. Angelica]. Mit Commentar hrsg. von Seckel Bamberger. 1. (In hebr. Sprache.) gr. 8. (II, 52 S.) Aschaffenburg 887. (Frankfurt a. M., Kauffmann.) **
—— dass. — Einleitung. [Inaugural-Dissertation.] gr. 8. (56 S.) (Ebendas.) 887. *

Tobias [Sachliches OW]

Tobias; ein geistl. Singspl. Deutsch u. Italien. 8. Prag 770. Widtmann. 6 gr

Tobias ein Gedicht . . . [Frankf. 1803.] V: *Meyer, Johann Frdr. von.* (MGT)

TOBIAS oder der Fangball des Glücks und der Laune, ein komischer Roman. Eisenberg, bey Joh. Wilh. Schöne u. Comp., o. J. (c. 1820). 8°.
Tit. u. 310 S. Derbkomisch u. selten! — Fehlt Kayser unter Romanen, 1827.

Tobias oder die Wege der Vorsehung für Kinder erzählt. St. Gallen 1821. V: *Ehrenzeller, Peter.* (BSchwLk V, 5, 1/2)

Tobias, Der befreyete, in 12 achtsilbigen Reimen. O. O. 1706. V: *Lubomirski, Stanislaus.* (Adel)

Tobias, das Buch, zur häuslichen Erbauung v. J. W. Paur. 8. Linz. (Leipzig, Liebeskind.) 817.

— das Buch, zur häusl. Erbauung, s. Jos. Val. Paur.

Tobias, das Buch, zum Nutzen d. Aeltern u. Kinder, nach der Vulgata verdeutscht, erläut. u. mit Anmerkk. versehen v. Jos. Bauer. 12. Bamb. u. Würzb. 781. N. A. 793.

— das Büchlein. Ein Gemälde e. tugendhaften Wandels; aus d. Latein. übers. v. Adm. M. Mayer. 8. Gmünd 815. Ritter. 3 gr

Tobias, die Familie, ein Gemälde belohnter Tugendtreue. Für die Jugend u. für Erwachsene neu erzählt von e. kathol. Geistlichen. Ein Seitenstück zum ägypt. Joseph. Mit Titelkpf. 8. Augsb. 833. (832.) (Kollmann); (Landsh., Krüll). 5 gr

Tobias, die Familie, ein Gemälde belohnter Jugendtreue. Für d. Jugend u. f. Erwachsene neu erzählt v. e. kathol. Geistlichen. Ein Seitenstück zum ägypt. Joseph. 8. (7 B. u. Titkpfr.) Augsburg 833, (Kollmann; Regensburg, Manz.)

Tobias probatus; tragoedia. Coloniae 1706. V: *Aler, Paul.* (Jes)

Tobias uppen Queenenmarkt. Scenen aus dem Bremer Volksleben. Oldenburg 1845. V: *Wagenfeld, Frdr.*[?]. (BrMm)

Tobias recreatus; tragoedia. Coloniae 1707. V: *Aler, Paul.* (Jes)

Tobias Rosmarinstengel, od. Abentheuer, Ausflüge u. Verwandlungen e. jovialen Windbeutels. 8. Erfurt 807. (Otto). 1 ₰ 14 gr

Tobias und Sara, das ist durch englische Anführung beglückte Heyrath. Singspiel . . . München 1747. V: *Neumayr, Franz.* (Jes)

Tobias et Sara sive nuptiae Angelo Paranympho auspicatae. Drama musicum . . . [Augustae Vind. et Ingolstadii 1760.] V: *Neumayr, Franz.* (Jes)

Tobias Wandermann, s. Wandermann.

Tobias [Verfasser]

Tobias a nativitate B. V. Mariae, Biblia Gregoriana sive commentaria textuum Scripturae s. Gregorii M. ex omnibus eiusdem operibus collecta. Augsburg, 1731, Folio.

Tobid a Nativitate, 4 Lob- u. Ehrenpredigten. 4. Augsb. Wolf. 780.

Tobias, die Heilung der Hämorrhoiden oder der Hämorrhoidalproceß mit Berücksichtigung der Wolff'schen Curmethode. 3. verm. Aufl. Altona 868. Verl.-Bureau. gr. 8. (41 S.) 7½ ngr.

Tobias, Anton. Andreas Hammerschmidt aus Brüx. Componist und Organist in Zittau. (Separatabdruck aus den Mittheilungen des Vereins für Geschichte der Deutschen in Böhmen. Jahrgang IX. Heft 7 und 8.)

Tobias, Erich: Das Reinigungsgewerbe ⟨Färberei und chemische Waschanstalten⟩ als Reparaturgewerbe der textilen Färberei. Wittenberg 1908: Herrosé & Ziemsen. (80 S.) 8°
Heidelberg, Phil. Fak., Ref. Gothein, Diss. v. 27. Juli 1908
[Geb. 28. Jan. 84 Berlin; Wohnort: Berlin; Staatsangeb.: Preußen; Vorbildung: Realgymn. Berlin Reife O. 04; Studium: Berlin 3, Heidelberg 3 S.; Rig. 30. Juni 08.]

Anwendungsformen und Wirkungsweise der Hydrotherapie bei den Verdauungs- und Stoffwechselkrankheiten. Von Ernst **Tobias**. Halle a. S.: Marhold 1910. 54 S. 8°
(Sammlung zwangloser Abhandlungen aus d. Geb. d. Verdauungs- u. Stoffwechsel-Krankheiten. Bd 2, H 5.) 10. 9443 8

Tobias, Ernst, Referendar: Die relativen Ehescheidungsgründe des Bürgerlichen Gesetzbuches. Berlin: Trenkel 1909. 61 S. 8°
Greifswald, Jur. Diss. v. 8. Aug. 1909, Ref. Jung
[Geb. 23. März 81 Bielschowitz; Wohnort: Guttentag; Staatsangeh.: Preußen; Vorbildung: Gymn. Königshütte Reife O. 03; Studium: Heidelberg 3, Breslau 3, Greifswald 5 S.; Rig. 26. Okt. 08.] [U 09. 1475

Tobias, Ernst [app. Arzt aus Berlin]: Über Porencephalie. Freiburg i. B., Speyer & Kaerner, 1897; 2 Bl., 25 S. 8.
Freiburg i. B., Med. Fak., Inaug.-Diss. v. 1897

Tobias, Ernst Friedr. Mor., das gute Recht der evangelischen sächsischen Lausitz auf Einführung des Ephoralinstituts. Aus bewährten, zum Theil noch ungedr. Geschichts-Quellen nachgewiesen. Darmstadt 866. Bernin. gr. 8. (27 S.) n. 5 ngr.

Tobias, E. Fr. M., Worte der Wehmuth, an dem Sarge des früh vollend. Freundes J. A. Nachlitz, Lehrers an hiesiger Bürgerschule, gesprochen am 14. Febr. 1828. gr. 8. (½ B.) Leipzig, Reclam.

Tobias, G., d. Obstbaumzucht. E. prakt. Lehrbuch für jeden Gartenfreund, hauptsächl. f. d. Landmann, m. bes. Berücksicht. d. Obstbaumpflege, d. Obstgewinng. u. d. Obstverwertg. in d. nördl. Gegenden Deutschlands. gr. 8. (66 S.) Donnau 894. (Leipzig, H. Hartung & Sohn.) n. — 60

Tobias, Geo., ein Beitrag zur Kenntnis der Thränendrüsentumoren u. ihrer Operation nach der Krönleinschen Methode. Diss. gr. 8. (42 S. m. 1 Abbildg.) Freiburg i/B 902. Speyer & Kaerner. n. 1. —

Tobias, Georg: Die Entwicklung der Aktienbanken in Leipzig. Leipzig 1907: J. B. Hirschfeld. (133 S.) 8°
Heidelberg, Phil. Fak., Ref. Rathgen, Diss. v. 12. Nov. 1907
[Geb. 19. Juli 85 Leipzig; Wohnort: Leipzig; Staatsangeb.: Sachsen; Vorbildung: Gymn. Leipzig Reife O. 04; Studium: Leipzig 3, Berlin 1, Heidelberg 3 S.; Rig. 2. Aug. 07.]

Tobias, Georg. Ueber die Synthese von Homologen des Anthracens. (Freiburg im Breisgau) Berlin, 1881.

Tobias, Hermann: Der Anarchismus und die anarchistische Bewegung. SA. aus d. 'Rostocker Zeitung'. Berlin: L. Simion 1899. (42 S.) 8°
= Zeitfragen, Volkswirthschaftl. H. 163. (Jg. 21, H. 3.)

Tobias, Carolus (geb. am 6 Nov. 1824 in Trier): De hallucinationibus ... Bonnae, litt. Georgianis 1847. 2 Bl., 48 S., 2 Bl. 8.
Bonn, Med. Fak., Diss. v. 6 März 1847

Tobias, Karl, der erste Rechenunterricht. 8. (30 S.) Poln.-Wartenberg 847. (Leipzig, C. L. Fritzsche.) 3 ngr.

Tobias, Carl Ant., Beiträge zur Geschichte der Stadt Zittau. 1. Begebenheiten u. Erlebnisse in Zittau 1813. Mit 2 lith. Abbildgn. Zittau 863. (Breitschuch.) gr. 8. (IV, 135 S.) n. 12 ngr.

Tobias, Carl Ant., Beiträge zur Geschichte der Stadt Zittau. 2 Bde. gr. 8. Zittau, (Pahl'sche Buchh.) * *
Inhalt:
Bd. 1. Begebenheiten und Erlebnisse in Zittau 1813. (IV und 135 S. mit 2 lithogr. Abbild.) 863. * * 12 Ngr.
* 2. Geschichte der preußischen Invasion in Zittau und der südlichen Oberlausitz nach eigenen Erlebnissen und officiellen Acten bearb. 1. und 2., verm. Ausg. 4 Lfgn. (XIV und 430 S.) 867,68. * 1 Thlr. 20 Ngr.

—— Regesten des Hauses Schönburg vom urkundlichen Auftreten desselben bis zum J. 1326. Ein Beitrag zur Adels- und Specialgeschichte Sachsens und Böhmens. 4. (VI und 42 S.) Zittau 865, (Pahl'sche Buchh.) *
Aus: Programm des Gymnasiums mit Realschule in Zittau, besonders abgedruckt.

Tobias, Mich. (geb. Thron bei Trier 3. 11. 1795): De Hellebori nigri indole chemica et usu medico. Berolini (1819). (28 S.) 8°
Berlin, Med. Diss. v. 25. Mai 1819

Tobias, W., das lustige Buch. Allerlei Schwänke, Witzfunken u. Lachpillen. 12. (48 S.) Oberhausen (Styrum) 887. Spaarmann. — 30

Tobias, Wilh., Theodor v. Bernhardi u. Theodor Goldstücker. Idolatrie u. Idealismus. Betrachtungen e. Achtundvierzigers. gr. 8. (IV, 482 S.) Berlin 901. Rosenbaum & Hart. Geb. in Leinw. n. 8. —

Tobias, Wilh., Grenzen der Philosophie, constatirt gegen Riemann u. Helmholtz, vertheidigt gegen v. Hartmann u. Lasker. Lex.-8. (XVI, 394 S.) Berlin 875. G. W. F. Müller. n. 8. —

Tobias, Guil. (geb. Königsberg i. Pr. [3. 1.] 1835). De nervis trophicis. Berolini (1863). (38 S.) 8°
Berlin, Med. Diss. v. 14. März 1863

(Tobie) le livre de, avec des réflections morales sur tous les versets, pour servir de regles aux familles chrétiennes et des notes critiques sur les endroits les plus difficiles par le P. A. de Neuville. 8. Wien 775. Trattner. 16 kr.

Tobien, die Blutrache nach altem russischem Recht. Dorpat 840.

Tobien: Herder als Erneuerer der Legendendichtung. Lüdenscheid. 1864. 25 S.
Schul-/Univ.-Schrift

Tobien, Adelb. Isid., de glandularum ductibus efferentibus ratione imprimis habita telae muscularis. Dissert. inauguralis. (Accedit tabula lith.) Dorpati Livon. 853. (Mitau, Reyher.) gr. 8. (32 S.) n. 20 ngr.

Tobien, Alexander: Die Agrargesetzgebung Livlands im 19. Jh. Bd 1.2. — Bln: Puttkammer & Mühlbrecht; Riga: Löffler in Komm. 1899—1911. VI, 440 und XII, 461 S. 4°

Tobien, Alex., die Agrargesetzgebung Livlands im 19. Jahrh. 1. Bd.: Die Bauerverordngn. v. 1804 u. 1819. Lex.-8. (VI, 440 S.) Berlin 899. Puttkammer & Mühlbrecht. n. 20. —

Tobien, Alex., die Agrarverfassung des livländischen Festlandes. Denkschrift, übergeben dem balt. Generalgouverneur Sollogub am 23. II. 1906. (46 S.) gr. 8. Riga 906. G. Löffler. n. 1.—

Tobien, Alex., die **Agrarzustände Livlands** in der Beleuchtung des Herrn Semzew. (86 S.) gr. 8. Riga 908. G. Loeffler. 2.—

Tobien, Alexander: Die Agrarzustände Livlands in der Beleuchtung des Herrn Semzew. Riga '08. 86 S. Aus: Balt. Wochenschrift f. Landwirtsch., Gewerbe u. Handel. 1908.

Tobien, Alexander: Das Armenwesen der Stadt Riga. Eine historisch-statistische Studie. — Riga: Stieda 1895. X, 519 S.

Tobien, Alex., Ausgleich der Privilegien des Rittergutes und des Bauerngutes. Vortrag. (Aus: „Baltische Wochenschr. für Landwirtschaft etc.") 8⁰. Riga, G. Löffler, 1908. 16 S.

Tobien, Alex, Die Bauernbefreiung in Livland. gr. 8⁰. Tübingen, H. Laupp, 1905. (Festgaben f. Friedr. Jul. Neumann.)

— **die Bauernbefreiung in Livland, s. a. Festgaben f. Friedrich Julius Neumann.**

Tobien, Alexander: Beiträge zur Kenntniss der Veratrum-Alkaloide. Mag. Diss. Dorpat 1877. 38 S. 8⁰

Tobien, Alex., s.: Beiträge zur Statistik des Rigaschen Handels.

— **Ergebnisse der Rigaer Handelsstatistik aus den J. 1866—1891 m. besond. Berücksicht. der Pentade 1886—1890. Hrsg. im Auftrage der handelsstatist. Section des Rigaer Börsen-Comités. Imp.-4.** (XV, 86 u. 161 S.) **Riga 893.** (L. Hoerschelmann.) n. 20.—

Tobien, Alexander: Ergebnisse und Kritik, nebst d. Verhandlungen der 5. Versammlung baltischer Land-und Forstwirthe . . . , s. Armitstead, G.

— **s.: Jahrbuch, statistisches, der Stadt Riga.**

Tobien, Ewaldus Sigismundus: Observationes de peculiari, qui temporibus antiquissimis inter Ius Romanum et Russicum intercedebat, nexu. Commentatio historico-juridica. Dorpati Livonorum 1838: o. Dr. 44 S. 8⁰

[Halle-Wittenberg], Jur. Diss. [v. 29. Mai 1839]

Geb. [Jakobstadt (Kurland) 1. 4. 1811]. Verf. wurde ohne Examen in absentia promoviert.

Tobien, E. S., Sammlung kritisch bearb. Quellen der Geschichte des Russischen Rechtes. 1. Bd. Die **Prawda Russkaja** u. die ältesten Tractate Rußlands. Mit 2 Facsimiles. gr. 4. Dorpat 845, Glaeser. n. 3 ℳ Vergl. **Prawda Russkaja.**

— s. Tractate, die ältesten, Rußlands.

Tobien, Marie, Erzählungen, Humoresken, Skizzen, Märchen. (V, 194 S.) 8. Dresden 906. E. Pierson. n. 2. 50; geb. n. 3. 50

Tobien, Marie, poetische Erzählungen u. Märchen, allen ihren großen u. kleinen Freunden gewidmet. gr. 8. (39 S. m. Vignetten.) **Freienwalde 894. F. Draeseke. Geb. n. 1.—**

Tobien, Wilhelm

Tobien, W., Bilder aus der Geschichte v. Schwelm. Nach den Ueberliefergn. in den Archiven. Festschrift zur 300jähr. Jubelfeier der Stadtprivilegien v. Schwelm. gr. 8. (VIII, 279 S.) Schwelm 890. Scherz. n. 4.—

Tobien, W., offene Briefe an u. üb. das Schwelmer Gemeindeblatt. Ein Beitrag zur näheren Kenntniß der modernen Rechtgläubigkeit u. ihrer Vertreter. gr. 8. (35 S.) Elberfeld 874. Friderichs. — 60

—— Denkwürdigkeiten aus der Vergangenheit Westfalen's. Nach Quellen und neueren Forschungen dargestellt. 1. Bd. 2 Abthlgn. und 2. Bd. 1. Heft. gr. 8. Elberfeld, Hartmann. [1. Bd. 1. Abthl. (VI, S. 1—190.) 869. *ℳ 2,75.; 2. Abthl. (VIII, S. 191—299.) 869. *ℳ 1,75.; 2. Bd. 1. Heft. (IV, 83 S.) 873. *ℳ 1,50.] *

Tobien, W., Erklärung ausgewählter Gedichte von Schiller. gr. 8. (VIII, 152 S.) Elberfeld 872, Hartmann. *

[F.] **Tobien,** Wilhelm [Dr., Dir.]: Geschichte der lateinischen Schule in Schwelm. (Forts.) (Forts. d. P-Beil. 1888. 91.) Schwelm, Druck v. M. Scherz, 1893; 1—8 S. 4.
Schwelm, RPG, P 1893 (378)

[F.] **Tobien,** Wilhelm [Dir. Dr.]: Geschichte der lateinischen Schule in Schwelm '(jetzt Progymnasium und Realschule)' von 1597—1897. Festschrift z. 300jährigen Jubelfeier d. Anstalt u. zu der m. dieser Feier verbund. Einweihg e. Erweiterungsbaues d. Schulgebäudes. (Erweiterter Abdr. d. P-Beil. 1888. 91. 93.) Schwelm, Druck v. M. Scherz, 1897; IV, 52 S. 8.
Schwelm, RPG '(PG u. R)', OP 1897 (387)

— Grundriß der Geschichte Westfalen's m. besond. Berücksicht. der Geschichte der Grafschaft Mark. Für den Schulgebrauch u. f. den Selbstunterricht der reiferen westfäl. Jugend bearb.. gr. 8. (40 S.) Ebend. 870. — 50

— Hauptpunkte der lateinischen Satzlehre. Als Suppl. zu Scheele's Vorschule II. f. die mittlere Stufe d. Unterrichts i. d. latein. Sprache zusammengestellt. 8 (IV, 26 S.) Elbing 872. Neumann-Hartmann's Verl. cart. n. — 50

— Kirchengeschichte von Schwelm bis ins 17. Jahrh. Nach den Berichten der Zeitgenossen im Archiv der luther. Kirche zu Schwelm. Mit 1 Schrifttaf. gr. 8. (VII, 92 S.) Ebd. 889. n. 1. 50

Tobien, *Wilhelm* Eduard Köttgen, Rektor des Realprogymnasiums in Schwelm, gestorben am 8. August 1890. (Umschlagtitel: Zur Erinnerung an den am 8. August 1890 verstorbenen Rektor der Anstalt, Herrn Eduard Köttgen). 4 (S. 13—15).
Rprg. *Schwelm* 1891 (371).
Progr.

Tobien, Wilh., die verlorene Kriegskasse. Geschichtliches Schauspiel aus der Zeit des 7jähr. Krieges. 8. (78 S.) **Schwelm 894. M. Scherz.** n. 1.—

— Landesgeschichte Westfalens, s.: Seibertz, J. S.

—— Materialien für den deutschen Unterricht in Tertia und Sekunda. Mit besond. Hervorhebung des log. Gehalts der Muttersprache zusammengestellt. gr. 8. (VIII, 71 S.) Elberfeld 871, Hartmann.

Tobien, Wilhelm Urkundliche Mitteilungen zur ältesten Schulgeschichte von Schwelm bis zum Ende des dreißigjährigen Krieges. (Aus dem Stadt-Archiv und dem Archiv der lutherischen Kirche zu Schwelm.) (Umschlagtitel: . . Krieges.) 4 (S. 3—10). **Progr.** Rprg. *Schwelm* 1888 (361).

Tobien, Wilhelm Urkundliche Mitteilungen zur Geschichte der lateinischen Schule in Schwelm vom Ende des dreifsigjährigen Krieges bis zur Feststellung der Schul-Ordnung vom 24. September 1720. (Fortsetzung). (Umschlagtitel: . . aus der Geschichte . . zu Schwelm . . der Schwelmer Schulordnung . . .) 4 (11 S.). Geschichte . . . Schwelm (Fortsetzung.) 4 (8 S.).
Progr. Rprg. *Schwelm* 1891 (371). 1893 (378).

— der Pfarrer v. Schwelm. Geschichtliches Schauspiel aus der Zeit d. 30jähr. Krieges. Festdichtg. zur 300jähr. Jubelfeier der Stadt Schwelm am 16. Juni 1890. 8. (72 S.) Ebd. 889. n. 1. —

—— dass. — 2. Aufl., f. die Bühne bearb., zunächst f. die Aufführg. bei Gelegenheit d. Gustav-Adolf-Festes der Prov. Westfalen in Schwelm 1891. 8. (83 S.) Ebd. 891. — 75

Tobien, Wilh., a. d. Tagebuch der Äbtissin. Eine Mär a. Westfalen. 8. (117 S.) Leipzig 894. Kirchrode, G. Nebel. n. 1. 50; geb. n. 2. —

(B) Tobien, Wilh., aus d. Tagebuche d. Äbtissin. 894. (KBL 28.) Jetzt: Leipzig, A. König.

[F.] **Tobien,** Wilhelm [Dr., Dir.]: Umwandlung der Schule in „ein Progymnasium mit wahlfreiem Englisch und eine Realschule". Schwelm, Druck v. M. Scherz, 1894; S. 7. 4.
Schwelm, RPG, P 1894 (377)

Tobien, W., Vortrag über die Mitarbeit der Bildungs-Vereine bei der Bekämpfung der Sozialdemokratie, gehalten in der Generalversammlung des engeren Verbandes rhein.-westfäl. Bildungs-Vereine zu Hagen am 13. Octbr. 1878. 8. (24 S.) Hagen 878. Butz. — 25

Tobiesen, Henry A., und Carl Theod. v. Soden, Nauta, s. Soden, Carl Theod. v.

Tobiesen, Ludolf Hermann

Tobiesen, Ludlf. Herm., Anweis. zum Mergeln, eine frühere von der Hamburger Gesellschaft zur Beförder. der Künste u. nützl. Gewerbe gekrönte Preisschrift. gr. 8. Hamb. 814. 12 gr. 2r Abdruck unt. d. T.: auf Theorie u. Erfahrung gegründ. Anweis. zum Mergeln. gr. 8. Altona 817. Hammerich. 16 gr. (Vergl. auch Schriften der Schlesw.-holstein. patriot. Gesellschaft, 1r Bd. 1s Stck.)

Tobiesen, L. H., prakt. Anweisung zum Mergeln. Preisschrift. gr. 8. Hamb. Bohn. 814.

Tobiesen L. H.: Auf Theorie u. Erfahrung gegründete practische Anweisung z. Mergeln. Gekr. Preisschr. Altona 1817. 200 S. 1 Tvl.
(= Schriften d. schleswig-holstein. patriot. Gesellschaft. Bd. 1 H. 1; Sertitelbl. mgl.). 731.

Tobiesen, Ludolf Hermann, s. Baden, G. L.: Gesch. des dän. Reichs.

– s. Basis d. Rastadter Friedens.

– s. Bugge, Th.: Mathematik.

Tobiesen, L. H., dänische Grammatik für Deutsche. 1r Thl. 8. Altona, Hammerich. 802.

— — dessen 2r Thl. enth. ein prosaisch- u. poetisches Lesebuch. 8. Ebend. 803.

– s. Hauch, A. W.: Anfangsgründe ...

Tobiesen, L. H., Lehrbuch der Schiffahrtskunde in einer systemat. geordneten Sammlung zweckmäßig gewählter prakt. Beyspiele und Aufgaben. gr. 8. Berlin, Enslin. 820.

TOBIESEN, LUDOLPH HERM., Kurze Nachricht von der in Danzig errichteten Kgl. nautischen Lehranstalt nebst einer Beschreibung von Massey's Patent Logg und Patent Loth. Mit 2 Kupfern. Danzig. 1818. 4. P. (U. B.).

Tobiesen, Ludlf. Herm., kurze Nachr. von der in Danzig errichteten königl. nautischen Lehranstalt. Mit 2 Kpf. 4. Altona 818. Aue. 4 gr.

Principia atque historia inventionis calculi differentialis et integralis nec non methodi fluxionum commentatio. Gottingae (1793): Dieterich. 28 S. 8°

Göttingen, Phil.Diss.v.29.Jun.1793

– s. Rahbeck, K. L.: Pros. Versuche.

– s. Rulhiere v.: Gesch. d. Revolution in Rußland.

– s. Sperrung der Elbe.

— neue dänische Sprachlehre f. Deutsche. 1r Thl. Grammatik. 8. Altona 802. 2e A. 813. 3e Aufl. erweit. v. J. P. Sternhagen. 8. Ebd. 828. Hammerich. 20 gr. 2r Thl. prosaisches u. poetisches Lesebuch. 8. Ebd. 813. 2e A. 818. 3e A. bericht. u. erweitert von J. P. Sternhagen. Ebd. 829. 20 gr. Das Wörterverzeichniß aus derselben apart. 818. 4 gr.

Tobiesen, L., kleines dänisches Lesebuch, für den ersten Unterricht d. Jugend. 8. Altona, Hammerich. 813.

Tobiesen, D. H. B., kleines dänisches Lesebuch. 2te mit einem Wortregister versehene Ausgabe. 8. Altona, Hammerich. 818.

Tobiesen, L. H., dänische Sprachlehre f. Deutsche. (1. Thl.) 3. Aufl., bericht. u. erweit. v. J. P. Sternhagen. 8. (22½ B.) Altona 828, Hammerich.

—— dass. 2. Thl. 3. Aufl., bericht. u. erweit. v. J. P. Sternhagen. — A. u. d. T.: Dänisches Lesebuch. 8. (20½ B.) Ebds. 829.

– s. Verordnung d. Brandwesens betreff.

Töbing, Karl [aus Uelzen]: Zur Kenntniss der Reimer-Tiemann'schen Reaction: Kritische Studien über die Darstellung von o.- und p.-Oxybenzaldehyd und o.- und p.-Mononitrooxybenzaldehyd. — Ueber Xylidin 1, 2, 4. . . . Uelzen, Druck v. L. Mundschenk, 1890; 46 S. 8°
Erlangen, Phil. Fak., Inaug.-Diss. v. 1890

Tobinium Ecclesiasticum ... s. [Frikart, Johann Jacob I].

Tobinium ecclesiasticum, oder Kirchliches Aemterbuch der Stadt Zofingen. Zofingen 1824. H: *Frikart, Joh. Jac.* (ADB)

Tobinium genealogicum, oder: Stammtafeln jetziger bürgerlicher Geschlechter. Zofingen 1827—28. H: *Frikart, Joh. Jac.* (ADB)

Tobinium politicum, oder Weltliches Aemterbuch der Stadt Zofingen. Zofingen 1825[?]. H: *Frikart, Joh. Jac.* (ADB)

Tobisch, Ad., der Streit des Pfarrers Wislicenus vom rechtlichen Standpuncte. Ein Conferenzvortrag. gr. 8. Altenburg 845, Helbig. n. 1/6 ℛ

Tobisch, Ed.

Tobisch E, der Gewerbeverein der Stadt Reichenberg. Reichenberg 1875

Tobisch, Ed., Das Kleingewerbe und der gewerbliche Unterricht. gr. 8°. Reichenberg, Schöpfer, 1872. 74 S.

— industrielle Wanderungen im Erzgebirge. 4. (68 S.) Ebend. 874. n. 1. 50

Tobisch, Ed., Die Wohnungsfrage in Bezug auf Reichenberg. 8°. Reichenberg 1871.

Tobisch, Frz., Jung-Klausens Sang aus Tal u. Hang. (XV, 227 S. m. Titelbild.) 8. Prag 906. „Dürer-Verlag". Geb. in Leinw. n. 2. 60

Tobisch, Hugo

Tobisch H.: Beiträge zu der Frage d. Bodenabsorption. Diss. Gött. 1869. 60 S. P.

Tobisch, Hugo, die Düngungsfrage vom Standpunkte der Rentabilität. gr. 8. (VIII, 56 S.) Wien 872, Braumüller. *

Tobisch, J. K. Abhandlung über die Curve, deren Natur durch die Gleichung $y^4 = [4ax - 2x^2]\, y^2 - x^4$ ausgedrückt wird. 27 S.
Breslau, F., Progr. 1833

Tobisch, J. K. Abhandlung über Projectionen und geographische und astronomische Planisphärien, aus dem Italienischen des Antonio Gagnoli übersetzt. 12 S. u. Figt. . . .
Breslau, Fr., Progr. 1842

Tobisch, J. K. Beiträge zur Vergleichung der Algebra im sechszehnten Jahrhundert mit der in unsern Tagen. (Übersetzung aus dem Spanischen des Pedro Nuñez. 24 S. Fragm. . .
Breslau, Fr., Progr. 1846

Tobisch, J. K., poet. Beschreibung einiger Wanderungen in d. Grafschaft Glatz, in Gesprächsform. gr. 8. (1½ B.) Breslau 829, [Hentze.]

Tobisch, J. C. Carmen gratulatorium. Zum Jubiläum des Direkt. Reiche am Elis. 30. Oktbr. 2 S. . . . .
Breslau, F., Progr. 1840

Tobisch, J. C. Carmen lat. (Zu ders.) 5 S. . . . .
Breslau, F., Progr. 1826

Tobisch, J. C. Carmen lat. (Zu ders.) 3 S. . . . .
Breslau, F., Progr. 1837

Tobisch, (J. C.,) Carmina composita. 12. Breslau 827, Grüson et C.

Tobisch, J. K., carmina composita. 12. Bresl. 827. (Hentze).

Tobisch, J. K., faßl. Darstellung d. Elemente d. Differenzialrechn. u. einiger Anfangsgründe d. Integralrechnung. gr. 4. (4½ B. u. 1 Stnt.) Breslau 837, Graß, Barth u. Comp., Berl.

— faßl. Darstellung d. geometr. Verhältnisse u. Proportionen, u. ihre Anwend. auf Rechnungen d. gemeinen Lebens, zum Gebr. der Schüler d. unt. Klassen in Gymnasien, der höheren in Elementar- u. Bürgerschulen, u. der Knaben, die sich d. Handlung u. d. Militärstande zu widmen gedenken. gr. 12. (5 B.) Breslau 834, Schletter.

— Elemente d. höheren Algebra, zum Gebr. bei Vorträgen in d. oberen Klassen d. Gymnasien u. zum Selbstunterr. gr. 8. (4½ B.) Breslau 834, Graß, Barth u. Comp.

— Elemente d. Analysis d. Endlichen, zunächst als Leitfaden zum Gebr. seiner Schüler entworfen. gr. 8. (7¼ B.) Breslau 833, (Neubourg.)

— Elemente d. ebenen analyt. Geometrie, z. Gebr. bei Vorträgen in d. oberen Klassen d. Gymnasien u. z. Selbstunterr. entworfen. gr. 8. (7 B. u. 2 Stnt. ½ Fol.) Breslau 834, Graß, Barth u. Comp.

— Elemente d. Combinationslehre, nebst e. vorausgeschickten Abhandl. üb. d. figurirten Zahlen u. arithmet. Reihen, zunächst als Leitfaden z. Gebr. seiner Schüler entworfen. gr. 8. (5 B.) Breslau 833, (Neubourg.)

Ders. Lateinisches Gedicht.
Breslau, F., Progr. 1837

— Gedichte. gr. 12. Bresl. 827. (Hentze). 1 ℛ

— Gespräch üb. d. vier Zeitalter d. Geschichte. gr. 8. . . . Breslau 830, (Hentze.)

— drei Gespräche in Versen üb. Unsterblichkeit; den Mond überhaupt u. seine Bewohner insbesond.; üb. Vergangenheit, Gegenwart u. Zukunft. gr. 8. (2 B.) Breslau 833, Graß Barth u. Comp. — 4

— Hellas, e. Unterhaltung üb. die Griechen. 12. Bresl. 827. (Hentze). 4 gr

Tobisch, J.C.: Ueber das Leben und die Schriften Benedetto Varchis. 16 S. – Progr. Breslau Fried. G. 1854.

— Leitfaden z. Gebr. bei Vorträgen üb. besond. u. allgem. Arithmetik in d. 4., 3. u. 2. Gymnasialklasse. gr. 8. (11 B.) Breslau 829, [Hentze.]

Tobisch, J. K., Leitfaden zum Gebrauche bei Vorträgen über besond. u. allgem. Arithmetik. 2., verb. Aufl. gr. 8. (10¼ B.) Breslau 846, Max u. Comp.

— Leitfaden z. Gebr. bei Vorträgen üb. die Elemente d. Planimetrie, die ebene Trigonometrie u. d. Entwickelung d. vorzüglicheren Formeln d. analyt. Trigonometrie in d. 4., 3. u. 2. Gymnasialklasse. gr. 8. (15¾ B. u. 2 Stnt. qu. gr. Fol.) Breslau 831, (Hentze.)

— Leitfaden z. Gebr. bei Vorträgen üb. d. Stereometrie u. sphär. Trigonometrie in d. oberen Klassen d. Gymnasien u. beim Selbstunterr. gr. 8. (12¾ B. u. 4 Stnt. gr. 4.) Breslau 834, Graß, Barth u. Comp.

Tobisch, J. C. De promovendo in scholis ling. lat. studio. 18 S.
Progr. Breslau F. 1828

Tobit, Libellus, e codice Sinaitico editus et recensitus. [= Programm: Sacram memoriam ... Friderici Guilelmi III ... recolendam ... indicit Franciseus Henricus Reusch.] Bonnae 1870.

Tobler, A. Gfd., Verzeichniß der Bürger und Niedergelassenen der Stadt Zürich, s. Pfister, J. Casp.

Tobler, Adolf

Tobler, Adf., altital. adonare. (9 S.) Lex. 8. Berlin 907. G. Reimer. — 50
Sonderabdr. aus: „Sitzungsber. d. preuss. Akad. d. Wiss."

Tobler, Adf., s.: Archiv f. d. Studium d. neueren Sprachen u. Litteraturen.

Tobler, Adf., vermischte Beiträge zur französischen Grammatik, gesammelt, durchgesehen u. verm. gr. 8. (XI, 239 S.) Leipzig 886. Hirzel. n. 5. —

Tobler, Adf., vermischte Beiträge zur französischen Grammatik, gesammelt, durchgesehen u. vermehrt. 2. Reihe. gr. 8. (VIII, 251 S.) Leipzig 894. S. Hirzel. n. 5. 60 (1 u. 2.: n. 10. 60)

— dasselbe. 3. Reihe. Mit e. Anh.: Romanische Philologie an deutschen Universitäten. gr. 8. (XII, 203 S.) Ebd. 899. n. 5.—

Tobler, A[dolf]. Vermischte Beiträge zur französischen Grammatik. Sonderabdruck [aus:] Sitzungsberichte der Königlich Preussischen Akademie der Wissenschaften zu Berlin. 1901, XI. Sitzung der philosophisch-historischen Classe vom 28. Februar. (S. 232—250.) (Ausgegeben am 7. März.) II + 19 S. 8. (Berlin,) Verlag der Königl. Akademie der Wissensch., Comm. Georg Reimer. ⟨M. 1. —⟩

— vermischte Beiträge zur französischen Grammatik. gr. 8. (19 u. 21 S.) Berlin 901. 902. (G. Reimer.) à n. 1. —
2 Sonderabdrucke a.: „Sitzungsber. d. preuss. Akad. d. Wiss."

Tobler, Adf., vermischte Beiträge zur französischen Grammatik. (III u. IV). Lex.-8. Berlin 905. (G. Reimer.) n. 1. 50
III. (13 S.) n. — 50. — IV. (17 S.) n. 1. —.

Tobler, Adolf. Vermischte Beiträge zur französischen Grammatik. Gesammelt und durchgesehen von A' T'. Reihe 4. VI + 142 S. 8. Leipzig, S. Hirzel, 1908. (M. 4. —)

Tobler, A[dolf]. Vermischte Beiträge zur französischen Grammatik. 5. Reihe. Sonderabdruck [aus:] Sitzungsberichte der Königlich Preussischen Akademie der Wissenschaften.... [Band] 45. 1909. II S. + S. 1137—1150. 8. (Berlin,) Verlag der Königlichen Ak' der W', Comm. Georg Reimer. ⟨M. —. 50⟩

Tobler, Adolf. Vermischte Beiträge zur französischen Grammatik. Gesammelt, durchgesehen und vermehrt. Reihe 1. 2., vermehrte Aufl. XII + 306 S. 8. Leipzig, S. Hirzel, 1902. [M. 8.—]

Tobler, Adolf. Vermischte Beiträge zur französischen Grammatik. Gesammelt, durchgesehen und vermehrt von A' T'. Reihe 2. 2., vermehrte Aufl. VIII + 290 S. 8. Leipzig, S. Hirzel, 1906. [M. 8. —]

— Vermischte Beiträge zur französ. Grammatik. Gesammelt, durchgesehen u. vermehrt. III. Reihe. 2., verm. Aufl. Mit e. Anh.: Romanische Philologie an deutsch. Universitäten. (X, 228 S.) gr. 8. Leipzig 908. S. Hirzel. 6. —

Tobler, Adolf, s. Der Betrieb und die Schaltungen der elektr. Telegraphen

Tobler, A. Der Betrieb u. die Schaltungen der elektrischen Telegraphen, s. Zetzsche, Karl Ed. Handbuch d. elektr. Telegraphie.

Tobler, Adolf, s. Bibliothek des litterarischen Vereins in Stuttgart LIV.

Tobler, A[dolf]. Ueber einige neuere Blockapparate. (Mit 21 Textbildern.) Sonder-Abdruck aus der «Schweizerischen Bauzeitung» Band 45, Nr. 1, 2 und 6. II + 11 S. 4. Zürich, Ed. Raschers Erben, 1905. (fr. —. 80)

Tobler, A[dolf]. Blockapparate und Weichenverschlüsse. (Mit 15 Textbildern.) Sonder-Abdruck aus der «Schweizerischen Bauzeitung» Band 47 Nr. 16 und 17. II + 6 S. 4. Zürich, Ed. Raschers Erben, 1906. (fr. —. 60)

Tobler, A. Bruchstück aus dem Chevalier au lyon nach der Vaticanischen Handschrift mitgetheilt und erläutert. Solothurn, Cantonsschule u. Lehrerseminar. 1862. 21 S. 4. Progr.

Tobler, A[dolf]. Bruchstücke altfranzösischer Dichtung aus den in der Kubbet in Damaskus gefundenen Handschriften. Sonderabdruck [aus:] Sitzungsberichte der Königlich Preussischen Akademie der Wissenschaften.... [Band] 63, 1903. II + 17 S. 8. (Berlin,) Verlag der Königlichen Ak' der W', Comm. Georg Reimer. ⟨M. 1.—⟩

Tobler, Adf., das Buch des Uguçon da Laodho. gr. 4. (96 S.) Berlin 884, (Dümmler's Verlagsh.) *
Aus: Abhandlungen der k. preuss. Akademie der Wissenschaften zu Berlin, besonders abgedruckt.

— das Buch d. Uguçon da Laodho. gr. 4. (96 S.) Berlin 884. (G. Reimer.) n. 5. —

Tobler, A[dolf]. Mon chéri, Anrede an weibliche Person — Malgré qu'il en ait. Sonderabdruck [aus:] Sitzungsberichte der Königlich Preussischen Akademie der Wissenschaften.... [Band] 42, 1908. II S. + S. 1026—1033. 8. (Berlin,) Verlag der Königlichen Ak' der W', Comm. Georg Reimer. ⟨M. —. 50⟩

Dante und vier deutsche Kaiser. Rede zur Gedächtnisfeier König Friedrich Wilhelms III. in der Aula der K. Friedrich-Wilhelms-Universität am 3. Aug. 1891 gehalten von Adolf Tobler. Berlin, Buchdr. d. K. Akad. d. Wiss. (G. Vogt), 1891; 21 S. 4°

Tobler, Adolf, Dr. [von Zürich]: Darstellung der lateinischen Conjugation und ihrer romanischen Gestaltung nebst einigen Bemerkungen zum provenzalischen Alexanderliede. Zür. Zürcher u. Furrer Dr. 1857. 45 S., 1 Bl. 8°.
[Zürich, Phil. Diss. v. 31. Juli 1857].

— li dis dou vrai aniel. Die Parabel v. dem ächten Ringe, französ. Dichtg. d. 13. Jahrh., aus e. Pariser Handschrift zum 1. Male hrsg. 2. Aufl. gr. 8. (XXXIV, 37 S.) Leipzig 884. Hirzel. n. 1. 60

Tobler, Adf., s. Dis, li, dou vrai aniel.

Tobler, A[dolf]. Die Entwicklung der elektrischen Schwachstromtechnik in der Schweiz. [Mit 1 Porträt-Tafel.] IV + 55 S. 4. Zürich, Berichthaus, Komm. Fäsi & Beer, 1909. [fr. 3. 60]
Neujahrsblatt auf das Jahr 1909. Zum Besten des Waisenhauses in Zürich.... Stück 72.

Tobler, A[dolf]. Etymologisches. [2 Teile.] Sonderabdruck [aus:] Sitzungsberichte der Königlich Preussischen Akademie der Wissenschaften.... [Band] 7, 1902 u. [Band] 43, 1904. II + 12 u. II + 16 S. 8. (Berlin,) Verlag der Königlichen Ak' der W', Comm. Georg Reimer. ⟨je M. —. 50⟩

Tobler, A., physikalische Industrie, s. Bericht über Gruppe 32 der schweizerischen Landesausstellung Zürich 1883.

Tobler, Adolph, von Zürich: Ueber die Leistungen der Ladd'schen dynamo-electr. Maschine im Vergleich zur aufgewandten mechanischen Arbeit. Zür. Zürcher u. Furrer Dr. 1875. 2 Bl., 37 S., 2 Taf. 8°.
Zürich, Phil. Diss. [v. 28. Juli 1875].

Tobler, Adf., italienisches Lesebuch für Gymnasien und Realschulen. 1. Aufl. 1866. 1 Thlr. $7\frac{1}{2}$ Ngr. und 2., verm. Aufl. gr. 8. (VIII und 374 S.) Solothurn 868, Jent und Gassmann. *

— **Mittheilungen üb. einige v. der Firma Siemens & Halske auf der Frankfurter Ausstellung 1891 ausgestellte Gegenstände aus dem Gebiete der Telegraphie, Telephonie u. d. elektrischen Eisenbahnsignalwesens. Lex.-8. (40 S. m. Abbildgn. u. 1 Taf.) Berlin 892. (J. Springer.)** n.n. 1.50

—— Mittheilungen aus altfranzösischen Handschriften. I. Aus der Chanson de Geste von Auberi nach einer vatican. Handschrift. gr. 8. (VI, 298 S.) Leipzig 870, Hirzel. *

Tobler, A. Romanische Philologie an deutschen Universitäten. Rektoratsrede. Berlin 1890. 30 S. 4.

— **li proverbe au vilain. D. Sprichwörter d. gemeinen Mannes. Altfranzös. Dichtg., nach d. bisher bekannten Handschriften hrsg. gr. 8. (XXXIII, 188 S.) Leipzig 895. S. Hirzel.** n. 5. —

— **Quellen u. Methodik der romanischen Philologie, s.: Schum, W.**

Tobler, A[dolf]. Zwei bemerkenswerte Schaltungen zur Sicherung des Bahnbetriebes. (Mit 13 Textbildern.) Sonderabdruck aus der «Schweizerischen Bauzeitung» Band 49, Nr. 1 und 4. II + 6 S. 4. Zürich, Rascher & Cie., 1907. (fr. —. 60)

— **der provenzalische Sirventes, Senher n'enfantz s'il vos platz' (Bartschs Grundriss 461, 219). gr. 8. (8 S.) Ebd. 900.** n. — 50
Sonderabdruck a.: „Sitzungsber. d. preuss. Akad. d. Wiss."

—— das Spruchgedicht des Girard Pateg. gr. 4. (74 S.) Berlin 886, (G. Reimer.) *
Aus: Abhandlungen der k. preuss. Akademie der Wissenschaften zu Berlin, besonders abgedruckt.

—— die altvenezianische Übersetzung der Sprüche des Dionysius Cato. gr. 4. (87 S.) Berlin 883, (Dümmler's Verlagsh.) *
Aus: Abhandlungen der k. preuss. Akademie der Wissenschaften zu Berlin, besonders abgedruckt.

—— die elektrischen Uhren und die elektrische Feuerwehr-Telegraphie. Nach dem Standpunkte der Gegenwart geschildert. 8. (XIV, 195 S. mit 88 eingedr. Holzschn.-Abbild.) Wien 883, Hartleben's Verlag. geb.

—— dass. — s. Bibliothek, elektro-technische.

Tobler, A[dolf]. Elektrische Uhren. Von Dr. A. T'.... 2. Aufl. Bearb. von Johannes Zacharias, Ingenieur. Mit 120 Abbildungen [im Text und auf 2 Tafeln]. XVI + 256 S. 8. Wien und Leipzig, A. Hartleben, 1909. (M. 3. —, geb. 4. —)
(Elektro-technische Bibliothek. Band 13.... 2. Aufl.)

Tobler, Adf., vom französischen Versbau alter u. neuer Zeit. Zusammenstellung der Anfangsgründe. gr. 8. (IV, 123 S.) Leipzig 880. Hirzel. n. 2. 40

— vom französischen Versbau alter u. neuer Zeit. Zusammenstellung der Anfangsgründe. 2. Aufl. gr. 8. (VII, 149 S.) Leipzig 883. Hirzel. n. 3. —

— **vom französischen Versbau alter u. neuer Zeit. Zusammenstellung der Anfangsgründe. 3. Aufl. gr. 8. (IX, 164 S.) Ebd. 894.** n. 3. 60

Tobler, Adolf. Vom französischen Versbau alter und neuer Zeit. Zusammenstellung der Anfangsgründe. 4. Aufl. X + 174 S. 8. Leipzig, S. Hirzel, 1903. [M. 4. —]

Tobler, Adolf: Vom französischen Versbau alter und neuer Zeit. Zusammenstellung d. Anfangsgründe. 5. Aufl. (Hrsg.: R[udolf] T[obler].) Leipzig: Hirzel 1910. X, 177 S. 8°

Tobler, Alfred. Erlebnisse eines Appenzellers (Kaspar Niederer) in neapolitanischen Diensten 1854—1859. Mitgeteilt. Mit einer Tafel in Farbendruck [und 2 Illustrationen]. IV + 71 S. 4. St. Gallen, Fehr, 1901. [fr. 2. 40]
(Neujahrsblatt.) Hrg. vom Historischen Verein in St. Gallen.

Tobler, Alfred. Erlebnisse eines Thurgauers (Johann Jakob Keller) in neapolitanischen Diensten ⟨1844—1850⟩. Mitgeteilt. Separat-Abdruck aus den «Appenzellischen Jahrbüchern» [3. Folge, Heft 15.] II + 62 S. 8. Trogen, U. Kübler, 1903.

Tobler, Alfred. Hans Konrad Frick (1811–1897), ein appenzellischer Volksdichter. [Mit Porträt-Tafel.] 8. Wolfhalden 1900.

Tobler, Alfred. Hans Konrad Frick, ein appenzellischer Volksdichter (1811—1897). [Auswahl seiner Dichtungen, bearb. und mit Einleitung und Anmerkungen hrg.] Von A' T'. [Mit Porträt-Tafel.] 144 S. 8. Leipzig, Carl Beck, 1907. [M. 2. —]

Tobler, Alfred, [von Trogen]: Geoffrey Chaucer's influence on english literature. Berne 1905. VI + 126 S. 8°. [14. V. 06.]
Zürich. Phil. Diss. I. S. 1905/1906.

Tobler, Alfred. Geoffrey Chaucer's Influence on English Literature. Diss. Phil. ⟨I.⟩ Univ. Zurich. VI + 127 p. 8. Berne, Haller, 1905.

Tobler, Alfred. Die Klauslerfeier in Speicher. SA. 8. Trogen 1897.

Tobler, Alfr., Kühreihen od. Kühreigen, Jodel u. Jodellied in Appenzell. Mit 7 Musikbeilagen [Documente], theilweise in alter u. neuer Schreibart. gr. 8. (82 u. 80 S.) Zürich 891. Gebr. Hug. n. 2. 40

Tobler, Alfred. Näbes oli mine Buebejohre. Vom Konneraad Alfrid Tobler. 148 S. 8. St. Gallen, Zollikofer, 1903. [fr. 2. —]

Tobler, Alfred. Die Appenzeller Narrengemeinde. Von (*Umschlag: Appezeller Naregmäänd vom) A' T'. [Umschlag illustriert.] 88 S. 8. Heiden, Selbstverlag des Verfassers ([Buchdr.] Jean Frey, Zürich), 1909. [fr. 2.50]

Tobler, Alfr., die Appenzeller Narrengemeinde. (Umschlag: Appezeller Naregmäänd.) (88 S.) 8. Heiden 909. (Rorschach, P. J. Kober.) 2. 50

Tobler, Alfred (Hrsg.), s. Sang und Klang aus Appenzell.

Tobler, A. Sang und Klang aus Appenzell. Eine Sammlung älterer Lieder f. vierstimm. Männerchor, nebst einem Anhange. Kl. in-8°. XII, 224 S. Zürich, Gebr. Hug. 1892. **Geb. 3 —**

Sang und Klang aus Appenzell. Eine Sammlung älterer Lieder f. vierstimm. Männerchor. Hrsg. von Alfred **Tobler**. 2. verm. Aufl. Zürich & Leipzig: Gebr. Hug & Co. (1899). (XX, 482 S.) 8° [F.] 1o8. 1431

Tobler, Alfred [jun.]. Synthese des 3-Oxy-4'-Isopropylflavonols. Diss. Phil. Bern. 43 S. 8. Bern, W. Wälchli, 1908.

Tobler, Alfred. Das Volkslied im Appenzellerlande. Nach mündlicher Ueberlieferung gesammelt von Alfred Tobler. [Mit Melodien.] IV + 147 S. 8. Zürich, Verlag der Schweizerischen Gesellschaft für Volkskunde, Druck von Juchli & Beck, 1903. [für Mitglieder br. fr. 2.50, geb. fr. 3.50; für Nichtmitglieder à fr. 1. — mehr]
Schriften der Schweizerischen Gesellschaft für Volkskunde. — Publications de la Société Suisse des Traditions Populaires. (Bd.) 3.

Tobler, Alfred. Der Appenzeller Witz. Eine Studie aus dem Volksleben. (Separat-Abdruck aus den Appenzellischen Jahrbüchern. Trogen 1902.) II + 167 S. 8. Wolfhalden, Selbstverlag, 1902. [fr. 1.20]

Tobler, Alfred. Der Appenzeller Witz. Eine Studie aus dem Volksleben. 2. [vermehrte] Aufl. 176 S. 8. Wolfhalden, Selbstverlag, 1902. [fr. 1. 50]

Tobler, Alfr., der Appenzeller Witz. Eine Studie aus dem Volksleben. 2. Aufl. gr. 8. (176 S.) Wolfhalden 902. (Dornbirn, F. Rusch.) n.n. 1. 50

Tobler, Alfred. Der Appenzeller Witz. Eine Studie aus dem Volksleben. 3., vermehrte Aufl. 208 S. 8. Heiden, Selbstverlag des Verfassers, 1905. [fr. 1. 70]

Tobler, Alfr., der Appenzeller Witz. Eine Studie aus dem Volksleben. 3., verm. Aufl. (208 S.) 8. Heiden 905. (Rorschach, P. J. Kober.) n. 2. —

— Der Appenzeller Witz. Eine Studie aus d. Volksleben. 5. Aufl. (208 S.) 8. Ebd. 908. 2. —

Tobler, Alfred. Neue Witze und Schwänke aus Appenzell. Hrg. von A' T'. (1. Aufl.) 50 S. 8. Heiden, Im Selbstverlag des Verfassers (Druck Jean Frey, Zürich), 1908. [fr. 1.—]

— Neue Witze u. Schwänke aus Appenzell. (50 S.) gr. 8. Heiden 908. (Rorschach, P. J. Kober.) 1. —

Tobler, Aug[ust]. Topographische und geologische Beschreibung der Petroleumgebiete bei Moeara Enim ⟨Süd-Sumatra⟩. Von Dr. Aug. T', Privat-Docent an der Universität Basel. Mit vier Tafeln ... [wovon 2 Karten] und einer tabellarischen Uebersicht. Overgedrukt uit het « Tijdschrift van het koninklijk Nederlandsch Aardrijkskundig Genootschap, Jaargang 1906. » IV S. + S. 199—315. 8. [Leiden,] boekh. en drukk. voorheen E. J. Brill, 1906.

Tobler, A. Der Jura im Südosten der oberrhein. Tiefebene. Mit 2 Taf. In-8°. 85 S. Basel. These. 1896.

Tobler, August. Tabellarische Zusammenstellung der Schichtenfolge in der Umgebung von Basel. 8 S. + 15 graphische Tabellen. 8. Basel, [Buchdr. Wassermann & Schäublin] — *Aufdruck:* C. F. Lendorff, Akadem. Buchh. —, 1905. [fr. 1. 50]

Tobler, C: Ill. Preisliste für Handfuhrgeräthe. Berlin 1901

Tobler, Caspar, s. Tobler, Kaspar.

Tobler, Clara, s. Tobler, Klara.

Tobler, David A. S. 1344/48

Dissertationis physico-mathematicae de motibus variatis supplementum in quo vires centrales exponuntur. Präs. Johann Gesner.
Zürich (Gessner) II. 1750. 14 S.

9 Resp. 34574

(Tobler, E[rnst] Victor.) Die Appenzeller Freiheitskriege. — Festschrift zum 500sten Gedächtnistag der Schlacht bei Vögelisegg. ([Mit Illustrationen und 2 Tafeln von] Victor Tobler.) II + 22 S. 4. Zürich, Berichthaus, 1903. [fr. 1. 25]

(Sep.-Abdr., mit mehr Illustr. und schöner Ausstattung, aus: Die Schweiz [Jahrg. 7, 1903. Heft 12].)

Tobler, Ernst Victor. Vom Engadin ins Veltlin mit der Berninabahn (* *Umschlag:* B'-B' von St. Moritz über Pontresina nach Italien). Reiseführer mit 24 Illustrationen und 1 Karte [sowie illustriertem Umschlag]. Hrg. von der Verwaltung der Berninabahn. 62 S. 8. ([Zürich, H. Gössler & Cie.,] 1909.)

Kolonialbotanik. Von Dr. Fr(iedrich) **Tobler**, Privatd., Münster. Mit 21 Abb. Leipzig: B. G. Teubner 1907. (132 S.) 8° [F.]
= **Natur**, Aus, u. Geisteswelt. Bdch. 184. [08. 1770

Tobler, Fr., Kolonialbotanik, s. Aus Natur u. Geisteswelt.

Tobler, Frdr., über Polymorphismus v. Meeresalgen. Beiträge zur Kenntnis des Eigenwachstums der Zelle. (13 S.) gr. 8. Berlin 903. (G. Reimer.) n. — 50
Sonderabdruck aus: „Sitzungsber. d. preuss. Akad. d. Wiss."

Tobler, Friedrich: Der Ursprung des peripherischen Stammgewebes. *Leipzig: Gebr. Borntraeger 1901.* (40 S.) 8° ¶(Aus: Jahrbücher f. wiss. Botanik, Bd 37, H. 1.)
Berlin, Phil. Diss. v. 7. Dez. 1901

Tobler, G., die Hausthiere und ihr Nutzen. qu. Fol. (III und 79 S. mit 8 ill. Bildern, lithogr. von Thdr. Rothbart.) Stuttgart 855, Gebr. Scheitlin.

— die Hausthiere und ihr Nutzen. Mit 8 color. Bildern, lithogr. von Thdr. Rothbart. Stuttgart (856.) Gebr. Scheitlin. qu. Fol. (2 Bl., 79 S.) 1 ℛ. 15 ngr.

Tobler, G., die Hausthiere und ihr Nutzen. Mit 8 kolor. Bildern, lith. von Thdr. Rothbart. Neue Ausg. Stuttgart 863. Gebr. Scheitlin. qu. Fol. (2 Bl., 79 S.) 1 ℛ

Tobler, G., die Hausthiere und ihr Nutzen. Mit 8 (lithogr. und) color. Bildern, lithogr. von Thdr. Rothbart. 2. verb. Aufl. qu. gr. 4. (V, 78 S.) [Stuttgart 878, Hofmann und Hohl.] Eßlingen, Schreiber. cart. *

Tobler, G., die Hausthiere und ihr Nutzen. Mit 8 (lithogr. und color.) Bildern, lithogr. von Thdr. Rothbart. 3. verb. Aufl. qu. 4. (78 S.) Eßlingen 881, Schreiber. geb. *

—— wilde Thiere; geschildert. qu. gr. 4. (III und 108 S. mit 8 ill. Bildern, lithogr. von Thdr. Rothbart.) Stuttgart 855, Gebr. Scheitlin.

— wilde Thiere; geschildert ꝛc. Mit 8 color. Bildern, lith. von Thdr. Rothbart. Stuttgart (856.) Gebr. Scheitlin. gr. 4. (2 Bl., 108 S.) 1 ℛ. 24 ngr.

—— wilde Thiere. Neue Ausg. qu. gr. 4. (107 S. mit 8 ill. Bildern, lithogr. von Thdr. Rothbart.) Stuttgart 863, Gebr. Scheitlin. cart.

Tobler, G[eorg] C[hristoph]. Joh[ann] Kaspar Lavater, der Wahrheitslehrer und Menschenfreund. Eine Rede bey Anlass der Trauermusik geschrieben, nicht gehalten, von G. C. T'. 8. Winterthur 1801. Steiner.

Tobler, Georg Christoph, s. Orpheus: Argonauten.

— s. Sophocles.

— s. Vaterlandsfreund.

Tobler, Gottfried, s. Tobler, A. Gottfried.

Tobler, G[ustav]. Aus den Anfängen des bernischen Geschützwesens. SA. 8. [Bern 1891.]

—— s. Anzeiger f. schweizerische Geschichte.

Tobler, Gust. (Dr.) Beitrag zur Geschichte der Grafen von Kyburg. Beigabe zum Jahresbericht über das städtische Gymnasium, Bern 1884. In-4°, 18 S. Bern, Stämpfli.

Tobler, G[ustav]. Beiträge zur bernischen Geschichte des fünfzehnten Jahrhunderts. [SA.] 8. [Bern 1885.]

Tobler, Gustav. Die Beteiligung Berns am Sempacherkriege. Vortrag, gehalten an der Hauptversammlung des hist. Vereins in Fraubrunnen, am 17. Juni 1883. SA. 8. Bern 1883.

Tobler, Gustav, von Lutzenberg. Ktn. Appenzell: Die Beziehungen der schweizerischen Eidgenossenschaft zu den deutschen Reichsstädten zur Zeit der Städtebünde 1385—1389. Stuttg. Hammer u. Liebich Dr. 1879. 3 Bl., 86 S., 1 Bl. 8°.
Zürich, Phil. Diss. [v. 1. Nov. 1879].

[Tobler, Gustav.] J(ohann) J(akob) Bodmer als Geschichtschreiber. [Mit Portrat-Tafel.] Njbl. Stadtbibl. Zürich 1891. 4. Zürich.

Tobler, G., J. J. Bodmer als Geschichtschreiber, f. d. Neujahrsblatt, hrsg. v. der Stadtbibliothek in Zürich.

Tobler, G[ustav]. Die Chronisten und Geschichtschreiber des alten Bern. [Mit Vignetten.] 4. Bern 1891.
Festschrift zur VII. Säkularfeier der Gründung Berns. (Theil 3.)

(Tobler, Gustav.) Zur Erinnerung an Professor Georg Sidler. (Worte gesprochen am 12. November 1907 an der Trauerfeier ... zu Bern....) 6 S. 8. [Bern, Stämpfli & Cie., 1907.]

Tobler, G[ustav]. Vom Freischarenzug des Jahres 1845. [Mit 1 Porträt.] Separatabdruck aus den «Blättern für bernische Geschichte, Kunst und Altertumskunde» [Jahrg. 2, Heft 1]. 9 S. 8. [Bern, Gustav Grunau, 1906.]

Tobler, G[ustav]. Gedichte aus der Zeit des Berner Oberländer-Aufstandes des Jahres 1814. Mitgeteilt von G. T' in Bern. (Separat-Abdruck [aus:] Schweizerisches Archiv für Volkskunde. Jahrg. 8. Heft 1.) II S. + S. 37—47. 8. (Zürich, Juchli & Beck, 1904.)

Tobler, G[ustav]. [1.] Zur Genesis der Winkelriedfrage; [2.] Die Bärenholdlieder und ihr Verfasser. Den Teilnehmern an der Jahresversammlung der allgemeinen geschichtforschenden Gesellschaft der Schweiz gewidmet ... 4./5. September 1905. 20 S. 8. Bern, Gustav Grunau, 1905.

Tobler, Gustav. Jeremias Gotthelf und die Schule. ([Mit 2 Tafeln und vielen Auszügen aus Briefen von] Pfr. Albert Bitzius [u. a.], 1832—1845, [als] Beilagen.) 56 S. 4. Bern, K. J. Wyss, 1906. [fr. 2. 50]
Neujahrs-Blatt der Litterarischen Gesellschaft Bern auf das Jahr 1907.

Tobler, Gustav. Albrecht von Haller als Salzdirektor. Separatabdruck aus der Zeitschrift «Für's Schweizer-Haus», Jahrg. 1, Nr. 25, 1902. [Mit Porträt.] 8 S. 8. [Bern, Büchler & Co.] [fr. —. 30]

Tobler, Gustav. Albrecht von Haller als bernischer Sanitätsrat. Separatabdruck aus der Zeitschrift «Für's Schweizer-Haus», Jahrg. 1, Nr. 30—32, 1902. 10 S. 8. [Bern, Büchler & Co.] [fr. —. 30]

(Tobler, G[ustav].) Die sogenannte Haslerchronik. (- Ein Brief Ludwigs XI. an Bern. 1468. - Projekt eines Bündnisses zwischen Strassburg und Bern vom Jahre 1497.) SA. 8. [Bern] 1897.

Tobler, G[ustav]. Aus dem Haushaltungsbuche des Professors Sigismund Ludwig Lerber. 1723—1783. [Mit Porträt-Tafel. Sep.-Abdr. aus: Neues Berner Taschenbuch auf das Jahr 1906.] 29 S. 8. Bern, K. J. Wyss, 1905.]

Zum Hexenwesen in Bern (von *Gustav Tobler*). Zürich 1898—1900. (In Zürich.)
Anon.-Lex. V. p. 342 (nach dem Zuwachs-Verz. der Bibliotheken in Zürich 1898 ff.).

Tobler, G[ustav]. Das projektirte Bernerjubiläum von 1791. [SA.] 8. [Bern 1890.]

Tobler. Gustav. Aus Professor Samuel Schnells Jugendzeit. ⟨Progr.⟩ 4. Bern 1898.

Tobler, Gustav. Aus dem Leben eines Pestalozzianers (Johannes Schneider). [Aus: Festgabe zur 60. Jahresversammlung ... 1905 Der Allgemeinen Geschichtforschenden Gesellschaft der Schweiz....] S. 159—238. 8. [Bern, Gustav Grunau, 1905.]

Tobler, Gustav. Ein unbekanntes Lied von der Schlacht bei Murten. SA. 8. [Zürich 1893.]

(Tobler, G[ustav].) (Joseph) Mazzini-Briefe. Separat-Abdruck aus dem «Anzeiger für Schweizerische Geschichte» 1907, No. 1. 3 S. 8. [Bern, K. J. Wyss.]

Tobler, G[ustav]. Zur Mission des französischen Gesandten (Karl) Reinhard in der Schweiz. 1800–1801. (SA.) 8. Bern 1899.

Tobler, G[ustav]. Aus dem Nachlasse des Malers Rudolf König (Bemerkungen über meine Verhöre, September 1814). [Mitgeteilt] Von Prof. Dr. G. T'. Separatabdruck aus den «Blättern für bernische Geschichte, Kunst und Altertumskunde» [Jahrg. 2, Heft 3]. 6 S. 8. (Bern, Gustav Grunau, [1906].)

(Tobler, G[ustav].) Notizen über die Burgunderbeute aus dem bernischen Staatsarchive. [SA.] gr.-8. [Zürich 1900.]

Tobler, Gustav. Das Protokoll des Schweizerklubs in Paris. [Ausschnitt aus: Jahrbuch für Schweizerische Geschichte.... Band 28.] S. 61—85. 8. [Zürich, Fäsi & Beer, 1903.]

Tobler, G[ustav]. Die Reise der Berner Kolonisten nach Brandenburg im Jahre 1685. [SA.] 8. [Bern 1889.]

Tobler, G[ustav]. J[ohann] J[acob] Reithard in Bern. [Mit Vignette.] (Separat-Abdruck aus dem «Zürcher Taschenbuch» [auf das Jahr 1906. N. F. Jahrg. 29].) II S. + S. 202—237. 8. [Zürich, Fäsi & Beer.]

Tobler, G[ustav]. Regierungsstatthalter Jakob Emanuel Roschi. 1778—1848. [Mit Porträt-Tafel. Sep.-Abdr. aus dem Neuen Berner Taschenbuch auf das Jahr 1905.] 14 S. 8. [Bern, K. J. Wyss, 1905.]

Tobler, G[ustav]. Der Salzbrunnen von Riggisberg. (Separat-Abdruck [aus:] Schweizerisches Archiv für Volkskunde.... Jahrg. 5. Heft 3. Ausgegeben Oktober 1901.) II + 15 S. 8. (Zürich, Emil Cotti's Wwe., 1901.)

Tobler, Gust., s.: Schilling, Diebold, Berner-Chronik.

— s.: **Studien, schweizer, zur Geschichtswissenschaft.**

(Tobler, G[ustav].) Die historiographische Thätigkeit Michael Stettlers. ⟨SA.⟩ 8. [Bern 1888.]

(Tobler, G[ustav].) Ein Unterwaldner Wilhelm Tell. ⟨Zugleich ein Beitrag zum sogen. Tschudikrieg.⟩ ⟨SA.⟩ 8. [Bern 1888.]

Tobler, G[ustav]. Thüring Frickers Testament. SA. 8. [Bern 1892.]

Tobler, G[ustav]. Tierprozesse in der Schweiz. SA. 8. Bern 1893.

Niklaus Emanuel Tscharner. Ein Lebensbild von Gustav **Tobler**. *Bern: K. J. Wyss 1899.* (46 S.) 4°
= **Neujahrsblatt** hrsg. v. Hist. Verein d. Kantons Bern. 1900.

Vincenz Bernhard Tscharner (1728–1778). Von Gustav **Tobler**. *Bern: K. J. Wyss 1895.* (65 S.) 4° [Z.]
= **Neujahrs-Blatt** d. Litterarischen Gesellschaft, Bern. 1896.

(Tobler, G[ustav].) Zu den Berner Oberländer Unruhen vom Jahre 1447. Separatabdruck aus dem «Anzeiger für Schweizerische Geschichte» [Neue Folge, Jahrg. 34,] 1903, Nr. 2. 3 S. 8. [Bern, K. J. Wyss.]

(Tobler, G[ustav].) St. Moritzer Urkunden, Gryon betreffend. Separatabdruck aus dem «Anzeiger für Schweizerische Geschichte» [Neue Folge, Jahrg. 33.] 1902, Nr. 2. 12 S. 8. [Bern, K. J. Wyss.]

(Tobler, G[ustav].) Zur Vorgeschichte des Bündnisses zwischen Bern, Freiburg und Savoyen vom 20. August 1477. SA. 8. [Bern] 1900.

Tobler, G[ustav]. Johann Rudolf Wyss (der Jüngere) und die Anfänge der bernischen Künstlergesellschaft. [Mit 1 Porträt-Tafel. Sep.-Abdr. aus: Neues Berner Taschenbuch auf das Jahr 1909.] S. 160–188. 8. [Bern, K. J. Wyss, 1908.]

Aus Karl Mathys Schweizerzeit von Gustav **Tobler**. Mit d. Bildnis von K. Mathy. Bern: G. Grunau 1906. (38 S.) 4°
— **Neujahrsblatt**, hrsg. v. Hist. Verein d. Kantons Bern f. 1905/06. [06. 3406

(Tobler, G[ustav].) **Mathis Zollner (Liederdichter).** Separatabdruck aus dem «Anzeiger für Schweizerische Geschichte» [Neue Folge, Jahrg. 32.] 1901, Nr. 2. 2 S. 8. [Bern, K. J. Wyss.]

Tobler, Gustav Adolf

Tobler, Gust. Ad., die Formenlehre in Verbindung mit den reinen Elementen des freien Handzeichnens und mit Andeutungen für method. Behandlung der geometr. u. der perspektiv. Darstellung der Grundformen. Ein Handbuch für Lehrer in Elementarschulen. Mit 12 Steindrucktaf. gr. 8. Burgdorf 836. Langlois. 1 1/4 ℳ

Tobler, Gust. Ad., die Formenlehre in Verbindung m. den reinen Elementen des freien Handzeichnens u. mit Andeutungen f. method. Behandlung der geometr. u. perspektiv. Darstellung der Grundformen. Ein Handbuch f. Lehrer in Elementarschulen. 2., umgearb. Aufl. gr. 8. (16 1/2 B. u. 12 Stnt.) St. Gallen 844, Scheitlin u. Zollikofer. 1 —

Tobler, Hans. Die Entschädigungspflicht des Staates gegenüber schuldlos Verfolgten, Angeklagten und Verurteilten. Mit Berücksichtigung des schweizerischen Rechts. 91 S. 8. Zürich, Schulthess & Co., 1905. (fr. 2. 40)
Zürcher Beiträge zur Rechtswissenschaft.... [Heft] 1.

Tobler, Hans: Die Grenzgebiete zwischen Notstand und Notwehr. Zür.: E. Lehmann Dr. [u. Verl.] 1894. 159 S. 8°
Zürich, Jur. Diss. [v. 28. Juli 1894].

Die Grenzgebiete zwischen Notstand und Notwehr. Eine kriminalist. Studie von Hans **Tobler**. *Zürich: E. Lehmann 1894.* (159 S.) 8°
[Erschien auch als jur. Diss. Zürich 1894.] [94. 1171 6

Tobler, Hans, Register, s.: Blätter, schweizer, f. handelsrechtl. Entscheidungen.

Tobler, Heinr., der Dorfamerikaner. Eine Erzählg. aus dem Prättigau. 8. (III, 96 S.) Davos 900. [H. Richter.] Chur, F. Schuler. n. 1.20

Tobler, J. J. u. A. Strüby: Die Alpwirtschaft im Kt. Appenzell A./Rh. Hrsg. vom Schweiz. alpwirtschaftl. Ver. Solothurn: A. Lüthi in Komm. 1900. (140 S.) 8°
= Alpstatistik, Schweizerische. Lfg 9.

Tobler, Jakob

Tobler, Jak., gründl. Unterr. in d. Rechenkunst. 2 Thle. 8. St. Gallen 805, G. Huber u. C. 2 ℳ 4 gr. N. wohlf. Ausg. 8. Ebd. 815. 1 ℳ 8 gr.

Tobler, Jac., gründl. Unterricht in d. Rechenkunst. Neue wohlfeile Ausgabe. 2 Bde. 8. St. Gallen, Huber und Comp. 812.

Tobler, Johann

Tobler, Jh., († d. 3. Febr. 1808.) Abschiedspredigt u. Heß, Eintrittsrede. 8. Frkf. a. M. 778. Keßler. 3 gr.

— Anmerk. z. Ehre d. Bibel. 8 Stück. 8. Halle, Waisenh. Buchhdl. 771–85. (I–V. u. VII. VIII. à 4 gr. VI. 8 gr.)
Vgl. Anmerkungen...

— Anreden an mancherlei Betrübte der jetzigen Zeit, in christl. Leiden sich daraus vorlesen zu lassen oder selbst zu lesen. 8. Zürich 807.

— die Auferstehungslehre des Apostel Paulus. 4. Zürich 792. Orell. 1 ℳ

— 3 Aufsätze: 1) über Marc Aurel.; 2) über K. M. Wieland; 3) über Christenverfolgung. 8. Zürich 796. Ziegler. 6 gr.

— einige theolog. Aufsätze u. Andachtsblätter. 8. Zürich 797. Orell. 16 gr.

Tobler, Johann, s. Barrow, Js.: 4 Predigten.

Tobler, Johannes, s. Blatt, Historisches.

— Blätter vermischten Inhalts. 8. Zürich 783. Ziegler. 18 gr.

[Tobler, Johannes.] Einiche Blätter aus den Reise-Tabletten eines Schweizerischen Geistlichen. 8. Zürich 1790.
Vgl. Blätter,...

(Tobler, Jo[hannes].) Mein Denkblatt an S[alomon] Gessner. 8. Offenbach am Mayn 1788.

— Empfehlung der öffentlichen Katechesationen. 8. Zürich 781. Orell. 2 gr.

— Empfindungen u. Gebete der christl. Rechtschaffenheit, nebst Festandachten. gr. 8. Zürich, Orell. 765.
Vgl. Empfindungen...

— sämmtl. Erbauungsschriften. gr. 8. Zürich 767. Verm. Ausg. in 3 Thlen. 776. Geßner. 2 ℳ

— der Evangelist, eine wöchentl. Unterhaltung. 8. Zürich 784. Orell. 4 gr.

— 3 Fragen, veranlaßt durch d. Berliner Monatsschrift. 8. Zürich 796. Ziegler. 5 gr.

— Frühlings-, Fest- u. Osterblatt. 12. Zürich 793. Ziegler. 4 gr.

— Gedanken u. Antworten zur Ehre Jesu Christi u. seines Reiches; nebst e. Anh. zur Ehre der Altväter u. Moses. 8. Zürich 788. Orell. 1 ℳ 4 gr. Der Anh. apart 1 gr.

— Gedanken u. Antworten z. Ehre d. Altväter u. Moses, (besonders abgedruckt) 8. Ebend. 797.

– s. Goldsmith, Oliv.: Versuche.

— Haus- u. Kirchenhandbuch. gr. 8. Lindau 765. Otto.

Tobler, Joh. Gutartige Hierarchie, Armenbesorgung und die schöne Friedensbitte. gr. 8. *Zürich, Ziegler.* 1800
1.u.2.Aufl.

— Kanzelvorträge. 8. Zürich 769. Orell. 9 gr.

— christl. Nachdenken auf vernünft. u. andächtig. Gebrauch des heil. Abendmahls gerichtet. 8. Zürich 763. 3e Aufl. 771. Orell. 3 gr.

— 3 Neujahrspredigten im Anfang des Jahrhunderts. 8. Zürich 803. Ziegler. 4 gr.

— Oden. 8. Zürich 805. Ziegler. 8 gr.

— Onyramint fürs Christenthum bei d. Traume von 2440. 8. Zürich 772. Orell. 3 gr.

— Osterblatt. 12. Zürich, Ziegler. 724.

Tobler, Jh., Paradomios, gelegentliche meist prakt. Wünsche u. Urtheile bei neuerl. Bücherlesen. 3 Hfte. gr. 8. Zürich 784 —786. Ziegler. 1 rthl.

– s. Patrick, Bisch.: Trostschrift.

Tobler, Johann. Einige Predigten bei besondern Gelegenheiten gehalten . . . Halle 1801. H: *Nösselt, Johann August.* (winer)

— einige Predigten bei besond. Gelegenheiten gehalten. gr. 8. Halle 801. Gebauer. 9 gr.

— verschied. Predigten, zum Theil für die Familienandacht bestimmt. gr. 8. Offenbach 788. Brede. 20 gr.

— verschied. z. Theil f. d. Familienandacht bestimmte Predigten. gr. 8. Offenbach, Brede. 788.

— kurze prakt. Reden, od. Sonntagsblätter, zur Anbringung des katechet. Unterrichts. gr. 8. Zürich 794. Geßner. 16 gr.

— Sätze der bibl. Glaubens- u. Sittenlehre, mit Beweisstellen. 8. Zürich 792. Ziegler. 3 gr.

— Selbstgespräch u. Unterweisung f. neuangeh. Communicanten. 12. Offenbach 775. Brede. 4 gr.

— Selbstgespr. u. Unterweis. f. neuangeh. Communicanten. 8. Offenbach, Brede. 788.

— Sonntagsblätter, z. Anbringung d. katechet. Unterrichts. gr. 8. Zürich, Geßner. 794.

– s. Thomson: Gedichte.

– s. Thomson: Jahreszeiten.

— Trostschrift f. Leidtragende. 8. Zürich 781. Ziegler. 2 gr.

— Ueberlegungen e. redl., aber unstudirten Christen bei öffentl. Angriffen auf seinen Glauben. 8. Zürich 769. Orell. 3 gr.

Tobler, Johannes s.
(Vadian. Joachim V.) [Zürich] 1799.

— Vorbereitung f. Gefangene. 8. Zürich 769.

— Weihnachtsblatt. 12. Zürich 784.

— Weihnachts-, Neujahrs- u. Communionblätter. 8. Zürich 786.

— Zeitgedichte, ein Paar neue, im Frühling u. Sommer 1798. 8. Zürich 798.

Tobler, Johann Georg

Tobler, J. G., Ferdinand Dulder. Die Macht des Glaubens u. der Liebe. Ein Lesebuch f. die Jugend. 8. Aarau 821. 16 gr. (Anonym). 2e wohlf. Ausg. gr. 8. Ebd. 825. Sauerländer. 12 gr. (Vergl. Dulder ꝛc.)

Tobler, J. G., Ferdinand Dulder, s. Volks- u. Jugendschriften, 5. Bdchn.

— Gotthold, der wackere Seelsorger auf dem Lande. Seitenstück zum Goldmacherdorf. gr. 8. Aarau 820. Sauerländer. 1 rthl. 8 gr.

Tobler, Jh. Geo., s. H. Krüsi, Beiträge.

— die Macht der Liebe gegen Aeltern, Kinder u. Vaterland, in Beispielen f. die Jugend. 8. St. Gallen 825. Huber u. C. 4 gr. gr. 12. Ebd. 830. 4 gr.

Tobler, J. G., die Macht d. Liebe gegen Eltern, Kinder u. Vaterland, in Beispielen f. d. Jugend. gr. 12. (3½ B.) St. Gallen 830, Huber u. Comp.

—— das Mütterblatt, eine Zeitschr., s. Mütterblatt, das.

— Peter. Die Folgen der Unwissenheit. Eine Geschichte f. Kinder. 8. Aarau 821. 16 gr. (Anonym). 2e wohlf. Ausg. 8. Ebd. 825. Sauerländer. 12 gr. (Vergl. Peter ꝛc. Demnach wäre Geo. K. Keller nicht der Verfasser u. sein Name dort zu streichen.)

Tobler, J. G., Peter. Die Folgen der Unwissenheit. Eine Geschichte f. Kinder. 3., verb. Aufl. 8. (10½ B. u. 4 Kpfr.) St. Gallen 813, Scheitlin u. Zollikofer. Thlr. — 15

Tobler, J. G., Peter, oder: Die Folgen der Unwissenheit. Eine Geschichte für Kinder. 3., wohlf. (Titel-)Aufl. gr. 16. (167 S. mit 4 Kpfrt.) St. Gallen 853, Scheitlin und Zollikofer. Thlr.

TOBLER, J. G. *Peter.* Die Folgen der Unwissenheit. Eine Geschichte für Kinder. 3. verbess. Aufl. Mit 4 Kupfern [= Lithogr.]. St. Gallen, Scheitlin u. Zollikofer (c. 1855?). 167 S. Kl.-8°. Einfacher Hlwd. Einige Fleckchen; Titel gestempelt. 14.—

Tobler, J. G. Stephanus. Des Reichen u. d. Armen Elend. Der verborgene Retter, s.: Volks- u. Jugendschriften. VI.

Tobler, Johann Heinrich

Tobler, Joh. Heinr., XII vierstimmige Lieder für Männerchor. Hrsg. von Barthol. Tobler. 1. Hft. 4 Stimmen. qu. gr. 8. (à 15 S.) St. Gallen 847, Huber & Co. (à n. ⅙ rthl.) n. ⅔ rthl.

— dies. 1. Hft. Partitur. qu. gr. 8. (28 S.) Ebd. 847. n. ¾ rthl.

Tobler, Joh[ann] Heinrich. Kurze Regenten und Landesgeschichte des Kantons Appenzell der äusseren Rhoden, inner den Jahren 1597 bis 1797. Hrg.... von Joh. H' T'.... Mit 30 Bildnissen und einem Titelkupfer [Tafeln]. 8. *o. O.* 1813.

Tobler, Joh[ann] Heinrich. Regenten und Landesgeschichte des Kantons Appenzell der äusseren Rhoden. 1597–1797. Dargestellt von Joh. H' T'. Mit 30 Bildnissen [Tafeln]. Neue wohlfeilere Ausg. 8. St. Gallen 1824. Huber u. Co.

Tobler, Joh[ann] Jacob. Rede gehalten am Sänger-Fest im Seefeld am 15. Juni 1840 von Joh. Jakob T'.... Hrg. von mehrern seiner Freunde. 8. Zürich 1840. Orell u. Co.

Tobler, J., die Uetlibergbahn mit Steigungen bis auf 70 per mille und Bergbahn-Locomotiven mit einfacher Adhäsion. gr. 4. (30 S. mit chromolithogr. Situationsplan, lithogr. Längenprofil und 3 lithogr. Taf. in qu. gr. Fol.) Zürich 876, Orell, Füssli und Comp. *

Tobler, Johann Kaspar

Tobler, Jh. Ksp., († 1783.) s. J. J. Vernet, Betrachtt. üb. die Sitten rc.

Tobler, J[ohann] C(onrad). Die Schule des Lebens geschildert und seinen ehemaligen Schülern nebst übrigen Freunden und Bekannten in Liebe gewidmet von J. K. T'.... Mit dem Bildniss des Verfassers [Tafel]. 8. Brugg 1867.

Tobler, J[ohann] C(onrad). Die Schule des Lebens, geschildert und allen Freunden einer naturgemässen Erziehung und Bildung des Volkes gewidmet von J. K. T'.... Mit dem Bildniss des Verfassers [Tafel]. 8. Brugg 1870.

Tobler, J[ohann] C(onrad). Die Wege des Herrn sind wunderbar! Gegeben und... bewiesen in dem Leben und Wirken... des J. K. T'.... Von ihm selbst beschrieben.... Mit dem Portrait des Verfassers [Tafel]. 3. vermehrte Aufl. 8. St. Gallen *o. J.* [1866 70].

Tobler, Johann Rudolf

Tobler, J. R., das Evangelium Johannis nach dem Grundtext (Codex Sinaiticus) getreu wiedergegeben. Ein historisch-krit. Versuch. gr. 8. (32 S.) Schaffhausen 867, Brodtmann'sche Buchh.

Tobler, Joh. Rud., Grundzüge der evangelischen Geschichte. gr. 8. (IV, 50 S.) Zürich 870, Herzog.

Tobler, Josefine, neue Wiener Küche, m. Anh.: Die Wiener Mehlspeiseköchin. Leichtfaßliche Anleitg. zur Erlerng. der einfachen u. feineren Kochkunst f. Hausfrauen u. Köchinnen. (224 u. 119 S.) 8. Reutlingen (904). R. Bardtenschlager. Geb. 2. 20; in Leinw. 3. —

Tobler, Josephine. Über die Radikaloperationen der Hernien im Kindesalter und ihre Resultate. Diss. Med. Univ. Zürich. [Mit 4 Tabellen.] *Kopftitel:* Aus dem Kantonsspital Winterthur. Direktion: Dr. Rob[ert] Stierlin. 34 S. 8. Luzern, J. Schills Erben, 1908.

Tobler, Karl, Hütten-Verzeichnis, s.: Brunn's, Osc., Karte der deutschen u. österreichischen Alpenländer (im Anhang: Karten u. Pläne.)

[Tobler, Caspar.] (Peter Martyr Vermilli. 1500–1562.) [Mit 1 Tafel.] Njbl. Chorh. Zürich 1798. 4. [Zürich.]

Tobler, Clara. Mrs. Elizabeth Inchbald, eine vergessene englische Bühnendichterin und Romanschriftstellerin des 18. Jahrhunderts. 8. 1910.
Ausg. A: Diss. Phil. I. Univ. Zürich. VI + 120 S. Göttingen, Druck der Dieterichschen Universitäts-Buchdr.
Ausg. B: Von Cl' T'. VI + 119 S. Berlin, Mayer & Müller. [M. 2.80]

Tobler, L.

— Das germanische Heidenthum und d. Christenthum. Eine religionsgeschichtliche Studie. (Separatabdruck aus der „Theolog. Zeitschrift aus der Schweiz", Jahrg. II, S. 233—261.) 1885.

[Tobler, Leonhard.] Dr. Heinrich Escher (1781–1860), Professor der Geschichte. 2 Theile. Njbl. Waisenh. Zürich. 4. Zürich 1882–1883.
Theil 1: Die Jugendzeit. [Mit 1 Portrat-Tafel.] — Theil 2. [Mit 1 Tafel.]

(T[obler, Leonhard].) Dr. Friedrich Locher. 8. (Zürich [1867].)

Tobler, Ludwig. Der Achselbogen des Menschen, ein Rudiment des Panniculus carnosus der Mammalier. Diss. Med. Univ. Zürich. Mit 27 Figuren im Text. *Kopftitel:* Aus dem anatomischen Institute der Universität Zürich. – – (Sonderabdruck aus: Morpholog. Jahrbuch. Bd. 30. Heft 3.) 58 S. 8. Leipzig, Wilhelm Engelmann, 1902.

Tobler, Ludwig, Dr., a. Zürich: Aus der Kinderklinik zu Heidelberg. (Direktor: Hofrat Prof. O. Vierordt.) Über die Eiweißverdauung im Magen. Straßburg: K. J. Trübner 1905. (31 S.) 8°
Mit: Einladung zur .. Probe-Vorlesung .. d. 8. Nov. 1905 .. Thema: Moderne Principien der Diphtherieebehandlung. Heidelberg: J. Hörning. (1 Bl.) 8°
Heidelberg, Med. Fak., Hab.-Schrift v. 1905

Tobler, L[udwig]. Ethnographische Gesichtspuncte der schweizerdeutschen Dialektforschung. [SA.] 8. [Zürich 1887.]

Tobler, Ludw., s.: Idiotikon, schweizerisches.

[F.] Kleine Schriften zur Volks- und Sprachkunde v. Ludwig Tobler. Hrsg. v. J[acob] Baechtold u. A[lbert] Bachmann, Professoren a. d. Univ. Zürich. M. Portr., Lebensabriss u. Bibliographie. *Frauenfeld: J. Huber 1897.* (XVI, 320 S., 1 Portr.) 1 Bd 8. [97. 7069

Tobler, L., die lexikalischen Unterschiede der deutschen Dialekte mit besond. Rücksicht auf die Schweiz, s. Festschrift zur Begrüssung der XXXIX. Versammlung deutscher Philologen und Schulmänner, dargeboten von der Universität Zürich.

Tobler, Ludwig. Ueber sagenhafte Völker des Altertums und Mittelalters. [A.] 8. [Leipzig 1888.]

Tobler, Ludw., schweizerische Volkslieder, s. Bibliothek älterer Schriftwerke der deutschen Schweiz.

Tobler, d. fremden Worter in d. dtsch. Sprache. (Vortr., Offentl. II, 2) Basel 1872

Tobler, Ldwg, Die fremden Wörter in der deutschen Sprache. Basel 1873. 8.
(= Öffentl. Vorträge geh. in d. Schweiz. Bd. 2. H. 2. . . . . (D.; KPA.)

—— die fremden Wörter in der deutschen Sprache, s. Vorträge, öffentliche.

Tobler, Ludw., über die Wortzusammensetzung nebst einem Anh. über die verstärkenden Zusammensetzungen. Ein Beitrag zur philosoph. und vergleich. Sprachwissenschaft. gr. 8. (VIII, 144 S.) Berlin 868, Dümmler's Verlag. *

Tobler, Maria. Beitrag zur Frage des Vorkommens von Tuberkelbacillen und anderen säurefesten Bacillen in der Marktbutter. Diss. Med. Univ. Zürich. *Kopftitel:* (Aus dem Hygiene-Institut der Universität Zürich.) — ([Mit 2 Tafeln. — Separat-Abdruck] Aus «Zeitschrift für Hygiene und Infectionskrankheiten». Band 36.) 35 S. 8. Leipzig, Veit & Comp., 1901.

Tobler, Mathilde, s. Sandford, Mrs. John, die Frau in ihren häusl. rc. Verhältnissen.

Tobler, Max. Zur Anatomie von Parmophorus intermedius Reeve. Diss. Phil. [II.] Univ. Zürich. [Separatabdruck aus: Jenaische Zeitschrift für Naturwissenschaft. Band 36.] 45 S. 8. Jena, Gustav Fischer, 1901.

Tobler, Max: Der tolle Hund, s. Brupbacher, Fritz

Tobler, Otto. Entwicklung und Funktionen der Landesämter in Appenzell A. Rh. vom Ende des 14. Jahrhunderts bis zur Gegenwart. Diss. Jur. Bern. VIII + 164 S. 8. Trogen, U. Kübler, 1905.

Tobler, Rudolf (Hrsg.), s. Tobler, Adolf: Vom franz. Versbau ... 5. Aufl.

Tobler, Rudolf: Die altprovenzalische Version der Disticha Catonis. *Berlin 1897: E. Ebering.* (104 S.) 8°
Strassburg, Phil. Diss. v. 1897

Tobler, Rud., d. altprovenzal. Version d. Disticha Catonis. s. a. Studien, roman., Hft. 3.

Tobler, Salom., Columbus. Epische Dichtung. 8. Zürich 846, Meyer u. Zeller. 2 ß 9 ngl

Tobler, Salom., die Enkel Winkelried's. Epische Dichtung. 8. (25¼ B.) Zürich 837, Höhr. Thlr.

Tobler, Salomon, die Enkel Winkelried's. (Epische Dichtg. E. Kranz auf d. Grab d. heldenmüt. Nidwaldner v. J. 1798.) 2. [Titel-] Ausg. 12. (XII, 389 S.) Stans (837) 898. H. v. Matt. n. 2. —

Tobler, Salomon *Ludwig*: Gegenstand und Umfang der Rechtskraft in objektiver Beziehung ... Berlin, Druck v. G. Bernstein, *1892*; 66 S., 1 Bl. 8.
Berlin. Jur. Fak., Inaug.-Diss. v. 11. Aug. 1892

Tobler, Salom., Gottfr. **Keller**, Rob. **Weber** u. Jak. **Kübler**, Lieder des Kampfes, hrsg. zum Besten der Hinterlassenen im letzten Kampf gefallener eidgenöss. Wehrmänner. 8. (IV u. 207 S.) Winterthur 848, Literar. Comptoir v. Hegner älter. 1 ß

Tobler, S., s.: Nationalbibliothek, schweizerische.

Tobler, Theodor [med. pract. von Heiden (Kt. Appenzell)]: Experimentelle Untersuchungen über die Wirkung der hinteren Sclerotomie. Wiesbaden 1898. 26 S. 2 Taf. 8°. (Sep.-Abdr. aus Archiv f. Augenheilkunde, 38. Bd.)
Basel. Med. Diss. 1898/99.

Tobler's, Dr. **Titus**, Lebensbild, s.: Heim, H. J.

Tobler, Titus, Beitrag zur medizinischen Topographie von Jerusalem. Berlin 855. G. Reimer. 8. (V, 67 S.) n. 10 ngr.

Tobler, Titus, Bethlehem in Palästina. Topographisch u. historisch nach Anschau u. Quellen geschildert. Mit Karte u. Tempelplan. br. 8. (XII u. 274 S. m. 1 lith. Taf. in qu. Fol.) St. Gallen 849, Huber & Co. in Comm. n. 1½ ß

Tobler, Tit., üb. d. Bewegung d. Bevölkerung, das Verhältniß ders. z. Lande, so wie d. Geborenen u. Gestorbenen zu d. sämmtl. Lebenden, üb. d. Verdoppelung d. Bevölkerung, d. wahrscheinl. u. durchschnittl. Lebensdauer, nebst den aus d. Sterblichkeit auf d. gesundheitl. u. häusl. Zustand d. Lebenden gezog. Folgerungen in besond. Berücksichtig. d. äußern Rhoden u. der Pfarre Brüllisau d. Kant. Appenzell, d. sanktgall. Städtchens Rheineck u. d. Gemeinde Gaißau im Voralbergischen. Ein Beitr. z. Biostatik. gr. 8. (6¾ B.) St. Gallen 835, (Huber u. Comp.) *

Tobler, Titus, Bibliographia geographica Palaestinae. Zunächst krit. Uebersicht gedr. und ungedr. Beschreibungen der Reisen ins heil. Land. gr. 8. (V und 265 S.) Leipzig 867, Hirzel. *

Tobler, Titus, Bibliographia geographica Palaestinae ab anno CCCXXXIII. usque ad a. M. gr. 8. (27 S.) Dresden 875, Schönfeld's Verlag. *
Aus: Neuer Anzeiger für Bibliographie und Bibliothekswissenschaft, besonders abgedruckt.

—— s. De locis sanctis etc.

—— Denkblätter aus Jerusalem. 1. Aufl. 1852(53.) * 3 Thlr. 18 Ngr. und 2., wohlf. Ausg. 8. (X und 761 S. mit 3 lithogr. Ansichten und 1 lithogr. Karte in Fol.) St. Gallen 856, Scheitlin und Zollikofer. (Konstanz, Meck.)

Tobler, Titus, s.: Descriptiones terrae sanctae.

Tobler, Titus, alte Dialektproben der deutschen Schweiz. 8. (72 S.) St. Gallen 869, Huber und Comp.

—— Golgatha. Seine Kirchen und Klöster. Nach Quellen und Anschau. gr. 8. (XII und 553 S. mit 4 lithogr. Ansichten und Plänen in 4. und Fol. und 7 lithogr. S.) St. Gallen 851, Huber und Comp. *

Tobler, Titus: Grundriss von Jerusalem nach Catherwood und Robinson. [Zürich 1849.]

— Grundriss v. Jerusalem nach Catherwood u. Robinson, mit einem neu eingezeichneten Gassennetze u. etlichen, theils zum ersten Male erscheinenden, theils berichtigten Gräberplanen. Imp.-Fol. Lith. Ebd. 850. n. 24 ngl

Tobler, Titus, die Hausmutter. Ein Buch für das Volk. 2., umgearb. u. verm. Ausg. 8. (13½ B.) St. Gallen 844, Huber u. Comp.

Tobler, Titus, s. Itinera et descriptiones Terrae Sanctae lingua latina saec. IV—XI exarata

—— Lustreise ins Morgenland. Geschildert. 2 Thle. gr. 12. (26⅓ B.) Zürich 839, Orell, Füßli u. Comp.

— Nazareth in Palästina. Nebst anh. der vierten wanderung. Mit einer (lith.) artist. beilage (in qu. Fol.) Berlin 868. G. Reimer. 8. (VII, 344 S.) n. 1 ß 20 ngr.

—— s. Palaestinae descriptiones.

—— die Siloahquelle und der Oelberg. gr. 8. (VIII und 326 S. mit 1 artist. Beilage in Fol.) St. Gallen 852, Scheitlin und Zollikofer.

—— appenzellischer Sprachschatz. Eine Samml. appenzell. Wörter, Redensarten, Sprichwörter, Räthsel, Anekdoten, Sagen, Haus- u. Witterungsregeln, abergläub. Dinge, Gebräuche u. Spiele, würzender Lieder od. Reime; nebst analog., histor. u. etymolog. Bearbeit. e. Menge v. Landeswörtern, zum Theile nach altteutschen Handschriften d. kathol. Kantonsbibliothek in St. Gallen. Lex.-8. (32¾ B.) Zürich 837, Orell, Füßli u. Comp.

— der grosse Streit der Lateiner mit den Griechen in Palaestina über die heiligen Stätten im vorletzten Jahrh. u. der Neubau der Grabkuppel zu Jerusalem im letztverflossenen Jahrzehnt. St. Gallen 870. Huber & Co. br. 8. (115 S.) n. 18 ngr.

—— zwei Bücher Topographie von Jerusalem und seinen Umgebungen. 1. Buch: Die heilige Stadt. br. 8. (CVI und 677 S. mit 4 lithogr. artist. Beilagen.) Berlin 853, G. Reimer. *

—— dass. — 2. Buch: Die Umgebungen. br. 8. (IV und 1033 S. mit 1 artist. lithogr. Beilage in qu. Fol.) Ebds. 854. *

Tobler, Titus, dritte Wanderung nach Palästina im Jahre 1857. Ritt durch Philistäa, Fussreisen im Gebirge Judäas u. Nachlese in Jerusalem. Mit 1 (lith.) Karte (in 4.). Gotha 859. J. Perthes. gr. 8. (VIII, 514 S. m. Holzschn.) n. 3 ß

Tobler, U[lrich]. Sprachstoff für den Schönschreib-Unterricht an den Primarschulen. Im Auftrage des Thurgauischen Erziehungsdepartements zusammengestellt. 22 S. 8. Frauenfeld, Huber & Co., (1907).

Tobler, U[lrich]. Verfassungskunde für die Fortbildungsschule. Im Auftrage des Thurgauischen Erziehungsdepartements bearbeitet. VI + 120 S. 8. Frauenfeld, Huber & Co., 1905. [kart. fr. —.50]

Tobler, Victor s. Panorama der... Schlacht bei Murten. (Zürich [1894].)

Tobler, Wildbert 4°Thl. XI, 10/11

Dissertatio irenica de veritatis et charitatis amicissimo in ecclesia protestantium connubio.
Präs. Johann Jakob Hottinger.
Tübingen (Sigmund) o. J. 68 S.

Diss. Zürich III. 1721.
8 Resp. 34575

Tobler-Manz, Heinrich

Tobler-Manz, Hch., D'Chindstaufi. Schwank i äm Akt im Appenzellerdialekt. (17 S.) 8. St. Gallen (906). [Zweifel-Weber.] Zürich, Hug & Co. 1. —

Tobler-Meyer, Wilhelm

Tobler-Meyer, W. Deutsche Familiennamen nach ihrer Entstehung und Bedeutung mit besond. Rücksichtnahme auf Zürich und die Ostschweiz. Gr. in-8°. VIII, 234 S. Zürich, A. Müller. 4 — 1894.

Geschichte der fünfundsechszig Schilde der Schildnerschaft zum Schneggen seit 1559 nach den von dem verstorb. Obmann Georg v. Wyss bearb. Uebersichten ergänzt u. hrsg. durch Wilhelm Tobler-Meyer u. eingel. durch e. kurze Nachricht über d. Anfänge d. Schildnerschaft von Dr. Heinrich Zeller-Werdmüller. *Zürich 1900: Buchdr. Berichthaus.* (VI, 289 S.) 4° [F.]
[Umschlagt.:] Festschrift z. Feier d. 500jähr. Bestandes d. Gesellsch. d. Schildner zum Schneggen. [oo. 13089

Tobler-Meyer, Wilh[elm]. Das Geschlecht der Tobler <A.>, ehemals von Tobel & Tobler von Tobel in der Stadt Zürich. Nach dem dermaligen Stande seiner eigenen urkundlichen Forschungen geschildert im Juli 1870 von Wilh. T.-M. <Separat-Abdruck aus der 2. Aufl. des „Neuen historischen Wappenbuches der Stadt Zürich", hrg. von J[ean] Egli-Schätti, Zürich 1870>. 4. Neumünster. (10 S.)

Tobler-Meyer, Wilh. Die Herren von Goldenberg auf Mörspurg, ihr Ende und Erbe. Eine Familien-, rechts- und kulturgeschichtliche Studie. Vortrag, gehalten vor der Antiquarischen Gesellschaft in Zürich am 12. Februar und 19. März 1881. Gr. in-8°, 44 S. Winterthur, Bleuler-Hausheer & Cie., 1884.

Tobler-Meyer, Wilh., die Münz- u. Medaillen-Sammlung des Hrn. Hans Wunderly-v. Muralt in Zürich. Erläut. u. beschrieben. 1. Abth. 1.—4. Bd. gr. 8. Zürich (A. Müller's Verl.). à n. 8. —
1. Die Münzen u. Medaillen d. Stadt u. d. Kantons Zürich u. d. ehem. Benedictinerabtei Rheinau. (XXX, 342 S.) 896.
2. Die Münzen u. Medaillen d. 8 alten Orte ausser Zürich. (XXIII, 392 S.) 896.
3. Die Münzen u. Medaillen d. Städte u. Kantone Freiburg, Solothurn, Basel u. Schaffhausen, d. Kantons Appenzell u. d. geistl. Münzherren auf d. Boden d. heut. Schweiz. (XXV, 476 S.) 897.
4. Die Münzen u. Medaillen der Stadt u. d. Kantons St. Gallen, des Gotteshausbundes v. Graubündten, der Stadt Chur, des Kantons Graubündten, d. Kantone Aargau u. Thurgau, der Stadt Bellinzona u. d. Kantons Tessin, d. Kantons Waadt, der Republik Wallis, des Fürstenth. u. Kantons Neuenburg, d. Stadt u. d. Kantons Genf, d. Städte Mülhausen i/E., Rottweil u. Constanz, d. Grafen v. Sulz u. v. Dohna, der Grafen u. Fürsten Trivulzio, Herren in Misocco, d. Freiherrschaft Haldenstein u. d. Fürsten Dietrichstein, Herren z. Tarasp. (XXXII, 483 S.) 898.

Tobler-Meyer, Wilh., die Münz- u. Medaillen-Sammlung des Hrn. Hans Wunderly- v. Muralt in Zürich. Erläutert u. beschrieben. I. Abth. 5. Bd. Münzen der helvet. Republik. Münzen des schweizer. Bundesstaates seit 1848. Allgemein schweiz. Medaillen, Schützenthaler u. Aehnliches. Nachtrag. Register. (22) Münz- u. Medaillen-Tafeln. gr. 8. (XII, 414 S.) Zürich 899. (A. Müller's Verl.) n. 8. —

Tobler-Meyer, Wilhelm s. Römer, M[elchior]. Strassburg und Zürich.... Zürich 1882.

Tobler-Meyer, W., siehe: *Taschenbuch, Zürcher.*

Tobler-Meyer, Wilh. Vortrag und Toast am Bogenschützenmahl den 20. November 1880. In-4°, 39 S. Zürich, Druck von F. Schulthess.

Töbly, Ritter Rob., s.: Ricardus Anglicus, **Anatomia.**

Tobner, Paul, Lilienfeld. 1202—1902. Zur Erinnerg. an die Feier des 700jähr. Jubiläums dieses Cistercienserstiftes. 8. (591 S. m. Taf.) Wien 902. (W. Frick.) n. 7.—

Lilienfeld. 1202–1902. Zur Erinnerung an die Feier d. 700jähr. Jubiläums dieses Cistercienserstiftes. Von P. Paul Tobner, Subprior zu Lilienfeld. *Wien: Stift Lilienfeld 1902.* (591 S.) 8° [F.] [oo. 13053

Tobner, Zephyrin, O. Cist., der Priesterberuf. Predigt zur Primiz-Feier des hochwürd. Hrn. Johann Andraschko, Priesters der Erzdiözese Wien, in der Pfarrkirche zu Böhmisch-Röhren am 4. VIII. 1901. (Im erweiterten Umfange gedr.) 12. (36 S.) Warnsdorf (902). (A. Opitz.) — 30

Tobold, Adelbert

Tobold, s. Illness, the, of the emperor Frederick III.

Tobold, Adelb., die chronischen Kehlkopfs-Krankheiten mit specieller Rücksicht auf laryngoskop. Diagnostik u. locale Therapie. Berlin 866. A. Hirschwald. gr. 8. (VIII, 254 S. mit 20 eingedr. Holzschn.) n. 1 Thlr 18 ngr.

—— s. Krankheit, die, Kaiser Friedrich III.

Tobold, Adelb., Lehrbuch der Laryngoskopie und des localtherapeutischen Verfahrens bei Kehlkopfkrankheiten. Mit 23 Holzschn. (im Text.) Berlin 863. Hirschwald. gr. 8. (VIII, 148 S.) n. 1 Thlr

Tobold, Adelb., Lehrbuch der Laryngoskopie und des localtherapeutischen Verfahrens bei Kehlkopfkrankheiten. 2. umgearb. und erweit. Aufl. (X, 245 S. mit 45 eingedr. Holzschn.) Berlin 869, Hirschwald. *

Tobold, Adelb., Laryngoscopie u. Kohlkopf-Krankheiten. Klinisches Lehrbuch. 3. veränd. u. erweit. Aufl. Mit 57 (eingedr.) Holzschn. gr. 8. (XV, 543 S.) Berlin 874. Hirschwald. n. 10. —

Tobold, Adelbert. (Augustus Osc.) (geb. Flatow 22. 11. 1827): De articuli cubiti resectione. Berolini (1855). (24 S.) 4°
Berlin, Med. Diss. v. 13. März 1855

Tobold, Bernhard

Tobold, Anleitung zur Gesundheitspflege f. den Soldaten. 8. (24 S.) Berlin 894. O. Enslin. n. — 20

[F.] Anleitung zur Gesundheitspflege für den Soldaten bearb. v. Dr. [Bernhard] Tobold, Assistenzarzt im 2. Garde-Reg. . . . 10. Aufl. . . . *Berlin: O. Enslin 1895.* (28 S.) 1 Bd 8. [96. 1761

Erste Hilfe bei Unglücksfällen und Erkrankungen in Fragen und Antworten zsgest. von Stabsarzt Dr. [Bernhard] **Tobold.** Berlin: H. Paetel 1905. (33 S.) 8° [F.] [06. 10736

Tobold, Bernhard [aus Berlin]: Aus d. chirurg. Klinik zu Bonn. Über Varicen der unteren Extremität und ihre Behandlung. . . . Bonn, Univ.-Buchdr. v. Carl Georgi, 1889; 51 + 1 S. 8°
Bonn, Med. Fak., Inaug.-Diss. v. [27.] Jul. 1889

Tobolewski, Franz Rom.

Tobolewsky, Fr. Rom., Kurze Übersicht üb. Bau, Zweck u. Krankh. d. Haare. 2 Tle. (58 S.) Jena 83. Dege & Hänel. (Dürselen, Wiesbaden.) M. 3.—

Tobolewski F. R.: Kurze Uebersicht üb. Bau, Zweck u. Krankheiten d. Haare. Th. 1-2. Anatomie d. Haares. Leipz. 1884. (58) S. (Vorträge f. Thierärzte. Ser. 6 H. 12 og Ser. 7 H. 5 [ikke 3·]). 327.

Tobolewski, F. R., kurze Uebersicht üb. Bau, Zweck u. Krankheiten der Haare, s. a. Vorträge f. Thierärzte.

Tobolkový kalendář, Fromme'ho. 1882. 1. Jahrg. 16 kr.
Wien: C.Fromme.

Tobolskový Kalendář Fromme's. II. Jahrg. 1883. 16 kr. Ebda.

Tobolkový Kalendař, Fromme-ho. 7. Jahrgang 1888. Wien, Fromme. fl —. 16.

Tobolkový Kalendář, Fromme-Ho. 12. Jahrg. 1893 Wien: C.Fromme. —.16

Tobolkový Kalendář, Fromme-Ho, 1894. Dreizehnter Jahrgang Ebda. —.16

Tobolkový Kalendář für 1895. 14. Jahrg. —.16
Ebda.

Tobolkovy-Kalendář, Fromme ho. 17. Jahrg. 1897 Ebda. —.16

Tobolkový Kalendář, Fromme-Ho. 18. Jahrgang. 1899 Ebda. —.16

Tobusch, Hermann, a. Gellershagen b. Bielefeld: Über elastische und magnetische Nachwirkung. Leipzig 1908: J. A. Barth. (46 S.) 8°
Göttingen, Phil. Fak., Ref. Wiechert, Diss. v. 1. Juli 1908
[Geb. 4. Okt. 79 Theesen, Kr. Bielefeld; Wohnort: Gellershagen; Staatsangeh.: Preußen; Vorbildung: Gymn. Bielefeld Reife O. 00; Studium: Heidelberg 1, Berlin 1, Göttingen 8 S.; Rig. 28. Juni 07.]

Tocco. F., Ricerche Platoniche, Cantazaro 1876 rec. Teichmüller. S.-A. 1880. 18 S.

Toch, Franz, Auszug aus dem Reiseberichte nebst einem Anhange: Mittheilungen über die Milchwirthschaft im Allgäu. (Publicationen des österreichischen Central-Vereines für Milchwirthschaft. Nr. 8.) Gr.-8. (47 S.) —.60
Wien: Frick 1894.

Toch, Frz., Auszug aus dem Reisebericht, nebst e. Anh.: Mittheilungen üb. die Milchwirthschaft im Allgäu, s. a. Publikationen des österreichischen Centralvereines f. Milchwirthschaft.

Toch, Frz., Bericht üb. Kartoffelanbauversuche der deutschen Sektion des Landeskulturrates f. das Königr. Böhmen, s.: Arbeiten der deutschen Sektion des Landeskulturrates f. das Königr. Böhmen. X—XII.

— landwirtschaftliche **Betriebslehre.** Zum Gebrauche an landwirtschaftl. Lehranstalten u. f. den prakt. Landwirt. gr. 8. (VIII, 66 S.) Stuttgart 895. E. Ulmer. Kart. n. 1.—

Tochachat Megulla. Sendschreiben an die Rabbinerversammlung zu Frankfurt. Herausg. und in's Deutsche übersetzt von Raphael Kirchheim. Frankfurt a. M. 1845. V: *Rapoport, Salomo Jehuda Löb.* (STBFrankf I, 160)

Kaiser Heinrich VI. Von Theodor **Toeche.** — Leipzig: Duncker & Humblot 1867. XIV, 746 S. 8°
(Jahrbücher der deutschen Geschichte.)

Toeche, Th., Kaiser Heinrich VI., s. a. Jahrbücher der deutschen Geschichte.

Toeche, (Christian. Sigfr.) Theod. (geb. Berlin 8. 9. 1837): De Henrico VI. Romanorum imperatore, Normannorum regnum sibi vindicante. Berolini (1860). (79 S.) 8°
Berlin, Phil. Diss. v. 3. Juli 1860

Toeche, Thdr., de Henrico VI. Romanorum imperatore, Normannorum regnum sibi vindicante. Dissert. inaug. Berlin 860. (Mittler & Sohn.) gr. 8. (2 Bl., 79 S.) 12 *ngr.*

Hundert Jahre der St. Johannis-Loge zum goldenen Pflug in Berlin. Den Brüdern dargest. von Theod. **Toeche.** Mit einem Titelbilde. Berlin 1876: Mittler & S. 50 S. 8°
[Vortit.:] Zum 8. Nov. 1876.
Nebst Verzeichn. der Beamten der Loge, zsgest. von Noske. 25a.

Toeche, Thdr., Leopold v. Ranke an seinem 90. Geburtstage 21. Dezbr. 1885. Ansprachen u. Zuschriften, gesammelt. gr. 8. (38 S.) Berlin 886. Mittler & Sohn. n. —80

Toeche, Th Leopold v. Ranke an seinem 90. Geburtstage 21. Dezbr. 1885. Ansprachen u. Zuschriften, gesammelt. gr. 8. (38 S.) Berlin 888. Mittler & Sohn. n. — 80

Toeche-Mittler, Konrad *Heinrich Ernst Siegfried:* Der Friedrich-Wilhelms-Kanal und die Berlin-Hamburger Flussschiffahrt. Zwei Beiträge zur preussischen Strompolitik des 17. und 18. Jahrhunderts. Teil I, Abschnitt 1 bis 3. . . . (Ersch. vollst. als 3. H. d. XI. Jahrg. d. Staats- u. socialwiss. Forsch., hrsg. v. G. Schmoller.) Berlin, gedr. in d. K. Hofbuchdr. v. E. S. Mittler & Sohn, 1891; 46 S., 1 Bl. 8°
Berlin, Phil. Fak., Inaug.-Diss. v. 11. Aug. 1891

Toeche-Mittler, Konr., der Friedrich-Wilhelmskanal u. die Berlin-Hamburger Flussschiffahrt, s.: Forschungen, staats- u. socialwissenschaftliche.

Toeche Mittler, Siegfried: Zur Molekulargewichtsbestimmung nach dem Siedeverfahren. Berlin 1903: E. S. Mittler & Sohn. (57 S.) 8°
Kiel, Phil. Diss. v. [30. Mai] 1903

Zur Molekulargewichtsbestimmung nach dem Siedeverfahren. Von Dr. Siegfried **Toeche** Mittler. Mit 4 Fig. u. 3 Abbildungstaf. *Berlin: E. S. Mittler & Sohn 1903.* (57 S.) 8° [04. 9193

Toeche-Mittler, Theodor

Toeche-Mittler, Th., zum Jahrestage d. Kaiserproklamation. Nachträge zu d. Darstellg. d. Kaiserproklamation in Versailles am 18. I. 1871. [Aus: „Beihefte zum Militär-Wochenblatt".] Lex.-8. (15 S.) Berlin 897. E. S. Mittler & Sohn. n. — 20
(Hauptwerk u. Nachtrag n. 2. 20)

— dasselbe, s. a.: Beiheft z. Militär-Wochenblatt 1897.

Die Kaiserproklamation in Versailles am 18. Januar 1871. Von Dr. T[heodor] **Toeche-Mittler**. Mit e. Verzeichniß d. Festtheilnehmer u. e. Grundriß d. Festräume. Berlin: E. S. Mittler & Sohn 1896. (113 S.) 4°(8°) [F.]
(Sonderausg. d. 1. Beih. z. Militär-Wochenblatt 1896.) 10

— die Kaiserproklamation in Versailles am 18. Jan. 1871. M. e. Verzeichniß d. Festtheilnehmer u. e. Grundriß d. Festräume. [Aus: „Beihefte z. Militär-Wochenblatt".] 1. u. 2. Aufl. Lex.-8. (118 S.) Berlin 896 E. S. Mittler & Sohn. n. 2. —

— dasselbe, s.: Beiheft z. Militär-Wochenblatt 1896.

Stimmungsgedanken über Raum und Zeit. Von Theodor **Toeche-Mittler**. Berlin: E. S. Mittler & Sohn 1907. (VIII, 165 S.) 8° [F.]

Tôchon, d'Anneci

— Cachets antiques des Médecins oculistes, av. fig. color. 4maj. le même. (le même.) 816.

— Dissertation sur l'époque de la mort d'Antiochus Evergètes et sur deux Medailles de ce Prince. Av. fig. 4maj. le même. (le même.) 815.

Tôchon, d'Anneci, Mémoires sur les Medailles de Marinus, frappées à Philippopolis. av. fig. 4maj. Paris. (Lips., Weigel.) 817.

— Notice sur une Medaille de Phil. Mar. Visconti, Duc de Milan. av. fig. 4maj. le même. (le même.) 816.

Tochten Agatha: Konkurrenz von altem iu und u. H. 1910 PN 3088 **Diss.** Innsbruck, Univ.

Tochter, die, oder Geschichte der Miß Emilie Royston und der Miß Henriette Ayres, 8. Leipzig, 776. Feind. 10 sgl.

Tochter, die, od. Gesch. d. Miß Emilie Royston u. der Miß Henr. Ayres, in Briefen v. Fr. Maria Sus. Cooper, aus d. Engl. 8. Lpz. Junius. (Gleditsch.) 776.

Tochter, Des Amtmanns, von Lüde. Eine Wertheriade . . . Bremen 1797. V: *Hoche, Johann Gottfried.* (GGr)

Tochter, die, des Aristides; Lstspl. 8. Frankf. 764. Gebhardt u. K. 4 gr.

TOCHTER, Die böse, oder: So wird Bosheit und Ungehorsam gegen die Aeltern bestraft. Eine Geschichte zur Warnung. (Leipzig, Taubert; c. 1810?) 8⁰. (2 gr.) (1 Mk. Jul. Neumann, Magdeb., 1907.)
Seltene Jahrmarktschrift.

Tochter, der, ersies Buch. Ein Buchstabir- u. Lesebuch. 2. Aufl. Mit 8 col. Kupfertaf. 16. Berlin 845, Hasselberg. geb. 1/4 ß

Tochter, die christliche. Ein Spiegel für die weibl. Jugend. Nebst den gewöhnlichen Andachtsübungen. gr. 8. (VIII und 184 S.) München 856(57), (J. A. Finsterlin.) Thlr. *

Tochter, Die dankbare. Ein Originaldrama in Prosa von einem Aufzuge. Wien 1773. V: *Weidmann, Paul.* (Jahrb. d. Grillp.-Ges. XIII.)

— die dankbare,. Drama in 1 Aufz. von Weidmann. 8. Wien, Wallishäuser.

Tochter, Die dankbare, oder die Einquartierung. Ländliches Lustspiel mit Gesang in einem Aufz. Leipzig und Budissin 1779. V: *Hartmann, Andr. Gottlieb.* (Stockmayer, D. dtsche Soldatenstück. Weimar 1898. S. 105.) »Leipzig 1784« (Haydinger) (Ky)

— die dankbare, od. die Einquartirung; ländl. Lstspl. mit Gesängen (v. Andr. Gli. Hartmann). 8. Budissin ... 2e A. 784. Deinzer. 3 gr.

Tochter, die edelmüthige, griech. Novelle aus d. gegenwärtigen Revolutionsperiode v. P. G., frei nach dem Franz. v. G. J. F. v. Halem. 8. Leipz. 823, Klein.

Tochter, die einzige, Roman. A. d. Engl. v. F. Steger. 3 Bde. 8. (51¾ B.) Braunschweig 839, Leibrock.

— die, des Elendes, od. Wanderungen durch die Vorzimmer d. Höflinge. 8. Lyon. (Hinrichs in Lpz.) 809.
Vgl. T o c h t e r , Die, d. Unglücks.

Die Tochter des Eremiten, | oder: | Glückliches Wiedersehen nach schwerer Prüfung. | Die Geschichte handelt von einer jungen Frau, die durch Verläumdung eines Bösewichts | verstoßen und nach jahrelangem unsäglichen Leiden nebst ihrem im Walde gebornen Kinde | zum glücklichen Wohl-
Kol.: Druck von G. Allendorf in Heppenheim a. B.
o. J., 1 Bl. zweiseitig bedruckt, 294 × 202.
LBO Bänkelsängerlit. III, 77.

Tochter, Die, der Finsternis. Ein Trauerspiel in fünf Aufzügen nach der Aurora vom Reichsgrafen Julius Soden. Mit einigen zur Aufführung nöthigen Abänderungen aufgeführt 1/2 1796 im Leopoldstädter Theater. Wien 1796. V: *Hensler, Carl Fch.* (GGr V/328, Nr. 99/30) (Chronolog. Verzeichniss aller Schauspiele, Wien 1807, S. 118) (BiblPort)

Tochter, die, d. Fischers; od.: Sebie's Lektionen u. die Art u. Weise, wie sie dieselben lernte. Aus dem Engl. 16. (111 S.) Cleveland 871. (Philadelphia, Schäfer & Koradi.) geb. n. 1. —

— die, der Fluth. Romant. Gedicht in fünf Gesängen. (Von M. Zimmermann.) 8. (14¾ B.) Leipzig 841, Fr. Fleischer. *

Tochter, eine, des Friedens. Seelenleben einer Frühvollendeten. Mit einem Nachworte von Fr. Al. Ernst Bömel. Stuttgart 870. Belser's Verlag. 8. (64 S.) 5 ngr.

— eine, d. Friedens. Seelenleben e. Frühvollendeten. Mit e. Nachworte v. Fr. Al. Ernst Bömel. 2. Aufl. gr. 16. (68 S.) Stuttgart 871. Belser's Verl. n. — 50

— die glücklich gefundene, in 2 Theilen, aus dem Franz. der Frau von Riccoboni, 8. Nürnberg, 769. Felseckers. 7 sgl.

— die glücklich gefundene; e. Gesch., a. d. Frz. 8. Frkft. u. Lpz. (Felsecker in Nürnb.) 779.

Tochter, die geraubte. Erzählung aus den Zeiten der Neger-Sklaverei. 16. (266 S. mit 1 Holzschntaf.) Cleveland, O. 877. (Philadelphia, Schäfer & Koradi.) geb. n. 2. —

Tochter, die, des Grafen, siehe: Bibliothek, Europäische, 712–714. Bd.

Des Grafen Tochter. Keine sentimentale Gesch. (Nach d. Engl.) (Trier: Paulinus-Dr. [1899?].) (S. 99–121.) 8°
= Novellenkranz. Hrsg. v. Dasbach. Bdch. 7, [3.]

—— des Grobschmidt's. Ein histor. Roman von dem Verf. des „Walter Clayton" nach d. Engl. v. W. du Roi. 2 Bde. 8. (38¼ B.) Braunschweig 846, Leibrock.

Tochter, Die gute. Lustspiel in fünf A. Wien 1780. V: *Traun, Carl Emanuel Graf von.* (GGr)

Tochter, die gute, ein Lese- u. Bilderbuch für Mädchen. Taschenform. Pirna 812. Friese. 12 gl

— die heldenmüthige, Novelle, s. Bibliothek, wohlfeile, von Unterhaltungsschriften. 15s Bdchn.

Tochter, die heldenmüthige, griech. Novelle aus der gegenwärt. Revolutionsperiode von P. G.; frei nach d. Französ. v. B. J. F. v. Halem. 8. Leipz. 823. Klein. 1 ß

—— die, des Herodias. Matth. 14, 1—11. für Aeltern u. Kinder. 2. Aufl. 8. (2 B.) Nürnberg 835, (Raw'sche Buchh.)

Tochter, die, der Herodias. Matth. 14, 1—11. Für Aeltern u. Kinder. Mit einer Zugabe. 4. Aufl. 8. (30 S.) Nürnberg 851, Raw. 2 ngl

Tochter, die, der Herodias. Matth. 14, 1—11. Für Aeltern u. Kinder. Mit einer Zugabe. 5. Aufl. Nürnberg 860. Raw. 8. (30 S.) n. 2 ngr

Tochter Jephtas, die. s. Jephtas.

— die, Jephtas, siehe a. Emanuel.

Tochter, die, Jephthas od. dem HErrn geweiht. Ein Singspiel, nach der Hl. Schrift zusammengestellt f. Jungfrauenvereine u. christl. Gemeinschaften. Hrsg. v. Verband der evangel. Jungfrauenvereine Deutschlands. 2. Aufl. (16 S.) 8. Berlin 910. Buchh. des ostdeutschen Jünglingsbundes. p — 60

Tochter, Die, Jephte. Ein Trauerspiel mit Chören in fünf Handlungen. Prag 1786. V: *Rittershausen, Joh. Sebast. von.* (GGr V/363, Nr. 42/1) (BiblPort)

— die, des Jephte. Trauersp. v. Rittershausen. 8. Münch. Lentner. (a. Thurneysen in Basel.) 796.

— die, des Missionars, oder Lebensgeschichte der kleinen Marie. Nebst sonstigen Erzählungen. Bremen 861. Verlag des Tractathauses. 16. (2 Bl., 128 S. m. Holzschn. u. 1 Holzschntaf.) n. 6 ngr

— die, der Natur. Schausp. v. Lafontaine. 8. Görlitz, Anton. 806.

Tochter, die natürliche, s. Novellen, Hamburger.

Tochter, Die Natürliche. Lustspiel. Münster 1774. V: *Sprickmann, Anton Matth.* (Bresl 31, S. 168)

— die natürliche. E. rührendes Lustsp. in 5 A. v. Sprickmann. 8. Münster, Perrenon. (Coppenrath, auch Sommer in Leipz.) 774.

Tochter, Die natürliche. Aus d. Französischen von Ch. A. Wichmann. Breslau 1780. V: *Restif de la Bretonne, Nicolas Edme.* (BGE VI[a], 438)

— die natürliche; ein Original-Lstspl. 8. Wien 788. (K. Haas). 4 gl

— die natürliche, eine rührende Geschichte, in 2 Theilen, mit Kupf. 8. Halle, 790. Dost. 10 sgl.

Tochter, Die natürliche, eine rührende Geschichte. Halle 1791. V: *Mursinna, Friedrich Samuel.* (Ky) (MGT) (GGr) »1790« (Adel)

— die natürliche; aus d. Französ. (von F. S. Mursinna). 8. Hamb. 790. 2e A. 794. (Herold jun.) 16 gl

Tochter, Die natürliche. Eine rührende Geschichte. Hamb. 1794. V: *Restif de la Bretonne, Nicolas Edme.* (BGE VI[a], 438)

— die natürliche; e. rührende Gesch., a. d. Frz. 8. Halle, Dost. (Vollmer in Hamb. a. Benj. Fleischer in Lpz.) 794.

— d. natürliche,. Trauersp. v. J. W. v. Göthe. 12. Tübingen, Cotta. 804.

—— die natürliche, freie Bearbeitung von Stephanie Louise de Bourbon-Conti selbstverfaßten Memoiren, z. Erläuter. v. Göthe's gleichnam. Trauerspiele, durch Friedr. Zirklaup. 2 Thle. gr. 12. (.. B.) Meißen 835, Klinkicht u. Sohn.

— die, d. Pastors. Rev. Abdr. aus dem „Volksblatt f. Stadt u. Land." Frei nach dem Engl. v. der. Verf. der Dorfgeschichte „Aus der Neuzeit." 8. (200 S.) Norden 876. Soltau. n. 2. 50

— d. Pfarrers, s. Pfarrerstochter.

Tochter, Des Pfarrers, von Hoheneich oder Natur besiegt das Vorurtheil. Halberstadt 1798. V: *Hoche, Johann Gottfried.* (GGr) (Ky)

Tochter, Des Pfarrers, von Taubenheim. Eisenb. und Leipzig 1801. 2. A. 1806. 3. A. 1810. 4. A. 1820. 5. A. 1827. V: *Bornschein, Joh. Ernst Dan.* (NN)

Tochter, Die, des Bruders Philipp; ein Lustspiel in einem Aufzuge. Frankf. u. Leipz. 1771. V: *Heufeld, Franz von.* (ML) (Ky)

— die, des Bruder Philipps. Lstspl. (v. Frz. v. Heufeld). 8. Frkf. u. Leipz. 771. (Bresl., Gutsch). ..

Tochter, die — des Rebellen. Erzählung von Theodor Sch... 8. Wien, Edler von Schmidbauer u. Holzwarth 1852.

Tochter, die, des Scharfrichters. (Von E. Lindheim.) [Aus: „Ill. W. E."] 12. (16 S.) Chemnitz 894. C. A. Hager. —10

—— die, einer Schriftstellerin. Von der Verfasserin der „Tante Anna." Aus dem Dän. v. Emell. 2 Thle. 12. (16 B.) Hamburg 840, Laeisz.

Tochter Sion, die, oder die minnende Seele. Gedicht des 13. Jahrhunderts. Ueberf. von Carl Simrock. gr. 12. (47 S.) Bonn 851, (Henry und Cohen.)

TOCHTER, Die, des Unglücks, oder abentheuerliche Wanderungen durch die Vorzimmer der Höflinge zum Wohnplatz des Glücks. Lyon (Leipzig, Hinrichs) 1809. 8°.

Tinney's in Königsb. Leihbibl.-Cat. (ohne Orts- u. Jahresangabe); Weller, fing. Dr., hat: „Die Tochter des Elends." — Selten!

Tochter, Die verstossene, oder Edelmuth ist stärker als Liebe. Familiengemälde in fünf Aufz. Prag 1794. V: *Gnad, Ignaz Johann.* (Ky) (GGr)

— die verstoßene, od. Edelmuth stärker als Liebe. Familiengem. 8. Prag, Schönfeld. 794.

—— die vorgebliche, der Kaiserin Elisabeth Petrowna. Nach den Akten des kaiserl. russ. Reichsarchiv's. gr. 8. (201 S.) Berlin 867, C. Duncker. *

Tochter, Die vorgebliche, der Kaiserin Elisabeth Petrowna. Nach den Akten des Russichen Reichsarchivs. Berlin 1867. 8°. (2 Mk. 50 Pfg. Schaper, Hannover, 1906.)

Betrifft die Prinzessin Tarakanow.

— die zärtliche,. Lustsp. v. Matthesius. 8. Chemnitz, Stößel. 767.

Töchter, Die, Babels. Studie vom Verfasser der »Gottesmörder«. Preßburg 1872. V: *Vacano, Emile Mario.* (Russell XII, 2, 2222)

Töchter Babels, die. Vom Verf. der „Gottes-Mörder." 8. (62 S.) Budapest 872. Heckenast. n. 1. —

Töchter, Die drei, Cecrops in einem Sing-Spiel vorgestellet. O. O. [1757?]. V: *Königsmark, Maria Aurora Gräf. von.* (schr) »[Hamb. 1680]« (WA)

Töchter, die drey,. Lustsp. in 4 Akten. 8. Münch. Fleischmann. 783.

— — dasselbe. 8. Wien, Kurzböck. 787.

— die drey,. Lustsp. v. Spieß. 8. Prag, Neureutter. (Leo in Leipzig.) 793.

Töchter, die erwachsenen, Lustspiel in 3 Akten. Aus dem Franz. des Picard von A. W. Iffland. 8. Berlin, Braunes. 807. Sommerbrodt.) Rthlr.

Töchter, für Hamburgs, 4 Theile. 8. Hamb. Herold. 779. u. 83.

Töchter, für, edler Herkunft, (von J. Tim. Hermes). 3 Thle. 8. Leipz. 787—89. (Aue in Altona). 4 ℳ

Töchter, für, edler Herkunft; eine Gesch. v. Verf. von Sophiens Reisen, (von Hermes.) 3 Thle. 8. Leipz. Jacobäer. 787 — 90.

auf holl. Postpap.

— der, Hochzeit. Lustsp. in 5 A. v. B. G. Wetterstrand. 8. Jena, Akadem. Bchhdl. 807.

Töchter, Die, Kroks, Böheims Fürstinnen. . . . Hohenzollern [Hamb.] 1792. V: *Albrecht, Johann Friedrich Ernst.* (BGK) (GGr) (BrMm) (Wr) (MGT) (Ky) (LS)

— Kroks, Böheims Fürstinnen, (v. J. F. E. Albrecht). 2 Thle. 8. Hamb. 792. (Campe). 1 ℳ 13 ℊ

— die, Kroks, Böheims Fürstinnen; e. Gesch. d. 18ten Jahrh. 2 Thle. 8. Hamb. Hoffmann. 792. (I. 21 gr. II. 16 gr.)

Töchter, Die, Kroks, Böheinns Fürstinnen, eine Geschichte des 18. Jahrhunderts. Hamb. 1792. (Nachdruck). Hohenzollern. (Wien) 1793. V: *Albrecht, Johann Friedrich Ernst.* (BGE VII³, 665)

Töchter, die, Lucifers, siehe: Theater, das, des Auslandes. 13. Lfg.

Töchter, Des Müllers, [der falsche Waldemar]: Frauentaschenbuch f. d. J. 1831. S. 386/469. V: *Lohmann. Frdrke. d. j.* Wiederholt in deren Neuesten gesamm. Erzählungen. 15. Bd. Leipzig 1832. (DARP)

TÖCHTER, Die, des Paradieses. Zürich, Orell, 1766. Gr. 8°.

Cat. Monath IV. Nürnb. 1785. 8°. p. 208. — Sehr rar!

Töchter, Die, des Paradieses. Trauerspiel. Zürich 1768. V: *Bodmer, Johann Jacob.* (Ky) (ML) (JL) (GGr)

Töchter, die, des Präsidenten, s. Skizzen aus dem Alltagsleben, I. Bdchn.

Töchter, Die, des Präsidenten. Erzählung einer Gouvernante. A. d. Schwed. Leipzig 1838. Ü: *Bremer, Friederike.* (Ky)

TÖCHTER, Die verwechselten, eine wahrhafte Geschichte, in Briefen von einem Frauenzimmer. Prag 1771. 8°.
Bibl. J. J. Schwabii II. p. 334. — Schwerlich ein Eroticum.

— die verwechselten, (von Mar. Anna Sagar). 8. Prag 771. Gerle. 10 kr

Töchter, Die verwechselten. Prag 1772. V: *Sagar, Marie Anne geb. Rodoschny.* (ML) (Ky)

Töchter-Album. Unterhaltungen im häuslichen Kreise, zur Bildung des Verstandes und Gemüthes der heranwachsenden weiblichen Jugend. Herausg. von Thekla v. Gumpert (Thekla v. Schober). 1—4. Bd. (Jahrg. 1855—58.) à 12 Liefgn. (à 2—3 Bgn. u. 2—3 Lithogr.). Glogau, Flemming. br. gr. 8. 1—3.: à 2 ℛ.; 4.: 2 ℛ. 6 ngr.

Töchter-Album. Unterhaltungen im häuslichen Kreise zur Bildung des Verstandes u. Gemüthes der heranwachsenden weiblichen Jugend. Mit Beiträgen von Tante Amanda, Aurelie, Mathilde Becher, W. Buchner rc. Herausg. von Thekla v. Gumpert. 5—10. Bd. 1859—64. à 12 Hefte (à 3 Bgn. u. 2—3 color. Lithogr.). Glogau, Flemming. gr. 8 Jedes Heft 5½ ngr.; jeder Bd. cart. 2 ℛ 7½ ngr.

Töchter-Album. Unterhaltungen im häusl. Kreise zur Bildung des Verstandes u. Gemüthes der heranwachsenden weibl. Jugend. Mit Beiträgen von Tante Amanda, Aurelie, Mathilde Becher, W. Buchner rc. Mit Lithogr. nach Orig.-Zeichnungen von H. Bürkner, Jul. Scholz, Herm. Wagner u. A. Hersg. von Thekla v. Gumpert (Thekla v. Schober). 11—16. Bd. (Jahrg. 1865—70.) à Jahrg. 12 Liefgn. (à 48 S. mit 2—3 theilweise color. Steintaff.) Glogau, Flemming. Lex.-8. 11. u. 12. Jahrg. Jedes Heft 5½ ngr., 13—16. Jahrg. Jedes Heft 5 ngr.

Töchter-Album. Unterhaltungen im häusl. Kreise zur Bildg. d. Verstandes u. Gemüthes der heranwachs. weibl. Jugend. Mit Beiträgen v. Tante Amande, Mathilde Becher, Clara Jäger rc. Mit Lith. nach Orig.-Zeichngn. v. H. Bürkner, J. Scholtz, L. Venus u. A. Hrsg. v. Thekla v. Gumpert. [Thekla v. Schober.] 17—22. Bd. od. Jahrg. 1871—1876 à 12 Lfgn. (3 B. m. 2—3 Steintaf.) gr. 8. Glogau, Flemming. à Lfg. n. — 50

Töchter-Album. Unterhaltungen im häuslichen Kreise zur Bildung des Verstandes u. Gemüthes der heranwachsenden weiblichen Jugend. Unter Mitwirkung von Gräfin Thekla Baudissin, Buchner, M. Claudius [Rosa Petzel] rc. hrsg. von Thekla v. Gumpert. 23—28. Jahrg. 1877—1882. à 12 Lfgn. (3 B. mit 2—3 Chromolith.) gr. 8. Glogau, Flemming. à Lfg. n. — 50; à Jahrg. cplt. geb. n. 6. 75; eleg. in Calico geb. 7. 50; in roth Calico geb. 7. 75: in roth Calico m. Goldschn. 8. 70

Töchter-Album. Unterhaltungen im häusl. Kreise zur Bildg. d. Verstandes u. Gemüthes der heranwachs. weibl. Jugend. Unter Mitwirkg. v. W. Buchner, Marie Hutberg, Clara Jäger rc. hrsg. von Thekla v. Gumpert. 29—32. Jahrg. 1883—1886. à 12 Lfgn. (3 B. m. 2—3 Chromolith.) gr. 8. Glogau, Flemming. à Hft. n. — 50 (cplt. à Jahrg. geb. n. 6. 75; eleg. in Calico n. 7. 50; in roth Calico n. 7. 75; m. Goldschn. n. 8. 70)

Töchter-Album. Unterhaltungen im häuslichen Kreise zur Bildg. d. Verstandes u. Gemüthes der heranwachs. weibl. Jugend. Hrsg. von Thekla v. Gumpert. 33.—36. Jahrg. 1887—1890. à 12 Lfgn. (à Lfg. 3 B. m. 2—3 Chromolith.) gr. 8. Glogau, Flemming. à Lfg. n. — 50; à Jahrg. n. 6. —; geb. n. 6. 75; geb. in schwarz Calico n. 7. 50; in roth Calico n. 7. 75; geb. m. Goldschn. n. 8. 70

Töchter-Album. Unterhaltungen im häusl. Kreise zur Bildg. des Verstandes u. Gemütes der heranwachs. weibl. Jugend. Unter Mitwirkg. v. Marie Bürkner, Wilh. Hoppe, Hummel u. A. hrsg. von Thekla v. Gumpert. 37.—40. Jahrg. Mit Farben- u. Tondr.-Bildern nebst zahlreichen Textillustr. v. W. Claudius, A. Diethe, E. Hesse u. A. gr. 8. (à Jahrg. ca. XII, 580 S.) Glogau 891—894. C. Flemming. à Jahrg. kart. 6. 75; geb. in schwarz Kaliko 7. 50; in rot Kaliko 7. 75; m. Goldschn. 8. 70; auch in 12 Hftn. à n. — 50

Töchter-Album. Unterhaltgn. im häusl. Kreise zur Bildg. d. Verstandes u. Gemütes d. heranwachs. weibl. Jugend. Unt. Mitwirkg. v. Marie Bürkner, A. v. Carlowitz, B. Clément u. a. hrsg. v. Thekla v. Gumpert. 41.—43. Jahrg. Mit Farbendr.-Bild. v. Hugo Bürkner, W. Claudius, A. Diethe u. a., Illustr.-Beilagen, Karten u. zahlr. Abb. im Text. gr. 8. (à ca. XX, 585 S.) Glogau 895—897. C. Flemming. Kart. à 6. 75; geb. in schwarz. Leinw. à 7. 50; in rot. Leinw. à 7. 75; m. Goldschn. à 8. 70

Töchter-Album. Begründet von Thekla v. Gumpert. (44 Bd.) Neue Folge 1. Bd. Hrsg. von Berta Wegner-Zell. M. 19 Farbendr.-Bild., 7 Beilagen u. zahlr. Abb. im Text. gr. 8. (VIII, 560 S.) Glogau 898. C. Flemming. Geb. in Leinw. n. 7. 50

Töchter-Album. Unterhaltungen im häusl. Kreise zur Bildg. des Verstandes u. Gemütes der heranwachs. weibl. Jugend. Begründet von Thekla v. Gumpert. (45.—48. Bd.) Neue Folge. 2.—5. Bd. Hrsg. v. Berta Wegner-Zell. gr. 8. Glogau, C. Flemming. Geb. in Leinw. à n. 7. 50
2. Mit 24 Farbendr.-Bildern, 10 Beilagen u. zahlr. Abbildgn. im Text. (VIII, 558 S.) 899.
3. Mit 23 Farbendr.-Bildern, 23 Beilagen, 1 Karte u. zahlr. Abbildgn. im Text. (XII, 556 S.) (900.)
4. Mit 22 Farbendr.-Bildern, 11 Beilagen u. zahlr. Abbildgn. im Text. (VIII, 554 S.) (901.)
5. Mit 1 Heliograv., 15 Farbendr.-Bildern, 13 Beilagen u. zahlr. Abbildgn. im Text. (X, 573 S.) (902.)

Töchter-Album. Unterhaltungen im häusl. Kreise zur Bildg. des Verstandes u. Gemütes der heranwachs. weibl. Jugend. Begründet von Thekla v. Gumpert. 49.—52. Bd. Neue Folge 6.—9. Bd. Hrsg. v. Berta Wegner-Zell. gr. 8. Glogau. Berlin, C. Flemming. Geb. in Leinw. à n. 7. 50
49. (Mit 10 Farbendr.-Bildern, 3 Beilagen u. zahlr. Abbildgn. im Text. (IX, 542 S.) 903. — 50. Mit 29 Farbendr.-Bildern, 8 Beilagen u. zahlr. Abbildgn. im Text. (VIII, 597 S.) (904.) — 51. (Mit 12 Farbendr.-Bildern u. zahlr. Abbildgn. im Text. (VIII, 504 S.) (905). — 52. Mit 11 Farbendr.-, 3 Vollbildern u. zahlr. Abbildgn. im Text. (IX, 552 S.) (906).

Töchter-Album. Unterhaltungen im häusl. Kreise zur Bildung des Verstandes u. Gemütes der heranwachs. weibl. Jugend. Begründet v. Thekla v. Gumpert. 53.—56. Bd. Neue Folge. 10.—13. Bd. Hrsg. v. Berta Wegner-Zell. gr. 8. Berlin, C. Flemming. Geb. in Leinw. à Bd. 7.50
53. Mit 8 Farbendr.-Bildern, 10 Beilagen u. zahlr. Abbild. im Text. (XI, 508 S.) (907.) — 54. Mit 12 Farbendr.-Bildern, 1 Doppelbeilage u. zahlr. Abb. im Text. (X, 512 S.) (908.) — 55. Mit 12 Farbendr.-Bildern u. zahlr. Abb. im Text. (XI, 511 S.) (909.) — 13. Hrsg. v. Berta Wegner-Zell. Mit 12 Farbendr.-Bildern u. zahlreichen Abbild. im Text.) (XI, 500 S.) (910).
Ältere Bände liefert F. Ohme in Leipzig.

Töchter-Almanach, deutscher. Jahrbuch zur Unterhaltung und Belehrung für junge Mädchen. Hrsg. von Arnold Perls. 1. Jahrg. 1875. 1. und 2. Aufl. gr. 16. (VI, 138 S.) Leipzig 874, A. Krüger. cart. *M 1.; geb. **

Töchter-Almanach, deutscher. Jahrbuch zur Unterhaltg. u. Belehrg. f. junge Mädchen. Hrsg. v. Arnold Perls. 2. Aufl. Mit Kalender f. 1876. gr. 16. (138 S.) Leipzig 875. A. Krüger's Sept.-Cto. geb. n. 1. —

Töchterchens Liebling. Illustrierte Puppen- u. Arbeits-Zeitung. Für Mädchen v. 6—16 Jahren. 1. u. 2. Jahrg. 1888. 1889. à 12 Hfte. (B. m. Beilagen.) gr. 8. Weimar, Weißbach. à Jahrg. n. 4. —

— dasselbe. Red.: F. J. Pahle. 3. Jahrg. 1890. 12 Hfte. (B. m. Beilagen.) gr. 8. Nürnberg, Paradiesdruckerei. n. 4. —

Töchterchens Liebling. Illustrierte Mädchen-Arbeits-Zeitg. Redact.: Max Koenig. 5. Jahrg. 1892 u. 6. Jahrg. Dezbr. 1892—Novbr. 1893. à Jahrg. 12 Hefte. (Bog. m. Beilagen.) gr. 8. [Nürnberg.] Passau, Paradiesdruckerei. à Jahrg. * 2 40
2. Jahrg 1889 erschien bei Weißbach in Weimar: 3. u. 4. Jahrg. 1890,91 in Nürnberg, Paradiesdruckerei. — 2.—4. Jahrg. à * 4 —.

Töchterchens Liebling. Illustr. Mädchen-Arbeits-Zeitg. Red.: Max Koenig. 4.—7. Jahrg. 1891—1894. à 12 Hftc. (Bog. m. Beilagen.) gr. 8. Passau. (Stuttgart, J. Roth.) à Jahrg. n. 2. 40

Töchterchens Liebling. Illustr. Mädchen-Arbeits-Zeitg. Red.: Frein v. Kannacher. 8. Jahrg. Dezbr. 1894 — Novbr. 1895. à 12 Hfte. (Bog. m. Musterbog.) gr. 8. Passau, Paradiesdruckerei. 2. 40

— dasselbe. 9. Jahrg. Dezbr. 1895—Novbr. 1896. 12 Hfte. (Bog. m. Musterbog.) gr. 8. München. Ebd. n. 2. —

— dasselbe. 12. u. 13. Jahrg. 1898—1899. à 12 Hfte. (Bog. m. Musterbog.) gr. 8. Stuttgart. Ebd. à Jahrg. n. 2. 40

Das **Töchterheim.** Mitteilungen aus den Zimmerschen Töchterheimen f. deren frühere Zöglinge. Jg. 1-6. — (Wittenberg 1907-1912: Herrosé & Ziemsen.) 4°

Die **Töchterheime** der Mathilde-Zimmer-Stiftung. Bericht 1. Erstattet v. Friedrich Zimmer. [Mehr nicht ersch.] — Berlin-Zehlendorf: Mathilde-Zimmer-Haus 1909. 8°

Zimmersche Töchterheime. Erziehungs- und Bildungsanstalten für junge Mädchen mit höherer Mädchenschulbildung unterhalten von der Mathilde Zimmer-Stiftung unterstützt von der Brettmann-Stiftung unter Oberleitung des Begründers [Friedr.] Zimmer. Ausgegeben im Okt. 1909. [Berlin-Zehlendorf 1909.] 54 S. 8°
Prospekt mit Vorw. an die Brr. 3.

Töchterlein, Des Prager Goldschmieds; oder die Schweden in Böhmen. . . . Augsburg 1850. V: *Ambach, Eduard von.* (Ky)

Tochtermann, A., üb. die Circulationsstörungen im epileptischen Anfall. Diss. gr. 8. (75 S. m. 2 Taf.) Jurjew (Dorpat) 892. (E. J. Karow.) n. 2. 50

Tochtermann, Bernh., Beiträge zur Erläuterung des § 313 B.G.B. gr. 8. (X, 75 S.) Hannover 902. Helwing. n. 2.—

Tochtermann, Bernhard, aus Hannover: Der § 313 B.G.B. *Hannover 1903: Schläter.* (x, 75 S.) 8° [F.]
Rostock, Jur. Diss. v. [30. Mai] 1902

TOCHTERMANN, Franz
(F) Die Canalisation der Stadt Innsbruck von Stadtbaurath Ingenieur Franz Tochtermann. Selbstverlag. Innsbruck. [1899. In Comm. Wagner.] 16°. 51 S. fl. —.25

Tochtermann, Frz., die Canalisation der Stadt Innsbruck. 12. (51 S.) Innsbruck (900). (Wagner.) n. — 50

Tochtermann, Leon. Über die Einwirkung der Aminobenzoësäuren auf einige aliphatische γ-Aldehydosäuren. Diss. Math.-Naturw. Freiburg in der Schweiz. 68 S. 8. Freiburg (Schweiz), St.-Paulus-Druckerei, 1902.

Töchterpensionat, das. Verbands-Organ der Interessengemeinschaft der Töchterpensionate u. Haushaltungsschulen Deutschlands, Oesterreichs u. der Schweiz, u. Allgemeine deutsche Lehrerinnen-Zeitg. Schriftleitung u. verantwortlich: Frau M. Fischer; f. die Lehrerinnenzeitg.: Elsb. Zieleke. 2. u. 3. Jahrg. 1905 u. 1906 à 12 Nrn. (à Jhrg. 144 S.) Lex.-8. Berlin [P. Quack.] Leipzig, Dr. P. Abel. à Jhrg. n. 5. —

Töchterpensionat, das. Verbands-Organ d. Interessengemeinschaft d. Töchterpensionate u. Haushaltungsschulen Deutschlands, Österreichs u. der Schweiz u. Allgemeine deutsche Lehrerinnen-Zeitg. Red.: Paul Abel; f. d. Lehrerinnenzeitg.: Elsb. Zieleke. 7. Jahrgang. 1910. 12 Nrn. (à Jahrg. 144 S.) Lex. 8. Leipzig, Dr. P. Abel. à Jahrg. 5. —
Erscheint v. 1911 an bei E. Roether in Darmstadt.

Tochterraub, d., e. Schweizerscene neuer Zeit v. Lehmann. 2 Thlr. 8. Cöthen, Aue. 806.

Töchterschule, die. In 3 Erzählungen. Nach d. Franz. v. J. P. Silbert. 8. (15¾ B., 1 Stahlst. u. gestoch. Ttlbl.) Wien 845, Wallishausser.

Töchterschule; in Erzählungen. Nach d. Franz. O. O. 1848. V: *Silbert, Johann Peter.* (Th)

Töchterschule, die höhere. Lehrbuch zur Aneigng. derjenigen Kenntnisse, welche in e. höheren Töchterschule gelehrt werden, u. Vorbereitg. zur Aufnahme in e. Lehrerinnenseminar. Methode Rustin. Selbst-Unterrichts-Briefe, hrsg. vom Rustinschen Lehrinstitut. Red. v. C. Ilzig. Bearb. v. Gust. Behrendt, Max Baumann, Frz. Bußler u. v. a. 1.—109. Lfg. Lex.-8. (3680 S. m. Abb., 2 Tab., 9 farb. Karten u. 38 farb. Kartens. in gr. 4.) Potsdam (900—902). Bonneß & Hachfeld. Subskr.-Pr. à n. — 90; Einzelpr. à n. 1. 25

Töchterschule, die höhere. Lehrbuch zur Aneigng. derjenigen Kenntnisse, welche in e. höh. Töchterschule gelehrt werden, u. Vorbereitg. zur Aufnahme ins Lehrerinnenseminar. Methode Rustin. Selbst-Unterrichts-Briefe in Verbindg. m. eingeh. Fernunterricht. Hrsg. vom Rustinschen Lehrinstitut f. briefl. Unterricht. Red. v. C. Jlzig. Bearb. v. Gust. Behrendt, Max Baumann, Frz. Bußler u. v. a. 110.—221. Lfg. (3612 S. m. Abbildgn., 1 Tab., 2 Taf. u. 8 farb. Karten.) Lex.-8. Potsdam (903—906), Bonneß & Hachfeld. Subskr.-Pr. à n. — 90; Einzelpr. à n. 1. 25

Töchterschule, die höhere. Lehrbuch z. Aneigng. derjenigen Kenntnisse, welche in e. höheren Töchterschule gelehrt werden, u. zur Vorbereitg. zur Aufnahme ins Lehrerinnenseminar. Meth. Rustin. Selbst-Unterrichts-Briefe in Verbindg. m. eingeh. Fernunterricht. Hrsg. vom Rustinschen Lehrinstitut f. briefl. Unterricht. Red. v. C. Jlzig. Bearb. v. Gust. Behrendt, Max Baumann, Heinz Belling u. v. a. 222.—233. Lfg. (398 S. m. Abbildgn. u. 2 farb. Karten.) Lex. 8. Potsdam 909. Bonneß & Hachfeld. Subskr.-Pr. à — 90; Einzelpr. à 1. 25

—— die höhere, zu Hersfeld. Voran geht eine kurze Abhandlung über höhere Töchterschulen überhaupt. 4. (5 B. u. 1 Tab.) Hersfeld 843, (Schuster.) *

Töchterschule, die, des Prof. Nösselt an ihrem 25jähr. Stiftungstage den 1. Mai 1834. 8. (1 B.) Breslau, (Schulz u. Comp.) Thlr.

Die Private höhere Töchterschule in Greifswald. Eine Erinnerung an die Jahre 1897 u. 1898. Als Ms. gedr. Greifswald: J. Abel 1898. (16 S.) 8⁰

Töchter-Schul-Kalender. Notiz- u. Nachschlagebuch für Elevinnen u. Lehrerinnen an weibl. Bildungsanst. unt. bes. Berücksicht. d. bayer. Verhältnisse. Schulj. 1898/99. Hrsg. v. Osk. Steinel. IV. Jahrg. gr. 16. (234 S.) München, C. Gerber. Geb. in Leinw. — 75

Töchter-Schul-Kalender. Notiz- u. Nachschlagebuch für Elevinnen u. Lehrerinnen an weibl. Bildungsanstalten unter besond. Berücksicht. der bayer. Verhältnisse. Schulj. 1901/1902. VII. Jahrg. gr. 16. (237 S. m. 1 Bildnis u. 1 Stammtaf.) München, C. Gerber. Geb. in Leinw. —75
Erscheint nicht mehr.

Töchterspiegel, der, e. Lehr- u. Lesebuch f. erwachsenere Töchter in Sonntagsschulen, (v. B. Bacher). 8. Münch. ... 2e A. 813. 3e A. 821. 4e A. 830. (Landsh., Krüll). 4 gr.

Töchterspiegel, Der, ein Lehr- und Lesebuch für erwachsenere Töchter in Sonntagsschulen. 2. Aufl. O. O. 1813. V: *Bacher, Barth.* (Ky)

Töchterspiegel, der, ein Lehr- u. Lesebuch f. erwachsenere Töchter in Sonntagsschulen. 3e verb. Aufl. 8. Münch. 821, (Landshut, Krüll.)

Töchter-Spiegel, der, ein Lehr- u. Leseb. f. erwachsenere Töchter in Sonntagsschulen. (Von Barth. Bacher.) Neue Aufl. 8. (11½ B.) München 830. (Regensburg, Manz.)

Töchterspiegel, der. Ein Lehr- u. Lesebuch für erwachs. Töchter in Sonntagsschulen. 8. München 834. (Landshut, Thomann.) 1/8 ℳ

Töchterzeitung, deutsche. Unter ständ. Mitwirkg. v. Gust. Hoecker, Aug. Trinius u. e. großen Anzahl namhafter Pädagogen, Jugendschriftsteller u. Schriftstellerinnen, hrsg. v. Hacks u. O. Boehm. Jahrg. 1905. 52 Nrn. (à ca. 4 S.) Fol. Görlitz, Görlitzer Vereinsdruckerei u. Verlagsanstalt. n. 8. —
Erscheint nicht mehr. — Firma erloschen.

Tochtrop, Joseph: Der Königshof Erwitte bis zu Ende des siebzehnten Jahrhunderts. Münster: Regensberg 1910. IV, 60 S. 8°
Münster, Phil. Diss. v. 30. Juni 1910, Ref. Spannagel
[Geb. 4. Juni 83 Völlinghausen; Wohnort: Münster i. W.; Staatsangeh.: Preußen; Vorbildung: Gymn. Wattenscheid Reife O. 05; Studium: Paderborn Phil.-theol. Fak. 2, Würzburg 1, Münster 6 S.; Rig. 17. Febr. 10.] [U 10. 3808

Tocilescu, Gr. G, Neue Inschriften aus der Dobrudscha. S.-A. 1887. 54 S.

Tocilesco, Gr. G., das Monument v. Adamklissi, Tropaeum Traiani, unt. Mitwirkg. v. Otto Benndorf u. George Niemann hrsg. gr. 4. (VI, 149 S. m. 134 Abb. u. 3 Taf.) Wien 895. A. Hölder. Kart. n. 40. —

— s.: Rumänien in Bild u. Wort.

Tockel, Joseph: Aus d. Chir. Universitätsklinik zu Leipzig. Über subkutane Leberrupturen. Leipzig 1910: Graeb. 40 S. 8°
Leipzig, Med. Diss. v. 15. Febr. 1910, Ref. Trendelenburg
[Geb. 3. Sept. 84 Bialystok; Wohnort: Köthen; Staatsangeh.: Rußland; Vorbildung: Städt. Realgymn. Leipzig Reife O. 04; Studium: Freiburg i. B. 1, Leipzig 9 S.; Coll. 3. März 10; Approb. 7. Juni 10.] [U 10. 3072

Tockuss, Paul [app. Arzt aus Oels i/Schles.]: Ueber die Irideremia totalis congenita. . . Oels, Hofbuchdr. v. A. Ludwig, 1888; 28 S. u. 1 Taf. 8°
Strassburg, Med. Fak., Inaug.-Diss. v. 1888

Tocl, Karl

— et Jos. **Rohlena,** Additamenta in floram peninsulae Athoae. gr. 8. (8 S.) Ebd. 902. n. — 20
Sonderabdr. a.: „Sitzungsber. d. böhm. Gesellsch. d. Wiss."

Ein Beitrag zur Flora Nordungarns. Von K. Tocl. Separatabdruck aus den Sitzungsberichten der kön. böhm. Gesellschaft der Wissenschaften in Prag. 1900 Prag. 1900. Verlag der königl. böhmischen Gesellschaft der Wissenschaften. In Comm. Řivnač. Gr.-8°. 19 S.

— über e. neue andine Ephedra-Art. Bericht aus der botan. Abtheilg. des Museums d. Königr. Böhmen. gr. 8. (5 S. m. 1 Taf.) Ebd. 902. n. — 36

Tocnaye, s. Latocnaye.

Tocnaye, de la, meine Fußreise d. d. 3 Brittischen Königreiche, s. Fußreise.

— Fußreise d. Schweden u. Norwegen, m. Anmerk. u. Zus. eines Deutschen. 2 Theile. 8. Leipz. Hartknoch. 802. u. 3. (I. 1 Thlr. 4 gr. II. 1 Thlr. 8 gr.)

Tocqueville, Alexis de

Tocqueville, A. de, Lebens- u. Geistesbild desselben, s.: Jacques, H.

v. **Tocqueville,** Alexis, Amerika's Besserungs-System, s. G. v. Beaumont.

— Nordamerikan. Bilder u. Zustände, s. G. v. Beaumont.

— über die Demokratie in Nordamerika. Aus d. Franz. übersetzt von F. A. Rüder. 2 Thle. Mit 2 Anhängen, enthalt. die Verfassung der vereinigten Staaten u. die Verfassung des Staats von Newyork. Aus: „Marie ou l'esclavage aux états unies, tableau de moeurs américaines" par Gust. de Beaumont. gr. 8. Leipzig 836. Kummer. 2 2/3 Rthlr.

Tocqueville, Alexis de, l'ancien régime et la révolution Annotées par Louis André, s.; Diesterweg's neusprachliche Reformausgaben.

Tocqueville, A. de, der alte Staat u. die Revolution, s. Bibliothek der besten Werke des 18. u. 19. Jahrh.

Tocqueville, Alexis de, das alte Staatswesen und die Revolution. Deutsch von Arn. Boscowitz. Vom Verf. genehmigte deutsche Bearbeitung. Leipzig 857. Mendelssohn. gr. 8. (XVI, 339 S.) 2 Rthlr.

Tocqueville, über das Zweikammer-System, siehe: v. Montalembert.

Tocsin, Le. (Journal en russe). In-8°, L et 172 p. Genève et Bâle, Georg. 1878.

Toczylowski, Major v., kurze Darstellung des Ersatz-Wesens nach der Militair-Ersatz-Instruction von 26. Maerz 1868 zum Gebrauche für die Bürgermeister in Elsass-Lothringen bearb. und zusammengestellt. 16. (60 S.) Colmar 873, Lang und Rasch. [Leipzig, Rasch.] cart. *

Toczynski, Friedrich: Ueber die Platincyanide und Tartrate des Berylliums. Mag. Diss. Dorpat. 1871. 8°. 41 S. mit einer lithographirten Tafel.

Tod [Sachliches OW]

Tod, Der, Zur Warnung allen Predigers . . . zu verkündigen . . . O. O. 1706. V: *Paulli, Holger.* (Bruun, Bibl. Danica I, 248.)

Tod, der, Mittheilungen u. Aufschlüsse gegen die Todesfurcht u. die Gefahr lebendig begraben zu werden. 8. Zürich 850, Kiesling. Verklebt. 1/3 Rthlr.

Tod, Der, Abels. Eine heilige Handlung, musikalisch aufgeführt in der königlichen Hofkirche zu Dresden am heiligsten Ostersonnabend. Dresden. V: *Metastasio, Pietro.* (BiblPort)

Tod, Der, Abels in fünf Gesängen. Zürich 1758. V: *Gessner, Salomon.* (AarK)

Tod Abels; Drama. 8. Hannov. 773. Helwing. 2 gr.

Tod, Der, Abels. Drama. Flensburg 1782. Ü: *Patzke, Joh. Sam.* (Collin, Anonymer. Kiobenh. 1869.)

Tod, Der, Adams, ein Trauerspiel. Koppenhagen u. Leipzig 1757. V: *Klopstock, Friedrich Gottlieb.* (GGr) (Neuer dtsch. Bücherschatz [v. K. Biltz]. Berlin 1898. S. 194.)

— der, Adams, (v. Jh. W. L. Gleim), in Verse gesetzt v. Klopstock. Trspl. 8. Berl. 757. Voß. 4 gr.

— Adams. Trauersp. v. Klopstock. 8. Kopenh. Pelt. 765.

Tod, Der, Adams, ein Trauerspiel. Von Herrn Klopstock. In Verse gesetzt . . . Berlin 1766. V: *Gleim, Joh. Wilh. Ludw.* (GGr) (Ky) (Cat. d. Stadtbibl. Zürich. Zürich 1864—97.)

— — dasselbe. gr. 8. Lpz. Göschen. 804.

Tod, Der, Augusti, des Grossen, Königs in Pohlen . . . Franckfurth a. M. 1733. V: *Triller, Daniel Wilh.* (Cat. d. Stadtbibl. Zürich. Zürich 1864—97.)

Tod, Der, mit Seufzen ausgeruffen. Kopenhagen 1706. V: *Paulli, Holger.* (Collin, Anonymer. Kiobenh. 1869.)

Der besiegte Tod . . . [Trauergedicht zur Beisetzung, von einem d. Sterbhause verbundenem Diener, auf Margareta Catharina **Moldenit**, geb. Schröderin, † 22. Nov. 1721, beigesetzt am 4. Febr. 1722.] — Glückstadt 1722: Kgl. privil. Buchdr. 2 Bl. 2°

Tod, Blums; Gedicht eines Lebendigen. Herisau 1848. V: *Herwegh, Gg.* (Cat. d. Stadtbibl. Zürich. Zürich 1864—97.)

Tod, Robert Blum's. Gedicht eines Lebendigen. Herisau 1849. V: *Herwegh, Georg.* (Ky)

Über Robert Blums Tod und die Paulskirche. Auch eine Anrede an das deutsche Volk. Aschaffenburg, Th. Pergay, 1848. 32 S. 8°.
[Umschlagtitel: Deutsche Flugschriften, I.]

Tod, Brutus und Kassius. Von dem Verfasser der Noachide. Basel 1782. V: *Bodmer, Johann Jacob.* (ML) (GGr) (Ky) (JL) (Bächtold, Litt. d. Schweiz. Frauenf. 1892. S. 202.)

Tod, der, des Cäsars. Trauersp. von Voltaire, a. d. Franz. 8. Nürnb. (Günther in Glogau.) 805. Rthlr.

— der, Julius Cäsars. Trauersp. a. d. Franz. des Voltaire v. Menzel. 8. Bayreuth, Lübeck. 792.

— dem falschen Mehltau (Peronospora viticola) u. dem Rotbrenner! Oder: Ob u. wie man dieselben ausrotten könnte? Von Weinhold Rebtreu. (III, 62 S.) gr. 8. Liestal (906). (Gebr. Lüdin.) n. — 60

Tod, Den, der Kaiserinn Königinn beklagen Alle, von K. G. z. L. Wien. V: *Lippe, Karl Chn. Graf z.* (BiblPort)

Tod, Erlachs, ein vaterländisches Trauerspiel in fünf Aufzüg. Augsburg 1790. V: *Zimmermann, Joseph Ignaz.* (Ky)

Tod, der, e. Evangelium des Lebens, s.: Bibliothek der Lebens-Spuren. I.

Tod, Der, Ferdinands des Menschenfreundes . . . Magdeburg 1792. V: *Rohr, Heinrich Julius Ludwig von.* (Ky) (MGT)

Tod, der, Ferdinands des Menschenfreundes; e. Skizze, (v. H. J. L. v. Rohr). 8. Magdeb. 792.

Tod, der, Sr. Königl. Hoheit Franz Albert's Herzog's zu Sachsen, Prinz-Gemahls der Königin von England. Gesammelte Berichte. Mit Portr. nach einer Photogr. (in Holzschn.) Leipzig 862. Gerhard. gr. 8. (24 S.) n. 5 ngr.

Tod Friedrich des Streitbaren. Ein Trauersp. in 5 Aufz. von Matth. v. Collin, s. dessen dramat. Dichtungen. 1r Bd.

Der **Tod** Friderichs [!] des Zweyten, Königs von Preussen. Beweint in einer am 15. Sept. 1786 gehaltenen Trauerversammlung der Mutterloge [zu den drei Weltkugeln] und ihrer Filialen in Berlin. [Berlin 1786]: Decker. 4 Bl. 8° [Umschlagtit.]
Abgedr. in: Sammlung d. Reden z. Gedächtniss Friderichs d. Gr. 1786 S. 49—55.
Kl. 1378. Gedicht. 193.

Tod, der, d. Frommen u. der Tod d. Gottlosen. Eine Sammlg. v. geschichtl. Begebenheiten aus alter u. neuer Zeit. 8. (IV, 121 S.) St. Louis, Mo. 884. (Dresden, H. J. Naumann.) cart. n. 1. —

Tod, Der, in der Gesellschaft, ein sicheres Unterpfund der Auserwählung ... Blyenbeck 1878. V: *Pesch, Christian.* (SO)

Tod, Gesslers, oder das erlegte Raubthier. [Schauspiel.] [Zürich] 1775. V: *Bodmer, Johann Jacob.* (ML) (GGr)

Tod, Gustavs. Hamburg 1793. V: *Lehndorf-Bandels, August Adolph Leopold Graf von.* (Ky) (MGT)

Tod, Gustavs III., ein psychologisch-moralisches Gemälde. Leipzig 1797. V: *Horst, Georg Conr.* (Ky) (GGr)

Tod, Der, des Hanswurstes. Die letzte Beylage zur Regierung des Hanswurstes. Salzb. 1787. V: *Prehauser, Gfr.* (Karajan)

Tod, Der, des Hanswurstes. Die letzte Beylage zur Regierung des Hanswurstes. Salzburg 1787. 39 S. 8°. V: *Richter, Josef.* (Hans Viktor Pisk, Josef Richter. Diss. Wien 1927, S. 98—99) (GGr V/318, Nr. 47/10) (BiblPort)

— Heinrichs IV. Tragödie. Mit Kpf. 8. Hamb. 807. Wettach.

Tod Heinrich IV. von Frankreich, der, Trauerspiel in 5 Akten von E. Gehe. 8. Dresden. Arnold. 820.

Tod, Hermanns. Ein Trauerspiel in Versen. Von einem kk. Offizier. Veränderte Auflage. (Wien) 1769. Neue verbesserte Auflage Wien 1784. V: *Ayrenhoff, Cornelius Hermann.* (GGr IV², 143, Nr. 16/3) (BiblPort)

Tod, Hermanns, ein Trauerspiel in Versen . . . Veränd. Aufl. Wien 1770. V: *Ayrenhoff, Cornelius Hermann von.* (Ky) (GGr)

Tod, Hermanns. Ein Bardiet für die Schaubühne. Hamburg 1787. V: *Klopstock, Friedrich Gottlieb.* (AarK) (Mn) (GGr) (Neuer dtsch. Bücherschatz [v. Karl Biltz]. Berlin 1898. S. 195.)

Tod, Der, des Husein ben 'Ali und die Rache. Ein historischer Roman [teilweise nach Abu Mihnaf Lut. b. Jahja] aus dem Arabischen ... übersetzt von F. Wüstenfeld. Aus dem XXX. Bande der AKGWG. Göttingen 1883.

Tod, der jähe u. unversehene, u. die Andacht zum heil. Andreas Avellinus, nebst e. kurzen Lebensbeschreibg. d. Heiligen u. e. Anh. von Gebeten, sowie e. Novene zur Verehrung desselben. Mit Erlaubniß d. Verf. aus dem Franz. übertr. v. e. Priester der Diöcese Trier. gr. 16. (32 S.) Trier 887. Paulinus-Druckerei. n. — 25

Tod, Der, Jesu ein Oratorium. . . . Kopenh. [1765]. V: *Ramler, Carl Wilhelm.* (Bruun, Bibl. Danica I, 389.)

Tod, Ihr, [Maria Theresias]. Altona 1780. V: *Klopstock, Frdr. Glieb.* (GGr)

Den **Tod** ihres sehr geliebten Brs Christian Aug. Förtsch betrauern mit klagendem Danke die Brüder Freymaurer in Lübeck. [Lübeck] 1785: Donatius. 24 S. 8° [Umschlagtit.]
Kl. 1371. Lebensbild des Verstorbenen. 193.

Tod Johannes des Gerechten. Ein poetische Gemählde. 1815. 64 S. 8°.
„Den würdigen Freunden der Wahrheit und Weisheit" (den Brüdern der Loge zu Bayreuth) „gewidmet". 21.

— Johannis des Täufers. Trauersp. von Hudemann. 8. Wismar, Bödner. 770.

Tod, Kaiser Josephs. Kopenhagen 1790. V: *Abrahamson, Wern. Hans Frdr.* (Bruun, Bibl. Danica II, 500.) (Collin, Anonymer. Kiobenh. 1869.)

Tod, Des Kaisers. Tübingen 1790. V: *Huber, Johann Ludwig.* (MGT)

Tod, der, des Kaisers. Eine höchst wichtige Vorhersagung über Europa's Zukunft von einer Somnambüle. Aus den Papieren eines deutschen Arztes. 2. Aufl. 16. (48 S.) München 868, (Beck.)

TOD, Der, der Keinertin oder die Mama, ein komisches Gedicht. Lausanne. 1776.
Weller, fing. Dr. — Sehr rar!

Der Tod des Kaiserlich Russischen Staatsrates August von Kotzebue 23. 3. 1819, m. dess. Bildn., 2. Aufl., 1819, 32 S., 8°.

Tod, Der, des Kronprinzen. Junzingers Verlag. (Stuttgarter Volksbücher Nr. 16.) Stuttgart.
Verboten v. L.-G. Graz, 30. October 1894. § 64.

Tod und Kupido, als die zwey grössten Raubschützen. Zittau 1797. V: *May, Christian Gottlieb.* (Ky) (OL) (MGT)

— od. Leben, s.: Macht, die, der Liebe. Nr. 9.

— u. Leben. Ein Versuch dem erstern eine freundliche Seite abzugewinnen, von K——. 8. Weimar 827. (Hartmann in Leipz.) 6 gr

Tod und Leben oder Gang und Ende eines begnadigten Schächers. Berlin 859. (Evangelische Buchhdlg.) 8. (24 S.) 1½ ngr.

Tod und Leben oder Gang und Ende eines begnadigten Schächers. 8. (24 S.) Berlin 859, (Beck.) * *

Tod und Leben. Aus den Papieren eines Vollendeten. Geschrieben im Jahre 1877. Potsdam 1877. V: *Mühler, Heinrich von.* (StBBerlin IX, S. 107)

—— und Leben. Aus den Papieren eines Vollendeten. Geschrieben im J. 1848. Gedruckt 1877. gr. 8. (24 S.) Potsdam 877, Gropius'sche Buchh. *

—— und Leben auf der Barrikade, s. Immergrün.

Tod, der, bei Lebzeiten oder die mißglückte Lebensversicherung. Komödie in 7 Auftritten. 16. (64 S.) Paderborn 878. Bonifacius-Druckerei. — 45

Tod, Der, Leopolds II. des trefflichsten Kaisers des Teutschen, beklagt . . . Zittau u. Leipzig 1792. V: *Gersdorf, Charlotte Eleonore Wilhelmine.* (OL) (schl) (MGT)

Tod, Lessings. [Gedicht: Wenn du mir alle Wahrheit, ewiger Gott.] O. O. [1781?]. V: *Heusinger, Conrad.* (Syst. Verz. d. Less.-Litt. Wolfenb. 1889.)

Tod und Charakter, M. Luthers, a. d. Engl. [Lauenb. 1819.] V: *Egestorff, Georg Heinr. Christoph.* (schr)

Tod, Der, des Ersten Menschen; und die Thorheiten des weisen Königs. Zwey religiöse Dramen. Zürich 1776. V: *Bodmer, Johann Jacob.* (GGr) (Bächtold, Litt. d. Schweiz. Frauenf. 1892. S. 194.) (Cat. d. Stadtbibl. Zürich. Zürich 1864—97.)

Tod des heil. Methodius. Photolithographie in kl. Folio. Olmütz, R. Promberger. 20 kr., kl. (16.) Ausg. pr. 100 St. 3 fl., 50 St. 1 fl. 50 kr. N. b. Letztere m. deutsch., böhm., poln. od. kroat., od. auch ohne Text 1885.

Tod, Moreaus. Ein Gedicht in zwei Gesängen. Osnabrück 1815. V: *Witthaus, Johann Ludwig.* (GGr)

Tod, Der, Moses; ein Gedicht. Zürich 1767. V: *Hess, Johann Jacob.* (MGT) (Bächtold, Litt. d. Schweiz. Frauenf. 1892. S. 187.) (Cat. d. Stadtbibl. Zürich. Zürich 1864—97.)

— der, Mosis; e. Gedicht in 6 Gesängen. 8. Neustadt 787. Riedel. 6 gr

Tod, Nante's, oder: Die Verschwörung der Federfuchser. Historisch-romant.-komische Tragödie in 5 Akten von H. v. A. Berlin 1840. V: *Arnim, Harry von.* (GGr IV, III, 794, 74) (Zeitschr. f. Büch. N. F. 15, 1923, 124)

— Oskars des Sohnes Karuths. 8. Prag 773. Gerle. 1 gr

Tod, Der, des grossen Pans oder Herrn Gerhard Schotten . . . Hamburg 1702. V: *Postel, Chn Heinr.* [?] oder *Hinsch, Hinrich* [?]. (GGr)

Tod des Generals Patkul; a. d. Engl. . . . Nürnberg 1798. V: *Riedner, Adam Nicolaus.* (GGr) (Ky) (MGT)

Tod, Ueber den, Paul I, Kaiser von Russland. 8. 1806.

— der, des Pausanias, s. Pausanias.

— der, des reichen Nabals von Berlin; e. Gedicht. 4. Berl. 769. Lange. 4 gr

Tod, Sein; an die Frau Reichsgräfin von Rassewitz zu Dalwitz. Bützow 1784. V: *Möller, Valentin Christoph.* (MGT)

Tod, Senekas. Amberg 1760. V: *Milbacher, Alois.* (JES)

Tod, Senekas. Amberg 1860. V: *Milbacher, Alois* (MARGR)

Tod, Der, des Socrates, nach Lamartine. Mannheim 182? V: *Keller-Schleidheim, Franz de Paula Ign. Jos.* (MGT)

Tod, der, des ältesten Sohnes, übersetzt von J. H. Heß, s. Beiträge zur Bibelkunde 2s Hft.

Tod, Sydenhams, und Stiftung des literary fund. [Leipzig 1802.] V: *Morgenstern, Carl von.* (R-N)

— u. **Teufel** u. noch manches Andere. Gedanken üb. Allerlei. (87 S.) kl. 8. München 905. [C. Haushalter.] Verlag d. Süddtsch. Bauhütte. Geb. in Leinw. 2.—

Tod. (Frischhans) Theilings Tod. SA. s. [Jucker, Heinrich].

Tod, Der, Theresiens. Ein allegorisches Gemälde. Wien o. J. 2. Aufl. Wien o. J. 3. Aufl. o. J. V: *Weidmann, Paul.* (wrztg 1782, Nr. 32) (J. S. u. M. A. Rezension Nr. 21, S. 11) (BIBLPORT)

Tod, Der, in Töpfen; zur Warnung für diejenigen, die gesund seyn wollen . . . Hildburghausen 1790. V: *Reder, Ignaz.* (ML) (BB) (Ky)

— der, in Töpfen; zur Warnung für diejen., die gesund sein wollen rc., (v. J. Reder). 8. Hildburgh. 790. Hanisch. 14 gr.

Tod, Der, des Marschalls von Turenne. [Dresden 1820.] V: *Schoppe, Amalia Emma Sophia geb. Weisse.* (MGT)

Tod u. Unsterblichkeit. Poetisch bearb. nach Vernunft, Natur u. Schrift. 16. Breslau 845, Scholz. n. 1/4 Thlr

— der vermeinte; Lstspl. 8. Frankf. u. Leipz. 755. (Kopenhagen, Pelt). 3 gr

Tod, der, der **Königin** Viktoria v. Großbritannien u. was erbt Deutschland von England? Deutsche Hiebe auf die Flegeleien Englands v. e. Alldeutschen. gr. 8. (8 Bl. m. 1 Bildnis.) Mit 1 farb. Weltverkehrskarte des engl. u. deutschen Kolonialbesitzes u. der Dampferlinien (auf der Rückseite). Leipzig (901). J. Milde. —20

Tod, Der, des Pfarrers Dr. Friedrich Ludwig Weidig. Ein aktenmässiger und urkundlich belegter Beitrag zur Beurteilung des geheimen Strafprozesses und der politischen Zustände Deutschlands. Zürich und Winterthur 1843. V: *Schulz, Wilhelm Fch.* (Hessische Biographien, hgbn. von Herman Haupt, Darmstadt 1918, I, 412)

TOD! wo ist dein Stachel? oder grosses medicinisches Lehrgedicht, worinnen Herr Bachel seine 2 Examina u. das Leiden seiner 6 Patienten knittelpoetisch besingt. Mit Holzschn. Würzburg 1856. 12°. 50 S. (70 Pfg. Elwert, Marburg, vor 1885.)

Tod und Zukunft. s. Wyttenbach, J. H.

— u. Zukunft. in e. Anthologie v. Aussprüchen, älterer u. neuerer Dichter u. Philosophen, herausg. v. J. H. Wyttenbach. gr. 8. Lpz. Hempel (Gleditsch) 806. Franz. Pap.

Tod u. Zukunft; e. Anthologie f. edle Menschen; h. v. J. Hg. **Wyttenbach.** 2e A. *Lpz.*, Gleditsch (j. Brockhaus.) 821. gr8° m. e. Titelk. 1 Thlr 16 gr [Zuerst unt. d. T.: T. u. Z. in e. Anthol. v. Aussprüchen ält. u. neu. Dichter u. Philosophen; h. v. *Eb. Lpz.*, Hempel. 806. gr8°]

Tod, Ulrich Zwinglis. [Zürich 1837]. V: *Birch-Pfeiffer, Charlotte.* (ZUWZÜR)

Tod [Verfasser]

Tod, H., s.: Geschichts-Lexikon.

Todd, Alph., über die parlamentarische Regierung in England, ihre Entstehung, Entwickelung u. praktische Gestaltung. Aus dem Engl. übers. von R. Aßmann. 2 Bde. Berlin 869,70. Springer's Verl. 8. (XVI, 512 S. u. XI, 652 S.) n. 6 Thlr; in engl. Einb. n. 6 Thlr 20 ngr.

Todd, Alph., über die parlamentarische Regierung in England, ihre Entstehung, Entwickelung und praktische Gestaltung. In 2 Bdn. Aus dem Engl. übers. von R. Aßmann. gr. 8. Berlin, Springer's Verlag. [1. Bd. (XVI, 542 S.) 869. *M 8,50.; geb. *M 9,75.; 2. Bd. (XI, 652 S.) 871. *M 9,50.; geb. *M 10,50.] *M 18.; geb. *

Todd, Fredericus Augustus, Sydneianus: De **Musis** in carminibus poetarum Romanorum commemoratis. *Jenae 1903: G. Neuenhahn.* (55 S.) 8°
Jena, Phil. Diss. v. (25. Juli) 1903

Todd, J., and W. B. Whall, practical seamanship, s.: **Mühleisen, Albr.,** Handbuch der Seemannschaft.

Todd. J[ohn]. Le comte exilé (Nicolas Louis de Zinzendorf). Histoire véritable. Traduit de l'anglais Par Mlle W . 8. Berne 1846.

Todd, Rob. Bentley, Vorlesungen über Gicht u. Rheumatismus, s.a. Bibliothek von Vorlesungen über Medizin XXXVI. Bd.

Todd, R. B., Vorlesungen über Gicht und Rheumatismus. Aus d. Engl. unter Redakt. F. J. Behrend. gr. 8. Leipzig 844, Kollmann. 19 ngr

Tode [Sachliches OW]

Tode, vom christl. Aus den 3täg. Geistesübungen, welche der hochwürd. Bischof v. Regensburg, J. M. v. Sailer, mit seiner Geistlichkeit am 16., 17., 18., 19. Febr. 1831 gehalten hat, u. wobei zwisch. den Vorträgen desselben der hochwürd. Weihbischof, G. M. Wittmann, Vorträge üb. die vier letzten Dinge gehalten hat. 12. Regensb. 832. (Augsb., Krüll). 8 gr

Tode, Doct. Joh. Clem., Buchkunstrichter in Kiöbenhaven. Göttingen 1778. V: *Baldinger, Ernst Gfr.* (Bruun, Bibl. Danica III, 1522.)

— Buchkunstrichter. 8. Göting. Vandenhök. 778.

Tode [Verfasser]

Tode, Arnold (Neumünster) A. S. 833/40

De eo quod iustum et iniustum est circa dies inprimis summorum principum natales dissertatio.
Kiel (Reuther) 30. IV. 1724. 22 S. 34576

TODE, ARNOLD (autor), Diss. solemnis de suspiciono animi morbo gravissimo. Kiliæ. 1722. 4. P. [Præs. Sebast. Kortholt].

Tode, Heinrich Julius

ELEGIEN von *H. J. T.* (d. i. *Heinr. Julius Tode*). Göttingen 1762
Anon.-Lex. II. p. 17 (nach Meusel).

Tode, H. J., Elegien. 8. Götting. Bossiegel. 762.

TODE, Henr. Jul.: Fungi Mecklenburgenses selecti. - Fasciculus I: nova Fungorum genera complectens. - Luneburgi 1790. 50 S., 7 Taf. - Fasc. II: generum novorum appendicem et sphaeriarum acaulium subordines III priores complectens. ebd. 1791. 64 S., 10 Taf.

— Fungi Mecklenburgenses selecti. c. tab. aen. II Tom. 4. Lüneb. Lemke (Herold et W.) 791.
Postpap.

— christl. Lieder. 8. Hamb. u. Füneb. 771.

Tode, Johan(n) Klemens

Tode, Jh. Klemens, († d. 16. März 1806.) adversaria clinica. Fasc. I. et II. 8. Kopenh. 775. Rothe. 4 gr

Tode, Jh. Klemens, arzneikundige Annalen. 13 Hfte. 8. Kopenh. 787—92. Rothe. 2 Rthlr 4 gr

— de variolarum antiquitate ex Arabum monumentis. 8. Kopenh. 782.

Tode, Joh. Klemens, s. Armenapotheke.

Tode, Johan Clemens: Arzneimittellehre oder Materia medica aus dem Mineralreiche, die rohen, zubereiteten, und zusammengesetzten Arztneyen begreifend. Th.1 - 2, gbd.

Kopenhagen: Brummer 1797 - 1798

— Arzneymittellehre, od. Materia Medica, a. d. Mineralreiche, d. rohen, zubereit. u. zusammengesetzten Arzneyen begreif. 2 Bde. gr. 8. Copenh. Brummer. 798.

Tode, Johan Clemens: Der unterhaltende Arzt über Gesundheitspflege, Schönheit, Medicinalwesen, Religion und Sitten. Bd 1 - 3, gbd.

Kopenhagen u.Leipzig: Faber & Nitschke
1785 - 1786

— der unterhalt. Arzt über Gesundheitspflege, Schönheit, Medicinalwesen, Religion u. Sitten. 4 Thle. 8. Kopenh. 785—789. (Schubothe). 1 Rthlr 12 gr

— von dem Begraben in Kirchen u. auf Kirchhöfen in Städten. (Aus d. 4n Thle des vorhergehenden besond. abgedr.) 8. Kopenh. 789. Schubothe. 2 gr

— Berichte u. Bedenken, die Kriebelkrankheit betreff. 8. Kopenh. 772. Rothe. 4 gr

— klinische Berichte, od. medicin.-chirurg. Behandll. der Kranken unter d. Armen zu Kopenhagen. 4 Hfte. 8. Kopenhag. 800, 801. (Schubothe). 14 gr

— medicin.-chirurg. Bibliothek. 10 Bde. 8. Kopenh. 775—86. Rothe. 10 Rthlr

— s. Buchhave: Entdeckung ...

TODE, Joh. Clem. (1736—1806), Die drey Charlotten oder Geschichte dreyer Tage, ein komischer (stellenw. derb-pikanter) Roman in 3 Bdchn. Mit 1 Titelkpf (unsign. Radirung). Kopenhagen u. Leipzig, bey Joh. Heinr. Schubothe 1798. 8°.

— der Ehrteufel, oder der Bankerott. Lstspl. in 5 A.; aus d. Dänischen (v. Chr. Hnr. Reichel). 8. Leipz. 784. (Aue in Alt.) 8 gr

— Erinnerungen für Aerzte u. Kranke, die den Tripper heilen wollen. 8. Kopenh. 777. Rothe. 8 gr

Tode, Jh. Klem., die Erscheinungen. Lstspl. in 4 A. 8. Kopenh. 800. Schubothe. 9 gr

— moral. Erzähll. 1r Thl. 8. Kopenh. 800. Schubothe. 18 gr

Tode, Johan Clemens (Praef.u.Comm.):

s.: Fabre, (Pierre): Vollständige Abhandlung von der Erkenntniß und Cur der Venerischen Krankheiten. (Traité des maladies vénériennes. Nouvelle édition corrigée. Dt.) Übers.von Karl Franz Schröder. Kopenhagen: 1777

Praktische Fieberlehre. Von Johann Clemens Tode. Th.1. Kopenhagen & Leipzig: Faber & Nitschke 1786. 8°

Th.1: 1786.

— prakt. Fieberlehre. 1r Thl. 8. Kopenhag. 786. Schubothe. 10 gr

Tode, Johannes Clemens: Geschichte der Einimpfungen der Hornviehseuche, welche in den Jahren 1770, 71 u. 72 in Dännemark... angestellet worden. Aus d. Dän. übers. Mit 1 Taf. Kopenhagen 1775. 118 S.

— Geschichte der Einimpfung der Hornviehseuche, welche 1770 bis 1772 in Dänemark angestellt worden. Mit Kpf. 8. Kopenh. 775. Rothe. 6 gr.

Tode, Joh. Clem., Geschichte der Einimpfung der Hornviehseuche, welche 1770—72 in Dänemark auf kgl. Kosten aufgestellt wurden. Mit Kpfrn. Kopenhagen 775. Schubothe. M. —.75

— Geschichte u. Versuche einer chirurg. Privatgesellschaft zu Kopenhagen; nebst 27 Wahrnehmungen verschied. Mitglieder derselben. 8. Kopenh. 774. Rothe. 6 gr.

— neue dänische Grammatik für Deutsche. 8. Kopenhag. 797. Brummer. 20 gr.

– s. Hauch, A. W. v.: Naturlehre u. dessen Luftelektricität.

Die allgemeine Heilkunde oder die Lehre von den Heilungsanzeigen. Von Johann Clemens Tode. Th. 1. 2. Kopenhagen: Brummer 1797-99. 8°

— die allgem. Heilkunde, od. die Lehre von den Heilungsanzeigen. 2 Thle. gr. 8. Kopenh. 798, 799. Brummer. 1 Rthlr. 14 gr.

Tode, Joh. Klemens, s. Herholdt, Joh. Daniel: Anmerkungen ... – Von dem Perkinismus ... – Über Reinigung der Luft ... – Physiol. Untersuchung über das Leben, ...

Tode, Johan Clemens (Übers.):

s.: Herholdt, Johan Daniel: Commentation über das Leben, vorzüglich der Frucht im Menschen, und über den Tod unter der Geburt. (De vita inprimis foetus humani ejusque morte sub partu. Dt.) Kopenhagen: 1803

— über den Husten u. Schnupfen. 8. Kopenhag. 804. Brummer. 6 gr.

— medicin. chirurg. Journal. 5 Bde. d. Bd. à 4 Stück. 8. Copenh. Schubothe. 793-801. (à Stck. 6 gr.)

— medicin. Journal; vom 3n Bde an: medicin.-chirurg. Journal. 5 Bde. Der Bd. à 4 Stcke. 8. Kopenhag. 793 — 804. Schubothe. 5 Rthlr.

— erleicht. Kenntniß u. Heilung e. gemeinen Trippers; theils umgearbeitet, theils neu. 2 Thle. 8. Kopenh. 780. 3e verb. Aufl. 2 Thle. 790. (Schubothe). 1 Rthlr.

Tode, Johan Clemens: Erleichterte Kenntnis und Heilung des Trippers. 3., stark verm. und... verbess. Ausg. 468 S., gbd.

Kopenhagen u. Leipzig: Faber & Nitschke 1790

– s. Pott, Perc.: V. Wasserbruch.

Tode, Johan Clemens: Das Rezeptschreiben. Nach einem zweckmäßigern Plan vorgetragen, und mit vielen zergliederten Exempeln praktisch erläutert. Th. 1 - 5, gbd.

Kopenhagen u. Leipzig:
Th. 1 - 2: Faber & Nitschke 1792 - 1793
Th. 3 - 5: Schubothe 1797 - 1798

— das Receptschreiben, nach zweckmäß. Plan vorgetragen u. mit Exempeln erklärt. 5 Thle. 8. Kopenh. 797—798. (1r u. 2r Thl. N. A. 798, 800.) Schubothe. 2 Rthlr. 12 gr.

Tode, Joh. Klemens, s. Röschen u. Hannchen.

Tode, Joh. Klemens, s. Saxtorph, M.: Anat. Tabellen.

Tode, Johan Clemens (Hrsg.):

s.: Saxtorph, Matthias: Umriß der Entbindungswissenschaft für Wehmütter. (Kort Udtog af Foedselsvidenskaben. Dt.) ... zuerst übers. von K(arl) F(ranz) Schröder, ... darauf nach der neuesten Original-Ausgabe umgearb. Kopenhagen u. Leipzig: 1801

— die Seeoffiziere. Lstspl. in 5 A. 8. Kopenh. 783. Brummer. 12 gr.

Johann Clemens Tode, Vom Tripper in Ansehung seiner Natur und Geschichte. Kopenhagen & Leipzig: Heineck & Faber 1774. 218 S. 8°

Tode, Johan Clemens: Nöthiger Unterricht für Hypochondristen, die ihren Zustand recht erkennen und sich vor Schaden hüten wollen. 135 S., gbd.

Kopenhagen: Brummer 1797

— Versuch e. Receptkritik. 8. Kopenh. 801. Schubothe. 6 gr.

Toden ... [Sachliches OW], s. Toten ...

Toden, Christ. Friedrich von A. S. 186/16

Dissertatio juridica de procuratoris obligatione si fines mandati excedit praecipue qua creditoribus tenetur, in processu subhastationis.
Präs. Johann Paul Kress.
Jena (Müller) 24. XII. 1706. 33 S. 34577

Todenwarth, Lydia v., Carl Freiherr Wolff v. u. z. Todenwarth, Hof- u. Landrat zu Hildburghausen, s.: Schriften d. Vereins f. Meining. Geschichte u. Landeskunde, 19. Hft.

Toderini, Abbé, Literatur der Türken; aus d. Italien. mit Zusätz. u. Anmerkk. v. Ph. W. Hausleutner. 2 Thle. gr. 8. Königsb. 790. Nicolovius. 2 Rthlr. 12 gr.

Todesbund, der. s. Kleine Romane von Fouqué. 1r Th.

Todesbund, der, ein Roman. 8. Halle, Schimmelpfennig u. Comp. 811.

Todeschor, der, von E. M. Frölich. s. Frölich.

Todesfall. Der T. des Herrn Dr. [Eduard] Knobel, Arzt in Nidau. Nach der darüber geführten Voruntersuchung und den Aussagen der Zeugen, welche am 30. Weinmonat 1852... in Nidau vor den dortigen Assisen abgehört worden sind. (Mit einem lithographirten Plane.) 8. Langenthal 1852.

Todes-Fall, der unglückselige, Caroli XII. Ein Drama des XVIII. Jahrh. Hrsg. v. C. Heine. 8. (XXXI, 66 S.) Halle 888. Niemeyer. n. 2.80

Die gewaltsamen Todesfälle und Verletzungen im preussischen Staate während der Jahre 1869 bis 1872. Th. 1. Berlin. 1874. = Preussische Statistik. 28. 4°

Erhards Todes-Feyer. [Leipzig 1813: Sommer.] 9 Bl. 8° [Umschlagtit.] Kl. 1442. Enth. Gedichte u. 1 Lied ohne Noten. 193.

— die, der Schuljugend u. ihrem Lehrer in Allershausen gewidmet. 18. Münch. 817. Giel. (Barth in Leipz.) 1 ℛ

Todesfeyer, Iffland's, dramat. Nänie, v. Friedrich. 8. Carlsruhe, Braun. 815.

Maurerische **Todesfeier** des verewigten Brs Ernst Herzogs zu Sachsen veranstaltet von der Loge Archimedes zu den drei Reissbretern in Altenburg den 28sten Mai 1804. Gedr. als Ms. f. Brr. [Altenburg 1804.] 38 S. 8⁰ [Umschlagtit.]
Abgedr. in: AJ. 1 (1804) S. 205—240. Bericht. Rede von F. A. Chr. Mörlin. 358.

Todesfeier des verewigten Herrn Geheimen Kriegsraths Müller in der Rathsfreyschule zu Leipzig. Leipzig 1801. V: *Dolz, Joh. Chn.* (ADB 22, 643)

Todesfeier, patriot., der Töchter Deutschlands am Sterbetage der höchstsel. Königin von Preußen. gr. 8. Leipz. 814. Bruder. 4 ℛ

Todesfeier, Chr. F. Weisse's, in der Rathsfreischule zu Leipzig. Leipzig 1805. V: *Plato, Carl Glieb* & *Johann Christian Dolz.* (Ky) (EE)

Todesfeyer, die, Zwingli's am 11. October 1818. siehe Zwingli.

Todesfeier. Die Todesfeyer [Ulrich] Zwingli's am 11/23 October (1818) durch die Studenten in Zürich. 8. Zürich 1818.

Todesfurcht, Die ueberwundene. [Nürnberg 1744.] [Nürnberg 1753.] V: *Kiener, Johann.* (ML) (will)

Todesgedanken, Einsame, bey der Gruft des Hrn Kammerraths Besser. Zittau 1769. V: *Frühauf, Christian.* (ML)

TODTS-GEDANCKEN, GEISTLICHE, s. [RENTZ, M.]

Todeskampf | und | Fluchtversuch | des | Doppelmörders | Wilhelm Timm. | Nebst einem dazu verfaßten Liede. | Hamburg. | Druck und Verlag von J. Kahlbrock Wwe.
o. J. (1854), 4 Bl. n. n., 168 × 102.
Dt. Vl.-Arch. Freiburg. V. 1. 1153/1.

Todeskampf, der, am Hochgericht, od. Geschichte des unglückl. Dulders F. Seider's, ehemal. Predigers zu Randen in Ehstland, von ihm selbst erzählt. (Ist nicht von ihm selbst, aber aus einem von ihm während seiner Abführung nach Sibirien geschriebenem Briefe aufgesetzt). 8. Hildesh. 803. Gerstenberg. 8 ℊ

— hundertstündiger, oder Begebenheiten A. Delesalle, welcher v. d. Arabern in Syrien gefangen wurde, herausgeg. v. W. Villier, m. deutsch. u. franz. Text. 8. Leipz. Baumgärtner. 809.

Todes-Klippe, Die, oder Geribald von Hohenwart. Ritter- und Geistergeschichte aus den Zeiten der Kreuzzüge, vom Verfasser des steinernen Sarges, 2 Thle. Leipzig 1823. V: *Leibrock, August.* (BGE VII³, 663)

Todesnacht, Seine, zur Aushülfe einer verunglückten Familie. Wien 1790. V: *Lippe, Carl Chn. Graf von.* (BiblPort)

Todesnacht. Die T. auf dem Wallensee. Zürich 1851 s. [Reithard, Johann Jacob].

Todesnacht, die, auf dem Wallensee. Dichtung eines Ungenannten. Sammt sichern Angaben über den „Delphin" u. die 12 m. demselben verunglückten Personen (v. J. J. Reithard). 8. (64 S.) Zürich 851, Meyer & Hanisch. baar 7 ngr

TODESRITT, Der Liebe —. (5 Mk., eine böhm. Firma, 1901.)

Todesstrafe, Die, ein Votum der Kirche. . . . Leipzig 1826. V: *Hase, Carl Friedrich.* (Schletter, Handb. d. jurist. Litt. Grimma 1843. S. 324.)

Todes-Strafe, Die. Nürnberg 1830. V: *Soden, Friedrich Julius Heinrich Graf von.* (Wa) (Ky) (EngJ) (ABJP)

Todesstrafe, die. (v. J. Graf v. Soden). gr. 8. Nürnb. 830. Riegel u. W.

Todes-Strafe, Die. Von dem Verfasser des Geistes der peinlichen Gesetzgebung Deutschlands. Nürnberg 1831. V: *Soden, Friedrich Julius Heinrich Graf von.* (KGBerlin I, 1073)

Todes-Strafe, die, s. Soden, (Fr.) Jul. (Heinr.) Graf v.

Todesstrafe, Die, und die Bibel. Zürich [1885]. V: *Heiz, Rud.* (Cat. d. Stadtbibl. Zürich. Zürich 1864—97.)

Todesstrafe, die, nach ihrer Rechtmässigkeit und Zweckmässigkeit geprüft. Abdruck aus der „Allgem. Schweizer-Zeitung". In-8⁰, $5^1/_4$ Bog. Basel, Druck von K. J. Wyss. 1879. — 70

TODESSTRAFEN. Über —. Wucherer, Wien [o. J.]

Todesstunde, die, des Apostaten, siehe: Apostat.

C. P. G. Die Todesstunde Carls XII. nebst kurzem Auszug dessen merkwürdigsten Geschichten und Thaten. 8. Freystadt. 1719.

Todestag, der, Napoleons III. bereits bestimmt vorausgesagt durch eine Stimme aus dem Jenseits. Eine Nachricht für Alle — eine Mahnung für Ungarn. Hermannstadt 861. Wiehrer. 8. (15 S.) 6 ngr

Todestempel, Preussischer. Constantinopel [Leipzig] 1728. V: *Schulz, Gg Pet.* & *Mich. Lilienthal.* (Wr)

Todesurtheil. Ein T. Bericht über den am 3. Juli 1861 verübten Mord an Friedrich Schenk und über die Angeklagten Johannes Kläntschi und Magdalena Schenk, die Verhandlungen vor den Assisen und die Verurtheilung am 30. August 1861. 8. (Bern.)

Todesurtheil und Hinrichtung. Kriminalistische Feuilletons. Von einem Freunde der Wahrheit und des Rechts. gr. 8. (132 S.) Krems, Löbner in Comm. 1870. 1 fl.

Todesurtheil. T-U und Hinrichtung des Bürgermeisters Hans Waldmann. Geschildert von einem Zürcher Chronisten. Mit dem Waldmann-Gedicht von Dr. [Ignaz] Thomas Scherr [und 1 Vignette]. 4. Oerlikon *o. J.* [1880/90].

Todesurtheil. T-U über Jakob Müller von Rain. (Luzern, 28. 30. Jänner 1846.) 8. (Luzern.)

Todesurtheil des Titl. Obergerichts des hohen Standes Aargau über Peter Welti, gewesenen Pfarrer zu Wohlenschwyl, geboren ... im Jahr 1799. Veröffentlichet bei dessen Hinrichtung in Baden den 4. Herbstmonat 1834. 8. *o. O.*

Todesurtheil. Das T des hohen Obergerichtes des Kantons Zürich über die Raubmörder (Heinrich) Sennhauser und (Jakob) Lattmann. Nebst dem faktischen Theile des kriminalgerichtlichen Urtheiles und einer aus den Akten geschöpften ... Darstellung des geschichtlichen Thatbestandes, der Ergebnisse der Prozedur, der Lebensbeschreibung der beiden Mörder und deren Hinrichtung. 8. Wädensweil 1845.

Todesurtheil und Verhandlungen über die Anklage gegen den Mädchenmörder Rudolf Meier, von Dällikon, Kanton Zürich, Schalenmacher in Biel, welche stattgefunden vom 18. bis 23. März 1874 im Schwurgerichtssaale in Biel. 8. (Biel.)

Todeswette, Die; frei nach d. Engl. der A. Radcliff. Meissen 1830. V: *Alvensleben, Ludwig von.* (Ky)

Tödinger, Justiz- Cameral- u. Polizei-Fama, s. Justiz- Cam.- u. Polizei-Fama.

Todleben, General Graf, vor Plewna 1877. Aus dem Russ. Von O. Heyfelder. [Aus: „Internat. Revue f. d. gesammten Armeen u. Flotten".] gr. 8. (34 S.) Cassel 887. Fischer. n. — 80

Todleben, Ed. v., die Vertheidigung von Sebastopol. Nach authentischen Quellen dargestellt. Uebersetzung aus dem Russischen. 1. Thl. 2 Bde. St.-Petersburg 864. (Berlin, Mittler & Sohn.) gr. 4. (LIX, 917 S., 8 lith. u. 5 Kpfrtaf. u. 10 lith. Karten in Fol.) nn. 40 ₰

Todleben, Ed. v., die Vertheidigung von Sebastopol. Nach authent. Quellen dargestellt. Uebersetzung aus dem Russ. 2. Thl. 1. Bd. [Mit sämmtl. Plänen zum 2. Thl.] Nebst Suppl.: Der Minenkrieg von Sebastopol im J. 1854—1855. Zusammengestellt von Froloff. gr. 4. (VII, 449 S. mit 17 Stnt., wovon 5 color., und 4 chromolithogr. Karten in gr. Fol. und Imp.-Fol. und Suppl. 215 S.) St. Petersburg 869. (Berlin, Mittler und Sohn.) **
Suppl. apart **

Todleben, Ed. v., die Vertheidigung v. Sebastopol Nach authent. Quellen dargestellt. Uebersetzg. aus dem Russ. 2. Thl. 2. Bd. gr. 4. (VIII, 546 S. m. 9 Steintaf. in gr.-Fol. u. Imp.-Fol.) St. Petersburg 872. (Berlin, Mittler & Sohn.) n.n. 18. — (cplt.: n.n. 210.—)

—— dass. — Billige Ausg. gr. 4. Ebendas. *

TODOR, Josephus Johannes: Vindiciae resurrectionis Christi et mortuorum. — (1877) 148 S. 8° (Handschr.) Diss. 311
Diss. Wien, Univ.

TODOROVITS, Milan A. (Sumrakovatz): Einheitliche Zollgebiete, deren Entstehung und deren Wirkungen. Ein Beitrag zur Lehre von der Zolleinigung.- Stuttgart: Union 1908. 55 S.- Vollständig erschienen als: Münchener volkswirtschaftliche Studien. 87.
23.7.1908 - Chr 1908/09,22; U 09.3276
Diss. Ingolst.-Landsh.-Mchn.

Todorovits, Milan A.: Einheitliche Zollgebiete. Deren Entstehung u. deren Wirkungen. Ein Beitrag z. Lehre von d. Zolleinigung. Stuttgart & Berlin: Cotta 1908. XIV, 142 S. 8°
(Münchener volkswirtschaftliche Studien. Stück 87.)

Todsen, Hülfsbuch für eine einfache Behandlung der Winckelmann'schen Bilder, s.: Krieger.

Todsen, Hermann, cand. phil. a. Tondern: Über die Entwicklung des romantischen Kunstmärchens. (Mit besonderer Berücksichtigung von Tieck und E. T. A. Hoffmann.) Berlin 1906: G. Schade. (122 S.) 8°
München, Phil. Fak., Ref. Muncker, Diss. v. 20. Nov. 1905
[Geb. 24. Sept. 78 Tondern; Wohnort: Tondern; Staatsangeh.: Preußen; Vorbildung: Gymn. Parchim Reife O. 00; Studium: München 2, Zürich 1, Paris 1, Göttingen 2, München 4 S.; Rig. 20. Nov. 05.]

Todsen, Joh. Christian

Todsen, Jh. Chr., Beitrag zur Beurtheilung der jetzigen Zustände der Herzogthümer Schleswig u. Holstein. gr. 8. Kiel 844, Bünsow. n. 1/6 ₰

Todsen, Joh. Chr., Beitrag zur Beurtheilung der jetzigen Zustände der Herzogthümer Schleswig u. Holstein. gr. 8. (2 B.) Kiel 844, Naeck. *

Todsünden, Meine, und einige andere von minderm Belange. Ein Roman . . . Dresden 1800. V: *Schulz, Friedrich August.* (Ky) (EE)

Todsünden, meine, u. eine andere von minderem Belange, (v. Fr. Laun). 8. Dresd. 800. Arnold. 1 ₰ 12 Gr

Todsünden, meine, u. einige andere v. mindern Belange; e. Roman in 3 Büchern. 8. Pirna. (Arnold in Dresd.) 800.

Todsünden, die, gegen das Herzogthum Schleswig oder das gemißhandelte und verhudelte Land. Ein Mahn- u. Warnungs-Ruf an Holstein's Stände u. Volk. Hamburg 862. Falcke. gr. 8. (10 S.) 4 ngr.

Todsünden, die sieben. I—VII. 8. Budapest, G. Grimm. à n. 3. —

I. Die Unzucht. Von Armand Silvestre. Illustriert v. Art. Scheiner. (171 S.) (904.)
II. Der Neid. Von Achille Segard. Illustriert v. Art. Scheiner. (158 S.) (904.)
III. Die Völlerei. Von B. Marcel. Illustr. v. Art. Scheiner. (190 S.) (904.)
IV. Die Trägheit. Von Vict. Nadal. Illustriert v. Art. Scheiner. (160 S.) (904.)
V. Der Zorn. Von Xavier de Ricard. Illustriert v. Art. Scheiner. (175 S.) (905.)
VI. Die Hoffart. Von Achille Segard. Illustriert v. Art. Scheiner. (142 S.) (905.)
VII. Der Geiz. Von Achille Segard. Illustr. v. Art. Scheiner. (199 S.) (905.)

Die Bde. 2 u. 4 sind im Deutschen Reiche verboten.

Todsünden. Die sieben T der Aristokraten. SA. 8. Weinfelden 1831.

Todsünden. Die sieben T der Geistlichen. Ein Seitenstück zu zu den sieben Todsunden der Aristokraten. Von einem schweizerischen Theologen. 8. *o. O.* 1832.

Lose Blätter aus Kirchen- und Schulrecht. Gesammelt von P[farrer] **Todt** in Barenthin. Barenthin: Selbstverl. (1906). (62 S.) 8° [Umschlagt. F.]
[06. 6382

Todt, Johann Friedrich Oberlin, s.: Für Feste u. Freunde d. inneren Mission, Hft. 18.

Todt, Adolf (geb. Viesecke in d. Priegnitz 9. 12. 1847): Ueber Amputationen mit vorderer Haut- u. Periost-Lappenbildung besonders des Unterschenkels. Berlin (1873). (32 S.) 8°
Berlin, Med. Diss. v. 18. Febr. 1873

Die Güterbahn. Von Eisenbahndir.-Präs. a. D. [Albert] Todt. *Hannover 1900: Jänecke.* (14 S.) 8° [F.]
— Sammlung v. Schriften z. Kanalfrage. No 2. [01. 8967 4

Der Rhein-Elbekanal und die Eisenbahnen des Ruhrbezirks. Von Eisenbahndir.-Präs. a. D. [Albert] Todt. *Hannover 1900: Jänecke.* (27 S.) 8° [F.]
— Sammlung v. Schriften z. Kanalfrage. No 1. [01. 8566 4

Todt, August

— und Carl **Becker**, Arion. Sammlung zwei- u. dreistimmiger Lieder zum Gebrauche beim Gesangunterricht in Töchterschulen. 2 Hefte. Cüstrin 862. Massute. 8. Jedes Heft n. 4 ngr.
Inhalt: 1. Heft: 48 zweistimmige Gesänge. (IV, 48 S.) — 2. Heft: 40 zwei- u. dreistimmige Gesänge. (54 S.)

Todt, Aug., Gesanglehre für Schulen. Cüstrin 862. Massute. qu. 4. (20 S.) n. 5 ngr.

Todt, Aug., Liederbuch für die Volksschule, wie auch zum Gebrauch in höheren Knaben- und Töchterschulen. Sammlung neuer und alter Vaterlands-, Volks-, Turner- rc. Lieder. Op. 29. 3 Hefte. gr. 8. Erfurt 858, Körner's Verlag. [1. und 2. Heft. (à 32 S.) à * 2 Ngr., 3. Heft. (46 S.) * 3 Ngr.] *

—— Liederbuch für die Volksschule, wie auch zum Gebrauch in Gymnasien, Real- und höheren Töchterschulen. Sammlung neuer und alter Vaterlands-, Volks-, Turner- rc. Lieder. 1. Heft: 66 Lieder enth. 2., durchgängig verb. und verm. Aufl. gr. 8. (34 S.) Erfurt 863, Körner's Verlag.

Todt, Aug., der praktische Organist. 55 Präludien in leicht ausführbarer Form zu den bekanntesten Chorälen für die Orgel mit u. ohne Pedal sowie für das Harmonium, zum Gebrauch beim öffentl. Gottesdienste, in Hausandachten u. zum Unterricht in Schullehrer Seminarien u. Präparanden-Anstalten componirt. 1. Heft. Falkenhagen 868. (Berlin, W. Schultze. — C. Beck.) qu. 4. (32 S.) n. 10 ngr.

Todt, Aug., der praktische Organist. 55 Praeludien in leicht ausführbarer Form zu den bekanntesten Chorälen f. die Orgel m. u. ohne Pedal so wie f. das Harmonium, zum Gebrauch beim öffentl. Gottesdienste, in Hausandachten u. zum Unterricht in Schullehrer-Seminarien u. Präparanden-Anstalten componirt u. allen Freunden geistl. Musik gewidmet. 1. u. 2. Hft. op. 5. qu. gr. 4. (56 S.) Falkenhagen 872. (Berlin, Beck.) n. 1. 20

— 140 Orgel-Präludien in fortschreitender Stufenfolge, im Anschluss an das J. G. Schubert'sche Choralbuch mit Berücksichtigung des preuss. Seminar-Regulativs für Seminaristen, Schullehrer u. Organisten, sowie auch zum Gebrauch beim öffentl. Gottesdienste. Cöslin 869. Hendess. qu. 4. (66 lithogr. S.) 22½ ngr.

— 140 Orgel-Praeludien in fortschreitender Stufenfolge, im Anschluss an das J. G. Schubert'sche Choralbuch f. Seminaristen, Schullehrer u. Organisten, so wie auch zum Gebrauch beim öffentl. Gottesdienste. Op. 48. 49. 50. 2. Aufl. qu. gr. 4. (III, 52 S.) Köslin 877. Hendess. 1. 80

Todt, August, aus Gießen: Die franco-italienischen Renartbranchen. *Darmstadt 1903: G. Otto.* (X, 114 S.) 8°
Gießen, Phil. Diss. v. 1903

Todt, Bernhard

Todt, G.A.B.: De Aeschylo vocabulorum inventore commentatio. 56 S. – Halle Päd., Progr. 1855.

Todt, Bernh., commentatio de Aeschylo vocabulorum inventore. Halis 855. Buchhdlg. des Waisenhauses. 4. (IV, 56 S.) n. 10 ngr.

Todt, Bernhard (Übers.), s. Aeschylus: Tragödien. 1891.

Todt, Bernhard Berthold von Regensburg. Skizze seines Lebens und seiner Bedeutung in der Geschichte der deutschen Sprache, Litteratur und Predigt. (Umschlagtitel: Berthold von Regensburg.) 4 (25 S.). **Progr.** G. *Wetzlar* 1886 (426)

Todt, Bernhard: Über formale u. humanistische Bildung. Antrittsrede. Gotha (Schleusingen) 1865. 7 S. 4°
Schul-/Univ.-Schrift

Todt, B.: Dionysius von Syrakus. Ein Charakterbild aus der griechischen Geschichte. 30 S.– Treptow a. R., Progr. 1858.

Todt: Dionysius I. von Syrakus. Ein Charakterbild aus der griechischen Geschichte. 30 S.–Treptow a/R., Progr. 1860

Todt, B[ernhardus]: * De Rheso tragoedia epicrisis. Part. 1. 46 S. 4° (2°)
Halle-Wittenberg, Phil. Diss. v. 28. Juli 1859
Geb. [Dünnow (Kr. Stolp) 5. 11. 1829]

Todt, B., die Eroberung von Constantinopel im Jahre 1204. Aus dem Altfranzösischen des Gottfried v. Ville-Hardouin unter Ergänzung aus anderen zeitgenössischen Quellen für Volk u. Jugend. Mit 2 (lith.) Karten. 8. (VIII, 280 S.) Halle 878. Buchh. des Waisenh. n. 2. 80

Todt, Bernardus: * De natura et origine conscientiae disseritur. 11 Bl. 4° (2°)
Halle-Wittenberg, Phil. Diss. v. 26. März 1873
Geb. [Düben (Kr. Bitterfeld) 2. 7. 1842]

Todt, Bernh. Schleiermachers Platonismus. 14 S. **Progr.** *Wetzlar* 1882.

(Todt, B., u. Herm. Wiesing) Rede des kön. Prov.-Schulrats Dr. Todt bei der Einführung des Direktors am 25. April 1878. — Antrittsrede des Direktors. S. 30—40. **Progr.** Rg. *Nordhausen* 1879.

Todt, *Bernhard* Vademecum durch die Bachschen Cantaten mit Hinweisen auf ihre Verwendbarkeit auch für Schülerchöre. 8 (VIII, 69 S.). **Progr.** Kgl. G. *Essen* 1895 (452).

Todt, B., Vademecum durch d. Bachschen Cantaten m. Hinweisen auf ihre Verwendbarkeit auch f. Schülerchöre. gr. 8. (VIII, 69 S.) Leipzig 895. Breitkopf & Härtel. n. 1. —

Todt, Bernh., griechisches Vocabularium für den Elementarunterricht sachlich angeordnet. 8. (X und 77 S.) Halle 858, Buchh. des Waisenhauses.

Todt, B., griechisches Vocabularium für den Elementarunterricht in sachl. Anordnung. 2. umgearb. Aufl. (VI, 75 S.) 1868. * 75 Pf., und 3. nach der 2. durchgesehenen Aufl. gr. 8. (VI, 78 S.) Halle 873, Buchh. des Waisenhauses. *

— griechisches Vocabularium für den Elementarunterricht in sachlicher Anordnung. 4., nach der 3. durchgeseh. Aufl. gr. 8. (X, 78 S.) Ebend. 878. n. 1. —

Todt, B., griechisches Vokabularium für den Elementarunterricht in sachlicher Anordnung. 5. nach der 4. durchgeseh. Aufl. gr. 8. (X, 78 S.) Halle 886, Buchh. des Waisenhauses. *

Todt, C.: Merkbüchlein für den Turn-Unterricht. Greifenberg 1870. 48 S.

— — 1880.

Todt, E., s. K. Ritter, Entwurf zu e. Karte 2c.

Todt, Gust., vom Leben — Lieben — Lassen. (65 S.) 8. Berlin 909. F. Wagner. 1.80; geb. 2.50

Todt, Gust. Guil. Armin. (geb. Mödlich in d. Mark 8. 6. 1831): De intumescentia lienali. Berolini (1855). (28 S.) 8°
Berlin, Med. Diss. v. 23. Mai 1855

Todt, Carl, die Ameise, s. Ameise.

Todt, *Karl: Ansprüche bei der Vorfeier zu Melanchthons vierhundertjährigem Geburtstage.* Berlin, Druck v. M. Oldenbourg, 1897; 19—21 S. 4.
Berlin, k. Joachimsthalsches G, P 1897 (57)

Todt, Carl: Goethe und die Bibel. (Umschlagt.: Zwei wissenschaftliche Vorträge für die Schüler der Oberklassen: 2 ...) *Steglitz 1901: E. Werner.* (S. 13—26.) 4°
Steglitz, G, OP 1901 (93)

Todt, Karl, aus Wetzlar a. d. Lahn, Unterarzt im Inf.-Reg. Prinz Friedr. d. Niederlande (2. Westfäl.) No 15: Aus d. Kinderklinik d. Kgl. Charité. Dir. Arzt: Geh. Medizinalrat Prof. Dr. Heubner. Akute gelbe Leberatrophie im kindlichen Lebensalter. *Berlin (1903): G. Schade.* (31 S.) 8°
Berlin, Med. Diss. v. 16. Jan. 1903

Todt, Karl, zur Statistik des kgl. Joachimsthalschen Gymnasiums, s. Festschrift zum 300jähr. Jubiläum d. kgl. Joachimsthalschen Gymnasiums. (Bahn. Ernst.)

Todt, Karl, s. Statistik, Zur, des Königl. Joachimsthalschen Gymnasiums.

Todt, Carl: Biographisch-bibliographisches Verzeichnis der Lehrer des Joachimsthalschen Gymnasiums seit 1826. *Berlin 1899: M. Oldenbourg.* (26 S.) 4°
Berlin, k. Joachimsthalsches G, P 1899 (57)

Todt, M., Philipp Jakob Spener. Ein Gedenkblatt zu seinem 200jähr. Todestage. (16 S. m. Abbildgn.) 8. Hamburg (905). Agentur des Rauhen Hauses. n. — 15

Todt, R. (Hrsg.), s. Arndt, Ferd.: Ich lebe, u. ihr sollt auch leben!

Todt, Rudolf

Todt, Rud., der radikale deutsche Socialismus und die christliche Gesellschaft. Versuch einer Darstellung des socialen Gehaltes des Christenthums und der socialen Aufgaben der christl. Gesellschaft auf Grund einer Untersuchung des Neuen Testamentes. gr. 8. (XII, 479 S.) [Wittenberg 877.] Eberswalde. Rust. *

—— dass. — 2. verb. und verm. Aufl. gr. 8. (XVI, 514 S.) Wittenberg 878, Herrosé Verlag. *

Todt, R., die Ursachen der Unkirchlichkeit u. ihre Abhilfe, s.: Zeitfragen d. christlichen Volkslebens.

— der innere Zusammenhang u. die nothwendige Verbindung zwischen dem Studium der Theologie u. dem Studium der Socialwissenschaften. gr. 8. (32 S.) Eberswalde 877. Rust. n. — 90

Todt, Traugott

Todt, Tr., d. theologische Fakultät d. Universität Berlin in Vergangenheit u. Gegenwart. [Aus: „Das Pfarrhaus".] gr. 8. (24 S.) Berlin 896. C. Skopnik. — 30

Todt, Traug., Paul Gerhardt, der Liederfürst. Ein Gedenkbüchlein zu seinem 300jähr. Geburtstage am 12. III. 1907. (16 S.) 8. Altenburg 907. St. Geibel. — 10

Todt, Traug., Franz Härter, der Straßburger Diakonissenpfarrer, s.: Für Feste u. Freunde der inn. Mission.

— O. G. Helbring, der Vorkämpfer der Magdalenensache, s.: Für Feste u. Freunde der inneren Mission.

Todt, Traug., 100 Jahre Säemannsarbeit. Ein Gedenkblatt zur Geschichte der Bibelverbreitg. aus Anlaß des 100jähr. Jubelfestes der brit. u. ausländ. Bibelgesellschaft in London. (16 S. m. Abbildgn.) gr. 8. Ebd. 904. n. — 10

— Johann Hinrich Wichern, der Vater der inneren Mission. Ein Gedenkbüchlein zu seinem 100jähr. Geburtstage am 21. IV. 1908. (16 S. m. Abbildgn.) 8. Altenburg 908. St. Geibel. p — 10

Todte(n). – s. Tote(n). –

Tödten, Hermann [aus Flensburg (Schlesw.-Holst.)]: Zur Lebercirrhose im Kindesalter ... München, J. F. Lehmann, 1892; 1 Bl., 45 S. 8.
Würzburg, Med. Fak., Inaug.-Diss. v. 1892

Tödten, H. Zur Lebercirrhose im Kindesalter. In-8°. 45 S. München, J. F. Lehmann (Depot für die Schweiz: E. Speidel in Oberstrass Zürich). 1892.
*** Münchner medizinische Abhandlungen. Heft 29.

Todten ... [Sachliches OW], s. Toten ...

Todtenhaupt, Aug. Geo., üb. die Gründung e. wissenschaftlichen Volkslehrerseminars unabhängig v. Kirche u. Staat. Ein Gegenvorschlag gegen die beabsicht. Gründg. e. hamburg. Accademie. gr. 8. (20 S.) Hamburg 870. Hoffmann & Campe in Comm. n. — 40

Todtenhaupt, A. G., die „innere Mission." Einige Aufsätze aus Hamburger Tagesblättern, wohl zu berücksichtigen für Theologen u. Staatsmänner. gr. 8. (35 S.) Hamburg 852, Th. Niemeyer in Comm. n. 1/6 ₰

Todtenhaupt, Ferdinand

Todtenhaupt, F., 1849 bis 1899. 50 Jahre Königsberger Stadtmission. Ein kurzer geschichtl. Rückblick, im Auftrage des Vorstandes zur 50jähr. Jubelfeier am 2. XI. 1899 verf. gr. 8. (37 S.) Königsberg 899. (Ev. Buchh. des ostpr. Prov.-Vereins f. innere Mission.) n. — 25

Todtenhaupt, Friedrich, 1. Assist. am Chem. Pharm. Univ.-Laboratorium zu Königsberg i. Pr.: Zur Kenntnis des Brucins. *(Königsberg i. Pr. 1903): Gutenberg-Druckerei.* (33 S.) 8°
Königsberg, Phil. Diss. v. 12. Dez. 1903

Todtenhaupt, Gustav

Todtenhaupt, G., Jesus Christus, der Welterlöser. Ein Heilandsbild, nach den drei ersten Evangelien dargestellt. 8. (VI, 192 S.) Leipzig 885, Drescher. *
geb. **

—— dass. — 2. (Titel-)Ausg. 8. (VI, 192 S.) Leipzig 886, Reißner. *

Todtenhaupt, G[ustavus]: *Ueber Schleiermachers Stufen- und Artunterschied der Religionen. Darstellung u. Kritik. 42 Bl. 4° (2°)
Halle-Wittenberg, Phil. Diss. v. 5. April 1870
Geb. [Preussisch-Eylau (Ostpr.) 27. 10. 1844]

Todtenhof, G., Verzeichniss sämmtlicher Ortschaften der Prov. Sachsen. Nebst Angabe der topograph. Bezeichng., Einwohnerzahl, Regierungsbezirke, Kreise, Amtsbezirke, Standesämter, Amtsgerichte, Postanstalten, Telegraphenämter, Fernsprechämter. Nach amtl. Materialien hrsg. 2. Aufl. gr. 8. (VI, 216 S.) Halle 883. Pfeffer. n. 3. —

Todtenhof, G., die Wohnplätze der Provinz Sachsen. Nach den Materialien des kgl. preuss. statist. Bureaus bearb. u. hrsg. gr. 8. (VI, 216 S.) Halle 882. Pfeffer. n. 4. —

Tödter, H., **Anfangsgründe der Arithmetik und Algebra für die oberen Klassen der Volks- und Mittelschulen.** 2 Thle. gr. 8. Stade 874, (Schaumburg.) [1. Thl. (88 S.) * 90 Pf.; 2. Thl. (47 S.) * 70 Pf.] *

— dasselbe. 2. Thl. gr. 8. (47 S.) Ebend. 875. n. — 70 (1. u. 2.: n. 1. 60)

Tödter, H., Auflösungen der Aufgaben in H. Tödter's Arithmetik und Algebra für die oberen Klassen der Volks- und Mittelschulen. gr. 8. (48 S.) Stade 876, (Schaumburg.) **

Tödter, H., Anfangsgründe der Arithmetik u. Algebra, f. den Schul- u. Selbstunterricht in entwickelnder Lehrform bearb. 3. Tl. Potenzen, Wurzeln, Logarithmen, geometr. Progressionen, Zinseszins- u. Rentenrechng. Ausg. A. gr. 8. (100 S.) Stade 882. Bielefeld, Velhagen & Klasing. n. 1. 50

— dasselbe. Ausg. B. (Nur die Aufgaben ohne Anleitgn. enth.) gr. 8. (48 S.) Ebd. 882. n. — 60

— dasselbe. Auflösungen zum 1. Tl. 3. Aufl. gr. 8. (32 S.) Ebd. 886. n. — 50

Tödter, H., Anfangsgründe der Arithmetik und Algebra. Für den Schul- und Selbstunterricht in entwickelnder Lehrform bearb. 2 Tle. Ausg. A. (Mit den Anleitungen.) 3. erweiterte Aufl. gr. 8. Bielefeld, Velhagen und Klasing. [1. Tl. (V, 129 S.) 885. * ℳ 1.20.; 2. Tl. (80 S.) 886. * 80 Pf.] *
—— dass. — Ausg. B. (Nur die Aufgaben enthaltend.) 3. erweiterte Aufl. gr. 8. Ebendas. [1. Tl. (III, 70 S.) 885. * 60 Pf.; 2. Tl. (46 S.) 886. * 40 Pf.] *
—— dass. — Auflösungen zum 2. Tl. 3. Aufl. gr. 8. (36 S.) Ebendas. 887.

— **dasselbe. 1. Tl. Ausg. B. 4. Aufl. gr. 8. (II, 70 S.) Ebd. 899.** n. — 80

Tödter, H., Anfangsgründe der Arithmetik u. Algebra. Für den Schul- u. Selbstunterricht in entwickelnder Lehrform bearb. 1. Tl. Ausg. A. 4., verb. Aufl. gr. 8. (V, 131 S.) Bielefeld 901. Velhagen & Klasing. n. 1. 60

[F.] Auf dem Eichenhofe. Von H. Tödter ... *Bremen: M. Heinsius Nachf. 1896.* (IV Bl., 136 S.) 1 Bd 8.
= Tödter, H.: Heidebilder. Tl 2. [96. 5625

Tödter, H., Heidebilder. Natur- u. Menschenleben aus der Lüneburger Heide. 1. u. 2. Tl. 8. (IV, 132 u. VII, 136 S.) Bremen 896. Leipzig, M. Heinsius Nachf. à n. 1. 50; geb. à n. 2. 25

— **Heiderose. 8. (221 S.) Leipzig 898. M. Heinsius Nachf.** n. 2. 50; geb. n. 3. 50

Tödter, H., Raumlehre für Volksschulen. Nach den allgemeinen Bestimmungen vom 15. Octbr. 1872 bearb. gr. 8. (63 S. mit eingedr. Holzschn.) Hannover 879. Helwing's Verl. cart. n. — 80

Tödter, Heinrich, aus Lehe (Prov. Hannover): Die allgemeinen **Bestimmungen** des Bürgerlichen Gesetzbuches über den gegenseitigen Vertrag. Ein Beitrag zur Auslegung d. §§ 320—327. *Erlangen 1899: F. Junge.* (53 S.) 8° [F.]
Erlangen, Jur. Diss. v. 3. Nov. 1899

Tödter, Johannes, approb. Arzt aus Geestemünde: **Aus d. Augenklinik zu Kiel.** Ein **Fall** von Sehnervenatrophie **durch** Trauma. *Kiel 1903: Schmidt & Klaunig.* (13 S.) 8°
Kiel, Med. Diss. v. [4. März] 1903

Todtmann, Solms, General-Register, s.: Jahresbericht üb. etc. class. Altertumswissenschaft.

Todtmoos. Hotel und Kurhaus T' im südlichen badischen Schwarzwalde .... [Mit Illustrationen und 1 Tafel.] 8. (Zürich) *o. J.* [1898/99].

Todtnau [Schlagwort]

Todtnau, s.: **Baden. Karte. — Deutschland. Kürschner-Peip.**

Todtschlag. – s. Totschlag. –

Todtsgedancken. – s. Todesgedanken. –

Toelichting tot de Seinen, s. a. Anweisung zum Signalisieren.

Toelichting tot de Seinen voorgeschreven in het Reglement van politie voor de scheepvaart en de vlotvaart op den Rijn met inbegrip van de Waal en de Lek. '(Vastgesteld bij Koninklijk besluit v. 9 Oct. 1897 Staatsbl. No 204.)' *Duisburg: H. Bautzmann (1897).* (8 S.) 1 Bd 8. [98. [illegible]

Toff, E., über das Stillen nicht puerperaler Blutungen. (8 S.) 8. Leipzig 905. B. Konegen. n. 1. —
Sonderabdruck aus: „Reichs-Medizinal-Anzeiger".

TOFFT, Tycho (Hadersleben): De johthyoleo. (Titel nach der Urkunde) 9.6.1883 - Urk; Chr 1882/83,16
Diss. Ingolst.-Landsh.-Mchn

Tofohr, Alfred [aus Hamburg]: Ueber die rückwirkende Kraft **der erfüllten Bedingung** .... Göttingen, Druck d. Univ.-Buchdr. v. **E. A. Huth, 1887**; 59 S. 8°
Göttingen, Jur. Fak., Inaug.-Diss. v. 10. Sept. 1887

Tofohr, A., über die rückwirkende Kraft der erfüllten Bedingung. gr. 8. (59 S.) Göttingen 887. (Vandenhoeck & Ruprecht's Verl.) n. 1. 20

Togab, plattdütsche. Biblatt to'n Kropper kirchlicher Anzeiger. 3. u. 4. Jahrg. 1889. 1890. à 52 Nrn. (1/2 B.) Fol. Kropp, Buchhdlg. „Eben-Ezer". à Jahrg. n. 1. 20

Togab, plattdütsche. Biblatt to'n Kropper kirchl. Anzeiger. Herutgeber: G. Wagner. 5.—8. Jahrg. 1891—1894. à 52 Nrn. (1/2 Bog.) Fol. Kropp, Buchh. „Eben-Ezer". à Jahrg. n. 1. 20

Togab, plattdütsche. Biblatt to'n Kropper kirchl. Anzeiger. Herutgeber: Paulsen. 9.—12. Jahrg. 1895—1898. à 52 Nrn. (à ca. 2 S.) Fol. Kropp, Buchh. „Eben-Ezer". à Jahrg. n. 1. 20
Kann auch vierteljährlich bezogen werden.

Togab, plattdütsche. Biblatt to'n Kropper kirchl. Anzeiger, Herutgewer: Paulsen. 13.—15. Jahrg. 1899—1901. à 52 Nrn. Fol. (à 2 S.) Kropp, Buchh. „Eben-Ezer". à Jahrg. n. 1. 20

Tögel jun., Ed., das Wesen d. Buchens m. doppelten Posten in Fabrikationsgeschäften, nach e. leichtfassl. Methode besonders f. Weberei-Geschäfte dargestellt. gr. 8. (111 S.) Sternberg i/M. 875. Brünn, Karafiat. n. 1. 60

Tögel E. das Wesen des Buchens m. doppelt. Posten in Fabrikgeschäften. Brunn 1877

Tögel Ferdinand: De usu et compositione fabularum, quas carminibus epiniciis inseruit Bacchylides. H. 1906 PN 2099 Diss. Wien, Univ.

Tögel, Gustav

Tögel G., Ein Beitrag zur Kenntnis der poetisch rhetorischen Technik bei den Epikern der römischen Kaiserzeit. Pr. 1908. 26 S. 1.25

Tögel Gustav: Quomodo in carminibus epicis antiquis imprimis Lucani, Valerii Flacci, Silii Italici ipsi secum loquentes inducantur. 1906 PN 2204 Diss. Wien, Univ.

Tögel, *Paul* Hermann [cand. theol. et päd., Lehrer am Landständ. Sem. zu Bautzen]: Die pädagogischen Anschauungen des Erasmus in ihrer psychologischen Begründung ... Dresden, Bleyl & Kaemmerer, 1896; XIV, 130 S. 8. Leipzig, Phil. Fak., Inaug.-Diss. v. [27. Mai] 1896

Tögel, Herm., Didaktik u. Wirklichkeit. Die Fragen der Unterrichtslehre in neuer Beleuchtung. (VIII, 231 S.) gr. 8. Dresden 906. Bleyl & Kaemmerer. n. 3. 80; geb. n. 4. 50

Tögel, Herm., der konkrete Hintergrund zu den 150 Kernsprüchen des religiösen Memorierstoffes. Ein Hilfsmittel f. den evangel. Religions-Unterricht. gr. 8. (120 S.) Dresden 902. Bleyl & Kaemmerer. n. 2. —

— der konkrete Hintergrund zu den 150 Kernsprüchen des religiösen Lernstoffes. Ein Hilfsmittel f. den evangel. Religionsunterricht. 2. verb. u. erweit. Aufl. (135 S. m. 12 Abbildgn.) gr. 8. Ebd. 904. n. 2. —; geb. in Leinw. n n. 2. 60

Tögel, Herm., der konkrete Hintergrund zu den 150 Kernsprüchen des religiösen Lernstoffes. Ein Hilfsmittel f. den evangel. Religions-Unterricht. 3. erweit. Aufl. (151 S. m. 12 Abbild.) gr. 8. Dresden-Blasewitz 908. Bleyl & Kaemmerer. 2.20; geb. n 2.80

16 Monate Kindersprache. Von Dr. H[ermann] Tögel, (Sem.Oberl.). Langensalza: H. Beyer & Söhne 1905. (36 S.) 8° = Beiträge z. Kinderforschung. H. 13.

— Latein. Lesebuch f. Lehrerseminare, s.: Gebhardt, Herm.

— Die Neugestaltung des Spruchbuchs, s.: Zur Pädagogik der Gegenwart.

— Die Notwendigkeit e. pädagog. Fakultät an unseren Hochschulen, s.: Zur Pädagogik der Gegenwart.

Tögel, Karl: Zur Kenntnis der Grignard'schen Reaktion. 1905. 39 S., 1 Taf. 8° *) Vgl. J. Liebig's Annalen d. Chemie. Bd 347. 1906. Braunschweig, Dr.-Ing.-Diss. v. 21. 7. 1905

Tögel, Theodor

Tögel Th, die gegenwärtige Geldkrise. Ein Vortrag. Mülheim a. Rh. 1857

Tögel, Theodor (Red.), s. Vereinsblatt f. deutsche Arbeit.

Togel Th, Verhandlungen d. industriellen Kongresses zu Halle a. S. 1852. Berlin 1852

Toggenburg [Sachliches OW]

Toggenburg. (Führer durch das) T'.... Hrg. vom Toggenburger Verkehrsverein. [Mit Illustrationen und 1 Karte.] 8. Zürich *o. J.* [1890/1900].

Toggenburg, Elisabeth, Erbin v., od. Gesch. d. Frauen v. Sargans in d. Schweiz. 3. Lpz. Bauer. 809.

Toggenburg. Der Graf von T'. Drama in fünf Akten, arrangirt und in Szene gesetzt von Alt-Ammann (J[ohann Jacob]) Roth in Stein. ([Hrg. durch:] Ein Mitglied der gemeinderäthlichen Rechnungskommission in Stein.) 8. St. Gallen 1869.

Toggenburg, die Grafen von,. Vaterländ. Schausp. in 5 Aufz. v. F. R. Crauer. 8. Luz. Anich. 784.

Toggenburg. Die Grafen von T'. Njbl. St. Gallen 1865 *s.* [Wartmann, Hermann].

Toggenburg, Grafen von. [Zürich 1901.] V: *Diener, Ernst.* (Zuwachsverz. d. Bibliotheken in Zürich 1898 ff.)

Toggenburg. Das T' unter äbtischer Herrschaft. Njbl. St. Gallen 1875 *s.* (D[ierauer, J[ohannes]).

Toggenburg, das, unter äbtischer Herrschaft. Hrsg. vom histor. Verein in St. Gallen. Mit 1 (chromolith.) Taf. gr. 4. (16 S.) St. Gallen 875. Huber & Co. n. 1. 60

Tokenburg, Idda v. (v. Wilh. Bauberger), s.: Zehnpfennigbibliothek, Regensburger.

Toggenburg, Itha, Gräfin v. Eine sehr schöne u. lehrreiche Geschichte aus dem 12. Jahrh., neu erzählt f. alle guten Menschen. Ein Seitenstück zur Genovefa. Mit Stahlst. u. seinen Holzschn.-Bild. Neue, illustr. Orig.-Aufl. 8. (206 S.) Regensburg 896. Verlagsanstalt vorm. G. J. Manz. 1. —

Toggenburg, Kurlandschaft (Kt. St. Gallen). 4. Ausg. 8°. 84 S. mit Abbildgn. Toggenburg. Verkehrsverein. 1899. .50

Toggenburg. Kurlandschaft Toggenburg (Schweiz). Verlag des Verkehrsvereins (*Umschlag:* Hrg. vom Verkehrsverein) Toggenburg. 5. Ausgabe. [Illustriert.] IV + 96 S. 8. Lichtensteig, A. Mäder, [1901]. fr. —.50

Toggenburg. Kurlandschaft Toggenburg (Schweiz). (Die Idylle der Ostschweiz.) Verlag des Verkehrsvereins Toggenburg.... 6. Ausgabe, 1903. [Illustriert.] IV + 32 S. 8. Lichtensteig, A. Maeder. (fr. —. 30)

Toggenburg. Kurlandschaft T', Kanton St. Gallen, Schweiz. Verlag des Verkehrsvereins T'. 7. Ausgabe [1904].... [Illustriert.] IV + 104 S. 8. Lichtensteig, A. Maeder. (fr. —. 50)

Toggenburg. Kurlandschaft T', Schweiz. (Die Idylle der Ostschweiz.) 8. Ausg. [Illustriert.] IV + 72 S. 8. Lichtensteig, Verlag des Verkehrsvereins T', C. G. Würth, [1908]. (fr. —.50)

Toggenburg, Das Land, und sein Landesallmeinden Reklamationsprozess. St. Gallen 1845. V: *Gruber.* (schz)

Toggenburg, Ritter, s.: Theater-Repertoir, Wiener.

Ritter Toggenburg oder: Die Macht der Poesie. Hist.-romant. Trauerspiel in 4 Aufz. von F. v. S. *Berlin: E. Bloch [1891].* (S. 159–166.) 8° [K.]
— Thespiskarren. Wallner's. Lfg 25.

Toggenburg, Ritter, od. die Macht der Poesie, s. Wallner's Thespiskarren.

Toggenburg [Verfasser]

Toggenburg, Fritz. Ueber Phosphorvanadinmolybdate. Diss. Phil. Bern. 43 S. 8. Bern, Neukomm & Zimmermann, 1902.

Toggenburg, G. Karlmann von

Toggenburg, Carlmann v., Friedens-Blätter und Blumen. Gesammelt für das kathol. Schweizervolk zum Andenken an die Ernennung des hochwürdigsten Hrn. Dompropstes Dr. Friedr. Fiala zum Bischof von Basel durch Se. Heil. Papst Leo XIII. den 19. Jan. 1885. 8. (99 S. mit 4 Bildern.) Solothurn 885, Burkard und Frölicher. [*M 1.60.] *
Pracht-Ausg. [*M 3.20.] *

Toggenburg, G. Carlmann v., Friedens-Blätter u. Blumen. Gesammelt f. das kath. Schweizervolk zum Andenken an die Ernenng. d. hochwürdigsten Hrn. Dompropstes Dr. Frdr. Fiala zum Bischof v. Basel durch Se. Heil. Papst Leo XIII. den 19. Jan. 1885. 8. (99 S. m. 4 Bildern.) Solothurn 885. Schwendimann. n. 1. 60; Pracht-Ausg. n. 3. 20

Toggenburg, G. Karlmann v., die wahre Union und die Zwinglifeier. Antwort auf Pfr. Joh. Mart. Usteri's „Festschrift: Ulrich Zwingli, ein Martin Luther ebenbürtiger Zeuge des evangel. Glaubens, zur Beförderung wahrer Union auf dem Boden der Freiheit"; mit besond. Berücksicht. der „Festschrift" von G. Finsler, Pfarrer am Großmünster in Zürich. 8. (VIII, 190 S.) St. Gallen 884, Moriell. *

Toggenburg, Heinr., Dora, e. episches Gedicht, u. anderes. (VII, 136 S.) 8. Dresden (907). E. Pierson. 2.—; geb. n 3.—

Toggenburg, Paul M., O. P., von der Pilgerfahrt nach Jerusalem. Skizzen. 8. (VII, 186 S.) Bozen (901). A. Auer & Co. n. 1.—
Sonderabdruck aus: „Tiroler Volksblatt".

Toggenburger [Sachliches OW]

Toggenburger: Der Toggenburger (I)
Ⓢ Januar 1870—Mitte 1870 Ⓩ Wochenblatt Ⓑ Bütschwil Ⓘ BGSZ: 1045. 1047.

Toggenburger. Der Eidgnössisch T'.... 1712 s. [Hardmeyer, Johann Caspar].

Toggenburger, Der Eidgnössisch, Entgegengesetzet Dem Toggenburgischen Bidermanne . . . Von einem wahrhaften Eidgenossen in den Truck verfertiget. O. O. 1712. V: *Hardmeyer, Joh. Casp.* (CLZür Forts. II)

Toggenburger: Der liberale Toggenburger
Ⓢ 1848—1849 Ⓩ Wochenblatt Ⓑ Flawil: Johann Caspar Steiger Ⓗ Johann Caspar Steiger Ⓣ freisinnig Ⓘ BGSZ: 1046—1047.

Toggenburger [Verfasser]

Toggenburger, R[udolf]. Die zürcherischen Ferien-Kolonieen. Ihrem Gründer, Herrn Pfarrer W[alther] Bion in Zürich, zum 25-jährigen Jubiläum und unseren Freunden als Zugabe zum Jahresbericht gewidmet von R. Toggenburger. [Mit 1 Vignette und 1 Ansicht.] (Separat-Abdruck aus der «Züricher Post» vom August 1901.) 32 S. 8. Zürich, J. Leemann, 1901.

Toggenburger, R[udolf]. Die Ursachen des Transvaal-Krieges und die Südafrikanische Frage. Auszug aus einem Vortrage gehalten ... [zu Zürich]. 8. Zürich 1900.

Toggenburger, R., die Ursachen des Transvaal-Krieges u. die südafrikanische Frage. Auszug aus e. Vortrage, geh. in der „Alpina Oberstraß". 2. Aufl. gr. 8. (28 S.) Zürich 900. Selbstverlag. —35

Die Ursachen des Transvaal-Krieges und die Südafrikanische Frage. Auszug aus e. Vortrage geh. von R. Toggenburger. 2. Aufl. *Zürich: Buchdr. d. Schweiz. Grütlivr. 1900.* (28 S.) 8° [Umschlagt. J.]

Toggenburger-Blätter für Heimatkunde
v. Der Toggenburger Bote.

Toggenburgerstreit. Der T-St'. 1712. Die kriegende, bald aber wieder befriedigte Eidgnoßschaft. In einem kurzen Schauspiel, Entworfen und vorgestellt im Jahr, Da Krieg und Fried gemachet war. Hrg. von Nikolaus Senn von Werdenberg.... 8. Buchs 1874.

Toggenburger-Zeitung (I)
Ⓢ 1829—1834 Ⓖ 4° Ⓩ Wochenblatt Ⓑ Lichtensteig: Fr. Egli Ⓗ Fr. Egli Ⓣ freisinnig Ⓘ BGSZ: 1046—1047 Ⓗ SG: Va (2 Nummern).

Toggia, Franz: Von den Ursachen der Blindheit bei den Pferden und den Mitteln, sie zu verhüten. Aus d. Ital. übers. von Ludwig Cerutti. Leipzig 1821. VIII, 120 S.

Toggia, Frz., Von den Ursachen der Blindheit bei den Pferden und den Mitteln, sie zu verhüten. Aus dem Italien. von Ludw. Cerutti. gr. 8. Leipzig 21. Baumgärtner. M. 2.—

Tögl, Martin Albert (Adalbert?)

Tögl, Mart. Adalb., Anfangsgründe der Anatomie der Pferde, mit e. Vorrede, Einleit. u. Zusätzen v. J. G. Wolstein. 2 Thle. gr. 8. Wien 791. 2e A. 806, 7. Gerold. 1 (2r Bd. A. u. d. T.: Anhang zur Pferdeknochenlehre. 12 gr.) 3e vom Verf. selbst verb. u. verm. Aufl. Mit e. Vorr. u. Einleit. v. Wolstein. gr. 8. Ebd. 819. 1

Tögl, Albert Martin: Anfangsgründe zur Anatomie der Pferde. Mit e. Vorr. u. Einleit. von Wolstein. Thl 1. Wien 1791.
— 2. verb. u. verm. Aufl. Thl 1 [nebst] Anh. 1806—07.
1. Bau der Knochen. Anh.: Muskellehre.
— 3. Aufl. Thl 1. 1818.

Tögl M. A.: Anfangsgründe d. Anatomie d. Pferdes. M. e. Vorr. u. Einleit. v. Wolstein. Th. 1. V. dem Bau d. Knochen. Wien 1791. 176 S.
— — Anhang, m. Tit.: Anhang z. Pferdeknochenlehre. Enthaltend die Muskellehre. 2. Aufl. Sst. 1807. 144 S.
— — 3. Aufl. Sst. 1818. 160 S.

Tögl, M. A., Anfangsgründe zur Anatomie der Pferde. Mit einer Vorrede und Einleitung von Wollstein. 2 Thle. 3te vom Verf. selbst verb. und mit vielen Zusätzen vermehrte Aufl. gr. 8. Wien, Gerold. 819.

— **Medicinia veterinaria oder Handbuch der gewöhnlichsten Krankheiten der Pferde.** Ebd. 795.

— **Unterricht, wie bei vorkommender Trommelsucht oder Aufschwellung des Rindviehes nach übermässigem Genuss des fetten, grünen Futters der Stich mit dem Troikar angebracht werden soll.** gr. 8. Prag 798.

— Vorbeugungs- u. Hülfsmittel wider die Rindviehseuche, dann wider die Blattern- u. Egelkrankheiten der Schafe. gr. 8. Prag 798.

— Vorbeugungs- u. Hilfsmittel wider d. Rindviehseuche etc. Ebd. 798. (Calve.)

— Vorsichtsmassregeln u. Hilfsmittel geg. d. im vorstehenden Winter 1821 u. 22 zu befürchtenden Seuchen u. Krankheiten unt. d. Viehe. 8. Ebd. 21.

Togmann, Bernh., die Selbstständigkeit oder Reichthums-Quelle mittelst Angabe sicherer Erwerbzweige und sehr ergiebiger Nebenverdienste und Ersparnisse, nebst den bewährtesten Geheimnissen und Vortheilen in der Haus-, Land- und Gartenwirthschaft. 8. (68 S.) Erfurt 869, Literatur-Comtoir.

Tognarelli, s. Geschichte des 2. Württemb. Feldart. Reg. Nr. 29 Prinz-Regent Luitpold von Bayern ...

Togni, A. B. Alois, Instructio pro sacris ecclesiae ministris doctrinae specimen daturis, s. brevis delineatio eorum, quae in examine pro sacris ordinibus et pro curo animarum suscipienda frequentius proponuntur. Nunc vero magis accommode exarata a quodam sacerdote dioecesis Brixensis. 32. (VIII und 348 S.) Oeniponte 856, libr. Wagner.

Togni, A. B. Alois, instructio pro sacris ecclesiae ministris doctrinae specimen daturis, seu brevis delineatio eorum, quae in examine pro sacris ordinibus et pro cura animarum suscipienda frequentius proponuntur. Nunc vero magis accommode exarata et aucta Joh. Pircher. 2. ed. 16. (VII, 367 S.) Innsbruck 876. Wagner. n. 1. 60

Togni, A. B. Alois., instructio pro sacris ecclesiae ministris doctrinae specimen daturis, seu brevis delineatio eorum, quae in examine pro sacris ordinibus et pro cura animarum suscipienda frequentius proponuntur. Primo Romae ab T. edita, nunc vero magis accomodo exarata et aucta a Joh. Pircher. Ed. III. gr. 16. (VII, 396 S.) Innsbruck 895. Wagner. n. 1. 60

Tognino, Chr. Fr., Anleitung zum Takt- u. Schnellschreiben f. Lehrer u. zum Selbstunterricht. Mit 4 lith. Taf. 8. (56 S.) Bielefeld 851, Helmich. 9 ngr

Tognino, Chr. Fr., Anleitung zum Takt- und Schnellschreiben für Lehrer und zum Selbstunterricht. 2. (Titel-)Ausg. 8. (56 S. mit 4 Stnt.) Bielefeld (851)57, Helmich.

— Schreibfibel. Für Schule und Haus. gr. 8. (12 lith. Bl.) Bielefeld 852, Belhagen & Klasing. n. 3 ngr

—— neue Schreibvorlagen oder die deutsche und lateinische Schrift, aus der Ellipse entwickelt. Nebst Takt- und Schnellschreibübungen. qu. 4. (8 lithogr. Bl.) Bielefeld 852, Belhagen und Klasing. *

—— deutsche Vorschriften nach der Takt- und Schnellschreib-Methode. Für Mittelklassen. Nr. 1. und 2. qu. 8. (16 lithogr. Bl. und 2 S.) Bielefeld 852, Helmich. à Nr. * 2 Ngr. *

—— deutsche Vorschriften nach der Takt- und Schnellschreib-Methode. Für Mittelklassen. 2. (Titel-)Ausg. qu. 8. (II S. und 16 lithogr. Bl.) Bielefeld (852)57, Helmich. *

Togo und Kamerun. Von einem deutschen Abgeordneten. Leipzig 1905. V: *Semler, Johannes.* (Kat. d. ständ. Bibl. Stuttg. 1907. S. 409.) (Börsenblatt für d. d. Buchh. 1896 Nr. 5, S. 22.)

Togo u. Kamerun. Eindrücke u. Momentaufnahmen. Von e. deutschen Abgeordneten (Semler). Mit 37 Vollbildern (nach Orig.-Aufnahmen des Verf.) u. 1 Karte. (VIII, 101 S.) 8. Leipzig 905. W. Weicher. n. 2. —; geb. in Leinw. n. 2. 80

Togo [Schlagwort]

Togo, s.: Kolonialkarten.

Togotzes, Paul, s.: Handels-Register des kgl. Amtsgerichts Berlin-Mitte.

Togram, E., merkwürdige Erlebnisse. (III, 105 S.) 8. Leipzig 908. M. Altmann. 1.20; geb. 2. —

Toh, Mom Rajawongse: Die Landwirtschaft, insbesondere der Reisbau in Siam. Heidelberg 1900: C. Pfeffer. (46 S.) 8°
Heidelberg, Naturw.-math. Diss. v. 1900

Tohi-Lotu, ko te, katoliko Faka-Uvea. (Römisch-kathol. Katechismus u. Gebetbuch, in der Sprache der Bewohner der Wallis-Inseln.) 8. (XXV, 504 S.) Freiburg i/Br. 878. Herder. n. 2. 80

Töhl, Albert [aus Rostock]: Zur Kenntniss der isomeren Xylidine und Xylenole .... Rostock, Carl Boldt'sche Hof-Buchdr., 1886; 21 S. 8°.
Rostock, Phil. Fak., Inaug.-Diss. v. 7. Apr. 1886.

Töhl, Albert, zur Kenntniss der isomeren Xylidine und Xylenole. Diss. Rostock 1886, G. Leopolds Univ.-Buchh. 8°. 21 S.

Töhl, Albert [Dr. phil.]: Ueber das Prehnitol. ... Rostock, Carl Boldt'sche Hof-Buchdr., 1888; 20 S. 8°
Rostock, Phil. Fak., Hab.-Schr. v. 18. Jul. 1888

Tohte, Theodor

Tohte, T., Epicurs Kriterien der Wahrheit. Pr. 1874. 24 S. 4°.

Tohte, Th. [Oberl.]: Lucretius I, v. 483—598. Ein Beitrag zur Kritik und Erklärung des Dichters. Wilhelmshaven, Druck v. A. Heine (1889); 28 S. 4°
Wilhelmshaven, k. G, OP 1889 (306)

Tohte, Th., Lucretius I, v. 483—598. Ein Beitrag zur Kritik u. Erklärg. d. Dichters. gr. 4. (28 S.) Wilhelmshaven 889. (Leipzig, Fock.) n. 1. 50

Toifel, Karl, die Türken vor Wien im J. 1683. Ein österreich. Gedenkbuch. Mit e. Anh., 7 Beilagen u. 110 Illustr. [Karten, Plänen, Porträts, Städteansichten, Schlachtenbildern, Kriegsscenen 2c. 2c.] nach zeitgenöss. Bildern. gr. 8. (X, 674 S. m. 103 Taf.) Prag 883. Tempsky. — Leipzig, Freytag. n. 15. —; geb. n. 20. —

Toifel, Otto: Über einige besondere Arten der Satzstellung bei Berthold von Regensburg. 24 S. 8. (Fortsetzung und Schluß.) (Umschlagtitel: Schluß.) 26 S. 8.
Progr. K. k. Staats-Gymn. *Ried* 1901. 1902.

Toifel, Otto: Gymnasial-Direktor Ferdinand Barta †. Ein Nachruf. S. 21—27. 8. Progr. K. k. Staats-Gymn. *Ried* 1905.

– Einige ungewöhnliche Satzstellungen in der Kudrun. (34). ibd. 97.
Progr.

Toifel Otto: Die Voraussstellung der Nebensätze zweiten, dritten und vierten Grades vor ihre übergeordneten in der Kudrun. (24). Salzburg R. 96.
Progr.

Toifel, Wilhelm F.

Toifel, Wilh. F., die Glas-Industrie als Kunstgewerbe. Musterblätter zum prakt. Gebrauche nebst erläut. Text für Fabrikanten, Raffineure, Glasarbeiter und Händler. Hrsg. unter Mitwirkung namhafter Fachmänner. 1. Bd. 1. und 2. Heft. gr. 4. (à Heft 7 Stnt. in gr. 4. und gr. Fol. mit Text S. 1—8.) Leipzig 877, Scholtze. à Lfg. * ℳ 2,40. *

Toifel, Wilh. F., Handbuch der Chemigraphie. Hochätzung in Zink für Buchdruck mittelst Umdruck von Autographien und Photogrammen und directer Copirung oder Radirung des Bildes auf die Platte [Photochemigraphie und Chalcochemigraphie]. 8. (IV, 253 S. mit 14 eingedr. Holzschn.-Abbild.) Wien 883, Hartleben's Verlag.

Toifel WF, Handbuch der Chemigraphie. (Bibl. Chem.-techn. 100) Wien 1883

Toifel, Wilh. F., Handbuch der Chemigraphie. Hochätzung in Zink, Kupfer u. and. Metallen f. Buchdruck mittelst Umdruck von Autographien u. Photogrammen, directer Copirg. od. Radirg. auf d. Platte (Chromgummi- u. Chromalbuminverfahren, Asphalt- u. amerikan. Email-proceß, Autotypie, Photochemigraphie, Chalcochemigraphie u. Photochromotypie) bearb. 2., gänzl. umgearb. u. sehr verm. Aufl. 8. (XIII, 240 S. m. 14 Abb.) Wien 896. A. Hartleben. n. 3. 25; geb. n. 4. 05

— Keramik. Eine Sammlung Originalentwürfe zur Ausführung in Glas, Fayence, Porzellan, Majolika. Terracotta, Thon, Steinzeug, Marmor, Metall etc. zum praktischen Gebrauch für Fabrikanten, Modelleure. Decorateure etc. hrsg. unter Mitwirkung vorzüglicher Fachmänner. (In 20 Lfgn.) 1—7. Lfg. Fol. (à 5 Kpfrtaf.) Dresden 878—82. Gilbers' Verl. à n. 6. —

Toifel, Wilh. F., Keramik. Eine Sammlg. Orig.-Entwürfe zur Ausführg. in Glas, Fayence, Porzellan, Majolika, Terracotta, Thon, Steinzeug, Marmor, Metall etc., zum prakt. Gebrauch f. Fabrikanten, Modelleure, Decorateure etc., hrsg. unter Mitwirkg. vorzügl. Fachmänner. 8—10. Lfg. Fol. (à 5 Lichtdr.-Taf.) Dresden 885. 86. Gilbers.

Toilette, la. Album moderner Damenkleidg. I. Jahrg. Aug.—Dezbr. 1897. 8 Hfte. Lex.-8. (à Hft. 6 farb. Taf. m. 1 Bl. Text.) Dresden, Expedition d. Europ. Modenzeitg. n. 2. —

— dasselbe. II. Jahrg. 1898. 6 Hfte. Lex.-8. (à Hft. 6 z. Tl. farb. Taf. m. 2 Bl. Text.) Ebd. n. 4. —
Kann auch halbjährlich bezogen werden.

Toilette des Dames, ou Encyclopédie de la Beauté etc. 2 Vol. 18. Dresd. Walther. 806.

Toilette, la grande, des dames. Journal haute nouveauté de la saison. Spécialité f. Fabrikanten, Engros- u. Detail-Häuser v. Seiden-, Manufactur- u. Modewaaren. Für Costum-Häuser u. Modisten. 27.—30. Jahrg. 1891—1894. à 12 Lfgn. Fol. Ausg. I 4 Doppelgrav. u. 24 kol. Bl. Berlin, G. Lyon. Vierteljährlich n. 3. —; Ausg. II m. 36 kol. Bl. n. 4. 50; Ausg. III m. 48 kol. Bl. n. 6. —; Ausg. IV m. 60 kol. Bl. n. 7. 50; Ausg. V (Pracht-Ausg.) m. 60 kol. Bl. n. 10. 50; Ausg. VI (Luxus-Ausg.) m. 60 kol. Bl. n. 18. —

— dasselbe. 27.—30. Jahrg. 1891—1894. à 24 Lfgn. Fol. Ausg. I 8 Doppelgrav u. 48 kol. Bl. Ebd. Vierteljährlich n. 6. —; Ausg. II m. 72 kol. Bl. n. 9. —; Ausg. III m. 96 kol. Bl. n. 12. ; Ausg. IV m. 120 kol. Bl. n. 15. —; Ausg. V (Pracht-Ausg.) m. 120 kol. Bl. n. 21. —; Ausg. VI (Luxus-Ausg.) m. 120 kol. Bl. n. 36. —

— la grande, des dames. Journal haute nouveauté de la saison. Specialité f. Fabrikanten, Engros- u. Detail-Häuser von Seiden-, Manufactur- u. Modewaaren, f. Costüm-Häuser u. Modisten. 30. u. 31. Jahrg. 1895—1896. à 12 Lfgn. Fol. Ausg. I. 4 Doppelgrav. u. 24 kol. Bl. Berlin, G. Lyon. à Jahrg. n. 12. —; Ausg. II m. 36 kol. Bl. n. 18. —; Ausg. III m. 48 kol. Bl. n. 24. —; Ausg. IV m. 60 kol. Bl. n. 30. —; Ausg. V (Pracht-Ausg.) m. 60 kol. Bl. n. 42. —; Ausg. VI (Luxus-Ausg.) m. 60 kol. Bl. n. 72. —

— dasselbe. à 24 Lfgn. Fol. Ausg. I. 8 Doppelgrav. u. 48 kol. Bl. Ebd à Jahrg. n. 24. —; Ausg. II m. 72 kol. Bl. n. 36. —; Ausg. III m. 96 kol. Bl. n. 48. —; Ausg. IV m. 120 kol. Bl. n. 60. —; Ausg. V (Pracht-Ausg.) m. 120 kol. Bl. n. 84. —; Ausg. VI (Luxus-Ausg.) m. 120 kol. Bl. n. 144. —

— dasselbe. Elegantestes Modejournal f. Ball-, Gesellschafts- u. Besuchs-Toiletten. 32. u. 33. Jahrg 1897—1898. à 12 Lfgn. u. 4 Doppelgrav. Fol. Ausg. I. 36 kol. Bl. Ebd. à Jahrg. 18. — Ausg. II m. 60 kol. Bl. 30. —; Ausg. III (Pracht-Ausg.) m. 60 kol. Bl. 42. —
Kann auch vierteljährlich bezogen werden.

Toilette, la grande, des dames. Elegantestes Modejournal f. Ball-, Gesellschafts- u. Besuchs-Toiletten. Hrsg.: Gust. Lyon. 34. Jahrg. Jan.—Juni 1899. 6 Lfgn. u. 2 Doppelgrav. Fol. Ausg. I. 36 kolor. Bl. m. 12 Bl. Text. Berlin, G. Lyon. 9.—; Ausg. II m. 60 kolor. Bl. 15.—; Ausg. III (Pracht-Ausg.) m. 60 kolor. Bl. 21.—
Erscheint nicht weiter; Forts. s.: Mode, la élégante.

Toilette, Die grosse. O. O. 1788.
V: *Schröter, C. F.* (GGr V/397, Nr. 15)
(Biblport)

Toilette, die große; Lstspl. 8. Berl. 788. Himburg. 10 gr.

— la, moderne. Moderne Toiletten. Hrsg.: Gust. Lyon. 37. u. 38. Jahrg. 1901 u. 1902. Grosse Ausg. à 12 Hfte. gr. Fol. (à 12 S. m. Abbildgn., 5 farb. Taf., 1 Papierschnitt u. 1 Schnittmusterbog.) Berlin, M. Schmidt Modenzeitgn. à Jahrg. n. 15. —; halbjährlich n. 8.—

— dasselbe. 38. Jahrg. 1902. Mittlere Ausg. 12 Hfte. gr. Fol. (à 12 S. m. Abbildgn., 4 [3 farb.] Taf., 1 Papierschnitt u. 1 Schnittmusterbog.) Ebd. n. 12. —; halbjährlich n. 7. —

— dasselbe. Kleine Ausg. 12 Hfte. gr. Fol. (à 12 S. m. Abb., 3 [2 farb.] Taf., 1 Papierschnitt u. 1 Schnittmusterbog.) Ebd. n. 10. —; halbjährlich n. 6. —
Jahresabonnenten erhalten je im März u. Sept. 1 Album m. je ca. 80 Modellen.

Toilette, la, moderne. Moderne Toiletten. Hrsg.: Gust. Lyon. 42. Jahrg. 1906. Grosse Ausg. C. 12 Hefte. (à ca. 12 S. m. Abb., 3 z. Tl. farb. Taf. u. 1 Schnittmusterbog.) Fol. Berlin, M. Schmidt Modenzeitgn. n. 15. —; halbj. n. 8. —

— dasselbe. 42. Jahrg. 1906. [Kleine Ausg. A.] 12 Hefte. (à ca. 12 S. m. Abbildgn., 3 farb. Taf. u. 1 Schnittmusterbog.) Fol. Berlin, G. Lyon. 10. —; halbj. n. 6. —
Jahresabonnenten erhalten je im März, Juni, Septbr., Dezbr. 1 Blousen-Album.

Toilette, la, moderne. Moderne Toiletten. Journal mensuel. Hrsg.: Gust. Lyon. 45. Jahrg. 1909. [Ausgabe A.] 12 Hefte. (à ca. 12 S. m. Abb., 2 farb. Taf. u. 1 Schnittbog.) 40,5×82 cm. Berlin. (Leipzig, W. Opetz.) 10.—; viertelj. 3.—; einz. Hefte 1.—
Jahresabonnenten erhalten 2 schwarze Moden-Albums gratis.

— dasselbe. 46. Jahrg. 1910. [Ausg. B.] 12 Hefte. (à ca. 12 S. m. Abb., 2 farb. Taf. u. 1 Schnittbog.) 40,5×32 cm. Ebd. 12.—; halbj. 7.—
Jahresabonnenten erhalten 2 schwarze Moden-Albums gratis.

— dasselbe. 46. Jahrg. 1910. [Ausg. C.] 12 Hefte. (à ca. 12 S. m. Abbildgn., 4 farb. Taf. u. 1 Schnittbog.) 40,5×32 cm. Ebd. 16.—; halbj. 9.—
Jahresabonnenten erhalten 2 farb. u. 2 schwarze Moden-Albums gratis.

Toilette,

— la, parisienne. Pariser Fachjournal. Deutsche Ausg. Gérant: Abel Goubaud. 1.—3. Jahrg. 1892—1894. à 12 Nrn. Fol. (à Nr. ca. 12 S. m. Abbildgn., 1 Schnittmusterbog. u. 5 farb. Modebildern.) Paris. (Berlin, W. Roth.) à Jahrg. n. 14.—; halbjährlich n. 7.50

— la, parisienne. Pariser Fachjournal. Deutsche Ausg. Jahrg. 1895—1898. à 12 Nrn. (à ca. 12 S. m. Abb., 1 Schnittmusterbog. u. 5 farb. Modebild.) Fol. Paris. Berlin, Max Schmidt. Modenzeitungen. à Jahrg. n. 14.—
Kann auch vierteljährlich bezogen werden.

— la, parisienne. Pariser Fachjournal. Deutsche Ausg. Jahrg. 1900. 12 Nrn. Fol. (à 12 S. m. Abb., 1 Schnitt, 1 Schnittmusterbog. u. 5 farb. Modebild.) Ebd. n. 14.—

Toilette, für die, u. das gesellige Vergnügen. Mit Kupf. 18. Manh. 796. Kaufmann. 1 ℛ

TOILETTE-KALENDER für Damen 1811. Wien, bey J. Grämmer Buchbinder in der Wollzeile No. 829. 16⁰. Mit Titelkpfr., gestoch. Titel mit Vign., 6 allerliebsten illuminierten Modekpfrn. (je 2 Figuren, zusammen 9 Damen, 3 Herren), und 12 von Blaschke gestoch. Kpfrn., 17 Bll., 36 S., 15 Bll. Cart. mit Goldschn. (20 Mk. Rich. Bertling, Dresden, 1908:)

Toilette-Kalender f. Damen.
1815. M. kol. Tit., 6 kol. Modek. u. 13 kol. Kpf.
1820. M. Titelk., gest. Tit. m. Vign., 8 Kpf. u. 5 kol. Modek.
Wien.

Toiletten-Almanach, od. Handbuch f. Frauenzimmer, die in allen Arten von seltenen Künsten u. Wissensch. sich geschickt machen ꝛc. wollen. (Von J. C. Heppe). 8. Leipz. u. Linz (Nürnb.) 788. (Wienbrack). 6 gℊ

Toilettenalmanach, od. Handbuch für Frauenzimmer. 8. Leipz. Gräff. 788. -

TOILETTENALMANACH oder Handbuch für Frauenzimmer .... (hrsg. von Joh. Christoph Heppe). Leipzig und Linz 1788.
Anon.-Lex. IV. p. 181 (nach Kayser u. Will). — Rar!

— für 1827—1832. Mit Vign., Notizblätt., Spiegel u. Bleifeder. 32. Stuttg. 826—31. (Schulz). (à 12 gℊ) 3 ℛ

Toiletten-Almanach 1877. 64. (32 S.) Leipzig, Paulcke. — 30

TOILETTEN-ALMANACH, Vollständiger, für Herren und Damen, enthaltend: regelrechte Unterweisungen zur Körper- und Schönheitspflege, Belehrungen über die vorteilhaftesten Stoffe, Farbe etc. der Kleider, nebst 3 Kupfern (Lithographie) und den nöthigen Erklärungen über die mannigfaltige Form der Crawatten und Hüte und die Kunst der vorteilhaften Selbstcoiffüre. Nach dem Französischen mit Zusätzen und einem Anhang über die Kleidung der alten Deutschen. Herausgegeben von R. Schmidt. Leipzig, Reinsche Buchhandlung (1829). Gr. 8⁰. (10 Mk., br., E. Frensdorff, 1907:)

TOILETTEN-BIBLIOTHEK für Damen. Eine Auswahl Gedichte, Balladen, Romanzen. 6 Bdchen. Mit Titelkpfrn. Wien (ca. 1800). 16⁰. (12 Kr. Halm & Goldmann, Wien, 1907:)
Sehr seltene Sammlung, die eine vorzügl. zeitgenöss. Anthologie bildet.

Toilettenbuch, s. Brunner.

Toilettenfreund f. d. schöne Geschlecht. 6 Bdchen. Mit Kpf. 12. Wien 811. Gerold. 2 ℛ 16 gℊ

Toilettenfreund für das schöne Geschlecht, mit Kupf. 6 Bde. 12. Wien, Gerold. 812.

Toiletten-Geheimnisse, enthüllte, oder die Kunst, lange schön und jung zu bleiben. Ein Angebinde für das schöne Geschlecht, so wie für Männer, denen die Erhaltung ihrer Haupthaare am Herzen liegt, von einem praktischen Arzte. Wien 863. Wenedikt. 8. (VIII, 137 S.) 1 ℛ 9 ngr.

... Toiletten = Geschenk. Ein Jahrbuch für Damen. ([Hrsg.: Johann Friedrich Netto. — Mit Kupf. v. Veit Hans] Schnorr v[on] K[arolsfeld], Fr[iedrich] Bart[h]el, [Karl Wilhelm] Schenck [richtig Schenk u. a.].)
Leipzig: Georg Voß 1805—1806. 4°
[Kupfert.]
1: 1805. XII, 172 S., 4 Bl., 16 S. Noten, 1 Titelkupf., 14 Kupfertaf. davon 6 kol., 1 teilw. kol. Kupf.-Falttaf.
2: 1806. VI, 192 S., 4 Bl., 20 S. Noten, 1 Titelkupf., 19 Kupfertaf. davon 10 kol., 1 Tab.

Toilettengeschenk. Ein Jahrbuch für Damen. 1805—1807. Leipzig, bei Georg Voss.
Mit kol. Kupfern u. Stickmustern. 8°.
Erschienen bis 1808. Jg. 1805. 2. verb. Aufl.

TOILETTEN-GESCHENK. Erstes—Viertes. Ein Jahrbuch für Damen. (Hrsg. von J. F. Netto.) 1805—1808 (soweit ersch.). Mit 64 z. T. kolorierten Kpfrn., Tanzscenen u. Stickereivorlagen, nach Schnorr v. Karolsfeld u. Andern, u. 66 Musikbeilagen von Friedrich Schneider, A. Harder, V. Righini u. A. Leipzig, bei Georg Voss. Quer-4⁰. Illustr. Umschl. So vollständig sehr selten! (50 Mk. Max Perl's Berliner Octob.-Auct. 1907, no. 365: In Bd. 3 fehlen 2 Stickerei-Vorlagen; Bd. 3 u. 4 in den illustr. Orig.-Umschl., 1—2 gering stockfl., sonst schönes Expl.)

— erstes, ein Jahrbuch f. Damen, auf 1805. Mit 17 Kpf. u. 8 Musikbeill. 4. Leipz., Voß. 2 ℛ — Zweites. Mit 20 Kpf. u. 10 Musikbeill. 4. Ebd. 806. 3 ℛ Holl. P. 4 ℛ Velinp. 5 ℛ — Drittes. Mit 20 Kpf. u. 10 Musikbeill. 4. Ebd. 807. 2 ℛ 12 gℊ Velinp. 4 ℛ — Viertes. Mit 10 Kpf. u. 5 Musikbeill. 4. Ebd. 808. 1 ℛ 12 gℊ

Toilettengeschenk für Damen, enthalt. die neuesten Pariser Moden. 2 Jahrgänge. gr. 8. Wien, Geistinger. (à 5 Rthlr.) Rthlr.

TOILETTENGESCHENK für Frauenzimmer auf das Jahr 1795. Stuttgart. 12⁰. 124 SS.
Mit 13 Modenkpfrn., davon 12 fein color. — Selten!

— für alle Jahre u. Zeiten. A. u. d. T.: Anweis. z. Schönheitspflege für beiderlei Geschlechter. N. A. gr. 12. Heidelb. 825. Oßwald. 1 ℛ

— kleines, f. Damen u. Herren; oder erprobte Mittel, die natürl. Schönheit der verschied. Theile des Körpers zu erhalten u. zu erhöhen. 8. Berl. 811. Pauli d. j. 12 gℊ

Toiletten-Geschenk, kleines, f. Mädchen ꝛc., s. Arbeitsbuch, kleines, f. Damen, 2. Thl.

— kleines, f. Mädchen u. Frauen. Mit Kpf. Pirna 815. Friese. In Futteral. 21 gℊ

TOILETTENGESCHENK zur angenehmen Unterhaltung für Frauenzimmer auf 1806—8 (soviel ersch.?). Mit Kpfrn. u. Musikbeilagen. Augsburg (Bruder in Lpz.). 16°. (à 1⅓ Rthl.) (6 Mk., nur Jahrg. 1808 im reizenden illustr. Orig.-Carton m. G., Max Jaeckel, Potsdam, 1910.)
Enth. ausser Calendarium etc. Erzählungen und Gedichte. — Kayser 1827. II. p. 596.

Toilettengeschenk auf das J. 1806 u. 8; (hrsgg. v. G. A. Neuhofer). 12. Augsb. 806 u. 8. Rollwagen.

Toilettengeschenk auf das Jahr 1806 [und 1808]. Augsburg 1806—8. H: *Neuhofer, Gerhard Adam.* (Ky)

Toilettencabinet für das schöne Geschlecht . . . Nürnberg 1808. V: *Gütle, Antonie.* (Ky)

— neuestes Londoner u. Pariser, für Damen, in 2 Abthlgn. Aus d. Engl. u. Französ. übersetzt u. mit Zusätzen verm. v. Sophia M*** 8. Kitzingen 826, Gundelach.

Toilettenkabinet, neuestes, für Damen. ... Kitzingen ... Köpplinger. 7 ℊℊ

— neuestes, der vorzügl. Strick-, Stick-, Näh- u. andern weibl. Arbeiten f. 1811 u. 12, (od. 5r u. 6r Thl. von Netto's Taschenbuch rc.) Angefangen von J. F. Netto, u. fortgef. v. F. L. Lehmann. Nebst einigen Aufsätzen, sowohl üb. die Anwendung der höhern Kunst auf die feinern weibl. Arbeiten, als auch d. Verwaltung des Hauswesens, von G. K. Claudius. Neue mit 24 schwarz. u. ill. Kpf. verm. Aufl. gr. 8. Leipz., Hinrichs. 2 ß 12 ℊℊ Hbg. Pr. 1 ß 6 ℊℊ Velinp. in Seide. 4 ß — Dass. f. 1814 u. 15. Mit 32 color. u. schwarz. Kpft. gr. 8. Ebd. 2 ß 12 ℊℊ Hbg. Pr. 1 ß 6 ℊℊ Velinpap. in Seide. 4 ß

— neuestes, der vorzügl. Strick-, Stick-, Näh- u. andern weibl Arbeiten f. 1811 u. 12. Angefangen von J. F. Netto, u. fortgesetzt von F. L. Lehmann. Nebst einigen Aufsätzen, sowohl üb. die Anwendung d. höhern Kunst auf die feinern weibl. Arbeiten, als auch d. Verwaltung des Hauswesens, von G. K. Claudius. Neue mit 34 schwarz. u. illum. K. verm. Aufl. gr. 8. Leipzig, Hinrichs. Velinp. in Seide.

— neuestes, für die elegante Welt. Eine Gallerie der geschmackvollsten u. durchgehends gut ausführbaren Stickmuster. 1s Hft. Fol. Trier 832. Troschel. 12 ℊℊ

Toiletten-Kalender für das Schaltjahr 1856. Wien. Druck von L. C. Zamarski. Bei Ign. Lienhart. Mit 4 Kupfern. Alb. Schindler. del. (32 Bl. 8.)

Toilettenkalender für das J. 1858. Wien, bei Ignaz Lienhart. Dr. typogr.-lit.-artist. Anstalt in Wien. (32 S. 8.)

Toilettenkalender für 1861. 12. (64 S. mit 4 Stahlst.) Wien 860, Lienhart. geb.

—— für das J. 1862. 12. (72 S.) Gratz 861, Leykam.

Toiletten-Kalender für die J. 1863—68. Mit Stahlst. Wien, Lienhart. 8. Jeder Jahrg. (62 S.) n. 10 ngr.

Toiletten-Kalender für das Jahr 1869. Mit 4 Stahlstichen. 12. Wien: Lienhart.

Toiletten-Kalender auf das Jahr 1870. Mit 4 Stahlstichen. fl. 8. Wien, Lienhart. Elegant geb. 50 kr.

Toiletten-Kalender für das Jahr 1871. Mit 4 Stahlstichen. 12. Wien, Lienhart. Eleg. geb. 50 kr.

Toiletten-Kalender, eleganter, für 1875—1880. 1.—6. Jahrg. Wien, Fromme. à Jahrg. *

TOILETTEN-KALENDER f. Frauenzimmer 1795. Mit Titkpfr., Modekpfrn. u. 11 Kpfrn. v. Cl. Kohl. Wien. 16°. (2 Mk., Orig.-Carton, gebraucht u. unvollständig, A. Lorentz, Lpz., 1905.)

Toiletten Kalender für Frauenzimmer . . .
Wien: J. Grämmer [1799]. 24°
[Kupfert.]
[Nebent.:] Taschenbuch für Dichterfreunde.
1800: [1799.] 14 Bl., 36 S., 19 Bl., 1 Titelkupf., 17 Kupfertaf. davon 5 kol.
[*1 kol. Kupf. fehlt.*]

Toilettenkram für. Damen, 1r Theil, 8. Freyberg, 793. Craz. 15 sgl.

TOILETTENKRAM für Damen. Th. 1. (einz.). Freiberg, Craz u. G., 1794. 8°. (⅛ Rthl.)
Kayser 1827. II. p. 597; Korn's (Breslau) Geschichts- u. Romanen-Verz. 1798.

Toilettenkram f. Damen. 8. Freiberg 798. Craz u. G. 8 ℊℊ

Toilettenkunst, die, für junge Herren rc., s. Kunst, sich geschmackvoll zu kleiden.

Toilettenlectüre. Samml. unterhalt. Aufsätze für das weibl. Geschlecht. 1e Samml. 16. Berl. 811. Litfas. 12 ℊℊ (Krause das.)

Toilettenlectüre. Sammlung unterhaltend. Aufsätze f. das weibl. Geschlecht. 1ste Samml. 8. Berl. Litfas. (Leipz. Bruder.) 811. Rthlr.

TOILETTENLEKTÜRE für deutsche Damen. Leipzig, Beygang, 1790. 8°. (¾ Rthl.) (⅓ Rthl. Scheible, vor 1875; jetzt höher.)
Kayser 1827. II. p. 597.

Toiletten-Modelle. Journal für Pariser u. Wiener Orig.-Schnitt-Muster. Ergänzungsorgan zu allen Modenzeitungen. 1. Jahrg. 1878. 12 Nrn. (2 B. mit je 1 Schnittmusterbogen.) Fol. Wien, Friese. n. 4. —

Toilettenphilosophie, neues Krebsbüchlein für Damen, woraus sie lernen können, wie man methodisch den Mann martern . . . müsse. Leipzig 1798. V: *Bornschein, Johann Daniel Ernst.* (BGE VII³, 666)

Toilettenrecepte, s. J. E. Aronsson.

Toiletten-Romane des Auslandes. Für deutsche Leserinnen. Hrsg. v. Geo. Nik. Bärmann. 9 Bdchn. gr. 12. Braunschweig 843, G. C. E. Meyer sen. à Bdchn. 1 Thlr.
A. u. d. Ttln.:
Bdchn. 1—3. Zephyrina, die schöne Zigeunerin. A. d. Span. des Don Pedro Maria de Olive. 3 Thle. (25½ B.)
" 4., 5. Eine Krone für Karl den Kühnen durch A. L. G. Toussaint. A. d. Holländ. v. Hierunda. 2 Thle. (16⅙ B.)
" 6—9. Die Tochter Menzikoff's. Ein geschichtl. Roman. Dem Engl. der Mistres Hofland nacherzählt von Geo. Nik. Bärmann. 4 Thle. (37⅓ B.)

Toilettenspiegel zum physischen u. moral. Gebrauch. Ein Neujahrsgeschenk für das weibl. Geschlecht. 8. Altona 822, Hammerich.

TOILETTENSPIEGEL zum physischen u. moralischen Gebrauch. Altona, Hammerich, 1823. 8°. (1/3 Rthl.)
Kayser 1827. II. p. 597.

Toilettenspiegel, neuester. Eine Sammlung bewährter Mittel z. Erhöhung u. Erhaltung körperlicher Reize ꝛc. 3. Aufl. 8. Heilbronn 846, Drechsler. 12 ngl

Toilettenspiegel, neuester. Eine Sammlung bewährter Mittel zur Erhöhung u. Erhaltung körperlicher Reize ꝛc. 3. Aufl. 8. (11 B.) Heilbronn 846. [Stuttgart, Lubrecht u. Comp.]

Toilettenspiegel für manche unserer jungen **Schönen, nebst** einigen unschädl. Conversations(?)mitteln. 12. Bresl. 802. Barth (Holäufer). 12 gl

Toilettes parisiennes. Journal special pour modèles de Paris et Vienne. Editeur: Arnold Bachwitz. Novbr. 1906—Oktbr. 1907. 12 Nrn. (à ca. 14 S. m. deutschem u. französ. Text, Abbildgn. u. 1 Schnittbog.) Fol. Wien, Verlag des Modejournals „Chic parisien". 10. —; halbj. 6. —; einz. Nrn. 1. —

Toilettes parisiennes. Journal special pour modèles de Paris et Vienne. Administrateur-gérant: Arnold Bachwitz. 11. année. Novbr. 1909—Oktbr. 1910. 12 Nrn. (à ca. 8 S. z. Tl. farb. Abb., 8 S. m. deutschem u. französ. Text m. Abbildgn. u. 1 Schnittbog.) 42×32 cm. Wien, Verlag d. Modejournale „Chic Parisien" usw. 12.—; halbj. 7.—; einz. Nrn. 1. 25

Toilette-Spiegel, neuenthüllter Pariser, oder die Mysterien der Schönheitspflege für die elegante Welt. Eine Sammlung der bewährtesten u. einfachsten Recepte für Herren u. Damen, welche ihre körperlichen Reize erhöhen u. erhalten wollen, ohne der Gesundheit zu schaden. Mit einem Anh., betr.: Debay's treffliches Kunstmittel zur Pflege des Haut u. Haare. Aus dem Franz. 16. (55 S.) Grätz 852, Dirnböck & Mühlfeith. 1/4 ₰

Toilow (Pseud.), s.a. F o l l i o t de Crenneville, Franz Karl Graf

Toilow (F. Carl Graf Crenneville), Gedanken üb. Verwendung u. Ausbildung der Kavallerie. (VII, 140 S.) gr. 8. Wien 905. W. Braumüller. n. 2. 50

— die österreichische Nordarmee u. ihr Führer im J. 1866. (VII, 168 S.) 8. Ebd. 906. n. 2 —

Toilow, Studie üb. Länderbefestigung. gr. 8. (88 S. m. 1 Skizze.) Hannover. Leipzig 894. Zuckschwerdt & Möschke. n. 2. —

Toilow. Studie über Länderbefestigung. (Mit 1 Plane.) gr. 8. Hannover (1897).

Toischer, Wendelin

Toischer, W., über die Alexandreis Ulrichs v. Eschenbach. [Aus: „Sitzungsber. d. k. Akad. d. Wiss."] Lex.-8. (100 S.) Wien 881. Gerold's Sohn in Comm. n. 1. 50

Toischer, Wendelin: Ansprache bei der Schillerfeier des Gymnasiums am 9. Mai 1905. S. 6—11. 8.
Progr. K. k. Kaiser Franz Joseph-Staats-Ober-Gymn. *Saaz* 1905.

Toischer, Wendelin (Hrsg.), s. A r i s t o t e l e s : Heimlichkeit.

— Die altdeutschen Bearbeitungen der pseudo-aristotelischen Secreta-Secretorum. 36 S. 8. **Progr.** Neust. G. *Prag* 1884.

Toischer, Wendelin (Bearb.), s.a. A r i s t o t e l e s : Die altdeutschen Bearbeitungen der pseudo-aristotelischen Secreta-secretorum.

Toischer, Wendelin, s. Bibliothek des litterarischen Vereins in Stuttgart CLXXXIII.

— Zur Geschichte des Saazer Gymnasiums. Saaz '07. S. 1—30. Saaz, Kaiser Franz Joseph-Staats-Ober-G., Jahresb. 1907.

Toischer, Wendelin, Gesch. der Pädagogik, s.: Sammlung Kösel.

Toischer, Wendelin, die Brüder Grimm, s. Sammlung gemeinnütziger Vorträge.

— Die Jahrhundertfeier der Wiedereröffnung der seit 700 Jahren bestehenden Saazer Schule als öffentlichen Gymnasiums. Saaz '08. S. 1—32. Saaz, Kaiser Franz Joseph-Staats-Ober-G., Jahresb. 1908.

Toischer, W[endelin]: Das k. k. Kaiser Franz Joseph-Staats-Obergymnasium in Saaz. Saaz '04. S. 1—25. Saaz, Kaiser Franz Joseph-Staats-Ober-G., Jahresb. 1904.

Toischer, W[endelin]: Katalog der Lehrerbibliothek des k. k. Staats-Obergymnasiums in Saaz. Zusammengestellt mit Benützung der Vorarbeiten des Prof. Jos[ef] Merten. (2. Fortsetzung.) (Umschlagtitel: . . . bibliothek. III. Theil, enthaltend die Abteilungen VI und VII: Moderne Philologie und allgemeine Sprachwissenschaft.) 22 S. 8. K. k. Staats-Ober-Gymn. *Saaz* 1901.
Progr.

Toischer, Wendelin: K a t a l o g der Lehrerbibliothek des k. k. Staatsobergymnasiums in Saaz, s.a. M e r t e n , Josef

Toischer, Dr. W., **Die Lieder der Landsknechte u. die Soldatenlieder.** (Sammlung gemeinnütziger Kenntnisse in Prag. Nr. 92.) 8. (27 S.) Prag. G. Neugebauer. 15 kr. N. b. 1884

—— die Lieder der Landsknechte und die Soldatenlieder, s.a. Sammlung gemeinnütziger Vorträge.

Toischer, Wendelin, d. Macht d. Schule, s.: Sammlung gemeinnütz. Vorträge.

— theoretische Pädagogik u. allgemeine Didaktik. [Aus: „A. Baumeister's Handbuch der Erziehungs- u. Unterrichtslehre f. höh. Schulen".] gr. 8. (VII, 200 S.) München 896. C. H. Beck. n. 4. —

— dasselbe, s.: Handbuch der Erziehungs- u. Unterrichtslehre f. höh. Schulen, II, 1.

— Lotte Schiller. Vortrag, gehalten am 29. März 1881 in Wr.-Neustadt. gr. 8. (19 S.) Wr.-Neustadt. 881. (Wien, Braumüller.) n. — 60

Toischer, *Wendelin*: Die ältesten Schulen Oesterreichs. 8 (S. 8—21).
K. k. Neustädter deutsch. Staats-Ober-G. am Graben *Prag* 1899.
Progr.

Toischer, W., die Sprache der Kinder, s.: Sammlung gemeinnütziger Vorträge.

Toischer, Wendelin Über die Sprache Ulrichs von Eschenbach. 8 (S. 3—28).
Progr. Deutsch. Neustädt. Staats-Ober-G. (am Graben) *Prag* 1888.

Toischer, W., üb. die Sprache Ulrichs v. Eschenbach. (Sep.-Abdr.) Lex.-8. (28 S.) Prag 888. Neugebauer. n. 1. 20

— s.: Volkslieder, deutsche, aus Böhmen.

— vom Wachsthum der Sprache, s.: Sammlung gemeinnütziger Vorträge.

Toischer, Wendelin, was f. Bücher sollen wir unsern Kindern zu Weihnachten kaufen?, s.: Sammlung gemeinnütziger Vorträge.

–: Prof. Leodegar Wenzel († 15. August 1907). S. 55–56. 8.
Progr. K. k. Kaiser Franz Joseph-Staats-Ober-Gymn. *Saaz* 1908

Toit, s. Du-Toit.

Toitot, Eug., Lehrbuch der Handelskorrespondenz in deutscher u. französ. Sprache, s.: Bibliothek des jungen Kaufmanns. 20. Bd.

Tokar, Esther. Versuche über den zeitlichen Verlauf der Viscositätsänderungen bei Colloidgemischen. Diss. Med. Univ. Zürich. [Mit Figuren.] 39 S. 8. Zürich-Selnau, Gebr. Leemann & Co., 1909.

Tokár, Joh., s.: Adressbuch, commercielles u. industrielles, Südungarns.

Tokár, Joh., südungarisches Handels- u. Gewerbe-Adressenbuch, umfassend die Comitate Temes, Torontál, Krassó u. Szörény, dann die kgl. Freistädte Temesvár, Werschetz u. Pancsova u. die Verordnung über das „Schankregale" mit Bezug auf alle den Spirituosenhandel betr. nachträglich noch ergangenen Nachtragsverordnungen, dann die Verordnung üb. den Handel mit Arzneimitteln, Droguen u. Giftwaaren. gr. 8. (238 S.) Temesvár 879. (Werschetz, Wettel.) n. 2. 40

Tokarski, T.: Botanische Fragmente aus Ostgalizien. 18 S. Rzeszów, Progr. 1879.

Tokayer. Einiges über dessen Vorkommen, Benennung und dessen Anwendung. Wien 1877. V: *Palugyai* (in Pressburg). (EB)

Tokayer. Einiges über Vorkommen, Benennung u. Anwendung. 3. Aufl. 8. (52 S. m. eingedr. Holzschn. u. 2 Holzschntaf.) Pressburg 880. Stampfel in Comm. n. 1. —; feine Ausg. n. 2. —

Tokayer. Einiges über Vorkommen, Benennung und Anwendung nebst einigen historischen Daten. 4. Aufl. Pressburg: Stampel in Comm.; Wien: Rosner in Comm. 1881. 50 S. -- 121*

Tokenburg. – s. Toggenburg.

Toker, Leon, Beitrag zur Cachexia strumipriva. Diss. Jena 1887, G. Neuenhahn. 8⁰. 32 S.

Tokio-Saphir-Ganache. [Wien 1898.] V: *Kotz v. Dobrz, Wilhelm Freih. v.* (EB)

Tokio – Saphir - Ganache. Wien: Beck 1898. (155 S.) 8⁰

Tokio [Schlagwort]

Tokio, s.: Asien, Herrich, A.

Tokiwai, Tsuru-Matsu: Studien zum Sumagadhavadana. Einleitung zu einer mit Professor Leumann vorbereiteten Ausgabe nebst Uebersetzung der chinesischen Bearbeitungen. *Darmstadt 1898: G. Otto.* (63 S.) 8⁰
Strassburg, Phil. Diss. v. 1897

Toklot, der heil. Antonius, siehe: Leben, das, der Heiligen. 19. Lfg.

— der heil. Franz v. Sales, siehe: Leben, das, der Heiligen. 10. Lfa.

TOKLOT, Johann Andreas (Köln): De arcani disciplina, quae antiqua in ecclesia fuit in usu.- Coloniae: Dumont-Schauberg 1836. 224 S.
27.7.1835 - Urk: F 43
Diss. Ingolst.-Landsh.-Mchn.

—— Trauerrede auf d. Erzbischof Ferd. Aug. Grafen Spiegel zum Desenberg u. Canstein. gr. 8. (.. B.) Cöln 835, DuMont-Schauberg.

—— Trauerrede auf d. Pfarrer F. Bermerskirchen. gr. 8. (.. B.) Cöln 835, DuMont-Schauberg.

Tököly's, Johann Emerich, u. seiner Streitgenossen Leben u. Thaten. Drama aus d. ungarischen Gesch. v. A. Z. gr. 8. (.. B.) Leipzig ..., [Brandstetter.] 1 Thlr., hrbgs. Pr.

Tököly's, Joh. Emerich, u. seiner Streitgenossen Leben u. Thaten. Drama aus der ungar. Geschichte von A. Z. gr. 8. Leipzig ... Einhorn. 1 ₰

Prinzessin **Toktokatra**. Soldaten-Schwank in 5 Aufz. Von W. O. in H. *Paderborn: J. Esser 1900.* (33 S.) 8⁰ [J.]
= Sammlung, J. Esser's, leicht aufführb. Theaterstücke. H. 70.

Toktokatra, Prinzessin, s. a. Esser's, J., Sammlung leicht aufführbarer Theaterstücke.

Tokutomi, Kenjiro, Hototogisu. Ein Lebensschicksal aus den Tagen der Gegenwart. Dem Japan. nacherzählt v. Reh am Rheinberg. (VIII, 262 S.) 8. Wolfenbüttel (905). Heckner. n. 3. —; geb. n. 4. —

Tokutomi, Kenjiro, Hototogisu. Ein Lebensschicksal aus den Tagen der Gegenwart. Dem Japan. nacherzählt v. Reh am Rheinberg. 2., verb. Aufl. (VIII, 262 S.) 8. Wolfenbüttel (909). Heckner. 3.—; geb. n 4. —

Tol, H. L., de instituto ab Jesu Christo epulo sacro. Evangelistarum et Pauli comparatas inter se narrationes illustravit. 8maj. Leyd. 819. (Leipz., Weigel). 1 ₰ 12 ₰

Toel, Ant., die Nothwendigkeit der Anstellung eines Geistlichen an der neuen Irren-Heil-Anstalt zu Ofen-Wehnen dargethan aus erfahrungsmäßigen Gründen. Oldenburg 855. Schulze. gr. 8. (IV. 34 S.) 7½ ngr.

Toel, E. A., s. Irving, W., Bracebridge-Hall. — dess. Sketch-Book. — dess. Tales of a Traveller.

Toel, E. A., s. Kirchenbote, Bremer.

Toel, E. A., s. Übersetzungsbuch zum Übersetzen ...

Toel, E. A., Uebungsbuch zum Uebersetzen aus dem Deutschen in das Engl., zugleich als Anleitung zur Erlernung der englischen Conversation, enthalt.: Die Nebenbuhler, die Lasterschule, von Sheridan. Aus d. Engl. übersetzt, mit einer Einleitung u. erklär. Anmerkk. gr. 12. Lüneburg 840. Herold u. W. ⅔ ₰

Toel, George L., aus Peoria, Ill., United States of America: Die Ranvier'schen Schnürringe markhaltiger Nervenfasern und ihr Verhältniss zu den Neurilemmkernen. Zür. Zürcher u. Furrer Dr. 1876. 17 S., 1 Taf., 1 Bl. Thesen. 8⁰.
Zürich. Med. Diss. [v. 8. Jan. 1876].

Toel, Luderus

— Diss. inaug. med. sistens emmenologiam practicam. 4. Götting. 777. Dieterich. 2 gr.

Toel, Luderus, dichterische Versuche. gr. 8. Emden, Woortmann. (Bremen, Heyse.) 819.

Toel, Luderus, dichterische Versuche. gr. 8. Emden 819. (Bremen, Heyse). Neue Aufl. 830. (Leipzig, Engelmann). 1 rth 16 gr

Toland's, John, christianity not mysterious, hrsg. v. Leop. Zscharnack, s.: Studien zur Geschichte des neueren Protestantismus.

Toland, Jh., Historie der Druiden; aus d. Engl. von J. Ph. Cassel. 8. Braunschw. 763.

Das Pantheistikon des John Toland. Uebers. und mit Einl. vers. von Ludw. Fensch. Leipzig: Findel 1897. 170 S. 8°

Recens: FZ. 51 (1897) S. 127—128 (M. Richter); L. 20 (1897) S. 55; MCG. 6 (1897) S. 278 bis 279 (L. Keller); BZC. 28 (1899) S. 226—231 (W. Wald).

cf. S. 4 (1897) S. 42—48 (M. Richter).

Nachweis, dass weder John Toland u. seine materialistische Lehre bei der Neugründung der Frmrbrrschaft beteiligt war, noch die in letzterer herrschende Anschauung irgendwie die Abfassung des Pantheistikon beeinflusst haben kann. 25 a.

Johann Wilhelm Tolberg

Ueber die Aehnlichkeit der Salzsoole mit dem Seewasser und den Nutzen der Soolbäder. Von Johann Wilhelm Tolberg. H.1.2. Magdeburg: Keil (2: Heinrichshofen) 1803-11. 1 Bd 8°

H.1: Nebst Nachricht von einer auf dem Gradirwerk der Schönebecker Saline eingerichteten Badeanstalt in Salzsoole. 1803.

H.2: Nebst Nachricht von dem Fortgange und den Wirkungen des Soolbades, bey dem Gradierwerke d. Schönebecker Saline unweit Salze, in den Jahren 1803-10. 1811.

[Nebent.:] Tolberg: Erfahrungen über den Gebrauch u. eigenthümliche Wirkung des Soolbades in den Jahren 1803-10.

— üb. d. Aehnlichkeit d. Salzsoole mit d. Seewasser u. d. Nutzen d. Soolbäder rc. 1r H. 8. Ebend. 804.

Tolberg, Johann Wilhelm, s. Beiträge zur Geschichte der Schatzgräber.

BRIEFE eines Hottentotten über die gesittete Welt. Aus dem Französischen. (Deutsches satyr. Original von *Joh. Wilh. Tolberg* und *Wilh. Friedr. Heinr. Bispinck.*) Pack 1—2 (soviel ersch.). O. O. 1787—88 Kl. 8°. (Auch in Warmbrunn.) Selten!

Anon.-Lex. I. p. 263 (nach Kayser u. Meusel).

Vgl. Briefe...

Tolberg, Joh. Wilh., das russ. Dampfbad in St. Elmen. 8. ... Magdeburg 828, Heinrichshofen.

Tolberg, Johann Wilhelm: Erfahrungen über die Pocken der Schafe. Mit 1 Kupfertaf. Magdeburg 1805. XVI. 134 S.

— Erfahrr. über die Pocken der Schafe; nebst e. Anweis., sie auf die leichteste u. einfachste Art zu impfen rc. Mit 1 Kpf. 8. Magdeb. 805. (Heinrichshofen). 12 gr

Tolberg, Joh. Wilh., Über das einzige Mittel, bei der sich nahenden Viehseuche das Rindvieh zu retten. Den Obrigkeiten sowohl als jedem Landwirte und Viehhalter zur ernstlichen Beherzigung gewidmet. 8. Magdeburg 08. Heinrichshofen. M. —.75

Tolberg, J[ohann] W[ilhelm]: Ueber das einzige Mittel bei der sich jetzt nahenden Viehseuche das Rindvieh zu retten. Magdeburg 1808. 56 S.

– s. Predigten zur Beförderung des Denkens.

— Rede an die Einwohner von Südpreußen. 8. Danzig 793. Troschel. 3 gr

REISE eines Hottentotten nach dem gesitteten Europa. Nebst dessen Bemerkungen über die gerühmte Sittenverfeinerung der Europäer. Aus d. Französ. (Deutsches Original von *Johann Wilh. Tolberg.*) 2 Bde. Görlitz, b. Hermsdorf u. Anton, 1795. 8°. (1½ Rthl.)

Anon.-Lex. III. p. 358 (Eigenbericht).

– s. Schreiben an Semler.

——— das Soolbad zu Elmen bei Salza, seine Geschichte u. jetzige Einrichtung, nebst Anweisung z. Gebrauch desselben. Mit Abbild. 8. Magdeb. 822, (Heinrichshofen.)

Johannes Guilielmus Tolberg: Commentatio de varietate hymenum. Halae (1791:) Trampianus. 20 S. 8°

Halle, Med. Diss. v. 30. Juli 1791

Tolberg, Joh. Wilh., commentatio de varietate hymn. 4. maj. Halae, Hemmerde. 791.

— commentatio de varietate Hymenum. 4maj. Halle 791. Schwetschke u. S. 9 gr

Tolberg, Wilhelm Reinhold

Tolberg, Guilielmus Reinholdus: Dissertatio ... sistens brevem fumariorum medicinalium historiam cum descriptione emendati apparatus fumarii. Halae (1825): Grunert. 18 S., 1 Taf. 8° (4°)

Halle-Wittenberg, Med. Diss. v. 14. Dez. 1825

Geb. Schönebeck 13. 4. 1799. V.

Dem Verf. wurde als praktischem Arzt und Homöopathen in Köthen 1875 ein Jubeldiplom abgelehnt.

Tolbourg, E., unentbehrlicher Rathgeber für Bierbrauer, oder prakt. Erfahrung, auf die billigste u. vortheilhaft. Art Biere zu klären; das Sauerwerden des Biers zu verhüten, trübe u. schaal, so wie sauer gewordenes Bier wieder herzustellen; so wie eine prakt. Anweisung zur Anfertigung des engl. Porterbiers u. eines vorzügl. engl. Kräuter- u Magenbiers. 1 versieg. Couvert in qu. gr. 8. Wesel 839. (Klönne.) n. 2/3 rth

Tolch, Maria. Ein Lebensbild aus der Schwesternarbeit in Hof, s.: Missionsschriften. Bremer.

Tölcke, A., Lateinisch f. Sextaner, Quintaner, Quartaner, Untertertianer u. Obertertianer. s.a. Bibliothek Schüler-Versetzung.

Lateinisch für Sextaner ... u. Obertertianer. Leicht lernbare Regeln mit Musterbeispielen ... Für d. Schüler aller höh. Schulen bearb. von A. Tölcke. Berlin-Schöneberg: Mentor-Verl. [1905]. (109 S.) 8° [F.]

= **Schüler-Versetzung,** Bibliothek. Bdch. No 11. [06. 3039

Tölcke, C. W., Gebühren-Taxe f. sämmtl. gerichtliche u. außergerichtl. Auctions-Kommissarien der preuß. Monarchie, ausschließl. der Rheinprovinz vom 21. Juni 1815, nebst tabellar. Berechnung sämmtlicher Prozente von den Objekten von 1 bis 1000 Thlr. 4. (1¾ B.) Altena 845, Santz.

Tölcke, C. W., Zweck, Mittel und Organisation des allgemeinen deutschen Arbeitervereines. 3 Theile. 8°. Berlin 1873.

Tolckemit, Sigismund (Elbing) A. S. 1319/22

Dissertatio physico-curiosa de antlia pneumatica. Präs. Hermann Friedrich Teichmeyer. Jena (Müller) XI. 1711. 24 S. 34592

Tolckdorff, J[ohann Carl]. Beitrag zur Kenntnis der ungesättigten Ketone. Diss. Phil. Bern. 39 S. 8. Karlsruhe, Ferd. Thiergarten, 1905.

Told, die Judenmassacres in Kischinew. Mit e. Weiheblatt v. E. M. Lilien u. Illustr. (103 S.) 4. Berlin (908). Köln, Jüd. Verlag. n. 1. —

Die Judenmassacres in Kischinew von Told. Mit e. Weiheblatt von E. M. Lilien u. Ill. [3. Aufl.] *Berlin: Jüd. Verl. [1903].* (102 S.) 8°

Told, Fr. S.

— Auswahl kleiner Erzählungen, den gebild. Ständen geweiht. 8. Wien 816.
Vgl. Told, J. F.

Told, Fr. S., romant. Skizzen der Vorwelt. 8. Wien 817. Wimmer. 8 ℛ

Told, Franz Xaver

Told, Frz. Xav., Abendstunden. Erzählungen u. Novellen. 6 Bde. gr. 12. (49⅓ B.) Wien 836, [Tendler u. Comp.]

Told, Frz. Xav., Fortuna, s. Fortuna.

Told, Frz. Xav., der Zigeuner. Roman. 8. (Mit 1 Stahlst.) Wien 843, Tendler u. Schäfer; Leipzig, Volckmar. ¾ ℛ

Told, J. F. vgl. Told, Fr. S.

Told, J. F., Auswahl kleiner Erzähll., den gebild. Ständen geweiht. 8. Wien 816. Wimmer. 6 ℛ

Ein Sommer in Schleswig. Skizzen und Bilder v. Dr. H . . . [d. i.: Hother Hakon Viggo **Tolderlund**]. Aus dem Dänischen v. Heinrich Helms. Leipzig. 1855. 8°. (Conversations- u. Reisebibliothek.)

Toldot Jeschua. (Die Geschichte Jesu.) Gründliche Erörterg. der Frage, wer die Wahrheit über die Geschichte Jesu Christi erzählt, die Juden oder die Christen? (Von Jechiel Lichtenstein.) (In hebr. Sprache.) 3. verb. Aufl. (16 S.) gr. 8. Leipzig (905). (Ev.-luth. Zentralverein f. Mission unter Israel.) n. — 40

Toldt, Alexander

Toldt, Alex., d. Verhältniss d. Unterstützungen zu d. Beitragsleistgn. bei d. nach d. Gesetze v. 28. Juli 1889 eingericht. Bruderladen in Oesterreich. Besprechg. d. bezügl. Bestimmgn. d. Bruderladengesetzes u. des Musterstatutes, d. Zusammenhanges desselben m. d. mathemat. Grundlagen u. graph. Darstellg. d. Werthe d. Ansprüche, d. Beitragsleistgn. u. d. Reserveantheile. I. Invalidenprovisionen. [Aus: „Berg- u. hüttenmänn. Jahrb."] gr. 8. (112 S. m. 2 Taf.) Wien 896. Manz. n. 2. 40

Toldt, Carl, s. Toldt, Karl.

Toldt, E., s. Handbuch der gerichtlichen Medicin.

Toldt, Friedrich

Chemie (Die) des Eisens. Tabellarische Zusammenstellung der dem Eisen beigemengten Elemente und deren Einfluss auf die Eigenschaften dieses Metalles. Leoben, 1897. 8vo. Ill.

Toldt, Frdr., die Chemie des Eisens. Tabellar. Zusammenstellg. der dem Eisen beigemengten Elemente u. deren Einfluss auf d. Eigenschaften dieses Metalles. Für Praktiker u. Studierende zusammengest. gr. 8. (23 S. m. 3 Diagr. u. 3 Taf.) Leoben 898. L. Nüssler. Geb. in Leinw. n. 3. —

Toldt, Frdr., üb. Details v. Siemens-Martinöfen. Eine Fortsetzg. der chemisch-calor. Studien üb. Generatoren u. Martinöfen von Hanns v. Jüptner u. Frdr. Toldt. [Aus: „Berg- u. hüttenmänn. Jahrb."] gr. 8. (160 S.) Leipzig 893. (A. Felix.) n. 2. 40

Toldt, Frdr., s.: Jahrbuch, berg- u. hüttenmännisches.

Toldt, Frdr., Regenerativ-Gasöfen. Wissenschaftl. Grundsätze f. d. Berechng. der Querschnitte solcher Oefen. 2., vollständig umgearb. u. erweit. Aufl. v. d. Verf.'s „Ueber Details v. Siemens-Martin-Oefen". Mit 49 Abb. im Text u. 8 Taf. gr. 8. (VIII, 440 S.) Leipzig 898. A. Felix. n. 18. —

Toldt, Frdr., Regenerativ-Gasöfen. Wissenschaftliche Grundsätze f. die Anlage u. Berechng. solcher Öfen. 3. Aufl., bearb. u. erweit. v. F. Wilcke. (VIII, 430 S. m. 32 Abb. u. 9 Taf.) gr. 8. Leipzig 907. A. Felix. 18. —; geb. 19. 20

Toldt, F., chemisch-calorische Studien üb. Generatoren u. Martinöfen, s.: Jüptner, H. v.

— über d. Trocknen v. Thon in gröss. Massen u. e. neuen Thontrockenofen. [Aus: „Oesterr. Ztschr. f. Berg- u. Hüttenwesen".] gr. 8. (15 S. m. 3 Fig. u. 1 Taf.) n. 1. —
Leoben: Nüssler 1897.

Toldt, Frdr., chemisch-calorische Untersuchungen üb. Generatoren u. Martinöfen, s.: Jüptner v. Jonstorff, Hanns v.

— s.: Zeitschrift, österreichische, f. Berg- u. Hüttenwesen.

Über künstlichen Zug. Von Friedrich Toldt. Mit 1 Tafel. Unter Mitbenutzung eines in der Engineering Society of Columbia University in New-York am 1. December 1898 gehaltenen Vortrages von Walter B. Snow. Separat-Abdruck aus der „Österreichischen Zeitschrift für Berg- und Hüttenwesen", XLVIII. Jahrgang. 1900. Leoben. 1900. Nüssler. Gr.-8°. 44 S. K 2.40

Toldt, Karl

Toldt, C., die Anhangsgebilde d. menschlichen Hodens u. Nebenhodens. [Aus: „Sitzungsber. d. k. Akad. d. Wiss."] Lex.-8. (34 S. m. 2 Taf.) Wien 891. (F. Tempsky.) n. — 60

Toldt, Carl, **anatomischer Atlas** f. Studirende u. Ärzte, unter Mitwirkg. von Alois dalla Rosa hrsg. 1.—6. Lfg. gr. 8. Wien, Urban & Schwarzenberg. n. 41. —

1. 2. (S. 1—160 m. Abb.) 896. à n. 5. —
3. C. Die Bänderlehre. Bearb. v. Alois dalla Rosa. (S. 161—256 m. Fig. 378—486.) 896. n. 6. —
4. D. Die Muskellehre. Fig. 487—616 u. Register. (S. 257—383.) 896. n. 8. —
5. E. Die Eingeweidelehre. Fig. 617—903 und Register. (S. 385—536.) 897. n. 10. —
6. F. Die Gefässlehre. a) Herz u. Arterien. Fig. 904—1025. Bearb. v. Alois dalla Rosa. (S. 537—642.) 898. n. 7. —

Toldt, Carl, anatomischer **Atlas** f. Studirende u. Ärzte, unter Mitwirkung v. Alois dalla Rosa hrsg. 7.—9. (Schluss-)Lfg. gr. 8. Wien 899. 900. Urban & Schwarzenberg. n. 21. —; 6 u. 7 in 1 Bd. geb. n. 14. 20; 8 u. 9 in 1 Bd. geb. n. 16. 20; (kplt. n. 62. —)

7. F. Die Gefässlehre. b) Venen u. Lymphgefässe. (Fig. 1026—1085 u. Register zur Gefässlehre.) Bearb. v. Alois dalla Rosa. (S. 643—718.) n. 6. —
8. G. Nerven- u. Sinnesorgane. a) Nerven. II. Fig. 1-168. (S. 1—112.) n. 7. —
9. G. Die Nervenlehre. b) Hirnnerven, sympath. Nervensystem. H. Die Lehre v. den Sinneswerkzeugen. (II. Fig. 169—378 u. Register.) (VI u. S. 113—230.) n. 8. —

— dasselbe. 2. verb. Aufl. 6 Lfgn. gr. 8. Ebd. n. 55. —; Einbde. à n. 1. 20

1. A. Die Gegenden des menschlichen Körpers u. B. die Knochenlehre. (Fig. 1—377 u. Register.) (S. 1—160.) 900. n. 8. —
2. C. Die Bänderlehre. (Fig. 378—486 u. Register.) Bearb. v. Alois dalla Rosa. (S. 161—256.) 900. n. 5. —
3. D. Die Muskellehre. (Fig. 487—616 u. Register.) (S. 257—383.) 900. n. 7. —
4. E. Die Eingeweidelehre. (Fig. 617—903 u. Register.) (S. 385—536.) 900. n. 8. —
5. F. Die Gefässlehre. (Fig. 904—1092 u. Register.) (S. 537—724.) 900. n. 12. —
6. G. Die Nervenlehre u. H. Die Lehre v. den Sinneswerkzeugen. (Fig. 1093—1474 u. Register.) (S. 725—956.) 901. n. 15. —

— dasselbe. Ergänzungsheft zur 1. u. 2. Aufl. Enth. die in der 2. u. 3. Aufl. neu hinzugekommenen u. verb. Abbildgn. (48 S.) gr. 8. Ebd. 903. n. 3. —; geb. in Leinw. n. 4. 20

Toldt, C., Anatomischer Atlas für Studierende und Ärzte. 4. Aufl. (ill VI, 974 S.)
Ebda. 1905.

Toldt, Carl, anatomischer **Atlas** f. Studierende u. Aerzte, unter Mitwirkung v. Alois Dalla Rosa hrsg. 5. verm. u. verb. Aufl. 6 Lfgn. Lex.-8. Wien 907. Urban & Schwarzenberg. n. 50. —; in 6 Leinw.-Bdn. n. 57. 20; einzeln bezogen 55. —; Einbde. à n. 1. 20

1. A. Die Gegenden des menschlichen Körpers. B. Die Knochenlehre. (Fig. 1—377 u. Register.) (VII u. S. 1 bis 160.) 8 —. — 2. C. Die Bänderlehre. (Fig. 378—489 u. Register.) 8. 161—256.) 5. —. — 3. D. Die Muskellehre. (Fig. 490—640 u. Register.) (S. 257—399.) 7. —. — 4. E. Die Eingeweidelehre. (Fig. 641—932 u. Register.) (S. 401 bis 552.) 8. —. — 5. F. Die Gefässlehre. (Fig. 933—1123 u. Register.) (S. 553—742.) 12. —. — 6. G. Die Nervenlehre. H. Die Lehre v. den Sinneswerkzeugen. (Fig. 1124 bis 1505 u. Register.) (S. 743—974.) 15. —.

Toldt, Carl, anatomischer **Atlas** f. Studierende u. Ärzte, unter Mitwirkg. v. Alois Dalla Rosa hrsg. 6. verm. u. verb. Aufl. 6 Lfgn. Lex. 8. Wien 908. Urban & Schwarzenberg. 50.—; in 6 Leinw.-Bdn. 57.20; einzeln bezogen 55.—; Einbde. à n 1. 20

1. A. Die Gegenden des menschlichen Körpers. B. Die Knochenlehre. (Fig. 1—377 u. Register.) (II u. S. 1—160.) 8. —
2. C. Die Bänderlehre. (Fig. 378—489 u. Register.) (S. 161—256.) 5. —
3. D. Die Muskellehre. (Fig. 490—640 u. Register.) (S. 257—399.) 7. —
4. E. Die Eingeweidelehre. (Fig. 641—932 u. Register.) (S. 401—552.) 8. —
5. F. Die Gefässlehre. (Fig. 933—1123 u. Regist.) (S. 553—742.) 12. —
6. G. Die Nervenlehre. H. Die Lehre v. den Sinneswerkzeugen. (Fig. 1124—1505 u. Register.) (VII u. S. 743—974.) 15. —

— Der vordere **Bauch** des M. digastricus mandibulae u. seine Varietäten beim Menschen. (I. u. II. Tl.) gr. 8. Wien, A. Hölder. 7. 80

I. (70 S. m. 19 Fig. u. 2 farb. Taf.) 907. 3. —
II. (93 S. m. 3 Fig. u. 5 farb. Taf.) 908. 4. 80

Sonderabdrucke a.: „Sitzungsber. d. k. Akad. d. Wiss."

Toldt, Carl, **Bau** und **Wachsthumveränderungen** der Gekröse des menschlichen Darmkanals. Imp.-4. (56 S. mit 2 lithogr. Taf.) Wien 879, (Gerold's Sohn.) *

Aus: Denkschriften der k. Akademie der Wissenschaften, besonders abgedruckt.

Toldt, C., Bau- u. Wachsthumsveränderungen der Gekröse des menschlichen Darmkanals. 2. Abdr. [Aus: „Denkschr. d. k. Akad. d. Wiss."] Imp.-4. (56 S. m. 2 Taf.) Wien 889. (Tempsky.) n. 6. —

Toldt, C., **Beiträge** zur Histologie u. Physiologie d. Fettgewebes. [Mit 1 (lith.) u. color. Taf.] [Aus: „Sitzungsber. d. k. Akad. d. Wiss."] Lex.-8. (22 S.) Wien 870. (Gerold's Sohn.) n.n. — 75

Toldt jun., Karl, die **Chiropterenausbeute.** (Ergeb. der zoolog. Expedition der kais. Akad. d. Wissensch. nach Brasilien im J. 1903.) (11 S. m. 3 Fig.) 31,5×25 cm. Wien 908. A. Hölder. 1. —

Sonderabdr. aus: „Denkschr. d. k. Akad. d. Wiss."

Toldt, Prof. C., Die Darmgekröse und Netze im gesetzmässigen und gesetzwidrigen Zustand. Mit 8 Tafeln. (Aus den Denkschriften der mathem.-naturwissenschaftlichen Classe.) 4. (46 S.) In Comm. 3.60
Wien: Tempsky 1889.

Toldt, Carl die Entwicklung und Ausbildung der Drüsen des Magens. Lex.-8. (72 S. mit 3 lithogr. Taf.) Wien 880, (Gerold's Sohn.) *

Aus: Sitzungsberichte der k. Akademie der Wissenschaften, besonders abgedruckt.

Toldt jun., Karl, **Entwickelung** u. Structur des menschlichen Jochbeines. (43 S. m. 2 Fig. u. 2 Taf.) gr. 8. Wien 902. (A. Hölder.) n. 1. 30

Toldt, K. jun., Entwickelung und Structur des menschlichen Jochbeines. [Aus: Sitzungsber. d. k. Akad. d. Wiss.] Gr.-8°. (II, 43 S. mit 2 Tafeln.) †
Wien: Gerold's Sohn 1903.

— die **Formbildung** des menschlichen Blinddarmes u. die Valvula coli. [Aus: „Sitzungsber. d. k. Akad. d. Wiss."] Lex.-8. (31 S. m. 3 Taf.) Ebd. 894. n. 1. 40

[illegible]
Separatabdruck

Toldt, C., Ueber die massgebenden Gesichtspunkte in der Anatomie des Bauchfelles und der Gekröse. Mit 2 Tafeln. 4. (28 S.) 1.40
S.-A. aus: Denkschriften d. k. Akad. d. Wiss.
Wien: Tempsky 1893.

— Über das Haar- u. Stachelkleid v. Zaglossus Gill (Proechidna Gervais). (21 S. m. 3 Taf.) Lex. 8. Ebd. 908. 4. 20
Sonderabdr. aus: „Annalen d. naturhist. Hofmuseums".

Toldt, Karl jun.: Über die äußere Körpergestalt eines Fetus von Elephas Maximus (mit 5 Taf.).
Seperatabdruck aus: Denkschriften d. k. Akad. d. Wissensch. Bd. 90. S. 259.

Toldt, Prof. C., Die Körpergrösse der Tiroler und Vorarlberger. Mit 2 Tabellen und einer Karte. (Sep.-Abdr. aus Bd. XXI [der neuen Folge Bd. XI] der Mittheilungen der anthropologischen Gesellschaft in Wien.) 4. (10 S.) In Comm. 1.—
Wien: A.Hölder 1891.

— Carl Langer Ritter v. Edenberg. Eine Gedenkrede zur Feier der Aufstellg e. Denkmals f. denselben in den Arkaden der Wiener Universität, geh. am 24. V. 1903. (26 S. m. 1 Taf.) gr. 8. Wien 903. W. Braumüller. n. — 70
Sonderabdruck aus: „Wiener klin. Wochenschr."

Toldt, Carl, Lehrbuch der systematischen u. topographischen Anatomie, s.: Langer, Carl v.

— Lehrbuch der Gewebelehre, mit vorzugsweiser Berücksichtigung des menschlichen Körpers. Mit 127 (eingedr.) Abbildgn. in Holzschn. Lex.-8. (XII, 655 S.) Stuttgart 877. Enke. n. 15. —

Toldt, Carl, Lehrbuch der Gewebelehre, m. vorzugsweiser Berücksicht. d. menschl. Körpers dargestellt. Mit 195 Abbildgn. in Holzschn. 2. Aufl. gr. 8. (XIV, 679 S.) Stuttgart 884. Enke. n. 14. —

Toldt, Carl, Lehrbuch der Gewebelehre mit vorzugsweiser Berücksichtigung des menschlichen Körpers. Mit einer topograph. Darstellung des Faserverlaufes im Centralnervensystem von O. Kahler. 3. Aufl. gr. 8. (XVI, 708 S. mit 210 Abbild. in Holzschn.) Stuttgart 888, Enke. *

Toldt, Carl, der M. digastricus u. die Muskeln des Mundhöhlenbodens beim Orang. (14 S. m. 3 farb. Taf.) gr. 8. Wien 907. A. Hölder. 1. 50
Sonderabdr. aus: „Sitzungsber. d. k. Akad. d. Wiss."

Toldt, C., eine Methode zur Injection der Lymphbahnen in den Lymphdrüsen. [Mit 1 (chromolith.) Taf.] [Aus den Sitzungsber. der k. Akad. der Wiss.] Wien 868. (Gerold's Sohn.) Lex.-8. (14 S.) n. 6 ngr.

-- über lymphoide Organe der Amphibien. [Mit 1 (chromolith.) Taf. (in 4.)] [Aus den Sitzungsber. der k. Akad. der Wiss.] Ebend. 868. Lex.-8. (18 S.) n. 8 ngr.

Toldt, C., Die Ossicula mentalia und ihre Bedeutung für die Bildung des menschlichen Kinnes. [Aus: Sitzungsber. d. k. Akad. d. Wiss., mathem.-naturw. Klasse. Bd. CXIV.] Gr.-8°. (ill. 36 S. mit 1 Tafel) † K 1.10
Wien: Hölder 1905.

— die Querteilung des Jochbeines u. andere Varietäten desselben. (Mit 2 Doppeltaf., 1 Taf. u. 2 Textfig.) (90 S.) gr. 8. Ebd. 903. n. 2. 90
Sonderabdruck aus: „Sitzungsber. d. k. Akad. d. Wiss."

Toldt, K., Die Querteilung des Jochbeines und andere Varietäten desselben. [Aus: Sitzungsber. d. k. Akad. d. Wiss., mathem.-naturw. Klasse.] Gr.-8°. (ill. 90 S. mit 3 Tafeln.) † K 2.90
Linz: Feichtinger 1904.

— Studien üb. die Anatomie der menschlichen Brustgegend m. Bezug auf die Messung derselben u. auf die Verwerthung d. Brust-Umfanges zur Beschreibung der Kriegsdiensttauglichkeit. Mit 8 erläut. (eingedr.) Holzschn. gr. 8. (VI, 114 S. m. 2 Tab. in gr. 4. u. qu. gr. Fol.) Stuttgart 875. Enke. n. 2. 80

— Untersuchungen üb. das Wachsthum der Nieren d. Menschen u. der Säugethiere. Mit 1 (lith.) Taf. [Aus: „Sitzungsber. d. k. Akad. d. Wiss."] Lex.-8. (28 S.) Wien 874. (Gerold's Sohn.) n. — 60

Toldt, Dr. Karl. Thierisches und pflanzliches Wachsthum. Vortrag, gehalten in der feierlichen Sitzung der k. Akademie der Wissenschaften. 8. (31 S.) —.25
Wien: Tempsky 1890.

Toldt, Carl zur Waldfrage in den österreichischen Alpengebieten. Eine Denkschrift des deutschen und österreich. Alpenvereines. gr. 8. (24 S.) Prag 883, Dominicus. *

Toldt, C., Der Winkelfortsatz des Unterkiefers beim Menschen und bei den Säugetieren und die Beziehungen der Kaumuskeln zu demselben. (1. Teil.) [Aus: Sitzungsber. d. k. Akad. d. Wiss., mathem.-naturw. Klasse.] Gr.-8°. (66 S. mit 3 Tafeln.) † K 2.—
Wien: Gerold 1904.

— dasselbe. (2. Tl.) (162 S. m. 18 Fig. u. 3 Taf.) gr. 8. Ebd. 905. n. 3. 80
Sonderabdruck aus: „Sitzungsber. d. k. Akad. d. Wiss."

Toldy (urspr.: Schedel), Franz

† Toldy, Frz., (Joh. Frz. Schedel,) Blumenlese aus ungrischen Dichtern, in Uebersetzn., s. Blumenlese.

— die histor. Dichtung der Ungern vor Zrinyi, siehe: Denkschriften der kais. Akademie der Wissenschaften. Philosophisch-histor. Cl. I. Bd.

Toldy Franz: Geschichte der historischen Dichtung der Ungarn vor Zrinyi. (Auszug.) S. 2. 407 . . . . vgr.
Separatabdruck

Toldy, Frz., Geschichte der ungrischen Dichtung von den ältesten Zeiten bis auf Alex. Kisfaludy. Aus dem Ungrischen übers. von Gust. Steinacker. Mit dem Bildniss des Verf. (in Stahlst.) Pest 863. Heckenast. gr. 8. (XXVIII, 460 S.) 1 ℛ 15 ngr.

Toldy, Frz., Handbuch der ungar. Poesie, s. J. Fenyéry.

—— Handbuch d. ungr. Poesie, s. Handbuch.

—— die Kaisertochter. Ungr. Ballade, s. Kaisertochter.

— Kulturzustände der Ungarn vor der Annahme des Christentums. S. 5. 4 . . . . . vgr.
Separatabdruck

Toldy, F., a magyar történeti költeszet Zrinyi lött, elöterjeszti, siehe: Denkschriften der kais. Akademie der Wissenschaften. Philosophisch-histor. Cl. I. Bd.

Toldy, Dr. Stephan, Betrachtungen über die kirchliche Reform mit besonderer Rücksicht auf das österreichische Konkordat. Einem ultramontanen Geistlichen gewidmet. Aus dem Ungarischen übersetzt von Ludwig Hevesi. gr. 8. (XI u. 200 S.) Pest, Lauffer's Verl.-Exped. in Comm. (Leipzig, bei K. F. Köhler.) 1868. 1 fl. 40 kr.

— über die Kirchen-Reform mit besond. Rücksicht auf das österreichische Konkordat. Einem ultramontanen Geistlichen gewidmet. Aus dem Ungar. übersetzt von Ludw. Hevesi. 2. vom Verf. autor. Aufl. Ebend. 870. gr. 8. (200 S.) n. 16 ngr.

Toldy, Stef., zwei Schauspiele. Livia. Schauspiel in 3 Aufzügen. — Cornelia. Schauspiel in 4 Aufzügen. Aus dem Ungar. übers. v. Alex. Rosen. 8. (168 S.) Wien 875. Rosner. n. 3. —

Toledano, Baruch (Hrsg.), s. Abraham b. Natan Jarchi: Kommentar zu dem Traktat Kallah Raboti.

Toledo, Ferdin. Alvarez v., Herzog v. Alba, e. treue Copie s. Charakters. 8. Lpz. Weygand. 796.

TOLEDO, Javolenus Periphrastus (ps.); — Die Lebens-Arth, Sitten und Rechte der uhr-alten denen heutigen neuen Teutschen historicé moralisch entgegen gehalten, ... von *Javoleno Periphrasto Toledo*. Leipzig, o. J. (c. 1730). 8°. (1 Mk. 50 Pfg. Breslauer u. Meyer, Berlin, 1904.)
In Versen. Rarl — Weller, Lex. Ps. p. 567.

Toledo Deutsche Zeitung: 1867? –1869? Toledo, OH
Democratic weekly. Edited & published by J. W. Evers, 1867–69.

Toledo Express: Dec. 27, 1853 – 1943
Weekly, Dec. 27, 1853 – May 1856; daily, June 2, 1856 – May 20, 1857 [or, Feb. 1857]; weekly, June 1857 – Oct. 1871; daily, evening except Sunday, Oct. 9, 1871 – 1918; weekly, 1919 – 28; semi-weekly, 1929 – 32; weekly, 1933 – 35; semi-weekly, 1936 – 38; weekly, 1939 – 43. Independent Republican, 1880 – 98; Republican, 1899 – 1931; Independent Republican, 1933 – 36; Independent, 1937 – 43. Place varies: Buffalo, N.Y., Omaha, Nebr., Toledo, Ohio. Title varies: Ohio Staatszeitung, Dec. 27, 1853 – Dec. 26, 1856. For weekly edition, see Wöchentliche Express.
Circulation: 1875, 400 (est.); 1880, 750; 1890, 3200; 1900, 6900; 1910, 7800; 1915, 7232; 1920, 4500; 1925, 14,206; 1935, 15,235; 1940, 8500.
Edited & published by Emil L. Gundo, & Joseph E. Marx [with Heinrich Hausschild as chief editor], Dec. 27, 1853 – 1854; edited & published by Emil L. Gundo, & Joseph E. Marx, 1854 – 56; edited by Heinrich Karl Julius Vortriede, June 1856 – May 20, 1857; by Gundo Marx, Feb. 1857 – 1864; by E. W. F. Koch, 1864 – Mar. 1866; by Heinrich Karl Julius Vortriede [with Rudolph Barthugk, as associate editor, July 1893 – June 14, 1900], Oct. 1871 – 1897; by Karl Vortriede, by Heinrich C. Vortriede, ? – 1932; by Otto M. Poch & Walter Heer, 1916 – 17; by Frederick Dierks, 1933; by Fritz Eichelbaum, 1934 – 36; by Alfred Wolfgruber, 1937 – 38; by Karl Neumann, 1939 – 43. Other editors: Joseph E. Schreiber, Karl Vortriede.
Published by Joseph E. Marx, Feb. 1857 – 1864; by Toledo Commercial Co., 1864 – 66; by Joseph Bender, 1866 – 87; by Toledo Express Co., 1888? – 1903; by Toledo Express Publishing Printing Co., 1904 – 15; by Toledo German Publishing Co., 1916 – 22; by Express Publishing Co., 1923 – 32; by Tribune Publishing Co. [Val. J. Peter], 1933 – 43.
Toledo, OH

Toledo Express: 1889? — 1909? Toledo, OH
Saturday edition of Wöchentliche Express.

Toledo Freie Presse: 1887? – 1890?
Daily, evening except Sunday. For weekly edition, see Wöchentliche Freie Presse. Circulation: 1890, 2305. Edited by Emil von Schleinitz, 1887 – 89; by H. G. Emmerich, 1890; published by E. Schleinitz Co., 1887 – 88; by Toledo Freie Presse Co., 1889 – 90.
Toledo, OH

Toledo Volksblatt: Sept. 1907 – 1912?
Semi-weekly. Circulation: 1910, 3500. Published by Michigan Volksblatt Co., Detroit, Mich.
Toledo, OH

Toledo Volksfreund: 1879? – 1897?
Weekly. Greenback paper, 1880 – 83; Democratic, 1884 – 97. Circulation: 1880, 1500; 1885, 2880; 1890, 1900; 1895, 1440. Edited & published by C. G. Busch, 1879 – 83; edited by Gustav Zersing, & published by F. V. E. Rausch, 1883 – 86; edited & published by F. V. E. Rausch, 1887 – 97.
Toledo, OH

Tolendal Lally, s. Lally.

Tolerance, La, chrétienne opposée au Tolerantisme Philosophique. Fribourg 1784. V: *Pey*. (wr 225) (biblport)

Toleranz, über, od. das friedliche Zusammenleben verschiedener Confessionsverwandten. Ein Wort zur einsichts- u. liebevollen Verständigung in gemischten Gegenden. Für den Gebildetsten, wie für den Ungebildetsten. Von einem kathol. Geistlichen. 8. (48 S.) Paderborn 850, Schöningh. n. 2 ngr

Toleranz: Apr. 14 – July 16? 1897.
Weekly Jewish paper published in German. Zionistic. Followed by Die Zionist. Edited & published by Michael Singer.
New York, NY

— üb. die christl., ein Buch f. Priester u. Mönche, (v. B. M. Werkmeister). 8. Frankf. 784. (Palm in Erlang.) 10 gr.

— die englische (v. Jos. v. Lonovics). [Aus d. Ungarischen übersetzt.] 8. (VI u. 93 S.) Wien 851, Sallmayer & Co. 1/2 ngr

Toleranz, Die von Joseph II. in Seinen Staaten zwar gegründete, aber von der Römischen Hierarchie untergrabene, in einer Species Facti dargestellt und dem Kaiser zugeeignet. Frankfurt und Leipzig 1789. V: *Eisenbach, Georg Michael*. (will V, 279)

— über, u. Gewissensfreyheit, nach den Grundsätzen d. allgem. protestant. Kirchenrechts. 8. Wismar, Bodner. (Feind in Leipz.) 776. 1 —

— über, u. Gewissensfreiheit, nach den Grundsätzen des allgem. protestant. Kirchenrechts. 8. Wismar 776. Bödner. (Krappe in Leipz.) 1 ß

Toleranz, Joseph's des Grossen, ein theologisches Fragment. 1783. V: *Danzer, Jacob*. (ML) (Ky)

Toleranz der Calvinisten, s.: Flugschriften, katholische.

Toleranz des Magistrats der freyen Reichsstadt Speyer und Intoleranz des Erzbischöfflichen geistlichen Gerichts und Sigillamts in Mainz. [Zürich 1786.] V: *Weiss, Johann Adam*. (MGT)

— über, u. Reformation, in vertraut. Unterredung. 1r Bd. in 6 Thlen. 8. Nürnb. 782. Bauer u. M. 1 ß

— über, u. Reformation, in vertraut. Unterred. 1r Bd. in 6 Thln. 8. Nürnb. Raspe. 782.

TOLERANZ in Ungarn durch den Herrn Cardinal und Primas Furst von Bathányi - von Wille (wegen Bekehrung der Wiedertäuler zu Groß Schützen). Wien 1783. Sebastian Hartl. 15 S. - 8°

Toleranz, die, in ihre rechtmäßigen Gränzen zurückgewiesen. 8. Leipz. 776. Kummer. 8 gr.

Toleranzbibliothek f. die östreich. Staaten. 16 Stck. 8. Giessen 782. Krieger. 3 ß

Toleranzbote, Der, 1793. Brünn. H: *Franzky, Frz. Jos*. (wrztg 1792, S. 2971) (GGr VII/5b) (biblport)

Toleranz-Bote, oder allgemeiner Kalender für alle Bewohner des österreichischen Kaiserstaates auf das Jahr der christlichen Zeitrechnung 1854, welches ein Gemeinjahr von 365 Tagen ist. 68. Jahrgang. Herausgegeben von Joseph Moshammer. Eigenthum der Witwe M. F. W. Blumenbach. 8. (136 pag.) Wien. Gedruckt bei J. P. Sollinger's Witwe.

Toleranzbote, Östreichischer, das ist neu eingerichteter allgemeiner katholischer und protestantischer Reichskalender ... für 1786[—92]. Wien 1786—91. H: *Fezer, Joh. Jacob.* (Ky) (MGT)

Toleranzbote, östreich., d. i. neu eingerichteter allgem. kathol. u. protestant. Reichskalender f. d. Bürger u. Landmann, für 1786—92; hrsgg. (v. J. J. Fezer). 16. Wien, Wucherer. (à 4 gr) 1 ß 4 gr Auf d. J. 1811—1818, (f. 1814—1818, Text v. J. G. Pahl). 8. Wien, Rehm.

Toleranzbote, östreichischer, od. neu eingericht. allgem. Kalender, f. alle Religionsgesellschaften in d. k. k. Erbstaaten, auf das J. 811, mit einem 100jährigen katholischen, protestantischen, griech. u. jüdischen Kalender. 8. Wien, Rehm.

Toleranzbriefe, an die oberhess. Geistlichkeit. 2 Stcke. 8. Frkf. a. M. 775. Eßlinger. 3 gr

Toleranzbriefe, Vertraute. [Hersf. bey Hermst.] 1774. V: *Schwarz, Johann Georg Gottlieb.* (Ky) (Stri) (ML)

Toleranzky, v., s.: Rede des Zentrumsabgeordneten v. T.

Tolerhans-Tonl. 1909 [Pseud.]
s.a. Günther, Anton. 109. 17735

Tolerhans-Tonl, s.: Gedichtla, a baar.

Tolet, Fr., Verhandl. von der Lithotomie, ob. Auszichung des Steins aus der Blase. Mit Kupf. 8. Magdeb. 755. Hechtel. 8 gr

Tolet, Friedrich. Des durch seine Zauberkunst bekannten Christoph Wagners ... Leben und Thaten ... Berl. 1714. H: *Marperger, Paul Jac.* (Ebert)

Toletus (Toledo), Franciscus

Toleti, Francisci, in summam theologiae S. Thomae Aquinatis enarratio ex autographo in bibliotheca collegii Romani asservato nunc primum edid. Josephus Paria. Tomus I—III. Romae 869,70. (Leipzig, Brockhaus' Sort.) 4. [I. (XXXI, 519 S.) n. 5 ₰, II. (432 S.) n. 4 ₰, III. (466 S.) n.n. 4 ₰] n.n. 13 ₰

Toleti, Francisci, in summam theologiae S. Thomae Aquinatis enarratio ex autographo in bibliotheca collegii Romani asservato nunc primum ed. Josephus Paria. Tom. IV. [III. 2.] 4. (425 S.) Romae 870. (Leipzig, Brockhaus' Sort.) n.n. 11. — (I—IV.: n.n. 50. —)

Tolez, Schullehrer, u. Schullehrer Chirret, Resultate des prakt. Rechenschülers für Elementarklassen in Volksschulen. Addiren, Subtrahiren, Multipliciren, Dividiren. gr. 12. Grimma 839. Verlags-Comptoir. $1^1/_2$ gr

Tolf, Malchen; e. Gesch. fur angehende Liebhaber. 1r Bd. m. K. 8. Lpz. Rein. 798.

Tölg, Franz: Über Lehrgärten. I. Teil: Allgemeine Bemerkungen über Lehrgärten und Vorschläge zu einer allgemeinen Einführung derselben nebst einer Beschreibung des Lehrgartens am Gymnasium zu Saaz. 22 S., 1 Taf. 8.
Progr. K. k. Kaiser Franz Joseph-Staatsgymn. *Saaz* 1910.

Tölg, Frz., über Lehrgärten. 1. Tl.: Allgemeine Bemerkgn. üb. Lehrgärten u. Vorschläge e. allgemeinen Einführg. derselben nebst der Beschreibg. des Lehrgartens am k. k. Gymnasium in Saaz. (Progr.) (22 S. m. 1 farb. Plan.) gr. 8. Saaz (910). (A. Ippoldt's Nachf.) nn 1. 25

— Naturwissenschaftliche Wanderungen in Bosnien, Novipazar u. der Herzegovina. (Progr.) (33 S.) Lex. 8. Ebd. (909). 1. 70

Tolhausen, Alexander

Tolhausen, Alex., dictionnaire technologique dans les langues française, anglaise et allemande, renfermant les termes techniques usités dans les arts et métiers et dans l'industrie en général. Revu et augmenté par Louis Tolhausen. 3 parts. gr. 16. (XII, 825 S.) Leipzig 873. 74. B. Tauchnitz. à n. 8. —
1. Français-allemand-anglais. (XII, 825 S.)
2. English-german-french. (XIV, 847 S.)
3. Deutsch-Englisch-Französisch. (XII, 948 S.)

—— Technological Dictionary in the English, German and French Languages containing about 76000 technical terms and locutions employed in arts, trades and industry in general. Revised by Louis Tolhausen. 2d Part. English-German-French. gr. 16. (XIV, 847 S.) Ebendas. 874. *

—— technologisches Wörterbuch in französischer, deutscher und englischer Sprache, enth. über 90,000 techn. Ausdrücke und Redensarten, die in Kunst, Gewerbe und Handel vorkommen. Durchgesehen von Louis Tolhausen. 3. Thl.: Deutsch-Englisch-Französisch. 8. (XII, 948 S.) Ebendas. 876. *

— dictionnaire technologique dans les langues française, anglaise et allemande, renfermant les termes techniques usités dans les arts et métiers et dans l'industrie en général. Revu par Louis Tolhausen. Français-allemand-anglais. 2. éd., augmentée d'un nouveau supplément. 8. (XII, 864 S.) Ebend. 877. n. 8. —

Tolhausen, Alex., technological dictionary in the english, german and french languages, containing about 76,000 technical terms and locutions employed in arts, trades and industry in general. Revised by Louis Tolhausen. English-german-french. 2. ed., with a new supplement. 8. (XIV, 888 S.) Leipzig 878. B. Tauchnitz. n. 8. —

— technologisches Wörterbuch in französischer, deutscher u. englischer Sprache, enth. über 90,000 technische Ausdrücke u. Redensarten, die in Kunst, Gewerbe u. Handel vorkommen. Durchgesehen von Louis Tolhausen. (3. Thl.) Deutsch-Englisch-Französisch. 2. Ster.-Aufl. 8. (XII, 948 S.) Ebend. 882. n. 8. —

Tolhausen, Alexandre, dictionnaire technologique dans les langues française, anglaise et allemande, renferment les termes techniques usités dans les arts et métiers et dans l'industrie en général. Revu par Louis Tolhausen. Français-allemand-anglais. 3. éd., augmentée d'un grand supplément. 8. (XII, 809 u. Suppl. 165 S.) Leipzig 883. B. Tauchnitz. n. 10. —; Suppl. ap. n. 3. —

Tolhausen, Alex., technical dictionary in the english, german and french languages, containing about 76000 technical terms and locutions employed in arts, trades and industry in general. Revised by Louis Tolhausen. 2d part: English-german-french. 3th edit., with a new grand supplement. 8. (XIV, 837 S.; Suppl. 117 S.) Leipzig 885, B. Tauchnitz. * Suppl. allein *
Français-allemand-anglais mit Suppl. 1883. * ℳ 13.—. — Deutsch-englisch-französisch. Ebendas. 1889. * ℳ 8.—.

— technologisches Wörterbuch in französ., deutscher u. englischer Sprache, enth. über 90,000 techn. Ausdrücke u. Redensarten, die in Kunst, Gewerbe u. Handel vorkommen. Durchges. v. Louis Tolhausen. Deutsch-Englisch-Französisch. 3. Ster.-Aufl. 8. (XII, 948 S.) Ebd. 897. n. 8. —

— technolog. Wörterbuch in französischer, deutscher u. englischer Sprache, m. besond. Berücksicht. der Elektrotechnik u. verwandter Gebiete. Deutsch-Englisch-Französisch. Nachtrag. 8. (77 S.) Leipzig 902. B. Tauchnitz. n. 1. —
Hauptwerk Ebd. 897. n. 8. —.

Tolhausen, Alex., Dictionnaire technologique dans les langues française, anglaise et allemande, renfermant les termes techniques usités dans les arts et métiers et dans l'industrie en général. Revu par Louis Tolhausen. (Vol. I.) Français-allemand-anglais. 4. éd., augmentée d'un grand supplément. 8. (809 u. 165 S.) Leipzig 898. B. Tauchnitz. n. 9. 50

— Technological dictionary in the English, German & French languages, containing about 76,000 technical terms and locutions employed in arts, trades and industry in general. Revised by Louis Tolhausen, English-German-French. 4. ed., with a large supplement. 12. (XIV, 837 u. 117 S.) Ebd. 897. n. 9. —

— Dictionnaire technologique dans les langues française, anglaise et allemande, renfermant les termes techniques usités dans les arts et métiers et dans l'industrie en général. Revu par Louis Tolhausen. (Vol. I.) Français-allemand-anglais. 4. éd., avec un nouveau grand suppl. de 1901, enrichi de nombreux termes d'éléctricité, de télégraphie, de téléphonie et autres. 8. (XII, 809 u. 197 S.) Ebd. 901. n. 10. —;
Suppl. einzeln n. 2. —

Tolhausen, Alex., Technological dictionary in French, German u. English. Revised by Louis Tolhausen. 4. ed. Grand supplement, including all modern terms and expressions in electricity, telegraphy and telephony. English-German-French. 8. (189 S.) Leipzig 902. B. Tauchnitz. n. 2. —

Tolhausen, Alexander: D i c t i o n n a i r e technologique dans les langues française, allemande et anglaise. Revu par L. Tolhausen. 5. éd. Leipzig
P. 1. Français-Allemand-Anglais. 1905
Technological dictionary in French, German and English. Rev. by L. Tolhausen.
P. 2. English-German-French. With suppl. 1904

Tolhausen, Alex., technological dictionary in French, German and English. Rev. by vorm. Louis Tolhausen. Part. II. English-German-French. 6. ed. With a large supplement including all modern terms and expressions in electricity, telegraphy, and telephony. (XIV, 837 u. 189 S.) kl. 8. Leipzig 910. B. Tauchnitz. 10.—; geb. in Leinw. 11.—; in Halbmarokko 11.50;
Suppl. allein (189 S.) 2. —

Tolhausen, Louis, Dictionary of the English and French languages, s.: James, W.

Tolhausen, Louis, nouveau dictionnaire de poche espagnol-français et français-espagnol. Éd. stér. 12. (VI, 276 u. 206 S.) Leipzig 884. B. Tauchnitz. 1. 50;
geb. 2. 25

— nouveau dictionnaire de poche espagnol-français et français-espagnol. 2. éd. stér. 12. (VI, 276 u. 206 S.) Leipzig 891. B. Tauchnitz. 1. 50;
geb. in Leinw. 2. 25

— Nouveau dictionnaire de poche espagnol-français et français-espagnol. 4. éd. stér. 2 Tle. in 1 Bde. (VI, 276 u. 206 S.) kl. 8. Leipzig 904. B. Tauchnitz.
1. 50; geb. in Leinw. 2. 25

Tolhausen, Louis, pocket dictionary of the English and Spanish languages, s.: Wessely, Ig. Eman.

Tolhausen, Louis (Hrsg.), s. T o l h a u s e n , Alex.: Dictionnaire technologique ...

Tolhausen, Louis, neues spanisch-deutsches und deutsch-spanisches Wörterbuch. 2 Bde. [in 20 Lfgn.]. gr. Lex.-8. (IV, 764; 828 S.) Leipzig 886—89, B. Tauchnitz. *

Tolhausen, L: Neues spanisch-deutsches und deutsch-spanisches Wörterbuch. Leipzig
Bd 1. Spanisch-Deutsch. 1888
Bd 2. Deutsch-Spanisch. 1889

— neues spanisch-deutsches u. deutsch-spanisches Wörterbuch. 2., verm. u. verb. Aufl. 2 Bde. gr. Lex.-8. Ebd. 891. 892. n. 15. —; geb. in Leinw. n. 17. 50; in Halbmarokko n. 20. 50; in 1 Bd. geb. in Halbfrz. n. 17. —;
in Halbmarokko n. 18. —
1. Spanisch-Deutsch. (V, 764 S.) n. 7. 20; geb. in Leinw. n. 8. 50;
in Halbmarokko n. 10. —
2. Deutsch-Spanisch. (828 S.) n. 7. 80; geb. in Leinw. n. 9. —;
in Halbmarokko n. 10. 50

[F.] Neues spanisch-deutsches u. deutsch-spanisches Wörterbuch v. Louis Tolhausen, französ. Generalkonsul ... 3. Aufl. [A. T.:] [Ant.] Nuevo diccionario español-alemán y alemán-español ... Bd 1. 2. *Leipzig: Tauchnitz 1897.* 2 Bde 4.
1. Spanisch-Deutsch. (3 Bl., IV S., 1 Bl., 764 S.)
2. Deutsch-Spanisch. (3 Bl., 828 S.) [97. 7070 Br

— neues spanisch-deutsches u. deutsch-spanisches Wörterbuch. 4. verb. Aufl. 2 Bde. (V, 764 u. 828 S.) Lex.-8. Leipzig 903. 904. B. Tauchnitz. n. 15. —;
Geb. in Leinw. 17. 50; in Halbmarokko 20. 50

Nuevo diccionario español-alemán y alemán-español. Por D. Luis Tolhausen. T. 1. 2. Leipzig: B. Tauchnitz 1904–08. 2 Bde 4°
[Nebent.:] Neues spanisch-deutsches u. deutsch-span. Wörterbuch von L. Tolhausen.
1. Español-alemán. 5. ed. enmend. 1908.
2. Alemán-español. 4. ed. enmend. 1904. [08. 5645

Tolk, den amerikanske. En Ledetraad til at lære det engelske Sprog uden en Lærer, især afpasset for danske, norske og svenske Indvandrere. Med et Tillæg af Formler for de fleste Tilfælde i Livet, saasom Contracter rc. 12. (156 S.) Leipzig 849, Köhler. New-York, Radde. 18 ngr

Tolk, Svensk, Finsk och Tysk. — Ruotsin, suomen ja saksan Tulkki. — Schwedisch-Finnisch-Deutsches Wörter- u. Gespräch-Buch. gr. 8. (X u. 235 S.) Helsingfors 847. (Leipzig, Brockhaus.) n. n. 1 ß

Tolk, Paul, Referendar: 'Haftet nach gemeinem Rechte der Werkmeister aus dem Vertrage für die Unvorsichtigkeit seines sonst tüchtigen und zuverlässigen Gehülfen?' *Gnesen 1899: J. B. Lange.* (38 S.) 8° [F. u. Ant.]
Greifswald, Jur. Diss. v. 1899

Tölke der Jüngere, Urwühlers Haus- und Reisepsalter. Socialdemokratisches. 8⁰. Bern und Leipzig, G. Froeben u. Co., 1878.

Tölke, siehe a. *Urwühler's* Haus- u. Reisepsalter.

Tölke, Heinr., das Morgenroth des Westens. 12. (36 S.) Meurs 848, Dolle. 4 ngr

Tölke, Heinr., die Pflege der Dichtkunst im alten Nürnberg, s. Mummenhoff, Ernst.

Tölke, Carl, der Verbannte. Histor. Roman a. d. Zeit d. ersten französ. Revolution. 2 Bde. gr. 12. (23⅓ B.) Braunschweig 838, G. C. E. Meyer sen.

Tolkemit, Alex. Nikol., († ...) Elbingisches Lehrer-Gedächtniß, d. i., Leben u. Schriften aller evangel. Lehrer, die seit der Reformation an den Kirchen u. Gymnasio gelehrt; nebst e. Anh. von d. auswärtig im Lehr-Amte stehenden Elbingern, u. e. Nachr. von den Elbing. Medicis u. Physicis. 4. Danzig 753.
Vgl. Tolkenit, A.N.

Tolkemit, J. G., neue kleine Kinderbibliothek, s. J. H. Campe, Kinderbibliothek.

Tolkemit, J. G., neue kleine Kinderbibliothek, als Forts. d. Campeschen Kinderbibliothek. 8. Hamb. Vollmer. 796.

— Vorlesungen üb. die Pflichten u. Rechte der Menschen, so wie üb. die wichtigsten Gegenstände, die für sie Interesse haben müssen. 2 Hfte. 8. Hamb. 795. (Herold jun.) 12 gr

Tolkemit, Joh. Gltb., Religion, Tugend, Natur u. Häuslichkeit. Eine Blumenlese aus deutschen Dichtern f. gebild. Frauen. 8. Elbing 836. Neumann-Hartmann. 1/3 Rthl

Tolkemit, Joh. Gtli., Religion, Tugend, Natur u. Häuslichkeit. Eine Blumenlese aus deutschen Dichtern f. gebild. Frauen. 8. (15 B.) Elbing 836, (Berlin, Stuhr'sche Buchh.)

Tolkemith, Anna, vom Norden nach dem Orient. Reiseplaudereien. (64 S.) 8. Jauer (905). O. Hellmann. n. 1.40

Vom Norden nach dem Orient. Reiseplaudereien von Anna Tolkemith. Jauer & Leipzig: O. Hellmann (1906). (64 S.) 8° [J.]

Toelken, Ernst Heinrich

— Ankündigung u. Plan wissenschaftl. Vorträge üb. die Mythologie, besonders der Griechen. 8. Göttingen 812. Dieterich. 1 gr

— Ankündigung u. Plan wissenschaftl. Vorträge üb. die Mythologie, besond. d. Griechen. 8. Göttingen, Dieterich. 813.

Tölken, E. H., über die Antigone des Sophokles, s. Böckh, Aug.

Tölken, Er. Hnr., über das Basrelief u. den Unterschied der plastischen u. malerischen Composition. 8. Berl. 815. (Reimer). 1 gr

Toelken, E. H. Erklärung der Bildwerke am Tempel des Jupiter Ammon zu Siwah. Berlin 1823. 4°.

Toelken, E. H. Ueber den protestantischen Geist aller wahrhaften Kunst und deren neuere Entwickelung in Deutschland. Ein Vortrag, gehalten in der Königlichen Akademie der Künste am 3. August 1839. Nebst der Berichterstattung über die akademische Preisbewerbung in der Architektur. Berlin. 4°.

— über den protestant. Geist aller wahrhaften Kunst rc., s. Jahrbücher der Akademie zu Berlin.

Toelken, E. H., das Gesetz oder die Republikaner. Historisches Schauspiel in 5 Aufzügen. gr. 8. (108 S.) Berlin 849, Gropius'sche Buchhandlung. (Ernst & Korn.) n. 2/3 Rthl

Toelken, E., s. Jahresbericht d. k. Academie d. Künste rc.

Toelken, E. H. Jahresbericht der Königlichen Akademie der Künste, abgestattet in der öffentlichen Sitzung derselben am 12. Juni 1846. Berlin. 4°.

PROGRAMM DER NUMISMATISCHEN GESELLSCHAFT IN BERLIN ZUR FEIER DES ECKHEL-FESTES AM 13ten JANUAR 1845. (Enth.: E. H. TOELKEN, Iris, die Götterbotin und B. KÖHNE, Die einzige Brandenburgische Münze des Kurfürsten Albrecht Achilles.) Berlin. Gedr. bei Ernst Siegfr. Mittler. 4°.

Toelken, E. H., Berliner Kunstblatt, s. Kunst-Blatt.

Toelken, E. H. Leitfaden für die Sammlung antiker Metall-Arbeiten. Mit Nachtrag: etruskische Spiegel. Berlin 1850—1860. 8°.

Toelken, Ernst Heinrich, s. Minutoli, H. v.: Reise zum Tempel d. Jupiter Ammon.

Toelken, E. H., De Phidiae Jove Olympio observationes. Hab 1812. 41 S. Göttingen.

——— Rede bei der Gedächtnissfeier Rafaels, welche zu Berlin den 18. April 1820 von den Akademien der Künste und des Gesanges und dem Künstlerverein begangen wurde. Berlin und Stettin 1820. Nicolai. 4°.

Toelken, E. H. Rede bei der zur Feier des Geburtsfestes Sr. Maj. des Königs Friedrich Wilhelm IV. am 15. October 1844 von der Königlichen Akademie der Künste veranstalteten öffentlichen Sitzung. Berlin 1844. 4°.

Tölken, Dr. G. Schadow, s. Schadow.

Tölken, E. H. Dr. G. Schadow. Vortrag bei der am 27. Februar 1850 stattgefundenen Gedächtnissfeier. Berlin 1850. 8°.

Toelken, E. H., Sendschreiben an die kaiserl. Akademie der Wissenschaften in St. Petersburg über die Angriffe des kais. wirkl. Staatsrathes Hrn. v. Köhler auf mehrere antike Denkmäler des königl. Museums zu Berlin. 1. Sendschreiben: Köhler's Treue und Gründlichkeit. gr. 8. (95 S.) Berlin 852, Deckersche geheime Ober-Hofbuchdr.

—Griechische Terracotten aus Tanagra und Ephesos. Berlin 1878. Fol.

Toelken, E. H. Ueber das verschiedene Verhältniss der antiken und modernen Malerei zur Poesie, ein Nachtrag zu Lessings Laokoon. Vorgelesen am 25. Stiftungsfest der Humanitäts-Gesellschaft zu Berlin, den 12. Januar 1822. Berlin 1822. Nicolai. 8°.

—Verzeichniss der antiken Bildhauerwerke. 29. Auflage. Berlin 1855. 8°.

—— erklär. Verzeichniss d. antiken vertieft geschnittenen Steine d. k. preuss. Gemmensammlung. gr. 8. (33 B.) Berlin 835, (Duncker u. Humblot.)

Tölken, Ludwig

Tölken, Ludw., üb. Lungenabscesse. Inaugural-Dissertation. 8. (52 S.) Jena 874. Neuenhahn. n. — 80

Tölken, M. H. G., Anweisung, den Mauerfraß, Mauer- u. Holzschwamm, sowie Feuchtigkeit in d. Gebäuden zu verhüten u. zu vertilgen. Für Hausbesitzer, Bauherren u. Bauleute. 8. (1 B.) Quedlinburg 833, Basse.

Tölken, M. H. G., Anweisung, den Mauerfraß, Mauer- u. Holzschwamm, sowie Feuchtigkeit u. ungesunde Luftarten in den Gebäuden überhaupt zu verhüten u. zu vertilgen, alles Holzwerk aber gegen Vermodern u. Verbrennen unfehlbar zu schützen. 3., verm. Aufl. 8. (2½ B.) Quedlinburg 842, Basse. Thlr.

Tölken, (Philipp) Richard: Statistischer Beitrag zur Aetiologie der Chorea minor. Heidelberg 1908: J. Hörning. (29 S.) 8°
Heidelberg, Med. Fak., Ref. Krehl, Diss. v. 1908

A. N. Tolkenit Elbingischer Lehrer Gedächtniss, nebst einer Nachricht von Elbingischen Medicis und Physicis. Danzig 1753. 4.
Vgl.Tolkemit, Alex.Nik.

Die Landwirtschaftliche Gesellschaftsreise durch Dänemark und Schweden. Reisebericht erstattet von Dr. Tolkiehn-Insterburg. Berlin: Deutsche Landw.-Gesellsch. 1906. (110 S.) 8° [F.]
= Arbeiten d. Deutschen Landwirtsch.-Gesellschaft. H. 116.

Tolkiehn, die landwirtschaftliche Gesellschaftsreise durch Dänemark u. Schweden, s. Arbeiten der deutschen Landwirtschafts-Gesellschaft. 116. Hft.

Tolkiehn, Emil [Landwirtschaftslehrer an d. Grossh. S. Carl Friedrich-Ackerbauschule zu Zwätzen]: Die ländlichen Verhältnisse der Gemeinde Zwätzen ... Jena, Univ.-Buchdr. G. Neuenhahn, 1894; 90 S., 1 Tab. 8.
Jena, Phil. Fak., Inaug.-Diss. v. 1894

Tolkiehn, Johann

... Lectiones cursorias, quas ... Ioannes **Tolkiehn** Phil. Dr. Geschichte der 'Heroide' genannten Dichtungsgattung ad docendi facultatem rite impetrandam d. XVII. Iulii ... habebit, indicit Christianus Luerssen Phil. Dr. P. P. O. Ord. Phil. h. t. Decanus. Regimonti Bor., ex offic. Hartungiana, 1895; 1 Bl. 4.

Tolkiehn, Ioa., de Homeri auctoritate in cotidiana Romanorum vita. [Aus: „Jahrbb. f. class. Philol.", 23. Suppl.-Bd.] gr. 8. (69 S.) Leipzig 896. B. G. Teubner. n. 2. 60

Tolkiehn, Joannes [Regimontanus]: Quaestionum ad Heroides Ovidianas spectantium capita VII ... Lipsiae, typ. B. G. Teubneri, 1888; 2 Bl. + 131 + 1 S. + 1 Bl. 8°.
Königsberg, Phil. Fak., Inaug.-Diss. v. 20. Jul. 1888

Cominianus. Beiträge z. röm. Literaturgeschichte von Dr. Johannes Tolkiehn, Univ.Prof. Leipzig: Dieterich 1910. VI, 174 S. 8°

Homer und die römische Poesie. Von Dr. Johannes Tolkiehn, Privatd., Königsberg i. Pr. *Leipzig: Dieterich 1900.* (VI, 219 S.) 8°

— de Livii Andronici Odyssia et de Cn. Matii Iliade latina. De Livio in Prisciani libris laudato, s. a. Festschrift, z. 70. Geburtstage Oskar Schade dargebracht.

Tolkiehn, J., De Livi Andronici Odyssia et de Cn. Matii Iliade latina. Accedit appendicula de T. Livio in Prisciani libris laudato. Gel. 1896. 8 S.

Tolkiemit, Alfred, prakt. Arzt aus Beuthen (Ob.-Schles.): Ueber **Anwendung** des Kolpeurynter auf Grund von Beobachtungen an der Strassburger Universitäts-Frauenklinik. *Strassburg i. E. 1899: C. & J. Goeller.* (47 S.) 8°
Strassburg, Med. Diss. v. 1899

Tolkiemit, Rudolf: Die Einziehung nach § 40 des Reichsstrafgesetzbuches. Beuthen O.-S. 1898: Druckerei d. Verlagsges. (70 S.) 8°
Erlangen, Jur. Diss. v. 9. Mai 1898

Tolkmitt, Gustav

Tolkmitt, G., Bauaufsicht u. Bauführung. Handbuch f. den prakt. Baudienst. gr. 8. (IX, 252 S. m. 146 Abbildgn.) Berlin 899. W. Ernst & Sohn. Geb. in Leinw. n. 6. —

Tolkmitt, G., Bauaufsicht u. Bauführung. Handbuch f. den prakt. Baudienst. 4. umgearb. u. erweit. Aufl. Red. v. M. Guth. I.—III. Tl. 8. Berlin, W. Ernst & Sohn. Geb. in Leinw. 15. —
I. Allgemeine Vorkenntnisse, Überschlagsberechnungen u. Veranschlagen v. Hochbauten. — Das Rechnen, Geometrie, Feldmessen u. Nivellieren sowie Mechanik. Bearb. v. G. Klinner. — Näherungsweise Kostenberechnungen v. Hochbauten. Bearb. v. U. Brüstlein. — Abschätzungen v. Grundstücken u. Hochbauten. Bearb. v. O. Tietze. — Ausführliche Entwürfe u. Kostenanschläge. Bearb. v. U. Brüstlein, E. Zastrau u. A. Marx. — Gesetzliche Bestimmungen, Verordngn. u. sonstige Vorschriften. Bearb. v. G. Klinner. Mit 53 Textabb. (XVI, 308 S.) 909. Geb. in Leinw. 5. —
II. Einleitung, Ausführung u. Unterhaltung v. Hochbauten. Einleitung v. Hochbauten. Bearb. v. E. Zastrau. — Ausführung v. Neubauten des Hochbaus. Geschäftliches — Rohbau — Ausbau — Heizung u. Lüftung — Licht-, Wasser- u. Kraftanlagen — Einrichtg. — Aussenanlagen — Übergabe u. Abrechng. fert. Bauten. Bearb. v. U. Brüstlein, E. Zastrau, A. Marx. Unterhaltung v. Hochbauten. Bearb. v. E. Zastrau u. E. Noher. Mit 125 Textabb. (XIX, 346 S.) 909. Geb. in Leinw. 5. —
III. Berechnungen u. Ausführung v. Ingenieurbauten. Wasserbau. Bearb. v. W. Otto Schulze. — Strassen- u. Wegebau. Bearb. v. G. Klinner. — Be- u. Entwässerung der Städte. Bearb. v. A. Lampe. — Eisenbahnbau. Bearb. v. K. Bach. — Brückenbau. Bearb. v. A. Blau. Mit 135 Textabb. (XII, 278 S.) 908. Geb. in Leinw. 5. —

Tolkmitt, G., das Entwerfen u. die Berechnung der Brückengewölbe. Lex.-8. (26 S. m. Fig.) Berlin 885. Ernst & Korn. n. 1. 20

Tolkmitt, G., Grundlagen d. Wasserbaukunst. Mit 62 Abb. in Holzschn. gr. 8. (VII, 292 S.) Berlin 898. W. Ernst & Sohn. n. 8. —

Grundlagen der Wasserbaukunst von G[ustav] **Tolkmitt**, Baurat. 2. Aufl. Bearb. u. hrsg. von J[ohann] F[riedrich] Bubendey, Wasserbaudir., Hamburg. Mit 82 Abb. Berlin: W. Ernst & Sohn 1907. (VIII, 323 S.) 4°(8°)

Tolkmitt, Gust., Grundriß der Volkswirthschaftslehre. In einfachen Worten dargestellt. gr. 8. (46 S.) Bromberg 880. Fischer. n. 1. —

— Leitfaden f. d. Entwerfen u. d. Berechng. gewölbter Brücken. gr. 8. (III, 90 S. m. 28 Abb.) Ebd. 895. n. 5. —

Leitfaden für das Entwerfen und die Berechnung gewölbter Brücken. Von G[ustav] Tolkmitt, Kgl. Baurath. 2. Aufl., durchgearb. u. erw. von A[ug.] Laskus, Reg.-Baumeister. *Berlin: W. Ernst & Sohn 1902.* (IV, 105 S.) 8°

Tolkmitt, G., Vorfluth u. Flussregulirung. Ernste Betrachtgn. Vortrag, geh. im Klub der Landwirthe zu Berlin am 16. Jan. 1894. gr. 8. (33 S. m. 3 Fig.) Leipzig 894. W. Engelmann. n. — 80

Tolkmitt, G[ustav]: Der Wasserweg von der Oder zur Havel. Betrachtungen über d. östl. u. westl. Linie. Berlin: L. Simion 1899. (35 S., 1 Kt.) 8°
= Mittheilungen des Binnenschiffahrtsvereins f. d. Norden u. Westen d. Prov. Brandenburg No 1.

— Wasserwirthschaft u. Wasserrecht. gr. 8. (28 S.) Ebd. 893. n. — 80

Tolkmitt, H., Grundriß der Fabrik-Geschäftsführung. Ein Leitfaden zum prakt. Gebrauch f. Fabrikbesitzer u. Angestellte, sowie zum Selbstunterricht f. junge Kaufleute u. Techniker. gr. 8. (IV, 142 S.) Leipzig, G. A. Gloeckner. n. 2. —

Tolkmitt, H., Grundriß des Kalkulationswesens. 8. (48 S.) Berlin 894. F. Simon. 1. —

— die Kalkulation im Geschäftsleben. E. Leitfaden zur Erkenntnis u. richt. Beurteilg. geschäftl. Verhältnisse u. Zustände. Für höh. Handelslehranst. u. zur Selbstbelehrung bearb. gr. 8. (187 S. m. 10 Abb.) Leipzig 896. F. Hirt & Sohn. Geb. in Leinw. n. 2. 50

Messen, Märkte und Marktberichte. Von H. Tolkmitt. Berlin: F. Simon 1895. (60 S.) 8° [F.]
— Universal-Bibliothek, Simon's kaufmännische. H. 7. 8. [05. 14838

— Messen, Märkte u. Marktberichte, s. a. Simon's kaufmänn. Universal-Bibliothek.

Tolkmitt's, H., kleine Prozeßkunde, s.: Simon's, Ferd., kaufmännische Universal-Bibliothek. 9.

Tolks, Oskar [prakt. Arzt aus Pommern]: Zur Drainage von Beckenabscessen mittelst Trepanation des Darmbeins.... Greifswald, Druck v. Julius Abel, 1885; 28 S. 8°.
Greifswald. Med. Fak., Inaug.-Diss. v. 30. Dez. 1885.

Tolks, Oskar, zur Drainage von Beckenabscessen mittelst Trepanation des Darmbeins. Diss. Greifswald 1885, Jul. Bindewald. 8°. 28 S.

Tolkschuby ein Gedicht. Altona 1751. V: *Dusch, Johann Jacob.* (Ml.) (Rotermund, Gel. Hannover. Bremen 1823.)

Tolksdorf, Benno

Tolksdorf, B., die Patentgerichte. Ein Beitrag zur Besserg. der Rechtsprechg. in Patent-, Muster- u. Warenzeichensachen. (VII, 102 S.) gr. 8. Hannover 908. Helwing. 1. 50

Der gewerbliche Rechtsschutz in Deutschland. Von B[enno] Tolksdorf, Patentanw. Leipzig: B. G. Teubner 1906. (164 S.) 8° [F.]
— Natur, Aus, u. Geisteswelt. Bdch. 138. [07. 9078

— Der gewerbliche Rechtsschutz in Deutschland, s. a. Aus Natur u. Geisteswelt.

Tolksdorf, B., s.: Zeitschrift f. Industrierecht.

Toll und Voll. Feuchtfröhliche Burschenlieder . . . Breslau 1884. V: *Winkelmann, Arnold & Max Marcuse.* (Erman & Horn, Bibliogr. d. dtsch. Univ. Leipz. u. Berl. 1904—05. III.)

Toll, Benno Baron von: Die internationalen Bureaux der allgemeinen völkerrechtlichen Verwaltungsvereine. Tübingen 1910: Laupp. VIII, 115 S. 8°
Tübingen, Staatswiss. Diss. v. 26. Juni 1910, Ref. Thoma
[Geb. 2. Febr. 85 Kuckers, Estland; Wohnort: Kuckers; Staatsangeh.: Rußland; Vorbildung: Gymn. Petersburg bis Prima; Studium: Lausanne 1, Freiburg i. B. 1, Grenoble 1, Halle 1, Tübingen 1, Leipzig 1, Tübingen 5 S.; Rig. 12. Mai 10.] [U 10. 4228

Toll, Bernhard Heinrich von

v. Toll, Bhrd. Hnr., zuverläss. auf 30jähr. Erfahrung gegründ. Anleit. zum sichern Anbau der deutschen Gerste. 8. Reval (819.) (19 S.)

— guter Rath für d. Landmann, um seine Aerndte ansehnlich zu vermehren. 8. Reval 810. (24 S.)

Toll, Charles Hansen: Die erste Antinomie Kants und der Pantheismus. Freiburg 1910. III, 46 S. 8° ¶(Ersch. auch als: Kantstudien. Erg.H. 18.)
Freiburg i. B., Phil. Diss. v. 1910, Ref. Rickert
[Geb. 21. Mai 82 Denver, Colorado; Wohnort: Freiburg i. B.; Staatsangeh.: Vereinigte Staaten; Vorbildung: Hamilton Coll. Clinton B. A. Juni 04, Harvard Univ. Cambridge, Mass. M. A. Juni 05; Studium: Harvard Univ. 4, Berlin 1, Freiburg i. B. 2 S.; Rig. 12. Mai 09.] [U 10. 1093

Toll, Charles Hansen: Die erste Antinomie Kants und der Pantheismus. Berlin: Reuther & Reichard 1910. 46 S. 8°
Erscheint zugleich als Inaug.-Diss., Freiburg i. B.
(Kantstudien. Eg. H. 18.)

Toll, D., practische Vorschläge den Dünger gegen Verdunstung und zu frühzeitiger Verrottung zu schützen. gr. 8. (15 S.) Neubrandenburg 855, (Brünslow.) *

— Vorschläge zur Verbesserung der Landwirthschaft und Gewinnung höhern Ertrags, vorzugsweise durch zweckmäßige Beackerung, bessere Feldeintheilung, Stallfütterung und Aufhebung der reinen Brache. Neubrandenburg 854. Brünslow. 8. (92 S.) n. 1 ℛ.

Toll, Eduard von

Toll (E. v.), Beiträge zur Kenntniss des Silurischen Cambrium. I. (Mém. de l'Acad. imper. de St.-Pétersbourg, VIIIe sér., Vol. 8. Nr. 10.) St.-Pétersbourg 1899. 4. Mit 8 Tafeln.

Toll, E., Berichte über die Expedition nach den neusibirischen Inseln und dem Jana-Lande, s. Beiträge zur Kenntniss des russischen Reiches und der angrenzenden Länder Asiens.

Die fossilen Eislager und ihre Beziehungen zu den Mammuthleichen. Von Bon Eduard v. Toll. M. 7 Taf. ... *St. Pétersbourg: Acad. Imp. d. sc. 1895.* (VII, 86 S., 1 Bl., 7 Taf., 1 Erl.-Bl.) 4.
= Resultate, Wissenschaftl., der v. d. Kaiserl. Akad. d. Wiss. z. Erforschg d. Janalandes u. d. neusibirischen Inseln in d. Jahren 1885 u. 1886 ausgesandten Expedition. Abth. III.
= Mémoires de l'Académie Imp. d. sciences d. St.-Pétersbourg. Sér. VII. T. 42. No 13. [98. 6388

von Toll, Baron Eduard. [illegible] Vorläufiger Bericht mit einem Anhange: Dr Gunnar Anderssons Verzeichniss der Gefässpflanzen von [illegible] enthaltend. ([S.-A.] Sitzungsberichte der Naturforscher-Gesellschaft bei der Universität Jurjew (Dorpat). Jahrg. 18. Bd 12. Heft 1.) (Dorpat 1898.) 33 S. 8°.

Toll, Baron Eduard v., die russische Polarfahrt der „Sarja" 1900—1902. Aus den hinterlassenen Tagebüchern hrsg. von Baronin Emmy v. Toll. Mit 1 Porträt, 4 Taf. u. 47 Textabb. (IV, 635 S.) gr. 8. Berlin 909. G. Reimer. 14.—; geb. 15.—

Toll, Baron Ed. v. Die paläozoischen Versteinerungen der neusibirischen Insel Kotelny, s. Mémoires de l'Académie impériale des sciences de St.-Pétersbourg.

Toll, Emmy von (Hrsg.), s. Toll, Eduard von: Die russische Polarfahrt der „Sarja" 1900--1902.

Toll, F., die Rotation frei in der Luft fortschreitender Körper, insbesondere der runden und länglichen Geschosse. Nach ihren Ursachen u. Wirkungen gemeinfaßlich dargestellt. 1. Abth. Die Rotationsverhältnisse im Allgemeinen nach Beobachtungen an leichten, nicht durch den Druck elastischer Flüssigkeiten fortgetriebenen Körpern. Mit 1 (lith.) Figurentaf. (in 4.) Koblenz 863. Hölscher. 12. (XII, 88 S.) n. 15 ngr.

Toll, Harald Baron, Prinzessin Auguste v. Württemberg, gest. auf Schloss Lohde in Estland 1788. gr. 8. (86 S.) Reval 902. F. Kluge. n. 2.—
Sonderabdr. a.: „Beiträge z. Kunde Ehst-, Liv- u. Kurlands".

Toll, Hugo, die Grundlagen der Krankenpflege. Ein Buch f. Krankenpflegerinnen. Autoris. Übersetzg. v. Leo Klemperer. (XI, 274 S.) 8. Wien 909. W. Braumüller. Geb. in Leinw. 3.—

Toll, Michael

Toll, Mich., die deutsche Nationalkirche S. Maria dell' Anima in Neapel. Beiträge zu ihrer Geschichte. Mit 3 farb. Kunstblättern u. 1 Kpfrdr. (X, 126 S.) 31×24 cm. Freiburg i/B. 909. Herder. 8. —

Toll, Robert von

Toll, R. v., s: Brieflade, ost- u. livländische.

Toll, Walter: Über die Beteuerungen in Ben Jonsons Werken. Halle a. S. 1909: (Stenger, Erfurt). 74 S. 8°
Halle, Phil. Diss. v. 6. Juli 1909, Ref. Wagner †
[Geb. 29. Aug. 87 Erfurt; Wohnort: Erfurt; Staatsangeh.: Preußen; Vorbildung: Realgymn. Erfurt Reife O. 05; Studium: Halle 7 S.; Rig. 30. Juli 08.]
[U 09. 1716

Tolle, A., die Austernzucht u. Seefischerei in Frankreich u. England. Berichte an Se. Excell. den Herrn Minister f. die landwirthschaftl. Angelegenheiten. Mit 18 (lith.) Taf. Abbildgn. gr. 4. (24 S.) Berlin 871. Wiegandt, Hempel & Parey. n. 4. —

Tolle, F. (Resp.): Obs. binae de asthmate singulari..., s. Vogel, Rud. Aug. (Praes.)

[Umschlagt.:] [F.] **Tolle,** Georg [Dr.]: Der Spruchdichter Boppe. Versuch einer krit. Ausgabe seiner Dichtgn. Sondershausen, Hofbuchdr. v. F. A. Eupel, 1894; 3—31 S., 1 Musikbeil. 4.
Sondershausen, fürstl. R, OP 1894 (725)

Tolle, Geo., der Spruchdichter Boppe, sein Leben und seine Werke. Inaugural-Dissertation. gr. 8. (36 S.) Göttingen 887, (Vandenhoeck und Ruprecht's Verlag.) *

Tolle, Hugo [Gerichtsref.]: Die Prokura ... Göttingen, Druck d. Univ.-Buchdr. v. W. F. Kästner, 1896; 45 S. 8.
Göttingen, Jur. Fak., Inaug.-Diss. v. [20. Apr.] 1896

Tolle, K., stenographische Lese- u. Schreib-Übungen im Anschluß an den Lehrgang der Roller'schen Stenographie. 20. u. ff. Aufl. Mit 16 stenograph. Taf. gr. 8. (16 S.) Berlin 887. (Leipzig, Robolsky.) n. 1. —

Tolle, K., stenographische Lese- u. Schreib-Uebungen im Anschluss an d. Lehrgang d. Roller-schen Stenographie. 40. u. ff. Aufl. 13. Taus. gr. 8. (18 S. m. 16 autogr. Taf.) Berlin 896. (Leipzig, J. H. Robolsky.) n. 1. —

Tolle, K., stenograph. Lese- u. Schreib-Übungen im Anschluss an den Lehrgang der Roller'schen Stenographie. 55.—59. Taus. ff. Schlüssel. Mit 8 stenogr. Taf. gr. 8. (16 S.) Berlin 902. (Leipzig, J. H. Robolsky.) n. 1. —

— Roller'sche Stenographie — das einfachste, deutlichste u. kürzeste aller Systeme! Einblick in d. Roller'sche Kurzschriftsystem. gr. 8. (8 S.) Ebd. 895. n. — 05

Tolle, Karl Aug., die Lage der Berg- u. Hüttenarbeiter im Oberharze unter Berücksicht. der geschichtlichen Entwicklung der gesammten Bergarbeiter-Verhältnisse u. d. Knappschaftswesens in Deutschland. gr. 8. (VII, 152 S.) Berlin 892. Puttkammer & Mühlbrecht. n. 3.

Tolle, Konrad

Tolle, K. Das Betheuern und Beschwören in der altromanischen Poesie mit besonderer Berücksichtigung der französischen. Diss. Göttingen 1883. 61 S.

Tolle, Konr., das Betheuern u. Beschwören in der altromanischen Poesie m. besond. Berücksicht. der französischen. Eine vergleich. Studie. gr. 8. (61 S.) Erlangen 883. Deichert. n. 1. 20

Tolle, Max, die Regelung der Kraftmaschinen. Berechnung u. Konstruktion der Schwungräder, des Massenausgleichs u. der Kraftmaschinenregler in elementarer Behandlg. (XI, 461 S. m. 372 Fig. u. 9 Taf.) gr. 8. Berlin 905. J. Springer. Geb. in Leinw. n. 14. —

Tolle, Max, die Regelung der Kraftmaschinen. Berechnung u. Konstruktion der Schwungräder, des Massenausgleichs u. der Kraftmaschinenregler in elementarer Behandlung. 2., verb. u. verm. Aufl. (XI, 699 S. m. 463 Fig. u. 19 Taf.) gr. 8. Berlin 909. J. Springer. Geb. in Leinw. 26. —

Tölle, Adolph, approb. Arzt aus Hamburg: Ueber die Entstehung der Hydronephrose durch die natürliche Engigkeit des Ureters an der Austrittsstelle aus dem Nierenbecken. *Würzburg 1899 [vielm. 1901/02]: A. Boegler.* (22 S.) 8°
Würzburg, Med. Diss. v. 1899

Toelle, Alfr., über die Einwirkung von Aethylenbromid auf Dimethylparatoluidin. Inaugural-Dissertation. gr. 8. (34 S.) Göttingen 883, (Vandenhoeck und Ruprecht's Verlag.) *

Toelle, Ernst, über die Reaction zwischen Trichloressigsäure und Benzol bei Gegenwart von Aluminiumchlorid. Diss. Freiburg i. B. 1885, Fr. Wagnersche Univ.-Buchh. 8°. 33 S.

Tölle, Friedrich: Über Sehschärfe und deren Bestimmung. Erlangen 1904: Junge & Sohn. (18 S.) 8°
Erlangen, Med. Diss. v. 18. Febr. 1904

Tölle, Jh. Fr., u. L. E. S. Gärtner, Eisenhütten-Magazin, in welchem Alles, was zum Eisenhüttenwesen gehört, ausführl. beschrieben u. durch Kupfer erläutert wird. 1r Jahrg. Aug. bis Dec. 1791, u. 2r Jahrg. 1792. (1r Bd. 2e Aufl. 808.) 4. Wernigerode, (W. Nauck in Leipz.) 5 ℛ 8 gℛ Schrbp. 7 ℛ

Tölle, J. F. und L. E. S. Gartner. Eisen-Hütten-Magazin. Zwei Jahrg. mit Anhang. Wernigerode 1791—95. 4.

Tölle, W., Beweis der christlichen Wahrheit. Apologetische Betrachtungen für die Gegenwart. 1. Heft. gr. 8. (IV, 96 S.) Göttingen 868, Vandenhoeck und Ruprecht's Verlag. *

Tölle, W., die Ideale des Lebens. 8. (43 S.) Halle 882. Strien. n. — 60

Kultur und Christentum. Von W. **Tölle.** Barmen: D. B. Wiemann [1891]. (20 S.) 8° [F.]
= **Streitschriften,** Freundschaftliche. No 34. [06. 15845

Toelle, W.: Über das Verhältniss der Religion zur Kunst. Sondershausen. 1865.
Schul-/Univ.-Schrift

Tölle, W., die Wissenschaft der Religion. 1. Bd. Die Grundformen des religiösen Verhältnisses u. die Geschichte der Religion. Göttingen 865. Vandenhoeck & Ruprecht. gr. 8. (VI, 282 S.) n. 1 ℛ 10 ngr.

Tölle, W., die Wissenschaft der Religion. 2. Bd. Die Religion als Culturmacht auf dem Gebiete der Wissenschaft. gr. 8. (XII, 384 S.) Göttingen 871. Vandenhoeck & Ruprecht. n. 4. 50 (1. 2. n. 8. 50)

Tollens, Bernhard

Tollens, B., kurzes Handbuch der Kohlenhydrate. Mit 24 Abbildgn. im Text. [Nachgeseh. u. ergänzter Sonderdruck aus dem Handwörterbuch der Chemie von A. Ladenburg.] 8. (XIV, 370 S.) Breslau 888. Trewendt. geb. n. 9. —

Tollens, B., kurzes Handbuch der Kohlenhydrate. 2. Bd., enth. d. Forschungsergebnisse der J. 1888—1895. [Nachgeseh. u. ergänzter Sonderdr. aus: „Handwörterb. d. Chemie".] gr. 8. (XVI, 407 S.) Breslau 895. E. Trewendt. Geb. in Leinw. n. 9. —

Ⓑ **Tollens**, B., Handbuch d. Kohlenhydrate II. 895. (KBL 80.) Jetzt: Leipzig, J. A. Barth.

Tollens, B., **kurzes Handbuch der Kohlenhydrate. 1. Bd. [Nachgeseh. u. ergänzter Sonderdr. aus: „Handwörterbuch d. Chemie v. A. Ladenburg".] 2. Aufl. 8. (XIV, 374 S. m. 24 Abb.) Breslau 898. E. Trewendt. Geb. in Leinw. n. 9. —**

Tollens, B., s.: **Journal f. Landwirtschaft.**

TOLLENS, BERNHARD. Ueber die Synthese der dem Benzol homologen Kohlenwasserstoffe. Göttingen, 1864. 37 S.

Tollens, B., einfache Versuche für den Unterricht in der Chemie. Für agricultur-chem. Laboratorien zusammengestellt. gr. 8. (72 S. mit 42 in den Text gedr. Holzschn.) Berlin 878, [Wiegandt, Hempel und Parey.] Parey. *

Tollens, B., einfache Versuche f. den Unterricht in der Chemie. Für agrikultur-chem. Laboratorien zusammengestellt. 2., durchgesch. Aufl. gr. 8. (VII, 74 S. m. 45 Holzschn.) Berlin 894. P. Parey. n. 3. —

— einfache Versuche f. den Unterricht in der Chemie. Für agrikultur-chem. Laboratorien zusammengestellt. 3., durchgeseh. u. verm. Aufl. (VII, 85 S. m. 46 Abb.) gr. 8. Berlin 905. P. Parey. Geb. in Leinw. n. 4. —

Tollens, Henrik

Tollens, H., die Holländer auf Nova Zembla, Gedicht. Aus dem Holländ. von F. M. Duttenhofer. Mit einem erklär. Anhang und 50 xylograph. Bildern nebst einer (lithogr.) Karte von Nova Zembla, für die Jugend hrsg. von P. W. Quack. gr. 8. (VI und 112 S.) Stuttgart 850, [Quack.]

Tollens, H., die Holländer auf Nova Zembla, Gedicht. Aus dem Holländ. v. F. M. Duttenhofer. Mit einem erklär. Anhang u. 50 xylograph. Bildern nebst einer (lith.) Karte v. Nova Zembla, für die Jugend herausg. v. P. W. Quack. gr. 8. (VI u. 112 S.) Stuttgart 850, Rümelin. 1/2 ℛ

Tollens, H., die Ueberwinterung auf Nova Sembla. Gedicht. Aus dem Holländ. übers. v. Alb. Haeger. gr. 8. (80 S.) Amsterdam 871. Binger. 1. 50

Tollens, Carl, approb. Arzt aus Göttingen: **Bildungs-Anomalien (Hydromyelie) im Centralnervensystem eines Paralytikers.** *Göttingen 1900: Dieterich.* (36 S.) 8°
Göttingen, Med. Diss. v. [12. Nov.] 1900

Tollens, Carl, Bildungs-Anomalien (Hydromyelie) im Centralnervensystem eines Paralytikers. Diss. gr. 8. (86 S.) Göttingen 900. (Vandenhoeck & Ruprecht.) n. — 80

Tollense-Bote, der. Blätter zur Unterhaltung und Belehrung, Auswanderungs-Zeitung und Anzeiger für Mecklenburg. 1. Jahrg. Febr. 1855—Jan. 1856. 156 Nrn. (à 1 Bgn.). Neubrandenburg, Brünslow. Fol. n. 1 ℛ. 10 ngr.

Toller, A., Bilder-Tafeln f. d. Anschauungsunterricht, s.: Wilke.

Toller, Otto [Altenburgensis]: De spectaculis, cenis, distributionibus in municipiis romanis occidentis imperatorum aetate exhibitis. . . . Altenburgi, typ. O. Bondii, 1889; 102 S. + 1 Bl. 8°
Leipzig, Phil. Fak., Inaug.-Diss. v. 10. Okt. 1889

Toller, O., de spectaculis, cenis, distributionibus in municipiis romanis occidentis imperatorum aetate exhibitis. Diss. inaug. gr. 8. (102 S.) Altenburg 889. (Leipzig, Fock.) n. 2. —

Toeller, Theodor ⟨geb. am 18 Juli 1828 in Köln⟩: De phthisi laryngea cognoscenda . . . Bonnae, typ. C. Krüger 1854. 29 S., 1 Bl. 8.
Bonn, Med. Fak., Diss. v. 8 Apr. 1854

Tollern, Swent v., od. d. Alte im Bärenthale; e. romantis. Erzähl. aus d. Zeiten Gustavs Wasa, m. K. 8. Prag, Polt. (Joachim in Lpz.) 803. (Von W. A. Gerle.)

Tollhausen, C. F. E., s. Morisoniana.

Tollhausen, Peter [app. Arzt aus Berg (Rheinpreussen)]: Untersuchungen über Bacterium phosphorescens Fischer. . . . Würzburg, C. Bieler's Buchdr. („Landeszeitung"), 1889; 36 S. 8°
Würzburg, Med. Fak. Inaug.-Diss. v. 1889

Tollheit und Herzensgüte. Lustspiel in drei Akten. Zeitz 1793. V: *Bilderbeck, Ludw. Frz Freih. v.* (Ky)

Tollheit u. Herzensgüte. Lustsp. 8. Zeitz, Heinse. (Webel.) 793.

TOLLHEIT, Tausend und eine, oder Reisen eines Bremer Kaufmanns durch die Spaziergänge der Liebe in's Labyrinth des Ehestandes. Mit TKpf. Bremen u. Hamburg (Erfurt, Hennings) 1802. 8°. (1/4 Rthl.) Aeusserst selten! (1 Rthl. Lippert, Halle, vor 1870; jetzt theurer!)

Die Gemeinde Pohorsch im Bezirke Neutitschein, Mähren. Geschichtl.-topogr. Schilderung als Beitrag z. Heimatkunde d. Kuhländchens. Verf. von Adolf **Tollich**, Revierförster. *Pohorsch: Selbstverl. 1903.* (167 S.) 8° [F.] [03. 11619

Tollich, Adf., die Gemeinde Pohorsch im Bez. Neutitschein, Mähren. Geschichtlich-topograph. Schilderg. als Beitrag zur Heimatkunde des Kuhländchens. (168 S. m. Abbildgn. u. 1 Plan.) gr. 8. Pohorsch 903. (Neutitschein, R. Hosch.) n. 3. —

Tollin, Oraison funèbre de très-haut prince Frédéric II roi de Prusse. Stettin 1786. 8.

Tollin, E. Fr.

—— et S. Fraenkel, Album liter., s. Album.

Tollin, E. Fr., prakt. Anleitung z. Bildung d. französ. Styles, f. höh. Klassen. 2 Curse. 8. (11 3/4 B.) Berlin 838, Nicolaische Bh.

Tollin, E. Fr., praktische Anleitung zur Bildung des französischen Styles für höhere Klassen der Gymnasien und der Erziehungs-Anstalten für Jungfrauen aus den gebildeten Ständen. 2. verb. Aufl. Berlin 855. Nicolai'sche Verlhdlg. gr. 8. (IX, 180 S.) n. 15 ngr.

Tollin, E., Sermon sur St. Matth. XIII, v. 3—8. prononcé le jour de la Confirmation de mes Catéchumènes etc. gr. in-8. (2 B.) Berlin 830, Logier.

—— Versuch einer geordn. Entwickelung der Lehre v. Jesu Christo als dem Erlöser aus d. heil. Schrift, mit besond. Bezug auf seinen Tod. Mit e. Vorr. v. Aug. Neander. gr. 8. (8½ B.) Berlin 834, Nicolai.

Tollin, F., neue illustrirte Fechtschule. Nach der neuen und naturgemäßen Methode des Prof. Heinr. Ling dargestellt und mit zahlreichen, nach der Natur gez. Illustr. (in Holzschn.) versehen. 8. (81 S.) Grimma 851. [Wurzen,] Verlags-Comptoir.

Tollin, Henri, ein Ahnherr der Hohenzollern. Charakterbild. [Aus: Biographische Beiträge zur Geschichte der Toleranz.] Frankfurt a. d. O. 866. (Harnecker & Co.) Lex.-8. (34 S.) 6 ngr.

—— biographische Beiträge zur Geschichte der Toleranz in drei Vorträgen für wohlthät. Zwecke gehalten zu Frankfurt a. O. Lex.-8. (IV und 102 S.) Frankfurt a. d. O. 866, (Harnecker und Comp.) *

Tollin, Henri: D. Bürgerrecht d. Hugenotten zu Frankfurt a/O., s. Geschichtsblätter des deutschen Hugenotten-Vereins.

Tollin, Henri. Charakterbild Michael Servet's. Gezeichnet von H' T'... 8. Berlin 1876.
(Sammlung gemeinverstandlicher wissenschaftlicher Vortrage. hrg. von Rud[olf] Virchow und Fr[anz] von Holtzendorff. Serie 11 ... Heft 254.)

Tollin, H., Charakterbild Michael Servet's, s.a.Sammlung gemeinverständl. wissenschaftl. Vorträge.

Tollin, Henri. Die Entdeckung des Blutkreislaufs durch Michael Servet ‹1511–1553›. 8. Jena 1876.
(Sammlung physiologischer Abhandlungen, hrg von W[illiam] Preyer. Reihe 1. Heft 6.)

—— die Entdeckung des Blutkreislaufs durch Michael Servet, s.a.Sammlung physiolog. Abhandlungen.

— Geschichte der hugenottischen Gemeinde v. Celle, } s.: Geschichtsblätter d. deutschen Hugenotten-Vereins.

Tollin, Henri, Geschichte der Hugenotten v. Metz, s.: Dietsch, F.

Tollin, Geschichte der französischen Colonie in Frankfurt a. O., s. Mittheilungen des historisch-statistischen Vereins zu Frankfurt a. O.

Tollin, Henri: Geschichte d. franz. Colonie in Halberstadt, s. Geschichtsblätter d. dt. Hugenotten-Vereins.

Tollin, Henri, Geschichte der französischen Colonie von Magdeburg. Jubiläumsschrift. 1. und 2. Bd. gr. 8. (XIV, 743; VII, 506 S. mit 5 Taf.) Halle 887, Niemeyer. *

— Geschichte der französischen Colonie von Magdeburg. Jubiläumsschrift. III. Bd. Abth. 1, A. Der Kampf der hugenott. Glaubensflüchtlinge insbesondere in Magdeburg. gr. 8. (VIII, 819 S. m. 3 Bildern.) Magdeburg 892. Faber'sche Buchdr. n. 12. –

— dasselbe. III. Bd. Abth. 1, B. Vom Nutzen des Refuge insbesondere in Magdeburg. gr. 8. (X, 896 S. m. 4 Bildern.) Ebd. 893. n. 12. 75; geb. n.n. 14. 25

— dasselbe. III. Bd. Abth. 1, C. (Schluss). Die Kirche des Refuge insbesondere in Magdeburg. gr. 8. (VIII. 1327 S.) Ebd. 894. n. 18. 90; geb. n.n. 20. 40 (kplt.: n. 71. 65)

Tollin, Henri. Geschichte der französischen Colonie v. Magdeburg. Jubiläumschrift. 8. Bd. 2. Abthl.: Urkundenbuch der französischen Colonie zu Magdeburg. gr. 8. (XIII, XXXII, 324 S.) Halle a. S. 889, Niemeyer. * 6 —
Inhalt der beiden ersten Bände:
1. Bd. Geschichte der Hugenottischen Refuges vornehmlich in Deutschland. — 2. Bd. Geschichte der französischen Colonien in der Preussischen Provinz Sachsen. Halle 1887, Niemeyer. * 22 —.

— die Hugenotten am Hofe zu Lüneburg u. das Edikt Georg Wilhelms, s.: Geschichtsblätter d. deutschen Hugenotten-Vereins. VIII. 2.

Tollin, [Henri]. Ueber den Namen „Hugenotten". [A.] 4. (Erlangen 1899.)

Tollin, Henri, die adligen u. bürgerl. Hugenottenfamilien v. Lüneburg, s.: Geschichtsblätter des deutschen Hugenotten-Vereins. X. 7. 8.

– D. Hugenotten-Kirche zu Frankfurt a/O., s. Geschichtsblätter des deutschen Hugenotten- Vereins.

Tollin, Henri: Die hugenottische Kirchenordnung, s. Geschichtsblätter d. dt. Hugenotten-Vereins.

— die presbyteriale Kirchenordnung, insond. in d. französ.-reform. Kirche. Vortrag, geh. am 24. VIII. 1887 auf d. 2. Conferenz d. reform. Bundes zu Detmold. gr. 8. (22 S.) Magdeburg 887. Faber'sche Buchdr. n. — 80

—— u. Béringuier. Die französische Colonie in Berlin, s. Geschichtsblätter d. deutschen Hugenotten-Vereins.

Tollin, Henri, die wallonisch-französische Colonie in Mannheim, } s.: Geschichtsblätter d. deutschen Hugenotten-Vereins.

– D. wallonisch-franz. Colonieen zu Oranienburg u. Umgegend, s. Geschichtsblätter des deutschen Hugenotten-Vereins.

– D. hugenott. Lehrstand, Wehrstand u. Nährstand zu Frankfurt a/O., s. Geschichtsblätter des deutschen Hugenotten-Vereins.

—— das Lehrsystem Michael Servet's, genetisch dargestellt. 3 Bde. gr. 8. Gütersloh, Bertelsmann. *
Inhalt:
Bd. 1. Die vier ersten Lehrphasen. (XV, 250 S.) 876. *ℳ 4.
„ 2. Der fünf Lehrphasen erster Abschnitt. (X, 232 S.) 878. *ℳ 4.
„ 3. Der fünf Lehrphasen zweiter Abschnitt. (XV, 319 S.) 873. *ℳ 6.

—— Dr. Martin Luther und Dr. M. Servet. Eine Quellen-Studie. gr. 8. (61 S.) Berlin 875, H. R. Mecklenburg. *

—— Ph. Melanchthon und M. Servet. Eine Quellen-Studie. gr. 8. (198 S.) Ebendas. 876. *

— kurfürstlich-königliche Ober-Kommissare u. Minister aus der französischen Colonie. [Aus: „Die französ. Colonie".] Lex.-8. (34 S. m. Abbildgn.) Berlin 893. (E. S. Mittler & Sohn.) n. 1. —

— die hugenottischen Pastoren v. Lüneburg, s.: Geschichtsblätter des deutschen Hugenotten-Vereins.

— Jacques Péricard, der Organisator der modernen Armenpflege, s.: Geschichtsblätter des deutschen Hugenotten-Vereins. XI. 6.

— Salomon Péricard, der Kolonisator, s.: Geschichtsblätter des deutschen Hugenotten-Vereins. XI. 2. 3.

Tollin, Henri. Der Reichstag von Augsburg (1530). [A.] 8. (Leipzig 1880.)

Tollin, H., Servet und die oberländischen Reformatoren. Quellen-Studien. 1. Bd. A. u. d. T.: Mich. Servet und Mart. Butzer. gr. 8. (273 S.) Berlin 880, H. R. Mecklenburg. *

Tollin, Henri: S t a t u t e n d. Hugenotten-Vereins, s. G e s c h i c h t s b l ä t t e r d. dt. Hugenotten-Vereins.

Tollin, H[enri]. Toulouser Studentenleben im Anfange des 16. Jahrhunderts. Eine Episode aus dem Leben Michael Servet's. [A.] 8. (Leipzig 1874.)

Tollin, Henr. Guil. Nathanael: Theses theologicae. Berolini (1857). (2 Bl.) 4°
Berlin, Theol. Thes. v. 6. Aug. 1857

— Urkunden zur Geschichte hugenottischer Gemeinden in Deutschland, s.: Geschichtsblätter d. deutschen Hugenotten-Vereins.

Tollinger, Joh., über die Atomwärme des Stickstoffes in seinen festen Verbindungen. Lex.-8. (15 S. mit 1 eingedr. Holzschn.) Wien 870, (Gerold's Sohn.)
Aus: Sitzungsberichte der k. Akademie der Wissenschaften, besonders abgedruckt.

Tollinger, Joh., üb. die beim Lösen d. salpetersauren Ammoniaks in Wasser auftretenden Wärmeerscheinungen u. deren Verwerthung bei Verwendung dieses Salzes zu Kältemischungen. [Aus dem physikal. Laboratorium der Universität Innsbruck.] [Mit 2 (lith.) Taf. (in qu. Fol.)] [Aus: „Sitzungsber. d. k. Akad. d. Wiss."] Lex.-8. (43 S.) Wien 875. (Gerold's Sohn.) n. 1. 50

Tollius, Jak., manuductio ad coelum chemicum, d. i. Handleitung zu d. chem. Himmel, mit e. deutschen Uebersetzung u. Anmerkk. 8. Jena 752. Gröker. 2 Gr

— sapientia insaniens, od. tolle Weisheit. 8. Jena 753. Gollner. 4 Gr

Tollkühn, Max, appr. Arzt a. Königsberg i. Pr., Unterarzt im Grenadier-Reg. König Friedrich der Große ⟨3. Ostpreuß.⟩ Nr. 4: Über Erysipelas im deutschen Heere ⟨1882—1902⟩. Berlin (1905): G. Schade. (34 S.) 8°
Berlin, Med. Fak., Ref. Hildebrand, Diss. v. 4. Mai 1905
[Geb. 15. Apr. 80 Königsberg i. Pr.; Heimatsort: Königsberg i. Pr.; Staatsangeh.: Preußen; Vorbildung: Gymn. Marienwerder Reife O. 99; Studium: Berlin, K. Wilh.-Akad. 9 S.; Coll. 1. Mai 05; Approb. 13. Apr. 05.]

Tollmann, Johann, aus Zülpich (Rhld.): Aus d. Universitäts-Frauenklinik zu Bonn. Ueber spontane Geburt bei engem Becken. *Bonn: J. Trapp 1899.* (25 S.) 8°
Bonn, Med. Diss. v. [27. Juli] 1898

Töllner, Johann Gottlieb

Töllner, Jh. Gll., († d. 26. Jan. 1774.) das Abendmahl des Herrn, gegen alle Verächter desselben erklärt u. gerettet. 8. Frankf. a. d. O. 756. Kunze. 10 Gr

— Anleit. zu e. zweckmäß. Einrichtung der Predigten üb. die eingeführten sonn- u. festtägl. Texte. 8. Züllichau 766. Frommann in Jena. 6 Gr

— kurze vermischte Aufsätze. 2 Bde. 8. Frankf. Strauß. (Akadem. Buchhdl.) 766–70.

— kurze vermischte Aufsätze. 2 Bde. 8. Frkf. a. d. O. 767—70. Strauß. 20 Gr

Töllner, Johann Gottlieb, s. B a u m g a r t e n , A. G.: Acroasis logica.

— die Bildung e. zukünft. vollkommn. Officiers, od. eines Edelmanns. 8. Frankf. a. d. O. 756. 2e A. 763. Kunze. 8 Gr

— ein Christ u. ein Held, od. Nachr. von d. preuß. Generalfeldmarschall Graf v. S c h w e r i n. 8. Frankfurt, Kunze. (Akad. Buchhdl.) 758.

— ein Christ u. ein Held, od. Nachrr. von dem Preuß. Generalfeldmarschall Grafen v. Schwerin. 8. Frankf. a. d. O. 765. Kunze. 3 Gr

— Ehrengedächtniß Valentin Protzens, Consistorialraths zu Stettin. 8. Frankf. a. d. O. 773.

— göttl. Eingebung d. heil. Schrift untersucht. gr. 8. Mitau 772. Hinz. (W. Nauck in Leipz.) 1 ß 6 Gr

— göttl. E i n g e b u n g d. H. Schrift. gr. 8. Mietau, Hinz. (Sommer in Leipz.) 772.

— Gedanken v. d. wahren L e h r a r t in d. dogmat. Theologie. 8. Frankf. Kunze. (Akadem. Buchhdl.) 759.

— Gedanken von der wahren Lehrart in der dogmat. Theologie. 8. Frkf. a. d. O. 759. Kunze. 10 Gr Vertheidigung der Gedanken ꝛc. 8. Ebd. 759.

— wahre Gründe, warum Gott die Offenbarung nicht mit augenscheinl. Beweisen versehen hat. gr. 8. Züllich. 764. Frommann in Jena. 12 Gr 2r Thl., od. Beweis, daß Gott den Menschen bereits durch seine Offenbarung in d. Natur zur Seligkeit führt ꝛc. gr. 8. Ebd. 766. 16 Gr

— Grundriß einer Anleit. zum Fleiße in der Gottesgelahrtheit. 8. Frankf. a. d. O. 767. Strauß. 4 Gr

— Grundriß einer erwiesenen Hermeneutik der heil. Schrift. 8. Züllichau 765. Frommann in Jena. 7 Gr

— Grundriß der Moraltheologie. 8. Frankf. a. d. O. 762. (Akadem. Buchh.) 16 Gr

— Grundriß e. erwiesenen Pastoraltheologie. 8. Frkf. a. d. O. 767. Strauß. 6 Gr

— Grundriß der dogmat. T h e o l o g i e. 8. Frankf. Strauß. (Akad. Buchhdl.) 760.

— das Leiden des Erlösers, in Abhandll. betrachtet. 8. Frankf. a. d. O. 757. Kunze. 16 Gr

— das L e i d e n Jesu, in 9 Abhandl. betrachtet. 8. Frankf. Kunze. 757.

— Nachricht von meinen theolog. Vorlesungen, in e. Schreiben an e. Geistlichen. 8. Frankf. a. d. O. 763.

— commentatio de potestate dei legislatoria non mere arbitraria, quae d. XIII. Oct. 1769 Legati Stolpiani praemium reportavit, et A. S. Lugduni Batavorum typis descripta est. 8. Frankf. a. d. O. 775. Strauss. 4 Gr

Töllner, Jh. Gll., Samml. einiger Predigten. gr. 8. Frankf. a. d. O. 755. Kunze. 16 Gr

— System der dogmat. Theologie. 2 Bde. 4. Nürnb. 775. Felsecker.

— katechet. Text, od. Grundlegung des christl. Unterrichts f. Unstudirte. 8. Züllich. 765. 2e A. 772. Frommann in Jena. 10 gr.

s. T u r r e t i n : Kirchengeschichte.

MEINE U e b e r z e u g u n g e n (von *Johann Gottlieb Töllner*). Berlin 1769.
Anon.-Lex. IV. p. 250 (nach Meusel u. Kayser), wo auch die 2. Aufl. von „1771" (?).

— — Dasselbe. 2. Aufl. Ebd. 1770. 8⁰. (In Stralsund, Rathsbibl.) (1 Mk. 20 Pfg., geles. Expl., Ernst Geibel, Hannover, 1907.)

(—) meine Ueberzeugungen. 8. Berl. 769. 2e Aufl. 779. Mylius. 5 gr.

— Unterricht von Symbolischen Büchern überhaupt. 8. Züllichau. (Frommann in Jena.) 769.

— Untersuch. d. thät. Gehorsams Jesu Chr. gr. 8. Breslau, Meyer. 768.

— der thätige Gehorsam Jesu Christi untersucht. gr. 8. Bresl. 768. (Gosohorsky). 1 Thlr. 8 gr.

— theolog. Untersuchungen. 1r Bd. 1s u. 2s Stck. u. 2r Bd. 1s Stck. 8. Riga 772—74. Hartknoch in Leipz. 2 Thlr.

— Versuch e. Beweises der christl. Religion für Jedermann. 8. Mitau 772. Hinz. (W. Nauck in Leipz.) 8 gr.

— Versuch e. Beweises d. christl. Religion für Jedermann. 8. Mietau, Hinz. (Sommer in Leipz.) 772.

MEINE V o r s ä t z e. F o l g e n m e i n e r U e b e r z e u g u n g e n (von *Johann Gottlieb Töllner*). Mietau 1772.
Anon.-Lex. IV. p. 353 (nach Meusel); Kayser hat „1775".

(—) meine Vorsätze, Folgen meiner Ueberzeugung. 8. Berl. 775. Mylius. 5 gr.

— die Zeit d. Menschen u. die göttl. Abtheilung derselben. Eine Predigt. 8. Frankf. a. M. 766. Akadem. Buchh. 2 gr.

— Zusätze zu den Untersuchungen des thätig. Gehorsams ꝛc. 8. Berl. 770. Mylius. 3 gr.

Töllner, Justinus

Töllner, Just., († ...) unrechtmäß. Absetzung, zur Rettung seiner Unschuld aufgesetzt. 4. Halle ... 2e A. 774. Waisenhaus-B. 8 gr.

— v. Sonn-, Fest- u. Feyertagen. 12. Ebend. 735.

— größeres Spruchbuch, nebst der Historie von den Sonn-, Fest- u. Feyertagen. 12. Ebend. 777.

— Spruchbüchlein. 12. Ebend. 747.

Töllner, Justinus. Deutlicher Unterricht // Von der // Orthographie // Der // Teutschen /// Nach // Den Grund-Regeln mit ihren Anmer- //kungen und vielen deutlichen Exempeln/ // Aus // welchen bald und leicht zu erkennen ist, wie man diß // und jenes Wort recht schreiben soll; // Mit einer Anweisung von der Constru- //ction der teutschen Praepositionen /// Und einem doppelten Catalogo der gleichlau-// tenden Wörter; // Ingleichen // Mit einer Nachricht von den Distinctionibus // und einem doppelten Register, // aufgesetzet und herausgegeben // Von // JUSTINO Töllner / Inspectore // bey dem Waisen-Haus zu Glauche am Halle. // Halle im Magdeburgischen Anno 1718. // Verlegt in der Rengerischen Buchhandlung. - 16 Blatt (nicht paginiert) Titelblatt, Widmung und Vorrede. - 472 S. und noch 75 Blatt (nicht paginiert) Register und Errata.
Auf dem vordern Einbanddeckel steht in Golddruck:
J. SIGISM. MÜLLER
ZITT. LUSAT.
SOCIETATI PHILOTEUT.
POETICAE.
D. D. D.
1 7 2 3.

Töllner, Karl Fr., Fabrik pharmaceutischer und technischer Präparate: Kataloge usw. 1907. 1908. 1911 ff. Bremen

Töllner, Karl Fr., das Lied v. der Treue. Eine ep. Bilderfolge aus der Hohenstaufenzeit. (VIII, 151 S.) 8. Oldenburg (905). Schulze. n. 3. —; geb. n. 4. —

Töllner, Karl Fr., Vorschriften-Buch für Apotheker, Drogisten, chemische Fabriken u. verwandte Gewerbe-Betriebe. gr. 8. (IV, 386 S.) Strassburg 899. Strassburger Druckerei u. Verlagsanstalt. n.n. 10. —; geb. in Halbldr. n.n. 12. —

Töllner, Rich., keusch od. unkeusch. — Wähle! Ein offener Brief an junge Männer, m. e. Anh.: Die Bestrebgn. d. Bundes vom weißen Kreuz. 16. (31 S.) Hamburg 891. Schriften-Niederlage d. christl. Vereins junger Männer. n. — 10

Töllner, Sam. Anastasius, († ...) zur Heiligung des großen Namens Gottes, aus den besten Poeten unserer Zeiten, sonderlich zum Dienst der studir. Jugend, u. dann auch anderer verständiger Gemüther beiderlei Geschlechts ꝛc. gesammelt, u. mit Erklärr. u. Anmerkk. begleitet. 4. Brandenburg 762.

von Tollocsko, Stanislaus [aus Brest-Litauen]: Über die Löslichkeitserniedrigung nebst e. Anh.: Beitrag z. Frage d. Mitwirkg d. chem. Affinität bei d. Auflösungsvorgange ... (Aus: Zeitschr. f. physik. Chem., Bd xx Heft 3.) Leipzig, W. Engelmann, 1896; 32 S., 1 Bl. 8.
Göttingen, Phil. Fak., Inaug.-Diss. v. [6. Aug.] 1896

Tolmatchoff, Paul, le décousu logique de notre temps. 8. (102 S.) Dresden 882. Meinhold & Söhne. 1. 50

Tolmatsch od. russ. Dollmetscher, der, in 22 Rubriken u. einem Anhange d. gewöhnlichsten Redensarten alles Nothwendige enthält. 8. Hannov. Gebr. Hahn. 813.

Tolmer, J., Scènes de l'Amérique du Nord, s. a. Nouveautés, françaises.

Tolmer, J., scènes de l'Amérique du Nord. 2 livrs. [N o u v e a u t é s Françaises. No. 2 et 4.] 8. (VI u. 134 S.) Leipzig 850, Brockhaus. (à 1/4 Thlr.) 1/2 Thlr.

Tolnay, Alexander: Artis veterinariae c o m p e n d i u m pathologicum. De cognoscendis et curandis animalium epidemico contagiosis et praecipuis sporadicis morbis. Pesth. 1799. Eggenberger.

— prakt. Handbuch der Erkenntniß u. Heilung d. Seuchen, Contagionen u. d. vorzügl. sporadischen Krankheiten d. Rinder, Schafe u. Schweine u. der Hundswuth, herausg. von J. J. W. Lux. gr. 8. Leipz. Barth. 808.

Tolnay A.: Praktisches Handbuch d. Erkenntniss u. Heilung d. Seuchen, Kontagionen, u. d. vorzüglichsten sporadischen Krankheiten d. Rinde, Pferde, Schafe u. Schweine, u. d. Hundswuth. Aus d. Latein. f. teutsche denkende Landwirthe u. Hausthierärzte bearb. v. J. J. W. L u x ... Leipz. 1808. (34) 379 S.

Tolnay A.: Von der Nothwendigkeit u. dem Nutzen d. Thierarzney, besonders f. Ungarn. Akadem. Rede. Pest 1787. (14) S. P.

Tolnay, F. G.: Laudon's Ehrendenkmal. s. l. & a. (Temesvar 1790.)

Tölner's, J., Handlungsbuch von 1345—1350, s.: Geschichtsquellen der Stadt Rostock.

Tolnerus, Car. Lud. (geb. 1660, pfälz. Rath, Historiograph u. Univers.-Bibliothekar zu Heidelberg), *historia Palatina*. (Titel sehr lang, darunter 3 Darstell. in Kpfst., oben Tolner's Portr.) Francof. ad Moen, Fr. Knoch, 1700. (Nebst allegor. Kpftit., gest. von *Andr. Math. Wolffgang*) Adhaer. ejusd. *additiones* ad historiam Palatinam. Heidelb., J. Mayer, 1703. Fol. Wohlerhalt. Pgmtb.
5 Bll. Vorst., diverse gefalt. genealog. Tabellen (1 Th. m. schöner Kpfst.-Einfass., Jos. à Montalegre sc.), 118 S. Text, dann m. neuem Titel (worauf interess. Vignette) 140 S. codex diplomat. Palatinus (enth. viele Urkk. in deutscher Spr.), 18 Bll. Index, 1 Bl. Err. Mit einigen Kpfrn. u. Siegelabbild. — Additiones: 3 Bll., 155 S., 1 Bl. Err., 1 Bl. Nachschr.

Tolomei, F., die dauerhaften Farben für die Oelmalerei nebst Anweisung zur richtigen Anwendung derselben, um unveränderl. Gemälde zu erzielen. Ein Beitrag zur Technik der Oelmalerei für Künstler u. Kunstfreunde. Landsberg a. d. W. 868. Schaeffer & Co. gr. 8. (79 S.) n. 15 *ngr.*

Tolomei, F., die dauerhaften Farben für die Oelmalerei nebst Anweisung zur richtigen Anwendung derselben, um unveränderl. Gemälde zu erzielen. Ein Beitrag zur Technik der Oelmalerei für Künstler und Kunstfreunde. gr. 8. (79 S.) Landsberg a. d. W. 869, Schaeffer und Comp. *

Tolomei, Nic., der Beruf d. hl. Aloysius. Festspiel in 3 Aufzügen. Nach dem Ital. Nur männl. Rollen. 12. (VIII, 72 S.) Freiburg i/B. 891. Herder. n. 1. —

Tolomei der Beruf des heil. Aloysius. Festspiel. Freiburg i. Br. 1891. V: *Fell, Gg.* (Keiter, Kath. Litt.-Kal. VI, 69.)

Tolomei, Nik., S. J., der Beruf des hl. Aloysius. Schausp. in 3 Aufzgn. Nach d. Ital. bearb. von Geo. Fell, S. J. Nur männl. Rollen. 2. Aufl. 12. (72 S.) Freiburg i/B. 898. Herder. n. 1. —

Tolon. Trauersp. 8. Frankf. u. Leipz. Keßler. 777.

Tolon; Trspl. 8. Frankf. 778. Keßler. 7 *gr.*

Tolpatsch, Der. Leipzig 1849. V: *Drobisch, Gustav Theodor.* (Haan)

Tolpatsch, der, oder Kinder, nehmt ein Beispiel dran! Eine lehrreiche Geschichte mit vielen lustigen bunten Bildern (in Holzschn.) 1. Aufl. 1849. und 2. Aufl. 4. (28 S.) Leipzig 850, Naumburg. *

Tolpatsch, der, oder Kinder, nehmt ein Beispiel dran! Eine lehrreiche Geschichte mit vielen bunten Bildern. 6. Aufl. gr. 4. (39 S. mit eingedr. ill. Holzschn.) Leipzig 856, Naumburg. *

Tolpatsch, der, oder Kinder, nehmt ein Beispiel dran! Eine lehrreiche Geschichte mit vielen bunten Bildern. 6. Aufl. (856.) — 7. Aufl. Leipzig (857.) Naumburg. 4. (34 S. m. Holzschn. im Text.) n. 15 *ngr.*

Tolpatsch, der, oder Kinder, nehmt ein Beispiel dran! Eine lehrreiche Geschichte mit vielen bunten Bildern. 7. Aufl. 4. (34 S. mit eingedr. Holzschn.) Leipzig 858. [Mainz, Janitsch.] *

Tolpatsch, der, oder Kinder nehmt ein Beispiel dran! Eine lehrreiche Geschichte mit vielen bunten Bildern (in eingedr. Holzschn.). 8. Aufl. 1864. und 9. Aufl. 4. (32 S.) Leipzig 866, Naumburg. cart.

Tolpatsch, der, od. Kinder nehmt e. Beispiel dran! Eine lehrreiche Geschichte m. vielen bunten Bildern. 10. Aufl. 4. (32 S. m. eingedr. u. color. Holzschn.) Leipzig 870. Naumburg. geb. 1. 50

Tolpatsch, der, od. Kinder, nehmt ein Beispiel dran! Eine lehrreiche Geschichte mit vielen bunten Bildern. 11. Aufl. gr. 4. (32 S. m. eingedr. color. Holzschn.) Dresden 877. Kaufmann's Verl. cart. n. 2. 50

Tolpatsch, der, Struwwelpeter's liebster Kamerad, od. Kinder, nehmt e. Beispiel d'ran! E. lehrreiche Geschichte m. vielen bunten Bild. 12., vollst. verb. Aufl. (46. bis 47. Taus.) hoch 4. (31 S.) Leipzig 896. G. A. Kaufmann. Kart. n. 1. 60

—— Meister, auf der leipziger Messe oder die Jesuiten in Leipzig. gr. 8. (28 S. mit eingedr. Holzschn.) Leipzig 851, Naumburg.

—— auf der londoner Welt-Industrie-Ausstellung im Sommer 1851. gr. 8. (45 S. mit eingedr. Holzschn.) Leipzig 851, Naumburg. *

— auf der Londoner Industrie-Ausstellung im Sommer 1851. gr. 8. (45 S. m. eingedr. Holzschn.) Ebd. 851. n. 1/3 *ℛ*

TÖLPELS, Ludwig, ganz funckel nagel neue Bauern Moral mit einem lächerlichen Wörterbuch vermehret und in das Teutsche übersetzt von Palato. Volunt sed non possunt. Kamtschatka 1752. 8°. 272 S.
Proben in: Die Opale.... Erster Halbband. Leipzig 1907. Gr. 4°. S. 161—165.

Tölpel, funkelnagelneue Bauermoral und das dazu gehörige Wörterbuch. 8. Ulm, Stettin. 752.

Tölpel-Peter, Der. Geschichten in Bildern zur belehrenden Unterhaltung ... Frankf. a. M. 1850. V: *Schrotzenberger, Robert.* (Ky)

Tölpel-Peter, der. Geschichten in Bildern zur belehrenden Unterhaltung für die Jugend v. R. Schrotzenberger). gr. 4. (24 lith. u. col. Bl. m. Text.) Frankfurt a. M. 850, Lizius. 2/3 *ℛ*

Tölpel-Peter, der, Geschichten rc., s. Schrotzenberger.

Tölsner, Carl August: Die Colonie Leopoldina in Brasilien. Schilderung ... der wichtigsten dort erzeugten Culturprodukte, namentl. des Kaffees. — Göttingen 1858: Dieterich. 77 S.
Gottingen, Phil. Diss. 1858.

Tölsner, Carl Aug., die Colonie Leopoldina in Brasilien. Schilderung des Anbaus und der Gewinnung der wichtigsten dort erzeugten Culturproducte, namentlich des Kaffees, sowie einiger anderen während eines langjährigen Aufenthaltes daselbst gemachten Beobachtungen und Erfahrungen. Inaug.-Dissert. Göttingen 858. (Vandenhoeck u. Ruprecht.) 8. (77 S.) n. 12 *ngr.*

[Russ.] Graf Lev **Tolstoj** i Svjatějšij Sinod. *Berlin: G. Štejnc 1901.* (75 S.) 8° (Auf d. Umschl.: Graf Leo Tolstoj u. der Heil. Synod.)

— dasselbe. Deutsch v. N. Syrkin. 8. (77 S.) Ebd. (901). n. 1.—

Graf Leo Tolstoi und der heilige Synod [Graf Lev **Tolstoj** i Svjatějšij Sinod]. Deutsch von Dr. N. Syrkin. *Berlin: H. Steinitz (1902).* (77 S.) 8° [F.]

Tolstoi, Graf Leo, u. der Hl. Synod. (77 S.) 8. Berlin (903). Globus Verlag. n. — 30

Tolstoj, Alekšej Konstantinovič, Graf

Tolstoi, Graf Alexis, vgl. Golenischtschew-Kutusow, Graf A.

Zar Boris [Car Boris]. Trauerspiel in 5 Akten von Alexei Tolstoi [Alekšej Konstantinovič Graf **Tolstoj**]. Deutsch von Rudolf Seuberlich. Berlin: Steinitz (1909). 179 S. 8° [10. 4712

[Russ.] Graf A[leksěj] K[onstantinovič] **Tolstoj**. Bunt v Vatikaně. Russkaja istorija ot Gostomysla s IX po XIX v. *Berlin: G. Štejnic (1904).* (30 S.) 8°
[Auf d. Umschl.:] A. K. Tolstoi. Der Aufstand [im Vatikan. Russ. Gesch. von Gostomysl vom 9.–19. Jh.] ...
(Sobranie lučšich russkich proizvedenij. Č. 84.) [04. 9236

— u. Nikolai **Nekrassow**, Dichtungen. Eine Auswahl, in deutscher Uebertragung mit Beifügung des russischen Textes von Jessen [Ludw. v. Osten]. gr. 8. (V, 167 S.) St. Petersburg 881. Röttger. n. 6. —; geb n. 7. 50

— Zar Fjôdor. Historisches Drama in 5 Akten. Deutsch v. Rud. Seuberlich. (159 S.) 8. Ebd. (908). 2. —

Tolstoj, Graf Alexei **K.**, Gedichte, s.: Universal-Bibliothek.

Tolstoi, Alexei [Konstantinovič] : Zwei vergessene Gedichte, übers. von Rudolf Seuberlich. Riga: Kymmel 1905. 35 S. 8°

Tolstoi, Alexei, zwei vergessene Gedichte, übers. v. Rud. Seuberlich. (35 S.) 8. Riga (906). N. Kymmel's Sort. n. 1. —

Zar Iwan der Schreckliche [Knjaz' Serebrjannyj]. Roman von Graf Alexis Tolstoy [Aleksěj Konstantinovič Graf **Tolstoj**]. Aus d. Russ. übers. von Wilhelm Lange. 2. Aufl. *Berlin: F. Wunder [1903].* (XI, 191 S.) 8° [F.] [04. 2561

Zar Iwan der Schreckliche [Knjaz' Serebrjannyj]. Roman von Graf Alexis [Konstantinovič] **Tolstoi**. Aus d. Russ. übers. von Wilhelm Lange. Bd 1. 2. Ill. von F. Koch, Gotha. Berlin: Buchverlag fürs Deutsche Haus (1909). 8°
(Die Bücher d. Deutschen Hauses. Bd 65 u. 66.) [09. 11407

— dasselbe, s. a. Bücher, die, des deutschen Hauses.

Tolstoy, Graf Alexis, Fürst Serebräny. Roman in 2 Bdn. Aus dem Russischen übers. von Wilh. Lange. Mit einer Einleitung von Jul. Hart. 2 Bde. 8. (XII, 265; 294 S.) [Berlin 882, Auerbach'sche Verlagsh.] Leipzig, Unflad. *

[Russ.] A[leksěj] K[onstantinovič] **Tolstoj**. Son Statskago Sovětnika Popova. *Berlin: G. Štejnic (1901).* (24 S.) 8°
[Auf d. Umschl.:] A. K. Tolstoi. Der Traum ...
(Sobranie lučšich russkich proizvedenij. Č. 80.) [01 ...

— Der Tod Jwan des Grausamen. Histor. Drama in 5 Akten. Deutsch v. Rud. Seuberlich. (159 S.) 8. Ebd. (908). 2. —

Tolstoj, Dimitrij A., Graf

Tolstoy, Graf D., kurzer Auszug aus dem allerunterthänigsten Bericht an Seine Majest. den Kaiser von Rußland in Angelegenheiten der orthodoxen russ. Kirche für das J. 1871. Aus dem Russ. übersetzt. gr. 8. (66 S.) Wiesbaden 873, Niedner. *

— dasselbe f. d. J. 1872 u. 1873. Aus dem Russ. übersetzt. gr. 8. (69 u. 70 S.) Ebend. 874. 75. à n. 1. 60

Tolstoy, Graf D., kurzer Auszug aus dem unterthänigsten Bericht an Se. Maj. den Kaiser von Rußland in Angelegenheiten der orthodoxen russischen Kirche für das J. 1874. Aus dem Russ. übers. gr. 8. (67 S.) Wiesbaden 876, (Niedner.) *
—— dass. — für die J. 1875 und 1876. Aus dem Russ. übers. gr. 8. (68; 65 S.) (Ebendas.) à Jahrg. *

Tolstoy, Graf D., kurzer Auszug aus dem allerunterthänigsten Bericht an Se. Maj. den Kaiser von Rußland in Angelegenheiten der orthodoxen russischen Kirche für das J. 1877. Aus dem Russischen übers. gr. 8. (81 S.) Wiesbaden 879, (Niebner.) *

Tolstoi, Graf D. A., ein Blick auf das Unterrichtswesen Russlands im XVIII. Jahrh. bis 1782. Aus dem Russischen übers. von P. v. Kügelgen. Lex.-8. (121 S.) St. Petersburg 884. (Leipzig, Voss' Sortiment.) *
Aus: Beiträge zur Kenntniss des Russischen Reiches etc., besonders abgedruckt.

Tolstoi, Graf D. A., das akademische Gymnasium und die akademische Akademie im XVIII. Jahrhundert, s. Beiträge zur Kenntniss des Russischen Reiches und der angrenzenden Länder Asiens.

Graf I(van Ivanovič) **Tolstoi**. Der Antisemitismus in Russland. Übers. von Dr. Arcadius Silberstein, Rechtsanw., St. Petersburg. Frankfurt a/M.: Kauffmann 1909. 138 S. 8° [09. 9801

Tolstoj, Lev L'vovič, Graf

Tolstoi Sohn, Graf Lew Ljwowitsch, Chopin-Prélude. Uebers. von C. v. Gütschow. 8. (79 S.) Leipzig 901. W. Fiedler. n. 1. —

Tolstoi Sohn, Graf Leo, das blaue Heft. Erzählung. Aus dem Russ. v. Alexis Markow. 8. (64 S.) Berlin 894. H. Steinitz' Verl. n. 1. —

— dasselbe. Uebers. v. Wladimir Czumikow. 8. (72 S.) Stuttgart 898. C. Malcomes. n. — 75

— das blaue Heft. Aus d. Russ. v. Alexis Markow. 8., 9. u. 10. Taus. 8. (68 S.) Berlin (901). H. Steinitz. n. 1. —

Graf Leo Tolstoi Sohn [Lev L'vovič **Tolstoj**]. Das blaue Heft. (Ein Seitenstück z. Kreutzer-Sonate.) Aus d. Russ. von Dr. Alexis Markow [Markov]. 12., 13. u. 14. Taus. *Berlin: H. Steinitz (1901).* (68 S.) 8° [F.] [04. 4790 11

Tolstoi, Sohn, Graf Leo, das blaue Heft. (68 S.) 8. Berlin (903). Globus Verlag. n. — 30

Tolstoi Sohn, Leo [L'vovič] : Ein Präludium Chopins. Deutsch v. Wilhelm Thal [d. i. Lilienthal]. Berlin: H. Steinitz (1899). (96 S.) 8°

— ein Präludium Chopins. Deutsch v. Wilh. Thal. 4.—6. Taus. 8. (96 S.) Ebd. 901. n. 1.—

— ein Präludium Chopins. 7.—9. Taus. (96 S.) 8. Ebd. (903). n. — 30

— die Verführung. E. Sittenbild. Deutsch v. Alexis Markow. 8. (94 S.) Berlin 895. H. Steinitz. n. 1. —

— die Verführung. Ein Sittenbild. Deutsch v. Alexis Markow. 7.—9. Taus. 8. (86 S.) Ebd. 901. n. 1. —

Graf Leo Tolstoi Sohn [Lev L'vovič **Tolstoj**]. Die Verführung. Ein Sittenbild. Deutsch von Dr. Alexis Markow [Markov]. (10., 11. u. 12. Taus.) *Berlin: H. Steinitz (1901).* (86 S.) 8° [F.] [04. 4791 11

— die Verführung. Ein Sittenbild. (86 S.) 8. Ebd. (903). n. — 30

— die Versuchung. Aus d. Russ. v. Alexis Markow. 1.—6. Taus. 8. (VI, 58 S.) Ebd. 895. n. 1. —

Tolstoj, Lev Nikolaevič, Graf

Tolstoj, L. Reife Aehren. Betrachtungen, Gedanken u. Bekenntnisse aus den Schriften und Briefen. Gesammelt, übers. u. hrsg. v. *W. Henckel*. Mit e. Lebensskizze d. Verf., seinem Bildnis u. e. Verzeichnis seiner in deutscher Uebersetzg erschienenen Werke. 8°. VIII, 188 S. Zürich, Karl Henckell & Co. 1898. 2 —

Tolstoj, Lev Nik.: Albert, s. Collection Figaro.

— Die Annexion Bosniens u. der Herzegowina. Nach dem russ. Mskr. übers. v. Edm. Rot. 1.—5. Taus. (48 S.) 8. Berlin 909. Herm. Walther. 1. —

Tolstoj, Leo N., An die Arbeiter. Mit Anhang. Uebers. v. Raph. Löwenfeld. 8°. Leipzig, E. Diederichs, 1902.

— an die Arbeiter. Mit Anh. Übers. v. Raph. Löwenfeld. 1.—4. Taus. 8. (76 S.) Leipzig 903. Jena, E. Diederichs. n. — 50

L[ev] N[ikolaevič] Tolstoi. Zur Arbeiterfrage [Edinstvennoe sredstvo]. Deutsch von Dr. N. Syrkin. 2. Aufl. *Berlin: H. Steinitz (1901).* (48 S.) 8° [F.] [02. 9073 II

L[ev] N[ikolaevič] Tolstoi. Zur Arbeiterfrage [Edinstvennoe sredstvo]. Deutsch von Dr. N. Syrkin. 3. Aufl. *Berlin: H. Steinitz (1901.)* (48 S.) 8° [F.] [02. 2243

Tolstoi [Tolstoy], Graf Leo [Nikolaiewitsch], unsere Armen und Elenden, s. Taschen-Bibliothek, russische.

— dasselbe, s.: Collection Figaro.

— unsere Armen u. Elenden. Übers. aus dem Russ. v. Herm. Roskoschny. 2. Aufl. 8. (110 S.) Leipzig 894. Greßner & Schramm. n. — 80

— auf Feuer habe acht! Zwei Greise, s.: Volksbücher, Wiesbadener.

Auferstehung [Voskresenie]. Roman von Graf Leo Tolstoy [Tolstoj]. Aus d. Russ. von Wilhelm Lange. (Vollst. unverkürzte Ausg.) *Berlin: H. Bermühler 1899.* (S. 1–128; mehr nicht erschienen.) 8° [F.]
= Europa. Sammlung von Romanen. Bd 1, H. 1. 2. [99. 1047 II

— dasselbe, s.a. Europa. 1. Bd.

— dasselbe. Roman in 3 Bdn. Stuttgarter Ausg. nach d. russ. Original v. Arnold Hollmann u. K. Walther. 4 Tle. in 1 Bde. 8. (159, 156, 159 u. 166 S.) Stuttgart (899). Franckh. n. 2.—; geb. n. 3.—; in einzelnen Bdn. à n. — 80

— dasselbe. Übers. v. C. Lockenbug. 3 Bde. 8. (793 S.) Leipzig (899. 900). [W. Friedrich.] M. Altmann. n. 6. —; in 2 Bde. geb. n. 8. —

Auferstehung. Roman von Graf Leo Tolstoj. Erste vollst. im Auftr. des Verf. hergest. Uebers. von Wadim Tronin u. Ilse Frapan. 3. Aufl. *Berlin: F. Fontane & Co. 1900.* (722 S.) 8° [F.] [00. 1911

— Auferstehung. Roman. Erste vollständ. im Auftrage des Verf. hergestellte Uebersetzg. von Wadim Tronin u. Ilse Frapan. 4. Taus. gr. 8. (IX, 722 S.) Berlin 900. [F. Fontane & Co.] E. Fleischel & Co. n. 6. —; geb. n. 7. 50

Auferstehung. Roman in 3 Teilen von Graf Leo Tolstoi. Aus d. Russ. übers. Mit d. Bildn d. Verf. u. e. Vorbemerk. von Dr. Franz Kwest. *Halle a. d. S.: O. Hendel [1900].* (IV, 640 S.) 8° [F.]
= Bibliothek d. Gesamtlitteratur d. In- u. Auslandes. No 1340–46. [00. 3243

— dasselbe. Nach der einz. ungekürzten Orig.-Ausg. m. Genehmigg. des Verf. übers. von Wladimir Czumikow. Mit Buchschmuck v. F. Lippisch. 3 Bde. 1.—5. Taus. 8. (IV, 405, 348 u. 197 S.) Leipzig 900. Jena, E. Diederichs. n. 6. —; geb. n. 8. 50; in 2 Bde. geb. n. 8. —; auch in 12 Lfgn. à n. — 50

Tolstoi, Leo N[ikolaevič], Graf: Auferstehung [Voskresenie]. Deutsch von Wilhelm Thal [d. i. Lilienthal]. Mit Ill. von A. v. Schrötter. Bd 1–4. Berlin, Eisenach, Leipzig: H. Hillger [1900]. 8°
= Bücherschatz, Kürschner's. No 189–192.

— dasselbe. Deutsch v. W. Thal, s.a. Kürschner's Büchersch.

Tolstoj, Graf Leo N., Auferstehung. Roman. Vollständige Uebersetzg. aus dem Russ. v. Adf. Heß. 2. Aufl. 8. (640 S.) Stuttgart 900. Deutsche Verlags-Anstalt. n. 2. —; geb. n.n. 3. —

— dasselbe. Aus dem Russ. übers. v. L. A. Hauff. 1. u. 2. Aufl. 8. (à 528 S.) Berlin (900. 901.) O. Janke. n. 2. —; geb. 3. —

Graf Leo [Nikolaevič] Tolstoi. Auferstehung [Voskresenie]. Ein Roman. *Berlin: H. Steinitz [1902].* (640 S.) 8° [F.] [02. 9535

Auferstehung [Voskresenie]. Roman von Graf Leo Tolstoi [Lev Nikolaevič Tolstoj]. Uebers. u. mit einl. Worten von Adam Kotulski. Mit d. Bildn. Tolstois. Berlin: A. Weichert [1900]. (380 S.) 8° [F.] [08. 9103 II

— Auferstehung. Illustr. Ausg. aus dem Russ. übers. v. Alex. Duroff. (688 S.) 8. Berlin (909). Schreiter. 2. —; geb. 3. —

Auferstehung [Voskresenie]. Roman von Graf Leo Tolstoi [Lev Nikolaevič Tolstoj]. Stuttgarter Ausg., nach d. russ. Orig. von Arnold Hollmann u. K. Walther. Bd 1. 2. Berlin: Buchverl. fürs Deutsche Haus 1910. 8°
(Die Bücher d. Deutschen Hauses. Bd 105. 106.)

— dasselbe, s.a. Bücher, die, des deutschen Hauses.

— dasselbe. Übers. von M. v. Pezold, s.: Universal-Bibliothek.

Graf Leo [Nikolaevič] Tolstoi. Die Auferstehung der Hölle [Vozstanovlenie ada]. Deutsch von Wilhelm Thal [d. i. Lilienthal]. *Berlin: H. Steinitz 1903.* (54 S.) 8° [F.] [04. 8072

— Aufruf an die Menschheit. Einzig bevollmächt. Übersetzg. v. Wlad. Czumikow. Mit Buchschmuck v. John Jack Vrieslander. 1.—6. Taus. 8. (à IV, 113 S.) Leipzig 901. Jena, E. Diederichs. n. 1. —

— kurze Auslegung d. Evangeliums. Deutsch v. F. W. Ernst. 8. (256 S.) Berlin 891. H. Steinitz' Verl. n 2. 50

— russische Bauern. Deutsch von Ernst v. Glehn. 8. (126 S.) Leipzig 887. Reißner. n. 1. —

— die Bauernrevolten im südlichen Russland. (In russ. Sprache.) 8. (63 S.) Berlin 902. J. Räde. n. 2. —

— Die Bedeutung der russischen Revolution. Berechtigte Übersetzg. v. Adf. Heß. 1.—5. Taus. (83 S.) 8. Oldenburg (907). Schulze. — 80

— Die Bedeutung der Wissenschaft u. der Kunst. Aus dem Russ. v. Aug. Scholz. gr. 8. (117 S.) Dresd. 891. Pierson. * 2 —

— Meine Beichte. Übers. u. m. e. Vorwort versehen v. Alexis Markow. 1.—5. Aufl. 8. (IV, 118 S.) Berl. 890,91, Cassirer u. Danziger. * 1 —

— meine Beichte. Ubers. u. m. e. Vorwort versehen v. Aloxis Markow. 2. Aufl. 8. (IV, 118 S.) Berlin 890. Cassirer & Danziger. n. 1. —

— dass. — Mit Genehmigg. d. Verf. nach der 2. Aufl. übers. v. L. A. Hauff. 8. (VIII, 136 S.) Berl. 890, Janke. * 1 —

— dass. — Uebers. v. Wilh. Lilienthal. 8. (132 S.) Berl. 891, [Nordd. Verlags-Institut.] Pohlmann. * 1 —

— meine Beichte. Mit Genehmigg. des Verf. nach der 2. Aufl. übers. v. L. A. Hauff. 2. Aufl. 8. (VIII, 136 S.) Berlin 894. O. Janke. n. 1. —

— dasselbe. Deutsch v. Wilh. Lilienthal. Vom Verf. autoris. Ausg. 4. Aufl. 8. (132 S.) Berlin 894. H. Steinitz' Verl. n. 1. —

— meine Beichte. Deutsch v. Wilh. Lilienthal. V. Verf. autor. Ausg. 5. Aufl. 8. (132 S.) Ebd. 895. n. 1. —

— meine Beichte. Deutsch v. Wilh. Lilienthal. Vom Verf. autoris. Ausg. 6. u. 7. Aufl. (12.—15. Taus.) gr. 8. (à 132 S.) Ebd. (900. 901.) n. 1. —

Tolstoi, Graf Leo N., Bekenntnisse. Was sollen wir denn thun? Aus dem russ. Manuskript übers. v. H. v. Samson-Himmelstjerna. 8. (VIII, 218 S.) Leipzig 886. Duncker & Humblot. n. 4. 20

— die Belagerung v. Sewastopol, s.: Sammlung klassischer russischer Schriftsteller.

— besinnt Euch! Uebers. v. A. Skarvan. (1.—5. Taus.) (à 99 S.) 8. Berlin 904. F. Fontane & Co. n. 1. —

— besinnet Euch! (Tut Buße.) Ein Wort zum russisch-japan. Krieg. Uebers. v. Raph. Löwenfeld. 1.—4. Taus. (IV, 100 S.) 8. Jena 904. E. Diederichs. n. — 80

— zur sozialen Bewegung in Russland. (In russ. Sprache.) (24 S.) 8. Berlin (905). H. Steinitz. n. 1.—

— Biographie u. Memoiren. Autobiograph. Memoiren, Briefe u. biograph. Material, hrsg. v. Paul Birukof u. durchgesehen v. Leo Tolstoi. I. Bd. Kindheit u. frühes Mannesalter. (Mit 28 Illustr.) Orig.-Umschlagzeichng. v. Heinr. Rauchinger. (X, 493 S.) 8. Wien 906. M. Perles. n. 8. —; geb. n. 9. 20

— Biographie u. Memoiren. Autobiographische Memoiren, Briefe u. biograph. Material, hrsg. v. Paul Birukof u. durchgesehen v. Leo Tolstoi. II. Bd. Reifes Mannesalter. (Mit 10 Illustr.) Orig.-Umschlagzeichng. v. Heinr. Rauchinger. (IX, 554 S.) 8. Wien 909. M. Perles. 8.—; geb. n 9. 20

— der erste Branntweinbrenner. Des Teufels Knecht. Das Korn, s.: Gabelsberger-Bibliothek. 46. Bd.

— Brief an e. Hindu. Autoris. Uebersetzg. v. A. Skarvan. Mit Vorwort hrsg. v. E. H. Schmitt. (XII, 24 S.) gr. 8. Heidelberg 910. L. M. Waibel & Co. — 75

— Briefe 1848—1910. Gesammelt u. hrsg. v. P. A. Sergejenko. Autoris. vollständ. Ausg. (560 S. m. Bildnis.) gr. 8. Berlin 911. J. Ladyschnikow. 6. —

— Briefe üb. Kischinew, s.: Gorki, M., Protest gegen die Gesellschaft.

Tolstoj, L[ev] N.: Carstvo Božie vnutri vas ... 2 Bde. 8. (X, 302 u. XII, 233 S.) Berlin 1894. Bibliograph. Bureau.

[Russ.] L[ev] N. Tolstoj. Carstvo Božie vnutri vas ili christianstvo ne kak mističeskoe učenie, a kak novoe žizneponimanie . . . Edinstvennoe. avtorom razrešennoe izd. Čast' I. II. *Berlin: A. Dejbner [1896].* (Tolstoi. Das Reich Gottes [in Euch, oder das Christenth. nicht als mystische Lehre, sondern als neue Lebensanschauung . . . Einzige v. Vf. autoris. Ausg. Th. I. II. . . .]) 2 Bde 8.
I. (X. 302 S.) II. (XII. 233 S.)

— Christentum u. Patriotismus. (In russ. Sprache.) 12. (174, 26 u. 16 S.) Ebd. 896. n. 2. —

— Christentum u. Vaterlandsliebe. Nach e. Copie des Orig.-Mscr. m. Zusätzen des Verf. aus dem Russ. übers. v. L. A. Hauff. 8. (121 S.) Berlin 894. O. Janke. n. 1. —

— Christenverfolgung in Russland im J. 1895. Uebersetzung aus d. Russ. von M. v. O. gr. 8. (40 S.) Berlin 896. F. Gottheiner. n. — 75

— russische Christenverfolgungen im Kaukasus 1895. M. e. Einleitg. v. Stopniak u. e. Vor- u. Nachwort. gr. 8. (48 S.) Dresden 896. C. Reissner. n. — 80

[Russ.] L[ev] N[ikolaevič] Tolstoj: Čto takoe religija i v čem suščnost' eja? Berlin: G. Stejnic 1902. (105 S.) 8°
[Auf d. Umschl.:] L. N. Tolstoi, Was ist Religion?
(Izvěstnějšaja russkaja biblioteka. Č. 31.)

— kurze Darlegung d. Evangelium, s.: Universal-Bibliothek.

Pirmasis degtindaris. Šešių veikimų komedija. Pagal L[ev Nikolaevič] Tolstoi'jų parašė K. Stiklelis. Tilžėje: v. Mauderode 1909. 31 S. 8°
[Der erste Branntweinbrenner. Komödie in 6 Aufz., ins Lit. übers.] [10. 1689

[Russ.] L[ev] N[ikolaevič] Tolstoj. K političeskim dějateljam. *Berlin: G. Štejnic (1903).* (40 S.) 8°
[Auf d. Umschl.:] L. N. Tolstoi, An die Politiker ...
(Sobranie lučšich russkich proizvedenij. Č. 73.) [04. 9358

— Die Dekabristen, s.: Collection Figaro.

— die Dekabristen, s. Taschen-Bibliothek, russische.

Tolstoi, Leo. (Fürstenmörder und Fürsten-Mörder.) Du sollst nicht tödten! Zur Ermordung des Königs Humbert. Aus dem Russischen übersetzt von Dr. N[icolaus] W[assilieff]. 16 S. 8. Basel, Emil Birkhäuser, 1901. [fr. —. 20]

Du sollst nicht töten. Der Christ u. d. Verhältnis z. Staat. Die Christenverfolgung in Russland 1895. Neue Schriften von Graf Leo N[ikolaevič] Tolstoi. Aus d. Russ. übers. v. L. A[lbert] Hauff. *Berlin: O. Janke [1901.]* (135 S.) 8° [F.]
(Collection Otto Janke.) [02. 4748

— über die Ehe. Berechtigte Uebersetzg. aus dem Russ. v. Korfiz Holm. (184 S.) 8. München 905. A. Langen. n. 1. 50

Tolstoj (Tolstoi), Graf Leo N., „eines ist not" (Ueber die Staatsmacht). Berechtigte Uebersetzung von Adf. Heß. 1.—5. Taus. (79 S.) 8. München 906. A. Langen. n. 1.—

— das Ende naht. Deutsch v. W. Henckel. 8. (17 S.) Zürich 897. K. Henckell & Co. n. — 25

— das Ende e. Zeitalters. (Die bevorsteh. Umwälzung.) Berechtigte Uebersetzg. aus dem Russ. v. Korfiz Holm. 1.—5. Taus. (87 S.) 8. München 906. A. Langen. n. 1. —

Meine ersten Erinnerungen sowie verschiedene kleine Schriften von Graf Leo N. Tolstoi. Aus d. Russ. von L. A[lb.] Hauff. *Berlin: O. Janke [1900].* (140 S.) 8° [F.]
(Collection Otto Janke.) [01. 569

— kaukasische Erzählungen. (Ein Überfall. — Der Holzschlag. — Eine Begegng. im Felde.) Sewastopol. — Schneesturm. — Eheglück. — Polikuschka. — Leinwandmesser. Vollständige Übersetzg. v. Raph. Löwenfeld. (Novellen. 2. Bd.) 2. Aufl. (Neue [Titel-]Ausg.) 8. (632 S.) Leipzig [897.] 901. Jena, E. Diederichs. n. 4. —

[Ant. u. Russ.] Kleine Erzählungen von Leo Tolstoj. Lev N[ikolaevič] Tolstoj. Melkie razskazy. Berlin: Ladyschnikow [1910]. 52 S. 8°
[10. 15459

Tolstoi [Tolstoy], Graf Leo [Nikolaiewitsch], kleine Erzählungen und Kriegsbilder. Aus dem Russ. übers. von Wilh. Paul Graff. 8. (266 S.) Berlin 886, Wilhelmi. *

— neue Erzählungen. [Der Morgen des Gutsherrn. (1852.) — Der Tod d. Iwan Ilitsch. (1886.)] 8. (191 S.) Leipzig 887. Greßner & Schramm. n. 4. —

—— neue Erzählungen. [Der Morgen des Gutsherrn. (1852.) — Der Tod des Iwan Ilitsch. (1886.)] 8. (191 S.) Leipzig 889, Greßner und Schramm. *

— neue Erzählungen u. Legenden. Autoris. Stuttgarter Ausg., Uebers. v. A. Starvan. (VII, 107 S.) 8. Stuttgart (906). Franckh. n. 1. —; geb. n. 1. 80

— neueste Erzählungen. (In russ. Sprache.) 8. (III, 123 S.) Berlin 894. Bibliograph. Bureau. n. 2. —

— verbotene Erzählungen, s.: Gorki, M.

— zwei Erzählungen. [Albert. Eine Winterfahrt.] 8. (107 S.) Berlin 888. S. Fischer Verl. n. 1. —

Tolstoi, Graf, L. Zwei Erzählungen. (Polikuschka. — Luzern.) Uebersetzt von *H. Roskoschny.* 2 Bände. In-8°, 92 und 90 S. Leipzig, Gressner & Schramm. 1888. 2 70
*** „Russische Taschen-Bibliothek", Bd. 15 und 16.

—— zwei Erzählungen, s. Taschen-Bibliothek, russische.

— über Erziehung u. Bildung. Deutsch v. N. Syrkin. 8. (80 S.) Berlin 902. H. Steinitz. n. — 80

L[ev] N[ikolaevič] Tolstoi. Das Evangelium. Kurze Auslegung mit Anm. aus d. Werke 'Vereinigung u. Uebersetzung d. vier Evangelien'. (Hrsg.: W[ladimir] u. A. Tschertkow [Čertkov].) Deutsch von Dr. N. Syrkin. *Berlin: H. Steinitz (1902).* (192 S.) 8°

Tolstoy, Graf L., Familienglück; s.: Universal-Bibliothek. 1658.

— Familienglück. Erzählung. Mit Genehmigg. d. Verf. aus dem Russ. übers. von L. A. Hauff. 8. (146 S.) Berlin 888. Janke. n. 1. —

— Familienglück. (Der Roman der Ehe.) Erzählung. Mit Genehmigg. des Verf. aus dem Russ. übers. v. L. A. Hauff. 2. Aufl. 8. (146 S.) Berlin 894. O. Janke. n. 1. —

— hinter Festungswällen. Sewastópol im Dezbr. 1854. — Sewastópol im Mai 1855. — Sewastópol im Aug. 1855. Erzählungen. Aus dem Russ. übertr. v. Herm. Roskoschny. 2. Aufl. 8. (182 S.) Leipzig 894. Greßner & Schramm. n. 1. 20

Die sexuelle Frage. [O polovom voprosě.] Von Graf Leo N[ikolaevič] Tolstoi. Vollst. Übers. d. vielfach erg. u. erw. Ausg. d. russ. Orig. (Gesamm. von Wladimir Tschertkoff [Vladimir Čertkov].) *Berlin: O. Janke [1901].* (131 S.) 8° [F.]
(Collection Otto Janke.) [02. 4711

Leo N[ikolaevič] Tolstoj. Ueber die sexuelle Frage. Uebers. von Michael Feofanoff. (Mit Vorwort von W. Tschertkow [Čertkov].) 1.–5. Taus. *Leipzig: E. Diederichs 1901.* (135 S.) 8° [F.] [01. 9847

— dasselbe. Deutsch v. N. Syrkin. 3.—7. Aufl. 8. (à 117 S.) Ebd. (901. 902). n. 1. —

L[ev] N[ikolaevič] Tolstoi. Die sexuelle Frage [O polovom voprosě]. Deutsch von Dr. N. Syrkin 11.–15. Taus. *Berlin: H. Steinitz (1902).* (117 S.) 8° [F.]

— dasselbe. Deutsch von H. v. Carlawitz. 8. (144 S.) Dresden (902). M. Fischer. — 50

— die sexuelle Frage. (117 S.) 8. Berlin (903). Globus Verlag. n. — 30

— die Früchte der Bildung. Lustspiel in 4 Aufzügen. Vom Verf. genehmigte deutsche Uebersetzg. v. Raphael Löwenfeld. 8. (180 S.) Berlin 891. R. Wilhelmi. n. 1. —

— dasselbe. Deutsch v. J. Nikolajew. 8. (114 S.) Berlin 891. S. Fischer Verl. n. 1. —

Die Früchte der Aufklärung [Plody prosvěščenija]. Lustspiel in 4 Akten von L[ev] N[ikolaevič] Graf Tolstoi. Aus d. Russ. übers. von B. Haass. Mit d. Bilde d. Dichters u. e. Vorbemerkung. *Halle a. d. S.: O. Hendel (1902).* (91 S.) 8° [F.]
(Bibliothek d. Gesamtlitteratur d. In- u. Auslandes. No 1594.)

— die Früchte der Aufklärung, s. d. Bibliothek der Gesamtlitteratur.

— Früchte der Bildung. Schauspiel in 4 Aufzügen. Deutsch v. Aug. Scholz. (153 S.) 8. Berlin (903). B. Cassirer. n. 1. 20

— dasselbe. Lustspiel in 4 Aufzügen. Uebers. v. Raph. Löwenfeld. (IV, 171 S.) 8. Jena 905. E. Diederichs. n. 1. —

— ernste Gedanken üb. Staat u. Kirche. Aus dem russ. Mscr. übers. 2. Aufl. gr. 8. (28 S.) Berlin 891. Cassirer & Danziger. n. 1 —

— Gedanken weiser Männer. Mit Genehmigg. des Verf. deutsch hrsg. v. Adf. Heß. (398 S.) 8. München 904. A. Langen. n. 4. 50; geb. n.n. 6. —

— Gefangen im Kaukasus, s.: Jugendbücherei, deutsche.

— der Gefangene im Kaukasus. Erzählg. Deutsch v. Fritz Bobrischeck. 8. (112 S.) Dresden (902). M. Fischer. — 50

— Der Gefangene im Kaukasus u. andere Erzählungen, s.: Für Herz u. Haus.

— der Gefangene im Kaukasus u. andere russische Soldatengeschichten. Mit Genehmigg. d. Verf. aus dem Russ. übers. v. L. A. Hauff. 8. (284 S.) Ebd. 888. n. 2. —

Tolstoi, Leo. Der Gefangene im Kaukasus — Warum? Zwei Erzählungen von L. T. Deutsch von Adolf Hess. 64 S. 8. Bern, Haller, (Dezember) 1908. fr. —.10
Verein für Verbreitung guter Schriften (Verein Bern). Nr. 71.

Tolstoj, Lev Nik.: Geld, s. Collection Figaro.

—— Das Geld. Mit Genehmigg. d. Verf. aus dem Russ. übers. v. L. A. Hauff. Nebst e. Briefe d. Verf. an Hrn. N. 8. (128 S.) Berl. 890, Janke. * 1 —

— Geld! Soziale Betrachtgn. Deutsch v. Aug. Scholz. 8. (79 S.) Berlin 891. S. Fischer Verl. n. 1. —

Tolstoj's, Graf Leo N., grausame Genüsse. Aus d. Russ. 8. (140 S.) Berlin 895. O. Janke. n. 1. —

Tolstoj, Graf Leo N., lasterhafte Genüsse. Aus dem Russ. 8. (III, 136 S.) Berlin 892. O. Janke. n. 1. —

— dasselbe. Aus dem Russ. (v. L. A. Hauff). 2. Aufl. 8. (92 S.) Ebd. 894. n. — 50

Tolstoy, Graf L. N., Geschichte meiner Kindheit. Aus dem Russischen übers. von Ernst Röttger. 12. (189 S.) Leipzig 882. Steinacker in Comm. n. 3. —; geb. n. 4. 50

Tolstoy, Graf Leo N., Geschichte meiner Kindheit. 12. Leipzig 882. Kassel, Röttger. [* M 3.—] *
geb. [* M 4.50] *

—— Einfache Geschichten, s. Zehnpfennig-Bibliothek.

— dasselbe, s.: Birukoff, P.

— ein düsteres Geschick. Roman. Deutsch von H. v. Carlowitz. 8. (108 S.) Dresden (902). M. Fischer. — 50

Leo N[ikolaevič] Tolstoi. Das Gesetz der Gewalt und das Gesetz der Liebe. (Autor. Übers. von A. Steinberg.) Berlin: H. Bondy 1909. 107 S. 8°

— christliche Gesinnung u. Patriotismus. Uebers. v. W. Henckel. 8. (III, 69 S.) Berlin 894. G. Müller, Nachf. n. — 75; ermäß. Pr. — 45

Das Gewissen. Erzählung von Leo Graf Tolstoj u. Nikolaj [Ivanovič] Kostomarow [Kostomarov]. Deutsch von A[ugust] Scholz. 1. bis 10. Taus. *Berlin: R. Eckstein Nachf. [1903].* (95 S.) 8°
— Bibliothek, Ecksteins Moderne. No 29. [03. 11609

— u. Nikolaj Kostomarow, das Gewissen, s. a. Eckstein's moderne Bibliothek. Nr. 29.

Graf Leo Tolstoi. Ueber Gott und Christentum. Deutsch von Dr. N. Syrkin. (7. Aufl.) *Berlin: H. Steinitz (1901).* (120 S.) 8° [Ant. u. F.] [01. 2033

— über Gott u. Christentum. (Vorwort des Übersetzers. — Gedanken üb. Gott. Leben u. Lehre Jesu. — Wie soll man das Evangelium lesen u. worin besteht sein Wesen?) Deutsch v. N. Syrkin. (7.—10. [Umschlag-] Aufl.) 8. (120 S.) Ebd. 901. n. 1. —

— über Gott u. Christentum. Vorwort des Uebersetzers — Gedanken üb. Gott — Leben u. Lehre Jesu — Wie soll man das Evangelium lesen u. worin besteht sein Wesen? (120 S.) 8. Ebd. (903). n. — 30

— Gott u. Unsterblichkeit. — Das Leben u. die Lehre Christi. Du sollst dem Bösen nicht Widerstand leisten. Aus dem Russ. übers. von L. A. Hauff. 8. (131 S.) Berlin (901). O. Janke. n. 1. —

— Gottes Reich ist in Euch, od. das Christentum nicht als e. myst. Lehre, sondern als neue Lebensanschaug. Vollständige, vom Verf. genehmigte Übersetzg. des russ. Orig.-Mskr. v. L. A. Hauff. 8. (XII, 294 S.) Berlin 894. O. Janke. n. 2. —

Göttliches und Menschliches. Erzählung von Leo Tolstoi. Berecht. Übertragung. Berlin: S. Fischer 1906. (80 S.) 8° [F.] [07. 1178

Tolstoi, Leo N[ikolaevič], Graf: Göttliches und Menschliches. Deutsch von Adolf Heß. Mit Ill. von A. Lewin. Berlin, Leipzig: Hillger [1908]. 110 S. 8°
(Kürschners Bücherschatz. Nr 631.)

— Göttliches u. Menschliches, s. Kürschner's Bücherschatz.

—— zwei Greise. Aus dem Russ. übers. von J. Brendel. 12. (79 S.) Neubrandenburg 887, Brünslow'sche Hofbuchh. geb.

—— Zwei Greise. Aus dem Russ. übers. v. J. Brendel. 2. Aufl. 12. (59 S. m. Bildnis.) Berl. u. Münch. 892, Schorß. * 1 —; geb. * 1 60

— Herr u. Knecht. Erzählg. Deutsch v. Herm. Roskoschny. 2. Aufl. 8. (102 S.) Berlin 895. Neufeld & Henius. n. 1. —

— dasselbe. Aus dem Original übers., m. e. Vorwort u. Erläutergn. vers. v. Adph. Garbell. 3. Taus. 8. (83 S.) Berlin 895. Stuhr. n. — 60

[F.] Herr und Knecht. Erzählg v. Graf Leo Tolstoi. Aus d. Orig. übs., m. e. Vorw. u. Erläut. vers. v. Adolph Garbell. 10. Taus. *Berlin: Stuhr 1895.* (83 S.) 1 Bd 8. [96. 8277

Herr und Knecht [Chozjain i rabotnik]. Erzählung (aus d. russ. Volksleben) von Graf Leo Tolstoi. Deutsch von Dr. Hermann Roskoschny. 3. Aufl. *Berlin: Neufeld & Henius [1899].* (102 S.) 8° [F.]
— [Bücherei, Bunte. Bd 1.]

— Herr u. Knecht. Erzählung. Deutsch v. Herm. Roskoschny. 3. Aufl. 8. (102 S.) Berlin (899.) [Neufeld & Henius.] Leipzig, Bibliogr. Anstalt. A. Schumann. 1. —

— dasselbe. Deutsch v. Carl Goritzky. 8. (128 S.) Dresden (902). M. Fischer. — 50

Tolstoi, Leo. Herr und Knecht. Erzählung. 64 S. 8. Zürich, Jacques Bollmann, Februar 1908. fr. —.15 [d. i. —.10]
Verein für Verbreitung guter Schriften. (Zürich) No. 69. 1908.

— dasselbe, s.: Bibliothek d. Gesamtlitteratur.

— dasselbe, s.: Eckstein's 50 Pfennig-Bibliothek, Nr. 18.

— dasselbe. Das Kaffeehaus v. Surate, s.: Reclam's Novellen-Bibliothek.

— dasselbe. Das Kaffeehaus v. Surate, s.: Universal-Bibliothek.

— die Hungersnot in Rußland. Mit e. Nachwort. Mit Genehmigg des Verf. aus dem Russ. übers. v. L. A. Hauff. 8. (132 S.) Berlin 894. O. Janke. n. 1. —

—— Zwei Husaren. — Erzählungen e. Markörs, s. Collection Figaro.

— zwei Husaren. Erzählung. Deutsch v. A. Hauff. 8. (120 S.) Berlin 888. Steinitz' Verl. n. 1. 50

Zwei Husaren [Dva gusara]. Erzählung von Graf Leo [Nikolaevič] Tolstoi. Deutsch von [L.] A[lbert] Hauff. 4., 5., 6. Taus. *Berlin: H. Steinitz (1902).* (112 S.) 8° [F.] [03. 1741

Tolstoj, Graf Leo N., zwei Husaren. Erzählung. 8. (112 S.) Dresden (902). M. Fischer. — 50

— zwei Husaren. (112 S.) 8. Berlin (903). Globus Verl. n. — 30

— dasselbe, Tagebuchblätter e. Marqueurs, s.: Universal-Bibliothek.

— Husarenstreiche. Stuttgarter Ausg., übers. v. Herm. Roskoschny. 8. (122 S.) Stuttgart (901). Franckh. n. 1. —

— 40 Jahre, s.: Bibliothek Langen, kleine.

Nach vierzig Jahren und andere Geschichten von Graf Leo [N.] Tolstoi. Deutsch von Wilhelm Thal [d. i. Lilienthal]. *Berlin: H. Steinitz [1900].* (128 S.) 8° [F.] [00. 8346

— nach vierzig Jahren u. andere Geschichten. (128 S.) 8. Berlin (903). Globus Verlag. n. — 30

— dasselbe. Über die Hinrichtgn. in Rußland. Deutsch v Edm. Rot. (51 S.) 8. Berlin (908). J. Ladyschnikow. 1. —

—— Jemeljan. Deutsch v. Aug. Scholz. 8. (76 S.) Berl. 891, Steinitz Verlag. * 1

Tolstoi, Graf Leo N., Jermak u. andere Geschichten. Deutsch v. C. Wild. 8. (148 S.) Berlin 888. Steinitz' Verl. n. 1. 50

Jermak und andere Geschichten von Graf Leo Tolstoi. Deutsch von Carl Wild. 4., 5., 6. Taus. *Berlin: H. Steinitz (1902).* (112 S.) 8° [F.] [03. 1801

— Jermak u. andere Geschichten. (112 S.) 8. Ebd. (903). n. — 30

[Russ.] Ispovĕd' grafa L['va] N[ikolaeviča] Tolstogo. Vstuplenie k sočineniju 'V čem moja vĕra'. *Berlin: I. Rĕde [1902].* (98 S.) 8°
[Auf d. Umschl.:] L. N. Tolstoi, Ma confession. [04. 6344

[Russ.] L(ev) N(ikolaevič) Tolstoj. Vstuplenie k kritikĕ dogmatičeskago bogoslovija i izslĕdovaniju christianskago učenija ‹Ispovĕd›. (Hrsg.: V[ladimir] & A. Čertkov.) *Berlin: G. Stejnic 1902.* (148 S.) 8°
(Auf d. Umschl.: Die Beichte. La Confession.)
(Izvĕstnĕjšaja russkaja biblioteka. Č. 27.) [03. 5627

— über die Juden. Vorwort v. O. Pergament. Deutsch v. S. Brauner. (48 S.) gr. 8. Berlin (908). E. Murawkin. 1. —

Tolstoj, Graf Leo N. Julius. [Wandelt, dieweil Ihr das Licht habt.] Erzählung aus der Zeit der ersten Christen. Übers. v. W. Lilienthal. 8. (135 S.) Berl. 891, [Norddeutsches Verlags-Institut.] Pohlmann. [1 50] 1 —

— dasselbe. Übers. v. W. Lilienthal. Neue (Titel-)Ausg. 8. (135 S.) Berlin 893. [G. Pohlmann.] H. Steinitz' Verl. 1. —

— Julius. (Wandelt, dieweil Ihr das Licht habt.) (135 S.) 8. Ebd. (903). n. — 30

— Iwan der Dummkopf u. andere Geschichten. Deutsch v. A. Scholz. 8. (132 S.) Ebd. 888. n. 1. 50

—— Iwan der Narr u. andere neue Dorfgeschichten. Aus dem Russ. v. L. A. Hauff. 8. (133 S.) Berl. 892, Janke. * 1 —

Iwan der Dummkopf und andere Geschichten von Graf Leo Tolstoi. Deutsch von A[ugust] Scholz. 4., 5. u. 6. Taus. *Berlin: H. Steinitz (1902).* (110 S.) 8° [F.]

— Iwan der Dummkopf u. andere Geschichten. (111 S.) 8. Ebd (903). n. — 30

—— dass. — s. Bibliothek, russische.

—— Anna Karenina. Roman in 6 Büchern. Aus dem Russ. übers. von Paul Wilh. Graff. 3 Bde. 8. (VI, 219; 180; 240 S.) Berlin 885, Wilhelmi. *

— Anna Karenina. Roman in 6 Büchern. Aus dem Russ. übers. v. Wilh. Paul Graff u. m. e. Vorwort v. Eug. Zabel. 2. Aufl. 3 Bde. 8. (XII, 251; 210 u. 281 S.) Ebend. 886. n. 10. —

— Anna Karenina. Roman in 6 Büchern. Aus dem Russ. übers. v. W. P. Graff. 3., verb. Aufl. 3 Bde. 8. (251, 206 u. 278 S.) Berlin 890. Wilhelmi. n. 10. —

—— Anna Karenina. Roman. Mit Genehmigg. d. Verf. aus dem Russ. übers. v. L. A. Hauff. 8. (484 S.) Berl. 892, Janke. * 4 — geb. * 5 —

[F.] Anna Karenina. Roman v. Graf Leo Tolstoi. Erste vollständ. autoris. deutsche Ausg. v. Helene Mordaunt … Bd 1—3. *Berlin: A. Deubner 1897.* 3 Bde 8.
1. 1. Taus. (1 Bl., 347 S.) 2. 2. Taus. (1 Bl., 458 S.) 3. 1. Taus. (1 Bl., 385 S.) [97. 711

— Anna Karenina. Roman. Erste vollständ. autor. deutsche Ausg. v. Helene Mordaunt. 3 Bde. 8. (347, 458 u. 385 S.) Berlin 897. H. Steinitz. n. 10. —; geb. n. 13. 75

— Anna Karenina. Roman. Mit Genehmigg. des Verf. aus dem Russ. übers. v. L. A. Hauff. 2. Aufl. 8. (484 S.) Berlin (900). O. Janke. n. 4. —

— dasselbe. Stuttgarter Ausg., nach dem russ. Original übers. v. Herm. Roskoschny. 5 Tle. in 1 Bde. 8. (160, 160, 159, 160 u. 160 S.) Stuttgart (900). Franckh. n. 3. 50; geb. n. 4. 50

— Anna Karenina. Roman. Mit Genehmigg. des Verf. aus dem Russ. übers. v. L. A. Hauff. 3. Aufl. Durchgesehen u. verb. v. Herm. Wollschlaeger. (487 S.) 8. Berlin (908). O. Janke. 3. —

— dasselbe. Roman aus der russ. Gesellschaft. Vollständig neu ins Deutsche übertr. u. m. einleit. Worten versehen v. Adam Kotulski. (685 S. m. Bildnis.) 8. Berlin (908). A. Weichert. (Urspr. Pr. 3. —)

— Katia (Roman d. Ehe), s.: Volks-Bibliothek, allgemeine.

— im Kaukasus. Der Überfall. — Wie ich e. Moskauer Bekannten im Felde begegnete. — Beim Waldausroden. Erzählungen. In deutscher Übersetzg. v. Herm. Roskoschny. 2. Aufl. 8. (168 S.) Leipzig 894. Greßner & Schramm. n. 1. —

[Ant. u. Russ.] Graf L. N. Tolstoj, Die Todesstrafe und das Christentum. Lev N[ikolaevič] Tolstoj. Smertnaja kazn i christianstvo. Berlin: Ladyschnikow [1909]. 23 S. 8° [09. 8786

[Russ.] L[ev] N[ikolaevič] Tolstoj. Konec vĕka. O predstojaščem perevorotĕ. Berlin: G. Stejnic (1906). (95 S.) 8°
[Auf d. Umschl.:] L. N. Tolstoi. Das Ende d. Jahrhunderts.
(Sobranie lučših russkih proizvedenij. Č. 115.) [07. 3614

— die Kosaken. Kaukasische Novelle. Aus dem Russ. von G. Keuchel. 1. und 2. Aufl. 8. (252 S.) Berlin 885,86, Deubner. *

— die Kosaken. Kaukasische Novelle. Aus dem Russ. v. G. Keuchel. 2. Aufl. 8. (252 S.) Berlin 887. Deubner. n. 3. —

— die Kosaken. Kaukasische Novelle. Aus dem Russ. v. G. Keuchel. 3. Aufl. 8. (252 S.) Berlin 888. Deubner. n. 2. —

— die Kosaken. Roman. Mit Genehmigg. d. Verf. aus dem Russ. übers. v. L. A. Hauff. 8. (300 S.) Berlin 889. Janke. n. 2. —

—— Die Kosaken. Kaukasische Novelle. 4. Aufl. 8. (263 S.) Berl. 890, [Norddeutsches Verlags-Institut.] Pohlmann. 1 50

— die Kosaken. Kaukasische Novelle. 5. (Titel-)Aufl. 8. (283 S.) Berlin 893. [G. Pohlmann.] H. Steinitz' Verl. 1. 50

Die Kosaken [Kazaki]. Eine Erzählung aus d. Kaukasus von Graf Leo [Nikolaevič] Tolstoi. Aus d. Russ. übertr. u. eingel. von Fred. M. Balte [d. i. Fred Meyer-Balte]. Ill. von F. Koch. Berlin-Leipzig: Buchverl. fürs Deutsche Haus 1908. (304 S.) 8° [F.]
== Bücher, Die, d. Deutschen Hauses. Reihe 1. Bd 12. [08. 5774

— dasselbe, s.: Collection Figaro.

— dasselbe, s.: Goldschmidt's Bibliothek f. Haus u. Reise.

— dasselbe, s.: Novellen, russische, der Gegenwart.

— die Kosaken, s.: Universal-Bibliothek.

— dasselbe, s.: Volksbücherei. 140-142.

[Russ.] L[ev] N. Tolstoj. Krestnik. *Berlin: A. Dejbner 1896.* (Tolstoi. Das Pathenkind.) (2 Bl., 123 S.) 1 Bd 8.

— das Pathenkind. (In russ. Sprache.) (Neue [Titel-] Ausg.) 8. (III, 123 S.) Ebd. 896. 1. —

— die Kreutzer-Sonate. Erzählung. (102 S.) 8. Neuweißensee, E. Bartels. 2. —

Tolstoi, Graf Leo N., die Kreuzersonate. Hrsg. vom Bibliograph. Bureau zu Berlin. Deutsche Ausg. 8. (XVI, 122 S.) Berlin 890. Behr's Buchhandlg. n. 2. —
Engl. Ausg. (III, 117 S.) geb. n. 2. 50; französ. Ausg. (VI, 118 S.) n. 2. —; russ. Ausg. (112 S.) n. 4. —.

—— dass. — Hrsg. vom bibliograph. Büreau zu Berlin. Deutsche Ausg. 8. (XVI, 122 S.) Berl. 890, [Behr's Buchh.] Bibliogr. Bureau. * 2 —

— dasselbe. Ausg. m. Nachwort. Aus dem russ. Mscr. übers. gr. 8. (122 u. XII S.) Ebd. 890. — 75

— dasselbe. Erzählung. Mit Genehmigg. d. Verf. aus dem Russ. übers. v. L. A. Hauff. 8. (140 S.) Berlin 890. Janke. n. 1. —

— dasselbe. Mit e. Nachwort d. Verf. 4. u. 5. Aufl. 8. (144 S.) Ebd. 890. n. 1. —

—— dass. — Aus dem russ. Mscr. übers. 4. Tausend. 8. (122 S.) Berl. 890, [M. Neufeld Nachf.] Pohlmann. * 1 50

— dasselbe. Nachwort. Nach der einzigen vom Dichter anerkannten Redaction aus der Handschrift übertr. v. R. Löwenfeld. 1.—3. Aufl. 12. (VIII, 38 S.) Berlin 890. Trautwein. — 60

— dasselbe. Deutsche autoris. m. Nachwort verseh. Ausg., hrsg. v. Bibliograph. Bureau zu Berlin. Mit e. Einleitg. v. Raph. Löwenfeld u. dem Bildniß d. Verf. 4. Aufl. 8. (168 S.) Berlin 891. Bibliograph. Bureau. n. 1. —

— dasselbe. Erzählung. Mit e. Nachwort des Verf. Mit Genehmigg. des Verf. aus dem Russ. übers. v. L. A. Hauff. 8.—11. Aufl. 8. (144 S.) Berlin 891—893. O. Janke. n. 1. —

— die Kreutzer-Sonate. Ausg. m. Nachwort. Aus dem russ. Mskr. übers. Neue Ausg. 8. (122 u. XII S.) Berlin 893. [G. Pohlmann.] H. Steinitz' Verl. 1. —

[F.] Ausgabe m. Nachwort. Die Kreutzer-Sonate. Von Graf Leo Tolstoi. A. d. russ. Ms. übs. *Berlin: H. Steinitz [1896].* (122, XII S.) 1 Bd 8.

— die Kreutzer-Sonate. Erzählg. M. e. Nachwort d. Verf. M. Genehmigg. d. Verf. aus d. Russ. übers. v. L. A. Hauff. 13. Aufl. 8. (144 S.) Berlin 898. O. Janke. n. 1. —

— dasselbe. Aus d. Russ. 8. (128 S.) Stuttgart 898. Franckh. n. 1. —

— dasselbe. Aus dem Russ. übers. v. Wilh. Thal. (Ausg. m. Nachwort.) 51. Taus. 8. (128 S.) Berlin 899. H. Steinitz. n. 1. —

— dasselbe. (Eine Erzählg.) Nach der 3. Aufl. des russ. Originals ins Deutsche übertr. (Mit e. Nachwort des Verf.) 8. (IV, 146 S.) Leipzig 899. W. Fiedler. n. 1. —; geb. n. 1. 80

— dasselbe. Übers. v. Luise Flachs-Fokschamann. 8. (137 S.) Leipzig 899. A. Strauch. n. 1. —

— dasselbe. Deutsch von Th. v. Galetzki. Illustriert v. Hans Volkert. 12. (177 S. m. Bildnis.) München (901). A. Schupp. n. 1. —; geb. in Leinw. n. 1. 20; Luxusausg., geh. n. 1. 50

— dasselbe. Stuttgarter Ausg., übers. v. H. Roskoschny, durchgesehen v. K. Walther. Mit Illustr. v. Fritz Bergen. 8. (127 S.) Stuttgart (901). Franckh. n. 1. —; geb. in Leinw. n. 1. 80

Die Kreutzer-Sonate [Krejcerova sonata]. Erzählung von Leo [Nikolaevič] Graf Tolstoi. Mit e. Nachwort des Verf. Mit Genehmigung d. Verf. aus d. Russ. übers. von L. A[lbert] Hauff. 14. Aufl. *Berlin: O. Janke [1902].* (144 S.) 8° [F.]
(Collection Otto Janke.) [03. 1860 11

— dasselbe. Erzählung. Deutsch von H. v. Carlowitz. 8. Dresden (902). M. Fischer. — 50

Die Kreutzer-Sonate [Krejcerova sonata] von Graf Leo [Nikolaevič] Tolstoi. (Ausg. mit Nachwort.) Aus d. Russ. (von Wilhelm Thal [d. i. Lilienthal]). (100. Taus.) *Berlin: H. Steinitz [1903].* (128 S.) 8° [F.]

— dasselbe. Mit e. Nachwort des Verf. Uebers. v. L. A. Hauff. 15. Aufl. (72.—75. Taus.) (142 S.) 8. Berlin (905). O. Janke. n. 1. —

Die Kreutzer-Sonate [Krejcerova sonata]. Erzählung von Leo [Nikolaevič] Graf Tolstoi. Mit e. Nachw. d. Verf. Übers. von L. A[lbert] Hauff. 16. Aufl. Berlin: Janke [um 1906]. 142 S. 8°
(Kollektion Otto Janke.) [11. 6981 10

— Die Kreutzersonate. Erzählung. Deutsch v. Theo Kern. (155 S.) kl. 8. Leipzig 910. Schulze & Co.
1.— ; geb. in Leinw. 1.50

— dasselbe, s.: Collection Figaro.

Die Kreutzer-Sonate u. andere Erzählungen von Graf Leo Tolstoi [Lev Nikolaevič Tolstoj]. Vollst. neu ins Deutsche übertr. u. mit einl. Worten vers. von Adam Kotulski. Mit d. Bildn. d. Verf. Berlin: A. Weichert [1908]. (368 S.) 8° [F.]

—— Krieg u. Frieden, s. Collection Figaro. — Universal-Bibliothek.

Krieg und Frieden. Histor. Roman. Von Graf Leo Nikolajev Tolstoj. Mit Genehmigung des Autors hrsg., deutsche Übers. von Ernst Strenge. Bd 1—4. Berlin: Deubner 1885. 8°
1. 392 S. 2. 310 S. 3. 360 S. 4. 346 S.

— Krieg u. Frieden. Historischer Roman. Mit Genehmigg. d. Autors hrsg. deutsche Uebersetzg. von E. Strenge. 2. Aufl. 3 Bde. 8. (510, 469 u. 292 S.) Berlin 889. Deubner. n. 8.—

°[Dasselbe.] 3. Aufl. Bd 1. 2. Leipzig: Reclam o. J. 12°
1. 646 S.; 2. 611 S.
(Univ.-Bibliothek. Nr 2966 u. 2975.)

[Andere Ausg. u. d. Tit.:]
Krieg und Frieden. Roman von Graf Leo N[ikolajev] Tolstoi. Mit Genehmig. des Verf. aus d. Russ. übers. von L. A. Hauff. Berlin: Janke [1893]. 656 S. 8°
cf. BZC. 32 (1903) S. 40; ArSt. 3 (1906) S. 113. TB. 404. In diesem Buche wird der Frmrei vom Verf. ein grosser Raum zugewiesen.

— dasselbe. Histor. Roman in 5 Bdn. Stuttgarter Ausg., übers. aus dem Russ. von Herm. Roskoschny. 8. (160, 159, 159, 160 u. 176 S.) Stuttgart 900. Franckh.
In 1 Bd., geh. n. 3.50; geb. n. 4.50

— Krieg u. Frieden. Vollständige Übersetzg. v. Raph. Löwenfeld. 4 Tle. 2 Aufl. (Neue [Titel-]Ausg.) 8. (XII, 540, 582, 638 u. 542 S. m. 1 Skizze.) Leipzig [897.] 901. Jena, E. Diederichs. n. 12.—

— Krieg u. Frieden. Roman. Mit Genehmigg. des Verf. aus dem Russ. übers. v. L. A. Hauff. 2. Aufl. (656 S.) 8. Berlin (905). O. Janke. n. 4.—

Tolstoi, Leo [Nikolaevič], Graf: Krieg und Frieden [Vojna i mir]. Ein hist. Roman. Neu bearb. von E. v. Otto. Magdeburg: Magdeb. Verl.-Anst. [1908]. 287 S. 8°
(Moderne Weltbücherei. [3.])

— Krieg u. Frieden. Roman. Neu übers. u. m. einleit. Worten versehen v. Paul Friedrich. (683 S. m. Bildnis.) 8. Bln.: Weichert [1909]. (Urspr. Pr. 3.—)

— über Krieg u. Staat. (Wo ist der Ausweg? — Patriotismus u. Regierg. — Charthago delenda est. — Über den Transvaal-Krieg u. a.) Deutsch v. N. Syrkin. (5. [Umschlag-]Aufl.) 8. (111 S.) Ebd. (901). n. 1.—

Graf Leo Tolstoi. Über Krieg und Staat. Deutsch von Dr. N. Syrkin. 6. Aufl. *Berlin: H. Steinitz (1901).* (110 S.) 8° [F.]

— über Krieg u. Staat. Deutsch v. N. Syrkin. (111 S.) 8. Berlin (903). Globus Verlag. n. —30

[F.] Krieg und Vernunft v. Graf Leo Tolstoi. Autoris. deutsche Ausg. v. Dr. Alexis Markow. *Berlin: Stuhr 1897.* (20 S.) 1 Bd 8.

— über Kunst. (126 S.) 8. Ebd. (903). n. —30

Graf Leo Tolstoi. Ueber die Kunst. Fortsetzung von 'Was ist Kunst?' 2. vollst. umgearb. Aufl. *Berlin: H. Steinitz (1903).* (126 S.) 8° [F.]
= Tolstoj: Was ist Kunst? [Čto takoe iskustvo?] [2.]

[F.] Gegen die moderne Kunst. Von Graf Leo Tolstoi. (Neue Folge zu dess. Vfs Werk. Was ist Kunst?) Deutsch v. Wilhelm Thal [d. i. Wilhelm Lilienthal]. *Berlin: H. Steinitz 1898.* (184 S.) 1 Bd 8.

— üb. das Leben. Autoris. Übersetzg. v. Sophie Behr. gr. 8. (VIII, 264 S.) Leipzig 889. Duncker & Humblot.
n. 5.40

— über das Leben. Deutsch v. Adele Berger. 2. Taus. 8. (248 S.) Berlin 891. H. Steinitz' Verl. n. 2.—

Graf Leo Tolstoi. Über das Leben [O žizni]. Deutsch von Adele Berger. 2. Aufl. *Berlin: H. Steinitz [1901].* (226 S.) 8° [F.]

— aus meinem Leben. Übers. aus dem Russ. v. Herm. Roskoschny. gr. 8. (324 S.) Leipzig 890. Reißner.
n. 5.—

— Lebens-Stufen. Kindheit, Knabenalter, Jünglingsjahre. Vollständige Übersetzg. v. Raph. Löwenfeld. (2 Tle. in 1 Bd.) 2. Aufl. (Neue [Titel-]Ausg.) 8. (VI, 116 u. 283 S.) Leipzig [897.] 901. Jena, E. Diederichs. n. 4.—

— drei Legenden. Einzige autoris. Uebersetzg. aus dem Mskr. v. Aug. Scholz. 1. 6. Aufl. (à 43 S. m. Bildnis.) 8. Berlin 904. B. Cassirer. n. —80

— Jüdische Legenden. Gesammelt v. J. Teneromo. Deutsch v. Eman. Mirchnajewsky-Runin. (49 S.) 8. Leipzig 909. Modernes Verlagsbureau. 1.—

— die christliche Lehre. Ausschließlich autoris. u. vom Verf. rev. deutsche Ausg., hrsg. v. Eug. Heinr. Schmitt. 8. (165 S.) Berlin 899. H. Steinitz. n. 2.—

Leo Tolstoi. Die Lehre Christi [Christianskoe učenie] dargest. f. Kinder. Einzige autor. Übers. aus d. Orig.-Ms. von Dr. A. Skarvan. Hrsg. von Dr. E(ugen) H(einrich) Schmitt. Dresden: Pierson 1909. VI, 113 S. 8°

Leo Tolstoi [Lev Nikolaevič Tolstoj]. Die Lehre Christi [Christianskoe učenie] dargest. f. Kinder. Einzige autor. Uebers. aus d. Orig.-Ms. von Dr. A[lbert] Skarvan. Hrsg. von E(ugen) H(einrich) Schmitt. 2. Aufl. Dresden: Pierson 1909. VI, 113 S. 8°

— Die Lehre Christi, dargestellt f. Kinder. Einzige autoris. Übersetzg. aus dem Orig.-Mskr. v. A. Skarvan. Hrsg. v. E. H. Schmitt. (Volks-[Titel-]Ausg.) (VII, 113 S.) 8. Dresden [909] (909). Berlin, Verlag Berlin-Wien. 1.—

— der Leinwandmesser, s.: Taschen-Bibliothek, russische.

— der Leinwandmesser u. andere Geschichten. Mit Genehmigg. d. Verf. aus dem Russ. übers. v. L. A. Hauff. 8. (132 S.) Ebd. 893. n. 1 —

— dasselbe. Die Geschichte e. Pferdes. In deutscher Übersetzg. v. Herm. Roskoschny. 2. Aufl. 8 (67 S.) Leipzig 894. Greßner & Schramm. n. — 60

— eine Liebesheirat. Roman. Deutsch von H. v. Carlawitz. 8. (139 S.) Dresden (902). M. Fischer. — 50

— Luzern, s. Collection Figaro.

—— Luzern s. Universal-Bibliothek Nr. 1657

—— die Macht der Finsterniß. Dramatisches Sittenbild aus dem russischen Volksleben in 5 Akten. Deutsch von Aug. Scholz. 8. (114 S.) Berlin 887, S. Fischer Verlag. *

— die Macht der Finsternis. Dramatisches Sittenbild aus dem russ. Volksleben in 5 Akten. Deutsch v. A. Scholz. 1.—3. Aufl. 8. (112 S.) Berlin 890. S. Fischer Verl. n. 1. —

—— Die Macht der Finsterniß. Dramatisches Sittenbild aus dem russ. Volksleben in 5 Akten. Deutsch v. Aug. Scholz. 2. u. 3. Aufl. 8. (112 S.) Berl. 890, S. Fischer Verlag. * 1 —

Graf Leo [N.] Tolstoi. Die Macht der Finsternis. Drama in 5 Akten. Deutsch von August Scholz. 2. Aufl. *Berlin: H. Steinitz 1900.* (114 S.) 8° [Ant. u. F.] [00. 7756

— die Macht der Finsternis. Drama in 5 Akten. Deutsch v. Aug. Scholz. 4.—6. [Umschlag-]Aufl. 8. (à 111 S.) Berlin (901). H. Steinitz. n. 1. —

Graf Leo [Nikolaevič] Tolstoi. Die Macht der Finsternis [Vlast' t'my]. Drama in 5 Akten. Deutsch von August Scholz. (10. Aufl.) Berlin: H. Steinitz (1901). (111 S.) 8° [Ant. u. F.] [07. 3200 II

Tolstoj, Graf Leo N., die Macht der Finsternis. Drama in 5 Aufzügen. Deutsch von H. v. Carlawitz. 8. (108 S.) Dresden (902). M. Fischer. — 50

— dasselbe od. Reich' dem Teufel den Finger u. er hat dich ganz. Schauspiel in 5 Akten. Übers. v. Raph. Löwenfeld. 8. (IV, 156 S.) Leipzig 902. Jena, E. Diederichs. n. 1. —

—— dass. — s. Bibliothek der Gesamt-Litteratur des In- und Auslandes.

— dasselbe, s: Universal-Bibliothek.

— das Märchen von Iwan dem Narren, s.: Koehler's Bibliothek f. Alle.

Leo N[ikolaevič] Tolstoj Das einzige Mittel [Edinstvennoe sredstvo]. Aus d. russ. Sprache übers. von Raphael Löwenfeld. 1.–4. Taus. *Leipzig: E. Diederichs 1901* (39 S.) 8° [F.] [01. 1906 4

Tolstoj, Graf Leo N. Der Morgen d. Gutsherrn. Familienglück [der Roman der Ehe], s. Collection Figaro.

— der Morgen des Gutsherrn. Erzählung. In deutscher Übersetzg. v. Herm. Roskoschny. 2. Aufl. 8. (88 S. Leipzig 894. Greßner & Schramm. n. — 80

— Muß es denn so sein? Deutsch v. N. Syrkin. (1.—6. Taus.) 8. (108 S.) Berlin (901). H. Steinitz. n. 1. —

— muß es denn so sein? (108 S.) 8. Berlin (903). Globus Verlag. n. — 30

— Gedanken üb. Gott. (In russ. Sprache.) 8. (40 S.) Berlin 900. H. Steinitz. n. 1. 20

[Russ.] Graf Lev [Nikolaevič] Tolstoj. Mysli o bogě. 2. izd. *Berlin: G. Štejnic 1901.* (48 S.) 8°
(Auf d. Umschl.: Gedanken über Gott. [2. Ausg.]) [02. 3317

[Russ.] L[ev] N[ikolaevič] Tolstoj. Mysli o vospitanii i obučenii. Sobrannyja Vladimirom Čertkovym. *Berlin: G. Štejnic 1902.* (62 S.) 8°
[Auf d. Umschl.:] L. N. Tolstoi, Gedanken über Erziehung u. Unterricht.
(Izvěstnějšaja russkaja biblioteka. Č. 33.) [04. 7926

—— Nachwort zur Kreutzersonate. Nach der einz. vom Dichter anerkannten Redact. aus der Handschrift übertr. v. R. Löwenfeld. 1.—7. Aufl. 8°. (VIII, 38 S.) Berl. 890, [Trautwein.] Bornemann's Verlag. — 60
Vgl.: Beck, H. Des Grafen L. T. Kreutzersonate vom Standpunkte d. Irrenarztes. — Galitzin, Fürst Dimitri. Du sollst nicht töten! — Zarathustra.

[Russ.] L[ev] N[ikolaevič] Tolstoj. K rabočemu narodu. *Berlin: G. Štejnic 1903.* (80 S.) 8°
[Auf d. Umschl.:] [Tolstoj:] An d. arbeitende Volk.
(Sobranie lučšich russkich proizvedenij. C. 42.) [03. 10673

[Russ.] O nasilii. Stat'i L['va] N[ikolaeviča] Tolstogo i A[leksandra] Gercena (Herzen). *Berlin: G. Štejnic 1903.* (60 S.) 8°
[Auf d. Umschl.:] L. N. Tolstoi u. A. Herzen, Ueber Gewalttätigkeiten.
(Izvěstnějšaja russkaja biblioteka. Č. 38.) [03. 10619

L[ev] N[ikolaevič] Tolstoi. Ne mogu molčat'. (O smertnych kaznjach). (3. izd. Ich kann nicht schweigen. [Über d. Todesstrafen.]) Berlin: Stejnic (Ladyschnikow) [1908]. 40 S. 8°

— dasselbe. (Über die Todesurteile in Russland.) Vollständige Ausg. Mit e. krit. Einleitg. v. N. Harry. (In russ. Sprache.) (VIII, 20 S.) kl. 8. Davos-Platz 908. (Buchdruckerei Davos.) — 80

[Russ.] L(ev) N. Tolstoj. O neprotivlenii zlu. Edinstvennoe, avtorom razrešennoe izd. *Berlin: A. Dejbner [1896].* (Tolstoi. Kämpfe nicht m. dem Bösen. [Einzige v. Vf. autoris. Ausg. . . .]) (22 S.) 1 Bd 8.

— kämpfe nicht m. dem Bösen. (In russ. Sprache.) 8. (22 S.) Berlin 896. H. Steinitz. n. — 80

Tolstoj, Lev Nik.: Das Nichtsthun. Mit e. Rede Emile Zola's u. e. Briefe Alex. Dumas'. Ins Deutsche übertr. v. Adph. Garbell. 8. (61 S.) Berlin 1893. A. Loewy.

— das Nichtsthun. Mit Genehmigg des Verf., unter Ergänzg. der Censur-Lücken, nach dem Orig.-Mskr. aus dem Russ. übers. v. L. A. Hauff. 8. (72 S.) Berlin 894. O. Janke. n. — 50

— dasselbe. Mit e. Vorrede v. Emile Zola u. e. Briefe v. Alex. Dumas. 3. u. 4. Taus. 8. (61 S.) Berlin 894. H. Steinitz' Verl. n. — 50

Graf Leo Tolstoi. Das Nichtsthun [Ne-delanie]. Mit e. Vorr. von Emile Zola und e. Briefe von Alexander Dumas. *Berlin: H. Steinitz (1901).* (63 S.) 8° [F.] [01. 1136

— das Nichtsthun. — Jemeljan. (63 u. 51 S.) 8. Ebd. (903). n. — 30

—— u. Wladimir Korolenko. Realistische Novellen. Deutsch v. Aug. Scholz. (Neue Titel-Ausg.) 8. Berl. 890, S. Fischer Verlag. * 1 50
Tolstoi, Graf Leo. 2 Erzählungen. Albert. Eine Winterfahrt. (III, 107 S.) — Korolenko, Wladimir. Sibirische Geschichten. Jaschka, der Klopfer. Der arme Makar. (III, 96 S.)
1. Ausg. in 2 getrennten Teilen 1888.

— Novellen u. kleine Romane. 1. u. 3. Bd. (Neue [Titel-]Ausg.) 8. Leipzig. Jena, E. Diederichs. n. 6. —
1. Der Morgen des Gutsherrn. — Aufzeichnungen e. Marqueurs. — Luzern. — Albert. — Zwei Husaren. — Drei Tode. — Die Kosaken. Vollständige Uebersetzung v. Raph. Löwenfeld. 2. Aufl. (VI, 558 S.) [897.] 901. n. 4. —
3 Der Tod des Iwan Iljitsch. — Wandelt, dieweil ihr das Licht habt! — Die Kreutzer-Sonate nebst Nachwort. Übers. v. Wilh. Henckel. (289 S. m. Bildnis.) [899.] 901. n. 2. —; geb. n. 3. —
Den 2. Bd. bildet: Kaukasische Erzählungen.

[Russ.] L(ev) N[ikolaevič] Tolstoj. Obraščenie k duchovenstvu. *Berlin: G. Steinic (1903).* (48 S.) 8°
[Auf d. Umschl.:] L. N. Tolstoi, Brief an d. Geistlichkeit ...
(Sobranie lučšich russkich proizvedenij. Č. 56.)

Otkliki gr. L('va) N[ikolaeviča] Tolstogo na zlobu dnja v Rossii. Berlin: F. Gotgejner 1901. (31 S.) 8°
[Auf d. Umschl.:] Antwort Tolstois auf d. wichtigsten Tagesfragen.

— **Nikolaj Palkin.** gr. 16. (16 S.) Zürich 895. C. A. Schmidtli. — 10

[Russ.] L[ev] N. Tolstoj. Nikolaj Palkin. 3. Izd. *Berlin: A. Dejbner 1896.* (1 Bl., 15 S.) 1 Bd 8. [96. 4533

— dasselbe. 3. Aufl. (In russ. Sprache.) (Neue [Titel-] Ausg.) gr. 8. (18 S.) Berlin 896. H. Steinitz. — 60

— **Nicolai Palkin.** (In russ. Sprache.) 3. Aufl. 8. (24 S.) Berlin (900). H. Steinitz. n. — 80

Tolstoj (Tolstoi), Graf Leo N., drei Parabeln, ferner: Erzählungen, Humoresken, Skizzen etc. v. M. Gorjkij, A. Tschechow, W. Korolenko, A. Ossipow u. e. Satire v. M. Ssaltykow-Schtschedrin. Aus dem Russ. übers. v. Wilh. Henckel. (III, 170 S.) 8. Leipzig 904. B. Elischer Nachf. n. 1. 50

— das **Pathenkind.** Gespräch müßiger Leute. 2 Erzählgn. Aus dem Russ. v. Alexis Markow. 12. (61 S.) Berlin 894. Bibliograph. Bureau. n. 1.

— **Patriotismus.** (112 S.) 8. Berlin (903). Globus Verlag. n. — 30

— **Patriotismus** u. Christentum. Deutsch v. Adele Berger. 1.—4. Taus. 8. (118 S.) Berlin 894. H. Steinitz' Verl n. 1. 50

Graf Leo Tolstoi. Patriotismus oder Frieden? Vom Vf. autoris. Uebs. aus d. Ms. v. Sophie Behr. *Berlin: A. Deubner 1896.* (40 S.) 1 Bd 8. [96. 4533

Graf Leo Tolstoi. Patriotismus und Frieden [Patriotizm ili mir]. Deutsch von Adele Berger. 5. u. 6. Taus. *Berlin: H. Steinitz (1903).* (112 S.) 8°
[F.] [03. 2603

— **Patriotismus** u. Regierung. Einzige im Auftrage des Verf. hergestellte Übersetzg. v. Wladimir Czumikow. 1.—7. Taus. 8. (à 51 S. m. Bildnis.) Leipzig 900. 901. Jena, E. Diederichs. n. — 50

[Russ.] L(ev) N. Tolstoj. Patriotizm ili mir? Pis'mo k Mansonu 2 Jan. 1896 g. Edinstvennoe, avtorom razrěšennoe izd. *Berlin: A. Dejbner 1896.* (Tolstoi. Patriotismus oder Frieden? [Brief an Manson v. 2. Jan. 1896. Einzige, v. Vf. autoris. Ausg. ...]) (26 S.) 1 Bd 8. [96. 4537

— **Paul,** s.: Geschichten, russische.

[Russ.] Pis'ma L('va) N[ikolaeviča] Tolstogo k duchoborcam. *Berlin: G. Štejnic 1902.* (53 S.) 8°
[Auf d. Umschl.:] L. N. Tolstoi, Sendschreiben an d. Duchoborzen.
(Izvěstněјšaja russkaja biblioteka. Č. 35.) [03. 10616

[Russ.] L[ev] N[ikolaevič] Tolstoj. Pis'ma o ego učenii. *Berlin: G. Štejnic 1902.* (55 S.) 8°
(Auf d. Umschl.: L. N. Tolstoi's Briefe über seine Lehre.)
(Izvěstněјšaja russkaja biblioteka. Č. 24.)

[Russ.] L[ev] N. Tolstoj. Pis'mo k Poljaku o patriotizmě. Edinstvennoe, avtorom razrěšennoe izd. *Berlin: A. Dejbner 1896.* (L. N. Tolstoi. Brief an e. Polen. [Einzige v. Vf. autoris. Ausg. ...]) (1 Bl., 16 S.) 1 Bd 8. [96. 4533

— die **Früchte der Aufklärung.** Lustspiel in 4 Aufzügen. (In russ. Sprache.) gr. 8. (97 S.) Berlin 891. Bibliograph. Bureau. n. 2. —

[Russ.] Plody prosvěščenija. Komedija v 4-ch dějstvijach Grafa L['va] N. Tolstago. *Berlin: A. Dejbner 1896.* (Graf Leo Tolstoi. Früchte d. Aufklärung ...) (97 S.) 1 Bd 8. [96. 4537

— **Früchte d. Aufklärung.** Lustsp. in 4 Aufzügen. (In russ. Sprache.) (Neue [Titel-] Ausg.) gr. 8. (97 S.) Berlin (891) 896. H. Steinitz. 1. —

— **Polikuschka.** Eine Erzählg. Aus dem Russ. übers. v. Ida Brendel. 12. (211 S.) Neubrandenburg 888. Brünslow. n. 3. —

Tolstoi, Leo. Polikuschka. Deutsch von J. Brendel. kl. 8. Neubrandenb. 888. Berl. u. Münch., Schorß. [* 3 —] * 1 50; geb. 2 —

—— dass. — Aus dem Russ. übers. v. L. A. Hauff. 8. (139 S.) Berl. 890, Janke. * 1 —

—— Polikuschka. Erzählung. Autoris. Uebersetzg. 8. (154 S.) Dresd. 891, Pierson. * 1 —

—— dass. — s. Collection Figaro.

[Russ.] Lev [Nikolaevič] Tolstoj. O prisoedinenii Bosnii i Gercegoviny k Avstrii. 2. izd. (Graf Leo Tolstoi. Ueber die Angliederung Bosniens u. der Herzegowina an Oesterreich.) Berlin: Stejnic (1909). 52 S. 8°
(Sobranie lučšich russkich proizvedenij. Č. 142.) [10. 5052

— die **Sklaverei unserer Zeit.** (In russ. Sprache.) 1. u. 2. Aufl. 8. (à 112 S.) Berlin 901. H. Steinitz. n. 1.50

[Russ.] L[ev] N[ikolaevič] Tolstoj. Rabstvo našego vremeni. 2. izd. *Berlin: G. Štejnic 1901.* (111 S.) 8°
(Auf d. Umschl.: Die Sklaverei unserer Zeit. [2. Ausg.])
(Izvěstněјšaja russkaja biblioteka. Č. 10.)

L[ev] N[ikolaevič] Tolstoj. O Razumě, Věre i Molitve tri pis'ma. Berlin: G. Stejnic 1901. (32 S.) 8°
(Auf d. Umschl.: Ueber Vernunft, Glaube u. Gebet.)

— Ueber das **Recht.** Briefwechsel m. e. Juristen. Erste vollständ. autoris. Ausg. Uebers. v. Alb. Skarvan. Mit Vorwort hrsg. v. E. H. Schmitt. (IX, 14 S.) 8. Heidelberg 910. L. M. Waibel & Co. — 50

— das **Reich** Gottes in uns. I. Eine russ. Rekrutenaushebg. Das Nichtthun. Aus dem Russ. übers. v. W. Henckel. Nebst e. Rede v. Emile Zola u. e. Brief v. Alex. Dumas. 8. (96 S.) München 894. Dr. E. Albert & Co., Sep.-Cto. n. 1. —

— das **Reich** Gottes ist in Euch od. das Christentum als e. neue Lebensauffassung, nicht als mystische Lehre. Vom Verf. autoris. Uebersetzg. v. R. Löwenfeld. 8. (XX, 526 S.) Stuttgart 894. Deutsche Verlags-Anstalt. n. 5. —; geb. n.n. 6. —

— **Religion.** (112 S.) 8. Berlin (903). Globus Verlag. n. — 30

— **Religion** u. Moral, s.: Schriften, theosophische.

— **Religion** u. Moral. Antwort auf e. in der „Ethischen Kultur" gestellte Frage. Aus dem russ. Mscr. übers. v. Sophie Behr. gr. 8. (37 S.) Berlin 894. F. Dümmler's Verl. n. — 60

— der Roman der Ehe. [Das Familienglück.] Deutsch v. Wilh. Lilienthal. 8. (140 S.) Berlin 890. Norddeutsches Verlags-Institut. 1. 50

— der Roman der Ehe. (Das Familienglück.) Deutsch v. Wilh. Lilienthal. 4. (Titel-)Aufl. 8. (140 S.) Berlin 893. G. Pohlmann. 1. —

[F.] Der Roman der Ehe. Von Leo Tolstoi. Deutsch v. Wilhelm Thal [d. i. Lilienthal]. (4. Aufl.) *Berlin: H. Steinitz [1897!].* (140 S.) 1 Bd 8. [97. 5453

— der Roman der Ehe. Deutsch v. Wilh. Thal. (5. [Umschlag-]Aufl.) 8. (140 S.) Berlin (901). H. Steinitz. n. 1.—

— Roman e. jungen Frau. Stuttgarter Ausg., übers. v. Herm. Roskoschny. 8. (126 S.) Stuttgart 902. Franckh. n. 1. —

— 3 Satyren, s.: Gorki, M.

— ein Schicksal, s.: Eckstein's Reisebibliothek.

— ein Schicksal. Aus dem Russ. 5. Aufl. 8. (111 S.) Berlin 901. H. Steinitz. n. 1. —

Graf Leo Tolstoi. Ein Schicksal [Smert' Ivana Il'ića]. Aus d. Russischen. *Berlin: Globus Verl. (H. Steinitz) (1902.)* (111 S.) 8° [F.] [02. 2239

Graf Leo Tolstoi Ein Schicksal [Smert' Ivana Il'ića]. Aus d. Russischen. 7. Aufl. *Berlin: H. Steinitz [1902].* (111 S.) 8° [F.] [03. 3867 11

— ein Schicksal. (111 S.) 8. Berlin (903). Globus Verl. n. — 30

Schicksalstücke. Aus d. Russ. des Grafen Leo Tolstoi. Deutsch von A[rthur] Roehl. *Berlin: A. Weichert [1900].* (48 S.) 8° [F.] = Wolt. Alle Bd 41. [02 1239

— der Schneesturm, s.: Meisterwerke, russische, m. Accenten, Bd. 1.

— der Schneesturm. Erzählung. Aus dem Russ. v. L. A. Hauff. 8. (120 S.) Berlin 888. Steinitz' Verl. n. 1. 50

Tolstoj's, Graf Leo N., gesammelte Schriften. Aus dem russ. Orig. übers. v. Herm. Roskoschny. 20 Bde. 8. (III, 160; 172; 156; 160; 167; III, 160; 144; 144; 160; 160; III, 160; 160; 160; 160; 144; III, 160; 160; 160; 160; 176 S. m. 1 Bildnis.) Berl. 891, J. Gnadenfeld u. Comp. geb. in 4 Bde. 15 —

—— Sewastopol, s. Collection Figaro. — Sammlung klassischer russischer Schriftsteller.

— Sewastopol. Skizzen aus der Vertheidigung Sewastopols. 1. u. 2. Aufl. 8. (149 S.) Dresden 887. Minden. n. 1. —

— Sewastopol. Mit Genehmigg. des Verf. aus dem Russ. übers. v. L. A. Hauff. 8. (148 S.) Berlin 894. O. Janke. n. 1. —

— Shakespeare. Eine krit. Studie. Nebst dem Essay Ernest Crosbys über die Stellg. Shakespeares zu den arbeit. Klassen u. ein Brief Bernard Shaws. Einzige berecht. deutsche Ausg. Uebers. v. M. Enckhausen. (VII, 148 S.) 8. Hannover 906. A. Sponholtz Verl. n. 2. —; geb. n. 3. —

Shakespeare. Eine krit. Studie von Leo N[ikolaevič] Tolstoi. Nebst d. Essay Ernest Crosbys über d. Stellung Shakespeares zu d. arbeitenden Klassen u. e. Brief (in Beziehung zu Leo Tolstoi) Bernard Shaws. Einzig berecht. deutsche Ausg. uebers. von M[alvine] Enckhausen. 2. Aufl. Hannover: A. Sponholtz 1906. (148 S.) 8° [06. 16010

Graf Leo [Nikolaevič] Tolstoi. Ueber den Sinn des Lebens [O smyslè žizni]. Deutsch von Dr. N[achman] Syrkin. (1.–6. Taus.) Berlin: H. Steinitz (1901). (96 S.) 8° [F.] [08. 10409 7

Graf Leo Tolstoi. Ueber den Sinn des Lebens [O symslè žizni]. Deutsch von Dr. N. Syrkin. 7.–10. Taus. *Berlin: H. Steinitz (1901).* (92 S.) 8° [F.] [02. 2240

Graf Leo N[ikolaevič] Tolstoj. Der Sinn des Lebens. Antwort an d. Synod. Brief an d. Zaren u. s. Leute. Autor. Übers. von Raphael Löwenfeld u. Michael Feofanoff. 1.–5. Taus. *Leipzig: E. Diederichs 1901.* (112 S.) 8° [F.] [01. 10403

— der Sinn des Lebens. Antwort an den Synod. Brief an den Zaren u. seine Leute. Autoris. Übersetzg. v. Raph. Löwenfeld u. Mich. Feofanoff. 1.—10. Taus. schmal 8. (à 112 S.) Leipzig 901. 902. Jena, E. Diederichs. n. 1. —

— dasselbe. Einzige bevollmächt. Übersetzg. v. Wlad. Czumikow. 1.—7. Taus. 8. (à 92 S.) München 901. A. Langen. n. 1. —

— über den Sinn des Lebens. (96 S.) 8. Berlin (903). Globus Verlag. n. — 30

— moderne Sklaven. Bevollmächtigte Übersetzg. v. Wladimir Czumikow. Mit Buchschmuck v. Rich. Grimm. 1.—7. Taus. 8. (à 125 S.) Leipzig 901. Jena, E. Diederichs. n. 1. —

Die Sklaverei unserer Zeit [Rabstvo našego vremeni] von Graf Leo N[ikolaevič] Tolstoi. Aus d. Russ. übers. von L. A[lbert] Hauff. Mit e. erklär. Vorw. von O(tto) v. Leixner. *Berlin: O. Janke [1901].* (XV, 130 S.) 8° [F.] (Collection Otto Janke.) [03. 4?10

Graf Leo Tolstoi. Die Sklaverei unserer Zeit [Rabstvo našego vremeni]. Deutsch von Dr. N. Syrkin. (11.–13. Taus.) *Berlin: H. Steinitz (1901).* (115 S.) 8° [F.] [03. 2237

— dasselbe. Deutsch v. N. Syrkin. 4.—10. Aufl. 8. (à 116 S.) Ebd. (901). n. 1.—

Tolstoi, Leo. Die Sklaverei unserer Zeit. [Von] Leo Tolstoj. Eine ganz vollständige nach dem russischen Original hergestellte Uebersetzung von W Tronin. VIII + 109 S. 8. Genf. H. Kündig; Giessen, Emil Roth, 1901. (fr. 1.—)

— die Slaverei unserer Zeit. (116 S.) 8. Ebd. (903). n. — 30

[Russ.] O smyslè žizni. Mysli L['va] N[ikolaevica] Tolstogo. Sobrannyja Vladimirom Čertkovym. *Berlin: G. Stejnic 1901.* (88 S.) 8° (Auf d. Umschl.: Ueber d. Sinn d. Lebens. [Gedanken v. Tolstoj gesamm. von C.]) [02. 3315

—— Soldatengeschichten aus dem Kaukasus, s. Collection Figaro.

— russische Soldatengeschichten u. kleine Erzählungen. Aus dem Russ. übertr. v. H. Roskoschny. 8. (III, 383 S.) Leipzig 887. Greßner & Schramm. n. 6. —

— russisches Soldatenleben. Deutsch v. Carl Goritzky. 8. (128 S.) Dresden (902). M. Fischer. — 50

Tolstoi, Leo, Graf. Soldatenpflicht. In-8°. 78 S. Zürich, Th. Schröter. 1895. 1 —

— Soldatenpflicht. Nach dem russ. Mskr. übers. 8. (79 S.) Zürich 896. Stuttgart, Franckh. n. — 80

Tolstoj, Lev Nikolaevič: Krejcerova sonata. Mit e. Nachwort d. Verf. 12. (140 S.) Berl. 1890, Malcomes. Nachwort allein (16 S.)

— dasselbe. Mit e. Nachwort d. Verf. (In russ. Sprache.) 12. (140 S.) Berlin 890. Stuhr'sche Buchhandlg. n. 2. 50; Nachwort allein (16 S.) n. 1. 20

[Russ.] L[ev] N. Tolstoj. Krejcerova sonata. *Berlin: A. Dejbner 1896.* (Graf Leo Tolstoi. Kreutzersonate.) (134 S.) 1 Bd 8.

— dasselbe. (In russ. Sprache.) (Neue [Titel-] Ausg.) 8. (134 S.) Berlin (890) 896. H. Steinitz. 1. 50

[Russ.] Krejcerova sonata grafa L['va] N[ikolaeviča] Tolstogo. Pol. noe izd. (s poslěsloviem). *Berlin: Štur* (auf d. Umschl.: *J. Räde) 1901.* (136, VIII S.) 8°
[Auf d. Umschl.:] L. N. Tolstoi, Die Kreutzer-Sonate. [Vollst. Ausg. mit Nachwort.]

— dasselbe. Vollständige Ausg. (In russ. Sprache.) 8. (136 S.) Berlin 901. H. Steinitz. n. 1. 50

— die erste Sprosse. 8. (82 S.) Stuttgart 893. Deutsche Verlags-Anstalt. n. 1. —; geb. n.n. 2. —

[Russ.] L[ev] N[ikolaevič] Tolstoj. Edinstvennoe sredstvo. *Berlin: G. Štejnic 1901.* (56 S.) 8°
(L. N. Tolstoi, Das einzige Mittel.)

— Staat u. Kirche. (In russ. Sprache.) (23 S.) 8. Berlin (905). H. Steinitz. n. 1. —

— Stadt- u. Landleben, s.: Taschen-Bibliothek, russische.

— Stadt- u. Landleben. In deutscher Übersetzg. v. Herm. Roskoschny. 2. Aufl. 8. (68 S.) Leipzig 894. Greßner & Schramm. n. — 60

Der Sträfling. Von Graf Leo Tolstoi [Lev Nikolaevič Tolstoj]. Deutsch von A[ugust] Scholz. Unter schwerem Verdacht. Von Arthur Oldenburg. Unverzagt. Eine Geschichte aus alten Zeiten von Werner Ziemle. Ein fatales Abenteuer. Osterwieck/H.: A. W. Zickfeldt 1906. (32 S.) 8° [Umschlagt. Text stenogr.]
= Bücherschatz, Stenographischer. Ser. D. Bd 12.

— Die erste Stufe. Aus dem Russ. übers. v. Wilh. Henckel. 8. (67 S.) Berl. 892, Rentzel. * 1 —

— Die grosse sociale Sünde. (Was für das russische Volk und für alle Völker das Notwendigste ist.) Deutsch von Marie Brumm. Mit einem Vorwort von Ad. Damaschke. 8°. Leipzig, F. Dietrich, 1905. (Socialer Fortschritt, Heft 54/55.) (31 S.)

— die große soziale Sünde, s.a. Fortschritt, sozialer. Nr. 54. 55.

— für alle Tage. Ein Lebensbuch. Erste vollständig autorisierte Uebersetzg. Hrsg. v. E. H. Schmitt u. A. Skarvan. (In 2 Tln.) I. (VIII, 572 S.) gr. 8. Dresden 906. C. Reißner. n. 4. —; geb. n. 5. —

— Für alle Tage. Ein Lebensbuch. Erste vollständig autoris. Übersetzg. Hrsg. v. E. H. Schmitt u. A. Skarvan. II. (712 S.) gr. 8. Dresden 907. C. Reißner.
I. Ebd. 906. 4. —; geb. 5. — 5. —; geb. 6. —

— der Tod. Fünf Erzählgn. Frei nach dem Russ. 8. (137 S.) Berlin 889. Janke. n. 1. —

Tolstoi, Leo N[ikolaevič], Graf: Der Tod. Autor. Uebers. von Wilhelm Thal [d. i. Lilienthal]. Mit Ill. von A. v. Schrötter. Berlin, Eisenach, Leipzig: H. Hillger [1899]. (124 S.) 8°
= Bücherschatz, Kürschners. No 153.

Tolstoj, Graf Leo N., der Tod, s.a. Kürschner's, Jos., Bücherschatz.

Vom Tode. 3 Erzählungen von Graf Leo N. Tolstoi. Frei nach d. Russ. 2. Aufl. *Berlin: O. Janke [1900].* (76 S.) 8° [F.]
(Collection Otto Janke.)

— der Tod des Iwan Iljitsch, s.: Bibliothek berühmter Autoren.

— der Tod des Iwan Iljitsch. Erzählung. In deutscher Übersetzung v. Herm. Roskoschny. 2. Aufl. 8. (92 S.) Leipzig 894. Greßner & Schramm. n. — 80

— drei Todesarten, s.: Meyer's Volksbücher.

Tolstoj-Buch. Ausgewählte Stücke aus den Werken Leo Tolstoj's. Hrsg. v. Heinr. Meyer-Benfey. (VI, 256 S. m. Bildnis.) 8. Berlin 906. F. Wunder. n. 2. 50

Tolstoj, Graf Leo N., ein Ueberfall. Erzählung aus dem kaukas. Kriegsleben [1852]. Mit Genehmigg. d. Verf. in russ. Sprache hrsg. u. m. deutschen erklär. Anmerkgn. versehen v. A. Fischer. 12. (70 S.) Berlin 891. A. Bath. Kart. n. 1. —

— das Unkraut. Die gefälschten Lebensmittel. Die verirrten Wanderer. Karma. Drei Parabeln u. e. Märchen. Aus d. Orig. übers. v. Adph. Garbell. 2. Taus. gr. 8. (33 S.) Berlin 895. J. Räde. n. — 50

[Russ.] Graf L[ev] N[ikolaevič] Tolstoj. V čem moja věra? *Berlin: G. Štejnic 1902.* (236 S.) 8°
(Auf d. Umschl.: Mein Glaube. Ma religion.)
(Izvěstnějšaja russkaja biblioteka. Č. 28.)

— Vernunft u. Dogma. Eine Kritik der Glaubenslehre. Mit Genehmigg. d. Verf. aus dem Russ. übers. v. L. A. Hauff. 8. (VI, 164 S.) Berl. 891, Janke. * 1 —

Tolstoj, Lev Nik.: Vernunft- Glaube und Gebet. Deutsch v. N. Syrkin. Berlin: H. Steinitz 1901. 48 S. 8°

Graf Leo Tolstoi. Vernunft — Glaube und Gebet [O razumě, věrě i molitvě]. Deutsch von Dr. N. Syrkin. *Berlin: H. Steinitz (1902).* (48 S.) 8°
[F.]

— Vernunft — Glaube — Gebet u. Arbeiterfrage. (48 S.) 8. Berlin (903). Globus Verlag. n. — 30

[Russ.] L(ev) N[ikolaevič] Tolstoj. O vojně i voennom dělě. Soldatskaja pamjatka. Oficerskaja pamjatka. Pis'mo k fel'dfebelju. Po povodu kongressa o mirě. Po povodu tranvaal'skoj vojny. Pis'mo v bolgarskuju gazetu. *Berlin: G. Štejnic 1903.* (90 S.) 8°
[Auf d. Umschl.:] L. N. Tolstoi, Ueber Krieg u. Kriegswerk.
(Izvěstnějšaja russkaja biblioteka. Č. 30.)

[Russ. u. Ant.] L(ev) N[ikolaevič] Tolstoj. Protiv vojny. 1. Po povodu knigi A. I. Eršova: 'Sevastopol'skija vospominanija'. II. 'Carthago delenda est'. *Berlin: G. Štejnic (1903).* (39 S.) 8°
[Auf d. Umschl.:] L. N. Tolstoi: Gegen d. Krieg. Léon Tolstoy, Contre la guerre. [1. Aus Anlaß d. Buches von Eršov: Erinnerungen an Sebastopol.]
(Sobranie lučšich russkich proizvedenij. Č. 47.)

— an das Volk! (109 S.) 8. Ebd. (903). n. — 30

— an das arbeitende Volk! Deutsch v. Anna Lubinow. 8. (109 S.) Berlin (902). H. Steinitz. n. 1. —

L[ev] N[ikolaevič Graf] Tolstoi. An das arbeitende Volk! Deutsch von Anna Lubinow. (4. Taus.) *Berlin: H. Steinitz (1903).* (109 S.) 8°
[F.]

— Volkserzählungen, s. Universal-Bibliothek.

— Volkserzählungen u. Legenden, s.: Volksbücherei. 226/28.

— russische Volkslegenden. Mit Genehmigg. d. Verf. aus dem Russ. übers. v. L. A. Hauff. 8. (137 S.) Ebd. 893. n. 1. —

[Russ.] O polovom voprosě. Mysli L['va] N[ikolaevica] Tolstogo. Sobrannyja Vladimirom Čertkovym. *Berlin: G. Stejnic 1901.* (156 S.) 8°
(Auf d. Umschl.: Ueber d. sexuelle Frage. [Gedanken Tolstojs gesamm. v. Č.]) [01. 3316

Tolstoj, Lev Nik.: Voskresenie.
Roman in 3 Thln. (In russ. Sprache.) 8. (V, 504 S.) Berlin 900. J. Räde. n. 5. —

[Russ.] Voskresenie. Roman grafa L['va] N[ikolaevica] Tolstogo. 1. izd. *Berlin: G. Stejnic 1901.* (518 S.) 8°
(Auf d. Umschl.: Auferstehung. Roman. [1. Ausg.])
(Izvěstněj'šaja russkaja biblioteka. Č. 14.) [01. 3317

[Russ.] Voskresenie. Roman v 3 častjach grafa L'va N[ikolaevica] Tolstogo. *Berlin: Stuhr 1901.* (504 S.) 8°
[Umschlagt.] Tolstoi, Auferstehung

[Russ.] L[ev] N[ikolaevič] Tolstoj. Vozstanovlenie ada. Legenda. *Berlin: G. Stejnic (1903).* (46 S.) 8°
[Auf d. Umschl.:] L. N. Tolstoi. Auferstehung der Hölle...
(Sobranie lučšich russkich proizvedenij. Č. 55.)

— wandelt im Licht. Erzählung aus der altchristl. Zeit. Nach e. v. dem Hrn. Verf. gütigst mitgeteilten Abschrift d. russ. Orig.-Mscr. übers. v. L. A. Hauff. 8. (133 S. Berlin 891. O. Janke. n. 1. —

Tolstoj, Graf Leo N., warum die Menschen sich betäuben. Vom Verf. genehmigte Uebertragg. v. R. Löwenfeld. 8. (54 S.) Berlin 891. R. Wilhelmi n. 1. —

— dasselbe. 2. u. 3. durch e. Anh. verm. Aufl., enth. Gutachten v. Conr. Ferd. Meyer, W. Preyer, L. Büchner u. a. 8. (78 S.) Ebd. 891. n. 1. —

— warum die Menschen sich betäuben. Mit Anh. Übers. v. Raphael Löwenfeld. 4. Aufl. 8. (IV, 66 S.) Leipzig 902. Jena, E. Diederichs. n. — 50

—— Warum wir am Leben hängen. Mit Genehmigung d. Verf. aus dem Russ. übers. v. L. A. Hauff. 8. (III, 132 S.) Ebd. 892. * 1 —

— was ist Geld? Deutsch v. Ant. Perloff. 3. (Umschlag-) Aufl. 8. (111 S.) Berlin (901). H. Steinitz. n. 1. —

Graf Leo Tolstoi. Was ist Geld [Den'gi]. Deutsch von Anton Perloff. (4. Aufl.) *Berlin: H. Steinitz (1901).* (112 S.) 8° [F.] [01. 2232

— was ist Geld? (112 S.) 8. Berlin (903). Globus Verl. n. — 30

[F.] Was ist Kunst? Studie v. Graf Leo Tolstoj. Aus d. Russ. übs. v. Dr. Alexis Markow. *Berlin: H. Steinitz 1898.* (112 S.) 1 Bd 8. [98. 3037

Was ist Kunst? [Čto takoe iskustvo?] Studie von Graf Leo Tolstoj. [1. 2.] *Berlin: H. Steinitz 1898(-1903).* 2 Bde 8° [F.]
[1.] Aus d. Russ. übers. von Dr. Alexis Markow. 1898.
[2 u. d. T.:] Ueber die Kunst. 2. Aufl. (1903.) [03. 13071

Was ist Kunst? [Čto takoe iskusstvo?] Studie von Leo Tolstoi. Deutsch von Dr. Alexis Markow. (2. Aufl.) *Berlin: H. Steinitz (1903).* (112 S.) 8° [F.] [03. 4800 II

— dasselbe. Übers. v. Mich. Feofanoff. 8. (VIII, 322 S.) Leipzig 902. Jena, E. Diederichs. n. 2.50; geb. n. 3.50

— was ist Kunst? Studie. (112 S.) 8. Berlin (903). Globus Verlag. n. — 30

Graf Leo [Nikolaevič] Tolstoi. Was ist Religion? Deutsch von Dr. N. Syrkin. *Berlin: H. Steinitz (1902).* (112 S.) 8° [F.] [02. 9536

— dasselbe u. worin besteht ihr Wesen? Mit Anh. Übers. v. Iwan Ostrow. 1.—5. Tauf. 8. (IV, 115 S.) Leipzig 902. Jena, E. Diederichs. n. 1. —

—— Was sollen wir also thun? Deutsch v. Aug. Scholz. 1.—4. Tauf. 8. (191 S.) Berl. 891. Steinitz Verlag. * 1 50

— was sollen wir also thun! Deutsch v. Aug. Scholz. (5. u. 6. Umschlag-Tauf.) 8. (159 S.) Ebd. 899. n. 1.50

Der Weg zur sozialen Befreiung. Aufruf an d. russ. Regierung, d. Revolutionäre u. d. Volk von Graf Leo [Lev Nikolaevič] Tolstoj. Hrsg. v. Dr. Eugen Heinrich Schmitt. Autor. Übers. aus d. Russ. v. Dr. Albert Skarvan. 1. bis 3. Taus. Berlin: F. Wunder [1907]. (53 S.) 8° [08. 1432

Tolstoj's, Graf Leo N., gesammelte Werke. Vom Verf. genehmigte Ausg. v. Raph. Löwenfeld. 1.—59. Lfg. 8. Berlin, R. Wilhelmi. à Lfg. n. — 60
1.—8. Lfg. = 1. Bd.: Lebens-Stufen. (Kindheit. Knabenalter. Jünglingsjahre.) (149, 110, 232 S.) 891.
9.—17. Lfg. = 2. Bd.: Novellen u. kleine Romane. 1. Thl.: Der Morgen d. Gutsherrn. Aufzeichnungen e. Marqueurs. Luzern. Albert. Zwei Husaren. Drei Tode. Die Kosaken. (556 S.) 891. 892.
30.—59. Lfg. = 3. Bd.: Novellen u. kleine Romane. 2. Thl.: Kaukasische Erzählungen. Sewastopol. Schneesturm. Eheglück. Polikuschka. Leinwandmesser. (631 S.) 893.
18.—49. Lfg. = 5.—8. Bd.: Krieg u. Frieden. 4 Thle. (540, 582, 638, 542 S.) 892. 893.

Tolstoj's, Graf Leo N., gesammelte Werke. Vom Verf. genehm. Ausg. v. Raph. Löwenfeld. (Neue [Titel-] Ausg.) 1.—3. u. 5.—8. Bd. 8. Leipzig (893. 94). 897. A. Strauch. n. 30. 40; geb. n. 38. —
1. Lebens-Stufen. (Kindheit, Knabenalter, Jünglingsjahre.) 2., unveränd. Aufl. (VI, 149 u. 233 S.) n. 4. 80; geb. n. 6. —
2. Novellen u. kleine Romane. 1. Thl. Der Morgen d. Gutsherrn. Aufzeichngn. e. Marqueurs. Luzern. Albert. Zwei Husaren, Drei Tode. Die Kosaken. 2., unveränd. Aufl. (VI, 558 S.) n. 4. 80; geb. n. 6. —
3. Dasselbe. 2. Thl. Kaukas. Erzählgn. (Ein Ueberfall. Der Holzschlag. Eine Begegng. im Felde.) Sewastopol. Schneesturm. Eheglück. Polikuschka. Leinwandmesser. 2., unveränd. Aufl. (632 S.) n. 4. 80; geb. n. 6. —
5.—8. Krieg u. Frieden. 4 Thle. 2., unveränd. Aufl. (XII, 540, 582, 638 u. 542 S. m. 1 Skizze.) à n. 4. —; geb. à n. 5. —

— gesammelte Werke. 4. Bd. 8. Leipzig [A. Strauch]. Jena, E. Diederichs. n. 3. —; geb. in Leinw. n. 4. —; erm. Pr. n. 2. —; geb. n. 3. —
4. Der Tod des Iwan Iljitsch. — Wandelt, dieweil ihr das Licht habt! — Die Kreutzer-Sonate nebst Nachwort. (289 S.) (899.)
Bd. 1—3 u. 5—8 jetzt Ebd. 897. Erm. Preis n. 24. —; geb. n. 31. —.

Leo N. Tolstoj [Lev Nikolaevič Tolstoj]. Gesammelte Werke. Von d. Verf. genehmigte Ausg. von Raphael Löwenfeld. Ser. 1, Bd 1-2, Ser. 2, Bd 1. Jena: Diederichs 1910. 8°
Ser. 1, 1 Lebensstufen 1. Kindheit. Knabenalter. 1910.
2 Lebensstufen 2. Jünglingsjahre. 1910
Ser. 2, 1 Meine Beichte. 1910.

Tolstoj, Graf Leo N., sämmtliche Werke. Von dem Verf. genehmigte Ausg. v. Raph. Löwenfeld. I. Serie. Sozial-eth. Schriften. Mit Buchausstattung v. J. V. Cissarz. 1.—4. Bd. 8. Leipzig. Jena, E. Diederichs. n. 9. —; geb. n. 12. 50
1. Meine Beichte. 1.—4. Tauf. (140 S.) 901. n. 1. 50; geb. n. 2. —
2. Mein Glaube. 1.—3. Tauf. (354 S.) 902. n. 2. 50; geb. n. 3. 50
3. Was sollen wir denn thun? 1. Bd. Mit Anh.: Über die Volkszählg. in Moskau. (323 S.) 902. n. 2. 50; geb. n. 3. 50
4. Dasselbe. 2. Bd. Mit Anh.: Bruchstücke aus e. Privatbrief. (279 S.) 902. n. 2. 50; geb. n. 3. 50

Tolstoj (Tolstoi), Graf Leo N., sämtliche Werke. Von dem Verf. genehmigte Ausg. v. Raph. Loewenfeld. I. Serie. Sozial-eth. Schriften. Mit Buchausstattg. v. J. V. Cissarz. 5.—7. Bd. 8. Leipzig. Jena, E. Diederichs. n. 7. —; geb. n. 10. —
5. Das Leben. 1.—3. Tauf. (278 S.) 902. n. 2. —; geb. n. 3. —
6. 7. Das Reich Gottes ist inwendig in Euch od. das Christentum als e. neue Lebensauffassung, nicht als e. mystische Lehre. 2 Bde. 1.—3. Tauf. (273 u. 350 S.) 903. à n. 2. 50; geb. à n. 3. 50

Tolstoj (Tolstoi), Graf Leo N., sämtliche Werke. Von dem Verf. genehmigte Ausg. v. Raph. Loewenfeld. I. Serie. Sozial-eth. Schriften. Mit Buchausstattg. v. J. V. Cissarz. 8. u. 9. Bd. Pädagog. Schriften. 2 Bde. (X, 307 u. 287 S.) 8. Jena 907. E. Diederichs. à 4. —; geb. à 5. —

— dasselbe. II. Serie. Theologische Schriften. Mit Buchausstattg. v. J. V. Cissarz. 1. Bd. 8. Ebd. n. 7. 50; geb. n. 9. 50
1. Kritik der dogmatischen Theologie. Uebers. v. Carl Ritter. 1. Bd. (X, 211 S.) 904. n. 3. —; geb. n. 4. —
2. 2. Bd. (331 S.) 904. n. 4. 50; geb. n. 5. 50

— dasselbe. III. Serie. Dichterische Schriften. Mit Buchausstattg. v. J. V. Cissarz. 1. 2. 7.—10. 15. u. 17. Bd. 8. Ebd. n. 22. 70; geb. n. 30. 50
1. Lebensstufen. 1. Bd. Kindheit. Knabenalter. 3. Aufl. (329 S.) 903. n. 2. —; geb. n. 3. —
2. Dasselbe. 2. Bd. Jünglingsjahre. 3. Aufl. (289 S.) 903. n. 2. —; geb. n. 3. —
7. Herr u. Knecht. (412 S.) 906. n. 3. —; geb. n. 4. —
8—10. Anna Karenina. Roman in 8 Büchern. 3 Bde. (XIV, 363, 489 u. 414 S.) 905. n. 12. —; geb. 15. —
15. Die Kreutzersonate samt Nachwort. 1.—3. Taus. (187 S.) 904. n. 1. 20; geb. n. 2. —
17. Dramatische Dichtungen. Die Macht der Finsternis. Die Früchte der Bildg. Der erste Branntweinbrenner. (XVIII, 156; II, 171 u. 32 S.) 905. n. 2. 50; geb. 3. 50

— dasselbe. III. Serie. Dichterische Schriften. Mit Buchausstattg. v. J. V. Cissarz. 3.—6. Bd. 3. Aufl. 8. Ebd. 901. à n. 2. —; geb. in Leinw. à n. 3. —
3. Der Morgen des Gutsherrn. — Aufzeichnungen e. Marqueurs. — Luzern. — Albert. (IV, 356 S.)
4. Die Kosaken. — Drei Tode. — Der Schneesturm. (IV, 386 S.)
5. Sewastopol im Dezember. — Sewastopol im Mai. — Sewastopol im August. — Der Herzschlag. — Die Begegnung im Felde. — Der Ueberfall. (IV, 387 S.)
6. Eheglück. — Polikuschka. — Leinwandmesser. (IV, 348 S.)

— dasselbe. III. Serie. Dichterische Schriften. Mit Buchausstattg. v. J. V. Cissarz. 16. Bd. Volkserzählungen. (VI, 409 S.) 8. Ebd. 907. 4.—; geb. 5. —

— Widersprüche d. empir. Moral. Deutsch v. Louise Flachs. [Aus: „Die Zeit".] 8. (65 S.) Berlin 895. H. Steinitz, Verl. n. 1. -

Graf Leo [Nikolaević] Tolstoi. Widersprüche der Empirischen Moral. Deutsch von Louise Flachs [-Fokschaneanu]. 3. u. 4. Taus. Berlin: H. Steinitz (1904). (55 S.) 8° 1o4. 987

— wie ist mein Leben? Mit Genehmigg. d. Verf. nach der 2. Aufl. übers. v. L. A. Hauff. 8. (140 S.) Berlin 891. O. Janke. n. 1. —

— Wirt u. Knecht. Aus d. Russ. v. Alexis Markow. 3. u. 4. Taus. 8. (130 S.) Ebd. 895. n. 1. —

Graf Leo [Nikolaević] Tolstoi. Wirt und Knecht [Chozjain i rabotnik]. Deutsch von Dr. Alexis Markow. 6. u. 7. Taus. Berlin: H. Steinitz (1902). (112 S.) 8°

— Wirt u. Knecht. (112 S.) 8. Berlin (903). Globus Verlag. n. — 30

— Über die Wissenschaft. Einzige vollständ. autoris. Ausg. Übers. v. Alb. Skarvan. Samt briefl. Diskussion m. Tolstoi u. Einleitg. hrsg. v. Eug. Heinr. Schmitt. (XXIV, 37 S.) 8. Heidelberg 910. L. M. Waibel & Co. 1.—

— Wodurch leben die Menschen? u. Ein kleines Licht, s.: Volksbücher, Wiesbadener.

— worin besteht mein Glaube? Eine Studie. Aus dem russ. Manuskript übers. v. Sophie Behr. gr. 8. (VII, 294 S.) Leipzig 885. Duncker & Humblot. n. 6. —

[Tolstoi, Leo Grf], Worte Tolstois. Hrsg. von] Edg. Alfr. Regener. Minden i. W. (1907.) 8°.
(Erzieher zu länd. Denker u. Dichter hrsg. von Carl Hagemann u. Edg. Alfr. Regener. Bd 5.)

— wovon die Leute leben, s.: Bibliothek, russische.

—— wovon die Leute leben. Wahrheit und Dichtung. Aus dem Russ. übers. von Eugenie Wieland. 8. (35 S.) Bern 887, [Jenni.] Koehler'sche Buchh. *

Tolstoi [Tolstoy], Graf Leo [Nikolaiewitsch], wovon die Menschen leben. Aus dem Russ. übers. von J. Brendel. 8. (54 S.) Neubrandenburg 887, Brünslow'sche Hofbuchh. *M 1.—.; geb. *

—— Wovon die Menschen leben. Aus dem Russ. übers. v. J. Brendel. 2. Aufl. 8. (56 S. m. 1 Bildnis.) Berl. u. Münch. 892, Schorß. 1 —

— wovon die Menschen leben. Erzählung. Deutsch v. Erich Thal. 8. (128 S.) Dresden (902). M. Fischer. — 50

Tolstoj, Lev Nik.: Yermak, s. Tolstoj: Jermak.

Tolstoj, Lev N[ikolaević], Graf: Das Gesetz der Gewalt und das Gesetz der Liebe. Zakon nasilija i zakon ljubvi. Berlin: Stuhr; [Caspari] (1909). 175 S. 8°

Tolstoi, P. L., Geheimnisse v. Odessa. Roman aus der Gegenwart. 2 Thle. in 1 Bd. 12. (à 192 S.) Leipzig 889. Greßner & Schramm. n. 4. —

Tolstopiatow, M., recherches minéralogiques. Ed. posthume. Lex.-8. (XXVIII, 136 S. m. 63 Abbildgn., Bildnis, 2 Holzschn. u. 3 farb. Taf.) Moscou 893. (Leipzig, G. Wigand.) n. 7. -

Tolstoy, s. Tolstoj.

Tolstrup, Karl, aus dem Seemannsleben. Aus dem Dän. v. O. Gleiß. Mit e. Vorwort v. Tiesmeyer. Autoris. deutsche Ausg. 8. (VIII, 164 S. m. Illustr.) Bielefeld 887. Velhagen & Klasing. n. 2. 80; n. geb. 3. 50

Töltenyi, Stanislaus von: Pathologia et therapia generalis medico-chirurgica in usum praelectionum publicarum. 831 S., gbd.

Vindobonae: Braumüller & Seidel 1843

Töltényi, Stanislaus von: De principiis pathologiae generalis libri VI. Vol. 1 - 2, gbd.

Vindobonae: Gerold 1831

Töltényi, Stanislaus (von): Versuch einer Kritik der wissenschaftlichen Grundlage der Medicin. Bd 1 - 4, gbd.

Wien: Selbstverlag 1838 - 1840

Töltényi, Stanisl., Versuch einer Kritik d. wissenschaftl. Grundlage der Medicin. In 4 Bdn. gr. 8. Wien 838—40. (Heubner.) n. 8½ ℳ

Toeltius, J. G.
Cœlum reseratum chymicum, oder philosophischer Tractat worinne nicht allein die Materien und Handgriffe, woraus und wie der Lapis Philosophorum in der Vor- und Nach-Arbeit zu bereiten, sondern auch wie aus allen vier Reichen der Natur, als astral-, animal-, vegetabil- und mineralischen Reiche, vortreffliche und unschätzbare Tincturen und Medicamenta sowohl zu Erhaltung der Gesundheit und des Lebens als auch Verbesser- und Transmutirung der unvollkommenen Metallen zu verfertigen, offenhertzig gezeiget wird. Mit Figuren denen Liebhabern der wahren Hermetischen Philosophie zu Liebe ausgefertiget von einen Kenner derselben. Franckfurt und Leipzig, Druckts und Verlegts Carl Friedrich Jungnicols hinterlassene Wittwe in Erffurt, 1737. pp. [xiv]-337, 12mo. Ill.

Giovanni Tolu. Geschichte eines sardischen Banditen. Von ihm selbst erzählt u. nach seinem Diktat niedergeschrieben von Enrico Costa. Autor. Übers. aus d. Ital. von Ernesto Gagliardi. *Berlin: Vita [1900].* (XIV, 702 S.) 8° [00. 5943

Tolver Preston, S.: Eine dynamische Erklärung der Gravitation. Separatabdruck aus: Sitzungsber. d. k. Akademie d. Wissensch. in Wien Bd. 87. II. S. 795.

Über die Möglichkeit, vergangene Wechsel im Universum durch die Wirkung der jetzt tätigen Naturgesetze — auch in Übereinstimmung mit der Existenz eines Wärmegleichgewichtes im vergrößerten Maßstabe — zu erklären. S. 87. II. 8?? . . . . vgr.
Separatabdruck

Tolwinski, Constantin. Die Grauen Hörner. Diss. Phil. [II.] Univ. Zürich von K' T' .... [Mit Figuren, 2 Tafeln und 1 Tabelle.] (Separat-Abdruck aus der Vierteljahrsschrift der Naturf. Gesellschaft in Zürich. Jahrg. 55, 1910, Heft 3/4.) 63 S. 8. Zürich, Zürcher & Furrer, 1910.

Tölz im Jahre 1812. Vom k. Steuerkataster. 1: 2500. 1 Bl.

Tölz u. Krankenheil, im Bayerischen Hochlande m. den jod- u. schwefelhalt. kohlensauern Natron-Quellen. Eine Brunnen-Schrift für Aerzte u. Laien (v. R. H. Robatzsch). gr. 8. (155 S. m. 1 Holzschn.) Leipzig 851, Gerhard in Comm. n. 2/3 ₰

Tölz [Schlagwort]

Tölz, s.: Bayern. Karte.

Tölz, s.: Deutschland. Karte (Abt. Bayern).

Tölz, s.: Krankenheil.

Krankenheil-Tölz. Atzl, Joh. B., Specialkarte der Umgebung v. Krankenheil-Tölz. 1:35,000. 50×54 cm. Farbendr. Tölz 891. J. Dewitz. n. 1. —

Tölzer, Jos., oberbayerische Architectur für ländliche Zwecke. Façaden, Grundrisse und Details. (In 12 Heften.) 1.—8. Heft. Fol. (à Heft 6 Chromolithogr.) München 867,68, Mey und Widmayer. à Heft * 1 Thlr. *

Tölzer, Jos., oberbayerische Architectur für ländliche Zwecke. Façaden, Grundrisse und Details. 9.—12. Heft. Fol. (à Heft 6 Chromolithogr.) München 869, Mey und Widmayer. à Heft *ℳ 3. *
1.—8. Heft. Ebendas. 1867,68. *ℳ 24.

Tölzer, Jos., durchbrochene Holzverzierungen in natürlicher Grösse zu Zwecken der Architektur. Für Bautischler u. Zimmerleute entworfen u. gezeichnet. 20 (chromolith.) Blatt in Imp.-Fol. München 873. Mey & Widmayer. 15. —; einzelne Blatt à — 75

Tolzien, G., die Grossherzöge v. Mecklenburg-Schwerin. (36 S. m. 7 Taf.) 8. Wismar 904. H. Bartholdi. n. — 90; geb. n. 1. 60

Tom Brown's school days, s. Collection of British authors.

Tom Jones, s. Jones.

[J.] Korporal Tom oder d. untergeschobene Brief. E. histor. Gemälde f. d. reif. Jugend u. ihre Freunde aus d. schottischen Reformationszeit. Von W. B., Vf. d. 'Klausner' ... 3. Aufl. *Elberfeld: Buchh. d. Erziehgs-Ver. [1894].* (268 S.) 1 Bd 8.
= Saat u. Ernte v. W. B. Bd 5. [98. 2215

Tom, Korporal, s. Saat u. Ernte.

Tom Tiddler's ground, s. Collection of British authors.

Tom Have, E. G., Bemerkungen und Vorschläge, wie im Herzogthum Bremen die Aufhebung und Vertheilung der Gemeinheiten vorzunehmen. gr. 8°. Celle, Schulze, 1800. (XII, 94 S.)

— Versuch e. Abhandl., wie kann auf d. Lande die Feuersgefahr vermindert u. die Löschungs-Anstalten besser eingerichtet werden. 8. Celle 802. Schulze. 6 ℊ

Tomalla, Walter: Ist der Kommanditist Kaufmann im Sinne des Handelsgesetzbuchs? Stuttgart: Enke [1909]. S. 43—70. 8°
¶ (Aus: Zeitschr. f. d. ges. Handels- u. Konkursrecht. Bd 63. H. 1/3.)
Leipzig, Jur. Diss. v. 28. April 1909
(Nicht für den Austausch, lag nicht vor)
[Geb. 31. Jan. 86 Kattowitz; Wohnort: Charlottenburg; Staatsangeh.: Preußen; Vorbildung: Oberrealsch. Kattowitz Reife O. 05; Studium: Greifswald 1, Berlin 5 S.; Rig. 28. April 09.] [U 09. 2707

TOMALSKI, Jakob: Die Rindviehzucht in Bayern und ihre wirtschaftlichen Ziele.- München, Erlangen: Junge 1900. 68 S.
27.7.1900 - Chr 1900/01,17; Jv 1900/01,233
Diss. Ingolst.-Landsh.-Mchn.

Tomalski, Jak., die Rindviehzucht in Bayern u. ihre wirtschaftlichen Ziele. gr. 8. (III, 68 S.) München 900. J. Schweitzer Verl. n. 1. 80

Toman, Hugo

— Schicksale d. böhmischen Staatsrechtes i. d. J. 1620 bis 1627. Nach urkundl. Quellen skizzirt. gr. 8. (94 S.) Prag 870. (Mourek.) n. 1. —

Toman, Hugo, das böhmische Staatsrecht u. die Entwickelung der österreichischen Reichsidee vom J. 1527 bis 1848. Eine rechtsgeschichtl. Studie. gr. 8. (VI, 227 S.) Prag 872. Calve. n. 4. —

Toman, Dr. Hugo. Studien über Jan van Scorel, den Meister vom Tode Mariä. Mit 6 Tafeln. (Seemann's Beiträge zur Kunstgeschichte. Neue Folge VIII.) Leipzig 1889. 8°.

Toman, H., Studien üb. Jan van Scorel, den Meister vom Tode Mariä, s. a. Beiträge zur Kunstgeschichte.

Tomanek, Eduard

Tomanek, Ed. Bemerkungen zu der Instruktion betreffs der Themen zu deutschen Aufsätzen aus der altklassischen Lektüre am Obergymnasium. S. 13—25. 8. **Progr.** G. *Troppau* 1885.

Tomanek, Eduard Ueber den Einfluss des Cechischen auf die deutsche Umgangssprache in Österreichisch-Schlesien, besonders in Troppau und Umgebung. Ein Beitrag zur Sprachmischung. (Umschlagtitel: Über . . . von Troppau . . .) 8 (S. 3—39). **Progr.** K. k. Staats-G. *Troppau* 1891.

Tomanek, Ed[uard]: Nachruf an den im Jahre 1905 gestorbenen Professor i. R. P. Amand Anton Paudler. S. 28—30. 8. **Progr.** K. k. Staats-Obergymn. *Böhm.-Leipa* 1906.

Tomanek, Eduard *Landesschulinspector Josef Werber.* 8 (S. 42—43). **Progr.** K. k. (vereinigtes) Staats-G. *Teschen* 1892.

Tomanetz Karl: Die Relativsätze bei den ahd. Uebersetzern des 8. und 9. Jahrhunderts. **Diss.** Wien. Univ.
D: Wien, 1879.
1878 PN 122

Tomanetz, Karl, die Relativsätze bei den ahd. Uebersetzern des 8. und 9. Jahrh. gr. 8. (102 S.) Wien 879, Gerold's Sohn. *

Tomanetz, Karl weil. Studien zur Syntax in Grillparzers Prosa. 8 (S. 3—29). **Progr.** K. k. Staatsg. im VIII. Bezirke *Wien* 1894.

Tomanetz, *Karl* Über den Wert und das Verhältnis der Handschriften von Ciceros Cato Maior. (2. Theil.) 8 (S. 3—36). **Progr.** Staatsg. *Hernals* 1886.
1: Progr. der Unterr.- und Oberrsch. u. des öffentl. Unterg. in der Josefstadt Wien 1883.

TOMANIK, FRANZ SALES(JULIUS)O. S. B.: S. Benedict und sein Orden. Ein Sonettenkranz zur vierzehnhundertjährigen Geburtsfeier unseres h. Vaters. (Brünn) o. J. (1888). 71 S. - 170 mm

TOMANIK, FRANZ SALES: Blüthen in den Ehrenkranz des hochw. P. Emilian Mann, Dr. der Philosophie, Prior von Lambach, ehedem Novizenmeister in Martinsberg bei Gelegenheit seiner feierlichen Secundiz am 21. Sept. 1873. Regensburg 1873: Pustet. 6 S. - 4°

TOMANIK, FRANZ SALES(JULIUS:)Jubelklänge zur Secundizfeier des hochw. P. Placidus Feber O.S.B. Lambach 1878: Lambacher Druckerei. 5 S. - 4°

TOMANIK, FRANZ SALES: Die sieben Schmerzen der seligsten Jungfrau Mariä in Bildern, Betrachtungen und Gebeten. Wien 1867. 37 S. Sörös
- Dass. Ohne Angabe des Autors mit dem Zusatztitel: Die Originale befinden sich in der Kapelle der Schmerzhaften Mutter Gottes der Kathedralkirche zu Fünfkirchen. Wien 1867: C. Sartori. 34 S. 7 t.

TOMANIK, FRANZ SALES(JULIUS) Sonettenkranz - mit Schlingzeilen - zur Weihe des Doms von St. Martinsberg. 1876. Wien 1876: Reiffenstein u. Rösch. 17 S. - 4°

Tomanik, Sales, ein Sträußchen aus Ungarn's Dichtergarten. 16. (XXXII, 170 S.) Wien 869, Sartori. *

TOMANIK, FRANZ SALES(JULIUS:) Vergissmeinnicht. Ihrer königl. Hoheit Maria Maria Dorothea am Tage ihrer ersten heil. Communion in St. Martins Dom, der Glaubenswiege des Ungarlandes zum Kranze geflochten von der treuergebenen Erzabtei Martinsberg. Wien 1880: Mayer.

TOMANIK, FRANZ SALES: Vergissmeinnicht um das Prälatenkreuz Sr. Gnaden des hochwürdigsten Herrn Mainrad Jahn. Wien 1873: Mayer. 5 S. - 8° Scr. OSB. Szinnyei

Tomann, Gust., vergleichende Untersuchungen über die Beschaffenheit des Fruchtschleimes v. Viscum album L. u. Loranthus europaeus L. u. dessen biologische Bedeutung. (13 S.) gr. 8. Wien 906. (A. Hölder.) n. — 50
Sonderabdruck aus: „Sitzungsber. d. k. Akad. d. Wiss."

Tomanskiy, Theodor Josephides von

Lobrede zur Ehre Katharina der Zweiten, der mit Loorbeern bekränzten Kaiserin und Gesezgeberin von Russland, ar. Ihrem hohen Namenstage den 24. November A. St. 1774 in einer öffentlichen Versammlung der Königl. deutschen Gesellschaft zu Königsberg und in Gegenwart hoher Personen, gehalten von THEODOR JOSEPHIDES von TOMANSKIY, ... Königsberg, gedruckt bey Daniel Christoph Kanter. 4o.
Darin mit bes. Titelblatt: Kurzer Entwurf der Lebensbeschreibung Ihro Majestät, Katharinen der zweiten, Käiserin ... von ganz Russland von THEODOR JOSEPHIDES von TOMANSKIY, ... s. l. 1774.

Lobrede, gewidmet Seiner Hochgräflichen Excellenz, dem grossen Helden, Peter Alexandrowitsch Rumianzow, ... in der Königlichen deutschen Gesellschaft zu Königsberg den 11. Januar 1775. vorgetragen von THEODOR JOSEPHIDES von TOMANSKIY, ... Königsberg, gedruckt bey D. C. Kanter. — 4o.

Rede, am höchsten Geburtsfest Seiner Königlichen Majestät, Friedrich des Zweiten, Königes von Preussen, u. s. w. den 25. Januar 1775. in einer öffentlichen Versammlung der Königlichen Deutschen Gesellschaft, ... gehalten von THEODOR JOSEPHIDES von TOMANSKIY, ... ib. — 4o.

Tomartschenko, Paul. Zur Kenntnis der Einwirkung von Salzzusätzen auf das Drehungsvermögen von Zuckerlösungen. Diss. Math.-Naturw. Freiburg in der Schweiz. 39 S. 8. Freiburg (Schweiz), St. Paulus-Druckerei, 1901.

Tomas, Schäfer, neueste Prophezeiung über den russisch-türkisch-europäischen Krieg des Jahres 1877 u. die zukünftige Weltlage. 8. (8 S.) Oranienburg 877. Freyhoff. — 10

Tomas J.: Die möglichen Berührungskugeln eines Tetraeders. 9. Budweis R. 86. **Progr.**

Tomas, (Jh. Andr. Timmius,) Anleit., meerschaumene Pfeifenköpfe zu verfertigen. Mit 1 Kpf. 8. Erlang. 799. N. A. 808. Palm. 3 gr

Tomas, J. A., Anleit. meerschaumene Pfeifenköpfe zu verfert. gr. 8. Erlang. Palm. 806.

Tomascheck, s. Tomaschek.

Tomaschek: Bemerkungen über die geologischen Verhältnisse der Umgebung von Görz. 11 S. 8°.– Görz, Progr. 1854.

Tomaschek: Phänologische Beobachtungen aus der Umgebung von Cilli, v. S.19 - 22. – Cilli, Progr. 1855.

Tomaschek: Briefe mathem.-pädagogischen Inhalts. 18 S. 8°–Iglau, Progr. 1852

Tomaschek: Zoologische Briefe. 6 S. 8°.– Progr. Pressburg kth. 1852.

Tomaschek, Anton

Tomaschek, Ant., das Bewegungsvermögen der Pollenschläuche u. Pollenpflänzchen. Vorläufige Mittheilung. [Mit 1 (chromolith.) Taf.] [Aus: „Sitzungsber. d. k. Akad. d. Wiss."] Lex.-8. (4 S.) Wien 882. (Gerold's Sohn.) n.n. — 50

Tomaschek, Ant., über Binnenzellen in der grossen Zelle [Antheridiumzelle] des Pollenkorns einiger Coniferen. [Vorläufiger Bericht.] Lex.-8. (8 S. mit 1 lithogr. Taf.) Wien 877, (Gerold's Sohn.) *
—— dass. — 2. Bericht. Lex.-8. (16 S. mit 1 lithogr. Taf.) (Ebendas.) 878. **
Vorstehende zwei Schriften sind aus: Sitzungsberichte der k. Akademie der Wissenschaften, besonders abgedruckt.

— über die Entwickelung der Pollenpflänzchen des Colchicum autumnale L. [Beitrag zur Lehre von der Aequivalenz des Pollens mit den Mikrosporen höherer Kryptogamen.] [Mit 1 (lith.) Taf.] [Aus: „Sitzungsber. d. k. Akad. d. Wiss."] Lex.-8. (8 S.) Ebend. 877. n.n. — 50

——- Entw. der Pollenpflaenzchen der Colchicum autumnale, L. Wien, 1879. 8°.

— zur Entwickelungsgeschichte [Palingenesie] von Equisetum. [Mit 1 (lith. u. color.) Taf.] [Aus: „Sitzungsber. d. k. Akad. d. Wiss."] Lex.-8. (21 S.) Ebond. 877. n. 1. —

Tomaschek, A.: Ueber Culturen der Pollenschlauchzelle. 15 S. – Brünn, d. OG., 1871.

Tomaschek, A., Culturen der Pollenschlauchzelle. [Aus: „Verhandlgn. d. naturforsch. Vereins zu Brünn."] Mit 1 (chromolith.) Taf. gr. 8. (8 S.) Brünn 873. (Hauptmann.) n. — 50

— Studien üb. das Wärmebedürfniss der Pflanzen. II. Thermophysiologische Untersuchgn. üb. die Entwickelg. der Blüthenkätzchen v. Corylus Avellana. [Aus: „Verhandl. d. naturf. Vereines in Brünn."] gr. 8. (30 S.) Ebend. 874. n. — 80

Tomaschek (A.). Umbildung des Pollens, zur Kenntniss des Zellenlebens. Moskau, 1872. 8°.

— eigenthümliche Umbildung d. Pollens. Ein Beitrag zur Kenntniss d. Zellenlebens. [Aus: „Verhandlgn. d. naturforsch. Vereins zu Brünn."] Mit 1 (lith.) Taf. gr. 8. (10 S.) Ebend. 873. n. — 50

Tomaschek, Carl, s. Tomaschek, Karl.

Tomaschek E.: Einiges über die Zusammensetzung und den petrographischen Unterschied der Laven, sowie über die Erscheinungen beim Hervorbrechen derselben. 20. Kremsier R. 74.
Progr.

Tomaschek, Eduard Freiherr v., k. k. Rittm. und Escadrons-Commandant im Regimente. Geschichte des k. k. Dragoner-Regiments Nr. 8, Generallieut. und Feldmarschall Raimund Graf v. Montecuccoli, Reichsfürst und Herzog von Melfi, von dessen Errichtung 1617 bis zum Jahre 1888. Nach Feld-Acten und sonstigen Originalquellen des k. k. Kriegs-Archives verfasst. (Mit 2 Portraits und 3 Bildern.) 8. Wien 1889.

Tomaschek, Ed., s. Zeitschrift, österr., f. Rechts- u. Staatswissenschaft.

Tomaschek, Franz

Tomaschek, F., Systematische Darstellung der Bestimmungen üb. das gewerbliche Genossenschaftswesen. gr. 8. (38 S.) Prag, F. Haerpfer. 1900.
Sammlung gemeinnütziger Vorträge. No. 258. 259.

Tomaschek, Frz., systematische Darstellungen der Bestimmungen über das gewerbliche Genossenschaftswesen, s. a. Sammlung gemeinnütziger Vorträge.

Tomaschek, Frz., Dokumente der Gewerbeförderung. (66 S.) 8. Prag 910. G. Neugebauer. n 1. 30

Tomaschek, F., Neu-Regelung des gewerblichen Genossenschaftswesens in Österreich. Systematische Darstellg. nach den gelt. Gesetzen, Verordngn. u. der Spruchpraxis. (86 S.) gr. 8. Prag, G. Neugebauer. 1907. 1. —

Tomaschek, Johann, Hauptmann des Pionnier-Regiments, zugetheilt dem Generalstabe. Ueber Wald und Beschreibung von Fluss-Uebergangsstellen in technischer Beziehung. (Aus: „Organ des milit.-wissensch. Vereins", 5. Bd. 1872.) 8. Wien 1872.

Tomaschek, Johann Adolf, (Edler von Stradowa)

Tomaschek Edler v. Stradowa, J. A., das alte Bergrecht v. Iglau u. s. bergrechtl. Schöffensprüche. Mit Unterstützg. d. kais. Akademie d. Wissensch. zu Wien. gr. 8. (XVI, 218 S.) Innsbruck 897. Wagner. n. 5. 60

Tomaschek, J. A., die höchste Gerichtsbarkeit des deutschen Königs u. Reiches im 15. Jahrhundert. [Aus den Sitzungsber. der k. Akad. der Wiss.] Wien 865. (Gerold's Sohn.) Lex.-8. (96 S.) n. 15 ngr.

Tomaschek, J. A., die beiden Handfesten König Rudolfs I. für die Stadt Wien vom 24. Juni 1278 und ihre Bedeutung für die Geschichte des österreich. Städtewesens. Eine krit. Studie. Lex.-8. (77 S.) Wien 876, (Gerold's Sohn.) *
Aus: Sitzungsberichte der k. Akademie der Wissenschaften, besonders abgedruckt.

Tomaschek, J. A., das Heimfallsrecht. Mit einem Rechtsgutachten üb. die Heimfallsrechte der Städte Wien u. Prag. gr. 8. (121 S.) Wien 882. Gerold's Sohn. n. 3. —

Tomaschek, J. A., der Oberhof Iglau in Mähren und seine Schöffensprüche aus dem 13.—16. Jahrh., aus mehreren Handschriften hrsg. und erläutert. gr. 8. (VIII, 396 S.) Innsbruck 868, Wagner'sche Universitäts-Buchh. *

Tomaschek, J. A., deutsches Recht in Oesterreich im 13. Jahrhundert. Auf Grundlage des Stadtrechtes von Iglau. Mit Unterstützung des mährischen Landes-Ausschusses. Wien 859. Tendler & Co. (Gerold.) gr. 8. (VIII, 351 S.) n. 2 ℛ

— Recht und Verfassung der Markgrafschaft Mähren im 15. Jahrhundert. Mit einer Einleitung über die Geschichte des böhmisch-mährischen Landrechtes in seinem Gegensatze zum deutschen Weichbildrechte. Brünn 863. Nitsch. Lex.-8. (88 S.) n. 10 ngr.

— die Rechte u. Freiheiten der Stadt Wien, s.: Geschichts-Quellen der Stadt Wien.

— über die ältere Rechtsentwickelung der Stadt und des Bisthums Trient. (Aus den Sitzungsber. der k. Akad. der Wissensch.) Wien 860. Gerold in Comm. gr. 8. (34 S.) n. 4 ngr.

— über zwei ältere Rechtsgutachten der Wiener Universität. (Aus den Sitzungsber. der k. Akad. der Wissensch.) Ebend. 860. gr. 8. (40 S.) n. 5 ngr.

— Die ältesten Statuten der Stadt und des Bistums Trient in deutscher Sprache. Ar. 26. 67 . . . . ngr.
Separatabdruck

Tomaschek, J. A., üb. e. in Oesterreich in der 1. Hälfte d. XIV. Jahrh. geschriebene Summa legum incerti auctoris u. ihr Quellenverhältniss zu dem Stadtrechte v. Wiener-Neustadt u. dem Werböczischen Tripartitum. Lex.-8. (90 S.) Wien 883. (Gerold's Sohn.)
Aus: Sitzungsberichte der k. Akademie der Wissenschaften, besonders abgedruckt.

Tomaschek, Johann Chrysostomus (Cyrus?)

TOMASCHEK, Johann Cyrus u. Jakob SCHMIDT: Berechnungsschlüssel, nach welchem bei allen Klotzhölzern der kubische Inhalt mit drei Decimalzahlen entweder schon berechnet ist, oder auf eine leichte Art durch die Addition oder Multiplication gefunden werden kann. Zum Behuf der böhmischen k. k. Staatsgüter. - Prag 1813

— u. J. Schmidt, Berechnungsschlüssel, nach welchem bei allen Klotzhölzern der kubische Inhalt mit drei Dezimalzahlen etc. berechnet ist etc. gr. 8. Prag 813. G. Haase, Söhne.

Tomaschek, Jh. Chrysost., († 181 . .) method. Rechenkunst, oder ordentl. Lehrvortrag, kurz u. gut zu rechnen. 8. Brünn 791. Gastl. 16 gl. Hbg. Pr. 6 gl.

Tomaschek, Karl, die neuhochdeutsche classische Dichtung u. die Literaturgeschichte. Vortrag, geh. in der feierl. Sitzg. der kaiserl. Akademie der Wissenschaften am 29. Mai 1875. gr. 8. (31 S.) Wien 875. Gerold's Sohn in Comm. n.n. — 50

— Friedrich Halm u. Franz Grillparzer. Zwei Nekrologe. [Aus: „Sitzungsber. der k. Akad. d. Wiss."] gr. 8. (32 S.) Ebend. 872. n. — 50

Tomaschek Karl: De Horatio poeta Cynico. H. 1892 PN 730 Diss. Wien Univ.

Jahresbericht über das Gymnasium der k. k. Theresianischen Akademie während des Schuljahres 1856/57. Veröffentlicht von H. Demel, Direktor der k. k. Theresianischen Akademie. Wien, 1857. Dr. von Anton Schweiger. (36 S. 4.)
Enthält: Schiller und Kant. — Eine Abhandlung vom Herrn Prof. Tomaschek.

Tomaschek, Carl, Schiller und Kant. 1. Abhandlung. gr. 8. (53 S.) Wien 857, [Gerold's Sohn.] *
Aus: Programm des Gymnasiums der k. k. theresianischen Akademie für 1857, besonders abgedruckt.

— Schiller und Kant. 1. Abhandlung. (Abdr. aus dem Progr. des Gymn. der k. k. theresian. Akad.) Wien 857. Tendler u. Co. gr. 8. (53 S.) n. 10 ngr.

Tomaschek, Carl, Schiller in seinem Verhältnisse zur Wissenschaft. Gekrönte Preisschrift. Wien 862. Gerold. Lex.-8. (VI, 505 S.) n. 3 ₰ 24 ngr.

— die Salzburgischen Taidinge, s.: Weisthümer, österreichische.

Tomaschek, Karl. Ueber Schiller's Wallenstein. Ein Vortrag. *Wien* 1858. Druck u. Verl. v. *C. Gerold's S.* 42 S. 8°.
Aus der Reihe der wissenschaftlichen Vorträge im ständischen Saale zu Wien.

Tomaschek, Karl, Schiller's Wallenstein. 2. unveränd. Aufl. gr. 8. (38 S.) Wien 886, Gerold's Sohn. *

Tomaschek, Wilhelm

Tomaschek, W., über Brumalia und Rosalia nebst Bemerkungen über den bessischen Volksstamm. Lex.-8. (56 S.) Wien 869, (Gerold's Sohn.) *
Aus: Sitzungsberichte der k. Akademie der Wissenschaften, besonders abgedruckt.

Tomaschek, Wilh., s.: Capitel, die topograph., des indischen Seespiegels Mohîṭ.

Tomaschek, Wilhelm: Topographische Erläuterung der Küstenfahrt Nearchs vom Indus bis zum Euphrat (Sitzungsberichte der kais. Akademie der Wissenschaften in Wien. Philos.-Histor. Klasse. Bd. 121. Heft 8.) Wien 1890. 88 S. 8°. [C 6871

Tomaschek, Wilh., topographische Erläuterung der Küstenfahrt Nearch's vom Indus bis zum Euphrat. [Aus: „Sitzungsber. d. k. Akad. d. Wiss."] Lex.-8. (88 S.) Wien 890. (Tempsky.) n. 1. 70

Tomaschek, Wilh., ethnologische Forschungen über Ost-Europa u. Nord-Asien. I. A. u. d. T.: Die Goten in Taurien. gr. 8. (78 S.) Wien 881. Hölder. n. 2. —

Tomaschek, Wilh., Kritik der ältesten Nachrichten über den skythischen Norden. I. und II. gr. 8. Wien 888, (Tempsky.) *
Inhalt:
I. Über das Arimaspische Gedicht des Aristeas. (66 S.) *ℳ 1.—.
II. Die Nachrichten Herodot's über den skythischen Karawanenweg nach Innerasien. (70 S.) *ℳ 1.20.

— Kritik der ältesten Nachrichten über den skythischen Norden. 1. Über das Arimaspische Gedicht des Aristeas. S. 116. 715 . . . . vgr.
— — 2. Die Nachrichten Herodots über den skythischen Karawanenweg nach Innerasien. S. 117/1 . . . . vgr.
Separatabdruck

— zur Kunde der Hämus-Halbinsel. Topographische, archäolog. u. ethnolog. Miscellen. [Aus: „Sitzungsber. d. k. Akad. d. Wiss."] Lex.-8. (73 S.) Wien 882. Gerold's Sohn in Comm. n.n. 1. 10

— zur Kunde der Hämus-Halbinsel. II. Die Handelswege im 12. Jahrh. nach den Erkundiggn. d. Arabers Idrisî. [Aus: „Sitzungsber. d. k. Akad. d. Wiss."] Lex.-8. (91 S.) Ebd. 887. n. 1. 40 (I. u. II.: n.n. 2. 50)

Tomaschek, W, Les restes de la langue dace. S.-A. 1883. 20 S.

— Sasun u. das Quellengebiet d. Tigris. Historisch-topograph. Untersuchung. [Aus: „Sitzungsber. d. k. Akad. d. Wiss."] Lex.-8. (44 S.) Wien 895. (C. Gerold's Sohn.) n. 1. —

Tomaschek Wilhelm, Dr.. Sasun und das Quellengebiet des Tigris. Historisch-topographische Untersuchung. 1. Geschichtliches über Sasun. S. 133 4 . . . . K 1.—
Separatabdruck

Tomaschek, Wilh., centralasiatische Studien. I. Sogdiana. Lex.-8. (120 S. mit 3 lithogr. und color. Karten.) Wien 877, (Gerold's Sohn.) *
Aus: Sitzungsberichte der k. Akademie der Wissenschaften, besonders abgedruckt.

—— centralasiatische Studien. II. Die Pamir-Dialekte. Lex.-8. (168 S.) (Ebendas.) 880. *
I. Ebendas. 1877. *ℳ 4.

Tomaschek, Wilhelm, Die alten Thraker. Eine ethnologische Untersuchung. I. Uebersicht der Stämme. Gr.-8. (130 S) 1.30
Wien: Tempsky 1893.

Tomaschek, Wilhelm, Die alten Thraker. Eine ethnologische Untersuchung. II. Die Sprachreste. I. Hälfte. Glossen aller Art und Götternamen. Gr.-8. (70 S.) —.70
Wien: Tempsky 1893.

Tomaschek, Wilhelm, Die alten Thraker. Eine ethnologische Untersuchung. II. Die Sprachreste. II. Hälfte. Personen- und Ortsnamen. Gr.-8. (103 S.) Ebda.1894. 1.—

— Die alten Thraker. 1. Abteilung: Übersicht der Stämme. Eine ethnologische Untersuchung. S. 128/4 . . . . vgr.
— — 2. Abteilung: Die Sprachreste. 1. Hälfte: Glossen aller Art und Götternamen. S. 130/2 . . . . vgr.
— — 2. Abteilung: Die Sprachreste. 2. Hälfte: Personen- und Ortsnamen. S. 131/1 „ 2.—
Separatabdruck

Tomaschek, Dr. Wilhelm, Zur historischen Topographie von Kleinasien im Mittelalter. I. Die Küstengebiete und die Wege der Kreuzfahrer. Gr.-8. (106 S.) 1 —
Wien: F.Tempsky 1891.

— Zur historischen Topographie von Kleinasien im Mittelalter. 1. Die Küstengebiete und die Wege der Kreuzfahrer. S. 124/8 . . . . „ 2.—
Separatabdruck

—— zur historischen Topographie von Persien. I. Die Strassenzüge der Tabula Peutingerana. Lex.-8. (89 S.)
Wien: C.Gerold's S.1883. *

Tomaschek, Wilhelm: Zur historischen Topographie von Persien. I. Die Strassenzüge der Tabula Peutingeriana. II. Die Wege durch die persische Wüste. ([S.-A.] Sitzungsberichte der philos.-histor. Classe der kais. Akademie der Wissenschaften. Bd. 102. Jahrg. 1883. Heft 1. und Bd. 108. Jahrg. 1884. Heft 2.) Wien 1883 u. 1884. 1 Bd. 89: 94 S., 1 Krt. 8°. [C 6623

—— zur historischen Topographie von Persien. II.: Die Wege durch die persische Wüste. Lex.-8. (94 S. mit 1 chromolithogr. Karte.) (Ebendas.) 885. *
I. (Ebendas.) 1883. *ℳ 1.40.
Vorstehende drei Schriften sind aus: Sitzungsberichte der k. Akademie der Wissenschaften, besonders abgedruckt.

Tomaschek von Stratowa, Robert Bellarmin

Die registrierten Erwerbs- und Wirtschaftsgenossenschaften der Gewerbetreibenden in Österreich von Dr. R[obert] B[ellarmin] **Tomaschek** v. Stratowa ... hrsg. von der K. K. Statist. Zentralkomm. (Brünn: F. Irrgang 1908.) (XXV, 77 S.) 8°
= **Monatsschrift**, Statistische. N.F. Jg. 13. Sonder-H. (08. 1612) 3

Tomaschett, Giachen Gius(ep). Il regiment svizzer de Roll en survetsch ingles, 1795 entochen 1801, tenor il diari de sergent G' Gius. Tomaschet..., ediu da P[eder] A[nton] Vincenz. [E.] 8. Cuira 1897.

Tomaschewitz, Johann, Wiener Liederstrauß. Praktische Gesanglehre und Liedersammlung für Bürgerschulen. 5. verbesserte Auflage. Wien und Prag. F. Tempsky. (Min.=Erl. v. 23. Nov. 1895, Z. 19071.) Gebunden 1895. —.60

Tomaschewitz, Joh., Wiener Liederstrauß. Praktische Gesangslehre u. Liedersammlg. f. Bürgerschulen. Unter Mitwirkg. der Wiener Gesanglehrer: Adf. Kunka, Jos. Ludwig, Karl Platzer, Jos. Steigl u. Ed. Siegert hrsg. 6. Aufl. gr. 8. (158 S.) Wien 900. F. Tempsky. Geb. in Leinw. n. 1. 20

Tomaschewski, A. Die Gewerbezählung im Deutschen Reich am 1. Dezember 1875. Nach den Veröffentlichungen des Kaiserlichen Statistischen Amtes zusammengestellt. Berlin 1879.

[F.] Ernstes und Heiteres aus einer Orient-Reise durch Griechenland, Palästina und Aegypten'(im Juli u. Aug. 1895)'. Von Paul Tomaschki, ev. Pfarrer in Miswalde Ostpr. ... *Graudenz: Dr. v. G. Röthe;* (Aufgekl.: *Königsberg i. Pr.: Gräfer & Unzer) 1896.* (128 S.) 1 Bd 8. [96. 3418

Tomaschny, Viktor: Über den Verlauf der Harnsäure-Ausscheidung beim Menschen. *Greifswald 1898: J. Abel.* (29 S.) 8°
Greifswald, Med. Diss. v. 28. Juli 1898

Tomascsewski, Alfred, aus Breslau: Über Spaltungen des Benzoins unter dem Einfluß katalytisch wirkender Substanzen. *Breslau 1902: A. Stenzel.* (37 S.) 8°
Heidelberg, Naturw.-math. Diss. v. 1902

Tomascsewski, Egon, Dr. med., Assist. d. med. Univ.-Klinik zu Halle a. S.: Aus d. Kgl. dermatol. Universitäts-Hautklinik zu Breslau. ⟨Direktor: Geheimrat Neisser.⟩ Über die Ätiologie der nach Ulcus molle auftretenden Bubonen und Bubonuli, nebst einigen therapeutischen Bemerkungen. *Halle a. S. 1904: Wischan & Burkhardt.* (48 S.) 8°
Halle, Med. Hab.-Schr. v. 1904

Tomascsewski, Egon: Über das Wachstum der Tuberkelbazillen auf kartoffelhaltigen Nährböden. *Halle a. S. 1898: C. A. Kaemmerer & C.* (41 S.) 8°
Halle, Med. Diss. v. 15. Juli 1898

Tomasczewski, Fr., topographisch=statistisches Handbuch für den Reg.=Bez. Liegnitz. Nach amtl. Quellen im Auftrage der königl. Regierung bearb. gr. 4. (XXXII, 344 S.) Liegnitz 880. Reisner. n. 13. —

Tomasczewski, Rob. Joan. (geb. Neu-Berun in Oberschles. 27. 3. 1839): De degeneratione renum amyloidea. Berolini (1862). (34 S.) 8°
Berlin, Med. Diss. v. 31. Juli 1862

Tomsczewski, Frau Valeska, orthopädische Gymnastik, s.: **Mikulicz, J. v.**

Tomasczewski, Valeska, Der Orthopäde Herr Professor F. A. Schmidt als Gegner des Systems von Mikulicz-Tomasczewski, Erwiderung auf d. Angriffe d. H. —, Breslau 1910, 16 S., 8°.

Tomasek J N, die Pfeifenindustrie. (Schauplatz der Künste u Handw. 60) Weimar 1878

Tomasek, J. N., die Pfeifen=Industrie auf der Höhe jetziger Zeit, s. **N.** Schauplatz, neuer, der Künste u. Handwerke.

Tomaseo, Niccolò, s. Tommaseo, Niccolò.

TOMASETH, Heinz
(F) Die vier Bücher des armen Thoms. Dichtung eines Auferstandenen von Heinz Tomaseth. Wien und Leipzig. 1900. Konegen. 8°. 143 S. fl. 1.50

Tomaseth, Heinz, die Tändelnden. Tragikomödie in 5 Aufzügen. (172 S.) 8. Wien 904. C. Konegen. n. 2. 50

— **die Tragikomödie der Furchtlosen. I. Die Sinkenden.** Ein Drama in 3 Aufzügen. gr. 8. (VII, 114 S.) Ebd. 902. n. 2.—

Tomaseth, Heinz Jul., Sommermärchen. Ein lyr. Schauspiel. 8. (76 S.) Wien 896. C. Konegen. n. 1. 20

Tomaseth Julius: Studien zur aristotelischen *Πολιτεία 'Αθηναίων*
1894 PN 842 Diss. Wien, Univ.

Tomášik, Samuel. Denkwürdigkeiten des Murányer Schlosses, mit Bezug auf die vaterländische Geschichte. 8. Budapest 1882.

Tomasik, Samuel, Denkwürdigkeiten des Murányer Schlosses mit Bezug auf die vaterländische Geschichte. 8. (191 S.) Budapest 883, Lauffer. *

Tomasin Dr. Peter: Festrede bei der Feier des 50jährigen Bestandes der Anstalt. 9. Triest St. G. 92.
Progr.

TOMASIN, Petrus (Carolus), Ostendatur e historia populi Israelitici a vocatione Moysis usque Macchabaeorum victorias, Deum Jehovam in omnibus celebrioribus populis, contra eorum deos falsos ostendisse veram suam divinitatem. — (1871) 128 S. 4° (Handschr.) Diss. 288
Diss. Wien, Univ.

Tomasin, Petrus, das k. k. Staats-Ober-Gymnasium in Triest. Erinnerungen, veröffentlicht bei Gelegenheit der 50jähr. Jubelfeier. gr. 8. (285 S.) Triest 892. F. H. Schimpff. n. 8. —

Tomasin, Petrus Die römischen Statthalter in der Stadt Triest und im Küstenlande. 8 (S. 3—28). **Progr.** K. k. G. *Triest* 1895.
„Ist nur die Uebersetzung eines Kapitels aus der in italienischer Sprache verfassten, noch unedierten Geschichte der Stadt Triest".

Tomasin Dr. P.: Die Volksstämme im Gebiete von Triest und in Istrien. 40. Triest R. 89.
Progr.

Tomasin, P., die Volksstämme im Gebiete v. Triest u. in Istrien. Eine ethnograph. Studie. gr. 8. (109 S.) Triest 890. Schimpff. n. 2. 80

Tomasini, Otto Ritter v., Skizzen aus dem Reptilienleben Bosniens u. der Hercegovina. [Aus: „Wissenschaftl. Mittheilgn. aus Bosnien u. der Hercegovina" 2. Bd.] Lex.-8. (103 S.) Wien 894. (C. Gerold's Sohn.) n. 2. 50

Tomassetti, **Aloysius, bullarum diplomatum et privilegiorum sanctorum pontificum Taurinensis editio,** s. Bullarum etc.

Tomassi Galanti, Mario: Breve cenno sullo stato attuale della poesia italiana moderna. S. 25—35. 8.
Progr. Gymn. der k. k. Theresianischen Akademie *Wien* 1909.

Tomassi, M. Galanti, raccolta di prose i poesie. Tedescne con note italiane. (XI, 255 u. 50 S.) gr. 8. Wien 908. W. Braumüller. 2. 40

Tomasz a Kempis, s. Thomas von Kempis.

Tomaszczuk, Prof. Dr., über das Budget 1887. Rede, gehalten am 29. April 1887 im österreichischen Abgeordnetenhause aus Anlass der Budgetberathung. (Sammlung der bedeutendsten Reden des österreichischen Parlaments.) VI. gr. 8°. (24 S.) Wien, Perles. fl. —.20. 1887.

Tomaszczuk, Rede aus Anlass der Budgetberathung, s. a. Sammlung der bedeutendsten Reden d. österreichischen Parlaments.

Tomaszewicz, Anna, aus Warschau: Beiträge zur Physiologie des Ohrlabyrinths. Zür. Genossenschafts-Buchdr. Dr. 1877. 91 S., 1 Bl. Thesen. 8°.
Zürich, Med. Diss. [v. 9. Aug. 1877].

Tomaszewski, Ant., de Iliadis libro XXIV. Pars prior. Dissertatio inauguralis. gr. 4. (18 S.) Thorunii 876. (Jena, Deistung's Buchh.) *

Tomaszewski, Anton, a. Niechanowo, Kr. Witkowo, Pr. Posen: Über die rechtliche Natur der Erbverträge zu Gunsten Dritter nach dem Bürgerlichen Gesetzbuch. Greifswald 1906: J. Abel. (68 S.) 8° [F. u. Ant.]
Greifswald, Jur. Fak., Ref. Frommhold, Diss. v. 23. Dez. 1906
[Geb. 2. Aug. 81 Niechanowo, Prov. Posen; Wohnort: Wielowies b. Pakosch, Prov. Posen; Staatsangeh.: Preußen; Vorbildung: Marien-Gymn. Posen Reife O. 00; Studium: Berlin 4, Greifswald 2 S.; Rig. 10. Aug. 05.]

Tomaszewski, V. u. Th. Walde, Lehrstoff im Turnen der Mädchenvolksschulen ohne Turnhalle. 12. (45 S. m. Fig.) Recklinghausen (901). J. Bauer (nur direkt). n. — 40

Tomaszewski, Valentin (*geb. Storchnest in Pos. 3. 2. 1852*): Zur Pathologie des Grosshirnschenkels. (Aus der Krankenabtheilung des städtischen Armenhauses zu Breslau.) Breslau 1881. (39 S.) 8° [*Im Buchhandel 1881 bei Köhler in Breslau.*]
Breslau, Med. Diss. v. 14. Nov. 1881

Tomaszewski, X. Napol., historya kościola świetego katolickiego dla klass gimnazyalnyah i realnych. Wydanie 2. poprawne i pomnozone. Gnesen 869. Lange. 8. (XII, 158 S.) n. 10 *ngr.*

Tomaszkiewicz, Thadaeus [!] (geb. Posen 29. 11. 1831): De urethritide. Berolini (1857). (29 S.) 8°
Berlin, Med. Diss. v. 19. Febr. 1857

Tomaszów [Schlagwort]

Tomaszów, s.: **Europa. Uebersichtskarte.**

Tombach, A. H., neue Beiträge zur Fundamental-Philosophie. II. Untersuchungen üb. das Wesen des Guten. gr. 8. (105 S. m. 1 Taf.) Bonn 899. P. Hanstein. n. 1. 50
I erscheint später.

Tombe, C. Der arme Marcel. Vom Institut Genévois preisgekrönte Novelle. Uebersetzt von *E. Bagge*. In-16°, 173 S. Leipzig, Phil. Reclam, jun. 1888. — 55
, „Universal-Bibliothek" 2128. 2129.

Tombe, Charles François. Reise in Ostindien in den Jahren 1802—6 ... Leipzig 1811. Ü: *Bergk, Joh. Adam.* (Ky)

Tombe's, C. F., Reise in Ostindien in den J. 1802 — 6, mit Anmerkk. u. Erläuterr. v. C. S. Sonnini, mit Zusätzen aus d. Französ. (v. J. A. Bergk). Mit 7 Kpf. gr. 8. Leipz. 811. Baumgärtner. 2 ß

le Tombeau, poème en IV chants, traduit de Feith. 2me edition, suivi de l'espérance de se revoir, poème en II chants, traduit de de Kruyff, et d'une traduction de quelques poésies de Feith par Aug. Clavareau. 12. Amsterd. 829. Gebr. Diederich. (W. Vogel in Leipz.) 1 ß 8 gl

Tombeaux, Les anciens, à Sinsheim accompagnés d'un guide dans l'Odenwald. Heidelb. 1831. V: *Wilhelmi, Carl.* (Babb)

Tombeaux et méditations d'Hervey. II Vol. 18. Lipsiae, Ind. Comp. Rthlr -

Tomberg, Conr., zur Kritik d. Fleischl'schen Hämometers. Diss. gr. 8. (76 S.) Jurjew (Dorpat) 891. (E. J. Karow.) n. 1. 60

Tomberger, Franz

Tomberger, Frz., Geographie u. Heimatkunde unter besond. Berücksicht. der österreich.-ungar. Monarchie u. des Erzherzogt. Niederösterreich. Beigabe zu den Lesebüchern f. Volks- u. Bürgerschulen. 15. rev. Aufl. (32 S.) 8. Wr.-Neustadt (905). A. Folk. n. — 30

Tomberger, Frz., Geschichte der Erziehung u. des Unterrichtes, mit Berücksichtigung der geschichtlichen Entwickelung der Volksschule in Oesterreich. Ein Lehrbuch für österreichische Lehrer- u. Lehrerinnen-Bildungsanstalten, sowie ein Hilfsmittel zur Vorbereitung auf die Lehrbefähigungsprüfungen für Volks- u. Bürgerschulen. gr. 8. (120 S.) Wiener-Neustadt 879. (Wien, Pichler's Wwe. & Sohn.) 2. —

— Geschichtsbilder für den Gebrauch an österreichischen Volksschulen. Zunächst für die oberen Klassen vier- und mehrklass. Volksschulen. Nach den Normen des ministeriellen Lehrplanes vom 18. Mai 1874, Z. 6549, bearb. und hrsg. 8. (89 S.) Graz 876, Leuschner und Lubensky. *

Tomberger, Frz., Grundzüge der österreichischen Verfassung. Für Volks- und Bürgerschulen. 2. Aufl. gr. 16. (24 S.) Graz 874, Leuschner und Lubensky. *

— Heimatskunde des Herzogth. Steiermark mit einem Anhang: die Grundzüge der österreich. Verfassung und die Biografie des Erzherzogs Johann von Oesterreich. Für Volks- und Bürgerschulen bearb. 8. (72 S.) Ebendas. 871. *

— dass. — mit einem Anhang: die Grundzüge der Reichs- und Landesverfassung und die Geschichte des Heimatlandes. 2., durchaus umgearb. und verm. Aufl. 1872, und 3. revid. und verm. Aufl. gr. 8. (97 S. mit 1 chromolithogr. Karte von Steiermark in qu. Fol.) Ebendas. 874. *

Tomberger, Franz, Ein Vierteljahrhundert Cultur-Arbeit. Festschrift zur Feier des fünfundzwanzigjährigen Jubiläums des österreichischen Reichs-Volksschulgesetzes. Gr.-8. (16 S.) In Comm.
Wien: Sallmayer 1894. * —.20

Tomberger, Frz., praktischer Lehrgang beim Unterrichte in der deutschen Sprache in der obersten Klasse der Volksschulen. 8. (119 S.) Graz 867. (Leuschner und Lubensky.) *

— praktischer Lehrgang beim Unterrichte in der deutschen Sprache in den oberen Jahreskursen der allgemeinen Volksschule. 2. Aufl. 1868. * *M* 1., und 3. und 4. unveränd. Aufl. 8. (123 S.) Ebendas. 870,71. cart. *

Tomberger, Frz., 100 Mädchenbriefe. Ein Geschenk f. Mädchen v. 10 bis 15 Jahren. Zugleich e. Hilfsbuch beim stilist. Unterricht an Volks- u. Bürgerschulen. 12. (III, 88 S.) Wien 896. C. Graeser & Co. Geb. in Leinw. n. 1. 30

Tomberger, Franz, Einhundert Mädchenbriefe Ein Geschenk für Mädchen von 10 bis 15 Jahren 8. (88 S.) Geb. —.6
Wien: Reimann 1896.

Tomberger Frz.: Vincenz Eduard Milde, ein österr. Pädagoge in der ersten Hälfte des 19. Jahrh. 36. Wiener-Neustadt L.-B.-A. 76.
Progr.

— s. Milde, Vinc. Ed., allgemeine Erziehungskunde.

Tomberger, Franz (Hrsg.), s. Monarchie, Die österr.-ungarische.

— die österreichisch-ungarische Monarchie mit besond. Berücksichtigung des Herzogth. Steiermark. Für die oberen Jahreskurse der allgem. Volksschule bearb. 3. verm. Aufl. Ebend. 868,70. 8. (24 S.) n. 3 ngr.

—— die österreichisch-ungarische Monarchie mit besond. Berücksicht. des Herzogth. Steiermark. [Beigabe zu den Lesebüchern der Volksschulen.] Für ein-, zwei- und dreiklass. Volksschulen. 3.–5. verm. Aufl. 8. (29 S.) . Ebendas. 869–72. *

Tomberger, Frz. Die österreichisch-ungarische Monarchie m. besond. Berücksicht. d. Erzherzogth. Niederösterreich. Beigabe zu den Lesebüchern f. ein- bis vierclass. Volksschulen. 11. revid. Aufl. 12. (30 S.) Wiener-Neustadt 891, Folk. ** — 40

Tomberger, Franz, Die österreichisch-ungarische Monarchie mit besonderer Berücksichtigung des Herzogthums Steiermark. „Beigabe zu den Lesebüchern für Volksschulen." 12. revidirte Auflage. 8. (32 S.) Ebda. 1892. —.20

— dasselbe m. besond. Berücksicht. des Erzherzogt. Niederösterreich. „Beigabe zu den Lesebüchern f. Volksschulen". 13., rev. Aufl. 8. (31 S.) Ebd. 894. n. — 40

Tomberger, Frz., die österreich-ungarische Monarchie m. besond. Berücksicht. des Erzherzogth. Niederösterreich. Beigabe zu den Lesebüchern f. Volksschulen. 14. rev. Aufl. 8. (32 S.) Wr.-Neustadt 899. A. Folk. n. — 40

—— das Kaiserth. Oesterreich mit besond. Berücksicht. des Herzogth. Steiermark. Für die obere Klasse der Volksschulen und die Sonntagsschulen zusammengestellt. 2. verb. Aufl. 8. (21 S.) *
Graz: Leuschner & Lubensky 1868.

— der Schulstreit in Oesterreich. Ein Wort zur Klärung der auf das Schulwesen sich beziehenden Streitfragen. Hrsg. im Auftrage des Vereines für Erziehung u. Volksbildung in Wr.-Neustadt. gr. 8. (15 S.) Wiener-Neustadt 882. (Lentner.) n. — 30

—— **Sprachbuch für die oberen Jahresstufen der allgemeinen Volksschule. 8. Aufl. (116 S.) 1874. * ℳ 1.; 9. revid. Aufl. 8. (112 S.) Ebendas. 876.** *

—— Sprachunterricht in den mittleren und oberen Jahresstufen der allgemeinen Volksschule. Hrsg. von einem Vereine prakt. Schulmänner. Des „prakt. Lehrganges beim Unterrichte in der deutschen Sprache" 5., durchaus umgearb. und vervollständ. Aufl. (112 S.) 1871, und 6. und 7. revid. und verm. Aufl. 8. (106 S.) Ebendas. 872,73. cart. *

— **Sprachunterricht in den mittleren u. oberen Jahresstufen der allgemeinen Volksschule. Hrsg. v. e. Vereine prakt. Schulmänner. Des „prakt. Lehrganges beim Unterrichte in der deutschen Sprache." 7. durchaus umgearb. u. vervollständ. Aufl. 8. (112 S.) Ebend. 873. n. 1. —**

— vergleichende Uebersicht aller österreichischen Landesschulgesetze. Ein Beitrag zur Geschichte der Entwicklung des österreichischen Volksschulwesens. gr. 8. (51 S.) Wien 876. Pichler's Wwe. & Sohn. — 60

Tomberger, Frz. Die österreichische Verfassung. Ein Hilfsbüchlein f. den geographisch-histor. Unterricht in Bürgerschulen u. Lehrerbildungsanstalten, sowie e. Handbüchlein für jeden Staatsbürger überhaupt. 3. Aufl. 12. (24 S.) Wiener-Neustadt 892, (Blumrich). * — 40

Tombleson, W.

— Ansichten von Tyrol. Mit Tombleson's Zeichnungen. gr. 8. Hamburg ... Berendsohn. ...

Tombleson's Ansichten von Tyrol, nach T. Allom's Zeichnungen u. Joh. v. Isser's Skizzen. Mit 46 Stahlstichen. O. O. u. J. Hlbfrz. gr. 8. 5. — 1872.

Tombleson, W., Ansichten an d. Ufern der Themse u. der Medway. Redig. v. Will. Gray Fearnside. Mit Beschreib. in engl., franz. u. deutscher Sprache. No. 1—11. gr. 4. (à 4 Stahlst. u. $^1/_2$ B. Text.) Carlsruhe 833, Creuzbauer. à 12 Gr., Chines. Pap.

— Ansichten an den Ufern der Themse u. der Medway. Redig. von Will. Gray Fearnside. Mit gedruckter Beschreibung. No. 1. — 11. (à 4 Stahlst. u. $^1/_2$ B. historisch-topograph. Beschreibung in deutscher, engl. oder franz. Sprache.) gr. 4. Carlsruhe 833, 34. Creuzbauer u. C. à $^1/_2$ ₰, auf chines. Pap. à n. 1 ₰

— panoramic map of the Rivers Thames and Medway. $2^1/_4$ Ellen lang u. $11^1/_2$ Zoll hoch. London 835. (Leipzig, Frohberger.) Ill. auf Leinwand in Futteral n. $1^2/_3$ ₰

Tombleson, W., s. Perlenschnur.

Tombleson's Ansichten: Rhein-Ansichten. 1. Serie. Von Cöln bis Mainz, mit 69 Stahlstichen u. einer Karte mit histor., geograph. u. statist. Notizen. London ... Black u. Armstrong. cart. $5^1/_3$ ₰, geb. in Marocco mit Goldschnitt $6^2/_3$ ₰

—— Rheinansichten, von Mainz bis zu den Quellen d. Flusses, durch die ersten Künstler auf Stahl gestoch.; mit geschichtl. u. topograph. Anmerkn. versehen, v. Joh. Watts; u. in d. Deutsche übers. durch Carl Finck. 2. Abthl. 25 Nrn. (Nr. 1—23. à 3 Stahlst., Nr. 24 u. 25. à 1 Stahlst., nebst 1 ill. Karte u. $12^1/_2$ B. Text.) Lex.-8. London (834, 35). (Frankfurt a. M., Jügel; Leipzig, Frohberger.) à
1. Abthl., vgl. Geschichte u. Topographie d. Rhein-Ufer etc.

— Rhine (Views of the) from Cologne to Mayence, 69 views and map. the same... cloth boards 5 ₰, en Morocco $6^2/_3$ ₰

— Rhine (Views of the) from Mayence to its Source, 72 views and map. the same... cloth boards 5 ₰, en Mor. $6^2/_3$ ₰

— Rhin (De l'Histoire et de la Topographie des Bords du) depuis Cologne jusqu'à Mayence, ornée d'une suite de 69 Vues et une Carte. le même... cart. 5 ₰, en Maroquin $6^2/_3$ ₰

— Rhin (Vues sur les Bords du) depuis Mayence jusqu'aux Sources de ce Fleuve, avec 72 Vues et une Carte. le même ... cart. 5 ₰, en Maroquin $6^2/_3$ ₰

Tombo, Rudolf

Tombo, Rud., Bericht über die Thätigkeit des Gabelsberger Stenografen-Vereins zu Barmen in den ersten fünf Jahren seines Bestehens, 1875 bis 1879. Im Auftrage des Vereins zusammengestellt. gr. 8. (38 S.) Barmen 880. Klein. n. — 50

Tombo, Rud. Kurzer Lehrgang der Stenographie nach Gabelsbergers System, zum Schul-, Privat- u. Selbstunterricht. 2 Tle. gr. 8. Barmen, Klein. * 3 —
1. Korrespondenzschrift. 10. Aufl. (IV, 44 S., wovon 16 autogr.) 890. * 1 20.
2. Debattenschrift. 4. Aufl. (XII, 93 S.) 891. * 1 80.

Kurzer Lehrgang der Stenographie nach Gabelsbergers System z. Schul-, Privat- u. Selbstunterr. Nach d. Beschlüssen d. v. Deutschen Gabelsberger Stenographentages in Wien. Neubearb. v. Dr. Rudolf Tombo ... 14. Aufl. (in d. Neubearbeitg die erste)'. Tl 1. *Barmen: H. Klein* 1896. 8.

Tombo, Rud., kurzer Lehrgang der Stenographie nach Gabelsbergers System zum Schul-, Privat- u. Selbstunterricht. Nach den Beschlüssen d. V. deutschen Gabelsberger Stenographentages in Wien. Neu bearb. 1. Tl.: Korrespondenzschrift. 15. Aufl. (in d. Neubearbeitung die 2.). gr. 8. (47 S.) Barmen 898. H. Klein. n. 1. 20

Tombo, Rud., kurzer Lehrgang der Stenographie nach Gabelsbergers System zum Schul-, Privat- u. Selbstunterricht. Nach den Beschlüssen des V. deutschen Gabelsberger Stenographentages in Wien. Neu bearb. 2 Tle. gr. 8. Barmen, H. Klein Verl. n. 3. —
1. Korrespondenzschrift. 16. Aufl. (in der Neubearbeitung die 3.). (47 S.) 900. n. 1. 20
2. Debattenschrift. 5. Aufl. (XII, 103 S.) 900. n. 1. 80

Tombo, Rud., kurzer Lehrgang der Stenographie nach Gabelsbergers System zum Schul-, Privat- u. Selbstunterricht. Nach den Beschlüssen des VII. (ausserordentl.) Stenographentages des „deutschen Stenographen-Bundes Gabelsberger" in Berlin. Neu bearb. 1. Tl. 8. Barmen, H. Klein. n. 1. 20
Korrespondenzschrift. 17. Aufl. (in der 2. Neubearbeitg. die 1.). (71 S.) 905.

Lesebuch zum kurzen Lehrgang der Stenographie nach Gabelsbergers System '(Korrespondenzschrift)' v. Dr. Rudolf Tombo ... in New-York. 6. Aufl. (in d. Neubearb. d. 1.)' *Barmen: H. Klein 1896.* (2 Bl., 27 S.) 1 Bd 8. [98. 5906

[S.] Schlüssel m. Anleitg z. Selbstunterr. zu d. Kurzen Lehrgang d. Stenographie nach Gabelsbergers System '(Korrespondenzschr.)' v. Dr. Rudolf Tombo ... 6. Aufl. '(in d. Neubearbeitg d. erste)'. *Barmen: H. Klein 1896.* (IV, 15 S.) 1 Bd 8. [98. 6218

Tombola. Ein Lotteriespiel mit 25 Tafeln, 90 Kugeln, sammt Erklärung. In e. Kästchen. Wien ... Müller. 1 ℛ 10 gr

Tombola des Herzens von E. F. Cöln 860. Bollig. (Frühbuß.) 16. (3 Bl., 79 S.) n. 15 ngr

Tomecsek, Georg Szigethi Barthos János. (Umschlagtitel: ... Nekrolog). 8 (S. 75—83).
Progr.

TOMEK, Ernst: Aus dem Registrum Gregorii VII wolle gezeigt werden, daß dieser Papst ein Jahr vor seinem Tode in Wahrheit an die Christenheit die Worte richten konnte: „Ex quo dispositione divina mater ecclesia in throno apostolico me valde indignum et Deo teste invitum collocavit, summopere procuravi, ut sancta ecclesia sponsa Dei domina et mater nostra ad proprium rediens decus libera et casta et catholica permaneret (Migne col. 709). — (1904) 349 Bl. 4° (Handschr.) Diss. 798
Diss. Wien, Univ.

Tomek, Ernst, Studien zur Reform der deutschen Klöster im XI. Jahrh., s.: Studien u. Mitteilungen aus dem kirchengeschichtlichen Seminar der theologischen Fakultät der k. k. Universität in Wien. 4. Heft.

Tomek, Nikolaus

Tomeck, Nikl., Handbuch zu d. großen Katechismus; aus d. besten Religionsbüchern zusammengetragen. 2 Hälften. 8. Prag 822. Krauß. (Enobloch in Leipz.) 1 ℛ 2e Aufl. 8. Prag 826. (Krauß). 22 gr 3e A. 831. (Haase, Söhne). 1 ℛ

Tomeck, (N.,) Handbuch zu d. großen Katechismus. 2 Thle. 8. (Prag, Krauß.) 828.

Tomek, Nik., Handbuch zu d. großen Katechismus, aus d. besten Religionsbüchern zusammengetr. (3. Aufl.) gr. 8. (19 B.) Prag 832, Haase Söhne.

Tomek, Nikol., Handbuch zu d. großen Katechismus, aus d. besten Religionsbüchern zusammengetragen. 4. Aufl. gr. 8. (16 B.) Prag 837, Haase Söhne.

Tomek, Nikol., Handbuch zu dem großen Katechismus aus den besten Religionsbüchern zusammengetragen. 5. revid. Aufl. gr. 8. (VI u. 238 S.) Prag 847, Haase Söhne. 1 ℛ

—— krátké wyswětlenj Katechismu. Druhé wydánj. gr. 8. Ebd. 837.

— krátké vysvětlení katechismu. 3. Vydáni. gr. 8. (136 S.) Ebd. 849. 7/12 ℛ

Tomek, Wenzel Wladiwoj

Tomek, W. W., u. J. Mocker. Das Agnes-Kloster in Prag. Geschichtlich u. artistisch dargestellt. Hrsg. v. der k. k. Central-Commission zur Erforschg. u. Erhaltg. der Kunst- u. histor. Denkmale. gr. 4. (18 S. m. 11 photolithogr. Taf.) Wien 891, (Kubasta u. Voigt). * 4 —

Tomek, W. Wladiwoj, Děje králowstwí Českého. Nowě sepsal. gr. 8. (IV u. 480 S.) Prag 850, Rziwnatz. n. 1 ℛ 6 ngr

— děje králowstwí českého. 3. wydání. Ebend. 864. gr. 8. (IV, 471 S.) n. 1 ℛ 10 ngr

—— Děje mocnářstwí rakauského. 2. Wydání. gr. 8. (III und 248 S.) Prag 851, Calve'sche Vrlgsh. —

—— dass. — 2. Školní wydání. gr. 8. (224 S.) Ebds. 851.

Tomek, W(enzel) Wlad., Děje mocnářstwí rakauského. Ku potřebě na gymnasiích. gr. 8. (177 S.) Prag 852, [Tempsky.]

Tomka, kratky Wseobecny dejepis, s. Encyclopedie.

—— Dějepis města Prahy, s. Bibliothéka, nowočeska.

Tomka, Dejezeme cesté, s. Malá.

Tomek, Wenzel Wlad., Geschichte Böhmens in übersichtlicher Darstellung. Nach der neuesten (3.) Bearbeitung aus dem Böhm. übers. von dem Verf. 2 Abthlgn. Prag 864,65. Rziwnatz. gr. 8. [1. Abthlg. (S. 1—240.), 2. Abthlg. (VII, S. 241—490.)]. Jede Abthlg. n. 1 ℛ

Tomek, W. Wladiwoj. Geschichte des österreichischen Kaiserstaates. Zum Gebrauche an Gymnasien und Realschulen. Im Einvernehmen mit dem Verfasser aus dem Böhmischen übersetzt von Dr. Wilh. Kraus. 8. (214 S.) Prag, J. G. Calve (F. Tempsky) 1853.

Tomek, W. Wlad., Geschichte des österreichischen Kaiserstaates. Uebers. von W. G. Kraus. 2., verb. Aufl. 8. (209 S.) Prag 860, Tempsky.

Tomek, Wlad., kurze Geschichte d. Stadt Prag, s. Andenken an die 3. Versamml. d. teutsch. Architekten.

—— Geschichte der Stadt Prag. (In 5 Bdn.) 1. Bd. Aus dem Böhm. übers. vom Verf. gr. 8. (VI und 700 S.) Prag 856, [Tempsky.]

—— Geschichte der prager Universität. Zur Feier der 500jähr. Gründung derselben verfaßt. Lex.-8. (VI und 378 S.) Prag 849, [Tempsky.] **

—— Handbuch der österreichischen Geschichte. Aus dem Böhm. übers. von dem Verf. (In 2 Thln.) 1. Thl. gr. 8. (VIII und 550 S.) Prag 858, Tempsky.

Tomek, W. W., die Grünberger Handschrift. Zeugnisse über die Auffindung des „Liboušin soud." Aus der böhmischen Museumszeitschrift übers. von Jak. Malý. Prag 859. (Rziwnatz.) gr. 8. (45 S.) n. 8 ngr

—— krátká mluwnice česká pro Čechy. 12. (IV und 80 S.) Prag 848, Calve'sche Vrlgsh. *

— kratká mluwnice česká pro Čechy. 12. (IV u. 80 S.) Ebd. 851. — 4. Wydání. 12. (84 S.) Ebd. 851. n. 1/6 ℛ

— krátká mluvnice česká pro Čechy. 7. vyd. 860. — 8. vyd. Prag 864. Tempsky. 12. (84 S.) n. 5 ngr.

Tomek Wenzel Wladiwoj. Aelteste Nachrichten über die Herrschaften Braunau und Politz bis zur Zeit des Hussitenkrieges. Von — —. (Aus der böhm. Zeitschrift „Památky archaeol. a místopisné 1857.") Prag, bei Jarosl. Pospíšil 1857.

Tomek, W. Wladiwoj, kurzgefaßte böhmische Sprachlehre für Böhmen. 1. Aufl. 1848. und (3., verm. und verb. Aufl.) 12. (VI und 86 S.) Prag 851, Calve'sche Vrlgsh. Thlr. *

Tomek, W. Wladiwoj. Kurzgefaßte böhmische Sprachlehre für Böhmen. Von — —. Dritte vermehrte und verbesserte Auflage. Prag, 1855. Druck von C. W. Medau in Prag. Im Verlag der Calve'schen Buchhandlung.

—— kurzgefaßte böhmische Sprachlehre für Böhmen. (3., verm. und verb. Aufl.) 8. (VI und 86 S.) Prag 855, [Tempsky.]

—— kurzgefaßte böhmische Sprachlehre für Böhmen. 4. Aufl. 8. (VI und 86 S.) Prag 861, Tempsky. *

—— Storia dell' impero austriaco. Ad uso dei ginnasi e delle scuole reali compilata. 8. (VI und 204 S.) Vienna 855, Gerold figlio. *

Tomes, Ch. S., die Anatomie der Zähne des Menschen u. der Wirbelthiere, s.: Holländer, L.

Tomes, John, ein System der Zahnheilkunde. Aus dem Engl. von Ad. zur Nedden. Mit 208 Holzschn. (im Text.) Leipzig 861. Förstner. (Felix.) gr. 8. (VIII, 544 S.) n. 4 Thlr.

Tomes, Rob., der Krieg mit dem Süden. Umfassende Schilderg. des Ursprungs u. Verlaufs der Rebellion, nebst biograph. Skizzen der hervorragendsten Staatsmänner, Generale rc. 1—36. Liefg. (mit je 1 Stahlst.) New-York. (Philadelphia, Schäfer & Koradi.) gr. 4. (S. 1—864.) Jede Liefg. n. 15 ngr.

Tomes, Robert. D Krieg mit d Süden . . . 2v. NY. 1866 [?].

—— Der Krieg mit dem Süden. (864.) 4. M. 7 Krtn. New-York, Philadelphia 1869. 70. 54.00.

Tomfohrde, Th(eodor): Die Heringsfischereiperiode an der Bohus-Län-Küste von 1556—1580. (Kap. 4.) (Berlin 1909: G. Schade.) 45 S. 8° ¶ (Rest ersch. später.)
Berlin, Phil. Diss. v. 9. Okt. 1909, Ref. Schäfer
[Geb. 9. März 82 Enger; Wohnort: Gr.-Lichterfelde; Staatsangeh.: Preußen; Vorbildung: Gymn. Stade Reife M. 02; Studium: Berlin 6 S.; Rig. 15. Juli 09.] [U 10. 270

Tomforde, H. [aus Stade]: Über traumatische Aphasie. . . . Würzburg, Becker's Univ.-Buchdr., 1889; 45 + 1 S. 8°
Würzburg, Med. Fak., Inaug.-Diss. v. 1889

Tomi, Walter. Synthese des 1, 3', 4'-Trioxy-3-Methylflavons. Diss. Phil. Bern. 44 S. 8. Bern, W. Wälchli, 1908.

Tomić, Jaša, das Bauernproletariat Ungarns. Eine Studie. gr. 8. (34 S.) Neusatz 897. Brüder M. Popovits. n. — 60

TOMIC, Peter: Über die Bedeutung und die Beziehung der Nordmannen in Unter-Italien zu den deutsch-römischen Kaisern und den römischen Päpsten seit der Regierung K. Heinrich II. bis zum Tode Kaiser Heinrichs VI. (1000—1200). — 1873. 107 S. Diss. Graz, Univ.

Tomiček, F.: Über die Einwirkung von Schwefelwasserstoff auf Arsensäure, s. Böck, Friedrich

Tomiček, Jan. Slav.

— Děje anglické země, s.: Bibliotéka, nowočeska. Čislo XIII.

—— Lehrbuch der böhmischen Sprache für Deutsche. Neu bearb. gr. 12. (IV und 303 S.) Prag 851, Calve'sche Vrlgsh.

Tomicek, Johann Slav. — Lehrbuch der böhmischen Sprache für Deutsche. Von — —. Zweite vermehrte und verbesserte Auflage. Prag, 1855. Verlag von F. Tempsky, Firma: J. G. Calve'sche Verlags-Buchhandlung. (307 S. 2 Bl. 8.)

Tomiček, Joh. Slav., Lehrbuch der böhmischen Sprache für Deutsche. 1. [theoretischer] Thl. 3. verm. Aufl. Prag 859. Tempsky. gr. 8. (VIII, 303 S.) 1 Thlr.

Tomiček, Joh. Slav., Lehrbuch der böhmischen Sprache für Deutsche. 1. (theoret.) Thl. 4., gänzlich revid. Aufl. Prag 865. Tempsky. gr. 8. (V, 316 S.) 1 Thlr.

Tomiček, Jan. Slav., česká mluvnice nově vzdělaná. 2. rozmnožené vydání. gr. 8. (227 S.) Prag 851, Calve. 3/4 Thlr.

— česká mluvnice. 1. [teoretický] díl. 6. vyd. 860. (244 S.) — 7. příklady rozmnožené vydání. Ebend. 863. gr. 8. (260 S.) 22½ ngr.

Tomička, Jana Slaw. Obrazy swěta čili popsání rozličných národů, jejich žiwota způsobů, obyčejů, mrawůatd., jakož i rozličných krajin na naši zemi I—V. 8. (29⅞ B. u. 6 Stahlst.) Prag 846, Calve'sche Vrlgsh. à 7½ Ngr.

Tomička, Jana Slaw. Obrazy swěta čili popsání rozličných národů, jejich žiwota způsobů, obyčejů, mrawůatd, jakož i rozličných krajin na naši zemi I—III. 8. (Mit 3 Stahlst.) Prag 846, Calve'sche Buchh. à ¼ Thlr.

— obrazy swěta čili popsání rozličných národů, jejich žiwota způsobů, obyčejů, mrawů atd., jakož i rozličných krajin na naši zemi. IV. V. 12. (189 S. m. 2 Stahlst.) Ebd. 847. à ¼ Thlr.

— Pravopis český dle ústrojnosti českého jazyka. gr. 8. (52 S.) Prag 847. Calve. n. ⅙ Thlr.

—— Pravopis český dle ústrojnosti českého jazyka. gr. 8. (52 S.) Prag 850, Calve'sche Vrlgsh. *

— praktický úvod k rychlému a snadnému naučení se české řeči. Pro Čechy a Němce. — Praktischer Lehrgang zur schnellen und leichten Erlernung der böhmischen Sprache. Für Böhmen und Deutsche. gr. 8. (IV u. 220 S.) Prag 852, Kronberger. n. ⅔ Thlr.

Tomicek, S., s. Krok.

Tomicich, Franc. de Paula, Dissertatio critica de cathedra Romana Petri. (Ort?) 1760.

'Die Falena'. Legende von Silvio Benco. Musik von Antonio Smareglia. Erl. Studie von Hugo **Tomicich**. Leipzig: Hofbauer (1899). 23 S. 8° [Umschlagt.] A 12. 12887

Tomicich, Hugo, welches Werk Richard Wagners halten Sie f. das beste? Ansichten bekannter Persönlichkeiten üb. die dramatisch-musikal. Schöpfgn. des Bayreuther Meisters, gesammelt u. hrsg. 8. (IV, 189 S.) Triest 899. C. Schmidl. n. 2. —

Welches Werk Richard Wagners halten Sie für das beste? (2: Von welchem Werke Richard Wagners fühlen Sie sich am meisten angezogen?) Ansichten bekannter Persönlichkeiten über d. dramat.-musikal. Schöpfungen d. Bayreuther Meisters, gesamm. u. hrsg. von Hugo Tomicich. (Bd [1.] 2.) *Triest: C. Schmidt (2: Bayreuth: Grau) 1899–03.* 2 Bde 8° [F. u. Ant.]

Tomicich, Hugo, von welchem Werke Richard Wagners fühlen Sie sich am meisten angezogen? Ansichten bekannter Persönlichkeiten üb. die dramatisch-musikal. Schöpfgn. des Bayreuther Meisters, gesammelt u. hrsg. 2. unveränd. [Titel-]Ausg. (VII, 184 S. m. 2 Taf.) 8. Bayreuth [903.] 904. Grau. n. 2. 50

Tomill-Hafen [Schlagwort]

Tomill-Hafen, s.: Seekarten.

Tominšek, Jos[ef]: Aforizmi o klasičnem pouku. S. 15—35. 8. **Progr.** K. k. I. Staatsgymn. *Laibach* 1909.
Aphorismen über den klassischen Unterricht.

Tominšek, Jos., de compositione P. Terenti Phormionis Progr. gr. 8. (24 S.) Laibach 902. Krainburg, Selbstverlag. — 50

TOMINŠEK, Josef: Studien zur Batrachomyomachie. — 1896. 115 S. Diss. Graz, Univ.

Tominski, Paul, a. Danzig: Die Anatomie des Orchideenblattes in ihrer Abhängigkeit von Klima und Standort. (Berlin 1905: E. Ebering.) (85 S.) 8°
Berlin, Phil. Fak., Ref. Schwendener, Engler, Diss. v. 29. Juli 1905
[Geb. 20. Febr. 82 Danzig; Heimatsort: Berlin; Staatsangeh.: Preußen; Vorbildung: Realgymn. zu St. Johann Danzig Reife O. 01; Studium: Berlin 7 S.; Rig. 18. Mai 05.]

Tomkins, C., Vertheidigung der apostol. Lehre von Jesu Christo; aus d. Engl. v. F. Ebh. Rambach I. gr. 8. Halle 765. (Hahn in Hannov.) 8 gr

† Tomkins, Isaac, (Henry Lord Brougham,) Gedanken üb. d. Aristokratie von England. N. d. 9. londoner Aufl. gr. 8. (1 1/2 B.) Mainz 835. (Wiesbaden, Ritter.) *

Tomkins, Th.

—— nouv. modèles d'écriture angloise. 4. Strasb. König. 810. -

— neue engl. Schreibmuster; nebst deutschen, französ., engl. u. italien. Texte. 4. Straßb. 808. König. 20 gr

Tomkins, Th., englische Vorschriften. qu. Fol. Elberf. 826. (Büschler); (a. Schönian). (Habicht in Bonn). 1 ß

Tomkins, (Th.,) engl. Vorschriften. qu. Fol. Elberfeld 826, (Scherz u. C. in Schwelm, u. Habicht in Bonn.)

Tomlinson, medicin. u. chirurg. Mannichfaltigkeiten, s. Bemerkk. e. Gesellsch. von Aerzten in London.

(Tommann. Frau Agnes T.) Njbl. s. [Horner, Johann Jacob *II*].

Tommaseo, Niccolò

Tommaseo, Nic., ai Dalmati. gr. 16. (32 S.) Triest 861, Coen. *

—— Via facti la Croazia e la fraternita' di nuovo a 'Dalmati. gr. 16. (35 S.) Triest 861, Coen. *

Tommaseo, N., der Herzog von Athen, siehe: Ausland, das belletristische, 935—937. Bdchn.

Tomaseo, Niccolo, Treue und Schönheit, s. Ausland, das belletrist., v. K. Spindler, 371.—373. Bdchn.

Tommasi, Ferdinando — Guido e Ginevra. Melodramma in quattro parti. Poesia e musica di — —. Da rappresentarsi nel I. R. Teatro di Porta Carinzia nella Primavera 1856. Vienna. Impresso nella tipografia Pichler. (40 S. 8.)

Tommasi, Maria-Rosa, e Osk. Kausch, Dukiel da votams e menodams valik vpa. (Führer durch die Andergn. u. Ergänzgn. der Weltsprache.) qu. gr. 8. (IV, 38 S.) Milano 897. (Dresden [Lutherplatz 2], Osk. Kausch.) -- 80

Tommasi, Th., Gedächtnißfeier auf Kajet. Filangieri. 8. Ansb. 790. (Gassert).

Tommasi-Crudeli, Conr., die Malaria von Rom u. die alte Drainage der römischen Hügel. In's Deutsche übersetzt von Adf. Schuster. Mit einem Vorwort von M. v. Pettenkofer. gr. 8. (30 S.) München 882. Rieger. n. — 80

Tommasini, Justus [Autorname] s.a. Westphal, Johann Heinrich.

Tommasini, Just., (Jh. Hnr. Westphal,) Briefe aus Sicilien. Mit 1 Karte v. Syrakus u. 1 Vign. gr. 12. Berl. 825. Nicolai. 1 ß 20 gr

Tommasini, Justus. Spatziergang durch Kalabrien und Apulien (im September und Oktober 1825). 8. Konstanz (°*Druck:* St. Gallen) 1828.

†**Tommasini, Just., (Joh. Heinr. Westphal,) Spatziergang durch Kalabrien u. Apulien. 8. (19 B.) Konstanz 828, [Glükher.]**
In einem Anh. ist enthalten: Gefangennehmung, Haft, Todesurtheil u. Begräbniss d. Generals Joachim Murat; wahrhaft u. einfach erzählt v. Th. A. Masdea.

— Spaziergang durch Kalabrien u. Apulien. (Mit e. Anh., die Gefangennehmung, Haft, Todesurtheil u. Begräbniß Joach. Murats; wahrhaft u. einfach erzählt v. Th. A. Masdea.) 8. Konstanz 828. Wallis. 1 ß 8 gr

Tommasini N.: Dissertatio inaug. physiolog.-medica, sistens osteogeniam. Viennæ 1780. 42 S. P.

Tommasini, Vincentius (Hrsg.), s. Xenophon: De re equestri libellus.

Tommasoli, Pierleone. Schema e. neuen Klassifikation der Hautkrankheiten. Über autotoxische Keratodermiten. (Parakeratosen Auspitz u. Unna). s.: Monatshefte f. praktische Dermatologie.

— dasselbe, s.: Studien, dermatologische.

Tommasoli, P., u. P. G. Unna, neue Studien üb. Syphilide, **s.: Monatshefte f. prakt. Dermatologie.**

Tommasoli, Pierleone, u. P. G. Unna. Neue Studien üb. Syphilide, s. Studien, dermatologische.

Tommassini, Giac., della nuova dottrina medica italiana. Prolus. alle Lezioni di clinica med. nella P. Università di Bologna per l'Anno scol. 816 — 17. 8. gr. Firenze. 817. (Vienna, Volke.) -

Tommy, Miss, s.: Collection of British authors.

Tomola, Leop., unser Bürgermeister Dr. Karl Lueger. Festschrift zu seinem 60. Geburtstage, gewidmet Allen, die seine Tatkraft schätzen, als e. Vorbild zur Nacheiferg. Verf. im Auftrage des Festkommitees. (39 S. m. Abb.) gr. 8. Wien 904. Gerlach & Wiedling. n. 1. —

TOMONO, Hiroshi (Shidzuoka): Ueber Diabetes mellitus im Kindesalter.- München: Kastner & Callwey 1910. 39 S.
12.10.1910 - Chr 1910/11,25; U 11.3751
Diss. Ingolst.-Landsh.-Mchn.

Tömösváry, Dr. Emund, Die Kolumbaczer Mücke. Im Auftrage d. k ungar Ministeriums verfasst. Uebers. v. Joh. Weny. 8. (23 S. m einer d. Text erläuternden Taf.) Ungar.-Weisskirchen, Theobald Hepke. 40 kr. 1885

Tompa, ..., institutiones de sacris christianorum ritibus. II Ptes. 8. Pressb. 785—88. Schwaiger. 2 ₰

Tompson, Jh., († d. 26. Oct. 1768.) english Miscellanies. II Voll. 8. Götting. 737. Ed. II. 746. Ed. III. 755. Ed. IV. 762. New and cheap edition with Notes and Rem. by Ch. A. Most. II Voll. 8. Götting. 824. Vandenhöck u. R. 1 ₰

Tom, der bleiche, ein Roman. 2 Thle. 8. (24 B.) Magdeburg 837, [Fabricius u. Schaefer.]

Tom's, Onkel, Hütte. Erzählung für Kinder bearb. Neues Bilder- und Lesebuch mit 8 ill. Stnt. in Tondr. qu. 4. (20 S.) Nürnberg 853, Lotzbeck.

Tom's, Onkel, Hütte. Das weltberühmte Buch üb. das Elend der Negersklaven (v. H. Beecher-Stowe). Neu übers. v. Hildwig Andrae. Massen-Ausg. 12. (556 S.) Berlin-Westend 900. Verlag der akad. Buchh. Geb. in Leinw. n. 1. 50

Tom u. Zabi, die Schiffbrüchigen. Eine Erzählung für Kinder und Kinderfreunde. Aus den Gefahren des Meeres oder Abentheuer unglückl. Seefahrer besond. abgedruckt. 8. Kitzingen 836. (Köpplinger.) 1/6 ₰

Toms und Zabi, die Schiffbrüchigen. Eine Erzähl. f. Kinder u. Kinderfreunde. 8. (5 1/2 B.) Kitzingen 836. [Nürnberg, Lotzbeck.]
Aus: Gefahren d. Meeres 2c., besond. abgedruckt.

Tomsa, Frantisek Jan (Josef ?)

— über die Bedeutung, Abwandlung u. den Gebrauch der cechischen Zeitwörter; mit 30 cechischen u. deutsch. Gesprächen u. Erzählungen 2c. 8. Prag 804.

Tomsa, Frz. Jos., Elementarwerk der böhm., deutschen u. latein. Sprache. 16 Bdchen. 8. Prag 784. Widtmann. 6 gr.

Tomsa, Frantisek Jan, s. Tham, K. J.: Böhm.-dt. Nationallexicon.

— üb. die Veränderr. der cechischen Sprache, nebst e. cechischen Chrestomathie, seit d. 13. Jahrh. bis jetzt. 8. Prag 805.

TOMSA Frantisek Jan. Vollständiges Worterbuch der bohmischen, deutschen u. lateinischen Sprache. Prag 1781.

— vollständ. Wörterbuch der böhm., deutschen u. latein. Sprache. Mit e. Vorr. v. Jos. Dobrowsky. gr. 8. Prag 790. Neureutter; (a. Enobloch in Leipz.) 2 ₰ 16 gr.

— **Wörterbuch der böhmisch-deutsch- und latein. Sprache.** gr. 8. Prag, Neureutter. 791.

Tomsa, Dr. Wladimir, Beiträge zur Anatomie des Lymphgefäss-Ursprunges. Mit 1 Tafel. (Sonder-Abdr. a. d. Sitzungsber. d. k. Akad. d. Wiss.) gr. 8. (15 S.) Wien 1862, Gerold in Comm. 30 kr.

Tomsa, Wlad., Beiträge zur Anatomie des Lymphgefass-Ursprunges. (Aus den Sitzungsber. der k. Akad. der Wiss.) Wien 863. (Gerold.) gr. 8. (16 S.) n. 6 ngr.

— Beiträge zur Anatomie des Lymphgefäßursprunges (mit 1 Taf.): Die Anfänge der [illegible] in der Hundeschnauze. Der Lymphgefäßursprung und das Bindegewebe. Die Lymphlacune und das Bindegewebskörperchen. Die Wandungen der Lymphgefäßanfänge. Verbindung der Lymphgefäße mit den Lymphspalten. Entwicklung des Lymphsinus. Die pathologische Arbeit der Lymphlacunen. Erklärung der Abbildung. S. 16. II. 324 . . . . ngr.
Separatabdruck

Tomsa, Wlad., Beiträge zur Lymphbildung. Lex.-8. (36 S.) Wien 862, (Gerold's Sohn.) * *

Tomsa, Wladimir: Beiträge zur Lymphbildung.
Separatabdruck aus: Sitzungsber. d. k. Akad. d. Wissensch. in Wien. Bd. 46. II. S. 185.

Tomsa, Wlad., die Lymphwege des Hodens, s. Ludwig, C.

—— die Lymphwege der Milz. Lex.-8. (16 S. mit 1 chromolithogr. Taf. in gr. 4.) Wien 864, (Gerold's Sohn.) *

— Die Lymphwege der Milz (mit 1 Taf.). Untersuchungsmethode. Die Lymphwege in der [illegible]. Schlußbemerkungen. Nachtrag. Beschreibung der Abbildungen. S. 48. II. 652 . . . . 1.—
Separatabdruck

—— über den peripherischen Verlauf und Endigung des Axenfadens in der Haut der glans Penis. Lex.-8. (16 S. mit 1 Stnt. in 4.) Wien 865 (Gerold's Sohn.) * *
aus: Sitzungsberichte der k. Akademie der Wissenschaften, besonders abgedruckt.

Tomšič, Ivan. Poljedelstvo s posebnim ozirom na domače pridelke. V Celovcu, Blaznik v Ljubljani, 1870. 111 S.

Tomšič, Ivan. Poboljšani sosedje ali sadjereja v pogovorih za domače ljudstvo. V Celovcu, Blaznik v Ljubljani, 1867. 56 S.

Tomson, E., Förderanlagen f. grosse Teufen. [Aus: „Glückauf".] Dem VII. allgemeinen deutschen Bergmannstage zu München als Festgabe gewidmet v. d. Harpener Bergbau - Aktiengesellschaft in Dortmund. gr. 4. (43 S. m. Fig. u. 20 Taf.) Essen 898. G. D. Baedeker. Kart. u. in Mappe n n. 10. —

Tomssa, Thdr., die Geldrechnung und Ertragsnachweisung bei landwirthschaftlichen Gütern mit Ausschluss construirter Preise für marktlose Ware. gr. 8. (23 S.) Prag 883, Calve'sche Universitäts-Buchh. *

Tomsy, Frant. Bohum.

Tomsy, F. B., Fedor,
—— Josa,
—— Kowar Ruhelski,
—— Kromwell,
—— Oblezenj Freibergu,
—— Stéblo a peklad. — Pomáhey Pan Bůh,
—— Gustav Wása,
} s. Rieritz, G.

Tomsy, Frant. Bohum., tři powjdky. Sebrané pro dospelau mládež. Prag 864. Silber & Schenk. 12. (2 Bl., 152 S.) n. 6 ngr.

Tomus miraculorum Sancti Theobaldi, im Orig.-Text hrsg. v. Geo. Stoffel. Mit e. (chromolith.) Fcsm. gr. 8. (IV, 192 S.) Colmar 875. (Barth.) n. 4. —

Tomuschat, Walth., Geschichtsbetrachtungen, s.: Kauffmann, Karl.

— deutsches Lesebuch für Lehrerbildungsanstalten. Auf Grund der Lehrpläne f. die Präparandenanstalten u. die Lehrerseminare vom 1. VII. 1901 zusammengestellt u. hrsg. 3 Tle. gr. 8. Breslau, F. Hirt. Geb. n.n. 12. 25
1. Für die Präparandenanstalten. (XX, 652 S.) 903. Geb. n.n. 8. 75
2. Prosa f. das Seminar. (559 S.) 905. Geb. n. 4. 50
3. Poesie f. das Seminar. (XXII, 494 S.) 905. Geb. n. 4. —

— Deutsches Lesebuch f. Lehrerbildungsanstalten. Auf Grund der Lehrpläne f. die Präparandenanstalten u. die Lehrerseminare vom 1. VII. 1901 zusammengestellt u. hrsg. 1. Tl. gr. 8. Breslau, F. Hirt. Geb. 5. —
1. Für die Präparandenanstalt. 2., durchgeseh. Aufl. (XX, 516 u. 248 S.) 908.

Tomyris, Die grossmüthige. Sing-Spiel. [Musik von Keiser.] Hamb. 1717. V: *Hoe, Johann Joachim.* (schr)

Ton

— der, od. Thorheiten nach der Mode. Lustsp. 8. Tübing. Heerbrand. 789.

— der, oder Thorheiten nach der Mode. Lstspl.; aus d. Engl. übers. v. R. 8. Tübing. 789. (Osiander). 6 gr.

Ton und Eisen. Ein Spiegelbild von H. v. R. Berlin [1904]. V: *Redern, Hedwig v.* (Berl)

Ton u. Eisen. Ein Spiegelbild von H. v. R. (III, 52 S.) 8. Berlin (904). Deutsche ev. Buch- u. Tractat-Gesellschaft. — 30

Ton, Der, und die Farbe in den Werken des Geschmacks. Altdorf 1759. V: *Will, Georg Andreas.* (ML)

Ton, der feine. Enthltd. Regeln, wie man sich im Familienkreise, in Gesellschaften, auf Promenaden, Bällen ꝛc. zu benehmen hat, um als feingebildet zu erscheinen. Ein Rathgeber für Herren und Damen. Weimar 853. Rauschke u. Schmidt. 16. (VIII, 150 S.) n. 5 ngr.

Ton, der gute. Oder Anleitung, um sich in den verschiedensten Verhältnissen des Lebens und der Gesellschaft als feiner, gebildeter Mann zu benehmen. Von Joh. v. K...ski. Wien 865. Hartleben. 8. (V, 101 S.) 10 ngr.

Ton, der gute, od. Anleitg., um sich in den verschiedensten Verhältnissen d. Lebens u. der Gesellschaft als feiner, gebildeter Mann zu benehmen. Von Joh. Edler v. K...ski. 2. Aufl. durchgeseh. u erneuert. 8. (105 S.) Wien 873. Hartleben. 1. 20

Ton, der gute. Oder Anleitung, sich in den verschiedensten Verhältnissen des Lebens u. der Gesellschaft als feiner, gebildeter Mann zu benehmen. Von Joh. Edler v. K..ski. 3. Aufl. Durchgesehen, erneuert u. verm. 8. (122 S.) Wien 878. Hartleben. 1. 20

Ton, der gute. Anleitung, um sich in den verschiedensten Verhältnissen des Lebens und der Gesellschaft als feiner, gebildeter Mann zu benehmen. Von Joh. Edler v. K..ski. 4. durchges., erneuerte und verm. Aufl. 8. (126 S.) Wien 883, Hartleben's Verlag.

Ton, der gute. Anleitung, um sich in den verschiedensten Verhältnissen d. Lebens u. der Gesellschaft als feiner, gebildeter Mann zu benehmen. Von Joh. Edler v. K...ski. 5. Aufl. 8. (130 S.) Wien 891, Hartleben. * 1 20; geb. * 2 20

Ton, der gute, f. die Kinderwelt, dargestellt v. Onkel Eugène. Aus dem Französ. übertr. v. Gertrud's Vetter. Illustr. v. M. B. de Monvel. qu. gr. 4. (47 S. m. farb. Abbildgn.) Paris 890. Plon, Nourrit & Co. cart. n. 4. —

Ton, der heutige,. Schausp. 8. Stettin, Kaffke. 789.

Ton, der heutige; Schspl. in 5 A. 8. Stettin 789. (Nicolai in Berl.) 8 gr.

Ton, der, in kleinen Städten, od. Revolutionen im Städtchen *, 3 Meilen von Berlin. 3 Bde. 8. Berl. ... R. A. 797. Sander. 1 rthl 16 gr.**

Ton, der, in kleinen Städten oder Revolutionen im Städtchen *** drey Meilen von Berlin, eine komische Geschichte, 3 Theile, neue Aufl. 8. Berlin, 797. Wever. 1 Rthl. 25 sgl.

— der, des Tages. Lstspl. in 3 A.; aus d. französ. v. J. v. Voß. 8. Berl. 806. (Mittler). 18 gr.

— der, der großen Welt. Lustsp. a. d. Engl. des Colman. 8. Altenb. Richter. (Akadem. Bchhdl. in Jena.) 788.

Ton, Der, unsrer Zeiten. Lustspiel in 1 Aufz von J. F. Jünger. Leipzig 1792; Augsburg 1792; Wien 1804. V: *Saurin, Bern. Jos.* (‚Moeurs du temps'). Vgl. Ersch. II, 2 (1840), Nr. 4355. GGr [3] IV, I, 613, 16/b. (DARP)

— der, unsrer Zeiten. Lustsp. v. Jünger. 8. Leipz. Göschen. 792.

Schreibr

Tonagel, W.: Im Auskunftsbureau, s. Vereinstheater.

– Tütemeyer's Erben, s. Liebhaber-Theater.

Tonagel, W., ach diese Feuerwehr!, s.: Vereinstheater.

– Fortsetzung folgt, s. Vereinstheater.

– Der Rettungsengel, s. Liebhaber-Theater.

– Schicksalswinke, od.: Die Einquartierung, s. Liebhaber-Theater.

– Tante Müller kommt!, s. Liebhaber-Theater.

— Ueberraschungen, s.: Vereins-Theater.

– Verlobung an Kaisers Geburtstag oder: Der erste Maikäfer, s. Vereinstheater.

Das **Tonalamatl** der Aubin'schen Sammlung. Eine altmexikan. Bilderhs. d. Bibliothèque Nationale in Paris. (Ms. Mexic. Nr. 18–19.) Auf Kosten d. Herzogs v. Loubat hrsg. Mit Einl. u. Erl. von Dr. Eduard Seler, Prof. in Berlin. *Berlin 1900: (Gebr. Unger).* (145 S., 20 gez. Bl., 20 Taf.) quer-4°
(ω. 11244

Tonani, Leo, Ignaz v. Loyola, der erste Jesuit, od. der Schwur auf dem Montmartre. Geschichtliche Erzählg. nach bisher unbekannten Quellen. 24 Lfgn. gr. 8. (1152 S.) Elberfeld 873. Büttmann. à — 40

Tonarbeiter

Thonarbeiter. Central-Organ für Stellenvermittlung für Ziegeleien. Bern: Administration 1898–(1902). 8°
Red.: C. Borgwardt.

„**Tonart**, schärfere"? E. dring. Mahnung an d. deutsche, kathol. Volk Oesterreichs. Von e. katholisch-conservativen Abgeordneten d. österr. Reichsrathes. 2. Aufl. 8. (16 S.) Linz 889. Verl. d. kathol. Preßvereines. n. — 20

Tonarten-Tabelle. Die Benennungen der Tonarten in deutsch, französisch, englisch, nebst deren Vorzeichnungen. gr. 8. (1 Blatt.) Leipzig 899. W. Fiedler. n. — 30

Tonawanda Union: 1892?—1894? Tonawanda, NY
Weekly.

Tonberge, F., zwei Lebensfragen für die Landwirthschaft: I. Ueber den Werth einer tüchtigen landwirthschaftl. Hausfrau. II. Ueber die Erziehung und Ausbildung der Söhne und Töchter der Landwirthe zum landwirthschaftlichen Berufe. 8. (30 S.) Osnabrück 879, (Veith.) *

Tonberge, F., zwei Lebensfragen für die Landwirthschaft: I. Ueber den Werth einer tüchtigen landwirthschaftlichen Hausfrau. II. Ueber die Erziehung u. Ausbildung der Söhne u. Töchter der Landwirthe zum landwirthschaftlichen Berufe. 8. (30 S.) Osnabrück 880. Veith in Comm. n. — 25

[F.] Familienglück oder die Wege d. häusl. Erziehg d. Kinder in Regeln u. Beispielen. Allen Eltern dringend an's Herz gelegt v. e. Jugendfreunde ... 5. Aufl. ... (Vf.: Fr. **Tonberge**.) *Dülmen: A. Laumann 1895.* (256 S.) 1 Bd 8. [96. 8278

Tonckens, Symon, dissertatio medica inauguralis de Mania puerperali. gr. 8. (VIII u. 44 S.) Groningae 847. (Amersfoort. Gebr. Taats.) n. 1/3 ℛ

Tonder, A. J.: H e r o d o t und die älteste Poesie der Griechen. 32. Böhm-Leipa 75.
Progr.

Tonder, Alip. J. Die Unterwelt des C. Valerius Flaccus. 22 S. 8. **Progr.** G. *Böhm. Leipa* 1880.

Tondera, Frz., über den sympodialen Bau des Stengels v. Sicyos angulata L. gr. 8. (10 S. m. 2 Taf.) Wien (C. Gerold's Sohn). n. — 50
Sonderabdruck aus: „Sitzungsber. d. k. Akad. d. Wiss."

Tondera, Franz Dr.: Über den sympodialen B a u des Stengels von Sicyos angulata L. (mit 2 Taf.). S. 111. I. 317.
Separatabdruck

Tondera, Frz., das Gefässbündelsystem der Cucurbitaceen. (87 S. m. 5 Taf.) gr. 8. Wien 903. (A. Hölder.) n. 1. 80
Sonderabdruck aus: „Sitzungsber. d. k. Akad. d. Wiss."

– Das G e f ä ß b ü n d e l s y s t e m der Cucurbitaceen (mit 5 Taf.). S. 112. I. 23.
Separatabdruck

Tondera, Frz., vergleichende Untersuchungen üb. die Stärkezellen im Stengel der Dicotyledonen. (70 S. m. 3 Taf.) gr. 8. Wien 909. A. Hölder. 2. 80
Sonderabdruck aus: „Sitzungsber. d. k. k. Akad. d. Wiss."

– Vergleichende U n t e r s u c h u n g e n über die Stärkezellen im Stengel der Dicotyledonen (mit 3 Taf.). S. 118. I. 1581.
Separatabdruck

Tondern [Sachliches OW]

Tondern 1895. Tondern. (1895.) 1 Bl. Groß-Fol. 67/65 cm. Heliotypie.

Tondern [Schlagwort]

Tondern, s.: Deutschland. Übersichtskarte.

Tondern, s.: Europa. Liebenow.

Tondeur, A., s. Gigantomachie, die, des Pergamenischen Altars.

Tondeur, Alexander [cand. med. aus Magdeburg]: Calcium permanganicum als Desinficiens bei Gonorrhoe, e. klin. u. bakteriolog. Studie '(aus d. Klinik f. Hautkrankheiten u. d. bakteriolog. Abteilg d. Laboratoriums d. medicin. Klinik)' ... Strassburg i. E., Buchdr. C. & J. Gœller, 1896; 15 S. 8.
Strassburg, Med. Fak., Inaug.-Diss. v. 1896

Tondichter-Album, deutsches. (12) Photogr. nach Originalen v. Zimmermann u. Hader. Mit Orig.-Biographien v. Fr. v. Hohenhausen. gr. 4. (72 S.) Berlin 884. (Neufeld.) geb. m. Goldschn. 25. —

Tondichter-Album, deutsches. Photographien nach Originalen v. Zimmermann u. Hader. Mit Orig.-Biographien von Fr. v. Hohenhausen. (2. Aufl.) gr. 4. (72 S. m. 12 Portr.) Berlin 889. M. Neufeld Nachf. (J. Jolowicz.) geb. m. Goldschn. n. 15. —

Tondini, Cäsarius, Anglikanismus, Altkatholicismus u. die Vereinigung der christlichen Episkopalkirchen. Eine Beleuchtg. der jüngsten Flugschriften Gladstone's u. der altkathol. Unions-Konferenz in Bonn. Mit Autoris. d. Verf. aus dem engl. Orig. übers. v. G. Pesch. gr. 8. (VII, 64 S.) Mainz 875. Kirchheim. — 60

Tondini, Cäsarius, der römische Papst u. die Päpste der orthodoxen orientalischen Kirche. Eine Abhandlung über die Einheit der Kirche, mit besonderer Beziehung auf Rußland. Nach russischen u. griechischen Orig.-Dokumenten. Mit Autorisation des Verfassers aus dem Franz. übersetzt von Gerh. Pesch. gr. 8. (XVI, 224 S.) Mainz 877. Kirchheim. n. 3. —

Tondruck-Bilder, 36, alten und neuen Testamentes. Daselbst. pr. Serie 1. 80 eleg. geb. 2. 50
1876.

Töndury, Emil, bacc. iur., a. Samaden ⟨Engadin⟩: Das Frauengut unter Ausschluss des Sondergutes im heutigen bündnerischen Privatrechte und nach der Botschaft des Bundesrates vom 28. Mai 1904, betreffend den Entwurf des Schweizerischen Zivilgesetzbuches. Leipzig 1906: O. Wigand. (68 S.) 8°
Leipzig, Jur. Fak., Diss. v. 23. Juli 1906
[Geb. 19. Juli 80 Scanfs, Engadin; Wohnort: Samaden; Staatsangeh.: Schweiz; Vorbildung: Gymn. Chur Reife Juli 00; Studium: Bern 3, München 1, Bern 2, Leipzig 2 S.; Rig. 3. Mai 05.]

Töndury, Johann Friedrich, aus Zürich: Resultate und Wirkungen der Eidgenössischen Alkoholgesetzgebung. Basel 1907. 206 + 2 S. 8°. [4. VII. 06.]
Basel. Phil. Diss. 1906/1907.

Töndury, Johann Friedrich. Resultate und Wirkungen der Eidgenössischen Alkoholgesetzgebung. Diss. Phil. Basel. 210 S. 8. Basel, Friedrich Reinhardt, 1907.

Töndury, Otto, aus Samaden [Kt. Graubünden]: Die Auslieferungsverträge der Schweiz und die Bundespraxis in Auslieferungssachen. Zür. F. Lohbauer Dr. 1890. 140 S., 2 Bl. 8°.
Zürich. Jur. Diss. [v. 22. Febr. 1890].

Tondy, D., vollständ. Elementar-Grammatik d. franz. Sprache, nach e. ganz neuen, den Forderungen der Zeit entsprechenden, das Lehren u. Lernen sehr erleichternden Plan, zum Schul- u. Privatgebr., so wie zum Selbststud. (In 3 Abthln.: Grammatik, Aufgaben u. Wörterbuch.) gr. 8. (78 B.) Nürnberg 833. (Fürth, Korn.) Thlr.

Tondy, Dr., vollständ. Handbuch der französ. Sprache nach e. neuen Methode, so wie nach den besten französ. Grammatikern bearb. 2 Thle. Mit Uebungstafeln. gr. 8. Nürnb. 823. (v. Ebner). 2 ℛ 16 gr

Tondy, (Dr.,) vollst. Handbuch d. französ. Sprache nach e. neuen Methode, so wie nach den best. franz. Grammatikern bearb. 1r Thl.: Laut- u. Wortlehre. gr. 8. Nürnberg 823, Lechner.

Tone, W. H., Bemerkk. üb. die Maratten, s. **Bibliothek** der n. Reisebeschreibb., 3r Bd.

Töne, Disharmonische, aus den Hütten der leidenden Menschheit . . . Regensburg 1791. V: *Schirmer, Joseph Agricola.* (Ky)

Töne, disharmonische, aus den Hütten der leidenden Menschheit, ein Pendant zu Eckardshausens Originalbriefen, (v. Jos. A. Schirmer). 8. Regensb. 791. Dannheimer. 18 gr; (a. Köhler in Leipz.) 20 gr

Töne, Elegische, . . . an der Ruhestätte der . . . ermordeten Waldburga von Lenz zu Oberstaad. [Constanz 1827.] V: *Suidter, Alois.* (Cat. d. Stadtbibl. Zürich. Zürich 1864—97.)

Töne u. Geräusche. Gedichte eines Mediciners, hrsg. von Hilarius Spina. 8. (73 S.) Berlin 879. Hirschwald. n. 1. 50

Töne vom Lebenspfade. . . . Dorpat 1818. V: *Morgenstern, Joh. Carl Sim. v.* (Sauer, Säculardichtungen. Berlin 1901. S. 578.) (GGr) (MGT) (R-N) (Ky) (Cat. d. Stadtbibl. Zürich. Zürich 1864—97.)

— vom Lebenspfade, v. K. M. (Karl Morgenstern). 4. Dorpat 818. Schünemann. (Leipz., Kummer). 20 gr

— medicin.-disharm., üb. das Dahinwelken von Jünglingen. 8. Augsb. 796. Lotter. 9 gr

Töne d. Zeit, s. **Halem**.

Tonello, Gasp., Corso ristretto di Navigatione teorico-pratica. 3., ediz. riveduta, corretta, e considerablemente aumentata dall' autore. II Vol. gr. 8. (24½ B. u. 4 Stnt.) Trieste 842, Favarger.

Toneri Shinnō, Nihongi oder japanische Annalen. Übersetzt und erklärt von Karl Florenz. Dritter Teil. Geschichte Japans im 7. Jahrhundert. Tokyo 1892. 4°

Tonetta Spadora, d. Giftmischerin. s. **Spadora**.

Schatzkästlein für Dienstmädchen. Unentbehrl. Ratgeber in allen Lebenslagen. Hrsg. von E. **Tonetta**. Berlin: J. Püttmann [1906]. (XII, 131 S.) 8° [F.]
(Kollektion Püttmann.) [07. 7???]

Tongelen, Jos. v., O. S. Cam., Jubiläumsfestreden auf Se. Heil. Pius X. u. Se. k. k. apost. Maj. Franz Josef I. Geh. zu Wien, am 28. XI. u. 2. XII. 1908, in der Bürgerversorgungskirche zum heiligsten Erlöser. (16 S.) gr. 8. Wien 909. A. Opitz Nachf. — 50

Tonger, Andr., Berlin u. Potsdam. Ein nach eigenen Anschaugn. u. Erfahrgn. zusammengestellter Führer. Mit neuem Plan der Residenz u. verschiedenen Karten. 8. (103 S.) Berlin, Tonger & Greven. geb. 1. 50; Plan ap. in Leinw.-Cart., m. Strassenverzeichniss. 8. (8 S.) — 75; Album v. Berlin 886. 8. (12 Lichtdr.-Taf.) In Leinw.-Mappe. 2. 50; cplt.: m. Plan u. Album, in Leinw.-Mappe. 3. 50

Geschichte des Männergesanges, Einführung in den Chorgesang u. Verzeichnis d. Männer-, gemischten u. Frauen-Chöre aus d. Verl. von P. J. **Tonger**. Köln: (Tonger) 1905. XVIII, 134 S. 8°

Unser Leben. Sprüche u. Gedichte gesammelt von P[eter] J[osef] **Tonger**. 3. Aufl. Köln: Tonger [1910]. 160 S. 8°
(Tonger: Lebensfreude. Bd 3.) [10. 1??1]

Tonger P. J., Lebensfreude. Sprüche u. Gedichte, gesammelt u. hrsg. (160 S.) kl. 8. Köln (906). P. J. Tonger. Geb. in Leinw. 1. —; m. Goldschn. 2. —; in Ldr. 4. —

Tonger, P J . Lebensfreude. Sprüche und Gedichte, gesammelt und hrg. von P. J. T'. 2 Bände. 8. Köln, P. J. Tonger, [1908]. (*je* geb. M. 1. —, auf Büttenpapier 2. — u. 4. —; zus.-geb. 3. — u. 5. —)
L'... Band 1. 4. Aufl. ‹31.—40. Tausend›. 160 S. — *Darin S. 20/2. 25. 31 f. 42. 47. 59 f. 77. 93. 108. 114 f. 120. 131 f. 138. 145 f. 148. 151 etc. Citate aus Schweizern.*
Wollen und Wirken, der «Lebensfreude» Bd. 2. 160 S. — *Darin S. 19. 25 f. 47. 68. 78. 82. 91. 107 f. 114. 120 f. 123. 128. 133. 140. 154 etc. Citate aus Schweizern.*

Tonger, P. J., Lebensfreude. Sprüche u. Gedichte, gesammelt. 1.—5. Bd. kl. 8. Köln, P. J. Tonger. Geb. in Leinw. à 1.—; auf Büttenpapier m. Goldschn. à 2.—; in Saffian à 4.—
1. 4. Aufl. (31.—40. Taus.) (160 S.) (908.)
2. Wollen u. Wirken. 2. Aufl. (11.—20. Taus.) (160 S.) (908.)
3. Unser Leben. 2. Aufl. (11.—20. Taus.) (160 S.) (909.)
4. Musik. 2. Aufl. (11.—20. Taus.) (159 S.) (909.)
5. Schiller, mein Begleiter. Lieblingsstellen aus seinen Gedichten u. Dramen, ausgewählt. (160 S.) (909.)

Lebensfreude. Sprüche u. Gedichte gesammelt von P[eter] J[osef] **Tonger**. [1.] 6. Aufl. Köln: Tonger [1909]. 8°

Musik, Sprüche u. Gedichte, gesammelt von P[eter] J[osef] **Tonger**. 3. Aufl. Köln: Tonger [1910]. 159 S. 8°
(Tonger: Lebensfreude. Bd 4.)

Kurzgefaßte Winke und Ratschläge für Chor-Dirigenten, nebst e. Nachtrag zu dem vor kurzem erschienenen Katalog d. Männer-, gemischten u. Frauen-Chöre aus d. Verl. von P. J. **Tonger**. Köln: Tonger 1909. 116 S. 8°

Wollen und Wirken. Sprüche u. Gedichte, gesammelt u. hrsg. von P[eter] J[osef] **Tonger**. 3. Aufl. Köln: Tonger [1909]. 160 S. 8°
(Tonger: Lebensfreude. Bd 2.)

Tongers, H. J., die Nordsee-Insel Langeroog und ihr Seebad. 8. (IV, 72 S. mit 1 Plan der Insel und 1 Karte des nördl. Teiles von Ostfriesland, nebst Angabe der Reisewege.) Emden 886, Haynel. * 1 25

Tongers, H. J. Die Nordsee-Insel Langeoog u. ihr Seebad. 2. Aufl. 8. (VII, 72 S. m. Illustr., 1 farb. Plane u. 1 farb. Karte.) Norden 892, Braams. * 1 50

Toenges, v., Schicksale u. Beobachtungen ꝛc., s. a. Schicksale.

v. **Tönges**. Schicksale und Beobachtungen des Feldwebels von Tönges während des Rückzuges der französischen Armee aus Russland etc. von November 1812 bis April 1813. Von ihm selbst. (6 B.) 8. Iserlohn 1831. 0,75.

Tongiorgi, Salvator, institutiones philosophicae. 3 Voll. Editio II. ab auctore recognita et emendata. 863. (1462 S.) — Edit. III. Paderborn 865. Schöningh. 12. (VIII, 1455 S.) n. 2 ₰ 20 ngr.

—— Institutiones philosophicae, ab eodem in compendium redactae. 2 Tomi. 12. (VIII und 616 S.) Innsbruck 865, Wagner'sche Universitäts-Buchh. *

Tongiorgi, Salvat., Institutiones philosophicae. 3 Voll. Editio III. 1865. et Editio IV. Paderborn 868. Schöningh. gr. 12. (VIII, 1455 S.) n. 2 ₰ 20 ngr.

Tongiorgi, Salvat., Institutiones philosophicae. Editio quarta. 3 vol. gr. 8. (1460 S.) Bruxellis 868. (Paderborn, Schöningh.) *

Die **Tonhalle**. Eine Zeitschrift für Musik zur Belehrung und Unterhaltung für die Mitglieder des Hamburger Volksgesangs-Vereins. Hamburg: Niemeyer 1843.
Red.: G. A. Gross.

Tonhalle. Organ für Musikfreunde. Mit Illustr. (in Holzschn.) Red.: Osc. Paul. 1. Jahrg. April—Decbr. 1868. 38 Nrn. (Bgn.) Leipzig, Payne. Lex.-8. n. 1 ₰ 15 ngr.

— — 2. u. 3. Jahrg. 1869 u. 70. à Jahrg. 52 Nrn. (Bgn.) Ebend. gr. 8. n. 2 ₰

Tonhalle. Organ f. Musikfreunde. Mit Illustr. (in Holzschn.) 4. Jahrg. 1871. 52 Nrn. (B.) gr. 8. Leipzig 871. Payne. n. 6. —

—— dass. — Musikalische Familien-Zeitung. 5. und 6. Jahrg. 1872 und 1873. à Jahrg. 52 Nrn. (à 1—1½ Bog. mit eingedr. Holzschn.) Ebendas. à Jahrg. 9 —

Toni, s.: De-Toni.

Toni, | oder | die Schreckensthat | im | Thüringerwalde. | (Fig.: *Doppeladler*, 23 × 32) | Druck von J. F. Rohr in Vegesack.
o. J., 8 S., 187 × 110.
LBO Jahrmarktslit. R. c. 2, 49.

Toni communes missae. Toni V. gloria patri ad introitum. Modus cantandi alleluia tempore paschali secundum octo tonos. Conforme editioni vaticanae a ss. d. n. Pio PP. X evulgatae. Ed. Schwann L. (32 S.) 8. Düsseldorf (907). L. Schwann. In Leinw. kart. — 35

Toni, H. W., Bureaukraten-Statistik und Impfzwang oder das königl. preußische statistische Bureau und seine Stellung zur Impffrage. gr. 8. (41 S.) [Berlin 875.] Leipzig, (Grieben's Verlag.) *

Tönjes, Herm., Lehrbuch der Ovambo-Sprache Osikuanjama, s. a. Lehrbücher des Seminars f. orientalische Sprachen zu Berlin. 24. Bd.

Lehrbuch der Ovambo-Sprache Osikuanjama. Von Hermann **Tönjes**, Missionar. Berlin: G. Reimer 1910. XII, 235 S. 8°
(Lehrbücher d. Seminars f. Oriental. Sprachen zu Berlin. Bd 24.) [10. 6236

— Ovamboland. Land, Leute, Mission. Mit besond. Berücks. seines größten Stammes Oukuanjama. (VIII, 316 S. m. 32 Taf. u. 1 Karte.) gr. 8. Berlin 911. M. Warneck. 5.— ; geb. in Leinw. 6. —

— Wörterbuch der Ovambo-Sprache (Osikuanjama-Deutsch), s. a. Lehrbücher des Seminars f. orientalische Sprachen zu Berlin. 25. Bd.

Wörterbuch der Ovambo-Sprache. Osikuanjama-Deutsch. Von Hermann **Tönjes**. Berlin: G. Reimer 1910. X, 271 S. 8°
(Lehrbücher d. Seminars f. Oriental. Sprachen zu Berlin. Bd 25.) [10. 13563

TON-INDUSTRIE (DIE). *See* Allgemeiner Anzeiger der Thon-Industrie.

Thon-Industrie, die, vormals: Allgemeiner Anzeiger der Thon-Industrie. Uebersicht üb. die Fortschritte u. Beweggn. auf dem Gesamtgebiet der Keramik (Steingut- u. Porzellan-, Töpferwaren- u. Ofen-, Chamotte, Ziegel- u. Cementwaren-Fabrikation, sowie Kalk-, Cement-, Gyps- u. Mörtel-Werke). Organ der Ziegeleiberufsgenossenschaft Sekt. VI. Unter Mitarbeit hervorrag. Fachmänner red. v. F. Calebow. 6. Jahrg. Oktbr. 1901—Septbr. 1902. 36 Nrn. gr. 4. (à ca. 12 S.) Dresden, Calebow & Co. 7.—
Vergl.: Anzeiger, allg., der Thon-Industrie f. d. Königr. Sachsen.

— dasselbe. 7. Jahrg. Oktbr. 1902—Septbr. 1903. 36 Nrn. gr. 4. (à ca. 12 S.) Ebd. n. 5. —

Ton-Industrie, die, früher: Allgemeiner Anzeiger der Ton-Industrie. Uebersicht üb. die Fortschritte u. Beweggn. auf dem Gesamtgebiet der Keramik (Steingut u. Porzellan-, Töpferwaren- u. Ofen-, Chamotte-, Ziegel- u. Cementwaren-Fabrikation, sowie Kalk-, Cement-, Gyps- u. Mörtel-Werke). Organ der Ziegeleiberufsgenossenschaft S. VI. u. des techn. Vereins Königshütte, O.-S. Unter Mitarbeit hervorrag. Fachmänner red. v. F. Calebow. 8. u. 9. Jahrg. Oktbr. 1903—Septbr. 1905. à 36 Nrn. (à ca. 12 S.) gr. 4. Dresden, Calebow & Co. à Jhrg. n. 5. —

Tonindustrie-Kalender 1902. 04-07. Berlin 1902-07

Tonindustrie-Kalender 1907. 3 Tle. (VII S., Schreibkalender, 294 u. 208 S. m. Abbildgn.) kl. 8. Berlin, Tonindustrie-Zeitg. Geb. in Leinw. u. geh. n. 1. 75; in Ldr. u. geh. n. 2. 50

Tonindustrie-Kalender 1908. 09. 11. 12. Berlin 1908-12

Tonindustrie-Kalender 1910. 3 Tle. (XXI S., Schreibkalender, VII, 225 u. 205 S. m. Abb.) kl. 8. Berlin, Tonindustrie-Zeitg. Geb. in Leinw. u. geh. 1.50; in Ldr. u. geh. 2. 50

Thonindustrie-Zeitung. Wochenschrift für die Interessen der Ziegel-, Terracotten-, Töpferwaaren-, Steingut-, Porzellan-, Cement- u. Kalkindustrie. Hrsg. durch das chem. Laboratorium f. Thonindustrie von H. Seeger u. Jul. Aron, unter Mitwirkung hervorragender Fachautoritäten. 1-6. Jahrg. 1877—1882. à 52 Nrn. (à 1—3 B. m. eingedr. Holzschn.) Fol. Berlin 877. Polytechn. Buchh. in Comm. à Jahrg. n. 12. —

Thonindustrie-Zeitung. Wochenschrift f. die Interessen der Ziegel-, Terracotten-, Töpferwaaren-, Steingut-, Porcellan-, Cement- u. Kalkindustrie. Hrsg. v. H. Seeger u. Jul. Aron. 7—10. Jahrg. 1883—86. à 52 Nrn. (à 1—3 B. m. Holzschn.) Fol. Berlin, (Polytechn. Buchh.) à Jahrg. n. 12. —

Thonindustrie-Zeitung. Wochenschrift f. die Interessen der Ziegel-, Terracotten-, Töpferwaaren-, Steingut-, Porcellan-, Cement- u. Kalkindustrie. Hrsg. v. H. Seger u. J. Aron. 11.—13. Jahrg. 1887—1889. à 52 Nrn. (à 1—3 B. m. eingedr. Holzschn.) Fol. Berlin, (Polytechn. Buchhandlg.). à Jahrg. n. 12. —

Thonindustrie-Zeitung. Wochenschrift f. die Interessen der Ziegel-, Terracotten-, Töpferwaaren-, Steingut-, Porcellan-, Cement- u. Kalkindustrie. Hrsg. v. H. Seger u. E. Cramer. 15.—17. Jahrg. 1891—1893. à 52 Nrn. (à 1—3 Bog. m. Abbildgn.) Fol. Berlin, Expedition. à Jahrg. n. 12. —

Thonindustrie-Zeitung. Wochenschrift f. d. Interessen d. Ziegel-, Terracotten-, Töpferwaaren-, Steingut-, Porcellan-, Cement- u. Kalkindustrie. Hrsg.: Chem. Laboratorium f. Thonindustrie, H. Seger u. E. Cramer. 19. u. 20. Jahrg. 1895—1896. à 52 Nrn. (12 S. m. Abb.) Fol. Berlin, Thonindustrie-Zeitg., Verl.-Abth. à Jahrg. n. 12. —

— dasselbe. Fachzeitung f. d. Interessen d. Ziegel-, Verblendstein- etc. Industrie. Organ d. Ziegelei-Berufsgenossenschaft, des Vereins deutscher Fabriken feuerfester Produkte etc. 21. Jahrg. 1897. 120 Nrn. (à ca. 8 S.) Fol. Ebd. n. 12. —

— dasselbe. 22. Jahrg. 1898. 120 Nrn. (à ca. 16 S.) Fol. Ebd. n. 12. —

Thonindustrie-Zeitung. Fachzeitung f. die Interessen der Ziegel-, Verblendstein-, Chamotte-, Töpferwaaren-, Steingut-, Porcellan-, Gips-, Kalk-, Cement-, Cementwaaren- u. Kunststeinindustrie, sowie des Betonbaues. Organ der Töpferei-Berufsgenossenschaft, der Ziegelei-Berufsgenossenschaft etc. Hrsg.: Chemisches Laboratorium f. Thonindustrie, H. Seger & E. Cramer. Red. v. E. Cramer, H. Hecht, H. Mäckler. 23. u. 24. Jahrg. 1899 u. 1900. à 120 Nrn. Fol. (à ca. 12 S.) Berlin, Thonindustrie-Zeitung. à Jahrg. n. 12. —

— u. Fachblatt der Cement-, Beton-, Gips-, Kalk- u. Kunststeinindustrie. Organ d. Töpferei-Berufsgenossenschaft, der Ziegelei-Berufsgenossenschaft usw. Hrsg.: Chemisches Laboratorium f. Thonindustrie, H. Seger & E. Cramer. Red. v. E. Cramer, H. Hecht, H. Mäckler. 25. u. 26. Jahrg. 1901 u. 1902. à 156 Nrn. Fol. (à ca. 6 S.) Ebd. à Jahrg. n. 12. —

Tonindustrie-Zeitung u. Fachblatt der Zement-, Beton-, Gips-, Kalk- u. Kunststeinindustrie. Verkündigungsblatt der Töpferei-Berufsgenossenschaft, der Ziegelei-Berufsgenossenschaft usw. Hrsg.: Chemisches Laboratorium f. Tonindustrie, H. Seger & E. Cramer. Geleitet v. E. Cramer, H. Hecht, H. Mäckler. 27.—30. Jahrg. 1903—1906. à 156 Nrn. (à ca. 8 S.) Fol. Ebd. à Jhrg. n. 12. —

Tonindustrie-Zeitung u. Fachblatt d. Zement-, Beton-, Gips-, Kalk- u. Kunststeinindustrie. Schriftleiter: E. Cramer, M. Fiebelkorn. 31.—34. Jahrg. 1907—1910. à 156 Nrn. (à ca. 10 S. m. Abb.) 33×24 cm. Ebd. à Jahrg. 12. —

Ton- u. Kunststeininteressent, der. Organ für Ziegeleien, Töpfereien, Tonwaren, Cement-, Kalk- u. Kalksandstein-, Gyps- u. Chamotte-Fabriken. 7. Jahrg. 1903. 24 Nrn. (à ca. 6 S.) Fol. Neubrandenburg, H. Sabelkow. n. 4. —
Fortsetzg., s.: Baustein.

Tonjola, Joh.: Disquisitio feudalis de quaestione, an penitus extincta domini feudi stirpe feudali dominium directum ad haeredes ejus allodiales recidat an vero ad vasallum. – 7 S.– Basel, Jur.Diss.v. 17.Dez.1720.

Tonjola, Joh.: Positiones ex vario jure. 7 S.– Basel, Jur.Diss.v. 25.Okt.1720.

Tonion [Schlagwort]

Tonion, s.: Oesterreich-Ungarn. Freytag, G.

Tönius, Gebr., Ornamente. 1. und 2. Lfg. Fol. (12 lithogr. Bl.) Berlin 847—49, E. H. Schroeder's Verlag. à Lfg. 1 Thlr. 15 Ngr.

Tonkes, Hommo [aus Meeden (Niederlande)]: Volkskunde von Bali .... Halle a. S., Druck d. Buchdr. d. Waisenhauses, 1888; 2 Bl. + 100 S. + 2 Bl. u. 1 Karte 8°
Halle, Phil. Fak., Inaug.-Diss. v. 25. Jul. 1888

Tonkes, Hommo, Volkskunde von Pali. Diss. Halle 1888, Lippertsche Buchh. 8°. 100 S. mit einer Karte.

Tonkin, M., der goldene Faden. Eine Erzählg. f. die Jugend. 12. (80 S. m. Abbildgn.) Hamburg 894. J. G. Oncken Nachf. Geb. n. — 50

Tonko, Johann Christoph Wilhelm (Dresden) A. S. 577/74

An absentia debitoris principalis sub aliena iurisdictione commorantis, sit hodie iusta caussa fideiussorem ordinis beneficio privandi ?
Präs. August Friedrich Schott.
Leipzig (Langenheim) 30. VI. 1773. 16 S.

Gew.: Johann Georg Spillner. 34594

Tonkoff, W., experimentelle Erzeugung von Doppelbildungen bei Triton. gr. 8. (4 S. m. 1 Fig.) Berlin 900. (G. Reimer.) n. — 50
Sonderabdruck aus: „Sitzungsber. d. preuss. Akad. d. Wiss."

Tonkunst, die. Wochenschrift für den Fortschritt in der Musik. Hrsgbr.: Alb. Hahn. 1. und 2. Jahrg. 1876 und 1877. à Jahrg. 48 Nrn. (à 1—1½ Bog.) gr. 8. Berlin, Stilke. à Jahrg. *

—— dass. — 3. und 4. Jahrg. 1878 und 1879. à Jahrg. 52 Nrn. (à 1—1½ Bog.) gr. 8. Königsberg, Exped. (Leipzig, Kittler.) à Jahrg. *

Tonkunst, die. Wochenschrift für den Fortschritt in der Musik. Hrsg.: Alb. Hahn. 3 u. 4. Jahrg. 1878 u. 1879. à 52 Nrn. (à 1—1½ B.) gr. 8. Königsberg, Hahn. à Jahrg. n. 8. —

— dasselbe. 5. Jahrg. Jan. — Sptbr. 1880. 39 Nrn. (à 1—1½ B.) gr. 8. Ebend. n. 6. —

Tonkunst, die. Wochenschrift für den Fortschritt in der Musik. Organ des Verbands der deutschen Tonkünstler-Vereine. Hrsgbr.: Alb. Hahn. 5. Jahrg. 1880. 52 Nrn. (à Nr. 1—1½ Bog.) gr. 8. Königsberg, Expedition. * 8 —

—— Zeitschrift für den Fortschritt in der Musik. Organ des Verbandes der deutschen Tonkünstler-Vereine. Begründet von Alb. Hahn. Hrsgbr.: Otto Wangemann. 6. Jahrg. Octbr. 1880—Septbr. 1881. 24 Nrn. (Bog.) gr. 4. Demmin, Frantz. * 6 —

—— dass. — 7.—9. Jahrg. Oktbr. 1881—Septbr. 1884. à Jahrg. 24 Nrn. (Bog.) gr. 4. Ebendas. à Jahrg. * 4 80

—— dass. — Begründet von Alb. Hahn, unter Mitwirkung von J. Alsleben, J. Boehm, A. Cebrian etc. hrsg. von Otto Wangemann. 10. Jahrg. Oktbr. 1884—Septbr. 1885. 18 Nrn. (à Nr. ca. 1 Bog.) gr. 4. [Demmin, Frantz.] Ilfeld, Fulda. * 3 50

Tonkunst, die. Zeitschrift für den Fortschritt in der Musik. Organ des Verbandes der deutschen Tonkünstler-Vereine. Redact.: Otto Wangemann. Oktbr. 1885 — Septbr. 1886. 24 Nrn. (Bog.) gr. 4. Ilfeld a. H., Fulda. * 4 —

— dasselbe. 11. Jahrg. Oktbr. 1885 — Septbr. 1886. 24 Nrn. (B.) gr. 4. Spandau, Neugebauer. n. 4. —
Erscheint nicht mehr.

Tonkunst, die. Deutsche Sängerzeitung. Illustrierte Zeitschrift f. Männer-Gesangvereine u. gemischte Chöre. Offizielles Publikations-Organ des „Berliner Sängerbundes", des „Märkischen Central-Sängerbundes", des „Bundes Berliner Männerchöre" usw. 14. Jahrg. 1910. 36 Nrn. (576 S.) Lex. 8. Berlin, E. Janetzke. 4. —

Moderne Tonkunst. Monatsschrift f. d. Musikwelt. Red.: Max Wagner. Jg. 1–3. 1894–96. Berlin: Scheithauer (1894-96). 4°

Tonkunst, Über, der berühmt. Tonkünstler und ihre Werke, s.a. Schaul, J. B.: Briefe über den Geschmack in der Musik.

Tonkunst, über, die berühmtesten Tonkünstler und ihre Werke. In Briefen zur Bildung des Geschmacks in der Musik. 8. Karlsruhe, Braun. 818.

Tonkünstler- u. Verleger-Almanach der Musiklitterarischen Blätter 1905. Abbildungen, Biographien u. Kompositionsverzeichnisse von Tonsetzern u. Monographien von Musikverlagshäusern. Red. u. hrsg. v. Frz. Pazdírek. (IV, 311 S.) gr. 8. Wien, Verlag des Universal-Handbuch der Musikliteratur. Geb. in Leinw. 10. —

Tonkünstlerfestheft. 9. T'-H'. (Inhalt: A[rnold] Niggli, Die Musik der Schweiz in ihrer neuzeitlichen Entwickelung — Zum 46. Tonkünstlerfest des Allgemeinen Deutschen Musikvereins in Zürich. [Analysen der Hauptwerke des Programms.] ... [Mit Noten und 12 Tafeln.]) 4.
Die Musik. Hrg. von Kapellmeister Bernhard Schuster. Jahr 9, 1909/1910. Heft 16, 2. Maiheft. Berlin, Schuster & Loeffler. (M. 1. —.) S. 201—272.

Tonkünstler-Kalender, illustrierter (f. 1911). Biographische Notizen aus allen Zweigen musikal. Schaffens u. mehr als 700 Musikerporträts. Hrsg. v. Jos. Seiling. Beigefügt: Aphorismen, Aussprüche berühmter Männer üb. Musik u. Musiker. (Abreisskalender.) gr. 8. München. Leutkirch, J. Bernklau. 3.—

Tonkünstler-Lexikon, schlesisches, enthaltend die Biographien aller schles. Tonkünstler, Componisten, Cantoren, Organisten, Tongelehrten, Textdichter, Orgelbauer ꝛc. Nebst genauer Angabe aller schlesischen musikal. Institute, Vereine, Musikschulen, Liedertafeln ꝛc. Hrsg. v. Koßmaly u. Carlo. 1–3. Hft. gr. 8. (15¾ B.) Breslau 846, 47, Trewendt.

Tonkünstler-Lexikon, schlesisches. Hrsg. von Koßmaly und Carlo. 4. Heft. gr. 8. (S. 253 — 332.) Breslau 847, [Trewendt und Granier.]
1—3. Heft. Ebendas. 1846—47. 22½ Ngr.

Tonlager. Die schweizerischen T'. Hrg. von der schweiz. geotechnischen Kommission. 1. Geologischer Teil. Mit 1 Tonkarte und 355 Karten- und Profilclichés im Text. Bearb. von Dr. E(mil) Letsch ⟨Zürich⟩; — 2. Technologischer Teil. Mit 13 Figuren im Text, 23 Tabellen [im Text], 4 Tafeln und 2 Farbentafeln. bearb. von Privatdozent B(runo) Zschokke ... ⟨Zürich⟩. Mit einer Beilage über die feuerfesten Tone und die Industrie feuerfester Produkte der Schweiz. Mit 5 Figuren im Text. Von den Privatdozenten B. Zsch' und Dr. L[ouis] Rollier ⟨Zürich⟩; — 3. Volkswirtschaftlicher Teil. Mit 10 Figuren im Text. Von Ingenieur Dr. R(ob[ert]) Moser ⟨Zürich⟩. X + II + 433 + IV + 197 + 50 S. 4. Bern, Komm. A. Francke; Buchdr. Aschmann & Scheller, Zürich, 1907. (fr. 40. —)
Beiträge zur Geologie der Schweiz.... Geotechnische Serie, Liefg. 4. *Die 3 Teile a. u. besondern Zwischentiteln.*

Tonleiter-Tabelle, zum Gebrauch bei d. Ableitung d. gebräuchlichen Dur-Tonleitern- u. bei der Intervallenlehre (von Osterbind). Lithogr. Fol. Oldenburg 838. Schulze. 1/12 ₰

Tonleitern, die, in allen Dur- u. Moll-Tonarten, mit Bezeichnung des Fingersatzes nach den besten Meistern. qu. 16. (32 S.) Halle 847, Fernow. 3 ngr

—— die, in allen Dur- und Moll-Tonarten mit Bezeichnung des Fingersatzes nach den besten Meistern. qu. 8. (31 lithogr. S.) Weissenfels 851, Suess.

Tonleiter-Uebungen für Pianoforte. ... Brandenburg 839. Müller. 1/12 ₰

Tonlesebuch für Volksschulen. 8. (9½ B.) Langensalza 843, Schulbuchhandlung. (Wesel, Bagel.)

Tonmessung, üb. die deutsche, (von Karl Chr. Canzler). 8. Dresd. 766.

Tonmodelle

Thonmodelle. Her. v. K. K. Ministerium für Kultus u Unterr. (10 T) Wien 1895

Das Baur'sche Rettungshaus zu Altona, eine Erziehungsanstalt für sittlich verwahrlos'te Knaben. Von **H. J. Tonn**, Vorsteher der Anstalt. Altona, im Februar 1876. 8°.

TONN, LEONHARD. Beiträge zur Kenntniss der Sulfonsäuren des Isopropylbenzol. (Freiburg im Breisgau) Freiburg in Baden, 1884.

Tonna-Barthet, P. Antoninus M[arin] s. Augustinus, S. ... doctrina ascetica.... Einsidlæ ... 1906.

Tonna-Barthet, P. Antonini M., O. S. A.: Sancti patris Augustini doctrina ascetica sive sententiae ex operibus ejusdem magni doctoris excerptae et in quinque libris distributae, cura ac studio T.-B. (639 S. m. 1 Stahlst.) 16. Einsiedeln 906. Verlagsanstalt Benziger & Co. Geb. in Leinw. 2.80; in Ldr. 3.60; in Saff. m. Goldschn. 5. 80

Tonnar, Aug., u. Wilh. **Evers,** Wörterbuch der Eupener Sprache, m. sprachvergleich. Worterklärgn. v. Wilh. Altenburg. (IX, 268 S.) kl. 8. Eupen 899. C. Braselmann. (Nur direkt.) Geb. nn 3.50

Felix Tonnar Kommanditgesellschaft, Maschinenbau-Anstalt u. Eisengießerei, Dülken bei Crefeld. — (Berlin-Lichterfelde o. J. [um 1920]: Schumann.) 6 Bl. 4° Aus: Dt. Wirtschaftsarchiv.

Tonndorf, Ed., die Arbeiten an der Vergoldepresse. Gold-, Farben-, Relief- u. Blinddruck. Ein prakt. Hand- u. Hilfsbuch. 2. Aufl. Mit Anh.: Die Herstellg. v. Imitations-Drucken. gr. 8. (176 S. m. Abbildgn. u. 1 Farbentaf.) Stuttgart 891. Leo. 4. 50

Tonndorf, Ed., die heutige Buchbinderei u. ihre Hilfsmittel. Ein prakt. Hand- u. Hilfsbuch. 1. Hft. Farbendruck. 8. (80 S. m. Holzschn. u. 4 Farbentaf.) Leipzig 889. (Spamer.) n. 2. 50

—— Der Farbendruck. gr. 8. (80 S. mit Holzschn. u. 4 Taf.) Ebd. 891. * 2 50

— der Gold-, Relief- u. Blinddruck. Ein prakt. Hand- u. Hilfsbuch. Mit Anh.: Die Herstellg. v. Imitations-Drucken. [Aus: „Arbeiten an der Vergoldepresse".] gr. 8. (92 S. m. Abbildgn.) Ebd. 891. 2. 50

Tonndorf, Herm., Thüringer Sagen. 12. (109 S.) Grünberg i. Schl. 888, Weiß' Nachf. Verlau. * 1 —

Tonndorf, M., the taill of Rauf Coilyear. Mit literarhistor., grammat. u. metr. Einleitg. hrsg. gr. 8. (79 S.) Berlin 894. C. Vogt. n. 1. 80

Tonndorf, Max [aus Berlin]: Rauf Coilyear. E. mittelschott. Gedicht. Litterar., sprachl. u. metr. Untersuchgn ... Halle a. S., *C. Vogts Buchdr., Berlin,* 1893; 49 S., 1 Bl. 8.
Halle, Phil. Fak., Inaug.-Diss. v. 21. Aug. 1893

Tonnelier, le,. Op. com. 8. Berlin, Rottmann.

Toennemann, Joh. Christoph Vitus de [Präs.] u. Joh. Goedecke (Darmstadt)
Dodecas thesium ex universo jure feudali.
Giessae 16. Sept. 1740: E.H. Lammers. 8 S. 4°
pro summis in utroque jure honoribus ... consequendis.

Tonner, Frant., chemie organická. Se 6 vyobrazenimi. Prag 863. Kober. gr. 8. (VIII, 150 S.) n. 20 ngr.

— chemie a technologie, s. Divči škola.

Tonnere, Graf Clermont, Prüfung der französ. Constitution; aus d. Französ. mit Einleit., Anmerkk. u. Zusätzen v. G. Hufeland. 2 Thle. 8. Jena 792.

Tönnes, Johannes, a. Bonn: Der Lateralschnitt durch das Os pubis oder die Hebotomie. Bonn 1900: J. Trapp. (52 S.) 8°
Bonn, Med. Fak., Ref. Fritsch, Diss. v. 10. Jan. 1900
[Geb. 21. Nov. 75 Bonn; Wohnort: Bonn; Staatsangeh.: Preußen; Vorbildung: Gymn. Bonn Reife O. 98; Studium: Bonn 9 S.; Coll. 15. Dez. 05; Approb. 28. März 05.]

Die kirchlichen Verhältnisse in Nordschleswig. Eine Entgegnung v. **H. Tonnesen.** (Marburg i. H. 1910.) 4° Ausschnitt aus: Die Christliche Welt. Jg. 24, Nr. 17.

Tönnies, der Wilddieb. Eine vormärzliche Posse in 3 Aufzügen. [Den Bühnen gegenüber als Mscr. gedruckt.] gr. 12. (72 S.) Schwerin 850, Kürschner (jetzt: Hildebrand). n. 1/3 ₰

Tonnies, Peter Diedrich Wilhelm

Tonnies, P. D. W., über Avarie-Große u. über die nothwendige Abhülfe häufiger Mißbräuche bei derselben. gr. 8. Hamb. ... 2e A. 823. 3e verb. A. 824. Nestler u. M. 20 gr.

Tonnies, P. D. W., Beleuchtung der Schrift des Hrn. Dr. Meno Pöhls: Bemerkk. üb. Havarie-Größe rc. Nebst e. Anh. üb. die Vortheile der vorgeschlag. Usance: Frei von Avarie-Größe rc. gr. 8. Hamb. 823. Nestler u. M. 6 gr.

— Beleuchtung d. Schrift des Hrn. Dr. Meno Pöhls: Bemerkungen üb. Havarie-Große rc. Nebst einem Anhange üb. d. Vortheile der vorgeschlag. Usance: Frei v. Avarie-Grosse rc. gr. 8. Ebd. 824, Ebd.

— Chronik des Hamburg. See-Assecuranz-Geschäfts im J. 1823. Nebst Ansichten üb. die geschichtl. Wahrnehmungen des Hrn. G. L. Wlh. Graßmeyer. gr. 8. Hamb. 824. Nestler u. M. 20 gr.

— Chronik des Hamburger See-Assecuranz-Geschäftes im J. 1824. Begleitet v. mehreren darauf Bezug habenden Aufsätzen. Mit 10 Steintaf. u. 1 Charte. gr. 8. Hamburg 825, Herold.

— Chronik d. Hamburg. See-Assecuranz-Geschäfts im J. 1824. Begleitet von mehreren darauf Bezug habenden Aufsätzen. Mit 10 Steintaf. u. 1 Karte. gr. 8. Hamb. 825. (Nestler u. M.) 2 ₰ 12 gr.

Chronik des Hamburger See-Assecuranz-Geschäftes im Jahr 1825. Begleitet von einigen darauf Bezug habenden Aufsätzen. Von Peter Diedrich Wilhelm **Tonnies.** Mit 2 Abbildungen und 1 Charte. Hamburg 1826. Bei desselben: Merkantilisch-geschichtliche Darstellung der Barbaresken-Staaten. Hamburg 1826. 8°

— Chronik des Hamburg. See-Assecuranz-Geschäfts im J. 1826. Nebst mehr. Aufsätzen u. Belegen verwandten Inhalts. gr. 8. Hamb. 827. Nestler u. M. 1 ₰

— merkantilisch-geschichtliche Darstellung d. Barbaresken-Staaten u. ihrer Verhältnisse zu d. Europäischen u. vereinigten nord-amerikanischen Staaten. Mit besond. Hinsicht auf die freie Hanse-Stadt Hamburg. Mit 1 Charte u. 3 Plän. gr. 8. — Nebst Chronik d. Hamburg. See-Assecuranz-Geschäfts im J. 1825. Mit 2 Abbildd. u. 1 Charte. gr. 8. Hamb. 826, Nestler.

•*Tonnies, P. D. W.* Über die Havariegrosse und die notwendige Abhilfe häufiger Mißbräuche bei derselben. Hamburg 1823.

— Verfolg der Chronik des Hamburg. See-Assecuranz-Geschäfts im J. 1823 u. 24. gr. 8. Hamb. 824. Nestler u. M. 4 gr.

Tönnies, Alb., üb. e. seltene Missbildung des Herzens. [Transposition der grossen arteriellen Gefässe m. Defect im hinteren Theile der Kammerscheidewand.] gr. 8. (61 S. m. 9 Taf.) Göttingen 884. (Vandenhoeck & Ruprecht.) n. 5. 20

Tönnies, Eduard, aus Düsseldorf: **Leben und Werke des Würzburger Bildschnitzers Tilmann Riemenschneider** 1468—1531. *Strassburg 1900: J. H. E. Heitz.* (65 S.) 8°
Heidelberg, Phil. Diss. v. 1900

Tönnies, Ed.: Leben u. Werke des Würzburger Bildschnitzers Tilmann Riemenschneider, s.a. Studien zur deutschen Kunstgeschichte.

Leben und Werke des Würzburger Bildschnitzers Tilmann Riemenschneider 1468—1531 von Eduard **Tönnies.** Mit 39 Abb. Strassburg: J. H. E. Heitz 1900. (VI, 110 S.) 8°
(Studien z. deutschen Kunstgeschichte. H. 22.)

Toennies, Emil [aus Düsseldorf]: Studien über Dampfspannkraftsmessungen am Toluol und an Derivaten des Toluols mit besonderer Berücksichtigung stellungsisomerer Verbindungen. Düsseldorf 1896. X—180 S. 8°. 2 Tabellen.
Basel. Phil. Diss. 1896/97.

Tönnies, F. W. Versuch über Wahrscheinlichkeiten. Heidelberg 1819.

Tönnies, Ferd.: Die Entwicklung der sozialen Frage, s.a. Sammlung Göschen.

Die Entwicklung der sozialen Frage. Von Dr. Ferdinand **Tönnies.** Leipzig: Göschen 1907. 154 S. 8°
(Sammlung Göschen. 353.)

Tönnies, Ferd., s. Festgaben für Adolph Wagner.

Tönnies, Ferd., Gemeinschaft und Gesellschaft. Abhandlung des Communismus und des Socialismus als empir. Culturformen. gr. 8. (XXX, 294 S.) Leipzig 887, Fues' Verlag. * 6 —

Tönnies, F., Gemeinschaft u. Gesellschaft. Abhandlg. d. Communismus u. d. Socialismus als empir. Culturformen. gr. 8. (XXX, 294 S.) Leipzig 887. Reisland. n. 6. —

Tönnies, Ferd., über d. Grundthatsachen d. socialen Lebens, s.a. Vortragskurse, ethisch-socialwissenschaftliche.

[F.] Ueber die Grundthatsachen des socialen Lebens. Von Dr. Ferdinand **Tönnies,** Prof. ... in Kiel. *Bern: Steiger & C. 1897.* (75 S.) 1 Bd 8.
=Vortragskurse, Ethisch-socialwissenschaftliche. Bd VII. [97-676]

Thomas Hobbes. Zum dritten Säculargedächtniß seines Geburtsjahres ⟨1588⟩ v. Ferdinand Tönnies. (Berlin. 1889.) 4° Ausschnitt aus: Deutsche Rundschau, hrgg. v. Julius Rodenberg. Jg. 15, H. 7.

Toennies, Ferdinand: Thomas Hobbes der Mann und der Denker 2. Aufl. d. Schrift „Hobbes Leben und Lehre". Osterwieck/Harz u. Leipzig 1912. 8° *[1. Aufl. Stuttgart 1896.]*

Tönnies, Ferd. „Ethische Cultur" u. ihr Geleite. I. Nietzsche-Narren [in der „Zukunft" u. in der „Gegenwart"]. II. Wölfe in Fuchspelzen [2 Kirchenzeitungen]. gr. 8. (32 S.) Berl. 892, Dümmler's Verlag. * — 75

— Hobbes' Leben u. Lehre, s.a. Frommann's Klassiker der Philosophie, Bd. 2.

Hobbes Leben und Lehre. Von Ferdinand **Tönnies**. *Stuttgart: F. Frommann 1896.* (XIII, 232 S.) 1 Bd 8.
= Klassiker, Frommanns, d. Philosophie. [No] □. (96. 3840

— der Nietzsche-Kultus. Eine Kritik. 8. (XII, 115 S.) Leipzig 897. O. R. Reisland. n. 2. —

Tönnies, Ferd., Politik u. Moral, s.a. Flugschriften des Neuen Frankfurter Verlags. III.

Politik und Moral. Eine Betrachtung. Von Ferdinand **Tönnies**. Frankfurt a. M.: Neuer Frankf. Verl. 1901. 48 S. 8°
(Flugschriften d. Neuen Frankfurter Verlags. 3.) [01. 18440 7

— Schiller als Zeitbürger u. Politiker. (45 S.) gr. 8. Berlin-Schöneberg 905. Verlag der „Hilfe". n. 1. —

— Die Sitte, s.a. Gesellschaft, die.

Die Sitte. Von Ferdinand Tönnies. Frankfurt a. M.: Rütten & Loening (1909). 95 S. 8°
(Die Gesellschaft. Bd 25.)

— Strafrechtsreform, s.a. Zeitfragen, moderne. Nr. 1.

Strafrechtsreform von Prof. Dr. Ferdinand **Tönnies**. Berlin: Pan-Verl. [1905]. (48 S.) 8° [F.]
= **Zeitfragen**, Moderne. No 1. [05. 13713

— philosophische Terminologie in psychologisch-soziologischer Ansicht. Ausgezeichnet m. dem Welby-Preis (1898). (XVI, 106 S.) gr. 8. Leipzig 906. Th. Thomas. n. 3. 50; geb. n. 4. 50

— 15 Thesen üb. die Erneuerung des Familienlebens, s.: Zusammenkunft, die Eisenacher, etc.

— Vereins- u. Versammlungsrecht wider die Koalitions-Freiheit, s.a. Schriften d. Gesellschaft f. soziale Reform. 5.

Vereins- und Versammlungs recht wider die Koalitionsfreiheit. Referat, dem Ausschusse d. Ges. f. Soziale Reform erstattet von Ferdinand Tönnies, Eutin. Jena: G. Fischer 1902. (59 S.) 8°
(Schriften d. Gesellschaft f. Soziale Reform. H. 5.)

— Das Wesen der Soziologie, s.a. Zeit- u. Streitfragen, neue. XIII, 8.

Das Wesen der Soziologie. Vortrag geh. zu Dresden 1907 von Ferdinand **Tönnies**. Dresden: v. Zahn & Jaensch 1907. (28 S.) 8° [F.]
= **Zeit-** u. Streit-**Fragen**, Neue, hrsg. von d. Gehestiftung. Jg. 4, H. 3. [07. 5673

Zu welchem Ende studieren wir Philosophie? v. Ferdinand **Tönnies**. Sonderabdruck aus dem „Jahrbuche moderner Menschen". Osterwieck/Harz. 1907. 8°

Tönnies, Ferd. Jul., de Jove Ammone quaestionum specimen. gr. 8. (44 S.) Tübingen 877. (Fues.) n. — 90

Tönnies, Ferd. Jul., de Jove Ammone quaestionum specimen. gr. 8. (44 S.) Tübingen 878, (Fues'sche Sortimentsh.) *

Tönnies, Fr. Wlh., († 181..) calculsu differentiae longitudinum geographicarum. 4maj. Berl. 816. Dümmler. 20 gr.

Toennies, F. W., calculum differentiae longitudinum geographicarum. 4maj. Berol. Ferd. Dümmler. 816.

– s. Laplace, Pierre Simon de: Philosophischer Versuch ...

– s. **Tacitus, über die Lage u. Sitten der Völker Germaniens.**

Tönnies, Joh. Heinrich

— Ausz. d. Gesch. zur Erklär. d. Offenbarung Johannis. 8. Ebend. 768.

— Auszug der Geschichte zur Erklärung der Offenbarung Johannis; nebst e. Anh., welcher einige Anekdoten zur neuen Braunschweig. Kirchengeschichte liefert. 8. Leipz. 776.

— Auszug der Geschichte mit eingestreuter Erläuterung der Offenbarung Johannis. 8. Halle 768. Waisenhaus-B. 1 ₰ 4 gr.

— Begriff der Seelenlehre od. Psychologie. 8. Kiel (Halle) 763. Waisenhaus-B. 4 gr.

— heil. Bekenntnißlehre der vernünftigen Gottesgelahrtheit. 8. Hamb. (Halle) 766. Waisenhaus-B. 20 gr.

Tönnies, Jh. Hnr., († im Sept. 1784.) conspectus encyclopaediae, literarum naturalem ordinem exponens, relatus praecipue ad Fr. Baconis de Verulamio libros de dignitate et augmentis scientiarum. 4. Kiel 753. ... 4 gr.

Tönnies, I. H., conspectus encyclopaediae literarum. 4. Hamburg. 754.

— Grammatica universalis. Kiliae. 1768. 4. [Resp. Pt. Theoph. Kirchhof].

— Grammatica universalis. 8. Hamb. 775.

— verkürztes Reichsgrundgesetz, aus der Wahlcapitulation, der güldenen Bulle, d. Religions- u. Westphäl. Frieden rc. in bequemer Ordnung zusammengezogen. 8. Kiel 767.

— christl. Sittenlehre. 8. Hamb. 775.

— Heilige Sittenlehre. 1. Theil, von den Pflichten des Menschen gegen Gott und sich selbst. Hamburg. 1775.

— Vernunft- u. Sittenlehre. 8. Kiel 760.

Tönnies, Jul., e. höchst nötige Antwort auf die höchst unnötige Frage: „Was ist studentische Reform?" 8. (50 S.) Jena 875. Döbereiner. n. — 80

Tönnies, Paul Die Fakultätsstudien zu Düsseldorf von der Mitte des XVI. bis zum Anfang des XIX. Jahrhunderts. Ein Beitrag zur Geschichte des Unterrichtswesens in Jülich-Berg. Teil I. 48 S. 8. **Progr.** HB. *Düsseldorf* 1884.

Tönnies, Paul Die Fakultätsstudien zu Düsseldorf von der Mitte des XVI. bis zum Anfang des XIX. Jahrhunderts. Ein Beitrag zur Geschichte des Unterrichtswesens in Jülich-Berg. Teil 2. 8 (S. 51—100). Höh. Bürgersch. u. Vorsch. *Düsseldorf* 1887 (459).
Progr.

Toennies, Paul, la syntaxe de Commines. gr. 8. (89 S.) **Berlin 876, Langenscheidt'sche Verlagsh.**

Toenniessen, Erich: Aus d. Pathol. Inst. Erlangen. Untersuchungen über die in der Submukosa des Dünndarms vorkommenden epithelialen Tumoren. Berlin 1909: Schumacher. S. 355—389. 8° ¶ (Aus: Zeitschrift f. Krebsforschung. Bd 8, H. 2.)
Erlangen, Med. Diss. v. 8. Jan. 1910, Ref. Hauser
[Geb. 13. Nov. 83 Schweinfurt; Wohnort: München; Staatsangeh.: Bayern; Vorbildung: Theresien-Gymn. München Reife 02; Studium: Erlangen 7, München 3 S.; Coll. 7. Dez. 08.] [U 10. 829

(Tönniges, Karl v.): Belege zur Begründung der gegen Benj. **Tönniges** dem Stadtgericht zu Danzig eingereichten Klage auf Herausgabe der von ihm mir entrissenen Erbschaft meines in Paris am 28. Mai 1809 verstorbenen Oheims Ge. Tönniges. Berlin 1818.

Tönniges, Carl *Wilhelm Conrad* [aus Braunschweig]: Aus d. zoolog. Institute zu Berlin. Die Bildung des Mesoderms bei Paludina vivipara ... Berlin, Buchdr. v. G. Schade, *1895;* 52 S., 1 Bl. 8.
Berlin, Phil. Fak., Inaug.-Diss. v. 7. Dez. 1895

Tonning, Krogh

Tonningh, Krogh, s.a. Flugschriften, katholische. **142.**

Dr. Krogh **Tonning.** Eine Lebensskizze gezeichnet von einem seiner früheren Glaubensgenossen. Aus d. Norweg. Berlin: Germania [1901]. (80 S.) 8°
(Flugschriften, Katholische, zur Wehr u. Lehr. No 142.)

Erinnerungen eines Konvertiten. Von Dr. K[arl] Krogh-**Tonning.** Trier: Paulinus-Dr. 1907. (XIV, 462 S.) 8° [F.] 07. 17483 S

Essays von Dr. theol. K[nud] Krogh-**Tonning.** 1. Platon als Vorläufer d. Christentums. 2. Leibniz als Theolog. Mit e. Begleitw. von Hofrat Dr. Otto Willmann. Kempten & München: Kösel 1906. XI, 226 S. 8°

Die Gnadenlehre und Die stille Reformation v. Dr K[nud] **Krogh-Tonning** ... *Christiania: In Comm. b. J. Dybwad 1894.* (86 S.) S.
— **Forhandlinger** i Videnskabs-Selskabet i Christiania. 1894. No 2.

Der Protestantismus in der Gegenwart. Geschildert von e. Protestanten (Dr. [Knud] Krogh-**Tonning,** Univ. Prof.) Aus dem Norweg. übers. von P. P. [Neue Ausg.] Berlin: Germania 1896 (1898). (80 S.) 8°
= Wittenberg u. Rom. 3.
= [Pesch, Tilmann] : Christ oder Antichrist? Bd 3, 3.

Der letzte Scholastiker. Eine Apologie von Dr. K[nud] Krogh-Tonning. Freiburg im Br.: Herder 1904. (VI, 227 S.) 8°

Tönning [Sachliches OW]

Tönning. (Bearb. v.) **Carl Haase.** [ca.: 1 : 6000.] Tönning. 1907. 1 Bl. 28/37 cm. Farbiger Steindruck.

Tönning [Schlagwort]

Tönning, s.: Europa. Liebenow.

Das illuminirte Tönningen u. emblematische retranchement der Schwed. Armee im Hollsteinischen. (1 B.) 4. 1713.

Tonplattenschnitt, der. (Von Mäser.) (88 S. m. 17 Taf.) 8. Leipzig (903). J. Mäser. Geb. in Leinw. n. 2. —

Tönsberg, Der, ein Gedicht. Lemgo 1825. V: *Stockmeyer, Karl.* (GCR X, 618, 201) (Zeitschr. f. Büch. N. F. 15, 1923, 125)

Tönsberg, der, ein Gedicht. 8. Lemgo 825. Meyer.

Tønsberg, Chr., Norwegen in Bildern, m. kurzem erläut. Text in norweg., deutscher u. engl. Sprache. 2. Taschen-Ausg. qu. gr. 8. (III, 102 S. m. 163 Holzschn. auf 102 Taf.) Christiania 890. Aschehoug & Co. geb. n. 3. 50

Tönse, Ludwig: Colley Cibber's Comedy 'The Refusal, or the Ladies' Philosophy' in ihrem Verhältnis zu Molière's 'Les Femmes Savantes'. Kiel 1910: Fiencke. 70 S. 8°
Kiel, Phil. Diss. v. 17. Febr. 1910, Ref. Holthausen
[Geb. 27. Aug. 83 Altona a. E.; Wohnort: Altona; Staatsangeh.: Preußen; Vorbildung: Realgymn. Altona Reife O. 03; Studium: Halle 3, Freiburg i. B. 2, München 2. Paris 1. Kiel 5 S.; Rig. 4. Dez. 09.] [U 10. 2542

TÖNSEN, [AUG.] C[ONR.] E[HLERS], De analysi et usu antisyphilitico Smilacis Sarsaparillæ commentatio inaug. Kiliæ. 1826. 4. P.

— Russisches Dampfbad und allgemeine Vorschriften sich desselben zweckmässig zu bedienen, verbunden mit einer kurzen Erwähnung der Uebel, gegen welche sich dasselbe bisher heilend bewiesen hat. Kiel. 1829. 4. P.

Beiträge zur Kritik und zur Basis eines allgemeinen positiven Privatrechts. Hrgg. v. Marcus **Tönsen.**
Bd. 1, H. 1 (einziges). Kiel. 1842. 8°.

Tönsen, M., Beiträge zur Kritik u. zur Basis eines allgemeinen positiven Privatrechts. 1. Bd. 1. Hft. gr. 8. ($9^{1}/_{4}$ B.) Kiel 842, Schwers'sche Buchh. *

Glosse einiger Fragmente der revidirten Landgerichts-Ordnung für die Herzogthümer Schleswig und Hollstein, des Jütischen Lowbuchs, der Statute der Stadt Lübeck und des Sachsenspiegels von Markus Tönsen. [Altona] 1802. 8°

Tönsen, Mark., Glosse einiger Fragmente d. revidirten Landgerichtsordnung f. d. Herzogth. Schleswig u. Holstein 2c. 8. Altona 802. Hammerich. 8 gr.

Tönsen, M., Grundsätze eines allgemeinen positiven Privatrechts. 1r Theil. 8. Schleswig, Koch. 819.

Tönsen, Mark, Grundsätze e. allgem. positiven Privat-Rechts, dargest. aus e. positiv-rechtl. Princip, nebst e. Vorw. üb. d. Verhältniss dieser Schrift zum Naturrecht u. gemeinen Civilrecht. 8. ($44^{1}/_{2}$ B.) Kiel 828, Universitäts-Buchh.

— s. Landgerichts-Ordnung, Schleswig-Holstein.

Statistischer Bericht über das Turnen an den öffentlichen Schulen der Provinz Schleswig-Holstein. Erstattet v. G[ottfried] **Tönsfeldt** u. H. Babbe. Altona 1873. 23 S. 8°

Tönsfeldt, G., Geschichte d. Altonaer Turnvereins. Festschrift zur Feier s. 50jähr. Bestehens. Im Auftrage d. Turnrats verf. gr. 8. (VI, 104 S. m. 1 Tab.) Altona 895. J. Harder's Sort. Kart. n.n. — 50

Tönsfeldt, Gottfr. Lehrplan für den Turnunterricht. 7 S. Rg. *Altona* 1880. Progr.

— d. Turnen in d. Alterskriege. Winke f. ihre Leiter u. Mitglieder. gr. 8. (VI, 140 S.) Wien 896. A. Pichler's Wwe. & Sohn. n. 1.50; geb. in Leinw. n. 1.80

Tönsmann, R., d. Kobolds Christgeschenk od. Fritz u. Lottchen, e. belehr. u. unterhalt. Geschichte. 4. (8 farb. Taf. m. eingedr. Text.) Wesel 889. Düms. — 50

Ton- oder Musiksprache, die — und ihre Anwendung als musikalische Telegraphie. Von J. K. Eigenthum des Herausgebers. Prag, 1855. Druck von Jarosl. Pospisil. In Kommission bei Fr. Rziwnatz. (16 S. 8.)

Ton- und Musiksprache, die, und ihre Anwendung als musikal. Telegraphie. Von J. K. br. 8. (16 S.) Prag 855, (Rziwnatz.) *

TONSUR. Die entstehende (?) exemplarischer Büsserinnen unter der Regierung Joseph II. Hartl. Wien 1781/82. G.

Tonta, Franz, Der Jura im Balkan, nördlich von Sophia. Mit 2 Tafeln. Gr.-8. (16 S.) Wien: Tempsky 1893. —.45

Tontafelfund

Thontafelfund, Der, von El Amarna. I. II. 1. 2. Herausgegeben von Hugo Winckler. Nach den Originalen autographirt von Ludwig Abel. [= Königliche Museen zu Berlin. Mittheilungen aus den Orientalischen Sammlungen. Heft I—III.] Berlin 1889. 1890.

Tonti's, Lorenzo, großes egyptisches Traumbuch m. Planeten-Erklärung, beigefügten Lotto-Nummern u. 376 Abbildungen. Neueste durchgeseh. u. verm. Aufl. 8. (205 S.) Wien 893. Derflinger & Fischer. n. 1.—

Tonti's, Lorenzo, großes egypt. Traumbuch m. Planeten-Erklärg., beigefügten Lotto-Nummern u. 376 Abb. 20., durchgeseh. u. verm. Aufl. 8. (205 S.) Wien 895. Derflinger & Fischer. 1.—

Tontscheff, Nicolas, aus Stara-Zagora in Bulgarien: Die Lehre von den Stufen des Unterrichts bei Johann Friedrich Herbart. Mit Berücksichtigung ihrer bisherigen Auffassungen. *Leipzig-R. 1899: O. Schmidt.* (57 S.) 8° Leipzig, Phil. Diss. v. [7. Juli] 1899

Tontscheff, Nic., die Lehre v. den Stufen des Unterrichts bei Johann Friedrich Herbart. Mit Berücksicht. ihrer bisher. Auffassgn. Diss. gr. 8. (57 S.) Leipzig 899. (Kössling.) n.n. 1.—

Tonwarenfabrikant

Thonwaarenfabrikant, der. Zeitschrift f. Ziegler-, Hafner-, Kalk- u. Cement-Industrie. Organ d. schweizer. Zieglervereins. Hrsg.: Jak. Bührer. 1. u. 2. Jahrg. 1875 u. 1876 à 26 Nrn. (1/2 B.) gr. 4. Konstanz, (Stuttgart, Schaber.) à Jahrg. n. 4. 80

Thonwaarenfabrikant, der, Zeitschrift für Ziegler-, Hafner-, Kalk- u. Cement-Industrie. Organ des schweizer. Ziegler-Vereins. Hrsg.: Jak. Bührer. Jahrg. 3—8. 1877—1882. à 24 Nrn. (à 1/2—1 B.) gr. 4. Konstanz. Stuttgart, Ullrich in Comm. à Jahrg. n. 4. 80

Thonwaarenfabrikant, der. Zeitschrift f. Ziegler, Hafner, Kalk- u. Cement-Industrie. Organ d. schweizer. Ziegler-Vereins. Hrsg.: Jac. Bührer. 9—12. Jahrg. 1883—886. à 24 Nrn. (à 1/2—1 B.) gr. 4. Konstanz. (Stuttgart, Ullrich.) à Jahrg. n. 4. 80

Thonwaarenfabrikant, der. Zeitschrift f. Ziegler, Hafner, Kalk- u. Cement-Industrie. Organ d. schweizer. Ziegler-Vereins. Hrsg.: J. Bührer. 13.—16. Jahrg. 1887—1890. à 24 Nrn. (à 1/2—1 B.) gr. 4. Konstanz. (Stuttgart, Ullrich.) à Jahrg. n. 4. 80

Thonwaarenfabrikant, der. Zeitschrift f. Ziegler, Hafner, Kalk- u. Cement-Industrie. Organ des schweizer. Ziegler-Vereins. Hrsg.: Jac. Bührer. 17.—19. Jahrg. 1891—1893. à 24 Nrn. (à 1/2—1 Bog.) gr. 4. Konstanz. (Stuttgart, J. Ullrich.) à Jahrg. n. 4. 80

Thonwaarenfabrikant, der. Zeitschrift f. Ziegler, Hafner, Kalk- u. Cement-Industrie. Organ d. schweizer. Ziegler-Vereins. Hrsg.: Jac. Bührer. 21.—24. Jahrg. 1895—1898. à 24 Nrn. (à ca. 10 S.) gr. 4. Konstanz. Stuttgart (J. Ullrich). à Jahrg. n. 4. 80
Kann auch vierteljährlich bezogen werden.

Thonwaarenfabrikant, der. Zeitschrift f. Ziegler, Hafner, Kalk- u. Cement-Industrie. Organ des schweizer. Hafnermeister-Verbandes. Hrsg.: Jac. Bührer. 25. Jahrg. 1899. 24 Nrn. gr. 4. (à ca. 10 S.) Konstanz. (Stuttgart, J. Ullrich.) n. 4. 80
Erscheint nicht mehr.

Tonwarenfabrikant, Der. 1901–07. Konstanz 1901–07. 4°

Tonwarenfabrikant, Der. 1908–13. Konstanz 1908–13. 4°

Thonwaaren-Industrie, Die. Wochenzeitung für Fabrikation von Töpferwaaren, Steingut, Terracotta, Fayence, Ziegeln etc. Herausg. u. Red.: Frdr. Ehlers. Jhg. 1—9. 1887—95. Bunzlau. Fol.

Thonwaaren-Industrie, die. Wochenzeitung f. Fabrikation v. Töpferwaaren, Steingut, Terracotta, Fayence, Ziegeln etc. Hrsg. u. Red.: F. Ehlers. 2.—4. Jahrg. 1888—1890. à 52 Nrn. (1 1/2 B.) Fol. Bunzlau, (A. Appun's Buchhandlg.). à Jahrg. n.n. 6.—
1. Jahrg. vergriffen.

Thonwaaren-Industrie, die. Wochenzeitung f. Fabrikation v. Töpferwaaren, Steingut, Terracotta, Fayence, Ziegeln etc. Zeitschrift f. alle thonindustriellen Betriebe. Organ f. Ofenfabrikation. Hrsg. u. Red.: Frdr. Ehlers. 5.—7. Jahrg. 1891—1893. à 52 Nrn. (à ca. 2 Bog. m. Illustr.) Fol. Bunzlau, (A. Appun's Buchh.). à Jahrg. n.n. 6.—

Thonwaaren-Industrie, die. Zeitschrift f. alle thonindustr. Betriebe. Organ f. Ofenfabrikation. Organ d. Hauptverbandes d. selbständ. Töpfermeister u. Ofenfabrikanten Deutschlands u. and. fachgewerbl. Vereinigungen. Hrsg. u. Red.: Frdr. Ehlers. 9.—12. Jahrg. 1895—1898. à 52 Nrn. (à ca. 4 Bog. m. Abb.) Fol. Bunzlau, Verl. d. Thonwaaren-Industrie. à Jahrg. n.n. 6.—
Kann auch halbjährlich bezogen werden.

Thonwaren-Industrie, die. 1888-1900. fol Brenzlau 1888-1900

Tonwaren-Industrie, Die. 1901–07. Bunzlau 1901–07. fol.

Tonwaren-Industrie. 1908–10. Bunzlau 1908–10. fol.

Tonwaren-Industrie, die (früher in Bunzlau). Zeitschrift f. alle toninduſtriellen Betriebe. Verkündigungsblatt f. den „Verband deutscher Kachelofen-Fabrikanten" u. f. den „Verband deutscher Topfwaren-Fabrikanten". Hrsg. u. Schriftleitung: Heinr. Wiesenthal. 24. Jahrg. 1910. 52 Nrn. (652 S. m. Abb.) 34,5×25,5 cm. Berlin, Dahlem, Verlag der Tonwaren-Industrie. 8.—

Thonwaaren-Techniker, der österreichisch-ungarische. Organ für Hafner, Oefen-, Steingut- etc. Industrie. Redact.: W. Khüry. 1. Jahrg. 1878. 24 Nrn. (Bog.) gr. 4. Klagenfurt, [Bertschinger und Heyn.] Heyn's Buchh. *

—— dass. — Hrsgbr.: Heinr. Frauberger. Redact.: O. v. Fradeneck. 2. Jahrg. 1879. 24 Nrn. (Bog.) gr. 4. Ebendas. *

Tonwaren-, Ofen- u. Töpfer-Zeitung. Fachblatt f. die gesamte Tonwaren-Industrie. Spezial-Organ f. Ofenfabrikation, Ofenbau, Ofenhandel, Ofensetzgeschäfte, sowie die gesamte Heiztechnik. Offizielles Organ des Verbandes deutscher Kachelofen-Fabrikanten. Organ f. Bekanntmachgn. des Verbandes der Arbeitgeber des Töpfer- u. Ofensetzgewerbes Deutschlands, der Töpferei-Berufsgenossenschaft u. Töpfer-Innungen. 32.—34. Jahrg. 1908—1910. à 24 Nrn. (à ca. 24 S. m. Abb.) 33×24,5 cm. Leipzig, A. Duncker. à Jahrg. 8.—

Tonwort, das. Blätter für die Hebg. der musikal. Allgemeinbildg. des Volkes, hrsg. von Carl Eitz. 8 Nrn. (à 4 S.) Fol. Eisleben 902. (Leipzig, Breitkopf & Härtel.) — 60

Das **Tonwort**. Blätter f. d. Hebung d. musikal. Allgemeinbildung d. Volkes hrsg. von Carl Eitz. [Jg. 1.] 1902, Nr. 1. (Eisleben: Selbstverl. 1902.) 4° [J.] [c3. 14839

Tooke, Th., und W. **Newmarch**, die Geschichte und Bestimmung der Preise während der Jahre 1793—1857. Deutsch u. mit Zusätzen versehen von C. W. Asher. Autorisirte Uebersetzung. (In 2 Bdn.) 1. Bd. Dresden 858. Kuntze. gr. 8. (XVIII, 872 S.) n. 4 ₰.

Tooke, Th., und W. **Newmarch**, die Geschichte und Bestimmung der Preise während der Jahre 1793—1857. Deutsch u. mit Zusätzen versehen von C. W. Asher. Autorisirte Uebersetzung. 2. Bd. Dresden 859. Kuntze. gr. 8. (XII, 852 S. u. 1 Tab. in Fol.) n. 4 ₰

Tooke, Th., und W. Newmarch, die Geschichte und Bestimmung der Preise während der J. 1793—1857. Deutsch und mit Zusätzen versehen von C. W. Asher. Autorisirte Uebersetzung. 2 Bde. Neue wohlfeile (Titel-)Ausg. gr. 8. (XXX und 1724 S. mit 1 Tab. in qu. Fol.) Dresden (858)62, Kuntze. *

Toop, Albrecht [pract. Arzt]: Ueber den heutigen Stand der Behandlung komplicirter Schädelfracturen .... Königsberg in Pr., Druck v. M. Liedtke, 1888; 49 + 1 S. + 1 Bl. 8°
Königsberg, Med. Fak., Inaug.-Diss. v. 21. Jul. 1888

Toop, Albr., über den heutigen Stand der Behandlung complicirter Schädelfracturen. Inaugural-Dissertation. gr. 8. (49 S.) Königsberg 888, (Gräfe und Unzer.) ** 1 50

Toop, Ernst, approb. Arzt aus Schwedt a. O.: Ueber den Einfluss der Atmung und Bauchpresse auf die motorische Funktion des Magens. *Halle a. S. 1902: Wischan & Wettengel.* (18 S.) 8°
Halle, Med. Diss. v. 15. Juli 1902

Toop, Hans, Referendar: Ehescheidung und Aufhebung der ehelichen Gemeinschaft nach dem Bürgerlichen Gesetzbuch. Borna-Leipzig 1908: Noske. VII, 56 S. 8°
Jena, Jur. Diss. v. 31. Aug. 1908, Ref. Danz
[Geb. 18. März 75 Berlin; Wohnort: Berlin; Staatsangeh.: Preußen; Vorbildung: Gymn. Luckau N.-L. Reife O. 97; Studium: Berlin 9 S.; Rig. 28. Juli 08.] [U 09. 2126

Toop, Paul, die rechtliche Bedeutung der Uebergabe der Versicherungsbedingungen vor Abschluß des Versicherungsvertrages. Zur Auslegg. des § 10 des Gesetzes üb. die privaten Versicherungsunternehmgn. vom 12. V. 1901. (VII, 40 S.) gr. 8. Berlin 905. Puttkammer & Mühlbrecht. n. 1.—

Toosbuy, J. C., s.: Verzeichnis d. Hamburger Schiffe.

Topalow, Wassil [aus Sliwen, Bulgarien]: A. Ueber die Thiopyronine. B. Ein Beitrag zur Konstitution der Rhodole. Basel 1903. 45 S. 8°.
Basel. Phil. Diss. 1903/1904.

Topalow, Wassil. A. Über die Thiopyronine; B. Ein Beitrag zur Konstitution der Rhodole. Diss. Phil. Basel. 45 S. 8. Basel, Kreis, 1903.

Topaenanthes (Jo. Frid. Ortlob) de Mose chemico. Tilienrodae (Lipsiae) 1718? 4.

Die Fragmente des **Toparcha** Goticus (Anonymus Tauricus) aus d. 10. Jh. von Friedrich Westberg, Oberl. zu Riga. Mit 10 Taf. *St. Pétersbourg: Acad. Imp. d. Sciences 1901.* (126 S.) 4°
— **Mémoires** de l'Académie Impériale d. sciences de St. Pétersbourg. Sér. 8. Cl. hist.-philol. Vol. 5, No 2. [03. 8713

Toparkus, J., cent modèles pour servir à l'enseignement élémentaire du dessin. 32. (100 Stnt. mit 4 S. Text in 8.) Berlin 862, Nicolai'sche Sortimentsh. In Couvert.

Toparkus, J., 100 Vorlegeblätter z. Zeichen-Unterricht f. Volks-Schulen. 16. (1/4 B. Text in 8.) Posen 841, Heine. *

Toparkus, J., 100 (lith.) Vorlegeblätter f. den Elementar-Zeichenunterricht. 2. Aufl. 16. (4 S. Text in 8.) Posen 851. Berlin, Mittler & Sohn in Comm. n. 1/2 ₰

Toparkus, J., 100 Vorlegeblätter für den Elementar-Zeichenunterricht. 3. Aufl. 32. (100 lithogr. Bl. mit 4 S. Text in gr. 16.) Berlin 861. [Posen, Jagielski.]
Ist auch mit Text in polnischer Sprache zu gleichem Preise erschienen.

Toparkus, J., 100 Vorlegeblätter für den Elementar-Zeichenunterricht mit deutschem, poln., französ. und ungar. Text. 5. Aufl. Lithogr. 32. (4 S. Text.) Posen 870, Jagielski. [Jolowicz.] In Carton. *

Toparkus, J., 100 Vorlegeblätter für den Elementar-Zeichenunterricht. 10. Aufl. Lith. 16. Mit Text. 12. (4 S.) Posen 882. Jolowicz. In Carton. 1. 50

Topasen, Sächsische, u. Böhmische Granaten v. G. W. 2. Schnur. 8. (9½ B. u. 4 Stnt.) Neustadt a. d. O. 827, (Wagner.)
1. Schnur. Ebendas. 1827. 1 Thlr.

Topeka Volksblatt: Jahrgang I, no. 1 - 42, July 26, 1898 -- May 10, 1899
Weekly. Title varies: Kansas Volksfreund, Nov. 16, 1898 -- May 10, 1899. Edited by August Lenkan, July 26, 1898 - May 10, 1899; published by Volksblatt Publishing Co., July 26 – Nov. 10, 1898; by Kansas Publishing Co., Nov. 17, 1898 -- May 10, 1899.
Topeka, KS

Topeka Volksfreund: Oct. 14, 1885 -- Nov. 29, 1886 Topeka, KS

Die Loge Friedrich Wilhelm zum eisernen Kreuz in Bonn und ihre Vorläufer. Festschrift zur Feier des 50jährigen Bestehens der Loge von Alfred **Toepel.** Bonn 1907: Georgi. 283 S. 8 Bilder. 8°
Recens: Bbl. 21 (1907) S. 634 (G. Diercks); ArSt. 4 (1907) S. 311—312.
cf. L. 30 (1907) S. 323 (P. Fischer); SL. 27 (1907) S. 156—158, 163—164 (H. Speck); S. 14 (1907) S. 112 (F. Rackhorst); BZC. 36 (1907) S. 508—512 (W. Wald); ML. 36 (1907 bis 1908) S. 18 (O. Henckel); BrL. 25 (1907—1908) S. 38; R. 35 (1908) S. 56 (G. Schauerhammer).
Nebst Verzeichn. der Mitgl. der Loge von 1857—1907.

Freiherr Karl vom Stein. Ein Lebens- u. Charakterbild. Der deutschen Jugend gewidmet von Dr. A[lfred] **Toepel**, Oberl. Bonn: C. Georgi 1907. (67 S.) 8° [F.] [07. 10418 B

Toepel, A., Freiherr Karl vom Stein. Ein Lebens- u. Charakterbild. Der deutschen Jugend gewidmet. (67 S. m. 1 Bildnis.) gr. 8. Bonn 907. (L. Röhrscheid.) — 75

Toepel, Heinrich Gotthelf (Strehlen) F, ze/24

Dissertatio inauguralis medica sistens glutinis animalis cum vegetabili comparationem respectu nutritionis. Präs. Jakob Friedrich Isenflamm.
Erlangen (Walther) (19.) VI. 1778. 26 S.

W. v.: Präs. 34580

Töpel, Carl: Syntaktische Untersuchungen zu Rabelais .... Oppeln u. Leipzig, Eugen Franck's Buchh. (Georg Maske), 1887; 2 Bl. + 70 S. 8°.
Leipzig, Phil. Fak., Inaug.-Diss. v. 27. Mai 1887.

Töpel, Carl, syntaktische Untersuchungen zu Rabelais. gr. 8. (70 S.) Oppeln 887, Franck's Buchh. * 1 50

Töpel, Carl. Syntaktische Untersuchungen zu Rabelais. 8. Oppeln 887. Berl., Gronau. * 1 50

Töpel, Karl Alexander, approb. Arzt aus Dresden: Mischnarkosen. Leipzig 1904: B. Georgi. (82 S.) 8°
Leipzig, Med. Diss. v. (18. Juli) 1904

Topelius, Zacharias

Topelius, Z., Erzählungen und Abenteuer eines alten finnländischen Feldscherers, s. Bibliothek, europäische.

Topelius, Z., des Feldschers Erzählungen. Aus dem Schwedischen. 1. Cyclus. A. u. d. T.: Gustav Adolph u. der dreißigjährige Krieg. Autorisirte Uebersetzung. 8. (VI, 344 S.) Leipzig 880. Wartig's Verl. n. 3. —

Topelius, Zacharias, Evangelium f. Kinder. Kurze Erklärgn. zu den Evangelien des Kirchenjahres. Autoris. Übersetzg. aus dem Schwed. v. L. u. H. Krüger. 8. (VIII, 272 S.) Gütersloh 900. C. Bertelsmann. n. 3.—; geb. n. 3.60

Topelius, Z., aus Finnland. Novellen, Studien und Schilderungen. Aus dem Schwed. übers. von Elis. Longé. 2 Bde. 8. (VIII, 600; IV, 647 S.) Gotha 888, F. A. Perthes. geb. * 14 —

—— s. Gedichte, einige.

— ausgewählte Märchen. Berechtigte Uebersetzg. aus dem Schwed. v. Alberta Schnell. 8. (III, 196 S.) Dresden 899. E. Pierson. n. 2.—; geb. n. 3.—

— dasselbe u. Erzählungen. Autoris. Übersetzg. aus dem Schwed. v. Fr. Rosenbach. Mit Illustr. der schwed. Orig.-Ausg. u. 1 Bildnis des Verf. 8. (IV, 223 S.) Göttingen (901). Berlin, F. Wunder. Geb. in Leinw. n. 2.50

Ausgewählte Märchen und Erzählungen von Zacharias Topelius. Autor. Übers. aus d. Schwed. von Fr[anziska] Rosenbach. Mit Ill. d. schwed. Originalausg. u. e. Bildn. d. Verf. Göttingen: F. Wunder [1901]. (IV, 221 S.) 8°

Topelius, Zach., Märchen u. Erzählungen f. Kinder, s.: Sammlung v. Kinderschriften.

— schwedisches Märchenbuch. Deutsch von Alma v. Podewils. 8. (V, 210 S.) Wiesbaden 885. Bergmann. n. 2. 70; geb. n. 3. 60

— aus hohem Norden. Aus dem Schwed. v. R. Gleiß. 1—4. Bd. 8. Gütersloh, Bertelsmann. n. 9. 40
1. Die Herzogin v. Finnland. Erzählung. (266 S.) 886 n. 2. 40
2. Jugendträume. Erzählung. (164 S.) 885. n. 1. 60
3. Der Handschuh d. Königs. Erzählung. (259 S.) 886. n. 3. —
4. Das goldene Gespenst. Erzählung. (198 S.) 886. n. 2. 40

Topelius, Zacharias. Aus hohem Norden. Aus dem Schwed. von O. Gleiß. 5. u. 6. Bd. 8. Gütersloh 887, Bertelsmann. à Bd. * 2 40; * 4 80
5. Bernas Rosen. Erzählung. (237 S.)
6. Die grüne Kammer auf Linnais. Erzählung. (205 S.)
1.—4. Bd. Ebd. 1886. * 9 40.

Topelius, Z. Eine Reise in Finnland. Nach Originalgemälden von A. v. Becker, A. Edelfelt, R. W. Ekman, W. Holmberg, K. E. Jansson, O. Kleineh, J. Knutson, B. Lindholm, H. Munsterhjelm und B. Reinhold. Text von Z. Topelius. Aus dem Schwedischen übersetzt von Hermann Paul. Leipzig, T. O. Weigel. Helsingfors, F. Tilgmanns Verlag 1874
Tit., 1 Bl. u. 112 + VIII S.; 36 Taf. in Stahlst. v. A. Weger. 4°.

S. auch **Appelgren-Kivalo, Hjalmar**, Finnische Trachten aus der jüngeren Eisenzeit. 1907.

Topelius, Zach., e. Reise in Finnland. Nach Orig.-Gemälden von A. v. Becker, A. Edelfelt, R. W. Ekmann, W. Holmberg u. A. Aus d. Schwed. v. H. Paul. 2. Aufl. qu. 4. (112 u. VIII S. m. 36 Stahlst.) Helsingfors 885. K. E. Holm. n. 20. —

Toepelmann, Bernh[ardus] Albertus: *De Aeschyli Prometheo Commentatio critica. 87 S. 8° (4°)
Halle-Wittenberg, Phil. Diss. v. 26. März 1828
Geb. [Saathain (Kr. Liebenwerda) 29. 1. 1805]
Ersch. im Buchhandel etwas verändert und verm. um Annotationes nonnullae ad tralationem vernaculam (S. 75—80) und Der Gefesselte Prometheus des Aeschylos, metrisch übers. (S. 81—126) als: Commentatio de Aeschyli Prometheo. Adjecta est interpretatio ejus fabulae Germanica. Lipsiae: Nauck 1829. 126 S. 8°

Toepelmann, B. A., Commentat. de Aeschyli Prometheo. Adjecta est interpretatio ejus fabulae Germanica. 8 maj. (8 B) Lipsiae 829, [Böhme.]

Töpelmann, **B. A.**, Commentatio de Aeschyli Prometheo. Adjecta est interpretatio ejus fabulae Germanica. 8maj. Leipz. 829. (Hartmann). 12 gr.

Töpelmann, Gli. Wlh., († d. 5. Febr. 1814.) neuere Erfahrungen über zweckmäß. Behandl. vener. Schleimausflüsse u. d. ihnen nachfolgenden Uebel, nebst allgem. Bemerkk. üb. die Lustseuche. gr. 8. Leipz. 809. Dürr. 1 rthl. 6 gr.

— s. 1) W. Nisbett, prakt. Abhandl. über Diät. 2) Cawren, über die Wirkung des vener. Giftes. 3) Th. Whately, prakt. Bemerkk. 4) Wilkinson, neue Methode den Tripper zu heilen. 5) A. P. Wilson, Kur der Fieber. 6) A. Ph. Wilson, Handbuch.

Toepelmann, Pavlvs (geb. am 17 Mai 1843 in Globig bei Wittenberg): De Posidonio Rhodio rervm scriptore ... Bonnae, typ. C. Georgi (1867). 2 Bl., 53 S., 1 Bl. 8.
Bonn, Phil. Fak., Diss. v. 26 Jan. 1867

Töpen [Schlagwort]

Töpen, s. Bayern, Karte.

Toperman Elias: Lorenz Leopold Haschka. H. 1907 PN 2287 Diss. Wien Univ. 220

Toepert, Johs., Opfermut des preußischen Volkes 1813. Festspiel m. Prolog f. Elternabende u. patriot. Schulfeiern. (16 S.) 8. Zaborze (907). A. Kempsky. — 25

Toperzer, Jh., († d. 11. Juli 1811.) der Zustand der abgeschied. Seelen vor der Auferstehung der Todten rc. 8. Leipz. 767. Hilscher. 8 gr.

— s. auch Topperzer.

Topf, jeder, findet seinen Deckel. Kom. Operette. 8. Magdeburg, Scheidhauer. 775.

Topf, Alfr., die Dilettanten-Gärtnerei, kurzgefaßte Anleitung zur Erziehung von Gemüsen und Blumen. 12. (331 S. mit 2 Stnt. in 8. und 4.) Erfurt 855(56,) (Hennings und Hopf.)

Topf, Alfr., die Dilettanten-Gärtnerei, kurzgefaßte Anleitung zur Erziehung von Gemüsen und Blumen. Erfurt 856. Hennings u. Hopf in Comm. (Leipzig, Lehmann.) 12. (331 S. u. 2 lith. Taf. in 8. u. 4.) 25 ngr.

— Prospect über Plan etc. einer Gärtner-Lehr-Anstalt etc., s. Prospect.

—— Prospect über Plan und Einrichtung einer Gärtner-Lehr-Anstalt zu Erfurt, welche zu Ostern 1853 eröffnet werden wird. gr. 8. (16 S.) Erfurt 853, (Körner's Verlag.)

—— der Rosengärtner. Taschenbuch für Freunde der Rosen und ihrer Cultur, nebst einer vollständigen Uebersicht der werthvollsten Gruppen und Varietäten, einer kurzen Charakteristik derselben, 5 (lithochrom.) Plänen zur Anlage von größeren und kleineren Rosarien (in qu. 8. und 4.) und einer Handelsnotiz. gr. 12. (III und 195 S.) Erfurt 856, Hennings und Hopf.

— der Rosengärtner. Taschenbuch für Freunde der Rosen und ihrer Cultur, nebst einer vollständigen Uebersicht der werthvollsten Gruppen und Varietäten, einer kurzen Charakteristik derselben, 5 (lith. u. in Farben gedr.) Plänen zur Anlage von größeren und kleineren Rosarien (in 8. u. 4.) rc. Erfurt 857. Hennings u. Hopf. (Leipzig, Lehmann.) 12. (2 Bl., 195 S.) 20 ngr.

Topf, Aug., fliegende Blätter zur Presbyterial- u. Synodalfrage im Herzogthum Meiningen. I. Die evangelische Landeskirche des Herzogth. Meiningen in ihrem gegenwärtigen Stande. Hildburghausen 870. (Gadow & Sohn.) gr. 8. (30 S.) n. 3½ ngr.

Topf, Aug., das Strafrecht der deutschen Volksschulen. Gemeinverständlich dargestellt. gr. 8. (X, 132 S.) Wien 884, (Pichler's Wwe. und Sohn.) * 1 50

Topf, Aug., das Strafrecht der deutschen Volksschulen. Gemeinverständlich dargestellt. Neue Ausg. gr. 8. (X, 132 S.) Wien 887. Pichler's Wwe. & Sohn. n. 1. 50

Topf, Bruno, dreistimmiges Choralbuch. Eine Auswahl von 60 der gangbarsten Kirchenmelodien mit vielen Varianten u. einem Anhange von 15 der gebräuchlichsten rhythmischen Choräle. Dreistimmig mit besond. Rücksicht auf Kinderstimmen gesetzt. Nebst einem Vorw. von J. Grabe. Langensalza 856. Klinghammer. gr. 8. (VIII, 88 lith. S.) n. 8 ngr.

Topf, Bruno, die Musik in der Kirche. Ein Vortrag. gr. 8. (16 S.) Langensalza 881. Beyer & Söhne. — 30

—— Wie ist die Jugend für die Sache des Thierschutzes zu gewinnen? Vortrag, gehalten am 18. Aug. 1879 auf dem ersten deutschen Thierschutz-Congresse zu Gotha, mit Genehmigung des Verf. für Oesterreich bearb. 8. (16 S.) Wien 880, Hölder. cart. * — 40

Topf, Guido, der Aberglaube. Ein Vortrag. Langensalza 866. Klinghammer. 8. (16 S.) n. 2½ ngr.

Topf, Guido, 116 Abschnitte d. neuen Testaments logisch zergliedert, nebst e. systemat. Uebersicht der Gleichnißreden Jesu Christi vom Reiche Gottes. gr. 8. (VIII, 174 S.) Langensalza 876. Beyer & Söhne. 1. 50

Topf, Guido. Andromeda. Rekonstruktion eines verloren gegangenen Dramas d. Euripides, in 5 Aufzügen für die deutsche Bühne bearb. gr. 8. (84 S.) Lpz. 890, Mutze. * 1 —; geb. * 1 50

Topf, Guido, Ich schäme mich des Evangelii von Christo nicht. Gastpredigt über Röm. 1, 16, gehalten in der Marktkirche zu Goslar am 14. Sonntag nach Trin. 1867. gr. 16. (15 S.) Goslar 868, Brückner.

— die Liebe stirbt nicht u. Battos, der Gründer Kyrenes. Ein Lebensbild aus dem alten Griechenland. Zwei Novellen. gr. 8. (244 S.) Ebd. 890. n. 3. —; geb. n. 4. —

—— die dreifache Quelle der Moralität. Ein Vortrag gehalten im wissenschaftl. Verein Hohenmölsen, den 5. Febr. 1874. 8. (26 S.) Langensalza 874, Klinghammer. *

— der Zorn. Ein Vortrag geh. im wissenschgftl. Vereine Hohenmölsen 1872. 8. (16 S.) Ebend. 873. n. — 30

Topf, Gustav [aus Erfurt]: Jodometrische Studien .... (Sep.-Abdr. a. d. Zeitschr. f. analyt. Chemie XXVI.) Wiesbaden, C. W. Kreidel's Verl., 1887; 2 Bl. + 106 S. 8°.
Würzburg, Phil. Fak., Inaug.-Diss. v. 1887.

Topf, Gust., jodometrische Studien. Inaugural-Dissertation. gr. 8. (106 S.) Wiesbaden 887, Kreidel. * 2 —
Aus: Zeitschrift für analytische Chemie, besonders abgedruckt.

Topf, Hugo, zur Kritik Königshofens. Inaugural-Dissertation. gr. 8. (89 S.) Karlsruhe 882. (Göttingen, Vandenhoeck & Ruprecht.) n. 1. 80

Topf, Hugo, deutsche Statthalter u. Konquistadoren in Venezuela, s. a. Sammlung gemeinverständlicher wissenschaftlicher Vorträge.

Topf, Hugo: Deutsche Statthalter und Konquistadoren in Venezuela. Mit einer Kartenskizze. (Sammlung gemeinverständlicher wissenschaftlicher Vorträge. N. F. Hft. 163.) Hamburg 1893. 55 S. 8°.

Topf, J. A., & Söhne: Topf'sche Dampfkessel-Feuerungen und -Einmauerungen. Broschüre. Erfurt (1899)

Topf, J. A., & Söhne: Die Feuerungen der Seifen-Industrie. Erfurt (1899)

Topf, J. A., & Söhne: Gewächshaus- und Wintergarten-Constructionen. Erfurt (1899?)

Topf, J. A., & Söhne: Mälzerei-Einrichtungen. Broschüre. Erfurt 1899

Topf, J. A., & Söhne: Pappen-Trocken-Anlagen. Broschüre. Erfurt (1899?)

Topf, J. A., & Söhne: Regulier-Pfannen-Feuerungen und -Einmauerungen. Broschüre. Erfurt (1899)

Topf, J. A., & Söhne: Trockenanlagen. Broschüre. Erfurt (1899)

Topf, J. A., & Söhne: Wurst-Trocken-Anlagen. Broschüre. Erfurt (1899)

Töpfel, Alex., die Technik d. Bank-Contocorrentes, s.: Legat, Louis Alex.

Töpfer, Der. Komische Oper in einem Acte. Frankf. 1773. V: *André, Johann.* (GGr)

Töpfer, der,. Oper. 8. Frankf. Eßlinger. (a. Günther in Glogau.) 775.

Töpfer, der; Oper (v. Jh. André). 8. Frankf. 775. (Glogau, C. F. Günther). 5 ℔

Töpfer, der geschmackvolle, od. Vorschriften zu geschmackvollen Oefen, Vasen, Figuren rc. 16 Heft. Fol. Leipz. 811. Leo. 3 ß

Toepfer, Wir Pioniere, Geschichte u. Aufgaben uns. Truppe in Krieg u. Frieden, m. Abb., Berlin, 249 S., 8°.

Toepfer, Wiederholungsbuch der Befestigungslehre u. des Festungskrieges. (XV, 223 S.) kl. 8. Berlin 907. R. Eisenschmidt. n. 3. —

Töpfer, Alex., was will das werden? Ein Wort z. Beurteilg. d. gegenwärt. Pfingstbewegg. (24 S.) kl. 8. Gotha (909). Missionsbuchh. P. Ott. — 20

Toepfer, Alfred Eduard Franz, s. T o e p f e r , Franz

Töpfer, Dr. Ant., Betrachtt. üb. die Frage: Sind die in Oestreich bestehenden Fabriken u. Manufacturen dem Vaterlande nützl., verdienen sie Unterstützung, u. worin kann diese vorzügl. bestehen? 8. Wien 817. Pichler. 8 gr

Töpfer, Aug., Bremer Kunstgewerbe. Eine Sammlung von Abbildungen ausgeführter Gegenstände, ausgewählt u. beschrieben. [Publication der Gewerbekammer zu Bremen.] 1—3. Lfg. Fol. (4 Bl. Text m. je 6 Lichtdr.-Taf.) Bremen 878. Hollmann. Subscr.-Pr. à n. 5. —; Einzelpr. à n. 6. —

— Möbel für die bürgerliche Wohnung. Eine Sammlung von ausgeführten Entwürfen, nebst Detailzeichnungen in Naturgrösse aus der Technischen Anstalt für Gewerbtreibende zu Bremen. (In 10 Hftn.) 1—4. Hft. Fol. (à 4 photolith. Taf. m. 4 Bog. Details in Imp.-Fol.) Leipzig 882. Seemann. à n. 2. —

Toepfer, Aug., Möbel f. die bürgerliche Wohnung. Eine Sammlg. v. ausgeführten Entwürfen nebst Detailzeichngn. in Naturgrösse aus der techn. Anstalt f. Gewerbtreibende zu Bremen, ausgewählt u. hrsg. 5. —10. Hft. Fol. (à 4 photolith. Taf. m. 4 Bog. Details in Imp.-Fol. m. je 1 Bl. Text.) Leipzig 883. Seemann. à n. 2. —

Toepfer, Carl, s. T o e p f e r , Karl

Toepfer, Ernst, a. Straupitz im Spreewald: Der Begriff der Öffentlich-rechtlichen Gebühr. Stuttgart 1909: Union. 63 S. 8° ¶(Aus: Finanzarchiv. Jg. 26, Bd 2.)
Tübingen, Staatswiss. Diss. v. 4. Nov. 1909, Ref. Sartorius
(Nur in beschränkter Anzahl für den Austausch)
[Geb. 2. Nov. 82 Fritschendorf; Wohnort: Tübingen; Staatsangeh.: Preußen; Vorbildung: Gymn. Luckau Reife M. 01; Studium: Berlin 4, Tübingen 4 S.; Rig. 17. Dez. 08.] [U 10. 4227

Töpferi, F. A., Diss. de abusu graecae linguae in locupletanda latina. Jenae 752. 4. (8 S.)

Töpfer, Fr. Aug.

— amici ad amicum epistola. 4. Regensb. 767.

— s. Jh. Mch. Heusinger, Opuscula.

— Commentatio de humanitatis, latinae praecipuae linguae etc. 4. Gera 755.

s. Jh. Chr. Macher, Opuscula.

Töpfer, Fr. Aug., († d. 1. Dec. 1801.) Vorlesungen üb. einige Mißhelligkeiten in der Lehrart der griech. Sprache. 4. Regensb. 783. Montag u. W. 3 gr

Toepfer, Franz

Toepfer, *Alfred Eduard* Franz [aus Freiberg, app. Arzt]: Über die Anwendung salzhaltiger Bäder in der Therapie bei Pleuritis ... Halle a. S., Gebauer-Schwetschke'sche Buchdr., 1892; 48 S. 8.
Halle, Med. Fak., Inaug.-Diss. v. 12. Apr. 1892

Toepfer, Friedr., Urkundenbuch für die Geschichte der Voegte von Hunolstein, s.a. U r k u n d e n b u c h.

Töpfer, F., Urkundenbuch für die Geschichte des gräflichen und freiherrlichen Hauses der Vogte von Hunolstein. 3 Bde. Mit Abbildgn u. color. Tfln. Nürnberg 1866-72. 4.

Töpfer, Gtlo., die Orgelbau-Kunst nach e. neuen Theorie dargestellt u. auf mathemat. u. physikal. Grundsätze gestützt, mit vielen Tabellen üb. Mensur, Luftzufluß u. Mündung d. Pfeifen, so wie üb. die damit übereinstimm. Bohrung d. Windladen, angewendet auf mehre Entwürfe zu kleineren u. größeren Orgelwerken, in welchen die Größe d. Bälge, Windkanäle, Windkasten u. Windladen, so wie die Einrichtung d. Mechanik nach einer zuvor bestimmten Disposition angegeben ist, nebst e. Anweis., wie neue Orgelwerke mit Genauigkeit probirt werden können 2c. Breit 8. (27 B. u. 8 Stnt. 4. u. kl. Fol.) Weimar 833, (Hoffmann.)

—— dass. — 1. Nachtr., welcher die Vervollständigung d. Mensuren zu den Labialstimmen u. die Theorie d. Zungenstimmen mit den dazu gehör. Mensur-Tabellen, nebst e. Anweis. zur Verfertigung ders. enthält. Breit 8. (6¼ B. u. 1 Stnt. qu. ½ Fol.) Ebds. 834.

Toepfer, Gust., die Oxalurie, s.a. K l i n i k , Wiener. 1904. Hft. 3.

Die O x a l u r i e . Von Dr. Gustav Toepfer. ⟨Wien-Karlsbad⟩. Berlin, Wien: Urban & Schwarzenberg 1904. (S. 89–124.) 8°
(Klinik, Wiener. 1904. H. 3.)

Toepfer, H., die Herkunft uns. Zierpflanzen, s.a. S a m m l u n g gemeinverständl. wissenschaftl. Vorträge.

[F.] Die Herkunft unserer Zierpflanzen. Von Dr. H. Toepfer, Realschuldir. in Sondershausen. *Hamburg: Verlagsanst. u. Dr. A.-G. 1898.* (35 S.) 8.
= Sammlung gemeinverständl. wiss. Vorträge. N. F. S. 12. H. 286.
[98. 2334

Toepfer, H., die gasförmigen Körper und die heutige Vorstellung vom Wesen der Gasform, s. S a m m l u n g gemeinverständl. wissenschaftl. Vorträge.

Töpfer, H., Lehrbuch der Planimetrie. gr. 8. (IV, 188 S. m. Fig.) Sondershausen 893. F. A. Eupel. n. 2. 20; geb. n. 2. 50

Töpfer. Die Naturkräfte im Dienste des Menschen, s.a. S a m m l u n g gemeinverständlicher wissenschaftlicher Vorträge.

Töpfer (H), die Naturkräfte im Dienste des Menschen. (Sammlung gemeinverständlicher wissenschaftlicher Vorträge NF 124) Hamburg 1891

Die deutsche Nordseeküste in alter und neuer Zeit v. H. Toepfer. Ausschnitt aus: Geographische Zeitschrift. Hrgg. v. Alfred Hettner, Jg. 9, H. 6. Leipzig. 1903. 8°.

Töpfer, H., Untersuchungen über die Regenverhältnisse Deutschlands, s.a. A b h a n d l u n g e n der naturforschenden Gesellschaft zu Görlitz.

Töpfer, H., Untersuchungen über die Regenverhältnisse Deutschlands. Görlitz 1881.
1st: Abhandlungen d. naturf. Ges. zu Görlitz. . . . . (D.)

Toepfer, H., das mechanische Wärmeäquivalent, s. S a m m l u n g gemeinverständl. Vorträge.

Töpfer, Hans, approb. Arzt aus Berlin: Ueber **Muskeln** und **Knorpel** in den **Tonsillen.** *Leipzig 1902: B. Georgi.* (32 S.) 8°
Leipzig, Med. Diss. v. (31. Jan.) 1902

* Combinatorische Analytik und Theorie der Dimensionszeichen in Parallele gestellt von *Heinrich August Töpfer.* Leipzig bey Siegfried Leberecht Crusius. 8. 190 S. nebst 8 Tafeln. 1793.

Töpfer, Hnr. Aug., († d. 26. Oct. 1833.) combinator. Analytik u. Theorie der Dimensionszeichen, in Parallele gestellt. gr. 8. Leipz. 793. (W. Vogel). 1 ℛ

— anthropologische Generalkarte aller Naturanlagen und Vermögen d. Menschen. Fol. Grimma. (Feind in Leipz.) 806.

H. A. **Töpfer's** anthropolog. Generalkarte aller Naturanlagen u. Vermögen des Menschen in ihrer Verbind. u. Bezieh. auf einander, nach ihren Hauptklassen entw. z. Vortr. d. Anthropologie. *Grimma.* (*Lpz.*, Feind.) 807. gr. fol. 18 gl

— encyklopäd. Generalkarte aller Wissenschaften u. schönen Künste nach ihren Haupttiteln; entworfen zum Vortrage der Encyklopädie ꝛc., gestochen v. W. v. Schlieben. 1 Bog. in Fol. Grimma 806. 16 gl

— metaphysische Generalkarte aller Pflichten d. Menschen gegen d. Menschen und Begriffe von Gott. Fol. Ebend. 806.

H. A. **Töpfer's** metaphys. Generalkarte aller Pflichten d. Menschen gegen d. Menschen, u. Begriffe von Gott nach der Vernunft. *Grimma,* (*Lpz.*, Feind.) 808. fol. 16 gl

— Jehova. 1r Thl. 1r Gesang. . . Dessau 783.

— erläutert. Commentar über obige 3 Generalkarten. 1r Thl. gr. 8. Grimma 808. (Krappe in Leipz.) 10 gl 2r Thl. gr. 8. Ebd. 809. . . .

Töpfer, Herm., zur Geschichte des Weinbaus u. Weinverbrauchs in Thüringen. (VI, 132 S.) 8. Sondershausen 909. F. A. Eupel. 1.50

Töpfer, Herm., der Hexenmeister. Mehr als 200 der interessantesten u. überraschendsten Kunststücke aus dem Gebiete der natürl. Magie, meistens ohne Beihülfe eines Anderen u. ohne besondere Apparate auszuführen. Philadelphia (867)868. (Schäfer & Koradi.) 16. (72 S.) n. 8 *ngr.*

[F.] **Töpfer,** *Hermann* [Dir. Prof. Dr.]: Lehrgang und Lehrziele der Fürstlichen Realschule zu Sondershausen. Sondershausen, Hofbuchdr. v. F. A. Eupel, 1897; 3—30 S. 4.
Sondershausen, fürstl. R, OP 1897 (750)

[F.] **Töpfer,** *Hermann* [Dir. Dr.]: Rede, gehalten beim Antritt des Direktorats am 6. Aug. 1894 *über die leitenden Anschauungen bei Führung seines Amtes.* Sondershausen, Hofbuchdr. v. F. A. Eupel, 1895; 3—8 S. 4.
Sondershausen, fürstl. R, OP 1895 (747)

Toepfer, (Hermann), Dir. Dr.: Die naturwissenschaftlichen Sammlungen der Realschule. *Sondershausen 1902: F. A. Eupel.* (S. 14—17.) 4° [F.]
Sondershausen, fürstl. R, P 1902 (803)

[F.] **Toepfer,** *Hermann* [Dir. Prof. Dr.]: *Schulrath Direktor a. D. Gottgetreu Schmidt, gest. am 19. Aug. 1895.* Sondershausen, Hofbuchdr. v. F. A. Eupel, 1896; 16—17 S. 4.
Sondershausen, fürstl. R, OP 1896 (747 [vielm. 758])

Toepfer, Hermann [app. Arzt aus Lübeck]: Statistisches zur Beschaffenheit der weiblichen Brust und zum Stillgeschäft aus der Universitäts-Frauenklinik in Freiburg i. Br. ... Freiburg i. B., F. Wagner'sche Buchdr., 1893; 75 S. 8.
Freiburg i. B., Med. Fak., Inaug.-Diss. v. 1893

Töpfer, Herm. Die klimatischen Verhältnisse der Stadt Sondershausen, auf Grund 22jähriger Beobachtungen des Rechtsanwalts K. Chop. 28, 17 SS. **Progr.** G. u. Rsch. *Sondershausen* 1884.

Töpfer, J. G., Abhandlung über den Saitenbezug der Pianoforte's in Flügel- u. Tafel-Form. Ein Versuch. gr. Lex.-8. ($2^3/_4$ B.) Leipzig 842, Breitkopf u. Härtel.

Töpfer, J. G., Anleitung z. Erhaltung u. Stimmung d. Orgel. Für Organisten u. Landschullehrer, welche ihre Orgel selbst in Stimmung u. gutem Zustande erhalten wollen, bearbeitet. gr. 8. ($3^1/_2$ B. u. 1 Stnt.) Jena 840, Mauke.

Töpfer, J. G., Anleitung zur Erhaltung u. Stimmung der Orgel. Für Organisten u. Landschullehrer, welche ihre Orgel selbst in Stimmung u. gutem Zustande erhalten wollen, bearb. 2., durchgeseh. u. verb. Aufl. Jena 865. Mauke's Verl. gr. 8. (56 S. mit 1 Steintaf.) n. 10 *ngr.*

Töpfer, J. G., Philosophische Betrachtungen über den Gebranch der Conjunctionen, und „quod" in d. latein. Sprache. I. Pr. 1842. 88 S. 4°.

Töpfer, J. G. Philosophische Betrachtungen über den Gebrauch der Conjunctionen ut und quod in der Lateinischen Sprache. Erster Theil. Einleitung. 38 S. Zweiter Theil: Über die Correlativa in den zusammengesetzten Sätzen und über ἄν (dann). 44 S.
Luckau, Progr. 1842, 1847

Töpfer, J. G. Philosophische Betrachtungen über die Construction des Accus. cum Infinit. Luckau, G., 1836. 46 S. 4.
Progr.

—— **allgemeines** u. **vollständ. Choralbuch,** zunächst zu dem dresdner, weimarischen u. erfurter Gesangbuche. Die Melodien nach J. A. Hiller, Rempt u. M. G. Fischer gesetzt u. mit vierstimmiger Harmonie nebst kurzen doppelten Zwischenspielen versehen. 1. Aufl. 843, 44. u. 2., verb. Aufl. qu. gr. Lex.-8. ($16^3/_8$ B.) Erfurt 844, Körner. *

Töpfer, J. G., allgemeines und vollstandiges Choralbuch zunachst zu dem Dresdner, Weimarischen u. Erfurter Gesangbuche. Die Melodien nach J. A. Hiller, Rempt u. M. G. Fischer gesetzt u. mit vierstimmiger Harmonie nebst kurzen doppelten Zwischenspielen versehen. Zum Kirchen-, Schul- u. Privatgebranche für Organisten, Cantoren etc. 3. verb. u. verm. Aufl. Erfurt (853.) Körner. qu. 4. (XIV, 246 S.) n. 3 *ℛ.* 15 *ngr.*

Töpfer's, J. G., evangelisches Choralbuch, mit Vor- u. Zwischenspielen. 4. Aufl. Rev. u. sehr verm. von A. W. Gottschalg. qu. 4. (VIII, 179 S.) Weimar 878. Kühn. n. 10. —

Töpfer, J. G., Choralbuch, zunächst zu dem Dresdner, Weimarischen und Erfurter Gesangbuche. Die Melodien nach J. A. Hiller, J. M. Rempt u. M. G. Fischer gesetzt u. mit vierstimmiger Harmonie, nebst kurzen doppelten Zwischenspielen versehen. Zum Kirchen-, Schul- u. Privatgebrauche für Organisten, Cantoren, Schullehrer etc. 5., verb. u. erweiterte Aufl. Erfurt 860. Körner's Verlag. qu. 4. (VII, 252 S.) n. 3 *ℛ* 15 *ngr.*

Töpfer, J. G. Comment. crit. in Sophocl. specim. (Aj. 172—81, 372, 550 sqq, 596. Elect. 11, 733.) 24 S.
Luckau, Progr. 1831

Töpfer, J. G. (I.), Lehrbuch der Orgelbaukunst, s. Schauplatz, neuer, der Künste ꝛc. 208—211. Bd.

— theoret.-prakt. Organisten-Schule. Enthaltend die vollständ. Harmonielehre nebst ihrer Anwendung auf die Composition der gebräuchl. Orgelstücke. gr. 4. Erfurt u. Langensalza 845, Körner. Subscr.-Pr. n. $1^1/_3$ ℛ Ladenpr. $2^1/_2$ ℛ

—— die Orgel, Zweck u. Beschaffenheit ihrer Theile, Gesetze ihrer Construction, u. Wahl der dazu gehörigen Materialien; von dem Orgelbau-Accorde, nebst vortheilhaften Bau-Entwürfen f. Landgemeinden; von d. Untersuchung alter schadhafter Orgeln, Verfertigung umfassender Reparatur-Anschläge, Intonation, Stimmung, u. von der Prüfung u. Uebergabe neuer Werke. gr. 8. (21 ½ B. m. eingedr. Zeichngn. u. 1 Kpfr.) Erfurt 843, Körner. Thlr.

—— die Orgel, Zweck und Beschaffenheit ihrer Theile, Gesetze ihrer Construction und Wahl der dazu gehörigen Materialien; von dem Orgelbau-Akkorde, nebst vortheilhaften Bau-Entwürfen für Landgemeinden; von der Untersuchung alter schadhafter Orgeln, Verfertigung umfassender Reparatur-Anschläge, Intonation, Stimmung, und von der Prüfung und Uebergabe neuer Werke. Ein Handbuch für alle Orgelfreunde, insbesond. für Bau-Behörden, Superintendenten, Pfarrer ꝛc. 2., unveränd. Aufl. gr. 8. (X und 200 S. mit vielen eingedr. Abbild. in Holzschn. und 1 Stnt. in qu. gr. 4.) Erfurt 862, Körner's Verlag. *

Töpfer, J. G., die Scheibler'sche Stimm-Methode, leicht faßlich erklärt u. auf eine neue Art angewendet. Ein Beitrag zur Verbreitung u. leichtern Anwendung derselben. gr. 8. (3 B.) Erfurt 842, Körner.

Töpfer, J. G., die Theorie und Praxis des Orgelbaues, s. a. Schauplatz, neuer, der Künste und Handwerke.

Töpfer, J. G., die Theorie u. Praxis d. Orgelbaues. 2., völlig umgearb. Aufl. d. Lehrbuches der Orgelbaukunst. Für den Gebrauch d. Orgelbauers, Orgelrevisors, Organisten u. Architekten hrsg. v. M. Allihn. Mit Atlas v. 65 Taf. gr. 8. (XXII, 953 S.) Weimar 888. B. F. Voigt. 30. —

Töpfer, J. G., grammatische Wandtafel, an Stelle einer deutschen Grammatik für untere Classen höherer Anstalten, so wie für Bürger- und Volksschulen. Berlin (854.) Besser's Verlhdlg. (1 Tab. in Imp.-Fol.) n. 10 ngr.

Toepfer, Immanuel Gottlob (Torgau) A. S. 602/31

Quaestio iuris controversi an spurius, cuius pater certus, comparandus sit cum filio naturali.
Präs. Christian Heinrich Breuning.
Leipzig (Langenheim) 16. VIII. 1775. 8 S.

34581

Töpfer, Jh. Chr. Karl, Anfangsgründe zur Erlernung der Musik u. insonderheit des Claviers. 4. Bresl. 773. W. G. Korn. 6 𝒢

— Nachr. von den in Eisenach wohnenden Reformirten. 8. Eisenach 785. Wittekind. (Krieger in Marb.) 3 𝒢

Toepfer, Johann Gottfried A. S. 140/25

Servitus rustica agrorum incultorum culturam prohibens.
Leipzig (Breitkopf) 1. III. 1742. 22 S.

Gew.: Johann Christoph, Johann Friedrich Philipp und Johann Georg von Ponikau.

34582

Toepfer, Ioannes Godofredus: Specimen exercitationum criticarum, quo loci Aiacis Sophoclei nonnulli illustrantur.
Halle-Wittenberg, Phil. Diss. v. 4. Sept. 1830
Geb. [Egsdorf b. Luckau (Lausitz) 4. 6. 1807]
Ms. fehlt. — Vom Verf. ersch.: Commentationis criticae in Sophoclem specimen. (Aj. 172—81, 372, 550 sqq, 596, Elect. 733.) Lubbenae (1831): Driemel. 26 S. 8° (4°) Luckau, Gymn.-Progr. vorh. Göttingen UB

Töpfer, Johannes, Festschrift zur 50jährigen Jubelfeier der Freiwilligen Turner-Feuerwehr Eibenstock, 10.—12. 8. 1907, 22 S., 8°. 2 Bde.

Töpfer, Johs., Landeskunde des Herzogth. Sachsen-Altenburg. Das Herzogth. Sachsen-Altenburg, in geograph., statist. und topograph. Beziehung beschrieben, sowie mit histor. Bemerkungen versehen. gr. 8. (VI und 142 S.) Gera 867, Ißleib und Rietzschel. *

Töpfer, Johs., Landeskunde des Herzogth. Sachsen-Altenburg. Das Herzogth. Sachsen-Altenburg in geograph., statist. u. topograph. Beziehung beschrieben, sowie mit histor. Bemerkungen versehen. Gera 870. Ißleib & Rietzschel. gr. 8. (VI, 142 S.) n. 18 ngr.

De implendis ultimarum voluntatum conditionibus et imprimis de quaestione quando conditio non impleta pro impleta habenda sit. Ex jure Romano. Auctore Julio Henrico Justo **Toepfer.** Commentatio praemio ornata. Jenae. 1842. 8°.

Toepfer, Karl

Toepfer, Carl, Dunkel u. Hell. In 2 Erzähln. 8. (16¼ B.) Cassel 828, Bohné.

Töpfer, C.: Die Einfalt vom Lande, s. Universal-Bibliothek Nr. 838.

—— räthselhafte, geheimnißvolle Erzählungen, s. Lotz, G.

Töpfer, C., Gebrüder Foster oder das Glück mit seinen Launen, s. Auswahl deutscher Bühnenstücke. — Sammlung deutscher Lust- u. Schauspiele.

Töpfer, C., Gebrüder Foster oder das Glück mit seinen Launen. Charakter-Gemälde aus dem 15. Jahrhundert in 5 Aufzügen. Zum Uebersetzen aus dem Deutschen in das Englische bearb. von J. Morris. Berlin 863. Allgem. Deutsche Verlagsanstalt. gr. 8. (115 S.) n. 10 ngr.

— Zu der Frage üb. d. Autorschaft des 20. Kapitels im Jamblicheischen Protrepti
Pr. 1907. 14 S.

Töpfer Karl: Die sogenannten Fragmente des Sophisten Antiphon bei Jamblichos. 48. Arnau 02.
Frage.

Töpfer, Carl, der Gasschlosser der Neuzeit. Ein prakt. Handbuch üb. sämtl. Arbeiten auf gastechn. Gebiete. Für Gasinstallationstechniker, Monteure, Klempner u. Rohrleger. 2. vollst. neubearb. Aufl. (VIII, 191 S. m. 250 Abb.) gr. 8. Leipzig 905. B. F. Voigt. 3. 75; geb. 5. —

Töpfer, Carl, Grundsätze zur Aneigng. einer brauchbaren Handschrift. Für d. prakt. Leben aufgest. 8. (16 S.) Oldenburg 896. Schulze. — 30

Toepfer, C., Hermann und Dorothea, s. Universal-Bibliothek Nr. 2027.

— der Herr im grünen Frack. Novelle. 8. Cassel 827. Bohné. 1 ℛ 6 𝒢

— der Incognito-Rock, oder der Thurmbau an der St. Jacobi-Kirche. Novelle. 8. Cassel 827. Bohné. 1 ℛ 3 𝒢

—— Lustspiele, s. Universal-Bibliothek.

—— Lustspiele. 1. u. 2. Bd. gr. 12. Berlin, Duncker u. Humblot.
Bd. 1. Der beste Ton. — Nehmt ein Exempel d'ran. — Schein u. Seyn. (15½ B.) 830. 1 Thlr. 16 Gr.
" 2. Bube u. Dame. — Der Krieg mit d. Onkel. — Freien nach Vorschrift. (21 B.) 835. 2 Thlr.

Toepfer, Carl, Lustspiele. 3—6. Bd. gr. 12. Berlin, Duncker u. Humblot.

Bd. 3. Die Einfalt vom Lande. (Frei n. d. Engl.) — Laßt mich lesen! Orig.-Lustsp. — Karl der Zwölfte. (Frei n. d. Engl.) — Der Pariser Taugenichts. (Frei n. d. Franz.) (24 B.) 839. 2 Thlr. 8 Gr.
» 4. Preußens 15. October. Lustsp. mit Gesang. — Gebrüder Foster. Charakter-Gemälde. — Ein Stündchen in Pyrmont. (N. d. Franz.) — Ein Pagenstückchen. Anekdoten-Posse. — Zurücksetzung. (19½ B.) 841. 2 Thlr.
» 5. Hermann u. Dorothea. Idyll. Familiengemälde. — Ein Tag vor Weihnacht. Gemälde aus d. Bürgerleben. — Der Empfehlungsbrief. Orig.-Lustsp. — Der reiche Mann od. d. Wasserkur. Orig.-Lustsp. (22 B.) 843.
» 6. Strauß u. Lanner. Lustsp. — Ein Stündchen Incognito. — Der Tagsbefehl. Dramat. Anekdote. — Des Königs Befehl. Orig.-Lustsp. — Die Weiber im Harnisch. Parodirende Zauberposse. (19 B.) 843.
1. u. 2. Bd. Ebendas. 1830, 35. 3 Thlr. 16 Gr.

Toepfer, Carl, Lustspiele. 7. Bd. 8. (470 S.) Berlin 851, Duncker und Humblot.

Inhalt: Rosenmüller und Finke, oder Abgemacht. Orig.-Lustspiel. — Böttcher, der Goldmacher. Histor. Orig.-Lustspiel. — Die weiße Pikesche. Schwank.
1—6. Bd. Ebendas. 1830—43. 12 Thlr. 10 Ngr.

Toepfer, Karl [app. Thierarzt aus Dresden]: Die Morphologie des Magens der Rodentia ... (Aus: Morphol. Jahrb. XVII. Heft 3. — M. 1 Taf.) Leipzig, W. Engelmann, 1891; 29 S. 8.
Erlangen, Phil. Fak., Inaug.-Diss. v. 1891

— Muck-Kobold u. Peter Meffert. Erzählung. 8. Cassel 827. Bohné. 21 gr

—— Nehmt ein Exempel d'ran!, s. a. Bloch's, E., Theater-Correspondenz.

Töpfer, Carl, nehmt e. Exempel dran! Lustspiel in 1 Akt. Neue Bühnen-Einrichtg. v. Mart. Böhm. (23 S.) 8. Berlin (908). M. Böhm. 1.50

Toepfer, Carl, Novellen u. Erzählungen. 2 Bde. 8. Hamburg, Niemeyer. à 1 Thlr. 15 Ngr.

Inhalt:
Bd. 1. Der unheimliche Gast. Tanzes-Zauber. Die Todtenhand. Der Schuß. Liebe im Coulisseurkasten. Blutig Wiedersehen. Die Intriguanten. (12⅓ B.) 842.
» 2. Die Blödsinnige. Der Mord. J. J. Rousseau, der Jüngling. Der gespenstische Sänger. (17⅛ B.) 843.

— s. Originalien.

– Rosenmüller und Finke, s. Universal-Bibliothek Nr. 813.

— Spenden für Thaliens Tempel. (Enth.: Der Tagesbefehl. — Die blonden Locken. — Cyprian und Barbara.) Mit Titelkpf. u. Titelvign. 8. Leipz. 822. Leo. 20 gr

— ein Stündchen Incognito. Vers-Spiel, s. A. v. Kotzebue, Almanach. 31r Jahrg.

— ein Tag vor Weihnachten. Gemälde aus d. Bürgerleben, s. A. v. Kotzebue, Almanach. 29r Jahrg.

—— der Pariser Taugenichts, s. Bloch's, E., Volks-Theater.

— s. Thalia. Norddeutsche Theaterzeitung.

– Der beste Ton, s. Universal-Bibliothek, Nr. 844.

—— der lebende Todte. Erzähl. 8. (13¼ B.) Cassel 828, Bohné.

Töpfer, Karl, Turandot rc., s. G. Lotz.

Toepfer's, Carl, gesammelte dramatische Werke. Hrsg. von Herm. Uhde. 1.—4. Bd. gr. 8. Leipzig 878, Duncker und Humblot. à Bd. *M 4. *

Inhalt:
Bd. 1. 2. Lustspiele. 2 Bde. (XVI, 266; 214 S.)
» 3. 4. Schauspiele. (à Bd. 314 S.)

Töpfer, Karl, Zeichnungen aus meinem Wanderleben. 1r Bd. gr. 8. Hannov. 823. Hahn. 2 ₰

Töpfer, Karl Aug. Frdr., der praktische Gasschlosser m. besond. Rücksicht auf die heutige, mannigfaltige Verwendbarkeit d. Gases. Nebst e. Auszug aus den Unfallverhütungsvorschriften u. s. w. gr. 8. (X, 94 S. m. 80 Abbildgn. z. Tl. auf Taf.) Weimar 893. B. F. Voigt. 2. 50

Töpfer, Karl Frdr. Gust., der Pariser Taugenichts, s. a. Bibliothek der Gesamtlitteratur.

Der Pariser Taugenichts. Lustspiel in 4 Aufz. Frei nach d. Franz. von Karl Friedr. Gustav **Töpfer**. Mit d. Extempores vers. Bühneneinrichtung von Demetrius Schrutz. Halle a/S.: O. Hendel (1902). (59 S.) 8°
(Bibliothek d. Gesamtlitteratur d. In- u. Auslandes. No 1599.)

Töpfer, R.: Ein Abenteuer unter Schmugglern am See v. Gers, s. Verein f. Verbreitg. guter Schriften, Basel, Nr. 26.

Toepfer, R., album poético español. 8. (XII, 250 S.) Berlin 886. Behr's Verl. n. 4. —

Toepfer, R., Liberia, s. a. Süsserott's Kolonialbibliothek. 19. Bd.

Liberia von R. **Toepfer**. Berlin: Süsserott 1910. 45 S. 8°
(Süsserotts Kolonialbibliothek. Bd 19.) [11 1819 11

- Im Schneesturm über d. Anterne-Paß, s. Verein f. Verbreitg. guter Schriften, Basel, Nr. 26.

Töpfer-Zeitung, deutsche. Organ für Töpfer, Porzellan- und Ofenfabrikanten, Ziegler und die damit verwandten Industriezweige. Hrsg. von Ernst Haupt. 1. Jahrg. April—Decbr. 1877. 39 Nrn. (Bog. mit eingedr. Holzschn.) gr. 4. Naumburg, Expedition. *

—— dass. — Hrsg. von Ernst Haupt. 2. Jahrg. 1878. 52 Nrn. (Bog. mit eingedr. Holzschn.) gr. 4. Mit Gratis-Beilage: Feierstunden. 1. Jahrg. 1878. 52 Nrn. (à ¾ Bog.) gr. 8. Ebendas. *

—— dass. — Fachblatt für Töpfer, Porzellan- und Ofenfabrikanten, Ziegler und die damit verwandten Industriezweige. Offizielles Organ des „Verbandes der Arbeitgeber des Töpfergewerbes für Deutschland". Redact.: Paul Ludwig. Mitredact.: A. J. Peschl. 3. Jahrg. 1879. 52 Nrn. (Bog.) gr. 4. Mit der Gratis-Beilage: Feierstunden. 2. Jahrg. 1879. 52 Nrn. (Bog.) Naumburg, Ludwig. *

Töpfer-Zeitung, deutsche. Fachblatt für Töpfer, Porzellan- und Ofenfabrikanten, Ziegler und die damit verwandten Industriezweige. Offizielles Organ des „Verbandes der Arbeitgeber des Töpfergewerbes für Deutschland". Redact.: Paul Ludwig. 4. Jahrg. 1880. 52 Nrn. (Bog.) Mit der Gratisbeilage: Feierstunden. 3. Jahrg. 1880. 52 Nrn. (Bog.) gr. 4. Naumburg, Ludwig. * 12 —

—— dass. — 5.—7. Jahrg. 1881—1883. à Jahrg. 52 Nrn. (Bog.) Ebendas. à Jahrg. * 12 —

Töpfer-Zeitung, deutsche. Fachblatt f. Töpfer, Porzellan- u. Ofenfabrikanten, Ziegler u. die damit verwandten Industriezweige. Offizielles Organ d. „Verbandes der Arbeitgeber d. Töpfergewerbes f. Deutschland" u. d. „Vereins deutscher Thonrohrfabrikanten". 7—10. Jahrg. 1883—1886. à 52 Nrn. (B.) gr. 4. Naumburg, Ludwig. à Jahrg. n. 12. —

Töpfer-Zeitung, deutsche. Fachblatt f. die gesammte Thonwaaren-Industrie. Spezial-Organ f. Ofenfabrikation u. Ofenbau. 11.—14. Jahrg. 1887—1890. à 52 Nrn. (B.) gr. 4. Leipzig, Ludwig. à Jahrg. n. 12. —

Töpfer-Zeitung, deutsche. Fachblatt f. die gesammte Thonwaaren-Industrie. Spezial-Organ f. Ofenfabrikation u. Ofenbau. 15.—18. Jahrg. 1891—1894. à 52 Nrn. (à ca. 1½ Bog. m. Abbildgn.) gr. 4. Leipzig, P. Ludwig. à Jahrg. n. 12. —

Töpfer-Zeitung, deutsche. Fachblatt f. d. gesammte Thonwaaren-Industrie. Spezial-Organ f. Ofenfabrikanten u. Ofenbau. 19.—22. Jahrg. 1895—1898. à 52 Nrn. (à ca. 2 Bog. m. Abb.) gr. 4. Leipzig, P. Ludwig. à Jahrg. n. 12. —
Kann auch vierteljährlich bezogen werden.

Töpfer- u. Ziegler-Zeitung, deutsche. Red. von Albr. Türrschmiedt. 1. Jahrg. 1870. 26 Nrn. (Bgn.) Berlin, Günther. Fol. n. 2 ₰ 20 ngr.

Töpfer- u. Ziegler-Zeitung, deutsche. Red. v. Albr. Türrschmiedt u. H. Seger. Mit lith. Beilagen. 2—5. Jahrg. 1871—1874 à 26 Nrn. (B.) Fol. Berlin, Expedition. à Jahrg. n. 8. —

— dasselbe. 6. u. 7. Jahrg. 1875 u. 1876 à 52 Nrn. (B.) gr. 4. Ebend. à Jahrg. n. 12. —

Töpfer- u. Ziegler-Zeitung, deutsche. Begründet von A. Türrschmiedt. Red. von Rud. Biedermann u. Frdr. Hoffmann. 8—13. Jahrg. 1877—1882. à 52 Nrn. (B.) Imp.-4. Halle, (Knapp). à Jahrg. n. 12. —

Töpfer- u. Ziegler-Zeitung, deutsche. Organ d. „Ziegler- u. Kalkbrenner-Vereins". Begründet v. A. Türrschmiedt. Red. v. Frdr. Hoffmann. 14—17. Jahrg. 1883—1886. à 52 Nrn. (B.) Imp.-4. Halle, Knapp. à Jahrg. n. 12. —

Töpfer- u. Ziegler-Zeitung, deutsche. Organ d. „Ziegler- u. Kalkbrenner-Vereins". Begründet v. A. Türrschmiedt. Red. v. F. Hoffmann. 18.—21. Jahrg. 1887—1890. à 52 Nrn. (B.) Imp.-4. Berlin. Halle, Knapp. à Jahrg. n. 12. —

Töpfer- u. Ziegler-Zeitung, deutsche. Organ der Ziegelei-Berufsgenossenschaft. Organ d. „Ziegler- u. Kalkbrenner-Vereins". Organ d. Vereins v. Ziegeleibesitzern der Prov. Brandenburg. Begründet v. A. Türrschmiedt. Red. v. Frdr. Hoffmann. 22.—25. Jahrg. 1891—1894. à 52 Nrn. (à ca. 1½ Bog. m. Abbildgn.) Imp.-4. Berlin. Halle a/S., W. Knapp. à Jahrg. n. 12. —

Töpfer- u. Ziegler-Zeitung, deutsche. Illustr. Wochenschrift f. die Ziegel-, Thon- u. Porzellanwaaren-, Kalk- u. Cement-Industrie. Organ d. Ziegelei-Berufsgenossenschaft, d. „Ziegler- u. Kalkbrenner-Vereins", des Vereins v. Ziegeleibesitzern d. Prov. Brandenburg. Begründ. v. A. Türrschmiedt. Hrsg. v. Frdr. Hoffmann. Red.: K. Dümmler. 26.—29. Jahrg. 1895—1898. à 52 Nrn. (à ca. 16 S.) Imp.-4. Berlin. Halle, W. Knapp. à Jahrg. n. 12. —
Kann auch vierteljährlich bezogen werden.

Töpfer- u. Ziegler-Zeitung, deutsche. Illustr. Zeitschrift f. die Ziegel-, Thon- u. Porzellanwaaren-, Kalk- u. Cement-Industrie. Organ der Ziegelei-Berufsgenossenschaft, des deutschen Ziegler- u. Kalkbrenner-Vereins. Begründet v. A. Türrschmiedt. Hrsg. v. Frdr. Hoffmann, techn. Bureau. Red.: K. Dümmler. 30. u. 31. Jahrg. 1899 u. 1900. à 52 Nrn. Imp.-4. (à ca. 12 S.) Berlin. Halle, W. Knapp. à Jahrg. n. 12. —

— — dasselbe. Begründet v. A. Türrschmiedt u. Frdr. Hoffmann. Illustr. Zeitschrift f. die Ziegel-, Thon- u. Porzellanwaren-, Kalk- u. Cement-Industrie m. der Kunstbeilage: Keramische Monatshefte. Hrsg. v. Frdr. Hoffmann, technisch. Bureau. Organ des Vereins deutscher Verblendstein- u. Terrakottafabrikanten, Verkündigungsblatt der Ziegelei-Berufsgenossenschaft, sowie der Unfall-Haftpflichtgenossenschaft der Besitzer v. Ziegeleien. Red.: K. Dümmler. 32. u. 33. Jahrg. 1901 u. 1902. à 104 Nrn. Imp.-4. (à ca. 8 S.) Ebd. à Jahrg. n. 12. —

Töpfer- u. Ziegler-Zeitung, deutsche. Begründet v. A. Türrschmiedt u. Fried. Hoffmann. Illustrierte Zeitschrift für die Ziegel-, Ton- u. Porzellanwaren-, Kalk- u. Zement-Industrie m. der Kunstbeilage: Keramische Monatshefte. Hrsg. von Frdr. Hoffmann, techn. Bureau. Organ des Vereins deutscher Verblendstein- u. Terrakottenfabrikanten. Verkündigungsblatt der Töpferei-Berufsgenossenschaft, der Ziegelei-Berufsgenossenschaft, sowie der Unfall-Haftpflichtgenossenschaft der Besitzer von Ziegeleien. Red.: K. Dümmler. 34.—37. Jahrg. 1903—1906. à 104 Nrn. (à ca. 6 S.) gr. 4. Berlin. Halle, W. Knapp. à Jhrg. n. 12. —

Töpfer- u. Ziegler-Zeitung, deutsche. Begründet v. A. Türrschmiedt u. Fried. Hoffmann. Illustrierte Zeitschrift f. die Ziegel-, Ton- u. Pozellanwaren-, Kalk- u. Zement-Industrie. Hrsg. v. Frdr. Hoffmann, techn. Bureau. Organ d. Zentralverbandes der Ziegeleibesitzer Deutschlands, des Vereins deutscher Verblendstein- u. Terrakottenfabrikanten usw. Red.: K. Dümmler f. den techn. Tl., H. Zickert f. den wirtschaftl. Tl. 38.—41. Jahrg. 1907—1910. à 104 Nrn. (à ca. 8 S.) 34×25,5 cm. Berlin. Halle, W. Knapp. à Jahrg. 12. —

Töpffer s. Töpffer.

Toepffer, salicetum exsiccatum, s.: Schedae.

Toepffer, A., die Weiden in Mecklenburg. gr. 8. (38 S.) Güstrow 902. (Opitz & Co.) n. — 60
Sonderabdruck aus: „Archiv d. Vereins der Freunde der Naturgeschichte in Mecklenburg".

Toepffer, Adf., zur Flora Mecklenburgs. (S. 128—145.) gr. 8. Güstrow 903. (Opitz & Co.) n. — 20
Sonderabdruck aus: „Archiv d. Ver. d. Fr. d. Naturgesch. in Mecklenb."

Toepffer, Adph., zur Flora v. Schwerin u. d. westl. Mecklenburg. [Aus: „Archiv der Freunde d. Naturgesch. in Meckl."] gr. 8. (13 S.) Güstrow 894. (Opitz & Co.) n. — 40

Töpffer, Alex., nouvelle grammaire russe, s.: Fuchs, Paul.

Toepffer, Ernst, Gerichtsassessor in Guben: Die Aufhebung der ehelichen Gemeinschaft nach dem bürgerlichen Gesetzbuch. *Guben 1903: A. Koenig.* (45 S.) 8° [F.]
Leipzig, Jur. Diss. v. 1903

Töpffer, H. A., de tiara summi sacerdotis dissertatio. Vitemb. 722. 4. (56 S.)

Toepffer, Heinrich Andreas [Praes.], s. Schmid, Jakob: De magnetismo morali id est propensionum humanarum in moribus vi.

Toepffer, Heinrich Andreas (Bayreuth) A. S. 282/34

De vita summisque in rem literariam meritis Bohuslai Hassensteinii lib. bar. Lobcovicii.
Präs. Johann Christoph Coler.
Wittenberg (Gerdes) 29. VII. 1719. 64 S.
34587

Toepffer, Hellmut W.: Aus d. chemischen Institut d. Universität Breslau. Ueber die galvanische Ausfällung von Legierungen des Eisens und verwandter Metalle und über das elektrochemische Verhalten dieser Metalle. Breslau 1899: R. Galle. (42 S.) 8°
Breslau, Phil. Diss. v. 21. Okt. 1899

Toepffer, J., Die attischen Pythaisten und Deliasten. S.-A. 1888. 12 S.

Toepffer, Jos., quaestiones Pisistrateae. Lex.-8. (148 S.) Dorpat 886. (Karow.) n. 2. 50

Töpffer, Johann Christian (Dresden) A. S. 108/2

De rigore poenarum militari per aequitatem temperando. Präs. Jakob August Franckenstein.
Leipzig (Titius) 21. X. 1729. 62 S.
34589

Töpffer, Johann Wilhelm (Colditz) A. S. 580/37

Specimen iuris de cautelis advocatorum circa formulam probandi Wahr saepe nocivis.
Präs. Gottlob Thomasius.
Leipzig (Langenheim) 20. III. 1737. 16 S.

Gew.: Johann Justus Toepfer (Vater).
34590

Toepffer, Johs., Beiträge zur griechischen Altertumswissenschaft. gr. 8. (XVI, 384 S. m. 1 Abb. u. Bildn.) Berlin 897, Weidmann. n. 10.

Toepffer, Johs. Attische Genealogie. gr. 8. (VI, 338 S.) Berl. 889, Weidmann. * 10 —

Töpffer, Rudolf

Toepffer, Rud.: Ein Abenteuer an der Landesgrenze, s. Bebie, Herm., aus helvetischen Landen.

— Die Bibliothek meines Oheims, s.a. Bibliothek der Gesamtlitteratur.

Töpffer, Rud., die Bibliothek meines Oheims. Eine Genfer Novelle. Vollständ. deutsche Ausg., m. Bildern von d. Hand d. Vers. gr. 16. Leipzig 846, Brockhaus u A. n. 1 1/2 ℛ

— die Bibliothek meines Oheims. Eine Genfer Novelle. Vollständige deutsche Ausgabe, mit 137 (eingedr.) Bildern von der Hand des Verf. gr. 16. (298 S. m. Titelbild.) Leipzig 847, Berger. n. 1 1/2 ℛ

—— die Bibliothek meines Oheims. Eine genfer Novelle. Vollständ. deutsche Ausg. gr. 16. (298 S. mit 137 Bildern in Holzschn. von der Hand des Verf. und Ttlbld.) Leipzig 847, [Brockhaus.] *

Töpffer, Rud., die Bibliothek meines Onkels, s. Universal-Bibliothek.

Töpffer, Rodolphe, la bibliothèque de mon oncle, hrsg. v. K. Bandow, s.: Prosateurs français.

— — s. Collection d'Auteurs français, — Collection de comédies.

— collection des histoires en estampes 1.—3. Vol. Vol. I. Mr. Jabot. Vol. II. Mr. Crépin. Vol. III. Mr. Pencil. Le Dr. Festis. 5. édit. qu. Lex.-8. (98 lith. Bl. incl. lith. Titel.) Génève 846, Kessmann. à n. 1 1/2 ℛ

Toepffer, R., Collection des histoires en estampes 1—6. Vol. (Mit französ. u. deutschem Text.) qu. 4. Genève 846, 47, Kessmann. à * 1 Thlr. 15 Ngr. *
Vol. 1. Mr. Jabot. } (98 Bl.)
- 2. Mr. Crépin. }
- 3. Mr. Pencil. (37 Bl. u. Text.)
- 4. Le Dr. Festus. 5. Edit. (45 Bl.)
- 5. Histoire d' Albert. 2. Edit. (48 Bl. u. 1 B. Text.)
- 6. Les amours de Mr. Vieux Bois. 5. Edit. (48 Bl. u. 1 B. Text.

Toepffer, Rud., crestomatía española. Spanisches Lesebuch. Sammlung von Meisterstücken spanischer Prosa u. Poesie. Mit Erläuterungen. 8. (IV, 167 S.) Berlin 882. Behr's Verl. 3. —

Toepffer, Rodolphe, s.: Erzählungen, ausgewählte.

Toepffer, R., ausgewählte Erzählungen, s.: Sammlung französischer u. englischer Textausgaben.

Töpffer, Rodolphe, 3 Erzählungen aus Nouvelles genevoises, hrsg. v. K. Bandow, s.: Prosateurs français.

—— Essai de Physiognomie, s. Essai.

—— s.a. Fahrten und Abenteuer des Herrn Steckelbein.

—— Fahrten und Abenteuer des Herrn Steckelbein s.a. Kell, Jul.

— **Fahrten u. Abenteuer des Herrn Steckelbein.** Eine wunderbare u. ergötzl. Historie. Nach Zeichngn. v. T. In Reimen v. Jul. Kell. qu. gr. 8. (67 S. m. farb. Abbildgn.) Leipzig 900. F. A. Brockhaus. Kart. n. 3.—

Töpffer, R., s. 1) **Histoire de M. Crepin,** im Anhange. 2) **Histoire de M. Jabot.** 3) **Histoire de M. Pencil.** 4) **Hist. de M. Vieux-Bois.**

Toepffer, Rud., Lehrgang der spanischen Sprache. Praktisches Handbuch zur schnellen Erlernung der span. Umgangssprache. Zum Selbstunterricht besonders geeignet. 8. (IV, 116 S.) Berlin 882, Behr's Verlag. cart. 2 50

— **nouvelles** genevoises, s.a. Auteurs français.

Töpffer, Rud., Nouvelles génévoises, s.a. Bibliothèque économique Chefs-d'oeuvre de prosateurs, Vol. VI.

—— Nouvelles Genevoises, s.a. Bibliothèque française, Tome VII.

Töpffer, Nouvelles genevoises, s.a. Collection d'auteurs français.

— dasselbe, s.a. Prosateurs français.

Töpffer, Rodolphe, nouvelles génèvoises, s.a. Reuter's Bibliothek für Gabelsberger-Stenographen.

Töpffer, R., nouvelles génevoises. 2. édition. Bielefeld 860. Velhagen & Klasing. 8. (2 Bl., 338 S.) 20 ngr.

Töpffer, Rod., Nouvelles Génevoises. 3 Vols. (Bibliothèque choisie. Vol. 726—728). Naumburg 865. Pätz. 16. (500 S.) 1 ℛ

— — 3. édit. Bielefeld 866. Velhagen & Klasing. 8. (III, 368 S.) 20 ngr.

Töpffer, R., Nouvelles genevoises. 4e et 5e édit., revue annotée et précédée d'une notice sur la vie et les ouvrages de Töpffer par Rob. König. 8. (XXV, 394 S.) Bielefeld 872,77, Velhagen und Klasing. 2 25

Tœpffer, Rodolphe. ... ⟨Nouvelles Genevoises 4 Teile.⟩ Mit Anmerkungen hrg. von Professor Dr. K. Bandow (*1: Hrg. von Pr' Dr. Karl B'). [Neu-Abdr.] 8. Bielefeld und Leipzig, Velhagen & Klasing, 1900—1906.

1 u. d. T.: La Bibliothèque de mon Oncle, par R' Töpffer. (N' G' par R' T', Teil 1.) VI + 190 + *Anhang* II + 52 p. 1900. ([geb. — Anhang br. —] M. 1.20)
2 u. d. T.: Drei Erzählungen aus Nouv' Gen'. ⟨Le Lac de Gers — Le Col d'Anterne — Le Grand Saint-Bernard.⟩ Par R' Töpffer. ⟨N' G' Teil 2.⟩ VI + 74 + *Anhang* II + 30 p. 1906. ([geb. — Anhang br. —] M. —.80)
3 u. d. T.: Zwei Erzählungen aus Nouv' Gen'. ⟨La Vallée de Trient — La Peur.⟩ Par R' Töpffer. ⟨N' G' Teil 3.⟩ VIII+74 p. 1900. ([geb.] M. —.75)
4 u. d. T.: Drei Erzählungen aus den Nouv' Gen'. ⟨La Traversée — Les deux Scheidegg — Élisa et Widmer.⟩ Par R' Töpffer. ⟨N' G' Teil 4.⟩ VIII + 160 p. 1900. ([geb.] M. 1.—)

(Velhagen & Klasings Sammlung französischer u. englischer Schulausgaben:) Prosateurs français. Liefg. 55 ⟨Doppelausg.⟩ *u.* 56 ⟨Doppelausg.⟩ *u.* 57 *u.* 58. — *Liefg. 55 u. 56:* Ausg. B. Mit Anmerkungen in einem Anhang; *Liefg 57 u. 58:* [Ausg. A, mit Anm' unter dem Text].

– Genfer Novellen. Die Bibliothek meines Oheims, s.a. Bibliothek der Gesamtlitteratur d. In- u. Auslandes.

Töpffer, R., Genfer Novellen, s.a. Classiker des In- und Auslandes.

— Genfer Novellen, s.a. Collection Spemann.

Töpffer, R., Genfer Novellen, s.a. Novellen.

Toepffer, Rodolphe
Genfer Novellen. Nach dem Franz. Hrsg. von Johann Heinrich Daniel Zschokke. Bdchn 1.2.
Aarau: Sauerländer 1839. 8°

Toepffer, Rodolphe
Genfer Novellen. Nach dem Französischen. Hrsg. von Heinrich Zschokke. Bdchn 2.
Aarau: Sauerländer 1839. 235 S. 8°

— Genfer Novellen. Deutsche Ausgabe. Mit dem Bildn. des Verf. (Holzschn.) u. Illustrationen nach dessen Zeichnungen. gr. 8. (207 S.) Leipzig 847, Brockhaus. n. 2 2/3 ₰

Töpffer, R. Genfer Novellen. In-8°. Stuttgart, Spemann. 1885. gebd. 1 35
*** Collection Spemann, 82. Bd.

— zwei Genfer Novellen, s.: Haus-Bibliothek f. Stolze'sche Stenographen.

— Künstler Pinsel. [Aus: „Rudolf Töpffer-Album".] gr. 4. (64 S. m. eingedr. Illustr.) Stuttgart 887. Neff. cart. n. 2. 80

—— le presbytère, s. Collection de comédies etc.

– Rosa u. Gertrud od. die Geprüften, s.a. Bibliothek der Gesamtlitteratur d. In- u. Auslandes.

— Rose u. Gertrud, s.a. Bibliothek ausländischer Klassiker.

— Rosa u. Gertrud, s.a. Meyer's Volksbücher.

—— Rosa u. Gertrud. Aus dem Leben eines genfer Geistlichen. Nach dem Französ. 16. (20 1/4 B.) Berlin 846, Springer.

— gesammelte Schriften. Vollständ. deutsche Ausg. 1—7. Bdchn. 8. 1—3. Bdchn. A. u. d. T.: Genfer Novellen. 3 Bdchn. (549 S.) 4—7. Bdchn. A. u. d. T.: Das Pfarrhaus. 4 Bdchn. (854 S.) Leipzig 847. 52, Brockhaus. (1—3: à 1/2 ₰ 4—7: n. 3 ₰) n. 4 1/2 ₰

— Souvenirs, s.: Sammlung französ. Lesestücke.

— siehe: „Rud. Töpffer - Album".

— pequeño vocabulario español-aleman. Kleines spanisch-deutsches Vokabelbuch. 8. (IV, 44 S.) Ebend. 882. cart. 1. 20

– s. Voyages du Dr. Festus.

Töpffer's, R., sämmtliche Werke. Hrsg. von C. T. Heyne. 4 Bde. 16. Leipzig 847, Berger's Buchh. à Bd. * 10 Ngr. * 1 10
Inhalt:
Bd. 1. Die Erbschaft. — Das Pfarrhaus. — Der Col d'Anterne. (191 S.)
„ 2. Rosa und Gertrud oder die Geprüften. 1. Bd. (176 S.)
„ 3. Die Bibliothek meines Oheims. 1. Bd. (156 S.)
„ 4. Die Bibliothek meines Oheims. (Schluß.) — Der See von Gers. — Das Thal von Trient. (186 S.)

Rudolph Töpffer-Album. Töpffer's komische Bilder-Romane. Lustige Geschichten u. Karikaturen d. berühmten Verfassers der Genfer Novellen. 20 Lfgn. gr. 4. (à 1 1/2—2 B.) Stuttgart 887. Neff. à Lfg. n. — 60; cplt.: n. 12. —; geb. n. 15. —

Töpfner, A., methodisches Handbuch f. den Rechenunterricht in der Volksschule, s.: Lieb, A.

Topfobstbaum, Der, und seine Pflege, s. Schmidt's, J. C., Garten-Bibliothek.

EDINBURG. — Topham, E., Briefe von Edinburg in den Jahren 1774 und 1775 geschrieben über Sitten und Gebräuche der Schotten. Aus d. Engl. Leipzig 1777. 8°. (3 Mk. J. Halle, München, 1891.) Selten!

Tophan, E., Briefe von Edinburg in den J. 1774 u. 1775 geschrieben rc.; aus d. Engl. 8. Leipz. 777. (Brockhaus). 16 ₰

Tophan, E., Briefe v. Edinburg in d. Jahren 1774—75 geschrieben rc. a. d. Engl. 8. Leipz. Gleditsch. 777.

Tophel, G., unsere Kinder. 4 Vorträge. Autoris. Übersetzg. 8. (70 S.) Hamburg 893. Agentur des Rauhen Hauses. n. 1. —

Tophof: Beiträge zur lateinischen Grammatik. 16 S. (Über nisi u. si non; quamvis und quamquam; die Tempora der lat. Sprache; das deutsche man; über ut nach facio, impetro, assequor u.ä.). – Essen, Progr. 1854.

Tophof. Beiträge zur lateinischen Grammatik. 16 S. [Ueber die Bedeutung und den Unterschied von nisi und si non; über quamvis und quamquam; die Tempora der lateinischen Sprache; das deutsche man; über die Auffassung des ut nach facio u. dgl.]
Essen, Progr. 1854

Tophoff: Beitr. z. Gesch. d. vereinigt. Gymn. zu Essen. Essen 1863.
Schul-/Univ.-Schrift

Tophoff, Christian von Braunschweig und Johann Jacob Graf von Anholt. Die Verwüstungen der Stifter Paderborn und Münster in den Jahren 1622—23, größtentheils aus ungedruckten Nachrichten in dem Provinzial-Archive zu Münster und einigen städtischen Archiven zusammengestellt. (Aus der Zeitschrift für vaterländ. Geschichte u. Alterthumskunde.) Münster 852. Regensberg. gr. 8. (101 S.) n. 10 ngr.

Tophoff, August: Ueber Leberabscess. Halle a/S. (1874): Plötz. 29 S. 8°
Halle-Wittenberg, Med. Diss. v. 26. Sept. 1874
Geb. Paderborn 12. 8. 1851. V.

Tophoff, (Clem.) Bern. (geb. Paderborn [5. 4.] 1843): De diebus decretoriis cum exemplis ex pneumonia. Berolini (1864). (34 S.) 8°
Berlin, Med. Diss. v. 16. Aug. 1864

Die R e c h t e des deutschen Kaisers. Ein staatswissenschaftl. Versuch veröffentl. z. Begrüssung der in Münster i. W. errichteten rechts- u. staatswissensch. Fak. von H(ermann) **Tophoff**, preuss. Landger. R. Stuttgart: J. Roth 1902. (60 S.) 8°

Tophoff, Thdr., Westphalens Bauernhöfe u. Bauernstand u. was zur Erhaltung beider Noth thut. Erwägungen zunächst für die Bauern selbst. Münster 870. Russell. 8. (50 S.) n. 5 *ngr.*

Tophoff: De commutatis comitiis centuriatis. 12 S.– Essen, Progr. 1853.

Tophoff, Th., die Gilden binnen Münster in Westfalen. Ein Beitrag zum Gildewesen in Deutschland. gr. 8. (152 S.) Münster 877, (Regensberg.) * 1 —
Aus: Zeitschrift für vaterländische Geschichte und Alterthumskunde, besonders abgedruckt.

Tophoff, Theod. Die Gymnasien und ihre Aufgabe. 25 S.
Paderborn, Progr. 1848

Tophoff: De lege Valeria, prima Publilia, Hortensia. 23 S.–
Paderborn, Progr. 1851.

Tophoff, Theod., aliquot locos ex illo Ciceronis libro, qui inscript. est Cato major, interpret. 12. (34 S.) Paderborniae 847, Junfermann.

Tophoff: De plebe Romana. 11 S.–Essen, Progr. 1856

Tophoff, Th. De tutela, quam Graecor. loca sacra et hominibus et rebus praestiterunt. 52 S. . . . .
Paderborn, Progr. 1839

Tophoven, Friedrich, appr. Arzt aus Wachtendonk: Über **Cystadenom** der Prostata. *Würzburg 1902: C. J. Becker.* (24 S.) 8°
Würzburg, Med. Diss. v. 1902

Topinard, Paul, **Anthropologie. Nach der 3. französ. Aufl. übers. v. Rich. Neuhauss. Mit 52 in den Text gedr. Abbildgn. 1. u. 2. Lfg. gr. 8. (S. 1—192.) Leipzig 886. Frohberg.** à n. 1. 80

Topinard, P., **Anthropologie.** Nach der 3. französ. Aufl. **übers. v. R. Neuhauss.** Mit 52 in den Text gedr. Abbildgn. **3.—6. (Schluss-)Lfg.** gr. 8. (XII u. S. 193—540.) **Leipzig 888. [Frohberg.]** Baldamus. n. 6. 40 (cplt.: n. 10. —)

— dasselbe. Mit 52 in d. Text gedr. Abbildgn. 2. Ausg. gr. 8. (XII, 540 S.) Leipzig 888. Baldamus. n. 6. —

Toepke, E., u. E. **Leunenschloss,** Zins-Tabellen f. die Bank- u. Geschäftswelt. Eine mechan. Zins-Controle zum Ersatz jeder Zins-Berechng., enth. die Zins-Resultate f. sämmtl. Capital-Beträge von 1 bis 10,000,000 f. 1 bis 360 Tage in 52 Zinsfüssen. Dargestellt auf 360 Tabellen. (Mit Text in deutscher, französ. u. engl. Sprache.) gr. 4. (XVI, 360 S.) Berlin 886. Leunenschloss. n. 16. —; geb. n. 18. —

Toepke, Erh.: D i f f e r e n z e n - T a f e l für österr. Credit-Actien etc., s. K r ü g e r

T o e p k e, Erhard. Die Prämien-, Stellage- u. Nochgeschäfte. Handbuch zur Erlerng. u. zum prakt. Gebrauch f. Banquiers, Makler u. Speculanten. gr. 8. (32 S.) Berl. N. W. (Friedrichstr. 104 a) 892, M. L. Kunkel. cart. 5 —

Toepke, Ehrhard, Ultimo-Differenzen. Handbuch für Bank- u. Maklergeschäfte zur Erleichterung u. Vereinfachung der Ultimo-Arbeiten. Lex.-8. (35 S.) Berlin 880. Haude & Spener. cart. n. 5. —

Toepke, Gust., die **Matrikel** der **Universität Heidelberg von 1386 bis 1662. Bearb. u. hrsg. 2 Thle.** gr. 8. Heidelberg, (C. Winter). à n.n. 25. —
1. Von 1386—1553. Nebst e. Anh. enth.: I. Calendarium academicum vom J. 1387. II. Juramenta intitulandorum. III. Vermögensverzeichniss der Universität Heidelberg vom J. 1396. IV. Accessionskatalog der Universitätsbibliothek von 1396 bis 1432. (LXXVI, 697 S.) 884.
2. Von 1554 bis 1662. Nebst e. Anh., enth.: I. Matricula universitatis 1663—1668. II. Album magistrorum artium 1391—1620. III. Matricula alumnorum juris 1527—1581. IV. Catalogus promotorum in jure 1386—1581. V. Matricula studiosorum theologiae 1556—1685. VI. Promotiones factae in facultate theologica 1404—1686. VII. Syllabus rectorum universitatis 1386—1668. (622 S.) 886.

Toepke, G., die **Matrikel** der Universität Heidelberg **von 1386 bis 1662. Bearb. u. hrsg. 3.** Thl. Register. **1. Hälfte. gr. 8. (544 S.)** Heidelberg 889. (C. Winter.) n.n. 18. — (I—III, 1.: n.n. 68. —)

Toepke, Gust., die Matrikel der Universität Heidelberg von 1386 bis 1662. Bearb. u. hrsg. 3. Thl. Register. 2. Hälfte. gr. 8. (XII u. S. 545—887.) Heidelberg 893. (C. Winter.) n.n. 12. — (kplt.: n.n. 80. —)

Toepke, Gust., die Matrikel der Universität Heidelberg. 4. u. 5. Thl. gr. 8. Heidelberg, C. Winter, Verlag. n. 50. —
4. Von 1704—1807. Hrsg. m. Unterstützg. des grossherzogl. bad. Ministeriums der Justiz, des Kultus u. Unterrichts v. Paul Hintzelmann. Nebst e. Anh., enth.: I. Album promotorum in facultate philosophica ex parte catholicorum 1705—1805. II. Catalogus auditorum juris canonici et promotorum in jure tam canonico quam utroque 1726—1770. III. Matricula et studiosorum et promotorum in facultate theologica ex parte reformatorum 1706—1800. (XII, 656 S.) 903. n. 25. —
5. Von 1807—1846. Hrsg. m. Unterstützg. des grossherzogl. bad. Ministeriums der Justiz, des Kultus u. Unterrichts v. Paul Hintzelmann. (IV, 782 S.) 904. n. 25. —

Toepke, Gust., die Matrikel d. Universität Heidelberg. 6. Tl. Von 1846 bis 1870. Fortgesetzt u. hrsg. m. Unterstützg. des grossherzogl. bad. Ministeriums d. Justiz, des Kultus u. Unterrichts v. Paul Hintzelmann. Nebst e. Anh., enth.: I. Vorschriften üb. Immatriculation 1805—1868. II. Verzeichniss d. Rectoren u. Prorectoren 1669—1870. (V, 712 S.) gr. 8. Heidelberg 907. C. Winter, Verl. 22. 50
1.—5. Tl. Ebd. 881—904. nn 130.—.

Töpke, H., Rechenbuch für Bürgerschulen. 1., 3. und 4. Heft. 8. Braunschweig 884, Bruhn. [1. Heft. 1. und 2. Aufl. (32 S.) * 20 Pf.; 3. Heft. 4. Aufl. (36 S.) * 30 Pf.; 4. Heft. 4. Aufl. (44 S.) * 30 Pf.] * — 80

Töpke, H., Rechenbuch f. Bürgerschulen. 1., 3., 4. u. 5. Hft. 8. Braunschweig, Bruhn's Verl. n. 1. 20
1. 2. Aufl. (32 S.) 884. n. — 20
3. 5. Aufl. (36 S.) 886. n. — 30
4. 4. Aufl. (44 S.) 884. n. — 30
5. (70 S.) 886. cart. n. — 40

Töpke, H., Rechenbuch für Bürgerschulen. 3.—5. Heft. 8. Braunschweig, Bruhn's Verlag. [3. Heft. 5. Aufl. (36 S.) 886. * 30 Pf.; 4. Heft. 6. Aufl. (44 S.) 888. * 30 Pf.; 5. Heft. 1. und 2. Aufl. (70 S.) 888. cart. * 40 Pf.] *

Töpke, H., Rechenbuch f. Bürgerschulen. 2.—5. Hft. 8. Braunschweig, Bruhn's Verl. n. 1. 30
2. 5. Aufl. (48 S.) 889. n. — 30. — 3. 7. Aufl. (36 S.) 889. n. — 30. — 4. 7. Aufl. (44 S.) 889. n. — 30. — 5. 2. Aufl. (71 S.) 888. n. — 40.

Töple, H. Rechenbuch f. Bürgerschulen. 1.—4. Heft. 12. Braunschw., Appelhans u. Pfenningstorff. [1. Heft. 4. Aufl. (32 S.) 891. * — 20; 2. Heft. 6. Aufl. (48 S.) 892. * — 30; 3. Heft. 7. Aufl. (36 S.) 891. * — 30; 4. Heft. 8. Aufl. (44 S.) 891. * — 30.] * 1 10
5. Heft. Ebd. 1888. * — 40.

Töple, H., Rechenbuch f. Bürgerschulen. 1., 3.—5. Hft. 8. Braunschweig, Appelhans & Pfenningstorff. n. 1. 50
1. 5. Aufl. (32 S.) 893. n. — 20. — 2. 6. Aufl. (48 S.) 892. n. — 30. — 3. 8. Aufl. (36 S.) 893. n. — 30. — 4. 10. Aufl. (44 S.) 894. n. — 30. — 5. 3. Aufl. (78 S.) 893. n. — 40.

Töple, H., Rechenbuch f. Bürgerschulen. 4. Hft. 11. Aufl. 8. (44 S.) Braunschweig 895. E. Appelhans & Co. n. — 30

Töple, H., Rechenbuch f. Bürgerschulen in 5 Heften. 2., 4. u. 5. Heft. gr. 8. Braunschweig 903. E. Appelhans & Co. n. 1. —
2. Der Zahlenraum von 1—100. 11. Aufl. (48 S.) n. — 30
4. Der Zahlenraum von 1 bis zur Million. 16. Aufl. (48 S.) n. — 30
5. Gemeine u. Dezimalbrüche. Bürgerliche Rechnungsarten. 6. Aufl. (88 S.) Kart. n. — 40

— u. E. **Oppermann**, Rechenbuch f. Landschulen. 3 Hfte. 8. Braunschweig 889. Bruhn's Verl. n. 1. —
1. Unterstufe. (48 S.) n. — 25. — 2. Mittelstufe. (52 S.) n. — 30. — 3. Oberstufe. (92 S.) n. — 45.

— u. **Oppermann**, Rechenbuch f. Landschulen. Auflösungen zu Hft. 2 u. 3 v. R. Waldmann. 8. (32 S.) Ebd. 890. n. — 60

— u. E. **Oppermann**, Rechenbuch f. Landschulen. 3. Hft.: Oberstufe. 2. Aufl. 8. (100 S.) Ebd. 895. n.n. — 45

Töple, H., Rechenheft für untere Klassen von Bürgerschulen [Zahlenraum von 1 bis 1000]. 3. Schulj. 8. (34 S.) Braunschweig 878. H. Bruhn. n.n. — 25

—— Rechenheft für untere Klassen von Bürgerschulen. 2.—4. Schuljahr. 8. Ebendas. [2. Schuljahr. 2. Aufl. (48 S.) 880. * 30 Pf.; 3. Schuljahr. 2. Aufl. (32 S.) 879. * 25 Pf.; 3. Aufl. (34 S.) 881. * 30 Pf.; 4. Schuljahr. (44 S.) 879. * 30 Pf.] * — 90

—— Rechenheft für untere Klassen von Bürgerschulen. [Zahlenraum von 1 bis 100.] 2. Schuljahr. 3. Aufl. 8. (48 S.) Ebendas. 885.
3. und 4. Schuljahr. Ebendas. 1879,81. à * 30 Pf.

— s.: Tunica's, G. F., Rechenaufgaben f. Schulen.

Töpken, Hans, der Frühling. E. allegor. Lebensbild in 1 Akt. 8. (24 S.) Flöha 896. A. Peitz & Sohn. 2. —

Töpken, J., Stiftungsfest. Lustspiel mit Gesang in 3 Akten für Turner u. Turnfreunde. 2. Aufl. 8. (VIII, 63 S.) Oldenburg 878. Bültmann & Gerriets. 1. 20

Töpken, J., Stiftungsfest. Lustspiel m. Gesang in 3 Akten f. Turner u. Turnfreunde. 3. Aufl. gr. 8. (VI, 42 S.) Oldenburg 888. Bültmann & Gerriets. n. 2. —

Toepler, Dr., und Boltzmann, Ueber eine neue experimentelle Methode, die Bewegung tönender Luftsäulen zu analysiren. (Kaiserl. Akademie der Wissensch. in Wien. Jahrg. 1870, No. IX.)

— und Boltzmann, Ueber eine neue optische Methode, die Schwingungen tönender Luftsäulen zu analysiren. (Annalen der Physik und Chemie. Bd. CXLI.)

Toepler, A.: Bemerkungen über die Anzahl der Fundamentalpunkte eines beliebigen Systems von centrirten brechenden Kugelflächen. (Aus Poggendorff's Ann., Bd. CXLII.)

Toepler, Aug., Beobachtungen nach einer neuen optischen Methode. Ein Beitrag zur Experimental-Physik. Lex.-8. (51 S. mit 4 Stnt. in qu. Fol.) Bonn 864, Cohen und Sohn. *

Toepler, Aug., Beobachtungen nach e. neuen optischen Methode. — Beobachtungen nach der Schlierenmethode, s.a. Ostwald's, Wilh., Klassiker der exakten Wissenschaften.

Beobachtungen nach einer neuen optischen Methode. Ein Beitrag z. Experimentalphysik von Dr. August **Toepler**. Hrsg. von A[lexander] Witting. Mit 1 Bildn. von Toepler u. 4 Taf. Leipzig: W. Engelmann 1906. (61 S.) 8°
— **Klassiker**, Ostwald's, d. exakten Wissenschaften. No 157. [07. 14034

Beobachtungen nach der Schlierenmethode. Von Dr. August **Toepler**. Hrsg. von A[lexander] Witting. Mit 4 Taf. u. 1 Textfig. Leipzig: W. Engelmann 1906. (102 S.) 8°
— **Klassiker**, Ostwald's, d. exakten Wissenschaften. No 158. [07. 14035

– Dass., s.a. Ostwald's Wilh.: Klassiker der exakten Wissenschaften.

Töpler, **Oph. Ed., de Pentateuchi interpretationis Alexandrinae indole critica et hermeneutica. 8maj. Halle 830. (Schwetschke u. S.) 10 gl**

Toepler, Edm., zur Ermittlung d. Luftwiderstandes nach der kinetischen Methode. Lex.-8. (24 S.) Wien 886. (Gerold's Sohn.) n. 1. —

Toepler, Edmund Zwei materielle Punkte *M* und *M'* mit den Massen *m* und *m'* befinden sich auf einer Kreislinie und sind in derselben frei beweglich; sie stoßen sich gegenseitig ab mit einer Kraft, die direkt ihren Massen und umgekehrt proportional dem Quadrat ihrer Entfernung *MM'* ist. Wie bewegen sich dieselben? 15 S. Progr. *Grossenhain* 1883.

Töpler, Ferd., vereinigter Sach- u. Sprachunterricht in Taubstummen-Anstalten. Methodisch-erörternder Vortrag, gehalten in der Versammlung ostdeutscher Taubstummenlehrer. gr. 8. (43 S.) Breslau 880. Priebatsch. n. — 80

Toepler, Gottlieb Eduard. — Anleitung zum Lateinisch-Lesen als Vorbereitung auf den ersten Unterricht in der lateinischen Sprache für ungarische und deutsche Elementarschulen. (Auch mit ung. Titel.) 8. (40 pag.) Pesth. Verlag von Gustav Heckenast. Nyom. Landerer és Heckenastnál. 1853.

Töpler, Glieb. Ed., Grammatik der ungarischen Sprache. 5., verb. Aufl. Pest 860, Heckenast's Verlag. Thlr. geh

Toepler, Gttl. Ed., theoret.-pract. Grammatik d. ungrischen Sprache. gr. 8. (19½ B.) Pesth 835, Heckenast.

Toepler, Gottl. Ed. Theoretisch-praktische Grammatik der ungarischen Sprache. Fünfte, verbesserte und vermehrte Auflage. *Pest* 1859. Verlag von *Gust. Heckenast*. XII, 318 S. 8°. 1 fl. Ö.-W.
Auch unt. d. Tit.: Lehrbuch der ungarischen Sprache. Von Gottlieb Eduard Töpler. Erster Theil. Ungarische Grammatik. Fünfte Auflage.

Toepler, Glieb. Ed., theoretisch-praktische Grammatik der ungarischen Sprache. 7. verb. Aufl. gr. 8. (XIV, 303 S.) Budapest 882. (Leipzig, Haessel.) * 2 —

Toepler, Glieb. Ed., Lehrbuch der ungarischen Sprache. 1. Thl. 4. Aufl. A. u. d. T.: Theoretisch-practische Grammatik der ungarischen Sprache. 4., verb. und verm. Aufl. gr. 8. (XII und 325 S.) Pesth 854, Heckenast's Verlag. *

Toepler, Glieb. Ed., Lehrbuch der ungarischen Sprache. 1. Thl. A. u. d. T.: Theoretisch-practische Grammatik der ungarischen Sprache. 5. verb. u. verm. Aufl. Pest 859. Heckenast. gr. 8. (XII, 318 S.) n. 20 ngr.

— praktischer Lehrgang zur schnellen und leichten Erlernung der ungarischen Sprache. Nach Dr. F. Ahn's Methode bearb. Pesth 854. Heckenast. gr. 8. (VIII, 152 S.) 15 ngr.

Toepler, Glieb. Ed., praktischer Lehrgang zur leichten und schnellen Erlernung der ungarischen Sprache. Nach Dr. F. Ahn's Methode bearb. 2., verm. u. verb. Aufl. Pest 859. Heckenast. gr. 8. (VIII, 155 S.) 15 ngr.

—— Leitfaden z. gründl. Erlernung d. ungrischen Sprache. gr. 8. (12 B.) Pesth 836, Heckenast.

— Leitfaden zur gründlichen Erlernung der ungarischen Sprache. 3., verb. u. verm. Aufl. Pesth 853. Heckenast. gr. 8. (2 Bl., 142 S.) 15 ngr.

Toepler, Gottl. Eduard. Leitfaden zur gründlichen Erlernung der ungarischen Sprache. IV. verb. Aufl. *Pest* 1858. Verlag v. *Gust. Heckenast.* Gedr. bei *Landerer & Heckenast.* 140 S. 1 Bl. 8⁰.

—— ungarisches Lesebuch mit ein. vollständ. Wortregister u. Anmerkn. gr. 8. (.. B.) Pesth 837, Heckenast.

— utmutatás a' latin olvasásra, mint elökészités a' latin nyelvbeni elsö oktatásra. Magyar és német elemi oskolák' számára. — Anleitung zum Lateinisch-Lesen, als Vorbereitung auf den ersten Unterricht in der lateinischen Sprache. Für ungarische u. deutsche Elementarschulen. Pesth 853. Heckenast. 8. (40 S.) n. 4 ngr.

Toepler, Josephus Leop. Avg. (geb. 1838 in Brühl bei Bonn): De Myriapodvm anatomia cvm ceteris articvlatorvm animalivm classibvs comparata ... Bonnae, form. C. Georgi (1862). 2 Bl., 24 S., 1 Bl. 8. Bonn, Phil. Fak., Diss. v. 1 Apr. 1862

Töpler, M., alte Choral-Melodien nebst Texten, zum kirchl. Gebrauche. gr. 12. Soest 836. Nasse. (Leipz., Fr. Fleischer.) n. 1/4 ₰

Töpler, M. alte Choral-Melodien nebst Texten, zum kirchlichen Gebrauche hrsg. 2., durch Aufstellung wochentäglicher Meßgesänge f. die kirchl. Zeiten, sehr veränd. Aufl. 8. (VIII u. 136 S.) Soest 850, Nasse. 1/4 ₰

— die latein. Choralmesse vom Feste Mariä Himmelfahrt, nebst einigen andern eingelegten Choralgesängen [nach dem Lütticher u. dem neuen Pariser Grad. Rom.], m. Orgelbegleitung u. passenden Vorspielen versehen. 4. (22 S.) Coblenz 848, Blum. 1/2 ₰

Toepler, M., ein- und mehrstimmige katholische Kirchengesänge, ausgezogen aus den bisher erschienenen Gesangheften des Sieg-Rheinischen Lehrer-Gesangvereins und auf's Neue durchges. u. bearb. u. herausg. von Weber. Bonn 854. Henry u. Cohen in Comm. 12. (24 S.) n. 1 ngr.

Toepler, M., und P. J. Pelzer, Laudate dominum, s. Pelzer, P. J.

Toepler, Max: Über die Abhängigkeit des Charakters elektrischer Dauerentladung in atmosphärischer Luft von der dem Entladungsraume continuirlich zugeführten Elektricitätsmenge, nebst einem Anhange zur Kenntnis der Kugelblitze. Leipzig: J. A. Barth 1900. 103 S. 8⁰ ¶ Erw. aus: Annalen d. Physik. Folge 4, Bd 2.
Dresden Te. H., Hab.-Schr. v. S.-S. 1900

Toepler, Max*imilian August:* Bestimmung der Volumänderung beim Schmelzen für eine Anzahl von Elementen ... M. e. Taf. Leipzig: J. A. Barth 1894. 38 S., 1 Bl. 1 Taf. 8⁰
Leipzig, Phil. Fak., Inaug.-Diss. v. [29. Juni] 1894

Toepler, Theoph. Ed., de Pentateuchi interpretationis Alexandrinae indole critica et hermeneutica. 8 maj. (5 B.) Halae 830, Schwetschke et fil.

Toeplitz, s. a. Kalender f. d. höh. Schulwesen Preussens.

Töplitz mit den umliegenden Gegenden und Oertern. 5te Aufl. 8. Pirna, Friese. 817.

Töplitz, seine Quellen u. Umgebungen; ein Taschenbuch für Freunde etc. 12. Pirna 808. Friese. 12 gr. 5e Aufl. unt. d. T.: Töplitz mit d. umliegenden Gegenden u. Oertern. Nebst e. Anh., welcher nützl. Regeln zum zweckmäß. Gebrauch der Bäder in Töplitz enthält. kl. 8. Ebd. 817. Ausg. zu 12 gr, 6 gr u. 4 gr

Töplitz: Das leitende Prinzip in der Physik und die Abhängigkeit der Hypothesen von denselben. 12 S. – Lissa, Progr. 1858.

Toeplitz, Emil (*geb. Lissa in Pos. 15. 10. 1852*): Über ein Flächennetz zweiter Ordnung. Leipzig (1876). (20 S.) 8⁰
[*Vollst. in: Mathem. Annal. Bd 11. 1877.*]
Breslau, Phil. Diss. v. 28. [vielmehr 30.] Okt. 1876

Toeplitz, Emil [Dr.]: Zur Theorie der Wendeberührungspunkte der Raumkurve vierter Ordnung erster Species. Breslau, Druck v. Grass, Barth & C., 1895; 3—11 S. 4.
Breslau, st. Johannes-G, OP 1895 (178)

Toeplitz, Fritz: Aus der Kgl. chirurgischen Universitätsklinik zu Breslau. Beiträge zur Geschichte und Statistik der Gallenblasenchirurgie. *Breslau 1898: W. G. Korn.* (66 S. mit Taf.) 8⁰
Breslau, Med. Diss. v. 30. Juni 1898

Zur Bekämpfung der Säuglingssterblichkeit. Des Säuglings Ernährung und Pflege. Anleitung f. Mütter aller Stände, Kinder- u. Wochenpflegerinnen von Dr. Fritz Toeplitz, Kinderarzt in Breslau. Mit e. Einführung von Prof. Dr. A[rthur] Schloßmann in Düsseldorf. Breslau: Preuß & Jünger 1907. (16 S.) 8⁰

Toeplitz, Fritz, die Ernährung des Kindes. Ein Wegweiser f. Mütter aller Stände. (19 S.) 8. Breslau 903. Preuß & Jünger. n. — 50

— Des Säuglings Ernährg. u. Pflege. Anleitg. f. Mütter aller Stände, Kinder- u. Wochenpflegerinnen. (Zur Bekämpfg. der Säuglingssterblichkeit.) Mit e. Einführg. v. A. Schloßmann. (16 S.) 8. Breslau 907. Preuß & Jünger. — 40

— Licht u. Schatten im Schwestern-Beruf. (15 S.) gr. 8. Breslau 903. Schletter. n. — 60

Toeplitz, Fritz, Pathologie u. Therapie der Pertussis, s.: Klinik, medizinische. Beihefte. VI, 3.

Toeplitz, Georg, Referendar am Königlichen Amtsgericht zu Trachenberg i. Schl.: Die Grundgeschäftswirkungen des auf allgemeine Gütergemeinschaft gerichteten Eheverträges nach dem Rechte des BGB. Greifswald 1906: J. Abel. (40 S.) 8⁰ [J.]
Greifswald, Jur. Fak., Ref. Stampe, Diss. v. 8. Sept. 1906
[Geb. 8. Juni 83 Breslau; Wohnort: Trachenberg; Staatsangeh.: Preußen; Vorbildung: Gymn. St. Maria-Magdalena Breslau Reife O. 01; Studium: Lausanne 1, Breslau 6, Greifswald 2 S.; Rig. 23. März 06.]

Töplitz, J., Aufgaben, s. Gruhl, E., Lehrbuch der analyt. Geometrie.

Toeplitz, Jak., die doppelte u. einfache Buchführung in ihrer Anwendung auf alle Geschäfts-Vorfälle. Eine Anleitung zur leichten u. gründl. Erlernung derselben. gr. 8. (6⅛ B.) Posen 845, Gebr. Scherk. *

Toeplitz, Jak., die doppelte und einfache Buchführung in ihrer Anwendung auf alle Geschäfts-Vorfälle. Eine Anleitung zur leichten u. gründlichen Erlernung derselben. Systematisch bearb. u. durch Beispiele u. Schemas erläutert. 2. verm. u. verb. Aufl. Berlin 862. Gebr. Scherk. gr. 8. (99 S.) n. 12½ ngr.

Toeplitz, Jak., die kaufmännische Buchführung (einfache u. doppelte) für den Unterricht u. den prakt. Gebrauch. Unter Zugrundelegung der Bestimmungen des allgemeinen deutschen Handelsgesetzbuchs. Posen 868. Türk. gr. 8. (IV, 75 S.) n. 10 ngr.

Töplitz, J., die kaufmännische Buchführung [einfache u. doppelte] f. den Unterricht u. den prakt. Gebrauch unter Zugrundelegg. der Bestimmgn. d. allgemeinen deutschen Handelsgesetzbuches. 2. verm. u. verb. Aufl. gr. 8. (III, 77 S.) Posen 874. Türk. n. 1. 20

— das Rechnen im Handels-Verkehr. Praktische Anleitung zur schnellen u. sicheren Lösung der in demselben vorkommenden Rechnungsaufgaben. Posen 864. Jolowicz. gr. 8.
1. Abth.: Die Stück-, die Centner-, die Zins- u. Prozentrechnung u. deren Anwendungen. (IV, 88 S.) n. 12½ ngr.;
Antwortenheft (19 S.) n. 5 ngr.

—— das Rechnen im Handels-Verkehr. Praktische Anleitung zur schnellen und sicheren Lösung der in demselben vorkomm. Rechnungsaufgaben. 1. Abthl.: Die Stück-, die Centner-, die Zins- und Prozentrechnung und deren Anwendungen. gr. 8. (IV und 88 S.) Posen 866, Jolowicz. *—
Antworten dazu. (19 S.) *

— das Rechnen im Handels-Verkehr. Prakt. Anleitung zur schnellen u. sicheren Lösung der in demselben vorkommenden Rechnungsaufgaben. 1. Abthl.: Die Stück-, die Centner-, die Zins- u. Prozentrechnung u. deren Anwendungen. 2., verm. u. verb., nach metr. Maß u. Gewicht bearb. Aufl. Posen 870. Jolowicz. gr. 8. (VI, 68 S.) n. 8 ngr.;

— das Rechnen im Handels-Verkehr. Praktische Anleitg. zur schnellen u. sicheren Lösg. der in demselben vorkomm. Rechnungsaufgaben. 1. Abth. Die Stück-, die Centner-, die Zins- u. Prozentrechng. u. deren Anwendgn. 3. verm., verb., nach metr. Maß u. Gewicht u. der Reichswährg. bearb. Aufl. 8. (VI, 72 S.) Posen 875. Jolowicz. n. — 90; Antworten (13 S.) n. — 30

Töplitz, J., das Rechnen im Handels-Verkehr. Praktische Anleitung zur schnellen u. sicheren Lösung der in demselben vorkommenden Rechnungsaufgaben. 1. Abth. Enth.: Die Stück-, die Centner-, die Zins- u. Prozentrechnung u. deren Anwendungen. 4., verm. u. verb. Aufl. 8. (VII, 72 S.) Posen 880. Jolowicz. cart. n. — 90;
Antworten (15 S.) n. — 30

Töplitz, J., das Rechnen im Handels-Verkehr. Praktische Anleitg. zur schnellen u. sicheren Lösg. der in demselben vorkomm. Rechnungsaufgaben. 1. Abtlg. Enth. die Stück-, die Centner-, die Zins- u. Prozentrechng. u. deren Anwendgn. 5., verm. u. verb. Aufl. 8. (VII, 72 S.) Posen 891. J. Jolowicz. Kart. n. 1. —;
Antworten (15 S.) geb. n. — 30

Toeplitz, Jos., die Preuß. doppelte Buchhaltungs-Methode, welche nicht nur auf e. viel kürzere u. leichtere Weise alle Vortheile der italien. gewährt, sondern sich auch noch durch sehr wesentl. Vorzüge vor jener auszeichnet u. in jedem Fache d. Rechnungswesens leichte Anwendung findet. Mit e. vorausgeschickten gründl. u. faßl. Abhandl. der bisher bekannt geword. einfachen engl., italiän. u. neuen deutschen Methoden, möglichst vervollständigt, verbess. u. mit ausführl. Schema's versehen. Sowohl zum Lehren als zum Selbstunterr. eingerichtet. 8. (30¼ B. incl. ¾ B. Tab. gr. 4.) Berlin 832, (Bechtold u. Hartje; Breslau, Pelz.)

Toeplitz, Julius Über Additionstheoreme. 14 S. Progr. Lissa 1885.

Töplitz, Jul.: Anal.-geom. Studien. II. Kegelschnittbüschel u. Kegelschnittschaaren. 21 S. – Lissa, Progr. 1871.

Toeplitz: Analytisch-geometrische Studien zur Theorie der geraden Linien u. der Kegelschnitte. 22 S. u. 2 Fgt. – Lissa, Progr. 1865.

Toeplitz, Jul. Geometrische Untersuchungen über den Zusammenhang der Theorie der Kurven mit der Theorie der Verwandtschaften. 14 S. Progr. Lissa 1879.

Toeplitz, Martha, Dick. Kleine Geschichten f. große Leute. (Buchschmuck v. M. Landsberg-Bernstein.) (124 S.) 8. Berlin 907. Friedenau, Dr. F. Ledermann. 2.—; geb. n 3.—

Toeplitz, Martha. Kleine Geschichten für grosse Leute. Berlin, 1908. GSP

Toeplitz, Max, u. Henry Kreuder, das Rhinosklerom s.: Sammlung zwangloser Abhandlungen aus dem Gebiete der Nasen- usw. Krankheiten.

Toeplitz, Maximil. (geb. Lissa in Posen 3. 1. 1804): De hydrocele. Berolini (1830). (54 S.) 8°
Berlin, Med. Diss. v. 13. Dez. 1830

Toeplitz, Otto: Über Systeme von Formen, deren Funktionaldeterminante identisch verschwindet. Breslau 1905: Grass, Barth & Comp. (46 S.) 8°
Breslau, Phil. Fak., Ref. Rosanes, Diss. v. 10. Okt. 1905
[Geb. 1. Aug. 81 Breslau; Wohnort: Breslau; Staatsangeh.: Preußen; Vorbildung: Johannes-Gymn. Breslau Reife O. 00; Studium: Breslau 5, Berlin 2, Breslau 3 S.; Rig. 21. Juli 05.]

Toeplitz, Th., üb. die Innervation der Bronchialmusculatur. Inaugural-Dissertation. gr. 8. (23 S. m. 3 Steintaf.) Königsberg 873. (Leipzig, Kessler.) n. 1. 20

Töplitz, Th., über Kinder-Ferien-Kolonieen, s.: Steuer, Th.

Toeplitz, Theodor (Red.), s. Aerzte-Correspondenz, Schlesische.

Töplitz, Theodor, Friedrich Fedde, E. Lebensbild nach eig. Aufzeichnungen d. Verstorbenen, Leipzig, 3 S., 4°.

Töply, Robertus (Hrsg.), s. Anatomia Ricardi anglici.

Töply, Rob. Ritter v., uns. Militär-Sanitätswesen vor 100 Jahren, s.: Habart, Joh.

— Studien zur Geschichte d. Anatomie im Mittelalter. gr. 8. (VII, 121 S.) Wien 898. F. Deuticke. n. 4.—

Töply v. Hohenvest, Frz., Kalender v. 1800. Periode vom 1. Vendémiaire I bis 18. Ventôse XIV. Zur Pariser Weltausstellg. 1900. Von besond. Interesse für Numismatiker, Historiker, Belletristiker etc. gr. 8. (20 Bl.) Graz 900. F. Pechel. n. —80

Töply v. Hohenvest, Frz., Numismatik. Miscellen. Die Weihemünzen f. Sammler. 8. (14 S.) Graz 893. (Leykam.) n. 1.—

TOPMÖLLER, Melchior (Freckenhorst/Westf.): Gelenkmäuse und die Reform ihrer Behandlung.- München: Wolf 1880. 25 S.
21.7.1880 - Urk (Titel: De musculis articularibus deque eorum curatione reformanda.); Chr 1080/1081/14
Diss.Ingolst.-Landsh.-Mchn.

Topographia ducatus Styriae. Graccii 1727. V: *Ritter, Joseph.* (Jes)

Topographia magni regni Hungariae ... Viennae 1718. V: *Moroni, Paul.* (Jes) V: *Bonbardus, Mich.* (Pk)

Topographia magni regni Hungariae ... nunc ... emendata et aucta ... Viennae 1750. V: *Csáki de Keresztszegh, Nicol. Graf.* H: *Csáki de Keresztszegh, Emerich Graf.* (WFM) *Trsztyanski, Joh. Bapt.* (Jes)

Topographie oder kurze Beschreibung desjenigen Distrikts der bayerischen Lande, welche das ... Erzhaus von Österreich ... in Besitz genommen hat. Wien 1779. V: *Schrötter, Franz Ferdinand Edl. von.* (Weber) (Karajan)

Topographie, od. kurze Beschreib. desjen. Distrikts der Baierischen Lande, welche Oestreich in Besitz genommen hat. gr. 4. Wien 779. (Heubner). 1 ℔ 20 ℊ

Topographie, oder kurze Beschreibung desjenigen Distrikts der bayerischen Lande, welchen das durchlauchtigste Erzhaus von Oesterreich kraft der mit Kuhrpfalz (!) zu Teschen (13. Mai 1779) geschlossenen Konvention in Besitz genommen hat. Mit XXI (unsign.) Kpfst. u. 1 Karte (fehlt) versehen. (Vign.) Wien, bey Joseph Edlen v. Kurzböck, 1779. 4°. Unbeschn. in goldverziert. Gzpgmtb.
Tit. (auf Rücks. Chronostichon), 3 Bll. Vorr., 4 Bll. Einleit., 64 num. S. Text, 4 Bll. Reg., 8 Bll. Abdr. der Teschener Friedensschluss-Verhandlungen.

Topographie, od. kurze Beschr. desjenigen Distrikts der Bayerschen Lande, welche Oesterreich in Besitz genommen hat. gr. 4. Wien, Kurzböck. (Camesina.) 779.

Topographie des Herzogl. Sachsen-Coburg-Meiningischen Antheils an dem Herzogthum Coburg ... Sonnenberg 1781. V: *Kessler von Sprengseysen, Chn Frdr.* (EngG)

Topographie der historischen und Kunst-Denkmale im Königreiche Böhmen v. d. Urzeit bis z. Anfange d. XIX. Jhs. Hrsg. v. d. archaeol. Comm. b. d. böhm. ... Akad. f. Wiss. ... unt. d. Leitg ihres Präsidenten Josef Hlávka. [No] II. [1 erscheint später.] *Prag: Archaeol. Comm. b. d. böhm. Akad. f. Wiss. 1897.* 4. (8.) [98. 1460

Topographie der historischen u. Kunst-Denkmale im Königr. Böhmen von d. Urzeit bis z. Anfange des XIX. Jahrh. Hrsg. v. d. archaeolog. Commission bei d. böhm. Kaiser-Franz-Josef-Akademie f. Wissenschaften, Litteratur u. Kunst unt. Leitg. v. Jos. Hlávka. Bd. II. Lex.-8. Prag (Bursík & Kohout). n. 3. 60
Der politische Bezirk Laun. Von Bohumil Matějka. Mit 3 Lichtdr.-Taf. u. 88 Textfig. (X, 105 S.) 897.
Bd. I erscheint später.

Topographie der historischen u. Kunst-Denkmale im Königr. Böhmen von der Urzeit bis zum Anfange des XIX. Jahrh. Hrsg. v. der archäolog. Commission bei der böhm. Kaiser-Franz-Josef-Akademie f. Wissenschaften, Litteratur u. Kunst unter der Leitg. ihres Präsidenten Jos. Hlávka. I, III—VI, IX u. XIII. gr. 8. Prag (Bursík & Kohout). n. 45.70
I. Der politische Bez. Kolin. Von K. B. Mádl. Mit 7 Beilagen u. 162 Textfig. (136 S.) 898. n. 4. 50
III. Der politische Bez. Selčan. Von Ant. Podlaha u. Ed. Šittler. Mit 4 Taf. u. 141 Textfig. (VI, 170 S.) 899. n. 4.80
IV. Der politische Bez. Raudnitz. Von Boh. Matějka. (V, 204 S. m. 148 Abbildgn. u. 9 Taf.) 900. n. 7. 40
V. Der politische Bez. Mühlhausen. Von Ant. Podlaha u. Ed. Šittler. (VI, 170 S. m. Abbildgn. u. 8 Taf.) 901. n. 6.80
VI. Bezirk Melnik. Von Ant. Podlaha. (VI, 227 S. m. Abbildgn. u. 10 Taf.) 901. n. 9. —
IX. Bezirk Rokytzan. Von Ant. Podlaha. (IV, 192 S.) 901. n. 6.—
XIII. Bezirk Příbram. Von Ant. Podlaha. (V, 188 S.) 902. n. 7. 20
Bd. 1. Ebd. 897. n. 3. 60.

Topographie der historischen u. Kunst-Denkmale im Königreich Böhmen. Die königl. Hauptstadt Prag: Hradschin. II. Der Domschatz u. die Bibliothek des Metropolitancapitels. Mit Unterstützg. der kgl. Hauptstadt Prag. 2 Abtlgn. gr. 8. Prag. (Leipzig, K. W. Hiersemann.) n. 26. 50
II, 1. Der Domschatz in Prag. Von Ant. Podlaha u. Ed. Šittler. (Mit 177 Textabbildgn. u. 10 Taf.) (VI, 216 S.) 903. n. 11. —
2. Die Bibliothek des Metropolitankapitels. Von Ant. Podlaha. (Mit 340 Textabbildgn. u. 5 Taf.) (V, 310 S.) 904. n. 15. 50
1 ist noch nicht erschienen.

Topographie der historischen u. Kunst-Denkmale im Königr. Böhmen von der Urzeit bis zum Anfange des XIX. Jahrh. Hrsg. v. der archäolog. Commission bei der böhm. Kaiser-Franz-Josef-Akademie f. Wissenschaften, Litteratur u. Kunst unter der Leitg. ihres Präsidenten Jos. Hlávka. VII, X u. XV. Lex.-8. Prag. (Leipzig, K. W. Hiersemann.) n. 22. —
VII. Bezirk, der politische, Klattau. Verf. v. Ferd. Vaněk u. Karl Hostaš (Gerichtsbezirke Klattau u. Neuern), F. A. Borovský (Gerichtsbez. Planitz). (Mit 132 Textabbildgn., 1 Lichtdr.-Beilage u. 11 Zeichen.) (244 S.) 905. n. 7. —
X. Politischer Bezirk Wittingau. Von Frz. Mareš u. Joh. Sedláček. (Mit 151 Textabbildgn. u. 5 Taf.) (127 S.) 904. n. 4. —
XV. Bez. Karolinenthal. Von Ant. Podlaha u. Ed. Šittler. (VI, 386 S.) 903. n. 10. —; erh. Pr. n. 11. —
Die früher erschienenen Bde. jetzt (m. Ausnahme Böhmens) Ebd. Erh. Pr.: I. 5. —; II. 4. —; III. 6. —; IV. 9. —; V. 8. —; VI. 11. —; IX. 7. —; XIII. 9. —.

Topographie der historischen u. Kunst-Denkmale im Königr. Böhmen v. der Urzeit bis zum Anfange des XIX. Jahrh. Hrsg. v. d. archäolog. Commission bei d. böhm. Kaiser-Franz-Josef-Akademie f. Wissenschftn., Litteratur u. Kunst üb. Anregg. ihres 1. Präsidenten Jos. Hlávka. XXII, XXIV u. XXVII. Lex. 8. Prag. Leipzig, K. W. Hiersemann. 38. —
XXII. Der politische Bez. Polička. Von Z. Wirth. (Mit 155 Textabb. u. 10 Zeichen.) (V, 139 S.) 909. 7. 50
XXIV. Der polit. Bez. Böhmisch-Brod. Von Ant. Podlaha. Mit 2 Taf. u. 351 Textabb. (V, 238 S.) 909. 13. 50
XXVII. Der politische Bez. Raudnitz. II. Tl. Raudnitzer Schloss. Verf. v. Max Dvořák u. Boh. Matějka. Mit 15 Taf., 205 Abb. u. vielen Zeichen im Text. (VI, 336 S.) 910. 17. —

Topographie von Ebersbach. O. O. 1803. V: *Kliembt.* (LVS)

Topographie des Fürstenthums Eisenach; in gleichen Verzeichniss der herzogl. Sachsen-Meiningischen Städte ... [Hamburg 1781.] V: *Rasche, Joh. Chph.* (MGT)

Topographie. – Zur Topographie d. Gehirns, s. Beck, Johann

— von Hamburg, ein Spiel f. Kinder. 18. Altona 791. Kaven. 8 ℊ

Topographie von Holstein in alphabetischer Ordnung. ... Lübeck, Schlesw. u. Flensb. 1801. 2. A. 1803. V: *Dörfer, Joh. Frdr. Aug.* (CBH) (Schles) (LS)

Topographie von Holstein in alphabetischer Ordnung. 2. verbess. u. verm. Auflage. (Karte hierzu in der Karten-Abtheilung.) 8. Schleswig 1803.

Topographie, Kirchliche. 1. Bd. Historische und topographische Darstellung von Klosterneuburg und seiner Umgegend diesseits der Donau mit besonderer Rücksicht auf Pfarren, Stifte, Klöster, milde Stiftungen und Denkmähler. Herausgegeben von einigen Freunden der Geschichte. Mit 2 Abbildungen. — 2. Bd. Historische und topographische Darstellung von Schönbrunn und seiner Umgegend etc. (wie vor). Mit 1 Abbildung und der Karte des Decanates. — 3. Bd. Historische und topographische Darstellung von Medling und seine Umgegend etc. (wie vor). Mit 2 Abbildungen und der Karte des Decanates. — 4. Bd. Historische und topographische Darstellung von Baden und dem Stifte Heiligenkreuz mit ihrer Umgegend etc. (wie vor). Mit 1 Abbildung und der Karte des Decanates. (4 Bde.) 8. Wien 1824—1825.

—— kirchliche, von Oesterreich, s. a. Darstellung, histor. u. topogr., d. Pfarren rc.

— kirchl., von Oestreich; herausgg. v. Bz. Darnaut, A. v. Bergenstamm u. Al. Schützenberger. 2 Bde. gr. 8. Wien 819. Schaumburg u. C. 2 ß 16 gr (Vergl. Darstell. der Pfarren, Stifter rc., 8r Bd.)

— v. Mähren. 3 Thle. s. Schwoy.

— des Markgrafthums Mähren, von S**. 2 Thle. gr. 8. Prag 786. Widtmann. 1 ß 8 gr (s. auch F. J. Schwoy).

Topographie, malerische, des Königreichs Bayern, in einer Reihe von Darstellungen aller im Königreiche Bayern malerisch oder historisch merkwürd. Landstriche, Gebirge, Seen, Städte u. größerer Ortschaften, einzelner Schlösser, Kirchen, Königl. Anlagen, alter u. neuer Bauwerke. Mit Begleitung eines histor. Textes (in deutscher u. franz. Sprache). 1r Bd. 1s—6s Hft. Mit Tafeln. qu. Fol. München 830—34. Hermann. (Leipzig, Rud. Weigel.) n. 18 ß

Topographie und Ethnographie, medizinische, der königl. Haupt- u. Residenzstadt München. Herausg. von einer Commission des ärztlichen Vereins in München. 3 Hefte. München 862, 63. Kaiser. gr. 8. Jedes Heft n. 1 ß

1. Heft: Sanitäts-Behörden, Sanitäts-Personal u. Sanitäts-Anstalten in München, bearb. von Carl Wibmer. (VIII, 228 S.)
2. Heft: Die Lage, das Klima, die Stadt u. die Einwohner von München bearb. von Carl Wibmer. (VIII, 264 S.)
3. Heft: Armenpflege u. Wohlthätigkeits-Anstalten, ärztliche Bildungs-Anstalten, Krankheits- u. Sterblichkeits-Verhältnisse in München, bearb. von Carl Wibmer. (X, 243 S. u. 2 Tab. in Fol.)

Topographie, naturhistorische, von Regensburg. In Verbindung mit Forster, Herrich-Schäffer, Koch, v. Schmöger u. v. Voith bearb. v. A. E. Fürnrohr. 3 Bde. Mit 1 Stahlst., 2 lith. Taf. u. 1 geognost. Karte. gr. 12. Regensburg 838—41, Manz. n. 4 ß

— naturhistor., von Regensburg, in Verbindung mit Forster, Herrich-Schäffer, Koch, v. Schmöger u. v. Voith bearb. von A. E. Fürnrohr. 1r Bd., den geschichtl., klimatolog. u. geognostischen Theil enthalt. Mit 1 Stahlstich u. 2 lithogr. Taf. 8. Regensburg 838. Manz. — 2r Bd. A. u. d. T.: Flora Ratisbonensis, oder Uebersicht der um Regensburg wild wachsenden Gewächse. Mit 2 Tabellen u. 1 Karte. 8. Ebd. 839. 3 Bde.: 4 ß

Topographie von Niederösterreich. [Schilderungen von Land, Bewohnern und Orten.] Unter Mitwirkung von J. Bauer, M. A. Becker, H. Brachelli, F. Czaslawsky rc. nach den besten Quellen und dem neuesten Stande der Forschung bearb. und hrsg. vom Verein für Landeskunde von Niederösterreich. 1.—8. Heft. gr. 4. (S. 1—512, mit 5 Karten in Farbendr. in gr. Fol. und 2 Blättern Profile, lithogr. in qu. Fol.) Wien 871—75, (Braumüller.) à Heft *ℳ 2. *

Topographie von Niederösterreich [Schilderung von Land, Bewohnern und Orten], unter Mitwirkung von J. Bauer, M. A. Becker, Carl Czaslawsky rc. nach den besten Quellen und dem neuesten Stande der Forschung bearb. und hrsg. vom Vereine für Landeskunde von Niederösterreich. 1. Bd. 9.—11. (Schluß-) Heft und 2. Bd. 1.—6. Heft. gr. 4. (1. Bd. XIV, S. 513—730 mit 1 chromolithogr. Karte in qu. gr. Fol.; 2. Bd. VIII, S. 1—184.) Wien 875—79, (Braumüller.) à Heft **ℳ 2. * 18 —

1. Bd. 1.—8. Heft. (Ebendas.) 1871—75. à **ℳ 2.

Topographie von Niederösterreich [Schilderung von Land, Bewohnern und Orten], unter Mitwirkung von J. Bauer, M. A. Becker, Carl Czaslawsky rc. nach den besten Quellen und dem neuesten Stande der Forschung bearb. und hrsg. vom Vereine für Landeskunde von Niederösterreich. 2. Bd. 7.—13. Heft. gr. 4. (S. 185—632.) Wien 880—84, (Braumüller.) à Heft **ℳ 2. ** 14 —

1. Bd. (11 Hefte.) 2. Bd. 1.—6. Heft. Ebendas. 1871—79. à *ℳ 2.

Topographie von Niederösterreich [Schilderung von Land, Bewohnern und Orten], unter Mitwirkung von J. Bauer, M. A. Becker, Carl Czaslawsky rc. nach den besten Quellen und dem neuesten Stande der Forschung bearb. und hrsg. vom Vereine für Landeskunde von Niederösterreich. 2. Thl. 14. und 15. Heft. Der alphabet. Reihenfolge [Schilderung] der Ortschaften [von M. A. Becker] 11. und 12. Heft. gr. 4. (S. 633—804.) Wien 885, (Braumüller.) à Heft **ℳ 2.—. **

—— dass. — 3. Thl. Der alphabet. Reihenfolge [Schilderung] der Ortschaften von M. A. Becker 2. Bd. 1.—3. Heft. gr. 4. (S. 1—188.) (Ebendas.) 886,87. à Heft **ℳ 2.—. **

1. Thl. (11 Hefte). 2. Thl. 1.—13. Heft. (Ebendas.) 1871—79. à Heft **ℳ 2.—.

Topographie v. Niederösterreich. [Schilderung v. Land, Bewohnern u. Orten.] Nach den besten Quellen u. dem neuesten Stande der Forschg. bearb. u. hrsg vom Vereine f. Landeskunde v. Niederösterreich. Unter Mitwirkg. v. Baumgartner, Dungel, Frz. Eichmayer u. A. 3. Bd. Der alphabet. Reihenfolge [Schilderg.] der Ortschaften rc. [v. Ant. Mayer] 2. Bd. 4.—13. Hft. gr. 4. (VII u. S. 189—828.) Wien 889—893. (W. Braumüller.) à Hft. n n. 2. —

— dasselbe. 4. resp. 3. Bd. 1.—3. Hft. gr. 4. (S. 1—192.) Ebd. 894. à Hft. n.n. 2. —

— v. Niederösterreich. (Schilderg. v. Land, Bewohnern u. Orten.) Nach d. besten Quellen u. d. neuesten Stande d. Forschg. bearb. u. hrsg. v. Vereine f. Landeskunde v. Niederösterreich. Unt. Mitwirkg. v. Baumgartner, Frz. Eichmayer, Karl Gianonni u. A. 4. Bd. D. alphabet. Reihenfolge (Schilderg.) der Ortschaften. 3. Bd. 4.—9. (Schluß-) Hft. gr. 4. (V, 585 u. 2 S.) Wien 895—896. (W. Braumüller.) à Hft. n.n. 2. —

— dasselbe. Red. v. Alb. Starzer. Unt. Mitwirkg. v. Vict. Bibl, Carl Drexler, Bened. Hammerl rc. 5. Bd. Der alphabet. Reihenfolge (Schilderg.) d. Ortschaften. 4. Bd. 1.—6. Hft. gr. 4. (S. 1—384.) Ebd. 897—898. à Hft. n.n. 2. —

— von Niederösterreich. (Schilderung von Land, Bewohnern u. Orten.) Nach den besten Quellen und dem neuesten Stande der Forschung hrsg. vom Vereine für Landeskunde v. Niederösterreich. Red. v Alb. Starzer. Unter Mitwirkg. v. Bened. Hammerl, Roman Hödl, Jos. Lampel u. a. 5. Bd. Der alphabet. Reihenfolge (Schilderung) der Ortschaften rc. 4. Bd. 7.—17. Hft. gr. 4. (S. 385—1088.) Wien 899—902. (W. Braumüller.) à Hft. n.n. 2. —

— von Niederösterreich. (Schilderung von Land, Bewohnern u. Orten.) Nach den besten Quellen u. dem neuesten Stande der Forschg. hrsg. vom Vereine f. Landeskunde v. Niederösterreich. Red. v. Alb. Starzer. Unter Mitwirkg. v. Vikt. Bibl, Ludw. Bittner, Walt. Boguth u. a. 5. Bd. Der alphab. Reihenfolge (Schilderung) der Ortschaften rc. 4. Bd. 18. u. 19. (Schluß-)Heft. (VIII u. S. 1089—1215.) gr. 4. Wien 903. (W. Braumüller.) à Hft. n.n. 2. —

— dasselbe. Hrsg. vom Verein f. Landeskunde v. Niederösterreich. Red. v. Max Vancsa. Unter Mitwirkg. von Hans Blank, Walt. Boguth, Don Klem. Czacha u. a. 6. Bd. Der alphabet. Reihenfolge der Ortschaften 5. Bd. 1.—11. Heft. (III u. S. 1—704.) gr. 4. Ebd. 903. 906. à Hft. n.n. 2. —

— von Niederösterreich. Hrsg. v. Verein f. Landeskunde v. Niederösterreich. Red. v. Max Vancsa. Unter Mitwirkg. v. Hans Blank, Adalb. Fuchs, Karl Goll u. a. 6. Bd. Der alphabet. Reihenfolge der Ortschaften 5. Bd. 12.—17. (Schluß-)Heft. (VII u. S. 705—1063.) Lex. 8. Wien 907. 09. (W. Braumüller.) à Heft nn 2. —

— dasselbe. Red. v. Max Vancsa. Unter Mitwirkg. v. Hans Blank, Walt. Boguth, Jos. Buchner u. a. 7. Bd. Der alphabet. Reihenfolge der Ortschaften 6. Bd. 1.—6. Heft. (S. 1—384.) Lex. 8. Ebd. 908. 10. à Heft nn 2. —

— von Oesterreich, s. Darstellung der etc. Pfarren, Stifte etc.

Topographie des Erzherzogthums Oesterreich, s. Darstellung der Pfarren etc.

„Topographie des Rheins, zugleich Fortsetzung des Adress-Handbuchs der Rheinschiffahrts-Verwaltung. Für das Jahr 1825" Mainz 1825. — Vorh.: Preuß. Staatsbibl. Berlin.

Topographie des Herzogthums Schleswigs. Kiel 1853. V: *Lesser, W.* (Collin, Anonymer. Kiobenh. 1869.) (KA) (EngG) *Besser, W.* (Ky) (BrMm)

Topographie des Herzogth. Schleswig. (Von W. Lesser.) 2 Thle. gr. 8. (664 S.) Kiel 853, Schröder und Comp. [1. Thl. * 2 Thlr. 5 Ngr., 2. Thl. * 1 Thlr. 15 Ngr.] *

Topographie von Schleswig in alphabetischer Ordnung ... Schlesw. 1805. 2. Aufl. 1816. V: *Dörfer, Joh. Frdr. Aug.* (Bruun, Bibl. Danica III, 658.)

Topographie von Schönburg. Halle 1802. V: *Pinther, Carl Hnr.* (EngG)

— von Schönburg, mit verschied. Beilagen. 8. Dresd. 805. Arnold. 1 ₰ 8 gr

Topographie und Statistik des Niederschlesischen Regierungs - Departements. Th. 1. Liegnitz 1815. V: *Arend, v.* (Kat. d. Bibl. d. Techn. Hochschule Berlin 1900.) (LVS)

Topographie und Statistik des niederschlesischen Regierungs-Departements. 1r Thl. das Fürstenthum Sagan. 8. Liegnitz, Kuhlmey. 815.

Topographie, la, de la Suisse 1832—1864. Histoire de la carte Dufour, publiée par le Bureau topographique fédéral. In-8°. 270 p., 9 cartes, 1 portrait du Général Dufour et nombreuses figures dans le texte. Berne, Bureau topographique. Genève et Bâle, Georg & Co. 1898.

— la, de la Suisse. 1832—1864. Histoire de la carte Dufour. Publiée par le bureau topographique fédéral. gr. 8. (VIII, 270 S. m. Fig., 1 Bildn. u. 9 Karten.) Bern 898. (Schmid & Francke.) n.n. 3. 20; geb. n n. 4. 75

— der Untergerichte d. Kurmark Brandenburg u. d. dazu geschlagenen Landestheile. Unter Aufsicht d. Kammergerichts aus amtl. Quellen zusammengestellt. gr. 8. (19¾ B.) Berlin 837, E. Oehmigke. Thlr.

Topographie des Herzogthums Warschau. Leipzig 1810. V: *Flatt.* (Kat. d. stat. Bureaus. Dresden 1890.)

— d. Herzogthums Warschau, nebst e. kurz. Abr. d. poln. Gesch. bis auf die neuesten Zeiten, n. d. Poln. des Flatt bearb. etc. gr. 8. Leipz. Böhme. 810.

— des Herzogth. Warschau, nebst e. kurzen Abriß der poln. Geschichte bis auf die neuesten Zeiten; nach d. Poln. des Flatt bearb. etc. gr. 8. Leipz. 810. (Knobloch). 1 ₰ 8 gr

Topolansky, Mor., Bestimmung der Farben der Raddeschen internationalen Farbenskala. (15 S. m. 3 Fig.) gr. 8. Wien 903. (A. Hölder.) n. — 40
Sonderabdruck aus: „Sitzungsber. d. k. Akad. d. Wiss."

Topolansky, Moriz: Bestimmung der Farben der Raddeschen internationalen Farbenskala (mit 3 Textfiguren). S. 112. IIa. 67. Separatabdruck

Topolnicki, Jana. Mapa do dziejów polski. Wydanie drugie. Photolithogr. u. color. qu. gr. Fol. Wien 889, (Hölzel). * 2 40
Histor. Karte vom Königr. Polen.

Topolovšek, Joh., die baskoslavische Spracheinheit. 1. Bd. Einleitung. Vergleichende Lautlehre. Im Anh.: Iro-Slavisches. gr. 8. (XLVII, 256 S.) Wien 894. (C. Gerold's Sohn.) n. 8. —

Topolschitz, Thermalbad und Wasserheilanstalt Bad, (nächst Cilli, Südsteiermark) für physikalisch-diätetische Behandlung. [Wien 1901.] V: *Huttern, G. v.* (JoanStyrA)

Topor Morawitzky, Graf, s. Morawitzky.

Topor Morawitzky, Max. Uebersicht der von dem Kloster Benediktbeuren für das Landes-Defensionswesen im spanischen Erbfolgekriege aufgebotenen Unterthanen, sowie der längs der Grenze gegen Tirol v. 1702 bis 1705 getroffenen Vertheidigungsanstalten. 8. München 1857.

Toporek, J., siehe: Ludowi Wiejskiemu całej ziemi polskiéj.

Toporoff, W., nordische Blüten. Vermischte Gedichte. 8. (22 B.) Leipzig 844, Bernh. Tauchnitz jun.

Toporoff, W., Rußlands Erstes Jahrtausend. Ein episches Gedicht. 2 Thle. gr. 8. (XXIII und 643 S. mit 1 Abbild. des zu Nowgorod errichteten Denkmals zur Erinnerung an das tausendjährige Bestehen des Russischen Reichs, auf 1 Holzschntaf. in Tondr.) Leipzig 862, (Brockhaus.) *

— deutsche Verslehre oder Lehrbuch d. deutschen Dichtkunst in ihren Formen. Für höhere Lehranstalten, sowie zum Selbstunterricht bearb. u. durch Beispiele aus klass. Dichtern erläutert. 8. Mitau 846, Reyher. 12 ngr

Toporoff, Wilh., Frühlingsknospen. 2 Thle.: Vermischte Gedichte. gr. 8. Reval u. Dorpat 837, 38. (St. Petersburg, Eggers u. Comp.) [1. (8 B.) * 1¼ Thlr., 2. (10 B.) * ¾ Thlr.] *

Toporoff, Wilh., Frühlingsknospen. 1r u. 2r Thl.: Vermischte Gedichte. gr. 8. Reval 837, 38. (Dorpat, Severin's Universitätsbuchh.; St. Petersburg, Eggers u. Comp.) 2 ₰

Toporow, W., Wasseranalysen aus d. Gouvernement Cherson, s.: Sokolow, N., hydrogeolog. Untersuchgn.

Toporski, A(lfons) (geb. Krotoschin in Pos. 2. 1. 1857): Aus der Breslauer geburtshilflichen Klinik. Beitrag zur Casuistik der Beckengeschwülste in geburtshilflicher Beziehung. Breslau 1884. (42 S.) 8° [Im Buchhandel 1884 bei Köhler in Breslau.]

Breslau, Med. Diss. v. 9. Dez. 1884

Toporski, A., Beitrag zur Casuistik der Beckengeschwülste in geburtshilflicher Beziehung. gr. 8. (42 S.) Breslau 884. (Köhler.) n. 1. —

Toporski, Franz: ⟨Aus d. inn. Abt. d. Stadtkrankenh. zu Posen. Oberarzt: Korach.⟩ Ueber angeborene Stenose des Pylorus bei Säuglingen infolge von Entwicklungsstörung des Darmkanals. Berlin: Karger 1910. 19 S. 8° ¶(Aus: Jahrbuch f. Kinderheilk. u. phys. Erziehung. Bd 72.)

Leipzig, Med. Diss. v. 1. März 1910. Ref. Hoffmann

[Geb. 9. Sept. 83 Pila; Wohnort: Posen; Staatsangeh.: Preußen; Vorbildung: Marien-Gymn. Posen Reife O. 02; Studium: Marburg 2, Greifswald 3, Berlin 1, München 1, Berlin 3 S.; Coll. 12. April 10; Approb. 29. Juli 08.]
[U 10. 3073

Topp, Bruder, (J. H. W. Witschel,) Neujahrsgeschenk für drei Kreuzer rc. 8. ... 800.

Topp, Bernardus: De coxarthrocaee. Halis (1841): Grunert. 27 S. 8°

Halle-Wittenberg, Med. Diss. v. 30. März 1841

Geb. Hornburg [Kr. Halberstadt] 26. 10. 1815. V.

Verf. erlebte die Diplomerneuerung 1891 als Sanitätsrat in Hornburg (Kr. Halberstadt), vgl. Anh. Nr. 384.

Topp, C. H. W., Christenglaube und Christentrost am Grabe, eine Ostergabe in Predigten für glaubensschwache und trostbedürftige Seelen. Halle 858. Buchhdlg. des Waisenhauses. 8. (XII, 148 S.) 12½ ngr.

Topp, C. S., de nepote non conferente exercitatio. 4. Helmstädt 796. Fleckeisen. 4 gr.

Topp, Christian Konrad (Lemgo) A. S. 578/38

Dissertatio inauguralis de singularibus quibusdam Germanicorum circa personas et res juribus in jure Romano aut parcius, aut plane non tractatis.
Präs. Heinrich Ernst Kestner.
Rinteln (Enax) 13. VI. 1720. 30 S. 34601

Die Nordseeküste, Deutschlands schwächste Seite. Für die deutsche Flotte unter Preußens Führung. [Verf.: Crato **Topp.**] — Braunschweig: Meyer 1861. 20 S. 8°

Topp, Erich, a. Boizenburg, Elbe: Die Schlacht an der Elster. 15. Oktober 1080. (Berlin 1904: E. Ebering.) (52 S.) 8°

Berlin, Phil. Fak., Ref. Delbrück, Tangl, Diss. v. 17. Dez. 1904

[Geb. 18. Mai 81 Boizenburg an der Elbe; Heimatsort: Steglitz; Staatsangeh.: Preußen; Vorbildung: Gymn. Ratzeburg in Lauenburg Reife O. 01; Studium: Berlin 8 S.; Rig. 8. Dez. 04.]

Topp, Erich, dio Schlacht an dor Elstor. 15. X. 1080. Diss. (52 S.) gr. 8. Berlin (905). E. Ebering. n. 1.50

Topp, F., Madagaskar, s.: Broschüren, Frankfurter zeitgemäße.

Topp, Francisco, Catecismo de doutrina christã com varias orações. 2. ed., correcta e augmentada. 16. (XII, 145 S. m. Holzschn.) Freiburg i/B. 898. Herder. n. — 40; Einbd. in Halbleinw. n.n. — 10

Topp, Francisco, Catecismo de doutrina christã com varias orações. 4. ed. gr. 16. (XII, 146 S. m. Abbildgn.) Freiburg i/B. 902. Herder. Kart. n.n. — 50

Topp, Francisco, Catecismo de doutrina christã com varias orações. 5. ed. (XII, 146 S. m. Abbildgn.) gr. 16. Freiburg i/B. (904). Herder. Kart. n.n. — 50

Topp, Francisco, catecismo de doutrina christã com varias orações. 6. ed. (XII, 146 S. m. Abb.) 16. Freiburg i/B. (908). Herder. — 40; kart. n — 50

Topp G.: Topp's mehrfach verbesserte, elastische Sicherheits-Hufsohlen f. Pferde. Gutachten bedeutender Fachleute nebst Anhang m. Zeichnungen. [Frankf. 1909]. 20 S. Fig. 1 Tvl. P.

Topp, Georg August (Celle) A. S. 574/27

Dissertatio iuridica de actione redhibitoria et quanto minoris non extendenda ad defectum in bonitate praecipue rerum fungibilium.
Präs. Johann Konrad Sigismund Topp (Vater).
Helmstedt (Leuckard) 4. V. 1753. 32 S.

Gew. ; Johann Julius von Vieth.
W. v. : Präs. 34602

Topp, Ge. Aug.: Observationes circa iniquitates in iure civile obvenientes. Helmstadii 1751.

Topp, Georg August (Celle) A. S. 184/26

Dissertatio inauguralis iuridica de patre familias usufructuario periculum vel casum peculii adventitii sustinente vel non sustinente et de probatione levis culpae in administratione sortis.
Präs. Johann Konrad Topp (Vater).
Helmstedt (Schnorr) 26. II. 1756. 31 S.

Gew. : Johann Justus von Vieth. 34603

Topp, H(einrich): Ein Fall von ausgetragener Schwangerschaft im rudimentären Nebenhorne eines Uterus bicornis. Bonn 1907: C. Georgi. (36 S.) 8°

Bonn, Med. Fak., Ref. Fritsch, Diss. v. 28. Febr. 1907

[Geb. 1. Mai 80 Kalk; Wohnort: Kalk; Staatsangeh.: Preußen; Vorbildung: Gymn. Mülheim (Rhein) Reife O. 00; Studium: Bonn 5, Berlin 2, Bonn 2 S.; Coll. 28. Febr. 07; Approb. 2. März 05.]

Topp, Jh. Fr. Jul., († d. 30. März 1784.), s. 1) Erwartung, die. 2) Still! Lstspl.

Topp, Johann Konrad Sigismund

— breviarium juris feudalis III, tabulis ita methodo naturali dispositum. fol. Celle. 745. — 5

Topp, Johann Konrad Sigismund [Praes.], s. Carstens, Friedr.: Diatriben de auxilio legali uxori christianae marito bonis labenti nuptae vel arte concursum creditorum vel in qualibet eius classe secundum jus commune competente ... decano Jo. Gg. Pertsch.

Topp, Johann Konrad Sigismund [Praes.], s. Hort, Johann Gottlieb: De distinctione inter fructus certos et incertos in pacto antichretico jure Romano non fundata ad intellectum L. 11. et 17. c. de usuris.

Topp, Ioh. Conr. Sigm., index juris civilis privati praevel. sive idea juris privati generalis in duodecim tab. adornata et concinnata. fol. Hannov. 736.

Topp, Johann Konrad Sigismund [Praes.], s. Topp, Georg August: De actione redhibitoria et quanto minoris non extendenda ad defectum in bonitate praecipue rerum fungibilium.

Topp, Johann Konrad Sigismund [Praes.], s. Topp, Georg August: De patre familias usufructuario periculum vel casum peculii adventitii sustinente vel non sustinente et de probatione levis culpae in administratione sortis.

Topp, Jh. Konr. Sigm., († d. 25. Febr. 1757.) Unterricht über das Lehnrecht, sammt den dazu gehör. Tabellen. Fol. Halle 752. Schwetschke u. S. 16 gr

— vollständ. Unterricht über die gemeinen Rechte. Fol. Dresd. 742. 2e A. ... 3e Aufl. mit Zusätzen u. Vorbesserr. v. J. H. Kratzenstein. Fol. Halle 781. Schwetschke u. S. 2 rf 8 gr

Topp, Johannes [pr. Arzt aus Warendorf]: Aus d. patholog. Institut zu Kiel. Beitrag zur Lehre von den Darmwandbrüchen. ... Kiel: Druck v. Carl Böckel 1890. 17 S., 1 Bl. 8°
Kiel, Med. Fak., Inaug.-Diss. v. 2. Apr. 1890

Topp, Joh. Beitrag zur Lehre von den Darmwandbrüchen. Aus dem pathologischen Institut zu Kiel. Diss. gr. 8. (17 S.) Kiel 890, (Gnevkow u. v. Gellhorn). * — 60

Topp, Max, Assistenzarzt an d. inn. Abt. d. städt. Krankenh. zu Charlottenburg: Zur Kasuistik der Mucocele des Sinus frontalis. *Greifswald 1903: J. Abel.* (24 S.) 8°
Greifswald, Med. Diss. v. 15. Juli 1903

Topp, Phil. Jul.

— Abbild. d. sel. Ewigkeit, n. Anleit. etl. Sprüche Heil. Schr. 12. Hamb. 738.

TOPP, PHIL. JUL., Hochnöthige Christenthums Fragen von der Busse, Glauben und Gottseligkeit der wahren Christen, nebst einem Sünden-Register und etlichen Gebetern. Hamburg. 1703.

Topp, Phil. Jul., göttl. Erleuchtung. 12. Hamburg, Brand. 721.

— Göttliche Erleuchtung, welche Christus seinen Gläubigen in dieser Gnaden-Zeit ertheilet. Nebst einem Anhang von der christlichen Gütigkeit gegen den Nechsten. Hamburg. 1704.

— Vorbereitung z. sel. Ewigkeit d. e. Gott wohlgefäll. Leben u. sel. Sterben. 12. Hamb. Brand. 738.

Topp, Rudolf [aus Paderborn (Westf.)]: Über den Einfluss heisser Bäder auf den menschlichen Organismus ... Halle a. S., Hofbuchdr. v. C. A. Kaemmerer & C., 1893; 31 S., 2 Bl. 8.
Halle, Med. Fak., Inaug.-Diss. v. 17. Juli 1893

Topp, Rud., Gerbino u. Zoraide. Trauerspiel in 4 Akten. (VII, 154 S.) 8. Dresden 904. E. Pierson. n. 2. —

TOPP, SIGISM. WILH., Animae immortalitas IV rationibus ex S. S. theologia et Scriptura divina demonstrata. Jenae. 1709. 4. P.

Topp, T., expositio doctrinae de traditionibus. Bonn. 1789. 4.

Toppé, Das. Ein Heldengedicht. Göttingen u. Leipzig 1751. V: *Dusch, Johann Jacob.* (Gleim-Uz, Briefwechsel. Tübingen 1899. S. 482.) (ML) (BrMm) (Rotermund, Gel. Hannover. Bremen 1823.)

Toppe, Otto, a. Bützow: Untersuchungen über den feinern Bau der Nesselzellen der Cnidarier nebst systematischen Beiträgen zur Kenntnis des Genus Hydra. Rostock 1910: (Lippert, Naumburg a. S.). 90 S. 8° ¶(Aus: Zool. Jahrbücher. Bd 29. Abt. f. Anat.)
Rostock, Phil. Diss. v. 21. Juni 1909, Ref. Will
[Geb. 10. Aug. 86 Zernin b. Bützow; Wohnort: Rostock; Staatsangeh.: Mecklenburg-Schwerin; Vorbildung: Realgymn. Bützow Reife O. 04; Studium: Rostock 6, Marburg 1, Berlin 3 S.; Rig. 16. Juni 09.] [U 10. 3988

Töppe, A., und H. Robolsky, Abbildungen von Turn-Uebungen, s. Robolsky, H.

Toeppe, Adolphine, geb. Robolsky, französische Bibliothek für die weibliche Jugend. 1. Hft. 8. (IV, 79 S.) Berlin 878. H. W. Müller. n. — 70; cart. n. — 80

— dasselbe. 2. Hft. Auszug aus: Léonard et Gertrude par H. Pestalozzi. Traduit de l'allemand par Mme. la Baronne de Guimps. 8. (III, 129 S.) Ebend. 879. cart. n. 1. —

Toeppe, Adolphine, geb. Robolsky, u. Henriette Walduck, englisches Lesebuch für Schulen und zum Privatgebrauch. gr. 8. (VI und 394 S.) Potsdam 864, Riegel'sche Buchh. *

— englisches Lesebuch mit Vocabular für Schulen und zum Privatgebrauche hrsg. 2. Aufl. gr. 8. (III, 416 S.) Potsdam 877, Stein's Verlagsh. * 3 —

Töppe, Adolphine, geb. Robolsky, englisches Lesebuch mit Vocabular für Schulen und zum Privatgebrauch. 3. Aufl., genau durchges. und verb. von H. Robolsky. gr. 8. (432 S.) Potsdam 881, Stein's Verlagsh. * 3 —

Töppe, Adolphine, geb. Robolsky, englisches Lesebuch m. Vocabular, f. Schulen u. zum Privatgebrauche hrsg. 1. Tl. f. obere Klassen. 4. Aufl., genau durchgeseh. u. verb. v. H. Robolsky. gr. 8. (434 S.) Potsdam 890. Stein. n. 3. —

Töppe, Adolphine, französisches Lesebuch für höhere Töchterschulen mit einem Vocabulaire. 2 Curse. gr. 8. Potsdam 861, Riegel'sche Buchh. [1. Cursus. (VIII und 192 S.) * 15 Ngr, 2. Cursus. (VIII und 388 S.) * 25 Ngr.] *

Töppe, Adolphine, französisches Lesebuch für höhere Töchterschulen mit einem Vocabulaire. Vorstufe. Potsdam 862. Riegel'sche Buchhdlg. gr. 8. (IV, 140 S.) n. 10 ngr.

Töppe, Ad., französisches Lesebuch f. höhere Töchterschulen m. e. Vocabulaire. 1. Cursus. 2. verb. Aufl. gr. 8. (VIII, 195 S.) Potsdam 871. Stein. n. 1. 50

— dass. — für die oberen Klassen höherer Töchterschulen mit einem Vocabulaire. 2. Cursus. 2. veränd. Aufl. gr. 8. (IV, 408 S.) Ebendas. 875. *

— französisches Lesebuch für höhere Töchterschulen mit einem Vocabulaire. 1. Curs. 3., verb. Aufl. gr. 8. (IV, 203 S.) Potsdam 880. Stein. n. 1. 50

— dasselbe. 2. Kurs. 3. Aufl., durchgesehen u. verb. von H. Robolsky. gr. 8. (VIII, 416 S.) Ebend. 882. n. 3. —

— kleines englisches Lesebuch für Töchterschulen. Gesammelt u. zu Sprechübungen bearb. 8. (VI, 94 S.) Berlin 879. Friedberg & Mode. n. – 80; geb. n. 1. 50

Töppe, Adolphine, geb. Robolsky, the English Letter. Englische Briefe zum besond. Gebrauche für Töchterschulen und Erzieherinnen, hrsg. von H. Robolsky. 8. (VII, 156 S.) Leipzig 882, Renger'sche Buchh. *
geb. *

— la lettre française. Französische Briefe zum besond. Gebrauche für Töchterschulen u. Erzieherinnen. Hrsg. von H. Robolsky. 8. (VIII, 176 S.) Ebend. 882. n. 1. 50; feine Ausg. geb. n. 2. —

— english poetry for children. Sammlung engl. Gedichte f. den ersten Unterricht. gr. 16. (VIII, 88 S.) Berlin 874. Bergerowski. n. 1. —

Toeppe, Adolphine, Stoff zur französischen Conversation nebst Anleitung zu dessen Behandlung. Potsdam 865. Riegel'sche Buchh. gr. 8. (VII, 246 S.) n. 20 ngr.

—— s. Vaudreuil, J. de, Souvenirs d'une jeune femme.

—— englisch-deutsches Vokabel-Buch für Schulen, besonders höhere Töchterschulen und zum Privatgebrauch. — English-German vocabulary. 16. (VII und 230 S.) Potsdam 862, Riegel'sche Buchh. *

Toeppe, H., abrégé de l'histoire de la littérature française. A l'usage des écoles supérieures. 2. éd., revue par H. Robolsky. 8. (IV, 32 S.) Potsdam 883. Stein. cart. n. — 50

Toeppe, H. Abrégé de l'histoire de la littérature française. A l'usage des écoles supérieures. 3. éd., revue par Max Benecke. 8. (IV, 36 S.) Potsd. 891, Stein. cart. * — 50

Toeppe, H., Abrégé de l'histoire de la littérature française. A l'usage des écoles supérieures. 4. éd., revue et augmentée par Max Benecke. gr. 8. (IV, 81 S.) Potsdam 898. A. Stein. Kart. n. — 90

Toeppe, H., Abriss der englischen Literaturgeschichte zum Gebrauch für höhere Bildungsanstalten. 8. (32 S.) Potsdam 879. Stein. n. — 40

— Abriss der französischen Literaturgeschichte zum Gebrauch für höhere Bildungsanstalten. 8. (36 S.) Ebend. 879. n. — 40

Toeppe, H., outlines of English literature. For the use of schools. 2. ed. by H. Robolsky. gr. 8. (34 S.) Potsdam 887. Stein. cart. n. — 50

Toeppe, H., outlines of English literature. For the use of schools. 3. ed., revised, enlarged, and systematised by Max Benecke. 8. (IV, 85 S.) Potsdam 898. A. Stein. Kart. n. — 90; geb. in Leinw. n. 1. —

Töppe, Herm., an Kleeblatt us Thüringen. 8. (VI, 126 S. m. Bildnis.) Nordhausen 893. G. Wimmer. n. 1. 50

Töppe, Herm., an Kleeblatt us Thüringen. 8. [Titel-]Aufl. 8. (VI, 126 S. m. Bildnis.) Gotha [893.] 901. R. Schmidt. n. 1. —

Töppe, Herm., an Kleeblaat us Thüringen. 3. [Titel-]Aufl. (Neue Ausg.) (VI, 126 S. m. Bildnis.) 8. Gotha [893] 910. Leipzig, R. Wöpke. — 80; geb. 1. —

— Das große Los. Thüringer Dorfstück in 3 Aufzügen. (82 S.) kl. 8. Schlotheim (908). H. Erdenberger. — 60

— Maikönigin. Thüringer Volksfest-Spiel in 3 Tln. (91 S.) kl. 8. Ebeleben (910). (Leipzig, R. Wöpke.) — 60

Töppe, Herm., us Thüringen. Schnurren u. Schtimmen II. 8. (III, 160 S.) Erfurt 890. Bonn, E. Moos. n. 2. 25; geb. n. 3. —

Töppel, J., de fragmentis comicorum Graecorum quaestiones criticae. III. Neubrandenb. 4. 24 p.
Schul-/Univ.-Schrift 1867

Töppel, Joachimus, de Eupolidis Adulatoribus. Accedunt F. V. Fritzschi emendationes. 8 maj. (4¾ B.) Lipsiae 846, Herm. Fritzsche.

Toppeltin, origines et occasus Transylvanorum. 8. Vien. Krüchten. 762.

Toeppen, Geschichte des Infanterie-Regiments Graf Dönhoff (7. ostpreußischen) Nr. 44, s.: Erich.

Toeppen, Hugo, das Carambole-Spiel. Für angeh. Spieler theoretisch-praktisch behandelt. Mit 8 (lith.) Fig.-Taf. 8. (V, 137 S.) Wien 876. Hartleben. n. 1. 80

Toeppen, Hugo. Das Carambole-Spiel. Für angeh. Spieler. Mit 8 Fig.-Taf. 2. umgearb. Aufl. 8. (108 S.) Wien 890, Hartleben. geb. * 2 25

Toeppen, Hugo, die Doppelinsel Nowaja Semlja. Geschichte ihrer Entdeckung. Mit einer ausführlichen (autogr.) Karte (in gr. Fol.). gr. 8. (118 S.) Leipzig 878. Mutze. n. 2. —

Toeppen, Hugo, hundert Tage in Paraguay. Reise in's Innere. Paraguay im Hinblick auf deutsche Kolonisations-Bestrebungen. gr. 8. (III, 264 S. mit 1 photolithogr. Karte von Paraguay.) Hamburg 885, Friederichsen und Comp. *
Aus: Mittheilungen der Geographischen Gesellschaft in Hamburg, besonders abgedruckt.

Toeppen, Kurt, Ali, der ostafrikanische Seeräuber. Erzählungen aus dem Seeräuberleben der Lamu-Leute Ende der achtziger Jahre. Mit 4 Farbendr.-, 6 Autotypie-Vollbildern u. zahlr. Abbildgn. im Text. gr. 8. (V, 288 S.) Berlin 903. D. Reimer. Geb. n. 5. —

Toeppen, M., Aberglauben aus Masuren mit einem Anh.: enthltd.: Masurische Sagen u. Mährchen. 1. Aufl. n. 12 ngr. u. 2., durch zahlreiche Zusätze u. durch den Anh. erweit. Aufl. Danzig 867. Bertling. gr. 8. (168 S.) n. 24 ngr.

Toeppen, M., s.: Acten der Ständetage Ost- u. Westpreussens.

— s.: Acten der Ständetage Preussens unter der Herrschaft des deutschen Ordens.

Töppen, M., Ueb. einige Altertümer a. d. Z. d. Heidenthums in der Nachbarschaft v. Marienwerder. S-A. 1876. 24 S. 1. —

Toeppen, M., Elbinger Antiquitäten. Ein Beitrag zur Geschichte des städt. Lebens im Mittelalter. 3 Hefte. gr. 8. Danzig, Bertling. [1. Heft. (S. 1—104 mit 1 lithogr. Plane der Altstadt Elbing zur Zeit der Deutschordensherrschaft.) 871. * M 1,50.; 2. Heft. (S. 107—180.) 872. * M 1,20.; 3. und letztes Heft. (S. 181—300.) 872. * M 1,50.] *

— antiquarische Aufsätze zur Geschichte Preußens. [Aus der altpreuß. Monatsschrift.] Ebend. 868. gr. 8. (104 S.) n. 15 ngr.

Toeppen, M., Beiträge zur Geschichte des Weichseldeltas, s.: Abhandlungen zur Landeskunde der Prov. Westpreussen.

— volksthümliche Dichtungen zumeist aus Handschriften d. 15., 16. u. 17. Jahrh. gesammelt. Ein Beitrag zur Geschichte der schönen Literatur der Prov. Preußen. gr. 8. (108 S.) Ebend. 873. n. 2. —

Töppen, M., Geschichte der preussischen Historiographie von P. v. Dusburg bis auf C. Schütz. Oder Nachweisung und Kritik der gedruckten und ungedruckten Chroniken zur Geschichte Preussens unter der Herrschaft des deutschen Ordens. gr. 8. (X und 290 S.) Berlin 853, Hertz. Thlr. *

— Geschichte Masurens. Ein Beitrag zur preuß. Landes- u. Kulturgeschichte. Nach gedr. u. ungedr. Quellen dargestellt. Ebend. 870. gr. 8. (LIII, 520 S.) n. 3 *Thlr* 10 *ngr.*

– Die Elbinger Geschichtsschreiber u. Geschichtsforscher in kritischer Uebersicht, s. Zeitschrift des westpreussischen Geschichtsvereins.

— topographisch-statistische Mittheilungen über die Domänen-Vorwerke des deutschen Ordens in Preußen. [Aus der altpreuß. Monatsschrift.] Ebend. 870. gr. 8. (78 S.) n. 12½ *ngr.*

— die ältesten Nachrichten über das Geschützwesen in Preußen. Ebend. 868. 8. (72 S.) n. 10 *ngr.*

Toeppen, M., das Danziger Schöffenbuch. gr. 4. (51 S.) Danzig 875, Bertling. * 3 —

— das Danziger Schöffenbuch. gr. 4. (51 S.) Danzig 878. Bertling. n. 2. —

—— Scriptores rerum Prussicarum, s. Scriptores.

— die Zins-Verfassung Preußens unter der Herrschaft des deutschen Ordens dargestellt. [Aus: Zeitschrift für preußische Geschichte u. Landeskunde.] Ebend. 868. gr. 8. (87 S.) n. 12½ *ngr.*

Töppen, Max: Beiträge zur Geschichte Preußens unter der Regierung der Herzöge. 31 S.– Hohenstein, Progr. 1855.

Toeppen, Max [Dr., Dir.]: Elbinga a Gedanensibus oppugnata 1577. Autore G. Coy, secretario Elbingensi. **Herausgegeben. Elbing,** Buchdr. R. Kühn, 1890; S. 3—21; 4°
Elbing, k. G, OP 1890

Töppen, Max: Historisch-comparative Geographie von Preußen. Erster Abschnitt. Preußen in der heidnischen Zeit. 34 S.– Hohenstein, Progr. 1856.

Toeppen, M., historisch-comparative Geographie von Preussen. Nach den Quellen, namentlich auch archivalischen, dargestellt. Mit 1 Atlas in 5 Bl. (Kpfrst. in Fol.). Gotha 858. J. Perthes. gr. 8. (XIV, 398 S.) n. 3 *Thlr*. 15 *ngr.*

Töppen, Max: Geschichte des Amtes und der Stadt Hohenstein. Erste Abtheilung. S. 1–64. – Zweite Abtheilung S. 65–132. 8°. – Progr. Hohenstein 1859/60.

Töppen, Max., die Gründung der Universität zu Königsberg u. das Leben ihres ersten Rectors Georg Sabinus. Nach gedruckten u. ungedruckten Quellen dargestellt u. bei Gelegenheit der 3. Säcularfeier der Universität mitgetheilt. gr. 8. (20 B.) Königsberg 844, Universitäts-Buchh. *

Toeppen: Die preuss. Landtage während d. Regentschaft des Markgrafen Georg Friedrich v. Ansbach. 123 S. 4° – Hohenstein, Progr. 1865–1867.

Toeppen, *Max* [Dr., Dir.]: Die preussischen Landtage während der Regentschaft der brandenburgischen Kurfürsten Joachim Friedrich und Johann Sigismund 1603—1619. Nach d. Landtagsacten dargest. (Th. I.) Elbing, Buchdr. R. Kühn, 1891; 1 Bl., 36 S. 4°
Elbing, k. G, OP 1891 (30)

Toeppen, Max [Dr., Dir.]: Die preussischen Landtage während der Regentschaft der brandenburgischen Kurfürsten Joachim Friedrich und Johann Sigismund 1603—1619. Nach d. Landtagsacten dargest. Abth. 2. (Forts. d. P-Beil. 1891.) Elbing, Buchdr. R. Kühn, 1892; 1 Bl., 37—74 S. 4.
Elbing, k. G, OP 1892 (31 [vielm. 30])

Toeppen, *Max* [Dr., Dir.]: Die preussischen Landtage während der Regentschaft der brandenburgischen Kurfürsten Joachim Friedrich und Johann Sigismund 1603—1619. Nach d. Landtagsacten dargest. Abth. 3. [Forts. d. P-Beil. 1891. 92.] Elbing, Buchdr. R. Kühn, 1893; 1 Bl., 75—115 S. 4.
Elbing, k. G, OP 1893 (30)

Toeppen, M., die preussischen Landtage währ. d. Regentschaft d. brandenburg. Kurfürsten Johann Sigismund (1609—1619). Nach d. Landtagsacten dargestellt. [Aus: „Altpreuss. Monatsschr."] gr. 8. (303 S.) Königsberg 897. F. Beyer. n. 4. —

Toeppen, R., s.: **Wilhelmi, Sam., Marienburgische** Chronik.

Toppius, Robert: Über die Behandlung der puerperalen Sepsis. ... Würzburg: J. M. Richter's Buchdr. (1880). 22 S., 1 Bl. 8°
Würzburg, Med. Fak., Inaug.-Diss. v. 1880

Toeppen, Robert: Chronik der vier Orden von Jerusalem. Marienburg, Druck v. L. Giesow, *1895;* 104 S. 8.
Marienburg, k. G, OP 1895 (35)

Toeppen, *Robert:* Des Bürgermeisters Samuel Wilhelmi Marienburgische Chronik 1696—1726. Hrsg. Tl 1. Marienburg, Druck v. L. Giesow, *1897;* 68 S. 8.
Marienburg, k. G, OP 1897 (34)

Toeppen, R[obert]: Des Bürgermeisters Samuel **Wilhelmi Marienburgische Chronik** 1696—1726. **Herausgegeben. T. 2.** *Marienburg (1898): L. Giesow.* (71—148 S.) 8° ¶ [Fortsetzung d. P-Beilage 1897.]
Marienburg, k. G, OP 1898 (34)

Toeppen, R[obert]: Des Bürgermeisters Samuel Wilhelmi Marienburgische **Chronik** 1696—1726. Hrsg. T. 3. *Marienburg (1899): L. Giesow.* (S. 149—236.) 8° ¶ [Forts. d. P-Beil. 1897. 98.]
Marienburg, k. ev. G, OP 1899 (34)

Toeppen, R[obert]: **Des Bürgermeisters Samuel Wilhelmi Marienburgische Chronik** 1696—1726. Hrsg. T. 4. *Marienburg (1901): H. Stamm.* (S. 237—316.) 8° ¶ [Forts. d. P-Beil. 1897—99.]
Marienburg, k. ev. G, OP 1901 (34)

Toeppen, R[obert], Dr.: Des Bürgermeisters Samuel Wilhelmi Marienburgische **Chronik** 1696—1726. Hrsg. aus d. Nachlaß. T. 5. *Marienburg (1902): H. Stamm.* (S. 317—372.) 8° ¶ [Forts. d. P-Beil. 1897—99. 1901.]
Marienburg, k. ev. G, OP 1902 (35)

Toeppen, R[obert], Dr.: Des Bürgermeisters Samuel Wilhelmi Marienburgische **Chronik** 1696—1726. Aus d. Nachlaße hrsg. durch Prof. Dr. [Friedrich] Heidenhain. T. 6. (Schluß.) *Marienburg 1903: H. Stamm.* (S. 375—443.) 8° ¶ (Schluß d. P-Beil. 1897—99, 1901, 1902.)
Marienburg, k. ev. G, OP 1903 (37)

Toepper, Alfr., das Studium der Chemie, nebst e. Anh., enth. im Auszuge die Prüfungsordngn. f. Chemiker auf schweizer u. österreich. Hochschulen mit deutscher Unterrichtssprache u. e. Verzeichnis der Universitäten u. techn. Hochschulen des Deutschen Reiches, der deutschen Schweiz u. Deutsch-Österreichs. 8. (V, 70 S.) Wien 903. A. Hartleben. n. 1.50; geb. n. 2.30

Toepper, P. Untersuchungen über das Nierenbecken der Säugetiere mit Hilfe der Corrosions-Anatomie. Eine vergleichend-anatomische Studie. Mit 2 Taf. In-8°. 48 S. Basel. These. 1869.

Töpper, P[aul]: Die neueren Erfahrungen über die Ätiologie des Milzbrandes. (57 S.) Jena 82. Dege & Hänel. (Dürselen, Wiesbaden.)

Toepper, P[aul]: Die neueren Erfahrungen über die Aetiologie des Milzbrandes. Jena 1883. 57 S. (Vorträge für Thierärzte. Ser. 5, H. 6/7.)

Toepper, R., die neueren Erfahrungen üb. die Aetiologie d. Milzbrandes, s.: Vorträge f. Thierärzte.

Toepper, R., systematisch-pädagogischer Lehrgang der deutschen Stenographie, f. Kurse u. zum Selbstunterricht aufgestellt u. bearb. 1. Tl. Schul- u. Verkehrsschrift. Erlernbarkeit ca. 7 Stunden. gr. 8. (35 S.) Grabow 888. (Koertzsohn.) n. 1. —

Toepper, Rich., Stenographie in 6 Stunden für Jedermann erlernbar. Ausführlicher Lehrgang der „buchstäbl. Stenographie". 5. verb. Aufl. gr. 8. (8 autogr. S.) Leipzig 900. (O. Zöphel.) n. — 60

Toppertzer, Thom., Epigramme. 12. Wien 822. Gräffer u. Schm. 6 gr.

Toppschall, J. G., die Blokade von Magdeburg im J. 1806. 8. Magdeb. 807. (Creutz). 2 gr.

Topsch, Frz., Mariannens Hochzeit. Eine Polterabendschnurre. Weisen v. Rud. Schüller. (Textbuch.) 12. (28 S.) Leipa 902. F. Hamann. — 20

TOPSCH, **Franz**
(F) Kaiser Rudolf I. der Gründer der Habsburgischen Dynastie. Vaterländisches Bühnenfestspiel mit vorgesprochener Dichtung begleitender Musik in 9 Aufzügen von Franz Topsch. Musik von Al. Fiala. Böhm.-Leipa. 1898. Selbstverlag. In Comm. Hamann. 8°. 107 S. fl. —.60

— Kaiser Rudolf I. der Gründer der Habsburgischen Dynastie. Vaterländisches Bühnenfestspiel m. vorgesprochener Dichtg. u. begleit. Musik v. Al. Fiala in 9 Aufzügen. 8. (107 S.) Ebd. 899. n. 1. —

Töpsl, Frz., († d. 10. März 1796.) Elenchus onomasticus scriptorum ordinis canonicorum regularium S. Augustini etc. 4. Polling. 762.

— succincta informatio de canonia Pollingana ex authenticis domesticisque monumentis ac documentis eruta, et usque ad moderna tempora deducta. Fol. Gunzburg 760. — Dass. s. auch in *Collectione* scriptorum rerum histor. monast.-ecclesiast. etc.

Topsöe, Haldor.
Beiträge zur krystallographischen Kenntniss der Salze der sogenannten seltenen Erd-Metalle. Stockholm, 1874. 8vo.

Topsöe, Haldor, krystallographisch-chemische Untersuchungen. VI. und VII. Reihe. Lex.-8. Wien, (Gerold's Sohn.) [VI. Reihe. (42 S. mit 6 lithogr. Taf.) 872. *M 2,25.; VII. Reihe. (26 S. mit 4 lithogr. Taf.) 874. *M 1,50.] *
Aus: Sitzungsberichte der k. Akademie der Wissenschaften, besonders abgedruckt.
Die früheren krystallograph.-chem. Abhandlungen erschienen in den „Oversigter over det kgl. danske Videnskabernes Selskab etc."

Topsöe, Haldor, Dr.: Kristallographisch-chemische Untersuchungen. 6. Reihe (mit 6 Taf.). S. 66. II. 5.
Separatabdruck

Topsöe, Haldor, Dr.: Kristallographisch-chemische Untersuchungen. 7. Reihe (mit 4 Taf.). S. 69. II. 261.
Die früheren Abhandlungen, Reihe 1 5, sind nicht in diesen Sitzungsberichten erschienen. Separatabdruck

Topsöe, Haldor, krystallographische Untersuchungen an künstlich dargestellten Salzen. 1. Abhandlg. [Mit 8 (lith.) Taf.] [Aus: „Sitzungsber. d. k. Akad. d. Wiss."] Lex.-8. (41 S.) Wien 876. (Gerold's Sohn.) n. 3. —

– Kristallographische Untersuchungen an künstlich dargestellten Salzen. 1. Abhandlung (mit 8 Taf.). S. 73. II. 87.
Separatabdruck

Toptschjan, E., die sozial-ökonomische Türkei, s.: Totomjanz, V.

Topuse, Feiga: Meningitis tuberculosa adultorum nach Beobachtungen auf der medizinischen Klinik in Zürich. (Aus der medizinischen Universitätsklinik in Zürich. Direktion: Prof. Eichhorst.) Zürich. A. Schereschewsky. 1910. 30 S. 8°. [16. XII. 10.]
Zürich. Univ Med. Diss. 1910/11.

Topuse, Feiga. Meningitis tuberculosa adultorum nach Beobachtungen auf der medizinischen Klinik in Zürich. Aus der med' Universitätsklinik in Z'.... Diss. Med. Univ. Zürich. 30 S. 8. Zürich. A. Schereschewsky. 1910.

Topuse, Salomon, a. Odessa (Rußland): Ueber Hernia inguino-resp. cruro-properitonealis. Berlin (1906): E. Ebering. (33 S.) 8°
Berlin, Med. Fak., Ref. Hildebrand, Diss. v. 10. Nov. 1906
[Geb. 8. März 81 Odessa; Wohnort: Odessa; Staatsangeh.: Rußland; Vorbildung: Gymn. Odessa Reife O. 01; Studium: Berlin 3, Zurich 1, Berlin 6 S.; Rig. 3. Nov. 06.]

Tor

Thor, Das eiserne. Herausgegeben von Director Julius Laurencic. Photographien-Sammlung der interessantesten Ansichten der Eröffnungs-Feierlichkeiten vom 27. September 1896, sowie der unteren Donau. Quer.-4. (23 S.) –.50
Budapest: Konosy 1897.

Vom Gold'nen Thor 1896? ? San Francisco, CA
Monthly

Vom Gold'nen Tor 1892? ? San Francisco, CA
Monthly California Historical Society September, 1892

To'r nedderdüütschen rechtschrivung. Von S. T. U. As handschrift drukt vaer de maten v. den vereen Uns' Moderspraak, selschop to'r heg'un pfleg' v. de nedderdüütsche spraak, in Hamborg. 8. (12 S.) Hamburg (902). (J. Kriebel.) n. — 50
Nicht mehr im Handel.

Thor, der vornehme, ist der Landbiblioth. z. angen. und lehrr. Zeitv. 16r.

Thor, der vornehme, oder Geschichte Heinrichs v. Moreland. 3 Thle. 8. Frankf. 776. Keßler. 2 fl

Tor, A. U., die schöne Helene, s. a. Carnevals-Possen.

TOR, A. U. (ps.), Die schöne Helena, oder Troja im Dalles. Posse. 1875.
Weller, Lex. Ps. p. 568.

Tora. חמשה חומשי תורה Die fünf Bücher Mosis mit deutscher Uebersetzung. *Wien* 1858. Verlag von *J. Knöpfelmacher*'s Buchh. (vorm. *Ant. Edler v. Schmid.)* Tom I. S. 336, II. 378, III. 286, IV. 310. V. 334, 8°.

Tora, die Heldin aus Norden, od. der Racheschwur auf d. Schlosse Gorno. Romant. Sage d. Vorzeit. 8. (13 B.) Leipzig 829, Rein.

Tōrā nebīim ketūbīm. Die vier und zwanzig Bücher der Heiligen Schrift. Nach dem masoretischen Texte. Unter der Redaction von Zunz übersetzt von H. Arnheim, Julius Fürst, M. Sachs. Dritter unveränderter Abdruck der Ausgabe von 1837. Berlin 1848.

Toral, Cornelio Crespo, la educación cristiana de la juventud. 2 ed., corregida y considerablomente aumentada. Con el retrato del autor. (XXVI, 750 S.) 8. Freiburg i/B. 905. Herder. Geb. in Halbfrz. n. 8.40

Torau, A., Alboin u. Rosamunde. Ein Drama aus der Heldenzeit der Germanen. 1. Tl. (IV, 156 S.) 8. Dresden (906). E. Pierson. n. 2.50

Torau, M., der goldene Schlüssel. Schauspiel in 5 Aufzügen. gr. 8. (131 S.) Leipzig 902. O. Mutze. n. 2. —

Herrenmoral. Schauspiel in 2 Aufz. (Der Eremit. Tragödie.) Von M[arie] Torau. Straßburg & Leipzig: Singer 1909. 112 S. 8°

Vor dem Lebensfest. Drama in 4 Akten von M[arie] Torau. Dresden: E. Pierson 1904. (116 S.) 8°

Torbecke, s. Thorbecke.

Torbiörnsson, Tore, die gemeinslavische Liquidametathese. I. gr. 8. (III, 107 S.) Upsala 901. Akadem. Buchh. n. 4.80
Sonderabdruck aus: „Upsala universitets årsskrift".

Torbiörnsson, Tore, die gemeinslavische Liquidametathese. II. (117 S.) gr. 8. Upsala 903. Akadem. Buchh. n.n. 4. —
Sonderabdruck aus: „Upsala universitets årsskrift".

— die vergleichende Sprachwissenschaft in ihrem Werte f. die allgemeine Bildung u. den Unterricht. [III, 56 S.) Lex.-8. Leipzig (906). E. Haberland. n. 1.50

Torburgen

Cölner Thorburgen u. Befestigungen, Die. (1180-1882). Hrsg. von dem Architecten- u. Ingenieur-Verein für Niederrhein u. Westfalen. [Cöln, Selbstverlag des Vereins. 1884.] Quarfol.

Torcal, Norberto VII, Cuentos del Hogar, s.: Herder, las buenos novelas.

Toroeanu, Jon R(icard), aus Bakau: Die Grundlage der Spencer'schen Ethik. *Erlangen 1900: E. Th. Jacob.* (44 S.) 8°
Erlangen, Phil. Diss. v. 9. Mai 1900

Torcia, Michele. Beschreibung des Erdbebens, welches . . . 1783 Messina . . . betroffen, a. d. Ital. . . . Nürnb. 1783. Ü: *Frowerk, Johann Ludwig.* (Ky) (ML)

Torcia, M., kurze Beschreib. des Erdbebens am 5. Febr. 1783 zu Messina u. in Calabrien; aus d. Italien. (von Jh. Ldw. Frowerk). Mit 1 Karte. 8. Nürnb. 783. Grattenauer. 4 gr

Torczyner, Harry, Dr.: Altbabylonische Tempelrechnungen. Nach A. T. Clays Kopien in „The Babylonian expedition of the university of Pennsylvania series A, vol. XIV and XV". Umschrieben und erklärt. D 55/2.
Separatabdruck

Tordai Grall, E., Weihnachtsengel. Eine Weihnachtsallegorie in 4 Bildern. 8°. (76 S.) K 1.20
Budapest: St. Stefans Vereins-, Verlags- u. Sortimentsbuchhandlung 1910.

Tordan, s.: Grail, Elise.

Torday, Frz. v., das staatl. Kinderschutzwesen in Ungarn, s.a **Beiträge zur Kinderforschung u. Heilerziehung.**

Das staatliche Kinderschutzwesen in Ungarn. Vorgetragen 1907 in Wien ... Von Dr. Franz v. Torday. Langensalza: Beyer 1908. 37 S. 8°
(Beiträge z. Kinderforschung u. Heilerziehung. H. 48.)

Torday, Frz. v., einige praktisch wichtige Missbildgn., s.a. Klinik, Wiener. 1901. Nr. 1.

Einige praktisch wichtige **Missbildungen**. Von Dr. Franz v. Torday, Budapest. Mit 20 Ill. *Berlin: Urban & Schwarzenberg 1901.* (34 S.) 8°
= **Klinik**, Wiener. 1901. H. 1. [01. 1989

Tordenscjold. Heroisch komische Oper in 3 Akten, Musik von Karl Eduard Hering. Dresden [1845]. V: *Lyser, Joh. Peter.* (Friedr. Hirth: J. P. Lyser, München u. Leipzig 1911, S. 558) (Zeitschr. f. Büch. N. F. 1923, 125)

Tordenskiold, Peter, ein histor. Gemälde aus dem Anfange des 18. Jahrhunderts. Von P. P. Aus dem Dän. durch J. 3 Thle. 8. (74 B.) Leipzig 843, Kollmann.

Tore, s. Toreen

Toreen, Olof: Eine Ostindische Reise nach Suratte, China etc. von 1750. den 1. April bis 1752. den 26. Jun... In Briefen an den Herrn Archiater (Karl) von Linné. (Aus dem Schwedischen übers. von J(ohann) G(ottlieb) Georgi.) 84 S. (S.431 - 514), gbd.

Rostock: Koppe 1765
in: Osbeck, Peter: Reise nach Ostindien und China. (Hrsg. von Johann Christian Daniel Schreber.) 1765

JB 5.619

Torre, Oloff, Reise nach Surate u. China. 8. Leipz. Hilscher. 772.

Tore, Olof, Reisen nach Surate und China. 8. Leipzig, Comt. f. Lit. 782. — 7

Toreen, Olof, Reisen nach Surate u. China. 8. Leipz. 782. Hilscher. 7 gr s. auch **P. Osbek**, Reise.

Torell, O., die schwedischen Expeditionen nach Spitzbergen u. Bären-Eiland, s.a. **Bibliothek** geographischer Reisen u. Entdeckungen.

Torell, Otto, und Adolf Erik **Nordenskjöld:** Die schwedischen Expeditionen nach Spitzbergen und Bären-Eiland ausgeführt in den Jahren 1861, 1864 und 1868. Aus dem Schwedischen übersetzt von L. Passarge. Nebst 9 grossen Ansichten in Tondruck, 27 Illustrationen in Holzschnitt und einer Karte von Spitzbergen in Farbendruck. (Bibliothek geographischer Reisen und Entdeckungen älterer und neuerer Zeit. Bd. 5.) Jena 1869. XIV, 518 S. 8°.

***Torelli,* G., Poesie italiane e prose latine. 8. Freiburg 795. Wagner. 16 gr**

Torelli-Nodari, Guiseppina, Corona di racconti, tessuta ai fanciulli diligenti. qu. 4. (III und 62 S. mit 8 ill. Stnt.) Triest 859, Coen. *

—— il libro prediletto dei fanciulli. Scelta di racconti si originali italiani che tradotti da altre lingue. qu. 4. (56 S. mit 8 ill. Stnt.) Triest 859, Coen. *

—— il più bel regalo per i fanciulli ubbidienti. Racconti originali italiani e tradotti da altre lingue. qu. 4. (III und 81 S. mit 8 ill. Stnt.) Triest 859, Coen. *

Torelli-Torriani, Maria, s.: Colombi, Marchesa.

Torén, C. A., die Bibel, s.a. Broschüren, religiöse, f. Gebildete. Hft. 7.

[F.] Die Bibel. Betrachtgn üb. d. hohen Wert d. Bibelbuches. Von C. A. Torén. Autoris. Übs. a. d. Schwed. ... *Berlin: Christl. Zeitschriftenver. 1898.* (26 S.) 1 Bd 8.
= Broschüren, Religiöse, f. Gebildete. H. 7. [98. 541]

Torén, C. A., der evangelische Religionsunterricht in Deutschland, Grossbritannien u. Dänemark. Hersg. durch W. Thilo. Gotha 865. Besser. 8. (VIII, 171 S.) 15 ngr.

TOREN, Olof 1718 - 1753
Reise des Herrn Olof Toree nach Surate und China, nebst einer kurzen Beschreibung von der Chinesischen Feldökonomie, und einer Nachricht von dem gegenwärtigen Zustande der engländischen Colonien in dem nördlichen Amerika.
Herausgegeben vom Herrn Linnäus.
[A. d. Schwed. ?]
Leipzig: Hilscher. 1772. 238 S. 8°.
Staats- und Universitätsbibliothek Göttingen
Identisch mit Heinsius, IV, Sp. 96: Ausg. ebd. 1782 [konnte nicht gefunden werden]?
Franz. Ausg. Voyage de Mr. Olof Torée ... Turin-Bern: Typogr. Ges. 1772 [Frankfurt-Leipziger Meßkatalog, Ostermesse 1772, S. 408] konnte ebenfalls nicht gefunden werden.
Darin enthalten:
Dominicus BLACKFORD, Kurze Nachricht von dem gegenwärtigen Zustand der engländischen Colonien in dem mitternächtlichen Amerika [S. 143-238] [einschließlich Franklins Verhör vor dem Unterhaus, 1766, S. 209-238].
Carl von Linné, 1707-1778
Dominique de Blackford
Benjamin Franklin 1706-1790

Toreno, Graf, Geschichte d. Aufstandes, Befreiungskrieges u. d. Revolution in Spanien. 5 Bde. 8. (138¼ B.) Leipzig 836—38, [Schreck.]

Toreno, Graf, letzter Präsident der Cortes von 1820. Historische Uebersicht der Staatsveränderungen Spaniens, vom ersten Ausbruch des Aufstandes im Jahre 1808 bis zur Auflösung der Cortes. Aus dem Spanischen. 8. Dresden 1821.

Toreno, Graf von, histor. Uebersicht der Staatsveränderungen Spaniens, vom ersten Ausbruche des Aufstandes im Jahre 1808 bis zur Auflösung der Cortes. Aus dem Span. gr. 8. Dresden, Hilscher. 821. — 14

v. Toreno, Graf, histor. Uebersicht der Staatsveränderungen Spaniens, vom ersten Ausbruche des Aufstandes im J. 1808 bis zur Auflösung der Cortes; aus d. Span. gr. 8. Dresd. 813. 2e Ausg. 872. Hilscher. 14 gr

Torenos, Gust., Tristia. (83 S.) 8. Lissa (908). O. Eulitz. 1.20; geb. in Leinw. 1.80

Torf, über dessen Entstehung, Gewinnung ..., s.a. Däzl, G. A.

Torf, üb. dess. Entstehung, Gewinnung ꝛc. (v. G. A. Däzel.) 8. München, Lindauer. 795. — 10

Torf. Ueber Torf, Schiefer- und Braunkohlen im Kanton Zürich s. [Siegfried, Johann Jacob].

Torfäus, Thormodus: Geschichte der Thaten der Einwohner von den Inseln Färöe. Aus dem Lateinischen übersetzt von A.
in: Debes: Natürliche und politische Historie der Inseln Färöe. Kopenhagen u. Leipzig 1757. (XXII), 162 S. 8°.

Torfaeus, Thorm. Geschichte der Thaten der Einwohner von den Inseln Färoe. A. d. Lat. Kopenh. u. Leipz. 1757. Ü: *Mengel, Chn Gottl.* (Bruun, Bibl. Danica III, 614.)

— Groenlandia antiqua seu veter. Groenlandiae descriptio. 8. ibid. 715.

— Historia Hrolfi Krakii. 8. ibid. 715.

— Historia rerum Norwegicarum. IV Tmi. fol. ibid. 711.

— Notae posteriores in seriem regum Daniae. 4. Copenhagen, Pelt. 778.

— Orcades sive rerum Orcadensium historiae. lib. III. fol. Copenhag. 715.

Torfaeus, Thorm., series dynastarum et regum Daniae sive antiquitates universi septentrionis. 4. Copenhagen. 705.

Torfaeus, Thormi, s.a *Torsaeana*.

Torfaeana. Sive Thormodi Torfaei Notae posteriores in seriem regum Daniae. Epistolae Latinae. & Index in Seriem Regum Daniae. Ex Manuscriptis Legati Magnaeani (transscripta per Jonam Jonaeum et Johannem Finnaeum, cum praefatione Petri Friderici Suhmii). Hafniae. 1777. 4°k.

TORFFELDT, JOH. HEINR., Einige medicinisch-chirurgische Beobachtungen zur Erhaltung der akad. Würde eines Licent. der Medicin und Chirurgie. Kiel. 1802. P.

Torffstecher, W., deutsche Bundesgaben in neuer Aufl., von zwei Friedenspredigten und acht patriotischen Liedern. Berlin 855. Evangelische Buchhandlung. gr. 8. (3 Bl., 53 S.) 6 ngr.

Torffstecher, Wilh., Blätter der Liebe. (Gedichte.) Neue Ausg. 12. (6⅓ B.) Berlin 844, Hayn.

* **TORFSTECHER**, Dr. Wilh., Blüthen der Liebe. (Zahme lyrische, ernsthafte u. Gelegenheitsgedichte.) In Commission bei F. S. Mittler in Berlin und Carl Vincent in Prenzlau. 1834.
A. E.: Gedruckt bei A. W. Schade in Berlin. 8°.
Selten! XXII (Tit., 3 Bll. poet. Widm. an 2 Grafen v. Arnim, 2 Bll. Vorw. [dat. Thonsdorf in der Uckermark, im Dezbr. 1833], 3 Bll. Subscr.-Verz., 2 Bll. Inh.), 229 S., 1 Bl. Druckf. — S. 215—219: Minnelieder (3) nach *Walther von der Vogelweide*.

Torffstecher, Wilh., Lieder deutscher Zukunft. 1. Sammlung. 8. (VIII und 108 S.) Erfurt 850, Villaret. *

—— vom Wesen u. Wirken der christl. Liebe, mit Rücksicht auf den Fortschritt in der neueren Weltweisheit, eine Predigt, nach 1. Corinther C. 13 zu Berlin gehalten. gr. 8. (1 B.) Berlin 842, Schroeder's Verl. *

(Torflager. Torf-, Schiefer- und Braunkohlenlager des Kantons Zürich ...) Njbl. s. [Siegfried, Johann Jacob].

Torfmoor-Bade-Heilanstalt, Die erste Schallmooser, in Salzburg. Salzburg 1889. V: *Faistauer, Caspar.* (EB)

Programm, drittes — des k. k. akadem. Gymnasiums in Salzburg am Schlusse des Schuljahrs 1853. Veröffentlicht am 30 Juli durch den Direktor des Gymnasiums Dr. Hermenegild Kottinger. 4. (48 S.) Salzburg. Duyle'sche Buchdruckerei.
Inhalt: Ueber Torfmoore überhaupt, insbesondere über die am Fuße des Unterberges gelegenen Torfmoore nach ihrem Bestehen und Entstehen, ihre Verwendung und Wiedererzeugung. — Schulnachrichten vom Direktor.

Torfstecher, s. T o r f f s t e c h e r

Torgau [Sachliches OW]

Torgau, Die in der Religion considerable Stadt, wie sie als ein Beytrag zu den . . . Jubilaeis der Catechismorum Lutheri . . . zu **entwerffen** wäre. O. O. 1730. V: *Henne, Joh. Mich.* (MyI)

Torgau und Troſſin. Der Wahrheit die Ehre! An Hrn. P. E. Ehrenhauß. 8. (1 B.) Torgau 841, (Wienbrack'sche Buchh.) *

Torgau und v. Wolffersdorff. Eine Erinnerungsschrift zur Säkularfeier der ruhmvollen Vertheidigung Torgau's am 12. Aug. 1759. Torgau 859. Wienbrack in Comm. gr. 8. (32 S.) n. 5 *ngr.*

Torgau [Schlagwort]

— s. a.: D e u t s c h l a n d. Grundkarte. Karte (Abt. Preussen). — M e r s e b u r g, Reg.-Bez.

Torgau, s. a. D e u t s c h l a n d. Karte. (Abt. Preussen.) — P r e u s s e n. Messtischblätter.

Torgau. G l a u e r, J., Plan v. Stadt u. Umgegend Torgau. 1 : 8000. 62 × 62,5 cm. Lith. Torgau 891. F. Jacob. n. 1. 50

Torgau, Kreis. H e n z e, E., Karte des Kreises Torgau. 1 : 50,000. 93,5 × 79,5 cm. Farbdr. Torgau (900). P. Schultze. 6. —; auf Leinw. m. Stäben n. 9. —

— K a r t e des Kreises Torgau. 1 : 200,000. 24 × 19,5 cm. Farbendr. Ebd. 895. n. — 25

— K a r t e des Kreises Torgau. 1 : 150,000. 31,5 × 26,5 cm. Farbdr. Ebd. (900). n. — 25; auf Leinw. n. — 50

Torgau. K a r t e d. Kreises Torgau. 1 : 150,000. 31,5 × 26,5 cm. Farbdr. Torgau (909). P. Schultze. — 30; auf Leinw. — 60

Torgau. O'G r a d y, Karte der Umgegend v. Torgau, nach vorhandenen Karten, insbesondere nach Forstkarten u. Katasterplänen, sowie nach aufgenommenen Krokis bearb. 1 : 25,000. Steindr. 56 × 83 cm. Torgau 891. F. Jacob. n. 2. —

— P l a n der Stadt Torgau. 1 : 1250. Farbendr. 71 × 80 cm. Torgau 892. F. Jacob. n. 3. —

Torgau. S t a d t p l a n v. Torgau. Lith. qu. 8. Torgau 889. Jacob. n. — 10

Torge, Emil, Prof.: Das **Sommerhaus.** Eine Mitteilung aus d. Praxis. *Chemnitz 1902: J. C. F. Pickenhahn & Sohn.* (S. 3—11.) 4° [F.]
Chemnitz, techn. Staatslehranstalten, OP 1902**

Torge, Olaw, Wunder in Japan. Orig.-Lustspiel in 3 Acten. 8. (113 S.) Augsburg 879. Reichenbach. n. 2. 50

Torge, Paul, aus Lichterfelde: **Aschera** und Astarte. Ein Beitrag zur semit. Religionsgeschichte. *Leipzig 1902: A. Pries.* (58 S.) 8°
Greifswald, Phil. Diss. v. 18. Jan. 1902

Torge, Paul, Aschera u. Astarte. Ein Beitrag zur semit. Religionsgeschichte. gr. 8. (59 S.) Leipzig 902. J. C. Hinrichs' Verl. n. 2. —

Torge, Paul, **Seelenglaube u. Unsterblichkeitshoffnung** im Alten Testament. (VIII, 256 S.) 8. Leipzig 909. J. C. Hinrichs' Verl. 5.—; geb. in Leinw. 6. —

Torge, Paul, Dr. phil., Frühprediger an d. Jerusalems- u. Neuen Kirche in Berlin: **Unterweltsvorstellung** und Unsterblichkeitshoffnung im Alten Testament. Heidelberg 1907: Evangel. Verlag. (46 S.) 8° [F.] ¶ (Erscheint später vollst.)
Jena, Theol. Fak., Ref. Baentsch, Diss. v. 10. Nov. 1906
[Geb. 18. April 73 Lichterfelde b. Eberswalde; Wohnort: Berlin; Staatsangeh.: Preußen; Vorbildung: Wilhelms-Gymn. Eberswalde Reife M. 94; Studium: Erlangen 2, Greifswald 3, Berlin 3 S.; Coll. 10. Nov. 06.]

Torger, F., die Erziehung zum Patriotismus durch die Schule. Vortrag. 12. (26 S.) Bernburg 881. Bacmeister. n. — 30

Torger, F., die Erziehung zum Patriotismus durch die Schule. 12. Bernburg 881. Gotha, Behrend. * — 30

Torger, F., die E r z i e h u n g z. P a t r i o t i s m u s durch d. Schule. Vortrag. 2., erweit. Aufl. gr. 16. (32 S.) Wiesbaden 898. E. Behrend. n. — 40

Torger, Otto, die H y g i e n e d. M u n d e s, insbes. d. Pflege u. Erhaltg. d. Zähne bei Erwachsenen u. Kindern. E. zeitgem. Betrachtg. f. Eltern, Lehrer u. Erzieher. 12. (60 S.) Prag 895. J. G. Calve. n. 1. —

— Z a h n p f l e g e im Kindesalter. Vortrag, geh. bei Gelegenheit der Ausstellg. v. Erzeugnissen f. Kinderpflege, Ernährg. u. Erziehg. in Dresden Sommer 1895. [Aus: „Für Haus u. Schule".] gr. 8. (19 S.) Dresden 895. A. Köhler. — 50

Torges, Car. Aemil. Guil. (geb. Mühlhausen in Thür. 18. 2. 1831): De extremitatum curvaturis. Berolini (1855). (28 S.) 8°
Berlin, Med. Diss. v. 4. Mai 1855

Torggler, Franz: Ärztlicher B e r i c h t über die geburtshilflich-gynäkologischen Abteilungen in den kärntnerischen Landes-Wohltätigkeitsanstalten zu Klgft. Klgft.: Röschnar 1903. 15 S.

Torggler, Franz, s. B e r i c h t über die Gebär-Anstalt u. Abtheilung für Frauenkrankheiten. . .

Torggler, Frz., **Bericht über die Thätigkeit der geburtshilflich-gynäkologischen Klinik zu Innsbruck.** Für die Zeit vom 1. Octbr. 1881 bis 31. März 1887. Vorstand: F. Schauta. gr. 8. (IV, 271 S.) Prag 888, Dominicus. *

Torggler, Frz.: Das gespaltene D o p p e l - S p e c u l u m, s.a. S a m m l u n g zwangloser Abhandlungen a. d. Gebiete d. Frauenkrankheiten u. Geburtshilfe. IV 2.

Das gespaltene Doppel-Speculum, dessen Anwendung u. Werth. Dargest. von F r a n z **Torggler.** *Halle a. S.: C. Marhold 1901.* (19 S.) 8°
— S a m m l u n g zwangloser A b h a n d l u n g e n aus d. Geb. d. Frauenheilk. u. Geburtshilfe. Bd 4, H. 2. [illegible] 3

Torggler, Franz. Mittheilungen aus den Abtheilungen für Geburtshilfe u. Gynaekologie der kärntn. Landes-Wohlthätigkeitsanstalten in Klgft. Klgft., Bertschinger, 1899. 67 S.

Torggler, Frz. Zur Prognose neuerlicher Schwangerschaft nach conservativem Kaiserschnitte, s. Klinik, Wiener.

Torheit

Thorheit, die beschämte; Lstspl. 8. ... 755. ... 2 K

Thorheit und Betrügerey, oder eins lacht über das andere. Lustspiel in 3 A. Wien 1773. V: *Stephanie, Gtlo. d. ä.* Vgl. XIV. Versteig.-Kat. v. Ign. Schwarz. 1. Teil. Wien 1926, Nr. 543. (DARP)

THORHEIT, Die entlarvte, der grössten Narren, oder moralische Betrachtungen über die heutiger Zeit überhandnehmende Galanterien. Halle, C. L. Sympher 1739. 112 S. (36 Mk. [so!], Hprgt., C. G. Börner, Lpz., 1907.)
Erste (?) sehr rare Ausgabe. Eingestreut viele erotische Gedichte.
* — — Franckfurth u. Leipzig, Zu finden b. J. D. Meltzern. 1751. 8⁰. 96 S.
— — Dasselbe. 2. (!) Auflage. Ebd. 1755. 8⁰. (2 Mk. 40 Pfg. Scheible, vor 1885; jetzt theurer!)

THORHEIT, Hundert weniger eine; in eben so vielen Kupfern. Wien, 1781. 4⁰.
Magaz. d. Buch- u. Kunst-Handels. Jahrg. 1781. Lpz. Gr. 8⁰. S. 934 (ohne Verlegers-Angabe). — Höchst selten!

Thorheit steckt an wie der Schnupfen oder die Weltbauern zu Tollmannshausen. Ein teutsches Originalstück. Deutschland [Frankfurt] 1788. V: *Göchhausen, Ernst August Anton von.* (WR) (MGT) »1789« (KY)

— **steckt an wie der Schnupfen, od. die Weltbauern in Tollmannshausen.** Originalstück (v. E. A. A. v. Göchhausen). 8. Frankf. 789. Gebhardt u. R. 12 K

Thorheit, Tausend und Eine, Oder neue französische Erzehlungen, in welchen das Lächerliche der heutigen Sitten ... geschildert wird. ... übersetzt. Ulm 1772. V: *Nougaret, Pierre Jean Bapt.* Ü: *Korn, Christoph Heinrich.* (GGr) (BGE) (ML) »1777« (KY)

Thorheit, tausend u. eine, od. neue französ. Erzähll., worinnen das Lächerliche d. heutig. Sitten u. Gebräuche lebhaft geschildert wird, (von Chr. Hnr. Korn). 4 Thle. 8. Ulm 777. Stettin. 2 ß 4 K

THORHEIT, Die, der Welt. O. O. 1745. 8⁰. (Ed. Fischhaber, c. 1870, mit 2 Beibdn. 12 Sgr.; jetzt viel theurer.)

THORHEIT, Die, der verdorbenen Welt in Neuen Fabeln vorgestellt, von *J. L. F.* (Zierleiste.) SORAU, bey Gottlob Hebold. 1745. 8⁰. (In Sorau, Bibl. des Geschichts-Vereins.)

Thorheiten von Europa. Leipz. 1748. V: *Kapp, Joh. Erhard.* (BB) (Fiker) (ML)

Thorheiten, Die, von Europa in einem Gespräche zwischen Mercurio und Luciano. O. O. 1748. V: *Kapp, Johann Erhard.* (BGE VII², 646)

THORHEITEN, Hundert, welche von den Sünderen in Uebertrettung der Gebotten Gottes begangen werden. München 1725. 8⁰. (Das Münchener Expl. fehlt seit 1827.) Rar!

Thorheiten, Die, des weisen Königs. Zürich 1776. V: *Bodmer, Johann Jacob.* (KY) (ML)

Thorheiten, die, des weisen Königs, (v. J. J. Bodmer). 8. Zürich 776.

Thorheiten, Die, der Möncherey oder lustige und wahrhafte Geschichte Josephs von Ecking. A. d. Franz. Kölln [Berlin] 1783. V: *Trost, Carl Frdr.* (BGE) (WR)

THORHEITEN, Die, der unverständigen Welt-Kinder durch *C. E. H.* Zell (Hamb., Hier. Fr. Hoffmann).
So in J. Gross' Lpz. O. M. V. 1701. Bl. 2b. (ohne Formatsangabe).

THORHEITEN Wiens. 2 Bdchn. Wien 1781. 8⁰. (In Wien, Bibl. des Finanzministeriums.)
Karajan's Bibl. II. no. 4998. — Sehr selten!

— **über die, meiner Zeitgenossen,** (von Chr. Glo. Hempel). 8. Hamb. 792. Gundermann. 18 K

Torhorst, Hermann, approb. Arzt aus Ledde, Vol.-Assist. am pathol. Inst. zu Marburg: Aus d. pathol. Institut zu Marburg. Die histologischen Veränderungen bei der Sklerose der Pulmonalarterien. *Marburg 1904: (Lippert & Co., Naumburg a. S.).* (32 S.) 8°
Marburg, Med. Diss. v. 11. Juni 1904

Toricella, G., heutiges Pharisäerthum, worin zugleich die Laster in ihrer wahren Blöße dargestellt werden. gr. 8. Wien 783. (Gerold). 5 K

Torii, Seiya [aus Tokio, Japan]: Das Contumacialverfahren im Japanischen Strafprocess ... Göttingen, Druck d. Dieterich'schen Univ.-Buchdr., 1891; 37 S. 8.
Göttingen, Jur. Fak., Inaug.-Diss. v. [22. Aug.] 1891

Torii, Seiya, das Contumacialverfahren im Japanischen Strafprocess. Diss. gr. 8. (37 S.) Göttingen 891. (Vandenhoeck & Ruprecht.) n. — 80

Töring, At. v., Rede von der Erziehung d. Jugend, nebst Hartmanns Gedanken von Vermind. der Verbrechen ꝛc 4. Nürnb. Schwarzkopf. 778.

Torio, Emilio Román, compendio de patrologia, s.: Rauschen, Gerardo.

Torl, Fr., Untersuch. ob die philos. Sittenlehre d. ewigen Strafen d. Sünder z. Bewegungsgrunde z. Tugend brauchen könne. 4. Jena. 757. — 4

— — weitere Ausführ. desselben ꝛc. 4. Ebend. 758.

Torka, J.: Die Flächen 2. Ordnung in den mathematischen Getrieben. Ein System der Raumgetriebe. Berlin 1906

Torka, J.: Die Kegelschnitte im Kurbelgetriebe. Berlin 1904

Torka, J.: Die Maschinengetriebe und ihre mathematischen Grundgebilde. Berlin 1908

Torka, J. (Hrsg.), s. W u n d e r , Die, der Technik.

Torka, Joh., im Reich der Erfindungen. Eine illustr. Entwicklungsgeschichte der Technik. Unter Mitwirkung zahlr. Fachschriftsteller hrsg. Mit üb. 600 Textillustr. u. 4 mehrfarb. Tafelbildern. (VIII, 760 S.) gr. 8. Berlin (Leipzig, G. Fock Verl.) Geb. 14. —; in Liebhaberbd. 15. —

Torka, Johannes

Torka, Joh., Grundlage d. Getriebelehre. Eine Geometrie der Bewegg. 1. Hft. gr. 8. (36 S. m. 6 Taf.) Berlin 900. R. Mewes. n. 2. —

Torkar, M a t i j a, v.: R o g a č, J.

Torkel, Kurt Ernst Fedor, approb. Arzt aus Rastatt i. B.: **Aus d. psychiatr. Klinik d. Universität Marburg. Besteht eine gesetzmäßige Verschiedenheit in Verlaufsart und Dauer der progressiven Paralyse je nach dem Charakter der begleitenden Rückenmarksaffection?** *Marburg 1903: J. Hamel.* (86 S.) 8°
Marburg, Med. Diss. v. 31. Juli 1903

Torkel Trane, leichter Sinn u. Leichtsinn, s. B i b l i o t h e k, europäische.

Torkos, Justus Johann (Raab) A. S. 1399/4

Dissertatio inauguralis medica, de febre petechiali. Präs. Michael Alberti. Halle (Hendel) 1. VI. 1724. 39 S.

Gew.: Ev. Synode von Pressburg.
W. v.: Johann Bacsmegyei, Samuel Agner.

34606

Torkos, Paul v., einiges über Ungarns volkswirthschaftliche Zustände. gr. 8. (38 S.) Wien 885, [Wallishauser'sche Buchh.] Künast. *

Die F a u n a des Schleddenhofes bei Iserlohn. Von K[arl] Torley, Iserlohn. Mit 10 Taf. Berlin: Kgl. Preuss. Geolog. Landesanst. 1908. 56 S. 4° (8°)
(Abhandlungen d. Kgl. Preuß. Geolog. Landesanstalt. N. F. H. 53.)

Torley, Carl [pr. Arzt aus Soest]: Aus d. patholog. Institut zu Bonn. Ueber einen T u m o r des Nierenbeckens. ... Bonn: Buchdr. J. Bach Wwe., 1891. 26 S., 1 Bl. 8°
Bonn, Med. Fak., Inaug.-Diss. v. [8.] Aug. 1891

RECHNUNGSZETTEL, enthaltend eine A n k ü n d i g u n g d e s T a l i s m a n - S e c t d e r F i r m a J o s. T ö r l e y u. C. in B u d a p e s t. Druck d. Kosmos in Budapest. M. e. bildl. Darstellung.
V e r b o t e n v. L.-G. Wien, 11. März 1895. § 516.

J[ohann] H[einrich] A[nton] **Torlitz**'s Reise in der Schweiz und einem Theile Italiens, im Jahre 1803. Kopenhagen u. Leipzig. 1807. 8°

Torlitz, Jh. Hnr. Ant., Reise in die Schweiz u. einen Theil Italiens, veranlaßt durch Pestalozzi u. seine Lehranstalt. 8. Kopenh. 807. Schubothe. 1 ₰ 8 gr

Torma, Carolus, Repertorium ad literaturam Daciae archaeologicam et epigraphicam. Edit. commissio Acad. scient. hung. archaeologica. gr. 8. (XXXII, 191 S.) Budapest 880, Akadem. Buchhandlung. *

Torma, Carolus, repertorium ad literaturam Daciae archaeologicam et epigraphicam. Ed. commissio acad. scient. hung. archaeologica. gr. 8. (XXXII, 191 S) Budapest 880. (Leipzig, Brockhaus' Sort.) n. 5. —

Torma, Sofie v., ethnographische Analogieen. Ein Beitrag zur Gestaltungs- u. Entwicklungsgeschichte der Religionen. gr. 8. (VII, 76 S. m. 127 Abbildgn. auf 8 Taf.) Jena 894. H. Costenoble. n. 4. —

Tormay. Karl, Bevölkerung der Städte Buda-Pest und ihre Bewegung im J. 1854/55. Nach authent. Quellen zusammengestellt. Pest 857. (Geibel.) Lex.-8. (5 Bl., 41 S. u. 11 Tab. in Fol.) n. 26 ngr.

T o r m a y, Dr. Karl —. Bevölkerung der Städte Buda-Pest und ihre Bewegung im J. 1854/55 von — —. Pest, 1857. Bei Johann Herz. (41 S. 12 Bl. Tabellen gr. 8.)

Tormay, Karl, Schwangerschafts-Kalender. Zur richtigen Berechnung der Zeiträume der Schwangerschaft, u. des Tages der Entbindung. Für Schwangere, Hebammen, Aerzte, Rechtsanwalte u. Richter. gr. 8. (7 S.) Pest 852. (H. Geibel.) 1/8 ₰

T o r m a y, Dr. Karl —. Medizinische Topographie der Stadt Pesth mit besonderer Beziehung auf die meteorologisch-sanitätischen Verhältnisse des Jahres 1853. Geschildert von — —. 8. (2 Blätt. 132 S.) Pesth. Druck von L. Lukács und Komp. Eigenthum der Pesther städt. Armen-Versorgungs-Anstalt. 1854.

—— Wegweiser in der Geburtskunde. Ein Handbuch für Landhebammen. (Mit 37 Fig.) 2., verm. Ausg. gr. 8. (118 S. mit 8 Stnt.) Pest 852, (Geibel.) *

Tormer, E., Touren-Verzeichnis des Teplitzer Gebirgsvereins, s.: E y b e n, Ant.

Törmer, E., s.: V e r z e i c h n i s der vom Teplitzer Gebirgsverein markierten Wegstrecken rc.

Toermer, Paul [aus Berlin]: Aus d. Augusta-Hospital zu Berlin. Ein Fall von Hemiathetosis idiopathica auf syphilitischer Basis ... Würzburg, P. Scheiner's Buchdr., 1895; 39 S. 8.
Würzburg, Med. Fak., Inaug.-Diss. v. 1895

v. Tormes, Lazarillos lustige Geschichte. 2 Thle. 8. **Ulm 769.** Bartholomäi. 8 gr (s. auch Lazarillo.)

— Lazarillo von, Leb. u. wunderbare Begebenheiten, deutsch u. franz. 8. Rostock. 741.

Tormin, A., der Bauratgeber. Ein alphabet. geordnetes Nachschlagebuch f. sämtl. Baugewerke. Neubearb. v. Ernst Nöthling. 4., bedeutend erweit. Aufl. v. Tormins Bauschlüssel. (III, 394 S. m. 206 Abbildgn.) gr. 8. Leipzig 903. B. F. Voigt. 7. 50; geb. 9. —

Tormin, Ludw., d. Heilmagnetismus, s.: K r a m e r, Philipp Walburg.

Tormin, Dr. med. Heinrich Lahmann als Magnetopath! Offener Brief an Hrn. Dr. med. Lahmann. (32 S.) gr. 8. Dresden 903. (Calebow & Co.) — 60

Tormin, Ludw., m a g i s c h e S t r a h l e n. Die Gewinng. photograph. Lichtbilder lediglich durch odisch-magnet. Ausstrahlg. des menschl. Körpers. gr. 8. (20 S. m. 2 Fig.) Düsseldorf 896. Schmitz & Olbertz. n. — 50

T o r m i n R, der Bauratgeber. 4. Aufl. von E Nöthling. (394 S) Leipzig 1903

Tormin, Rud., Bauschlüssel für Zimmerer, Maurer, Dachdecker, Bauunternehmer ꝛc. zum leichten Verständniß der wichtigsten bauwissenschaftl. Formeln in Bezug auf Geometrie, Statik, Mechanik ꝛc. nach altem u. Metermaß. Mit Umgehung der mathemat. Formeln in allgemein verständlicher Weise u. durch Beispiele erläutert. Weimar 870. B. F. Voigt. 8. (XII, 364 S.) In engl. Einb. 1 ℛ 22½ ngr.

Tormin, Rud., Bauschlüssel für Zimmerer, Maurer, Dachdecker ꝛc. zum leichten Verständniß der wichtigsten bauwissenschaftl. Formeln in Bezug auf Geometrie, Statik, Mechanik und der übrigen im Baufache vorkommenden Begriffe, Wörter und Kunstausdrücke, sowie der Preisangabe verschiedener Materialien und auszuführender Arbeiten, nebst den unentbehrl. Notizen und Tabellen behufs schneller Anordnung, Veranschlagung, Berechnung und Ausführung. Mit Umgehung der mathemat. Formeln in allgemein verständl. Weise und durch Beispiele erläutert. 2. vollständig durchgeseh. und umgearb. Aufl. 8. (XII, 392 S.) Weimar 878, B. F. Voigt. geb. 5 25

Tormin, Rud., Bauschlüssel f. Zimmerer, Maurer, Dachdecker, Bauunternehmer, Schachtmeister, Kommunal-Wege- u. Eisenbahn-Baubeamte u. alle sonstigen in der Baupraxis beschäftigten Gewerke, wie auch f. Fabrikanten u. Gutsbesitzer zum leichten Verständnis der wichtigsten bauwissenschaftl. Formeln in Bezug auf Geometrie, Statik, Mechanik u. der übr. im Baufache vorkomm. Begriffe, Wörter u. Kunstausdrücke, sowie der Preisangabe verschiedener Materialien u. auszuführ. Arbeiten, nebst den unentbehrl. Notizen u. Tabellen behufs schneller Anordng., Veranschlagg., Berechng. u. Ausführg. Mit Umgehg. der mathemat. Formeln in allgemein verständl. Weise u. durch Beispiele erläutert. 3., umgearb. Aufl. 8. (XV, 430 S.) Weimar 892. B. F. Voigt. Geb. in Leinw. 6. —

Tormin, R., der erfahrene Gehilfe für Haus- und Stubenmaler, s. a. Schauplatz, neuer, der Künste und Handwerke.

Tormin R, der erfahrene Gehilfe für Haus- und Stubenmaler und Firmaschreiber. 4.-6. Auflage. (Schauplatz der Künste und Handwerke 204) Weimar 1869-83

Tormin, Rud., der erfahrene Gehilfe für Haus- u. Stubenmaler u. Firmaschreiber bei Ausführung aller Arten von Anstrichen, Nachahmungen der Farbe, Naturzeichnung u. Maserung feiner Möbelhölzer, aller Arten von Marmor, Porphyr, Granit ꝛc. der Plafond-Malerei, Verfertigung der Formen u. der vortheilhaftesten Darstellung der zu obigen Arbeiten erforderlichen Oel- u. Wasserfarben, auch des Zinkweißes u. Wasserglases, sowie der damit versetzten Farben, u. endlich der verschiedenen Arten von Lackfirnissen. Nebst einer kurzen Erläuterung über den Ursprung der in der Haus- u. Stubenmalerei gebrauchten Pigmente, Harze u. Oele. 6., verb. u. verm. Aufl. 8. (XVI, 307 S.) Ebend. 881. 3. —

Tormin, R., der erfahrene Gehilfe f. Haus- u. Stubenmaler u. Firmaschreiber bei Ausführung aller Arten v. Anstrichen, Nachahmgn. der Farbe, Naturzeichng. u. Maserg. feiner Möbelhölzer, aller Arten v. Marmor, Porphyr, Granit ꝛc. 7. Aufl. 8. (XVI, 296 S.) Weimar 889. B. F. Voigt. 3. —

Tormin, R., Handbuch f. Dekorations- u. Stubenmaler. Zum Selbststudium u. als Leitfaden f. Fachschulen. Unter Rücksichtnahme auf das f. die Meisterprüfung in Frage komm. Lehrmaterial hrsg. v. E. Ebelin. 8. Aufl. von Tormin, Gehilfe f. Haus- u. Stubenmaler. (X, 258 S. m. 37 Abbildgn.) gr. 8. Leipzig 904. B. F. Voigt. 3. 75

Tormin R. Kalk, Zement u Gips. 4. Aufl. von E Nöthling. (188 S) Leipzig 1905

— Musterblätter für Firma-Maler, Metall- u. Glasbuchstaben-Fabriken, Architekten, Bildhauer etc. enthltd. Vorlagen verschiedener Schriftarten, Zahlen etc. mit Hülfslinien. 1. Reihenfolge in 21 (lith.) Grossplano-Taff. Weimar 869. B. F. Voigt. 2 ℛ 7½ ngr.

Tormin, Rud., der Schönschreiber, Stenograph, Schriftdeuter und Schreibmaterialist, oder theoretisch-prakt. Anweisung zur Erlernung des hierbei Wissenswerthen, als Kennzeichen der Güte sämmtl. Schreibmaterialien, Schreibunterricht [als Erklärung zu 24 der neuesten Schulvorschriften], Gold- und Silberschrift, Stein-, Glas- und Stahlschreiberei ꝛc., Stenographie ꝛc. Nebst 24 (lithogr.) neuen deutschen und engl. Schreibvorschriften für den Unterricht im Schönschreiben und zur Erlernung einer geläuf. Geschäftshand. gr. 8. (VIII, 66 S., wovon 8 lithogr.) Weimar 870, B. F. Voigt. ℳ 1,80.; Ausg. ohne Vorschriften — 90
Die Vorschriften apart — 90

— 24 neue deutsche und englische Schulvorschriften. (24 Bl) qu 4° Weimar 1870

— Zement u. Gips, ihre Bereitg. u. Anwendg. zu baul., gewerbl. u. landwirtschaftl. Zwecken, wie auch zu Kunstgegenständen. Für Zement- u. Kunststein-Fabrikanten, Techniker, Architekten, Maurermeister, Fabrikbesitzer usw. 4., bedeutend erweit. Aufl., bearb. Ernst Nöthling. (VIII, 188 S.) gr. 8. Ebd. 905. 3. —

— Zement u. Kalk, s.a. Schauplatz der Künste u. Handwerke. Bd. 269.

Tormin, Rud., Zement u. Kalk, ihre Bereitg. u. Anwendg. zu baul., gewerbl. u. landwirthschaftl. Zwecken, wie auch zu Kunstgegenständen. Für Zement- u. Kunststein-Fabrikanten, Techniker, Architekten, Maurermeister, Fabrikbesitzer ꝛc. 3. Aufl. v. H. v. Gerstenbergks „Zemente" in vollständ. Neubearbeitg. 8. (X, 199 S.) Weimar 892. B. F. Voigt. 2. 50

Tormleg, H., der kleinere Gewerbetreibende u. das Handelsgesetzbuch. Ein Hinweis auf die einschläg. Vorschriften des Handelsgesetzbuches u. die Strafbestimmgn. der Konkurs-Ordng., nebst e. leicht verständl. Anleitg. zu e. einfachen, dem Gesetze genüg. Buchführg. gr. 8. (36 S.) Zittau 894. Pahl. n. — 60

Tormleg, H., d. Haftbarkeit m. d. Vermögen bei off. Handels-, Kommandit-, Aktien- u. stillen Gesellschaften, bei Genossenschaften u. Gesellschaften m. beschränkter Haftg. Eine volkstüml. Darlegg. d. verschied. Formen, welche das Gesetz behufs Vereinigg. v. Personen zu Betrieben f. gemeinschaftl. Rechng. zuläßt, unt. Zugrundelegg. d. einschläg. gesetzl. Bestimmgn. gr. 8. (59 S.) Zittau 895. Leipzig, Pahl. n. 1. —

Torn, Teo v. (Telesfor Szafranski), Capricen. Humoresken. Illustriert von F. Hlavath. (111 S.) 8. Leipzig (903). Stuttgart, Union. n. 1. —; geb. in Leinw. n. 2. —

— der Entoutcas u. andere Humoresken, s.: Universal-Bibliothek.

— eine gefahrvolle Erbschaft u. and. Erzählungen, s.: Bergmann, O.

— der Garnisonschreck u. andere Militär-Humoresken, s.: Deva-Roman-Sammlung.

Torn, Teo v. (Telesfor Szafranski), Goldauge. Zeitroman. (Bagel's Haus- u. Reise-Bibliothek.) 2 Bde. (119 u. 111 S.) 8. Mülheim-Ruhr (909). J. Bagel. à — 30

— Der Großherr. Roman aus dem Vormärz d. Türkei. 2 Bde. (108 u. 110 S.) 8. Ebd. (909). à — 30

— die Affäre Helmström u. andere Geschichten. (110 S.) 8. Berlin (903). Globus Verlag. n. — 30

— die v. Hohen- u. Nieder-Weinberg. — Und zürne nicht, s.: Bobach's illustr. Roman-Bibliothek. III. 5.

— Kuki-Grand u. andere Humoresken. (112 S.) 8. Mülheim-Ruhr (906). J. Bagel. — 30

— in Liebeswinkeln, s.: Nagel's Bibliothek illustr. Humoresken.

— die russische Meldung, s.: Schulze's Zehnpfennigbücher. Nr. 44.

— Offiziersgeschichten, s.: Reclam's Novellen-Bibliothek.

Torn, Teo v. (Telesfor Szafranski), Offiziersgeschichten, s.: Universal-Bibliothek.

— Raupen, s.: Trinkewitz, M., unter der Linde.

— Regiments-Indiskretionen. Roman. (268 S. m. Bildnis.) 8. Berlin (904). W. Vobach & Co. 3. —; geb. 4. —

– Der Verdacht, s. Vobach's illustr. Roman-Bibliothek.

— der Verwandlungskünstler u. andere Humoresken. (121 S.) 8. Mülheim a/R. (905). J. Bagel. — 30

— Stille Wasser. Ein Kleinstadtroman. Illustriert v. Herb. Arnold. 2 Tle. in 1 Bde. (199 u. 165 S.) 8. Leipzig (910). Ph. Reclam jun. 3.—; geb. 4.—

Tornado, der, u. die Wolkenbrüche am Rhein Sonntag, den 7. VIII. 1898. Mit 4 nach d. Natur aufgenommenen Abbildgn. durch Scholz. 8. (16 S.) Chemnitz (898). C. A. Hager. — 15

Tornau, Ernst: Beitrag zur Casuistik der Nervennaht mit Berücksichtigung der Secundär-Nervennaht. *Königsberg i. Pr. 1898: M. Liedtke.* (52 S.) 8°
Königsberg, Med. Diss. v. 5. März 1898

Tornau (F.), Über einige neue Funde von Diluvialfossilien aus Bohrungen in Ostpreussen.
Aus: Jahrb. d. Kgl. Preuss. Geol. Landesanst. f. 1910, Bd 31, T. 1, H. 2.

Tornau, Friedrich, Bergreferendar, aus Berlin, Geologe an d. K. Geol. Landesanst. u. Bergakad. zu Berlin: Der **Flötzberg** bei Zabrze. Ein Beitrag zur Stratigraphie u. Tektonik d. oberschles. Steinkohlenbeckens, mit einer geol. Karte, Tafeln, Profilen, Skizzen und Bohrtabellen. *Berlin 1903: A. W. Schade.* (47 S.) 8° ¶ [Erschien vollst. mit Taf. etc. in: Jahrbuch d. kgl. pr. geol. Landesanst., Bd 23 f. 1902.]
Gießen, Phil. Diss v. 1903

Tornau, Hartwig: Syntaktische und stilistische Studien über Descartes. *Leipzig-Reudnitz 1900: A. Hoffmann.* (91 S.) 8°
Leipzig, Phil. Diss. v. [19. Nov.] 1900

Tornau, Traugott, Kammergerichtsrefer.: Der Satz Julians: Generaliter exceptio rei iudicatae obstat, quotiens inter easdem personas eadem quaestio revocatur in seiner historischen Entwicklung. Borna-Leipzig 1909: Noske. VII, 50 S. 8°
Münster, Rechts- u. staatsw. Diss. v. 24. Juni 1909, Ref. Erman, Krückmann
[Geb. 24. April 86 Steglitz; Wohnort: Schwiebus; Staatsangeh.: Preußen; Vorbildung: Hohenzollernsch. Schöneberg Reife M. 04; Studium: Berlin, Heidelberg, Lausanne; Rig. 4. Okt. 08.] [U 09. 3568

Tornauer, Albert (geb. Berlin 1822): De morbis saturninis. Berolini (1848) (32 S.) 8°
Berlin, Med. Diss. v. 5. Juni 1848

Tornauw, Nic. v., das Moslemische Recht aus den Quellen dargestellt. Leipzig 855. Dyk. gr. 8. (XXIV. 258 S.) n. 2 ₰. 10 ngr.

Торнау, Н., и Ю. Цейбихъ, русская стенографія, s. **Цейбихъ, Ю.** (Zeibig.)

Tornberg, Car. Joh., Annales regum Mauritaniae etc., s. Annales.

Tornberg, C. J., Codices Arabici Persici et Turcici bibliothecae regiae universitatis Upsaliensis. gr. 4. (XXIV u. 355 S.) Lundae 849. (Holmiae, Bonnier.) n. 4½ ₰

—— **Codices orientales bibliothecae regiae universitatis Lundensis.** 4maj. (VI und 40 S.) Lundae 850. (Holmiae, Bonnier.)

Tornberg, Car. Johs., codices orientales bibliothecae regiae universitatis Lundensis. Supplementa. Lundae 853. (Lipsiae, T. O. Weigel.) gr. 4. (2 Bl., 12 S.) n. 16 ngr.

Tornberg, C. J., s. Ibn-el-Athiri chronicon.

— s. Ibn-el-Vardi, fragmentum.

Tornberg, Car. Joh., Ibn Khalduni narratio de expeditionibus Francorum in terris Islamismo subjectas. E codicibus Bodleianis ed. et lat. vertit. (Ex Actis Reg. Soc. Scient. Ups. Tom. XII.) 4maj. (19½ B.) Upsaliae 840. (Holmiae, Bonnier.)

—— **Primordia Dominationis Murabitorum e libro arabico vulgo Kartâs inscripto, auctore Abu-L-Hhassano Ibn Abi Zera', collatis codicibus Bodleianis, Leidensi, Parisinis et Upsaliensi edidit. (Ex Actis Reg. Soc. Scient. Ups. Tom. XI.) 4maj. (14 B. u. 3 Tab. auf 1½ B.) Upsaliae 839. (Stockholm, Fritze.)** *

—— **Symbolae ad rem numariam Muhammedanorum. Ex museo regio Holmiensi. II. (Ex Actis reg. societ. scient. Upsaliensis. Ser. III. Tom. I.) 4maj. (36 S.) Upsaliae 853. (Lipsiae, T. O. Weigel.)** *

Tornberg, Carl Johs., **Symbolae ad rem numariam Muhammedanorum. III. (Ex actis reg. societ. scient. Upsaliensis. Ser. III. Vol. II.) gr. 4. (59 S. mit 2 Stnt.) Upsala 857. (Leipzig, T. O. Weigel.)** *

Törnberg, Jh. Chr. Fr., Communionbuch, od. Anweis., das heil. Abendmahl würdig zu genießen rc. 8. Arnst. 792.

Car. Sam. Törnberg diss. inaug. sistens sententiarum de vera morbi Gallici origine synopsin historicam. Jen. 1807. 8.

Torne und Buzz, oder Beurtheilung der Preispredigt . . . Frankf. u. Leipz. [Ulm] 1780. V: *Sailer, Joh. Michael.* (Jes) (MGT) (Ky)

Torne u. Buzz, od. Beurtheilung der Buzzischen Preispredigt, welche die goldene Medaille erhalten hat, (v. J. M. Sailer). 8. Frankf. 780. Stettin. 6 gr

Torné, Pierre Anastase. Fastenpredigten, welche im Jahre 1764 vor dem Könige von Frankreich sind gehalten worden; a. d. Franz. . . . Frankf. u. Leipz. [Wien] 1766. Ü: *Heyde, Joh. Daniel.* (ML)

Torné, Abt, Fastenpredigten; aus d. Französ. 2 Thle. gr. 8. (Wien) 766. Krauß. 2 ₰

Törne, Chr., Biostatik der im Dörptschen Kreise gelegenen Kirchspiele Ringen, Randen, Nüggen u. Kawelecht in den J. 1860—1881. gr. 8. (76 S.) Dorpat 886. (Karow.) n. 1. 20

Törne, Ritter Karl Geo., Dornenkränze, od. gesammelte Gedichte u. Aufsätze. 8. Reval 824. (214 S.)

Törne, Ritter Karl Geo., kleine Gedichte. kl. 8. Reval 822. (80 S.)

Törne, Osc. Leop. v., vier Zeugnisse des Glaubens. 8. (57 S.) Reval 898. F. Wassermann. n. — 80

Törne, Walt., über dem Alltag. Gedichte. (104 S.) 8. Leipzig 905. Modernes Verlagsbureau. n. 1. 50

— die weiße Weste, s.: Deva-Roman-Sammlung.

Törnebladh, Ragnar, quaestiones criticae Quintilianeae. Calmar 860. (Berlin, Calvary & Co.) gr. 8. (42 S.) n. 10 *ngr.*

— de usu particularum apud Quintilianum quaestiones. Stockholm 861. (Berlin, Calvary & Co.) gr. 8. (60 S.) n. 10 *ngr.*

Törnebohm, A. E., ueb. die Geognosie der schwedischen Hochgebirge. Mit e. (chromolith.) Karte (in gr. Fol.) gr. 8. (59 S.) Stockholm 873. Bonnier. n. 2. 40

Törner, Heinr., der erste Feuerwehr-Fachkursus des brandenburgischen Provinzial-Feuerwehr-Verbandes v. 31. Juli bis 5. Aug. 1893 u. sämmtliche bei demselben geh. Vorträge. Im Auftrage des Verbands-Vorstandes hrsg. gr. 8. (III, V, 136 u. 38 S. m. Fig. u. 9 lith. Taf.) Rathenow 894. (E. Meyer.) n.n. 5. —

Törner, Heinr., Liederbuch f. Mitglieder u. Freunde der deutschen Gewerkvereine. 3. Ausg. 16. (VI, 160 S. m. 1 Bildnis.) Rathenow 902. (Berlin, C. M. A. Müller & Co.) n. — 50

Liederbuch für Mitglieder und Freunde der Deutschen Gewerkvereine. Hrsg. von Heinrich **Törner**. 3. Ausg. *Rathenow: Rathenower Zeitungsdr. 1902.* (160 S.) 8° [Umschlagt. F.]

Törner, Heinr., Taschen-Liederbuch f. Deutschlands Handwerker u. Arbeiter. 16. (184 S.) Rathenow 884. (Haase.) cart. n. — 50

K. Törner, praes. M. *K. Brismann* — diss. math. de electione terminorum et independente elegantia solutionum geometrico-analyticorum. Greifswald. 2 Bog. 4. 1787.

Tornettaz [Schlagwort]

Tornettaz, s.: Schweiz. Atlas.

Torney (Hrsg.), s. Friedrichs, R.: Das Gesetz betr. die Anlegung u. Veränderung v. Straßen ... 4. Aufl.

Torney, s.: Strauss u. Torney.

Torney, Ferd., Kolluthos, Raub der Hellene, s. Kolluthos.

Torney, Fd., s. Krylow, Iwan, Fabeln in acht Büchern.

Torney, Ferd., Leitfaden zum Unterrichte in der Arithmetik f. den Gebrauch in Schulen bearb. gr. 8. (IV, 110 S.) Reval 872. Kluge. n. 1. 80

Torney, Fd., s. Ovid's Kunst zu lieben.

—— Tryphiodoros Zerstörung Troja's, s. Tryphiodoros.

Torney, Fortunat, im Kriegsjahr 1870. Drama. Eine Jubiläumsgabe. gr. 8. (III, 115 S.) Gotha 895. F. A. Perthes. n. 1. 20

Torney, Hugo von: Die Dorfgeschichte in der modernen Literatur, s. Strauss und Torney, Lulu von

Törngren, L. M., Lehrbuch d. schwedischen Gymnastik. Autoris. Übersetzg. v. Gg. A. Schairer. (X, 533 S. m. Abb. u. 1 Taf.) 8. Esslingen 908. W. Langguth. Geb. in Leinw. 6. —

Tornier, G., mammalia, aves, reptilia, amphibia, pisces, s.: Süsswasserfauna, die, Deutschlands. I. (Matschie, P.)

Tornier, G., Symbolae physicae, s.: Hemprich, Frider. Guilelm., et Chr. Godofr. Ehrenberg.

Tornier, Gust., Entstehen u. Bedeutung der Farbkleidmuster der Eidechsen u. Schlangen. (12 S. m. Abbildgn.) Lex.-8. Berlin 904. (G. Reimer.) n. — 50
Sonderabdruck aus: „Sitzungsber. d. preuss. Akad. d. Wiss."

Tornier, Gust., der Kampf m. der Nahrung. Ein Beitrag zum Darwinismus. gr. 8. (XI, 207 S.) Berlin 884. Issleib. n. 4. —

Tornier, Gust., die Kriechthiere Deutsch-Ost-Afrikas. Beiträge zur Systematik u. Descendenzlehre. Mit 5 Taf. u. 11 Textfig., nach d. Natur gezeichnet v. Ewald H. Rübsnamen. [Aus: „Deutsch-Ost-Afrika".] Lex.-8. (XIII, 164 S.) Berlin 897. D. Reimer. n. 12. —

Tornier, Gust., die gewerblichen Lehrverträge u. der Rechtszustand auf dem Gebiete des Schutzgesetzes f. Lehrlinge. Gemeinverständl. dargestellt. gr. 16. (VIII, 72 S.) Berlin 902. C. Heymann. Kart. n. — 60

— die Reptilien u. Amphibien Deutsch-Ost-Afrikas, s.: Deutsch-Ost-Afrika, Bd. III.

[Kopft.:] **Tornier**, Gustav: Ueber den Säugetier-Praehallux. E. dritter Beitr. z. Phylogenese d. Säugetierfusses. Hierzu Taf. VII. (Aus: Arch. f. Naturgesch., 1891.) [I.: in Morphol. Jahrb., Bd. 14; II.: ebd. Bd. 16.] [o. O.], *1891*; 92 S., 1 Taf. 8.
Heidelberg, Naturw.-math. Fak., Inaug.-Diss. v. [6. Aug.] 1892
(Nicht für den Austausch)

Tornier, Max *Friedrich Wilhelm Theodor* [aus Essen]: Beitrag zur Kenntnis schwerer Phlegmonen. Zusammenstellung von 46 Fällen schwerer Phlegmonen der oberen Extremität, welche in den Jahren Ende 1885 bis Anfang 1891 an der K. chirurgischen Klinik zu Greifswald beobachtet wurden. ... Greifswald: Druck v. J. Abel 1891. 66 [statt 67] S. 8°
Greifswald, Med. Fak., Inaug.-Diss. v. 25. März 1891

Tornier, Oscar *Alfred Walther* [Arzt]: Das Knochenmark. ... Breslau, F. W. Jungfers Buchdr., 1890; 31 S., 1 Bl., 1 Taf. 8°
Breslau, Med. Fak., Inaug.-Diss. v. 10. [handschr.] Okt. 1890

Tornier, Osc. Das Knochenmark. Diss. gr. 8. (34 S. m. 1 farb. Taf.) Bresl. 890, (Köhler). * 1 —

Tornier, Victor [aus Gross-Lichtenau, W. Pr.]: Beiträge zur Kenntniss der isomeren Bromchinoline und daraus gewonnener Dibromchinoline .... Freiburg i. B., Buchdr. v. Chr. Ströcker, 1887; 64 S. + 1 Bl. 8°
Freiburg i. B., Phil. Fak., Inaug. Diss. v. 1887

Tornisterapparat, tragbarer Hochdruck-, Atmungs- und Beleuchtungsapparat der Fabrik von L. v. Bremen & Co. Kiel, 1876. 24 S. mit 1 Taf.

Tornister-Bibliothek. Erlebnisse, Kriegsabenteuer, Anekdoten und Erinnerungen aus dem Feldlager der verbündeten Armeen in Schleswig-Holstein. Herausg. von Th. Bade. I—VII. Altona 864. Verlags-Bureau. 32. Jede Nr. (à 64 S.) n. 2½ *ngr.*

Tornister-Bibliothek. Erlebnisse, Kriegsabenteuer, Anekdoten u. Erinnerungen aus dem Feldlager der verbündeten Armeen in Schleswig-Holstein. Herbg. von Th. Bade. VIII—IX. Altona 865. Verl.-Bureau. 32. Jedes Heft (64 S.) 2½ *ngr.*

Tornister-Geschichten. 26 theils ernste, theils heitere Erzählungen aus dem Soldatenleben. gr. 8. (576 S. mit 12 Bildern.) Wien 870, v. Waldheim. geb. (*M 8.) * 4 —

Tornister-Liederbuch für die deutsche Armee. Berlin 870. W. Müller. 32. (VI, 58 S.) 2 *ngr.*

Tornister-Wörterbuch, deutsch-französisches, für Deutschlands Krieger. Mit genauer Angabe der Aussprache nach dem System der Methode Toussaint-Langenscheidt. 1.—10. Aufl. br. 16. (80 S.) Berlin 870,71, Langenscheidt. * — 50

Tornister-Wörterbuch, deutsch-französisches. Enth. ca. 5000 deutsche Ausdrücke nebst französ. Übersetzg. u. genauer Angabe der Aussprache, letztere nach dem System der Methode Toussaint-Langenscheidt. 30., umgearb. Aufl. 16. (157 S.) Berlin 887. Langenscheidt. n. — 50

Tornius, Valerian, wir Balten, s.: Kirschstein, Egon Fr.

Die Empfindsamen in Darmstadt. Studien über Männer u. Frauen aus d. Wertherzeit. Von Valerian **Tornius.** Leipzig: Klinkhardt & Biermann (1910). 194 S. 8° [15. 16720

Tornius, Valerius: G o e t h e als Dramaturg. Leipzig: Seemann 1909. 193 S. 8° (Ersch. auch als Buch ebd.)
Leipzig, Phil. Diss. v. 1909, Ref. Köster, Sievers
[Geb. 9./22. März 83 Rybinsk; Wohnort: Riga; Staatsangeh.: Rußland; Vorbildung: Stadt-Gymn. Riga Reife Juli 03; Studium: Leipzig 9 S.; Rig. 1. Aug. 08.] [U 09. 3076

Tornius, Valerian, Goethe als Dramaturg. Ein Beitrag zur Literatur- u. Theatergeschichte. (VII, 197 S.) gr. 8. **Leipzig 909.** E. A. Seemann. 3. 60

— Woldemar Sacks, s.a. Musiker, Leipziger. Nr. 1.

Woldemar Sacks. (Von Dr. Valerian **Tornius.**) Leipzig: Rothe (1909). 13 S. 8°
(Leipziger Musiker. Nr 1.) [10. 1,667

Torno, A. F., von der Beharrlichkeit der Christen bei der Vollendung des begangenen Guten; e. Predigt. (Zum Besten der Schulen in der Torgelow-Ferdinandshof'schen Parochie.) gr. 8. Greifsw. 826. Koch. 3 ℊ

Tornöe, Herkules: Über den S a l z g e h a l t des Wassers im norwegischen Nordmeere nach den Resultaten der norwegischen Nordmeer-Expedition (mit 3 Taf.). S. 81. II. 924.
Separatabdruck

Tornow, C. F. F., Mecklenburgs vorzügl. ländl. Erwerbszweige, verglichen mit den erhöheten Gewerbzweigen. 8. Lübeck 801. (Niemann). 12 ℊ

Tornow, Emil

Tornow, *Julius* Emil [aus Sternberg '(Brandenb.)']: Zur Diagnostik der Syringomyelie . . . Berlin, Buchdr. v. G. Schade, *1893;* 35 S. 8.
Berlin, Med. Fak., Inaug.-Diss. v. 25. Juli 1893

Tornow, Friedrich *Karl* [aus Sternberg '(Prov. Brandenb.)']: Blutveränderungen durch Märsche . . . Berlin, C. Vogts Buchdr., *1895;* 66 S., 1 Bl. 8.
Berlin, Med. Fak., Inaug.-Diss. v. 1. Aug. 1895

Tornow, Herm. Religiöser Lernstoff. Eine Sammlg., enth. die fünf Hauptstücke, Bibelsprüche, Psalmen, Gebete u. Kirchenlieder, nebst e. Anh. Nach dem v. der königl. Regierg. zu Potsdam für die Knaben-Bürgerschule zu Brandenburg a. H. genehmigten Lehrplan zusammengestellt. 8. (79 S.) Brandenburg 890, Haeckert. geb. * — 50

Tornow, Joachim Christoph A. S. 751/33

Dissertatio inauguralis juridica de falsa ratione decidendi. Präs. Johann Joachim Schoepffer. Rostock (Weppling) 8. III. 1707. 35 S.

Gew.: Peter Tornow (Vater). 34609

Tornow, Julius Emil, s. T o r n o w , Emil

Tornow, Karl, Blondel, der unschuldig Verurtheilte. Roman. 36 Hefte. gr. 8. (1419 S. mit 36 color. Stnt.) Dresden 873,74, Lohse und Sohn. à Heft 40 Pf. 14 40

Tornow, Karl, Leben um Leben. Roman in 2 Bdn. 8. (232 u. 243 S.) Jena 874. Costenoble. 9. —

Tornow, Karl, der Tambour von Wörth. Histor. Roman aus dem deutsch-französ. Kriege von 1870. 1—4. Heft. Berlin 870. Freitag. gr. 8. (192 S.) Jedes Heft 3 *ngr.*

— der Tambour v. Wörth. Historische Erzählg. aus dem deutsch-französ. Kriege v. 1870. 5—22. Lfg. gr. 8. (S. 193—1055) Berlin 871. Freitag. à — 30

Tornow, Max L., die wirtschaftliche Entwickelung der Philippinen. Mit 10 Vollbildern, 4 Taf. u. 1 Karte. gr. 8. (53 S.) Berlin 901. H. Paetel. n. 2. 40

Tornow, Maximilian, Bergreferendar a. Küstrin: Die Geologie des Kleinen Thüringer Waldes. Berlin 1907: A. W. Schade. (53 S.) 8° ¶ (Aus: Jahrbuch d. Königl. Preuß. Geolog. Landesanstalt Bd 28 H. 3, 1907.)
Gießen, Phil. Fak., Ref. Kaiser, Diss. v. 7. Jan. 1908
[Geb. 15. Mai 83 Küstrin; Wohnort: Berlin; Staatsangeh.: Preußen; Vorbildung: Stadtgymn. Halle Reife M. 01; Studium: Jena 2, München 2, Berlin Univ. u. Bergakad. zus. 3 S.; Rig. 31. Okt. 06.]

Tornow, M., die Geologie d. kleinen Thüringer Waldes. (S. 587—638 m. 2 farb. Taf.) Lex. 8. Berlin (N. 4. Invalidenstr. 44) 907. Vertriebsstelle der kgl. geolog. Landesanstalt. nn 2. 60
Sonderabdr. a.: „Jahrb. d. preuss. geol. Landesanst."

Tornow, Otto, approb. Arzt aus Altona: **Statistik** des Magencarcinoms. ⟨Gesammelt aus d. Fällen d. Jahrgänge 1873 bis 1899 d. Kieler pathol. Instituts.⟩ *Kiel 1900: P. Peters.* (22 S.) 8°
Kiel, Med. Diss. v. [14. Juni] 1900

Tornow, Paul, Grundregeln u. Grundsätze beim Restauriren (Herstellen) von Baudenkmälern. Auszug aus dem auf dem ersten Tage f. Denkmalpflege zu Dresden am 25. IX. 1900 geh. Vortrage. 12. (37 S.) Metz 902. R. Lupus. n. — 40; französ. Ausg. (37 S.) n. — 40
Sonderabdruck aus: „Metzer Dombaublatt".

Tornow, Paul, das neue Hauptportal des Metzer Domes. Kurze Beschreibg. des figürl. Schmuckes u. Notizen zur Geschichte des Portales. (28 S. m. 9 Taf.) gr. 8. Metz 903. P. Even. n. 1. 50

T o r n o w , Pet. Lud., tractatus de feudis Mecklenburgicis eorumque jure. 4. Güstrow, Kiesewetter. 708.

Tornow, Walther, Referendar, Stolp i. Pom.: Die actio doli und ihr Ersatz im Bürgerlichen Gesetzbuche. Stolp i. Pom. 1905: W. Delmanzo. (38 S.) 8°
Greifswald, Jur. Fak., Ref. Stampe, Diss. v. 9. Jan. 1906
[Geb. 2. Febr. 83 Stolp, Pommern; Wohnort: Stolp; Staatsangeh.: Preußen; Vorbildung: Gymn. Stolp Reife O. 01; Studium: Halle 2, Bonn 2, Greifswald 3 S.; Rig. 7. Nov. 04.]

Tornow, Wilh., das alte und das neue Berlin. Orig.-Roman in 2 Abthlgn. Berlin 863. Kastner & Co. (Prausnitz.) 8. (654 S.) 1 ℛ 6 ngr.

— der Diamantenraub. Historisches Lebensbild aus der Zeit Friedrich's des Großen. Berlin 865. Mecklenburg. 8. (519 S.) 1 ℛ 15 ngr.

Tornow, Wilh., Kurfürst Joachim II. od.: Berlin im J. 1549. Orig.-Erzählg. gr. 8. (384 S.) Berlin 884. Werthmann. n. 1. —

Tornow-See [Schlagwort]

Tornow-See, s.: Wanderkarten.

Tornquist, (Alexander), die Annahme der submarinen Erhebung d. Alpenzuges u. üb. Versuche, Vorstellgn. üb. submarine Gebirgsbewegg. zu erlangen. (S. 87—104 m. Abb.) Lex. 8. Berlin 909. G. Reimer. 1. —
Sonderabdr. a.: „Sitzungsber. d. preuss. Akad. d. Wiss."

Tornquist, Alex., der Dogger am Espinazito-Pass, nebst e. Zusammenstellg. d. jetz. Kenntnisse v. der argent. Juraformation, s. a. Abhandlungen, paläontologische, N. F. IV.

Der Dogger am Espinazito-Pass, nebst e. Zsstellg d. jetzigen Kenntnisse v. d. argentin. Juraformation. Von A. **Tornquist**. M. 10 Taf., 1 Profilsk. u. 1 Textfig. *Jena: G. Fischer 1898.* (72 S., 10 Taf. m. je 1 Erl.-Bl.) 4.
= Abhandlungen, Palaeontologische. N. F. Bd IV. H. 2. [98. 7435

Tornquist, Alex., Ergebnisse e. Bereisung der Insel Sardinien. gr. 8. (22 S.) Berlin 902. (G. Reimer.) n. 1. —
Sonderabdruck aus: „Sitzungsber. d. preuss. Akad. d. Wiss."

Tornquist, A., über eine eocäne Fauna der Westküste v. Madagaskar. (S. 321—338 m. 3 Fig. u. 1 Taf.) 4. Frankfurt a/M. 904. (M. Diesterweg.) n. 2. —
Sonderabdruck aus: „Abhandlgn. der Senckenberg. naturforsch. Gesellsch."

Tornquist, A., üb. e. eocäne Fauna d. Westküste v. Madagaskar. Jetzt: Frankfurt a. M. (Viktoria-Allee 7), Senckenberg. naturforsch. Gesellschaft.

Tornquist, Alex., Fragmente e. Oxfordfauna v. Mtaru in Deutsch-Ostafrika, nach dem v. Stuhlmann gesammelten Material. [Aus: „Jahrb. d. hamburg. wissenschaftl. Anstalten".] Lex.-8. (26 S. m. 3 Taf.) Hamburg 893. (L. Gräfe & Sillem.) n. 2.

Fragmente einer Oxfordfauna von Mtaru in Deutsch-Ostafrika, nach dem von Dr. Stuhlmann gesammelten Material. Von Dr. Alexander **Tornquist** in Strassburg. Mit 3 Taf. Hamburg 1893; (Berlin: D. Reimer 1901). (26 S.) 4° (8°)
Aus: Jahrbuch d. Hamburg. Wiss. Anstalten. 10, 2,
(Ergebnisse, Zoolog., einer ... in d. Küstengebiete von Ost-Afrika unternomm. Reise. Bd 2, No 20.)

— geologischer Führer durch Ober-Italien, s. a. Sammlung geologischer Führer. IX.

Tornquist, A[lexander]. Geologischer Führer durch Ober-Italien; 1. Das Gebirge der ober-italienischen Seen (*Umschlag:* Führer durch das Oberitalienische Seengebirge). Mit Beiträgen von Professor Dr. A[rmin] Baltzer in Bern und Dottore Cesare Perro in Carate Lario. Hierzu 30 [*d. i.* 33] Abbildungen im Text und auf Tafeln. XVI + 304 S. 8. Berlin, Gebrüder Borntraeger, 1902. [geb. M. 5. 50]
Sammlung geologischer Führer. [Band] 9.

— der Gebirgsbau Sardiniens u. seine Beziehgn. zu den jungen, circum-mediterranen Faltenzügen. (15 S.) gr. 8. Berlin 903. (G. Reimer.) n. — 50

Geologie von Ostpreussen von Dr. A[lexander] **Tornquist**, Prof. Mit Titelbild u. 71 Textabb. Berlin: Borntraeger 1910. VI, 231 S. 8° [11. 4135 10

Tornquist, Alexander *Joh. Heinr.* [aus Hamburg]: Der Gypskeuper in der Umgebung von Göttingen ... Göttingen, Druck v. L. Hofer, 1892; 37 S. 8.
Göttingen, Phil. Fak., Inaug.-Diss. v. [9. Mai] 1892

Tornquist, Alex. Der Gypskeuper in der Umgebung von Göttingen. Diss. gr. 8. (37 S.) Gött. 892, (Vandenhoeck u. Ruprecht). * 1 —

— die Gliederung u. Fossilführung der ausseralpinen Trias auf Sardinien. (20 S.) Lex.-8. Ebd. 904. n. 1. —
2 Sonderabdr. aus: „Sitzungsber. d. preuss. Akad. d. Wiss."

— üb. Macrocephaliten im Terrain-à-chailles. [Aus: „Abhandlgn. d. schweizer. paläontolog. Gesellsch."] gr. 4. (28 S. m. 2 Taf.) Zürich 894. (Basel, Georg & Co. — Berlin, R. Friedländer & Sohn.) n.n. 4. 80

Tornquist, (Alexander), vorläufige Mitteilung üb. die Algäu-Vorarlberger Flyschzone. (9 S.) Lex. 8. Berlin 907. G. Reimer. — 50
Sonderabdr. a.: „Sitzungsber. d. preuss. Akad. d. Wiss."

Die degenerierten Perisphinctiden des Kimmeridge von Le Havre. Von Dr. Alexander **Tornquist**, Privatdoc. an d. Univ. Strassburg i. Els. *Zürich: Dr. v. Zürcher & Furrer 1896.* (1 Bl., 43 S., 8 Taf. m. 7 Erl.-Bl.) 4.
= Abhandlungen d. Schweizerischen paläontologischen Gesellschaft. Vol. 23, [No] 3. [97. 3775

— Die oberitalienischen Seen, s.: Land u. Leute. 25. (Hörstel, W.)

— über mesozoische Stromatoporiden. gr. 8. (9 S. m. 5 Fig.) Berlin 901. (G. Reimer.) n. — 50
Sonderabdruck aus: „Sitzungsber. d. preuss. Akad. d. Wiss."

— Uber die ausseralpine Trias auf den Balearen u. in Katalonien. (S. 902—918.) Lex. 8. Berlin 909. G. Reimer. 1. —
Sonderabdr. a.: „Sitzungsber. d. preuss. Akad. d. Wiss."

— das vicentinische Triasgebirge. Eine geolog. Monographie. Hrsg. m. Unterstützung der königl. preuss. Akademie der Wissenschaften zu Berlin. Mit 2 Karten im Maasstab 1 : 25,000, 14 geolog. Landschaftsbildern, 10 Textfig. u. m. tekton. Skizzen. gr. 8. (VIII, 195 S.) Stuttgart 901. E. Schweizerbart. n. 12. —

— d. fossilführende Untercarbon am östl. Rossbergmassiv in d. Südvogesen, s. a. Abhandlungen zur geolog. Specialkarte v. Elsass-Lothringen, V, 4.

Das fossilführende Untercarbon am östlichen Rossbergmassiv in den Südvogesen ... Von Dr. A[leander] **Tornquist**, Privatdoc. ... am geognost.-palaeontol. Inst. d. Univ. zu Strassburg. (Th.) I—III. *Strassburg: Strassb. Dr. u. Verlagsanst. 1895—97.* 4. (8.)
1. Einleitg, Beschreibg d. Brachiopoden-Fauna. M. 3 Lichtdr.-Taf. 1895. (2 Bl., 150 S., 3 Taf., 3 Erl.-Bl.)

Törnroth, L. H., et **Ilmoni**, Analecta clinica, s.: Ilmoni, I.

TORNSCHILD im Gasthof, ein komischer (stellenw. etwas freier) Roman von *H* .... Mit Titelvign. Kopenhagen und Leipzig, bei Faber und Nitschke 1791. 8°. (1 Rthl.) 10 Bll. Vorst. u. 436 S.

Tornschild im Gasthof, ein komischer Roman von H..., 8. Kopenhagen, 791. Schubothe. 1 Rtl.

Törnudd, Sigurd, Kosmopolitismus. (Übersetzung aus dem Schwed.) (276 S.) 8. Berlin 909. Puttkammer & Mühlbrecht. 5. 40

Törnvall, G. F. T., De vi atque usu verbi γίνεσθαι qualia in novo testamento exstant. Diss. 1885. 80 S. 1.—

Tornwald, C. Aug. D., der heilige Adalbert, Apostel der Preußen. Kirchenhistor. Gedicht. 8. (9⅜ B.) Danzig 844, Kabus. *

— Erwiederung auf Landmessers Beleuchtung, s. Protestant, der.

—— die Lästerungen des kathol. Wochenblattes auf die evangel. Kirche beleuchtet. 2. Aufl. 8. (3 B.) Danzig 844, Kabus. *

Tornwaldt, Savonarola zu Florenz, Reformator vor der Reformation. Eine historische Vorlesung gehalten zum Besten des Evangelischen Johannes-Stiftes in Danzig den 23. Novbr. 1858. Danzig 859. (Anhuth.) gr. 8. (27 S.) n. 4 ngr.

Tornwaldt, (C. Aug. D.,) Schulfeier am Geburtstage Sr. Maj. des Königes von Preußen Friedrich Wilhelm IV. Anleitung und Material zunächst für Elementarschullehrer rc. 1. und 2. Aufl. (31 S.) 1851. * 4 Ngr. und 3., verm. Aufl. gr. 8. (IV und 36 S.) Danzig 852, Kabus. *

Tornwaldt, (C. Aug. D.), Schulfeier am Geburtstage Sr. Maj. des Königes v. Preußen Friedrich Wilhelm IV. Anleitung u. Material zunächst f. Elementarschullehrer, dann aber auch für Eltern, welche des Königs Geburtstag im Kreise ihrer Familie zur Belebung vaterländ. Gesinnung feiern wollen. 8. (31 S.) Danzig 852, Kabus. n. 4 ngr — 3. verm. Aufl. gr. 8. (IV u. 36 S.) Ebd. 852. n. 1/6 ₰

Tornwaldt, Schulfeier am Geburtstage Sr. Maj. des Königs von Preußen Friedrich Wilhelm des Vierten. Anleitung und Material zunächst für Elementarschullehrer, dann aber auch für Eltern, welche des Königs Geburtstag im Kreise ihrer Familie zur Belebung vaterländ. Gesinnung feiern wollen. 4., verm. Aufl. gr. 8. (40 S.) Danzig 853, Kabus. *

Tornwaldt, G. L., üb. die Bedeutung der Bursa pharyngea f. die Erkennung u. Behandlung gewisser Nasenrachenraum-Krankheiten. gr. 8. (119 S.) Wiesbaden 885. Bergmann. n. 3. 60

Tornwaldt, Gustavus: De hepatis cystaeque felleae laesionibus. Halis (1866): Orphanotropheum. 30 S. 8°

Halle-Wittenberg, Med. Diss. v. 18. Dez. 1866

Geb. Danzig 15. 5. 1843. V.

Töröck, Edw., Theorie der Heilkunde, nach kosmolog., physiologisch., chemischen Grundsätzen. 8. Kaschau 803. (Kilian in Pesth). 6 ƒl

Torofsky, R. W., gründl. Unterweisung zum Illuminiren aller Zeichnungen, Lithographieen, Stahl- u. Kupferstiche, nebst allen hierzu nöthigen Farbenmischungen, Geräthschaften u. Kunstgriffen. 1. Aufl. (3 B.) 845. u. 2., verb. u. verm. Aufl. 8. (4 B.) Quedlinburg 847, Ernst'sche Buchh.

Török, Prof. Arpád v., Das älteste Bildniss Stefan Báthory's und d. ungar. Königs Ludwig II. im Berliner Museum. Vorlesung. 8. (12 S. mit e. Lichtdr.) Budapest, Gust. Heckenast's Nachfolger. 20 kr. 1885.

Török, Arpád v., XXXV Handschriften. [Geschenk des Sultans Abdul Hamid II.] Nach Csontosi mit erläut. Zusätzen, Berichtigungen u. sonst. sachl. Bemerkungen. gr. 8. (52 S.) Budapest 878. Berlin, Calvary & Co. in Comm. n. 1. —

Török, Arpád v., Immensee. Von Theodor Storm. 32. Aufl. Berlin, Verlag v. Gebr. Paetel 1889. Kritisch beleuchtet. gr. 8. (46 S.) Budapest 891. II, Heuplat, Beck'sches Haus Nr. 1, Prof. Arpád v. Török Selbstverl. n. 1. —

Török (Thewrewk), Arpád v., neue Klänge. Zur Erinnerg. an d. währ. d. Millenniums-Ausstellung in Budapest am 19., 20. u. 21. Juli 1896 abgeh. XII. internat. Thierschutz-Congress. gr. 8. (31 S.) Budapest 896. Selbstverl. n. — 80

Török, Arpád v. Miscellen. 1. Heft. gr. 8. (32 S.) Budap., II. Buz., Szénatér Nr. 1, 892, Selbstverlag. * — 80

—— Sinngedichte. 8. (32 S.) (Ebendas.) 876. * — 50

— e. preisgekröntes Unicum. (Siegm. Simonyi's deutsche u. ungarische Redensarten.) gr. 8. (16 S.) Budapest 896. (Pressburg, G. Heckenast's Nachf.) n. — 40

Török, Aurel., Beiträge zur Kenntniss der ersten Anlagen der Sinnesorgane u. der primären Schädelformation bei den Batrachiern. Aus dem physiologischen Institute der Wiener Universität. [Aus den Sitzungsber. der k. Akad. der Wiss.] Wien 866. (Gerold's Sohn.) Lex.-8. (9 S. mit 1 Taf. in Kpfrst.) n. 4 ngr

Török, Aurel: Beiträge zur Kenntnis der ersten Anlagen der Sinnesorgane und der primären Schädelformation bei den Batrachiern (mit 1 Taf.). S. 52. II. 646.
Separatabdruck

Török, Aurel. Grundzüge e. systematischen Kraniometrie. Methodische Anleitg. zur kraniometr. Analyse der Schädelform für die Zwecke der phys. Anthropologie, der vergleich. Anatomie, sowie für die Zwecke der medizin. Disziplinen [Psychiatrie, Okulistik, Zahnheilkunde, Geburtshilfe, gerichtl. Medizin] u. der bild. Künste [plast. Anatomie]. Ein Handbuch fürs Laboratorium. gr. 8. (XII, 631 S. m. Abbildgn.) Stuttg. 890, Enke. * 18 —

Török, Aurel v., über einen Universal-Kraniometer. Zur Reform der kraniometr. Methodik. gr. 8. (135 S. mit 5 Holzschn. und 4 lithogr. Taf.) Leipzig 888, G. Thieme. *

—— Untersuchungen über die Entwickelung der Mundhöhle und ihrer nächsten Umgebung im Batrachierembryo. Lex.-8. (6 S. mit 1 chromolithogr. Taf. in qu. 4.) Wien 866, (Gerold's Sohn.) * *

aus: Sitzungsberichte der k. Akademie der Wissenschaften, besonders abgedruckt.

— Untersuchungen über die Entwicklung der Mundhöhle und ihrer nächsten Umgebung im Batrachierembryo (mit 1 Taf.). S. 54. I. 75.
Separatabdruck

Török, Guido v., die neueren Wundbehandlungs-Methoden m. keimfreien Verbandstoffen. Vortrag, geh. am 24. Novbr. 1891 im Festsaale d. k. k. akadem. Gymnasiums in Wien im Cyclus 1891—1892 der gemeinverständl. Vorträge der Wiener freiwill. Rettungs-Gesellschaft. 8 (48 S.) Wien 893. W. Braumüller. n. 1. —

TÖRÖK, JOSEPH: Dank-Gedicht den geheiligten Majestäten Franz, Kaiser von Oesterreich, Alexander, Kaiser von Rußland, und Friedrich Wilhelm, dem erlauchten König von Preußen, den großmüthigen Befreyern Pius des Siebenten, römischen Pabstes und der Stadt Rom. Lateinisch gesungen von Joseph Török; verdeutscht von Laurenz Hohenegger. (Raab) 1814. Gedr. bei Helena Streibig. 11 S. - 200 mm

Török, L., allgem. Diagnostik d. Hautkrankheiten, s.: Philippson, L.

Török, Ludw., spezielle Diagnostik der Hautkrankheiten f. prakt. Aerzte u. Studierende. (VIII, 399 S.) Lex.-8. Wien 906. A. Hölder. n. 9. —

TÖRÖK, Michael: De doctrina morali in scriptis s. Cypriani Chartaginensis expressa. — (1898) 109 S. 4° (Handschr.) Diss. 483

Diss. Wien, Univ.

Török-Kanizsa, s.: Sohulpe de Török-Kanizsa.

Török v. Ponor, A., Abhandlung, s.: Arany, J., Frau Agnes.

Großer christlich-katholischer Katechismus für Volksschulen von Alexius Toroński. Lemberg 1886. Verlag des Stauropigianischen Institutes. Gebunden —.48

Toroński, Sch. Majer [aus Russland]: Casuistische Beiträge zur Amputatio penis wegen Carcinom ... Berlin, Buchdr. v. G. Schade, *1892;* 30 S. 8.
Strassburg, Med. Fak., Inaug.-Diss. v. 1892

Torontál-Sziget, s.: Zsivkovics v. Torontál-Sziget.

Torosiewicz, Theod. v., die Dampfwäsche u. Vorbeugung des Gelbwerdens der Wäsche, nebst Beschreibung u. Abbildung des Gall'schen Dampfwaschapparates u. dessen Anwendung im Laboratorium. 12. (1⅙ B. u. 1 Stnt.) München 844. [Nürnberg, Schrag, Vrlgsh.]
Aus: Buchner's Repertorium d. Pharmacie 34. Bd. 2. besond. abgedruckt

Torosiewicz, Theod. v., die Mineral-Quellen zu Szczawnica im Königr. Galizien. Physikalisch-chemisch untersucht; beschrieben u. mit Rücksicht auf ihre Heilkräfte gewürdigt von Heinr. Kratter. Zum Gebrauche der Szczawnicer Brunnengäste. gr. 8. (9¾ B., 1 Ans. u. 1 Tab.) Lemberg 842, Piller. Thlr. *

Torosiewicz, T., Rafinowanie oleju, z opisaniem ryciny litografowanéj, wyobrażającéj potrzebny do tego aparat. 12. Lwów 838. Millikowsky. ¼ ngr

—— Wody mineralne Szczawnichie w królestwie Galicyi, chemicznie rozebrane; a pod wzgledem na ich moc leczącą opisane i ocenione przez Henr. Krattera, obwodowego lékarza etc. Dla uzytku léczących się w Szcawnicy osob. tłumaczone z niemieckiego przez M. K. i J. A. K. gr. 8. (8 B. u. 1 Ansicht.) Lemberg 842, Piller. *

Torp, Alfr., die zwei Arzawa-Briefe, s.: Knudtzon, J. A.

— etruskische Beiträge. 1. Hft. gr. 8. (VIII, 110 S.) Leipzig 902. J. A. Barth. n. 6.—

Torp, Alf., etruskische Beiträge. 2. Heft. (VII, 144 S.) gr. 8. Leipzig 903. J. A. Barth. n. 7. 60

Torp, Alf., etruskische Beiträge. II. Reihe. I. Über einige etrusk. Gefässinschriften. (Videnskabs-selskabets skrifter. II. Hist.-filos. klasse 1906. No. 8.) (24 S.) Lex. 8. Christiania 906. (J. Dybwad.) nn 1.—

Torp, A., Beiträge zur Lehre v. den geschlechtlosen Pronomen in den indogermanischen Sprachen. [Aus: „Christiania Videnskabs-Selskabs Forhandlinger".] gr. 8. (51 S.) Christiania 888. (Dybwad.) n. 1. 35

Lykische Beiträge v. Alf Torp. [T]. 1. Udg. for Hans A. Benneches Fond. *Christiania: In Komm. b. J. Dybwad; A. W. Broeggers Buchdr. 1898.* 4.(8.)
Skrifter udg. af Videnskabsselskabet i Christiania. 1898. II. Histor.-filos. Kl. No 4.

Torp, Alf., lykische Beiträge. I. [Videnskabsselskabets Skrifter. II. Hist.-fil. klasse. 1898. No. 4.] Lex.-8. (46 S.) Christiania 898. J. Dybwad. n. 1. 60

— lykische Beiträge. II—IV. Lex.-8. (50 S.) Christiania (J. Dybwad). n. 4. 30
II. (50 S.) 898. n. 1. 60. — III. (34 S.) 900. n. 1. 10. — IV. (50 S.) 901. n. 1. 60.
Sonderabdrucke aus: „Videnskabsselskabets Skrifter".

— lykische Beiträge. V. (44 S.) Lex.-8. Christiania 901. (J. Dybwad.) n n. 1. 50 (I.—V.: n.n. 7. 40)
Sonderabdruck aus: „Videnskabsselskabets Skrifter".

— Bemerkungen zu der etruskischen Inschrift von S. Maria di Capua. (Videnskabs-selskabets skrifter. II. Hist.-filos. klasse. 1905. No. 5.) Udgivet for Fridtjof Nansens fond. (20 S.) Lex.-8. Ebd. 905. n.n. — 75

Torp, Alf: Bemerkungen zu d. venetischen Inschriften. *Christiania 1897.* in: **Festskrift** til ... Kong Oscar II ved Regjerings-Jubil. ... 1897 fra d. ... Fredr. Univ. Bd II.

Torp, Alf.: Die Flexion des Pâli in ihrem Verhältniss zum Sanskrit. Universitäts-Programm für das erste Halbjahr 1881 herausgegeben von Sophus Bugge. Christiania 1881.

Die vorgriechische Inschrift von **Lemnos von Alf Torp**. Christiania: J. Dybwad in Comm. 1903. (69 S.) 4°(8°)
— **Skrifter** udg. af Videnskabs-Selskabet i Christiania. 1903. Hist.-filos. Kl. No 4.

— u. Gust. **Herbig,** einige neugefundene etruskische Inschriften. (S. 489—520 m. 4 Taf.) gr. 8. München 904. (G. Franz' Verl.) n. 1.—
Sonderabdruck aus: „Sitzungsber. d. bayer. Akad. d. Wiss."

Torp, Alf., zu d. phrygischen Inschriften aus röm. Zeit. [Aus: „Videnskabsselskabets Skrifter".] gr. 8. (23 S.) Christiania 894. J. Dybwad. n. — 80

Zu den phrygischen Inschriften aus römischer Zeit. Von Alf **Torp**. Udg. f. Hans A. Benneches Fond. *Kristiania: In Komm. b. J. Dybwad; A. W. Bröggers Buchdr. 1894.* (23 S.) 4.(8.)
= **Skrifter** udg. af Videnskabsselskabet i Christiania. II. Histor.-filos. Klasse. 1894. No 2.

Etruskische Monatsdaten. Von Alf **Torp**. *Christiania: J. Dybwad in Komm. 1902.* (18 S.) 4°(8°)
= **Skrifter** udg. af Videnskabsselskabet i Christiania. 1902, 2. Hist.-filos. Kl. No 4.

Zum Phrygischen. Von Alf **Torp**. Udg. f. Hans A. Benneches Fond. *Kristiania: I Komm. h. J. Dybwad; A. W. Broeggers Bogtr. 1896.* (19 S.) 8.
= **Skrifter** utg. af Videnskabsselskabet i Christiania. 1896. II. Histor.-filos. Kl. No 3.

— Norwegisch-dänisches etymolog. Wörterbuch, s.: Bibliothek, germanische. IV. (Falk, H. S.)

Torp, Alf: Norwegisch-dänisches etymologisches Wörterbuch, s. Falk, Hjalmar Sejersted

— Wortschatz der germanischen Spracheinheit, unter Mitwirkung v. Hjalmar Falk, s.a. Fick, Aug., vergleichendes Wörterbuch der Indogermanischen Sprachen.

Wortschatz der Germanischen Spracheinheit unter Mitw. von Hjalmar Falk gänzlich umgearb. von Alf **Torp**. Göttingen: Vandenhoek & Ruprecht 1909. (573 S.) 8°
= **Fick,** August: Vergl. Wörterbuch d. Indogerman. Sprachen. 4. Aufl. T. 3.

Torpedos, die. Ein Vortrag, gehalten in einer militär. Gesellschaft im Janr. 1868 von einem Ingenieur-Offizier. Berlin 868. Mittler & Sohn. gr. 8. (42 S. mit 2 Steintaff. in qu. 4.) n. 10 ngr.

Torpedos u. Seeminen, s.: Miniatur-Bibliothek.

Torpedos, die, u. Seeminen in ihrer historischen Entwickelung bis auf die neueste Zeit. Mit 2 (lith.) Taf. Abbildungen (in gr. 4.). gr. 8. (98 S.) Berlin 878. F. Luckhardt. n. 3.—

Torpedowesen, das, in der deutschen Marine in seiner organisatorischen u. materiellen Entwickelung. Entnommen aus den beiden, dem Reichstage im März 1883 vorgelegten Denkschriften des Chefs der Admiralität, betr. die Ausführg. d. Flottengründungsplans v. 1873 u. die weitere Entwickelg. der kaiserl. Marine. gr. 8. (25 S.) Berlin 884. Mittler & Sohn. n. — 40

Toerpel, Hermannus: De metricis partibus Zendavestae. Halis Saxonum (1874): Orphanotropheum. 56 S. 8°
Halle-Wittenberg, Phil. Diss. v. 4. Dez. 1874
Geb. Bernburg 30. 9. 1853. V.
Der verheissene andere Teil ist nicht ersch.

Törper, Andreas, Geschichtslehrer. Vorbegriffe zur Geschichte für die Zöglinge der k. k. Ingenieur-Akademie zusammen getragen. 8. Wien 1793.

Torporch, Augustin, Abhandl. von den Kegelschnitten. Mit 2 Kpf. Münch., (G. Franz). 8 gr

Torquato=Tasso; e. Roman v. C. A. Gruber. 8. Penig, Dienemann. 805.
Velinpap.

— — auserlesene Gedichte. Deutsch von Karl Förster. 1. Bändchen. Sonette. 2. Bändchen. Canzonen, Madrigale, Stanzen. Am Schlusse beigeb.: Amyntas. Schäferspiel von ...... Uebersetzt von H. L. v. Danford. 8. Zwickau 1821.

Torquatus, Manlius. Ambergae 1754. V: *Obernberger, Georg.* (Jes)

Torquemada, Antonio de. Hexamereon Oder Sechs Tage-Zeiten . . . Cassel 1652. Ü: *Hermann IV. Landgraf von Hessen.* (ADB 12, 129)

Torre, s. a.: Dalla Torre.

Torre, ..., Erzähll. aus der Geschichte des Alterthums, mit Anmerkk. Ein Lesebuch f. die Jugend. 8. Wien 790. (Eurich in Linz). 12 gr

Torre, A., expostulatio cum Bonnoso Reschampio de dispensationibus. 4. Mons. 789.

Torre, Alfred von (Hrsg.), s. Gesundheit, Die.

Torre, Alois della — Der Wiener=Faschingsnarr für 1856. Wien. Druck und Verlag von Ad. della Torre. (52 S. 16.)

Torre, Alois D., der unerschöpfliche kreuzfidele Wiener=Witzkopf in seiner heitersten Laune. Zur Unterhaltung für den Silvester=Abend und das ganze Jahr. 16. (96 S. mit eingedr. Holzschn.) Wien 855, Wenedikt. *

Torre, Fernando de la, Cancionero y obras en prosa, s.: Gesellschaft f. romanische Literatur. 16. Bd.

Torre, J. A. della, polit. Rechtsführung über die Frage: ob die Intestat=Erben die ererbten Realitäten ꝛc. zur Gewährung zu nehmen schuldig sind. gr. 8. Wien, Kaulfuß. 797. Rthlr. — 4

Torre, J. A. della, polit. Rechtsführung über die Frage: Ob die Intestat=Erben die ererbten Realitäten ꝛc. zur Gewährung zu nehmen schuldig sind. gr. 8. Wien 797. (Schaumburg u. C.) 4 gr

TORRE Johann Karl. Nachtrag zu des Herrn Ignaz Benedikt Hessl freymütigen Gedanken über das neue Grundsteuerrektificationsgeschaft von –. Mössle, Wien 1789. 1 vol. 40 S.

Torre, Jh. Mar. della, Geschichte u. Naturbegebenheiten des Vesuvs von den ältesten Zeiten bis zum J. 1779; aus d. Italien. mit e. Vorr. u. Anmerkk. von L. (L. F. W. Lentin). Mit Kpf. gr. 8. Altenb. 783. (Hennings in Neisse). 1 ℛ 8 gr**

Torre, Joh. Mar. della, Gesch. u. Naturbegebenh. d. Vesuv v. d. ält. Zeiten bis z. J. 1779, a. d. Ital. m. einer Vorrede u. Anmerk. v. L m. K. gr. 8. Altenb. Richter. (Akad. Buchhdl. in Jena.) 783.** 1 8

Torre, Oloff, s. Toreen

Torre, R. M. de la, Denkschrift über den Prozess des Erzherzogs Ferdinand Maximilian, s. Palacio, M. R.

Torre, Rob. della: Ferdinand Cortez, s. Bibliothek für die reifere christl. Jugend.

de la Torre, Rob., Ernestine, oder der Reiz der Tugend. — Nelly, die junge Künstlerin. — Karoline u. Julchen ꝛc., s. Bibliothek für die reifere christl. Jugend, 3.—5. u. 7. Bd.

– Drei Erzählungen, s. Bibliothek für die reifere christl. Jugend.

de la Torre, Rob., Fenelon, Erzbischof von Cambrai, nach Card. Beausset, s. Bibliothek für die reifere christl. Jugend, 6. Bd.

Torre, Rob. della, Fenelon, Erzbischof v. Cambrai. Nach Beausset f. die reifere christl. Jugend aus dem Französ. bearb. 2., verb. Aufl. Mit e. Stahlst. 8. (270 S.) Regensburg 874. Manz. 2. —

della Torre, R., Geschichte der Kreuzzüge, s.: Bibliothek f. die reifere christl. Jugend. 9. Bd.

Torre, Rob. della, Marie, — Sephora, } s. Bibliothek für die reifere christliche Jugend.

Torre, R. della, die letzten Tage v. Pompeji, s.: Bibliothek f. die reifere christliche Jugend.

Torre, R. della, die Waise aus Moskau, s. Bibliothek für die reifere christliche Jugend.

— die Waise aus Moskau oder die jugendl. Erzieherin. Eine Erzählg. aus den Zeiten d. letzten französ. Krieges. Nach dem Franz. 2. Aufl. Mit 1 Stahlst. 8. (244 S.) Ebend. 873. 1. 50

Würdigung des Herrn Dr's Vollmer Ansicht „Ueber den Ursprung der religiösen Erkenntniß im Menschen," dargestellt in der Einleitung zu seinem Wörterbuche der Mythologie aller Nationen. Von P. Robert della Torre, Vorstand des Instituts für Zögl. höherer Stände, P. der Religionsphilos. am L. u. Lehrer der hebr. Spr. u. s. w. — 1842. Ebend. — S. III–XIX.
Progr. Augsburg

Fortsetzung und Schluß [S. Nr. 160] der Würdigung des Herrn Dr's Vollmer Ansicht „Ueber den Ursprung der religiösen Erkenntniß im Menschen", dargestellt in der Einleitung zu seinem Wörterbuche der Mythologie aller Nationen. Von P. Rob. della Torre, ... — 1843. Ebd. — S. III–XXXI.
Progr. Augsburg

TORRENOS, ANT. CONR. de. — Vertheidigter Deutscher Orden wider die in einer vorlängst vergessenen, vor einiger Zeit aber durch CASSANDRUM THUCELIUM auff das neue edirten u. den Actis publicis inserirten Schrifft den Sämbtlichen Rittern zur Ungebühr geschehenen Auflagen, der Ehr-Liebenden Welt vor Augen gestellt von —. Breßlau u. Lignitz zu finden bey Michael Rohrlachs Wittib u. Erben 1718. 4°. (In Breslau, Stadtbibl.)
14 Bll., unpag. — *A. E.:* In der Kayser- u. Königl. Stadt Lignitz druckts Joh. Chp. Wätzoldt.

Torrent, Gervas, dramatische Werke. 2 Bdchn. Freiburg im Br. 861. Mayer in Comm. 8.
1. Bdchn.: Die Vermählung Heinrichs VI. in Mailand. Ein romantisches Drama. (VII, 113 S.) n. 16 ngr.
2. Bdchn.: Die Schlacht bei Roßbach. Ein Lustspiel in 3 Aufzügen. (2 Bl., 57 S.) n. 10 ngr.

Torrentalp und Umgegend, Kanton Wallis.... [Umschlag illustriert.] 8. Sion 1899.

Torres, Guido, Willensfreiheit u. wahre Freiheit. Mit e. Anh. Ueber den heut. Stand der Frage vom freien Willen. (46 S.) gr. 8. München 904. E. Reinhardt. n. 1. —

Torres Campos, Manuel. Das Staatsrecht des Königr. Spanien, s. a. Handbuch d. öffentlichen Rechts der Gegenwart.

Das Staatsrecht des Königreichs Spanien. Von Manuel **Torres Campos**. Freiburg i. B. 1889. = Handbuch des Oeffentlichen Rechts der Gegenwart. Hrgg. v. H. Marquardsen. Bd. 4. Halbbd. 1, Abth. 8. 8° m.

de **Torres y Ribera**, (Ant.,) Insulae Augustae Cretae Periplus, prodom. antiquit. Cretensium. Mit 3 Karten. Fol. Venedig 805, Andeola. (364 S.)

Torresani, Carl Baron, der beschleunigte Fall. Roman. 2 Bde. 8. (XI, 332 u. 392 S.) Dresden 892. E. Pierson. n. 10. —

Torresani, Carl Baron, der beschleunigte Fall. Roman. 2. Aufl. 2 Bde. 8. (253 u. 401 S.) Dresden 899. E. Pierson. n. 8. —

— Ibi Ubi. Ernste u. ausgelassene Soldatengeschichten. 8. (VII, 310 S.) Ebd. 894. n. 4. —; geb. n. 5. —

Torresani, Carl Baron, Ibi Ubi. Ernste u. ausgelassene Soldatengeschichten. 2. u. 3. Aufl. 8. (VII, 299 S.) Dresden 900. 902. E. Pierson's Verl. n. 4. —; geb. n. 5. —

—— Die Juckercomtesse. Roman aus der Gesellschaft. 8. (295 S.) Ebd. 891. * 4 —; geb. * 5 —

— dasselbe. 2., durchgeseh. Aufl. 8. (VI, 300 S.) Ebd. 894. n. 3. —; geb. in Leinw. n. 4. —

— die Juckercomtesse. Roman aus d. Gesellschaft. 3. durchgeseh. Aufl. 8. (VI, 306 S.) Ebd. 900. 3. —; geb. n. 4. —

— Die Juckerkomtesse. Roman aus der österreich. Gesellschaft. 5. durchgeseh. Aufl. (VI, 308 S.) 8. Ebd. (907.) 3. —; geb. n 4. —
Auch die übrigen Schriften desselben Verfassers aus E. Pierson's Verl. sind an obige Firma übergegangen.

— dasselbe, s. a. Bücher, die, des deutschen Hauses.

Die Juckerkomtesse. Von Carl Bⁿ **Torresani**. Berlin: Buchverlag fürs Deutsche Haus 1909. 287 S. 8°
(Die Bücher d. Deutschen Hauses. Bd 78.)

Torresani, Carl Baron, auf gerettetem Kahn. Roman. 8. (382 S.) Dresden 890. Pierson. n. 4. —; geb. n. 5. —

[F.] Auf gerettetem Kahn. Roman v. Carl Bⁿ **Torresani**. '(Forts. d. Romans 'Mit tausend Masten'.)' 3. umgearb. Aufl. *Dresden, Leipzig & Wien: E. Pierson 1897.* (2 Bl., 241—614 S.) 1 Bd 8. [98. 6966 Gr

—— Aus der schönen, wilden Lieutenants-Zeit. Roman aus dem österreich. Cavallerieleben. 1. u. 2. durchgeseh. Aufl. 3 Bde. 8. (IX, 206; 160; 278 S.) Ebd. 889. * 8 —; geb. * 10 —

— aus der schönen wilden Lieutenantszeit. Roman aus dem österreich. Cavallerieleben. 3., durchgeseh. Aufl. 2 Bde. 8. (VIII, 371 u. V, 283 S.) Ebd. 894. n. 6. —; geb. in Leinw. n. 8. —

Torresani, Carl Baron, aus der schönen wilden Lieutenants-Zeit. Roman aus dem österreich. Cavallerieleben. 4. u. 5., durchgeseh. Aufl. 2 Bde. (VII, 356 u. V, 268 S.) 8. Dresden 904. E. Pierson. n. 6. —; geb. n. 8. —

Torresani, Carl Baron, m. tausend Masten. Roman. 8. (240 S.) Dresden 890. Pierson. n. 3. —

— m. tausend Masten. Roman. 3., umgearb. Aufl. 8. (238 S.) Ebd. 897. n. 3. —; geb. n. 4. —

— die Familie Mikesch. Für Oesterreich: Die Mikesch-Mali. Wiener Sittenbild in 4 Aufzügen. 8. (IV, 176 S.) Ebd. 901. n. 1. 50

— Oberlicht. Wiener Künstler-Roman. 8. (VI, 445 S.) Ebd. 893. n. 5. —; geb. n. 6. —

— Oberlicht. Wiener Künstler-Roman. 2. (Titel-) Aufl. 8. (VI, 445 S.) Ebd. (893) 896. n. 5. —

— Oberlicht. Die Geschichte e. Ehebruchs. 3. Aufl. 8 (392 S.) Ebd. 903. n. 5. —; geb. n. 6. —

— Oberlicht. Die Geschichte e. Ehebruchs. 4. Aufl. (392 S.) 8. Ebd. 905. n. 5. —

— Pentagramm. Novellen. 1. u. 2. Aufl. (VII, 247 S.) 8. Ebd. 904. n. 2. 50; geb. n. 3. 50

— Schwarzgelbe Reitergeschichten, s. a. Bücher, die, des deutschen Hauses.

—— Schwarzgelbe Reitergeschichten. gr. 8. (343 S.) Ebd. 889. * 4 —; geb. * 5 —

— schwarzgelbe Reitergeschichten. 3., durchgeseh. Aufl. 8. (VIII, 352 S.) Ebd. 898. n. 4. —

— schwarzgelbe Reitergeschichten. 4. durchgeseh. Aufl. 8. (VIII, 352 S.) Ebd. 899. n. 4. —

— schwarzgelbe Reitergeschichten. 5., durchgeseh. Aufl. (VIII, 352 S.) 8. Ebd. (906). n. 4. —; geb. n. 5. —

Schwarzgelbe Reitergeschichten. Von Carl Bⁿ **Torresani**. Ill. von A. Scheiner. Berlin: Buchverlag fürs Deutsche Haus 1909. 301 S. 8°
(Die Bücher d. Deutschen Hauses. Bd 68.)

— steyerische Schlösser. Roman in 3 Büchern. 1. u. 2. Aufl. 8. (VI, 714 S.) Berlin 897. F. Fontane & Co. n. 7. 50; geb. n. 9. —

— steyerische Schlösser. Roman in 3 Büchern. 4. Aufl. (VI, 715 S.) 8. Ebd. 904. n. 5.—

— s.: Schönfeld, Karl Graf, Erinnerungen e. Ordonnanzoffiziers Radetzkys.

Torresani's, Carl Baron, gesammelte Schriften. (In 50 Lfgn.) 1. Lfg. 8. Dresden (907). [E. Pierson.] Berlin, Verlag Berlin-Wien. —40
1. Die Judercomtesse. Roman aus der Gesellschaft. (XX u. S. 1–64.)

— von der Wasser- bis zur Feuertaufe. Werde- u. u. Lehrjahre e. österreich. Offiziers. 2 Bde. 2.—4. Aufl. 8. (à 335 u. 319 S. m. 16 Abbildgn.) Ebd. 900. 901. n. 10.—; geb. n. 14.—

— aus drei Weltstädten. M. e. Bildniß d. Verf. in Kohlenzeichng. v. Ludw. Michalek. 8. (VIII, 373 S.) Dresden 896. E. Pierson. n. 5.—; geb. n. 6.—

— aus drei Weltstädten. 2. durchgeseh. Aufl. gr. 8. (367 S.) Ebd. 901. n. 5.—; geb. n. 6.—

Torresani, Karl Ferdiand Franz von, s. Torresani, Karl

Torretin, Herrm., elucidarius poeticus cum not. Koeber. 12. ibid. 704.

Torrey, Charles C., s.: Al-Buhari, selections from the Sahih.

Torrey, Charles C., the composition and historical value of Ezra-Nehemiah, s.a. Zeitschrift f. d. alttestamentl. Wissenschaft.

The Composition and Historical Value of Ezra-Nehemiah. By Dr. Charles C[utter] Torrey, Instr. at Andover Theolog. Semin. Giessen: J. Ricker 1896. (3 Bl., 65 S.) 1 Bd 8.
= Beihefte z. Zeitschrift f. d. alttestam. Wissenschaft. [No] II. (96. 7335

Torrey, R[euben] A[rcher]

— eile, rette deine Seele. 5 Evangelisations-Ansprachen. (51 S.) 8. Ebd. 905. n. —40

— Einmal geboren, zweimal gestorben, zweimal geboren, einmal gestorben. (14 S.) kl. 8. Ebd. nn —10

— Entweder—Oder. Ins Deutsche übertr. v. A. v. Z. (22 S.) kl. 8. Ebd. —20

Völlige Erlösung. 11 Evangelisations-Ansprachen v. Dr. R[euben] A[rcher] Torrey. 1. Aufl. Wandsbek: 'Bethel' [1907]. (183 S.) 8° [F.] 08. 15677 8

Torrey, R. A., die Fülle d. Kraft, wie wir sie im Christenleben u. Christenwirken erlangen. Übers. v. G. Holtey-Weber. (118 S.) 10,5×15 cm. Chemnitz (908). G. Koezle. Kart. 1.—.

Gefäße, dem Hausherrn bräuchlich. Wer Seelen gewinnt, ist weise. 3 Ansprachen von Dr. R[euben] A[rcher] Torrey. Ins Deutsche übertr. von R. v. d. K. 1. Aufl. Wandsbek: 'Bethel' [1907]. (13 S.) 8° [F.] 08. 15676 8

— Geisteskraft u. Geistesfülle. (134 S. m. Bildnis.) 8. Wandsbeck 906. Verlag des Missionshauses „Bethel". n. 1.—

— Helden u. Feiglinge. Evangelisations-Ansprache. (12 S.) 8. Gotha 905. Missionsbuchh. P. Ott. n.n. —10

— Helden u. Feiglinge. Evangelisations-Ansprache. 3. Aufl. (12 S.) 8. Gotha 908. Missionsbuchh. P. Ott. —10

— Himmlische Herrlichkeit. (16 S.) kl. 8. Wandsbek. Hamburg, Verlagsbuchh. „Bethel". nn —10

— Heute od. morgen? (13 S.) kl. 8. Ebd. nn —10

— Hilfe auf dem Wege. Die besten Bibeltexte f. persönl. Seelsorge zum prakt. Gebrauch geordnet. 4.—7. Taus. (127 S.) 13,9×7,6 cm. Gelsenkirchen (907). Chemnitz, G. Koezle. Geb. in Leinw. 1.—

— Kindlein, bleibet in Ihm. Worte an junge Christen. (6. Taus.) (24 S.) kl. 8. Wandsbek. Hamburg, Verlagsbuchh. „Bethel". —20

— die vier größten Kräfte u. die größte Frage, welche jeder stellen u. beantworten kann. Evangelisations-Ansprache. (19 S.) 8. Ebd. 905. n.n. —15

— Die Pfingstgabe. Wie wird sie mein? Wie bleibt sie mein? (27 S.) kl. 8. Wandsbek. Hamburg, Verlagsbuchh. „Bethel". —20

— „Richte dein Amt redlich aus!" Ein Wort an meine Amtsbrüder. (30 S.) kl. 8. Ebd. —20

Torrey, R. A., Schwierigkeiten u. angebliche Irrtümer u. Widersprüche der Bibel. (147 S.) 8. Wandsbek. Hamburg 908. Verlagsbuchh. „Bethel". nn 1.30

— Seelen-Gewinnen. Nach e. Ansprache. (19 S.) 8. Ebd. 904. n. —20

— die Taufe m. dem hl. Geist. In das Deutsche übertr. v. G. Holtey-Weber. 1. u. 2. Aufl. (57 S.) kl. 8. Barmen 904. 905. E. Müller. n. —75

Die Taufe mit dem heiligen Geist. Von Dr. R[euben] A[rcher] Torrey. In d. Deutsche übertr. von G[ustav] Holtey-Weber, Pastor. 3. Aufl. Barmen: E. Müller 1905. (57 S.) 8°

— Hinter der verschlossenen Tür. Gedanken üb. das Gebet. (18 S.) kl. 8. Ebd. —20

Torrey, R[uben] A[rcher]. Meine Überzeugung. Ein Wort an die Männerwelt über die Bibel und den Christus der Bibel. Übersetzung des englischen Talks to men von M[aria] K[ober]-G[obat]. 152 S. 8. Basel, Kober, 1905. [fr. 1.—, geb. 1.75]

— Meine Überzeugung. Ein Wort an die Männerwelt üb. die Bibel u. den Christus der Bibel. Übersetzg. des engl. Talks to men v. M. K.-G. 2. Aufl. (4.—6. Taus.) (152 S.) kl. 8. Basel 907. Kober. —80; geb. in Leinw. 1.40

— Vom Unglauben zum Glauben. (30 S.) kl. 8. Wandsbek. Hamburg, Verlagsbuchh. „Bethel". —20

— Wahn od. Wirklichkeit? (16 S.) kl. 8. Ebd. nn —10

— was es kostet, nicht e. Gotteskind zu sein. Evangelisations-Ansprache. (12 S.) 8. Ebd. 905. n.n. —10

— Was zögerst du? Eine Evangelisations-Ansprache. (18 S.) kl. 8. Ebd. nn —10

— welchen Nutzen das Gottvertrauen e. Menschen bringt. Evangelisations-Ansprache. (12 S.) 8. Gotha 905. Missionsbuchh. P. Ott. n.n. — 10

— Wer kann denn selig werden? (16 S.) kl. 8. Ebd. nn — 10

Torrey, R[euben] A[rcher]. Wie beten wir? Übersetzung des englischen: How to pray von M[aria] K[ober]-G[obat]. 123 S. 8. Basel, Kober, 1903. [fr. 1. —, geb. fr. 1.75]

Torrey, R. A., wie beten wir? Uebersetzung des engl.: How to pray v. M. K.-G. 1.—4. Aufl. (1.—12. Taus.) (123 S.) kl. 8. Basel 903—907. Kober. n. — 80; geb. in Leinw. n. 1. 40

— wie bringen wir Menschenseelen zu Christo? Einzig autoris. Uebertragg. v. G. Holtey-Weber. 4. Aufl. (128 S. m. Bildnis.) Mülheim a/R. 906. Buchh. d. ev. Vereinshauses. n. 1. —; geb. n. 1. 25

— Wie bringen wir Menschenseelen zu Christo? Einzig autoris. Übertragg. v. G. Holtey-Weber. 9.—12. Taus. kl. 8. Striegau 910. Th. Urban. — 60; geb. 1.— u. 1. 20

— wie erlangen wir die Fülle der Kraft im Christenleben u. Christenwirken. Einzig berecht. Uebertragg. v. G. Holtey-Weber. (118 S.) kl. 8. Mülheim-Ruhr (906). Buchh. des ev. Vereinshauses. n. 1. —; geb. n. 1. 25

— wie lernen wir unsere Bibel kennen? Uebersetzg. des engl.: How to study the bible v. M. K.-G. 1. u. 2. Aufl. (120 S.) kl. 8. Ebd. 904. 905. n. — 80; geb. in Leinw. n. 1. 40

Torrey, R. A., wie lernen wir unsere Bibel kennen? Übersetzung des engl.: How to study the bible v. M. K.-G. 3. Aufl. 7.—9. Taus. (120 S.) kl. 8. Basel 908. Kober. — 80; geb. in Leinw. 1. 40

Wie werde ich ein ganzer Christ? (How to succeed in the christian life.) Von Dr. R[euben] A[rcher] **Torrey**. (Vorw.: D. H. Dolman.) 5. Aufl. Wandshek: 'Bethel' 1907. (114 S.) 8° [F.] [08. 1612, 8

— Wie werde ich e. ganzer Christ? 3. Aufl. (126 S.) kl. 8. Wandsbek 910. Hamburg, Verlagsbuchh. „Bethel". 1.—; geb. 2. —

— Wie werde ich selig? (16 S.) kl. 8. Ebd. nn — 10

— Wie wird es sein, wenn der König kommt? Ein bibl. Vortrag. (29 S.) kl. 8. Ebd. — 20

— Wo finde ich Ruhe? (16 S.) kl. 8. Ebd. nn — 10

— Wo wirst du die Ewigkeit zubringen? Eine Ansprache. (15 S.) kl. 8. Ebd. nn — 10

— Zeugen-Kraft u. Zeugen-Dienst. Ansprachen (geh. in Berlin). (52 S.) 8. Ebd. 905. n. — 40

Zielen-winnen (⟨vangen⟩). Naar eene uit het Duitsch vertaalde Toespraak van Dr. [Reuben Archer] **Torrey**. Düsseldorf: Grubé [um 1906]. (16 S.) 8° [07. 968

Torri, Thom. v., Anleitung üb. d. Transportführungen u. Legung der darauf Bezug habenden Rechnungen, gegründet auf die darüber besteh. Normalien. gr. 16. (4 B. u. viele Tab.) Wien 839, [Heubner's Verl.] *

Torri, Thomas v., Hauptm. im k. k. 2. Inft.-Reg. Anleitung über die Transportführungen und Legung der darauf Bezug nehmenden Rechnungen gegründet auf die darüber bestehenden Normalien. 2., sehr vermehrte Auflage. 12. Wien 1842.

Torri, Thom. v., der gemeine Infanterist als Schildwache in der Garnison, im Felde u. als Ordonnanz. In Fragen u. Antworten. 16. (8⅛ B.) Wien 846, Heubner. *

Torriano-Williams, Hamerton L., das elektr. Heizen u. Kochen, f. Laien u. Fachleute geschrieben. Erfahrgn. nach mehrjähr. Gebrauch elektr. Heiz-, Koch- u. Badeapparate. (Hauptpunkte: Stärke d. Anlage; verschiedene Apparatsysteme; Stromverbrauch u. Kosten elektr. Wärmeentwicklg.) 1898—1902. gr. 8. (XV, 159 S. m. Abbildgn.) Auma (902). Jügelt's Buchdr. n. 8. — geb. in Leinw. n. 9. —

Torricelli, Evangelista, Esperianza dell' orgento vivo, s.a. Neudrucke v. Schriften u. Karten üb. Meteorologie u. Erdmagnetismus. Nr. 7.

Evangelista **Torricelli**. Esperienza dell' Argento Vivo. (Saggi di natvrali esperienze fatte nell') Accademia del Cimento. (Vf.: Lorenzo Magalotti.) Istrumenti (Dichiarazione d'alcvni strumenti) per conoscer l'Alterazioni dell' Aria. M. e. Einl. (Hrsg.: G[ustav] Hellmann, Berlin.) *Berlin: A. Asher & C. 1897.* (21, 15 S., 1 Taf.) 1 Bd 8.(4.)
— **Neudrucke** v. Schriften u. Karten üb. Meteorologie u. Erdmagnetismus. No 7. [97. 410

Torriedt, Paul [Pseud.], s.a. Brücker, Friedrich

Torriedt, Paul, Heimat-Glocken. Gedichte. 2. verm. Aufl. (128 S.) kl. 8. Castrop (908). H. Schmitz. Geb. in Leinw. m. Goldschn. 2. —

Torriedt, Paul, Jugendspiegel. E. Buch d. Unterhaltg. u. Belehrg. f. deutsche Kinder. 8. (46 S. m. Abb.) Münster 895. A. Russell. n. — 75; geb. in Leinw. n. 1. 25

— ein böser Traum. Auch e. Dichter. Zwei Erzählgn. 8. (48 S.) Ebd. 894. n. — 75; geb. n. 1. 25; m. T.: Weh dem, der lügt. Das Kind seiner Mutter, in 1 Bd. geb. u. d. T.: Vier Erzählgn. f. die liebe Jugend, n. 2.—

Torriedt, Paul, weh dem, der lügt. Das Kind seiner Mutter. 2 Erzählgn. 8. (52 S.) Münster 894. A. Russell. n. — 75

Törring, Agnes Bernauer, s. Meyer's Volksbücher.

Auch eine Beylage zur ersten Warnung über Freymaurer. A. Nosce te ipsum, B. — et alios B — ▭. [Von Graf Jos. v. **Törring.**] [München]: 1785. 44 S. 8°

[Dasselbe.] [Nachdr.] [München]: 1785. 32 S. 8°
cf. **D. neuesten Religionsbegebenheiten.** 9 (1786) S. 755; 9 Zugabe 1 (1786) S. 5—6.
Kl. 3215. Bezeichnet der Regierung den Plan, nach dem sie gegen die Illuminaten vorgehen könne.

Törring, Jos. Aug. Frhr. v., s.: National-Litteratur, deutsche.

v. Törring zu Jettenbach, Graf Aug., Auszug aus d. polit. Weltgeschichte, zum Gebrauch junger Herren v. Adel in Kur-Baiern. 8. Münch. 766.

zu *Törring-Jettenbach*, Max. Prokop., († d. 30. Dec. 1789.) compendium constitutionum ecclesiasticarum Dioeceseos Ratisbonensis etc. 8. Regensb. 787.

Toerring-Jettenpach, J. J. F. comes de. Tractatus de architectura militari. (Mit Taf.) Salisburgi 1700. 153 S. 4⁰

zu Törring u. Kronsfeld, Graf Jos. Aug., auch eine Beilage gegen die Illuminaten in Baiern. 8. Münch. 785.

(*Törring u. Cronsfeld*, Jos. Aug. Graf v.) *Agnes Bernauerinn*. Ein vaterländisches Trauerspiel (in 5 Aufzügen). 4. Aufl. (Motto aus der Aeneide.) München, bey Joh. Bapt. Strobl, 1790. 8⁰. Lesespuren, oben kurzrandig. Beibd.
80 S. — Die erste seltene Ausg. erschien o. O. (ebd.) 1780. 8⁰. (Cfr. Maltzahn's Bücherschatz, Abth. III, no. 2585.) — N. A. Mannheim, Schwan u. Götz, 1791. 8⁰.

Zu Törring u. Kronsfeld, Graf Jos. Aug., s. 1) Bernauerin, Agnes. 2) Kaspar der Thöringer.

Törring zu Seefeld, Anton Klemens von

— weitere Abhandl. von der Verbesser. bei dem Hopfenbau. 4. Münch. 773.

— Anhang v. der Verbesser. beim Hopfenbau, s. v. Haslang, Abhandl. von Bereicherung des Landes.

Graf A. v. Törring Seefeld, Landwirtschaftlicher, geprüfter Anhang von der Verbesserung bei dem Hopfenbaue. 1773 München
„Diese Schrift, die Frucht reicher (seit 1769) gesammelter Beobachtungen und Erfahrungen ... wurde zum Standardwerk der dt. Hopfenbautechnik jener Zeiten" (Stiegler).

– s. Belagerung, Die.

v. Törring zu Seefeld, Reichsgraf Ant. Clem., († d. 6. Febr. 1812.) Betrachtt. üb. die alten Deutschen. gr. 4. Münch. 781. (Franz). 5 fl

— gründl. Beweise von den vorzüglich. Verdiensten des Hauses Baiern um das deutsche Reich. 4. Münch. 771.

— von der Nutzbarkeit der Wiesen u. des Heuwuchses. Münch. ... (Franz). 3 fl

— erörterte Preisfrage: Ob der baier. Hopfen dem böhm. an Güte gleich sey? 4. Münch. 769.

Graf A. v. Törring-Seefeld, Gründlich und nützlich erörterte ökonomische Preisfrage: ob der b. Hopfen dem böhmischen an Güte gleich sey und worinn allenfalls ihr Unterschied bestehe.
Verf. Gründer der Seefeldischen Feldbausozietät.
1769 München

— Rede von der Erziehung d. Jugend. 4. Burghaus. 777. (Centner in Münch.) 6 fl

– s. Regnard, d. Zerstreute.

v. Törring, zu Seefeld, Reichsgraf Ant. Klem., der theure Ring. Lstspl. 8. Münch. 783. Strobl. 6 fl

– s. Schuster, Der, u. sein Freund.

— der Verlust eines weisen Mannes bei dem Hintritt des Freiherrn v. Ickstadt. gr. 4. Münch., (Franz). 5 fl

– s. Vorurtheil, Das.

Torrubia, Joseph. Schildwache gegen die Freymäurer, a. d. Span. Ansbach 1783. Ü: *Soden, Carl August Freih. von.* (MGT) (Ky)

Torrubia's Schildwache gegen die Freimaurer; aus d. Span. (v. K. A. v. Soden). 8. Ansb. 783.

Torrubia (Jos.). Prediger und apostol. Missionär. Censor und Revisor der hohen Inquisizion etc. Schildwache gegen die Freymaurer. Mit Kupfern. Aus dem Spanischen übersetzt von dem Rittmeister (K. A.) von Soden. Wallerstein und Ansbach, beim Verfasser. (1785.) kl. 8. 164 S. 1 Kpfr. u. 2 Vignetten.

Torrubia, P. Jos., Vorbereitung zur Naturgesch. von Spanien; aus d. Span. übers., mit Anmerkk. u. Nachrr., die neue Portugiesische Literatur betreff., v. C. G. v. Murr. Mit 14 Kpf. 4. Halle 773. Gebauer. 1 ꝑ 14 fl

Torrund, Jassy (Josepha Mose), Christrosen u. and. Novellen, } s.: Roman-Gallerie f. Salon u. Reise.

Torrund, Jassy (Frl. Josepha Mose), die Gipskatze u. andere lustige Geschichten, s.: Universal-Bibliothek.

– Erkämpftes Glück, s. Roman-Gallerie für Salon und Reise.

— Sein Herzenskind, s.: Reclam's Novellen-Bibliothek.

— dasselbe, s.: Universal-Bibliothek.

Torrund, Jassy (Frl. Josepha Mose), weiße Narzissen u. andere Novellen, s.: Universal-Bibliothek.

Ein dunkler Punkt. Novelle von Jassy **Torrund** [d.i. Josefa Mose]. Berlin: A. Goldschmidt 1906. (109 S.) 8° [F.]
(Goldschmidts Bibliothek f. Haus u. Reise.) (07. 816)

– Sonja's Rache. Roman. 8. (195 S.) Leipzig 898. Ph. Reclam jun. n. 8. —; geb. n. 4. —

— Spätsommer u. andere Novellen, s.: Universal-Bibliothek.

— was das Leben bringt. 16. (VII, 161 S.) Großenhain 895. Baumert & Ronge. n. 1. —; geb. n.n. 2. —

Torrund, Jassy (Frl. Josepha Mose), wenn's dunkel wird. 8. (109 S.) Berlin 902. A. Goldschmidt. 1. 50
geb. in Leinw. 2. —

li Tors, Lambert, et Alex. de Bernay, li Romans d'Alixandre, siehe: Bibliothek des literarischen Vereins in Stuttgart. XIII. Thl.

Torsaeana, sive Thormodi Torsaei notae posteriores ad seriem regum Daniae, praef. P. F. Suhm, cum fig. 4. Kopenh. 778. (Gyldendal). 18 fl

. Rede, bey dem Schlusse des Jahres der am 30. Dec. [1772] gehaltenen feyerlichen Versammlung des Ehrw. Freymâurerordens vorgetragen und zur Versicherung der aufrichtigsten Hochachtung und Freundschaft übereignet von dem Redner des Ordens [d. i. Torsches]. Berlin [1773]: Decker. 16 S. 8°

Kl. 909. Selten. Üb. das wahre Glück, das in der Tugend liegt.

Torsellini, Oratio. Epitome historiarum . . . usque ad annum 1723 continuata . . . Tyrnaviae 1723. MV: *Rost, Thomas.* (Jes)

Torso, der, eine Zeitschrift, der Kunst gewidmet v. C. Bach u. K. F. Benkowitz. 12 Hfte. Mit Kpf. gr. 4. Bresl. 796, 97. W. G. Korn. 10 ß

— s. auch Mein Torso.

Torso, Mein. Bruchstück aus Peter Paul Zwyzkes Leben und Erfahrungen in und ausserhalb Zschikkewitzsch. Von ihm selbst beschrieben und zwar unter der Weltherrschaft Napoleons des Grossen. — Vorläufig in vier Dutzend ungleichen Gaben. Frankf. a. M. 1823. V: *Jung, Franz Wilhelm.* (Zeitschr. f. Büch. N. F. 1912/1913, IV. Jg., S. 382; 15, 1923, 125)

Torso, mein, Bruchstücke aus Peter Paul Zwyzke's Leben u. Erfahrungen. 4 Bdchn. 8. Frankf. 823, Varrentrapp.

Torso, der Rothbart, oder die Zauberveste. Geistergeschichte. 8. Leipz. Joachim. 815.

Torsperre

Thorsperre, Keine, mehr! Braunschweig [ca. 1830]. V: *Römer, Jacob Ludwig.* (Mitth. Dr. H. Bäsecke.)

Torstenson, O., einige aetiologische u. therapeutische Beobachtungen boi Bronchial-Asthma. Vortrag, geh. auf der 5. General-Versammlg. dor schwed. Aerzte in Stockholm. [Aus: „Allg. med. Central-Ztg."] gr. 8. (12 S.) Berlin 893. O. Coblentz. n. 1. —

Tortebat, Frz., Verfassung d. Anatomie, wie selbige zur Mahlerey u. Bildhauerey erford. wird, m. K. Fol. Berlin. 706.

Tortebat, Francisco. Kurtze Verfassung der Anatomie, wie selbige zu der Malerey und Bildhauerey erfordert wird u. s. w. Erstlich ans Licht gegeben von Francisco Tortebat, übersetzt von Samuel Theodor Gerike. Berlin 1709. 4°.

Tortel, P., Manuel du service régimentaire de l'Artillerie en garnison. (Mit 2 Tabellen u. 7 Steintaf.) gr. in-12. Strasburg et Paris 833 Levrault. $1^1/_3$ ß

Tortenverzierungen, preisgekrönte. 54 moderne Vorlagen m. Erläutergn. u. e. Garnierschule. (18 S. u. 45 z. Tl. farb. Taf.) 31×21 cm. Nordhausen (908). H. Killinger. Geb. in Leinw. 12. —

Torti, Francesco: Tre Lettere...al Sign(ore) Proposto Ludovico Antonio Muratori. 23 S. (S.28 - 50), gbd.

Francofurti et Lipsiae: Fleischer 1756
in: Torti, F.: Therapeutice specialis ad febres periodicas perniciosas... Ed.quinta. 1756

JB 1.841

Torti, Francesco: Responsiones jatro-apologeticae ad criticam dissertationem de abusu Chinae Mutinensibus medicis perperam objecto a...Bernardino Ramazzino... 200 S., gbd.

Francofurti et Lipsiae: Fleischer 1756

JB 1.841

Torti, Francesco: Therapeutice specialis ad febres periodicas perniciosas... Addita in hac quinta editione auctcris vita a Lodovico Antonio Muratori conscripta, atque aliis ejusdem opusculis. 520 S., gbd.

Francofurti et Lipsiae: Fleischer 1756

JB 1.841

— therapeutice specialis ad febres periodicas perniciosas. Nova editio, auct., accurat., cui subnectuntur ejusdem auctoris responsiones jatroapologeticae Cl. Ramazzini; additis auctoris vita a Muratorio conscripta et notis editorum. Edentibus et curantibus C. C. J. Tombeur et O. Brixhe. 8. Lüttich 822. Bassompierre. (Bonn, Marcus). 5 ß

Tortilowicz v. Batocki, Erminia, s.: Matangen, E. v.

»Tortoise«-Feld-Lazareth-Einrichtung. (Berlin) 1889

»Tortoise« field hospital equipment, The. (Berlin) 1889

Tortus, s. Torti

TORUŃ. **Praca uwieńczona na konkursie rospisanym przez Towarzystwo Naukowe Toruńskie.** Toruń. 1884. Nakładem Towarzystwa Naukowego. 8°.

Törvénykönyv Ausztriai általános polgári — kihirdettetett az 1852 november 29 nyiltparancscsal Magyar-Horvat és Tótországban, a Szerbvajdaságban és a temesi bánságban, az csen törvénykönyvre vonatkozó, a féiggelékben foglalt utolagos rendeletekkel együtt. III Rész. (1342 — 1502 §§.) Lajstrom és Függelek. (Allgemeines österreichisches bürgerliches Gesetzbuch kundgemacht mit dem Patente vom 29. November 1852 in den Königreichen Ungarn, Kroatien, Slavonien, der serbischen Woiwodschaft und dem Temeser Banate, sammt den auf dieses Gesetzbuch sich beziehenden in dem Anhange enthaltenen nachträglichen Verordnungen. III. Theil. (§§. 1342 — 1502.) Register und Anhang) (56, CLXXV, 122 S.) 8. Wien. Aus der k. k. Hof- und Staatsdruckerei. 1853.

Törxer, Jos. Max., Sporners Familiengeschichte. 3 Thle. 8. Wien 791. (Acad. B. in Linz). 16 ß

Torzettel

THOR-ZETTEL, Gantz nagel-neuer curieuser, zum Neuen Jahrs-Praesent verehret. O. O. 1708. 2 Bll. 4°. (5 Mk. Jacques Rosenthal, München, 1912:)
Beissende Satyre auf d. Zeitereignisse.

Tosatto, Carlo

— De praesenti historico apud Sallustium, Velleium, Valerium, Curtium, Florum. (91 S.) gr. 8. Ebd. 905. n. 2. 40

Tosatto, Carol., De infinitivi historici usu apud Curtium Rufum et Florum et Sulpicium Severum. (35 S.) gr. 8. Padua 906. Gebr. Drucker. n. 1. 20

Toscallo, Z. M., meine Jugend. Gedichte. 8. (IV, 119 S.) Großenhain 889. Baumert & Ronge. n. 1.—; geb. n. 2.50

Toscana, s.a. Toscano

Toscana del Banner, Jos. G., die deutsche Nationalliteratur der gesammten Länder [sowohl der heutigen wie der jeweilig dazu gehörigen] der österreich. Monarchie von den ältesten Zeiten bis zur Gegenwart, historisch-chronolog. dargestellt. 1. Bd. A. u. d. T.: Die deutsche Nationalliteratur der gesammten Länder der österreich. Monarchie im Mittelalter. 1. u. 2. Abth. gr. 8. (380 S.) Wien 849, (Jasper, Hügel &) Manz. 2½ ₰

Centrale Toscana-Eisenbahn vom Empoli bis Siena. Aus dem Protokolle der 10. General-Versammlung in Siena vom 30. April 1855. Wien, 1855. Aus J. B. Wallishausser's k. k. Hoftheater-Druckerei. (2 Blätt. 4.)

Toscani, institutiones philosoph. moralis. II Ptes. 8. maj. Grätz, Zaunrieth. 786.

Toscani, Theod., et Jos. Cozza, de immaculata deiparae conceptione hymnologia Graecorum ex editis et manuscriptis codicibus cryptoferratensibus, latina et italica interpretatione, patrologica comparatione et adnotationibus illustrata. gr. 4. (XXXII und 238 S.) Rom 862, (Spithöver.) *

Toscano, s.a. Toscana

Toscano, Anton

— — — — Gesetz vom 17. März 1892, betr. die Abwehr und Tilgung der Lungenseuche der Rinder samt allen hierzu erschienenen Erlassen der Ministerien und Landesbehörden. Wien.

Toscano, Anton u. August Postolka: Handbuch der Tierseuchen-Gesetzgebung. Samml. aller für d. Thierarzt nothwendigen Gesetze, Verordnungen ... Wien 1888. XII, 290 S.
— 2. durchges. u. verm. Aufl. 1897. XII, 552 S.

Toscano, A., u. A. Postolka, Handbuch der Thierseuchen-Gesetzgebung. Nach den letztverflossenen Verfüggn. rectificirte Sammlg. aller f. den Thierarzt nothwend. Gesetze, Verordngn., Erlässe u. Kundmachgn. m. e. Beschreibg. der Thierseuchen u. e. Anleitg. zur Ausfertigg. thierärztl. Schriftstücke. gr. 8. (XII, 290 S.) Wien 888. Vetter. n. 5. —

Toscano, Ant.: Die animalischen Nahrungs- u. Genussmittel d. Menschen, s. Postolka, Aug.

Toscano del Banner, Jos. G., die deutsche Nationalliteratur der gesammten Länder (sowohl der heutigen wie der jeweilig dazu gehörigen) der österreich. Monarchie von den ältesten Zeiten bis zur Gegenwart, historisch-chronolog. dargestellt. I. Bd. A. u. d. T.: Die deutsche Nationalliteratur der gesammten Länder der österreich. Monarchie im Mittelalter. I. und 2. Abthl. gr. 8. (380 S.) Wien 849, [Manz.]

Tosch, Josef (Hrsg.), s. Wathner's praktischer Eisen- und Eisenwaaren-Kenner ...

Toscheff, Georgi, aus Poruschtiza (Bulgarien): Friedrich List und Henry Ch. Carey als Vorläufer der modernen Schutzzollbewegung. Bern 1906. 80 S. 8°. [20. XII. 04.)
Bern. Phil. Diss. 1906/1907.

Toscheff, Georgi. Friedrich List und Henry Ch[arles] Carey als Vorläufer der modernen Schutzzollbewegung. Diss. Phil. Bern. [Mit 2 Figuren.] II + 80 S. 8. Bern, Haller, 1906.

Tosefta, nach den Erfurter und Wiener Handschriften mit Parallelstellen und Varianten hrsg. von M. S. Zuckermandel. 6 Lfgn. gr. 8. (692 S.) [Berlin 877, Benzian.] (Trier, Lintz'sche Buchh.) * 24 —

Tosefta, nach den Erfurter u. Wiener Handschriften mit Parallelstellen u. Varianten hrsg. von M. S. Zuckermandel. 6 Lfgn. gr. 8. (XII, 692 S.) Pasewalk 877—80. Trier, Lintz. n. 24. —

Tosefta zum Tractat Chulin, neu geordnet u. m. e. Commentar „Higajon Arije" versehen v. A. Schwarz. (In hebr. Sprache.) gr. 8. (81 S.) Frankfurt a/M. (901). J. Kauffmann. n. 2. 50

Tosefta, s. Zuckermandel, M. S.

Toseftoth Seder Moed. Den Toseftoth zur Ordng. Moed (Feste), m. Einleitg. u. Commentar v. M. Friedmann. (In hebr. Sprache.) gr. 8. (280 S.) Paks 899. (Frankfurt a/M., J. Kauffmann.) n. 2. 50

Toselowski, Frz., Raumlehre oder Geometrie für Stadtschulen u. Handwerkerschulen. Berlin 864. Mittler & Sohn. 8. (VII, 43 S. m. Holzschn.) n. 6 ngr.

Toselowski, Frz., Raumlehre oder Geometrie für Stadtschulen und Handwerkerschulen. 2. Aufl. 1870, und 3. Aufl. 8. (VI, 49 S. mit eingedr. Holzschn.) Berlin 874, Mittler und Sohn. * — 60

Toselowski, Frz., Raumlehre od. Geometrie f. Stadtschulen u. Handwerkerschulen. 4. Aufl. 8. (49 S. m. eingedr. Holzschn.) Berlin 876. Mittler & Sohn. n. — 60

Toselowski, F., Raumlehre od. Geometrie f. Stadtschulen u. Handwerkerschulen. 6. Aufl. gr. 8. (V, 53 S. m. eingedr. Fig.) Berlin 885. Mittler & Sohn. n. — 60

Toselowski, Frz. Raumlehre od. Geometrie f. Stadtschulen u. Handwerkerschulen. 7. Aufl. gr. 8. (V, 53 S. m. Fig.) Berl. 890, Mittler u. Sohn. * — 60

—— eine Reise um die Erde mit zweijährigem Aufenthalt in Japan. 8. (V, 145 S.) Ebendas. 875. * 1 60

Toselowski, F., Schul-Hygiene. Aus den Verhandlungen des medicinisch-pädagog. Vereins unter Betheiligung der Herren Ranke, Kübler, Bonnel ꝛc. zusammengestellt. gr. 8. (VI, 111 S.) Berlin 883, Staube. *

— Tabellen für die neuen Maße und Gewichte, welche vom 1. Jan. 1870 ab in Anwendung kommen und mit dem 1. Jan. 1872 in Gesetzes-Kraft treten. Für's bürgerl. Leben zusammengestellt. gr. 8. (8 S.) Berlin 869, F. Schulze's Buchh. * — 10
Ausg. in gr. Fol. * — 10

Tosephta, la, s. Friedländer, Lev.

Toser, Hnr., s. Hülfstafeln zur Berechnung ꝛc.

Tosetti, Heinrich, Referendar in Neuß a. Rh.: Die Möglichkeit strafbarer Anstiftung und Beihilfe zu Handlungen noch nicht zwölfjähriger Personen. Düsseldorf 1908: L. Schwann. (90 S.) 8°

Leipzig, Jur. Fak., Diss. v. 24. März 1908

[Geb. 3. März 84 Neuß; Wohnort: Neuß; Staatsangeh.: Preußen; Vorbildung: Gymn. Neuß Reife O. 02; Studium: Innsbruck 2, München 1, Berlin 1, Bonn 3 S.; Rig. 5. Aug. 05.]

Peter Josef Tosetti

Petrus Josephus Tosetti: Animadversiones nonnullae de radice artemisiae vulgaris, remedio antiepileptico. Berolini (1827:) Petsch. VI, 32 S. 8°

Berlin, Med. Diss. v. 4. Juli 1827

Tosetti, U., Leben J. Calasanz, Stifters der fr. Schule; aus d. Italien. 8. Wien 768. Trattner. 16 Sgr

Tosi, ..., Anleit. zur Singekunst; aus d. Italien. mit Zusätzen v. J. F. Agricola. 4. Berl. 757. Lange. 1 ⅌

Tosi, And., gegenwärt. Staat d. päbstl. Hofes, a. d. Ital. v. Bertram. 8. Halle, Hendel. 771. — 10

Tosi, Andr., s. Lunadoro.

TOSI, Josephus: Christus centrum omnis historiae. — (1851) 80 S. 8°
(Handschr.) Diss. 99
Diss. Wien, Univ.

Tosi, Jos., Über Religionslosigkeit und Wissenschaft, Darwinismus und den Ursprung des Menschen. Graz, Kienreich, 1865, 8°.
Recens. v. Vincenz Knauer, (Wiener) Allg. Littztg. 1866, S. 91.

Tosi, Jos., Vorlesungen über den Syllabus errorum der päpstlichen Encyclica vom 8. Dezbr. 1864. gr. 8. (VI und 251 S.) Wien 865, Braumüller. *

Japanaj Rakontoj. Kunmetis Ĉif **Tosio.** Berlin: Möller & Borel [1910]. 71 S. 8°
(Esperanta Biblioteko Internacia. Nr 10/11.) [10. 15796

Toska, Marianne, s. Noltry, Marianne.

Toskana, Arth., Mysterien des Kartenspiels. Indiskretionen aus der Welt d. Falschspieler. Vollständige Erklärg. aller zum Zwecke des Falschspielens zur Anwendung gebrachten Griffe, Karten-Präparationen u. Hilfsmittel. 8. (52 S. m. 31 Abbildgn.) Berlin 900. Berlinische Verlagsanstalt. n. 2. —

Toß, Jos., († ...) ausführl. Belehr., wie Landwirthschaftsrechnungen auf dreifache kurze ꝛc. Art zu führen sind. 3 Thle. Fol. Brünn 798. Gastl. 2 ⅌ 16 Kr Hbg. Pr. 20 Kr

Das Dominikanerinnenkloster **Töss.** T. 1. 2. Zürich: Fäsi & Beer in Komm. 1903(–05). 2 Bde 4°
1. Geschichte. Von Heinrich Sulzer. 1903 (1904).
2. Seine Bauten u. Wandgemälde. Von J[ohann] R[udolf] Rahn. 1904 (1905).
= **Mitteilungen** d. antiquar. Gesellschaft in Zürich. Bd 26. H. 2. 3. [4. 1937

Tossey, J. A., s. Felicie v. Vilmard.

Tößthaler: Der Tößthaler
① Obligatorisches Publikationsmittel der politischen Gemeinden Turbenthal und Zell. Volksblatt für das Tößtal ⑤ 25. 12. 1877 (Probe-Nummer) (cont.) ⑥ 2° (25×36 cm; später Vergrößerungen) ⑦ wöchentlich 2×; wöchentlich 3× (ab 1951) ⑧ Turbenthal: Gottfried Furrer (bis 1891), Robert Furrer (1891—1902), Robert Furrers Erben (1902—1949), Buchdruckerei Turbenthal AG (seit 1950) ⑩ die Drucker ⑪ Redaktionskommission ⑫ demokratisch ⑬ BGSZ: 432; Der Tößthaler 1952, Nr. 153 (= Jubiläums-Nummer zum 75jährigen Bestehen) ⑭ Zh: Z; Be: L (1915—1918, Juli 1953 cont.).

Tost, Adalbert: Die Thermen zu Gastein nach ihrem neuesten Standpunkte betrachtet, mit besonderer Berücksichtigung der Badeanstalt zu Hofgastein und des k.k. Militär-Badhauses. 216 S., gbd.

Linz: typ. Eurich 1844

JB 2.783

Tostedt [Schlagwort]

Tostedt, s.: **Preussen, Messtischblätter.**

Tost-Gleiwitz [Schlagwort]

Tost-Gleiwitz, Kreis, s. a. **Kreiskarten.**

Tost-Gleiwitz. Hilscher, A., Karte d. Kreises Tost-Gleiwitz. Für den Schul- u. Privatgebrauch entworfen. 1:40,000. 6 Blatt. Chromolith. qu. Fol. Gleiwitz 888. Raschdorff. n. 7. 50; auf Leinw. m. Stäben n. 10. 50

Tost-Gleiwitz. Hilscher, A., Karte des Kreises Tost-Gleiwitz. Für den Schul- u. Privatgebrauch entworfen. 1 : 40,000. 4 Blatt à 61,5 × 49,5 cm. Farbendr. Riesenburg 896. L. Schwalm. n. 9. —; auf Leinw. m. Stäben n. 12. —; in Mappe n.n. 14. —

Tosti, Alois, Marien-Psalmen oder der heil. Maimond. Aus dem Italien. von Gall Morel. Mit einer Auswahl von Gebeten ꝛc. Einsiedeln 856. Benziger. 24. (VII, 342 S. u. 2 Stahlst.) 15 ngr

— Psalmen. Nach der 5. Ausg. übers. von Gall Morel. 12. (X und 192 S. mit 1 Stahlst.) Einsiedeln 854, Gebr. Benziger.
Mit einer Auswahl von Gebeten (S. 193—392 und 1 Stahlst.)

— — Mit einer Auswahl von Gebeten. Ebend. 854. 12. (XI, 392 S. u. 1 Stahlst.) 16 ngr

Tosti, Alois, Psalmen. Nach der 5. Ausg. übersetzt von Gall Morel. Nebst einem vollständ. Gebetbuch. 2. Aufl. Einsiedeln 866. Gebr. Benziger. 12. (384 S. mit 2 Stahlst.) 16 ngr

Tosti, D. L., Geschichte Bonifacius des Achten u. seiner Zeit. In 6 Büchern. Aus dem Ital. 1. Hft. gr. 8. (64 S.) Tübingen 848, Buchh. Zu-Guttenberg. n. 1/6 ⅌

Tosti, Luigi, Geschichte des Konzilium's von Konstanz. Aus dem Italien. übers. u. bearb. von Bernh. Arnold. Schaffhausen 860. Hurter. gr. 8. (XV, 608 S.) 2 ⅌ 15 ngr

Toßka, Leitfaden der russischen Sprache, s. Grundzüge einiger europäischer Sprachen.

Toszka, J. A., über den Satz des Polnischen, mit besond. Berücksichtigung der Theilung der Worte. Für Correctoren u. Setzer herausg. [Aus dem Archiv für Buchdruckerkunst.] Leipzig 868. Waldow. 16. (14 S.) n. 5 ngr

— über den Satz des Russischen mit besond. Berücksicht. der Theilung der Worte. Für Correctoren und Setzer hrsg. 16. (14 S.) Ebendas. 868. * — 50

Vorstehende zwei Schriften sind aus: Archiv für Buchdruckerkunst, besonders abgedruckt.

Totalfinsterniß, eine, der Staatszeitung, beobachtet an der Recension der Rede des Dr. Rupp: „Ueber den christlichen Staat." gr. 8. (3 B.) Königsberg 843, Theile.

Totalrevision über die Sache der Juden- und Christen-Biblien; für geübte Denker und Denkerinnen. Zürich 1792. V: *Pfenninger, Johann Konrad.* (BSchWLk V, 10 e δ)

Totauus, die Ohrenkrankheiten m. kurzen Angaben üb. ihre Behandlg. unter Berücksicht. der Massage-Methode des Dr. Marage u. e. Anh.: Die Nasen- u. Rachenkrankheiten. Gemeinverständlich dargestellt. (64 S.) gr. 8. Leipzig 904. E. Demme. n. 1. 20

Totohkoff, D(imitri), aus Ochrida: Studien über Rauchwarenhandel und Kürschnerei insbesondere in Ochrida (Macedonien). *Heidelberg 1900: Ph. Wiss.* (85 S.) 8°
Heidelberg, Phil. Diss. v. 1900

Tote

Todte, Der ausgegrabene, der Pfarrer und die Freiwilligen. Von F. X. B. Wien [1848]. V: *Bidschof, Franz Xaver.* (Oesterreichisches Jahrbuch. VIII, 1884. S. 124.)

Todte, Der, ein Freyer. Ein Lustspiel in zween Aufzügen. Nach dem Französischen des Herrn Sedaine. Wien 1778. V: *Pauersbach, Joseph von.* (GGr V/315, Nr.31/5) (BiblPort)

Todten, die mecklenburgischen, d. Krieges 1870—1871. Fol. (11 S.) Schwerin 872. (Stiller.) — 75

Todtenbeschau, Ausgrabung u. **Transport** von Leichen. Redaction. Beilage d. kärnt. Gemeindeblattes 1895. gr. 8. (17 S.) Klagenfurt 895. (J. Heyn.) n.n. — 42

Todtenbeschau-Ordnung nebst Instruction für Todtenbeschauer für das Erzherzogthum Oesterreich unter der Enns mit Ausschluß der k. k. Haupt- und Residenzstadt Wien. 8. (31 S.) —.12
Wien: Hof- u. Staatsdruckerei 1897.

Todtenbeschau-Ordnung f. Mähren. 8. (32 S.) Brünn 895. C. Winiker. n. — 50

Todtenbrief über das Leben Alexander Fixlmillners III. . . . verdeutschet. Steyr 1759. Ü: *Graser, Rudolph.* (Scriptores ord. s. Benedicti. Vindob. 1881.)

Todtenbuch, das, der Aegypter nach dem hieroglyphischen Papyrus in Turin, mit e. Vorw. zum ersten Male hrsg. von R. Lepsius. Imp.-4. (3 B. u. 79 Stnt.) Leipzig 842, Georg Wigand. **

Totenbuch, das demotische, der Pariser Nationalbibliothek (Papyrus des Pamonthes), unter Mitarbeit v. W. Spiegelberg hrsg. v. Frz. Lexa, s.a. Studien, demotische. 4. Heft.

Das demotische **Totenbuch** der Pariser Nationalbibliothek ⟨Papyrus d. Pamonthes⟩. Unter Mitarb. von W(ilhelm) Spiegelberg hrsg. von Dr. Franz Lexa. Leipzig: Hinrichs 1910. XIV, 57 S. 4°
(Spiegelberg: Demotische Studien. H. 4.) [10. 17811

Todtenbuch der Geistlichen der böhmischen Brüder hrsg. [in böhm. Sprache] v. Jos. Fiedler. Aus dem Böhm. übers. gr. 8. (III, 103 S.) Neusalz 872. Lange in Comm. n. 1. —

Todtenbuch der Geistlichkeit der Böhmischen Brüder, s. Fontes rerum austriacarum.

Totenbuch, das, des Prämonstratenserinnen-Klosters Zuckau bei Danzig, hrsg. v. Max Perlbach, s.: Quellen u. Darstellungen zur Geschichte Westpreussens.

Todtenbuch, Das zweite St. Galler. St. Gallen 1884. H: *Wartmann, Hermann.* (EB)

Die ältesten **Todtenbücher** des Cistercienser-Stiftes Wilhering in Oesterreich ob der Enns. Hrsg. v. Dr. Otto Grillnberger, General-vic.-Secr. *Graz: Styria 1896.* (VIII, 282 S., 1 Bl.) 1 Bd 8.
= Quellen u. Forschgn z. Geschichte, Litt. u. Sprache Oesterreichs u. s. Kronländer. [Bd] II. [96. 600

Todtenbund, der. Eine aktenmäßige Darstellung der Hauptmomente der wegen eines Complotts gegen den Staat, resp. wegen eines Mordanschlags wider den Senat in den Jahren 1852—1853 geführten Criminaluntersuchung wider Nikolaus Heinrich Kolby und Consorten. Revid. Abdr. aus dem „Bremischen Beobachter". Bremen 854. J. G. Heyse. gr. 8. (32 S.) 3 ngr.

Todtenfakel, die, oder die Höhle d. Siebenschläfer. Schspl. mit Gesang in 4 A., (v. F. X. Huber). 8. Wien, Wallishausser. 6 gr.

Todtenfackel, Die, oder die Höhle der Siebenschläfer. Wien 1798. V: *Gleich, Joseph Alois.* (MGT) (Ky) (WBL) (NN) (GGr)

Todtenfackel, die, od. die Höhle der Siebenschläfer, (v. Jos. Al. Gleich). 8. Wien 798. 2e A. 821. K. Haas. 20 gr.

Todtenfackel, die, oder die Höhle der Siebenschläfer. 8. Wien 822, Haas.

Todtenfackel, die, oder die Höhle der Siebenschläfer. Ritter- u. Geistergeschichte, neu erzählt von G. u. B. Ovm. 16. (56 S.) Urfahr-Linz 878. Kraußlich. — 20

Todten-Feyer zum dankbaren Andenken, an den zur Ewigkeit übergegangenen vielgeliebten und hochverehrten König, Georg den Dritten in der Loge Friedrich zum weissen Pferde zu Hannover am 7 ten März 1820. [Hannover 1820]: Schlüter. 46 S. 8⁰ [Umschlagtit.]
Kl. 1455. Bericht. Rede von J. K. F. Schlegel.

Todtenfeier der beim Ausfall in die Landschaft am 3ten August (1833) gefallenen Basler, enthaltend die Predigt des Pfarrers [Daniel] Kraus nebst Bemerkungen und dem Verzeichniss der Gefallenen. 8. Stäfa ... 1833.

Todtenfeier am Begräbnissmorgen des Königl. Preussischen Herrn Kammermusikus And. Glo. Schwarz. Ansb. 1804. V: *Kaiser, Chn Ernst Nic.* (Fiker)

Todtenfeier des entschlafenen Fürsten Blücher von Wahlstadt in der Gr. National-Mutterloge zu den drei Weltkugeln in Berlin, am 29. Oct. 1819. 4⁰
Kl. 1451b.

Todtenfeier, Karl Dittmarsch's, von seinen Freunden auf dem Theater zu Riga. 1812. V: *Lüderwald, George Ernst gen. Lange.* (R-N) (GGr)

Todtenfeier Königs Frederik des Sechsten am 16. Januar 1840, im grossen academischen Hörsaale zu Kiel. (Kiel. 1840.) 8⁰.

Todtenfeyer des Frey-Maurers. [Hamburg: ca 1810.] 2 Bl. [3 S.] 8⁰ [Kopftit.]

[Dasselbe.] Ebendas. 2 Bl. [4 S.] 8⁰

[Dasselbe.] Ebendas. [Anderer Druck.] 2 Bl. [4 S.] 8⁰
7 Gedichte.

Todten-Feier z. Gedächtnisse Sr. Maj. d. Königes Frederik d. Sechsten in d. evangel.-luther. Hauptkirche zu Altona am 16. Jan. 1840. gr. 8. (1½ B.) Altona 840, [Dessau,] Aue. *

Todtenfeier, Goethe's, auf dem Königstädtischen Theater. Berlin 1832. V: *Holtei, Carl von.* (Ky)

Todtenfeier am Grabe des Hochgebohrnen Herrn Herrn Philipp Friederich von Rieger ... Stuttgard 1782. V: *Schiller, Friedrich von.* (Arch. f. Litt. X, 394.) (GGr)

Todtenfeier, Hanneli's. [Zürich] 1818. V: *Kirchhofer, Melchior.* (CLZür Forts. III)

Todtenfeier, Kosciuszkos, bei den Gräbern der Könige von Crakau. ... Heidelb. 1825. V: *Keller-Schleidheim, Franz de Paula Ign. Jos. Freiherr von.* (MGT) »1824« (Ky)

Todtenfeier der im Kampf f. d. Vaterland gefallenen Krieger. 8. Leipz. 816. Wienbrack. 4 gr.

Todtenfeier für Leopold II. Leipzig 1792. V: *Schocher, Chn. Gotthold.* (Ky 5/134) (WBL 55/186) (BiblPort)

Todtenfeier Ludwig des XVI. in Versen. Neuwied 1794. V: *Heuberger, Johann Wilhelm.* (MGT) (GGr)

Todtenfeier Sr. Maj. Königs Christian des Siebenten ... 1808. Rendsburg. V: *Sander, Chn Lävinus.* (Bruun, Bibl. Danica III, 548.)

Todenfeyer [!]. [Den Manen Friedr. Andr. Gallisch geheiligt.] Leipzig: Böhme 1783. 8 Bl. 8⁰ [Kupfertit.]
Gedicht: „Sey mir gegrüsset, feyerliche Stille, ..."

Br. Menge's **Todten-Feier** in Hildesheim. Leipzig 1879: Findel. 18 S. 8⁰ [Umschlagtit.]
Aus: Bh. 22 (1879) S. 203—208.
Bericht. S. 4—11 Rede von O. L. A. Bierwerth: Wie die Frmrei in dem Lebensgange eines echten Mrs ihre Herrlichkeit vor der Welt offenbart.

Todtenfeier, die, des Kaisers Napoleon. (Mit vielen Illustrationen.) gr. Lex.-8. Leipzig 841, Weber. n. ⅔ Thlr.

Reinbeck: **Todten-Feier** für den entschlafenen Br. Reinbeck in der hochw. Grossen National-Mutter-Loge zu den drei Weltkugeln in Berlin am 27. Jan. 1821. [Berlin 1821.] 2 Bl. 8⁰ [Umschlagtit.]
Ohne Noten: „Hier, wo sich Staub mit Staub vereint, ..."

Todtenfeier, Reinhards, im Schullehrer-Seminario zu Weissenfels. Weissenfels 1812. V: *Schmidt, Christian Gottlieb.* (Ky) (MGT)

[Kornelius Joh. Rud.] Ridel's und der früher heimgegangenen Brüder [Christoph Wilh.] Kästner, [Joh. Mich.] Krumbholz, [Christian Anton Aug.] Slevoigt und [Ferd.] Jagemann **Todtenfeyer**, in der Loge Amalia zu Weimar, am 15. Juni 1821. Gedr. als Ms. f. Brr. [Weimar 1821.] 34 S. 8⁰ [Umschlagtit.]
Kl. 1459, Tt. 2177. Selten. Bericht. Gedächtnisrede von J. W. v. Goethe, auch abgedr. in: Wernekke, H.: Goethe u. d. K. K. 1905 S. 143-147; Deile, G.: Goethe als Frmr. 1908 S. 236--241. KB.

[F.] Marie Seebach's Totenfeier. *[Berlin: G. Buschhardt 1897.]* (1 Bl., 13 S.) 1 Bd 8. [98. 9429

Todtenfeier, Carl Daniel Turtes, in der St. Johannis-Loge zum Pilgrim [in Berlin] am 16. Nov. 1847. Als Ms. für die B. Br. der Loge zum Pilgrim. Berlin [1847]. V: *Weidner, Johann Friedrich.* (wolfstieg I, 946)

Todtenfeier, die, in Untersendling, gehalten am 28. Septbr. 1858 bei Gelegenheit der 700jähr. Jubelfeier d. kgl. Haupt- u. Residenzstadt München. München 1858. 8⁰. 11 S. Cart.
Abdr. d. Rede d. Ortspfarrers. — König Max II. wohnte der Feier bei.

Todtenfeier, die, auf der Wahlstatt von Leipzig. 18. Octbr. 1863. Hamburg, O. Meißner. gr. 8. (32 S.) 3 ngr.

Wieland's **Todtenfeier** in der Loge Amalia zu Weimar am 18. Febr. 1813. [Weimar 1813: Hofbuchdr.] 68 S. 1 Kpfr. 8⁰ [Umschlagtit.]
(Frmr. Analecten. 2.)

[Dasselbe.] Gedr. als Ms. f. Brr. Ebendas. 1813. 40, 30, 15 S. 8⁰
cf. Deile, G.: Goethe als Frmr. 1908 S. 187 bis 227.
Kl. 1430, Tt. 2240. Sehr selten. Wielands Tod u. Beerdigung in Osmannstädt, Einrichtung u. Fortgang der Trauerloge. Rede von K. J. R. Ridel: Üb. Wieland als Künstler u. Mr., Rede von J. W. v. Goethe: Üb. Wieland als Mensch u. Dichter.

Todtenfeier, Die, des Herrn Franz Xav. Zellenz ... Innsbruck 1805. V: *Mayr, Jos. Philipp Benitius (Benizzi) Maria.* (margr) (WBL 10/153) (biblport)

Todtenfeier (Georg Joachim) Zollikofers. 1788 s. (Heydenreich, Carl Heinrich, [und] Kindervater, Christian Victor).

Todtenfeier. Ulrich Zwinglis Todtenfeyer, gehalten auf dem Schlachtfeld zu Kappel den 11. Weinmonat 1831. [Mit 1 Vignette.] 8. Zürich 1831.

Todtengebeine. – Deren auf ihrer Wanderschaft verstorbenen Salzburger Emigranten grünende Todtengebeine ..., s.a. Baum, Johann Heinrich

Todtengebeine, Deren auf ihrer Wanderschafft verstorbenen Saltzburger Emigranten grünende, auf den Evangelischen Freythöfen vorgestellet. O. O. 1733. V: *Baum, Joh. Heinr.* (ABJP,

Todtengericht, das, oder Geschichte der Pyramiden von Djyse und Suchis oder der Isisschleyer, 8. Leipzig, 793. Beygang. 18 sgl.
Auch unter dem Titel:
Alme oder Egyptische Mährchen, 3r Theil.

— s. Alme, od. Aegyptische Mährchen 3r.

TODTENGERICHT, Das, des, 18. Jahrhunderts. Mit Titelkpfr. Erfurt, Hennings, 1801. 8⁰.

Todtengerippe, das, od. das mitternächtl. Geistergelage in d. wüsten Burg Tollenstein. 8. Prag, Widtmann. 800.

Todtengesang ihrem Vater und Führer, dem Hochwohlgebohrnen Herrn, Herrn Philipp Friedrich von Rieger ... geweiht von den sämtlichen Offiziers seines Batallions. Den 28. Mai 1782. Stuttgard. V: *Schubart, Christian Friedrich Daniel.* (schstr S. 252)

Todten- und Gespenster-Geschichten, Einige Rigaische. [Riga 1811.] V: *Sonntag, Carl Gottlob.* (R-N)

Todtengespräche, oder Gespräche im Reiche der Todten. O. O. 1722. V: *Fassmann, David.* (Myl)

Todtengespräche über wichtige Begebenheiten der mittlern und neuern Geschichte ... Frankf. u. Leipz. 1775. V: *Fäsi, Joh. Conr.* (Ky) (ML) (Cat. d. Stadtbibl. Zürich. Zürich 1864—97.)

Todtengespräche Lessing's, Mendelssohn's, Götze's. gr. 8. Braunschw. 787. Weiß. 4 gr

Totengespräche, moderne, v. Lucian dem Jüngeren, s. a. Eckstein's humoristische Bibliothek.

Totengespräche, moderne, v. Lucian dem Jüngeren. 12. (127 S.) Berlin 889. Eckstein Nachf. n. 1. 50

Todtengespräche üb. wichtige polit. u. histor. Wahrheiten der ältern, mittlern u. neuern Geschichte, (v. Jh. Konr. Fäsi). 4. Frankf. 775. (Typ. Soc. in Bern). 3 gr

Todtengespräche aus alten u. neuen Zeiten, zur Bildung von F. S. de la Motte Fenelon, franz. u. deutsch. Neue Aufl. 8. Mainz, Kupferberg. 815.
Schreibr.

Todtenglocke, die, Betrachtungen, Ergüsse u. Gebete am Grabe der Hingeschiedenen. gr. 12. München 837. Lentner. (Leipzig, Volckmar.) 5 gr

Todtenglocke. Die T' der Europæischen Politik. 1788–1799 s.[Schubart, Christian Friedrich Daniel].

Todtenglocke, die, d. europäischen Politik (od. d. Wetterleuchten üb. Europa) 8. Düsseld. Schreiner, (a. Typograph. Soc. in Bern) 788–99.

Todtenglocke, Die, der europäischen Politik. Malta u. Cairo [Düsseldorf] 1799. V: *Schubart, Chn Frdr. Dan.* (Wr)

Todtenglocke der Europäischen Politik oder das Wetterleuchten über Europa. O. O. 1800. V: *Heinzmann, Johann Georg.* (MGT)

Todtenglocke dem alten Voltaire geläutet von dem Küster zu Ferney. Tourney, bey N. Klimm, 1774. 30 S. 8°. Selten! (10 Mk. Max Perl, Berlin, 1910.)

Todtenglocken u. Grabgeläute. Eine Sammlung von Muster-Leichenpredigten. Zunächst für angehende Landgeistliche von e. Landgeistlichen. gr. 8. (8 B.) Grimma 845, Verlags-Compt.

Todtengräber, Der. Leipzig 1805. V: *Bilderbeck, Ludwig Franz Freih. von.* (Ky)

Todtengräber, der. Ein Gegenstück zur Urne im einsamen Thale, v. demselb. Verf. (L. F. v. Bilderbeck.) m. K. 4 Thle. 8. Lpz. Voß. 805. (à Rthlr. 8 gr.)

Todtengräber, der, (von Frhrrn. Ldw. Franz v. Bilderbeck). 4 Thle. 8. Leipz. 805. Voß. 5 ß 8 gr

Todtengräber, Die, des kurhessischen Landrechts ... Leipzig 1868. V: *Trabert, Adam.* (Trabert, Hist.-liter. Erinnerungen. 1912) (Zeitschr. f. Büch. N. F. 15, 1923, 124)

Todtengräber, die, des kurhessischen Landesrechts. Ein Beitrag zur Zeitgeschichte, insbesond. zur Charakteristik des „nationalliberalen" Gothaerthums. 1. und 2. Abdr. gr. 8. (VII, 163 S.) Leipzig 868, Kummer. *

Todtengräber, der Leipziger, in der Völkerschlacht. Seine Erlebnisse bei der Erstürmung Leipzigs am 19. Octbr. 1813 u. die Greuel auf dem Gottesacker überhaupt. Nach einer hinterlassenen authentischen Handschrift. Nebst den Inschriften auf den Denkmälern des Johannisfriedhofes, die sich auf jene denkwürdigen Tage beziehen. Ein Gedächtnißblatt zur 50jährigen Erinnerungsfeier. Leipzig 863. Jünger in Comm. 8. (8 S.) 1½ ngr

Totenhoefer, Paul, über den Krebs der Wirbelsäule. Inaugural-Dissertation. gr. 8. (36 S.) Jena 878. (Deistung.) n. — 60

TODTEN-HÜTER, Der, oder drei Liebhaber auf der Probe. Znaim, o. J. 8°. 15 S. Rar!
Haydinger's Bibl. I. 2. (Wien 1876). Nr. 952.

Todtencalender des ehemaligen Franziskaner-Klosters zu Nürnberg vom Jahr 1228 angefangen. O. O. 1752. H: *Hirsch, Carl Chn.* (BrMm)

Totenklage, heidnische u. christliche, in Indien, s.a. Missions-Traktate, kleine

Totenklage, heidnische u. christliche, in Indien. 16. (16 S. m. Illustr.) Basel 890, Missionsbuchh. * — 04

Todtenklage, keine! Ein Zeugniß über Hesekiel 24, V. 15—18 Aus den Thränentagen eines Mannes, den sein Heiland tröstet, zum Andenken an eine Stille im Lande. Elberfeld 863. (Osnabrück, Rackhorst.) gr. 8. (15 S.) 3 ngr

Todten Kopf, der. Ein Schauspiel in 3 Aufzügen. Altona. 1791. P.

Todtenkopf, der; Schspl. 8. Altona 791. Hammerich. 3 gr

— der, od. die Vogelbauer, Schspl. in 5 A. 8. Bresl. 801. W. G. Korn. 12 gr

TODTENKOPF, Der, oder die Geheimnisse des Klosters St. Victoria. (Zahmer Roman.) Pirna 1808, bei Carl Aug. Friese. Kl. 8°. 254 S.
— — Dasselbe. Ebd. 1811. 8°.
Schlesinger's in Berlin Leihbibl.-Cat. 1825. p. 225.

Todtenkopf, der, od. die Geheimnisse des Klosters St. Victoria. 8. Pirna ... N. A. 817. Friese. 16 gr

TODTEN-KOPF, Der redende, in einer sittlichen Gedächtniss-Bühne vorgestellet: Oder Gespräch in dem oberirdischen Reich der Todten, zwischen einem Milord u. dem Wandersmann, dessen Leben, höchst schädliche Ränke u. nach dem Tod erfolgten Prozess. O. O. 1756. 8°. (6 Mk. Jacques Rosenthal, 1912.)

Todtenköpfe, Die fünf. Eine schauerlich abentheuerliche Geschichte ... Hamburg [1810]. V: *Albrecht, Johann Friedrich Ernst.* (MGT) (GGr) (Ky) (LS)

Todtenköpfe, die fünf, (von J. E. F. Albrecht). 2 Bde. 8. Hamb. 810. Vollmer. (Herold jun.) 2 ß 12 gr

Todtenkopf- u. Kanonenspiel. Ein neues Gesellschaftsspiel. (5 illum. Karten, 8 Würfel u. Erklärung.) 32. Berlin 838. Kecht. n. ¼ ß

Todtenkranz, Ein, den Manen unserer Kaiserin Elisabeth am ersten Gedenktage ihres Todes 10. September 1899 geweiht ... Linz 1899. V: *Dirnböck-Schulz, Jenny.* (EB)

Todtenkranz, e., den Manen unserer Kaiserin Elisabeth am 1. Gedenktage ihres Todes 10. IX. 1899 geweiht. Von e. österreich. Dichter. gr. 8. (75 S.) Linz 899. (E. Marcis.) n. 3. —

Todten-Lied für die am 16. October gefallenen Brüder. Blutige Nachfeier des königlichen Geburtstages. Berlin [1848]. V: *Freiligrath, Ferdinand.* (BMarsch 188)

Todten-Lied für die am 16. Oktober gefallenen Brüder. Blutige Nachfeier des königlichen Geburtstages. (Der kalte Tod nahm Euch in seinen Arm.) Druck von J. Draeger. 1 Bl. Fol.
Flugblatt. Berlin, 1848/49.

Todtenlisten der in den Jahren 1795 und 1796 verstorbenen bürgerlichen Personen in der Hauptstadt Bern . . . Bern 1797. V: *Heinzmann, Johann Georg.* (MGT)

Die *Todtenmaske Napoleons.* Der kgl. Advokat u. Landtags-Abgeordnete Herr *v. Schauss* u. das kgl. Landgericht München rechts d. I. Ein *Beispiel aus der bayer. Justiz* unter dem neuen Civilprozessgesetze, im Jahre 1871. München 1872. Druck v. Koch u. Hilf. 8⁰. Cart.
41 S. Mit d. Motto auf d. Tit: „Habe ich unrecht gehandelt, so beweise es, habe ich aber recht gehandelt, warum schlägst du mich?"

Prestel: **Todtenopfer.** (Dem hinübergeschlummerten Br.·. Prestel gewidmet.) [Frankfurt a. M.] o. J. 2 Bl. 8⁰ [Umschlagtit.]
Gedicht: „Es ist ein Bruder heimgegangen..."

Todten-Opfer dargebracht dem Andenken des Durchlauchtigsten Fürsten und Herrn, Herrn Maximilian Julius Leopold Herzogs zu Braunschweig-Lüneburg etc. von der Loge zur gekrönten Säule. Braunschweig den 1sten Junius 1785. 64 S. 4 Bl. 8⁰ [Umschlagtit.]
Kl. 1358. Enth. kurzen Festbericht, Reden zum Gedächtnis des Verstorbenen von J. F. Feddersen u. J. Ph. du Roy, ein Gedicht von B...ff [J. N. Bischoff?], eine Kantate ohne Noten.

Todten-Opfer dargebracht der Asche Leopolds des Edlen von der Loge zur gekrönten Säule zu Braunschweig. Den 1. Jun. 1785. [Braunschweig 1785.] 4 Bl. 8⁰ [Umschlagtit.]
Kantate ohne Noten: „Die Gerechten werden weggeraffet . . ."

Todtenopfer, ein, zu Ehren Robert Blum's. (Gedicht.) 16. (8 S.) Schw. Hall 849, Haspel. 2 ngr

Todtenopfer den am 18. März 1848 im Kampfe für die Freiheit gefallenen Brüdern gewidmet. (Tief unten, in kalter Erde Schooß.) Berlin, L. Hirschfeld 1849. 2 Bl. 4.
Flugblatt. Berlin, 1848/49.

Friedrich Ludwig Wilhelm Christian, Landgraf zu Hessen: **Todenopfer** [!]. Ihrem am 20. Jan. 1820 zum ewigen Osten eingegangenen Hochw. Ordensbruder und innigst geliebten Protektor, dem Durchlauchtigsten Fürsten und Herrn, Herrn Friederich Ludwig Wilhelm Christian souverainen Landgrafen zu Hessen gebracht von der g.·. u.·. v.·. Loge Friederich zum Nordstern im Aufgange zu Homburg vor der Höhe am 2ten Febr. 1820. Frankfurt [a. M. 1820]: Gerhard. 39 S. 8⁰
Abgedr. in: Bh. 53 (1910) S. 347—349, 355—357, 363—365.
Kl. 1454. Bericht üb. die Trauerloge. Rede von Müller.

Todtenopfer, Sein. 1790. Wien V: *Lippe, Karl Chn. Graf.* (széchenyi 4/346) (BiblPort)

Todten- und Begräbnissordnung des Kantons Obwalden. (Vom 28. Weinmonat 1876.) Amtsbl. 1876 Nr. 48.

TODENORGEL (sic!), Die, oder die vier schwarzen Passagiere. Eine Wundergeschichte aus unsern Tagen. Mit Titelkpfr. (Therese's Portrait). Arnstadt u. Rudolstadt, bei Langbein und Klüger 1803. 8⁰.
310 S (incl. 3 Bll. Vorst.). Theilweise pikant.

Todtenorgel, die, od. die vier schwarzen Passagiere. 8. Rudolst. 803. (Hildebrandt in Arnst.) 1 ℛ Hbg. Pr. 18 ℊ

Todtenrichter, Der. Vom Verfasser der dreierlei Wirkungen. Altona 1797. V: *Albrecht, Johann Friedrich Ernst.* (LS) (GGr)

Todtenrichter, der, v. Verf. d. dreyerley Wirkungen, nebst einig. Aufsätzen v. Sophie Albrecht. 8. Altona, Bechtold. 797.

Todtenritter, Die. Eine abentheuerliche Geschichte. Weissenfels 1798. V: *Neumann, Carl.* (GGr X, 493) (Zeitschr. f. Büch. N. F. 15, 1923, 124)

TODTENRITTER, Die. Eine abentheuerliche Geschichte. Weißenfels u. Leipzig, bey Friedr. Severin. 1798. 8⁰. 271 S. (Ende fehlte.)

Todtenritter, die, e. abenteuerliche Gesch. 8. Weißenfels, Severin. (Nerr.) 798.

Todtenritter, die. 8. Weißenfels 798. (jetzt Central-Compt. in Leipzig).

Todtenschau. Tot' schweizerischer (*1904/5 u. 1906: schweizer.) Historiker. Separat-Abdruck aus dem «Anzeiger für Schweizerische Geschichte»…. 8. [Bern, K. J. Wyss.]

1898. ([Redigiert von] T[raugott] Schiess.) Separatabdruck aus … [Jahrg. 34. Neue Folge Band 9,] 1903, Nr. 3. 5 S.
1899 ([und] 1900. [Red' von] T[raugott] Schiess). S'-A' aus … [Jahrg. 36. N' F' Band 9,] 1905, Nr. 4. 13 S.
1901 u. 1902. [Red' von August Plüss.] S'-A' aus … [Jahrg. 37. N' F' Band 10,] 1906. Nr. 2 u. Nr. 3. 6 u. 5 S.
1903. [Red' von Traugott Schiess.] S'-A' aus … [Jahrg. 38. N' F' Band 10,] 1907, No. 1. 5 S.
1904 und 1905, [mit] Nachtrag zu 1903. ([Red' von] T[raugott] Schiess.) S'-A' aus … 1907, No. 2. 11 S.
1906, [mit] Nachtrag 1905. ([Red' von] Ad[olf] Lechner.) S'-A' aus … 1907, No. 3. 7 S.

Todtenschau. Tot' schweizerischer Historiker…. ([Redigiert von] Ad[olf] Lechner.) Separat-Abdruck aus dem «Anzeiger für Schweizerische Geschichte»…. 8. [Bern, K. J. Wyss.]

(1907, [mit]) Berichtigungen, Nachtrag 1902 [sowie] Nachträge 1906. SA. aus … 1908, No. 3. 7 S.
… für 1908. [Mit Nachträgen.] SA. aus … 1909, No. 4. 11 S.

Todtenschau. Tot' schweizerischer Historiker für 1909. ([Redigiert von] A[dolf] Lechner.) Separat-Abdruck aus dem «Anzeiger für Schweizerische Geschichte» 1910, No. 4. 8 S. 8. [Bern, K. J. Wyss.]

Todtenschau, Eine politische. Zur Geschichte der staatsrettenden Anarchie in Preussen. Kiel 1859. V: *Walesrode, Ludwig Reinhold.* (Priv.-Bibl. König v. Hannover. Hann. 1863.) (schr) (A)

Todtenschau, eine politische. Zur Geschichte der staatsretten-den Anarchie in Preußen. Kiel 859. (Hamburg, Nestler & Melle.) gr. 8. (128 S.) n. 20 ngr.

Eine politische **Todtenschau.** Zur Geschichte der staatsrettenden Anarchie in Preussen. 2. Aufl. Kiel. 1859. 8°.

Das Totenschloß von Orleans. (Dresden: Dresdner Roman-Verl. [1906].) 32 S. 8°
(Der Krieg. Bd 23.)

Todtenstadt, die, oder der Matador der Arena. Ein Charakter- u. Heldengemälde aus den Zeiten d. span. Befreiungskampfes gegen die napoleonische Herrschaft. Der reiferen Jugend gewidmet v. d. Verfasser „der Kinder der Wittwe.“ (Ed. v. Ambach.) Mit 1 Stahlst. gr. 12. (176 S.) Augsburg 849, v. Jenisch & Stage. ½ ℛ

Todenstadt, die, od.: Der Matador der Arena. Ein Charakter- u. Heldengemälde aus den Zeiten d. span. Befreiungskampfes gegen die Napoleonische Herrschaft. 2. verb. Aufl. Mit e. Stahlst. 8. (IV, 163 S.) Regensburg 874. Volks- u. Jugendschriften-Verl. 1. 20

Todtentanz

— od. d. menschl. Sterblichkeit, v. Meier, m. K. 4. Zürich. 759.

Todtentanz oder Spiegel menschlicher Hinfälligkeit in 8 Abbildungen, welche, von v. Wyl gemalt, im ehemal. Jesuitenkloster in Luzern aufbewahrt werden. Getreu nach den Originalien lithogr. v. Gebr. Eglin. Mit Text von Burkart Leu. (Deusch u. französich.) qu. Fol. (4 B. Text.) Luzern 843, Jenni.

Der Todten Tanz. Eine Geistergeschichte aus Berlins Gegenwart. Berlin, F. Schleinager. 1 Bl. Fol.
Flugblatt. Berlin, 1848/49.

Todtentanz, Der. [Berlin 1853.] V: *Wackernagel, Wilhelm.* (Cat. d. Stadtbibl. Zürich. Zürich 1864—97.)

Der **Totentanz.** Blockbuch von etwa 1465. 27 Darstell. in photolith. Nachbildung nach d. einz. Exemplar im Codex Palat. germ. 438 d. Heidelb. Univ.-Bibl. Mit e. Einl. von W. L. Schreiber. Leipzig: K. W. Hiersemann 1900. (4 Bl., 27 Faks.-Taf.) 4°
(Blockbücher d. Codex Palat. germ. 438 d. Heidelb. Univ.-Bibl. [1.])

— afrikanischer. 2.—4. Tl. schmal gr. 8. Berlin, Fussinger. à n. 1.—
2. Ladysmith — Bloemfontein. Sensationelle Enthüllgn. aus dem Burenlager. Von Eug. v. Enzberg. Nach den Erinnerungen e. deutschen Offiziers vom Stabe des General Joubert. 2. Aufl. 11.—20. Taus. (151 S.)
3. Von Bloemfontein nach Pretoria. Von Eug. v. Enzberg. Nach den Erinnerungen e. Feldcornets unter den Fahnen De Wets aus dem J. 1900. (152 S.) 901.
4. Der Guerillakrieg 1901. Auszug aus dem Tagebuche e. aufständ. Kapholländers. Von Eug. v. Enzberg. (125 S.) 901.
1. Tl. s.: Rembe, A. C.

Todtentanz. Der Aristokraten T's. [Kölner, Johann Rudolf].

Todtentanz der Stadt Basel. Lex. 8. (86 S. Deutscher, Französischer u. Engl. Text m. eingedr. Holzschn.) Basel 852, Maehly-Lamy. 1 ℛ

Todtentanz der Stadt Basel. In Holzschnitten nach den Frescogemälden der ehemal. Kirchhofmauer der Prediger-kirche. (Mit deutschem, franz. u. engl. Text.) Basel 868. Schneider. 16. (87 S. mit eingedr. Holzschn.) 15 ngr.

Todtentanz der Stadt Basel. Basel, Druck und Verlag von Felix Schneider 1875
45 Bl. m. 43 kol. Holzschn. 8°
Wiederholung der Abbildungen des vorhergehenden Werkes
Tit. u. Verse auch in franz. u. engl.

—— in der Gruft u. Seelenhaus-Kapelle auf dem Kirchhofe zu St. Peter in Straubings Altstadt. 8. (1 B.) Straubingen 845, Schorner.

Todtentanz, Der, bey Ismael. Geschichte einer Bluthochzeit nebst dem Leben des Bräutigams. St. Petersburg [Erfurt] 1803. V: *Albrecht, Johann Friedrich Ernst.* (BGE)

Todtentanz, der, bei Ismael; Geschichte e. Bluthochzeit rc. 8. **Erfurt 803. Hennings. 1 ℛ 8 gl** (NB. Ist ein blos neuer Titel zu den 1800 erschienenen „Kakodämon des Schreckl.“)

Todtentanz, d., bey Ismael; Gesch. einer Bluthochzeit, nebst d. Leb. des Bräutigams. (h. a. d. Tit.: Kakodämon d. Schreckliche.) 8. St. Petersb. (Hennings in Erfurt.) 803.

Niklaus Manuels **Todtentanz** gemalt zu Bern um 1515–1520 lithographiert nach den getreuen Copien des berühmten Kunstmalers Wilh. Stettler v. Bern 1840)
Tit., 4 S., 2 – 24 Taf. 2°
Tit. auch franz.

—— der, in der Marienkirche zu Lübeck. Nach einer Zeichnung von C. J. Milde, mit erläut. Text von W. Mantels. 1. Aufl. (8 Stnt. und 12 S. Text.) 1866. * 5 Thlr. und 2. Aufl. qu. Fol. (8 Holzschntaf. mit 14 S. Text.) Lübeck 867, v. Rohden'sche Buchh. *

Todtentanz, noch ein. 6 (lithogr.) Blätter mit erklär. Text. qu. Fol. München 849, Roller. Thlr.

Todtentanz, der, in der St. Marienkirche; mit den alten plattdeutschen Reimen verm. A. 8. Lübeck 182.., v. Rohden. 2 gl

Todtentanz, der, in der St. Marien-Kirche zu Berlin. Ein Wort für die Besucher der Kirche. 8. (8 S.) Berlin 863, W. Schultze. *

Todtentanz, Der, in der St. Michaelkapelle auf dem alten Friedhof zu Freib. i. Br. Freib. i. Br. 1841. V: *Wenzinger, Chn.* (Rothsch. II, 459.)

Todtentanz, der, in der St. Michaelskapelle auf dem alten Friedhof zu Freiburg im Breisgau. 14 Abbildgn. m. erläut. Text v. A. Poinsignon. Hrsg. vom Breisgau-Verein „Schau-ins-Land". qu. 4. (Text: IV, 8 S.) Freib. i. Br. 891, Herder. * 1 —

Todtentanz, Ein, im Teutoburger Walde. O. O. 1868. V: *Marcard, Heinrich Eugen.* (EB)

— in Kupfern, wie derselbe in der Stadt Basel gemahlt zu sehen ist. 4. Frankf. Andreä. 725.

Todten-Tanz, der, wie derselbe in der weltberühmten Stadt Basel als ein Spiegel menschlicher Beschaffenheit ganz künstlich mit lebend. Farben gemahlet, nicht ohne nützl. Verwunderung zu sehen ist. Orig.-Holzschn. des 16. Jahrh. Mit den deutschen Versen. gr. 8. (XII, 83 S. mit eingedr. Holzschn. und 1 Holzschntaf.) Leipzig 870, Danz. *

—— s. Ars moriendi.

Todtentanz, wie er in Basel gemalt u. zu sehen, deutsch u. französisch. 4. Basel, Imhof. 744.

TODTENUHR, Die, oder die wunderbare Rettung. Ein Roman aus den hinterlassenen Papieren eines Unbekannten. Th. 1. (einz.). Leipzig, bei C. H. F. Hartmann. 1821. 8°. Tit. u. 276 S. Manches etwas frei.

Todtenuhr, die, od. die wunderbare Rettung. 1r Thl. 8. Leipz. 821. (Lehnhold). 1 ℛ 8 gr

Todtenwache, Die, s.a. Nicolai, L. H.

Todtenwache, die, (v. L. H. Nicolai.) gr. 8. Leipzig 823, Kummer.

Todtenwald, der, oder der Schrecken der Geisterstunde. 8. Wien 805. Gerold. 6 gr

Todtenwanderung, Eine. Maurerische Skizze nach Thatsachen. O. O. 1864. V: *Pilz, Carl Glieb.* (Tt)

Todtenwirth, Der, eine Räubergeschichte . . . Erfurt 1806. V: *Bornschein, Johann Ernst Daniel.* (NN) (MGT)

Todtenwirth, der, e. Räubergesch. v. Bruder Alkuin. 2 Thle. 8. Erfurt, Müller. 809. 2 —

Tóth, A., Oberleutnant, Regiments-Adjutant im Divisions-Artillerie-Regiment Nr. 28. Compendium aller Qualifications-Listen Angelegenheiten mit Berücksichtigung aller bis Ende September 1903 erschienenen Erlässe und der einschlägigen Dienstbücher-Vorschriften. 1. Auflage. (Mit 16 Beilagen.) 8. Przemyśl 1903.

TOTH, Johannes: De discrepantiis inter evangelia synoptica et evangelium s. Joannis. — (1884) 68 S. 4° (Handschr.) Diss. 360
Diss. Wien, Univ.

TOTH, Josephus: De revelationis divinae criteriis internis. — (1892) 161 S. 8° (Handschr.) Diss. 539
Diss. Wien, Univ.

Tóth István. A Római és Nápolyi Kormányokhoz. Nemzetiség és sulyegyen. Egy Catholicusnak méltó aggodalma. Nyomatott Szombathelyen 1856. (15 S. 8.) (Stephan Tóth. An die Regierung von Rom und Neapel. Nationalität und Gleichgewicht. Gegründete Besorgniß eines Katholiken. Gedruckt zu Steinamanger. 1856.)

(TOTH, KARL:) Beicht- und Communion-Andacht für Kinder. Pest 1851. Herausgegeben von dem Vereine zur Verbreitung guter und wohlfeiler Bücher. Gedr. bei Ladislaus Lukátsi (St. Stephans-Verein). 32 S. 1 t. - 16°
- Dass. 4. Aufl. Pesth 1854: Verlag St. Stephans-Verein. Erlau: Erzbischöfl. Lyceal-Druckerei. 31 S. - 120 mm
- Dass. 5. Aufl. Verlag St. Stephans-Verein. Erlau 1860: Erzbischöfl. Lyceal-Druckerei. 32 S. - 120 mm

TOTH, CARL: Das gottesfürchtige Kind. Gebetbuch für Kinder und Jünglinge. 1832. 1. 282, 4 S. - 16°
- Dass. Mit erzbischöflicher Genehmigung herausgegeben von dem Vereine zur Verbreitung guter und wohlfeiler Bücher. Pest 1852: Buchdr. v. Emich u. Eisenfels. 282, 4 S. 4 t. - 240 mm
- Dass. Erlau 1861: Erzbischöfl. Lyceums-Buchdruckerei. 2. 282, 6 S. 1 t. - 8°

Toth Karl: Das Schulstück in der französischen und deutschen Literatur.
1905 PN 1934 Diss. Wien, Univ. 168

Tóth, Kasp., Vertheidigung der Ungarn gegen Prof. Dr. Johann Sepp's Angriffe. Als Erwiderung auf die im Werke: „Ein Volk von zehn Millionen oder der Bayernstamm. Eine Kampfschrift gegen Czechen und Magyaren" erhobenen Anklagen. gr. 8. (VII, 188 S.) Pressburg 884, (Stampfel.) *

Tóth, Kolomann [Tóth Kálmán]. 20 Gedichte. Aus dem Ungar. v. Sidonie Zerkowitz. 16. (70 S.) Wien 874. Roßner. n. 1. 60

Toth, Colomann —. Heldenthaten des berühmten ungarischen Anführers Paul Kinizsi. Nach der ungarischen Erzählung des — . Deutsch übersetzt von S . . . . Wiener. In zehn Gesängen, mit zehn im Texte gedruckten Bildern. Pesth. 1855. Druck und Verlag von Alois Bucsánszky. (80 S. 8.) geh.

Tóth, Lor., die Aviticität und sonstigen Besitzverhältnisse, geordnet durch das Allerh. Patent vom 29. Novbr. 1852. Erklärt. Uebers. von Stefan Görgei. Pesth 853. Heckenast. gr. 8. (167 S.) 24 ngr.

Tóth, Laur., s.: Corpus juris hungarici.

TOTH, Nicolaus: De processione Spiritus sancti a patre filioque. — (1860) 74 S. 4° (Handschr.) Diss. 211
Diss. Wien, Univ.

Tóth, T., Zeichenmuster, s. Szabó, E.

Tóth v. Felseö-Szopor, Karl, die Bahnverwaltungs-Systeme in Ungarn. [Deutscher Text der in ungar. Sprache verf. und von der ungar. Akademie der Wissenschaften mit dem Dora-Preis prämiirten Concursarbeit.] gr. 8. (VI, 160 S. mit 1 Stnt.) Wien 879, Lehmann und Wentzel. * 4 —

Tóth v. Felseö-Szopor, Karl, die Bahnverwaltungs-Systeme in Ungarn. [Deutscher Text der in ungar. Sprache verf. u. von der ungar. Akademie der Wissenschaften m. dem Dora-Preis prämiirten Concursarbeit.] gr. 8. (VI, 160 S. m. 1 Steintaf.) Wien 879. Spielhagen & Schurich. n. 4. —

Tóth de Felsö-Szopor, Karl, graphische Darstellung der statischen Momente für die Massenvertheilung und Transport-Weitenbestimmung bei Erdarbeiten. Mit 2 lith. Taf. (in Fol.) Wien 859. Gerold in Comm. gr. 8. (VII, 52 S.) n. 20. ngr.

— die Selbstkosten u. die Tarifconstruction der Eisenbahntransporte mit besond. Rücksicht auf den Personentransport. gr. 8. (55 S. m. 5 Tab.) Ebend. 878. n. 2. —

Tóth-Könyves, Mich., über Tunnelbau im Allgemeinen und über die Ursachen der Deformationen bei Tunnelmauerungen und Vorführung eines neuen Tunnelbausystems. Vortrag gehalten im österreich. Ingenieur- und Architekten-Vereine. gr. 8. (IV, 71 S. mit 2 Tab. und 3 Stnt.) Wien 875, Lehmann und Wentzel. * 8 —
Aus: Zeitschrift des österreich. Ingenieur- und Architekten-Vereins, besonders abgedruckt.

Totila, König d. Gothen. Schausp. in 5 Akten, s. Schauspiele v. Frau von Weißenthurn 3r Bd.

Totis, A. v., die wirthschaftlichen Verhältnisse der Vereinigten Staaten von Amerika in ihrer Rückwirkung auf diejenigen Europa's, s.: Zeitfragen, volkswirthschaftliche.

Totomjanz, V., über die wirtschaftlichen Aufgaben der städtischen Verwaltung, s.: Fortschritt, sozialer. Nr. 84.

Totomjanz, V., u. E. **Toptschjan,** die sozial-ökonomische Türkei. 8. (124 S.) Berlin 901. R. L. Prager. n. 2. —

Totoraitis, Johann: Die Litauer unter dem König Mindowe bis zum Jahre 1263. Freiburg (Schweiz) 1905. 160 S. 8°.
Freiburg i. Schw. Phil. Diss 1904/1905.

Totoraitis, Johann. Die Litauer unter dem König Mindowe bis zum Jahre 1263. Diss. Phil. Freiburg in der Schweiz. 160 S. 8. Freiburg ⟨Schweiz⟩, St. Paulus-Druckerei, 1905.

Tötössy de Zepethnek, Béla, s. Bolyai de Bolya, Johannes: Appendix scientiam spatii absolute veram exhibens ...

Totschek, S[ally], aus Görlitz: Ueber Organisation von Haematocelen im Anschluss an Tubarschwangerschaft. Würzburg 1899: Becker. (30 S.) 8°
Würzburg, Med. Diss. v. 1899.

Todtschlag, Der, kommt an Tag, es sey auch so so spät, als es will, oder: Die Liebhaber ein paar Mörder, ein Schauspiel in zwei Aufz. Dresden 1783. V: *Eschke, Ernst Adolph.* (Mn) (BrMm)

Todtschlag, der, kommt an den Tag; oder die Liebhaber ein Paar Mörder. Schausp. v. Eschke. 8. Dresden, Gerlach. 783.

Totsuka, Fumio, a. Tokyo in Japan: Über den Nachweis des Bacterium coli in den Wässern und über den Wert dieses Nachweises für die hygienische Beurteilung. Greifswald 1908: F. W. Kunike. (42 S.) 8°
Greifswald, Med. Fak., Ref. Loeffler, Diss. v. 14. Febr. 1908
[Geb. 8. Dez. 78 Tokio; Wohnort: Tokio; Staatsangeh.: Japan; Vorbildung: Gymn. Tokio Reife 95; Studium: Greifswald 12 S.; Rig. 29. Jan. 08.]
15*

Totsuka, Kendso: Geschichte des Hessischen Eisenbahnwesens mit Rücksicht auf die Entstehung und Ergebnisse der preußisch-hessischen Eisenbahngemeinschaft. Göttingen 1909: Kaestner. 68 S. 8°
Gießen, Phil. Diss. v. 25. Aug. 1909, Ref. Biermer
[Geb. 5. März 70 Shidsuoka; Wohnort: Gießen; Staatsangeh.: Japan; Vorbildung: Gymn. Tokio Reife 93; Studium: München 3, Jena 9, Halle 2, Gießen 13 S.; Rig. 9. Febr. 09.] [U 10. 1309

Totsuka, Ryusaburo, a. Japan: Die Behandlung der gonorrhoischen Gelenkerkrankung. München 1908: Kastner & Callwey. (28 S.) 8°
München, Med. Fak., Ref. v. Bauer, Diss. v. 7. Mai 1908
[Geb. 18. Dez. 76 Gunba in Japan; Wohnort: Gunba; Staatsangeh.: Japan; Vorbildung: Provinzial-Mittelsch. Gunba Reife April 96; Studium: Med. Hochsch. Chiba 8, München 2 S.; Rig. 7. Mai 08.]

(von Tott, Baron Franz): Des Barons von Tott Denkwürdigkeiten und Nachrichten von Türken und Tatarn. Th. 1, 2, 3. Elbing 1786 u. 1787. 1 Bd. IV, 196; IV, 241; 216 S. 8°.

de Tott, mémoires sur les Turcs et les Tartares. III Toms. gr. 12. Amsterd. 785. (Varrentrapp in Frankf. a. M.) 2 ℛ

— Merkwürdigk. u. Nachr. von d. Türken u. Tartaren, a. d. Franz. mit Anmerk. 3 Bde. 8. Elbing, Hartmann. 786.

— Merkwürdigkk. u. Nachrr. von den Türken u. Tartaren; aus d. Französ. mit Anmerkk. 3 Bde. 8. Elbing. 786, 88. (Stuhr in Berl.) 1 ℛ 8 gr.

— Dass. mit v. Peyssonels Verbesserr. u. Zusätzen. 2 Thle. Mit Kpf. 8. Nürnb. 787, 788. Schneider u. W. 2 ℛ 16 gr. (s. auch Bibliothek der Reisebeschreibb., 10r Bd. Nürnb.)

Tott's, v., Nachrichten von den Türken und Tartaren, mit Herrn v. Peyssonnel's Verbesserungen u. Zusätzen. Aus d. Französ. übers. 2 Bde. Mit zahlreichen Costümbildern. Frankfurt u. Leipzig 1787. 8°.

— Nachrr. von den Türken u. Tartaren, mit Hrn. Peyssonels Verbesserr. u. Zusätzen. 2 Thle. Mit Kupf. 8. Wien 788. (Schaumburg u. C.) 1 ℛ 21 gr. Hvg. Pr. 1 ℛ 8 gr.

Tott, [François Baron von]. Herrn Baron von Tott's Nachrichten von den Türken und Tataren mit Herrn von Peyssonel's Verbesserungen und Zusätzen. Aus dem Französischen ... Frankfurt und Leipzig, bei Christoph Weigel und A. G. Schneider 1788.
2 Bde. 8°.
I: Tit., 2 Bl., 312 S.; 20 Taf. in Kupferst.
II: Tit., 318 S., 1 Bl.; 6 Taf. in Kupferst.
Die Taf. bis auf eine Kopien nach Le Hay (Lb 20). Frz. Originalausg. Paris 1785.
Graesse VI, 2, 181.

Toetterman, C. Aug. R., R. Eliozer ben Hyrcanos sive de vi qua doctrina Christiana primis seculis illustrissimos quosdam Judaeorum attraxit. gr. 8. (39 S.) Leipzig 877. Peukert. n. 1. 25

Töttermann, Klas Aug. Rhold., die Weissagungen Hosea's bis zur ersten assyrischen Deportation [I—VI, 3.], erläutert. Nebst dem Commentar des Karäers Jephet ben Ali zu Hosea Cap. I—II, 3. Academische Abhandlung. gr. 8. (IV, 13½ S.) Leipzig 880, M. Schäfer. *

Tottien, Cph. Wlh., († d. 10. Juni 1829.) Diss. inaug. de Chlorosi. 8. Mitau 827. (64 S.)

Tottinus, Justus (Mitau) A. S. 1211/50

Dissertatio medica inauguralis, de diaeta.
Präs. Georg Ernst Stahl.
Halle (Henckel) VIII. 1708. 40 S.

Gew.: Johann Adolph Hollenhagen, Johann Luther Windhorst, Wilhelm Steffens, Christoph Anton Ziegenhorn, Anton Plötz.
W. v.: Michael Alberti, Christian Friedrich Richter.
34612

Tottleben, C., Eindrücke v. meiner Reise in Rußland im Aug. u. Septbr. 1891. 8. (IV, 183 S.) Stuttgart 894. A. Bonz & Co. u. 2. 40; geb. in Leinw. n. 3. 40

Tottmann, Albert

Tottmann, Alb., kurzgefaßter Abriß der Musikgeschichte von der ältesten Zeit bis auf die Gegenwart. 1. u. 2. Bdchn. 64. (167 u. 188 S. m. 1 Taf.) Leipzig 883. 84. Lenz. à — 75; geb. n. 1. 25

Tottmann, Alb., das Büchlein v. der Geige od. die Grundmaterialien des Violinspieles. 2. vollst. rev. Aufl. (45 S.) kl. 8. Leipzig 904. C. F. Kahnt Nachf. — 60
Die 1. Aufl. erschien unter dem Pseudonym Rob. Burg.

Tottmann, Alb., 45 ausgewählte Choräle in dreistimmigem Satze, nach dem neuen königl. sächs. Landeschoralbuche bearb. gr. 8. (28 S.) Leipzig 885, C. A. Klemm.

Führer durch den Violin-Unterricht. Ein krit., progressiv geordn. Verz. der instruktiven, sowie d. Solo- u. Ensemble-Werke f. Violine. Nebst e. kurzgef. Repert. d. Bratschenlitt. u. e. bibliogr. Anh. Von Albert **Tottmann**. Bd 1. 2. Leipzig: J. Schuberth & Co. 1886–1900. 2 Bde 8⁰
[1.] 2. wesentl. vervollst. Aufl. 1886.
2. Verz. von Werken, welche v. J. 1885 bis 1900 erschienen sind. 1900.
(Edition Schuberth 1492. 7298.)

—— Führer durch den Violin-Unterricht. Ein krit., progressiv geordnetes Verzeichnis der instruktiven, sowie der Solo- und Ensemble-Werke für Violine. Nebst einem kurzgefassten Repertorium der Bratschenlitteratur und einem bibliograph. Anhang. 2. wesentlich vervollständ. Aufl. 8. (XV, 396 S.) Leipzig 886, Schuberth und Comp. geb.

Tottmann, Alb., Führer durch den Violin-Unterricht. 2. Bd. Ein krit., progressiv geordnetes Verzeichnis v. instruktiven, sowie v. Solo- u. Ensemble-Werken f. Violine, welche vom J. 1885 bis zum J. 1900 erschienen sind. Nebst e. kurzgefassten Repertorium der gleichzeitig erschienenen Bratschen-Litteratur u. e. bibliograph. Anh. 12. (XV, 441 S.) Leipzig 900. J. Schuberth & Co. 3. 60

— dasselbe. Ein krit., progressiv geordnetes Verzeichnis der instruktiven, sowie der Solo- u. Ensemble-Werke f. Violine. Nebst e. kurzgefassten Repertorium der Bratschenlitteratur u. e. bibliograph. Anh. 3. wesentlich vervollständ. Aufl. 12. (XVI, 407 S.) Ebd. 902. Geb. in Leinw. 4. —

Die Hausmusik. Von Albert **Tottmann**. Das Klavierspiel. Leipzig: C. F. Kahnt 1904. (25 S.) 8°

Tottmann, Alb., der Schulgesang u. seine Bedeutung für die Verstandes- u. Gemüthsbildung der Jugend. Hrsg. vom allgemeinen deutschen Musikverein. gr. 8. (24 S.) Leipzig 879. Kahnt. n. 1. —

— der **Schulgesang** u. seine Bedeutung f. die Verstandes- u. Gemütsbildung der Jugend. Mit e. Vorworte v. Alsleben. 2. Aufl. (27 S.) kl. 8. Ebd. 904. — 60

Tottmann, Alb., Mozarts Zauberflöte, s. a. **Magazin**, musikalisches.

Mozarts Zauberflöte. Von Prof. Dr. Albert **Tottmann**. Langensalza: Beyer 1908. 20 S. 8⁰
(Musikalisches Magazin. H. 23.)

Tottola, A. L., Zelmira; Drama in 2 Aufz. Mit Musik v. Rossini. Nach d. Italien. Wien 822. Wallishausser. 6 *Kr* Dass. Italienisch. 6 *Kr*

TOTTÖSSY, Nicolaus: Character Evangelii sancti Joannis. — (1904) 139 S. 8° (Handschr.) Diss. 767
Diss. Wien, Univ.

Totvárad, Carol. Kornis de, das neue Ehe-Gesetz in Brasilien, nebst einer Darstellung der beiden Vorschläge der Regierung u. der sonstigen Gutachten über das Ehe-Gesetz, in 2 Thln. Aus dem portugiesischen Orig. übers. von Rozwadowski. Hamburg 862. Hoffmann & Campe in Comm. 8. (172 S.) 15 ngr.

Totz, W.

Die Freiheit d. Schifffahrt u. Handlung neutraler Völker im Kriege, nach d. allg. u. d. europ. Völkerrechte, sowie nach d. Verträgen betrachtet. Ein histor. u. rechtl. Versuch zu Aufklär. d. Streitigkk. zw. d. kriegführ. Mächten u. neutralen Staaten, wegen d. freyen Seehandels, v. Totz. Aus d. Franz. *Leipz.*, Schwickert. 780. 81. 2 Thle. 8. (22 Thl.)

***Totz*, W.**, la liberté de la navigation et du commerce des nations neutres pendant la guerre. Tom. I. 8. Leipz. 780. Schwickert. 16 *gr.* Tom. II. Auch u. d. T.: Essai sur un Code maritime générale Européen. 8. ibid. 772. 10 *gr.*

(Totz:) La liberté de la navigation et du commerce des nations neutres pendant la guerre, considerée selon le droit des gens universel, celui de l'Europe et les Traités. Essai historique et juridique pour servir d'eclaircissement aux differends entre les puissances belligérantes et les états neutres etc. *Londres* et *Amsterd.* (Krieger in *Giessen.*) 780. 8.

Versuch üb. ein allgem. europ. Seerecht zu Erhaltung d. Seehandels neutraler Völker in Kriegszeiten. Als e. Anh. sind b-igef. unparth. Betracht. üb. d. Krieg zw. Grossbritannien u. d. verein. Niederlanden v. Totz. Aus d. Franz. 782. (8 Gr.)

Totze, s. Toze.

Toze, M. E., Auszug aus der allgemeinen Welthistorie, s. Welthistorie.

Toze, M. E., Don Carlos und Alexei, Luines u. Buckingham. 8. Greifswalde, Röse. 776. — 16

Toze, M. E., Don Carlos und Alexei, Luines und Buckingham. 8. Greifsw. 776. Ist Verlag von Knobloch in Leipzig. — 16

— Einleit. in d. europ. Staatskunde, v. B. A. Heinze. 2 Bde. gr. 8. Schwerin, Bödner. 791—99. (I. 1 Rthlr. 12 gr. II. 1 Rthlr. 8 gr.)

— d. wahre u. erste Entdecker der neuen Welt, gegen d. ungegr. Anspr. d. A. Vespucius u. M. Beheim. 8. Götting. Vandenhök u. R. 761. — 3

— der ewige und allgem. Friede in d. durch ein beständ. Bündniß in e. Staatskörper zu vereinigt. christl. Europa, n. d. Entw. Heinr IV. St. Pierre u. and. gr. 8. Ebend. 763. — 16

— niederländische Geschichte. 2 Thle. gr. 4. Halle, Gebauer. 771. 6 —

— Geschichte d. mittlern Zeit. 1r Th. gr. 8. Leipz. Hertel. 790.

— Samml. kl. Schriften, histor.=statist. Inhalts. gr. 8. Ebend. 790.

Totzeck, Ernst, die kgl. Rentmeister im Preußischen Staate. gr. 8. (39 S.) Neumark 899. (J. Koepke.) n. 1. —

Totzke, A. C., Gustav Adolf, s.: Jordan, Rich.

Totzke, A. C., u. H. Lemberg. Heimatskunde der Kreise Dortmund u. Hörde, nebst e. kurzen Uebersicht über die Prov. Westfalen. 2. Aufl. gr. 8. (51 S. m. 3 Karten.) Dortm. 889, (Krüger). * — 60

—— und H. Lemberg, Heimatskunde des Stadt- und Landkreises Dortmund und des Kreises Hörde. gr. 8. (79 S. mit 2 Holzschn. und 1 Karte in Farbendr.) Dortmund 887, Garms. cart. *

Totzke, A. C., das Strafrecht d. Lehrers in der Volksschule. Ein prakt. Ratgeber f. Lehrer u. Schulaufsichtsbeamte. gr. 8. (VI, 247 S.) Leipzig 887. Klinkhardt. n. 3. —

Totzke, Alfred [pr. Arzt aus Berlin]: Über multiple Herdsklerose des Zentralnervensystems im Kindesalter ... Berlin, Buchdr. v. G. Schade, *1893*; 46 S., 1 Bl. 8.
Berlin, Med. Fak., Inaug.-Diss. v. 27. Okt. 1893

Totzke, Aug., Deutschlands Kolonien u. seine Kolonialpolitik. Mit 11 Karten=Skizzen. 12. (VIII, 488 S.) Minden 885. Bruns. n. 4. —

Totzki, A., die Sedanfeier in Volks=, Bürger= u. Mittelschulen. gr. 8. (24 S.) Danzig 881. Homann. — 45

Touaillon Christine: Zacharius Werners „Attila König der Hunnen". Eine romantische Tragödie. II. 1905 PN 1887 **Diss.**W[illegible] Univ. 157

Touaillon, Christine, s.a. Bilderbuch, Altwiener.

(F) **Touaillon,** Ch., Altwiener Bilderbuch. 72 Ansichten nach alten Stichen. Lex.-8°. (63 S.) K 3.—, geb. K 5.—
Wien: Gottlieb 1909.

Das Recht der Prostitution. Von Dr. Heinrich **Touaillon**. Czernowitz 1907: 'Gutenberg'. (63 S.) 8°
Aus: Österr. Richter-Zeitung. (ob. 330) 2

Toubin, siehe: Geschichte des französ. Theaters.

Toucement, Jean Chretien [Pseud.],
s.a. Trömer, Johann Christian

Toucement, Jean Chrêtien [d. i. Troemer, Joh. Christian]. Ehn Curieuse Brief von Lustbarkeit in Dress Als ... Frideric. Wilhelm. ... mit Ihre Kronen-Prinss komm von Berlin kereiß. Kedruck in Fransosch Teuschlanden 1728. Iß Bu bekomm Bu Leipßick bey Boetio
Tit., 16 Bl., 1 Taf. in Kupferst. 8°
Stecher: Boeklin

— Des reckte Deutsch Françoß Adjeu aus krosse Campement. Die iß keweß in Sacksie Land ... Bu Ehr ... vor Koeniqk aus der Preuss ... beschrieb von Jean Chretien Toucement. Es iß Bu verkauff In Dreßden bey Monsieur Gerlach ... und Bu Leipßik, bey Monsieur Boetius 1730
Tit., 24 S., 1 Taf. in Kupferst. 8°

TOUCEMENT, Jean Chretien (d. i. Joh. Chr. Trömer), des Deutſch-Francos Schriften mit viel ſchön Kupfer-Stick. Kanss Complett mit den zweiten Theil vermehrt szu Nürnbergk Bey Gabriel Nicolas Raspe 1772 (in Rebus ausgedrückt). 8°. 1 doppelſeitig geſtochener Titel, 4 Bl. und 408 S. Mit 8 doppelſeitigen Kupfern (ſigniert 1—8).

— — Des Deutſch-Francos Schriften (zweiter Theil) mit viel ſchön Kupfer-Stick ſzu Nürnbergk ebenda o. J. 8°. 1 doppelſeitiges Frontiſpiz, 1 geſtochener Titel und 310 S. incl. Titel und 2 S. Inhalt des zweyten Bandes. Mit 8 gefalteten Kupfern (Frontiſpiz und 1 Kupfer angetuſcht).
Sehr ſeltenes Kurioſum.

Touchard-Lafosse, G.

Touchard-Lafosse, G., Vergniaud, der Führer der Girondisten, siehe: Beiträge zur Geschichte der französischen Revolution von 1789. 3. Abthl.

(——) Chronik des Oeil de Boeuf, s.a. Chronik.

CHRONIK des Oeil de Boeuf, der innern Gemächer des Schlosses u. der Gesellschaftssäle von Paris. Eine Schilderung der Sitten u. ihres Verfalles unter den Regierungen Ludwigs XIV., der Regentschaft, Ludwigs XV. u. Ludwigs XVI. Hrsg. durch die verw. Gräfin von B***. In das Deutsche (aus d. Französ. des *G. Touchard-Lafosse*, 1780—1847) frei übers. durch L. v. Alvensleben. 8 Bde. Leipzig, 1832. Wigand'sche Verlags-Exped. 8°.

1: 384 S. (incl. 8 Bll. Vorst.), XIV S. Inh. 2: XII—328 S. 3: XI—259 S. 4: XI—280 S. 5: X—246 S. 6: X—309 S. 7: XII—368 S. 8: XIX—403 S. **Jeder Band mit Inhaltsverzeichniß. Cplt. nicht häufig.**

Orig.: Touchard-Lafosse, G., Chroniques de l'oeil-de-boeuf des petits appartements de la cour et des salons de Paris sous Louis XIV, la régence, Louis XV et Louis XVI. 2 part. av. grand nombre de figg. par Janet Lange. Paris. s. d. (c. 1830). 4°. (3 Rthlr. Scheible 34, p. 193.) — Le même, augmenté du règne de Louis XIII. Illustré par Janet Lange. 2 pts. in Folio. Paris, Barba, s. d.

§ **CHRONIK** des Oeil de Boeuf der innern Gemächer des Schlosses und der Gesellschaftssäle von Paris. Eine Schilderung der Sitten und ihres Verfalles unter den Regierungen Ludwigs XIV., der Regentschaft, Ludwigs XV. und Ludwigs XVI. Hrsg. durch die verw. Gräfin von B*** (aus d. Französ. des *Touchard Lafosse*). In das Deutsche frei übers. von L. v. Alvensleben. 20 Bde. Leipzig, Otto Wigand, 1832—37. 8°. (In München nur 1—7, 9—10, 13—14.)
(Bd. 1—14: 36 Mk. Kühl; Bd. 1—8: 25 Mk. Bielefeld.)

TOUCHARD-LAFOSSE, G. (1780—1847), Verf. der Chronik des Oeil de Boeuf, Galanterien und Liebes-Abenteuer hübscher Mädchen. Ein moralisches Buch. (Aus d. Französ.) 2 Bde. Leipzig, literar. Museum, 1837. (Vortitel: Chronique galante Bd. 10—11.) 8°. (1⅓ Rthl. Völcker, Frf. a. M., 1876; 5 Kr. A. H. Huber, Salzburg, 1908.)

—— Galanterien u. Liebes=Abenteuer hübscher Mädchen. Ein moral. Buch. 2 Bde. gr. 12. (19½ B.) Leipzig 837, Ph. Reclam jun.

Geheimnisse, Die, von Versailles. Deutsch übersetzt aus der Chronik des Oeil de Boeuf (des *Touchard-Lafosse*) von Paul Bornstein u. A. 5 Thle. Berlin, o. J. 8°. 873 S. (1 fl. 40 xr. J. Taussig, Prag, 1895; 2 Mk. 20 Pfg. Frdr. Klüber, München, 1897.)

Touchard=Lafosse, Carl XIV. (Johann Bernadotte), König von Schweden u. Norwegen. A. d. Franz. 2 Bde. gr. 8. (42 B. u. Portr.) Quedlinburg 839, Basse.

Touchard-Lafosse u. Dutouquet, Liebschaften des Cardinals von Bernis u. der Frau von Pompadour. Eine Schilderung der Sitten zur Zeit u. am Hofe Ludwigs XV. Leipzig 1837. 8°. 243 S. (24 Sgr. Scheible, c. 1872; 3 Kr. 60 H. A. H. Huber, Salzburg, 1908.)
Scandalosa vom Hofe Louis XV.

— und Dutouquet, Liebschaften des Cardinal von Bernis und der Frau von Pompadour. Eine Schilderung der Sitten zur Zeit u. am Hofe Ludwigs XV. 8. Leipzig 837. Liter. Museum. 1 ß

—— und Dutouquet, Liebschaften d. Cardinal v. Bernis u. d. Frau v. Pompadour. Eine Schilderung d. Sitten z. Zeit u. am Hofe Ludwigs XV. 8. (15¼ B.) Leipzig 837, [Ph. Reclam jun.]

NACHTE, Pariser. Eine Gallerie galanter Abentheuer, geheimer Liebes- und anderer Geschichten der Pariser Grossen. (Aus d. Französ. des *G. Touchard-Lafosse*, 1780—1847.) 12 Bde. Leipzig, Otto Wigand, 1834—37. 8⁰. (Bd. 1—6: 4 Rthlr. Schmidt, Halle.)
I—III: Das alte Paris. IV—VI: Das neue Paris. VII bis XII: 50 Jahre der geheimen Geschichte Frankreichs und des Hofes von Versailles. — Hat auch den Titel: Chronik (s. d.) des Oeil de Boeuf &c. Bd. 9—20.

— — Die Operndamen. (Aus d. Französ.) 2 Bde. Leipzig 1838. Lit. Museum (Schiller u. Robitzsch). Kl. 8⁰. (1½ Rthl. H. W. Schmidt, Halle, c. 1870.; 1⅓ Rthl. Scheible, c. 1872.)
Tit., 305 u. 332 SS. Enth. einen zusammenhängenden etw. freien Roman, keine einzelnen Erzählungen. — Vorher ebd. 1836. 8⁰. II. (1½ Rthlr. Lippert, Halle, c. 1870.)

— die Operndamen. 2 Bde. gr. 12. Leipzig 838. (Schiller u. Robitzsch.) 3 ß

—— die Operndamen. 2 Bde. gr. 12. (27 B.) Leipzig 838, [Schreck.]

Touchard-Lafosse, G., die Seufzerbrücke zu Paris. Histor. Roman aus d. Zeiten Ludwigs XIII. A. d. Franz. übers. v. L. G. Förster. 2 Thle. 8. (22 B.) Quedlinburg 833, Basse.

—— Turandot, s. Turandot.

Touche, de la

— s. auch de Latouche.

Touche, de la, l'art de bien parler français. II Vols. 8. Leipz. 762. Fritsch. (Hahn). 16 gr

— Auszug aus der Kunst wohl franz. zu reden, mit franz. Gespr. u. Complimenten, v. Chapuset. 8. Nürnb. 762. — 4

Touché. Beleuchtung der Errungenschaften aus den Provinzen. — Druck von W. Fähndrich. 1 Bl. Fol.
Flugblatt. Berlin, 8. Juli 1848.

— Kunst, französ. zu reden. 8. Nürnb. 772. Felssecker. 16 gr

Touché, C. F. W., An das deutsche Volk, meine Brüder, October 1847. kl. 8⁰. Breslau.

Touche, Eug., der 18. August 1870 in St. Marie-aux-Chenes, nebst e. Schilderg. d. Geschichte d. Ortes von s. Entstehg. an bis auf den heut. Tag. gr. 8. (76 S. m. 1 Plan u. 1 Karte.) Metz 897. (P. Even.) n. 1. 20

[F.] Der 18. August 1870 in St. Marie-aux-Chênes nebst e. Schilderg d. Gesch. d. Ortes v. s. Entstehg an bis auf d. heut. Tag. Hrsg. v. Eugen **Touche,** Lehrer. *Metz: Dr. d. Lothringer Ztg 1897.* (76 S. einschl. Titelbild, 1 Kt.) 1 Bd 8. [98. 206

Touche, Guimond de la, Iphigénie en Tauride, für die oberen Klassen höherer Lehranstalten erläutert von Adf. Lundehn. gr. 8. (XXI, 72 S.) Berlin 877. Weidmann. — 90

de la Touche, Guymond, Iphigénie en Tauride. Tragédie. 8. Wien 787. Trattner. 3 gr

Touchemolin, A., quelques souvenirs du vieux Strasbourg. gr. 4. (21 Taf. m. 15 S. Text.) Strassburg 903. J. Noiriel. n. 7. 20

Touchemolin, Aegidius & Joh. Chr. Erhard. Neu eröffnete Reitschule, gezeichnet von Aegidius Touchemolin, radirt von Ioh Chr° Erhard. In Nürnberg, bei I. F. Frauenholz & C° [um 1818].
Mit d. Tit. 51 Taf. in Rad. 4°.

Touchemolin, Alfr., Handzeichnungen. 4. (VII, S. m. 18 Taf.) Strassburg 894. J. H. E. Heitz. n. 1. 50

Touchon, Car. Henr. (Constantius) (geb. Neutchâtel 10. 4. 1820): Nonnulla de stricturis urethrae. Berolini (1848). (30 S.) 8°
Berlin, Med. Diss. v. 15. Febr. 1848

Touchon, Max, Betrachtungen üb. die Wasserverhältnisse der Flußgebiete u. üb. die Ursachen ihrer nachtheiligen Wirkungen auf den Wolstand d. Menschen. gr. 8. (19 S.) Mainz 876. v. Zabern in Comm. n. — 40

Touchy, Fd. Chr., († d. 10. od. 11. April 1808.) Schrieb unter folg. Namen u. ist daselbst nachzusehen: 1) K. F. Anton. 2) C. F. Bär. 3) J. E. Bloz. 4) D. F. Claß. 5) Chr. Hnr. Dietrich. 6) Düchänie. 7) G. Gaschütz. 8) C. F. Gaudich. 9) Jh. Fr. Götz. 10) C. H. Meißner. 11) Chr. Tießen. Siehe ferner: 1) Anweis. f. d. Landmann, s. Schafzucht. 2) Anweis., Steinkohlen. 3) Landwirth, der Sächs.

Ferdinand Christian Touchy

Neue Erfindung, wie man mitten im Winter Ananas, Spargel, Melonen, Gurken, Erdbeeren, Radiszgen, und andre Vegetabilien, desgleichen Rosen, Veilchen, Hyacinthen und eine Menge anderer Blumen ohne Mistbeet und sogar in Zimmern, erziehen und zur Reife bringen kann. ([Verf.: Ferdinand Christian Touchy. Hrsg.:] C.H. Dieterich [Christian Heinrich Dietrich]) o.O.: Hrsg.; Leipzig: Sommer in Komm. [1801]. 7 S., 1 Taf. 8

Touchy, Ludw., Anleitung zur Bereitung der chemischen Farben des Handels f. Kaufleute, Farbenkünstler, Coloristen, Drucker, Maler u. Lackirer, wie auch für Freunde techn. Arbeiten. Als Beitrag zur Farbenkunde nach Grundsätzen der neuern Chemie bearb. gr. 8. (15½ B.) Meißen 844, Klinkicht u. Sohn.

Touchy, Ludw., die Bereitung d. verschied. Arten d. Essige, in Verbindung mit d. Gewinnung d. Weinsteins, d. Weinsteinsäure, d. Frankfurter Schwarz u. d. Weinsteinsalzes, als einer ganz neuen Ansicht, f. Essigfabrikanten, Kaufleute u. d. gewerbtreib. Publikum. Nach d. Grundsätzen d. neuern Chemie bearb. 8. (15 B.) Leipzig 829, Leo.

— Handbuch der Tabaksfabrikation, od. Anweis. zur sichersten u. vortheilhaftesten Bereitung aller in- u. ausländ. Sorten von Rauch- u. Schnupftabaken ꝛc. Mit 1 ill. Kpft. 8. Züllich. 822. (Baumgärtner in Leipz.) 1 ß

Touchy, (Lud.,) Handbuch der Tabaksfabrikation, oder Anweisung zur sichersten u. vortheilhaftesten Bereitung aller in- u. ausländ. Sorten von Rauch- u. Schnupftabaken ꝛc. Mit 1 ill. Kupfrt. 8. Züllichau 822, Darnmann.

—— Conditorei u. neuere Liqueurbereitung f. Kaufleute, Destillateure, Branntweinbrenner u. -Schenker, wie auch f. Haushaltungen nach eigner Erfahrung u. d. besten Quellen bearb. gr. 8. (16 B.) Leipzig 831, Hinrichs.

—— die Neublaufabrikation in Verbindung mit der Bereit. e. blauen Carmin, eines Neublau f. Oelmalerei u. der Bereit. d. Stärke. Mit d. Erfahrn. d. neuern Chemie bereichert. 8. (6 B.) Leipzig 829, Leo.

— die Tabaksfabrikation der Holländer, verbunden mit der Fabrikation der Deutschen ꝛc. 8. Glogau 818. Neue Güntersche Buchh. 12 gr

Gustav **Toudouze.** Die Gespenstergondel [Le bateau des sorcières] ⟨1797⟩. Hist. Erzählung aus d. letzten Tagen d. Unabhängigkeit Venedigs. Mit 32 Originalzeichn. von Vogel. Elberfeld: S. Lucas [1905]. (632 S.) 4°(8°) [F.]
(Sammlung d. besten Jugendschriften d. Auslandes.) [06. 1653

Toudouze, Gust., die Gespenstergondel. (1797.) Historische Erzählung aus den letzten Tagen der Unabhängigkeit Venedigs. Mit 52 Orig.-Zeichngn. v. Vogel. (362 S.) Lex. 8. Elberfeld (909). S. Lucas. Geb. in Leinw. 5. —

Toudouze, Gustave, des Seemanns Tagebuch, s.: Engelhorn's Romanbibliothek.

v. Toul, Unterricht üb. die vornehmsten Wahrheiten der christl. Religion; aus d. Französ. 8. Manh. 782. Schwan u. G. 1 ./

Toula, Frz., die Acanthicus-Schichten im Randgebirge der Wiener Bucht bei Giesshübl (Mödling WNW), s.a. Abhandlungen der k. k. geolog. Reichsanstalt. XVI. 2.

Die Acanthicus-Schichten im Randgebirge der Wiener Bucht bei Giesshübl (Mödling WNW.) von Franz **Toula**, Prof. Mit 19 Taf. u. 32 Zinkotyp. Wien: k. k. geol. Reichsanst. 1907. (120 S.) 2°(4°)
= **Abhandlungen** d. k. k. geol. Reichsanstalt. Bd 16, H. 2. (a. 478)

Toula, Frz., üb. **Amphicyon**, Hyaemoschus u. Rhinoceros [Aceratherium] v. Göriach bei Turnau in Steiermark. [Mit 4 (lith.) Taf.] Lex.-8. (23 S.) Wien 883. (Gerold's Sohn.) n. 1. 80

Toula, Frz., über **Amphicyon, Hyaemoschus und Rhinoceros [Aceratherium] von Göriach bei Turnau in Steiermark.** Lex.-8. (23 S. mit 4 lithogr. Taf.) Wien 885, (Tempsky.) *

– Über Amphicyon, Hyaemoschus und Rhinoceros (Aceratherium) von Göriach bei Turnau in Steiermark (mit 4 Taf.). S. 90. I. 406.
Separatabdruck

Toula, Frz., verschiedene Ansichten üb. das Innere d. Erde. gr. 8. (48 S.) Wien 899. (Huber & Lahme.) n. 1.—

Toula, Frz., über Aspidura Raiblana nov. spec. Lex.-8. (9 S. mit 1 Taf.) Wien 888, (Tempsky.) * — 46
Vorstehende zwei Schriften sind aus: Sitzungsberichte der k. Akademie der Wissenschaften, besonders abgedruckt.

– Über Aspidura Raiblana nov. spec. (mit 1 Taf.). S. 96. I. 361.
Separatabdruck

Toula, Frz.: Beiträge zur geologischen Kenntniss d. östlichen Afrika, s.a. Höhnel, L. R. v.

— Beiträge zur geologischen Kenntnis des östlichen Afrika. 3. Teil. Geologische Übersichtskarte des Gebietes zwischen Usambara und dem Rudolf-See und Begleitworte zu derselben (mit 1 Karte). D 58. 881. 1. Teil siehe Höhnel L. R. von. 2. Teil siehe Rosiwal August. 4. Teil siehe Sueß Eduard. 1.—4. Teil zusammen „ 12.—
Separatabdruck

Toula, Frz., die vulkanischen Berge, s.: Hölder's geographische Jugend- u. Volksbibliothek.

Toula, Franz: Vorläufiger Bericht über eine weitere geologische Reise in den transsylvanischen Alpen Rumäniens. Mit 11 Figuren. ([S.-A.] Neues Jahrbuch für Mineralogie, Geologie und Paläontologie. Jahrg. 1897. Bd. 1. S. 221—255.) (Stuttgart 1897.) 35 S. 8°.

– Die Entstehung der Kalksteine u. der Kreislauf d. kohlensauren Kalkes, s. Vorträge d. Vereins zur Verbreitung naturwissenschaftl. Kenntnisse in Wien.

Toula, Franz: Ueber Erdbeben. Vortrag, gehalten in der Vollversammlung des Oesterreichischen Ingenieur- und Architekten-Vereines am 26. October 1895. ([S.-A.] Zeitschrift des Oesterreichischen Ingenieur- und Architekten-Vereines. 1895. Nr. 51 u. 52.) Wien 1896. 38 S. 8°.

— Erdbeben v. Messina, s.: Vorträge des Vereines zur Verbreitung naturwissenschaftl. Kenntnisse in Wien. 49. Jahrg. 11. Heft.

Toula, Franz: Neuere Erfahrungen über den geognostischen Aufbau der Erdoberfläche. (VI. 1894—1896.) Abgeschlossen am 12. Januar 1897. (Geographisches Jahrbuch. Bd. 20. S. 37—126.) (Gotha 1897.) 90 S. 8°.

Toula, Franz: Neue Erfahrungen über den geognostischen Aufbau der Erdoberfläche. (VII. 1896—98.) (Abgeschlossen am 31. Januar 1899.) (Geographisches Jahrbuch. Bd. 22. S. 119—204.) (Gotha 1899.) 86 S. 8°.

– Zur Erinnerg. an Melch. Neumayr, s. Vorträge d. Vereins zur Verbreitung naturwissenschaftl. Kenntnisse in Wien.

— s.: Festschrift zur Feier des 50jährigen Bestandes des Vereins zur Verbreitung naturwissenschaftlicher Kenntnisse in Wien.

Toula, Frz., die Fische, s. Sammlung gemeinnütziger Vorträge.

Toula, Frz., über einige **Fossilien des Kohlenkalkes von Bolivia**. [Mit 1 (lith.) Taf.] [Aus den Sitzungsber. der k. Akad. der Wiss.] Wien 869. (Gerold's Sohn.) Lex.-8. (13 S.) n. 4 ngr.

Toula, Franz: Über einige Fossilien des Kohlenkalkes von Bolivia (mit 1 Taf.). S. 59. I. 433.
Separatabdruck

Toula, Frz., das Gebiss u. Reste der Nasenbeine v. Rhinoceros (Ceratorhinus Osborn) hundsheimensis, s.a. Abhandlungen der k. k. zoologischen Reichsanstalt.

Das Gebiss und Reste der Nasenbeine von Rhinoceros (Ceratorhinus Osborn) Hundsheimensis. Von Franz **Toula**, Prof. in Wien. Mit 2 Taf. u. 11 Zinkotyp. Wien: K. k. Geol. Reichsanst. 1906. (38 S.) 4°
= **Abhandlungen** d. k. k. geol. Reichsanstalt. Bd 20, H. 2. (a. 14837)

— die geolog. Geschichte des Schwarzen Meeres, s.: Vorträge des Vereines zur Verbreitung naturwissenschaftl. Kenntnisse in Wien. 41. Jahrg. 1. Hft.

Toula, Frz., **Grundlinien der Geologie des westlichen Balkan.** Mit 1 geolog. (chromolithogr.) Uebersichtskarte des westlichen Balkan-Gebietes, 4 (lithogr.) Taf. und 23 Zinkogr. im Texte. Imp.-4. (56 S. mit 4 Bl. Taf.-Erklärungen.) Wien 881, (Gerold's Sohn.) *
Aus: Denkschriften der k. Akademie der Wissenschaften, besonders abgedruckt.

– Grundlinien der Geologie des westlichen Balkan (mit 1 Karte, 4 Taf. und 23 Textfiguren). D 44. II. 1.
Separatabdruck

— der Jura im Balkan nördlich v. Sofia. (Geologische Mittheilgn. aus d. Balkanländern, v. Frz. Toula, Nr. 2.) [Aus: „Sitzungsber. d. k. Akad. d. Wiss.“] Lex.-8. (16 S. m. 2 Taf.) Wien 893. (F. Tempsky.) n. — 90

Toula, Franz: Der Jura im Balkan nördlich von Sofia. (Geologische Mitteilungen aus den Balkanländern. Nr. 2) (mit 2 Taf.). S. 102. I. 191.
Separatabdruck

Toula, Franz: Ueber die Katastrophe von Brüx. Vortrag. Mit 6 Tafeln und 4 Abbildungen im Texte. (Vorträge des Vereines zur Verbreitung naturwissenschaftlicher Kenntnisse in Wien. Jahrg. 36. Heft 1.) Wien 1896. 37 S. 8°.

— Kohlenkalk-Fauna v. den Barents-Inseln [Nowaja-Semlja N. W.]. [Mit 6 (lith.) Taf. (in gr. 8. u. gr. 4.)] [Aus: „Sitzungsber. d. k. Akad d. Wiss.“] Lex. 8. (77 S. m. 6 S. Taf.-Erklärgn.) Wien 875. (Gerold's Sohn.) n. 3. —

– Eine Kohlenkalk-Fauna von den Barents-Inseln (Nowaja-Semlja N.W.) (mit 6 Taf.). S. 71. I. 527.
Separatabdruck

— Kohlenkalk-Fossilien v. der Südspitze v. Spitzbergen. [Mit 5 (lith.) Taf.] [Aus: „Sitzungsber. d. k. Akad. d. Wiss.“] Lex.-8. (25 S.) Ebend. 874. n. 1. 80

– Kohlenkalk-Fossilien von der Südspitze von Spitzbergen (mit 5 Taf.). S. 68. I. 267.
Separatabdruck

—— **Kohlenkalk- und Zechstein-Fossilien** aus dem Hornsund an der Süd-Westküste von Spitzbergen. Lex.-8. (24 S. mit 1 lithogr. Taf.) Ebendas. 874. * — 50
Vorstehende drei Schriften sind aus: Sitzungsberichte der k. Akademie der Wissenschaften, besonders abgedruckt.

– K o h l e n k a l k - und Zechstein- F o s s i l i e n aus dem Hornsund an der Südwestküste von Spitzbergen (mit 1 Taf.). S. 70. I. 133.
Separatabdruck

Toula, Professor Dr. Franz, in Wien. E i n e K r i m r e i s e. (Mit 1 Karte) (Aus: „Deutsche Rundschau für Geographie und Statistik." 11. Jhg. Heft 8. Mai 1889.) 8. (Wien 1889.)

Toula, Frz., u. Joh. A. Kail, üb. e. Krokodil-Schädel aus den Tertiärablagerungen v. Eggenburg in Niederösterreich. Eine paläontolog. Studie. [Mit 3 lith. Taf. u. 3 Text-Illustr.] Imp.-4. (60 S.) Wien 885. (Gerold's Sohn.) n. 5. 20

– und Kail, Johann A.: Über einen K r o k o d i l s c h ä d e l aus den Tertiärablagerungen von Eggenburg in Niederösterreich. Eine paläontologische Studie (mit 3 Taf. und 3 Textfiguren). D 50. II. 299.
Separatabdruck

— Lehrbuch der Geologie. Ein Leitfaden f. Studierende. Mit 367 Illustr.. e. Atlas v. 30 Taf. (m. ca. 600 Fig.) u. 2 geolog. Karten. gr. 8. (IX, 412 S.) Wien 900. A. Hölder. n. 12. —

— **Lehrbuch** der Geologie. Ein Leitfaden f. Studierende. 2. Aufl. Mit 1 Titelbilde, 452 Abbildgn. im Texte, e. Atlas v. 30 Taf. (m. ca. 600 Fig.) u. 2 geolog. Karten. (XI, 492 S. m. 30 Bl. Erklärgn.) gr. 8. Wien 906. A. Hölder. n. 16.—; geb. in Halbfrz. n. 18.40

— Leitfaden der Mineralogie u. Geologie f. die oberen Klassen der Mittelschulen, s.: H o c h s t e t t e r, F. v.

—— über das geologisch-paläontologische M a t e r i a l zur Entwickelungsgeschichte der Säugethiere. Vortrag, gehalten im Vereine zur Verbreitung naturwissenschaftl. Kenntnisse in Wien am 19. März 1879. 8. (110 S. mit 2 lithogr. Taf.) Wien 879, (Braumüller.) **
Aus: Schriften des Vereins zur Verbreitung naturwissenschaftlicher Kenntnisse, besonders abgedruckt.

Toula, Franz: Materialien zu einer Geologie der Balkanhalbinsel ([S.-A.] Jahrbuch der k. k. Geologischen Reichsanstalt. Bd. 33. 1883. Heft 1. S. 61—114.) Wien 1883. 54 S. 8°.

— die **M i o c ä n a b l a g e r u n g e n** v. Kralitz in Mähren. Vorläufige Mittheilg. [Aus: „Annalen d. k. k. naturhistor. Hofmuseums".] Lex.-8. (11 S.) Wien 893. A. Hölder. n. — 60

— das Nashorn von Hundsheim, s. a. A b h a n d l u n g e n der k. k. geolog. Reichsanstalt. XIX. 1.

Das N a s h o r n von Hundsheim. Rhinoceros (Ceratorhinus Osborn) hundsheimensis nov. form. Mit Ausführungen über d. Verhältnisse von Schädeln von Rhinoceros (Ceratorhinus) sumatrensis. Von Franz **Toula**, Prof. in Wien. Mit 12 Taf. u. 25 Zinkotyp. Wien: Geol. Reichsanst. 1902. (92 S.) 4°
(Abhandlungen d. K. k. geolog. Reichsanstalt. Bd 19, H. 1.)

Toula, Franz: Eine geologische Reise in die transsylvanischen Alpen Rumäniens. Vortrag. Mit 3 geologischen Profilen und 8 Tafeln nach photographischen Aufnahmen des Autors. (Vorträge des Vereines zur Verbreitung naturwissenschaftlicher Kenntnisse in Wien. Jahrg. 37. Heft 6.) Wien 1897. 37 S., 9 Tf. 8°.

Toula, Franz: Eine geologische Reise in die transsylvanischen Alpen Rumäniens. Vorläufige Mittheilungen aus dem Tagebuche. Mit 20 Figuren. ([S.-A.] Neues Jahrbuch für Mineralogie, Geologie und Paläontologie. Jahrg. 1897. Bd. 1. S. 142—188.) (Stuttgart 1897.) 47 S. 8°.

—— eine geologische R e i s e in den westlichen Balkan und in die benachbarten Gebiete. Unternommen im Spätsommer 1875. Topographische Schilderungen. gr. 8. (128 S. mit 1 lithogr. Karte in gr. 4.) Wien 876, Hölder. *

Toula, Franz: Eine geologische Reise in das südliche Randgebirge (Jaila Dagh) der taurischen Halbinsel. (Tagebuchaufzeichnungen.) (Zeitschrift der Deutschen Geologischen Gesellschaft. Jahrg. 1897. Bd. 49. Heft 2. S. 384—416.) (Berlin 1897. 33 S. 1 Tf. 8°.

-- R e i s e n u. geolog. Untersuchungen in Bulgarien, s. V o r t r ä g e d. Vereins zur Verbreitung naturwissenschaftl. Kenntnisse in Wien.

Vorträge des Vereines zur Verbreitung naturwissenschaftlicher Kenntnisse in Wien.
— **Heft 16. Inhalt: Franz Toula, Reisen und geologische Untersuchungen in Bulgarien.** Vortrag, gehalten den 19. März 1890. Mit einer geologischen Karte, vier geologischen Profilen, sieben Vollbildern und zwei Abbildungen im Texte. 8. (144 S.) 1.50
Wien: Hölzel 1890.

Toula, Franz: Reiseskizzen aus dem westlichen Balkan. ([S.-A.] Mittheilungen der k. k. Geographischen Gesellschaft in Wien. Bd. 25. 1882.) Wien 1882. 48 S. 8°.

— Das Relief v. Wien u. die Ursachen seiner Entstehung, s. a. V o r t r ä g e des Vereines naturwissenschaftlicher Kenntnisse in Wien. 50. Jahrg. 10. Heft.

Toula (Franz), Das Relief von Wien und die Ursachen seiner Entstehung. Vortr. geh. d. 23. März 1910. Wien 1910. 49 S.
(Vorträge d. Ver. z. Verbreit. naturwiss. Kenntn. in Wien. Jg. 50, H. 10.)

Toula, Franz: Die im Bereiche der Balkan Halbinsel geologisch untersuchten Routen. ([S.-A.] Mittheilungen der k. k. Geographischen Gesellschaft in Wien. Bd. 26 1883.) Wien 1883. 10 S., 1 Krt. 8°.

- Das S a l z g e b i r g e u. das Meer, s. V o r t r ä g e d. Vereins zur Verbreitung naturwissenschaftl. Kenntnisse in Wien.

— zwei neue **S ä u g e t h i e r f u n d o r t e** auf der Balkanhalbinsel. [Aus: „Sitzungsber. d. k. Akad. d. Wiss."] Lex.-8. (8 S. m. 1 Taf.) Wien 892. (F. Tempsky.) n. — 70

-- Zwei neue Saugetier-Fundorte auf der Balkanhalbinsel (mit 1 Taf.). S. 101. I. 68. -.70
Separatabdruck

— der gegenwärtige S t a n d der geolog. Erforschung der Balkanhalbinsel u. des Orients. Einleitender Vortrag f. die Behandlg. dieses Gegenstandes bei dem IX. internationalen Geologen-Kongress in Wien am 26. VIII. 1903. (S. 175—330 m. 2 farb. Karten.) Lex.-8. Wien 904. (Berlin, R. Friedländer & Sohn.) n. n. 7. —
Sonderabdruck aus: „Comptes rendus IX. congrès géol. internat. de Vienne 1903".

Toula, Franz: Der Stand der geologischen Kenntnis der Balkanländer. Ein Vortrag, gehalten auf dem IX. Deutschen Geographentage in Wien im Jahre 1891. ([S.-A.] Verhandlungen des IX. Deutschen Geographentages in Wien. 1891. S. 92—113.) Berlin 1891. 22 S., 1 Krt. 8°.

— über den neuesten Stand der Goldfrage, s. a. V o r t r ä g e des Vereines zur Verbreitung naturwissenschaftl. Kenntnisse in Wien. 39. Jahrg. 16. Hft.

Toula, Franz: Ueber den neuesten Stand der Goldfrage. Vortrag, gehalten den 22. Februar 1899. Mit 5 Tafeln und 11 Abbildungen im Texte. (Vorträge des Vereines zur Verbreitung naturwissenschaftlicher Kenntnisse in Wien. Jahrg. 39. Heft 16.) Wien 1899. 60 S. 8°.

— die **S t e i n k o h l e n**, ihre Eigenschaften, Vorkommen, Entstehung u. nationalökonomische Bedeutung. Mit 20 geolog. Profilen u. Karten im Texte, 1 Productionstabelle u. 6 lith. Taf. 8. (208 S.) Wien 888. (Hölzel.) n. 5. —

— **S t r e i f l i c h t e r** auf d. Technikerfrage u. die techn. Hochschule in Wien. M. 1 Taf.: D. Hauptfaçade d. techn. Hochschule nach Aufsetzg. d. 3. Stockwerkes. Nach e. Studie v. Karl Mayreder. gr. 8. (VII, 115 S.) Wien 897. A. Hölder. n. 2. —

— Streiflichter auf die Technikerfrage u. die techn. Hochschule in Wien. 2., verm. Ausg. Mit 1 Taf.: Die Hauptfassade der techn. Hochschule nach Aufsetzg. des 3. Stockwerkes. Nach e. Studie v. Karl Mayreder. (XI, 206 S.) gr. 8. Wien 908. A. Hölder. 2. 80

— mineralogische u. petrographische Tabellen. Mit 18 Fig. gr. 8. (161 S.) Prag 886. Tempsky. — Leipzig, Freytag. n. 4. —

— geologische Unternehmungen in der „Grauwacken-Zone" der nordöstlichen Alpen. Mit besond. Berücksicht. d. Semmeringgebietes. [Mit 1 Karte, 1 Taf. u. 43 Holzschn.] Imp.-4. (64 S.) Wien 885. (Gerold's Sohn.) n. 5. —

—— geologische Unternehmungen in der „Grauwacken-Zone" der nordöstlichen Alpen. Mit besond. Berücksicht. des Semmeringgebietes. Imp.-4. (64 S. mit 1 Karte, 1 Taf. und 43 Holzschn.) Wien 885, (Tempsky.) * 5 —
Aus: Denkschriften der k. Akademie der Wissenschaften, besonders abgedruckt.

—— Über die mikroskopische Untersuchung der Gesteine. Ein Vortrag. 8. (55 S. m. 10 Textabbildgn., 3 Taf. u. 3 Bl. Erklärgn.) Wien 889, (Hölzel). * — 90

— geologische Untersuchungen im östl. Balkan u. abschliess. Bericht üb. diese geolog. Arbeiten im Balkan. (M. 1 geolog. Kartenskizze.) Begleitworte zur geolog. Kartenskizze d. östl. Balkan. M. e. ausführl. Autoren-Verzeichniss u. e. Ort- u. Sachregister d. üb. d. ganze Balkangebiet sich erstreck. Arbeiten des Autors. [Aus: „Denkschr. d. k. Akad. d. Wiss."] gr. 4. (40 S.) Wien 896. (C. Gerold's Sohn.) n. 5. 60

- Geologische Untersuchungen im östlichen Balkan und abschließender Bericht über seine geologischen Arbeiten im Balkan. 3. Abteilung (mit 1 geologischen Kartenskizze). D 63. 277.
Separatabdruck

—— Geolog. Untersuchungen im östl. Balkan u. in den angrenzenden Gebieten. Imp.-4. (80 S. m. 7 Taf. u. 41 Textfig.) (Ebd.) 890. * 8 80
Aus: Denkschr. d. k. Akad. d. Wissensch., besonders abgedruckt.

- Geologische Untersuchungen im östlichen Balkan und in den angrenzenden Gebieten. 1. Abteilung (mit 7 Taf. und 41 Textfiguren). D 57. 323.
Separatabdruck

— geologische Untersuchungen im östlichen Balkan u. in anderen Theilen v. Bulgarien u. Ostrumelien. (II. Abth.) [Aus: „Denkschr. d. k. Akad. d. Wiss."] Imp.-4. (70 S. m. 33 Fig. u. 6 Taf.) Ebd. 892. n. 8. — (I u. II.: n. 16. 80)

- Geologische Untersuchungen im östlichen Balkan und in anderen Teilen von Bulgarien und Ostrumelien. 2. Abteilung (mit 6 Taf. und 33 Textfiguren). D 59. 409. 8.—
Separatabdruck

— geologische Untersuchungen im centralen Balkan. Ausgeführt m. Unterstützg. der kais. Akademie der Wissenschaften u. d. k. k. Ministeriums f. Cultus u. Unterricht. II. Mit 1 geolog. Karte, 1 Profil-Taf., 49 Textfig. u. 8 paläontolog. Taf. [Aus: „Denkschr. d. k. Akad. d. Wiss."] Imp.-4. (108 S.) Wien 889. (Tempsky.) n. 12. —

Toula, Frz. Geologische Untersuchungen im centralen Balkan. Ausgeführt m. Unterstützg. der kaiserl. Akademie d. Wissenschaften u. des k. k. Ministeriums f. Cultus u. Unterricht. III. Petrographischer Thl. Zur Kenntniss d. krystallinischen Gesteine d. centralen Balkan. Von Aug. Rosiwal. (58 S. m. 3 Lichtdr.-Taf.) Imp.-4. Wien 890, (Tempsky). * 4 50
Vorstehende 2 Tle [I] u. III sind aus: Denkschr. d. k. Akad. d. Wissensch., besonders abgedruckt.
II. Tl., s. Zlatarski, Geo. N.

- Geologische Untersuchungen im zentralen Balkan (mit 1 geologischen Karte, 1 Profil-Taf., 8 paläontologischen Taf. und 49 Textfiguren). 1. Geologischer Teil. 2. Paläontologischer Teil. D 55. II. 1.

- - 3. Petrographischer Teil von August Rosiwal. Zur Kenntnis der kristallinischen Gesteine des zentralen Balkan (mit 3 Lichtdrucktaf.). D 57. 265.
Separatabdruck

— geologische Untersuchungen im centralen Balkan u. in den angrenzenden Gebieten. (I.) Übersicht üb. die Reiserouten u. die wichtigsten Resultate der Reise. [Mit 1 (chromolith.) Routenkarte.] Lex.-8. (35 S.) Wien 885. (Gerold's Sohn.) n. 1. 20
Den 2. Thl. cfr.: Zlatarski, G. N.

- Geologische Untersuchungen im zentralen Balkan und in den angrenzenden Gebieten. Übersicht über die Reiserouten und die wichtigsten Resultate der Reise (mit 1 Karte). S. 90. I. 274.
Separatabdruck

- Geologische Untersuchungen in der „Grauwackenzone" der nordöstlichen Alpen, mit besonderer Berücksichtigung des Semmeringgebietes (mit 1 Karte, 1 Taf. und 43 Textfiguren). D 50. II. 121.
Separatabdruck

— geologische Untersuchungen im westlichen Theile d. Balkan's u. in den angrenzenden Gebieten. I. Kurze Uebersicht üb. die Reiserouten u. die wichtigsten Resultate der Reise. [Aus: „Sitzungsber. d. k. Akad. d. Wiss."] Lex.-8. (11 S.) Wien 875. (Gerold's Sohn.) n. — 20

Toula, Frz., geologische Untersuchungen im westlichen Theile des Balkan u. in den angrenzenden Gebieten. 2—5. u. 9. [Aus: „Sitzungsber. d. k. Akad. d. Wiss."] Lex.-8. Wien 877—80. Gerold's Sohn. n.n. 15. 20 (1—9.: n.n. 16. —)
2. Barometrische Beobachtungen. (16 S.) n.n. — 80
3. Die sarmatischen Ablagerungen zwischen Donau u. Timok. [Mit 1 (lith.) Taf. u. 4 (eingedr. Holzschn.-) Illustr.] (33 S.) n.n. — 70
4. Ein geolog. Profil von Osmanieh am Arčer, über den Sveti-Nikola-Balkan, nach Ak-Palanka an der Nišava. [Mit einer geolog. (chromolith.) Kartenskizze u. 8 (lith.) Taf.] (82 S.) n. 5. —
5. Ein geolog. Profil von Sofia über den Berkovica-Balkan nach Bercovac. [Mit 12 (lith. u. chromolith.) Taf. u. 6 (eingedr.) Holzschn.] (67 S.) n. 6. —
9. Von Ak-Palanka über Niš, Leskovac u. die Rui Planina bei Trn, nach Pirot. [Mit 6 (lith.) Taf. u. 9 (eingedr.) Holzschn.] (79 S. m. 6 Bl. Taf.-Erklärgn.) n. 3. 20
cf.: Niedzwiedzki, J.

—— dass. — [X.] Von Pirot nach Sofia, auf den Vitoš, über Pernik nach Trn und über Stol nach Pirot. Lex.-8. (68 S. mit 9 lithogr. Taf. und 6 Holzschn.) (Ebendas.) 884. *
aus: Sitzungsberichte der k. Akademie der Wissenschaften, besonders abgedruckt.
VI. und VII. sind nicht erschienen; VIII. vgl. Niedzwiedzki, J.

Geologische Untersuchungen im westlichen Teile des Balkan und in den angrenzenden Gebieten: 1. Kurze Übersicht über die Reiserouten und die wichtigsten Resultate der Reise. S. 72. I. 468 . . . vgr.
- 2. Barometrische Beobachtungen. S. 75. I. 57 . . . vgr.
- - 3. Die sarmatischen Ablagerungen zwischen Donau und Timok (mit 1 Taf. und 4 Holzschnitten). S. 75. I. 113 . . . vgr.
4. Ein geologisches Profil von Osmanieh am Arcer über den Sveti Nicola-Balkan, nach Ak-Palanka an der Nišava (mit 1 Karte, 8 Taf. und 9 Holzschnitten). S. 75. I. 465 . . . 1.—
5. Ein geologisches Profil von Sofia über den Berkovica-Balkan nach Berkovac. S. 77. I. 247 . . . 6.—
- - 6. Von Berkovac nach Vraca. S. 77. I. 269 . . . vgr.
- 7. Von Vraca an den Isker und durch die Isker Schluchten nach Sofia (mit 2 Karten, 10 Taf. und 7 Holzschnitten). S. 77. I. 282 . . . vgr.
- - 8. Zur Kenntnis der Eruptivgesteine des westlichen Balkan. S. 79. I. 128. Siehe Niedzwiedzki Julian
- - 9. Von Ak-Palanka über Niš, Leskovac, die Rui Planina bei Trn nach Pirot (mit 6 Taf. und 9 Holzschnitten). S. 81. I. 188 . . . vgr.
Separatabdruck

- Geologische Untersuchungen im westlichen Teile des Balkan und in den angrenzenden Gebieten. 10. Von Pirot nach Sofia, auf den Vitoš, über Pernik nach Trn und über Stol nach Pirot (mit 9 Taf. und 6 Holzschnitten). S. 88. I. 1279. 4.—
Separatabdruck

— Das Wandern u. Schwanken der Meere, s.: Vorträge des Vereines zur Verbreitung naturwissenschaftlicher Kenntnisse in Wien. 48. Jahrg. 11. Heft.

Toula, Franz: Die Zucker-Besteuerung nach dem Gesetze vom 20. Juni 1888, mit den Abänderungen laut kaiserlicher Verordnung vom 17. Juli 1899 und dem ergänzten Vollzugserlasse vom 20. Juli 1899. Mit einem alphabetischen Sachregister. [Separat-Ausgabe der neuen österr. Gesetze mit Motiven und Erläuterungen Nr. 81.] Prag: Höfer & Klouček 1899. 134 S. 8°

— Zusammenstellung der neuesten geolog. Literatur üb. die Balkanhalbinsel m. Morea, die griechischen Inseln, Ägypten u. Vorderasien, m. Ergänzgn. der Literaturübersicht in den Comptes-rendus IX. Congr. géol. intern. de Vienne 1903 (1904). (S. 37—75.) gr. 8. Wien 906. Berlin, R. Friedländer & Sohn. nn 2. —
Sonderabdruck aus: „XI. Jahresber. f. 1905 d. naturwiss. Orientver."

Toullieu, Petr. de: Collectanea. In quibus multa juris civilis aliorumque auctorum loca illustrantur et explicantur, quaedam etiam emendantur. Ed. a Jo. Wolbers, qui et decadem observationum addidit. Groningae 1737, (Observat.:) 1736.

Toulmin, Josua, über Leben, Charakter u. Schriften J. Biddle's; aus d. Engl. v. J. W. H. Ziegenbein. 8. Helmst. 794. Fleckeisen. 8 gr

Toulon [Schlagwort]

Toulon — Die Gegend von — Marsilien und S. Tropez. Johann Stridbeck jun. Excudit. 1 : 440,000. 1 Bl.

F. Emmanuel Toulongeon's Geschichte von Frankreich, seit der Revolution von 1789. Deutsch hrgg. v. Philipp August Petri. Bd. 1—5. Münster. 1804—10. 8°.

Toulongeon, F. Emm., Geschichte von Frankreich, seit der Revolution von 1789; aus zeitverwandten Urkunden u. Handschriften der Civil- u. Militär-Archive, deutsch hrsgg. v. Ph. A. Petri. 5 Bde. gr. 8. Münst. 804—810. Waldeck. 10 ℛ

— histoire de France depuis la révolution 1789 etc., avec Cartes et Plans. VII Tomes. gr. 8. Strassb. 801—810. Treuttel u. W. 15 ℛ 12 gr IV Toms in 4. ibid. 801—10. 22 ℛ 12 gr

Toulouse-Lautrec, Elles, 11 farb. Lith. in Fksm.-Reproduktion. (3 Bl. Text.) 59×46,5 cm. München (906). R. Piper & Co. In Mappe, auf Büttenpap. 80. —; auf Japan 120. —; m. Beigabe je e. Blattes der v. Lautrec veranstalt. Orig.-Ausg. 200. —

Toultschinky, A. Über die Milchsterilisation. In-8°. 21 S. Bern. These. 1894.

T'oung pao. Archives pour servir à l'étude de l'histoire, des langues, de la géographie et de l'ethnographie de l'Asie orientale [Chine, Japon, Corée, Indo-Chine, Asie centrale et Malaisie]. Rédigées par Gust. Schlegel et Henri Cordier. Vol. I. 12 cahiers. gr. 8. (1. Hft. IV, 97 S.) Leiden 890. Brill. (Berlin, Reuther.) n.n. 20. —

Toung pao. Archives pour servir à l'étude de l'histoire, des langues, de la géographie et de l'ethnographie de l'Asie orientale [Chine, Japon, Corée, Indo-Chine, Asie centrale et Malaisie]. Rédigées par Gust. Schlegel et Henri Cordier. Vol. II. Mai 1891—Janv. 1892. 5 cahiers. gr. 8. (à Hft. ca. 100 S.) Leiden, E. J. Brill. n.n. 20. —

— dasselbe. Vol. III. Mars—Decbre. 1892. 5 cahiers. gr. 8. (à Hft. ca. 100 S.) Ebd. n.n. 20. —

— dasselbe. Vol. IV. Mars—Novbre. 1893. 5 cahiers. gr. 8. (à Hft. ca. 100 S.) Ebd. n.n. 20. —

Toung pao. Archives pour servir à l'étude de l'histoire, des langues, de la géographie et de l'ethnographie de l'Asie orientale [Chine, Japon, Corrée, Indo-Chine, Asie centrale et Malaisie]. Rédigées par Gust. Schlegel et Henri Cordier. Vol. IV—IX. Mars 1893—Fevr. 1899. gr. 8. (IV, 468; IV, 472; IV, 514; IV, 630; IV, 574 u. IV, 448 S.) Leiden, Buchh. u. Druckerei vorm. E. J. Brill. à Vol. n.n. 20. —

— dasselbe. Supplément au vol. V. gr. 8. Ebd. 894. n.n. 2. 50
Die Länder d. Islám nach chines. Quellen v. Frdr. Hirth. I. (64 S.)

T'oung pao. Archives pour servir à l'étude de l'histoire, des langues, de la géographie et de l'ethnographie de l'Asie orientale (Chine, Japon, Corée, Indo-Chine, Asie centrale et Malaisie). Rédigées par Gust. Schlegel et Henri Cordier. Vol. X. Mars 1899—Fevr. 1900. 5 nrs. gr. 8. (IV, 519 S. m. 2 Taf. u. 2 Karten.) Leiden, Buchh. u. Druckerei vorm. E. J. Brill. n.n. 20. —

— dasselbe. II. Serie. Vol. I—III. Mars 1900—Fevr. 1903. à 6 nrs. gr. 8. (V, 580; IV, 428 S. m. 1 Taf. u. IV, 364 S.) Ebd. à Vol. n.n. 20. —

T'oung pao. Archives pour servir à l'étude de l'histoire, des langues, de la géographie et de l'ethnographie de l'Asie orientale (Chine, Japon, Corée, Indo-Chine, Asie centrale et Malaisie). Rédigées par Henri Cordier et Éd. Chavannes. II. série. Vol. IV—VI. Mars 1903—Févr. 1906. à 6 nrs. (448, 643 u. 663 S.) Lex.-8. Leiden, Buchh. u. Druckerei vorm. E. J. Brill. à Vol. n.n. 20. —

— dasselbe, ou Archives concernant l'histoire, les langues, la géographie et l'ethnographie de l'Asie orientale. Rédigées par Henri Cordier et Édourd Chavannes. II. série. Vol. VII. Mars 1906—Févr. 1907. 6 nrs. (735 S.) Lex.-8. Ebd. n.n. 20. —

T'oung pao ou Archives concernant l'histoire, les langues, la géographie et l'ethnographie de l'Asie orientale. Revue dirigée par Henri Cordier et Édouard Chavannes. II. série. Vol. VIII—XI. Mars 1907—Févr. 1911. 6 nrs. (IV, 574; IV, 448; IV, 518 u. IV, 531 S. m. 4, 12, 15 u. 1 Taf.) gr. 8. Leiden, Buchh. u. Druckerei vorm. E. J. Brill. à vol. nn 20. —

Toup, Jo., Emendationes in Suidam et Hesychium et alios lexicographos graecos. 4 Vol. 8maj. Oxonii. 790. (Lips., Fr. Fleischer.) 10 16

Toup, Jo., opuscula critica in quibus Suidas et plurima loca veterum Graecorum Sophoclis, Euripidis, et Aristophanis inprimis, cum explicantur tum emend. etc. cur. et praef. F. H. Starke. II Voll. 8maj. Leipz. 780. (Aue in Altona). 2 ℛ 6 gr Schrbp. 3 ℛ

— Opuscula critica, in quibus Suidas et plurima loca veter. Graecor. cum explicantur, tum emaculantur. Lips. 780. 81. 2 Part. 8. 2 rthlr. 18 gr.

Toups, K., neuere Gedichte, s.: Kniepkamp, C.

Tour de Soubrette. Com. en 1 Acte p. Gersaint. 8. Brschw. Pluchart. 806.

a Tour in Zeeland in the year 1802 with an historical sketch of the Battle of Copenhagen etc. 8. Kopenh. 811 Bonnier. 1 ℔ 16 ℊ; n. W. Nauck in Leipz.) 1 ℔ 12 ℊ

Tour, de la, s.a. Latour.

Tour, Charlotte de la, die Symbolik der Blumen. Vollständigste Blumensprache, Blumenkalender, Blumenuhr, Ursprung der Blumenattribute bei den alten Völkern, Bedeutung der Zusammenstellung von Blumen und Farben. Nebst einem Wörterbuche der Blumen und ihrer Bedeutungen, so wie der Bedeutungen und der sie ausdrückenden Blumen. Nach der 10. Originalaufl. frei verdeutscht durch L. v. Alvensleben. Mit (lith. u.) color. Titelkpfr. Weimar 854. Voigt. 12. (XIX, 252 S.) 20 ngr.

de la Tour, Deserres, Abhandl. von der Erziehung, insofern sie das Glück der Menschen gründet; nebst Gedanken von der Erziehung der Alten; aus d. Französ. 8. Leipz. 768. (W. Vogel). 10 ℊ

— Abhdl. v. d. Erziehung, in sofern sie d. Glück d. Menschen gründet, nebst Gedanken v. d. Erzieh. d. Alten, a. d. Franz. 8. Leipz. Crusius. (F. C. W. Vogel.) 768.

Tour Deserres, de la, du Bonheur. 12. Par. (Pott et Comp. Laus.) 767.

Tour, Emil de la (Marie Antoinette v. Markovics), von Generation zu Generation, s.: Weber's mod. Bibliothek.

Touraille, s.a. Latouraille.

Touraille Graf

Graf la Touraille. Roman. Aus den Zeiten Heinrichs des Vierten. Frei nach dem Franz. von K.v.K. Bdchn 1.2. Constanz: Wallis 1825. 8°

Tourbié, dänisches Armenrecht unter theilweiser Vergleichung m. deutschem Recht. gr. 8. (86 S.) Berlin 888. Puttkammer & Mühlbrecht. n. 2. —

Tourbié, dänisches Armenrecht. 2., durch die kodifizir. Gesetzgebg. d. J. 1891 u. das dän. Armen-Anstaltssystem betr. Beilagen verm. Ausg. gr. 8. (VIII, 214 S.) Berlin 892. Puttkammer & Mühlbrecht. n. 4. —

Tourbié, F., Handbuch d. gelt. öffentl. u. Privat-Rechts f. d. Gebiet d. preuß. Landrechts, s.: Belle, R.

Notizen eines Laien aus der Literatur der Geisteswissenschaften in 7 Fragestücke geordnet. [Verf.: Franz Tourbié.] Berlin: S. Cronbach 1901. (74 S.) 8°

Tourbié, R., pädagogische Aphorismen. Gedanken der hervorragendsten Pädagogen, Dichter u. Philosophen üb. „Lehren u. Lernen", sowie Aussprüche allgemeiner Lebensweisheit. 8. (66 S.) Dresden 894. Dresdener Verlagsanstalt (B. W. Esche.) n. — 75

Tourbié, Richard, Festmarschlied d. Turner, Gedicht v. Otto Bauer, in Musik ges., op. 211, Leipzig, 2 S., 8°.

Tourbié, Rich., s.: Herren-Abende.

Tourbié, Richard. Zahnschmerzen. Komisches Singspiel in einem Akt. op. 81. Textbuch 8. (32 S.) Lpz. 891, C. F. W. Siegel. * — 50

Tourbler, Richard: Quellenuntersuchungen über die Chanson de Godin nebst Textproben. Greifswald 1906: F. W. Kunike. (64 S.) 8°

Greifswald, Phil. Fak., Ref. Stengel, Diss. v. 14. Febr. 1907

[Geb. 12. Juli 83 Berlin; Wohnort: Greifswald; Staatsangeh.: Preußen; Vorbildung: Oberrealsch. Berlin Reife O. 03; Studium: Berlin u. Greifswald 4 S.; Rig. 15. Dez. 06.]

Tourelle, Joseph (Woerrstadt)
Ueber Blutungen aus der Nabelschnur und dem Nabel.
Giessen: Merck 1854. 29 S. (in Δ mit „Thesen")
Diss. med. 16.12.1854. vorh. 7. 11. Δ.

1 2 0 Touren durch den Thüringer Wald. Erfurt: M. Luther (auf d. Umschl.: C. Villaret) [1899]. (32 S.) 8°

Die Touren der Quadrille à la cour und des Contre-Tanzes (Française). Mignon-Format. Carton mit elegantem Titel, zum Tanz-Commando, sowie für die einzelnen Tänzer und Tänzerinnen zum Nachlesen. Erfurt, Fr. Bartholomäus, o. J. (15 Pfg.)
l. c. p. 24.

Tourenblätter des österreichischen Touring-Club. Verband f. Rad-Touristik. Blatt 1—15. Wien u. seine Umgebg. Zusammengestellt u. ausgearb. im Auftrage des Oe. T. C. in 93 Touren v. M. Oransz. gr. 8. (81 Blatt m. Fig.) Wien (899). (R. Lechner's Sort.)
In Mappe n.n. 6. 60; einzelne Blatt n. — 10

Tourenbuch des Gau 17, Hannover, des deutschen Radfahrer-Bundes. Ein Führer f. Radfahrer in dem Gebiete von Lüneburg bis Kassel u. von Minden bis Quedlinburg, welches das Weserbergland, den Harz, d. Lüneburger Haide u. Teile d. Teutoburger Waldes etc. umfasst, nebst Angabe v. Sehenswürdigkeiten u. landschafttlich schönen Punkten. Hrsg. vom Vorstande des Gau 17 des „D. R.-B." 12. (VIII, 312, 14 u. 14 S.) Hannover (899). (G. Jördens.) Geb. in Leinw. n. 1. 50

Tourenbuch d. Gauverbandes Nr. 9 (Frankfurt a/M.) u. der angrenzenden Theile der Gaue Nr. 10 (Würzburg), Nr. 16 (Erfurt), Nr. 8 (Westphalen), Nr. 4 (Rheinprovinz), Nr. 17 (Hannover), Nr. 5 (Mittelrheingau) u. Nr. 8 (Württemberg). Hrsg. vom Vorstande d. Gauverbandes Nr. 9 nebst 1 (chromolith.) Karte (in gr. 4.) d. Gauverbandes u. der angrenzenden Gebiete. 12. (XIII, 165 S.) Leipzig 889. (L. Weber.) geb. n.n. 2. —

Tourenbuch von Kärnten und Oberitalien sowie der österreichischen Alpenländer für Radfahrer und Automobilisten. Mit den Profilen der Kärntner Reichsstrassen und der anschliessenden Hauptstrassen und einer Strassen-Uebersichtskarte. 3., vollständig umgearbeitete und bedeutend erweiterte Auflage. Zusammengestellt von Joh. W. Adler. Herausgegeben vom Kärntner Radfahrer-Gauverband. Klagenfurt. 1901. Verlag des Kärntner Radfahrer-Gauverbandes. 8°. 173 S. Geb. K 3.—

Tourenbuch, Kölner, f. Radfahrer. Ein unentbehrl. Führer f. alle rhein. Radfahrer. Mit 1 grossen farb. Spezialkarte. Maassstab 1 : 225000. 7. Aufl. (X, 111 S.) kl. 8. Köln 910. Kölner Verlagsanstalt u. Druckerei.
Geb. in Leinw. 1. 50

Osnabrücker Tourenbuch ... 3. Ausg. Osnabrück: G. Pillmeyer 1908. (72 S.) 8° [c8. 13383 7

Tourenbuch, Osnabrücker. Sommer-Touren u. Fahrpläne 1909. 4. Ausg. (29 S.) 16. Osnabrück, G. Pillmeyer. — 20

Tourenbuch für Radfahrer in der Schweiz. Hrg. von der Redaction und Administration des „Schweizerischen Velosport" ... (*Umschlag:* Schweizerisches T" für Radfahrer. Guide-Itinéraire Suisse). [Mit 1 Karte.] 1. Aufl. 8. Bern 1896 (*Umschlag:* 1896,97).

— f. Radfahrer in der Schweiz. Hrsg. v. d. Redaction u. Administration d. „Schweizer. Velosport", offic. Organ d. „schweizer. Velocipedisten-Bundes" u. der „Federation schweizer. Velocipedisten". 12. (VII, 79 S. m. 1 farb. Karte.) Bern (Marktgasse) 896. Office polytechnique d'Edition et de Publicité. n. 1. 50

Tourenbuch d. allgem. Radfahrer-Union, s.: Fahrtenbuch.

Tourenbuch der Schweiz und nächsten Umgebung. Hrg. vom Schweiz. Velocipedistenbund.... 1. Aufl. (= Guide-Routier de la Suisse et des frontières voisines. Rédigé par l'Union Vélocipedique Suisse.... 1re Ed.) [Mit 1 Karte.] XVI + 173 S. 8. Basel, Hermann Krüsi, (1904). (fr. 1. 50)

— schweizerisches, für Rad- u. Automobilfahrer. 2. verm. u. verb. Aufl. m. Plänen von verschiedenen Städten u. Radfahrkarte d. Schweiz nach d. neuesten Aufzeichngn. Red. unter gefälliger Mitwirkg. mehrerer Mitarbeiter v. A. Schwob u. G. Wüscher. 12. (III, 119 S.) Bern 898. Polytechn. Anstalt f. Verlag u. Publizität. 2. 40; französ. Ausg. (Suisse-Vélo). (IV, 120 S.) 2. 40

Tourenfahrer, Der deutsche und Süddeutsche Automobil-Zeitung. Beilage: Das Fahrrad. München: Expedition 1900–? 8°

Tourenführer. Karten Beilagen zum T' des Basler Verkehrsvereins... s. Berg. Über B' und Thal .... 2. ... Aufl. ... Basel ... (1908).

Brunn's Tourenkarte zum Distanzenbuch von Oberbayern mit den angrenzenden österr. Ländern Nordtirol u. Salzburg. 1 : 250 000. München.

Touren-Karte für Radfahrer. Umgebung von Wien im Maße 1 : 300.000. Herausgegeben vom Bunde deutscher Radfahrer Oesterreichs. Quer-Folio. Chromolithographie. Gefalzt —.50
Wien: Lechner 1890. Auf Leinen —.90

Tourenkarte für Radfahrer. 1 : 300.000. Bl. I. Umgebung von Wien. Bearbeitet von Emil Letoschek. Qu.-4. Lithographie. Gefalzt —.50
Wien: R. Lechner 1895.

Tourenkarte für Radfahrer. 1 : 300.000. Bl. II: Umgebung von Graz. Qu.-4. Lith. Gef. —.50
Auf Leinen Wien: Lechner 1894. —.90

Tourenkarte für Radfahrer. 1 : 300.000. Bl. III. Umgebung von Linz. Qu.-4. Lithographie. Gefalzt —.50, auf Leinen —.90
Wien: Lechner 1894.

Tourenkarte für Radfahrer. 1 : 300.000. Bl. IV: Umgebung von Klagenfurt. Qu.-4. Lith. Gef.
Wien: Lechner 1894. —.50, auf Leinen —.90

Tourenkarte für Radfahrer. 1 : 300.000. Mit Angabe der Niveau-Verhältnisse der Strassen. Bearbeitet von Emil Letoschek, k. u k. Hauptmann. Blatt 1: Umgebung von Wien. Bl. 2: Umgeb. von Graz. Bl. 3: Umgeb. von Linz. Bl. 4: Umgeb. von Klagenfurt. Bl. 5: Umgeb. von Brünn. Bl. 6: Umgeb. von Budweis. Grösse 51 × 46 *cm*. Lithographie. Per Blatt auf Leinen. Wien: Lechner 1896. —.90

Tourenkarte für Radfahrer. 1 : 300.000. Mit Angabe der Niveau-Verhältnisse der Strassen. Bearbeitet von Emil Letoschek, k. u. k. Hauptmann. Blatt 7. Laibach-Triest. Blatt 8. Prag-Dresden. Grösse 51 × 46 *cm*. Lithographie. Per Blatt auf Leinen —.90
Wien: Lechner (Müller) 1897.

Lechner's Tourenkarte für Radfahrer. Blatt XV. Königgrätz und Breslau. 1 : 300.000. 41 × 51 *cm* auf Leinen K 1.30
Wien: Lechner (Müller) 1903.

Tourenkärtchen, Hopf's. 1 : 200,000. Nr. 1—4. à 19,5 × 24 cm. Farbendr. Cannstatt 896. G. Hopf. à — 20
1. Stuttgart u. Umgegend. — 2. Nürtingen, Kirchheim, Urach u. Umgegend. — 3. Esslingen u. Umgegend. — 4. Waiblingen, Schorndorf u. Umgegend.

Touren-Controllbuch f. den Radfahrer. Hrsg. von Th. Weber. 16. (64 S.) Leipzig 889. L. Weber. geb. n.n. — 50

Touren-Verzeichniss für die Sannthaler-Alpen und Ost-Karawanken. Hrsg. vom Zweigverein Eisenkappel des österr. Touristen-Club. 12. (12 S.) Klagenfurt 881, [Bertschinger und Heyn.] Heyn's Buchh. **

Touren-Verzeichniss u. Touristenführer f. die Ost-Karawanken u. Sannthaler-Alpen m. besond. Berücksicht. d. Sectionsgebietes, Eisenkappel u. Umgebung. Hrsg. v. der Section Eisenkappel d. österr. Touristenclub. 2. Aufl. 8. (64 S.) Eisenkappel 885. (Klagenfurt, v. Kleinmayr.) n.n. — 52

Touren-Verzeichnis und Umgebungskarte für das Kurhaus 'auf der hohen Rinne'. Hrsg. von d. Section 'Hermannstadt' S. K. V. (1 : 25,000.) *Hermannstadt: Section 1901; ([Wien:] k. u. k. milit.-geogr. Inst.).* (5 Bl., 1 Kartenbl. 48 × 28 cm.) 8° [kol.]

Tourenweiser für Ausflüge in die Berge und Gebirge der Umgebung von Kronstadt. Kronstadt 1890. V: *Mysz, Edw.* (Bücherverz. d. Zentralbibl. d. D. u. Ö. A. V. München 1906.)

Tourette, Gilles de la, der Hypnotismus und die verwandten Zustände vom Standpunkte der gerichtlichen Medicin. Autoris. deutsche Übersetzung. Mit einem Vorwort von J. M. Charcot. gr. 8. (IV, 545 S.) Hamburg 889, Verlagsanstalt und Druckerei, A.-G. * M 9.—; geb. * 11 —

Tourgee, A. W., eines Narren Narrenstreich, s.: Roman-Bibliothek, englische.

Tourghénieff, J.

— Anouchka, s. Hugo, Ch., la Bohème dorée.

—— trois rencontres, s. Kock, Paul de, une femme à trois visages.

—— la veille, s. Kock, Paul de, la famille Braillard.
Vgl.: Turgeneff, J. S.

Tourguenef, I. (S.), s. Tourghénieff

Tourguenoff, Alex., lettres à son frère Nicolas. (In russ. Sprache.) gr. 8. gr. S. (XII, 646 S.) Leipzig 872. Brockhaus. n. 7. 50

Tourgueneff, Nic., s. Que faut-il désirer pour la Russie?

—— Réponse à la chronique d'Ostrog. [In russischer Sprache.] gr. 8. (11 S.) Leipzig 869, Brockhaus' Sortiment und Antiq. * — 40

Touring-Zeitung, österreichische. Offizielles Organ d. österr. Touring-Club. Amtliche Zeitschrift d. allgem. Motorfahrer-Verbandes, d. Wiener Motorfahrer-Clubs usw. Hrsg.: Österr. Touring-Club. Red.: Sigm. Bettelheim. 14. Jahrg. 1910. 12 Nrn. (à ca. 8 S.) 30,5×22 cm. Wien. (Korneuburg, J. Kühkopf.) 8. —

Tourist, der. Hrsgbr. und Redact.: Gust. Jäger. 5. Jahrg. 1873. 24 Nrn. (Bog.) Nebst Beilage: Das Alpenhorn. Organ für Interessen des Verkehrs, Handels und der Industrie. 24 Nrn. (Bog.) gr. 8. Wien 873, (Thiel.) *

Tourist. Organ für Touristik und Alpenkunde. Redig. von Frz. Joh. Matzak. Hrsgbr.: Wilhelmine Jäger. 6.—9. Jahrg. 1874—1877. à Jahrg. 2 Bde. à 12 Hefte. (à Heft 2½ Bog.) gr. 8. Wien, (F. Beck.) à Jahrg. *

—— dass. — Redig. von J. K. Beer. Hrsgbr.: Wilhelmine Jäger. 10. Jahrg. 1878. 2 Bde. à 12 Hefte. (à 2½ Bog.) gr. 8. (Ebendas.) *

—— dass. — Organ für Touristik, gesammte Alpen- und Naturkunde. Begründet von Gust. Jäger 1869. Unter Mitwirkung hervorragender Alpenkenner und Fachmänner hrsg. von Wilhelmine Jäger. 11. Jahrg. 1879. 24 Nrn. (Bog.) Nebst belletrist. Beiblatt: Bei Nebel und Regen. 12 Nrn. (à ½ Bog.) gr. 4. (Ebendas.) *

Tourist, der. Organ für Touristik, gesammte Alpen- und Naturkunde. Begründet von Gust. Jäger 1869. Unter Mitwirkung hervorragender Alpenkenner und Fachmänner hrsg. von W. Jäger. 12.—14. Jahrg. 1880—1882. à Jahrg. 24 Nrn. (à Nr. 1½—2 Bog.) gr. 4. Wien, (F. Beck.) à Jahrg. *

—— der. Unabhängiges Organ für Touristik, Alpen- und Naturkunde. Begründet 1869 von Gust. Jäger. Unter Mitwirkung herorragender Alpenkenner und Fachmänner hrsg. von W. Jäger. 15. und 16. Jahrg. 1883 und 1884. à Jahrg. 24 Nrn. (à Nr. 1½—2 Bog.) gr. 4. (Ebendas.) à Jahrg. *

—— der. Unabhängiges Organ für Touristik, Alpen- und Naturkunde. Begründet 1869 von Gust. Jäger. Unter Mitwirkung hervorragender Alpenkenner und Fachmänner hrsg. von W. Jäger. 17.—20. Jahrg. 1885—1888. à Jahrg. 24 Nrn. (à Nr. 1½—2 Bog.) gr. 4. Wien, (F. Beck.) à Jahrg. *

Tourist, der. Unabhängiges Organ für Touristik, Alpen- u. Naturkunde. Begründet 1869 von Gust. Jäger. Hrsg. v. Wilhelmine Jäger. 21.—24. Jahrg. 1889—1892. à Jahrg. 24 Nrn. (à Nr. 1½—2 Bog.) gr. 4. Wien, (F. Beck). à Jahrg. * 10 —

— der. Internationaler Eisenbahnführer für die Schweiz u. Europa. Bearb. nach den officiellen Bekanntmachungen. Mit (lith.) Karte. Directe Routen von England, Belgien, Deutschland, Russland, Oesterreich u. Italien nach der Schweiz u. Südfrankreich. Touristenrouten in der Schweiz. Winter 1880/81. Nr. 1. November. (Deutsch u. französisch.) 8. (VIII, 163 S.) Zürich, Schmidt. n. — 80

—— dass. — Mit (lithogr.) Karte. Sommer 1881. 8. (IX, 262 S.) Ebendas. 881. *

Tourist, der. Internationaler Eisenbahnführer für Schweizer-Reisende. Officielle Fahrtenpläne der schweizerischen Eisenbahnen, Posten u. Dampfschiffe. Mit 2 Kart. Sommersaison 1883. In-8°. Bern, Wyss. 1883. (XVII, 207 S.) 1 —

Tourist, der. Eisenbahnführer für Reisende in der Schweiz. Offizielle Fahrtenpläne der schweizerischen Eisenbahnen, Posten und Dampfschiffe. Winter-Saison 1883/84. In-8°. Bern, Wyss. 1883.

— dasselbe. Directe Routen von Frankreich, England, Holland etc. nach der Schweiz, Italien u. dem Littoral. Mit e. internationalen Routen-Karte u. e. Spezial-Karte der schweiz. Verkehrsanstalten. Sommerdienst 1884. 8. (XVI, 266 S.) Ebend. 884. n. 1. —

Tourist, der. Eisenbahnführer für Reisende in der Schweiz. Officielle Fahrtenpläne der schweizerischen Eisenbahnen, Posten u. Dampfschiffe. Mit einer Karte. Winter-Saison 1884/85. In-8°. Bern, Verlag von K. J. Wyss. 1884. — 50
(XVI, 172 S.)

Tourist, der. Internationaler Eisenbahnführer f. Schweizer Reisende. Officielle Fahrtenpläne der Schweizer. Eisenbahnen, Dampfboote u. Posten. Directe Routen v. Frankreich, England, Holland etc. nach der Schweiz, Italien u. dem Littoral. Mit e. internationalen Routen-Karte u. e. Spezial-Karte der schweizer. Verkehrsanstalten. Sommerdienst 1885. 8. (XVI, 266 S.) Bern 885. Wyss. n. 1. —

— der. Allgemeine Reise-Zeitg. Red.: P. Gisbert [Pniower]. 2. Jahrg. Juli 1885—Juni 1886. 24 Nrn. (B. m. Illustr.) gr. 4. Berlin, C. Stangen's Reise-Bureau. n. 3. —

—— der. Allgemeine Reise- und Bäder-Zeitung. Hrsg. von Gg. G. Brueckner. 3. Jahrg. Juli 1886 — Juni 1887. 24 Nrn. (Bog. mit Illustr.) Berlin 886, Verlag der „Deutschen Weltpost". **

—— dass. — Offizielles Organ des Verbandes deutscher Touristen-Vereine. Illustrirte Reise- und Bäder-Zeitung. Hrsg. von P. Gisbert [Pniower]. 4. und 5. Jahrg. 1887/88 und 1888/89. à Jahrg. 24 Nrn. (à Nr. 1½ Bog. mit Illustr.) gr. 4. Berlin, (Stuhr'sche Buchh.) à Jahrg. *

Tourist, der. Illustrirte Zeitschrift zur Förderg. d. Fremdenverkehrs in Deutschland. Offizielles Organ d. Verbandes deutscher Touristen- u. Gebirgsvereine. Hrsg.: Max Schneider. Red.: G. Leyn. 8. u. 9. Jahrg. 1891. 1892. à 24 Nrn. (2 Bog. m. Abbildgn.) gr. 4. Berlin (W. H. Kühl.) à Jahrg. n.n. 5. 60

—— der. Illustrirte Zeitschrift zur Förderung d. Fremdenverkehrs in Deutschland. Offizielles Organ d. Verbandes deutscher Touristen- u. Gebirgsvereine. Hrsgbr.: Max Schneider. Redact.: G. Leyn. 8. u. 9. Jahrg. 1891 u. 1892. à Jahrg. 24 Nrn. (à Nr. 2 Bog. m. Abbildgn.) gr. 4. Berl., (Wiesenthal). à Jahrg. * 5 60
Frühere Jahrge. erschienen im Verlage von P. Gisbert in Berlin.

— dasselbe. Hrsg.: Max Schneider. Red.: Ramhorst. 10. Jahrg. 1893. 24 Nrn. (2 Bog.) gr. 4. Nebst Schneeschuhsport. Gratisbeilage vom 1 Oktbr. 1893 ab. (½ Bog.) Ebd. n.n. 5. -

— dasselbe. Nebst Gratisbeilage: Schneeschuhsport. 11. Jahrg. 1894. 24 Nrn. (2 resp. ½ Bog.) gr. 4. n.n. 5. —

Tourist, der. Illustr. Zeitschrift zur Förderg. d. Fremdenverkehrs in Deutschland. Offic. Organ des Verbandes deutscher Touristen- u. Gebirgsvereine. Nebst Gratisbeilage: Winterliche Touristik. Hrsg.: Max Schneider. Red.: Ramhorst. 12. Jahrg. 1895. 24 Nrn. (à 16 u. 2 S.) gr. 4. Berlin. Frankfurt a/M. J. Rosenheim. n.n. 5. —

— dasselbe. 13. Jahrg. 1896. 24 Nrn. (à 16 u. 2 S.) gr. 4. Ebd. n. 5. 60

— dasselbe. 14. Jahrg. 1897. 24 Nrn. (à 16 u. 2 S.) gr. 4. Ebd. n. 5. —

— dasselbe. Offiz. Organ d. Verbandes deutscher Touristen- u. Gebirgsvereine. Hrsg.: Max Schneider. Red.: Ramhorst. 15. Jahrg. 1898. 24 Nrn. (à ca. 24 S.) gr. 4. Ebd. n. 5. —
Kann auch vierteljährlich bezogen werden.

Tourist, der. Illustrirte Zeitschrift zur Förderung des Fremdenverkehrs in Deutschland. Offizielles Organ des Verbandes deutscher Touristen- u. Gebirgs-Vereine. Red.: Frdr. Ramhorst. 16.—19. Jahrg. 1899—1902. à 24 Nrn. hoch 4. (à ca. 20 S.) Frankfurt a/M., Geschäftsstelle. à Jahrg. 5. —

Tourist, der. Illustrierte Zeitschrift zur Förderung des Fremdenverkehrs. Amtliche Zeitg. des Verbandes deutscher Touristenvereine. Red.: Frdr. Ramhorst. 20. bis 23. Jahrg. 1903—1906. à 24 Nrn. (IV, 676; V, 676; IV, 620 u. IV, 556 S.) hoch 4. Frankfurt a/M., J. Rosenheim. à Jhrg. n. 5. —; Luxusausg. n. 10. —

Tourist, der. Illustr. Zeitschrift zur Förderg. d. Reiseverkehrs. Amtl. Zeitschrift des Verbandes deutscher Wander- u. Gebirgsvereine. Amtl. Zeitschrift d. Verbandes der deutschen Studenten- u. Schülerherbergen. Red.: K. F. Schmidt. 24.—27. Jahrg. 1907—1910. à 24 Nrn. (VIII, 780; VIII, 860; VIII, 988 u. VIII, 976 S.) 30,5×23 cm. Frankfurt a/M., Verlag des Tourist. à Jahrg. 5.—; Luxusausg. 10. —

— u. Führer, der, durch die schönsten Gegenden der Umgebungen Wiens (von Aug. Schmidt). gr. 16. (VI u. 132 S. m. 1 lith. Karte in Imp. Fol., v. Fr. v. Stekes.) Wien (847), Wittenbecher, Siegel & Kollmann. 1⅙ ℳ

Tourist, Hamburger. Ein Führer in Hamburgs Umgegend. Mit einer ausführl. (lith.) Karte (in 4.). Hamburg 866. Schardius. 16. (XI, 45 S.) 5 ngr.

— der hannoversche. Deister, Süntel, Ith, Teutoburger Wald, Weser u. Leine ꝛc. ꝛc. im Porte-Monnaie. 2. Aufl. 64. (48 S.) Hannover 876. Schmorl & v. Seefeld. — 30

— der hannoversche. Ein Führer bei Wanderungen in den Gebieten der Leine, Innerste, Weser u. im Teutoburger Walde. 8., verm. Aufl. bearb. v. Ludw. Puritz. Mit einem Anh.: Ein Tag in Hannover. 16. (96 S. m. 1 lith. Karte.) Hannover 879. Schmorl & v. Seefeld. n. 1. 50; ohne Karte n. 1. —

Tourist, Der Holsteinische, oder Wegweiser für Fussreisende in der Umgegend von Hamburg. ... Hamb. 1833. V: *Marston, James Edward.* (schr)

Tournist, der Holsteinische, od. Wegweiser f. Fußreisende in der Umgegend von Hamburg. Von Peregrinus pedestris. gr. 8. (23 B. u. 28 Stndr.) Hamburg 833, [Perthes-Besser u. Mauke.]

Tourist, der holsteinische, od. Wegweiser f. Fußreisende in d. Umgegend v. Hamburg. Von Peregrinus pedestris. gr. 12. (15¼ B. u. 28 neue Stnt.) Hamburg 836, (Herold'sche Buchh.)

Tourist, der, in und um Königsberg. Eine Anweisung für Einheimische und Fremde, genußreiche Ausflüge zu machen. 12. (24 S.) Königsberg 887, Hartung'sche Verlagsdr. *

Tourist, der Rheinische. Erinnerungsblätter an die Rheingegenden, Wiesbaden, Schwalbach, Schlangenbad, Ems, Kreuznach, Frankfurt a. M., Homburg, Kissingen, Heidelberg, Baden. Nach Zeichnungen v. Dielmann, Bamberger u. Wegelin, in Stahl gestochen v. W. Lang u. Rudolf. qu. gr. 4. (93 Stahlst. u. 11 Bl. in Golddr.) Frankfurt a. M. 850, Jügel. In Engl. Einb. n. 12 ℳ

Touriste, le. Indicateur international des voyageurs en Suisse et en Europe. Horaires officiels des chemins de fer, postes et bateaux à vapeur en Suisse. Routes directes de l'Angleterre, de la Belgique, de l'Allemagne, de la Russie, de l'Autriche, aux stations d'étrangers en Suisse, en France et en Italie. Saison d'été 1881. In-8°, 262 p., avec 1 carte. Zürich, Cäs. Schmidt. 1881. 1 20

(Touriste. Le T' J Chaffard. Guide pour Genève ..., et le Tessin. [Avec planches, une carte et des] Annonces [illustrées]. In deutscher u. franz. Sprache.) [2 parties.] (IV + *texte ens.* 177 [+ *planches* 24 + *Annonces ens.* 156] p.) 8. ⟨Bienne,⟩ Schweizer & Co. [Edition d'été 1904.] *zus.-broschiert.*

[Partie 1re] *u. d. T.:* Le Touriste J. Chaffard. Guide illustré pour Genève, le tour du lac Léman, la Savoie, le Valais, l'Oberland, Fribourg, le Jura, Bâle, Lucerne, le lac des Quatre-Cantons, Zurich, Schaffhouse, Saint-Gall, Appenzell, les Grisons, le Gotthard, le Tessin et Berne. ([Rédigé par] A[lexandre] Gavard, Genève. [Revu par Henri Gobat, Delémont.]) 86 p. [les 2 parties réunies] fr. 1. —

[Partie 2e] *u. d. T.:* Der Tourist J. Chaffard. Illustrierter Führer für Genf, die Umgebung des Genfersees, ... Tessin und Bern. [Uebersetzung.] 91 S. [beide parties zus.] fr. 1. —

Le T' J. Ch' paraît depuis 1897: chaque année 2 éditions, au printemps et en été.

— en Suisse, contenant les horaires officiels des chemins de fer, bateaux à vapeur et postes avec supplément: Routes de touristes dans la Suisse. Saison d'été 1881. In-8°, 64 p. Zurich, César Schmidt. 1881. — 50
*** Extrait du précédent.

Touristenblatt, Rheinisches. (Eifellanb. III. Jahrg.) Hrsg.: Herm. Siegfr. Rehm. Jahrg. 1898. 22 Nrn. (à ca. 1 Bog.) hoch 4. Montjoie, B. Weiß. n. 2. —

Touristenblock-Kalender pro 1887. Wien: Perles. 1886.

Touristen-Block-Kalender pro 1888. II. Jahrgang. Mit touristischen Emblemen. Wien: Perles. 1887.

Touristen-Blockkalender pro 1890 — .60
Wien: Perles.

Touristen-Block-Kalender pro 1891. V. Jahrgang. Mit touristischen Emblemen —.60
Wien: Perles.

Touristen Block-Kalender pro 1892. VI. Jahrg. Mit touristischen Emblemen Ebda. —.60

Touristen-Block-Kalender pro 1893. VII. Jahrgang Mit touristischen Emblemen —.60
Ebda.

Touristen-Blockkalender pro 1895. IX. Jahrgang. 1895 Wien: Perles. —.60

Touristen-Block-Kalender, pro 1897, XI. Jahrgang Wien: Perles. —.60

Touristen-Blok-Kalender für 1898. XII. Jahrgang Wien: Perles. —.60

Touristenbuch, Breslauer. Sammlung von Ausflügen in die Umgebung Breslau's, in die Sudeten u. die hohe Tatra. 8. (IV, 110 S.) Breslau 882. Morgenstern. n. 1. —

Touristen-Erinnerungen. Ein Gruß an Eutin und Umgegend. Eutin. 1882. 8°

Touristen-Führer. Hrsg. vom österreich. Touristen-Club. 8. Wien, (Hölder.)

Inhalt:

Heft 1. Ziegler, Joh., der Führer auf der Linie Leobersdorf-Gutenstein der k. k. priv. niederösterreich. Staatsbahnen mit besond. Berücksicht. von Gutenstein und Schwarzau sammt Umgebungen. 2. Aufl. (55 S.) 884. M 1,20.
» 2. Rabl, Jos., das Triestingthal. Ein Führer auf der Linie Leobersdorf-Kaumberg der k. k. nieder-österr. Staatsbahnen. Mit 1 (lithogr.) Karte (in Imp.-Fol.) (V, 231 S.) 880. *M 3,20.
» 3. —— das Traisenthal und das Pielachthal. Ein Führer auf den Linien: St. Pölten-Scheibmühl, Scheibmühl-Hainfeld und Scheibmühl-Schrambach der k. k. nieder-österreich. Staatsbahnen. 1. Abthl. (258 S.) 881. *M 2,40.
» 4. —— dass. — 2. Abthl. (103 S.) 884. M 1,50.
» 6. Silberhuber, A., und Jos. Rabl, Führer auf den Semmering und Umgebung, mit besond. Berücksicht. des neuen Hôtels. 2. Aufl. Mit Hôtel-Ansicht und Plan, 1 Karte und 1 Panorama. (IV, 55 S.) 883. M 3.
» 7. Fruwirth, C., Führer auf den Dürrenstein und in die Sommerfrischen Lunz, Göstling und Gaming, unter Mitwirkung von Freunden und Kennern des Gebietes. Mit 1 Illustr. (VIII, 52 S.) 882. M 1,20.
» 8. Märzroth, L., die Eisenbahn Wien-Aspang und ihre Gebirgs-Umgebung. 2. Aufl. Ergänzt, verb. und erweitert von C. Fruwirth. Mit 8 Illustr. von A. Blamauer. (X, 72 S.) 884. M 1,50.
» 9. Rabl, Jos., Zwettl und das Kampthal mit seinen Umgebungen. Mit 6 Illustr. von A. Blamauer. (X, 85 S.) 884. M 1,50.
» 10. Leeder, Fritz, der Schneeberg in Nieder-Oesterreich. Mit 2 Ansichten und 1 Tab. (X, 50 S.) 883. M 1,20.
» 11. Frischauf, J., ein Ausflug auf den Monte Baldo. Mit 1 Panorama und 1 Illustr. (IV, 34 S.) 883. *M 1,80.
» 12. Führer durch Windisch-Garsten und seine Umgebungen, Ober-Oesterreich. Mit 1 Panorama, 3 Illustr., 1 Plane und 1 Eisenbahn-Kärtchen. Hrsg. von der Section Windisch-Garsten des österr. Touristen-Club. (40 S.) 883. geb. *M 1,60.;
» 13. Von Innsbruck nach Bludenz. Eine Monographie d. Ober-Innthals v. Isidor Müller. (112 S.) 883. 2. —
» 14. Die Raxalpe. Von Jos. Rabl. 2. verb. u. verm. Aufl. Mit 1 Ansicht, 1 Distanzkarte u. Anh.: Das Carl Ludwig-Haus auf der Raxalpe. (VIII, 84 S.) 883. 1. 80
» 15. J. Frischauf's Gebirgsführer durch die österreichischen Alpen u. die angrenzenden Theile v. Bayern, Italien u. Montenegro. Oestlicher Thl. 3., gänzlich umgearb. Aufl. (XII, 274 S.) 883. 3. 60
» 17. Waldhofen a. d. Ybbs u. seine Umgebungen im Ybbs- u. Ennsthale, v. Thdr. Zelinka. 4. Aufl. (VII, 110 S.) 885. n. 2. —

Heft 1-3 s.a.: Touristen-Führer, Wiener.

Touristen-Führer. Hrsg. vom österreich. Touristen-Club. 12. Wien, (Bretzner & Co.). geb. n. 15. —
16. Wachau-Führer. Ein Führer im Donauthale zwischen Krems u. Melk u. in den anschliess. Theilen d. Waldviertels, m. besond. Berücksicht. der Orte Gföhl, Krems, Mautern, Melk, Ottenschlag, Pöggstall, Rossatz, Spitz, Stein u. ihrer Umgebgn. Von Jos. Rabl. (XV, 346 S. m. 28 Illustr. u. 2 Plänen.) 890. n. 5. 40
21. Wintercurort u. Seebad Abbazia. Ein Führer durch die Küstengegenden u. auf den Inseln d. Quarnero. Von Jos. Rabl unter Mitwirkg. v. A. Silberhuber. Mit e. hygien. Beitrag v. Jul. Glax. Mit 22 Illustr. u. 1 Karte. (VIII, 232 S.) 887. n. 5. —

—— dass. — 19. Heft: Innsbruck, seine Umgebung und angrenzenden Berge von einem Mitgliede. 8. (32 S. mit 1 Lichtdr.-Bilde und 1 Plan.) Innsbruck 885, (Wagner'sche Universitäts-Buchh.) * .

Touristen-Führer. Hrsg. vom Oesterreich. Touristen-Club. 17., 18. und 20.—28. Heft. 8. Wien, (Bretzner und Comp.) geb. *

Inhalt:

Heft 17. Zelinka, Thdr., Waidhofen a. d. Ybbs und seine Umgebungen im Ybbs- und Ennsthale. 4. Aufl. (VII, 110 S.) 886. *M 2.—.
» 18. Fruhwirth, C., Mariazell, seine Umgebung und Zugangsrouten. (60 S. mit 6 Illustr.) 885. M 1.80.
» 20. Klotz, Jos. Ludw., Touristen-Führer durch das Lechthal. (120 S. mit 4 Illustr.) 886. *M 1.50.
» 21. Rabl, Jos., Wintercurort und Seebad Abbazia. Ein Führer durch die Küstengegenden und auf den Inseln des Quarnero. Unter Mitwirkung von A. Silberhuber. Mit einem hygien. Beitrag von Jul. Glax. (VIII, 232 S. mit 22 Illustr. und 1 Karte.) 888. *M 5.—.
» 22. Frischauf, J., Wanderungen in den italienischen Bergen. (VIII, 50 S.) 887. *M 1.60.
» 23. Der Wienerwald. Eine Schilderung der nordöstl. Ausläufer der Alpen. Hrsg. von der Section Wienerwald des Oesterreich. Touristen-Clubs. Bearb. vom wissenschaftl. Comité der Section. (IX, 132 S. mit 1 Karte.) 887. *M 3.—.; mit der Karte auf Leinw. *M 4.—.

Touristen-Führer. Hrsg. vom österreich. Touristen-Club. 9., 16., 18. u. 20. Heft. 12°. Wien, (R. Lechner's Sort.). geb. * 13 —
9. Rabl, Jos. Führer durch das Kampthal u. das Thayathal im nieder-österr. Waldviertel. 2. Aufl. von „Zwettl u. das Kampthal". (XIX, 128 S. m. 10 Illustr.) 890. * 1 80.
16. —— Wachau-Führer. Ein Führer im Donauthale zwischen Krems u. Melk u. in den anschliess. Theilen d. Waldviertels. (XV, 346 S. m. 28 Illustr. u. 2 Plänen.) 891. * 5 20.
18. Fruwirth, C. Mariazell, seine Umgebung u. Zugangsrouten. 2. Aufl. (64 S. m. Abbildgn.) 892. * 1 20.
20. Rabl, Jos., u. A. Silberhuber. Wintercurort und Seebad Abbazia. Ein Führer durch die Küstengegenden u. auf den Inseln d. Quarnero. Mit e. hygien. Beitrage von Jul. Glax. 2. Aufl. (X, 246 S. m. 22 Illustr. u. 1 farb. Karte.) 891. * 4 80.

Touristen-Führer. Hrsg. vom österreich. Touristen-Club. 12. Wien (R. Lechner's Sort.) Geb. in Leinw. n. 21. 20
6. Führer auf den Semmering u. seine Umgebg. m. besond. Berücksicht. d. neuen Hôtels. Von A. Silberhuber u. Jos. Rabl. 4., erweit. u. verb. Aufl. (XIV, 107 S. m. 2 Ansichten, 1 Grundrisse, 1 Panorama, 2 kleinen Bahnkarten u. 2 Umgebungskarten m. allen markierten Wegen.) 890. n. 3. 20
8. Führer auf der Eisenbahn Wien-Aspang. Hrsg. v. der Centrale des Oesterr. Touristen-Club unter Mitwirkg. der Sectionen Wiener-Neustadt u. Leithagebirge in Mannersdorf. (X, 88 S. m. 13 Illustr.) 892. n. 2. —
20. Wintercurort u. Seebad Abbazia. Ein Führer durch die Küstengegenden u. auf den Inseln d. Quarnero. Von Jos. Rabl unter Mitwirkg. v. A. Silberhuber. Mit e. hygien. Beitrage v. Jul. Glax. 2., verm. Aufl. (X, 246 S. m. 22 Illustr. u. 1 farb. Karte.) 890. n. 4. 80
24. Führer durch Lofer u. seine Umgebung m. besond. Berücksicht. des Alpenbades Unken. Von Ludw. Roska unter Mitwirkg v. Gust. Strauss. (IV, 76 S. m. 18 Illustr.) 888. n. 2. 40
25. Madonna di Campiglio, Arco, Riva u. Garda-See. Mit Touren in die Brenta-Dolomiten u. in die Presanella-Adamello-Gruppe. Von Jul. Mourer. Mit Beiträgen üb. Geologie, Flora, Fauna u. Klima v. Max Kuntze. (VIII, 160 S. m. 20 Illustr. u. 2 Karten.) 889. n. 4. —

Touristen-Führer. Hrsg. v. österr. Touristen-Club. VI. Hft. 12. Wien 897. R. Lechner's Sort. Geb. in Leinw. n. 2. —
Führer auf d. Semmering u. s. Umgebung m. bes. Berücksicht. d. neuen Hôtelanlagen. Von Ant. Silberhuber u. Jos. Rabl. 5. Aufl., bearb. v. Jos. Zeisberger. M. 2 Ansichten, 1 Grundriss u. 2 Umgebungskarten m. allen markierten Wegen. (XI, 113 S.)

Touristen-Führer durch die Stadt Flensburg u. ihre Umgebungen, namentlich die Ostsee-Bäder Glücksburg, Gravenstein u. Kollund. Mit 3 Specialkarten. 12. (15 S.) Flensburg 884. Westphalen. n. — 50

Touristenführer. Kleiner T-F im Berner-Oberland. [Umschlag illustriert.] 8. Interlaken *o. J.* [1870/90].

Touristenführer, Leipelt's, für das Riesen- und Isergebirge. Kurzgefasstes Handbuch für Gebirgswanderer und Sommerfrischler. Warmbrunn 1897. V: *Beck, Siegfried.* (Berl)

Touristen-Führer durch die Sektionen Lobositz, Lichtowitz, Milleschau-Wellemin, Wopparn etc. des Mittelgebirgs-Vereines. Nach Angaben des Lobositzer Mittelgebirgs-Vereines. (15 S. m. 2 Karten.) 16. Lobositz (905). F. Lauterbach. n. — 25

— neuer, v. Rudolstadt, Blankenburg u. Saalfeld. 8. (XI, 64 S. m. 1 Karte.) Rudolstadt 888. Klinghammer. n. — 60

Touristen-Führer, Wiener. Hrsg. vom österr. Touristen-Club. 1—3. Hft. 8. Wien 878 - 81. Hölder. cart. n. 7. 40

1. Der Führer auf der Linie Leobersdorf-Gutenstein der k. k. priv. niederösterreich. Südwestbahnen, m. besond. Berücksicht. von Gutenstein u. Schwarzau sammt Umgebungen. Verfasst v. Joh. Ziegler. Mit (lith.) Karte (in gr. Fol.). (IV, 92 S.) n. 1. —

Forts.s.: Touristen-Führer.

2. Das Triestingthal. Ein Führer auf der Linie Leobersdorf-Kaumberg der k. k. nieder-österr. Staatsbahnen. Verf. v. Jos. Rabl. Mit 1 (lith.) Karte (in Imp.-Fol.). (V, 231 S.) n. 3. 60
3. Das Traisenthal u. das Pielachthal. Ein Führer auf den Linien: St. Pölten-Scheibmühl, Scheibmühl-Hainfeld u. Scheibmühl-Schrambach der k. k. nieder-österreich. Staatsbahnen. Von Jos. Rabl. 1. Abth. (258 S.) n. 2. 80

Touristen-Kalender, österreichischer, für die J. 1882 und 1883. 1. und 2. Jahrg. Hrsg. vom österreich. Touristen-Club in Wien. gr. 16. (VIII, 221; VIII, 129 S. mit je 1 Portr.) Wien, Hölder. 1. Jahrg. geb. * 2. Jahrg. geb. *

Nicht weiter erschienen.

Touristenkarte der bayerischen Alpen mit Nordtyrol und Salzburg. 1:400.000. 36,5x69,5 cm. Farbendr. München.

Touristen-Karte der österreichischen Alpen. Fol. Wien 871, Wenedikt. In Carton

Touristenkarte der Zillerthaler-Alpen. Masst. 1:100.000. Innsbruck: Wagner[1905]; (Lith. K. Redlich). (1 Kartenbl. 42×59 cm.) [kol.] [05. 1007]

Touristenkarte für sämmtliche Ausflüge in der Umgebung von Wien und Graz, den Semmering (die nieder-österreichischen Alpen), steirischen Alpen und die Westbahn. Wien: Fr. Beck's Universitäts-Buchhandlung. 1864. 8°

Touristen-Karte für sämmtliche Ausflüge in den Umgebungen von Wien u. Graz, den Semmering (die niederösterreich. Alpen), steirischen Alpen, Westbahn und die Donau bis Persenbeug. Ebds. 1867.

Touristenkarte des Egge-Gebirges. Hrsg. v. Egge-Gebirgs-Ver. 1901. Massstab 1:75,000. *Paderborn: Junfermann (1901); Berlin: Lith. B. Giseviu*s. (1 Kartenbl. 42×72 cm. mit Legende.) 8° [kol.] [01. 1176]

Touristen-Karte von Eisenach u. Umgebung, nebst Plan v. Eisenach. Lithogr. u. Farbendr. 4. Mit Text. 16. (2 S.) Lpz. 890, Jacobsen. — 25

Touristen-Karte des Elsass (Vogesen) im Massstab 1 : 200,000. ... Blatt 2: Colmar-Müllhausen. 518/631 mm. 1 Bl. fol., *in Umschlag* 8. Freiburg im B'gau u. Leipzig, Fr. Paul Lorenz, [1902]. M. 2. —, aufgezogen M. 3. —

Collection Lorenz.

Titel auf dem Blatt: Lorenz' Touristenkarte des Elsass (Vogesen) 1 : 200 000. Blatt 2 Colmar-Müllhausen, unter Benützung amtlicher Quellen bearb. Freiburg i/Br. u. Leipzig, Verlag von Fr. Paul Lorenz. Stich u. Druck von L. Geissendörfer, ... Karlsruhe.

Farbendruck. — Reicht sö. bis Ziefen.

Touristen-Karte von Friedland und Umgebung. 1 : 75.000. Ausgeführt im k. k. militär-geographischen Institut. Gefalzt

Olmütz: Ed. Hölzel 1891.

Touristen-Karte des Aussiger Gebirgs-Vereines mit den angrenzenden Gebieten der Nachbarvereine. 2. Auflage. Mit Einzeichnung der Wegmarkirungen. Masstab 1 : 75.000. Aussig. [1901.] Eigenthum des Gebirgs-Vereines. In Comm. Becker. 42×36 *cm*.

Gefalzt in Umschlag K —.50, auf Leinwand gespannt K 1.—

Touristen-Karte nach Gmunden, Ischl, Hallstadt, Aussee, Hallein, Salzburg, Berchtesgaden u. Reichenhall. Herausgegeben von F. S. Quartblatt in Farbendruck. Wien: Albert A. Wenedikt. 1866.

Touristenkarte der Section „Hermannstadt" des Siebenbürgischen Karpathen-Vereines in 2 Blättern. Herausgegeben von der Section „Hermannstadt" S. K. V. Maßstab 1:75.000. Schichtenhöhe 100 *m*. Hermannstadt. [1899.] Verlag der Section Hermannstadt. [In Comm. Krafft.] 48×60 *cm*.

fl. 1.25, aufgespannt in Mappe fl. 2.25

Touristenkarte vom Bayerischen Hochland, Nordtirol und Salzkammergut. 1 : 500,000. 1.—3. Aufl. Chromolithogr. qu. gr. Fol. München 885,86, Keller. 1 —

Auf Leinw. 1 50

Touristen-Karte vom bayerischen Hochland, Nordtirol und Salzkammergut zwischen Bodensee und Traunsee, München und Innsbruck, nebst Brennerbahn. 1 : 500,000. 4. und 5. neu revid. Aufl. Chromolithogr. qu. Fol. Ebendas. 887,88. 1 —

Auf Leinw. 1 50

Touristenkarte für das östliche Holstein. Fol. Lübeck 875, Seelig. *

Touristenkarte vom Jeschken- und Isergebirge

Reichenberg i.B.: P.Sollors 1907.

Touristen-Karte der ost-rhätischen Kurorte, insbesond. der Bäder von Bormio. 1:200,000. Fol. Bern 869, Dalp'sche Buchh. aufgez. *

Touristenkarte des Aussiger Mittel- und Erz-Gebirgs-Vereines mit den angrenzenden Gebieten der Nachbarvereine. 1 : 75.000. Quer-4. Chromolithographie. In Comm. —.20

Aussig: Grohmann 1894.

Touristenkarte, neue topographische. Wildbad — Herrenalb — Gernsbach — Neuenbürg — Marxzell — Hohloh. 1 : 40,000. Württemberg. Gebiet nach Waldkarten etc. bearb., bad. Theil nach der topogr. Karte 1 : 25,000 ergänzt. 2. verb. Aufl. 47,5×51 cm. Farbdr. Wildbad (898.) Stuttgart, Holland & Josenhans. n. 1. —; auf Leinw. n.n. 1. 60

Touristen-Karte, neue, der Umgegend v. Potsdam. Nach den neuesten Aufnahmen gezeichnet. 1 : 66,000. 2. verb. Aufl. Autogr. u. color. gr. Fol. Mit Text. 8. (4 S.) Potsd. 889, Reutel's Verlag. * 1 —; auf Leinw. * 1 50

Touristenkarte, neueste, und Promenaden-Plan von Blankenburg a. H. und Umgegend. 1 : 30,000. Blankenburg a. H. 886, A. Brüggemann. * 1 —

Touristen-Karte von Nieder-Oesterreich und den angrenzenden Gebieten. Im Maaße 1 : 875.000. 60 kr.

Wien: Hartleben 1882.

Touristen-Karte von Nieder-Oesterreich und den angrenzenden Gebieten. — Maassstab: 1 : 375.000. III Auflage. 8. Cartonnirt —.60

Wien: Hartleben 1892.

Touristenkarte von Niederösterreich und den angrenzenden Gebieten. 1 : 375.000. 6. Aufl. 57×53 *cm*. Gefalzt in Umschlag

Ebda. 1905.

Touristenkarte von Niederösterreich und den angrenzenden Gebieten. 1 : 375.000. 8. Aufl. gefalzt in Leinwandkarton

Ebda. 1910.

Touristen-Karte, nordöstlich von Berlin nach Neustadt, Freienwalde a. O. und Buckow. 1 : 325,000. qu. gr. 4. Berlin 868, Schropp'sche Landkartenh. — 25

Touristen-Karte von Oberhessen u. d. angrenz. Gebieten. Mit d. farb. Wegzeichen u. Höhenschichten. Hrsg. v. Oberhess. Touristen-Verein... 2. erw. Aufl. (Maßst. 1 : 100,000. Marburg: N. G. Elwert 1906; Kartogr. H. Kahle, Eisenach.) (1 Kartenbl. 52×58 cm mit Legende.) 8° [Kopft. lith.] [kol.] [06. 14818

[Umschlagt.:] Touristen-Karte durch das Pegnitzgebiet. Gez. im Auftr. d. Verschönergsvereine Hersbruck ... ([Massst.:] 1 : 70.000.) *Nürnberg: F. Korn [1896].* (1 Ktnbl. [illegible]) 1 Bd 8. [96. 4293

Touristenkarte von Pirna und Umgebung. Massst. 1 : 50,000. *Pirna: C. Diller & Sohn [1901].* (1 Kartenbl. 52 × 62 cm.) 8° [farbig] [01. 8989

Touristen- u. Radfahrkarte d. oberberg. Landes. Chromolithogr. Imp.-Fol. Ebd. 889. * — 60

Touristenkarte durch Rheinland und Westfalen. Autogr. Fol. Bielef. 890, (Helmich). * — 30

Touristen-Karte von Salzungen und Umgebung ⟨westl. Thüringerwald u. nördl. Rhön⟩. (Massst. 1 : 100,000. [Mit 2 Nebenkarten.] Salzungen: L. Scheermesser [1902]; Kartogr. Anst. H. Kahle, Eisenach.) (1 Kartenbl. 53×48 cm.) 8° [Kopft. lith.] [kol.] [07. 6797

Touristen-Karte des unteren badischen und württembergischen Schwarzwaldes. 1 : 100,000. Fol. Carlsruhe 871, Braun'sche Hofbuchh. * 2 —

Touristen-Karte des unteren badischen und württembergischen Schwarzwaldes. 1 : 100,000. Chromolithogr. gr. Fol. Karlsruhe 885, Braun'sche Hofbuchh. * 1 50

Touristen-Karte des unteren Schwarzwaldes, Enz-, Nagold-, Murgthal. 1 : 100,000. Nach Anleitung von F. Bohnert gezeichnet und gestochen von A. Schurath. Chromolithogr. qu. Fol. Pforzheim 884, Riecker's Buchh. * 2 50

Touristen-Karte des unteren Schwarzwaldes, Enz-, Nagold-, Murgthal. 1 : 100,000. 2. Aufl. Chromolithogr. qu. gr. Fol. Pforzheim 888, Riecker. * — 80

Touristen-Karte des Unteren Schwarzwaldes. Enz, — Nagold, — Murgthal. 5. Auflage. 1 : 100 000. Pforzheim. 1 Bl. c. L. Ff.

Touristen-Karte des unteren und mittleren badischen Schwarzwaldes, Umgegend von Baden-Baden, Murgthal, Bühlerthal, Renchthal etc. 1 : 80,000. Chromolithogr. gr. Fol. Baden-Baden 880, Wild. * 2 —

Touristenkarte der Schweiz. [Herausgeber:] Schweizerische Bundesbahnen. Massstab 1 : 450000. 1 Bl. fol., *zus.-gefaltet, mit illustriertem Titel,* 8. Bern, H. Kümmerly & Frey, [1905]. [fr. 1. —]

Titel auf dem Blatt: Touristenkarte der Schweiz. [Herausg':] Schw' B'. Masstab 1 : 450,000. 542/791 mm. Bearb. von H[ermann] Kümmerly. Geogr. Anstalt H. Kümmerly & Frey, Bern. *Rückseite des Blattes:* 18 S. *Text, mit Kärtchen.*

Touristen-Karte der sächsisch-böhmischen Schweiz. Mit Umgegend von Bautzen, Friedland, Görlitz, Löbau, Reichenberg, Zittau etc. 1 : 105,000. Neue Ausg. 1883. Chromolithogr. Imp.-Fol. Dresden, Jaenicke. * 1 —

Touristen-Karte der Sächsisch-Böhmischen Schweiz. Mit Umgegend von Bautzen, Friedland, Görlitz, Löbau, Reichenberg, Zittau etc. 1 : 105,000. 6. Aufl. Chromolithogr. gr. Fol. Dresden 886, Jaenicke. * 1 —

Touristen-Karte der sächsisch-böhmischen Schweiz. Mit Umgegend von Bautzen, Friedland, Görlitz, Löbau, Reichenberg, Zittau etc. 1 : 105,000. 10. Aufl. Farbendr. 56×66 cm. Mit Ortsverzeichniss auf dem Umschlag. Dresd. 892, A. Müller, Fröbelhaus. * 1 —

Touristen-Karte des Siebengebirges und der benachbarten Gebiete des linken Rheinufers. Massst. 1 : 25000. *Düsseldorf: Schmitz & Olbertz 1900.* (1 Kartenbl. 45×47 cm.) 8° [00. 3743 B

Touristen-Karte v. Süd-Westfalen. (Sauerland, oberes Sieg-, Eder- u. Lahnthal.) 1 : 350,000. Steindr. 25,5×38 cm. Bielef. 892, A. Helmich. * — 50

Touristen-Karte der nächsten Umgebung v. Elberfeld u. Barmen, m. besond. Berücksicht. d. Burgholzes u. der Barmer Anlagen. 1 : 30,000. Farbendr. 45×48,5 cm. Ebd. 892. * 1 —

Touristen-Karte der Umgegend von Dresden, Meissen und der Sächsischen Schweiz. 1 : 125,000. Mit Benutzung der k. s. Generalstabskarte. Ausg. 1879. Chromolithogr. Imp.-Fol. Dresden, Jaenicke. 1 —

Touristen-Karte der Umgegend von Dresden, Meissen und der Sächsischen Schweiz. 1 : 105,000. 3.—10. gänzlich umgearb. Aufl. Lithogr. und Farbendr. Imp.-Fol. Dresden 880—83, Jaenicke. 1 —

Touristen-Karte der Umgegend von Dresden, Meissen und der Sächsischen Schweiz. 1 : 105,000. 22. Aufl. Chromolithogr. gr. Fol. Ebendas. 886. * 1 —

Touristen-Karte der Umgegend v. Dresden, Meissen u. der Sächsischen Schweiz. 1 : 105,000. 25. Aufl. Farbendr. (56×66 cm.) Mit Ortsverzeichniss auf dem Umschlag. Dresd. 892, A. Müller, Fröbelhaus. * 1 —

Touristenkarte der Umgegend von Karthaus. 1 : 100,000. Chromolithogr. Fol. Danzig 887, Th. Bertling. * — 50

Touristen-Karte der mit Farbenzeichen versehenen Wege in Oberhessen und den angrenzenden Gebieten. Hrsg. vom Oberhess. Touristen-Ver. ⟨Marburg⟩ ... unter Benutzung der vom Taunusklub hrsg. Karte vom nordöstl. Taunus u. östl. Lahngebiet. Massst. 1 : 100 000. *Marburg: N. G. Elwert 1901.* (1 Kartenbl. 58 × 52 cm.) 8° [01. 9209

Touristen-Karte der mit Farbenzeichen versehenen Wege in Oberhessen und den angrenzenden Gebieten. Hrsg. vom Oberhess. Touristen-Ver. ⟨Marburg⟩. 1 : 10,000. *Marburg: N. G. Elwert 1901.* (1 Kartenbl. 54 × 59 cm.) 2° [01. 5801 4

Touristen-Karte von Werder und Umgegend. 1 : 18,000. Chromolithogr. qu. Fol. Mit erläut. Text und Touren-Verzeichniss. Hrsg. von Aug. Jeretzke. 12. (4 S.) Berlin 881, (H. R. Mecklenburg.)

Touristen-Karte des Wienerwaldes. Im Maaße 1 : 80.000. Mit Bezeichnung der markirten Wege. Imp.-Folio. Chromolithogr.
Wien: R.Lechner 1895.

Touristen-Karten, 80, für Schweizer-Reisen. Chromolithogr. 12. (8 S. Text.) Zürich 888, Orell, Füssli und Comp., Verlag. * 1 —

Touristenkarten [Schlagwort]

Touristenkarten. Artaria's Special-Touristen-Karte. Für Touristen bearb. v. Gust. Freytag. Nr. 4. Wien 899. Artaria & Co. n. 2. 40
Dachsteingruppe. 3. Aufl. 1 : 50,000. 55×58,5 cm. Farbdr.

Touristenkarten. Artaria's Spezial-Touristenkarten. Nr. 1a u. 4. Farbdr. Wien, Artaria & Co. à n. 2. 40

1a. Das Gesäuse m. den Ennsthaler Gebirgen. (Die Haller-Mauern, grosser & kl. Buchstein, Tamischbachthurm, Sparafeld & Reichenstein, Hochthor, Hoch-Zinödl & Lugauer.) 1 : 50,000. 7. Aufl. 1901. Nachträge 1904. Farbenplastische Skizzierg. der Höhen v. K. Peucker. 39×64,5 cm.

4. Freytag, Gust., Karte der Dachstein-Gruppe. Für Touristen bearb. 4. Aufl., bearb. v. Karl Peucker. 1 : 50,000. 55×58,5 cm. Mit Distanzen-Uebersichtskarte (auf der Rückseite). 1 : 200,000. 18×24,5 cm. (906.)

Touristenkarten. Artaria's Spezial-Touristen-Karten. Für Touristen bearb. v. Gust. Freytag. 1:50,000. Nr. 1a. Farbdr. Wien, Artaria & Co. 2.40; auf Leinw. 3.40

1a. Das Gesäuse m. d. Ennsthaler-Gebirge. Die Haller-Mauern, grosser u. kleiner Bruchstein, Tamischbachthurm, Sparafeld u. Reichenstein, Hochthor, Hoch-Zinödl u. Lugauer. 8. Aufl. 39×64 cm. 910.

Touristenkarten. Artaria's neueste, im Massst. v. 1:129.600, gez. u. grav. von R. Maschek jun. Neue revid. Aufl. I. Salzburg etc., II. Gmunden etc., III. Steyer etc., IV. Mariazell etc., V. Baden etc., VI. Oetzthaler Ferner, nördl. Theil, VII. Innsbruck etc., VIII. Zell am See etc., IX. Oetzthaler Ferner südl. Theil, X. Dolomiten von Südtirol etc., XI. am Gardasee. Qu.-Folio. Wien, Artaria & Co. 1883.

- Dass. Ausg. 1885. Ebda.

—— —— Mascheck sen., R., neueste Touristen-Karten. 1:129,600. Blatt 3 u. 8. Ausg. 1887. Lith. Fol. Wien 887. Artaria & Co. à 2.—

3. Steyr, Waidhofen, Admont etc.
8. Zell am See, Gastein, Gr.-Glockner etc.

Artaria's Touristen-Karten der österreichischen Alpen. Gezeichnet von R. Maschek sen., neu bearbeitet und mit Distanzen und Touren-Tabelle versehen von Jul. Meurer. 1:130.000. Fol. Lithographie mit Aufdruck der Straßen in Roth-, der Schutzhütten in Blaudruck Jedes Blatt direct auf unzerreißbarem Patent-Leinenpapier gedruckt. Gefalzt. 8. In Leinendecke à 1.50
Bl. VI. Nördliche Oetzthaler und Stubaier Alpen, Nordwestliche Kalkalpen; Bl. VII. Zillerthaler Alpen, Westliche hohe Tauern, Riesenferner-Gruppe, Achensee; Bl. VIII. Die hohen Tauern vom Ankogl bis zum Venediger; Bl. IX. Südliche Oetzthaler und Ortler-Alpen, Presanella-Gruppe; Bl. X. Dolomit-Alpen; Bl. XI. Garda-See, Adamello-Gruppe.
Wien: Artaria 1890.

Touristenkarten. – Artaria's Touristenkarten der österr. Alpen. Blatt 7. Zillerthaler Alpen. Westl. Hohe Tauern. 57x66 cm. Wien: Artaria 1902.

Artaria's Touristenkarten der österr. Alpen. Blatt 8. Die Hohen Tauern vom Ankogel bis zum Venediger. 56 × 54 *cm.* Auf Leinen in Umschlag K 3.—
Wien: Artaria 1902.

Artaria's Touristenkarten der österr. Alpen. Blatt 9. Süd. Oetzthaler und Ortler-Alpen, Presanella-Gruppe. 58 × 54 *cm.* Auf Leinen K 3.—
Wien: Artaria 1902.

Artaria's Touristenkarten der österr. Alpen. Blatt X. Dolomitalpen. 69 × 53 *cm*
Ebda. 1903. gefalzt in Umschlag auf Leinen K 3.60

Freytag's Touristen-Wanderkarten mit in Farben ausgeführten Wegmarkirungen. Blatt IV: Hochschwab und sein Gebiet. 1:100.000. Quer-Folio. Chromo-Lithographie. Auf Leinen
Wien: Freytag & Berndt 1892.

— **Freytag, G., Touristen-Wanderkarten m. in Farben ausgeführten Wegmarkierungen. 1:100,000. I., II., X, XI u. XIII. Bl. Farbdr. Wien (905). G. Freytag & Berndt.** à n. 1.70; auf Leinw. à n.n. 2.35

I. Wienerwald. 51,5×62,5 cm. (Neue Aufl.) (905.)
II. Niederösterr.-steirische Alpen u. Voralpen. (Oestlicher Thl.) (Rax, Schneeberg etc.) 50,5×61,5 cm. (905.)
X. Berchtesgadnerland u. Pinzgau. 69×46 cm. (904.)
XI. Südl. Waldviertel m. dem Donautale. 48,5×46 cm. (903.)
XIII. Grazer Bergland. 45×56 cm. (905.)

— Freytag's, Gust., Touristen-Wanderkarten m. in Farben ausgeführten Wegmarkierungen. 1:100,000. 2.—6., 10., 12., 13. u. 14. Blatt. Farbdr. Wien, G. Freytag & Berndt. 17.90; auf Leinw. n 24.65

2. Rax, Schneeberg etz. (Touristen-Wanderkarte der niederösterr.-steir. Alpen u. Voralpen [östlicher Thl.].) 50,5×61,5 cm. (909.) 1.70; auf Leinw. n 2.35
3. Ötscher, Mariazell. (Neue Ausg.) 40,5×52 cm. (908.) 1.70; auf Leinw. 2.35
4. Hochschwab. (Neue Ausg.) 40×52,5 cm. (908.) 1.70; auf Leinw. 2.35
5. Unt. Ennstal. (Neue Ausg.) 40×52,5 cm. (908.) 1.70; auf Leinw. 2.35
6. Ennstal (Gesäuse). (Umschlag: G. Freytag's Schi-Routenkarte des oberen Ennstales u. der Rottenmanner Tauern. Bearb. v. Hans Gragger.) 49×52,5 cm. (910.) 1.70; auf Leinw. n 2.35
10. Berchtesgaden u. Pinzgau. (Neue Ausg.) 62×43,5 cm. (908.) 1.70; auf Leinw. 2.35
12. Hohe Tauern. 1:100,000. 58,5×69 cm. (907.) 2.50; auf Leinw. 3.50
13. Grazer Bergland. (Neue Ausg.) 45×56 cm. (908.) 1.70; auf Leinw. 2.35
14. Julische Alpen u. Karawanken. 56,5×65 cm. (910.) 3.50; auf Leinw. n 4.70

— — dasselbe. Sächsisch-böhm. Schweiz u. böhm. Mittelgebirge. 1:100,000. 45×41 cm. Farbdr. Nebst kleinem Führer. (16 S.) 8. Ebd. (906). n. — 75; auf Leinw. n. 1.45

— Hopf's Tourenkärtchen. Nr. 1 u. 5—14. 1:200,000 Lith. u. kolor. Cannstatt, G. Hopf. n. 2.70

1. Stuttgart u. Umgebung. 2. Aufl. 19×23 cm. 899. — 20
5. Heilbronn u. Umgegend. 19×23 cm. 899. — 20
6. Hall u. Umgegend. 19×23 cm. 899. — 20
7. Reutlingen-Tübingen u. Umgegend. 19×23 cm. 899. — 20
8. Göppingen-Gmünd u. Umgegend. 19×23 cm. 899. — 20
9. Ulm u. um Ulm 'rum. (Ulm u. Umgebg.) 19×23 cm. 899. — 20
10. Biberach u. Umgebung. 19×23 cm. 899. — 20
11. Ravensburg u. Umgebung. 19×23 cm. 899. — 20
12. 13. Der Bodensee u. seine Umgebg. 3. Aufl. 35×52 cm. (901.) — 50
14. Pforzheim u. Umgebung. 19×23 cm. 899. — 20

Touristen-Liederbuch. Eine Sammlg. v. 200 der besten, neuesten u. älteren Wander-, Trink- u. Volkslieder. Zusammengestellt v. Mitgliedern d. niederhess. Touristen-Vereins, Section Kassel. 12 (XII, 163 S.) Cassel 893. L. Doichmann. Kart. n. - 50

Touristen-Wanderkarte der Dolomiten. (Westliches Blatt) 46 × 71 *cm* gefalzt in Umschlag K 2.40, auf Leinwand K 3.60
Wien: Freytag & Berndt 1904.

Touristenwanderkarte der Dolomiten. I. Westliches Blatt. II. Östliches Blatt
Gefalzt à K 2.40, auf Leinwand gespannt à K 3.60
Wien: Freytag & Berndt 1907.

Touristen-Wanderkarte des Rittner Gebirges u. d. angrenz. Gebiete: Bozen, Sarntal ... u.s.w. Mit markierten Wegen. Maßst. 1:50,000. Bozen: Deutsche Buchh. [1907]; (Geogr. Inst. G. Sternkopf, Leipzig). (1 Kartenbl. 38×47 cm.) [Rückt. lith.] [kol.] [07. 14518

Touristen-Zeitung, allgemeine deutsche. Organ für die Interessen der deutschen Touristen-Vereine. Redact.: Adph. Nephuth. 1. Jahrg. April 1879 — März 1880. 24 Nrn. (Bog.) Fol. Frankfurt a. M. (Stuttgart, Richter und Kappler.) *

Touristen-Zeitung, allgemeine deutsche. Organ für die Interessen der deutschen Touristen-Vereine. Redact.: Adph. Nephuth. 2.—6. Jahrg. April 1880 — März 1885. à Jahrg. 12 Nrn. (Bog.) Fol. Frankfurt a. M., Expedition. à Jahrg. *

Touriston-Zeitung, allgemeine deutsche. Zentral-Organ für Touristik und die tourist. [Gebirgs- und Verschönerungs-] Vereine. Redact.: L. A. Nicol. 3. Jahrg. 1886. 24 Nrn. (Bog.) gr. 4. Frankfurt a. M., Nephuth. *

Touristen-Zeitung, deutsche. Zeitschrift f. Touristik, Geographie u. Naturkunde. Organ d. Verbandes deutscher Touristen-Vereine. Hrsg. v. Thdr. Petersen. 1. Jahrg. April 1883–März 1884. 12 Hfte. (2 B. m. eingedr. Holzschn.) gr. 4. Frankfurt a/M. 883. Mahlau & Waldschmidt. 6.—

—— nordböhmische. Blätter für Touristik und Heimathskunde. Central-Organ für die tourist., Gebirgs-, Anpflanzungs-, Verschönerungs- und ähnl. Vereine im nördl., nordöstl. und nordwestl. Böhmen. Schriftleiter: G. A. Ressel. 1. und 2. Jahrg. 1886 und 1887. à Jahrg. 12 Nrn. (à Nr. 1—1½ Bog. mit Illustr.) Lex.-8. Aussig, (Grohmann.) à Jahrg. *

—— dass. — Schriftleiter: Karl Eichler. 3. Jahrg. 1888. 12 Nrn. (à Nr. 1—1½ Bog. mit Illustr.) Lex.-8. (Ebendas.) *

Touristen-Zeitung, nordböhmische. Blätter f. Touristik u. Heimathskunde. 4. u. 5. Jahrg. 1889 u. 1890. à Jahrg. 12 Nrn. (à Nr. 1—1½ Bog. m. Illustr.) Lex.-8. Aussig, (Grohmann). à Jahrg. * 3 —
Fortsetzg. s.: Aus deutschen Bergen.

Touristen-Zeitung, Österreichische. Herausgegeben vom österreichischen Touristen Club. 4. Wien 1881–

—— österreichische. Hrsg. vom österreich. Touristen-Club. Redig. von Edm. Graf und A. Silberhuber. 5. und 6. Jahrg. 1885 und 1886. à Jahrg. 24 Nrn. (à Nr. 1½ Bog.) hoch 4. Wien, (Bretzner und Comp.) à Jahrg. *

—— dass. — Redig. von A. Silberhuber und Jos. Rabl. 7. Jahrg. 1887. 24 Nrn. (à Nr. 1½ Bog.) hoch 4. (Ebendas.) *

—— dass. — Redig. von Jul. Meurer und A. Silberhuber. 8. Jahrg. 1888. 24 Nrn. (à Nr. 1½ Bog.) hoch 4. (Ebendas.) *

—— österreichische. Organ d. österreich. Touristen-Club. Redig. v. Jul. Meurer. 9.—12. Jahrg. 1889—1892. à Jahrg. 24 Nrn. (à Nr. 1½ Bog.) hoch 4. Wien, (Lechner's Sort.). à Jahrg. * 8 —
Die Fortsetzg. erscheint im Selbstverlage des Touristen-Club.

— dasselbe. Red. v. Jos. Rabl. 12.—14. Bd. 1892–1894. à 24 Nrn. (1½ Bog.) hoch 4. Ebd. à Jahrg. n. 8.—

Touristen-Zeitung, südwestdeutsche. Illustr. Blätter z. Hebg. d. Wanderlust u. d. Fremdenverkehrs in Südwestdeutschland. Hrsg. m. Unterstützg. d. Odenwald-Clubs. Red.: Paul Teickner. 1. Jahrg. Apr.—Decbr. 1895. 15 Nrn. (à ca. 12 S.) gr. 4. Mannheim (J. Bensheimer's Verl.) n 2.25

— dasselbe. Mitarbeiter: J. Näher, Karl Christ, C. Mehlis u. A. Red.: Paul Teickner. 2. u. 3. Jahrg. 1896—1897. à 18 Nrn. (à ca. 12 S.) gr. 4. Ebd. à Jahrg. n. 3.—

Touristen- u. Radfahrerzeitung, süddeutsche. Illustr. Blätter zur Hebg. des Fremdenverkehrs in Süddeutschland. Offiz. Organ d. Sektionen Mannheim-Ludwigshafen u. Offenbach a. M., d. Odenwald-Clubs rc. Mit Unterhaltungs-Beilage: Picknick. Red.: Paul Teickner. 4. Jahrg. 1898. 36 Nrn. (à ca. 2 Bog.) gr. 4. Mannheim (J. Bensheimer's Verl.) n. 3.—
Kann auch halbjährlich bezogen werden.

Touristen- u. Radfahrerzeitung, süddeutsche. Illustrirte Blätter zur Hebung des Fremdenverkehrs in Süddeutschland. Offizielles Organ der Sektionen Mannheim, Ludwigshafen u. Offenbach a. M. des Odenwald-Clubs rc. Red.: Paul Teickner. 5. Jahrg. 1899. 36 Nrn. gr. 4. (à ca. 16 S.) Mannheim. (J. Bensheimer's Verl.) n. 3.—

***Tourist's,* the, Pocket Journal. Journal de poche à l'usage du voyageur. Taschenbuch f. Reisende; enth. linirte Blätter f. die Ausgaben u. angemess. Raum zu Bemerkk. Im Anh.: Vergleichungstafeln verschied. Münzen. 8. Cöln 826. Bachem. 16 gr.**

Tourist's, the, Pocket Journal with ruled columns for expenses, rurieks and blank pages for intended and accidental observations. New edition. 8. Heidelb. 827, Engelmann.

Tourlet, Guerre de Troie, depuis la mort d'Hector jusqu'à la ruine de cette ville, poëme traduit du grec (de Quintus de Smyrne.) II Vol. gr. 8. Strasb. König. 801.

Tourmalin u. Yssel. Romant. Räubergeschichte. 2 Bde. 8. Leipz. 831. Kollmann. 2 Thlr 18 gr

Tournay, s.: Woerl's Reisehandbücher.

Tourneau, Richard [Marine-Unterarzt aus Neu-Ruppin]: Aus d. patholog. Institute zu Kiel. Ein Beitrag zur Aetiologie des Magencarcinoms ... Kiel, Druck v. P. Peters, 1896; 17 S., 1 Bl. 8.
Kiel, Med. Fak., Inaug.-Diss. v. [2. Dez.] 1896

Tourneau, [Wilhelm]: Das preußische Gesetz betreffend das Diensteinkommen der katholischen Pfarrer vom 26. Mai 1909. Mainz 1910. 8°

Tourneau, Kommentar zu dem Gesetze betr. die Erhebg. v. Kirchensteuern usw., s.: Schmedding, A.

Tournebize, Frz., S. J., vom Zweifel zum Glauben, s.: Wissenschaft u. Religion. 1. Hft.

Tournefort, Joseph Pitton de

— Beschreib. e. Reise nach der Levante; aus d. Französ. (v. G. W. Panzer). 3 Thle. Nürnb. 773—76. Bauer u. R. 6 Thlr

Tournefort, Pitton de, Beschreibung einer auf königl. Befehl unternommenen Reise in die Levante. (Aus d. Französischen übers.) 3 Vol. Nürnberg. 1776 bis 1777. 8.

— Reise in d. Levante, a. d. Franz., m. K. 3 Thle. gr. 8. Nürnb. Raspe. 776. 77. (à 2 Rthlr.)

***de Tournefort,* Jos. Pitton, éléments de botanique, ou méthode pour connoitre les plantes et le Système sexuel de Linné, av. texte grec ou latin. VI Vols. av. planch. gr. 8. (Leipz. 797. Sommer. (Nauck). 32 Thlr**

— institutiones rei herbariae contractae sub norma tabularum, cura Ch. B. Valentini. fol. Frcf. Andreä. 715.

Tournefort, Jul. v., der Antichrist. Ein Gegenstück zu Eugen Sue's ewiger Jude. Aus dem Französ. 1. Thl. 1. u. 2. Lfg. gr. 12. (6 B.) Aachen 846, Cremer'sche Buchh. à

Tournefort, Jul. v., der Antichrist. Ein Gegenstück zu Eug. Sue's „ewiger Jude." Aus dem Französ. 2 Thle. Neue Ausg. Aachen 861. Cremer. 12. (453 S.) 1 Thlr

Tournély, Léonor François, et son oeuvre, s. Notice sur le révérend père L. F. de T.

Tournély, Honoré de

Tournely, Honor., praelectiones theolog. de gratia Christi. fol. Colon. 757.

— Theologia scholastico-dogmatico-moralis. X Tmi. fol. Colon. (Wolf, Augsb.) 752—65.

Tourneur, Le, marianische Mai-Andacht, od. d. Verehrung Mariens gewid. Mai-Monat. Eingetheilt in tägl. Betrachtn. üb. d. lauretan. Litanei, mit histor. Notizen üb. d. berühmt. Wallfahrtsorte d. allerseligsten Jungfrau, sammt erbaul. Zügen a. d. Lebensgesch. d. Heiligen u. e. jedesmal. Schlußgebete. N. d. Franz. bearb., u. verm. hrsg. v. ein. Mitgliede d. Stiftes Maria-Einsiedeln in d. Schweiz. gr. 12. (23½ B. u. 1 Stahlst.) Regensburg 839, Manz.

Tourneur, le, christliches Jahr, a. d. Franz. 10 Thle. 8. Augsb. Veit.

Tourneur, Fel., der Maschinenbauer, s. Schauplatz, neuer, der Künste 2c., 143. Bd.

Tournié, Angelica, s. Angelica.

Tournier [Sachliches OW], s. Turnier.

Tournier, Aug., s. Verbreiter, der, gemeinnütz. Kenntnisse.

Tournier, B. 12 Bildertafeln zum Gebrauch beim Unterricht in der biblischen Geschichte. Farbendr. 55×57 cm. Mit erklär. Text. 8. (31 S.) Basel 891, Jaeger u. Kober * 10 —

Tournier, B., pasteur. Douze planches d'archéologie biblique et d'histoire naturelle exécutées en chromolithographie. 1 vol. gr.-in-fol. Genève et Bâle, H. Georg. 1886. 25 —
*** Légendes sur les planches en allemand, en français et en anglais.

Tournier, C., am Lebenswege. Erinnerungen e. alten Elsässers. Mit e. Vorworte v. Spitta. (VI, 129 S.) gr. 8. Straßburg 903. E. van Hauten. n. 2. 50; geb. in Leinw. n. 3. —; m. Goldtitel n. 3. 50

Tournier, C., Mülhausen im XVI. Jahrh. Die Reformation in Mülhausen u. der Aufruhr v. 1587. Der Mülhäuser Chronik nacherzählt. gr. 8. (53 S. m. 1 Bild.) Illzach 894. Mülhausen i/E. (Buchh. „Zum Anker".) n. 1. —

Tournier, Camille, über anfallweise auftretendes Herzklopfen und seine Behandlung. Diss. Strassburg i. Els. 1885, Trübners Buchh. u. Antiqu. (E. d'Oleire). 8⁰. 50 S. mit einer Taf.

Tournier, Emil, recueil de contes et récits pour la jeunesse, s. a. Prosateurs français.

Tournier, Emil, s. a. Recueil de contes et récits pour la jeunesse.

Tournier, Henri, description des Dascillides du Bassin du Léman. Basel 868. Georg. gr. 8. (96 S. mit 4 Kpfrtaff., wovon 3 color.) n.n. 3 Thlr 6 ngr.

Tournier, Henri. Description des Dascillides du bassin du Léman. [Avec 4 planches.] 8. Bâle et Genève, Paris 1868.
[Publication de l'] Association zoologique du Léman. Année 1867.

Tournois, Geheimnisse d. franz. Leder-Färberei f. Handschuhmacher, enthalt.: die neuesten Entdeckungen d. sogen. Fix-Färberei, das ist: das Handschuhleder mit e. Einzigen Strich in allen Nüancen schön u. dauerhaft zu färben 2c. Nebst e. Anweis. das Leder minderer Qualität weich, dehnbarer u. somit zu nützl. Bearbeitung geeigneter zu machen. 8. (1 B.) Wien 833, (Beck.) Versiegelt.

Statistique de la Prov. de Bayreuth [deutsch]
Die Provinz Bayreuth unter französischer Herrschaft (1806–1810). Von Bⁿ Camille de Tournon, Intendanten d. Prov. Übers. u. bearb. von Ludwig v. Fahrmbacher. Mit 1 Übersichtskarte. *Wunsiedel: G. Kohler 1900.* (IV, 117 S.) 8⁰ [oo. 9368

Tournon, Marie Henriette de

de Tournon, Mademoiselle, s. Eifersucht u. Treue.

— — Wahrhafte Liebesbegebenheiten des Fräulein von Tournon, einer ehemals gewesenen Königl. Hofdame in Frankreich etc. nebst der Geschichte Theodors und Paulina. Aus d. Französ. übersetzt. Frankfurt 1756. 8⁰. 16 Bogen.
Cat. Meissner. — Selten!

Tournon, der Fräulein v., wahrhafte Liebesbegebenheiten, a. d. Frz. 8. Frkft. 757.

Touroff, Nisson: Jean Paul als Pädagoge. Lausanne 1906. 92 + 4 p. 8⁰. [19. VI. 06.]
Lausanne. Thèse let. 1905/1906.

Touroff, N., Jean Paul als Pädagoge. (95 S.) gr. 8. **Lausanne 906. (Leipzig, Buchh. G. Fock.) n. 1. 50**

Touron, Leben des heiligen Dominikus. s.: Lechner, P.

Tourte-Cherbuliez, ein Sonntag. Aus dem Leben einer Arbeiterfamilie. Nach dem Französ. 8. (III und 77 S.) Frauenfeld (861)62, Huber.

Tourte Cherbuliez, Madame, Amaliens Tagebuch, oder achtzehn Monate aus dem Leben eines jungen Mädchens. Ein Familiengemälde (aus d. Franzöſ.) 8. Hamburg 841, Herold'sche Buchh. geb. 1½ Thlr NB. Das unter Cherbuliez aufgeführte ist nicht zu berücksichtigen.

Tourtelle, Et., Elémens de Hygiène, ou de l'influence de choses physiques et morales sur l'homme. 2 Vol. gr. 8. Strasb. Levrault. 802.

— Elémens de Matière médicale; ouvrage posthume, publié p. Briot. 8. Paris, Tourneisen fils. 802.

— Elémens de Médecine théorique et pratique, 3 Vol. 8. ibid. 805.

Tourtelle, E., Elémens de médecine théorique et pratique. 3 Vol. 8. Paris. 806. Ist jetzt Verlag v. Krieger in Cassel.

Tourtual, Florenz

Tourtual, Flor., Böhmens Antheil an den Kämpfen Kaiser Friedrich I. in Italien. 1. Thl.: Der Mailänderkrieg 1158. 1159. Göttingen 865. (Deuerlich'sche Buchh.) gr. 8. (VIII, 190 S.) n. 25 ngr.

— — 2. Thl.: Das Schisma. 1159—1175 u. Exkursheft: Forschungen zur Reichs- u. Kirchengeschichte des 12. Jahrh. Münster 866. (Brunn's Verl.) gr. 8. (X u. S. 191—519 u. Exkursheft VIII, 282 S.) n. 2 Thlr 20 ngr.

Tourtual, Flor., vier merkwürdige Codices der Münsterschen Paulina. gr. 8. (VIII, 36 S.) Münster 873, Theissing'sche Buchh. *

—— zur Geschichte des westfälischen Friedens. 1. Heft. gr. 8. (40 S. mit 1 Tab. in qu. Fol.) Ebendas. 874. *

—— Bischof Hermann v. Verden. 1149—1167. gr. 8. (VIII und 89 S.) Münster 866, (Brunn's Verlag.) *

Tourtual, Florenz, Bischof Hermann v. Verden, 1149 —1167. 2. Aufl. gr. 8. (VIII, 82 S.) Berlin 892. J. A. Stargardt. n. 2. —

Tourtual, Florenz. Bischof Hermann von Verden, 1149—67 ... 2. Aufl. Berlin 1892. H: *Behr Negendank, Ulrich Graf.* (Berl)

—— s. Ridolfi.

Tourtual, Karl Florens: Praktische Beiträge zur Therapie der Kinderkrankheiten. Bd 1-2, gbd.

Münster: Regensberg 1829 - 1837

Tourtual, Kaspar Theobald

Tourtual, Casp. Theob., zweiter anatom. Bericht, enthalt. e. Beschreib. der seit meinem Antritte d. Lehramtes d. Anatomie im Frühjahre 1830 zum anatom. Museo in Münster hinzugekomm. patholog. Präparate. gr. 4. (15 B. u. 4 Stnt. incl. 3 gr. Fol.) Münster 833, Coppenrath.
1. Bericht, vgl. Wutzer, C. W.

Tourtual, Casp. Theob., die Dimension der Tiefe im freien Sehen u. im stereoskopischen Bilde. Eine physiolog. Untersuchung. gr. 8. (6¾ B. u. 2 Stnt.) Münster 842, Coppenrathsche Buchh.

Tourtual, Casp. Theob. (geb. Münster in Westf. 1. 9. 1802): De mentis circa visum efficacia. Berolini (1823). (115 S.) 8°
Berlin, Med. Diss. v. 5. Nov. 1823

—— über d. Erscheinung d. Schattens u. deren physiolog. Bedingung, nebst Bemerkn., die wechselseit. Verhältnisse d. Farben betreff. gr. 8. (8½ B. u. 1 Kpfrt.) Berlin 830, Reimer.

Tourtual, (C. Th.,) die Sinne d. Menschen in den wechselseitigen Beziehungen ihres physischen u. organ. Lebens. 8. Münster 827, Regensberg.

—— neue Untersuchungen über den Bau des menschlichen Schlund- u. Kehlkopfes mit vergl. anatom. Bemerkungen. gr. 8. (7 B.) Leipzig 846, Otto Wigand.

Tourville, Constantin de, Mémoires, ou l'Aveu sans exemple. 8. Leipz. Weidmann. 747.

Toussaint

Das Gegenbild der Therese oder Juliette eine Weltweise. Aus d. Französ. des Herrn *T*** (Toussaint)* übersetzt. Hamburg, gedruckt und verlegt durch Joh. Conr. Bene, 1751. 8°. 15 Bogen.
Jahn's Bibl. II. Lpz. 1754, no. 3775; Cat. Meissner II. — Aeusserst rar!
Orig.: L'Anti-Thérèse ou Juliette philosophe. Par M. *de T* . . . La Haye 1750. 8°. (4 Mk., Hfz., Scheible, 1892; jetzt theurer!)

— — — — Dasselbe. Hamburg, in der Hertelischen Handlung. 8°.
O. M. V. 1752. S. 252
Die Jahrzahl „1752" auch im Cat. Monath II. Nürnb. 1783. p. 52.
Orig.: L'Anti-Thérèse ou Juliette philosophe. Par Mr. de T*** (Toussaint). Nouvelle messine véritable. La Haye 1750. 8°. (4 Mk. Scheible, 1892; 8 Mk. Max Harrwitz, 1891: „Dirigé contre Thérèse philosophe, célèbre roman érotique".)

Toussaint, die Obstverwertung. [Aus: „Lehrbuch f. d. landwirtsch. Littersch. Elsaß-Lothr."] (22 S. m. Abbildgn.) gr. 8. Gebweiler 910. J. Boltze. — 50

Toussaint, Oraison funèbre de Frédéric II roi de Prusse. Berlin 1786 8.

Toussaint, A., Briefsteller u. Ratgeber f. den Verkehr m. Behörden, s.: Übelacker, M.

Toussaint, A., Briefsteller f. Stellesuchende, nebst Rathgeber. 8. (63 S.) Berlin 890. Aug. Schultze's Verl. 1. —

— dasselbe, s.: Übelacker, M., deutscher National-Briefsteller.

— Briefsteller im Verkehr m. Behörden. 8. (72 S.) Berlin 890. Aug. Schultze's Verl. 1. —

Toussaint, A., d. Gesinderecht od. d. Rechtsverhältnisse zwischen Herrschaft u. Gesinde nach der preuß. Gesindeordng. Gemeinverständl. bearb. 3. Aufl. 8. (32 S.) Berlin 896. Braunschweig, Friedr. Euler's Verl. n. — 50

— die Rechtsverhältnisse zwischen Herrschaft u. Gesinde nach der preußischen Gesindeordnung. Gemeinverständlich bearb. gr. 8. (26 S.) Ebd. 892. n. — 50

— richtige Steuern, Einschätzung u. Reklamation. Enth.: 1) Einkommen-Steuer. 2) Gewerbe-Steuer. Mit vielen Reklamationsformularen. 8. (24, 32 u. 16 S.) Ebd. 892. — 50

— dasselbe. Enth.: A) Preußische Staats-Steuern. 1) Einkommen-Steuer. 2) Vermögens-(Ergänzungs-)Steuer. 3) Wandergewerbe- (Hausier-) Steuer. B) Preußische Gemeinde-Steuern. 1) Gemeinde-Einkommen-Steuer. 2) Grund- u. Gemeinde-Steuer. 3) Gewerbe-Steuer. 4) Wanderlager-Steuer. 5) Betriebs-(Schank-)Steuer. Mit vielen Reklamations-Formularen. 8. (112 S.) Berlin 895. Aug. Schultze's Verl. n. 1. —

Toussaint, A., Richtige Steuern-Einschätzung u. Reklamation nach den neuesten, gesetzlichen Bestimmungen. Enth.: Staats-Steuern. Einkommen-Steuer. Vermögens-(Ergänzungs-)Steuer. Gemeinde-Steuern. Gemeinde-Einkommen-Steuer. Grund- u. Gebäude-Steuer. Gewerbe-Steuer. Betriebs-(Schank-)Steuer etc. Mit vielen Reklamations-Formularen, Eingaben etc. 12. Aufl. (Neue Ausg. 1907 nach den neuen Gesetzen.) (111 S.) 8. Braunschweig, F. Euler. 1907

Toussaint, A., Richtige Steuern - Einschätzung u. Reklamation nach den neuesten, gesetzlichen Bestimmungen. Enth.: Staats-Steuern. Einkommen-Steuer. Vermögens - (Ergänzungs -)Steuer. Gemeinde - Steuern. Gemeinde-Einkommen-Steuer. Grund- u. Gebäude-Steuer. Gewerbe-Steuer. Betriebs-(Schank-)Steuer etc. Mit vielen Reklamations - Formularen, Eingaben etc. 14. Aufl. (Nach den neuen Steuergesetzen v. 1909.) (112 S.) 8. Braunschweig, F. Euler. 1909 1. —

Toussaint, A., richtige Steuern-Einschätzg. u. Reklamation. Enth.: Staats-Einkommen-Steuer. Ergänzungs- (Vermögens-)Steuer. Gemeinde-Einkommen-Steuer. Grund- u. Gebäude-Steuer. Gewerbe-Steuer. Betriebs-(Schank-) Steuer zc. Mit vielen Reklamations-Formularen, Eingaben zc. Nach den neuesten gesetzl. Bestimmgn. bearb. 15. Aufl. (112 S.) 8. Berlin 910. F. Euler. 1. —

Toussaint, A., Volapük. Selbstunterricht in der neuen Weltsprache Schleyer's mit Uebungsstücken und Wörterbuch. 5. verb. Aufl. 12. (128 S.) Berlin 888, Aug. Schultze's Verlag.

—— dass. — Die neue Weltsprache Schleyer's mit Uebungsstücken und Wörterbuch, für weitere Kreise bearb. 16. (119 S.) Ebendas. 887.

— wie mache ich meine Einschätzung nach dem neuen Einkommensteuer-Gesetz? Enth.: Rathschläge f. die Einschätzg. Probeweise ausgeführte Einschätzungs-Formulare. Reklamations-Formulare. Den vollen Text d. Einkommensteuer-Gesetzes. 8. (24 u. 32 S.) Berlin 891. Aug. Schultze's Verl. — 50

Toussaint, A. D. v., Journal f. Bau- u. Möbelschreiner, s. Journal.

Toussaint, Albert von

Toussaint, Alb. v., alphabetisches Verzeichniss der Eisenbahn-Stationen Frankreichs mit Angabe der Departements u. Bahnlinien nebst einem Anh. aller bedeutenderen Orte mit Angabe der nächstgelegenen Bahn-Stationen. Zum speciellen Gebrauche für Eisenbahn-Verwaltungen u. den Handelsstand nach officiellen Quellen bearb. Deutsche Ausg. Mannheim 870. Schneider. gr. 8. (IX, 112 S.) n. 21 ngr.

Toussaint, Alb. v., alphabetisches Verzeichniss der Eisenbahn-Stationen Frankreichs mit Angabe der Departements und Bahnlinien nebst einem Anhang aller bedeutenderen Orte mit Angabe der nächstgelegenen Bahn-Stationen. Zum speciellen Gebrauche für Eisenbahn-Verwaltungen, Postämter und dem Handelsstande nach officiellen Quellen bearb. 1. Aufl. 1870. *ℳ 2,10., und 2. Aufl. verm. durch ein Verzeichniss der Stationen und Orte der nunmehr. deutschen Reichslande von Elsass und Lothringen mit Bezeichnung ihrer vormal. polit. Lage, sowie der Stationen der Wilhelm-Luxemburger Eisenbahn. gr. 8. (XI, 135 S.) Mannheim [Strassburg] 872, Schneider. *

Toussaint, Albert v. Alphabetisches Verzeichniss der Eisenbahn-Stationen Frankreichs. Mit Angabe der Departements und Bahnlinien nebst einem Anhange, enthaltend alle bedeutenden Orte mit Angabe der nächstgelegenen Bahn-Stationen. Zum speciellen Gebrauche für Eisenbahn-Verwaltungen, Postämter und den Handelsstand nach officiellen Quellen bearbeitet. Deutsche Ausg. 2. Aufl., verm. durch ein Verzeichniss der Stationen und Orte der nunmehrigen deutschen Reichslande von Elsass und Lothringen mit Bezeichnung ihrer vormaligen politischen Lage, sowie der Stationen der Wilhelm-Luxemburger Eisenbahn. gr. 8. Mannheim 1873.

Toussaint, Anna Louisa Geertruida

— die Engländer in Utrecht, s.: **Bibliothek, Niederländische.** 14—19. Bd.

Toussaint, A. L. G., eine Krone für Karl d. Kühnen, s. **Toiletten-Romane,** 4. u. 5. Bd.

— das Haus der Lauernesse, s.: **Ausland,** das belletristische, 887—893. Bdchn.

Toussaint, A. L. G., das Haus Lauernesse. Aus d. Holländ. v. J. D. v. Betaz. 4 Bde. gr. 12. (40½ B.) Braunschweig 842, G. C. E. Meyer sen.

Toussaint, Anna Louisa Geertruida

Das Haus Lauernesse. Ein historischer Roman. Nach dem Holländischen. Bdchn 1-3.4-7.
Stuttgart: Franckh 1847. 8°

— Graf Leicester u. die Engländer in Holland, siehe: **Lese-Cabinet,** belletristisches. 459—466. Bd.

— Rochus Menuwesohn, siehe: **Bibliothek, Europäische,** 529 u. 531. Bd.

—— Mutterfreuden und Mutterleiden. Phantasieen. Nach der 2. Aufl. des holländ. Orig. ins Deutsche übertr. von R. W. 16. (V und 63 S. mit 1 Kpfr.) Berlin 851(52,) Janke.

—— gesammelte Novellen. Aus dem Holländ. v. L. T. Moseler. 1. Bd. Herzog Alba in Spanien. — Almagro. 8. (17¾ B.) Hamm 843, Schulzische Buchh.

— kleine Novellen, siehe: **Ausland,** das belletristische, 953—956. Bdchn.

Toussaint, Anna Louisa Geertruida

Kleine Novellen. Nach dem Holländischen. Bchn 1-4.
Stuttgart: Franckh 1847. 263 S. 8°

— die Prinzessin Orsini, siehe: **Bibliothek, Europäische,** 553 u. 554. Bd.

Toussaint, Augustin [app. Arzt aus Elsenborn in Rheinpreussen]: Ueber primäre Mesenterial- und Netztumoren. . . . Würzburg, Druck d. Bonitas-Bauer'schen Buchdr., 1889; 28 S. 8°
Würzburg, Med. Fak., Inaug.-Diss. v. 1889

Toussaint, Charles, und Geo. **Langenscheidt.** Anweisung, das Geschlecht sämmtlicher französischer Substantive durch sechs gereimte Fabeln in wenigen Tagen leicht und gründlich zu erlernen. Ein unentbehrliches Supplem. zu jeder Grammatik. 3. vervollkommnete Aufl. Berlin 858. (Leipzig, Hartmann.) 16. (86 S.) 7½ ngr.

Toussaint, Charles, u. G. **Langenscheidt,** Anweisung, das Geschlecht sämmtlicher französischer Substantive durch 6 gereimte Fabeln in wenigen Tagen leicht u. gründlich zu erlernen. 7. Aufl. gr. 8. (16 S.) Berlin 894. Langenscheidt. n. 1. —

Toussaint, Charles, et G. Langenscheidt, Coup d'œil sur le développement de la langue et de la littérature française à l'usage des classes supérieures. 1re édit. 1872. 60 Pf., et 2me édit. Lex.-8. (16 S.) Berlin 875, Langenscheidt. *

Aus: Toussaint-Langenscheidt, französische Unterrichtsbriefe, besonders abgedruckt.

Toussaint, Charles, et G. Langenscheidt, coup d'oeil sur le développement de la langue et de la littérature françaises à l'usage des classes supérieures. 5me édit. gr. 8. (16 S.) Berlin 889, Langenscheidt'sche Verlagsh. *

Aus: Französische Unterrichtsbriefe, besonders abgedruckt.

Toussaint, Charles, und G. Langenscheidt, Französisch für Kaufleute. Unter Mitwirkung von Fachmännern. 1. und 2. Aufl. gr. 8. (92 S.) Berlin 877,78, Langenscheidt'sche Verlagsh. *ℳ 2., cart. *

Toussaint, Charles, und G. Langenscheidt, Französisch für Kaufleute. Unter Mitwirkung von Fachmännern. 3. Aufl. (96 S.) 1882; 4. Aufl. gr. 8. (90 S.) Berlin 884, Langenscheidt'sche Verlagsh. *ℳ 2.; geb.

— — Französisch f. Kaufleute. Unter Mitwirkg. v. Fachmännern. 6. Aufl. Lex.-8. (90 S.) Ebd. 895. n. 2. —; geb. 2.60

Toussaint, Charles, und G. Langenscheidt, Lehrbuch der französischen Sprache für Schulen. Mit besond. Berücksichtigung der Aussprache und Angabe derselben nach dem System der Methode Toussaint-Langenscheidt. 2 Curse. gr. 8. [1. Cursus. 1. und 2., verb. Aufl. (XVI und 218 S.) 2. Cursus. (267 S.) Berlin 866,67, Langenscheidt. à Cursus * 10 Ngr. *
geb. à Cursus * 12 Ngr. *

—— —— dass. — 3. Kursus, s. **Brunnemann,** Karl.

—— —— Lehrbuch der französischen Sprache für Schulen [nicht für den Selbst-Unterricht]. 1. und 2. Kursus. Mit besond. Berücksicht. der Aussprache und Angabe letzterer nach dem System der Methode Toussaint-Langenscheidt. gr. 8. Ebendas. 870—75. [1. Kursus. 3.—6. vervollkommnete Aufl. (XX, 223 S.) (*ℳ 1.) *ℳ 1,50.; 2. Kursus. 2. und 3. Aufl. *ℳ 1,50., und 4. vervollkommnete Aufl. (XI, 273 S.) *ℳ 2.] *

— — Lehrbuch der französsischen Sprache f. Schulen [nicht f. den Selbst-Unterricht.] 1. u. 2. Kursus. Mit besond. Berücksicht. der Aussprache u. Angabe letzterer nach System der Methode Toussaint-Langenscheidt. gr. 8. Ebend. 872. 75. n. 3. —
1. 6. vervollkommnete Aufl. (XX, 223 S.) n. 1. —
2. 4. vervollkommnete Aufl. (XI, 273 S.) n. 2. —

—— —— Lehrbuch der französischen Sprache für Schulen [nicht für den Selbstunterricht]. 1. und 2. Kursus. Mit besond. Berücksicht. der Aussprache und Angabe letzterer nach dem System der Methode Toussaint-Langenscheidt. gr. 8. Ebendas. [1. Kursus. 7.–10. vervollkommnete Aufl. (XX, 223 S.) 877—80. * ℳ 1,50.; geb. * ℳ 1,80.; 2. Kursus. 5. vervollkommnete Aufl. (XI, 273 S.) 879. * ℳ 2.; geb. * ℳ 2,50.] *
geb. *

— Lehrbuch der französischen Sprache für Schulen [nicht für den Selbst=Unterricht]. 1. Kurs. Mit besond. Berücksicht. der Aussprache u. Angabe letzterer nach dem phonet. System der Methode Toussaint=Langenscheidt. 11. Ster.=Aufl. gr. 8. (XX, 223 S.) Ebend. 881. n. 1. 50

— — Lehrbuch der französischen Sprache f. Schulen [nicht f. den Selbst=Unterricht]. 1. u. 2. Kurs. Mit besond. Berücksicht. der Aussprache u. Angabe letzterer nach dem phonet. System der Methode Toussaint=Langenscheidt. gr. 8. Ebend. 883. n. 3. 50
1. 12. Aufl. (XX, 223 S.) n. 1. 50
2. 6. Aufl. (XII, 273 S.) n. 2. —

Toussaint, Ch., u. G. Langenscheidt, Lehrbuch der französischen Sprache f. Schulen [nicht f. den Selbstunterricht]. 1. Kurs. Mit besond. Berücksicht. der Aussprache u. Angabe letzterer nach dem phonet. System der Methode Toussaint=Langenscheidt. 13. Aufl. 8. (XVI, 223 S.) Berlin 887. Langenscheidt. n. 1. 50

— — dasselbe. 2. Kurs. 7. Aufl. (XII, 273 S.) Ebd. 888. n. 2. —

— — dasselbe. 3. Kurs. gr. 8. Ebd. 890. n. 3. —
Syntax der neu-französischen Sprache. Unter Mitwirkg. von Ch. Toussaint u. G. Langenscheidt von C. Brunnemann. 5. Aufl. (XXXII, 392 S.)

Toussaint, Charles, u. G. Langenscheidt, Lehrbuch der französischen Sprache f. Schulen (nicht f. d. Selbstunterr.) 1. Kurs. M. bes. Berücksicht d. Aussprache u. Angabe letzterer nach dem phonet. System der Methode Toussaint=Langenscheidt. 16. Aufl. gr. 8. (XX, 223 S.) Berlin 898. Langenscheidt. n. 1. 50; geb. n. 1. 80

— u. G. **Langenscheidt,** Lehrbuch der französ. Sprache f. Schulen (nicht f. den Selbstunterricht). 1. Kurs. Mit besond. Berücksicht. der Aussprache u. Angabe letzterer nach dem phonet. System der Methode Toussaint-Langenscheidt. 19. Aufl. (XIX, 223 S.) 8. Berlin-Schöneberg 910. Langenscheidt's Verl. 1.50; geb. 1. 80

Toussaint, Charles, s.: Methode Toussaint-Langenscheidt.

Toussaint, Charles u. G. Langenscheidt
— — le Répetiteur. **Ein Nachhelfer f. Lernende, welche kein aussergewöhnlich gutes Gedächtniss haben.** Besond. Abdr. der I. Beilage zu dem brieflichen Sprach- u. Sprech-Unterricht f. das Selbststudium Erwachsener. 24. (302 S.) Ebd. 882. In Wachstuch kart. n. 2. —

—— —— brieflicher Sprach= und Sprech=Unterricht für das Selbststudium der französischen Sprache. Neuer, sorgfältig revid. und nach dem neuesten Sprachgebrauche erweiterter Abdr. der älteren Lectionen. 50 Lectionen. Lex.=8. (1—4. Sect. 32 S.) Berlin 858. Leipzig, (Hartmann.) * *

Toussaint, Charles, und G. Langenscheidt, brieflicher Sprach- u. Sprech=Unterricht für das Selbststudium der französischen Sprache. 4., vervollkommnete u. bedeutend verm. Bearbeitung u. 5. u. 6. unveränd. Aufl. Berlin 861, 62. (Leipzig, Hartmann.) Lex.-8. (762 S.) 11 ₰ 10 ngr.

— — brieflicher Sprach- u. Sprech=Unterricht für das Studium der französischen Sprache. 2 Curse (oder 36 Briefe). 14—17. Aufl. Ebend. 867. gr. 8. (586 S. u. 8 Beilagen mit Register 187 S.) compl. cart. 9 ₰; der Cursus apart 5 ₰ 20 ngr.; Der Brief apart 10 ngr.

—— —— brieflicher Sprach= und Sprech=Unterricht für das Selbststudium der französischen Sprache. 2 Curse [oder 36 Briefe]. 15.—19. unveränd. Aufl. gr. 8. (585 S. und 8 Beilagen mit Register 177 S.) Berlin 868—72, Langenscheidt.
Der Cursus apart
Der Brief apart

—— - — briefliche Sprach= und Sprech=Unterricht für das Selbststudium der französischen Sprache. 2 Kurse [oder 36 Briefe]. 20.—29. unveränd. Aufl. gr. 8. (765 S.) Berlin 878—80, Langenscheidt'sche Verlagsh.
à Kursus ℳ 18.; à Brief

—— —— brieflicher Sprach= und Sprech=Unterricht für das Selbststudium Erwachsener. Französisch. 30. und 31. neu bearb. Aufl. 36 Briefe. gr. 8. (1050 S.) Ebendas. 882,84.
à Brief
à Kursus in Carton
compl. in Carton *

Toussaint, Charles und G. Langenscheidt, brieflicher Sprach- und Sprech-Unterricht für das Selbststudium Erwachsener. Französisch. 32. Aufl. 36 Briefe mit 8 Beilagen und Sachregister. gr. 8. (736, 244, 76 S. mit Holzschn.-Portr. der Verf.) Ebendas. 885.
In Leinw.-Decke und Futteral

—— —— dass. — 33.—35. Aufl. 36 Briefe mit Beilagen und Register. gr. 8. (786 und Beilagen 320 S. mit 2 Portr.) Ebendas. 886—88. In Leinw.-Decke und Futteral

—— —— Brieflicher Sprach- u. Sprech-Unterricht für das Selbststudium Erwachsener. Französisch. 37.—40. Aufl. gr. 8. (736, 80, 32, 44, 24, 16, 16, 16, 16, 76 S. m. Portr.) Ebd. 890—92.
In Leinw.-Decke u. Carton 27 —; in 2 Abthlgn. à 18 —

— — brieflicher Sprach- u. Sprech-Unterricht f. das Selbststudium Erwachsener. Methode Toussaint-Langenscheidt. Französisch. 40. u. 41. Aufl. gr. 8. (736, 80, 32, 44, 24, 16, 16, 16, 16 u. 76 S. m. Portr.) Ebd. 893. In Leinw.-Decke u. Carton n. 27. —; in 2 Abteilgn. à 18. —

Toussaint, F., Entwurf eines Haftpflicht-Gesetzes. [Aus: „Assecuranz-Jahrbuch".] gr. 8. (80 S.) Wien 881. (Toeplitz & Deuticke.) n. 1. —

Toussaint, F. W., der moderne Staat und das Judenthum, s. Zeitfragen, soziale.

Toussaint, François Vincent: Begebenheiten des Ritters Shroop, s. Toussaint: Historie d. Leidenschaften ...

— discours sur les fruits des bonnes études. ... Berl. 771. Rottmann. 4 gr.

— discours sur l'Influence de nos sentimens sur nos lumières etc. 8. Berl. Rottmann. 776.

— de l'Empire de l'homme sur lui-méme; Discours lA dans la seances publique de l'Academié le 28. Janvier 1768. 8. Berl. 768. Rottmann. 4 gr.

Toussaint, sur l'Emulation. 8. Berl. Rottmann. 774.

— Des Herrn *Toussaint* Erläuterung seines Buches: Die Sitten. Aus d. Französ. Breslau, Korn jun., 1763. 8⁰. 288 S. (6 Mk. der Vorige, 1906.)
Orig.: Eclaircissement sur les moeurs, par l'auteur des Moeurs. Amsterdam, Marc-Michel Rey. 1762. 12⁰. LX—333 S.
Viel früher erschien ein andres hierauf bezügliches Buch: Reflexions critiques sur le livre intitulé les Moeurs, par *D. S.* Aux Indes 1749. (In Carlsruhe: Cc 356.) Rare!
Englische Ueberstzg.: Manners. Transl. from the french. ([By] *Panages* (i. e. *François Vincent Toussaint*].) 2d Ed. . . . London: Printed for J. Payne and J. Bouquet, 1752. 12⁰. (In Wolfenbüttel.)

— essai sur le rachat des rentes et redevances foncières. 12. Paris 750.

Toussaint, François Vincent, s. Extrait de O. de Gellert.

— von d. Herrschaft des Menschen üb. sich selbst; aus d. Französ. 8. Frankf. 770. Zch. 3 gr

Toussaint, F. U., Histoire des passions, ou aventures de chevalier Shroop. 2 prt. en 1 Vol. Brl. 8°.
1751

TOUSSAINT (Franç. Vinc., geb. um 1715, † 1772), Historie der Leidenschaften oder Begebenheiten des Ritters Schroop: Von dem Verfasser der Sitten, dem Herrn *Toussaint*, Mitgliede der Königl. Akad. d. Wissensch. in Berlin. 2 Thle. in 1 Bde. Aus d. Französ. übersetzt. Mit Titelkpfr. u. Titelvign. (J. D. Schleuen fec.). BERLIN, bey Christian Friedrich Voß, 1751. 8°. (In München: Mor. 365m, 4.)
6 Bll. Vorst. u. 307 fortl. pag. S. (Th. 2 beginnt mit S. 141.)
— — Dasselbe. Ebd. 1758. 8°. (2 Mk. 50 Pfg. A. Buchholz, München, 1906; 3 Mk. 50 Pfg. Otto, Lpz., 1908.)
— — Dasselbe (andre Uebersetzg.). 2 Thle. Leipzig, Weidmann, 1751. 8°. (In Stuttgart.) (2 Mk. 50 Pfg. W. H. Kühl, c. 1882.)
— — Dasselbe (andre Uebersetzg.). 2 Thle. Danzig, Flörke, 1772. 8°.
Bibl. J. J. Schwabii.

— Dasselbe, tit.: Begebenheiten des Ritters Shroop. 2 Thle. Leipzig, Sommer (179*?), 8°. (Kayser 125.)

— — s. a. Begebenheiten des Ritters Shroop.

— sur l'instruction du roi. 8. Berl. 783. Rottmann. 6 gr

— sur le vrai mérite. 8. ibid. 776.

— les Moeurs. 8. Paris 750. 12. Lausanne 760. (Schweighäuser in Basel). 16 gr

SITTEN, Die. (Aus d. Französ. des *Franç. Vincent Toussaint-Panage*, geb. c. 1715, † 1772.) Respicere exemplar morumque. Aus d. Frantzös. übersetzt. Mit Titelkpfr. u. Titelvign. Franckfurt und Leipzig 1749. 8°. 36 + 390 (335 ?) S. (In Stuttgart.) (6 Mk. O. Rauthe, Friedenau-Berlin, 1908.)
O. M. V. 1749, G 1 a, ohne Angabe des wirkl. Druckorts. — Vorr. unterz.: *Panage*.
Laut Parlamentsbeschluß v. 7. Mai 1748 wurde das Original gleich nach Erscheinen öffentlich zu Paris vom Henker verbrannt, angeblich das gefährlichste Buch, welches jemals ein Freigeist wider Staat u. Religion verfaßt hat. „Malt die am Hofe, in den Klöstern etc. herrschenden Laster in den scheusslichsten Farben, u. hält dabei die Jungfernschaft für keine Tugend!" (R. Zinke Dresdner Nov.-Auct. 1905, no. 1349.)
Orig. (In Wolfenb.): Les mœurs. S. l. M. DCC. XLVIII. (1748.) 8°. 3 pts. en 1 vol. 16 ff. prél., 547 pp. qui se suivent. Avec 3 frontisp., 3 vign. et 3 fleurons (n. s.). (8 Mk. L. Rosenthal, 1886; 6 Mk., seulement 1 frontisp. au lieu de 3, Klüber, c. 1905; 5 Mk. Max Perl, 1909:) Cohen, 5e éd. col. 580. Cet ouvrage fut condamné par le parlament à être lacéré et brûlé, comme contraire aux bonnes mœurs, scandaleux, impie et blasphématoire. — Gay, Bibliogr. de l'amour: „Ouvrage insupportablement ennuyeux." — Amsterdam, aux dépens de la Compagnie. 1748. 8°. III. 4. éd. 3 pts. Avec frontisp. et vign. (Gay III, 246.) (6 Kr. Halm & Goldmann, 1907; 8 Mk. O. Richter, Lpz., c. 1882.) (In Wolfenb.) Brunet III, 1788. — Nouv. éd. Ibid. 1750. 8°. 1 frontisp. (Ebd.) — Nouv. éd. Avec 1 frontisp. Londres, Tho. Wilcox, 1751. 8°. (Ebd.) — 5e. éd. S. l. (Rotterdam?) Marc Mich. Bousquet & Comp. 1752. 8°. 1 frontisp. gr. (Ebd.) — S. l. 1755. 8°. III. 1 front. gr. (Ebd.) (6 Mk. Frdr. Klüber, c. 1905.)

— — Dasselbe. Aus d. Französichsen (so!) übersetzt. Mit Titelkpfr. u. Titelvign. Frankfurt und Leipzig 1751. 8°. (In Wolfenb.) 335 S. (6 Mk. Beck, Nördl., 1889; 7 Mk. Frdr. Klüber, 1901; 6 Kr. Halm & Goldmann, 1907.)

— — Dasselbe. Ibid. 1754. 8°.

— die Sitten, nebst d. Verf. Erläut. 8. Breslau, W. G. Korn. 763.

— — Dasselbe. Ebd., 1773. 8°. (7 Mk. 50 Pfg., unbeschn., Max Jaeckel, Potsdam, 1906.)
TK., XLVI—335 S., 1 S. „Erklärung d. Kupfers".

Toussaint, Friedrich Wilhelm

Toussaint, Frdr. Wilh., Anleitung zum rationellen Grasbau mit spezieller Berücksichtigung der Petersen'schen Cultur-Methode u. der künstlichen Bewässerung trockener Flußniederungen, nach eigenen Erfahrungen bearb. Mit einem Anh.: Ueber Gräser- u. Weidebau von Ferd. Hannemann. Mit 12 lith. Taff. (wovon 2 color. in qu. gr. 4. u. Fol.) u. 22 in den Text gedr. Holzschn. Breslau 870. Kern's Verlag. gr. 8. (VIII, 272 S.) n. 2 ℛ 20 ngr.

Toussaint, Frdr. Wilh., ein geschichtlicher Beitrag zu den socialen Fragen der Gegenwart. Vortrag, geh. im „staatswissenschaftl. Verein" zu Strassburg i. E. gr. 8. (188.) Berlin 882. Burmester & Stempell. n. — 30

Toussaint, Frdr. Wilh., die Bodencultur u. das Wasser, e. hydrotechn. Leitfaden f. Land- u. Volkswirthe. Mit 28 in den Text gedr. Holzschn. gr. 8. (IV, 368 S.) Breslau 872. Kern's Verl. n. 6. 50

Toussaint, Friedr. Wilh., Deutsch-Lothringen und sein Ackerbau. Eine landwirthschaftlich-statist. Denkschrift zur Culturgeschichte des Reichslandes. Nach örtl. Studien und unter Benutzung amtl. Quellen bearb. gr. 8. (IV, 196 S. mit 1 lithogr. Karte in Imp.-Fol.) Metz 875, Deutsche Buchh.

— Entwurf eines Wasserrechtsgesetzes mit culturtechnischen und volkswirthschaftlichen Motiven für Landwirthschaft, Industrie und Handel. gr. 8. (XII, 150 S.) Berlin 876, [Wiegandt, Hempel und Parey.] Parey. *

Der Großgrundbesitz und die ländlichen Arbeiter. Eine sozialpolit. Studie ... Von Friedr. Wilh. Toussaint, Ökonomierat, Karlsruhe. Halle a. S.: Heynemann 1905. (56 S.) [F.] 05. 8700 3

Toussaint, Frdr. Wilh., der Großgrundbesitz u. die ländl. Arbeiter. Eine sozialpolit. Studie zur Organisation der Arbeit auf dem Grund u. Boden m. Hilfe v. Arbeiter-Genossenschaften. (56 S.) gr. 8. Halle 905. (J. M. Reichardt.) nn 1. 25

Toussaint, F. W., der landwirthschaftliche Grundbesitz u. die Arbeiter im landwirthschaftlichen Betriebe. Mit krit. Bemerkgn. von v. Wedemayer-Schoenrade. Lex.-8. (26 S.) Berlin 884. F. Luckhardt. n. — 75

— (Mit kritischen Bemerkungen von Wedemayer-Schönrade.) Der landwirtschaftliche Grundbesitz und die Arbeiter im landwirtschaftlichen Betriebe. (Aus: Zeitschr. f. deutsche Volkswirtsch., Bd. 5, 1884.) Lex.-8°. Berlin, Luckhardt, 1884.

— technische u. administrative Instructionen üb. Einleitung, Ausführung u. Unterhaltung landwirthschaftlicher Ent- u. Bewässerungsanlagen f. Culturtechniker, Landwirthe u. Genossenschafts-Vorstände. Mit 2 (lith.) Karten (in qu. Fol. u. gr. Fol.) gr. 8. (VIII, 110 S.) Metz 875. deutsche Buchh. 2. 40

— la Lorraine et son agriculture. Trad. de l'allemand par M. H. Bernard. gr. 8. (IV, 122 S.) Ebend. 876. 2. 40

— die ökonomische Vertheilung u. Benutzung von Boden u. Wasser. Eine nationalökonom. Studie im Interesse des Waldschutzes u. einer verbesserten Ernährungsbilanz durch Förderung der Wasserwirthschaft. Mit 2 (eingedr.) Abbildungen. gr. 8. (VII, 95 S.) Berlin 882. Springer. n. 1. 40

—— die landwirthschaftliche Wasserfrage. Beiträge für Land- und Forstwirthe, Culturtechniker, Ackerbauschulen und Verwaltungsbeamte. 1. Heft. gr. 8. (VII, 159 S. mit 11 in den Text gedr. Holzschn. und 1 lithogr. Taf.) Prag 878, Calve'sche Universitäts-Buchh. *

—— dass. — 2. Heft. gr. 8. (VII, 64 S.) Ebendas. 878. *

— die Wiese, deren Technik, Pflege u. ökonomische Bedeutung. Mit 12 Holzschn. im Text u. 24 lith. Abbildgn. der vorzüglichsten Wiesengräser (auf 9 Taf.). gr. 8. (XI, 276 S.) Breslau 885. Korn. n. 4. 50

Toussaint, Hugo: Beitrag zur Kenntnis der Nickelarsenate. Berlin 1900: A. Wolff. (32 S.) 8°
Berlin, Phil. Diss. v. 17. März 1900

Toussaint, Johann Peter

Toussaint, Joh. Pet., neuntägige Andacht zu Ehren des hl. Antonius v. Padua, s.a. Blüten aus d. Himmelsgarten.

Toussaint, Jean Pierre: Neuntägige Andacht zu Ehren des hl. Antonius von Padua. Straubing: Hirmer 1900. 31 S. 16°
(Blüten aus dem Himmelsgarten. Nr. 15.)

Toussaint, J. P., die neuntägigen Andachten des heil. Alphonsus Maria v. Liguori vor den Hauptfesten des Kirchenjahres nebst Morgen-, Abend-, Meß-, Beicht- u. Kommuniongebeten aus den Originalwerken des Heiligen übers. u. zusammengestellt. 16. (347 S.) Luxemburg 878. Brück. 1. 50

— Armen-Seelen-Büchlein. Andachtsübungen zum Troste der im Fegfeuer leid. Seelen. [Aus: „T., Trost der armen Seelen".] 16. (144 S. m. Titelbild.) Kevelaer 898. Butzon & Bercker. Geb. in Leinw. n. — 50

Toussaint, Jean Pierre: Besuche des heiligsten Altarsakramentes und der seligsten Gottesmutter Maria. Heiligenstadt: Cordier 1899. 12°

[F.] Betrachtungen für Priester auf alle Tage des Jahres v. Joh. Peter Toussaint, ehemal. Missionar ... Hälfte 1. 2. *Dülmen i. W.: A. Laumann 1896.* 2 Bde 8.
1. (572 S.) 2. (516 S.) [97. 1540

Toussaint, Jean Pierre: Betrachtungen für jeden Tag des Kirchenjahres gezogen aus den Originalwerken des heiligen Alfonsus Maria von Liguori. Bd 1, 2. Dülmen: Laumann 1868. 496, 508 S. 8°

Toussaint, J. P., Betrachtungen für jeden Tag des Kirchenjahres, gezogen aus den Originalwerken des hl. Alphonsus Maria v. Liguori. 1. Jahreshälfte. Dülmen 869. Laumann. 8. (IV, 380 S.) 24 ngr.

Toussaint, J. P., C. Ss. Red., Betrachtungen f. jeden Tag d. Kirchenjahres, gezogen aus d. Orig.-Werken d. hl. Alphonsus Maria v. Liguori. 2., verb. u. verm. Aufl. 1. u. 2. Jahreshälfte. 12. (V, 494 u. 507 S.) Dülmen 895. A. Laumann. à 2. 25

Toussaint, Jean Pierre: Betrachtungen über die ewigen Wahrheiten als Anleitung zu einem frommen Leben und einem seligen Sterben, vom heiligen Alfonsus Maria von Liguori. Mainz: Kirchheim 1891. VIII, 528 S. 8°

Toussaint, Jean Pierre: Der heilige Bischof Brictius von Tours. München: Seyfried 1890. 12°

Toussaint, J. P., e. Büchlein üb die Liebe Gottes. Nach dem Franz. bearb. 16. (IV, 95 S.) Dülmen 884. Laumann. n. — 25

— „Dein Heiland kommt". } s.: Blüten aus dem Himmelsgarten.

— die hl. Familie, dem christl. Volke als Vorbild zur Nachahmg. in erbaul. Vorträgen dargestellt. gr. 8. (IV, 244 S.) Regensburg 899. Verlagsanstalt vorm. G. J. Manz. n. 3. —

Toussaint, J. P., mein Führer zur Seligkeit od. römisch-kathol. Andachtsbuch, vorzugsweise aus Ablaßgebeten zusammengestellt. 24. (XVI, 520 S. m. farb. Titel u. 1 Stahlst.) Dülmen i/W. 893. A. Laumann. 1. 20

Toussaint, J[ohann] P[eter]: Mein Führer zur Seligkeit. Römisch-kathol. Andachtsbuch vorzugsw. aus Ablassgebeten zsgest. Dülmen i. W.: A. Laumann 1895. (XIV S., 1 Bl., 496 S., 1 Taf.) 8°

— mein Führer zur Seligkeit. Kathol. Andachtsbuch, vorzugsweise aus Ablaßgebeten zusammengest. 3. Aufl. 16. (XVI, 496 S. m. farb. Titel u. 1 Stahlst.) Dülmen 897. A. Laumann. Geb. in Leinw. n. 1. —

— Mein Führer zur Seligkeit. Katholisches Andachtsbuch, vorzugsweise aus Ablaßgebeten zusammengestellt. 4. Aufl. (XVI, 528 S. m. farb. Titel u. Titelbild.) 11×6,5 cm. Ebd. (908). Geb. in Leinw. 1. —

Toussaint, Jean Pierre: Das betrachtende Gebet in der ihm gebührenden Vorbereitung von dem ehrw. Diener Gottes P. J. Sarnelli ... nebst einer ausführlichen Lebensskizze des Verfassers. Mainz: Kirchheim 1881. 164 S. 12°

Toussaint, Jean Pierre: Katholisches Gebet- und Erbauungsbuch, aus den Originalwerken des hl. Alphons. Regensburg: Manz 1876. 512 S. 12°

Toussaint, J. P., katholisches Gebet- u. Tugendbuch od. Anleitg. zu der großen Kunst, andächtig zu beten, fromm zu leben u. selig zu sterben. Nach dem Altdeutschen v. Alex. Wille bearb. Ausg. Nr. 2. 24. (430 S. m. Farbentitel, eingedr. Illustr. u. 2 Stahlst.) Einsiedeln 888. Benziger & Co. geb. in Kalbldr. m. Goldschn. n. 4. —

Vgl. Wille, Alexander.

— Geschichte der hl. Kunigunde v. Luxemburg, Kaiserin von Deutschland. Urkundlich dargestellt. gr. 8. (135 S. m. farb. Titelbld.) Paderborn 901. Bonifacius-Druckerei. 1. 50

Toussaint, Jean Pierre: Gott meine Zuflucht. Vollständiges Lehr- und Andachtsbuch für katholische Christen, welche in den Leiden und Gefahren dieses Lebens wahren Trost und einen zuverlässigen Führer zu Gott suchen. 2. Aufl. Dülmen: Laumann 1884. XVI, 528 S. 16°

[F.] Gott meine Zuflucht. Vollständiges Lehr- u. Andachtsbuch f. kath. Christen ... Von J[oh.] P[eter] Toussaint, Pfarrer. 7. Aufl. ... *Dülmen i. W.: A. Laumann [1897].* (1 Bl., XVI, 496 S., 1 Taf.) 1 Bd 8. [98. 3585

Toussaint, J. P., C. Ss. Red., Gott meine Zuflucht. Vollst. Lehr- u. Andachtsbuch für kathol. Christen, welche in den Leiden u. Gefahren dieses Lebens wahren Trost u. e. zuverläss. Führer zu Gott suchen. 7. Aufl. 16. (XVI, 496 S. m. farb. Titel u. 1 Stahlst.) Ebd. 898. Geb. in Leinw. n. 1. —

— Gott meine Zuflucht. Vollständiges Lehr- u. Andachtsbuch f. kathol. Christen, welche in den Leiden u. Gefahren dieses Lebens wahren Trost u. e. zuverläss. Führer zu Gott suchen. 8. Aufl. (XVI, 496 S. m. farb. Titel u. Titelbild.) 11,5×7,5 cm. Ebd. 908.
Geb. in Leinw. 1. —

Der christliche Handwerker in seiner Andacht. Ein Lehr- u. Gebetbuch, s. Zwecke gemäss zsgest. von J[ohann] P[eter] **Toussaint**. *Saarlouis: Hansen & Co. [1901].* (189 S.) 8° [F.] 01. 3746 B

— der christliche Handwerker in seiner Andacht. Ein Lehr- u. Gebetbuch, seinem Zwecke gemäß dargestellt. 16. (189 S.) Saarlouis 901. F. Stein Nachf. n. — 60; geb. in Leinw. n. — 75

Toussaint, Johann Peter: Der hl. J o s e p h an der Krippe, s. B l ü t e n aus dem Himmelsgarten.

Toussaint, J. P., das Leben d. heiligen Bernardin v. Siena aus dem Franziskanerorden quellenmäßig dargestellt. Mit dem Bildnisse d. Heiligen (in Stahlst.) gr. 8. (XVI, 298 S.) Regensburg 873. Manz. 3. 30

— Leben des heil. Johannes Franziscus Regis aus der Gesellschaft Jesu. Mit dem (Stahlst.-)Bildnisse des Heiligen. 8. (IV, 208 S.) Mainz 882. Kirchheim. 2. —

Toussaint, Jean Pierre: L e b e n der gottseligen Gräfin Jolanda von Vianden, Priorin von Marienthal, von Alexander Wiltheim. Aus dem Lateinischen frei übersetzt. Luxemburg: Sankt Paulus-Gesellschaft 1888. 210 S. 12°

—— Leben des heil. Philippus Benitius aus dem Servitenorden. Quellenmäßig dargestellt. 8. (VII, 262 S.) Dülmen 886, Laumann'sche Verlagsb. *

— Leitsterne auf dem Wege der Tugend. Lehr- u. Gebetbuch f. Jungfrauen in den ersten Jahren nach der hl. Erstkommunion (13—15 Jahren). 16. (336 S. m. farb. Titelbild.) Donauwörth 901. L. Auer. Geb. m. Goldschn. 1. 20

Toussaint, Joh. Pet., Leitsterne auf dem Wege der Tugend. Lehr- u. Gebetbuch f. Jungfrauen in den ersten Jahren nach der hl. Erstkommunion (13—15 Jahren). 2. Aufl. (336 S. m. farb. Titelbild.) 16. Donauwörth 905. L. Auer. Geb. in Leinw. — 60; m. Goldschn. 1. —

—— s. Liguori, Alph. Maria v. Der Weg des Heiles.

— Maria, die seligste Tugendkönigin, od. 32 kurze Maibetrachtgn. üb. die Tugenden der heil. Mutter Gottes m. sehr nützl. Anwendgn. 16. (215 S.) Dülmen 889. Laumann. n. — 50

– Dass. 2. Aufl. Mainz: Kirchheim 1889. 216 S. 12°

Maria die seligste Tugendkönigin oder 32 kurze Maibetrachtungen über d. Tugenden d. heil. Mutter Gottes mit sehr nützl. Anwendungen. Von J[ohann] P[eter] **Toussaint**, Priester. 2. Aufl. Dülmen: A. Laumann 1905. (216 S.) 8° [F.]. 06. 10738

Toussaint, Jean Pierre: M a r i e n b ü c h l e i n , besonders für den Maimonat, gezogen aus den Werken des heil. Alfonsus Maria von Liguori. Mit Morgen-, Abend-, Mess-Gebeten. Dülmen: Laumann 1872. 269 S. 8°

—— Marienbüchlein besonders für den Maimonat gezogen aus den Werken des heil. Alphonsus Maria v. Liguori. Mit Morgen-, Abend-, Meß- rc. Gebeten. 8. (269 S. mit 1 Stahlst.) Regensburg 872, Manz.

Toussaint, Jean Pierre: M a r i e n m o n a t oder Gute Gedanken für jeden Tag des Monats Mai. Worte eines Arbeiters an seine Standesgenossen. Aus dem Französischen übertragen. Dülmen: Laumann 1870. 55 S. 12°

Toussaint, Jean Pierre: M a t e r admirabilis. Du wunderbare Mutter. Eine Maiandacht in Beispielen und wunderbaren Gebetserhörungen. Mainz: Kirchheim 1894. IV, 216 S. 16°

— Mater admirabilis. Du wunderbare Mutter. Eine Maiandacht in Beispielen u. wunderbaren Gebetserhörgn. (Einband: Maiandacht.) 2. Aufl. (IV, 212 S.) gr. 16. Mainz 904. Kirchheim & Co. Geb. in Leinw. n. 1. —

Toussaint, Jean Pierre: P r e d i g t e n auf die Hauptfeiertage des Kirchenjahres, nebst einer Anzahl der üblichsten Gelegenheitsreden. Dülmen: Laumann 1888. 408 S. 8°

— Predigten auf alle Sonntage d. Jahres. gr. 8. (IV, 384 S.) Mainz 884. Kirchheim. 4. —

—— Rette deine Seele! Fünfzig Missionspredigten. 6 Lfgn. gr. 8. (526 S.) Dülmen 881, Laumann'sche Verlagsb. à Lfg. * 50 Pf. *

— rette deine Seele! 50 Missionspredigten. 2., verb. Aufl. gr. 8. (478 S.) Dülmen 885. Laumann. n. 3. —

— rette deine Seele! 50 Missionspredigten. 4. verb. Aufl. 8. (630 S. m. Bildnis.) Dülmen 901. A. Laumann. n. 3.50

Toussaint, Jean Pierre: S t . Joseph hilft. Vollständiges Lehr- und Gebetbuch für Seelen, welche die Herrlichkeiten des heiligen Joseph näher kennen zu lernen und aus den Gnadenquellen zu schöpfen wünschen, welche in ihm uns eröffnet sind. Besorgt von einem Ordenspriester. Dülmen: Laumann 1879. 496 S. 12°

—— St. Joseph hilft! Vollständ. Lehr- und Gebetbuch für Seelen, welche die Herrlichkeiten des heil. Joseph näher kennen zu lernen und aus den Gnadenquellen zu schöpfen wünschen, welche in ihm uns eröffnet sind. 2. Aufl. 16. (416 S.) Ebendas. 888. * ℳ 1.—.; geb. *

— St. Joseph hilft! Vollständiges Lehr- u. Gebetbuch f. Seelen, welche die Herrlichkeiten d. hl. Joseph näher kennen zu lernen u. aus den Gnadenquellen zu schöpfen wünschen, welche in ihm uns eröffnet sind. 3. Aufl. 16. (496 S. m. Stahlst.) Dülmen i/W. 891. A. Laumann. n. 1. —; geb. n. 1. 50

St. Joseph hilft! Vollst. Lehr- u. Gebetbuch ... Von J[ohann] P[eter] **Toussaint**. 4. Aufl. Besorgt von e. Ordenspriester. Dülmen: A. Laumann 1907. (VII, 496 S.) 8° [F.] 08. 7343 B

— St. Isidors-Büchlein, zur Belehrg. u. Erbauung der Landleute geschrieben. 12. (VIII, 184 S. m. farb. Titelbild.) Regensburg 901. Verlagsanstalt vorm. G. J. Manz. n. — 80; geb. in Leinw. n. 1. 20

Toussaint, J[ohann] P[eter] : S t . Z i t a - B ü c h l e i n zur Belehrung u. Erbauung der christlichen Dienstmägde. Luxemburg: Saarlouis: Hausen & Co. 1902. (160 S.) 8°

— St. Zita-Büchlein zur Belehrg. u. Erbaug. der christlichen Dienstmägde. gr. 16. (160 S. m. Titelbild.) Saarlouis 902. F. Stein Nachf. — 45; geb. in Leinw. n. — 50

Toussaint, Jean Pierre: Des Christen T a g e s w a n d e l geheiligt durch das Gebet. Katholisches Andachtsbuch, vorzugsweise Ablassgebete. Dülmen: Laumann 1860. 520 S. 12°

Toussaint, J. P., des Christen Tages-Wandel geheiligt durch das Gebet. Katholisches Andachtsbuch, vorzugsweise aus Ablaßgebeten zusammengestellt. (XVI, 528 S. m. Titelbild.) 11×7 cm. Dülmen (908). A. Laumann. Geb. in Leinw. 1. —

— **Theresien-Büchlein** od. Leben, Grundsätze u. Kommunionlied der hl. Theresia, nebst e. Novene u. anderen Gebeten zu dieser seraph. Jungfrau. 16. (158 S. m. 1 Stahlst.) Münster 899. Alphonsus-Buchh. Geb. in Leinw. n. — 50

— **Theresien-Büchlein** od. Leben, Grundsätze u. Kommunionlied der hl. Theresia, nebst e. Novene u. anderen Gebeten zu dieser seraph. Jungfrau. 2. Aufl. (158 S. m. Titelbild.) 16. Münster 905. Alphonsus-Buchh. Geb. in Leinw. n. — 50

— **Trost der armen Seelen.** Andachtsübgn. zum Trost der im Fegfeuer leid. Seelen. 16. (310 S. m. Titelbild.) Kevelaer 898. Butzon & Bercker. Geb. in Leinw. — 90; Ausg. in großem Druck. (413 S. m. Titelbild.) 899. Geb. in Leinw. 1.30

Die Trunksucht und ihre Heilung. Mahnworte e. alten Missionars ⟨J[oh.] P[eter] Toussaint, emer. Pfarrer⟩. *Münster i. W.: Alphonsus-Buchh. 1899.* (83 S.) 8° [ ] [ω. 3163

— s. a. **Trunksucht, die, u. ihre Heilung.**

— **geistliche Uebungen für Erstcommunicanten.** Ein Hilfsbuch für Priester u. Lehrer oder auch zum Selbstgebrauch der Kinder. 12. (VIII, 294 S.) Mainz 881. Kirchheim. 1.50

— Dass. Ebd. 1883. IV, 316 S. 16°

— **geistliche Uebungen f. Firmlinge.** Ein Hülfsbuch f. Priester u. Lehrer od. auch zum Selbstgebrauche der Kinder. 16. (IV, 316 S.) Mainz 883. Kirchheim. 1.50

Toussaint, Jean Pierre: Geistliche Übungen für Ordensleute. Dülmen: Laumann 1893. IV, 579 S. 12°

—— **Vertraue auf Gott.** Vollständiges Gebet- und Erbauungsbuch für kathol. Christen, welche ihr Vertrauen und ihre Liebe zu Gott durch inniges Gebet zu beleben und Gottes Barmherzigkeit zu erlangen wünschen. 2. verb. Aufl. 16. (VIII, 568 S. mit chromolithogr. Titel und 1 Stahlst.) Dülmen 879, Laumann'sche Verlagsh. ℳ 1,50.; geb. * ℳ 2. bis *

—— **Vertraue auf Gott.** Vollständiges Gebet- und Erbauungsbuch für kathol. Christen, welche ihr Vertrauen und ihre Liebe zu Gott durch inniges Gebet zu beleben und Gottes Barmherzigkeit zu erlangen wünschen. 3. Aufl. 16. (XVI, 592 S.) Dülmen 881, Laumann'sche Verlagsh. * geb. von * ℳ 2. bis *

— **vertraue auf Gott.** Vollständiges Gebet- u. Erbauungsbuch für kathol. Christen, welche ihr Vertrauen u. ihre Liebe zu Gott durch inniges Gebet zu beleben u. Gottes Barmherzigkeit zu erlangen wünschen. 3. Aufl. 16. (XVI, 592 S.) Dülmen 882. Laumann. n. 1. 50; geb. von n. 2. — bis n. 20. —

—— **vertraue auf Gott.** Vollständ. Gebet- und Erbauungsbuch für kathol. Christen, welche ihr Vertrauen und ihre Liebe zu Gott durch inniges Gebet zu beleben und Gottes Barmherzigkeit zu erlangen wünschen. 4. Aufl. 16. (XVI, 608 S. mit Farbentitel und 1 Stahlst.) Ebendas. 887. * geb. von ℳ 2.—. bis *

— **vertraue auf Gott.** Vollständiges Gebet- u. Erbauungsbuch f. kathol. Christen, welche ihr Vertrauen u. ihre Liebe zu Gott durch inniges Gebet zu beleben u. Gottes Barmherzigkeit zu erlangen wünschen. 5. Aufl. 16. (XVI, 624 S. m. farb. Titel u. 1 Stahlst.) Ebd. 893. 1.50

— **Weihnachtsoktave,** } s.: Blüten aus dem
— **12 Worte des hl. Franziskus v. Assisi,** } Himmelsgarten.

Toussaint, Jean Pierre: Zwölf Worte des hl. Franziskus von Assisi. Straubing: Hirmer 1900. 29 S. 16°
(Blüten aus dem Himmelsgarten. Nr. 10.)

Toussaint, Joseph Franz

Toussaint, Jos. Frz., über die Oxaminsäure. Inaug.-Dissert. Göttingen 861. (Vandenhoek & Ruprecht.) gr. 8. (36 S.) n. 6 ngr

v. **Toussaint, Karl**, († 1822.) Leonidas bei Thermopylae. Dramat. Gedicht in 4 Aufz. Herausg. (v. Geo. Pt. Dambmann). Und: Todtenfeier für Leonidas, in 1 Aufz. 8. Darmst. 822. Leske. 12 gr

Toussaint, Maximilian Von klassischen Stätten. Reiseerinnerungen und geschichtliche Rückblicke. 8 (41 S.).
Progr. Studienanst. *Bayreuth* 1886.
Über das jonische Meer. Athen.

Toussaint, N. J. B., de la necessité des signes pour la formation des idées et divers sujets de philosophie morale. 8. Stuttg. 826. v. Cotta. 1 ℛ 8 gr

N. J. B. Toussaint: de la nécessité des signes pour la formation des idées et de divers sujets de philos. morales. *Stuttg.*, Cotta. B. 827. gr8° 1 ℛ 8 gr

Toussaint, Theod. (geb. Tapiau 1822): De variis stricturas urethrae sanandi methodis. Berolini (1846). (31 S.) 8°
Berlin, Med. Diss. v. 30. Sept. 1846

Toussaint de Gaigne, Alexandre. Militärisches Handbuch. A. d. Franz. Gotha 1778. Ü: *Siegfrieden, Joh. Gfr.* (BrMm)

Toussaint de Ville, Rosange. 2 vols. Leipzig 856. Gerhard. 16. (160; 72 S. und: Thérèse de Coulanges p. Mme Roger de Beauvoir. — La derniere fée du nord de la France. Par H. Berthoud. S. 73—160.) 20 ngr

Toussaint-Langenscheidt, der kleine. Englisch. Unter Mitwirkg. v. G. Langenscheidt v. C. van Dalen. (Neue erweit Aufl. des „English vocabulary".) 16. (VIII, 352 S.) Berlin 895. Langenscheidt. Geb. n. 1.50

— dasselbe. Französisch. Unter Mitwirkg. v. G. Langenscheidt v. van Muyden. (Neue, fast unveränd. Aufl. des „Petit vocabulaire français".) 2. Bdchn. 16. (VIII, 176 u. VIII, 163 S.) Ebd. 895. Geb. à n. 1. —

Toussaint-Langenscheidt, der kleine. Mit Angabe der Aussprache nach dem phonet. System d. Methode Toussaint-Langenscheidt. Japanisch. Zur schnellsten Aneignung d. Umgangssprache durch Selbstunterr. Reisesprachführer, Konversationsbuch, Grammatik u. Wörterbuch, Gespräche, auch zur Anwendung f. Sprechmaschinen. Verf. v. Rennosuke Fujisawa. (Meth. Toussaint-Langenscheidt.) (VII, VIII, 498 S. m. 1 farb. Karte u. 1 Taf.) kl. 8. Berlin-Schöneberg (910). Langenscheidt's Verl. Geb. in Leinw. 3. —

Toussaint-Langenscheidt, der kleine. Mit Angabe der Aussprache nach dem phonet. System der Methode Toussaint-Langenscheidt. Italienisch. Zur schnellsten Aneign. der Umgangssprache durch Selbstunterricht. Reisesprachführer, Konversationsbuch, Grammatik u. Wörterbuch, Gespräche, auch zur Anwendung f. Sprechmaschinen. Verf. v. A. Sacerdote. (Methode Toussaint-Langenscheidt.) (VII, XIII, 338 S. m. 1 Karte u. 1 farb. Taf.) kl. 8. Berlin-Schöneberg (906). Langenscheidt's Verl.
Geb. in Leinw. n. 3. —

Toussaint-Louverture, Regent a. Domingo, Scenen a. s. Leben. 8. Lpz. Joachim.

Toussaint-Louvertüres frühere Gesch., frey nach engl. Nachrichten bearb. 8. Fürth, Büreau f. Lit. (Campe in Nürnberg.) 805.

Toussaint-Louverture's Leben; frei nach engl. Nachrr. bearbeit. 8. Fürth 805. (Campe in Nürnb.) 10 gl

(Toussenel, A.:) Das Königthum der Juden in Frankreich, oder Geschichte der Finanz-Feudalherrschaft. Eine Schilderung der französischen Volkszustände unter der constitutionellen Monarchie Ludwig Philipps, von einem Franzosen, selbst gegeben, und ins Deutsche übertragen. Ein politisches Lesebuch für das Volk. Heft 1: Constitutioneller Staatshaushalt. Erfurt. 1851. 8°

Tousset, ..., s. Geschichte der Agathe v. Bohair.

Tout ce que Vous voulez! Recueil d'anecdotes de bons mots saillies, historiettes, réparties ingénieuses, babioles litteraires Calembourgs, Rébus etc etc. etc. Dédié aux petits et grands Enfans qui désirent s'instruire en s'amusant. Avec Figures. (Mit 15 zum Theil ill. Bildern.) 16. Berlin 836 Hasselberg. 2/3 ßf

TOUT DE BON, Monsieur, Eines Laquayens, curieuser Brief an eine vornehme Dame, so einen geschickten Laquaien verlanget, darinn er ihr seine Qualitäten anrühmet und beschreibet, daß er in gantz Europa gewesen, alles erlernet, und zu allen (sol) zu gebrauchen sey . . Auf eine lustige Art in Versen beschrieben. Saltzburg 1733. in Leipzig bey des sel. Boetii nachgelass. Tochter. 4°. 28 S. (1/3 Rthl. W. Weber, Berlin, vor 1885; jetzt theurer!)
O. M. V. 1733. F 3a; Cat. Rüdiger, p. 59 hat die Jahrzahl „1732" (?); auch Weller, Lex. Ps. p. 569 hat d. J. 1733. — Sehr rar!

Toutain, (Jules), s.: Inscriptiones graecae ad res romanas pertinentes.

Toutain, J., observations sur quelques formes religieuses de loyalisme, particulières à la Gaule et à la Germanie romaine. Lex.-8. (11 S.) Leipzig 902. Dieterich. n. — 60
Sonderabdruck aus: „Beiträge z. alten Geschichte".

Toutlemondiana (tout le monde y en a). Recueil ou feu roulant de calembourgs, épigrammes, jeux de mots, pointes, saillies, réparties ingénieuses, lazzis, quolibets etc., par Philantrope (Filant trop). gr. in-8. (2¼ B.) Berlin 843, libr. Schlesinger.

Touton, Karl, vergleichende Untersuchungen über die Entwickelung der Blasen in der Epidermis. Mit 2 lith. Taf. gr.8. (7 B.) Tübingen 882. Fues.

Über die sexuelle Verantwortlichkeit. Ethische u. mediz.-hygien. Tatsachen u. Ratschläge. Ein Vortrag vor Abiturienten. Von Prof. Dr. K[arl] Touton. Leipzig: J. A. Barth 1908. (24 S.) 8° [Umschlagt.] = Flugschriften d. Deutschen Gesellschaft z. Bekämpfung d. Geschlechtskrankheiten. H. 10. [08. 9/44

Touton, K., Über sexuelle Verantwortlichkeit. Ethische u. medizinisch-hygien. Tatsachen u. Ratschläge. Ein Vortrag vor Abiturienten. [Aus: „Ztschr. f. Bekämpfg. d. Geschlechtskrankh."] (24 S.) 1908. —. 30.
Flugschriften der deutschen Gesellschaft zur Bekämpfung der Geschlechtskrankheiten. H. 10.

Touvent, de la, Précis de l'histoire de Russie, voyez Précis.

Touzellier, E., nouvelle conversation française, suivie de modèles de lettres, de lettres de change et de lettres de commerce. — Handbuch der französischen Umgangssprache, nebst Mustern zu Briefen, Wechseln u. Geschäftsbriefen. Mit einem Vorwort von Booch-Arkossy. Leipzig 863. Violet. 8. (IV, 124 S.) n. 10 ngr.

Touzet, Eugénie, s.: Im Zeichen der Myrte.

Tovote, die Einweihung der Zionskirche in Linden am 1. Advent 1880. Im Auftrage des Kirchenvorstands ausgearb. gr. 8. (31 S.) Hannover 880. Feesche. n. – 40

Tovote, woher kommt es, daß so wenige Christen zur Erkenntnis ihrer Sünden kommen? Ein Traktat. 8. (12 S.) Kropp 889. Buchhandlg. „Eben-Ezer". n. — 10

Tovote, Heinz, Abschied. Novellen. 7. u. 8. Aufl. 8. (à 199 S.) Berlin 898. F. Fontane & Co. n. 2. —; geb. in Leinw. n. 3. —

Tovote, Heinz, Abschied. Novellen. 9.—11. Aufl. 12. (à 199 S.) Berlin 899—902. Grunewald, F. Fontane & Co. n. 2. —; geb. n. 3. —

Tovote, Heinz, Abschied. Novellen. 12. Aufl. (199 S.) 8. Berlin 906. F. Fontane & Co. n. 2. —; geb. n. 3. —

Heinz Tovote. Frau Agna. Roman. *Berlin: F. Fontane & Co. 1901.* (312 S.) 8° [F.] [01. 3810

— Frau Agna. Roman. 10. Aufl. 8. (312 S.) Ebd. 901. geb. n. 4. 50

— Frau Agna. Roman. 11. Aufl. (312 S.) 8. Ebd. 904. n. 3. 50; geb. n. 4. 50

Heinz Tovote. Frau Agna. Roman. Berlin-Wien: Ullstein [1910]. 313 S. 8° (Ullstein-Bücher.) [10. 8577

Tovote, Heinz, Frau Agna, s. a. Ullstein-Bücher.

— heißes Blut. Novellen. 11. Aufl. 8. (199 S.) Ebd. 899. n. 2. —; geb. n. 3. —

— heißes Blut. Novellen. 12.—14. Aufl. 8. (à 199 S.) Ebd. 900—902. n. 2. —; geb. n. 3. —

— heißes Blut. Novellen. 15. Aufl. (199 S.) 8. Ebd. 904. n. 2. —; geb. n. 3. —

— Heißes Blut. Novellen. 16. Aufl. (199 S.) 8. Berlin 908. F. Fontane & Co. 2.—; geb. 3. —

Tovote, Heinz, das Ende vom Liede. Roman. 1.—5. Aufl. 8. (318 S.) Berlin 894. F. Fontane & Co. n. 3. 50; geb. n. n. 4. 50

— das Ende vom Liede. Roman. Der modernen Liebestragödie 4. Tl. 9. Aufl. 8. (318 S.) Ebd. 898. n. 3. 50; geb. n. 4. 50

— das Ende vom Liede. Roman. 11. u. 12. Aufl. 8. (à 318 S.) Ebd. 900—902. n. 3. 50; geb. n. 4. 50

— das Ende vom Liede. Roman. (Der modernen Liebestragödie 4. Tl.) 13. Aufl. (318 S.) 8. Ebd. 905. n. 3. 50; geb. n. 4. 50

— Das Ende vom Liebe. Roman. (Der modernen Liebestragödie 4. Tl.) 14. Aufl. (318 S.) 8. Ebd. 908. 3.50; geb. 4.50

Tovote, Heinz. Der Erbe. 8. (186 S.) Dresd. 891. Pierson. * 2 —

— der Erbe. 1.—6. Aufl. 8. (VIII, 180 S.) Ebd. 893—895. n. 2. —; geb. n.n. 3. —

— d. Erbe. 7. Aufl. 8. (VIII, 180 S.) Ebd. 896. n. 2. —

— der Erbe. 8. Aufl. 8. (VIII, 180 S.) Ebd. 899. n. 2. —; geb. n. 3. —

— der Erbe. Roman. 9. Aufl. (VIII, 180 S.) 8. Ebd. 904. n. 2.50; geb. n. 3.50

—— Fallobst. Wurmstichige Geschichten. 1.—4. Aufl. 8. (187 S.) Berl. 890, [F. u. P. Lehmann] Zoberbier. * 2 — Luxusausg. auf holländ. Papier 6 —

— Fallobst. Wurmstichige Geschichten. 5.—7. Aufl. 8. (192 S.) Ebd. 893. 894. n. 2. —; geb. n.n. 3. —

Tovote, Heinz: Fallobst. Wurmstichige Geschichten. 9. Auf. Berlin: F. Fontane & Co. 1898. (191 S.) 8°

— Fallobst. Wurmstichige Geschichten. 10. Aufl. 8. (192 S.) Ebd. 901. n. 2. —; geb. n. 3. —

— Fallobst. Wurmstichige Geschichten. 11. Aufl. 8. (192 S.) Ebd. 904. n. 2. —; geb. n. 3. —

—— Frühlingssturm. Berliner Liebesroman. 1.—3. Aufl. 8. (VIII, 352 S.) Ebd. 891,92. * 3 50; geb. ** 4 50

— Frühlingssturm. Berliner Liebesroman. 1.—6. Aufl. 8. (VIII, 317 S.) Ebd. 892—894. n. 3. 50; geb. n. 4. 50

— Frühlingssturm. Berliner Liebesroman. 7. Aufl. 8. (317 S.) Ebd. 896. n. 3. 50

— Frühlingssturm. (Der modern. Liebestragödie 3. Tl.) Berliner Liebesroman. 9. Aufl. 8. (317 S.) Ebd. 901. n. 3. 50; geb. n. 4.50

— Frühlingssturm. (Der modern. Liebestragödie 3. Tl.) Berliner Liebesroman. 10. Aufl. (317 S.) 8. Ebd. 903. n. 3. 50; geb. n. 4.50

Tovote, Heinz, Frühlingssturm. Roman. (Der modernen Liebestragödie 3. Tl.) 11. Aufl. (VIII, 317 S.) 8. Berlin 907. F. Fontane & Co. 3.50; geb. 4.50

— Fräulein Grisebach. Roman. 1.—10. Aufl. (347 S.) 8. Berlin: Fontane 1909. 4.—; geb. 5. —

—— Ich. Nervöse Novellen. 1.—6. Aufl. 8. (223 S.) Berl. 892, F. Fontane u. Comp. * 2 —; geb. ** 3 —
1.—4. Aufl. Berl. 1892, F. u. P. Lehmann.

— Ich. Nervöse Novellen. 1.—8. Aufl. 8. (221 S.) Ebd. 892—895. n. 2. —; geb. n.n. 3. —

— Ich. Nervöse Novellen. 10. Aufl. 8. (222 S.) Ebd. 898. n. 2. —; geb. n. 3. —

— Ich. Nervöse Novellen. 11. u. 12. Aufl. 8. (à 222 S.) Ebd. 899. 901. n. 2. —; geb. n. 3. —

— ich. Nervöse Novellen. 13. Aufl. (222 S.) 8. Ebd. 905. n. 2. —; geb. n. 3. —

Ich lasse dich nicht! ... 3 Phasen e. Junggesellendramas von Heinz Tovote. Berlin: F. Fontane & Co. 1905. (116 S.) 8° [J.]

— dasselbe. 2. u. 3. Aufl. (Bühnenfassung.) (à 110 S.) gr. 8. Ebd. 905. n. 2. —; geb. n. 3. —

— klein Inge. Novellen. 1.—9. Aufl. (à 203 S.) 8. Ebd. 905. n. 2. —; geb. n. 3. —

— die rote Laterne. Novellen. 1.—7. Aufl. 8. (à 200 S.) Ebd. 900—902. n. 2. —; geb. n. 3. —

— Die rote Laterne. Novellen. 8. u. 9. Aufl. (200 S.) 8. Ebd. 908. 2.—; geb. 3. —

Tovote, Heinz: Die Leichenmarie. Novellen. Berlin: F. Fontane & Co. 1902. (199 S.) 8°

— d. Leichenmarie. Novellen. 7. Aufl. 8. (200 S.) Ebd. 902. geb. n. 3. —

— heimliche Liebe. Novellen. 1.—10. Aufl. 8. (192 S.) Ebd. 893. 894. n. 2. —; geb. n.n. 3. —

— heimliche Liebe. Novellen. 15. Aufl. 8. (192 S.) Ebd. 898. n. 2. —; geb. n. 3. —

— heimliche Liebe. Novellen. 16.—18. Aufl. 8. (à 192 S.) Ebd. 899 - 902. n. 2. —; geb. n. 3. —

— heimliche Liebe. Novellen. 19. u. 20. Aufl. (192 S.) 8. Ebd. 903. 906. n. 2. —; geb. n. 3. —

— Heimliche Liebe. Novellen. 21. Aufl. (192 S.) 8. Ebd. 907. 2.—; geb. 3. —

— im Liebesrausch. Berliner Sittenroman. 8. (VII, 414 S.) Ebd. 890. n. 5. —; Luxus-Ausg. auf holländ. Pap. n. 20. —

— dasselbe. 2., durchgearb. u. m. Vorwort verseh. Aufl. 2. Tausend. 8. (XIII, 387 S.) Ebd. 891. n. 5. —; Luxusausg. auf holländ. Pap. n. 20. —

—— Im Liebesrausch. Berliner Roman. 6. Aufl. 8. (322 S.) Ebd. 892. geb. * 3 50
1. u. 2. Aufl. Berl. 1890, Zoberbier; 3.—5. Aufl. F. u. P. Lehmann.

— im Liebesrausch. Berliner Roman. 4.—9. Aufl. 8. (322 S.) Ebd. 892—894. n. 3. 50; geb. n.n. 4. 50

— im Liebesrausch. (Der Modernen Liebestragödie 1. Tl.) Berliner Roman. 12. Aufl. 8. (XV, 320 S.) Ebd. 897. n. 3. 50

— im Liebesrausch. (Der modernen Liebestragödie 1. Tl.) Berliner Roman. 14.—16. Aufl. gr. 8. (à XV, 320 S.) Ebd. 899—902. n. 3. 50; geb. n. 4. 50

— im Liebesrausch. (Der modernen Liebestragödie 1. Tl.) Berliner Roman. 17. Aufl. (XV, 320 S.) 8. Ebd. 904. n. 3. 50; geb. n. 4. 50

— Im Liebesrausch. Berliner Roman. 19.—21. Aufl. (Der modernen Liebestragödie 1. Tl.) (XVI, 320 S.) 8. Ebd. 907—10. 3.50; geb. 4.50

- Lockvögelchen. Novellen. 1.—5. Aufl. (220 S.) 8. Ebd. 910. 2.50; geb. 3.50

Heinz Tovote: Lockvögelchen. Novellen. 9. Aufl. Berlin: Fontane 1910. 219 S. 8°
(Tovote: Novellen. 10.)

— Mutter! Roman. 2. u. 3. Aufl. 8. (263 resp. III, 265 S.) Ebd. 893. n. 3.50; geb. n.n. 4.50

— Mutter! Roman. 6. Aufl. 8. (III, 265 S.) Ebd. 896. n. 3.50; geb. n. 4.50

Heinz Tovote. Mutter! Roman. 7. Aufl. *Berlin: F. Fontane & Co. 1898.* (III, 265 S.) 8° [Ant. u. F.]

Tovote, Heinr., Mutter! Roman. Der modernen Liebestragödie 2. Tl. 8. Aufl. 8. (III, 265 S.) Berlin 902. Grunewald, F. Fontane & Co. n. 3.50; geb. n. 4.50

— Mutter! Roman. (Der modernen Liebestragödie 2. Tl.) 9. Aufl. (III, 265 S.) 8. Ebd. 906. n. 3.50; geb. n. 4.50

— Nicht doch! ... Harmlose Novellen. 1.—19. Aufl. (188 S.) 8. Ebd. 908. 09. 2.—; geb. 3.—

Heinz Tovote. Nicht doch! Harmlose Novellen. 10. Aufl. Berlin: F. Fontane & Co. 1908. (187 S.) 8° [F.]

— der letzte Schritt. Roman. 1.—12. Aufl. (à 213 S.) 8. Ebd. 903. 904. n. 2.50; geb. n. 3.50

— Sonnemanns. Roman. 1.—8. Aufl. (à 236 S.) 8. Berlin: F.Fontane & Co.1904.

Heinz Tovote. Hilde Vangerow und ihre Schwester. Roman. 2. Aufl. Berlin: F. Fontane & Co. 1906. (361 S.) 8° [F.]

— Hilde Vangerow u. ihre Schwester. Roman. 4.—11. Aufl. (à 361 S.) 8. Ebd. 906. n. 4.—; geb. n. 5.—

— Hilde Vangerow u. ihre Schwester. Roman. 12. Aufl. (361 S.) 8. Ebd. 907. 4.—; geb. 5.—

Towbin, Meyer-Wolf, a. Rußland: Torticollis spasticus und seine chirurgische Behandlung. Berlin (1906): A. Haussmann. (29 S.) 8°
Berlin, Med. Fak., Ref. Hildebrand, Diss. v. 4. Dez. 1906
[Geb. 28. Nov. 78 Ostrog, Rußland; Wohnort: Odessa; Staatsangeh.: Rußland; Vorbildung: Richelieu-Gymn. Odessa Reife M. 01; Studium: Berlin 1, Freiburg i. B. 5, Berlin 4 S.; Rig. 28. Okt. 06.]

Töwe, C., Liederborn, s.: Greve, W.

Töwe, Carl, Leitfaden der Kirchengeschichte f. höh. Schulen. (43 S.) 8. Halle 909. Buchh. des Waisenhauses. —50

Töwe, Carl: Was ist uns Schiller? Elberfeld (1910): Martini & Grüttefien. S. 1—6. 4°
Elberfeld, oststädt. HM OP 1910 [70] [S 10.447

Töwe, Max [Ingen. aus Berlin]: Über die Bestimmung des Temperaturcoëfficienten nach einer Compensationsmethode ... Parchim i. M., Druck v. G. Gerlach, 1896; 38 S., 1 Bl., 3 Taf. 8.
Rostock, Phil. Fak., Inaug.-Diss. v. [13. Juli] 1896

Tower, Olin Freeman [aus Brooklyn '(N. Y.)' U. S. A.]: Studien über Superoxyd-Elektroden ... (Aus: Zeitschr. f. physik. Chem., Bd XVIII Heft 1.) Leipzig, W. Engelmann, 1895; 36 S., 1 Bl. 8.
Leipzig, Phil. Fak., Inaug.-Diss. v. [1. Okt.] 1895

Towers-Clark, E., die 4 Jahreszeiten f. die englische Konversationsstunde nach Hölzels Bildertafeln. — Uebungen f. die englische Konversationsstunde nach Hölzels Bildertafeln, s. a. Konversationsunterricht im Englischen.

Towers-Clark, E., Uebungen f. die englische Conversationsstunde, nach Hölzel's Bildertafeln bearb. 1. Bd. Die vier Jahreszeiten. 1. u. 2., verm. u. verb. Aufl. gr. 8. Giessen 893. 894. E. Roth. n. 1.20; geb. n.n. 1.40; in 4 Hftn. (m. je 1 Bild) à n. —40
1. Der Frühling (Spring). (IV, 21 S.) — 2. Der Sommer (Summer). (IV, 18 S.) — 3. Der Herbst (Autumn). (IV, 25 S.) — 4. Der Winter (Winter). (IV, 26 S.)

Towers-Clark, E., Konversationsunterricht im Englischen. 1. Bd. Die vier Jahreszeiten, f. d. engl. Konversationsstunde nach Hölzel's Bildertafeln bearb. 1., 2. u. 4. Hft. 3., verm. u. verb. Aufl. gr. 8. (M. je 1 Abb.) Giessen, E. Roth. à n. —40
1. Der Frühling (Spring). (VIII, 20 S.) 896.
2. Der Sommer (Summer). (IV, 18 S.) 896.
4. Der Winter (Winter). (IV, 28 S.) 898.

— dasselbe. 5. u. 6. Hft. (II. Bd. 1. u. 2. Hft.) gr. 8. (Mit je 1 Bild.) Ebd. 894. à n. —40
5. Die Stadt (The City). (38 S.) — 6. Der Wald (The Forest). (28 S.)

— dasselbe. (II. Bd.) 5. Hft. gr. 8. Ebd. 898. n. —40
Uebungen f. d. engl. Konversationsstunde, nach Hölzel's Bildertafeln bearb. 5. Hft. Die Stadt (The city). 2., verm. u. verb. Aufl. (40 S. m. 1 Bild.)

— Uebungen für die engl. Conversationsstunde, nach Hölzel's Bildertafeln bearb. 7. u. 8. Hft. gr. 8. Giessen 895. E. Roth. à n. —40
7. Das Hochgebirge (the Mountain-Range). (28 S. m. 1 Abb.)
8. Der Bauernhof (the Farm-Yard). (24 S. m. 1 Abb.)

— dasselbe. 3. Bd. gr. 8. Ebd. 897. n. —80; geb. n.n. 1.— (1—4: n. 4.—; geb. n.n. 4.80)
Englische Sprachlehre. English grammar and vocabulary. Von K. Bowen u. C. M. Schnell. Im Anschluss an d. Sprachstoff in „Lessons in English conversation" after Hölzel's pictures arranged by E. Towers Clark. Mit vollständ. Wörterbuch. (IV, 60 S.)

— dasselbe. 4. Bd., s.: Bowen, K., u. C. M. Schnell, a view of London.

Towgood, F., Stimmen der Weisen etc., f. Gesundheit, Wohlstand und Glück. — Gut, das höchste.

Towler, John, My early days. An english reading book particularly adapted for the instruction of german youth of both sexes etc. With an index. — Meine Jugendzeit. Ein englisches Lesebuch zum Gebrauch der Jugend etc. 8. (11¼ B.) Carlsruhe 842, Noeldeke.

Towler, John, my early days. An english reading book particularly adapted for the instruction of german youth of both sexes etc. With an index. — Meine Jugendzeit. Ein englisches Lesebuch zum Gebrauch der Jugend etc. 8. Karlsruhe 843, Noeldeke. 2/3 ₰

— the little Englishman, or a collection of words and phrases to facilitate the acquisition of the true pronunciation of the english language. For the use of Germans etc. — Der kleine Engländer, oder Sammlung von Wörtern u. Sätzen zum leichteren Erlernen der richtigen Aussprache des Englischen etc. gr. 8. (10⅞ B.) Karlsruhe 843, Holtzmann.

Town (Pseud.), s. Cumberland, Richard

Town (= Colman, George & Bonnel Thornton). Der Kenner, eine Wochenschrift, a. d. Engl. Leipz. 1775. Ü: *Hölty, Ludw. Hnr. Chph.* (Rotermund, Gel. Hannover. Bremen 1823.)

Town, fader Kenner, eine Wochenschrift.

— s. v. Schiller, Fr., Don Carlos.

Towne, Elizab., neue Menschen. Wie man Kinder u. Eltern erzieht, s.: Talisman-Bibliothek. 12. Bd.

— Wie man das Sonnengeflecht weckt u. sein Schicksal bemeistert, s.: Talisman-Bibliothek. 10. Bd.

Towne, Ezra Thayer, aus Waupun (Nordamerika): Die Auffassung der Gesellschaft als Organismus, ihre Entwickelung und ihre Modifikationen. *Halle a. S. 1903: C. A. Kaemmerer & Co.* (136 S.) 8°
Halle, Phil. Diss. v. 1903

Townley, J., High life below stairs, s. Schaubühne, komische, d. Engländer.

Townley, J., high life below stairs, s. Theatre british and american.

Townley, ... High life below stairs; d. i., die vornehm thuenden Bedienten, od. die große Welt in der Bedientenstube; e. Farce, ausführl. erläutert f. solche, die sich in der engl. Sprache vervollkommnen wollen, v. Jh. Chr. Hütter. gr. 8. Tübing. 802. v. Cotta. 18 gl

Towns and landscapes,

— — illustrated, of the whole world. Nr. 7—7a, 12, 17 and 20. 8. München 893. A. Bruckmann. n. 2.25
7. 7a. Como and the lake of Como by Fr. Girard. (IV, 63 S. m. 25 Ansichten u. 1 Karte.) n. — 75
12. Trento and the neighbouring district by Karl Jülg. (64 S. m. Panorama, 19 Ansichten, Plan u. Karte.) n. — 50
17. Varese and its neighbouring district by Jos. Fischer. With 11 views by Max Fleischer. (31 S.) n. — 50
20. San Remo and the neighbouring district by François Girard. (38 S. m. 13 Ansichten, Plan u. Karte.) n. — 50

Towns and landscapes, illustrated, Fortsetzg., s.: Bruckmann's illustr. Reiseführer.

Towns and landscapes of all the world. Dir.: J. A. Preuss. Nr. 1 and 2. 8. Zürich 886. Schmidt. à n. — 50
Munich by C. A. Regnet. With 52 illustrations, a map of the lake of Starnberg and a plan of Munich. (65 S.)

Towns and landscapes of all the world. Direct.: J. A. Preuss. Nr. 1 and 2: Munich by C. A. Regnet. With 52 illustrations, a map of the lake of Starnberg and a plan of Munich. 8. (65 S.) Zürich 888, Schmidt. à Nr. *

Towns and landscapes of all the world. Nr. 66/66a. 8. Zürich 889. Helvetia (vormals J. Laurencic). n. — 75
Baths of Homburg and environs by F. Schudt. [Transl. by E. Meyer-Stocker.] With 31 illustrations, a plan of baths of Homburg and plan of environs. (72 S.)

Towns and **landscapes** of the whole world. Nr. 29, 46, 47, 50, 65 u. 65 a, 79 u. 79 a, 81 u. 81 a, 103, 116—118. 8. Linz, Städebilder-Verlag (E. Marois). n. 5.50
29. Aix-La-Chapelle and environs. Original by Gsell-Fels. Re-written by J. Thissen. With 31 illustrations and plan of town. (40 S.) 891. n. — 50
46. 47. Carlsbad an its environs by G. A. Ressel. 2. revised ed. With 33 illustrations and 1 plan. Translated by E. Meyer-Stocker. (II, 74 S.) 889. n. — 50
50. Franzensbad and Eger. Revised ed. With illustrations and a map. (55 S.) 889. n. — 50
65. 65a. Wiesbaden and environs by Herm. v. Bequignolles. Translated by K. Ungewitter. With 46 illustrations, plan of town and neighbourhood. (VII, 57 S.) 890. n. — 50
79. 79a. Baden-Baden and its surroundings by Rich. Pohl, translated by A. Clare. With illustrations, mostly from original drawings, plan of the town, map of the neighbourhood. (72 S.) 890. n. — 75
81. 81a. Heidelberg and its surroundings by Koch v. Berneck. Translated by K. Ungewitter. With illustrations, mostly from original drawings by different artists. Plan of the town, of the castle and map of the neighbourhood. (VIII, 61 S.) 890. n. — 75
103. Bath Reichenhall and its surroundings. (54 S. m. Illustr., 2 Tab. u. 1 Karte.) 891. n. — 50
116—118. Geneva, lake Leman and Chamounix by John Kaufmann u. Eugène de la Harpe. With 56 illustr. by Max Fleischer, plans of Geneva and Lausanne, maps of the lake Leman and Chamounix and a panorama of the Mont-Blanc. (IV, 143 S.) 891. n. 1.50

Townsend, Benjamin

Townshend, Benj., vollkomm. Saamenhändler, od. d. beste u. leicht. Methode, Saamen zu verpflegen. 8. Leipz. Wendler. 727.

Townsend, Benj., d. vollkomm. Samenhändler, od. d. beste u. leichteste Methode jede Art Samen, zo z. e. Küchen- u. Blumengarten gehören, aufzuziehen u. z. verpflegen. Nebst e. vollkomm. Verzeichniss aller Holzsamen. Aus d. Engl. 8. Leipzig, (1727.) 2. Aufl. 1786. Nauck. — 5

Townsend, Charles Orrin: Der Einfluss des Zellkerns auf die Bildung der Zellhaut ... M. 2 Taf. (Aus: Jahrb. f. wiss. Bot., Bd. XXX.) Berlin, Gebr. Borntraeger, 1897; 2 Bl., 27 S., 2 Taf. 8.
Leipzig, Phil. Fak., Inaug.-Diss. v. [23. Juni] 1897

Townsend, Edgar Jerome, aus Champaign, Amer.: Ueber den **Begriff** und die Anwendung des Doppellimes. *Göttingen 1900: Dieterich.* (VII, 78 S.) 8°
Göttingen, Phil. Diss. v. [3. Dez.] 1900

Townsend, Edg. Jerome, über den Begriff u. die Anwendung des Doppellimes. Diss. gr. 8. (VII, 76 S. m. 5 Fig.) Göttingen 900. (Vandenhoeck & Ruprecht.) n. 2.—

Joseph Townsend' s Anweisung für angehende Aerzte zu einer vernunftmäßigen und nach Cullen's Nosologie eingerichteten medizinischen Praxis. Nebst den neuesten u. durch wichtige Fälle erl. Heilarten englischer u. anderer berühmten Aerzte. Aus d. Engl. übers. von Christian Friedrich Michaelis [1727-1804]. Th.1. Leipzig: Baumgärtner 1796. 8°
Th.1: 1796.

Townsend, Jos., Anweis. f. angehende Aerzte zu einer vernunftmäß., nach Cullens Nosologie eingerichteten medicin. Praxis 2c.; aus d. Engl. v. Chr. Fr. Michaelis II. (A. u. d. T: Guide to the health. od. Anleit. seine Gesundheit zu erhalten). gr. 8. Leipz. 796. Baumgärtner. 1 ℛ

— Reise durch Spanien in d. Jahren 1786 u. 87, vorzügl. in Absicht auf Ackerbau, Manufakturen, Handlung, Bevölkerung 2c.; aus d. Engl. von J. J. Volckmann. 2e Bde. Mit Kpf. gr. 8. Leipz. 792. Weidmann. 3 ℛ

Townsend, Rich., Uebersicht der hauptsächlichsten Zeichen, welche die Auscultation u. Percussion darbieten, sowie der Anwendung derselben zur Diagnose der Lungen-Krankheiten. Aus d. Engl. von Julian v. Szotarski. Ein Bogen in Roy.-Fol. — A. u. d. Umschlags-Titel: Tabelle der Diagnose der Lungenkrankheiten. (Mit Vignette.) Darmstadt 836. Pabst. In Etui (in 8.) ½ ℛ

Townsend, William C., der britische Pitaval. Englische Staatsprozesse der letzten Jahrzehnte. Hrsg. und mit erläut. Anmerkungen und Einleitungen versehen. Aus dem Engl. übertr. von Wm. E. Drugulin. 8. (411 S.) Grimma 851. [Wurzen,] Verlags-Comptoir.

Townsend Auslen, P., kurze Einleitung zu den aromatischen Nitroverbindungen. Untersuchungen über arom. Nitroverbindungen. Inaugural-Dissertation vorgelegt der h. philos. Fakultät der Universität Zürich. 72 S. 8. Berlin, J. Dräger. 1876.

Townshend, Chauncy Hare, Facts in Mesmerism, with reasons for a dispassionate inquiry into it. 2. edit. Revised and enlarged. gr. 8. (26¾ B.) London 844. Leipzig, T. O. Weigel.*

Roberti Townson Observationes physiologicae de amphibiis. P.1 [nebst] Continuatio.2. Gottingae: Dieterich 1794-95. 2 Bde 8°

P.1[nebst] Continuatio. 1794-95.
P.1: De Respiratione. 1794.
Cont.: De Respiratione Continuatio, 1795.
P.2:De Absorptione Fragmentum.(1795.)

Townson R.: Observationes physiologicae de amphibiis. Partis 1. de respiratione continuatio, accedit partis 2. de absorptione fragmentum. Götting. 1795. 42 S. 3 Tvl. 4°.

Townson, Thom., Abhandl. üb. die vier Evangelisten; aus d. Engl. mit Zusätzen von J. S. Semler. 2 Thle. 8. Leipz. 783, 84. Weygand. 1 ℛ 18 ℊ

Toews, Heinrich

Toews, H. Beiträge zur Geschichte der Stadt Insterburg. (I. Jahrhundert.) 17 S. Progr. Insterburg 1883

Toews, H., kurze Chronik der Stadt Insterburg. Zusammengestellt und zur dritten Säkularfeier der Stadt veröffentlicht. gr. 8. (III, 188 S.) Insterburg 883, Hopf. *

[F.] Toews, Heinrich [Oberl. Dr.]: Katalog der Schüler-Bibliothek '(Prima—Tertia.)' des Kgl. Gymnasiums in Insterburg. Insterburg, Druck v. C. R. Wilhelmi, 1892; 50 S. 8.
Insterburg, k. G u. RG, OP 1892 (6)

Toews, Peter [aus Fürstenwerder]: Ueber das Verbum in Göthe's Tasso ... Heidelberg, Univ.-Buchdr. v. J. Hörning, 1894; 45 S. 8.
Heidelberg, Phil. Fak., Inaug.-Diss. v. [28. Aug.] 1894

Towska, Kory (Frau Kory Elisab. Rosenbaum), von Gottes Gnaden. Novellen. (VII, 192 S.) 8. Wien 908. C. Konegen. 2.50

Die Hosen des Herrn v. Bredow. Schauspiel in 5 Aufzügen nach Willib. Alexis. (181 S.) 8. Köln (910). Berlin, Bühnenverlag Ahn & Simrock. 2.—

Towska, Kory (Frau Kory Elisab. Rosenbaum), Literarischer Karneval. (276 S.) 8. Köln (903). A. Ahn. n. 3.—

-- Olly, Dolly, Dicky. Ein Kinderbuch, m. (farb.) Bildern v. Paul Haase. 1.—3. Aufl. (76 S.) 8. Berlin (906). [H. Seemann Nachf.] Globus Verlag. Geb. 2.50; erm. Pr. 1.50

Parodistische Schelmenstreiche von Kory Towska [d. i. Kory Elisabeth Rosenbaum]. Berlin: H. Lazarus [übergekl.: Harmonie] 1906. (104 S.) 8° [F.] [07. 6003

TOXA, Konrad von Toxheim, der unglückliche Ritter des Blutschwerdts. Eine (stellenw. sehr anstößige) Geschichte aus den Zeiten des Faustrechts. Mit Titelkpf. (J. Pentzel del. & fec.). Leipzig, in der Gräffischen Buchhdlg. 1793. 8°. (2 Mk. Paul Neubner, Cöln, 1891; jetzt theurer!)
Titel, 5 Bll. Inh., 412 S. (S. 364 ff. pikante Kloster-Liebschaften.) — Selten!
— — Dasselbe. 2te umgearb. u. verbess. Auflage. 2 Thle. Mit 1 Kpf. Leipzig, bei A. Wienbrack. 1829. 8°. X—188 u. VIII—184 S.

Töxen-Block, Hauptsprachen-Buch, s. Block.

Toxikologie, od. die Lehre von d. Giften u. Gegengiften, für angeh. u. ausüb. Aerzte u. Apotheker, Polizei- u. Kriminal-Beamte. N. d. 3. Aufl. d. „Traité des poisons" v. Orfila durchaus frei bearb. v. J. A. Seemann u. Ad. O. S. Fr. Karls. 2 Bde. gr. 8. Berlin, Mittler. à 2 Thlr.
Bd. 1. Allgem. u. specielle Toxikologie. 1. Klasse: Kaustische Gifte. 1. Abthl. Kaustische Gifte d. anorgan. Reiches. (29 B.) 829.
„ 2. Kaustische Gifte d. organ. Reiches. Narkotische Gifte. Narkotisch-scharfe Gifte. Septische Gifte. (36¼ B.) 831.

Wissenschaftliche Aussprache der Zahl des Namens des Tieres (666) in Apokalypse 13, 18 von Toxotes. Als Ms. gedr. (Diesdorf bei Gäbersdorf: Schreiberhau-Diesdorf. Rettungsanst. [1910].) 80 S. 8° [11. 3397

Toxotes, s. Aussprache, wissenschaftliche, der Zahl des Namens des Tieres (666) in Apokalypse 13, 18.

Toy, C. H., The book of the prophet Ezekiel, s.: Books, the sacred, of the Old and New testaments. XII.

JOSEPH TOYNBEE, Die Krankheiten des Gehörorgans. Ihre Natur, Diagnose und Behandlung. Vom »Verein für gemeinschaftliche Arbeiten zur Förderung der wissenschaftlichen Heilkunde« besorgte und vom Verfasser autorisirte Ausgabe. Uebersetzt und mit Zusätzen versehen von S. MOOS. Mit vielen in den Text gedruckten Holzschnitten. Würzburg, 1863. J. M. Richter. 8°. (X, 433 S.)

Toyosumi, H., s.: Arbeiten üb. Infektionskrankheiten.

Toze, s. Tobe.

Toze, Mag. Eobald

Toze, Eobald, († d. 27. März 1789.) Don Carlos u. Alerci, Luines u. Buckingham, ein Versuch in verglichenen Lebensbeschreibungen. 8. Greifsw. 776. (Enobloch in Leipz.) 16 ℊ

— der wahre u. erste Entdecker d. neuen Welt, Chph. Colon, gegen die ungegründeten Ansprüche des Americus u. Mart. Behaim, vertheidiget. 8. Götting. 761. Vandenhöck u. R. 3 ℊ

— Einleit. zur allgem. u. besondern europ. Staatskunde. 2 Thle. gr. 8. Bützow u. Wismar 779. 3e Aufl. 2 Bde. Ebd. 785. 4e Aufl. nach d. Tode d. Verf. neu bearb. u. mit Verbesserr. u. Zusätzen hrsgg. v. V. A. Heinze. 2 Bde. gr. 8. Schwerin 791—99. Bödner 2 ℛ 20 ℊ

TOZE, M[AG.] EOBALD, Einleitung in die allgem. und besondere Europäische Staatskunde. 4. Aufl. Nach dem Tode des Verfassers neu bearbeitet und mit den nöthigen Verbesserungen und Zusätzen versehen von VALENTIN AUG. HEINZE. 1—2. Bd. Schwerin und Wismar. 1790—99.

1.Aufl.s.T o z e ,M.E.:Der gegenwärtige Zustand von Europa.

Toze, Mag. Eobald, s. F r i e d e , Der ewige u. allgem. ...

— niederländ. Geschichte. 2 Thle. gr. 4. Halle 770 u. 71. Gebauer. 6 ℛ (Auch als 35r Bd. der allgem. Welthistorie).

Toze, Mag. Eobald: G e s c h i c h t e der vereinigten Niederlande, von den ältesten bis zu den gegenwärtigen Zeiten. (2 Bde.) Halle 1771. 4° (Vgl. G e s c h i c h t e ...)

Toze, Eobald, niederländ. Gesch., Auszug daraus, s. Welthistorie, allgem., 15r Bd. des Auszugs.

— Geschichte der mittlern Zeit von der allgem. Völkerwanderung bis auf die Reformation. 1r Thl. hrsgg. v. K. F. Voigt. gr. 8. Leipz. 790. Hertel. 1 ℛ 4 ℊ

— s. L e b e n u. Thaten der Admirale.

— s. R e p u b l i k , Die christl., v. Europa.

— Samml. kleiner Schriften, histor.-statist. Inhalts, hrsgg. v. K. F. Voigt. gr. 8. Leipz. 790. Hertel. 1 ℛ 12 ℊ

– s. Versuch üb. ein allgem. Seerecht ...

— der gegenwärt. Zustand von Europa, worin die natürl. u. polit. Beschaffenheit der europ. Reiche u. Staaten aus bewährten Nachrr. beschrieben wird. 2 Thle. gr. 8. Bützow 767.

Toze, M. E.: „Der gegenwärtige Zustand von Europa", 2 Teile. Bützow und Wismar 1767. Die folgenden Aufl. u. d. T.: „Einleitung zur allgemeinen und besonderen europäischen Staatskunde". 2. Auflage, 2 Teile, Bützow und Wismar 1779; 3. verb. Auflage, 2 Bände, Bützow, Schwerin und Wismar 1785; 4. Auflage, nach des Verfassers Tode neu bearbeitet und mit Verbesserungen und Zusätzen herausgegeben von V. A. Heinze, 2 Teile (unvollständig), Schwerin 1791 bis 1799 (Bödner). — Das Werk wurde ins Englische, Holländische und Dänische übersetzt.

Tozza, A., Augustulus, s.: Giron, A.

Tozza, Alb., nouvelle grammaire italienne, s.: Sauer, Carl Marquard.

Tozzetti - Targioni s.a. Targioni.

Tozzetti, Jo. Targioni, Reisen durch verschied. Gegenden des Großherzogth. Toscana, in e. Auszuge v. J. C. Jagemann. 2 Thle. Mit Kpf. 8. Leipz. 787. Weygand. 1 ₰ 18 gr

— Dies. in Französ. Sprache. 2 Bde. 8. Paris 792. (Kupferberg in Mainz).

Tozetti, J. T., Voyage à travers le territoires de Pise, Livourne, Volterre etc. gr. 8. Leips. Sommer.

Traasdahl, J., Dina die Tochter des Barons od. geistl. Kämpfe. Eine Erzählg. 3. Aufl. 12. (179 S.) Flensburg 900. Th. Kordt. n. —60; geb. in Leinw. n. 1.20

Traasdahl, J., Dina, die Tochter des Barons, od. Geistliche Kämpfe. 4., durchges. Aufl. 8.—12. Taus. (197 S.) 8. Flensburg (909). Th. Kordt. Geb. in Leinw. 1.80

Trabandt, A., De minoribus quae sub nomine Quintiliani feruntur declamationibus. Diss. 1883. 42 S. 1.—

Trabandt, A(lbert), Dr.: Ciceros Briefe als Schullektüre. Th. 1. *Graudenz 1901: G. Röthe.* (39 S.) 8°
Graudenz, K. G, OP 1901 (31)

Trabanten, Freie. Bern 1843.
V: *Marr, Wilh.* (Cat. d. Stadtbibl. Zürich. Zürich 1864—97.)

Traber, der. Ein Handbuch f. jeden Traber-Sportsman, enth. die Resultate aller in Oesterreich-Ungarn u. Deutschland u. mehrerer wicht. im Auslande gelaufener Trabrennen 1890, nebst Liste der officiellen Kilometer-Records in Oesterreich u. Deutschland erzielt, sowie Statistik etc. Hrsg. v. der Redact. d. „Sport". 16. (VII, 264 S.) Wien 891, (Friedr. Beck). geb. * 4 —

—— desgl. — 1891. 16. (VII, 248 S.) (Ebd.) 892. geb. * 6 —

Traber, der. Handbuch f. den Traber-Sport. (1893.) Hrsg. v. der Red. d. „Sport". 16. (IX, 274 S.) Wien 893. (Frdr. Beck.) Geb. in Leinw. n. 6.—

-- der. Unabhängiges Organ der Gesammtinteressen der deutschen Traberzucht u. des Trabrennsports. Red.: Karl Jahnke. 1. Jahrg. 1894. 52 Nrn. (à ca. 1 Bog.) Fol. Berlin, W. Pauli's Nachf. n. 12. — Erschien ursprünglich als Beilage zu der Zeitschrift: „Das Pferd".

Traber, der. Unabhäng. Organ d. Gesammtinteressen d. deutschen Traberzucht u. d. Trabrennsports. Red. v. Eman. Tschoepe. 2. Jahrg. 1895. 52 Nrn. (à ca. 8 S.) Fol. Berlin, Walter Dünnhaupt. n. 12. —
Weiter nicht erschienen.

Die Anatomie der Geschlechter. Mit Abb. u. 2 Modellen f. Lehrer, Sanitätskolonnen, Naturheilkundige, Lazarettgehilfen etc. von Dr. Traber. Berlin: H. Bermühler [1904]. (20 S.) 8° [05. 14048

Traber, Carl, s. Traber, Karl

Traber, J[ohann]. Referat über Raiffeisenkassen. Von J. T', Pfarrer in Bichelsee. [Gehalten in der Kantonalen Gemeinnützigen Gesellschaft den 26. November 1901 in Wil. Sep.-Abdr. aus: Verhandlungen der St. Gallischen Gem' Ges'. Heft 32.] 13 S. 8. [St. Gallen, Zollikofer, 1902.]

Traber, Johannes

Traber, J., das Cassianeum in Donauwörth. Festschrift zum 25jähr. Jubiläum seines Bestehens. Im Auftrage des Fest-Comités verf. 2. verm. Aufl. Lex.-8. (60 S. m. Abbildgn., 13 Taf. m. 1 Bildnis.) Donauwörth 900. L. Auer. n. 1. —

Traber, Johs., die Glocken der Heilig-Kreuz-Kirche in Donauwörth. Zur Erinnerg. an die am 14. X. 1906 stattgefundene Glockenweihe. (18 S. u. 14 S. Abbildgn.) 8. Donauwörth 906. L. Auer. — 60

— Die Herkunft der selig genannten Dominikanerin Margareta Ebner, geboren zirka 1291, gestorben 20. VI. 1351. Hrsg. vom histor. Verein f. Donauwörth u. Umgegend. (VIII, 41 S.) Lex. 8. Donauwörth 910. (Histor. Verein.) 1. —

Katalog der Kunst-Sammlung des † Herrn Kommerzienr. u. Verlagsbuchh. G. J. Manz in Regensburg, welche ... öffentl. versteigert wird. (Vf.: J. Traber.) *München: Dr. v. Knorr & Hirth 1896.* (4 Bl., 232 S., 6 Taf.) 1 Bd 8. [96. 3067

Traber, J. Kaiser Napoleon I. in Donauwörth. Erinnerung an den 7.—9. Okt. 1805. Donauwörth 1905. 3 Bl. 2°

— Lehrer Joseph Plass, der Geschichtsschreiber der Oberpfalz. Eine Skizze seines Lebens u. Wirkens. 8. (20 S. m. 1 Bildnis.) Ebd. 899. — 15

Traber, J. Die Schlacht am Schellenberge. 2. Juli 1704. Mit Abb. Donauwörth 1904. 4 S. 2°

Kaufmann Josef Schoderer von Donauwörth, der Gefährte Joh. Philipp Palms. Von J[ohann] Traber, Bibliothekar in Donauwörth. Donauwörth 1906: A. Krieger. (32 S.) 8° [Umschlagt. F.] [06. 11083

Das Schützenwesen in Donauwörth vom vierzehnten Jahrhundert bis zur Gegenwart. Geschildert von JOHANNES TRABER. Donauwörth 1912. Druck der Buchhandlung Ludwig Auer. 8°.

Traber, J. Die Schweden in Donauwörth. Donauwörth 1901. 14 Bl. 4°

VERWALTUNGS(-)BERICHT DES HISTORISCHEN VEREINS FÜR DONAUWÖRTH UND UMGEGEND. Für die Vereinsjahre ...
Erstattet vom Schriftführer J. TRABER.
... 1906/07. Donauwörth. Druck der Buchhandlung Ludwig Auer. 8°. [1])
... 1907/08—1908/9. ib. —
... 1909/10. ib. 1910. —

[1]) Alle folgenden Schriften des Vereins sind nicht nach Vorlage der Originale, sondern nach genauer Titelabschrift aufgenommen worden.

Traber, Karl, Holz-Tabellen zur Bestimmung d. kubischen Inhalts runder u. vierkantiger Stämme, sowie jener Holz-Gattgn., welche im gewöhnl. Verkehre im Quadrat- od. Längenmaße angekauft werden, nach dem metr. Systeme m. entsprechender Berechng. der nebenanstehenden bayr. Maße ausgedrückt, nebst e. Preis-Verhältniß v. 138 Columnen u. zuletzt e. Preisvervielfältigungs-Tabelle. Ein prakt. Taschenbuch f. Forstbedienstete, Holzhändler u. Bauhandwerker. gr. 8. (VII, 151 S.) München 871. Franz. n. 2. 40

— neuester u. vollständigster Münz-Rechnungs-Faullenzer nach der neuen deutschen Reichswährung. [Mark- u. Pfennigsystem.] Nebst e. Anh. üb. das metr. Maß u. Gewicht. Ein unentbehrl. Hilfsbuch f. Käufer u. Verkäufer. gr. 16. (IV, 208 S.) Ebend. 874. n. 1. 50

Traber, Carl, vergleichende Zusammenstellung der bayerischen Längen-, Quadrat-, Cubik- u. Hohlmaße, dann der Gewichte mit dem metrischen u. mit deren bezüglichen Preisverhältnissen. Zum Gebrauche für Baubeflissene, Geschäfts- u. Handelsleute, sowie für Landwirthe u. Oekonomen. Mit 53 Tabb. München 870. Franz. 8. (IV, 75 S.) n. 10 ngr.

Traber, W. L., Algebra. E. Lehrheft f. Lehrer u. Schüler techn. u. gewerbl. Lehranstalten. Kurz u. leicht faßlich zusammengest. 2 Tle. gr. 8. Gießen 897. E. Balser. Geb. in Leinw. n. 1. 80
1. (IV, 23 S.) n. — 80. — 2. (III, 86 S.) n. 1. —.

— Festigkeitslehre d. Hochbaukonstruktionen. E. Lehrheft f. Schüler techn. Lehranst. u. e. Nachschlageheft f. Architekten wie Bauführende. gr. 8. (III, 86 S. m. 43 Fig.) Ebd. 896. Geb. in Leinw. n. 2.—

Traber WL. Lehrbuch der Raumgrössen-Rechnung in systematischer Zusammenstellung. Grossenhain und Leipzig 1888

Traber, W. L., die Raumgrössen-Rechnung in systematischer Zusammenstellung. Ein Handbuch in kurzer, deutl. u. leichtfassl. Darstellg. f. Baumeister, Bautechniker, Schüler techn. Lehranstalten, sowie f. die dem Baugewerbe nahesteh. Gewerbtreibenden m. 80 dem Text beigedr. Fig. zusammengestellt. 8. (64 S.) Grossenhain 884. Baumert & Ronge. n. 1. 20

Träber, K. G., offener Brief an den Bischof von Paderborn Herrn Dr. Conr. Martin. 8. (V und 66 S.) Halle a. S. 865, Lippert's Verlag.

—— zweiter offener Brief an den Bischof von Paderborn Herrn Dr. Conr. Martin mit Widerlegung der gesalzenen Briefe des Herrn Dr. Gröne. 8. (IV und 112 S.) Halle a. S. 865, Lippert's Verlag. *

Träber, C. G., Gesänge. 8. Halle 825. Anton. 8 gr.

Träber, C. G., Predigt über Jacobus 5, 13—18. in der Oberkirche zu Arnstadt am 12. Sonntage nach Trinitatis 1844 gehalten. gr. 8. (1 B.) Arnstadt, (Meinhardt.)

— Predigt üb. die Worte Ephes. 5, 15—17. Schicket euch in die Zeit, denn es ist böse Zeit; gehalten am 20n Sonnt. nach Trinit. 1830. gr. 8. Zeitz 830. Webel. 3 gr.

—— Rede an die deutsche Christenheit über Jacobi 5, 19. 20. in Folge des Treibens der sogenannten Lichtfreunde. 8. (1 B.) Berlin 845, (J. A. Wohlgemuth, Verl.) *

— s. Sonntagsblatt.

Traber-Album, internationales. I. Jahrg. Hrsg. unter Mitwirkg. hervorrag. Fachleute v. d. Red. d. Zeitschrift „Der Traber“ in Berlin. Fol. (III, 101 S. m. Abb.) Berlin 895. Walter Dünnhaupt. Geb. in Halbleinw. n. 20. —

Traberbuch für 1882. Hrsg. von Vict. Silberer. 16. (LVI, 116 S.) Wien, Seidel & Sohn in Comm. geb. n. 6. –

Traberbuch f. 1885. Hrsg. v. Vict. Silberer. 16. (VI, 115 S.) Wien 885. Verl. der Allg. Sport-Zeitung. geb. n. 5. 40

Deutsches **Traber-Gestüt-Buch.** Hrsg. von d. Techn. Commission f. Trabrennen. Bd 1. Berlin: Techn. Comm. f. Trabrennen 1896. 8° [97.35]

Trabert, A., deutsche Gedichte aus Oesterreich. 1. Bd.: Schwertlieder eines Friedsamen. 12. (XII, 150 S.) Frankfurt a. M. 888, Wendel. * ℳ 1.—.; geb. *

Trabert, A. Deutsche Gedichte aus Oesterreich. 2. u. 3. Bd. 12°. Frankf. a. M. 889, [Wendel]. Detloff. * 2 50
2. Ein Menschenleben. (XII, 183 S.) * 1 —.
3. Tröst' Einsamkeit. (VII, 189 S.) * 1 50.

— Franz Grillparzer. Ein Bild seines Lebens u. Dichtens. Mit Illustr. v. E. Kozeluch, Ed. Luttich v. Lüttichheim u. Th. Mayerhofer. gr. 8. (XII, 873 S.) Wien 890. Verlag „Austria“, Drescher & Co. n. 5. 60; geb. n. n. 6. 60

Trabert, A., der französisch-preußische Krieg. Chronik der Gegenwart. 1. und 2. Lfg. gr. 8. (32 S.) Wien 870, Herzfeld und Bauer. [Brüder Winter.] à Heft * 20 Pf. *

Trabert, A., Vaterlos. Erzählung in Versen. gr. 16. (80 S.) Mannheim 867, Schneider.

— was will die Socialdemokratie u. in wie weit hat sie Recht? gr. 8. (36 S.) Wien 893. St. Norbertus. n. 21

Trabert. Adam, Kaiser Julian, der Abtrünnige. Dramatisches Gedicht. 8. (63 S.) —.35
Wien: Austria 1894.

Trabert, F., Gottes Botschaft an die Arbeiter. 5 Ansprachen. 16. (27 S.) Heiligenstadt 890. Cordier. — 15

— dasselbe. 2. Aufl. 16. (31 S.) Ebd. 890. n. — 10

Trabert, F., das Frankenland, s.: Woerl's Reisehandbücher.

Trabert, F., Leben, Wirken u. Verehrg. d. hl. Adalbero, Bischofs v. Würzburg (1045—1090). 8. (20 S. m. Bildn.) Würzburg 896. A. Göbel. n. — 25

Trabert, Frz., Goldkörner. Gesammelt aus den bischöfl. Hirtenbriefen Papst Leo XIII. Ein Jubiläumsandenken. 12. (32 S. m. Bildnis.) Paderborn 893. Bonifacius-Druckerei. n. — 10

Trabert, Frz., Sterne u. Blumen. Religiöse u. weltliche Dichtungen. 8. (IV, 156 S. m. chromolith. Titelbl.) M.-Gladbach 881. Riffarth Verl. geb. m. Goldschn. n. 6. —

Trabert, G. H.

— Geschichte der Wilkes-Barre Konferenz. *Dargestellt von deren Pastoren zur Erinnerung an das 150. Jubiläum des Evangelisch-Lutherischen Ministeriums von **Pennsylvanien and angrenzenden Staaten**. Herausgegeben auf Beschluß der Konferenz, 1898. Wilkes-Baare, Pa.: Robt. Baur & Sohn 1898. 240 S., ill.*

Trabert, Heinrich, aus Berlin: Über das Lutidylmercaptan und seine Derivate. *Berlin (1900): G. Schade.* 133 S. 8°
Berlin, Phil. Diss. v. 3. März 1900

Trabert, Jh. Trgtt., Tabellen der griech. Conjugation. Fol. Leipz. 812. Märker. 3 ℛ

Trabert, Wilh., **der physiologische Einfluss v.** Föhn u. föhnlosem Wetter, s.: **Föhnstudien, Innsbrucker. III.**

Trabert, Wilhelm, Dr., Einiges über den täglichen Gang der Lufttemperatur und des Luftdrucks zu Kamerun. (Sonder-Abdr. aus den „Mittheilungen aus den Deutschen Schutzgebieten", Bd. VII, 1894, Heft 4.) Berlin 1894.

Trabert, Wilh., die Erforschung der höh. Schichten uns. Atmosphäre, s.: Vorträge d. Vereines zur Verbreitung naturwiss. Kenntnisse in Wien. 39. 2.

Innsbrucker Föhnstudien. 3. Teil: Der physiologische Einfluß von Föhn und föhnlosem Wetter. D 81. 107. 1. Teil siehe Ficker Heinz von. 2. Teil siehe Defant Albert 2.20
Separatabdruck

Trabert, W., Innsbrucker Föhnstudien. III. Der physiologische Einfluß von Föhn und föhnlosem Wetter. Besonders abgedruckt a. d. LXXXI. Bd. d. Denkschr. d. mathem.-naturw. Klasse d. k. Akad. d. Wiss. 4°. (24 S.) † K 2.20
Wien: Hölder 1907.

Der tägliche Gang der Temperatur und des Sonnenscheines auf dem Sonnblickgipfel. D 59. 177 . . . . 4.
Separatabdruck

Trabert, Wilh., der tägliche Gang der Temperatur u. d. Sonnenscheins auf dem Sonnblickgipfel. [Aus: „Denkschr. d. k. Akad. d. Wiss."] Imp.-4. (74 S.) Wien 892. (F. Tempsky.) n. 4. —

— Die Geschwindigkeit der Erdbebenwellen in verschiedenen Tiefen (mit 2 Textfiguren). Siehe I. Abt. Mitteilungen der Erdbeben-Komm., neue Folge Nr. 37 30
Separatabdruck

— Die Geschwindigkeit der Erdbebenwellen in verschiedenen Tiefen, s. a. **Mitteilungen** der Erdbeben-Kommission. No. 37.

Die Geschwindigkeit der Erdbebenwellen in verschiedenen Tiefen von Prof. W[ilhelm] **Trabert**. Mit 2 Textfig. Wien: Hölder in Komm. 1909. 8 S. 8°
(Mitteilungen d. Erdbeben-Kommission d. Kais. Akad. d. Wiss. in Wien. N. F. Nr 37.) [11. 2921

— Hagelwetter u. Wetterschiessen, s.: Vorträge des Vereines zur Verbreitung naturwiss. Kenntnisse in Wien. 40. Jahrg. 5. Hft.

Trabert, Wilh., Höhenmessung mittels des Barometers. [Aus: „Period. Blätter f. naturkundl. u. mathemat. Schulunterr."] gr. 8. (8 S.) Znaim 896. Fournier & Haberler. n. — 20

— Isothermen von Österreich (mit 6 Karten). D 73. 367 . . . . 9.50
Separatabdruck

— Isothermen v. Österreich. Zum Jubiläum der k. k. Centralanstalt f. Meteorologie u. Erdmagnetismus in Wien. gr. 4. (117 S. m. 6 Karton.) Wien 901. (C. Gerold's Sohn.) n. 9. 50
Sonderabdruck aus: „Denkschr. d. k. Akad. d. Wiss."

Trabert, Wilh., Meteorologie, s. a. Sammlung Göschen.

Trabert W.: Meteorologie. Leipz. 1896. 149 S. Fig. 6 Kt. 1 gr. Tvl.
(Sammlung Göschen. 54).

Meteorologie. Von Dr. Wilhelm **Trabert**, Prof. Mit 49 Abb. 3., verb. Aufl. Leipzig: Göschen 1909. 140 S. 8°
(Sammlung Göschen. 54.) [11. 13965 11

— Meteorologie u. Klimatologie, s. a. Erdkunde, die. XIII.

Trabert, Wilhelm: Meteorologie und Klimatologie. Von Dr. Wilhelm Trabert, Prof. Mit 37 Fig. Leipzig & Wien: F. Deuticke 1905. (132 S.) 4° (8°)
(Erdkunde, Die. T. 13.)

Trabert Wilhelm, Dr.: Zur Theorie der elektrischen Erscheinungen unserer Atmosphäre (mit 2 Textfiguren). S. 103. IIa. 1023 . . . . vgr.
Separatabdruck

— zur Theorie d. elektr. Erscheinungen uns. Atmosphäre. [Aus: „Sitzungsber. d. k. Akad. d. Wiss."] Lex.-8. (88 S. m. 2 Fig.) Wien 894. (C. Gerold's Sohn.) n. — 70

— Die Umwälzung in unserer Kenntnis der Solarkonstante, s.: Vorträge des Vereines zur Verbreitung naturwiss. Kenntnisse in Wien. 50. Jahrg. 11. Heft.

— Die Ursache der vertikalen Bewegungen in der Atmosphäre (mit 4 Textfiguren). S. 118. IIa. 1591 70
Separatabdruck

— Die **Ursache** der vertikalen Bewegungen in der Atmosphäre. (18 S. m. 4 Fig.) gr. 8. Wien 909. A. Hölder. — 70

— Eine mögliche Ursache der Vertretung des Meeres (mit 2 Textfiguren). S. 120. IIa. 1?? 40
Separatabdruck

— Versuch einer Bestimmung der Geschwindigkeit der absteigenden Luftbewegungen (mit 2 Textfiguren). S. 118. IIa. 159 70
Separatabdruck

— Versuch einer Bestimmung d. Geschwindigkeit d. absteigenden Luftbewegungen. (19 S. m. 2. Fig.) gr. 8. Ebd. 909. — 70

— Der Zusammenhang zwischen den Temperaturverhältnissen der Atmosphäre und dem Druck an der Erdoberfläche (mit 1 Textfigur). S. 118. IIa. 1075 45
Separatabdruck

— Der Zusammenhang zwischen den Temperaturverhältnissen der Atmosphäre u. dem Druck an der Erdoberfläche. (15 S. m. 1 Fig.) gr. 8. Ebd. 909. — 45
3 Sonderabdr. a.: „Sitzungsber. d. k. Akad. d. Wiss."

Traebert, H. (Mitarb.), s. Beiträge zur Lebenslaufstheorie.

Traber-Zuchtbuch, österreich.-ungarisches. Hrsg. v. Wiener Trabrenn-Vereine. Bearb. v. Rud. Winkler. I. Bd. gr. 8. (LVIII, 644 S.) Wien 897. (F. Beck.) Geb. in Leinw. n. 20. —

Traber-Zuchtbuch, österreichisch-ungarisches. Hrsg. vom Wiener Trabrenn-Vereine. Bearb. v. Rich. F. Brandtner u. Thdr. Kallus. II. Bd. (LXXXV, 928 S.) gr. 8. Wien 903. (F. Beck.) Geb. in Leinw. n. 20. —

Trabold, Moritz, approb. Arzt aus Steißlingen (Baden): **Schädelform und Gaumenhöhe.** *Freiburg i. B. 1903: Ch. Lehmanns Nachf.* (29 S.) 8°
Freiburg i. B., Med. Diss. v. 1903

Trabold, Rudolf. Stolze Träume. Gedichte. Bildschmuck: Rudolf v(on) Reifschneider. 80 S. 8. Wien und Leipzig, Neue Literaturanstalt, Verlag Neuer Lyrik, [1902]. [M. 3. —]

Trabrenn-Kalender f. Deutschland. Offiz. Bulletin d. techn. Commission für Trabrennen. 9. Jahrg. 1895. 12. Berlin, Walter Dünnhaupt. n.n. 20. —

Trabuchi, A. P., Diss. de mechanismo et usu respirationis. 8maj. Wien 768. Trattner. 8 *gr*

Tracen-Revision Klgft.—Bärengraben—Assling. (Karawankenbahn.) Klgft., St. Josefs-Druck., (1900). Folio. 24 S.

Tracen-Revision Schwarzach—St. Veit—Möllbrücken. (Tauernbahn.) Klgft., St. Josefs-Druck., (1900). Folio. 35 S.

Trachala, A., lavacrum conscientiae etc. 8. Bamb. Göbhard.

Trachala, A., lavacrum conscientiae, sive recta, brevis ac facilis manuductio sacerdotalis ad rite excipiendas confessiones, ad diluendas quascunque difficultates et auxietates in sacro tribunali occurrentes. 8. Bamb. ... (Frankf. a. M., Wesché). 8 *gr*

Trachbrodt, Arno, s.: Blätter, lose.

Trachbrodt, Arno, stenographisches Lesebuch nach F. X. Gabelsberger's System. 1. und 2. Aufl. gr. 8. (V, 79 autogr. S.) Dresden 877,79, G. Dietze. *

Trachbrodt, Arno, stenographisches Lesebuch nach F. X. Gabelsberger's System. 3. Aufl. gr. 8. (V, 79 autogr. S.) Dresden 882, G. Dietze. *

Trachbrodt, Arno, die deutsche Redezeichenkunst. Kurze Abhandlung über das Wesen der Stenografie u. den Nutzen derselben für die einzelnen Berufsklassen. gr. 8. (22 S.) Leipzig 879. Baldamus. n. — 40

—— die Stenografie nach Frz. Xav. Gabelsberger's System zum Selbstunterricht bearb. Autogr. von Arno Trachbrodt. 15 Hefte. gr. 8. (IV, 232 S.) Ebendas. 878,79. à Heft 50 Pf.

—— dass. — 2. Aufl. 2 Abthlgn. gr. 8. Ebendas. 879. [1. Abthl. (III, S. 1—93.) *M 3.; 2. Abthl. (IV, S. 94—232.) *M 5.] *

Trachbrodt, Emil, die Satzkürzungslehre nach dem System von Franz Xaver Gabelsberger, zum Selbstunterricht bearb. Autografie von Arno Trachbrodt. 2. Aufl. gr. 8. (63 S.) Leipzig 880. Baldamus. n. 1. —

Trachbrodt's, E., Stenografen-Kalender f. 1886 u. 1887. 4. (52 autogr. S. m. eingedr. Illustr. u. 1 Chromolith.) Leipzig, F. Geißler. n. — 85; geb. n. 1. 25

—— die Stenografie nach Frz. Xav. Gabelsberger's System zum Selbstunterricht bearb. Autografie von Arno Trachbrodt. 3. zum Theil verb. Aufl. 15 Hefte. gr. 8. (IV, 232 S.) Ebendas. 880. à Heft 50 Pf.

— dasselbe. 3 Thle. 3., zum Theil verb. Aufl. 2. Ausg. gr. 8. Ebend. 881. n. 6. —
1. Lehrbuch. (III, 125 S.) n. 3. 50
2. Schreib- u. Leseübungen. (S. 126—173.) n. 1. 50
3. Satzkürzungslehre. Inhaltsverzeichniss. (S. 174—237.) n. 1. —

Trachbrodt, Johann Gottfried A. S. 26/22

De vasallo Saxonico invito territorii domino in numerum militantium alterius domini transire prohibito. Präs. Leonhard Ludwig Mencke.
Wittenberg (Schlomach) 5. IV. 1740. 19 S.
34613

Trachmann, Aemilius [Posnaniensis] : De conjunctionum causalium apud Gaium Suetonium Tranquillum usu. ... Halis Sax., Berolini typ. F. Hofschlaeger, 1886. 44 S. 8°
Halle, Phil. Fak., Inaug.-Diss. v. [4. Febr.] 1886.

Trachmann, Aemilius, de conjunctionum causalium apud Gaium Suetonium Tranquillum usu. Diss. Halle 1886, Lippertsche Buchh. 8°. 44 S.

Trachmann, Otto *Franz Ferdinand* [aus Krotoschin]: Über Mononitrobenzoylhydrazine ... Kiel, Druck v. C. Böckel. 1893: 29 S., 1 Bl. 8.
Kiel, Phil. Fak., Inaug.-Diss. v. [[illegible] Juli] 1893

Trachsel, C. F., Glossarium der Berlinischen Wörter u. Redensarten dem Volke abgelauscht u. gesammelt. gr. 8. (VIII, 68 S.) Berlin 873. Stargardt. n. 1. 60

Trachsel, C. F. (Dr.). Die Münzen der ehemaligen Reichsstadt Buchhorn, jetzt Friedrichshafen, am Bodensee. Mit einer Tafel Abbild. und einem Nachtrag. Prachtausgabe. In-8°, 13 S. auf Velin Papier. 1881 2 —

Trachsel, C. F., die Münzen und Medaillen Graubündens beschrieben und abgebildet. 1. und 2. Lfg. gr. 8. (S. 1—64 mit 2 Kpfrt.) Berlin 866,67, Stargardt. [1. Lfg. * * 16 Ngr., 2. Lfg. * * 12 Ngr.] * *

—— die Münzen und Medaillen Graubündens beschrieben und abgebildet. 3. Lfg. gr. 8. (S. 65—96.) Ebendas. 869. **

Trachsel, C. F., die Münzen u. Medaillen Graubündens beschrieben u. abgebildet. 13 Lfgn. gr. 8. (10. Lfg. S. 289—320 m. 1 Taf.) Lausanne 898. (B. Benda.) n.n. 16. —

Trachsel, Karl

Trachsel, Carl. Zur Anatomie und allgemeinen Pathologie des Kniegelenkes des Rindes. Diss. Vet.-Med. Bern ... von K' T'.... Mit 6 Abbildungen. 70 S. 8. Bern, Neukomm & Zimmermann, 1910.

Trächsel, Gottlieb

Ein alter Baurißzu einem Thurmhelm am Straßburger Münster. Hrsg. von der Bernischen Künstlergesellschaft. — Bern: Dalp 1883. 11 S. 4°
7. 14. 15. 52. 83. 300: 12.050–C.
13.7675

Trächsel, G., der Katholicismus seit der Reformation, s.a. Zeit- u. Streit-Fragen, deutsche.

Trächsel, G[ottlieb]. Der Katholicismus seit der Reformation. 8. Berlin 1875.
(Deutsche Zeit- und Streit-Fragen.... Hrg. von Fr[anz] v[on] Holtzendorff und W[ilhelm] Oncken. Jahrgang 4. Heft 64.)

Trächsel, Gli., über das Wesen und Gesetz der Geschichte. Ein philosophischer Versuch. Bern 857. Huber u. Co. gr. 8. (IV, 147 S.) 27 *ngr.*

Trachsler, A., d'r Dukate-Näst, s.a. Sammlung schweiz. Dialektstücke.

D's Dukate-Näst. Dialektlustspiel in 2 Akten von A. Trachsler. Zürich: Schweizer Druck- u. Verlagshaus 1910. 22 S. 8°
(Sammlung schweiz. Dialektstücke. Nr 69.) (10. 1032

Trachsler, H., s. † Freimund, E.

Trachsler, Hans W.: Kurtz verfaßte Reiß-Beschreibung eines neulich aus Carolina in sein Vaterland zurückgekommenen Lands-Angehörigen. *Zürich: Bürkli 1738. 13 S.*

Trachsler, Heinrich: Reisen, Schicksale und tragikomische Abenteuer eines Schweizers während seines Aufenthaltes in den verschiedenen Provinzen Südamerikas: Rio de Janeiro, Jeha Santa Catharina . . . in den Jahren 1828 bis 1835. Th. 1. 2. – Zürich: Trachsler 1839. XXIV, 755 S. mit 5 Taf.

Trachsler-Wettstein, E., das Turnen m. dem Gummistrang. Eine Anleitg. zum Selbstunterricht f. Privatturnen u. Turnvereine. Mit 50 Illustr. (14 Steintaf.). 8. (15 S.) Schaffhausen 884. (Bern, Jenni.) n. 1. 50

Trachsler-Wettstein, E.: Das Turnen mit dem Gummistrang. 2. Aufl. Hallau 1885. 20 S. m. Abb.

Tracht der Ehren-Ritter des Deutschen Ritterordens. Wien 1874. Verlag der Deutschen Ordens-Kanzlei.
Tit., 3 Bl., 4 Taf. in Lithogr. 8°

Tracht: Der Fruchtbringenden Gesellschaft Achte Tracht
Tracht: Des dritten Tisches Erste [bis Zehnte] Tracht
Tracht: Des zweyten Tisches erste Tracht
v. Neue Hertzerfreuliche Zeitungen Aus allen Theilen der Welt.

Tracht, neudeutsche, s.: Thalysia-Bibliothek. 7.

Tracht, niederbayerische, u. Berliner Mode. Für das niederbayer. u. anderes Volk. Von e. Nicht-Niederbayer. [Dem Verf. der „Jesuitenfresser."] gr. 16. (20 S.) Deggendorf 871. Krüll. — 10

Tracht der Ritter des Hohen Deutschen Ordens. Wien 1869. Verlag der Deutschen Ordens-Kanzlei.
Tit., 3 Bl., 4 Taf. in Holzschn. 8°

Trachten der Albanesen. o. O. [um 1900—1910]
57 photogr. Taf. 4°

Trachten, Altenburger, 10 (lithogr. u. sauber color.) Tafeln auf 5 Blättern in gr. 4. Altenburg 840. Schnuphase. n. 1 ₰

Bayerische Trachten in Mittelfranken. 18 fein color. Lithogr. Hrsg. von S. Adelmann. Würzburg 1858. (7 Mk., Bl. 3—18, J. Frank, Würzburg, 1910.)

Bayerische Trachten in Unterfranken. Hrsg. — (wie ob.) 18 fein color. Lithogr. Ebd. 1858. (12 Mk. der Vorige.)

[**Trachten** der Königlich Sächsischen Berg- und Hüttenleute. Freiberg. bei Rost um 1830.]
20 Taf. in kol. Rad. 8°
Handschriftl. Titel.

Trachten, Deutsche. 1. Heft. Berlin 1815. V (Vorrede): *Arndt, Ernst Moritz.* (GGr)

Trachten, deutsche. 1s Heft. Mit Vorrede v. E. M. Arndt. Fol. Berl. 815. Wittich. 2 ₰

Hamburgische Trachten. 50 kolorierte Blätter in Folio mit Einleitung von J. Heckscher. Cplt. in 10 Liefrgn. (80 Mk., Lfrg. 1—6, Edm. Meyer, Berlin, 1909.)

Trachten, hamburgische, v. C. Suhr gezeichnet u. gest. m. deutsch-franz. u. spanischen Text. gr. Fol. Hamb. Hauff. 808.

Trachten, Kärntner, nach den im Besitze Ihrer Majestät der Kaiserin von Oesterreich befindlichen Aquarellen August Prinzhofer's ausgeführt. Photografie u. Farbendr. v. Angerer & Göschl in Wien. (10 Bilder in Mappe.) Cab. Klagenfurt 886. Leon sen. [12. —] 10. —

Trachten des christl. Mittelalters, s. a. v. Hefner.

Trachten des christlichen Mittelalters. Mannheim 1840. H: *Hefner-Alteneck, Jacob Heinrich von.* (Ky)

Trachten des christl. Mittelalters. Nach gleichzeit. Kunstdenkmalen. Hrsg. v. Jos. v. Hefner. 1—3. Abthl. In Lieferungen à 6 Kpfrtaf. m. deutsch. od. franz. Text. Roy.-4. Mannheim, Hoff. Gewöhnliche, braungedruckte Ausg. à L. *
Gemalte Prachtausg., kl. Fol., engl. Zeichenpap. à L. **
Abthl. 1. Von der ältesten Zeit bis zum Ende d. 13. Jahrh. 1—7. Lfg. Taf. 1—42. (8¼ B. Text.) 840—43.
„ 2. Das 14. u. 15. Jahrh. 1—9. Lfg. Taf. 1—54. (10 B. Text.) 840—43.
„ 3. Das 16. Jahrh. 1—4. Lfg. Taf. 1—24. (3 B. Text.) 840, 41.
Dasselbe (besond. Text). Nach gleichzeit. Kunstdenkmalen hrsg. v. J. v. Hefner, unt. Mitwirk. v. Ph. Veit, J. D. Passavant, C. Ballenberger, K. Keim, J. v. Radowitz, Graf F. Pocci, G. H. Krieg v. Hochfelden, F. Hoffstadt, u. and. Künstlern u. Gelehrten. Roy.-4. (5 B.) Ebendas. 840. * 12 Gr.

Trachten des christl. Mittelalters. Nach gleichzeitigen Kunstdenkmalen, hrsg. v. Jos. v. Hefner. 1—3. Abthl. In Lieferungen à 6 Kpfrt. m. deutsch. od. französ. Text. Roy.-4. Mannheim 841—47, Hoff. à * 15 Ngr., gemalte Prachtausg. ** à Thlr.
Abthl. 1. Von der ältesten Zeit bis zum 13. Jahrhundert. 8—11. Lfg. Tafel 43—66. (3 B. Text.)
„ 2. Das 14. u. 15. Jahrhundert. 10—18. Lfg. Taf. 55—108. (6½ B.)
„ 3. Das 16. Jahrhundert. 5—13. Lfg. Taf. 25—78. (7 B.)
1. Abthl. 1—7. Lfg., 2. Abthl. 1—9. Lfg. u. 3. Abthl. 1—4. Lfg. Ebendas. 1840—43. à Lfg. * 15 Ngr., gemalte Prachtausgabe à * 4 Thlr. 20 Ngr.

Trachten des christlichen Mittelalters. Nach gleichzeit. Kunstdenkmalen hrsg. von J. v. Hefner. 1—3. Abthl. In Lieferungen à 6 Kpfrt. mit deutschem und französ. Text. Roy.-4. Frankfurt a. M. 847—52, Schmerber's Separat-Conto. à Lfg. Thlr. *
Gemalte Prachtausg. à *
Abthl. 1. Von der ältesten Zeit bis zum Ende des 13. Jahrh. 12—15. Lfg. Taf. 67—90. (.. S. Text.)
„ 2. Das 14. und 15. Jahrhundert. 19—25. Lfg. Taf. 109—150. (.. S. Text.)
„ 3. Das 16. Jahrhundert. 14—21. Lfg. Taf. 79—126. (.. S. Text.)
1. Abthl. 1—11. Lfg., 2. Abthl. 1—18. Lfg. und 3. Abthl. 1—13. Lfg. [Ebendas.] 1840—47. à Lfg. * 15 Ngr., gemalte Pracht-Ausg. à Lfg. * 4 Thlr. 20 Ngr.

Trachten des christlichen Mittelalters. Nach gleichzeitigen Kunstdenkmalen hrsg. von J. v. Hefner. 1—3. Abthl. In Lieferungen à 6 Kpfrt. Mit deutschem und französ. Text. Imp.-4. Frankfurt a. M., [Keller.] à Lfg. Thlr. *
Mit ill. Kpfrt. à Lfg. *
Inhalt:
Abthl. 1. Von der ältesten Zeit bis zum Ende des 13. Jahrhunderts. 16. Lfg. (Taf. 91—96 und XVI und 12 S. Text.) 854.
„ 2. Das 14. und 15. Jahrhundert. 26—30. (letzte dieser Abthl.) Lfg. (Taf. 151—180 und LXX und 46 S. Text.) 853—54.
„ 3. Das 16. Jahrhundert. 22—24. Lfg. (Taf. 127—144. und 25 S. Text.) 853.
1. Abthl. 1—15. Lfg., 2. Abthl. 1—25. Lfg. und 3. Abthl. 1—21. Lfg. [Ebendas.] 1840—52. à Lfg. * 15 Ngr., mit ill. Kpfrn. à * 4 Thlr. 20 Ngr.

Trachten, neue, f. deutsche Schlitzen. Fol. (1 lith. u. color. Modentafel. 1 Schnittmusterbogen u. 1 Reduktionstaf.) Leipzig 884. Exped. v. Schmidt's Modenzeitg. n. 1. 50

Trachten, Nürnbergische. 40 Tafeln mit Erklärung in deutschen Versen. O. O. u. J. Quer-4°.

— nürnbergische, 40 Stck. illumin. Nürnb. Schneider.

[Oberbayerische **Trachten**. Nürnberg 1861.]
6 Bl. kol. Rad. 4°.
Beigelegt: Hazzi, Josef. Statistische Aufschlüsse über das Herzogtum Bayern. Nürnberg 180?

Trachten von den Representanten des Französischen Volks. [Nürnberg 1796.] V: *Grasset de St.-Sauveur, André.* (Kat. d. Lipperheide'schen Kostümbibl. Berl. 1896 ff.)

Trachten, Schweizer. gr. 8. (82 farb. Taf.) Zürich (900). Polygraph. Institut. In Leinw.-Mappe 12.—

Trachten, Die Schweizer, vom XVII. bis XIX. Jahrhundert. Fol. 86 Taf. mit 24 S. Text. Zürich, Polygraph. Institut. 1898. In Mappe 90 —

Trachten, die verschiedenen, s. Wochenbände.

Trachten der Völker für Kinder. — Costumes des différentes nations. — Enth. 48 ill. Bilder u. Erklärn. derselben in deutscher u. franz. Sprache. gr. 8. (6 B.) Wien 828, Müller.

— Wendische, auf Leske's Veranlassung gestochen u. illum. 4. Leipz. 787. Müller. 1 ß 8 gr

Trachten aus Württemberg. (13 T) 4° In Mappe. Stuttgart

[**Trachten** der Zisterzienser im Kloster Neuen Zelle (bei Guben). o. O. um 1800.]
8 Bl. Aquarelle. 8°.

[**Trachten ABC.**] O. O. u. J. [um 1750].
12 Bl. Rad. m. je 2 Trachtenbildern. 4°.

Trachtenberg, Adf., zur Frage über die Neutralisation überschüssiger Alcalien im Blute. Inaug.-Dissert. Dorpat 861. (Gläser.) gr. 8. (35 S.) n. 10 *ngr.*

(Trachtenberg, Mlle [Sophie].) Poliklinische Beobachtungen über die weibliche Gonorrhoe. (Thèse Méd. Lausanne.) *Kopftitel:* Universitäts-Poliklinik in Lausanne ⟨Geburtshilflich-gynaekologische Abtheilung⟩, Professor Dr. [Guillaume] Rossier. 32 S. 8. Genf, Ch. Zœllner. 1904.

Trachtenbilder aus Russland. (5 Blatt Photographien) fol In Mappe.

Trachtenbuch, Münchener. Gesammelt u. hrsg. v. Fr. Wolf, gez. u. lithogr. v. W. Diez. Mit 48 prächtig lithogr. Tafeln, Münchner Trachten darstellend v. 16.—19. Jahrh. München 1860. 4°. Orig.-Umschl. (5⅓ Rthl.) (6 Mk. Fr. Klüber, c. 1902.)

Trachtet am ersten nach dem Reiche Gottes. 5. Aufl. 8. (4 S.) Barmen 875. Wiemann. n. — 4

Trächtigkeits-Kalender f. Haustiere. gr. Fol. (1 farb. Taf. m. Drehscheibe.) Stuttgart (900). (K. G. Lutz.) Auf Pappe n. 1.—

Trächtigkeits-Kalender f. Haustiere. (1 farb. Taf. auf Pappe m. drehbarer Scheibe.) 44×32 cm. Ulm (904). F. Ebner. n. 1.—

Tracinski, Hans (geb. Chroscütz in Schles. 31. 8. 1853): Beiträge zur Lehre vom Aderhautsarkom. Berlin (1882). (39 S.) 8°
Berlin, Med. Diss. v. 24. Juni 1882

Track, C. B., mütterliche Ermahnungen für junge Mädchen, welche in Dienste treten wollen. 8. Landshut, Storno (in Comm.) 816.

Track, Jh. Bapt., kathol. Andachtsbuch f. gebildete d. männl. Geschlechts. Mit 1 Kpf. gr. 12. Münch. 819. 2e verb. u. verm. Aufl. 823. Lentner. 10 gr 3e Aufl. 827. (Stuttg., v. Cotta). 16 gr

— kathol. Andachtsbuch f. Gebildete des weibl. Geschlechts. Mit 1 Kpf. gr. 12. Münch. 819. 2e A. 823. Lentner. 16 gr 3e A. 827. (Stuttg., v. Cotta). 16 gr

Tractanden für die schweizerische Grossloge Alpina betreffend die Hochw. Grosslogen Royal-York zur Freundschaft und die Grosse National-Mutterloge zu den 3 Weltkugeln im Or. von Berlin. Merz [!] 1871. Zürich 1871: Schiller 36 S. 8° [Umschlagtit.]
Betr. Ausschluss der Grloge Alpina von der Verbindung mit den Weltkugeln u. der Grloge R. Y. infolge des Manifestes der Alpina bezügl. des deutsch-franz. Kriegs. 193.

Tractandum für die schweizerische Grossloge Alpina. **Februar 1871.** Zürich 1871: Schiller & Co. 19 S. 8°. [Umschlagtit.]

Tractat, s. Traktat.

Tractätchen, s. Traktätchen.

Tractate, s. Traktate.

„Drey neue curieuse Tractätgen von dem Tranck Cafe. Sinesischen The und der Chocolata, welche nach ihren Eigenschaften, Gewächs, Fortpflanzung, Praeparirung, Tugenden und herrlichen Nutzen sehr curieus beschrieben und nunmehro in die hochteutsche Sprache übersetzet von dem, welcher sich jederzeit nennet Theae Potum maxime colentem", Budissin 1721. — Vorh.: Com. Bibl. Hamburg.

Tractatgesellschaft, s. Traktatgesellschaft.

Tractatio de foro haeredum competente (v. H. E. G. Schwabe). 4. Hildburgh. 774. (Krieger in Cassel). 6 gr

Tractatio de foro haeredum competente. 4. Hildburgh. Hanisch. 778.

Tractatio juridica de foro heredum competente . . . Hildburghusae 1777. V: *Schwabe, Heinrich Elias Gottlob.* (MGT) »1774« (Ky)

— juridica de jure principum vel statuum Germaniae circa sacra promiss. 4. Leipz. 751. Bödner. 3 gr

Tractatio juridica de legitimis natalibus inter illustres praesumendis . . . S. l. 1776. V: ***Rühl, Philipp Jacob.*** (MGT) (ML)

Tractationes omnium juris canonici partium ex historia ecclesiastica. 4. Braunschw. 758. Schröder. 1 ß 12 gr

Tractationes omnium juris canonici partium . . . ex historia ecclesiastica . . . illustratae . . . Brunsvigae 1759. V: *Kipping, Johann Wolfgang.* (EB)

Tractätlein, s. Traktätlein.

Tractatus absolutissimus de jurisdictionibus Coloniensibus. Wetzlariae 1752.

Tractatus anonymus de origine ac translacione et statu romani imperii, s.: Fontes iuris germanici antiqui.

— asceticus de felicitate Religiosi. 8. Augsb. 753. Wolf. 3 gr

Tractatus Brandeburgensis, hrsg. v. Alb. Schönfolder, s.: Sammlung mittelalterlicher Abhandlungen üb. das Breviergebet. II.

Tractatus, Brevis, quo disquiritur: **an nomina ungaricum et magyaricum apud veteres fuerint propria** ... S. l. 1810. V: *Bartholomaeides, László.* (Pk)

Tractatus chymicus antiquissimus et vere aureus, in quo spectare licet fundamenta chymiae etc. cum curiosis quatuor epistolis cuiusdam adepti etc. Augustae Vind.: Matz 1721. 26 Bl. 8°
Kl. 2635. Die Widmung ist an die Fraternität der R. C. gerichtet.

— de Sanctorum et praecipue B. V. Mariae cultu, auct. Rdmo D. Joanne Episcop. Castoriensi. 8maj. Poson. 786. Benedict. (Doll in Augsb.) 16 gr

Tractatus de Deo et de Religione naturali. Ad us. alumnor. Seminarii archipiscopalis Mechliniensis. 8. Mainz 815. (Müller). 20 gr

Tractatus Harloianus qui dicitur de metris editus a G. Studemund. gr. 4. (29 S.) Breslau 887. (Köhler.) n. — 75

Tractatus de diversis historiis Romanorum, s.: Beiträge, Erlanger, zur englischen Philologie.

Tractatus contra demonum invocatores. S. l. et a. V: *Vivet, Joh.* (Döll)

Tractatus de juribus incorporalibus, aus d. österr. Codex abgedruckt. *Wien*, v. Mösle (u. Braumüller.) 807. gr. 8. (12 Gr.)

Tractatus jur. 3 de subhastationibus, seu venditionibus subhasta, von verschiedenen u. vornehmsten Arten derer Vergantungen oder Gant-Recht. Franckfurt u. Leipzig 1731.

1. **Pegius**, Mart.: Tractat von Vergantungen, in specie, von Vergantung derer Kirchen-Pupillen- oder Gemeinde-Güter.
2. **Tabor**, Joh. O.: Paratitla ad Cod. libr. 10. tit. 3. von Vergantung derer dem Fisco oder Publico heimgefallenen, oder Schulden wegen verhafftbeten, Güter.
3. **Schoene**, Arn.: Disp. inaug. de Subhastationibus. Von Vergantung derer Güter solcher Schuld-Leute, welche sehr in Schulden verfallen sind.

— iuridici, v. Vergantungen, od. Gantrecht. 4. Nürnb. Felßecker. 731.

Tractatus iurid. de actis extrahendis, per legend. refer. ac transmit. 4. Wetzlar, Winkler. 730.

Tractatus juridicus von denen Dorff- u. Landes-Rechten ... 1704, s. Deneken, Johannes.

Tractatus juridicus de jure canum. Oder: Hunde-Recht, deme statt eines Anhanges beygefügt das Recht der Tauben und Hüner. Franckfurth und Leipzig 1719. V: *Pegius, Martin.* (KGBerlin I, 640)

Tractatus iuris cameralis de causarum deuolotione ad cameram imperialem ob denegatam vel protractam a proximo iudice iustitiam ... Wetzl. 1745. V: *Borié, Egid. Val. Fel. Freih. von.* (Pütter, Litt. d. Teutsch. Staatsr. Gött. 1773—91. III, 488.)

Tractatus juris publici de appellationibus et evocationibus ad curiam romanam ... Giessae 1771. V: *Horix, Joh. Bapt. v.* (ADB) Francof. et Lips. [Marburg]. (Schletter, Handb. d. jurist. Litt. Grimma 1843. S. 111.) (Ky) (EngJ)

Tractatus juris publ. de appellationibus in curiam Romanam, (v. .. Horix). 4. Marb. 771. Krieger. 8 gr

— iur. publ. de appellationibus in curiam romanam. 4. Marb. Krieger. 780.

Tract. jur. publici de pacis Rysviciensis articulo 4., ordines ac status reliquosque in Alsatia immediatos maximam partem Galliae suprematui transcribente. *Gottingae*, Dieterich. 796. 8. (14 Gr.)

Tractatus juris publici de statuum imperii R. G. jure reformandi juxta temporum seriem ... Giessen 1710. Frankf. 1725. 1771. V: *Hertz, Joh. Nicolaus.* (stri)

Tractatus de legibus et consuetudinibus regni Angliae ... [Berolini 1828.] H: *Phillips, Georg.* (Kat. d. Bibl. d. dtsch. Reichstages. Berl. 1882.)

— de Logica in scholis Philosophiae Lovanii dictatus. Editio nova. 12maj. Mecheln 823. (Mainz, Müller). 9 gr

Tractatus mago-cabbalistico-chymicus et theosophicus. Von des Salzes Uhrsprung und Erzeugung, Natur und Nutzen ... Salzburg 1727. V: *Sallwig, Gregor August.* (Mitth. Prof. Herm. F. Wagner.)

— mago-cabbalistico-chymicus, od. v. d. Salzes Ursprung und Erzeug., m. K. 4. Hamburg. 729.

— de Metaphysica in scholis Lovanii dictatus. Ed. nova. 12maj. Mainz 823. Müller. 10 gr

— Misnensis de horis canonicis. Hrsg. v. Alb. Schönfoldor, s.a. Sammlung mittelalterl. Abhandlgn. über das Breviergebet. I.

Tractatus Misnensis De Horis Canonicis. Hrsg. von Dr. Albert Schönfelder, Pfarrer in Rentschen. Breslau: G. P. Aderholz 1902. (XXIV, 161 S.) 8⁰
=[Sammlung Mittelalterlicher Abhandlungen über d. Breviergebet. Bd 1.]

Tractatus philosophico-medicus experientia

Tractatus philosophico-medicus de experientia, in quo natura experientiae describitur, et quam caute comparari debeat, explicatur, a Colleg(io) Acad(emiae) Leopold(inae) Nat(urae) Curios(orum) Vratislaviens(e) publicae luci expositus... 40 S., gbd.

Vratislaviae et Lipsiae: Bauch 1706

JB 6.695

— de Physica et chemico-physica. Ed. nova. 12maj. Mainz 824. Müller. 8 gr

Tractatus Portorii Gedanensis, cum notis editi. Gedani 1762. V: *Lengnich, Gottfried.* (ML)

Tractatus de privilegiis in genere et specie fisci. 4⁰. Zell, Hoffm., 1713.

Tractatus de Pyrotechnia et Basilistica. Vindobonae 1766. V: *Izzo, Johann Baptist.* (EB)

— de Religione revelata. Ad us. alumnor. Seminarii archiepiscop. Mechliniensis. 8maj. Mainz. 812. Müller. 22 gr

Tractatus de sacramentis in genere, et de sacramentis baptismi et confirmationis in specie, olim a professoribus seminarii Mechliniensis dictati, et deinde, sub nomine P. Dens, typis editi, nunc vero in pluribus emendati, posterioribus summorum pontificum decretis et statutis dioecesanis accommodati etc. Accedunt instructiones gallice et flandrice conscriptae de modo baptizandi infantes, ad usum obstetricantium. Editio II. Mecheln 860. (Mainz, Kirchheim.) 12. (284 S.) n. 1 ℳ

Tractatus de sacramento poenitentiae, olim editus a D. P. Dens, nunc vero ad meliorem formam redactus, in pluribus emendatus, posterioribus summorum pontificum decretis et statutis dioecesanis accommodatus, ac recentiorum auctorum animadversionibus locupletatus. Editio II. gr. 8. (464 S.) Mechliniae 862. (Mainz, Kirchheim.) *

Tractatus schedius peste

Tractatus schedius de peste quo ejus natura causae signa, prophylaxis & methodus curandi ostenduntur... authore iatrotechnô, ternae pestis observationes authopticè experto. 88 S., gbd.

Viennae: typ. Lercher 1710

JB 4.854

Selecti tractatus de actis extrahendis, perlegendis, referendis ac transmittendis diversorum celebrium auctorum: Anonymi, Besoldi, Gundlingii, Heeseri, Landwehrii, Rennemanni, Stypmanni, Waldschmidii, Weberi et Wunschii. *Wetzlar.* 730. 4.

— theologicus de vera fidei iustificantis natura etc. 8. Dresdae, Hilscher. 747.

Tractatus tres de locis quibusdam difficilioribus scripturae sacrae scilicet de arboribus scientiae ac vitae. Unde primitus mansuefacti et exculti homines? De turri Babel. 8maj. Francofurti 839. Schmerber. n. 1/6 ℳ

Tractatus tres de locis quibusdam difficilioribus scripturae sacrae scilicet de arboribus scientiae ac vitae. Unde primitus mansuefacti et exculti homines? De turri Babel. 8maj. (3¾ B.) Francofurti ad M. 839. [Lipsiae, Kersten.] *

Tractatus tres de locis quibusdam difficilioribus scripturae sacrae scilicet de arboribus scientiae ac vitae. Unde primitus mansuefacti et exculti homines? De turri Babel. Editio II. 8. (54 S.) Stuttgartiae 849. (Metzler.) n. n. 1/6 ℳ

— de viribus corporum. Ed. II. c. fig. 8. Münch. 776. Crätz. (J. Lindauer). 10 gr

Tractatus de Wurstibus. V: *Spaun, Franz Anton von.* (Franz von Spaun, Vermischte Schriften, München 1822, Anhang zum 1. Bd.) (BiblPort)

Tractatverbreitung, s. Traktatverbreitung.

Traction. Electric T' in the Simplon Tunnel [installed by] Brown, Boveri & Co., Principle Works: Baden–Mannheim–Paris–Christiania–Milan–London ... (**Umschlag:* The Simplon Electric Railway [equipped by] Br', B' & Co. Ltd., Baden ⟨Switzerland⟩). [Illustrated.] II + 51 p. 8. (Zurich, The Berichthaus, [1906].)

Tractus totius Rheni, Nova, oder neue Beschreibung des Rheni-Strowns. Nürnberg, D. Funck [1700?] 3 Bll. (Br. Mus.)

Tractus Rhenanus Inferior, excusus cura C. Weigelii Senioris Vidua. [Nuremberg 1726?] . . . . (Br. Mus.)

Tracy, Destutt, de, s. a. Destutt.

Tracy, Destutt Graf de: Charakterzeichnung der Politik aller Staaten der Erde. Krit. Com. üb. Montesquieu's Geist der Gesetze. Nach der Ausg. des 1811 in Philadelphia ersch. Orig., übers. u. glossirt, von C. E. Morstadt. Bd 1. 2. Heidelberg 1820. 21.

Destutt de Tracy. Siehe in: Mignet, Historische Schriften und Abhandlungen. Th. 1. 8⁰.

Tracy, Freder, Psychologie der Kindheit. Eine Gesamtdarstellg. der Kinderpsychologie f. Seminaristen, Studierende u. Lehrer. Mit Erlaubnis des Verf. nach der 4. neubearb. Aufl. des Originals aus dem Engl. übertr. v. J. Stimpfl. gr. 8. (XII, 158 S. m. 28 Abbildgn.) Leipzig 899. E. Wunderlich. n. 2.—; geb. n. 2.40

Psychologie der Kindheit. Eine Gesamtdarstellung d. Kinderpsychologie f. Seminaristen, Studierende u. Lehrer von Dr. Frederick **Tracy,** Prof., u. Dr. Joseph Stimpfl, Seminarl., Bamberg. Mit 48 Abb. 2. umgearb. Aufl. Leipzig: E. Wunderlich 1908. (VII, 178 S.) 8⁰ [J. u. Ant.] 08. 10410 2

Tracy, Frederick, u. Jos. Stimpfl, Psychologie d. Kindheit. Eine Gesamtdarstellg. der Kinderpsychologie f. Seminaristen, Studierende u. Lehrer. 3., verb. Aufl. (VII, 184 S. m. 60 Abb.) gr. 8. Leipzig 909. E. Wunderlich. 2.—; geb. n 2.40

Tracy, Louis, Lady Delia, s.: Kriminalromane aller Nationen.

Tracy, Louis, die Diamanten des Sultans, s.: Kriminalromane aller Nationen. 5. Bd.

— Ein unheimliches Vermächtnis, s.: Kriminalromane aller Nationen. 8. Bd.

Träd, Arda, verschiedene Wege, s.: Gumpert's, Thekla v., Bücherschatz f. Deutschlands Töchter.

Trade-Mark protection law, german, of the 30. Novbr. 1874; a. resolutions of the german Bundesrath respecting the carrying out of the trade-mark protection law. gr. 8. (9 S.) Berlin 875. C. Heymann's Verl. in Comm. — 30

Tradescant Lay, China, s. Lay, T.

Die **Tradition** als Glaubensquelle. Paderborn, Bonif.-Druckerei, 1873. kl. 8°. 10 Bl. (Bonif.-Brosch. Jahrg. 4, Heft 10.)

Tradition u. Urkunde vom Fürstenhause Anhalt in der Grafschaft Askanien. 16. (32 S.) Dessau 878. Barth. n. 1. —

Traditionen zur Charakteristik Österreichs, seines Staats- und Volkslebens unter Franz I. Leipz. 1844. V: *Schönholz, Friedrich Ant. Freih. v.* (Feil) (GGr) (Oest. Rundschau. 1883. I, 717.) (Neue Freie Presse. 25. 9. 1902.)

Traditionen zur Charakteristik Oesterreichs, seines Staats- u. Volkslebens, unter Franz I. 2 Bde. 8. (39 B.) Leipzig 844, Hartknoch. à 1 Thlr. 15 Ngr.

Die Traditionen des Hochstifts Freising. Hrsg. v. Theodor Bitterauf. (Vorr.: Sigmund Riezler.) Bd 1. 2. München: Rieger 1905–09. 8°
1. 744–926. Mit 1 Taf. 1905. 2. 926–1283. 1909.
(Quellen u. Erörterungen z. bayer. u. deutschen Geschichte. N. F. Bd 4. 5.)

Traditionen, die, preußischer Politik niedergelegt in drei geschichtlichen Aufsätzen, entsprechend der nationalen, der politischen, der religiösen Grundlage des preußischen Staates. Berlin 859. J. Springer. Lex.-8. (VII, 56 S.) 18 ngr.

Traditionen, Die, über die Stiftung der olympischen Spiele. [Tübingen 1881.] V: *Knapp, Paul.* (Cat. d. Stadtbibl. Zürich. Zürich 1864—97.)

Traditiones et antiquitates Fuldenses. Hrsg. v. Ernst Friedr. Joh. Dronke. gr. 4. (32½ B. u. 1 Stnt.) Fulda 844, Müller'sche Buchh. *

Traditiones Corbejenses. Herausgeg. von Paul Wigand. gr. 8. Leipzig 843, Brockhaus. 24 ngl

Traditiones possessionesque Wizenburgenses. Spirae 1842. H: *Zeuss, Johann Caspar.* (EB)

Traditions, les, chronologiques chrétiennes, confrontées avec les mesures astronomiques des temps moyens solaires et lunaires. Vienne 858. Gerold. gr. 8. (36 S. u. 1 Tab. in Fol.) n. 27 ngr.

Traditions of the Scottish Peasantry etc., s. Langerhanns.

Traditions populaires du Rhin, de la Forêt-Noire, de la Vallée du Nècre, de la Moselle et du Taunus. Publ. par (A.) Schreiber et autres. 2. édit. considérabl. augm. (II Vol.) 8. (20½ B. u. 32 Kpfr.) Heidelberg 830, 31, Engelmann.
Vgl. Schreiber, Alo., Sagen.

Traditionsbücher, drei Bayerische, aus dem XII. Jahrhundert. Festschrift z. 700jähr. Jubiläum d. Wittelsbacher Thronbesteigung. Herausg. von den Accessisten am kgl. bayer. allgem. Reichsarchive, *Hans Petz*, Dr. *Herm. Grauert*, *Joh. Mayerhofer.* München, Max Kellerer, 1800. Gr. 4°. Eleg. blauer Srsb. m. Goldtit. auf Deckel.

Traditions-Codex, der älteste, d. ehemal. Collegiatstifts St. Castulus zu Moosburg. Hrsg. v. Max v. Freyberg. Lex.-8. (5¾ B.) München 840, Franz.
Aus: Oberbayersches Archiv f. vaterl. Geschichte, 2. Bd., besond. abgedruckt.

Traditionswesen, das jüdische, dargestellt in des R. Moses Maimonides Einleitung in seinen Mischnahkommentar, namentl. zur Mischnahordnung Seraim. Gedachte Einleitung aus dem Hebräischen in's Deutsche übers. u. mit sacherklär. Anmerk. versehen v. R. J. Fürstenthal. 8. (5 B.) Breslau 842, (Kern.) *

Tradizioni italiane per la prima volta raccolte in ciascuna provincia dell' Italia e mandate alla luce per cura di rinomati scrittori italiani. Opera diretta da Angelo Brofferio. Vol. 1. (Puntata 1—6.) gr. 8. (à 2 B.) Torino 846. (Triest, Favarger.) à

Tradizioni italiane per la prima volta raccolte in ciascuna provincia dell' Italia e mandate alla luce per cura di rinomati scrittori italiani. Opera diretta da Angelo Brofferio. Vol. 1. Puntata 1—6. gr. 8. (S. 1—192.) Torino 847. (Triest, Favarger.) (à n. 4½ ngr) n. 27 ngr

Tradt, C., Lehrgang beim Schreibunterricht. 45 Vorschriften in 3 Abthlgn. Dessau (857.) Baumgarten u. Co. in Comm. 4. (12 lith. Taf.) 15 ngr.
Inhalt. 1. Abth.: Deutsche Currentschrift. 4½ ngr. — 2. Abth.: Englische Cursivschrift. 4½ ngr. — 3. Abth.: Planschrift, Gothisch u. Fractur. 7 ngr.

Tradt, Herm., s.: Lehrhefte f. den Unterricht an Handwerker- u. Gewerbeschulen.

Le **Traducteur**. Halbmonatsschrift zum Studium der deutschen und französischen Sprache. Jg. 1–(45). La Chaux de Fonds: Lüthy 1893–(1937). 8°
Red.: G. Bickel.

Traducteur, le. Journal bimensuel destiné à l'étude des langues française et allemande. Halbmonatsschrift, dem Studium der deutschen u. französ. Sprache bestimmt. 4.—6. année. 1896—1898. à 24 nrs. (Bog.) gr. 8. La Chaux-de-Fonds, Administration. à Jahrg. n. 3. 20
Kann auch halbjährlich f. n.n. 1. 70 bezogen werden.

Traducteur, le. Journal bimensuel destiné à l'étude des langues française et allemande. Halbmonatsschrift, zum Studium der deutschen u. französ. Sprache bestimmt. 7. et 8. année 1899 et 1900. à 24 nrs. gr. 8. (à ca. 8 S.) La Chaux-de-Fonds, Administration. (Nur direkt.) à Jahrg. n. 3. 20; halbjährlich n.n. 1. 70

— Halbmonatsschrift zum Studium d. französ. u. deutsch. Sprache. Journal bimensuel destiné à l'étude des langues allemande et française. 9. et 10. année 1901 et 1902. à 24 nrs. gr. 8. (à Jahrg. IV, 384 S.) Ebd. à Jahrg. n. 4.—; halbjährlich n. 2. 20

Traducteur, le. Halbmonatsschrift zum Studium der französ. u. deutschen Sprache. Journal bimensuel destiné à l'étude des langues allemande et française. 11.—14. année 1903—1906 à 24 nrs. (à Jhrg. IV, 384 S.) gr. 8. La Chaux-de-Fonds, Verlag des Traducteur. (Nur direkt.) à Jhrg. n.n. 4. —

Traducteur, le. Halbmonatsschrift zum Studium der französ. u. deutschen Sprache. Journal bimensuel destiné à l'étude des langues allemande et française. 15.–18. année. 1907—1910. à 24 nrs. (à Jahrg. IV, 384 S.) gr. 8. La Chaux-de-Fonds, E. Lüthy. à Jahrg. 4. —

Traducteur, au, franç. d'un liv. allem. intitulé: correspondance secrète concernant la Constitution de la Prusse depuis le règne de Frédéric Guillaume II. gr. 8. Berl. Schöne. 788.

Traduction du bulletin des lois pour l'Alsace-Lorraine. Année 1875. gr. 4. (63 S.) Mannheim 877. Schneider. n. 2. 40

— dasselbe. Année 1876. gr. 4. (54 S.) Ebend. 878. n. 2. 10

— dasselbe. Année 1877. gr. 4. (50 S.) Ebend. 879. n. 2. 10

Traduction du bulletin des lois de l'empire. Année 1874. gr. 4. (64 S.) Strassburg, Schneider. *

Traduction du bulletin des lois de l'empire. Année 1874. gr. 4. (64 S.) Strassburg 876. Schneider. n. 2. 40

Traduction d'une Lettre Allemande adressée à LL. EE. les Louables Cantons Suisses. Par la Bourgeoisie Générale de Fribourg. En Décembre 1782. 8. s. l.

— littérale du Shasta, ou Livre sacré des Geutoos, appellé Shasta Blade, dédié aux Philosophes inconnus par un Ex-Visionaire. 8. Sulzb. 784. v. Seidel. 1 ℛ

Traduction du réglement pour les juges établis dans les affaires d'accise, et de péage, afin que justice soit rendüe sans longeur, promtement . . . Donné à Berlin, ce 11 juin 1772. (Berlin: Decker 1772.)

Traduction Du Rescript Circulaire De Sa Majesté Le Roi De Prusse à Ses Ministres Dans Les Cours Etrangères En Date De Berlin Le XXIII. Octobre MDCCLVI. Pour Servir De Réponse à Celui, Que L'Impératrice Reine D'Hongrie Et De Bohème A Adressé Aux Siens Le XX Septembre De La Présente Année. Berlin. V: *Vette, Christian Rudolf von.* B: *Podewils, Heinrich Graf von & Carl Wilhelm Finck Graf von Finckenstein.* (Preußische Staatsschriften. III. Berlin 1892. S. 424 f.)

Traductions des Bulletins du Quartier general de S. M. Danoise. 4. Kopenh. 81L. Bonnier. 12 ℛ

— des regles du jeu de Reversy, de l'Italien en Français, avec ses prémiers principes pour servir d'instruction aux nouveaux joueurs. 12. Götting. 759. Dieterich. 12 ℛ

Traduttore, il. Halbmonatsschrift zum Studium der italien. u. deutschen Sprache. Giornale bimensile per lo studio delle lingue tedesca e italiana. 1.—3. anno. 1908—1910. à 24 Nrn. (IV, 192; IV, 384; IV, 384 S.) gr. 8. Ebd. à Jahrg. 4. —

Traduzione italiana de Dialoghi etc. s. Dialoghi.

Trafford, F. F., Maxwell Drewith, — George Geith of Fen court, — the race for wealth, — Far above Rubies, } s. Collection of British Authors.

Trafford, F. G. [Mrs. Riddell], the earl's promise, s.: Collection of brit. authors.

Trafrathshofer, Joh. Bapt., der heilige Magnus, Apostel des Algäus. Nebst Rückblicken auf Gall's u. Kolumban's Leben u. auf die wichtigsten Momente in der Christianisirungsgeschichte unserer Gegenden bis auf die Zeiten des heil. Magnus. Ein historischer Versuch. gr. 8. (... B. u. Bildn. des Heiligen.) Kempten 813, Kösel'sche Buchh.

Tragan, Frz., Repetirgewehr M. 1886. System Mannlicher. (1 Taf. in Farbendr.) Wien 887, (Seidel und Sohn.) *

Tragan, Karl, über Bodenbereitung, s.: Sammlung gemeinnütziger Vorträge.

Tragard, E., an titulus τέκτων Mc. 6, 3. Servatori recte tribuatur. Gryph. 1781. 4.

Traegard, El., compendium grammat. hebraeo-biblicae, anomaliis exceptis. 8. Greifsw. 756. Struck. 6 ℛ

Trägard, Elias [Praes.], s. Frantzich, Konrad: De origine artis scribendi.

Trägard, El., Meditationes philologicae de ortu et duratione linguae primaevae. Gryphisw. 798. 8.

Trägårdh, Ivar

The Acari of the Swedish South Polar Expedition. By Ivar **Trägårdh.** With 3 pl. and 56 text-fig. Stockholm: Lith. Inst. d. Generalstabs; Berlin: A. Asher & Co. 1907. (34 S.) 4°
— **Ergebnisse**, Wissenschaftl., d. Schwed. Südpolar-Expedition 1901–1903. Bd 5, Lfg 11. [08. 5376

Die Acariden. Zugl. e. Beitrag z. Kenntnis d. Entwickelungsgesch. d. Bdelliden von Ivar **Trägårdh.** (Hierzu 2 Taf.) *Stockholm 1900: P. A. Norstedt & söner.* (24 S.) 8°
— Beiträge z. Fauna d. Bären-Insel. 5.
— **Handlingar**, K. Svenska Vetenskaps-Akademiens. Bihang. Bd 26, Afd. 4, No 7. [03. 11246

Trägårdh, Ivar, Acariden aus dem Sarekgebirge, s.: Untersuchungen, naturwissenschaftl., d. Sarekgebirges in Schwedisch Lappland. IV, 4.

Beiträge zur Kenntnis der schwedischen Acaridenfauna von Ivar **Trägardh**, Upsala. 1. *Stockholm 1902: P. A. Norstedt & söner.* 8°
— **Handlingar**, K. Svenska Vetenskaps-Akademiens. Bihang. Bd 28, Afd. 4, No 5. [03. 13751

Trägårdh, Jvar, Beiträge zur Kenntnis der Dipterenlarven. 1. Zur Anatomie u. Entwickelungsgeschichte der Larve v. Ephydra riparia Fall. (42 S. m. 4 Taf.) gr. 8. Stockholm 03. (Berlin, R. Friedländer & Sohn.)
Sonderabdruck aus: „Arkiv f. zoologi". n. 2. —

Trägårdh, Ivar: Zur Kenntniss der litoralen Arten der Gattung Bdella Latr. von Ivar Trägårdh, Upsala. Mit 2 Taf. Stockholm 1902: P. A. Norstedt & Söner. (24 S.) 8°
(Handlingar, Svenska Vetenskaps-Akademiens. Bihang. Bd 27, Afd. 4, No 9.)

TRÄGÅRDH, Ivar Oskar Herman.
Monographie der arktischen Acariden. Inaugural-Dissertation von Ivar Trägårdh. Jena 1904. 4:o. 78 s., 1 pl. (Ur: Fauna arctica, Bd 3.)
Diss. Uppsal. phil.

Tragau, Carl, s. Tragau, Karl

Tragau, Frz. Repetirgewehr M. 1888. Placat in Farbendr. Imp.-Fol. Wien 889. (Klagenf., v. Kleinmayr.) ** 1 —

Tragau Hedwig: Die antiken Elemente in Wielands Roman „Aristipp".
II. 1910 PN 2978 Diss. Wien Univ. 366

Tragau, Karl, über Bodenbereitung, s. Sammlung gemeinnütz. Vorträge.

Tragau, K., die Geflügelzucht, s.: Sammlung gemeinnütziger Vorträge.

—— der Getreidebau auf wissenschaftlich-praktischer Grundlage, s. Sammlung gemeinnütz. Vorträge.

—— die Kartoffel und ihre Kultur, s. Sammlung gemeinnütziger Vorträge.

Tragau, K., die Korbweidenkultur, s. Sammlung gemeinnütz. Vorträge.

Tragau, Karl, Cultur d. Beerenobstes u. dessen Verwerthung, s.: Sammlung gemeinnütziger Vorträge.

— die Obstbaum-Kultur, s. Sammlung gemeinnütziger Vorträge.

—— die Pflege landwirthschaftlicher Hausthiere, s. Sammlung gemeinnütz. Vorträge.

— Verwerthung d. Obstes, s.: Sammlung gemeinnütziger Vorträge.

—— die Wiesen und ihre Kultur, s. Sammlung gemeinnütziger Vorträge.

Tragau, Carl, und Geo. Bruder, Tafeln zur Benützung beim Studium der Geologie und Palaeontologie, nach Anleitung des Prof. Gust. C. Laube zusammengestellt und gezeichnet. gr. 4. (19 Stnt. in qu. Fol. mit 2 S. Text.) Prag 878, Calve'sche Universitäts-Buchh. *

Tragedie del Conto Alfieri. 2 Vol. gr. 8. Berl. Dunker et H. 811.

Tragédies, trad. du Grèc d'Euripides p. Prevost. III Toms. 12. Paris, (Ettinger, Gotha.) 783.

Tragemunt, C, Gedichte. 8. (VI, 91 S.) Marburg 876. (Braun.) n. 1. —

Traeger, Alb., 1870. Sechs Zeitgedichte. 16. (26 S.) Berlin 870. Lipperheide. — 25

Traeger, Alb., Gedichte. 1. Aufl. 1858 und 2., durchgeseh. und vielverm. Aufl. gr. 16. (XVI und 171 S.) Leipzig 861, Keil. geb. *

Traeger, Alb., Gedichte. 3.—5., neuverm. Aufl. 16. (XVI und 245 S.) Leipzig 863—66, Keil. geb. mit Goldschn. *

Traeger, Alb., Gedichte. 7. neuverm. bis 11. Aufl. gr. 16. (XVI, 313 S.) Leipzig 870—75, Keil. geb. mit Goldschn. (*M 4,50.)

Traeger, Alb., Gedichte. 13. und 14. verm. Aufl. (XVIII, 407 S.) 1880; 15. und 16. verm. Aufl. 12. (XVIII, 418 S.) Leipzig 882,84, Keil's Nachf. geb. mit Goldschn. *

Traeger, Alb., Gedichte. 17., verm. Aufl. 12. (XVI, 448 S.) Leipzig 892. E. Keil's Nachf. Geb. in Leinw. m. Goldschn. n. 5. 50

Traeger, Alb., Gedichte. 18., verm. Aufl. (XVII, 452 S.) kl. 8. Stuttgart (909). Union. Geb. in Leinw. 5.50

Traeger, Albert [pr. Arzt in Steele]: Zur Casuistik der Pleuritis im Greisenalter ... Jena, Druck v. A. Kämpfe, 1894; 35 S. 8.
Jena, Med. Fak., Inaug.-Diss. v. [8. Okt.] 1894

—— s. Kunst, deutsche, in Bild und Lied.

—— deutsche Lieder, s. Lieder.

Träger, Alb., Morgenstündchen einer Soubrette, s. Bühnenfreund, der.
—— dass. — s. Theater-Mappe.

— die letzte Puppe, s.a. Solo-Scene.

—— die letzte Puppe. Solo-Scene. 16. (34 S.) Wien 864, Schönewerk. [Troppau, Kolck.] * 10 Ngr.; geb. *

Die letzte Puppe. Solo-Scene von Albert Traeger. 2. Aufl. *Berlin: E. Bloch (1894).* (18 S.) 8° [F.]
— Solo-Scene. No 11.

Traeger, Alb., Stimmen der Liebe, s.a. Stimmen.

— Stimmen der Liebe. Gesammelt. Mit 13 (lith. u.) color. Illustr. u. 27 (eingedr.) Holzschn. nach Zeichngn. von L. Hofmann. Leipzig 861. C. F. Winter. gr. 4. (VIII, 199 S.) n. 7 ℛ 20 ngr.

—— Tannenreiser. Weihnachts-Arabesken. gr. 8. (VII und 188 S. mit eingedr. Holzschn. und 8 Holzschntaf.) Wien 864, Schönewerk. [Troppau, Kolck.] 2 Thlr.; geb.

— Uebergänge. Novelle. Leipzig 860. C. F. Winter. 16. (3 Bl., 156 S.) n. 20 ngr.

Traeger Alois: De deorum fabulis Statianis. H. 1892 PN 728 Diss. Wien, Univ. 1505

Träger, B. H., der homöopathische und hydropathische Dorf-Hausarzt. Ein nothwendiges Handbuch für Landbewohner und Auswanderer zu eigener Behandlung und Heilung innerer u. äußerer Krankheiten und Wunden und plötzlich eintretender Unglücksfälle etc. Nebst einer Einleitung in das Wesen der Homöopathie und Wasserheilkunde überhaupt. 2. (Titel-)Aufl. Leipzig (847.) 853. Hentze. 8. (XVI, 237, 80 S.) 20 ngr.

— der homöopathische Dorf-Thierarzt. Ein nützliches Handbuch zunächst für Oeconomen und Landleute zur Behandlung und Heilung erkrankter Pferde, Rinder, Schafe, Ziegen, Schweine und Hunde. Nebst einer Einleitung zur Homöopathie überhaupt. 2. (Titel-)Aufl. Leipzig (846.) 853. Hentze. 8. (IV, 80, 64, 120 S.) 15 ngr.

Träger, B. H., der homöopath. Haus- u. Thierarzt zunächst f. den Landmann. 1—5. Hftchn. 8. Nordhausen 846, 47, Fürst.
A. u. d. Ttln.:
Hftchn. 1. Das erkrankte Pferd, nebst e. Einleitung zur Homöopathie überhaupt. (5 B.) 10 Ngr.
" 2. Das erkrankte Rind. (4 B.) 10 Ngr.
" 3. Die erkrankten Schafe, Ziegen, Schweine, Hunde. (7½ B.) 10 Ngr.
" 4. Der erkrankte Mensch. A. u. d. Ttl.: Der homöopath. u. hydropath. Hausarzt, zunächst für den Landmann. Nebst e. Einleitung in das Wesen der Homöopathie u. Hydropathie überhaupt. (16 B.) 20 Ngr.
" 5. Der Hausarzt bei plötzlich eintret. Unglücksfällen. (5 B.) 10 Ngr.

Traeger, Bruno: Nonnulla de urticaria. Halis (1860): Orphanotropheum. 27 S. 8°
Halle-Wittenberg, Med. Diss. v. 23. Mai 1860
Geb. Döhlen bei Torgau [20. 6. 1836]. V.

Träger, C. G.: „Versicherungs-Anstalt für Wechsel, Capitalien, auch Buch- oder Rechnungsschulden, unter dem Namen allgemeine Versicherungs-Bank für das Königreich Bayern, auch andere Staaten", Nürnberg 1841. — Vorh.: Com. Bibl. Hamburg.

Träger, Carl, s. Träger, Karl

Träger, Ernst: Geschichte des Alexandriners. 1. Teil: Der französische Alexandriner bis Ronsard. . . . Leipzig, Druck v. Hesse & Becker, 1889; 84 S. + 1 Bl. 8°
Leipzig, Phil. Fak., Inaug.-Diss. v. 15. Jun. 1889

Träger, Ernst, Dr.: Milton's **Paradise** Regained. *(Werdau 1900: J. Booch.)* (53 S.) 8° [Umschlagt.]
Werdau, R, P 1900 (023)

Traeger, Eug., im **Banne der Nordsee.** 2. Aufl. Mit 1 Titelzeichng. v. J. Alberts. 12. (VII, 67 S.) Kiel 897. H. Eckardt. n. 1. —

Die geologische Erforschung der Nordseewatten v. Eugen **Traeger.** Sonderabdruck aus dem „Globus". Bd. 79. Nr. 19 [Braunschweig.] 1901. 8°

Traeger, Eug., die Halligen der Nordsee, s.a. Forschungen zur deutschen Landes- u. Volkskunde.

Traeger, Eugen: Die Halligen der Nordsee. Mit 3 Karten und 19 Textillustrationen. Stuttgart 1892. 117 S.
= Forschungen zur deutschen Landes- und Volkskunde. Bd. 6. Heft 3. 8°.

Traeger, Eug., die Rettung der Halligen u. die Zukunst der schleswig-holsteinischen Nordseewatten. Mit 10 Abb. u. Skizzen. gr. 8. (48 S.) Stuttgart 900. Hobbing & Büchle. n. 1. 20

Ⓑ **Träger,** Eug., d. Rettung d. Halligen. 900. (KBL 32.) Jetzt: Stuttgart, A. Zimmer.

EUGEN TRÄGER, Johann Georg Steinberger, Breslauisches Tagebuch. 1740—1742. Im Auftrage des Vereins für Geschichte und Alterthum Schlesiens herausgegeben. Breslau 1891. Josef Max & Komp. 8°.

Träger, Eugen [aus Grunau]: Die Volksdichtigkeit Niederschlesiens . . . . (Aus: Zeitschr. f. wiss. Geogr.) Weimar, Geograph. Inst., 1888; 3 Bl. + 36 S. u. 1 Karte 8°
Kiel, Phil. Fak., Inaug.-Diss. v. 8. März 1888

Träger, (Fr.,) Samml. architekton. Verzierungen zu bürgerl. Stadt-Wohngebäuden, Landhäusern u. s. w. 1s u. 2s H. qu. Fol. Berl. 824, Herbig. 1s H. 3 Rthl. — 2s H. 4 Rthl.

Traeger, Franz, K. Gymnasiallehrer in Landshut: Studien zur Sprache von Notkers „Boetius". Landshut 1906: J. Thomann. (47 S.) 8° [F.] ¶[= Programm des Gymn. in Landshut 1905/6.]
München, Phil. Fak., Ref. Paul, Diss. v. 1. Juli 1906
[Geb. 27. Okt. 69 Tuching, Bez.-Amt Freising; Wohnort: Landshut; Staatsangeh.: Bayern; Vorbildung: Gymn. Freising Reife Aug. 89; Studium: München 10 S.; Rig. 1. Juli 06.]

Traeger, Friedr. Mor., Handbuch f. Gold- u. Silberarbeiter, Gürtler u. Plattirer. Eine Sammlung praktisch erprobter Recepte, mit Abhandlung über die Eigenschaften u. den Gebrauch sämmtlicher Metalle. 8. (9½ B.) Stuttgart 842, Krabbe. —

— — unentbehrliches Taschenbuch für Gold- u. Silberarbeiter, Gürtler u. Plattirer. Eine Sammlung praktisch erprobter Recepte mit Abhandlung über die Eigenschaften u. den Gebrauch sämmtl. Metalle. 2. Ausgabe des „Handbuchs f. Goldarbeiter." 8. (9½ B.) Stuttgart 844, Krabbe. *

Träger, J. A. F. Th.

Träger, Th., der Brustkasten der Mutterstuten in seinem Bau durch die Lebensverhältnisse derselben bedingt u. in seiner Form nach Umständen auf die Landespferdezucht übertragen, dargestellt mit Bezugnahme auf die Gutachten der hippolog. Experten des Landes, enthalten in den „Annalen der Landwirthschaft der k. preuss. Staaten." Imp.-4. (1 B. u. 3 Stnt.) Leipzig 845, Friedr. Fleischer. *

Träger, [J. A. F.] Th.: Die Füllenkrankheiten. E. Handbuch für Thierärzte u. grössere Züchter. Weimar 1839. XIV, 192 S.
(Träger, Th.: D. Jugendkrankheiten d. gesamten Haus-Säugethiere. Thl 1.)

— — Gebrauchsanweisung zur homöopathischen Veterinär-Apotheke. (21 S.) Leipzig 68. Dr. W. Schwabe. M. —.25

— s. Jahrbuch für Pferdezucht, Pferdekenntniß.

Träger, Th., die Jugendkrankheiten d. gesammten Haus-Säugethiere. Ein Handb. f. Thierärzte u. größere Züchter. 1. Thl. — A. u. d. T.: Die Füllenkrankheiten. gr. 8. (13 B.) Weimar 839, Voigt.

Träger, J. A. F. T., die gewöhnl. Krankheiten d. Zug- u. Nutzviehes, mit besond. Rücksicht auf d. Verschläge. Eine kurze u. verständl. Anweis. zur leichten u. sichern Erkennung u. richtigen Behandl. ders. Vorzugsweise f. d. Provinz Sachsen bearb. 8. (5 B.) Merseburg 832, (Römer. ?) Thlr.

Träger, J. A. F. T., die gewöhnlichsten Krankheiten d. Zug- u. Nutzviehes, mit besond. Rücksicht auf die Verschläge. Eine kurze u. verständl. Anweis. z. leichten u. sichern Erkennung u. richtigen Behandl. derselben. 8. (5 B.) Leipzig 836, [Lorck.]

Träger, J. A. F. T., die gewöhnlichsten Krankheiten des Zug- u. Nutzviehes, mit besond. Rücksicht auf die Verschläge. Eine kurze u. verständliche Anweisung zur leichten u. sichern Erkennung u. richtigen Behandlung derselben. 8. Leipzig 836. Weber. ¼ ℳ

Träger, Th., Studien u. Erfahrungen im Bereiche der Pferdekunde. Eine Sammlung v. Beobachtgn. über das Wesen des Pferdes, die günstigen u. ungünstigen Resultate der Züchtung, Erziehung, Pflege, Training u. Rennen, so wie auch über das Wesen der Erbfehler, die Mechanik des Ganges u. Belehrung üb. Geburtshülfe u. Jugendkrankheiten, wie überhaupt üb. die Krankheiten des Pferdes u. deren homöopath. Behandlung 2c. gr. 8. (113 S.) Sondershausen 851, Eupel. ⅔ ℳ

Träger, Th., Studien und Erfahrungen im Bereiche der Pferdekunde wie der gesammten Thierheilkunde. Eine Sammlung von Beobachtungen über Züchtung und Erziehung des Pferdes, das Wesen der Erbfehler, Mechanik des Ganges, Belehrung über Geburtshülfe und Jugendkrankheiten, wie überhaupt über Krankheiten der Pferde, Rinder, Schaafe, Schweine und Hunde und deren homöopathische Behandlung. 2., verm. Aufl. gr. 8. (VIII und 160 S.) Sondershausen 858, Eupel's Verlag. —

Träger, Johann Andreas

— auch ein Wort üb. Toleranz. 8. Ingolst. 803.

Träger, J.A.(Hrsg.), s.a. Aufschlüsse, historische, über Religion- u. Kirchenwesen in Rußland.

Träger, Jh. Andr., histor. Aufschlüsse üb. Religion u. Kirchenwesen in Rußland, aus ächten Quellen geschöpft. 3 Hefte. 8. Landsh. 814—17. (Storno).

— histor.-geograph.-statist. Beschreib. d. k. baier. Pfarrdistrikts Laberberg im Regenkreise. Nebst 1 Situationskarte. 8. Landsh. 818. Krüll. 6 gr.

Träger, Joh. Andr., histor.-topograph.-statist. Beschreibung von d. Markt- u. Pfarr-Distrikte Rotthalmünster, kgl. bayer. Landgerichts Griesbach im Unter-Donaukreise. M. 3 Beilagen archivischer Stiftungs-Urkunden v. J. 1495, 1514 u. 1521, nebst noch 6 Abschriften, die sich auf obige archiv. Stifts-Urkunden beziehen. gr. 8. (5 B. u. d. Verf. Bildn.) Passau 830, Pustet.

— Geschichte der Stadt Kellheim. Mit einem Anhang v. Abschriften aus dem ältesten Privilegien-Codex dieser Stadt vom Jahre 1335—1720. Mit des Verf. Bildn. 8. Passau 823. Pustet. 16 kr

— Ideen zu einer künftigen Revision üb. d. Alter Karls d. Großen u. seiner ersten rechtmäß. Vermählung mit Hildegard. 8. Landsh. 820. (Thomann). 6 kr

— s. F. A. T. Kelteger.

- s. Sittenlehrer, der christl.

- s. Theses wider Zschokke's baier. Geschichte.

— Versuch e. Beitrags zur Länder u. Völkerkunde, od. histor. Beschreib. d. Kosaken. 8. Ingolst. 813.

Träger, Karl

Der Zimmer- und Balkongärtner oder: Wie behandle ich meine Topfpflanzen. Von Carl **Träger**. *Berlin: Tessaro-Verl. [1902].* (45 S., 8° [F.]
— Volksbücher. 32.

Traeger, L., s.: Zement- und Beton-Adressbuch Deutschlands.

Traeger, Ludw., die zeitliche Herrschaft d. Strafgesetzes, s.: Darstellung, vergleichende, des deutschen u. ausländ. Strafrechts. VI.

Traeger, Ludw., der Kausalbegriff im Straf- u. Zivilrecht. Zugleich e. Beitrag zur Auslegg. des B. G. B. (XII, 391 S.) gr. 8. Marburg 904. N. G. Elwert's Verl. n. 7. 50

Traeger, L.: Der Schutz gegen unlautere Konkurrenz im Geb. des preußischen Landrechts.

Traeger, Ludw., Wille, Determinismus, Strafe. Eine rechtsphilosoph. Untersuchg. gr. 8. (IV, 272 S.) Berlin 895. Puttkammer & Mühlbrecht. n. 4. —

Träger, Ludwig Martin

— Diss. de conscientia erronea. 4. Halle 767.

Träger, Ldw. Mart., († d. 23. Oct. 1772.) Metaphysik. 2 Thle. 8. Halle 770. Hendel. 20 gr

— Progr. üb. d. Nutzen des Examinirens auf Universitäten. Eine Einladungsschrift. 4. Halle 771. Hendel. 2 gr

Traeger, Otto, Dir.: [Bericht über die Einweihung des neuen Progymnasialgebäudes.] *Hattingen a. d. Ruhr 1902: C. Hundt Wwe.* (S. 18—22.) 4°
Hattingen a. d. Ruhr, st. PG ⟨m. wahlfr. Engl.⟩, P 1902 (393)

—: [Bericht über die Feier der Einweihung des neuen Progymnasialgebäudes S. 18—22. 4.
Städt. Progymn. (mit wahlfreiem Engl. statt Griech.)
Progr. *Hattingen a. d. Ruhr* 1902 (393).

Traeger, Otto, Dir.: Bisheriger Lebens- und Bildungsgang der zur Zeit an der Anstalt wirkenden Lehrer. *Hattingen a. d. Ruhr 1901: C. Hundt sel. Wwe.* (S. 15—17.) 4° [F.]
Hattingen a. d. Ruhr, st. PG ⟨m. wahlfr. Englisch⟩, P 1901 (414)

Träger, P., histor. Aufschlüsse über Religion und Kirchenwesen in Rußland, aus echten Quellen geschöpfet. 8. (Landshut, Storno in Comm.) 817.

Traeger, P., s.: Süd- u. Mittel-Amerika.

[F.] **Traeger**, Paul: Die Politische Dichtung in Deutschland. E. Beitr. zu ihrer Geschichte während d. ersten Hälfte unsres Jhs. M. e. Arbeit über: Friedrich von Sallet. Sein Leben u. seine Werke ... (Theil e. gröss. Arb. über: Frdr. v. Sallet, s. Leben u. s. Werke.) Berlin, Druck v. F. W. Schapke, 1895; 2 Bl., 44 S., 1 Bl. 8.
München, Phil. Fak., Inaug.-Diss. v. 1895

Träger, Th., s. Träger, J. A. F. Th.

Träger, Edler v. Königinberg, F. X., alphabet. Darstell. der Fall-Verjährung-Ersitzungs-Fristen u. a. Zeiträume, welche in rechtl. Fällen beobachtet werden müssen. Lex.-8. Prag 825. Calve. 10 kr

— die für den Handel- u. Gewerbestand, als auch jeden andern Borggeber sehr nützl. Darstell. derjen. Individuen, denen man nach Vorschrift der allgem. Gerichtsordnung rc., entweder gar nicht, od. nur bedingt eine Geldsumme od. eine Waare borgen kann, u. die man beim Creditiren aufs pünktlichste zu beachten hat rc. gr. 8. Prag 826. (Leipz., Centr.-Compt.) 12 gr

Träger, Edler v. Königinberg, Fr. Xav.: Darstellung d. wechselseit. Verwandtschaft d. einzelnen Paragraphen des allgem. bürgerl. Gesetzb., die sowohl beim Studio dieses Gesetzb., als auch bei Entscheid. der dasselbe betreff. Rechtsgegenstände nachgeschlagen und mitgedacht werden müssen. *Prag*, Borrosch u. André. 826. gr. 12. (6 Gr.)

— Klassificirung d. Concursgläubiger, nach Vorschrift der österreich. allgem. Concurs-Ordnung u. der später erlassenen Verordnn. u. gesetzl. Erläuterr. Alphabet. verfaßt. gr. 12. Prag 826. Borrosch u. A. 8 gr

Tragicomoedia, Benedicti ab Annunciatione, de Geyza, Salamone, Vido et Albensibus. Tyrnaviae 1714. V: *Schwachótzy, Bened.* (pk)

Tragicorum graecorum fragmenta recens. Aug. Nauck. Lipsiae 856. Teubner. gr. 8. (XVI, 784 S.) n. 5 Thlr. 20 ngr.

Tragicorum graecorum fragmenta, recensuit A. Nauck. Ed. II. gr. 8. (XXVI, 1022 S.) Leipzig 889. Teubner. n. 26. —

Tragicorum Latinorum reliquiae; recensuit Otto Ribbeck. gr. 8. (XVIII u. 442 S.) Lipsiae 852, Teubner. n. 3 Thlr.

Tragie u. Triumph. Eine Darstellung v.......s Cl...... Gütersloh 866. Bertelsmann's Verlag. 12. (141 S.) n. 12 ngr.

Tragikomödie, eine ungarische. Gedichtet und gespielt im Jahre der Geburt Shakespeares und Marlowes, 1564. Wörtlich übersetzt nach dem einzig noch vorhand. Exemplare. Mit Vorwort über den Dichter und mit Nachwort über den Helden des Stückes von K. M. K. gr. 8. (71 S.) Leipzig 874, Veit und Comp. *

Tragl, Alex., vaterländische Aufsätze für die Unterstufe der österreichischen Mittelschulen. Mit Berücksicht. d. deutschen Lesebücher v. Kummer-Stejskal u. Lampel zusammengestellt u. bearb. gr. 8. (VIII, 93 S.) Innsbruck 902. Wagner. n. 1. 20

Tragl, A.: Über Lessings dramatische Entwürfe, Pläne und Fragmente. 21. Böhm.-Leipa 1882.
Progr.

Tragl, **Alexander**: Leipaer **Familiennamen**. 8 (30 S.).
Progr. K. k. Staats-Ober-G. *Böhm.-Leipa* 1896.

Tragl, Alexander: Rede, gehalten am 9. Mai 1905 bei der Schillerfeier am k. k. Staatsgymnasium in B. Leipa. S. 28–32. 8.
Progr. K. k. Staats-Obergymn. *Böhm.-Leipa* 1905.

Tragl, Alexander: Die Redeübungen an unsern Gymnasien im Schuljahre 1901—02. Ein historisch-kritischer Versuch. 28 S. 8.
Progr. K. k. Staats-Obergymn. *Böhm.-Leipa* 1903.

Tragl Alexander: **Professor P. Franz Augustin Wenzel.** †. 3. Böhm. Leipa 97.
Progr.

Tragneyordnung der Reichsstadt Kempten, für die Trager der Unmündigen, Verschwender und Abwesenden ... Kempten 1799. H: *Abele, Joh. Mart.* (MGT)

Tragoedia Christus Crucifixus Actor Amoris pro Debita **humano generi** poena ... satisfaciens ... O. O. 1717. V: *Schulte, Johann.* (Jes)

Tragoedia vitae humanae. [Salisb. 1704.] V: *Sciz, Placidus von.* (IIr)

Tragoediae selectae Latinorum recentiorum. Insunt Petavii Sisaras, Malapertii Sedecias et Crotii Christus patiens ac Sophompaneas. 8 maj. (15½ B.) Monachii 845, (Lit. artist. Anstalt.) *

Tragödie, Die göttliche, oder Passion unseres Herrn und Heilandes Jesus Christus ... München 1886. V: *Sepp, Joh. Nep.* (Ky)

Tragödie, die göttliche, oder Passion unseres Herrn u. Heilandes Jesus Christus. Zum Andenken an König Ludwig I. Erneuerung d. Ammergauer Passionsspiels. (Von Sepp.) 12. (VI, 180 S. m. 1 Holzschn.) München 886. Literar. Institut v. Dr. M. Huttler. n. 1. —

Tragödie, die, der Irrungen. Roman. Aus dem Italien. 8. (268 S.) Berlin 872. Janke. 3. —

Tragödie, die jüdische, d. Irrungen. E. ernstes Mahnwort z. ernsten Zeit. Von e. Juden. gr. 8. (VII, 104 S.) Berlin 896. Steglitz, F. Wesemann. n. 1. 50

Tragödie. Die Tragödie des Kronprinzen Österreich-Ungarns weiland Erzherzog Rudolph im Jagdschlosse zu Meyerling nächst Wien am 30. Januar 1889. Wahrheitsgetreuer Bericht über die Todesursache des allgemein beliebt gewesenen Prinzen. Zur Richtigstellung.... [Mit illustriertem Umschlag.] 23 S. 8. Zürich, Caesar Schmidt, 1904. [fr. —. 60]

Tragödie, die lustige, u. die trag. Comödie von d. Burggespenst Eveline. 8. Braunschw., Pluchart. 4 ℳ

Menschliche **Tragödie.** Gedichtbuch der Gegenwart von Max Apffelstaedt, Arnold Garde, Hermann Löns, Peter Merwin, Valentin Traudt u. Julius Vanselow. Hrsg. von Arnold Garde. Dresden & Leipzig: Pierson 1893. VII, 88 S. 8° (II 1776)

Tragödie e. unglückl. Preußen. Oeffentliche Bitte an: 1. Se. Maj. den Kaiser u. König Wilhelm II. um Allergnädigste Befreiung aus e. bureaukratisch, autokratisch, unmenschl. Tyrannei bezw. um Befreig. aus d. bürgerl. Tod u. Gewährg. e. gesetzl. Schutzes. 2. Alle einflußreiche, vermög. Personen, insbesond. patriot. Preußen um hochgeneigte Fürsprache bei Sr. Maj. bezw. anderen maßgeb. Stellen zur Erreichg. der unter 1 ausgedrückten Bitte. Preußens Gesetze u. im schroffsten Gegensatz zu demselben, die ganze Justiz bezw. Verwaltg. Sehr lehrreich u. interessant f. Jeden, besond. f. Beamte. (92 S.) 8. Berlin 908. Herm. Walther. 1. 50

Tragoedie, Thornische. Königsberg 1725. V: *Lilienthal, Michael.* (Myl)

TRAGÖDIE des Weibes. Roman von einer, die daran verblutet. Berlin, o. J. (c. 1900). 8°. (Mk. 2,50.) (1 Mk. 50 Pfg. H. Hugendubel, München, 1905.)

— **des Weibes.** Roman v. einer, die daran verblutet. (157 S.) 8. Berlin (904). Verlag Continent. n. 2. 50; geb. 4. —

Tragödien, griechische, in moderner Form von Louis Klug. 1. und 2. Bdchn. 16. Gotha. [Leipzig, Zieger.] à Bdchn. * 18 Ngr. *

Inhalt:
Bdchn. 1. Aias. Tragödie des Sophokles. (XXXIII und 109 S.) 857.
" 2. Antigone. Tragödie des Sophokles. (XXXI und 121 S.) 858.

Tragoedien, griechische. Übers. von Ulr. v. Wilamowitz-Moellendorff. 1. u. 2. Bd. 8. Berlin, Weidmann. Geb. in Leinw. n. 11. —
1. I. Sophokles, Oedipus. II. Euripides, Hippolytos III. Euripides, der Mütter Bittgang. IV. Euripides, Herakles. 3 Aufl. (355 S.) 901. Geb. n. 6 —
2. (Aischylos), Orestie. 3. Aufl. (III, 313 S.) 901. n. 5. —

— **dasselbe.** Einzelausgaben. Nr. I—VII. 8. Ebd. Geb. n. 7.40
I. Sophokles, Oedipus. 3. Aufl. (84 S.) 903. n. 1. —
II. Euripides, Hippolytos. 2. Aufl. (99 S.) 903. n. 1. —
III. Euripides, der Mütter Bittgang. (Hiketides.) (91 S.) 899. n. 1. —
IV. Euripides, Herakles. (85 S.) 899. n. 1. —
V. Aischylos, Agamemnon. 2. Aufl. (118 S.) 901. n. 1. 20
VI. Aischylos, Das Opfer am Grabe. 2. Aufl. (87 S.) 901. n. 1. —
VII. Aischylos, Die Versöhnung. 2. Aufl. (107 S.) 901. n. 1. 20

Tragödien, griechische. Uebers. v. Ulr. v. Wilamowitz-Moellendorff. 3 Bde. 8. Berlin, Weidmann. Geb. in Leinw. n. 17. —
1. I. Sophokles, Oedipus. II. Euripides, Hippolytos. III. Euripides, Der Mütter Bittgang. IV. Euripides, Herakles. 4. Aufl. (369 S.) 904. Geb. n. 6. —
2. Aischylos, Orestie. 4. u. 5. Aufl. (III, 313 S.) 901. 907. Geb. n. 5. —
3. VIII. Euripides, Der Kyklop. IX. Euripides, Alkestis. X. Euripides, Medea. XI. Euripides, Troerinnen. 1. u. 2. Aufl. (363 S.) 906. Geb. n. 6. —

— **dasselbe.** Einzelausg. I., III.—V. u. VIII.—XI. 8. Ebd. Geb. n. 8. 20
I. Sophokles, Oedipus. 4. u. 5. Aufl. (88 S.) 904. 906. 1. —
III. Euripides, der Mütter Bittgang. (Hiketides.) 2. Aufl. (91 S.) 906. n. 1. —
IV. Euripides, Herakles. 2. Aufl. (85 S.) 904. n. 1. —
V. Aischylos, Agamemnon. 3. u. 4. Aufl. (118 S.) 903. 906. n. 1. 20
VIII. Euripides, der Kyklop. (62 S.) 906. n. — 80
IX. Euripides, Alkestis. (95 S.) 906. n. 1. —
X. Euripides, Medea. (97 S.) 906. n. 1. —
XI. Euripides, Troerinnen. (107 S.) 906. n. 1. 20

Tragödien, griechische. Übers. von Ulr. v. Wilamowitz-Moellendorff. 3 Bde. 8. Berlin, Weidmann.
Geb. in Leinw. 17. —
1. I. Sophokles, Oedipus. II. Euripides, Hippolytus. III. Euripides, der Mütter Bittgang. IV. Euripides, Herakles. 5. Aufl. (369 S.) (907.) Geb. 6. —
2. Aischylos, Orestie. 6. Aufl. (III, 313 S.) 910. Geb. 5. —
3. Euripides, der Kyklop; Alkestis; Medea; Troerinnen. 3. Aufl. (363 S.) 910. Geb. 6. —

— dasselbe. Einzelausgabe. I., II., V.—VII. u. X. kl. 8. Ebd. Geb. 6. 40
Aichylos, Agamemnon. 5. Aufl. (118 S.) 909. (V. Heft.) Geb. 1. 20
— Das Opfer am Grabe. 3. Aufl. (87 S.) 907. (VI. Heft.) Geb. 1. —
— Die Versöhnung. 3. Aufl. (107 S.) 907. (VII. Heft.) Geb. 1. 20
Euripides, Hippolytos. 3. Aufl. (100 S.) 910. (II. Heft.) Geb. 1. —
— Medea. 1. Aufl. (97 S.) 910. (X. Heft.) Geb. 1.
Sophokles, Oedipus. 7. Aufl. (88 S.) 910. (I. Heft.) Geb. in Leinw. 1. —

Tragoedien, Die, der Römer. 1. Th. Der rasende Hercules, Thyest, Agamemnon. Breslau 1809. Ü: *Menzel, Carl Adolph.* (Nowack, Schles. Schriftst.-Lex. Bresl. 1836—43. I, 91.) (Ky)

Tragödien, die, d. Römer, metrisch übers. 1r Th. 8. Breslau, Barth. 809.

Tragödien, die, der Römer; metrisch übers. (v. K. Ad. Menzel). 8. Bresl. 809. (Graß, B. u. C.) 20 gr

Tragus, Hieronymus, sieh: Hier. Bock.

Trahn, G. W., Erfahrungen und Beobachtungen über die Wirkung der Sabbathfeier auf Israeliten u. Christen Dargestellt mit Hinweisung auf den Zweck dieser Feier für alle Weltvölker. 8. Leipzig 837. Kummer. 5/12 Thlr

Trahn, G. W., Stimme der Besonnenheit üb. d. Verhältnisse d. Directoren, Administratoren, Creditoren d. Centralcasse. 8. ... Hamburg 831, Hoffmann u. Campe.

Trahndorf, K. F. E., s. Trahndorff, Karl Philipp Eusebius

Trahndorff, Herm., s.: Choralbuch zur Kinderharfe.

Trahndorff, Karl Philipp Eusebius

Trahndorf, K. F. E., Aesthetik od. Lehre v. Weltanschauung u. Kunst. 2 Thle. gr. 8. Berl. 827. Maurers B. 3 Thlr 16 gr

Trahndorff, K. F. E., über die Bedeutung Berlin's in der großen Krisis unserer Zeit. Ein Vortrag den 10. März 1852 in der Versammlung des evangelischen Vereins für kirchliche Zwecke gehalten. gr. 8. (24 S.) Berlin 852, W. Schultze. n. 4 ngr

KRON, Phil. (d. i. *Carl Phil. Eusebius Trahndorff*, geb. 1782 zu Berlin), Blicke der Phantasie in die Nähe und Ferne. Drei Erzählungen. Berlin, 1818. Bei Aug. Wilh. Schade. 8°.
2 Bll. u. 236 S., nebst 1 Bl. Inh.: 1. Aretane, od. die Einsiedlerin auf Sunion. 2. Die Abenteuer nach der Reise. 3. Die Liebesbegebenheiten des Küsters Nelkenstiel auf Linsenhalm. (Stellenw. pikant.)
Vgl. (Hitzig, Jul. Ed.) Gelehrtes Berlin i. J. 1825, S. 284 f., u. A. G. Schmidt, Gallerie.

— Erstlinge. 8. Prenzlau 824. Ragoczy. 6 gr

Trahndorff, K. F. E., über den Geist des Hauses Hohenzollern und die weltgeschichtliche Bedeutung des Preußischen Staats. kl. 8. Berlin 838. Vereins-Buchh. 1/4 Thlr

Trahndorff, K. F. E., der Mensch, das Ebenbild des dreieinigen Gottes. Versuch einer dogmatischen Berichtigung. Berlin 853. W. Schultze. gr. 8. (84 S.) n. 10 ngr

Trahndorff, K. F. E., über den Orestes der alten Tragödie und den Hamlet des Shakespeare. Progr. des Friedrich-Wilhelms-Gymn. Berlin 1833. 4°. 33 S.

Trahndorff, C. F. E., das ursprüngliche Recht, nicht als philosoph. Hypothese, sondern seiner Wahrheit nach erörtert. gr. 8. (28 S.) Deutsch-Crone 849. (Landsberg, Bolger und Klein.) *

Trahndorff, C. F. E., Schelling u. Hegel, oder das System Hegels als letztes Resultat des Grundirrthums in allem bisherigen Philosophiren erwiesen. br. 8. (2 B.) Berlin 842. (Leipzig, Hartmann.) Thlr. *

—— der Teufel kein dogmatisches Hirngespinnst. Offenes Sendschreiben an Hrn. Pred. Dr. Sydow. gr. 8. (55 S.) Berlin 853, (W. Schultze.) *

Trahndorff, C. F. E., Theos nicht Kosmos! Denkschrift als Zeugniß für die Wahrheit. 1. Aufl. 1858. und 2. (Titel-)Aufl. gr. 8. (119 S.) Berlin (859)60, [Akademische Buchh.]

—— Volkssouveränität, Republik, Constitution und der preuß. Staat. 8. (31 S.) Deutsch-Crone 849. (Landsberg, Bolger und Klein.) *

— wie kann der Supernaturalismus sein Recht gegen Hegel's Religionsphilosophie behaupten? Eine Lebens- u. Gewissensfrage an unsere Zeit. gr. 8. Berlin 840. Hentze. 7/12 Thlr

— die Wiederherstellung der Bordelle eine Schmach für Berlin. Ansprache an die Bewohner unserer Stadt. 8. (15 S.) Berlin 852, W. Schultze. n. n. 1/12 Thlr

—— der welthistorische Zweifel, oder: Ist Gott nur Idee oder objektive Realität? Mit einem Vorwort von R. Stier. 8. (XV und 191 S.) Barmen 851(52,) Langewiesche.

Trahndorff, Otto, deutsche Macht zur See, s.: Schlegel, Rich.

Trahndorff, Otto, im Verdacht, s. a. Kürschner's, Jos. Bücherschatz.

Im Verdacht. Novelle von Otto **Trahndorff.** Mit Ill. von A. Lewin. Berlin, Leipzig: H. Hillger [1906]. (94 S.) 8° [F.]
= **Bücherschatz,** Kürschners. No 502. [07. 15319]

Trajan; ein biographischer Versuch. Wien 1811. V: *Genersich, Joh.* (Ky)

Trajan u. Alexander. Stellen aus Plinius des jüng. Panegyricus. Uebersetzt v. M. A. A. (Aug. Albanus). 8. Riga 802.

Trajanus, Sing-Spiel. Aufgeführt zur Feier der Eroberung Belgrads [Musik von Keiser]. Hamb. 1717. V: *Hoe, Johann Joachim.* (schr)

Trajer, Joh., historisch-statistische Beschreibung der Diöcese Budweis. 1. und 2. Heft. gr. 8. (à Heft 60 S.) Budweis 861, Zdarssa's Buchh. à Heft 20 Ngr.

Trajer, Joh., historisch-statistische Beschreibung der Diöcese Budweis. gr. 8. (VII und 1022 S.) Budweis 862, [Stropek.] *

Traxer, Joh., historisch-statistische Beschreibung der Diöcese Budweis. Budweis 862. (Zdarssa.) gr. 8. (VII, 1022 S.) n. 4 ₰ 10 ngr.

Traill, Mrs., in the forest or pictures of life and scenery in the woods of Canada, s.: Schulbibliothek, französische u. englische.

Train, le, de Paris; ou le Bourgeois du tems. Coméd. en 5 actes, p. Rudlidge. 8. Lausanne, Pott. 782.

Train, der preußische. Studie v. e. Offizier a. D. 8. (22 S.) Wiesb. 892, (Birkenbach). * — 40
Vgl.: Vorschläge zu e. Reorganisation d. Trains.

Train, C. v., s.a. Train, Josef Karl v.

Train, C., französische Sprachlehre für den Schulgebrauch. 8. (20 B.) Berlin 842, Dümmler's Verl.

Train, Fel., s.: Kühn's Veterinär-Taschenbuch.

Train, Fel., Veterinär-Taschenbuch, s.: Kühn.

von Train, Hermann [appr. Arzt]: Ueber die jetzt erweiterten Grenzen der conservativen Behandlung bei complicirten Fracturen .... (Regensburg, J. Reitmayr'sche Buchdr., 1887); 23 S. 8°
München, Med. Fak., Inaug.-Diss. v. 1887

Train, Hermann von, über die jetzt erweiterten Grenzen der conservativen Behandlung bei complicirten Fracturen. Diss. München 1887, A. Buchholz. 8°. 23 S.

Train, J. v., s. Train, Josef Karl v.

Train, J. K. v., s. Train, Josef Karl v.

Train, Josef A. K. v., s. Train, Josef Karl v.

Train, Josef Karl v.

— Aaron Esra, d. fromme Rabbi am Grabe des Lazarus u. auf Golgatha im 33n Jahre d. christl. Zeitrechnung. 8. Regensb. 827, Reitmair.

— Aaron Esra, d. fromme Rabbi am Grabe des Lazarus u. auf Golgatha im 33n Jahre der christl. Zeitrechnung. 8. Regensb. 828. Reitmayr. 4 gr

Train, J. K. v., kriegerische Abentheuer. Histor.-romant. Gemälde. 8. (13½ B.) Nordhausen 831, Fürst.

——, Adolar, der wahre Jugendfreund. Ein anmuthiges Lesebüchl. f. gute Kinder. 8. (5 B. u. 1 Stndr.) Regensburg 829, Reitmayr.

Giuseppe Balsamo, der berüchtigste Abentheurer und Betrüger seines Zeitalters, oder Der entlarvte Graf Alex. v. Cagliostro. Criminalgeschichte, nach den vorzüglichsten Hülfsquellen bearb. Mit Cagliostros Bildn. in Lithogr. Von J. K. v. **Train.** Meissen: Goedsche 1833. 237 S. 8°

——, Giuseppe Balsamo, d. berüchtigste Abenteurer u. Betrüger seines Zeitalters, od. der entlarvte Graf Alexander v. Cagliostro. Criminalgeschichte, nach d. vorzüglichsten Hülfsquellen bearb. 8. (15 B. u. C's. Bildn.) Meißen 833. [Leipzig, Rostosky u. Jackowitz.]

—— Bibliothek f. Strafanstalten u. Frohnfesten, od. Schriften d. Trostes, der Gemüthserheiterung u. d. Geleits zur Selbsterkenntniß, Reue u. Besserung. Ein frommes Liebeswerk an Gefangenen ausgeübt. 1. Bd. gr. 12. (10 B.) Regensburg 834, Reitmayr.

v. Train, J. K., neueste Biographien der Wahnsinnigen. 2 Bde. 8. Meiß. 833. (832.) Goedsche. Pesth, Wigand. 2 ₰ 9 gr

—— neueste Biographien der Wahnsinnigen. Aus Familienpapieren u. Criminalacten bearb. 2 Bde. 8. (29½ B. u. 1 Stndr.) Meißen 833. [Leipzig, Rostosky u. Jackowitz.]

Train, J. K. v., Eine Blume auf das Grab d. etc. Joh. Mich. v. Sailer, Bischofes v. Regensburg. — Die wichtigsten Momente seines Lebens, aus d. zuverläß. Quellen geschöpft v. seinem dankbaren Schüler. 8. (2¼ B.) Augsburg 835, (Kollmann'sche Buchh.)

v. Train, (J. K.,) Minerva's Blüthenkränze, gewunden für deutsche Krieger. 2 Bde. Mit 2 Kpfrn. 8. Regensb. 824, (Straubing, Schorner.)

—— der Brief aus d. Armensünderstube. Criminalgeschichte. Nach d. urschriftl. Geständnissen d. Verbrechers bearb. 2 Bde. 8. (24¼ B. u. 1 lith. Abbild.) Nordhausen 832, Fürst.

GLEICHEN, Friedr. v. (d. i. *J. K. v. Train*, k. bayer. Hptm. a. D.), Chroniken aus den Schreckensarchiven der Tyrannei, des Fanatismus, der Inquisition, Tortur, der Kriege und der Empörungen. Versuche, in anregender, lebendig-spannender Unterhaltung geschichtliche Kenntnisse zu verbreiten und in historisch-romant. Darstellungen Bildungsmittel zu gewähren. 2 Bdchn. Ilmenau, Voigt, 1834. 8°. 23⅓ Bog. (1⅓ Rthl.)

Train, J. K. v., Ernst und Frohsinn, eine Sammlung interessant. Lesefrüchte und Aufsätze, charakterist. Anekdoten, belehrender und erheiternder Miscellen aus dem Gebiete der Psychologie etc.
Auch unter dem Titel:
Blüthen der Erinnerung für Ernst und Frohsinn. 8. Regensburg, Daisenberger. 821. Rthlr.

— Erzähll. f. die gebildete Jugend. 8. Münch. 830. Giel. (Barth in Leipz.) 8 gr

—— Erzählungen aus d. Gebiete der Romantik u. des Abentheuerlichen. 2 Bde. 8. (23½ B.) Nürnberg 831, Zeh.

— romant. Erzählungen aus d. grauen Alterthume, enth. Miliada, die Tochter der Wildniß. — Mord aus Familienhaß. — Das Gelübde. 8. Nordhaus. 831. Fürst. 1 ₰

—— die schwarze Garde, od. Lips Tullian mit seinen Raub- u. Blutgesellen. Histor.-romant. Criminalerzähl. 3 Bde. 8. (34 B. u. 2 Titlbild.) Meißen 834. [Leipzig, Rostosky u. Jackowitz.]

—— das Gebet des Herrn in Erzählungen, Lehren u. Gebeten für d. Kinder aller Stände u. christl. Religionen. 8. (6 B. u. 1 Stndr.) Regensburg 829, Reitmayr.

—— histor. Gemälde u. Anekdoten aus d. Kriege. 8. (12½ B.) Nordhausen 831, Fürst.

—— Gemälde aus d. Mönchs- u. Nonnenleben ritterthüml. Zeiten. Nach Urkunden u. Handschriften aus d. Mittelalter. 1. Bd. 8. (16½ B. u. Titlkpfr.) Ilmenau 833, [Weimar,] Voigt.

—— die Graufschilder, od. Todeskampf u. Heldengröße. Rittergeschichte aus d. Zeiten Heinrichs d. Erlauchten. Seitenstück zu Spießens „Löwenritter." 3 Bde. 8. (36 B. u. 1 lith. Abbild.) Nordhausen 832, Fürst.

— encyclop. Handbuch der Blumen= u. Thierpflanzenzucht. 18 Bdchn. 8. Regensb. 827, Reitmayr.

— encyklopäd. Handbuch der Blumen= u. Zierpflanzenzucht. 3 Bdchen. 8. Regensb. 828—30. Reitmayr. 3 ℛ

—— encyclopäd. Handbuch der Blumen= u. Zierpflanzenzucht f. ungeübte Blumenfreunde u. f. Blumisten. 2. u. 3. Bdchn. 8. (39½ B.) Regensburg 829, Reitmayr. à

— Jugendschriften. 18 Bdchen. A. u. d. T.: Das Gebet des Herrn in Erzähll., Lehren u. Gebeten f. Kinder aller Stände u. christl. Religionen. Mit 1 Steindr. 8. Regensb. 829. Reitmayr. 6 𝑔𝑟 mit 7 lithogr. Kpf. 10 𝑔𝑟 ill. 14 𝑔𝑟 26 Bdchen. A. u. d. T.: Die 10 Gebote Gottes. 8. Ebd. 829. 10 𝑔𝑟 mit 10 lithogr. Kpf. 14 𝑔𝑟 illum. 18 𝑔𝑟

—— des Kriegers Leben u. Walten. Erzählungen aus d. Bereiche der Soldateske. Seitenstück zu: „Paulowna, od. das unglückl. Mädchen im Todtengewölbe zu Moskau." 8. (11 B.) Nordhausen 831, Fürst. Thlr.

—— Lehren, Weisheit= u. Tugend=Sprüche in moral. Erzähln. f. d. Jugend. 16. (8 B. u. 5 ill. Abbild.) Meißen 835, Goedsche.

Train, J. K. v., Lexikon der annuellen Garten=Zierpflanzen, mit genauer u. umfass. Angabe d. Vaterlandes, d. Gestalt, d. Blüthenfarbe u. Blüthenzeit, d. Standortes u. d. Cultur einjähriger, sich vorzügl. empfehl. Garten=Zierpflanzen u. der zur Einfassung v. Wegen, Rabatten u. Blumenstücken besond. geeigneten perennir. Zierpflanzen. Nach d. besten blumist. Werken bearb. u. auf mehr als 20jähr. Erfahrn. begründet. 8. (16½ B.) Ilmenau 834, [Weimar,] Voigt.

—— Lexikon der annuellen Gartenzierpflanzen mit genauer u. umfassender Angabe des Vaterlandes, der Gestalt, der Blüthenfarbe u. Blüthenzeit, des Standortes ɩc. 2. Aufl. 8. (16⅜ B.) Weimar 844, Voigt.

TRAIN, J. K. v. Chochemer Loschen. Wörterbuch der Gauner- und Diebs- vulgo Jenischen Sprache, nach Criminalacten und den vorzüglichsten Hilfsquellen. 2. Auflage. Regensburg 1832.
Hayn VII, 679, kennt nur die spätere Ausgabe: Meißen 1833. Das Buch enthält außer einem deutsch-jenischen und jenisch-deutschen Wörterbuch auch Geheimschriften und ihre Schlüssel, sowie jenische Gespräche aus dem Räuberleben.

— Chochemer Loschen. Wörterbuch der Gauner= u. Diebs= vulgo Jenischen Sprache, nach Criminalacten u. den vorzügl. Hülfsquellen für Justiz= Polizei= u. Mauthbeamte ɩc. 4 Abthll.: Jenisch=Teutsch. — Teutsch=Jenisch. — Gaunerschriften. — Scene aus Rauberleben. Mit 2 lithogr. Schrifttaf. 8. Meißen 833. Gödsche. 1 1/12 ℛ

—— Chochemer Loschen. Wörterbuch d. Gauner= u. Diebs= vulgo Jenischen Sprache, nach Criminalacten u. den vorzügl. Hülfsquellen f Justiz=, Polizei= u. Mauthbeamte ɩc. 4 Abthln.: Jenisch=Teutsch. — Teutsch=Jenisch. — Gaunerschriften. — Scene aus Räuberleben. 8. (18¼ B. u. 2 lith. Schriftt.) Meißen 833. [Leipzig, Rostosky u. Jackowitz.]

—— die schwarze Mappe d. grauen Waldbruders. Schaubergemälde aus d. Wechselgestaltungen d. Lebens. 2 Bde. 8. (33¾ B. u. 1 Ttlbild.) Meißen 835, Goedsche.

— s. Ch. L. Morand, Fisch= u. Krebsfanggeheimnisse.

—— die blutende Nonne, od. die Erscheinung um Mitternacht in d. Schauerhöhle. 3 Bde. 8. (36 B. u. 1 lith. Abbild.) Nordhausen 832, Fürst.

—— Novellen. 1. Wahn u. Enttäuschung. Novelle. Der letzte Sprößling. Erzähl. 8. (7½ B.) Wesel 840, Beckersche Buchh.

——, Oskar, der tapfere Norwege. Eine Rittergesch. aus d. 10. Jahrh. 8. (12 B.) Nordhausen 831, Fürst.

Train, Karl v., des gerechten u. vollkomm. Waidmanns neue Practica zu Holz, Feld u. Wasser; od. d. edle Jägerei nach allen ihren Theilen. Ein Lehrb. f. angeh. u. e. Handb. f. geübte Jäger= u. Jagdfreunde. 2 Abthln. gr. 8. (36 B.) Weimar 838, Voigt. Thlr.
Hieraus besonders abgedruckt:

Train, Carl v., des gerechten u. vollkommenen Waidmanns neue Practica zu Holz, Feld u. Wasser; oder die edle Jägerei nach allen ihren Theilen. Ein Lehrbuch f. angehende u. ein Handbuch f. geübte Jäger u. Jagdfreunde. 2 Abthlgn. 2. Ausg. gr. 8. (36 B.) Weimar 842, Voigt.

Train, Karl v., des gerechten u. vollkommenen Waidmanns neue Praktika zu Holz, Feld u. Wasser; oder die edle Jägerei nach allen ihren Theilen. Ein Lehrbuch für angehende u. ein Handbuch für geübte Jäger u. Jagdfreunde. 3. verm. u. verb. Aufl. von E. Frhn. v. Thüngen. Weimar 866. B. F. Voigt. gr. 8. (XVI, 322 S.) 1 ℛ 10 ngr.

Train, Karl v., des gerechten und vollkommenen Waidmanns neue Praktika zu Holz, Feld und Wasser; oder die edle Jägerei nach allen ihren Theilen. Ein Lehrbuch für angehende und ein Handbuch für geübte Jäger und Jagdfreunde. 4. verm. und verb. Aufl. von C. E. Frhr. v. Thüngen. gr. 8. (XVIII, 348 S.) Weimar 873, B. F. Voigt.

Train, K. v., des gerechten und vollkommenen Waidmanns neue Praktika zu Holz, Feld und Wasser. 5. verb. Aufl. gr. 8. Weimar 877. Berlin, Tesmer.

Train, Karl v., d. gerechten u. vollkommenen Waidmanns neue Praktika zu Holz, Feld u. Wasser; od. die edle Jägerei nach allen ihren Theilen. Ein Lehrbuch f. angeh. u. e. Handbuch f. geübte Jäger u. Jagdfreunde. 5. verm. u. verb. Aufl. von C. E. Frhr. v. Thüngen. gr. 8. (XX, 382 S.) Weimar 877. B. F. Voigt. 6. —

Train, K. v., des gerechten u. vollkommenen Waidmanns neue Praktika zu Holz, Feld u. Wasser, od. die edle Jägerei nach allen ihren Theilen. Ein Lehrbuch f. angeh. u. e. Handbuch f. geübte Jäger u. Jagdfreunde. 5., verm. Aufl. v. C. E. Frhrn. v. Thüngen. Neue (Titel=)Ausg. gr. 8. (XX, 382 S.) Berlin 887. Leipzig, Tesmer Nachf. geb. n. 6. 50

Train, v., Weidmanns Praktika zu Holz, Feld u. Wasser. Ein Lehrbuch f. angeh. u. e. Handbuch f. geübte Jäger u. Jagdfreunde. 6. Aufl., vollkommen neu bearb. u. erweitert von Ernst Ritter v. Dombrowski. Mit 1 Titelbilde v. Chr. Kröner u. ca. 150 Abbildgn. im Texte. 2 Tle. in 1 Bde. gr. 8. (XII, 402 S.) Leipzig 893. E. Herfurth & Co. Geb. in Leinw. n. 10. —; auch in 5 Lfgn. à n. 1. 70

Train, v., Weidmanns Praktika zu Holz, Feld u. Wasser. E. Lehrbuch f. angeh. u. e. Handbuch f. geübte Jäger u. Jagdfreunde. 7. Aufl., vollkommen neu bearb. u. erweit. von Ernst Ritter v. Dombrowski. M. 1 Titelbild v. Chr. Körner u. ca. 150 Abb. im Texte. gr. 8. (X, 432 S.) Leipzig 896. O. Klemm. Geb. in Leinw. n. 10. —

(B) Train, v., Weidmanns Praktika. 896. (KBL 30.) Jetzt: Berlin, Neufeld & Henius.

—— Vater Raymund, im Kreise guter Kinder. Anmuthige u. lehrr. Erzähln. f. d. Jugend. 16. (7½ B. u. 4 ill. Abbild.) Meißen 835, Goedsche.

——, Wenzel Rüll u. Wasensepp. Criminalerzähl. 2 Bde. 8. (19 B. u. 2 Ttlbild.) Meißen 834, Goedsche.

v. Train, J. K., die Schauergruft in der Waldkapelle, oder die Opfer des Verhängnisses, der Leidenschaften u. Verbrechen. 2 Bde. Mit 1 Steindr. 8. Meißen 833. Gödsche. 2⅛ ℛ

—— die **Schauergruft** in d. Waldkapelle, od. die Opfer d. Verhängnisses, der Leidenschaften u. Verbrechen. 2 Bde. 8. (29 B. u. 1 Stndr.) Meißen 833. [Leipzig, Rostosky u. Jackowitz.]

—— das **Vater-Unser** für d. gefühlvolle Jugend in rührende Erzähl. verwebt. 8. (10 B. u. ill. Ttlkpfr.) Regensburg 828, Reitmayr.

— Sophrons Vermächtniß. Eine Reihe wahrer, lehrr. Begebenheiten ꝛc., f. Deutschlands Jünglinge u. Mädchen. 8. Regensb. 827. Reitmayr. 1 ₰

—— grauenvolle **Wanderung** durch d. unterird. Gefängnisse d. Bergfeste Kronstein. Aus sicheren Quellen u. Akten geschöpft. 8. (16 B. u. Ttlkpfr.) Nürnberg 831, Zeh.

—— was ist d. wahre christl. **Liebe?** od. Jakob Sellmann, der fromme Bauer. Ein Gemählde d. Liebe Gottes wegen Seiner selbst u. der Liebe d. Nächsten wegen Gott, in e. Erzähl. f. gute Kinder. 8. (2½ B. u. 1 Stndr.) Regensburg 829, Reitmayr.

—— der erfahrne u. verläßige Wetterprophet. Eine genaue Anleitung zur Vorkenntniß der eintretenden Witterungsveränderung in jeder Jahreszeit. Mit interessanten Beiträgen aus dem Gebiete der Landwirthschaft, Naturgeschichte, Technik, Astronomie ꝛc., f. Oekonomen, Jäger, Gartenbesitzer u. Reisende. 8. (14¼ B.) Straubing 844, Schorner.

Train, Karl v., vollständ. Wörterbuch d. gesammten Jagdwissenschaft, worin nicht nur d. üblichen Kunstausdrücke erläut., sond. auch alle Wildgattungen u. sonst bei d. hohen u. nied. Jagd vorkomm. Gegenstände u. Kenntnisse beschrieben u. abgehandelt werden. gr. 8. (18 B.) Weimar 838, Voigt.

—— **Zuchthaus** u. Rabenstein. Eine Gallerie merkwürd. Verbrechen, aus Criminalacten u. den sichersten Quellen aufgestellt. 8. (20 B. u. Ttlkpfr.) Ilmenau 832, [Weimar,] Voigt.

—— der **Züchtling**, od. des Sünders wahre Reue versöhnen Gott u. die Menschen. Eine moral. Erzähl. gr. 12. (7½ B.) Regensburg 834, Reitmayr.
Aus dess. „Bibliothek f. Strafanstalten ꝛc." 1. Bd., besond. abgedr.

Train, Karl v., s. Train, Josef Karl v.

Traindepot-Ordnung. [T. O.] 8. (X, 203 S.) Berlin 892. E. S. Mittler & Sohn. n. 2. 20; kart. n. 2. 50

— dasselbe. Anh. Ergänzende Bestimmgn. f. die Verwaltg. d. Feldgeräths bei den Pionier-Bataillonen. 8. (14 S.) Ebd. 893. —15

Traindepot-Ordnung (T. O.) v. 17. VIII. 1907. (D. V. E. No. 207.) (XI, 251 S.) 8. Berlin 907. E. S. Mittler & Sohn. 1.60; kart. 1. 80

Traine, E., die Obliegenheiten d. schweizerischen Infanterie-Unteroffiziere im inn. Dienst. 2., unveränd. Aufl. gr. 16. (VI, 75 S.) Frauenfeld 896. J. Huber's Verl. In Leinw. kart. n. 1.—

Trainer, Ad. Fr., praes. Matth. Go. **Schroeder**, Diss. hist.-moral. de Mysanthropia eruditorum, Von mordsen Gelehrten, quam annuente deo superiorumque indult. 24 pp. Lps. 1717. 4°.

Trainer, Adolph (Maximil.) (geb. Rödgen in Westf. 1814): De pathologia urocystitidis acutae. Berolini (1838). (28 S.) 8°
Berlin. Med. Diss. v. 13. Juni 1838

Trainer, Ernst [aus Grüne in Westfalen]: Über das Verhalten von Acetaldehyd gegen Alkohol und Phenole unter der Einwirkung von Salzsäuregas. ... Freiburg i. B.: Univ.-Buchdr. v. Chr. Lehmann 1886. 40 S., 1 Bl. 8°
Freiburg i. B., Phil. Fak., Inaug.-Diss. v. 1886.

Trainer Ernst, über das Verhalten von Acetaldehyd gegen Alkohole und Phenole unter der Einwirkung von Salzsäuregas. Diss. Freiburg i. B. 1886, Fr. Wagnersche Univ.-Buchh. 8°. 40 S.

Trainer, Ign., hexilogia, s. de omnibus habitibus maxime virtuosis moralibus. 8. Landsb. 709.

Trainer, L. C. A., zur Erinnerung für die Lebenden u. zur Erinnerung an die Todten. Konfirmations- u. Grabreden. 2 Thle. gr. 8. Siegen u. Wiesb. 844, Friedrichs V. ⅓ ₰

Trainer, L. C. A., Confirmations- u. Grabreden. Zur Erinnerung für die Lebenden u. zur Erinnerung an die Todten. gr. 8. (6 B.) Siegen 844. [Wiesbaden, Friedrich'sche Vrlgsbuchh.]

Trainer, L. C. A., Confirmations- und Grabreden. Zur Erinnerung für die Lebenden u. zur Erinnerung an die Todten. 2. (Titel-)Ausg. Wiesbaden (844.) 854. Friedrich. gr. 8. (2 Bl., 91 S.) 12 *ngr.*

Trainer, Max, über e. einheitl. Benenng. d. Abbauarten. [Aus: „Glückauf".] gr. 4. (7 S. m. 4 Taf.) Essen 898. G. D. Baedeker. n. 2. —

— die Litteratur üb. Lagerungs- u. Betriebsverhältnisse, s.: Schulz-Briesen. M.

Trainer, Theodore, kleines Kochbuch, s.: Davidis, Henriette.

Trainer, Wilhelm Adolph Bartholomaeus (Bad Wildungen) F, zi/21

Examen chemicum mannae.
Erlangen (Kunstmann) (18.) V. 1793. 32 S.

Gew.: Philipp August Müller. 34617

Training des Rad-Renn-Fahrers. 1898. Wien. 8°. 219 S. M. 2.—

Training, Das, des Rennfahrers. Briefe an einen jungen Freund. Wien 1898. V: *Sterne, Felix.* (EB)

Training, das, des Rennfahrers. Briefe an e. jungen Freund. gr. 8. (219 S.) Wien 898. (F. Beck.) n. 2. —

Train-Reglement für die k. k. Armee. 8. Wien 1854.

Trains internationaux en relation avec la Suisse Orientale. Saison d'Eté 1903. Valable du 1er Juin au 30 Septembre. (Horaire de poche.) [Avec des illustrations et 1 carte.] IV + 60 p. 8. Zurich, Art. Institut Orell Füssli. fr. —. 20

Trainunterricht. I. u. II. Tl. u. Figurenheft zum II. Tl. 8. Wien 904. (Hof- und Staatsdruckerei). n. 9. —
I. Reitzeug u. Beschirrung. (VIII, 205 S. m. Abb.) 2.50
II. Fuhrwerke. (VIII, 257 S. m. Abbildgn.) 2.50. — Figurenheft. (53 Taf. m. IV S. Text.) qu. Lex.-8. 4.—

Train-Vorschrift f. die Armee im Felde. 8. (IV, 74 S. m. 3 Steintaf.) Wien 884. Hof- u. Staats-Druckerei. n. — 60

Train-Vorschrift für die Armee im Felde. 8. (168 S. mit 6 Beilagen) —.50
Wien: Hof- und Staatsdruckerei 1892.

Train-Vorschrift für die Armee im Felde. 8. (IV, 168 S. mit 7 Beilagen) —.50
Wien: Hof- u. Staatsdruckerei 1894.

Train-Vorschrift für die k. k. Armee. (C. K. Nr. 1479, vom 22. April 1866.) kl. 8. Wien 1866.

— — (Zu Abth. 3, Nr. 1751 v. J. 1892, N.-V.-Bl. für das k. k. Heer. 25. Stück.) kl. 8. Wien 1892.

Trais, Frdr. v., Wetterauer Gedichte. — (Heimathsklänge aus der Wetterau. — Wetterauer Sang u. Klang.) 8. IV, 76 u. VI, 82 S.) Gießen 892. E. Roth. n. 1.50; geb. in Leinw. n.n. 2.—

Trais, Frdr. v., **Heimathsklänge aus der Wetterau.** Gedichte in Wetterauer Mundart. 8. (IV, 76 S.) Gießen 883. Roth. n. 1.—

Trais, Friedr. v. Wetterauer Sang u. Klang. 30 neue Gedichte in Wetterauer Mundart, als Fortsetzg. d. Heimathsklänge aus der Wetterau. 8. (VI, 82 S.) Gießen 892, E. Roth. * 1 —; geb. ** 1 50
Heimathsklänge. Ebd. 1883. * 1 —; beide Thle. zusammen u. d. T.: Wetterauer Gedichte. * 1 50; geb. ** 2 —.

Traiskirchen [Schlagwort]

Traiskirchen — Plan des Uebungslagers bei — im Jahre 1828 Lithographie des K. K. Gen. Q. Stabs zu Wien. 1 : 43,200. 2 Bl.

Traité sur l'Acier d'Alsace, ou l'Art de convertir le fer de fonde en acier. 8. Strasb. 737.

Traité additionnel au traité de commerce et de douane entre la Suisse et l'Empire allemand du 10 décembre 1891. Conclu le 12 novembre 1904. Ratifié par la Suisse le 4 avril 1905. Rat' par l'Allemagne le 21 avril 1905. Traduction du texte original allemand. 153 p. 8. [Berne, C.-J. Wyss,] 1905.

Traité additionnel au Traité de commerce et de douane entre la Suisse et l'Empire allemand. Du 12 novembre 1904. Traduction du texte original allemand. II + 204 p. 8. Berne, C.-J. Wyss, 1905.

Traité d'alliance entre la Couronne de France et le Corps Helvétique. 1777. ([Avec supplément:] Lettre annexe pour les Etats Evangéliques du Corps Helvétique. Du 7. Juin 1777. – Schreiben der Evangelischen Eidgnoßschaft ... über vorbemeldten Bunds-Beybrief. [Vom] 17. Septembr. 1777.) 4. Berne.

Traité d'alliance entre l'auguste Couronne de France et le louable Corps Helvétique. (Fait à Soleure le 28. Jour du Mois de May & Juré le 25. Jour du Mois d'Août) 1777 = Bundes-Traktat zwischen Der Durchlauchtigsten Krone Frankreich und Der gesammten Löblichen Eidgnoßschaft. 1777. fol. *s. l.*

Traité d'Alliance défensive entre la France et la Suisse, du 4 Vendémiaire an 12 de la République Française, ou du 27 Septembre 1803 = Deffensiv-Allianz zwischen der französischen Republik und der schweizerischen Eydsgenossenschaft, vom 4ten Vendemiaire des 12ten Jahrs der französischen Republik.... 8. Bern 1804.

Traité d'Alliance defensive entre la France et la Suisse du 27. Sept. 1803. gr. 4. Bern 804. Haller. 1 ℳ 2 𝔤𝔯

Traité d'alliance entre Sa Majesté très-chrétienne & Son Altesse le Prince Evêque de Bâle, conclu à Versailles le 20 Juin, ratifié par le Roi le 11, & par Son Altesse le 1 Juillet 1780. 4. (Pourrentruy.)

Traité de l'appréciation du bétail suisse de race tachetée. Methode du pointage et du mesurage. Publié par le comité de la fédération suisse des syndicats d'élevage et de la race tachetée rouge. 4. éd. revue et augmentée. (78, 23, 12 u. 12 S. m. Abbildgn. u. 2 Bl. auf Karton.) gr. 8. Bern 903. K. J. Wyss. Kart. n. 1.60

Traité sur l'arpentage à l'usage du geographe et du militaire. Vienne 1798. V: *Augé.* (EB)

Traité de l'Autorité du Pape ... Viennae 1782. 2. éd. V: *Levesque de Burigny, Jean Pierre.* II: *Chiniac de la Bastide du Claux, Pierre de.* (DÖLL) (BrMm)

— de l'autorité du Pape. V Vols. gr. 8. Strassb. 782. Acad. Buchh. 4 ℳ 12 𝔤𝔯

— des bâtiments, propres à loger les animaux qui sont nécessaires à l'économie rurale; contenant des regles sur les proportions, les dispositions et les emplacements, qu'il convient de donner aux écuries, aux étables, aux bergeries, aux poulaillers, aux ruches etc. av. 50 Planch, Fol. Leipz. 802. Voss. 20 ℳ

— des causes physiques et morales du Rire rélativement à l'art de l'exciter. 8. Frankf. a. M. 769. Hermann; (auch Gebhardt u. K.) 8 𝔤𝔯

— de la civilité, en demandes et réponses pour les jeunes gens. 8. Nürnb. 768. Felssecker. 5 𝔤𝔯

— de la Comète. 8. Lausanne, Pott. 744.

Traité de commerce entre la Suisse et l'Autriche-Hongrie ([et] convention[s annexées]). 8. [Berne, C.-J. Wyss,] 1906.
Ed. A: Du 9 mars 1906. [Extrait de la Feuille fédérale....] 114 p.
Ed. B: Conclu le 9 mars 1906. Ratifié par la Suisse le 5 juillet 1906. R' par l'Aut'-H' le 25 juillet 1906. En vigueur à partir du 1er août 1906. [Extrait du Recueil officiel des lois....] 121 p.

Traité de commerce entre la Suisse et l'Espagne. [Extrait de la Feuille fédérale....] 8. [Berne, C.-J. Wyss.]
Ed. A: ⟨Conclu le 1er septembre 1906.⟩ — *In:* Message du Conseil fédéral à l'Assemblée fédérale concernant le tr'....⟨Du 2 novembre 1906.⟩ [Berne ...] 1906. p. 18—51.
Ed. B, sep. (1er septembre 1906.) 34 p. [Berne ...] 1906.

Traité de commerce entre la Suisse et l'Espagne. Conclu le 1er septembre 1906. En vigueur à partir du 20 novembre 1906. ([Avec les] ratifications, 19 novembre 1906.) [Extrait du Recueil officiel des lois....] 36 p. 8. [Berne, C.-J. Wyss,] 1906.

Traité de commerce entre la Suisse et l'Italie. Conclu le 13 juillet 1904. Ratifié ... le 15 ... [et] le 22 décembre 1904.... 92 p. 8. [Berne, C.-J. Wyss,] 1905.

Traité de commerce entre la Suisse et la Serbie. ⟨Conclu le 28 février 1907.⟩ 8. [Berne, C.-J. Wyss.]
Ed. A, in: Message du Conseil fédéral à l'Assemblée fédérale concernant le tr'.... ⟨Du 30 mars 1907.⟩ [Extrait de la Feuille fédérale....] [Berne ...] 1907. p. 11—42.
Ed. B: ⟨Entré en vigueur le 19 avril 1907.⟩ ([Avec] Les ratifications. 4/12 avril 1907.) [Extrait du Recueil officiel des lois....] 34 p. [Berne ... 1907.]
Bibliograph. Bulletin 1907.

— sur la connaissance et la culture des Jacinthes par l'auteur du traité de Renoncules. av. fig. 12. Strassb. 765 König. 12 𝔤𝔯

— de la culture et de l'utilité des pommes de terre (p. Sam. Engel). 8. Lausanne 771.

— de la défense des places par les contremines, avec des réflexions sur les principes de l'Artillerie. av. fig. gr. 8 Leipz. 769. Schwickert. 12 𝔤𝔯

Traité définitif de la paix entre Sa Majesté le roi de Prusse et Sa Majesté la reine de Hongrie et de Bohème conclu et signé à Berlin le 28. de Juillet 1742. 4. (11 Seiten.)

Traité définitif de paix, de reconciliation et d'amitié entre Sa Majesté l'Impératrice, Reine d'Hongrie et de Bohème, et Sa Majesté le roi de Prusse. Conclu et signé à Dresde le 25. Décembre 1745. Imprimé à Berlin chez Chr. Alb. Gäbert, Imprimeur de la cour. 4.

Traité de Déluge, par l'auteur de la methode du Thermometre universel. Basle 1761. V: *Schmidt.* (BrMm)

— du déluge, par l'auteur de la méthode du thermomètre universel, av. fig. 4. Basel 761. Thourneisen. 4 gr.

Traité de drainage. Publié d'après le travail du J. Kopp par une commission spéciale sous les auspices de la société suisse d'agriculture. Traduit de l'allemand par Francis Gendre et Louis Techtermann. gr. 8 (IX, 165 S.) Frauenfeld 900. Huber & Co. Geb. in Leinw. n. 2. 40

— des droits du Génie, dans lequel on examine, si la connoissance de la verité est avantageuse aux hommes et possible au philosophe. 8. Karlsr. 769. Macklot. (Gebhardt u. K. in Frankf. a. M.) 12 gr.

Traité sur les eaux minérales du duché de Nassau. Précédé d'une esquisse et d'une carte géologique du Taunus. Par une réunion de médecins de ces eaux. Ouvrage traduit de l'Allemand par H. Kaula. Avec une introduction du Dr. Aronssohn de Strasbourg. Wiesbade 853. Kreidel et Niedner. gr. 8. (XIII, 282 S. u. 1 lith. Karte in Fol.) n. 1 Thlr.

Traité[s publiés par] (l'Eglise de Jésus-Christ des Saints des Derniers Jours) N:: 1. Publié par le Bureau de la Mission Suisse..., Berne. 8. Bern (Typ. C. Sturzenegger) 1901.
o. Vérité. L'éternelle v.. Explications....

— de l'espérance chrétienne, contre l'esprit de pusillanimité etc. 8. Wien 771. Gerold; (a. Barth in Lpz.) 1 Thlr. 8 gr.

Traité d'étroite et perpetuelle Union deffensive entre les Seigneurs Etats Generaux, et le Louable Canton de Berne. Fait à la Haye le 21. Juin 1712. 8. *s. l.* 1733.

Traité d'étroite & perpétuelle union défensive, entre les Seigneurs États Généraux et le Loüable Canton de Berne. Fait à la Haye le 21 Juin 1712. 8. Berne 1764.

Traité d'extradition entre la Suisse et les Etats-Unis d'Amérique. Conclu le 16 (*d. i.* 14) mai 1900. Entré en vigueur le 29 mars 1901. ([Avec] Arrêté du Conseil fédéral concernant la ratification... . Du 9 avril 1901.) 20 p. 8. [Berne, C.-J. Wyss,] 1901.

— de la fièvre. 8. Heilbr. 770. Class. 10 gr.

— des Gallicismes et Germanismes etc. 8. Salzb. Mayr. 788.

Traité Historique et Theologique Touchant L'Etat des ames apres la mort ... Hamb. o. J. V: *La-Conseillère, Pierre Hemerentius de.* (Milchs)

— des Loix civiles et ecclésiastiques, faites contre les hérétiques, trad. de l'Anglois. gr. 8. Genève. (F. C. W. Vogel, Leipz.) 725.

— des loix politiques des Romains du tems de la Republique (par K. A. Pilati). II Ptes. gr. 8. Haag 781.

Traité entre Sa Majesté le Roi de Prusse et Sa Majesté le Roi et la Republique de Pologne conclu à Varsovie. S. l. 1773. H: *Hersberg, Ewald Frdr. v.* (Holz)

Traité entre Sa Majesté le Roi Très-Chretien de France... et Son Altesse Monseigneur le Prince Eveque de Basle. Conclu à Soleure le 11. Septembre 1739. & ratifié à Versailles le 22. du même mois. [Avec 1 vignette.] 4. Pourrentruy 1739.

Traité entre Sa Majesté très chrétienne le Roi de France et la République de Genève. 8. *s. l.* (1749).

* — de Minéralogie ou description abrégée et méthodique des Minéraux par le Prince de Gallicin. 4. Helmstädt, Fleckeisen. 796.
Papier fin.

Traité sur la nature du gouvernement de l'église. VIII Vols. 12. Bern 778. Typ. Soc. 1 Thlr. 8 gr.

Traité, nouveau géographique, par M. Renelle, voyez Renelle.

— nouveau du Nivellement. 8. Berl. 750.

Traité d'Ostéologie du corps humain, ou l'histoire des os, av. fig. 12. Avignon. (Pott, Lausan.) 769. Rthlr.

Traité de paix définitif entre la republ. franç. et S. M. L'emper. Roi d. Hongr. et d. Boh. signé à Luneville le 20 pluviose an IX., repres. par figures gravées par David, précédé du message des consuls au Corps legislatif et suivi du traité de Campo-Formio etc. *Paris.* 801.

Le Traité de Paix entre l'Espagne et les États-Unis. *o. O.* *[1898?]* (76 S.) 8°

Traité de paix entre l'impératrice, reine de Hongrie et de Bohème, et le roi de Prusse, conclu au château de Hubertsbourg le 15 Févr. 1763.

Traité de paix entre l'impératrice, reine de Hongrie et de Bohème et le roi de Prusse, conclu à Teschen 1779. Avec un article séparé, et les conventions, garanties et actes annexés. Berlin. 4.

— de paix entre S. Maj. Impériale et la Porte Ottomanne. 4. Vien. Camesina. 792.

— de paix entre S. Maj. Impériale et la Porte Ottomanne. 4. Wien 792. (Heubner). 5 gr.

— de paix entre S. M. Imp. roy. apost. et la Porte Ottomanne, fait à Sistow le 4 Août 1791. 4. Vien. Kurzbök. (Camesina.) 792.

— de paix entre S. M. imper. roy. apost. et la republique françois, fait à Campo Formio pres d'Udine le 17. Oct. 1797. 4. Wien ... Degen. 3 gr.

— de paix entre S. M. Impér. roy. apost. et la république franç. fait à Luneville le 9. Febr., et ratifié à Vienne le 27. Febr. 1801. 4. Wien, Degen. 3 gr.

Traité de paix, de réconciliation et d'amitié entre le roi de Prusse et le roi de Pologne, électeur de Saxe. Conclu à Dresde le 25. de Déc. 1745. Berlin 1746. Chrét. Albert Gäbert. 4.

Traité de paix entre le roi de Prusse et le roi de Pologne — — Conclu au château de Hubertsbourg le 15. Févr. 1763. (Nebst specificativ derer — — — reservirt. Wechselbriefe und Neben Convention.)
— Dasselbe, Ratisbonne fol.
— Dasselbe, Dresde (1763) 4.

— petit, des Gallicismes et Germanismes etc. 8. Salzb. 788 Mayr. 4 gr

— pratique de la culture des différentes espèces de betteraves; publié par une Société industrielle du royaume de Hannovre. Traduit de l'allemand par Sarrazin. Avec Fig. 8. Dijon 837. (Paris, Brockhaus et Avenarius,) (5/6 ₰) 1/2 ₰

— pratique des maladies graves etc. 8. Berne, Société Typograph.

Le Traité de réunion de Mulhouse à la France en 1798. Facs. et documents inéd. publ. sous le patronage de la Soc. industr. de Mulhouse par Ernest Meininger. Mulhouse: L'auteur 1910. 63 S. 2° (10. 1606)

Traité De réunion de la République de Genève à la République Française. (Fait à double à Genève le sept Floréal, an six de la R' F'....) s. l. (1798.)
Ed. A: 8. — *Ed. B*: fol.

Traité des sources de la Corruption qui règne aujourdhuy parmiles Chrétiens. Basle 1727. V: *Osterwald, Johann Friedrich.* (BSchwL V 5, S. 374)

Traité systematique touchant la connoissance de l'état du saint Empire Romain de la Nation Allemande . . . Hanovre 1751—54. V: *Scheidt, Christian Ludwig.* (BrMm) *Scheidt, Joh. Frdr.* (Pütter, Litt. d. Teutsch. Staatsr. Gött. 1773—91. II, 81.)

Traité de tactique, ou méthode artificielle pour l'ordonnance de troupes. Ouvrage publié et imprimé à Constantinople par Ibrahim Effendi, Officier Mutteferrika de la Porte ottomane.
8. Vienne 1769.

Traité, Le, d'Utrecht réclamé par la France ou coup d'oeil sur le système maritime de Napoléon Bonaparte . . . Leipsic 1814. V: *Biedermann, Friedrich Bernhard Franz.* (BrVV) (MGT) (Ky) (CBH)

Traité du Short Whist. Trad. de l'Anglais. 8. (5⅓ B. u. Ttlbild.) Stoutgart 837, (Hoffmannsche Vrlsbuchh.)

— le, d'Utrecht: Manuel diplomatique sur la controverse entre l'Angleterre et la France, ou Coup d'oeil sur le système maritime de Napoleon Buonaparte, (par F. B. F. Biedermann). 8. Leipz. 814. Brockhaus. 1 ₰ 4 gr

— de paix, les deux, de Paris du 30. Mai 1814 et du 20. Nov. 1815. 8. Spire 820. (Oswald in Heidelb.) 6 gr (a. Pluchart in Braunschw.) 4 gr

Traités de paix, les deux, de Paris du 30. Mai 1814 et du 20. Novbr. 1815. 8. Spire, Oswald à Heidelb. 820.

Traitement des gangrènes et du charbon. 8. Bern 792. Typ. Soc. 12 gr

— de differentes maladies, de Reich etc. suivi de mémoires sur la Peste etc. 12. ibid.

Traiteur, s. Traitteur.

Traitres, les, démasqués ou les Turpitudes des ministres et hauts fonctionnaires de la Belgique, suivi du bon curé de Campage. Pamphlet à l'occasion des 24 articles et des roueries de la banque hollandaise. 2e édit. 8. Bruxelles 838. (Paris, Brockhaus et Avenarius.) (1/2 ₰) 1/4 ₰

Traits caracteristiques et anecdotes de la vie de Frédéric II. 8. Strassb. 788. Treuttel u. W. 8 gr gr. 8. 10 gr les mêmes in petit. 8. au même 788. 8 gr

— caractéristiques de la jeunesse de Napoléon etc. 12. Leipz. 802. Hinrichs. 9 gr

Traits choisis de l'histoire de Russie à l'usage de la jeunesse, nouv. édition, revue et corrigée. gr. 8. Brunswic, Pluchart. 818.

— de l'histoire, tirés de divers auteurs pour servir d'explication aux estampes de l'histoire universelle pour les enfans par Schroeckh. gr. 12. Königsb. 809. Unzer. 12 gr

v. Traitteur, Commandeur, Ingenieur-General, Denkschrift über den Freihafen von Mannheim. Mit 1 Situations-Plane. gr. 8. Mannheim 836. (Hoff.) n. 1/2 ₰

Traitteur, G. v.

— Collection de Plans et Vues perspectives des nouveaux Ponts projetés et construits, sur la nouvelle chaussée de Moscou, pendant les années 1821 et 22. Mit 12 Steintaf. Roy.-Fol. St. Petersb. 829. (Manh., Schwan u. G.) 7 ₰

— Description des travaux des nouveaux ponts, exécutés sur la nouvelle chaussée de Moscou pendant les années 1821 et 22. gr. Fol. Mit Kupf. 824, (Berlin, Reimer.)

s.a. Plans, Profils, Vues perspectives et details du Pont du Baleaux de Saint-Isaac.

de Traitteur, (G.,) Plans, Profils, Vues perspectives et details du Pont de Baleaux de Saint-Isaac, executé sur la grand Neva a St. Petersburg en 1820. gr. Roy. Fol. St Petersb. 824, (Manheim, Schwan et G.)

Traitteur, Johann Andreas v.

Traitteur, J. A. Chev. de. Beschreibung der Exercier-Manoeuvres, welche S. K. H. Erzherzog Carl v. Österreich im Lager bei Edingen am Neckar im Sept. 1797 ausführen ließ. Mit Krt. Heidelberg 1797. 30 S.
s.a. Traitteur, Karl Theodor v.

v. Traitteur, Jh. Andr., Landau, die französ. Festung, kann durch Inundation mit wenig Kosten in kurzer Zeit gewonnen werden. Mit 1 Kpf. 4. Heidelb. 793.

v. Traitteur, J. A. Die Festung Landau kann durch Inundation in kurzer Zeit genommen werden. 4. M. K. Heidelberg 1794.

— s.a. die Wasserleitung von Manheim.

Traiteur, J. A. v., die Wasserleitung v. Mannheim rc. m. d. Nachr. wie weit d. im J. 1790. angef. Werk gedieh., und welch. Nutz. f. Vollend. Mannheim gewähren wird rc., m. 26 Pl. u. 1 Karte. gr. 8. Mannheim, Schwan.

v. Traiteur, Karl Thdr., s. **Albert der Dritte.**

v. **Traitteur**, (v. Luzberg,) Edler (Karl) Thdr., Beschreib. d. Exercir-Manövres, welche Erzherzog Karl v. Oesterreich 1797 im Lager bei Edingen ausführen ließ rc. Mit Plans u. 1 topogr. Karte. gr. 4. Manh. 798. Schwan u. G. 3 ß 18 Xr
s.a. Traitteur, Johann Andreas v.

BURSCHENLEBEN, Das, nach der Natur gezeichnet; ein Schauspiel in 4 Aufzügen (von *Carl Theod. v. Traiteur*). Frankfurt 1780.
Anon.-Lex. I. p. 291 (nach Kayser u. Meusel).

COCOS, satyrisch-politischer Roman (von *Carl Theod. v. Traiteur*). O. O. 1778. Rar!
Anon.-Lex. I. p. 331 (nach Meusel).

— Europa im Frieden, für jetzt u. in Zukunft, die Völker vereint nach Natur u. Sprache, gebildet durch Stromthäler zu Seestaaten, begränzt durch Gebirge. Mit 1 ill. Kart. 8. Manh. 814. Schwan u. G. 12 Xr

— üb. die Größe u. Bevölkerung der rhein. Pfalz. 8. Manh. 788. (Löffler). 8 Xr

v. Traiteur, Karl Thdr., s.a. **Hartwich, e. Geschichte.**

HARTWICH, eine Geschichte (von *Carl Theod. v. Traiteur*). 3 Thle. („Geweiht Fürsten u. Bürgern", s. Rücks. d. Tit.) Freystatt (Ulm, Wohler) 1779, 80, 81. 8°.
Stellenweise derb und cynisch. Sehr selten! (Th. 1 u. 2 [84 u. 144 S.] in Marburg, Univbibl.: XVI. C. 587, 1 vol.)

— s. **Ideen üb. die natürl. Begränzung der europ. Staaten.**

– s. **Prophezeihungen aus alten u. neuen Zeiten.**

v. Traiteur, Karl Thdr., s.a. **Purschenleben.**

PURSCHENLEBEN, Das, nach der Natur gezeichnet, ein Schauspiel in 4 Aufzügen (von *Karl Theod.* Edler *v. Traitteur*, 1756—1830). Frankfurt (Heidelberg) 1780. 8°. Rar!
Ueber d. Vf. s. Meusel's Gelehrtes Teutschland 8, 97: 10, 751; Nekrol. 8, 918. (Goedeke V, 368, 6, 3.)

— Skizze zu einem Völkergesetzbuche, um eine dauernde Ruhe in Europa zu begründen. Den hohen Mächten z. Prüfung vorgelegt. 8. Manh. 814. Schwan u. G. 5 Xr

— funfzehn statist. Tabellen üb. die Größe u. Bevölkerung der rhein. Pfalz. gr. 4. Münch. 787. (S. Franz). 3 Xr

— der deutschen Reichsstände Verlust auf d. linken Rheinufer, u. d. Besitz der kathol. Geistlichen auf d. rechten, nach Größe, Bevölkerung u. Einkünften geschätzt. gr. 8. Manh. 799. Schwan u. G. 6 Xr

Traitteur, O. v., Flora von Schweinfurt u. Umgebung. Nach Monaten im Anschluß an die Flora v. Schweinfurt v. Emmert — v. Segnitz geordnet. 8. (29 S.) Schweinfurt 887. (Stoer.) n. — 35

Traitteur, W. v., die steigenden Ernten vermittelt durch die steigende Bevölkerung. Ein Handbuch f. d. intensive Landwirthschaft nach den neueren Erfahrungen und wissenschaftlichen Forschungen. 1. Bd. Die Brodproduktion. Mannheim 858. (Löffler.) gr. 8. (XXXVI, 340 S.) n. 2 Thlr.

Trak, J. B., kathol. Andachtsbuch f. Gebildete d. weibl. Geschlechts, die im Geiste u. in d. Wahrheit beten. 4. Ausg. 8. (16½ B. u. 1 Stahlst.) München 835, Literar.-artist. Anstalt.

Trakal, Josef

—: Akademie hraběte Straky v prvním třiletí 1896—1899. — Die Graf Straka'sche Akademie in den ersten drei Jahren ihres Bestandes 1896—1899. S. III—LI. 8. Přílohy k úvodní zprávě o provním třiletí akademie 1896/1897—1898/99. I. Osobní stav akademie. II. Statistika chovanců. III. Seznam chovanců. IV. Důležitější nařízení nadřízených úřadů. V. Paměti akademie. — Beilagen zum einleitenden Berichte über die ersten drei Jahre der Akademie 1896/1897—1898/1899. I. Personalbestand der Akademie. II. Statistik der Zöglinge. III. Verzeichnis der Zöglinge. IV. Wichtigere Verfügungen der vorgesetzten Behörde. V. Chronik der Akademie. S. 93—141. 8.
Progr. Graf Straka'sche Akademie u. Privat-Gymn. *Prag* 1902.

Trakal, Josef: Nejvyšší návštěva Jeho c. a. k. Apoštolského Veličenstva císaře a krále Františka Josefa I. v akademii hr. Straky dne 13. června 1901. — Allerhöchster Besuch Seiner k. und k. Apostolischen Majestät des Kaisers und Königs Franz Josef I. in der Graf Straka'schen Akademie am 13. Juni 1901. S. 2—25. 8.
Graf Straka'sche Akademie u. Privat-Gymn. *Prag* 1901.
Progr.

Trakal, Josef: Závět zakladatele akademie Jana Petra hraběte Straky. Úvodem a poznámkami opatřil ředitel akademie J. T. — Das Testament des Stifters der Akademie Johann Peter Grafen Straka. Eingeleitet und mit Anmerkungen versehen von Akademie-Director J. T. 8 (S. 2—35, 1 Abb.).
Progr. Graf Straka'sche Akademie u. Privatg. *Prag* 1900

Trakimor oder das goldene Land. A. d. Engl. Leipz. 1787. V: *Warren, G. E.* (stams) Ü: *Sintenis, Christian Friedrich.* (EE)

Trakimor, od. d. goldne Land, a. d. Engl. v. C. F. Sintenis. 2 Thle. 8. Lpz. Crusius. (Vogel.) 787—88. (à 1 Rthlr. 16 gr.)

Schweizerischer **Buchhandlungs-Gehilfen-Verein.** (Traktanden der 23. Generalversammlung [und] Liste der Mitglieder... .) [4 S.] 4. 1901.

Kantonale **Lehrerkonferenz** von Appenzell A. Rh. ... Hauptversammlung ... 10. Juni 1902 ... in Gais... . Traktanden. 22 S. 8.

Traktanden-Verzeichniss der 16., 18., 19., 20., 23. Versammlung der schweizerischen Grossloge Alpina. 5 Hefte. 1868—1876. 8.

Traktanden-Verzeichniss der 26. Versammlung der schweizerischen Grossloge Alpina zusammenberufen für den 19. und 20. April 1879 im Orient von Aarau. Bern 1879: Haller. 8 S. 8°.

Traktat, e., zur **Apokalypse** des Ap. Johannes in e. Pergamenthandschrift der k. Bibliothek in Bamberg. Zum erstenmal veröffentlicht v. K. Hartung. (VIII, 22 S.) gr. 8. Bamberg 904. (G. Duckstein.) n. — 60

Tractat von der verschiedenen Bestimmung . . . eines Hof- und Landarchitecten. O. O. 1773. V: *König, Friedrich Wilhelm.* (Adel) (Gradmann, Gel. Schwaben. 1802.)

Tractat, Brachot, d. talmud., s. 1) **Brachot.** 2) **Mischnah.** 3) **S. Raab.**

Tractat[e]. Traktat Nr. 1—3. Hrg. von (dem Bureau der Deutschen Mission der Kirche Jesu Christi der Heiligen der letzten Tage:) Hugh J[ene] Cannon (*Nr. 2 f.:* und Levi Edgar Young), Zürich, Schweiz... . 8. Leipzig, C. G. Röder, [1902].
s. Abfall. Der A' vom ursprünglichen Evangelium — Rich, B. E. — Schulthess, Arnold H.

Tractat[e]. Traktat Nr. 1—3. Hrg. von (dem Bureau der — *Nr. 1:* Schweizerischen und — Deutschen Mission der Kirche Jesu Christi der Heiligen der letzten Tage:) Hugh J[ene] Cannon, Zürich, Schweiz.... [Neue Ausg.] 8. (Leipzig, C. G. Röder,) 1905 u. [1905 u. 1905].

s. Abfall. Der A' vom ursprünglichen Evangelium — Rich, B E. — Schulthess, Arnold H .

Traktat von den ersten Elementen in einem geheimen Unterricht eines Adepten an seinen Sohn, aus einem franz. Ms., dem beygefügt ist der Unterricht für den Adeptengrad. Hrsg. von einem Verehrer der edlen Schmelz- und Maurerkunst. Leipzig: Hilscher 1784. 135 S. 8°

Recens: Archiv f. Frmr u. Rosenkreuzer. 2 (1785) S. 401—402.

Kl. 2669. Selten.

TRACTAT von der unbefleckten Empfängniß Mariä. Augspurg 1736. 8°.

Cat. Fritz. München 1770. p. 480. — Sehr rar!

Tractat zwischen Engeland und Preussen, vom 16. Jan. 1756 nebst Unions-, Freundschafts- und Defensiv-Tractat, zwischen Ihro Majestät der Kaiserin Königin von Ungarn und Böhmen und Sr. Allerchristl. Majest. Versailles d. 1. Maji. 1756. 4. 8 S.

Tractat, der ethische, der Mischnah Pirke Aboth, d. i. Sprüche der Väter, übers. v. S. Kristeller. gr. 8. (VIII, 87 S.) Berlin 890. Speyer & Peters. n. 1. 50; geb. n. 2. —

Tractat des ewigen Friedens. welcher zwischen Sr. Czaarischen Majestät und Sr. Kgl. Majestät in Schweden den 30. Aug. 1721 zu Neustadt in Finnland geschlossen worden. Berlin o. J. 8°.

Tractat Zwischen Ihrer Königl. Maytt. (Friedrich IV.) zu Dennemarck. und des Hertzogs zu Gottorff (Friedrich IV.) Dbl. de dato 12. Julij 1701. o. O. u. J. 4° k.

Tractat über den Glauben u. Unglauben. Herausg. gegen die Scheinheiligkeit der Welt v. einem Menschenfreund. 8. (50 S.) Bremen 851. (Kaiser.) n. 4 ngr

Tractat[e]. Traktat Nr. 1 u. Nr. 2. Hrg. ([durch die] Kirche Jesu Christi der Heiligen der letzten Tage). 8. (Bern, Typ. C. Sturzenegger,) 1901 u. 1902.

s. Abfall — Grundprincipien.

Tractat[e]. Traktat Nr. 3. Hrg. ([durch die] Kirche Jesu Christi der Heiligen der letzten Tage). 8. Bern (Typ. C. Sturzenegger) 1901.

s. Erlösung. Die E' der Toten.

M. D. H. L. Tractat von magnetischen und sympathetischen Curen. Frankf. 1701. 8.

Tractat über die Leibeigenschaft, an Graf Cajus von Reventlau gerichtet. Offenbach 1780. V: *Lehmann, Adde Johann.* (Adel) (MGT)

Tractat zwischen Ihro Kay. Kön. Apostol. Majestät, als Herzogin von Mayland, und Löblichen Gemeinen Dreyen Bündten. Errichtet zu Mayland, den 8. Hornung Ao: 1763. fol. Chur 1770.

Text deutsch und italienisch.

Neuer Tractat von Ersparung des Holzes. - Breslau 1757

Tractat vom Nutzen und Gebrauch der Visceral-Pillen. Jena 1739. V: *Löber, Emanuel Christian.* (Myl)

— ökonom. jurist., v. d. Schäfergerechtigkeit. gr. 4. Berlin, Pauli. 784.

— ökonom.-jurist., von d. Schäfergerechtigkeit. gr. 4. Berl. 784. (Sander). 20 gl

Tractat, Oekonomisch-Juristischer, von der Schäfereygerechtigkeit ... Berlin 1793. V: *Benekendorf, Carl Friedrich von.* (Schz) (Engj) (Engoec)

Tractat von Ranunkeln. A. d. Franz. ... Nürnberg 1754. V: *Ardène, Jean Pierre Rome d'.* (Engoec)

— dreyer berühmter Rechtsgelehrten, v. Gartenrecht. 4. Frankf. 723.

— üb. den Reichstag im 16. Jahrh., hrsg. v. Karl Rauch, s.: Quellen u. Studien zur Verfassungsgeschichte des Deutschen Reiches. I. 1.

Traktat, Sanhedrin, der, (nach der Wiener Ausgabe) vom J. 1867 ed. Schloßberg. Ins Deutsche übertr. u. m. erläut. Anmerkgn. versehen v. M. Rawicz. 8. (VIII, 544, XX S.) Frankf. a. M. 892, A. J. Hofmann. * 6 —

Tractat, welcher zwischen ... dem Könige von Preussen und ... dem Könige von Pohlen ... zu Warschau geschlossen worden. A. d. Franz. ... Berl. 1773. V: *Herzberg, Ewald Frdr. v.* (Holz)

TRACTAT, Ein winzig., der handelt von den Leuten, die in gar langer Zeit, mit grosser Langsamkeit in ihren Ehstand schreiten. Mit 1 Holzschnitt. Anno 1739. 8°. (1 Mk. 50 Pfg. Ludolph. St. Goar, Frankf. a. M., 1877; jetzt theurer!)

Rares Curiosum!

Traktätchen. – Tractätchen

— 3 chymische, d. güldene Rose, Brunnen d. Weisheit, Blut d. Natur. 8. Wien, Krauß. (Sommer. Leipz.) 774.

Tractätchen, lichtfreundliche, für Männer, Frau'n und Mädchen. 1. Heft. Hamburg (853.) Berendsohn. gr. 8. (16 S.) 1½ ngr.

Tractätchen für das Licht und Wahrheit suchende Volk auf dem heil. Gebiete der Religion, in einzelnen Sendungen. Niedergeschrieben von Philaleth. 1. Sendung. gr. 8. (30 S.) Jena 869, (Doebereiner.)

—— dass. — 2.—4. Sendung. gr. 8. (31; 32; 34 S.) (Ebendas.) 870. à 30 Pf.

Tractätchen für das Licht und Wahrheit suchende Volk auf dem heil. Gebiete der Religion, in einzelnen Sendungen. Niedergeschrieben von Philaleth und in Druck gegeben von C. L. Hagen. 1. Sendung. 2. Aufl. gr. 8. (31 S.) Jena 870, (F. Mauke.)

Tractätchen eines Werkgerechten, besiegelt mit alt- und neutestamentl. Beweisen; ein Blick in das innere Glaubensleben derer, welche von den sogenannten Frommen nicht anders als Werkgerechte, Werkheilige, Verächter der Gnadenlehre Jesu, oder auch schlichtweg als Welt- u. Teufelskinder, genannt und verketzert werden. Herzensergießungen eines Laien. gr. 8. Bremen 841, Geisler. 4 ngl

Traktate

Tractate, die ältesten, Russlands nach allen bisher entdeckten u. hrsgeg. Handschriften verglichen, verdeutscht u. erläutert durch E. S. Tobien. I. Die Handschriften u. Ausgaben, das System u. der Text der ältesten Tractate Russlands. gr. 4. (... B. u. 1 Facsim.) Dorpat 845, [Gläser's Verl.] *

Tractate, evangelische. I. Der Werth einer Menschenseele. Nürnberg 862. Sebald. 32. (32 S.) 1½ ngr

Traktate, große. 48 Nrn. 8. (à 4 S. m. 1 Bild.) Friedenau-Berlin 888. Buchh. der Goßner'schen Mission. n.n. — 50

Traktate der Höfe von Baiern, Würtemberg und Baden mit Frankreich im Jahre 1796 und mit den gegen Frankreich alliirten Mächten im Jahre 1813. 8. (Ohne Druckort) 1819.

Tractate der Höfe von Baiern, Würtemberg u. Baden mit Frankreich im J. 1796, u. mit den gegen Frankreich alliirten Mächten im J. 1813. gr. 8. Münch. 819. (Finsterlin). 3 gl

Traktate, illustrierte, des Blauen Kreuzes (8 Sorten gemischt, zweiseitig.) I.—III. Serie. Nr. 1—24. (Je 100 Stück.) 8. Barmen (907). Buchh. d. Blauen Kreuzes. à Ser. nn — 50

— dasselbe. I.—III. Serie. Nr. 1—24. (Je 100 Stück à 4 S.) 8. Ebd. (907). à Serie nn 1. —

— kleine. 48 Nrn. 16. (à Nr. 4 S. m. 1 Bild.) Ebd. 888. ** 25

Traktate, kleine, der Brüdermission. Nr. 1—26. 12. (à ca. 16 S. mit je 1 Bild.) Herrnhut, Missionsbuchhandlung. à n. — 05

Inhaltsübersicht in alphabetischer Ordnung:

Grunewald, J., das Aussätzigen-Asyl „Jesu-Hilfe". Arbeit der Brüdergemeine unt. den Aussätzigen in Jerusalem. 894. (Nr. 15.)
— ein Gottesstreiter im Urwald. Ludwig Christoph Dähne. (Suriname.) 894. (Nr. 13.)
— Jens Haven, d. Freund d. Eskimo. Ein Streiterleben aus alter Gemeinzeit. (Labrador.) 2. Aufl. 896. (Nr. 7.)
— Friedrich Martin, der treue Zeuge. (Westindien.) 897. (Nr. 22.)
— Georg Schmidt, Begründer d. Brüdermission unt. d. Hottentotten, d. erste aller Heidenboten in Süd-Afrika. (16 S. m. Abb.) 898. (Nr. 25.)
— unt. d. Elendesten d. Elenden. 50 Jahre Arbeit an d. Aussätzigen in Südafrika. 894. (Nr. 14.)
— David Zeisberger, ein Apostel der Indianer. 2. Aufl. 895. (Nr. 11.)
Heinke, O., e. Winterbesuch in Umanak, d. nördlichsten Missionsstation der Brüdergemeine in Grönland. Nacherzählt v. J. Grunewald. 895. (Nr. 19.)
Herr, Pauline, in Herrendyk. Wassersnöte u. dürre Zeiten. (Suriname.) 893. (Nr. 9.)
Kluge, H., am Cullen Point. Gründg. der Station Mapoon unter d. Wilden Nord-Australiens. 2. Aufl. 895. (Nr. 8.)
— am Fuß des Kunguebergеs. Anfänge der Brüdermission in Deutsch-Ostafrika. 894. (Nr. 17.)
Kluge, H., aus d. Geschichte d. Missionsstation Ebenezer, Prov. Viktoria, Südaustralien. 2. Aufl. 893. (Nr. 6.)
— Christfest in Hebron. Zwei Weihnachtsfestreisen in Labrador. 2. Aufl. 892. (Nr. 4.)
— 3 kurze Geschichten v. der Kraft d. Evangeliums an Heiden- u. Christenherzen. 2. Aufl. 892. (Nr. 5.)
— Kirchweihe u. Hochzeitsfahrt auf d. Missionsstation Mapoon, Nord-Queensland. Ende 1892. 894. (Nr. 18.)
— Nach d. fernen Norden. Reise der ersten Brüdermissionare nach Alaska. 2. Aufl. 892. (Nr. 1.)
— Pionierarbeit. Aus den ersten Missionsanfängen in Nord-Queensland. 893. (Nr. 10.)
— Saat auf Hoffnung. Etwas aus d. Schulthätigkeit zu Carmel u. Bethel, den Stationen der Brüdermission in Alaska. 2. Aufl. 892. (Nr. 3.)
— zwei Winter in Bethel, d. ersten Missionsstation d. Brüdergemeine in Alaska. 2. Aufl. 894. (Nr. 2.)
Renkewitz, Ferd., Hilfe in d. Not. Selbsterlebtes aus d. Zeit e. 11 jähr. Missionsdienstes auf d. Moskitoküste. 894. (Nr. 16.)
Richter, Ant., aus der Stadtmission in Paramaribo. (Suriname.) Nacherzählt v. H. Kluge. 897. (Nr. 23.)
Schärf, A., ein Besuch im Buschland. Corjalfahrt nach der oberen Suriname. Nacherzählt v. M. Wolter. 2. Aufl. 895. (Nr. 12.)
Schreve, Th., tibetische Pilgerfahrten. (Himalaya.) Nacherzählt v. H. Kluge. 897. (Nr. 24.)
— einer säet, d. andere erntet. Aus d. Anfängen d. Himalaya-Mission. (16 S. m. Abb.) 898. (Nr. 26.)
Ziock, H., das Evangelium in Moskitoland, od. Wie aus Heiden Christen werden. Nacherzählt v. H. Kluge. 895. (Nr. 21.)
— in Sturm u. Wellen. Untergang d. Missionsschiffes „Meta". Nacherzählt v. J. Grunewald. 895. (Nr. 20.)

Traktate, kleine, aus der Brüdermission. Nr. 5—7 u. 27 bis 37. (Mit je 1 Bild auf dem Umschlag.) 12. Herrnhut, Missionsbuchh. à n. — 05

5. Drei kurze Geschichten von der Kraft des Evangeliums an Heiden- u. Christenherzen. Von H. Kluge. 4. Aufl. (16 S.) (899.)
6. Aus der Geschichte der Missionsstation Ebenezer, Prov. Viktoria, Südaustralien. Von H. Kluge. 4. Aufl. (16 S.) (899.)
7. Jens Haven, der Freund der Eskimo. Ein Streiterleben aus alter Gemeinzeit. Von J. Grunewald. 3. Aufl. (16 S.) (899.)
27. Nikolaus Faden. Ein ind. Kuli-Evangelist. Missionar Glöckler nacherzählt. Von J. Grunewald. (16 S.) (899.)
28. Die Nacht ist vergangen. Aus der Geschichte v. Dakura. Missionar Gebhardt nacherzählt. Von H. Kluge. (16 S.) (899.)
29. Apensa, der Buschnegerhäuptling. Eine Taufreise in den Urwald. Missionar Stern nacherzählt. Von J. Grunewald. (16 S.) (900.)
30. Gottlieb Israel, e. lahmer Schneidergeselle u. e. gesegneter Missionar. Von J. Grunewald. (15 S.) (900.)
31. Aus der Finsternis zum Licht. Einiges aus der Erweckungszeit in Labrador. Von O. Fabricius. (14 S. m. 1 Abb.) (900.)
32. Besuch auf Groot Chatillon, dem Aussätzigenasyl. Missionar H. Weiß nacherzählt. Von H. Kluge. (16 S.) (902.)
33. Sprossende Saaten. Aus dem Leben u. Arbeiten auf der Station Mapun, Nord-Queensland. Missionar Hey nacherzählt. Von H. Kluge. (16 S.) (902.)
34. Zu den Sumu-Indianern. Besuchsreise in die Urwälder Nicaragua's. Missionar G. Carlsson nacherzählt. Von H. Kluge. (16 S.) (902.)
35. Ein Sonntag in Friedensfeld auf St. Croix. Von M. Wolter (15 S.) (902.)
36. St. Jan u. sein Missionar. Von M. Wolter. (16 S.) (902.)
37. Gangama. Ein Heldenleben aus den Bergen des Himalaya. Von Th. Schreve. (16 S.) (902.)

Bandausg., s.: Erlebnisse u. Erfahrungen aus der Arbeit der Brüdermission.

— kleine, aus der Brüdermission. Nr. 38—43. (à ca. 16 S. m. Abbildgn. u. je 1 Bild auf dem Umschlag.) kl. 8. Herrnhut (908. 10). Missionsbuchh. à — 05

Tractate, Dreyer berühmter Rechts-Gelehrten, vom Garten-Recht, in das Teutsche übersetzt. Franckfurt und Leipzig 1723. V: *Fritsche, Ahasver, Friedrich Schragen & Johann Tobias Geissler.* (KGBerlin I, 639)

Tractate der Amerikanischen Tractat-Gesellschaft. gr. 12. (IV u 500 S. m. eingedr. Holzschn.) New-York 851. (Philadelphia, Schäfer & Koradi.) In Engl. Einb. n. 1⅓ ⋔

Tractate der amerikanischen Tractat-Gesellschaft. 3. Bd. (Nr. 75—116.) Hrsg. von der amerikanischen Tractat-Gesellschaft. gr. 12. (504 S. mit eingedr. Holzschn.) New-York 857. (Philadelphia, Schäfer und Koradi.) geb. *

Zeitgemäße Traktate aus der Reformationszeit. In Verbindung mit and. Gelehrten hrsg. von Constantin v. Kügelgen, Lic. H. 1. *Leipzig: R. Wöpke 1902.* 8° [F.]

Traktate, zeitgemäße, aus der Reformationszeit. In Verbindg. m. anderen Gelehrten hrsg. v. Const. v. Kügelgen. 2.—7. Heft. 8. Göttingen, Vandenhoeck & Ruprecht. n. 6. 95
2. **Bugenhagen's** christliche Vermahnung an die Böhmen. Nach dem Orig.-Druck vom J. 1546 neu hrsg. von Const. v. Kügelgen. (XVI, 12 S. m. Bildnis.) Leipzig 903. n. 1. —
3. **Hutten's** Briefe an Luther. Nach den Orig.-Drucken neu hrsg. v. Eduard Spranger. (XXX, 23 S. m. Bildnis.) Leipzig 903. n. 1. 20
4. **Zwingli's** Vademekum f. gebildete Jünglinge. Nach dem Basler Urdruck v. J. 1523 neu hrsg. von Const. v. Kügelgen. (XIII, 22 S. m. Bildnis.) Leipzig 904. n. — 85
5. **Melanchthon's** Einleitung in die Lehre des Paulus v. J. 1520. Nach dem Wittenberger Urdruck neu hrsg. v. J. K. F. Knaake. (XXI, 35 S. m. Bildnis.) Leipzig 904. n. 1. 50
6. **Hus**, Joh., von Schädlichkeit der Tradition. Nach dem Altenburger Orig.-Druck neu hrsg. von Const. v. Kügelgen. (XXII, 8 S. m. 1 Taf.) Leipzig 905. n. 1. —
7. **Bullinger's** Gegensatz der evangelischen u. der römischen Lehre. Nach dem Heidelberger Druck vom J. 1571 neu hrsg. von Const. v. Kügelgen. (XX, 26 S.) 906. n. 1. 40

Heft 1 u. d. T.: Hus, Joh., Gefangenschaftsbriefe jetzt Ebd. 902. n. 1. 50.

Traktatgesellschaft. –

Tractat-Gesellschaft, die Wupperthaler, in Barmen. 18. Bericht, umfaff. die Zeit vom 1. Juli 1867 bis 1. Juli 1869, erstattet im Novbr. 1869. gr. 16. (47 S.) Barmen 870, (Buchh. der evangel. Gesellschaft.)

Traktat-Gesellschaft, die Wupperthaler, in Barmen. 18. Bericht, umfassend die Zeit vom 1. Juli 1867 bis 1. Juli 1869, erstattet im Novbr. 1869. Barmen 870. (Klein.) gr. 16. (47 S.) 1½ ngr.

Traktatgesellschaft. – Verlags-Katalog der Wuppertaler Traktat-Gesellschaft. (Gegr. 1814.) Barmen 1904. 32 S. 8°

* DREY CURIEUSE CHYMISCHE TRACTÄTLEIN; Das erste betitult: Güldene Rose, das ist: Einfältige Beschreibung des allergrössesten von dem Allmächtigsten Schöpffer Himmels und der Erden Jehova in die Natur gelegten und dessen Freunden und Auserwählten zugetheilten Geheimnisses, als Spiegels der Göttlichen und Natürlichen Weissheit. Das andere: Brunn der Weissheit und Erkänntnis der Natur, von einem unvergleichlichen Philosopho gegraben. Das Dritte: Blut der Natur, oder Entdeckung des allergeheimsten Schatzes derer Weisen, seyende nichts anders als der rothe Lebens-Safft davon alle Geschöpfe nach dem Willen des Allmächtigen herstammen, erhalten und fortgepflanzet werden. Frankfurt und Leipzig, zu finden in dem Kraussischen Buchladen, 1774. pp. 206, 12mo. Plate.

— drei philosoph., Unterricht de prima lapidis philosophorum, Siebengestirn, Hauptschlüssel. 8. Nordh. 753. . . . 3 gr

Tractätlein, 5 curiöse chymische, in welchen die Ausdrücke derer die v. Stein d. Weisen geschrieben. 8. Frankf. 767. Eßlinger. 16 gr

Traktätlein Getränk warmen

Ein Tractätlein vom warmen Getrancke, worinnen mit vielen Gründen und Ursachen bewiesen wird, daß gewärmtes Bier oder dergleichen Getrancke der Gesundheit weit mehr dienlich und zuträglich sey, als dasjenige, so man kalt oder ungewärmt trincket. (Nebst) Anhang vom Wasser-Trincken. Aus dem Englischen. 113 S. (S.186 - 298), gbd.

Leipzig: Gleditsch & Weidmann 1717
(Englisches Artzney-Büchlein... Übers.von C(hristian) Ludovici. 6.Ed. Th.2/3)

JB 1.334/2,3

Tractätlein, Historisches, von den Bischöffen zu Seeben und Brixen. [Brixen ca. 1760.] V: *Resch, Josef.* (MARGR)

Tractätlein, Curieuses Erbauliches, Politisches, von der Erkanntnuss seiner selbs, und des Nächsten . . . Zürich 1713. V: *Corrodi, Fel.* (AarF)

Des hochgelehrten Philalethae [d.i.George Starkey] und anderer auserlesene chymische Tractätlein [Traktätlein],... ins Teutsche übers. von Johann Langen [Lange † nach 1696]. Wienn: Krauß 1748. 358 S. 8°

[Darin 1:] ([Starkey, George] Philaletha:[Introitus apertus ad occlusum regis palatium. Deutsch:]) Eröfneter Eingang zu des Königs verschlossenen Pallast.

[Darin 2:] [Frater Ferrarius] Bruder Ferrarius: [Tractatus chemicus excellentissimus. Deutsch:]Sehr fürtreflicher chymischer Tractat[Traktat], viel verm., aufs neue im Teutsch übers. ...von Johann Langen [Lange,† nach 1696].

[Darin 3:] [Starkey, George] Philaletha:[Tractatus tres: Metallorum metamorphosis. Brevis manuductio ad rubinum coelestum. Fons chymicae veritatis. Deutsch:] Tractätlein [Traktätlein] von Verwandelung der Mettalen. Der andere Tractat, Eine kurtze Anleitung zu dem himelischen Rubin. Von dem Stein der Weisen und seinem Geheimnüß. Der dritte Tractat, Der Brunnen der chymischen Wissenschaft. Übers. von Johann Langen [Lange † nach 1696].

[Darin 4:] Wigandus von dem Rothen Schilde: (Gloria mundi, lux solis, liber luminum & quinque clavium.[Deutsch:]) Tractätlein [Traktätlein] genannt die Herrlichkeit der Welt. Aus dem Lat. in Teutsch übers. von Johann Langen [Lange † nach 1696].

[Sondert.2:] Monte Raphaim, Joannes de: Vorbothe [Vorbote],der am philosophischen Himmel hervor brechenden Morgen-Röthe.

[Sondert.3:] [Schwartzfus] Schwartzfuß, Anonymus von: Das Blut der Natur, oder Entdekkung des allergeheimesten Schatzes der Weisen, seyende nichts anders als der rothe Lebenssafft.

[Sondert.4:] [Schwartzfus] Schwartzfuß, Anonymus von: Brunnen der Weißheit und Erkänntniß der Natur.

[Sondert.5:] Helvetius, Joannes Fridericus: Vitulus aureus, quem mundus adorat. Oder Ein sehr curiöses Tractätlein in welchem das rare und wundersame Werk d. Natur in Verwandelung derer Metallen-Historien ausgeführet wird. Aus d. Latein.übers.

Angeb.an: Bernardus Trevisanus: [Teils.] Chymische Schrifften von den gebenedeyten Stein der Weisen. Nürnberg 1747.

Tractätlein, Vier, von der ansteckenden Seuche, welche anno 1713, in das Ertz-Hertzogthum Nieder-Österreich eingeschlichen . . . Hamburg 1713—14. H: *Kirchhoff, Gottfried.* (BrMm)

EISENSTADT. Zwey Tractätlein Von Berg Calvari bey Eysenstatt. Das Erste wird genannt: Myrrhen-Büschlein / Wie man diesen vorgestellten Berg Calvari Des bittern Creutz-Weegs JEsu CHristi in schöner Anordnung auff- und absteigen solle. Das Andere wird genannt: Gnaden-Baad Mariae, Auff den Berg Calvari / so mit Marianischen Gnaaden-Geruch sich weit und breit ausgiessen thut. Allen Liebhabern dieser Andächtigen Wahlfahrt zu einem Geistlichen Trost in Druck gegeben Durch die Residenz deren P. P. Franciscanern der Marianischen Provintz bey dem Berg Calvari nebst Eysenstatt daselbst. Cum facultate Superiorum. Gedruckt bey Andreas Heyinger, Universitäts-Buchdrucker zu Wienn in Oesterreich. 1716. (16) 160 S. 2. B.

Tractat-Verbreitung, die, in allen Welttheilen. Auszüge aus den Reden, geh. am 82. Jahresfeste der Rel. Tractat-Gesellschaft in London am 6. Mai 1881. 8. (16 S.) Berlin 881. Deutsche evangel. Buch- u. Tractat-Gesellschaft. — 15

Trall, R. T., der Alkohol als Medizin, s.: Gesundheit, Wohlstand u. Glück. — Gut, das höchste.

— der Alkohol und seine Verbannung aus unserem Arzneischatze. Die Quintessenz einer Anzahl in London gehaltener Vorträge. Mit einem Anh. gr. 8. (178 S.) Schwelm 872, Wortmann. [Berlin, Grieben.] *

Trall, R. T., der Alkohol und seine Verbannung aus unserm Arzneischatze. Die Quintessenz einer Anzahl in London gehaltenen Vorträge. Mit einem Anhang. gr. 8. (178 S.) [Berlin 875.] Leipzig, Grieben's Verlag. *

— dass. — s.a. Gesundheit, Wohlstand und Glück.

— die Arzneimittel, s. Gesundheit, Wohlstand und Glück.

— eine neue Bevölkerungs-Theorie. Hergeleitet aus dem allgemeinen Gesetz thierischer Fruchtbarkeit. gr. 8. (45 S.) Mainz 877, Lesimple's Verlag. *

— dass. — 2. (Titel-)Aufl. gr. 8. (45 S.) Leipzig 879, Lesimple's Verlag. *

— die Diphtheritis. Natur, Geschichte, Ursachen, Vorbeugung und naturgemäße Behandlung. Mit einer Darlegung der verschiedenen Theorien, Irrthümer und Praktiken der Mediziner. gr. 8. (IV, 200 S.) [Berlin 875] Leipzig, Grieben's Verlag. *

— dass. — s. Gesundheit, Wohlstand und Glück.

— die diätetische Frage, s.: Gesundheit, Wohlstand u. Glück. — Gut, das höchste.

— Gesundheit u. Krankheit der Frauen, s.: Gut, das höchste.

— die wahre vernunftgemäße Heilkunde, s. Gesundheit, Wohlstand und Glück.

— die rationelle Heilmethode oder der einzig sichere Weg zur Heilung der Krankheiten. Eine vollständ. Lösung der großen, für Jedermann wicht. Frage durch welches Heilverfahren und durch welche Heilmittel können die Krankheiten des menschlichen Körpers gehoben werden? 8. (102 S.) Schwelm 871, Wortmann. [Berlin, Grieben.]

Trall, R. T., die einzig wahre u. sichere Hülfe f. kranke, sieche u. geschwächte Männer, welche ihr Nervensystem durch Jugendsünden, geheime Krankheiten u. Ausschweifungen zerrüttet haben. Deutsche Ausg. v. Emil Weilshäuser. 2. Aufl. gr. 8. (68 S.) Leipzig 884. Th. Grieben. n. — 75

Trall, R. T., die einzig wahre u. sichere Hilfe f. kranke, sieche u. geschwächte Männer, welche ihr Nervensystem durch Jugendsünden, geheime Krankheiten u. Ausschweifungen zerrüttet haben. Deutsche Ausg. v. Emil Weilshäuser. 3. Aufl. 8. (68 S.) Leipzig 893. Th. Grieben. n. — 75

— die Kehl- und Lungen-Krankheiten, s. Gesundheit, Wohlstand und Glück.

— die Kehl- u. Lungenkrankheiten, s.: Gut, das höchste.

— die Krankheiten der Geschlechts-Organe und ihre Behandlung nach den Grundsätzen der Naturheilmethode. Deutsche Ausg. von E. Weilshäuser. gr. 8. (VIII, 168 S) [Leipzig 876, Touffet.] Hamburg, Berendsohn. *

— die Verirrungen des Geschlechtstriebes. Eine prakt. Abhandlung über die Natur und die Ursachen übermäß. und unnatürl. Geschlechtsbefriedigung, die daraus hervorgehenden Krankheiten und Schädigungen mit ihren Symptomen und ihrer Behandlung. Ein Buch für Eltern, Erzieher, Aerzte etc. gr. 8. (70 S.) Schwelm 872, Wortmann. [Berlin, Grieben.]

— Wasser, Bier, Wein oder Branntwein, was soll ich trinken? Ein unentbehrl. Rathgeber für Alle, welche diese Getränke zum Vortheil für ihre Gesundheit genießen wollen, sowie wissenschaftl. Erörterungen über Kaffee, Thee, Chocolade, Tabak und ihre physiolog. Wirkungen auf den menschl. Organismus in gesunden und kranken Tagen. 8. (92 S.) [Ebendas.] 872.

Tralles, Untersuchungen üb. die specif. Gewichte d. Mischungen aus Alkohol u. Wasser etc. mit 1 K. gr. 8. Leipz. Barth. 812.

Tralles, Alex. v., s. Puschmann, Thdr.

Balthasar Ludwig Tralles

Das Aderlassen als ein offtmals unentbehrliches Hülffs-Mittel zu einer glücklichen Blatter-Cur, nach unumstößlichen Grund-Sätzen der Artzney-Kunst entworffen von Balthasar Ludewig Tralles. Breslau: Hubert 1736. 120 S. 8°

— amoenitates Roswaldenses. 8maj. Bresl. 775. (Gosohorsky). 6 gr

— verissimum nostra aetate de insitione variolarum vel admittenda vel repudianda argumentum. 8maj. Bresl. 765. (Gosohorsky). 16 gr

Balthasar Ludwig Tralles

Vexatissimum nostra aetate, de insitione variolarum vel admittenda, vel repudianda, argumentum, occasione quaestionum ab... Antonio de Haen sibi propositarum,... curatius evolutum et expensum a Balthasaro Ludovico Tralles, add. brevis disquisitio. de usu missionis sanguinis et opii in secunda variolarum febre. Vratislaviae: I.E. Meyer 1765. 304 S. 8°

— verissimum nostra aetate de insitione variolarum vel admittenda vel repudienda argumentum. 8. maj. Breslau, Meyer. 765.

— zufällige, altdeutsche u. christl. Betracht. üb. Lessings dramat. Gedicht, Nathan der Weise. 2 Thle. gr. 8. Bresl. 779. W. G. Korn. 20 gr

— de animae existentis materialitate et mortalitate cogitata. 8maj. Bresl. 774. (Gosohorsky). 8 gr

— Cogitatorum suorum de S. Eucharistia sincerae fidei evangelicae puritati omnio congruentium dilucidatio apologetica, eruditorum Theologorum Medicorumque omnium aeque inquisitioni submissa. 8. Bresl. 753. (Gosohorsky). 3 gr 8. Vindiciae 754.

Tralles, Balth. Ldw., critique d'un Medicin du parti des spiritualistes sur la piéce intitulée: les Animaux plus que machines. 8. à la Haye 752.

— dilucidatio apologetica cogitatorum suorum d. S. Eucharistia. 8. Bresl. Meyer. 753.

— die Ehre u. Unschuld des gemeinschaftl. Kelchs bei dem heil. Abendmahl gegen ungegründete Einwürfe u. Bedenklichkeiten gerettet. gr. 8. Bresl. 785. W. G. Korn. 8 gr

— Erinnerungen gegen die Zweifel Hrn. J. G. Kemme's, wider die Lehre d. Aerzte von d. Ernährung der festen Theile. gr. 8. Bresl. 779. (J. F. Korn). 4 gl

— Erinnerungen geg. d. Zweifel H. J. G. Kemmes wid. d. Lehre v. festen Theilen. gr. 8. Breslau, Löwe. (Korn der ält.) 779.

— Erläuter. u. Vertheidigung seiner Abhandl. von d. Gebrauch d. span. Fliegenpflaster in Fiebern. gr. 8. Bresl. 778. (Gosohorsky). 8 gl

Balthasar Ludwig Tralles

Balthasar Ludewig Tralles gründliche Erläuterung und Vertheidigung seiner lateinischen Abhandlung von dem Gebrauche der spanischen Fliegenpflaster in Fiebern. Breslau: J.E.Meyer 1778. 200 S. 8°

— deutl. Erweis einer natürl. Unmöglichkeit, daß M. Graf u. Dr. Tralles gelehrte Streitigkeiten mit einander führen können. 8. Bresl. 756.

Tralles, Balthasar Ludewig, Aufrichtige Erzehlung seiner mit König Friedrich dem Grossen, der Kayserin Maria Theresia u. der Hertzogin von Sachsen-Gotha, Louise Dorothea gehaltenen Unterredungen, als auch der Begebenheiten, welche sie veranlasset haben, nebst Anmerckungen. Breslau, bei W. G. Korn. 1789. 8.

— virium, quae terreis remediis gratis hactenus adscriptae sunt, examen rigorosius. Bresl. et Lips. 740.

Balthasar Ludwig Tralles

Exercitatione [Exercitatio] physico-medica virtutem camphorae refrigerantem ac internis corporis humani incendiis restinguendis aptissimam edisserit, atque ex genuinis artis principiis adstruit Balthasar Ludovicus Tralles. Praef. Friderici Hoffmanni [Hoffmann, 1660 - 1742]. Vratislaviae & Lipsiae: Hubert 1734. 207 S. 8°

— Gedanken üb. das Dasein u. Unsterblichkeit der Seele. gr. 8. Bresl. 776. (J. F. Korn). 14 gl

— Gedanken von der Gegenwart Christi bei d. heil. Abendmahl. 8. Bresl. 756.

Tralles, des Dr. Balthasar Ludew., Gedicht über das schlesische Riesengebirge. Neu hrsg. von C. L. Harald Friedrich. (XV, 50 S. m. 16 Taf.) Lex.-8. Wolfenbüttel 906. Heckner. 3. —

Tralles, B(althasar) L(udwig): Die Heilkraft des Moschus. (De limitandis laudibus et abusu moschi in medela morborum dissertatio. Dt.) Übers.mit Zusätzen u.herausg.von M(oritz) H(einrich) Mendel. 280 S., gbd.

Breslau u.Leipzig: Gehr 1804

JB 1.580

— üb. die Heilkraft des Opiums, s.a. Hnr. Walther,

Tralles, (Balthasar Ludwig): Ueber die Heilkraft des Opiums. (Usus opii salubris et noxius, in morborum medela, solidis et certis principiis superstructus. Editio altera auctior. Dt.Auszug.) Übers.von H(einrich) Walther. Th.1, 216 S., gbd.

Leipzig: Rein 1803

JB 1.533

— historia cholerae atrocissimae. 8. Bresl. 753. (Gosohorsky). 8 gl

Balthasar Ludwig Tralles

Historia cholerae atrocissimae quam sustinuit ipse, persanavit aegerrime, atque in usus publicos adiectis animadversionibus theoretico- practicis quam accuratissime descripsit Balthasar Ludovicus Tralles. Vratislaviae: C.G.Meyer 1753. 391 S. 8°

— de l'immatérialité et de l'existence de l'ame. 8. Wien 775. (Heubner). 12 gl

— de l'Immatérialité et de l'existence de l'Âme. 8. Vien. Kurzböck. (Camesina.) 775.

Tralles, Balth. Ldw., († d. 7. Febr. 1797.) d. Kaiser Karlsbad in Böhmen, in e. Ode, nebst e. Abhandl. von d. Gehalte u. d. Kräften dieses großen Heilmittels. 8. Bresl. 756. (Gosohorsky). 8 gl

Tralles, Balthasar Ludwig: Das Kaiser-Carls-Bad in Böhmen, in einer Ode entworfen; nebst einer Abhandlung von dem Gehalte und den Kräften dieses großen Heil-Mittels. 164 S., gbd.

Breßlau: Meyer 1756

JB 238

— de limitandis laudibus et abusu Moschi in medela morborum dissertatio. 8maj. Bresl. 750. (Gosohorsky). 6 gl

Balthasar Ludwig Tralles

De limitandis laudibus et abusu moschi, in medela morborum, dissertatio. Autore Balthasaro Ludovico Tralles. Vratislaviae: I.E.Meyer 1783. 150 S. 8°

Tralles, Balth. Ludw., de Machina et anima humana commentatio. 8. Breslau, Meyer. 749. Rthlr. -

Tralles, Balth. L., De machina et anima humana prorsus a se invicem distinctis, commentatio, libello latere amantis auctoris gallico homo machina inscripto opposita et ad illustrissimum virum Alb. *Haller*. 270 pp. Lps. et Vrat. 8°. Selbstübersetzung. Bresl. 1776. 8°. *Haller*, Bibl. anat. II, 245.

1749

— de methodo medendi Sydenhami, Tissoti aliorumque virorum in curatione variolarum pessimae indolis, infeliciter, licet dextre tamen adhibita, epistola apologetica. 8maj. Bresl. 764. (Gosohorsky). 3 gl

Balthasar Ludwig Tralles

Balthasaris Ludovici Tralles De Methodo medendi Sydenhami, Tissoti, aliorumque illustrium virorum in curatione variolarum pessimae indolis infeliciter licet, dextre tamen adhibita, epistola apologetica ad...Antonium de Haën. Vratislaviae: Meyer 1764. 55 S. 8°

— de methodo medendi variolas hactenus cognita saepe insufficiente magno pro inoculatione argumento. 8maj. Bresl. 761. (Gosohorsky). 8 gl

Balthasar Ludwig Tralles
De Methodo medendi variolis hactenus cognita saepe insufficiente magno pro inoculatione argumento dissertatio epistolaris... exarata a Balthasare Ludovico Tralles. Vratislaviae: I.E.Meyer 1761. 135 S. 8°

— vera patrem patriae annuente divina clementia sanum et longaevum praestandi methodus etc. 4. Bresl. 767. (Gosohorsky). 1 ꝶ

Balthasar Ludwig Tralles
Vera patrem patriae annuente divina clementia, sanum et longaevum praestandi Methodus, ex praeceptis omnis aevi diaeteticis, atque recentissimis artis salutaris principiis deducta a Balthasare Ludovico Tralles. Vratislaviae: I.E.Meyer 1767. 412 S. 8°.

— pensées de la nature. 8. Leipz. 775. Barth. 12 gl

— Prüfung der Gedanken von d. Gegenwart Christi im heil. Abendmahl. 8. Bresl. 775. W. G. Korn. 4 gl

— ad illustris viri C. G. Ludwigii disquisitionem de vi opii cardiaca responsio. 4. Bresl. 771. (Gosohorsky). 4 gl

— Schattenriß d. Annehmlichkeiten v. Roßwalde; aus d. Latein. 8. Bresl. 776. (Gosohorsky). 6 gl

— Schattenriß d. Annehmlichkeiten v. Roßwalde, a. d. Lat. 8. Breslau, Meyer. 776.

— Schreiben von der deutschen Sprache u. Literatur. gr. 8. Berl. 771. Rottmann. 4 gl

— Sendschr. an Stork, üb. d. Tod d. Kaiserin Maria Theresia. gr. 8. Breslau, W. G. Korn. 781.

Tralles, Balthasar Ludwig: Mittleids-volles Trauerschreiben an...Herrn Anton Freyherrn v.Störck,...dem glorwürdigsten Gedächtnüß der Allerdurchlauchtigsten nunmehr Höchst-Selig Verewigten Kayserin und Königin Majestät Mariä Theresiä mit der tiefsten Ehrerbietung gewiedmet. 104 S., gbd.

Breslau: Korn 1781

JB 2.192

— de usu vesicantium in febribus acutis. 8maj. Bresl. 776. (Gosohorsky). 14 gl

Balthasar Ludwig Tralles
De Usu vesicantium in febribus acutis, ac speciatim in sananda pleuritide, accuratius determinando, commentatio. Auctore Balth(as[ar]) Lud(ovic[us]) Tralles. Wratislaviae: I.E.Meyer 1776. 266 S. 8°

— usus opii salubris et noxius in morborum medela. Sect. I—IV. 4. Bresl. 757—60. Ed. II. 772—774. Gosohorsky. 2 ꝶ 16 gl

Traller, B. L., Usus opii salubris et noxius, in morborum medela, solidis et curtis principiis superstructus. 4 V. in 2 p. Vratisl. 1757—62. 4°. Neap. 1778—9. 4°.

— Usus Opii salubris et noxius in morborum medela. 4 Tmi. 4. Bresl. Meyer. 757—72. (à 16 gr.)

Tralles, Balthasar Ludwig: Usus opii salubris et noxius, in morborum medela, solidis et certis principiis superstructus. Editio altera auctior. Sect.1 - 4, gbd.

Vratislaviae: Meyer 1774

JB 1.532

— **usus vesicantium salubris et noxius etc. II Tom. 4. Bresl. 782—84. (Gosohorsky). 1 ꝶ 18 gl**

Tralles, Balthasar Ludwig: Usus vesicantium salubris et noxius, in mormorum medela, solidis et certis principiis superstructus. Sectio prior. gbd.

Vratislaviae: Meyer 1782

JB 2.650

Balthasar Ludwig Tralles
Balthas(aris) Ludovici Tralles, De vena jugulari frequentius secanda Commentatio, qua hujus operationis neglectus serio reprehenditur, innocentia perspicue comprobatur, ac usus amplissimus, potissimum in morbis capitis, adstruitur. Vratislaviae & Lipsiae: Hubert 1735. 336 S. 8°

— **Versuch eines Gedichts üb. das schles. Riesengebirge. gr. 8. Bresl. u. Leipz. 750. (Gosohorsky). 6 gl**

Balthasar Ludwig Tralles
Versuch eines Gedichtes über das schlesische Riesen-Gebürge. Von Balthasar Ludewig Tralles. Breßlau & Leipzig: Huberts 1750. 112 S. 8°
Angeb.an: Tralles: Das Kaiser-Carls-Bad in Böhmen. Breßlau 1756.

Tralles, Balthasar Ludwig: Virtus camphorae refrigerans ac internis corporis humani incendiis restinguendis aptissima... 207 S., gbd.

Vratislaviae et Lipsiae: Hubertus 1734

JB 1.555

Tralles, Balth. Lud., Vis opii salubris et noxia. 4 v. in 2. Wratisl. 4°.
Haller, Bibl. anat. II, 245.

1752

— Vorsorge redlicher Mütter f. d. Leben u. d. Gesundheit ihrer ungebornen Kinder, nach d. Arzneykunst abgefaßt. 8. Breslau, Meyer. 736.

Tralles, B. L., Deutliche u. überzeugende Vorstellung, daß der für d. Dasein u. die Immaterialität d. menschl. Seele a. d. Medicin v. d. Veränderlichkeit aller festen Theile des Körpers ohne Ausnahme hergenommene Beweis höchst richtig und gültig sei. Ausl. 4°. Breslau: Korn 1778.

Tralles, Joh. Georg. Von der Ableitung der Winkelfunctionen aus bloss analytischen Betrachtungen. 1810. 4.

— **Beitr. zur Lehre von d. Elektricität. gr. 4. Bern 786. Haller. 2 gl**

Tralles, Johann Georg. Beyträge für allgemeine Naturlehre und Geologie. 1. [einziges] Heft. [Mit 3 Tafeln.] – *A. u. d. T.:* Bestimmung der Höhen der bekanntern Berge des Canton Bern. 8. Bern 1790.

Tralles, Joh. Georg. Beobachtung der ringförmigen Sonnenfinsterniss den 7. Sept. 1820 zu Cuxhaven. 1821. 4.

Tralles, Jh. Geo., († d. 15. Nov. 1822.) Bestimmung der Höhen der bekannten Berge des Kanton Bern. Mit 3 Kpfr. (A. u. d. T.: Beitrr. f. Naturforscher. 1r Thl.) gr. 8. Bern 790. Typ. Soc. 20 gr

— s. E. Burke, 3 Memoriale.

* Lehrbuch der reinen Mathematik, aufgesetzt von *J. G. Tralles.* Bern, 302 S. 8. m. 4 Kupf. 1789.

Tralles, Joh. Georg. Ueber Maasse und Gewichte. 2 Stücke. Bern 1801.

— die Näherung der Menschheit z. Ziel ihrer Bestimmung; eine Rede. gr. 8. Bern 793.

— physikal. Taschenbuch f. Freunde d. Naturlehre u. Künstler. Mit Kpf. 8. Götting. 786. Dieterich. 12 gr

— Untersuchungen üb. die specifischen Gewichte der Mischungen aus Alkohol u. Wasser, u. Tafeln f. den Gebrauch u. Verfertigung des Alkoholometer. Mit 1 Kpf. gr. 8. Leipz. 811. Barth. 15 gr (Aus Gilbert's Annalen abgedr.)

Tralles, Jh. Ottnld., († ...) der Garten der Natur, in vier poet. Episteln. Mit 1 Kpf. 12. Leipz. 795. (W. Nauck). 20 gr

— Garten d. Natur, in 4 poet. Episteln. 12. Leipz. Sommer. 795.

Trallianus, Alexander

— s. auch Phlegontis.

Trallianus, **Alex.,** de arte medica libri XII. Adernaco interprete; ex recens. et c. praefat. Haller. II Tomi. 8maj. Lausanne 773. Pott u. C. 2 ℛ 8 gr

— de dignoscendis morbis, cum observationibus, graece et latin. cur. Jh. G. Fr. Franz. 8. Leipz. 777.

Trallianus, Phleg., opuscula graec. et lat. e. recens. Meursii, access. Xylandri ed. Franc. 8. Halae, Hendel. 775.

— s. Principes artis medicae.

Trallianus, Alexander, s. Puschmann, Th.

Tralls, Berth., Lorelei. Eine deutsche Sage in 4 Aufzügen m. Liedern u. Tänzen. Dramatisiert v. T. (91 S.) 8. Strassburg 907. J. Singer. 2. —

Tralls, Leber., ein Konzert. Volksstück in 5 Akten. (III, 110 S.) 8. Dresden 908. E. Pierson. 2. —

Graf Heinrich von Schwerin und König Waldemar II. oder die Vertreibung der Dänen aus Nordalbingien. Historische Zeitbilder zsgest. v. C. G. **Tralow.** Lübeck. 1864. 8°

Tralow, Johs., das Gastmahl zu Pavia, s. a. Universal-Bibliothek.

Das Gastmahl zu Pavia. Dramat. Gedicht in 3 Aufz. von Johannes Tralow. Mit 3 Dekorationspl. Leipzig: Reclam [1910]. 52 S. 8° (Universal-Bibliothek. 5167.) [10. 6974

Trambahn-Führer, Münchener. Mit (lith.) Stadtplan, Verzeichniss der Sehenswürdigkeiten, der königl. u. städt. Behörden etc. 32. (16 S. m. Lokalfahrplan.) München 883. L. Finsterlin. n. — 20

Trambillet-Sport. Monatsschrift für Sammler gebrauchter Trambahnfahrscheine. Red.: Heinr. Fellmeth. 1. Jahrg. 1896. 12 Nrn. (Bog. m. Bildn.) gr. 8. München, Gebr. Haertl. n. 4. —

Tramer, Mor., die Entdeckung u. Begründung der Differential- u. Integralrechnung durch Leibniz im Zusammenhange mit seinen Anschauungen in Logik u. Erkenntnistheorie. Fragen aus der Funktionentheorie. Monade u. Differential bei Leibniz, s. a. Studien, Berner, zur Philosophie.

Tramer, Moritz. Die Entdeckung und Begründung der Differential- und Integralrechnung durch Leibniz, im Zusammenhange mit seinen Anschauungen in Logik und Erkenntnistheorie; Fragen aus der Funktionentheorie; Monade und Differential bei Leibniz. [Mit Figuren.] IV + 135 S. 8. Bern, Scheitlin, Spring & Cie., 1906.
Ausg. A: Diss. Phil. Bern ... von M' T'....
Ausg. B: Von Dr. M' T'.... (fr. 1.50.) -- Berner Studien zur Philosophie und ihrer Geschichte.... Band 47.

Tramitz, Eugen *Ottomar Ferdinand* [pr. Arzt aus Colberg i. Pomm.]: Einige Arthropathien bei der Behandlung der Diphtherie mit Behrings Heilserum ... Greifswald, Druck v. J. Abel, 1896; 1 Bl., 28 S. 8.
Greifswald, Med. Fak., Inaug.-Diss. v. 10. Apr. 1896

Tramm, A. A.: Bewegung eines schweren Punktes auf einer rotirenden Kurve. 1869. 8°
Diss. Jena

Tramm, *August* [Prof. Dr.]: Ein Fundamentalfall der Dreiecksberechnung. Anklam, gedr. bei G. Kleese, *1892;* 1 Bl., 29 S. 4.
Anklam, G, OP 1892 (124 [vielm. 128])

Tramm, Ernst, Referendar: Die vollmachtlose Stellvertretung und die Genehmigung. Nach gemeinem Rechte u. dem Rechte d. Bürgerl. Gesetzbuchs f. d. Deutsche Reich. *Greifswald 1902: J. Abel.* (50 S.) 8° [F.!
Greifswald, Jur. Diss. v. [4. Nov.] 1902

Tramm, Kurt *Hermann Hugo Georg* [aus Anklam in Pomm.]: Über Enteroanastomose m. bes. Berücks. e. selbst beobacht. Falles ... Greifswald, Buchdr. C. Sell, 1897; 35 S., 1 Bl. 8.
Greifswald. Med. Fak., Inaug.-Diss. v. 12. März 1897

Tramm, Wilhelm. Geometrische Diskussion des Hermite'schen Polynoms $U_{m,n} = \frac{1}{2^{m+n} \cdot m! \, n!} \cdot \frac{\partial^{m+n} (x^2+y^2-1)^{m+n}}{\partial x^m \, \partial y^n}$. Diss. Phil. [II.] Univ. Zürich. [Mit 6 Figuren.] II + 32 S. 4. Zürich, Gebr. Leemann & Co., 1908.

Trammer, Max, Hilfs-Tabellen für den Geld- u. Handels-Verkehr. Zum Gebrauche für Rechnungsbeamte, Kaufleute, Gewerbtreibende u. Capitalisten bearb. München 870. (Lentner.) Lex.-8. (IV, 51 S.) n. 6 ngr

Trammer, Max, Hilfs-Tabellen für den Geld- und Handels-Verkehr. Zum Gebrauche für Rechnungsbeamte, Kaufleute, Gewerbtreibende und Capitalisten bearb. Lex.-8. (IV, 51 S.) München 870, (Stahl.) (* 60 Pf.) *

Trammer, Otto: Fünf Fälle von offenen Gehirnverletzungen. *(München [1897]: L. Baeck & C.)* (16 S.) 8°
München, Med. Diss. v. 1897

Tramnitz [Schlagwort]

Tramnitz, s.: Geologische Karten. Preussen. 69.

Tramnitz [Verfasser]

TRAMNITZ, Adolf: Schlesiens Forsten. - Breslau 1869. 84 S.

TRAMNITZ, Adolf: Die Oder und die Waldungen ihres Stromgebietes in Schlesien. Eine monographische Skizze. - Breslau o. J. 31 S.

TRAMNITZ, Adolf: Schneldeln und Aufasten. - Breslau 1872. 79 S., 20 Abb.

Tramnitz, Adf., Tramnitzlust. Ein Weidwerksgedicht in 5 Gesängen. 16. (91 S.) Breslau 883. (Morgenstern.) cart. n.n. 1. 50

Tramnitz, Aug. Wien in Flammen! Die kaiserl. Burg in die Luft gesprengt. Zwei Generale aufgehängt. Druck von F. Reichardt u. Co. 1 Bl. Fol.
Flugblatt. Berlin, 27. Okt. 1848.

Tramp [Sachliches OW]

Der Tramp: Jahrgang 1, no. 1—13, May—Aug. 11, 1888

Weekly. Sub-title: Illustrirtes, humoristisches Wochenblatt. Large quarto, each issue 8 pages; illustrated, including many cartoons. Radical, e.g.: double-page cartoon, „Der Tenementhaus-Brand an der Bowery in New-York, am 3. August 1888;" „Es gibt keine soziale Frage in Amerika." Edited & published by George Biedenkapp [with W. L. Rosenberg].
New York, NY

Tramp [Verfasser]

Tramp, Christian Friedrich (Linde/Pomm.)A. S. 732/19

Disputatio juridica, de sponsalibus sine testibus contractis, Von Verlöbnissen, so ohne Zeugen vollenzogen. Präs. Kaspar Matthaeus Müller. Rostock (Schwiegerow) XI. 1701. 44 S.

W. v.: G. S. Festing. 34619

Trampczynski, f.: Beiträge zur Widerlegung der Flugschrift „über die neuste polnische Insurrection."

Trampe, s.a. Mark.

Trampe: Der städtische Central-Schlacht- und Viehhof zu Danzig, dessen Bau, Einrichtung und Betrieb. Mit 1 Tab. Festschrift. Danzig 1894. 76 S.

Trampe, A., die Kultur der Riesenmöhre. Theorie u. Praxis bei der rationellen Mästung. 8. (23 S.) Friedeberg i/Nm. 890. Wundermann. — 75

Trampe, A., die Rechtsverhältnisse d. Güterbeamten, s.: Schriften der Gesellschaft f. soziale Reform.

Trampe, Adolf: Georg Herwegh. Sein Leben und sein Schaffen. Borna-Leipzig 1910: Noske. XI, 138 S. 8°
Münster, Phil. Diss. v. 27. Mai 1910, Ref. Schwering
[Geb. 30. Sept. 86 Paderborn; Wohnort: Münster i. W.; Staatsangeh.: Preußen; Vorbildung: Gymn. Paderborn Reife O. 05; Studium: Theol. Paderborn Phil.-theol. Fak. 3, Freiburg i. B. 1, Phil. Münster 5 S.; Rig. 24. Juli 09.]
[U 10. 3809

Trampe, Albert [pr. Arzt aus Strasburg (Uckermark)]: Casuistische Beiträge zu der Frage des Übergangs der acuten in chronische Nephritis und des Vorkommens von fieberhaften Nierenentzündungen. ... Würzburg: Becker's Univ.-Buchdr., 1888. 21, 1 S. 8°
Würzburg, Med. Fak., Inaug.-Diss. v. 1888

Trampe, Ern. (geb. Strasburg in d. Uckerm. 7. 4. 1860): De Lucani arte metrica. Berolini (1884). (80 S.) 8°
Berlin, Phil. Diss. v. 7. Apr. 1884

Trampe, Ernst, ein König v. Juda. Roman. (824 S.) 8. Berlin 909. Maaß & Plank. 6.—; geb. 7.50

Muhammed. Tragödie in 5 Akten von E. Trampe. Berlin-Leipzig: C. Wigand 1907. (171 S.) 8° [o8. 6136

Trampe, Ernst: Syrien vor dem Eindringen der Israeliten. ⟨Nach den Thontafeln von Tell el-Amarna.⟩ *Berlin: R. Gaertner 1898.* (34 S.) 4° ¶(Theil 1.)
Berlin, Lessing-G, OP 1898 (61)

Trampe, Ernst, Dr.: Syrien vor dem Eindringen der Israeliten. 2. ⟨Studien zu den Thontafeln von Tell el-Amarna.⟩ *Berlin: R. Gaertner 1901.* (29 S.) 4° ¶(Forts. d. P-Beil. 1898.)
Berlin, Lessing-G, OP 1901 (61)

Trampe, Ernst, Syrien vor d. Eindringen d. Israeliten II. (Studien zu den Thontafeln v. Tell el-Amarna.) Progr. 4. (29 S.) Berlin 901. [R. Gaertner.] Weidmann. n. 1. —

— Zerbin u. Leila. Romant. Tragikomödie in 5 Akten. (199 S.) 8. Leipzig 908. Raschwitz, B. Volger. 2.50

Trampe, J., G., Abdrücke der Kräuter, s. Abdrücke.

Trampe, Ludwig: Das Deutschthum und sein öffentliches Recht. Krit. Betrachtungen von L. Trampe, Kgl. Preuss. Staatsanw. a. D. Berlin: Puttkammer & Mühlbrecht 1900. (VIII, 432 S.) 8°

Trampe, Ludwig: Ostdeutscher Kulturkampf. Von L[udwig] Trampe, Staatsanw. a. D. Buch 1. 2. Leipzig: Dieterich 1907–08. 8°
1. Trampe: Ostdeutscher Rassenkampf. 1907.
2. Trampe: Sprachenkampf u. Sprachenrecht in Preußen u. s. Ostmark. 1908.

Ostdeutscher Rassenkampf. Von L. Trampe, Staatsanw. a. D. Leipzig: Dieterich 1907. (93 S.) 8° [F.]
= Trampe: Ostdeutscher Kulturkampf. Buch 1. [07. 3073

Deutscher Ostmarken-Verein. Berlin. — Zur preussisch-polnischen Sprachenfrage von LUDWIG TRAMPE. Berlin. (1903. Verlagsdruckerei Merkur.) 8°.

Trampe, Ludwig: Sprachenkampf und Sprachenrecht in Preußen und seiner Ostmark. Systemat. Darstellung d. Entwickelung d. Sprachenfrage in Preußen-Deutschland, unter besond. Berücks. d. preuß. Ostens, auf Grund d. einschläg. öffentl.-rechtl. Bestimmungen u. parlamentar. Verhandlungen. Von L(udwig) Trampe, Staatsanw. a. D. Leipzig: Dieterich 1908. (VIII, 466 S.) 8°
(Trampe: Ostdeutscher Kulturkampf. Buch 2.)

Trampedach, Edgar, aus Mitau: Aromatische Diazoniumsalze und ammoniakalische Kupferoxydullösung. Halle a. S. 1901: C. A. Kaemmrer & Co. (40 S.) 8°
Halle, Phil. Diss. v. 1901

Trampel, J. W. C., s. Trampel, Johann Erhard

Trampel, Johann Erhard

— Abhandl. v. Erdbeben. 8. Lemgo 767.

Johann Erhard Trampel

Kurzgefaßte Anweisung zum Gebrauche der Pyrmonter Mineralwasser... ([Verf.:] Johann Erhard] Trampel.) Pyrmont 1807. 19 S. 8°

Trampel, J. W. C., Beitr. z. Verbesser. der Salzwerke, für Salzkundige u. Kameralisten. 2 Hfte. Mit Kpf. 8. Götting. 793, 94. Dieterich. 9 gr

— medicin. u. chirurg. Bemerkk. 8. Götting. 793. Dieterich. 7 gr

— Beobachtt. u. Erfahrr. medicin.-chirurg. Inhalts. Mit Kpf. 2 Thle. 8. Götting. 788, 89. Dieterich; (a. Meyer in Lemgo). 20 gr

Trampel, Jh. Erhrd., († r. 29. Aug. 1817.) Beschreib. des Bades zu Meinberg in d. Grafschaft Lippe. 8. Lemgo 770. 2e A. 774. 3e A. 778. Meyer. 8 gl.

— Beschr. v. d. neuentdeckten salzhaltigen Mineralquellen in Pyrmont, u. v. d. Heilquellen derselben. gr. 8. Berlin, Voß. 794.

— Beschr. d. substantiellen Schwefelquellen bey Meinberg. 8. Lemgo, Meyer. 781.

— etwas üb. die Wassersucht. 8. . . . 782. Erste Fortsetzung. 8. . . . 782.

Trampel, J. W. E., wie erhält man sein Gehör gut, und was fängt man damit an, wenn es fehlerhaft geworden ist? gr. 8. Hannov. Helwing. 800. Rthlr.

Trampel, (Johann Erhard): Wie erhält man sein Gehör gut, und was fängt man damit an, wenn es fehlerhaft geworden ist? 84 S., gbd., 2 Taf.

Pyrmont: 1802

JB 4.306

Trampel, Joh(ann) Erh(ard): Wie erhält man sein Gehör gut, und was fängt man damit an, wenn es fehlerhaft geworden ist? 2.Aufl., vermehrt durch einen Nachtrag des seel.Verfassers, mit Anmerkungen (hrsg.) von Karl Theodor Menke. 212 S., gbd., 2 Taf.

Hannover: Helwing 1822

JB 4.307

Johann Erhard Trampel

Wie muß der Kranke nach dem Brunnen reisen, wenn er Nutzen davon haben will? Von J[ohann] E[rhard] Trampel. Pyrmont: Helwing 1806. IV,119 S. 8°

Trampezynski, Beiträge zur Widerlegung der Flugschrift „über die neueste polnische Insurrection", s. Beiträge.

Trampler, Jh. Eph., († 1772.) umständl. Beschreib. d. Grönländ. Wallfischfangs; ingleichen von d. Ursachen u. Eigenschaften d. Nordlichts; in Briefen. 8. Leipz. 771. Müller. 6 gl.

— Predigen ist eine Kunst; ein Glückwünschungsschreiben. gr. 4. Leipz. 768.

Trampler, Rich., über die zweckmässige Anlage eines Atlasses für Volks- u. Bürgerschulen. gr. 8. (74 S.) Wien 879. k. k. Hof- u. Staatsdruckerei. n. — 60

— Der geographische Anschauungsunterricht und das geographische Schulcabinet. (28). Wien II. 2. St. R. (XX. Frz. Jos. R). 96. Progr.

Trampler, R., Atlas für die österreichischen Bürgerschulen. 1.—3. Thl. qu. gr. 4. Wien 888, Hof- und Staatsdruckerei. * 2 80

Inhalt:
Thl. 1. Für die 1. Classe. (9 color. Karten.) * 80 Pf.
» 2. Für die 2. Classe. (14 color. Karten.) * M 1.20.
» 3. Für die 3. Classe. (10 color. Karten.) * 80 Pf.

Trampler, R., Atlas für österreichische Landschulen. Mit 20 (chromolithogr.) Karten. qu. gr. 4. Wien 884, Hof- und Staatsdruckerei. *

—— Atlas der österreich - ungarischen Monarchie. Für Mittel- und verwandte Schulen bearb. Ausg. in 31 (chromolithogr.) Bl. qu. gr. 4. Ebendas. 882. In Lex.-8. cart. *

—— dass. — Für Volks- und Bürgerschulen. qu. Fol. (14 chromolithogr. Karten.) Ebendas. 881. *

Trampler, R., Atlas der österreich.-ungarischen Monarchie [m. Mittel-Europa, Europa u. Planigloben]. Für Volksschulen bearb. qu. gr. 4. (20 chromolith. Karten.) Wien 883. Hof- u. Staatsdruckerei. n. 1. 40

— — Oro-hydrographischer Atlas der österreichisch - ungarischen Monarchie für Mittel- und verwandte Schulen. Ausgabe in 14 Blättern. Preis, 60 kr. Wien 1882. Druck und Verlag der k. k. Hof- und Staatsdruckerei.

— — Physikalisch-politischer Atlas der österreichisch-ungarischen Monarchie für Mittel- und verwandte Schulen. Ausgabe in 19 Blättern. Preis, 80 kr., flach gebunden, 1 fl., in Buchform, 1 fl. 10 kr. Wien: Hof- u. Staatsdruckerei 1882.

Trampler, R., Atlas für ein-, zwei- und dreiclassige Volksschulen. Ausg. für Nieder-Oesterreich, für Ober-Oesterreich, für Salzburg, für Steiermark. qu. gr. 4. (8 chromolithogr. Karten.) Wien 879, k. k. Hof- und Staatsdruckerei. Jede Ausg. *

Trampler R., Atlas für ein-, zwei- und dreiclassige Volksschulen. Verlag der k. k. Hof- und Staatsdruckerei. Ausgabe für Mähren. 8 Karten. Preis 30 kr. 1881.

— Atlas für sieben- u. achtclassige Volks- u. für Bürgerschulen. Ausg. für Nieder-Oesterreich. qu. Fol. (36 chromolith. Karten.) Ebend. 882. n. 3. 40; geb. n. 3. 80; in Buchform n. 4. 40

— Atlas für vier-, fünf- u. sechsclassige Volksschulen. Ausgaben für Kärnten, Nieder-Oesterreich, Ober-Oesterreich, Salzburg u. Steiermark. qu. Fol. (15 chromolith. Karten.) Ebend. 880. à n. 1. 20

— dasselbe. Ausg. für Schlesien. qu. Fol. (15 chromolith. Karten.) Ebend. 881. n. 1. 20

— Atlas f. die gewerblichen Vorbereitungs- u. Fortbildungsschulen Niederösterreichs. qu. gr. 4. (6 chromolith. Karten.) Ebend. 886. n. — 60

Trampler, R., Zeměpisný atlas. Pro české školy upravil K. Filipovský. Wien 1898. K. k. Hof- und Staatsdruckerei.
Pro jedno-, dvou- a trojtřídné školy obecné. Vydání pro Čechy —.30
Pro jedno-, dvou- a trojtřídné školy obecné. Vydání pro Moravu —.30
Pro čtyř-, pěti- a šestitřídné školy obecné. Vydání pro Čechy —.60
Pro čtyř-, pěti- a šestitřídné školy obecné. Vydání pro Moravu —.60

Trampler Rich.: Beiträge zur constructiven Methode des geogr. Unterrichtes. 29. Wien R. IV. 77. Progr.

Trampler, R. Berg- und Flusskarte der Alpen. 1 : 2,200,000. Chromolith. In-fol. Wien, k. k. Hof- und Staatsdruckerei. 1886. — 22

Trampler, R.: Die Beziehungen zwischen den beiden Königinnen Elisabet u. Maria Stuart. 28 S. 4°– Brünn, Ln.B.A., Progr. 1872.

Trampler, Prof. R., Eisenbahnkarte d. österr.-ung. Monarchie. 4. Maassstab 1 : 4,400.000. In Umschlag gefalzt. Wien, K. k. Hof- und Staatsdruckerei. 20 kr. 1882.

— Festrede, gehalten anlässlich der 25jährigen Jubelfeier der Anstalt am 2. Juni 1900. 7. ibd. Progr.

Trampler Richard: Die k. k. Franz Joseph-Realschule in Wien. 39 und Plan. Wien XX. R. 01.
Progr.

—— Geographie und Statistik der österreichisch-ungarischen Monarchie. Für Mittelschulen. gr. 8. (XVI, 128 S.) Wien 872, Gerold's Sohn. *

— Geographie u. Statistik der österreichisch-ungarischen Monarchie. Für Mittelschulen. gr. 8. (XVI, 128 S.) Wien 874. Gerold's Sohn. n. 1. 60

Trampler R.: Die ältesten Grabungen im Brünner Hohlengebiete. Siehe I. Abt. Mitteilungen der prähistorischen Komm., I. Bd., Nr. 3.
Separatabdruck

— Heimatkunde der Markgrafschaft Mähren. Zum Gebrauche in Lehrer- u. Lehrerinnen-Bildungsanstalten u. für Volksschullehrer hrsg. gr. 8. (XV, 196 S.) Wien 877. Hölder. n. 2. 20

Trampler R.: Joviacum, das heutige Schlögen, und seine Umgebung. Eine Studie über das obere Ufer — Noricum. 63. Wien XX. R. 05
Progr.

Trampler, R., Karte der Bezirkshauptmannschaft Gross-Enzersdorf. 1 : 300.000. 4. Chromolith. Wien: Hof- und Staatsdruckerei 1892. — 10

Trampler, Rich., Kartennetz. Atlas der oesterreichisch-ungarischen Monarchie. 14 Karten. qu. gr. 4. (16 S. Text in 8.) Wien 874. Gerold's Sohn. * 2 —

Trampler Richard: Korrespondenz des Kardinals Franz Fürsten von Dietrichstein (von 1609—1611) Ar. L. 27 .60
Separatabdruck

Trampler, Rich., Correspondenz des Cardinals Franz Fürsten v. Dietrichstein [von 1609—1611]. Lex.-8. (42 S.) Wien 871, (Gerold's Sohn.) *
Aus: Sitzungsberichte der k. Akademie der Wissenschaften, besonders abgedruckt.

— Correspondenz d. Cardinals Dietrichstein m. dem Hofkriegsrats-Praesidenten Collalto, nebst e. Anh.: Briefe Lustrier's aus Constantinopel, der Markgrafen v. Brandenburg u. d. Grafen Schlick v. Passau. Mit Unterstützg. d. Mähr. Landesausschusses. hrsg. gr. 8. (118 S.) Wien 873. Hölder in Comm. n. 2. 40

— Lehrbuch der Geographie. 1. Thl. Leitfaden der allgemeinen Geographie. Für Mittelschulen u. verwandte Lehranstalten. Mit 30 in den Text gedr. (Holzschn.) Abbildgn. gr. 8. (XII, 182 S.) Wien 876. Hölder. n. 1. 20

Trampler, R., Leitfaden der Handels-Geographie. Für 2class. Handelsschulen u. verwandte Lehranstalten bearb. gr. 8. (VIII, 205 S.) Wien 888. Gerold's Sohn. geb. n. 2. 60

Trampler, R., Leitfaden f. den geograph. Unterricht, s.: Klun.

Trampler Richard: Die Mazocha. (69). Wien IV. R. 91.
Progr.

— die constructive Methode des geographischen Unterrichtes. gr. 8. (IV, 83 S.) Wien 878. Pichler's Wwe. & Sohn. 1. 20

— Mittelschul-Atlas. Grosse Ausg. in 51 (chromolithogr.) Karten. qu. gr. 4. Ebendas. 883. In Lex.-8. geb. * 6 —
Kleine Ausg. in 34 Karten. In Lex.-8. geb. * 4 40

— Mittelschul-Atlas. 2. verb. u. verm. Aufl. Grosse Ausg. in 60 Haupt- u. 77 Nebenkarten. Chromolith. qu. gr. 4. (1 Bl. Text.) Ebend. 885. In Lex.-8. geb. n. 6. —

— dasselbe. 2. verb. u. verm. Aufl. Kleine Ausg. in 40 Haupt- u. 53 Nebenkarten. Chromolith. qu. gr. 4. (1 Bl. Text.) Ebend. 885. In Lex.-8. geb. n. 4. 40

Trampler's, R., Mittelschul-Atlas. IV. verb. Aufl. Grosse Ausg. in 60 (farb.) Haupt- u. 78 Nebenkarten. qu. gr. 4. (1 Bl. Text.) Wien 892, Hof- u. Staatsdruckerei. geb. in Lex.-8. * 6 —
Kleine Ausg. in 40 Haupt- u. 54 Nebenkarten, geb. in Lex.-8. * 4 40

Trampler, R., Mittelschul-Atlas. 5. verbesserte Auflage. Große Ausgabe in 60 Haupt- und 78 Nebenkarten. Wien 1895. Verlag der k. k. Hof- und Staatsdruckerei. (Min.-Erl. v. 6. April 1895, Z. 6041.) In Leinwand gebunden 3.—

Trampler, R., Mittelschul-Atlas. 5. verbesserte Auflage. Kleine Ausgabe in 40 Haupt- und 54 Nebenkarten. Wien 1895. Verlag der k. k. Hof- und Staatsdruckerei. (Min.-Erl. v. 12. Juni 1895, Z. 9574.) In Lnwd. geb. 2 20

TRAMPLER, R.
R. Tramplers Mittelschul-Atlas. 6. im wesentlichen unveränderte Auflage. Approbiert vom hohen k. k. Ministerium für Cultus und Unterricht. Grosse Ausgabe in 60 Haupt- und 78 Nebenkarten. Wien. 1900. Hof- und Staatsdruckerei. Lex.-8°. Geb. fl. 3.—

Trampler, prof. R., Okolí Pražské. Přeložil professor K. Filipovský. Měřitko 1:112.500. (Karte der Umgebung Prags) * —.05
Wien: Hof- u. Staatsdruckerei 1894.

— Rede, gehalten bei der Schulfeier anlässlich des 50jähr. Regierungsjubiläums Sr. k. u. k. Ap. Majestät des Kaisers Franz Josef I. 9. Wien II. 2. St. R. (XX. Franz Josef-R). 99.
Progr.

Trampler Richard: Rede, gehalten bei der Trauerfeier aus Anlass des Todes weiland Ihrer Majestät der Kaiserin Elisabeth. 6. Wien II. 2. St. R. (XX. Franz Jos. R.) 99.
Progr.

— statistische Uebersichtstabelle der im oesterreich. Reichsrath vertretenen Königreiche u. Länder. Imp.-Fol. Brünn 873. Winiker. n. — 80

— Das erste Vierteljahrhundert der k. k. II. Staatsrealschule. 102. ibd. 00.
Progr.

— Vorgänge vor Ausbruch d. 1. schlesischen Krieges. gr. 4. (22 S. m. e. Chromolith.) Brünn. 871. Hauptmann. n. 1. —

Tramway-Locomotiven [Patent Brown] aus der Schweizerischen Locomotiv- u. Maschinen-Fabrik in Winterthur. Mit einigen Ergänzungen verseh. Sep.-Abdr. aus dem „Pract. Maschinen-Constructeur" 12. Jahrg. 1879 Nr. 21 u. 22, hrsg. von Wilh. Heinr. Uhland. Hierzu 2 (Holzschn.-)Taf. Zeichnungen. Lex.-8. (28 S.) Hamburg 880. Grädener. n. 1. 50

Tramway-Lokomotiven-Konkurrenz, Die internationale, in Arnheim (Holland). Berlin 1881

G. Freytags Tramwayplan von Wien. Darstellung des Wiener Straßenbahnnetzes. 1 : 15.000. 59 × 61 cm in Umschlag K —.80
Wien: Freytag 1902.

Tramwayproject. Das Tramwayprojekt Patru. Zur Orientierung der Behörden und Bürger der Stadt Bern... . Mit einem Plan der Stadt Bern, Massstab 1 : 10000. II + 27 S. 4. [Bern,] Dezember 1900.

Tramway-Tarif, der neue. Eine Darstellg. der neuen Zonen- u. Sektoren-Einteilg. sowie der neuen Fahrpreise nach dem Gemeinderatsbeschlusse vom 12. V. 1903. Hrsg. im Auftrage der Direktion der städt. Strassenbahnen. 31 × 40 cm. Farbdr. Mit Text an den Seiten. Wien (903). G. Freytag & Berndt. n. – 20

Trana, Aug. Leop., Pauli ad Galatas epistola. gr. 8. (IV und 80 S.) Gothenburg 857, Bonnier. ..

Tranchina, Gius., Bericht üb. d. am 18. März 1835 im Haupt-Militär-Hospital della Trinità zu Neapel stattgehabte öffentl. Ausstell. derjen. Leichname, welche nach dem von ihm entdeckten Verfahren einbalsamirt worden waren, so wie üb. d. verschied. Operationen bei d. Enthüll. d. Geheimnisses u. bei Darstell. dieser neuen Verfahrungsart. Nebst histor. Einleit. üb. d. verschied. Methoden d. Einbalsamirens bei d. Alten u. Neuern. A. d. Ital. übers. u. mit e. Vorw. begl. v. Heinr. Aug. v. Gersdorff. gr. 8. (3 B.) Weimar 837, Voigt.

Tränckner, Chr., ein fröhlicher Bursch. Liederbuch f. gesell. Abende an deutschen Lehrerbildungsanstalten. (XVI, 224 S.) 12. Oldesloe 904. L. H. Meyer. Kart. n. 1. 50

Tränckner, Chr., Gedichte. (110 S.) 8. Strassburg 910. J. Singer. 2. –

Tränckner, Chr., die biblische Poesie, besonders die alttestamentliche, u. ihre Behandlg. in der Schule. Ein Beitrag zur Belebg. u. Vertiefg. des Religionsunterrichts. gr. 8. (VII, 236 S.) Gotha 902. E. F. Thienemann. n. 3. 60; geb. n. 4. 20

– vom Recht der Kunst auf die Schule, s. a. Beiträge zur Lehrerbildung u. Lehrerfortbildung. 32. Heft.

Tränckner, Chr.: Vom Recht der Kunst auf die Schule. Beiträge z. künstlerischen Bildung. Von . Gotha: E. F. Thienemann 1905. (87 S.) 8°
(Beiträge z. Lehrerbildung u. Lehrerfortbildung. H. 32.)

Tranckordnung, s. Trankordnung.

Trane, Torkel, leichter Sinn u. Leichtsinn, s. e. Bibliothek, Europäische, 67 u. 74. Bd.

Trane, Torkel, leichter Sinn u. Leichtsinn. Aus dem Dän. v. Aug. Rathgeber. 1. 2. Thl. 8. Grimma 846, Verlags-Compt. à n. 1/2 ℳ

Träne

Die Thräne. [Chemnitz] o. J. 1 Bl. 8°. [Kopftit.]
„Du kleiner Tropfen einer heilgen Quelle" ..

Thränen. Gedichte. Wien 1894. V: *Mayr Freiin von Melnhof, Mathilde.* (EB)

MARIA PÖTSCH. Thränen der zu Pötsch in Hungarn weinenden Mutter Gottes und sonderbahrer himmlischen Patronin dieser vom H. König Stephano gestifteten Reichs in kurzen Raumzeilen vor einer patriotisch gekrönten Feder. Wien 1744. Bey J. P. v. Ghelen. 2 S. - 4°

Thränen, welche auf das Grab des unvergleichlichen Frl. Johanna Friederika Josepha, des Wohlgeb. Herrn Christoph Val. v. Fronius, k. k. Hauptmanns innigstgeliebten Tochter, als dieselbe zu Kronstadt den 21. Jänner 1781 in der schönsten Blüthe von 10 Jahren, 3 Monaten an Kinderblattern starb, geweint von einem gerührten Freunde und Vetter M. T. F. der freyen Künste Beflissenen. Kronstadt 1781. V: *Fronius, Michael Traugott.* (GGr VII/ 149, Nr. 21/3) (Pk 1/835) (BiblPort)

Thränen u. Wonne, von L. Th. Kosegarten. 8. Rostock, Koppe. 778.

Thränen und Wonnen. . . . Stralsund 1778. V: *Kosegarten, Gotthard Ludwig (L. Theobul).* (GGr) (Euph I, 142) (Verz. d. v. Meusebachschen Bibl. Berlin 1855. II, 134.)

Thränenklage, die, unsers Heilandes über die Verwüstung seiner Kirche. Eine Deutung der bösen Zeichen der Zeit so wie eine Weckstimme an alle jetzt lebende Christen. 12. (24 S.) Schreiberhau 851. (Breslau, Dülfer und Geiser.)

Tränenlacher, Ernst, Augiaswindrose, s. Dampfwagenbibliothek.

Thränen-Opfer, Ein schuldiges, Bey dem Grabe des unvergleichlichsten Helden . . . Caroli des XII. König von Schweden. O. O. 1718. V: *Walter, Christoph Friedrich.* (Mn)

Traner, F., s. 1) Jul. *Caesar,* Opera. 2) *Cornelius* Nepos.

Tranjen, das Altern als abwendbare Krankheit. Eine biolog. Studie. (35 S.) gr. 8. Halle 907. C. Marhold. – 75

Tranjen : Das Altern als abwendbare Krankheit. Eine biolog. Studie. Von Dr. Tranjen, Div.-Arzt, Plewna. Halle: Marhold 1908. 35 S. 8°

Tranjen, Ch., Beiträge zur Lehre von der Thierbluttransfusion. Inaugural-Dissertation. gr. 8. (28 S.) Königsberg 880. (Beyer.) n. 1. —

Trani-Ulanen, die. Ein Gedenkblatt zum 50jähr. Regimentsjubiläum. Hrsg. v. der Red. der „Kavallerist. Monatshefte". (III, 38 S. m. 2 Taf.) Lex. 8. Wien 910. (C. Konegen.) 1. 80

Trank, W. J., komische Reimereien f. Gesang u. Deklamazion in lustigen Zirkeln. 8. (10 B.) Leipzig 842, (Köhler.)

Trank, W. J., komische Reimereien für Gesang und Deklamation in lustigen Zirkeln und im Anhang historische Reminiscenzen. 2. umgearb. u. sehr verm. Aufl. Leipzig 853. Hübner. 8. (VIII, 196 S.) n. 20 ngr.

Traenka, Ant., Anleitg. zur Einführg. der neuen Geschäftsordnung f. Bürgermeisterämter, s.: Richter, Ant.

Tränkmann, Karl Richard: Friedrich Gedike in seinem Verhältnisse zu den pädagogischen Bestrebungen seiner Zeit. Ein Beitrag zur Geschichte d. Pädagogik im 18. Jahrhundert. *Borna-Leipzig 1900: R. Noske.* (120 S.) 8°
Leipzig, Phil. Diss. v. [17. Apr.] 1900

Tränkmann, Rich., deutsches Lesebuch, s.: Gaubig, H.

Tränkner, H., u. Fr. Wulfert, bürgerliches Gesetzbuch f. d. Deutsche Reich v. 18. VIII. 1896 nebst dem Einführungsgesetze. Handausg. z. prakt. Gebrauch insbes. in Sachsen, m. Einleitung, erläut. Anmerkgn. u. Sachregister. 8. (XLVIII, 1069 S.) Leipzig 897. Roßberg. n. 10. —; geb. n. 12. —

Tränkner, Helene, über Tälern u. Tiefen. Dichtungen. (VIII, 158 S.) 8. Dresden 903. E. Pierson. n. 2. —; geb. n. 3. —

Trankordnung. – Renovirte Tranck- und Scheffel-Steur-Ordnung. Im Herzogthum Vor-Pommern, und Fürstenthum Rügen, zu männigliches Wissenschaft und schuldigster Observantz in den negstfolgenden 6 Arrende-Jahren publicirt im Jahr 1705. Alten-Stettin: Dahl. (1705).

Trankordnung. – Trank- u. Scheffel-Steuer-Ordnung im Herzogthum Vorpommern u. Fürstenthum Rügen, zu Mannliches Wissenschaft und schuldigster Observanz publiciret im Jahre 1721. Stralsund.

Tranquilla; e. Gemälde aus Italiens sanftern Himmel. 8. Wien. Ant. Doll. (Liebeskind in Lpz.) 800.

Tranquilla. Gemälde aus Italiens sanftern Himmel, (v. Jh. Schwaldopler). 8. Wien 801. Ant. Doll. 18 gr

Tranquille, Don, Begebenbeiten des in der Welt herumirrenden Ritters auf der Schwalbeninsel. 8. Frkft. 753.

TRANQUILLUS (ps.). — Rare auserlesene Historien und Curiositäten dieser Zeit, zu edler Gemüther honetter Zeitverkürtzung und Ergötzlichkeit an's Licht gestellet von *Tranquillo.* 2 Thle. Mit 2 Titelkpfrn. Cöln, P. Marteau (Nürnberg, Helmers), 1705. 8°.
Tit., 640 u. 656 SS. Manches pikant. Sehr selten!

Transactions of the international association for the protection of industrial property. Vol. VII. 1903. (202 S.) gr. 8. Berlin 904. C. Heymann. n. 6. —

— dasselbe. Vol. VIII. 1904. Part. I. (330 S.) gr. 8. Ebd. n. 10. —

* Philosophical transactions giving some account etc. Reprinted according to the London's Edition. Wittenberg. 4. 1768.

Transactions de la Société Linnéenne. Partie conchyliologique, siehe: Chenu, J. C., bibliothèque conchyologique. 2. série. Tome I.

Transactions of the Philological Society. 1858—61. gr. 8. Berlin, Asher und Comp. [1858. (XXXII und 382 S.) * 3 Thlr., 1859. (IV und 298 S.) * 3 Thlr., 1860 und 1861. (IV und 466 S.) * 4 Thlr.] *

Transactions of the Philological Society. 1862—67. gr. 8. Berlin, Asher und Comp. [1862—63. Part 1. (S. 1—165.) * 1 Thlr. 15 Ngr., Part 2. (IV und S. 167—337 und Anh. 87 S.) * 1 Thlr. 15 Ngr., 1864. (XXIV und 471 S.) * 4 Thlr., 1865. (III und 444 S.) * 4 Thlr., 1866. Part 1. (110 S.) * 1 Thlr. 10 Ngr., Part 2. (239 S.) * 1 Thlr. 20 Ngr., Part 3. (VII und 168 S.) * 1 Thlr. 20 Ngr., 1867. Part 1. (232 S.) * 1 Thlr. 20 Ngr., Part 2. (420 S.) * 2 Thlr. 10 Ngr.] *

Transactions of the Philological Society 1868. Part I. gr. 8. (135 S.) Berlin 868, Asher und Comp. *

—— dass. — 1869—1870. Extra volume. On early English Pronunciation with especial reference to Shakspere and Chaucer by Alex. J. Ellis. 2 Parts. gr. 8. Ebendas. à Part * M. 10. *
Inhalt:
Part 1. On the pronunciation of the 14th, 16th, 17th and 18th centuries. (VIII, S. 1—416.) 869.
» 2. On the pronunciation of the 13th and previous centuries. (VI, S. 417—632.) 870.

Trans-Baikalien — Karte eines Theils von —. 2,400,000. Ebendaselbst.

Transcendental-Idealismus, d. in s. dreyfachen Steigerung ꝛc. s. a. Seb. Mutschelle, Versuch e. faßl. Darstell. d. Kant. Philosophie 8s — 12s Hft.

Transcendental-Idealismus, Der, in seiner dreifachen Steigerung oder Kant's, Fichte's, Schelling's philosophische Ansichten ... München 1805. V: *Thanner, Ignaz.* (Ky) (BrMm)

Transcendental-Idealismus, der, in seiner dreifachen Steigerung, od. Kant's, Fichte's, Schelling's philosoph. Ansichten, nebst d. Verfass. Ansicht u. Beurtheilung (v. Ign. Thanner). 8. Münch 805. J. Lindauer. 1 ß 4 gr (A. u. d. T.: Seb. Mutschelle, Versuch u. faßl. Darstell. der Kantischen Philosophie. 8s bis 12s Heft.) NB. Das unter Mutschelle aufgeführte ist zu streichen.

Transchirbuch, s. Kochbuch, wohleingerichtetes.

Transchirkunst, neueste u. vollkommene, od. Anleit., alle Gattungen ꝛc. Speisen zu zerlegen u. bei allen Tafeln vorzulegen. 8. Karlsr. 769. Macklot. 4 gr Freiburg 797. Wagner. 4 gr 8. Wien 805. Gerold. 5 gr

T[ransehe]-R[oseneck], A[nna] L[iana] v.: Bilder aus Livland. Riga '02. 362 S.

Zur Geschichte des Lehnswesens in Livland. Von Astaf v. **Transehe-Roseneck.** Th. 1. — Riga: Kymmel 1903. 8°
(Mitteilungen a. d. Geb. d. Gesch. Liv-, Est- u. Kurlands. Bd. 18, 1.)

Transehe-Roseneck, A. v., Gutsherr u. Bauer in Livland im 17. u. 18. Jahrh., s. a. Abhandlungen aus dem staatswissenschaftlichen Seminar zu Strassburg i/E.

Transehe-Roseneck, Astaf von: Gutsherr und Bauer in Livland im 17. und 18. Jh. - Straßburg: Trübner 1890. XII, 265 S. mit 3 Kt. (Abhandlungen aus dem staatswissenschaftl. Seminar zu Straßburg. H, 7.)

Transehe-Roseneck, Astaf v. [aus Livland]: Die Reform der bäuerlichen Verhältnisse in Livland 1765–1804. ... (Aus: Abhandl. aus d. staatsw. Sem. zu Strassburg i. E. H. VII.) Strassburg: Verl. v. Karl J. Trübner 1890. 2 Bl., 63 S. 8°
Strassburg, Rechts- u. Staatsw. Fak., Inaug.-Diss. v. 1890.

[Transehe-Roseneck, Astav v.:] Die Lettische Revolution. Mit e. Geleitwort v. Theodor Schiemann. T. 1. 2. Bln '06—07.

Die lettische Revolution. [Verf.: Astav v. **Transehe.**] Mit e. Geleitwort von Prof. Dr. Theodor Schiemann. 2. veränd. Aufl. T. 1. 2. Berlin: G. Reimer 1908. 2 Bde 8° [F.]
1. Der Schauplatz. Treibende Kräfte.
2. Die Sozialdemokratie. Die Katastrophe. [08. 10034

Transfeldt, Adolf

Transfeldt, Hauptm., die Amtspflichten des Infanterie-Unteroffiziers innerhalb des Kompagnie-Verbandes. Als Anhang zu dem von ihm herausgegebenen „Dienst-Unterricht für den Infanteristen" kurz zusammengestellt. (VIII, 103 S.) 1876. * 80 Pf.; 2. Aufl. gr. 8. (VII, 122 S.) Berlin 877, Mittler und Sohn. *

Transfeldt, Hauptm., die Dienstpflichten des Infanterie-Unteroffiziers im inneren Dienst der Kompagnie. 3. Aufl. der „Amtspflichten". gr. 8. (IV, 104 S.) Berlin 881, Mittler und Sohn. *

Transfeldt, die Dienstpflichten d. Infanterie-Unteroffiziers im inneren Dienst der Kompagnie. 4. Aufl. gr. 8. (IV, 111 S.) Berlin 884. Mittler & Sohn. n. 1. —

Transfeldt, Maj., die Dienstpflichten des Infanterie-Unteroffiziers im inneren Dienst der Kompagnie. Nach den neuesten Bestimmungen [neue Felddienst-Ordnung, neue Schießvorschrift, neue Ausrüstung M/87 ꝛc.] bearb. 5. Aufl. gr. 8. (IV, 116 S.) Berlin 888, Mittler und Sohn. *

Transfeldt, die Dienstpflichten d. Infanterie-Unteroffiziers im inneren Dienst der Kompagnie. Nach den neuesten Bestimmgn. bearb. 6. Aufl. gr. 8. (IV, 118 S.) Berlin 889. Mittler & Sohn. n. 1. 50

Transfeldt, die Dienstpflichten d. Infanterie-Unteroffiziers im inneren Dienst der Kompagnie. Nach den neuesten Bestimmgn. bearb. 7., völlig umgearb. Aufl. gr. 8. (IV, 102 S.) Berlin 892. E. S. Mittler & Sohn. n.n. — 75

—— Dienst-Unterricht für die zur Uebung eingezogenen Ersatz-Reservisten erster Klasse, Volksschullehrer, Reservisten und Landwehrmänner der deutschen Infanterie. Nach den neuesten Bestimmungen bearb. 1.—3. Aufl. gr. 8. (V, 94 S. mit 37 in den Text gedr. Holzschn. und 1 Ordenstaf.) Berlin 883. Mittler und Sohn. **

Transfeldt, Hauptm., Dienst-Unterricht für den Infanteristen des deutschen Heeres. Nach den neuesten Bestimmungen bearb. gr. 8. (VIII, 153 S.) Ebendas. 876. *

Transfeldt, Hauptm., Dienst-Unterricht für den Infanteristen des deutschen Heeres. Nach den neuesten Bestimmungen bearb. Mit 1 Ordens- und 1 Croquis-Taf. in eingedr. Holzschn. 6. und 7. Aufl. (VI, 145 S. mit 36 in den Text gedr. Holzschn.) 1880,81; 8. Aufl. (VI, 150 S. mit 53 in den Text gedr. Holzschn.) 1882; 9. und 10. Aufl. 8. (VI, 142 S. mit 42 in den Text gedr. Holzschn.) Ebendas. 883. *

—— Dienst-Unterricht für den Infanteristen des deutschen Heeres. Nach den neuesten Bestimmungen bearb. 13. und 14. Aufl. gr. 8. (VI, 142 S. mit 42 in den Text gedr. Holzschn., 1 Ordens- und 1 Croquir-Taf.) Ebendas. 886. **

—— dass. — Nach den neuesten Bestimmungen [neue Felddienst-Ordnung, neue Schießvorschrift ꝛc.] bearb. 15. und 16. Aufl. gr. 8. (IV, 147 S. mit 42 in den Text gedr. Holzschn., 1 Ordens- und 1 Croquir-Taf.) Ebendas. 887. **

—— dass. — Nach den neuesten Bestimmungen [neues Exerzir-Reglement, neue Garnisondienst-Vorschrift, neue Felddienst-Ordnung, neue Schießvorschrift, Gesetz betr. Aenderungen der Wehrpflicht vom 11. 2. 88 ꝛc.] bearb. 17. Aufl. 8. (IV, 146 S. mit 42 in den Text gedr. Holzschn., 1 Ordens- und 1 Krokir-Taf.) Ebendas. 888. **

— Dienst-Unterricht f. den Infanteristen d. deutschen Heeres. Nach den neuesten Bestimmgn. bearb. 21. Aufl. Mit 50 in den Text gedr. Holzschn., 1 Ordens- u. 1 Krokir-Taf. gr. 8. (IV, 148 S.) Ebd. 890. n.n. — 50

—— Dienst-Unterricht f. den Infanteristen des deutschen Heeres. 23. Aufl. gr. 8. (IV, 148 S. m. 50 Text-Abbildgn. u. 2 Taf.) Ebd. 891. ** — 50

— Dienst-Unterricht f. den Infanteristen des deutschen Heeres. Nach den neuesten Bestimmgn. bearb. 29., umgearb. Aufl. 8. (IV, 143 S. m. 54 Holzschn., 1 Ordens- u. 1 Krokir-Taf.) Ebd. 894. n.n. — 50

[F.] Dienstunterricht für den Infanteristen des Deutschen Heeres v. [Adolf] **Transfeldt**, weil. Kgl. Preuss. Oberstlt. 31. Aufl., unter Mitw. älterer Regimentskameraden nach den neuest. Dienstvorschr. neu bearb. v. [Walther] Transfeldt, Sekondlt. im Gren.-Reg. ... Nr. 12 ... M. 1 farb. Bilde Sr. Maj. des Kaisers ..., 4 bunten Bildertaf., 9 Vollbild. u. 61 in d. Text gedr. Abb. *Berlin: E. S. Mittler & Sohn 1896.* (1 Bl., 170 S., 1 Portr., 4 Taf.) 1 Bd 8. [97. 3039

[F.] Ausg. f. Pioniere. Dienstunterricht für den Infanteristen des deutschen Heeres v. [Adolf] **Transfeldt**, weil. Kgl. Preuss. Oberstlt. 32. Aufl. unt. Mitw. älterer Regimentskameraden nach d. neuesten Dienstvorschr. neu bearb. v. W[alter] Transfeldt, Sekondlt. im Grenadier-Reg. ... Nr. 12 ... M. 1 farb. Bilde ... d. Kaisers ..., 10 Vollbild. u. 73 in d. Text gedr. Abb. *Berlin: E. S. Mittler & Sohn 1897.* (1 Bl., 174 S., 1 Portr.) 1 Bd 8. [98. 1461

Transfeldt, Dienstunterricht f. d. Infanteristen d. deutschen Heeres. 33. Aufl., unt. Mitwirkg. ält. Regimentskameraden nach d. neuesten Dienstvorschriften neu bearb. v. Transfeldt. M. 1 farb. Bilde Sr. Maj. d. Kaisers u. Königs, 9 Vollbild. u. 78 in d. Text gedr. Abb. gr. 8. (II, 172 S.) Berlin 898. E. S. Mittler & Sohn. n.n. — 50

Dienstunterricht für den Infanteristen des Deutschen Heeres von [Adolf] **Transfeldt**, weil. Oberstleutnant. 35. Aufl., nach d. neuesten Dienstvorschriften neu bearb. von [Walter] Transfeldt, Lt. Mit Bildern. *Berlin: E. S. Mittler & Sohn 1900.* (174 S.) 8° [F.] [01. 2614

Dienstunterricht für den Infanteristen des Deutschen Heeres von [Adolf] **Transfeldt**, weil. Oberstlt. 36. Aufl. nach d. neuesten Dienstvorschr. neu bearb. von [Walter] Transfeldt, Lt. im Inf. Reg. No 64. Mit Abb. *Berlin: E. S. Mittler & Sohn 1901.* (172 S.) 8° [F.] [01. [illegible]

Transfeldt, Dienstunterricht f. den Infanteristen d. deutschen Heeres. 37. Aufl., nach den neuesten Dienstvorschriften neu bearb. v. Transfeldt. Mit 1 Bilde Sr. Maj. des Kaisers u. Königs, 4 farb. Bildertaf., 16 Vollbildern u. 82 in den Text gedr. Abb. gr. 8. (II, 168 S.) Berlin 902. E. S. Mittler & Sohn. n.n. — 50; kart. n.n. — 60

— dasselbe. Ausgabe f. Pioniere. gr. 8. (II, 168 u. 4 S.) Ebd. 902. n.n. — 60; kart. n.n. — 60

Ausgabe (für Pioniere) mit Gewehr 88. Dienstunterricht für den Infanteristen des Deutschen Heeres von [Adolf] **Transfeldt**, weil. Oberstlt. 39. Aufl., nach d. neuesten Dienstvorschriften neu bearb. von [Walther] Transfeldt, Oberlt. im Inf.Reg. No 64. Mit e. Bilde Sr. Maj., 4 Bildertaf., 16 Vollbild. u. 122 Abb. *Berlin: E. S. Mittler & Sohn 1904.* (170, 4 S.) 8° [F.] [04. 4?0?

Ausg. (f. Pioniere) mit Gewehr 98. Dienstunterricht für den Infanteristen des Deutschen Heeres von [Adolf] **Transfeldt**, weil. Oberstlt. 39. Aufl. nach d. neuesten Dienstvorschriften neu bearb. von [Walther] Transfeldt, Oberlt. im Inf.Rgt Nr. 64. Mit 1 Bilde Sr. Maj., 4 Bildertaf., 16 Vollbild. u. 122 Abb. Berlin: E. S. Mittler & Sohn 1904. (176, 4 S.) 8° [F.] [05. 2851

Dienstunterricht für den Infanteristen des Deutschen Heeres von [Adolf] **Transfeldt**, weil. Oberstlt. 40. Aufl., nach d. neuesten Dienstvorschriften neu bearb. von [Walter] Transfeldt, Oberlt. im Inf.Regt No 64. Ausg. mit Gewehr 98. [Hauptwerk.] Berlin: E. S. Mittler & Sohn 1905. 8° [F.] [06. 145?0

Transfeldt, Dienstunterricht f. den Infanteristen des deutschen Heeres. 41. Aufl., nach den neuesten Dienstvorschriften neu bearb. v. Transfeldt. Mit 1 Bilde Sr. Maj. des Kaisers u. Königs, 4 farb. Bildertaf., 15 Vollbildern u. 128 in den Text gedr. Abbildgn. (187 S.) 8. Berlin 906. E. S. Mittler & Sohn. n.n. — 50; kart. n.n. — 60

— dasselbe. Ausgabe f. Pioniere. (187 u. 4 S.) 8. Ebd. 906. n.n. — 50; kart n.n. — 60

— dasselbe. Beilage. Das Gewehr 88. (30 S. m. Abbildgn.) 8. Ebd. (906). Unentgeltlich.

Dienstunterricht für den Infanteristen des Deutschen Heeres von [Adolf] Transfeldt. 42. Aufl., nach d. neuesten Dienstvorschriften neu bearb. von [Walther] Transfeldt. (Ausg. f. Pioniere.) Mit 1 Bilde, 3 Bildertaf., 14 Vollbild. u. 121 Abb. Berlin: E. S. Mittler & Sohn 1908. (184, 4 S.) 8° [F.] [08. 1940]

Transfeldt, Dienstunterricht f. den Infanteristen des deutschen Heeres. 45. Aufl., nach den neuesten Dienstvorvorschriften neu bearb. v. Transfeldt. Mit 1 Bilde Sr. Maj. des Kaisers u. Königs, 3 farb. Bildertaf., 9 Vollbildern u. 128 in den Text eingedr. Abb. (176 S.) 8. Berlin 911. E. S. Mittler & Sohn. p nn — 45; geb. nn — 55

— dasselbe. Mit e. Anh.: Pionierdienst v. Richert. Mit 1 Bilde Sr. Maj. des Kaisers u. Königs, 3 farb. Bildertaf., 14 Vollbildern u. 216 in den Text gedr. Abbildgn. (174 u. 36 S.) 8. Ebd. 910. p nn — 55; kart. nn — 65

Transfeldt, Oberlieutenant z. D. Geschichte des Füsilier-Regiments Graf Roon (Ostpreussisches) Nr. 33. Ein Auszug zum Gebrauch beim Dienstunterricht der Mannschaften. Auf Anregung des Regimentskommandos bearbeitet. Mit 5 Skizzen im Text. kl. 8 Berlin 1890

— das Gewehr 88. Zum Gebrauch f. die Mannschaften zusammengestellt. 10. Aufl. [Aus: „T., Dienst-Unterricht f. den Infanteristen".] gr. 8. (31 S.) Ebd. 894. n. — 20

— s.: Handbuch f. die Offiziere d. Beurlaubtenstandes der Infanterie.

— das Infanterie-Gewehr M/71. 84. Zum Gebrauch für die Mannschaften bearb. 1.—5. Aufl. gr. 8. (III, 19 S. mit 1 Taf.) Ebendas. 887.

— das Infanteriegewehr 88. Zum Gebrauch f. die Mannschaften bearb. gr. 8. (23 S. m. 22 Abbildgn.) Ebd. 890. — 15

— s.: Kaiserheim, ein.

Transfeldt, kleines Kommando-Buch f. angehende Unteroffiziere u. f. Rekruten-Gefreite der deutschen Infanterie. 12. (IV, 54 S.) Berlin 885. Mittler & Sohn. n. — 35

—— kleines Kommando-Buch für jüngere Unteroffiziere und für Rekruten-Gefreite der deutschen Infanterie. Nach den neuesten Bestimmungen bearb. 2. Aufl. 12. (IV, 62 S.) Ebendas. 887. *

—— Kommando-Buch für jüngere Offiziere und für Unteroffiziere der deutschen Infanterie von einem alten Compagnie-Chef. 2. verm. und verb. Aufl. 12. (VIII, 117 S.) Ebendas. 885. *

—— Kommando-Buch für jüngere Offiziere, für Reserve- und Landwehr-Offiziere, sowie für Offizier-Aspiranten und ältere Unteroffiziere der deutschen Infanterie. Nach den neuesten Bestimmungen [Abänderungen im Exerzir-Reglement vom 3. Febr. 1887, Schießvorschrift vom 22. Febr. 1887, Vorschriften über das Turnen von 1886 ꝛc.] bearb. 3. Aufl. 12. (VIII, 123 S.) Ebendas. 887. *

— Kommando-Buch f. jüngere Offiziere, f. Reserve- u. Landwehr-Offiziere, sowie f. Offizier-Aspiranten u. ältere Unteroffiziere der deutschen Infanterie. Nach den neuesten Bestimmgn. bearb. 4. Aufl. 12. (VIII, 118 S.) Berlin 889. Mittler & Sohn. n. 1. —

— Kommando-Buch f. jüngere Offiziere, f. Reserve- u. Landwehr-Offiziere, sowie f. Offizier-Aspiranten u. ältere Unteroffiziere der deutschen Infanterie. Nach den neuesten Bestimmgn. bearb. 5. Aufl. 16. (VI, 119 S.) Berlin 892. E. S. Mittler & Sohn. n. — 75

— die Kontrolversammlung. 8. (28 S.) Ebend. 883. n. — 50

—— die Kontrol-Versammlung. 2. verm. Aufl. 8. (40 S.) Ebendas. 887. *

— die Kontrolversammlung. Nach der Wehr- u. Heerordng. vom 22. Novbr. 1888 bearb. 3. Aufl. 8. (45 S.) Ebd. 889. n. — 70

Transfeldt, (Car.) Augustus (geb. Hoyerswerda 30. 3. 1821): De dysenteria. Berolini (1844). (29 S.) 8°
Berlin, Med. Diss. v. 21. März 1844

Transler, Jakob, a. Seckenheim: Ueber die Einwirkung von Essigsäure und Essigsäureanhydrid auf Cineol in Gegenwart von Kontaktsubstanzen. Heidelberg 1907: K. Rössler. (31 S.) 8°
Heidelberg, Naturw.-math. Fak., Ref. Curtius, Diss. v. 30. Sept. 1907
[Geb. 1. Jan. 80 Seckenheim; Wohnort: Speyer; Staatsangeh.: Baden; Vorbildung: Realgymn. Mannheim Reife M. 00; Studium: Heidelberg 4, Marburg 1, Heidelberg 5 S.; Rig. 1. Aug. 06.]

Transilvania, s. Transsilvania.

Transit in den Staaten des mitteldeutschen Vereins, Sachsen, Hannover, Oldenburg, Hessen, Nassau, Bremen, Frankfurt, Braunschweig. O. O. o. J. Fol. . . . . . . (D.)

Transito-Kalender 1865—66 u. 1866—67. Borna, Schulze. 64. Jeder Jahrg. (28 S.) 2½ ngr.

Transitzoll, der Holstein-Lauenburgische. Abdr. der Verhandlungen über denselben in öffentl. Blättern. Lübeck 856. Aschenfeldt. gr. 8. (2 Bl., 40 S.) 3 ngr

Translation of the Hamburgh broker and customs regulations . . . Hamburgh 1836. Ü: *Bösch, Ludwig.* (Schr)

Translation, a, of Walhalla's Inmates described by Lewis the First, King of Bavaria; together with a short description of Walhalla, and a plan of the interior arrangements, by Geo. Everill. gr. 12. (9½ B. u. 1 Stnt.) Munich 845, Franz. *

Translationis antiquae arabicae libri Jobi, quae supersunt ex apographo codicis musei Britannici nunc primum edidit atque illustravit Wolfius Guil. Frid. comes de Baudissin. gr. 8. (124 S.) Leipzig 870, Dörffling und Franke. *

Translations. Not published. Vienna 1855. H: *Fane, Jules.* (EB)

Translations. Not published. Vienna. 1855. Charles Gerold e son, Printers. (52 S. 8.)

Translations, metrical, from the German of Goethe, Schiller, Uhland, Heine and others by a German lady. gr. 8. (VIII u. 167 S.) Hamburg 852, Agentur d. Rauhen Hauses. n. 1 ℛ 6 ngr

Translations of german poëms, extracted from the musical publications of the author of the german Erato. Berlin 1801—3. Ü: *Beresford, Benjamin.* (Ky)

Translations of german poëms, extracted from the musical publications of the author of the german Erato (Benj. Beresford). Mit deutsch. Text. II Voll. 8. Berl. 801—803. Duncker u. H. 2 ₰

Translator, the. Halbmonatsschrift zum Studium der engl. u. deutschen Sprache. A semimonthly for the study of English and German. Vol. I–III. 1904—1906. à 24 nrs. (192, 384 u. 384 S.) gr. 8. La Chaux-de-Fonds, Verlag des Traducteur. (Nur direkt.) à Jahrg. n.n. 4.—

Translator, the. Halbmonatsschrift zum Studium der engl. u. deutschen Sprache. A semimonthly for the study of English and German. Vol. IV—VII. 1907—1910. à 24 nrs. (à Jahrg. IV, 384 S.) gr. 8. La Chaux-de-Fonds, C. Lüthy. à Jahrg. 4.—

Translator, the Anglo-German. Monthly journal for the study of the German and English languages. Monatsschrift z. Studium d. engl. u. deutschen Sprache. 1. Jahrg. Juli—Dezbr. 1895. 6 Nrn. (à ca. 8 S.) 8. London. (Leipzig, R. Uhlig.) n. 1.—

— dasselbe. 2. Jahrg. 1896. 12 Nrn. (à ca. 8 S.) 8. Ebd. n. 2.—
Weiter nicht erschienen.

Translocation und Neubau des alten Rathhauses in Neu-Dressden 1708. Dressden. V: *Knauth, Joh. Chn.* (Kat. d. stat. Bureaus. Dresden 1890.)

(Mannheimer) Dampf-Seilerei, Actiengesellschaft, vormals L. Wolff: Transmissions-Seile. Mannheim a. Rh. (1893?)

Transportanlagen in Zuckerfabriken. Von J. O. Wien 1903. V: *Overhoff, Julius.* (EB)

Transportarbeiter: Der Transportarbeiter
① Zentral-Organ für die Interessen der Handels-, Transport- und Verkehrsarbeiter und Arbeiterinnen in der Schweiz. Offizielles Organ für die Mitglieder des Handels- und Transportarbeiterverbandes der Schweiz (4. 1. 1908—31. 12. 1910). Organ des Zentralverbandes der in Handel, Transport und Verkehr beschäftigten Angestellten, Arbeiter und Arbeiterinnen (7. 1. 1911—19. 6. 1915) ② Handel und Transport ④ Solidarität (Fusion mit »Der Proletarier«) ⑤ Probenummern: 1. 11. 1907, 12. 12. 1907; 4. 1. 1908—19. 6. 1915 ⑥ 4° (4. 1. 1908—31. 12. 1910); 2° (7. 1. 1911—19. 6. 1915) ⑦ Wochenblatt (4. 1. 1908—31. 12. 1910); alle 14 Tage (7. 1. 1911—19. 6. 1915) ⑧ Basel: Genossenschafts-Buchdruckerei (4. 1. 1908—1. 10. 1910, 6. 3. 1915—19. 6. 1915); Zürich: Conzett & Cie. (8. 10. 1910—21. 2. 1915) ⑩ Verband der Handels- und Transportarbeiter der Schweiz ⑪ Robert Grimm, Basel (4. 1. 1908—1. 10. 1909), B. Walter, Zürich (2. 10. 1909—31. 12. 1910, 21. 1. 1911—12. 10. 1912), Karl Müller (7. 1. 1911); Zentralvorstand: verantwortlich A. Büchi (26. 10. 1912—11. 4. 1914), F. Schneider, Basel (25. 4. 1914—19. 6. 1915) ⑫ Gewerkschaftsbewegung, sozialdemokratisch ⑬ Die letzte Nummer, »Handel und Transport« Nr. 11 v. 19. 6. 1915 ⑭ Zh: SSA; Be: L (1908).

Transportführer-Vorschrift. 16. (35 S.) Berlin 890. Mittler & Sohn. — 30; cart. n. — 40

Transportführer-Vorschrift. Gültig f. Militärtransporte im Frieden u. im Kriege. 12. (36 S.) Ebd. 899. — 30; kart. n. — 40

Transportmittel. Straßen, Kanäle, Eisenbahnen, s.: Wochenbände.

Transportordnung für die k. württembergische Eisenbahn. 1846.

Transportordnung für die Königl. württembergische Eisenbahn. Einteilung der Güter in Frachtklassen und Tarife. 4° Stuttgart 1850

Transport-Ordnung für Fracht-Güter. Gültig vom 1. Mai 1855 ab. (Königl. württemberg. Bodensee-Dampfschifffahrt.) gr. 8. (29 S. mit 2 Tab. in qu. gr. 4.) Stuttgart 855, Metzler'sche Buchh. Verlags-Conto. *

Transportordnung der Glattthalbahn. Uster 1856. Nebst Waarenverzeichniss.

Transportordnung der schweiz. Nordostbahn. Zürich 1855.

(—) Königl. Württembergische Staats-Eisenbahn. Transport-Ordnung für Personen, Gepäck, Equipagen, Vieh und Frachtgüter, nebst Tarifen und anderen Zusatzbestimmungen. 1854. Stuttgart 854. Metzler. gr. 4. (3 Bl., 47 S. u. 1 Tab. in Fol.) n. 12 ngr.

Transportordnung der Vereinigten Schweizerbahnen. 1860.

Transport-Ordnung der königl. württembergischen Staats-Eisenbahn für Personen, Gepäck, Equipagen, Vieh- und Frachtgüter, nebst Tarifen und anderen Zusatzbestimmungen. 1854. gr. 4. (54 S. mit 1 Tab. in Fol.) Stuttgart 854, Metzler'sche Buchh. Verlags-Conto. Thlr. *

— und Tarifbestimmungen der Königl. württembergischen Staatseisenbahn. Gültig vom 1. Dezember 1862 an. Stuttgart 1862

Transportreglement der schweizerischen Eisenbahnen. Genehmigt vom hohen Bundesrath durch Beschluss vom 9. Juni 1876. Gültig vom 1. Juli 1876 an. Mit ausführl. Inhaltsverzeichniss, Sachregister u. e. Verzeichniss der Waaren u. Gegenstände, welche zur Beförderg. nur bedingungsweise m. besond. Vorschriften od. gar nicht zugelassen werden. Nebst e. Anh.: Das Bundesgesetz betr. den Transport auf Eisenbahnen vom 20. März 1874. gr. 8. (XI, 73 S.) Zürich 877. Orell, Füssli & Co. n. 1. 20

Transportreglement der schweizerischen Eisenbahn- und Dampfschiffunternehmungen vom 1. Januar 1894. 8. [Bern, Stämpfli & Cie.,] 1901.
[1.] Bundesratsbeschluss betreffend Ergänzung... durch Ausgabe eines II. Nachtrages.... (Vom 17. September 1901.) 4 S. — [2.] Nachtrag II... zum Transport-Reglement.... Gültig vom 10. Oktober 1901 an.... [Mit 2 Tabellen.] 15 S.

Transport-Tableau für den Ober-Staatsanwaltsbezirk Kiel. (Kiel. 1875.) 4°

Transport- und Unfall-Versicherungs-Aktiengesellschaft „Zürich“ 1884. 12. Jahresbericht. In-4°, 9 S., mit Tafel. Zürich, Druck von Dav. Bürkli.

Transport-Vorschriften und Tarife für die Benützung der Königl. Bayerischen Staats-Eisenbahnen. Veröffentlicht von der General-Direktion der königl. Verkehrs-Anstalten. München 860. (Franz.) Lex.-8. (IV, 150 S. m. 1 Tab.) n. 10 ngr.

Transportwissenschaft, Die, oder Versuch, das Transportwesen nach allen Zweigen ... darzustellen. Frankf. a. M. 1834. V: *Herrfeldt, Joh. v.* (CBH)

Transportwissenschaft, Die. Ein Handbuch für das praktische Geschäftsleben. 2. Aufl. Frankf. a. M. 1837. V: *Herrfeldt, Joh. v.* (WFM)

Transport-Wissenschaft, die, ein Handb. f. d. prakt. Geschäftsleben u. wissenschaftl. Belehrung. 1. Bd. 2. Aufl. gr. 8. (29 B.) Frankfurt a. M. 837, (Expedition d. Archivs f. Postwesen.)

Transsilvania. Beiblatt zum Siebenbürger Boten. Red. und Verl. von *Theod. Steinhaussen.* Erscheint in **Hermannstadt**, jeden Montag, 1/2 Bogen in gr. 4°. 2-spalt.

Transsilvania. Periodische Zeitschrift für Landeskunde. Bd 1. 2 (zu je 2 H.); Bd 3, H. 1. Hermannstadt: Thierry (Bd 3: Kronstadt: Gött) 1832–38.
Hrsg.: Jos. Benigni v. Mildenberg u. Karl Neugeboren.

Transsilvania, period. Zeitschr. f. Landeskunde. Redig. v. J. Benigni v. Mildenberg u. Carl Neugeboren. 1. Bd. 1. Hft. u. 2. Bd. 1. Hft. gr. 8. Hermannstadt 833, Thierry. [1. 1. (9 B., 1 1/4 B. Tab. 4. u. 4 Stnt. qu. Fol.), 2. 1. (10 1/2 B. u. 1 lith. Stammt. Fol.) à 16 Gr.]

Transilvania, period. Zeitschrift f. Landeskunde. Redigirt v. Jos. Benigni v. Mildenberg u. Carl Neugeboren. 2 Bde. (Neue Ausg.) gr. 8. (38 1/2 B., 1 1/4 B. Tab., 1 lith. Stammtaf. u. 19 Stnt.) Hermannstadt 837, [Krabs.]

Transilvania. Ein Beiblatt zum Siebenbürger Boten. Jg. 1840–49; Jg. 1851–52; Jg. 1855–60. Hermannstadt: v. Hochmeister (sp. Steinhausen) 1840–60. 4°
In Jg. 1847 trägt ein Teil der Nummern den Titel: Deutsches Volksblatt f. Landwirthschaft u. Gewerbe in Siebenbürgen.

Transsilvania. Wochenschrift für siebenbürg. Landeskunde, Literatur und Landeskultur. Redig. von E. A. Bielz. Neue Folge. 1.—3. Jahrg. 1861—63. Lex.-8. Hermannstadt, Steinhaussen's Buchh. [1861. 16 Nrn. (IV und 220 S.) 18 Ngr., 1862. 22 Nrn. (IV und 284 S.) 1 Thlr., 1863. 8 Nrn. (274 S.) 20 Ngr.]

Transvaal [Sachliches OW]

Transvaal. Aus T'. Zürich 1891 *s.* F[ehr], C .

Transvaal boven! (Buren-Lieder.) (Von Ed. Schwechten u. Joh. Herm. Wilke.) gr. 8. (16 S.) Berlin (901). Verlag der „Deutschen Hochwacht". — 30

Transvaal u. seine Geschichte, s.: Miniatur-Biblioth.

Transvaal, die südafrikanische Republik. I. Geschichtliche u. wirthschaftl. Entwickelg. E. Studie v. — R. 2. Aufl. gr. 8. (80 S.) Berlin 896. Kühling & Güttner. — 75

— dasselbe. II. gr. 8. Ebd. 896. 1. 50
Der Einfall des Dr. Jameson u. dessen Folgen. [Fortsetzg. zu I, Geschichtliche u. wirthschaftl. Entwickelg.] Studie v. — R. (111 S.)

Transvaal [Schlagwort]

Transvaal, s. a. Afrika, Führer, Herrich, A., Kaart.

Transvaal, s. a. Kriegsschauplatzkarten.

Transvaal. Kaart van de Transvaal, Oranje-Vrijstaat, Natal, enz. (Bearb. nach der Karte v. Habenicht u. Merensky.) 1 : 2,500,000. Chromolith. Fol. Amsterdam 888. Seyffardt. n. 1. 25

Transylvania Highland. The T' H'. From Sketches by F[erdinand] Kraus, C J Römer, E[mil] Sigerus and C Weingärtner. With 32 Illustrations by J[ohann] Weber [4 Plates], and a Map. (Illustrated Europe. N° 129. 130.) 8. Zurich [1890].
To and through Hungary. Part 8.

Trantenroth, *Adolf* Arthur [pr. Arzt aus Pommern]: Pemphigus neonatorum periumbilicalis. Ein Beitr. z. Lehre v. d. Pemphiguserkrankgn. Aus d. Entbindgsanst. zu Marburg ... Marburg, Buchdr. v. J. Hamel, 1892; 33 S. 8.
Marburg, Med. Fak., Inaug.-Diss. v. [16. Apr.] 1892

Trantom, William: Ueber die isomeren Dibenzoylbernsteinsäuredimethylester. *Jena 1898: A. Kämpfe.* (35 S.) 8°
Jena, Phil. Diss. v. [15. Juni] 1898

Trantaw, Albert [pract. Arzt aus Pommern]: Ueber operative Verlegung der Harnröhre nach Stricturen derselben .... Greifswald, Druck v. Julius Abel, 1886; 23 S. 8°.
Greifswald, Med. Fak., Inaug.-Diss. v. 13. Okt. 1886.

Trankschen, J. C. H., vermischte Schriften. 8. Leipzig, Sommer.

Tranz, Jos., Elementarunterricht der christl. Religion nach den im Jahre 1808 entworfenen Skizze. 2 Thle. 8. Wien 817. Geistinger. (Gerold). 22 fl Hbg. Pr. 12 fl

Tranz, J., Elementarunterricht der christlichen Religion. 2 Thle. 8. Wien, Geistinger. (Leipzig, W. Vogel in C.) 818.

— Geschichte d. ältesten Offenbarungen Gottes. 8. Wien, Geistinger. 813.

— Geschichte der ältesten Offenbarungen Gottes, u. Gang der göttl. Anstalten zur Befolgung der Menschen. 2e verm. Aufl. 8. Wien 816. Geistinger. (Gerold). 18 fl Hbg. Pr. 12 fl

Tranz, Jos., erweiterter Unterricht der christl. Religion nach der im Jahre 1808 entworfenen Skizze. 2 Thle. 8. Wien 817. Geistinger. (Gerold). 21 fl Hbg. Pr. 12 fl

— — erweiterter Unterricht der christlichen Religion. 2 Thle. 8. Ebend. (Ebend. in Comm.) 818.

— Versuch eines Leitfadens der christl. Religion. 8. Wien 812. 2e A. 813. Gerold. 4 fl

Tranzl, Isidor

Explosive Nitrilverbindungen, insbesondere Dynamit und Schiesswolle, deren Eigenschaften und Verwendung in der Sprengtechnik. Zweite Auflage. Wien, 1870. 8vo.

Tranzschel, Friedrich Georg

Tranzschel, F. G., Ansprache auf der Pastoralconferenz zu Dresden am 4. September 1889. 8. (15 S.) Leipzig 889. Buchhandlg. d. Vereinshauses. n. — 30

Tranzschel, Friedr. Geo. Ansprache auf der Pastoralconferenz zu Dresden am 4. Septbr. 1889. 8. (15 S.) Lpz. 889, Wallmann. * — 30

Tranzschel, Frdr. Geo., Beichtrede üb. Luc. 23, 39—43, geh. am Charfreitag, 23. Apr. 1886, in der Kirche zu St. Georg in Leipzig. gr. 8. (10 S.) Leipzig 886. Buchh. d. Vereinshauses. n. — 20

Tranzschel, Friedr. Geo. Unser Herr Christus in Gefahr, populär zu werden. Predigt über Ev. Joh. 2, 23—25. gr. 8. (15 S.) Lpz. 891, Akadem. Buchh. * — 40

Tranzschel, F. G., es ist in keinem Andern Heil! Predigt üb. Apostelgeschichte 4, 8—21, geh. am 3. Sonntag n. Trinitatis. gr. 8. (13 S.) Leipzig 891. Verlag der Akadem. Buchh. (W. Faber). n. — 40

— geheilt od. betrogen! Predigt üb. Matthäi 9, Vers 1—8, geh. am 19. Sonntag nach Trinitatis, 8. Oktbr. 1893. gr. 8. (15 S.) Leipzig 893. Dürr'sche Buchh. — 30

— der Gerechte wird seines Glaubens leben. Antritts-Predigt üb. Römer 1, 17, geh. am 4. Epiphaniensonntag, 3. Febr. 1889 in der Kirche zu St. Johannis in Leipzig. gr. 8. (11 S.) Ebd. 889. n. — 25

—— Der Gerechte wird seines Glaubens leben. Antritts-Predigt üb. Römer 1, 17. gr. 8. (11 S.) Lpz. 889, Wallmann. * — 25

— die Himmelsleiter — kein Traum. Predigt über 1 Moses 28, 10—17, geh. am 1. Epiphaniensonntag, 8. Jan. 1888 in der Kirche zu St. Georg in Leipzig. Als Mscr. gedr. gr. 8. (16 S.) Ebd. 888. n. — 30

— „Israel, zu deinen Hütten!" Predigt u. Taufrede bei e. Proselytentaufe am 6. Epiphaniensonntag, 14. Febr. 1886, in der Kirche zu St. Georg in Leipzig geh. gr. 8. (21 S.) Leipzig 886. Dörffling & Franke. n. — 40

— „Lasset euch Jerusalem im Herzen sein!" Predigt u. Taufrede bei der Taufe v. Martha Johanna Fanny Gertrud Lehmann, geb. am 3. Dec. 1868 in Halberstadt, geh. am 1. Sonntag nach Trinitatis, 27. Juni 1886, in der Kirche zu St. Georg in Leipzig. gr. 8. (24 S.) Ebend. 886. n. — 30

— die Liebe, die größte sociale Macht! Predigt über 1. Corinth. 13, geh. am Sonntage Estomihi, 16. Febr. 1890 in der Kirche zu St. Johannis in Leipzig. gr. 8. (13 S.) Leipzig 890. Akadem. Buchhandlg., (W. Faber). n. — 40

— Meister, wo bist Du zur Herberge? Abschieds-Predigt üb. Joh. 1, 38—39, geh. am 1. Epiphaniensonntag, 13. Jan. 1889 in der Kirche zu St. Georg in Leipzig. gr. 8. (11 S.) Leipzig 889. Buchhandlg. d. Vereinshauses. n. — 25

—— Meister, wo bist Du zur Herberge? Abschieds-Predigt üb. Joh. 1, 38—39. gr. 8. (11 S.) Lpz. 889, Wallmann. * — 25

—— „Mene, mene tekel upharsin". Was will die Schrift aus Belsazers Prunksaal an unsern vier Wänden? Predigt üb. Dan. 5, 24—30, geh. am 2. sächs. Bußtag, 18. Novbr. 1892. gr. 8. (15 S.) Lpz. 892, Dürr'sche Buchh. * — 40

— das Königsschloß „Ohne Sorge!" Predigt üb. Matth. 6, Vers 24—34, geh. am 15. Sonntag n. Trinitatis, 10. Septbr. 1893. gr. 8. (15 S.) Ebd. 893. — 30

Tranzschel, Friedr. Geo., s. Opitz, F. W., heilige Stunden eines Jünglings.

—— Zwei Predigten, geh. am Trinitatisfest (Wettinfeier) üb. Röm. 11, 33—36 u. am 2. Sonntag n. Trinitatis üb. Luc. 14, 16—24 in der Kirche zu St. Johannis in Leipzig. gr. 8. (22 S.) Lpz. 889, Wallmann. * — 40

— etliche Proben wahren Christenthums an wunden Stellen unsers täglichen Verkehrs unter einander. Predigt üb. Röm. 12, 14—21, geh. am 3. Epiphaniensonntag, 24. Jan. 1886, in der Kirche zu St. Georg zu Leipzig. gr. 8. (18 S.) Leipzig 886. Buchh. d. Vereinshauses. — 30

— dreifacher Ruf an Arbeitslose! Predigt üb. Matth. 20, 1—6, geh. am Sonntag Septuagesimä, 29. Jan. 1893. gr. 8. (14 S.) Leipzig 893. Dürr'sche Buchh. n. — 40

Tranzschel, F. G., Schlußansprache, s.: Rüling, J., seid getreu!

— Pauli Seelsorge an der Johannisgemeinde in Ephesus e. Vorbild f. den geistigen Ausbau unsrer Johannisgemeinde. Predigt üb. Apostelgeschichte 19, 1—11, geh. am 19. Sonntag n. Trinitatis, 4. Octbr. 1891 bei der Einweisg. d. 1. Kirchenvorstandes zu St. Johannis. gr. 8. (16 S.) Leipzig 891. Verlag der Akadem. Buchh. (W. Faber). n. — 40

—— das Sterbegeläut des alten Testaments für den gekreuzigten Erlöser. Predigt über Jes. 53, 4—5, beim Trauergottesdienst für S. M. Kaiser Wilhelm † am Sonntag Judica, 18. März 1888, in der Kirche zu St. Georg in Leipzig gehalten. gr. 8. (14 S.) Ebendas. 888.

— Thau aus der Morgenröte. Taufgottesdienst m. Predigt u. Taufrede beim Uebertritt e. Jüngers der Wissenschaft aus Israel zum Christenthum, geh. zu Sanct Georg in Leipzig am 3. S. n. Trinit. 29. Juni 1884. gr. 8. (24 S.) Erlangen 884. Deichert. — 30

— Jesu Versuchung u. Nathanael's Berufung. 2 Predigten aus der Epiphanienzeit, geh. in der Kirche zu St. Georg in Leipzig. Als Mscr. gedr. gr. 8. (30 S.) Ebd. 887. n. — 40

— von Stufe zu Stufe! Predigt üb. Jac. 1, 13—18, geh. am Sonntag Cantate, 4. Mai 1890. gr. 8. (16 S.) Leipzig 890. Akadem. Buchhandlg. (W. Faber). n. — 40

— was der Mensch säet, das wird er ernten! Erntefestpredigt, geh. am 12. Sonntage nach Trinitatis den 12. Septbr. 1886 in der Kirche zu St. Georg in Leipzig. gr. 8. (16 S.) Leipzig 886. Dyk. — 30

— vom Wert e. Menschenseele. Predigt üb. Lukas 15, Vers 1—10, geh. am 3. Sonntage n. Trinitatis, 18. Juni 1893. gr. 8. (15 S.) Leipzig 893. Dürr'sche Buchh. n. — 40

—— Wie werden wir fortleben? Predigt üb. 1. Cor. 15, 40—44, geh. am Sonntag Cantate 15. Mai 1892. gr. 8. (14 S.) Ebd. 892. * — 30

— ein Wort zu seiner Zeit. Predigtsammlung. gr. 8. (221 S.) Ebd. 895. Geb. in Leinw. n. 3. 50

— neue Zeiten — neue Wege, geprüft an dem alten Muster der Muttergemeinde zu Jerusalem! Predigt üb. Apostelgeschichte 2, 42—47, geh. am 1. Sonntag n. Trinitatis. gr. 8. (14 S.) Leipzig 891. Verlag der Akadem. Buchh. (W. Faber). n. — 40

Tranzschel, W., die auf der Gattung Euphorbia auftretenden autöcischen Uromyces-Arten. (35 S.) gr. 8. Berlin 910. R. Friedländer & Sohn. nn 2. —
Sonderabdruck aus: „Annales mycologici".

Trap, a, to catch a sunbeam; a Christmas tale for the million by the author of old Jolliffe etc. 18. (46 S.) Stuttgart 850, J. B. Müller. 3 ngr.

Trap, a, to catch a sunbeam. By the author of „Old Jolliffe" etc. First German edit. Göttingen 864. Wigand. 16. (47 S.) 3 ngr.

Trap, J. P., statistisch-topographische Beschreibung des Königreichs Dänemark. Aus dem Dän. von Chrn. Sarauw. (In 6 Heften.) 1—3. Heft. Kiel 856—58. Schröder u. Co. gr. 8. (VIII, S. 1—592.) Jedes Heft n. 20 ngr.

Trap, J. P., statistisch-topographische Beschreibung des Königreichs Dänemark. Aus dem Dänischen von Chrn. Sarauw. 4. u. 5. Heft. Kiel 859, 60. Schröder & Co. gr. 8. (S. 593—976.) Jedes Heft n. 20 ngr.

Trap, J. B., königlich dänischer Hof- und Staatscalender, s. Hof- und Staatscalender.

Trapaud, Elias. Kurze Beschreibung von Pulo-Pinang oder des Prinzen von Wales Insel in Ostindien ... Hamburg 1790. Ü: *Ebeling, Christoph Daniel* (schr) (Rotermund, Gel. Hannover. Bremen 1823) (Ky) (MGT) & *Johann Theodor Philipp Christian Ebeling.* (BrMm)

Trapaud, Elias, kurze Beschreib. von Pulo Pinang, od. d. Prinzen v. Wales Insel in Ostindien. (Uebersetzt v. Ch. Dn. Ebeling). 8. Hamb. 790. Bohn. (Schnuphase in Altenb.) 8 gl.

Trapesnikoff [Russe]
s. Trapeznikov. [09 18361]

Trapesonzjanz, Chatscheres, Ingenieur-Chemiker aus Nachitschewan. am Don [Russland]: Ueber die Einwirkung des Propylen- & Pseudobutylenbromids auf primäre aromatische Basen. — Ueber die Molekularrefraktion der Aldoxime & Ketoxime und ihre Beziehung zur Constitution derselben. Uster-Zür. A. Diggelmann Dr. 1833. 53 S., 2 Bl. 8°.
Zürich, Phil. Diss. [v. 23. Dec. 1893].

Trapet, Arthur, prakt. Arzt a. Coblenz: Aus der Universitäts-frauenklinik zu Bonn. Über Schwangerschaft und Geburt bei doppeltem Uterus. Bonn 1906: J. Trapp. (86 S.) 8°
Bonn, Med. Fak., Ref. Fritsch, Diss. v. 22. Jan. 1906
(Geb. 22. Sept. 79 Polch; Wohnort: Aachen; Staatsangeh.: Preußen, Vorbildung: Gymn. Weilburg Reife [illegible]; Studium: München 1, Berlin 1, Kiel 2, München 1, Berlin 1, Bonn [illegible])

Trapet, Augustin, Gedankenspäne e. Sonderlings. E. gemischte Schüssel. 8. (79 S.) Gießen 898. v. Münchow'sche Hof- u. Univ.-Druckerei. n. 1. 50

Trapet, Augustin, Gedankenspäne e. Sonderlings. 2., verm. Aufl. 8. (102 S.) Gießen 899. v. Münchow. n. 1.50; geb. in Leinw. n. 2.—; erh. Pr. n. 2.—; geb. n. 2.50

— **deutsche Sprache, deutsches Leben.** 8. (33 S.) Ebd. 898. n. — 50

— **Kaiser Wilhelm I. Rede, geh. im Schützenhofe zu Koblenz, am 22. III. 1897. 8. (25 S.) Coblenz 897. W. Groos. n. — 50**

Trapet, Ernst (geb. am 9 Juli 1845 in Koblenz): Placenta praevia ... Bonn, Buchdr. v. J. Trapp 1869. 29 S., 1 Bl. 8.
Bonn, Med. Fak., Diss. v. 20 Juli 1869

Trapeznikov, Trifon

Trapesnikoff, Trifon: Die Porträtdarstellungen der Mediceer des XV. Jahrhunderts. Strassburg 1909: Heitz. XI, 81 S. 4°(8°)
* (Ersch. auch m. Taf. als: Zur Kunstgeschichte d. Auslandes. H. 73.)
Heidelberg, Phil. Diss. v. 17. Nov. 1909, Ref. Thode
[Geb. 12. April 82 Moskau; Wohnort: Moskau; Staatsangeh.: Rußland; Vorbildung: Handelssch. Moskau Reife [illegible]; Studium: Leipzig 1, Straßburg 1, Heidelberg 12 S.; Rig. 19. Mai 09.] [U 10. 2178

Trapesnikoff, Trifon, die Porträtdarstellgn. der Mediceer des 15. Jahrh., s.a. Zur Kunstgeschichte des Auslandes. 73. Heft.

Die Porträtdarstellungen der Mediceer des XV. Jahrhunderts. Giovanni di Bicci, Cosimo il Vecchio, Piero di Cosimo, Giovanni di Cosimo, Lorenzo il Magnifico, Giuliano di Piero. Von Trifon Trapesnikoff [Trapeznikov]. Mit 60 Abb. auf 35 Taf. Strassburg: Heitz 1909. XI, 84 S. 4°(8°)
Erscheint auch als Heidelberger Diss.
(Zur Kunstgeschichte d. Auslandes. H. 73.) [09. 18360]

Traphagen, Chr. Gli., († d. 18. Oct. 1793.) s.a. Handbuch der griech. Alterthümer.

Handbuch zur Kenntniss der griechischen Alterthümer. Mit 2 Charten. Leipzig 789. 8. 1 rthl. 12 gr. Ebend. 819. 8. 1 rthl. 4 gr. (Verf. ist C. G. Traphagen.)

Trapp, A., Beruf u. Heimat, s.: Peters, H.

Landwirtschaftl. Buchführung, s.: Hoffmeister, Wilh., u. Wilster, Geschäftsgänge f. den Unterricht in der Buchführung.

Trapp, A., u. E. **Weirup**, Geschäfts-Aufsätze. Zum Gebrauche besond. in landwirtschaftl. Schulen aller Art u. in ländl. Fortbildungsschulen, wie auch zur Selbstbelehrg. gr. 8. (VII, 81 S. m. 5 Formularen.) Hildesheim 897. Gerstenberg. Kart. n. 1. —

— u. **E. Weirup, Geschäfts-Aufsätze. Zum Gebrauche besonders in landwirtschaftl. Schulen aller Art u. in ländl. Fortbildungsschulen, wie auch zur Selbstbelehrg. 2. Aufl. gr. 8. (VII, 87 S. m. 5 Formularen.) Hildesheim 901. Gerstenberg. Kart. n. 1. —**

— u. E. **Weirup**, Geschäfts-Aufsätze. Zum Gebrauche in landwirtschaftl. Schulen aller Art wie auch zur Selbstbelehrung. 3. erweit. u. verb. Aufl. (V, 86 S. m. Formularen.) 8. Leipzig 907. H. Voigt. Kart. n.n. 1. 40

— u. E. **Weirup**, Geschäfts-Aufsätze. Zum Gebrauche in landwirtschaftl. Schulen aller Art wie auch zur Selbstbelehrg. 5. erweit. u. verb. Aufl. (Mit in den Text gedr. Formularen, Mustern u. Anlagen.) (II, 96 S.) 8. Ebd. 910. Kart. nn 1. 40

— — Geschäfts-Aufsätze f. ländliche Fortbildungsschulen. (V, 40 S.) 8. Ebd. 907. n. — 40

Trapp, A., Rechenbuch, s.: Wenzel, K.

— Rechenbuch f. Fortbildungsschulen, s.: Wenzel, Karl.

— Rechtschreibung zum Gebrauche in landwirtschaftl. Schulen u. ländlichen Fortbildungsschulen. (48 S.) 8. Leipzig 908. H. Voigt. — 50

— Sprachlehre zum Gebrauche in landwirtschaftlichen Schulen u. ländlichen Fortbildungsschulen. (45 S.) 8. Ebd. 909. — 50

Trapp, Albertus M., O. Praed., Andachtsbüchlein f. die sieben Freitage zu Ehren des großen Wundertäters, des hl. Vinzentius Ferrerius aus dem Predigerorden. Mit den Gebeten, Betrachtgn. u. sonst. Andachten f. jeden der sieben Freitage u. das Fest des Heiligen, nebst e. kurzen Lebensabrisse desselben. Nach Pet. Ranzan, O. Praed., u. dem neuen französ. Werke des Père Fages, O. Praed., bearb. (220 S. m. Titelbild.) 16. Dülmen 904. A. Laumann. Geb. in Leinw. n. — 75

Trapp, P. Fr. Albertus Maria: Lehr- und Regelbuch für die Brüder und Schwestern des dritten Ordens von der Buße des heiligen Vaters Dominikus. Nach dem Französischen des hochw. P. Al. Vincentius Jordel und einem alten französischen Ordensbandbuche übersetzt und bearbeitet. Mit Gutheißung der Oberen. Wien: Sartori 1865. (223 S.) 16°

Trapp, Albertus Maria. Lehr- u. Regelbuch f. die Brüder u. Schwestern d. 3. Ordens von der Buße d. hl. Vaters Dominicus. Nach dem Handbuche d. Hochwürdigsten Alex. Vincentius Jandel u. e. alten französ. Ordenshandbuche übers. u. bearb. 2. Aufl. 16. (VIII, 256 S. m. 1 Bildnis.) Dülmen 892, Laumann. — 90

Lehr- und Regelbuch für die Brüder und Schwestern des dritten Ordens von der Buße des heiligen Vaters Dominikus. Nach d. Handbuche d. hochw. P. Alexander Vinzentius Jandel, weil. Ordensgen., u. e. alten franz. Ordenshandbuche übers. u. bearb. von P. Fr. Albertus Maria Trapp, Dominikaner-Ordenspriester. 4., verb. u. verm. Aufl. Dülmen: A. Laumann 1904. (VIII, 384 S.) 8° [Fj.] [05. 10890

Trapp, Albertus Maria, O. P., Leitstern der Rosenkranz-Bruderschaft. Nach den Entscheidgn. der hl. röm. Kongregationen, den Acta S. Sedis pro Societate SS. Rosarii u. der neuesten Constitutio Apostolica Papst Leo XIII. „Ubi primum“ (vom 2. X. 1898) zusammengestellt u. bearb 4. Aufl. 16. (115 S.) Dülmen 902. A. Laumann. Geb. in Leinw. n.n. — 65

[Ant. u. Fr.] Officium Defunctorum juxta Ritum S. Ord. FF. Praedicatorum d. i. Tageszeiten f. d. Abgestorbenen nach d. Ritus d. Prediger-Ordens lat. u. deutsch. Hrsg. v. P. Fr. Albertus Maria Trapp, Ord. Praed. *Dulmen i. W.: A. Laumann 1896.* (1 Bl., 112 S.) 1 Bd 8. (96 8474

Trapp, Albertus Maria, O. Praed., Officium defunctorum juxta ritum s. Ord. FF. Praedicatorum, d. i. Tageszeiten f. die Abgestorbenen nach dem Ritus d. Prediger-Ordens, lateinisch u. deutsch. 2., verb. Aufl. (123 S. m. Titelbild) 16. Dülmen 908. A. Laumann. Geb. in Leinw. — 60

Trapp, Alb. Maria, officium B. Mariae Virginis, d. i.: Kleine Tagzeiten zu Ehren der allerseligsten Jungfrau Maria nach dem Ritus d. Prediger-Ordens lateinisch u. deutsch f. die Mitglieder d. dritten Ordens v. der Buße d. heil. Dominicus. 4., verb. Aufl. 16. (VII, 336 S. m. e. Titelbild.) Dülmen 890. Laumann. — 60; geb. n. — 80

— **Officium b. Mariae virginis,** d. i. kleine Tagzeiten zu Ehren der allerseligsten Jungfrau Maria nach dem Ritus des Prediger-Ordens latein. u. deutsch f. die Mitglieder des 3. Ordens v. der Buße des hl. Dominikus. 6., verb. u. verm. Aufl. (VIII, 374 S. m. 1 Stahlst.) 16. Ebd. Geb. in Leinw. n. 1. —

Officium b. Mariae virginis, d. i. kleine Tagzeiten zu Ehren der allerseligsten Jungfrau Maria nach d. Ritus des Prediger-Ordens lateinisch u. deutsch f. d. Mitglieder des 3. Ordens v. der Buße des hl. Dominikus. 7., verb. u. verm. Aufl. (VIII, 376 S. m. Titelbild.) 16. Dülmen 907. A. Laumann Geb. in Leinw. 1. —

— der **Wegweiser** zum Himmel durch die Verehrung der Heiligen. Ein vollständ. Gebet- u. Betrachtungsbuch für alle kathol. Christen, besond. für die Mitglieder u. Verehrer der Heiligen des Dominikanerordens. Wien 861. (Mechitharisten-Congregations-Buchh.) n. 22½ ngr.

Trapp, Fr. Alb. Maria, der Wegweiser zum Himmel durch die Verehrung der Heiligen. Ein vollständ. Gebet- u. Betrachtungsbuch f. alle kathol. Christen, besonders f. die Mitglieder u. Verehrer der Heiligen d. Dominikanerordens. 3. verm. u. verb. Aufl. gr. 16. (XVI, 608 S. m. 1. Stahlst.) Regensburg 874. Coppenrath. 2. 25

— der **Wegweiser** zum Himmel durch die Verehrung der Heiligen. Ein vollständ. Gebet- u. Betrachtungsbuch f. alle kathol. Christen, besonders f. die Mitglieder u. Verehrer der Heiligen d. Dominicanerordens. 4., verb. Aufl. 16. (XVI, 653 S. m. 1 Farbendr.) Ebd. 889. n. 1. —

— der **Wegweiser** zum Himmel durch die Verehrung der Heiligen. Ein vollständ. Gebet- u. Betrachtungsbuch f. alle kathol. Christen, besonders f. die Mitglieder u. Verehrer der Heiligen d. Dominicanerordens. 5., verm. Aufl. 16. (XVI, 653 S. m. 1 Stahlst.) Ebd. 892. n. 1. —

Trapp, August

Trapp, die Methoden der Fleischconservirung, s. a. Plagge

Trapp, *Friedrich* August *Wilhelm* [aus Biedenkopf]: Die Methoden der Fleischconservirung ... Berlin, gedr. bei L. Schumacher, 1893; 1 Bl., 124 S. 8.
Berlin, Med. Fak., Inaug.-Diss. v. 17. März 1893

Trapp, Carl, s. Trapp, Karl

Trapp, Chr. Wilh., die Kunst, Lithographien in Oel zu malen. Zunächst f. Liebhaber der Zimmergemälde u. Laien der Malerei, 12. (2 B.) Nordhausen 846, Fürst.

Trapp, Ed., s.: Katalog, illustrierter, der Litteratur auf dem Gebiete der Geflügelzucht etc.

— illustr. **Ratgeber** auf dem Gebiete d. Geflügelzucht, Taubenzucht, Ornithologie, Kaninchenzucht, Hundesport etc. 2. Aufl. gr. 8. (68 S. m. 18 Abb.) Dresden 902. H. Schultze. n n. — 30

Trapp, Ed. Chrst., die Cholera. Beobachtungen, gesammelt auf einer in allerhöchst. Auftrage unternomm. Reise in Galizien, Schlesien, Mähren, Ungarn u. Wien in d. Monat Aug. — Dec. 1831. 8. (3½ B.) Gießen 832, Heyer, Vater.

Trapp, Ed. Chrstn., Homburg u. seine Heilquellen. 8. (9½ B., 1 Ansicht, 1 Karte u. 1 Plan.) Darmstadt 837, Leske.

Trapp, Eduard

Trapp, Ed., u. Herm. Pinzke, das Bewegungsspiel. Seine geschichtl. Entwickelg., sein Wert u. seine method. Behandlg., nebst e. Sammlg. v. üb. 200 ausgewählten Spielen u. 25 Abzählreimen. Auf Grund u. im Sinne d. Ministerial-Reskripts vom 27. Oktbr. 1882 bearb. gr. 8. (VIII, 126 S.) Langensalza 884. Beyer & Söhne. n. 1. 20

Trapp, Ed., und Herm. Pinzke, das Bewegungsspiel. Seine geschichtl. Entwickelung, sein Wert und seine method. Behandlung, nebst einer Sammlung von über 200 ausgewählten Spielen und 25 Abzählreimen. Auf Grund und im Sinne des Ministerial-Reskripts vom 27. Oktbr. 1882 bearb. 2. verm. und verb. Aufl. 12. (XI, 176 S.) Langensalza 885, Beyer und Söhne. geb. *

—— dass. — 3. verm. und verb. Aufl. 12. (XI, 180 S.) Ebendas. 888. geb. *

Trapp, Ed., u. Herm. Pinzke. Das Bewegungsspiel. Seine geschichtl. Entwickelg., sein Wert u. seine method. Behandlg., nebst e. Sammlg. v. üb. 200 ausgewählten Spielen u. 25 Abzählreimen. 4. verm. u. verb. Aufl. 12. (XI, 194 S.) Langensalza 891, Beyer u. Söhne. geb. * 1 60

— dasselbe. 5., verm. u. verb. Aufl. 12. (XI, 200 S.) Ebd. 894. Geb. in Leinw. n. 1. 60

Trapp, Ed., u. Herm. Pinzke, das **Bewegungsspiel.** Seine geschichtl. Entwickelg., s. Wert u. s. method. Behandlg., nebst e. Sammlg. v. üb. 200 ausgew. Spielen u. 25 Abzählreimen. Auf Grund u. im Sinne d. Ministerial-Reskripts v. 27. Oktbr. 1882 bearb. 6., verm. u. verb. Aufl. 12. (XI, 202 S.) Langensalza 897. H. Beyer & Söhne. Geb. in Leinw. n. 1. 60

Trapp, Ed., u. Herm. Pinzke, d. **Bewegungsspiel.** Seine geschichtl. Entwickelung, sein Wert u. seine method. Behandlg., nebst e. Sammlg. v. über 200 ausgew. Spielen u. 25 Abzählreimen. Auf Grund u. im Sinne des Ministerial-Reskripts v. 27. X. 1882 bearb. 7. Aufl. 12. (XII, 202 S. m. Fig.) Langensalza 900. H. Beyer & Söhne. Geb. in Leinw. n. 1. 60

Trapp, Eduard, u. Herm. Pinzke, das Bewegungsspiel. Seine geschichtl. Entwicklg., sein Wert u. seine method. Behandlg., nebst e. Sammlg. v. üb. 200 ausgewählten Spielen u. 25 Abzählreimen. Auf Grund u. im Sinne des Ministerial-Reskripts vom 27. X. 1882 bearb. 8., verm. u. verb. Aufl. (XII, 219 S. m. Fig.) kl. 8. Langensalza 905. H. Beyer & Söhne. Geb. in Leinw. n. 1.60

Trapp, Eduard, u. Herm. Pinzke, das Bewegungsspiel. Seine geschichtl. Entwicklg., sein Wert u. seine method. Behandlg., nebst e. Sammlg. v. über 200 ausgewählten Spielen u. 25 Abzählreimen. Auf Grund u. im Sinne des Ministerial-Reskripts v. 27. X. 1882 bearb. 9., verm. u. verb. Aufl. (XII, 227 S. m. Abbildgn.) kl. 8. Langensalza 908. H. Beyer & Söhne. Geb. in Leinw. 1.60

Trapp, Eduard Christian (Giessen)
Die Cholera.
Giessen: Heyer 1832.
Habil. med. 7.6.1832. vorh. 4.

Trapp, Eduard Christian (Giessen)
Thesen aus der gesammten Heilkunde, welche den 20.4.1827 zur Erlangung der Doctorwürde in der Medicin, Chirurgie und Geburtshülfe öffentlich vertheidigen wird: Eduard Christian Trapp, aus Giessen.
Giessen: Schröder 1827. 8 S. vorh. 7.
Dr. med. 20.4.1827.

Trapp, Ernst Christian

— Abhandl. üb. d. Unterricht in Sprachen. (Aus d. Revisionswerk besond. abgedr.) 8. Braunschw. 789. Schulbuchh. 16 gr

— s.a. Auszüge aus den class. französ. Schriftßellern.

Trapp, E. C., Auszüge, a. d. classischen französischen Schriftstellern, zur allgem. Schulencyklopädie gehörig, herausgegeb. v. J. H. Campe. 7 Thle. gr. 12. Braunschweig, Schulbuchh. 794—97. (1r Th. enth. Lafontaine u. Boileau 16 gr.; 2r Racine u. Corneille 16 gr.; 3r Fenelon 16 gr.; 4r Fontenelle 24 gr.; 5r Moliere 16 gr.; 6r 7r Voltaire à 16 gr.)

— von der Beförder. der wirksamen Erkenntniß. 1r Thl. 8. Itzehoe 778. Müller. 6 gr

Trapp, Dr. E. C., Beobachtt. in Gallizien, Schlesien, Mähren, Ungarn u. Wien üb. die Cholera 8. Gießen 831. Heyer. 4 gr

— s. Betrachtt. über die preuß. Anordnn.

— s. J. H. Campe, Reisebeschreib.

Trapp, Er. Chr., († d. 18. April 1818.) Debatten, Beobachtt. u. Versuche. 1s Hft. gr. 8. Braunschw. 789. Schulbuchh. 6 gr

— der Erzieher; e. Wochenschrift. 3 Quartale. 8. Halle 781. (W. Vogel in Leipz.) 1 Thlr

— üb. e. Erziehungsanstalt auf d. Hammerdeiche bei Hamburg. 8. Hamb. 784. (Campe). 2 gr

— üb. das Hallische Erziehungsinstitut. 8. Dessau 782. Gelehrten-Buchh. 3 gr

— s. Fénélon demonstrat. de l'existeuce de Dieu.

— Gesangbuch f. d. Jugend. 8. Leipz. Crusius. (F. C. W. Vogel.) 782.

— üb. die Gewalt der protestant. Regenten in Glaubenssachen. gr. 8. Braunschweig 788. Schulbuchh. 10 gr

— s.a. Handbuch, tägl., für die Jugend.

— tägliches Handbuch f. d. Jugend. 8. Hamb. Bohn. 784.

Journal, s. Journal.

— an den König d. Britten üb. d. Gottheit Christi, s.a. König.

[TRAPP, ERNST CHR.]. An den König der Britten über die Gottheit Christi. U. St. [Berlin]. 1786.

— s. Magazin, Braunschweig, 4 Jahrgg. zu 12 Stück.

— Ordnung d. franz. Construction, u. Weg z. Conjugation. 8. Leipzig. 758.

— s. Racine u. Corneille, im Auszuge.

— s. Ratzeberger d. Jüngere.

— Rede von der Pflicht der Schullehrer, d. Unterricht der Jugend nach d. Bedürfnissen d. Zeit einzurichten. 8. Altona 773.

— J. Stuve, E. Heusinger, u. J. H. Campe, Braunschweig.

— üb. Unanständigkeit, Renomisterei u. gesunde Logik. 8. Dessau 782.

— Unterredungen mit d. Jugend. 8. Hamb. Bohn. 775.

— Unterredungen mit d. Jugend. 8. Hamb. 775. (Campe). 16 gr

— üb. d. Unterricht in Sprachen, (a. d. Revisionswerke besond. abgedr.) 8. Braunschw. Schulbuchh. 789.

— Versuch einer Pädagogik. 8. Berl. 780. Nicolai. 1 Thlr 4 gr

Friederike Weiss und ihre Töchter. Eine Geschichte hrgg. von Ernst Christian Trapp. Berlin. 1805. 8°.

— s. D. Williams, üb. Erziehung.

— Wochenblart f. Schulen. 6 Quart. 8. Halle. Crusius. 781. 82.

— Wochenblatt f. Schulen. 6 Quartale. 8. Halle 781, 82. (W. Vogel in Leipz.) 1 Thlr 12 gr

Trapp, Ernst Wilh., Friedrich Wilhelm von Braunschweig im Jahre 1809. Ein Gedicht in zehn Abtheilungen. Braunschweig 853. Meyer sen. 8. (3 Bl., 49 S.) n. 10 ngr.

Trapp, Friedrich August Wilhelm, s. Trapp, August

Trapp, Hans, das Fußballspiel, s.: Ullrich, Ed.

Trapp, Hede v., istrianischer Rosengarten. (V, 88 S.) 8. Dresden 906. E. Pierson. n. 1.50; geb. n. 2.50

Trapp, Hede v., in Schatten u. Licht. Roman. (438 S.) 8. Straßburg 907. J. Singer. 4.50

Trapp, Henricus Arminius, Giessa-Hassus: Symbolae ad anatomiam et physiologiam organorum bulbum adjuvantium et praecipue membranae nictitantis. Accedunt duae tabulae lithographicae. Tur. apud S. Höhr 1836. 2 Bl., 36 S., 2 Taf. 4°.
Zürich., Med. Diss. v. 19. Juli 1836.

Trapp, Hermann (Friedberg)
Beiträge zur Kenntniß der Veränderungen, welche der Urin in Krankheiten erleidet.
Giessen: W. Keller 1850. 24 S. (m Δ mit „Thesen")
Diss. med. 31.7.1850. vorh. 26. 11.Δ.

Trapp, Joh. Wilh. Eisenach in den J. 1730 bis 1804. Chronik. 8. (38 S.) Eisenach 889, Kahle. * — 75

Trapp, des Joh. Wilh., Chronik. Eisenach in den J. 1789–1805, s.a. Beiträge zur Geschichte Eisenachs. XVIII.

Trapp, Johann Wilhelm: Chronik des Joh. Wilh. Trapp. Eisenach in den Jahren 1739 bis 1805. 2. Aufl. Eisenach: Kahle 1908. 39 S. 8°
(Beiträge z. Geschichte Eisenachs. 18.)

Trapp, Jos., Abhandl. betit.: Allzu gerecht sein, ist thörigt, sündlich u. gefährlich; aus d. Engl. 8. Basel 770. Schweighäuser. 2 gl

Trapp, Karl

Trapp, Karl, Etwas auf den Heimweg, E. Wort an d. Besucher d. mittelrhein. Turnfestes in Worms, 8.—10. 8. 1886, insbesondere an die Mitglieder v. T. V., Friedberg, 4 S., 8°.

Trapp, Carl, ist kein Guts Muths da? Ein Zuruf an die deutsche Turnerschaft und alle Freunde der Leibesübungen. 8. (32 S.) Leipzig 887, Uhlig. *
Vgl.: Jaeger, Otto, hoffentlich giebt es Gutsmuths in Neudeutschland noch überall genug.

Trapp, K.: Nichtiges und Wichtiges. (Gegen F. Goetz.) Wiesbaden 1889. 7 S.

Trapp, M., Descendenz der Herren und Grafen von Zierotin, Freiherren von Lilgenau von 1652–1879. Brünn 1879. 8.

Trapp, Max, aus Friedberg ⟨Hessen⟩: **Beiträge zur Kenntnis des Chinoisochinolins** ⟨Isophenantrolins⟩. *Freiburg i. B. 1899: Ch. Lehmann's Nachf.* (48 S.) 8°
Freiburg i. B., Phil. Diss. v. 1899

Trapp, Max, approb. Tierarzt aus Jastrow: Ueber die Dosierung des Chloroforms mit der Maske. Experimental-Untersuchung. Gießen 1903: v. Münchow. (21 S.) 8°
Gießen, Veterinär-med. Diss. v. 1903.

Trapp, Moriz, Custos des Franzens-Museums. Beiträge zum bürgerlichen Militärwesen Brünn's der Alten bis Jetztzeit. Mit 4 Wappen-Abbild. (auf 4 Taf.). gr. 8. Brünn 1873.

Trapp, Mor., Brünn's kirchliche Kunst-Denkmale. gr. 8. (IV, 189 S.) Brünn 888, (Winiker.) *
Aus: Mährisch-schlesischer Correspondent, besonders abgedruckt.

Trapp, Mor., der Spielberg in Brünn. Für Einheimische und Fremde historisch beschrieben. 8. (47 S. mit 3 Abbild. auf 2 Holzschntaf.) Brünn 873, Winiker. *

Trapp, Richard: Kriegführung und Diplomatie der Verbündeten vom 1. Februar bis zum 25. März 1814. 1. T. *Giessen 1898: E. Ottmann.* (49 S.) 8° ¶ (Erschien vollständig 1898 bei A. Frees in Giessen.)
Göttingen, Phil. Diss. v. [15. Febr.] 1898

Trapp, Rich., Kriegführung u. Diplomatie der Verbündeten vom 1. II. bis 25. III. 1814. gr. 8. (178 S.) Giessen 898. A. Frees. n. 2.—

Trapp, Rudolf: Über Autokondensation von Säureamiden $R^{I}CONH_2$ und $R^{II}(CONH_2)_2$ beim Erhitzen unter Minderdrucken. Heidelberg 1909: Geier. 72 S. 8°
Heidelberg, Naturw.-math. Diss. v. 20. Sept. 1909, Ref. Curtius
[Geb. 28. April 77 Friedberg i. H.; Wohnort: Friedberg; Staatsangeh.: Hessen; Vorbildung: Neues Gymn. Darmstadt Reife O. 95; Studium: Gießen 3, München 4, Karlsruhe Techn. Hochsch. 3, Heidelberg 3 S.; Rig. 27. Juli 09.] [U 10. 2200

Trapp, Willy, Kammergerichtsrefer.: Der dingliche Vertrag und seine Stellung im System des Bürgerlichen Gesetzbuches. Borna-Leipzig 1909: Noske. IX, 149 S. 8°
Erlangen, Jur. Diss. v. 21. Juni 1909, Ref. Siber
[Geb. 5. Okt. 84 Berlin; Wohnort: Berlin; Staatsangeh.: Preußen; Vorbildung: Luisenstädt. Realgymn. Berlin Reife M. 02; Studium: Berlin 1, Freiburg i. B. 1, Berlin 3, München 1, Berlin 1 S.; Rig. 26. Jan. 09.] [U 10. 775

Trapp-Ehrenschild: Geschichte d. großherzogl. badischen Leib-Grenadier-Regiments, s. Barsewisch, Theophil

Trapp-Ehrenschild, v., s. Geschichte des großherzogl. badischen Leib-Grenadier-Regiments 1803—1871.

Trapp-Ehrenschild, v., das 1. großherzogl. badische Leib-Grenadier-Regiment [jetzt königl. preußisches. 1. badische Leib-Grenadier-Regiment Nr. 109] im Feldzuge 1870/71. Nach Vorträgen v. Thilo, Seyb, Eichrodt, Löhlein, Merz u. den Kriegsacten zusammengestellt u. bearb. [Mit Listen der Decorirten u. Verwundeten, e. (lith.) Uebersichtskarte (in qu. Fol.) u. 9. Gefechtsfelder-Skizzen (auf 1. Steintaf. in qu. gr. Fol.)] 2. Aufl. gr. 8. (196 S.) Karlsruhe 875. Braun. n.n. 2. —

Trappe, une, pour attraper un rayon de soleil. Historiette traduite de l'anglais. Leipzig 863. Dörffling & Franke. 8. (32 S.) 5 ngr.

Trappe, Alb., Leitfaden für den Unterricht in der Physik. Mit 193 in den Text gedr. Abbildgn. (Holzschn.) Breslau 853. Hirt. gr. 8. (VIII, 208 S.) n. 22½ ngr.

Trappe: Das Pensum der Prima in der Mathematik Breslau 1863.
Schul-/Univ.-Schrift

— die Physik, für den Schulunterricht bearbeitet. 2. wesentlich verb. u. bereicherte Aufl. Mit 205 in den Text gedr. Abbildgn. (Holzschn.) Breslau 858. Hirt. gr. 8. (VIII, 246 S.) n. 25 ngr.

Trappe, Alb., die Physik, für den Schulunterricht bearb. 3., wesentlich verb. u. bereicherte Aufl. Breslau 865. Hirt's Verlag. gr. 8. (VII, 296 S. mit 245 in den Text gedr. Abbild. in Holzschn.) n. 25 ngr.; cart. n. 27½ ngr.

Trappe, Alb., Schul-Arithmetik. gr. 8. (VII, 128 S.) Breslau 868, Hirt's Verlag. *

—— Schul-Physik. 4. und 5. Aufl. 1869, 71. *M. 2,75., und 6. und 7. verb. und verm. Aufl. gr. 8. (V, 280 S. mit 256 in den Text gedr. Abbild. in Holzschn.) Ebendas. 873, 75. *

Trappe, Alb., Schul-Physik. 8., vielseitig verb. und verm. Aufl. gr. 8. (VIII, 312 S. mit 253 in den Text gedr. Holzschn.-Abbild.) Breslau 878, F. Hirt. *

Trappe, Alb., Schul-Physik. 9. verb. und verm. Aufl. gr. 8. (V, 322 S. mit 263 in den Text gedr. Holzschn.-Abbild.) Breslau 882, F. Hirt. *

Trappe, Alb., Schul-Physik. 10. verb. und verm. Aufl. gr. 8. (319 S. mit 263 in den Text gedr. Abbild.) Breslau 886, F. Hirt. *
Supplement dazu, s. Stenzel, G., chemische Erscheinungen.

Trappe, Alb. Schul-Physik. 11. verb. u. verm. Aufl. gr. 8. (VI, 316 S. m. 262 eingedr. Abbildgn.) Bresl. 890, F. Hirt. geb. * 3 50
Anhang dazu, s. Stenzel, Gust. Chemische Erscheinungen.

Trappe's, Alb., Schul-Physik. 12. Aufl., unter Berücksicht. der neuen Lehrpläne neu bearb. v. P. Kindel. gr. 8. (348 S. m. 264 Abbildgn.) Breslau 893. F. Hirt. Geb. n. 3. 50

Trappe's, Alb., Schul-Physik. 13. Aufl., unt. Berücksicht. d. neuen preuß. Lehrpläne neu bearb. v. P. Kindel. gr. 8. (348 S. m. Abb.) Breslau 895. F. Hirt. Geb. in Halbleinw. n. 3. 50

Trappe's, Alb., Schul-Physik. Unter Berücksicht. der preuß. Lehrpläne v. 1892 neu bearb. v. P. Kindel. 14., unveränd. Aufl. gr. 8. (348 S. m. Abb.) Breslau 899. F. Hirt. Geb. in Halbleinw. n. 3. 50

Trappe's, Alb., Schul-Physik. 15. Aufl., neu bearb. auf Grund der preuß. Lehrpläne v. 1901 von Th. Maschke. Mit e. Anh.: Die einfachsten chem. Erscheinungen mit Berücksicht. der Mineralogie von J. Schiff. (XII, 412 u. 84 S. m. Abbildgn.) gr. 8. Breslau 903. F. Hirt. Geb. n. 4. 50

Trappe's, (Alb.), Schul-Physik. 16. Aufl., neu bearb. von Thdr. Maschke. Nebst e. Anh.: Die einfachsten chem. Erscheingn. m. Berücksicht. der Mineralogie v. Jul. Schiff. Mit 1 farb. Spektraltaf. u. vielen schwarzen Abbild. m. Text. (XII, 440 u. 84 S.) gr. 8. Breslau 909. F. Hirt. Geb. 5. —

Trappe, Johannes Kurt, s. Trappe, Kurt

Trappe, Kurt

Trappe, *Johannes* Kurt [aus Gross-Ausger]: Über Säurebildung im Magen ... Halle a. S., Hofbuchdr. v. C. A. Kaemmerer & C., 1892; 23 S., 1 Bl. 8.
Halle, Med. Fak., Inaug.-Diss. v. 11. Aug. 1892

Trappe, Mart., Liederbuch f. Schule u. Haus, s.: Marr, K.

Trappe, Max, approb. Arzt aus Breslau: Aus d. Kgl. Med. Universitäts-Poliklinik zu Breslau. Über den Nachweis der Typhusbazillen im Blute der Typhuskranken. *Breslau 1904: Bresl. Genoss.-Buchdr.* (54 S.) 8°
Breslau, Med. Diss. v. 11. Febr. 1904

Trappe, Paul: Ueber das Anhydrid des Diazoacetessigesters. *Jena 1902: G. Neuenhahn.* (34 S.) 8°
Jena, Phil. Diss. v. (4. Juli) 1902

TRAPPEL, Robert Franz: Die weltliche Herrschaft der Hohenpriester zur Zeit der Diadochenoberhoheit. — (1907) 82 Bl. 4° (Handschr.) Diss. 642
Diss. Wien, Univ.

v. d. Trappen, J. G., seit 5 Jahren bewährtes Mittel zur Verhütung der Kartoffel-Krankheit u. zur Erzielung einer reichen Kartoffelerndte. 8. Wesel 852, A. Bagel. Versiegelt. baar n. 4 ß

Trappenberg, Erwin, Referendar aus Barmen: Die rechtliche Bedeutung der Kündigung. ⟨Unter Berücksichtigung d. bürgerl. Gesetzbuches.⟩ *Barmen 1899: W. Wandt.* (70 S.) 8°
Erlangen, Jur. Diss. v. 5. Febr. 1898

Trappenberg, Walter, Referendar aus Barmen: Kann der delegierte Schenker dem Delegatar gegenüber das beneficium competentiae geltend machen? *Herford 1898: Gebr. Heidemann.* (38 S.) 8° [F. u. Ant.]
Erlangen, Jur. Diss. v. 4. Juni 1898

Trappenschütze, Der, ein komisches Heldengedicht ... Halle 1765.
V: *Riedel, Friedrich Just.* (ML)

Trappist, der, s. Sales, M. F.

Trappisten-Missionskloster, das, Mariannhill oder Bilder aus dem afrikanischen Missionsleben. Im Auftrage seiner Obern gesammelt von e. Ordenspriester. (V, 188 S. m. Abbildgn., 2 Taf. u. 1 Karte.) 30,5×22,5 cm. Freiburg i/B. 907. Herder. 4.50

Trappmann, Frdr., psychopathische Minderwertigkeiten im Kindesalter, s. a. Abhandlungen, pädagog., N. F. II.

[F.] Psychopathische Minderwertigkeit im Kindesalter. Von Friedrich Trappmann, Hauptl. in Langendreer. Der Lehrer als Apostel d. Mässigkeit in Schule u. Haus. Von Albert Gernhöfer, Lehrer em. in Insterburg ... *Bielefeld: A. Helmich [1898].* (16 S.) 1 Bd 8.
= Abhandlungen, Pädagogische. N. F. Bd II. H. 4.

Trappmann, Ludwig

— Der junge Mann vor d. Ehe. Vortrag, geh. in Gelsenkirchen. 1.—5. Tausend. (20 S.) 8. Barmen (907). Buchh. des Johanneums. — 20

— In stillen Stunden. Gedichte. (128 S.) 8. Barmen 910. E. Müller. 1. 20

Trappmann, L., warum bist du nicht frei? Eine Frage an Jünglinge. 2. Aufl. (22 S.) 8. Neumünster (905). Vereinsbuchh. G. Ihloff & Co. — 15

Wie des treuen Hirten Hand Das verirrte Schäflein fand. Von L[udwig] Trappmann. *Barmen: Elim [1903].* (39 S.) 8° [F.]

— wie des treuen Hirten Hand das verirrte Schäflein fand. 2. Aufl. (39 S.) 8. Barmen (904). Elim, Buchh. des Blauen Kreuzes. — 25

Trappmann, Ludw., wie des treuen Hirten Hand das verirrte Schäflein fand. 3. Aufl. (40 S. m. Abbildgn.) 8. Barmen (910). Buchh. des Blauen Kreuzes. — 25

Trapsia, M., k. k. Oberstlieut. im Generalstabs-Corps. Beitrag zur Verwendung der Streitkräfte. (Der Kampf der Infanterie.) Separat-Abdruck aus dem: „Organ der militär-wissenschaftlichen Vereine". 8. Wien 1879.

Trapsia, M., k. k. Oberstlieut. im Generalstabs-Corps. Ueber Dispositionen. Hiezu 6 Taf. (Separat-Abdruck aus dem „Organ der milit. wissenschaftl. Vereine".) 8. Wien 1878.

Trapu , Reine des Topinamboux, ou la maîtresse femme. 12. Dresde, Walther. 772.

Trara, Tob., s. Halsgericht, hochnothpeinliches.

Trarbach, Peter

Trarbach, P. Kleine Gesangschule. Theoretisch-prakt. Anweisg. zur Erteilg. d. Gesangunterrichtes in d. Volks- u. Mittelschule. 8. (4, 64 S.) Neuwied 892, Heuser's Verlag. * 1 —

Trarbach, P., Konzentration des Unterrichts in der Volksschule. (99 S.) gr. 8. Berlin 903. L. Oehmigke's Verl. n. 2. —; kart. à. 2. 20

Konzentration des Unterrichts in der Volksschule nebst e. Lehrplane von P[eter] **Trarbach,** Rektor. Ausg. B.: Anordnung d. Lehrstoffe nach Gruppen. 2. Aufl. Berlin: L. Oehmigke 1905. (136 S.) 8° [F.]

Trarbach, P[et.], Reform des Religionsunterrichts. Dessau [1908]. 8°.

Trarbach, P., Reform des Religionsunterrichts. (137 S.) kl. 8. Dessau (909). R. Kahle's Verl. 1.20; kart. 1. 60

— dasselbe. (137 S.) kl. 8. Berlin (909). L. Oehmigke's Verl. 1. 20

Trarira, liebe alte Kinderreime. Bilder von Maria Deyerler-Herrmann. Mainz, J. Scholz [c. 1920]. 8 Seiten mit farbigen Illustrationen und Text auf Karton. Kl.-Fol. Farbig Orig.-Pappband. 7.—

Traschler, Hans W. Kurtz verfaßte Reisebeschreibung eines neulich aus Carolina in sein Vaterland zurückgekommenen Lands-Angehörigen. Zurich, 1738.

Kolonial-Wirtschaftl. Komitee. Zur **Trassierung** der Togo-Eisenbahn Lome-Palime. Mit Karten, Längenprofil, Taf. u. Abb. (Berlin 1904: E. S. Mittler & Sohn.) (51 S.) [Umschlagt.] [07. 6798

Traßler, Alfr.(Hrsg.), s. Abendstern, Der.

Traft, Armin, abseits vom Wege der Pflicht u. Roter Mohn, s.: Sattler's interessante Bibliothek. Nr. 56.

Tratado de terapeutica homoeopática, escrito bajo el punto de vista actual de la medicina y utilizando los últimos adelantos de la literatura homoeopática, con un resumen de anatomia y fisiologia, humanas reglas para la inspeccion clinica, diagnostico, tratamiento y dietética, y con 200 grabados anatómicos y patológicos intercalados en el testo, para uso de los médicos y personas instruidas. Traducido al español, corregido y aumentado de la 3. y última edicion alemana, por el Paz Alvarez. gr. 8. (XVI, 1283 S.) Leipzig 885, Dr. W. Schwabe. * M. 20.—; geb. *

Trattato di chimica, tecnologia chimica, merciologia e tecnologia meccanica per le scuole superiori di commercio e gli istituti affini. Vol. I e II. gr. 8. Wien, A. Hölder. à n. 1. 72

I. Trattato di chimica inorganica e tecnologia chimica dal Rodolfo Oppelt. Versione italiana di Giorgio Medanich. (VI, 156 S. m. 40 Abbildgn.) 904.
II. Trattato di chimica organica e tecnologia chimica dal Rodolfo Oppelt. Versione italiana di Giorgio Medanich. (VI, 153 S. m. 23 Abbildgn.) 905.

Trattato sul cholera, dietro ad osservazioni fatte . . . in Moravia negli anni 1831 e 32. Wien 1837. V: *Wolfstein, Joseph von.* (WBL)

Trattato di commercio fra la Svizzera e la Serbia. Conchiuso il 28 febbraio 1907. In vigore dal 19 aprile 1907. (Traduzione dal testo originale francese. [Colle] ratificazioni, 4/12 avril 1907.) [Estratto dalla Raccolta ufficiale delle Leggi...] 34 p. 8. [Bellinzona, Tipogr. Cantonale,] 1907.

Trattato completo di fotografia contenente dettagliata esposizione dei metodi fotografici sino ad ora conosciuti secundo le norme dei più rinomati autori come: Gaudin, Texier, de la Blanchère ecc. Aggiuntovi un copioso numero di formule, documenti, ed un vocabolario chimico ad uso della fotografia. 1. ediz. 1862. * 20 Ngr. e 2. ediz. gr. 16. (224 S. mit eingedr. Holzschn. und 1 Holzschntaf.) Triest 864, Coen. *

Trattato, piccolo, dei verbi italiani colle corrispondenti voci tedesche, compilato da G. B. L. 8. (22 S.) Triest 893. F. H. Schimpff. n. — 40

Trattato preliminare oder vorläufige Abhandlung vor dem Werk: Monumenti antichi inediti. Dresden 1817. V: *Winckelmann, Johann Joachim.* (EB)

Trattato utilissimo del beneficio di Giesu Christo etc., s. Paleario, von der Wohlthat Christi.

Trättenbach, M., der Verdauungs-Process in Bezieh. auf d. Wesen d. einzelnen Vorgänge dargestellt. gr. 8. (5 B.) München 836, Franz.

TRATTER, Matthaeus: Graecos schismaticos ecclesiae reuniendi conamina saeculis 13—16. — (1877) 296 S. 8° (Handschr.) Diss. 328
Diss. Wien, Univ.

Trattinik, Leopold

s.: **Trattinnik**, Leopold

Trattinnick, Leopold

s.: **Trattinnik**, Leopold

Trattinnik, Leopold

Trattinnik, Leop., Abbild. d. Bäume u. Sträucher; als Abth. aus d. Archiv d. Gewächskunde. 1—3. Lief. Mit 51 Abb. gr. 4. Wien, 1812—14. Schaumburg. 10. 7½

Trattinnick, L., Abbildungen der Bäume u. Sträucher, als Abtheil. aus dem Archiv d. Gewächskunde. 1ste—3te Liefer. mit 51 Abbild. 4. Wien, Schaumburg und Comp. 814.

— Abbildd. von Pflanzen, deren Namen das Angedenken botan. Verdienste verewigen, als Abtheil. aus d. Archiv d. Gewächskunde. 3 Lieferr. mit 51 Abildd. 4. Wien 812—14. Schaumburg u. C. 10 ₰ 5 gr

— Abbildd. der ökonom. u. officinellen Pflanzen, als Abtheil. aus dem Archiv d. Gewächskunde. 3 Lieferr. mit 48 Abbildd. 4. Wien 812—14. Schaumburg u. C. 9 ₰ 16 gr

TRATTINICK Leopold. Systematische Abhandlung der ganzen Naturwissenschaft. Wien 1790.

— Anleit. zur Kultur der echten Baumwolle in Oesterreich. gr. 8. Wien 797. Verf. 2 gr (26 S.)

Trattinick, Leop., Archiv d. Gewächskunde. 5 Lieferr. mit 250 Taf. Abbildd. gr. 4. Wien 811—21. Verf. (Schaumburg u. C.) Schwarz. 33 ₰ 8 gr

Trattinnick, Leop., neue Arten v. Pelargonien, s. Arten.

— neue Arten von Pelargonien deutschen Ursprungs, als Beitrag zu Rob. Sweets Geraniceen, herausg. von einigen deutschen Gartenfreunden. 5r Bd. 2e Sect. u. 6r Bd. 1e u. 2e Sect. Mit color. Kpfrn. gr. 8. Wien ... Schaumberg u. Comp. 6⅚ ₰ (Vergl. Thl. I. S. 112. Arten ꝛc.)

Trattinick (L.). Neue Arten von Pelargonien deutschen Ursprungs. Wien, 1825–43. 6 vols. 8°.

— Auswahl vorzügl. schöner, seltener, berühmter u. sonst sehr merkwürdiger Gartenpflanzen, in getreuen Abbildd., nebst Erläuterr. üb. ihre Charakteristik ꝛc. 23 Hefte. 4. Wien 812—822. Schaumburg u. C. schwarz (à Heft 2 ₰) 46 ₰ illum. (à Heft 7 ₰ 12 gr) 172 ₰ 12 gr

— Auswahl krit. Pflanzengattungen, als Abtheil. aus d. Archiv d. Gewächskunde. 3 Lieferr. mit 48 Abbildd. 4. Wien 812, 13. Schaumburg u. C. 9 ₰ 16 gr

— Auswahl krit. Pflanzengattungen, als Abtheil. aus d. Archiv d. Gewächskunde. 1ste—3te Lief. mit 48 Abbild. 4. Ebend. 814.

— — dies. neuer seltener u. vorzüglich merkwürd. Pflanzen, als Abtheil. aus d. Archiv d. Gewächskunde. 1ste—3te Lief. mit 112 Abbild. 4. Ebend. 814.

Trattinnick, Leop., Auswahl merkwürdiger Pilze. gr. Fol. (16 color. Kpfrtaf. u. 1 Bl. Text.) Wien 851, Sammer. n. 2⅔ ₰

Trattinick, L., österreich. Blumenkranz. Ein poetisches Taschenbuch für alle Gebildete, besonders für Freunde d. schönen Natur. 8. Wien, Schaumburg. 820.
Gute Ausg.

Trattinnick, Leop., Calliope u. Flora, od. poet. Unterhaltungen in d. Gefilden d. blühenden Natur. Neue unveränd. Ausg. d. „Oesterreichischen Blumenkranzes." 12. (11 B.) Wien 840, (Beck'sche Univ.-Buchh.)

— Flora des österreich. Kaiserthums. 24 Hefte od. 2 Bde. Mit 219 Kpft. 4. Wien 812—24. Schaumburg u. C. (à H. 2 ₰) 49 ₰ ill. 180 ₰ (NB. die 6 vorstehenden Werke sind sämmtl. Abtheill. zu d. Archiv d. Gewächskunde).

— Flora des östreich. Kaiserthums, als Abtheil. aus dem Archiv d. Gewächskunde. 1ste—3te Lief. mit 36 Abbild. 4. Ebend. 815.

— — Flora d. österr. Kaiserthums. 4. 16—17s Heft. 4. Wien, Schaumburg u. Comp. 815 — 818. schwarz à Heft 2 Rthlr. 16 Gr. 4
illum. à Heft 11 Rthlr. 8 Gr. 19

Trattinick, (L.,) Flora d. österr. Kaiserthums. 18s—24s Heft. Mit Kpf. 4. Wien 824, Schaumburg. à H. 2 Rthl. 14 Rthl. — ill. à H. 7 Rthl. 12 gr.
(2 Bde in 24 Heften à 48 Rthl. — ill. 180 Rthl. —)

Trattinnik, Leopold: Fungi Austriaci iconibus illustrati, descriptionem ac historiam naturalem completam addidit L.Trattinik. - Oesterreichs Schwämme in Abbildungen dargestellt, mit ihrer vollständigen Beschreibung und Naturgeschichte. (Lat.u.Dt.) Wien: 1805 - 1807

s.: Trattinnik, L.: Mykologisches Kabinett. Einzelne Lieferungen.

JB 6.376

—— Fungi Austriaci etc. — Oesterreichs Schwämme in e. Auswahl durch 40 (ill.) Abbild. u. Beobachtn. beleuchtet. Neue Ausg. gr. 4. (27¼ B.) Wien 830, Gerold.

Trattinick, (L.,) genera nova plantarum iconibus observationusque illustrata. Fasc. I et II. Mit 21 Kupfert. 4 maj. Viennae 825, Schaumburg et Soc. Pränum.-Pr. Rthlr.

— genera plantarum methodo naturali disposita. 8. Wien 802. Auctor. (6 Bog.)

TRATTINICK, Leopold: Die Holzpflanzen des Österreichischen Kaiserthums. - Wien 1822. (=H. 1 v.: Die Flora des österreichischen Kaiserthums. - Wien 1812-1824. 21 H. od. 2 Bd., 219 Abb.)

— mykologisches Kabinet mit deutsch. u. latein. Text. 1e—7e Liefer. Wachs-Schwämme. gr. 4. Wien 805—807. Geistinger. 70 ₰ — Einzeln unt. d. Titeln: Fungi Austriaci iconibus illustrati, descriptiones ac historiam naturalem completam addidit etc. Oesterreichs Schwämme in fein ausgemalten Abbildd. dargestellt, mit Beschreibb. 1e—7e Liefer. gr. 4. Wien 804—807. Neue Ausg. mit 4 illum. Abbildd. gr. 4. Ebd. 831. Gerold. 2 ₰ 12 gr Oesterreichs Schwämme, nach lebendigen Originalen in Wachs u. nach der Natur in ausgemalten Abbildd. dargestellt. gr. 4. Wien 809. Geistinger. 4 ₰ N. A. 831. (Gerold). 2 ₰ 12 gr — Dass. Werk, mit nach der Natur in Wachs geformten Abbildd. 7 Lieferr. Wien, Geistinger. (Gerold). 50 ₰ — Die eßbaren Schwämme Oesterreichs. Mit ill. Kpf. 8. Wien 809. Geistinger. 3 ₰ N. A. 830. (Gerold). 1 ₰ 16 gr — Dass. Werk, mit nach der Natur in Wachs geformten Abbildd. in 5 Lieferr. Wien 809. Geistinger. (Gerold). 33 ₰ 8 gr

Trattinnik, Leopold: Mykologisches Kabinett. Einzelne Lieferungen u.d.T.: Fungi Austriaci iconibus illsutrati, descriptionem ac historiam naturalem completam addidit L.Trattinnik. - Oesterreichs Schwämme in Abbildungen dargestellt, mit ihrer vollständigen Beschreibung und Naturgeschichte. (Lat.u.Dt.) 202 S., gbd., 18 Taf.

Wien: Geistinger 1805 - 1807

JB 6.376

— Naturgesch. und Beschr. vorzüglicher Arten von Oesterreichs Schwämmen, mit ausgemahlten Abbild. gr. 4. Ebend.

— Rosacearum monographia. Tom. I—IV. 8 maj. Wien, 1823 u. 24. (Heubner.) 6. 20

Trattinick, Leop., Observationes botanicae tabularium rei herbariae illustrantes. Fasc. I—IV. 4. Wien 811—816. Auctor. 1 ₰ 8 gr

— Observationes botanicae tabularium rei herbariae illustrantes. fasc. I—IV. 4. ibid. 814.

Trattinnick, Leop., die Schule der blühenden Natur, oder ästhetisch-philosoph. Unterhaltungen f. Gartenfreunde, Spaziergänger auf dem Lande, auch f. Sittenlehrer, Erzieher u. alle Verehrer der Natur, der Tugend, des Schönen, Edlen u. Guten. gr. 8. (5½ B.) Wien 843, Wallishausser.

Trattinnik, Leopold: Die eßbaren Schwämme des Oesterreichischen Kaiserstaates. 174 S., gbd., Abb.

Wien u.Triest: Geistinger 1809

JB 6.377

Trattinnik, Leopold: Die eßbaren Schwämme des Oesterreichischen Kaiserstaates. Neue Ausg. 174 S., gbd., Abb.

Wien: Gerold 1830

JB 6.378

— die eßbaren Schwämme Oesterreichs, mit ill. Kpf. 8. Wien 809, Geistinger. (Landsh., Krüll.) Ist d. Pr.

Trattinnik, Leopold: Oesterreichs Schwämme in Abbildungen dargestellt, mit ihrer vollständigen Beschreibung und Naturgeschichte.

s.a. Trattinnik, L.: Fungi Austriaci iconibus illustrati, descriptionem ac historiam naturalem completam addidit L.Trattinnik. - Oesterreichs Schwämme in Abbildungen dargestellt, mit ihrer vollständigen Beschreibung und Naturgeschichte. (Lat.u. Dt.) Wien: 1805 - 1807

JB 6.376

— Oesterreichs Schwämme, nach lebendigen Originalen in Wachs u. nach d. Natur, in ausgemalten Abbildungen dargestellt. gr. 4. Wien, Geistinger. (Landshut, Krüll.) Ist d. Pr.

— dass. Werk, mit nach der Natur in Wachs geformten Abbildungen, in 7 Lieferungen. Wien, Geistinger. (Landsh., Krüll.) Ist d. Pr.

— dass. Werk, mit nach der Natur in Wachs geformten Abbildungen in 5 Lieferungen. Wien 809, Geistinger. (Landsh., Krüll.) Ist d. Pr.

— Synodus botanica omnes familias, genera et species plant. illustrans. Tom I—IV. Etiam sub tit.: Monographia Rosacearum. Tom. I—IV. 8maj. Wien 823 u. 824. Heubner. 6 ℔ 16 gr

TRATTINICK (L.). Ausgemalte Tafeln . . . Wien, 1812–4. 4 vols. 8°.

— botan. Taschenbuch, oder Conservatorium aller Resultate, Ideen u. Ansichten aus dem ganzen Umfange der Gewächskunde. 1r Jahrg. 8. Wien 821 (Schaumburg u. C.) 1 ℔ 8 gr

— Thesaurus botanicus 20 fasciculi c. Tab. color. fol. Viennae, Schaumburg. 805. (à 3 Rthlr. 12 gr.) :
Velinpap. (à 5 Rthlr. 8 gr.) 1

TRATTINICK (L.). Thesaurus botanicus. Viennae, [1805–] 1819. Fasc. 1–20. fol.

Trattlau [Schlagwort]

Trattlau, s.: Sachsen. Karte. Messtischblätter.

Trattner, Göbhard, Strobl und Konsorten in drey Sessionen. O. O. 178? V: *Wolf, Peter Philipp & Cräz.* (MGT)

Trattner. Neuer gemeinnütziger und erheiternder Pesther Schreib- und Hauskalender, für Katholiken, Evangelische, Griechen und Israeliten auf das gemeine Jahr von 365 Tagen nach der Geburt Jesu Christi 1857. Pesth. Gedr. und im Verlag bei Trattner-Károlyi. (16 Bl. 4.)

Trattner's neuer gemeinnütziger und erheiternder Pester Schreib- und Hauskalender f. 1861. 4. Pest. 1860. 20 kr.

TRATTNER, Hermann: Der Reichstag von Augsburg (1582) in seiner Bedeutung für die Gegenreformation in Innerösterreich; ein Beitrag zur allgemeinen deutschen Reichsgeschichte. — 1907. 143 Bl. Diss. Graz, Univ.

Trattner, Jh., der Eisgang u. die Ueberschwemmung der Donau in Ungarn im März 1838. nach amtlichen Daten u. eigener Anschauung beschrieben. (Mit Titelbild.) gr. 8. Pesth 838. (Hartleben.) (Leipzig, Frohberger.) n. 1 $^{2}/_{3}$ ℔

Tratzinger, Adam

Tratziger's Chronica der Stadt Hamburg. Hrsg. von J. M. Lappenberg. 7 Hefte. gr. 8. (LXXX und 347 S. mit 2 Kpfrt. und 2 Tab. in gr. 4. und Fol.) Hamburg 863—65, Mauke Söhne. *

Tratziger, Adam, hamburgische Chronik. Herausg. von J. M. Lappenberg. 1—3. Heft. Hamburg 863. (Perthes-Besser & Mauke. gr. 8. (S. 1—192 u. 2 Tab. in 4. u. Fol.) Jedes Heft n. 12 ngr.

Trau [Sachliches OW]

Trau, schau, wem! s. Broschüren-Cyclus.

Trau, schau, wem. Ein komischer Roman des vorigen Jahrhunderts, von Franzion. Leipzig 1782. V: *Sorel, Ch.* (ps. *Nicolas de Moulinet*). (BGE V³, 183) (Zeitschr. f. Büch. N. F. 15, 1923, 125)

Trau, schau, wem! Lustspiel in 1 Aufzug, von K. Schall. 8. Breslau, Holdufer. 818.

Trau, schau, wem? Ein Freundeswort an deutsche Arbeiter u. Gesellen. gr. 12. (32 S.) München 848, Kaiser. 3 ngr

Trau schau wem! Friedrich Wilhelm IV. Kaiser v. Deutschland?! gr. 8. (8 S.) Frankfurt a. M. 849. (Leipzig, Weller.) n. 1 ngr

Trau! Schau wem!! Zur Erinnerung an die Leuenmatte. (Bern 1854) s. [Ott, Johann Christian].

Trau, schau, wem! Ein Wahlbrief an die niederösterreichischen Landleute, von einem aus ihrer Mitte. 8. (29 S.) Wien 861, [Prandel und Ewald.]

Trau, schau, wem! 8°. London 1886.

Trau, schau, wem? Ein Wort der Warnung gegen die neuen Propheten der „rein christl. Gottesweisheit". gr. 8. (8 S.) Güstrow (902). (Opitz & Co.) n.n. — 05

Trau [Schlagwort]

Trau, Hafen, s.: Adriatisches Meer.

Trau [Verfasser]

Trau, A., neuestes Kasperletheater, s.: Theater, kleines.

Trau, C., die rothe Braut, s.: Volksbücher, Reutlinger.

Auctions-Catalog der Sammlung des Herrn Franz **Trau** in Wien. Münzen u. Medaillen fast aller Länder, vorzügl. von Österreich, der geistl. u. weltl. Herren, griech. u. röm. Münzen. Medaillen d. Stadt Wien. Ital. u. deutsche Kunstmedaillen. Plaketten. Numismat. Bücher. Mit 18 Taf. Abb. *Wien: Brüder Egger 1904.* (VIII, 132 S.) 4°(8°)
[Umschlagt:] Münzen u. Medaillen aller Länder aus d. Besitze d. Hrn F. Trau. [04. 853

Trau, Frz., neue Fälschungen römischer Münzen. [Mit 4 Taf. (in Kpfrst.)] gr. 8. (40 S.) Wien 871. Braumüller in Comm. n. 2. —

Katalog der Bücher-Sammlung Franz **Trau**. Handschriften mit Miniaturen 11.–16. Jh., Miniaturen auf Einzelblättern 12.–16. Jh., Holztafeldrucke ... Inkunabeln 1454–1500. Holzschnittwerke d. 16. Jhs nebst einigen Seltenen Werken d. 17. u. 18. Jh. Versteigerung ... d. 28. Okt. 1905 ... durch d. Kunst-Antiquariat Gilhofer & Ranschburg, Wien. Wien: Gilhofer & Ranschburg (1905). (IX, 151 S.) 8° [05. 11340

Trau, J., die Rheinbrücke bei Germersheim, s. Schleicher, W.

Traub, . Rede am Grabe des Melchior Hauck aus Zürich. Geboren ... 1812. Gestorben in Ebingen den 18. Januar 1874. Gehalten von Stadtpfarrer T. 8. Ebingen 1873.

Traub, (A.,) Formenlehre d. latein. Sprache, mit Uebungen f. Elementarschüler. 8. Stuttg. 827, (Löflund.)

Traub, August, aus Ludwigsburg (Württ.): Ueber α-Phenyl- und α-Methyl-α-naphtocinchoninsäure und die entsprechenden α-Alkyl-α-Naphtochinoline. *Stuttgart 1900: A. Bonz' Erben.* (55 S.) 8°
Freiburg i. B., Phil. Diss. v. 1900

Traub, Berthold

—— das Reichsstrafgesetzbuch nebst den badischen Einführungs- und Vollzugsbestimmungen, dem Polizeistrafgesetzbuche, dem Forst-, Zoll-, Post- und Preß-Gesetze, sowie anderen auf das Strafrecht bezügl. Reichs- und Landes-Gesetzen zum pract. Gebrauche zusammengestellt nach dem neuesten Stand der Gesetzgebung. 3. Aufl. 8. (V, 302 S.) Mannheim 876, Bensheimer. geb. *

Traub, Berth., das Straf-Gesetzbuch für das Deutsche Reich, nebst dem Preßgesetze, dem Sozialistengesetze u. den Strafbestimmungen der deutschen Gewerbe-Ordnung. [Neue Fassung.] Text-Ausg. mit kurzen Bemerkungen, Verweisungen u. Bezeichnung der Zuständigkeit nach der deutschen Gerichtsverfassung. 16. (IV, 192 u. XVI S.) Lahr 879. Schauenburg. cart. n. 1. —

Traub, Berth., das Straf-Gesetzbuch für das Deutsche Reich, nebst den bad. Einführungs- und Vollzugs-Bestimmungen, dem Polizeistrafgesetzbuche, dem Forststrafgesetze, sowie den übrigen strafrechtl. Landes- und wichtigeren Reichs-Gesetzen, zum prakt. Gebrauche, insbesondere auch für Schöffen und Geschworene hrsg. 4. Aufl. [A. u. d. T.: Deutsches Strafrecht. Mit besond. Berücksicht. der Gesetzgebung in Baden. 1. Abthl.] gr. 8. (VIII, 288 S.) Lahr 880, Schauenburg. *

Traub, Berthold, das Strafgesetzbuch f. das Deutsche Reich, nebst den bad. Einführungs- u. Vollzugs-Bestimmgn., dem Polizeistrafgesetzbuche u. den wichtigeren, auf das Strafrecht bezügl. Reichs- u. bad. Landes-Gesetzen, m. den Entscheidgn. d. Reichsgerichts u. d. bad. Ober-Landesgerichts zum prakt. Gebrauche, insbesondere auch f. Schöffen u. Geschworene. 5. Aufl. gr. 8. (XV, 400 S.) Mannheim 885. Bensheimer's Verl. n. 3. —; geb. n. 4. —

Traub, Berth., das Strafgesetzbuch f. das Deutsche Reich, nebst den wichtigeren auf das Strafrecht bezügl. Reichs- u. bad. Landesgesetzen, sowie den Entscheidgn. des Reichsgerichts u. des bad. Oberlandesgerichts, zum prakt. Gebrauche, insbesondere auch f. Schöffen u. Geschworene. 6. verm. Aufl. 8. (XII, 627 S.) Mannheim 897. J. Bensheimer's Verl. n. 4. —; geb. in Leinw. n. 5. —; ermäß. Pr. n. 1. 50; geb. n. 2. 50

— die Strafprozeßordnung u. Gerichtsverfassung f. das deutsche Reich m. den Entscheidungen d. Reichsgerichts u. d. badischen Oberlandesgerichtes. gr. 8. (VIII, 272 S.) Heidelberg 883. Emmerling & Sohn. n. 3. —; geb. n. 3. 60

— dasselbe m. den Einführungs- u. Vollzugsbestimmungen, den Vorschriften üb. den Strafvollzug u. das Kostenwesen, sowie den Auslieferungsverträgen. gr. 8. (XII, 595 S.) Ebend. 883. n. 6. —

Traub, Berthold, die Strafprozeßordnung u. d. Gerichtsverfassungsgesetz f. d. deutsche Reich m. d. Entscheidgn. d. Reichsgerichts. 2. Aufl. 8. (IV, 314 S.) Heidelberg 898. A. Emmerling & Sohn. Geb. in Leinw. n. 3. —

— dasselbe, m. d. Einführungs- u. Vollzugsbestimmgn., d. Vorschriften üb. d. Strafvollzug u. d. Kostenwesen, sow. d. Auslieferungsverträgen. 2. Aufl. 8. (VIII, 726 S.) Ebd. 898. n. 6. —; geb. in Leinw. n.n. 7. —

Traub, deut. Strafrecht. M. besond. Berücksichtigg. d. badischen Gesetzgebung. I. 4. Aufl. Lahr 880.

Traub, Carl, s. Traub, Karl

Traub, David. Erbauungsstunden üb. verschiedene Texte des Neuen Testaments. gr. 8. (640 S.) Reutl. 891, Enßlin u. Laiblin. geb. * 4 —

Traub, Ernst: Der Kreuzzugsplan Kaiser Heinrichs VI. im Zusammenhang mit der Politik der Jahre 1195—97. Jena 1910: Vopelius. IX, 70 S. 8°
Jena, Phil. Diss. v. 24. Mai 1910, Ref. Cartellieri
[Geb. 1. Febr. 74 Ludwigsburg, Württemberg; Wohnort: Dortmund; Staatsangeh.: Preußen; Vorbildung: Gymn. Ludwigsburg Reife O. 92; Studium: Tübingen 8, Jena 4 S.; Rig. 28. Nov. 08.] [U 10. 2380

Traub, (Friedrich), Prof.: Die neuere **Auffassung** der israelitischen Religionsgeschichte und der christliche Offenbarungsglaube. *Heilbronn 1902: Schell.* (31 S.) 4°
Schönthal, k. ev.-theol. Sm, P 1902 (640)

Traub, Fr(iedrich): Aus der Geschichte des Schöntaler Seminars 1810—1910. Stuttgart (1910): Vereins-Buchdr. 28 S. 4°
Schöntal, k. württemb. ev.-theol. Sm, Festschr. z. 100j. Jubil. d. Sm, P 1910 (807) [S 10. 448

Traub, Frdr., Theologie u. Philosophie. Eine Untersuchg. üb. das Verhältnis der theoret. Philosophie zum Grundproblem der Theologie. (VII, 335 S.) gr. 8. Tübingen 910. J. C. B. Mohr. 5. —

Traub, Friedr. Die sittliche Weltordnung. Eine systemat. Untersuchg. gr. 8. (III, 96 S.) Freib. i. B. 892, J. C. B. Mohr. * 1 80

Traub, Gottfried

Traub, Gottfr., Arbeit u. Arbeiterorganisation, s.a. Festgaben f. Friedrich Julius Neumann.

Traub, G., **Arbeit und Arbeiterorganisation. gr. 8°. Tübingen, H. Laupp, 1905. (Festgaben für Friedr. Jul. Naumann.)**

Traub, G., Argula v. Grumbach u. der Seehofer'sche Prozeß, s.: Für die Feste u. Freunde des Gustav-Adolf-Vereins.

Traub, Gfr., Bonifatius. Ein Lebensbild. 8. (VII, 223 S.) Leipzig 894. Buchh. d. Evangel. Bundes v. C. Braun. n. 3. —

— **Ethik u. Kapitalismus. Grundzüge e. Sozialethik. (VII, 255 S.) gr. 8. Heilbronn 904. E. Salzer. n. 4. 20; geb. n. 5. —**

Traub, Gottfr., Ethik u. Kapitalismus. Grundzüge e. Sozialethik. 2. verb. u. verm. Aufl. (VIII, 274 S.) gr. 8. Heilbronn 909. E. Salzer. 4.20; geb. 5. —

— s.: Fragen, praktische, des modernen Christentums.

— s.: Freiheit, protestantische.

— Frohbotschaft. 1. u. 2. Aufl. (34 S.) kl. 8. Heilbronn 907. E. Salzer. — 50

Traub, G., Gott. Vortrag am 21. I. 1902. (Nach e. vom Verf. nachgeseh. Stenogramm.) gr. 8. (15 S.) Dortmund (902). Köppen. n. — 30

— Gott u. Welt. (Andachten.) (187 S.) 8. Berlin-Schöneberg 908. Fortschritt Buchverlag der „Hilfe". Geb. in Leinw. (urspr. Pr. 2.—; eleg. geb. 3.—)

— **die gemeinschaftsbildende Kraft der Religion, s.: Beiträge zur Weiterentwicklung der christlichen Religion.**

— Lebensziele, s.: Zurhellen, Otto.

— **Materialien zum Verständnis u. zur Kritik d. kathol. Sozialismus, s.a. Geschichts-Wahrheiten.**

Traub, Gottfried: Materialien zum Verständnis und zur Kritik des katholischen Sozialismus von lic. theol. G[ottfried] Traub. München: J. F. Lehmann 1902. (127 S.) 8°
Geschichts-Wahrheiten. H. 2.

— Der Pfarrer u. die soziale Frage, s. a. Handbibliothek, prakt.-theologische. 6. Bd.

Traub, G., Der Pfarrer u. die soziale Frage. (VI, 134 S.) 8. Göttingen, Vandenhoeck & Ruprecht. 1907. 2. —; geb. 2. 60.
„Handbibliothek, praktisch-theologische". Bd. 6.

Die Religion im Leben der Gegenwart, s.: Sell, Karl.

— aus suchender Seele. (VIII, 174 S.) gr. 8. Berlin-Schöneberg (906). Verlag der „Hilfe". n. 3. 50; geb. n. 4. —

— Vortrag üb. Unser gutes Recht in der Kirche, am 29. V. 1907 zu Düsseldorf im Rittersaale d. städt. Tonhalle. Nach stenograph. Aufzeichngn. (22 S.) 11. 8. Düsseldorf (907). (Dortmund, Koeppen.) — 30

Traub, s.: Vorträge, 4, geh. usw. über: das Einheitsband der evangelischen Deutschen.

— die Wunder im neuen Testament, s. a. Volksbücher, religionsgeschichtliche. V. 2.

Traub, Gottfried: Die Wunder im Neuen Testament von Pfarrer Lic. [Gottfried] Traub. 1.–10. Taus. Halle a. S.: Gebauer-Schwetschke 1905. (72 S.) 8°
= Volksbücher, Religionsgeschichtl., f. d. deutsche christl. Gegenwart. Reihe 5, H. 2.

Die Wunder im Neuen Testament. Von Pfarrer Lic. Gottfried Traub-Dortmund. 2. Aufl. Tübingen: Mohr 1907. 69 S. 8°
(Religionsgeschichtliche Volksbücher f. d. deutsche christl. Gegenwart. Reihe 5, H. 2) A 11. 5391 II

Traüb, H., Rede, geh. am Grabe d. Banquiers H. Hohenemser am 8. Apr. 1838. gr. 8. ($\frac{1}{2}$ B.) Mannheim 838, Bensheimer.

TRAUB, J. Chr., Ueber den Tanz-Unterricht, nebst Bemerkungen über Kleidung, Haltung und Verhaltungsregeln beim Tanzen. Stuttgart, Hoffmann, 1829. Gr. 8°.
Bartholomäus p. 24.

Traub, J. Chr., über d. Tanz-Unterricht, nebst Bemerkn. üb. Kleidung, Haltung u. Verhaltungs-Regeln beim Tanzen. gr. 8. ($3\frac{1}{4}$ B.) Stuttgart 829, (Weise u. Stoppani.)

Traub, Karl

Traub, K., elementare Berechnung der Seiten der regulären Vierunddreissig- u. Siebenzehn-Ecke. (23 S. m. 1 Taf.) 8. Karlsruhe (906). F. Gutsch. n. — 60

Traub, K., Berechnung der Radien der acht Berührungskreise beim Apollonischen Problem. gr. 8. (III, 18 S.) Lahr 896. M. Schauenburg. n. — 50

— die Heronische Dreiecksformel. Ein Beitrag z. Anschauungsunterricht. gr. 8. (IV, 10 S. m. 2 Taf.) Ebd. 897. n. — 50

Traub, Carl, Erbauungsbuch f. Seeleute, s. Anleitung f. Seeleute zu gemeinschaftl. Gottesdienste ꝛc.

Traub, K., Lehrbuch d. ebenen Geometrie, s.: Spitz, Carl.

— der verjüngte Magister Matheseos. E. Beitrag zur Sphärik u. absoluten Geometrie. gr. 8. (IV, 12 S. m. 1 Taf.) Ebd. 896. n. — 50

Dr. Karl Traub. Theorie der 6 einfachsten Systeme komplexer Zahlen. I. Teil. 1. Hälfte. S. 1—62. Mannheim, P 1867

Traub, C., Theorie der sechs einfachsten Systeme complexer Zahlen. 1. Thl. 1. Hälfte. Mannheim 867. (Schneider.) 8. (62 S.) $7\frac{1}{2}$ ngr.

Derselbe. Theorie der 6 einfachsten Systeme komplexer Zahlen. I. Teil. 2. Hälfte. S. 63—118. Mannheim, P 1868

Traub, L., Palästina, od. alte Geographie d. heil. Landes f. israelit. Schulen u. gebild. Bibelleser. 8. ($9\frac{1}{2}$ B.) Augsburg 836, Rieger'sche Buchh.

Traub, Ludw., neues Weihnachtsbüchlein, s.: Steigenberger, Max.

Traub, Paul, der Wolf v. Khorassan. Ein heroisches Lebens- u. Culturbild aus Persien. Deutsche Ausg. von A. v. Closſmann. 16. (VIII, 272 S.) Berlin 872. Deutsches Verl.-Institut. n. 2. —

Traub, Paul, der Wolf von Khorassan. Ein heroisches Lebens- und Culturbild aus Persien. Deutsche Ausg. von A. v. Closſmann. 16. (VIII, 272 S.) Berlin 872, Langmann und Comp. [Posen, Jolowicz.] (*M 2.)

Traub, Theodor

Traub, Th., Arbeiterrechte u. Arbeiterpflichten. gr. 8. (63 S.) Zell i/W. 896. Fr. Bauer. n. — 25

Traub, Thdr., kürzere Arbeitszeit, s. a. Zeitfragen, evangelisch-soziale.

Traub, Thdr., Kürzere Arbeitszeit. Mit besonderer Berücksichtigung des Programms der evangel. Arbeitervereine. (Evangel.-soz. Zeitfragen, Reihe 2, Heft 8.) gr. 8°. Leipzig, Grunow, 1893.

— Arbeitszeit-Verkürzg. u. Achtstundentag, s. a. Arbeiterbibliothek, Göttinger, 2. Bd., 2. u. 3. Hft.

Arbeitszeit-Verkürzung und Achtstundentag von Th[eodor] Traub-Stuttgart. Göttingen: Vandenhoeck & Ruprecht 1896. S. 18–48. 8° [Umschlagt.]
(Göttinger Arbeiterbibliothek. Bd 2, H. 2. 3.) (10. 4632

Traub, Th., Arbeitszeit-Verkürzung und Achtstundentag. Göttinger Arbeiterbibliothek, Bd. 2, Heft 2. u. 3. 8°. Göttingen 1897.

Traub, Th., Christfest, Jahresschluß, Neujahr. 3 Predigten, geh. in der Pauluskirche zu Stuttgart. gr. 8. (36 S.) Stuttgart (902). M. Kielmann. n. — 50

Traub, Glockenpredigt, geh. am 3. X. 1897. Text: Maleachi 3, 3 u. Jesaia 58, 1. 8. (16 S.) Stuttgart 897. Buchh. d. Evang. Gesellschaft. n. — 20

Traub, Th., Johannes Chrysostomus. 347—407. Ein Lebensbild. (40 S.) gr. 8. Stuttgart 903. Buchh. der ev. Gesellschaft. Kart. n. — 40

— vom Lebens-Brot. Predigten m. Gebeten. gr. 8. (VI, 717 S.) Ebd. (900). n. 6. 60; geb. in Halbfrz. n. 8. —; auch in 11 Hftn. à n. — 60

Traub, Th., Praktisches z. Kinder-Erziehung. (71 S.) 8. Stuttgart 909. M. Kielmann. 1. —

Traub, Th. Wider Rom. 2. Aufl. 8. (72 S.) Stuttg. 892, J. F. Steinkopf. * — 40
Aus: Christenbote, besonders abgedruckt.

— wider Rom. 3. Aufl. 8. (72 S.) Stuttgart 900. J. F. Steinkopf. n. — 40
Sonderabdruck aus: „Christenbote".

— römisch od. evangelisch? Die röm. u. die evangel. Lehre v. den Gnadenmitteln. 1. u. 2. (Titel-)Aufl. gr. 8. (VII, 197 S.) Leipzig 893. 894. Buchh. d. Evangel. Bundes v. C. Braun. n. 4. —

— auch e. „Schillerpredigt". Geh. am 7. V. 1905 in der Pauluskirche zu Stuttgart. (18 S.) 8. Ebd. 905. n. — 20

— Seelenwanderung. (21 S.) gr. 8. Gütersloh 909. C. Bertelsmann. — 50
Sonderabdruck aus: „Geisteskampf der Gegenwart".

— wider den Spiritismus. Mit der Antwort auf Dr. G. A. Lange's Gegenschrift. 2. Aufl. (84 S.) 8. Ebd. 904. n. — 80

— dasselbe, s. a. Irrtümer, kräftige.

— Tod u. Zwischenzustand. Spiritismus. 2 Predigten. gr. 8. (29 S.) Stuttgart 903. M. Kielmann. n. — 50

— Tod u. Zwischenzustand. Spiritismus. 2 religiöse Vorträge. 2. Aufl. (29 S.) gr. 8. Stuttgart 904. M. Kielmann. n. — 50

Traub, Thdr., Warum gehen wir nicht mit der Socialdemokratie? Ein Wort an die deutschen Arbeiter. 8°. Stuttgart, J. F. Steinkopf, 1891.

Traub, Th., Gustav Wasa, s.: Jugend- u. Volksbibliothek, deutsche.

Traube, die. Zeitschrift f. Rebbau, Weinbereitg. u. Kellerwirthschaft, f. Obstbau u. Obstverwerthg. Mittheilungen d. Ost-Deutschen Weinbau-Vereins. Hrsg.: Curt Weigelt. 1. Jahrg. Apr.—Dezbr. 1891. 9 Nrn. (Bog.) gr. 4. [Berlin, B. Grundmann.] Neudamm, J. Neumann. n. 1. 60

— dasselbe. 2. u. 3. Jahrg. 1892. 1893. à 12 Nrn. (Bog.) gr. 4. Ebd. à Jahrg. n. 2. —

Traube, die rheinische. Red. v. G. Maier. 28.—30. Jahrg. 1904—1906. à 12 Nrn. (à Jahrg. 192 S.) 8. Grundschöttel-Volmarstein. (Kassel, J. G. Oncken Nachf.) à Jhrg. n.n. 1. —

Traube, die rheinische. Red. v. E. Merten. 31.—34. Jahrg. 1907—1910. à 12 Nrn. (à 16 S.) 8. Elberfeld. (Kassel, J. G. Oncken Nachf.) à Jahrg. nn 1. —

Traube, Die vergiftete; Trauerspiel. Prag 1783. V: *Eckardt, Frdr. von.* (Ky)

Traube, die vergiftete; Trspl. (v. Fr. v. Eckardt). 8. Prag 783. Gerle. 8 gl.

Traube Alois: Versuch, Weidners Corn. Nepos für die Schule brauchbarer zu gestalten. 80. Kaaden. 92.
Progr.

Traube, Arthur

Traube, A., u. H. Auerbach, Photographie u. Farbenphotographie, s. a. Handel, Industrie u. Verkehr. 14.

Photographie und Farbenphotographie. Ihre Geschichte u. Entwicklung von Dr. A[rthur] Traube u. Dr. H. Auerbach. Mit 14 Abb. Berlin: Simon [1908]. 92 S. 8°
(Handel, Industrie u. Verkehr in Einzeldarstellungen. Bd 14.)

Traube, Arthur, aus Berlin: Ueber photochemische Schirmwirkung. *Berlin (1901): E. Ebering.* (43 S.) 8°
Berlin, Phil. Diss. v. 22. Mai 1901

Traube, B. H.: Praktisches Kunst-Rechenbuch. Ein Rechenhandbuch für Lehrende und Lernende von —. Darmstadt: Heyer in Komm. 1823. VIII. 52 S. 8°

H. Traube's psychologisch-moral. Betrachtt. üb. Geistes- u. Herzensbild.; Briefe e. Studirenden an sn. Freund. *Münst.*, Coppenrath. B. 827. 8° 12 gl

Traube, H., psycholog.-moral. Betrachtt. üb. Geistes- u. Herzensbildung. Briefe eines Studirenden an seinen Freund. 8. Münst. 828. Coppenrath. 12 gl

Traube, H. [Privatdoc. a. d. Univ. Kiel]: Die Minerale Schlesiens Mit 30 Zinkographieen. Breslau, J. U. Kern's Verl. (Max Muller), 1888; 1 Bl. + XVI + 285 + 1 S. + 1 Bl. 8°
Kiel, Phil. Fak., Hab.-Schr. v. 3. Mai 1887
(Nicht für den Austausch)

Traube, H., die Minerale Schlesiens. Mit 30 Zinkogr. gr. 8. (XVI, 285 S.) Breslau 888. Korn's Verl. n. 9. —

Traube, Henricus: • De notionibus atque ideis mentis humanae. 50 Bl. 8° (4°)
Halle-Wittenberg, Phil. Diss. v. 31. März 1838
Geb. [Paderborn 23. 12. 1805]

Traube, [illegible] Ueber die Einwirkung des Chlorcyangases auf Amidosäuren. Berlin (1882). 75 S. 8°
Berlin, Phil. Diss. v. 1. Aug. 1882

Traube, Isidor

Traube, J., Grundriss der physikalischen Chemie. (VIII, 360 S. m. 24 Abbildgn.) Lex.-8. Stuttgart 904. F. Enke. n. 9. —; geb. in Leinw. n. 10. —

Traube, J., physikalisch-chemische Methoden. gr. 8. (X, 234 S. m. 97 Abbildgn.) Hamburg 893. L. Voss n. 5. —

Traube, J., über den Raum der Atome, s. a. Sammlung chem. u. chem.-techn. Vorträge. IV. 7/8.

Traube, J.: Ueber den Raum der Atome. Stuttgart 1899

Traube, Ludw., Acta Archelai. Vorbemerkung zu e. neuen Ausg. (S. 533—549.) gr. 8. München 901. (G. Franz' Verl.) n. — 40
Sonderabdruck aus: „Sitzungsber. d. bayer. Akad. d. Wiss."

Traube, Ludwig [Dr.]: Ædelwulf. . . . Berlin, Weidmannsche Buchh., 1888; 1 Bl. + 37 S. 8°
München, Phil. Fak., Hab.-Schr. v. 1889
(Nicht für den Austausch)

Traube, L., Zur latein. Anthologie. Üb. Gedichte des codex Salmasianus. S.-A. s. a. 11 S.

Traube, L., gesammelte Beiträge zur Pathologie und Physiologie. 2 Bde. gr. 8. Berlin 871, Hirschwald. *
Inhalt:
Bd. 1. Experimentelle Untersuchungen. (X, 473 S. mit 10 lithogr. Taf., wovon 3 in Buntdr., in qu. 4. und qu. Fol.)
» 2. 1. 2. Klinische Untersuchungen. (VI, 1130 S.)

Traube, L., gesammelte Beiträge zur Pathologie und Physiologie. 3. (Schluss-)Bd.: Klinische Untersuchungen. Enth. die Tagebücher und den sonst. wissenschaftl. Nachlass des Autors. Nach dessen Tode bearb. und hrsg. von A. Fraenkel. gr. 8. (XVII, 343 S. mit 2 lithogr. Taf.) Berlin 878, Hirschwald. *
1. und 2. Bd. Ebendas. 1871. *M. 32.

Traube, L., Beiträge zur Pathologie, s. Beiträge.

Traube, L., Beiträge zur experimentellen Pathologie u. Physiologie. 1. Hft. 8. (15½ B.) Berlin 846, Förstner.

Traube, L., Zu Plinius kunstgeschichtl. Büchern. S.-A. 1888. 7 S.

Traube, L., karolingische Dichtungen, untersucht, s.: Schriften zur germanischen Philologie.

— palaeographische Forschungen. 3. u. 4. Tl. Lex.-8. Ebd. 904. n. 6. —
3. Jean-Baptiste Maugérard. Ein Beitrag zur Bibliotheksgeschichte. Von Ludw. Traube u. Rud. Ehwald. (S. 301 bis 387 m. 2 Taf.) n. 3. —
4. Bamberger Fragmente der 4. Dekade des Livius. Anonymus Cortesianus. (56 S. m. 7 Taf.) n. 3. —
Sonderabdrucke aus: „Sitzungsber. d. bayer. Akad. d. Wiss." Tl. 1 u. 2 sind noch nicht erschienen.

Traube, Ludw., neue u. alte Fragmente des Livius, s.: Fischer, H.

Traube, L., Das Gastmahl des Cicero. S.-A. 1892. 10 S.

Traube, Ludw., die Geschichte d. tironischen Noten bei Suetonius u. Isidorus. gr. 8. (20 S. m. Fig.) Berlin 901. Thormann & Goetsch. n. — 75
Sonderabdruck aus: „Archiv f. Stenographie".

— s.: Hieronymus, chronicorum codicis fragmenta.

Traube, L., über Krisen u. kritische Tage. [Abdr. aus Göschen's „Deutscher Klinik."] gr. 8. (35 S.) Berlin 852, G. Reimer. n. ⅙ ₰

Traube, L., Varia libamenta critica. (Zu Ammian, Catull, Macrobius, Psellus, Curtius, Florus, Rutilius, Seneca rh., Tacitus.) Diss. 1883. 38 S. 1.80

Traube, Ludw., varia libamenta critica. gr. 8. (39 S.) München 883. (Buchholz & Werner.) n. 1. —

Jean-Baptiste Maugérard. Ein Beitrag z. Bibliotheksgeschichte von Ludwig Traube und Rudolf Ehwald. (Mit 2 Taf.) (München: K. Akad. 1904.) (S. 303–387.) 4°
= Traube: Palaeogr. Forschungen. T. 3.
= Abhandlungen d. hist. Klasse d. Kgl. bayer. Akad. d. Wiss. Bd 23, Abt. 2, [2.] [05. 3900

— Nomina sacra, s. a. Quellen u. Untersuchungen zur lateinischen Philologie des Mittelalters. II.

Nomina sacra. Versuch e. Geschichte d. christl. Kürzung v. Ludwig Traube, Prof. München: C. H. Beck 1907. (X, 295 S.) 8°
= Quellen u. Untersuchungen z. lat. Philol. d. Mittelalters. Bd 2. [07. 13146

(Ludwig Traube.) Zur Paläographie und Handschriftenkunde. Hrsg. von Paul Lehmann, (München). Mit biogr. Einl. von Franz Boll. München: C. H. Beck 1909. (LXXV, 263 S.) 8°
= Traube: Vorlesungen u. Abhandlungen. Bd 1. [08. 16100

— Perrona Scottorum, e. Beitrag z. Ueberlieferungsgeschichte u. zur Palaeographie des Mittelalters. gr. 8. (S. 469—538.) München 900. (G. Franz' Verl.) n. 1. —
Sonderabdr. aus: „Sitzungsber. d. bayer. Akad. d. Wiss."

Traube, Ludw., s.: Poetae latini aevi Carolini.

Traube, Ludw. Poetae latini aevi Carolini, s. Monumenta Germaniae historica.

Traube, Ludw., s.: Quellen u. Untersuchungen zur lateinischen Philologie des Mittelalters.

Traube, L., Rede über das Wesen und die Ursache der Erstickungserscheinungen am Respirationsapparate, zur Feier des 73. Stiftungstages des medicinisch-chirurg. Friedrich-Wilhelms-Instituts am 2. Aug. 1867 gehalten. 8. (24 S.) Berlin 867, A. Hirschwald. *

—— O Roma nobilis. Philologische Untersuchgn. aus dem Mittelalter. gr. 4. (99 S. m. 2 Lichtdr.-Taf.) Münch. 891, (G. Franz' Verlag). ** 4 —
Aus: Abhandlgn. d. k. b. Akad. d. Wiss., besonders abgedruckt.

Traube, Ludov. (geb. Ratibor 12. 1. 1818): Dissertatio sistens specimina nonnulla physiologica et pathologica. Berolini (1840). (30 S.) 8°
Berlin, Med. Diss. v. 3. Febr. 1840

—— die Symptome der Krankheiten des Respirations- und Circulations-Apparats. Vorlesungen gehalten an der Friedrich-Wilhelms-Universität zu Berlin. (In 5—6 Lfgn.) 1. Lfg. gr. 8. (VIII und 168 S.) Berlin 867, A. Hirschwald. *

— Textgeschichte d. Regula S. Benedicti. [Aus: „Abhandlgn. der k. bayer. Akad. der Wiss."] gr. 4. (133 S. m. 4 Taf.) München 898. (G. Franz' Verl.)

Textgeschichte der Regula S. Benedicti von Ludwig Traube Mit 4 Taf. 2. Aufl. hrsg. von H[eribert] Plenkers. München: Akad. d. Wiss.; Franz in Komm. 1910. 127 S. 4°
(Abhandlungen d. Kgl. Bayer. Akad. d. Wiss. Philos.-philol. u. hist. Kl. Bd 25, Abh. 2.) [11. 9110

Traube, L., Die Ueberlieferung des Ammianus Marcellinus. S.-A. 1908. 6 S.

Traube, L., Zur Ueberlieferung der Elegien des Maximianus. S.-A. 1893. 6 S.

Traube, L., Zur Ueberlieferungsgeschichte des Livius. 1891.

— Philologische Untersuchungen aus dem Mittelalter. S.-A. 1891. 99 S. u. 2 Taf. 4°.

Traube, L., Untersuchungen z. Ueberlieferungsgeschichte röm. Schriftsteller. (Zur Chgraphie d. Augustus — Zu Cornelius Nepos — Zu Valerius Maximus — Zu Livius.) 1891. 44 S.

Traube, Ludw., Vorlesungen u. Abhandlungen. Hrsg. von Frz. Boll. 1. u. 2. Bd. Lex. 8. München, C. H. Beck. 23. —; geb. in Halbfrz. 29. —
1. Zur Paläographie u. Handschriftenkunde. Hrsg. v. Paul Lehmann. Mit biograph. Einleitg. v. Frz. Boll. (LXXV, 263 S.) 909. 15. —; geb. 18. —
2. Einleitung in die latein. Philologie des Mittelalters. Hrsg. v. Paul Lehmann. (IX, 176 S.) 910. 8. —; geb. 11. —

Traube, L., über den Zusammenhang von Herz- und Nieren-Krankheiten. Berlin 856. A. Hirschwald. gr. 8. (2 Bl., 81 S.) n. 16 ngr.

Traube, Mor., gesammelte Abhandlungen. gr. 8. (XII, 588 S. m. Bildn.) Berlin 899. Mayer & Müller n. 18. —

Traube, Maur. (geb. Ratibor 12. 2. 1826): De nonnullis chromii connubiis. Berolini (1847). (55 S.) 8°
Berlin, Phil. Diss. v. 20. Jan. 1847

Traube, Mor., Theorie der Fermentwirkungen. Berlin 858. Dümmler's Verlhdlg. gr. 8. (VIII, 119 S.) n. 24 ngr.

Traube, Wilhelm [aus Breslau]: Ueber [sic!] die Additionsprodukte der Cyansäure .... Berlin: Buchdr. v. Knoll & Wölbling (1888); 30 S., 2 Bl. 8°
Berlin, Phil. Fak., Inaug.-Diss. v. 27. Jul. 1888

Traube-Mengarini, Margherita, u. A. Scala, über die chemische Durchlässigkeit lebender Algen- u. Protozoenzellen f. anorganische Salze und die spezifische Wirkung letzterer. (48 S. m. 2 [1 farb.] Taf.) gr. 8. Berlin 909. J. Springer. 2.—
Sonderabdruck aus: „Biochem. Ztschr."

Traubel, Horace, Weckrufe. Kommunist. Gesänge. Deutsch v. O. E. Lessing. (XII, 188 S. m. Bildnis.) 8. München 907. R. Piper & Co. 2.50

Traubenberg, P., s.: Rausch v. Traubenberg, Paul Frhr. v.

Traubenheim, des Dörfleins, Geschichte, fürs Volk und für Volksfreunde geschrieben von J. F. Schlez, 2 Theile mit Kupf. 8. Nürnberg, 791–92. Grattenauer. 2 Rthl.

Traubenkern-Oel, das, u. dess. Bereitung nach d. Methoden in Italien u. Frankreich sowohl, als auch nach den, namentl. in Würtemberg, früher u. in neuerer Zeit gemachten Versuchen. 8. (2 B.) Stuttgart 836, Beck u. Fränkel.

Traubenzucker, der, und sein Wert zur Weinverbesserung. Mainz

Traubmayer, Patritius, Kurze und wesentliche Auslegung der Evangelien, ein notwendiges Hilfsbuch für angehende Seelsorger zur schnellen Abfassung einer Predigt. München, Fleischmann, 1807, 8°.

Traubmayer, Patritius, Die Wahrheit der Religion nach ihrer ursprünglichen Geschichte oder Zusammenhang des Alten und Neuen Gesetzes. München, Fleischmann, 1808, 8°, 2,30 Mk.

Traubot, Rudolph (Dresden) A. S. 816/22

Dissertatio juridica, de participatione delicti.
Präs. Bartholomaeus Leonhard Schwendendoerffer. Rec
Leipzig 1717. 31 S.

Diss. 8. VI. 1676. 34623

Traudt, Valentin, im Abendhauch. Gedichte u. Sprüche. 8. (97 S.) Kassel 892. F. Scheel. n. 1.—

Traudt, Val. Bonifatius. Volksschauspiel in 5 Aufzügen. gr. 8. (120 S.) Kassel 891, Hühn. * 1 50

— s.a. Dichterbuch. hessisches.

Hessisches Dichterbuch. ⟨Begründet durch **Valentin Traudt.**⟩ 3. neubearb. Aufl., hrsg. von Wilhelm Schoof. *Marburg: N. G. Elwert 1901.* (IV, 374 S.) 8° [F.] [01. 202

— praktische Formen- u. Raumlehre f. Volksschulen, s.: Henck, W.

Traudt, Valent., Gedichte. (63 S. m. Bildnis.) 8. Cassel 909. F. Scheel. 1.—

— Handbücher der Unterrichtspraxis, s.: Henck, W.

— Lehrer Korn. Eine Mondbürgergeschichte. (1.—3. Taus.) (315 S.) gr. 8. W.-Jena 906. Thüringer Verlagsanstalt. n. 2. 50; geb. n. 3.—

(B) — Lehrer Korn. 906. (KVB 34.) Jetzt: Gera, O. Heinrich Verlag.

— fröhliches Lernen, s.: Henck, W.

Traudt, Valent., Leute vom Burgwald. Eine Erzählg. aus dem oberhess. Volksleben. Mit Buchschmuck von Otto Ubbelohde. 8. (286 S.) Marburg (902). N. G. Elwert's Verlag. n. 3.—; geb. n. 4.—

Traudt, Valent., die Bergheimer Mädel. Roman. (262 S.) 8. Berlin (904). D. Dreyer & Co. 2.—
(Ladenpr. aufgehoben.)

— auf einsamem Pfad. Gedichte. 8. (86 S.) Kassel 892. F. Scheel. n. —60

Traudt, Valentin, auf einsamem Pfad. Gedichte. 2., verm. Aufl. 12. (III, 82 S.) Zabern 895. A. Fuchs. 1.50

— Rechenbuch f. die ländliche Fortbildungsschule, s.: Henck, W.

— hauswirtschaftliches Rechenbuch, s.: Henck, W.

— Schaffen u. Wirken, s.: Henck, W.

— schafft frohe Jugend, s.: Henck, W.

— unter der Schullinde. Erzählungen. Mit Einleitg. versehen u. hrsg. v. Frz. Jedrzejewski. gr. 8. (166 S.) Leipzig 894. Siegismund & Volkening. n. 2.—; geb. n. 2.60

— Seelenliebe. Roman in 3 Büchern. 8. (284 S.) Marburg i. H. 893. O. Ehrhardt. 3.—

— in Sturm u. Sonnenschein, s.: Schmidt-Brädikow.

— menschliche Tragikomödie, s.: Garde, Arnold.

— Stille Winkel. Erzählungen. (260 S.) 8. Dresden (907). R. Kraut. 2.—; geb. 3.—

Traue, Schaue, Wem? Ein Leitfaden für Auswanderer nach Nord-Amerika, s. Taschen-Bibliothek der Reise-, Zeit- und Lebensbilder.

Traue, schaue, wem? Lustsp. v. Brandes. 8. Braunschweig, Schulbuchhdl. 760.

Traue, Karl Dn., († d. 5. Jan. 1800.) s. 1) Linien, erste, d. Weltgeschichte. 2) J. G. Sulzer, Vorles. üb. Geographie. 3) Verner, allgem. Weltgeschichte.

Traue, Paul, Anleitung zur Errichtung guter Düngerstätten, s.: Kinzel, W.

Trauen, F. C. A. von

— Anweis. zum würd. Gebr. d. heil. Abendmahls. 8. Danzig, Knoch. 750.

Trauen, F. C. A. v., d. Eigenschaften des Glaubens und d. Heiligung, nach ihrem Zusammenh. in 9 Predigten. 8. Danzig, Rüdiger. 744. Rthlr .

Trauer, Die tiefe. Lustspiel in einem Act [nach d. Franz. des Berton]. Leipzig 1804. V: *Franke, Chn Wilh.* (MGT)

Trauer, die tiefe; Lstspl. in 1 A. 8. Leipz. 804. Kühn. 6 gr.

Trauer, die tiefe,. Lustsp. in 1 A. 8. Lpz. Schäfer. (Kühn.) 804.

Trauer und Trost am Grabe des geliebten Meisters. [Unterz.:] F. M. o. O. u. J. 1 Bl. 8⁰ [Kopftit.]
Lied oder Gedicht: „So ruhe denn in süssem Frieden . . ."

Heubner, Gust. Heinr. Leonh.: Trinkspruch, dargebracht dem Br. Heubner, bei der Tafelloge am 6. Oct. 1872 und auf den Wunsch mehrerer BBr. in Druck gegeben von **Trauer.** Plauen [1872]: Neupert. 7 S. 8⁰ [Umschlagtit.]
In Versen: „Tief schlief Wald und Au, . . ."

Trauer, Ed., Adorf, Elster u. Goethes Hermann u. Dorothea zugleich m. Bezug auf Dr. Kullmers Schrift: „Pößneck". Dazu 2 (eingedr.) Lagepläne A u. B. (VII, 32 S.) 8. Plauen 910. R. Neupert jr. — 80
Sonderabdruck a.: „21. Jahresschr. d. Altertumsver. zu Plauen".

Trauer, Eduard, Chronik des Dorfes Marieney i. Vogtl. bis zur Einführung der sächsischen Landesverfassg. gr. 8. (IV, 111 S. m. 1 Plan.) Plauen 903. (A. Kell.) n. 2.40

Trauer, Günther, Reg.-Bauführer: Der günstigste Gurtabstand sowie die Gewichte gegliederter flusseiserner Zweigelenkbogenträger mit nahezu parallelen Gurtungen. Dresden: Dressel 1907. IV, 86 S., 6 Taf. 8⁰ ¶ Auch als Buch.
Dresden, Dr.-Ing.-Diss. v. 26. 6. 1907

Trauer, Günth., der günstigste Gurtabstand sowie die Gewichte gegliederter flusseiserner Zweigelenkbogenträger m. nahezu parallelen Gurtungen. Beitrag zur Berechng. der Bogenbrücken. (86 S. m. 6 Taf.) gr. 8. Dresden 907. A. Dressel. 4. —

Trauer-Album. Eine Erinnerung an liebe Verstorbene. Mit hübsch lithographirtem Titelblatt zur Eintragung des Namens vom Verstorbenen, sowie Geburts- und Todestag. Das Trauer-Album dient dazu, die eingegangenen Trauerkarten in alphabetischer Ordnung aufzubewahren und ist für 100 bis 1000 Karten eingerichtet; elegant in Leinwand gebunden. Preis nach Verhältniss der Karten. Zürich, Kraut & Bosshart. 1871.

TRAUER-BÜHNE, Die, derer Verliebten, Worauf Unterschiedene Personen, welche sich durch allzu üppige Liebe in viele Gefahr und Unglück gestürtzet, meistens auch ein traurig Ende genommen, vorgestellet, der Welt Nicht sowol zum nützlichen Zeit-Vertreib, als a parte zu dem Ende communiciret, Daß man den aus unordentlicher und unerlaubter Liebe entstehenden Schaden einsehen, und sich davor hüten lerne. Leipzig, Bey Joh. Heinr. Zedler, 1729. 8⁰. (In Stuttgart.)
77 S. incl. roth u. schwarz gedr. Tit. u. 2 Bl. Vorr. Unter jeder der XI Historien das Morale in Versen. Ziemlich frei und üppig. — Sehr selten!

Trauercantate, s. Trauerkantate.

Trauer-Carmen auf das Absterben Andr. Rehberger Predigers . . . O. O. 1769. V: *Scherb, Kunigunde.* (will)

Trauer-Carmen, auf das Absterben Joh. Balt. Stark Predigers zu St. Jacob . . . O. O. 1761. V: *Scherb, Kunigunde.* (will)

Trauer-Carmen bei dem Hintritt Fr. Anna Elis. Muscatin im Namen meiner Schwester Sabina Barb. Kordenbuschin. O. O. 1769. V: *Scherb, Kunigunde.* (will)

Trauerempfindungen am Grabe der Frau Rosine von Wietoris, gebohrnen Schneller . . . Ödenburg 1802. V: *Halasy, Joseph Michael.* (Pk) (KU) (GGr)

Die **Trauerfeyer** in der Loge Amalia zu Weimar am dritten Sept. 1828, zum ruhmwürdigen Gedächtniss ihres Durchlauchtigsten Beschützers und Bruders, des Grossherzogs Carl August von Sachsen-Weimar-Eisenach Königliche Hoheit. [Weimar 1828: Hofbuchdr.] 68 S. 8⁰
(Frmr.-Analecten. 4.)
Kl. 1466. Zugleich Gedächtnisfeier der Brr J. G. Meisel, F. H. v. Einsiedel, Wolf u. Huschke. Trauerrede auf Karl August von Fr. v. Müller.

Die **Trauerfeyer** in der Loge Amalia zu Weimar, am neunten Nov. 1832. Zum ruhmwürdigen Gedächtniss ihres in den ewigen Osten eingegangenen hochverehrten und geliebten Brs. Joh. Wolfg. v. Goethe. [Weimar 1832: Hofbuchdr.] 57 S. 8⁰
(Frmr-Analecten. 5.)

[Dasselbe.] [Neudr. 1908.] 44 S. 8⁰
Auszug, kurze Schilderung des Verlaufs der Feier, in: SL. 8 (1888) S. 145—147.
Kl. 1476. Bericht. Zugleich Gedächtnisrede von Chr. G. W. Voigt.

Trauerfeier bey der Asche des Helden von der guten Sache: gewidmet dem Gedächtnisse Sr. Churfürstl. Gnaden Emerich Joseph dem seeligen Churfürsten zu Mainz. Freyburg 1774. V: *Huber, Joh. Albr.* (GGr VI/629, Nr. 1/5) (winklern) (BiblPort)

Grosse National-Mutter Loge zu den drei Weltkugeln [in Berlin]. **Trauerfeier** am dritten Aug. 1840. [Berlin 1840.] 11 S. 8⁰ [Umschlagtit.]
3 Lieder u. 1 Kantate ohne Noten zum Gedächtnis Friedrich Wilhelm III.

Trauerfeier bei dem Begräbnisse des weil. Consistorialraths, ordentl. Professors der Theologie und Universitätspredigers in Rostock D. Johs. Bachmann, geb. zu Berlin am 24. Febr. 1832, gest. am 12. April 1888. 1. Trauerrede des Prof. D. Schulze. 2. Gebet des Consist.-R. D. Polstorff. gr. 8. (15 S.) Rostock 888, Stiller'sche Hof- und Universitäts-Buchh. *

Trauerfeier bei dem Begräbniß d. Hrn. Geheimen Kirchenraths u. Professors der Theologie D. theol. u. phil. Gust. Adolph Ludwig Baur in der Universitätskirche zu St. Pauli in Leipzig am 24. Mai 1889. gr. 8. (31 S.) Lpz. 889, Hinrichs' Verlag. * — 50

Trauerfeier bei dem Begräbnis des Direktors des Vereins f. innere Mission in Leipzig, Hrn. Pastor Dr. phil. Georg Oskar Koch, im großen Saale des ev. Vereinshauses zu Leipzig am 19. VIII. 1904, nachmittags 3 Uhr. (22 S. m. 1 Bildnis.) 8. Leipzig (904). Buchh. des Vereinshauses. — 20

Trauerfeier am Donnerstag, 12. Juli 1900, und Gedächtnisspredigt ... für ... Georg Heinicke ... Magdeburg 1900. V: *Hermens, Oscar.* (Berl)

Trauerfeier zu Friedrich des Einzigen Gedächtniss in der Litter. Gesellschaft zu Halberst. d. 18. Sept. 1786. O. O. H: *Fischer, Gottlob Nathanael.* (ML)

Trauerfeier für Se. Majestät weil. König Georg am 19. Oktober 1904. Gedächtnisrede des Rektors [Otto Kaemmel]. Gebet des ersten Religionslehrers Prof. [Heinrich] Kahnis. S. IX—XIII. 4. Städt. Gymn. zu St. Nicolai — Nikolaischule — *Leipzig* 1905 (649). **Progr.**

Trauerfeier für Se. Excellenz den Staatsminister, Oberpräsidenten d. Provinz Westpreussen Herrn D. Dr. [Gustav] v. Gossler. *Danzig: Evang. Vereinsbuchh. 1902.* (23 S.) 8° [J. u. Ant.] 103. 49. 10

Jahn, Christian Friedr. Aug.: **Trauer-Feier** für den am 18. Mai 1894 i. d. e. O. e. Br. C. F. A. Jahn. Als Ms. gedr. f. BBr. Komotau [1895]: Butter. 28 S. 8⁰ [Umschlagtit.]
Lebenslauf des Verstorbenen; Nachruf in Versen von A. Schiller; Ritual der vom Bruderkreise Harmonie, Prag, veranstalteten Feier.

Trauerfeier der Grossen Landesloge von Sachsen zum Gedächtniss des am 9. März 1888 i. d. e. O. eingegangenen Erlauchten Protectors der Freimaurerei in Deutschland Sr. Majestät Kaiser Wilhelm. [Dresden 1888: Heinrich.] 4 Bl. 8⁰ [Umschlagtit.]
Programm. Trauer-Kantate, gedichtet von K. Gärtner u. Chr. Klötzer, komp. von Th. Berthold, u. 2 Gesänge (gedichtet von Chr. Klötzer) ohne Noten.

Trauer-Feier der Loge zum goldnen Apfel [in Dresden] zur Erinnerung an den Br. Wilh. Ludw. Erdmann Richter i. d. e. O. eingegangen am 30. März 1871. Hs. f. Frmr. [Dresden 1871: Pässler.] 19 S. 8⁰ [Umschlagtit.]
Bericht.

Trauerfeier in der Loge zum goldenen Apfel am 30. December 1872. [Dresden 1872:] Heinrich. 1 Bl. 8⁰. [Kopftit.]
2 Lieder.

Die **Trauerfeier** der Loge zum goldnen Apfel. [Dresden: Pässler 1890.] 6 S. 4⁰ [Kopftit.]
(Beil. zu DrL. Nr 166.)
Nekrologe der Verstorbenen. Dichtung von Kinder: „Auf dem Wege zum Friedhof."

Marcks: **Trauerfeier** für den Br. Marcks, gehalten am 28. Nov. 1884 in der L. „Pegase" [in Berlin].

Menzel, Karl Christoph: **Trauer-Feier** für den i. d. e. O. e. Br. Karl Christof Menzel. Als Ms. gedr. f. Frmr. Zittau [1905]: Mönch. 23 S. 8⁰ [Umschlagtit.]
Bericht mit Wiedergabe des Rituals. Festrede üb. Unsterblichkeit.

Trauerfeier zu Ehren des am 15. Juni 1888 in den ew. Or. eingegangenen Protectors der drei preussischen Gr.-Logen Sr. Majestät des deutschen Kaisers, Königs von Preussen Friedrich III. in der St. Joh. Fr.-M. ▭ „Johannes zum Wohle der Menschheit" im Or. Salzwedel am 24. Juni 1888. [Leipzig 1888: Zechel.] 23 S. 8⁰
Bericht. Ansprache von Franz Müller, Festrede von A. Pagel.

Trauerfeier für Gustav Reydorff am 19. 10. 1905, Friedenau 1905, 8 S., 8⁰.

Röhl, Joh.: **Trauer-Feier** für Joh. Röhl. Hamburg, den 11. Nov. 1902. [Hamburg: 1902.] 2 Bl. 8⁰ [Umschlagtit.]
2 Choräle. Rekt. Kneisner, Hamburg.

Trauerfeier der Sachsen auf Helgoland, zum Gedächtniss Sr. Majestät des verewigten Königs Friedrich August von Sachsen veranstaltet, am 15. August 1854. V: *Körner.* (Bem I, 1, S. 494)

Trauerfeier der Sachsen auf Helgoland, zum Gedächtniß Sr. Maj. des verewigten Königs Friedrich August von Sachsen, veranstaltet am 15. Aug. 1854. gr. 8. (14 S.) Frankenberg 854. (Chemnitz, Ernesti.)

Trauer-Feier am Sarge des Superint. a. D. u. vormaligen 1. Predigers an der Sophien-Kirche Otto Strauß am Dienstag den 9. März 1880 in der Sophien-Kirche. gr. 8. (16 S.) Berlin 880. Deutsche evangel. Buch- u. Tractat-Gesellschaft. — 25

Schmidt, Friedr. Ludw.: **Trauerfeier,** gewidmet am 18. April 1835 dem Heimgang des M. v. St. Friedr. Ludw. Schmidt von der L. zum wiedererbauten Tempel der brüderlichen Liebe am Or. von Worms. 24 S. 8⁰

Kl. 1483.

Trauer-Feier, gewidmet am 18. April 5835, dem Heimgang ihres S. L. Schmidt, von der St. Joh. □ zum wiedererbauten Tempel der br.·. Liebe am O.·. v.·. Worms. Worms [1835]: Kranzbühler. 24 S. 8⁰ [Umschlagtit.]

Kl. 1483. Tt. 2204. Bericht mit Angabe des Rituals; Reden von W. Valckenberg u. W. Wiegand.

Trauerfeier für den Direktor Prof. Dr. Wenzlaff. 4 (S. 21–22 der Schuln.). **Progr.** Königstädt. Rg. *Berlin* 1889 (95).

Trauer-Feier für Se. Königl. Hoheit, den verewigten Herzog Wilhelm Eugen von Württemberg. Geb. zu Düsseldorf 20. Aug. 1846. Gest. das. 27. Jan. 1877. Beigesetzt zu Stuttgart 27. Jan. 1877. gr. 8. (16 S.) Stuttgart 877, Greiner'sche Verlagsh.

Feine Ausg.

Albrecht, Heinr. Wilh. Edu.: **Trauer-Feierlichkeit** zum Gedächtniss für den am 25. Jan. 1883 in den ewigen Osten eingegangenen Br Heinr. Wilh. Edu. Albrecht, gehalten in der Grossen National-Mutterloge „Zu den drei Weltkugeln" [in Berlin] am 15. Febr. 1883. Berlin 1883: Büxenstein. 15 S. 8⁰ [Umschlagtit.]

S. 7–15: Rede von R. Dahms, auch abgedr. in: MitthW. 14 (1882—1883) S. 73—81.

Trauer-Feierlichkeit zum Gedächtniss für den am 29. Jan. 1876 in den ewigen Osten eingegangenen Br. Carl Friedr. v. Messerschmidt gehalten in der Grossen National-Mutterloge „Zu den drei Weltkugeln" [in Berlin] am 16. Febr. 1876. Berlin [1876]: Büxenstein. 13 S. 8⁰ [Umschlagtit.]

Dem Protokoll beigedr. ist die Gedächtnisrede von H. W. E. Albrecht; diese Rede ist im Auszug abgedr. in: MittS. 114 (1876) S. 18—20.

Trauer-Feierlichkeit zum Gedächtniss für den am 6. Oct. 1886 verstorbenen Br. Carl Heinr. Schaper gehalten in der Grossen National-Mutterloge „Zu den drei Weltkugeln" [in Berlin] am 17. Oct. 1886. Berlin [1886]: Büxenstein. 11 S. 8⁰ [Umschlagtit.]

cf. MitthW. 18 (1886–1887) S. 3—14.
Reden von F. H. L. Frederichs u. E. Mätzner.

Vater, Ludw.: **Trauer-Feierlichkeit** zum Gedächtniss für den am 22. Juni 1883 in den ewigen Osten eingegangenen Br. Ludw. Vater gehalten in der Grossen National-Mutterloge „Zu den drei Weltkugeln" [in Berlin] am 11. Oct. 1883. Berlin [1883]: Büxenstein. 15 S. 8⁰ [Umschlagtit.]

cf. Wöchentl. Anzeiger d. Joh.Logen zu Berlin. [15] (1883) No 40—41; MitthW. 15 (1883—1884) S. 29—41.
Bericht. Festrede von R. Dahms.

Wolff, Theod. Gust.: **Trauer-Feierlichkeit** zum Gedächtniss für den am 12. Aug. 1876 in den ewigen Osten eingegangenen Br. Theod. Gust. Wolff gehalten in der Grossen National-Mutterloge „Zu den drei Weltkugeln" [in Berlin] am 5. Oct. 1876. Berlin [1876]: Büxenstein. 14 S. 8⁰ [Umschlagtit.]

Protokoll. Gedächtnisrede von K. H. J. Schaper.

Zschiesche, Friedr. Edu.: **Trauer-Feierlichkeit** zum Gedächtniss für den am 23. April 1883 in den ewigen Osten eingegangenen Br. Friedr. Edu. Zschiesche gehalten in der Grossen National-Mutterloge „Zu den drei Weltkugeln" [in Berlin] am 24. Mai 1883. Berlin [1883]: Büxenstein. 8 S. 8⁰ [Umschlagtit.]

cf. MitthW. 14 (1882—1883) S. 197—203.
Bericht.

Lampe, Georg Karl: Maurerische **Trauer-Feierlichkeit** am Grabe des Brs. Georg Karl Lampe, und des Lowton's Cäsar Meisel, am 15. Dez. 1861, auf dem Greenwood Friedhofe bei Brooklyn, Long Island, veranstaltet von der ger. u. vollk. □ Pythagoras No. 86 (unter der Jurisdiction der Gross□ des Staates New York). [New-York 1861]: Triangel. 12 S. 8⁰ [Umschlagtit.]

Bericht. Rede von K. Sackreuter.

Trauerfeierlichkeit für den am 9. März 1888 in den ewigen Osten eingegangenen Allerdurchlauchtigsten Protektor der Preussischen Grossen Logen Sr. Majestät weiland des deutschen Kaisers und Königs von Preussen Wilhelm I. abgehalten in der Grossen Provinzial-Loge von Schlesien gen. Royal York zur Freundschaft im Or. Breslau am 5. April 1888. [Unterz.:] Müller I. [Breslau 1888: Korn.] 9 S. 4°.

Trauer-Feierlichkeiten bei dem am 1sten Febr. 1856 erfolgten Hinscheiden des Br. Joh. Ehlert Bieber. [Unterz.:] F. W. Kruckenberg. (Ms. f. Brr.) Hamburg [1856]: Menck. 23 S. 8° [Umschlagtit.]

Reden von H. Ney, F. W. Beckendorff u. Meyer.

Trauer-Fest, gefeiert den 17ten Tag des vierten Monats im Jahr des w.·. L.·. 5830, dem Heimgang des erhabenen Beschützers des Maur.·. Bundes, Ludewigs I. Grossherzogs von Hessen und bei Rhein, von der □.·. St. Joh.·. zum wieder erbauten Tempel der brüderlichen Liebe am M.·. von Worms. Worms [1830]: Kranzbühler. 16 S. 8° [Umschlagtit.]

Kl. 1472, Tt. 2205. Bericht mit Angabe des Rituals, Gedicht von G. L. Schneidler, Gedächtnisrede von S. L. Schmidt.

Trauer-Fest gefeiert den 17. April 1830. den Heimgang des Beschützers des Maurer-Bundes Ludwigs I., Grossherzogs von Hessen und bei Rhein. von der Loge zum wiedererbauten Tempel der brüderl. Liebe im Worms. Druck v. Kranzbühler. 8. 16 S.

Kloss 1472. — Beigefügt ist ein Trauerlied von Fr. v. Wedekind.

Christ Königliches Trauer- und Ehren-Gedächtniss des Weyland Allerdurchlauchtigsten grossmächtigsten Fürsten und Herrn / Herrn Friderichs. Ersten Christl. Königs in Preußen ... als derselbe am 25. Febr. 1713 ... Seine ... Seele dem treuen Schöpfer ... übergeben Berlin, Druckts Ulrich Liebpert [1723].

Tit., 1 Bl., 112 S.; 2 + 120 Taf. in Kupferst. gr 2°.

Stecher: J. G. Wolfgang.

Porträt des Königs datiert 1718.

Vinet 701.

Christ-Königliches **Trauer-** und Ehren-**Gedächtnüs** / Der Weyland ... Frauen Sophien Charlotten, Königin in Preussen ... Als dieselbe am 1. Febr. 1705. zu Hannover ... entschlaffen. Und darauf den 28. Junii ... in die Königl. und Churfürstliche Grufft der Dohm-Kirche in Berlin beygesetzet worden ... Cölln an der Spree, Druckts Ulrich Liebpert [nach 1705].

Hauptit., Untertit., 114 S., Sondertit., 9 Bl.; 80 Taf. in Kupferst., nach Zeichnungen von Eosander von Göthe, Terwesten, Coxie gest. von J. G. Wolfgang. gr 2°.

Auf dem Bildnis der Königin die Jahreszahl 1723.

Vinet 700.

Trauer-Gedanken über das erfolgte Absterben ... Friedrich des Fünften. Kopenh. [1766]. V: *Reitzenstein, Wolf Veit Chph von.* (Bruun, Bibl. Danica III, 433.) (Collin, Anonymer. Kiobenh. 1869.)

Trauergedanken an Hochadeliche, Excellenzische, und Leonisch Adeliche *Titular-Patrioten in Baiern* bei dem Verfall ihres Ansehens, der reichen Pensionen u. Einkünfte. O. O. (München) 1778. 8°. Unbeschn. Beibd.

4 Bll., Rücks. d. letzten leer, unpag. – In derben Reimen, voll starker Ausfälle gegen die Hofschranzen, bei Gelegenheit des Ablebens Max Joseph's III. († 1777). Rar!

Traurgedichte. Christliche Traur- und Trost-G', Über Den ... Hinscheid Deß ... Herrn Joh[ann] Lucius v(on) Salis, Freyherren zu Waldenstein. Anno 1722. d. 11. Julii. 4. Chur 1722.

Trauer- und Trost-Gedicht über den sel. Abschied Hrn. Samuel Lucius. O. O. 1750. V: *Annone, Hieron. d'.* (Cat. d. Stadtbibl. Zürich. Zürich 1864—97.)

Trauergefühle auf den Tod des Emil Moritz Schreter Kandidaten der Medizin. O. O. [1735]. V: *Liedemann, Moritz Leberecht.* (EB)

Trauer-Gesang am 8. d. V. 5801. [Regensburg ?] 2 Bl. 8°. [Umschlagtit.]

2 Lieder ohne Noten.

Trauergesang dem Andenken des größten Menschenfreundes Sr. Durchl. des Herrn Maximilian Julius Leopold Herzogs von Braunschweig und Lüneburg etc. in einer Trauerversammlung der Loge Ferdinand zur Glückseligkeit zu Magdeburg am 8ten Julius 1785 gewidmet und zum Besten der Magdeburgischen öffentlichen Armenanstalten am 15ten Jul. 1785 im Freimaurer-Concertsaale öffentlich aufgeführt. [Magdeburg 1785.] 2 Bl. 8° [Umschlagtit.]

Trauergesang für den entschlafenen Bruder, von J. F. Ladomus in der vollk.·. u.·. ger.·. St.·. Joh.·. □ Karl zur Einigkeit im Or.·. zu Karlsruhe 5812. [Karlsruhe: 1812.] 2 Bl. 4° [Lithogr.] [Umschlagtit.]

Ohne Noten: „Was suchet unser Blick im Bruderkreise?"

Trauergesang dem Gedächtniss Königs Friedrichs des Grossen und Einzigen gewidmet von der Loge Ferdinand zur Glückseligkeit zu Magdeburg. [Magdeburg] 1786. 4 Bl. 4° [Umschlagtit.]

Ohne Noten: „Wie, — wenn nach einem stillen Meere, . . ."

Trauergesang am Grabe des hochverehrten Aug. Mahlmann. [Leipzig 1826.] 4 Bl. 4° [Umschlagtit.]

Ohne Noten: „Kränzet die Thore des Todes mit Palmen . . ."

Trauer-Gesang bey dem Grabe des [Br.] Joh. Friedr. Zöllner im Namen sämtlicher Mitglieder der Frey Maurer Loge Johannes zum Wohl der Menschheit zu Saltzwedel [!], von einem seiner Verehrer: den 20ten Dec. 1804. [Salzwedel 1804.] 2 Bl. 2° [Umschlagtit.]

Trauer- und Lobgesang, dem Andenken Jungfrau Suss. Gossweiler geweihet; nebst biographischen Anzeigen. Zürich 1793. V: *Müller, Franz.* (Cat. d. Stadtbibl. Zürich. Zürich 1864—97.)

Trauergesänge. o. O. u. J. 4 S. 8°. [Kopftit.]
2 Lieder ohne Noten.

Trauergesaenge. o. O. u. J. 2 Bl. 8° [Umschlagtit.]
2 Lieder ohne Noten. 1. von Seidel, 2. von Witschel.

Trauergesänge. o. O. u. J. 2 Bl. 8° [Kopftit.]
4 Lieder ohne Noten.

[**Trauergesänge.**] Am 26ten Junii 1798. [Hamburg 1798.] 2 Bl. 4° [Umschlagtit.]
3 Lieder ohne Noten.

Trauergesänge. o. O. [ca 1810]. 2 Bl. 8° [Umschlagtit.]
Tt. 2627. 2 Lieder von Seidel u. Witschel ohne Noten.

Trauergesänge der Loge Amalia am 3. Sept. 1828. Weimar [1828]. 6 Bl. 8° [Umschlagtit.]
6 Lieder ohne Noten.

Trauergesänge der Loge Amalia am 9. Nov. 1832. Weimar [1832]. 6 Bl. 8° [Umschlagtit.]
5 Lieder ohne Noten. 1. von F. Mendelssohn u. Fr. v. Müller, 2. von Genast u. M. Claudius, 3. von J. N. Hummel u. J. W. v. Goethe, 4. von v. Rochlitz u. F. v. Müller, 5. gedichtet von F. Peucer.

Trauergesänge bei der Beerdigung des [Br.] Joh. Gottlob Möller, am 23. Febr. 1829. Altenburg [1829]: Hofbuchdr. 4 Bl. 8° [Umschlagtit.]
2 Lieder ohne Noten.

Trauergesänge bei der Beerdigung weil. [Br.] Mörlin's. Altenburg, den 7. Sept. 1806. 2 Bl. 8° [Kopftit.]
3 Choräle u. 2 Lieder ohne Noten.

Trauergesänge bei der Beerdigung des [Br.] Joh. Friedr. Pierer am 24. Dec. 1832. Altenburg [1832]: Hofbuchdr. 2 Bl. 8° [Umschlagtit.]
3 Lieder ohne Noten.

Trauergesänge bey der Beerdigung des Brs. Friedr. Gottlob Schönherr. Altenburg, den 2ten Aug. 1808. [Altenburg 1808]: Hofbuchdr. 2 Bl. 8° [Umschlagtit.]
2 Lieder ohne Noten.

Trauergesänge bey der Beerdigung des [Brs] Schuderoff. Altenburg, den 29sten März 1808. [Altenburg 1808]: Hofbuchdr. 2 Bl. 8° [Umschlagtit.]
3 Lieder ohne Noten.

Stoer, Joh. Friedr.: **Trauergesänge** bey der Beerdigung des Joh. Friedr. Stoer. Altenburg, den 9ten Aug. 1809. [Altenburg 1809]: Hofbuchdr. 2 Bl. 8° [Kopftit.]
2 Lieder ohne Noten.

Trauer-Gesänge zur Feier unserer Vollendeten. Sammlung von Quartett- u. Chorgesängen f. Männerstimmen bei Trauer-Feierlichkeiten am Grabe, in der Kirche, im Trauerhause u. s. w. unter Mitwirkung v. Th. Täglichsbeck hrsg. v. Carl Hennig. gr. 16. (7½ B.) Stuttgart 846, Göpel.

Trauer-Gesänge zur Gedächtnissfeyer des Br. G. W. F. Hommel abgesungen in der Trauer-Loge am 14. Jan. 5824 von der Freimaurer-Brüderschaft zur Wahrheit und Freundschaft im Morgen zu Fürth. [Fürth] 1824. 2 Bl. 4° [Umschlagtit.]
4 Lieder ohne Noten.

Trauergesänge am Grabe des am 26. Juni d. J. verstorbenen Br. G. H. Sander. Aufgeführt in der Trauer □ Pforte zur Ewigkeit in Hildesheim am 14ten Sept. 1814. Hildesheim [1814]: Gerstenberg. 2 Bl. 8° [Umschlagtit.]
cf. Menge, F. G.: Gesch. d. Frmrloge Pforte z. Tempel des Lichts. 1863 S. 343.
2 Lieder ohne Noten, davon 1 von J. F. Reinwald, komp. von Ph. Lifte.

Trauer-Gesänge vorgetragen in der vereinten St. Johannis-Loge Irene z. d. 3 Sternen, Tempel der Wahrheit und Prometheus in Rostock zur Gedächtniss-Feier der seit dem 9. März 1890 zum ewigen Osten eingegangenen Brüder am 9. März 1892. [Rostock 1892]: Behm. 2 Bl. 8° [Umschlagtit.]
3 Lieder ohne Noten, Nr 2 von G. A. Bartels.

Trauergesänge, die, f. Tischah beab nebst allen dazu gehör. Gebeten. Aufs genaueste nach Handschriften korrigiert u. m. deutscher Übersetzg. begleitet v. S. Baer. 4. Aufl. m. völlig neu bearb. Uebersetzung von Selig Bamberger. Deutscher Ritus. (IV, 320 S.) 8. Rödelheim 910. M. Lehrberger & Co. Geb. in Leinw. 1. 70

Trauer-Gesånge bestimmt får die Todtenfeier mehrerer heimgegangenen Brüder-Mitglieder der g.·. u. v.·. Loge z. E[inigkeit] i. O. v. Frankfurt a. M. [Frankfurt a. M.] o. J. 14 S. 8⁰ [Umschlagtit.]
4 Lieder ohne Noten.

Exter, Joh. Gottfr. v.: **Trauergesånge** bey der am 30sten Nov. 1799 zu haltenden Todtenfeyer får den am 12ten April dieses Jahrs vollendeten Br. Joh. Gottfr. v. Exter. [Hamburg 1799.] 14 S. 8⁰ [Umschlagtit.]
3 Lieder u 1 Kantate ohne Noten.

Broke, Friedr. v.: **Trauergesänge** bei der Trauerloge des Br. v. Broke den 27. Oct. 1834. [Altenburg 1834.] 1 Bl. 8⁰ [Kopftit.]
2 Lieder ohne Noten.

TRAUER-GESCHICHT, die sich mit einem Jäger und seiner Liebsten bey Staade im Stifft Bremen in dem Dörfflein Lentsch zugetragen in einem Lied unter Augen gestellt. O. O. u. J. (1720.) 2 Bll. 8⁰. (5 Mk. 50 Pfg. L. Rosenthal, 1906.)
Ganz in Reimen. — Höchst selten!

Trauergeschichten. Leipzig 1782—87. V: *Schulz, Joachim Christoph Friedrich.* (R-N) »1782—88« (Ky)

Trauergeschichten, (von Fr. Schulz). 2 Thle. 8. Leipz. 782 —788. Jacobäer. (Aue in Altona). 1 ℛ 12 𝒢

Trauergeschichten. Leipzig 1782 bis 1784, Wien 1784—1792. V: *Schulz, Joach. Chph. Fch.* (BGE VII³, 680) (biblPort)

Trauergottesdienst, der akademische, zum Andenken an das Hinscheiden Sr. königl. Hoh. d. Grossherzogs Friedrich I. von Baden, geh. am 27. X. 1907 in der Peterskirche zu Heidelberg. (11 S.) gr. 8. Heidelberg (907). (J. Hörning.) — 30

Trauergottesdienst zum Gedächtniss d. in Gott ruhenden deutschen Kaisers, Königs v. Preussen Wilhelm I., geh. den 4. März 1888 in der evangelisch-luther. St. Petri-Kirche. gr. 8. (20 S.) St. Petersburg 888. (Ricker.) n. 1, 20

Trauer- und Gedenkgottesdienst beim Tode seiner Majestät des Kaisers Wilhelm I. in der Deutschen Kirche zu Buenos Aires.
GzAIZ. März 20, 1888
Buenos Aires

Trauergottesdienst, der katholische, für abgeschiedene Protestanten. Ein Gespräch. gr. 8. (16 S.) [Leipzig und] Heidelberg 852, Winter'sche Vrlgsh. *

Trauergottesdienst in der Neuen Synagoge zu Königsberg i. Pr. am 22. November 1905 z. Gedächtnis der bei d. Verfolgungen in Rußland ermord. Juden. Königsberg i. Pr. 1905: Hartung. (4 Bl.) 4° [J.] [05. 1564] 10

Trauerkantate

Trauer-Cantate. o. O. u. J. 2 Bl. 8⁰ [Umschlagtit.]
Ohne Noten: „Tod ist nicht Tod, ist Uebergang zum Leben, . . .“

Trauer-Cantate. o. O. u. J. 4 Bl. 8⁰ [Umschlagtit.]
Abgedr. in: Todten-Opfer, dargebr. d. Andenken d. Leopold, Herzogs zu Braunschweig-Lüneburg. 1785 Anh.
Ohne Noten: „Die Gerechten werden weggeraffet vor dem Unglück, . . .“

Trauer-Cantate. Dem Gedächtniss des am 3ten Julii dieses 1792sten Jahres entschlafenen Hochw.-Durchlauchtigsten Herrn Herzogs Ferdinands Herzogs zu Braunschweig und Lüneburg &c. &c. gewidmet von der Loge Ferdinand zur Glückseligkeit zu Magdeburg. [Magdeburg 1792]: Günther. 6 Bl. 8⁰ [Umschlagtit.]
Ohne Noten.

Trauer-Cantate. Aufgeführt bei der Todten-Feier zum Andenken des in den ewigen Osten eingegangenen Hochw. General-Grossmeisters sämmtlicher Freimaurer-Logen in den dänischen Staaten, Königs Christian VIII. Am Tage der feierlichen Beisetzung, den 26. Febr. 5848, in der St. Joh. □ Carl zum Felsen, im Or. Altona. [Altona 1848: Hammerich & Lesser.] 8 S. 8⁰ [Umschlagtit.]
Ohne Noten: „Der Klaggesang, . . .“ Beigefügt ein Lied ohne Noten.

Trauer-Cantate bey Gelegenheit des . . . Absterbens Friedrich des Fünften . . . Kopenh. [1766]. V: *Breding, Nic.* (Bruun, Bibl. Danica III, 433.)

Trauer-Cantate für die seit der letzten Trauerloge Ao. 1836 geschiedenen Bruder. Aufgeführt am 13. Jan. 1838. Hamb. 1838. Am 30. Dec. 1840. Hamb. 1840. V: *Dielitz, Carl.* (wolfstieg II, 1012)

Trauer-Cantate, zum Gedächtniss Sr. Majestät des höchstseligen Königs von Preussen Friedrich Wilhelm des III. Ausgeführt in der Grossen National-Mutter-Loge gen. Zu den drei Weltkugeln [in Berlin] am 20. Juni 1840. [Berlin 1840.] 3 Bl. 8⁰ [Umschlagtit.]
Ohne Noten. Kantate: „Engelschaaren, schwebt hernieder, . . .“ u. Lied ohne Noten: „Für die Verlassnen viel zu früh . . .“ von Volkert.

Trauer-Cantate zur Gedächtniss-Feier des Br Victor Graf Henckel von Donnersmarck den 5. Sept. 1849. [Hamburg 1849: Witt.] 1 Bl. 8⁰ [Kopftit.]
Ohne Noten: „Wehmuthvoll am Sarkophage . . .“ Rekt. Kneisner, Hamburg.

Trauer-Cantate in Loge „Göttin zu Eleusis !“ Warschau: 1812. 6 S. 4⁰
[Proceedings of the Gr. L. of . . . New York. 109 (1890) S. 114.]

Trauer-Cantate, vorgetragen in der vereinigten St. Johannis-Loge Irene z. d. drei Sternen, Tempel der Wahrheit und Prometheus in Rostock zur Gedächtniss-Feier der seit dem 22. Mai 1857 zum ewigen Osten eingegangenen Brüder am 9. April 1864. [Rostock 1864]: Behm. 2 Bl. 8⁰ [Umschlagtit.]
Tt. 2626. Ohne Noten: „Trauernd denkt mit Maurersinn . . .“

[Dasselbe u. d. Tit.:]
Trauer-Cantate vorgetragen in der vereinigten St. Johannis-Loge Irene z. d. 3 Sternen, Tempel der Wahrheit und Prometheus in Rostock zur Gedächtniss-Feier der seit dem 25. April 1885 zum ewigen Osten eingegangenen Brüder am 26. Febr. 1887. [Rostock 1887: Behm.] 2 Bl. 8⁰ [Umschlagtit.]

[Dasselbe u. d. Tit.:]
Trauer-Cantate, vorgetragen in der vereinten St. Johannis-Loge Irene z. d. 3 Sternen, Tempel der Wahrheit und Prometheus in Rostock zur Gedächtniss-Feier der seit dem 9. März 1892 zum ewigen Osten eingegangenen Brüder am 9. März 1893. [Rostock 1893]: Behm. 2 Bl. 8⁰ [Umschlagtit.]

Trauercantate, gesungen in der Freimaurer-Loge Jul[ia] Carol[ina] zu den drei Helmen im Or. von Helmstädt bei der Todtenfeier unsers Durchl. Landesfürsten Friedrich Wilhelm, welcher in der Schlacht bei Quatre Bras seinen Heldentod fand. Von C. A. G. G. »Nicht die Freude rief uns hier . . .« [Helmstädt 1815.] V: *Geitel, Carl August Gottfried.* (wolfstieg I, 787)

Heinrich Friedrich, Herzog von Cumberland: **Trauer-Kantate** bei Gelegenheit des Todes Sr. Königl. Hoheit Heinrich Friedrich Herzogs v. Cumberland &c. &c. Grossmeisters der hochwürdigsten und höchsten Mutter □ aller freien und angenommenen Maurer aufgeführt in der ger. u. vollk. Fr.·. Mr.·. St.·. Js.·. □ zur Einigkeit [in Frankfurt a. M.] 57 $\frac{28}{11}$ 90. [Frankfurt a. M. 1790.] 4 Bl. 8⁰ [Umschlagtit.]
Kl. 1394. Ohne Noten: „Der Tod mähet die Menschen . . .“ — Üb. Heinrich Friedrich (Henry Frederick) s. Dictionary of national biography Vol. 9 1908 S. 560—561.

Trauer-Cantate bei der Todten-Feier Sr. Majestät Oscar I. König von Schweden und Norwegen. V.·. S.·. V.·. d. IX. O. Pr. St. Johannis-Loge Carl zum Felsen, Altona, den 7. Jan. 1860. [Altona 1860: Köbner & Co.] 4 Bl. 8⁰ [Umschlagtit.]
Ohne Noten: „Der Klaggesang, . . .“

Trauerklänge. Vierstimmige Gesänge für den Männerchor zum Gebrauche bei Trauerfeierlichkeiten. Hrsg. von J. Heinr. Lützel. Lex.-8. (IV und 39 S.) Erfurt 856, Körner's Verlag. *

Trauerlied. o. O. u. J. 2 Bl. 8⁰ [Kopftit.]
Ohne Noten. „Allgeliebter! bange Klage . . .“ Beigefügt ist: Chant funèbre „Loin de nous tous pensers profanes et vulgaires, . . .“

Cremer, Christoph: **Trauerlied** am Beerdigungs-Tage des [Br.] Christoph Cremer. Den 16. Nov. 1807. [Nürnberg 1807.] 2 Bl. 8⁰ [Umschlagtit.]
Ohne Noten: „Schlaf in Frieden! schliess in stiller Ruh' . . .“

TRAUER-LIED für alle Brüder und Schwestern der heiligsten Christen-Lehr-Bruderschaft bey dem Begräbnuss abzusingen. Oedenburg o. J.: Siess.

Trauerlied auf den betrübten Hintritt M. Theresiae d. Römischen Kayserin, von J. D. H. Pressburg 1780. Wien 1780. V: *Hanner, Joh. David.* (GGr VII/59, Nr. 36) (Pk 3/679) (széchenyi 4/ 574) (BiblPort)

Trauerlied auf den Hintritt des Herrn Feldmarschalls Gideon Freyherrn von Laudon. Samt dessen Lebensbeschreibungen. Wien. V: *Hanner, Joh. David.* (Janko, Laudon im Lied, S. 128) (WBL 16/86) (BiblPort)

Leopold II., Römischer Kaiser: **Trauerlied auf den verewigten Kaiser Leopold den Zweiten. Gesungen In[!] der □ zu Neun[!] Sternen [in Prag]. [Prag 1792.]** 1 Bl. 8°. [Kopftit.]
„Stimme dich herab zur Klage"...

Trauerlied auf den General Moreau. . . . Berlin 1813. V: *Schmidt, Martin Heinrich August von.* (GGr)

Trauerlied der Soldaten am Begräbnisstage der grossen Theresia, von einem Soldaten. Pressburg 1780, Wien 1780. V: *Beroldingen.* (GGr VII/59, Nr. 35) (Pk 3/679) (széchenyi 4/574) (J. S. u. M. A., Nachtrag z. d. Rezens., S. 2) (BiblPort)

Trauerlied. T-Lied der Zürcherschen Töchter-Schule.... Im May 1789 s.a. [Lavater, Johann Caspar].

Trauerlied der zürcherischen Töchter-Schule nach der Beerdigung ihres Stifters Leonhard Usteri. [Zürich 1789.] V: *Lavater, Johann Casp.* (Cat. d. Stadtbibl. Zürich. Zürich 1864—97.)

Trauerlieder, Zwei, bei dem unvergesslichen Hintritt ihrer Mutter. 1778. V: *Scherb, Kunigunde.* (will)

Trauer-Loge. o. O. u. J. 2 Bl. 8°. [Kopftit.]
Ritual.

Trauer-Loge. o. O. u. J. 2 Bl. 4°. [Kopftit.]
Ritual für die Trauerloge nach Schröder mit textlichen Abänderungen.

Ernst August, König von Hannover: **Trauerloge** nach dem Ableben Sr. Majestät, Königs Ernst August von Hannover. Gehalten im O.·. von Goslar, den 25t. Nov. 1851. o. O. [1851]. 7 S. 4° [Lithogr. Umschlagtit.]
Tt. 2207. Bericht. Rede von W. Meyer: Üb. Ernst August, ein König u. Mr in Wort u. Tat, abgedr. in: FZ. 6 (1852) S. 337—341. — Üb. Ernst August s. Allgem. Deutsche Biographie Bd 6 1877 S. 263—284 (Frensdorff); Wilkinson: König Ernst August 1902.

Zur **Trauer-Loge** 1879 [der Loge „Ferd. z. Glücksel." in Magdeburg]. [Magdeburg 1879.] 1 Bl. 8°. [Kopftit.]
1 Kantate und 1 Choral.

Trauerloge, allgemeine grosse, im Ordenshause der Grossen Landes-Loge der Freimaurer von Deutschland in Berlin, am 23. Maerz 1857, 1858, 1859 und am 13. April 1861. Berlin, Druck von Mittler und Sohn. 1857 bis 1868. 4 Hefte in Folio.
Die Beschreibungen sind vom Grosssecretair Manché abgefasst, enthalten sind darin Vorträge von Klemm, Runge, Maetzner, Alexis Schmidt u. A.

Allgemeine **Trauerloge** gehalten von der Gr. Loge von Preussen, gen. Royal York zur Freundschaft zu Berlin am 2. Febr. 1883. [Berlin 1883: Fickert.] S. 29 bis 34. 2° [Kopftit.]
Bericht.

Allgemeine **Trauer-Loge** der Gr. Loge und ihrer Hamburger Tochterlogen am Montag, den 29. Dec. 1902. [Hamburg 1902.] 2 Bl. 8° [Kopftit.]
1 Kantate u. 2 Gesänge ohne Noten.

Allgemeine **Trauer-Loge** der Gr. Loge und ihrer Hamburger Tochterlogen am Sonnabend, den 29. Dez. 1906. [Hamburg 1906: Rademacher.] 3 Bl. 8° [Kopftit.]
Programm, 3 Gesänge u. 1 Kantate ohne Noten.

Allgemeine **Trauer-Loge** der Gr. Loge und ihrer Hamburger Tochterlogen am Sonnabend, den 28. Dez. 1907. Hamburg [1907]: Rademacher. 3 Bl. 8° [Umschlagtit.]
2 Lieder ohne Noten.

Allgemeine **Trauer-Loge** der Gr. Loge und ihrer Hamburger Tochterlogen am Dienstag, dem 29. Dez. 1908. Hamburg [1908]: Rademacher. 4 Bl. 8° [Umschlagtit.]
2 Gesänge, 1 Quartett ohne Noten.

Trauerloge zu dem Andenken von 8 heimgegangenen Br.·. Br.·. der ger.·. und vollk.·. ▭ Joh. d. Ev. z. Eintracht im Or.·. v. Darmstadt, und vorzüglich dem Andenken des in den ewigen O.·. vorangegangenen Wilh. v. Bode. (Als Ms. f. Brr.) Darmstadt 1827: Weiss. 36 S. 8⁰ [Umschlagtit.]

Enth. das Ritual für eine Trauerloge u. Silicernium.

Trauerloge zu dem Andenken von 18 heimgegangenen Br.·. Br.·. der ger.·. und vollk.·. ▭.·. Johannes der Evangelist zur Eintracht im Or.·. von Darmstadt und vorzüglich zu dem Andenken des in den ewigen Or.·. vorangegangenen [Brs] Wilh. Nebel. (Als Ms. f. Brr.) Darmstadt 1843: Kichler. 35 S. 8⁰ [Umschlagtit.]

Kl. 1494. Bericht üb. Trauerfeier u. Silicernium mit Angabe des Rituals.

Altmeister Zirkel deutscher Freimaurer von New Jersey. Trauer-Loge gewidmet dem Andenken verstorbener Brueder des elften maurerischen Districts des Staates New Jersey. Im Krueger Auditorium Newark am Freitag, 3. Jan. 1908. o. O. [1908]. 6 Bl. 8⁰ [Umschlagtit.]

Programm u. Verzeichn. der Verstorbenen.

Trauerloge zu dem Andenken von 24 heimgegangenen Br.·. Br.·. der ger.·. und vollk.·. ▭ Joh. d. Ev. zur Eintracht im O.·. v. Darmstadt, und vorzüglich dem Andenken den in ewigen O.·. vorangegangenen Brs Ludewig Georg Landgrafen von Hessen und bei Rhein Durchlaucht. (Als Ms. f. Brr.) Darmstadt 1824: Weiss. 36 S. 8⁰ [Umschlagtit.]

Kl. 1460 b. Bericht üb. Trauerloge u. Silicernium mit Wiedergabe des Rituals.

Trauerloge zum ehrenden Andenken an den i. d. e. O. eingegangenen Durchlauchtigsten Br. Kaiser Friedrich III. von den drei Logen im Or. Leipzig, Minerva zu den drei Palmen, Balduin zur Linde und Apollo gehalten am 24. Juni 1888. [Leipzig 1888: Leiner.] 2 Bl. 4⁰ [Umschlagtit.]

Programm u. Choral ohne Noten: „Wer hier das Licht des ew'gen Osten, . . .“

Trauerloge zum Andenken an unsern i. d. e. O. eingegangenen Br. Kaiser Friedrich, gehalten in der ger. und vollk. St. Johannis-Loge Archimedes zu den 3 Reissbretern in Altenburg, am 24. Juni 1888. Ms. f. Brr. Altenburg 1888: Bonde. 20 S. 8⁰ [Umschlagtit.]

cf. L. 11 (1888) S. 116—117 (H. Tauscher). Bericht. Festrede von E. G. Dietrich: Üb. des Maurers Trost am Grabe des Kaisers.

Trauerloge zum Andenken an den verewigten Herzog Georg, weiland regierender Herzog zu Sachsen-Altenburg, Hoheit, gehalten in der St. Joh. Loge Archimedes z. d. 3 Reissbretern in Altenburg am 11. Septbr. 1853. Altenburg. Hofbuchdr. 8. 24 S.

Gedächtnissrede von Apel nebst Beschreibung der Feier und Ritual.

Trauerloge dem Andenken Georg des Vierten, Königs von Grossbritannien, Irland und Hannover gewidmet, und gehalten im Or. von Hannover unter Direction der Grossloge des Königreichs am 11. Sept. 1830 [Hannover 1830]: Kius Wwe. 24 S. 4⁰

[D. Frmrei i. O. v. Hannover. 1859 S. 47.]

Trauerloge zum Andenken an den verewigten Herzog weiland regierenden Herzog zu Sachsen-Altenburg, Hoheit, gehalten in der ger. und vollk. St. Joh. Loge Archimedes zu den drei Reissbretern in Altenburg am 11. Sept. 1853. Altenburg [1853]: Hofbuchdr. 24 S. 8⁰ [Umschlagtit.]

Abgedr. in: Brblr. 1853 S. 130—151; Handschuh u. Rose. 18 (1853) S. 2—23.

Tt. 2209. Beschreibung der Feier, Ritual, Gedächtnisrede von E. Apel.

Trauerloge dem Andenken ihres hochverehrten verewigten Br. Georg Aug. Friedr. Krancke, geweiht von den Brüdern der Loge Friedrich zum weissen Pferde in Hannover am 17. Dez. 1852. Hannover 1853: Schlüter. 21 S. 8⁰ [Umschlagtit.]

Tt. 954 a. Bericht. Nekrolog von Th. Colshorn, Vortrag von F. Voigts: „Das letzte Haus“.

Trauerloge, dem Andenken des in den ewigen Osten heimgegangenen Brs und Gnädigsten Protektors, Ludwig II., Grossherzog von Hessen und bei Rhein &c. Königlicher Hoheit, ehrfurchtsvoll gewidmet und von der Loge Johannes der Evangelist zur Eintracht im Or. zu Darmstadt am 23. Juli 5848 gefeiert. Darmstadt 1848: Kichler. 35 S. 8⁰ [Umschlagtit.]

cf. Künzel, H.: D. Loge Joh. d. Ev. z. Eintracht, Darmstadt. 1866 S. 71—72.

Ludwig III., Grossherzog von Hessen: **Trauerloge zum Andenken des Höchstseligen Protektors Ludwig III, Grossherzog von Hessen und bei Rhein** ... Darmstadt 1877: Herbert. 15 S. 8⁰ [Umschlagtit.]
cf. MitthW. 9 (1877—1878) S. 34—48.
Tt. 2216. Bericht mit Angabe des Rituals; Vorträge von A. Pfalz u. A. — Üb. Ludwig III. s. Allgem. Deutsche Biographie Bd 19 1884 S. 559—560 (Walther). 23. 26.

Marenski, Karl Ludwig Edu.: **Trauerloge** zum Andenken an den am 23. Jan. 1863 in den ewigen Osten eingegangenen Br. Marenski gehalten in der Provinzial-Loge von Preussen [in Königsberg i. P.] am 6. Febr. 1863. Königsberg 1863: Dalkowski. 13 S. 8⁰ [Umschlagtit.]
Gebet. Lebenslauf des Verstorbenen von Krause, Rede von G. T. Hoffheinz.

Klopsch, Carl Emanuel: Ausserordentliche **Trauerloge abgehalten zum Gedächtnis ihres Prov. Grossmeister Carl Emanuel Klopsch in der Prov. Grossloge von Schlesien genannt Royal York zur Freundschaft in Berlin am 12. Oktober 1891.** (Breslau [1891]: Korn.) 11 S. 4⁰. [Umschlagtit.]

Retzmann, Joh. Karl Barthol.: Ausserordentliche **Trauerloge** [der Grossen Loge von Hamburg] zum Gedächtnis des heimgegangenen ersten zugeordneten Grossmeisters Br. J. C. B. Retzmann, am Donnerstag, den 7 December 1899. 4 S. 4⁰. [Kopftit.]

Wiebe, Karl: Ausserordentliche **Trauer-Loge** [der Grossen Loge von Hamburg] zum Gedächtnis des Br. Carl Wiebe am Donnerstag, den 24. November 1910. [Hamburg 1910.] 2 Bl. 8⁰.
2 Lieder ohne Noten.

Ausserordentliche **Trauerloge** der Grossen Loge von Hamburg und der fünf vereinigten Logen am Freitag, den 21. Febr. 1879. [Hamburg 1879: Altschwager.] 6 S. 2⁰ [Kopftit.]
Tt. 2217. Zum Gedächtnis des Br. H. W. Buek. Bericht; Nekrolog des Verstorbenen von F. J. H. Glitza; diese Rede auch abgedr. in: Bh. 22 (1879) S. 86—89, 93—97; HL. 12 (1879) S. 899—903; T. 25 (1879) S. 60—64.

Ausserordentliche **Trauerloge** der Grossen Loge von Hamburg und der vereinigten fünf Logen zum Gedächtniss des Br. Friedr. Glitza am Sonnabend den 16. Okt. 1897.
[Bbl. 11 (1897) S. 577.]

Grosse Loge von Hamburg. Ausserordentliche **Trauerloge** den 25. Mai 1906 zum Gedächtnis an Hugo Wehmeyer. [Hamburg 1906.] 2 Bl. 8⁰ [Umschlagtit.]
3 Lieder ohne Noten.

Grosse Loge von Hamburg. Ausserordentliche **Trauerloge** den 26. März 1906 zum Gedächtnis an J[ul.] H[erm.] Brey. [Hamburg 1906.] 2 Bl. 8⁰ [Umschlagtit.]
3 Lieder ohne Noten.

Trauerloge, ausserordentliche, gehalten von der Grossen Loge von Preussen genannt Royal York z. Freundschaft. zu Berlin am 29. December 1858. Berlin. Druck von Sittenfeld. 1859. Fol. 7 S. (S. 45—51, Jahrgang 1858 59 der Protocolle).
Zum Gedächtniss des verstorbenen Grossmeisters Dr. Karl Fr. Wilh. Amelang. Reden von Schnakenburg u. Gruzmacher; ersterer gab die Lebensskizze, welche in Bauhütte 1859. S. 38 abgedruckt ist.

Trauer-Loge für Karl Bergmann. [London 1884: Siegle.] 15 S. 8⁰
Bericht. Nekrolog von Harrer, Rede von Glaeser.

Ehrenhaus, Salomon: Johannis-Loge Hammonia zur Treue. **Trauer-Loge am Dienstag, den 20. Januar 1903, abends 7½ Uhr zum Andenken an Salomon Ehrenhaus. Geleitet vom Br. Robert Baume.** [Berlin 1903: Denter & Nicolas.] 2 Bl. 8⁰. [Umschlagtit.]

Trauerloge zur Erinnerung an den Durchlauchtigsten Kaiser Wilhelm von den drei Logen im Or. Leipzig Minerva zu den drei Palmen, Balduin zur Linde und Apollo gehalten am 17. März 1888. [Leipzig 1888: Naumann.] 2 Bl. 4⁰ [Umschlagtit.]
Programm der Musikvorträge, Text für einen Choral: „So bist Du nun von uns geschieden . . .“

Trauerloge zur Erinnerung an den Durchlauchtigsten Kaiser Wilhelm gehalten von den drei Logen Minerva zu den drei Palmen, Balduin zur Linde und Apollo im Or. Leipzig am 17. März 1888. Als Ms. nur f. Brr. Leipzig [1888: Zechel]. 23 S. 8⁰
Bericht mit Angabe des Rituals.

Trauerloge zur Erinnerungsfeier an den dahingeschiedenen durchlauchtigsten Protektor Sr. Majestät den hochseligen Kaiser und König Br. Wilhelm veranstaltet in der Loge zum Todtenkopf und Phönix zu Königsberg i. Pr. am 5. April 1888. Königsberg [1888]: Rautenberg. 3 Bl. 8°.
Enthält Trauerkantate und Schlussgesang.

Herzbruch, Karl Jul. Ferdin.: St. Joh. Loge zum Todtenkopf u. Phönix zu Königsberg den 27. Mai 1884. **Trauerloge** zur Feier des Gedächtnisses des Br. Carl Julius Ferdinand Herzbruch, eingegangen in den e. O. am 7. Mai 1884. [Königsberg 1884]: Rautenberg. 2 Bl. 8°.

Adler, Joh. Karl Edu.: Verhandelt in der St. Johannis-Loge „Zum Pilgrim" in Berlin, am 22. Sept. 1890. **Trauerloge** zum Gedächtnisse des verewigten Br. Adler. [Berlin 1890: Hoffschläger.] 2 Bl. 2° [Kopftit.]
Bericht. Reden von K. A. Waechter u. P. Engel.

Trauer-Loge zum Gedächtnisse des verewigten Landes-Grossmeisters Brs. Dietrich Wilhelm Heinrich Busch. Verhandelt im Ordenshause der Grossen Landes-Loge der Freimaurer von Deutschland, Berlin am 12. April 1858. Berlin, Druck von A. Sacco. 1858. Fol. 11 S.
Reden v. Klemm, Runge, Messerschmidt u. A., ersterer gab d. Lebensabriss d. Verstorb.

Loge Minerva zu den drei Palmen [in Leipzig] 17. März 1903. **Trauerloge** zum Gedächtnis des teueren Br. Jul. Victor Carus, z. e. O. eingegangen am 10. März 1903. [Leipzig 1903: Leiner.] 2 Bl. 4° [Umschlagtit.]
2 Lieder ohne Noten von A. Mahlmann.

Trauerloge zum Gedächtnisse des Brs. D. A. Cords, am Freitage, den 25. Febr. 1876. [Hamburg 1876]: Nobiling. 1 Bl. 8° [Kopftit.]
2 Lieder ohne Noten.

Trauerloge zum Gedächtnis des Br. Edm. Gust. Dietrich, gehalten in der ger. und vollk. St. Johannis-Loge Archimedes zu den 3 Reissbretern in Altenburg, am 31. Okt. 1903. [Hrsg. von deren literarischen Kommission.] Ms. f. Brr. Altenburg 1903: Bonde. 16 S. 8°
cf. L. 27 (1904) S. 8 (R. Fischer).
Bericht. Ritual entworfen von A. Tittel; Ansprache von R. Gabler; Festrede von A. Tittel.

Trauer-Loge zum Gedächtniss Sr. Majestät des Kaisers und Königs Friedrich III. des Allerdurchlauchtigsten Protectors des Freimaurer-Bundes. Sorau, am 24. Juni 1888. [Sorau 1888: Rauert.] 1 Bl. 8° [Kopftit.]
Text der gesungenen Lieder (3 Lieder aus dem Kirchengesangbuch).

Trauer-Loge zum Gedächtniss des zum höhern Orient berufenen Br. Georg Phil. Holscher. Gehalten in der Loge zur Ceder [in Hannover] am 25. Sept. 1852, unter dem Vorsitze des Br. Wagener. [Hannover] 1852: Jänecke. 15 S. 4° [Umschlagtit.]
Tt. 2208. Enth. den Text der Ansprachen u. Lieder. Gedächtnisrede von J. Th. A. Richter, abgedr. in: FZ. 7 (1853) S. 157 bis 160.

Verhandelt im Ordenshause der Grossen Landes-Loge der Freimaurer von Deutschland zu Berlin, am 6ten Jan. 1864. **Trauer-Loge** zum Gedächtnisse des verewigten Carl Christoph Klemm. [Berlin 1864.] 3 Bl. 2° [Kopftit.]

Trauerloge zum Gedächtniss des zum höhern Or. berufenen Königs von Grossbritannien, Irland und Hannover, Wilhelm des Vierten. Gehalten in der Loge zum schwarzen Bär [in Hannover] am 7. Sept. 1837, unter dem Vorsitze des Brs W[ilh.] Blumenhagen. [Hannover 1837]: Kius. 15 S. 4° [Umschlagtit.]
Kl. 1487, Tt. 2206.

Loge Minerva zu den drei Palmen [in Leipzig]. **Trauerloge** zum Gedächtnis des am 26. März 1896 i. d. e. O. eingegangenen Friedr. Schuster. Leipzig, den 9. April 1896. [Leipzig 1896: Leiner.] 1 Bl. 8° [Kopftit.]
2 Liedertexte von A. Mahlmann: 1. „Tiefe Trauer eint uns hier, . . ." 2. „O Ruhestatt der Müden, . . ."

Verhandelt im Ordenshause der Grossen Landes-Loge der Freimaurer von Deutschland, zu Berlin, am 9ten Juni 1860. **Trauer-Loge** zum Gedächtnisse des Brs Karl Friedr. v. Selasinsky. [Berlin 1860.] 4 Bl. 2° [Kopftit.]
Tt. 2213. Bericht. Vorträge von K. Ch. Klemm, A. Runge: Lebensbeschreibung des Verstorbenen.

Trauer-Loge zum Gedächtnisse des verewigten Ordens † Meisters. Brs. Karl Friedrich von Selasinsky. Verhandelt im Ordenshause der Gr. Landes-Loge der Freimaurer von Deutschland zu Berlin, am 9. Juni 1860. Berlin, (Druck von Mittler & Sohn). Fol. 4 Bl.

Trauerloge zum Gedächtniss des verewigten Br F[riedr.] C[arl] Wehrmann am Donnerstag, den 27. Oct. 1898. o. O. [1898.] 2 Bl. 8⁰ [Umschlagtit.]
2 Lieder ohne Noten.

Trauerloge zum Gedächtniss des Allerdurchlauchtigsten Protektors Sr. Majestät des Kaisers u. Königs Wilhelm I. gemeinsam gefeiert von den sechs Frankfurter Freimaurerlogen im Tempel der Loge Carl zum aufgehenden Licht am 5. April 1888. Als Ms. gedr. Frankfurt a. M. [1888]: Werner & Winter. 46 S. 8⁰ [Umschlagtit.]
Bericht. Reden von K. Berninger, J. H. Tempel.

Trauerloge zum Gedächtniss des zum ewigen Osten eingegangenen Protectors Sr. Majestät Wilhelm I, Deutschen Kaisers und Königs von Preussen, veranstaltet von den 3 Logen „Friedrich z. W. Pferd“, „Zum Schw. Bär“ und „Zur Ceder“ in Hannover, und unter Leitung der letzteren Loge gehalten am 5. April 1888. Hannover [1888]: Schrader. 16 S. 8⁰ [Umschlagtit.]
Bericht. Reden von H. Schütte, H. Müller.

Trauer-Loge zum Gedächtniss für des hochseligen Kaisers und Königs des Allerdurchlauchtigsten Protektors Wilhelm I. Majestät am 5. April 1888 in der Loge Friedrich zur Vaterlandsliebe zu Coblenz. Als Erinnerungsblatt den Brrn der Loge nur für sie selber anvertraut. [Bonn 1888: Georgi.] 16 S. 8⁰
Enth. das Ritual der Trauerloge; Festrede von Ludwig.

Ziegler, Gust. Adolf v.: Verhandelt im Ordenshause der Grossen Landesloge der Freimaurer von Deutschland zu Berlin am 31. Aug. 1882. **Trauerloge** zum Gedächtnisse des verewigten Brs Gust. Adolph v. Ziegler. [Berlin 1882: Mittler & S.] 7 S. 2⁰ [Kopftit.]
Bericht. Gedächtnisrede von F. R. A. Neuland, Trauerrede von K. A. Wächter: Bild von dem geistigen, innern Leben des Verstorbenen. Die Reden abgedr. in: ML. 11 (1882—1883) S. 17—23.

Gemeinschaftliche **Trauerloge** der drei preussischen Grosslogen für S. M. den König Friedrich Wilhelm IV. Verhandelt im Ordenshause der Grossen National-Mutterloge der Freimaurer in den preussischen Staaten gen. Zu den drei Weltkugeln im Or. Berlin, am 19.Jan. 1861. [Berlin 1861: C. Schultze.] 8 S. 2⁰ [Kopftit.]
Auszug in: MittS. 57 (1861) S. 3—5.
Tt. 2214. Trauerreden von K. F. v. Messerschmidt u. E. Schüller, letztere s. Nr 15587.

Grosse **Trauer-Loge** des Eklektischen Freimaurerbundes, gefeiert am 13. Okt. 5850 in den Bauhütten der ger. und vollk. eklektischen St. Joh. Logen: „Zur Einigkeit und Sokrates zur Standhaftigkeit“ i.·. O.·. zu Frankfurt a. M. von der Gr. Mutterloge des Eklektischen Freimaurerbundes allda. Frankfurt a. M. 1851: Krebs-Schmitt. 111 S. 8⁰ [Umschlagtit.]
Bericht.

Or. Berlin, den 16. Dec. 1899. **Trauer-Loge** der unter der Constitution der Gr. Loge von Hamburg arbeitenden vereinigten Berliner Johannis-Logen Hammonia zur Treue und Friedrich Ludwig Schroeder. [Berlin 1899: Denter & Nicolas.] 7 Bl. 4⁰ [Umschlagtit.]
Programm u. 4 Gesangstexte.

Jung, Karl Gust.: **Trauerloge** für die in den ewigen Osten eingegangenen Brr. C. G. Jung und J. J. Müller. Gefeiert den 29. Oct. 1864 in der Bauhütte zur Freundschaft und Beständigkeit in Basel. [Basel 1864]: Schweighauser. 40 S. 8⁰
Tt. 950. Die Trauerrede für Jung von Fr. Brenner auch abgedr. in: Bh. 8 (1865) S. 44—48; Gedächtnis des Br. Müller von E. Wybert. 439.

Joh.·.-Freim.·.-Loge zum hellleuchtenden Stern im Or.·. v.·. Celle. **Trauerloge** am 30. Juni 1888 zum Gedächtniss des Allerdurchlauchtigsten Protektors der preussischen Grossen Logen und der unter ihrer Konstitution in den preussischen Staaten arbeitenden Freimaurer-Logen Seiner Kaiserlichen und Königlichen Majestät des Deutschen Kaisers und Königs von Preussen Br.·. Friedrich III. geboren den 18. Okt. 1831, aufgenommen den 5. Nov. 1853, gestorben den 15. Juni 1888. [Celle 1888.] 2 Bl. 8⁰ [Umschlagtit.]
Choral u. 2 Lieder ohne Noten.

Trauer-Loge gefeiert von der ger. und vollk. St. Johannis-Loge Carl zum aufgehenden Licht im Or.·. Frankfurt am Main am 15. Nov. 1863. Frankfurt a/M. 1864: Krebs-Schmitt. 41 S. 8⁰ [Umschlagtit.]

Tt. 980. Lebensschilderungen von J. H. Sessler, G. A. D. Hassel, G. A. F. Giar, F. Gottwein.

Trauerloge gefeiert von der Eklektischen Bundesloge Carl zum aufgehenden Licht im Or. Frankfurt am Main am 30. November 1884. Frankfurt a. M. 1885: Weisbrod. 43 S. 8⁰.

Trauer-Loge gefeiert von der eklektischen Bundesloge Carl zum aufgehenden Licht im Or.·. Frankfurt am Main ... Frankfurt a. M. 1885—1900: Weisbrod, [1884—1900:] Mahlau. 8⁰ [Umschlagtit.]

... am 30. Nov. 1884. 43 S. 1885.
... am 22. Nov. 1893. 47 S. 1894.
... am 5. Nov. 1899. 46 S. 1900.

□ B[alduin]. z[ur]. L[inde]. [Leipzig.] [Lieder zur] **Trauerloge.** 29. Dezember 1906. 1 Bl. 8⁰. [Kopftit.]

2 Lieder ohne Noten.

Trauerloge, zur, gefeiert in der Loge z. gold. Apfel (in Dresden) am 19. April 1810. 8. 2 Bl. — Fehlt bei Kloss. Wechselgesang.

Broecker, Georg Heinr. Aug.: **Trauerloge** abgehalten von der Grossen Loge in Preussen, genannt Royal York zur Freundschaft, zu Berlin, am 1. März 1884, zum Gedächtnis für den am 17. Februar d. J. in den ewigen Osten eingegangenen zugeordneten Grossmeister Georg Heinrich August Broecker. Berlin [1884]: Fickert. 6 S. 4⁰.

Trauerloge gefeiert von der Loge zur aufgehenden Morgenröte in Frankfurt a. M. am 26. Februar 1882. Frankfurt a. M. 1882: Fey. 40 S. 8⁰.

Enthält u. a.: Ansprache des Mstr. v. St. Jakob Auerbach. Gedächtnisrede von Ullmann auf die früheren Stuhlmeister Michael Maschayn, Heinrich Schwarzschild, Jakob Wiel und Salomon Jakob Katz. Gedächtnisrede auf Berthold Auerbach von Jakob Auerbach. Tt. 2218.

Trauerloge gefeiert von der Loge zur aufgehenden Morgenröthe in Frankfurt a. M. am 26. Febr. 1882. Frankfurt a. M. 1882: Fey. 40 S. 8⁰

Tt. 2218. Bericht. Es wird u. a. der verstorbenen Brr M. Manhayn, H. Schwarzschild, J. Weil, S. J. Katz u. B. Auerbach gedacht.

Trauerloge [der Loge zu den drei Pfeilen ?] am 29/12. 5834. Nürnberg [1834]: Campe. 2 Bl. 8⁰ [Umschlagtit.]

2 Choräle u. 1 Chorlied ohne Noten.

Trauerloge der drei Logen in Hannover am 24. Juni 1888 unter Leitung der Loge zur Ceder zum Andenken des zum ew. Osten eingegangenen Protectors Sr. Majestät Friedrich III. Deutschen Kaisers, Königs von Preussen. Hannover [1888]: Jänecke. 19 S. 8⁰ [Umschlagtit.]

Bericht. Rede von H. Müller.

Löwenhagen, Joh. Heinr.: **Trauer-Loge** für den am 7. Mai 1886 in den ewigen Osten eingegangenen Br. Joh. Heinr. Löwenhagen, gehalten in der St. Joh.-Loge Carl zum Felsen, Altona, am 4. Juni 1886. Ottensen [1886]: Adolff. 2 Bl. 8⁰ [Umschlagtit.]

Choral: „Wenn wir den Meister auch beklagen ..."

Joh.·.-Freim.·.-Loge zum hellleuchtenden Stern im Or.·. v.·. Celle. **Trauerloge** am 22. März 1888. Zum Gedächtniss des Allerdurchlauchtigsten Protektors der preussischen Grossen Logen und der unter ihrer Konstitution in den preussischen Staaten arbeitenden Freimaurer-Logen Seiner Kaiserlichen und Königlichen Majestät des Deutschen Kaisers und Königs von Preussen Wilhelm I. geboren den 22. März 1797 gestorben den 9. März 1888. [Celle 1888.] 2 Bl. 8⁰ [Umschlagtit.]

2 Choräle, 1 Lied ohne Noten.

Trauer □ der ger.·. und vollk.·. □ Minerva zum vaterländischen Verein [in Köln] am dritten Aug. 5840. o. O. [1840]. 22 S. 8⁰ [Umschlagtit.]

Zum Gedächtnis Friedrich Wilhelm III. Festrede u. 4 Lieder ohne Noten.

Trauer-Loge der Provinzialloge von Niedersachsen zu Hamburg. Den 23. März 1860. [Hamburg 1860]: Kümpel. 2 Bl. 8⁰ [Umschlagtit.]
Enthält einen Choral u. einen Schlussgesang von Hidley. Rekt. Kneisner, Hamburg.

Trauer-Loge der Prov.-Loge von Niedersachsen zu Hamburg. Den 12. März 1865. [Hamburg 1865]: Kümpel. 2 Bl. 8⁰ [Umschlagtit.]
Choral und Lied ohne Noten (Text von H. Ney).

Trauer-Loge gefeiert von der ger.·. u.·. vollk.·. St.·. Joh.·. Loge zum Frankfurter Adler im O.·. Frankfurt a. M. am 28. Febr. 1875. Frankfurt a. M. 1875: Fey. 42 S. 8⁰ [Umschlagtit.]
Tt. 2215. Bericht. Ansprache von Ernst Rosenberg, Gedächtnisrede von S. Durlacher, Rede von S. Formstecher: Weisheit, Schönheit, Stärke am Grabe.

Trauer-Loge für den am 26. April 1860 in den ewigen Osten eingegangenen weisesten Ordens-Meister [Karl] [Friedr.] v. Selasinsky, gehalten in der Provinzialloge von Niedersachsen zu Hamburg am 9. Juni 1860. [Hamb. 1860.] V: *Ney, Heinrich.* (wolfstig II, 1026)

Trauer-Loge gefeiert von der eklektischen Bundesloge Sokrates zur Standhaftigkeit im Or.·. Frankfurt am Main am 25. Okt. 1890. Frankfurt a. M. 1890: Werner & Winter. 43 S. 8⁰
Bericht. Rede von J. Werner: Üb. Unsterblichkeit, u. Nekrologe der seit dem Jahre 1886 verstorbenen Brr.

Welker, Phil. Friedr.: **Trauer-Loge** zu Ehren, des am 2ten Jan. d. J. verstorbenen [Brs] Phil. Friedr. Welker in der Fr. Mr. Loge zum Compas in Gotha gehalten den 4ten des 1ten Monats, 5792. o. O. [1792]. 20 S. 8⁰ [Umschlagtit.]
Nekrolog, Lied, Ritual, Gedicht.

Trauerlogenlied »Frohlocket, ihr trauernde Brüder«. O. O. u. J. V: *Wedekind, Georg Frhr. von.* Comp: *Wagner, Karl.* (wolfstieg II, 853)

Trauermonumente f. alle Nationen u. Religionen. 4 Hefte. Mit Kpf. Fol. Leipz. 802. Magaz. f. Ind. 3 ₰

Trauermonumente f. Nationen u. Religionen. 1r—3r H. Mit Kupf. Leipz. 827, Mag. f. Ind. à 16 gr.

Trauer-Monumente, Rigaische, der älteren Zeit. [Riga 1828.] V: *Schweder, Johann Gotthard Dietrich.* (R-N)

Trauermusik. o. O. [1784]. 1 Bl. 4⁰
in: Z. Andenken d. Brs J. J. v. Vieth. [1784] Anh.

Trauer-Ode auf MarkGraf Georg Friedrich Carl. Bayr. 1735. V: *Ellrod, Johann David.* (Fiker)

Trauer-Ode bey dem Grabmahl des Markgrafen Friedrich des Gütigen Bayr. 1763. V: *Petermann, Carl Maximilian Wilhelm.* (Fiker) (ML)

Trauer-Ode bey dem Hintritt der Fräul. Maria Elisab. v. Negendanck ... 1747. Glückstadt. V: *Vogt.* (Bruun, Bibl. Danica III, 1321.)

Trauer-Oden auf den Höchstseligen Tod Mariä Theresiä der besten Grossfürstin von Siebenbürgen. Kronstadt 1781. V: *Closius, Martin Traugott, Johann Roth & Sam. Schramm.* (Trausch)

Trauer-Oden, Zwei, zum Absingen bei der thränenwerthen Beerdigung meines geliebten Schwagers Georg Kordenbusch ... O. O. 1763. V: *Scherb, Kunigunde.* (will)

Trauer-Oden, Zwei, zum Absingen der frühen Leiche Sus. Maria Kordenbuschin ... O. O. 1775. V: *Scherb, Kunigunde.* (will)

Trauerpredigt bey dem tödtlichen Hintritt weyland Sr. Römisch Kaiserl. Maj. Leopold II. glorwürdigsten Angedenkens ... Nürnb. 1792. V: *Schmidbauer, Christoph Melchior.* (ML)

Trauerrede. Greifswald 1817. V: *Ziemssen, Theodor.* (MGT)

Trauerrede ueber das frühzeitige und unerwartete Ableben Sr. Hoheit des Durchlauchtigsten Fürsten und Herrn Herrn Georg Ludewig Herzogs zu Schleswig-Holstein, Erben zu Norwegen ... welche in der am 5ten Oct. 1763 gehaltenen Trauerversammlung der Loge Absalom in Hamburg verlesen worden. Denen Durchlauchtigsten Fürsten und Herrn Herren Wilhelm August und Peter Friedrich Ludewig Herzogen zu Schleswig-Holstein ... widmet diese Trauerrede zu Bezeugung ihrer tiefen Theilnehmung an dero höchstschmerzlichen Verluste die ger. und vollk. Loge Absalom durch ihren Br. J. J. C. B. [Hamb. 1763.] V: *Bode, Johann Joachim Christoph.* (Kl 1308) (wolfstieg I, 799)

Effenbart, Herm. Gottfr.: **Trauerrede** auf das am 17ten Junius erfolgte Ableben des Herrn Herm. Gottfr. Effenbart, gehalten in der Freymåurerloge zu den dreyen Zirkeln in Stettin von einem Bruder. Den 3ten Julius 1784. [Stettin] 1784: Effenbarts Wwe & Erben. XXIV S. 8⁰ [Umschlagtit.]

Kl. 1357c. Enth. 2 Reden, die 2. von J. K. N. Bielke, u. 1 Ode.

Trauerrede auf das zu Strasburg den 12. May d. J. erfolgte Ableben des Herrn Johann Friedrich von Medem ... Mitau 1778. V: *Tiling, Johann Nicolaus.* (R-N)

Warnshagen, Joh. Friedr.: **Trauerrede** auf das am 6ten April 1773 erfolgte Absterben des [Br.] Joh. Friedr. Warnshagen, gehalten in der Freymåurerloge zu den dreyen Zirkeln in Stettin, von dem Br. Redner. [Unterz.:] S. D. L. Den 17ten April 1773. [Stettin 1773]: Effenbart. XVI, S. 8⁰

Kl. 1320.

Trauer-Rede ůber das Absterben des Br. dů Guibert und des jüngeren Br. Badenhaupt, gehalten in der Trauerversammlung der vereinigten Logen der drey Weltkugeln, der Eintracht und zum flammenden Stern [in Berlin] von einem vorsitzenden Br. den 24sten Sept. 1773. Berlin [1773]: Decker. 14 S. 8⁰ [Umschlagtit.]

Kl. 1322. Gelegenheitsworte.

Trauer-Rede nach dem Absterben Friedrich des Zweyten, König von Preussen, gehalten 1786 zu Berlin von dem Bischofe von Culm. Berlin (1786). 4.

Trauerrede auf das am 9ten Jan. erfolgte Absterben des (Br.s) Joachim Jac. Rhades, gehalten in der Freymaurerloge zu den dreyen Zirkeln in Stettin von dem Br. Redner S. D. L., den 16ten Jan. 1772. [Stettin 1772.] V: *Löper, Samuel David.* (wolfstieg I, 905)

Noodt, Karl Christian: **Trauerrede** auf das Absterben des [Br.] Carl Christian Noodt gehalten in der Freymaurerloge zum Fruchthorn in Lůbeck von Christian Aug. **Fǒrtsch** den 14ten Julius 1780. o. O. [1780]. 16 S. 8⁰ [Umschlagtit.]

Kl. 1348, Tt. 2020. Mahnung, des Todes zu gedenken u. Lebensabriss des Verstorbenen.

Trauerrede zum feyerlichen Andenken des weil. Hochwürdigsten Provinzial-Grossmeisters ... Kopenhagen 1777. V: *Abrahamson, Werner Hans Friedrich.* (MGT) **(Collin, Anonymer. Kiobenh. 1869.)** (Kordes, Schlesw.-holst. u. eutin. Schriftst. Schleswig 1797.)

Trauerrede zum feyerlichen Andenken des weiland hochw. Provinzial-Grossmeisters der englischen Freymaurer-Logen im ober- und niederrheinischen und fränkischen Kreise (Joh. Peter Gogel), gehalten in der Trauerversammlung den 21ten März 1782 von dem Br. Redner in der Loge zur Einigkeit in Frankfurt a. Mayn. »Er war, wir sind«. [Frankfurt a. M. 1782.] V: *Faber, Johann Heinrich.* (Kl 1354) (wolfstieg I, 805)

Trauerrede zum Andenken des Br. H[ess], gehalten in den vereinigten Logen zu den 3 Schwerdtern und zu den wahren Freunden zu Dresden vom Br. L. den 7. Jänner 1779. [Dresden 1779.] V: *Lindemann, Gotthelf Ferdinand.* (wolfstieg I, 820)

— z. Andenken des Provinzial-Großmeisters der vereinigten Freimaurer-Logen in u. außer Deutschland. gr. 8. Kopenh. 777. Brummer. 2 gr

Trauer-Rede dem Andenken Seiner Magnificenz des Herrn Joh. Pundsack geweihet, und in der grossen Versammlung beyder Logen [in Bremen] am 25ten Oct. 1788 gehalten von Br. R. A. C. W. Bremen [1788]. V: *Wilmanns, August Christian.* (wolfstieg I, 899)

TRAUERREDE zum wohlverdienten und immerwährenden Andenken des Herrn Engelbert von Kempelen, welcher den 24. August 1761 zu Pressburg im 81. Jahre seines Lebens entschlafen, nebst einer Trauerode, verfasset von zweyen Seiner Verehrer und Freunden, G. u. W. Pressburg 1761. Gedr. bey Joh. Mich. Landerer. 8 f. - kl. 4°

Trauerrede bei der Bestattung des Hrn. J. Herzog von Effingen . . . Aarau [1841]. V: *Pfleger*, *Friedrich*. (AarK)

Trauerrede. T-Rede bei der Bestattung des Herrn Johannes Herzog, von Effingen, Alt-Bürgermeisters des Kantons Aargau. Gesprochen am ... 25. Dezember 1840. 8. Aarau *o. J.* [1840/41].

Trauerrede auf Robert Blum, gehalten im demokratischen Verein zu Mainz, am 15. November 1848. Mainz 1848. V: *Bamberger*, *Ludwig*. (BMarsch 186)

Trauer- und Trost-Rede, Empfindsamste, über den höchst verpflichtenden Abschied Mariä Theresiäs von Ihre . . . Majestät Sohn Joseph dem Anderten, und von allen Ihren Unterthanen . . . Hermannstadt 1781. V: *Femger*, *Dan.* (Trausch IV, 107) *Fenger*. (Pk)

Trauerrede auf den w. Br. Franz Eszherházy v. Galantha, Ungarisch-Siebenbürgischen Hofkanzler . . . Gehalten am 17. November in der s. e. Loge z. g. H. v. O. v. W. von dem sel. Br. W. T. E. Wien 1785. V: *Ankersberg* (= *Epstein*), *Wenzel Tobias von*. (Kl 1369) (L. Abafi, Gesch. d. Freimaurerei 4/216) (Pk 3/680) (széchenyi 2/477) (Heck 4/421) (Bespr. Journal f. Freymaurer 1784/7, 2 Jgg., 4. Bd., S. 246—247) (BiblPort) (wolfstieg I, 757)

Trauerrede auf des Höchstseligen Königs von Preussen Friedrich Wilhelms II. Majestät, über den Text: Ap. Gesch. 13, 21 und 22: Und Gott gab ihnen Saul, den Sohn Kis, etc. Deutschland 1797. 8°. Rar! (In Dresden.) (10 Mk. E. Frensdorff, 1907.)
56 S. (incl. Tit. u. S. III—VIII Vorber. d. Herausgebers, dat.: Berlin, den 23. Nov. 1797).

— auf Friedrich II. König v. Preußen. Von d. Bischof v. Culm. 8. Augsb. 786. Wolf. 1½ gr

Trauerrede zum Gedächtniß des im Herrn entschlafenen Kaspars von Bufalo, röm. Priesters u. Domherrn rc. Mit dem Portr. Aus dem Italien. 12. Einsiedeln 841, Gebr. Benziger. ⅛ rf

— zum Gedächtniß Sr. Heil. d. Papst Pius VII. im Dom zu Paderborn gehalten. gr. 8. Paderb. 823. Wesener. 4 gr

Trauerrede beim Grabe Friedrichs des Grossen. Wien [Quedlinb.] 1786. V: *Trenck*, *Friedrich von der*. (wr)

Trauerrede auf Matthäus von Hess. Wien 1776. V: *Mayer*, *Joseph Ernst*. (DeLuca)

Trauerrede über das allerbetrübteste Hinscheiden Joseph des Zweyten. Verfasset von F. F. E. v. E. Wien 1790. V: *Entner*, *Edler von Entnersfeld*, *F.* (BiblPort)

Trauerrede auf das Hinscheiden eines Herrn Klosterprälaten aus dem Reiche . . . O. O. 1782. V: *Schuhbauer*, *Thomas Joach.* (MGT)

Trauerrede auf den Hintritt des hochwürdigsten Herrn Alvisius, Abt des Cistercienser-Stiftes Stams . . . Innsbruck 1867. V: *Scherer*, *Augustin*. (Margr)

Trauerrede über den bedauerlichsten Hintritt Ihrer königlichen Hoheit des durchlauchtigsten Frauen Erzherzogin von Oesterreich Maria Anna. Verfasst von F. F. E. von E. Wien o. J. V: *Entner Edler von Entnersfeld*, *F.* (BiblPort)

Trauerrede auf den höchst betrübten Hintritt von Sr. Hochfürstlichen Gnaden, dem Hochwürdigsten Fürst-Bischof zu Brixen, Karl Franz, geborenen Grafen zu Lodron Lalerano . . . 12. September 1828. Brixen 1829. V: *Sinnacher*, *Frz. Anton*. (Margr) (BiblPort)

Trauerrede nach dem Hintritte Carl Friedrichs, Grossherzogs von Baden. Gehalten am 10. VII. 5811. In der g.·. u. .·. Loge zur edlen Aussicht am Morgen von Freiburg von Br. .·. J. A. E. Freiburg i. Br. 1811. V: *Ecker Johann Alexunder*. (wolfstieg I, 837)

Trauerrede auf den sel. Hintritt des Bischofs von Burg. Gehalten den 30. Mai 1833. gr. 8. Mainz 833. Wirth. ¼ rf

Trauerrede auf den Hochwürdigsten Gnädigen Herrn Leopold 1. Höchle infulirten Abtes zu Wettingen . . . Bregenz 1864. V: *Milz*, *Eugen*. (Margr)

Trauerrede auf Kaiser Joseph II. Freiburg 1790. 1792. V: *Jacobi*, *Johann Georg*. (JL)

Trauerrede auf Joseph II. zur Gedächtnissfeier gehalten in einer Versammlung der F. M. in der ▭ zur gekr[önten] Hofn[ung!] im Or. zu Wien 5790. [Wien 1790]: Alberti. 24 S. 1 Kpfr. 8°

Trauerrede gehalten beim Leichenbegängnisse der Frau Babette Deutsch geb. Klein am 25. Mai 1854. Szegedin 1854. V: *Löw, Leop.* (KU) (Pk)

Trauerrede bei dem letzten Leichenbesingnisse des Hochwürdigsten Fürst-Bischofs zu Brixen, Bernard Galura den 19. Juni 1856. Brixen [1856]. V: *Ganner, Anton Maria.* (Margr)

Trauerrede bei dem letzten Leichenbesingnisse des hochwürdigsten Fürstbischofs zu Brixen Bernard Galura, den 19. Juni 1856. Brixen. Gedruckt mit Wagner'schen Schriften. (24 S. 8.)

— auf Ludwig XVIII. König v. Frankreich u. Navarra, gehalt. am 25. Oct. 1825 von d. Bischof v. Hermopolis. 8. Augsb. 825. R. Doll. 2 gr.

Trauerrede auf weiland die durchl. Erzherz. Maria Anna . . . Wien 1790. V: *Enzenberg, Franz Graf v.* (weber)

Trauerrede auf Maria Josepha Römische Kayserin. Hermannst. 1767. V: *Filtsch, Dan.* (Pk)

Trauerrede auf Maria Theresia, unsere grosse Monarchin im Grabe zu Kremsmünster den 23. Christmonats 1780. Wien o. J. V: *Plank, Beda.* (WBL 22/395) (Biblport)

Maurerische **Trauerrede** dem Andenken Friederichs des Unsterblichen gehalten in der g. und v. Loge zur Hofnung[!] in Duisburg am Rhein den 30. Sept. 1786. [Duisburg 1786.] 12 S. 4⁰ [Umschlagtit.]
Abgedr. in: Goué, A. S. v.: Notuma. 2 (1788) S. 175—185.
cf. BZC. 31 (1902) S. 393 (W. Wald).
Kl. 1382. Selten. Vom Redner der Loge gehalten.

Trauerrede auf Michael, Abt von Deggingen. Nördlingen 1777. V: *Rimele (Rimmele), Ildephons.* (Lindner)

Novelli: **Trauerrede** auf Novelli in der Loge zum Füllhorn in Lübeck.
Kl. 1420.
[*Kalender f. d. Prov.-Loge von Mecklenburg. 8 (1831) S. 146.*]

Trauerrede beym Sarge des Bruders du Roi ..., s.a. Bischoff, Johann Nikolaus

Trauer-Rede beym Sarge des Br.s du Roi in der Loge zur gekrönten Säule, Braunschweig, den 28. Dec. 1785 von Br. Bff. [Braunschweig 1785.] V: *Bischoff, Johann Nikolaus.* (wolfstieg I, 750)

Trauerrede am Sarge des G. A. L. Hanstein, nebst dem am Grabe gesprochenen Gebete . . . Berlin 1821. V: *Volkmann, F. S.* (Ky)

Trauerrede am Sarge des G. A. L. Hanstein, nebst den am Grabe gesprochenen Gebete, einem Gesange und einer kurzen Lebensbeschreibung (von F. S. Volkmann.) gr. 8. Berlin, Dieterici und Mittler. 821. –

Trauerrede auf v. Sch . . ., Mitgl. der ger. und vollk . . . Loge zu den drey Sternen. Gehalten von J. G. B. O. O. 1776. V: *Börries, Johann Georg.* (Kl 1335) (wolfstieg I, 627)

Trauerrede auf den Tod Marien Theresiens. Von N. Sp—t. V: *Spallart, N.* (J. S. u. M. A. Rezensionen Nr. 59, S. 28) (Biblport)

Trauerrede auf den Tod Marien Theresiens weiland der allerdurchlauchtigsten grossmächtigsten römischen Kaiserinn. Verfasst von F. F. E. v. E. Wien. V: *Entner v. Entnersfeld, F. Edler von.* (Biblport)

Metzsch, W. v.: **Trauerrede** auf den Tod des [Br.] v. Metzsch, gehalten in der Trauer-Loge Ansbach, am 28. Junius 1801. Ansbach 1801: Brügel. 16 S. 8⁰ [Umschlagtit.]
Kl. 1421.

Trauerrede auf den Tod des [Brs] v. Reizenstein. Anspach 1778. 2 Bl. 2⁰ [Umschlagtit.]

TRAUER-REDE, welche der so genannten Fr. Principalin in Leipzig zu Ehren gehalten und auf Verlangen ihrer gewesenen Kostgänger in die Presse geliefert wurde von einem Schüler des lachenden Democrit. Mit Vignette. O. O. (Leipzig) 1704. 4⁰. 18 S. Sehr rar! (7 Mk. L. Rosenthal, 1906.)

Traurreden nach dem Abscheiden Ihrer Königl. Hoheit der Allerdurchlauchtigsten Großherzogin u. Herrin Alexandrine, Großherzogin-Mutter v. Mecklenburg, geb. Prinzessin v. Preußen. 1.—3. Aufl. gr. 8. (48 S.) Schwerin i/M. 892. F. Bahn. n. — 60

Traurreden nach dem Abscheiden Sr. Königl. Hoh. d. Großherzogs Friedrich Franz II. v. Mecklenburg-Schwerin. gr. 8. (45 S.) Schwerin 883. Hildebrand's Verl. n. — 80

Trauerreden nach d. Abscheiden Sr. kgl. Hoh. des Großherzogs Friedrich Franz III. v. Mecklenburg-Schwerin. gr. 8. (48 S.) Schwerin 897. F. Bahn. n. — 80

— u. **Ansprachen**, welche anläßlich d. Beerdigung des am 12. März 1896 heimgegang. hochwürd. Hrn. Superintendenten d. Wiener Diöcese A. B. Karl Ludwig Friedrich Bauer am 14. März 1896 in Klagenfurt u. am 15. März 1896 in Treßdorf im Gailthale gehalten wurden. gr. 8. (35 S.) Klagenfurt 896. (J. Heyn.) n. — 30

Trauerreden bei der am 25. März 1885 stattgehabten Beerdigung des Kirchenpropsten und Pastors Heinrich Leopold **Ruehmann**, geb. zu Plön, den 19. März 1815, gest. zu Horst, den 20. März 1885. Marne. 1885. 8°.

Trauerreden von Bossuet, Flechier u. and. berühmten Kanzelrednern, mit biograph. Nachrichten üb. d. Redner u. d. Betrauerten, nebst ein. Abhandl. üb. d. Trauerrede v. Villemain u. Dussault. 1. Bd. Trauerreden v. Bossuet enth. A. d. Franz. übers. gr. 8. (27 B.) Frankfurt a. M. 840, Andreäische Buchh. Thlr.

Trauerreden, die, von Bossuet u. Fléchier mit einigen anderen Lob- u. Trauerreden von Bourdaloue, Mascaron, Maury, Fénelon. Aus d. Franz. v. Jos. Lutz. Nebst histor.-ästhet. Excursen u. einer vollständigen Geschichte der Trauerreden. gr. 8. (VIII u. 823 S.) Tübingen 847, Laupp. 2 5/6 ℳ

Trauerreden. – Trauer- und Gedächtnissreden für weiland die Durchlauchten Fürsten Alfred geb. 23. Nov. 1820, † 23. Jan. 1903, u. Wolffgang Georg geb. 15. April 1849, † 27. Jan. 1903, zu Stolberg-Stolberg. Stolberg: H. Schneider (1903). (23 S.) 8° [Umschlagt. F.]

— gesammelte, b. Todesfällen vornehm. Personen, v. geistl. und weltl. Rednern. 2 Thle. 8. Chemnitz, Stößel. 740.

Trauer- u. Lobreden auf den Tod des Fürsten v. Schrattenbach. Fol. Salzb. 772. Mayr. 6 ℛ

Trauer-Reden am Sarge des verewigten Br. Gust. Adolf v. Ziegler. [Berlin 1882: Mittler & S.] 4 Bl. 4° [Umschlagtit.]
Reden von A. Schmidt u. Wölfing, beide abgedr. in: ML. 11 (1882—1883) S. 9—12 u. BrL. 1 (1882—1883) S. 30—32.

Trauerreden auf den Tod des Churfürsten Maximilian Josephs ꝛc. 8. Münch. 778. J. Lindauer. 8 ℛ Hbg. Pr. 4 ℛ

Trauer-Reglement für den Königlichen Hof und die daselbst erscheinenden Personen. (Berlin 1905.) 8°. [Kopftit.]
(Ceremonial-Buch f. d. Kgl. Preuss. Hof. [H.] 11.)

Neues Trauer Reglement. De Dato Berlin, den 7ten October 1797.
2 Bl. 2°.
Edikt Friedr. Wilh. III.

TRAUER-SAAL, Neuer historischer, steigender und fallender Herren: oder Auf- und Untergang der Großen; in welchem mancherley Stands- und andere vornehme Personen, mit ihren wunderbaren Glücks-Wechsel eiteler Ehr-geruinirten (sic!) Stande, und auf kurtzes Wohl wesen erfolgten Unglück, der Nach-Welt zum betrübten Anblick und traurigen Beyspiel, kläg- und beweglich erscheinen, dargestellet von *F. B. v. H.* mit Kupfern. Franckf. u. Lpz., b. Joh. Phil. Krauß. gr. 8°.
So im M. M. V. 1737. G 3 b s. l. f. n. p. — Wirklich erschienen?

Trauerschrift, Poetische, eines mit dem Tode ringenden Kaufmannes aus Dresden an einen seiner Freunde in Wien. Wien 1757. V: *Hafner, Philipp.* (WrDiar 1762, Nr. 53, Anhg. 1758, Nr. 100; 1757, Nr. 99) (H. M. Richter, Oest. Volkslieder, S. 63) (BiblPort)

Trauerschrift über den Tod Hrn. Friedr. Ernst's von Finkler auf Brand. Nürnberg 1768. V: *Löhe, Joh. Conrad.* (ML)

Trauerschrift auf den Tod der Hochedlen Frau, Catharina Elisabeth Rentzen, geborenen Saturgus. Königsberg 1752. V: *Hamann, Johann Georg.* (schstr S. 2)

Trauerspiel, Christliches, oder Leben und Thaten einiger päbstlicher Heiligkeiten der heiligen Congregatio indicis zu Rom in tiefster Ehrfurcht gewidmet. A. d. Italienischen des Hrn. P. F. A. Zaccaria hochverdienten Kabinetskonzipisten Sr. Heiligkeit Pabst Pius des VI. Rom und München 1786. B: *Huber, Fz. Xav. I.* (Petzek, S. 184) (Hdschr. Mitth. Gustav Gugitz, Wien) (BiblPort)

Trauerspiel, Ein ganz frisch schön, vom Pater Brey, dem falschen Propheten in der zweiten Potenz ... Münster 1823. V: *Immermann, Carl Lebrecht.* (EE)

Trauerspiel, das, im Kochbuch od. Poesie u. Prosa. Duo-Posse. 8. (14 S.) Wien 885. Neidl. n. — 40

Trauerspiel, Ein, und zwei Lustspiele, vom Verfasser des Postzugs. Wien 1785. V: *Ayrenhoff, Cornelius Hermann von.* (MGT) (Ky)

Trauerspiel, ein, und 2 Lustspiele, vom Verfasser des Postzugs. gr. 8. Wien, Gräffer. 785.

Trauerspiel, Das mährische, in fünf Handlungen. Wien u. Gran 1869. V: *Salm-Reifferscheid-Krautheim, Hugo Carl Fürst und Altgraf zu.* (EB) (Ky)

Trauerspiel, das mährische, in 5 Handlungen. (Von Fürst u. Altgraf zu Salm-Reiferscheid.) Wien 869. Sartori. gr. 8. (VII, 161 S.) n. 20 ngr.

Trauerspiel, das, in Mexiko. 8. (III und 76 S. mit 1 Holzschntaf.) Leipzig 867, Kunze. *

Trauerspiel, Neues Bürgerliches. Von fünf Handlungen, Aus dem Englischen gezogen, Betitelt: Missara, Und Sirsampson. **Mit Hannswurst Des Mellefonts Getreuen Bedienten. Dargegeben von Christiana Friderica Huberin, gebornen Lorenzin.** [Wien ca. 1763.] V: *Huber, Joseph Carl.* (Less 51)

Trauerspiele, Uebersetz. ein., a. d. Franz. d. Racine u. Gresset. 8. Lpz. Vogel. 735. Rthlr.

Trauerspiele, a. d. Engl. von Schlegel. gr. 8. Copenh. Pelt. 764.

— von Ed. Young, nebst d. Boadicea, einem Trauersp. von Glover, a. d. Engl. 8. Hamb. (Gleditsch in Lpz.) 767.

Trauerspiele von G. E. Lessing. 4te Aufl. 8. Berlin, Voß. 818.

— von J. Fr. Schink, enth.: 1) Laura Sciolto. 2) Zanga. 8. Halle, Rengers. 820.

— der Deutschen. No. 1. Emilia Galotti, mit Kpf. 8. Leipz. 802. Schmidt. 1 ₰ 16 gr dass. gr. 4. Ebd. Velinp. 5 ₰ 8 gr

— — dass. gr. 4. Ebend. Velinpap.

Trauerspiele, Drei, Andromache, Bajazet und Iphigenie in Aulis; a. d. Franz. . . . Chemn. 1805. Ü: *Ayrenhoff, Corn. Herm. von.* (Ky)

Trauerspiele, drei, Andromache, Bajazet u. Iphigenie in Aulis; aus d. Französ. metr. übersetzt (v. C. v. Ayrenhoff). gr. 8. ... 805. Chemnitz, Mauke. 16 gr

Trauerspiele, Drey neue; Johanna Gray, Friedrich von Toggenburg, und Oedipus. Zürich 1761. V: *Bodmer, Johann Jacob.* (ML) (Ky) (GGr)

— 3 neue: Johanna Gray. — Friedrich von Tockenburg u. Oedipus, (v. J. J. Bodmer). 8. Zürich 761. Orell. 12 gr

— ernstliche, liebliche Schauspiele, seltsame Fastnachtspiele, kurzweilige Gespräche rc. von Hans Sachs. Bearbeitet und herausgegeben von J. G. Büsching. 1s 2s Buch. gr. 8. Nürnberg, Schrag. 816. 819. (1s Buch 1 Rthlr. 3 Gr. 2s Buch 2 Rthlr.)

Trauerspiele, sämmtl., a. d. Ital. d. Alfieri metrisch übers. v. Rehfues u. Tscharnco. 1r Bd. gr. 8. Berl. Unger. 804. Velinp.

Trauerspiele, Schweizerische. Wilhelm Tell; oder der gefährliche Schuss; Gesslers Tod; oder das erlegte Raubthier; der alte Heinrich von Melchthal; oder die ausgetretenen Augen. O. O. [1775]. V: *Bodmer, Joh. Jac.* (EB) (Vgl. Bächtold, Die d. Litt. d. Schweiz. Frauenf. 1892. S. 194.)

— 2, v. L. F. Hudemann, Iphigenia u. d. Tochter Jephta. 8. Wismar, Berger. 767.

— 2, Zulima u. Camilla Manfredi. 8. Wien, Hochenleitter. 790.

Trauerspiele, Zwei. Stolz & Liebe. Eine Schauspielerin. Stuttgart 1845. V: *Seubert, Adolf.* (Rud. Krauss, Schwäbische Literaturgeschichte II, S. 318) (Hdschr. Mitth. von Friedr. Müller, München)

Trauerspiele, zwei. — Stolz u. Liebe. — Eine Schauspielerin. 8. (26⅜ B.) Stuttgart 845, Sonnewald'sche Buchh. *

— 2 Mannheimer, s. Melpomene 1s H.

Trauerszene in Zschorlau, Fragment einer Rede. Sachsenfeld, den 7ten Febr. 1783. [Leipzig 1783: Breitkopf.] 16 S. 8°
Schilderung der Überschwemmung in Zschorlau bei Schneeberg, Aufforderung zur Unterstützung der Notleidenden.

Trauer- und Freudentage der Familie Klinner. Budissin 1799. V: *Heinse, Gottlob Heinrich.* (Ky) (MGT)

Trauer- u. Freudentage der Familie Kliener, (v. G. H. Heinse). 8. Brandenburg 799. Leich. 16 gr

Die Trauertage der Odessaer St. Pauli-Gemeinde. 44 S. 1 Bild. Odessa: L. Nitzsche 1891

Trauertage, unsere, im März 1888. Von A. v. E. gr. 8. (51 S.) Wiesbaden 888. Moritz & Münzel. n. — 80

Trauer-Versammlung zum Gedächtniss Herzog Leopold von Braunschweig gehalten in der Loge zum aufrichtigen Herzen zu Frankfurt an der Oder. Nebst einer zuverlässigen Nachricht von dem Tode des Durchlauchtigsten Herzogs und der Ueberschwemmung der Frankfurter Dammvorstadt. Berlin 1785: Decker. 40 S. 8°

°[Dasselbe.] **Frankfurt a. O. 1785.** 40 S. 8°
Kl. 1359.

Zions Trauerweide. Christl. Grab- u. Trostlieder ... Hrsg. v. Christl. Sängerbund Deutscher Zunge. Bonn: Schergens in Komm. [1909]. 39 S. quer-8° [09. 11924]

TRAUFELD, Carl v., eine mehr als wahrscheinliche Geschichte: nebst den merkwürdigen Begebenheiten seiner Vorfahren. (Stellenw. etw. freier Roman.) 3 Thle. Mit 1 TKpf., gestoch. von Meil. Berlin, 1782—83. Bei Sigesm. Friedr. Hesse. 8°. (Th. 1—2 in Marburg, Univ.-Bibl.)
1: 6 Bll. u. 388 S. 2: 3 Bll. u. 336 S. 3: Tit. u. 350 S. — Selten!

Traufeld, Karl von; e. mehr als wahrscheinliche Geschichte. 5 Thle. 8. Berlin, Hesse. (Müller.) 783.

Traufeld, Carl von, eine mehr als wahrscheinliche Geschichte, 3 Theile mit 1 Kupf. 8. Berlin, 782/83. Nauck. 2 Rthl. 8 gl.

Traugott. Ein Kalender auf das Jahr 1859. Neu-Ruppin. (Berlin, W. Schultze.) 8. (80 S. und Anhang: Altes und Neues als Zukost zum Kalender. 111 S. m. Holzschn. im Text.) nn. 8 ngr.; der Anhang allein nn. 5 ngr.

Traugott. Ein Kalender auf die Jahre 1860—63. 2—5. Jahrg. Neu-Ruppin, Oehmigke. 8. Jeder Jahrg. 10 ngr.; Anhang: Altes u. Neues als Zukost, apart à n. 5 ngr.

Traugott. Altes und Neues als Zukost zum Kalender 1862. (Des Kalenders Traugott 2. Thl.) 4. Jahrg. 8. (112 S. mit eingedr. Holzschn. und 1 Stnt.) Neu-Ruppin 862, Oehmigke. *

—— dass. — 1864. 6. Jahrg. 8. (192 S. mit eingedr. Holzschn.) Berlin, Beck. *

Traugott. Ein Kalender auf die J. 1865 und 1866. 7. und 8. Jahrg. 8. (à Jahrg. 192 S. mit eingedr. Holzschn.) Berlin, Beck. à Jahrg. *
Durchschossen à Jahrg. *

—— Altes und Neues (Matth. 13, 52.) als Zukost zum Kalender 1866. Des Kalenders 2. Thl. 8. Jahrg. 8. (112 S. mit eingedr. Holzschn.) Ebendas. *
Vgl.: Immanuel.

—— Zeph. 3, 12., ein Kalender auf das J. 1872 nach Christi Geburt, welches ein Schaltjahr ist von 366 Tagen oder 52 Wochen und 2 Tagen. 13. Jahrg. [9.—12. Jahrg. Immanuel.] 8. (160 S. mit eingedr. Holzschn.) Ebendas. 871. *

Traugott. Altes u. Neues [Matth. 13, 52.] als Zugabe zum Kalender 1872. 2. Thl. 13. Jahrg. 8. (80 S. m. eingedr. Holzschn.) Neu-Ruppin 871. (Berlin, Beck.) n. — 50

Traugott, Franz, eine lehrreiche Kindergeschichte. Salzburg 1792. 2. Aufl. 1799. V: *Vierthaler, Franz Michael.* (Kn) (Hr) (WBL)

Traugott u. **Hannchen** od. Die Geldheirat, s.: Schriften des sächs. Volksschriften-Verlags. VIII. 2.

Traugott, Nathanael. Eine Pfarrersgeschichte mit Pfarrwahl-Illustrationen von einer badischen Pfarrfrau. gr. 8. (III, 176 S.) Heidelberg 879. C. Winter. n. 2. 40; geb. n. 3. 20

(Traugott.) Neujahrsgruss an das Zürcherische Volk. (Geschrieben am 25. Christmonat 1841.) 8. [Zürich] *o. J.* [1841/42].

Traugott, s.: Waldpredigten.

Traugott's, Vater, Wanderungen in Deutschland. Dessen lehrreiche Begebenheiten u. Bemerkk., Lebensregeln u. Sprüchwörter, aus, in u. von seinem Leben. Mit 1 Kpf. 8. Grätz 832. Ferstl. 10 gr

Traugott, Carl, s. Traugott, Karl

Traugott, Chrn., aus schwerer Zeit. Eine elsäss. Erzählg. aus den Revolutionsjahren. 12. (32 S. m. 1 Bild.) Illzach 894. (Mülhausen i/E., Buchh. „Zum Anker".) n. — 20

Traugott, Chrn., aus schwerer Zeit. E. elsäss. Erzählg. aus d. Revolutionsjahren. 2. Aufl. 8. (48 S. m. 1 Abb.) Straßburg 894. C. A. Bomhoff. n. — 50
Bildet zugleich Nr. 1 v. „Altes u. Neues".

Traugott, Emma, durch Nacht zum Licht. Eine Erzählg. f. jung u. alt. 12. (56 S.) Basel 885. Spittler. — 30

Traugott, Ernst, kritische Randbemerkungen zu zwei irrenärztlichen Volksschriften u. den darin gelehrten Heilprinzipien. Stuttgart 867. Kröner. gr. 8. (62 S.) n. 12 ngr.

Traugott, Friedrich [Pseud.], s.a. Baist, Gustav

TRAUGOTT, Fr. (ps.), Des Handwerks goldener Boden wie er hält und wie er bricht. Geschichten aus einer kleinen Stadt. 1869.
Weller, Lex. Ps. p. 570. — Selten!

Traugott, F., d. Handwerks goldner Boden, wie er hält u. wie er bricht. Geschichten aus e. kleinen Stadt. 2. Aufl. 8. (127 S.) Calw 890. Vereinsbuchhandlg. cart. n. 1. —

— Ringburger Chronik, s.: Familienbibliothek, Calwer.

Traugott, Friedrich: Darstellung und Kritik der Methode Gouin. Ein Beitrag zur Methodik des fremdsprachlichen Unterrichts. *Jena 1898: G. Neuenhahn.* (64 S.) 8°
Jena, Phil. Diss. v. [20. Jan.] 1898

Traugott, Frdr., Frohes u. Ernstes in Erlebnissen, s.: Familienbibliothek, Calwer.

Traugott, Frdr., Geschichte der Philosophie, s.a. Hillger's illustr. Volksbücher. 37. Bd.

Traugott, Friedrich: Geschichte der Philosophie, dargest. in ihrem Hauptsystemen v. Dr. —. Mit 17 Ill. Berlin, Leipzig: H. Hillger [1905]. (99 S.) 8°
= Volksbücher, Hillgers illustrierte. Bd 37.

— Gold u. Glimmer in Erzählungen, s.: Familienbibliothek, Calwer.

— Waldröschens Hochzeit u. and. Erzählgn., s.: Familienbibliothek, Calwer, Bd. 48.

— **mancherlei Leute in Häusern u. Hütten, s.: Familienbibliothek, Calwer. 49. Bd.**

—— Menschenwege u. Gottes Führung, s. Familienbibliothek, Calwer.

— Minchen, e. deutsche Frau, s.: Familienbibliothek, Calwer.

Traugott, Frdr., deutscher Mittelstand u. Bauernstand in Erzählgn., s.: Familienbibliothek, Calwer, Bd. 39

Traugott, Frdr., was macht glücklich, Geld od. Liebe?, s.: Familienbibliothek, Calwer. 56. Bd.

Traugott, Jac., ein Beitrag zur feineren Anatomie des Rückenmarks von Rana temporaria L. Abhandlung. Mit 1 lith. Taf. Dorpat 861. (Gläser.) Lex.-8. (46 S.) n. 12 ngr.

Traugott, Joh., (Joh. Traug. Löschke), allerliebstes Allerlei aus (seinen) Jugendschriften. Mit Bildern v. Ludw. Richter, Alexander Strähuber, Frz. Pocci u. Siegwald Dahl (in eingedr. Holzschn.) br. 8. (32 S.) Dresden 852, Löschke. n. 4 ngr.

Traugott, Joh., (Joh. Traug. Löschke), zweimal zwölf Bilder aus dem Bilderbuch Kinder, habt die Thiere lieb! als Colorirübung für Knaben und Mädchen. Leipzig (853.) Löschke. qu. 8. (12 schw. u. 12 color. Holzschnitttaf. mit Text.) 9 ngr.

— Christkindchen hat's gebracht! Kinderreime mit Bildern (in eingedr. Holzschn.) v. Frz. Pocci. 2. Ausg. 8. (IV u. 104 S.) Leipzig 850, H. Fritzsche. n. 1/3 ₰

— christlicher Diwan. Ghaselen zum Preise des Herrn. 2. Ausg. 8. (VIII u. 78 S.) Ebd. 851. n. 2/3 ₰

— Familienlieder und häusliche Gelegenheitsdichtungen. Mit Bildern (Holzschn. im Text) von L. Richter und mit Singweisen von R. Kohl, C. G. Butze und Anderen. Leipzig (853.) Löschke. 8. (VIII, 141 S. u. 1 Holzschn. in Goldbdr.) 1 ₰. 7½ ngr.

— halt' dein Vieh gut! Ein nützliches Buch f. den Landwirth, sein Gesind' u. sein Kind. Mit vielen Bildern v. S. Dahl u. A. (in eingedr. Holzschn.) Mit theilweiser Benutzg. des „Kinder, habt die Thiere lieb!" v. dems. Verf. br. 8. (159 S.) Dresden 852, Löschke. n. 1/2 ₰

— Himmelsblümchen f. fromme Kinder, m. Bildern (in eingedr. Holzschn.) v. Alex. Strähuber. 2. Ausg. 8. (IV u. 42 S.) Leipzig 850, H. Fritzsche. n. 1/6 ₰ Velinpap. n. 1/3 ₰

— an der Krippe zu Bethlehem. Weihnachtsgabe f. Jung u. Alt, m. Bildern v. Ludw. Richter (in eingedr. Holzschn.) br. 8. (46 S.) Ebd. 852. n. 12 ngr.

— das Mährchenbuch der Großmama. Aus den besten Mährchenschriftstellern zusammengestellt u. herausg. A. u. d. T.: Deutsche Maehrchen mit Randzeichnungen von C. Merkel. Leipzig 853. Löschke. 4. (78 S. u. 19 Holzschn. mit Text.) n. 20 ngr.; color. n. 26 ngr.

— nach Belieben Kraut u. Rüben! Dichtungen f. Kinder m. Bildern (in eingedr. Holzschn.) v. Jodocus Burbaumerl u. andern Dresdner Künstlern. 8. (109 S.) Ebd. 850. n. 1/3 ₰ Velinpap. n. 3/4 ₰

— Knecht Ruprecht, auch St. Niclas oder Pelzmärtel genannt. Eine Weihnachtszeitung f. 1852, m. Bildern v. Ludw. Richter (in eingedr. Holzschn.) u. m. Singweisen v. Verschiedenen, nebst e. Beiblatt: Der Christmarkt. hoch 4. (28 S.) Dresden 852, Löschke. n. 8 ngr.

— Knecht Ruprecht, auch St. Niclas oder Pelzmärtel genannt. Eine Weihnachtszeitung, mit Bildern (Holzschn. im Text) von L. Richter und mit Singweisen von Verschiedenen, nebst einem Beiblatt: Der Christmarkt. Leipzig (853.) Löschke. 4. (20, 8 S.) 9 ngr.; color. 12 ngr.

— das Turnen Geisteskranker im Allgemeinen u. in Sonderheit das Turnen der Geisteskranken in der königl. sächs. Heil- u. Verpflegeanstalt Sonnenstein bei Pirna. Eine Abhandlg. 2. (Titel-) Ausg. 8. (48 S.) Leipzig (849) 850, H. Fritzsche. n. 1/4 ₰

— was bringt die Botenfrau? 1 u. 2. Tragkorb. 8. (144 S. m. eingedr. Holzschn. v. L. Richter.) Ebd. 850. (à n. 1/4 ₰) n. 1/2 ₰ Velinpap. n. 1 ₰

Traugott, Karl

Traugott, Carl, Sterntrümmer. Erinnergn. an e. verlorene Liebe. (95 S.) kl. 8. Leipzig 909. Verlag für Literatur, Kunst u. Musik. 1.—

Traugott, Marcel, aus Chaux-de-Fonds (Schweiz): Über die Ätiologie der totalen Uterusinversionen infolge von Tumoren. (Gera [1908]: Fischer.) 30 S. 8°
Freiburg i. B., Med. Diss. v. 1908, Ref. Krönig
[Geb. 12. Okt. 82 St. Imier (Bern); Wohnort: Freiburg i. B.; Staatsangeh.: Schweiz; Vorbildung: Goethe-Gymn. Frankfurt a. M. Reife O. 01; Studium: Freiburg i. B. 5, Berlin 2, Freiburg i. B. 2 S.; Rig. 23. Febr. 06.] [U 09. 985

Traugott, Richard [Volontärarzt d. Kgl. Universitätspoliklinik f. Nervenkrankh. zu Breslau]: Einige Ergänzungen zur Praxis der Desinfection. '(Aus d. hygien. Institut d. Univ. Breslau.)' ... (Aus: Zeitschr. f. Hyg. u. Infectionskrankh., Bd XIV.) Leipzig, Veit & C., 1893; 30 S., 1 Bl. 8.
Breslau, Med. Fak., Inaug.-Diss. v. 28. Juni 1893

Traugott, Rich., die nervöse Schlaflosigkeit u. ihre Behandlung. 1. u. 2. unveränd. Aufl. 8. (à III, 70 S.) Leipzig 902. H. Hartung & Sohn. n. 1.50

Traugott, Walt., schlichte Blüten! Gedichte. 12. (47 S.) Biel 899. E. Kuhn. n. 1.50

Traulsen, Heinr., die Leute im Watt. Eine Erzählg. Aus dem Angler Plattdeutsch übertr. v. Eduard Jürgensen. (XI, 126 S.) 8. Leipzig 907. Hildburghausen, Thüring. Verlagsanstalt. 1.50; geb. n 2.—

Traulsen, Heinr., Sluder un Snack. Süs Vertelln in Angler Platt un en Narop op Mutter Smidt. 8. (71 S.) Flensburg (900). G. Soltau. n. —80

Traum, Der, oder einige Streifereien in das Paradies der Thoren; a. d. Engl. Leipzig 1773. Ü: *Gellius, Johann Gottfried.* (ML) (Ky)

Traum, der, od. e. Streifereien in d. Paradies d. Thoren; aus d. Engl. (v. Jh. Gf. Gellius). 2 Thle. 8. Leipz. 773. (Brockhaus). 1 ₰ 4 gr

Traum, der, oder eine Streiferey in das Paradies der Thoren, eine Erzählung aus dem Engl. 2 Theile, 8. Leipzig, 772/73. Feind. 1 Rtl. 5 sgl.

Traum, der, od. e. Streiferey in das Paradies der Thoren; e. Erzähl. a. d. Engl. 2 Thle. 8. Lpz. Junius. (Gleditsch.) 773.

Traum, Der, vom Verfasser des Dorfspfarrers. Berl. 1789. V: *Müller (Myller), Christoph Heinrich.* (Adel) (Ky) (MGT)

Traum, der, vom Verf. d. Dorfpfarrers (Cph. H. Müller). 8. Berl. 789. Nauck. 6 gr

Traum, der. Das Gärtnermädchen. Maria u. Joseph. 3 Erzählungen, v. Wilhelmine Wittmar. 8. Leipz. Joachim. 814.

Traum, Der, eine wahre Geschichte. Das heldenmüthige Männlein ... Nördlingen 1840. V: *Nelk, Theoph. (= Alois Adalbert Waibel).* (Ky)

Traum, der, eine wahre Geschichte. — Das heldenmüth. Männlein. Eine Begebenheit uns. Tage. Für Jung u. Alt neu erzählt v. e. Weltmanne. (Von † Th. Nelk.) 12. (2½ B. u. Titlbld.) Nördlingen 840, Beck'sche Buchh.

Traum, der. Eine wunderbare Bekehrungs-Geschichte. gr. 16. (29 S. mit 1 lithogr. und ill. Titlbld.) Berlin 851(52,) (Brandis.) *

Traum, ein! Von A. Z. 40. gr. 8. (16 S.) Altona 867, (Uflacker.)

* TRAUM eines Anachoreten. Breslau 1787. 4°. (In Berlin: Yz 5636.) Rar!

Traum, Bernardons astrologischer und wahrhafter. 2 Blatt. O. O. (ca. 1760). V: *Kurz, Joseph Felix von.* (GGr V/304, Nr. 5/26) (Auct. Gaul 16) (BiblPort)

Traum, dreimaliger, Kurfürst Friedrich des Weisen und sein Gespräch darüber mit Herzog Johann. Ein prophet. Gesicht etc. von einem Nachkommen der vertriebenen Salzburger. gr. 8. (8 S.) Dresden 868, Weiske. *

Traum, der erfüllte, im Vaterlande 1819. Verfaßt v. J. Tsch. Mit 1 Vign. gr. 8. Münch. ... Finsterlin. 3 gl.

Traum, Der, und das Erwachen, ein Fragment aus der wirklichen Welt ... Berlin 1809. V: *Wallenrodt, Augusta von verm. v. Fölsch* später *Goldstein, Freiin von.* (MGT) (NN) (Schl) (Ky) (GGr) (Nowack, Schles. Schriftst.-Lex. Breslau 1836—43. IV, 50.)

Traum und Erwachen der pariser Arbeiter, s. Arbeiter.

Traum und Erwachen der Pariser Arbeiter. 8°. Stuttgart 1848.

(Traum, der, von d. Flasche. Radirt v. Schrötter. gr. Fol. auf chines. Papier.) Nebst Gedicht. gr. 4. (½ B.) Berlin 832, (Gropius.)

Traum, der, d. Gefesselten, s.: Turner-Bibliothek.

TRAUM. — *J. E. W.* Traum vom Jüngsten Gerichte, worin aller Menschen Gebrechen u. Laster erzählet werden. 12°.
Ohne Orts- u. Jahrsang. i. d. Bibl. Kielmans-Egg. I. p. 1076. — Rariss. (Beigebunden waren mehrere Schriften aus den Jahren 1662—72.)

— der, vom Himmel. Wahrheit u. nicht Dichtung. Aus d. Engl. 8. (15 S.) Lindau 847, Stettner. 2 ngr

Traum, der himmlische, vor Ende d. J. 1844; erzählt in 4 Gesängen von einem Propheten wider Willen u. dabei in schöne Verse gebracht für Jedermann, der's lesen u. verstehen kann. 16. (3 B.) Leipzig 845. [Berlin, Gebauer'sche Buchh.] *

Des H. Vaters Joachim wunderbarer Traum. | *(Text).* o. J. (um 1848). 1 Bl. einseitig bedruckt, 380 × 230, Fig.: *Maria im Strahlenkranz*, 97 × 51.
BHStA München M. Inn. 25114. b (Abergläubische Druckschriften).

JULIENS Traum in der Sommernacht. Eine wahrhafte Geschichte. Th. 1 (einz.?) Altona u. Leipzig, Kaven u. Co. 1787. 8°.
301 S. (incl. 12 S. Vorst.). Zahmen Inhalts.

Traum der heiligen Jungfrau. 8. (8 S.) (Chemnitz 871. Hager.) — 10

Traum, des Kindes — Einer wahren Geschichte für die lieben Kindlein nacherzählt. Leitomischl, 1855. Gedr. bei Anton Augusta. (23 S. 8.)

Traum, Des Köhlers. Scenischer Prolog. Zur 50jährigen Jubiläumsfeier des Curortes Marienbades. Aufgeführt am 22. August 1868. [Marienbad, typ. J. Gschihay.] V: *Lucka (Lucca), Samuel Benedict.* (Jüd. Archiv 1928 N. F. 1.2.)

Traum u. Leben. Liederklänge aus Schleswig-Holstein v. Adelaide Marie. 8. (VIII, 203 S.) Garding 886. Lühr & Dircks. n. 2. 40; geb. m. Goldschn. n. 4. —

Traum und Leben. Gedichte einer früh Vollendeten. Posthume Ausgabe. München 1910. V: *Mathilde, Prinzessin von Bayern, vereh. Prinzessin von Sachsen-Koburg-Gotha.* (Neue Freie Presse. Nr. 16307. 15. Jan. 1910. S. 7.)

Traum u. Leben. Gedichte einer früh Vollendeten. Posthume Ausg. 1.—4. Aufl. (114 S.) 8. München 910. Süddeutsche Monatshefte. nn 4.50; geb. in Ldr. nn 7.50

— d. Liebe; e. Roman v. Franz Horn. 8. Berl. W. Oehmigke. 806.

Mein Traum. [Ansbach: Gassert] 1804. 32 S 8° [Umschlagtit.]
Kl. 1142. Bezweckt den hohen Wert der Mrei u. die Idealgestalt eines Mrs darzustellen.

Traum, der, des deutschen Michels. Ein Märchen v. Paul Germanicus. (32 S.) 8. Dresden 904. E. Pierson. — 50

—— der, des Myconius, des Kurfürsten Friedrichs des Weisen und des Johannes Huß. 16. (34 S.) Barmen 872, (Wiemann.) *

Napoleons Traum. Aus dem Französischen der Madame *de S* .... übersetzt von H. v. S. .... O. O. u. J. (ca. 1810). 8°. (2 Mk. 50 Pfg. E. Frensdorff, Berlin, 1907.) Rar!

— e. constitutionell-monarchisch-gesinnten Ober-Oesterreichers, oder: Was Oesterreich Noth thut. Mit Rücksicht auf die Oktober-Ereignisse in Wien u. Frankfurt. gr. 8. (27 S.) Wien 848. (Linz, Fink.) n. 3 ngr

Traum eines konstitutionell-monarchisch-gesinnten Ober-Oesterreichers, oder: Was Oesterreich Noth thut. Mit Rücksicht auf die Oktober-Ereignisse in Wien und Frankfurt. Wien, C. Ueberreuter, 1848. 27 S. 8°.

—— ein, am Oster-Sonnabend. Aus dem Engl. übersetzt. gr. 8. (15 S.) Berlin 873, (Heinersdorff.) [Bielefeld, Gülker und Comp.]

Poetischer Traum bey Gelegenheit des gegenwärtigen innerlichen Krieges der Teutschen. Anno 1757. 4. 24 S. (Dialog.) 70 Str.

Hat nicht, o Königin! mein Bund mit Engelland,
Dein mir gehässig Herz aufs neue stark bestritten.

Anhang zu dem poetischen Traum. Anno 1757. 4. 24 S. (Dialog.) 70 Str.

Wen seh ich? meinen Feind, der Preussen Friederich,
Er schläft, so kann ich ihm gemächlich noch entweichen.

Poetischer Traum, Fortgesetzter Anhang zu dem poetischen Traum. Anno 1758. 4. 24 S. (Dialog.) 72 Str.

Zugabe zu dem Poetischen Traum. Anno 1758. 4. 30 S. (Dialog.) 74 Str.

Auch Schweidnitz hab ich weg, mein Schlesien ist rein,
Und völlig leer gemacht von denen vielen Feinden.

Traum, Prophetischer, des Kurfürsten Friedrichs des Weisen von Sachsen. [Erfurt 1817.] V: *Vulpius, Chn Aug.* (MGT)

Der Traum eines Reactionairs. Berlin in Belagerungszustand. Verlag von A. Hofmann u. Co. 1 lith. Bl. Fol.
Flugblatt. Berlin, 1848/49.

Der Traum eines Republikaners. Gezeichnet von Fischer. Verlag von S. Löwenherz. 1 Bl. Fol.
Flugblatt. Berlin, 1848/49.

Traum eines rothen Republikaners. Berlin im Jahre 1 der Republik. Verlag von A. Hofmann u. Co. 1 Bl. Lithogr.
Flugblatt. Berlin, 1848/49.

— der, des Scipio. Singsp. 8. 746.

— der, an e. Sonntagmorgen. 4. Aufl. Hrsg. v. der Wupperthaler Traktat-Gesellschaft. 32. (16 S.) Barmen 874. (Wiemann.) n. — 10

Traum, der, e. Sonntag-Schullehrers. Aus dem Engl. 12. (16 S.) Basel 890, Jaeger u. Kober. * — 08

Traum, der, e. Sonntag-Schullehrers. Aus dem Engl. 12. (16 S.) Basel 890. Spittler. n. — 8

—— des Spielers, s. a. Des.

— des Spielers, oder: Satanas und seine Genossen. Ein Roman in sieben Büchern, aus d. Engl. übersetzt von Dr. Georg Nicol. Bärmann. 3 Thle. kl. 8. Altona 840. Hammerich. 3 ß

Des Spielers Traum, oder: Satanas und seine Genossen. Ein Roman in 7 Büchern, a. d. Engl. übers. v. Georg Nicolaus Bärmann. Th. 1—3. Altona. 1890. 8°

Traum, Der, von der Unterwelt. Meissen 1829. V: *Dietrich, Johann Friedrich.* (GGr) (Ky)

—— der, von d. Unterwelt. (Von J. Fr. Dietrich.) 8. (1½ B.) Meißen 829, [Klinkicht u. Sohn.]

Traum, Der vergnügte, oder die küssende Diana. Nürnberg 1724. V: *Fürer von Haimendorf, Christoph.* (will)

Traum, der vergnügte, od. d. küssende Diana. Operette. 8. Nürnb. 769. Schmidmer. 2 gr.

Traum und Wahrheit. Bd. I. Leipz. 1780. H: *Wucherer, Johann Christian Jacob, Just. Frdr. Zehelein & P. A. L. Kayser.* (Fiker) (MGT) (Ky)

— und Wahrheit. 16 Bdchen. 8. Leipzig, Böhme. 780.

— der, u. die Wahrheit, (v. J. C. J. Wucherer, J. F. Zehelein u. A. C. Kayser). 16 Bdchn. 8. Leipz. 780. (Grobloch). 14 gr.

Traum, Der, und die Wahrheit; Trost bey dem Todtenbette der Frau ... Cath. Marg. Ellrodtin ... Bayreuth 1797. V: *Richter, Johann Paul Friedrich.* (MGT)

Traum, der, von 4 Wochen und so weiter, von Fr. Laun. 8. Ebend. 820.

—— ein, der Zeit. Leben u. Phantasie. gr. 12. (6½ B.) Dresden u. Leipzig 842, Arnoldische Buchh. *

Traumann, Dav. (geb. Breslau 8. 4. 1845): De instrumentis in quemvis possessorem conceptis. Berolini (1867). (89 S.) 8°
Berlin, Jur. Diss. v. 8. Juni 1867

Traumann, Dav., de instrumentis in quemvis possessorum conceptis. Dissertatio inauguralis. Berlin 867. (Puttkammer & Mühlbrecht.) gr. 8. (IV, 91 S.) n. 9 ngr.

Traumann, Ernst, ausgewählte Abhandlungen, Kritiken u. Betrachtungen. 1. Zu Goethe's Leben u. Werken. (VIII, 161 S.) 8. Berlin 909. E. Felber. 2.50; geb. n 3.50

Traumann, Ernst. Sudermann's „Ehre" — Kunstwerk od. Mache? Eine zeitgemäße Betrachtg. 8. (46 S.) Heidelb. 891, Geo. Weiß Verl. * — 75

— Kuno Fischer. Ein Nachruf. Mit e. Portr. in Heliograv. (18 S.) gr. 8. Heidelberg 907. C. Winter, Verl. 1. —

— Goethe der Straßburger Student. (VIII, 216 S. m. Abbildgn., eingedr. Fksms. u. 1 Taf.) Lex. 8. Leipzig 910. Klinkhardt & Biermann. 5.50; geb. 6.30

— dasselbe, s. a. Goethe als Student.

Zu Goethes Leben und Werken. Von Ernst Traumann. Berlin: Felber 1909. VIII, 161 S. 8°
(Traumann: Ausgewählte Abhandlungen, Kritiken, u. Betrachtungen. 1.) [illegible]

Traumann, Ernst, „Wald u. Höhle". Eine Faust-Studie. gr. 8. (49 S.) Heidelberg 902. O. Petters. n. 1. —

Traumann, Friedr., üb. d. Befugniß z. unentgeldl. Verabreichung homöopath. Heilmittel nach d. Gesetzen d. Königr. Hannover erörtert in e. Vorstellung an d. k. Ministerium d. Innern zu Hannover. gr. 8. (4 B.) Hildesheim 836, Gerstenberg'sche Buchh.

Traumann, Friedrich, Referendar, Posen: Wirkungen des Erwerbs im guten Glauben nach Gemeinem Recht und Bürgerlichem Gesetzbuch. *Bonn 1898: C. Georgi.* (67 S.) 8°
Erlangen, Jur. Diss. v. 16. Okt. 1898

Traumann, Heinrich [aus Rethmar]: Über die Complikation von Pneumonie mit Schwangerschaft. . . . Cöthen i. Anh., Druck v. Paul Dünnhaupt, 1889; 28 S. + 1 Bl. 8°
Halle, Med. Fak., Inaug.-Diss. v. 22. Jul. 1889

Ein Traumbild. Gedicht von H. S. November 1857. Kreuznach [1857]: Bannerberg. 4 Bl. 4°. [Lith.]
„Dort oben auf dem Hügel" . . .

Traumbild, Das, der Mutter, oder eine Stunde zu Notre-Dame. . . . Augsb. 1846. V: *Ambach, Eduard von.* (Ky)

Traumbild, das, der Mutter, oder eine Stunde zu Notre Dame. Ein Familiengemälde uns. Zeit, der reif. Jugend gewidmet von dem Verf. der „Kinder der Wittwe." 8. (13 B. u. 1 Stahlst.) Augsburg 846, Lampart u. Comp.

Traumbild, das, der Mutter, oder eine Stunde zu Notre-Dame. Ein Familiengemälde. Der reiferen Jugend und dem Volke gewidmet. 2. verb. Aufl. gr. 8. (203 S. mit 1 Stahlst.) Regensburg 874, Volks- und Jugendschriften-Verlag.

Traumbilder und ihre Deutung. Großes vollständ. Traum-Lexikon in Versen. 12. (132 S.) Leipzig 888, G. A. Kaufmann. geb. *
—— dass. — Billige Ausg. 12. (132 S.) Ebendas. 888. cart. in Leinw. *
—— dass. — Kleine Ausg. 12. (64 S.) Ebendas. 888. cart. in Leinw. *

Traumbilder u. ihre Deutung. Großes vollständ. Traum-Lexikon in Versen. 3. u. 4. Aufl. 12. (132 S.) Leipzig 890. G. A. Kaufmann. cart. n. — 75; geb. n. 1. —

— dasselbe. Kleines Traum-Lexikon in Versen. [Auszug aus der „großen vollständ. Ausg."] 3. Aufl. 12. (64 S.) Ebd. 890. cart. n. — 50

Traumbilder u. ihre Deutung. Großes Traum-Lexikon in Versen. 6. Aufl. 12. (132 S.) Lpz. 891, Kaufmann. cart. * — 75; geb. * 1 —

— dasselbe. Kleines Traum-Lexikon in Versen. (Auszug aus der „großen vollständ." Ausg.) 3 Aufl. 12. (64 S.) Ebd. 893. Kart. n. — 50

Traumbilder u. ihre Deutung. Großes vollständ. Traum-Lexikon in Versen. 5. Aufl. 12. (132 S.) Leipzig 893. G. A. Kaufmann. Kart. n. — 75

Traumbilder Napoleons rc. s. Geschichte v. St. Cloud. 3r Bd.

Traumbilder Napoleons. Aus d. Englischen. Germanien (Wienbrack in Leipzig). 1818.
Weller, fingirte Druckorte.

*Traum-Buch. s. a. Nürnberg. Buggel. 8. Leipz. 713. 721. 8. [ist bearbeitet nach Artemidor.]

TRAUMBUCH, oder 8 abenteuerliche Erzählungen. Quedlinburg 1815. 8°.
Fehlt Kayser p. 125 unter Romanen.

Traum-Buch oder Deutung u. Ausleg. der Träume nach den Beobachtungen hochgelahrter Männer des Alterth. 2. u. 3. Aufl. 16. (à 3 B.) Weißenfels 846, 47, Sueß. Thlr. à

—— oder Deutung und natürliche Auslegung der Träume. 16. (45 S.) Dresden 850, Birr.

—— oder Deutung und Auslegung der Träume nach den Beobachtungen hochgelahrter Männer des Alterthums. 4. Aufl. 1850. und 5. Aufl. 16. (48 S.) Weißenfels 851, Sueß.

Traumbuch oder: Deutung u. natürliche Auslegung von mehr als 1300 Träumen nach den Schriften berühmter Wahrsager des Alterthums, sowie der weltberühmten Wahrsagerin Lenormand in Paris. Berlin 866. Fahlisch. 16. (17 S.) 2½ ngr.

Traumbuch, od. die Nachtseite des Seelenlebens. Mit Beispielen aus dem Leben. (Von Frdr. Wilh. Mart. Nickel.) (32 S.) 8. Neu-Ruppin (887). F. W. Bergemann. — 15

— od. unfehlbare, naturgemäße Deutg. v. ca. 500 Träumen der verschiedensten Art nach dem Ausspruche der berühmtesten Wahrsager aller Zeiten u. Länder. 16. (24 S.) Berlin 891. Gebr. Radetzki. — 10

Traumbuch, das, od. der Blick in die Zukunft. 8. (31 S.) Berlin 893. Friedrichs & Co. — 10

Traumbuch, Aegyptisches

—— egyptisches verbessertes großes, des Mönches Aegidius Lebrecht, nach alten egyptischen, schwed. und arab. Handschriften bearb. und zusammengestellt. Nebst den beigefügten Lotto-Nummern, sowie dem Verzeichnisse der Glücks- und Unglückstage des Jahres, dem Lotto-Tarif und einer Anweisung, wie man im Lotto spielen muß, um zu gewinnen. 8. (106 S.) Troppau 865, Kolck.

—— allerneuestes, oder die Kunst alle Träume auf's Sicherste u. Klarste zu deuten. Nebst e. Anhange: „die Kunst aus dem Kaffeesatze wahrzusagen." 16. (5 B.) Aachen 843, Korniker.

Traum-Buch, allerneuestes ausführlich u. vermehrtes egyptisches, von Anno 1231 rc. 2. Aufl. 8. (3 B.) Preßburg 843. (Leipzig, Kummer.)

— das älteste, echte, große egyptische, vom J. 1204. Mit Auslegg. der Träume u. beigesetzten Nummern. 12. (144 S. m. 360 Abbildgn.) Wien 892. (Leipzig, Literar. Anstalt A. Schulze.) n. — 80

—— desgl. — v. anno 1231. 12. (72 S. m. 360 Darstellgn.) Ebd. 892. * — 40

Traumbuch Artemidori des Griechischen Philosophi, darinnen ursprung, unterschied, und bedeutung allerhand Träumen, wie dieselben eynem im schlaaff fürkommen mögen, auff natürlichen ursachen gründlich ausgelegt und erklärt werden. Samt einer erinnerung Philipp Melanchtonis von unterscheyd der Träume und angehenktem Bericht, was von Träumen zu halten sey. Straßburg s. a. 8. 624. 634. 8. Leipz. 666. 713. 721. 8.

Traumbuch, ausführliches, oder unfehlbare, naturgemäße Deutung von ca. 1600 Träumen der verschiedensten Art nach dem Ausspruche der berühmtesten Wahrsager aller Zeiten und Länder. 16. (46 S.) Berlin 872, Weiß.

Traumbuch, ausführliches, od. unfehlbare, naturgemäße Deutung v. ca. 1600 Träumen der verschiedensten Art nach dem Ausspruche der berühmtesten Wahrsager aller Zeiten u. Länder. gr. 16. (46 S.) Berlin 875. Beuckert & Radetzky. — 25

— ausführliches, od. unfehlbare, naturgemäße Deutg. v. ca. 1600 Träumen der verschiedensten Art nach dem Ausspruche der berühmtesten Wahrsager aller Zeiten u. Länder. 12. (48 S.) Ebd. 891. — 25

— babylonisches. Nach aufgefundenen Urkunden, entzifferten Keilschriften u. Deutgn. des weisen babylon. Königs Naboned, bis zur heut. Zeit fortgeführt u. m. Illustr. u. Traumbildern versehen. Anh.: Vollständiges Planetenbuch nach den ältesten Quellendrucken, Lotterie- etc. Geheimnisse. (211 S.) gr. 8. Berlin (904). A. Weichert. 2. —; geb. 3. —

Bequemes Traumbuch, so nicht nur den Traum allein benennt, sondern auch den Tag und das Naturell erkennt. Leipzig 756. 8.

vgl. Traum-Buch, s o . . .

— bequemes. 8. Nürnb. 752. Felssecker. 2 gr.

Traumbuch, chaldäisches. Grösstes und vollständigstes illustrirtes Univ.-Traumbuch. Nebst einem vollständigen Planetenbuch. 8⁰. (300 S.) Wien, Neidl. fl. 1.—. 1886.

Traumbuch, das echte ägyptisch-arabische, od. die Kunst, jeden Traum richtig zu deuten. Nach zuverläss. ägyptisch-arab. Überliefergn. bearb. u. bis auf die Neuzeit ergänzt v. Nostradamus. Mit e. Anh.: Die Wahrsagekunst, Deutg. der Farben u. s. w. 8. (112 S.) Styrum 890. Spaarmann. — 60

— das echte, große egyptische, v. anno 1231. Nebst Auslegg. u. beigesetzten Nummern, um sein Glück in der Lotterie zu probiren. 12. (72 S. m. 360 Darstellgn.) Ebd. 892. n. — 40

Traum-Buch, echtes egyptisches, oder wahrhafte Auslegung aller Träume, welche im menschl. Leben vorkommen. Nach egypt. Wahrsagern. In Buchstabenfolge geordnet. 8. (39 S.) Celle 879, (Schulze'sche Buchh.)

Traumbuch, echtes, größtes, illustrirtes persisch-egyptisches nach alten bewährten chaldäischen und arabisch türkischen Urkunden vom Jahre 1289. 8. (180 S.) --.80

Budapest: Müller 1890.

E. L. M. eines alten Einsiedlers Traumbuch, zum Nutzen derjenigen entworfen, welche in dem Lotto glücklich zu werden gedenken. Samt den Schlüssel zum Lotto, oder allerneust entdeckter Geheimniß im Lotto zu gewinnen. Aus einem uralten Manuscript eines genuesischen Astrologen. Köln u. Aachen. 8.

— eines alten Einsiedlers. 8. Leipzig, Sommer.

Traumbuch, erneuertes u. vielvermehrtes, in welchem die Bedeutungen nächtl. Visionen od. Gesichte, Vorbildungen u. Träume gründlich u. deutlich nach bewährten Erfahrungen angezeigt u. ausgelegt werden. Neueste, stark verm. Aufl. 8. (88 S.) Reutlingen 852, Fleischhauer & Spohn. 2 ngr.

— erneuertes und vielvermehrtes, in welchem die Bedeutungen nächtlicher Visionen oder Gesichte, Vorbildungen und Träume gründlich u. deutlich nach bewährten Erfahrungen angezeigt u. ausgelegt werden. Neueste stark verm. Aufl. Reutlingen (855.) Fleischhauer u. Spohn. 8. (88 S.) 2 ngr.

— — auf die Jahre 1864 u. 65. 6. u. 7. Jahrg. Berlin, Beck. 8. Jeder Jahrg. n. 8 ngr.

—— erneuertes und vielvermehrtes, in welchem die Bedeutungen nächtl. Visionen oder Gesichte, Vorbildungen und Träume gründl. und deutl. nach bewährten Erfahrungen angezeigt und ausgelegt werden. Neueste, stark verm. Aufl. 8. (80 S.) Reutlingen 870—74, Fleischhauer und Spohn.

— erneuertes u. vielvermehrtes, in welchem die Bedeutungen nächtl. Visionen oder Gesichte, Vorbildungen u. Träume gründlich u. deutlich nach bewährten Erfahrungen angezeigt u. ausgelegt werden. Neueste, stark verm. Aufl. 8. (VIII, 80 S.) Reutlingen 880. Fleischhauer & Spohn. n. — 20

Erprobtes Traumbuch. Leitfaden d. Oneiromantie. 22. Aufl. Schwiebus: H. Reiche (1906). (24 S.) 8° [J.] [07. 7023]

Traumbuch, Das, g r o ß e aegyptische

— das große egyptische, nach alten egyptischen, schwed. u. arab. Handschriften bearb. u. zusammengestellt. Nebst den beigefügten Lotto-Nummern, einem Verzeichniß der Glücks- u. Unglückstage, dem Lotto-Tarif, einer Tabelle über geheime Würfelkunst, einer Anweisung, wie man Lotterie spielen muß, um sicher zu gewinnen; sowie einer Auslegung der Träume in Bildern. 6. Aufl. Steyr 866. (Sandböck's Buchh.) 8. (274 S.) 7½ ngr.

—— das große egyptische, enth. die reichste und ebenso vollständige als zuverlässige Deutung aller Träume. Nach alten egypt. und arab. Handschriften zusammengestellt, sowie unter Mitbenützung hinterlassener Papiere der berühmten Wahrsagerin Mlle. Le Normand bearb. Große illustrirte Ausg. Anhang: Träume in zahlreichen Bildern dargestellt nebst Angabe der betr. Lotterie-[Lotto-]Gewinn-Nummern. 1.—9. vielfach verb. Aufl. 16. (119 S. mit 2 Stnt.) Dresden 874—79, Kaufmann's Verlag.

Traumbuch, das große egyptische, enthaltend die reichste und ebenso vollständ. als zuverläss. Deutung aller hauptsächlichsten Träume. Nach alten egypt. und arab. Handschriften zusammengestellt, sowie unter Mitbenutzung hinterlassener Papiere der berühmten Wahrsagerin Mlle. Le Normand bearb. Große illustrirte Ausg. Anhang: Träume in zahlreichen Bildern dargestellt, nebst Angabe der betreffenden Lotterie-[Lotto-]Gewinn-Nummern. 10.—16. Aufl. 12. (119 S.) [Dresden 880—84, Kaufmann's Verlag.] Kempten, Wenger's Verlag.

— dasselbe, od. Traumbilder u. ihre Deutg. Großes vollständ. Traum-Lexikon in Versen. (Umschlag: Traum-Bilder. Große Ausg.) 17., verb. u. verm. Aufl. 12. (128 S.) Leipzig (899). Dresden, G. A. Kaufmann. n. — 75

Traumbuch, das große egyptische. Aus alten u. neuen Schriften der berühmtesten Traumdeuter gesammelt von Selim Abu-Taleb. 8. (128 S.) Dresden (Fürstenstr. 12) (900). Germania-Verlag. 1. —

—— das große, älteste, vollständigste egyptisch-persische. 8. (160 S. m. 360 Abbildgn.) Wien 892. (Lpz., Literar. Anstalt.) * 1 —

Traumbuch, das große arabisch-egyptische. Nach alten Urkunden zusammengestellt, nebst Ausleggn. u. beigefügten Lottonummern. Neue Ster.-Ausg. (96 S. m. Abb.) kl. 8. Reutlingen (905). Enßlin & Laiblin. — 50

— das große, nach alten egyptischen u. arabischen Urkunden. Verzeichniß der Glücks- u. Unglückstage. (144 S.) 8. Neuweißensee, E. Bartels. 1. —

— dasselbe. Neueste Aufl. Vermehrt m. e. Anzahl belehr. Instruktionen. Geheimniß e. Ambe u. m. dem Planetendeuter od. Monatszettel f. beide Geschlechter. — Die Wahrsagekunst. (176 S.) kl. 8. Ebd. 1. 25; geb. 1. 50

— großes. Nach d. Ausleggn. u. Erfahrgn. d. berühmtesten Magier u. Traumdeuter alter u. neuer Zeit zusammengest., sow. m. pass. Einleitg. versehen. Besteh. aus 2121 alphabet. geord. Worten m. vielen Zusammensetzgn. u. Nebenbedeutgn. Von Ben Ali-Bey. 8. (160 S.) Styrum 896. A. Spaarmann. Kart. 1. —

— großes ägyptisches, m. Lotto-Nummern, sowie e. Anh.: Das österr.-ungar. Lotto-Spiel. Enth.: Eine Beschreibg. desselben nach seiner Entstehg. u. -Spielweise, nebst Angabe verschiedener Spielmethoden, mehreren Gewinn-, c. Progressions- u. Setz-Tabellen nach mystisch-kabalist. u. planetarisch-astrolog. Berechngn. 8. (72, 42 u. 16 S. m. Abb.) Mülheim a/R. (901). J. Bagel. n. — 80

Großes ägyptisches **Traumbuch** oder humorist. Auslegung u. Deutung sämtl. Träume. Nebst e. Anh., enth.: Punktierbuch, Liebesorakel ... Mülheim u. d. Ruhr: J. Bagel [1902]. (160 S.) 8° [F.] 1.6. 1330

— großes egyptisches, od. die Kunst, nächtl. Vorbildgn. u. Träume richtig zu deuten u. daraus die Zukunft aufs Genaueste vorherzusagen, nebst beigefügten Lottonummern. Mit e. Anh., enth. „Das Würfel- u. Kartenorakel", ferner „Die Glücks- u. Unglückstage des Jahres" u. e. Anleitg.: „Wie muß man in der Lotterie spielen, um sicher zu gewinnen?" Nach alten Ueberliefergn. aus egypt., arab. u. assyr. Handschriften unter Berücksicht. der neuesten Errungenschaften auf dem Gebiete der Magie u. Zauberei. 5. Aufl. (III, 108 S.) 8. Leipzig (910). Ernst. — 60

— großes, nach alten, berühmten persischen u. egyptischen Handschriften, enth. die Deutg. aller nur erdenkl. Träume, Planetentafeln, Karten- u. Würfelorakel, sowie verschiedene andere Deutgn. 2. Aufl. 8. (112 S.) Berlin (900). Neufeld & Henius. 1. —

Traumbuch, großes, nach alten, berühmten persischen u. egyptischen Handschriften, enth. die Deutg. aller nur erdenkl. Träume, Planetentafeln, Karten- u. Würfelorakel, sowie verschiedene andere Deutgn. 3. Aufl. (112 S.) 8. Berlin (908). Neufeld & Henius. 1. —

— großes illustr., nach alten, berühmten pers. u. egypt. Handschriften, enth. d. Deutg. aller nur erdenkl. Träume, Lottonummern, Planetentafeln, Karten- u. Würfelorakel, sow. verschied. and. Deutgn. u. Gewinntabellen. 8. (142 S.) Berlin 897. Neufeld & Henius. n. 1. —

— großes illustr., nach alten, berühmten persischen u. egyptischen Handschriften, enth. die Deutg. aller nur erdenkl. Träume, Lottonummern, Planetentafeln, Karten- u. Würfelorakel, sowie verschiedene andere Deutgn. u. Gewinntabellen. (Umschlag: 3. Aufl.) (142 S.) 8. Berlin (903). Neufeld & Henius. 1. —

Traumbuch, großes, vollständiges egyptisches. Mit einer vollständigen Anleitung zum Kartenschlagen, der Kunst des Wahrsagens aus dem Kaffeesatze, nach den Geburtsmonaten u. nach den Nägeln, nebst der Bedeutung der Träume nach himmlischen Zeichen, einem Verzeichniß der Glücks- u. Unglückstage u. einer Auslegung der Träume in Bildern. Nach alten, bewährten Urkunden in zuverlässigster Weise zusammengestellt von Nostradamus. Neueste Aufl. Mit vielen (eingedr. Holzschn.-)Abbildungen. 8. (160 S.) Reutlingen 881. Enßlin & Laiblin. 1. —

— grundrichtiges und sonderbar großes. 8. Prenzlau, Ragoczky. 748.

— das kleine, s.: Was bedeuten meine Träume?

Traum-Buch, das kleine egyptische. Auszug und billigste Ausg. [III.] des „großen egyptischen Traumbuchs mit Bildern". 16. (27 S.) Ebendas. 875. *

Traumbuch, das kleine egyptische. Auszug und billigste Ausg. [III] des „großen egypt. Traumbuchs mit Bildern". 2.—4. Aufl. 12. (27 S.) [Dresden 878—81, Kaufmann's Verlag.] Kempten, Wenger's Verlag. *

Traumbuch, das kleine egyptische. Nach Angabe der morgenländ. Traumdeuter bearb. v. Ibrahim Ben Soliman, weil. Traumdeuter Sr. Maj. d. Chedive v. Egypten. 16. (80 S.) Berlin 896. A. Weichert. — 30

— das kleine egyptische, od. Traumbilder u. ihre Deutg. Kleines Traum-Lexikon in Versen. (Auszug aus der „großen vollständ." Ausg.) (Umschlag: Traum-Bilder. Kleine Ausg.) 12. (64 S.) Leipzig (899). Dresden, G. A. Kaufmann. n. — 50

Traumbuch, kleines, jedoch allerneuestes und vollständiges. 16. (32 S.) Neuhaus, Landfraß & Sohn. 1867. 10 kr.

— das kuriose. 8. Frankf. 795. Keßler. 10 gr.

Traumbuch, Des Mönches Anastasius Laubers großes echt ägyptisches, nebst verläßl. Auslegungen und Lotto-Nummern. 8. (127 S.) geh. 40 kr.

— — große Ausgabe mit allen Zusätzen. 8. 80 kr.

Wien: Albert A. Wenedikt 1881.

Traumbuch für gebildete Leserinnen. 8. Quedlinburg, Basse. 814.

— neues, oder die Deutung der Träume. 16. (31 S.) Schwiebus 869, Wagner.

— neues, oder die Deutung der Träume. 2.—5. Aufl. 16. (31 S.) Schwiebus 872—79. Wagner'sche Buchh.

— neues, od. humorist. Auslegg. u. Deutg. sämtl. Träume. (48 S.) Mülheim a. d. R. 891, Bagel. *

— neues ägyptisches, m. Lotto-Nummern. 12. (48 u. 16 S. m. Abbildgn.) Mülheim a/R. 901. J. Bagel. — 25

Traumbuch, neues, darin man allerlei Träume mit ihrer Deutung nach alphabetischer Ordnung finden kann. Vom Nachfolger Davids. Einbeck 859. Ehlers. 8. (47 S.) $2\frac{1}{2}$ ngr.

— neues großes egyptisches, nebst den verläßl. Auslegungen und beigefügten Lotto-Nummern. Neu bearb. nach egypt. und schwed. Handschriften vom J. 1204. 1. Abdr. (62 S.) 1850. und 3., verb. Abdr. 16. (70 S.) Wien 852, Wenedikt. *

Traum-Buch, neues großes egyptisches, nebst den verläßl. Auslegungen und beigefügten Lotto-Nummern. Neu bearb. nach egypt. und schwed. Handschriften vom J. 1204. 4., verb. Abdr. 16. (78 S.) Wien 854, Wenedikt. *

— dass. — Mit der oft bewährten Glückstabelle. Neu bearb. nach egypt. und schwed. Handschriften vom J. 1204. 5., unveränd. Abdr. 8. (75 und 15 lithogr. S.) Ebds. 856. *

— — Mit der oft bewährten Glückstabelle. Neu bearb. 2c. 5. unveränd. Abdr. Ebend. (856.) 16. (90 S., wovon 15 lith.) n. 4 ngr.

Traumbuch, neues, natürliches, in welchem die meisten Arten Träume mit ihrer natürlichen Auslegung nach dem A B C aufgeführt sind. Erfurt 841. 16.

— neues vollständiges, od. humorist. Auslegg. u. Deutg. sämmtl. Träume. 8. Aufl. 12. (64 S.) Mühlheim 883. Bagel. — 30

— neues vollständiges, od. humorist. Auslegg. u. Deutg. sämtl. Träume. 9. Aufl. 12. (110 S.) Mülheim a/R. 890. Bagel. — 70

— neues vollständ. od. humorist. Auslegg. u. Deutg. sämtl. Träume. 12 (88 S.) Mühlheim a/R. 898. J. Bagel. n. — 50

Neues vollständiges **Traumbuch** oder humorist. Auslegung u. Deutung sämtl. Träume. Mülheim a.d.Ruhr: J. Bagel [1905]. (64 S.) 8° [J.]

Traum=Buch, Neues vollständiges egyptisches — worin man die meisten Träume nebst den verläßlichsten Auslegungen, was sie zu bedeuten haben und den beigefügten Lotto=Nummern finden kann. Gesammelt aus egyptischen und schwedischen Handschriften. Freiwaldau, 1855. Druck von Ernest Titze. (71 S. 8.)

Traumbuch, neues vollständ., in welchem alle im Traume sich darstell. Gegenstände gedeutet werden. Als Anh.: Die Kunst d. Kartenschlagens, od.: Deutung d. 32 Hauptkarten. N. franz. u. engl. Werken bearb. 12. (6 B.) Leipzig 851, Rein.

— neuestes, od. der glückl. Lotteriespieler in allen nur möglichen Fällen, um im Lotto gewinnen zu können rc. 8. Ulm 821. Ebner. 9 gr

— neuestes, oder Auslegung u. Bedeutung der natürlichen Träume, Gesichte u. Ahnungen. 2., verm. u. verb. Aufl., bereichert mit einer Punktirkunst. 16. (4½ B.) Bonn 844, Pleimes.

— neuestes, oder untrügliche Deutung und Auslegung aller Träume. Nach den Erfahrungen älterer und neuerer Traumdeuter. 32. (32 S.) Schwiebus 853, (Wagner'sche Buchh.) *

— neuestes, oder Deutung der Träume. 8. (32 S.) Insterburg 855, Reinert.

— neuestes, oder Anweisung Träume auszulegen. Zur Unterhaltung und Belustigung in Mußestunden. 855. — (5. Aufl.) Brünn 856. Winiker. 8. (184 S. m. Holzschn. im Text.) n. 7 ngr.

— neuestes, oder Auslegung und Deutung aller Träume, nach genauern Beobachtungen aus den bewährtesten Schriften der Griechen und Römer. 1—4. Aufl. Tangermünde (854—58.) Doeger. 12. (24 S.) n. 1 ngr.

Traumbuch, neuestes, oder Auslegung und Deutung aller Träume, nach genauern Beobachtungen aus den bewährtesten Schriften der Griechen und Römer. 4. und 5. Aufl. 16. (24 S.) Osterburg 858,61. Doeger'sche Buchh. Thlr. *

— neuestes, oder Anweisung Träume auszulegen. Zur Unterhaltung u. Belustigung in Mußestunden. Neueste Aufl., verm. mit den Glücks- u. Unglücks=Tagen rc. Brünn 865. Winiker. 8. (192 S.) n. 8 ngr.

— neuestes, oder wahre und einzig richtige Erklärung der meisten Träume. 16. (24 S.) Nordhausen 867, Büchting.

— neuestes, oder wahre und einzig richtige Erklärung der meisten Träume. 2.—6. Aufl. 32. (24 S.) Nordhausen 868—72, Büchting. [Leipzig, Dr. Schwabe.]

Traumbuch, neuestes, oder Auslegung u. Deutung aller Träume. 9. Aufl. Osterburg 868. Doeger. 16. (24 S.) n. 1 ngr.

— neuestes, od. die vollständ. u. zuverläss. Deutg. aller Arten Träume. 11. Aufl. 16. (32 S.) Elbing 883. Ostdeutsche Verlags=Anstalt. — 20

Traum=Buch, neuestes. Erklärung der Träume nach altbewährter Erfahrung. 16. (32 S.) Reutlingen 888, Enßlin und Laiblin. *

Feine Ausg. (64 S.)

— dasselbe, s. a. Volksbücher, Münchener.

Traumbuch, neuestes, od. wahre u. einzig richt. Erklärg. der meisten Träume, sowie e. Sammlg. der schönsten Räthsel. Neueste Aufl. 16. (30 S.) Berne 892. B. Bessin. n. — 10

— neuestes, (große Ausg.) od. d. Kunst nächtl. Vorbildgn. u. Träume richtig zu deuten u. daraus d. Zukunft vorherzusagen. 8. (112 S.) Leipzig 898. Ernst. — 60

— neuestes. Eine gründl. u. deutl. Auslegg. der Träume nach altbewährter Ueberlieferg. 9. Aufl. (64 S.) 16. Berlin (906). Leipzig, F. Büttmann. — 30

— neuestes, allerbestes, oder die Kunst, durch Träume glückliche Nummern zum Lottospiel zu errathen, oder der neuverbesserte Lottospieler. 2., umgearb. Aufl. 8. (6⅙ B.) Ulm 844, Friedr. Ebner, Vrlgsh.

Traumbuch, neuestes allerbestes, oder die Kunst durch Träume glückliche Nummern zum Lottospiel zu errathen. Oder der neuverbesserte Lottospieler. Mit einer Anleitung zur genauen Kenntniß des beliebten Zahlenlottos um mit Erfolg in dasselbe zu setzen. 3., verb. Aufl. gr. 12. (XII und 82 S.) Ulm 851, Fr. Ebner.

— neuestes, allerbestes, oder die Kunst, durch Träume glückliche Nummern zum Lotto=Spiel zu errathen. Oder der neuverbesserte Lotto=Spieler. Mit einer Anleitung zur genauen Kenntniß des beliebten Zahlen=Lotto's um mit Erfolg in dasselbe zu setzen. 4. verb. Aufl. Neu=Ulm (858.) (Ulm, F. Ebner.) 16. (XII, 92 S.) 12 ngr.

— neuestes billigstes und vollständigstes. Ein treuer Führer durch das Reich der Träume u. ein sicherer Deuter für jeden ordentlichen Traum. Nebst einem Anhang: Gründliche Deutung der im menschlichen Leben vorkommenden Zufälle u. Ereignisse. Von Arthur. Hamburg 864. Scharbius. 16. (62 S.) 3 ngr.

Traumbuch, neuestes natürl., in welchem die meisten Arten Träume mit ihrer natürl. Auslegung nach d. ABC aufgeführt sind. 16. (3 B.) Erfurt 841, Bartholomäus.

— neuestes, natürliches. 3. Aufl. 8. (3 B.) Erfurt 845, Bartholomäus.

— neuestes natürl., in welchem die meisten Arten Träume mit ihrer natürlichen Auslegung nach dem ABC aufgeführt sind. 8. (36 S.) Halle 847, Fernow. n. 1/12 rß

— neuestes sogenanntes egyptisches. Mit einem Anh. der geheimen Caballa, oder Kunst, durch unterschiedl. Berechnungen im Lottospiel die herauskommenden Nummern zu errathen. 4. Aufl. 8. (87 S.) Neuhaus 865, Landfraß und Sohn. *

— — das sogenannte egyptische, gesammelt aus den Beobachtungen des berühmten Eremiten Anastasius Lauber, worin man die meisten Träume nebst der Auslegung und was sie zu bedeuten haben, finden kann. Bis auf 3476 Träume vermehrt. 12. (90 u. 16 S.) Prag, Spurný. 15 kr. 1865

— neuestes und vollständiges, oder richtige Auslegung der am gewöhnlichsten vorkommenden Träume. 14. Aufl. Erfurt 863. C. Gebhardi. 32. (44 S.) 3 ngr.

— neuestes u. vollständiges, enth. die wahrheitsgetreue Deutung aller nur denkbaren Träume. Hrsg. unter Berücksichtigung der neuesten u. bewährtesten Erfahrungen nach dem großen egyptischen Traumbuch. 8. (64 S.) Hamburg 877. Kramer. n. — 50

— neuestes vollständiges egyptisches. Nach den besten Quellen der morgenländ. Traumdeuter zusammengestellt u. hrsg. v. Ibrahim Ben Soliman (gen. Mr. Cantini), weil. Traumdeuter Sr. Maj. des Königs von Egypten. 8. (160 S.) Berlin (898). A. Weichert. 1. —

— neuestes vollständiges egyptisches. Nach den besten Quellen der morgenländ. Traumdeuter zusammengestellt u. hrsg. v. Ibrahim Ben Soliman (gen. Mr. Cantini), weil. Traumdeuter Sr. Maj. des Königs v. Egypten. Neubearb. Jubiläumsausg. 100.—110. Aufl. (158 S. m. Abbildgn.) 8. Ebd. (906). 1. —

— neuestes und vollständigstes, oder richtige Auslegung der am gewöhnlichsten vorkommenden Träume. Aus dem Arabischen. Suhl (853.) (Cölleda,) Gebhardi. 16. (54 S.) 3 *ngr.*

—— neuestes vollständigstes, oder der beste Freund in der Noth. Bearb. zur Belustigung und Zeitvertreib, nebst einer Lotto-Glück-Tabelle. 8. (123 S. mit Abbild.) Budweis 862, [Stropeck.] *

Traum-Buch, neuestes vollständigstes, oder der beste Freund in der Noth. Bearbeitet zur Belustigung u. Zeitvertreib, nebst einer Lotto-Glück-Tabelle. Mit Abbildungen. 8. (123 S.) Budweis. Zdarßa. 1862. 32 kr.

— neuestes u. vollständigstes egyptisches (große Ausg.), od. die Kunst, nächtliche Vorbildgn. u. Träume richtig zu deuten u. daraus die Zukunst aufs Genaueste vorherzusagen, nebst beigefügten Lottonummern. Mit e. Anh., enth. das Würfel- u. Kartenorakel, ferner „Die Glücks- u. Unglückstage des Jahres“ u. e. Anleitg.: „Wie muß man in der Lotterie spielen, um sicher zu gewinnen?“ 3., neu bearb. Aufl. (III, 108 S.) 8. Leipzig (904). Ernst. — 60; kleine Ausg. 30., neu bearb. Aufl. (III, 60 S.) — 30

— neuestes vollständ. u. größtes egyptisches, od. wahrhafte Auslegg. aller Träume. Nach den besten Quellen bearb. u. bis auf d. Neuzeit vollst. erg. v. Nostradamus. M. gründl. Anweisg., enth.: Die Sybillin. Weissaggn., Deutg. d. Träume nach d. himml. Zeichen; d. Lotteriespiel od. d. Geheimniß d. italien. Würfelspiels; d. Kartenschlagen mit deutschen u. französ. Karten; philosoph. Monatszettel f. Herren u. Damen, u. d. Wahrsagen aus d. Linien u. Punkten d. Hand. 8. (160 S. m. 1 Abb.) Reutlingen 894. R. Bardtenschlager. Geb. n. — 75

— neu vermehrtes, od. Sammlg. aller Künste, Thiere, Federvieh, Früchte, Gärten, Gebirge, Flüsse u. anderer Wörter deren jedwedes seine eigenthüml. bestimmte Zahl andeutet u. m. derselben angemerkt ist. 8. (39 S.) Leipa 874. Hamann. — 24

— neuvermehrtes, darinnen man allerlei Träume m. ihrer wahren Bedeutg. in rechter Ordng. nach d. Alphabete finden kann, aus alten u. neuen Traumbüchern m. großem Fleiß u. Mühe zusammengetragen. 8. (36 S.) Gumbinnen (895). W. Krauseneck. — 20

Traum-Buch, reichhaltiges, enthaltend: nahe an 2000 Traumdeutungen in alphabet. Ordnung nach den Schriften berühmter Wahrsager uralter Zeit. 12. (72 S.) Leisnig 852. (Leipzig, H. Fritzsche.) Thlr.

Ein Traum-Buch, so nicht nur Den Traum allein benennt; Der Tag, Das Naturell, wird hier zugleich erkennt. Verfertiget Von Einen Ungenannten. O. O. und Dr. [Leipzig?] 1756. Quer-8°. 102 ungez. Bl. Leicht fleck. Pgt. d. Z. m. Rsch.

Sehr seltenes, den Bibliographen (H.-G., Graeßes Bibl. mag. usw.) unbekanntes, sehr amüsantes Curiosum, ganz in Versen.

Traumbuch, ein, so nicht nur den Traum allein benennt, den Tag, das Naturell, wird hier sogleich erkennt. 8. Sorau 756. Hebold. 4 gr. vgl. Traumbuch, Bequemes

—— vollständiges. 1600 Traumdeutungen nach den Schriften berühmter Wahrsager des Alterthums. 5.—7. Aufl. 16. (64 S.) Leipzig 869—72, Fr. Voigt. *

— vollständiges (kleine Ausg.), od. die Kunst, nächtl. Vorbildgn. u. Träume richtig zu deuten u. hieraus d. Zukunft vorher zu sagen. 28. Aufl. 12. (64 S.) Leipzig 898. Ernst. — 30

Vollständiges Traumbuch. Aus d. Reiche d. Traume mit Deutungen nach d. alt-ägypt. Traumbuch, Mlle. Lenormand u. s. w. u. e. Anh., die 12 Planeten. *Berlin: Tessaro-Verl. [1902].* (82 S.) 8° [F.]
= Volksbücher. 9. [03. 13096

—— vollständiges erneuertes und vielvermehrtes, oder die Kunst nächtl. Vorbildungen und Träume richt. zu deuten und hieraus die Zukunft vorher zu sagen. 8. (80 S.) Freiburg i. Br. 868, G. Mayer.

—— vollständiges, erneuertes und vielvermehrtes, oder die Kunst, nächtliche Vorbildungen und Träume richtig zu deuten und hieraus die Zukunft vorher zu sagen. 20.—24. Aufl. 8. (64 S.) Lörrach 881,82. (Quedlinburg, Ernst'sche Buchh.)

—— dass. — 25. Aufl. 8. (64 S.) Quedlinburg 884, Ernst'sche Buchh.

— vollständiges erneuertes u. vielvermehrtes, od. die Kunst, nächtl. Vorbildgn. u. Träume richtig zu deuten u. hieraus die Zukunft vorher zu sagen. 26. Aufl. 8. (64 S.) Quedlinburg 890. Ernst. — 30

— vollständiges, großes, zur sich. Deutg. aller Träume. Zusammengest. aus d. hinterlass. Papieren der berühmtesten Wahrsager alter u. neuer Zeit. Nebst e. Verzeichnisse d. Glücks- u. Unglückstage (auf d. Umschlag.) 8. (152 S.) Glarus (895). Schweizer Verlags-Anstalt. n. 1. —

vollständiges u. untrügliches, oder die Kunst alle Träume zu deuten. Aus den Papieren der berühmten Mlle. Le Normand in Paris. 11—15. Aufl. Jena 866—69. Neuenhahn. 16. (216 S.) 6 *ngr.*

—— vollständiges und untrügliches, oder die Kunst alle Träume zu deuten. Aus den Papieren der berühmten Wahrsagerin Mlle. Le Normand in Paris. 12.—20. Aufl. 32. (246 S.) Jena 867—73, Neuenhahn.

—— vollständiges und untrügliches, oder die Kunst alle Träume zu deuten. Aus den Papieren der berühmten Wahrsagerin Mlle. Le Normand in Paris. 21.—25. Aufl. 16. (168 S.) Jena 875—77, Neuenhahn.

—— vollständiges untrügliches. Naturgemäße Deutung der verschiedenartigsten Träume. Nach den Papieren der Mlle. Lenormand. 1.—9. Aufl. 8. (64 S.) Oberhausen 882—84, Spaarmann. *

— vollständiges untrügliches. Naturgemäße Deutg. der verschiedenartigsten Träume. Nach den Papieren der Mlle. Lenormand. 11. Aufl. 12. (64 S.) Styrum 892. Spaarmann. n. — 25

— vollständiges u. untrügliches, od. die Kunst, alle Träume zu deuten. Aus den Papieren der berühmten Wahrsagerin Mlle. Le Normand in Paris. 31. Aufl. (168 S.) 16. Jena (904). G. Neuenhahn. — 60

— vollständigstes und untrügliches, oder die Kunst, alle Träume zu deuten. Aus den Papieren der berühmten Wahrsagerin Mlle. Le Normand in Paris. 4. Aufl. Jena (858.) (Mauke.) 32. (216 S.) 6 *ngr.*

Traumbuch, Das wahre egyptische — von Anno 1231 nebst Auslegungen mit beigesetzten Nummern, um sein Glück auch in der Lotterie zu probiren. Znaim 1854. Schnellpressendruck von Martin Hofmann. (46 S. 8.)

— das wahre egyptische. Nach alten egypt., schwed. und arab. Handschriften bearb., sowie nach den Aufzeichnungen des Mönchs Ambrosius. 8. (36 S. mit 1 Chromolithogr.) Landsberg a. W. 885, Volger und Klein.

— das wahre egyptische, daraus e. jeder Liebhaber d. Lottospieles seine Träume untersuchen u. darauf in der Lotterie sich glücklich machen kann. Nebstbei m. Auslegg. der Träume u. 360 Vorstellgn. Aus allen bessern Traumbüchern älterer u. neuerer Zeit zusammengetragen. 8. (88 S. m 360 Abbildgn.) Ebd. 892. n. — 56

Traumbuch, das wahre egyptische. Nach alten egypt., schwed. u. arab. Handschriften bearb., sow. nach d. Aufzeichngn. d. Mönches Ambrosius. 3. Aufl. 8. (32 S.) Landsberg 898. Volger & Klein. — 25

— das wahre egyptische. Nach alten egypt., schwed. u. arab. Handschriften bearb., sowie nach den Aufzeichngn. des Mönches Ambrosius. (4.—6. Taus.) (32 S.) 8. Landsberg a/W. (907). Volger & Klein. — 30

Traumbuch, das wahre und ächte egyptische, oder die Kunst jeden Traum richt. zu deuten und hieraus die Zukunft vorherzusagen. Nebst der Bedeutung der Träume nach himml. Zeichen, einer vollständ. Anleitung zum Kartenschlagen, der Kunst des Wahrsagens aus dem Kaffeesatze, und einem Verzeichniß der Unglückstage. 7.—9. verm. und verb. Aufl. gr. 16. (63 S.) Reutlingen 874,75, Enßlin und Laiblin.

— das wahre und ächte egyptische, oder die Kunst, jeden Traum richtig zu deuten und hieraus die Zukunft vorherzusagen. Nebst der Bedeutung der Träume nach himml. Zeichen, ein vollständ. Anleitung zum Kartenschlagen, der Kunst des Wahrsagens aus dem Kaffeesatze, und ein Verzeichniß der Unglückstage. 10. verm. und verb. Aufl. gr. 16. (63 S.) Reutlingen 876, Enßlin und Laiblin's Verlagsh.

— das wahre und echte egyptische, oder wahrhafte Auslegung aller Träume, welche im menschl. Leben vorkommen. Nach egypt. Wahrsagern. 8. (64 S.) Reutlingen 883, Bardtenschlager.

Traumbuch und Tycho Brahe's Wahrsagerei sammt Anweisung aus den Karten zu wahrsagen. Burg auf Fehmarn 857. (Altona, Mentzel.) 16. (17 S.) n. 5 ngr.

Traum-Büchlein, od. Deutung u. Auslegung d. Träume nach d. Beobachtn. hochgelahrter Männer d. Alterthums. 16. (3 B.) Leipzig 840, Schreck.

Traumbüchlein oder neuester Schlüssel zur Deutung und Auslegung der Träume. Herausg. von Philalethes Traumfreund. Tübingen 853. Riecker. (Ulm, Nübling in Comm.) 16. (37 S.) 3 ngr.

Traumbüchlein, das kleine, oder Auslegung der Träume in Bildern. 10. Aufl. Steyr 866. (Sandböck's Buchh.) 1½ ngr.

Traum-Büchlein, neues. 16. (3 B.) Berlin 844, (Grobe.)

Traum-Büchlein, neues. Zum Scherz u. Vergnügen f. Jedermann. 2. Aufl. 16. (43 S.) Berlin 847, Grobe. — 3. Aufl. 16. (IV u. 43 S.) Ebd. 850. n. 1/8 ₰

Traumbüchlein, neues, woraus ein jeder Lotto-Spieler seine Träume untersuchen und darauf in der Lotterie glücklich werden kann. 2. Aufl. 859. — 3. verb. Aufl. Worms 861. Rahke. 12. (72 S.) 4 ngr.

Traumbüchlein, neuestes ergötzliches. Eingeschaltet die gebräuchlichsten Taufnamen mit ihrer Deutung. 855. — 2. Aufl. Weimar (857.) Kühn. 16. (94 S.) n. 5 ngr.

Traum-Büchlein, neuestes, für Jedermann, in welchem die meisten Arten Träume mit ihrer natürlichen Auslegung nach dem Alphabete ausgeführt sind. 1.—4. Aufl. 16. (16 S.) Landsberg 872—75, (Volger und Klein.) *

Traum-Büchlein, neuestes, für Jedermann, in welchem die meisten Arten Träume mit ihrer natürl. Auslegung nach dem Alphabete aufgeführt sind. 5.—8. Aufl. 12. (16 S.) Landsberg a. d. W. 876—84, Volger und Klein.

— **vollständiges** ganz neu durchgesehenes, woraus ein Jeder Lotto spielender Liebhaber gehabte Träume nachsuchen, deren Bedeutungs-Nummern finden, und dadurch in der Lotterie sich glücklich machen kann. Nach erprobten Erfahrungen in alphabetische Ordnung gesetzt, und auf's Neue herausg. mit der Anweisung, wie man in die Zahlen-Lotterie setzen soll. 10. Aufl. 853. (91 S.) — 11. verm. u. verb. Aufl. Augsburg 853. Jaquet. 12. (96 S.) 3 ngr.

Traumbüchlein, vollständiges, ganz neu durchgesehenes, woraus ein Jeder Lotto spielender Liebhaber gehabte Träume nachsuchen, deren Bedeutungs-Nummern finden, u. dadurch in der Lotterie sich glücklich machen kann. 12. verm. u. verb. Aufl. Augsburg 860. Jaquet. 12. (96 S.) 4½ ngr.

Traum-Büchlein, | wie man nächtlicher | Gesichten, Fürbildungen, | und Träumen Bedeutungen | erkennen und lernen kan. | Dermalen von Neuem aus alten und | neuen Traum-Bücheren vermehret, | und in bessere Ordnung gebracht. | (Fig.: *Abrahams Traum-Leiter*, 59 × 69) | Mömpelgardt, | In der Deckherrischen-Buchhandlung.
o. J., 70 S., 152 × 92.
Bibliothèque Municipale Montbéliard.
Vgl. Schenda 1000 FVb Nr. 347–347c, Texte jedoch nicht identisch.

Traumdeuter, der, od. die Kunst, durch Auslegg. der Träume sein Glück in der Lotterie zu machen. 12. (32 S. m. 360 Abbildgn.) Wien 892. (Leipzig, Literar. Anstalt A. Schulze.) n. — 20

Traumdeuter, der chaldäische. Zuverlässigste Deutg. der Träume nach altbewährter Ueberlieferg. Nebst Planetzetteln u. Orakel. 12. (94 S.) Köln 890. Püttmann. n. — 50

Traumdeuter, der chaldäische. Zuverlässigste Deutg. der Träume nach altbewährter Ueberlieferg. Nebst Planetzetteln u. Orakel. 8. Aufl. (94 S.) kl. 8. Berlin (905). Leipzig, F. Püttmann. — 50

Traumdeuter, Der echte aegyptische

Traumdeuter, der ächte ägyptische, oder wahrhaft Auslegung aller Träume, welche im menschlichen Leben vorkommen. Nach den ägypt. Wahrsagern. 5. Aufl. Reutlingen 866. (Stuttgart, Fischhaber.) 8. (48 S.) 3 ngr.

Traumdeuter, der harmlose, welcher die muthmaßl. Bedeutung aller vorkomm. Träume in alphab. Ordn. nachweiset. Nebst e. Anh., enth. d. Ausleg. d. Träume nach d. Laufe d. Mondes durch d. zwölf Himmelszeichen. 8. (3¼ B.) Elbing 839, Neumann-Hartmann.

Traumdeuter, der kleine, ein angenehmes Würfelspiel zu jedermanns Belustigung. 12. Wittenb. 805. Kühne. 8 gl.

Traumdeuter, der kleine, für die elegante Welt. Herausg. von Φιλομορφευς. **Mit Titelkupfer, gez. von Ed. Holbein, gest. von Ad. Schätzig. 12. Berlin 835. Hasselberg.** 5/12 ₰

— der kleine, f. d. eleg. Welt. Hrsg. v. Φιλομορφευς, 12. (4½ B. u. Ttlkpfr.) Berlin 835, [Hasselbergsche Brlsh.]

Traumdeuter, der lustige, oder scherzhaftes Traumbüchlein. In Versen u. Prosa. 8. (4 B.) Berlin 843, Grobe. *

Der Muselmännische Traumdeuter. Hamburg 702. 12.

Traumdeuter, neuester. Aus den Papieren der berühmten Wahrsagerin Le Normand, in Paris. Hrsg. v. B. .. 16. (47 S.) Hoyerswerda 850, Erbe. n. 1/12 Thlr.

Traumdeuter, neuester. Aus den Papieren der berühmten Wahrsagerin Mlle. Le Normand in Paris. 6. Aufl. Hoyerswerda (856.) Erbe. 16. (63 S.) 3 ngr.

-- neuester. Ein Büchlein für Scherz u. Ernst, wor Manches sein Glück machen kann, bereichert mit allerlei lustigen Historien. Für Freunde heiterer Laune, sowie zur Vertreibung der Grillen zusammengestellt von Mart. Spaßmacher. Rosenheim 867. Huber. 32. (126 S.) 2 ngr.

— neuester. Aus den Papieren der berühmten Wahrsagerin Mlle. Le Normand in Paris. Spremberg 869. Erbe. 16. (63 S.) 3 ngr.

Traumdeuter, neuester. Aus den Papieren der berühmten Wahrsagerin Mlle. Le Normand in Paris. 11. Aufl. 16. (63 S.) Spremberg 873. Erbe. — 30

— der polit.-humorist.-satyrische. Ein unentbehrl. Rathgeber f. Demokraten, Reactionäre u. Republikaner. 16. (40 S.) Berlin 849, Hirschfeld. n. n. 1/12 Thlr.

— u. Rathgeber, mystisch-demokratischer. In die rechte Westentasche zu stecken. Ein nützl. Handbuch f. rothe Wühler u. royalist. Taschenspieler, v. Magnetisörius Somnambulus, vieler schwarz-weißen Künste Professor. 12. (24 S.) Berlin 849. (Hopf.) n. 1/12 Thlr.

— der wahre u. ächte egyptische, nach alten egyptischen u. arabischen Urkunden. Eine sichere Anleitg. alle im menschl. Leben vorkomm. Träume genau u. richtig zu deuten. Neue Aufl. gr. 16. (48 S.) Reutlingen 874. Enßlin & Laiblin. — 20

—— und Wahrsager, der angenehme und unterhaltende, oder Auslegung aller Träume. Nebst einem Anhange enth.: Das neue Planetenbuch, das Punktirbuch 2c. 2., verm. Aufl. gr. 12. (II und 137 S.) Ulm 849, Fr. Ebner.

Traumdeuter u. Wahrsager, der morgenländische. Vollständigstes Traumbuch m. auf die Erfahrg. aller Völker u. Zeiten gegründeten Auslegg. aller Träume in 3960 Aufschlüssen v. Moses Nekromantus. gr. 8. (146 S.) Leipzig (901). E. Fiedler. n. 1. —

Traumdeuter u. Wahrsager, der morgenländische. Vollständigstes Traumbuch m. auf die Erfahrg. aller Völker u. Zeiten gegründeten Auslegg. aller Träume in 3960 Aufschlüssen v. Moses Nekromantus. 2. Aufl. (146 S.) 8. Leipzig (907). E. Fiedler. 1. --

Traumdeuter, Jerem., Taschenbuch zum Auslegen d. Träume, s. Taschenbuch 2c.

Traumdeuter, J., (Psdn.) Taschenbuch z. Auslegen d. Träume; den Freunden geselliger Cirkel gewidmet. 32. Stuttg. 831. Scheible. 5 gr.

Traumdeutung, die, Herr Blitz u. die Glückswürfel. 3 Erzählungen v. Fr. Laun. Mit K. 8. Leipzig, Hinrichs. 814.

Velinp.

Traumdeutungen, allerlei, s.: Volksbibliothek, deutsche.

Träume des Aristobulus

— — dass. nebst Lebensbeschreibung des Philos. Formosus. 8. Leipzig, Bauer. 762.

— — dass. 8. Lpz. Hilscher. 762.

TRÄUME des Aristobulus, eines griechischen Weltweisen, nebst e. Auszuge vom Leben des Formosus, eines französ. Weltweisen. Aus d. Französ. übers. vom (!) Raphael Joel. Mit Titelkpf. v. J. Berka (unten engl. Motto aus Sterne's „Yorick"). Prag, Wien u. Leipzig, in der von Schönfeldschen Handlung. 1785. 8°.

Die Träume und Bildersprache der Träume. Leipz. 840. 12.

Träume u. ihre **Deutung**, s.: Miniatur-Bibliothek.

Träume, drei. Mittagstraum. — Mitternachtstraum. — Fiebertraum. Von *. (146 S.) 8. Dresden 905. E. Pierson. n. 1. 50; geb. n. 2. 50**

Träume, drei, aus der Sunnwendnacht oder die Hellseher im Gebirge. Prophezeiung über den Krieg 1866 und seinen Ausgang. 16. (7 S.) München 866, (Gummi.)

TRÄUME, (51) Moralisch Satyrische, über alle Auftritte des menschlichen Lebens. (Vign.) Frankfurt u. Leipzig (Hilscher in Frkft. a. M.), 1777. 8°. 1 Bl., 326 S. Zahm. (1 Mk. 50 Pfg. Jos. Jolowicz, Posen, 1889.)

vgl. Träume, Moralisch satyrische ...

Träume eines Geistersehers, erläutert durch Träume der Metaphysik. Königsberg u. Riga 1766. V: *Kant, Immanuel.* (MGT) (Mp) (Mn) (GGr) (Ky) (BrMm)

— eines Geistersehers, erläutert durch Träume der Metaphysik. (von Im. Kant). 8. Königsb. 776. Kanter. (Hartknoch in Leipz.) 5 gr.

Träume, Hanswurstische, allen gnädig hochgeneigten Gönnern der hiesigen Schauspiele zu einem Neuen Jahrs-Geschenke dargereicht von Johanne Wurstio. Im Kalenderjahr Eintausend siebenhundert u. s. w. O. O., o. J. V: *Prehauser, Gottfried.* (WrDiar 1763, Nr. 10) (BGE VIII², 596) (WBL 23/248) (BiblPort)

Träume, Heitere, in kleinen Erzählungen . . . Leipzig 1806. 2. Aufl. 1809. V: *Naubert, Christiane Benedicte Eugenie geb. Hebenstreit.* (EE) (Ky) (MGT)

— heitere, in kl. Erzähl. v. d. Verfasser d. Walther von Montbarry, Fontang 2c. Leipz. Weygand. 809.

Träume eines Leidenden . . . Augsburg 1807. V: *Essich, Joh. Gfr.* (MGT)

Träume eines Leidenden, v. J. G. Essig. Mit 1 K. 8. Leipz. (Augsb. Stage.)

— eines Leidenden. (v. Essich.) 8. Leipzig. (Stage in Augsb.) 809.

Träume, die magnet., ein niedrig kom. Gedicht, s. Glaukopolitanus.
[Füge am a. O. hinzu: (18 B.)]

Die Träume des Ritters de la Marmotte, aus dem Franz. Leipz. 743. 8.

TRÄUME WACHENDER MENSCHEN, od. Hindostanische Erzählungen, aufs neue übersetzt. 2 Thle. Ulm, Bartholomäi, 1768. 8°. (1 fl. 15 xr.) Rar!
Cat. Monath. IV. Nürnb. 1785. 8°. p. 216.

Träume eines Menschenfreundes. Basel 1776. V: *Iselin, Isaac.* (Stams) (JL)

Träume, moralisch satyr., üb. alle Auftritte des menschl. Lebens. 8. Frankf. 777. (Compt. f. Litt. in Leipz.) 9 gr
vgl. Träume, Einundfünfzig ...

Träume, Natürlich-göttliche und teuflische, Bewiesen einem guten Freund in Wien. Von Michel, Lehrer auf der hohen Schule zu Singhartstein. Singhartstein 1783. V: *Eybel, Josef Valentin* (?). (Behrisch, Die Wiener Autoren 1784) Vgl. IV, 5749.

— neue, üb. verschiedene Gegenstände. 8. Gotha 774. Ettinger. 8 gr

Träume auf dem Ocean. 8. (48 S.) Braunschweig 891. (Bock & Co.) n. 1. —

Träume, Patriotische, eines Eydgenossen von einem Mittel die veraltete Eydgenossenschaft zu verjüngern. Freystadt [Luzern] 1757. V: *Balthasar, Franc. Urs.* H: *Iselin, Isaac.* (Wr) (Adel) (Cat. d. Stadtbibl. Zürich. Zürich 1864—97.)

— patriot., gewidmet allen Schädeln, die das Organ d. Freigebigkeit haben. 8. Braunschw. 805. Vieweg. . . .

Träume, Philosophische und patriotische, eines Menschenfreundes. Zürich 1758. V: *Iselin, Isaac.* (JL) (GGr) (ML) (Ky) (Wr) (Cat. d. Stadbibl. Zürich. Zürich 1864—97.)

— philosoph. u. patriot., eines Menschenfreundes, (v. Is. Iselin). 8. Zürich 758. N. A. 761. Orell. 14 gr

— d. Religion d. Christen, von e. Jünger Voltaire's. 8. Gotha 773. Ettinger. 8 gr

— — dess. 8. Berlin, Lange. 772.

— Samml. d. merkwürdigsten, nebst Abhandl. üb. Träume 8. Leipz. Landes Ind. Comt.

Träume und Schäume vom Rhein. In Reisebildern aus Rheinbaiern und den angrenzenden Ländern. Aus den Papieren eines Müden. Speyer 1838—1839. V: *Blaul, Friedrich.* (Brümmer, Franz. Lexikon der deutschen Dichter des 19. Jahrhunderts. 6. Auflage. Leipzig 1913ff., I, 253)

Träume und Schäume vom Rheine. In Reisebildern aus Rheinbaiern u. den angrenz. Ländern. A. d. Papieren e. Müden. 2 Bde. 8. (35¾ B.) Speyer 838, 39, Neidhard's Buchh.

Träume sind keine Schäume! od.: Deutung der Bilder, welche uns der Traum bietet. Min.-Ausg. 32. (56 S.) Leipzig 852, Thenau. 3 ngr

— üb. die, u. Wünsche der Jugend, u. ihr widriges Schicksal. 4. Frankf. 784. Fleischer. 9 gr

Träumer, der. gr. 8. Jena 753. Cuno. 1 ß 8 gr

Träumer, d. empfindsame, a. d. Frz. d. Blanchard. 2 Bde. 8. Zeitz, Webel. 799.

TRAUMER, Der von seinem Traum erwachende —. oder bedenkliche Fragen über die Eselpredigt des (Münchner) Intelligenzblatts Num. XX. und die Vertheidigung desselben.
Semper ergo auditor tantum, numquamne reponam.
(Typogr. Ornam. u. Druckerst.) München, bey Joseph Aloys Crätz, in dem Thiereckischen Hause in der Kauffingergasse (1768.) 4°. (In München 3 Expll.: 4° Bavar. 3000, XV, 11; Bav. 3002, 13; Diss. 1126. 12.)
15 beziff. S. Rücks. d. 1 u. letzten Bl. leer.

Träumer, Der vernünftige. Eine Wochenschrift. Hamb. 1732. V: *Hamann, Johann Georg.* (Schr) (Jacoby, Moral. Wochenschr. Hamb. 1888.)

Träumer, der, u. der Wecker, s.: Bibliothek, Europäische, 549 u. 550. Bd.

Träumer, Hans, München's Leben und Treiben, s. München's Leben und Treiben.

TRAUMER, Hans (d. i. *J. B. Allfeld*). Münchens Leben und Treiben. München 1854. Kl. 8°.
Auct. Dr. Franz Schnitzer. München, Nov. 1902. No. 2156

Träumer, Hans (ps.), *München's Leben u. Treiben.* Munchen, Joh. Palm's Hofbuchhdlg.. 1854. 12°. Cart. *)

Träumer, Jul., wilde Knospen. Gedichte. gr. 8. (XI, 207 S.) Leipzig 871. Frohberg. n. 2. 40; geb. m. Goldschn. n. 4. —

Träumereien. Lieder u. Bilder f. stille Stunden. 16. (12 S.) Leipzig 888. Baldamus, Sep.-Cto. cart. m. Goldschn. n. — 70

TRAUMEREIEN eines ambulirenden Cosmopoliten. 2 Thle. Kosmakan (Leipzig, Hilscher) 1783.
Weller; fing. Dr. — „Casmokan (Hilscher in Dresden)" steht im Cat. Vandenhoeck II. p. 798.

Träumereien, kriegerische und friedliche, über Vergangenes, Gegenwärtiges und Zukünftiges. Von Pz. (Pönitz). Leipzig 856. Teubner. 8. (VIII, 407 S.) n. 2 ngr

Träumereien, kriegerische und friedliche, über Vergangenes, Gegenwärtiges und Zukünftiges. Von Pz. (Carl Ed. Pönitz). gr. 8. (VIII und 407 S.) Leipzig 857, Teubner. *

Träumereien, Militärische, eines gewesenen Kavallerie-Offiziers. Zürich 1853. V: *Zeerleder*. (Cat. d. Stadtbibl. Zürich. Zürich 1864—97.)

— militärische, eines gewesenen Kavallerie-Offiziers. Zürich 853. (Schulthess.) 8. (2 Bl., 39 S.) n. 6 ngr.

Träumereien, moralische, v. Ekkehard Zeitgenoss. 8. (III, 93 S.) Basel 893. B. Schwabe. n. 1. 60

— philosophische, s. A. F. Cranz.

Träumereien, Poetische, eines Buchhändlers. Leipzig 1872. V: *Ebhardt, Justus*. (cb)

Träumereien, poetische, eines Buchhändlers. 8. (VIII, 98 S.) Leipzig 872, Weißbach. [Schmidt und Günther.] **

Traumgesicht, das, s. P. Cunäus.

Traumgesicht, Das, nach d. Lat. des Cunaeus. Schleswig 1795. V: *Kruse, Ernst Chn.* (NN)

Traumgesicht, das, nach d. latein. des Cunäus. 8. Schleswig. 796. Hat jetzt Hammerich in Altona. —

Wunderbares Traumgesichte allen Philosophis und Magis zur Prüfung dargeleget. Leipz. 730. 4.

Traumkrone, die. Von ***. 8. (38 S.) Dresden 896. E. Pierson. n. 1. —

IM Traumlande des Flagellantismus. Erlebnisse und Traumbilder einer Flagellantin. Preßburg 1900. 8°. 72 S. auf stark. rot. Papier mit 3 flagell. Zeichn.

Traumleben, das, u. seine Deutung, s.: Miniatur-Bibliothek.

Traumleben, Traumwelt. Leipz. 1842. V: *Passy, Anton*. (EB)

Traumleben, Traumwelt. Vom Verfasser der Preisnovelle Zeitspiegel. gr. 12. (18 B. u. Titvign.) Leipzig 842. Wien, Tendler u. Comp.

Traumleben, Traumwelt. Vom Verf. der Preisnovelle Zeitspiegel. (Mit Titelvign.) gr. 12. Leipzig 842, Volckmar. (Wien, Tendler u. Schaefer.) 1 1/6 ℛ

Traumlexikon oder das vollständigste Traumbuch. Enthält über 2000 Träume mit ihrer Bedeutung und den glücklichen Nummern der Zahlen- und Classen-Lotterie in alphabet. Ordnung. Nach schwed. und egypt. Handschriften bearb. 16. (80 S.) Hamburg 849, [Richter.]

Traumlexikon od. das vollständigste Traumbuch. Enthält üb. 2000 Träume m. ihrer Bedeutung u. den glücklichen Nummern der Zahlen- u. Classen-Lotterie in alphabet. Ordnung. Nach schwed. u. egypt. Handschriften bearb. 16. (80 S.) Hamburg 849, Volksbuchhandlung in St. Pauli. 3 ngr

Traumlexikon, neues, oder das vollständigste Traum-Buch. 16. (4 1/2 B.) Hamburg 844, Hamburg-Altonaer Buchhdlg.?

Traumüller, Frdr., s.: Arendts' naturhistorischer Schulatlas.

Traumüller, F., Geschichte der physikal. Experimentierkunst, s.: **Gerland, E.**

Traumüller, Fr. Die Mannheimer meteorologische Gesellschaft (1780—1799). Ein Beitrag zur Geschichte der Meteorologie. 24 S. Progr. Nik. *Leipzig* 1885

Traumüller, Frdr., die Mannheimer meteorologische Gesellschaft [1780—1795]. Ein Beitrag zur Geschichte der Meteorologie. Mit 38 Fig. gr. 8. (III, 48 S.) Leipzig 885. Dürr'sche Buchh. n. 1. 50

Traumüller, F., u. R. Krieger, Grundriss der Botanik für höhere Lehranstalten, insbesondere für Gymnasien. Mit 92 (eingedr.) Abbildgn. in Holzschn. gr. 8. (V, 77 S.) Leipzig 882. Brockhaus. n. 1. 20; cart. n. 1. 40

Traumüller, F., u. R. Krieger. Grundriss der Botanik f. höhere Lehranstalten, insbesondere f. Gymnasien. 2. Aufl. gr. 8. (VIII, 84 S. m. 111 Holzschn.) Lpz. 890, Brockhaus. * 1 20; cart. * 1 40

— u. **R. Krieger,** Grundriss der Botanik f. höhere Lehranstalten, insbesondere f. Gymnasien. 2. Aufl. gr. 8. (VIII, 84 S. m. 111 Holzschn.) Leipzig 891. F. A. Brockhaus. n. 1. 20; kart. n. 1. 40

Traumüller, F., Katechismus d. Geographie, s.: Arenz, Karl.

— Leitfaden der Chemie u. Mineralogie f. den Unterricht an Gymnasien. gr. 8. (VIII, 56 S. m. 32 Fig.) Leipzig 894. W. Engelmann. n. 1. —; kart. n. 1. 25

Traumüller, Frdr., Leitfaden d. Chemie u. Mineralogie f. d. Unterricht an Gymnasien. 2., verb. Aufl. gr. 8. (VIII, 49 S. m. 64 Fig.) Leipzig 898. W. Engelmann. Geb. in Leinw. n. 1. 60

Traumüller, Frdr., Leitfaden der Chemie u. Mineralogie f. den Unterricht an Gymnasien. 3., verb. Aufl. (VIII, 52 S. m. 64 Fig.) gr. 8. Leipzig 903. W. Engelmann. Geb. in Leinw. n. 1. 60

Traumulus, s.: Miniatur-Bibliothek. (Lösen, das, der Schachaufgaben.)

Traumweisen, die drei. Gedicht von J. B. 8. (8 S.) Prag 878. Kytka. n. — 32

Traun, E., prakt. Handbuch für Gold- u. Silberarbeiter. 12. (6 1/3 B. u. 2 Stnt.) Berlin 845, Hayn.

— Original-Ideen für Jouvelliere. 1.—4. Heft. qu. Roy.-4 (à 4 Blätter.) Berlin 846. (Hayn.) à 1/2 ℛ

Traun, Friedrich Adolph, aus Wandsbek: Zur **Kenntnis** des Dibrommesitolbromids und seiner Umwandlungsprodukte. *Heidelberg 1899: J. Hörning.* (80 S.) 8°
Heidelberg, Naturw.-math. Diss. v. 1899

Traun, Gustav. Blut u. Eisen. Eine Studie zur österreichischen Tagesgeschichte. Klgft., v. Kleinmayr, (1901). 16 S.

— unser Thronfolger. Gedanken üb. e. Stück österreich. Zeitgeschichte. gr. 8. (12 S.) Ebd. (901). n. — 30

Traun, H. J., Theodor u. Martha od. die Priesterweihe. Ein Gedicht in zwölf Gesängen. gr. 8. (VIII, 402 S.) Leipzig 890. Mutze. n. 6. —; geb. n. 8. —

Traun, Heinr., Versuch einer Monographie des Kautschuks. Inaug.-Dissert. Göttingen 859. (Vandenhoeck & Ruprecht.) gr. 8. (69 S.) n. 12 ngr.

Traun, Julius v. d., s. a. Julius von der Traun.

Traun, Jul. v. der, die Aebtissin v. Buchau, s. a. Bibliothek f. Ost u. West.

Traun, Jul. v. der, die Aebtissin v. Buchau. Eine Novelle. 8. (329 S.) Berlin 877. Paetel. n. 4. —; geb. n. 5. 50

Traun, J. v. der, die Aebtissin v. Buchau. Eine Novelle. 2. Aufl. 8. (165 S.) Wien 889. A. Bauer. n. 1. 80; geb. 2. 70

Traun, Jul. v. der, Exkursionen eines Österreichers. 1840—1879. 2 Bde. gr. 8. (XIII, 298 u. V, 280 S.) Leipzig 881. Duncker & Humblot. n. 10. —; geb. n. 12. 60

Traun, Jul. v. der, Gedichte. 2 Bde. gr. 8. (VII, 271; VII, 263 S.) Wien 871, Faesy und Frick. *

—— Gedichte. 3. verm. Aufl. gr. 16. (X, 388 S.) Stuttgart 876, Cotta'sche Buchh. *
geb. mit Goldschn. *
Die 2. Aufl. erschien u. d. T.: Die Rosenegger Romanzen.

von der Traun, Julius, die Geschichte vom Scharfrichter Rosenfeld u. seinem Pathen. [Novelle.] 8. (30 S.) Wien 852, Gerold. n. 1/3 ₰

Traun, Jul. v. der, die Geschichte vom Scharfrichter Rosenfeld u. s. Pathen. gr. 16. (48 S.) Leipzig 896. Berlin, G. H. Meyer. Geb. in Leinw. n. 1. 20

Traun, Jul. v. der, Goldschmiedkinder, s. a. Collection Hartleben.

—— Goldschmiedkinder. Roman. 8. (279 S.) Wien 880, Rosner. *

— Goldschmiedkinder. Illustr. v. Ant. C. Baworowski. hoch 4. (192 S.) Wien 896. A. Hartleben. Geb. in Leinw. m. Goldschn. n. 12. —

Traun, Julius von der —. Die Gründung von Klosterneuburg. Ein Gedicht von — —. Leipzig, 1854. Friedr. Ludw. Herbig. (VIII, 142 S. und 2 Blätter.) geh.

Julius von der Traun. Dem Pater Joachim Haspinger zu seinem fünfzigjährigen Priesterjubiläum am 9. September 1855. — — Zaunrith'sche Buchdruckerei in Salzburg. (2 Bl. 4.) Ein Gedicht.

— Toledaner Klingen. Ein Gedicht. gr. 16. (X, 99 S.) Wien 876. Braumüller. geb. m. Goldschn. n. 5. —

Traun, J. v. der (A. J. Schindler), der Liebe Müh' umsonst, s. a. Erzählungen, klassische, der Weltlitteratur. 9. Bd.

— der Liebe Müh' umsonst. 3 Novellen. 8. (291 S.) Teschen 884. Prochaska. n. 3. 50; Einbd. n. n. — 50

Traun, I. v. d., Der Liebe Müh' umsonst. [Klassische Erzählungen der Weltliteratur. Bd. 9. Sammlung Prochaska] 8°. (174 S.) Teschen: Karl Prochaska 1905. geb. K 1.—

Traun, Jul. v. der, Oberst Lumpus. Ein nachgelassener Roman. 12. (VII, 207 S.) Wien 888, Frick. *
geb. *

— 2 Novellen. (Die Geschichte v. Scharfrichter Rosenfeld u. s. Pathen. — Der Gebirgspfarrer), s.: Novellen-Bibliothek aus Oesterreich, Bd. 2.

— s.: Novellenbuch.

— Oberösterreich. Ein Skizzenbuch. 8. (296 S.) Leipzig 848, Grunow. 1 1/2 ₰

Traun, Julius von der, Oberösterreich und: Südfrüchte, s. Julius.

Traun, Julius von der, (Schindler), die Rosenegger Romanzen. Wien 852. Gerold. 8. (2 Bl., 224 S. u. 1 Stahlst.) n. 1 ₰. 10 ngr.

—— die Rosenegger Romanzen. 2. verm. Aufl. 16. (768 S. mit 1 Stahlst.) Ebendas. 874. *
geb. mit Goldschn. *

— die Rosenegger Romanzen. 3., verm. (Titel-)Aufl. 12. (X, 388 S.) Wien 889. Bauer. geb. n. 3. —

— Salomon, König v. Ungarn. Ein Gedicht. 8. (VI, 372 S.) Wien 873. Faesy & Frick. geb. m. Goldschn. n. 6. —

—— Salomon, König von Ungarn. Ein Gedicht. 2. Aufl. 8. (IV, 372 S.) Stuttgart 876, Cotta'sche Buchh. *

— Salomon, König v. Ungarn. Ein Gedicht. 2. (Titel-)Aufl. 8. (IV, 372 S.) Ebd. 889. n. 3. —

Traun, J. v. der, der Schelm von Bergen. 8. Wien 879, Grottendiek's Verlag. *

—— der Schelm von Bergen. Einer unverklungenen Sage nacherzählt. 8. (136 S.) Wien 879, Rosner. *

—— der Schelm von Bergen. Einer unverklungenen Sage nacherzählt. 4. unveränd. Aufl. 12. (166 S. mit Lichtdr.-Portr.) Wien 885. Rosner. *

— der Schelm v. Bergen. Einer unverklungenen Sage nacherzählt. 5. unveränd. Aufl. 12. (176 S.) Wien 893. F. Grottendiek. n. 2. 20; geb. n. 3. 60

— Südfrüchte. Novellen. 2 Bde. 8. (256 u. 272 S.) Ebd. 848. 2 1/4 ₰

Traun, Julius von der —. „Unter den Zelten." Soldaten-Lieder in Krieg und Frieden. 12. (68 S.) Wien, C. Gerold und Sohn 1853.

Traun, Karl Emmanuel Graf von

— s. Adelstern.

v. Traun, Graf Karl Emm., († ...) neue Schauspiele. 2 Bde. (Enth.: 1) Das Neujahrsgeschenk. 2) Der gebesserte Geitzige. 3) Die Schule der Väter. 4) Thelaire. 5) Der hochmüthige Geitzige. 6) Almanzi. 7) Die Pächter. 8) Die Macht der väterlichen Liebe. 9) Die Schwester als Cadet.) 8. Wien 781. Gerold. (Barth in Leipz.) 1 ℛ︎ß

Traundahl, Frz., der neue Diener. Lustspiel in 1 Aufzuge. 8. (31 S.) Braunschweig 892. Hannover, Schmorl & v. Seefeld Nachf. n. 1. —

Trauner, Carl, s. Trauner, Karl

Trauner, Emilie, der Dornstrauch auf dem Wege nach Bethanien u. andere Legenden, Märchen u. Novelletten. (VII, 179 S.) 8. Wien 911. H. Kirsch. 2.40; geb. n 3. 60

— Märchenspiele u. kleine Theaterstücke f. junge Mädchen. (V, 284 S.) kl. 8. Ebd. 908. 2. 40

Trauner, Emilie, allerlei Märlein u. Geschichten f. meine freundlichen kleinen Leser. Mit 24 Bildern v. Alex. Pock. (171 S.) gr. 8. Wien (905). H. Kirsch. Geb. n. 3. —

Trauner, F., der Jugend ärgster Feind. Ein ernstes Wort an Eltern, Lehrer u. Erzieher. 8. (72 S.) Donauwörth 888. Auer. n. — 30

Trauner, F., der Jugend ärgster Feind. Ein ernstes Wort an Eltern, Lehrer u. Erzieher. 2. Aufl. 8. (72 S.) Donauwörth 893. L. Auer. n. — 30

Trauner, F., der Jugend ärgster Feind. Ein ernstes Wort an Eltern, Lehrer u. Erzieher. 5. u. 6. Aufl. (72 S.) 8. Donauwörth (908. 10). L. Auer. — 80

v. Trauner, F. J., Reflexionen üb. Landwehren u. stehende Heere. 8. Bamb. 819. Kunz. 8 ℊℊ

v. Trauner, F. J., Reflexionen über Landwehren und stehende Heere. 8. Bamberg 819, jetzt Dresch. 1/3 ℛ︎ß

Trauner, Gust., aus trauten Mauern. Fröhliches u. Ernstes. (80 S.) 8. Leipzig 910. Modernes Verlagsbureau. nn 1. 80

Aus trauten Mauern. Fröhliches u. Ernstes von Gustav Trauner. Berlin-Leipzig: C. Wigand 1910. 80 S. 8° [10. 13934

Trauner, Ignaz, geistliche Brosamen, oder Feyertagspredigten. 4. Augsb. Wolf. 701.

— Seelenjagd, oder Sonntagspredigten. 4. Ebendaselbst. 707.

Trauner, Karl

Die Stellung der Frau zur Freimaurerei. Vortrag im Schwesternbund von C[arl] **Trauner.** [Frankfurt a. M. 1906: Mahlau & Waldschmidt.] 12 S. 8° [Kopftit.]
Aus: Bh. 49 (1906) S. 345—348.
Mahlau, Frankfurt a. M.

Traunfels Jv, Anleitung zum Tracieren der Eisenbahnen. Weimar 1867

Traungebiet, das, u. die Verwertung des Retentionsvermögens der Salzkammergut-Seen zur Milderg. der Hochwassergefahren, s.a. Beiträge zur Hydrographie Oesterreichs. 7. Hft.

Das **Traungebiet** und die Verwertung des Retentionsvermögens der Salzkammergut-Seen zur Milderung der Hochwassergefahren. Wien: W. Braumüller in Komm. 1904. (188 S.) 2°(4°)
= **Beiträge** z. Hydrographie Österreichs. H. 7. [05. 5181

Traunpaur, Cheval. d'Ophanie, Alph. Hnr., († ...) f. 1) Briefe, 30, üb. Gallizien. 2) *Delassemens* d'un Veteran. 3) *Parturnau.*

Traun-See [Schlagwort]

Traun-See. Wolfsgruber, H., illustrirte Karte d. Traun-Sees sammt Umgebung. 1 : 25,000. Mit 50 in die Karte eingedr. Ansichten der schönsten Punkte, einzelner Villen u. Angabe der Wegmarkirgn. 2. Aufl. Photolith. u. color. gr. Fol. Gmunden 888. (Mänhardt.) n. 2. —

Traunstein [Schlagwort]

Traunstein, s.a. Deutschland. (Abt. Bayern.)

Traunstein s.a. Reichenhall.

Traunstein. Pelikan, Gust. Edler v., Relief-Umgebungs-Karte von Traunstein, nach eigenen Reliefs bearb. u. gezeichnet. 1 : 100,000. 44×54 cm. Farbdr. Traunstein (900). G. H. Stifel. n. 2. 50; auf Leinw. n. 3. —

— Stadtplan, neuester, v. Traunstein. 1 : 5000. 47×47 cm. Farbdr Traunstein (900). M. Endter. n. — 50

Traunstein [Verfasser]

Traunstein, Jos., Agnes Bernauer oder der Engel von Augsburg. Volkserzählung aus dem 15. Jahrh. Neu hrsg. 8. (123 S. mit 1 Lichtdr.-Bild.) Straubing 887, Volks- und Jugendschriften-Verlag. cart.

Traunsteiner, Hans (Otto Passy), die Pöstlingbergbahn, s.a. Dialectdichtungen, oberösterr. 3.

TRAUNSTEINER, Hans
(F) Die Pöstlingbergbahn. Von Hans Traunsteiner. (Otto Passy.) Linz. 1900. Mareis. 8°. 11 S. K —.20

Traunwieser, Johann

Traunwieser, J.: Die mittelhochdeutsche Dichtung Lohengrin, „ein Mosaik aus Wolfram v. Eschenbach". Mähr.-Trübau. 63 S. Progr. 1885.

Traunwieser, Joh., die mittelhochdeutsche Dichtung Lohengrin, „eine Mosaik aus Wolfram Eschenbach". gr. 8. (65 S.) Wien 885, (Pichler's Wwe. und Sohn.) *

Traunwieser, Joh., die mittelhochdeutsche Dichtung Lohengrin „e. Mosaik aus Wolfram Eschenbach". gr. 8. (65 S.) Wien 888. (Pichler's Wwe. & Sohn.) n. 1. 30

Traunwieser, Johann: Die Psychologie als Grundlage der Grammatik vom wissenschaftlichen und paedagogischen Standpunkte aus kurz bearbeitet. 8 (S. 3—30). Staats-Oberg. *Mähr.-Trübau* 1897. **Progr.**

Traunwieser, Joh., die Psychologie als Grundlage der Grammatik v. wissenschaftl. u. pädagog. Standpunkt aus, kurz bearb. f. Philologen u. Freunde der Philologie. gr. 8. (80 S.) Mähr.-Trübau 897. E. Nowotny's Nachf. n. — 85

Traunwieser, J.: In M. T. Cic. librum qui inscribitur Brutus quaestiones. Mähr.-Trübau. 33 S.
Progr. 1879

Trauordnung bey den heutigen Christen im Morgenlande beschrieben und dem hohen von Welser und von Hallerischen Brautpaar glückwünschend und devotest geweyhet von C. E. W. Am Vermählungsfeste d. 14. Okt. 1783. [Nürnberg 1783.]
1 Bl. 8

Traurede. 8. Götting. 794. Dieterich. 1 gr.

Traurgedichte, s. Trauergedichte

Traurig, Geo. Jh. Apollonius, Grundcharakter der Wissenschaft u. Historie. Ein Wort der Zeit. gr. 8. Landsh. 811. (Weber in Münch.). 6 gr.

Traurig, G. J. A., Grundcharakter d. Wissenschaft und Historie. Ein Wort d. Zeit. gr. 8. Landshut, Weber. 812.

Traurig, G. J. A., vermischte Schriften. Die Agilolfinger, od.: Fürstengeschlechtskunde der Bojer. In drei Büchern u. mit e. genealog. Tab. in 3 Blätt. 1. Lfg. (2 Abthln.) gr. 8. (12½ B.) München 833, (Fleischmann.) Thlr.

Trauring, der, s. Schauspiele von Lembert.

TRAURING, Der, oder der Geist des Fräulein Sidney; aus d. Englischen (übers. von Chrn. Aug. Wichmann). Breslau 1780.
Anon.-Lex. IV. p. 188 (nach Kayser); Meusel hat „Leipzig". — Selten!

Trauring, der, oder der Geist des Fräulein Sidney; aus dem Engl. (v. Chr. A. Wichmann). 8. Bresl. 780. J. F. Korn. 1 gr.

Traus, Georges, Leitfaden der Schul-Hygiene, s.: Feltgen, Ernst.

Trausch, Josef Franz

Trausch, J., s. Bemerkungen über rc. den Bischof Moga.

Trausch, J., Chronicon, s. Chronicon.

J[osef] F[ranz] **Trauschs** Handschriften-Katalog. Bearb. u. erg. von Dr. Oskar Netoliczka, Prof. u. Bibl. Gedr. über Beschluss d. Kronstädter ev. Presbyt. T. 1. Kronstadt 1898: J. Gött's Sohn. 8°

Trausch Joseph. Magazin für Geschichte, Literatur und alle Denkwürdigkeiten Siebenbürgens. Im Verein mit mehreren Vaterlandsfreunden, herausg. von — III. Bd. 1. Heft. 8. (VI. u. 96 S.) Kronstadt 1852, J. Gött.

Trausch, Jos., Schriftsteller-Lexikon od. biographisch-literär. Denkblätter der Siebenbürger Deutschen. 3 Bde. gr. 8. (XX, 393, 463 u. 604 S.) Hermannstadt 868—871. W. Krafft. n.n. 21. 25
Ergänzungsband, s.: Schuller, Frdr.

Trausch, Josef: Schriftsteller-Lexikon oder biographisch-literärische Denk-Blätter d. Siebenbürger Deutschen. Bd 1—4 (4: v. Friedrich Schuller). Kronstadt (4: Hermannstadt) 1868—1902.

Trausch, Valentin: Anrede, gesprochen am 10. August 1834, in der St. Peters-Kirche zu Luxemburg, an die Zöglinge des Königlich-Grossherzogthümlichen Athenäums, als Vorbereitung zur hl. Firmung, welche Ihnen Se. Hochwürden der Herr Vicarius Apostolicus am folgenden Tag ertheilt hat. Luxemburg: Lamort 1834. 8 S. 12°

Trausch, Valentin: Rede, gehalten bei der feierlichen Vertheilung der Preise an die Zöglinge der Primär-Schulen der Stadt Luxemburg, am 26. September 1833. Lützemburg: Schmit-Brück 1833. 8 S. 12°

Trauschcke, Gottfried (Görlitz) A. S. 1160/15

Disputatio inauguralis medica, exhibens succinctam sexus potioris secundum statum n. et p. n. spermatologiam. Präs. Johann Andreas Fischer. Erfurt (Grosch) 21. VII. 1725. 20 S.

W. v.: Andreas Elias Büchner. 34624

Trauschein, der,. Lustsp. 8. Cöthen, Aue. 796.

Trauschein, der; Lstspl. v. H. 8. Köthen 797. Aue. 3 gr.**

Trauschein, 25. (Mit u. ohne Text.) qu. gr. 4. Leipzig 882. Drescher. n.n. 2. —

Trauscheine, 25. 2. Aufl. qu. gr. 4. Frankfurt 884. Drescher. n. 2. —; ohne Text n. 2. —

Trauscheine, fünfundzwanzig. 2. Aufl. qu. gr. 4. Leipzig 884, Wilh. Weber. *

Trau-Scheine, 25 evangelische. Mit Bibelsprüchen und Liederversen. qu. gr. 4. Halle 878, Mühlmann. *

Trau-Scheine, 20, mit Bibelsprüchen und Liederversen. Mit Zeichnungen von C. Andreae. Pracht-Ausg. 2 Hefte. gr. 4. (à Heft 20 Bl. in Buntdr.) Bielefeld 883, Velhagen und Klasing. à Heft *M 2. *

Trau-Scheine, 20, m. Bibelsprüchen u. Liederversen. Mit Zeichngn. v. C. Andreae. Pracht-Ausg. 3. Hft. (Buntdr.) qu. Fol. Bielefeld 890. Velhagen & Klasing. n. 2. — (1—3.: n. 6. —)

Trau-Scheine, 20, m. Bibelsprüchen u. Liederversen. M. Zeichngn. v. C. Andreae. Pracht-Ausg. 1. Hft. 2. Aufl. qu. gr. 4. Bielefeld 895. Velhagen & Klasing. n. 2. —

Trau-Scheine, 20, m. Bibelsprüchen u. Liederversen. Mit Zeichngn. v. C. Andreae. Pracht-Ausg. 1. Heft. 3. Aufl. u. 2. Heft 2. Aufl. (à 20 Bl.) qu. Fol. Bielefeld (903). Velhagen & Klasing. à Hft. n. 2. —

Trau-Scheine, 20, m. Bibelsprüchen u. Liederversen. Mit Zeichngn. v. C. Andreae. Pracht-Ausg. 3. Heft. 2. Aufl. (20 Bl.) 28,5×35,5 cm. Bielefeld (907). Velhagen & Klasing. 2. —

Trauschenfels, Eugen v., deutsche Fundgruben zur Geschichte Siebenbürgens, s. Fundgruben.

—— Magazin für Geschichte, s. Magazin.

Trausel, W., Einführung in die Phonetik u. ihre Anwendung auf den ersten Sprachunterricht. Für Lehrer u. Lehramtskandidaten. Mit 2 Abbildgn. u. 1 Lauttaf. gr. 8. (VIII, 94 S.) Wien 902. A. Pichler's Wwe. & Sohn. n. 1. 50; geb. n. 1. 90

Trausil, Max

Trausil, M.: Der Henker wider Willen, s. Novellenbibliothek, Criminalistische.

– Die Kröte als Verräterin, s. Novellen-Bibliothek, Criminalistische.

Trausil, Max, Leitfaden für Dilettanten zum öffentlichen Auftreten, s.: Vergnügungseck, das. 2. Bd.

Trausil, Max, Franz Liszt u. d. Ewig-Weibliche. Wahrheit u. Dichtg. gr. 8. (172 S.) Leipzig 896. A. Bleier Nachf. 2. —

– Der Mörder seiner selbst, s. Novellen-Bibliothek, Criminalistische.

– Die Polizei v. der Polizei überlistet, s. Novellen-Bibliothek, Criminalistische.

Trausil, M., aus dem Schnappsack eines literarisches Vagabunden. 1. und 2. Aufl. 8. (IV, 108 S.) Leipzig 878, [Hartknoch.] Wartig's Verlag. *
Mit color. Wachstuchdeckel *

Trausil, Max, die Schule des Theater-Kritikers. Handbuch f. Theaterfreunde. 8. (96 S.) Leipzig 893. Slav. Buchh. n. 1. —

—— u. Ed. Jacobson. Das Singspiel der Zarin, s. Sänger, Vertr. Eug.

Traustl, Max, der Socialisten-Prozess vor dem Reichsgericht in Leipzig. 2. Aufl. Leipzig, Julius Milde. 1881. 8°. 79 S. Cart.*)

Trausil, Max. Die Theater-Tante. Novelle. 12. (266 S. m. Illustr.) Hamb. 889, Carly. 1 20

— **Vademecum** f. Dilettanten. Eine theoretisch-prakt. Anleitg. zum öffentl. Auftreten. 8. (III, 100 S.) Leipzig 887. C. A. Koch. n. 1. 20

— **Richard Wagner.** Künstler-Novelle. gr. 8. (102 S.) Ebd. 890. 1. 20

— **d. Welt hinter d. Coulissen.** Indiscretionen aus d. Schauspielerleben. gr. 8. (III, 109 S.) Ebd. 895. 1. 50

Trauslew, s. Truslew.

*** Trauslew, N., Abbildungen aller Arten Schiffe in fast allen mögl. Stellungen z. See. 16. 4. Copenh. Bonnier. (in Comm.) 810.**

Traustedt, M. P. A., die Thaliacea der Plankton-Expedition, s.: Ergebnisse der in dem Atlantischen Ocean von Mitte Juli bis Anfang Novbr. 1889 ausgeführten Plankton-Expedition der Humboldt-Stiftung.

Traustl, Max, s. Trausil

Traut, A., Schreibe-Buch mit methodisch-geordneter Vorschrift. 16 Hft. (12 Blätter.) Lithogr. qu. 4. Wesel 838. Bagel. $1^1/_2$ ℛ

Traut, Anselm, e. Opfer der Wilden od. unter den Cannibalen. Erzählung f. das Volk u. die reifere Jugend. 8. (64 S.) Hamburg 884. Kramer. — 25

Ein Opfer der Wilden oder Unter d. Kannibalen. Erzählung f. Alt u. Jung von A. Traut. Berlin: A. Weichert [1900]. (64 S.) 8°
(Indianer- u. Volksbibliothek. 115.)

Traut, Ant., Zeichenunterricht in der Elementarschule. 1. und 2. Heft. qu. 4. (à Heft 12 Sgr.) Crefeld 885, Brocker. [1. Heft. 13. Aufl.; 2. Heft. 9. verb. Aufl.] à Heft *

Traut, Georg

Traut, G., cours complete de langue allemande, s.a. Ollendorff, H. G.

Traut, Georges, cours complet de langue allemande en deux parties. 1re partie. 3me édit., corrigée et augmentée. 8. (VII, 438 und 3 lithogr. S.) Frankfurt a. M. 885, Jügel's Verlag. geb. ℳ 4.20.; Clef. (144 S.) geb.

Traut, G., grammaire allemande. Cours de langue allemande à l'usage des Français. Nouvelle (4.) éd., entièrement refondue par J. Stehling. (XII, 444 S.) kl. 8. Frankfurt a/M. 910. C. Jügel. Geb. 4.—; corrigé des exercices. (32 S.) — 75

—— German Grammar for the use of the English, s. Ollendorff, H. G.

Traut, G., u. J. van der Jagt, niederländische Grammatik m. Berücksicht. d. gesellschaftlichen u. geschäftlichen Verkehrs. [Nach den Ergebnissen vergleich. Sprachforschg. u. auf Quellenstudien beruhend.] gr. 8. (XX, 461 S.) Leipzig 888. Gloeckner. n. 4. 80; geb. n. 5. 50; Schlüssel (47 S.) n. 1. 50

Traut, G., vollständiges Lehrgebäude der lateinischen Sprache, s. Ollendorff's, H. G., neue Methode ꝛc.

Traut, Geo., vollständiges Lehrgebäude der lateinischen Sprache. Nach einem durchaus neuen u. selbständigen Systeme verf. 2., gänzlich umgearb. u. vervollständ. Aufl. 8. (XXXIV, 771 S.) Frankfurt a/M. 880. Jügel's Verl. cart. 6. —; Schlüssel (160 S.) cart. 2. —

—— Lexikon über die Formen der griechischen Verba. Nebst 2 Beilagen. I. Verzeichniss der Declinations- und Conjugations-Endungen. II. Grammatischer Schlüssel. gr. 8. (VIII S. und 772 Sp.) Giessen 867, Roth. *

— J. G. Ollendorff's nouvelle méthode, pour apprendre à lire, à écrire et à parler une langue. — Cours complet de langue allemande en 2 parties. 1. partie. Ebend. 870. 8. (XXXIV, 438 S. mit 2 Steintaff. in qu. 4.) cart. 1 ℛ 10 ngr.
Schlüssel dazu (149 S.) cart. 18 ngr.

Traut, Geo., H. G. Ollendorff's Methode, eine Sprache in kürzester Zeit zu erlernen. Erster Unterricht in der französischen Sprache mit besonderer Bedachtnahme auf Aussprache und Lesen. Für die Elementarstufen des Schul- u. Privatunterrichts im Allgemeinen u. insbesondere als Vorschule der Ollendorff'schen französischen Sprachlehre nach einem neuen Systeme verfaßt. Frankfurt a. M. 862. Jügel's Verlag. 8. (XVII, 368 S.) 18 ngr.

— J. G. Ollendorff's Methode, eine Sprache in kürzester Zeit zu erlernen. Vollständiges Lehrgebäude der latein. Sprache. Nach einem neuen u. selbstständigen Plane ausgearbeitet. 1—93. Lehrstufe. Frankfurt a. M. 868. Jügel's Verl. 8. (XXXIV, 857 S.) cart. 1 ₰ 27 ngr.; Schlüssel dazu (III, 196 S.) cart. 21 ngr.

Traut, Geo., die Ollendorff'sche Methode im Zusammenhange mit dem Wesen der natürlichen u. künstlichen Spracherzeugung u. in ihrer Vervollkommnung u. allgem. Anwendung auf den Sprachunterricht in den durch C. Jügel's Verlag veranstalteten Lehrbüchern. Frankfurt a. M. 857. Jügel's Verlag. 8. (42 S.) gratis

—— Schlüssel zu dem Lehrgebäude der lateinischen Sprache, s. Ollendorff, H. G.

—— französische Stilistik für den Schul- und Privatunterricht. 1. Thl.: Grammatisch-stilistischer Unterricht in der französischen Sprache mit besond. Bedachtnahme auf die Ausführung von Exercitien und Aufsätzen. (1. und 2. Stufengang.) gr. 8. (210 S.) Gießen 865, Roth. *

Traut, Geo., Taschen-Repetitorium der lateinischen, französischen und englischen Sprache, s. Taschen-Repetitorium für Gymnasial- und Realschüler.

—— erster Unterricht in der französischen Sprache, s. Ollendorff.

Traut, Geo., erster Unterricht in der französischen Sprache mit besonderer Bedachtnahme auf Aussprache und Lesen. Vorschule und Elementarbuch. 2. umgearb. Aufl. 8. (XIV, 247 S.) Ebendas. 882. cart.

— englischer Wortschatz [Vocabulary] mit Bezeichnung der Aussprache. Nebst 3 Beilagen. 8. (X, 58 S.) Neuwied 875. Heuser's Verl. — 90; geb. 1. —

Traut, H., Leitfaden zum Photographieren. Ein Handbuch f. Kunstliebhaber. gr. 8. (IV, 101 S. m. Abb.) Leipzig 902. E. Haberland. n. 1. 50; geb. n. 2. —

Traut, Heinrich Theodor

Traut, H. Th., englische Aufsatz- und Briefschule. Eine Sammlung von Musteraufsätzen, Briefen und Entwürfen. Mit Einleitungen und Präparationen. Für die Oberklassen höherer Schulen und zum Privatstudium. gr. 8. (VIII, 164 S.) [Bernburg 886, Bacmeister.] Dresden, Kühtmann. *

Traut, H. Th., englische Aufsatz- u. Briefschule. E. Sammlg. v. Musteraufsätzen, Briefen u. Entwürfen. M. Einleitgn. u. Präparationen. Für die Oberklassen höh. Schulen u. z. Privatstudium. 2. (Titel-) Aufl. gr. 8. (VIII, 164 S.) Dresden (886) 895. G. Kühtmann. n. 1. 80; geb. n. 2. —

— französische Aufsatz- u. Briefschule. Eine Sammlg. v. Musteraufsätzen, Briefen u. Entwürfen. Mit Einleitg. u. Präparationen. Für die Oberklassen höherer Schulen u. zum Privatstudium. gr. 8. (VIII, 170 S.) Ebend. 886. n. 1. 80

— französische Aufsatz- u. Briefschule. E. Sammlg. v. Musteraufsätzen, Briefen u. Entwürfen. M. Einleitgn. u. Präparationen. F. d. Oberklassen höh. Schulen u. z. Privatstudium. 2. (Titel-) Aufl. gr. 8. (VIII, 170 S.) Ebd. (886) 895. n. 1. 80; geb. n. 2. —

Traut, Heinr. Thdr., Bilder und Skizzen aus dem Leben deutscher Dichter des 18. Jahrh. 8. Leipzig 868, Licht und Meyer.

Traut, Heinr. Thdr., Bilder und Skizzen aus dem Leben deutscher Dichter des 18. Jahrh. Eine Zugabe zu deutschen Dichterwerken. 8. (VIII, 280 S.) Leipzig 868, Matthes.

Traut, Heinr. Thdr., Briefsteller oder Sammlung von Briefen, Geschäftsaufsätzen und Telegrammen, sowie die Buchführung, nebst Bemerkungen über den Brief-, Geschäfts- und telegraph. Stil. Mit einer Einleitung: Grundzüge der deutschen Sprachlehre und einem Anh.: Fremdwörter und die Staaten Europa's. Ein theoretisch-pract. Handbuch für Schule und Haus. gr. 8. (XII und 811 S.) Leipzig 866, Merseburger.

Traut, H. Th., a collection of english mercantile letters concerning corn trade: being a guide four young merchants to acquire a good style of business. A. u. d. T.: Sammlung englischer Original-Handlungsbriefe das Korn-Geschäft betreffend. 8. (VIII und 52 S.) Leipzig 856, Merseburger.

Traut, H. Th., Vingt et une Coeur- und Pique-Dame. Historische Feuilletons. 8. (VIII, 440 S.) Leipzig 884, Blüher. * ℳ 4.; geb. *

—— historische Darstellungen aus der Geschichte des Mittelalters. Nach den Quellen und besten Geschichtsschreibern für die obere Stufe des Geschichtsunterrichts in Schulen, sowie zu einer bildenden Lectüre für Freunde der Geschichte. 2 Thle. gr. 8. (XXVI und 472 S.) Leipzig 867, Matthes.

— do you speak English?, s. a. Koch's Sprachführer.

Traut, H. Th., do you speak English? od. die nützlichsten u. nothwendigsten englisch-deutschen Gespräche, Redensarten u. Wörtersammlgn. 13., verm. Aufl. 8. (VIII, 236 S.) Leipzig 889. C. A. Koch. 1. 20

Traut, H. Th., Do you speak English, 15. Aufl., s.: Montgomery, John.

Traut, H. Th., englisches Elementarbuch. Mit Bezeichnung der Aussprache. 8. (VI, 143 S.) [Leipzig 878, Diez.] Weimar, Diez und Foerster.

— German grammar, s.: Fritsch, Aug.

Traut, H. Th., Grundlagen für den Unterricht in der Englischen Sprache als Vorbereitungs-Unterricht auf das pract. sowol als auch wißenschaftl. Studium dieser Sprache. Leipzig 855. Merseburger. gr. 8. (VII, 100 S.) 10 ngr.

—— Grundlagen für den Unterricht in der englischen Sprache. Eine Elementar-Grammatik. 2., verb. und verm. Aufl. gr. 8. (VIII und 84 S.) Leipzig 863, Merseburger. *

—— Grundzüge der englischen Grammatik und Prosodie nebst Uebungsaufgaben. Ein Leitfaden für Lehrer und ein Lern- und Wiederholungsbuch für Schüler. gr. 16. (X, 163 S.) Leipzig 873, G. Körner. [London, Wohlauer.]

—— Grundzüge der neuhochdeutschen Grammatik, nebst einem Anh.: Tropen und Figuren, Metrik und Poetik. Für höhere Lehranstalten, insbesond. Seminarien. 8. (VII und 136 S.) Leipzig 865, Merseburger.

—— Handbuch für den Unterricht in den deutschen Stylübungen zunächst für Töchterschulen. 8. (XII und 136 S.) Leipzig 864, Merseburger.

—— Aufgaben dazu. 3 Hefte. 8. (124 S.) Ebendas. 864. à Heft * 2 Ngr. *

—— methodisches Hilfsbuch bei dem Unterricht in der Grammatik der deutschen Sprache. Mit Beispielen und Übungsaufgaben. In 4 Kursen. Für höhere Lehranstalten. gr. 8. [Bernburg 885, Bacmeister.] Gotha, Behrendt. *

Inhalt:

Kursus 1.	6. Klasse.	(19 S.)	* 20 Pf.
„ 2.	5. Klasse.	(24 S.)	* 25 Pf.
„ 3.	4. Klasse.	(24 S.)	* 25 Pf.
„ 4.	3. Klasse.	(24 S.)	* 25 Pf.

—— systematisches Hilfsbuch bei dem Unterricht in der deutschen Litteratur-Geschichte. Mit einem Inhalts- und Namenregister. Für die Oberklassen höherer Lehranstalten. 2. Aufl. gr. 8. (IV, 76 S.) Ebendas. 885. *

— Hilfsbuch zur Uebung in der englischen Handelscorrespondenz. Eine prakt. Vorbereitung f. das engl. Contor, zum Selbstunterricht, sowie f. Handelsschulen u. Contors v. Kaufleuten u. Gewerbtreibenden. 8. (X, 181 S.) Halle 873. Schwetschke. n. 2. —

Traut, H. Th., die leitende Idee der deutschen Nationalschule. 12. (40 S.) Hamburg 849, G. W. Niemeyer.

—— Lehrbuch der Erdkunde, enth. die Grundlehren der mathemat., physikal. und polit. Geographie sammt der Länder-, Völker- und Staatenkunde aller fünf Erdtheile, nebst eingestreuten Bildern und Skizzen. Für höhere Schulen, insbesond. Fortbildungsanstalten. 1. Aufl. (X, 816 S.) 1870, und 2., mit Bezugnahme auf die neuesten polit. Ereignisse bericht. Aufl. gr. 8. (X, 824 S.) Ebendas. 871. *

—— Lehrbuch der deutschen Literaturgeschichte, enth.: Charakteristiken der Perioden und Gattungen der Poesie und Prosa wie auch Angaben der Denkmäler und Schriftsteller, nebst eingefügten Episoden und Skizzen. Für höhere Schulen, insbesond. Fortbildungsanstalten. gr. 8. (XII, 811 S.) Ebendas. 871. *

—— Lehrbuch der deutschen Sprache, enth. eine systemat. Grammatik mit class. Beispielen und pract. Uebungsaufgaben an realen Sprachstücken nebst Anhängen über den Stil und die Poesie. Für höhere Schulen, insbesond. Fortbildungsanstalten. 1. und 2. Aufl. 1869,71. *ℳ 2,40., und 3. verb. Aufl. gr. 8. (X, 278 S.) Halle 871, Schwetschke'scher Verlag. *

— dasselbe. 3. verb. Aufl. gr. 8. (X, 278 S.) Ebend. 874. n. 2. 70

— Lehrbuch der deutschen Sprache, enthaltend eine systematische Grammatik mit klassischen Beispielen u. praktischen Uebungsaufgaben an realen Sprachstücken, nebst Anhängen über den Stil u. die Poesie. Für höhere Lehranstalten. 4., verb. Aufl. 8. (X, 287 S.) Halle 878. Schwetschke. n. 2. 80

Traut, Heinr. Thdr., Lehr- und Uebungsbuch des deutschen Stils, enth. in systemat. Anordnung die Lehrsätze der Stilistik mit Beispielen und alle Arten von Aufsätzen in modernen Musterdarstellungen und zahlreichen Entwürfen und Dispositionen. Für höhere Lehranstalten, Realschulen, kaufmänn. Fortbildungs- und höhere Töchterschulen. gr. 8. (VIII, 343 S.) Ebendas. 873. *

—— Lehr- und Uebungsbuch des deutschen Stils, enthaltend in systemat. Anordnung die Lehrsätze der Stilistik mit Beispielen und alle Arten von Aufsätzen in modernen Musterdarstellungen und zahlreichen Entwürfen und Dispositionen. Für höhere Lehranstalten, Realschulen, kaufmänn. Fortbildungs- und höhere Töchterschulen. 2. verb. Aufl. gr. 8. (VIII, 346 S.) Halle 880, Schwetschke'scher Verlag. *

— Leitfaden bei dem Unterrichte in der deutschen Grammatik f. höhere Lehranstalten nach dem größeren Lehrbuche der deutschen Sprache. gr. 8. (VI, 69 S.) Ebend. 876. n. — 80

Traut H. Th., englisches Lese- u. Uebungsbuch. 2. Thl. Für die oberen Classen der Real- u. höheren Bürgerschulen sowie f. das Einjährig-Freiwilligen-Examen. Mit erklär. Noten u. e. literar.-histor. Anh. (VIII, 304 S.) London 875. Wohlauer. n. 3. —

—— erstes englisches Lese- und Uebersetzungsbuch. Mit Vocabeln zu jedem Stück und einem Wörterbuch nebst Bezeichnung der Aussprache. 16. (VIII, 195 S.) Leipzig 874, G. Körner. [London, Wohlauer.] *

— die deutsche Rechtschreibung in Regeln u. Uebungen. Eine Vorschule der Sprachlehre f. Schulen u. zum Selbstunterricht. 8. (32 S.) Leipzig 872. Merseburger. n. — 20

— deutscher Reichs-Universal-Briefsteller, s.: Rammler, Otto Frdr.

— englischer Reise-Hotel-Dolmetscher. Neuestes System, Original. [Ster.-Ausg.] 8. (IV, 137 S.) Leipzig 884. Blüher. geb. n. 1. 20

Traut, H. Th., französischer Reise- u. Hotel-Dolmetscher. Neuestes System, Original. Ster.-Ausg. 12. (156 S.) Leipzig 885. B. M. Blüher. Geb. in Leinw. n. 1. 20

— Sammlung Englischer Original-Handlungsbriefe das Korn-Geschäft betreffend. Für jüngere Handlungsbeflissene bearb. zur Erlernung des Geschäfts-Styles. A. u. d. T.: A collection of English Mercantile Letters concerning Corn Trade etc. Leipzig 856. Merseburger. 8. (VII, 52 S.) 7½ ngr.

Traut, H. Th., deutsche Schulaufsätze. Eine Sammlung von Abhandlungen, Dispositionen u. Thematen für obere Klassen höherer Lehranstalten. 8. (122 S.) Leipzig 878. Peter. n. 1. —; cart. n. 1. 20

— deutsche Schulaufsätze. E. Sammlg. v. Abhandlungen, Dispos. u. Thematen f. ob. Klassen höh. Lehranstalten. 2., durchgeseh. Aufl. 8. (122 S.) Leipzig 895. E. Peter. n. 1. —; geb. n. 1. 20

—— Skizzen und Studien zur deutschen Literaturgeschichte für gebildete Leser. gr. 8. (VIII, 818 S.) Halle 872, Schwetschke'scher Verlag. *

Traut, Heinr. Thdr., deutsches Sprachbuch für deutsche Schulen. Nach den Resultaten der neueren historischen Sprachforschung auf dem Gebiete der Lexilogie und Grammatik bearb. 8. (XX und 230 S.) Leipzig 858, Brockhaus. *

—— kleine deutsche Sprachlehre nebst Uebungsaufgaben und einem Anh.: Satzausdruckslehre und Aufsatzlehre. Für Volksschulen. 8. (VIII und 119 S.) Leipzig 865, Merseburger.

—— kleine deutsche Sprachlehre nebst Uebungsaufgaben und einem Anh.: Satzausdruckslehre und Aufsatzlehre. Für Schulen. 2. verb. Aufl. 8. (VIII, 119 S.) Leipzig 874, Merseburger. *

—— Syntax der deutschen Sprache. Für Schulen und zum Selbstunterricht. Nach der neuen Reichsorthographie. 8. (VIII, 80 S.) Leipzig 876, C. A. Koch's Verlag. *

—— Syntax der deutschen Sprache. Für Schulen und zum Selbstunterricht. 2. Aufl. Nach der neuen Orthographie. 8. (VIII, 80 S.) Leipzig 880, C. A. Koch's Verlagsh. *

— sächsische Vaterlandskunde für Schulen. Mit 4 in den Text gedr. Abbildungen. Ausg. A: für Sachsen. gr. 8. (VIII, 56 S.) Leipzig 882. Reichardt. n. — 60; Ausg. B: für Leipzig n. — 60

—— deutsche Verslehre mit einer Auswahl von Gedichten und biograph. Notizen über die Dichter für deutsche Schulen und zum Privatgebrauch. 8. (VIII und 288 S.) Leipzig 863, Merseburger.

— deutsches Vocabelbuch. 1500 für die Etymologie und Orthographie charakteristische Wörter. Mit Bezeichnung der mittel- u. althochdeutschen Formen. Leipzig 862. Klinkhardt. 8. (VI, 71 S.) 6 ngr.

—— a commercial Vocabulary. Kleines kaufmännisches Vocabelbuch und erste Anleitung zur engl. Handelscorrespondenz für jüngere Handlungsbeflissene. Eine Vorschule zu des Verf. „Hilfsbuch zur Uebung in der engl. Handelscorrespondenz". 8. (VI, 58 S.) Halle 874, Schwetschke'scher Verlag. *

—— Wegweiser in die politische Geographie. Eine geographisch-statist. Uebersicht der Länder und Staaten der Erde nebst einer Einleitung in die Grundzüge der allgemeinen Geographie und einem geograph. Namenregister. Für Freunde der Erdkunde. gr. 16. (IX, 249 S.) Leipzig 868, Matthes.

Traut, H. Th. Graf John Wilmot von Rochester. Leipzig, Buchhändler-Lehranstalt, 1874. 34 S. *Progr.*

Traut, Herm., s.: Jahresberichte des Frankfurter Vereins f. Geographie u. Statistik.

Traut, Hermann *Heinrich* [aus Altenkirchen]: Kurfürst Joachim II. von Brandenburg und der Türkenfeldzug vom Jahre 1542 ... (Erscheint vollst. im gl. Verl.) Gummersbach, F. Luyken, 1892; x, 45 S., 1 Bl. 8.
Berlin, Phil. Fak., Inaug.-Diss. v. 16. Juni 1892

Traut, Herm., Kurfürst Joachim II. v. Brandenburg u. der Türkenfeldzug vom J. 1542. Nach archival. Quellen bearb. gr. 8. (157 S. m. 1 farb. Karte.) Gummersbach 892. F. Luyken. n. 3. 75

Traut, Hugo: Die Hamlet-Kontroverse im Umrisse bearb. gr. 8. (74 S.) Leipzig 898. Dr. Seele & Co. n. 2. —

Traut, Hugo Quaestionum Theocritearum pars prior. 4 (29 S.), particula II. 4 (24 S.), pars tertia. 4 (23 S.).
Progr. Wilhelms-G. *Krotoschin* 1888 (144). 1889 (146). 1890 (149).
I. De nomine Theocriti. II. De genere Theocriti. III. De temporibus et carminibus Theocriti. — De idyllio VII. — De fabula Daphnidis. De idylliis XVI. XIV. XVII.

Traut, H. [Dr.]: Quaestionum Theocritearum particula II. Krotoschin, Druck v. F. A. Kosmäl (1889); 24 S. 4°
Krotoschin, k. Wilhelms-G, OP 1889 (146)

Traut, Hugo [Dr.]: Quaestionum Theocritearum pars tertia. (Forts. d. P-Beil. 1888. 89.) Krotoschin, Druck v. F. A. Kosmæl (1890); 28 S. 4°
Krotoschin, k. Wilhelms-G, OP 1890

Traut, H., quaestiones Theocriteae. Particula II. Dissertatio inaug. philolog. 4. (24 S.) Krotosiniae 889. (Breslau, Köhler.) n. 1. —
Particula I ist nicht in den Handel gekommen.

Traut, J[ohann] B. E[mil] v.: Die Zentral-Kommission für die Rheinschiffahrt und ihre Rechtsprechung von 1832—1911. nebst d. auf d. Gerichtsbarkeit in Rheinschiffahrtssachen bezügl. reichs- u. landesrechtl. Bestimm., bearb. u. zsgest. 2. Aufl. Straßburg i. E. 1912. 8° *[1. Aufl. 1902.]*

Traut, K. H. Erziehung u. Schule. Autoris., freie Bearbeitg. d. Thring'schen Werkes: Education and School. gr. 8. (III, 128 S.) Lpz. 891, Siegismund u. Volkening. * 2 —; geb. * 2 50

Traut, Sophie, Reisen bei Sonnenschein u. Regen. Aus dem Bade in die Heimat. Erzählungen aus dem Bereiche der Natur. Mit 80 Text-Illustr. u. 2 Tonbildern. gr. 8. (VI, 214 S.) Leipzig 880. Spamer. n. 3. —; geb. n. 4. 50

Traut, Sophie, Reisen bei Sonnenschein u. Regen. Aus d. Bade in die Heimat. Erzählgn. aus d. Bereiche d. Natur. Wohlf. [Titel-]Ausg. M. 80 Text-Illustr. u. 2 Tonbild. gr. 8. (VI, 214 S.) Leipzig (880) 898. O. Spamer. n. 2. —; geb. in Leinw. n. 2. 50

Traut, S., Lieschen's kleine und große Welt, s. Kinderbuch, das illustrirte goldene.

Traut, Sophie, Lieschens kleine und große Welt. Unterhaltende Büchlein für kleine Mädchen. I—III. 8. Leipzig, Spamer. à * ℳ 2. *
cart. à * ℳ 2,50. *

Inhalt:
I. Aus dem Elternhaus. 2. durchgeseh. Aufl. (VIII, 206 S. mit 123 in den Text gedr. Holzschn.-Abbild., 1 Ton- und 1 chromolithogr. Titelbilde.) 876.
II. Aus der Schule. (VIII, 228 S. mit über 120 Text-Abbild. in Holzschn., 2 Tonbildern und 1 bunten Titelbilde.) 876.
III. Zwischen Haus und Schule. Unterhaltendes Büchlein für kleine Mädchen. (VIII, 208 S. mit über 90 in den Text gedr. Holzschn.-Abbild., 2 Tonbildern und 1 bunten Titelbilde.) 877.

Traut, Sophie, Lieschens kleine u. große Welt. Unterhaltende Büchlein für kleine Mädchen. 3 Bde. gr. 8. Leipzig, O. Spamer. à n. 1. —; geb. in Leinw. à n. 1. 50
1. Aus dem Elternhaus. 2. durchgeseh. Aufl. Wohlf. [Titel-]Ausg. Mit 123 in den Text gedr. Abbildgn., 1 Ton- u. 1 Titelbild. (VIII, 206 S.) [876.] (899.)
2. Aus der Schule. Wohlf. [Titel-]Ausg. Mit üb. 120 Text-Abbildgn., 2 Tonbildern u. 1 bunten Titelbilde. (VIII, 228 S.) [876.] (899.)
3. Zwischen Haus u. Schule. Wohlf. [Titel-]Ausg. Mit üb. 90 in den Text gedr. Abbildgn., 2 Tonbildern u. 1 bunten Titelbilde. (VIII, 208 S.) [877.] (899.)

Traut, Wolfgang Joseph (Neumarkt/Bay.) A. S. 347/21

De stipendiis militum, vulgo Soldaten=Sold.
Präs. Peter Müller.
Jena (Ehrich) 1715. 32 S.

Diss. VII. 1691. 34627

Trautenau [Sachliches OW]

Trautenau—Custoza—Lissa 1866. Hrsg. v. Karl Harbauer. 2 Tle. (201 S. m. Abbildgn. u. 2 Tab.) gr. 8. Wien 906. C. W. Stern. à n. 2. —

Trautenau [Schlagwort]

Trautenau, s. a. Oesterreich-Ungarn. Spezialkarte. — Radfahrerkarten. Strassenprofilkarte.

Trautenau. Stelzig, Heinr., Karte des Bez. Trautenau. 1 : 100,000. Nebst Plan v. Trautenau. 1 : 10,000. 38,8 × 34 cm. Farbdr. Trautenau 898. (G. Lorenz.) n. — 20

v. Trautenberg, Adelheid, Gräfin, die Gemahlin des Gärtners. 8. Frankf. 802. Körner. 8 gl

Trautenberg, E. A. von, s. Trautenberg, Ferdinand Anton Graf von

Trautenberg, Ferd. Ant. Graf v., Anleitung zur sicheren u. gründl. Heilung der Pferdekrankheiten. 8. Erlangen (790.) 796. Palm. M. 1.50

Trautenberg, Ferdinand Anton v.: Anleitung zur sichern und gründlichen Heilung der Pferdekrankheiten für Kurschmiede und Pferdeliebhaber ... Nebst Anh. Erlangen 1796. 256 S.

Trautenberger, Mathias. M' T' (1779–1853), ou Le régent modèle. [Autobiographie.] Dédié aux enfants et aux instituteurs par J[ules] Paroz. Traduit de l'allemand. [E.] 8. Berne 1854.

Trautenberger, Gust., deutsche Bilder aus d. mähr. Vergangenheit, v. Karl d. Großen bis Rudolf v. Habsburg, s.: Vorträge, geh. im mähr. Gewerbe-Museum.

Trautenberger, Gust., die Chronik der Landeshauptstadt Brünn. Im Verein m. mehreren Geschichtsfreunden zusammengestellt. I. Bd. u. II. Bd., 1. Drittel. gr. 8. Brünn. (Leipzig, Literar. Anstalt A. Schulze.) n. 7. —
I. Bis zur Luxemburgerzeit. (IV, IV, 226 S.) 891. n. 5. —
II, 1. (80 S.) 892. n. 2. —

— die Chronik d. Landeshauptstadt Brünn. Im Verein m. mehr. Geschichtsfreunden zusammengest. 3.—5. (Schluß-) Bd. gr. 8. Brünn, Verein „Deutsches Haus." n. 21. 50 (kplt. n. 37. 50)
III. Von Karl V. bis Ende d. 17. Jahrh. (243 S.) 896. n. 8. —
IV. Vom Beginn d. 18. Jahrh. bis zur Auflösg. d. röm. Reichs deutscher Nation. (244 S.) 897. n. 8. —
V. Das Kaiserth. Oesterreich bis 1848. (Angeschlossen d. Inhalts-Verzeichnis zu allen 5 Bdn.) (181 S.) 897. n. 5. 50

Trautenberger, Gust., Festschrift z. Eröffnung d. Deutsch. Hauses in Brünn, s.a. Blätter v. deutschen Hause. Nr. 2.

— Festschrift zur Eröffnung des Deutschen Hauses in Brünn, am 17., 18. u. 19. Mai 1891. (Geschichtliche Darstellg. der Entstehg. des Deutschen Hauses in Brünn.) gr. 8. (45 S. m. Abbildgn. u. Grundrissen u. 1 Titelbild in Lichtdr.) Brünn 891. Verlag d. Vereins „Deutsches Haus". n. 1. 35

Trautenberger, Gustav: Kurzgefaßte Geschichte der evangelischen Kirche in Österreich. Wien: Heyn 1886.

Trautenberger, Gust., kurzgefaßte Geschichte der evangelischen Kirche in Österreich. 2. Ausg. gr. 8. (IV, 108 S.) Wien 886. (Klagenfurt, Heyn.) cart. *

Trautenberger Lic. Dr. Gustav, Kurzgefaßte Geschichte der evangelischen Kirche in Oesterreich. 2. Ausgabe. 8. (104 S.) geb. —.70
Wien: Müller 1889.

Trautenberger, G., s.: Jahrbuch der Gesellschaft f. die Geschichte des Protestantismus in Österreich.

Trautenberger, G., Karl Freiherr vom u. zum Stein, s.: Publikationen des deutschen Clubs in Brünn.

—— ein Vierteljahrhundert unter Gustav-Adolfs-Banner. 1862—1887. 25 Jahre österreich. Protestantengeschichte. Im Auftrage des Wiener Hauptvereins der Gustav-Adolf-Stiftung geschildert. gr. 8. (94 S.) (Ebendas.) 887. **

Trautenberger, Gust. G., Auf, nach Olmütz! Ein Hilferuf an alle Evangelischen. Lex.-8. (IV, 45 S.) Brünn 868. (Leipzig, Heitmann.) *

—— s. Chronik, die, der Landeshauptstadt Brünn.

Trautenberger, Gust. G., aus der evangelischen Kirchen-Gemeinde in Brünn. 1. Thl. Lex.-8. (XVI und 192 S.) Brünn 867. (Leipzig, Heitmann.) * —

— Meister Schwoiser u. s. Kunst, s.: Blätter v. Deutschen Hause. Nr. 5.

—— Paulus Speratus, der Reformator in den mährischen Städten, und die evangelische Kirche in Iglau. gr. 8. (III, 30 S.) Brünn 868. (Iglau, Lehmann.) *

Trautenheim, E. v., e. Genie. E. Künstlergeschichte. Roman-Beilage zur „Preßburger Zeitung." gr. 8. (109 S.) Preßburg 884. (G. Heckenast's Nachf.) 1.20

Trautermann, K., mein Anschauungsunterricht. (VIII, 188 S.) gr. 8. Gotha 906. E. F. Thienemann. n. 2. 40; geb. in Leinw. n. 2. 90

Trauth, Ludw. Materiallehre. Praktisches Handbuch f. Arbeiter u. Lehrlinge in Maschinenfabriken u. verwandten Gewerben. 2. verm. Aufl. 8. (VII, 125 S.) Luzern 890, (Prell's Nachf.) geb * 2 —

Trauth, Ludw., Materiallehre. Praktisches Handbuch f. Arbeiter u. Lehrlinge in Maschinenfabriken u. verwandten Gewerben. 3., verb. Aufl. gr. 8. (VIII, 126 S.) Luzern 893. C. F. Prell Nachf. Geb. in Leinw. n. 2. —

Trauth, Ludw., Materiallehre. Prakt. Handbuch f. Arbeiter u. Lehrlinge in Maschinenfabriken u. verw. Gewerben. 4., verb. Aufl. 8. (VIII, 132 S.) Luzern 897. Prell & Eberle. Geb. in Leinw. n. 2. —

Trauth, Ludw., Materiallehre. Prakt. Handbuch für Arbeiter u. Lehrlinge in Maschinenfabriken u. verwandten Gewerben. 5. Aufl. 8. (VIII, 132 S.) Luzern 901. Prell & Eberle. Geb. in Leinw. n. 2. —

Trauth, Ludw., Materiallehre. Praktisches Handbuch f. Arbeiter u. Lehrlinge in Maschinenfabriken u. verwandten Gewerben. 6. erweit. Aufl. (VIII, 137 S.) 8. Luzern 905. Prell & Eberle. Geb. in Leinw. n. 2. —

Trauth, Ludw., Materiallehre. Praktisches Handbuch f. Arbeiter u. Lehrlinge in Maschinenfabriken u. verwandten Gewerben. 7. Aufl. (VIII, 137 S.) 8. Luzern 908. Prell & Eberle. Geb. in Leinw. 2. —

— Werkzeuglehre u. die Bearbeitung der Metalle. Praktisches Handbuch f. Arbeiter u. Lehrlinge in Maschinenfabriken u. verwandten Gewerben. gr. 8. (VIII, 140 S. m. 117 Fig.) Kriens 895. (Luzern, C. F. Prell Nachf.) n. 3. —

— Werkzeuglehre u. d. Bearbeitg. d. Metalle. Prakt. Handbuch f. Arbeiter u. Lehrlinge in Maschinenfabriken u. verw. Gewerben. 2 Tle. in 1 Bd. 2. Aufl. 8. (VIII, 140 u. III, 133 S. m. Fig.) Kriens 897. (Luzern, Prell & Eberle.) Geb. n. 6. —

— Werkzeuglehre u. die Bearbeitung der Metalle. Praktisches Handbuch f. Arbeiter u. Lehrlinge in Maschinenfabriken u. verwandten Gewerben. 3. Aufl. gr. 8. (VII, 283 S. m. Abbildgn.) Ebd. 900. Geb. in Leinw. n. 5. —

— Werkzeuglehre u. die Bearbeitung der Metalle. Praktisches Handbuch f. Arbeiter u. Lehrlinge in Maschinenfabriken u. verwandten Gewerben. 4. Aufl. (VIII, 291 S. m. 246 Abbildgn.) 8. Ebd. 905. Geb. in Leinw. n. 5. —

— Werkzeuglehre u. die Bearbeitung der Metalle. Praktisches Handbuch f. Arbeiter u. Lehrlinge in Maschinen-Fabriken u. verwandten Gewerben. 5. Aufl. (VIII, 311 S. m. 258 Abbildgn.) 8. Ebd. 909. Geb. in Leinw. 5. —

Trauthig, W., d. geschlechtlich-sittl. Verhältnisse d. evang. Landbewohner in d. Rheinprov. u. Westfalen, s.: Verhältnisse, d. geschlechtlich-sittlichen.

Trautmann, Carl, s. Trautmann, Karl

Trautmann, Jttle, ein diätetischer Roman, für junge Frauenzimmer z. Erhaltung ihrer Gesundheit, v. Fr. Ferd. Seibold. 8. Mannh. Löffler. 814.

Trautmann, Karl

Trautmann, Carl; Geschichte seines Lebens . . . Hannover 1791. V: *Brakebusch, Joh. Georg Ludw.* (Ky)

Trautmann, Karl; Geschichte seines Lebens ꝛc., (v. L. Brakebusch). 8. Hannov. 791. Hahn. 1 ß

Trautmann, Carl, Geschichte seines Lebens und seiner Geistesentwickelung bis ins männliche Alter, kein Moderoman, 8. Hannover, 792. Ritscher. 1 Rthl. 5 sgl.

Trautmann, Lehre von den Verletzungen in gerichtsärztlicher Beziehung, s. Handbuch der gerichtlichen Medicin.

Trautmann, s.: Predigten, evangelische, s. Taubstumme.

Trautmann, die Zersetzungsgase als Ursache zur Weiterverbreitung der Cholera und Verhütung derselben durch zweckmässige Desinfection mit besond. Berücksicht. des Süvernschen Desinfections-Verfahrens. gr. 8. (VIII, 76 S. mit 2 Stnt. in gr. 8. und Fol.) Halle 869, Lippert. *

Trautmann, A., die Sparcassen-Verhältnisse im Königreich Sachsen. gr. 8. (40 S.) Leipzig 882. Würzner in Comm. n. — 60

Hümmlinger Skizzen. Von Albert **Trautmann**. Lingen: v. Acken 1910. 246 S. 8° [11. 10267 7

Trautmann, Alfred, geboren zu Halle a. S.: Beiträge zur vergleichenden Histologie des Dünndarmes der Haussäugetiere. ⟨Aus dem physiologischen und histologischen Institut der Tierärztlichen Hochschule zu Dresden. Geh. Med.-Rat Prof. Ellenberger.⟩ [1907.] VIII + 158 S. und sieben Tafeln. 8°. [7. I. 08.]
Zürich. Vet.-med. Diss. 1907/08.

Trautmann, Alfred. Beiträge zur vergleichenden Histologie des Dünndarmes der Haussäugetiere. Diss. Vet.-Med. Univ. Zürich. Mit 7 Tafeln. *Kopftitel*: Aus dem physiologischen und histologischen Institut der Tierärztlichen Hochschule zu Dresden. ⟨... Prof. Dr. ... [Wilhelm] Ellenberger.⟩ II + VIII + 158 S. 8. (Halle a. S., Herm. Kuhnt, 1907.)

Trautmann, Arno, appr. Arzt a. Leipzig-Neuschönefeld: Aus der Universitätsfrauenklinik. Ein Fall von Extrauteringravidität mit ausgetragenem Kind. Leipzig 1906: B. Georgi. (37 S.) 8°
Leipzig, Med. Fak., Ref. Zweifel, Diss. v. 28. Mai 1906
[Geb. 12. März 78 Leipzig; Wohnort: Möckern; Staatsangeh.: Sachsen; Vorbildung: Kgl. Gymn. Leipzig Reife O. 00; Studium: Leipzig 10 S.; Coll. 28. Mai 06; Approb. 29. März 05.]

Trautmann, Bruno

— auf zum Kampf f. Kaiser u. Reich! Grosses patriotisch leb. Bild in 14 Verwandlgn. 16. (12 S.) Ebd. 888. n. 1. —

—— Lebende Bilder. kl.-8. Mühlhausen i. Th., Danner. à * 1 —
Dem Brautpaar. (14 S.) 892.
Heil Kaiser Dir! (11 S.) 892.
Auf zum Kampf f. Kaiser u. Reich! (12 S.) 888.
Im Lande der Märchen. 2. Aufl. (12 S.) 892.
Noch e. Mann Einquartierung od. Hilfe in der Noth. 2. Aufl. (12 S.) 891.
Eine Turnfahrts-Scene. (10 S.) 890.
Die Turner auf der Bauernhochzeit [Fortsetzg. zur Turnfahrts-Scene]. (11 S.) 889.
Die Verlobung am Wachtfeuer. (16 S.) 890.
Ein Weihnachts-Märchen. (12 S.) 890.

Trautmann, Bruno, dem Brautpaar. 6 leb. Bilder m. Vor- u. verbind. Zwischenrede. 8. (14 S.) Mühlhausen i/Th. 892. G. Danner. n. 1. —

— heil Kaiser Dir! Lebendes Bild nebst Prolog. 12. (11 S.) Ebd. 892. n. 1. —

Trautmann, Bruno. Der Kaiser rief, u. Alle, Alle kamen. Lebender Bildfries. 16. (4 S.) Görlitz 888. (Mühlhausen i. Th., Danner.) * — 50

Trautmann, B., der Kaiser rief, u. Alle, Alle kamen. Lebender Bildfries. 16. (4 S.) Görlitz 1888. (Hamburg, Kramer Verl.) n. — 50

— im Lande der Märchen. Mimisch leb. Bild in 8 Verwandlungen. 12. (12 S.) Ebd. 887. n. 1. —

Im Lande der Märchen. Beweglich lebendes Bild in 8 Verwandlgn v. Bruno **Trautmann**. 2. Aufl. ... *Mühlhausen i. Th.: G. Danner 1892.* (12 S.) 1 Bd 8. [96. 5606

Trautmann, Bruno, Leitfaden z. Einübung u. Aufführung d. lebenden Bild., Görlitz 1887—1891, 16°. — (Angeb.):
1. Eine Turnfahrts-Szene, 3. Aufl.
2. Die Turner auf der Bauernhochzeit, 2. Aufl.
3. Im Lande der Märchen.
4. Ein Fest im Elfenwalde.
5. Ein Weihnachtsmärchen.
6. Noch ein Mann Einquartierung oder Hilfe in der Not.
7. Auf zum Kampf für Kaiser und Reich.
8. Der Kaiser rief und Alle, Alle kamen.
9. Hoch lebe Wilhelm, Deutschlands Kaiser.
10. Die Verlobung am Wachtfeuer.
11. Gut Wehr!

— Leitfaden zur Einübg. u. Aufführg. v. lebenden Bildern. 12. (20 S.) Ebd. 890. n. — 60

— noch e. Mann Einquartierung od. Hilfe in der Noth. Militärisches leb. Bild in 15 Verwandlgn. 12. (12 S.) Ebd. 887. n. 1. —

Noch ein Mann Einquartierung oder Hilfe in der Noth. Militairisch lebendes Bild in 15 Verwandlgn v. Bruno **Trautmann**. 2. Aufl. ... *Mühlhausen i. Th.: G. Danner 1891* (a. d. Umschl.: *1893*). (12 S.) 1 Bd 8. [96. 5607

— die Turner auf der Bauernhochzeit [Fortsetzg. zur Turnfahrts-Scene.] Beweglich leb. Bild in 8 Verwandlungen. 12. (11 S.) Ebd. 889. n. 1. —

— e. Turnfahrts-Scene. Mimisch leb. Bild in 8 Verwandlgn. 12. (10 S.) Ebd. 890. n. 1. —

Eine Turnfahrts-Scene. Beweglich lebendes Bild in 8 Verwandlgn v. Bruno **Trautmann**. 4. Aufl. ... *Mühlhausen i. Th.: G. Danner 1892.* (10 S.) 1 Bd 8. [96. 5608

— die Verlobung am Wachtfeuer. Beweglich leb. Bild in 8 Verwandlgn. 12. (16 S.) Ebd. 890. n. 1. —

— ein Weihnachts-Märchen. Beweglich leb. Bild in 8 Verwandlgn. 12. (12 S.) Ebd. 890. n. 1. —

— wer wagt, gewinnt! s.: Vereins-Bühne.

Trautmann, C. Wlh. L., Comment. de apoplexia epidemica. 8. Götting. 790. Brose; (a. Dieterich). 3 ggl

Trautmann, Christoph Friedrich (Hillersen) A. S. 1392/25

Aeternitatem successionis expertem nec esse, nec esse posse ... Präs. Samuel Christian Hollmann. Göttingen (Vandenhoeck) V. 1739. 48 S.

Gew.: Friedrich Karl von Hardenberg, August Ulrich von Hardenberg. 34630

Trautmann, Curt, s. T r a u t m a n n, Kurt

Trautmann, Erich, Referendar in Halle a. S.: Der A n s p r u c h des Eigentümers auf Herausgabe der Sache nach dem Bürgerlichen Gesetzbuch. Halle a. S. 1906: H. Kuhnt. (VII, 46 S.) 8°
Leipzig, Jur. Fak., Diss. v. 18. Dez. 1906
[Geb. 12. Sept. 81 Halle a. S.; Wohnort: Halle; Staatsangeh.: Preußen; Vorbildung: Stadtgymn. Halle Reife M. 99; Studium: Halle 1, München 1, Halle 4 S.; Rig. 5. Febr. 03.]

Trautmann, F. M., Histoire et chrestomathie de la littérature française depuis le moyen âge jusqu'à nos jours. Morceaux choisis et annotés. gr. 8. (IV, 475 S.) Leipzig 879, [Verlag des Hausfreundes.] Leuckart. (M 5.) * geb. ***

Trautmann, F. X., Gedichte. 8. Münch. 828. (Fleischmann). 16 gr

Trautmann, F. X., Gedichte. 8. ... München 829, (Fleischmann.)

Chirurgische Anatomie des Schläfenbeins insbes. f. Radicaloperation. Von Prof. Dr. [Ferd.] Trautmann ... zu Berlin. M. 2 Taf. u. 72 Stereoscopen. *Berlin: A. Hirschwald 1898.* (47 S., 2 Taf.) 1 Bd 8. 72 Stereosc. in 1 Kasten. [98. 899

Trautmann, (Maur.) Ferd. (geb. Wittenberg 20. 3. 1833): De **haemorrhagia** hereditaria. Berolini (1857). (31 S.) 8°
Berlin, Med. Diss. v. 30. Dez. 1857

Trautmann, F., Leitfaden f. Operationen am Gehörorgan, s.a. Bibliothek v. Coler. 4. Bd.

Leitfaden für Operationen am Gehörorgan von Prof. Dr. F[erd.] Trautmann, Geh. Med.R. Mit 27 Abb. im Text. *Berlin: A. Hirschwald 1901.* (XVI, 104 S.) 8°
— Coler, v., Bibliothek. Bd 4. [01. 3363

Trautmann, F., anatomische, pathologische und klinische Studien über Hyperplasie der Rachentonsille, sowie chirurgische Behandlung der Hyperplasie zur Verhütung von Erkrankungen des Gehörorgans. Fol. (V, 150 S. mit 7 lithogr. Taf. und 12 stereoskop. Photogr. nach Sectionspräparaten.) Berlin 886, Hirschwald. cart. *

Trautmann, Frz., die Abenteuer Herzogs Christoph von Bayern, genannt der Kämpfer. Ein Volksbuch, darin gar viel Frohes, Düsteres und Wundersames aus längst vergangenen Zeiten zum Vorschein kommt, von frühesten Jahren des Helden an, bis Derselbe in das heil. Land pilgerte und bei seiner Heimkehr auf der Insel Rhodus selig verstarb. Für Alt und Jung erzählt. 2 Thle. 1. Ausg. 1853. 3 Thlr. und Volksausg. mit 2 Illustr. in Holzschn. 8. (VI und 743 S.) Frankfurt a. M. 856, Sauerländer's Verlag.

Trautmann, Frz., die Abenteuer Herzog Christophs v. Bayern, genannt der Kämpfer. Ein Volksbuch, darin gar viel Frohes, Düsteres u. Wundersames aus längst vergangenen Zeiten zum Vorschein kommt, von frühesten Jahren des Helden an, bis Derselbe in das heilige Land pilgerte u. bei seiner Heimkehr auf der Insel Rhodus selig verstarb. Für Alt u. Jung erzählt. 3., verm. u. m. histor. Noten versehene, reich illustr. Ausg. 2 Thle. 8. (339 u. 496 S. m. eingedr. Holzschn.) Regensburg 880. Pustet. n. 7. 50; geb. n. 8. 50

Trautmann, Frz., die Abenteuer Herzog Christophs v. Bayern, genannt der Kämpfer. Ein Volksbuch, darin gar viel Frohes, Düsteres u. Wundersames aus längst vergangenen Zeiten zum Vorschein kommt, von frühesten Jahren des Helden an, bis derselbe in das Hl. Land pilgerte u. bei seiner Heimkehr auf der Insel Rhodus selig verstarb. Für Alt u. Jung erzählt. 2. Abdr. der 3., m. histor. Noten verseh., reich illustr. Aufl. (VI, 763 S.) 7. Regensburg 905. F. Pustet. n. 4. 50; geb. in Leinw. n. 6. —

Trautmann, Frz., Angriff der Münchener Polizeidirektion auf die Freiheit der Presse. Vom civil- u. staatsrechtl. Standpunkte aus dargestellt. München, 1848. Druck der Dr. C. Wolf'schen Buchdr. Gr. 8°. 16 S. Cart.

Trautmann, Frz., Astern u. Rosen, Disteln u. Mimosen. Aus der Kriegszeit 1870. 16. (66 S.) Berlin 870. Lipperheide. — 50

—, Aus dem Burgfrieden. Alt-Münchener Geschichten. Mit Illustr. von Kunstmaler *Phil. Sporrer*. Augsburg, Huttler, 1886. (Nebst Hlzschtit.) 8°. Blau Srsb.*) mit Goldtit. auf Deckel.
3 Bll. (incl. Haupttit. in Roth- u. Schwarzdruck), 346 S. (jede mit blauer Kopfleiste), 1 Bl. Inh.: 1. Die Sagen dreier Münchener Klöster. 2. Zwei Herzen. 3. Wer den Andern hinter's Licht führt. 4. Etliche Decreta aus alter Zeit. 5. Von Orlando Lasso's Leben u. Ende. 6. Pater Placidus. 7. Die Sprüche des Pater Felix. 8. Wie sich Max Emanuel ganz früh um eine Braut umsah, u. wie es da erging. 9. Der Altomontanus (Hochberger) u. Felber. 10. Der Böheim u. der Kornmaier. 11. Max' III. von Bayern Scheiden. 12. Heiteres aus Churfürst Karl Theodor's Zeit. 13. Die alte Barbara.

— Chronica des Herrn Petrus Nöckerlein, eines Glücksritters aus alter Zeit. Drin auch Kunde zu finden von den Herzogen Wilhelm und Ludwig; vom gelahrten Aventinus; von der schönen Ligsalz Elisabeth und Bart Antonia sammt ihren Freiern — demnächst vom Stadt-Unterrichter Bartholomäus Nußheimer und vielen anderen, sonderlichen Gesellen. Zu Kurzweil und guter Mahnung für Jung und Alt erzählt. 2 Thle. br. 8. (IV und 538 S.) Frankfurt a. M. 856, Sauerländer's Verlag. 1

Trautmann, Frz., Eppelein v. Gailingen, u. was sich seiner Zeit m. diesem ritterlichen Eulenspiegel u. seinen Spießgesellen im Fränkischen zugetragen. Mit 8 Illustr. (in Holzschn.) v. Muttenthaler. br. 8. (IV u. 146 S.) Frankfurt a. M. 852, Sauerländer. n. 24 gr

Trautmann, Frz., Eppelein v. Gailingen u. was sich seinerzeit m. diesem ritterlichen Eulenspiegel u. seinen Spießgesellen im Fränkischen zugetragen. 2. durchgeseh. Aufl. gr. 8. (IV, 112 S.) Nürnberg 900. M. Edelmann. n. 1.50

Trautmann, Frz., Münchener Geister. (Bei Gelegenheit von München's 700jähr. Jubil. hrsg.) München 1858. Kl. 8°. Ppb.
97 S.

— münchner Geister. 8. (97 S.) München 858, Fleischmann's Separat-Conto. *

Trautmann, F., e. heitere Starnberger Geschichte u. Erinnerungen. 8. (140 S.) Augsburg 887. Literar. Institut v. Dr. M. Huttler. n. 1. —

Trautmann, F., das Gleichen-Denkmal im Mariendom zu Erfurt u. Ernst III., der Zweibeweibte, Graf von Gleichen. 3 kritisch-historische Betrachtungen. Erfurt 1866. 127 p.
Schul-/Univ.-Schrift

Trautmann, Frz. (I.), das Gleichen-Denkmal im Mariendom zu Erfurt und Ernst III., der Zweibeweibte, Graf v. Gleichen. Drei kritisch-histor. Betrachtungen. gr. 8. (127 S.) Erfurt 866, Villaret. *

Trautmann, Frz., die Glocken von Sanct Alban. Stadt- und Familien-Roman aus bewegten Zeiten des 17. Jahrh. 3 Thle. 8. (IV, 1103 S.) Regensburg 875, Pustet. geb. *

— die Glocken v. Sanct Alban. Stadt- u. Familien-Roman aus bewegten Zeiten d. 17. Jahrh. 3 Thle. 2. Aufl. 8. (IV, 855 S.) Regensburg 884. Pustet. n. 5. —

— die Glocken v. Sankt Alban. Stadt u. Familien-Roman aus bewegten Zeiten des 17. Jahrh. 3. Aufl. (IV. 842 S.) 8. Ebd. 906. n. 4. 50; geb. in Leinw. n. 6. —

— Hell u. Dunkel. Poëseien aus allen Stimmgn. Mit dem (Lichtdr.-)Bildnisse d. Verf. 8. (VII, 358 S.) Augsburg 885. Literar. Institut v. Dr. M. Huttler. n. 5. —

Trautmann, Frz. Im Münchener Hofgarten. 12. Münch. 884, Galler. 1 80

— im Münchener Hofgarten. Oertliche Skizzen u. Wandelgestalten. 12. (VIII, 236 S.) München 884. Stahl sen. n. 1. 80

Trautmann, Frz., im Münchener Hofgarten. Oertliche Skizzen u. Wandelgestalten v. einst. Neue (Titel-)Ausg. 12. (X, 236 S.) München 893. O. Galler. n. 1. 80

—— Kunst und Kunstgewerbe vom frühesten Mittelalter bis Ende des 18. Jahrh. Ein Hand- und Nachschlagebuch zur leichten Orientirung in Fächern und Schulen, Meistern, Nachahmungen etc. gr. 8. (XIV, 421 S.) Nördlingen 869, Beck'sche Buchh. *

Trautmann, Frz., Leben, Abenteuer und Tod des Theodosius Thaddäus Donner, weiland Dr. der Philosophie, Privatgelehrter, Poet etc. u. Hausbesitzer zu Happelsdorf. Eine neudeutsche, göttliche Komödie. Zu Schreck', Staunen, Kopfschütteln, Trost u. Kurzweil für Hoch u. Nieder an's Licht gestellt u. erzählt. Mit Dr. Donner'schen Handzeichnungen (Holzschn.). München 864. Fleischmann. 8. (XV, 359 S.) 1 Thlr 12 ngr.

Trautmann, Frz. (II.), Leben, Abenteuer und Tod des Theodosius Thaddäus Donner, weil. Dr. der Philosophie, Privatgelehrter, Poet etc. und Hausbesitzer zu Happelsdorf. Eine neudeutsche, göttl. Komödie. Zu Schreck', Staunen, Kopfschütteln, Trost und Kurzweil für Hoch und Nieder an's Licht gestellt und erzählt. 8. (XV und 359 S. mit Dr. Donner'schen Handzeichnungen in eingedr. Holzschn.) München 864. [Merhoff's Verlag.]

Trautmann, Frz., legends and tales of old Munich. Translated by Amelia Curtis Stahl. (VI, 228 S. m. Abbildgn.) 8. München 910. J. J. Lentner. 3.—; in Leinw. kart. 3. 50

—— das Plauderstübchen. Darinnen froh und ernste Stunde zu finden: von der Anna Maria und dem Magister Leo; vom Winthirius zu Neuhausen, von den alten Burgen zu München und ihren fürstlichen Bewohnern und vielem Anderen. Für Alt und Jung erzählt. 2. (Titel-)Ausg. 8. (VII, 268 S.) Ebendas. 886. geb. *

— das Plauderstüblein. Darin froh und ernste Kunde zu finden: von der Anna Marie und dem Magister Leo; vom Winthirus v. Neuhausen; von den alten Burgen zu München, ihren fürstl. Bewohnern und vielem Anderen; hinwieder vom Ulrich Diener und was Heiligwerden schwer sei; vom Bischof Tulpeck, vom St. Benno etc. Für Alt und Jung erzählt. München 855. (Finsterlin.) 8. (VII, 269 S.) n. 20 ngr.

Trautmann, Frz., Proteus. Zwei Dichtungen. gr. 8. (4¾ B.) München 843, Palm'sche Hofbuchh.

Trautmann, Franz (geb. 28. März 1813 zu München), Meister Niclas Prugger, der Bauernbub von Trudering. Eine Erzählung aus dem XVII. Jahrh. 3 Thle. (in 2 Bdn.). Mit Hlzsch.-Portr. Prugger's (in ganz. Fig.) u. 3 (einander gleichen) Titelbildern. Regensburg, F. Pustet, 1879. 12°. Eleg. Orig.-Srsbde.
I: 2 Bll., VI, 1 Bl., 440 S. II: 2 Bll., 359 S. III: 2 Bll., 280 S.

Trautmann, Frz., Ludwig Schwanthalers Reliquien. Drin guter Bericht zu finden von des Meisters Herkunft, Jugend und folgender Zeit, von dessen innerem u. äußeren Wesen, auch Genossenschaften, nächst, von dessen Zeichnungen u. Poesei, von der Burg Schwaneck u. bis zu seinem Scheiden von hienieden — im Ganzen aber, wie deutsch, ritterlich u. romantisch er gemuthet war. Für Alle, die des Meisters Namen ehren, erzählt. München 858. Fleischmann. 8. (4 Bl., 157 S. mit Holzschn. im Text.) n. 1 Thlr 5 ngr.

Trautmann, Frz., münchner Stadt-Büchlein. Drin froh und ernste Kunde aus längst vergangenen Jahren verlautet: von der Kaiserin Uta, der Einsiedlerin Edigna und St. Heinrich am Würmsee; nächst von der schönen Pettenbeck Maria und andern schönen Jungfrauen, hinwieder von allerlei Herzogen, Grafen und Rittern etc. Für Jung und Alt erzählt. 8. (VI und 275 S.) München 857, Fleischmann's Separat-Conto. Thlr. *

— Münchener Stadt-Büchlein. Für die Jugend ausgewählt v. der Jugendschriftenvereinigg. des Bez.-Lehrervereins München. (178 S. m. Abb.) kl. 8. Augsburg (904). Literar. Institut v. Dr. M. Huttler. Kart. n. — 80

— heitere Städtegeschichten aus alter Zeit. Frankfurt a. M. 861. Sauerländer's Verlag. 8. (3 Bl., 175 S.) n. 20 ngr.

Trautmann, Franz, heitere Münchener Stadtgeschichten. München, Braun & Schneider, o. J. Kl. 8°. Cart.*)
Titel roth u. schwarz gedr., 1 Bl. Vorwort in Versen, 202 S., 1 Bl. Inh.: 1. Der Spiegelbrunnen. 2. Die Freimann u. der Hundertpfund. 3. Aus Max Emanuels Zeiten. (Vom „Grastürken". — Vom „Türkenteufel". — Von der „türkischen Klosterfrau" u. vom „Michalowicz", dem Tausendkünstler.) 4. Der Schlafhaubenkramer von München. 5. Die Schlacht bei Alling. 6. Hilf, St. Nicolaet 7. Zwei Zecher.

— Traum u. Sage. 8. (V, 207 S. m. farb. Titel.) Augsburg 887. Literar. Institut v. Dr. M. Huttler. n. 3. —; geb. n.n. 4. —

— Alt Münchener Wahr- und Denkzeichen. Ein Volksbuch, darin für Hoch und Nieder viele bunte Kunde zu finden ist: von alten Gebäuden, Grab- u. anderen Steinen, Inschriften etc. weiters von verschiedenen irdischen u. überirdischen Vorfällen, als Aufläuften, Begräbnissen etc. Alles ganz frisch weg u. ohne Wahl Kaiserlich, Hochfürstlich, Ritterlich u. Bürgerlich etc. gemischt, wie sich das Wort giebt, in gemüthlicher Deutung u. Sage für Freunde vergangener Tage erzählt. München 864. Lentner. 8. (VIII, 264 S. m. Holzschn.) 27 ngr.

Alt-Münchner Wahr- u. Denkzeichen. Ein Volksbuch, darin f. Hoch u. Nieder viele bunte Kunde zu finden ist. Für Freunde vergangener Tage erzählt. Neue (Titel-)Ausg. 8. (VIII, 264 S.) Ebd. 893 n. 3. 20

Trautmann, Franz

Der Wettermacher von Frankfurt. Berlin 1885.

In: Novellenschatz, Neuer deutscher. Bd 9.

Trautmann, Frz., die gute, alte Zeit. Münchner Geschichten. Drin frohe und ernste Kunde, zu finden vom bösen Junker Sarazin und dem Wettermacher von Frankfurt, vom Rathsschreiber Wurzel in der Schwedenzeit; vom gottlosen Rechtsfreund Calomalus; nächst vom Löwen Albertus des V. und allerletzt, was sich mit dem frommen, blinden Meister von Nürnberg zugetragen etc. Für Alt und Jung erzählt. br. 8. (III und 300 S.) Frankfurt a. M. 854(55,) Sauerländer's Verlag. Thlr. *

Trautmann, Friedrich

— s. J. A. Gerle, gründl. Anleitung zum Methsieden.

— Geschichte des Preußischen Staates, s. Geschichts-Bibliothek fürs Volk. 4.

Trautmann, F[riedr.]. Grubenfelder-Karte. Übersichtskarte d. Bergwerke im Rhein.-Westfäl. Industriebez. Auf Grund amtl. Materials gezeichn. Massstab 1:80 000. M. Beil.: Verzeichn. d. Steinkohlen-Bergwerke. 2. Aufl. Bl. 1. 2. Dortmund 1907. 84×91 cm. (6°.)
1: Östl. Bl.
2: Westl. Bl.

Uebersichtskarte der Steinkohlen-Bergwerke im Rheinisch-Westfaelischen-Industriebezirk (Karte der Grubenfelder). (Auf Grund amtl. Materials) gez. F[riedr.] Trautmann, Kgl. Oberbergamtszeichner. Maßst. 1:80,000. Östliches & westl. Blatt. [Nebst] Verzeichnis d. Steinkohlenbergwerke ... nebst Angabe d. Eigentümers ... 1. Aufl. 1903. *Dortmund: Koeppen 1903; Lith. Giesecke & Devrient, Leipzig & Berlin.* (2 Kartenbl. je 82×87 cm, 39 S.) 8° [kol.]

—— Vergißmeinnicht aus Schiller u. Göthe. Eine Samml. d. gediegensten Sentenzen, geistreichsten Aussprüche 2c. Eine Festgabe. 8. (7⅛ B.) Quedlinburg 837, Ernst'sche Buchh.

Trautmann, Friedrich Amandus (Northeim) A. S. 18/10

Dissertatio inauguralis juridica de strategematibus advocatorum, vulgo Von Advocaten=Streichen.
Präs. Wilhelm Hieronymus Bruckner.
Jena (Müller) 3. II. 1720. 54 S.

Gew.: Friedrich Gotthelf Marschall gen. Greiff, Ludwig Heinrich Heydenreich, Johann Gottlieb Alberti.
W. v.: Präs., Johann Heinrich Hartleben (Opp.).
34631

Trautmann, G., Bilder aus der brandenburgisch-preuß. Geschichte in schulgem. Form. gr. 8. (IV, 48 S. m. 4 Bildn.) Dessau 896. Anhalt. Verlags=anstalt. n. — 30

Trautmann, G., Bilder aus der deutschen Geschichte in schulgemäßer Form. 3. Taus. gr. 8. (IV, 72 S.) Dessau (900). [Anhalt. Verlagsanstalt.] Berlin, Gerdes & Hödel. n. — 35

Trautmann, G., die kleinen Feinde und Freunde der Land- und Forstwirthschaft und des Gartenbaues. Eine Darstellung der Ungezieferschäden u. der von der Natur selbst gebotenen Mittel zu ihrer gründlichen Beseitigung. Mahnung zum Schutze der der Landwirthschaft nützlichen Thiere. Stuttgart 865. Johannssen. 8. (52 S.) n. 10 ngr.

— landwirthschaftliches Lesebuch für Schule und Haus in ausgewählten Musterstücken. Berlin 861. Schotte & Co. (Stuttgart, Johannssen.) gr. 8. (VIII, 310 S.) n. 10 ngr.

Trautmann, G., s.: Rittau, Bl.

Trautmann, Gottfried [aus München]: Beitrag zur Aetiologie der typhoesen Cystitis ... München, Buchdr. v. M. Ernst, 1892; 16 S. 8.
Würzburg, Med. Fak., Inaug.-Diss. v. 1892

Trautmann, Gottfr., zur Differentialdiagnose v. Dermatosen u. Lues bei den Schleimhauterkrankungen der Mundhöhle u. oberen Luftwege m. besond. Berücksicht. der Hautkrankheiten als Teilerscheinungen. (VIII, 191 S.) gr. 8. Wiesbaden 903. J. F. Bergmann. n. 4.60

Trautmann, Gottlieb Friedrich Amandus

Kurze Beantwortung der alzuhöflichen (!) Antwort des Herrn M. Jacob Wilhelm Blaufuß, welche er auf die abgenöthigte Vertheidigung des artigen Geschlechtes herausgegeben hat, nebst einer Vorrede an dem (sic!) Leser, einen (!) Danksagungs-Schreiben an ermeldeten Herrn M. *Blaufuß*, und einen (!) Anhang verschiedener neuer Fehler Desselben, verfertiget von einem ehrlichen Teutschen *(G. F. A. Trautmann)*. Frankfurth und Leipzig (Jena, Marggraf) 1747. 4°.
Nicht im Anon.-Lex.

Trautmann, Gottlieb Friedrich Amandus [Praes.], s. Falcke, Johann Georg: De remediis abbreviandi processum judiciarium.

Trautmann, Gottlieb Friedrich Amandus (Jena)
A. S. 575/9a

Meditatio academica de exhereditatione minorum, quod nempe posthumorum et infantum impuberumque ac minorum exheredatio ad XVIII. aetatis annum valeat nulla.
Jena (Marggraf) 1749. 30 S.

Gew.: Justus Ludwig Schlemm. 34633

* **BLAUFUSS.** — Fortsetzung der abgenöthigten Vertheidigung des schönen Geschlechtes, und zwar wider die zweyte Scherz-Rede des Herrn M. *Jacob Wilhelm Blaufuss*, welche unter der Aufschrift, die Vorzüge der Manns-Personen vor dem Frauen-Zimmer in der Galanterie, in der teutschen Gesellschaft in Jena öffentlich 1745. gehalten worden. Vor die vernünftigen Verehrer des schönen Geschlechtes, herausg. von einem ehrlichen Teutschen (*G. F. A. Trautmann* in Jena). Frankfurth u. Leipzig (Jena, Marggraf), 1747. 4°.
Tit., 3 Bll. Zuschr. an Blaufuss [unter der sich Trautmann als J. V. Doctorand vorstellt], 40 S.

Trautmann, Gottlieb Friedrich Amandus (Jena)
A. S. 152/2

Dissertatio auspicialis de ordinationibus consistorialibus et ecclesiasticis serenissimorum Saxoniae Ernestinae ducum. Präs. Christian Gottlieb Buder.
Jena (Marggraf) 22. IV. 1747. 40 S.

W. v.: Präs., Johann Jakob Sorber, Wilhelm Ernst Sonneschmid, Gottlieb Anton Fasel (Opp.), Jo. Andreas Fabricius. 34632

Trautmann, G. F. A., de remediis abbreviandi processum judiciarium tractatio. 4. Jenae, Marggraf. 749.

* **BLAUFUSS.** — Abgenöthigte Vertheidigung des artigen Geschlechtes wider die erste Scherz-rede, welche von dem Herrn M. *Jacob Wilhelm B*** unter der Aufschrift, die Vorzüge des Frauenzimmers vor den Manns-Personen in der Beredsamkeit den witzigen Menschen-Freunden angepriesen in der Hochlöblichen teutschen Gesellschaft in Jena gehalten und alsdann zum Druck befördert worden, verfertiget und vor die vernünftigen Verehrer des schönen Geschlechtes herausg. von einem ehrlichen Teutschen (Gottfr. *Friedr. Amandus Trautmann* in Jena). JENA, bey Georg Michael Marggrafen. 1746. 4°.
Tit., 7 Bll. Zuschrift an Blaufuss, 55 S.

Festgesang gedichtet und der Loge „Zur Einigkeit" in Frankfurt a. M. gewidmet von Fritz Auerbach. In Musik gesetzt für Soli, Männerchor und Pianoforte und seiner Loge zugeeignet von Gust. **Trautmann.** Frankfurt a. M. o. J.: Knauer. 4 Bl. 8° [Umschlagtit.]
Ohne Noten: „Ihr Brüder, zum frohen, zum festlichen Tage . . ." Beigefügt ein Festgesang zur Eröffnung der Tafel.

Jubiläums-Festgesang gedichtet und der Loge „Zur Einigkeit" in Frankfurt a. M. zur 150 jährigen Jubel-Feier gewidmet von Fritz Auerbach. In Musik gesetzt für Soli, Männerchor und Pianoforte und seiner Loge zugeeignet von Gust. **Trautmann.** [Frankfurt a. M. 1892]: Mahlau. 2 Bl. 4° [Umschlagtit.]
Abgedr. in: D. Feier d. 150 jährigen Jubelfestes d. Loge zur Einigkeit. 1892 S. 26 bis 30; Bh. 35 (1892) S. 359—360.
Recens: Bh. 35 (1892) S. 360 (C. Gotthold).
Ohne Noten: „Ihr Brüder, zum frohen, zum festlichen Tage . . ."

Trautmann, Gustav *(geb. Neudorf am Gröditzberge in Schles. 3. 3. 1820)*: Ueber Thoracocentese. Breslau 1870. (33 S.) 8°
Breslau, Med. Diss. v. 22. Nov. 1870

Trautmann, Gust., über Thoracocentese. Inaugural-Dissertation. gr. 8. (33 S.) **Breslau 870, Maruschke und Berendt.** *

Trautmann, H. T., De Euripidis Phoenissarum versibus suspectis et interpolatis. Pr. 1863. 21 S. 4°. 1.50

Trautmann, Heino, aus Bonn: Aus d. Frauenklinik d. Universität Bonn. Myom und Schwangerschaft. *Bonn 1901: K. Drobnig's Nachf.* (59 S.) 8°
Bonn, Med. Diss. v. [4. Mai] 1901

Trautmann, J. B., Geschichte der christlichen Kirche. Für Jedermann, insonderheit für die Jugend bearb. 1. u. 2. Thl. 1. Abthl. 8. 1. Thl. Geschichte der Kirche bis auf Constantin den Großen od. das Jahr 312 nach Christi Geburt. (VIII u. 144 S. m. 1 Lith.) Fortgesetzt v. K. A. E. Kluge. 2. Thl. 1. Abthl.: Geschichte der Kirche von Constantin dem Großen bis zum Tode Karl's des Großen. Mit 1 Titelkpfr. (VIII u. 196 S.) Dresden 851. 52, Naumann. (1: n. 1/3 Thlr. II, 1: n. 12 Ngr.) n. 22 Ngr.

Trautmann, J. B., Geschichte der christlichen Kirche. Für Jedermann, insonderheit für die Jugend, fortgesetzt von K. A. E. Kluge. 2. Thl. 2. Abth.: Geschichte der Kirche vom Tode Karl's des Großen bis gegen die Zeit der Reformation. Mit 1 (lith.) Titelkpfr. Dresden 854. Naumann. 8. (2 Bl., 210 S.) n. 15 Ngr.

—— dass. — 3. Thl. (Schluß): Geschichte der Kirche von der Reformation bis auf unsere Tage. 8. (XII und 532 S. mit 1 Ttlkpfr.) Ebds. 856(57.) *
1. Thl. und 2. Thl. 1. Abthl. Ebendas. 1851—52. * 22 Ngr.

Trautmann, J. B., das geistliche Israel. Eine Missionsrede. ... Dresden 841, Naumann. 1/12 Thlr.

—— die apostolische Kirche oder Gemälde der christl. Kirche zur Zeit der Apostel. Ein histor. Versuch. gr. 8. (XII und 459 S.) Leipzig 848, C. Tauchnitz.

—— die apostolische Kirche oder Gemälde der christlichen Kirche zur Zeit der Apostel. Ein histor. Versuch. Neue wohlf. (Titel-) Ausg. gr. 8. (XII und 460 S.) Stuttgart 856, S. G. Liesching.

Trautmann, J. C. Eduard *(geb. Neisse 1801)*: De amaurosi. Berlini (1834). (35 S.) 8°
Berlin, Med. Diss. v. 31. Juli 1834

Trautmann, Jac., über confessionslose Schulen. Vortrag gehalten in der Bezirkslehrerversammlung zu Bergzabern. 8. (16 S.) **Speyer 872, (Lang.)** *

Trautmann, Jakob, Tierarzt: Arbeiten aus d. med. Veterinärklinik d. Univ. Giessen. Dir.: Gmeiner. Klinische und experimentelle Untersuchungen über die Auskultation der Lungen. Mit 3 Taf. Giessen 1909: Kindt. 70 S. 8°
Gießen, Veterinär-Med. Diss. v. 23. Mai 1909, Ref. Olt
[Geb. 8. Mai 80 Obersülzen; Wohnort: Illingen (Saargebiet); Staatsangeh.: Bayern; Vorbildung: Gymn. Jülich Reife O. 08; Studium: Tierärztl. Hochschulen Stuttgart 1, München 3, Univ. Gießen 4 S.; Rig. 12. Febr. 09.]
[U 09. 1185

Trautmann, Joannes Benjamin *(geb. Breslau 1. 7. 1805)*: De fonte ac fine Platonis philosophiae, sive de necessitudine, qua amoris enthusiasmus cum dialectices usu Platoni conjungitur. (Vratislaviae 1835). (74 S.) 8°
Breslau, Phil. Diss. v. 5. Apr. 1835

Trautmann, Joh. Benj., histor. Kalender, od. Uebersicht d. Wissenswürdigsten aus d. polit., Literar- u. Kunst-Geschichte. Mit neunfachem alphabet. Register. — A. u. d. T.: Kalendar. Handbuch f. d. polit., Literar- u. Kunstgesch., od. Uebersicht d. Wissenswürdigsten aus jenen Geschichtszweigen, chronolog. zusammengest. nach d. einzelnen Tagen d. Jahres, durch d. Feld d. alten u. neuen Geschichte bis zum J. 1830. gr. 12. (12 1/3 B. u. Ttlvign.) **Berlin 832, Nauck.**

Trautmann, Johann Christian (Hillersen)
U. S. Helmstedt 1732/2

Dissertatio academica de praetore quem justitiarium bellicum aut auditorem vocant.
Präs. Johann Wilhelm von Goebel.
Helmstedt (Buchholz) 16. VII. 1732. 56 S.

Gew.: Christian Ludwig von Hardenberg, Friedrich Dietrich von Hardenberg, Karl Friedrich von Hardenberg. 34634

Trautmann, Johann Gottfried (Wingendorf) A. S. 576/31

Specimen continens caput iuris controversum de herede in donatis propter nuptias instituta.
Präs. Christian Heinrich Breuning.
Leipzig (Rumpf) 26. IV. 1764. 8 S.
34635

Trautmann, Karl, Alt-München in Bild u. Wort, s.: Aufleger, Otto.

Trautmann, K., die Amalienburg im Königl. Schlossgarten zu Nymphenburg, s.: Aufleger, Otto.

Trautmann, Karl, s. Bibliothek, bayerische.

Trautmann, Karl. Vier Briefe des Orlando di Lasso an Herzog Wilhelm von Bayern. (Separatabdruck aus dem Jahrbuch für Münchener Geschichte. München 1888.)

Trautmann, Karl, s.: Festgabe zur Münchener Schillerfeier 1905.

— die kgl. Hofkirche zu Fürstenfeld, s.: Architektur u. Ornamentik, süddeutsche, im VIII. Jahrh.

— s.: Jahrbuch f. Münchener Geschichte.

— die Klosterkirche zu Diessen, s.: Architektur u. Ornamentik, süddeutsche, im VIII. Jahrh.

Trautmann, Karl, Oberammergau u. sein Passionsspiel, s. a. Bibliothek, bayerische.

Trautmann K, Oberammergau und sein Passionsspiel. (Bibliothek, Bayerische 15) Bamberg 1890

— die reichen Zimmer der königl. Residenz in München, s.: Aufleger, Otto.

Trautmann, Kurt

Trautmann, Curt, approb. Arzt: Veronal und sein Einfluß auf die Stickstoffausscheidung beim Menschen. *Halle a. S. 1903: C. Gleditzsch.* (21 S.) 8°
Halle, Med. Diss. v. 4. Aug. 1903

Trautmann, Leonh., Anleitung zum Selbststudium der doppelten Bierbrauerei-Buchhaltung, e. Geschäft vollkommen abschließend. Lex.-8. (183 S.) Prag 875. Gruß. n. 6. —

Trautmann, Leop., ökononom. Almanach, mit P. Jordan's Portr. gr. 8. Wien 802. v. Mösle. 1 ₰

— Lehrplan der Landwirthschaft, vorgetragen beim Antritt seines öffentl. Lehramts. 8. Wien 808. Beck. 6 Xr

Trautmann, L., Lehrplan d. Landwirthschaft, vorgetr. beym Antritt seines öffentlichen Lehramtes. 8. Wien, Beck. 810.

Trautmann, Leop., Versuch e. wissenschaftl. Anleit. z. Studium der Landwirthschaftslehre. 2 Bde. gr. 8. Wien 810. Beck. 4 ₰ 2e Aufl. 815. 3e Aufl. 2 Bde. gr. 8. Wien 820. Heubner. 4 ₰

Trautmann, L., Versuch e. wissenschaftl. Anleitung zum Studium d. Landwirthschaftslehre. 2te verb. Aufl. 2 Thle. gr. 8. Wien, Camesina. 814—15.

Trautmann, (L. V.,) Versuch einer wissenschaftl. Anleit. z. Studium d. Landwirthschaftslehre. 2 Bde. 3e Aufl. gr. 8. Wien 822, Heubner.

Trautmann, Leop., Versuch e. wissenschaftl. Anleit. z. Studium d. Landwirthschaftslehre. 2 Bde. 4., unveränd. Aufl. gr. 8. (59½ B.) Wien 835, [Heubner's Verl.]

Trautmann, Max, Muster-Kostenanschlag f. Neubauarbeiten. Zum Gebrauch f. Baubeamte, Techniker, Bauunternehmer unter besond. Berücksicht. der f. die deutsche Heeresverwaltg. gelt. Bestimmgn. aufgestellt u. hrsg. 2. verm. u. verb. Aufl. gr. 8. (XI, 200 S.) Torgau 901. P. Schultze. Geb. in Leinw. u. durchschn. n. 4. 50

Trautmann, Max, Muster-Kostenanschlag f. Neubauarbeiten. Zum Gebrauch für Baubeamte, Techniker, Bauunternehmer unter besond. Berücksicht. der f. die deutsche Heeresverwaltg. gelt. Bestimmgn. aufgestellt u. hrsg. 3. verm. u. verb. Aufl. (XI, 216 S.) gr. 8. Torgau 904. P. Schultze. Geb. in Leinw. u. durchsch. n. 4. 50

Trautmann, *Theodor* Max [aus Eisleben]: Ueber die Nerven der Schilddrüse ... (Die zugeh. Zeichngn nebst e. Referate erscheinen im Anat. Anzeiger.) Guben, Druck v. A. Koenig, 1895; 21 S., 1 Bl. 8.
Halle, Med. Fak., Inaug.-Diss. v. 27. Juni 1805

Trautmann, Mor., alte u. neue Antworten auf altenglische Rätsel; Hasu, s.a. Beiträge, Bonner, zur Anglistik. 19. Hft.

Alte u. neue Antworten auf altenglische Rätsel. Von Moritz **Trautmann.** Bonn: P. Hanstein 1905. (S. 167–218.) 8°
— **Beiträge**, Bonner, z. Anglistik. H. 19, [3.] [06. 1701 4

— s.: Beowulflied, das.

Trautmann, Mor., zur Berichtigung u. Erklärung der Waldhere-Bruchstücke, s.: Beiträge, Bonner, zur Anglistik. 5. Hft.

Trautmann, M., Berichtigungen, Erklärungen u. Vermutungen zu Cynewulfs Werken; zum Versbau des Heliand; Werge (wyrge), verflucht', s. a. Beiträge, Bonner, zur Anglistik.

Trautmann, Moritz: Berichtigungen, Erklärungen und Vermutungen zu Cynewulfs Werken. Nachträge 1. zur Elene. 2. zum Andreas. 3. zu d. Runenstellen. Zum Versbau d. Heliand. Werge ⟨wyrge⟩ 'verflucht'. Bonn: P. Hanstein 1907. (S. 85–156.) 8°
= **Beiträge**, Bonner, z. Anglistik. H. 23, [2.] [08. 10,47 4

Trautmann, Mor., Lachmanns betonungsgesetze u. Otfrieds vers. gr. 8. (31 S.) Halle 877. Niemeyer. n. 1. —

Trautmann, Mor., bildung u. gebrauch der tempora u. modi in der Chanson de Roland. I. Die bildg. der tempora u. modi. gr. 8. (30 S.) Halle 871. Lippert'sche Buchhandl. n. 1. —

Trautmann, Moriz: Die bildung der tempora in der Chanson de Roland. Halle 1871: Karras. 30 S. 8°
Halle-Wittenberg, Phil. Diss. v. 12. Aug. 1871
Geb. Klöden (Kr. Schweinitz) 24. 3. 1842. V.
Im Buchhandel u. d. T.: Bildung und gebrauch der tempora u. modi in der Chanson de Roland. 1. Die bildung der tempora u. modi. Halle: Lippert 1871.

— Finn u. Hildebrand, s.a. Beiträge, Bonner, zur Anglistik. 7. Hft.

Finn und Hildebrand. 2 Beiträge z. Kenntnis d. altgerman. Heldendichtung von Moritz Trautmann. *Bonn: P. Hanstein 1903.* (VIII, 130 S.) 8°
— **Beiträge**, Bonner, z. Anglistik. H. 7. [03. 4159 5

Trautmann, Mor., Kynewulf, d. Bischof u. Dichter, s.a. Beiträge, Bonner, zur Anglistik.

Kynewulf, der Bischof u. Dichter. Untersuchgn über s. Werke u. s. Leben v. Dr. Moritz Trautmann, o. Prof. a. d. Univ. Bonn. *Bonn: P. Hanstein 1898.* (VIII, 123 S.) 1 Bd 8.
= Beitraege, Bonner, zur Anglistik. H. 1. [98. 3190

— kleine lautlehre des deutschen, französischen u. englischen. 1. hälfte. gr. 8. (80 S.) Bonn 901. C. Georgi. n. 2. —

— kleine lautlehre des deutschen, französischen u. englischen. 2. hälfte. (X u. S. 81—150.) gr. 8. Bonn 903. C. Georgi. n. 2. —

— Nachträgliches zu Finn u. Hildebrand'. Der Heliand e. Uebersetzung aus dem Altenglischen. Auch zum Beowulf, e. Gruss an Hrn. Eduard Sievers. Die Auflösung des 11ten (9ten) Rätsels. Die neueste Beowulfausgabe u. die altenglische Verslehre, s.a. Beiträge, Bonner, zur Anglistik. 17. Hft.

Moritz Trautmann: Nachträgliches zu 'Finn und Hildebrand'. Der Heliand e. Übers. aus d. Altengl. Auch zum Beowulf, e. Gruß an Herrn Eduard Sievers. Die Auflösung d. 11ten ⟨9ten⟩ Rätsels. Die neueste Beowulfausg. u. d. altengl. Verslehre. Bonn: P. Hanstein 1905. (S. 122–191.) 8°
= Beiträge, Bonner, z. Anglistik. H. 17, [4.] [05. 8953 4

Trautmann, Mor., die Sprachlaute im Allgemeinen u. die Laute d. Englischen, Französischen u. Deutschen im Besonderen. Mit 10 Holzschn. gr. 8. (VIII, 330 S.) Leipzig 884. Fock. n. 7. —; geb. n. 8. —

Trautmann, M. Ueber Verfasser und Entstehungszeit einiger alliterirender Gedichte des Altenglischen. Hab. Leipzig 1876. 33 S. Progr.

— über Verfasser u. Entstehungszeit einiger alliterirender Gedichte d. Altenglischen. gr. 8. (35 S.) Ebend. 876. n. 1. —

— zum zweiten Waldhere-Bruchstück, s.: Beiträge, Bonner, zur Anglistik. 11.

Trautmann, Moritz Ferdinand, s. Trautmann, Ferdinand

Trautmann, Oskar [pr. Arzt in Malsch]: Über retroperitoneale Abscesse ... Heidelberg, Univ.-Buchdr. v. J. Hörning, 1892; 30 S. 8.
Heidelberg, Med. Fak., Inaug.-Diss. v. [1. Aug.] 1892

Trautmann, Osk. Ueber retroperitoneale Abscesse. Diss. gr. 8. (30 S.) Heidelb. 892, (Hörning). * — 80

Trautmann, Oskar, Gerichtsassessor a. Stradow: Die städtische Schuldeputation in Preußen und die Ministerialinstruktion vom 26. Juni 1811. Tübingen 1905. (64 S.) 8° ¶ Separatabdruck aus dem Archiv f. öffentl. Recht.
Rostock, Jur. Fak., Ref. Hübner, Diss. v. 30. März 1905
[Geb. 7. Mai 77 Stradow b. Spremberg N/L.; Wohnort: Berlin; Staatsangeh.: Preußen; Vorbildung: Gymn. Cottbus Reife O. 95; Studium: Berlin 5, Halle 1 S.; Rig. 25. Aug. 04.]

Trautmann, Otto: Die Beziehungen des Deutschen Reiches zu Polen-Böhmen.
Phil. Diss., Prag 1902/1903

Trautmann, Otto, Kaditz bei Dresden, s.a. Mitteilungen des Vereins f. Geschichte Dresdens. 21.

Kaditz bei Dresden. Verfassung, Wirtschaft u. Schicksale d. Dorfs u. s. Kirchfahrt, dargest. von Otto **Trautmann.** Mit Pl. u. Abb. Dresden: Baensch 1909. VI, 131 S. 8°
(Mitteilungen d. Vereins f. Geschichte Dresdens. H. 21.)

Trautmann, Otto. Lehre vom Schönen. I. Form, Ornament u. Farbe. gr. 8. (IV, 90 S. m. eingedr. Fig.) Dresd. 890, Bertling. * 2 —

Trautmann, P. F., ein Feind der Mode, s.a. Bloch's, Ed., Theater-Correspondenz.

—— ein Feind der Mode. Posse in 1 Akt. 8. (41 S.) Berlin 856, [Lassar's Buchh.] *

Trautmann, P. F., Festgedicht f. die Trauerfeier am Todestage Robert Blum's, den 9. Novbr. 1849, gedichtet u. gesprochen im demokratisch-socialen Verein. 8. (4 S.) Kassel 849, Raabé & Co. 1 ngr.

Trautmann, P. F., Gedicht zur Feier des 24. Febr. 1850. (Jahrestag der französ. Revolution.) Gesprochen im demokratisch-socialen Verein. 8. (4 S.) Kassel 850, Raabé und Comp. Thlr.

—— republikanische Gedichte. 16. (52 S.) Kassel 849, Raabé und Comp. *

Trautmann, P. F., Don Juan in Wiesbaden, s. Bloch's, E., Dilettanten-Bühne.

Trautmann, P. F., ein Don Juan wider Willen. Lustspiel in 3 Akten. (Nach einem Roman der Emilie Flygare-Carlén.) 8. (96 S.) Berlin 856, [Lassar's Buchh.] *

—— Theaterstücke. — Ein Feind der Mode. Posse. — Onkel Quäker. Posse. — Ein Don Juan wider Willen. Lustspiel. 8. (192 S.) Berlin 854, [Lassar's Buchh.] *

Trautmann, Paul, Referendar in Kiel: Die Auslegung letztwilliger Verfügungen. Borna-Leipzig 1906: R. Noske. (62 S.) 8° [F.]
Halle, Jur. Fak., Ref. Stammler, Diss. v. 28. Juli 1906
[Geb. 24. Febr. 81 Staßfurt; Wohnort: Kiel; Staatsangeh.: Preußen; Vorbildung: Gymn. Norden Reife O. 02; Studium: Halle 2, Göttingen 1, Halle 3 S.; Rig. 6. Jan. 06.]

Neuzeitliche Entwickelung der Kieler Stadtwirtschaft v. [Paul] **Trautmann.** Abdruck aus d. Jahrbüchern für Nationalökonomie und Statistik. 3. Folge, Bd. 38 (93). Jena. 1909. 8°

Trautmann, Paul, Dr. jur., Referendar: Kiels Ratsverfassung und Ratswirtschaft vom Beginn des 17. Jahrhunderts bis zum Beginn der Selbstverwaltung. Ein Beitr. z. deutschen Städtegeschichte. (Kap. 14.) Halle a. S. 1909: (Jensen, Kiel). 74 S. 8° ¶ (Ersch. vollst. als: Mitteilungen d. Gesellsch. f. Kieler Stadtgeschichte. H. 25. 26.)
Halle, Phil. Diss. v. 16. März 1909, Ref. Conrad
[Geb. 24. Febr. 81 Staßfurt; Wohnort: Halle a. S.; Staatsangeh.: Preußen; Vorbildung: Gymn. Norden Reife O. 02; Studium: Jura u. Staatsw. Halle 2, Göttingen 1, Halle 3 S.; Rig. 25. Nov. 08.] [U 09. 1717

Trautmann, Paul, Kiels Ratsverfassung u. Ratswirtschaft vom Beginn des 17. Jahrh. bis zum Beginn der Selbstverwaltung, s.a. Mitteilungen der Gesellschaft f. Kieler Stadtgeschichte. Heft 25. 26.

Kiels Ratsverfassung und Ratswirtschaft vom Beginn des 17. Jahrhunderts bis zum Beginn der Selbstverwaltung. Ein Beitrag z. deutschen Städtegeschichte von Dr. Paul **Trautmann** Kiel 1909: Jensen. XXXV, 798 S. 8°
(Mitteilungen d. Gesellschaft f. Kieler Stadtgeschichte. H. 25 u. 26.) [09. 10359 8

* **TRAUTMANN,** Petrus Elias, P. Z. S. S. & Consist. D. K. F. R. G., Acta curiosa in puncto nullitatis matrimonii Tullii et Tulliæ, welche, ob sie gleich 12. Jahr im Ehestande gelebet, u. ein Kind mit einander gezeuget, dennoch solcher, ob defectum liberi consensus pro nullo declariret worden, so von allen falschen Auflagen befreyet, der Warheit zu Steuer ans Licht gestellet —. Halle, Joh. Grunert, 1715. 4°. (In Berlin: D 5 no. 14.)
— — Idem opus. Ibid. 1722. 4°.
Bibl. Liberi Baronis de Schlippenbach. Berol. 1735. p. 288.
— — Idem opus. Ibid. 1724. 4°.
½ Rthlr. H. W. Schmidt, Halle, 348. p. 14.
— — Idem opus. 5. (!) Auflage. Ibid. 1735. 4°. (In Rostock, Landesbibl.)
½ Rthlr. Derselbe, l. c.

Trautmann, Pet. Elias, schlafendes Weltkind. 8. Goßlar. 706.

Trautmann, Rhold., Gesamtregister, s.: Beiträge zur kunde der indogermanischen sprachen.

Trautmann, Reinhold, a. Königsberg i. Pr.: Germanische Lautgesetze in ihrem sprachgeschichtlichen Verhältnis. Kirchhain N.-L. 1906: M. Schmersow. (69 S.) 8°
Königsberg, Phil. Fak., Ref. Bezzenberger, Schade, Diss. v. 7. April 1906
[Geb. 16. Jan. 83 Königsberg i. Pr.; Wohnort: Königsberg i. Pr.; Staatsangeh.: Preußen; Vorbildung: Friedr.-Koll. Königsberg i. Pr. Reife M. 00; Studium: Königsberg 1, Freiburg i. B. 1, Königsberg 2, Berlin 1, Königsberg 6 S.; Rig. 17. Febr. 06.]

— Die altpreußischen Sprachdenkmäler. Einleitung, Texte, Grammatik. Wörterbuch. 2 Tle. gr. 8. Göttingen, Vandenhoeck & Ruprecht. 15.—; geb. in 1 Bd. 16. —
1. Texte. (96 S.) 908. 2. 80
2. Grammatik, Wörterbücher. (XXXII u. S. 97—470.) 910. 12. 20

Trautmann, Rud., Bielefeld, seine Vergangenheit u. seine Gegenwart. Zugleich ein Führer durch Stadt u. Umgebg. (104 S. m. 27 Abbildgn. u. 2 Vollbildern.) schmal 8. Bielefeld (Ritterstr. 43.), A. v. d. Mühlen. n. — 60

Trautmann, Th., Elementarbuch zur Einübung der lateinischen Formenlehre. Halle 863. Buchhdlg. des Waisenhauses. 8. (IV, 100 S.) 7½ ngr.

Trautmann, Th[eodorus]: *De nonnullis Antigonae locis. 65 S. 4° (2°) Halle-Wittenberg, Phil. Diss. v. 20. Dez. 1861
Geb. [Bitterfeld 24. 7. 1839]

Trautmann, Thdr., Rückkehr zum apostol. Christenthum. An die Katholiken u. Protestanten Deutschlands. Eine Stimme die um Gehör bittet. In zwanglosen Blättern. 1—10. Bl. 8. Augsburg 848. 49, Rieger. (à 1/8 ℔) 1 1/4 ℔

Trautmann, Thdr., Rückkehr zum apostol. Christenthum. An die Katholiken u. Protestanten Deutschlands 2c. Neue Folge. 1. u. 2. Blatt. 8. (27 S.) München 849, Palm. (à 1/8 ℔) 1/4 ℔

Trautmann, Theodor Max, s. Trautmann, Max

Trautmann, Wilh., Geschichte und Technik der enkaustischen Malerei. gr. 8. (VII, 87 S.) Breslau 869, Gebhardt. *

Trautmann, Woldemar, aus Ober-Uhna: Beiträge zur Kenntnis der Oxalvanadinmolybdate, Oxalmolybdate und Oxalvanadate. Bern 1906. 36 S. 8°. [28. VI. 06.]
Bern. Phil. Diss. 1905/1906.

Trautmann, Woldemar. Beiträge zur Kenntnis der Oxalvanadinmolybdate, Oxalmolybdate und Oxalvanadate. Diss. Phil. Bern. 36 S. 8. Bern, Neukomm & Zimmermann, 1906.

Trautmann-Rosa, F., Fragment der Zeit. Aus der Bibel der Natur e. ungelehrten Greises. gr. 8. (34 S.) Straßburg 886. Treuttel & Würtz. n. — 60

Trautmannsdorf, Ferd. Fürst von, s. Trauttmansdorff

v. Trautmannsdorf, Reichsgr. Mar. Thadd., († d. 20. Jan. 1819.) de tolerantia ecclesiastica et civili, ad Josephum II. Augustum. 8. Ticini 783.

Trautmannsdorf, Sebastian Graf von

v. Trautmannsdorf, Graf S., rein prakt. Anweis. im Nivelliren u. dessen Anwend. auf die Anlegung der Wiesen-Bewässerungsgräben sowohl, als auch sonstige Gegenstände landwirthschaftl. Kultur. Nebst e. Anh.: Bemerkk. üb. die eisernen Wasserleitungen. Mit 5 Steintaf. gr. 4. Prag 830. (Endlers). 1 ℔ (Haase Söhne das.) 1 ℔ 15 Kr

Trautmannsdorf, Sebast. Graf, prakt. Nivellir-Unterricht u. dess. Anwend. auf d. Anlegen d. Wiesen-Bewässerungsgräben u. die Führung d. Wasserleitungen in hölzernen u. eisernen Röhren, wie auch mancherlei and. Gegenstände landwirthschaftl. Cultur. Für jeden, auch keine mathemat. Kenntnisse besitz. Oekonomen faßl. dargestellt. 2. Aufl., nach d. Grundsätzen d. Verf. umgearb. v. dess. Mitarbeiter an d. 1. Ausg. gr. 8. (10 3/4 B. u. 6 Stnt.) Prag 836, Calve'sche Buchh.

Trautmannsdorf, S. Graf, rein prakt. Unterweisung im Nivelliren u. dess. Anwend. auf d. Anlegung der Wiesen-Bewässerungsgräben sowohl, als auch sonstige Gegenstände landwirthschaftl. Kultur. Auf e. gründl. u. leichtfaßl. Manier so dargest., daß jeder, auch keine mathemat. od. sonst viel wissenschaftl. Kenntnisse besitzende Landwirth selbes daraus erlernen könne, u. mit vielen für d. Landwirthschaft wicht. Zusätzen vers. Nebst e. Anh., enth.: Bemerkungen üb. d. eisernen Wasserleitungen. gr. 4. (14 1/4 B. u. 5 Stnt.) Prag 829, (Calve.)

Trautmannsdorff, Karl Adam

Trautmannsdorff, Carl Adam, Johann Hussens Märtyrertod am 6. Juli 1415. Den mährischen Brüdern und allen evangel. Christen gewidmet. Löbau (854.) Walde in Comm. 8. (19 S.) 3 ngr.

Trautner, Fr. W., Musica sacra, s.: Schletterer, H. M.

Trautner, Fr. W., die große Orgel in der St. Georgs-Hauptkirche zu Nördlingen (m. 56 kling. Registern u. 3224 Pfeifen, erbaut 1889 v. der Firma G. F. Steinmeyer & Cie. in Oettingen) u. ihre Vorgängerinnen. (Nebst e. Skizze des Spieltisches.) 8. (26 S.) Nördlingen 899. C. H. Beck. n. — 75

Trautner, Joh. Karl Fr.

Trautner, Joh. Karl Friedr., die Elemente der Mathematik, für den Unterricht an Gymnasien, Gewerb- und Realschulen und ähnlichen Lehranstalten, sowie zum Privatstudium. 1. Thl. A. u. d. T.: Die Elemente der allgemeinen Arithmetik, einschließlich der Algebra, für den Unterricht an Gymnasien 2c. Nürnberg 853. Raw. Lex.-8. (XII, 172 S.) n. 24 ngr.

Trautner, Joh. Karl Friedr., die Gegenwart d. Medicin u. ihre Zukunft. Einige Andeutungen. gr. 8. (3 B.) Nürnberg 839, Bauer u. Raspe. (Merz.)

—— **Grundriss d. Pharmacomorphik od. Arzneiformenlehre. 16. (6 1/4 B.) Nürnberg 839, Bauer u. Raspe.**

Trautner, Joh. Carl Friedr., chemische Cautelen in Bezug auf Arzneimittelverbindung, systematisch entwickelt. 8. (5 B.) Nürnberg 842, Bauer u. Raspe. (Jul. Merz.)

—— Lehrbuch der therapeutischen Pharmacomorphik u. Receptirkunst. gr. 8. (12 1/4 B.) Nürnberg 844, Bauer u. Raspe.

—— Passifloren. Stimmen des Leidens u. der Erhebung, in Gedichten u. Liedern. 8. (7 1/4 B.) Nürnberg 843, Raw'sche Bh.

TRAUTNER, Johann Carl Friedrich (Nürnberg): De excolenda scientia medica, praesertim de systemate nosologico naturali.- Norimbergae: Wilbradt 1835. 14 S.
22.12.1834 - Urk; F 62 Diss. Ingolst.-Landsh.-Mchn.

—— **Theorie d. griech. Verbalflexion. gr. 8. (6 B.) Nürnberg 835, [Schrag, Vrlsh.]**

—— wissenschaftl. Verzeichniss der in der Stadtbibliothek zu Nürnberg enthalt. Ausgaben, Uebersetz. u. Erläuterungen medicin.-physical. Werke der griech. u. arab., dann der älteren latein. Literatur bis zum 13. Jahrh. gr. 8. (4 5/8 B.) Nürnberg 843, Schrag, Vrlgsh. *

—— einige Worte über die amtliche Armenpraxis. gr. 8. (1 3/4 B.) Nürnberg 844, Schrag, Vrlgsh.

— **einige Worte über das Verhältniß d. Medicin zum Gesammtleben des Menschen, u. über ihre historische Entwicklung. gr. 8. Nürnberg 837. Bauer u. Raspe. (Merz.)** 1/12 ℔ (1 B.)

Trautner, Ludwig: Die Amphibolien bei den drei griechischen Tragikern und ihre Beurteilung durch die antike Ästhetik. Nürnberg 1907: J. L. Stich. (127 S.) 8°
Nürnberg, k. Neues G P 1907*

Trautner, Ludwig, a. Aschbach: Die Amphibolien bei den griechischen Tragikern und ihre Beurteilung durch die antike Ästhetik. Nürnberg 1907: J. L. Stich. (128 S.) 8°
Erlangen, Phil. Fak., Ref. Roemer, Diss. v. 24. Juli 1907
[Geb. 18. Jan. 82 Aschbach (Bez.-A. Bamberg); Wohnort: Nürnberg; Staatsangeh.: Bayern; Vorbildung: St. Anna-Gymn. Augsburg Reife Juli 00; Studium: Erlangen 6, München 2 S.; Rig. 7. Mai 07.]

Trautner, Max, Wie John Neve verhaftet wurde. 8°. London 1889.

Trautschold, H.

----- Ueber Aroides crassispatha Kutorga. (Bull. de la Soc. imp. d. Natural. de Moscou 1880.) 8. Mit 1 Tafel.

Trautschold, H., Bemerkungen über die stratigraphischen Verhältnisse des Gouvernements Kaluga. gr. 8. (12 S.) Moskau 860(62). (Berlin, H. Müller.) *

Trautschold H.: Bemerkungen u. Versuche z. Frage üb. den Einfluss d. Bodens auf die Pflanzen. (1858). (66) S. (Særtr.). P.

Trautschold, H.: Bemerkungen und Versuche über den Einfluss des Bodens auf die Pflanzen. Moskau 1859. 66 S., 4 Tf. 8°.

Trautschold, H.: Drei Briefe aus dem Auslande. Moskau 1862. 18 S. 8°.

Trautschold, H., drei Briefe aus dem Gebiet der mittleren Wolga. gr. 8. (32 S.) Moskau 863. (Berlin, H. Müller.) *

Trautschold, H., Etwas aus dem tertiären Sandstein v. Kamüschin. Mit 1 (lith.) Taf. gr. 8. (5 S.) Moskau 875. (Lang.) n. — 50

—— zur Fauna des russischen Jura. gr. 8. (24 S. mit 4 Stnt.) Moskau 866. (Berlin, H. Müller.) *

Trautschold, H., Fischreste aus dem Devonischen des Gouvernements Tula. Imp.-4. (16 S. mit 2 lithogr. Taf.) Moskau 874. (Lang.) *

— die langlebigen u. die unsterblichen Formen der Thierwelt. gr. 8. (19 S.) Ebend. 874. n. — 50

—— über jurassische Fossilien von Indersk. gr. 8. (19 S. mit 3 Stnt. in 8. und qu. 4.) Moskau 864. (Berlin, H. Müller.)

— ein Gedenkblatt für Alex. v. Humboldt, s. Gedenkblatt.

Trautschold, H: Ueber die Geologie von Spanien. Moskau 1858. 66 S., 1 Krt. 8°.

Trautschold, H., über saekulare Hebungen und Senkungen der Erdoberfläche. gr. 8. (70 S.) Moskau 869. (Berlin, H. Müller.) *

Trautschold, H. Rudolf Hermann. Moskau 1880.

Trautschold, H., der Inoceramen-Thon von Ssimbirsk. Moskau 865. (Berlin, H. Müller.), gr. 8. (24 S. mit 3 Steintaff.) n. 25 ngr.

— der Moskauer Jura, verglichen mit dem Westeuropäischen. (Abdr. aus der Zeitschrift der deutschen geolog. Gesellsch. 1861.) Berlin 861. (H. Müller.) gr. 8. (92 S.) n. 20 ngr.

—— die Kalkbrüche von Mjatschkowa. Eine Monographie des oberen Bergkalkes. 3 Abthlgn. gr. 4. Moskau. (Berlin, Friedländer und Sohn.) [1. Abthl. (S. 1—50 mit 4 lithogr. Taf. in Imp.-4. und qu. gr. Fol.) 874. * M 4.; 2. Abthl. (S. 51—100 mit 7 lithogr. Taf.) 876. * M 8.; 3. Abthl. (S. 101—180 mit 7 lithogr. Taf.) 879. * M 8.] *

—— und J. Auerbach, über die Kohlen von Central-Russland, s. Auerbach, J.

Trautschold. H. Ueber den Corallenkalk des russischen Jura. (Aus d. Bull. de la Soc. Imp. des Nat.) Moskau. 1862. 8.

Trautschold, H., über die Kreide-Ablagerungen im Gouvernement Moskau. Mit 1 (lith.) Taf. (in Fol.) Moskau 862. (Berlin, H. Muller.) gr. 8. (26 S.) n. 10 ngr.

—— einige Crinoideen und andere Thierreste des jüngeren Bergkalks im Gouvernement Moskau. gr. 8. (49 S. mit 5 Stnt. in 8. und 4. und eingedr. Holzschn.) Moskau 867. (Berlin, H. Müller.) *

—— Nachtrag zum Nomenclator palaeontologicus der jurassischen Formation in Russland. gr. 8. (8 S.) Ebendas. 866.

Trautschold, H.: Ueber die Naphtaquellen von Baku. ([S.-A.] Zeitschrift der Deutschen Geologischen Gesellschaft. Jahrg. 1874.) Berlin 1874. 18 S. 8°.

—— Nomenclator palaeontologicus der Jurassischen Formation in Russland. gr. 8. (52 S. mit 1 chromolithogr. Karte in gr. 4.) Moskau 863. (Berlin, H. Müller.) *

— über Petrefakten vom Aralsee. Moskau 859. (Berlin, Schroeder.) gr. 8. (20 S. u. 3 lith. Taf.) n. 15 ngr.

—— der glanzkörnige braune Sandstein bei Dmitryewa-Gora an der Oka. gr. 8. (16 S. mit 2 Stnt. in gr. 4. und qu. Fol.) Moskau 863. (Berlin, H. Müller.) *

— der Klin'sche Sandstein. gr. 4. (48 S. m. 4 Steintaf.) (Berlin 871. H. Müller.) n. 4. —

—— die Scheidelinie zwischen Jura und Kreide in Russland. gr. 8. (15 S.) Moskau 875. (Lang.) *

—— der südöstliche Theil des Gouvernements Moskau. Commentar zur speciellen geolog. Karte dieses Landestheils. gr. 8. (77 S. mit 2 chromolithogr. Karten in 4. und Fol.) St. Petersburg 867. (Berlin, H. Müller.) *

—— Uebergänge und Zwischenvarietäten. gr. 8. (12 S.) Moskau 861. (Berlin, H. Müller.) *

Trautschold: Das Urmeer Russlands. Berlin 1863.
Schul-/Univ.-Schrift

— das Urmeer Russlands. (Abdr. aus der Zeitschrift der deutschen geolog. Gesellsch.) Berlin 863. (H. Müller.) gr. 8. (9 S.) 3 ngr.

Trautschold, J. F.: „Geschichte und Feyer des ersten Jahrhunderts des Eisenwerks Lauchhammer", Dresden (1825). Mit Kupfern. — Vorh.: Preuß. Stat. Landesamt Berlin.

Trautschold, (Pfarrer) Jh. Glo., Amtswechsel-Feier, in einem Kleeblatt v. Predigten u. Liedern, nach d. Hörer Wunsch. gr. 8. Dresd. 824. Arnold. 4 gr.

Trautschold, Jh. Glo., Aufruf für die vaterländische Sechser-Collecte zu Gustav Adolfs Ehren. (Gedicht.) 8. Dresden u. Leipzig 833. Arnold. 1/2 gr.

— Bibelgenuß in dichter. Darstellungen aus der heil. Gemüthswelt des alt. u. neuen Testaments. 8. Meißen 822. Goedsche. 1 ₰ 4 gr.

— Bibelgenuß in dicht. Darstellungen aus der heil. Gemüthswelt d. alt. u. neuen Testaments. 8. Meißen 823, Gödsche.

— kleine Bilderwelt. Zur Augenweide u. Verstandesübung f. die Jugend. Mit ill. Abbildd. auf 30 Taf. 12. Meißen ... Goedsche. 1 ₰

Trautschold, J. G., dichterische Blütenzweige und Sinnblumen aus dem Garten der biblischen Menschheit. Saalfeld 858. Niese. 8. (XVI, 224 S.) 1 ₰.

—— Denen zu Sion wird ein Erlöser kommen. Eine evangel. Taufhandl. an vier Kindern israelit. Abkunft in Beiseyn ihrer Eltern festlich vollzogen in d. Kirche zu Kötzschenbroda. 8. (1 B.) Meißen 832, Klinkicht u. Sohn.

Trautschold, J. G., Weltmann's Frage: „Wozu brauchen wir noch Kirchen?" In dichterischer Schilderung nach d. Traumbericht e. Freundes beantwortet. gr. 8. (1 B.) Meißen 840, Klinkicht u. Sohn. *

— ein großer Gewinn aus e. spärl. Ernte. Eine Predigt am Erntefeste 1822. 8. Meißen 822. Goedsche. 3 ℊ

— s. Joach. B. N. Hacker, meine Vorbereitung z. Tode.

Trautschold, J(oh.) G(ottl.), Johann Friedrich der Großmüthige Churfürst von Sachsen. Zur 300jähr. Gedächtnißfeier seines Todes besungen. gr. 8. (12 S.) Dresden 854, Schönfeld's Buchh. *

—— acht Kirchenlieder für d. evangel. Jubelfeier d. Augsburg. Glaubensbekenntnisses, d. 25., 26. u. 27. Jun. 1830, zum gottesdienstl. Gebr. am Jubelfeste, wie auch zur Schulübung u. zur Hausandacht dargeboten. 8. (1 B.) Dresden, Arnold.

Trautschold, J. G., das Leben der Andacht in geistlichen Liedern. 1s u. 2s Hundert. Für Freunde der häuslichen Erbauung, auch als Anhang zu jedem Gesangbuche. 8. Dresden, Hartknoch. 817 u. 820. à 8 Gr. Schreibpap. à 12 Gr.

Trautschold, Predigt üb. den ungleichen Einfluß, welchen Tage d. Gefahr, Stunden d. Angst auf Sinn u. Verhalten äußern. gr. 8. Leipz. Barth. (in Comm.) 814.

—— Dr. Franz Volkmar Reinhard in seinem Bildungsgange und Wirkungskreise, zur Jubelfeier seiner Geburt am 12. März 1853 besungen. gr. 8. (7 S.) Dresden 853, Schönfeld's Buchh. *

Trautschold, Joh. Gottl., mein seelsorgliches Schlußwort. Abschiedspredigt u. Lied am 16. Sonntage nach Trinit. 1852 vor der versammelten Kirchfahrt Kötzschenbroda vorgetragen. gr. 8. (16 S.) Meißen 852, Klinkicht & Sohn. n. 1/12 ℛ

— die Segenswünsche eines scheidenden Religionslehrers; e. Abschiedspredigt am 12n Sonntage nach Trinit. 1814 in Dresden gehalten. 8. Dresd. 814.

Trautschold, J. G., Stimmen der Ermuthigung auf dem Gebiete der Theologie u. der geistl. Amtsführung. Ein dichterisches Weihgeschenk f. Studenten u. Kandidaten, Jugendlehrer u. Prediger, theolog. Vereine u. Lesekreise. 8. (9 1/8 B.) Meißen 842, Goedsche.

— s. K. F. G. Stöckhardt, die Himmelspforte.

—— Mein Todestag. Karfreitagspredigt 1830. 8. (1 B.) Dresden, Arnold.

— ländl. Todtenklänge um Friedrich August d. Gerechten. Eine Stimme aus d. Meißner Elbthale im Namen von Tausenden erhoben. Meißen 827. Klinkicht u. S. 1 ℊ

—— wie beweisen wir uns als gewissenhafte Christen bei d. jetzigen Einziehung einiger Feiertage? Predigt. gr. 8. (1 B.) Meißen 831, Klinkicht u. Sohn.

— wie der Hingang eines vieljähr. Religionslehrers zu den Gemüthern der Kirchengenossen spreche. Eine Gedächtnißpredigt auf d. Nestor d. sächs. Geistlichen M. Jh. Sam. Flemming, emerit. Pfarrer zu Kötschenbroda, gehalten am 24n Sonnt. nach Trinit., d. 25. Nov. 1827, nebst d. Standrede am Grabe, von dessen Nachfolger. gr. 8. Meißen 827. Klinkicht u. S. 2 ℊ

Trautschold, M., experimentelle Untersuchungen über die Association der Vorstellungen, s.: Studien, philosophische.

—— über Verfasser und Entstehungszeit einiger alliterirender Gedichte des Altenglischen. gr. 8. (33 S.) Ebendas. 876. *

TRAUTSCHOLD, Max Friedrich Ferdinand (Reinsberg): Über einen Fall von Myxosarkom der linken Halsseite und dessen Entfernung vermittels der "kombinirten Methode" von Thermokauter und Messer.- München: Wolf 1885. 24 S.
5.6.1885 - Urk (Titel: De myxosarcomatis lateris colli sinistri operatione ferro atque igne facta.); Chr 1884/85,22
Diss. Ingolst.-Landsh.-Mchn.

Die Rechenmaschine Brunsviga, ihre Bedeutung für Staat, Wissenschaft, Technik und Handel ... dargest. von W[ilhelm] **Trautschold** . ... 2. Aufl. Braunschweig: Grimme, Natalis & Co. 1910. 100 S. 8°
[10. 14899 3

Trautscholdt, Martin, Prof. Dr.: Zur Entdeckungsgeschichte der lichtelektrischen Erscheinungen. Leipzig 1906: Dürr. (56 S.) 4°
Leipzig, st. Nikolai-G P 1906 (670)

Trautscholdt, M., zur Entdeckungsgeschichte der lichtelektrischen Erscheinungen. Progr. (56 S.) Lex.-8. Leipzig 906. (Dürr'sche Buchh.) n. 2. —

Beitrag zur niederösterreichischen Landesgeschichte von Ferdinand Erbgrafen zu **Trauttmansdorff**. *Wien & Leipzig: W. Braumüller 1904.* (IX, 341 S.) 8°
04. 12444

Trauttmansdorff, Ferd. Graf, s.: Correspondenz, geheime, Josef II.

v. *Trautmannsdorf*, Fürst Ferd., († ...) Fragmens pour servir à l'histoire des événemens qui se sont passés aux Pays-bas depuis la fin 1787. jusqu'en 1789. 8. Wien 791. Sammer. 16 ℊ

Trauttmansdorff, Ferd. Graf. Jagd-Erinnerungen aus vier Welttheilen. gr. 8. (41 S. m. 34 Abbildgn.) Wien 889, (Künast). geb. * 13 50

Trauttwein von Belle, Eugen

Trauttwein de Belle, Eugen.: Aequitatem quomodo servaverint Jcti Romani integro stricto jure servando. Berolini (1856). (57 S.) 8°
Berlin, Jur. Diss. v. 15. Apr. 1856

Trauttwein v. Belle, E., das Elsaß im 17. u. 18. Jahrhundert. Vortrag gehalten im wissenschaftlichen Verein zu Berlin am 28. Januar 1865. Berlin 865. Behr's Buchh. gr. 8. (24 S.) n. 5 ngr

Trauttwein v. Belle, E., Elsaß-Lothringen, ein Spiegelbild der Geschicke Deutschlands, s.: Vorträge, gemeinfaßliche, zum Vorlesen in Vereinen.

Trauttwein v. Belle, E., William Pitt der Jüngere, Premier-Minister von England. Vortrag, gehalten im wissenschaftl. Vereine zu Berlin am 15. Jan. 1870. gr. 8. (30 S.) Berlin 870, Landau.

—— der Cardinal Richelieu. Vortrag. gr. 8. (32 S.) Berlin 868, Springer's Verlag.

Trauttwein von Belle E, Wilhelm von Oranien, der Befreier der Niederlande. (Sammlung wissenschaftlicher Vorträge 26) Berlin 1867

—— das Zunftwesen und die Stadtverfassung der alten Reichsstadt Straßburg, s. Löper, Carl, die Rheinschiffahrt Straßburgs.

Trautvetter, A., s.: Allerlei zum Nachdenken.

Trautvetter, A., kirchliche Feier der Bestattung weil. Sr. Durchlaucht d. Fürsten Georg Albert zu Schwarzburg-Rudolstadt, am 28. Jan. 1890, Mittags 12 Uhr in der Stadtkirche zu Rudolstadt. gr. 8. (14 S.) Rudolstadt 890. Müller. n.n. — 25

Trautvetter, A., Predigt über Offenbarung St. Johannis 3, 11. Gehalten am 2. Adventsonntage 1879, als am Tage des Amtsantrittes, in der Stadtkirche zu Rudolstadt. gr. 8. (14 S.) Gotha 879. F. A. Perthes. n. — 30

Trautvetter, A., Predigt gehalten am Tage der Einführung in die evangelische Gemeinde zu Luxemburg am Sonntage Sexagesimä über das Evangelium des Tages. gr. 8. (16 S.) Weimar 868, Böhlau. *

—— vom Reiche Gottes. Predigt am 13. Sonntage nach Trinitatis. Ein Abschiedswort an meine Freunde und meine Vaterstadt. gr. 8. (14 S.) Eisenach 872, Bacmeister. *

Trautvetter, E. R. v., Florae rossicae fontes aperuit E. R. a T. gr. 8. (341 S.) Petropoli 880. (Berlin, Friedländer und Sohn.) *

Trautvetter (E. R. von). Ueber den Krzamienieger botanischen Garten in Kiew. Kiew, 1843. 8°.

Trautvetter, E. R., Grundriss ein. Geschichte d. Botanik in Bezug auf Russland. gr. 8. (9¼ B.) St. Petersburg 837. (Leipzig, Voss.) *

Trautvetter, E. R., Plantarum imagines et descriptiones floram Russicam illustrantes. Fasc. I—VIII. 4. (9 B. u. 40 Stnt.) Monachii 846, 47, (Stuttgart, Schweizerbart'sche Buchh.) à * —

Trautvetter, E. R. v., incrementa florae phaenogamae rossicae. gr. 8. (IV, 929 S.) Petropoli 883. 84. (Berlin, Friedländer & Sohn.) n. 18. —

Trautvetter (E. R. von). Phaenogame Pflanzen . . . von Sibirien. Flora taimyrensis, etc. Petersb. 1847. 4°.

Trautvetter (E. R. von). Ueber die geographische Verbreitung der Herniaria Arten in Russland. Moskau, 1865. 8°.

Trautvetter, E. R. v., die pflanzengeographischen Verhältnisse des europäischen Rußlands erläutert. 1. und 2. Heft. gr. 8. (134 S.) Riga 849,50. (Berlin, Förstner'sche Buchh.) à Heft * 15 Ngr. *

Trautvetter, Erich

Trautvetter, E., das Salzabgabengesetz nebst d. Uebereinkunft wegen Erhebg. e. Abgabe v. Salz v. 8. V. 1867 u. sämmtl. Ausführungsvorschriften. Erläut. v. T. gr. 8. (IX, 247 S.) Berlin 898. J. Springer. n. 5. —

Trautvetter, das Strafrecht der Zoll- u. Verbrauchssteuergesetze in der Rechtsprechung. gr. 8. (XX, 256 S.) Berlin 894. C. Heymanns Verl. n. 5. —

Trautvetter, E., s.: Zeitschrift f. Zollwesen u. Reichssteuern.

Trautvetter, Erich, das neue deutsche Zolltarifrecht. Ein Leitfaden. (VII, 232 S.) 8. Berlin 905. J. Springer. n. 4. —

Trautvetter, Ernst Christian von

v. Trautvetter, Er. Chr., der Bardenhain, od. Forschungen zur Reinigung u. zu einer neuen Begründung der Lehre vom Eigenthümlichen der deutschen Dicht-Stimm-Sängerkunst, wie auch üb. das Verhältniß der Künste, Wissenschaften u. Glaubensarten. gr. 8. Berl. u. Ellwangen 812. Schönbrod. 1 ꝑ

— Progr. Bemerkk. zum Cornelius Tacitus üb. deutsches Alterthum. 4. Mitau 815. (34 S.)

— Ortwins Dichterweihe, in Unterredungen dargestellt. A. u. d. T.: Ortwins Dichterweihe, od. Unterredungen üb. die Dichtkunst 1810. 8. Riga 810 a. 813. Meinshausen. 16 gr Schreibpap. 1 ꝑ

(—) üb. die Ereignisse der Zeit, in Beziehung auf den Rheinbund u. dessen beabsichtigte Auflösung. 8. Mitau 813. (48 S.)

Trautvetter, Ernst Chrstn. v., das Laubwerk od. d. Spross (Frons) als eine Blume in Nacheinanderfolge. (Aus einem handschriftl. Werke: Grundriss der Pflanzenlehre.) gr. 8. (½ B.) Mitau 844, Reyher's Verlags-Conto. *

—— de novo systemate botanico brevis notitia. 8maj. (1¼ B. u. 1 Tab.) Mitau 842, (Reyher's Verlags-Conto.) *

Trautvetter, Ern. Christ. a, de partibus orationis comment. 8maj. (2¾ B.) Mitaviae 838, Reyher.

— s. Quatember, Zeitschrift.

— der Schlüssel zur Edda. 8. Berl. 815. Schmidt. 16 gr

— latein. Sprachlehre, zum Gebrauch beim Unterricht. 4 Curse. gr. 8. Mitau 826 u. 827. (Reyher). 2 ꝑ 8 gr gr. 8. Ebd. 828. 1 ꝑ 16 gr

—— latein. Sprachlehre, zum Gebr. beim Unterr., nach mehr. älteren u. neueren Sprachlehren bearb. gr. 8. (39½ B.) Mitau 828, Reyher.

—— novum systema theriologicum brevi in conspectu. 8maj. (5¼ B. u. 1 Tab.) Mitau 844, Reyher's Verlags-Conto. *

Trautvetter, E(rnst) C(hrstn.) v., die Thierlehre. gr. 4. (17 S.) Mitau 847, Reyher. *

v. Trautvetter, Er. Chr., üb. Volksart u. Reich. 8. St. Petersb. 814.

Trautvetter, Fr. W. v., Anleitung z. gedeihlichsten Bau d. siebenzigfältig tragenden Himalayagerste (Hordeum coeleste himalayense). gr. 8. (2 B. u. 1 Stnt.) Dresden u. Leipzig 840, Arnoldische Buchh. Thlr.

Trautvetter, Fr. W., Fest- u. Casual-Reden. gr. 8. (7⅜ B.) Eisenach 843, (Bärecke.) *

Trautvetter, Fr. W. v., die 70fältig trag. Himalaya-Gerste (Hordeum coeleste himalayense). Ein Sendschreiben an alle landwirthschaftl. Vereine Deutschlands. 8. (3⅛ B. u. 1 Abbild.) Grimma 840, Verlags-Comptoir.

—— Kaleidoscop. Volksmährchen u. Sagen z. Fasching 1840. (Gedichte.) 8. (13½ B.) Dresden u. Leipzig 840, Arnoldische Buchh.

v. Trautvetter, Ritter Fr. Wlh., Karl u. Wilhelmine; ein Gedicht. Mit Kpf. 8. Riga 807. (20 S.)

v. Trautvetter, Ritter Fr. Wlh., Rittertreue; e. Oper. In Musik ges. v. B. Romberg. Berl. 818.

—— der Schilfroggen (Secale arundinaceum), durch botan. Gründe u. ökonom. Erfahrn. als die ergibigste u. allerwärts gedeihlichste constante neue Roggenart dargestellt. gr. 8. (2 B. u. 2 Stnt.) Dresden u. Leipzig 840, Arnold'sche Buchh.

Trautvetter, Fritz, med. pract. von Basel: Aus der chirurgischen Klinik des Herrn Prof. Dr. Krönlein. Klinische Beiträge zur Statistik der Haut-Verbrennungen. Uster-Zür. Gebr. Frey Dr. 1896. 176 S. m. 5 Tab. 8°.
Zürich, Med. Diss. [v. 2. März 1897].

Trautvetter, Geo., s. Ph. Phoebus.

Trautvetter, Georg August Victor, s. Trautvetter, Victor

Trautvetter, J. S., das Pferd. Erfahrungen aus meinem Leben über den Einkauf, die Pflege, den Hufbeschlag, das Reiten des Pferdes und die Fahrkunst. Für alle Pferdefreunde in gereimten u. ungereimten Versen. Als Nachlaß des Verstorbenen nebst Einführungswort herausg. von Rich. v. Meerheimb. Dresden 864. Burbach. 8. (VII, 117 S.) n. 15 ngr.

Trautvetter, J. S., das Pferd. Erfahrungen aus meinem Leben üb. den Einkauf, die Pflege, den Hufbeschlag, das Reiten des Pferdes u. die Fahrkunst. Für alle Pferdefreunde in gereimten u. ungereimten Versen. Als Nachlaß des Verstorbenen nebst Einführungswort hrsg. von Rich. v. Meerheimb. 2., durchgesch. Aufl. 8. (VII, 117 S.) Dresden 877. Burbach. n. 1. 50

Trautvetter, J. S., das Pferd. Erfahrungen aus meinem Leben üb. den Einkauf, die Pflege, den Hufbeschlag, das Reiten des Pferdes u. die Fahrkunst. Für alle Pferdefreunde in gereimten u. ungereimten Versen. Als Nachlaß des Verstorbenen m. e. Einführungswort von Rich. v. Mehrheimb hrsg. v. Eduard Trautvetter. 3. durchgeseh. Aufl. (VIII, 117 S. m. Bildnis.) kl. 8. Dresden 910. H. Hackarath. Geb. in Leinw. 1. 50

Trautvetter J. V.: Gespräche u. Erzählungen üb. landwirthschaftliche Gegenstände, besonders üb. die Viehzucht ... Götting. 1800 (10) 230 S.

Trautvetter, Jh. Val., († d. 26. Jan. 1801.) Gespräche u. Erzähll. üb. landwirthschaftl. Gegenstände, besonders über Viehzucht. gr. 8. Götting. 801. N. A. 809. Schröder. (Hahn in Hannov.) 8 gr.

Trautvetter, Johann Val.: „Gespräche über verschiedene und insonderheit landwirthschaftliche Gegenstände, mit seinen Schulkindern gehalten", Leipzig 1795 (Weygand).

— christl. Katechisationen üb. die zehn Gebote f. die Landjugend, mit Millers Vorrede. 8. Leipz. 785. Weygand. 18 gr. Dass. 1e Forts., od. christl. Katechisationen f. die Landjugend, üb. die Eigenschaften, Schöpfung u. Vorsehung Gottes. Mit Walchs Vorrede. 8. Ebd. 787. 18 gr.

Trautvetter, (Georg August) Victor (geb. Bad Liebenstein in Thür. 2. 3. 1857): Ein Fall von Lungengangraen, Herderkrankung des Gehirnes und Embolie der Arteria ophthalmica. Berlin (1882). (34 S.) 8°
Berlin, Med. Diss. v. 7. Dez. 1882

Trautweiler, A., s. Gegen den Etatismus.

Trautweiler, A. Heinrich von Laufenberg. Mit Bild [Tafel]. [A.] 8. (Aarau 1884.)

Trautweiler, A[lexander]. Die Wirtschaftliche Bedeutung der Projektierten Wasserkraftanlage bei Laufenburg. Vortrag gehalten in der 3. Jahresversammlung der Freien Vereinigung ehem. Laufenburger Bezirksschüler am 16. Oktober 1904. Gedruckt im Auftrage des Gemeinderats Laufenburg. II + 27 S. 8. Strassburg i. E., Elsass-Lothring. Druckerei, Zu beziehen bei Osw. Suter, Laufenburg, 1904.

[Trautweiler, Alexander.] Beschreibung einer Wasserkraft-Anlage von 50,000 Pferdestärken am Rhein bei Laufenburg. [Mit 1 Ansichts-Tafel, 1 Plan und 1 Karte.] II + 7 S. 4. [Strassburg, Elsässische Dr. vorm. G. Fischbach, 1904.]

(Trautweiler, [Alexander].) Die Wasserkraft-Anlage am Rhein bei Laufenburg. Beschreibung der Stromverhältnisse und der projektierten flussbaulichen und hydraulischen Anlagen. ([Bearb.] unter Mitwirkung des ... Ingenieur H[einrich] E[duard] Gruner.) Als Manuskript gedruckt. [Mit Illustrationen und Figuren im Text, sowie 4 Doppel-Tafeln.] 108 + 1 S. 4. Strassburg, Elsässische Dr. vorm. G. Fischbach, 1902.

Trautwein: Ein Beweis für die Notwendigkeit einer Offenbarungsmoral. Zs. 19 S. – Pest P., Progr. 1857,58.

Trautwein: Peter Pázmány. 12 S. – Pest Piar., Progr. 1856.

Trautwein, alphabetisches Sachregister, s.: Görtz, v., die Verfassung u. Verwaltung der schlesischen Landschaft.

Geschichte Neulußheims und seiner Kirche. Von A[dolf] **Trautwein**, Pfarrer. Zugleich als Beitrag z. Entwickelungsgeschichte d. einheim. Cigarrenindustrie. (Neulußheim): Selbstverl.; (Schwetzingen: Schwarz in Comm.) 1892. 144 S. 8° [II. 7371]

Trautwein, August

— Seehausens Nacht des Trübsals. Predigt, nach der in der Nacht vom 5. zum 6. November 1833 daselbst Statt gehabten Feuersbrunst. 8. Ebd. 833. 1/12 ß

Trautwein, Aug., Frankenhausens Schreckensnacht. Predigt am Sonntage Reminiscere, nach einer in der Nacht vom 15. zum 16. Februar 1833 daselbst ausgebrochenen Feuersbrunst gehalten. 8. Sondershausen 833. Eupel. 1/12 ß

Trautwein, Carl, s. Trautwein, Karl

Trautwein, E., Reformhefte f. den Schreibunterricht. 15 Hfte. 4. (à 16 S. Papier m. 1 Bl. Vorschriften.) Berlin **893**. J. Klinkhardt. Kart. à n. — 10
1. Unterstufe, deutsch. — 2. Dasselbe, steil. — 3. Mittelstufe, deutsch. — 4. Dasselbe, steil. — 5. Mittelstufe, lateinisch. — 6. Dasselbe, steil. — 7. Oberstufe, deutsch. — 8. Dasselbe, steil. — 9. Oberstufe, lateinisch. — 10. Dasselbe, steil. — 11. Oberstufe, lateinisch u. deutsch. — 12. Dasselbe, steil. — 13. Rundschrift. — 14. Rechenheft f. Mittel- u. Oberstufe. — 15. Dasselbe, steil.

Trautwein, E., Das Zunftwesen und die Stadtverfassung der alten Reichsstadt Strassburg. 8°. Strassburg 1877.

Trautwein, Eduard, Arzt a. Creuznach: Eupicin ein neues Teerpräparat. Leipzig 1904: B. Georgi. (39 S.) 8°
Leipzig, Med. Fak., Ref. Hoffmann, Diss. v. 22. Dez. 1904
[Geb. 1. Juli 75 Kreuznach; Wohnort: Kreuznach; Staatsangeh.: Preußen; Vorbildung: Gymn. Laubach Reife O. 97; Studium: Bonn 1, Göttingen 2, Erlangen 1, Bonn 1, München 1, Leipzig 6 S.; Coll. 24 Dez. 04; Approb. 10. Dez. 03.]

Trautwein, Emil, Realienbuch, s.: Kahnmeyer, L., u. H. Schulze.

Trautwein, Emil, Stoffe u. Werkzeuge zu d. weibl. Handarbeiten, s.: Roll, Geo.

Trautwein, Gregor

— die Brunnen des Heils in 12 Monatsreden, von d. Leiden u. fünf Wunden Jesu Christi. 8. Augsb. 760.

— des Schulzen Stoffel's Büchlein wider Hrn. Dr. Lochstein im Punkte der geistl. Immunität, s. Schulzenstoffel.

Trautwein, Gregor., († d. 21. Dec. 1785.) Erdbeben; eine Predigt. 4. Ulm 756.

— s. Fenelon, Fata Telemachi.

— s. Kanzelreden, auserlesene.

— Lohn des himml. Jerusalems. 4. Augsb. 756.

Trautwein, Greg., Vindiciarum adversus I. Febronii de abusu summae potestatis Pontificis librum singularem liber singularis. Augsburg, Wolf, 1765, 4°, 2 Teile.

— Vindiciarum adversus Justini Febronii librum singularem Liber singularis. II Ptes. 4. Augsb. 765, 66. (Wolff). 13 gr

— die gebesserte Jung; eine auserles. schöne Moralschrift. 8. Augsb. 760.

Trautwein, Hermann, a. Pforzheim: Über tuberkulöse Caries der Orbitalknochen. Freiburg i. Br.: Speyer & Kaerner 1906. (40 S.) 8°
Freiburg i. B., Med. Fak., Ref. Axenfeld, Diss. v. 1906
[Geb. 1. Sept. 81 Pforzheim; Wohnort: Karlsruhe; Staatsangeh.: Baden; Vorbildung: Gymn. Karlsruhe Reife Juli 00; Studium: Heidelberg 4, Würzburg 1, Berlin 1, München 1, Freiburg i. B. 3 S.; Coll. 15. Dez 05.]

Trautwein, Hermann [aus Hornberg (Baden)]: Untersuchungen über die Explosionsgrenzen brennbarer Gase und Dämpfe. München 1900. VIII, 97 S. 8°.
Basel. Phil. Diss. 1899/1900.

Trautwein, Januarius Ludov. Joseph. (geb. Kreuznach 28. 5. 1841): De pneumonia crouposa. Berolini (1866). (32 S.) 8°
Berlin, Med. Diss. v. 16. Juni 1866

TRAUTWEIN, JOHANN NEP.: Lasset uns vereinen zur beständigen Anbetung des Allerheiligsten Sakramentes des Altars und zur Ausstattung armer Kirchen! In: Der kath. Christ. Jg. 12. 1859. Bd. 2 Nr. 18 v. 4. XI. 1859, S. 138-140.

Trautwein, Johannes [aus Eisleben]: Ueber Anatomie einjähriger Zweige und Blütenstandsachsen. . . . Halle: Druck v. E. Karras 1885. 2, 40, 2 S. 8°
Halle, Phil. Fak., Inaug.-Diss. v. [10. Sept.] 1885.

Trautwein, Johannes, über Anatomie einjähriger Zweige und Blütenstandsachen. Diss. Halle 1885, Lippertsche Buchh. 8°. 40 S.

Trautwein, Johannes, Dr.: Zinseszins- und Rentenrechnung. Halberstadt 1905: C. Doelle. (S. 3—24.) 4°
Halberstadt, k. DomG OP 1905 (280)

Trautwein, Jos., das Radium in seiner Eigenschaft als Heilfaktor der Kreuznacher Solquellen. Nach e. Vortrag, geh. im wissenschaftl. Verein zu Kreuznach am 25. XI. 1908. (32 S.) 8. München 909. Verlag der ärztl. Rundschau. — 75

Trautwein, Karl

Trautwein, Carl, Lehrbuch d. Arithmetik. 2 Thle. gr. 8. Stuttgart 837, Beck u. Fränkel.
A. u. d. T.:
Thl. 1. Arithmet. Aufgaben, als Leitfaden f. Lehrer u. Schüler. (8 B., incl. 1 Tab., u. 1 Stnt.) 8 Gr.
„ 2. Die Auflösungen d. Aufgaben enth. (Nebst e. Anh., die Antworten d. Aufgaben enth.) (17½ B.) 20 Gr.

—— methodischer Leitfaden bei d. Unterr. in d. Denk- u. Sprechübungen. 1. Thl., den elementaren Anschauungs-Unterr. enth. Lex.-8. (7½ B.) Stuttgart 839, [F. H. Köhler's Verl.]

Trautwein, L., die Soolquellen zu Kreuznach und ihre medicinische Anwendung. Zum Gebrauch für Aerzte erfahrungsgemäss dargestellt. 1. Aufl. (X und 126 S.) 1853. * 20 Ngr. und 2., verm. Aufl. gr. 4. (XIX und 194 S. mit 1 Tab. in 4.) Kreuznach 856, (Voigtländer.) *

Trautwein, Ludovicus (geb. am 26 [nicht 28] Mai 1815 in Kreuznach): De resectione intestini recti eiusque casu novo ... Bonnae, typ. C. Georgii (1837). VI, 31 S. 8.
Bonn, Med. Fak., Diss. v. 25 Aug. 1837

Trautwein, Paul [Marchicus]: De prologorum Plautinorum indole atque natura. . . . Berolini, Heinrich & Kemke, 1890; 2 Bl. + 60 S. + 1 Bl. 8°
Berlin, Phil. Fak., Inaug.-Diss. v. 8. Febr. 1890

Trautwein, P., de prologorum Plautinorum indole atque natura. gr. 8. (III, 60 S.) Berlin 890. Heinrich & Kemke. n. 1. 50

Trautwein, Th., s. a. Führer durch München.

Trautwein, Th., Führer durch München u. seine Umgebung. 10. Aufl. Mit e. neuen (chromolith.) Plan v. München u. Umgebung. (in qu. gr. Fol.). (lith.) Tableau der inneren Eintheilg. d. k. Hof- u. National-Theaters (in 4.) u. (lith.) Grundriss der Residenz (in qu. 4.), der beiden Pinakotheken u. der Glyptothek (in eingedr. Holzschn.) 8. (XII, 239 S.) Münster 875. Kaiser. n. 2. —

Trautwein, Th., Führer durch München und seine Umgebung. 11. Aufl. des von Morin begründeten Handbuchs. Mit 1 neuen (chromolithogr.) Plan von München und Umgebung, (lithogr.) Tableau der inneren Eintheilung des kgl. Hof- und National-Theaters, (lithogr.) Grundriss der Residenz, der beiden Pinakotheken und der Glyptothek. gr. 16. (XX, 240 S.) München 877, Kaiser. * M 2.; geb. *

Trautwein, Th., Führer durch München und seine Umgebung. Mit den vollständ. Katalogen der beiden Pinakotheken, der Glyptothek und der Schack'schen Galerie. 12. vollständig umgearb. Aufl. des von Morin begründeten Handbuchs. Nebst 1 grossen Plan von München und Umgebung, Orientirungsplan, Tableau der inneren Eintheilung des kgl. Hof- und National-Theaters und 9 Grundrissen. 12. (XXIV, 215 S.) München 881,82, Kaiser. *
geb. *

—— dass. — Nebst 1 grossen Plan von München und Umgebung, Orientirungsplan, Tableau der inneren Eintheilung des kgl. Hof- und National-Theaters, 9 Grundrissen, 1 Kärtchen des Starnberger Sees und Plan von Nymphenburg. 12. (XXVIII, 215 S.) Ebendas. 884. * M 2.; geb. *

Trautwein, Th., Führer durch München und seine Umgebung. Mit den vollständ. Katalogen der beiden Pinakotheken, der Glyptothek und der Schack'schen Galerie. 13. vollständig umgearb. Aufl. des von Morin begründeten Handbuchs. Mit 1 grossen Plan von München und Umgebung, Orientirungsplan, Tableau der inneren Eintheilung der 3 königl. Theater, 9 Grundrissen, 1 Kärtchen des Starnberger Sees und Plan von Nymphenburg. 12. (XXVIII, 231 S.) München 885, Kaiser. *ℳ 2.—.; geb. *

—— dass. — Neue Ausg. 12. (XXVIII, 231 S.) Ebendas. 887,88. *ℳ 2.—.; geb. *

—— Führer durch München u. seine Umgebung nebst den Königsschlössern. Mit den vollständ. Katalogen der beiden Pinakotheken, der Glyptothek u. der Schack'schen Galerie. 14. Aufl. d. v. Morin begründeten Handbuchs. 12. (XII, 238 S. m. Karten u. Plänen.) Münch. 890, Kaiser. * 2 —
Auszüge daraus, s. Führer, kleiner, durch München. — München für eine Mark. — München für 60 Pfennig.

Trautwein, Th., Führer durch München u. Umgebg. samt den Königsschlössern. Mit (farb.) Stadtplan, Plänen der Theater u. der Residenz, Kärtchen des Starnberger Sees u. Plan v. Nymphenburg. Kataloge der Gemäldesammlgn. u. der Glyptothek. 20. Aufl. Neu bearb. v. Lor. Mayrhofer. (105 S.) kl. 8. München 906. Ch. Kaiser. n. 1. — ; m. schwarz. Stadtplan n. — 70
Bisher unter „Führer" erschienen.

Trautwein, Th., Führer durch München u. Umgebg. nebst den Königsschlössern. Mit (farb.) Stadtplan. Plänen der Theater u. der Residenz, Kärtchen des Starnberger Sees u. Plan v. Nymphenburg. Kataloge der Gemäldesammlgn. u. der Glyptothek. 23. Aufl. Neu bearb. v. Lor. Mayrhofer. (110 S.) kl. 8. München 910. Ch. Kaiser. 1.—; m. schwarzem Stadtplan — 70

Trautwein, Th., das bairische Hochland u. das angrenzende Tirol u. Salzburg. Wegweiser für Reisende. Mit einer (lith.) Uebersichtskarte u. 6 (lith.) Reisekärtchen. Erweiterte Bearbeitung aus des Verf. „Südbaiern, Tirol ꝛc." 6. Aufl. 12. (X, 170 S.) München 880. Lindauer. cart. n. 2. 70

—— das bairische Hochland und das angrenzende Tirol und Salzburg, nebst Salzkammergut. 2. neubearb. und erweit. Aufl. Mit 1 Uebersichtskarte und 5 Specialkarten. 8. (XII, 192 S.) Augsburg 884, Lampart's alpiner Verlag. cart. *

Trautwein, Th., das bairische Hochland u. das angrenz. Tirol u. Salzburg, nebst Salzkammergut. 3. neubearb. Aufl. Mit 20 Karten u. 2 Stadtplänen. 8. (XII, 204 S.) Augsburg 886. Lampart's alpiner Verl. geb. n. 3. —

—— dass. — 4. neubearb. Aufl. 12. (XII, 213 S. mit 20 Karten und 2 Stadtplänen.) Ebendas. 888. geb. *

Trautwein, Th., das bairische Hochland u. das angrenzende Tirol u. Salzburg, nebst Salzkammergut. 5. [Jubel-]Aufl. Mit 22 Karten u. 2 Stadtplänen. 12. (XII, 239 S.) Augsburg 890. Lampart's Alpiner Verl. geb. n. 3. 50

Trautwein, Th., das bairische Hochland m. dem Allgäu, das angrenzende Tirol u. Salzburg, nebst Salzkammergut. 6., neu bearb. Aufl. Mit 23 Karten u. 2 Stadtplänen. 12. (XII, 271 S.) Augsburg 893. [Lampart's alpiner Verlag.] Innsbruck, A. Edlinger. Geb. in Leinw. n. 3. 50

— d. bairische Hochland m. d. Algäu, d. angrenz. Tirol u. Salzburg, nebst Salzkammergut. 7. Aufl. Bearb. v. L. Purtscheller. Mit 24 Karten u. 2 Stadtplänen. 12. (XII, 277 S.) Innsbruck 895. A. Edlinger. Geb. in Leinw. n. 3. 50

— dasselbe. 8. Aufl. Bearb. von Heinr. Hess. 12. (XII, 304 S. m. 26 Karten u. 2 Plänen.) Ebd. 897. Geb. n. 3. 50

Das Bayrische Hochland mit dem Allgäu, das angrenzende Tirol und Salzburg nebst Salzkammergut. Von Th. Trautwein. 9. Auflage. Bearbeitet von Heinrich Hess. Mit 26 Karten und 2 Stadtplänen. Innsbruck. 1900. Edlinger. 8°. XII, 321 S. Geb. K 2.10

— das bayrische Hochland m. dem Allgäu, das angrenzende Tirol u. Salzburg nebst Salzkammergut. 10. Aufl. Bearb. von Heinr. Hess. Mit 26 Karten u. 2 Stadtplänen. 12. (XII, 331 S.) Innsbruck 902. A. Edlinger. Geb. in Leinw. n. 3 50

— das bayrische Hochland m. dem Allgäu, das angrenzende Tirol u. Salzburg, nebst Salzkammergut. 12. Aufl. Bearb. v. Ant. Edlinger u. Heinr. Hess. Mit 27 Karten u. Plänen. (XXIV, 366 S.) kl. 8. Innsbruck 906. Deutsche Buchdruckerei. Geb. in Leinw. n. 4. —

Das bayrische Hochland m. dem Allgäu, das angrenzende Tirol u. Salzburg nebst Salzkammergut. 14. Aufl. Bearb. v. Ant. Edlinger u. Heinr. Hess. (II, XXVIII, 371 S. m. 34 farb. Karten u. Plänen.) kl. 8. Wien 911. A. Edlinger. Geb. 4.—

— die Isarthalbahn. Führer f. Einheimische u. Fremde. 12. (8 S.) München 892. J. Lindauer. n. — 30

— die Isarthalbahn. Führer f. Einheim. u. Fremde. 2. Aufl., neu bearb. v. H. Tillmann. 12. (24 S. m. 1 farb. Karte.) München 896. J. Lindauer. n. — 50

—— das Kaisergebirge in Tirol. Für Einheimische und Fremde geschildert. Erweit. Wiederabdr. aus der Zeitschrift des Deutschen und Oesterreich. Alpenvereins. 8. (64 S. mit 1 Karte des Kaisergebirges in Kpfrst.) Kufstein 885. (München, Lindauer'sche Buchh.) **
Vergriffen.

Trautwein, Th. Das Kaisergebirge in Tirol. Für Einheimische u. Fremde geschildert. Mit 1 Karte 1:50,000. 2. Aufl. 12. (VIII, 84 S.) Münch. 891, Lindauer. cart. ** 1 30

Trautwein, Th., Ganz München für 48 Kreuzer. Wegweiser durch München, die Sehenswürdigkeiten und Sammlungen der baier. Hauptstadt und ihre Umgebung. 9. Aufl. des von Morin begründeten Handbuches. Mit einem (lithogr.) Plan von München und Umgebung (in gr. Fol.), (lithogr.) Tableau der inneren Eintheilung des k. Hof- und National-Theaters und (lithogr.) Grundriss der Residenz (in 4.), der beiden Pinakotheken und der Glyptothek (in eingedr. Holzschn.). 16. (XXIV, 236 S.) München 872, Kaiser. * geb. *

Trautwein T. ganz München für 2 Mark. Führer. 10. Auflage. München 1875

Trautwein, Th., Militär-Catalog, s. Militär-Catalog.

— München, Auszug, s.: Führer, kleiner, durch München u. s. Umgebung sammt d. Königsschlössern.

—— Das Passionsspiel in Oberammergau, Ausflüge an den Starnberger See, nach Partenkirchen u. zu den Königsschlössern Linderhof u. Neuschwanstein. 12. (38 S. m. 2 Karten u. 1 Plan.) Augsb. 890, Lampart's alpiner Verlag. * — 60

—— Register zu den Publicationen des österreichischen Alpen-Vereins 1863 bis 1873, des deutschen Alpenvereins 1869 bis 1872 und des dentschen und österreich. Alpenvereins 1873 bis 1886. gr. 8. (IV, 44 S.) München 887, Lindauer'sche Buchh.) *

— das Berchtesgadener Salzbergwerk. Seine Befahrg. u. sein Betrieb. Mit 4 Abbildgn. 8. (28 S.) Augsburg 890. Lampart's Alpiner Verl. n. 1.—

Trautwein, Th., Südbaiern, Tirol und Salzburg und die angrenzenden Theile von Ober-Oesterreich, Steiermark, Kärnten und Ober-Italien. Wegweiser für Reisende. 6. verm. Aufl. Mit (lithogr. und color.) Uebersichtskarte und 12 (lithogr. und color. und chromolithogr.) Specialkärtchen. 8. (XXIV, 446 S.) München 878, Lindauer'sche Buchh. geb. *

— Südbaiern, Tirol u. Salzburg, Oesterreich, Steiermark, Kärnten, Krain, Küstenland u. die angrenzenden Theile von Ober-Italien. Wegweiser für Reisende. 7., umgearb. u. erweit. Aufl. Mit einer Karte der Alpen vom Bodensee bis Wien u. Triest (Kpfrst. u. color.). 12. (XVI, 419 S.) Augsburg 882. Lampart's alpiner Verlag. geb. n. 5.—

—— Südbaiern, Tirol und Salzburg, Oesterreich, Steiermark, Kärnten, Krain, Küstenland und die angrenzenden Theile von Ober-Italien. Wegweiser für Reisende. 7. umgearb. und erweit. Aufl. Mit Ergänzungen bis 1884. 8. (XXVI, 419 S. mit 1 Uebersichtskarte und 11 Specialkarten.) Augsburg 885, Lampart's alpiner Verlag. geb. *

— Tirol, Südbaiern u. Salzburg, nebst den angrenzenden Alpenländern Oesterreichs. Wegweiser f. Reisende. 8., verm. Aufl. Mit 1 Karte der Alpen vom Bodensee bis Wien u. Triest u. 24 Specialkarten. 12. (XX, 538 S.) Ebd. 889. geb. n. 6.—

— Tirol. Das bair. Hochland u. das Allgäu, Tirol u. Vorarlberg u. die Alpengebiete v. Salzburg, Oberösterreich, Obersteier, Kärnten u. Krain. Wegweiser f. Reisende. 9. Aufl. Mit 1 neuen Karte der Alpen vom Bodensee bis Wien u. von München bis Verona, 32 Karten u. Plänen u. 12 Anstiegskärtchen. 12. (XXIV, 539 S.) Augsburg 891. [Lampart's alpiner Verlag.] Innsbruck, A. Edlinger. n. 6.—; Sep.-Ausg. in Envoloppe n. 7.—

— Tirol. Das bayr. Hochland u. das Algäu, Tirol u. Vorarlberg u. d. Alpengebiete v. Salzburg, Ober- u. Niederösterreich, Steiermark, Kärnten u. Krain. Wegweiser f. Reisende. 10., verm. Aufl. Bearb. v. Heinr. Hess. M. 1 Uebersichtskarte der Alpen, 41 Specialkarten, 6 Plänen u. 13 Anstiegskärtchen. 12. (XXVI, 661 S.) Innsbruck 896. A. Edlinger. Geb. in Leinw. n. 7.50; Brieftaschen-Ausg., 8 Abtlgn., n. 8.50

Trautwein's Tirol. Das Bayrische Hochland und das Allgäu, Tirol und Vorarlberg und die Alpengebiete von Salzburg, Ober- und Niederösterreich, Steiermark, Kärnten und Krain. Wegweiser für Reisende von Th. Trautwein. 11. vermehrte Auflage. Bearbeitet von Heinrich Hess. Mit einer Uebersichtskarte der Alpen, 41 Specialkarten, 5 Plänen, 13 Anstiegskärtchen. Innsbruck. 1899. Edlinger. 8°. XXVI, 687 S. Geb. fl. 4.50
Brieftaschen-Ausgabe fl. 5.10.

— Tirol. Das bayr. Hochland u. das Allgäu, Tirol u. Vorarlberg u. die Alpengebiete v. Salzburg, Ober- u. Niederösterreich, Steiermark, Kärnten u. Krain. Wegweiser f. Reisende. 12. verm. Aufl. Bearb. v. Heinr. Hess. Mit 1 Uebersichtskarte der Alpen, 41 Specialkarten, 5 Plänen u. 13 Anstiegskärtchen. 12. (XXVII, 714 S.) Ebd. 901. Geb. in Leinw. n. 7.50; Brieftaschenausg. n. 8.50

— Tirol u. Vorarlberg, bayr. Hochland, Allgäu, Salzburg, Ober- u. Nieder-Oesterreich, Steiermark, Kärnten u. Krain. Wegweiser f. Reisende. 14. Aufl. Bearb. v. Ant. Edlinger u. Heinr. Hess. Mit 61 Karten u. Plänen. (XXX, 760 S.) kl. 8. Ebd. 905. Geb. in Leinw. n. 7.50; Brieftaschen-Ausg. n. 8.50

— Tirol u. Vorarlberg, bayr. Hochland, Allgäu, Salzburg, Ober- u. Nieder-Oesterreich, Steiermark, Kärnten u. Krain. Wegweiser f. Reisende. 16. Aufl. Bearb. v. Ant. Edlinger u. Heinr. Hess. Mit 80 Karten u. Plänen. (XXXII, 802 S.) kl. 8. Innsbruck 909. Wien, A. Edlinger. Geb. in Leinw. 8.—; Brieftaschen-Ausg. 9.—

—— Wegweiser durch Südbaiern, Nordtirol und die angrenzenden Theile von Salzburg. Unter steter Rücksicht auf das prakt. Bedürfniss des Touristen, insbesond. des Fusswanderers. 8. (XXX und 137 S. mit 1 lithogr. Uebersichtskärtchen in qu. Fol. und einem kurzen Gang durch die Städte München, Augsburg, Salzburg und Innsbruck.) München 865, Lindauer'sche Buchh. cart. *

Trautwein, Th., Wegweiser durch Südbaiern, Nord- und Mittel-Tyrol und die angrenzenden Theile von Salzburg. Mit den Städten München, Augsburg, Salzburg etc. 2., umgearb. und erweiterte Aufl. 16. (XX und 248 S. mit 1 lithogr. und ill. Uebersichtskarte.) München 868, Lindauer'sche Buchh. cart. *

—— Wegweiser durch Südbaiern, Nord- und Mittel-Tirol und angrenzende Theile von Salzburg und Kärnten. Mit den Städten München, Augsburg, Salzburg, Innsbruck, Bozen und Meran. Unter steter Rücksicht auf das prakt. Bedürfniss des Touristen. 3. Aufl. 1870. *M 3,50., und 4. verm. und verb. Aufl. Mit (lithogr.) Uebersichtskarte (in qu. Fol.), (lithogr.) Reisekarte des Salzkammergutes (in qu. 4.), (lithogr.) Specialkärtchen der Glocknergruppe und der centralen Oetzthaler Gruppe. 8. (XX, 298 S.) München 872, Lindauer'sche Buchh. geb. *

—— Wegweiser durch Südbaiern, Tirol und Vorarlberg und angrenzende Theile von Salzburg, Kärnten etc. und Ober-Italien. Mit den Städten München, Salzburg, Innsbruck, Bozen etc. Unter steter Rücksicht auf das prakt. Bedürfniss des Touristen. 5. umgearb. und erweit. Aufl. Mit (lithogr. und color.) Uebersichtskarte (in gr. Fol.) und 9 (lithogr. und color.) Specialkarten (in qu. 4.). 8. (XXII, 401 S.) Ebendas. 875. *

Trautwein, Th., s. Zeitschrift des deutschen und des österreichischen Alpenvereines.

Trautwetter, E. Chr. von, s. Trautvetter, Ernst Christian von

Trautz, der Dienstunterricht f. den Kanonier u. Fahrer der Feldartillerie, s. Werniak.

— die französische Militärreitschule in Saumur m. e. Rückblick auf die Entwickelung der Reiterei in Frankreich, s. a. Militär-Wochenblatt 1906. 12. Beiheft.

Die französische Militärreitschule in Saumur mit e. Rückblick auf d. Entwicklung d. Reiterei in Frankreich. Von **Trautz**, Lt. Mit 1 Pl. Berlin: E. S. Mittler & Sohn 1906. (S. 464–493.) 8° [Umschlagt. F.]
= **Militär-Wochenblatt**. 1906, Beih. 12, [2.] [07. 1967 4

- Was bringt das Exerzier-Reglement f. die Feldartillerie vom 26. III. 1907 Neues? (VI, 161 S. m. 21 Abbildgn.) 8. Berlin 907. E. S. Mittler & Sohn. -- 80

Trautz, K.: Katalog über Futterschneidmaschinen. Dill-Weißenstein (Baden) 1896

Trautz, Margarete, Mexiko-Erinnerungen einer Deutschen. gr. 8. (III, 45 S. m. 6 Lichtdr.-Taf.) Braunschweig 899. R. Sattler. n. 4.—

Trautz, Max, aus Karlsruhe: Zur physikalischen Chemie des Bleikammerprozesses. Mit 29 Fig. im Text. Leipzig: W. Engelmann 1904. (102 S.) 8° (Aus: Zeitschr. f. physikal. Chemie Bd 47, H. 5.)
Leipzig, Phil. Diss. v. 1904

Trautz, Max, Dr., a. Karlsruhe: Studien über Chemiluminescenz. Leipzig: Wilhelm Engelmann 1905. (115 S.) 8°
¶(Aus: Zeitschrift f. physikal. Chemie 53, 1.)
Freiburg i. B., Phil. Fak., Hab.-Schr. v. 1905

Trautz, Thdr., der Pessimismus, seine Begründung in der neueren Philosophie, sein Einfluß auf die gegenwärtige Durchschnittsbildung und sein Verhältniß zu Bibel und Christenthum. gr. 8. (47 S.) Karlsruhe 876, Braun'sche Hofbuchh. *

Trautz, Th., Rede zum Gedächtnis d. Kaisers Wilhelm, geh. bei der Kaiser-Feier am 22. März 1888 in der Festhalle zu Karlsruhe. gr. 8. (15 S.) Karlsruhe 888. Braun. n. — 20

Angelogia sacra. disp. gymnast. Dan. **Trautzelli.** Stregnesiae 703. 8.

Trautzsch, Carl Friedrich, s. T r a u t z s c h , Karl Friedrich

Trautzsch, Friedrich, Lic. theol.: Die mündliche Verkündigung des Apostels Paulus, dargestellt nach seinen Briefen. *Frankenberg 1903: C. G. Roßberg.* (26 S.) 4°
Frankenberg i. Sa., R m. PG, P 1903 (647)

Trautzsch, Frdr., die mündliche Verkündigung des Apostels Paulus, dargestellt nach seinen Briefen. Progr. (26 S.) gr. 4. Frankenberg 903. (C. G. Rossberg.) n. — 75

Trautzsch, H., s. T r a u t z s c h , K. H.

Trautzsch, Hermann: Beitrag zur Kenntnis der Polynoïden von Spitzbergen. . . . Jena, Gustav Fischer. 1889; 2 Bl. + 44 S. 8°
Jena, Phil. Fak., Inaug.-Diss. v. 1889

Trautzsch, Herm. Das System der Zoologie m. Berücksicht. der vergleichenden Anatomie. Zum Gebrauch während der Vorlesgn. gr. 8. (IV, 120 S.) Stuttg. 889, Enke. * 2 80

— d. geograph. Verbreitg. d. Wirbeltiere in d. Grönland- u. Spitzbergensee, m. Berücksicht. d. Beobachtgn. Nansen's. [Aus: „Biolog. Centralblatt".] gr. 8. (42 S.) Leipzig 898. A. Georgi. n. 1. 20

Trautzsch, Herm., d. Wunder des Mikroskops, s.: Willkomm, Mor.

Trautzsch, K. H.

Trautzsch, H., das Christenleute die ernstesten u. die fröhlichsten Leute zugleich sind. Predigt üb. Matth. XI, 16—19. geh. am 14. Sonntag nach Trinitatis. gr. 8. (12 S.) Chemnitz 872. Ernesti in Comm. n. — 30

Trautzsch, K. H., Lasset uns bitten um den Heiligen Geist für uns und das ganze Volk. Predigt, gehalten am 2. Pfingstfeiertage den 10. Juni 1878 unter Bezugnahme auf das jüngste Kaiser-Attentat. 8. (14 S.) Chemnitz 878, (Ernesti.) *

Trautzsch, K. H., lasset uns bitten um den Heiligen Geist für uns u. das ganze Volk. Predigt, geh. am 2. Pfingstfeiertage den 10. Juni 1878 unter Bezugnahme auf das jüngste Kaiser-Attentat. 8. (14 S.) Chemnitz 879. Ernesti in Comm. n. — 25

Trautzsch, K. Herm., der christliche Zukunftsstaat. Zwei Predigten, geh. am I. u. III. Sonntag nach Trinitatis 1891. gr. 8. (15 S.) Chemnitz 891. (E. Focke.) n. — 20

Trautzsch, Karl Friedrich

TRAUTZSCH, CAROLUS FRIDERICUS.
Dissertatio inauguralis medico-chemico de elementorum quae nunc exstant ponderabilium genuinitate. Lipsiae, 1823. 4to,

Trautzsch, Carl Friedr., Versuch, den Gang d. stationairen Krankheitsconstitution nach Art d. Barometer- u. Thermometerbeobachtungen bildlich vergleichend darzustellen. gr. 4. (1 B. u. 3 ill. Stndr. gr. 4. u. qu. gr. Fol.) Leipzig 833, Baumgärtner.
Aus „Beiträge z. prakt. Heilkunde, hrsg. v. Clarus u. Radius" abgedruckt.

Trautzschen, H. von, s. T r a u t z s c h e n , Karl Fr. von

Trautzschen, Hans Karl Heinrich von

— s. a. Briefe, militär. u. literar.

Trautzschen, H. K. H. v., militärische u. literarische Briefe. 8. Leipzig, Jacobäer.

— s. Grundsätze der Taktik.

v. Trautzschen, Hans Karl Hnr., († d. 25. od. 26. Oct. 1812.) vermischte Schriften. 8. Chemnitz 771. Stößel, (Andrä in Leipz.) 1 ₰

TRAUTZSCHEN, H. C. H. von, V e r m i s c h t e S c h r i f t e n d e s V e r f a s s e r s d e r m i l i t ä r i s c h e n u. l i t t e r a r i s c h e n B r i e f e. Mit allegor. Titelvignette (unsign.) Chemnitz, bey J. D. Stößels Erben u. Putscher. 1771. 8°. (In Dresden: Lit. Germ. rec. B. 8°. 2402, sehr schönes Expl.)
Das erste auf dem Titel erwähnte Werk erschien Leipzig 1769. 8°. (1 Mk. 50 Pfg. Hauptvogel, Gotha, 1898.)

— Zwei Standreden, den Kriegsministern v. Gersdorf u. Stutterheim gehalten. gr. 8. Dresd. 789.

— histor. Tabellen, welche d. Merkwürdigste der alten, mittlern u. neuern Geschichte enthalten, nebst einer geograph. Tabelle. gr. Fol. Leipz. 772. (Jacobäer). 18 ℊ

v. Trautzschen, Hans Karl Hnr., deutsches Theater. 2 Thle. 8. Leipz. 772—74. (Aue in Alt.) 1 ₰

— deutsches Theater. 2 Theile. 8. Leipzig, Jacobäer. 772—74.

v. Trautzschen, Karl Fr., die bürgerl. Baukunst f. angehende Forstmänner u. Landwirthe. 8. Dresd. 823. Arnold. 18 ℊ

TRAUTZSCHEN, Karl Fr. v.: Die bürgerliche Baukunst für angehende Forstmänner und Landwirthe. - Dresden 1823. VI, 144 S.

— Bemerkk. üb. die Flußschifffahrt mit Verbesserungs-Vorschlägen zur Beachtung f. Kauf-Schiffherrn u. Schiffbaumeister. Mit 1 Abbild. 8. Leipz. 823. Ind.-Compt. 12 ℊ

— Bemerkk. üb. die Fluß-Schiffahrt mit Verbesserungs-Vorschlägen zur Beachtung für Kauf-Schiffherrn u. Schiffbaumeister. Mit 1 Abbildd. 8. Leipz. 824, Indust.-Compt.

Trautzschen, Rud. v., die Baugesetze und baupolizeilichen Bestimmungen des Königreichs Sachsen. Ein Handbuch für Ingenieure, Architecten, Maschinisten ꝛc., für Techniker, die sich der Staatsprüfung als solche unterwerfen wollen, sowie zur Selbstbelehrung für jeden, der mit dem Bauwesen in Berührung kommt. Leipzig 859. Brockhaus. gr. 8. (XVI, 440 S.) n. 1 ₰ 24 ngr.

Trauung, die, des apostol.-kathol. Pfarrers Czerski in Schneidemühl. 8. (1 B.) Bromberg 845, Levit. *

Trauungs-Andenken, ein, — zur Vor- und Rückerinnerung — für Braut- und Eheleute. Ein Lehr- und Gebetbuch sowohl zur Vorbereitung auf den Empfang des heil. Ehesacramentes, als auch zur Erneuerung der Gnaden desselben, von einem kathol. Priester. (Von Ant. Hauser.) 16. (176 S. mit 1 Stahlst.) Donauwörth 876, Buchh. des kathol. Erziehungsvereines. *

Trauungs-Andenken. Ein Lehr- und Gebetbuch für Braut- und Eheleute und alle, die in den heil. Stand der Ehe treten wollen, zur Vorbereitung auf den Empfang des heil. Ehesakramentes und zur Erneuerung der Gnaden desselben von einem Priester der Diöcese Augsburg. 3. verm. Aufl. 12. (VIII, 210 S. mit 3 Holzschntaf.) Donauwörth 882, [Buchh. des kathol. Erziehungsvereins.] Auer. *

Trauungs-Andenken. 4. Aufl., s. Hauser, Ant.

Trauungsansprachen, kurze. (Auch als Vorlesgn. geeignet.) (32 S.) kl. 8. Wien (908). A. Opitz Nachf. — 20

Trauungsfeyer, die heil., od. Gebethe vor, bey u. nach d. Empfange d. heil. Sakramentes der Ehe zu gebrauchen. Ein Hochzeitgeschenk. 12. (1½ B.) Augsburg 834. (Regensburg, Manz.)
Anhang hierzu, vgl. Vorsegnung.

Trauungs-Lieder. gr. 8. (16 S.) Dresden 893. Niederlage d. Vereins zur Verbreitung christl. Schriften. n. — 20

Trauungs-Lieder. (8. verm. Aufl.) (16 S.) 8. Dresden (909). Niederlage des Vereins zur Verbreitg. christl. Schriften. p — 20

Trauungs-Oden am Vermählungs-Feste. O. O. 1775. V: *Holzschuher, Johann Carl Siegmund.* (will)

Trauungsrede an Herrn Joh. Felix Hess und Jungfrau Maria Barbara Schulthess. Gehalten am 13. Oktober 1767. Zürich [1767]. V: *Lavater, Johann Kaspar.* (schstr S. 92)

Trauungsrede von Herrn J. Locher und Jungfrau K. Pfenninger. O. O. 1795. V: *Lavater, Johann Kaspar.* (schstr S. 131)

Trauungs-Rede an Herrn K. Nüscheler und Kl. Ott. O. O. 1791. V: *Lavater, Johann Kaspar.* (schstr S. 127)

Trauungs-Rede an General Ant. von Salis und Frau Fried. Louisa v. Trütschler. Zürich 1794. V: *Lavater, Johann Casp.* (Cat. d. Stadtbibl. Zürich. Zürich 1864—97.)

Trauungsrede, Väterliche, an G. Gessner und A. Lavater. Zürich 1795. V: *Lavater, Johann Kaspar.* (schstr S. 131)

Trauungsrede bey der Verbindung Hr. K. F. Hermsdorf mit Fr. Emilie Eleonora verw. Klausnitzer geb. Condamin. O. O. 1794. V: *Barthold, Georg Ludwig Traugott.* (OL)

Trauungsreden, z. ehelichen Glückseligkeit. 8. St. Gallen, Huber. 790.

Trauungsreden, Sieben; ein Beitrag zur Beförderung ehelicher Glückseligkeit . . . St. Gallen 1790. V: *Grob, Gregor.* (winer)

Trauungs-Ritus, katholischer, bearbeitet nach den Bedürfnissen unserer Zeit für ausübende Seelsorger. Durch einen Amtsgenossen. 4. Grätz 817. Kienreich. 1/6 ꝶ

Traux, Max de

De Traux, Maximilian, Obristlieut. im Genie-Corps. Kurzer Abriss der bürgerlichen Baukunst, zum Gebrauche der Zöglinge der k. k. Akademie der Wiener Neustadt. 8. Neustadt 1813.

Traux, M. de. Die beständige Befestigungskunst. Mit Taf. Wienerisch Neustadt 1817. 486 S.

— **Carta Novissima dell' Italia colle poste. Compreseri la maggior parte degli Stati della Monarchia Austriaca, della Graeca a della Francia.** (4 Blätter in Kupferstich u. illum.) Roy.-Fol. Wien, Artaria u. C. (Leipz., R. Weigel). 2 ꝶ 16 gr

de Traux, M. Carta novissima dell' Italia colle poste compresovi la maggior parte degli Stati della Monarchia Austriaca, della Grecia e della Francia. Wien 1839. 4 Bl. c. K. Ff.

— **Carte générale et itinéraire de l'Europe, divisée en tous ses états d'après le Congres de Vienne et autres traités postérieurs. Nouvellement rédigée et dessinée sur les Cartes et Ouvrages géographiques les plus accrédités. Revue, corr. et augm. en 1832.** (9 Blätter in Kupferstich u. illum.) Roy.-Fol. Wien, Artaria u. C. (Leipz., R. Weigel). 12 ꝶ

de Traux, (Ingenieur-Oberster) Max, Carte topogr. de la Dalmatie, d'apres les meilleurs materiaux, en 8 Facilles. Wien 829. Artaria u. C. 4 ꝶ

Traux, Max de, Neue General- und Postkarte von ganz Deutschland u. Italien mit Inbegriff aller Provinzen der Oesterreichischen Monarchie, des grössten Theils von Preussen, d. Niederlande … nach d. neuesten u. besten Karten u. Postbüchern entworfen. Beendigt und vollständig bearb. von Frz Fried. 6 Bll. in Kupferstich. Wien, Artaria & Co., 1822. gr. Fol. (4 Rt.)

— neueste General- u. Postkarte von ganz Deutschland, nach den besten u. neuesten Karten u. Postbüchern entworfen. 4 Blätter in Kupferstich u. illum. Royal-Fol. Wien, Artaria u. C. (Leipz., R. Weigel). 2 ꝶ 16 gr

Traux, Max de, Neueste General- und Post-Karte von ganz Deutschland, nach den besten u. neuesten Karten und Postbüchern entworfen. 4 Blätter in Kupferstich u. kolor. Wien. Artaria u. Co., 1832. Roy.-Fol. (2⅔ Rt.) . . . . (Br. Mus.)

— neueste General- u. Postkarte von ganz Deutschland u. Italien, mit Inbegriff aller Provinzen der österreich. Monarchie, des größten Theils v. Preußen, der Niederlande, Frankreich, Rußland, Türkei, England u. Dänemark. Nach den besten u. neuesten Karten u. Postbüchern entworfen. 6 Blätter in Kupferstich u. illum. Roy.-Fol. Wien, Artaria u. C. (Leipz., R. Weigel). 4 ℔ (A, u. d. T.: Carta Novissima della Germania e dell' Italia colle poste secondo la Carta del J. R. Stato maggiore etc. Compresovi, tutti gli Stati della Monarchia Austriaca).

Traux, M. de, Neueste General- und Postkarte von ganz Deutschland und Italien .... beendiget und vollständig bearb. von F. Fried. Carta novissima della Germania e dell' Italia. Vienne. Artaria & Co. 1841. 6 Bll. . . . .

de Traux, M. und Fried, F. Neueste General-, Post- und Strassen-Karte der österreichischen Monarchie mit politischer Eintheilung der einzelnen Provinzen derselben und Angabe der wichtigsten Bergwerke und besuchtesten Mineralquellen, nebst einer bildlichen Darstellung des Monarchie-Wappens, sowie sämmtlicher Provinzial-Wappen. Wien 1829 und 1839. 1 Bl. und 4 Bl. c. K. Ff.

— u. Fr. Fried, neueste General-, Post- u. Straßen-Karte der östreich. Monarchie, mit polit. Eintheilung der einzelnen Provinzen derselben u. Angabe der wichtigsten Bergwerke u. besuchtesten Mineralquellen, nebst einer bildl. Darstell. des Monarchie-Wappens, so wie sämmtl. Provinzial-Wappen. Nach den neuesten Gränzbestimmungen u. den besten Hülfsmitteln entworfen. Mit neuen Berichtigungen v. Jahre 1832. 4 Blätter in Kupferstich u. illum. gr. Fol. Wien, Artaria u. C. (Leipz., R. Weigel). 3 ℔ 8 ℊ

de Traux, Max, u. Fr. Fried, neueste General-, Post- u. Strassen-Karte der Oesterreich. Monarchie m. polit. Eintheilung der einzelnen Provinzen derselben u. Angabe d. wichtigsten Bergwerke u. besuchtesten Mineralquellen etc. Nach den neuesten Gränzbestimmungen u. den besten Hülfsmitteln entworfen. Mit neuen Berichtigungen vom J. 1849. 4 in Kpfr. gest. u. color. Bl. in gr. Fol. Wien 849, Artaria & Co. n. $2^2/_3$ ℔

Oesterreichischen Monarchie — Neueste General-Post- und Strassen-Karte der — etc. von Max de Traux u. Fr. Fried. Ber. 1857. Wien bei Artaria. 1,500,000. 4 Bl.

Trauz, Christoph Fr.

Trauz, C. F., über die Fortdauer der Persönlichkeit nach d. Tode rc. 8. Tübingen, Schramm. (Heerbrand.) 807.

Trauz, Cph. Fr., Versuch e. Rechtfertigung des Glaubens an die Fortdauer der Persönlichkeit nach d. Tode rc. 8. Tübing. 807. Schramm. (Osiander). 5 ℊ

Trauzl, Isidor, Dynamite. Ihre ökonom. Bedeutg. u. ihre Gefährlichkeit. Ein Wort zur Beachtung f. Fachmänner u. Laien. gr. 8. (47 S.) Wien 876. Lehmann & Wentzel. n. 1. 20

—— die Dynamite, ihre Eigenschaften und Gebrauchsweise, s.a. Thaer-Bibliothek.

— die Dynamite, ihre Eigenschaften u. Gebrauchsweise, sowie ihre Anwendg. in der Landwirthschaft u. im Forstwesen. Mit 28 in den Text gedr. (Holzschn.-) Abbildgn. gr. 8. (VIII, 125 S.) Berlin 876. Wiegandt, Hempel & Parey. n. 2. 50

Trauzl, Isid., sprengtechnische Fragen. I. Zur Schlagwetter-Frage. gr. 8. (15 S.) Wien 885. (Spielhagen & Schurich.) n. — 50

Trauzl, Isid., explosive Nitrilverbindungen, insbesond. das Dynamit, dessen Eigenschaften u. Verwendung in der Militär- u. Civil-Technik. Mit einer (lith.) Taf. (in qu. Fol.) [Aus den Mittheilungen über Gegenstände der Ingenieur- u. Kriegswissenschaften.] Wien, Gerold's Sohn. gr. 8. (III, 134 S.) n. 21 ngr

—— dass. — insbesond. Dynamit und Schiessbaumwolle, deren Eigenschaften und Verwendung in der Sprengtechnik. 2. umgearb. Aufl. gr. 8. (VI, 186 S. mit mehreren eingedr. Holzschn.) (Ebendas.) 870. *

Trauzl, J., Zur Schlagwetterfrage. Wien, 1885. 15 S.

Travail: Le Travail
– s.a. Arbeit — Le Travail — Il Lavoro.

Travail: Le Travail (Zh)
① Organe des peintres et plâtriers de la Suisse ④ Arbeit - Le Travail - Il Lavoro ⑤ mai 1905—23. 4. 1908 ⑥ 4° ⑦ tous les 15 jours ⑧ Zurich: Imprimerie du «Volksrecht» (Kirsten & Zeisberg) ⑩ associations suisses des peintres et plâtriers; comité central: G. Scholz, Berne ⑪ les éditeurs ⑫ socialiste ⑬ Zh: SSA (depuis 1906/1907); Be: L (depuis 1906/1907).

Travail, le, manuel scolaire, s.: Blätter, schweizerische, f. Knabenhandarbeit.

Travail. Le t' de nuit des femmes dans l'industrie. Rapports sur son importance et sa réglementation légale, par Miss A[delaide] M Anderson, Principal Lady inspector of factories, Ilse von Arlt à Graz, H[ermann] Blocher, inspecteur du travail à Bâle, ... le pasteur (H[oward]) Eugster à Hundwil, ... (F[ridolin]) Schuler, anc. inspecteur du travail à Mollis, ... G(ottlieb) Vogt à Soleure.... Publiés au nom de l'Association internationale pour la protection légale des travailleurs et précédés d'une préface par Etienne Bauer, ... Professeur à ... Bâle. XLII + 384 (+ 21) p. 8. Iéna, Gustave Fischer; Berne, A. Francke; Paris, Le Soudier, 1903. [M. 6. —]

Travail et sécurité sociale
v. Revue syndicale suisse.

Travailler pour le roi de Prusse. Ein Beitrag zur deutschen Flotte. Hamb. 1861. V: *Marr, Frdr. Wilh. Adolph.* (schr)

Travailleur: Le Travailleur (Be)
① Journal du Peuple ⑤ 20. 4. (?) 1851—19. 11. 1851 ⑥ in-8° ⑦ hebdomadaire ⑧ Berne: Rodolphe Jenni (nos. 1—13). Imprimerie de la Tribune Suisse (nos. 14—26). ⑪ Pierre Coullery ⑫ revue ouvrière ⑭ ChF: V ⑮ Le titre pour l'année complète est «Travail, Egalité, Fraternité, Liberté - Berne. Imprimerie de Rodolphe Jenni 1851.» v. aussi «Der Arbeiter (Be)» (sous 15).

Travaux ethnographiques, publiées par la société finno-ougrienne. IV. 32×22,5 cm. Helsingfors 909. (Leipzig, O. Harrassowitz.) nn 12. —
Ethnographische Forschungen auf dem Gebiete der finnischen Völkerschaften. Von Axel O. Heikel. III. Die Volkstrachten in den Ostseeprovinzen u. in Setukesien. (X, 69 u. 115 S. m. Abbildgn., 31 Taf. u. 30 Bl. Erklärgn. auf der Rückseite.)

[Travaux de l'] Institut de Botanique [de l'] Université de Genève. [Publiés par le] Prof. Dr R[obert] Chodat. VIIIe Série. 5e fascicule.... [Avec des figures et 1 planche.] (Extrait du Bulletin de la Société Botanique de Genève, 2me série. Vol. 1, 1909.) (II + env. 52 p.) 8. Genève, Froreisen, 1910.

Travaux d'investissement exécutés par les armées allemandes autour de Paris. 1—5. Livr. av. Atlas. (30 Steintaf. in qu. Fol.) gr. 8. (455 S.) Paris 872. (Berlin, Mittler & Sohn.) à n. 4. —

Travaux d'investissement exécutés par les armées allemandes autour de Paris relevées par un ancien élève d'une école spéciale avec carte d'ensemble et plans. 8 livrs. (97, 72, 98, 102, 100, . ., . ., . .) 8. et 8 atlas. Paris, Berlin 1873—76. 40 fr.

Travaux, Les, préparatoires. — Die Vorarbeiten. Genève 1910. V: *Fehr, H.* (zuwzür 1912)

La Concorde: **Travaux** de la r.·. ▭ de la Concorde à l'Or.·. de Strasbourg, favorisés de la présence de Kellermann et de Grasse-Tilly. Strasbourg 1805: Levrault. 22 S. 8⁰ [Umschlagtit.]
Protokoll.

Ostsee: Deutsche Küste. Die **Trave** von Travemünde bis Lübeck. 1 : 20000. Hrgg. vom Reichs-Marine-Amt. Berlin. 1910. Berichtigt 7. Jan. 1911. Berlin. (1911.) 1 Bl. Groß-Fol. 83/93 cm. Farbendruck.

Traveller's companion, or, words selected from the bible and hymn book for the use of Tshi christians, who in travelling to foreign places are missing the daily spiritual instruction and fellowship obtainable in christian congregations. 16. (48 S.) Basel 895. Missionsbuchh. n. — 80

Traveller's Guide, the, in Antwerp, to every object worthy of attention; including a very particular description of the paintings etc. By Edmund le Poittevin de la Croix. 8. (17¾ B. u. 1 Tab.) Antwerp 816, Kornicker. *

Traveller's, the, Manual of conversations in english, german, french and italian; together with a copious vocabulary and short questions in those languages; and tables of the relative value of english, german, french and dutch coins. Founded upon the works of Boldoni, Mad. de Genlis and others. 3. Edit. (21¼ B.) 843. u. 4. Edit. augm. et rev. S. (21 B.) Coblenz 845, Baedeker. Thlr.

Traveller's manual, the, of conversations in English, German, French and Italian; together with a copious vocabulary, short questions and replys in those languages; and tables of the value of English, German, French and Dutch coins in Prussian money. Founded upon the works of M. Boldoni, Mad. de Genlis and others. 16. (XV und 320 S.) Coblence 847, Müller.

Traveller's manual, the, of conversations in English, German, French and Italian; together with a copious vocabulary, short questions and replys in those languages; and tables of the value of English, German, French and Dutch coins in Prussian money. Founded upon the works of M. Boldoni, Mad. de Genlis and others. 7. edit. augmented and revised. gr. 16. (XX u. 320 S.) Coblenz 848, Baedeker. — 8. edition. gr. 16. (XX u. 320 S.) Ebd. 851. 1 ℛ

Traveller's manual, the, of conversation in English, German, French and Italian; together with a copious vocabulary and short questions in those languages etc. Founded upon the works of Boldoni, Mad. de Genlis and others. 9. edit. 853. — 10. edit. 854. — 11. edit. 856: — 12. edit. 857. Coblenz 856. Badeker. 8. (XX, 320 S.) n. 1 ℛ.

Traveller's manual, the, of conversations in English, German, French and Italian together with a copious vocabulary and short questions in those languages; and tables of the relative value of English, German, French and Dutch coins. Founded upon the works of Boldoni, Mad. de Genlis and others. 13—17. edition. Coblenz 859—64. Bädeker. 8. (IX, 331 S.) n. 1 ℛ

Traveller's Manual of conversation in four languages, s. a. **Conversationsbuch.**

Traveller's manual of conversation in four languages, English, French, German, Italian. With vocabulary, short questions etc. 16. edit. 1862. and 17. edit. 8. (IX und 331 S.) Coblenz 864, Baedeker. geb. *

Traveller's manual of conversation in four languages, english, french, german, italian. With vocabulary, short questions etc. 20. edit. Coblenz 870. Baedeker. S. (IX, 331 S.) In engl. Einb. n. 1 ℛ

Travels and adventures, the surprising, of Baron Munchausen. In Russia the Caspian sea, Iceland, Turkey, Egypt, Gibraltar, up the Mediterranean, on the Atlantic ocean, and through the centre of mount Aetna, into the South sea: a voyage into the Moon and dog Star. Two parts in one volume. 16. Francfort o/M. 842, Schmerber; H. Keller. n. 5/12 ℛ (9 B.)

Travels and adventures, the surprising, of Baron Munchausen. In Russia, the Caspian sea, Iceland, Turkey, Egypt etc. 2 Parts in 1 vol. New edition. 16. (IV und 137 S.) Frankfort o. M. (1842) 853, [Keller.]

Modern **travels** and explorations by Charles Darwin, Edward Whymper, o. others. F. d. Schulgebr. hrsg. u. erläut. v. Prof. Dr. Hermann Krollick. M. 5 Abb. E. Wörterb. ist gesondert ersch. Berlin: R. Gaertner 1898. 2 Bde 8⁰
Travels. (139 S.) Wörterb. (49 S.)
= Schulbibliothek französ. u. engl. Prosaschriften a. d. neueren Zeit. Abt. II. Bdch. 29.

Travemünde [Sachliches OW]

Travemünde, s. a. Woerl's Reisehandbücher.

Ostseebad **Travemünde.** Saison 1908. (Lübeck. 1908.) 8⁰ I

Ostseebad **Travemünde.** Dem 37. Deutschen Ärztetag gewidmet vom Bade-Ausschuß Travemünde. (Lübeck. 1909.) 8⁰

Travemünde [Schlagwort]

Travemünde. Plan von Travemünde u. Umgebung. 1 : 10,000. Farbendr. 30×37,5 cm. Mit erläut. Text u. Führer durch Travemünde. 8. (7 S.) Lübeck 891. (Lübcke & Hartmann.) Kart. n. 1. —

Travenić, Skender, Prelimir i Prehvala, ili boj sa gèrcima. Istoricko-junačka igra u dva čina. 8. (XI und 93 S.) Agram 850, Suppan.

Travenić, Skender, Prelimir i Prehvala, ili boj sa gèrcima. Istoricko-junačka igra u dva čina. 8. (XII u. 93 S.) Agram 851, Suppan. 12 ngr

Traver, chirurg. Abhandl., s. Hand-Bibliothek, chirurg., 1. 2.

Travers, Jac., Gedichte. 16. (68 S.) Mannheim 866, Schneider.

Travers, [Johann Victor] von. Lettre de Mr. de Traverse, Lieutenant General des Armées du Roy, à Mr. Baptiste de Salis... en datte du 24. Avril 1767. 8. *s. l.*

Travers, [Johann Victor] von. Schreiben an den Wohlweisen Magistrat Löblicher Stadt Chur, von Seiten des Herrn General-Leutenant von T", unter dem 12. Jenner, 1767. Nebst denen nothwendigen Beylagen.... fol. *o. O.*

Travers, [Johann Victor] von. Schreiben von dem Freyherrn Generalen von Traverse, An Löblichen drey... Bündten. 8. *o. O.* 1767.

Travers, Morris W., experimentelle Untersuchung v. Gasen. Mit einem Vorwort v. Sir William Ramsay. Deutsch v. Tadeusz Estreicher. Nach der engl. Aufl. vom Verf. unter Mitwirkg. des Uebersetzers neu bearb. u. erweitert. (XII, 872 S. mit 144 Abbildgn. u. 1 Taf.) gr. 8. Braunschweig 905. F. Vieweg & Sohn. n. 9. —; geb. in Leinw. n. 10. —

Traversa Eduard: Aquileja in den ersten Jahrzehnten des 14. Jahrhunderts mit besonderer Berücksichtigung des Quellenmaterials.
1903 PN 1670 Diss. Wien, Univ. 874

Traversa, Eduard: Napoleon I. in Görz. Historischer Beitrag zur Besetzung von Görz durch die Franzosen (März 1797). S. 3—17. 8.
Progr. K. k. Staatsgymn. im VIII. Bezirke *Wien* 1910.

Traversa, Eduard: Quellenkritik zur Geschichte des Patriarchates unter dem Patriarchen Peter II. Gerra (1299—1301). 45 S. 8. Quellenkritik zur Geschichte des Patriarchen Peter Gerra (1299 bis 1301). (Fortsetzung.) (Umschlagtitel: ... Peter II. Gerra (Fortsetzung und Schluß).) 38 S. 8.
Progr. K. k. Staatsgymn. *Görz* 1905. 1906.

—: War Konrad, Herzog von Schlesien und Herr von Sagan, Patriarch von Aquileia? Beitrag zur Geschichte des Patriarchates von Aquileia (XIII. Jahrhundert), quellenmäßig bearbeitet. S. 3 bis 27. 8. **Progr.** K. k. Staatsgymn. im VIII. Bezirke *Wien* 1909.

Traverso, J. B., Bibliotheca mycologica, s.: Saccardo, P. A., sylloge fungorum.

Travestie des Monologs der Jungfrau von Orleans: „Lebt wohl ihr Berge" etc. (In: Schröder, F. W., Ostfriesische Miscellen. Bd. 1 (einz.). Mit 4 Kpfrn. Leer, in Ostfriesland, auf Kosten des Verfassers. 1826. 8°. S. 213—214.)

Travestieen und Parodieen, s. Bibliothek des Frohsinns, V. Serie, 2. Bdchn..

Travestieen und Parodieen. s. a. Braun, J. M

Travestieen und Parodieen. Stuttg. 1837. V: *Braun, J. M.* (BGE VII³, 683)

Travestien u. Burlesken, z. Darstellung in geselligem Verein, v. Jul. v. Voß. m. 6 K. 12. Berl. Dunker u. H. 812.

TRAVESTIEN, Erotische. Mit 7 (erot.) Kpfrn. O. O. u. J. (18**). 8°. Ungemein selten!

Travestien aus der Weltgeschichte, s. Bibliothek des Frohsinns.

Travestien aus der Weltgeschichte. 1. Pepita. Tragikomödie. Mit Titelkpfr. Berlin, Ed. Bloch (c. 1855?). 12°. (9 Sgr.)
Anzeige des Verlegers.

Travestien aus der Weltgeschichte. I. (Thl.) Die Braut von Korinth. (Bibliothek des Frohsinns. 7. Bdchn.) gr. 16. (93 S. mit 1 Titlbld. in Holzschn.) Stuttgart 855, H. Köhler.

Travestissemens, les,. Coméd. en 1 acte. 8. Brschwg. Pluchart. 806.

Travniček, Josef (Mitarb.), s. Arithmetik und Geometrie für Gymnasien u. Realgymnasien.

Travniček, Jos., Lehrbuch der Arithmetik u. Geometrie f. Gymnasien u. Realgymnasien, s.: Jacob, Jos.

Trávniček, Josef Das Problem der Kreisausmessung. Eine historische Skizze. I. Theil. (Umschlagtitel: ... Die Zeit vor Archimedes.) 8 (20 S.). **Progr.** Erstes deutsches k. k. G. *Brünn* 1889.

Trávnický, K. G., obrazy z poušti. Vypravování pro dítky s 8 vyobrazeními. Prag 863. Kuranda. qu. 4. (18 S.) n. 28 ngr.

Travniczek Josef und Podzimek Ferdinand: Analyse der Schwefelwasserquelle im Sauerhof in Baden. S. 48. II. 42 . . . .

Separatabdruck

Trawinski, Franc. (Xaverus) (geb Krotoschin 23. 11. 1840): De accusativi ex phrasibus apti apud tragicos Graecos usu. Berolini (1865). (40 S.) 8°
Berlin, Phil. Diss. v. 16. Nov. 1865

Trawinski, Franc., de accusativi ex phrasibus apti apud tragicos graecos usu. Dissertatio inauguralis philologica. gr. 8. (40 S.) Berlin 866, (Calvary und Comp.) *

Trawintscheck, J. J. N., s. Trawnitscheck, Josef Johann Nepomuk

Trawitsch, Ernst Christoph (Breslau) A. S. 209/18

Dissertatio iuridica de restitutione brevi manu adversus lapsum fatalium in processu civili.
Präs. Johann Friedemann Schneider.
Halle (Gruner) V. 1721. 52 S. 34639

Trawnitscheck, Josef Johann Nepomuk

— neue Entdeckung eines wirksam erregenden Heilmittels in asthenischen Krankheiten u. den damit angestellten glückl. Versuchen. Als Beitr. zur neuern Heilkunde. 8. Brünn 811.

Trawnitscheck, Jos. Jh. Nep., üb. die Natur u. Heilung d. Nasencatarrhs, Schnupfen, nebst Bemerkk. über alle jene Krankheiten, welche so oft ihr Entstehen aus diesem geringscheinenden Uebel nehmen 2c. 1r u. 2e Abtheil. 8. Brünn 812, 813. (Gastl). 8 K

Trawzl, J., s. Trauzl, Isidor

Traxel, Aug., Anacharsis Germanikos, oder Kreuzzüge eines Cosmopoliten. 1r Thl. Paris. — Lyon. — Genf. — Marseille. — Neapel 2c. gr. 12. Stuttg. 836. Brodhag. 1 1/4 ₰

— dass. 2r Thl. Palermo bis Athen und Corfu. gr. 12. Ebd. 838. 1 1/4 ₰

Traxel, Aug., Anacharsis Germanikos, od. Kreuzzüge ein. Cosmopoliten. 2 Thle. gr. 12. Stuttgart, [Scheible, Rieger u. Sattler.] à 1 1/4 Thlr.
Thl. 1. Paris. — Lyon. — Genf. — Marseille. — Neapel 2c. (20 B.) 836.
" 2. Palermo bis Athen u. Corfu. (14 1/2 B.) 838.

Traxel, (Chr.) Aug., Briefe aus Frankreich, od. das neue Frankreich u. das neue Belgien. Ein Zeit- u. Sittengemälde in belletrist.-artist. Fresken u. humorist.-satir. Briefen e. Reisenden. 2 Thle. gr. 12. (16 B.) Köln 833, Arend. (Leipzig, Kayser.)

— Briefe aus Frankreich, oder das neue Frankreich und das neue Belgien. Ein Zeit- u. Sittengemälde in belletristisch-artistischen Fresken und humoristisch-satyrischen Briefen eines Reisenden. 2 Thle. gr. 12. Köln 833. (Gaul u. Tonger.) 1 ₰

—— Karnevals-Almanach, s. Karnevals-Almanach.

— Memoiren eines Flüchtlings, oder Continental-Chiaroscurgemälde. 2 Bde. 8. Stuttgart 835. Brodhag. 3½ ₰

—— Memoiren ein. Flüchtlings, od. Continental-Chiaroscurgemälde. 2 Bde. 8. (52 B.) Stuttgart 835. [Schieble, Rieger u. Sattler.]

— Minnelieder u. Wahrheitsklänge. 8. Köln 823. (Saul u. Tonger.) ½ ₰

— topographischer Plan der Städte Athen, Abtheilung der Hafenstadt Pireus und der Residenz, wie sie unter Pericles, Hadrian und den Türken war, wie sie ist und sein wird. An Ort u. Stelle entworfen u. mit den ältern u. neuern Autoren in Rücksicht der Monumente verglichen. — Plan topographique etc. 2 von Gavard in Paris gestoch. Blättern mit 10 Ansichten. Imp.-Fol. Paris u. Stuttgart 836. (Brodhag.) n. 3 ₰

—— Schauspiele. 1. Thl. gr. 12. (8 B.) Köln 832, (Ritefeld.)
Enth.: Frauengröße, Schausp. in 5 Akt. — Heinrich V., Melodrama in 3 Akt.

Traxel, Ch. A., s. Traxel, August

Traxl Walter: Über Desamidoedestin. S. 116. 1Ib. 1901 . . . .
Separatabdruck

Traxler, Jos., Heimatskunde d. polit. Bezirkes Zwettl. Zusammengest. unt. Mitwirkg. v. Fachmännern u. der Lehrer d. Bezirkes. Allgem. Tl. gr. 8. (VIII, 264 S. m. 1 Bildn. u. 1 Karte.) Zwettl 887. O. Neugebauer. n. 3. —

Traxler, Josef, Heimatskunde des polit. Bezirkes Zwettl. Allgemeiner Theil. Mit einem Porträt. Gr.-8. (VIII, 264 S. u. 1 Karte) 1.50
Zwettl: Otto Neugebauer 1895.

Träxler, A[nton]: Über die Inschrift auf der columna rostrata.
Ein Beitrag zur römischen Epigraphik. S. 3–17. 8.
Progr. K. k. deutsches Staatsgymn. *Budweis* 1910.

Trbojevic, Dan., die Grundbegriffe der Ethik. gr. 8. (37 S.) Dresden (901). (Bleyl & Kaemmerer.) n. 1. —
Sonderabdruck aus: „Jahrb. d. Ver. wiss. Pädagogik".

Trbojević Daniel: Ueber das Verhältnis zwischen Ethik und Religion bei Herbart.
1894 PN 844 Diss. Wien, Univ.

Trczinski, Jul. v., Russisch-polnische und galizische Wanderarbeiter im Grossherzogtum Posen. gr. 8⁰. Stuttgart, J. G. Cotta Nachf., 1906. (Münchener volkswirtschaftl. Studien, 79. Stück.)

Treadwell, Frederick Pearson

Treadwell, F. P., Analyse chimique des eaux thermales sulfureuses de Baden (Canton d'Argovie). Traduit de l'allemand par A. Steinmann. 8. (51 S. m. 1 farb. Taf.) Aarau 896. H. R. Sauerländer & Co. n. 1.35

Treadwell, F[rederick] [Pearson]. Analyse chimique des eaux thermales sulfureuses de Baden ⟨Canton d'Argovie⟩, par F. B. T'..., 1896. Traduit de l'allemand par A[lbert] Steinmann.... [Avec 1 figure et 1 planche. Réimpression.] II + 51 p. 8. Aarau, H.-R. Sauerländer & Co., [1904].

Treadwell, F[rederick] P[earson]. Analyse des Gyrenbader Mineralwasser. Gemacht im April 1893. 8. Turbenthal 1898.
Ausg. A. Beilage zum Prospectus des Bade- und Luftkurortes Gyrenbad.
Ausg. B. B' zum Prospektus des Bade- und L' G'.

Treadwell, F. P., Chemical analysis of the thermal sulphur springs of Baden, Ct. Aargau (Switzerland). Translated by W. Sutherst. 8. (47 S. m. 1 Fig. u. 1 Farbdr.) Aarau 896. H. R. Sauerländer & Co. n. 1.40

— et Vict. Meyer, guide pratique pour l'analyse qualitative. Traduit sur la 3. éd. allemande par M. Georges Jaubert. gr. 8. (IV S. u. 17 Tab.) Berlin 892. F. Dümmler's Verl. Kart. n. 3. —

Treadwell, F[rederick] P[earson]. Kurzes Lehrbuch der analytischen Chemie in zwei Bänden. Von Dr. F. P. Treadwell, Professor ... am eidgenössischen Polytechnicum Zürich. 2. vermehrte und verbesserte Aufl. 8. Leipzig und Wien, Franz Deuticke. N 1932
Band 1: Qualitative Analyse. Mit 14 Abbildungen und einer Spectraltafel. XVI + 432 S. 1902. (M. 8. —, geb. M. 9. —)
Band 2: Quantitative Analyse. Mit 96 Abbildungen [und 2 Tabellen]. X + 568 [+ *Tabellen* 8] S. 1903. (M. 11. —, geb. M. 12. —)

Treadwell, F[rederick] P[earson]. Kurzes Lehrbuch der analytischen Chemie in zwei Bänden. 3. vermehrte und verbesserte Aufl. 8. Leipzig und Wien, Franz Deuticke.
Band 1: Qualitative Analyse. Mit 14 Abbildungen und 1 Spektraltafel. XVI + 444 S. 1904. [M. 8. —, geb. 9. —]
Band 2: Quantitative Analyse. Mit 108 Abbildungen im Text und 2 Tabellen im Anhang. X + 604 [+ *Tabellen* 8] S. 1905. [M. 11. —, geb. 12. —]

Treadwell, F. P., kurzes Lehrbuch der analytischen Chemie in 2 Bdn. 8. Wien, F. Deuticke. n. 19. —
1. Qualitative Analyse. Mit 14 Abbildgn. u. 1 (farb.) Spektraltaf. 4., verm. u. verb. Aufl. (XIII, 458 S.) 906. n. 8. —
2. Quantitative Analyse. Mit 109 Abbildgn. im Text u. 2 Tab. im Anh. 4., verm. u. verb. Aufl. (Doppelaufl.) (XI, 639 S.) 907. n. 11. —

Treadwell, F[rederick] P[earson]. Kurzes Lehrbuch der analytischen Chemie in zwei Bänden. Band 1: Quantitative Analyse.... 8. Leipzig und Wien, Franz Deuticke.
5, vermehrte und verbesserte Aufl. Mit 14 Abbildungen und einer Spektraltafel. XVI + 458 S. 1907. [M 8. —, geb. 9. —] — (Die 5. Aufl. ist mit Ausnahme einiger Zusätze unverändert geblieben.)
6., vermehrte und verbesserte Aufl. Mit 28 Abbildungen und drei Spektraltafeln. XVI + 483 + *Berichtigungen* 1 S. 1908. [M. 9. —, geb. 10. —]

Treadwell, F. P., kurzes Lehrbuch der analytischen Chemie in 2 Bdn. I. Bd. Qualitative Analyse. Mit 23 Abbildgn. u. 3 Spektraltaf. 6., verm. u. verb. Aufl. (XIII, 483 S.) 8. Wien 908. F. Deuticke. 9. —
5. Aufl. (XIII, 458 S. m. 14 Abb. u. 1 Taf.) 907. 8. —.

Treadwell, F. P., Tabellen zur qualitativen Analyse. Zum Gebrauche im chemisch-analyt. Laboratorium des eidgenöss. Polytechnikums bearb. unter Mitwirkung von Vict. Meyer. 2. verm. und verb. Aufl. gr. 8. (IV, 4 S. mit 16 Tab.) Berlin 884, Dümmler's Verlagsh. cart. *
1. Aufl. erschien im Selbstverlage des Verfassers.

Treadwell, E. P., Tabellen zur qualitativen Analyse, bearb. unter Mitwirkg. v. V. Meyer. 3. Aufl. (IV S., 16 Bl. in gr. 8. u. qu. gr. 4. u. 4 S.) Berlin 890. Dümmler's Verl. cart. n. 4. —

Treadwell, F. P., Tabellen zur qualitativen Analyse, bearb. unter Mitwirkg. v. Vict. Meyer. 3. Aufl. gr. 8. (16 Tab. u. 4 S. Anh.) Berlin 891. F. Dümmler's Verl. Kart. n. 4. —

— Tabellen zur qualitativen Analyse, bearb. unter Mitwirkg. v. Vict. Meyer. 4., verm. u. verb. Aufl., neu bearb. v. F. P. Treadwell. gr. 8. (18 Tab. m. IV, 8 S. Text.) Berlin 900. F. Dümmler's Verl. Kart. n. 4. —

— **Tabellen zur qualitativen Analyse, bearb. unter Mitwirkg. v. Vict. Meyer. 5., verb. u. verm. Aufl. neu bearb. v. F. P. Treadwell. (24 Tab. in gr. 4 u. gr. 8 m. IV S., 4 Bl. u. 6 S. Text.) gr. 8. Berlin 904. F. Dümmler's Verl.** Kart. n. 4. —

— **Tabellen** zur qualitativen Analyse, bearb. unter Mitwirkg. v. Vict. Meyer. 6., verm. u. verb. Aufl., neu bearb. v. F. P. Treadwell. (XIX Tab. m. IV, 6 S. Text.) Lex. 8. Berlin 907. F. Dümmler's Verl. Kart. 4. —

Treadwell, F[rederick] P[earson]. Die chemische Untersuchung der Heilquellen von Passugg bei Chur. [Mit 2 Figuren.] 8. Zürich 1898.

— **chemische Untersuchung der Schwefeltherme v. Baden (Kt. Aargau). 8. (48 S. m. 1 Fig. u. 1 Farbdr.) Ebd. 897.** n. 1. 40

Chemische **Untersuchung** der Schwefeltherme von Baden ⟨Kt. Aargau⟩ von F[rederic] P. **Treadwell**, Prof. in Zürich. 1896. *Aarau 1900: H. R. Sauerländer & Co.* (48 S.) 8° [Umschlagt.] [illegible]

Treadwell, William D., aus Portsmouth (U. S. A.): Über das elektrolytische Verhalten gemischter Lösungen von Nickelsulfat u. Zinksulfat. [Mit sieben Figuren im Text.] Zürich 1909. 78 S. 8° [5. VII. 09.]
Zürich, Phil. Diss. II. 8. 1908/09.

Treadwell, William D[upré]. Über das elektrolytische Verhalten gemischter Lösungen von Nickelsulfat u. Zinksulfat. Diss. Phil. [II.] Univ. Zürich. [Mit Figuren.] 78 S. 8. Zürich. A. Markwalder, 1909.

Treasar. gr. 8. Wien 826. v. Schmidt. 20 Kr

Treasures of England, the literary, a complete Collection of the most celebrated English Poets. Publ. under the Direction of Ch. Weil. Vol. I. and II. — A. u. d. T.: Will. Shakspeare's choicest Plays. II Vol. Breit 8. (10 u. 9½ B.) Stuttgart 828. [Weise u. Stoppani.] à 9 Gr. Thlr.

Treasury, the lyric. A selection of english songs and poems. Souvenir-Edition. 32. (159 S.) Leipzig 877. Lenz. — 75; geb. n. 1. 25

Treasury, the lyric. A selection of English songs and poems. 2. ed. 64. (158 S.) Leipzig 888. O. Lenz. — 75; geb. n. 1. 25

Trebbel, Johann

– Predigten auf alle Festtage der Heiligen. 8. Augsburg 1784. (a. Kranzfelder das.).

— **Predigten auf die Gedächtnißtage der Heiligen. 8. Augsb. 784. Beit. 1 ℳ (a. Kranzfelder das.) 20 Kr**

Trebbel, Jh., Predigten auf alle Sonntage d. Jahres. 2 Bde. 8. Augsb. 780. Beit. 1 ℳ 16 Kr; (auch Kranzfelder das.) 1 ℳ 12 Kr

Trebbin [Schlagwort]

Trebbin, s.: Preussen, Messtischblätter.

Trebe, Johann Heinrich Hermann. Les trouvères et leurs exhortations aux croisades. 4 (S. 3—23) **Progr.** Rg. *Leipzig* 1886 (512).

Trebe, Joh. Heinr. Herm., les trouvères et leurs exhortations aux croisades. gr. 4. (23 S.) Leipzig 886. (Hinrichs' Verl.) n. 1. —
vgl. Trede

Trebeljahr, W., die Rentabilität der Forstwirthschaft. gr. 8. (III, 76 S.) Berlin 897. J. Springer. n. 1. 40

Trebellius Bulgariae Princeps lusu theatrali exhibitus. Viennae 1714. V: *Magnet, Paul* oder *Pichler, Joseph* [?]. (Jes)

TREBER, Hans (Röslau): Welchen Erfolg hat die Credésche Prophylaxe in Bezug auf die durch die Blennorrhoea neonatorum hervorgerufene Erblindung aufzuweisen?- München: Wolf 1910. 23 S. 3.2.1911 - Chr 1910/11,25; U 11.3753
Diss.Ingolst.-Landsh.-Mchn.

TREBERER, JOSEPH S. J.: Die Überwindung der Hertzen vorgestellet in Ihro Kayserl. und Kön. Maj. Carl dem Sechsten als Dieselbe bei Übernehmung der Ungarischen Reichs-Cron. In der Dom-Kirche Erlau. Tyrnau 1712.

Trebes, Friedrich Wilhelm, a. Honnef a. Rh.: Aus d. med. Klinik in Bonn. Ueber die angina ulcerosa-membranacea, Plaut-Vincent'sche Angina. Bonn 1907: S. Foppen. (54 S.) 8°
Bonn, Med. Fak., Ref. Schultze, Diss. v. 9. Mai 1908
[Geb. 22. März 82 Mehlem; Wohnort: Bonn; Staatsangeh.: Preußen; Vorbildung: Städt. Gymn. Bonn Reife O. 02; Studium: Bonn 5, München 1, Bonn 4 S.; Coll. 25. Okt. 07; Approb. 7. Mai 08.]

Trebien, Karl

Trebien, C., Wegweiser in Postsachen für Dänemark und die Herzogthümer. Eine Uebersicht der wichtigsten postalischen Bestimmungen u. Taxen. Für das correspondirende Publikum herausg. Kiel 860. Akademische Buchhdlg. gr. 8. (VI, 33 S.) n. 6 ngr.

Trebing, Johannes, Assistenzarzt: Untersuchung über die antitryptische Kraft des menschlichen Blutserums, insbesondere bei Krebskranken. Leipzig 1908: Georgi. 36 S. 8°
Leipzig, Med. Diss. v. 27. Okt. 1908, Ref. Curschmann
[Geb. 20. Okt. 78 Springe i. Hann.; Wohnort: Charlottenburg; Staatsangeh.: Preußen; Vorbildung: Gymn. Pyritz Reife M. 99; Studium: Berlin 5, München 1, Berlin 3 S.; Coll. 11. Nov. 08; Approb. 12. Mai 08.] [U 09. 2893

Trebing, **Oskar,** aus Berka a. d. Werra: Die **Behandlung** von Willensmängeln bei direkter Stellvertretung nach § 166 B.G.Bs. *Salzungen 1904: L. Scheermesser.* (86 S.) 8° [J.]
Jena, Jur. Diss. v. (19. März) 1904

Trebisch, L. A., s. Ratisbonne, Geschichte d. heil. Bernhard.

Trebisch, Leop., die christliche Weltanschauung in ihrer Bedeutung für Wissenschaft u. Leben. gr. 8. (VIII u. 208 S.) Wien 852, Braumüller. n. 1 ℳ 6 ngr

Trebitsch [Schlagwort]

Trebitsch, s.: Geologische Karten. Spezialkarte. (Oesterr.-Ung.)

Trebitsch [Verfasser]

Trebitsch, Arth., Antaios. 1. u. 2. Buch. 8. Wien, W. Braumüller. à 3. —; geb. n 4. 20
1. Die Einleitg. Aus Max Dorn's Werdegang. (207 S.) 909.
2. Gespräche u. Gedankengänge. (V, 223 S.) 910.

Trebitsch, E. Die Virtuosen der Konkurrenz. Wien 1879.

Trebitsch, M., *Phil. Dr.* Das Radetzky-Denkmal. Geschichtlich dargestellt. *Prag* 1858. *S. Freund.* 32 S. 12°.

Trebitsch, Nachum

— — Higgājōn be-kinnōr ... Dichtungen. 2. vielfach vermehrte Auflage. Iglau 1885.

Trebitsch, Rudolf

- Phonographische Aufnahmen der Eskimosprache, s.a. Berichte der Phonogramm-Archivs-Kommission. IX.

Trebitsch, R., Nr. IX der Berichte der Phonogramm-Archivs-kommission der kais. Akad. der Wissenschaften in Wien. Phonographische Aufnahmen der Eskimosprache. [Aus: Sitzungsber. d. k. Akad. d. Wiss., mathem.-naturw. Klasse.] Gr.-8°. (17 S. mit 1 Tafel.) † Wien: Alfred Hölder 1907. K 1.10

— — [1] 17. Phonographische Aufnahmen der bretonischen Sprache und zweier Musikinstrumente in der Bretagne, ausgeführt im Sommer 1908. Aus dem Anzeiger der philosophisch-historischen Klasse der Kaiserlichen Akademie der Wissenschaften in Wien vom 9. Dezember. (Jahrgang 1908, Nr. XXVI) separat abgedruckt . . . .

— — [1] 18. Phonographische Aufnahmen der welschen Sprache in Wales, der Manxschen Sprache auf der Insel Man, der gälischen Sprache in Schottland und eines Musikinstrumentes in Schottland, ausgeführt im Sommer 1909. Aus dem Anzeiger der philosophisch-historischen Klasse der Kaiserlichen Akademie der Wissenschaften in Wien vom 15. Dezember (Jahrgang 1909, Nr. XXVIII) separat abgedruckt

Trebitsch, Rud., bei den Eskimos in Westgrönland. Ergebnisse e. Sommerreise im J. 1906, nebst e. ethnolog. Anh. v. Mich. Haberlandt. (XXIII, 162 S. m. 62 Abb. auf 27 Lichtdr.-Taf. u. 1 farb. Karte.) gr. 8. Berlin 910. D. Reimer. Geb. in Leinw. 8. —

Trebitsch Rudolf, Dr., [1] 12. Mitteilung der Phonogramm-Archivs-Kommission der Kaiserlichen Akademie der Wissenschaften in Wien. Phonographische Aufnahmen der irischen Sprache in Irland und einiger Musikinstrumente in Irland und Wales. Aus dem Anzeiger der philosophisch-historischen Klasse der Kaiserlichen Akademie der Wissenschaften in Wien vom 5. Februar (Jahrgang 1908, Nr. V) separat abgedruckt . . . .

— [1] 31. Baskische Sprach- und Musikaufnahmen, ausgeführt im Sommer 1913. Aus dem Anzeiger der philosophisch-historischen Klasse der Kaiserlichen Akademie der Wissenschaften in Wien vom 6. Mai (Jahrgang 1914, Nr. XI) separat abgedruckt . . . .

Separatabdruck

Trebitsch, Siegfried

Trebitsch, S., Gedichte. gr. 16. (VI, 103 S.) Wien 889. (Gerold's Sohn.) n. 4. —; geb. n. 6. —

Trebitsch, Siegfr., Genesung. 8. (176 S.) Berlin 902. S. Fischer, Verl. n. 2. 50; geb. n.n. 3. 50

Trebitsch, Siegfr., das Haus am Abhang. Roman. (225 S.) 8. Berlin 906. S. Fischer, Verl. n. 3. —; geb. n.n. 4. —

— das verkaufte Lächeln, s.: Bibliothek moderner deutscher Autoren.

—— Savitri. s.a. Gubernatis, Angelo de.

Trebitsch, Siegfried, Savitri. Dramatische indische Idylle in zwei Acten. Autorisirte Uebersetzung und Bearbeitung aus dem Italienischen des Angelo de Gubernatis. 8. (48 S.) Wien: Gerold's Sohn 1889. —.80

Trebitsch, Siegfr., Tagwandler. Novellen. (229 S.) kl. 8. Berlin 909. S. Fischer, Verl. 3.—; geb. n 4. —

Trebitsch, Siegfr., des Feldherrn erster Traum. Novelle. (84 S.) 8. Leipzig 910. Insel-Verlag. 2.—; in Pappbd. 3. —

Siegfried **Trebitsch**. Weltuntergang. Novellen. *Berlin: S. Fischer 1903.* (183 S.) 8° [F.] [03. 2093]

— ein letzter Wille. Schauspiel in 3 Akten. (III, 86 S.) 8. Berlin 907. Oesterheld & Co. n. 2. —

Trebitscher, Michael

— Über Beziehungen zwischen Kegelschnittbüscheln und rationalen Kurven dritter Klasse. S. 81. II. 1880 . . . .

Separatabdruck

Trebitscher Michael: Über die Reduktion eines Büschels von Kurven zweiter Ordnung auf ein Strahlenbüschel. S. 80. II. 913 . . . .

Separatabdruck

Trebitscher, Mich., über die Reduction eines Büschels von Curven 2. Ordnung auf ein Strahlenbüschel. [Aus: „Sitzungsber. d. k. Akad. d. Wiss.“] Lex.-8. (31 S.) Wien 879. (Gerold's Sohn.) n.n. — 50

Trebitz, Ernst, a. Aachen: Beiträge zur Kenntnis der Ergrünungsbedingungen bei Pflanzen. Weida i. Thür. 1905: Thomas & Hubert. (33 S.) 8°

Leipzig, Phil. Fak., Ref. Pfeffer, Chun, Diss. v. 10. Jan. 1906
[Geb. 28. Mai 83 Aachen; Wohnort: Braunschweig; Staatsangeh.: Preußen; Vorbildung: Oberrealsch. Saarbrücken Reife O. 02; Studium: Straßburg 2, Leipzig 4 S.; Rig. 27. Juni 05.]

Kirchliche Nachrichten aus der Parochie Sillmenau (Kr. Breslau). Zur Feier d. 100jähr. Jubiläums d. ev. Kirchengemeinde Sillmenau 1905. Zsgest. von Heinrich **Trebitz**, Pastor. (Diesdorf [1905]: Schreiberhau-Diesdorfer Rettungsanst.) 80 S. 8° [09. 6781]

Trebitz, K., Ansprache u. Bitte betr. die (weimarische) Synodalverfassung. Jena 869. Fr. Frommann. gr. 8. (6 S.) 1⅓ ngr.

Trebitz, K., Helgoland. Erzählg. a. d. Missionsgeschichte um 698 n. Chr. 8. (VII, 114 S.) Norden 880. Konstanz, C. Hirsch. n. 2. —

Trebitz, K., Helgoland. Erzählung aus der Missionsgeschichte um 698 nach Christo. 8. (VII, 114 S.) Norden 880. Soltau. n. 2. —

Trebitz, K., Nachricht von der schrecklichen Wasserflut, genannt Thüringische Sündflut, welche am 29. Mai des Jahres 1613 die Thüringischen Lande, sonderlich das Fürstenthum Weimar heimgesucht u. viel Menschen u. Vieh verderbet hat, neu ans Licht gestellt. Jena 863. Fr. Frommann. 8. (26 S.) n. 2 ngr.

Trebitz, K., Rückblick auf die letzte Jahrwoche. Vortrag, geh. am 17. Septr. 1878 vor der Pfarrkonferenz der Diöces Mellingen. gr. 8. (16 S.) Weimar 878. Böhlau. n. — 30

— Thymian. Thiermärchen für sinnige Leser. Mit (eingedr. Holzschn.-)Illustr. von Wold. Friedrich. 8. (VII, 266 S.) Wolfenbüttel 879. Zwißler. n. 3. —; cart. n. 4 —

— Heinrich Trost. Eine Geschichte a. d. 17. Jahrh. 8. 207 S.) Gotha 870. Basel, Kober. Kart. n. — 80

—— Heinrich Trost. Eine Geschichte aus dem 17. Jahrh. 8. (IV, 208 S.) Gotha 870, F. A. Perthes. [Basel, Spittler.] geb. (*M 1,60.) *

— der Trutenbaum, s.: Schatz deutscher Volkserzählungen.

—— der Trutenbaum, s. Volksbücher, deutsche. — Vom Jahrmarkt d. Lebens.

— Trutznachtigall. Sammlung deutscher Lieder gesungen im deutschen Kriege wider Frankreich 1870. Mit Beiträgen v. Arndt, Auerbach, v. Blomberg ꝛc. gr. 16. (318 S.) Jena 870. Doebereiner. n. 2. —; geb. n. 2. 40

—— das Wesen der Kirche nach heiliger Schrift, Geschichte und Bekenntnis insonderheit Art. VII. der Conf. August. Eine kulturgeschichtl. Studie. [Gekrönte Preisschrift.] 8. (VIII, 250 S.) Leipzig 870, Dörffling und Franke. *

Trebitz, K., aus der Zeit f. die Zeit in Fabeln u. Märchen, s. a. Volksbücher, deutsche.

—— aus der Zeit für die Zeit in Fabeln und Märchen für große und kleine Leute. Neue Ausg. des Thymian. Mit 7 (eingedr. Holzschn.-)Illustr. von Wold. Friedrich. 8. (VII, 266 S.) Wolfenbüttel 880, Zwißler. geb. *

—— der Zuruf der Mission an die Kinder des Hauses. Predigt am Missionsfeste zu Erfurt den 7. Juli 1863 gehalten. gr. 8. (18 S.) Jena 863, Fr. Frommann.

Trebla, Karl

Trebla, Carl [Pseudon.] s. Looslì, Carl Albert.

Trebla, Carl, Reiseskizzen u. Erinnerungen. 8. (VII, 246 S.) Bern 903. (Neukomm & Zimmermann.) n. 2. 50; geb. n. 3. 50

Treblin, Adolf

Treblin, Adf., Blicke in Schleiermacher's Theologie, s. Vorträge, protestantische.

Treblin, A., 66 Choralmelodien zum Schulgesangbuch (f. die Prov. Schlesien). 8. (16 S.) Breslau 883. Korn. n.n. — 15

—— zur Entwickelungsgeschichte Schleiermacher's. Vortrag zur Erinnerung an den 100jähr. Geburtstag Schleiermacher's gehalten zu Breslau. gr. 8. (16 S. mit eingedr. Portr. in Holzschn.) Breslau 868, Gebhardi. *

Treblin, A., 80 Kirchenlieder nach dem Texte des im Jahre 1879 hrsg. Gesangbuchs f. evangelische Gemeinden Schlesiens, nebst einer Auswahl von 18 Psalmen, sowie Luthers kleinem Katechismus u. täglichen Gebeten. Für den Schulgebrauch zusammengestellt. 8. (64 S.) Breslau 879. Korn. n.n. — 12

—— 80 Kirchenlieder nach dem Texte des im J. 1879 hrsg. Gesangbuchs für evangel. Gemeinden Schlesiens, nebst einer Auswahl von 18 Psalmen, sowie Luthers kleinem Katechismus und tägl. Gebeten. Für den Schulgebrauch zusammengestellt. 2.—7. Aufl. 8. (64 S.) Ebendas. 880—84. **

Treblin, A., 80 Kirchenlieder nach dem Texte des im J. 1879 hrsg. Gesangbuchs f. evangelische Gemeinden Schlesiens, nebst e. Auswahl v. 18 Psalmen, sowie Luthers kleinem Katechismus u. tägl. Gebeten. Für den Schulgebrauch zusammengestellt. Ausg. m. Sprüchen, ausgewählt auf Grund des v. den königl. Regiergn. m. dem königl. Konsistorium u. dem königl. Provinzial-Schul-Kollegium der Prov. Schlesien vereinbarten einheitl. Memorierstoffes f. den pfarramtl. u. den schulplanmäß. evangel. Religionsunterricht. 16. Aufl. 12. (80 u. 2 S.) Breslau 894. W. G. Korn. n.n. — 15

Treblin, Senior A., 80 Kirchenlieder nach d. Texte d. im J. 1879 hrsg. Gesangbuchs f. evang. Gemeinden Schlesiens, nebst e. Auswahl v. 18 Psalmen, sow. Luthers kleinem Katechismus u. tägl. Gebeten. Für den Schulgebrauch zusammengest. 18. Aufl. 12. (64 u. 2 S.) Breslau 897. W. G. Korn. n.n. — 12

— dasselbe. Ausg. m. Sprüchen, ausgew. auf Grund des v. d. kgl. Regiergn. m. dem kgl. Konsistorium u. kgl. Prov.-Schul-Kollegium d. Prov. Schlesien vereinb. einheitl. Memorierstoffes f. d. pfarramtl. u. d. schulplanmäß. evang. Religionsunterricht. 18. Aufl. 12. (80 u. 2 S.) Ebd. 897. n.n. — 15

Treblin, A., 80 Kirchenlieder nach dem Texte des im J. 1879 hrsg. Gesangbuchs f. evangelische Gemeinden Schlesiens, nebst e. Auswahl v. 18 Psalmen, sowie Luthers kleinem Katechismus u. tägl. Gebeten. Für den Schulgebrauch zusammengestellt. 20. Aufl. 12. (64 S.) Breslau 901. W. G. Korn. n.n. — 12

— dasselbe. Ausg. m. Sprüchen, ausgewählt auf Grund des v. den königl. Regiergn. m. dem königl. Konsistorium u. dem königl. Prov.-Schul-Kollegium der Prov. Schlesien vereinbarten einheitl. Memorierstoffes f. den pfarramtl. u. d. schulplanmäß. evangel. Religionsunterricht. 20. Aufl. 12. (80 S.) Ebd. 901. n.n. — 15

Treblin, A., 80 Kirchenlieder nach dem Texte des im J. 1879 hrsg. Gesangbuchs f. evangelische Gemeinden Schlesiens, nebst e. Auswahl v. 18 Psalmen, sowie Luthers kleinem Katechismus u. tägl. Gebeten. Für den Schulgebrauch zusammengestellt. 22. Aufl. (64 S.) 8. Breslau 904. W. G. Korn. n.n. — 12

— dasselbe. Ausg. m. Sprüchen, ausgewählt auf Grund des v. den königl. Regiergn. m. dem königl. Konsistorium u. dem königl. Prov.-Schul-Kollegium der Prov. Schlesien vereinbarten einheitl. Memorierstoffes f. den pfarramtl. u. den schulplanmäß. evangelischen Religionsunterricht. 23. Aufl. (80 S.) 8. Ebd. 906. n.n. — 15

Treblin, A., 80 Kirchenlieder nach dem Texte des im J. 1879 hrsg. Gesangbuchs f. evangelische Gemeinden Schlesiens, nebst e. Auswahl v. 18 Psalmen, sowie Luthers kleinem Katechismus u. tägl. Gebeten. Für den Schulgebrauch zusammengestellt. 25. Aufl. (64 S.) 8. Breslau 909. W. G. Korn. p nn — 12

— dasselbe. Ausg. m. Sprüchen, ausgewählt auf Grund des v. den königl. Regiergn. m. dem königl. Konsistorium u. dem königl. Prov.-Schul-Kollegium der Prov. Schlesien vereinbarten einheitl. Memorierstoffes f. den pfarramtl. u. den schulplanmäß. evang. Religionsunterricht. 25. Aufl. (80 S.) 8. Ebd. 909. nn — 15

— 80 Kirchenlieder aus dem schlesischen Prov.-Gesangbuch, neue Bearbeitg., s.: Petran, Johs.

—— die Lehre Jesu nach den drei ersten Evangelien. Vortrag im Breslauer Protestantenverein gehalten. 8. (44 S.) Breslau 870, Maruschke und Berendt. *

— Leitfaden zum Confirmanden-Unterricht. gr. 4. (35 S.) Breslau 871. Maruschke & Berendt. n. — 30

—— dass. — Für Confirmanden aus höheren Lehranstalten. 2. verb. Aufl. gr. 8. (49 S.) Ebendas. 875. *

Treblin, Adf., Lenz und Liebe. Gedichte. 16. (VII und 135 S.) Breslau 867, Trewendt. *

— die Psalmen in alten und neuen Liedern. 8. (XVI, 482 S.) Leipzig 882, Barth. * M 4.; geb. **

— die Quellen d. Lebens Jesu. Vortrag geh. im Protestanten-Verein zu Breslau. gr. 8. (24 S.) Breslau 875. Gosohorsky. — 75

— Schulgesangbuch. (Große Ausg.) 8. (XII, 276 S.) Breslau 880, Korn. *
Melodieen-Anhang (16 S.) **

— dasselbe. (Kleine Ausg.) 2. Aufl. 8. (XII, 172 S.) Ebend. 883. n. — 60

Treblin, A., Schulgesangbuch. 4. Aufl. (XII, 276 S.) 8. Breslau 905. W. G. Korn. Geb. n. 1. —; m. 66 Choralmelodieen. (XII, 276 u. 16 S.) n. 1. 20

— Angelus Silesius. gr. 8. (42 S.) Breslau 877, Maruschke und Berendt. *

Treblin, A., Spruchbuch zum Confirmanden-Unterricht. gr. 8. (28 S.) Breslau 876. Maruschke & Berendt. n. — 30

Treblin, Martin, a. Breslau: Beiträge zur Siedlungskunde im ehemaligen Fürstentum Schweidnitz. Breslau 1907: R. Nischkowsky. (44 S.) 8° [F.] ¶ (Erscheint vollst. in: Darstellungen u. Quellen z. schles. Geschichte Bd 6.)
Breslau, Phil. Fak., Ref. Passarge, Diss. v. 23. Dez. 1907
[Geb. 26. Sept. 82 Breslau; Wohnort: Breslau; Staatsangeh.: Preußen; Vorbildung: Johannes-Gymn. Breslau Reife M. 02; Studium: Breslau 3, Marburg 1, Breslau 7 S.; Rig. 23. Nov. 07.]

Treblin, Mart., Beiträge zur Siedlungskunde im ehemaligen Fürstent. Schweidnitz, s. a. Darstellungen u. Quellen zur schlesischen Geschichte. 6. Bd.

Beiträge zur Siedlungskunde im ehemaligen Fürstentum Schweidnitz. Von Martin Treblin. Mit 5 Karten. Breslau: E. Wohlfarth 1908. (147 S.) 8° [F.]
= Darstellungen u. Quellen z. schles. Geschichte. Bd 6. (08. 11194 4

Trebnitz [Schlagwort]

Trebnitz, s.: Breslau, Reg.-Bez.

Trebnitz, s.: Geologische Karten. Karte (Preussen).

Trebnitz, Kreis, s. Kreiskarten.

Trebnitz [Verfasser]

Trebnitz, J. F., für unser Heer! Preußisch-deutsche Lieder während des Krieges 1866 gedichtet. Breslau 866. Schletter'sche Buchh. gr. 16. (12 S.) 1 ngr.

Trebnitz, J. F. v., Original-Polterabend-Scherze. Breslau 864. Schletter. 8. (2 Bl., 108 S.) 10 ngr.

Trebnitz, J. F. v., Original-Polterabend-Scherze. 8. (IV, 108 S.) Erfurt 876. Bartholomäus. — 75

Trebo, Crescenz, s. Trebo, Kreszenz

Trebo, Engelbert M.

Trebo, E.M. (Hrsg.), s.a. Batzenhäusl, Das, in Bozen

Trebo, E. M., das Batzenhäusl in Bozen m. 220 Orig.-Gemälden, Skulpturen u. Gedichten v. berühmten Meistern. 1. Tl. (182 S.) kl. 8. Innsbruck (909). Wagner. 1. 80

Trebo, Engelb., aus der Chronik des Batzenhäusl zu Bozen. 12. (60 S.) Bozen 895. (Darmstadt, Städtebilder-Verl.) n. — 50

Trebo, Kreszenz

Trebo, Crescenz, Tiroler Kochbuch m. bes. Rücksicht f. bürgerl. Kreise u. Wirtschaften in Pfarrhöfen. gr. 8. (VIII, 154 S.) Brixen 896. Buchh. d. kath.-polit. Preßvereins. Geb. in Leinw. n. 2. —

Trebor, Breslauer Tag- u. Nachtstücke aus der Geschichte des J. 1847. Ein socialer Roman. 1. Hft. gr. 16. (32 S.) Breslau 847, Kühn. 1/12 ₰

Treboux, Octave, aus Pernau: Einige stoffliche Einflüsse auf die Kohlensäureassimilation bei submersen Pflanzen. *München 1903: V. Höfling.* (32 S.) 8° ¶ Aus: Flora od. Allg. Bot. Zeitung, Bd 92.
Leipzig, Phil. Diss. v. [29. Jan.] 1903

Trebowského, Frantiska, Bájky Bidpajowy, témer do wsech jazykuw dáwno jiz prelozené, po cesku wzdelane. Swazek I. gr. 8. (7 1/4 B.) W Holomouci 846, (Olmütz, Höltzel.) *

Trebra, F. W. von, s. Trebra, Friedrich Wilhelm Heinrich von

Trebra, Friedrich Wilhelm Heinrich von

— s. a. Bergbaukunde &c.

v. Trebra, (F. W. H.) Bergbaukunde &c. 2 Bde mit Kupf. gr. 4. Freiberg 789 u. 90, Craz u. G., ist d. Pr.

Trebra, F. W. H. v.: Bergbaukunde, s.a. Born, J.

v. Trebra, F. W. und v. Born, J. Bergbaukunde. Bd. I, II. Leipzig, 1789 und 1790.

v. Trebra, Fr. Wth. Hnr., († d. 16. Juli 1819.) zwölfjähr. Bergmeisterleben u. Wirken in Marienberg v. 1. Dec. 1767 bis Aug. 1779. 8. Freiberg 818. Craz u. G. 20 gr.

— Bergwerkskarte von d. Marienberger Bergamtsrevier, nebst Erklär. in 8. Annab. 771. Craz u. G. in Freiberg. 1 ₰ 12 gr.

— Erfahrr. üb. das Innere d. Gebirge. Mit ill. Kpf. Fol. Dessau 785. Craz u. G. in Freiberg. 10 ₰

— Erfahrungen über das Innere der Gebirge, m. K. Fol. Dessau. (Göschen in Leipzig.) 785.

Friedrich Wilhelm Heinrich von Trebra

Erfahrungen vom Innern der Gebirge, nach Beobachtungen ges. u. hrsg. von Friedrich Wilhelm Heinrich von Trebra. Dessau & Leipzig: Verlagskasse für Gelehrte u. Künstler 1785. X, 244 S. 2°

— Leben d. preuß. Majors Th. v. Trebra. gr. 8. Freyberg, Craz u. G. 806.

— Lebensgeschichte des königl. preuß. Majors G. A. v. Trebra. gr. 8. Freiberg 806. Craz u. G. 4 gr.

(—) Merkwürdigkk. d. tiefen Hauptstöllen des Bergamtsreviers Freiberg, mit 1 großen ill. Karte. gr. 8. Freiberg 804. (Graz u. G.) 7 ₰ 12 gr. Hdg. Pr. 3 ₰ ohne Karte 6 gr.

— s. a. Mineralienkabinet.

Friedrich Wilhelm Heinrich von Trebra

Mineraliencabinett [Mineralienkabinett] gesammlet und beschrieben von dem Verf. der Erfahrungen vom Innern der Gebirge [d.i. Friedrich Wilhelm Heinrich von Trebra].Clausthal 1795. 212 S. 8°

Trebra, F. W. v., Mineralienkabinet, von ihm selbst gesammelt und beschr. m. 1. K. gr. 8. Clausthal. (Vandenhök und Ruprecht in Gött. a. Göschen in Leipzig.) 795. Rthlr.

— üb. das Silberausbringen des könígl. sächs. Erzgebirges auf die nächst verflossenen 40 Jahre, von 1762—1801, nebst e. Tabelle darüber. (Aus d. Freiberger Nachrr. besond. abgedr.) 8. Freiberg 802. Graz u. G. 3 gr.

Trebicka, F., posłannictwo kobiety. 8. (190 S.) Lemberg 847, Milikowski. 1⅓ ₰

Trebron, Samson Cohn christlicher Religion. Eine Metamorphose. (45 S.) 8. Berlin 908. L. Lamm. 1. 20

Trebs, C., Flora v. Fürstenwalde. 8. (72 S.) Fürstenwalde 887. Geelhaar. n. 1. 50

Trebs, Emil: Beiträge zur osterländischen Mundart. *Fürstenwalde (1899): F. Jaensch.* (24 S.) 8°
Fürstenwalde, st. G, OP 1899 (75)

Trebs, Karl, approb. Arzt aus Neuenstein: Aus d. Pathol. Institut zu Marburg. Die Veränderungen des Hodens nach experimentellem Verschluß des Samenleiters. *Marburg 1903: R. Friedrich.* (20 S.) 8°
Marburg, Med. Diss. v. 4. Apr. 1903

Trebsdorf, C. H., Beiträge zur Charakteristik des Strafanstalts-, Armen- u. Erziehungs-Wesens. Dessau 864. Neubürger. 8. (IV, 92 S.) 15 ngr.

Trebsdorf, C. H., die Wollwäsche. In einer gedrängten Abhandlung für Landwirthe, Tuchfabrikanten, Gerber rc. gr. 8. (14 S.) Rawicz 854. (Brieg, Bänder.) *

Trebst, Hugo, der sparsame Gasverbraucher. Praktische Winke f. die Verwendg. des Gases als Licht-, Wärme- u. Kraft-Quelle. 4., verm. u. verb. Aufl. (36 S. m. 45 Abb.) 8. München 910. R. Oldenbourg. — 40

Trebst, Julius

Trebst u. Poppe, Elternabende an Volks- u. Bürgerschulen. 5 Vorträge, geh. an Elternabenden der Bürger-Mädchenschule (Mittelschule) in den Franckeschen Stiftgn. zu Halle a/S., nebst Leitsätzen u. Richtlinien üb. Stellg., Bedeutg., Aufgabe u. Einrichtg. der Elternabende. (Als Anh.: Platen, Volksspiele.) [Aus: „Praxis der Volksschule".] gr. 8. (39 S.) Halle 893. H. Schroedel. n.n. — 66

Trebst, J., Entwürfe zu Lehrproben in Elementarschulen. Zum Gebrauch an Seminar-Übungsschulen hrsg. gr. 8. (67 S.) Halle 901. Buchh. des Waisenhauses. n. 1. —

Trebst, J., die christliche Haustafel, s.: Schütze, H., u. C. Eckhardt, Musterlektionen aus allen Unterrichtsgebieten der dreistufigen Volksschule.

Trebst, Otto [aus Kötzschen]: Einwirkung von Methylenchlorid auf Piperidin. . . . Jena, Druck v. Julius Hossfeld, 1890: 30 S. + 1 Bl. 8°
Jena, Phil. Fak., Inaug.-Diss. v. 1890

Trebst, O., Einwirkung v. Methylenchlorid auf Piperidin. Inaug.-Diss. gr. 8. (30 S.) Jena 890. (Rudolstadt, Dabis.) n. — 80

Trebuß, G., Einfluß d. Methode d. Lehrers auf d. Charakterbildg. der Schüler, s. a. Lehrer-Prüfungs- u. Informations-Arbeiten, Hft. 30.

[F.] 1. Einfluss der Methode des Lehrers auf die Charakterbildung der Schüler. Von G. Trebuss, Lehrer in Zahna. 2. Die Bedeutg d. Gesanges u. d. Gesangunterr. in d. Volksschule. Von Heinrich Ax, Lehrer in Aumenau. 3. Rousseaus 'Emil' u. Salzmanns 'Konrad Kiefer' — e. Vergl. Von A. Hepprich. Rektor in Namslau. *Minden: A. Hufeland 1897.* (59 S.) 1 Bd 8.
= Lehrer-Prüfungs-Informations-Arbeiten. H. 30. [98. 7140]

Trechitius, F. O. [Pseud.], s.a. Stichert, Franz Otto

† Trechitius, F. O., (F. O. Stichert,) Philosophie des A. B. C. Ein ABC-Buch f. Erwachsene. gr. 12. (3⅔ B.) Grimma 836, Verlags-Comptoir.

Der Gottesgelehrte Heinrich Albert Immer, der Philosophie u. Theologie Doktor und der Letzteren Professor an der Hochschule Bern. Ein Lebensbild gezeichnet von E. Friedrich Trechsel, Pfarrer in Spiez. *Berlin: K. J. Wyss 1899.* (VII, 325 S.) 8° [F.] [99. 1189]

Trechsel, Fr., B. Studer und E. Volmar. Befinden über Herrn Oppikofer's Planimetrationsmaschine vom 8. Febr. 1834. 4.

Trechsel, Fr. Nachricht von der Sternwarte in Bern. Bern 1823

Trechsel, (Prof.) Fr., Rede über Gründlichkeit im Studiren. gr. 8. Bern 808. Typogr. Soc. 3 gr.

Trechsel, Fr. Ueber die Verbindung der Naturwissenschaft mit der Mathematik. Bern 1832. 4.

Trechsel, Friedrich

Trechsel, F., die protestant. Antitrinitarier vor Faustus Socin. Nach Quellen u. Urkunden geschichtl. dargestellt. Mit ein. Vorw. v. C. Ullmann. 1. Buch. Mich. Servet u. seine Vorgänger. gr. 8. (22 B.) Heidelberg 839, K. Winter. *

Trechsel, F., die protestant. Antitrinitarier vor Faustus Socin. Nach Quellen u. Urkunden geschichtlich dargestellt. Mit e. Vorworte von C. Ullmann. 2. Buch. A. u. d. T.: Lelio Sozini u. die Antitrinitarier seiner Zeit. gr. 8. Heidelberg 844, K. Winter. n. 2⅓ ₰ (1. 2. n. 3⅚ ₰)

—— Beiträge z. Geschichte d. schweizerisch-reformirten Kirche, zunächst derjen. d. Kantons Bern. 1. u. 2. Hft. gr. 8. (10 u. 9¾ B.) Bern 841, Jenni, Sohn. à

Trechsel, Friedr., Bilder aus der Geschichte der protestant. Kirche Abendandachten, gehalten im Münster zu Bern. Mit biograph. Skizze des Verf. und kurzer Bibliographie hrsg. von F. Stuber-Trechsel. gr. 8. (XXVIII, 349 S.) Bern 889, (Nydegger und Baumgart.) *ℳ 4.—; geb. *

Trechsel, F., über den Kanon, die Kritik u. Exegese d. Manichäer. Ein histor.-krit. Versuch. gr. 8. (8½ B.) Bern 832, [Jenni, Sohn.]

Trechsel, F[riedrich]. Samuel Lutz, geb. 1674, gest. 1750, Pfarrer zu Yverdon, Amsoldingen und Diessbach bei Thun. Ein Beitrag zur Geschichte des bernischen Pietismus und des kirchlichen Lebens in der ersten Hälfte des 18. Jahrhunderts. 2 Abtheilungen. [A.] 8. [Bern 1858–1859.]

Trechsel, F[riedrich]. Die Familie Rebmann (Ampelander). Sittenzüge und Culturbilder aus dem Leben des 16. Jahrhunderts. [A.] 8. [Bern 1883.]

Trechsel, F[riedrich]. Johann Rudolf Rudolf (1646–1718). Professor und Dekan. Ein Theologenbild der alten Schule. [SA.] 8. [Bern 1882.]

Trechsel, F[riedrich]. War Servet bei Luther in Wittenberg? [A.] 8. ([Gotha] 1881.)

Trechsel, Dr. phil. Johann Friedrich T'.... Oberbibliothekar zu Bern; geb.... 1776, gest. den 26. Nov. 1849. [A.] 8. [Weimar 1851.]

Trechsel, Johann Friedrich s. Mittel und Hauptresultate aus den meteorologischen Beobachtungen.... (Neuchâtel 1838) – Observations astronomiques.... (Zurich 1850.)

Trechsel, [Johann Friedrich]. Nachricht von der im Jahr 1811 angefangenen trigonometrischen Aufnahme des Cantons Bern. [Mit 1 Tafel.] SA. 8. Bern 1812.

Trechsel, Johann Martin

TRECHSEL, J. M. D. Joh. Martin Trechsels, Großkopff genannt . . . Verneuertes Gedächtnis des Nürnbergischen Johannis-Kirch-Hofs: Samt einer Beschreibung der Kirche und Capelle daselbst . . . mit M. Georg Jacob Schwindels . . . Vorbericht von denen Scriptoribus Epitaphiorum vermehrt. Frankfurt & Leipzig: A. J. Felßeckers Erben, 1736. 4°. 13 Bl. 216, 975 S. 23 Bl. *Mit Frontispiz (allegor. Figuren: Satan und Tod vor einem Friedhof) und 8 (meist gefalt.) Kupfern (Ansichten, Monument etc.)* Bestoßener und am Rücken beschäd. Pbd. d. Z.

[Trechsler, S . . .] Ernste Ermahnung an das Schweizervolk.... 2 Bändchen. 8. Zürich 1831–1832.

[Bändchen 1.] E' E' an das Schw' in der gegenwärtigen Zeit. Von einem aufrichtigen Freunde des Vaterlandes hrg. zum Besten eines Tiefbeschädigten. Bändchen 2. E' E' an das Schw' über die Vergangenheit, Gegenwart und Zukunft. Ein Wort zur besondern Beherzigung in der gegenwärtigen Zeit. Hrg. von einem wohlerfahrenen aufrichtigen Schweizerfreund zum B' eines T'.

Trechsler, Ulrich A. S. 1381/13

Phytographiae sacrae generalis, pars practica altera. Präs. Johann Gesner.
Zürich (Gessner) III. 1762. 54 S.

11 Resp. 34644

Treckel, A. D., de origine atque progressu testamenti factionis praesertim apud Romanos, c. praef. Gebauer. 4. Lps. Fritsch. (Hahn.) 739.

Trécourt

— chirurg. Abhandll. u. Wahrnehmungen; aus d. Französ. von Jos. Eyerel. gr. 8. Leipz. 777. Junius. (Brockhaus). 16 gr.
(306 S.)

— chirurgische Abhdl. und Wahrnehmung, a. d. Franz. v. Jos. Eyerel. gr. 8. Leipz. Junius. (Enobloch.) 777.

Trécourt

Herrn Trécourt, Betrachtungen über verschiedene Gegenstände der Arzneykunst. Aus d. Franz. übers. von Joseph Eyerel. Leipzig: Kummer 1778. 230 S. 8°

Trecourt, Traité des nerfs et de leurs maladies, dans laquelle on trouve aussi une nouvelle methode, pour guerir les convulsions et l'épilepsie par le remède de *Ragolo*. Deutsch. Lpz. 1792. 8°.

Trede, C., s. Trede, Karl

⊙ Qua arte Hecuba Euripidea composita sit. Von (Heinrich) Trede. Kiel. 1863. 4°. Gymn.-Progr.

Trede, J., s. Trede, Jürgen

Trede, Joh. Heinr. Herm., les trouvères et leurs exhortations aux croisades. gr. 4. (23 S.) Leipzig 886, (Hinrichs'sche Buchh., Verlag.) *

vgl. Trebe

Trede, Jürgen

Trede, J., Topographie beider Dithmarschen, verbunden mit d. Geschichte einzelner Oerter. Aus vaterländ. Schriften gesammelt. 8. (8 1/8 B.) Schleswig 837. (Dessau, Aue.) *

Trede, Karl, die Bergpredigt des Herrn. Eine Weckstimme für die Gegenwart. Reden. gr. 8. (VI, 397 S.) Kiel 879. Lipsius & Tischer. n. 3. 60; geb. n. 4. 80

Trede, K., das deutsche Christenvolk an zwei Kaisergräbern. Predigten bei der Totenfeier unserer ersten deutschen Kaiser, hrsg. zum Gebrauch bei der Schul- u. Hausfeier an den Todestagen unserer Kaiser. [Aus: „Aus Glauben — zum Glauben".] gr. 8. (VI, 25 S.) Kropp 889. Buchhandlg. „Eben-Ezer". n. — 50

Trede, Karl, kein Dogma u. neues Dogma. Ernste Gedanken f. die Gebildeten in unsrer Kirche. 8. (III, 207 S.) Kropp 892. Buchh. „Eben-Ezer". n. 1. 20

— Meine Entlassung als Schulaufseher. Ein freies Wort an Prediger, Lehrer u. Landleute. 8. (IV, 115 S.) Ebd. 891. * 1 —

Trede, E., Entwurf einer Schul-Ordnung f. die Landschulen Schleswig-Holsteins. gr. 8. (VIII u. 38 S.) Kiel 849, Schwers. n. 6 ngr

Trede, K., aus Glauben — zum Glauben. Predigten über freigewählte Texte des ganzen Kirchenjahres. 20 Lfgn. gr. 8. (VIII, 640 S.) Kropp 888,89, Buchh. „Eben Ezer".
[à Lfg. * 20 Pf.] *
geb. *

— Aus Glauben — zum Glauben. 2 Adventspredigten. gr. 8. (VIII, 18 S.) Ebd. 890. — 30
Vorstehende 2 Schriften sind aus des Verf. Predigtsammlung: Aus Glauben — zum Glauben, besonders abgedruckt.

— der Jesuitismus u. seine Moral. Ein Vortrag. gr. 8. (30 S.) Neustadt i/Holst. 877. Ehlers. — 50

Trede, Karl, Reden üb. das Vater-Unser zur häuslichen Erbauung. br. 8. (195 S.) Schleswig 872. Bergas. n. 2. —

— der Werth d. kirchl. Bekenntnisses. Zur Beleuchtg. d. Bekenntnißkampfes in d. Schleswig-Holstein. Landeskirche. gr. 8. (III, 131 S.) Kiel 871. Schwers. n. 2. 40

Trede, Ludwig Johann

Trede, L., Kalanthepherusa aus d. Plönischen Declamationskreisen in d. größere Welt eingeführt u. mit einigen Worten zur Declamation begleitet. gr. 8. (34 B.) Plön 829. (Oldenburg, Schulze.)

Trede, L., der Schule Mitgabe f. d. akadem. Leben in ein. Vorw. u. sechs Reden dargeboten. 8. (17 B.) Altona 835, [Dessau,] Aue.

Mittheilung aus der Geschichte der Plöner Gelehrtenschule v. [Ludwig Johann] Trede. 1. Hälfte. Plön. 1844. Neugedruckt Plön. 1860. 4°. Gymn.-Progr. Fortges. u. d. T.:

Zur Geschichte der Plöner Gelehrtenschule für den Zeitraum von 1821—48. Ploen. 1852. 4°. Gymn.-Progr.

—— Neugedruckt Plön. 1860. 4°. Gymn.-Progr.

—— die Schule, wie sie strebt in der Welt gegen die Welt, außer der Welt f. die Welt. Rede. gr. 8. (18 Seit.) Plön 830. (Hamburg, Herold.)

—— vergreifen Sie nicht Ihre nächste schöne Zukunft. Abschiedserwiederung zu dreien von d. Plöner Gelehrtenschule auf d. Universität abgehenden Jünglingen. 3. Aufl. 8. (1 B.) Plön 830. (Oldenburg, Schulze.)

—— Worte der Schule an ihre Jünger. In vier Reden. gr. 8. (7 B.) Kiel 832, Universitäts-Buchh.

Trede, Otto, Die volkstümlichen Übungen und ihre Bedeutung für die Schule, Vortr., 1907, 17 S., 8°.

Trede, Paul, Abel. En plattdütsch Stückschen merrn ut de Marsch un merrn ut't Leben. 8. (IV, 96 S.) Garding 880. Lühr & Dircks. n. 1. —; geb. n. 1. 80

Trede, Paul, Abel. En plattdütsch Stückschen merrn ut de Marsch un merrn ut't Leben. 2. Oplag. 12. (106 S.) Garding 896. H. Lühr & Dircks. n. 1. —; geb. in Leinw. m. Goldschn. n. 1. 80

— grüne Blätter. Gesammelte Dichtungen. 12. (VIII, 256 S.) Ebend. 881. n. 3. —; geb. n. 4. 50

Trede, Paul, grüne Blätter. Gesammelte Dichtgn. 2. sehr verm. Aufl. 8. (IV, 344 S. m. Bildnis.) Garding (899). H. Lühr & Dircks. Geb. in Leinw. m. Goldschn. n. 4. 80

Trede, Paul, Lena Ellerbrok. Ein plattdütsch Stückschen ut ole Tiden. 16. (112 S.) Garding 884. Lühr & Dircks. n. 1. —; geb. m. Goldschn. n. 1. 80

Trede, Paul, Engelsch un Plattdütsch is eendohnt. En plattdütsch Lustspill in 1 Act. 8. (34 S.) Garding 888, Lühr und Dircks. *

Engelsch un Plattdütsch is eendohnt. En Plattdütsch Lustspill in 1 Akt vun Paul Trede. 2. Opl. Garding: H. Lühr & Dircks [1908]. (34 S.) 8° [F.] [illegible]

Trede, Paul, Klaas vun Brochdörp. Twei plattdeutsche Gedichte in der wilstermarsch Mundart. Nebst einem Anhange hochdeutscher Gedichte. gr. 12. (100 S.) Hamburg 855(56,) Fr. Schuberth.

Trede, Paul. Brochdörper Lüd. Allerhand plattdütsche Stückschens. 12. (VII, 134 S.) Garding 890, Lühr u. Dirks. * geb. * 2 —; m. Goldschn. *

Grundriss von Meldorf. Entw. v. T. Trede. Neumünster. 1849. 1 Bl. Groß-Fol. 57/42 cm. Lithogr.

Trede, Theodor

Trede, Th., Bilder aus dem religiösen u. sittlichen Volksleben Süditaliens. Auszug aus T.s vierbänd. Werke, hrsg. v. E. Trede. (III, 209 S. m. 5 Taf.) gr. 8. Gotha 909. F. A. Perthes. 4.—; geb. 5. —

Trede, Th., das heilige Haus in Loreto, s.: Für die Feste u. Freunde d. Gustav-Adolf-Vereins.

Trede, Th. Das Heidentum in der römischen Kirche. Bilder aus dem religiösen u. sittl. Leben Süditaliens. 4 Tle. gr. 8. Gotha, F. A. Perthes. [1. Tl. (342 S.) 889. * 5 —; 2. Tl. (III, 397 S.) 890. * 5 —; 3. Tl. (III, 426 S.) 890. * 6 —; 4. Tl. (V, 500 S.) 891. * 8 —.] * 24 —

—— deutsche Kaiserspuren, s. Aus dem Reiche für das Reich!

Trede, Thdr., der Klerus Italiens, s.a. Flugschriften des Evangelischen Bundes.

Der Klerus Italiens. Bilder aus d. Leben von Theodor Trede, weil. Pfarrer in Neapel. (Aus s. Nachlass.) *Leipzig: C. Braun 1900.* (40 S.) 8° [F.]
— Flugschriften d. Evangel. Bundes. 179/80. [illegible]

Krieg und Frieden. Worte an die Gemeinde beim Friedensfest in Schleswig-Holstein am 4. December 1864 v. Theodor Trede, Pastor zu Brodersbye und Tharstedt. Schleswig. 1865. 8°.

—— Leo XIII. und sein Jubiläum. Neues und Altes aus dem Vatikan. gr. 8. (76 S.) Leipzig 888, Grunow. *

Trede, Thdr., Meinest du, daß diese Todtengebeine wieder lebendig werden? Ezechiel 37, v. 1—10. Eine Missions-Predigt. Hiezu ein Anhang, enth. eine Umschau auf dem Arbeitsfeld der Mission. Hamburg 863. Nolte. gr. 8. (27 S.) n. 4½ ngr.

—— Piedigrotta, s. Flugschriften des Evangelischen Bundes.

Trede, Th., die Propaganda fide in Rom, s.a. Zeit- u. Streit-Fragen, deutsche.

Trede T. die Propaganda fide in Rom. (Zeit- u Streitfragen 201) Berlin 1884

— das geistliche Schauspiel in Süditalien, s.a. Sammlung gemeinverständlicher wissenschaftlicher Vorträge.

Trede T. das geistliche Schauspiel in Süditalien. (S. wiss. Vortr. 471) Berlin 1885

— Unser Volk steht vor dem Herrn seinem Gott. Worte an die Gemeinde beim Landes-Gottesdienst des 2. März 1864 in der Kirche zu Heide. Kiel 864. Schröder & Co. gr. 8. (14 S.) n. 3 ngr.

Trede, Th., der einheitliche Ursprung des Menschengeschlechts. Ein Vortrag, geh. in der Aula der königl. Domschule zu Schleswig. gr. 8. (40 S.) Kiel 878. Lipsius & Tischer. n. 1. —

—— Eine Wallfahrt nach Einsiedeln zur schwarzen Gottesmutter. 8. (III, 70 S.) Barmen 892, Klein. * 1 —

— war der Apostel Petrus in Rom? s.: Für die Feste u. Freunde d. Gustav-Adolf-Vereins.

— der Wunderbrief. Ein Beitrag zur Geschichte des Marienkultus, s.: Für die Feste u. Freunde d. Gustav-Adolf-Vereins.

Trede, Theodor. Wunderglaube im Heidenthum und in der alten Kirche. Gotha 1901. H: *Diestel, Ernst.* (Berl)

— **Wunderglaube** im Heidentum u. in der alten Kirche. gr. 8. (VI, 273 S.) Gotha 901. F. A. Perthes. n. 4. —

Trede, Walther, Capri, die Perle des Mittelmeeres. Bilder aus Natur u. Menschenleben. Mit 50 Lichtdr.-Bildern. gr. 4. (VI, 92 S.) Hamburg 893. C. Griese. Geb. in Leinw. n. 15. —

Louis Sébastien Marie[Cte] de Tredern

Ludovicus Sebastianus Comes ab Tredern [Louis Sébastien Marie Comte de Tredern]: Ovi avium Historia et incubationis prodromus. Jenae (1808:) Etzdorf. 16 S. 4[o]

Jena, Med. Diss. v. 4. April 1808

Tredgold, Thomas

— Beitrr. z. Mühlen- u. Maschinen-Baukunst, s. Buchanan.

Tredgold, Th., Grundsätze der Dampfheizung u. der damit verbundenen Lüftung aller Arten v. Gebäuden. Nach der 2n engl. Originalausg. f. Deutschland bearb. von O. B. Kühn. Mit 10 Kpft. u. 6 Tabell. gr. 8. Leipz. 826. Baumgärtner. 1 ⁄ 12 ⁄

Tredgold, Thom., Grundsätze d. Dampf-Heizung u. der damit verbund. Lüftung aller Arten von Gebäuden. N. d. 2. engl. Orig.-Ausg. f. Deutschland bearb. v. Otto Bernh. Kühn. 2., nach d. 3. engl. Orig.-Ausg. mit T. Bramah's Beobachtn. üb. Heizung mit warmem Wasser u. a. Verbesserungen vers. u. mit Zusätzen verm. Ausg. gr. 8. (15⅛ B. incl. 11 Tab. u. 13 Kpfrt.) Leipzig 837, Baumgärtner'sche Buchh.

Tredgold, Thomas: „Ueber die Stärke des Gusseisens und anderer Metalle", nach der 2. englischen Ausgabe übersetzt, Leipzig 1826. — Vorh.: Preuß. Oberbergamt Dortmund — F. I. 11.

— üb. die Stärke des Gußeisens u. anderer Metalle; aus dem Engl. Mit 4 Kpft. u. Holzschn. gr. 8. Leipz. 827. Baumgärtner. 1 ⁄ 18 gr

Treff, Walther, aus Eckartsberga i. Thür.: Ueber Pyrrolverbindungen der Camphergruppe. *Leipzig 1900: (Leipz. Tagebl.).* (32 S.) 8°
Jena, Phil. Diss. v. (18. Mai) 1900

Treffa, Franz (Landau) A. S. 797/29

Dissertatio juridica de inofficioso testamento.
Präs. Johann Heinrich Boekler.
Strassburg (Pastorius) 24. II. 1716. 12 S.

W. v.: G. B. Dieffenbach, Johann Jakob Hermann, Johann Daniel Roegner, Johann Leonhard Gnilius.
34645

Treffal, Karl Aug. v., wie erlerne ich das Hypnotisieren? Gemeinverständl. erläut. gr. 8. (18 S.) Berlin 897. Charlottenburg, H. Brieger. n. — 60

Das abermalige Blutige Treffen zwischen denen Schweden und Sachsen den 13. Febr. 1706. (Glogau 1706.) 8°.

Treffen bey Caphyae (zwischen den Aetoliern und Messeniern 221 J. v. Chr.) Weimar. 1820. 400 Schritte = 0',193. 1 Bl. a. demselb. W.

Treffen bey Hagelsberg den 27 August 1813. Gest. v. H. Brose. 1 : 25,000. 1 Bl. a. d. W. Plane der Treffen u. Schlachten, welche von der preuss. Armee i. d. Feldzügen von 1813 — 15 geliefert wurden."

Das Treffen bei dem Johannsberge unweit Friedberg in der Wetterau zwischen den Königl. Französischen Truppen, unter Anführung des Prinzen von Condé, Prinzen von Soubise, wie auch des Grafen von Etrée, und dem verbündeten Heere unter den Befehlen des Erbprinzen von Braunschweig am 30ten August 1762. 8. 10 S.

Treffen, das, bei Kissingen, Winkels u. Nüdlingen am 10. Juli 1866. Nach eigenen Wahrnehmungen u. verbürgten Mittheilungen zusammengestellt. Ein denkwürd. Beitrag zur Geschichte Kissingens. 5., verm. Aufl. Kissingen 866. Reichardt. 8. (44 S.) 5 ngr.

Treffen, Das, bei Königswartha-Weissig. Am 10. Mai 1813. Beihft. z. „Milit.-Wochenblatt". — Berlin 1847.

TREFFEN, Das Lindenauische, bei Leipzig. Ein Heldengedicht in 4 Gesängen. O. O. 1777. 8°.
Eine Burschiade mit 4 Vignetten. Selten! (1½ Mk. Kühl, Berlin, c. 1882; jetzt viel theurer!)

Das Treffen bei Lutternberg unweit Cassel, zwischen einem Corps verbündeter Truppen unter dem Generallieutenant von Oberg, und der Königl. Französischen Armee unter Anführung des Prinzen von Soubise den 10ten Oct. 1758. 8. 12 S.

Das Treffen bei Meer unweit Rees am Rhein im Herzogthum Cleve zwischen den Alliirten unter Anführung des General von Imhof und den Franzosen unter dem General-Lieutenant von Chevert den 5ten Aug. 1758. 8. 14 S.

Treffen bey Menelaium und Sparta (zwischen Philipp V. von Macedonien und Lycurg, König von Sparta 219 J. v. Chr.) Weimar. 1820. 1000 Schritte = 0',196. 1 Bl. a. demselb. W.

Treffen bey Montereau unter den Befehlen des Kronpr. von Württenberg den 18ten Febr. 1814. Aufg. u. gez. vom Lieut. Baeumlein. Gest. v. Waltter. 1 : 25,000. 1 Bl. a. v. W.

Das Treffen bei Reichenbach in Schlesien zwischen einem Korps Preussen unter den Befehlen des Herzogs von Braunschweig-Bevern und den Kaiserl. Königl. Truppen unter Anführung der Generale Lascy und Beck am 16ten August 1762. 8. 13 S.

das Treffen bei Reichenberg in Böhmen, 21. April 1757. 4.

das Treffen bei St. Cast auf der Küste von Bretagne d. 11. Sept. 1758. 8.

Das Treffen bei Sandershausen in der Landgrafschaft Hessenkassel, zwischen dem Vortrapp der französischen Armee unter Anführung des Herzogs von Broglio, und einem Korps Alliirten unter dem Prinzen von Isenburg den 23ten Julius 1758. 8. 10 S.

Treffentlich, J. P., de [illegible]. Lips. 1700. 4.

Treffer, Konr.: Warum werden die Protestanten so mächtig in Köln? o. O. 1789.

Trefferbilder des im Manövriren und auf nicht markirten improvisirten Schussdistanzen durch die 12 pf. Projectbatterie Nr. 5 und die 6 pf. Projectbatterie Nr. 11 des F. Z. M. Baron Augustin 3. Feld-Artillerie-Regiments am 5. October 1858 auf dem Steinfelde ausgeführten Shrapnelfeuers. 2 Tafeln. Herausgegeben vom k. k. Artillerie-Comité. (Lithographiert.) (Donation Liechtenstein.) gr. Fol. Wien 1858.

Treffner, Ed., Beiträge zur Chemie der Laubmoose. Inaugural-Dissertation. gr. 8. (62 S. m. 1 Tab.) Dorpat 881. (Karow.) n. 1. —

Trefftz, J., s.: Freundesgaben f. Carl August Hugo Burkhardt.

Trefftz, Johannes *Imanuel* [aus Leipzig]: Kursachsen und Frankreich 1552—1557. ... Leipzig, Verl. v. G. Fock, 1891; 4 Bl., 164 S. 8°
Leipzig, Phil. Fak., Inaug.-Diss. v. [14. März] 1891

Trefftz, Johs. Kursachsen u. Frankreich 1552—1557. gr. 8. (V, 164 S.) Lpz. 891, Fock. * 2 50

Treffurt [Schlagwort]

Treffurt, s.: Deutschland. Kürschner-Pelp.

Treffurt, s.: Geologische Karten. Karte (Preussen). — Preussen. Messtischblätter.

Treffurt, s.: Werrathal.

Treffurth, Die ehemahlige Gauerbschaft, und Voigtey Dorla. [Dresden 1808.] V: *Engelhardt, Carl Aug.* (MGT)

Treffz, (Pfarrer) ..., Stoff zum Auswendiglernen für Kinder, enthalt. gereimte Denksprüche in Beziehung auf Pflichten- u. Sittenlehre, Morgen-, Abend- u. Tischgebete, nebst einigen Kinder-Liedern. gr. 12. Stuttg. 816. (Hofmann). 6 gr.

Treffz, (Pfarrer), Stoff zum Auswendiglernen für Kinder, enthaltend gereimte Denksprüche in Beziehung auf Pflichten- und Sittenlehre, Morgen-, Abend- und Tischgebete, nebst einigen Kinder-Liedern. gr. 12. Stuttgart, Sattler. 816.

Treffz, Karl Benj., s. 1) Betrachtr. üb. Bezahlung d. Contribution. 2) Steuern u. Anlagen, üb.

Treffz, Mathilde, drei Schauspiele für Kinder- u. Puppentheater geeignet; nach schönen Kindergeschichten bearb. Frankfurt a. M. 857. Paderborn, Kleine. gr. 16. (44 S.) n. 5 ngr.

Trefil, Carl, Anleitung, die v. der Reblaus verseuchten Weingärten m. Obstbäumen in der zweckentsprechendsten Weise zu bepflanzen. Leichtfasslich dargestellt. gr. 8. (29 S. m. 7 Abbildgn.) Unter-Döbling 891. (Wien, Oberlehrer Carl Trefil, Selbstverlag.) n. — 60

Trefkorn, Heinr. Lösung einiger mathematischer Aufgaben. 12 S. 8. **Progr.** *Horn* 1876.

Trefny, Rud., Zukunftsfrauen. Komödie m. Gesang in 3 Acten. Musik von C. M. Burgstein. 8. (59 S.) Zwettl 896. (O. Neugebauer.) n. — 80

Tréfort, Aug. v., Denkrede auf Graf Melchior Lónyay. Autoris. deutsche Ausg. gr. 8. (26 S.) Budapest 886. Kilián. n. — 60

Tréfort, August v., Denkrede auf Ludwig Adolf Thiers, auswärt. Mitglied d. ung. Akademie. gr. 8. (16 S.) Budapest, Friedr. Kilian. 1885. 30 kr.

Trefort, Aug., Essays u. Denkreden. Autoris. deutsche Ausg. gr. 8. (XI, 225 S.) Leipzig 887. Duncker & Humblot. n. 4. 40

—— Gedenkrede auf Franz Guizot, auswärt. Mitglied der Ungar. Akademie. Gelesen in der Sitzung vom 26. Oktbr. 1885. Aus dem Ungarischen übers. gr. 8. (20 S.) Budapest 885, Kilián's Universitäts-Buchh. *

— Mignet u. seine Werke. Gelesen in der ungar. Akademie der Wissenschaften am 26. Jan. 1885. gr. 8. (27 S.) Ebend. 885. n. — 80

Trefort, Aug., Reden und Studien. gr. 8. (XII, 298 S.) Leipzig 883, [Schlicke.] Elischer. *

Trefurt, Chrstph., patriot. Beitrag e. Wahlmannes zum Badischen Landtage v. 1831. 2 Hfte. gr 8. (6¼ B.) Heidelberg, Groos.
Das 2. Hft. enthält: Bemerkungen zum Entwurfe d. Proceß-Ordn. in bürgerl. Rechtsstreitigkeiten f. d. Großh. Baden.

— s. Beleuchtung des Henhöferschen Glaubensbekenntnisses, u. setze hinzu: (von Cph. Trefurt).

Trefurt, C., Bemerkungen zu dem Kommissionsberichte der 2. Kammer, die Besoldung u. Pensionirung der Staatsdiener betreffend. gr. 8. (11 S.) Karlsruhe 848, Braun. 1/12 ₰

Trefurt, C., Die deutsche Einheit und die österreichische Note. Dritte Fortsetzung des Versuchs zur politischen Aufklärung. Karlsruhe, G. Braun, 1849. 15 S. 8°.

Trefurt, C., Frankfurt und Erfurt, oder Lehren der Vergangenheit für Deutschlands Zukunft. Fünfte Fortsetzung des Versuchs zur politischen Aufklärung. Karlsruhe, G. Braun, 1850. 19 S. 8°.

Trefurt, C., Freiheit, Gleichheit, Bruderschaft. Erste Fortsetzung des Versuchs zur politischen Aufklärung. Karlsruhe, G. Braun, 1848. 20 S. 8°.

Trefurt, C., Gedanken üb. den Neu-Katholicismus, dessen Werth u. dessen Berechtigung. gr. 8. (2 B.) Karlsruhe 846, Braun'sche Hofbuchh.

— s. Jahrbücher des Großherzogl. Badischen Oberhofgerichts in Mannheim. — Reidel, C. P., die Freiheit der Person.

Trefurt, C., Das Proletariat und sein Recht. Zweite Fortsetzung des Versuchs zur politischen Aufklärung. Karlsruhe, G. Braun, 1848. IV, 21 S. 8°.

Trefurt, C., Die badische Revolution von 1849 und das Verhalten nach derselben. Vierte Fortsetzung des Versuchs zur politischen Aufklärung. Karlsruhe, G. Braun, 1849. IV, 18 S. 8°.

Trefurt, C., Der konstitutionelle Staat und die Volkssouveränität, das Reichsregiment und die Erwartungen der Nation von demselben. Ein Versuch zur politischen Aufklärung. Karlsruhe, G. Braun, 1848. IV, 26 S. 8°.

Trefurt, Cph., System d. Badischen Civilrechts in Zusätzen zur 2n Aufl. von Dr. K. S. Zachariä Handbuch des französ. Civilrechts. gr. 8. Heidelb. 824. Mohr. 2 ₰ 16 Kr

Trefurt, C., der Coelibat. Leipz. 1826. 8.

TREFURT, C., Der (!) Cölibat aus dem Gesichtspunkte der Moral, des Rechts u. der Politik. Heidelberg 1826. 8°.
Stoll & Bader, Freib. i. Br., Cat. 67. (1891.)

Trefurt, C.: Der Cölibat aus dem Gesichtspunkte der Moral, des Rechts und der Politik betrachtet. 2e Ausg. *Heidelberg*, Groos. (826.) 831. gr. 8. (8 Gr.).

Trefurt, J. D., de eximia dignitate theologi. Ibid. 1741. 4.

Trefurt, Joh(ann) Heinrich Christoph (Hrsg.):

s. a. Abhandlungen und Erfahrungen aus dem Gebiete der Geburtshülfe und der Weiber=krankheiten. Decade 1. Göttingen: 1844

Trefurt, Joh. Heinr. Chr., Abhandlungen u. Erfahrungen aus dem Gebiete der Geburtshülfe u. der Weiber-Krankheiten. Erste Decade. gr. 8. (24 B. u. 3 Taf. Abbild.) Göttingen 844, Vandenhoeck u. Ruprecht.

Trefurt, Jh. Hnr. Chstrph., über die Anschylose des Steißbeins, deren Einfluß auf die Geburt und die dadurch angezeigte Kunsthülfe. Mit 3 Kpfrtaf. gr. 8. Göttingen 826. Dieterich. 1 1/3 ₰

Trefurt, Joh. Heinr. Chrstph., üb. d. Anchylose d. Steissbeins, deren Einfluss auf d. Geburt u. d. dadurch angezeigte Kunsthülfe. gr. 8. (14 B. u. 3 Kpfrt.) Göttingen 836, Dieterichsche Buchh.

Trefurt, Johann Philipp

Trefurt, Jh. Ph., nouvel Abécédaire à l'usage de la première instruction des enfants. 2e Aufl. Mit ill. Kpf. 8. Hannov. 822. Hahn. 6 gr

— kurzer tabellar. Abriß der christl. Lehre nach Anleit. des Hannöver. Katechismus. 8. Götting. 817. 2e A. 818. 3e A. 825. Vandenhoeck u. R. 1 gr

— kurz. tabellar. Abriß d. christl. Lehre nach Anleitung d. hannoversch. Landes-Katechismus. 3e Aufl. 8. Göttingen 826, Vandenhöck.

— kurzer tabellar. Abriß d. christl. Lehre nach Anleitung d. Hannov. Landes-Katechismus. 4e Aufl. 8. Göttingen 836. Vandenhöck u. Ruprecht. 1 gr

Trefurt, Joh. Phil., kurzer tabellarischer Abriß der christlichen Lehre nach Anleitung des Hannoverschen Landes-Katechismus. Zum Gebrauch bey dem Confirmandenunterrichte, so wie bey dem sittlich religiösen Schulunterrichte, zur Erleichterung der Uebersicht des Ganzen der christlichen Lehre. 6. Aufl. Göttingen 858. Vandenhoeck u. Ruprecht. 12. (24 S.) 1¼ ngr

— neue Beitr. z. Kenntniß d. Schulwesens, s. J. C. Salfeld.

— bibl. Erzählungen. 4e Aufl. 8. Hannover 825, Hahn.

— bibl. Erzähll. nach Hübner, s. J. C. Weland.

Trefurt, J. Ph., bibl. Erzählungen nach Hübner. Zum Gebr. in Bürger- u. Landschulen. 2 Thle. 4. Aufl. gr. 8. (17½ B.) Hannover 828, Hahn.

Trefurt, J. P., bibl. Erzählungen nach Hübner. Zum Gebr. f. Bürger- u. Landschulen. 6. Aufl. gr. 8. (17½ B.) Hannover 837, Hahn'sche Hofbuchh.

— biblische Erzählungen, nach Hübner. 7e Aufl. gr. 8. Hannover 840. Hahn. ⅓ ₰

Trefurt, Joh. Phil., biblische Erzählungen nach Hübner. Zum Gebrauch in Bürger- u. Landschulen. 2 Thle. 8. Aufl. gr. 8. (17½ B.) Hannover 845, Hahn'sche Hofbuchh. — 10

Trefurt, Joh. Phil., biblische Erzählungen nach Hübner. Zum Gebrauch in Bürger- u. Landschulen. 2 Thle. [Erzählungen aus dem alten Testamente. — Erzählgn. aus dem neuen Testamente.] 10. Aufl. gr. 8. (XVI u. 263 S.) Hannover 852, Hahn. ⅓ ₰

— biblische Erzählungen nach Hübner. Zum Gebrauch in Bürger- u. Landschulen. 1. Thl.: Erzählungen aus dem alten Testamente. — 2. Thl.: Erzählungen aus dem neuen Testamente. 11. Aufl. Hannover 855. Hahn. gr. 8. (XVI, 263 S.) 10 ngr

Trefurt, Joh. Phil., biblische Erzählungen nach Hübner. Zum Gebrauch in Bürger- und Landschulen. 2 Thle. (Erzählungen aus dem alten Testamente. — Erzählungen aus dem neuen Testamente.) 10. Aufl. 1852. und 11. Aufl. gr. 8. (XVI und 263 S.) Hannover 856, Hahn'sche Hofbuchh.

— siehe a. Fibel, neue.

— neue Fibel, zum Gebrauch beim ersten Unterricht der Kinder, zunächst f. die Seminarienschule zu Hannov. N. A. 8. Hannov. 799. 32e Aufl. ... Hahn. 1 gr mit schwarzen Kpf. 4 gr, illum. 6 gr

— neue Fibel, z. Gebrauch bei dem ersten Unterricht d. Kinder. 8. Hannov. 807. 2e verm. Aufl. 817. 3e Aufl. 822. Hahn. schwarz 6 ₰ illum. 8 gr

— neue Fibel, z. Gebr. b. erst. Unterricht der Kinder, zunächst f. die Seminarienschule zu Hannover. 8. Ebendas. 810.
m. schwarz. K. 807.
ill.

Trefurt, (J. P.,) neue Fibel z. Gebr. bei d. ersten Unterr. d. Kinder. 24e Aufl. 8. Hannov. 823, Hahn. Rthlr

Trefurt, J. P., neue Fibel z. Gebr. beim ersten Unterr. d. Kinder, zunächst f. d. Seminarienschule zu Hannover. 46., verb. Aufl. 8. (.. B.) Hannover 839, Hahn'sche Hofbuchh. Thlr. *

Trefurt, Joh. Ph., neue Fibel zum Gebrauch bei dem ersten Unterricht der Kinder. Zunächst für die Seminarschule zu Hannover. 77. Aufl. 8. (40 S.) Hannover 871, Hahn'sche Buchh.

— — dies. ins Franz. übers. s. le Mang.

— Johannisfestpredigt, daß d. Christ d. Blick auf den künftigen Zustand s. Geschlechts d. heilsamste Richtung zu geben wisse. gr. 8. Ebend. 807.

— Casualreden bei der 50jähr. Amtsjubelfeier eines treuverdienten Predigers. gr. 8. Götting. 827. Vandenhöck u. R. 8 gr

— ausführl. tabellar. Commentar üb. d. Hannöver. Landeskatechismus. 1r Bd. 1e u. 2e Abtheil. gr. 8. Hannov. 809, 12. Hahn. 1 ₰ 6 gr

— tabellar. Leitfaden zu akadem. Vorlesungen üb. die Pastorallehre nach ihrem ganzen Umfange. gr. 8. Götting. 825. Vandenhöck u. R. 6 gr

Trefurt, Johann Philipp: Historische Nachrichten über die Errichtung der Universitäts-Töchterschule in Göttingen. — Hannover: Hahn 1806. XIV, 156 S. 8°

— histor. Nachrr. üb. die 50jähr. Stiftungsfeier des k. Schullehrer-Seminarii u. dessen Freischule zu Hannover. 8. Hannov. 801. Hahn. 12 gl.

— üb. die wichtige Pflicht, die Winke gewissenhaft zu beachten etc. Eine Predigt. gr. 8. Götting. 820. Vandenhöck u. R. 4 gl.

— Predigt am Johannisfeste 1809 üb. die wichtigste Pflicht, unsere lebhafteren Empfindungen der göttlichen Güte gleich gestimmten Menschen mitzutheilen. gr. 8. Hannov. 809. Hahn. 4 gl.

— Sammlung von religiösen Amtsreden. gr. 8. Götting. Vandenhöck u. R. 812.

— Sammlung v. religiösen Amtsreden verm. Inhalts. 2e Samml. gr. 8. Gött. 826, Vandenhöck u. R. 1 Rthl. 4 gr. 1e Samml. 811.

Trefurt, (Amts-Assessor) T., prakt. Beitrag eines Wahlmannes z. Badischen Landtage v. 1831. 2 Hefte. gr. 8. Heidelb. 831. Groos. 16 gl.

Trefurth, Johann Friedrich (Chemnitz) A. S. 1158/6

Dissertatio solemnis de dentibus eorum morbis et cura. Präs. Friedrich Hoffmann.
Halle (Zeitler) 1714. 40 S.

Diss. 5. VIII. 1698.
W. v.: Präs. 34647

Trefz, Frdr., Leitfaden der Mineralogie, Geologie, Botanik u. Zoologie, auf Grundlage neuester wissenschaftlicher Forschung zum Gebrauche beim Unterricht an den mittleren u. oberen Klassen der Gymnasien, Realschulen u. ähnlichen Anstalten. 1. Abt. Zoologie. gr. 8. (VI, 116 S.) Leipzig 880. Teubner. 1. 50

Trefz, Fritz: Ortsstatut und Bedürfnisfrage beim Münchener Wirtsgewerbe. *Stuttgart 1899: Union.* (45 S.) 8° Enthält Kap. 8 u. 9 der als Stück 33 d. Münchener Volkswirtschaftl. Studien erschienenen Schrift: Das Wirtsgewerbe in München.
München, Staatswirtsch. Diss. v. 1899

Trefz, Fritz, das Wirtsgewerbe in München, s. a. Studien, Münchener volkswirtschaftliche.

Trefz, Fritz: Das Wirtsgewerbe in München. Eine wirtschaftl. u. soziale Studie. — Stuttgart: Cotta 1899. X, 240 S. 8° (Münchener volkswirtschaftl. Studien. Stück 33.)

Steuern (Ueber) und Anlagen und deren prakt. Behandlung von T. (K. B. Trefz.) gr. 8°. Leipzig (W. Vogel) 1785.

Trefzer, s. Rechtspraxis.

**Trefzer, F.* Versicherungstechnische Beilage zum Statutenentwurf der Hilfskasse für das Personal der eidgenössischen Verwaltungen. Bern 1904.

**Trefzer, F.* Die Sterblichkeitserfahrungen des Schweizerischen Lebensversicherungs-Vereins 1876—1900. Bern 1901.

Trefzer, Fritz, die Grundpreise in der Stadt Bern. [Aus: „Schweiz. Blätter f. Wirtschafts- u. Socialpolitik".] gr. 8. (15 S. m. 2 Taf.) Basel 894. Dr. H. Müller. — 60

T r e f z e r, J.: Forderung der Volksversicherung durch Konsumgenossenschaften. Bern 1897.

Trefzer, J. M., kurze Charakteristik der vorzüglichsten fremden Völker u. Nationen. Nach den neuesten Entdeckungen u. Beobachtt. entworfen. Mit 1 Karte. 8. Karlsr. 819. Marx. 21 gl.

Trefzer, Ludwig [aus Gernsbach '(Baden)']: Die Bewegung für Verstaatlichung des Grundeigentums in Deutschland ... Freiburg i. B., Universitätsbuchdr. v. Ch. Lehmann, 1892; 116 S. 8.
Freiburg i. B., Phil. Fak., Inaug.-Diss. v. 1892

FSC
www.fsc.org
MIX
Papier | Fördert gute Waldnutzung
FSC® C083411

Kolibri 360 GmbH
Ferdinand-Jühlke-Straße 7
99095 Erfurt, Deutschland
produktsicherheit@kolibri360.de